# Handbuch Eisenbahninfrastruktur

Jochen Holzfeind · Jia Liu ·
Ferdinand Pospischil
(Hrsg.)

# Handbuch Eisenbahninfrastruktur

4., neu bearbeitete
und aktualisierte Auflage 2025

Springer Vieweg

*Hrsg.*
Jochen Holzfeind
voestalpine Railway Systems GmbH
Leoben, Österreich

Ferdinand Pospischil
Technische Universität Graz
Graz, Österreich

Jia Liu
Technische Universität Darmstadt
Darmstadt, Deutschland

ISBN 978-3-662-68959-2 ISBN 978-3-662-68960-8 (eBook)
https://doi.org/10.1007/978-3-662-68960-8

Die Deutsche Nationalbibliothek verzeichnet diese Publikation in der Deutschen Nationalbibliografie; detaillierte bibliografische Daten sind im Internet über http://dnb.d-nb.de abrufbar.



Planung/Lektorat: Ellen Klabunde
Springer Vieweg ist ein Imprint der eingetragenen Gesellschaft Springer-Verlag GmbH, DE und ist ein Teil von Springer Nature.
Die Anschrift der Gesellschaft ist: Heidelberger Platz 3, 14197 Berlin, Germany

# Geleitwort zur 4. Auflage

Eisenbahninfrastruktur bewegt Generationen. Das trifft in mehrfacher Hinsicht zu. In erster Linie sind es die Generationen an Fahrgästen, für die funktionierende Eisenbahnnetze über Jahrzehnte die Basis ihrer Mobilität sind.

Doch bereits am Weg von der strategischen Planung einer völlig neuen Strecke bis zur detaillierten Ausschreibungsplanung unmittelbar vor Baubeginn sind nicht selten – je nach Hürden und Herausforderungen im Projektverlauf – mehrere Generationen an Expertinnen und Experten am Werk.

In der Natur der Eisenbahninfrastruktur liegt es außerdem, dass auch in der Instandhaltung über die lange Lebensdauer hinweg die Aufgabe der verantwortungsvollen und professionellen Erhaltung oft tatsächlich von einer Generation an die nächste weitergegeben wird. Dabei soll jedoch ein generationsübergreifender Aspekt nicht in Vergessenheit geraten: Wir haben es jetzt in der Hand, wohin uns die Zukunft führt und welche Zugverbindungen uns und den folgenden Generationen noch lange nutzen werden. Für das österreichische Schienennetz hat sich dafür die Definition eines konkreten Zielnetzes bewährt. Im Zielnetz wird mit einer langfristigen Perspektive auf benötigte Kapazitäten und Verbindungen das künftige Schienennetz Österreichs entwickelt.

Das sogenannte „Zielnetz 2040" ist dementsprechend die langfristige Ausbaustrategie für die Eisenbahninfrastruktur in Österreich. Es umfasst die notwendigen Umsetzungsschritte für die Weiterentwicklung des Bahnnetzes bis 2040. Immer mit dem Fokus, wie die Infrastruktur den wachsenden Anforderungen der Menschen an den Personen- und Güterverkehr in Zukunft – und über Generationen – gerecht werden kann. Umgesetzt wird das Zielnetz über den jährlich zu erstellenden Rahmenplan für das Netz der ÖBB-Infrastruktur AG, der jeweils eine Periode von 6 Jahren umfasst. Mit diesem wird die Finanzierung für die Investitionen durch die Bundesregierung sichergestellt. Diese äußerst stabile Finanzierungssituation ermöglicht eine stabile und zukunftsorientierte Infrastrukturplanung.

Die Weiterentwicklung der Schieneninfrastruktur ist eine Entscheidung für Generationen. Nur durch eine strategische und vorausschauende Planung dieser Art kann die Bahn in Zukunft wichtige Aufgaben im Sinne einer klimafreundlichen Mobilitätswende leisten. In diesem Zusammenhang werden auch die Aspekte der Nachhaltigkeit in Bau und Erhaltung immer wichtiger.

Dabei ist sowohl die Bandbreite der Maßnahmen als auch deren Potential groß und die Hebel können an vielen Stellen angesetzt werden. So hat etwa die Erhaltung der bestehenden Brückenpfeiler der Jauntalbrücke in Kärnten – mit 96 Metern Höhe eine der höchsten Eisenbahnbrücken Europas – beim Bau der Koralmbahn nur sechs Prozent des Carbon Footprint verursacht, den ein Neubau der Pfeiler nach sich gezogen hätte.

In der Erhaltung punktet eine fundierte Lebenszyklusbewertung bei Ingenieurbauwerken. Durch entsprechend abgeleitete Maßnahmen etwa im Korrosionsschutz kann zum Beispiel die Lebensdauer von Stahlbrücken deutlich verlängert werden. Insbesondere können mittels Sensorik und Prognose-Modellen wesentlich genauere Lebensdauerprognosen für Stahlbrücken erstellt werden und diese daher auch wesentlich länger in Betrieb gehalten werden. Mit einem Blick in die Zukunft sind aktuelle Forschungen und Innovationen zur Weiterentwicklung von Baustoffen, Bauverfahren und Konstruktionen vielversprechend. So kann die Verwendung von Beton mit $CO_2$-optimierten Ausgangsstoffen, also in erster Linie zementreduzierter Beton, teilweise schon jetzt wesentlich zu einer höheren Nachhaltigkeit im Bau beitragen.

All das kann auch künftig nur mit fundiertem Wissen und einem grundlegenden Verständnis dafür, wie die einzelnen Fachbereiche der Eisenbahninfrastruktur ineinandergreifen, bewerkstelligt werden. Das vorliegende Handbuch ist der ideale Begleiter im beruflichen Alltag aller, die – über Generationen hinweg – diesen Herausforderungen zu begegnen haben.

Dr. Judith Engel

# Vorwort der Herausgeber

Mit dieser neuen Auflage folgen wir dem Ursprungsgedanken einer fortlaufenden Aktualisierung der bisherigen Herausgeber Prof. Fengler und Prof. Fendrich.

Dabei standen neben der Aktualisierung der bestehenden Themen auch die Erweiterung auf neuen Themen wie Digitalisierung und Nachhaltigkeit im Vordergrund. Diese Themen sind nicht nur zentrale Bestandteile der aktuellen Entwicklung, sondern auch entscheidende Schlüssel für die Zukunft der Eisenbahninfrastruktur.

Neben der Aktualisierung der bisherigen Inhalte hat sich nicht nur der Inhalt den Anforderungen an ein aktuelles Nachschlagewerk angepasst, sondern auch die Herausgeberschaft neu aufgestellt. Durch deren Mix aus Industrie- und Forschungssichtweise streben wir eine enge Verbindung von wissenschaftlichen Grundlagen, praxisnahen Anwendungen sowie zukunftsorientierten Entwicklungen an. Neben der inhaltlichen Ausgestaltung des Handbuchs war es uns ein Anliegen die Autorenschaft nachhaltig aufzustellen. Dadurch gewährleisten wir mit dem Handbuch Eisenbahninfrastruktur sowohl ein wertvolles, aktuelles Nachschlagewerk für Fachleute, als auch eine Vernetzung und Wissensvermittlung im internationalen Raum.

Besonders möchten wir uns bei Frau Dipl.-Ing. Engel (Vorständin, ÖBB-Infrastruktur AG) für ihre Unterstützung und ihr Vorwort bedanken, in welchem Sie die Relevanz dieses Nachschlagewerkes herausstreicht und aktuelle Themen aus Sicht eines Infrastrukturbetreibers benennt.

Ein herzlicher Dank gilt den Autorinnen und Autoren, die mit ihrem Fachwissen und ihrem persönlichen Engagement erneut eine interessante und wertvolle Auflage gestaltet haben.

An dieser Stelle bedanken wir uns auch bei allen bisherigen Autoren für die Zurverfügungstellung ihrer Inhalte.

Wir bedanken uns beim Springer Verlag, insbesondere bei Frau Klabunde und Ihrem Team, für die partnerschaftliche Zusammenarbeit und die Unterstützung bei der Realisierung dieses Handbuchs.

Mit großem Bedauern gedenken wir des Verlusts von Prof. Lothar Fendrich, dem ursprünglichen Herausgeber dieses Handbuchs. Sein Beitrag und Engagement werden uns stets in Erinnerung bleiben. Noch zu Lebzeiten übergab er gemeinsam mit seinem Co-Herausgeber Prof. Wolfgang Fengler das Zepter dieses Nachschlagewerks in unsere Hände.

Abschließend hoffen wir, dass diese vierte Auflage des „Handbuchs Eisenbahninfrastruktur“ Ihren Erwartungen entspricht und einen wertvollen

Beitrag zur Weiterentwicklung Ihres Fachwissens leisten kann. Aus Gründen der besseren Lesbarkeit wird auf die gleichzeitige Verwendung der Sprachformen männlich, weiblich und divers (m/w/d) verzichtet. Sämtliche Personenbezeichnungen gelten gleichermaßen für alle Geschlechter.

Zeltweg/Darmstadt/Graz
September 2024

Dr. Jochen Holzfeind
Prof. Dr. Jia Liu
Prof. Dr. Ferdinand Pospischil

# Inhaltsverzeichnis

# Autorenverzeichnis

## Die Herausgeber

**Jochen Holzfeind** voestalpine Railway Systems GmbH, Leoben, Österreich

**Jia Liu** Technische Universität Darmstadt, Darmstadt, Deutschland

**Ferdinand Pospischil** Technische Universität Graz, Graz, Österreich

## Die Autoren

**Bernd Asmussen** Plön, Deutschland

**Wilhelm Baldauf** DB Systemtechnik GmbH, München, Deutschland

**Michael Below** Strategie und Reporting Nachhaltigkeit und Umwelt (GUU), DB AG, Berlin, Deutschland

**Andreas Boldt** DB InfraGO AG, Berlin, Deutschland

**Jens Braband** SMO RI R&D, Siemens Mobility GmbH, Braunschweig, Deutschland

**Matthias Drodt** Unabhängige Bewertungsstelle Fahrweg, DB InfraGO AG, Frankfurt, Deutschland

**Ursula Ehrhart** Institut für Eisenbahnwesen und Verkehrswirtschaft, TU Graz, Graz, Österreich

**Ulrich Erdmann** Erdmann Software GmbH, Görlitz, Deutschland

**Michael Fiedler** Konstruktiver Ingenieurbau, EBA, Hamburg, Deutschland

**Ralph Fischer** Tunnel- und Erdbau Technik (I.IAI 33), DB InfraGO AG, Frankfurt, Deutschland

**Christian Frank** Gleistechnik, DB InfraGO AG, Frankfurt, Deutschland

**Ulf Gerber** Professur für Gestaltung von Bahnanlagen, TU Dresden, Dresden, Deutschland

**Felix Gerhardt** Naturgefahrenmanagement, DB Netz AG, Frankfurt, Deutschland

**Andreas Heppe** DB InfraGO AG, Dresden, Deutschland

**Stefan Jäger** DB Systemtechnik GmbH, München, Deutschland

**Eberhard Jänsch** Schöneck, Deutschland

**Matthias Landgraf** evias, Hart b. Graz, Österreich

**Ekkehard Lay** Seeheim-Jugendheim, Deutschland

**Martina Lüttmann** Infrastrukturplanung und -projekte, DB InfraGO AG, Berlin, Deutschland

**Stefan Marschnig** Institut für Eisenbahnwesen und Verkehrswirtschaft, TU Graz, Graz, Österreich

**Ulrich Maschek** Professur für Verkehrssicherungstechnik, TU Dresden, Dresden, Deutschland

**Dirk Melchert** Infrastrukturplanung und -projekte, DB InfraGO AG, Berlin, Deutschland

**Tristan Mölter** Brückenbau u. LS-Anlagen Technik, I.NAI 421, DB Netz AG, München, Deutschland

**Uwe Ossberger** voestalpine Railway Systems GmbH, Zeltweg, Österreich

**Jörn Pachl** Institut für Eisenbahnwesen und Verkehrssicherung, TU Braunschweig, Braunschweig, Deutschland

**Roland Pavel** Netzzugang, ÖBB-Infrastruktur AG, Wien, Österreich

**Alfred Pitnik** Netzzugang, ÖBB-Infrastruktur AG, Wien, Österreich

**Ferdinand Pospischil** Institut für Eisenbahn-Infrastrukturdesign, TU Graz, Graz, Österreich

**Robert Prinz** Netzzugang, ÖBB-Infrastruktur AG, Wien, Österreich

**Jürgen Reinhardt** EBA-Prüfsachverständiger/Gutachter, Breuberg, Deutschland

**Reinhold Rensing** Borken, Deutschland

**Klaus Riessberger** Institut für Eisenbahnwesen und Verkehrswirtschaft, TU Graz (emeritiert), Graz, Österreich

**Sören Röhrig** Produktmanagement, voestalpine Rail Technology GmbH, Leoben, Österreich

**Ulrich Rührnößl** Netzzugang, ÖBB-Infrastruktur AG, Wien, Österreich

**Carsten Sattler** SMO RI D TS, Siemens Mobility GmbH, Braunschweig, Deutschland

**Anne Schacherl** Leiterin Grundsätze und Entwicklung BIM, DB InfraGO AG, Frankfurt am Main, Deutschland

**Steffen Scharun** Head of BIM, OBERMEYER Infrastruktur GmbH & Co. KG, München, Deutschland

**Stephan Scheriau** Evaluation & Simulation, voestalpine Rail Technology GmbH, Leoben, Österreich

**Eric Schöne** Dresden, Deutschland

**Klaus Six** Department Rail Systems, Virtual Vehicle Research GmbH, Graz, Österreich

**Katja Skodacsek** Netzzugang, ÖBB-Infrastruktur AG, Wien, Österreich

**Arnd Stephan** Fakultät Verkehrswissenschaften „Friedrich List", Technische Universität Dresden, Dresden, Deutschland

**Jürgen Stern** Fahrwegtechnik – Geotechnik und Naturgefahrenmanagement, ÖBB Infrastruktur AG, Wien, Österreich

**Wolfgang Strehn** Netzzugang, ÖBB-Infrastruktur AG, Wien, Österreich

**Samantha Tlustowski** Strahlenschutz, Hygiene, Gefahrstoffe, Gefahrgut, Deutsche Bahn AG, Frankfurt, Deutschland

**Holger Tobergte** Strahlenschutz, Hygiene, Gefahrstoffe, Gefahrgut, Deutsche Bahn AG, Minden, Deutschland

**Peter Veit** Institut für Eisenbahnwesen und Verkehrswirtschaft, TU Graz, Graz, Österreich

**Ivan Vidovic** voestalpine Signaling Austria GmbH, Zeltweg, Österreich

**Fabian Walf** DB InfraGO AG, Berlin, Deutschland

**Gerhard Wolff** Extertal, Deutschland

**Alexander Zlatnik** Competence Center Welding, voestalpine Rail Technology GmbH, Leoben, Österreich

**Bernd-Wolfgang Zweig** Rail Power Systems GmbH, Offenbach, Deutschland

# 1 Das Zusammenwirken von Fahrzeug und Gleis

Klaus Riessberger

**Zusammenfassung**

Die Klarstellung der Kraft- und Bewegungsverhältnisse zwischen Fahrzeug und Fahrweg, später detaillierter zwischen Rad und Schiene war bereits im 19. Jahrhundert Gegenstand wissenschaftlicher Bemühungen. Entsprechend den damaligen Möglichkeiten spielten vor allem experimentelle Erkenntnisse eine bedeutende Rolle, deren mathematische Formulierung einerseits wesentliche Vereinfachungen enthielten, aber andererseits bis heute nachwirken. Einige der in diesem Beitrag aufgezeigten „Kriterien" haben sich über die Zeit durch ihre Anwendbarkeit qualifiziert, auch wenn gelegentlich Kritik von akademischer Seite geäußert wird.

Die Darstellungen in diesem Beitrag sollen ein Grundverständnis des Systems Eisenbahn und einen Einblick in die den Kontakt Rad-Schiene beschreibenden Modelle liefern, wie z. B. den Begriff der äquivalenten Konizität, den Sinuslauf oder den Vogelplan. Insbesondere das Verfahren nach Heumann (im Anhang 3) für die Ermittlung der Bogenlaufkräfte bei mäßigen Geschwindigkeiten erlaubt eine schnelle Überprüfung der Ergebnisse von heute modernen rechentechnischen Simulationen der Lauftechnik.

Die kegelartige Kontur der Radlaufflächen spielt für die Selbstzentrierung und den Bogenlauf sowie die Verteilung der Verschleiße über die Berührbreite eine wichtige Rolle und sollte durch Erfahrung an die jeweiligen Einsatzbedingungen der Fahrzeuge adaptiert werden.

Die Interaktion von Radsatz und Gleis ist bei moderaten Fahrgeschwindigkeiten zunächst von den „klassischen" Gleisfehlern, wie Längshöhenfehler, Seitenfehler und Verwindung, dominiert.

Bei höheren Geschwindigkeiten gewinnt die Kontaktgeometrie zwischen Gleis, charakterisiert durch Spurweite und Schienenprofil mit Schieneneinbauneigung, und Radsatz, ausgedrückt durch Radprofil und entsprechende Abmessungen, an Bedeutung und schließlich Dominanz. Sehr kleine Abweichungen können zu unverhältnismäßig großen Reaktionen führen. Die erreichbare Geschwindigkeit eines Eisenbahnfahrzeuges wird durch seinen Lauf ohne eigenerregte seitliche Kraftspitzen bestimmt, die von der Rad-Schiene Kontaktgeometrie maßgebend abhängen.

Die Bemühungen um einen „gesamteuropäischen Eisenbahnraum" haben auch im Vorschriftenwesen ihren Niederschlag gefunden. Schrittweise wurden in den Jahren 2000 bis 2005 in sich schlüssige Vorschriften für alle Bahnen der Europäischen Union erstellt, die auch für die Schweiz, das Vereinigte Königreich und Norwegen Geltung haben. Die Normenfamilie EN 14363 „Bahnanwendungen (Fahrtechnische Prüfung für die fahrtechnische Zulassung von Eisenbahnfahrzeu-

K. Riessberger (✉)
Institut für Eisenbahnwesen und Verkehrswirtschaft, TU Graz (emeritiert), Graz, Österreich



J. Holzfeind, J. Liu, F. Pospischil (Hrsg.), *Handbuch Eisenbahninfrastruktur*,
https://doi.org/10.1007/978-3-662-68960-8_1

gen/Prüfung des Fahrverhaltens und statische Versuche)", herausgegeben vom C.E.N., dem Centre Europeen de Normalisation, Brüssel, definiert detailliert die statischen und die dynamischen Bedingungen für die Zulassung von Eisenbahnfahrzeugen für den allgemeinen Verkehr auf Strecken innerhalb der Union und enthält

- Spezifikationen von Gleisgeometrien für den Nachweis der Entgleisungssicherheit in Gleisverwindungen und deren Beurteilung in Rechnung und Experiment.
- Prüfung des Wankverhaltens der Fahrzeuge
- Prüfung der Ausdrehwiderstände der Drehgestelle unter den Wagenkästen
- Spezifikation der Qualität der Gleisabschnitte, die für eine lauftechnische Untersuchung geeignet sind
- Festlegung der maximal zulässigen äquivalenten Konizität in Abhängigkeit von der angestrebten maximalen Fahrgeschwindigkeit
- Zulässige Werte für Kräfte und Beschleunigungen bei Probefahrten in Hinsicht auf den Fahrkomfort
- Art und Weise der Beurteilung

Abschließend wird der Hoffnung Ausdruck gegeben, dass dieser Beitrag die Wichtigkeit eines guten Zusammenwirkens von Radsatz und Gleis für alle Sparten des Eisenbahnwesens deutlich macht. Im Gegensatz zu der manchmal geäußerten Ansicht, dass sich der Radaufstandspunkt jeweils am „äußersten Rand" der Wissensgebiete Gleisbau und Fahrzeugbau befindet – und daher nur eine unwesentliche Rolle spiele – kommt ihm für ein problemloses, kostengünstiges und störungsfreies Funktionieren der Eisenbahn die entscheidende Bedeutung zu.

## 1.1 Einleitung

Der Rad-Schiene Kontakt bestimmt die Leistungsfähigkeit des Systems Eisenbahn. Aufgrund der Dynamik und der hohen Kontaktspannungen ist er der kritische Punkt bei allen Bahnen, ganz besonders jedoch bei Hochgeschwindigkeits- und Schwerlastverkehr. Der Kontakt Rad-Schiene ist aber auch maßgeblich für Lärm und Verschleiß verantwortlich. Die Rauigkeit von Schiene und Rad regt die Lärmemissionen an, durch Materialabtrag verändern sich zudem die jeweiligen Profile in Längs- und Querrichtung, was im Laufe des Betriebes veränderte Kontaktsituationen hervorruft. Hinzu kommt, dass das Durchfahren von engeren Bögen durch Eisenbahnfahrzeuge mit erheblichen Gleitanteilen (Schlupfen) verbunden ist, die Räder also eher rutschen als rollen. Außerdem hat es eine große Tradition, ausgerechnet am Kontaktpunkt Rad-Schiene die Trennung von Bauingenieurwesen und Maschinenbau vorzunehmen. Im Folgenden wird noch deutlich dargelegt werden, dass Kräfte und Bewegungen und mit ihnen der Verschleiß immer aus dem Zusammenwirken zweier Komponenten herrühren, der Schiene und dem Rad, oder genauer, dem Laufwerk und dem Gleis, und daher von beiden Fachbereichen pflegliche Maßnahmen nötig sind, um dauerhaft ein befriedigendes Zusammenwirken der Komponenten sicherzustellen.

In Europa hatten die Staaten bis vor wenigen Jahren die Normenhoheit, eine Abstimmung zwischen den Bahnen zum Zwecke der internationalen Kompatibilität erfolgte im Rahmen von Arbeitssitzungen im Internationalen Eisenbahnverband (UIC). Seit der Einrichtung von europäischen Institutionen zur Schaffung eines gesamteuropäischen Eisenbahnraumes gelten für die Bahnen der Mitgliedsländer der Europäischen Union (EU) gemeinsame und einheitliche Richtlinien, die in nationales Recht umgesetzt werden (und wurden) und denen im Zuge der laufenden Erneuerung der Bahnanlagen zunehmend entsprochen werden wird.

Für den Radsatz und das Gleis sind die Hauptabmessungen und die zugehörigen Toleranzen durch Normen festgelegt.

Für den Radsatz gelten folgende Bezeichnungen und Maße (für Normalspur 1435 mm)

- Raddurchmesser, gemessen in Profilmitte
- Radprofil (Abb. 1.1)

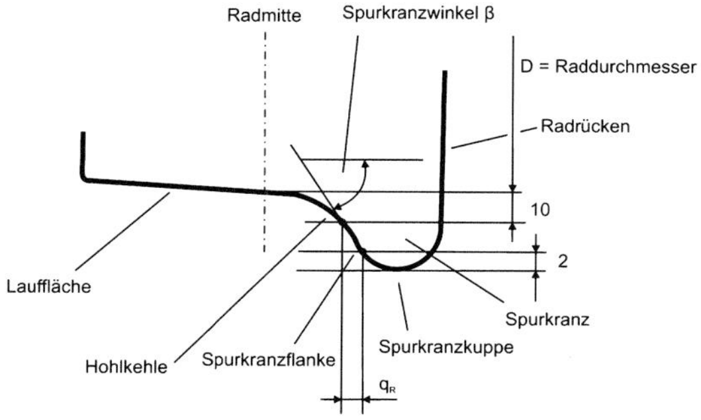


**Abb. 1.1** Bezeichnungen Radprofil

- Radbreite 135–140 mm
- Lauffläche, Laufflächenneigung (1 : 15… 1 : 40), Laufflächenform
- Hohlkehle, Hohlkehlen-Ausrundung
- Spurkranz, Spurkranzkuppe
- Radrücken, Radrückenentfernung 1360 mm
- Radmittenentfernung 1500 mm
- Spurmaß – Entfernung korrespondierender Punkte der Spurkranzflanke, gemessen 10 mm über Radprofilmitte (1426… 1412 mm)
- $q_R$-Maß als Kennwert für die Neigung der Spurkranzflanke (> 6,5 mm)

Für das Gleis werden folgende Begriffe verwendet (Abb. 1.2):

- Spurweite, gemessen 14 mm unter Schienenoberkante (SOK) 1435 mm
  - Größtwert 1470 mm
  - Kleinstwert 1425 mm
- Schienenneigung (1 : 20… 1 : 40)
- Schienenkopfrundung ~ 300 mm
- Schienenfahrkante, Radius der Schienenfahrkante

Daraus ergibt sich

- „Spurspiel“ als Differenz von Spurweite und Spurmaß
  - Größtwert 58 mm
  - Kleinstwert −1 mm

Für Weichen sind zahlreiche weitere Maße festgelegt, die zur Sicherstellung der einwandfreien

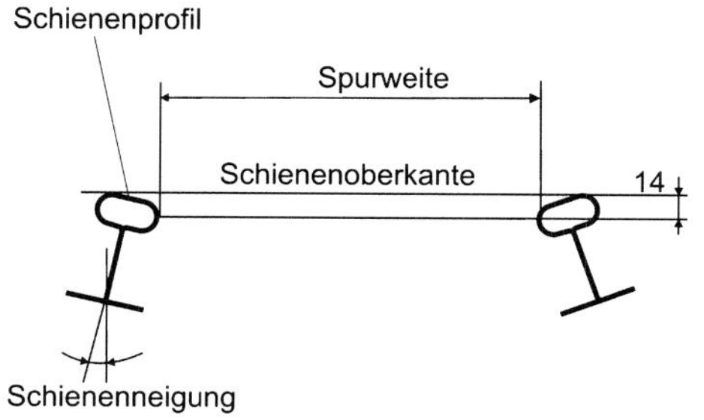


**Abb. 1.2** Bezeichnungen im Gleis

Funktion laufend kontrolliert werden, um auftretenden Verschleiß rechtzeitig zu korrigieren.

## 1.2 Der Radsatz im Gleis

### 1.2.1 Einführung

Wir betrachten einen Radsatz als starre Verbindung von zwei Rädern und einer Welle. Wie in Abb. 1.3 dargestellt läuft der Radsatz auf einem Gleis bestehend aus zwei Schienen mit einem Abstand der Kontaktpunkte von $2s$. Bedingt durch die seitliche Verschiebung $y$ laufen der linke und der rechte Kontaktpunkt auf unterschiedlichen Radien, die Rollradiendifferenz wird als $\Delta r$ bezeichnet.

Es bedeuten

$r$ nomineller Halbmesser eines Rades [m]
$s$ halber Abstand der Radaufstandspunkte [m]
$\rho$ Halbmesser der Bahnkurve [m]
$y$ Verschiebung der Radsatzmitte von der Gleismitte [m]

Aus Abb. 1.3 kann der folgende Zusammenhang entnommen werden:

$$\tan\varepsilon = \frac{\Delta r}{2s} = \frac{r}{\rho} \quad \text{mit} \quad \Delta r = f(y). \tag{1.1}$$

Mit $\rho$ wird in dieser Formel der Radius bezeichnet, mit welchem zu diesem Zeitpunkt die rollende Bewegung in der horizontalen Ebene stattfindet. Er ergibt sich zu:

$$\rho = \frac{2rs}{\Delta r} = \frac{2rs}{f(y)}. \tag{1.2}$$

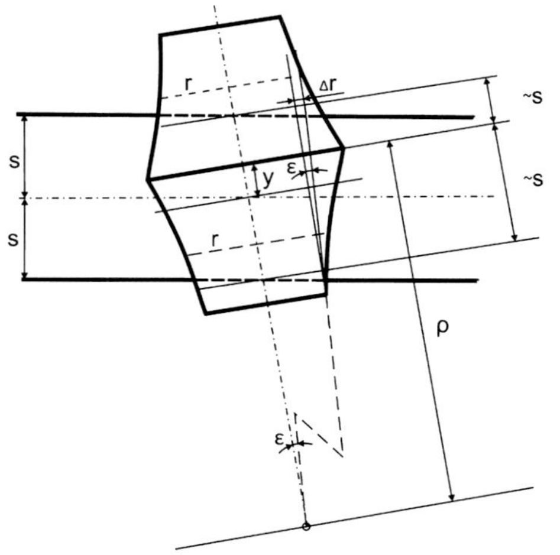


**Abb. 1.3** Allgemeine Zusammenhänge

Grundsätzlich lautet die Gleichung für die Bahnkrümmung

$$y'' = \frac{\left(1+y'^2\right)^{\frac{3}{2}}}{\rho} = \frac{\left(1+y'^2\right)^{\frac{3}{2}}}{\frac{2rs}{f(y)}}. \qquad (1.3)$$

Somit wäre die Differentialgleichung der seitlichen Bewegung für die (langsame) Fortbewegung eines Radsatzes am Gleis gefunden. Da es sich hierbei um eine nichtlineare Gleichung handelt, kann eine geschlossene Lösung nicht angegeben werden.

Diesem Problem wird (hier) mit zwei Vereinfachungen begegnet:

1. Die Bahn der Radsatzmitte weicht nur leicht von der Gleisachse ab

$$y'^2 \ll 1,$$

damit wird

$$\left(1+y'^2\right)^{\frac{3}{2}} \cong 1$$

und folglich

$$y'' = \frac{f(y)}{2rs} = \frac{1}{\rho}. \qquad (1.4)$$

2. Räder mit geraden konischen Profilen
Mit $\lambda$ als Neigung des geraden konischen Profils wird

$$\Delta r = f(y) \Rightarrow \Delta r = 2\lambda y.$$

Dann gilt

$$\Delta r = r_1 - r_2 = r_0 + \lambda y - (r_0 - \lambda y) = 2\lambda y,$$

und die (1.4) wird zu

$$y'' = \frac{2\lambda y}{2rs} = \frac{\lambda}{rs} y. \qquad (1.5)$$

Diese Differentialgleichung kann unschwer gelöst werden mit:

$$y(x) = y_{\max} \cdot \sin \sqrt{\frac{\lambda}{rs}} \cdot x. \qquad (1.6)$$

Diese Lösung wurde erstmals im Jahr 1883 von Klingel präsentiert. Aus ihrer mathematischen Formulierung leitet sich die Bezeichnung „Sinuslauf" für die periodische seitliche Bewegung eines Radsatzes während seines Laufes ab. Es ist festzuhalten, dass

- die Lösung nach Klingel nur für niedrige Geschwindigkeiten gültig ist, da keine Massenwirkungen enthalten sind,
- die Bewegung ausschließlich vom zurückgelegten Weg bestimmt wird
- nur die Annahme eines geraden konischen Profils zu einer linearen Differentialgleichung führt,
- jedes Hohlprofil zu nicht linearen Bewegungen führt,
- die Bewegungen eines ungefesselten, langsam freilaufenden Radsatzes durch reines Rollen (ohne relative Gleitbewegungen bzw. Schlupf) hervorgerufen werden,
- jede Verbindung der betrachteten Achse mit einem Wagenkasten oder mit einer anderen Achse in einem Drehgestell die Bewegung behindert und zum Auftreten von Gleitbewegungen (Schlupfen) an den Radaufstandspunkten führt.

Das idealisierte Modell des Sinuslaufes und insbesondere der ($\Delta r$ über $y$)-Funktion beschreibt sowohl das Selbstzentrierungsverhalten im geraden Gleis wie auch im Bogen. Das tatsächliche Verhalten der Radsätze wird darüber hinaus durch die Gleislage und deren geometrischen Imperfektionen, die beteiligten Massen und die konstruktive Gestaltung der Laufwerke bestimmt.

## 1.2.2 Das Reibungsgesetz

### 1.2.2.1 Reibungsgesetz nach Coulomb

Im Jahre 1776 veröffentlichte Coulomb das nach ihm benannte Reibungsgesetz (Abb. 1.4)

$$T = -\mu N \frac{v}{|v|}. \qquad (1.7)$$

Die Reibungskraft $T$ ist in ihrer Größe proportional der Normalkraft $N$ und der Relativbewegung entgegengesetzt, mit

$N$ Normalkraft [N]
$T$ Reibungskraft (Tangentialkraft) [N]
$\mu$ Reibungskoeffizient [1]
$v$ Relativgeschwindigkeit [m/s]

### 1.2.2.2 Schlupfe

Seit mehr als 100 Jahren ist bekannt, dass für die Übertragung von Tangentialkräften mittels Reibung das Auftreten eines Schlupfes, d. h. einer Geschwindigkeitsdifferenz der einander berührenden Flächen, notwendig ist.

Diese Schlupfe können auftreten in

- Längsrichtung ($\sigma_x$),
- Querrichtung ($\sigma_y$) und
- vertikaler Richtung ($\sigma_z$),

wobei die Betrachtung in einer Tangentialebene im Kontaktpunkt erfolgt.

Die drei Arten von („starrem“) Schlupf sind definiert wie folgt:

1. Längsschlupf

$$\sigma_x = \frac{R\omega - v}{\frac{R\omega + v}{2}} \cong \frac{R\omega - v}{v} \qquad (1.8)$$

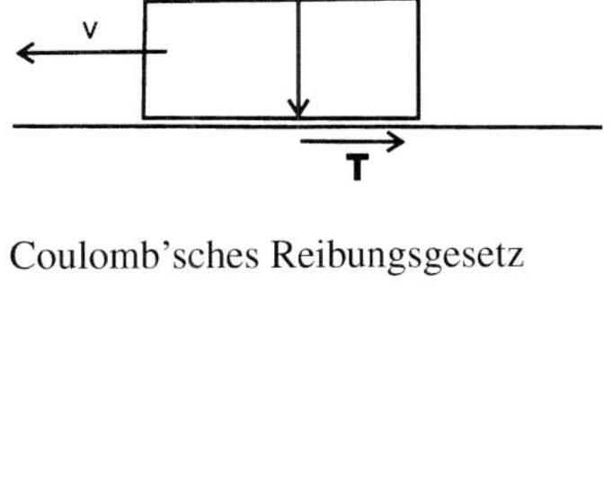


**Abb. 1.4** Coulomb'sches Reibungsgesetz

mit
$r$ Radradius [m];
$\omega$ Umfangsgeschwindigkeit des Rades [1/s]
$v$ Geschwindigkeit des Radschwerpunkts [m/s]

2. Querschlupf

$$\sigma_y = \frac{v_{\text{lateral}}}{v} = \frac{v \cdot \alpha}{v} = \alpha \qquad (1.9)$$

mit
$\alpha$ = Schräglaufwinkel [rad]

3. Bohrschlupf

$$\sigma_z = \frac{\Omega_3 - \Omega_3'}{-\frac{1}{2}(R\omega + v)} \cong \frac{\Omega_3 - \Omega_3'}{-v} \qquad (1.10)$$

mit
$\Omega_3$ Rotationsgeschwindigkeit, bezogen auf die geneigte Kontaktfläche [1/s]
$\Omega_3'$ Rotationsgeschwindigkeit der Radbewegung um die Radsatzwelle [1/s]

Der Bohrschlupf ist im Allgemeinen klein und wird bei Berührung an der Schienenoberfläche üblicherweise vernachlässigt.

Die Abhängigkeit der Kraftübertragung vom Längs- und Querschlupf kann qualitativ dem Abb. 1.5 entnommen werden [1].

In Abb. 1.6 werden die Größenordnungen von Längs- und Querschlupf bei durchschnittlichem Schienenzustand dargestellt.

Zu beachten ist dabei, dass ein hoher Querschlupf die Fähigkeit zur Übertragung von Längskräften negativ beeinflusst und umgekehrt.

Wenn Rad und Schiene nicht mehr als vollkommen starr angesehen werden („elastischer Schlupf“), stellt sich eine Aufteilung der Berührungsfläche in ein (oder mehrere) Haft- und Gleitgebiete mit unterschiedlichen Relativbewegungen zwischen den sich berührenden Elementen ein (siehe auch Abb. 1.7).

Die verschiedenen Aufteilungen der Berührungsfläche resultieren aus unterschiedlichen Kombinationen der Schlüpfe.

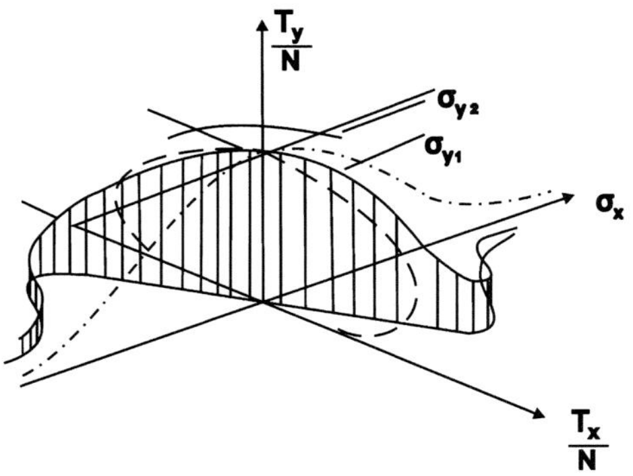


**Abb. 1.5** Abhängigkeit der Kraftübertragung vom Längs- und Querschlupf

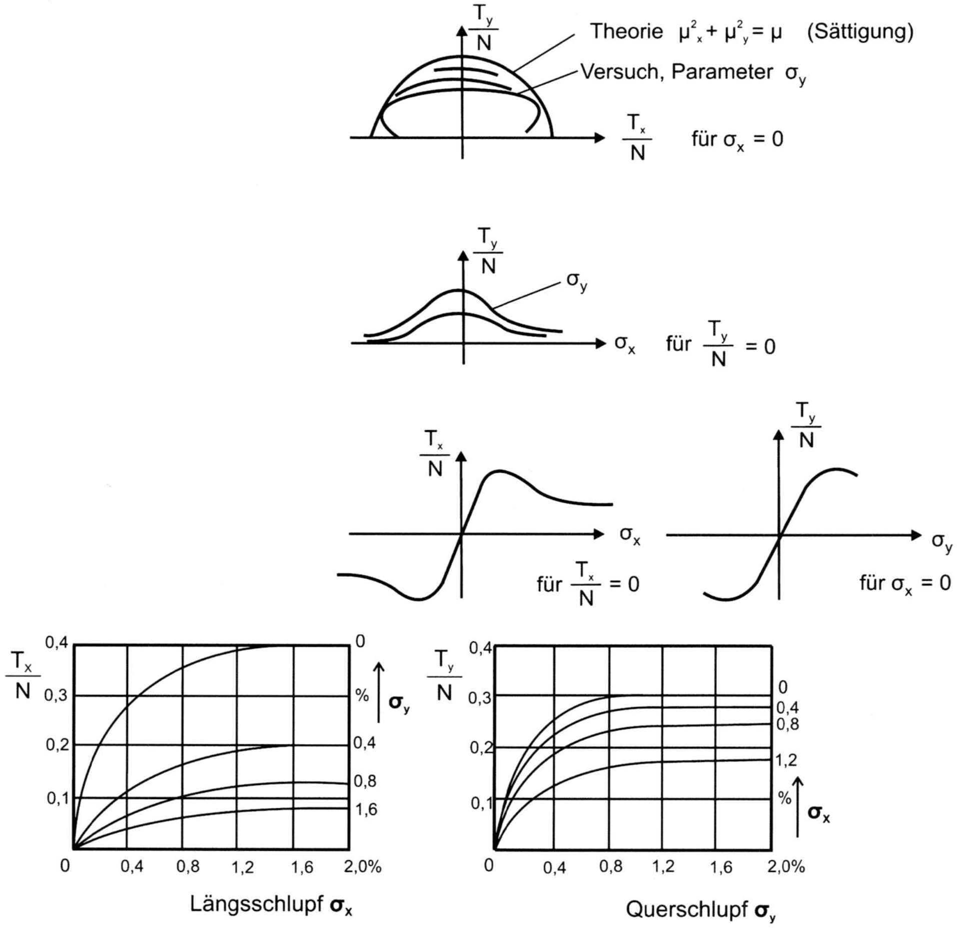


**Abb. 1.6** Kraftschlussfunktionen nach Frederich

**Abb. 1.7** Aufteilung der Berührfläche in Haft- und Gleitgebiete

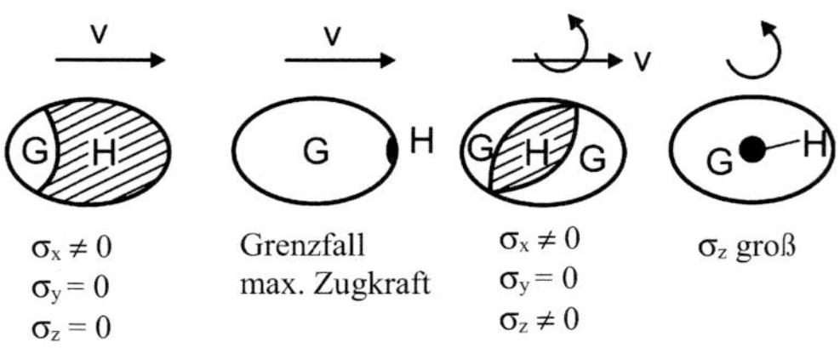


H Haftgebiet
G Gleitgebiet

#### 1.2.2.3 Kalker-Gleichungen

Kalker hat in einer umfangreichen Arbeit das Berührungsproblem eingehend behandelt und allgemeine Lösungen angegeben [2].

Kleiner Schlupf erlaubt Linearisierungen (Abb. 1.8). Unter diesen Bedingungen nehmen die von Kalker angegebenen Gleichungen folgende Form an:

$$\begin{aligned} T_x &= K_{11} \cdot \sigma_x, \\ T_y &= K_{22} \cdot \sigma_y + K_{23} \cdot \sigma_z, \\ M_z &= -K_{23} \cdot \sigma_y + K_{33} \cdot \sigma_z. \end{aligned} \tag{1.11}$$

$K_{ij}$ sind die „Kalker-Faktoren", die vom Kontaktmuster und seiner Form abhängen. Die „Kalker-Faktoren" haben die Dimension $[K_{ij}] =$ [Kraft/Schlupf] bzw. [Moment/Schlupf]. Die Kalker-Gleichungen stellen heute die Basis aller Berechnungen zur Beschreibung des Verhaltens von (Hochgeschwindigkeits-)Eisenbahnfahrzeugen dar. Zur Bestimmung der Kalker-Faktoren wurden schnelle Computerprogramme entwickelt („Fast Kalker").

**Zusammenfassung**

1. Jede Kraftübertragung im Rad-Schiene-Kontakt bewirkt Schlupf
2. Jeder erzwungene Schlupf bewirkt Kräfte

### 1.2.3 Äquivalente Konizität (Abb. 1.9)

Radsätze, charakterisiert durch

- Radrückenentfernung
- Radprofil

entwickeln auf dem Gleis, charakterisiert durch

- Spurweite
- Schieneneinbauneigung
- Schienenprofil

beim Abrollen und seitlichem Radsatzversatz unterschiedliche Rollradien (Die Rollradiendifferenz $\Delta r$ bezogen auf die Querverschiebung des Radsatzes im Gleis $y$ wird als „Profilfunktion $\Lambda$" bezeichnet).

Gleichzeitig resultiert aus der Bewegung der Kontaktkraft senkrecht zur Kontaktfläche eine Kraft mit der Tendenz den Radsatz im Ausmaß von $(\theta_1 - \theta_2)$ („Profilfunktion $\Delta$") in die Mittellage des Gleises zurückzuführen.

Zusätzlich existiert eine Rotation um die Längsachse $x$, wobei diese weniger bedeutend ist („Profilfunktion $\Gamma$").

Für jede Kombination von Radsatz und Schiene kann die ($\Delta r$ über $y$)-Funktion aus Messungen oder Berechnungen bestimmt werden. Sie ist grundsätzlich eine nichtlineare Funktion, die an manchen Stellen auch einen Sprung zur Folge des Wechsels der Berührpunkte aufweisen kann. **Nur wenn die Funktion eine lineare Abhängigkeit von $\Delta r$ über $y$ zeigt, kann dieses Verhalten durch die Konizität eines geraden Kegels („äquivalente Konizität") beschrieben werden.**

Bei Anlaufen der Spurkränze an die Schiene steigt die Funktion überproportional an.

Ein gerader doppelt-konischer Radsatz weist immer eine lineare $\Delta r$ über $y$-Funktion auf, unabhängig von Spurweite, Schieneneinbauneigung und Schienenquerprofil. Bei Hohlprofilen kommen weitere, später diskutierte Einflüsse zu tragen, die eine geringfügig andere Bestimmung der äquivalenten Konizität erfordern.

Die äquivalente Konizität ist also ein linearisierter Begriff für einen nichtlinearen Zusammenhang. Tatsächlich ist die Relation zwischen den resultierenden Differenzen der Kontaktradien $\Delta r$ und der Seitenverschiebung des Radsatzes $y$ von vielen Einflüssen abhängig wie z. B. den Profilkonturen und den Amplituden der Ausschläge, im Besonderen aber von der Spurweite. Einen guten Eindruck vermittelt ein Diagramm, das Lang [3] veröffentlicht hat und das in Abb. 1.10 wiedergegeben ist. Es zeigt ein starkes Ansteigen der „äquivalenten Konizität $\lambda_e$" bei kleiner werdenden Spurweiten. Wegen der immer engeren Verhältnisse wirken sich geringe Unregelmäßigkeiten überproportional stark aus, was sich durch die zunehmende Streuung der errechneten Werte ausgedrückt. Diese Unsicherheiten weisen auch auf die Notwendigkeit hin, die Spurweite – und damit das Spurspiel – ausreichend groß zu wählen.

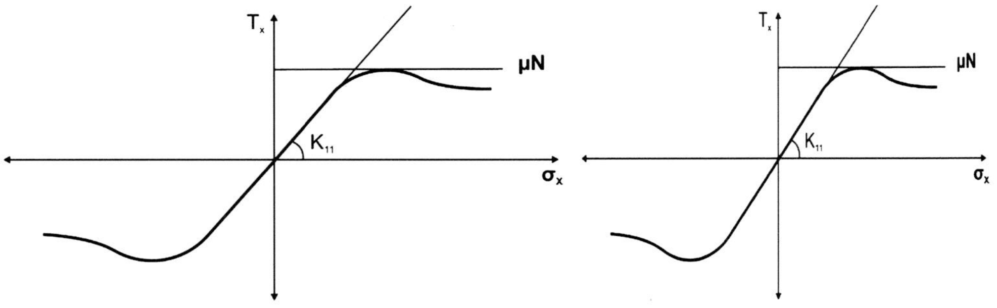


**Abb. 1.8** Kraftschluss-Funktionen, Linearisierung

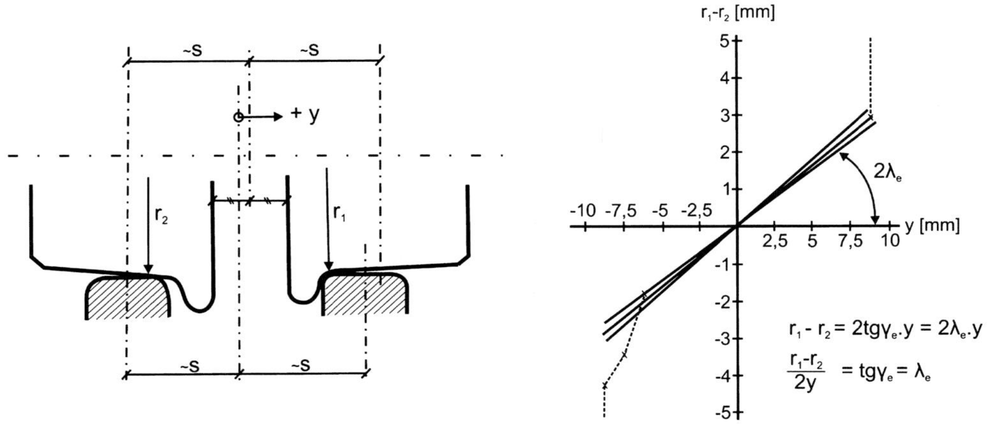


**Abb. 1.9** Äquivalente Konizität

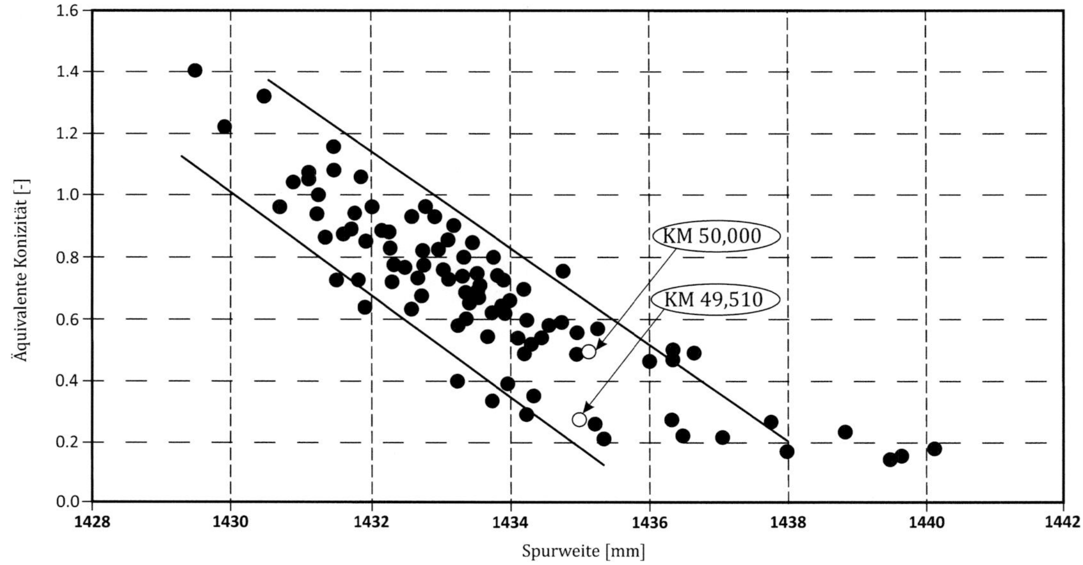


**Abb. 1.10** Äquivalente Konizität über Spurweite

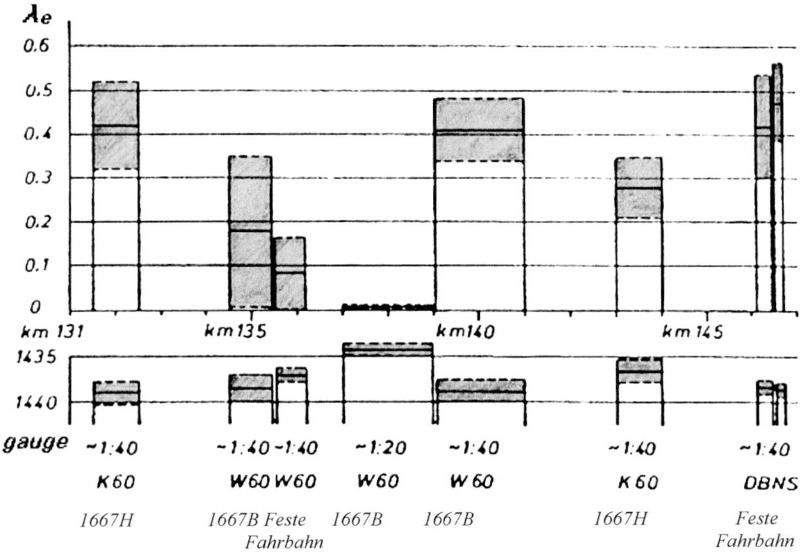


**Abb. 1.11** Äquivalente Konizität $\lambda_e$ entlang einer Versuchsstrecke

Die äquivalente Konizität $\lambda_e$ (im Weiteren $\lambda$ ohne Index, im deutschen Schrifttum auch mit „$\gamma_e$" bezeichnet) ist der fahrzeugseitige Hauptparameter für die Fahrzeug-Gleis-Dynamik, der sowohl vom Radsatz als auch vom Gleis gleichzeitig beeinflusst wird. Dies ist in Abb. 1.11 mit Paarungen des Radprofiles UIC S1002 und verschiedenen Oberbauarten gezeigt.

Eine Abschätzung der äquivalenten Konizität kann mit guter Näherung für kleine Bewegungen und bei Berührung im flachen Bereich der Schienenoberfläche auch wie folgt vorgenommen werden (Abb. 1.12). Dabei gilt:

$R_R$ = Krümmungsradius Rad [mm]
$R_S$ = Krümmungsradius Schiene [mm]
$g_R$ = Entfernung Krümmungsmittelpunkte Rad [mm]
$g_S$ = Entfernung Krümmungsmittelpunkte Schiene [mm]

$R_1$ und $R_2$ seien die Laufradien der beiden Räder, gemessen von der Achse zu den Berührpunkten Rad-Schiene, $R_1^*$ und $R_2^*$ die Abstände dieser Berührpunkte von der Verbindung der Krümmungsmittelpunkte der betrachteten Radprofile.

$$\lambda_e = \frac{R_2 - R_1}{2y} = -\frac{R_2^* - R_1^*}{2y},$$

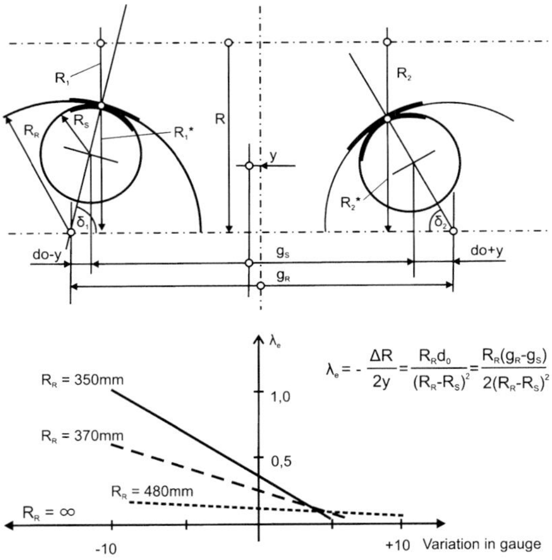


**Abb. 1.12** Abschätzung der äquivalenten Konizität

daraus folgt

$$\lambda_e = \frac{R_R(\sin\delta_1 - \sin\delta_2)}{2y},$$

und nach einiger Umformung und Vernachlässigung kleiner Größen erhält man

$$\lambda_e = \frac{R_R(g_R - g_S)}{2(R_R - R_S)^2}. \quad (1.12)$$

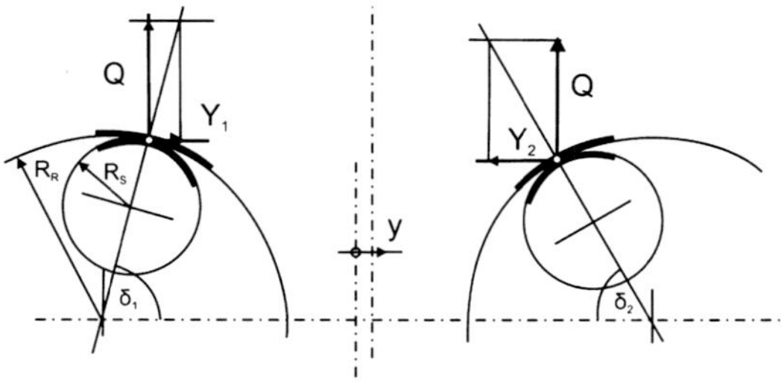


**Abb. 1.13** Abschätzung der Rückstellsteifigkeit

Für die Parameter $R_S = 300$ mm und $g_S - g_R = 6$ mm ergeben sich bei Variation der Laufflächen-Querradien $R_R$ die Ergebnisse nach Abb. 1.11.

### 1.2.4 Rückstellsteifigkeit $c_{yg}$

Bei Hohlprofilen ändern sich die Berührebenen bei horizontalem Versatz des Radsatzes entsprechend der Funktion $(\theta_1 - \theta_2)$ über $y$. Die Rückstellkraft dividiert durch den Seitenversatz $y$ wird als Rückstellsteifigkeit $c_{yg}$ bezeichnet (Abb. 1.13). Die Untersuchung zeigt, dass diese ausschließlich von der vertikalen Last abhängt.

$$c_{yg} = -\frac{2Q}{R_R - R_S} \quad (1.13)$$

mit

$2Q$ Achslast [kN]

Bei geraden konischen Profilen wird die Rückstellsteifigkeit $c_{yg}$ zu Null.

### 1.2.5 Einfluss der Spurweite auf $\lambda_e$, $c_{yg}$

Die Abhängigkeit

- der äquivalenten Konizität $\lambda_e$ und
- der Rückstellsteifigkeit $c_{yg}$

von Spurweite, Schieneneinbauneigung und Schienenprofil sowie der Berührgeometrie ist offensichtlich. Grundsätzlich führen enge Spurweiten zu großen Berührwinkeln $\theta$. Dies bedeutet

- hohe äquivalente Konizität
- hohe Rückstellsteifigkeit

kombiniert mit reduzierter Möglichkeit zur Horizontalbewegung.

Gleichzeitig trägt der Bohrschlupf $\sigma_z$ zum Schienenverschleiß an der Fahrkante und der Schienenflanke in Form von Head Checks bei. Aus diesen Gründen wird eine gegenüber der Standardspurweite geringfügig erweiterte Spur empfohlen. Diese sollte für Hochgeschwindigkeitsstrecken 1437 bis 1440 mm betragen (siehe auch Abb. 1.10).

### 1.2.6 Möglichkeiten der Einflussnahme

Die Spurweite bestimmt gemeinsam mit dem Spurmaß das Spurspiel. Damit erlaubt auch eine Schwächung der Spurkränze eine Vergrößerung des Spurspieles und damit eine „scheinbare" Erweiterung der „Spur".

Weitere Möglichkeiten bieten auch

- Schienenneigung und
- die Form des Schienen-Querprofiles im Berührbereich die Möglichkeit, das Zusammenwirken von Radsatz und Gleis günstig zu beeinflussen. Eine größere Schieneneinbauneigung (z. B. 1 : 20 statt 1 : 40) verschiebt den Berührungspunkt nach gleisaußen und damit in den flachen Bereich des Radprofiles. Dadurch wird die Fahrkante entlastet und die Radsatzdynamik weniger angeregt.

Die Zurücknahme der Fahrkante von etwa 0,5 bis 0,8 mm zur Schaffung eines größeren Ausrundungsradius durch Schienenschleifen vor Ort dient ebenso der Verschiebung des Radaufstandpunktes in einen Bereich flacher Berührkonturen und damit einer Verringerung der sehr hohen Berührungsspannungen (z. B. „ballige Schiene"). Eine entsprechende Pflege der Schienenprofile ist besonders bei Schwerlastbahnen seit langem üblich.

### 1.2.7 Anmerkungen zur Wahl eines Radprofils

Die vorstehenden Berechnungen und Darlegungen unterstreichen die zentrale Bedeutung der Profilform der Räder auf die lauftechnischen Eigenschaften von Schienenfahrzeugen. Über diese geometrischen Notwendigkeiten hinaus muss ein Radprofil aber weitergehende Eigenschaften besitzen.

- Stabile Form im Laufe des Betriebes
- Breite Auflagerung des Rades auf der Schiene. Der Radaufstandspunkt ist kein „Punkt", sondern stets mit einer Hertz'schen Fläche verbunden.
- „weicher" Übergang von Kontakt an der Schienenoberseite zu einem solchen an der Schienenflanke
- Stetige, möglichst (quasi-)lineare Entwicklung von „$\Delta r$ über $y$"
- Kompatibilität mit den verschiedenen Schienenarten und deren Verschleißzuständen im befahrenen Gleisnetz

Es ist leicht einzusehen, dass ein einziges Radprofil nicht für alle Fahrzeuge bestgeeignet sein kann. Die vor einigen Jahrzehnten vehement verfolgte Idee eines generell gültigen idealen Radprofils hat sich als nicht zielführend erwiesen. Eine zu enge Standardisierung sollte daher unterbleiben.

Für die Abstimmung der Radprofile auf gegebene Gleiszustände ist eine sorgfältige Beobachtung der Entwicklung von Rad- und Schienenprofilen (z. B. bei U-Bahnen) notwendig. Solche Beobachtungen werden in jüngster Zeit durch sehr praktikable Handgeräte zur Messung und Registrierung von Rad- und Schienenprofilen erleichtert.

Weiters soll nachdrücklich auf den theoretischen Charakter einer „Punkt-Berührung" hingewiesen werden. Jede Normalkraft führt zu Verformungen und zur Ausbildung einer „Hertz'schen Berührfläche", in der sich recht verschiedene Schlupfarten (Abschn. 1.2.2.2) ausbilden können. Bei starker Neigung der Tangentialebene im Berührpunkt ist der Bohrschlupf nicht mehr zu vernachlässigen.

Im Falle von hoch belasteten Rädern ist auch die Größe der Hertz'schen Fläche im Hinblick auf die resultierenden Pressungen und die Spannungsverteilung in die Tiefe der Berührkörper von Bedeutung. Um Materialversagen unterhalb der Oberfläche aufgrund der entstehenden Schubspannungen zu vermeiden muss auf eine möglichst weitgehende Anschmiegung der Oberflächen geachtet werden. Im Falle der Eisenbahnräder bleibt bei gegebenem Raddurchmesser als einzige geometrisch beeinflussbare Größe nur die Querkrümmung der Lauffläche. Dementsprechend kann auch eine anpassende Reprofilierung der Schiene hilfreich sein.

Festzuhalten bleibt, dass der durch Normen definierte Neuzustand der Profile von Rad und Schiene weder auf Dauer haltbar ist noch die Idealform des Zusammenwirkens darstellt, sondern dass sich formstabile Zustände erst nach einer Einlaufzeit einstellen und diese Formen auch wiederum vom Charakter und den gleisgeometrischen Gegebenheiten des befahrenen Netzes abhängen. Daher sollte sich die Erfahrung von Bahnbetreibern in angepassten Standards für die jeweilige Bahn niederschlagen.

### 1.2.8 Bewegungsgleichungen von Radsätzen

Basierend auf den Kalker-Gleichungen werden alle Komponenten, die zu den Schlupfkräften beitragen identifiziert und erfasst. Die hoch komplexen Gleichungen können durch eine Reihe von Annahmen vereinfacht werden.

| | |
|---|---|
| $\sin(\delta) = \delta$ | Berührwinkel |
| $\sigma_z = 0$ | kein Bohrschlupf |
| $\varphi_x = 0$ | kein „Rollen" um die Längsachse |
| $K_{ij\ \text{links}} = K_{ij\ \text{rechts}}$ | gleiche Kalker-Koeffizienten |
| $\varphi_z$ klein | Verdrehwinkel um die Hochachse klein etc. |

Die folgenden Gleichungen beschreiben die Bewegungen als Funktion von

$y$ horizontaler Versatz des Radsatzes und
$\varphi_z$ Verdrehwinkel um die Hochachse.

Unter Annahme eines idealen Gleises nehmen sie folgende Form an:

$$\begin{bmatrix} m_{\text{RS}}D^2 + \left(\frac{2K_{22}}{v} + k_y\right)D & \underbrace{\left(\frac{2K_{23}}{v}\right)}_{\text{klein}}D - 2K_{22} \\ +\left\{c_{gy} + \frac{1}{s}\underbrace{\left[(W_{\text{RS}} + m_{\text{RS}}g) - \frac{2K_{23}}{r_0}\right]\Delta\delta}_{\text{Rückstellung}}\right\} & J_{zz\text{RS}}D^2 + \left[\left(2K_{11}\frac{s^2}{v}\right) + k_{\varphi z}\right]D \\ -\underbrace{\left(\frac{2K_{23}}{v}\right)}_{\text{klein}}D + \frac{2K_{11}s}{r_0}\lambda_e & +\left(c_{\varphi z} + \underbrace{2K_{23}}_{\text{klein}}\right) \end{bmatrix} \cdot \begin{pmatrix} y \\ \varphi_z \end{pmatrix} = \underset{\sim}{0} \tag{1.14}$$

mit

| | |
|---|---|
| $D$ | Differential |
| $m_{\text{RS}}$ | Radsatzmasse [kg] |
| $I_{zz\text{RS}}$ | Trägheitsmoment um die Vertikalachse [kg m$^2$] |
| $K_{ij}$ | Kalker-Koeffizienten [N] |
| $W$ | $2Q$ – Last auf der Achse [kN] |
| $v$ | Fahrgeschwindigkeit [m/s] |
| $r_0$ | nomineller Radsatzradius [m] |
| $s$ | halbe Spurweite [m] |
| $\Delta\delta$ | $(\tan\delta_1 - \tan\delta_2)/2$ |
| $c$ | Federkonstanten [N/m] oder [Nm/rad] |
| $k$ | Dämpfungskonstanten |
| $\lambda$ | $= \lambda_e$ äquivalente Konizität [1] |

Gl. (1.14) kann für einen freien Radsatz unter folgenden Annahmen weiter vereinfacht werden

- sehr kleine Beschleunigungen $D^2 = 0$
- $k_y = k_x = 0$; $c_y = c_x = 0$
- keine Rückstellsteifigkeit $K_g = 0$ (rein konische Profile)

$$\begin{bmatrix} \frac{2K}{v}D & -2K \\ 2\frac{Ks}{r_0}\lambda & \frac{2Ks^2}{v}D \end{bmatrix} \cdot \begin{pmatrix} y \\ \varphi_z \end{pmatrix} = \underset{\sim}{0}$$

Lösungsansatz:

$$y(t) = Ye^{\alpha t}; \quad \varphi_z(t) = \Phi e^{\alpha t} \tag{1.15}$$

Es ergibt sich die charakteristische Gleichung zu

$$\alpha_{1,2} = \pm i v\sqrt{\frac{\lambda}{rs}} = \pm i \cdot \omega, \tag{1.16}$$

die damit genau der Klingel-Lösung entspricht (1.6). Die Phasenverschiebung zwischen $y$ und $\varphi_z$ des frei rollenden Radsatzes ergibt sich zu $\frac{\Pi}{2}$.

Die Untersuchungen zeigen darüber hinaus, dass bei frei rollendem Radsatz keine Schlupfkräfte auftreten.

Auf Basis dieser Gleichung kann die Reaktion eines freien Radsatzes bei langsamer Bewegung auf eine Horizontalkraft untersucht werden:

$$\begin{gathered} \begin{bmatrix} 0 & -2K_{22} \\ \frac{2K_{11}s\lambda}{r_0} & 0 \end{bmatrix} \cdot \begin{pmatrix} y \\ \varphi_z \end{pmatrix} = \begin{pmatrix} F_y \\ 0 \end{pmatrix} \\ D = 0; \quad D^2 = 0 \\ \frac{2K_{11}s\lambda}{r_0}y + 0 = 0 \quad -2K_{22}\varphi_z = F_y \\ \text{Lösung: } y = 0 \quad \text{und} \quad \varphi_z = -F_y/2K_{22}. \end{gathered} \tag{1.17}$$

Eine Horizontalkraft auf einen frei rollenden Radsatz bewirkt daher eine Verdrehung des Radsatzes um die Hochachse. Die entstehenden Querschlupfkräfte kompensieren die aufgebrachte Seitenkraft. Ein seitlicher Versatz entsteht nicht.

Analog bringt ein freies Giermoment den Radsatz ohne Rotation um die $z$-Achse in eine nicht zentrierte Position, wobei das Moment dem aus den horizontalen Schlupfkräften entstehenden Moment zufolge der unterschiedlichen Laufradien entspricht.

Fahrzeugkonstrukteure verwenden diese Gleichungen ohne die oben beschriebenen Vereinfachungen, was zusätzliche Abhängigkeiten aufzeigt und mehr Raum für Interpretation der Ergebnisse nach sich zieht.

## 1.3 Das Drehgestell am Gleis

### 1.3.1 „Steife" Konstruktionen

Traditionelle Konstruktionen von Drehgestellen können durch in der Horizontalebene steif im Drehgestellrahmen fixierte Achsen modelliert werden (Abb. 1.14). Derartige Drehgestelle können entsprechend ihren Freiheitsgraden mit nur zwei Gleichungen beschrieben werden.

$m_{RS}$ = Masse des Radsatzes [kg]
$2b$ = Achslager-Querentfernung [m]
$2l$ = Achsstand [m]

Gleiche Vereinfachungen wie für den freien Radsatz führen zu Resultaten entsprechend der (1.17), aber die Eigenwerte ergeben sich zu:

$$\alpha_{1,2} = \pm i v \sqrt{\frac{s\lambda}{r_0} \frac{1}{(l^2 + s^2)}}. \tag{1.18}$$

Diese können transformiert werden in

$$\omega = v \sqrt{\frac{\lambda}{r_0 \cdot s} \frac{1}{\left(1 + \left(\frac{l}{s}\right)^2\right)}} \tag{1.19}$$

mit $l$ als dem halben Achsstand [m].

Die „Frequenz" der sinusförmigen Horizontalbewegung eines steifen Drehgestells ist kleiner und die Wellenlänge der Bewegung größer.

Wird der Ausdruck $(1 + (l/s)^2)$ als „Verlängerungsfaktor $E$" bezeichnet, verhält sich ein steifes Drehgestell wie ein freier Radsatz mit

**entweder** einer reduzierten Konizität $\frac{\lambda}{E}$
**oder** vergrößerter Spurweite $s \cdot E$
**oder** vergrößertem Radradius $r_0 \cdot E$

im Vergleich zum freien Radsatz mit $\lambda$, $s$ und $r_0$.

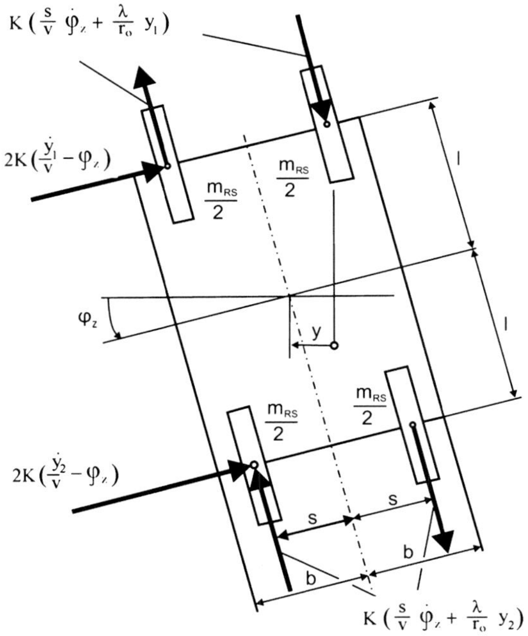

**Abb. 1.14** Steifes Drehgestell – Schema

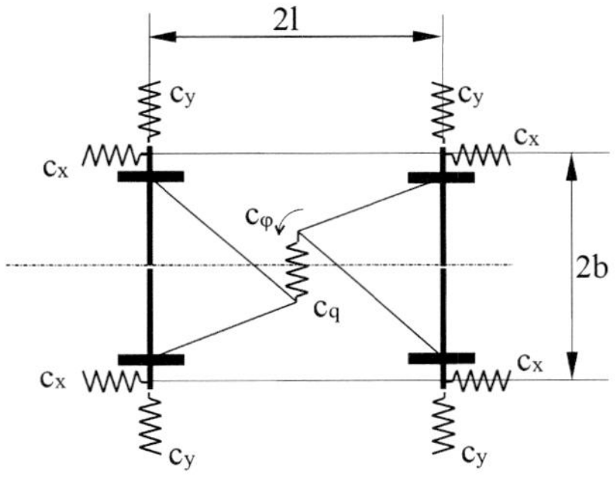

**Abb. 1.15** Allgemeines Schema der Verbindung zweier Radsätze

### 1.3.2 „Weiche" Drehgestelle

Durch eine längs- und querweiche Ausführung der Verbindung von Achslagern und Drehgestellrahmen kann – unter bestimmten Umständen – eine Annäherung an die Radialstellung der Achsen erreicht werden (Abb. 1.15). Dieses Verhalten kann durch die Einführung von wirksamer

- Biegesteifigkeit $c_B$ [N/m] und
- Schubsteifigkeit $c_S$ [Nm/rad]

zwischen den Achsen beschrieben werden.

Mit

$2b$ Achslager-Querentfernung [m]
$c_x, c_y$ Federkonstanten der Achslagerung im Drehgestellrahmen [N/m]

$c_q$ Steifigkeit der Querverbindung [N/m]
$c_\varphi$ Steifigkeit der Drehverbindung [Nm/rad]

Es kann gezeigt werden, dass

$$c_B = \frac{M}{\varphi} = b^2 \cdot c_x + c_\varphi \quad (1.20)$$

und

$$c_S = \frac{P}{s} = \frac{b^2 \cdot c_x \cdot c_y}{b^2 \cdot c_x + a^2 \cdot c_y} + c_q \quad (1.21)$$

ist.

Bei **herkömmlichen Drehgestellen** nehmen $c_{\varphi_z}$ und $c_q$ den Wert 0 an womit folgt:

$$c_S = \frac{b^2 \cdot c_x \cdot c_y}{b^2 \cdot c_x + a^2 \cdot c_y} = c_B \frac{c_y}{b^2 c_x + a^2 c_y}. \quad (1.22)$$

Dies zeigt einen nicht lösbaren Zusammenhang zwischen $c_S$ und $c_B$. Hohe $c_B$-Werte sind für hohe Stabilitäten erforderlich, niedrige $c_B$-Werte unterstützen die Kurvenlauffähigkeit. Diesen Anforderungen kann nur durch Kompromisse entsprochen werden.

### 1.3.3 „Selbstlenkende" und „Zwangsgesteuerte" Drehgestelle

Die Konstruktion eines „weichen" Drehgestells öffnet eine Reihe von Möglichkeiten, um den widersprechenden Anforderungen für einen guten Kurvenlauf und hohe Stabilität bei hohen Geschwindigkeiten zu entsprechen. Weiches $c_x$ allein unterstützt nur Kurvenfahren bei langsamen Geschwindigkeiten (wenn ein ausreichender Horizontalversatz des Radsatzes eine freie Einstellung erlaubt), reduziert jedoch die Laufstabilität.

Einige Konstruktionen lösen diese Problematik durch Wechsel von „weichem" zu „steifem" Drehgestell in Abhängigkeit von Geschwindigkeit oder Einlenkwinkel.

Andere Lösungen reduzieren $c_x$ und $c_y$ bei gleichzeitigem Aufbau von $c_q$ und $c_{\varphi_z}$. Ein Beispiel dafür ist das selbstlenkende Drehgestell nach Scheffel („Kreuzankerdrehgestell") [4]. In Abb. 1.16 ist das Prinzip dieses Drehgestells dargestellt.

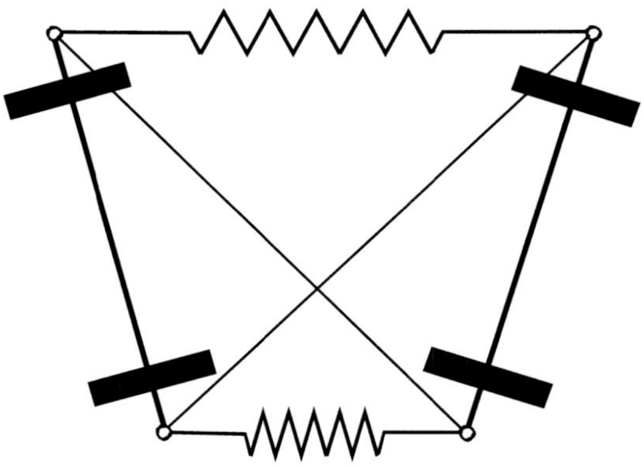

**Abb. 1.16** Prinzip der Selbststeuerung nach Scheffel

Durch Auflösen der longitudinalen Behinderungen (die durch die Verbindung mit dem Drehgestellrahmen entstehen) zeigt die Konstruktion eine hohe Schubsteifigkeit $c_S$ zwischen den Achsen und sehr geringe Biegesteifigkeiten $c_B$. Drehgestelle, bei denen die Achsen durch die sich im Bogenlauf aufbauenden Kräfte selbsttätig einlenken, werden als „selbstlenkende Drehgestelle" bezeichnet.

Darüber hinaus sind seit Jahrzehnten „zwangsgelenkte Drehgestelle" bekannt, bei denen die Radialeinstellung der Achsen durch Übertragung der Bewegung zwischen Drehgestellrahmen und Fahrzeugaufbau in eine Einstellbewegung zwischen den Achsen umgesetzt wird (z. B. Drehgestell nach Liechty).

Schließlich sind auch Lösungen vorstellbar, bei denen die Einstellung der Achsen unter Berücksichtigung der Gleisgeometrie und der aktuellen Position des Fahrzeugs elektronisch, sozusagen „von außen", gesteuert wird („mechatronische Drehgestelle").

Alle Erfahrungen zeigen eine markante Reduktion des Verschleißes, besonders jener des Spurkranzes, was eine Reduktion der Spurkranzdicke erlaubt. Diese Reduktion wiederum erlaubt besseres freies Einstellen des Radsatzes, womit die Kurvenlauffähigkeit weiter verbessert wird. Das Zulassen größerer Bewegungen führt zu geringeren Kräfteniveaus, welche insgesamt den Vorteil der „weichen" Drehgestelle darstellen.

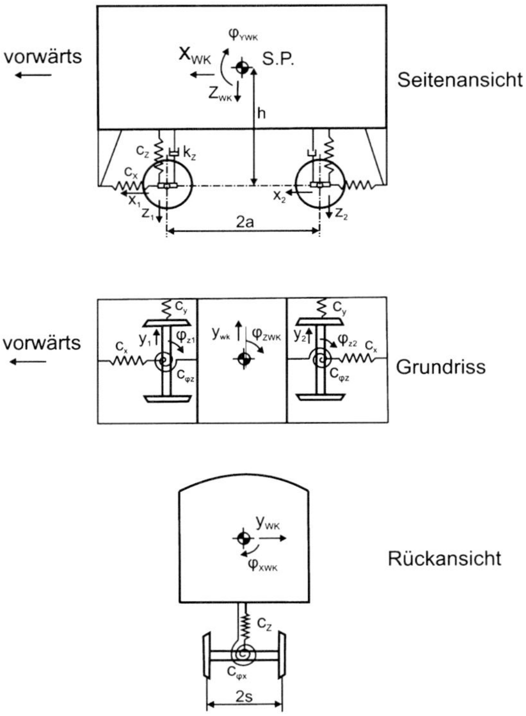


**Abb. 1.17** Modellierung eines 2-achsigen Schienenfahrzeugs

## 1.3.4 Gleichungssysteme für Fahrzeuge

Mechanisch gesehen besteht ein Fahrzeug aus einer Vielzahl von steifen Körpern, die mit Federn und Dämpfern linear oder nicht linear miteinander verbunden sind (Abb. 1.17). Abhängig von der Anzahl an Freiheitsgraden werden Differentialgleichungen zweiter Ordnung entwickelt, die die Bewegungen der einzelnen Teile beschreiben. Zur Vereinfachung wird ein vertikal starres Gleis betrachtet.

Traditioneller Weise werden die Gleichungen in vertikaler und horizontaler Ebene getrennt betrachtet. Während die Anregung in vertikaler Richtung ausschließlich vom Verlauf der Gleishöhenlage herrührt, führt in horizontaler Richtung das freie seitliche Spiel zwischen Radsatz und Schiene rasch zu einem nichtlinearen System.

Ein Beispiel für ein Modell mit 14 Freiheitsgraden ist in dem Gleichungssystem in Abb. 1.18 gegeben. In der Untermatrix für die seitliche Verschiebung $y_i$ und die Rotation $\varphi_{zi}$ des Radsatzes können die schon bekannten Koeffizienten abgelesen werden. Ähnliche Gruppen von Koeffizienten bilden die Matrix als gesamtes.

Die $2 \times 2$-Untermatrix links oben beschreibt das Verhalten des Radsatzes 1 (in vereinfachter Form, siehe Abschn. 1.2.7) für sich. Die $6 \times 6$ Untermatrix links oben gilt für die beiden Achsen und den Fahrzeugrahmen, ausschließlich im Grundriss. Hierzu treten mit dem Wachsen der Matrix auf $11 \times 11$ Elemente die Dynamik in Hoch- und Längsrichtung. Schließlich tritt noch der Freiheitsgrad in Längsrichtung (Zucken, Rollen) hinzu, womit sich die Matrix auf $14 \times 14$ Elemente erweitert.

Die rechte Seite des Differentialgleichungssystems beschreibt die Unregelmäßigkeiten der Gleisgeometrie und muss in eine zeitabhängige Anregung, die den Einfluss der Fahrgeschwindigkeit widerspiegelt, transformiert werden.

Moderne Schienenfahrzeuge sind im Allgemeinen Fahrzeuge mit Drehgestellen. Ihre Berechnungsmatrizen weisen entsprechend der höheren Anzahl von Freiheitsgraden auch eine entsprechend größere Zahl von Gleichungen auf.

Für lineare Gleichungssysteme kann ein Standardlösungsansatz gewählt werden, der darauf abzielt, Eigenwerte des homogenen Systems charakteristischer Gleichungen zu finden. Diese nehmen die Form konjugiert komplexer Zahlen mit einem Real- und einem Imaginärteil an. Es existieren ebenso viele Eigenwerte wie Freiheitsgrade, die symmetrische Punkte in der komplexen Ebene bilden. Der Realteil stellt die Dämpfung dar, er muss für das Abklingen der Störung einen negativen Wert aufweisen. Der Imaginärteil gibt die Kreisfrequenz der Bewegung an. Mit sich ändernder Geschwindigkeit bewegen sich diese Punkte entlang der Lösungskurven (Abb. 1.19). Die nicht triviale Zuordnung von Geschwindigkeit und Lösungspunkt auf der Raumkurve kann nur anhand von Plausibilitätsüberlegungen erfolgen.

Es ist möglich in dieser Matrix auch nichtlineare Zusammenhänge darzustellen. Solche Nichtlinearitäten beinhalten beispielsweise markantes nichtlineares Verhalten der Federn und Dämpfer wie z. B. Eingriffe von Zusatzfedern.

**Abb. 1.18** Bewegungsgleichungen für ein 2-achsiges Schienenfahrzeug

$$
\begin{bmatrix}
m_{RS}\cdot D^2 + (2\cdot k_{22}\cdot D)/v + c_{gy} & -2k_{22} & 0 & 0 & -c_y & -a\cdot c_y & 0 & 0 & 0 & 0 & +h\cdot c_y & 0 & 0 & 0 \\
2k_{11}\dfrac{\lambda e\cdot s}{r_0} & I_{zzRS}\cdot D^2 + (2\times k_{11}\cdot s^2)/v\cdot D + c_{\varphi z} & 0 & 0 & 0 & -c_{\varphi z} & 0 & 0 & 0 & 0 & 0 & 0 & 0 & 0 \\
0 & 0 & m_{RS}\cdot D^2 + (2\cdot k_{22}\cdot D)/v + c_{g\varphi} & -2k_{22} & -c_y & -a\cdot c_y & 0 & 0 & 0 & 0 & +h\cdot c_y & 0 & 0 & 0 \\
0 & 0 & 2k_{11}\dfrac{\lambda e\cdot s}{r_0} & I_{RzzRS}\cdot D^2 + (2\times k_{11}\cdot s^2)/v\cdot D + c_{\varphi z} & 0 & -c_{yz} & 0 & 0 & 0 & 0 & 0 & 0 & 0 & 0 \\
-c_y & 0 & -c_y & 0 & m_{WK}\cdot D^2 + 2c_y & 0 & 0 & 0 & 0 & 0 & -2h\cdot c_y & 0 & 0 & 0 \\
-a\cdot c_y & -c_{\varphi z} & -a\cdot c_y & -c_y & 0 & I_{zzWK}\cdot D^2 + 2a^2\cdot c_y + 2c_{\varphi z} & 0 & 0 & 0 & 0 & 0 & 0 & 0 & 0 \\
0 & 0 & 0 & 0 & 0 & 0 & m_{RS}\cdot D^2 + (c_z + k_z\cdot D) & 0 & -(c_z + k_z\cdot D) & +a(c_z + k_z\cdot D) & 0 & 0 & 0 & 0 \\
0 & 0 & 0 & 0 & 0 & 0 & 0 & m_{RS}\cdot D^2 + (c_z + k_z\cdot D) & -(c_z + k_z\cdot D) & -a(c_z + k_z\cdot D) & 0 & 0 & 0 & 0 \\
0 & 0 & 0 & 0 & 0 & 0 & -(c_z + k_z\cdot D) & -(c_z + k_z\cdot D) & m_{WK}\cdot D^2 + 2(c_z + k_z\cdot D) & 0 & 0 & 0 & 0 & 0 \\
0 & 0 & 0 & 0 & 0 & 0 & +a(c_z + k_z\cdot D) & -a(c_z + k_z\cdot D) & 0 & I_{yyWK}\cdot D^2 + 2a^2(c_z + k_z\cdot D) + 2h^2\cdot c_x & 0 & -c_x\cdot h & -c_x\cdot h & +2h\cdot c_x \\
+h\cdot c_y & 0 & +h\cdot c_y & 0 & -2h\cdot c_y & 0 & 0 & 0 & 0 & 0 & I_{yyWK}\cdot D^2 + 2(c_{\varphi x} + k_{\varphi x}\cdot D) + 2h^2\cdot c_y & 0 & 0 & 0 \\
0 & 0 & 0 & 0 & 0 & 0 & 0 & 0 & 0 & -c_x\cdot h & 0 & m_{RS}\cdot D^2 + c_x & 0 & -c_x \\
0 & 0 & 0 & 0 & 0 & 0 & 0 & 0 & 0 & -c_x\cdot h & 0 & 0 & m_{RS}\cdot D^2 + c_x & -c_x \\
0 & 0 & 0 & 0 & 0 & 0 & 0 & 0 & 0 & +2h\cdot c_x & 0 & -c_x & -c_x & m_{WK}\cdot D^2 + 2c_x
\end{bmatrix}
\times
\begin{bmatrix}
y_1 \\ \varphi_{z1} \\ y_2 \\ \varphi_{z2} \\ y_{WK} \\ \varphi_{zWK} \\ z_1 \\ z_2 \\ z_{WK} \\ \varphi_{yWK} \\ \varphi_{xWK} \\ x_1 \\ x_2 \\ x_{WK}
\end{bmatrix}
=
\begin{bmatrix}
Q_{y_1} \\ Q_{\varphi_{z1}} \\ Q_{y2} \\ Q_{\varphi_{z2}} \\ Q_{yWK} \\ Q_{\varphi_{zWK}} \\ Q_{z_1} \\ Q_{z_2} \\ Q_{z_{WK}} \\ Q_{\varphi_{yWK}} \\ Q_{\varphi_{xWK}} \\ Q_{x_1} \\ Q_{x_2} \\ Q_{x_{WK}}
\end{bmatrix}
$$

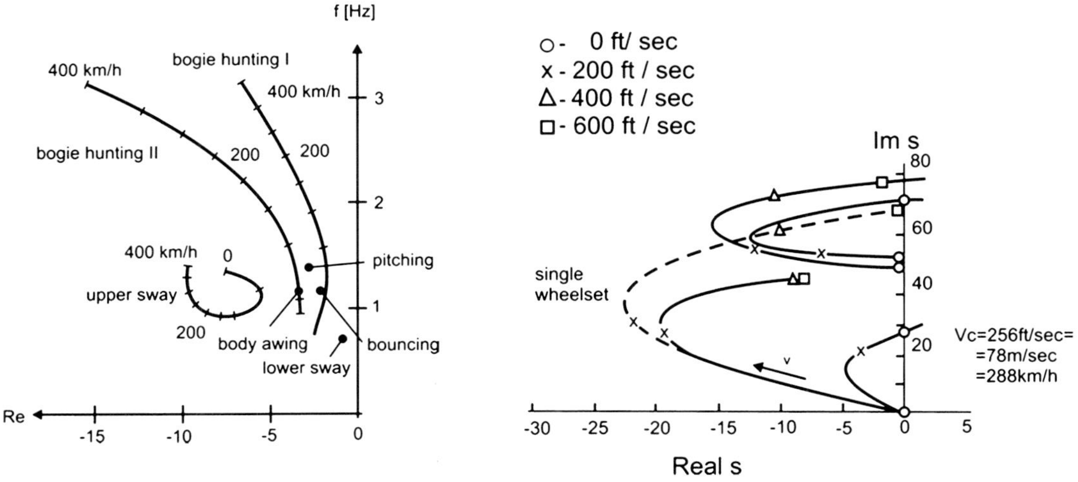


**Abb. 1.19** Lösungen der Bewegungsgleichungen in der komplexen Zahlenebene

Es ist offensichtlich, dass horizontale Bewegungen Einfluss auf das vertikale Verhalten des Fahrzeugs haben, wie zum Beispiel Änderungen der Radlastverteilung, und umgekehrt.

Bei nicht linearen Gleichungssystemen kann die Lösung nur durch Zeitschrittintegration erfolgen, die zwar keine generellen Abhängigkeiten beschreibt, jedoch für spezielle Randbedingungen spezifische Lösungen erlaubt.

## 1.4 Laufstabilität

### 1.4.1 Kritische Geschwindigkeit

Im Falle linearer Gleichungen und damit existierender Eigenwerte beschreiben die komplexen Zahlen das oszillierende Verhalten der verschiedenen Systemteile. Grundsätzlich beschreibt der Realteil das Dämpfungsverhalten über die Bewegungsspitzen, während der Imaginärteil die entsprechende Frequenz angibt.

$$
\begin{aligned}
y(t) &= Y \cdot e^{\alpha t} \\
\varphi_z(t) &= \varphi \cdot e^{\alpha t} \\
e^{\alpha t} &= e^{(\mathrm{Re}+i\cdot\mathrm{Im})t} = e^{\mathrm{Re}\,t} \cdot e^{i\cdot\mathrm{Im}\,t}
\end{aligned}
\tag{1.23}
$$

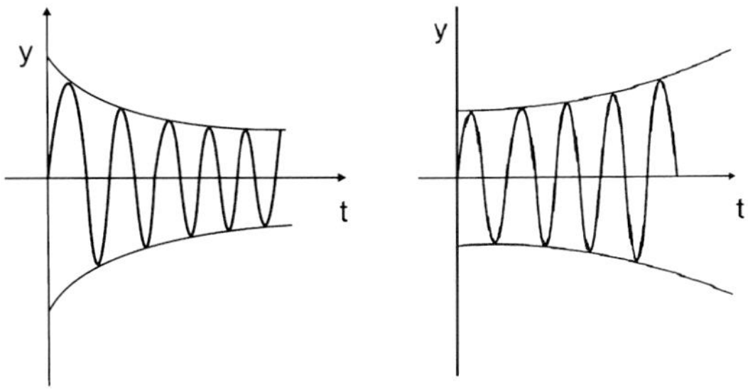


**Abb. 1.20** Realteil der charakteristischen Gleichung negativ (*links*) bzw. positiv (*rechts*)

mit $\mathrm{Im} = \omega = 2\Pi f$

$\omega$ Kreisfrequenz [rad/s]
$f$ Frequenz [Zyklen/s]

Abb. 1.20 links beschreibt eine „stabile" Bewegung, die nach diskreter Anregung abklingt, was einen negativen Realwert ergibt. Abb. 1.20 rechts hingegen zeigt eine Bewegung zufolge eines positiven Realwerts. Die oszillierenden Bewegungen bauen sich auf, bis sie schließlich durch den Spurkranz in ein nicht lineares Verhalten kippen.

Es ist nachvollziehbar, dass ein Realteil 0 genau jene Situation beschreibt, in der der Übergang vom „stabilen" negativen in den „instabi-

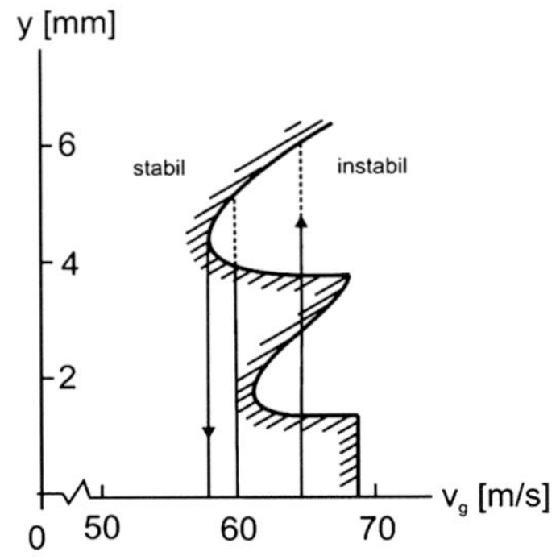


**Abb. 1.21** Stabilitätskarte

len" positiven Zustand stattfindet. Da die Lösungen der Eigenwerte von der Fahrgeschwindigkeit abhängen, muss eine bestimmte Geschwindigkeit existieren, bei der dieser Übergang stattfindet. Diese Geschwindigkeit wird als „kritische Geschwindigkeit" bezeichnet.

Üblicherweise erreichen die Bewegungen der Radsätze den kritischen Zustand zuerst, es sind jedoch auch Fälle bekannt, in welchen Drehgestellrahmen oder andere Teile des Laufwerkes zuerst instabil wurden.

Abb. 1.19 zeigt rechts die Lösungen für ein Fahrzeug mit eindeutiger kritischer Geschwindigkeit, während links die Ergebnisse der Berechnung des ICE der DB-AG beschreibt und dabei die Laufstabilität unter allen Betriebsbedingungen nachweist.

Sollen spezielle Einflüsse der Gleislage untersucht werden, dann ist nur eine Zeitschrittintegration der (nicht-)linearen Gleichungen möglich. Unter diesen Randbedingungen können nur spezifische Reaktionen spezifischer Randbedingungen bzw. unterschiedliches Verhalten bei unterschiedlichen Geschwindigkeiten beschrieben werden. Ein typisches Resultat dieser nichtlinearen Modellierung ist ein Grenzzyklus, wobei benachbarte Bewegungen in ein stabiles Bewegungsmuster übergehen. In manchen Fällen kann auch ein zweiter Grenzzyklus existieren und bei hohen Geschwindigkeiten dominant werden. Typischerweise wird der Grenzzyklus bei einer gewissen Geschwindigkeit erreicht, kann jedoch nur bei einer deutlich geringeren Geschwindigkeit wieder verlassen werden (Abb. 1.21).

Unter nichtlinearen Verhältnissen kann die kritische Geschwindigkeit nur durch wiederholte Berechnungen bestimmt werden, wobei nach einer Ausgangsabweichung die Entwicklung der nachfolgenden Bewegungen beobachtet wird.

Das seitliche Verschieben des Radsatzes gegen das Gleis wird durch den Spurkranz begrenzt. Instabilitäten des Radsatzes bedeuten nicht unbedingt Entgleisungsgefahr, verursachen jedoch hohe periodische Horizontalkräfte, die den Seitenverschiebewiderstand des Gleises überwinden können und damit zu einer beschleunigten Verschlechterung der horizontalen Gleislage beitragen.

Für die näherungsweise Bestimmung der „kritischen Geschwindigkeit" (oder „Grenzgeschwindigkeit") wurde von Lang [3] der folgende Zusammenhang angegeben:

$$v_{\text{kritisch}} = v_{\text{Grenz}} \approx \sqrt{\frac{c_{yg} \cdot s \cdot r_0}{m\lambda}} \tag{1.24}$$

mit

| | |
|---|---|
| $v_{\text{kritisch}}$ | näherungsweise kritische Geschwindigkeit [m/s] |
| $c_{yg}$ | Profilsteifigkeit des Radsatzes [N/m] |
| $s$ | halbe Spurweite [m] |
| $r_0$ | Laufkreisradius [m] |
| $m_{\text{RS}}$ | Radsatzmasse [kg] |
| $\lambda$ | äquivalente Konizität [1]. |

Auf gegenseitige Abhängigkeiten wie z. B. größere Radsatzmasse bei größeren Raddurchmessern etc. wird hingewiesen.

Bei höheren Geschwindigkeiten ändern sich die seitlichen Ausschläge in $y$-Richtung und damit auch die äquivalente Konizität sowie Profilsteifigkeit des Radsatzes.

Bei Verringerung der Fahrgeschwindigkeit tritt eine Beruhigung des Radsatzes erst deutlich verzögert ein.

Zur Veranschaulichung nachfolgend zwei Beispiele:

1. Die Horizontalkräfte einer schnell laufenden elektrischen Lokomotive (Typ 120 der DB

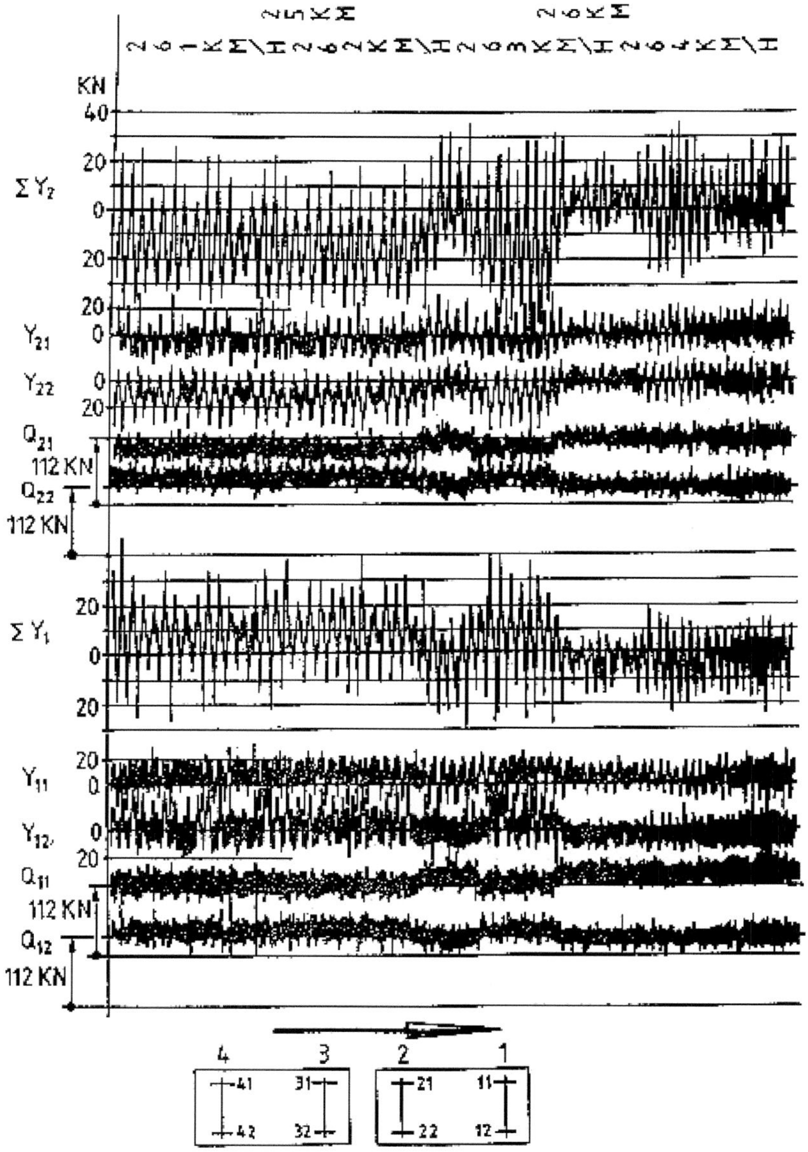


**Abb. 1.22** Messschrieb Radkräfte bei sehr hohen Geschwindigkeiten

AG) zeigen eindeutige Zeichen von Instabilität bei einer Geschwindigkeit von 265 km/h (Abb. 1.22). Die Spitzenwerte überschreiten aber die aus der Prud'homme'schen Formel ableitbaren Grenzwerte der Horizontalkräfte $\sum Y_{\text{lim}}$ nicht.

$$\sum Y_{\text{lim}} = 1{,}0 \cdot \left(10 + \frac{2Q_0}{3}\right) \quad [\text{kN}] \quad (1.25)$$

mit $2Q_0$ statische Achslast [kN].

Oszillierende Querbewegungen des Laufwerkes bzw. der Achsen bedingen Kräfte, die durch Reduktion der bewegten Massen, im Besonderen der Radsatzmasse, verringert werden können. Für Hochgeschwindigkeitsfahrzeuge ist daher eine Reduktion der unabgefederten Radsatzmassen einschließlich der Bremsscheiben und gegebenenfalls des Getriebes ein wesentliches Konstruktionsziel.

2. Nichtlineare Berechnungen der Bewegungen der vorlaufenden Achse eines Drehgestells auf

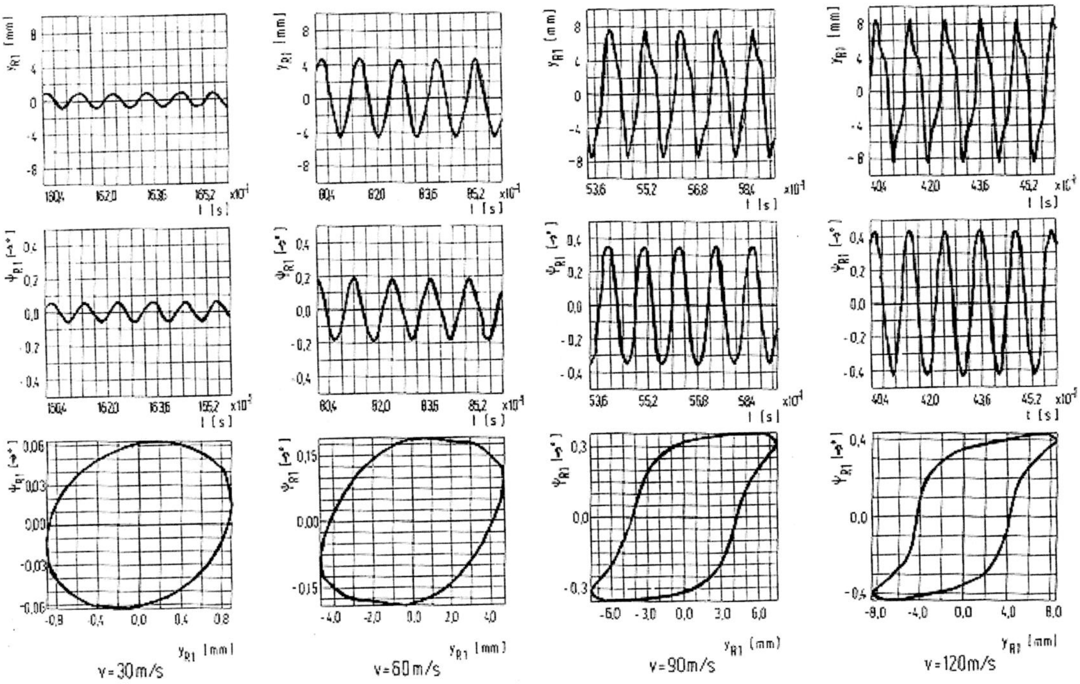


**Abb. 1.23** Radsatzbewegung auf idealem Gleis

einem perfekten Gleis zeigen die Wechselwirkungen von horizontalem Versatz $y$ und der Rotation $\varphi_z$. Bei niedrigen Geschwindigkeiten werden die Horizontal- und Rotationsbewegungen der Achsen von Gleisirregularitäten stark beeinflusst.

Mit wachsender Geschwindigkeit nehmen die Bewegungen zu, bis der Spurkranz eingreift und die Bewegung nichtlinear wird. Dabei ergibt sich eine Kombination von maximalem horizontalen Versatz und maximaler Rotation, bekannt als Zick-Zack-Lauf (Abb. 1.23). Unter realen Gleisbedingungen bleibt dieses Verhalten bestehen und dominiert sogar über die Einflüsse der Gleisirregularitäten (Abb. 1.24). Die Instabilität verschwindet entweder durch markante Verringerung der Fahrgeschwindigkeit oder durch eine Änderung der geometrischen Bedingungen des Gleises.

## 1.4.2 Einflüsse auf die Laufstabilität

Das Gleichungssystem (Abb. 1.18) enthält einige Parameter in komplexer Art und Weise, die das Laufverhalten stark beeinflussen.

Folgende Abhängigkeiten sind festgestellt worden:

- Je geringer die äquivalente Konizität, umso höher die kritische Geschwindigkeit. Daher hat die SNCF für den TGV ein Radprofil mit einer Neigung 1 : 40 und eine Einbauneigung der Schienen von 1 : 20 gewählt, womit sich eine äquivalente Konizität von (nur) $\lambda = 0{,}025$ ergibt (Abb. 1.11).
- Verschleiß an Rad und Schiene ändert die äquivalente Konizität $\lambda_e$ und die Rückstellsteifigkeit $c_{gy}$. Aktuelle Entwicklungen versuchen die Laufstabilität auch bei sich ändernden Profilen sicher zu stellen und somit die Zyklen für die Reprofilierung von Radsätzen zu verlängern.
- Eine „große“ Spurweite von 1440–1445 mm erlaubt eine freie selbstzentrierende Oszillati-

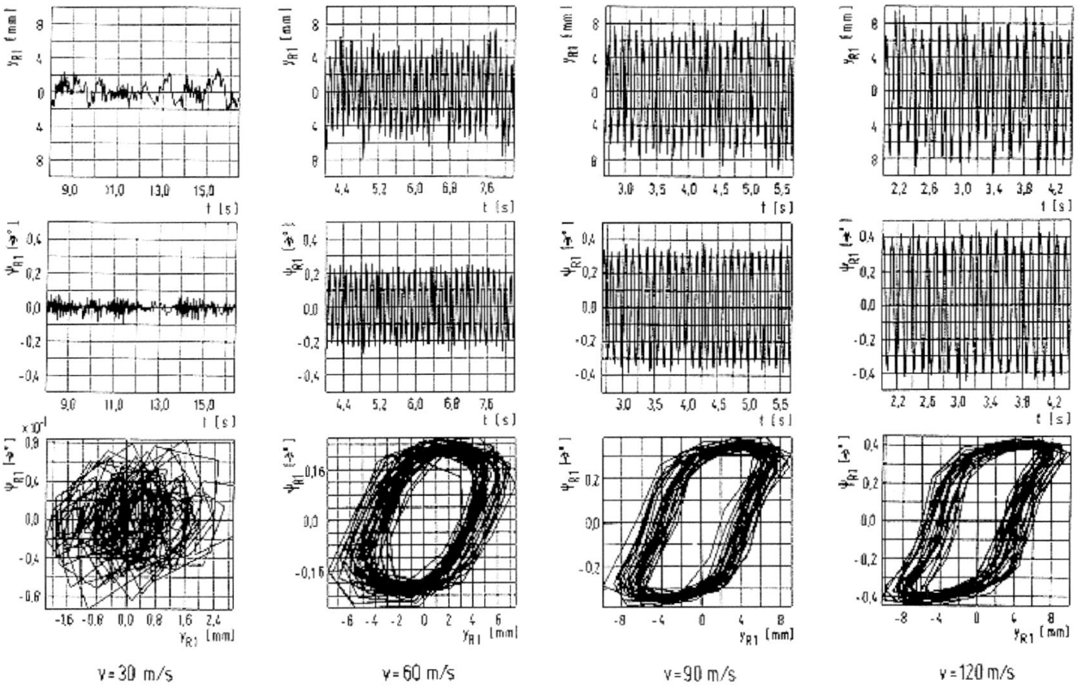


**Abb. 1.24** Radsatzbewegung auf reellem Gleis

on des Radsatzes. Beispiele dafür finden sich in Frankreich und in Südafrika.

- Bei engen Spurweiten (z. B. unter 1435 mm) gewinnt die Rückstellsteifigkeit aus der Rad-Schiene-Geometrie an zunehmenden Einfluss.
- Ein großer Radstand $2a^+$ im Drehgestell ist für hohe kritische Geschwindigkeit günstig (TGV... $2a^+ = 3{,}00\,\text{m}$).
- Die günstige Wahl von Steifigkeit und Dämpfung der Federn und anderer Verbindungselemente ist bedeutsam.
- Nichtlineares Dämpfen der Drehgestellrotation wird oft zum Anheben der kritischen Geschwindigkeit verwendet (z. B. durch die Verwendung von speziellen Schlingerdämpfern).
- Der Gleisbau kann auf vielfältige Weise die Laufstabilität von Fahrzeugen unterstützen:
  - durch die Wahl eines größeren Spurspieles, was sowohl durch eine etwas größere Spurweite wie auch durch eine Schwächung der Spurkränze erreicht werden kann. Auch eine Kombination der beiden Maßnahmen ist denkbar.
  - durch eine größere Schieneneinbauneigung, wobei darauf zu achten ist, dass sich dadurch auch die Spurweite reduziert.
  - durch Schleifen des Schienenprofils, um den Fahrspiegel schmal zu halten (12–14 mm).
  - Bei Schwerlastbahnen stellen die hohen Achslasten zusätzliche Anforderungen dar:
    - → Die Fahrspiegelbreite muss die Übertragung hoher Vertikalkräfte bei erträglichen Hertz'schen Spannungen erlauben, vorzugsweise
    - → im Zentrum der Schiene über dem Schienensteg, um Biegespannungen im Schienenkopf zu verhindern (z. B. durch „ballig geschliffene Schiene")

## 1.5 Bogenlauf

Der Bogenlauf erweckte schon früh das Interesse der Forschung. Heumann hat bereits 1913 eine graphisches Verfahren zur Ermittlung der Bogenlaufkräfte vorgestellt, das zusammen mit später entwickelten Erweiterungen den Entwicklungen der Laufwerke in den Jahren 1920–1940 zugrunde gelegt wurde. Obwohl dabei zahlreiche Vereinfachungen wie z. B. zylindrische Räder und konstanter Reibschluss, vorgenommen werden, ist diese Methode noch immer sehr aktuell, vor allem zur Überprüfung der Plausibilität von Ergebnissen der rechentechnischen Simulationen. Die Heumann-Methode ist besonders für sehr enge Bögen gut geeignet, weil dabei von der Sättigung des Haftschlusses ausgegangen werden kann. Eine Kurzdarstellung dieses historischen Verfahrens wird in Anlage A 2 gegeben.

Neben der Selbstzentrierung im geraden Gleis ist das kräftefreie Einlenken in Gleisbögen der große Vorteil des doppelt-konischen Radsatzes. Wird dieser horizontal versetzt, ergeben sich Differenzen in den Rollradien, die den Radsatz ohne Spurkranzkontakt einlenken.

Der für das unbehinderte Durchfahren eines Gleisbogens mit dem Radius $R$ erforderliche seitliche Versatz $y_0$ (Abb. 1.25) hängt von folgenden Parametern ab:

- der äquivalenten Konizität $\lambda_e$
- der Spurweite $2s$ und
- dem Rollradius $r_0$

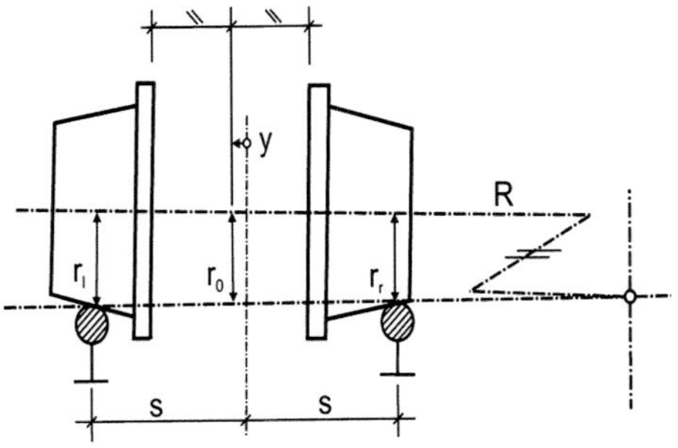


$$\frac{r_0}{R} = \frac{r_l - r_r}{2s} \quad \cdots\cdots \quad \frac{2\lambda y_0}{2s} \quad \longrightarrow \quad y_0 = \frac{r_o s}{R\lambda}$$

$$r_l = r_0 + \lambda y$$
$$r_r = r_0 - \lambda y$$

**Abb. 1.25** Seitenversatz $y_0$ bei Kurvenfahrten

Spurkranzkontakt begrenzt den seitlichen Versatz des Radsatzes. Dadurch kann sich die erforderliche Differenz der Rollradien nicht mehr weiter aufbauen und der Spurkranz beginnt eine Rotation gegen die äußere Schiene, die aus den Differenzen der Schienenlänge und der Radumfangslänge resultiert.

Diese Bewegung wird durch Federn, und zwar sowohl jener des Fahrgestells als auch jener im Drehgestell, behindert, womit Schlupfkräfte und damit nicht auflösbar verbunden Verschleiß resultieren. Erfahrungen bestätigen die Abhängigkeit des Verschleißes von diesem Mechanismus.

Die Kurvenlauffähigkeit kann durch folgende Maßnahmen verbessert werden:

- Ermöglichen des Aufbaus einer großen Rollradiendifferenz beispielsweise durch „asymmetrisches Schienenschleifen" (Abb. 1.26). In diesem Fall werden die Schienen so geschliffen, dass ein Kontakt des Radsatzes auf der Innenseite beider Schienen erfolgt. Einige Eisenbahnen haben diese Art des Schienenschleifens als Standard eingeführt.
- Hohe äquivalente Konizität $\lambda_e$ unterstützt den Kurvenlauf. Dies kann durch eine enge Spurweite erreicht werden (Abb. 1.27). Dabei ist zu beachten, dass diese Anforderung jener für hohe Geschwindigkeiten widerspricht. Gleichzeitig widerspricht diese Anforderung der bis heute üblichen Praxis der Spurerweiterung in engen Kurven, die noch aus Zeiten der Dampflokomotiven herrührt und ein Resultat der Steifigkeiten der damaligen Fahrzeugkonstruktionen war.

Konstruktionsprinzipien von Drehgestellen wurden bereits im Abschn. 1.3 diskutiert. Grundsätzlich sind „steife" Drehgestelle ungünstig für den Kurvenlauf. Auf Infrastrukturen, die aus geraden Abschnitten und weiten Kurven bestehen (Hochgeschwindigkeitsstrecken), wird der Radverschleiß gering sein, auf Strecken mit engen Kurven wird Abnützung sowohl von Rad als auch von der Schiene angestrebt. Zu beachten ist hierbei, dass der „Verlängerungs-Faktor" (1.20) den positiven Einfluss hoher Konizitäten auf die Kurvenfahrt reduziert.

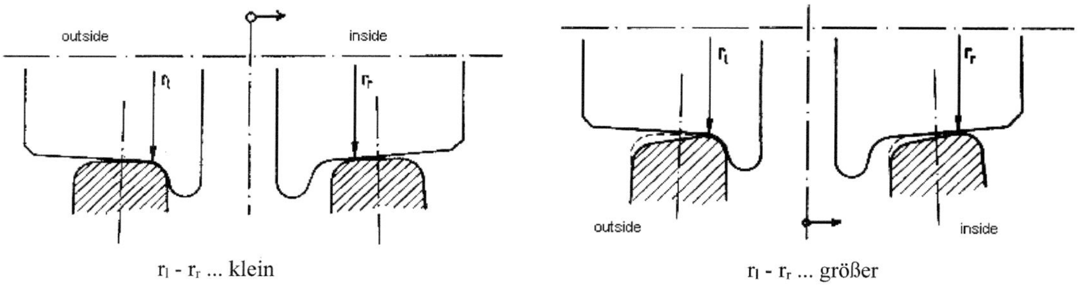


**Abb. 1.26** „Asymmetrisches Schienenschleifen"

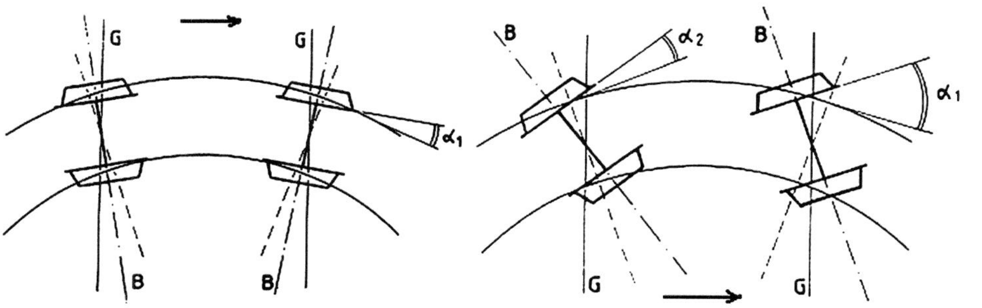


**Abb. 1.27** Einstellung freier Radsätze. *Links* bei ausreichendem Spurspiel, *rechts* nach Anschlag der Spurkränze

## 1.6 Maßnahmen zur Unterstützung guter Rad-Schiene-Interaktion

Anforderung an den Fahrzeugbau ist es ein Drehgestell mit der richtigen Auswahl der Dimensionen und Dämpfungsparameter zu konstruieren. Auch das Radprofil sollte als Entwurfsparameter gesehen werden.

Der Gleisbau hat eine große Anzahl an Möglichkeiten eine günstige Interaktion zu unterstützen, alle in Zusammenhang mit der richtigen Abstimmung des Schienenprofils bzw. der Profilierung der Schienen.

Einige Gleismesswagen europäischer Bahnen erlauben die Messung des Schienenquerprofils und damit die Verfolgung des Verschleißes der Schienen. Weitere Entwicklungen sollten in Zukunft die permanente Messung der äquivalenten Konizität $\lambda_e$ und der Rückstellsteifigkeit $c_{yg}$ ermöglichen, beides wichtige Parameter für eine gute Interaktion zwischen Radsatz und Gleis. Bis dahin bleibt die Beobachtung des Fahrspiegels auf der Schiene die einzige Möglichkeit, eine erforderliche Profilkorrektur, zumeist durch Schienenschleifen, festzustellen.

Profilierendes Schienenschleifen wird mittels rotierender Schleifscheiben, die das gewünschte Schienenquerprofil herstellen, ausgeführt. Gewöhnlich ist der Materialabtrag mit rund 0,05–0,08 mm je Übergang limitiert, eigens entwickelte Maschinen für größere Reprofilierungsarbeiten wie Hobel- und Fräsmaschinen können bis zu 2 mm pro Übergang abtragen.

Schleifarbeiten für Hochgeschwindigkeitsstrecken erfordern spezielle Spezifikationen.

Auch Vorschläge für neuartige Schienenprofile sollten hier erwähnt werden. Diese erlauben durch geringe Adaptionen die optimale Berührgeometrie für den jeweiligen Streckenabschnitt, Gerade oder Kurve, sicherzustellen. Diese Vorschläge sind ein interessanter Ansatz die Berührgeometrie zwischen Rad und Schiene zu optimieren.

## 1.7 Beispiele und Erfahrungen

Um die bisherigen Überlegungen zu illustrieren, werden im Folgenden einige Ergebnisse aus der im Verzeichnis Anlage 2 angegebenen Literatur diskutiert.

Abb. 1.28 zeigt die Entwicklung einer von Radverschleiß und theoretischer Schienengeometrie abhängigen $\Delta r$-Funktion. Unterschiede sind klar erkennbar. Der Vergleich der Schienen UIC 60 und UIC 54 zeigt bei erstgenannter einen über die seitliche Verschiebung moderaten Anstieg von $\Delta r$ mit einem abrupten Wechsel zu höheren Werten als Folge des Spurkranzkontakts.

Drehgestelle mit lenkenden Achsen führen zu deutlich reduziertem Verschleiß, wie in Abb. 1.29 gezeigt wird.

Die Funktionen „$\Delta r$ über $y$" und „$\Delta \tan \delta$ über $y$" beeinflussen die Laufstabilität gleichzeitig. Abb. 1.30 zeigt die seitlichen Beschleunigungen am Drehgestellrahmen. Die Instabilität des Drehgestells führt zu deutlichen Amplituden, die sich jedoch nach rund 8 s durch Änderung der Berührgeometrie selbst auslöschen. Der Grund dafür wird aus den unten gezeigten Darstellungen der beiden maßgeblichen Funktionen klar, wobei die $\Delta \tan \delta$-Funktion vergrößert dargestellt ist, um die Unterschiede besser erkennen zu können.

Auf der linken Seite (km 65,770) behindert das Zusammenwirken von enger Spurweite und der gegebenen Kombination des Rad- und des Schienenprofils die seitliche Verschiebung des Radsatzes, was zu einer steilen „$\Delta r$ über $y$"-Funktion führt, die wiederum die schnelle Querbewegung des Radsatzes im Spurkanal erklärt. Die rechte Seite zeigt, bei immer noch enger Spurweite von 1430 mm, eine Standardsituation mit moderateren Funktionen für $\Delta r$ und $\Delta \tan \delta$ als Resultat der Profilkombination.

Die Abb. 1.31 und 1.32 zeigen unterschiedliche Beobachtungen. Während im Abschnitt 1 ein ruhiger Fahrzeuglauf aufgenommen wurde, zeigt Abschnitt 2 große Ausschläge der seitlichen Beschleunigung der Drehgestelle unter der Lokomotive und den drei mit unterschiedlichen Drehgestellen und Radprofilen ausgerüsteten Personenwagen. Untersuchungen haben ergeben, dass Radprofile unregelmäßig verschleißen, wobei eine enge Spurweite diesen Effekt wiederum in hohem Maß beeinflusst. Auch die $\Delta r$- und $\Delta \tan \delta$-Funktionen bestätigen dies, vor allem bei näherer Betrachtung der Abbildung der $\Delta \tan \delta$-Funktion. Die gezeigten Unterschiede sind eindeutig die Ursache für die Beobachtungen aus Abb. 1.31.

Abb. 1.33 ist ein gutes Beispiel für den Einfluss des Rad-Schiene-Kontaktes. Es werden die Ausdrehwinkel zweier frei lenkender Achsen in

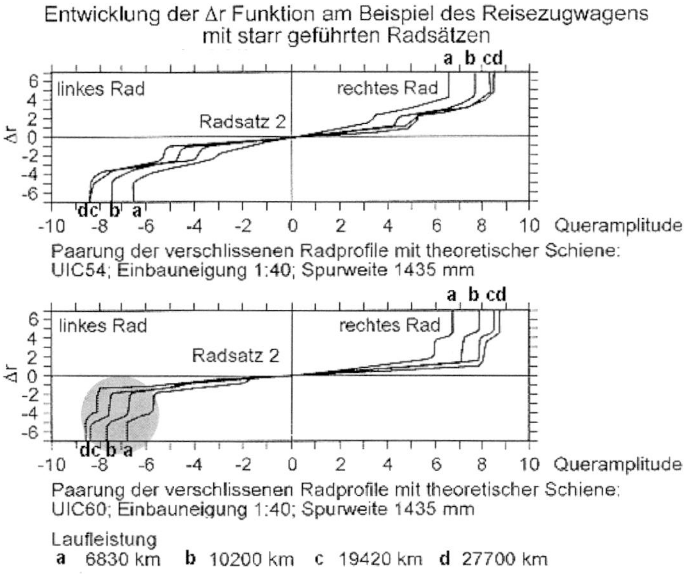


**Abb. 1.28** Entwicklung der $\Delta r$ Funktion über dem Laufweg am Beispiel des Reisezugwagens mit starr geführten Radsätzen

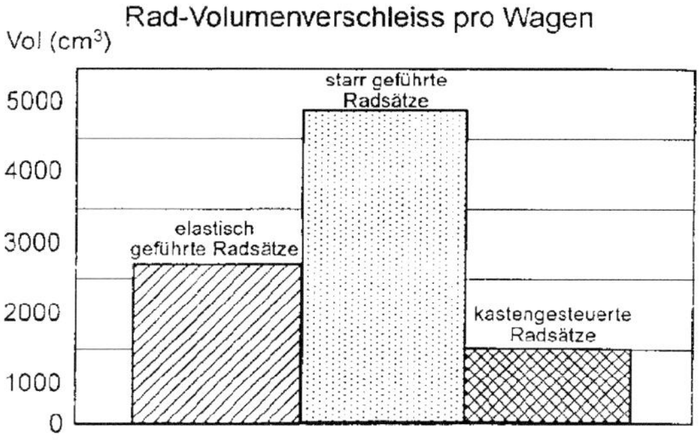


**Abb. 1.29** Verschleißmessungen mit Reisezugwagen, Gotthard-Südseite

einem zweiachsigen Güterwagendrehgestells zusammen mit den entsprechenden Kräften in der Durchfahrt eines Bogens mit $R = 300\,\mathrm{m}$ gezeigt. Klar erkenntlich zeigt sich eine plötzliche Änderung der Kräfte und der Radsatzposition, gefolgt von der Rückkehr zum kräftefreien Lauf. Die Erklärung liegt in der $\Delta r$-Funktion, die in der abgebildeten Situation moderat mit der seitlichen Verschiebung des Radsatzes steigt, was auf eine ausreichende Radiendifferenz für eine perfekte Kurvenfahrt schließen lässt. An Orten mit hohen Kräfteniveaus und Fehlausrichtung der

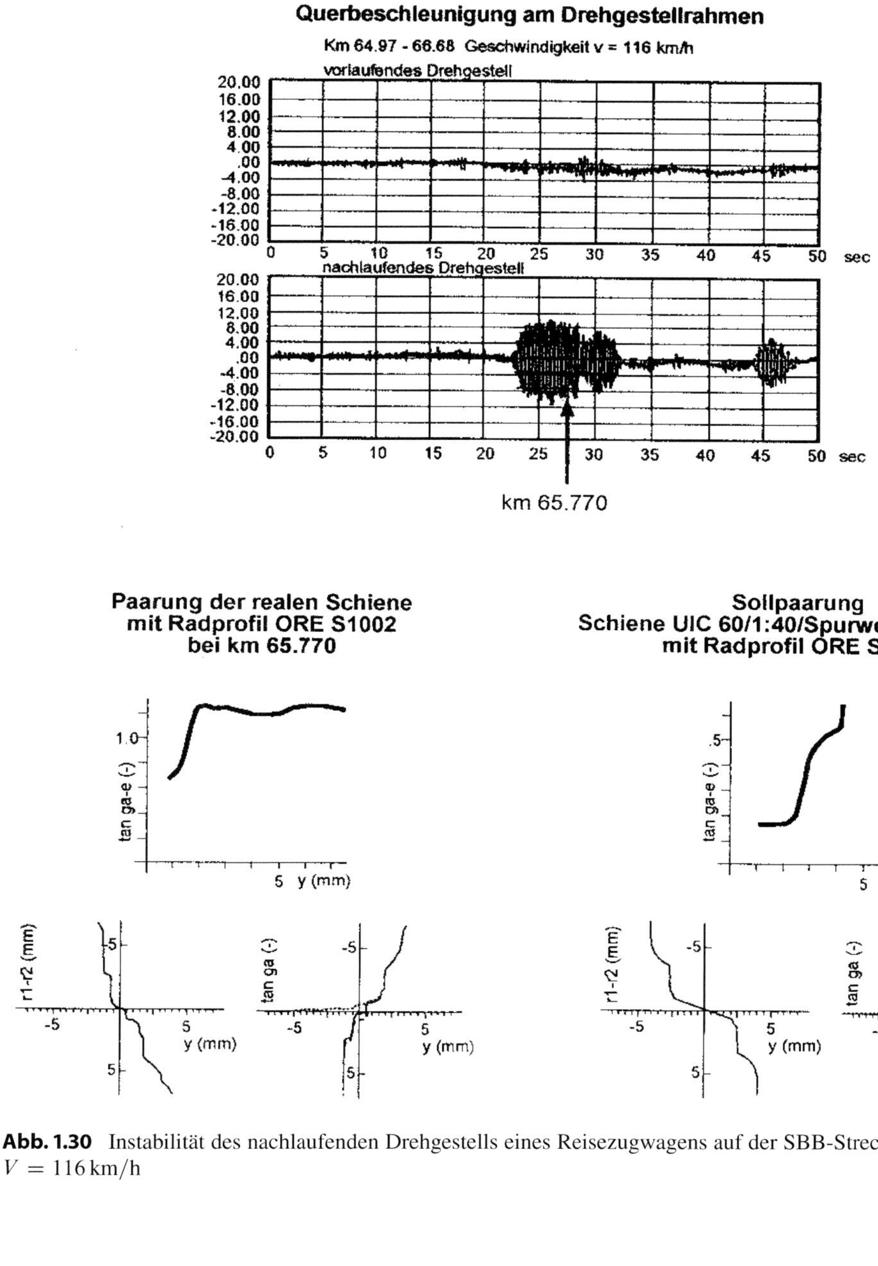


**Abb. 1.30** Instabilität des nachlaufenden Drehgestells eines Reisezugwagens auf der SBB-Strecke Lausanne-Biel bei $V = 116\,\mathrm{km/h}$

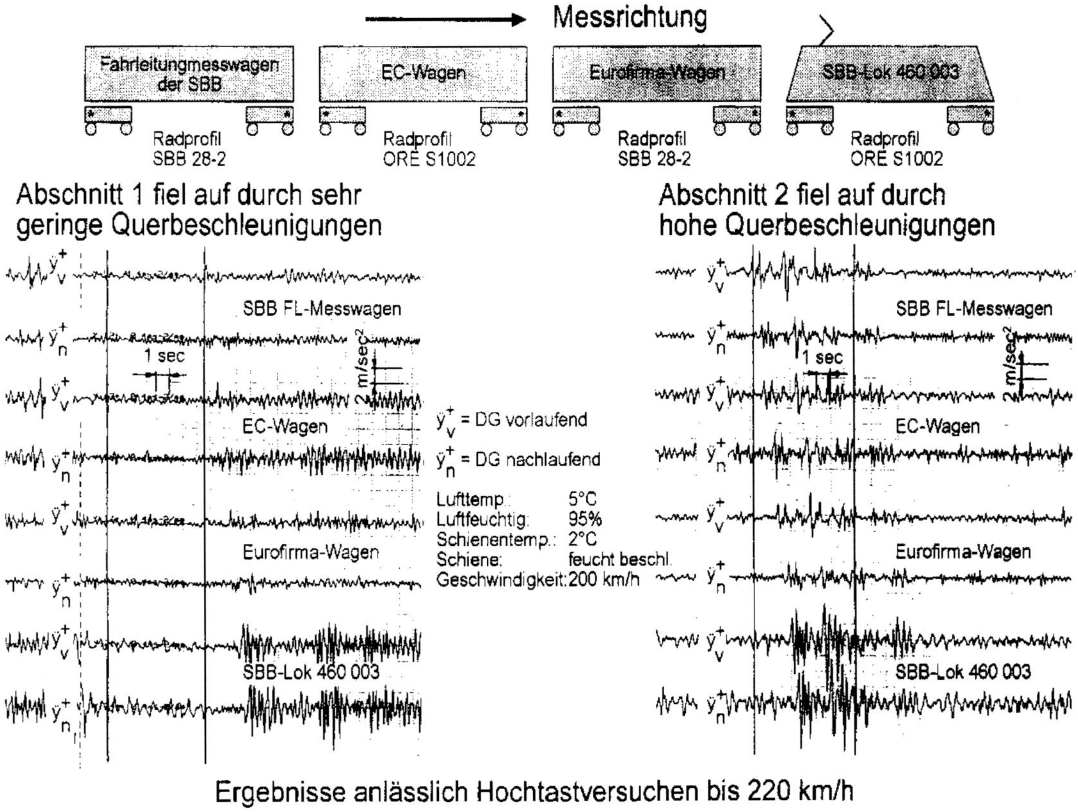


**Abb. 1.31** Hochgeschwindigkeitsfahrten auf der Strecke Martigny-Ardon

Achse führt die seitliche Verschiebung zu einem Spurkranzkontakt ohne die notwendige Rollradiendifferenz. Dieser Vorgang bringt den Radsatz schrittweise in eine falsche Position und der daraus resultierende Ausdrehwinkel führt über den seitlichen Schlupf zu den beobachteten Kräften, die notwendigerweise gleich groß, jedoch entgegengerichtet sind.

Die Interaktion von Rad- und Schienenprofil wird auch in den Referenzgraphiken am unteren Bildrand erklärt. Die günstige Situation (links) zeigt die schrittweise Änderung des Kontaktpunktes, während in der eher ungünstigen Situation (rechts) der Kontaktpunkt abrupt bei etwa 9 mm seitlicher Radsatzverschiebung springt.

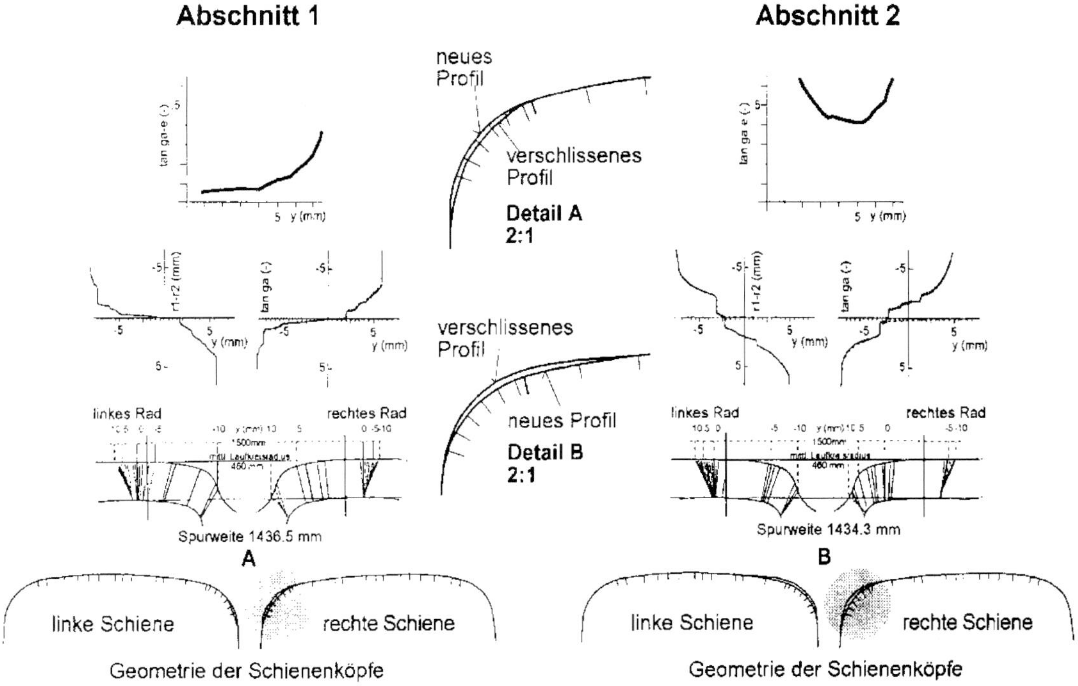


**Abb. 1.32** Ergebnisse der Schienenkopfabzeichnung und Berührungsgeometrie Rad/Schiene auf der SBB-Strecke Martigny-Ardon (zu Abb. 1.31)

## 1.8 Entgleisungen

### 1.8.1 Entgleisungsursachen

Entgleisungen sind seltene Ereignisse und erfahrungsgemäß meist von einem Versagen eines Bauelements des Fahrzeuges, wie z. B. Federbruch, Radbruch, Achslagerschaden, etc. oder des Gleises, wie Schienenbruch, Bruch einer Weichenzunge, Gleisverwerfung bei hohen Temperaturen etc. verursacht. Auch Seitenwind kann bei sehr ungünstigen Verhältnissen als Ursache einer Entgleisung in Frage kommen, insbesondere bei Schmalspurbahnen.

Aufgrund spurführungstechnischer Zusammenhänge können Schienenfahrzeuge aus 3 Gründen entgleisen:

1. Massiv überschrittene Geschwindigkeitsgrenzen im Gleisbogen:
   Bei Normalspur kann eine freie Seitenbeschleunigung von etwa $a_q \geq 4{,}0\,\mathrm{m/s^2}$, die über eine für das Umkippen ausreichende Zeit wirkt, zu einem seitlichen Umstürzen der Fahrzeuge führen. Dieser Wert ändert sich naturgemäß mit der Spurweite und der Höhenlage des Schwerpunktes.
2. Bei erhöhten seitlichen Gleiskräften, etwa bedingt durch Übergeschwindigkeit im Bogen oder instabilen Radsatzlauf, kann es zu anwachsenden periodischen Gleisverschiebungen oder zu einem seitlichen Wegrutschen des Gleisrostes im Schotterbett kommen. Dies ist insbesondere in Phasen der Schwächung der Verankerung im Schotter (z. B. während Arbeiten am Oberbau) und/oder bei temperaturbedingten hohen Schienendruckspannungen möglich. Das Gleisverschiebekriterium (1.24) gibt Grenzwerte für die größten Kräfte an, die vom Fahrzeug auf das Gleis in seitlicher Richtung ausgeübt werden dürfen um eine progressive Gleisverschiebung hintan zu halten.
3. Die mit Abstand häufigsten Entgleisungen aus spurführungstechnischen Gründen finden in

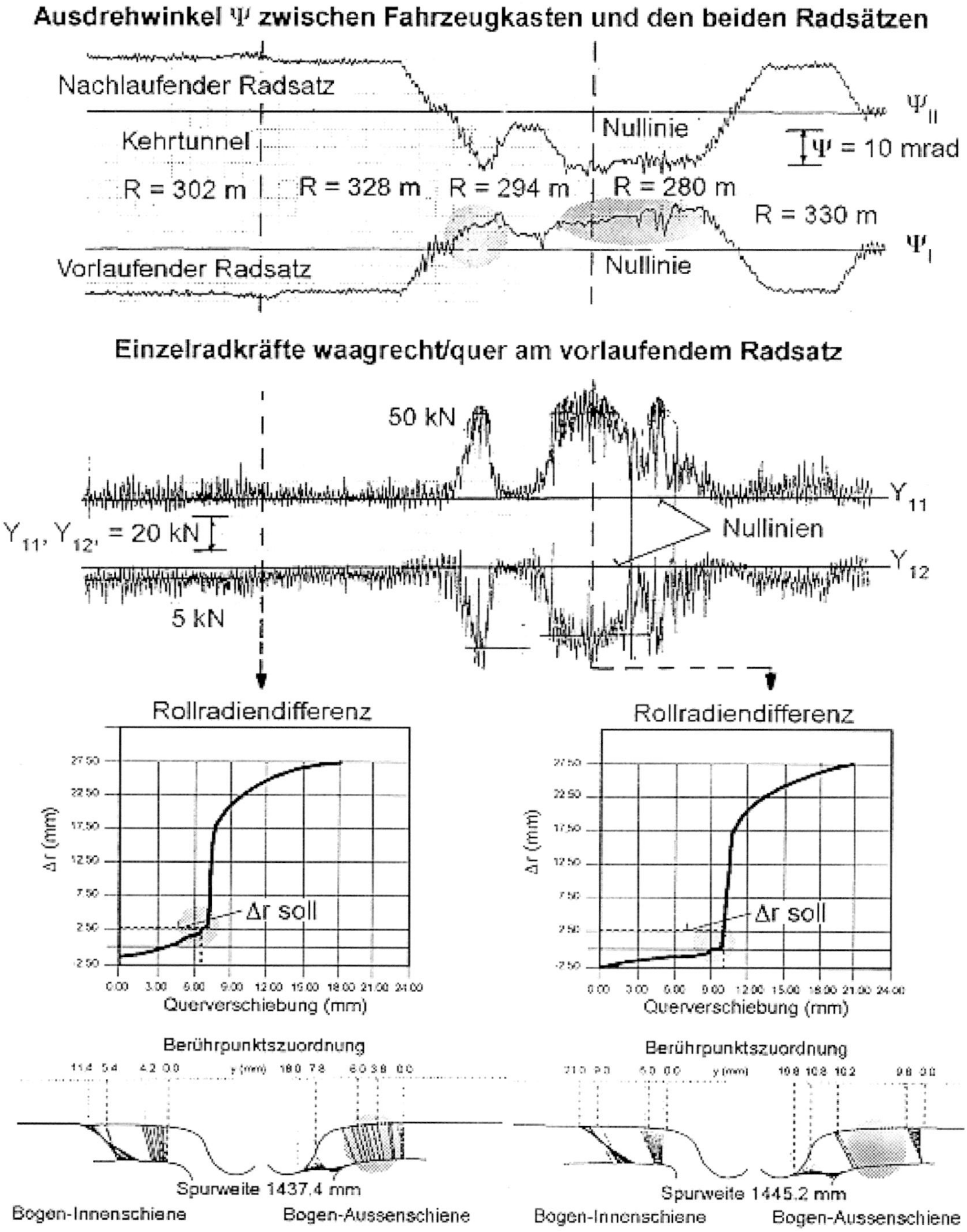


**Abb. 1.33** Bogenfahrt eines 2-achsigen Güterwagens

„Gleisverwindungen" statt, in denen sich die gegenseitige Höhenlage der Schienen verändert. Abgesehen von Gleisverformungen, die während des Betriebes eingetreten sind, sind es besonders die Überhöhungsrampen in den Übergangsbögen, die vor allem in historischen Eisenbahnstrecken nachträglich eingefügt wurden und meist kurz und steil ausgeführt sind. Diese Gleisgeometrien werden mit erheblichen Radlaständerungen befahren. Während beim Einfahren in eine Überhöhung das führende Rad belastet wird und damit eine erhöhte Entgleisungssicherheit resultiert, wird bei der abfallenden Rampe dieses Rad entlastet. Gleichzeitig muss die über den Spurkranz wirkende Horizontalkraft die erhöhte Reibung am inneren Rad überwinden und steigt daher an. Dazu tritt eine zusätzliche Radlastverlagerung durch die Schrägstellung des Fahrzeuges nach bogeninnen. Diese wird bei Stillstand des Fahrzeuges am größten. Bei steilen, abfallenden Überhöhungsrampen kann sehr langsame Fahrt rasch an die Entgleisungsgrenze führen.
Andererseits belastet eine nach außen wirkende Fliehkraft durch höhere Geschwindigkeit die Außenräder zusätzlich und erhöht dadurch die Entgleisungssicherheit. Die Tatsache, dass höhere Fahrgeschwindigkeit zu höherer Entgleisungssicherheit führt, wird auch als „spurführungstechnisches Paradoxon" bezeichnet.

### 1.8.2 Entgleisungskriterien

Das zu einer Entgleisung führende Kräftespiel ist sehr komplex und unübersichtlich. Das stark vereinfachte Modell nach NADAL verschiebt alle Kräftewirkungen in die Meridianebene eines einzigen betrachteten Rades und nimmt zusätzlich die volle Wirkung der Reibungskräfte in vertikaler Richtung entlang der Spurkranzflanke an.

Für das zulässige Verhältnis $Y/Q$ der horizontalen Führungskraft $Y$ und der vertikalen Radkraft $Q$ sind aufgrund von Reihenuntersuchungen folgende Kriterien festgelegt:

- für Güterzüge (und quasistatische Nachweisrechnungen):

$$\begin{aligned} Y/Q_{\text{lim}} &= \tan(\beta - \rho_{\text{Sp}}) = 1{,}2 \\ &\text{für} \quad \beta = 70^\circ \quad \text{und} \quad \mu_{\text{Sp}} = 0{,}35 \rightarrow \rho_{\text{Sp}} = 19^\circ \\ Y/Q_{\text{lim}} &= 0{,}85 \quad \text{für} \quad \beta = 60^\circ \quad \text{und} \\ &\rho_{\text{Sp}} = 19^\circ \quad \text{(früher Mitteleuropa)}, \end{aligned} \tag{1.26}$$

- für schnellfahrende Züge (und bei solchen Fahrten gemessene Kräfte):

$$Y/Q_{\text{lim}} = 0{,}8. \tag{1.27}$$

Beurteilt wird ein über die Entfernung von 2 m gemittelter Messwert, wobei aber keine Differenzierung nach der Zeitdauer des Überschreitens oder dem Anlaufwinkel gemacht wird.

Die japanischen Bahnen wenden dagegen ein Entgleisungskriterium an, welches eine Zeitabhängigkeit aufweist. Kurzzeitig deutlich höhere $Y/Q$-Werte von der Dauer zwischen 0 und 0,05 sec sind demnach zulässig.

# Appendix A. Anhänge

## A.1 Anlage 1: Verwendete Formelzeichen

| | |
|---|---|
| $x$ | Koordinate in Gleislängsrichtung [m] |
| $y$ | Koordinate in Gleisquerrichtung [m] |
| $z$ | Koordinate in Vertikalrichtung [m] |
| $\varphi_x$ | Winkellage um $x$-Achse [rad] |
| $\varphi_y$ | Winkellage um $y$-Achse [rad] |
| $\varphi_z$ | Winkellage um $z$-Achse [rad] |
| $v$, $V$ | Fahrgeschwindigkeit [m/s] [km/h] |
| $t$ | Zeit [s] |
| $a$ | halber Achsstand [m] |
| $s$ | halbe Entfernung der Radaufstandspunkte quer zum Gleis $\approx$ halbe Spurweite [m] |
| $b$ | halbe Federbasis [m] |
| $r$ | Radius des Rades [m] |
| $\Delta r$ | Differenz der Rollradien [m] |

| | |
|---|---|
| $R$ | Radius des Gleisbogens [m] |
| $\rho$ | Radius der Bahnkurve [m] |
| $h$ | Höhe des Schwerpunktes über Achsmitte [m] |
| $m_{\text{RS}}$ | Masse des Radsatzes [kg] |
| $m_{\text{WK}}$ | Masse des Wagenkastens [kg] |
| $I_{zz\text{RS}}$ | Trägheitsmoment des Radsatzes um die $z$-Achse [kg m$^2$] |
| $I_{zz\text{WK}}$ | Trägheitsmoment des Wagenkastens um die $z$-Achse [kg m$^2$] |
| $g$ | Erdbeschleunigung [9,81 m/s$^2$] |
| $c$ | Federkonstante [N/m] |
| $k$ | Dämpfungskonstante [Nsec/m] |
| $Q$ | vertikale Kraft [N] |
| $T$ | tangentiale Kraft [N] |
| $Y$ | horizontale Führungskraft [N] |
| $\alpha$ | Schräglaufwinkel [rad] |
| $\beta$ | Spurkranzwinkel [°] |
| $\varepsilon$ | Winkel [rad] |
| $\delta$ | Neigung der Tangentialebene im Berührpunkt [rad] |
| $\Delta$ | Differenz |
| $\lambda$ | Neigung der Lauffläche gegen Horizontale [rad] |
| $\lambda_e$ | äquivalente Konizität [rad] |
| $\mu$ | Reibungsbeiwert [1] |
| $\mu_{\text{Sp}}$ | Reibungsbeiwert an der Spurkranzflanke [1] |
| $\rho_{\text{Sp}}$ | Reibungswinkel an der Spurkranzflanke [°] |
| $\omega$ | Winkelgeschwindigkeit der Achsrotation [rad/s] |
| $\Omega$ | Winkelgeschwindigkeit [rad/s] |
| $\Lambda$ | Profilfunktion Rollradiusänderung aufgrund der Seitenverschiebung [1] |
| $\varDelta$ | Profilfunktion Berührwinkeldifferenz aufgrund Seitenverschiebung [1] |
| $\Gamma$ | Profilfunktion Rollen um $x$-Achse aufgrund Seitenverschiebung [1/mm] |
| $\sigma_x$ | Schlupf in $x$-Richtung [1] |
| $\sigma_y$ | Schlupf in $y$-Richtung [1] |
| $\sigma_z$ | Schlupf um die $z$-Achse [rad/m] |
| $K_{ij}$ | Kalker-Faktoren |
| $c_{yg}$ | Rückstellsteifigkeit [N/m] |
| $R_R$ | Radius des Rades in Querrichtung [m] |
| $R_S$ | Radius der Schiene in Querrichtung [m] |
| $g_R, g_S$ | Hilfsgrößen [m] |
| Re | Realteil |
| Im | Imaginärteil |
| $i$ | $\sqrt{-1}$ |
| $D$ | Differentialoperator |
| $+$ | Index bezeichnet „Drehgestell“ |
| $*$ | Index bezeichnet „Wagenkasten“ bzw. „Drehzapfenabstand“ |

## A.2 Anlage 2: Die Abschätzung der Spurführungskräfte nach Heumann

Die spurführenden Kräfte bei der Bogenfahrt von Eisenbahn-Fahrzeugen lassen sich nach einer von Prof. Dr.-Ing. Hermann Heumann (ehemals RWTH Aachen) entwickelten Methode in vereinfachter und anschaulicher Art angeben. Dabei werden vielfach grobe Annäherungen an die tatsächlichen und wesentlich komplizierteren Verhältnisse vorgenommen. Der große Wert der Heumann-Methode im Zeitalter der komplexen Programm-Pakete besteht in der Möglichkeit deren Ergebnisse rasch auf Plausibilität prüfen zu können.

### A.2.1 Die Stellung des Radsatzes im Gleis (Vogel-Plan)

#### A.2.1.1 Die „Schrumpfung" des Radsatzes

Ein Radsatz steht im Gleis, dessen Schienen ausreichend voneinander entfernt sind. Notwendigerweise besteht ein freies Spiel auf jeder Seite des Spurkranzes, dessen Größe etwa einige Millimeter beträgt.

Werden die beiden Rad-Schiene-Kombinationen jeder Seite virtuell solange zusammen geschoben bis die möglichen Rad-Schiene-Kontaktpunkte zusammenfallen (Abb. 1.34), dann

- wurde der Radsatz auf einen einzigen Punkt reduziert und
- es bestehen freie Spiele zu den Schienen auf beiden Seiten.

Die Summe der beiden freien Spiele bildet den „Spurkanal“ mit der Breite $\sigma$ [mm]. Der Radsatz kann sich in diesem Kanal seitlich frei bewegen.

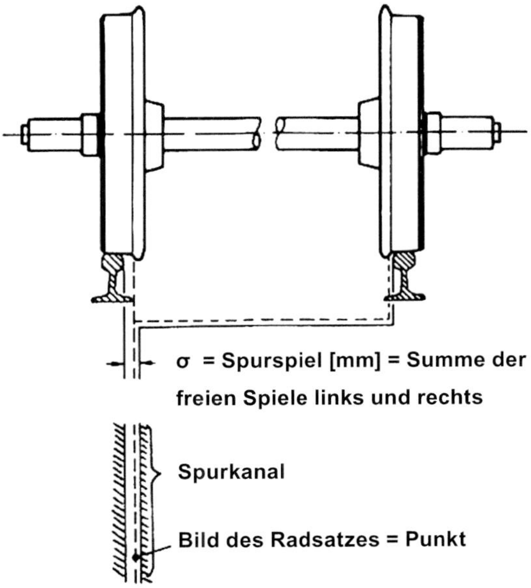


**Abb. 1.34** Schrumpfung des Radsatzes, Spurkanal

Ein Radberührung auf der linken Seite des Spurkanals bedeutet „Anlauf des Radsatzes an der linken Schiene“ usw.

## A.2.1.2 Darstellung des Kreisbogens durch eine Parabel

Der Radius jedes Bogens einer Eisenbahntrassierung ist um vieles größer als das seitliche Spiel des Radsatzes in der Spur. Dies erlaubt für das betrachtete Problem den Ersatz des Kreisbogens durch eine Parabel (Abb. 1.35).

1. Formel der Parabel

$$y = \frac{x^2}{2R} 1000$$

mit
$x$ Längskoordinate [m]
$y$ Querkoordinate [mm]
$R$ Radius [m].
2. Die Dimensionen in Längsrichtung des Gleises werden im Maßstab 1 : 100 aufgetragen.
3. Die Dimensionen in Querrichtung werden im Maßstab 1 : 1 aufgetragen (Tab. 1.1 und Abb. 1.36).

Auf diese Weise wird die Kante der Außenschiene dargestellt. Die Kante der Innenschiene wird

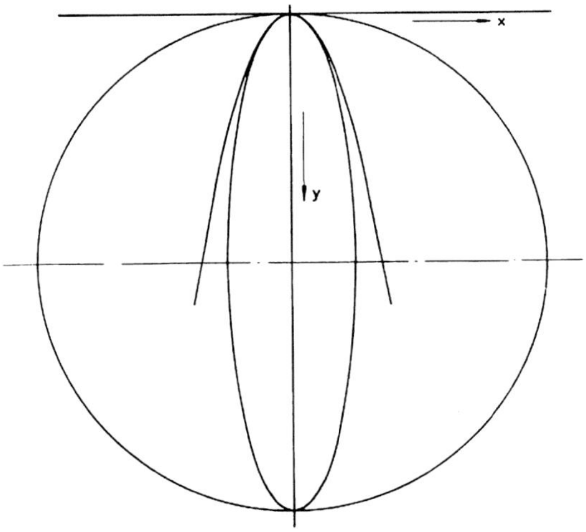


**Abb. 1.35** Umwandlung eines Kreisbogens in eine Parabel

durch Parallel-Verschiebung dieser Kontur nach um das „Spurspiel $\sigma$“ nach „innen“ erhalten.

## A.2.1.3 Situierung eines Laufwerkes im Spurkanal

Das Laufwerk wird auf seine Achsanordnung reduziert, dabei berührt erfahrungsgemäß die in Fahrtrichtung vordere, führende Achse die äußere Schiene.

Die weiteren Achsen können wie folgt verschiedene Positionen einnehmen:

- Wenn die Achsen in einem Rahmen (z. B. Drehgestell) fest geführt sind, dann müssen alle Punkte (welche ja die einzelnen Achsen repräsentieren) auf einer Linie liegen
- Wenn Achsen seitlich verschiebbar ausgeführt sind, dann kann dies im Vogelplan durch eine (scheinbare) Verbreiterung des Spurkanales berücksichtigt werden.

Alle Achsen müssen innerhalb des Spurkanales zu liegen kommen. Ist dies nicht der Fall, was bei mehr-als-2-achsigen Laufwerken oder bei Anschlag an Begrenzungen der Drehgestell-Verdrehung unter dem Wagenkasten der Fall sein kann, dann wird dadurch eine Unverträglichkeit angezeigt. Bei kleinen Überschreitungen kann ein Durchfahren des Gleisbogens durch Aufsprei-

**Tab. 1.1** Beispiel: Berechnung von $y$ [mm]

| | | | | |
|---|---|---|---|---|
| $R = 350\,\text{m}$ | | | | |
| $\sigma = 18\,\text{mm}$ | | | | |
| $x$ | $x^2$ | $y$ | $y$ | $y + \sigma$ (18 mm) |
| [m] | [m$^2$] | [m] | [mm] | [mm] |
| 1 | 2 | 3 | 4 | 5 |
| 0 | 0 | 0 | 0 | 18,0 |
| 1 | 1 | 0,0014 | 1,4 | 19,4 |
| 2 | 4 | 0,0057 | 5,7 | 23,7 |
| 3 | 9 | 0,0128 | 12,8 | 30,8 |
| 4 | 16 | 0,0228 | 22,8 | 40,8 |
| 5 | 25 | 0,0356 | 35,6 | 53,6 |
| 6 | 36 | 0,0514 | 51,4 | 69,4 |
| 7 | 49 | 0,0700 | 70,0 | 88,0 |
| Etc. | | | | |

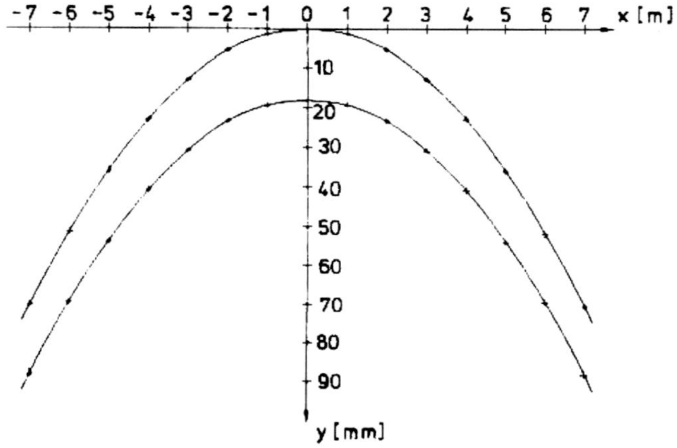


**Abb. 1.36** Vogel-Plan eines Gleisbogens ($R = 350\,\text{m}$, $\sigma = 18\,\text{mm}$)

zen der Spur noch möglich sein, bei größeren Werten ist eine Entgleisung unvermeidlich.

Die hintere Achse wird nun (gedanklich) seitlich um den durch die Berührung der vorderen Achse gegebenen Drehpunkt geschwenkt. 3 Situationen sind möglich:

1. Die hintere Achse berührt die innere Schiene mit einem Berührungswinkel, der bei Weiterlaufen ein Ablösen der hinteren Achse von der inneren Schiene in Richtung zum Spurkanal angibt. Diese Situation wird in Wirklichkeit nicht eintreten, sondern die hintere Achse wird in einer Position zwischen den Schienen verbleiben. Dieser Zustand wird „Freilauf“ genannt.
2. Die hintere Achse berührt die innere Schiene mit einem Berührungswinkel, der ein Weiterlaufen der Achse in die Bogen-Innenseite nahe legt. Diese Situation wird „Spießgang“ genannt. Bei mehrachsigen Laufwerken kann es vorkommen, dass eine mittlere Achse zuerst die innere Schiene berührt und damit die Führung (zusammen mit der vorderen Achse) übernimmt. Dies zeigt ungünstige Führungsverhältnisse mit hohen Spurkranzkräften an.
3. Bei sehr hohen, seitlich auf das Fahrzeug wirkenden Kräften (Fliehkräfte bei Fahrt mit überhöhter Geschwindigkeit, Windkräfte etc.) kann die hintere Achse auch an die Außenschiene gepresst werden. Dies wird als „Außenanlauf“ oder „Tangentialstellung“ bezeichnet.

Die Grenze zwischen „Freilauf“ und „Spießgang“ wird durch jene Fahrzeugstellung definiert, bei welcher die hintere Achse das Gleis tangential berührt. Für ein zwei-achsiges Laufwerk gilt hierfür:

$$\sigma_{\text{limit}} = \frac{(2a)^2}{2R};$$

wenn $\sigma > \sigma_{\text{limit}}$ dann „Freilauf“, wenn $\sigma < \sigma_{\text{limit}}$ dann „Spießgang“.

Der Vogel-Plan ist eine rein geometrische Untersuchung. Er erlaubt die geometrischen Bedingungen der Bogenfahrt zu beurteilen, doch ist zunächst noch nichts über die beteiligten Kräfte ausgesagt.

## A.2.2 Berechnung der Bogenlauf-Kräfte

Die nachfolgenden Überlegungen setzen eine Reihe von Vereinfachungen voraus:

- Die Achsen sind spielfrei im Laufwerksrahmen gelagert
- Alle Räder weisen gleiche Aufstandskräfte auf
- Alle Räder haben den gleichen Durchmesser
- Alle Räder haben zylindrisches Radprofil
- Die Reibungskräfte $F$ sind konstant und unabhängig vom Schlupf, damit gilt $F = \mu \cdot Q$, wobei diese Reibungskräfte der Relativbewegung entgegengesetzt wirken (siehe dazu auch die Anmerkungen am Ende des Abschnittes).

### A.2.2.1 Zerlegung der Bogenfahrt in zwei gleichzeitige Teilbewegungen

Die Bogenfahrt wird (gedanklich) in zwei Bewegungen zerlegt (Abb. 1.37):

1. Drehung um jenen Punkt auf der Mittelachse des Laufwerkes, von welchem eine Senkrechte zur Laufwerksachse den Mittelpunkt des Gleisbogens schneidet. Dieser Punkt wird „Reibungsmittelpunkt $M$“ genannt. Jede Drehung um $M$ aktiviert Reibungskräfte in den Radaufstandspunkten. Daher genügt es, zur Bestimmung der bei der Bogenfahrt auftretenden Kräfte nur die Drehung um den Reibungsmittelpunkt zu betrachten.
2. geradlinige Verschiebung in Richtung der Laufwerksachse bis zur Berührung der vorderen Achse mit der Außenschiene – dies erfolgt durch geradliniges Rollen ohne die Wirkung von Rad/Schiene-Zwangskräften. (Die zur Rückführung auf den Bogenmittelpunkt nötige Seitenverschiebung ist „klein von 2ter Ordnung“ und wird vernachlässigt.)

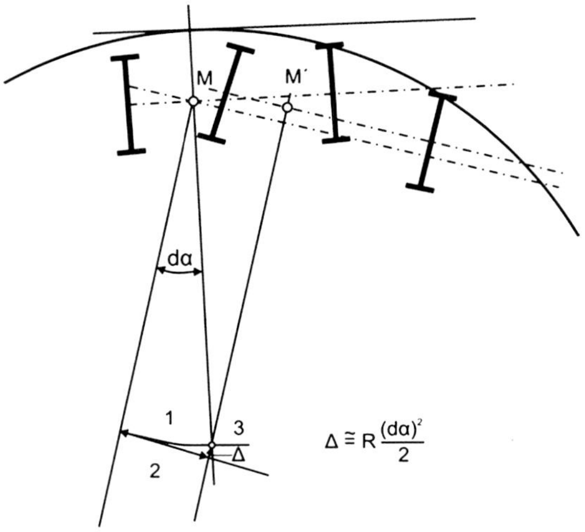


**Abb. 1.37** Freilauf eines 2-achsigen Fahrzeugs bei der Bogenfahrt

### A.2.2.2 Das Moment der Reibungskräfte

Im nächsten Schritt wird die „Linie des Momentes **M** der Reibungskräfte“ ermittelt. Dazu wird ein Grundriss des Laufwerkes maßstabsgerecht gezeichnet.

Durch Annahme des „Reibungsmittelpunktes $M$“ auf verschiedenen Positionen entlang der Laufwerksachse kann das „Reibungsmoment **M**“ durch das Aufsummieren aller Produkte „Reibungskraft mal Reibungsarm“ ermittelt werden.

$$\mathbf{M} = \sum \mu \cdot Q \cdot q_i$$

mit

$Q$ Radkraft [kN]
$\mu$ Reibungskoeffizient [1]
$q_i$ Entfernung der Radaufstandspunkte $i$ zum Reibungsmittelpunkt [m]

Da die Laufwerke symmetrisch um die Längsachse ausgeführt sind, genügt es die Summation der Richtstrahlen für eine einzige Seite auszuführen. Das „Reibungsmoment **M**“ wird dann zu

$$\mathbf{M} = 2 \cdot \sum \mu \cdot Q \cdot q_i \text{ oder } \sum q_i = \mathbf{M}/2 \cdot \mu \cdot Q$$

mit den gleichen Bedeutungen wie vor.

Mit den folgenden Bezeichnungen

$2a_i$ Entfernung der Achse $i$ zur vordersten Achse [m]
$2s$ Spurweite [m]
$q_i$ Abstand des Aufstandspunktes des Rades $i$ vom Reibungsmittelpunkt $M$ [m]
$\xi_i$ Winkel zwischen Laufwerksachse und dem Richtstrahl $q_i$
$x$ Entfernung des Reibungsmittelpunktes $M$ von der ersten Achse [m]

gelten die nachfolgenden Gleichungen:

$$q_i = \sqrt{(2a_i - x_i)^2 + s^2}$$

$$\tan \zeta_i = \frac{s}{2a_i - x_i}$$

$$\cos \zeta_i = \frac{2a_i - x_i}{q_i}.$$

Die genaue Position $x$ des Reibungsmittelpunktes hängt von der Stellung des Laufwerkes in der Spur, wie sie im Vogel-Plan ermittelt wurde, ab.

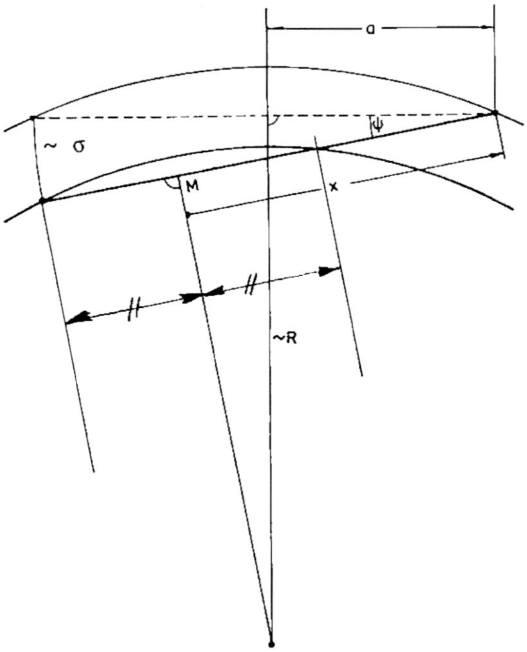


**Abb. 1.38** Lage des Reibungsmittelpunktes bei „Spießgang"

### A.2.2.3 Ermittlung der Bogenlaufkräfte bei Spießgang

Die Lage des Reibungsmittelpunktes $M$ ist

- **bekannt**, wenn durch den Vogel-Plan „Spießgang" festgestellt wurde. Dann halbiert der Reibungsmittelpunkt den Abstand der Laufwerksachse zwischen den Schnittpunkten mit derselben (inneren oder äußeren) Schiene. Das Ergebnis ist „$x$", der gesuchte Abstand zwischen der ersten Achse und dem Reibungsmittelpunkt $M$ (Abb. 1.38)

Die **M**-Linie wird an dieser Position geschnitten (Punkt $M''$) und eine Tangente im Schnittpunkt angelegt

- diese schneidet die Vertikale über Achse 1 im Punkt $E$. Man verbindet diesen Punkt mit dem Fußpunkt 3 (In Abb. 1.39 ist ein 3-achsiges Laufwerk gewählt)
- der von den beiden Strahlen eingeschlossene Winkel bei $E$ gibt die am führenden Spurkranz wirkende Kraft an.
- Ebenso erhält man die am inneren Spurkranz der Achse 3 wirkende Kraft durch den Winkel bei 3.
- Die Winkel stellen die Kräfte dar, weil das Moment **M** (Ordinate) durch eine Distanz $x$ dividiert wird. Die vertikale Ordinate (Summe von $q_i$) ist gleich $\mathbf{M}/(2\mu Q)$, während $x$ die horizontale Entfernung darstellt. Division der vertikalen Entfernung (Moment) durch die horizontale Entfernung und Multiplikation mit $2 \cdot \mu \cdot Q$ ergibt die gesuchten Richtkräfte $P_1$ und $P_3$ (Abb. 1.39).

$$P_1 = \frac{BD}{x} \cdot 2\mu Q$$

$$P_3 = \frac{DM}{(2a_3 - x)} \cdot 2\mu Q$$

## A.2.3 Ermittlung der Bogenlaufkräfte bei Freilauf

Wenn die Lage des Reibungsmittelpunktes **unbekannt** ist, da die hintere Achse die innere Schiene nicht berührt oder von dieser abläuft, dann liegt

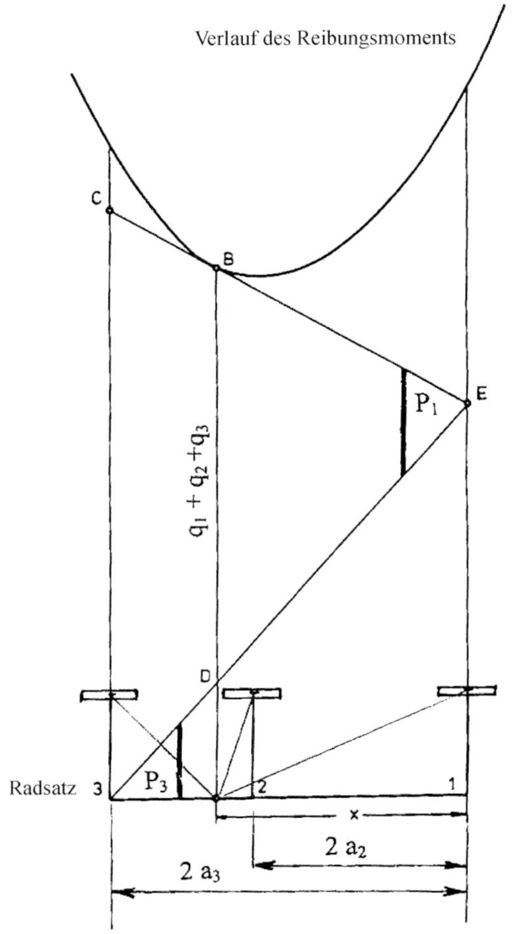


Abb. 1.39 Ermittlung der Bogenlaufkräfte bei „Spießgang“

„Freilauf“ vor. Für diesen Fall gab Heumann das „Minimum-Verfahren“ an. Es sagt:

> **Bei Freilauf liegt der Reibungsmittelpunkt so, dass die Richtkraft $P_1$ am führenden Rad ein Minimum wird.**

In diesem Falle wird der Reibungsmittelpunkt *M* wie folgt gefunden (Abb. 1.40):

- Vom Fußpunkt der Achse 1 wird eine Tangente an die $\mathbf{M}/2\mu Q$-Linie gezogen.
- Der Berührungspunkt *B* gibt die Lage des Reibungsmittelpunktes an.

Die auf den Spurkranz des führenden Rades wirkende Richtkraft ergibt sich wieder aus

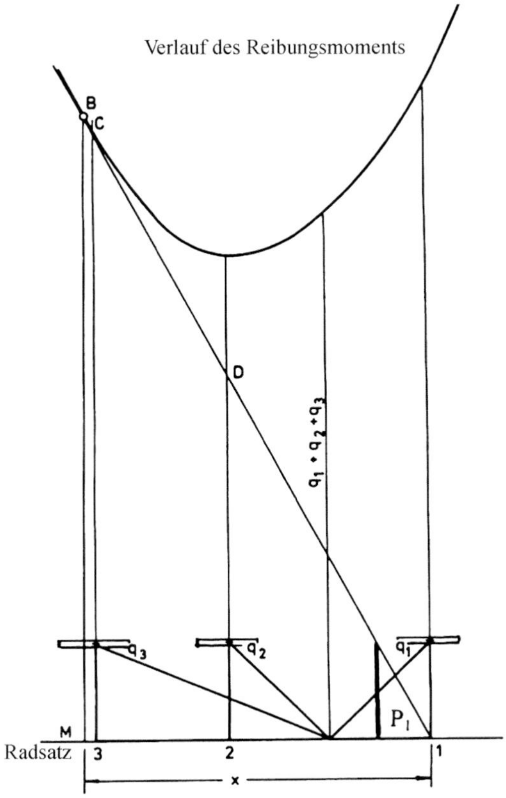


Abb. 1.40 Ermittlung der Bogenlaufkräfte bei Freilauf

der Division des Momentes *BM* durch den Abstand $x$ und Multiplikation mit $2\mu Q$.

### A.2.3.1 Ermittlung der wirkenden Summenkräfte

Damit hat man über die Situation Klarheit erhalten und kann die Einflüsse von

- Achsanordnung
- Bogenradius
- freiem Seitenspiel (Spurweite minus Radsatzabmessungen)
- Reibungsverhältnissen

verfolgen.

Abschließend sollen noch die wirkenden Kräfte klargestellt werden.

Grundsätzlich müssen die Spurkranzkräfte *P* den Reibungskräften $\mu \cdot Q$ das Gleichgewicht halten.

An den Rädern *ohne Spurkranzanlauf* kann die Reibungskraft $\mu \cdot Q$ aufgeteilt werden in

- Längsschlupfkräfte $\pm\mu \cdot Q \cdot \sin\xi$, was zu einem nach außen nicht wirksamen Torsions-Moment in den Achsen führt („Blindmoment"), und
- Querschlupfkräfte $\pm\mu \cdot Q \cdot \cos\xi$ zwischen Rädern und Schienen.

An den Rädern *mit Spurkranzanlauf* wirken die Richtkraft $P$ und die Reibungskraft $\mu \cdot Q \cdot \cos\xi$ gegeneinander, d. h. in entgegengesetzter Richtung. Werden Bogenlaufkräfte mit Messradsätzen gemessen, so können diese beiden Kräfte nicht unterschieden werden, da nur deren Summe $Y$ registriert werden kann. Es gilt:

$$\text{Führungskraft} = \text{Richtkraft-Eigenreibung}$$
$$Y = P - \mu \cdot Q \cdot \cos\xi.$$

**Anmerkung**
Wird das Rad unmittelbar vor einer Entgleisung angehoben, so wird $Y = P$!

(Allerdings gelten dann die auf dauerndem Rad/Schiene-Kontakt beruhenden Überlegungen nicht mehr)

## A.2.4 Beispiel einer Kräfteermittlung nach Heumann

Es sollen die Bogenlaufkräfte eines angenommenen Fahrzeuges ermittelt werden, welches vorlaufend ein 3-achsiges Drehgestell mit größeren Achsabständen, nachlaufend ein 2-achsiges Drehgestell mit geringem Achsstand aufweist. Die Abmessungen sind in Abb. 1.41 ersichtlich. Dieses Fahrzeug habe Radlasten von 70 kN und soll einen Gleisbogen mit $R = 250$ m und einem Spurspiel von 10 mm durchfahren. Der Reibungskoeffizient betrage 0,3.

Welche (mittleren) Bogenlaufkräfte treten auf?

**Laufwerk 1**
Achsen 1, 2, 3 – „Spießgang" aus Vogel-Plan, daher halbiert der Reibungsmittelpunkt den Sehnenabschnitt, der durch die Laufwerks-Längsachse gebildet wird.

Tangente an Momenten-Linie, Schlusslinie von $E$ nach Fußpunkt $P_3$.

Die Richtkräfte $P$ entsprechen den eingeschlossenen Winkeln (wie in Abb. 1.41 eingezeichnet).

Es ergeben sich folgende Führungskräfte:

$$\begin{aligned}
Y_{11} &= P_1 - \mu \cdot Q \cdot \cos\xi_1 \\
&= 67{,}0 - 20{,}4 = +46{,}6\,\text{kN} \\
Y_{12} &= -\mu \cdot Q \cdot \cos\xi_1 = -20{,}4\,\text{kN} \\
Y_{21} &= -\mu \cdot Q \cdot \cos\xi_2 = -13{,}5\,\text{kN} \\
Y_{22} &= -\mu \cdot Q \cdot \cos\xi_2 = -13{,}5\,\text{kN} \\
Y_{31} &= \mu \cdot Q \cdot \cos\xi_3 = +19{,}5\,\text{kN} \\
Y_{32} &= -P_3 + \mu \cdot Q \cdot \cos\xi_3 \\
&= -37{,}8 + 19{,}5 = -18{,}3\,\text{kN}.
\end{aligned}$$

Positive Führungskräfte drücken das Rad nach bogeninnen, negative nach bogenaußen. Man beachte die entgegengesetzten Vorzeichen bei den Rädern der ersten und dritten Achse, die sich im Gleis als Spreizkräfte bemerkbar machen.

Der Vogel-Plan zeigt auch, dass der mittleren Achse des dreiachsigen Drehgestells eine freie Seitenverschieblichkeit von (zumindest) 8 mm gegeben werden muss, um ein zwängungsfreies Durchfahren des Bogens sicherzustellen. Die Achse 2 trägt dann nur zur Vergrößerung des zu überwindenden Reibungsmomentes bei. Dies gilt, solange sie nicht an die Außenschiene anläuft. In diesem Falle werden die von ihr verursachten seitlichen Kräfte direkt auf die Schiene abgetragen. Die Achse 2 trägt dann nur mehr über die längs gerichteten Komponenten zum gesamten Reibungsmoment bei. (Hier nicht dargestellt.)

Als weitere Untersuchung wird eine seitlich auf den Drehpunkt $D_1$ wirkende Kraft $W_1$ angenommen. Sie hat die gleiche Richtung wie $P_3$, was am gleichen Richtungssinn des Auftrags von der Schlusslinie weg erkannt wird, und verändert die Führungskräfte wie folgt:

$P_1$ wird vergrößert, $P_3$ wird verringert.

Die Stellung des Laufwerks in der Spur verändert sich bei der angenommen Kraft $W_1$ (noch) nicht.

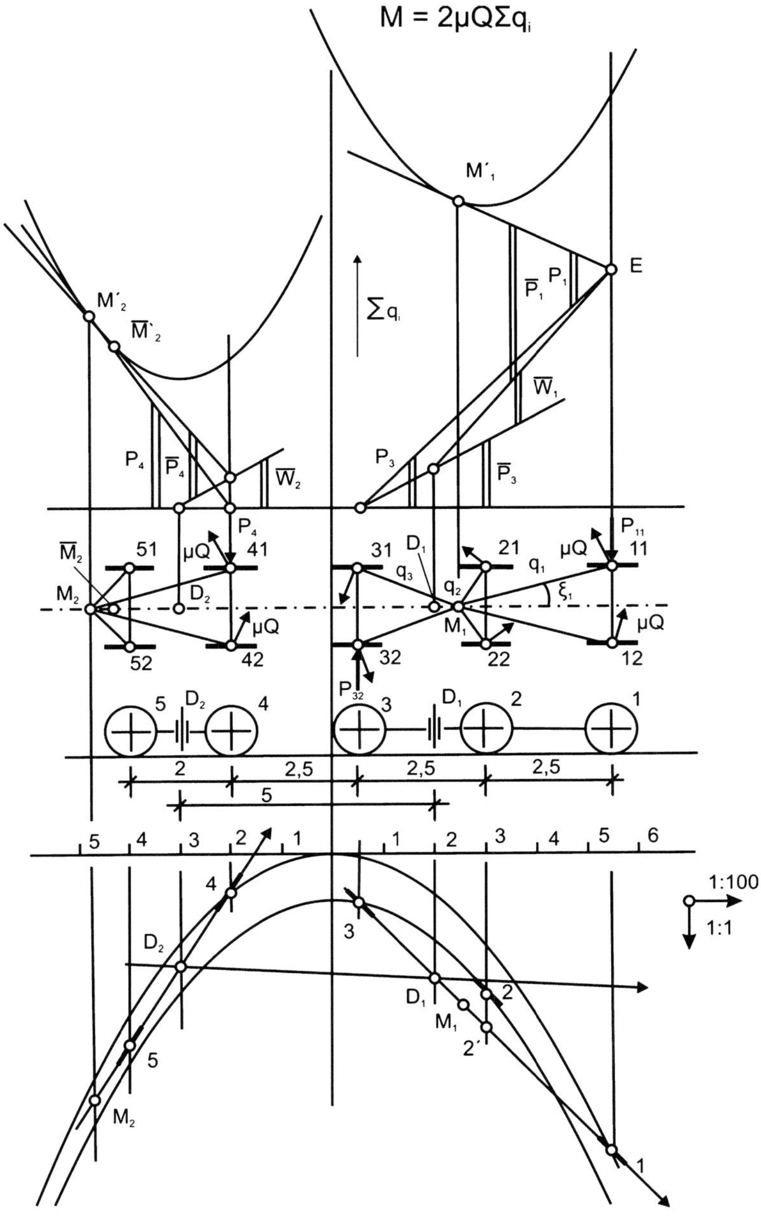


**Abb. 1.41** Bogenlaufuntersuchung nach Heumann

## Laufwerk 2

Achse 4,5 – „Freilauf" aus Vogel-Plan, Reibungsmittelpunkt ergibt sich durch Anlegen einer Tangente an die Momentenkurve entsprechend dem Minimumverfahren. Es ergeben sich folgende Führungskräfte:

$$Y_{41} = P_4 - \mu \cdot Q \cdot \cos \xi_4 = 75{,}6 - 20{,}2\,\text{kN}$$

$$Y_{42} = -\mu \cdot Q \cdot \cos \xi_4 = -20{,}2\,\text{kN}$$

$$Y_{51} = -\mu \cdot Q \cdot \cos \xi_5 = -17{,}3\,\text{kN}$$

$$Y_{52} = -\mu \cdot Q \cdot \cos \xi_5 = -17{,}3\,\text{kN}.$$

Wie oben wird zusätzlich die Wirkung einer seitlich auf den Drehpunkt $D_2$ nach bogenaußen wirkenden Kraft untersucht. Diese verändert die Fahrzeugstellung ($M_2'$ wird zu $M_2''$) und vergrößert die Richtkraft $P_4$.

Der Vogel-Plan zeigt, dass die Verdrehung des nachlaufenden Laufwerkes gegen die Fahrzeug-

Achse deutlich größer ist als jene des vorlaufenden Laufwerkes. Für die Ermittlung der tatsächlichen Verdrehungswerte sind die unterschiedlichen Maßstäbe für Längs- und Querrichtung zu beachten. Dies gilt im Übrigen für alle Abmessungen, die aus dem Vogel-Plan entnommen werden.

## A.2.5 Zusammenfassung

Die Heumann-Methode zur Ermittlung der Bogenlaufkräfte wird im Vorstehenden nur mit ihren wesentlichen Aussagen dargestellt. Sie wurde in den Jahren 1920 bis 1940 mit vielen Details entwickelt und diente als Handwerkszeug für die Entwicklung der damals modernsten Dampf- und Elektrolokomotiven. Sie wurde auf die Behandlung von

- Seitenkräften durch Wind oder unausgeglichene Beschleunigung
- Reibmomenten in der Verbindung von Drehgestellen und Wagenkasten
- Zug- und Bremskräften
- unterschiedlichen Kopplungs- und Rückstellmechanismen

ausgedehnt.

Mit dem Erscheinen der modernen Rechenprogramme wie Medyna, Simpack, Nucars etc. schien sich der Wert der Heumann-Methode zu verringern. Doch gerade diese einfache Vorgangsweise ist ein hervorragendes Mittel, Rechenergebnisse zu interpretieren und zu verstehen. Dafür sollten stets die Voraussetzungen der Heumann-Methode im Auge behalten werden, insbesondere jene der konstanten, schlupfunabhängigen Reibung und der zylindrischen Räder.

Die Kalker-Gleichungen und die experimentellen Untersuchungen von Johnson und Frederich zeigen die Abhängigkeit der Reibungskräfte von den auftretenden Längs-, Quer- und Bohrschlupfen. Dennoch ist die Heumann-Methode für die Überprüfung von Plausibilitäten sehr gut geeignet.

Für einen Bogen mit $R = 150\,\mathrm{m}$ kann ein $\mu = 0{,}35$ angesetzt werden.

Da die Kraftschluss-Koeffizienten bei größeren Radien ihre Sättigung in der Regel nicht erreichen, ist eine Abminderung des (fiktiven) Reibungsbeiwertes bei größeren Radien angebracht. Dafür wurde folgende Formel vorgeschlagen:

$$\mu = \frac{25}{R} + 0{,}20.$$

| $\mu$ | $R$ |
|---|---|
| 0,367 | 150 |
| 0,263 | 400 |
| 0,225 | 1000 |

**Anmerkung**
In den vorstehenden Ausführungen werden alle Kräfte als „auf das Laufwerk wirkend“ angesetzt, entsprechend der „Kraftwirkung gegen die Bewegungsrichtung der Radaufstandspunkte“, die als Teil des Laufwerkes verstanden werden.

Von der Gleisseite her betrachtet sind sowohl die Bewegungen wie auch die Kräfte in der Orientierung umgekehrt. Dies erklärt z. B. warum Metallverschiebungen an der Schienenoberseite in Richtung zur Bogenmitte hin beobachtet werden. Während an der Außenschiene das nach innen verdrückte Material durch die Spurkränze abgetragen wird, tritt dieser Effekt an der bogeninneren Seite der Innenschiene gelegentlich sehr deutlich in Erscheinung („Pilz-Bildung“).

## Literatur

1. Frederich F (1990) Aspekte zur Spurführung. ZEV Glas Ann 114(1/2):24–29
2. Kalker J (1973) On the rolling contact of two elastic bodies in the presence of dry friction. WTHD No 52. University of Technology, Delft
3. Lang H-P (2008) Gesamtzusammenhang und Wirkungsmechanismen des Systems Bahn. In: Media Group (Hrsg) Handbuch „Das System Bahn“. Eurailpress, Hamburg
4. Scheffel H, Tournay HM (1987) The mechanism of the rotatable lemniscate suspension applied to bogies having selfsteering wheelsets. In: Proceedings international association for vehicle system dynamics

## Weiterführende Literatur

5. Wickens AH (1965) The dynamic stability of railway vehicle wheelsets and bogies having profiled wheels. Int J Solids Struct 1:319
6. Krugmann H-L (1982) Lauf der Schienenfahrzeuge im Gleis. Oldenbourg
7. Gerdsmeier H, Michels W, Budde U (1982) Lauftechnische Auslegung von Hochgeschwindigkeits-Schienenfahrzeugen. Arch Eisenbahntech AET 37:5
8. Joly R (1972) Untersuchungen der Querstabilität eines Eisenbahnfahrzeuges bei hohen Geschwindigkeiten. Schienen Welt 3:168
9. Nefzger A (1974) Geometrie der Berührung zwischen Radsatz und Gleis. Eisenbahntech Rundsch ETR 1974(3):113
10. Scheffel H (1974) Die Schlingerstabilität und Bogenläufigkeit der Eisenbahnfahrzeuge. Schienen Welt 1974(4):309
11. Nikolin J, Nöthen J, Krettek O (1984) Neue Erkenntnisse zum Radsatz- und Fahrzeuglauf aus der Sicht der nichtlinearen Rechnung. ZEV Glas Ann 108:101
12. Nefzger A, Bergander B (1985) Das Zusammenwirken von Rad und Schiene. Eisenbahntech Rundsch ETR 34(1/2):93
13. Frederich F (1985) Unbekannte und ungenutzte Möglichkeiten der Rad/Schiene Spurführung. ZEV Glas Ann 109(2/3):41
14. Rießberger K (1987) Angetriebene selbststeuernde Drehgestelle. Elektrische Bahnen EB 85(11):15
15. Nefzger A (1991) Laufdynamik beim grenzüberschreitenden Hochgeschwindigkeitsverkehr. Eisenbahningenieur 42:106
16. Moreau A (1992) Characteristics of wheel/rail contact. Rail Eng Int 1992(3):15
17. Müller R (1995) Die Problematik der Berührungsgeometrie Rad/Schiene. ZEV Glas Ann 119(3):86
18. Berg G, Henker H (1978) Weichen. Transpress, Berlin
19. EN 14363 „Bahnanwendungen: – Fahrtechnische Prüfung für die fahrtechnische Zulassung von Eisenbahnfahrzeugen – Prüfung des Fahrverhaltens und stationäre Versuche", herausgegeben vom C.E.N., Centre Europeen de Normalisation, Brüssel

# 2 Auslegung des Eisenbahnoberbaus

Ulf Gerber und Ferdinand Pospischil

**Zusammenfassung**

Das Ziel der Auslegung des Eisenbahnoberbaus besteht in der Minimierung der durch ihn verursachten Gesamtkosten, welche sich aus den gegenläufigen Erneuerungs- und Instandhaltungskosten zusammensetzen, bei gleichzeitiger Bereitstellung eines hochverfügbaren Fahrwegs. Zur Unterstützung der Auslegung liefert der Ausrüstungsstandard der DB AG Empfehlungen zur Auswahl der Komponenten des Eisenbahnoberbaus (Schienen, Schienenbefestigungen, Schwellen, Bettung) in Abhängigkeit von der Geschwindigkeit und der jährlich akkumulierten Verkehrsmasse, ohne auf die Ursachen dieser Empfehlungen einzugehen.

Sobald der praktisch tätige Ingenieur eine Auslegung unter Bedingungen vornehmen soll, die außerhalb des Einsatzspektrums der DB AG liegen (einschließlich abweichender Radkräfte, wie sie im Falle des Schwerlastverkehrs oder des ausschließlichen Personenverkehrs auftreten können), wird er auf die Anwendung der klassischen Oberbaumechanik angewiesen sein, welche im vorliegenden Kapitel in ihren Grundzügen behandelt wird.

U. Gerber (✉)
Professur für Gestaltung von Bahnanlagen, TU Dresden, Dresden, Deutschland

F. Pospischil (✉)
Institut für Eisenbahn-Infrastrukturdesign, TU Graz, Graz, Österreich

## 2.1 Äußere Belastung

Unter der äußeren Belastung wird die über den Kontakt Rad–Schiene in das Gleis eingeleitete Radkraft verstanden, welche hinsichtlich ihrer drei Komponenten (vertikal, lateral, längs) getrennt betrachtet wird.

### 2.1.1 Äußere Vertikalbelastung

**Dynamische Radkraft in Abhängigkeit von der Stahlfestigkeit**

Bei Betrachtung der in Abb. 2.1 dargestellten historischen Entwicklung der statischen Radkraft und der Geschwindigkeit der mitteleuropäischen Eisenbahnen [1, S. 22] stellt sich die Frage, inwiefern der Eisenbahnoberbau an dieser Entwicklung beteiligt war.

Die dynamische Radkraft setzt sich aus der statischen Radkraft $F_0$ und einer dynamischen Zusatzkraft $\varDelta F$ zusammen. Letztere ergibt sich aus den nutzungsbedingten Welligkeiten der Fahrzeugräder sowie der Schienenoberfläche und steigt damit proportional zum Quadrat der Geschwindigkeit an. Damit ist die dynamische Radkraft sowohl von der statischen Radkraft $F_0$ als auch von der Geschwindigkeit $v$ abhängig. Für einen mittleren Instandhaltungszustand gilt näherungsweise der empirische Zusammenhang:

$$F = F_0 \cdot \left[1 + \left(\frac{v}{300}\right)^2\right], \quad v\ [\mathrm{km/h}]. \tag{2.1}$$



J. Holzfeind, J. Liu, F. Pospischil (Hrsg.), *Handbuch Eisenbahninfrastruktur*,
https://doi.org/10.1007/978-3-662-68960-8_2

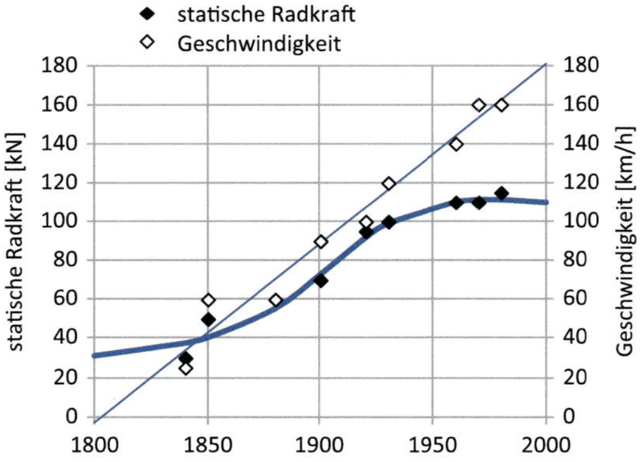


**Abb. 2.1** Historische Entwicklung von statischer Radkraft und Geschwindigkeit

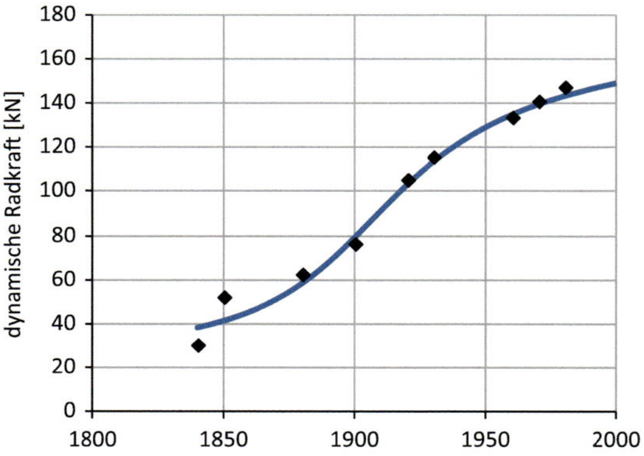


**Abb. 2.2** Historische Entwicklung der dynamischen Radkraft

Die Verknüpfung der historischen Entwicklung von statischer Radkraft und Geschwindigkeit über (2.1) ergibt die historische Entwicklung der dynamischen Radkraft in Form der Datenpunkte in Abb. 2.2.

Die Ursache für den historischen Anstieg der zulässigen dynamischen Radkraft ist in der historischen Entwicklung der zulässigen Kontaktspannung zwischen Rad und Schiene zu suchen. Betrachtet man die Kontaktspannung als den Quotienten aus Radkraft und der Kontaktfläche Rad-Schiene, so stellt sich heraus, dass diese Kontaktfläche infolge der Abplattung von Rad und Schiene mit zunehmender Radkraft größer wird. Dies wiederum bedeutet, dass die Kontaktspannung $\sigma_K$ weniger stark ansteigt als die Radkraft $F$. Diesen Zusammenhang hat der Physiker Heinrich Hertz (1857–1894) allgemein gelöst. Für die Eisenbahn gilt näherungsweise:

$$\sigma_K = 90 \cdot \sqrt{F}, \quad \sigma_K \text{ [MPa]}, \; F \text{ [kN]}. \qquad (2.2)$$

Wenn die Kontaktspannung $\sigma_K$ die zulässige Kontaktspannung überschreitet, beginnt eine schnelle Zerstörung der Oberfläche von Rad und Schiene. Da die zulässige Kontaktspannung näherungsweise der Stahlfestigkeit von Rad und Schiene $\sigma_B$ entspricht, folgt, dass die Kontaktspannung nicht größer als die Stahlfestigkeit sein darf. Aus dieser Bedingung folgt nach (2.2) die zulässige dynamische Radkraft $F$ in Abhängigkeit von der Stahlfestigkeit $\sigma_B$:

$$F \leq \frac{\sigma_B^2}{8100}, \quad F \text{ [kN]}, \quad \sigma_B \text{ [MPa]}. \qquad (2.3)$$

Die historische Entwicklung der dynamischen Radkraft entsprechend der Datenpunkte in Abb. 2.2 legt unter Berücksichtigung von (2.3) den Schluss nahe, dass sich diese aus der historischen Entwicklung der Stahlfestigkeit ableiten lässt. Da die dynamische Radkraft durch die Stahlfestigkeit begrenzt wird, folgt, dass für die Rad- und Schienenstähle i. d. R. die zu ihrer Zeit jeweils größten Stahlfestigkeiten benutzt wurden. Einen Überblick über die historische Entwicklung der Stahlfestigkeit gibt [2, S. 25]. Diese kann als funktionaler Zusammenhang beschrieben (2.4) und dargestellt (Abb. 2.3) werden.

$$\sigma_B = 400 + 800 \cdot \left\{0{,}5 + \frac{1}{\pi} \cdot \left[\frac{6}{250} \cdot (T - 1900)\right]\right\}, \quad \sigma_B \text{ [MPa]} \qquad (2.4)$$

Setzt man die funktionale historische Abhängigkeit der Stahlfestigkeit in Form von (2.4) in (2.3) ein, erhält man die funktionale zeitliche Abhängigkeit der dynamischen Radkraft. Diese ist in Abb. 2.2 als Linie eingezeichnet. Die historische Entwicklung der dynamischen Radkraft (summarische Radkraft aus statischer Radkraft und dynamischer Zusatzkraft) lässt sich damit aus der historischen Entwicklung der Stahlfestigkeit erklären. Diese durch (2.3) formulierte Abhängigkeit ist in Abb. 2.4 graphisch dargestellt.

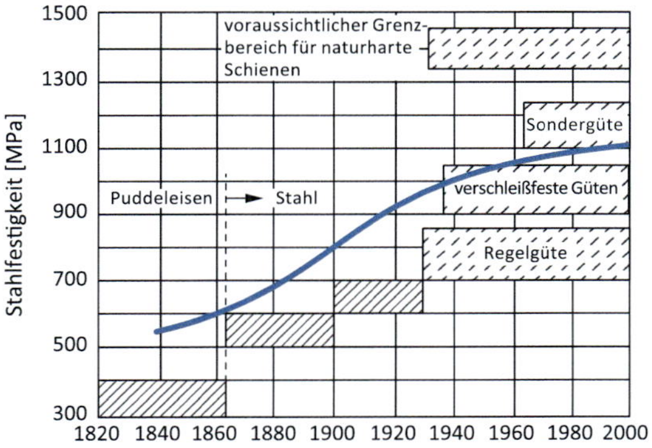


**Abb. 2.3** Historische Entwicklung der Stahlfestigkeit

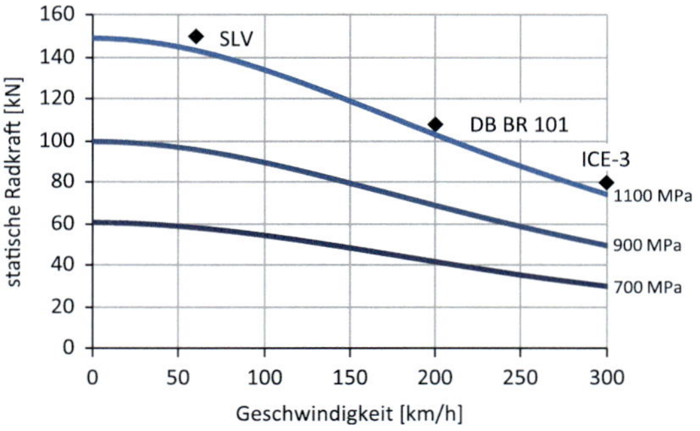


**Abb. 2.5** Zulässige statische Radkraft in Abhängigkeit von der Geschwindigkeit und Stahlfestigkeit

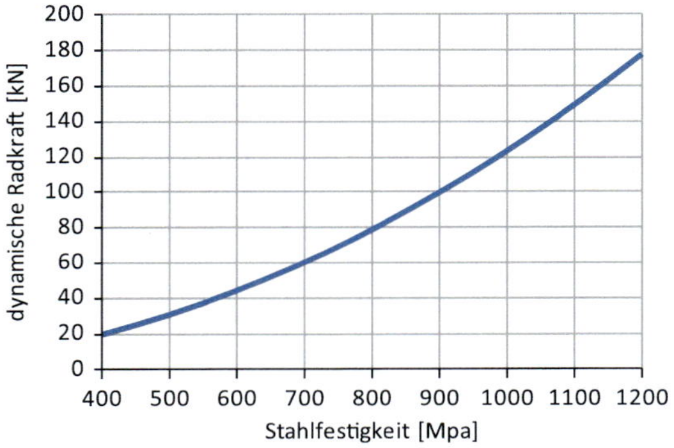


**Abb. 2.4** Dynamische Radkraft in Abhängigkeit von der Stahlfestigkeit

### Statische Radkraft in Abhängigkeit von der Geschwindigkeit

Da die dynamische Radkraft die Summe aus statischer Radkraft und geschwindigkeitsabhängiger dynamischer Zusatzkraft darstellt, ergeben sich unterschiedliche mögliche Kombinationen aus statischer Radkraft und Geschwindigkeit, die jeweils die gleiche dynamische Radkraft erzeugen. Generell gilt, dass die zulässige statische Radkraft mit zunehmender Geschwindigkeit immer kleiner wird. Dies wird deutlich, wenn man (2.1) nach der statischen Radkraft umstellt.

$$F_0 = \frac{F}{\left[1 + \left(\frac{v}{300}\right)^2\right]}, \quad v\ [\text{km/h}] \qquad (2.5)$$

Die zulässige dynamische Radkraft in (2.5) ist von der Stahlfestigkeit entsprechend (2.3) abhängig. Durch Einsetzen von (2.3) in (2.5) ergibt sich die zulässige statische Radkraft sowohl in Abhängigkeit von der Geschwindigkeit als auch in Abhängigkeit von der Stahlfestigkeit. Die entsprechende graphische Darstellung enthält Abb. 2.5, und zwar für Stahlfestigkeiten von 700, 900 und 1100 MPa. Hieraus wird deutlich, dass eine Geschwindigkeitserhöhung durch eine Verringerung der statischen Radkräfte erkauft werden muss. Beispiele hierfür sind unterschiedliche ausgelegte Fahrzeuge einer Generation: Der ICE-3 der DB für den Hochgeschwindigkeitsverkehr bis 300 km/h, die Lokomotive der Baureihe 101 der DB für den konventionellen Verkehr bis 200 km/h oder der Schwerlastverkehr bis 80 km/h. Für die Schiene bleibt entscheidend, dass die genannten Fahrzeuge die gleiche dynamische Radkraft erzeugen.

Streng genommen setzt sich die dynamische Radkraft nicht nur aus der statischen Radkraft und der dynamischen Zusatzkraft (infolge der Welligkeit der Fahrzeugräder und der Schienenoberfläche) zusammen, sondern auch noch aus einer quasistatischen Zusatzkraft, welche sich aus der Trassierung im Aufriss bzw. aus vertikalen Gleislagefehlern ergibt. Die maximale quasistatische Zusatzkraft ergibt sich aus dem Komfortgrenzkriterium der Eisenbahn, welches besagt, dass die Beschleunigung im Wagenkasten den Grenzwert von 1 $m/s^2$ nicht überschreiten darf. Bei der Erdbeschleunigung von knapp 10 $m/s^2$ lässt das Komfortgrenzkriterium somit eine Erhöhung der statischen Radkraft um maximal 10 % zu. Dies ist im Vergleich zur dynamischen Zusatzkraft gering, welche im Falle des ICE-3 entsprechend Abb. 2.5 nahezu 100 % annehmen kann.

Die Bedeutung der dynamischen Zusatzkraft wirft die Frage nach Möglichkeiten zu ihrer Begrenzung auf. Dazu ist aber zunächst die Kenntnis der quantitativen Abhängigkeit der dynamischen Zusatzkraft von den wesentlichen Einflussparametern erforderlich. Der Schwerpunkt der vorliegenden Betrachtungen ist das Gleis, so dass sich die vorliegenden Betrachtungen auf die Beeinflussung der dynamischen Zusatzkraft über die Gleiseigenschaften konzentrieren. Die Einflussparameter hierfür sind, wie im Folgenden gezeigt wird, die Geschwindigkeit, die nutzungsabhängige Wellengeometrie und die Gleissteifigkeit. Zur Verdeutlichung der Abhängigkeit der dynamischen Zusatzkraft von diesen Einflussparametern wird die relative dynamische Zusatzkraft eingeführt als Quotient der dynamischen Zusatzkraft und der dynamischen Zusatzkraft im „Normalzustand". Unter „Normalzustand" wird folgende Konstellation verstanden: Geschwindigkeit 160 km/h, Gleisgeometriefehler (d. h. Wellengeometrie) $0{,}0036\,\text{m}^{-1}$ (siehe (2.8) und (2.9)), Gleissteifigkeit 100 kN/mm. Die Abhängigkeit der relativen dynamischen Zusatzkraft von den Einflussparametern wird im Folgenden in den technisch vertretbaren Grenzen variiert. Auf diese Weise werden die Möglichkeiten und Grenzen einer gleisseitigen Einflussnahme auf die dynamische Zusatzkraft deutlich.

### Dynamische Zusatzkraft in Abhängigkeit von der Geschwindigkeit

Gl. (2.1) unterstellt, dass die dynamische Zusatzkraft mit dem Quadrat der Geschwindigkeit anwächst. Unter Zugrundelegung einer statischen Radkraft von 100 kN folgt aus (2.1) die Geschwindigkeitsabhängigkeit der dynamischen Zusatzkraft in Form von (2.6).

$$\Delta F = 0{,}0011 \cdot v^2, \quad \Delta F\ [\text{kN}], \quad v\ [\text{km/h}] \tag{2.6}$$

Die Normierung der dynamischen Zusatzkraft auf eine Geschwindigkeit von 160 km/h liefert entsprechend (2.6) die relative Änderung der dynamischen Zusatzkraft in Abhängigkeit von der

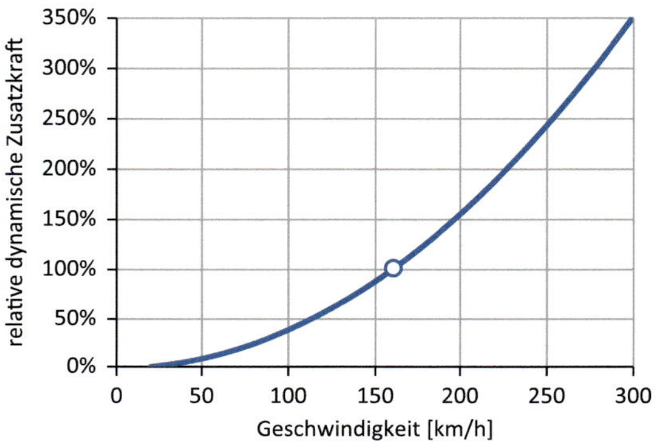


**Abb. 2.6** Relative dynamische Zusatzkraft in Abhängigkeit von der Geschwindigkeit

Geschwindigkeit. Diese ist in Abb. 2.6 graphisch dargestellt.

$$\frac{\Delta F}{(\Delta F)_0} = \left(\frac{v}{160}\right)^2, \quad v\ [\text{km/h}] \tag{2.7}$$

### Dynamische Zusatzkraft in Abhängigkeit von der Wellengeometrie

Ursache für diese Geschwindigkeitsabhängigkeit der dynamischen Zusatzkraft ist die Welligkeit der Schiene (und des Rades). Diese Welligkeit wird entsprechend Abb. 2.7 in Form einer Sinuswelle beschrieben, welche durch die beiden Parameter Wellenlänge und Wellentiefe vollständig definiert ist.

Die Wellengeometrie verursacht im Zusammenhang mit der Längsbewegung des Rades gegenüber der Schiene bei der Geschwindigkeit $v$ eine zusätzliche Vertikalbewegung, welche eine maximale vertikale Beschleunigung $\ddot{z}$ zwischen Rad und Gleis zur Folge hat (siehe Abb. 2.7). Das Produkt dieser Beschleunigung mit der Rad-Gleis-Ersatzmasse[1] $m_{\text{RG}}$ ergibt wiederum eine mit dem Quadrat der Geschwindigkeit ansteigende dynamische Zusatzkraft (2.8).

$$\Delta F = 4\pi^2 \cdot m_{\text{RG}} \cdot \left(\frac{z_{A,\max}}{\lambda^2}\right) \cdot v^2 \tag{2.8}$$

Unter Zugrundelegung einer mittleren Rad-Gleis-Ersatzmasse von 100 kg folgt aus einem Koeffizientenvergleich von (2.6) und (2.7) die mittlere Wellengeometrie in Form von (2.8). Bei

[1] Die Rad-Gleis-Ersatzmasse erzeugt dieselbe Trägheitskraft wie die Gesamtheit aus vertikal beschleunigtem Rad und Gleis.

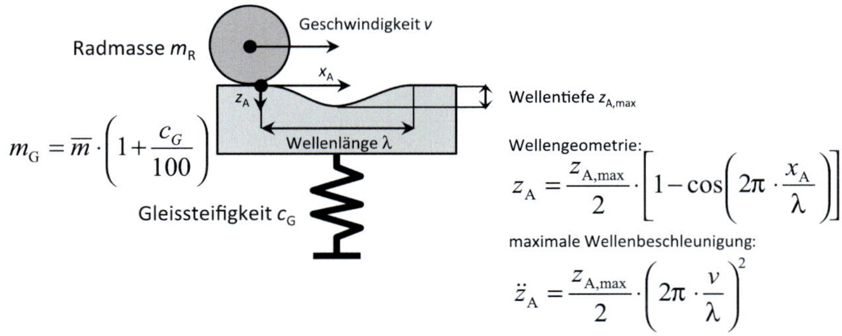


**Abb. 2.7** Kinematik Rad–Schiene

dieser Wellengeometrie stellt sich der empirische Zusammenhang gemäß (2.1) ein.

$$\left(\frac{z_{A,\max}}{\lambda^2}\right) \leq 0{,}0036 \qquad (2.9)$$

Die Wellen setzen sich aus Riffeln und Schlupfwellen zusammen. Riffeln sind das Ergebnis hoher Antriebs- und Bremsmomente, ihre Wellenlänge verhält sich proportional zur Geschwindigkeit. Schlupfwellen sind das Ergebnis von Torsionsschwingungen der Radsätze in Gleisbögen, ihre Wellenlänge verhält sich proportional zum Bogenradius. Da Geschwindigkeit und Bogenradius ständig wechseln, treten die Wellen über einem breiten Wellenlängenbereich bis zu einer Wellenlänge von etwa 300 mm auf. Aus (2.8) wird aber deutlich, dass die Wirkung der Wellentiefe nur in Abhängigkeit von der Wellenlänge beurteilbar ist. Dies macht die graphische Darstellung von (2.8) in Abb. 2.8 deutlich. Die eingetragene Linie verbindet alle Riffeln und Schlupfwellen mit der gleichen dynamischen Wirkung bis zu einer Wellenlänge von 300 mm für den durchschnittlichen Wellenausbildungsgrad.

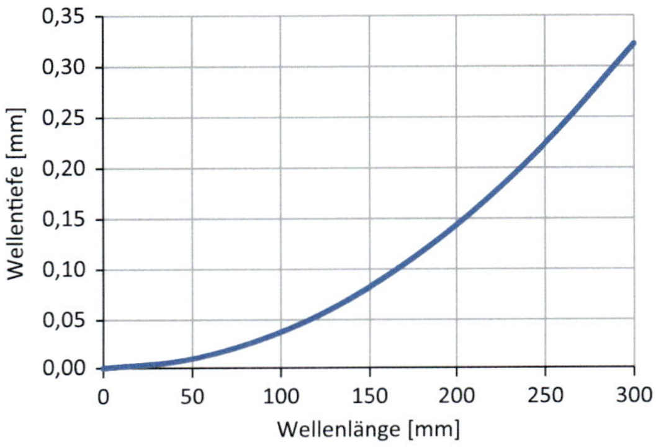


**Abb. 2.8** Wellengeometrie

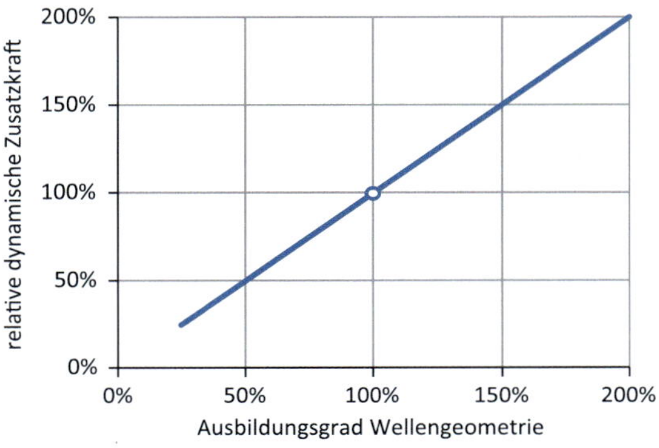


**Abb. 2.9** Relative dynamische Zusatzkraft in Abhängigkeit von der Wellengeometrie

Die Wellentiefe nimmt mit zunehmender akkumulierter Verkehrsmasse zu und wird nach Überschreitung des Grenzwertes $z_{A,\max}$ durch das Schleifen der Schienen bzw. das Abdrehen der Radsätze beseitigt. Eine Verkleinerung bzw. Vergrößerung dieses Grenzwertes verkleinert bzw. vergrößert linear dazu die dynamische Zusatzkraft. Der Bezug einer beliebigen Wellengeometrie auf die mittlere Wellengeometrie nach (2.8) liefert den Einfluss der Wellengeometrie (die durch das Schleifregime bestimmt wird) auf die relative dynamische Zusatzkraft (2.9). Dieser ist in Abb. 2.9 graphisch dargestellt.

$$\frac{\Delta F}{(\Delta F)_0} = \frac{\left(\frac{z_{A,\max}}{\lambda^2}\right)}{0{,}0036} \qquad (2.10)$$

**Dynamische Zusatzkraft in Abhängigkeit von der Gleissteifigkeit**

Aus (2.8) wird deutlich, dass die dynamische Zusatzkraft nicht nur von der Geschwindigkeit und der Wellengeometrie, sondern auch von der Rad-Gleis-Ersatzmasse $m_{\mathrm{RG}}$ abhängig ist. Das Rad-Schiene-System ermöglicht durch den direkten Kontakt Stahl–Stahl im Vergleich zum Rad-Straße-System eine große statische Radkraft und einen geringen Rollwiderstand, allerdings zum Preis einer vergleichsweise hohen dynamischen Zusatzkraft. Mit der Einführung des Hochgeschwindigkeitsverkehrs rückte die Begrenzung der dynamischen Zusatzkraft stärker in den Mittelpunkt der Betrachtungen, da diese entsprechend (2.7) mit dem Quadrat der Geschwindigkeit ansteigt. Ihre Begrenzung ist ebenfalls entsprechend (2.7) durch eine Begrenzung der Wellengeometrie oder eine Begrenzung der Rad-Gleis-Ersatzmasse möglich.

Die dynamische Zusatzkraft entspricht in erster Näherung der Massenträgheitskraft, welche sich durch die gegenseitige Beschleunigung $\ddot{z}_A$ der ungefederten Masse des Fahrzeuges (Radmasse $m_R$) und des Fahrweges (Gleismasse $m_G$) infolge der Welligkeit der Schiene und des Rades ergibt. Aus der Impulsbilanz folgt entsprechend Abb. 2.7 die Rad-Gleis-Ersatzmasse $m_{\mathrm{RG}}$ in Abhängigkeit von der Radmasse und der Gleismasse. Durch Einsetzen in (2.7) ergibt sich die dynamische Zusatzkraft in Abhängigkeit von der beschleunigten Rad- und Gleismasse, der Wellengeometrie und der Geschwindigkeit (2.10).

$$\Delta F = 4\pi^2 \cdot \frac{m_G \cdot m_R}{m_G + m_R} \cdot \left(\frac{z_{A,\max}}{\lambda^2}\right) \cdot v^2 \quad (2.11)$$

Die beschleunigte Gleismasse wird vereinfacht in Abhängigkeit von der Gleissteifigkeit $c_G$ formuliert. Nimmt die Gleissteifigkeit sehr hohe Werte an, so strebt die beschleunigte Gleismasse ebenfalls sehr hohen Werten zu. Im Ergebnis wird dem Radsatz nahezu die gesamte Bewegung übertragen und die Rad-Gleis-*Ersatz*masse strebt der Radmasse $m_R$ (genauer: der halben Radsatzmasse) zu. Nimmt die Gleissteifigkeit sehr kleine Werte an, verringert sich die beschleunigte Gleismasse zunehmend und strebt einem Grenzwert zu. Dieser Grenzwert kann in erster Näherung als die Masse von einem Meter Schiene angenommen werden. Unter Zugrundelegung eines linearen Zusammenhangs zwischen diesen beiden Extremwerten ergibt sich die beschleunigte Gleismasse in Abhängigkeit von dem Metergewicht $\overline{m}$ sowie der Gleissteifigkeit $c_G$ nach (2.12).

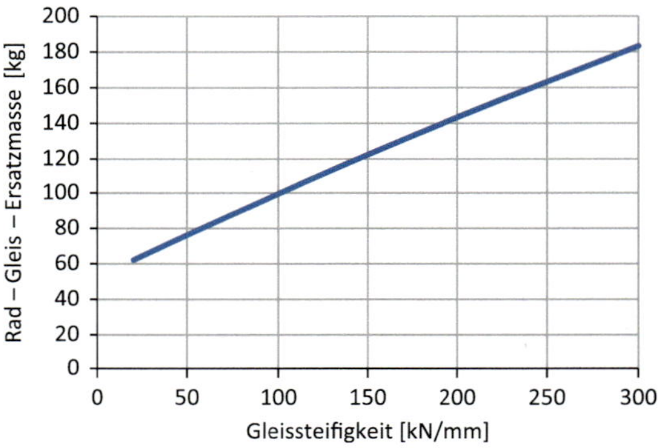


**Abb. 2.10** Rad-Gleis-Ersatzmasse in Abhängigkeit von der Gleissteifigkeit

$$m_G = \overline{m} \cdot \left(1 + \frac{c_G}{100}\right), \quad m_G\ [\mathrm{kg}], \quad c_G \left[\frac{\mathrm{kN}}{\mathrm{mm}}\right] \quad (2.12)$$

Abb. 2.10 zeigt unter Berücksichtigung der (2.8), (2.11) und (2.12) die Rad-Gleis-Ersatzmasse $m_{\mathrm{RG}}$ eines Gleises mit der Schiene S 49 (mit einem Metergewicht von 49 kg/m) in Abhängigkeit von der Gleissteifigkeit $c_G$.

Einsetzen von (2.12) in (2.11) und Normierung der dynamischen Zusatzkraft (auf eine dynamische Zusatzkraft bei einer Gleissteifigkeit von 100 kN/mm) liefert die relative dynamische Zusatzkraft in Abhängigkeit von der Gleissteifigkeit entsprechend (2.13).

$$\frac{\Delta F}{(\Delta F)_0} = \frac{\frac{m_G(c_G) \cdot m_R}{m_G(c_G) + m_R}}{91}, \quad m_G\ [\mathrm{kg}] \quad (2.13)$$

Abb. 2.11 ist die graphische Darstellung von (2.13) für eine Radmasse von 1000 kg und ein Schienenmetergewicht von 50 kg/m. Sie macht die enorme Bedeutung der Gleissteifigkeit für die dynamische Belastung des Gleises deutlich.

**Linienlast** Die Dimensionierung des Eisenbahnoberbaus unterhalb der Schiene erfolgt auf

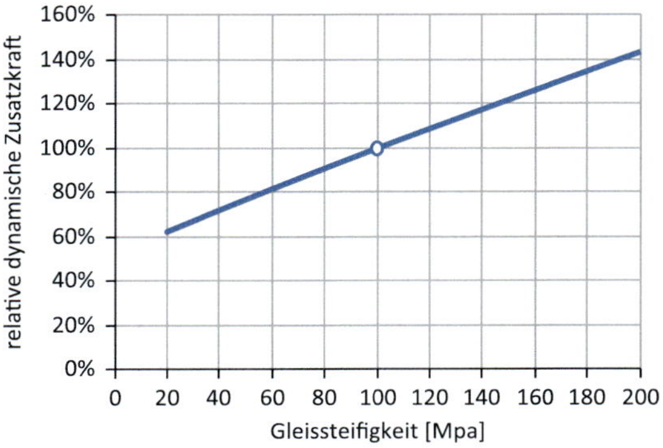


**Abb. 2.11** Relative dynamische Zusatzkraft in Abhängigkeit von der Gleissteifigkeit

der Grundlage der statischen Radkraft, da die dynamischen Zusatzkraft infolge ihrer hohen Frequenz (mehr als 50 Hz) über die Schienenmasse von der übrigen Tragkonstruktion dynamisch entkoppelt wird. Dies trifft erst recht auf tragende Bauwerke unterhalb des Eisenbahnoberbaus zu, insbesondere auf Brücken. Zur Vereinfachung der Brückenberechnungen kann die statische Radkraft $F_0$ in eine Linienlast $q_0$ umgerechnet, welche die statische Belastung durch einen Zug charakterisiert. Mit dem mittleren Achsabstand $l_a$ innerhalb eines Zuges ergibt sich die Linienlast entsprechend (2.14):

$$q_0 = \frac{2 \cdot F_0}{l_a}. \qquad (2.14)$$

Der mittlere Achsabstand eines Zuges beträgt etwa 6 m (die Länge eines 2-achsigen Wagens beträgt etwa 12, die eines 4-achsigen Wagens etwa 24 m).

### 2.1.2 Äußere Längsbelastung

Interpretiert man die äußere Längsbelastung als jene Belastung, welche innere Schienenlängskräfte hervorruft, so besteht diese nach Abb. 2.12 aus der Schienentemperatur und den Antriebskräften der Räder des beschleunigenden bzw. den Bremskräften der Räder des bremsenden Zuges.

Die Schienentemperatur kann nicht kleiner als die kleinste Lufttemperatur werden, infolge der Sonnenstrahlung jedoch größer als die größte Lufttemperatur. Die Differenz zwischen der größten und kleinsten Lufttemperatur ist bei kontinentalem Klima (bis zu 110 K in Sibirien) höher als bei maritimen Klima. Die Schienentemperatur ist neben der Ausrichtung der Schiene zur Sonne abhängig von weiteren Wetter und lokalen Umgebungseinflüssen.

Die Bremskräfte sind vom Bremsentyp abhängig. Bei Radbremsen entspricht die durch ein Rad übertragbare Bremskraft der Coulomb'schen Reibungskraft. Diese beträgt bei einer Radkraft von 100 kN und einem Reibkoeffizienten Rad–Schiene von $\mu = 0{,}3$ genau 30 kN. Sie wird alle 6 m (mittlerer Achsabstand eines Zuges) in Bewegungsrichtung des bremsenden Zuges in die Schiene eingeleitet. Bei den von der Radkraft unabhängigen Schienenbremsen (Magnetschienenbremse oder Wirbelstrombremse) ist die theoretisch mögliche Bremskraft noch größer. Im Normalfall wird allerdings die zulässige Bremskraft durch das Komfortkriterium der Eisenbahn, einer zulässigen Wagenkastenbeschleunigung von $a_{\mathrm{zul}} = 1\,\mathrm{m/s^2}$, bestimmt (dies entspricht einem Zehntel der Erdbeschleunigung). Die Erfüllung des Komfortkriteriums erfordert damit die Begrenzung der zulässigen Bremskraft von Radbremsen auf ein Zehntel der Radkraft: $F_B \leq 0{,}1 \cdot F$. Dadurch wird nur ein Reibkoeffizient Rad-Schiene von $\mu = 0{,}1$ in Anspruch genommen. Bei einer Radkraft von 100 kN ergibt sich eine zulässige Bremskraft von 10 kN. Bei Notbremsungen gilt diese Beschränkung nicht.

**Abb. 2.12** Äußere Längsbelastung beim Bremsen

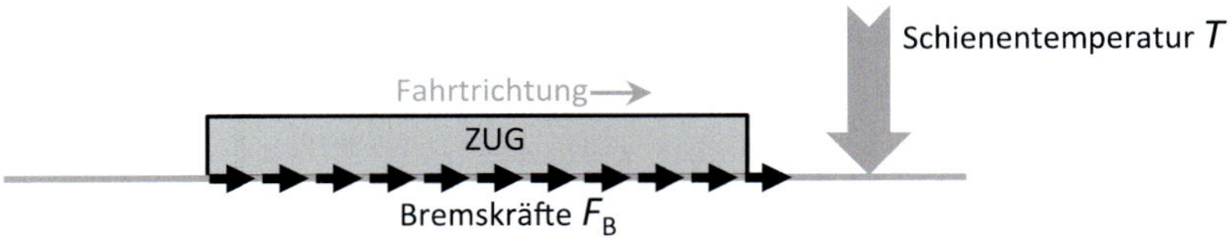

### 2.1.3 Äußere Seitenbelastung

Die äußere Seitenbelastung besteht aus 3 Komponenten:

1. Statische Seitenbelastung. Wesentliche Ursache der statischen Seitenbelastung ist die starre Verbindung der Räder im Radsatz. Die statische Seitenbelastung steigt mit kleiner werdendem Bogenradius an (unabhängig von der Geschwindigkeit) und erreicht bei trockener Schiene bis zu 40 % der vertikalen Radkraft. Allerdings ist die Seitenkraftbilanz des Gleises ausgeglichen, d. h. die seitlichen Radkräfte der linken und rechten Schiene kompensieren sich zu Null.
2. Quasistatische Seitenbelastung. Sie ergibt sich aus der Kompensation der Zentrifugalkraft des Fahrzeuges. Hier gilt in Analogie das zu den Bremskräften Gesagte (Abschn. 2.1.2): Die Einhaltung des Komfortgrenzkriteriums von 1 $m/s^2$ Seitenbeschleunigung hat eine Beschränkung der seitlichen Radsatzkräfte auf 10 % der vertikalen Radsatzkräfte zur Folge.
3. Dynamische Seitenbelastung. Der Wellenlauf der Radsätze bzw. Drehgestelle hat eine dynamische Seitenbelastung zur Folge. Unterhalb der sog. „kritischen Geschwindigkeit“ entspricht der Wellenlauf angenähert einem Sinuslauf. Die dabei auftretende dynamische Seitenbelastung ist geringer als die quasistatische Seitenbelastung. Oberhalb der kritischen Geschwindigkeit geht der Sinuslauf in einen Zickzacklauf über. Die dynamische Seitenbelastung steigt dabei beträchtlich an und übersteigt die quasistatische Seitenbelastung.

Wird die äußere Seitenbelastung zu groß, kommt es zu einer Entgleisung. Sehr stark vereinfacht kann man sagen, dass eine Entgleisung dann eintritt, wenn die seitliche Radkraft 100 % der vertikalen Radkraft erreicht hat [3, S. 106 ff.]. Damit ist die Obergrenze der möglichen Seitenbelastung bekannt.

## 2.2 Innere Belastung

Unter der inneren Belastung wird die Belastung der einzelnen Konstruktionselemente (Schiene, Schwelle, Schienenbefestigung, Schotter) verstanden. Die innere Belastung wird durch die äußere Belastung hervorgerufen.

### 2.2.1 Innere Vertikalbelastung

**Das Schienenbiegemoment und sein Einfluss auf das Metergewicht der Schiene**

In Abschn. 2.1.1 wird der Kontakt Rad–Schiene als äußere Belastung eingeführt. Die zulässige Radkraft wird durch die zulässige Kontaktspannung Rad–Schiene begrenzt und steigt demnach mit dem Quadrat der Stahlfestigkeit von Rad und Schiene an. Die auf den Schienenstützpunkten elastisch gelagerte Schiene erfährt durch die Wirkung der Radkraft ein Biegemoment, welches Biegespannungen hervorruft. Diese Biegespannung ist das das Maß für die innere Belastung der Schiene. Die Biegespannung $\sigma$ ergibt sich aus dem Biegemoment $M$ und dem Widerstandsmoment der Schiene $W$ (2.15).

$$\sigma = \frac{M}{W} \tag{2.15}$$

Das Widerstandsmoment der Schiene ist eine geometrische Querschnittsgröße der Schiene und für alle verfügbaren Schienenprofile bekannt. Die Berechnung des Biegemomentes erfolgt auf der Grundlage des in Abb. 2.13 dargestellten Lastabtragungsmodells.

Setzt man an Stelle des diskret elastisch gelagerten Balkens nach Abb. 2.13 zunächst einen kontinuierlich elastisch gelagerten Balken voraus (Zimmermann-Balken), so erzeugt die Radkraft $F$ in der Schiene ein „globales“ Biegemoment $M$, welches unter Nutzung der sog. charakteristischen Länge $L$ des Zimmermann-Balkens in Form von (2.16) beschrieben werden kann.

$$M = \frac{F \cdot L}{4} \tag{2.16}$$

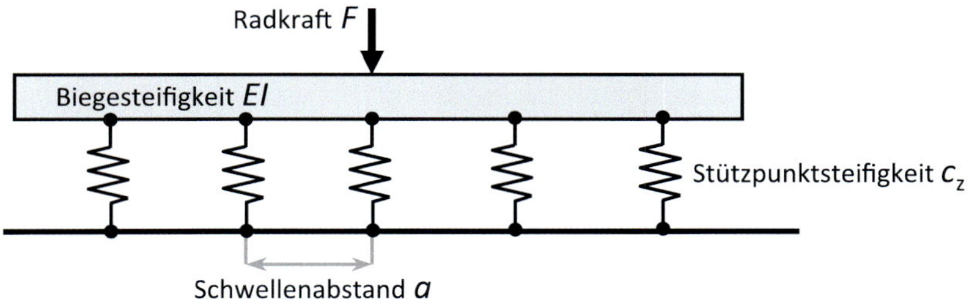


**Abb. 2.13** Vertikales Lastabtragungsmodell

Wird die Schiene hingegen lokal, d. h. zwischen den Stützpunkten betrachtet, so erzeugt die Radkraft $F$ in der Schiene ein „lokales" Biegemoment $M_L$, welches sich unter Annahme der Brückenwirkung der Schiene zwischen den Stützpunkten mit dem Stützpunktabstand $a$ vereinfacht nach (2.17) ergibt.

$$M_L = \frac{F \cdot a}{4} \tag{2.17}$$

Im Sinne einer bestmöglichen Ausnutzung der Schiene wird nun gefordert, dass das „globale" und das „lokale" Biegemoment gleich groß sind. Diese Forderung ist gleichbedeutend mit der Forderung, dass die charakteristische Länge des Zimmermann-Balkens $L$ gleich dem Stützpunktabstand $a$ sein soll.

Zur Vermeidung eines Schienenbruchs darf die vorhandene Biegespannung der Schiene nach (2.15) nicht größer als die zulässige Biegespannung $\sigma_{\text{zul}}$ sein. Damit ergibt sich das erforderliche Widerstandsmoment der Schiene in Form von (2.18).

$$W \geq \frac{F \cdot a}{4 \cdot \sigma_{\text{zul}}} \tag{2.18}$$

Man kann voraussetzen, dass die zulässige Biegespannung $\sigma_{\text{zul}}$ proportional zur Schienenfestigkeit $\sigma_B$ anwächst. Des Weiteren steigt die Radkraft $F$ entsprechend (2.3) mit dem Quadrat der Schienenfestigkeit an. Dies hat entsprechend (2.18) zur Folge, dass das erforderliche Widerstandsmoment linear mit der Schienenfestigkeit ansteigt. Gewöhnlich werden die Schienen über ihre Metermasse charakterisiert. Das Widerstandmoment $W$ kann in Abhängigkeit von der Metermasse $\overline{m}$ formuliert werden: $W \sim \overline{m}^{1,5}$ [4].

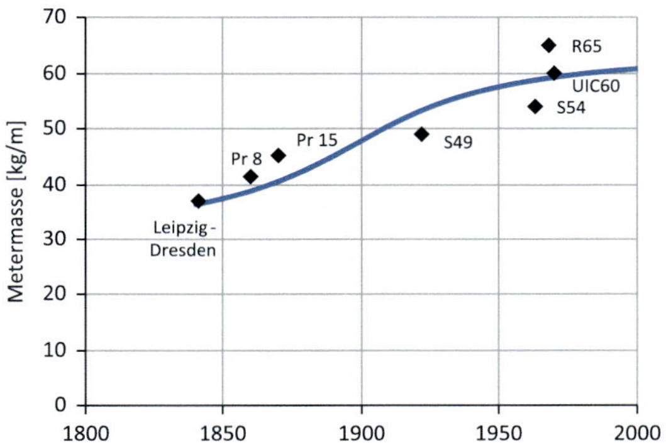


**Abb. 2.14** Historische Entwicklung des Metergewichtes

Unter Berücksichtigung von (2.18) und Zugrundelegung einer maximalen Metermasse von 65 kg/m bei einer maximalen Schienenfestigkeit von 1200 MPa lässt sich die erforderliche Metermasse der Schiene in Abhängigkeit der Schienenfestigkeit in Form von (2.19) ausdrücken.

$$\overline{m} \geq 65 \cdot \left(\frac{\sigma_B}{1200}\right)^{0,75}, \quad \overline{m} \text{ in [kg/m]}, \ \sigma_B \text{ in [MPa]} \tag{2.19}$$

Gl. (2.19) zeigt, dass die historische Entwicklung der Metermasse der Schienen an die historische Entwicklung der Schienenfestigkeit gebunden ist. Legt man die historische Entwicklung der Schienenfestigkeit nach (2.4) zugrunde, ergibt sich die in Abb. 2.14 als Kurve dargestellte historische Entwicklung des Metergewichtes. Es wird dabei vorausgesetzt, dass die über die Stahlfestigkeit begrenzte Radkraft voll ausgeschöpft ist. Einige Beispiele von Schienenprofilen unterstreichen diesen Zusammenhang [2, S. 18].

**Die Stützpunktkraft** Aus dem vertikalen Lastabtragungsmodell in Abb. 2.13 ergibt sich entsprechend (2.20) die Stützpunktkraft $F_S$ aus der Stützpunktsteifigkeit $c_z$ und der Schieneneinsenkung $z_0$.

$$F_S = c_z \cdot z_0 \tag{2.20}$$

Die Einsenkung des Zimmermann-Balkens beschreibt (2.21).

$$z_0 = \frac{a \cdot F}{2 \cdot c_z \cdot L} \tag{2.21}$$

Einsetzen von (2.21) in (2.20) liefert in Form von (2.22) die Stützpunktkraft $F_S$ in Abhängigkeit von der Radkraft $F$ sowie dem Stützpunktabstand $a$ und der charakteristischen Länge $L$.

$$F_S = \frac{a}{2 \cdot L} \cdot F \tag{2.22}$$

Die Definition der charakteristischen Länge $L$ gibt (2.23) an. Das Produkt aus dem Elastizitätsmodul der Schiene $E$ sowie dem Flächenträgheitsmoment der Schiene $I$ wird als Biegesteifigkeit der Schiene $EI$ bezeichnet. Das Flächenträgheitsmoment ist, wie das Widerstandmoment der Schiene auch, eine geometrische Querschnittsgröße der Schiene und für alle verfügbaren Schienenprofile bekannt.

$$L = \sqrt[4]{\frac{4 \cdot E \cdot I \cdot a}{c_z}} \tag{2.23}$$

Die erforderliche Stützpunktsteifigkeit $c_z$ ergibt sich aus der erforderlichen Gleissteifigkeit. Wie in Abschn. 2.1.1 gezeigt, hat die Gleissteifigkeit einen Einfluss auf die dynamische Zusatzkraft. Die Gleissteifigkeit $c_G$ ist als der Quotient aus der Radkraft $F$ und der durch sie verursachten Einsenkung des Zimmermann-Balkens $z_0$ definiert.

$$c_G = \frac{F}{z_0} \tag{2.24}$$

Die Zusammenfassung von (2.24) und (2.21) ergibt die erforderliche Stützpunksteifigkeit $c_z$ in Abhängigkeit von der geforderten Gleissteifigkeit $c_G$ in Form von (2.25).

$$c_z = \frac{c_G \cdot a}{2 \cdot L} \tag{2.25}$$

Substituiert man die charakteristische Länge in (2.25) durch (2.23), ergibt sich schließlich die erforderliche Stützpunktsteifigkeit $c_z$ in Abhängigkeit von der geforderten Gleissteifigkeit $c_G$ in Form von (2.26). Hierbei ist zu beachten, dass die Kombination aus Schienenstahlfestigkeit und Schienenprofil bereits über das erforderliche Widerstandsmoment $W$ zur Vermeidung eines Schienenbruchs nach (2.18) festliegt.

$$c_z = \sqrt[3]{\frac{c_G^4 \cdot a^3}{64 \cdot E \cdot I}} \tag{2.26}$$

Einsetzen von (2.26) in (2.23) liefert die charakteristische Länge in Abhängigkeit von der Biegesteifigkeit der Schiene $EI$ und der Gleissteifigkeit $c_G$ (2.27).

$$L = \sqrt[3]{\frac{8 \cdot E \cdot I}{c_G}} \tag{2.27}$$

Einsetzen von (2.27) in (2.22) liefert die Stützpunktkraft $F_S$ (2.28).

$$F_S = \frac{F \cdot a}{4} \cdot \sqrt[3]{\frac{c_G}{E \cdot I}} \tag{2.28}$$

Das Flächenträgheitsmoment $I$ kann über das Metergewicht formuliert werden: $I \sim m^{2,5}$, wobei die historische Entwicklung des Metergewichtes mit (2.19) bekannt ist. Die historische Entwicklung der Radkraft ist aus Abb. 2.2 ebenfalls

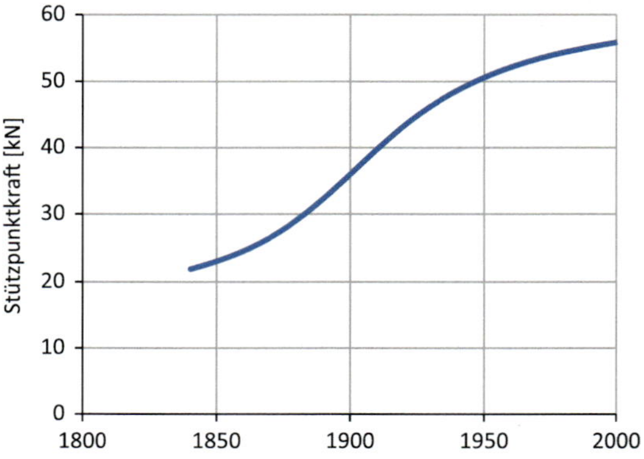


**Abb. 2.15** Historische Entwicklung der Stützpunktkraft

bekannt. Abb. 2.15 zeigt die historische Entwicklung der Stützpunktkraft nach (2.23) unter Annahme einer konstanten Gleissteifigkeit von 100 kN/mm.

## 2.2.2 Innere Längsbelastung

Die folgenden Ausführungen beziehen sich auf das lückenlose Gleis, welches seit den 1950er Jahren das Stoßlückengleis immer weiter verdrängt hat. Durch die Stoßlücken wurde gewährleistet, dass die äußere Längsbelastung eine vergleichsweise geringe innere Längsbelastung (Schienenlängskraft) erzeugt, allerdings zu Lasten einer vertikalen dynamischen Zusatzbelastung am Schienenstoß, die hohe Instandhaltungsaufwendungen zur Folge hat. Beim lückenlosen Gleis tritt die vertikale dynamische Zusatzbelastung nicht mehr auf, allerdings erzeugt die äußere Längsbelastung (Abb. 2.12) nun eine höhere Schienenlängskraft (Abb. 2.16). Die Schienenlängskraft setzt sich im Wesentlichen aus einer temperaturbedingten Längskraft $F_{x,T}$ und einer kurzzeitig örtlich wirksamen bremsbedingten Längskraft $F_{x,B}$ zusammen.

**Temperaturbedingte Schienenlängskraft**

Die temperaturbedingte Längskraft ergibt sich aus dem Wärmeausdehnungskoeffizienten des Schienenstahls $\alpha$, dem Elastizitätsmodul des Schienenstahls $E$ sowie der Temperaturdifferenz $\Delta T$ zwischen der vorliegenden Schienentemperatur $T$ und der Neutraltemperatur $T_0$, bei der die temperaturbedingte Schienenlängskraft Null wird (2.29).

$$F_{x,T} = \alpha \cdot EA \cdot \Delta T \tag{2.29}$$

Bei einer Temperaturdifferenz von 90 K (Minimaltemperatur −30 °C, Maximaltemperatur 60 °C, Neutraltemperatur 23 °C) ergibt dies bei einer Schiene 60 E2 im Winter eine Schienenzugkraft von $F_{x,T} = 943\,\mathrm{kN}$ und im Sommer eine Schienendruckkraft von $F_{x,T} = 658\,\mathrm{kN}$ (Abb. 2.16). Siehe hierzu auch Abschn. 2.4.1 Längsverschweißtes Gleis.

**Bremsbedingte Schienenlängskraft und Stützpunktkraft**

So wie das Zimmermann-Modell (Abb. 2.13) aus der äußeren Vertikalbelastung die innere Vertikalbelastung berechnet, kann über ein analoges Modell (Abb. 2.17) aus der äußeren Längsbe-

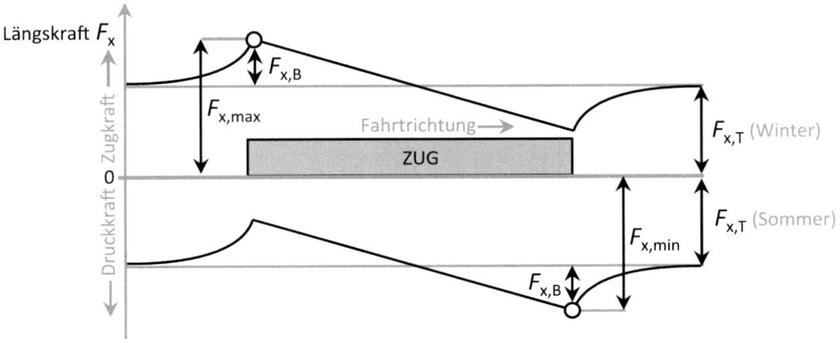


**Abb. 2.16** Innere Längsbelastung

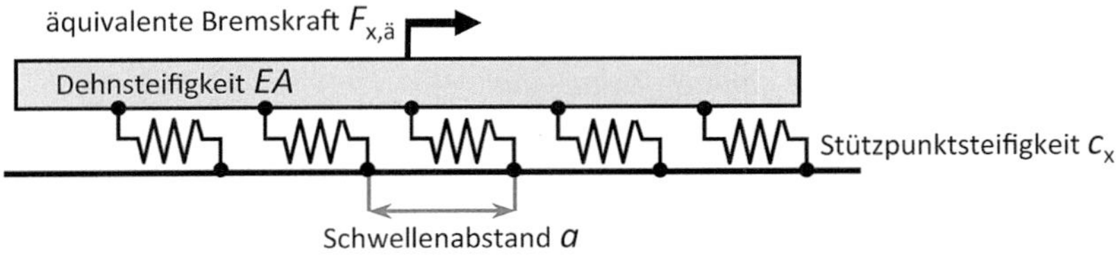


**Abb. 2.17** Horizontales Lastabtragungsmodell

lastung (genauer: der äußeren Bremskräfte[2]) die innere Längsbelastung (bremsbedingte Schienenlängskraft sowie bremsbedingte Stützpunktkraft) berechnet werden [4].

Die äußere Längsbelastung setzt sich aus den einzelnen Bremskräften $F_B$ zusammen (Abb. 2.12). Die größte bremsbedingte Schienenzugkraft $F_{x,B}$ tritt unmittelbar hinter dem bremsenden Zug auf, die größte bremsbedingte Schienendruckraft $F_{x,B}$ unmittelbar vor dem bremsenden Zug. Durch die Überlagerung der temperatur- und bremsbedingten Längskraft ergibt sich die größte Schienenzugkraft $F_{x,T} + F_{x,B}$ im Winter hinter dem bremsenden Zug und die größte Schienendruckkraft $F_{x,T} + F_{x,B}$ im Sommer vor dem bremsenden Zug (Abb. 2.16).

Je größer die Zuglänge $l_Z$, desto größer die bremsbedingte Schienenlängskraft $F_{x,B}$. Näherungsweise gilt (2.30).

$$F_{x,B} = 0{,}25 \cdot l_Z, \quad F_{x,B}\ [\mathrm{kN}], \quad l_z\ [\mathrm{m}] \tag{2.30}$$

Bei einer Zuglänge von 700 m ergibt sich eine bremsbedingte Schienenlängskraft von 175 kN. Die Überlagerung mit der temperaturbedingten Schienenlängskraft von 533 kN liefert eine Schienenlängskraft von etwa 700 kN.

Die temperaturbedingte Schienenlängskraft hat bei einwandfreiem Oberbau keine Längsverformungen der Schiene zur Folge, so dass auch keine temperaturbedingten Stützpunktkräfte auftreten. Die bremsbedingte Stützpunktkraft $F_{\mathrm{x,S,B}}$ ergibt sich auf der Grundlage des Modells nach Abb. 2.17 näherungsweise in Form von (2.31).

$$F_{x,S} = 0{,}015 \cdot F_{x,B} \tag{2.31}$$

Bei einer Zuglänge von 700 m ergibt sich eine bremsbedingte Schienenstützpunktkraft von 2,6 kN.

**Schienenlängskräfte und Stützpunktkräfte auf Brücken**

Durch die Verlegung lückenloser Gleise auf Brücken entstehen infolge der temperatur- und belastungsabhängigen Brückenverformung neben den temperatur- und bremskraftbedingten Längs- und Stützpunktkräften zusätzliche Längs- und Stützpunktkräfte. Diese werden bei langen Brücken durch den Einbau von Schienenauszugsvorrichtungen auf das zulässige Maß begrenzt. Die DB AG begrenzt die zulässige zusätzliche Schienenlängsspannung auf Brücken auf 92 MPa. Dies ergibt bei einer Schiene 60 E2 eine zusätzliche brückenbedingte Schienenlängskraft von 150 kN sowie eine zusätzliche brückenbedingte Stützpunktkraft von 2,2 kN entsprechend (2.22). In der Summe beträgt die bremsbedingte und brückenbedingte Stützpunktkraft 4,8 kN.

**Stützpunktkraft bei Schienenbruch im Winter**

Wenn im Winter ein Schienenbruch entsteht, darf zur Erhaltung der Befahrbarkeit die dabei entstehende Stoßlücke einen bestimmten Betrag nicht überschreiten. Tritt ein Schienenbruch ein, ziehen sich die beiden nunmehr freien Schienenenden um die jeweils halbe Stoßlückenlänge $\Delta l$ über der sog. „atmenden Länge“ $l$ zurück. Die atmende Länge der beiden Schienen wird durch die Forderung begrenzt, dass die Summe der Bewegungen der beiden Schienenenden nicht größer als die zulässige Stoßlückenlänge $\Delta l$ werden darf. Mit dem Ausdehnungskoeffizienten $\alpha$ und der Temperaturdifferenz $\Delta T$ folgt die zulässige atmende Länge in Form von (2.32).

$$l \leq \frac{\Delta l}{\alpha \cdot \Delta T} \tag{2.32}$$

Die temperaturbedingte Schienenlängskraft $F_{x,T}$ (2.29) muss an jedem Schienenende über der atmenden Länge abgebaut werden. Die Anzahl der hieran beteiligten Stützpunkte ist bei bekanntem Stützpunktabstand ebenfalls bekannt. Damit ergibt sich die minimale Stützpunktkraft nach (2.33).

$$F_{x,S} \leq F_{x,T} \cdot \frac{a}{l} \tag{2.33}$$

Es wird davon ausgegangen, dass die Stoßlücke nicht größer als 19 mm werden darf [5, S. 66]. Bei einer temperaturbedingten Schienenlängskraft von 533 kN (2.29) ergibt sich nach

[2] Da die Antriebskräfte nicht größer als die Bremskräfte werden können, wird die Betrachtung auf die Bremskräfte beschränkt.

(2.32) eine freie atmende Länge von beidseitig jeweils 58 m. Damit entfällt auf jeden Stützpunkt eine Stützpunktkraft von 5,6 kN.

Die Überlagerung brems- und brückenbedingten Stützpunktkraft von 4,8 kN und der schienenbruchbedingten Längskraft von 5,6 kN liefert eine maximale Stützpunktkraft von 10,4 kN.

### 2.2.3 Innere Seitenbelastung

Hinsichtlich der inneren Seitenbelastung gilt Analoges wie zur inneren Vertikalbelastung. Das vertikale Lastabtragungsmodell (Abb. 2.13) lässt sich formal auf die Seitenbelastung übertragen. Allerdings ist die charakteristische Länge der seitlichen Lastabtragung (in Analogie zu (2.23)) wegen der größeren Nachgiebigkeit der Schienen in Querrichtung bedeutend kleiner als die der vertikalen Lastabtragung. Dabei ist die Biegetragwirkung der Schiene vernachlässigbar. Dies hat zur Folge, dass die Querbelastung nicht in Gleislängsrichtung verteilt wird und dass deshalb einerseits das seitliche Schienenbiegemoment sehr klein ist und andererseits die seitliche Stützpunktkraft nahezu der seitlichen Radkraft entspricht.

## 2.3 Belastung und Belastbarkeit

### 2.3.1 Vertikale Belastung und Belastbarkeit

Die äußere Belastung in Form der Radkraft $F$ tritt zyklisch auf. Jeder Zug erzeugt mit seiner Zugmasse $m_{\mathrm{ZUG}}$ eine bestimmte Anzahl von Lastzyklen $n_{\mathrm{Last}}$ (siehe (2.34)).

$$n_{\mathrm{Last}} = \frac{m_{\mathrm{ZUG}} \cdot g}{2 \cdot F} \tag{2.34}$$

Aus der Proportionalität der Anzahl der Lastzyklen und der Zugmasse in (2.34) folgt, dass die Zugmasse als Maß für die Häufigkeit der Belastung verwendet werden kann. Es üblich, die zyklische Belastung über das Jahr normiert anzugeben. Damit ist die jährlich akkumulierte Belastung des Gleises (d. h. die Summe der Zugmassen eines Jahres) ebenfalls Ausdruck des zyklischen Charakters der Belastung. Mit anderen Worten: Die vollständige äußere Belastung setzt sich aus der Radkraft $F$ und ihrer Häufigkeit in Form der jährlich akkumulierten Belastung $B_J$ zusammen. Diese Häufigkeit gilt ebenso für die innere Belastung, d. h. die Belastung der einzelnen Konstruktionsteile.

Ein Konstruktionselement unter Einwirkung einer statischen Last hält stand oder versagt. Dieser Fall hat für das Gleis mit seiner zyklischen Belastung keine Bedeutung.

Ein Konstruktionselement unter Einwirkung einer zyklischen Belastung hält stand oder versagt nach einer bestimmten Anzahl von Lastzyklen.

Auf der Grundlage von (2.34) können die jährlich akkumulierten Lastzyklen über die jährlich akkumulierte Verkehrsmasse $B_J$ ausgedrückt werden. Die maximale ertragbare Anzahl von Lastzyklen kann damit auch über die maximal akkumulierbare Verkehrsmasse $B_{\max}$ beschrieben werden. Insbesondere in der Ökonomie wird mit dem Begriff der Lebensdauer LD operiert. Sie ergibt sich aus der jährlich akkumulierten Verkehrsmasse $B_J$ und der maximal akkumulierbaren Verkehrsmasse $B_{\max}$ (2.35).

$$\begin{aligned} &\mathrm{LD} = \tfrac{B_{\max}}{B_J}, \\ &\mathrm{LD}\ [\mathrm{a}], \quad B_{\max}\ [\mathrm{Mt}], \quad B_J\ [\mathrm{Mt/a}] \end{aligned} \tag{2.35}$$

Das Gleis besteht aus einer Vielzahl sich wiederholender Konstruktionselemente. Lokale Unterschiede in der Belastung und/oder Belastbarkeit führen zu lokalen Unterschieden in der Lebensdauer. Demzufolge erscheint auch der Ausfall des Gleises bzw. seiner einzelnen Konstruktionselemente – von außen betrachtet – als ein stochastischer Prozess. Dieser wird i. d. R. in Form von Defekten je Gleiskilometer quantifiziert. Abb. 2.18 zeigt dies am Beispiel einer Untersuchung zur Ausfallwahrscheinlichkeit von Schienen in Abhängigkeit vom Schienenprofil und der akkumulierten Verkehrsmasse (bei einer bestimmten Radkraft). Dabei wird deutlich, dass sich die Lebensdauer sinnvoll nur über die Ausfallwahrscheinlichkeit festlegen lässt. Gleiches gilt für die Ausfallwahrscheinlichkeit der anderen

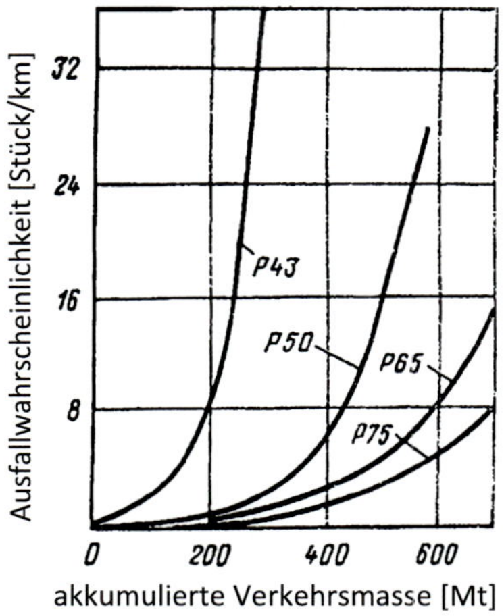


**Abb. 2.18** Ausfallwahrscheinlichkeit der Schienen mit unterschiedlichem Schienenprofil

Oberbauelemente: Die Ausfallwahrscheinlichkeit der Schienenbefestigung und der Schwellen und sogar die „Ausfallwahrscheinlichkeit" des Schotters (als Anzahl von Überschreitungen der zulässigen Gleislage über einem Kilometer Gleis).

Die Frage der akzeptierten Ausfallwahrscheinlichkeit ist, abgesehen vom Sicherheitsaspekt, von ökonomischer Natur. Die nach Ausfall eines Oberbauelementes erforderliche Gleissperrung für die Reparatur hat den Ausfall von Trassen zur Folge. Je höher die Auslastung der Strecke, ausgedrückt durch die jährlich akkumulierte Belastung, desto größer auch die Anzahl ausgefallener Trassen und damit der ökonomische Schaden. In der Regel wird deshalb die jährliche Ausfallwahrscheinlichkeit der Oberbauelemente $f_J$ [Ausfälle je Jahr] begrenzt. Dies hat zur Folge, dass mit zunehmender jährlich akkumulierter Verkehrsmasse $B_J$ [Lasttonnen je Jahr] die akzeptierte Ausfallwahrscheinlichkeit bzgl. der akkumulierten Verkehrsmasse $f_A$ [Ausfälle je Lasttonne] kleiner werden muss (Abb. 2.19, links). Eine Verkleinerung der Ausfallwahrscheinlichkeit $f_A$ setzt ihrerseits eine stärkere Dimensionierung der Oberbauelemente voraus.

### Schienen

Da der Bauartgruppe der Schienen mit dem Kap. 3 „Schienen und Schienenschweißen" ein gesamtes Kapitel gewidmet wird, wird hier, um Doppelung zu vermeiden, nicht näher darauf eingegangen.

### Schwellen und Schotter

Die Belastung des Schotters wird in Form der Schotterpressung $\sigma_S$ ausgedrückt. Sie ist der Quotient aus der Schwellenkraft (also der doppelten Stützpunktkraft $F_S$) und der wirksamen Schwellenfläche $A_S$ (2.36).

$$\sigma_S = \frac{2 \cdot F_S}{A_S} \tag{2.36}$$

Die Belastbarkeit des Schotters ist von der Gesteinsart und der vorhandenen Degradierung abhängig.

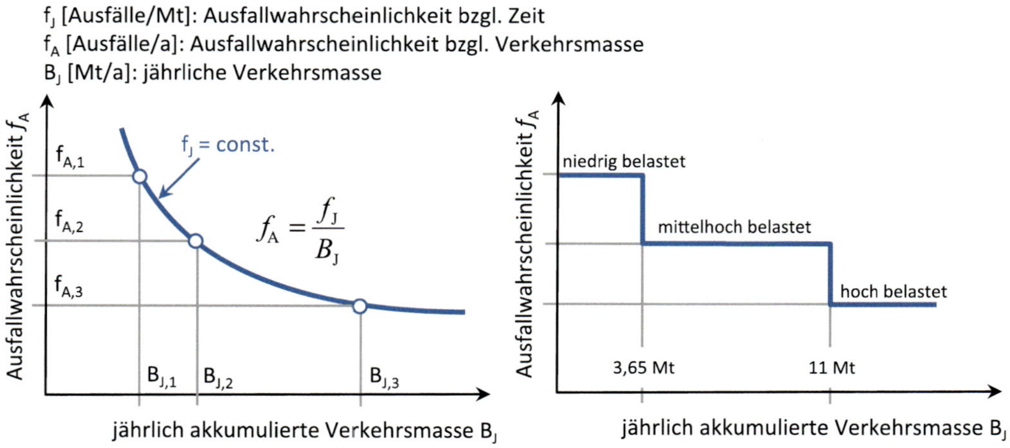


**Abb. 2.19** Akzeptierte Ausfallwahrscheinlichkeit und jährlich akkumulierte Belastung

Da Schottersteine unregelmäßige Kanten und Spitzen aufweißen, ist die wirksame (kraftübertragende) Auflagerfläche von Betonschwellen bei nur mehr 3–5 % der gesamten Schwellenunterseite. Zur Reduktion dieser Kraftspitzen auf die Schotterkörner können Schwellenbesohlungen eingesetzt werden, welche die wirksame Auflagerfläche auf bis zu über 40 % heben und entsprechend die Schotterkontaktspannungen reduzieren. Bei gegebener Stützpunktkraft ist nach (2.36) eine Variation der Schotterpressung durch eine Variation der wirksamen Schwellenfläche (Auflagerfläche) möglich. Hinweis: Insbesondere bei Betonschwellen trägt der mittlere Bereich zwischen den Stützpunkten nicht zur Kraftübertragung bei (dieser Bereich wird entsprechend auch nicht gestopft).

Bei gegebener Schwellenfläche ist nach (2.26) eine Variation der Schotterpressung durch eine Variation der Stützpunktkraft nur dann möglich, wenn die in Abschn. 2.2.1 dargelegte Auslegung des Oberbaus nicht verändert wird. Dies wäre durch eine Änderung des Schwellenabstandes $a$ möglich. Je geringer der Schwellenabstand, desto größer die Anzahl der Stützpunkte, auf welche die Radkraft verteilt wird. Wenn die Stützpunktkraft bei einem Standardschwellenabstand von $a_0$ den Wert $F_{S,0}$ annimmt, so ergibt sich die Stützpunktkraft $F_S$ in Abhängigkeit von einem beliebigen Schwellenabstand $a$ nach (2.37).

$$F_S = F_{S,0} \cdot \frac{a}{a_0} \tag{2.37}$$

Mit dem Einsetzen von (2.37) in (2.36) ist die Abhängigkeit der Schotterpressung vom Schwellenabstand bekannt.

## 2.3.2 Belastung und Belastbarkeit in Längsrichtung

**Schienenbruch**

Oberflächenrisse am Schienenkopf sind die Ursache dafür, dass die Ausfallwahrscheinlichkeit der Schienen unter einer permanenten Schienenzugkraft (Winter) höher ist als unter einer permanenten Schienendruckkraft (Sommer). Die Überlagerung der temperatur- und bremsbedingten Schienenzugkraft erreicht im Winter hinter dem bremsenden Zug ihr Maximum $F_{x,\max}$ (Abb. 2.16). Dies hat zur Folge, dass die Ausfallwahrscheinlichkeit der Schienen – am Ende des bremsenden Zuges – im Winter höher ist als im Sommer.

**Abb. 2.20** Gleisverwerfung

**Gleislagestabilität**

Die Überlagerung der temperatur- und bremsbedingten Schienendruckkraft erreicht im Sommer vor dem bremsenden Zug ihr Maximum $F_{x,\min}$ (Abb. 2.16). Wird eine kritische Schienenlängskraft $F_{\text{krit}}$ überschritten, entsteht eine Gleislageabweichung. Diese äußert sich in einem plötzlichen, irreversiblen seitlichen Ausknicken des Gleisrostes (Abb. 2.20). Es werden hierbei drei Typen unterschieden [6]:

1. Gleisverdrückung: Entsteht aufgrund von inneren Kräften des Fahrwegs z. B. aus Temperatur
2. Gleisverwerfung: Entsteht aufgrund von inneren Kräften des Fahrwegs und äußeren Vertikallasten (Fahrzeuginduziert)
3. Gleisverschiebung: Entsteht aufgrund von inneren Kräften des Fahrwegs und äußeren Horizontalkräften (Fahrzeuginduziert)

Diese ursachenspezifische Definition hat nicht immer Eingang in die Regelwerke gefunden. Hier wird meist übergreifend von Gleisverwerfungen gesprochen oder je nach Wellenlänge, wie im ÖBB Regelwerk, unterschieden [7]:

1. Gleisverdrückung: Wellenlängen von 4–8 m sowie Amplituden von 20–80 mm

2. Gleisverwerfung: Wellenlängen von 8–20 m sowie Amplituden von bis zu 1 m

Die kritische Schienenlängskraft ist von 3 grundlegenden Einflussgrößen abhängig:

1. Gleiskrümmung. Es gilt: Je größer die Gleiskrümmung, desto geringer die kritische Schienenlängskraft. Die in den Gleisbögen sowie horizontalen Gleislagefehlern auftretende Gleiskrümmung ist etwa gleich groß.
2. Gleisquerverschiebewiderstand. Es gilt: Je größer der Gleisverschiebewiderstand, desto höher die kritische Schienenlängskraft. Der Gleisquerverschiebewiderstand wird durch 2 wesentliche Einflussgrößen bestimmt: Die horizontale Biegesteifigkeit des Gleisrostes (Rahmensteifigkeit) sowie den Querverschiebewiderstand der Schwellen. Unmittelbar konstruktiv beeinflussbar ist der Querverschiebewiderstand der Schwellen durch eine Variation der Schwellenmasse (siehe Tab. 2.1), der Schwellenform, der Schwellenbesohlung, zusätzlichen Elementen wie Sicherungskappen sowie der Länge des Vor-Kopf-Schotters. HD-Schwellen zeigen bspw. sowohl durch ihre Masse und Form als auch Ihrer Besohlung sehr hohe QVW Werte. Eine Variation der Länge des Vor-Kopf-Schotters ermöglicht hingegen in einem gewissen Einflussbereich eine freie Variation des Querverschiebewiderstandes ohne zusätzliche Auswirkungen. Die Rahmensteifigkeit lässt sich über die Ausbildung der Stützpunkte und der verwendeten Spannklemmen variieren. Des weiteren kann die Rahmensteifigkeit über die Anordnung von mehreren Stützpunkten je Schwelle deutlich erhöht werden (HDS-Schwellen können mit z. B. mit bis zu 2 Stützpunkten je Schienenstrang ausgestattet werden).
3. Vorhandener Richtungsfehler. Es gilt: je größer der vorhandene Gleisrichtungsfehler ist desto wahrscheinlicher ist ein ausknicken des Gleisrosts
4. Rahmensteifigkeit. Es gilt: Je steifer der Gleisrost ausgeprägt ist, desto geringer die Gefahr einer Gleisverwerfung. So kann beispielsweise der Einsatz von zwei Stützpunkten auf einer Schwelle die Rahmensteifigkeit deutlich erhöhen.

**Tab. 2.1** Schwellendaten für Längs- und Seitenbelastung: Masse

| Bezeichnung | Masse [kg] |
|---|---|
| B 70 2,4 | 260 (93 %) |
| B 70 | 280 (100 %) |
| B 90/B 07 | 332 (119 %) |
| HDS-Schwelle | 460 (164 %) |

### 2.3.3 Seitliche Belastung und Belastbarkeit

Die Seitenbelastung, insbesondere die aus dem Sinuslauf resultierende dynamische Seitenbelastung, kann bei Überschreitung einer kritischen Größe („Zickzacklauf“) bleibende Gleislagefehler erzeugen. Sehr deutlich wird dies in

**Abb. 2.21** Gleislagefehler

Abb. 2.21, die ein Gleis nach einem Hochgeschwindigkeitsversuch zeigt. Dabei ist deutlich zu sehen, wie sich der Sinuslauf des Rekordfahrzeuges irreversibel in Form eines seitlichen Gleislagefehlers eingeprägt hat. Dieser seitliche Gleislagefehler ist allerdings nicht mit der Gleisverwerfung in Abb. 2.20 zu verwechseln, welche zwar eine ähnliche Wellenlänge, aber eine deutlich höhere Wellenamplitude aufweist. Jedoch sind die Gleiskrümmungen infolge seitlicher Gleislagefehler wie in Abb. 2.21 so groß, dass die Gefahr einer Gleisverwerfung deutlich ansteigt. Auch deshalb wird gefordert, dass der Fahrzeuglauf keine bleibenden Gleislagefehler erzeugen darf.

Das Kriterium der kritischen Seitenbelastung im Sinne bleibender seitlicher Gleislagefehler ist der Prud'homme-Grenzwert $H_{\max}$, welcher als jene zulässige Seitenkraft definiert ist, die ein Fahrzeug über einer Länge von 2 m in das Gleis eintragen darf. In Abhängigkeit von der Schotteroberbaubauart (ausgedrückt durch den Koeffizienten $k$) und der vertikalen Radkraft $F$ ergibt sich die kritische Seitenbelastung nach (2.38), eine auf empirischen Untersuchungen basierende Faustformel.

$$H_{\max} = k \cdot \left(10 + \frac{2 \cdot F}{3}\right), \quad H_{\max}\ [\mathrm{kN}], \quad F\ [\mathrm{kN}] \tag{2.38}$$

Der Faktor $k$ beinhaltet den normierten Gleisverschiebewiderstand, wie er im Abschn. 2.3.2 beschrieben wird. Dies bedeutet, dass der Faktor $k$ über die Schwellenmasse sowie die Länge des Vor-Kopf-Schotters eingestellt wird. Beim Betonschwellenoberbau beträgt der normierte Gleisverschiebewiderstand definitionsgemäß 1. Wird dieser mit einer vertikalen Radkraft von 100 kN belastet, ergibt sich eine kritische Seitenbelastung von 76 kN. In erster Näherung beträgt damit die zulässige seitliche Radkraft 76 % der vertikalen Radkraft. Eine Entgleisung in der Geraden tritt aber entsprechend Abschn. 2.1.3 erst dann ein, wenn die seitliche Radkraft etwa 100 % der vertikalen Radkraft erreicht. Daraus folgt, dass hohe Seitenkräfte in das das Gleis bleibende seitliche Gleislagefehler einleiten können, ohne dass es zu einer Entgleisung kommen muss. Genau dies ist in Abb. 2.21 eingetreten. Aktuelle Untersuchungen zeigen, dass der Prud'homme-Grenzwert jedoch nicht mit dem plötzlichen Ausknicken eines Gleisrostes befasst sondern mit dem Auftreten von inkrementellen Querverschiebungen des Gleises. Die von Fahrzeugen in Bögen erzeugten Querkräfte finden jedoch in einem Bereich statt, welcher durch Auflast überdrückt ist und somit einen sehr viel höheren Querverschiebewiderstand aufweist [6].

## 2.4 Belastung und Auslegung der Oberbaukomponenten

Unter Zugrundelegung einer bestimmten akzeptierten Ausfallwahrscheinlichkeit besitzt jedes Oberbauelement eine bestimmte Lebensdauer LD. Danach muss das Element erneuert werden, wobei die Anschaffungskosten $K_A$ anfallen. Analog kann ein Element unter Voraussetzung einer bestimmten Ausfallwahrscheinlichkeit über ein Instandsetzungsintervall $\Delta T$ benutzt werden. Danach wird eine Instandsetzung erforderlich, welche die technologischen Kosten $K_T$ verursacht. Daraus ergeben sich die Gesamtkosten des Oberbaus $k_{\text{ges}}$ entsprechend (2.39).

$$k_{\text{ges}} = \sum \frac{K_A}{LD} + \sum \frac{K_T}{\Delta T}, \quad k_{\text{ges}}\ [€/(\mathrm{m} \cdot \mathrm{a})], \quad K_E, K_T\ [€/\mathrm{m}], \quad LD, \Delta\mathrm{T}\ [\mathrm{a}] \tag{2.39}$$

Eine Vergrößerung der Belastung verringert die Lebensdauern und die Instandsetzungsintervalle der Oberbauelemente. Dem kann durch den Einbau von Oberbauelementen mit erhöhter Belastbarkeit entgegengewirkt werden, allerdings erhöht das deren Anschaffungskosten. Die optimale Kombination entspricht jener, welche die geringsten Gesamtkosten nach (2.39) erzeugt, kalkulatorische Zinsen sind dabei vernachlässigt. Andernfalls ist der Oberbau falsch ausgelegt, d. h. er ist unter- bzw. überdimensioniert [8].

Die Auslegung des Oberbaus in Abhängigkeit von der Belastung ist aufgrund der technischen und ökonomischen Abhängigkeiten so komplex, dass sie nicht für jeden konkreten Fall durchgeführt werden kann. Dem Bedarf nach einer Auslegungsempfehlung wird bei der DB AG durch den Ausrüstungsstandard Rechnung getragen [9]. Hierbei ist berücksichtigt, dass die Belastung aus 3 unabhängigen Komponenten besteht:

1. statische Radkraft. Jeder öffentliche Eisenbahninfrastrukturbetreiber muss jedem Eisenbahnverkehrsunternehmen Zugang zur Eisenbahninfrastruktur gewährleisten. Dies schließt eine Begrenzung der statischen Radkraft unterhalb der allgemein zugelassenen Radkraft aus. Demzufolge erscheint die statische Radkraft nicht als variable Belastungsgröße im Ausrüstungsstandard. Gleichwohl ist sie die wichtigste Belastungsgröße bei der Dimensionierung des Oberbaus. Das hat zur Folge, dass der Variationsspielraum durch die beiden übrigen Belastungsgrößen relativ klein ist – die grundlegende Dimensionierung des Oberbaus ist durch die geforderte Aufnahme der vorgegebenen statischen Radkraft bestimmt.
2. Geschwindigkeit. Die dynamische Radkraft, welche der statischen Radkraft überlagert ist, wirkt nur auf die Schienen. Aufgrund der hohen Frequenz entkoppelt die Schienenmasse die dynamische Radkraft von der statischen Radkraft unterhalb der Schiene. Der progressiv Anstieg der dynamischen Radkraft mit der Geschwindigkeit (Abschn. 2.1.1) hat damit nur einen primären Einfluss auf die Schienenauslegung. Jedoch werden die Sicherheitsanforderungen mit zunehmender Geschwindigkeit schärfer, d. h. die zulässige Ausfallwahrscheinlichkeit wird mit zunehmender Geschwindigkeit kleiner. Damit ist die Geschwindigkeit (außer für die Schiene) eine indirekte, sicherheitstheoretische Belastungskomponente.
3. Jährlich oder täglich akkumulierte Verkehrsmasse (Belastungsintensität). Die Belastungsintensität hat im Sinne der lastakkumulierten Lebensdauern bzw. der lastakkumulierten Instandsetzungsintervalle keine Bedeutung. Sie beeinflusst jedoch unmittelbar die zeitlichen Lebensdauern bzw. die zeitlichen Instandsetzungsintervalle (Abschn. 2.3.1). Die Festlegung dieser zeitlichen Lebensdauern bzw. Instandsetzungsintervalle entspricht der Festlegung der zeitlichen Ausfallwahrscheinlichkeit $f_J$. Diese bestimmt aber in Kombination mit der jährlich akkumulierten Verkehrsmasse $B_J$ die erforderliche Ausfallwahrscheinlichkeit bzgl. der akkumulierten Belastung $f_A$. In Abb. 2.19 ist dieser Zusammenhang dargestellt: Legt man eine bestimmte zulässigen zeitliche Ausfallwahrscheinlichkeit $f_J$ zugrunde, so wird die akzeptierte Ausfallwahrscheinlichkeit bzgl. der akkumulierten Belastung $f_A$ mit zunehmender Belastungsintensität immer kleiner. Mit anderen Worten: Die akzeptierte Ausfallwahrscheinlichkeit $f_A$ steht bei vorgegebener Ausfallwahrscheinlichkeit $f_J$ mit der Belastungsintensität $B_J$ in einem indirekt proportionalem Verhältnis. Je größer die Belastungsintensität, desto massiver die erforderliche Auslegung der Oberbaukomponenten. In diesem Sinne ist die Belastungsintensität als eine indirekte, ökonomische Belastungskomponente zu verstehen.

Inhalt des vorliegenden Kapitels ist die Belastung des Eisenbahngleises (in Form der 3 Belastungskomponenten statische Radkraft, Geschwindigkeit und Belastungsintensität) und ihre prinzipielle Bedeutung für die Auslegung des Eisenbahnoberbaus. Die folgenden Beispiele kommentieren einige grundlegende Auswirkungen der Belastung auf die Auslegung des Eisenbahnoberbaus gemäß dem Ausrüstungsstandard der DB AG.

### 2.4.1 Schienen

Siehe hierzu Kap. 3.

Um das Thema der Gleislagestabilität vollumfänglich zu betrachten ist das Thema des durchgehend verschweißten Gleises von zentraler Bedeutung. Die Abschn. 2.4.1.1 bis 2.4.1.3 wurden aus der 3. Ausgabe, Kap. 3 übernommen und aktualisiert.

#### 2.4.1.1 Allgemeines zu lückenlosen Gleisen und Weichen

Ein „lückenloses Gleis" ist ein Gleis, dessen Schienen nicht durch Laschen verbunden, sondern durchgehend verschweißt sind. Isolierstöße sind aufgrund ihrer verklebten Laschen und der somit unterbundenen Bewegung/Atmung der Schienenenden nicht als Unterbrechung des LV-Gleises zu werten. Gleise mit verschweißten Schienen mit einer Länge von über 60 m gelten als lückenlose Gleise.

Die verhinderten Längsbewegungen aus Temperatureinflüssen werden im lückenlosen Gleis in Längsspannungen (Längskräfte) umgesetzt. Sie müssen zu den Längskräften addiert werden, die aus der Benutzung des Gleises durch die Schienenfahrzeuge entstehen. Das gilt im übertragenen Sinn auch für Weichen.

Diese Längskräfte werden durch die Rahmensteifigkeit sowie den Quer- und Längsverschiebewiderstand des Gleises aufgenommen.

Um diese Kräfte in einer technisch beherrschbaren Größe zu halten, sind die Schienen innerhalb einer spannungsneutralen Schienentemperatur zu verschweißen und durch Anziehen der Befestigungsmittel zu verspannen.

Bei der DB AG beträgt die mittlere Temperatur +20 °C (Mittelwert aus +65 und −25 °C). Die Solltemperatur ist mit +23 °C festgelegt, der Verspanntemperaturbereich liegt zwischen +20 bis +26 °C.

Bei den ÖBB liegt der Verspanntemperaturbereich zwischen +20 und +25 °C.

Bei den SBB beträgt die Verspanntemperatur +25 °C/±3, im Tessin +28 °C/±3.

Der Einbau von lückenlosen Gleisen hat wie in Abschn. 2.3.2 gezeigt direkten Einfluss auf die Gleislagestabilität. Um die Gleislagestabilität zu kontrollieren werden Gleise nur bis zu gewissen Radien durchgehend verschweißt. Durch Zusatzmaßnahmen wie u. a. besohlte Schwellen, Erweiterung des Vorkopfschotters oder Sicherungskappen können jedoch auch kleinere Radien durchgehend verschweißt werden. Die entscheidende Größe ist hierbei der erzielbare Querverschiebewiderstand.

#### 2.4.1.2 Spannungsausgleich im Gleis

Der Spannungsausgleich der Schienen und das anschließende Verschweißen zum lückenlosen Gleis und das Verspannen (Befestigen) der Schienen (durch das Kleineisen auf der Schwelle) darf nur erfolgen, wenn

- das Gleis die konstruktiven Voraussetzungen erfüllt, ausreichend verfüllt ist (Bettungsquerschnitt), sowie in Höhe, Abstand und Richtung den Projektforderungen entspricht, sowie
- die festgelegte Verspanntemperatur als natürliche Wärme gegeben ist oder im Bereich unterhalb der Verspanntemperatur entsprechende Maßnahmen (wie nachfolgend beschrieben) getroffen werden. Liegt die Schienentemperatur über der Verspanntemperatur, dürfen der Spannungsausgleich und die Herstellung des lückenlosen Gleises nicht erfolgen.

Die Arbeitsfolge beim Spannungsausgleich, Verschweißen und Verspannen ist am Beispiel der DB AG wie folgt vorgeschrieben:

- Lösen der Schienenbefestigungsmittel
- Entspannen der Schienen (durch seitliche Schläge auf die Schiene mit einem Kunststoffschlögel)
- Messen der Ausgangstemperatur. Liegt diese unterhalb des Verspanntemperaturbereichs sind die Schienen zu längen[3]
- Ermitteln der Längenänderung (siehe Abb. 2.22)
- Anzeichnen der ermittelten Längenänderung an den Kontrollpunkten
- Längen der Schienen bei gleichzeitiger Kontrolle der Längenänderung an den Kontrollpunkten
- Verspannen der Schienen
- Ausführung der Schlussschweißung

Bei der Herstellung des lückenlosen Gleises mit der mobilen Abbrennstumpfschweißmaschi-

[3] Das Längen der Schienen ist durch gleichmäßiges Anwärmen mit Wärmegeräten oder durch Einsatz hydraulischer Schienenziehgeräte durchzuführen (bei den ÖBB werden seit 1990 ausschließlich hydraulische Ziehgeräte eingesetzt).

**Abb. 2.22** Berechnung der Längenänderung (zusammengefasst von Alfred Wöhnhart)

$$\Delta L = L \cdot \alpha \cdot \Delta T$$

| | |
|---|---|
| ΔL | **Längenänderung, die auf Grund der Schienentemperatur (unter +20 °C) durch Längen mit hydraulischen Ziehgeräten (oder durch Anwärmen) herzustellen ist** |
| L | **Schienenlänge (max. 360 m), die zu verspannen ist** |
| α | **Mittlerer linearer Ausdehnungskoeffizient (siehe Tabelle 3.1)**<br>**„11,5" Temperaturausdehnungskoeffizient des Schienenstahls [1/K]** |
| ΔT | **Bei der DB AG bzw. den ÖBB:**<br>**Differenz der gemessenen Schienentemperatur zur oberen Grenze des Verspanntemperaturbereichs (+26 °C bzw. +25 °C)**<br>**Bei der SBB:**<br>**Differenz der gemessenen Schienentemperatur zur mittlerenVerspanntemperatur(+25 °C bzw. +28 °C im Tessin)** |

**Beispiel/Faustregel: L = 100 m, ΔT =10 °C => 12 mm (ΔL)**

ne ist zu beachten, dass die Schienen beim Verschweißen (siehe Kap. 3) verkürzt werden und sich somit ihre Lage auf den Schwellen ständig verändert. Alle Fixpunkte (z. B. Gleisschaltmittel u. ä.) können also erst nach der Verschweißung angebracht werden. Es gilt die oben beschriebene Arbeitsfolge. Die ggf. erforderliche Längung der Schienen erfolgt mit Wärmegeräten oder hydraulischen Schienenziehgeräten. Alle Dehnungen der Schienen sind durch Kontrollmarken zu überwachen.

Als Alternative zu der o. a. Vorgangsweise kommt die mobile Abbrennstumpfschweißmaschine bei den ÖBB zum Einsatz. Diese Maschine kann in einem Arbeitsgang die zu verschweißenden Schienen hydraulisch auf die erforderliche Länge bringen und anschließend verschweißen.

### 2.4.1.3 Spannungsausgleich in Weichen

Weichen dürfen nur dann lückenlos verschweißt und verspannt werden, wenn sie ausreichend mit Schotter verfüllt sind und in Höhe, Abstand und Richtung den Projektbedingungen entsprechen.

Da die einzelnen Weichen (konstruktions- und herstellerbedingt) voneinander abweichen, ist es unbedingt erforderlich die Festlegungen der Infrastrukturbetreiber zu beachten.

Für den Einbau der Weichen sind Einbau- bzw. Verschweißtemperaturen zu beachten:

**DB AG**

Weichen der Grundform

- $R < 1200$ m dürfen bei beliebiger Schienentemperatur,
- $R = 1200$ m sollen im Schienentemperaturbereich von $+5$ bis $+35$ °C und
- $R > 1200$ m müssen im Schienentemperaturbereich von $+10$ bis $+30$ °C

in ihre endgültige Lage eingebaut werden.

Beim Verschweißen von Weichen wird nach Zwischen- und Schlussschweißungen unterschieden. Weichen können, mit Ausnahme der Zungen, sowohl auf dem Montageplatz als auch an der Einbaustelle verschweißt werden. Zwischenschweißungen werden nach der 1. Stabilisierung bei Schienentemperaturen zwischen $+3$ und $+25$ °C ausgeführt. Der Spannungsausgleich, die Schlussschweißungen und das Anschweißen der Zungen werden nach der 2. Stabilisierung im oberen Verspanntemperaturbereich ausgeführt.

**ÖBB**

Weichen dürfen bei Schienentemperaturen von 0 bis +35 °C verschweißt werden.

**SBB**

Wenn Weichen unter $+10$ °C Schienentemperatur verschweißt werden müssen, dann ist bei einer wärmeren Temperatur die Verspannung zu wiederholen.

Bei langen Zwischenpartien bei einem Radius der Grundform > 900 m ist vorzuwärmen.

### 2.4.2 Schienenbefestigung

Die Schienenbefestigung stellt die Verbindung zwischen Schiene und Schwelle her. Dabei muss sie folgende Lastabtragungsfunktionen übernehmen.

1. Vertikalbelastung: Übertragung der vertikalen Stützpunktkraft von etwa 50 kN von der Schiene in die Schwelle bei Gewährleistung einer variablen Stützpunktsteifigkeit zur Einstellung der erforderlichen Gleissteifigkeit. Eine Überschreitung der erforderlichen Gleissteifigkeit hat eine Überschreitung der zulässigen dynamischen Radkraft zur Folge. Je geringer die erforderliche Stützpunktsteifigkeit mit zunehmender Geschwindigkeit wird, desto größer wird die vertikale Relativbewegung zwischen Schiene und Schwelle. Je größer diese Relativbewegung wird, desto größer wird die erforderliche Dauerfestigkeit der Schienenbefestigung. Der Ausrüstungsstandard der DB AG unterscheidet zwischen drei wesentlichen Schienenbefestigungen, die alle der Schienenbefestigungsfamilie W entstammen: W 3 (statische Steifigkeit $c_{stat} > 500\,kN/mm$), W 14 (statische Steifigkeit $60\,kN/mm \leq c_{stat} < 500\,kN/mm$) und W 21 (statische Steifigkeit $40\,kN/mm \leq c_{stat} < 60\,kN/mm$). Neben dem klassischen W Schienenbefestigungen kommen für bestimmte Streckenabschnitte neuentwickelte M Befestigungen auf den Markt, welche die gleichen statischen Steifigkeiten der W Befestigungen aufweisen, jedoch eine geänderte Eigenfrequenz haben.
2. Längsbelastung. Übertragung der Stützpunktkraft in Längsrichtung von etwa 10 kN über Reibung in die Schwelle, welche die *zulässige* Stützpunktkraft in Längsrichtung (Durchschubwiderstand) nicht übersteigen darf. Eine Verringerung des Durchschubwiderstandes hätte eine Zunahme der bremsbedingten Schienenlängskraft und damit eine erhöhte Wahrscheinlichkeit des Auftretens einer Gleisverwerfung im Sommer zur Folge. Eine Verringerung des Durchschubwiderstandes hätte außerdem eine Zunahme der Bruchlücke im Falle eines Schienenbruchs im Winter zur Folge und damit eine Erhöhung der Entgleisungsgefahr. Einzig im Bereich von Brücken ist abschnittsweise aus konstruktiven Gründen eine Schienenbefestigung mit reduziertem Durchschubwiderstand zulässig.
3. Seitenbelastung. Übertragung der Stützpunktkraft in Seitenrichtung von etwa 75 kN (gemittelt über eine Länge von 2 m) in die Schwelle. Gemeinsam mit der Forderung nach einer minimalen kritische Schienenlängskraft von $2 \times 700\,kN = 1400\,kN$ (zur Vermeidung einer Gleisverwerfung im Sommer) ergibt sich ein erforderlicher Gleisverschiebewiderstand, welcher neben dem Querverschiebewiderstand der Schwellen von der horizontalen Biegesteifigkeit des Gleisrostes beeinflusst wird. Die horizontale Biegesteifigkeit des Gleisrostes wiederum wird maßgeblich durch den Verdrehwiderstand bestimmt, welchen die Schienenbefestigung bei einer seitlichen Gleisrostbelastung aufbaut.

Die geometrische Kompatibilität zu den schmalfüßigen Schienen 49 E5 und 54 E4 (125 mm Schienenfußbreite) und der breitfüßigen Schiene 60 E2/E1 (150 mm Schienenfußbreite) ist innerhalb der Schienenbefestigungsfamilie *W* gewährleistet.

Die Wahl der Schienenbefestigung aus der Schienenbefestigungsfamilie W definiert der Ausrüstungsstandard der DB AG in Abhängigkeit von der Geschwindigkeit und der jährlich akkumulierten Verkehrsmasse (Tab. 2.2).

### 2.4.3 Schwellen

Die folgenden Ausführungen beziehen sich ausschließlich auf Betonschwellen, da Stahl-, Kunststoff- und Holzschwellen nur unter besonderen Einsatzbedingungen verwendet werden. Betonschwellen sind durch zwei maßgeb-

**Tab. 2.2** Empfohlene Kombination Schwelle–Schienenbefestigung in Abhängigkeit von der Geschwindigkeit und der jährlich akkumulierten Verkehrsmasse

| | $v \leq 120\,\mathrm{km/h}$ | $120\,\mathrm{km/h} < v \leq 230\,\mathrm{km/h}$ | $v > 230\,\mathrm{km/h}$ |
|---|---|---|---|
| $B_J < 3{,}65\,\mathrm{Mt/a}$ | *B 70-2,4*<br>W 3 oder W 14 | – | – |
| $3{,}65\,\mathrm{Mt/a} \leq B_J < 11\,\mathrm{Mt/a}$ | *B 70-2,4*<br>W 3 oder W 14 | *B 07*<br>W 14 | *B 07*<br>W 21 |
| $B_J \geq 11\,\mathrm{Mt/a}$ | *B 70*<br>W 3 oder W 14 | | |

**Tab. 2.3** Empfohlener Schwellenabstand in Abhängigkeit von der Geschwindigkeit und der jährlich akkumulierten Verkehrsmasse

| | $v \leq 120\,\mathrm{km/h}$ | $v > 120\,\mathrm{km/h}$ |
|---|---|---|
| $B_J < 3{,}65\,\mathrm{Mt/a}$ | 0,67 m | – |
| $3{,}65\,\mathrm{Mt/a} \leq B_J < 11\,\mathrm{Mt/a}$ | 0,63 m | 0,6 m |
| $B_J \geq 11\,\mathrm{Mt/a}$ | 0,6 m | |

liche Kennwerte charakterisiert: Die wirksame Auflagerfläche und die Masse (Tab. 2.1). Eine Erhöhung der wirksamen Auflagerfläche hat eine Verringerung der Schotterpressung und damit eine Verlängerung der Schotterlebensdauer zur Folge[4]. Eine Erhöhung der Schwellenmasse hat eine hat eine Vergrößerung des Querverschiebewiderstandes und damit eine Verringerung der erforderlichen Vor-Kopf-Länge des Schotters zur Folge. In Anlehnung an den Ausrüstungsstandard wird entsprechend Tab. 2.2 zwischen drei Betonschwellentypen unterscheiden (B 70-2,4 – Kurzschwelle einer Länge von 2,40 m, B 70 – Standardschwelle einer Länge von 2,60 m, B 07 – Breitschwelle einer Länge von 2,60 m), welche in Abhängigkeit von der Geschwindigkeit und der jährlich akkumulierten Verkehrsmasse in Kombination mit drei Schienenbefestigungstypen (W 3, W 14, W 21 entsprechend Abschn. 2.4.2) eingesetzt werden.

Der Ausrüstungsstandard lässt neben der Variation des Schwellentyps auch eine Variation des Schwellenabstandes entsprechend Tab. 2.3 zu.

Durch die Normierung der Schwellenauflagerfläche und der Schwellenmasse (Tab. 2.1) auf den Schwellenabstand erhält man die spezifische Schwellenauflagerfläche sowie die spezifische Schwellenmasse. Die Schwelle B 70 mit einer Auflagerfläche von $0{,}55\,\mathrm{m}^2$ erzeugt bei einem Schwellenabstand von 0,6 m eine spezifische Schwellenauflagerfläche von $0{,}92\,\mathrm{m}^2/\mathrm{m}$. Eine Erhöhung des Schwellenabstandes auf 0,67 m verringert die spezifische Schwellenauflagerfläche auf $0{,}82\,\mathrm{m}^2/\mathrm{m}$, also um 11 %. Dies wiederum hat eine Erhöhung der Kontaktspannung Schwelle–Schotter um 11 % zur Folge. Bei einer Schwellenbreite von 0,3 m ergibt sich der minimale Schwellenabstand ebenfalls zu 0,3 m. Damit beträgt die größtmögliche spezifische Schwellenauflagerfläche von $1{,}84\,\mathrm{m}^2/\mathrm{m}$. Dies wiederum hätte bei einer Verdopplung der Schwellenanzahl eine Halbierung der Kontaktspannung Schwelle–Schotter zur Folge. Die sich aus dem Ausrüstungsstandard der DB AG ergebende spezifische Schwellenfläche unter Berücksichtigung des Schwellentyps (Tab. 2.2) und des Schwellenabstands (Tab. 2.3) ist in Tab. 2.4 dargestellt.

Analoges gilt für die spezifische Schwellenmasse (Tab. 2.5), welche einen unmittelbaren Einfluss auf den Gleisverschiebewiderstand und damit die Ausfallwahrscheinlichkeit des Gleises gegenüber einer Gleisverwerfung hat. Außerdem kann man in erster Näherung von einer Proportionalität zwischen spezifischer Schwellenmasse und Schwellenkosten ausgehen. Die Schwelle B 70 liefert bei einem Schwellenabstand von 0,6 m eine spezifische Schwellenmasse von 505 kg/m. Eine Vergrößerung des Schwellenabstandes auf 0,67 m hat eine Verringerung der spezifischen Schwellenmasse auf 452 kg/m zur Folge, also eine Verringerung um 11 %. Bei einem minimalen Schwellenabstand von 0,3 m ergibt sich eine Verdopplung der spezifischen Schwellenmasse auf 1010 kg/m. Die sich aus dem Ausrüstungsstandard der DB AG ergebende spezifische Schwellenmasse in Abhängigkeit von

[4] Die Schotterpressung lässt sich durch eine Schwellenbesohlung noch weiter verringern.

**Tab. 2.4** Spezifische Schwellenfläche in Abhängigkeit von der Geschwindigkeit und der jährlich akkumulierten Verkehrsmasse

| | $v \leq 120\,\text{km/h}$ | $120\,\text{km/h} < v \leq 230\,\text{km/h}$ | $v > 230\,\text{km/h}$ |
|---|---|---|---|
| $B_J < 3{,}65\,\text{Mt/a}$ | $0{,}76\,\text{m}^2/\text{m}$ (60 %) | – | – |
| $3{,}65\,\text{Mt/a} \leq B_J < 11\,\text{Mt/a}$ | $0{,}81\,\text{m}^2/\text{m}$ (64 %) | $0{,}92\,\text{m}^2/\text{m}$ (73 %) | $1{,}26\,\text{m}^2/\text{m}$ (100 %) |
| $B_J \geq 11\,\text{Mt/a}$ | $0{,}92\,\text{m}^2/\text{m}$ (73 %) | | |

**Tab. 2.5** Spezifische Schwellenmasse in Abhängigkeit von der Geschwindigkeit und der jährlich akkumulierten Verkehrsmasse

| | $v \leq 120\,\text{km/h}$ | $120\,\text{km/h} < v \leq 230\,\text{km/h}$ | $v > 230\,\text{km/h}$ |
|---|---|---|---|
| $B_J < 3{,}65\,\text{Mt/a}$ | 417 kg/m (75 %) | – | – |
| $3{,}65\,\text{Mt/a} \leq B_J < 11\,\text{Mt/a}$ | 444 kg/m (80 %) | 505 kg/m (91 %) | 553 kg/m (100 %) |
| $B_J \geq 11\,\text{Mt/a}$ | 505 kg/m (91 %) | | |

**Tab. 2.6** Empfohlene Bettungsdicke in Abhängigkeit von der Geschwindigkeit und der jährlich akkumulierten Verkehrsmasse

| | $v \leq 120\,\text{km/h}$ | $v \leq 230\,\text{km/h}$ | $v > 230\,\text{km/h}$ |
|---|---|---|---|
| $B_J \leq 3{,}65\,\text{Mt/a}$ | 0,20 m | – | – |
| $3{,}65\,\text{Mt/a} < B_J < 11\,\text{Mt/a}$ | 0,30 m | 0,30 m | 0,35 m |
| $B_J \geq 11\,\text{Mt/a}$ | | | |

der Geschwindigkeit und der jährlich akkumulierten Verkehrsmasse ist in Tab. 2.5 dargestellt.

## 2.4.4 Schotter

Die Aufgabe der Bettung besteht in der Begrenzung der Kontaktspannung Schotter–Unterbau. Bei gegebenen Stützpunktkräften (Schwellenkräften) und Schotterkontaktflächen (Schotterpressung) kann diese Kontaktspannung Schotter–Unterbau nur über eine Anpassung der Bettungsdicke gesteuert werden. Der Ausbreitungswinkel variiert dabei je nach Schottertyp zwischen 14° und 20° [10]. Der Ausrüstungsstandard der DB definiert die Bettungsdicke (Abstand zwischen der Unterseite der Schwelle und dem Planum als der Oberseite des Unterbaus) in Abhängigkeit von der Geschwindigkeit (Tab. 2.6).

Die grundsätzliche Auslegung des Oberbaus, darunter auch die Festlegung von Schwellentyp und Schwellenabstand, wird vorwiegend durch die Vertikalbelastung bestimmt. Dies hat auch eine entsprechende Änderung des Gleisverschiebewiderstandes zur Folge. Dieser wird über die Länge des Vor-Kopf-Schotters nachjustiert. Der Ausrüstungsstandard der DB AG definiert die

**Tab. 2.7** Empfohlene Länge des Vor-Kopf-Schotters

| $v \leq 160\,\text{km/h}$ | $v > 160\,\text{km/h}$ |
|---|---|
| 0,4 m | 0,5 m |

Länge des Vor-Kopf-Schotters in Abhängigkeit von der Geschwindigkeit (Tab. 2.7).

Das spezifische, d. h. längenbezogene Schottervolumen ist proportional zur Schotterquerschnittsfläche. Dieses kann in Abhängigkeit von der Schwellenlänge (2,4 oder 2,6 m), der Bettungsdicke (Tab. 2.6), der Länge des Vor-Kopf-Schotters (Tab. 2.7) sowie dem geschwindigkeitsabhängigen Gleisabstand (4,00 m für $v \leq 200\,\text{km/h}$ und 4,50 m für $v > 200\,\text{km/h}$) formuliert werden. Daraus resultiert die sich aus dem Ausrüstungsstandard der DB AG ergebende geschwindigkeitsabhängige Schotterquerschnittsfläche (Tab. 2.8, bezogen auf ein Gleis mit einer jährlich akkumulierten Verkehrsmasse $> 3{,}65\,\text{Mt/a}$).

## 2.4.5 Elastische Elemente im Schotteroberbau

Der Holzschwellenoberbau erhält die erforderliche Gleissteifigkeit durch das Zusammenwirken

**Tab. 2.8** Empfohlene Schotterquerschnittsfläche

| $v \leq 120\,\text{km/h}$ | $120\,\text{km/h} < v \leq 230\,\text{km/h}$ | $v > 230\,\text{km/h}$ |
|---|---|---|
| $1{,}22\,\text{m}^2/\text{m}$ (65 %) | $1{,}24\,\text{m}^2/\text{m}$ (67 %) | $1{,}86\,\text{m}^2/\text{m}$ (100 %) |

des Unterbaus, der Bettung und der Schwellensohle. Mit dem Übergang zu Betonschwellen war eine Erhöhung der Gleissteifigkeit verbunden, welche den Einbau *elastischer* Zwischenlagen zwischen Schiene und Schienenbefestigung erforderlich machte. Der Ausrüstungsstandard der DB berücksichtigt diesen Zusammenhang über die Empfehlung von Schienenbefestigungen mit den dazugehörigen Steifigkeiten (Abschn. 2.4.2).

In den letzten Jahren werden zunehmend besohlte Betonschwellen eingesetzt. Diese Besohlungen unterschieden sich in elastische Typen, welche zum Erschütterungsschutz optimiert wurden und elasto-plastische Besohlungstypen welche die wirksame Auflagerfläche erhöhen und somit zu einer Schotterschonung beitragen. Der gleichmäßigere Kontakt zwischen Schwellensohle und Schotter verringert hierbei die Belastung des Schotters und damit seine Instandhaltungsintervalle und seine Lebensdauer. Die steifere Ankopplung der Schiene an die Schwelle infolge des Wegfalls der *elastischen* Zwischenlage verringert zudem die durch die Schiene erzeugte Schallemission. Allerdings steht diesen beiden Vorteilen ein Anstieg der dynamischen Zusatzkräfte infolge von Fahrflächen- und Radfehlern entgegen. In engen Bögen werden daher sowohl besohlte Betonschwellen als auch elastische Zwischenlagen zur Reduktion von Schlupfwellen eingesetzt.

Unterschottermatten ersetzen in der Regel die Elastizität des Planums, z. B. auf Brücken, können aber auch zur Reduzierung der Erschütterungen eingesetzt werden. Bei Einsatz mehreren elastischen Elementen muss die Gesamtsteifigkeit des Oberbaus berücksichtigt werden, um die Schieneneinsenkung statisch und dynamisch im Rahmen der jeweiligen Regelwerke zu halten.

## 2.5 Belastung und Anschaffungskosten des Eisenbahnoberbaus

Aus Abschn. 2.4 wird deutlich, dass der Ausrüstungsstandard der DB AG die Auslegung der Oberbaukomponenten unabhängig von der statischen Radkraft vorschreibt. Dies ist auf den Anspruch einer allgemeinen Befahrbarkeit des Gleises mit einer statischen Radkraft von 100 kN bei einer Geschwindigkeit von 160 km/h zurückzuführen.

Abschn. 2.4 macht weiterhin die Geschwindigkeitsabhängigkeit der Auslegung *aller* Oberbaukomponenten deutlich. Die jährlich akkumulierte Verkehrsmasse hingegen beeinflusst im Ausrüstungsstandard der der DB AG nur die Auslegung der Schienen und Schwellen, jedoch nicht jedoch die Auslegung des Schotters. Damit erscheint die Geschwindigkeit als die wichtigste Einflussgröße der Oberbauauslegung.

Die folgende Abschätzung der Anschaffungskosten des Eisenbahnoberbaus in Abhängigkeit von der Geschwindigkeit basiert auf zwei Annahmen:

1. Die Anschaffungskosten verteilen sich zu je einem Drittel auf die Schienen, die Schwellen (mit Schienenbefestigung) und den Schotter.
2. Die Anschaffungskosten der Schienen sind proportional zum Schienenmetergewicht, die Anschaffungskosten der Schwellen sind proportional zur spezifischen Schwellenmasse (Tab. 2.5) und die Anschaffungskosten des Schotters sind proportional zur Schotterquerschnittsfläche (Tab. 2.8).

Verglichen werden nun 3 Oberbaukonfigurationen, wie sie sich aus dem Ausrüstungsstandard der DB AG für 3 unterschiedliche Geschwindigkeiten (80, 160 und 230 km/h) bei einer jährlich akkumulierten Verkehrsmasse von weniger als 11 Mt/a ergeben.

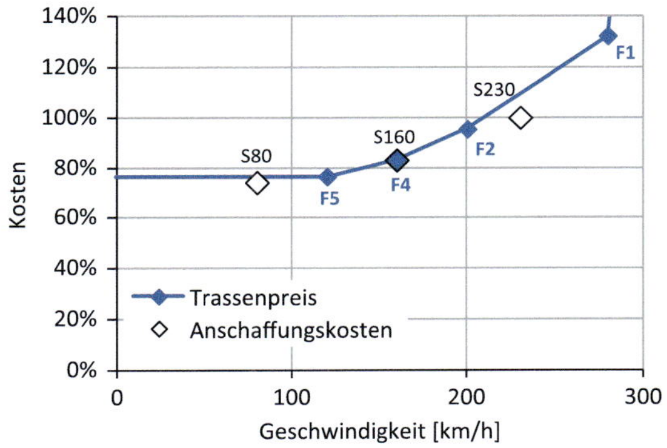


**Abb. 2.23** Anschaffungskosten in Abhängigkeit von der Geschwindigkeit

1. S80: Geschwindigkeit 80 km/h, Schiene 49 E5, Schwelle B 70-2,4 mit Schienenbefestigung W 3 im Schwellenabstand von 0,67 m, Bettungsdicke 0,3 m, Vor-Kopf-Schotter 0,4 m. Die Anschaffungskosten betragen 74 % (bezogen auf die Variante S 230)
2. S160: Geschwindigkeit 160 km/h, Schiene 54 E4, Schwelle B 70 mit Schienenbefestigung W 14 im Schwellenabstand von 0,60 m, Bettungsdicke 0,3 m, Vor-Kopf-Schotter 0,4 m. Die Anschaffungskosten betragen 83 % (bezogen auf die Variante S 230)
3. S230: Geschwindigkeit 230 km/h, Schiene 60 E2, Schwelle B 07 mit Schienenbefestigung W 21 im Schwellenabstand von 0,60 m, Bettungsdicke 0,4 m, Vor-Kopf-Schotter 0,5 m. Die Anschaffungskosten betragen in dieser Variante 100 %.

Der Anstieg der Anschaffungskosten mit der Geschwindigkeit ist in Abb. 2.23 graphisch verdeutlicht. Bei einer weiteren Anhebung der Geschwindigkeit stellt sich zunehmend die Frage der Substitution des Schotteroberbaus durch die Feste Fahrbahn, was eine wesentliche Erhöhung der Anschaffungskosten zur Folge hätte.

Interessant ist der Vergleich mit dem Trassenpreissystem der DB AG [11]. Entsprechend der geschwindigkeitsabhängigen Fernstreckenkategorien (F5: $\leq$ 120 km/h; F4: $\leq$ 160 km/h; F2: $\leq$ 200 km/h; F1: $\leq$ 280 km/h) steigt der Trassenpreis als Ausdruck der gesamten Infrastrukturkosten ebenfalls mit der Geschwindigkeit an (Abb. 2.23). Eine weitere Anhebung der Geschwindigkeit auf der Fernstreckenkategorie Fplus (> 280 km/h) hat eine Verdoppelung des Trassenpreises im Vergleich zur Fernstreckenkategorie F1 zur Folge.

Abb. 2.23 macht deutlich, dass die Anschaffungskosten des Eisenbahnoberbaus vordergründig von der Geschwindigkeit abhängig sind. Dabei kann man zwischen 3 Geschwindigkeitsbereichen unterscheiden:

1. $v \leq 80$ km/h. Die Geschwindigkeitsabhängigkeit der Anschaffungskosten ist vernachlässigbar, da die dynamische Radkraft im Vergleich zur statischen Radkraft vernachlässigbar ist.
2. 80 km/h $< v \leq 230$ km/h. Die Anschaffungskosten steigen innerhalb dieses Geschwindigkeitsbereiches um etwa 25 % an. Diese vergleichsweise geringe Geschwindigkeitsabhängigkeit ergibt sich aus dem Umstand, dass das grundsätzliche Konstruktionsprinzip des Eisenbahnoberbaus (Schotteroberbau) nicht geändert wird.
3. $v > 230$ km/h. Die Anschaffungskosten steigen innerhalb dieses Geschwindigkeitsbereiches (bis 300 km/h) um etwa 100 % an. Die Ursache hierfür ist der Übergang zu einem neuen Konstruktionsprinzip des Eisenbahnoberbaus (Feste Fahrbahn).

Neben der Geschwindigkeitsabhängigkeit der Anschaffungskosten existiert natürlich auch eine Abhängigkeit der Anschaffungskosten von der statischen Radkraft. Dass diese Abhängigkeit beim Ausrüstungsstandard der DB AG nicht erscheint, ist dem bereits erwähnten Anspruch einer Befahrbarkeit durch alle gängigen Schienenfahrzeuge geschuldet. Die Auslegungsbandbreite des Schotteroberbaus wird bei Aufhebung dieses Anspruchs sofort größer. Beispiele hierfür sind der Straßenbahnoberbau und der Eisenbahnoberbau für den Schwerlastverkehr.

## 2.6 Zusammenfassung

Die äußere Belastung des Eisenbahnoberbaus (Abschn. 2.1) entspricht der Radkraft. Die zulässige Radkraft wird durch die Festigkeit von Rad und Schiene begrenzt. Die aktuelle Stahlfestigkeit ermöglicht eine vertikale Radkraft von etwa 170 kN. Diese setzt sich aus einem statischen und einem geschwindigkeitsabhängigem Anteil zusammen. Bei der DB AG beträgt der statische Anteil im Mittel etwa 100 kN und der geschwindigkeitsabhängige Anteil etwa 70 kN. Die historische Entwicklung des Eisenbahnoberbaus und darauf aufbauend der statischen Radkraft und der Höchstgeschwindigkeit als Qualitätsmerkmale des Schienenverkehrs lassen sich aus der historischen Entwicklung der Stahlfestigkeit ableiten.

Die innere Belastung des Eisenbahnoberbaus (Abschn. 2.2) wird durch die äußere statische Belastung hervorgerufen. Die innere Belastung ist maßgeblich für die Belastung der Komponenten des Eisenbahnoberbaus. Hierbei ist jedoch zu berücksichtigen, dass die Summe aus statischer und geschwindigkeitsabhängiger Radkraft die innere Belastung der Schiene erzeugt, während die innere Belastung der übrigen Oberbaukomponenten allein durch die statische Radkraft hervorgerufen wird. Ursache hierfür ist die hohe Frequenz der geschwindigkeitsabhängigen Radkraft. Dies bedeutet, dass bei der DB AG die innere Belastung der Schiene aus einer Radkraft von 170 kN resultiert, die innere Belastung der übrigen Komponenten aus einer Radkraft von 100 kN.

Die Belastbarkeit der Komponenten des Eisenbahnoberbaus (Abschn. 2.3) wird letztlich durch ihre akzeptierten Ausfallwahrscheinlichkeit in Abhängigkeit von der inneren Belastung beschrieben. Bei der ingenieurtechnischen Auslegung des Oberbaus wird die Belastbarkeit der einzelnen Oberbaukomponenten ihrer inneren Belastung gegenübergestellt. Der Oberbau ist aus dieser Sichtweise dann richtig dimensioniert, wenn die geforderte Ausfallwahrscheinlichkeit erreicht wird. Damit wird die ingenieurtechnische Auslegung des Oberbaus hauptsächlich durch die statische Radkraft bestimmt. Mit dem Anspruch einer allgemeingültigen statischen Radkraft (z. B. von 100 kN bei der DB AG) würde die ingenieurtechnische Auslegung stets zu dem gleichen Ergebnis führen (mit Ausnahme der Schienen). Eine Geschwindigkeitsabhängigkeit ließe sich – abgesehen von sicherheitstheoretischen Überlegungen – nicht ableiten. Die Ausfallwahrscheinlichkeit im ingenieurtechnischen Sinne definiert sich in Abhängigkeit von der akkumulierten Verkehrsmasse, die Ausfallwahrscheinlichkeit im ökonomischen Sinne definiert sich in Abhängigkeit von der Zeit. Akkumulierte Verkehrsmasse und Zeit sind durch die jährliche akkumulierte Verkehrsmasse miteinander verknüpft. Damit ist die die jährlich akkumulierte Verkehrsmasse im ingenieurtechnischen Sinne keine Belastungsgröße, im ökonomischen Sinne aber ist sie es.

Die moderne Auslegung der Oberbaukomponenten (Abschn. 2.4) erfolgt auf der Grundlage einer technisch – ökonomischen Betrachtung (mit dem Ziel einer Kostenminimierung) unter Berücksichtigung der erforderlichen Sicherheitsanforderungen (definiert durch die staatlichen Aufsichtsbehörden). Die durch den Eisenbahnoberbau erzeugten Gesamtkosten setzen sich aus den Erneuerungs- und Instandhaltungskosten zusammen. Eine Erhöhung der Belastbarkeit der Oberbaukomponenten hat eine Erhöhung der Erneuerungskosten, aber auch – infolge der sinkenden Ausfallwahrscheinlichkeit – eine Verminderung der Instandhaltungskosten zur Folge. Eine konkrete ökonomisch-technische Betrachtung ist sehr aufwändig und kann nicht in jedem einzelnen Fall durchgeführt werden. Diese wird unter Berücksichtigung der mit der Geschwindigkeit ansteigenden Sicherheitsanforderungen noch komplizierter. Deshalb existiert der Ausrüstungsstandard der DB AG, welcher dem planenden Ingenieur als Richtlinie zur Auslegung des Eisenbahnoberbaus dient. Die Auslegung weist keine Abhängigkeit von der Radkraft auf. Dies belegt, dass die statische Radkraft nicht zur Disposition steht. Das heißt, die DB AG fordert einen Eisenbahnoberbau für eine statische Belastbarkeit von 100 kN. Die empfohlene Auslegung des Eisenbahnoberbaus in Abhängigkeit von der Geschwindigkeit im Ausrüstungsstandard der DB AG kann damit auch als Kostenminimum unter Erfüllung von 2 Bedingungen interpretiert werden: 1. Gewährleistung einer statischen Radkraft von 100 kN bei 160 km/h und 2. Berücksichtigung der geschwindigkeitsabhängigen Sicherheitsanforderungen.

Die steigenden Anschaffungskosten des Oberbaus (Abschn. 2.5) mit der Geschwindigkeit nach dem Ausrüstungsstandard der DB AG decken sich mit der Geschwindigkeitsabhängigkeit der Trassenpreise der DB AG. Dies kann wiederum als Ergebnis der geschwindigkeitsabhängigen Sicherheitsanforderungen interpretiert werden.

Es bleibt festzustellen, dass die drei wesentlichen Belastungskomponenten auf unterschiedliche Weise die drei wesentlichen Aspekte der Oberbauauslegung beeinflussen:

1. statische Radkraft mit besonderem Einfluss auf die ingenieurtechnischen Aspekte
2. jährlich akkumulierte Verkehrsmasse mit besonderem Einfluss auf die ökonomischen Aspekte
3. Geschwindigkeit mit besonderem Einfluss auf die Sicherheitsaspekte

Sobald die vorausgesetzte statische Radkraft der DB AG nicht mehr zutrifft (Erwartungswert der statischen Radkraft von 100 kN bei 160 km/h), wird der Gültigkeitsbereich des Ausrüstungsstandards der DB AG verlassen. Beispiele hierfür sind der Schwerlastverkehr mit statischen Radkräften $> 100$ kN oder der ausschließliche Betrieb von Fahrzeugen mit statischen Radkräften $< 100$ kN. Gleichfalls verliert der Ausrüstungsstandard der DB AG seine Gültigkeit, falls sich die ökonomischen Bedingungen oder/und die Sicherheitsanforderungen in den verschiedenen Volkswirtschaften ändern.

Die mechanischen Grenzen des nunmehr fast 200 Jahre alten Schotteroberbaus sind heute nahezu ausgereizt. Innerhalb dieser Grenzen findet seine ingenieurtechnische Auslegung statt. Diese wird entscheidend von der Belastung sowie den ökonomischen und sicherheitstechnischen Anforderungen geprägt. Die genannten Aspekte sind aber gesellschaftlicher Natur, sie variieren nach Zweck (Belastung) und Raum (nationale Unterschiede). Die daraus resultierende Zeitabhängigkeit der gesellschaftlichen Aspekte hat eine entsprechende Zeitabhängigkeit der Belastung und damit der Auslegung des Eisenbahnoberbaus zur Folge.

## Literatur


1. Lichtberger (2010) Handbuch Gleis. Eurailpress, Hamburg
2. Führer G (1987) Gleiskonstruktionen. Transpress, Berlin
3. Hanneforth W, Fischer W (1986) Laufwerke. Transpress, Berlin
4. Gerber (2010) Vorlesungsreihe „Bahnbau". Fakultät Verkehrswissenschaften „Friedrich List" der Technischen Universität, Dresden (Script Bahnbau)
5. Führer G (1978) Oberbauberechnung. Transpress, Berlin
6. Mentnitzer K, Schmid R, Pospischil F (2023) Prud'hommes Kriterium und seine Relevanz für den heutigen Fahrweg. ZEV Sonderheft Graz 2023
7. Regelwerk 07.06.05.01 (2018) Regelwerk der ÖBB Infrastruktur AG „Stabilitätsberechnung von Gleisen"
8. Gerber U, Fengler W (2009) Oberbau-Effektivität im Spannungsfeld von Investition und Instandhaltung. Eisenbahn Ingenieur Kalender 2009. DVV-Media, Hamburg, S 295–306
9. Ausrüstungsstandard (2008) Richtlinie 820.210 der DB AG „Ausrüstungsstandard Schotteroberbau für Gleise und Weichen"
10. Prager G, Steiner E (2014) Lastverteilung bei verschiedenen Gleisschotterarten. ETR AUSTRIA-SPEZIAL – INNOVATIONSMESSFAHRTEN
11. Trassenpreis (2012) Das Trassenpreissystem der DB Netz AG. DB Netz, Frankfurt am Main

# Schienen und Schienenschweißen

# 3

Sören Röhrig, Alexander Zlatnik und Jürgen Reinhardt

**Zusammenfassung**

Das Kapitel „Schienen und Schienenschweißen" behandelt die zentralen Themen der Schienenwerkstoffe, der Schienenherstellung, des Schweißens von Schienen sowie deren Inspektion und Instandhaltung im Gleis.

Zunächst werden die Anforderungen an die Schiene für einen sicheren Bahnbetrieb erläutert, gefolgt von einer Beschreibung des gängigen Werkstoffkonzepts und einem Ausblick auf aktuelle Werkstoffentwicklungen. Daraufhin wird ausführlich auf die Stahl- und Schienenherstellung eingegangen.

Im anschließenden Teil bietet das Kapitel eine Einführung in die Besonderheiten des Schienenschweißens inklusive einer Beschreibung der gängigen Schweißverfahren und ihrer Vor- und Nachteile sowie einer Auflistung häufiger Fehler.

Abschließend werden die Aspekte der Schieneninspektion und -instandhaltung diskutiert. Die gängigsten Mess- und Prüfverfahren für die Beurteilung des Schienenzustands werden vorgestellt und dabei besonders auf Rollkontaktermüdungsschäden, wie Head Checks aber auch Squats, eingegangen. Zum Schluss werden die unterschiedlichen Schleif- und Fräsverfahren besprochen.

Die Beschreibungen sind durchwegs in enger Anlehnung an die jeweiligen geltenden Europäischen Normen abgehalten.

## 3.1 Schienenwerkstoffe und Schienenprofile

### 3.1.1 Aufgabe

Die Schiene ist ein essenzieller Teil des Eisenbahnfahrwegs und bildet die Schnittstelle zwischen den Rädern der Fahrzeuge und den restlichen Komponenten des Oberbaus. Daraus ergibt sich, dass die Schiene zwei grundlegende Aufgaben zu erfüllen hat:

- Die Schiene als Träger: Punktuelle Radlasten aufnehmen und an den restlichen Oberbau verteilt ableiten.
- Die Schiene als Führungselement: Als Kontaktpartner zu den Rädern fungieren, zur sicheren und reibungsreduzierten Führung der Radsätze.

Aus Gründen des Reisekomforts, und um schädigende dynamische Lastspitzen an Fahrzeug und Oberbau zu minimieren, wird ein möglichst ebener Verlauf der Kontaktfläche des gesamten Schienenstrangs (Schiene und Schweißung) angestrebt.

S. Röhrig (✉)
Produktmanagement, voestalpine Rail Technology GmbH, Leoben, Österreich

A. Zlatnik
Competence Center Welding, voestalpine Rail Technology GmbH, Leoben, Österreich

J. Reinhardt
EBA-Prüfsachverständiger/Gutachter, Breuberg, Deutschland

 
J. Holzfeind, J. Liu, F. Pospischil (Hrsg.), *Handbuch Eisenbahninfrastruktur*,
https://doi.org/10.1007/978-3-662-68960-8_3

### 3.1.2 Belastung und Anforderung

Bereits im eingebauten und unbelasteten Zustand wirken Spannungen in und auf die Schiene:

- Längsspannungen durch die thermische Ausdehnung des Materials im lückenlosverschweißten Gleis (Gefahr des Schienenbruchs im Winter bzw. der Gleisverwerfung im Sommer)
- Eigenspannungen aus dem Produktionsprozess (siehe Abschn. 3.1.6)

Durch und während der Befahrung kommen folgende Faktoren hinzu:

- Hohe Kontaktspannung im wenige $cm^2$ großen Berührpunkt (Hertz'sche Flächenpressung) mit resultierenden Normal- und Scheerspannungen. Die zyklische Überrollung bei derartig hohen Kontaktspannungen führt zu unterschiedlichen Rollkontaktermüdungsschäden.
- Schmirgelnde und gleitende Beanspruchung, die Verschleiß verursachen
- Wechselnde Zugbelastung im Schienenfuß, daraus resultierend wird eine ausreichend hohe Dauerfestigkeit gefordert

Auf elektrifizierten Strecken und Strecken mit Gleisfreimeldeanlage muss eine ausreichende elektrische Leitfähigkeit der Schiene gegeben sein.

### 3.1.3 Schienenstahl und Gefüge

Die gebräuchlichsten Schienenstähle (und Schienenprofile) sind in der EN 13674 Teile 1 bis 4 (Bahnanwendungen – Oberbau – Schienen) beschrieben. Der Kohlenstoffgehalt variiert zwischen 0,4 bis knapp über 1 % und bildet ein perlitischen Werkstoffgefüge, das sich in Bezug auf die zuvor genannten Anforderungen sehr gut bewährt hat.

Der Perlit ist ein lamellares Gefüge, das sich aus den beiden Phasen Ferrit (Eisen, Fe) und Zementit (Eisencarbid, $Fe_3C$) zusammensetzt. Ferrit hat die Eigenschaften weich, zäh und duktil zu sein, während der Zementit mit einer hohen Härte für eine hohe Festigkeit und Verschleißbeständigkeit sorgt.

Prinzipiell entsteht Perlit im Zweistoffsystem Eisen/Kohlenstoff (Abb. 3.1) bei einem Kohlenstoffgehalt von 0,8 % beim Abkühlen aus der Austenitphase. Durch Zugabe von Legierungselementen und/oder Anwendung von Wärmebehandlungsprozessen lässt sich ein rein perlitisches Gefüge auch bei anderen Legierungslagen herstellen. Bei Kohlenstoffgehalten von mehr als 0,9 % (sogenannten hypereutektoiden Schienenstählen) müssen daher weder bei der Bruchdehnung noch bei anderen Anforderungen an den Schienenwerkstoff Abstriche gemacht werden. Aus diesem Grund werden derartige Schienenstähle (z. B. R400HT) seit geraumer Zeit weltweit im Schwerlastsektor erfolgreich eingesetzt und gewinnen auch in Europa an Bedeutung.

Durch den allgemein eher hohen Kohlenstoffgehalt unterscheiden sich Schienenstähle sehr deutlich von Baustählen, deren Kohlenstoffgehalt – mit Verweis auf eine „gute Schweißbarkeit" – bei rund 0,22 % endet. Trotzdem sind auch Schienenstähle, bei entsprechender Handhabung, sehr wohl schweißbar (siehe Abschn. 3.2).

Neben Kohlenstoff enthält die Schiene sonst nur noch relativ geringe Mengen an Silizium und Mangan. Durch weitere Legierungselemente wie Chrom (und sehr geringe Mengen Molybdän, Vanadium und Titan) und in Kombination mit einer Wärmebehandlung lassen sich die Eigenschaften weiter verbessern.

Die Anteile der unerwünschten Begleitelemente Phosphor und Schwefel, die vermehrt zur Seigerung neigen, sind auf je 0,020 bzw. 0,025 % begrenzt. Besondere Aufmerksamkeit gilt dem ebenfalls unerwünschten Wasserstoff, dessen Löslichkeit und Diffusionsfähigkeit bei Verminderung der Temperatur abnimmt. Durch zu hohen Wasserstoffgehalt kann es zur Wasserstoffversprödung und Bildung von wasserstoffinduzierten Rissen kommen, die zu sogenannten „Nierenbrüchen" führen. Der Schienenstahl muss deshalb wasserstoffarm erschmolzen oder entgast werden.

Neben den perlitischen sind auch bainitische Stähle als Weichen- oder Gleisschiene im Ein-

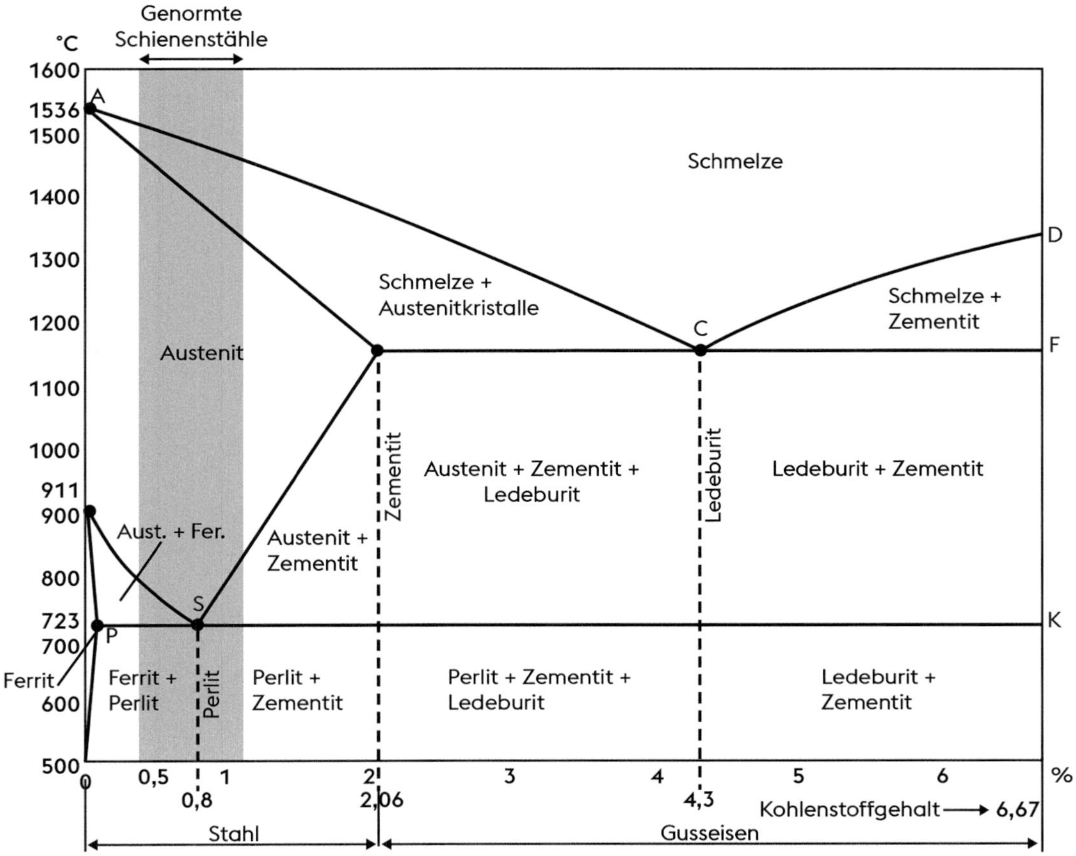


**Abb. 3.1** Vereinfachtes Eisen-Kohlenstoff-Teildiagramm mit eingezeichnetem Bereich für genormten Schienenstähle

satz. Hinsichtlich der chemischen Zusammensetzung und der erzielten Gefügeausprägung sind „Bainite" jedoch äußerst variantenreich. Im Vergleich zu perlitischen Schienen ist der Kohlenstoffgehalt zumeist etwas abgesenkt, während der Anteil an Legierungselementen, wie Chrom, Molybdän und anderen, sehr hoch ausfallen kann. Durch den gezielten Einsatz einer Wärmebehandlung im Herstellungsprozess ist es möglich diesen zu verringern. Bei Bainitgefügen, die nicht durch entsprechende Wärmebehandlung erzielt werden, sind zumeist gesteigerte Legierungselemente nötig mit Auswirkung auf die gleistaugliche (Verbindungs-) Schweißung. Eine wirtschaftliche und gleistaugliche Verwendung ist derzeit Gegenstand laufender Betriebsversuche.

### 3.1.4 Physikalisch-mechanische Eigenschaften genormter Schienenstähle

Einige relevante physikalischen Eigenschaften von perlitischen Schienenstählen sind:

- Dichte: 7,85 kg/dm$^3$ [gemäß EN 13674-1]
- Thermischer Ausdehnungskoeffizient: $11{,}5 \cdot 10^{-6}\,K^{-1}$ [Wert]
- Spezifische Wärmekapazität: 0,47 kJ/(kg K) [berechneter Wert, voestalpine]
- Spezifischer elektrischer Widerstand 0,2 bis 0,3 $(\Omega \cdot mm^2)/m$ [gemessen bei 15 °C, voestalpine]

Die mechanischen Eigenschaften genormter Schienenstähle sind in Tab. 3.1 zusammengefasst bzw. sind in der angegebenen Norm (EN 13674-1:2019) nachzulesen. Die Eigenschaften von

**Tab. 3.1** Schienenstähle der EN 13674-1:2019 und ein Auszug von deren Eigenschaften

| Schienenstahlsorte | Werkstoffnummer | Beschreibung | Kohlenstoff[a] | Silizium[a] | Mangan[a] | Chrom[a] | Zugfestigkeit[b] | Dehnung[b] | Härte[c] | Strichzeichen |
|---|---|---|---|---|---|---|---|---|---|---|
| **Nicht wärmebehandelt/Naturhart** | | | | | | | | | | |
| R200 | 1.0521 | Unlegiert (C-Mn) | 0,40–0,60 | 0,15–0,58 | 0,70–1,20 | ≤ 0,15 | ≥ 680 | ≥ 14 | 200–240 | *Ohne* |
| R220 | 1.0524 | Unlegiert (C-Mn) | 0,50–0,60 | 0,20–0,60 | 1,00–1,25 | ≤ 0,15 | ≥ 770 | ≥ 12 | 220–260 | |
| R260 | 1.0623 | Unlegiert (C-Mn) | 0,62–0,80 | 0,15–0,58 | 0,70–1,20 | ≤ 0,15 | ≥ 880 | ≥ 10 | 260–300 | |
| R260Mn | 1.0624 | Unlegiert (C-Mn) | 0,55–0,75 | 0,15–0,60 | 1,30–1,70 | ≤ 0,15 | ≥ 880 | ≥ 10 | 260–300 | |
| R320Cr | 1.0915 | Legiert (1 % Cr) | 0,60–0,80 | 0,50–1,10 | 0,80–1,20 | 0,80–1,20 | ≥ 1080 | ≥ 9 | 320–360 | |
| **Wärmebehandelt** | | | | | | | | | | |
| R350HT | 1.0631 | Unlegiert (C-Mn) | 0,72–0,80 | 0,15–0,58 | 0,70–1,20 | ≤ 0,15 | ≥ 1175 | ≥ 9 | 350–390 | |
| R350LHT | 1.0632 | Unlegiert (C-Mn) | 0,72–0,80 | 0,15–0,58 | 0,70–1,20 | ≤ 0,30 | ≥ 1175 | ≥ 9 | 350–390 | |
| R370CrHT | 1.0992 | Legiert | 0,70–0,82 | 0,40–1,00 | 0,70–1,10 | 0,40–0,60 | ≥ 1280 | ≥ 9 | 370–410 | |
| R400HT | 1.1254 | Unlegiert (C-Mn) | 0,90–1,05 | 0,20–0,60 | 1,00–1,30 | ≤ 0,30 | ≥ 1280 | ≥ 8 | 400–440 | |

[a] Die Massenanteile im „Stück" (gemeint ist damit die erkaltete Schiene) können von den Angaben in der Tabelle abweichen: Bei Kohlenstoff und Silizium ist der Toleranzbereich symmetrisch um 0,04 % größer ist als in der Schmelze; bei Mangan ist der Toleranzbereich symmetrisch um 0,1 % größer ist als in der Schmelze; bei Chromgehältern über 0,3 % ist der Toleranzbereich symmetrisch um 0,1 % größer ist als in der Schmelze.

[b] Zugfestigkeit und Dehnung im Schienenkopf.

[c] Härte (auf der Mitte der Fahrfläche); darf bei wärmebehandelten Schienen um 15 HBW über dem Maximalwert liegen, wenn das Gefüge nachgewiesenermaßen rein perlitisch ist.

bainitischen Stählen können, je nach Zusammensetzung und Gefüge, sehr unterschiedlich sein und von denen perlitischer Stähle abweichen.

### 3.1.5 Stahlherstellung

Der Stahl für Schienen wird in Europa derzeit noch fast ausschließlich über die sogenannte „Hochofenroute" und anschließendem Sauerstoffblaskonverter erzeugt. Oxidische Eisenerze werden im Hochofen mit Koks/Kohle und Zuschlagstoffen zu Roheisen reduziert. Nach der Entschwefelung im Stahlwerk wird das Roheisen zusammen mit ca. 20 % Schrott im LD-Konverter (LD steht für Linz-Donawitz) durch Aufblasen von reinem Sauerstoff weiter behandelt und der Kohlenstoffgehalt wird exakt eingestellt. Im Rahmen der Sekundärmetallurgie wird die gewünschte chemische Analyse eingestellt. Durch Vakuumentgasung wird der im Stahl vorhandene Wasserstoff reduziert. Abschließend wird der flüssige Stahl im Stranggussverfahren in den festen Zustand gebracht.

Bei der Reduktion der Eisenerze über die Hochofen-Konverter-Route werden prozessbedingt rund 2,33 t $CO_2$ pro t Stahl emittiert [1]. Durch die politische Absicht in Europa $CO_2$-Emission zu verringern, sind die Stahlhersteller bestrebt, ihre Produktion umzustellen. Mit dem Elektrolichtbogenofen (engl. EAF für Electric Arc Furnice) werden durch elektrische Energie vornehmlich Schrott und andere Eisenträger wie Eisenschwamm (engl. HBI für Hot Briquetted Iron) aufgeschmolzen. Der Kreislaufwirtschaft wird hierbei große Bedeutung beigemessen, um den hochreinen Schienenschrott zu neuen Schienen wiederzuverwenden. Weiterführende Informationen zur Transformation in der Stahlherstellung sind als Video per QR-Code abrufbar:

Deutsch:
https://youtu.be/O_Dd9hjkkw8

### 3.1.6 Schienenherstellung

Die Schienenprofile werden durch Walzen aus zumeist rechteckigen stranggegossen Vorblöcken hergestellt. Die Vorblöcke werden in rund 2,5 h auf über 1250 °C erhitzt und anschließend in mehreren Durchgängen (sogenannten Walzstichen) innerhalb weniger Minuten auf das gewünschte Schienenprofil ausgewalzt. Aus einem einzelnen ca. 9 m langen Vorblock wird so eine 120 m lange Eisenbahnschiene. Die Umformung bewirkt eine Homogenisierung und Verfeinerung des Gefüges. Das Flächenverhältnis zwischen Vorblock und Schienenprofil (Umformung) beträgt hierbei:

- Für Vignolschienenprofile mindestens 9 : 1
- Für Zungenschienenprofile (Weichenbau) mindestens 7 : 1
- Für Vollschienenprofile mindestens 5 : 1

Im letzten Walzstich erhält die Schiene das typische Walzzeichen, das durch eine Gravur entlang des Umfangs der letzten Walze als erhabenes Relief am Schienensteg entsteht.

Ebenfalls noch im heißen Zustand wird die Warmstempelung (engl. hot-stamping) auf die Schiene (auf der dem Walzzeichen gegenüberliegenden Stegseite) eingedrückt.

Nach der Formgebung kann nun eine (*in-line*) Wärmebehandlung unter Ausnutzung der noch vorhandenen Walzhitze erfolgen.

Zum Abkühlen wird die gewalzte Schiene auf dem Kühlbett abgelegt, wo sie ohne besondere Maßnahmen freiliegend in rund 2 h auf Raumtemperatur abkühlt.

Aufgrund der unterschiedlichen Verhältnisse von Oberfläche zu Volumen kühlt der Schienenfuß schneller ab als der Kopf, was zur Folge hat, dass sich die Schiene am Kühlbett verbiegt.

Das Richten der Schiene erfolgt in einem zweistufigen Rollenrichtverfahren, wodurch das typische Eigenspannungsprofil einer Neuschiene entsteht. Nach wenigen Zugüberfahrten ändert sich die Zugeigenspannung auf der Lauffläche in Druckeigenspannung um (Abb. 3.2).

Abschließend erfolgt die zerstörungsfreie Prüfung, der exakte Längenzuschnitt, optionales

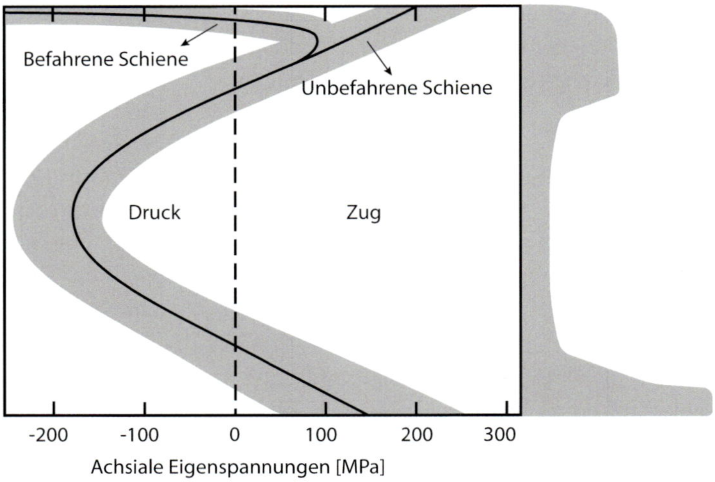


**Abb. 3.2** Verlauf der Eigenspannung in der Schiene

**Abb. 3.3** Walzzeichen (Werk: Donawitz, Stahlsorte: R350HT, Walzjahr: 2023, Profil: 60E2)

Bohren von Laschenlöchern sowie die Endkontrolle mit Profillehren und Linealen.

(Anmerkung der Autoren: Beschreibende Produktionsschritte können je nach Walzwerk leicht abweichend sein.)

Aufgrund der hohen Temperaturen, der die Schiene im Produktionsverlauf ausgesetzt ist, bildet sich eine randentkohlte Schicht, die in Untersuchungen eine verminderte Beständigkeit gegen Verschleiß und Rollkontaktermüdung gezeigt hat. Daher wird allgemein empfohlen, diese im Zuge einer Neuschienenbearbeitung durch Schleifen oder Fräsen, letzteres auch mit stationären Anlagen, zu entfernen.

### 3.1.7 Walzzeichen und Warmstempelung

Das Walzzeichen (Abb. 3.3) ist ein erhabener Schriftzug, der mindestens alle 4 m auf dem Schienensteg zu finden ist und Auskunft gibt über:

- Walzwerk (meist die Anfangsbuchstaben des Produktionsstandorts oder Firmenlogo)
- Walzjahr
- Stahlsorte (Strichzeichen, siehe Tab. 3.1)
- Schienenprofil

Bei asymmetrischen Profilen soll sich das Walzzeichen in der Weiche bzw. Kreuzung auf der spurabgewandten Seite befinden.

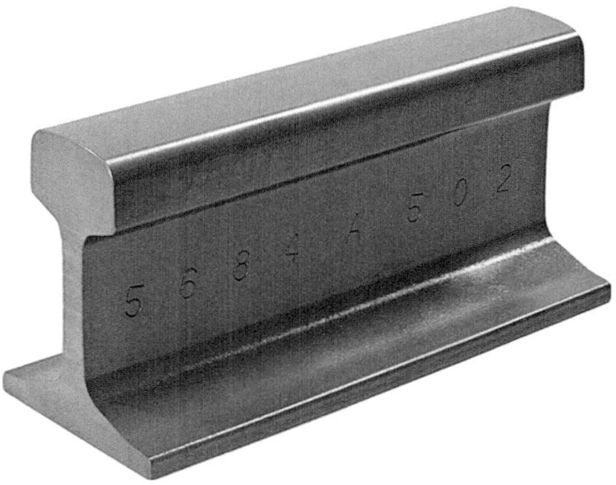


**Abb. 3.4** Warmstempelung im Steg einer Vignolschiene (Beispiel: 5684 A 502: „5684“ – Zuordnung zur Stahlschmelze/Charge; „A“ – Schiene stammt aus dem ersten Teil des Vorblocks, bei Langschienen immer „A“; „5“ – Vorblock stammt aus dem 5. Strang der Stranggussanlage; „02“ – innerhalb der jeweiligen Charge und des jeweiligen Strangs stammt der Vorblock dieser Schiene aus zweiter Position)

Anhand der Strichzeichen lässt sich die Stahlsorte im Gleis schnell ableiten:

- Strichzeichen besteht nur aus einer (oder keiner) Stelle, so handelt es sich um eine naturharte, d. h. nicht wärmebehandelte Stahlsorte,
- Ist ein Strichzeichen mit einer zweiten Stelle vorhanden, so handelt es sich um eine wärmebehandelte Stahlsorte
- Gibt es eine dritte Stelle, so handelt es sich um einen bainitischen Stahl (Systematik ist nicht genormt)
- Sind in der ersten Gruppe mehrere bzw. eher lange Striche dargestellt, so sind Chrom- bzw. auch Kohlenstoffgehalt und folglich die Schienenhärte erhöht (siehe Tab. 3.1).

Die Warmstempelung (Abb. 3.4) ist eine Zeichenfolge, die auf der dem Walzzeichen gegenüberliegenden Stegseite alle 10 m (bei Schienen speziell für Weichen und Kreuzungen alle 5 m) eingeprägt ist. Die Inhalte sind:

- Nummer, die der Schmelze des Stahlwerks zugeordnet ist
- Buchstabe zur Angabe der Lage der Schiene innerhalb eines Vorblocks (relevant für Kurzschienen)
- Nummer des Strangs und Lage des Vorblocks innerhalb des Strangs

### 3.1.8 Wärmebehandlung

Die Wärmebehandlung von Schienen ist ein technologischer Prozess, um die Eigenschaft (meist nur des Schienenkopfes) gezielt zu verbessern. Bei der Wärmebehandlung wird der Schiene während des Übergangs von der Austenit-Phase in die Ferrit-/Zementit-Phase leicht beschleunigt Wärme entzogen (abgekühlt).[1] Ausgangspunkt für die Wärmebehandlung ist eine Schienentemperatur deutlich oberhalb der Umwandlungstemperatur von 723 °C. Um dies zu erreichen, kann die Schiene zu einem späteren Zeitpunkt erneut aufgeheizt werden (sogenannter *off-line* Prozess) oder die Schiene wird unmittelbar nach dem letzten Walzstich der Wärmebehandlung unterzogen (*in-line* Prozess).

Das Perlitgefüge, dass sich durch die leicht beschleunigte Abkühlung ausbildet, ist deutlich feiner (Abb. 3.5). Die feine Lamellenstruktur führt zur Härte- und Festigkeitssteigerung ohne negative Beeinflussung der Zähigkeit des Schienenwerkstoffs. Da sich die Wärmebehandlung nur auf das Gefüge auswirkt und keine Änderung der chemischen Zusammensetzung bewirkt, hat die Wärmebehandlung per se keinen Einfluss auf die Schweißeignung der Schiene. Im Gegenteil: bei gleicher Verschleißbeständigkeit benötigt eine wärmebehandelte Schiene einen geringeren Kohlenstoff- bzw. Legierungsanteil.

### 3.1.9 Schienenprofile

Das Schienenprofil wird unterteilt in Schienenkopf, Schienensteg und Schienenfuß. Die Schienenkopfunterseite und die Schienenfußoberseite

[1] Die Bezeichnung „Schienenkopfhärtung“ oder auch engl. *head hardening* ist nicht mit dem gewöhnlichen Härten zu verwechseln, bei dem die Abkühlgeschwindigkeit derart hoch ist, dass Martensit erzeugt wird.

**a** Perlitgefüge R260 **b** Perlitgefüge R350HT **c** Perlitgefüge R400HT

**Abb. 3.5** Perlitgefüge im Schienenkopf unterschiedlicher Schienenstähle. Die im Rasterelektronenmikroskop heller erscheinenden Zementit-Lamellen sind bei der naturharten R260 weiter auseinander als bei den beiden wärmebehandelten Schienenstählen. Der höhere Kohlenstoffanteil bei der R400HT führt zu gestärkte/breiteren Zementit-Lamellen gegenüber der R350HT

sind schräg und bilden so die Laschenanlagefläche (Laschenkammer).

Die typische Schienenform (Abb. 3.6 und Tab. 3.2) erfüllt folgende Eigenschaften:

- Die Lauffläche ist genügend breit und durch eine präzise Radienabfolge so geformt, dass sich die Berührungsverhältnisse zwischen Rad und Schiene in Hinblick auf die Laufdynamik sowie die Flächenpressung möglichst günstig einstellen.
- Der Kopf bietet einen ausreichenden Abnutzungsspielraum im Hinblick auf eine lange Liegedauer der Schienen.
- Steg und Fuß sind genügend dick im Hinblick auf ausreichende Tragfähigkeit und Biegesteifigkeit sowie auf Schwächung durch Korrosion.
- Der Fuß ist im Hinblick auf gute Standfestigkeit möglichst breit, damit die auf die Schwelle oder Unterlegplatte ausgeübte Flächenpressung nicht zu groß wird.
- Das Widerstandsmoment der Schiene gegen Biegebeanspruchung ist groß, was durch die Schienenhöhe, Fuß und Kopfbreite gegeben ist.
- Das Widerstandsmoment der Schiene gegen horizontale Kräfte quer zur Fahrtrichtung soll möglichst groß sein, um ausreichende Seitenfestigkeit zu erzielen. Das heißt, Schienenkopf und -fuß sollten eine optimierte Breite haben.
- Die Schiene soll möglichst standfest gegen Kippen sein, das heißt, die Höhe darf gegenüber der Fußbreite nicht zu groß sein.

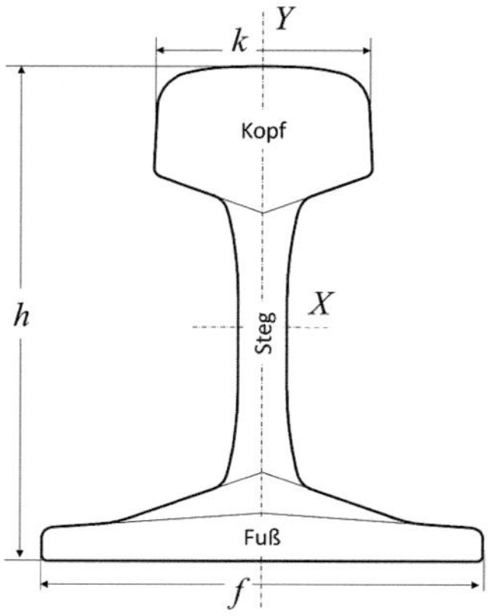


**Abb. 3.6** Vignolschiene

- Aus statischen Gründen soll der Schwerpunkt der Querschnittsfläche etwa in halber Schienenhöhe liegen.

Aus lauftechnischen Gründen (Stichwort: Äquivalente Konizität), aber auch um abnutzungsbedingte Schienenschäden hinauszuzögern, wird der Schienenkopfkontur bei vielen Bahnen eine hohe Bedeutung beigemessen. Um gewisse Eigenschaften zu erreichen, wird bei einigen Bahnen dahingehend die neue Schiene vor bzw. unmittelbar nach dem Einbau im Gleis auf ein Zielprofil hin bearbeitet. Als Beispiel sei hier das „Unterschleifen" der Fahrkante genannt, wodurch sich die Bildung von Head Checks zufolge Rollkontaktermüdung verzögern lässt. Aufgrund der Vermeidung des Rad-Schiene-Kontaktes im Bereich der Fahrkante kommt es in Bögen zwangsläufig zur Bildung eines Zwei-

**Tab. 3.2** Grundmaße einiger wichtiger Schienenprofile in Deutschland, Österreich und der Schweiz

| | | | 46E1 | 49E1 | 49E5 | 54E2 | 54E4 | 60E1 | 60E2 |
|---|---|---|---|---|---|---|---|---|---|
| Höhe | *h* | mm | 145 | 149 | 149 | 161 | 154 | 172 | 172 |
| Fußbreite | *f* | mm | 125 | 125 | 125 | 125 | 125 | 150 | 150 |
| Kopfbreite | *k* | mm | 65 | 67 | 67 | 67 | 67 | 72 | 72 |
| Querschnittsfläche | | $mm^2$ | 5882 | 6292 | 6259 | 6856 | 6919 | 7670 | 7648 |
| Gewicht | | kg/m | 46,17 | 49,39 | 4913 | 53,82 | 54,31 | 60,21 | 60,03 |
| Trägheitsmoment | $I_X$ | $cm^4$ | 1641 | 1816 | 1800 | 2307 | 2056 | 3038 | 3022 |
| Trägheitsmoment | $I_Y$ | $cm^4$ | 298 | 319 | 317 | 342 | 353 | 512 | 511 |
| Widerstandsmoment in Bezug auf Schienenoberfläche | $W_{XO}$ | $cm^3$ | 217 | 240 | 237 | 276 | 259 | 334 | 331 |
| Widerstandsmoment in Bezug auf Fußunterseite | $W_{XU}$ | $cm^3$ | 237 | 248 | 246 | 298 | 275 | 376 | 375 |
| Widerstandsmoment | $W_Y$ | $cm^3$ | 48 | 51 | 51 | 55 | 56 | 68 | 68 |

Punkt-Kontaktes. Während dies im Bereich der Fahrflanke zu höherer Reibarbeit und damit zu erhöhtem Spurkranz- und Seitenverschleiß führt, ergibt sich bei größerer Ausprägung des Unterschleifens häufig ein sehr schmales Kontaktband in Schienenkopfmitte. In der Regel geht dies auch einher mit einer geringen Varianz der Berührpunkte bei Querverschiebung der Radsätze, sodass fast alle Achsen die Schiene im selben Bereich berühren. Aktuelle Untersuchungen legen den Schluss nahe, dass dieser Umstand zu ungünstigen Eigenspannungszuständen in der Schiene führt und dadurch Schienenschäden (z. B. Squats) begünstigen kann [2]. Andererseits kann durch eine ausreichende Rollradiendifferenz in Bögen der Verschleiß an Rad und Schiene sowie der Lasteintrag in den Oberbau reduziert werden [3]. Das überrollende Radkollektiv sowie die Trassierung ist bei einer Schienenprofiloptimierung jedenfalls zu berücksichtigen.

### 3.1.10 Schienenperformance (Betriebsverhalten)

Umfangreiche empirische Untersuchung haben gezeigt, dass sich durch die Verwendung eines höherfesten Schienenstahls das Verschleißverhalten, das Wachstum von Head Checks (Rollkontaktermüdungsrisse an der Fahrkante) sowie Ausbildung von Riffeln/Schlupfwellen deutlich reduzieren lässt. Die Verbesserungen liegen von R260 auf R350HT im Mittel bei Faktor zwei bis drei; von R350HT auf R400HT ist nochmal eine Verbesserung um Faktor zwei zu sehen, abhängig immer auch vom jeweiligen Trassierungsbereich [4–6].

Durch den geringen Verschleiß findet bei höherfesten Stählen die Profilanpassung (zwischen Radkollektiv und Schiene) langsamer statt. Eine gute Abstimmung zwischen Rad- und Schienenprofil ist umso wichtiger.

Es gilt als erwiesen, dass eine Steigerung der Schienenhärte keinen nachteiligen Einfluss auf die Radschädigung hat [7, 8].

Bainitische Schienen haben das Potential frei von Head Checks zu sein. Dadurch lassen sich Instandhaltungsaufwände (z. B. Schleifen oder Fräsen, siehe Abschn. 3.3) auf ein Minimum reduzieren. Eine wirtschaftliche und gleistaugliche Verwendung ist derzeit Gegenstand laufender Betriebserprobungen.

## 3.2 Schienenschweißen

Die Verbindungsschweißung von Schienen wird weltweit in verschiedenen Normen und Regelwerken abgedeckt. In Europa sind die geltenden Normen und damit der Stand der Technik im Bereich der Schienenschweißung:

- EN 14587-1: Bahnanwendungen – Infrastruktur – Abbrennstumpfschweißen von Schienen. Teil 1: Schweißen neuer Schienen der Stahlsorte R220, R260, R260Mn, R320Cr, R350HT, R350LHT, R370CrHT und R400HT in einer stationären Anlage
- EN 14587-2: Bahnanwendungen – Oberbau – Abbrennstumpfschweißen von Schie-

nen. Teil 2: Abbrennstumpfschweißen neuer Schienen der Stahlsorte R220, R260, R260Mn und R350HT durch mobile Schweißmaschinen an Orten außerhalb eines Schweißwerkes
- EN 14587-3: Bahnanwendungen – Oberbau – Abbrennstumpfschweißen von Schienen. Teil 3: Schweißen im Zusammenhang mit Weichenkonstruktionen
- EN 14730-1: Bahnanwendungen – Oberbau – Aluminothermisches Schweißen von Schienen. Teil 1: Zulassung der Schweißverfahren
- EN 14730-2: Bahnanwendungen – Oberbau – Aluminothermisches Schweißen von Schienen – Teil 2: Qualifizierung aluminothermischer Schweißer, Zertifizierung von Betrieben und Abnahme von Schweißungen
- EN 14732: Schweißpersonal – Prüfung von Bedienern und Einrichtern zum mechanischen und automatischen Schweißen von metallischen Werkstoffen
- EN 16771: Bahnanwendungen – Oberbau – Aluminothermisches Schweißen von Rillenschienen
- EN 15594: Bahnanwendungen – Oberbau – Aufarbeiten von Schienen durch elektrisches Lichtbogenauftragschweißen

Normen gelten immer in der aktuellen Version.

### 3.2.1 Allgemeines

Prinzipiell hängt die Schweißeignung und Schweißbarkeit von der chemischen Zusammensetzung des Werkstoffes ab. Die mechanischen Eigenschaften wie Härte und Zugfestigkeit sind lediglich für die Auswahl der Schweißzusatzwerkstoffe relevant.

Im Unterschied zu anderen Langprodukten enthalten Schienen mindestens 0,4 % Kohlenstoff (siehe Abschn. 3.1.3). Zusätzlich werden chemische Elemente zur Einstellung der Festigkeit und Zähigkeit aber auch der Gebrauchseigenschaften wie Verschleißwiderstand zulegiert.

Grundsätzlich gilt, je höher der Anteil an Legierungselementen im Schienenstahl, desto eher können während des Schweißprozesses spröde und unerwünschte Gefügeanteile entstehen.

**Tab. 3.3** Rail Welding Index (RWI)

| RWI | Schweißbarkeit |
|---|---|
| $<2$ | Baustellentauglichkeit |
| $>2$ | Erhöhter Aufwand bei der Wärmeführung, ggf. komplexe Nachwärmung (Anlassen, Einwickeln in Steinwolle, ...) notwendig |

Der einzige Weg, um dies zu verhindern, ist eine exakte Steuerung des Temperatur-Zeit-Verlaufs, insbesondere der Abkühlung der Schweißung.

Als Maß für die Schweißeignung eines Stahls gilt das Kohlenstoffäquivalent CEV:

$$\mathrm{CEV} = \%\,\mathrm{C} + \frac{\%\,\mathrm{Mn}}{6} + \frac{\%\,\mathrm{Cr} + \%\,\mathrm{Mo} + \%\,\mathrm{V}}{5} + \frac{\%\,\mathrm{Ni} + \%\,\mathrm{Cu}}{15}.$$

Je höher das Kohlenstoffäquivalent ist, desto schlechter ist die Schweißeignung.

Allerdings: Das angegebene Kohlenstoffäquivalent gilt bis zu einem Kohlenstoffgehalt von ca. 0,3 % und ist daher für Schienenstähle nicht gültig.

Wir empfehlen daher die Verwendung des Rail Welding Index (RWI), dieser Index wurde von der voestalpine auf Grund langjähriger Erfahrung erstellt und korreliert den Aufwand einer Schweißung mit der chemischen Zusammensetzung.

$$\mathrm{RWI} = \%\,\mathrm{C} + \%\,\mathrm{Cr} + \%\,\mathrm{Mo} + \%\,\mathrm{Si} + \frac{\%\,\mathrm{Mn}}{6}$$

Der RWI spiegelt den Aufwand einer Schweißung wider, bis zu einem RWI von 2 ist eine Schweißung baustellentauglich durchführbar, ein RWI > 2 zeigt eine komplexere Wärmenachbehandlung an (Tab. 3.3). Insbesondere die Elemente Kohlenstoff, Chrom und Molybdän haben erheblichen Einfluss auf das Umwandlungsverhalten von Stählen.

Die Verwendung von Schweißzusatzwerkstoffen (Elektrode, Fülldraht, aluminothermische Schweißportion) hat einen Einfluss auf das Schweißgut, nicht aber auf die Vorgänge in der Wärmeeinflusszone (WEZ) der Schiene.

► Abgesehen davon, dass eine Schweißung zwei Schienen verbindet, ist eine Schweißung eine Wärmebehandlung der beteiligten Schienen. Der zentrale Parameter, der die Gefügeausbildung in der WEZ bestimmt, ist die Abkühlgeschwindigkeit $v$.

Besonders hervorzuheben ist die kritische Abkühlgeschwindigkeit. Sie gibt an, ab welcher Abkühlgeschwindigkeit erstmalig Martensit entsteht. Um ein rein perlitisches Gefüge in der WEZ einer Schweißung zu erzielen, reicht es jedoch nicht aus unterhalb der kritischen Abkühlgeschwindigkeit zu bleiben, denn es kann durchaus Bainit und Martensit entstehen, wenn die Abkühlung der WEZ zu schnell erfolgt. In einer Schweißanweisungen werden diese Umstände berücksichtigt.

In der Praxis werden vorläufige Schweißanweisungen (pWPS) durch erfahrene Schweißer und Schweißingenieure erarbeitet und durch eine Laborerprobung bestätigt (WPS, WPQR).

Abkürzungen:

pWPS preliminary Welding Procedure Specification – vorläufige Schweißanweisung
WPS Welding Procedure Specification – Schweißanweisung
WPQR Welding Procedure Qualification Record – Eignungsbestätigung der Schweißanweisung

Diese Vorgehensweise gilt für alle Schweißverfahren.

Wird die Schweißanweisung eingehalten, ist sichergestellt, dass die Schweißung über bestimmte, festgelegte und gewünschte Eigenschaften verfügt. Das betrifft insbesondere die Abkühlgeschwindigkeit der WEZ.

► Die Abkühlgeschwindigkeit in der Wärmeeinflusszone eines Schienenstahles kann durch die Zufuhr von Wärme verringert werden.

Wird die Schienentemperatur vor der Schweißung durch eine Vorwärmung erhöht, so wird dadurch direkt die Abkühlgeschwindigkeit verringert (Abb. 3.7). Eine Nachwärmung erfolgt dann, wenn die Abkühlgeschwindigkeit durch die

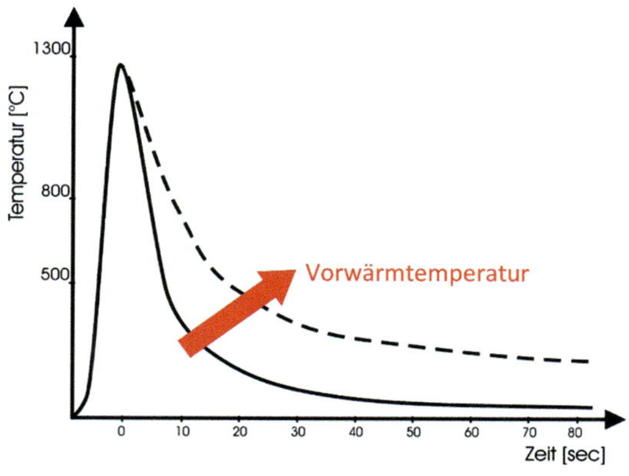


**Abb. 3.7** Temperaturverlauf beim Schweißen

Vorwärmung nicht ausreichend reduziert werden kann.

Beim Verbindungsschweißen von Vignolschienen ist die Vorwärmung relativ einfach durchzuführen, da die Schienenenden frei zugänglich sind. Bei Rillenschienen kann es auf Grund der Einbausituation in Einzelfällen schwieriger sein (Einbettung, Kunststoff/Gummi-Ummantelung).

Zusammengefasst:

- Durch die chemische Zusammensetzung, insbesondere den Kohlenstoffgehalt, ist eine Vorwärmung bei allen Verbindungsschweißungen zwingend erforderlich.
- Als Faustregel gilt, je höher der Kohlenstoffgehalt, desto höher die Vorwärmtemperatur und desto höher die Zwischenlagentemperatur. Andere Legierungselemente wie Chrom und Mangan müssen ebenfalls berücksichtigt werden.
- Eine Nachwärmung bzw. verzögerte Abkühlung ist bei genormten Schienenstählen (EN 13674-1:2019) ausschließlich bei der Stahlsorte R320Cr notwendig, bei allen anderen Schienenstählen ist unter normalen Randbedingungen eine Vorwärmung ausreichend.

### 3.2.2 Abbrennstumpfschweißen

Die Abbrennstumpfschweißung ist ein elektrisches Widerstands-Schweißverfahren und kommt seit Mitte der 1960er Jahre in der Schienenschweißung zur Anwendung.

Dabei werden Kupfer-Elektroden an beiden Schienenenden angebracht, je nach Modell an unterschiedlichen Orten (Kopf, Steg, Fuß). Je nach Modell werden die Schienenenden mit geringer Kraft zusammengedrückt und elektrischer Strom mit hoher Stromstärke durch die Schienenenden geleitet. Auf Grund des elektrischen Widerstandes im Übergang zwischen den Schienen erwärmen sich die Schienenenden bis in den flüssigen Bereich. Danach werden die Schienen mit hoher Kraft in Längsrichtung gestaucht.

Der reine Schweißprozess dauert 1–2 min, wenn eine neue Schweißmaschine verwendet wird. Bei älteren Modellen kann sich die Schweißzeit verlängern.

Die einzelnen Arbeitsschritte können grob wie folgt unterteilt werden:

- Planbrennen
- Vorwärmung
- Abbrennen
- Stauchen
- Nachwärmung

Die beiden Schritte Planbrennen und Abbrennen sollten vom Hersteller der Schweißmaschine bereits für alle Güten- und Profilkombinationen optimal eingestellt sein.

Der Anwender kann sich daher im Regelfall auf die beiden Schritte Vorwärmung und in Ausnahmefällen der Nachwärmung zuwenden.

Die Vorwärmung bei einer Abbrennstumpfschweißung hat die Aufgabe den gesamten Schienenquerschnitt gleichmäßig zu erwärmen. Die Vorwärmung ist daher profilabhängig, je größer das Profil, desto höher der notwendige Wärmeeintrag durch die Vorwärmung.

Zusätzlich ist die chemische Zusammensetzung zu beachten, je höher der Anteil an Legierungselementen, desto höher der notwendige Wärmeeintrag durch die Vorwärmung.

Neuere Abbrennstumpfschweißmaschinen verfügen über eine Software, in der alle Schritte individuell eingestellt und abgespeichert werden können. Für jede Profil-Gütenkombination kann und sollte ein eigenes Schweißprogramm existieren.

Eine Nachwärmung kommt nur selten zum Einsatz, aber prinzipiell verfügen die meisten Abbrennstumpfmaschinen über eine solche Möglichkeit. Wenn der Wärmeeintrag durch die Vorwärmung nicht ausreicht, um die Abkühlgeschwindigkeit in der WEZ auf das gewünschte Maß zu reduzieren, muss nach dem Stauchen ein zusätzlicher Wärmeeintrag erfolgen. Die Logik ist analog zur Vorwärmung.

Es werden stationäre und mobile Schweißmaschinen produziert (Abb. 3.8 und 3.9).

Der für den Gleisbau wesentlichste Faktor bei der Abbrennstumpfschweißung ist, dass der Schweißprozess Schiene konsumiert, also abbrennt. Ein typischer Wert ist 35 mm Verlust an Schienenmaterial über den gesamten Schweißprozess. Dadurch kann eine Abbrennstumpf-

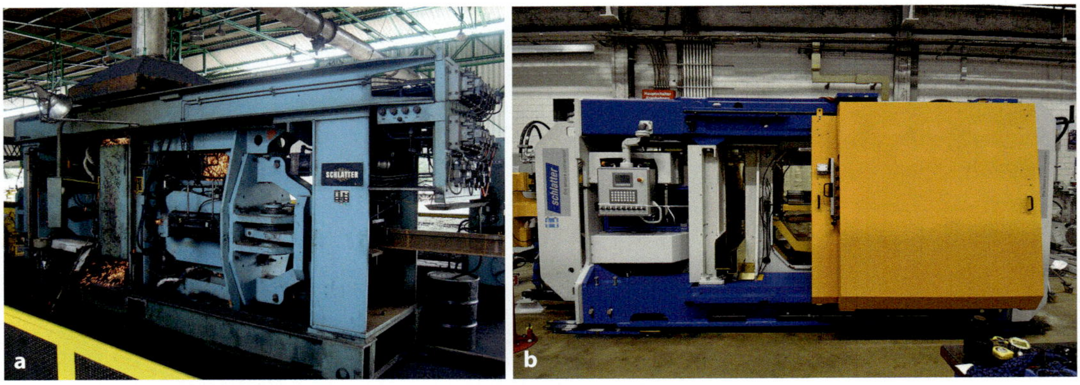


**Abb. 3.8** stationäre Schweißmaschine, **a** Baujahr 1978 und **b** 2023 (Copyright: Bild links Alexander Zlatnik, Bild rechts Schlatter Industries AG)

**Abb. 3.9** Beispielfoto mobile Abbrennstumpfschweißmaschine (Copyright: Schlatter Industries AG)

schweißung oftmals nicht im Weichenbereich eingesetzt werden.

Die Vorteile der Abbrennstumpfschweißung sind:

- Kein Schweißzusatzwerkstoff notwendig, dadurch eine mögliche Fehlerquelle weniger
- Vollautomatischer, reproduzierbarer Prozess
- Integrierte Qualitätssicherung durch die verwendete Software – automatische Aufzeichnung aller Schweißparameter bei jeder Schweißung
- Produktiver Schweißprozess, inklusive Ausrichtung der Schienen dauert eine Abbrennstumpfschweißung selten länger als 5 min
- Schmale WEZ

Die Nachteile der Abbrennstumpfschweißung sind:

- Hohe Investitionskosten
- Stationäre Maschinen: Schienen müssen zum Schweißwerk transportiert, gelagert und zur Baustelle transportiert werden. Die Einrichtungen im Schweißwerk müssen vorhanden und instandgehalten werden. Das zieht erhebliche Kosten und einen zeitlichen Aufwand mit sich.
- Mobile Maschinen: Der Baustellenablauf muss den Einsatz einer mobilen Abbrennstumpfschweißmaschine berücksichtigen und optimieren.

### 3.2.3 Gaspressschweißen/ Induktionsschweißen

Diese beiden Schweißverfahren sind am Europäischen Kontinent praktisch nicht existent. Gaspressschweißen wird vornehmlich in Japan eingesetzt, die Induktionsschweißung wurde in den letzten Jahren ausschließlich Frankreich in nur einem Schweißwerk eingesetzt.

Die Grundlage beider Schweißverfahren ist identisch mit der Abbrennstumpfschweißung, nur erfolgt die Vorwärmung durch unterschiedliche Wärmequellen und die Schweißverfahren konsumieren die Schienen nur während des Stauchvorganges.

### 3.2.4 Aluminothermische Schweißung

Global gibt es zwei große Anbieter von aluminothermischen Schweißprozeduren, die sogenannten Verfahrensanbieter.

Die aluminothermische Schweißung kommt im Bereich der Schienenschweißung seit über 100 Jahren zur Anwendung, die Gründe dafür sind:

- Geringe Investitionskosten
- Mobil
- Einfach zu bedienendes Werkzeug
- Semi-automatisch
- An so gut wie alle außergewöhnlichen Situationen im Gleis anpassbar
- Erzeugt ein Stück Schiene (im Gegensatz zum Abbrennstumpfschweißen, siehe oben)

Die Grundlage der aluminothermischen Schweißung ist die exotherme Reaktion

$$3\,\mathrm{FeO} + 2\,\mathrm{Al} \rightarrow 3\,\mathrm{Fe} + \mathrm{Al_2O_3}.$$

Diese Reaktion funktioniert selbstverständlich auch mit den unterschiedlichen Oxidationsstufen von Eisen, $Fe_2O_3$ und $Fe_3O_4$. Alle 3 Oxidationsstufen kommen in einer aluminothermischen Portion zum Einsatz. Der Sauerstoffgehalt bestimmt zu einem großen Maß die Reaktivität der

**Abb. 3.10** Beispielfotos. **a** Abgedichtete Form mit Abdeckblech und Schlackeschalen; **b** Vorwärmung mit konventionellem Brenner (Copyright: Elektro-Thermit GmbH & Co. KG)

Reaktion, neben der Korngröße, also der spezifischen Oberfläche.

Die Besonderheit dieser Reaktion ist, dass sie sich selbst mit Sauerstoff versorgt und dabei Wärme erzeugt. Eine aluminothermische Reaktion funktioniert unter Wasser wie im Vakuum.

Die Nachteile der aluminothermischen Schweißung sind:

- Die Schweißung erzeugt ein Gussgefüge mit entsprechenden Eigenschaften
- Sand- und Schlackeeinschlüsse sind unvermeidlich und in der EN 14730-1 abgebildet
- Großer Einfluss des Schweißers auf die Ausführung der Schweißung
- Dokumentation der Schweißparameter zum Teil nur manuell möglich, neue Vorwärmsysteme können die Vorwärmung halbautomatisch dokumentieren

Für eine aluminothermische Schweißung kommt das Equipment, das Werkzeug, die Schweißzusatzwerkstoffe und die Schweißanweisung vom Verfahrensanbieter (Abb. 3.10). Die ausführende Schweißfirma stellt die Schweißer, die eine entsprechende Ausbildung vorweisen müssen.

Die Erstausbildung zum aluminothermischen Schweißer dauert nach EN 14730-2 zwei bis vier Wochen.

Das System einer aluminothermischen Schweißung besteht aus aufeinander abgestimmten Komponenten. Ein Austausch dieser Komponenten ist verboten, beispielsweise darf also nicht die Portion des einen Verfahrensanbieters mit der Form des anderen kombiniert werden.

Kern einer jeden aluminothermischen Schweißprozedur ist die Arbeitsanweisung. Diese enthält alle Schweißparameter und beschreibt das zu verwendende Equipment bzw. Werkzeug. Jede Abweichung von der Arbeitsanweisung zieht Konsequenzen nach sich, die im schlimmsten Fall bruchauslösend sein kann.

### 3.2.5 Lichtbogenschweißen

Die elektrische Lichtbogenschweißung kommt in verschiedenen Varianten zum Einsatz:

- Verbindungsschweißung mit Stabelektroden und selbstschützendem Fülldraht
- Reparaturschweißung mit Stabelektroden und selbstschützendem Fülldraht
- Unter-Pulver Auftragsschweißung von Rillenschienen

Insbesondere im Nahverkehr kommt die elektrische Lichtbogenschweißung häufig zum Einsatz.

Bei vielen Eisenbahnbetrieben kommt die elektrische Lichtbogenschweißung zur Schienenverbindung nur in Ausnahmefällen vor, da die Fehlerquote dieser Schweißverbindung im Vergleich zur Abbrennstumpfschweißung und aluminothermischen Schweißung sehr hoch ist. Für die elektrische Verbindungsschweißung und Re-

**Tab. 3.4** Richtwerte für Vorwärm- und Zwischenlagentemperaturen für die elektrische Verbindungsschweißung und Reparaturschweißung mit Stabelektroden für Stahlsorten nach EN 13674-1 und EN 14811

| Stahlsorte | Temperatur [°C] |
|---|---|
| R200/R220/R220G1/R260GHT/ R290GHT | 250 |
| R260/R260Mn/R260/R340GHT/ R350HT/R350LHT | 350 |
| R370CrHT/R400HT | 400 |

**Tab. 3.5** Richtwerte für Vorwärm- und Zwischenlagentemperaturen für die elektrische Verbindungsschweißung mit selbstschützendem Fülldraht

| Stahlsorte | Temperatur [°C] |
|---|---|
| R200/R220/R220G1/R260GHT/ R290GHT | 150 |
| R260/R260Mn/R260/R340GHT/ R350HT/R350LHT | 250 |
| R370CrHT/R400HT | 300 |

paraturschweißung mit Stabelektroden ist auf eine entsprechen Temperaturführung zu achten (Tab. 3.4).

Für die Verbindungsschweißungen mit selbstschützendem Fülldraht können prozessbedingt geringere Richtwerte für die Vorwärmtemperaturen angegeben werden (Tab. 3.5).

Es wird auf eine Empfehlung der Schweißzusatzwerkstoffe verzichtet, deren Verwendung richtet sich nach den Vorschriften der einzelnen Bahnbetreibern. Wichtig ist jedoch, dass bei der Verbindungsschweißung immer eine Deckelektrode im Schienenkopf verwendet wird, deren Härte sich an der Schienenhärte orientiert.

### 3.2.6 Sonstige Schweißungen

Abseits der Verbindungs- und Reparaturschweißung gibt es Tätigkeiten, die eine Vorwärmung erfordern, ansonsten besteht die Gefahr der Ausbildung spröder Gefügebestandteilen im Bereich der WEZ. Beispiele solcher Arbeiten:

- Anschweißen von Blechbauteilen an die Schiene (Wasserkasten, etc.)
- Brennschnitt am Leitkopf bei Rillenschienen als Vorbereitung für eine Übergangsschweißung auf ein Vignolprofil
- Anpunkten von Thermoelementen
- Anschweißen von Kabeln zur Signalübertragung

Die Vorwärmung ist entsprechend der Temperaturen der Reparaturschweißen anzuwenden.

### 3.2.7 Schleifen von Schweißungen

Die Anfangsqualität einer Schweißung wird durch die endgültige Geometrie bestimmt. Der qualitätsbestimmende Schritt bei einer Schweißung ist daher das Schleifen. Das gilt für alle Schweißverfahren.

Für eine qualitativ hochwertige Schweißung sollten für das Schleifen die folgenden Punkte beachtet werden:

- Vermeidung von Minustoleranzen
- Verwendung von handgeführten Schleifmaschinen, Vermeidung von Handgeräten (sichtbarer wellenförmiger Fahrspiegel)
- Regelmäßige Schulung zum Schleifen

Der entscheidende Punkt ist aber, dass der Feinschliff erst durchgeführt wird, wenn die Schweißung auf Umgebungstemperatur abgekühlt ist. Erst dann ist die Schrumpfung der Schweißung abgeschlossen. Wird die Schweißung in heißem Zustand fertig geschliffen, besteht die hohe Wahrscheinlichkeit in die Schiene zu schleifen und eine eingedellte Schweißung („tiefe Schweißung“) herzustellen. Eine derartige Schweißung wird in aller Regel nicht brechen, aber eine von Anfang an eingedellte Schweißung wird zügig die Eindellung vergrößern und dynamische Kräfte bei der Überfahrt erzeugen („schlagen“). Diese Kräfte müssen sowohl vom Oberbau als auch von dem Rollmaterial aufgenommen werden, beide sind nicht für diese Kräfte ausgelegt.

Ab ca. 0,3 bis 0,4 mm Eindellung ist mit diesen negativen Effekten zu rechnen.

### 3.2.8 Fehler an Schweißungen

Dieses Kapitel reicht nicht aus, um die Vielfalt an Schweißfehlern im Detail zu besprechen, daher werden nur die häufigsten Schweißfehler angesprochen.

- Eingedellte Schweißung durch Feinschliff im heißen Zustand
- Eindellung der Schweißung durch falschen Schweißzusatzwerkstoff
- Risse/Brüche durch falsch ausgeführte Vorwärmung
- Brüche vom Fuß ausgehend, durch ungenügende Aufschmelzung der Fußkanten
- Brüche ausgehend von Innenfehlern wie Poren und Schlackeeinschlüsse
- Ermüdungsbrüche (manchmal nach Jahren) durch Kerben oder mechanische Verletzung im Wulst

Unabhängig vom verwendeten Schweißverfahren können Fehler vermieden werden, wenn die folgenden Punkte beachtet werden:

- Einsatz erfahrener und gut ausgebildeter Schweißer
- Verwendung einer qualifizierten Schweißanweisung
- Entsprechendes Equipment
- Schweißung nach Schweißanweisung (inkl. ausreichende Ausführungszeit)

## 3.3 Schienenbearbeitung und Schieneninspektion

### 3.3.1 Schieneninspektion

Bevor eine Schienenbearbeitung mit einem bestimmten Schienenbearbeitungsverfahren angestoßen wird, ist eine Inspektion der Schienen durchzuführen aus deren Ergebnis, die Art der Schienenbearbeitung und der entsprechende Materialabtrag festgelegt wird. Die Durchführung der Inspektion, die Abarbeitung der Ergebnisse und die neuerliche Bewertung wird auch als Schienenprofil-Management im Lebenszyklus des Bauteils Schiene bezeichnet.

Für ein wirtschaftlich und technisch sinnvolles Schienenprofil-Management:

- ist die Inspektion zu definieren
- ist die Inspektion durchzuführen
- sind die Inspektionsergebnisse zu bewerten
- ist auf deren Basis ggf. eine Maßnahme zu planen
- ist der Zeitraum zur Umsetzung festzulegen
- ist die Umsetzung zu überwachen
- ist das Ergebnis der Umsetzung zu bewerten
- ist der Zyklus von vorne zu beginnen

Für die Festlegung der Inspektionszeiträume sind die Faktoren: Belastung des Gleises oder der Weiche, Belastung durch Gewicht, Belastung durch Geschwindigkeit, Geometrie der Anlage, Kräfte durch die Antriebsart der Fahrzeuge, Häufigkeit der Befahrung der Anlage und Zustand der Anlage zu beachten.

Für die Festlegung der Inspektionsinhalte sind die Faktoren: Art der Belastung/Beanspruchung, materielle Eigenschaften und erwartetes Schadensbild zu beachten.

► **Die Inspektionszeiträume können abhängig von den Inspektionsinhalten variieren.**

Abhängig von den zu erwartenden Schädigungszuständen werden die Arten der Schieneninspektion festgelegt, gebräuchliche Arten sind hierbei, die Inspektion der Schienenabnutzung, von Schienenoberflächenfehlern, des Schienenkopfquerprofil sowie von Schienenfehlern.

Im Ergebnis der Schieneninspektion wird also, abhängig des Inspektionsergebnisses und der Art der Inspektion, die Art der Schienenbearbeitung festgelegt.

Bevor man jedoch mit einem Inspektionszyklus beginnt, muss definiert werden, was zu inspizieren ist und wie die Inspektion durchgeführt werden soll. Im speziellen Fall der Schiene sind hier, wie bei anderen Bauteilen auch, viele Besonderheiten zu beachten. Die Festlegung auf das Bauteil Schiene bedeutet das Wissen, um möglichen Schäden deren Vorhandensein nachzuweisen sind. Hierbei darf allerdings das allererste Inspektionsziel: Der Nachweis der Unversehrtheit oder Mängelfreit nicht außer Acht gelassen werden.

#### 3.3.1.1 Geometrische Veränderungen an Schienen

Zunächst sollte also auf mögliche geometrische Veränderungen an Schienen, hervorgerufen durch die Beanspruchung und damit verbundene Abnutzung, eingegangen werden. Hier ist zum einen der Materialverschleiß und zum anderen eine Materialverschiebung im Schienenkopflängs- und/ oder -querprofil zu nennen.

**Schienenkopflängsprofil**

Materialverschiebungen sind im Schienenkopflängsprofil als Schienenfahrflächenfehler bekannt und im Einzelnen als Riffel und Schlupfwellen definiert. Die Definition hierzu finden wir in der EN 13231-5. Riffel kommen in geraden Gleisen in Wellenlängen von 10–100 mm vor. Schlupfwellen sind ein Phänomen des Bogenlaufs und kommen überwiegend in engen Bögen im Wellenlängenbereich von 100–300 mm im tiefen Strang vor.

Um nun diese Schienenfahrflächenfehler inspizieren, messen und beurteilen zu können, müssen Festlegungen zu den anzuwendenden Messsystemen, deren Überprüfung und damit verbundener Freigabe und vor allem von Eingriffsschwellen/Instandhaltungswerten definiert und festgelegt werden. Zunächst werden Messsysteme entsprechend der Definitionen in den Anhängen zur EN 13231-2 überprüft und für den Einsatz freigegeben. Hier wird z. B. definiert wie ein Kalibrierbalken für diesen Zweck beschaffen und durch eine Koordinatenmessmaschine bestätigt sein muss, um die anzuwendenden Messsysteme zu überprüfen.

**Schienenkopfquerprofil**

Für die Vermeidung von Rollkontaktermüdungsschäden (RCF, engl. Rolling Contact Fatigue) und die Einhaltung der Forderungen der äquivalenten Konizität ist die Einhaltung eines regelkonformen Schienenkopfquerprofils unumgänglich. Auch hierzu werden in der EN 13231-5 Planungswerte als Eingriffsschwellen festgelegt. Diese gelten jedoch aufgrund der Einflüsse des Bogenlaufs erst ab Radien $r > 5000$ m und in geraden Gleisen. Bevor wir uns jedoch diese Planungswerte ansehen, steht zunächst die Frage: Was ist eigentlich das Schienenkopfquerprofil?

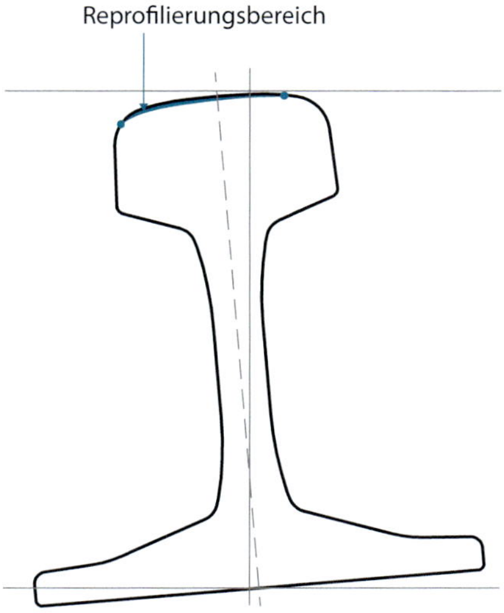


**Abb. 3.11** Schienenkopfquerprofil und Reprofilierungsbereich (nach EN 13231-2)

In EN 13231-5 finden wir die Definition des Schienenkopfquerprofils und der für eine Reprofilierung und somit auch der Inspektion wichtigen Punkte an diesem (Abb. 3.11).

Hierbei ist zu berücksichtigen, dass sich der Vergleich immer auf das Ausgangsprofil bezieht, dieses kann unterschiedlich sein und bezieht sich auf eines in der EN 13674 beschriebenen Profile.

In der Praxis zeigt sich weiterhin, dass bei nicht fachgerechter Bearbeitung des Schienenkopfquerprofils, wenn dieses z. B., zu „ballig" geschliffen wird, die Flächenpressung auf der verbleibenden Fahrfläche zu hoch wird und damit eine gewisse RCF Schädigung in Form von Squat- oder Seriensquatbildung ebenfalls die Schienen nachhaltig schädigt.

#### 3.3.1.2 Schienenfehler – Rollkontaktermüdungsschäden (RCF)

Schienenfehler kann man grundsätzlich in zwei große Gruppen einteilen, bevor eine Unterteilung in Untergruppen stattfindet. Zunächst kommt die große Gruppe der herstellungs- und materialbedingten Schienenfehler. Diese Schienenfehler spielten in Schienen, welche noch im Blockgussverfahren hergestellt wurden und in Schienen mit älteren Stahlsorten eine Rolle. Mit Einführung des Stranggussverfahrens und der Stahlsorte R260 und höher verschwanden diese Schienenfehler ab Mitte der 70er Jahre des letzten Jahrhunderts mehr und mehr aus den Netzen der Infrastrukturbetreiber. Im Umkehrschluss bedeutet dies jedoch auch, dass in Netzen mit Schienen, welche älter als ca. 50 Jahre sind, diese Fehler weiterhin existieren können.

In unseren heutigen modernen Netzen spielt die Untergruppe der Schienenfehler aufgrund der Belastung, welche sich aus der Befahrung, der Geschwindigkeit und der Radlast zusammensetzt, die Hauptrolle. Diese Schienenfehler entstehen an und unter der Fahrfläche und werden oft auch generell als RCF bezeichnet. Beschrieben und definiert sind diese Schienenfehler in der EN 17397-1.

Ein besonderes Augenmerk ist hier auf die Schienenfehler Head Check und Squat zu werfen, wobei gerade der Schienenfehler Squat wiederum in verschiedenen Erscheinungsformen und aufgrund unterschiedlichster Ursachen vorzufinden ist und somit in der eindeutigen Bewertung größte Herausforderungen bereitet.

### Head Check

Head Check entwickeln sich im Allgemeinen an der Fahrkante der bogenäußeren Schienen in Radien. In Übergangsbögen können alternativ Head Check auf beiden Schienen vorkommen, die durch unzureichende Zentrierung der Fahrzeuge erzeugt werden. Head Check kommen ab und an auch auf geraden Abschnitten, wechselnd auf der einen oder anderen, oder auch auf beiden Schienen vor. Head Check sind Ermüdungsfehler des Rollkontakts, der durch übermäßige Scherbeanspruchungen am Kontaktpunkt Rad/Schiene verursacht wird.

Head Check nehmen je nach Entwicklungsstand folgende Formen an:

1. Stufe: Risse treten an der Fahrkante der Schienen auf (Abb. 3.12).
2. Stufe: Entlang der Risse erscheinen dunkle Bereiche, die darauf hinweisen, dass die Risse im Schienenkopf fortschreiten (Abb. 3.13).
3. Stufe: Kleine Teile der Schiene brechen aus der Oberfläche aus (Abb. 3.14).

Head Check können Querrisse und/oder Squat verursachen, die zu einem Schienenbruch führen können.

Die Stahlsorte und die lokalen Gegebenheiten beeinflussen die Eigenschaften der Head Check.

Head Check sehen aus wie kleine, parallele Risse, wobei der Abstand zwischen den Rissen zwischen 1 mm und mehreren cm variiert.

Idealerweise müssen Head Check so frühzeitig erkannt werden, dass die Anfangsschädigung in der frühen Phase beseitigt werden kann, um ein weiteres Wachstum zu verhindern.

**Abb. 3.12** Head Check 1. Stufe (Quelle: DB InfraGO AG)

**Abb. 3.13** Head Check 2. Stufe (Quelle: voestalpine Rail Technology GmbH)

**Abb. 3.14** Head Check 3. Stufe (Quelle: DB InfraGO AG)

## Squat

Squat zeigen sich auf der Lauffläche des Schienenkopfes als Verbreiterung und lokale Vertiefung des Kontaktbandes. In Schweißnähten beginnen sie häufig in der Wärmeeinflusszone. Bei Wachstum werden Squat typischer Weise durch einen dunklen Fleck begleitet. Es entstehen Risse mit einem Kreisbogen oder einer V-Form ausgehend von dessen Mitte oder bei der Kombination mit Head Check auch von diesen ausgehend und daher oft nicht eindeutig zuzuordnen.

Squat breiten sich im Kopf zunächst in einem flachen Winkel zur Oberfläche aus. Wenn sie dann eine Tiefe von 3 bis 5 mm erreichen, ändert sich der Ausbreitungswinkel von einer horizontalen in eine vertikale Richtung, was letztendlich einen Schienenbruch verursacht.

Es handelt sich um einen durch Rollkontakt verursachten Defekt mit mehreren Ursachen. Die verschiedenen Erscheinungsformen kommen einzeln oder in Kombinationen vor. Dies behindert die Eindeutigkeit und oft auch die Erkennbarkeit und das Festlegen von Gegenmaßnahmen oder von Behandlungsszenarien.

Sowohl Einzel- als auch Seriensquat entstehen fast immer und ausschließlich auf der Basis von Vorgängerschädigungen. Vorgängerschädigungen können hierbei Eindrückungen, diverse Schädigungen wie Head Check, Riffel oder Materialzerrüttung, aber auch Schleifriefen sein.

Ein Thema bei der Squat-Entstehung sind aggressive Bearbeitungsmechanismen. So können z. B. bei zu hohem Anpressdruck, harten Schleifsteinen, grobem Korund und nicht passendem Vorschub hohe mechanische Beanspruchungen zu extrem hohen Wärmeeinträgen führen. Diese Wärmeeinträge können dann ursächlich für die Ausbildung von Weißen Schichten (WEL für engl. White-Etching-Layer) von bis zu 0,05 mm und mehr sein. An den Rändern dieser WEL entstehen dann u. U. feinste Risse, welche in der Folge ebenfalls Squat ausbilden können (Abb. 3.15). Dieser Schadensmechanismus wird im Auftrag der DB Netz AG in Zusammenarbeit mit benachbarten Bahnen gerade bei der DB Systemtechnik GmbH tiefgründig untersucht.

Ein Großteil der in heutigen Netzen vorkommenden Squat und auch Seriensquat (Abb. 3.16) entsteht auf Schienen mit geringer Belastung, jedoch hoher Beanspruchung. Geringe Belastung heißt in diesem Fall niedrige Tonnage, wenige schwere Züge und oft auch geringe Geschwindigkeit, jedoch regelmäßiger Zugverkehr mit sehr oft neueren Fahrzeugen mit modernen Antrieben. Aufgrund der Antriebsregelung kann es örtlich bedingt zu sehr starkem Schlupf zwischen Rad und Schiene kommen und hinterlässt zum Teil (mehrfach angelassenen) Reibmartensit, der in der Metallographie als Weiße Schichten sichtbar wird.

Auf Strecken mit geringer Belastung (z. B. artreiner Regionalverkehr) oder bei Verwendung von höherfesten Stahlsorten werden die Schienen naturgemäß seltener bearbeitet als auf hochbe-

**Abb. 3.15** WEL mit Rissbildung (Quelle: voestalpine Rail Technology GmbH)

**Abb. 3.16** Seriensquat mit zerrütteter Fahrfläche in Regionalnetz (Quelle: DB InfraGO AG)

lasteten Strecken. Mit Umstellung der Fahrzeuggattungen und damit einhergehend auch der Antriebssysteme, entstehen jedoch grundsätzlich die gleichen Problematiken, nur eben zeitlich stark versetzt. Die Schienenoberflächen zerrütten, bilden Riffel und Oberflächenschädigungen aller Art aus, welche in der Folge Squat in den verschiedensten Ausprägungen zur Folge haben.

#### 3.3.1.3 ZfP – Zerstörungsfreie Prüfung von Schienen

Bei der Anwendung zerstörungsfreier Prüfverfahren wird je nach Art der auftretenden Materialschädigung darauf abgezielt, das optimale Prüfverfahren auszuwählen. Im Eisenbahnsektor wird bei der zerstörungsfreien Prüfung an der Schiene aufgrund der Grenzen beim Einsatz im Bahnbetrieb nur eine Auswahl der existierenden Prüfverfahren verwendet, welche in speziell für diesen Zweck konstruierten Prüfsystemen eingesetzt werden. Für die Detektion und Bewertung innenliegender Schienenfehler und Schienenoberflächenfehler gibt es kein universelles Prüfverfahren, welches alle Fehlerarten abdecken kann. Die zur Verfügung stehenden Prüfsysteme müssen eigenständig oder miteinander kombiniert so eingesetzt werden, dass die Detektion und Bewertung von allen sicherheitsrelevanten Schienenfehlern sichergestellt werden kann. In dem Normenteil EN 16729-3 werden die nach dem heutigen Stand der Technik an der Schiene eingesetzten zerstörungsfreien Prüfverfahren festgehalten und in ihrer Eignung zur Erkennung und Bewertung den entsprechenden Schienenfehlerarten zugeordnet.

**Ultraschallprüfung von Schienen**

Bei der Ultraschallprüfung handelt es sich um ein Volumenprüfverfahren, welches für die zerstörungsfreie Prüfung von sicherheitsrelevanten Bauteilen in verschiedenen Industriezweigen eingesetzt wird. Dabei werden für die Schienenprüfung Schallwellen mit Frequenzen zwischen 2–5 MHz verwendet. An der Grenzfläche zweier unterschiedlicher Medien wird der eingeleitete Schall entsprechend dem Verhältnis der Schallwiderstände beider Medien reflektiert. Diese Eigenschaft wird z. B. genutzt, um in einem Werkstoff Ungänzen zu detektieren. Durch die Messung der Laufzeit des Schalls wird die Tiefenlage der Reflexionsfläche, wie zum Beispiel der Rückwand eines Bauteils oder ein senkrecht zum Schallbündel liegender Fehler, bestimmt.

Die Bestimmung der Tiefenlage mit der Ultraschallprüfung ist erst in einem Bereich ab ungefähr 5 mm möglich. Im Prüfbereich unter 5 mm wird die Bewertung durch das Nahfeld vom Prüfkopf, durch Oberflächenwellen und durch den Eigenimpuls gestört. Daher ist es mit diesem Verfahren nicht möglich Schienenfehler wie Head Check oder Squats zu bewerten, wenn diese noch sehr klein sind. Erst ab einer tieferen Schädigung über 5 mm ist es möglich diese Schienenoberflächenfehler zu bewerten. Dann ist es aber oft zu spät für eine wirtschaftliche Schienenbearbeitung und als Maßnahme bleiben nur die Einzelfehlerbeseitigung durch Auftragsschweißung oder ein Schienenwechsel.

Für die Inspektion mit der Ultraschallprüfung an Schienen existieren verschiedene Ultraschallprüfsysteme auf Schienenprüfzügen oder als manuelle Handprüfgeräte, die sich in der Auswahl der Prüfkopfwinkel unterscheiden können.

Um von allen Ultraschallprüfsystemen vergleichbare Ergebnisse bezüglich der Lage, der Größe und der Art der Unregelmäßigkeit in der Schiene zu erhalten, werden die Anforderungen an die verschiedenen Prüfsysteme in der Norm EN 16729-1 auf internationaler Ebene vorgegeben. Dieser Standard beschreibt die Anforderungen an eine Referenzschiene mit Bezugsreflektoren, welche im Gleis installiert ist und zur Verifizierung der Ultraschallprüfsysteme zur Anwendung kommt. Für die Referenzschiene werden 26 verschiedene normative Reflektorarten in Form von Bohrungen, Schnitten oder Ausfräsungen in verschiedenen Winkeln und Tiefenlagen vorgeschrieben.

### Wirbelstromprüfung von Schienen

Das Wirbelstromverfahren bietet umfangreiche Möglichkeiten zur zerstörungsfreien Prüfung von metallischen Oberflächen. Dabei wird durch Wechselstrom in einem Spulensystem ein sich zeitlich veränderndes Magnetfeld erzeugt. Nähert sich die Spule der Oberfläche eines elektrisch leitenden Prüfobjektes werden durch das Magnetfeld Wirbelströme in den Werkstoff induziert, welche ein zweites entgegenwirkendes Magnetfeld erzeugen. Dieses zweite Magnetfeld überlagert sich mit dem Erregerfeld. Die Überlagerung der beiden sich entgegenwirkenden Magnetfelder ergibt ein resultierendes Feld, welches als Messsignal abgebildet wird. Bei Veränderungen der elektromagnetischen Materialeigenschaften des Prüfobjekts ändert sich das sekundäre Magnetfeld im Vergleich zu Erregerfeld und somit auch das resultierende Messsignal. Aufgrund dieser Eigenschaft können Veränderungen der elektromagnetischen Materialeigenschaften, wie zum Beispiel Oberflächenrisse detektiert werden. Mit speziell für diese Anwendung konstruierten Prüfsystemen ist es möglich, Head Check Schädigungen im Gleis zu erfassen und ihre Tiefe zu bestimmen. Für die Größe des Materialabtrags stellt die Auswertung der Schädigungstiefe von Head Check eine relevante Größe dar. Die Länge der Materialtrennung durch die Risse wird dazu mit dem Wirbelstromsignal erfasst und mit einem für das jeweilige Netz einheitlichen, statistisch ermittelten Eindringwinkel von 25° in eine Schädigungstiefe umgerechnet.

Mit der Veröffentlichung des Normteils EN 16729-2 werden erstmals die Bezeichnungen und Definitionen für die Head Check Schädigungen einheitlich definiert. Die relevante, zu bewertende Information durch die Inspektion mit der Wirbelstromprüfung, ist die aus dem Schädigungsausmaß resultierende zu bearbeitende Materialtiefe. Damit soll sichergestellt werden, dass bei der Schienenbearbeitung ausreichend Schienenmaterial abgetragen wird, um die Head Check Schädigung zu beseitigen und keine Restrisse zu hinterlassen.

Neben der Wirbelstromprüfung sei hier grundsätzlich auch auf das Prüfverfahren mittels magnetischer Streuflussdichte hingewiesen, mit dem ebenfalls die Schädigungstiefe ermittelt werden kann. Diese Technologie ist derzeit jedoch noch vergleichsweise selten im Einsatz.

### Die visuelle Inspektion/Video Verfahren von Schienen

Bei der visuellen Inspektion lässt sich zwischen allgemeiner Sichtprüfung, detaillierter Sichtprüfung und automatischer Sichtprüfung unterscheiden. Die allgemeine Sichtprüfung besteht aus der Gleisbegehung, bei der vorhandene Schienenfehler festgestellt werden können. Mit der detaillierten Sichtprüfung werden diese dann definiert und bewertet. Außerdem ist die zusätzliche Sichtprüfung während der Inspektion mit handgeführten Prüfsystemen ein nicht zu unterschätzendes Hilfsmittel für den ZfP-Prüfer im Gleis. Bei der Prüfung an Schienen mit manuell geführten Prüfgeräten ist es unabdingbar, dass das Personal den detektierten Schienenfehler auch visuell in Augenschein nimmt, um diesen zu bewerten. Damit können bei sicherheitsrelevanten Schienenfehlern sofort Sicherheitsmaßnahmen ergriffen werden. Durch die Anforderungen an die Qualifikation von Prüfpersonal nach der EN 16729-4 wird für das Personal, welches Schienen im Gleis prüft, die zusätzliche Ausbildung für VT (engl. *Visual Testing*) in der Qualifikationsstufe 1 und 2 im Eisenbahnsektor gefordert, um sicherzustellen, dass dieses auch in der Lage ist, die Schienenfehler visuell zu identifizieren und zu bewerten.

Für die automatische Sichtprüfung gibt es zwei Anwendungsbereiche. Eine Einsatzmöglichkeit ist die automatische visuelle Erfassung der Schienenoberfläche durch Videoinspektionssysteme zur Identifikation von Oberflächenfehlern. Die technische Umsetzung der Art der Kamerasysteme ist hier vielfältig und von unterschiedlicher Qualität. Ziel ist es, Oberflächenfehler wie Squat oder Verriffelung bis hin zu

Schienenbrüchen zu identifizieren. Auch Mängel am Oberbau, wie fehlende Verschraubungen oder schadhafte Schwellen lassen sich mit einigen Kamerasystemen identifizieren.

Eine zweite Anwendungsmöglichkeit ist der Einsatz eines automatischen Kamerasystems in Kombination mit der Ultraschallprüfung. Dabei wird der Zustand der Schienenoberfläche immer dann mit Bildern festgehalten, wenn der Senkrechtprüfkopf des Ultraschallprüfsystems einen Fehler an der Oberfläche oder einen Ankopplungsausfall registriert. Mit dieser Kombination wird dem Auswerter für die Ultraschallergebnisse die Identifikation der detektierten Schienenoberflächenfehler erleichtert, da er die Möglichkeit hat, sich zusätzlich zum Ultraschallergebnis ein Bild des Kamerasystems an dieser Position aufzurufen.

Eine Bewertung der Fehlertiefen lässt sich mit der visuellen Inspektion nicht umsetzen, daher kann es für die Schieneninspektion und -instandhaltung nur zur Unterstützung in Kombination mit anderen Verfahren dienen.

## 3.3.2 Schienenbearbeitung

In der Schienenbearbeitung gibt es verschiedene Hintergründe warum Schienen bearbeitet werden. Die Schienenbearbeitung ist generell in der EN Reihe 13231 in den Teilen 5 zu den Verfahren und in Teil 2 zur Abnahme umfangreich normiert und beschrieben.

Gründe (Arten) der Schienenbearbeitung sind hierbei:

- Neuschienenbearbeitung
- Präventive Schienenbearbeitung
- Fehlerbasierte Schienenbearbeitung
- Schienenbearbeitung zur Spurberichtigung
- Schienenbearbeitung aus lärmmindernden Gründen
- Herstellen von Sonderprofilen

Diese Arten der Schienenbearbeitung können mit verschiedenen Schienenbearbeitungsverfahren durchgeführt werden, je nach Aufgabenstellung wie z. B.: Materialabtrag, Profilkorrektur usw. werden hier die entsprechenden Verfahren ausgewählt. Heute werden bei den Bahnen folgende Verfahren eingesetzt:

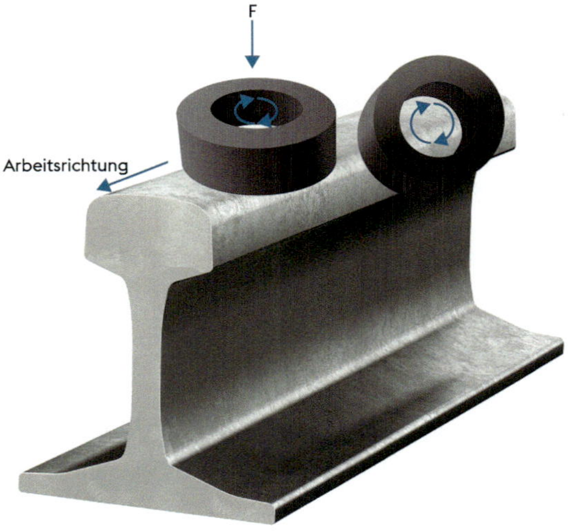


**Abb. 3.17** Rotierendes Schleifen mit Stirnschleifkörpern (nach EN 13231-5)

### 3.3.2.1 Schienenschleifverfahren

Unter Schienenschleifen versteht man generell Schienenbearbeitung mit Schienenschleifmaschinen, die mit Schleifkörpern arbeiten.

Je nach Art und Stellung der Schleifkörper, ergeben sich die folgenden Verfahren:

- Schleifen mit rotierenden Stirnschleifkörpern (Abb. 3.17)
- Schleifen mit rotierend tangential selbstangetriebenen Schleifkörpern (Abb. 3.18)
- Schleifen mit oszillierenden Schleifkörpern (Abb. 3.19)

Schienenbearbeitungsmaschinen mit rotierenden Schleifkörpern können eingesetzt werden zur:

- Neuschienenbearbeitung
- Präventiven Bearbeitung
- Fehlerbeseitigung
- Spurberichtigung
- Herstellung von Sonderprofilen

Zur Schienenbearbeitung im Gleis werden in der Regel Großmaschinen mit Leistungen von bis zu

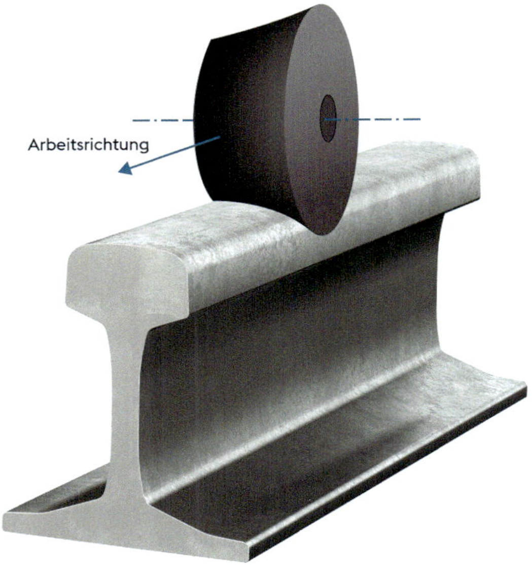


**Abb. 3.18** Tangential arbeitende Schleifkörper (nach EN 13231-5)

**Abb. 3.19** Schleifen mit oszillierenden Schleifkörpern (GWM) (nach EN 13231-5)

4000 Fertigmeter/Stunde eingesetzt. Diese Maschinen können auf Grund ihrer Konstruktion keine Weichen bearbeiten.

Für Weichen werden spezielle Weichenbearbeitungsmaschinen verwendet. Weichen mit einem Zweiggleisradius <500 m sollten nicht mit Weichenbearbeitungsmaschinen, sondern mit z. B. handgeführten Schienenschleifgeräten bearbeitet werden. Jede Weichenbearbeitungsmaschine kann ausnahmslos auch Gleise bearbeiten. Die Fertigmeterleistungen der Weichenbearbeitungsmaschinen im Gleis liegen bei ca. 260 Fertigmeter/Stunde.

Schleifen mit rotierend tangential selbstangetriebenen Schleifkörpern, dieses Verfahren wird ausschließlich beim High-Speed-Grinding (HSG) verwendet. Es handelt sich dabei um ein reines Präventionsverfahren.

Durch die selbst angetriebenen Schleifkörper wird ein kontrollierter künstlicher Verschleiß auf den Fahrflächen der Schienen erzeugt.

Die HSG-Schleiffahrt wird als Zugfahrt im Regelbetrieb durchgeführt. Die Arbeitsgeschwindigkeit beträgt hierbei 60 bis 80 km/h mit einem Materialabtrag pro Überfahrt von <0,05 mm.

Schleifen mit oszillierenden Schleifkörpern wird mit Schienenbearbeitungsmaschinen mit oszillierenden Schleifkörpern eingesetzt. Einsatzgebiet ist hierbei die Neuschienenbearbeitung ($\leq$ 160 km/h) und zur lärmmindernden Bearbeitung im Nachlauf einer Schienenbearbeitungsmaschine. Zu beachten ist, dass die Maschinen bei allen Bearbeitungsarten nur bedingt einsetzbar sind, da das System nicht profilieren kann.

#### 3.3.2.2 Schienenfräsverfahren

Der Vorteil des Fräsverfahrens (Abb. 3.20) liegt im hohen Materialabtrag. Moderne Hochleistungsfräsen schaffen bis zu 3 mm Materialabtrag bei einer Überfahrt (3 Frässtationen). Des Weiteren liefert dieses Verfahren eine sehr hohe Querprofilgenauigkeit. Durch die staubfreie und funkenarme Arbeitsweise eignet sich die Schienenfräse hervorragend für den Einsatz in Tunneln. Grundsätzlich können Schienenfräsen nur zur Bearbeitung im Gleis eingesetzt werden. Bei einem Materialabtrag bis 1,8 mm schaffen moderne Hochleistungsfräsen bis zu 1300 Fertigmeter pro Stunde.

Ein weiterer Vorteil ist der geringe Wärmeeintrag in die Schiene, im Gegensatz zum rotierenden Schleifen, und damit eine geringere WEL-Bildung.

**Abb. 3.20** Fräsrad einer Schienenfräsmaschine

Schienenfräsen können eingesetzt werden zur:

- Neuschienenbearbeitung
- Präventiven Bearbeitung
- Fehlerbeseitigung
- Spurberichtigung
- Bearbeiten aus lärmmindernden Gründen

#### 3.3.2.3 Schienenbearbeitung mit einem Drehhobel

Die Technologie des Drehhobelns vereint sowohl die Vorzüge des Fräsens und des Hobelns und verringert die Nachteile der einzelnen Verfahren. Charakteristisch für die Technologie sind die sich drehenden, einzeln positionierbaren Werkzeuge. Weiterhin können die Zielprofile für jede Schiene separat auch während des Drehhobelprozesses angepasst werden.

Der Drehhobel kann eingesetzt werden zum:

- Neuschienen bearbeiten
- Präventiven Bearbeiten
- Fehlerbeseitigung
- Bearbeiten aus lärmmindernden Gründen (oszilierende Bearbeitung im Nachlauf)

Der Drehhobel kann im Gegensatz zur Schienenfräse auch in Weichen eingesetzt werden.

### 3.3.3 Neuschienenbearbeitung

Bei der Neuschienenbearbeitung wird nicht aufgrund eines Inspektionsergebnisses eine Schienenbearbeitung eingeplant, sondern vielmehr aufgrund der materiellen Eigenschaften des neuen Schienenstahls. Bedingt durch den Herstellungsprozess diffundiert Kohlenstoff im äußeren Bereich der Schienen aus. Diese „Randentkohlung" fördert die Fehlerbildung hinsichtlich der Ausbildung von RCF und Schienenoberflächenfehlern wie z. B. Riffel.

Als Nebeneffekt werden bei der Neuschienenbearbeitung Beschädigungen aus dem Baubetrieb, z. B. Eindrückungen und geometrische Unebenheiten an den Schienenverbindungsschweißungen beseitigt oder verbessert.

Als genereller Materialabtrag wird für die Neuschienenbearbeitung ein Wert von 0,3 mm empfohlen.

## Literatur


1. https://worldsteel.org/steel-topics/sustainability/sustainability-indicators-2023-report/
2. Scheriau S, Jörg A (2017) Ein neuer Zugang zum besseren Verständnis von Squats. ZEVrail 141:190–199
3. Pietsch J, Jussel W-D, Joch M, Prettner L, Dartzali E, Jörg A (2016) Der Einsatz verschleißfester Schienenstähle und deren Einfluss auf das Laufverhalten. ZEVrail 140:472–480
4. Heyder R, Brehmer M (2014) Empirical studies of head check Propagation on the DB network. Wear 314:36–43
5. Jörg A, Stock R (2012) Wärmebehandelte Schienengüte R400HT – Hochfeste Schienenstähle in Österreich und der Schweiz. ZEVrail 136:72–79
6. Tapp C (2015) Erfahrungen mit hochfesten Schienenstählen: Schienenwerkstoffe for hoch beanspruchte Bögen – aktuelle Erprobungen bei der DB Netz AG. Vortrag auf 20. Internationalen Tagung der ÖVG, Salzburg

7. Steele RK, Reiff RP (1982) Rail – It's behaviour and relationship to total system wear. Proceedings of the 2nd Heavy Haul Conference, S 115–164
8. Kolbe T, Tegtmeier T, Büche B, Thüte C, Mädler K, Hartmann S, Baldauf W (2023) Untersuchung und Auswirkung des Verschleißverhaltens neuer Rad-Schiene-Paarungen. Berichte des Deutschen Zentrums für Schienenverkehrsforschung 36

# 4 Weichen

Ekkehard Lay, Reinhold Rensing und Uwe Ossberger

**Zusammenfassung**

Eisenbahnweichen sind essenzielle Komponenten des Schienennetzes, die es Zügen ermöglichen, von einem Gleis auf ein anderes zu wechseln. Sie sind zentrale Elemente in Bahnhöfen, Rangierbahnhöfen und an Gleisverbindungen von Eisenbahnstrecken. Eine Weiche besteht aus mehreren wichtigen Teilen: den Weichenzungen, dem Herzstück und den Backenschienen. Die Weichenzungen sind bewegliche Schienen, die durch einen Stellmechanismus umgestellt werden können, um den Fahrweg des Zuges zu bestimmen. Das Herzstück ist der Punkt, an dem sich die beiden Gleisstränge kreuzen und hohe dynamische Kräfte hohe mechanische Beanspruchungen im Rad-Schienenkontakt und Schotter verursachen.

Weichen werden durch verschiedene Mechanismen gestellt, entweder manuell, elektrisch oder hydraulisch, und sind mit Sicherheitssystemen verbunden, um einen störungsfreien und sicheren Bahnbetrieb zu ermöglichen. Darüber hinaus gibt es spezielle Hochgeschwindigkeitsweichen, die für den Einsatz auf Schnellfahrstrecken entwickelt wurden und Zügen ermöglichen, Weichen auch bei hohen Geschwindigkeiten im abzweigenden Ast zu befahren.

Die regelmäßige Wartung und Inspektion von Weichen ist entscheidend, um die Zuverlässigkeit und Sicherheit des Eisenbahnbetriebs zu gewährleisten und eine hohe Lebensdauer der einzelnen Komponenten zu erreichen. Verschleiß und Materialermüdung können die Funktionalität beeinträchtigen und müssen frühzeitig erkannt und behoben werden. Eisenbahnweichen sind somit nicht nur technische Wunderwerke, sondern auch wesentliche Bestandteile für den reibungslosen Ablauf des Eisenbahnverkehrs.

## 4.1 Allgemeines

Der Leser sei einführend darauf hingewiesen, dass in diesem Kapitel Weichen umfassend in Geometrie, Konstruktion und Anwendung abgehandelt werden, während in Kap. 9 in den Abschn. 9.5.1 und 9.5.2 auf Weichen aus der Sicht der Trassierung und Gleisplangestaltung eingegangen wird. Das bringt gewisse Überschneidungen mit sich, hat aber den Vorteil eines organischen inhaltlichen Zusammenhalts in beiden Kapiteln.

E. Lay (✉)
Seeheim-Jugendheim, Deutschland

R. Rensing
Borken, Deutschland

U. Ossberger
voestalpine Railway Systems GmbH, Zeltweg, Österreich



J. Holzfeind, J. Liu, F. Pospischil (Hrsg.), *Handbuch Eisenbahninfrastruktur*,
https://doi.org/10.1007/978-3-662-68960-8_4

### 4.1.1 Geschichte und Definition

Der Begriff „*Weiche*" geht zurück auf Ausweichstellen in der Flussschifffahrt. Es steht also das „Ausweichen" als Pate des Begriffes. Die ersten Eisenbahnweichen gab es in den Grubenbahnen Englands bereits Ende des 18. Jahrhunderts. Schon diese Weichen hatten bewegliche Zungen und sie hatten Herzstücke. Diese konstruktiven Grundsätze finden sich noch heute in den modernen Weichen, obwohl es seither viele Anstrengungen gab, andere Prinzipien zur Anwendungsreife zu entwickeln.

Weichen sind definiert als Oberbaukonstruktionen, die Schienenfahrzeugen den Übergang von einem Gleis auf ein anderes ohne Unterbrechung der Fahrt ermöglichen. Drehscheiben oder Schiebebühnen erlauben auch den Übergang von einem Gleis zum anderen, jedoch nur mit Fahrtunterbrechung und für begrenzt lange Einheiten.

Weichen stellen wesentliche Elemente eines Eisenbahnnetzes dar. So definiert die Eisenbahn-Bau- und Betriebsordnung (EBO) „Bahnhöfe als Bahnanlagen mit mindestens einer Weiche, wo Züge beginnen, enden, ausweichen oder wenden dürfen". Ohne Weichen gäbe es also keine Bahnhöfe, und eine Netzbildung wäre folglich auch nicht denkbar.

Bestehende oder neue Eisenbahnnetze benötigen Weichen in den Bahnhöfen und entlang der Strecken, z. B. für Überleitstellen oder Streckenverzweigungen, sowie in den Zugbehandlungs- und Instandhaltungsanlagen.

Weichen erlauben die flexible und für die betrieblichen Erfordernisse ausgelegte Gestaltung von Eisenbahn*netzen*, aber auch einzelner sozusagen „isolierter" Eisenbahn*strecken*, wo z. B. Schnellfahrstrecken ohne Einbindung in bestehende Bahnnetze betrieben werden.

Wesentliche Eigenschaften der Weichen sind bewegliche Bauteile. Diese beweglichen Teile müssen vor und während der Befahrung durch Züge oder Rangiereinheiten festgelegt und gesichert sein, Abb. 4.1.

Damit vor der Zulassung jeder einzelnen Zugfahrt die richtige Stellung der beweglichen Weichenteile sichergestellt ist, müssen die Weichen mit entsprechenden Antriebs-, Verschluss- und Sicherungseinrichtungen ausgestattet werden.

Darüber hinaus ist eine Einbindung in das Signalsystem nach Maßgabe der EBO erforderlich. „Weichen" finden sich in der EBO zusammen mit den Signalen im „§ 14 Signale und Weichen".

Es gibt ortsgestellte Weichen und ferngestellte Weichen. Ortsgestellte Weichen sind eher von untergeordneter Bedeutung und werden nicht in Zug- oder Rangierstraßen verwendet. Ferngestellte Weichen gehören zu den betriebswichtigen Weichen, die voll in das Sicherungssystem eingebunden sind. Sie werden von einem entfernt liegenden Stellwerk aus gestellt.

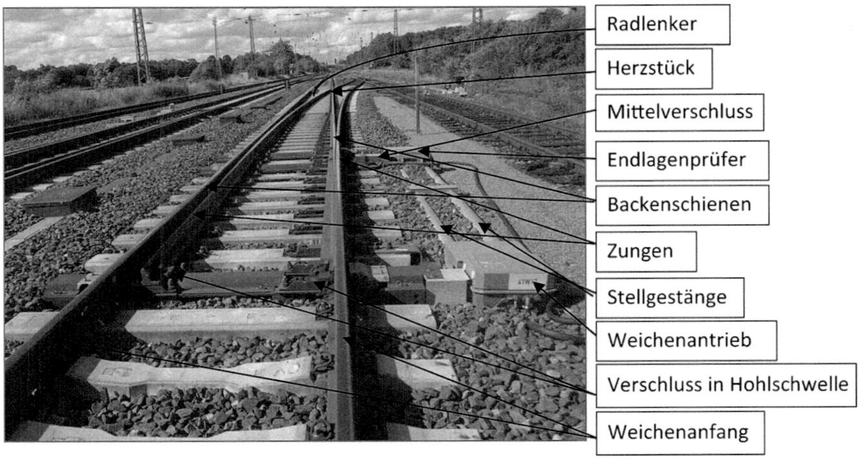


**Abb. 4.1** Weiche (Blick vom Weichenanfang)

### 4.1.2 Weichen als Kostenfaktor

Beim Bau neuer Strecken beanspruchen die Investitionskosten für die Oberbauanlagen, also für die Gleise und Weichen gemeinsam, etwa 5–7 % der gesamten Investitionskosten. Obwohl Weichen aufgrund ihrer konstruktiven Besonderheiten im Vergleich zu Gleisen sehr teuer sind, haben sie bei Streckenneubauten nur einen Anteil von etwa 10 % an den zuvor genannten Oberbauinvestitionen, also weniger als 1 % an den Gesamtinvestitionskosten.

Bei den Instandhaltungskosten kehrt sich dieses Verhältnis der Kostenanteile dramatisch um: Die Gleisinstandhaltung (ohne Weichen) beläuft sich auf rund 25 % und die Weicheninstandhaltung selbst auf mehr als 25 % der Gesamtinstandhaltungskosten für eine Strecke. Der Rest der Instandhaltungskosten verteilt sich auf Signalanlagen, Fahrleitungsanlagen, und Ingenieurbauten.

Der Einsatz der Festen Fahrbahn kann bei geringfügig höheren Investitionskosten zur Reduktion der Instandhaltungskosten der Weichen beitragen, weil erfahrungsgemäß bei erprobten Fahrbahnsystemen und guter Bauausführung praktisch keine Lageveränderungen mit der Notwendigkeit von geometrischen Korrekturen auftreten. Auch reduziert die mögliche abgestimmte Elastizität Spitzen der Kontaktkräfte Rad-Schiene, sowie Vibrationen.

Neben den monetär darstellbaren Besonderheiten der Weichen stellen diese als Fahrwegelemente teils erhebliche Störstellen für den ruhigen Fahrzeuglauf dar. Störstellen sind z. B. die Radüberläufe von Zunge zu Backenschiene oder Flügelschiene zu Herzstück und umgekehrt. Bei den starren Herzstücken mit Radlenkern wechselt z. B. die Führung der Radsätze im Bereich der Fahrkantenunterbrechung am Herzstück von der Spurkranzflankenführung des einen Rades zur Führung am Radrücken des anderen Rades. Dies verursacht deutliche höhere dynamische Kräfte und folglich höhere Beanspruchungen für die Weichenkomponenten und die Fahrzeuge, was sich auch auf den Fahrkomfort auswirkt und den Verschleiß am Fahrweg und an den Fahrzeugen erhöht.

Wegen der beweglichen Bauteile und der dafür notwendigen Stellsysteme und der Einbindung in das Sicherungssystem sind Weichen für einen großen Anteil an der Zahl betriebsbehindernder Störungen im Netz verursachend.

Aus den dargestellten Größenordnungen für die Instandhaltungskosten und die Häufigkeit von Betriebsstörungen lässt sich die Forderung untermauern, so wenig wie möglich Weichen einzuplanen und diese auf die wirklichen Bedürfnisse hin auszulegen. Zu kleine Weichen können wegen der geringen Abzweiggeschwindigkeiten zu Beeinträchtigungen des Betriebsablaufes bei gleichzeitig höherem Verschleiß der Fahrbahnkomponenten führen.

Wegen der oben dargestellten Kostenverhältnisse bei Streckenneubauten wirken sich Verbesserungen der technischen Lösungen bei den Weichen selbst nur unwesentlich auf die Gesamtinvestitionskosten aus. Solche Verbesserungen können aber in erheblichem Umfang die Störanfälligkeit und den Instandhaltungsbedarf der Gesamtanlage reduzieren und die Lebensdauer verbessern. Weichen mit größeren Zweiggleisradien verbessern in vielen Fällen den Betriebsablauf und können sich sehr positiv auf die Streckenkapazität auswirken.

Kostenseitig muss die Zahl der Weichen im Netz berücksichtigt werden, die eine beachtliche Akkumulation der Kosten verursacht. Aus der Sicht der Instandhaltung besteht deshalb der Wunsch zu einer guten technisch-wirtschaftlichen Lösung mit weitestgehender Standardisierung. Hebel zur Reduktion der Instandhaltungskosten der Weichen können verbesserte Materialien (z. B. Herzstücke aus bainitischen Stählen, Manganstahlherzstücke und wärmebehandelte Schienen bzw. Schienenstähle mit Legierungszusätzen mit höherer Festigkeit) oder die Vergrößerung des Abnutzungsvorrates wie beispielsweise dickere Zungenquerschnitte mit Anpassung der Backenschienen und modifizierte Überlaufgeometrien oder aufwändigere und damit qualitativ höherwertige Fertigungsmethoden sein. Auch höhere und angepasste vertikale Elastizitäten in den Stützpunkten können sich wegen der dadurch verbesserten Lastverteilung auf mehr Stützpunkte positiv auf den Instandhaltungsaufwand auswirken. Ein wesentlicher Schritt zur Reduktion der Investitionskosten und des Instandhaltungsaufwandes war z. B. die Einführung der Spannbetonschwellen in den Weichen oder der Einsatz der Schienenbefestigung mit Dübeln anstelle der Befestigung mit Durchsteckverschraubung.

Bei den Kosten für Weichen ist immer zu berücksichtigen, dass Weichen für die Energieversorgung (Weichenantrieb, Weichenheizung) und für die sicherungstechnische Anbindung an Kabel angeschlossen werden müssen, was wiederum Kabelkanäle und damit Erdarbeiten erfordert. Bei elektrifizierten Strecken sind für die Fahrleitung (die „dritte Schiene") weitere Aufwände (Überspannung der Zweiggleise, zusätzliche Masten) einzuplanen. Weichen erfordern eigene sicherungstechnische Ausrüstungen, wie beispielsweise Deckungssignale, Gleisisolierungen oder Achszähler, mit entsprechenden Folgekosten für Investition und Instandhaltung.

Weichen haben auch Auswirkungen auf die Gestaltung des Unterbaues und des Schotterbettes bzw. der Festen Fahrbahn, was bei der Planung und Bauausführung der Infrastruktur zu berücksichtigen ist. Als ein Beispiel sei hier genannt, dass bei Überleitverbindungen auf Strecken mit größerem Gleisabstand die Planumsquerneigung so abgeflacht werden muss, dass unter dem Verbindungsgleis noch eine ausreichende Schotterbettdicke verbleibt. Die größere Bauhöhe der Weichenfahrbahn und Schwellen im Vergleich zur Bauhöhe normaler Gleise erfordert gegebenenfalls eine Berücksichtigung bei der Planung und dem Bau der Planumsoberkante. Auch solche Anpassungen führen zu höheren Kosten beim Bau und zu Fehlermöglichkeiten.

Die Zweiggleisradien und damit die möglichen Zweiggleisgeschwindigkeiten sind streng auf die Belange der betrieblichen Infrastrukturplanung hin abzustimmen. Jedoch ist auch auf die Verschleißsituation Rücksicht zu nehmen. Für Fahrwege mit $v = 40\,\text{km/h}$ sollen einfache Weichen mit Zweiggleisradius $r = 300\,\text{m}$ verwendet werden. Weichen mit im Zweiggleis geradem Herzstücken sind verschleißgünstiger als solche mit Bogenherzstücken.

## 4.2 Weichen und Kreuzungen

### 4.2.1 Allgemeines

Damit die geforderte Flexibilität der Bahnanlagen sichergestellt werden kann, werden verschiedene Arten von Weichen, Kreuzungen und Kreuzungsweichen (Abb. 4.2) verwendet.

Weichen werden entweder von vorn (spitz) oder vom Herzstück her (stumpf) befahren.

Hauptunterscheidungsmerkmale der Weichenarten sind die Linienführung des Stammgleises

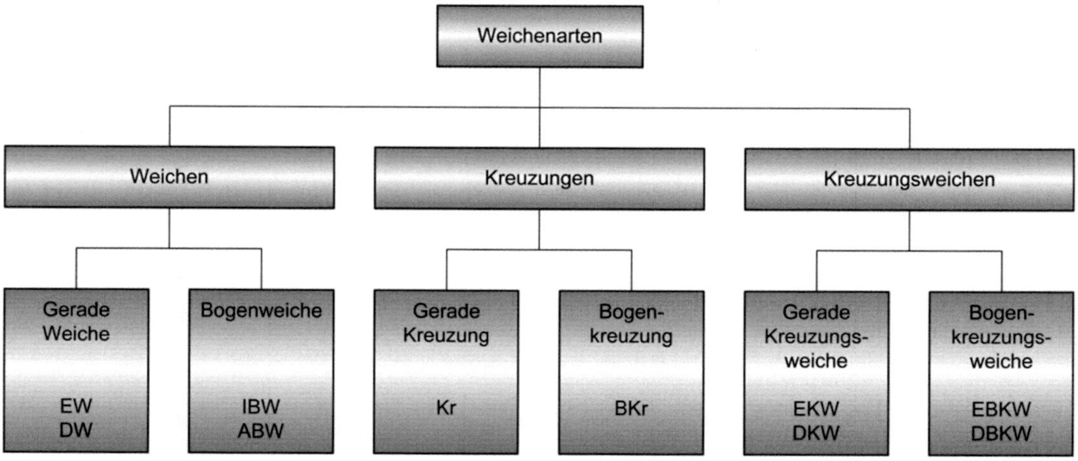


**Abb. 4.2** Weichenarten

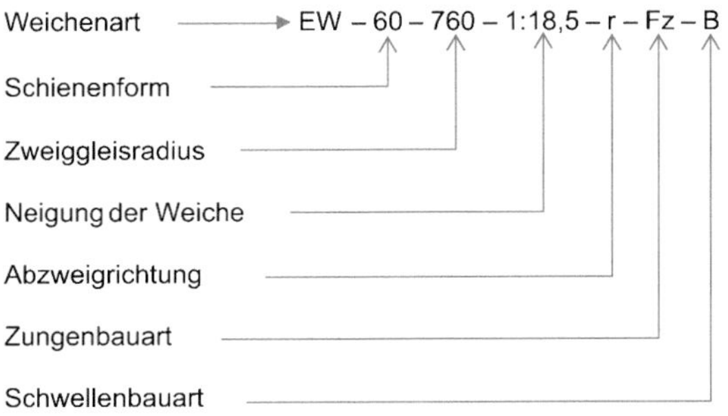


**Abb. 4.3** Systematik der Weichenbezeichnung

und die Krümmung des abzweigenden Gleises (Zweiggleis) sowie die Weichenneigung, aber auch die verwendeten Schienenformen und die Unterschwellung. Schienenform und Unterschwellung sind an die Oberbauform der anschließenden Gleise anzupassen.

Nach diesen aufgeführten Komponenten und Parametern werden die Weichen bei der Deutsche Bahn AG (DB) bezeichnet.

„*EW 60-760-1 : 18,5-r-fb (B)*" ist eine typische Bezeichnung einer einfachen Weiche mit der Schienenform UIC 60[1], dem Zweiggleisradius $r = 760\,\mathrm{m}$ und einer Weichenneigung von 1 : 18,5. Diese Weiche hat ein federnd bewegliches Herzstück (fb). Der Schwellensatz besteht aus Betonschwellen (B). Die Weiche zweigt nach rechts (r) ab.

Die Systematik der Weichenbezeichnung ergibt sich aus Abb. 4.3.

Hinweis: Im Ausland werden Weichen häufig nur nach ihrer Neigung bezeichnet, und der Zweiggleisradius erscheint in der Weichenbezeichnung nicht. Die oben genannte Weiche wäre demnach z. B. eine Weiche „Nr. 18,5".

Die dargestellte Weichenbezeichnung stellt die Grundform dieser Weiche mit dem Zweiggleisradius $r = 760\,\mathrm{m}$ dar. Es gibt davon abgewandelt z. B. Innenbogen- und Außenbogenweichen, aber auch veränderte Weichenneigungen. Insgesamt gibt es unter Berücksichtigung der verschiedenen Schienenformen bei der DB mehr als zweihundert Weichengrundformen.

Zu den Weichen werden auch Kreuzungen ohne oder mit beweglichen Teilen und Kreuzungsweichen gezählt. Auch diese sind in der vorgenannten Zahl von Weichengrundformen enthalten. Da Schienenauszüge bearbeitete Fahrbahnkomponenten wie Zungen und Backenschienen haben, werden sie nicht nur von Weichenherstellern gefertigt, sondern auch der Familie der Weichen zugerechnet, jedoch nicht in diesem Beitrag behandelt.

Die im Folgenden dargestellten Weichenarten finden im Netz der DB Anwendung. Ihre geometrischen Grundlagen gehen weitgehend zurück auf die Weichen, die in den 20er und 30er Jahren des vorigen Jahrhunderts für die damalige Deutsche Reichsbahn entwickelt wurden. Bereits damals wurde darauf geachtet, dass die Konstruktionen für alle Weichenarten möglichst viele gemeinsame Komponenten hatten und dass Weichenneigungen und Kreuzungswinkel miteinander korrespondierten.

Neben dem Einfluss auf die Herstellungsvielfalt wirkt sich diese Standardisierung auf die Spurplangestaltung, auf die Vorhaltung von Ersatzteilen und auf die Instandhaltungsverfahren aus.

Wegen der vielen Schnittstellen zu anderen Gewerken wird bei der Erneuerung von Weichen möglichst die gegebene geometrische Situation beibehalten. Dies gilt beim Neubau in vergleichbarer Weise.

Bei geänderten Anforderungen an die Infrastruktur, z. B. Höhere Geschwindigkeiten, Kapazitätserhöhungen, können komplexe Anpassungen der Geometrie sinnvoll und wirtschaftlich sein.

### 4.2.2 Weichenbauarten

Aus den einfachen Weichen lassen sich die in Abb. 4.4 dargestellten Weichenbauarten ableiten.

Erläuterungen zu den einzelnen Bauarten finden sich im folgenden Abschnitt.

#### 4.2.2.1 Einfache Weichen

Einfache Weichen haben ein gerades Stammgleis und ein gebogenes Zweiggleis. Es gibt einfa-

[1] Herkömmliche Bezeichnung; neue Bezeichnungsweise nach EN 13674: 60 E1 oder 60 E2, abhängig von Schienenkopfkontur.

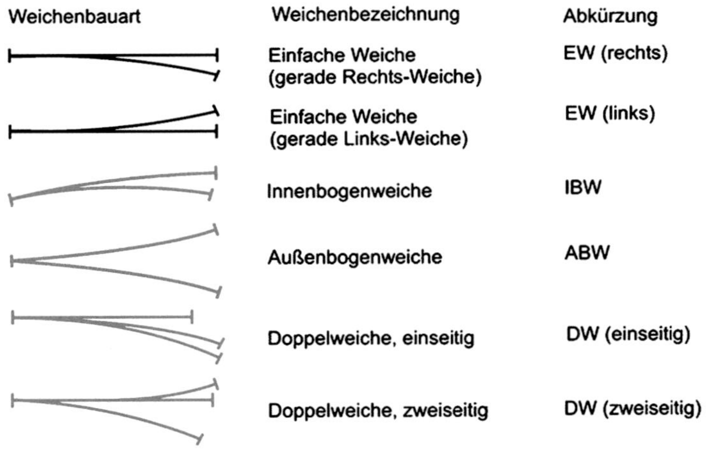


**Abb. 4.4** Weichenbauarten

che Weichen links und einfache Weichen rechts. Die Unterscheidung zwischen rechter und linker Weiche ergibt sich aus dem Blick vom Weichenanfang zum Weichenende hin. Diese Unterscheidung gilt für alle Weichenarten, nicht jedoch für Kreuzungen und Kreuzungsweichen.

Einfache Weichen werden i. d. R. ohne Überhöhung verwendet. Es gibt aber einfache Weichen, bei denen der Hauptfahrweg im Zweiggleis liegt. In solchen Fällen kann die Überhöhung für die Fahrt im Hauptfahrweg optimiert sein, und es entstehen überhöhte einfache Weichen. Das Zweiggleis zweigt dann nach außen und ohne Krümmung ab.

Wenn der Zweiggleisbogen vor dem Herzstück endet, entsteht ein gerades Herzstück (Abb. 4.5). Geht der Zweiggleisbogen über das Herzstück hinaus, ergibt sich ein gebogenes Herzstück (Abb. 4.6).

#### 4.2.2.2 Bogenweichen

Bogenweichen entstehen aus einfachen Weichen durch Verbiegen des Stammgleises um den Weichenmittelpunkt (Tangentenschnittpunkt) herum. Hierdurch ändern sich weder die Weichenneigung noch die Länge der Tangenten. Das Zweiggleis wird wegen seiner festen Verbindung zum Stammgleis und wegen der unveränderten Weichenneigung und Tangentenlänge mit gebogen.

Je nach Biegerichtung entstehen Außenbogenweichen (ABW) oder Innenbogenweichen (IBW). Innenbogenweichen haben die Krümmung von Stamm- und Zweiggleis in gleicher Richtung, d. h. die Bogenmittelpunkte von Stamm- und Zweiggleis liegen auf derselben Seite der Stammgleisachse. Der Zweiggleisradius wird dabei kleiner als bei der einfachen Weiche. Bei Außenbogenweichen haben die Krümmungen von Stamm- und Zweiggleis unterschiedliche Richtungen, d. h. die Bogenmittelpunkte lie-

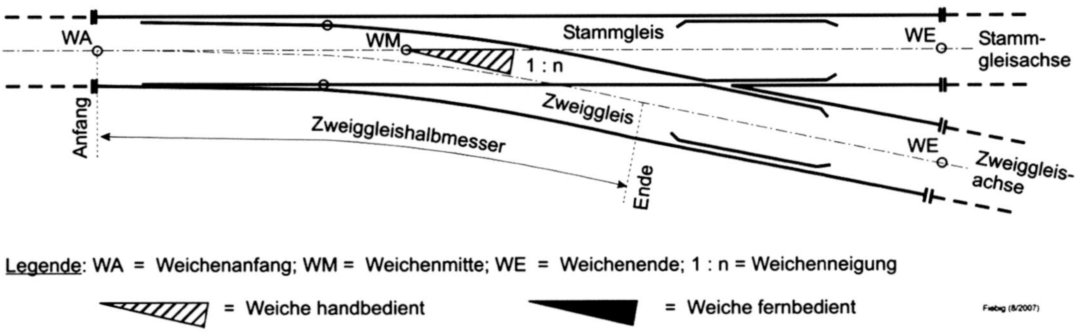


**Abb. 4.5** Fahrkantenbild einer einfachen Weiche

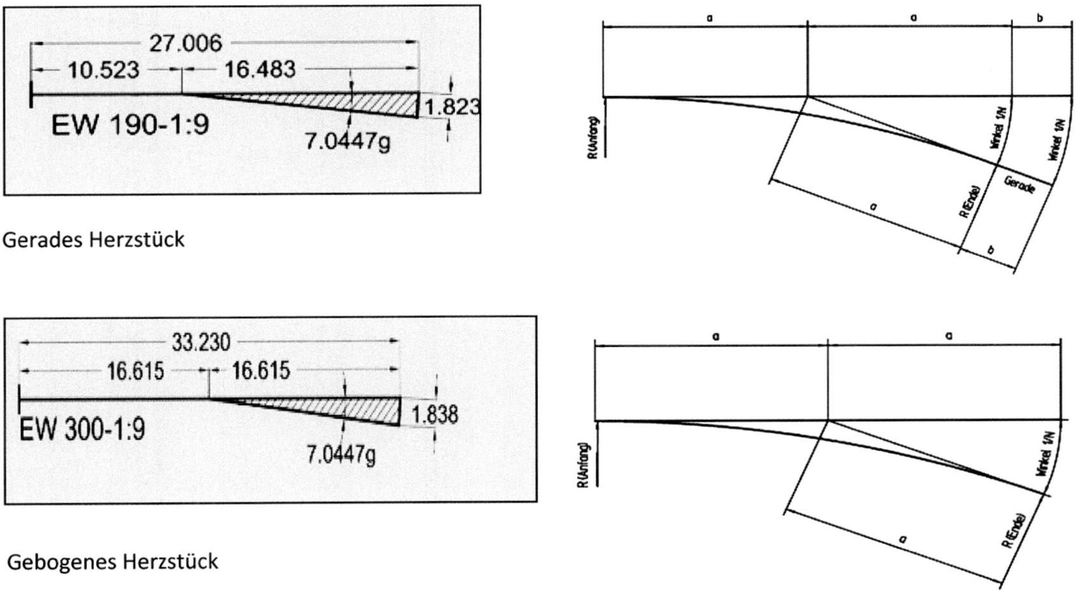


**Abb. 4.6** Gegenüberstellung einer Weiche mit geradem Herzstück (*oben*) und einer Weiche mit gebogenem Herzstück (*unten*) bei gleicher Weichenneigung, aber unterschiedlichem Zweiggleisradius

gen links und rechts der Stammgleisachse. Der Zweiggleisradius wird dabei größer als bei der einfachen Weiche. Die geometrischen Grundlagen für Bogenweichen sowie ihre Berechnung und Anwendung sind in Abschn. 9.5.2 beschrieben.

Durch die Verbiegung der Weichen entstehen Längenänderungen der Fahrbahn, die in den Zwischenschienen ausgeglichen werden. Die sog. Konstruktionsschienen wie Zungen, Backenschienen und Herzstück sowie Radlenker behalten ihre ursprünglichen Längen der einfachen Weiche bei. Die Schwellensätze bleiben unverändert, wenn die Biegbarkeitsgrenzen gem. Abschn. 9.5.2 beachtet werden.

Die Herzstücke von Innen- und Außenbogenweichen müssen im Weichenwerk gebogen werden. Dies ist im Vergleich zu einfachen Weichen mit zusätzlichem Aufwand und höheren Kosten verbunden. Bei geraden Herzstücken in Bogenweichen ist zu beachten, dass beim Biegen zur Innenbogenweiche der Zweiggleisradius im Herzstück bis zum Weichenende gleich dem Radius des Stammgleises wird. Hierdurch ist die Geometrie des Zweiggleises festgelegt.

Bogenweichen sollen vermieden werden, da sie höheren Instandhaltungsaufwand verursachen als Einfache Weichen. Aus fahrdynamischen Gründen und zur Vermeidung von Sprungkosten kann es jedoch, auch bei Neubauten, erforderlich werden, Bogenweichen zu verwenden. Außerdem ist zu berücksichtigen, dass im Netz der DB eine beachtliche Zahl von Bogenweichen vorhanden ist, die bei ihrer Erneuerung nur in den seltensten Fällen unter wirtschaftlichen Gesichtspunkten durch einfache, d. h. gerade Weichen ersetzt werden können.

Fahrdynamisch ist zu berücksichtigen, dass bei Bogenweichen das Herzstück im bogenäußeren Strang liegen kann, was bei Fahrt mit Überhöhungsfehlbetrag den Wechsel von der Spurkranzflankenführung zur Radrückenführung durch den Radlenker erzwingt, weil das Rad vor Erreichen des Radlenkers am Spurkranz durch die Fahrkante der bogenäußeren Schiene geführt wird. Am Radlenker wird der Radsatz dann am Radrücken des bogeninneren Rades geführt und so von der bogenäußeren Schiene weggezogen. Das erhöht Beanspruchung und Verschleiß am Radsatz der Fahrzeuge und vor allem an der Weiche, hauptsächlich an dem beanspruchten Radlenker und seiner Abstützung und Befestigung.

Bei Außenbogenweichen (Abb. 4.7) liegt das Herzstück immer im bogenäußeren Strang, bei

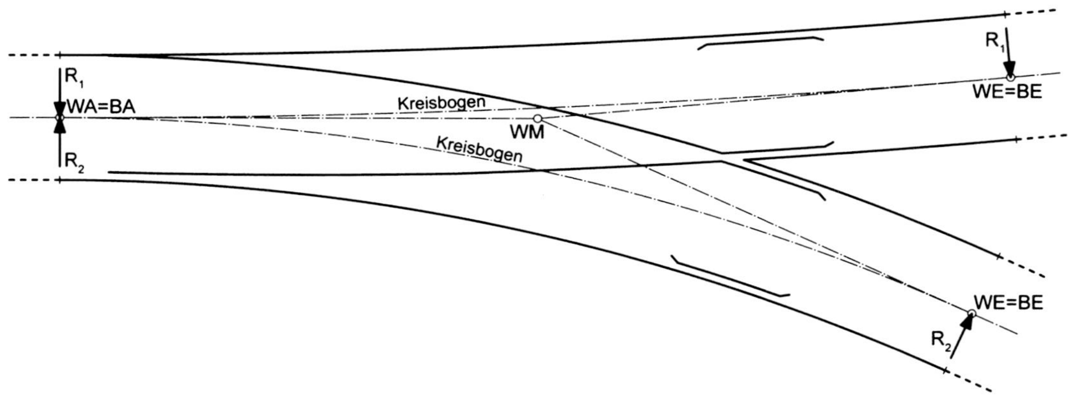


**Abb. 4.7** Fahrkantenbild einer Außenbogenweiche

Innenbogenweichen kann das Herzstück – je nach befahrenem Strang – auch bogeninnen liegen.

Bei Anordnung von Herzstücken im bogenäußeren Strang kann es bei Vorliegen größerer Überhöhungsfehlbeträge und höherer Geschwindigkeiten zur Vermeidung zu hoher Beanspruchungen am Radlenker erforderlich werden, bewegliche Herzstücke einzusetzen, die die Fahrkantenunterbrechung am Herzstück schließen; der Wechsel von der Spurkranzflankenführung zur Radrückenführung durch den Radlenker entfällt dann.

Bei Weichen in überhöhten Gleisbögen sind die Höhenverläufe der einzelnen Schienen zu untersuchen (Weichenhöhenplan).

### Außenbogenweichen (ABW)

Außenbogenweichen entstehen durch Verbiegung einfacher Weichen entgegen der Krümmung des Zweiggleises. Hierdurch wird der Zweiggleisradius größer, was eventuell eine höhere zulässige Zweiggleisgeschwindigkeit erlaubt als bei der Weichengrundform, wenn der Krümmungssprung am Weichenanfang auf beide Stränge der Weiche verteilt wird. Dies wird in sog. symmetrischen Außenbogenweichen ausgenutzt (s. u.).

Bei ABW, die komplett in einem durchgehenden Gleisbogen liegen, entspricht die Krümmungsdifferenz zwischen dem durchlaufenden Gleis und dem abzweigenden Gleis (wie bei IBW) derjenigen der entsprechenden einfachen Weiche.

Werden Außenbogenweichen in überhöhten Gleisen eingesetzt, kommt es zwangsläufig in einem Strang zu einer falschen (negativen) Überhöhung (sog. Untertiefung), die dann eine zusätzliche Geschwindigkeitsbeschränkung erforderlich machen kann. Zur Vermeidung einer Untertiefung kann es geboten sein, eine Innenbogenweiche zu verwenden, was eine größere Weichengrundform erfordert[2].

Werden Weichen mit geradem Herzstück zu Außenbogenweichen gebogen, so soll das Herzstück nicht mit gebogen werden, um im Zweiggleis einen Gegenbogen zu vermeiden.

Wenn beide Zweiggleise einer Außenbogenweiche den gleichen Radius haben, d. h. die Zweiggleiskrümmung der zugrunde liegenden einfachen Weiche hälftig auf beide Stränge der ABW verteilt wurde, liegt eine symmetrische Außenbogenweiche vor. Diese Form eignet sich hervorragend für symmetrische Streckenverzweigungen z. B. aus einer eingleisigen in eine zweigleisige Strecke. Die Zweiggleisradien sind dabei doppelt so groß wie der Zweiggleisradius der einfachen Weiche. Auf diese Weise wird z. B. aus einer EW 60-2500-1 : 26,5 eine symmetrische ABW mit zwei Zweiggleisradien von $r = 5000$ m. Geometrisch erlaubt dies eine um 40 % höhere Geschwindigkeit als im 2500 m-Bogen.[3]

[2] Zweiggleisradius $r$ muss größer sein als der Radius des Stammgleises (nach außen abzweigende Innenbogenweiche).

[3] Allerdings ggf. zu Lasten einer Geschwindigkeitsbeschränkung im anderen Weichenstrang, weil ja die Ge-

**Abb. 4.8** Überhöhte Innenbogenweichen

Auch wenn die Zweiggleisradien 5000 m betragen, wird die Weiche mit dem Radius der zugrunde liegenden einfachen Weiche als ABW 60-2500 1-26,5 bezeichnet. Dies gilt (mit Ausnahme der ABW 215-1 : 4,8, s. u.) für alle Bogenweichen.

Die in Rangierbahnhöfen zum Einsatz kommenden symmetrischen Außenbogenweichen 49-215-1 : 4,8 und 54-215-1 : 4,8 werden nur als ABW gefertigt, d. h. es gibt diese Weiche nicht als einfache Weiche und auch nicht mit der Schienenform UIC 60[4]. Der Radius $r = 215$ m ergibt sich aus dem früheren Erfordernis der Spurerweiterung bei Radien von $r = 214$ m und weniger, die vermieden werden sollte.

**Innenbogenweichen (IBW)**

Innenbogenweichen entstehen durch Verbiegen des Stammgleises in die gleiche Krümmungsrichtung wie die des vorhandenen Zweiggleises. Der Zweiggleisradius wird dabei kleiner als der Zweiggleisradius in der Weichengrundform.

Bei Abzweigungen in überhöhten Gleisbögen sollen Innenbogenweichen verwendet werden (Abb. 4.8 und 4.9), damit Stammgleis und Zweiggleis der Weiche die der Krümmung entsprechende Überhöhungsrichtung haben.

#### 4.2.2.3 Doppelweichen (DW)

Doppelweichen sind Weichen mit Abzweigungen aus einem Gleis in zwei Zweiggleise. Sie sind recht kompliziert, sowohl in der Fertigung als auch der Instandhaltung. Deshalb findet man bei der DB solche Weichen sehr selten und auch nur bei Vorliegen besonders beengter Verhältnisse.

Doppelweichen sind nur zulässig, wenn die Entwicklungslängen für zwei einfache Weichen nicht ausreichen, wie es in Werks- oder Hafenanlagen vorkommen kann, Abb. 4.10.

Bei einseitigen Doppelweichen führen beide Zweiggleise in die gleiche Richtung, bei zweiseitigen Doppelweichen zweigt ein Zweiggleis nach links und das andere nach rechts ab. Es gibt bei der DB nur drei Typen von DW:

54-190-1 : 9 R(L) und 1 : 9 L(R), 54-190-1 : 9 R(L) und 1 : 7,5 L(R) sowie die Einseitige DW 54-190-1 : 9 R(L) und 1 : 9 R(L).

#### 4.2.2.4 Kreuzungen und Kreuzungsweichen

Kreuzungen sind Durchschneidungen zweier Gleise auf gleicher Höhe. Das befahrene Gleis kann nicht gewechselt werden.

Aus Kreuzungen können Kreuzungsweichen abgeleitet werden, die zusätzlich ein Abzweigen in den anderen Gleisstrang ermöglichen, wie Abb. 4.11 zeigt.

**Kreuzungen**

Kreuzungen haben zwei einfache Herzstücke mit geraden Radlenkern und zwei Doppelherzstücke, die im Fall starrer Doppelherzstücke einen abgeknickten Radlenker haben (s. Abb. 4.12 und 4.39).

Kreuzungen mit starren Doppelherzstücken beeinträchtigen den Fahrzeuglauf spürbar. Die zulässige Geschwindigkeit ist deshalb auf 100 km/h festgelegt und für Kreuzungen mit dem

schwindigkeit im Stammgleis einer Einfachen Weiche (theoretisch) unbegrenzt ist.

[4] Da diese Weiche nicht durch Biegen einer einfachen Weiche entsteht und der Radius $r = 215$ m dem tatsächlichen Radius entspricht (nicht dem der Weichengrundform), wird diese Weiche auch als „Zweibogenweiche" bezeichnet.

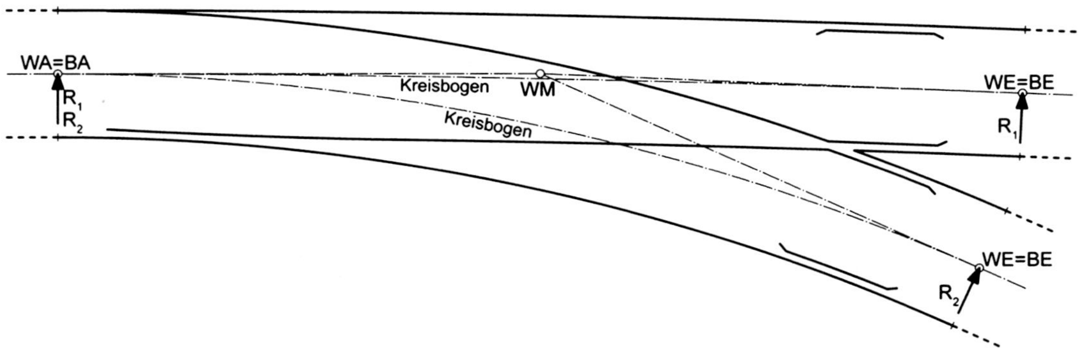


**Abb. 4.9** Fahrkantenbild einer Innenbogenweiche

**Abb. 4.10** Fahrkantenbild einer einseitigen Doppelweiche

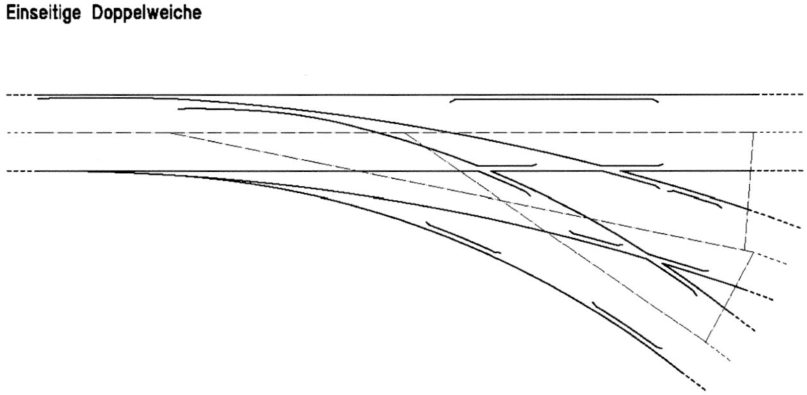


Kreuzungswinkel 1 : 7,5 sogar auf nur 80 km/h; Grund dafür ist der sehr kurze Radüberlauf Herzstückspitze-Flügelschiene, was zu großen dynamischen Kräften und Verschleiß führt.

Im Fall starrer Doppelherzstücke besitzen die Kreuzungen keine beweglichen Bauteile und müssen nicht mit Antriebs- und Verschlusseinrichtungen versehen werden.

Starre Doppelherzstücke verursachen dort, wo beide Durchschneidungsstellen in einem Gleis in beiden Strängen gegenüber liegen, führungslose Stellen. Radlenker können an diesen Durchschneidungsstellen nur in abgeknickter Form angebracht werden und es verbleibt eine führungslose Stelle. Hier erfolgt die sichere Führung des Radsatzes über eine kurze Strecke quasi nur durch Reibung und Trägheit. Die Überhöhung der abgeknickten Radlenker auf 4,5 cm (statt 2 cm) über die Oberkante der Fahrschienen und die Begrenzung des Kreuzungswinkels auf 1 : 9 und steiler stellt dabei die Sicherheit gegen Entgleisen her.

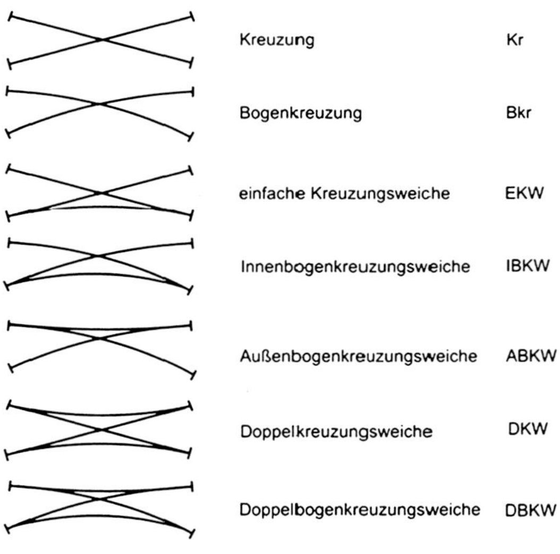


**Abb. 4.11** Kreuzungsbauarten

Die Kreuzungen mit den Kreuzungswinkeln 1 : 14 und 1 : 18,5 werden „Flachkreuzungen“ genannt. Bei ihnen würden die führungslosen Stel-

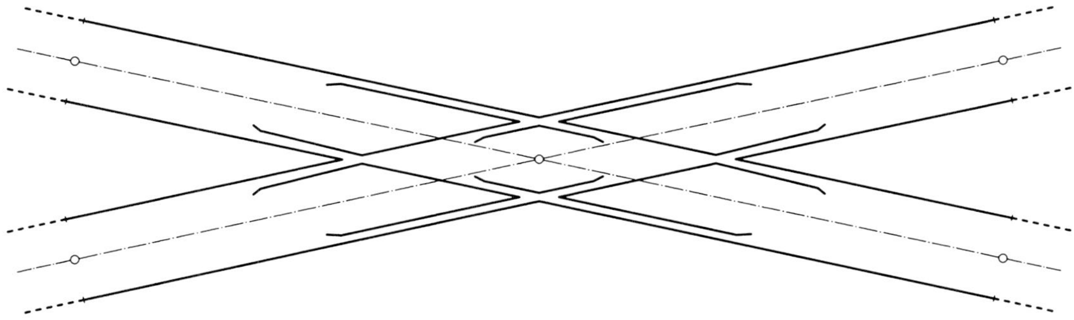

**Abb. 4.12** Fahrkantenbild einer Kreuzung

**Abb. 4.13** Mittelteil einer doppelten Kreuzungsweiche (DKW) mit innen liegenden Zungen (4 Zungenvorrichtungen)

len so lang werden, dass die Entgleisungssicherheit nicht mehr gegeben wäre. Deshalb werden in diesen Kreuzungen sowie bei den Bogen-Kreuzungen mit dem Neigungswinkel 1 : 11,515 bewegliche Doppelherzstückspitzen erforderlich, die Antriebs- und Verschlusseinrichtungen benötigen.

Kreuzungen mit der Regelneigung 1 : 9 dürfen bis zum Radius $r = 450\,\text{m}$ gebogen werden. Flachkreuzungen, Steilkreuzungen und Kreuzungsweichen mit $r_0 = 190\,\text{m}$ dürfen nicht gebogen werden.

### Kreuzungsweichen

Kreuzungsweichen setzen sich zusammen aus einer Durchschneidung zweier Gleise, also einer Kreuzung, und einem oder zwei Verbindungsgleisen. Besitzt die Kreuzungsweiche ein Verbindungsgleis, spricht man von einer Einfachen Kreuzungsweiche (EKW). Im Falle von zwei Verbindungsgleisen handelt es sich um eine Doppelte Kreuzungsweiche (DKW).

Jedes der Verbindungsgleise besitzt zwei Zungenvorrichtungen. Eine EKW hat demnach zwei Zungenvorrichtungen und eine DKW vier Zungenvorrichtungen. Bei einer DKW werden die beiden auf derselben Seite der DKW liegenden Zungenvorrichtungen von einem Antrieb gestellt.

Beim Zweiggleisradius $r_z = 190\,\text{m}$ liegen die Zungenvorrichtungen innerhalb des Kreuzungsvierecks, beim Zweiggleisradius $r_z = 500\,\text{m}$ liegen sie außerhalb des Kreuzungsvierecks.

Bei Kreuzungsweichen mit innenliegenden Zungenvorrichtungen gibt es jeweils zwei Doppelherzstücke (siehe Abb. 4.13) und zwei einfache Herzstücke. Die Anordnung und Konstruktion der Herzstücke entspricht somit denen der Kreuzungen mit den gleichen Kreuzungswinkeln.

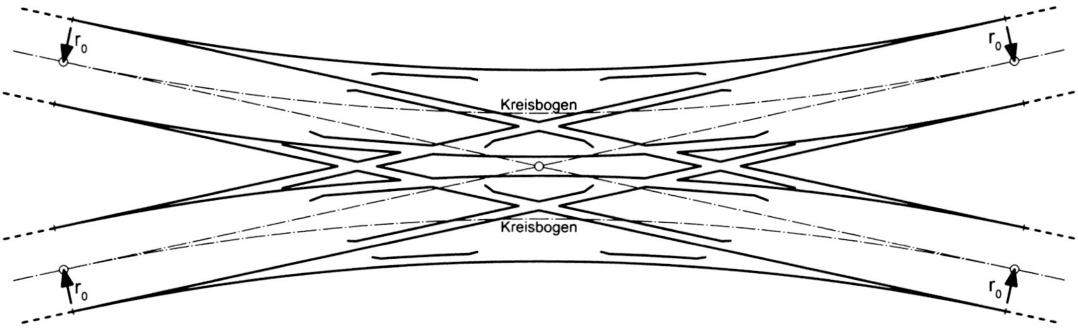


**Abb. 4.14** Fahrkantenbild einer doppelten Kreuzungsweiche (DKW) mit außen liegenden Zungen

Auch Kreuzungsweichen mit ihren starren Herzstücken dürfen nicht in Gleise mit einer zulässigen Geschwindigkeit über 100 km/h eingebaut werden.

Kreuzungsweichen mit $r_o = 190\,\text{m}$ dürfen nicht gebogen werden.

Bei Kreuzungsweichen mit größerem Radius als $r = 190\,\text{m}$ lassen sich die Zungenvorrichtungen nicht mehr im Kreuzungsviereck unterbringen (Abb. 4.14). Bei Kreuzungsweichen mit außen liegenden Zungenvorrichtungen ergeben sich sehr komplizierte Zwei- oder gar Dreifachherzstücke (Abschn. 4.4.4.1).

## 4.3 Weichen und Kreuzungen als Planungselement

### 4.3.1 Grundlagen der Weichengeometrie

Einfache Weichen haben ein gerades Stammgleis und ein gekrümmtes Zweiggleis.

Der Zweiggleisradius sowie alle Radien in Weichen beziehen sich bei der DB und vielen anderen Bahnen immer auf die Gleisachse des Zweiggleises.

Der Zweiggleisbogen beginnt an der Stelle, an der die Achse des Stammgleises als Tangente den Zweiggleisbogen berührt. Dieser Berührungspunkt bildet den Weichenanfang (WA). Damit ist Bogenanfang = Weichenanfang. Hier wird der Schweißstoß oder in Ausnahmefällen der Laschenstoß zwischen der Weiche und dem Gleis angeordnet.

Das Weichenende (WE) wird festgelegt an der Stelle, an der die beiden Schienen hinter dem Herzstück so weit voneinander entfernt sind, dass entweder eine Schienenverbindungsschweißung oder eine Verlaschung zwischen den Schienen des Weichenendteiles und dem anschließenden Gleis möglich ist. Das bedeutet gleichzeitig, dass getrennte Schienenbefestigungen für die jeweiligen Schienen verwendet werden können. Eine Verbindungsschweißung benötigt z. B. für den Einsatz der Formen für die aluminothermische Schweißung einen freien Raum zwischen den beiden Schienen von mindestens 200 bis 220 mm. Außerdem muss der Schienenstoß am Weichenende im Schwellenfach liegen und es müssen die gewünschten geometrischen Abmessungen der Weiche an dem gewählten Weichenende erreicht sein.

Die am Bogenende des Zweiggleises anliegende Tangente bildet mit dem Stammgleis den Weichenwinkel (siehe Abb. 4.6). Der Tangens des Weichenwinkels ist die sog. Weichenneigung. Die Weichenneigung soll bei der Weichengrundform möglichst ein einfacher Bruch sein, z. B.: 1 : 7,5, 1 : 9, 1 : 12, 1 : 18, 1 : 26,5 usw., was die Planungsarbeiten und auch die zeichnerische Darstellung erleichtert. Außerdem besitzen die im Netz vorhandenen Weichen solche Neigungen. Um einen derartigen einfachen Bruch zu erhalten, wird das Weichenende entsprechend weiter vom zuvor genannten konstruktiv erforderlichen Weichenende nach hinten verschoben. Der dadurch entstehende Punkt ist das geometrische und schließlich auch das konstruktive Weichenende (WE). Der Abstand der Zweiggleisachse zur

**Tab. 4.1** Kennzeichnende Daten einfacher Weichen der DB

| Radius $R_z$ [m] | zul $v$ im Zweiggleis [km/h] | Verfügbare Schienenformen Metergewicht [kg/m] | Endneigung |
|---|---|---|---|
| 190 | 40 | 49 und 54 | 1 : 9; 1 : 7,5 und 1 : 7,5/6,6 |
| 300 | 50 | 49, 54 und 60 | 1 : 9, 1 : 14 und 1 : 9/1 : 9,4 |
| 500 | 65 | 49, 54 und 60 | 1 : 12 |
| 760 | 80 | 49, 54 und 60 | 1 : 14, 1 : 15 |
| 1200 | 100 | 49, 54 und 60 | 1 : 18,5 und 1 : 18,5/1 : 19,277 |
| 2500 | 130 | 60 | 1 : 26,5 |

Stammgleisachse an dieser Stelle wird Spreizmaß genannt und beträgt etwa 1,75 m bis zu etwa 1,90 m, bei wenigen Weichen auch mehr.

Bei der geometrischen Festlegung von Weichen geht man zunächst von einem Radius aus, der die vorgesehene Zweiggleisgeschwindigkeit zulässt. Als nächsten Schritt wählt man ein Spreizmaß am WE von 1,75 m und errechnet mit dem gewählten Zweiggleisradius die vorläufige Weichenneigung. Aus diesen beiden Größen ergibt sich eine unrunde, vorläufige Weichenneigung, die dann für den zweiten Rechenschritt gerundet wird, was zur Bestimmung der Tangentenlängen und somit der Weichenlänge führt.

Der Zweiggleisbogen kann vor dem Herzstück enden, dann entsteht ein „gerades Herzstück", er kann am Weichenende enden, dann entsteht ein Bogenherzstück, und der Zweiggleisbogen kann über das Herzstück hinaus bis zur letzten durchgehenden Schwelle weitergeführt werden, die bei einem Gleisabstand von etwa 2,30 m liegt[5]. Ein Krümmungswechsel innerhalb des sog. Langschwellenteils zwischen Weichenende und letzter durchgehender Schwelle soll vermieden werden, um Regelschwellensätze verwenden zu können.

Die Spurweite in Weichen für die DB beträgt 1435 mm für alle Geschwindigkeitsbereiche.

### 4.3.2 Zweiggleisbogen

Als Bogenformen für das Zweiggleis kommen Kreisbogen, aus Kreisbogen zusammengesetzte Korbbogen oder Klothoiden mit Kreisbogen in Frage.

Die Regelform der Zweiggleisgeometrie ist der Kreisbogen. Die gängigsten Zweiggleisradien der DB-Kreisbogenweichen mit den zugehörigen zulässigen Zweiggleisgeschwindigkeiten und möglichen Endneigungen sind in Tab. 4.1 aufgeführt.

Kreisbogen ohne Übergangsbogen im Zweiggleis stellen grundsätzlich unvermittelte Krümmungswechsel am Bogenanfang – also am Weichenanfang – und ggf. am Bogenende dar. Die zulässige Geschwindigkeit im Zweiggleis ergibt sich aus dem zulässigen Überhöhungsfehlbetrag und aus der Differenz der Überhöhungsfehlbeträge im Falle unvermittelter Krümmungswechsel bei der Fahrt im Bogen. Die tatsächlich zulässige Geschwindigkeit im Haupt- und Zweiggleis der Weichen bestimmt sich aus der individuellen Linienführung am Einbauort der Weiche und aus den Möglichkeiten der Geschwindigkeitssignalisierung.

Die konstruktive Ausgestaltung der Weichen erfordert, dass der praktische Anfang des Zweiggleisbogens nicht mit dem theoretischen Bogenanfang, der am Weichenanfang liegt, zusammenfällt. Hierauf wird im Abschn. 4.4.3 noch näher eingegangen. Zu Verbesserung des Fahrkomforts haben besonders Weichen mit höheren Geschwindigkeiten im Zweiggleis häufig Zweiggleisbögen, die aus mehreren geometrischen Elementen zusammengesetzt sind.

Die Weichen 60-6000/3700-1 : 32,5-fb für 160 km/h Zweiggleisgeschwindigkeit haben im Zweiggleis einen Anfangsradius mit der Länge „Null" und dann eine Klothoide als Übergangsbogen und daran anschließend einen Kreis-

[5] Zwei gekürzte Regelschwellen je 2,20 m und 10 cm Schotter ergeben einen Gleisabstand von 2,30 m.

bogen. Die Weichenform 60-7000/6000-1 : 42-fb für 200 km/h Zweiggleisgeschwindigkeit besitzt einen Korbbogen im Zweiggleis. Die Verwendung von Korbbögen „stuft die Krümmungsdifferenz bei der Fahrt durch das Zweiggleis ab“ und erlaubt so letztlich einen kleineren Zweiggleisradius bei gutem Fahrkomfort.

Um eine Reduktion des Rucks bei möglichst kleinen Zweiggleisradien zu erzielen, wurden in den 80er Jahren des vorigen Jahrhunderts Zweiggleisgeometrien entwickelt, die aus Klothoiden und Kreisbögen zusammengesetzt sind. Solche Weichen wurden zuerst auf den spanischen Hochgeschwindigkeitsstrecken eingebaut und ab Mitte der 90er Jahre auch auf den Schnellfahrstrecken der DB realisiert. Weichen mit Klothoiden im Zweiggleis sind z. B. in China, Korea, Taiwan und Spanien auf den Hochgeschwindigkeitsstrecken eingebaut, wenn die Zweiggleise fahrplanmäßig von Reisezügen befahren werden.

Bei der Verwendung der Weichen mit Klothoiden im Zweiggleis ist zu beachten, dass die Weichen bei gleicher Weichenneigung und gleicher Abzweiggeschwindigkeit etwas länger sind als entsprechende Kreisbogenweichen.

Die in Weichen eingesetzten Klothoidenäste beginnen nicht beim Radius $= \infty$, sondern aus konstruktiven Gründen immer mit einem endlichen Radius.

Beispiele für solche Klothoidenweichen sind die EW 60-4800/2450-1 : 26,5, die mit 130 km/h im Zweiggleis befahren werden kann oder die EW 60-10000/4000, die bei der DB mit 160 km/h im Zweiggleis befahren wird. Im Ausland wird diese Zweiggleisgeometrie, ohne Einschränkung des Fahrkomforts, mit 170 km/h im Zweiggleis befahren.

Bei der Weiche EW 60-4800/2450 beginnt der Zweiggleisbogen mit einem Radius von 4800 m und der Bogenlänge $l = 0$ und wird dann in einer Klothoide zum Radius 2450 m geführt. Die Länge der Klothoide entspricht den im Kap. 9 erläuterten trassierungstechnischen Grundsätzen.

### 4.3.3 Darstellung im Lageplan

Weichen und Kreuzungen sind in den Lageplänen durch die Achsen des Stamm- und des Zweiggleises darzustellen [1]. Der Zweiggleisbogen wird bei nicht gebogenen Weichen durch die Tangenten ersetzt (s. Abb. 4.6).

Vom Tangentenschnittpunkt bis zum Weichenende im Stammgleis und bis zum Ende der Zweiggleistangente entsteht ein Dreieck. Dieses wird bei ferngestellten Weichen ausgefüllt und bei ortsgestellten Weichen schräg schraffiert. Bei Kreuzungen mit starren doppelten Herzstücken werden diese Dreiecke senkrecht schraffiert, im Falle beweglicher Doppelherzstücke werden die Dreiecke je nach Antrieb entweder schräg schraffiert oder ausgefüllt. Ansonsten werden Kreuzungen durch die Gleisachsen und den Kreuzungsmittelpunkt dargestellt. Bei Kreuzungsweichen wird ähnlich verfahren, wobei je Verbindungsgleis ein Strich dargestellt wird.

Bei Bogenweichen werden die Gleisachsen beider Gleise entsprechend ihrem Bogenverlauf dargestellt, die Tangentenlängen der Weichengrundform ändern sich nicht. Die gekrümmten Dreiecke der Bogenweichen werden komplett ausgefüllt. Die Radien von Stamm- und Zweiggleis sind im Lageplan anzugeben. Beispiele für diese Darstellungen finden sich in den Abb. 4.15, 4.16, 4.17 und 4.18, die der DB Ril 800.0120 [1] entnommen sind.

### 4.3.4 Anordnung von Weichen

Weichen, Kreuzungen und Kreuzungsweichen sollen so angeordnet werden, dass sie sich möglichst nicht gegenseitig beeinflussen, weiterhin so, dass bei der Instandhaltung (Stopfen und Richten und Erneuerung) nicht in benachbarte Weichen eingegriffen werden muss und auch so, dass die fahrdynamischen sowie instandhaltungstechnischen Anforderungen eingehalten werden. Hierfür gelten die folgenden Grundsätze:

- Zu benachbarten Bögen in Gleisen sollen so große Abstände eingehalten werden, dass de-

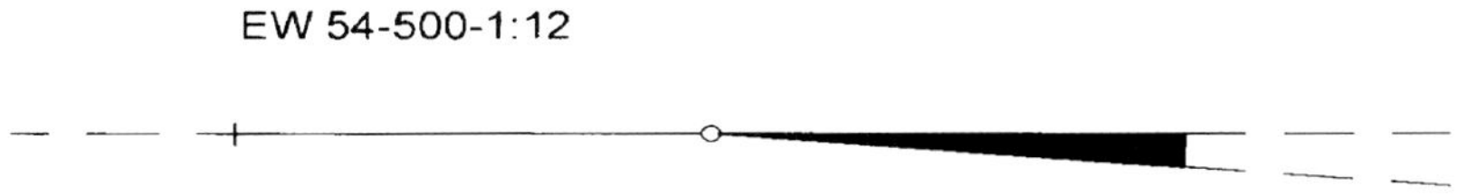


**Abb. 4.15** Darstellung einer einfachen Weiche mit Bogenherzstück (Bogenende am Weichenende, ferngestellt)

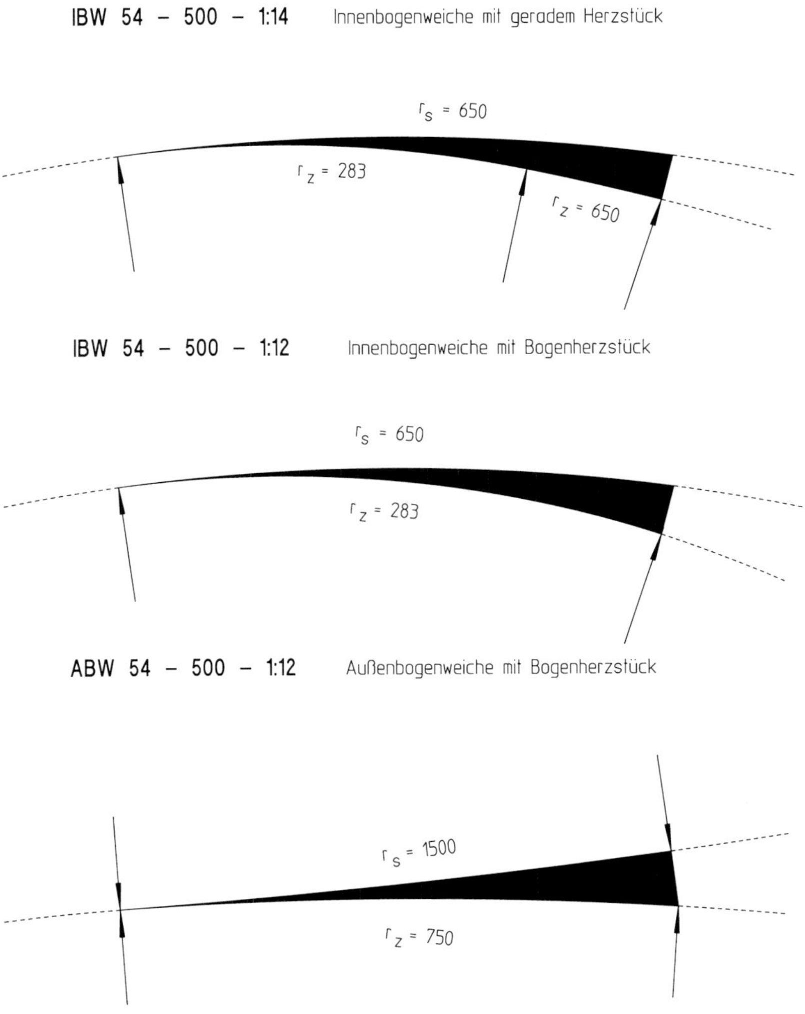


**Abb. 4.16** Darstellung von Bogenweichen (ferngestellt)

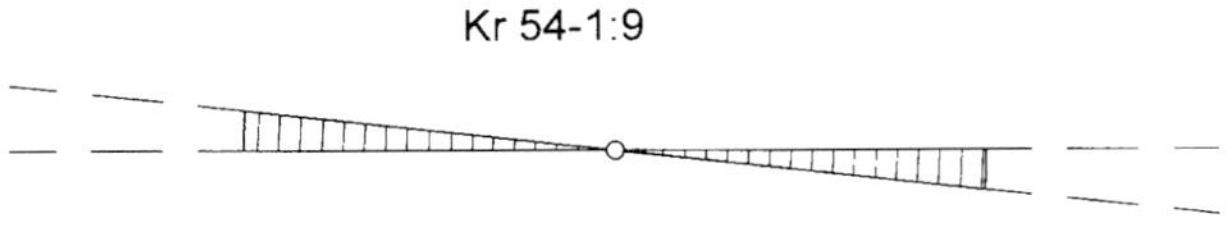


**Abb. 4.17** Darstellung einer Kreuzung

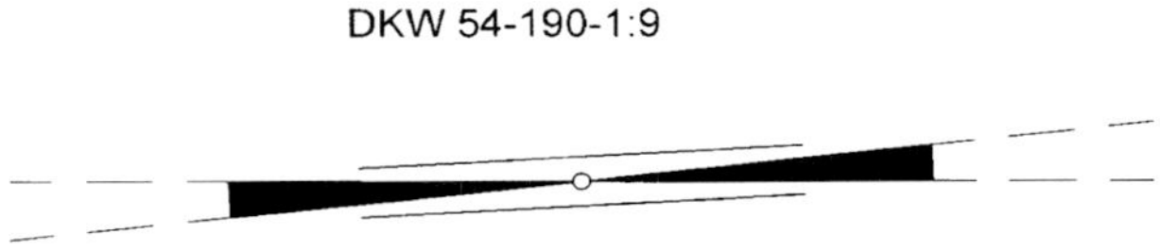


**Abb. 4.18** Darstellung einer doppelten Kreuzungsweiche

ren Instandhaltung unabhängig von der Weiche ausgeführt werden kann.

- Zwischen Weichengruppen sollen ausreichend lange Beruhigungsstrecken für die Fahrzeuge ($l \geq 0{,}4 \times v$) angeordnet werden.
- Weichen sollen so angeordnet werden, dass Fahrbahnteile nicht auf den Schwellen, die zu benachbarten Weichen gehören, zu liegen kommen und dass im Zungenbereich ungekürzte Regelschwellen verwendet werden können.
- Weichen sollen so weit entfernt voneinander eingebaut werden, dass dazwischen elektrische Trennstöße oder Achszähler angeordnet werden können; hierzu sind $l \geq 7$ m erforderlich.
- Bogenweichen sollen in Kreisbögen eingebaut werden.
- Müssen Weichen in Übergangsbögen angeordnet werden, ist darauf zu achten, dass im nach bogenaußen abzweigenden Strang keine Gegenbögen entstehen.
- Krümmungswechsel sollen nicht im Weichenbereich angeordnet werden.
- Wenn Neigungswechsel im Weichenbereich nicht vermeidbar sind, dann sollen Regelausrundungsradien, mindestens jedoch $r_a \geq 2000$ m geplant werden.
- Im Bereich von Weichen müssen seitliche Freiräume für Weichenantrieb, Endlagenprüfer und Übertragungsteile vorhanden sein. Das gilt insbesondere für Weichen in Tunneln und auf Brücken (wo Weichen grundsätzlich vermieden werden sollen). Der Einsatz moderner hydraulischer Antriebe erlaubt aber auch bei beengten Verhältnissen die Anordnung von Weichen (wie z. B. In den Bahnhofsköpfen des neuen Stuttgarter Hauptbahnhofes.)
- Bewegliche Teile von Weichen müssen ferner ausreichend weit von beweglichen Brückenfugen entfernt sein, um Beeinträchtigungen der Funktion der Weiche aus den Längenänderungen der Brücke zu vermeiden.
- Falls Weichen auf Brücken nicht vermieden werden können, muss die vertikale Verformung der Brückenüberbauten so begrenzt werden, dass keine unzulässigen vertikalen Abstände zwischen Zungen und Gleitstuhlplatten entstehen.

Bei beengten Verhältnissen darf von einigen der vorgenannten Grundsätze abgewichen werden. So darf z. B. in Ausnahmefällen WA am WE der davor liegenden Weiche und damit auf den Langschwellen dieser Weiche angeordnet werden. Ebenso können bei geringem Abstand zwischen WE und WA im Zungenbereich der zweiten Weiche gekürzte Regelschwellen verwendet werden.

## 4.4 Bauteile von Weichen und Kreuzungen

### 4.4.1 Allgemein

Abb. 4.19 zeigt die systematische horizontale Einteilung einer einfachen Weiche. Alle anderen Weichen folgen dieser Systematik.

Gemäß Abb. 4.20 besteht jede Weiche aus dem Zungenbereich dem Zwischenschienenbereich und dem Herzstückbereich. Die Weichenfahrbahn liegt auf dem Weichenschwellensatz oder vorgefertigten Betonplatten. Vervollständigt wird die Weiche durch die Weichenantriebe mit Verschlüssen und Prüfkontakten. Der Langschwellenteil, in dem Regelschienen der anschließenden Gleise und Regelschienenbefestigungen verwendet werden, reicht über das Weichenende hinaus bis zur letzten durchgehenden Schwelle („ldS“), siehe Abschn. 4.4.6.

Zungenvorrichtungen, Herzstücke und Radlenker werden „Weichengroßteile“ genannt, siehe Abb. 4.19. Sie bestehen alle aus bearbeiteten Schienen und besitzen besondere Schienenbefestigungen. Im Zwischenschienenbereich kommen Regelschienen auf Regelschienenbefestigungen zum Einsatz.

Vertikal lässt sich die Weiche gliedern in die Weichenfahrbahn, auf der die Räder getragen und geführt werden, die Schienenbefestigungen, die Schwellen und den Schotter beziehungsweise entsprechende Bauteile der Festen Fahrbahn.

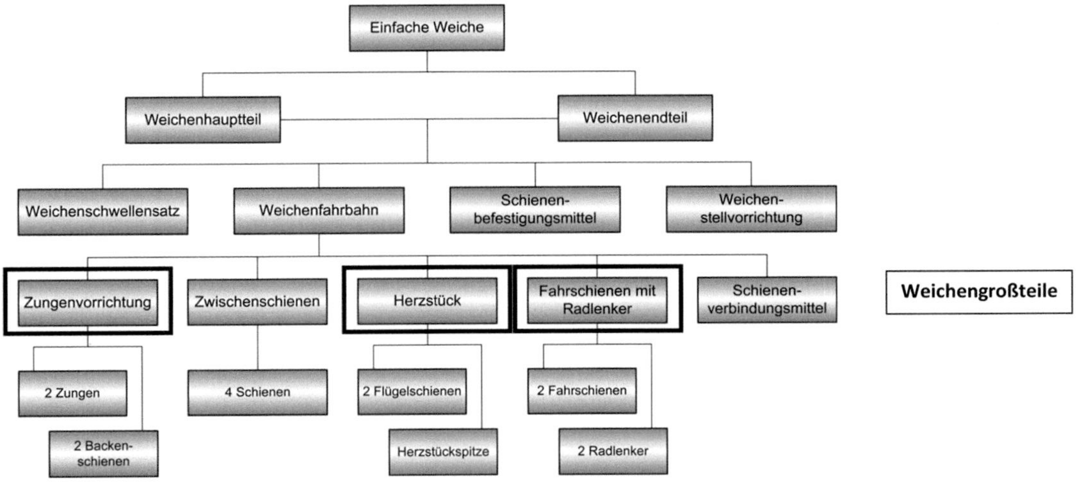


**Abb. 4.19** Einteilung einer Weiche

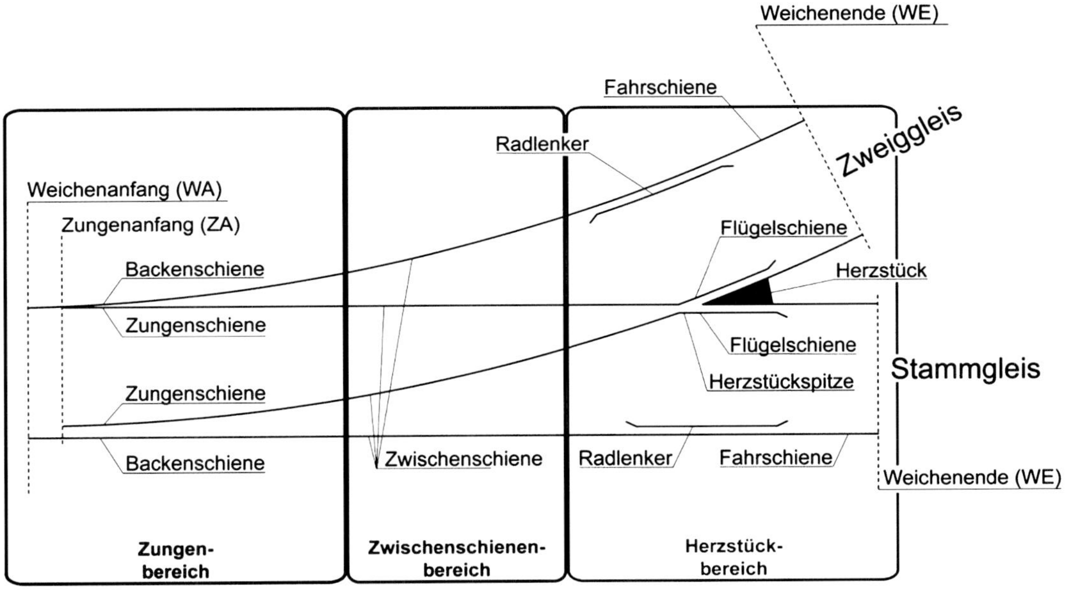


**Abb. 4.20** Systemskizze der Bauteile einer Weiche

## 4.4.2 Weichenfahrbahn

Bei der DB haben sich drei Schienenprofile etabliert: das S 49-Schienenprofil, das S 54-Schienenprofil und das UIC 60-Schienenprofil. Mit Einführung der Europäischen Norm EN 13674 haben sich die Bezeichnungen der Schienenprofile geändert, dennoch sind die Weichen im Regelwerk der DB vielfach nach wie vor unter den genannten Profilbezeichnungen geführt. Die neuen Bezeichnungen der Schienen- bzw. sog. Walzprofile für die Konstruktionsschienen in Weichen sind in Abb. 4.21 gegenübergestellt.

Die Weichenfahrbahn soll den Lauf der Fahrzeuge im Vergleich zum Gleis möglichst wenig beeinflussen. Dies ist wegen der geschilderten spurführungstechnischen Besonderheiten in Weichen nur bedingt möglich.

**Abb. 4.21** Gegenüberstellung der neuen Schienenbezeichnungen nach EN 13674 und der alten Bezeichnungen nach UIC-Merkblatt 860 V

| Zungenschienen | |
|---|---|
| EN 13674 | vormals |
| 49E1A1 | Zu 2-49 |
| 54E1A2 | Zu 1-54 |
| 54E1A1 | Zu UIC 54 B |
| 60E1A1 | Zu 1-60 |
| Zu 60 E2-40 | — |

| Vollschienen | |
|---|---|
| EN 13674 | vormals |
| 49E1F1 | Vo 1-49 |
| 54E3F1 | Vo 1-54 |
| 54E1F1 | Vo 1 - UIC 54 |
| Vo 60 E2-40 | — |
| 60E1F1 | Vo 1-60 |

| Radlenker | |
|---|---|
| EN 13674 | vormals |
| 36C1 | Rl 1-49 |
| 48C1 | Rl 1-54 |
| 33C1 | Rl 1-60 |

Mit Beginn des Hochgeschwindigkeitsverkehrs erfolgte die Einführung geneigter Schienen für die zweite Generation der HGV-Weichen. Dabei wurden die vorher in Weichen senkrecht stehenden Schienen (was konstruktiv weniger anspruchsvoll ist) mit der Neigung 1 : 40 wie im Gleis nach innen geneigt mit dem Ziel der Angleichung der berührgeometrischen Verhältnisse an die des Gleises.

Die Neigung der Schienen trägt neben den berührgeometrischen Verbesserungen auch zur Reduktion von Rollkontaktermüdungsschäden im Bereich der Fahrkanten bei.

Eine Umrüstung bestehender Weichen zum Einsatz geneigter Schienen scheidet wegen der damit verbundenen hohen Kosten aus, weil die Neigung der Schienen bei gleichbleibender Spurweite andere Schwellenkoordinaten erfordert. Gelöst wurde diese Herausforderung durch Einführung von Walzprofilen mit einer Kopfneigung von 1 : 40 für die UIC 60-Weichen, Abb. 4.22. Damit können die Schienen weiterhin senkrecht in der Weiche unter Beibehaltung bestehender Schwellensätze eingebaut werden, und trotzdem entspricht die Berührgeometrie der Schienenneigung 1 : 40. Diese Umrüstung ist möglich im Zuge der Erneuerung von Fahrbahnteilen in bestehenden Weichen UIC 60 und bei allen Neufertigungen dieser Weichen. Um die Schienenkopfneigung in der richtigen Richtung einzubauen, ist das Walzzeichen auf der der Fahrkante gegenüber liegenden Seite aufgebracht, was beim Einbau zu beachten ist. Beim Anschluss kopfgeneigter Schienen an Schienen, die geneigt eingebaut sind, werden die Fahrkante und die Fahrfläche ausgerichtet. Hierdurch entsteht im Steg und am Fuß ein Seiten- und ein Höhenversatz, was beim aluminothermischen Schweißen ausgeglichen wird.

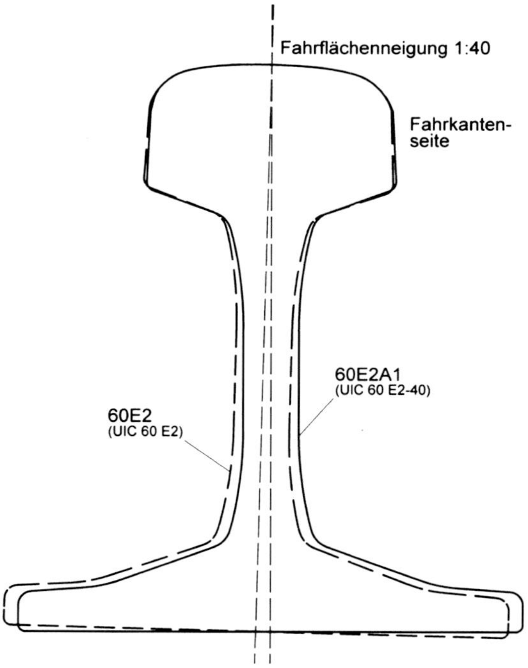


**Abb. 4.22** Darstellung des Übergangs von 60 E2 1 : 40 geneigt auf 60 E2 senkrecht stehend

Zu den jeweiligen Regelschienenprofilen gibt es die entsprechenden Walzprofile für die Weichenzungen mit dem gleichen Gewicht pro Meter.

Bei allen Zungenprofilen für die DB-Weichen handelt es sich um asymmetrische Profile, die deutlich niedriger sind als die entsprechenden Regelschienenprofile. Der Höhenunterschied zwischen Backenschiene und Zunge erlaubt die Verwendung von inneren Backenschienenverspannungen in den Gleitstühlen, Abb. 4.50 und 4.51.

Die Zungen sind immer bewegliche Bauteile, und in beweglichen Bauteilen sind grundsätzlich keine Schweißungen erlaubt. Um den Anschluss der Zunge am Zungenende mit der im Zwischenschienenbereich anschließenden Regelschiene verschweißen zu können, werden die Zungenprofile nahe dem Zungenende durch Schmieden umgeformt auf das Profil der Regelschiene.

### 4.4.3 Zungenvorrichtungsbereich

#### 4.4.3.1 Allgemein

Der Zungenteil wird auch als Zungenvorrichtung bezeichnet. Diese setzt sich zusammen aus zwei halben Zungenvorrichtungen. Die halben Zungenvorrichtungen bestehen aus einer geraden Backenschiene für das gerade Stammgleis und einer gebogenen Zunge für das Zweiggleis bzw. aus einer gebogenen Backenschiene für das Zweiggleis und aus einer geraden Zunge für das Stammgleis. Details können Abb. 4.23 entnommen werden, die aus der DIN EN 13232 stammt.

Alle Schienen im Zungenteil sind bei der Weichenfertigung zu bearbeiten (Hobeln, Fräsen, Schmieden und Bohren). Die Backenschienen sind feststehend, die Zungen sind beweglich, an ihren Enden jedoch eingespannt.

Der Zungenbereich muss so lang sein, dass das Zungenende (Zungenwurzel) und die Backenschienen so weit voneinander entfernt sind, damit eine Schweißung oder Verlaschung mit

**Abb. 4.23** Zungenvorrichtung mit allen Komponenten und ihren Bezeichnungen gemäß EN 13232

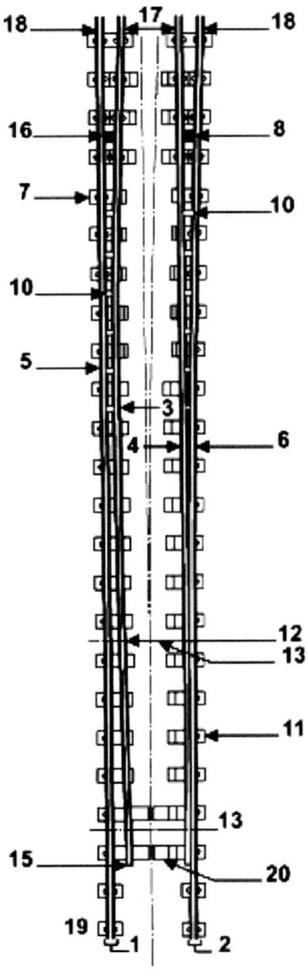


1 linke halbe Zungenvorrichtung
2 rechte halbe Zungenvorrichtung
3 Linke gebogene Zunge
4 Rechte gerade Zunge
5 Linke gerade Backenschiene
6 Rechte gebogene Backenschiene
7 Unterlagsplatte der Zungenwurzel
8 Futterstück der Zungenwurzel
9 Stoßfutterstück (nicht dargestellt)
10 Stützknaggen
11 Gleitstuhlplatten
12 Zungenverbindungsstangenhalter
13 Zungenverbindungsstange
14 Wanderschutz (nicht dargestellt)
15 Zungenspitze
16 Zungenwurzel
17 Zungenstoß
18 Backenschienenstoß
19 Backenschienenstoß Weichenanfang
20 Unterlagsplatte (Verbindungsplatte)
21 Schwellen (nicht dargestellt)

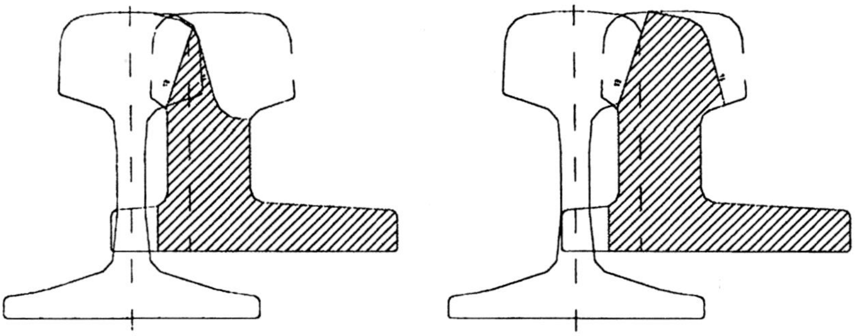

**Abb. 4.24** Querschnitt durch Zunge und Backenschiene an verschiedenen Stellen zur Demonstration der Anpassung der Konturen beider Schienen

den anschließenden Zwischenschienen möglich ist und getrennte Schienenbefestigungen für Backenschiene und Zungenschiene eingebaut werden können. Ein Mindestabstand von etwa 200 bis 220 mm ist hierfür notwendig. Außerdem soll der Zungenwurzelstoß (Schweißstoß oder Laschenstoß) in einem Schwellenfach liegen. Eine weitere Forderung ist, dass die Zunge am Zungenende vor dem Schweißstoß auf mindestens drei Schwellen befestigt ist.

### 4.4.3.2 Zungenausbildung und Wanderschutz

Die Zungen bestehen aus asymmetrischen Schienenprofilen (siehe Abb. 4.24), die niedriger sind als die Backenschienenprofile. Der Höhenunterschied erlaubt die Verwendung sog. Gleitstühle, auf denen die Zunge beim Umstellvorgang quer gleiten kann. Zur Verringerung der Reibung können in die Gleitstühle sog. Zungenroller integriert oder zwischen den Schwellen separat montiert sein. Außerdem kann im Gleitstuhl die sog. innere Backenschienenverspannung, die den inneren Schienenfuß der Backenschiene kraftschlüssig niederhält, (siehe Abb. 4.50 und 4.51) eingesetzt werden.

Die Fahrkantengeometrie der Zunge soll möglichst die geometrische Gestaltung des Zweiggleises der Weiche abbilden. Würde die Zunge als Ablenkvorrichtung mit ihrer Fahrkante genau die Tangente des Zweiggleises berühren, so würde das zu extrem dünnen Bauteilen am Zungenanfang führen. Solch dünne Bauteile könnten den Beanspruchungen aus den Führungskräften beim Anlaufen der Spurkränze an die Fahrkanten der Zungen nicht widerstehen. Deshalb wird die Zunge gekürzt, und ihre Fahrkante bildet

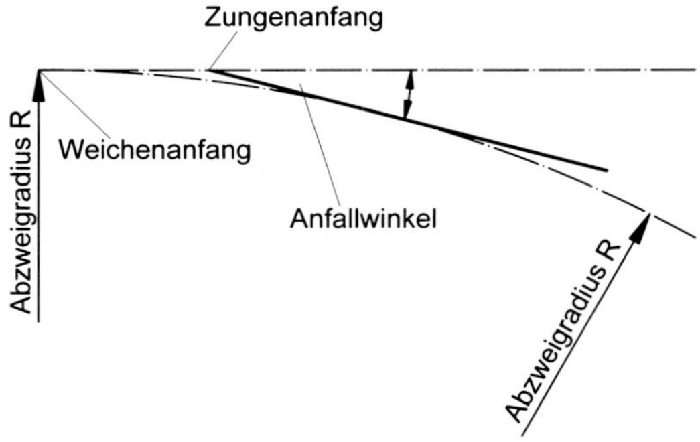


**Abb. 4.25** Prinzipskizze Anfallwinkel am Zungenanfang

am Zungenanfang eine Tangente an den Zweiggleisbogen. Hierdurch entsteht ein Anstellwinkel des Spurkranzes an die Zungenfahrkante (siehe Abb. 4.25).

Durch diese Maßnahme wird die Zunge kürzer als die zugehörige Bogenlänge des Zweiggleises, und der Zungenanfang liegt dadurch etwa zwei Schwellenfächer oder mehr hinter dem Weichenanfang. An der Zungenspitze ist die Zunge dennoch sehr stark geschwächt, und sie unterschneidet die an der Schienenkopfunterseite schräg beigehobelte Backenschiene (siehe Abb. 4.26). Die Oberkante der Zunge ist so abgesenkt, dass sie die Backenschienenfahrkante um mindestens 3 mm unterschneidet. Am Zungenanfang übernimmt die Zunge nur Führungskräfte aus dem horizontalen Kontakt Spurkranz-Fahrkante. Die Radaufstandskräfte werden von der Backenschiene getragen. Erst ab einer Dicke des bearbeiteten Zungenkopfes von mindestens 20 mm kann die Zunge auch Vertikalkräfte aufnehmen.

Am Zungenanfang werden die Führungskräfte von der Anschlagseite der Zunge durch Kontakt direkt in die Backenschiene eingeleitet, nach dem

**Abb. 4.26** Zungenspitze mit schräg unterhobelter Backenschiene

sog. Hauptknick der Zunge übernehmen Zungenstützen oder Stützknaggen die Seitenkräfte aus der Zunge und leiten sie in den Steg der Backenschiene ein, was aus Abb. 4.27 ersichtlich ist.

Die Zungen sind durch die Verschweißung mit den Zwischenschienen an das lückenlose Gleis angeschlossen und bilden ein „freies Ende im lückenlosen Gleis", das Längsbewegungen der Zunge in Abhängigkeit der Temperatur und des Durchschubwiderstandes der Schienenbefestigung zulässt.

Die Zunge ist ein elastisch verformbares Bauteil. Es wird mit Hilfe von Antriebsvorrichtungen seitlich bewegt und durch Verschlüsse in der jeweiligen Endlage gehalten und verschlossen.

Im anliegenden (geschlossenen) Zustand muss die Zunge formschlüssig an der Backenschiene (im vorderen Bereich) bzw. formschlüssig an den Stützknaggen (im hinteren Bereich) anliegen. Geringe Toleranzen sind zulässig. Die Anlage wird durch entsprechend eingestellte Zungenprüfkontakte überwacht. Im Laufe der Zeit kann es zu Verbiegungen der Zunge kommen, so dass die zuvor beschriebene gute Anlage gefährdet ist. In solchen Fällen kann ein Nachbiegen der Zunge vor Ort notwendig werden.

Im abliegenden (offenen) Zustand muss die Zunge an jeder Stelle einen ausreichenden Abstand zur Backenschiene einhalten, und an der engsten Stelle zwischen abliegender Zunge und Backenschiene muss eine Durchfahrrille von mindestens 58 mm sichergestellt werden, um zu gewährleisten, dass (abhängig von den Abmessungen und Toleranzen des Radsatzes) die Rückseite der offenen Zunge nicht vom Radrücken angefahren wird.

Gleichzeitig dürfen die Umstellwiderstände aus horizontaler Biegung der Zunge, Reibung zwischen Zunge und Gleitstuhlflächen sowie vertikaler Biegung der Zunge (z. B. beim Hochlaufen der Zunge auf Zungenroller) nicht so groß sein, dass die zur Verfügung stehenden Umstellkräf-

**Abb. 4.27** Endbereich der Zunge (*links*) mit Stützknaggen und zweiteiligem Wanderschutz

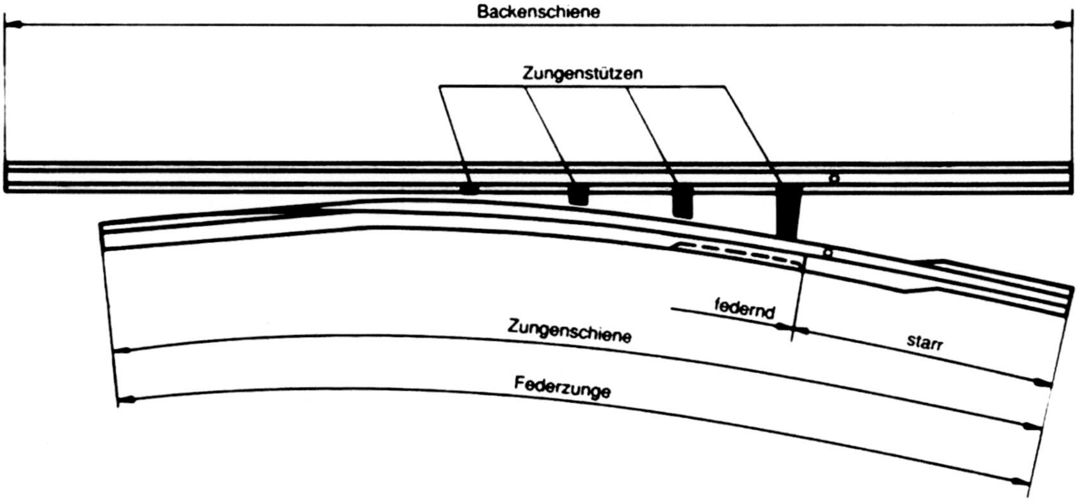


**Abb. 4.28** Prinzipskizze Federzunge

**Abb. 4.29** Ausschmiedung des Zungenprofils zum Regelschienenprofil (Schweißstoß zwischen Zungen- und Zwischenschiene im Schwellenfach)

te des Stellsystems einschließlich ausreichender Reserven nicht mehr genügen. Ein ausreichender Abstand zwischen zur Verfügung stehender Umstellkraft und Umstellwiderstand ist für die Verfügbarkeit der Weichen daher unabdingbar.

Um dies zu erreichen, gibt es zwei Konstruktionsprinzipien für die Zungen, die die Biegelinien und die Biegekräfte beeinflussen: die Federzunge und die Federschienenzunge.

### 4.4.3.3 Zungenwurzel und Federstelle

**Federzunge**

Bei der Federzunge befindet sich der gesamte bewegliche Abschnitt der Zunge im Bereich des Zungenprofils. Die Umschmiedung zum Regelschienenprofil ist weit hinten in der Zunge in ihrem unbeweglichen Teil angeordnet und somit komplett durch die Schienenbefestigung eingespannt. Diese Anordnung vermeidet eine Schweißung im beweglichen Zungenteil. Abb. 4.28 veranschaulicht dieses Prinzip.

Um die Umstellwiderstände klein zu halten und um die Mindestdurchfahrrille über die Beeinflussung der Biegelinie sicher einhalten zu können, ist es möglich, den Zungenfuß im Bereich der Federstelle abzufräsen. Dieser Bereich ist in der Prinzipskizze gestrichelt dargestellt. Der auf der Skizze als „starr" bezeichnete Abschnitt ist vollkommen durch die Schienenbefestigung eingespannt. Hier befindet sich auch die Ausschmiedung zum Regelschienenprofil. Die Federzunge ist an ihrem Ende und damit im Regelschienenprofil mit der Zwischenschiene verschweißt. Die Federzunge ist Stand der Technik bei der DB.

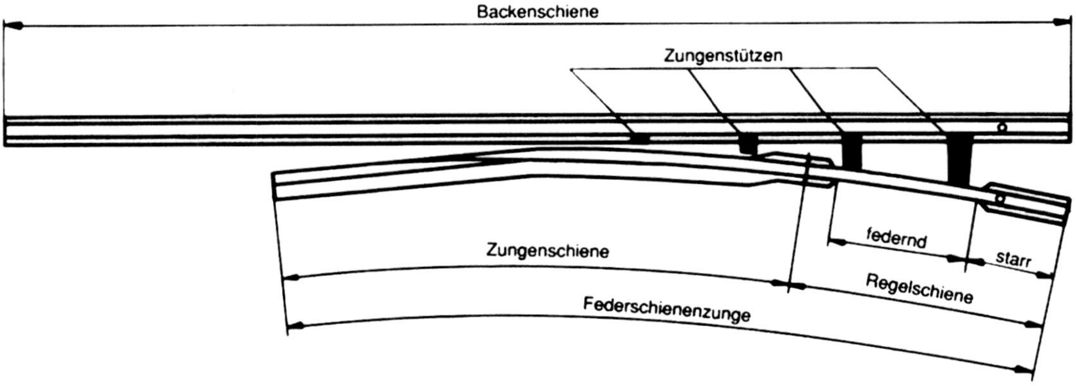


**Abb. 4.30** Prinzipskizze Federschienenzunge

Der in Abb. 4.29 dargestellte Bereich der Ausschmiedung ist komplett durch die Schienenbefestigung eingespannt. Sichtbar ist auch der Höhenunterschied zwischen Zungen- und Regelschienenprofil und die Änderung der Stützpunkthöhe.

**Federschienenzunge**

Die Federschienenzunge besteht aus dem asymmetrischen Zungenprofil und wird im hinteren, aber noch beweglichen Teil der Zunge auf das Regelschienenprofil ausgeschmiedet und mit dem anschließenden Regelschienenprofil im Abbrennstumpfschweißverfahren verschweißt, Abb. 4.30. Die Schweißstelle liegt damit im federnd beweglichen Teil der Zunge und muss mit einer Sicherheitslasche gesichert werden, weil Schweißungen in beweglichen Fahrbahnteilen ohne zusätzliche Sicherung nicht erlaubt sind.

Zur Reduzierung der Umstellwiderstände und zur Beeinflussung der Biegelinie kann der Zungenfuß im Bereich der Regelschiene abgearbeitet werden. Da bei der Federschienenzunge der hintere Teil aus einem Regelschienenprofil besteht, fehlt der erforderliche Höhenunterschied für den Einbau einer inneren Backenschienenverspannung. In diesem Bereich ist also eine Regelschienenbefestigung erforderlich. Die Federschienenzunge ist heute eher die Ausnahme.

Im hinteren Bereich macht die Zunge nur noch relativ kleine seitliche Bewegungen beim Umstellen. Um die Reibkräfte beim Umstellen zu begrenzen, sind die Gleitstuhloberflächen dort mit Aluminium-Silizium oder Molybdän beschichtet.

### 4.4.3.4 Länge der Zungenvorrichtung

Die Zweiggleisgeometrie (im Wesentlichen der Radius des Zweiggleises und die folgenden konstruktiven Grundsätze) beeinflussen die Länge der Zungenvorrichtung.

Die Länge der Zunge muss so gestaltet sein, dass sie an ihrem Ende und noch vor der Schweißstelle durch mindestens drei Stützpunkte voll verspannt sein kann. Hierzu braucht sie einen ausreichenden Abstand von der Backenschiene. Dieser Mindestabstand beträgt etwa 200 bis 220 mm. Der Schweißstoß zwischen der Zunge und der anschließenden Zwischenschiene muss zwischen zwei Schwellen, möglichst in Schwellenfachmitte, angeordnet sein, Abb. 4.29.

Des Weiteren muss im eingespannten Teil der Zunge hinreichend Platz für die Anordnung des Wanderschutzes verfügbar sein, Abb. 4.31.

Die Backenschiene ist genau so lang, dass die senkrechte Projektion des Zungenendes auf die Backenschiene deren Ende darstellt. Die Enden von Zunge und Backenschiene sind durch jeweils einen Körnerschlag am Schienenkopf gekennzeichnet. Diese Körner dienen bei der Montage der genauen Ausrichtung der halben Zungenvorrichtung.

Die Länge des beweglichen Teils der Zunge sowie die Länge und Stärke der oben erwähnten Ausfräsung am Zungenfuß beeinflussen den Umstellwiderstand maßgeblich.

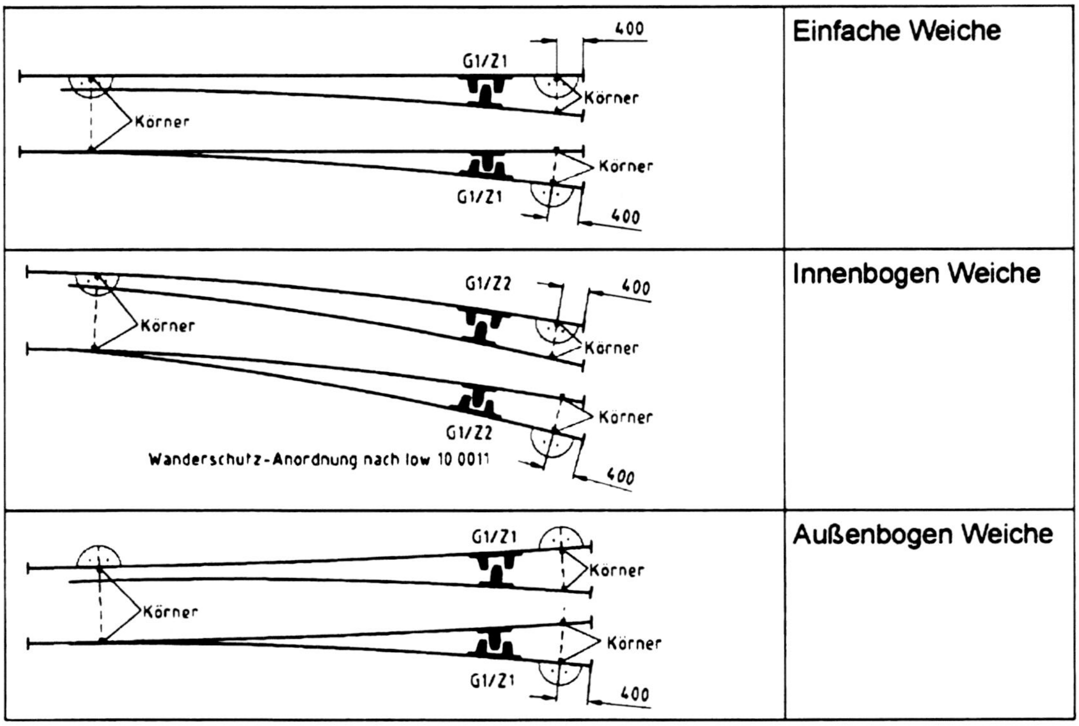


**Abb. 4.31** Winkellage der Backenschiene und Lage der Zungen

#### 4.4.3.5 Ausbildung der Zungenspitze/ Verschleißvorrat

Je größer der Zweiggleisradius wird, umso länger und schlanker werden die Weichen und damit auch die Zungen. Um für solch schlanke Zungen ausreichend Stabilität und Verschleißvorrat zu schaffen und gleichzeitig fahrkinematische Nachteile im langen Überlaufbereich zwischen Backenschiene und Zunge zu reduzieren, verfügen die Weichen 60-7000/6000 bzw. 60-6000/3700 von Anfang an über eine Vergrößerung der Spurweite in der Zungenvorrichtung. Diese Spurerweiterung um 15 mm wurde realisiert durch ein „Öffnen" der Backenschiene zur Feldseite hin. Im gleichen Maß wie die Spurweite durch diese Maßnahme zunimmt, vergrößert sich die Zungendicke.

Das Prinzip ist in Abb. 4.32 und 4.33 veranschaulicht.

Der Dickenunterschied der Zunge, der einen zusätzlichen Verschleißvorrat bietet, ist in Abb. 4.33 deutlich sichtbar. Durch die Spurerweiterung geht die Geradheit der geraden Backenschiene verloren und die für die Richtungskorrektur durch Stopfmaschinen erforderlichen Korrekturdaten müssen entsprechend zur Verfügung gestellt werden. Im europäischen Projekt „Innotrack", dessen Ziel es war, die Lebenszykluskosten (LCC) für die Fahrbahn deutlich zu senken, wurde auch diese Lösung theoretisch untersucht und als wirksame Maßnahme zur Verbesserung der Lebensdauer der Zungen eingestuft. Je kleiner der Zweiggleisradius umso vorteilhafter macht sich der gewonnene Dickenzuwachs der Zunge beim Verschleiß der Zweiggleiszunge bemerkbar.

Neben dem Dickenzuwachs der Zungenquerschnitte beeinflusst die Spurerweiterung die Radsatzführung im Überlaufbereich Zunge/Backenschiene günstig. Das System ist deshalb unter dem Namen „Fahrkinematische Optimierung" oder abgekürzt „Fakop" bekannt. Die fahrdynamische Wirksamkeit wird ermöglicht durch die Konizität der Eisenbahnräder. Beim Überlauf von der Backenschiene zur Zunge ändert sich der wirksame Radumfang innerhalb kürzester We-

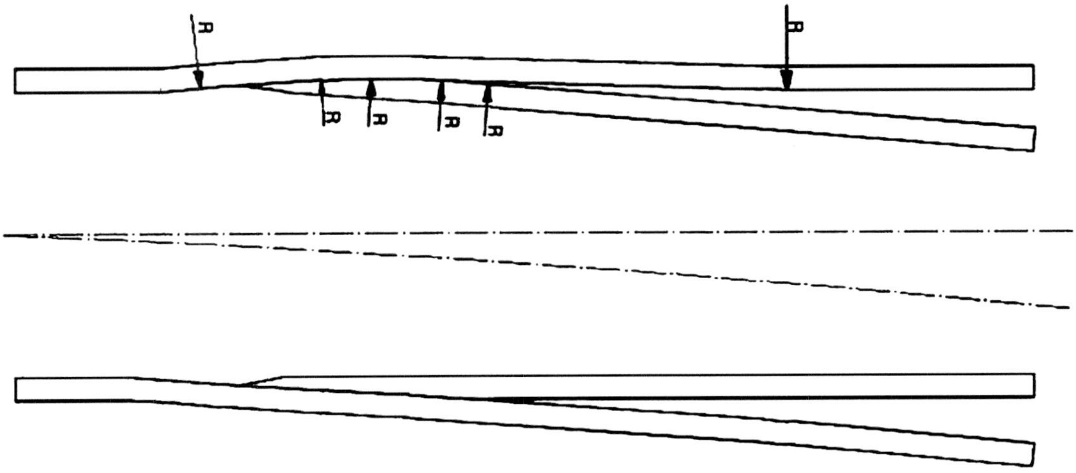

**Abb. 4.32** Prinzipskizze der Spurerweiterung am Zungenanfang zur Vergrößerung des Dickenzuwachses der Zunge

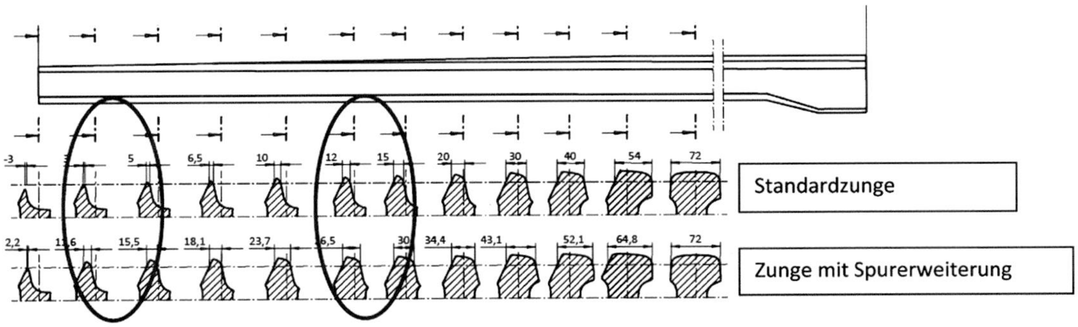


**Abb. 4.33** Prinzipskizze zur Darstellung der größeren Zungendicke bei Spurerweiterung im Vergleich zur Standardzunge

ge, was dem überrollenden Radsatz wegen der damit vergrößerten Rollradiendifferenz zwischen dem linken und rechten Rad derselben Achse eine seitliche Komponente verleiht. Diese Rollradiendifferenz lässt sich mit der dargestellten Spurerweiterung im Bereich der Backenschiene verkleinern. Für Weichen, die mit Fakop ausgestattet sind, sind die Schwellen mit passenden Stützpunktkoordinaten herzustellen.

Auf den spanischen Hochgeschwindigkeitsstrecken sowie in China, Taiwan und Korea ist dieses System bei vielen Weichen eingesetzt. Auch im Netz der DB haben die sogenannten Klothoidenweichen das Fakop-System.

Alternativen zu dieser Art der Vergrößerung des Verschleißvorrates der Zungen stellen die sog. WITEC oder TOZ/TOZ+ („Tragfähigkeitsoptimierte Zungenvorrichtung") dar. Hier wird die Verdickung der Zungenspitze durch stärkeren Materialabtrag an der Backenschiene geschaffen. Das System wird deshalb auch als „eingelassene Zunge" bezeichnet.

Wie dieser Materialzuwachs bei der WITEC-Zunge mit dem zusätzlichen Materialabtrag bei der Backenschiene im Einklang steht, zeigen Abb. 4.34 und 4.35.

Abb. 4.34 zeigt oben links den Dickenzuwachs der WITEC-Zunge im Querschnitt. Die rechten Bilder zeigen die Draufsichten auf die Zunge, das obere Bild die Draufsicht ohne Dickenzuwachs und das untere Bild die Draufsicht mit Dickenzuwachs. Durch diese Gestaltung der Zun-

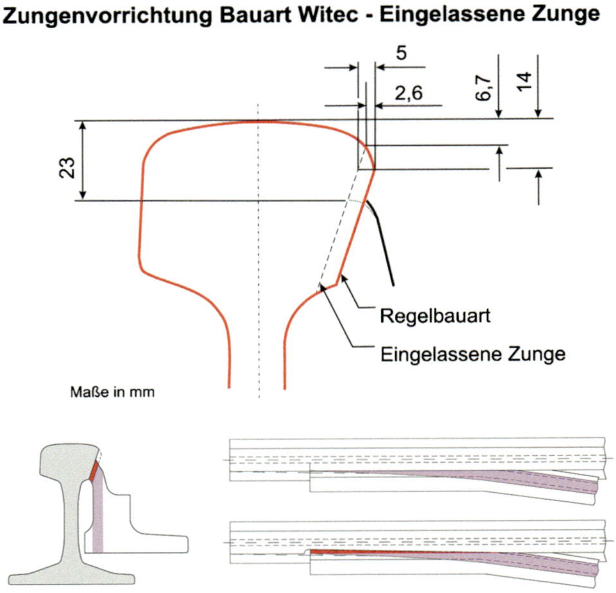


**Abb. 4.34** Eingelassene Zunge der Bauart WITEC

**Abb. 4.35** Unterschneidung der Backenschiene für WITEC. *Links* starke Unterschneidung, *rechts* „normale" Unterschneidung

ge verlängert sich die Standzeit der gebogenen Zunge deutlich. Eine Veränderung der Schwellensätze ist nicht erforderlich.

### 4.4.3.6 Zwischenschienenteil

Der Zwischenschienenteil befindet sich zwischen Zungenvorrichtung und Herzstückteil. Im Zwischenschienenteil werden unbearbeitete Schienen verwendet. Falls Isolierstöße angeordnet werden müssen, so befinden sie sich im Zwischenschienenteil. Zwei Zwischenschienen sind dem Zweiggleisradius entsprechend gebogen und zwei Zwischenschienen dem Stammgleis entsprechend gerade.

Die Zwischenschienen des Stammgleises und die des Zweiggleises liegen auf denselben langen Schwellen. In der Nähe der Zungenvorrichtung und kurz vor dem Herzstück liegen die Zwischenschienen sehr nahe aneinander. Die lässt den Einsatz separater Schienenstützpunkte nicht zu. Folglich sind in diesen Bereichen Stützpunkte zu verwenden, die jeweils zwei Schienen auf den Schwellen oder der Festen Fahrbahn befestigen.

**Abb. 4.36** Starres gerades Herzstück

## 4.4.4 Herzstückbereich

Endet der Zweiggleisbogen vor dem Herzstück, so entsteht ein „Gerades Herzstück", Abb. 4.36. Der Winkel des Herzstückes entspricht dann der Endneigung der Weiche.

Wenn der Zweiggleisbogen bis zum Herzstückende oder darüber hinaus geführt wird, entsteht ein Bogenherzstück. Die Fahrkante der Bogenherzstücke liegt immer bogenaußen und wird deshalb durch die Führungskräfte stärker beansprucht und somit verschlissen als gerade Herzstücke. Insbesondere bei kleinen Zweiggleisradien kann ein sehr starker Seitenverschleiß der Herzstückspitze trotz Radlenker auftreten.

### 4.4.4.1 Starres Herzstück

Bei der Standardform der Weiche, kommt das Herzstück ohne bewegliche Teile aus, man spricht vom starren Herzstück (Abb. 4.36, 4.37, 4.38). Der Einsatz von starren Herzstücken wird durch die maximale Befahrungsgeschwindigkeit im geraden Strang und der Weichenneigung begrenzt. Die DB verwendet deshalb bei Weichenneigungen von 1 : 26,5 oder flacher bewegliche Herzstückspitzen. Bei Geschwindigkeiten oberhalb 230 km/h müssen bei der DB bewegliche Herzstückspitzen, unabhängig von der Weichenneigung, verwendet werden.

Bei starren Herzstücken ist von größeren Geräuschemissionen und Erschütterungen auszugehen, als bei beweglichen Herzstücken. Es sei in diesem Zusammenhang erwähnt, dass die Unstetigkeiten beim Radüberlauf, besonders im starren Herzstück (s. Abschn. 4.4.7) zu deutlichen Erhöhungen der Kontaktkräfte Rad-Schiene führen, die allerdings durch abgestufte Elastizitäten und dadurch verbesserten Lastverteilungen und durch optimierte Profilierungen der Herzstückspitze und Flügelschienen abgeschwächt werden können (s. Abschn. 4.5). Simulationsrechnungen, die auch messtechnisch bestätigt sind, zeigen, dass z. B. bei Weichen der Bauform 60-500-1 : 12 die vertikalen Kontaktkräfte bei bis zu 350 kN liegen können, abhängig vom Instandhaltungszustand der Herzstücke und Räder.

**Abb. 4.37** Starres einfaches Herzstück mit Flügelschienen (mit Noteinlauf) und Futterstücken

In Kreuzungsweichen entstehen mehrfache Herzstücke, die in Abb. 4.39 sichtbar sind.

### 4.4.4.2 Bewegliches Herzstück

Die bereits dargestellten starren Herzstücke sind durch eine Unterbrechung der Fahrkante gekennzeichnet. Zur Aufrechterhaltung der Führungsfunktionen im Bereich der Fahrkantenunterbre-

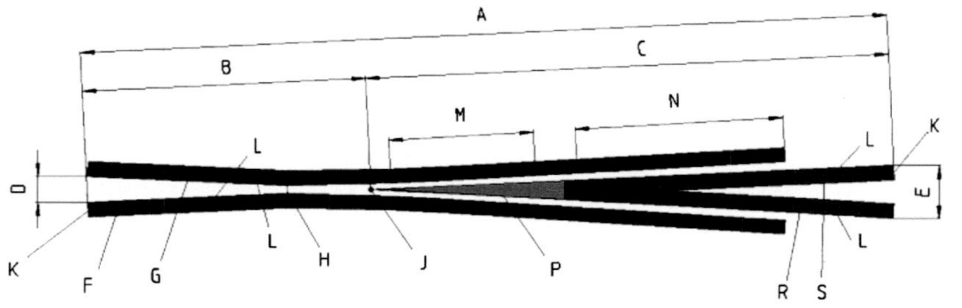


**Legende**

| | | | |
|---|---|---|---|
| A | Herzstücklänge | J | theoretische Herzstückspitze |
| B | Herzstückanfang - theoretische Herzstückspitze | K | Schienenstöße |
| C | theoretische Herzstückspitze - Herzstückende | L | Fahrkanten |
| D | Spreizmaß Anfang | M | parallele Rille |
| E | Spreizmaß Ende | N | Flügelschieneneinlauf |
| F | rechte Flügelschiene | P | Herzstückspitze |
| G | linke Flügelschiene | R | rechte Anschlussschiene |
| H | Flügelschienenhauptknick | S | linke Anschlussschiene |

**Abb. 4.38** Einfaches Herzstück nach DIN EN 13232-6

**Abb. 4.39** Mehrfache Herzstücke in Kreuzungen. *Links*: Doppeltes Herzstück in einer Kreuzung oder einer Kreuzungsweiche mit innen liegenden Zungenvorrichtungen; *Mitte*: Zweifaches Herzstück einer EKW mit außen liegenden Zungenvorrichtungen; *rechts*: Dreifaches Herzstück einer DKW mit außen liegenden Zungenvorrichtungen

chung sind zusätzliche Aufwendungen, wie Radlenker und eine definierte Herzstückquergeometrie, notwendig.

Um diese Nachteile zu vermeiden, die darüber hinaus einen unruhigen, querbeschleunigten Radsatz und hohe Werkstoffbelastungen mit hohem Verschleiß und Materialermüdung zur Folge haben, wurden verschiedene konstruktive Lösungen entwickelt, um die durch die Spurführung bedingte Gleislücke zu schließen. Diese Konstruktionen basieren darauf, dass durch einen Stellvorgang und damit einer Querbewegung von

Herzstückschienen, ähnlich wie in der Zungenvorrichtung, eine kontinuierliche Fahrkante in der jeweiligen Fahrtrichtung hergestellt wird. Als Folge davon ist eine Umstellvorrichtung mit einem oder mehreren Weichenverschlüssen und Stellmotoren notwendig.

Mögliche Bauformen sind u. a. Herzstücke mit beweglichen Flügelschienen, Herzstücke mit gelenkig gelagerter Spitze oder mit federnd beweglicher Spitze. Der Herzstücktyp mit federnd beweglicher Spitze hat sich international durchgesetzt. Bei beengten Verhältnissen kommen dennoch Weichen mit gelenkig beweglicher Herzstückspitze zum Einsatz.

Wesentlich bei dieser Herzstückbauform ist es, dass die bewegliche Herzstückspitze in einem spitzen Winkel über eine verhältnismäßig große Länge in ihrer Endlage an der Flügelschiene anliegt. Dadurch ergibt sich ein homogener und verschleißarmer Radüberlauf von der Flügelschiene auf die Herzstückspitze oder umgekehrt. Es entstehen damit gleisähnliche Spurführungsbedingungen und Radlenker sind nicht erforderlich.

Dies führt zu höherem Fahrkomfort bei reduzierter Schall- und Erschütterungsemission. Gleichzeitig verringern sich die Kontaktkräfte Rad-Schiene sowie die Beanspruchungen der Räder und Achsen der Fahrzeuge. Bei großen Zweiggleisradien und damit flachen Weichenneigungen sind bewegliche Herzstücke wegen der sonst zu großen Fahrkantenunterbrechungen notwendig.

Die Konstruktion der beweglichen Herzstücke ist aufwändiger und kostenintensiver als die eines vergleichbaren starren Herzstückes. Bewegliche Herzstücke erfordern zusätzlich ein Antriebs-/Verschlusssystem und signaltechnische Ausrüstung.

Die federnd beweglichen Herzstücke sind in DIN EN 13232 „Bahnanwendungen – Oberbau – Weichen und Kreuzungen" berücksichtigt. Dort sind Gestaltunggrundsätze und Toleranzen festgelegt. Für die Festlegung der Konstruktionsmaße sind ggf. Abstimmungen mit dem Infrastrukturbetreiber erforderlich, um die vorkommenden Fahrzeugkenngrößen in der Weichenkonstruktion zu berücksichtigen.

**Konstruktionsprinzip**

Der bewegliche Teil des federnd beweglichen Herzstückes wird von dem Mittelblock gebildet. Dieser besteht häufig aus einer massiven aus einem Schmiederohling gefertigten Spitze und den beiden im hinteren Bereich des Herzstückes eingespannten Anschweiß- oder Anschlussschienen. Dieser sehr biegesteife Dreiecksverbund wird in dem in Abb. 4.40 dargestellten Fall durch einen Auszugsstoß in einer der beiden Anschlussschienen aufgelöst. Der Auszugsstoß erlaubt eine Längsbewegung der entsprechenden Anschlussschiene. Der Auszugsstoß wird in der Regel in der schwächer befahrenen Schiene, also im Zweiggleis angeordnet.

Der Auszugsstoß ermöglicht es, dass beim Umstellvorgang beide Anschlussschienen einzeln elastisch gebogen werden. Die Längsbewegung der Schiene im Auszugsstoß hilft, die Umstellkräfte auf eine für die Weichenantriebe akzeptable Größenordnung zu reduzieren. Dieses Prinzip ist für alle Weichenneigungen anwendbar.

Bei kleinen Endneigungen der Weichen, wie sie im Hochgeschwindigkeitsverkehr für hohe Geschwindigkeiten im Zweiggleis verwendet werden (z. B. EW 60-10000/4000-1 : 32), kann auf den Schienenauszug im Zweiggleis verzichtet werden. Bei der hier vorliegenden großen Distanz zwischen der Einspannstelle und den Verschlüssen lässt sich der Herzstückblock auch über den Dreiecksverbund der Anschlussschienen biegen. Durch den Verzicht auf den Auszugsstoß entfallen entsprechende Instandhaltungsaufwendungen und Unstetigkeiten im Radüberlauf.

**Biegeverhalten**

Man kann sich den Herzstückblock als einen einseitig eingespannten Biegeträger vorstellen, der über die Länge der sich ändernden Geometrie ein veränderliches Flächenträgheitsmoment aufweist.

Die Blockspitze muss dabei so gestaltet sein, dass sich beim Biegen der Spitze in eine Endlage die natürliche Biegelinie in Abhängigkeit des Werkstoffes und der Querschnittsgestaltung so mit der Blockgeometrie überlagert, dass sich die dort geforderte exakte Fahrkantengeometrie der Weiche einstellt. Dabei gelten die gleichen

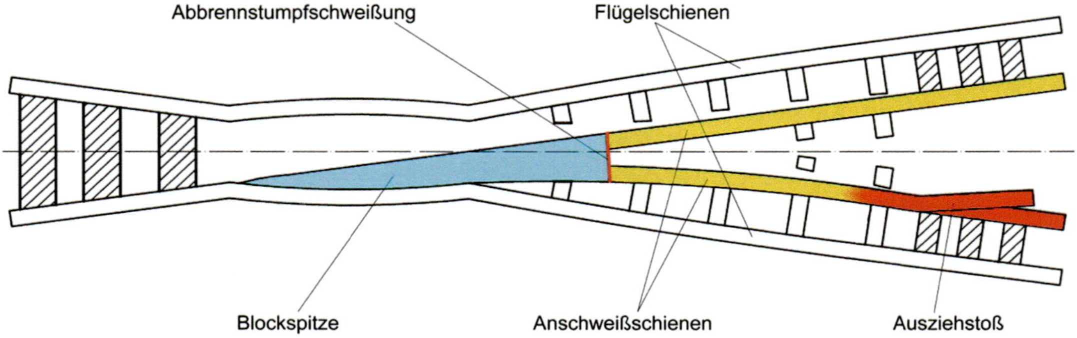


**Abb. 4.40** Schematische Darstellung eines federnd beweglichen Herzstückes in der Bauart der DBAG zur Veranschaulichung der Funktionsweise

Abnahme- oder Inspektionstoleranzen wie auch in anderen Bereichen der Weiche. So muss sich in der Endstellung der geraden Abzweigrichtung eine gerade Fahrkante ausbilden, während sich bei der Umstellung in die gebogene Endstellung bzw. Abzweigrichtung die berechnete Bogengeometrie einstellen muss.

Die tatsächlichen Blockabmessungen ergeben sich also aus einer Überlagerung der theoretisch zu erreichenden Fahrkantengeometrie mit dem Biegeverhalten des Herzstückblocks. Um hier eine saubere Lösung zu erreichen, entsteht ein deutlich höherer Berechnungs- und Konstruktionsaufwand als z. B. bei der rein geometrisch bestimmten Konstruktion von starren Herzstücken.

### Umstellkräfte

Der Herzstückblock liegt idealerweise in der Mittelstellung spannungsfrei. Dadurch sind die Umstellkräfte für beide Stellrichtungen etwa gleich groß; die maximal auftretenden Umstellkräfte werden im Vergleich zu einer spannungsfreien Lage in einer Endstellung halbiert. Aufgrund der spannungsfreien Mittellage drückt die Verschlussvorrichtung die Spitze in der Endlage permanent an die Flügelschiene an.

Weitere konstruktionsbedingte Einflussgrößen auf die Umstellkraft sind der in Längsrichtung gemessene Abstand zwischen der Einspannstelle und den Stellvorrichtungen sowie das Flächenträgheitsmoment der Anschlussschiene bzw. der Blockspitze, das durch die verwendeten Schienenprofile bestimmt werden.

Die Biegelänge der Schienen hat einen maßgeblichen Einfluss auf die Größe der Umstellkräfte. Um die Umstellkräfte möglichst unter etwa 2000 bis 3000 N zu begrenzen, werden die federnd beweglichen Herzstücke einiger Weichentypen deshalb um 2 bis 3 Schwellenfächer gegenüber der Ausführung mit gleicher Zweiggleisgeometrie und starren Herzstücken verlängert.

Weiter müssen bei der Bestimmung der Umstellkräfte auch die Reibkräfte berücksichtigt werden, die zwischen der beweglichen Blockspitze und den Gleitplatten, auf denen die Spitze aufliegt, entstehen. Maßnahmen zur Reduzierung dieser Reibung sind das regelmäßige Schmieren oder die Verwendung einer permanenten nicht rostenden Beschichtung mit möglichst niedrigem Reibbeiwert der Gleitflächen. Vereinzelt werden auch Herzstückrollvorrichtungen verwendet, mit ähnlichem Funktionsprinzip wie in den Zungenvorrichtungen.

### Thermische Längenänderung

Im hinteren Bereich des Herzstückes sind die Flügelschienen über Futterstücke hochfest mit der Anschlussschiene bzw. der Spitze des Ausziehstoßes verschraubt; am Weichenende sind die Anschlussschienen mit den Gleisschienen und am Herzstückanfang sind die Flügelschienen mit den Zwischenschienen verschweißt, damit ist das Herzstück in das lückenlose Gleis integriert.

Durch die hochfeste Verschraubung der Flügelschiene mit den Anschlussschienen wird die bewegliche Herzstückspitze nicht durch die

**Abb. 4.41** Federnd bewegliche Herzstückspitze mit Schrägstoß (Ausziehstoß) im Zweiggleis

**Abb. 4.42** Radlenker

Längskräfte aus dem lückenlosen Gleis belastet, Abb. 4.41. Die thermischen Längenänderungen der Spitze ergeben sich nur noch aus Länge des beweglichen Teils der Herzstückspitze.

## 4.4.5 Radlenker

Radlenker sind bei starren Herzstücken erforderlich, um die Radsätze im Bereich der führungslosen Stelle sicher zu führen und ein Einlaufen des Spurkranzes in die falsche Rille oder ein Anfahren der Herzstückspitze zu vermeiden.

Um diese Aufgabe zu erfüllen, müssen die in Abschn. 4.4.7 beschriebenen Verhältnisse der Quermaßgeometrie berücksichtigt werden.

Radlenker haben ausschließlich Führungsaufgaben, sie übernehmen keine vertikalen Lasten, Abb. 4.42 und 4.43. Bei Radlenkern, die an der bogeninneren Schiene angeordnet sind (im Zweiggleis einfacher Weichen, im inneren Strang von Innenbogenweichen, an beiden Radlenker von Außenbogenweichen) treten höhere Führungskräfte auf. Diese Kräfte sind dabei zum Teil abhängig vom Überhöhungsfehlbetrag, und von Zwängungskräften in kleinen Bogenradien, aber auch von dem Maß, um das die Radsätze quer und von der Herzstückspitze weggezogen werden müssen.

Deshalb muss die Einlaufneigung des Radlenkers ausreichend flach sein (der Einlaufwinkel bestimmt neben der Fahrgeschwindigkeit die Zeit für die Querbewegung und damit die Beschleunigung und die auf den Radlenker wirkende Kraft), was wiederum eine ausreichende Länge des Radlenkereinlaufes erfordert. Die Einlaufrille muss dabei so weit sein, dass auch bei größter zulässiger Spurweite des Gleises und kleinstem zulässigem Spurmaß bzw. Radrückenabstand der Radsätze der Spurkranz sicher in die Radlenkerrille gelenkt wird.

Um die möglichen Radlenkerführungskräfte sicher aufnehmen und in die Schwellen einleiten zu können, muss die Radlenkerbefestigung ausreichend dimensioniert sein. Die Befestigung des Radlenkers kann mit der Fahrschiene zusammen auf einer gemeinsamen Rippenplatte er-

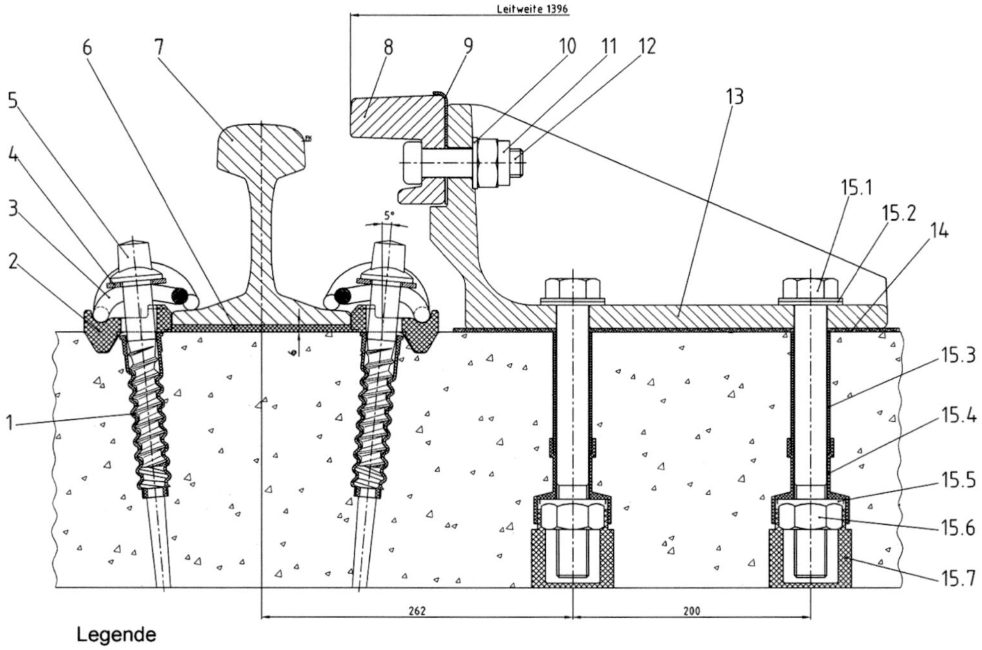


Legende

1 Kunststoffdübel
2 Kunststoffwinkelführungsplatte
3 Spannklemme
4 Unterlegscheibe
5 Schwellenschraube
6 Zwischenlage aus Kunststoff
7 Fahrschiene
8 Radlenkerprofil
9 Korrekturblättchen
10 Unterlegscheibe
11 Mutter
12 Schraube
13 Radlenkerstützbock
14 Kunststoffzwischenplatte
15 Durchsteckverschraubung

**Abb. 4.43** Querschnitt durch einen Radlenker

folgen oder der Radlenker wird separat auf der Schwelle befestigt.

## 4.4.6 Endteil

Wie schon im Abschn. 4.3.1 erläutert, liegen nach dem Weichenende Stammgleis und Zweiggleis noch so nahe zusammen, dass keine einzelnen Schwellen für beide Gleise eingesetzt werden können. Hier müssen lange Schwellen verwendet werden, die unter beiden Gleisen durchgehen. Der Langschwellenteil gehört zur Weiche, obwohl die Schienen darauf i. d. R. keinen Bestandteil der Weiche und der Weichenlieferung darstellen.

Erst wenn Stammgleis und Zweiggleis einen Abstand voneinander erreicht haben, der mindestens 2,20 m lange Schwellen zulässt, sind beide Gleise voneinander getrennt.

Bei der Planung von Spurplänen ist zu beachten, dass Stamm- und Zweiggleis auf den Langschwellen höhenmäßig (auch bezüglich einer eventuellen Überhöhung) fest miteinander verbunden sind. Somit kann innerhalb der Langschwellen kein Neigungswechsel oder Überhöhungswechsel in nur einem Gleis angeordnet werden.

Die letzte durchgehende Schwelle wird als „ldS“ bezeichnet. Der Abstand vom WE bis zur ldS ist ein wichtiger Planungsparameter. Der Spurplan soll so gestaltet werden, dass anschließende Weichen nicht auf dem Langschwellenteil zu liegen kommen. Allerdings ist als Ausnahmefall bei durchlaufendem Zweiggleisbogen über mehrere hintereinander liegenden Weichen hinweg die Anordnung der folgenden Weichen auf den Langschwellen der davor liegenden Weichen unumgänglich.

### 4.4.7 Spurführungstechnische Besonderheiten bei starren Herzstücken

#### 4.4.7.1 Allgemein

Die Weiche als Gleisabschnitt ist dadurch gekennzeichnet, dass der Fahrweg verzweigt wird und somit ein Fahrzeug in verschiedene Richtungen geführt werden kann. Im Verlauf der Weiche löst sich das als Bogen geführte Zweiggleis vom Stammgleis. Das Trennen der Gleise bedeutet, dass sich die beiden inneren Schienen der Weiche (je eine von Stamm- und Zweiggleis) kreuzen müssen. Dies geschieht an der Stelle, an der die bogenäußere Schiene des Zweiggleises auf die gerade Schiene des Stammgleises trifft. Bis zu diesem Punkt, dem theoretischen Herzstückschnittpunkt, verläuft die bogenäußere Schiene des Zweiggleises zwischen den Schienen des Stammgleises.

Die konstruktive Lösung, die dieses Durchdringen der Schienen auflöst und die tragende und führende Funktion des Gleises für beide Fahrtrichtungen herstellt, wird als Herzstück bezeichnet.

Im Folgenden werden die Besonderheiten zur Spurführung des „Starren Herzstücks" betrachtet. Der größte Vorteil des „Starren Herzstück" ist seine passive Funktionsweise. Es werden im Gegensatz zu beweglichen Herzstücken keine Antriebsmotoren oder Umstell- bzw. Verriegelungsvorrichtungen benötigt. Die konstruktive Gestaltung ist so ausgerichtet, dass ein Fahrzeug in seiner eingenommenen Fahrtrichtung durch den Herzstückbereich geführt wird, ohne dass eine mechanische Veränderung (Stellungsänderung) am Herzstück vorgenommen werden muss. Dieses Funktionsprinzip, das auch als vergleichsweise kostengünstig betrachtet werden kann, ist die Basis dafür, dass dieser Herzstücktyp am weitesten verbreitet ist.

Ermöglicht wird die freie Durchfahrt in beide Abzweigrichtungen durch eine Schienenlücke im Bereich des theoretischen Herzstückschnittpunktes, die sog. Fahrkantenunterbrechung. Diese Lücke ist erforderlich, damit der Spurkranz des Eisenbahnrades einen freien „Spurkanal" hat, der nicht durch die kreuzende Schiene des anderen Weichenstranges versperrt wird. Das Rad mit seinem Spurkranz, das im Zweiggleis fährt, durchkreuzt somit eine Schiene des Stammgleises und umgekehrt. Um diesen Nachteil der Schienenlücke zu kompensieren sind besondere Anforderungen an die Gestaltung der Radführungselemente und der Schienenführung im Herzstückbereich erforderlich.

#### 4.4.7.2 Funktionsweise

Zum Verständnis der Funktionsweise des „Starren Herzstück" ist die Kenntnis von der Gestaltung der Radachse eines Eisenbahnfahrzeuges von großer Bedeutung. Entscheidend für die Führung der Radachsen durch den Herzstückbereich ist, dass beide Räder einer Achse starr miteinander verbunden sind. Eine seitliche Führung des einen Rades wirkt sich so direkt auch auf die Lateralbewegung des anderen Rades einer Achse aus.

Damit das Rad im Bereich der Herzstücklücke, wo sein Spurkranz durch die Schiene nicht geführt wird, nicht in die falsche Abzweigrichtung gelangt, ist an der dem Herzstück gegenüber liegenden Seite des Gleises eine Radlenkerschiene angeordnet, welche das andere Rad des Radsatzes zusätzlich am Radrücken führt, wodurch seine Querbewegung *in beiden Richtungen* (durch die Flügelschiene und den Radlenker) behindert ist. Das über die Achse verbundene Rad, das sich im Bereich der Herzstücklücke befindet, wird dadurch zwangsläufig in die richtige Herzstückrille geführt. Der Spurkranz des Rades auf dem Herzstück kann sich daher weder in die falsche Lücke bewegen noch die Herzstückspitze anfahren.

Von besonderer Bedeutung ist hier also die Wahl des Abstandes zwischen der Leitfläche der Radlenkerschiene und der Herzstückfahrkante. Dieses Maß wird als Leitweite bezeichnet und ist abhängig von der Quergeometrie des Radsatzes. Die Leitweite ist eine maßgebende Größe bei der Konstruktion und Instandhaltung von Weichen mit „starren Herzstücken“ und besitzt eine wesentlich engere Toleranz als die Spurweite.

Die tragende Funktion im Bereich der Herzstücklücke übernimmt die Flügelschiene. Diese läuft ab dem Flügelschienenknickpunkt, vom Weichenanfang aus betrachtet, nicht mehr entlang der theoretischen Fahrkante, sondern wird nach außen geführt, um die Herzstücklücke freizumachen. Im weiteren Verlauf wird die Flügelschiene parallel zur Herzstückfahrkante geführt und bildet mit dieser die Herzstückrille, auf Abstand gehalten durch entsprechende Futterstücke.

Obwohl die Flügelschiene in diesem Bereich von der Fahrkante nach außen weggeführt wird, kann sie das Rad noch weitertragen, weil die Radreifen so breit ist, dass der äußere Bereich der Laufflächen noch sicher auf der Flügelschiene aufliegt. Wegen der kegeligen Radquerprofile kommt es im Bereich, wo der Radreifen außen, also dort, wo ein kleiner Radreifendurchmesser wirkt, auf der Flügelschienen getragen wird, zu einer Absenkung des Radmittelpunktes. Am Ende der Herzstücklücke beginnt die praktische Herzstückspitze, deren Oberkante zu ihrem Schutz gegen zu frühe Berührung durch das Rad unter die Schienenoberkante der Flügelschiene abgesenkt ist. Die Oberkante der Herzstückspitze erhöht sich von der praktischen Herzstückspitze allmählich so weit, bis die Spitze breit genug

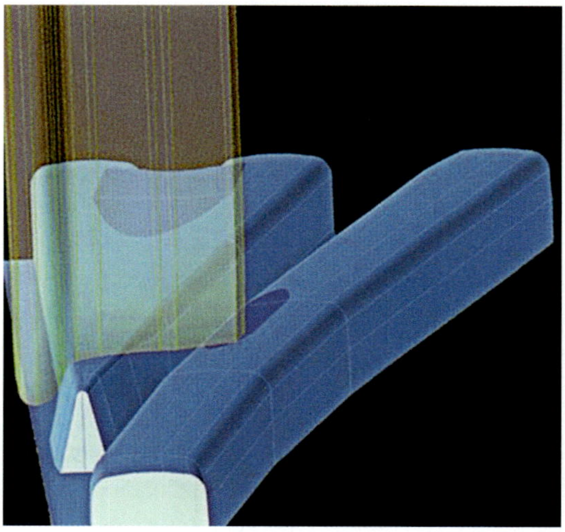

**Abb. 4.44** Übersetzen des Rades von der Flügelschiene auf die Herzstückspitze

ist, die vertikale Radlast zu tragen, Abb. 4.44. Danach läuft das Rad von der Flügelschiene vollständig auf die Herzstückspitze über, die dann auch wieder der theoretischen Fahrkante folgt.

#### 4.4.7.3 Raddurchlauf

Die Radführungsgeometrie der starren Herzstücke ist von der Quergeometrie der verwendeten Radsätze abhängig. Besonders der Radrückenabstand und die Spurkranzdicke haben Einfluss auf die Herzstückquergeometrie. Dabei müssen Verschleiß und zulässige Toleranzen bei Rad und Fahrbahn berücksichtigt werden.

Damit die Herzstückquergeometrie in geeigneter Weise auf die Verwendung einer bestimmten Achsquergeometrie geometrisch abgestimmt ist, müssen nach DIN EN 13232-9 folgende Raddurchlaufbedingungen eingehalten werden:

- freier Raddurchlauf im Radlenker-Einlauf,
- Schutz der starren Herzstückspitze,
- freier Raddurchlauf durch den Herzstückbereich,
- freier Raddurchlauf im Flügelschieneneinlauf.

**Freier Durchlauf im Radlenkereinlauf**

Bei Erreichen des Radlenkers muss gewährleistet sein, dass der Spurkranz in die Radlenkerrille einläuft, ohne dass es zu einer Berührung kommt. Die Summe aus Radrückenabstand und Spurkranzdicke muss deshalb unter Berücksichtigung der maximalen Minus-Toleranzen größer sein als der Abstand zwischen der Fahrkante und der Radlenkerleitfläche am Beginn des Radlenkereinlaufes. Im weiteren Verlauf kann dann ein Kontakt zwischen Radrücken und Radlenkerleitfläche entstehen, die Achse wird von der Herzstückspitze weggezogen.

**Schutz der starren Herzstückspitze**

Hier gilt die Bedingung, dass die Summe aus Radrückenabstand und Spurkranzdicke unter Berücksichtigung der maximalen Plus-Toleranzen kleiner sein muss als der Abstand zwischen der Leitfläche der Radlenkerschiene und der starren Herzstückspitze, also der sog. Leitweite. Da mit einem gewissen Verschleiß der Radlenkerschiene zu rechnen ist, muss auch die Leitweite mit einem

Toleranzbereich versehen werden. Bei Einhaltung dieser Bedingung kann der Spurkranz nicht an die starre Herzstückspitze anlaufen.

**Freier Durchlauf durch den Herzstückbereich**
Hier muss gegeben sein, dass der kleinste Radrückenabstand unter Berücksichtigung der maximalen Minus-Toleranz größer sein muss als der Abstand zwischen der Radlenker- und Flügelschienenleitfläche. Die Radachse kann dann das Herzstück passieren, ohne dass es gleichzeitig zu einem Kontakt beider Leitflächen zu den Radrücken kommt.

**Freier Raddurchlauf im Flügelschieneneinlauf**
Ähnlich wie beim Radlenkereinlauf muss bei stumpfer Befahrung der Weiche gewährleistet sein, dass der Spurkranz in die Flügelschienenrille am Herzstückende einläuft.

Die Summe aus Radrückenabstand und Spurkranzdicke, unter Berücksichtigung der maximalen Minus-Toleranz, muss größer sein als der Abstand zwischen der Fahrkante und der Radlenkerleitfläche am Beginn des Flügelschieneneinlaufs. Die Abb. 4.45, 4.46 und 4.47 zeigen die maßgeblichen Spurführungsmaße im Herzstückbereich.

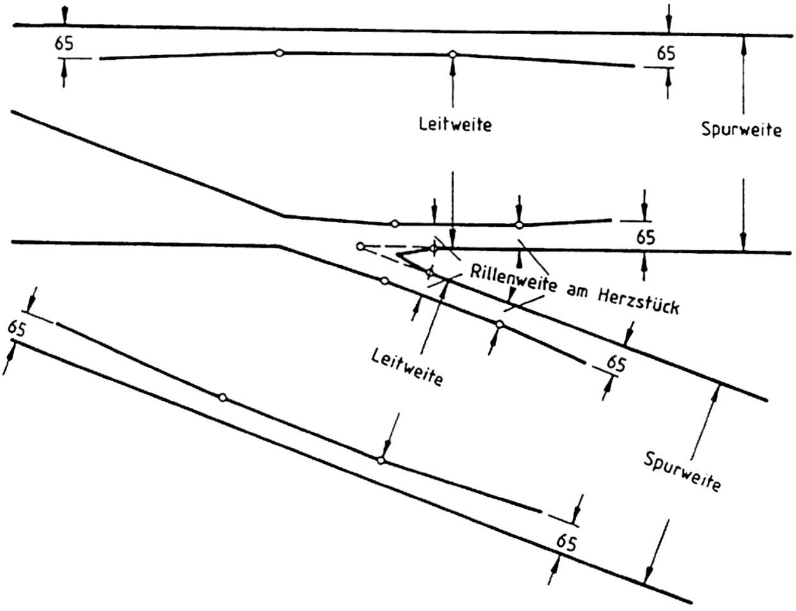


**Abb. 4.45** Spurführungsmaße im Herzstückbereich

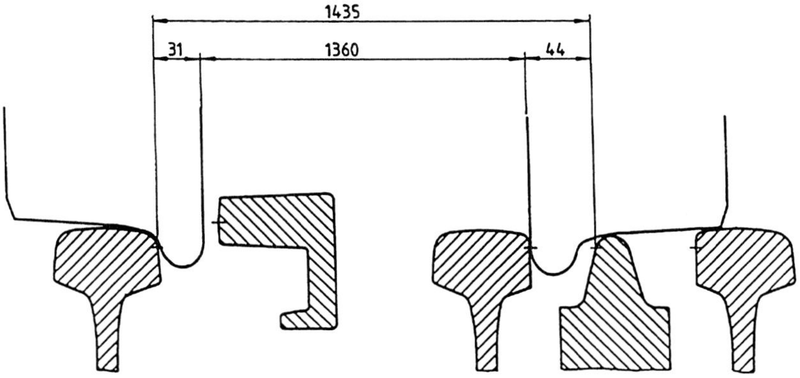


**Abb. 4.46** Rillenweiten im Herzstückbereich (Soll-Maße)

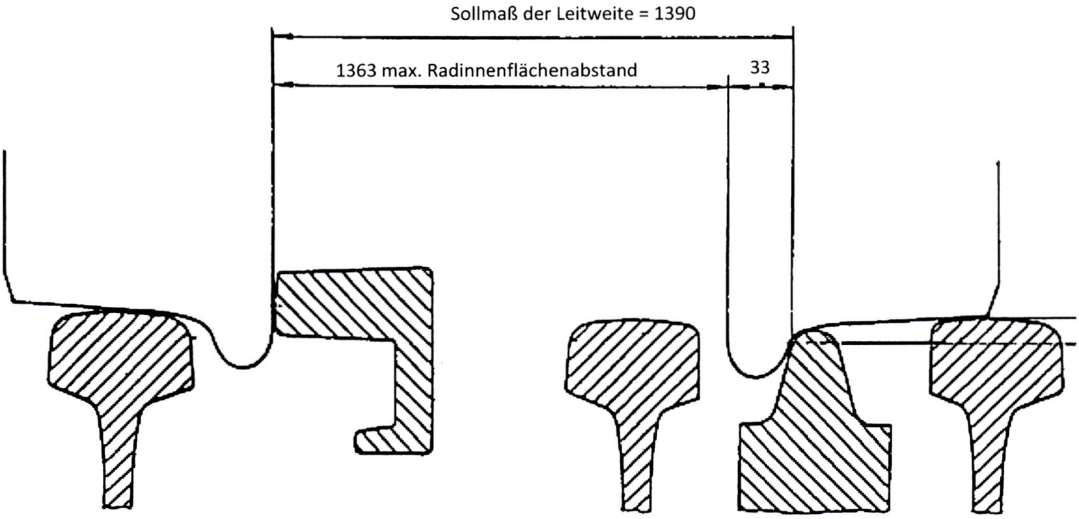


**Abb. 4.47** Leitweite

## 4.4.8 Schienenlängskräfte in der Weiche

Die Eisenbahnweiche markiert eine Stelle erhöhter Längskrafteinwirkung im kontinuierlich geschweißten Gleis. Hier werden die Gleislängskräfte aus dem Hauptgleis (meist geraden), als auch dem abzweigenden Gleis, wie in Abb. 4.48 dargestellt, zusammengeführt.

Im Herzstückbereich erfolgt die Übertragung bzw. Umlenkung der Schienenlängskräfte von den Flügelschienen in den Herzstückblock und umgekehrt. Im Zwischenschienenbereich erfolgt dann die Übertragung der Längskräfte der in ihren Schienensitzen „atmenden" Zwischenschienen über die Schwellen in die Backenschienen. Die Zungenschiene selbst verhält sich dabei ähnlich wie ein freies Schienenende im kontinuierlich geschweißten Gleis, was zu einer Längsverschiebung der Zunge mit der größten Verschiebung an der Zungenspitze unter einer Temperaturbelastung führt. Ein wesentlicher Unterschied ist jedoch, dass die Längenausdehnung der Zunge durch den Wanderschutz (Abb. 4.49) begrenzt wird, um die Längenausdehnungen der Zungenspitze zum Schutz des Antriebs- und Verschluss-

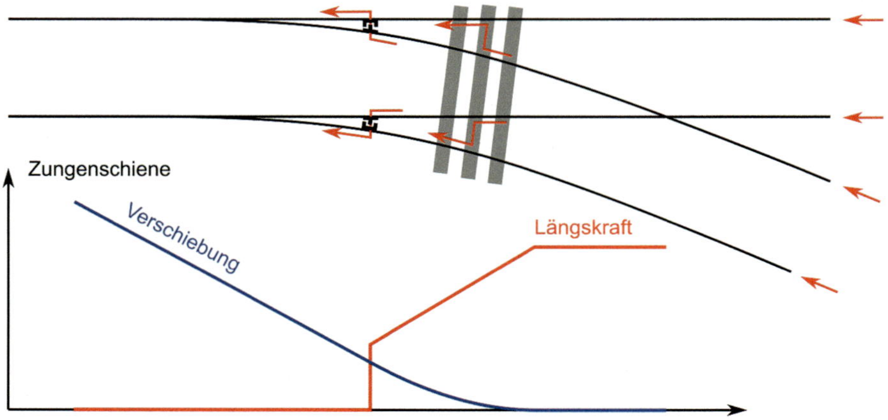


**Abb. 4.48** Schienenlängskräfte und Verschiebungen in der Zungenschiene einer Weiche

**Abb. 4.49** Wanderschutzsystem Gabel – Zapfen

systems zu begrenzen. Der als Gabel/Zapfen-System ausgeführte Wanderschutz erlaubt eine beschränkte relative Längsbewegung der Zungenschiene gegenüber der Backenschiene. Durch diese Maßnahme wird ein gewisser Anteil der freien Schienenlängskräfte in die Backenschiene eingeleitet.

Messungen haben gezeigt [2], dass die Überleitung von Längskräften von der Zungenschiene auf die Backenschiene deren Längskräfte um circa 40 % erhöhen. Diese Erhöhung der Längskräfte besonders am Weichenanfang ist bei der Bemessung und Instandhaltung der Weichen im lückenlos geschweißten Gleis zu beachten, um eine erhöhte Gefahr von Gleisverwerfungen zu vermeiden.

Die Schienenlängskraft $N$ (N) im kontinuierlich geschweißten Gleis berechnet sich aus dem E-Modul von Schienenstahl (N/mm$^2$), dem Schienenquerschnitt $A$ (mm$^2$), dem thermischen Ausdehnungskoeffizienten $\alpha$ (1/°C) und der Temperaturbelastung $\Delta T$ (°C). Die Temperaturbelastung berechnet sich aus der maximalen/minimalen Schienentemperatur im Vergleich zur Neutraltemperatur des lückenlos verschweißten Gleises.

$$N = E\,A\,\alpha\,\Delta T$$

Die Atmungslänge $l_a$ (mm) der Zungenschiene in den Zwischenschienenbereich wird durch die freie Weglänge im Wanderschutz $d_{\text{gap}}$ (mm), der Schwellenteilung $s$ (mm) und dem Durchschubwiderstand je Schienensitz $c$ (N) berechnet. Eine Fallunterscheidung ist notwendig, sollte aufgrund zu geringer Temperaturbelastung der Wanderschutz nicht wirksam werden:

$$l_a = \min\left(\frac{N\,s}{c}, \sqrt{\frac{2\,d_{\text{gap}}\,E\,A\,s}{c}}\right).$$

Bei einer Temperaturbelastung $\Delta T$ von 35 °C, einem typischem Durchschubwiderstand von 10 kN, 600 mm Schwellenteilung und ± 7 mm Bewegungsfreiheit im Wanderschutz ergibt sich eine Atmungslänge von 36 m in den Zwischenschienenbereich. Bei Weichengeometrien größer gleich EW 1200-1 : 24 erfährt deshalb das Weichenherz bereits volle Schienenlängskräfte des kontinuierlich geschweißten Gleises, während bei kleineren Weichengeometrien das Herz innerhalb der Atmungslänge liegt.

Die resultierende Kraftwirkung am Wanderschutz $F_{\text{ws}}$ (N) berechnet sich nach der folgenden Formel, wobei auch hier die Fallunterscheidung angewandt wird, um festzustellen ob der Wanderschutz wirksam wird:

$$F_{\text{ws}} = \max\left(N - \frac{l_a\,c}{s}, 0\right).$$

Abschließend berechnet sich die Längenausdehnung der Zungenspitze $d_{\text{Zu}}$ (mm) unter Berücksichtigung der Länge der nicht-eingespannten Zunge $l_{Zu}$ (mm) wie folgt:

$$d_{\text{Zu}} = \alpha\,\Delta T\left(\frac{l_a}{2} + l_{\text{Zu}}\right).$$

Brückendehnfugen sind im Bereich von Weichen möglichst zu vermeiden und in einem sicheren Abstand, außerhalb des Einflussbereichs der Gleisatmung beidseitig der Brückendehnfuge, zu platzieren. Sollte das nicht möglich sein, empfiehlt es sich die Anordnung der Weiche so zu gestalten, dass die Dehnfuge in der zweiten Hälfte des Zwischenschienenbereichs vor dem Herzstück liegt. Höhere Längskräfte im Herzstück und am Wanderschutz, verbunden mit erhöhten Längskräften in der Backenschiene sind jedoch zu erwarten.

## 4.5 Schienenbefestigungssysteme

Die Schienenbefestigung in der Weiche hat zunächst die gleiche Aufgabenstellung wie im Gleis. Sie muss die Schiene elastisch, kipp- und durchschubsicher halten, damit alle Kräfte sicher und dauerhaft in die Schwellen übertragen werden können. Die beanspruchenden Kräfte sind Führungskräfte (quer zum Gleis), Radaufstandskräfte (vertikal) und Längskräfte aus Bremsen, Anfahren und aus Temperatur.

Die Schienenbefestigung muss die Schiene in ihrer vorbestimmten Lage (z. B. Spurweite, Richtung) und Neigung halten. Bezogen auf die Schienenneigung ist zu beachten, dass die Oberflächen der Weichenschwellen, also die Schienenauflager, keine Neigung besitzen. Die gewünschte Schienenneigung muss deshalb entweder im Befestigungspunkt durch Rippenplatten mit geneigtem Schienenauflager, durch Einbau keilförmiger Zwischenlagen unter dem Schienenfuß oder durch Schienen mit geneigtem Kopf hergestellt werden.

Aufgrund der konstruktiven Besonderheiten der Weichen müssen die Schienenbefestigungen die im Folgenden behandelten grundsätzlichen Anforderungen erfüllen.

### 4.5.1 Zungenbereich

Die Besonderheiten des Zungenbereiches erfordern eine indirekte Schienenbefestigung, die jedoch die gleichen Eigenschaften bezüglich Elastizität und Durchschubwiderstand bietet wie die Schienenbefestigung im anschließenden Gleis.

Die sog. innere Backenschienenverspannung erfüllt diese Anforderungen. Sie ist einsetzbar bei asymmetrischen Zungenprofilen, die niedriger sind als die Backenschiene. Dabei ruht und gleitet der Zungenfuß auf einem erhöhten Gleitstuhl; der innere Fuß der Backenschiene wird durch eine oder zwei durch den Gleitstuhl geführte Federn verspannt und gehalten. Der Gleitstuhl bildet mit der Rippenplatte für die Backenschiene eine Einheit, Abb. 4.50 und 4.51. Der beschriebene Höhenunterschied verursacht insbesondere bei elastischer Lagerung große Querschnittsänderungen des tragenden Bauteils Gleitstuhlplatte mit entsprechenden mechanischen Beanspruchungen. Diese sind, um Überbeanspruchungen und Brüche der Platten zu vermeiden, nur mit sorgfältiger Gestaltung und geeigneten Materialien beherrschbar.

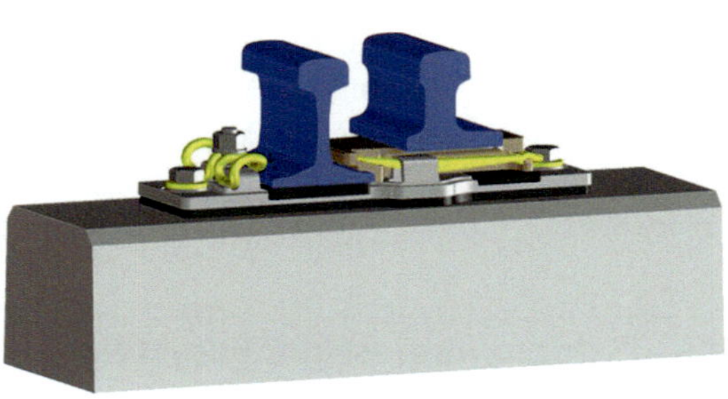

**Abb. 4.50** Geteilte Gleitstuhl-Plattenbefestigung mit Durchsteckverschraubung und elastischer Lagerung auf Betonschwelle

Sogenannte zweiteilige Gleitstühle, bei denen der Gleitstuhldeckel mit der Gleitfläche für die Zunge von der Grundplatte getrennt ist, können das Problem mit den mechanisch ungünstigen Querschnittssprüngen deutlich reduzieren. Bei der zweiteiligen Lösung wird der Gleitstuhldeckel mit Hilfe von Federn mit der Grundplatte verspannt, wodurch gleichzeitig die Backenschiene elastisch verspannt wird, Abb. 4.50.

Im hinteren Bereich der Zunge befindet sich die Umschmiedung vom Zungenprofil zum Regelschienenprofil (s. Abb. 4.29), am Zungenende wird die Zunge an die anschließende Zwischenschiene angeschweißt. Zwischen dem Schweißstoß am Zungenende und dem beweglichen Teil der Zunge sind mindestens drei Schienenbefestigungen erforderlich, so dass sowohl der hintere Teil des asymmetrischen Zungenprofiles als auch das ausgeschmiedete Regelschienenprofil, sowie die Ausschmiedung selbst, mit den Schwellen verspannt sind. Der Abstand zwischen Zungenschiene und Backenschiene ist hier zu gering, um getrennte Schienenbefestigungen für beide Schienen unterzubringen. Hinzu kommt der Höhenunterschied zwischen dem Zungenprofil und der Backenschiene. Deshalb sind an dieser Stelle Sonderkonstruktionen der Schienenbefestigung erforderlich (sog. Zungenwurzel-Einspannplatten).

### 4.5.2 Zwischenschienenbereich

Im Zwischenschienenbereich sind die einzelnen Schienen jeweils so weit voneinander entfernt,

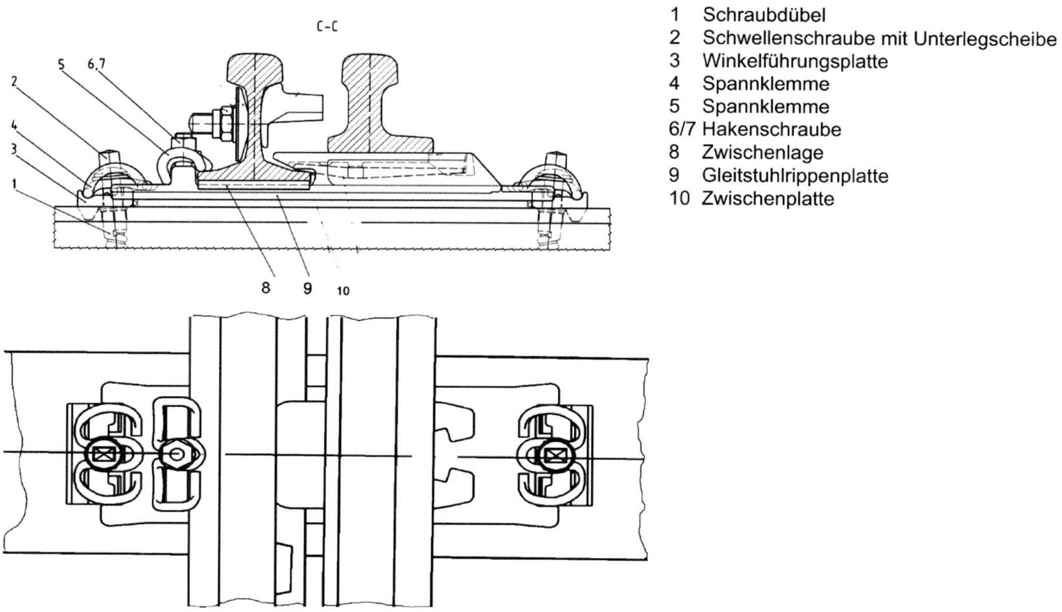


**Abb. 4.51** Indirekte Befestigung einer Gleitstuhlplatte auf Betonschwelle (W-Befestigung) mit innerer Backenschienenverspannung. Stahlhohlschwelle mit integriertem Verschluss

dass je Schiene separate Schienenbefestigungen nahezu überall eingesetzt werden können. Lediglich am Ende der Zwischenschienen vor dem Beginn der Flügelschienen sind gemeinsame Rippenplatten für jeweils zwei Schienen erforderlich. Es können direkte oder indirekte Schienenbefestigungen verwendet werden.[6] Hier ist es auch relativ unkompliziert, Schienen in der gewünschten Schienenneigung einzusetzen. Jedoch gilt auch hier, dass die Schwellen keine Neigung im Schienenauflager besitzen.

## 4.5.3 Herzstückbereich und Radlenker

Die Herzstücke erfordern wegen ihrer über die Längenentwicklung stetig wechselnden Breite entsprechende Sonderlösungen der Befestigung. Es können indirekte oder direkte Schienenbefestigungen zum Einsatz kommen. Bei elastisch gelagerten Weichen[7] ist zudem zu beachten, dass bei konstant gewählter Elastizität der Auflager aufgrund der hohen Herzstückbiegesteifigkeit die Fahrbahnsteifigkeit erhöht wird. Zur Erreichung einer homogenen Einfederung im gesamten Weichenbereich ist eine quasi Stützpunkt-individuelle Steifigkeit in den Schienenauflagern zu realisieren. Dies lässt sich praktisch nur umsetzen, wenn benachbarte Bereiche in „Steifigkeitsklassen" zusammengefasst werden. Es sei an dieser Stelle noch einmal erwähnt, dass die Unstetigkeiten beim Radüberlauf im Herzstück zu deutlich erhöhten Kontaktkräften führen, deren Wirkung durch abgestufte Elastizitäten und dadurch verbesserte Lastverteilungen deutlich abgeschwächt werden.

Der Radlenker übernimmt nur horizontale Kräfte, die über den Radrücken eingeleitet werden. Die Befestigung ist dafür entsprechend auszulegen (s. Abb. 4.43). Die heute übliche Lösung ist, den Radlenker an sog. Radlenkerstützböcken zu befestigen. Durch Unterlage von Blechen

[6] Bei einer indirekten Schienenbefestigung werden die Schienen auf einer Zwischenplatte (z. B. mittels Hakenschrauben auf einer Rippenplatte) und die Zwischenplatte mittels Schwellenschrauben auf der Schwelle befestigt. Bei einer direkten Befestigung werden die Schienen von den Schwellenschrauben gehalten.

[7] Die elastische Lagerung dient der durch verbesserte Lastverteilung der Reduktion der Vertikalkräfte insbesondere bei höheren Geschwindigkeiten.

kann der Radlenker seitlich ein- oder nachgestellt werden, um so Verschleiß am Radlenkerprofil auszugleichen und die geforderten Quermaße (s. Abb. 4.45 ff.) ohne Wechsel der Radlenkerschiene instand zu halten. Die Befestigung des Radlenkers kann getrennt von der Befestigung der Fahrschiene oder auf einer gemeinsamen Rippenplatte gestaltet werden.

### 4.5.4 Befestigung auf den Schwellen

Die dargestellten Grundsätze für die Schienenbefestigung gelten unabhängig von der Art der Schwellen, also für Beton-, Holz- oder Stahlschwellen oder auch für vorgefertigte Betonplatten bei Fester Fahrbahn.

Auf Holzschwellen sind nur indirekte Schienenbefestigungen mit Rippenplatten bekannt. Diese werden zur Abtragung der Querkräfte immer mit Hilfe von vier Schwellenschrauben je Stützpunkt auf der Schwelle befestigt.

Auch auf Betonschwellen können die Rippenplatten mit Hilfe von jeweils vier Schwellenschrauben und Dübeln befestigt werden. Die Bewehrungsführung der Schwellen ist entsprechend anzuordnen. Mit zunehmendem Neigungswinkel zwischen den Schienen und den Schwellen ergeben sich jedoch geometrische Schwierigkeiten, die Rippenplatten auf den Schwellen zu befestigen. Vereinfachungen bietet hier die Durchsteckverschraubung, bei der nur zwei Schrauben je Rippenplatte in der Achse der Rippenplatte erforderlich sind. Die Bewehrungsführung der Schwellen ist deshalb so anzuordnen, dass in der Schwellenachse der Raum zum Einbau der Durchsteckverschraubung frei bleibt. Eine deutliche Verbesserung zum Abtrag der horizontalen Querkräfte stellt in diesem Punkt die direkte Schienenbefestigung mit Winkelführungsplatten dar. Dann genügen zur Befestigung der Schiene zwei Schwellenschrauben mit Dübeln, die ihre Niederhaltekräfte über die Spannklemmen auf den Schienenfuß aufbringen.

Stahlschwellen stellen inzwischen selten gewordene Anwendungsfälle für Weichen dar und werden hier nicht weiter behandelt.

## 4.6 Schwellen und Lagerungssysteme

Weichen im Schotterbett liegen auf Schwellen. Diese können aus Beton, Holz, Stahl oder auch Kunststoff sein.

Im Interesse geringstmöglicher Instandhaltungsaufwendungen und um den Fahrzeuglauf bei der Überfahrt der Weichen so wenig wie möglich zu beeinträchtigen, sollen auch die Stützpunktverhältnisse innerhalb der Weiche der Konstruktion im Gleis möglichst nahekommen.

Der Schwellenabstand in den Weichen entspricht deshalb dem im Gleis und beträgt i. d. R. 600 mm. Auf jeder Weichenschwelle liegen vier Schienen mit unterschiedlichen Abständen. Deshalb haben die Weichenschwellen unterschiedliche Längen, die am Weichenende und besonders im Langschwellenteil bis zu 4 m betragen kann.

Die Lage der Weichenschwellen orientiert sich am Schienenstoß am Weichenanfang, der in der Mitte zwischen den benachbarten Schwellen liegt. Von diesem Schienenstoß aus wird die Lage der einzelnen Schwellen mit Hilfe des sog. Schwellensummenmaßes bemaßt. Danach ist jede Schwelle in ihrer Lage auf den Abstand zum Weichenanfang bezogen. Die Abstände der Schwellen zueinander ergeben sich so von selbst. Die Konstruktion der Weichenfahrbahn ist so ausgelegt, dass alle Schienenstöße mittig in den Schwellenfächern angeordnet sind.

Bei der Gestaltung des sog. Schwellenfächers gibt es zwei alternative Möglichkeiten: Danach sind die Schwellen entweder senkrecht zur Achse des Hauptfahrweges oder jeweils senkrecht zur Tangente an den gebogenen abzweigenden Strang anzuordnen. Bei beiden dieser Lösungen entstehen jedoch große Abweichungen zum rechten Winkel im jeweils anderen Strang der Weiche, d. h. zwischen den Achsen der Schienenstützpunkte und den Schwellenachsen. Um die daraus resultierenden Nachteile zu minimieren, wählte man die sog. halbradiale Anordnung, was bedeutet, dass die Weichenschwellen in der Winkelhalbierenden des für den jeweiligen Schwellenort erreichten Zentriwinkels des Zweiggleisbogens fächerförmig angeordnet werden, Abb. 4.52.

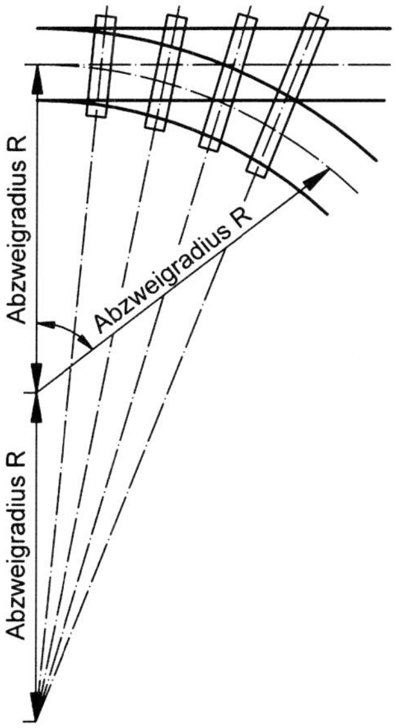


**Abb. 4.52** Halbradiale Schwellenanordnung („Schwellenfächer“)

Bei Weichen auf Fester Fahrbahn mit Schwellen gilt das Vorgenannte genauso. Bei Weichen auf Fertigteilplatten der Festen Fahrbahn erfolgt die Anordnung der Stützpunkte sinngemäß, um die vorhandenen Konstruktionen der Weichenfahrbahn und -befestigung unverändert verwenden zu können.

Die Verschlüsse und Stellgestänge sowie Gestänge der Prüfeinrichtungen (s. Abschn. 4.7) sind zwischen den Schwellen im sog. Schwellenfach angeordnet. Um für diese Einrichtungen genügend Platz zu schaffen, sind die Schwellenabstände häufig gegenüber dem Regelschwellenabstand vergrößert, während gleichzeitig die benachbarten Schwellenabstände entsprechend verkleinert sind, um so das Grundraster des Schwellenabstandes möglichst beizubehalten. Die Schwellenfächer im Bereich dieser Einrichtungen können nicht mit Schotter verfüllt werden, und bei der Festen Fahrbahn sind entsprechende Freihaltungen zu planen und einzuhalten. Die Schwellen, die diese Freiräume bilden, werden im Schotterbett mit sog. Schwellenverbindungsplatten miteinander verbunden. Die Schwellenverbindungsplatten müssen beim Einbau und bei der Instandhaltung mit Handstopfgeräten unterstopft werden. Als Folge davon stellen diese Bereiche zwangsläufig Störstellen bezüglich Lagebeständigkeit und Instandhaltung dar.

**Abb. 4.53** Hohlschwelle mit Verschluss

Mit Stahl-Hohlschwellen (Abb. 4.53), in die die Stell- und Prüfergestänge integriert werden können, lassen sich diese Nachteile vermeiden. Zu beachten ist, dass bei bestehenden Weichen Hohlschwellen (auch Verschlussschwellen genannt), nicht einfach nachgerüstet werden können, weil die Verschlüsse, Antriebe und Prüfgestänge sowie die Weichenfahrbahn für eine Anordnung im Schwellenfach ausgelegt sind. Bei der DB gibt es eine Regellösung für Verschlussschwellen. Für Weichen mit der Schienenform 60 E2 fordert die DB die Verwendung von Hohlschwellen.

Die Weichenantriebe und auch die Prüfeinrichtungen werden auf den Schwellen mit sog. Lagereisen montiert. Die Schwellen haben dafür entsprechende Bohrungen bzw. bei Betonschwellen entsprechend angeordnete Dübel. Bei Betonschwellen (es kommen immer Spannbetonschwellen zum Einsatz), muss beachtet werden, dass die Befestigungspunkte sehr nahe am Schwellenkopf liegen können. Um Längsrisse im Schwellenkörper zu vermeiden sind dann entsprechende Zusatzbewehrungen im Schwellenkörper vorzusehen.

## 4.7 Stell- und Verschlusssysteme

„Weichen, die gegen die Spitze befahren werden, müssen von den für die Zugfahrt gültigen Signalen derart abhängig sein, dass die Signale nur dann in Fahrtstellung gebracht werden können, wenn die Weichen für den Fahrweg richtig liegen und verschlossen sind. Hierbei sind Weichen, die von Reisezügen gegen die Spitze befahren werden, gegen Umstellen unter dem Zug zu sichern.“ So lauten die Bestimmungen im § 14 der Eisenbahn-Bau- und Betriebsordnung [3]. Somit sind Verschlusseinrichtungen in den Weichen unumgängliche Ausrüstungsmerkmale.

Die grundsätzliche Behandlung von Weichen in der Leit- und Sicherungstechnik wird in Abschn. 12.3.2. beschrieben. Im Folgenden wird deshalb nur auf spezielle, vor allem oberbautechnische Aspekte der Stell- und Verschlusssysteme eingegangen.

Verschlüsse werden an der Spitze als Spitzenverschluss oder in der Mitte als Mittelverschluss eingesetzt, bei beweglichen Herzstückspitzen entsprechend. Nahe dem Zungenende gibt es bei längeren Zungen außerdem sog. Beistelleinrichtungen zur Sicherstellung der geometrisch korrekten Zungenlage. Bis zu einer zulässigen Geschwindigkeit von 160 km/h müssen bei der DB die Verschlüsse auffahrbar sein.

Es gibt sog. Innen- oder Außenverschlüsse, siehe Abschn. 12.3.2. Bei der DB sind die Außenverschlüsse die Regellösung. Die Position der Zunge oder der beweglichen Herzstückspitze wird über entsprechende Stellgestänge zwischen Zunge bzw. Herzstückspitze und Verschlussmodul sichergestellt. Wesentliche Bauteile dieser Kette des Verschlusssystems sind das Verschlussmodul, das Gestänge und die Backenschiene mit Zunge. Alle diese Bauteile sind formschlüssig verbunden. Statt der Stellgestänge können auch hydraulische Systeme eingesetzt werden. Ein Beispiel dafür ist z. B. der UNISTAR, der im neuen Stuttgarter Hauptbahnhof wegen beengter Platzverhältnisse eingebaut ist [4].

Das Erreichen der Endlage und damit die kraftschlüssige Verbindung zwischen Backenschiene und Zunge bzw. zwischen Flügelschiene und beweglicher Herzstückspitze wird durch Verschlüsse hergestellt und durch Endlagenprüfer überwacht, siehe Abschn. 12.3.2. Beim Spitzenverschluss sind die Endlagenprüfer i. d. R. im Antrieb integriert. Zwischen dem Prüfmodul und den Zungen sind Prüferstangen erforderlich. Zum Anschluss der Prüferstangen an die Zungen sind entsprechende Bohrungen im Zungenfuß vorhanden. Bei den Mittelverschlüssen gibt es verschiedene Lösungsmöglichkeiten bezüglich des Abstandes zwischen Verschlussposition und Position der Endlagenprüfer.

Längere Zungenvorrichtungen erfordern Mittelverschlüsse, um sicherzustellen, dass die notwendige Anlage der Zunge an die Backenschiene auf ganzer Länge eintritt, dass die Zunge auch bei Zugüberfahrt sicher in der Endlage gehalten wird und auch um sicherzustellen, dass die Durchfahrrille zwischen offener Zunge und Backenschiene ausreichend groß gewährleistet wird. Jeder Mittelverschluss wird durch je einen Endlagenprüfer überwacht, siehe Abschn. 12.3.2. Die Abstände der Verschlüsse zueinander sollen so gewählt werden, dass die Biegelinie der Zunge berücksichtigt wird und dass im Falle von Fremdkörpern zwischen Zunge und Backenschiene die Endlage nicht erreicht wird, falls unzulässige Spurverengungen eintreten würden, Abb. 4.54.

### 4.7.1 Stellsysteme

Grundsätzliche Fragen des Antriebs von Weichen werden in Abschn. 12.3.2 behandelt.

Verschlüsse, die an den Antrieben liegen, sind direkt mit Schieberstangen an den Antrieb angeschlossen. Mittelverschlüsse, die nicht mit Einzelantrieben betrieben werden, sind mit einem Stellgestänge mit dem Antrieb, der am Spitzenverschluss angeordnet ist, verbunden (s. Abb. 4.55 und 4.78).

Weichen mit längeren Zungenvorrichtungen erfordern bei der Anwendung von Stellgestängen zwei Antriebe und damit auch zwei unabhängige Stellgestänge. Alternativ hierzu gibt es die Möglichkeit der Einzelantriebe, die jeden Verschluss direkt antreiben. Dieses System kommt häufig bei

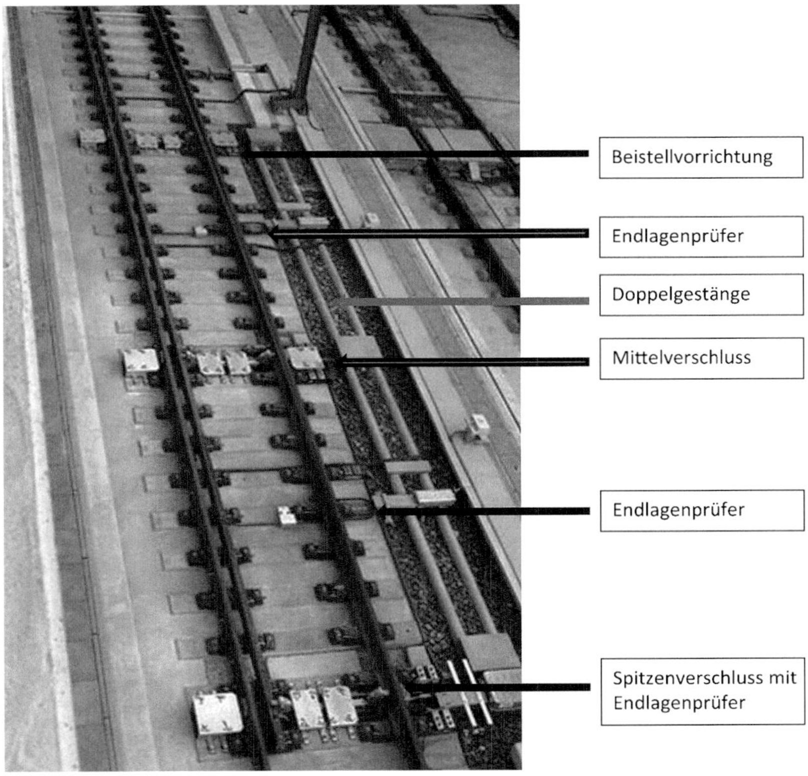


**Abb. 4.54** Anordnung und Benennung von Verschlüssen und Endlageprüfern in den Weichen der DB

den großen Weichen des Hochgeschwindigkeitsverkehrs zur Anwendung und ist z. B. in China regelmäßig im Einsatz.

Die Antriebe müssen bezüglich der Umstellkräfte so bemessen sein, dass sie die umzustellenden Zungen oder beweglichen Herzstücke sicher von einer verschlossenen Endlage zu der anderen Endlage bewegen können, das heißt die Umstellkräfte müssen größer sein als die Umstellwiderstände. Diese Widerstände setzen sich zusammen aus Biegekräften für die Zungenprofile oder Herzstückprofile, Reibungskräften der Zunge oder Herzstückspitze auf den Gleitstühlen oder Gleitflächen und Kräften für das Heben der Zungen auf die Zungenroller. Um die Biegekräfte zu begrenzen, gibt es mechanische Möglichkeiten wie z. B. das Abarbeiten des Schienenfußes bei Federschienenzungen (s. Abb. 4.28) oder Abarbeiten des Zungenfußes bei Federzungen (s. Abb. 4.30) zur Verringerung des Widerstandsmomentes. Die Reibungswiderstände können durch Schmieren der Gleitstühle oder Gleitflächen mit geeigneten und umweltverträglichen Schmiermitteln oder durch Beschichten mit z. B. Molybdän oder andere Materialien reduziert werden oder aber wesentlich effizienter durch den Einsatz von Zungen- und Herzstückrollern.

**Abb. 4.55** Weiche mit Antrieb, Doppelstellgestänge und Verschlussschwellen

Auf der anderen Seite sollen die von den Antrieben abgegebenen Umstellkräfte nicht so groß sein, dass im Falle von Fremdkörpern zwischen Zunge und Backenschiene die Zunge trotz eintretender Spurverengung gewaltsam in die Endlage gebogen wird. Das gilt analog für bewegliche Herzstückspitzen.

Während elektromechanische Antriebs- und mechanische Stellsysteme nach wie vor die Regel sind, befinden sich auch alternative Konstruktionen mit beispielsweise hydraulischen Stellsystemen in der Anwendung. Als Beispiel sei auch hier der UNISTAR [4] genannt. Vorteile solcher Systeme sind z. B. sehr gute Diagnostizierbarkeit im Vergleich zu mechanischen Systemen, was zu einer Verbesserung der Fernüberwachung der Weichen und damit zur Verbesserung der Zuverlässigkeit beiträgt.

### 4.7.2 Arten der Verschlüsse

Zu Aufgaben und Funktion der Verschlüsse siehe Abschn. 12.3.2.

#### 4.7.2.1 Klammerverschluss

Bedingt durch die lange Nutzungsdauer ist der Klammerverschluss immer noch der am weitesten verbreitete Verschluss. Die wesentlichen Bauteile sind die Schieberstangen mit den Verschlussklammern und die an der Backenschiene befestigten Verschlussstücke. Vor allem zur Erhöhung der Verfügbarkeit bei Längenänderungen der Zungen infolge Temperatureinflüssen werden die Klammerverschlüsse mit gleitenden Verschlussstücken geliefert, bestehende Weichen wurden in früheren Jahren zum Teil auch damit nachgerüstet.

Der Klammerverschluss wird bei neuen Weichen durch modernere und instandhaltungsärmere Verschlüsse ersetzt.

#### 4.7.2.2 Klinkenverschluss

Der Klinkenverschluss (Abb. 4.56) als Nachfolger des Klammerverschlusses wurde bei der DB Netz AG bis zum Jahr 2015 eingesetzt.

Die besonderen Eigenschaften des Klinkenverschlusses sind

**Abb. 4.56** Klinkenverschluss mit Schieberstange (*rechts*), Prüferstange mit Anschluss an die Zunge (*Mitte*), Zungenroller (*links*)

- wartungsarm, schmierungsfrei, einfach montierbar und einstellbar,
- Verdrehschutz zur Verhinderung des Klaffens zwischen Zunge und Backenschiene,
- mechanischer Kraftschluss zwischen Zunge und Backenschiene,
- Auffahrbarkeit,
- Kompensation der Längenänderung der Zungen bis zu $\pm 25$ mm.

#### 4.7.2.3 Einheitsverschluss (EV)

Der Anlass für die Neuentwicklung ergab sich im Zusammenhang mit dem bei der DB Netz AG initiierten Projekt zur Verringerung der Anlagen- und Systemvielfalt. Es wurde von der DB Netz AG festgelegt, dass in den Weichen zukünftig nur noch eine Einheitsbauart für Verschlüsse zu verwenden ist, und zwar für alle Verschlüsse der Zungenvorrichtungen in Weichen und Kreuzungen mit den Schienenformen UIC 60, S 54 und S 49.

Alle bisherigen Verschlussbauarten benötigen unterschiedliches Wissen, Werkzeuge und jeweils andere Ersatzteile bei der Instandhaltung.

Durch die geplante Einführung eines Einheitsverschlusses sollten die erkannten Nachteile in der Instandhaltung beseitigt und gleichzeitig identifizierte Schwachstellen beseitigt werden.

Die Entwicklung des Einheitsverschlusses (EV) (Abb. 4.57) basierte auf den bekannten und bewährten Komponenten der zugelassenen Regelbauarten wartungsarmer Verschlüsse.

**Abb. 4.57** Einheitsverschluss für Zungenvorrichtung (EVZ)

**Merkmale:**

- Definierte Verspannung aller Schraubverbindungen, insbesondere die Befestigung des Zungenklobens an der Zungenschiene/Verschlussplatte
- Zuverlässige Sicherung aller Schraubverbindungen ohne Beeinflussung ihrer erforderlichen Vorspannung
- Vergrößerung der Auflage der Verschlussklammerschraube auf dem Zungenfuß durch eine Bundbuchse
- Redundante Auslegung der die Sicherheit bestimmenden Funktionen durch ein neues multifunktionales Sicherungsblech
- Definierte Sicherung des Keils durch formschlüssige horizontale Verspannung des Zungenklobens am Zungenfuß
- Wirtschaftlicher Austausch von Verschleißteilen, speziell der Reibpartner wie Schieberstange/Verschlussstück

**Wesentliche Vorteile des Einheitsverschlusses sind:**

- Substitution alter Weichenverschlüsse problemlos möglich
- Wartungsarm
- Zungenspiel über Exzenter einstellbar
- Höhere Sicherheit durch geschmiedete Komponenten
- Integrierbar auch in einer Verschlussschwelle
- Auffahrbar

## 4.8 Einbau von Weichen

### 4.8.1 Allgemein

Der Weicheneinbau kann einerseits im Zuge eines Neu- oder Ausbauprojektes als neue Fahrwegkomponente erfolgen oder aber im Zuge einer Instandsetzungsmaßnahme Teil eines Umbaus sein.

Die zu wählende Einbautechnologie hängt wie nachfolgend noch näher erläutert von vielen Faktoren ab, welche letztendlich zur Sicherstellung einer wirtschaftlichen Lösung in der Summe betrachtet werden müssen.

Grundlagen für die Weichenbeschaffung und den Weicheneinbau sind bei der DB Netz AG folgende Planungsunterlagen:

- Weichenskizze
  Mit der Weichenskizze als Bestellgrundlage werden alle Parameter der Weiche definiert hinsichtlich ihrer
  - Trassierung (Ril 800.0110 [5]),
  - Grundform und ggf. Ableitung (Ril 800.0120 [1]),
  - oberbautechnischen Ausrüstung (Ril 820.2010 [6]),
  - sicherungstechnischen Ausrüstung (Ril 819 [7]).
- Lageplan
  Der Lageplan ist die technisch-konstruktive Darstellung der Weiche in ihrer Grundform. Er ist im Regelwerk der Iow aufgenommen und trägt immer eine Iow-Nummer. Für jede Grundform der unterschiedlichen Weichentypen gibt es Lagepläne. Aus der Weichenskizze und dem Lageplan wird die angeforderte Weiche entwickelt und in einem Verlegeplan dokumentiert.
- Verlegeplan
  Der Verlegeplan ist die vertragliche Grundlage zur Lieferung von Weichen einschließlich der Materialien im angrenzenden Bereich und
  - enthält alle Informationen, die zusammen mit dem Regellageplan und den Großteillageplänen eine korrekte Montage und Verlegung der Weiche ermöglicht

Verlegepläne
- werden für alle einzubauenden Weichen im Netz der DB erstellt
- sind Bestandsunterlagen in den Niederlassungen,
- setzen die Vorgaben der Regellagepläne unter Berücksichtigung der örtlichen Bedingungen (Vorgaben der Weichenskizzen) konstruktiv um.

- Absteckplan
  Der Absteckplan beinhaltet die maßgebliche Lagebestimmung (Richtung und Höhe) der Weiche im Gleis. Bei Neubauten sind Absteckplan und Vermarkungsplan identisch.

Auf Basis dieses Plans werden die notwendigen Absteckungen durchgeführt. Dabei erfolgt die Sicherung der Solllage bei Weichenumbau i. d. R. durch Holzpfähle. Es ist darauf zu achten, die Pfähle so weit abzusetzen, dass sie bei den Arbeiten nicht beschädigt oder verschüttet werden.

### 4.8.2 Weicheneinbau und -umbau unter wirtschaftlichen Gesichtspunkten

Die Wahl der Technologie zum Weicheneinbau oder -umbau wird durch eine Vielzahl von Faktoren beeinflusst.

Bei Weichen*neubauten* hängt die Wahl der Technologie entscheidend vom Oberbau – Feste Fahrbahn oder Schotter –, von der gewählten Konstruktion, der Geometrie, den örtlichen Gegebenheiten (Brücke, Dammlage, Einschnitt), der Zuwegung sowie vom gewählten Bauablauf ab. Der Eisenbahnbetrieb selbst findet häufig nur in Form des Baustellenverkehrs statt.

Ganz andere Einflussfaktoren sind bei den klassischen Weichen*umbauten* zu berücksichtigen, welche sich (bis heute) fast ausschließlich auf Schotterweichen beziehen. Diese Umbauten erfolgen i. d. R. unter dem rollenden Rad innerhalb einer definierten Sperrpause bei häufig noch in Betrieb befindlichen Nachbargleisen. Die betrieblichen Einflüsse, die Möglichkeiten der Vormontage, das Vorhandensein einer Oberleitung, aber auch die durch die Baustelle bedingten Betriebserschwerniskosten (BEK) sind beim Weichenumbau entscheidende Faktoren zur Wahl eines bedarfsgerechten Einbauverfahrens.

Insbesondere die BEK werden bei der Beurteilung des Einbauverfahrens heute immer noch vielfach – teilweise sogar bewusst – vernachlässigt oder nicht ausreichend berücksichtigt. So hat bei hochbelasteten Hauptgleisen die Dauer der zum Einbau benötigten Sperrpause hinsichtlich der daraus resultierenden BEK eine hohe Relevanz, auf Nebenstrecken ist der Einfluss dagegen nahezu unbedeutend, Abb. 4.58.

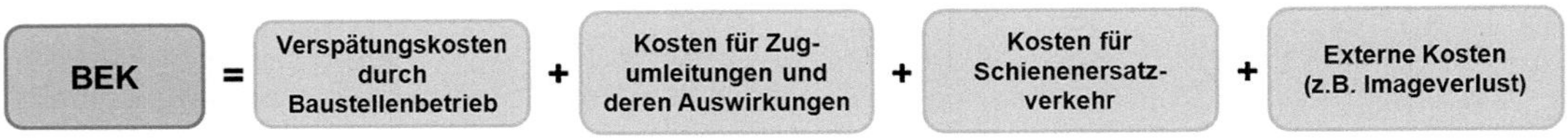


**Abb. 4.58** Zusammensetzung von Betriebserschwerniskosten (BEK) [8]

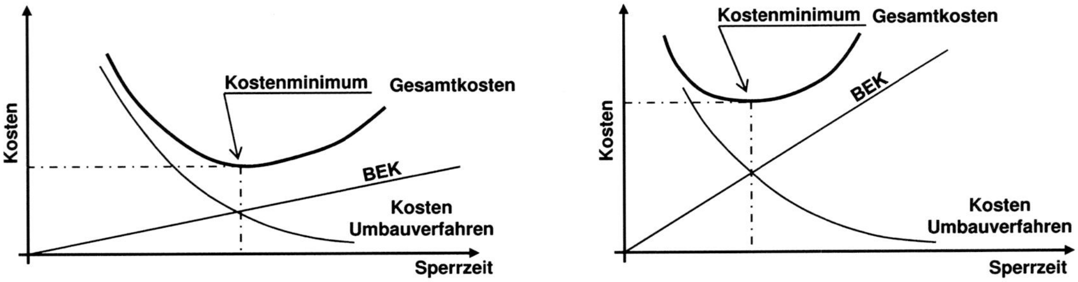


**Abb. 4.59** Prinzip der Gesamtkosten einer Baumaßnahme mit unterschiedlichen BEK [8]

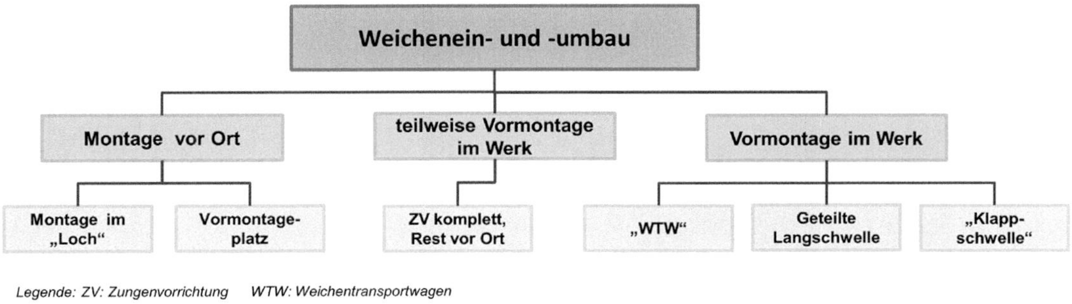


**Abb. 4.60** Weichenein- und -umbau in Abhängigkeit der Vorsegmentierung im Werk

Zwei Kostenarten – die BEK und die durch das Umbauverfahren maßgeblich beeinflussten Projektkosten – müssten deshalb im Rahmen einer Wirtschaftlichkeitsberechnung analysiert und gegenübergestellt werden. Umbauverfahren, nur die eine kurze Sperrpause benötigen, sind i. d. R. kostenintensiver als solche, die nur in einer längeren Sperrpause eingesetzt werden können. Gleichzeitig steigen aber die BEK mit zunehmender Sperrpausenlänge – bei Hauptgleisen sicherlich wesentlich stärker als in den schwach frequentierten Nebengleisen.

Projektbezogen gilt es, eben diese beiden Kostenarten zu betrachten und das sich ergebende Kostenminimum möglichst exakt zu bestimmen, Abb. 4.59. In Abhängigkeit der anderen Einflussfaktoren sollte dann die Wahl des wirtschaftlichsten Einbauverfahrens möglich sein.

## 4.8.3 Weicheneinbau- und -umbauverfahren

In den folgenden Abschnitten soll nicht der Montageprozess im Detail dargestellt werden, sondern eine Übersicht über die gängigen Einbaumethoden differenziert nach Schotteroberbau und Fester Fahrbahn gegeben werden. Insbesondere der klassische Weichenumbau ist detailliert in der einschlägigen Fachliteratur beschrieben, vgl. [9].

Wie bereits unter Abschn. 4.8.2 dargestellt, hängt die Wahl des Einbauverfahrens von einer Vielzahl von Einflussfaktoren ab. Dabei ist das Einbauverfahren mit der Materiallogistik, d. h. der Anlieferung der Weiche vom Weichenwerk zur Baustelle bzw. dem Weg innerhalb der Baustelle zum Einbauort, abzustimmen, Abb. 4.60. Auch hier gibt es unterschiedliche Möglichkeiten, wie die Anlieferung in Einzelteilen oder auch die teilweise bzw. die komplette Vormontage im Weichenwerk.

Da in Abhängigkeit der Oberbauart durchaus unterschiedliche Logistikkonzepte und Einbau- bzw. Umbauverfahren gewählt werden, erfolgt in der weiteren Betrachtung eine Differenzierung nach Schotteroberbau und Fester Fahrbahn. Ferner werden die Möglichkeiten der Vorsegmentierung sowie der sich daraus ergebenden Logistik erläutert.

### 4.8.3.1 Vorsegmentierung von Weichen im Werk

**Weichen für das Oberbauprogramm der DB Netz AG**

Das vertraglich zwischen den Weichenwerken und der DB Netz AG vereinbarte Lieferprogramm – beispielhaft für einfache Weichen – sieht folgende Möglichkeiten der Vormontage im Werk vor:

(a) Weichenfahrbahn bestehend aus Herzstück, Zungenvorrichtung, Zwischenschienen und Radlenker – Schwellen werden bauseitig beigestellt,
(b) Weiche komplett in Segmenten nach „Bauart geteilte Langschwelle“,
(c) Weichen komplett zum Transport mit dem Weichentransportwagen (WTW).

Da heute standardmäßig die Weiche nach Variante (a) geliefert wird, erfolgt i. d. R. die Montage

**Abb. 4.61** Weichentransportwagen (WTW)

der Weichen für das Oberbauprogramm auf der Baustelle.

### Komplett vormontierte Zungenvorrichtung

Im Bereich der NE-Bahnen (nichtbundeseigene Eisenbahnen), die vielfach Weichen nach der Industrienorm 600 einsetzen, werden i. d. R. die Weichen im Werk komplett vormontiert und vor Auslieferung vom Kunden abgenommen.

Da der Transport zur Baustelle entweder per Lkw oder auf Flachwagen per Bahn erfolgt, muss die Weiche im Werk wieder demontiert werden. Dabei wird die Zungenvorrichtung i. d. R. nicht demontiert, sondern als Segment zur Baustelle transportiert, da sie das zulässige Lademaß nicht überschreitet.

### Komplett montierte Weichen

Im Werk komplett montierte Weichen garantieren eine hohe Qualität durch Vorkonfektionierung von Fahrbahn, Schwellensatz und signaltechnischen Komponenten in einem Fertigungsbetrieb. Negative Einflussfaktoren aus der Baustellenmontage wie ungeeigneter Montageplatz, Witterungseinflüsse, unsachgemäßes Handling der Komponenten oder ganz einfach der Verlust von Bauteilen (Kleineisen) werden deutlich reduziert. Komplett montierte Weichen werden mit Weichentransportwagen (WTW) just in time zur Baustelle gebracht.

Das zeit-, platz- und kostensparende Verfahren gehört in der Schweiz zum festen Bestandteil des Weichenumbaus und wird in Österreich auf Hauptstrecken eingesetzt. Dabei hängt der wirtschaftliche Einsatz entscheidend von kurzen Umlaufphasen der WTW ab, Abb. 4.61.

### Weichen mit geteilter Langschwelle

Eine andere Möglichkeit, die Weiche im Werk vorzumontieren und in Segmenten zur Baustelle zu transportieren, bietet die Technik der geteilten Langschwelle. Diese ermöglicht die getrennte Montage des geraden und getrennten Stranges. Die Verbindung erfolgt mit besonderen „Schwingungstilgern“, so dass man bezogen auf die Spurweite und Weichengeometrie durchgehende Langschwellen, aber bezüglich des vertikalen Verhaltens einzeln wirkende Kurzschwellen hat, Abb. 4.62.

### Weichen mit klappbarer Schwelle

Das DB Netz-eigene Werk Oberbaustoffe Witten hat zusammen mit dem Schwellenproduzenten Rail.One einen Schwellensatz entwickelt, bei dem die Langschwellen mit einem biegesteifen Koppelgelenk ausgestattet wurden. Diese „Klappschwelle“, die den Montageprozess im Weichenwerk wie eine ganz normale Langschwelle durchläuft, ermöglicht nun die Komplettmontage im Werk, gleichzeitig aber den Transport zur Baustelle auf Regelgüterwagen, Abb. 4.63. Zur Reduzierung der Ladebreite werden die „gekoppelten“ Kurzschwellenteile inklusive der Schiene hochgeklappt.

Der Prototyp dieser Weiche (EW 60-500) wurde im Jahr 2011 im Netz der DB eingebaut. Im Zuge der weiteren Betriebserprobung wurden bis Mitte 2023 mehr als 30 Weichen mit klappbaren Schwellen ausgeliefert.

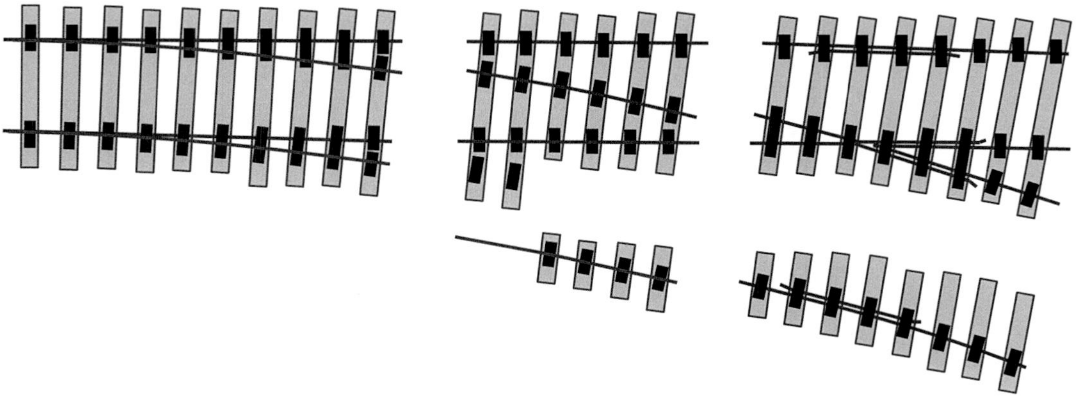

**Abb. 4.62** Weichen mit geteilter Langschwelle

**Abb. 4.63** Weiche mit Klappschwelle auf Flachwagen

#### 4.8.3.2 Schotteroberbau

Der Schotteroberbau ist Standard bei den meisten Bahnen, die nach den Vorschriften der EBO/BOA/EBOA fahren, so dass der klassische Weichenein- bzw. -umbau mehrheitlich auch bei diesem Oberbau erfolgt.

**Montage „im Loch"**

Die Montage der Weiche im Loch erfordert beim Weichenumbau eine Sperrpause während der ganzen Bauphase und wird aus diesem Grunde in der Praxis nur selten bzw. in absolut untergeordneten Gleisbereichen, die häufig bei Industriebahnen angetroffen werden, umgesetzt, Abb. 4.64.

Bei Einbauten auf neuen Strecken, auf denen i. d. R. noch kein Schienenverkehr stattfindet, erfolgt durchaus die Montage auf dem Schotterplanum unter Zuhilfenahme von Zweiwegebaggern, allerdings sind die Fahrbahnkomponenten dieser Weichen vormontiert (halbe Zungenvorrichtung, Herzstück).

**Vormontage auf einem Montageplatz**

Die Vormontage auf einem gesonderten Platz ist in Deutschland heute noch Standard beim klassischen Weichenumbau. Im Rahmen der Bauablaufplanung werden auch in Abhängigkeit des gewählten Umbauverfahrens Montage- und Demontageplätze sowie ggf. die Lagerorte festgelegt. Es ist darauf zu achten, dass der Montageplatz eben und befahrbar ist. So eignen sich nicht genutzte Gleise hervorragend, aber auch das Auslegen der geschotterten Montagefläche mit Schienen hat sich als praktikabel erwiesen. Nach Auslegen der Schwellen wird die Fahrbahn montiert, die häufig schon im Weichenwerk teilvorsegmentiert wurde (halbe Zungenvorrichtung, Herzstück, Radlenker/Fahrschiene).

**Abb. 4.64** Weichenmontage im Loch

Der Einbau erfolgt mit diversen Hebegeräten, abhängig von der Weichenform, vom Gewicht und insbesondere auch von der zurückzulegenden Strecke zwischen Montage- und Einbauort. Während bei Industriebahnen standardmäßig bei einer Vielzahl der Weichen (Radien 190 und evtl. 300 m) der Zweiwegebagger eingesetzt wird, erfordern größere Weichen oder auch längere Wegstrecken den Einsatz von speziellen Hebegeräten. Nachfolgend werden einige vorgestellt, ohne Anspruch auf Vollständigkeit.

**Eisenbahndrehkran (EDK)**

Der Eisenbahndrehkran ist im Bereich des Weichenumbaus das Standardhebezeug bei großbogigen Weichen, Abb. 4.65. Dabei müssen die komplett vormontierten Weichen oder auch bei großen Weichen die entsprechenden Segmente vom Montageplatz aufgenommen und über eine Strecke, die durchaus 1–2 km betragen kann, zum Einbauort transportiert werden. Oberleitungen, Brücken, Tunnel oder einfach nur signaltechnische Einrichtungen bilden zu überwindende Hindernisse.

**Abb. 4.65** Weichenmontage mit Eisenbahndrehkran

Am Markt sind heute für die unterschiedlichen Baustellenbedingungen EDK, differenziert in drei Kranklassen und mit unterschiedlicher technischer Ausführung, verfügbar.

Kräne der leichten Gewichtsklasse werden bei Ein- und Umbaumaßnahmen von Weichen mit Betonschwellen bis EW 300 und bei Weichen mit Holzunterschwellung bis EW 500 eingesetzt.

Bei Betonweichen der Geometrie EW 500 bzw. EW 760 werden Kräne der mittleren Gewichtsklasse eingesetzt und zum Einbau von Weichensegmenten bis zum Radius von 2500 m Kräne der Schwergewichtsklasse. Stand der Technik sind heute Ausführungen

- mit festem oder teleskopischem Gegengewicht oder auch mit separat verschwenkbarem Ausleger und teleskopischem Gegengewicht,
- die profilfreies Arbeiten ermöglichen, d. h. für den Weichenumbau wird immer nur ein Gleis benötigt, der Verkehr auf dem benachbarten Gleis bleibt ungestört,
- mit Tragfähigkeiten von bis zu 160 t,
- mit Lastmomenten bis zu 1680 tm.

**Universelles Weichen- und Gleisjochwechselgerät (UWG)/Gleis- und Weichenumbauverfahren PEM/LEM**

Das UWG besteht im Wesentlichen aus den hydraulischen Weichenhebern, dem Fahrgestell so-

**Abb. 4.66** Weichenmontage mit UWG bzw. PEM/LEM

wie den Rampen und Hilfsfahrbahnen, Abb. 4.66. Der Weicheneinbau vollzieht sich wie folgt:

- Hilfsfahrbahn auf das Schotterplanum ziehen,
- Rampenschienen anbauen,
- Weiche einfahren
- Weiche mit den Weichenhebern von den Fahrgestellen abheben,
- Fahrgestelle herausfahren,
- Rampenschienen abbauen,
- Hilfsfahrbahn ziehen,
- Weiche ausrichten und ablegen,
- UWG wegfahren,
- Anschlüsse herstellen.

Beim Nachfolgemodell der UWG-Geräte

- sind alle Funktionen sowohl auf den Hebern (PEM) als auch auf den Unterwagen (LEM) jetzt funkferngesteuert,
- haben die Unterwagen zusätzlich einen Eigenfahrantrieb.

**Weichenumbaumaschine WM 500**

Der WM 500 ist ein speziell für den Weicheneinund -umbau konzipiertes System, das aus folgenden kombinierbaren Einzelkomponenten besteht:

- Trägerfahrzeug Weichenraupenwagen (WRW),
- Weichenhebegerät Portalkran 1 (PK1), welches ein Raupenfahrwerk besitzt,
- Weichenhebegerät Portalkran 2 (PK2) ohne Raupenfahrwerk. Das PK2 dient zur Aufnahme bzw. Übergabe von Weichenteilen vom bzw. zum WRW.

Der WM 500 benötigt für den Betrieb keine Sperrung des Nachbargleises, und die einzubauenden Weichensegmente können wahlweise seitlich oder in Längsrichtung direkt vor Kopf mit dem PK1 aufgenommen werden. Kennzeichen des WM 500 sind:

- modulares Konzept,
- Verlängerung des Längsrahmens an beiden Seiten durch hydraulisch ausfahrbare Kragarme,
- Ein- bzw. Ausbau von Weichen bzw. Segmenten bis zu einer Länge von 40 m und einem Gewicht von 40 t.

### 4.8.3.3 Feste Fahrbahn

Bei Feste Fahrbahn Weichen sind heute die Stützpunkt gelagerten Bauarten Stand der Technik, entweder auf einer Schwelle, die später vergossen wird (RHEDA 2000®, Abb. 4.67) oder auf einer vorgefertigten Weichentragplatte (WTP z. B. der Firmen Bögl oder Porr). Diese beiden unterschiedlichen Systeme – Schwelle oder Weichentragplatte – haben hinsichtlich der Planung, Fertigung und Montage höchst unterschiedliche Anforderungen. Beiden Systemen gemeinsam ist, dass der Schienenstützpunkt gemäß den Forderungen des „Anforderungskatalog zum Bau der Festen Fahrbahn" (AKFF) [10] nach Einbau vertikal $> +20$ mm und horizontal $> \pm 4$ mm Regulierungsreserve haben muss.

**Abb. 4.67** Weiche auf Rheda 2000 (Quelle: DB Projekt Stuttgart-Ulm GmbH)

**Abb. 4.68** Einbau mittels EDK und Traverse

### Stützpunktlagerung auf Schwelle

Die Montage der Weichen kann entweder im Weichenwerk (Vormontage), auf einem Vormontageplatz oder am Einbauort direkt erfolgen. Grob skizziert ist der Arbeitsablauf wie folgt:

- Auslegen der Schwellen und Montage der Fahrbahn und ggf. der signaltechnischen Komponenten (Abb. 4.68),
- falls im Werk vormontiert, Transport der Segmente zum Einbauort
- Ablegen und Grobausrichtung der Segmente auf der hydraulisch gebundenen Tragschicht (HGT) nach Absteckplan (Abb. 4.69),
- Justieren der Weiche nach Lage und Höhe sowie Fixierung,
- Schal- und Bewehrungsarbeiten für Tragplatte, Füllbeton und Aussparungen (Abb. 4.70),

**Abb. 4.69** Einbau einer vorsegmentierten Weiche mit geteilter Langschwelle

**Abb. 4.70** Abschalung für Verschluss, Schutz der Fahrbahn vor Verunreinigung

- Schutz der Weichenteile gegen Verunreinigung beim Betonieren,
- Einbau des Betons mit unmittelbarer Reinigung von möglicherweise verunreinigten Komponenten (Abb. 4.71 und 4.72)
- Nachbehandlung des Betons,
- Montage der (restlichen) signaltechnischen Komponenten und Feinjustierung der Wei-

**Abb. 4.71** Betoneinbau (Quelle: DB Projekt Stuttgart-Ulm GmbH)

**Abb. 4.72** Einbetonierter Stützpunkt

chenfahrbahn mit Herstellung der Abnahmetoleranzen,
- Herstellen der Schienenschweißungen,
- Abnahmecheck ggf. mit noch erforderlichen kleineren Korrekturen.

Die Herausforderung beim Herstellen dieses Systems sind für das Bauunternehmen bei Vormontage das fachgerechte Handling der i. d. R. großen Segmente, das Ausrichten und die Fixierung der Komponenten, die Berücksichtigung und korrekte Herstellung sämtlicher Aussparungen und Auflagerungen für später zu montierende Signaltechnik und das fachgerechte Betonieren.

**Stützpunktlagerung auf vorgefertigter Weichentragplatte (WTP)**
Bei diesem System werden die Fertigteilplatten einschließlich der Stützpunktbefestigungen im Werk vorgefertigt. Die Herausforderungen bei Einsatz der WTP sind die Herstellung der Platten selbst sowie die Verlegung auf der Baustelle in einem sehr engen Toleranzfeld von häufig nur wenigen Millimetern. Auch erfordert dieses System eine noch exaktere Planung, sind doch spätere Korrekturen fast ausgeschlossen. Der Arbeitsablauf für den Einbau der Weichen auf WTP stellt sich wie folgt dar:

- Auslegen, Justieren und Unterguss inkl. Koppelung der Fertigteilplatten,
- Montage der Schienenstützpunkte, Abb. 4.73,
- Ablegen und Montage der vorsegmentierten Weichenteile und Schienen, Abb. 4.74 und 4.75,
- Montage der signaltechnischen Komponenten und Feinjustierung der Weichenfahrbahn mit Herstellung der Abnahmetoleranzen,
- Herstellen der Schienenschweißungen,
- Abnahmecheck ggf. mit noch erforderlichen kleineren Korrekturen.

**Abb. 4.73** Montage der Komponenten

**Abb. 4.74** Bögl-Platte mit Schienenstützpunkt

**Abb. 4.75** Montiertes Herzstück

## 4.9 Instandhaltung von Weichen

### 4.9.1 Gesetzliche Grundlagen

Im deutschen Eisenbahnrecht erfolgt eine Differenzierung zwischen „öffentlichen" und „nichtöffentlichen" (§ 3 AEG) [11] sowie bundeseigenen und nichtbundeseigenen Eisenbahnen (NE-Bahnen).

**Tab. 4.2** Maßgebliche (Oberbau-)Verordnungen für Eisenbahnen des öffentlichen und des nichtöffentlichen Verkehrs

| Regelwerk | Eisenbahnen des ... | | |
|---|---|---|---|
| | Öffentlichen Verkehrs ... | | Nicht öffentlichen Verkehrs |
| | ... bundeseigen | ... nichtbundeseigen | |
| EBO | X | X | |
| BOA/EBOA | | | X |
| Ob-Ri NE | | X | X |

Eisenbahnen dienen dem öffentlichen Verkehr, wenn sie als Eisenbahnverkehrsunternehmen gewerbs- oder geschäftsmäßig betrieben werden und jedermann sie nach ihrer Zweckbestimmung zur Personen- oder Güterbeförderung benutzen kann (öffentliche Eisenbahnverkehrsunternehmen), § 3 Abs. 1 Nr 1 AEG.

Für Eisenbahnen des *öffentlichen Verkehrs* findet die für den Oberbau maßgebliche Eisenbahn-Bau- und Betriebsordnung (EBO) [3] Anwendung.

Basierend auf der EBO erstellt die DB Netz AG das oberbautechnische Regelwerk, das u. a. folgende Richtlinienfamilien (RilF) enthält:

- RilF 820 Grundlagen des Oberbaus
- RilF 821 Oberbau inspizieren
- RilF 822 Oberbau warten
- RilF 823 Oberbauarbeiten planen
- RilF 824 Oberbauarbeiten durchführen

Vorschriften für die Bahnen des *nichtöffentlichen Verkehrs* bilden die Verordnungen über den Bau und Betrieb von Anschlussbahnen (BOA) bzw. die Eisenbahn-Bau- und Betriebsordnung für Anschlussbahnen (EBOA). Ebenso wie bei der EBO dient bei den Anschlussbahnen die BOA/EBOA dem Ziel, eine sichere und geregelte Abwicklung des Eisenbahnverkehrs zu gewährleisten. Da die Anschlussbahnen den Bundesländern unterstehen, gilt für jedes Land eine gesonderte Verordnung, es sei denn, dass die EBOA angewendet wird.

Für die nichtbundeseigenen Eisenbahnen (NE-Bahnen) des öffentlichen und des nichtöffentlichen Verkehrs gelten die „Oberbau Richtlinien für Nichtbundeseigene Eisenbahnen“ (Ob-Ri NE) [12]. Diese ergänzen die gesetzlichen Bestimmungen der EBO und der von den einzelnen Ländern erlassenen BOA bzw. der EBOA, s. Tab. 4.2.

### 4.9.2 Anlagenverantwortung

Die Regelung der Anlagenverantwortung und letztendlich die Verantwortung für den sicheren Betrieb der Gleisanlagen ist in den einzelnen Vorschriften eindeutig geregelt.

Die EBO [3] fordert in § 2 „Bahnanlagen und Fahrzeuge müssen so beschaffen sein, dass sie den Anforderungen der Sicherheit und Ordnung genügen. Diese Anforderungen gelten als erfüllt, wenn die Bahnanlagen und Fahrzeuge den Vorschriften dieser Verordnung und, soweit diese keine ausdrücklichen Vorschriften enthält, anerkannten Regeln der Technik entsprechen.“ Dieses zu gewährleisten, liegt im Bereich der „EBO-relevanten Bahnen“ gemäß EBV [13] im Verantwortungsbereich des Eisenbahnbetriebsleiters. Die EBV fordert: „Eisenbahninfrastrukturunternehmen mit Sitz im Inland haben vor der Betriebsaufnahme einen oder mehrere Betriebsleiter zu bestellen, die unbeschadet der Verantwortung des Unternehmers für das sichere Betreiben der Eisenbahninfrastruktur verantwortlich sind.“

Bei der DB Netz liegt gemäß Organisationsanweisung die uneingeschränkte Verantwortung für die ordnungsgemäße und sichere Instandhaltung der ihm zugewiesenen Anlagen beim Anlagenverantwortlichen (Alv). Dabei werden zur Wahrnehmung der Aufgaben folgende Anforderungen an die Qualifikation des Alv gestellt:

- fachliche Kenntnisse und Erfahrungen,
- Kenntnisse der einschlägigen Vorschriften, Richtlinien und Normen,
- Kenntnisse über den Betriebszustand der Anlage,
- Fähigkeit, die Auswirkungen vorgesehener Arbeiten für den sicheren Betrieb der Anlage zu beurteilen,
- Fähigkeit zum Erkennen der besonderen Gefahren, die bei Arbeiten an oder in der Nähe von dieser Anlage ausgehen.

Der Alv muss festgelegte Arbeiten (z. B. definierte Inspektionen gemäß Regelwerk) selbst durchführen.

Analog zur EBO ist auch in den BOA/EBOA der Länder eindeutig festgelegt, dass für die Einhaltung der Vorschriften und somit für das sichere Betreiben der Anlage der Anschlussinhaber verantwortlich ist. Dieser kann einen Eisenbahnbetriebsleiter bestellen, der für die Einhaltung der Vorschriften zu sorgen hat. Für Anschlussbahnen, auf denen der Anschlussinhaber den Eisenbahnbetrieb mit schienengebundenen Triebfahrzeugen selbst führt, muss ein Eisenbahnbetriebsleiter bestellt werden.

### 4.9.3 Elemente der Instandhaltung

Mehr als 25 % der gesamten Oberbau-Instandhaltungskosten fallen, wie in Abschn. 4.1.2 beschrieben, für die Weicheninstandhaltung an. Da die Weiche als „Störglied“ im Fahrweg gleichzeitig nicht unerheblichen Einfluss auf die Verfügbarkeit hat, gilt dieser Fahrwegkomponente besondere Aufmerksamkeit. Eine zielorientierte Instandhaltung hat großen Einfluss auf die Wirtschaftlichkeit des Fahrweges.

Die Instandhaltung umfasst alle Maßnahmen zur Feststellung des Ist-Zustandes und zur Bewahrung bzw. Herstellung des Soll-Zustandes und definiert sich nach DIN 31051 wie folgt:

- Inspektion: Maßnahmen zur Feststellung und Beurteilung des Ist-Zustandes,
- Wartung: Maßnahmen zur Bewahrung des Sollzustandes,
- Instandsetzung: Maßnahmen zur Wiederherstellung des Sollzustandes,
- Verbesserung: Maßnahmen zur Steigerung der Funktionsfähigkeit.

Bei der DB Netz AG wird die Instandhaltung in folgende vier Hauptkomponenten untergliedert [14]:

1. Inspektion/Wartung: Feststellung und Beurteilung des Ist-Zustandes, Kleinmaßnahmen zur Bewahrung des Sollzustandes,
2. Entstörung: Wiederherstellung der Funktionsfähigkeit nach Teilausfall/Ausfall,

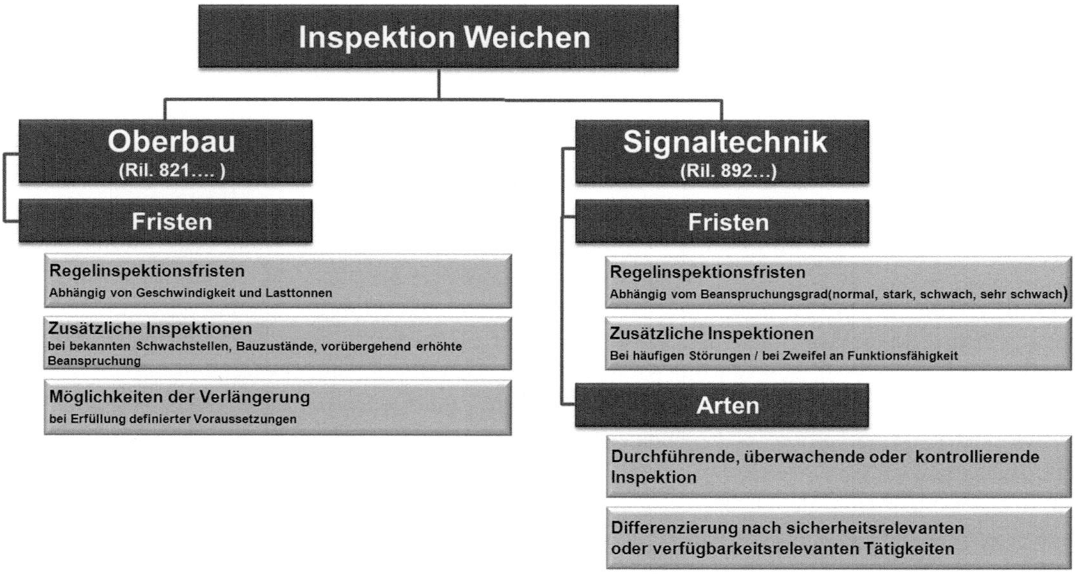


**Abb. 4.76** Inspektionen bei der DB Netz AG

3. Instandsetzung: alle planbaren Maßnahmen zur Wiederherstellung des Sollzustandes nach Befund,
4. Prävention: zustandsabhängige oder zyklische Prävention.

## 4.9.4 Inspektion

### 4.9.4.1 Allgemein

Die Inspektionsfristen, die durchzuführenden Tätigkeiten und die erforderliche Dokumentation hängen von der „Einordnung" der Bahn ab, siehe Abschn. 4.9.1.

Nach § 17 EBO [3] sind Bahnanlagen planmäßig auf ihre ordnungsgemäße Beschaffenheit zu untersuchen. Art, Umfang und Häufigkeit der Untersuchung haben sich nach Zustand und Belastung der Bahnanlagen sowie nach der zugelassenen Geschwindigkeit zu richten. Weitere Festlegungen werden in der EBO selbst nicht getroffen.

Die DB Netz AG hat in ihren Organisationsanweisungen klare Vorgaben hinsichtlich der Aufbau- und Ablauforganisation getroffen. Während die Oberbauinspektion bei der DB Netz AG in der Richtlinienfamilie 821 geregelt ist, erfolgt die Inspektion der LST-Anlagen gem. der Richtlinienfamilie 892.

Wie nachfolgend noch näher erläutert, sind die Intervalle einer Regelinspektion im Oberbau abhängig von der Geschwindigkeit und/oder Belastung. Die LST-Anlagen werden hingegen in Beanspruchungsgrade normal, stark, schwach und sehr schwach eingeteilt. Diesen Beanspruchungsgraden entsprechend werden die LST-Anlagen dann nach unterschiedlichen Fristen instandgehalten. Bei der DB Netz AG findet aufgrund der Sicherheitsrelevanz bei LST-Anlagen eine wesentlich stärke Differenzierung hinsichtlich der Fristen und der durchzuführenden Tätigkeiten statt, Abb. 4.76.

In der Ob-Ri NE, die wie dargestellt die gesetzlichen Bestimmungen der EBO und der von den einzelnen Ländern erlassenen BOA bzw. EBOA ergänzt, wird in den Kapitel 11 „Wartung und Inspektion des Oberbaus" und Kapitel 12 „Art und Umfang der Messungen" u. a. Folgendes festgelegt:

- Zur Gewährleistung der Betriebssicherheit und der Verfügbarkeit sind die Oberbauanlagen regelmäßig zu warten und zu inspizieren
- Rechtsgrundlage hierfür sind die Eisenbahn-Bau- und Betriebsordnung (EBO) und ggf. die Verordnungen der Bundesländer über den Bau und den Betrieb von Anschlussbahnen

*Bahnhof* ________ *Stellwerksbez.* ________

***Weiche-Nr.*** ________ *Stellwerksanschluß Handbedienung*

***Einfache Weiche 49E1 – 140 – 1:6 I Fz (H)***

*Angefertigt nach Lageplan* ________

*Lieferwerk* ________

*Eingebaut am* ________

*Ausgebaut am* ________

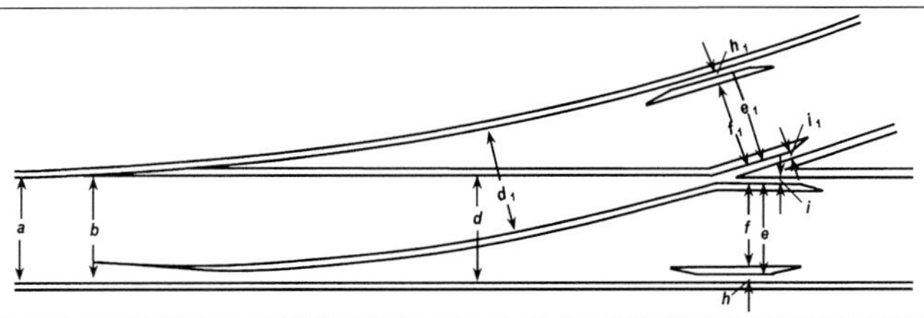


| 1 | 2 | | | | | | | | | | | | 3 | 4 |
|---|---|---|---|---|---|---|---|---|---|---|---|---|---|---|
| Tag der Prüfung und Name des Prüfenden | Sollmaße und zulässige Abweichungen (mm) | | | | | | | | | | | | Vorgefundene Mängel und erforderliche Maßnahmen | Der ordnungsgemäße Zustand der Weiche wird bescheinigt |
| | a | b | d | $d_1$ | e | $e_1$ | f | $f_1$ | h | $h_1$ | i | $i_1$ | | |
| | 1435 | 1436,8 | 1435 | 1435 | 1435 | 1435 | 1396 | 1396 | 39 | 39 | 44 | 44 | | |
| | +10 | +10 | +10 | +10 | +10 | | +3 x | | +7 | | +4 | | | |
| | -2 | -2 | -2 | -2 | -2 | | -3 xx | | -1 | | -2 | | | |
| | Befund | | | | | | | | | | | | | |
| | | | | | | | | | | | | | | |
| | | | | | | | | | | | | | | |
| | | | | | | | | | | | | | | |
| | | | | | | | | | | | | | | |

x Bei Plusabweichungen der f-Maße dürfen die dazugehörigen i-Maße keine Maßabweichungen haben

xx Bei Minusabweichungen der f-Maße dürfen die h-Maße keine Minusabweichungen haben

Unzulässige Abweichungen sind rot zu unterstreichen

**Abb. 4.77** Muster Weichenprüfkarte nach AzObri 25

(BOA bzw. EBOA) bzw. davon abgeleitete interne Regelwerke der Unternehmen, die mit der Aufsichtsbehörde abzustimmen sind.

- Die Wartung und die Inspektion der Anlagen ist zu dokumentieren, ebenso die Beseitigung dabei festgestellter Mängel bzw. die weitere Vorgehensweise.
- Für die Regelinspektion von Weichen werden folgende Intervalle empfohlen
  - in Hauptgleisen: Messung 1× jährlich, Besichtigung 2× jährlich
  - in Nebengleisen: Messung 1× jährlich, Besichtigung 1× jährlich
- Messungen und Inspektionen sollen gewährleisten, dass betriebsgefährdenden Entwicklungen ausgeschlossen sind und noch ein ausreichender Abnutzungsvorrat vorhanden ist.
- Der Eisenbahnbetriebsleiter (EBL) bzw. der Anschlussbahnleiter (ABL) legt Grenzwerte für die Betriebssicherheit fest.
- Die gemessenen Werte sind zur Dokumentation in Weichenprüfkarten oder in Prüfblätter einzutragen, Abb. 4.77.

Im Zuge der Weicheninspektion wird ein Vergleich des Ist-Zustandes mit einem definierten Soll-Zustand unter Zuhilfenahme von vorgegebenen Mess- und Prüfwerkzeugen bzw. Beurteilungsmaßstäben vorgenommen. Dabei gliedert sich die Inspektion in:

- Messung: Aufnahme und Beurteilung auf Basis des Regelwerkes unter Nutzung von Mess- und Prüfwerkzeugen,
- Visuelle Prüfung: Beurteilung nach den Vorgaben des Regelwerkes und ferner subjektiv beruhend auf den Erfahrungen des Mitarbeiters, der diese Inspektion durchführt,
- Funktionsprüfungen: Feststellung und Beurteilung nach den Vorgaben des Regelwerkes und von Funktionsablaufprozessen.

Zur Gewährleistung von aussagekräftigen Inspektionsergebnissen ist es unerlässlich, bei der Inspektion die Schnittstellen zum angrenzenden Gleis zu betrachten sowie die Ergebnisse zwischen den Fachlinien, insbesondere zwischen

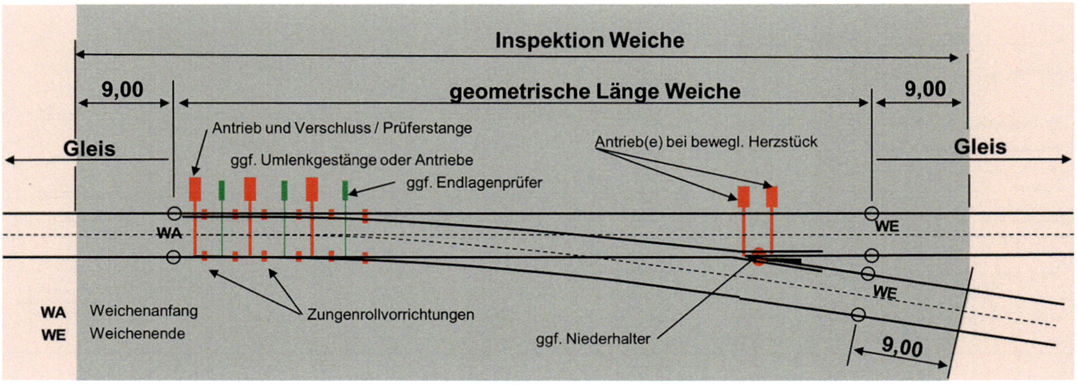


**Abb. 4.78** Schnittstellen und sicherungstechnische Elemente innerhalb der Weiche

Fahrbahn und Leit- und Sicherungstechnik abzugleichen, Abb. 4.78. Dabei gehören Antrieb, Verschluss, Endlagenprüfer, Zungenrollvorrichtungen und – falls vorhanden – Niederhalter bei der DB Netz AG per Definition zur Leit- und Sicherungstechnik.

### 4.9.4.2 Grundsätze der Oberbauinspektion

Bei der DB Netz AG sind Einzelheiten zur Oberbauinspektion in der Richtlinie 821.1000 enthalten. Sie beinhaltet:

- Erläuterung zum Abnutzungsvorrat,
- Aussagen zu Inspektionsintervallen,
- Definition von Beurteilungsmaßstäben,
- Angaben zu Zuständigkeiten.

Die Funktionsfähigkeit des Oberbaus erfordert einen ausreichenden Abnutzungsvorrat. Dieser definiert sich als Differenz zwischen dem Ist-Zustand und den festgelegten Beurteilungsmaßstäben. Wird der gesamte Lebenszyklus betrachtet, so kann der Funktionsverlauf der Abnutzung entscheidend beeinflusst werden durch eine hohe Anfangsqualität sowie eine anforderungsgerechte Instandsetzung – Faktoren, die insbesondere bei Weichen, mit einem Anteil an den gesamten Oberbauinstand haltungskosten über 25 %, von maßgeblichem Einfluss sind, Abb. 4.79.

Die Anfangsqualität beeinflusst entscheidend den Verlauf des Abnutzungsvorrates und den Zeitpunkt der Eingriffsschwellen.

Kennzeichnend für den Funktionsverlauf sind eine relativ hohe Anfangsabnutzung („Einfah-

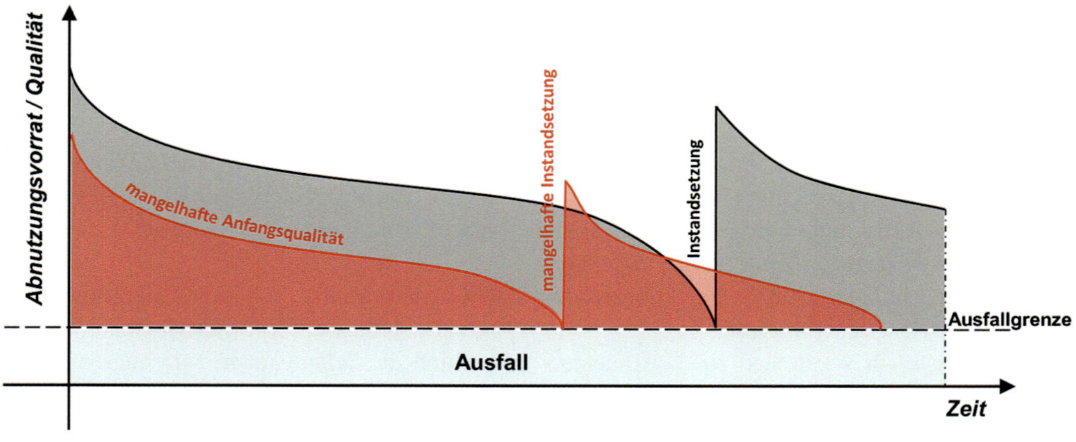


**Abb. 4.79** Funktionsverlauf der Abnutzung in Abhängigkeit von Anfangs- und Instandsetzungsqualität

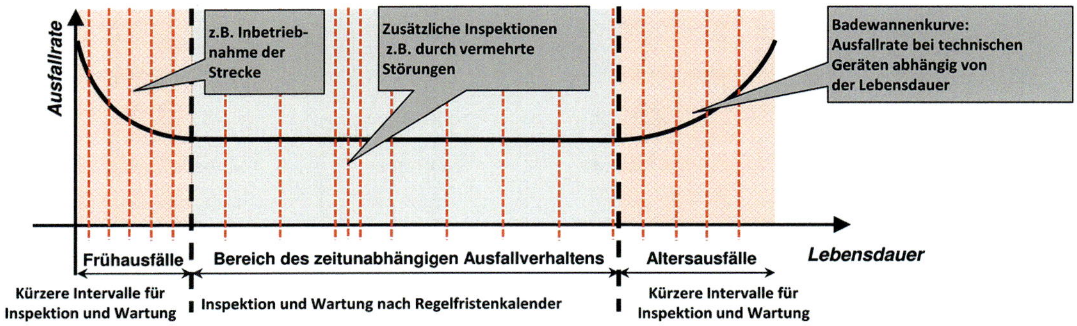


**Abb. 4.80** Inspektions- und Wartungsfristen in Abhängigkeit einer möglichen Ausfallrate

ren" der Weiche, Gratbildung, ggf. Frühausfälle durch Kinderkrankheiten) und Funktionsbeeinträchtigungen am Ende der Nutzungsdauer, hervorgerufen durch den fortschreitenden Substanzverzehr. Die Ausfallrate spiegelt sich in der sog. Badewannenkurve wider, die wiederum in den festgelegten bzw. festzulegenden Inspektionsfristen Berücksichtigung findet, Abb. 4.80.

#### 4.9.4.3 Klassifizierung und Kategorisierung

Die Klassifizierung der Gleise und Weichen nach ihrer Bedeutung für den Bahnbetrieb und nach ihrer Belastung sollte die Basis sein für eine zielorientierte Instandhaltung, da sie erst die Fokussierung auf das Wesentliche ermöglicht. Zweck der Anlagenklassifizierung ist es einerseits, Inspektions- und Wartungszyklen festzulegen und andererseits, Hilfsmittel zur Priorisierung der sich aus den Ergebnissen ergebenden Maßnahmen zur Verfügung zu stellen, Abb. 4.81.

Die DB AG unterteilt Weichen gemäß dem Handbuch (Richtlinie) 82101 „Oberbau inspizieren" (Version 3.1, gültig ab 15.02.2022) in folgende Belastungsstufen:

- Stufe 1:
  zul. Geschwindigkeit $v \leq 160\,\text{km/h}$ und $\leq 30.000$ Lasttonnen/Tag
- Stufe 2:
  zul. Geschwindigkeit $v \leq 160\,\text{km/h}$ und $> 30.000$ Lasttonnen/Tag
- Stufe 3:
  zul. Geschwindigkeit $v > 160\,\text{km/h}$.

Bei Bahnen im Geltungsbereich der Ob-RI NE kann der EBL in Abhängigkeit von Funktion, der betrieblichen Bedeutung, der Belastung der Gleise, den Achslasten, der Fahrgeschwindigkeit, der Betriebsart oder anderen Kriterien eine Einteilung in Haupt- und Nebengleisen vornehmen.

Einen Klassifizierungsvergleich zwischen Anlagen in Industrieunternehmen und bei der DB Netz AG zeigt Tab. 4.3.

Zielorientierte Instandhaltung erfordert aber nicht nur eine sinnvolle Klassifizierung der Anlagenteile, sondern auch eine Kategorisierung der Fehler.

Bei der DB Netz AG wurden, wie in der Ril 821.1000 nähert erläutert, Beurteilungsmaßstäbe in Form der sog. **S**törgröße-**R**eaktion (SR-

**Tab. 4.3** Anlagenklassifizierung Industrieunternehmen im Vergleich zur DB Netz AG

| DB Netz AG | | Industriebetrieb „A" | | Industriebetrieb „B" | |
|---|---|---|---|---|---|
| Belastungsstufe | Kriterium | Anlagenklasse | Kriterium | Anlagenklasse | Kriterium |
| 1 | $v \leq 160\,\text{km/h}$ und $\leq 30.000\,\text{to/d}$ | *A* | xxx to/Jahr | *Hauptgleise* | Alle Weichen im Bahnhofsbereich |
| 2 | $\leq 160\,\text{km/h}$ und $> 30.000\,\text{to/d}$ | *B* | yyy to/Jahr | *Nebengleise* | Alle Weichen in Werkstraßen |
| 3 | $> 160\,\text{km/h}$ | *C* | zzz to/Jahr | | |

| **Belastungsstufe** | **1** | | **2** | | **3** | |
|---|---|---|---|---|---|---|
| Geschwindigkeit zul. v [km/h] | v ≤ 160 | | v ≤ 160 | | v > 160 | |
| Lasttonnen / Tag | ≤ 30 000 | | > 30 000 | | - | |
| **Regelinspektions-abstand** | **6 Monate** | | **6 Monate** | | **3 Monate** | |
| Verlängerter Regelin-spektionsabstand | max. 12 Monate | | max. 9 Monate | | max. 6 Monate | |
| Beginn der Regelin-spektion | **M Fb**[1)] / TL Fb[2)] | | **M Fb**[1)] / Alv[2)] | | **M Fb**[1)] / Alv[2)] | |
| **Abfolge der Zuständigkeiten** | **6 Monate** | **M Fb** oder **Inspizierender** (mit Befähigungsnachweis) | **6 Monate** | **M Fb** oder **Inspizierender** (mit 2-jähriger Inspektionstätigkeit | **3 Monate** | **M Fb** |
| | **12 Monate** | **M Fb** | **12 Monate** | **M Fb**[1)] TL Fb[2)] | **6 Monate** | **M Fb**[1)] TL Fb[2)] |
| | **18 Monate** | **M Fb** oder **Inspizierender** (mit Befähigungsnachweis | **18 Monate** | **M Fb** oder **Inspizierender** (mit 2-jähriger Inspektionstätigkeit | **9 Monate** | **M Fb** |
| | **24 Monate** | **M Fb** | **24 Moante** | **M Fb**[1)] Alv[2)] | **12 Monate** | **M Fb**[1)] Alv[2)] |
| | **30 Monate** | **M Fb** oder **Inspizierender** (mit Befähigungsnachweis | | | | |
| | **36 Monate** | **M Fb**[1)] TL Fb[2)] | | | | |

1) Inspektion durch M Fb
2) augenscheinliche Begutachtung durch Alv bzw. TL Fb nach Bewertung der Ergebnisse
Legende: M Fb: Meister Fahrbahn TL Fb: Teamleiter Fahrbahn Alv: Anlagenverantwortlicher

**Abb. 4.81** Inspektionszyklen gemäß Ril. 821.2005

Werte) eingeführt, die wie folgt definiert sind, Abb. 4.82:

- $\mathbf{SR_0}$ ist der Ausgangswert bzw. Abnahmewert.
- $\mathbf{SR_A}$ ist der Wert, bei dessen Überschreitung eine Beurteilung hinsichtlich der Einplanung einer Instandsetzungsmaßnahme unter wirtschaftlichen Gesichtspunkten erforderlich ist (z. B. Kombination mit Maßnahmen im Nachbarabschnitt).
- $\mathbf{SR_{100}}$ ist der Wert, der den technisch/wirtschaftlichen Abnutzungsvorrat beinhaltet. Bei dessen Überschreitung ist eine Instandsetzung bis zur nächsten Regelinspektion erforderlich. Der späteste Zeitpunkt der Instandsetzung ist durch das Maß der Überschreitung von $SR_{100}$ in Verbindung mit der Fehlerentwicklung bestimmt. Bei einer Überschreitung von $SR_{100}$ kann ohne eine zwischenzeitliche Instandsetzung eine Überschreitung von $SR_{lim}$ bis zur nächsten Regelinspektion nicht ausgeschlossen werden.
- $\mathbf{SR_{lim}}$ ist der Wert, bei dessen Überschreitung eine Beeinträchtigung der **Funktionsfähigkeit** zu erwarten ist. Eine Instandsetzung ist unverzüglich durchzuführen. Weitere erforderliche Maßnahmen sind in den einzelnen Richtlinien beschrieben.

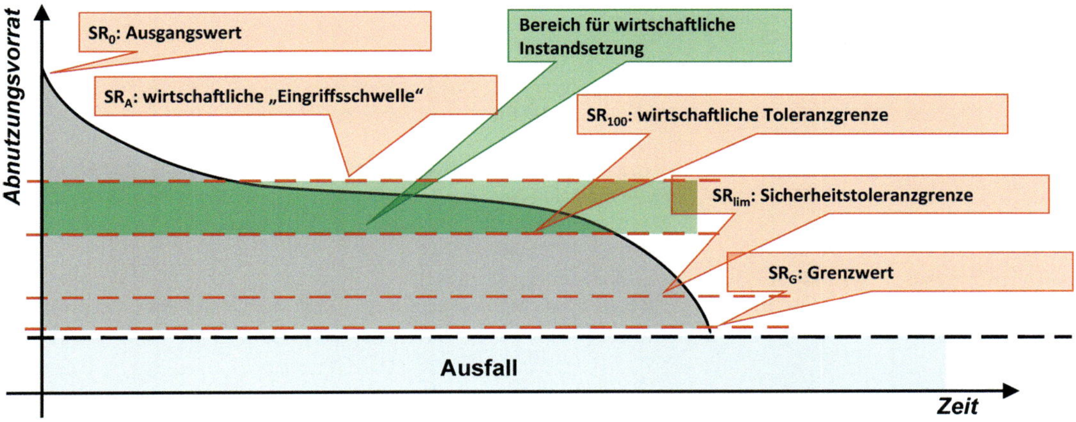


**Abb. 4.82** Abnutzungskurve mit Störgrößen-Reaktionswerten

**Tab. 4.4** Beispiel einer Industriebahn: Fristen zur Beseitigung von Mängeln der Fehlerklasse 1–4 in Abhängigkeit des Auftretens in den Anlagenklassen A–C

| Fehler-kategorie | | Fehlerbeschreibung | Maßnahme | Anlagenklasse der Weiche [Monate] | | |
|---|---|---|---|---|---|---|
| | | | | A | B | C |
| $SR_0$ | | Abnahmetoleranz | | | | |
| $SR_A$ | 1 | *Wirtschaftliche Eingriffsschwelle* | Kein direkter Handlungsbedarf | Instandsetzung wenn vom Prozess/AV sinnvoll | | |
| $SR_{100}$ | 2 | *Wirtschaftliche Toleranzgrenze* Zu beseitigende Mängel zur Verlängerung der wirtschaftlichen Nutzungsdauer | Instandsetzung bis zur nächsten Regelinspektion/Hauptprüfung | 6 | 12 | 24 |
| $SR_{lim}$ | 3 | *Sicherheitstoleranzgrenze* Zu beseitigende Mängel zur Vermeidung von Betriebsgefahren und/oder wirtschaftlichen Schäden | Instandsetzung in kürzest möglicher Zeit, ggf. Einrichtung Langsamfahrstelle | 1 | 1 | 2 |
| $SR_G$ | 4 | *Grenzwert* Betriebsgefahr | Instandsetzung unmittelbar einleiten bzw. Sicherungsmaßnahmen oder Sperrung | Unmittelbar | | |

- **$SR_G$** ist der (Grenz-)Wert, bei dessen Überschreitung eine Sperrung des Oberbaus **unverzüglich erforderlich** ist. Eine Instandsetzung ist einzuleiten.

Bei den NE-Bahnen wurde in der Vergangenheit nur eine Toleranz verwendet, nämlich der Grenzwert $SR_{lim}$. Inzwischen findet aber auch hier durchaus die 4-stufige Toleranzbeurteilung analog zur DB Netz AG Anwendung, da sie Sicherheit für ein zielgerichtetes Vorgehen gibt. Etabliert hat sich auch für die visuelle Fehlerbeurteilung, ähnlich wie beim Schienenfehlerkatalog der DB Netz AG, eine Differenzierung nach Fehlerklassen 1 bis 4 [9], s. Tab. 4.4. Bei den Messwerten werden die Ist-Daten allerdings nur mit $SR_{lim}$ verglichen, da eine weitere Differenzierung auf Grund der individuellen betrieblichen Parameter schwierig ist. Konkret heißt das, dass die wirtschaftliche Eingriffsschwelle im Betrieb X nicht unbedingt identisch sein muss mit der im Betrieb Y.

#### 4.9.4.4 Inspektionsfristen

Die Inspektionsfristen selbst sind abhängig von der maßgeblichen Vorschrift (öffentliche oder

**Tab. 4.5** Festlegungen zu Inspektionsfristen

| Eisenbahn | Vorschrift | Inhalt |
|---|---|---|
| Bundeseigen/öffentlicher Verkehr (DB Netz AG) | Ril 821.2005 | Regelinspektion unter Beachtung der jeweiligen Belastungsstufe und in Abhängigkeit der Ergebnisse der letzten Regelinspektion |
| Nichtbundeseigen/ öffentlicher Verkehr | EBO<br>Ob-Ri NE | EBO (§ 17)<br>Die Bahnanlagen sind planmäßig auf ihre ordnungsgemäße Beschaffenheit zu untersuchen. Art, Umfang und Häufigkeit der Untersuchung haben sich nach Zustand und Belastung der Bahnanlagen sowie nach der zugelassenen Geschwindigkeit zu richten |
| Nicht öffentlicher Verkehr | BOA/EBOA<br>Ob-Ri NE | BOA Brandenburg (§ 26)<br>Alle bautechnischen Anlagen sind *jährlich mindestens einmal* zu prüfen. Art und Umfang der Prüfungen sowie der Nachweis sind in der Anweisung Nr. 2 zur BOA Oberbau festgelegt |
| | | BOA Rheinland Pfalz (§ 26)<br>Die Bahn muss ihre Anlagen mindestens *einmal monatlich* auf ihren ordnungsmäßigen Zustand untersuchen |
| | | BOA Nordrhein-Westfalen (§ 24)<br>Die Bahn muss von einem sachkundigen Bediensteten oder einem sonstigen Sachverständigen *regelmäßig* auf ihren ordnungsgemäßen Zustand untersucht werden. Soweit Fristen nicht vorgeschrieben sind, legt sie der Anschlussinhaber fest (§ 23). Die Untersuchungen sind mindestens einmal jährlich durchzuführen. Über die Untersuchungen sind Aufzeichnungen zu führen |

nichtöffentliche Bahn/bundeseigene oder nichtbundeseigene Bahn). Bei Weichen und Kreuzungen werden für Bahnen im Geltungsbereich der Ob-Ri NE folgende Intervalle empfohlen:

- Hauptgleise; 1× jährlich Messung, 2× jährlich Besichtigung
- Nebengleise: 1× jährlich Messung, 1× jährlich Besichtigung

Da ferner in den Ländern die BOA/EBOA des jeweiligen Bundeslandes gilt, ergibt sich, wie in Tab. 4.5 dargestellt, eine entsprechende Variantenvielfalt, wobei exemplarisch die BOA nur von drei Ländern herangezogen werden.

Während bei den Nichtbundeseigenen Eisenbahnen Fristen und Tätigkeiten durch die Landes-BOA bzw. durch den Eisenbahnbetriebsleiter festgelegt werden, regelt bei der DB Netz AG die Richtlinie 821.2005 Einzelheiten zur Inspektion dieser Fahrwegkomponenten.

Dabei ist die Regelinspektion unter Beachtung der jeweiligen Belastungsstufe und in Abhängigkeit der Ergebnisse der letzten Regelinspektion gemäß den in Tabelle 1 der Richtlinie angegebenen Regelinspektionsabständen von den zuständigen Funktionsträgern durchzuführen.

**Tab. 4.6** Staffelung von Inspektionsfristen in Abhängigkeit von der Anlagenklasse (Prinzip)

| Anlagenklasse | Hauptprüfung(en) [Anzahl p. a.] | Nebenprüfung(en) [Anzahl p. a.] |
|---|---|---|
| A | 1 | 3 |
| B | 1 | 1 |
| C | 0,5 | 1 |

Eine Verlängerung der Regelinspektionsfristen ist bei bestimmten Voraussetzungen bis auf die maximalen Abstände zulässig.

Bei den NE-Bahnen wird häufig zwischen Haupt- und Nebenprüfungen unterschieden. Dabei umfasst die Hauptprüfung die Messung der Weichengeometrie einschließlich einer visuellen Begutachtung sowie ggf. einer Funktionsprüfung. Diese Prüfung soll ein umfassendes Zustandsbild der Weiche liefern, deren Ergebnisse in die Instandsetzungsplanung einfließen.

Die Nebenprüfung verfolgt den Zweck der unterjährigen Überprüfung des ordnungsgemäßen Zustandes der Weiche und die Veranlassung der Beseitigung festgestellter (gravierender) Mängel. Messungen finden i. d. R. nicht statt. Mögliche Inspektionsfristen zeigt Tab. 4.6.

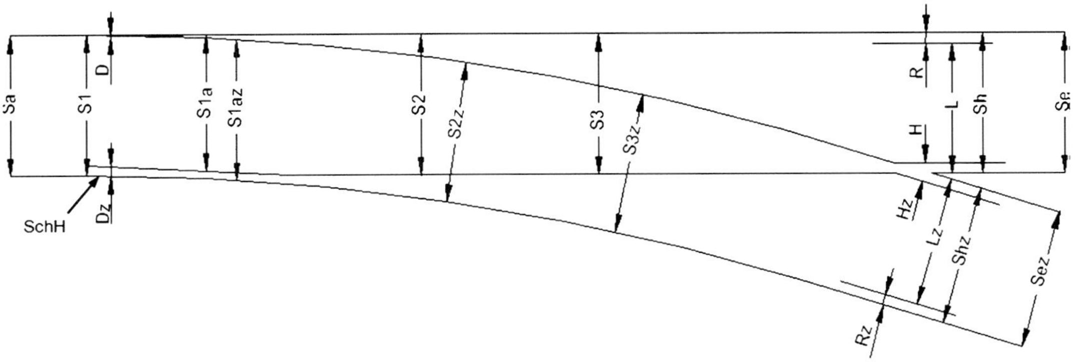


**Abb. 4.83** Messwerte im Bereich einer einfachen Weiche (wie heute auch im Bereich der NE-Bahnen Standard)

### 4.9.4.5 Gegenstand der Inspektion

Zur Erfassung und Beurteilung der Schnittstelle zum anschließenden Gleis umfasst der Regelinspektionsbereich die Weiche selbst einschließlich 9 m Länge der anschließenden Gleise (siehe Abb. 4.78). Die Regelinspektion beinhaltet die Messung und Auswertung:

- der Spurführungsmaße (Spur-, Leit- und Rillenweiten), Abb. 4.83,
- der gegenseitigen Höhenlage,
- der Zungenprüfung (nur bei DB Netz AG),
- des materiellen und geometrischen Zustandes (augenscheinliche Beurteilung) gemäß Checkliste.

Die Messwerte in der Inspektion sind am Beispiel einer 190-er Weiche in Tab. 4.7 dargestellt.

### 4.9.4.6 Beurteilungsmaßstäbe

Die Beurteilungsmaßstäbe sind in den schon erwähnten Vorschriften Ril. 821.2005 und Ob-Ri NE dargelegt.

Beispielhaft sind in Tab. 4.8 für die gebräuchlichsten Weichenkomponenten die Beurteilungsmaßstäbe $SR_{100}$ und $SR_{lim}$ nach der Ril. 821.2005 in Abhängigkeit von der Geschwindigkeit dargestellt.

Eine Auswertung, wie sie heute im Bereich der NE-Bahnen Stand der Technik ist, zeigt Abb. 4.84.

Mit speziellen Prüflehren (Abb. 4.85) wird bei der DB Netz AG der Berührbereich Rad/Schiene für folgende Konstruktionen auf Zuverlässigkeit geprüft:

- Zungenvorrichtungen
- Doppelherzstücke mit beweglichen Spitzen
- Auszugsvorrichtungen im Zweiggleis von Einfachen Herzstücken mit federndbeweglicher Spitze
- Schienenauszüge
- Einfache Herzstücke mit federnd- bzw. gelenkigbeweglicher Spitze

Die Lehre 1 entspricht dem Profil eines bis zur zulässigen Grenze abgenutzten Spurkranzes mit steiler Flanke. Es wird damit der Backenschienen-/Knieschienenverschleiß im Querschnitt des Bauteilanfangs und unter Berücksichtigung eines zulässigen Klaffens bei Zungen, beweglichen Spitzen bei Doppelherzstücken und Auszugsspitzen im Zweiggleis von Einfachen Herzstücken mit federndbeweglicher Spitze geprüft.

Die Lehre 2 entspricht dem Profil eines neuen Spurkranzes und es werden damit Ausbrüche an Zungen, beweglichen Spitzen von Doppelherzstücken, Auszugsspitzen im Zweiggleis von Einfachen Herzstücken mit federndbeweglicher Spitze und beweglichen Herzstückspitzen Einfacher Herzstücke geprüft.

Beispielhaft sei hier die Anwendung der Lehre 1 (Abb. 4.85) zur Prüfung von Zungenvorrichtungen dargestellt. Dabei wird die Prüfung der Zulässigkeit des Klaffens der Zunge mit dem Abstandstaster durchgeführt. Das Prüfergebnis wird mit „Gut“ bzw. „Schlecht“ bezeichnet. Bei Vorliegen des Prüfergebnisses „Schlecht“ und damit einer SRlim-Überschreitung gelten die Festlegungen gemäß Ril 821.2005, Abschn. 7 Absatz 6.

**Tab. 4.7** Inspektions-Messwerte einer 190-er Weiche

| Messpunkt | Beschreibung | NE-Bahnen (Ob-Ri NE) | | DB Netz AG |
|---|---|---|---|---|
| | | Minimum gem. Obri NE | Stand der Technik | Ril. 821.2005 |
| sa | Spurweite Weichenanfang | X | X | X |
| s1 | Spurweite Zungenspitze | X | X | X |
| SchH | Schienenhöhe Backenschiene | | X | |
| s1a | Spurweite Ende Zungenanschlagbereich | | X | X |
| s1az | Spurweite Ende Zungenanschlagbereich | | X | X |
| s2 | Spurweite Ende Zungenvorrichtung | | X | X |
| s2z | Spurweite Ende Zungenvorrichtung | | X | X |
| s3 | Spurweite zwischen Zungenvorrichtung u. Herzstück | X | X | X |
| s3z | Spurweite zwischen Zungenvorrichtung u. Herzstück | X | X | X |
| s4 | Spurweite zwischen Zungenvorrichtung u. Herzstück | | X | X |
| s4z | Spurweite zwischen Zungenvorrichtung u. Herzstück | | X | X |
| sh | Spurweite Herzstück (150 mm hinter Spitze gem.) | X | X | X |
| h | Rillenweite Herzstückrille | X | X | X |
| l | Leitweite (außerhalb des Einlaufbereichs d. Radlenkers) | X | X | X |
| R | Rillenweite Radlenker | X | X | X |
| Üsh | Überhöhung (ggs. Höhenlage) Herzstück am Pkt. sh | | X | X |
| shz | Spurweite Herzstück (150 mm hinter Spitze gem.) | X | X | X |
| hz | Rillenweite Herzstückrille | X | X | X |
| lz | Leitweite (außerhalb des Einlaufbereichs d. Radlenkers) | X | X | X |
| Rz | Rillenweite Radlenker | X | X | X |
| Üshz | Überhöhung (ggs. Höhenlage) Herzstück am Pkt. shz | | X | X |
| se | Spurweite Weichenende | | X | X |
| sez | Spurweite Weichenende | | X | X |
| | Spurweitenunterschiede benachbarter Messpunkte (3 Sch) | | | X |
| | Spurweite (alle 3 Schwellen) 9 m vor und hinter der Weiche | | | X |
| | Rillentiefe Herzstück | | | X |
| | Leitflächenabstand | | | X |
| | Verwindung (Messbasis 3,6 m = 6 Schwellen) | | | X |
| | Zungenprüfung (Lehre 1 und Lehre 2) | | | X |

**Tab. 4.8** $SR_{100}$- und $SR_{lim}$-Werte von Weichen

| Zul. Geschwindigkeit [km/h] | | ZV [mm] | EH [mm] | EH-fb [mm] | DH starr mit Neigung [mm] | | Spurweitenunterschied $s - s_{n+1}$ [mm] |
|---|---|---|---|---|---|---|---|
| | | | | | Steiler 1 : 9 | 1 : 9 | |
| $v \leq 40$ | $SR_{100}$ [mm] | +12 | +6 | +10 | +4 | +4 | 6 |
| | $SR_{lim}$ [mm] | +17 | +8 | +15 | +6 | +5 | 7 |
| $40 < v \leq 160$ | $SR_{100}$ [mm] | +10 | +6 | +10 | +4 | +4 | 5 |
| | $SR_{lim}$ [mm] | +15 | +8 | +15 | +6 | +5 | 6 |
| $v > 160$ | $SR_{100}$ [mm] | +10 | +6 | +8 | | | 4 |
| | $SR_{lim}$ [mm] | +13 | +8 | +13 | | | 5 |

*ZV* Zungenvorrichtung, *EH* einfaches Herzstück, *fb* federnd-beweglich, *DH* Doppelherzstück
„+ Werte" Abweichung vom Sollmaß

**Weicheninspektion**

| | |
|---|---|
| Kunde | Muster |
| Weiche Nr. : | 8 |

IBW S49-100/85-Fsch (H) rechts

| | |
|---|---|
| Örtlichkeit: | Werk |
| Inspektion vom: | 25/07/2013 |

| | |
|---|---|
| Anlagenklasse: | A |
| Weichenantrieb: | Handumstellung |
| Schienenwalzjahr: | 2012 |
| Schwellenjahr: | 2004 |
| Radlenker: | Rl 1-60 / Schienenradlenker |
| Verschlußtyp: | Vk 01/49 |

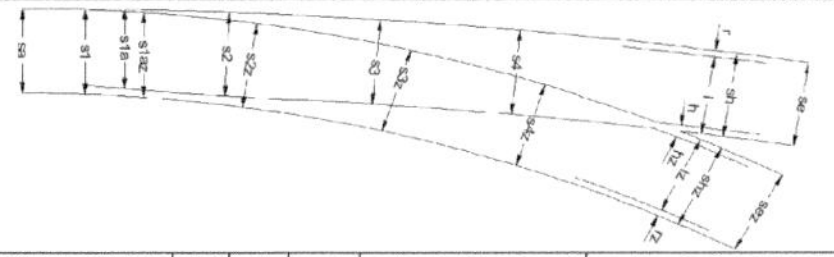


| Zustand, Funktion u Vollständigkeit | i.O. | n.i.O. | MangelNr. | Lage | Beschreibung des Mangels | Fehlerklasse |
|---|---|---|---|---|---|---|
| Spurweiten | | x | 1 | s1a, s1az, s2z, s3z, shz | Spurverengung | 3 |
| | | | 2 | se | Spurerweiterung | 2 |
| Rillenweiten | x | | | | | |
| Leitweiten | | x | 3 | lz | Leitweitenverengung | 2 |
| ggs.Höhenlage | | x | 4 | üshz | Herzstück eingesenkt | 3 |
| Längshöhe | x | | | | | |
| Richtung | | x | 5 | Zungenvorrichtung | Richtungsfehler | 3 |
| Bettung | | x | 6 | Verschlußfach | Bettung verschmutzt | 3 |
| Schienen | | x | 7 | Abzweig links | Seitenverschleiß > 4-8 mm 8 m | 4 |
| | | | 8 | Zunge rechts | Gratbildung Zungenrücken 4-5 mm 5 m | 3 |
| | | | 9 | Gerade links | Seitenverschleiß > 4-8 mm 8 m | 4 |
| Herzstück | x | | | | | |
| Radlenker | x | | | | | |
| Schwellen | x | | | | | |
| Gleitstühle/-platten | | x | 10 | Zungenvorrichtung | Gleitstühle/-platte(n) verunreinigt | 3 |
| Stützknaggen/-winkel | x | | | | | |
| Spannbügel | x | | | | | |
| Rippenplatten | x | | | | | |
| Weichenschrauben | x | | | | | |
| Schwellenschrauben | | x | 11 | Zungenvorrichtung | Schwellenschraube(n) lose 10 Stück | 4 |
| Hakenschrauben | x | | | | | |
| Klemmplatten | x | | | | | |
| Federringe | x | | | | | |
| Zwischenlagen | x | | | | | |
| Schweißstöße | x | | | | | |
| Verschluß | | x | 12 | links / rechts | Verschluß verschmutzt | 2 |
| | | | 13 | Bockstange | Bolzen ausgeschlagen | 2 |
| | | | 14 | links | Sicherungsteile fehlen 1 Stück | 2 |
| | | | 15 | links / rechts | Sicherungsteile fehlen | 2 |
| | | | 16 | links | Schutzhaube(n) fehlt (Sh) | 3 |
| Zungenanlage | | x | 17 | links | **Zungenspitze klafft > 3 mm 4 mm** | 1 |
| Weichengrenzzeichen | x | | | | | |

i.O. = in Ordnung n.i.O. = nicht in Ordnung, bitte Instandsetzungshinweis beachten!

**Instandsetzungshinweise:**

| zum o.g. Mangel Nr. | Instandsetzungsempfehlung | Erledigt |
|---|---|---|
| 1 | Spurkorrektur durch Versetzen der Rippenplatten | |
| 2 | Spurkorrektur durch Versetzen der Rippenplatten | |
| 3 | wird durch die empfohlene Spurkorrektur korrigiert | |
| 4 | Höhenfehler durch Einbau von Zwp 80 beheben | |
| 5 | wird durch die empfohlene Spurkorrektur korrigiert | |
| 6 | Bettung reinigen | |
| 7 | zur Zeit kein Handlungsbedarf (sollte jedoch beobachtet werden) | |
| 8 | Schienenquerprofil schleiftechnisch instandsetzen (entgraten u. reprofilieren) | |
| 9 | zur Zeit kein Handlungsbedarf (sollte jedoch beobachtet werden) | |
| 10 | Gleitstühle/-platten reinigen | |
| 11 | Schwellenschraube(n) befestigen | |
| 12 | Verschluß reinigen | |
| 13 | Bolzen erneuern | |
| 14 | Splinte DIN 94 5x210mm liefern u. einbauen | |
| 15 | Sicherungsteile erneuern | |
| 16 | Schutzhaube(n) erneuern (Sh) | |
| 17 | Klammerspitzenverschluß überarbeiten | |

zu Mangel Nr: 5

zu Mangel Nr: 6

zu Mangel Nr: 8

zu Mangel Nr: 10

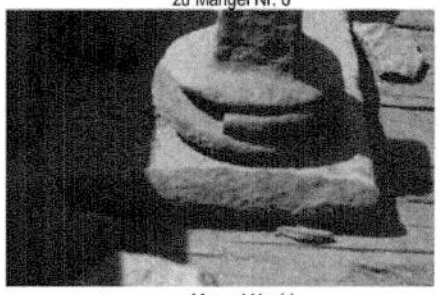
zu Mangel Nr: 11

zu Mangel Nr: 14

zu Mangel Nr: 15

zu Mangel Nr: 17

**Abb. 4.84** Auswertung einer Weicheninspektion

### 4.9.5 Wartung

Die Wartung beinhaltet Maßnahmen zur Bewahrung des Sollzustandes mit dem Ziel, die Abnutzungserscheinungen zu reduzieren und die Lebensdauer zu verlängern. Typische Tätigkeiten sind das Reinigen und – falls noch erforderlich – Schmieren von Weichen. Der Ausrüstungsstandard der Weichen sieht heute i. d. R. wartungsarme Komponenten vor, z. B. Zungenroller.

In der Praxis sind häufig Wartungsarbeiten auch mit kleineren Instandsetzungsarbeiten wie dem Nachziehen von Befestigungen, der Beseitigung von Schwergang oder auch dem Austausch von Kleinstkomponenten verbunden.

### 4.9.6 Instandsetzung

Unter dem Begriff Instandsetzung werden alle Maßnahmen zur Wiederherstellung des Sollzustandes zusammengefasst. Standard ist heute eine zustandsabhängige Instandsetzung nach Befund (Inspektion).

Instandsetzungsleistungen können wie folgt differenziert werden:

- Sofortinstandsetzung bei Erreichen der „Sicherheitstoleranzgrenze“ $SR_{lim}$ von Mängeln zur Vermeidung von Betriebsgefahren, der Verfügbarkeit und/oder von wirtschaftlichen Schäden,

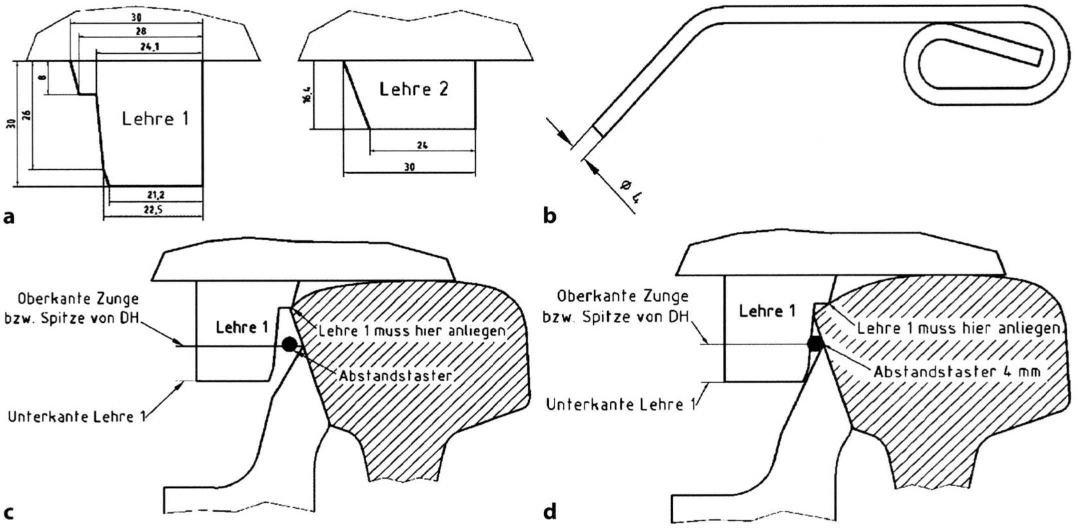


**Abb. 4.85** **a** Lehrenhalterung mit Lehre 1 und Lehre 2. **b** Abstandstaster. **c** Zunge mit Zustand „Gut". Abstandshalter passt zwischen Oberkante Zunge und Lehre 1 **und** Oberkante Zunge ist nicht tiefer als Unterkante Lehre 1. **d** Zunge mit Zustand „Schlecht". Abstandshalter passt nicht zwischen Oberkante Zunge und Lehre 1 **oder** Oberkante Zunge ist tiefer als Unterkante Lehre 1

- Planbare (terminierbare) Instandsetzung bei Erreichen der „Wirtschaftlichen Eingriffsschwelle" $SR_A$ bzw. der „Wirtschaftlichen Toleranzgrenze" $SR_{100}$ zur Verlängerung der wirtschaftlichen Nutzungsdauer,
- Präventive Instandsetzung sozusagen als vorbeugende Herstellung des Sollzustandes zur Verlängerung der Lebensdauer sowie zur Erhöhung der Verfügbarkeit. Klassisches Beispiel ist das präventive Schienenschleifen,
- Entstörung (als Sonderfall) zur Sicherstellung des Betriebes bzw. der Betriebssicherheit. Die Entstörung beinhaltet eine sehr kurzfristig erforderliche Instandsetzung oder – sollte das nicht möglich sein – die Schaffung von sicheren Provisorien und/oder die Festlegung betrieblich notwendiger Maßnahmen (z. B. Einrichtung einer Langsamfahrstelle).

## 4.10 Weichendiagnose

### 4.10.1 Allgemeines

Verfügbarkeit der Anlagen ist heute mehr denn je eine zentrale Forderung des Betriebes und gerade Störungen an der „sensiblen" Weiche verursachen zeitraubende und kostspielige Betriebsbehinderungen. Auch stehen zur Instandhaltung der eisenbahntechnischen Infrastruktur immer kleinere Zeitfenster und geringere Budgets zur Verfügung.

Die Diagnose ortsfester Anlagen ermöglicht die Fernüberwachung von eisenbahntechnisch relevanter Infrastruktur. Dies erfolgt durch die Verwendung intelligenter Software, die durch Gegenüberstellung von Referenz- und Istwerten entstehende Fehler erkennen kann, noch bevor eine Störung an der Anlage auftritt. Entsprechend dieser Werte werden im Anlassfall Instandsetzungsmeldungen automatisch generiert und den zuständigen Stellen mittels modernster Kommunikationstechnologien übermittelt. Mittels Weichendiagnose können Ausfälle durch effektive und zielgerichtete Instandhaltungsmaßnahmen präventiv vermieden werden.

### 4.10.2 Anwendungsbereich und Systemvarianten

Diagnosesysteme dienen als Frühwarn- und Kontrollsysteme und überwachen relevante Zustandsdaten der Weiche in unterschiedlicher Tiefe je

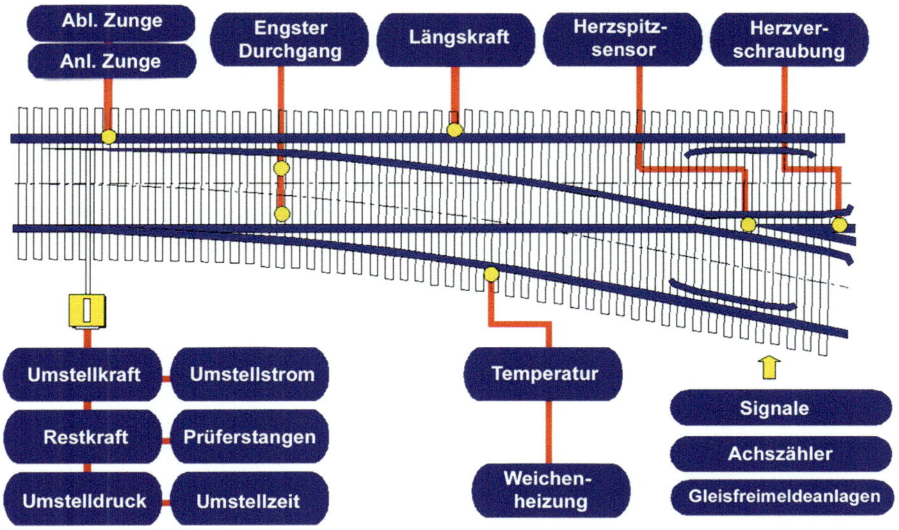


**Abb. 4.86** Mögliche Messpunkte eines Weichendiagnosesystems in der Weiche

nach System. So kann z. B. die bloße Aufnahme des notwendigen Stellstromes eines Weichenantriebes im Stellwerk und die entsprechende Auswertung der gesammelten Daten erfolgen. Trotz des geringen Aufwands kann mit dieser Variante eine Vielzahl an Informationen über den Zustand der Weiche generiert werden und somit ein vollwertiges Diagnosesystem zur Verfügung gestellt werden.

Die Installation von Sensorik an den zu überwachenden Anlagen stellt die nächste Stufe der Datensammlung dar. Dabei werden kritische Bauteile wie z. B. die Anlage der geschlossenen Weichenzunge an der Backenschiene, die aktuell vorherrschende Stellkraft des Weichenantriebes oder auch thermisch bedingte Längenänderungen an wichtigen Komponenten überwacht und permanent ausgewertet. In Abb. 4.86 sind alle möglichen Überwachungspunkte im Bereich des Weichenantriebes, im Zungenbereich und im Herzstückbereich schematisch dargestellt.

Bei einigen Systemen besteht heute in der größten Ausbaustufe sogar die Möglichkeit, mehrere unterschiedliche Anlagen wie Weichen, Signale oder Bahnübergänge kombiniert in ein Diagnosesystem zu integrieren.

### 4.10.3 Allgemeine Funktionsbeschreibung

Die Datenkommunikation zwischen der Erfassungselektronik und der Zentrale/Visualisierung erfolgt über Kommunikationsmodule, welche die Anpassung an verschiedene Übertragungssysteme ermöglichen.

Die Zentrale selbst sollte aus einem Serversystem mit entsprechender Konfiguration zur Integration in die Netzumgebung der jeweiligen Bahnverwaltung bestehen.

Die Nutzung des Visualisierungsrechners durch das bedienende Personal erfolgt mittels benutzerfreundlicher, einfach zu bedienender Dialoge über die Tastatur und über die Maus.

Die Bedieneroberfläche ist eine über verschiedene Endgeräte zugängliche Schnittstelle zum Weichendiagnosesystem zur Visualisierung von aktuellen Zuständen der Weichen. Sie ermöglicht Installation und Kalibrierung sowie die Vorab-Fehlersuche mit entsprechender Diagnose, ohne direkt am Einbauort sein zu müssen.

Trendanalysen mit frei definierbaren Zeitfenstern sind ebenso Standard wie die Darstellung von Historien.

### 4.10.4 Nutzen

Durch die Verwendung von Diagnosesystemen wird eine erhebliche Prozessoptimierung erreicht, welche es ermöglicht, die Instandhaltungstätigkeiten zielgerichtet und damit kostengünstig zu planen und durchzuführen. Ein Diagnosesystem gibt dem Betreiber die Möglichkeit, sein Personal bedarfsorientiert und zielgerichtet einzusetzen, und zwar „aktiv“, wenn sich eine Störung anbahnt, und „passiv“, wenn das Diagnosesystem die korrekte Funktion aller kritischen in einer Weiche eingesetzten Bauteile anzeigt und somit unnötige Tätigkeiten vermieden werden, die aufgrund eines zeitorientierten Wartungskonzeptes schon durchzuführen wären.

Die Verfügbarkeit der Weichen und damit des Fahrweges werden durch die Früherkennung von möglichen Störungen und deren Behebung deutlich erhöht. Dies betrifft Störungen an:

- den sensiblen oberbautechnischen Weichenkomponenten (Zungen und Verschluss),
- den sicherungstechnischen Komponenten (Weichenantrieb),
- der elektrischen Versorgung des Antriebs,
- der Weichenheizung.

## 4.11 Schnittstellen

Weichen stellen die komplexesten Bauteile im Fahrweg der Eisenbahn dar. Als Voraussetzung für einen sicheren Betrieb sind die Weichen in fast alle Teilsysteme der Eisenbahn zu integrieren oder bei deren Planung zu berücksichtigen. Im Folgenden werden die wesentlichsten Schnittstellen zu den Teilsystemen angesprochen.

### 4.11.1 Betriebliche Schnittstellen

Weichen sind die Grundlage für die Gestaltung der Bahnnetze. Ihre Anordnung und ihre Dimensionierung sind das Ergebnis der betrieblichen Infrastrukturplanung (siehe Kap. 10). Dies gilt insbesondere für ihre Zahl, Lage im Netz und Abzweiggeschwindigkeit. Aufgrund der eingangs erwähnten Einflüsse auf die Verfügbarkeit und den Instandhaltungsaufwand ist ein strenger Maßstab anzulegen, insbesondere in schnell und/oder durch schwere Züge befahrenen Gleisen.

### 4.11.2 Bautechnische Schnittstellen

Weichen sind in den Fahrweg zu integrieren. Trotz der Bemühungen, die Beeinflussungen des Fahrzeuglaufes in den Weichen möglichst der Qualität in den Gleisen anzunähern, gelingt das wegen der konstruktiven Besonderheiten nur bedingt. Deshalb sind Anpassungen an der Infrastruktur erforderlich.

Der abzweigende Strang einer Weiche beeinflusst immer die Gestaltung des Planums. Unter den durchgehenden Hauptgleisen gibt es i. d. R. ein Dachprofil im Planum, das den Abfluss des Oberflächenwassers in die feldseitig der Strecke angeordneten Entwässerungseinrichtungen ermöglicht. Bei größeren Gleisabständen und bei Anordnung von Überleitverbindungen zwischen den beiden Hauptgleisen entsteht durch das im Querschnitt ansteigende Planum unter der Streckenachse eine zu geringe Bettungsdicke unter dem Verbindungsgleis. Hier ist die Anpassung der Planumsquerneigung in der Form notwendig, dass hier zwischen den beiden Gleisachsen eine abgeflachte Neigung angeordnet und hergestellt wird.

Bei Abzweigungen der Weichen zur Feldseite hin wird das Zweiggleis über die feldseitig angeordneten Entwässerungseinrichtungen hinweg geführt. Auch hier sind entsprechende Anpassungen der Entwässerungseinrichtungen, z. B. die Anordnung einer Tiefendrainage unter dem abzweigenden Strang, erforderlich. Kabelkanäle sind entsprechen umzulegen oder die Kabel sind in Leerrohren unter den Abzweigen hindurchzuführen.

Bei Weichen mit Betonschwellen sind die Bauhöhen größer als die der anschließenden Gleise. Noch größere Höhenunterschiede können sich bei der Verwendung elastischer Stützpunkte ergeben. Um dennoch eine möglichst homogene Auflagerung im Schotterbett zu erzielen, ist die Planumsoberkante im Weichenbereich gegenüber dem anschließenden Gleisbereich abzusenken. Hierzu sind entsprechende planerische und bautechnische Voraussetzungen zu erfüllen.

Die Bearbeitung von Weichen im Schotterbett erfordert schließlich für die Instandhaltung besondere Maschinen. Bei der Instandhaltung von Überleitverbindungen sind immer beide Weichen einer Verbindung zu berücksichtigen und bei der Planung der Sperrpausen zu beachten. Dies gilt insbesondere dann, wenn unter beiden Gleisen durchgehende Schwellen eingesetzt sind.

Bei der Reinigung der Schotterbettung können gängige Bettungsreinigungsmaschinen nicht eingesetzt werden.

Letztendlich müssen die Antriebe der Weiche und die zugehörigen Stellgestänge, die auf den Schwellen befestigt sind, ausreichend unterstützt werden, um unzulässige Schwingungen bei der Zugüberfahrt mit Auswirkungen auf die Stabilität der Weichenlage zu vermeiden. Dafür werden häufig senkrechte Schotterhaltewände auf der Feldseite eingebaut, die die geneigte Schotterflanke ersetzen. Diese Wände bestehen i. d. R. aus senkrecht eingerammten Stahlträgern und dazwischen gesetzten Betonfertigteilen. Die Betonfertigteile sitzen auf der Planumsoberkante auf, was den Abfluss des Oberflächenwassers behindern kann und dann zu erheblichen Schäden an der Bettung führt. Deshalb ist beim Bau solcher Wände besonders sorgfältig darauf zu achten, dass der Wasserabfluss möglich ist. Antriebssysteme, die solche bautechnischen Hilfskonstruktionen nicht brauchen, bieten hier also zusätzliche Vorteile.

Im Bereich der Verschlüsse sind die Schwellenfächer von Schotter freizuhalten, was die Homogenität des Stopfvorganges und damit die Homogenität der Bettungsverhältnisse beeinträchtigt. Verschlussschwellen, die hohl sind, so dass die Verschlüsse in die Schwellen eingebaut werden können, bieten hier deutliche Verbesserungen (siehe Abschn. 4.6).

Hydraulische Antriebe mit entsprechenden hydraulischen Stellsystemen ermöglichen deutlich geringere Eingriffe in den bautechnischen Raum. Auch erfordern sie z. B. nicht die zuvor genannten Schotterhaltewände mit den skizzierten Problemen für die Ableitung des Oberflächenwassers.

Für das Instandhaltungspersonal der Weichen sind außerdem bautechnische Vorkehrungen zu treffen, z. B. Treppen an Dämmen oder in Einschnitten sowie Türen in Schallschutzwänden.

#### 4.11.2.1 Sicherungstechnische Schnittstellen

Weichen sind mit Antrieben, Verschlüssen und Endlageprüfern auszurüsten. Die meisten Weichen sind mit Signalabhängigkeit zu versehen. Daraus folgt zwangsläufig die Integration in das sicherungstechnische System inklusive der Gleisfreimeldung durch entsprechende Einrichtungen, z. B. Isolierstöße, Tonfrequenzgleisstromkreise oder Achszähler (siehe Kap. 12).

All diese signaltechnischen Einrichtungen benötigen entsprechende Schaltelemente in der Nähe der Weiche, die bei der Planung der Infrastruktur und der Lage von Kabeltrassen sowie der Entwässerungseinrichtungen berücksichtigt werden müssen.

### 4.11.3 Energieversorgung

Üblich sind heute elektrische oder hydraulische Weichenantriebe, die mit entsprechender elektrischer Energieversorgung auszurüsten sind. Erforderlich sind hierzu entsprechende Kabeltrassen und Anschlüsse an die Energieversorgung.

Neben der Energieversorgung der Antriebstechnik sind die Weichenheizungen mit Energie zu versorgen. Auch hier sind elektrische Heizungen heute die Regel. Neuere Entwicklungen nutzen Erdwärme zur Heizung der beweglichen Weichenteile, was eine umwelttechnische Verbesserung darstellt.

### 4.11.4 Fahrleitungstechnische Schnittstellen

Weichen auf elektrifizierten Strecken müssen bei der Planung des Kettenwerkes berücksichtigt werden. Bei der Planung von Fahrleitungsmasten ist wiederum darauf zu achten, dass ihre Standorte die Instandhaltung oder Erneuerung der Weichen nicht behindern.

Zur Überspannung der Zweig- oder Verbindungsgleise sind zusätzliche Maststandorte zu berücksichtigen. Deshalb ist die Lage von Weichen im Planungsstadium mit dem Fahrleitungsdienst abzustimmen.

## 4.12 Berechnung von Weichen

### 4.12.1 Einführung

Beim Entwurf von Weichen müssen die gleisgeometrischen und fahrdynamischen Anforderungen mit Fragen der Herstellbarkeit, Einbaubarkeit und der späteren – wirtschaftlichen – Instandhaltbarkeit vereinbart werden. Je größer die Zweiggleisradien sind, desto besser ist der Fahrkomfort bei gleicher Geschwindigkeit, aber gleichzeitig werden sowohl die komplette Weiche als auch die wesentlichen und herstellungsaufwändigen Komponenten wie Zungen, Backenschienen und Herzstück länger und die Zahl der Schwellen und aufwändigeren Schienenbefestigungen nehmen zu.

Längere Zungen bedeuten wiederum längere bewegliche Bauteile, die hergestellt, umgestellt, verschlossen und gesichert werden müssen. Und bei der späteren Instandhaltung müssen längere Weichen und längere Bauteile instandgehalten werden, was sich auf die notwendigen Sperrpausen und direkt auf die Kosten auswirkt. Also ist es mit Blick auf die Wirtschaftlichkeit das Ziel, die Geometrie der Weichen so zu gestalten, dass mit möglichst an die Geschwindigkeit im Zweiggleis angepassten Zweiggleisradien der Fahrkomfort akzeptabel bleibt.

Die Auswahl der geometrisch richtigen Weiche steht somit im Spannungsdreieck Fahrkomfort – technische Ausstattung – Wirtschaftlichkeit.

Die Fahrt durch das in den häufigsten Fällen (nämlich bei „einfachen Weichen") gerade Stammgleis der Weiche beeinflusst den Fahrzeuglauf und damit -komfort im Grunde nur untergeordnet, sehr gute Einbau- und Instandhaltungsqualität vorausgesetzt, und besonders beim Überlauf von der Backenschiene zur Zunge sowie beim Überlauf von der Flügelschiene zum Herzstück oder jeweils umgekehrt.

Die Gestaltung des Zweiggleises hingegen wirkt sich auf den Fahrkomfort im Abzweig deutlich spürbarer aus, und dieser ist gleichzeitig auch das Ergebnis des zuvor beschriebenen geometrischen und fahrdynamischen Optimierungsprozesses. Je kleiner der Zweiggleisradius wird, umso mehr ist mit Seitenverschleiß der bogenäußeren Zweiggleisschiene und mit Schlupfwellenbildung auf der bogeninneren Zweiggleisschiene zu rechnen.

Der Radius des Weichenzweiggleises ergibt sich für die gewünschte Abzweiggeschwindigkeit zwingend, sobald die fahrdynamischen Parameter wie Überhöhungsfehlbetrag im Zweiggleisbogen und Wechsel des Überhöhungsfehlbetrages am Bogenanfang und ggf. -ende gewählt sind.

Da in den Weichen alle Schienen eines Querschnittes auf denselben Schwellen liegen, sind bei Bogenweichen, aber auch bei einfachen Weichen, der Wahl möglicher Überhöhungen enge Grenzen gesetzt und eine gewählte Überhöhung gilt für beide Gleisstränge. In anderen Worten: das Zweiggleis hat auf der gleichen Schwelle die gleiche Überhöhung wie das Stammgleis auf derselben Stelle, obwohl beide Gleise unterschiedlich gekrümmt sind bzw. eines ggf. sogar gerade ist. Einfache Weichen sind in der Regel nicht überhöht.

Für den Fahrkomfort, aber auch für die Fahrsicherheit, ist der zulässige Überhöhungsfehlbetrag in Weichenbögen, entsprechend den allgemeinen trassierungstechnischen Vorgaben, zu begrenzen, bei Weichen gelten teilweise strengere Werte für den Überhöhungsfehlbetrag. Die Tab. 4.1 zeigt die kennzeichnenden Daten einfacher Weichen der DB. Diese aufgeführten Weichengeometrien bilden das Ergebnis einer langjährigen Standardisierung im Netz der Deutschen Bahn ab.

Wesentlich an der Tab. 4.1 ist, dass hier zu jedem Zweiggleisradius eine zulässige Geschwindigkeit im Zweiggleis benannt ist. Diese Geschwindigkeiten stellen einen ausreichenden Fahrkomfort im Zweiggleis sicher, weil damit die zulässigen Überhöhungsfehlbeträge und damit die nicht ausgeglichenen Seitenbeschleunigungen im Zweiggleis begrenzt sind, und zwar bis zu einer Zweiggleisgeschwindigkeit von 100 km/h auf 106 mm[8]. Die genannten Beziehungen zwischen Radius und zulässiger Geschwindigkeit stellen sicher, dass auch der Ruck (Änderung der Seitenbeschleunigung mit der Zeit) bei Einfahrt oder Ausfahrt in oder aus dem Kreisbogen auf einen erträglichen Wert begrenzt bleibt.

Aus der Tab. 4.1 lässt sich ableiten, dass sich bei der Weiche für 130 km/h Zweiggleisgeschwindigkeit beim Radius $r = 2500$ m ein Überhöhungsfehlbetrag von nur noch 80 mm bzw. eine nicht ausgeglichene Seitenbeschleunigung von 0,52 $\text{m/s}^2$ ergibt, weil bei höheren Geschwindigkeiten niedrigere Werte für den zulässigen Ruck gefordert sind. Die Erfahrung zeigt, dass in Weichen mit einem Zweiggleisradius $r_z = 1200$ m und einer Zweiggleisgeschwindigkeit von 100 km/h die Komfortgrenze spürbar erreicht wird, obwohl die trassierungstechnischen Grenzwerte eingehalten sind. Eine niedrigere Geschwindigkeit beim gleichen Radius oder ein größerer Radius bei 100 km/h würden den Fahrkomfort verbessern.

In der DB-Richtlinie 800.0110 [15] wird bei Krümmungswechseln ohne Übergangsbogen – d. h. im „freien Gleis“, aber auch bei Weichen – die Änderung des Überhöhungsfehlbetrag(s) implizit durch den geschwindigkeitsabhängig zu wählenden Vergleichsradius beschränkt (Tabelle 10 in [15]).

Eine alternative Lösung zur Begrenzung des Rucks bei der Fahrt durch das Zweiggleis ist die Anwendung entweder von zusammengesetzten Kreisbögen (Korbbögen) oder die Verwendung von Übergangsbögen im Zweiggleisbogen. Dabei „beginnt“ der Zweiggleisbogen mit einem relativ großen Radius und geht dann entweder mit einem Übergangsbogen (Klothoide) oder direkt nach einer definierten Bogenlänge in einen kleineren Radius über.

Bei größeren Radien oder bei Anwendung von Übergangsbögen entfernen sich die Zweiggleise langsamer von der Tangente, also der Abstand zwischen Zungen- und Backenschiene nimmt nur langsam zu. Hierdurch ergeben sich (wie bereits eingangs erwähnt) deutlich längere Zungen- und Backenschienen, und damit mehr Antriebs- und Verschlusseinrichtungen.

Nur bei Geschwindigkeiten $v \geq 100$ km/h kommen deshalb aus wirtschaftlichen Gründen solche zusammengesetzten geometrischen Lösungen für das Zweiggleis zur Anwendung.

### 4.12.2 Konstruktive Randbedingungen

Abb. 4.20 zeigt die wesentlichen Bauteile eine Weiche: Zungenbereich und Herzstückbereich beinhalten bearbeitete Fahrbahnteile, während der Zwischenschienenbereich aus unbearbeiteten Schienen mit Hilfe „normaler“ Schienenbefestigungen zusammengebaut wird. Die Schienenstöße zwischen Zungenbereich (4 Schienenstöße) und Zwischenschienenbereich sowie zwischen Zwischenschienenbereich und Herzstückbereich (2 Stöße) müssen an der Einbaustelle im Gleis entweder geschweißt oder mit Laschen zusammengefügt werden. Verbindungsschweißungen oder auch Laschenstöße erfordern einen ausreichenden Abstand zwischen den benachbarten Schienen, also zwischen Zungenschiene und Backenschiene oder aber zwischen den beiden Flügelschienen an der Herzstückspitze und genauso am Ende der Weiche zwischen den beiden Verlängerungen am Herzstückende (Anschweißschienen). Um das einzuhalten, gelten die folgenden konstruktiven Bedingungen:

Bedingung 1: Zungen und Backenschienen müssen mindestens so lang sein, dass an Zungen- und Backenschienenende Mindestabstände zur Herstellung der Verbindungsschweißungen oder zum Einbau von Verbindungslaschen erreicht sind und dass getrennte Schienenbefestigungen eingesetzt werden können.

Bedingung 2: Die Weiche muss so lang werden, dass am Herzstückende ausreichende Abstände zwischen den beiden Verlängerungsschie-

[8] Anmerkungen: Berechnung der zulässigen Geschwindigkeit im Zweiggleisbogen (Kreisbogen) für zul $v \leq 100$ km/h: zul $v = 3 \cdot \sqrt{r}$ für (basierend auf zul $\Delta u_f = 106$ mm). Oberhalb von 100 km/h verringert sich zul $\Delta u_f$ sukzessive, so dass für $v > 100$ km/h folgende Formel gilt: $v = \sqrt{(r/11{,}8) \cdot \text{zul}\ \Delta u_f}$. Aus dem Überhöhungsfehlbetrag $u_f$ errechnet sich die nicht ausgeglichene Seitenbeschleunigung zu $a_r\ [\text{m/s}^2] = u_f/153$.

nen (Anschweißschienen), wie bei den Zungen- und Backenschienen erwähnt, entstehen.

Bedingung 3: Die Schienenstöße am Weichenanfang, am Ende der Zungen- und Backenschiene und am Weichenende sollen jeweils in der Mitte eines Schwellenfaches liegen.

Formen für aluminothermische Schweißungen benötigen einen Arbeitsraum von 200 bis 220 mm – das ist dann der Mindestabstand zwischen den Schienen an den relevanten Schienenstößen.

Die Schwellenabstände im Weichenbereich betragen in der Regel 600 mm, andere Schwellenabstände können gewählt werden.

### 4.12.3 Berechnung der Weichen

Weil die Längen der zu berechnenden Komponenten relativ kurz sind im Vergleich zu den Radien der Zweiggleise, ist es hinreichend genau und deshalb zulässig, die Absteckmaße für die Kreisbogen der Zweiggleise von der Tangente aus (Stammgleis) mit Hilfe der folgenden Formel (quadratische Parabel) zu berechnen:

$$y_i = \frac{x_i^2}{2 \cdot r_z}.$$

Auf der Grundlage dieser Vereinfachung (Abb. 4.87) ist die Berechnung der Weichengrundmaße mit Kreisbogen im Zweiggleis bis zum Weichenende recht einfach.

#### 4.12.3.1 Berechnung von Weichen mit Bogenherzstück

Bei Weichen mit Bogenherzstück läuft der Zweiggleisbogen bis zum Weichenende durch und kann beliebig verlängert werden.

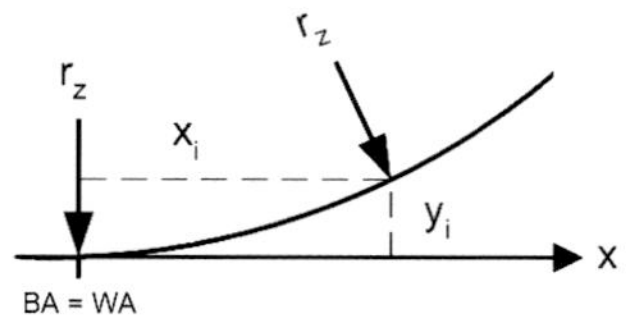


**Abb. 4.87** Absteckmaße einer Weiche

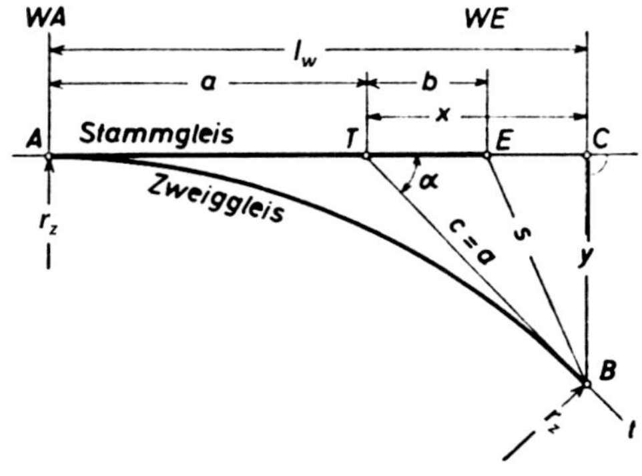


**Abb. 4.88** Weiche mit Bogenherzstück und verlängertem Zweiggleisbogen [16]

**Bestimmung der Weichenneigung**

Als erster Schritt (s. Abb. 4.88) wird ein Wert für das sogenannte Sperrmaß angenommen. Das ist der Abstand der Gleisachsen am Weichenende. Für Weichen mit der Spurweite 1435 mm reicht ein Wert $s = 1{,}75\,\mathrm{m}$ aus, um die Bedingung 2 zu erfüllen. Ausgehend von der gewünschten Geschwindigkeit im Zweiggleis wird der Zweiggleisradius $r_z$ festgelegt.

Mit der folgenden Näherungsformel (Kreisbogen im Zweiggleis wird näherungsweise als quadratische Parabel angesetzt) wird die vorläufige Weichenneigung berechnet:

$$n \approx \sqrt{\frac{r_z}{2 \cdot s}}.$$

Zur Vereinfachung des Entwerfens von Spurplänen wird für $n$ ein einfach zu handhabender Wert (meist ganzzahlig) gewünscht. Deshalb wird der zuvor näherungsweise errechnete Wert $n$ auf den gewünschten Wert der Weichenneigung festgelegt.

Der Wert $\frac{1}{n}$ entspricht dem $\tan\alpha$ und $\alpha$ entspricht dem Weichenwinkel. Entsprechend Abb. 4.88 ist $c = a$ (Tangentenlänge des Zweiggleisbogens) und damit wird

$$a = c = r_z \cdot \tan\frac{\alpha}{2}.$$

Im Regelfall wählt man $b = c$, so dass sich das endgültige Sperrmaß zu

$$s = 2 \cdot c \cdot \sin\frac{\alpha}{2}$$

ergibt.

**Bestimmung der Weichenlänge**

Die Weichenlänge ist dann $l_w = a + b$.

Da die Schwellenteilung bzw. die Stützpunktabstände in den Weichen möglichst gleichmäßig sein soll, ist die zuvor errechnete Länge der Weiche so anzupassen, dass eine durch den Schwellenabstand teilbare Zahl für die Weichenlänge entsteht. Wichtig dabei ist, dass der Schienenstoß am Weichenanfang mittig zwischen den benachbarten Schwellen angeordnet ist, genauso wie der Schienenstoß am Weichenende mittig zwischen den Schwellen angeordnet werden soll.

**Bestimmung der Länge der Weichenzungen**

Zur Berechnung der Länge der Weichenzunge benutzt man die Formel

$$L_z = x = \sqrt{(2 \cdot r \cdot y)}.$$

Als Wert für $y$ nimmt man den notwendigen Abstand zwischen Zunge und Backenschiene am Ende der Zungenschiene mit etwa 0,2 bis 0,22 m an.

Nachdem die Länge der Zunge in Abhängigkeit vom Abstandsmaß zwischen Zunge und Backenschiene ermittelt ist, ist im zweiten Schritt festzulegen, dass auch der Schienenstoß am Ende von Zunge und Backenschiene mittig zwischen den benachbarten Schwellen liegt. Deshalb wird die errechnete Länge der Zunge so angepasst, dass die gewählte Länge zur Schwellenteilung passt und sowohl die Schienenstöße am Weichenanfang als auch die am sogenannten Zungenwurzelstoß (also an der Schweißstelle zur Zwischenschiene) mittig in den Schwellenfächern liegen.

### 4.12.3.2 Berechnung von Weichen mit geradem Herzstück

Wenn in Weichen der Zweiggleisbogen vor dem Herzstück endet, dann soll dieser soweit vor dem Herzstück enden, dass das Herzstück sowohl im Stammgleis als auch im Zweiggleis vollständig gerade ist. In diesem Fall soll der Zweiggleisbogen etwa 2,4 m vor der theoretischen Herzstückspitze enden. Das Absteckmaß $y$ von der Tangente aus beträgt an der Stelle des Zweiggleisbogenendes etwa 1,2 m.

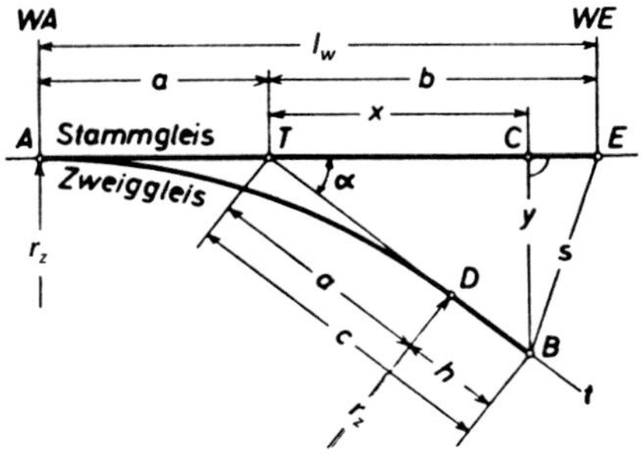


**Abb. 4.89** Weiche mit geradem Herzstück [16]

Der Radius $r_z$ des Zweiggleises ist durch die gewählte Geschwindigkeit für das Zweiggleis vorgegeben, Abb. 4.89.

**Bestimmung der Weichenneigung**

Die genäherte Weichenneigung rechnet man nach der Formel

$$n \approx \sqrt{\frac{r_z}{2 \cdot y}}$$

($n$ = Weichenneigung, $r_z$ = Zweiggleisradius, $y$ = Absteckmaß von der Tangente am Ende des Zweiggleisbogens).

Mit $y = 1{,}2$ m gilt

$$n \approx \sqrt{\frac{r_z}{2{,}4}}.$$

Der Wert für $n$ wird gerundet, so dass ein gut handhabbarer Wert (möglichst eine ganze Zahl) entsteht.

Aus $1 : n = \tan \alpha$ wird der Abzweigwinkel $\alpha$ errechnet.

**Bestimmung der Bogentangente**

Die Länge der Bogentangente errechnet sich wie folgt:

$$A = AT = TD = r_z \cdot \tan \frac{\alpha}{2}.$$

**Bestimmung des Sperrmaßes**

Das Sperrmaß wird näherungsweise mit 1,75 m angenommen. Dann erfolgt die Berechnung von „$b$“:

$$b = c = \frac{s}{2 \cdot \sin \frac{\alpha}{2}}.$$

**Bestimmung der Weichenlänge**
Die Gesamtlänge der Weiche im geraden Strang ergibt sich aus:

$$l_w = a + b.$$

**Bestimmung der Länge der Herzstückgeraden**
Die Länge der Herzstückgeraden beträgt

$$h = DB = c - a.$$

Nach der Berechnung der Weichengrundmaße ist sicherzustellen, dass die Länge der Weiche zu der vorgesehenen Schwellenteilung passt. Hierzu ist die Weichenlänge durch den geplanten Schwellenabstand zu teilen und anschließend aufzurunden auf einen durch den Schwellenabstand teilbaren Wert.

Die Berechnung der Länge der Weichenzunge entspricht der unter Abschn. 4.12.3.1 beschriebenen Vorgehensweise.

#### 4.12.3.3 Berechnung der Schwellenlängen

Im normalen Gleis beträgt die Länge der Schwellen 2,60 m, andere Schwellenlängen sind möglich. Das Maß von 2,60 m gilt auch am Weichenanfang. Dieses Maß der Schwellenlänge ist etwa 1,10 m länger als der Schienenkopfmittenabstand, der mit 1,5 m angenommen werden darf (bei Spurweite 1435 mm). Mit zunehmendem Abstand der Zunge zur Backenschiene verlängert sich die notwendige Länge der Schwellen. Zur vereinfachten, aber ausreichend genauen Berechnung des Verlängerungsmaßes kann auf die folgende Formel aus dem Abschn. 4.3 zurückgegriffen werden:

$$y_i = \frac{x_i^2}{2 \cdot r_z}.$$

Mit dieser Formel kann für jeden beliebigen Schwellenabstand das Verlängerungsmaß der Schwellen an jeder Stelle innerhalb der Weiche berechnet werden.

Aus praktischen Gründen werden die Schwellen in Sprüngen von jeweils 10 cm verlängert.

Am Weichenende liegen nach den zuvor beschriebenen Rechenwegen die Schienen am Herzstückende zwar weit genug auseinander, um die notwendigen Schienenverbindungen und getrennte Schienenbefestigungen einzusetzen, aber der Abstand von Zweiggleis und Stammgleis ist noch nicht ausreichend, um für beide Gleise unabhängige Schwellen einsetzen zu können. Deshalb folgen nach dem Weichenende noch sogenannte Langschwellen. Auch hier sind die Schienen von Zweiggleis und Stammgleis höhenmäßig noch aneinandergebunden und weder getrennte Überhöhungen noch unterschiedliche Gradienten im Stammgleis und Zweiggleis sind im Langschwellenbereich möglich.

Erst nachdem die Mindestschwellenlänge für eine unabhängige Unterschwellung des Zweiggleises erreicht ist (in der Regel bei einer Schwellenlänge von mindestens 2,20 m) können beide Gleise trassierungstechnisch im Höhenplan voneinander getrennt werden. Im Lageplan sollte eine unabhängige Trassierung auch erst jenseits der letzten Langschwelle beginnen; im Ausnahmefall ist das (mit geänderten Befestigungspunkten auf den Langschwellen) bereits ab dem Weichenende möglich.

## 4.13 Ausblick und Entwicklungstendenzen

Die heutige Weichentechnik beruht auf Grundsätzen des letzten Jahrhunderts. Die Technik kann aufgrund des langen Erfahrungs- und Entwicklungsweges als sehr fortgeschritten bezeichnet werden. Folglich ist es derzeit kaum vorstellbar, entscheidende weitere Fortschritte für die technische Gesamtheit der Weiche zu entwickeln. Trotz dieser Feststellung darf man sich nicht zurücklehnen. Der hohe Anteil der Weichen am Störpotenzial und an den Instandhaltungskosten und auch immer mehr die Forderungen nach Reduktion der Schall- und Erschütterungsemission zwingen vielmehr, intensiv nach weiteren Verbesserungen zu suchen, hauptsächlich in folgendem Punkt:

Bewegliche Bauteile, aber auch die starren Herzstücke und die Flügelschienen erfahren naturgemäß sehr starken Verschleiß, was zu entsprechend hohen Instandhaltungskosten führt. Die Betreiber, aber auch Entwickler und Hersteller von Weichen sind intensiv bemüht, gerade hier Verbesserungen der Standfestigkeit zu erzielen. Hierzu gibt es drei wesentliche Ansätze:

### 4.13.1 Materialverbesserungen

Auf diesem Gebiet hat sich in den letzten Jahren sehr viel getan, und bainitische Herzstücke mit bainitischen Flügelschienen sind für höher belastete Weichen inzwischen Standard bei der DB und für Weichen mit mehr als 30.000 Lt/Tag im Regelwerk festgeschrieben.

Die vielversprechendste Entwicklung stell das „UHPC-Herzstück“ der voestalpine Railway Systems dar, bei dem der Flügelschienenknick aus einem geschmiedeten bainitischen gefräst wird. Dies stellt sowohl materialtechnisch als auch von der Maßgenauigkeit her einen bedeutenden Schritt dar. Im Interesse einer verbesserten Wirtschaftlichkeit ist im Herzstückbereich weiter Arbeit zu leisten, um auf der einen Seite die Fertigungskosten zu reduzieren und auf der anderen Seite auch den optimalen Einsatz zu definieren. So ist beispielsweise nicht in allen Fällen bainitisches Material für die Flügelschienen notwendig, und es sind hier Optimierungen denkbar. Für bewegliche Bauteile ebenso wie für die gesamte Fahrbahn der Hochlastweichen sind bei der DB feinperlitische Kohlenstoffstähle der Güte R350HT üblich geworden. Im Schwerlastgüterverkehr bzw. auch bei Bogenweichen im Mischverkehr mit hohem Fahrkantenverschleiß ist darüber hinaus die hypereutektoide Schienengüte R400HT bereits im Einsatz.

Weiterhin sollten für starre Herzstücke neben dem Einsatz von Bainitstählen die Manganstahlgussherzstücke nicht aus dem Auge verloren werden. Diese sind bei vielen Bahnen weltweit Standard. Wegen der Problematik der Ultraschallprüfung bei Manganstahl gibt es Anstrengungen, geeignete und zuverlässige Prüfverfahren zur Detektion innerer Materialfehler zu entwickeln, um auch einen Einsatz bei der DB zu erzielen.

### 4.13.2 Verbesserungen der Überlaufgeometrie

Verbesserte oder optimierte Überlaufgeometrien insbesondere im Herzstück-/Flügelschienenbereich können zur Reduktion der Beanspruchungen und damit des Verschleißes beitragen. Wegen der großen Vielfalt der überrollenden Radprofile mit all ihren Verschleißzuständen gestaltet sich diese zunächst einfach anmutende Aufgabe als sehr schwierig.

### 4.13.3 Verbesserungen der Stützpunktelastizität

Besonders beim Überlauf von der Flügelschiene zur Herzstückspitze und umgekehrt entstehen sehr hohe und quasi schlagartige Belastungen der betroffenen Bereiche dieser Bauteile. Elastische Stützpunkte tragen zu längerwelligen Einsenkungen mit entsprechenden Lastverteilungen und damit zu deutlich reduzierten Kontaktkräften bei. Dieser Grundsatz sollte auch im Bereich starrer Herzstücke Anwendung finden. Wegen der im Herzstückbereich (starre und bewegliche Herzstücke) wechselnden Widerstandsmomente und weil mehrere Schienen auf den Grundplatten der Schienenbefestigung liegen, sind individuell angepasste Stützpunktsteifigkeiten und entsprechend optimierte Stützpunkte zu entwickeln. Die Ansprüche an die einzusetzenden elastischen Materialien sind dabei sehr hoch, auch wegen der möglichen dynamischen Versteifung bei hochfrequent auftretenden Belastungen.

### 4.13.4 Schall- und Erschütterung

In den letzten Jahren verstärken sich die Forderungen nach Reduktion der Schall- und Erschütterungsemissionen aus dem Eisenbahnverkehr. Die Weichen stellen hier sicherlich ein Potenzial zur Verbesserung dar. Es sind also die Punkte in den Weichen zu identifizieren, die über das gewöhnliche Gleis hinausgehende Emissionsquellen darstellen. Darauf aufbauend ergeben sich dann technische Forderungen zu deren Bekämpfung. Wirtschaftliche Grundsätze verlangen hier kreative Lösungsansätze, die die Instandhaltbarkeit ausreichend berücksichtigen.

### 4.13.5 Ferndiagnose und Überwachungssysteme

#### 4.13.5.1 Diagnose der Umstellvorgänge

Plötzliche Ausfälle von Weichen können empfindliche Auswirkungen auf den Betriebsablauf haben. Sehr schnell entstehen Verspätungshäufungen, die sich auf den gesamten Betriebsablauf auswirken können.

Plötzliche Ausfälle von Weichen treten am häufigsten während des Umstellvorganges auf, wenn die Endlage der Zungen oder der beweglichen Herzstücke nicht erreicht wird. Die Ursachen für solche Störungen können sehr vielfältig sein. Das Verschluss- und Umstellsystem der Weichen besteht in der Regel aus einem oder mehreren Verschlüssen an den Zungenpaaren beziehungsweise den beweglichen Herzstücken. Je länger die Zungen oder beweglichen Herzstücke sind, desto mehr solcher Verschlüsse benötigen sie, um sicherzustellen, dass jede Zunge auf ihrer ganzen Länge in der geplanten Position verschlossen wird. Überwacht werden die Endpositionen durch sogenannten Endlagenprüfer.

Angetrieben werden die Zungen oder Herzstücke in der Regel von Elektromotoren. Die Motoren übertragen die Umstellkräfte über sogenannte Schieberstangen auf die Verschlüsse. Im Falle von mehreren Verschlüssen in einer Zungenvorrichtung beziehungsweise in einem Herzstück werden die Verbindungen zwischen dem Antrieb und den Verschlüssen über Stellgestänge realisiert. Die Stellgestänge sind bei den Weichen der DB doppelt ausgelegt, so dass in den Gestängen immer nur Zugkräfte auftreten. Die Abb. 4.1 und 4.54 zeigen diese Anordnung. Diese mechanischen Bauteile sind naturgemäß Witterungseinflüssen, Korrosion usw. ausgesetzt und bedürfen einer angemessenen Wartung, wie z. B. Reinigung und Schmierung. Eine große Zahl von Weichenstörungen geht auf dieses mechanische System zurück. Bei Weichen im Schotterbett können auch Hohllagen der Schwellen zu Störungen der Stellsysteme und der Endlagenprüfer führen.

Der wirkungsvollste Ansatz einer Ferndiagnose betrifft also dieses System, weil Schwergänge sich in der vom Elektromotor abgeforderten Umstellkraft oder aber in der Umstellzeit offenbaren. Indirekt werden die Umstellkräfte aus den Stellströmen des Weichenantriebes erkennbar. Mit besonderen Beschleunigungssensoren werden vertikale Schwingungen der Schwellen nahe der Prüferstangen gemessen und so analysiert, dass Aussagen zu den vertikalen Schwingwegen über Ferndiagnose getroffen werden können. Weitere Informationen zu den Weichenbelastungen und Unzulänglichkeiten können aus den Messungen mit Hilfe von KI gewonnen werden und so die Instandhaltungsplanung unterstützen.

Die DB hat in der Zwischenzeit eine sehr große Zahl betriebswichtiger Weichen mit Ferndiagnosesystemen der Umstellvorgänge ausgerüstet.

Zum Zwecke der Diagnose werden bei diesen Weichen die Stellströme während jeder Umstellung gemessen. Das kann recht einfach im Stellwerk oder an der Weiche realisiert werden.

Jede Weiche hat nun ihre eigenen charakteristischen Kurven für die Stellströme und Stellzeiten. Diagnosesysteme dieser Art müssen also anhand dieser charakteristischen Kurven kalibriert werden.

In der Folge werden dann die Kurven jeder Umstellung mit den hinterlegten Kurven verglichen, und eine Aussage über bevorstehende Instandhaltungs- oder Wartungsmaßnahme ist möglich.

Somit können diese Tätigkeiten „zum richtigen Zeitpunkt“ eingeplant werden.

#### 4.13.5.2 Diagnose von Komponenten der Fahrbahn

Weichen werden aufgrund ihrer konstruktiven Besonderheiten wesentlich stärker belastet und folglich stärker geschädigt als vergleichbare Fahrbahnkomponenten im normalen Gleis. Gleichzeitig beeinflussen Schäden an der Weichenfahrbahn die Betriebssicherheit stärker als das im Gleis der Fall ist.

Häufig führen solche Schädigungen an der Fahrbahn zu Ausfällen von Weichen.

Die einfachste Möglichkeit, solche Ausfälle auszuschließen, ist die rechtzeitige Instandsetzung. Allerdings zeigt die Erfahrung, dass die Lebensdauer vieler Weichenkomponenten sehr stark streut, d. h. die Dichtefunktion der Ausfallwahrscheinlichkeit sehr breit ist. Soll unter diesen Bedingungen eine bestimmte maximale Ausfallwahrscheinlichkeit garantiert werden, hat dies sehr kurze Lebensdauern zur Folge. Im Ergebnis steigen die Instandsetzungskosten stark an.

Das Ziel der Ferndiagnose besteht darin, Weichenausfälle möglichst kurz vor Ablauf ihrer technischen Lebensdauer zu erkennen, d. h. die Lebensdauer zum Zwecke einer Minimierung der Instandsetzungskosten möglichst vollständig auszunutzen. Hierfür sind Schädigungsindikatoren erforderlich, welche über die Überwachungssysteme gemessen und über die Ferndiagnose beurteilt werden können. Hierbei zeigt sich derzeit noch eine Diskrepanz zwischen dem bereits hohen technischen Entwicklungsstand der Überwachungssysteme und der noch in den „Kinderschuhen" steckenden Suche nach geeigneten Schädigungsindikatoren. Das Problem besteht, allgemeiner formuliert, in der Diskrepanz zwischen dem hohen apparativen und algorithmischen Entwicklungsstand der Informationstechnik einerseits sowie der ungenügenden ingenieurtechnischen Durchdringung technischer Systeme hinsichtlich der Charakterisierung ihres Schädigungsverhaltens in Form geeigneter Schädigungsindikatoren andererseits. Diesbezüglich stehen die Ingenieurwissenschaften und damit auch die Oberbaumechanik noch vor großen Herausforderungen.

## Literatur


1. DB Netz AG: Richtlinie 800.0120 „Auswahl der Weichen, Kreuzungen und Hemmschuhauswurfvorrichtungen"
2. Kaess G (1982) Die Längsstabilität von Weichen in geschweißten Gleisen. ETR 3/1982
3. Eisenbahn-Bau- und Betriebsordnung vom 8. Mai 1967 (BGBl 1967 II S1563), die zuletzt durch Artikel 2 der Verordnung vom 5. April 2019 (BGBl I S 479) geändert worden ist
4. voestalpine (2019) https://www.voestalpine.com/railway-systems/de/produkte/unistar-hr-weichenantrieb/
5. DB Netz AG: Richtlinie 800.0110 „Linienführung"
6. DB Netz AG: Richtlinie 820.2010 „Ausrüstungsstandard Schotteroberbau für Gleise und Weichen"
7. DB Netz AG: Richtlinie 819 „LST-Anlagen planen"
8. Lücking S (2006) Systemanalyse von Weichenumbaumaschinen. Eisenbahningenieur 57(6):36–43
9. Kochs A, Marx A (2009) Infrastrukturdatenmanagement für Verkehrsunternehmen, Forschungsvorhaben Stufe 3: Innovatives Instandhaltungsmanagement mit IDMVU, Teil 2 vom 31.08.2009, S 38
10. DB Netz AG (2002) Technische Mitteilung zum oberbautechnischen Regelwerk, lfd Nr RO-03/2002: Anforderungskatalog zum Bau der Festen Fahrbahn, 4. Aufl
11. Allgemeines Eisenbahngesetz vom 27. Dezember 1993 (BGBl I S 2378, 2396; 1994 I S 2439), das zuletzt durch Artikel 10 des Gesetzes vom 10. September 2021 (BGBl I S 4147) geändert worden ist
12. Oberbau – Richtlinien für nichtbundeseigene Eisenbahnen (Ob-Ri NE), Ausgabe 2018, herausgegeben als VDV Schrift 612 (03/2018) vom Verband Deutscher Verkehrsunternehmen e. V. Köln (VDV)
13. Eisenbahnbetriebsleiterverordnung (EBV) vom Juli 2000 (BGBl I S 1023), die durch Artikel 2 der Verordnung vom 10. Oktober 2016 (BGBl I S 2242) geändert worden ist
14. Hempe T (2011) Schieneninstandhaltung bei der DB Netz AG. Vortrag Branchendialog Gleisbau, Darmstadt, 7. Juni 2011
15. DB Netz AG (2015) Richtlinie 800.0110 „Infrastruktur Technik entwerfen – Linienführung"
16. Schramm G (1958) Der Gleisbogen. Otto Elsner, Darmstadt

# 5 Unterbau, Eisenbahndämme und Einschnitte

Jürgen Stern und Ralph Fischer

**Zusammenfassung**

Der Unterbau beziehungsweise der Bahnkörper von Gleisanlagen wird neben Brücken und Tunneln primär von geotechnischen Bauwerken gebildet. Zu letzteren zählen insbesondere die eigentlichen Erdbauwerke. Erdbauwerke wie Eisenbahndämme, Ein- und Anschnitte bestehen überwiegend nur aus meist vor Ort gewonnenen, natürlichen Stoffen. Diese Bauwerke zeichnen sich in der Regel durch ihre hohe Langlebigkeit und Dauerhaftigkeit sowie durch ihre naturverträglichen Eigenschaften zur Umwelt aus. Neben diesen Bauwerken sind auch Durchlässe oder Querungen sowie Stützbauwerke und auch Entwässerungsanlagen des Bahnkörpers zu den geotechnischen Bauwerken, die den Unterbau von Gleisanlagen bilden, zu rechnen. Für den Bau ist die Kenntnis der Baugrundverhältnisse und der Eigenschaften der verwendeten natürlichen Baustoffe von ausschlaggebender Bedeutung, die eine ausreichende Erkundung im Vorfeld notwendig machen. Alle genannten Bauwerke werden im Laufe ihrer Nutzung durch unterschiedliche Faktoren, wie Witterung und Verkehrsbelastung beeinflusst, die ihre Lebensdauer begrenzen und Instandhaltungsmaßnahmen erfordern. Die geotechnischen Bauwerke, ihre Planung, Herstellung und Qualitätssicherung sowie Instandhaltung werden im Kapitel beschrieben. Themenstellungen über Untergrunderkundungen an bestehenden Eisenbahnstrecken, Tragschichten des Bahnkörpers, Baugrubensicherungen im Gleisbereich, Inspektion und Instandsetzung sowie Fallbeispiele aus dem Bereich der Geotechnik runden das Kapitel ab. Unterschiede bei den drei DACH-Bahnen DB InfraGO AG (bis 31.12.2023 DB Netz AG), ÖBB-Infrastruktur AG und SBB werden angesprochen.

## 5.1 Einleitung und Allgemeines

Der Unterbau beziehungsweise der Bahnkörper von Gleisanlagen wird neben Brücken und Tunneln primär von geotechnischen Bauwerken gebildet. Zu letzteren zählen insbesondere die eigentlichen Erdbauwerke. Daneben gehören konstruktive Bauwerke aus künstlichen Baustoffen, die mit Erdbaumaterial hinterfüllt oder überschüttet werden, zu den geotechnischen Bauwerken. Hierzu sind Durchlässe bzw. Querungen und Stützbauwerke sowie Kabeltröge zu rechnen.

Erdbauwerke wie Eisenbahndämme, Ein- und Anschnitte bestehen meistens nur aus natürlichen Stoffen, die in der Nähe gewonnen wurden oder von Natur aus vor Ort bereits vorhanden sind. Diese Bauwerke zeichnen sich in der Regel durch ihre hohe Langlebigkeit und Dauerhaftigkeit so-

J. Stern (✉)
Fahrwegtechnik – Geotechnik und Naturgefahrenmanagement, ÖBB Infrastruktur AG, Wien, Österreich

R. Fischer
Tunnel- und Erdbau Technik (I.IAI 33), DB InfraGO AG, Frankfurt, Deutschland



J. Holzfeind, J. Liu, F. Pospischil (Hrsg.), *Handbuch Eisenbahninfrastruktur*,
https://doi.org/10.1007/978-3-662-68960-8_5

wie durch ihre naturverträglichen Eigenschaften zur Umwelt aus. Insbesondere für die Bereiche des Klimaschutzes, der natürlichen Ressourcenschonung, der Nachhaltigkeit und der Reduktion des $CO_2$-Ausstoßes ist es wesentlich, dass das eingebaute Schüttmaterial bzw. der vorhandene Boden jederzeit bei Umbauten oder Anlagenreinvestitionen mit keinem oder meist nur sehr geringem Verlust wieder eingebaut oder ergänzt werden kann. Diesen Ansprüchen genügen Beton, mit Zement injizierte Böden und Einbauten von Geokunststoffen oft nicht. Ihr Abtrag bedeutet Entsorgung als Abfall oder ist zumindest mit einem entsprechenden Aufwand für die Materialwiederverwendung verbunden. In bestimmten Fällen lässt sich die Verwendung dieser Baustoffe jedoch nicht vermeiden, wie in Abschn. 5.9.3 beispielhaft gezeigt wird.

Die Neuerrichtung von Erdbauwerken ist immer als ein Eingriff in natürliches Gelände zu betrachten. Mit dem Wachsen der Forderungen nach dem Schutz der Natur und dem sorgfältigen Umgang mit Rohstoffen dürfen Erdbauwerke nicht nur als Zweckbauten ausgebildet werden, sondern müssen auch landschaftsgestalterische und nachhaltige Anforderungen erfüllen. Die Einbindung in die Topographie des Geländes ist zwangsläufig eine Störung des natürlichen Gleichgewichts hydrogeologischer und geologisch bedingter Standortbedingungen. Je höher das Erdbauwerk errichtet werden muss und je höher die damit verbundenen Anforderungen sind, umso wichtiger ist es, die geologischen, hydrogeologischen und baugrundtechnischen Situationen zu kennen. Auch die Wechselwirkungen zwischen dem Bauwerk und dem darunter liegenden Baugrund sind von hoher Bedeutung in der Planung und Dimensionierung eines Erdbauwerks.

Neben der nachhaltigen Einbindung von neuen Erdbauwerken in ihr Umfeld sind vor allem aber auch die technischen Eigenschaften der für die Errichtung verwendeten Materialien von großer Bedeutung. Dies gilt insbesondere deshalb, da im Eisenbahnbau allfällige Verformungen im Untergrund oder im Bauwerk selbst einen wesentlichen Einfluss auf die Gleislage besitzen können. Treten Verformungen im Untergrund oder in Eisenbahndämmen auf, führen diese in der Regel zu Setzungen im Gleis oder sogar zu Gleisverwindungen, die die Betriebssicherheit beeinflussen können. Um die Sicherheit des Bahnbetriebes jederzeit zu gewährleisten, muss in diesen Fällen die Gleislage korrigiert werden, was wiederum zu einer Reduzierung der Streckenverfügbarkeit führt. Um derartige nachteilige Infrastruktureinschränkungen zu vermeiden, sind in der Herstellung von Eisenbahndämmen einerseits die richtigen Schüttmaterialien zu verwenden und andererseits der Untergrund unterhalb des Erdbauwerks entsprechend vorzubereiten. Beispiele hierfür sind Bodenauswechslungen oder Bodenstabilisierungen durch Einbringung eines Bindemittels. Die Zusammenhänge zwischen den Eigenschaften des Baustoffs Boden und den Anforderungen des Eisenbahnbetriebes stellen eine der wichtigsten Grundlagen in der Geotechnik dar, um das erfolgreiche und auch das nachhaltige Arbeiten in dem Bereich des Erd- und Grundbaues, in der Bodenmechanik und in der Hydrogeologie gewährleisten zu können. Eine weitere wichtige Grundlage für die Planung stellt die Wassersituation dar. Mit zunehmendem Wassergehalt sinkt in der Regel die Tragfähigkeit von Böden und deren Neigung zu Setzungen nimmt zu. Dieses Phänomen ist um so stärker ausgeprägt, je feinkörniger ein Boden oder ein Schüttmaterial vorliegt. Daher sollte sich ein großes Augenmerk auf die Ausbildung der Bahnentwässerung richten.

Folgende technische Anforderungen müssen Erdbauwerke für einen sicheren und nachhaltigen Eisenbahnbetrieb aufweisen:

- Standsicherheit,
- Tragfähigkeit,
- Gebrauchstauglichkeit,
- Dauerhaftigkeit,
- Filterstabilität,
- Elastizität und dynamische Stabilität,
- Umweltverträglichkeit.

Zur Gewährleistung der Einhaltung dieser Anforderungen müssen im Zuge der Planung von Erdbauwerken vor allem folgenden Faktoren berücksichtigt werden:

- Topographische Situation,
- Funktion des Bauwerks,

- Höhe des Bauwerks,
- Art der Beanspruchung (z. B. Verkehr, Wasser),
- Materialauswahl und Materialeigenschaften (Untergrund, Schüttmaterialien, Böschungsneigungen, etc.),
- Nebenwirkungen aus der Umgebung (Naturgefahren, Einflüsse aus anderen Infrastruktureinrichtungen, etc.).

Für die Planung von Erdbauwerken der Eisenbahn sind nicht nur die rein geotechnischen und hydrogeologischen Bedingungen von Bedeutung, sondern es sind insbesondere die Anforderungen des Eisenbahnbetriebes zu berücksichtigen. Neben den hohen Anforderungen an eine stabile und wartungsarme Gleislage spielen auch die bei der Bahn vorhandenen Wirkungssysteme auf das Erdbauwerk, wie Kabelwege, Oberleitungsmaste, Übergange zu Durchlässen, Brücken und Tunnel, Baugrubensicherungen im Gleisbereich, eine wichtige Rolle in der Planung. Die technischen Anforderungen an die Erdbauwerke sind dabei sowohl in der Errichtungsphase, vor allem aber während der Dauer des Anlagenbetriebs zu gewährleisten. Dies ist deshalb von Bedeutung, da die Nutzungsdauer von Erdbauwerken derzeit bei mindestens 100 Jahren zu liegen kommt. Nicht zu vergessen ist dabei, dass im deutschsprachigen Raum auch viele Erdbauwerke aus der Gründerzeit des Bahnbaus heute noch sicher und nachhaltig betrieben werden. Aufgrund des hohen Alters der Erdbauwerke von zum Teil über 150 Jahren und der innerhalb dieses Zeitraumes auch immer weiter angestiegenen Zugfrequenzen, Geschwindigkeiten und Achslasten sowie Witterungseinflüssen kann es bei diesen Bahndämmen örtlich zu material- oder gefügebedingten Veränderungen verbunden mit plötzlichem Materialversagen kommen. Dies kann zur Folge haben, dass Dammbrüche oder Dammrutschungen entstehen, die wiederum zu Gleisverwindungen oder auch Gleisverwerfungen führen können. Derartige Versagensszenarien kündigen sich in der Regel nicht mit ausreichender Vorlaufzeit an, so dass in diesen Fällen mitunter keine entsprechenden baulichen Gegenmaßnahmen – vor dem Schadensereignis – getroffen werden können. Vielmehr ist daher für die Betreiber von Eisenbahninfrastrukturanlagen die Kenntnis über die Eigenschaften und das Verhalten von Erdbauwerken unter den hohen Lasten aus dem Bahnbetrieb von wesentlicher Bedeutung. Dies betrifft vor allem die richtige Planung von baulichen Maßnahmen an Erdbauwerken sowie die Instandhaltung des Erdbauwerkes selbst.

Da die Eigenschaften und das Verhalten primär von den verwendeten Dammbaustoffen und den hydrogeologischen Untergrundsituationen abhängig sind, sind bedarfsgerechte Untergrunderkundungen in einer ausreichenden Anzahl unerlässliche Grundlagen für die geotechnische Bewertung der Dammbaustoffe und des darunter befindlichen Untergrundes.

## 5.2 Untergrunderkundung

### 5.2.1 Allgemeines zur Untergrunderkundung

Für die Beurteilung des Untergrundes samt dessen geotechnischen und hydrogeologischen Eigenschaften sind unterhalb von bestehenden oder neu zu errichtenden Eisenbahnstrecken Untergrunderkundungen ein unerlässlicher Bestandteil der Planungen. Die Untergrunderkundungen sind dabei zeitlich so durchzuführen, dass die weiterführenden Planungen darauf aufbauen können.

Die Erkundungen haben dabei im Wesentlichen folgende Zwecke:

- Feststellung der zulässigen Beanspruchung des Untergrundes,
- Abschätzung der auftretenden Setzungen,
- Feststellung der Folge und Mächtigkeiten der einzelnen Schichten,
- Feststellung von Art, Zusammensetzung, Zustand (z. B. Lagerungsdichte),
- Struktur der einzelnen Schichten,
- Ermittlung der räumlichen Lage (Einfall) von Schichten und Trennflächen (z. B. Klüfte bei Fels),
- Beurteilung der Wasserverhältnisse im Untergrund,
- Lieferung der notwendigen Anzahl von Proben für die bodenmechanischen Untersuchun-

gen und weiterführend für die Ermittlung der Bodenkennwerte
- u. a.

Die Erkundungsstellen sind nach deren Festlegung im Gelände kenntlich zu machen sowie nach Durchführung der Aufschlüsse lage- und höhenmäßig einzumessen. Die Erkundungsarbeiten sollen von zuverlässigen und hierfür fachlich qualifizierten Unternehmen sorgfältig ausgeführt werden. Darüber hinaus ist die Überwachung durch qualifizierte und erfahrene Fachleute, die mit der Untersuchung des Untergrundes beauftragt sind, unerlässlich.

### 5.2.2 Untergrunderkundungen an bestehenden Eisenbahnstrecken

Für die eigentliche Planung der Untergrunderkundungen stellen für Bauprojekte an bestehenden Eisenbahnstrecken vor allem bahnrelevante Messdaten wie Gleismessschriebe, Georadarauswertungen und auch Streckenbilder wesentliche bahnspezifische Grundlagen dar. Aus diesen können sowohl die Situierung der Untergrunderkundungen als auch die Art bedarfsgerecht und somit wirtschaftlich festgelegt werden. Dies gilt einerseits für Erkundungen von Erdbauwerken inklusive der Tragschichten des Bahnkörpers als auch andererseits für Untergrunderkundungen von Objekten wie Mauern, Durchlässen, Brücken, etc. Bei der Festlegung der erforderlichen Untergrunderkundung sollte in Hinblick auf die Wirtschaftlichkeit mit dem Bahninfrastrukturbetreiber abgeklärt werden, ob im betroffenen Streckenabschnitt bereits geotechnische Untersuchungen bzw. Untergrunderkundungen im Zusammenhang mit einem Neubau bzw. einer Aufrüstung/Verbesserung oder einer Erneuerung von bestehenden Anlagen durchgeführt wurden. Die Ergebnisse sollten im Zuge der Planung der aktuellen Untergrunderkundung jedenfalls berücksichtigt werden. Insbesondere im Falle von zweigleisigen Strecken sind allfällig vorhandene Aufschlüsse entlang des Nachbargleises im Hinblick auf den Untergrundaufbau in das jeweilige Untergrunduntersuchungsprogramm zu integrieren. Unabhängig von den vorhandenen Erkundungen in Nahelage des betroffenen Streckenabschnittes sind zur Bestimmung des Gleisschotterzustandes bzw. des direkt unter dem Gleiskörper anstehenden Untergrundes direkte Aufschlüsse vorzusehen.

Diese sollten durch Schürfe direkt am Schwellenkopf und/oder im Schwellenfach ausgeführt werden. Schürfe reichen in der Regel für geotechnische Aussagen zu Gleisneulagen und Tragschichteneinbauten aus. Diese Ausführungen entsprechen beispielsweise den Vorgaben des Regelwerks 09.02 [1] der ÖBB-Infrastruktur AG. Für die Anwendungsfälle von Gleisneulagen und Tragschichteinbauten sollten die Schürfe eine Tiefe von etwa 2,0 m unter der Schwellenoberkante aufweisen. Für den Fall, dass die maßgebende Basis des Bodenaufbaus (z. B. Fels) früher erreicht wird, kann die Schurftiefe damit begrenzt bleiben. Schürfe mit einer Tiefe von mindestens 2,0 m sind im Allgemeinen nur bei sehr ungünstigen Untergrundeigenschaften (z. B. bei organischen Böden oder bei feinkörnigen Böden im Grundwasser) erforderlich. Die geologische/geotechnische Aufnahme der Schürfe sollte derart erfolgen, dass die einzelnen Schichten im Untergrund so gut wie möglich erfasst werden können. Um Setzungen der bestehenden Gleise zu vermeiden, sind die Schürfe mit dem ausgehobenen Material zu verfüllen und ausreichend zu verdichten. Zur Abschätzung der Tragfähigkeit des anstehenden Untergrundes unterhalb von bestehenden Gleisen können im Schurf dynamische Lastplattenversuche durchgeführt werden. Die Lastplattenversuche sollten höhenmäßig ca. zwischen 0,5 und 1,2 m unter der Schwellenoberkante situiert werden. Die Anzahl der Schürfe richtet sich nach der Geländetopographie, der Homogenität des Untergrundes entlang der Strecke, die vorab z. B. aus dem Georadar abgeschätzt werden können, und nach bereits vorhandenen Untergrunderkundungen entlang des zu untersuchenden Streckenabschnittes. Bei der endgültigen Festlegung der erforderlichen Anzahl an Untergrunderkundungen sind grundsätzlich auch die Vorgaben von einschlägigen Normen und länderspezifischen Vorgaben zu berücksichtigen.

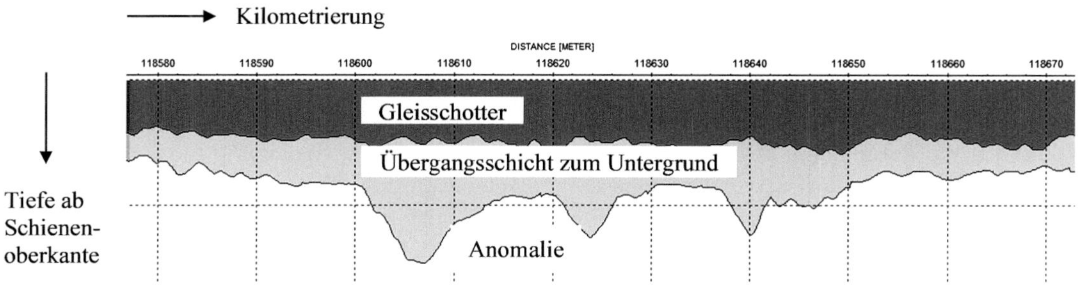


**Abb. 5.1** Georadarauswertung

Das Georadar ist den geophysikalischen Untersuchungsmethoden zuzuordnen und nutzt hochfrequente elektromagnetische Wellen. In Abhängigkeit der vorliegenden Schichten bzw. der Bodenfeuchte werden die Wellen unterschiedlich reflektiert. Dies wird von Radarsonden erfasst und in einem Radargramm dargestellt. Anschließend werden die Radargramme von erfahrenen Geophysikern unter Verwendung von direkten Aufschlüssen (z. B. Schürfe, Bohrung) ausgewertet. Es können insbesondere Rückschlüsse auf Feuchtigkeitsgrade im Gleisschotter und im Untergrund, Schichtstärken, Verunreinigungen und Inhomogenitäten in den einzelnen Schichten gezogen werden.

Die Abb. 5.1 zeigt eine charakteristische Georadarauswertung.

Nach der Auswertung der Untergrunderkundung samt allfälliger bahnspezifischer Grundlagen hat im Zuge des Verfassens eines geologischen/geotechnischen Gutachtens oder einer Stellungnahme eine Beschreibung und Beurteilung der Untergrundsituation im unmittelbaren Gleisbereich (mit besonderem Augenmerk auf den Lastableitungsbereich des Gleises) bzw. der geotechnisch/hydrogeologisch relevanten Eigenschaften der einzelnen Bodenschichten zu erfolgen. Diese Informationen bilden die Grundlagen für die weiteren Planungen im Bereich des Tragschichteinbaues und des Damms im Bahnkörper.

Folgende weitere Arten von Untergrunderkundungen können im Bereich von bestehenden Eisenbahnstrecken ihre Anwendung finden:

- Ramm- und/oder Drucksondierungen,
- Kernbohrungen,
- in Sonderfällen: geophysikalische Untersuchungen (Geoseismik, Geoelektrik, Geomagnetik).

Ramm- und/oder Drucksondierungen können des Weiteren auch als Untergrunderkundung für die Feststellung der Rammbarkeit des Untergrundes als geologisch/geotechnische Voraussage für die spätere Herstellung von Spundwänden, Rammpfählen bei Lärmschutzwänden, Oberleitungsmasten oder verschiedensten Objekten wie Brücken, Personentunnel, Übergangsstegen, etc., eingesetzt werden. Bei letztgenannten Bauwerken stellen auch Kernbohrungen eine zweckmäßige Art der Untergrunderkundung dar. Kernbohrungen bieten dabei den Vorteil, dass diese zu Grundwasserbeobachtungsmessstellen, sogenannte Pegel, ausgebaut werden können.

Geophysikalische Untersuchungen stellen mit Ausnahmen von Georadarbefahrungen bei Untergrunderkundungen an bestehenden Eisenbahnstrecken einen Sonderfall dar und werden beispielweise eingesetzt, um den Verlauf der Oberkante von Festgesteinen zu untersuchen. Im Regelfall folgt darauf aufbauend eine direkte Erkundung des Untergrundes.

Weitere hier nicht angeführte Arten von Untergrunderkundungen können projektspezifisch erforderlich werden.

### 5.2.3 Untergrunderkundungen bei neu zu errichtenden Eisenbahnstrecken

Die Art der Untergrunderkundungen bei neu zu errichtenden Eisenbahnstrecken ist sehr stark abhängig von den projektspezifischen Inhalten. Diese können zwischen Großbahnhöfen, neuen Streckenabschnitten und beispielsweise Tunnelbauwerken variieren. Demzufolge sind die nötigen Untergrunderkundungen an diese Randbedingungen bedarfsgerecht anzupassen. Mögliche Untergrunderkundungen können sein: Schürfe, Schächte, Stollen, Sondierungen, Bohrungen oder auch geophysikalische Verfahren wie Geoseismik, Geoelektrik, Geomagnetik.

## 5.3 Untergrund und Dammkörper

### 5.3.1 Untergrund

#### 5.3.1.1 Bautechnische Klassifizierung

Grundsätzlich können natürliche Gesteine nach ihrem Festigkeitsverhalten in zwei Arten unterteilt werden: Lockergestein und Festgestein, oft verallgemeinernd auch als Fels bezeichnet.

**Lockergestein**

Boden, der aus Lockergestein besteht, wird nach DIN bzw. ÖNORM EN ISO 14688-1 [2] klassifiziert. Er ist ein Gemisch aus unterschiedlichen Korngrößen, die gemäß Tab. 5.1 benannt werden.

Bodenarten, die aus mehreren Kornfraktionen zusammengesetzt sind, können je nach ihren Anteilen weitergehend beschrieben werden. So sind Anteile zwischen 40 bis 60 % z. B. aus Kies und Sand als Gr/Sa zu bezeichnen. Nebenanteile unter 40 % werden in ihrer Adjektivform ausgedrückt, z. B. sandig (sa). Hier kann nochmals untergliedert werden in die Zusätze schwach (Anteil < 15 %) oder stark (> 30 %).

Während bei grobkörnigen und gemischkörnigen Böden zusätzlich ihre Lagerungsdichte ein wichtiges Bewertungskriterium darstellt, ist dieses bei feinkörnigen, z. T. auch gemischkörnigen, Böden, die Konsistenz. Dabei ist die Lagerungsdichte das Verhältnis zwischen der vorhandenen Dichte zur maximal möglichen Dichte. Die relative Dichte wird dann mit locker, mitteldicht oder dicht bezeichnet. Im Allgemeinen wird die Lagerungsdichte anhand von Ramm- oder Drucksondierungen abgeschätzt (siehe Abschn. 5.2) und stellt auch ein Bewertungskriterium über die Anzahl der Poren im Boden dar.

Bei den bindigen, also allen feinkörnigen Böden, wird anstelle der Lagerungsdichte die Zustandsform bzw. Konsistenz bestimmt. Der Zustand wird mit breiig, weich, steif und halbfest beschrieben und richtet sich nach den plastischen Eigenschaften und dem aktuellen Wassergehalt

**Tab. 5.1** Korngrößenfraktionen von Böden nach DIN bzw. ÖNORM EN ISO 14688-1

| Bodengruppe | Korngrößenfraktionen (Symbol) | Korngrößenbereich [mm] |
|---|---|---|
| Sehr grobkörniger Boden | Großer Block (lBo, en: large boulder) | > 630 |
| | Block (Bo, en: boulder) | > 200 und ≤ 630 |
| | Stein (Co, en: cobble) | > 63 und ≤ 200 |
| Grobkörniger Boden | Kies (Gr, en: gravel) | > 2,0 und ≤ 63 |
| | Grobkies (cGr, en: coarse gravel) | > 20 und ≤ 63 |
| | Mittelkies (mGr, en: medium gravel) | > 6,3 und ≤ 20 |
| | Feinkies (fGr, en: fine gravel) | > 2,0 und ≤ 6,3 |
| | Sand (Sa, en: sand) | > 0,063 und ≤ 2,0 |
| | Grobsand (cSa, en: coarse sand) | > 0,63 und ≤ 2,0 |
| | Mittelsand (mSa, en: medium sand) | > 0,20 und ≤ 0,63 |
| | Feinsand (fSa, en: fine sand) | > 0,063 und ≤ 0,20 |
| Feinkörniger Boden | Schluff (Si, en: silt) | > 0,002 und ≤ 0,063 |
| | Grobschluff (cSi, en: coarse silt) | > 0,02 und ≤ 0,063 |
| | Mittelschluff (mSi, en: medium silt) | > 0,0063 und ≤ 0,02 |
| | Feinschluff (fSi) | > 0,002 und ≤ 0,0063 |
| | Ton (Cl, en: clay) | ≤ 0,002 |

des Bodens. Er ist entweder mit Laborversuchen oder abschätzend auch im Feld bestimmbar.

Sowohl die Lagerungsdichte als auch Konsistenz sind von grundsätzlicher Bedeutung für die Gründungsfähigkeit von Böden. Im Falle des Eisenbahnbaus stellt sich die Frage, ob der Boden ohne weitere Verbesserungs- oder Austauschmaßnahmen als Untergrund für einen verformungsarmen Fahrweges geeignet ist.

Eine weitergehende und für die bautechnische Klassifizierung sowie die Ausschreibung von Bauleistungen in Deutschland wichtig, ist die Zuordnung zu Bodengruppen nach DIN 18196 [3].

**Festgestein**

So wie Lockergestein klassifiziert werden kann, ist dies bei Festgestein auch der Fall. Die entsprechende Norm ist die DIN bzw. ÖNORM EN ISO 14689 [4]. Von bautechnischer Bedeutung sind bei Festgesteinen neben der (Gesteins-) Festigkeit das Trennflächengefüge, das für das mechanische Verhalten des Gesteinsverbandes maßgeblich ist. Daneben ist die Verwitterung wichtig, die bei völliger Zersetzung des Gesteins den Übergang zum Lockergestein bewirkt. Die eigentliche Festigkeit des Gesteins wird anhand der einaxialen Druckfestigkeit bestimmt und liegt zwischen kleiner 1 MPa für ritzbares Gestein wie gering festen Tonstein und außerordentlich hartem Gestein mit über 250 MPa, wie z. B. unverwittertem Basalt.

Das Trennflächengefüge bei Festgesteinen besteht aus den Schicht-, ggf. Schieferungs- und den verschieden im Raum angeordneten Kluftflächen, die mehr oder weniger den Gesteinsverband trennen. Trennflächen werden anhand der Kriterien Abstand, Durchtrennungsgrad, Ausdehnung, Öffnungsweite und Raumstellung beschrieben.

In Deutschland gab es bis zur Umstellung auf Homogenbereiche nach der neuen Verdingungsordnung für Bauleistungen (VOB), Teil C, [5] eine Bodenklasseneinteilung, die maßgebend für die Lösbarkeit von Locker- und Festgestein war. In Österreich gilt eine vergleichbare Einstufung nach der ÖNORM B 2205 [6].

Diese Einteilung kann wie folgt zusammengefasst werden:

- Aushubklasse AKL-M: Mutterboden mit einem organischen Masseanteil von > 6 %
- Aushubklasse AKL-S: Schöpfboden mit > 35 % der Masse an Feinanteilen und Konsistenz flüssig bis breiig.
- Aushubklasse AKL: Boden (Aushub alleine durch konventionelle Maschinentechnik)
- Aushubklasse AKBF, AKL-B: mittelfester bis brüchiger Fels (Reißen, Lösen durch Aushub), Boden mit einem Masseanteil von mehr als 30 % Blöcken
- Aushubklasse AKF: Fester bis mittelfester Fels (Sprengen, Vorzerkleinerung)

Zusätzlich existiert noch die Aushubklasse AKL-K: Klebriger Boden mit > 70 % der Masse an Feinanteilen und Konsistenz sehr weich bis steif und Fließgrenze > 70 %.

Seit 2015 werden in Deutschland Bauleistungen im Bereich Erdarbeiten und Tiefbau, die mit dem Baugrund zusammenhängen, auf Grundlage von Homogenbereichen ausgeschrieben. Homogenbereiche sind nach DIN 4020 [7] definiert, als „begrenzter Bereich von Boden oder Fels, dessen Eigenschaften eine definierte Streuung aufweisen und sich von den Eigenschaften der abgegrenzten Bereiche abheben". Die Homogenbereiche werden durch bestimmte Eigenschaften, u. a. Bodenkennwerte, beschrieben, die abhängig sind von den jeweiligen Tiefbaugewerken bzw. -verfahren. So werden in den der VOB, Teil C, zugrunde liegenden DIN 18300 bis 18315 [5] folgende Arbeiten abgedeckt: Erd-, Bohr-, Ramm-/Rüttel-/ Press-, Nassbagger-, Untertage-, Rohrvortriebs- und Landschaftsbauarbeiten.

Die gewerke- und verfahrensspezifischen Homogenbereiche sind nicht mehr allgemein gültig, sondern richten sich nach den örtlichen Baugrundgegebenheiten. Die Einteilung erfolgt beispielsweise für Erdarbeiten (DIN 18300) [8] bei Lockergestein nach den Parametern organischer Anteil, Lagerungsdichte, Konsistenz, Plastizität, Wassergehalt, Scherfestigkeit, Dichte, Korngrößenverteilung; bei Festgestein nach den Kennwerten Trennflächen, Druckfestigkeit, Verwitterung, Dichte, Felsbenennung.

Zwischen den Locker- und Festgesteinen können aus geotechnischer Sicht die sogenannten veränderlich festen Gesteine eingestuft werden. Hierbei handelt es sich um im natürlichen Zustand feste Gesteine, die sich bei mechanischer Belastung und/oder Witterungs- bzw. Wassereinfluss verändern und Lockergesteinseigenschaften annehmen können. Insbesondere bei mehrmaligen Trocknungs- und Befeuchtungsvorgängen kommt es zu Plastifizierungen. Beispiele für diese Gesteine sind Ton- und Schluffsteine und je nach Kalkanteil auch Mergelsteine. Eine einheitliche Klassifizierung der Veränderlichkeit dieser Gesteine gibt es bisher nicht. Eine Möglichkeit ist die Bestimmung der Zerfallsbeständigkeit anhand eines Siebtrommelversuches, bei dem Gesteinsproben mehrmals in mehreren Versuchszyklen abwechselnd befeuchtet und getrocknet sowie in einer rotierenden Trommel mechanisch beansprucht werden (MvfG) [9]. Diese Zerfallsbeständigkeit liefert zumindest qualitative Aussagen darüber, wie stark sich ein Gestein im Rahmen der Bautätigkeit und bei Verwendung in einem Erdbauwerk verändern kann.

#### 5.3.1.2 Wasserhaltung

Liegen die Gründungssohlen von Bauwerken oder Baugruben im Grundwasserbereich oder ist während der Bautätigkeit mit zulaufendem Wasser zu rechnen, ist eine Wasserhaltung erforderlich. Im einfachen Fall erfolgt diese über einen am Tiefpunkt der Baugrubensohle gelegenen Pumpensumpf, bei dem mittels Pumpe das anfallende Wasser abgesaugt und in die Kanalisation oder einen Vorfluter geleitet wird. Gräben oder Rinnen, die zum Pumpensumpf führen, unterstützen die schnelle Wasserableitung.

Im Gegensatz zu der offenen Wasserhaltung kann es projektspezifisch erforderlich werden, über Pumpen den Wasserspiegel soweit abzusenken, dass die Baugrube trockenfällt. Diese Art der Wasserhaltung ist bei hohem Grundwasserstand und hoher Wasserdurchlässigkeit des Baugrundes erforderlich. Betreffen die Auswirkungen der Grundwasserabsenkung benachbarte Gebäude, Grundstücke oder umweltrelevante Schutzgebiete, ist eine Schwerkraftentwässerung in der Regel nicht möglich oder nicht genehmigungsfähig. In derartigen Fällen ist die Baugrube mittels geeigneter Maßnahmen abzudichten. Dies kann über Schlitzwände, dichte Spundwände oder Injektionen geschehen.

Sind dagegen feinkörnige Böden mit einer Durchlässigkeit von unter $10^{-5}$ m/s im Baugrund vorhanden, die nicht über Schwerkraft zu entwässern sind, werden Vakuumlanzen eingesetzt. Mittels Unterdruck wird das im Boden vorhandene Wasser quasi abgesaugt.

In der Regel erfordern größere Wasserhaltungsmaßnahmen eine wasserrechtliche Genehmigung der zuständigen Wasser- bzw. Umweltbehörden.

#### 5.3.1.3 Bodenverbesserungen und Bodenertüchtigungsverfahren

Böden, die für einen dauerhaft tragfähigen Unterbau von Fahrwegen nicht geeignet sind, können mit erdbautechnischen Verfahren verbessert werden. Zu diesen Böden zählen in der Regel bindige, wasserempfindliche Lockergesteine und auch veränderlich feste Gesteine.

Im einfachen Fall, in denen der gewachsene Untergrund nicht den Anforderungen entspricht, kann ein Bodenaustausch vorgenommen werden. Hierzu wird der ungeeignete Boden ausgehoben und durch geeignete Böden ersetzt. Diese werden lagenweise eingebaut und verdichtet. Der ausgehobene Boden muss dann jedoch, soweit er nicht anderweitig einsetzbar ist, deponiert werden. Im Sinne der Ressourcenschonung ist es deshalb zielführender, die vorhandenen Böden als Einbaumaterial wieder zu verwenden. Dann können verschiedene Verbesserungsverfahren angewendet werden:

- Mechanische Bodenverbesserung: Verbesserung der Eigenschaften durch Verdichtung, Zugabe von, in der Regel groben, Kornfraktionen oder Absiebung feiner Fraktionen. Die Abtrocknung und damit die Reduzierung des Wassergehaltes des Bodenmaterials kann auch dazu gezählt werden.
- Bodenbehandlung mit Bindemittel: Einfräsen und Vermischen der Böden mit hydraulischem Bindemittel (Zement, Kalk oder Mischbinder). Damit werden die Verarbeitbarkeit, Festigkeit und Wasser-/Frostunempfindlichkeit der Böden verbessert. Je nach Anfor-

**Abb. 5.2** Einsatz einer Straßenfräse zur Bodenverbesserung mit Bindemittel

derungen werden Bodenverbesserung, qualifizierte Bodenverbesserung und Bodenverfestigung (mit Bindemittel) unterschieden. Je nach Bodenart, Bindemittel und den zu erreichenden Eigenschaften werden meist zwischen 2 und 6 Massenprozent Bindemittel eingesetzt (Abb. 5.2).

Eine besondere Problematik stellt das Vorhandensein von Weichschichten im Untergrund dar. Dies sind organische Böden, wie z. B. Torfe, die aufgrund ihres humosen Anteils und hohen Wassergehaltes sehr ungünstige Verformungseigenschaften aufweisen und bei Wassergehaltsänderungen zu Volumenveränderungen durch Quellen oder Schrumpfen neigen. Zudem ist ihre Tragfähigkeit üblicherweise, v. a. bei dynamischer Belastung durch Verkehr, sehr schlecht.

Wenn die Weichschichten in Mächtigkeiten oder in Tiefen von mehreren Metern anstehen, in denen die zuvor genannten Verbesserungsverfahren nicht oder nur mit aufwendigen Verbau- oder Wasserhaltungsmaßnahmen möglich sind, kommen tiefreichende Stabilisierungsverfahren zum Einsatz. Damit kann eine Fahrweggründung trotz des unzureichenden Untergrundes erreicht werden, so dass dauerhaft eine gute Gleislage ohne große Instandhaltungsaufwendungen erreicht

**Abb. 5.3** Fräs-Misch-Injektionsverfahren als Fahrweggründung

wird. Diese Verfahren sind aber verhältnismäßig kostenintensiv und sollen daher nur zur Anwendung kommen, wenn andere Maßnahmen nicht ausreichen.

Ein bei der DB InfraGO AG (bzw. DB Netz AG) relativ häufig eingesetzte tiefreichende Stabilisierungsmethode ist das Fräs-Misch-Injektionsverfahren (FMI). Der Geräteeinsatz erfolgt vom Gleisplanum aus, der komplette Schotteroberbau ist also zurückzubauen. Beim FMI-Verfahren wird durch einen im Boden eingefahrenen Fräsbaum mit umlaufender Kette bei gleichzeitiger Zugabe von Zementsuspension am Schwertende der Boden kontinuierlich mit dem Bindemittel vermischt. Das Schwert wird dabei mittels fahrenden Trägerfahrzeugs gezogen, so dass 0,5 bis 1 m breite und bis zu 12 m tiefe Boden-Bindemittelstreifen entstehen. Ist ein Frässtreifen parallel zur Gleisachse hergestellt, erfolgt anschließend der nächste Schlitz direkt daneben mit kleinem Überschnitt. Mit 5 oder 6 Streifen für ein Gleisauflager wird ein monolithischer, homogener Erdbetonkörper hergestellt, der eine hohe Festigkeit und Tragfähigkeit aufweist. Vorteilhaft ist, dass nur eine Schotterhalterung zum benachbartem Betriebsgleis erforderlich ist und die Oberleitung nicht rückgebaut werden muss (siehe Abb. 5.3). Das Verfahren ist derzeit in Deutschland im Eisenbahnbau vom Eisenbahn-Bundesamt für die Firma Sidla & Schönberger GmbH zugelassen.

In Österreich kommt bei der Bahn das FMI-Verfahren in Folge der geringen Erfordernis aktuell nicht zum Einsatz.

Weitere Verfahren, die zur Untergrundverbesserung respektive zur Fahrweggründung eingesetzt werden können sind insbesondere bei der DB InfraGO AG:

- Konsolidierungsverfahren mit Vertikaldrainagen: Hierbei werden durch das Aufbringen einer Vorschüttung zusammen mit dem Einbau von vertikalen Drainelementen die Setzungen durch das spätere Bauwerk und den Betrieb vorweggenommen.
- Rüttelstopf- und Rütteldruckverdichtung: Einbringen von Sand- oder Kiessäulen durch mäklergeführte Rüttler, so dass der Baugrund gesamthaft verbessert wird.
- Stabilisierungssäulen, vermörtelte Stopfsäulen oder Betonsäulen mit geogitterbewehrter Lastverteilungsschicht als Gleisauflager
- Geokunststoffummantelte Sandsäulen (GEC) mit geogitterbewehrter Lastverteilungsschicht als Gleisauflager
- Mixed-in-place (MIP)-Säulen: Über Hohlbohrschnecken hergestellte Boden-Bindemittelsäulen mit bindemittelverbesserter Tragschicht als Gleisauflager
- Stahlbetonplatte auf Pfählen: bewehrte Bohr- oder Rammpfähle mit aufgelagerter Stahlbetonplatte („Moorbrücke").

Die Verfahren sind in [10] ausführlicher beschrieben und auch in Abschn. 5.9.3 am Beispiel der Umsetzung auf der Seehafenhinterlandanbindung in Norddeutschland neben anderen eingesetzten Methoden aufgeführt.

## 5.3.2 Dammkörper

### 5.3.2.1 Allgemeines

Die Qualität der Planung sowie des Baus und darauf aufbauend das Langzeitverhalten von Erdbauwerken, insbesondere des Dammkörpers von Eisenbahnen, werden durch die Eigenschaften des Untergrundes und die geotechnischen Folgerungen daraus bestimmt. Daher sind nicht nur bedarfsgerechte und wirtschaftliche Untergrunderkundungen samt boden- und felsmechanischen Laboruntersuchungen unerlässlich, sondern vor allem bei alten Erdbauwerken, beispielweise aus der Gründerzeit des Bahnbaus, auch noch folgende Tätigkeiten im Zuge einer richtigen geotechnischen und hydrogeologischen Planung durchzuführen:

- Literatur- und Archivrecherchen betreffend der Herstellphase sowie über allfällige bauliche Veränderungen innerhalb der bisherigen Nutzungsdauer des Erdbauwerks,
- Sammeln von Erkenntnissen über eventuell aufgetretene Schadensereignisse samt deren Behebungen,
- Einholung von Informationen des Bahn-(Bauwerks-)betreibers über den aktuellen Zustand der Anlagen inklusive Erfahrung aus der laufenden Anlageninstandhaltung.

Unter Berücksichtigung dieser Sachverhalte im Zuge der verschiedenen Planungsprozesse kann die Planung optimiert und möglichst zielgerichtet durchgeführt werden. Dabei ist neben dem Neubau von derartigen Erdbauwerken vor allem bei bestehenden Objekten zu unterscheiden, ob es sich um eine Instandsetzungsmaßnahme oder eine Ertüchtigung/Verstärkungsmaßnahme handelt. Letztere kann beispielsweise aus der vorgesehenen Anhebung der Zuggeschwindigkeit oder aus der Steigerung der Achslasten resultieren.

Der Boden als Naturbaustoff spielt bei diesen Überlegungen dabei die entscheidende Rolle. Die Dichte, die Kornverteilung, der Reibungswinkel, die Konsistenz und andere Bodenparameter haben in der Zusammenwirkung mit der geometrischen Ausbildung der Dammkörper einen entscheidenden Einfluss auf die Planung der Erdbauwerke. Sowohl bei Neubauten als auch bei Instandsetzungen und Ertüchtigungsmaßnahmen sind das Erkennen und die Vermeidung von möglichen Versagensszenarien eine der wichtigsten Grundvoraussetzungen für eine erfolgreiche geotechnische Planungs- und Baumaßnahme im Bereich des als verformungsempfindlich einzustufenden Eisenbahnverkehrs.

#### 5.3.2.2 Querschnittsausbildungen des Dammkörpers

Die wichtigsten Begriffe des Dammkörpers für Eisenbahnanlagen sowie der schematische Aufbau des Bahnkörpers – beginnend beim gewachsenen Untergrund bis hin zu dem eigentlichen Gleiskörper mit Tragschichten und Gleisschotter – kann der Abb. 5.4 entnommen werden.

Der Vollständigkeit halber ist im Anschluss auch noch der Bahnkörper im Bereich eines Einschnitts in der Abb. 5.5 dargestellt.

Das Kernstück des Dammkörpers stellen die einzelnen Schüttlagen von diesem dar. Die erste Schüttlage im Zuge der Bauherstellung kommt dabei auf der Dammaufstandsfläche zu liegen. Bei der Dammaufstandsfläche handelt es sich entweder um den gewachsenen Untergrund nach Abtrag des Oberbodens oder um die Oberfläche des verbesserten Untergrundes. Den Abschluss der Dammschüttungen in Richtung der Tragschichten bildet die Oberfläche der obersten Schüttlage, das sogenannte Unterbauplanum. Ein vergleichbarer Aufbau existiert auch bei den Bahnen der SBB und DB InfraGO AG.

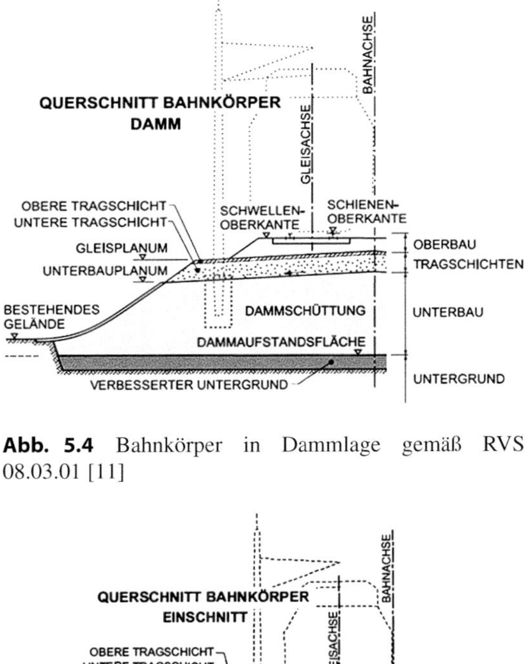


**Abb. 5.4** Bahnkörper in Dammlage gemäß RVS 08.03.01 [11]

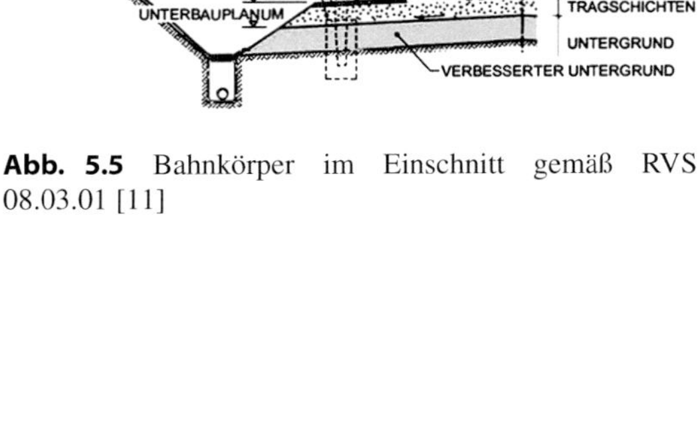


**Abb. 5.5** Bahnkörper im Einschnitt gemäß RVS 08.03.01 [11]

### 5.3.3 Herstellung von Dammkörpern im Eisenbahnbau

#### 5.3.3.1 Dammaufstandsfläche

Vor Herstellung der ersten Schüttlagen des eigentlichen Dammkörpers ist die Dammaufstandsfläche entsprechend vorzubereiten. Nach dem Abtrag des Oberbodens sind allfällig vorhandene Vertiefungen – meistens durch die Geländetopographie bedingt – lageweise aufzufüllen und zu verdichten. Bei der Auffüllung ist zu beachten, dass der Anschluss an das umliegende Gelände mittels Abtreppungen zu erfolgen hat. Dies gilt auch für allenfalls geneigte Dammaufstandsflächen selbst. Die RVS 08.03.01 [11] empfiehlt, bei Neigungen der Dammaufstandsflächen von etwa mehr als 1 : 5 in Abhängigkeit von der Bodenart und dem Verlauf der Dammaufstandsfläche zu überprüfen, ob Abtreppungen erforderlich sind. Kommen Abtreppungen zur Ausführung, sollten diese nach außen in Richtung Dammböschungen geneigt werden. Die Höhe der Abtreppungen ist in Abhängigkeit der Bodenart zu wählen. Größenordungsmäßig können die Höhen im Regelfall bis zu 1,5 m angegeben werden. In Deutschland sollen Abtreppungen mit einer Höhe von 0,6 bis 1,0 m hergestellt werden (nach RiF 83601 [12] und ZTVE-StB für den Straßenbau [13]).

Fallen bei der Herstellung von Dammaufstandsflächen Wässer an, sind vor dem Aufbringen der ersten Dammschüttlage diese Wässer zu fassen und sicher abzuleiten. Aufweichungen der Dammaufstandsflächen sind jedenfalls zu vermeiden. Bei der höhenmäßigen Planung von Dammaufstandsflächen ist der Grundwasserschwankungsbereich zu berücksichtigen. Befindet sich die Dammaufstandsfläche in diesem, sollte eine kapillarbrechende Schicht (z. B. Kantkorn, Korngrößenbereich 0/100 mm) vorgesehen werden. Ist die Dammaufstandsfläche gefroren, sollte grundsätzlich der obere gefrorene Bereich vor Aufbringen der ersten Dammschüttlage entfernt werden.

Vor dem Aufbringen der ersten Dammschüttlage muss die Dammaufstandsfläche auch die erforderliche Tragfähigkeit besitzen. Wird diese durch den gewachsenen Untergrund nicht erreicht, sind im Regelfall Bodenverbesserungen durchzuführen.

Verschiedene Arten von Bodenverbesserungsmaßnahmen an der Dammaufstandsfläche sind im Abschn. 5.3.1.3 zusammengestellt.

#### 5.3.3.2 Dammbaustoffe und Dammherstellungen

**Dammbaustoffe**

Baustoffe für die Herstellung von Dämmen im Eisenbahnbau sind im deutschsprachigen Raum bereits nennenswert und umfangreich geregelt. Die Bestimmungen hierfür sind in Österreich vor allem in der RVS 08.03.01 [11], in Deutschland in der Ril 836.4101 [14] und Ril 836.4105 [15] und in der Schweiz in der R RTE 21110 [16] enthalten. Der nachfolgende Text stellt einen Überblick über die meist verwendeten Dammbaustoffe sowie auch praxistaugliche Dammherstellungen dar.

Für die Bauherstellung von Erdbauwerken, insbesondere für den Dammkörper bei Eisenbahnen, kann ein hierfür geeigneter Boden und auch (gebrochener) Fels zur Anwendung gelangen. Grundsätzlich sollten Böden aus weitgestuften Sand-Kiesgemischen aufgrund ihrer allgemein guten erdbautechnischen Eigenschaften verwendet werden. Grobe, weitgestufte, gemischt körnige Böden mit einem begrenzten Anteil an Feinkorn sind ebenso möglich. Kommen weitgestufte Sande oder Sand-Feinkorngemische als Dammbaustoff zur Anwendung sollten primär schluffige Sande oder schluffige, kiesige Sande verwendet werden. Je näher die Dammschüttlagen im Bereich unterhalb der Tragschichten zu liegen kommen, desto bevorzugter sind grobkörnige oder gemischtkörnige Böden vorzusehen. Der Feinkornanteil sollte weniger als 15 % der Gesamtmasse betragen. Kommen mit der Ausnahme von Festgestein (Fels) andere Bodenarten zur Anwendung, wird empfohlen, deren Eignung für die Herstellung von Dammkörpern im Eisenbahnbau nachzuweisen. Die wichtigsten zu bestimmenden Bodenparameter sind dabei die mögliche Verdichtbarkeit und der optimale Wassergehalt für die Verdichtung. Diese Bestimmungen sollten sowohl im Laborversuch als auch auf einem Probefeld unter Einbaubedingungen erfolgen. Werden Eignungen von Dammbaustoffen nachgewiesen, sind deren Zustände und Eigenschaften zum Zeitpunkt des Einbaues maßgebend. Dabei ist zu berücksichtigen, dass einige Materialien beim Einbau selbst sehr witterungsempfindlich sind und je nach Witterung ihre Eigenschaften rasch verändern können (veränderlich feste Gesteine wie z. B. Tonsteine).

**Korngrößen für Dammbaustoffe**

Um eine ordungsgemäße Verdichtung der einzelnen Schüttlagen zu erreichen, sollte das Größtkorn in Abhängigkeit der maximal zulässigen Schütthöhe begrenzt sein. Empfohlen wird hierbei, dass das Größtkorn nicht mehr als 2/3 der maximal zulässigen Schütthöhe aufweisen soll.

Sehr grobkörnige Böden sowie grobkörniger, gebrochener Fels mit enggestufter Korngrößenverteilung sollten nur im Bereich der Dammaufstandsfläche und in den ersten Schüttlagen verwendet werden. Näherungsweise können diese Bereiche bis ca. 1 m unterhalb des Unterbauplanums angegeben werden. Im Übergangsbereich zu anderen Schüttmaterialien oberhalb dieser Böden bzw. des Felses sollte die letzte Schüttlage durch Einmischen von ergänzenden Korngemischen derart verbessert werden, dass ein harmonischer Übergang zu den Schichten darüber hergestellt werden kann.

Bei Verwendung von gemischtkörnigen Böden mit Feinsanden und auch Grobschluffen ist zu beachten, dass diese Böden schnell austrocknen können. Sollten die obersten Schüttlagen nach dem Verdichten längere Zeit ohne weitere Überbauung vorliegen, wird empfohlen, diese oberste Schüttlage gegen Erosion und Austrocknung zu schützen.

Kommen bindige Böden, deren Eignung als Dammbaustoff nachgewiesen wurde, zur Anwendung, schreibt die RVS 08.03.01 [11] ausschließlich Böden mit einer Konsistenzzahl $I_c > 0{,}50$ vor. Liegt bei derartigen Böden eine Konsistenzzahl zwischen 0,50 und 0,75 (weiche Konsistenz) vor, ist es grundsätzlich zulässig, den Wassergehalt durch Abtrocknen oder durch Zugabe geeigneter Stoffe derart zu verringern, dass die vorgeschriebene Verdichtung eingehalten werden kann.

Sollen Recycling-Baustoffe oder industrielle Nebenprodukte als Dammbaustoff vorgesehen sein, sind hierfür insbesondere die verschiedenen Vorgaben und Bestimmungen der Materialaufbereitung und des Materialeinbaues zu beachten. Des Weiteren können für deren Anwendung auch Vorgaben des Bahninfrastrukturbetreibers vorliegen, die den Einsatz dieser Materialien, z. B. aus umwelt- und abfallwirtschaftlicher Sicht, beschränken (in Deutschland z. B. durch die Ersatzbaustoffverordnung [17]). Mit Ausnahme von Recyclingbaustoffen aus grobkörnigen Böden oder gebrochenem Fels, Gleisschotter und Betongranulat sollte die geotechnische Eignung für die Verwendung als Dammbaustoff im Eisenbahnbau nachgewiesen werden bzw. ist ein derartiger Eignungsnachweis eventuell sogar vorgeschrieben.

Sandwichbauweisen aus der Kombination von weniger tragfähigen Böden mit sehr gut tragfähigen Böden oder aufbereiteten Baustoffen sind grundsätzlich möglich. Bei der Planung und Herstellung von solchen Bauweisen sind allerdings die Entwässerbarkeit, die möglichen Setzungen inklusive deren zeitlicher Verlauf und eventuell auch Vorkehrungen für die Sicherung der Dammböschungen gegen Erosion zu beachten.

**Dammherstellungen**

Der Dammbaustoff ist im Zuge der Dammherstellungen in einzelnen Schüttlagen aufzubringen und vor der Verdichtung gleichmäßig zu verteilen. Die Dicke jeder Lage ist abhängig von den Materialeigenschaften des Dammbaustoffes festzulegen. Dabei ist zu berücksichtigen, dass beim Verdichtungsvorgang die Schüttlage über die gesamte Dicke ausreichend, gemäß den zu erreichenden Verdichtungswerten, verdichtet wird. Der Verdichtungsvorgang ist auf die vorherrschende Witterung abzustimmen und die Boden- bzw. Felseigenschaften dürfen sich dadurch nicht wesentlich zum Nachteil der Trag- und Verformungsverhalten verändern. Bei grobblockigem Schüttgut ist darauf zu achten, dass keine Hohlräume in den Schüttlagen entstehen.

Dammkörper sollen grundsätzlich von außen zur Mitte hin verdichtet werden. Um einen ordnungsgemäßen Wasserabfluss bei Niederschlägen gewährleisten zu können, sind die Oberflächen der Schüttlagen nach außen hin zu neigen. Bei Dammschüttungen im Winter sollte tunlichst gefrorenes Schüttmaterial vor dem Einbau geotechnisch beurteilt werden. Gleiches gilt für Schüttungen auf gefrorenem Boden. Ist der Untergrund im Bereich der Dammaufstandsfläche gerade aufgetaut, darf er im Regelfall nur dann mit Dammbaustoffen überschüttet werden, wenn keine nachteiligen Auswirkungen auf den Dammkörper zu erwarten sind.

Werden im Zuge der Dammherstellungen auch Messgeräte, wie z. B. Setzungspegel oder Einrichtungen zur Messung von Verschiebungen eingebaut, dürfen diese weder beschädigt noch in deren Lage verschoben werden.

Nach der Herstellung aller Dammschüttlagen stellt die Oberfläche der obersten Schüttlage das Unterbauplanum dar, welches als Aufstandsfläche für die Tragschicht bzw. die Tragschichten des Bahnkörpers dient. Um die geometrische Genauigkeit der Höhenlage gewährleisten zu können, werden im Regelfall entsprechende Anforderungen gestellt. Die Anforderung der Sollhöhe bewegen sich im niedrigen cm-Bereich. Des Weiteren muss das Unterbauplanum eben und im vorgegebenen Gefälle in Richtung der Dammböschungen oder Entwässerungsanlagen ausgeführt werden. Im Eisenbahnbau, bei dem meistens ungebundenen Tragschichten zur Ausführung gelangen, beträgt diese Neigung in der Regel 5 %. Wird die obere Tragschicht gebunden ausgeführt, darf das Gefälle des Unterbauplanum auf ca. 2,5 % reduziert werden.

Besteht die letzte Dammschüttlage aus nennenswerten feinkörnigen Böden und ist das Aufsteigen von Feinanteilen unter Bahnbetrieb daher nicht auszuschließen, sind Filterschichten oder wasserdurchlässige Geotextilien vorzusehen. Ein Befahren des Unterbauplanums mit z. B. Baustellenfahrzeugen sollte bestmöglich ausgeschlossen werden, sodass keine Behinderungen des Wasserabflusses oder nachteilige Verformungen entstehen.

**Abnahmekritieren für Dammschüttungen**

Der Nachweis der ausreichenden Verdichtung sowie der Verdichtungsgrad bezogen auf die Proctordichte stellen neben der Eignung der Schüttmaterialien und dem richtigen Einbau von diesen die wichtigsten Abnahmekriterien für Dammschüttungen dar. Größenordnungsmäßig bewegen sich dynamische Verformungsmodule, die eine ausreichende Verdichtung nachweisen, im Bereich zwischen ca. 16 und ca. 24 MN/m$^2$. Am Unterbauplanum, welches die oberste Dammschüttlage bzw. die Oberfläche eines allenfalls verbesserten Untergrundes unterhalb der Tragschichten darstellt, sind dynamische Verdichtungswerte von bis zu ca. 38 MN/m$^2$ erforderlich.

Bei der DB InfraGO AG sind nur Planwerte auf dem Planum, also der Auflagerfläche der Tragschicht nachzuweisen. Sie bewegen sich je nach Art der Maßnahme (Neubau, Verbesserung) und der Streckengeschwindigkeit zwischen 20 und 60 MN/m$^2$ ($E_{V2}$, statischer Verformungsmodul) bzw. 20 und 35 MN/m$^2$ ($E_{vd}$, dynamischer Verformungsmodul) [14].

Der Verdichtungsgrad von Dammschüttlagen bezogen auf die Proctordichte bewegt sich für eine positive Abnahme von diesen ca. im Bereich von 95 bis 100 %.

In Österreich sind die Bestimmungen in der RVS 08.03.01 [11] enthalten.

**Schüttungen im Böschungsbereich von Dämmen**

Um die Standsicherheit der Dammkörper im Böschungsbereich gewährleisten zu können sowie Erosionserscheinungen durch abfließende Niederschlagswässer weitestgehend zu vermeiden, sollte der Damm seitlich über das Sollprofil hinaus geschüttet und verdichtet werden. Die Verdichtung hat dabei derart zu erfolgen, dass über die gesamte planmäßige Breite die erforderlichen Verdichtungswerte erreicht werden. Der über das Sollprofil hinaus geschüttete Dammbaustoff ist nach Herstellung der Verdichtung wieder abzutragen. Eine technisch gleichwertige Alternative besteht darin, die Dicke der Schüttlage im Böschungsbereich zu verkleinern und mit einem für diesen Bereich angepassten Verdichtungsgerät zu verdichten.

#### 5.3.3.3 Sonderfälle bei Dammherstellungen

Sonderfälle bei Dammschüttungen stellen beispielweise Dammherstellungen unter Wasser oder im Grundwasser dar. Als Dammbaustoff sollte in diesen Fällen jedenfalls grobkörniger Boden oder verwitterungsbeständiger Fels zur Anwendung gelangen. Ebenfalls sind geeignete Recyclingbaustoffe einsetzbar, solange ihre umwelttechnische Zusammensetzung einen Einbau im Wasser bzw. Grundwasser ermöglichen und zulassen.

#### 5.3.3.4 Wasserhaltung bei der Herstellung von Dammkörpern

Treten bei der Herstellung von Dammkörpern mögliche Wässer wie beispielweise Quell-, Hang- oder Sickerwässer sowie Grundwasser auf, ist darauf zu achten, dass dadurch keine schädlichen Auswirkungen auf den Dammbaustoff auftreten. Dies ist insbesondere bei witterungsempfindlichen Schüttmaterialien zu beachten. Die somit erforderlichen Maßnahmen zur Wasserhaltung sind daher im Zuge der Planung mit zu berücksichtigen und bei der Bauherstellung rechtzeitig umzusetzen. Die Wässer sind auf kürzestem Weg möglichst rasch derart abzuleiten, dass weder Erosionserscheinungen noch Wassereinstauungen erfolgen.

#### 5.3.3.5 Hinterfüllbereiche von Bauwerken als Teil des Dammkörpers

Der Übergangbereich zwischen steifen Objekten aus Stahlbeton wie z. B. Brücken, Durchlässen oder auch Personentunneln in Verkehrsstationen und dem daran anschließenden Dammkörper stellt für den Eisenbahnbetrieb eine nennenswerte Unstetigkeitsstelle im Lastableitungbereich der Bahn dar. In Folge der deutlich unterschiedlichen Steifigkeiten können Verformungen entstehen, die bis in die Gleislage reichen kön-

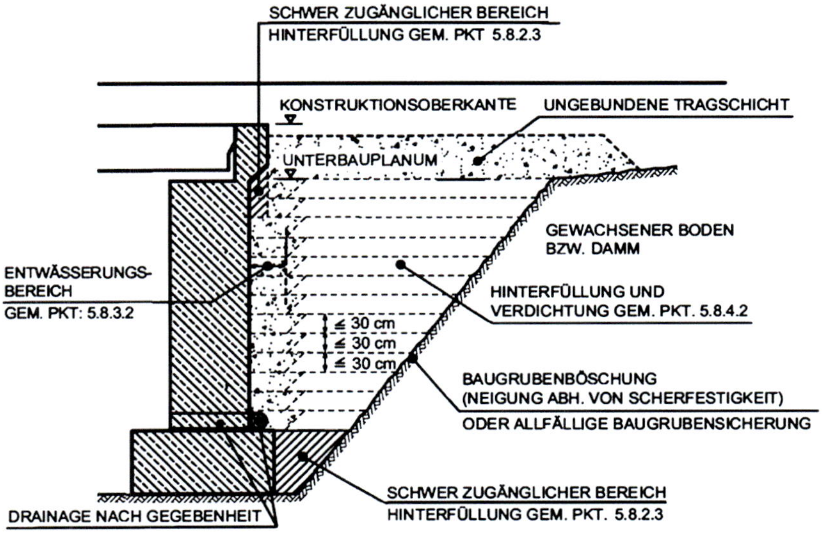


**Abb. 5.6** Hinterfüllungen bei bestehenden Dämmen gemäß RVS 08.03.01 [11]

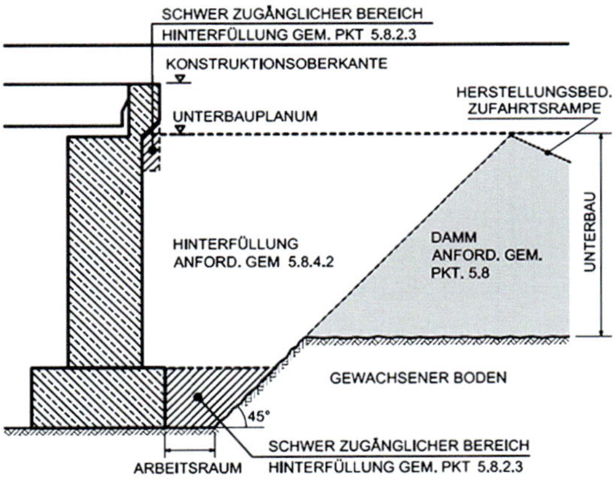


**Abb. 5.7** Hinterfüllungen bei neu zu schüttenden Dämmen gemäß RVS 08.03.01 [11]

**Abb. 5.8** Hinterfüllungen eines Brückenwiderlagers, Fotonachweis: Jürgen Stern, ÖBB-Infrastruktur AG, Wien, Österreich

nen. Langsamfahrstellen sowie ein erhöhter Aufwand der Gleisinstandhaltung können die Folgen sein.

Gemäß der RVS 08.03.01 [11] soll die Begrenzung von diesem Hinterfüllbereich unter Berücksichtigung des Arbeitsraumes bei den zu schüttenden Dammkörpern nicht steiler als 1 : 1 verlaufen. Bei gewachsenen Böden sowie bei bestehenden Dammkörpern sollte die Begrenzung des Hinterfüllbereiches in Abhängigkeit der vorhandenen Scherfestigkeit des Dammmaterials gewählt werden.

Die beiden Abb. 5.6 und 5.7 zeigen den Bereich der Bauwerkshinterfüllung bei bestehenden Dämmen sowie bei neu zu schüttenden Dämmen.

Das Foto in der Abb. 5.8 zeigt ebenso den Bereich einer Bauwerkshinterfüllung.

Vergleichbare Konstruktionsregelungen existieren bei der DB InfraGO AG. Beispielhaft zeigt die Abb. 5.9 die Übergangsausbildung zwischen Ingenieurbauwerk und Damm bei der Erneuerung der Brücke für Strecken mit Zuggeschwindigkeiten unter 160 km/h.

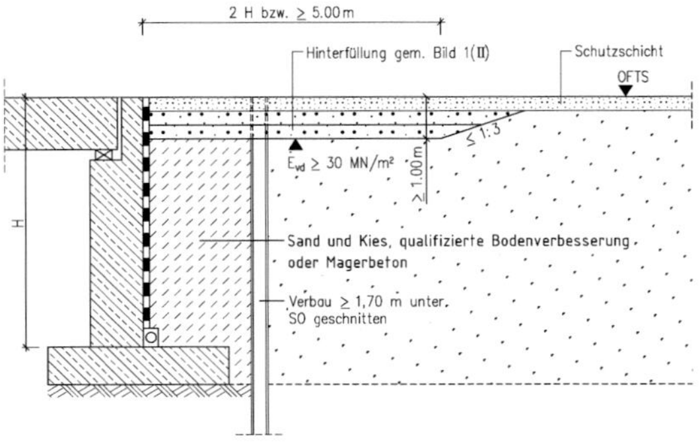


**Abb. 5.9** Hinterfüllungen eines Brückenwiderlagers bei Bestandsdämmen nach Regelwerk 836.4106 [18]

Zur bestmöglichen Reduzierung von Verformungen im Hinterfüllbereich sollten hierfür folgenden Böden bzw. Baustoffe verwendet werden:

- Grobkörnige Böden mit einem Feinkornanteil von nur wenigen % der Gesamtmasse
- Gemischtkörnige Böden mit einem Feinkornanteil von weniger als 15 % der Gesamtmasse
- Rezyklierte oder industriell hergestellte Gesteinskörnungen gemäß den Eigenschaften analog zur Verwendung als Dammbaustoff
- Geeignete Boden-Bindemittel-Gemische (qualifiziert mit Bindemittel verbesserte fein- und gemischtkörnige Böden)

Andere Baustoffe sollten nur dann verwendet werden, wenn ihr Eignung nachgewiesen wird und nachteilige Verformungen und Setzungen, die die Gleislage beeinflussen könnten, bei einem ordnungsgemäßen Einbau und entsprechender Verdichtung auszuschließen sind.

Der Hinterfüllbereich ist analog zu den Dammherstellungen ordnungsgemäß zu entwässern. Anfallende Wässer sind zu sammeln und sicher abzuführen, damit im Hinterfüllbereich keine Schäden oder Aufweichungen entstehen.

Die Verdichtung des Hinterfüllbereiches hat derart zu erfolgen, dass einerseits am Bauwerk selbst keine Schäden entstehen und andererseits alle Schüttlagen über deren gesamte Dicke ausreichend verdichtet werden, sodass der vorgeschriebene Verdichtungswert erreicht wird. Um dies sicher zu stellen, sollte die Schütthöhe je Lage auf ca. 30 cm begrenzt werden. Die Verdichtungsgeräte und Arbeitsmethoden selbst sind auf die Eigenschaften des verwendeten Schüttmaterials abzustimmen. Der Übergang zu einem bestehenden Dammkörper sollte stufenweise erfolgen. Wird ein Dammkörper neu geschüttet, sollten die eigentliche Dammkörperherstellung sowie die Schüttungen im Hinterfüllbereich gleichzeitig erfolgen. In den Abb. 5.6 und 5.7 sind auch sogenannte schwer zugängliche Bereiche dargestellt. Um in diesen Bereichen die Sammlung von Wässern bestmöglich zu verhindern sowie Setzungen tunlichst zu vermeiden, ist es zweckmäßig und nachhaltig, dass diese Bereiche mittels Beton oder Boden-Bindemittel-Gemische verfüllt werden.

### 5.3.4 Einschnitte und Böschungen

#### 5.3.4.1 Allgemeines

Im Gegensatz zum Dammbau, bei dem Schüttmaterial qualitätsgesichert eingebaut und lagenweise verdichtet wird, erfolgt der Aushub eines Einschnittes im gewachsenen Boden. Die Böschungsneigungen und ggf. erforderlichen Sicherungsmaßnahmen richten sich dabei nach den Baugrundverhältnissen und sind vornehmlich von der Scherfestigkeit des Bodens, der Verwitterungsempfindlichkeit und den Wasserverhältnissen abhängig.

Eine Kombination aus Damm und Einschnitt stellen die Anschnitte dar. Hierbei handelt es sich um auf einer Streckenseite nach oben verlaufenden Böschung und auf der anderen Seite einer unterhalb der Gleise befindlichen Böschung. Anschnitte werden oft durch eine halbseitige Anschüttung des Planums als Gleisauflager hergestellt. Hierbei ist die Verzahnung mit dem anstehenden Boden durch abgetreppte und geneigte Stufen herzustellen.

Grundsätzlich ist bei Planung und Ausführung von Einschnitten bzw. Böschungen bezüglich des Baugrundes zwischen Locker- und Festgestein bzw. Fels zu unterscheiden. Veränderlich festes Gestein, dass beim Auffahren bzw. Freilegen Festgesteinscharakter hat und sich bei Witterungseinfluss und/oder mechanischer Einwirkung

**Tab. 5.2** Regelböschungsneigungen in Abhängigkeit von der Bodengruppe (aus RiF 83601) [12]

| Bodenart | | Gruppensymbol nach DIN 18196 | Böschungshöhe | Regelneigung |
|---|---|---|---|---|
| Grobkörnige Bodenarten | Weit gestufte und intermittierend gestufte Kiese | GW, GI | 0–12 m | 1 : 1,5 |
| | Eng gestufte Kiese, intermittierend gestufte und weit gestufte Sande | GE, SW, SI | 0–12 m | 1 : 1,7 |
| | Eng gestufte Sande | SE | 0–12 m | 1 : 2,0 |
| Gemischtkörnige und feinkörnige Bodenarten | Schluffige/tonige und stark schluffige/tonige Kiese | GU, GU*, GT, GT* | 0–6 m<br>6–9 m<br>9–12 m | 1 : 1,6<br>1 : 1,8<br>1 : 2,0 |
| | Schluffige/tonige und stark schluffige/tonige Sande | SU, SU*, ST, ST* | | |
| | Leicht, plastische Schluffe oder Tone (nur Einschnitt) | UL, TL, | | |

zu Lockergestein verändert, kann besondere Herausforderungen für die Herstellung und Instandhaltung von Einschnittböschungen nach sich ziehen.

### 5.3.4.2 Lockergesteinsböschungen

Insbesondere bei tiefen Einschnitten von Neubaustrecken kommt der Böschungsgeometrie eine entscheidende Bedeutung für die Trassenplanung und daraus resultierendem erforderlichen Grunderwerb zu. Je nach Bodenarten, die im Untergrund anstehen, können unterschiedliche Böschungsneigungen angesetzt werden. Dabei sind bei grobkörnigen, scherfesten Böden steilere Neigungen möglich als bei gemischtkörnigen oder gar feinkörnigen Böden, wenn nicht zusätzliche technische Sicherungsmaßnahmen genutzt werden. Die Tab. 5.2 zeigt Regelneigungen von Böschungen, die für Einschnitte und Dämme angesetzt werden dürfen, soweit die Böden mindestens steif oder mitteldicht gelagert sind, kein Wasserdruck wirkt und keine Weichschichten im Untergrund vorhanden sind. Zudem sind Einschnittböschungen frei von Verkehrslasten zu halten (RiF 83601) [12].

Abweichungen von den Randbedingungen sind möglich, erfordern aber auf jeden Fall Nachweise der ausreichenden Standsicherheit gemäß DIN bzw. ÖNORM EN 1997-1 (Eurocode 7) [19]. Bei übersteilen Böschungen sind jedoch Maßnahmen zum Schutz vor dem Abrutschen des Oberbodens erforderlich.

Bei höheren Böschungen sind befahrbare Bermen für die Instandhaltung anzulegen.

Während die Gleislage bei neu hergestellten Dämmen je nach Höhe und Untergrundaufbau durch Setzungen beeinflusst werden kann, ist bei tieferen Einschnitten ggf. mit Verformungen durch Hebungen zu rechnen. Diese Verformungen können bei feinkörnigen Böden länger anhalten. Problematisch kann auch ein über dem Niveau der Einschnittsohle verlaufender Grundwasserdruckspiegel sein, der zu Hebungen der Einschnittsohle und beim Auffahren bzw. Freilegen sogar zu Sohlaufbrüchen führen kann. Dann sind entsprechende Maßnahmen im Vorfeld, z. B. Entspannungsbohrungen zur Absenkung des Grundwasserdruckes, durchzuführen.

### 5.3.4.3 Festgesteinsböschungen

Bei Festgesteinen, geotechnisch auch als Fels bezeichnet, ist prinzipiell deren Gefügestruktur mit entscheidend für die Herstellung und Standsicherheit der Böschungen. Sie wird durch das Trennflächengefüge bestimmt, das bei Lockergesteinen naturgemäß keine Bedeutung hat. Trennflächen im Festgestein sind Klüfte, Schichtflächen und, bei tektonisch beanspruchten Gesteinen, auch Schieferungsflächen. Öffnungsweite, Ausdehnung, Abstand, Rauigkeit und die horizontale Durchtrennung der Trennflächen sind neben deren räumlichen Verlauf in Bezug auf die Böschungsgeometrie dabei maßgebend für die Standsicherheit. Die eigentliche Festigkeit des Festgesteins ist dabei in der Regel nicht ausschlaggebend. Das Trennflächengefüge ist in Abb. 5.10 am Beispiel einer Kalksteinwand erkennbar.

Daneben sind noch weitere Kriterien für die dauerhafte Stabilität von Felsböschungen im Hinblick auf Bahnanlagen von Bedeutung. Zusammengefasst sind die Einflussfaktoren: Geometrie (Abstand zum Gleis, Böschungshöhe, -neigung, Ausbildung der Oberfläche), Geologie (Neigung

**Abb. 5.10** Kalksteinböschung mit Trennflächengefüge (Foto: F. Böhm)

Trennflächen hangein- bzw. auswärts, Kluftdichte, Entfestigung/Verwitterung), Hydrologie (Wasserführung zeitlich, örtlich, mengenmäßig), Biologie (Bewuchs nach Art und Menge).

### 5.3.5 Böschungssicherungen

#### 5.3.5.1 Instabilitäten bestehender Böschungen

Um die Standsicherheit von Böschungen zu gewährleisten oder sie nachträglich herzustellen, sind eine Vielzahl von bautechnischen Maßnahmen möglich. Instabilitäten, die diese Maßnahmen begründen, zeigen sich durch Veränderungen im Böschungsbereich.

Anhaltspunkte bzw. Anzeichen für Böschungsschäden können sein: Risse (z. B. im Randwegbereich), Schiefstellungen von Einbauten (z. B. von Oberleitungsmasten), Zuschub von Entwässerungsgräben, Veränderung der Böschungsgeometrie (z. B. Aufwölbungen), Schiefwuchs von Gehölzen, Erosionserscheinungen, Wasserzutritte/Vernässungen, Tierbauten [10].

Für Festgesteinsböschungen können noch folgende Anzeichen relevant sein: frische, unverwitterte und geöffnete Klüfte, Schuttmaterial am Böschungsfuß, Abrieseln von Gesteinsmaterial.

Zur Sicherung der Böschungen kommen je nach Randbedingungen unterschiedliche bauliche Maßnahmen zum Einsatz: Erosionsschutz der Oberfläche, Entwässerung und konstruktive Sicherungen. Zu den konstruktiven Sicherungen zählen neben Erdbetonstützscheiben und Vernagelungen auch die Stützkonstruktionen und -bauwerke, wie Schwergewichtsmauern, Pfahl- und Spundwände mit und ohne Rückverankerung, Gabionen und geogitterbewehrte Bauwerke sowie bei Festgesteinshängen spezielle Felssicherungen. Im folgenden werden nur die Sicherungsmaßnahmen von Böschungen beschrieben; Stützbauwerke werden in einem eigenen Kapitel dargestellt.

#### 5.3.5.2 Lockergesteinsböschungen

Wenn lediglich oberflächennahe Rutschungen vorhanden sind oder neue Böschungsoberflächen temporär geschützt werden müssen, können biologische Maßnahmen ausreichend sein. Sie sichern die Böschung bis die Vegetation ausreichend angewachsen ist und zur Stabilisierung der Oberfläche beiträgt. Dies ist notwendig, um die Oberbodenandeckung gegen Abtrag zu fixieren, da ab Neigungen von größer 1 : 2 das Risiko des Oberbodenabrutschens steigt. Einfaches biologisches Mittel ist die Begrünung mit Trocken- oder Nassansaat. Bei steileren Böschungen oder erosionsgefährdeten Bereichen sind z. B. Faschinen, rautenförmig verbaute Rutenbündel mit Holzpflocksicherung oder flächige Böschungsvernetzungen anwendbar. Daneben können Erosionsschutzmatten aus natürlichem Material wie Jute oder Geokunststoffe eingesetzt werden. Diese Maßnahmen verhindern nur oberflächennahe Böschungsschäden, aber nicht die Bewegungen auf tieferen Gleitflächen. Hierfür sind dann tiefer reichende Maßnahmen notwendig.

Bei zutretendem Wasser können Entwässerungskonstruktionen erforderlich werden, die das

**Abb. 5.11** Einschnittböschung im Lockergestein mit Sickerpackungen (Foto: F. Böhm)

**Abb. 5.12** Herstellen einer vernagelten Dammböschung mittels Mikropfählen (Foto: Ischebeck GmbH)

Schicht- oder Hangwasser böschungsseitig ableiten und zur Absenkung des Wasserspiegels beitragen, womit der stabilitätsmindernde Strömungsdruck reduziert wird. Im einfachsten Fall fallen darunter Sickerschichten, Sickerpackungen oder Sickerschlitze aus grobkörnigem Material (Abb. 5.11). Das dort anfallende Wasser aus der Böschung wird damit nach unten abgeleitet und der Bahnseitenentwässerung (Graben, Drainage) zugeführt.

Wenn zusätzlich noch die Scherfestigkeit der Böschungen erhöht werden soll, können tiefergehende, parallel zur Böschungsneigung verlaufende Sickerstützscheiben bzw. Steinrippen eingebaut werden. Erdbetonscheiben aus im Baggermischverfahren hergestellten Boden-Bindemittel-Körpern erhöhen die Stabilität der Böschungen ebenfalls, haben jedoch keine entwässernde Funktion.

Zur Erhöhung der Standsicherheit von Böschungen haben sich auch Vernagelungen bewährt. Hierfür werden Mikropfähle rasterförmig im Abstand von in der Regel 1,5 bis 2,5 m senkrecht zur Oberfläche eingebracht. Dazu werden in einem Bohrloch Stahlglieder eingebracht und der Ringraum mit Zement aufgefüllt (Abb. 5.12). Je nach den statischen Erfordernissen sind die Mikropfähle meist 6 bis 12 m lang. Zusätzlich kann auf der Böschung noch ein Stahlnetz aufgebracht werden, dass durch die Pfahlköpfe fixiert wird, um die Oberflächenstabilität zu erhöhen.

Bei im Nahbereich zu Böschungen von Dämmen verlaufenden Gewässern kann es erforderlich sein, einen Uferschutz herzustellen. Dies können Steinschüttungen/-lichtungen oder wasserbauliche Deckwerke zur Sicherung gegen Erosion sein und festzulegende Hochwassersituationen abdecken.

### 5.3.5.3 Festgesteinsböschungen bzw. -hänge

Sicherungsmaßnahmen von Felsböschungen können bereits durch Beräumung erreicht werden. Dadurch wird lockeres oder entfestigtes Material der Böschungsoberfläche entfernt.

Weitergehende Sicherungsmaßnahmen können unterteilt werden in solche, bei denen die Auswirkungen von Böschungsbewegungen reduziert werden und in stabilitätserhöhende Maßnahmen, die die Böschungen konstruktiv sichern. Zu den ersten ist die Anordnung von Fangräumen zu zählen. Hierbei werden je nach Böschungshöhe und -neigung Zonen mit etwa 3 bis 8 m Breite neben dem Gleis angeordnet, in denen sich herabfallende Felsblöcke ansammeln können, ohne dass es zu einer Betriebsgefährdung kommt.

Daneben kann diese Rückhaltefunktion auch von Fangbauwerken übernommen werden. Dies sind entweder starre Bauwerke wie Erddämme oder Gewichtsmauern oder immer häufiger eingesetzte flexible Konstruktionen, wie Fangzäune mit Drahtseilnetzen. Mit Fangzäunen sind nicht nur Schadensauswirkungen von Steinschlägen oder Geröllabgängen, sondern auch von fließen-

**Abb. 5.13** Verschiedene Felssicherungssysteme (Mittelrhein): Fangzäune, Spritzbetonverkleidung, Schutznetze mit Felsnägeln, Futtermauer

den Massenbewegungen nach Starkregenereignissen, sogenannte Murgänge, vermeidbar oder zumindest reduzierbar.

Zu den die Stabilität erhöhenden Konstruktionen zählen Stahlseilverhängungen und Schutznetze (Abb. 5.13). Diese werden direkt auf die Böschung bzw. den Hang aufgebracht und mit Mikropfählen bzw. Felsnägeln im Festgestein befestigt. Damit werden absturzgefährdete Bereiche oder einzelne Kluftkörper vor dem Herabfallen gesichert.

Weitere direkt wirkende Sicherungskonstruktionen sind Futtermauern, die eine Felsböschung vollflächig sichern und ggf. rückverankert sind. Eine vergleichbare Funktion haben mit Stahlmatten bewehrte Spritzbetonverkleidungen mit mindestens 15 cm Dicke (Abb. 5.13). Wichtig ist, Entwässerungsöffnungen vorzusehen, um den Aufbau eines Wasserdruckes hinter der Schale zu vermeiden, der zu Beschädigungen bis hin zum Abbruch des Spritzbetons führen kann.

#### 5.3.5.4 Überwachung von Böschungen

Die dargestellten Sicherungsmaßnahmen sind, vor allem wenn es großflächige Hangbereiche betrifft, kostenträchtig. In alpinen Räumen wurden in den letzten Jahren daher verstärkt Monitoringsysteme installiert, um rutschungsgefährdete Bereiche in schwer zugänglichen Gebieten zu überwachen und im Eintrittsfall umgehend betriebliche Maßnahmen umzusetzen. Hierfür können Sensoren, die auf Lageveränderungen oder Bewegungsimpulse reagieren, in den Hangbereichen angebracht werden. Sie sind über Funk mit einer Zentraleinheit verbunden. Das Monitoringsystem gibt bei Überschreiten von vorher definierten Alarmwerten automatisch entsprechende Warnungen aus.

## 5.4 Tragschichten des Bahnkörpers

### 5.4.1 Allgemeines

Im Regelfall kommen im Bereich des Eisenbahnbaues ungebundene Tragschichten zur Anwendung. Diese stellen den Übergangsbereich zwischen dem Dammkörper beziehungsweise dem verbesserten Untergrund und dem Schotterbett dar. Gleichzeitig dienen sie der Lastableitung. Im Vergleich zu typischen Straßenaufbauten sind im Bahnbau im Wesentlichen zwei Tragschichten, nämlich die untere und die obere Tragschicht ausreichend. Während die untere Tragschicht im Regelfall immer ungebunden ausgeführt wird, kann bei der oberen Tragschicht je nach Anwendungsfall zwischen einer ungebundenen und gebundenen Bauweise unterschieden werden. Als Planumsschutzschichten (PSS) werden bei der DB InfraGO AG für den Schotteroberbau übliche Tragschichten bezeichnet.

### 5.4.2 Materialien

Die ungebundenen Tragschichten bestehen in der Regel aus natürlichen Gesteinskörnungen. Alternativ dazu können auch rezyklierte oder industriell hergestellte Gesteinskörnungen sowie deren Mischungen zur Anwendung gelangen. Welche Gesteinskörnungen in den meisten Fällen Verwendung finden, sollte durch den Bahninfrastrukturbetreiber vorgegeben werden. Insbesondere können bei den Vorgaben umweltrelevante und abfallwirtschaftliche Themen eine wesentliche Rolle spielen.

Gemäß dem Regelwerk 09.02 [1] der ÖBB-Infrastruktur AG sind folgende – unter zugrunde

Legung der nationalen Gesetzes- und Normenlage – Gesteinskörnungen für Tragschichten zulässig:

- natürliche Gesteinskörnungen,
- rezykliertes gebrochenes Betongranulat,
- rezykliertes Granulat aus Gestein (natürliches und/oder rezykliertes) mit einem Masseanteil von mindestens 95 % Gestein,
- rezykliertes gebrochenes Mischgranulat mit einem Masseanteil von maximal 50 % Gestein (natürliches und/oder rezykliertes Gestein) sowie Beton ohne Asphalt.

Bei der Verwendung dieser Gesteinskörnungen muss es sich mit Ausnahme der natürlichen Gesteinskörnungen um ein Recycling-Produkt mit definierten Qualitätsanforderungen handeln. Der Einbau jeglicher Art von Ziegel-, Asphalt- oder sonstiger Mischgranulate sowie Schlackenmaterial (z. B. Stahlwerkschlacke, kurz SWS, Hochofenschlacke, kurz HOS) ist im Streckennetz der ÖBB-Infrastruktur AG grundsätzlich nicht zulässig. Ebenso ist der Einbau von Rückständen aus der Abfallverbrennung nicht erlaubt. Bei der DB InfraGO AG dürfen dagegen SWS und HOS bis zu einem Anteil von 70 % verwendet werden. Üblicherweise werden jedoch außer natürlichen Gesteinskörnungen rezyklierte Gemische aus altem Gleisschotter (GS, max. 70 %) oder Betonschwellenbruch (RC-Baustoff, max. 30 %) verwendet. Die umweltrelevanten Materialwerte und Einbaubedingungen richten sich dann nach der neuen Ersatzbaustoffverordnung [17] des Bundes. Ggf. ist der Einbau in Wasserschutzzonen nicht zulässig. Die Technischen Lieferbedingungen, die die Anforderungen an verwendbare Korngemische für Tragschichten bei der DB InfraGO AG regeln, ist der DBS 918062 [20].

Als Korngrößenverteilungen kommen für ungebundene obere Tragschichten meistens jene mit einem Größtkorn von 22 oder 32 mm in Form von gebrochenem Korn zur Anwendung. Für untere Tragschichten liegt der maximale Korndurchmesser bei 63 mm (Rundkorn). Für den Sonderfall von einschichtigen Tragschichten liegt der Korngrößenbereich des gebrochenen Materials bei 0/45 mm. Zur Gewährleistung der Frostbeständigkeit sind bei allen Korngrößenverteilungen die Feinanteile (Korngrößen < 0,063 mm Korndurchmesser) auf wenige Prozent der Gesamtmasse begrenzt. Die DB InfraGO AG baut als Standard für den Schotteroberbau ein Korngemisch (KG 1) mit schwacher Wasserdurchlässigkeit ein ($k_f \leq 10^{-6}$ m/s). Der Grund dafür ist – analog zur ÖBB-Infrastruktur AG – die Ableitung des anfallenden Niederschlagswassers über die Querneigung der Tragschicht aus dem Gleisbereich in die seitlich verlaufende Bahnentwässerung. Damit soll der versickernde Anteil klein gehalten werden und somit die Aufweichung von unterhalb der Tragschichten anstehenden wasserempfindlichen Böden vermieden werden. Im Falle von versickerungsfähigem Untergrund oder der Notwendigkeit einer kapillarbrechenden Tragschicht (z. B. bei Fester Fahrbahn) kann ein durchlässiges Korngemisch (KG 2, $k_f \geq 5 \cdot 10^{-5}$ m/s) vorgesehen werden. Eine zweilagige Kombination aus KG 1 und KG 2 ist unter bestimmten Randbedingungen ebenfalls möglich und technisch sinnvoll.

### 5.4.3 Tragschichtdicken

Die Dicken der oberen und unteren Tragschichten sollten in Abhängigkeit von der maximal zulässigen Geschwindigkeit und der Belastungen (Tonnagen pro Tag) auf dem Gleis festgelegt werden. Größenordungsmäßig liegt die Gesamtdicke der oberen und unteren Tragschicht zwischen ca. 40 und 60 cm bei der ÖBB-Infrastruktur AG und bei der DB InfraGO AG aufgrund der teilweise geringeren bemessungsrelevanten Frosteindringungstiefen zwischen 20 und 60 cm.

Während die Dicken der oberen Tragschichten zwischen ca. 10 und maximal 20 cm variieren, werden untere Tragschichten mit Standarddicken von 30 oder 40 cm hergestellt.

Sollte die obere Tragschicht mittels Bitumen gebunden errichtet werden, liegt deren Dicke im Regelfall zwischen 9 und 15 cm.

### 5.4.4 Herstellung der ungebundenen Tragschichten

Beim Einbau und dem Verdichten der Tragschichten ist auf die höchst zulässige Dicke zu achten, die in einem Arbeitsvorgang eingebaut werden darf. Dadurch soll sichergestellt werden, dass die Tragschicht über deren gesamte Dicke ausreichend verdichtet wird. Auch das nominelle Größtkorn ist im Regelfall als Funktion von der Tragschichtdicke geregelt. In Österreich finden sich diese sowie die folgenden Bestimmungen in der RVS 08.15.01 [21].

Die untere Tragschicht sollte jedenfalls nur dann eingebaut werden, wenn auf dem darunter liegenden Planum der erforderliche Verdichtungswert erreicht wurde. Sollte dieses Planum aufgeweicht sein, muss dieses vor dem Aufbringen der Tragschicht abtrocknen. Ebenso sollte das Planum nochmals verdichtet oder gegebenenfalls durch geeignetes Material ausgetauscht werden. Die untere Tragschicht ist derart herzustellen, dass ihr Trag- und Verformungsverhalten möglichst gleichmäßig ist. Das Korngemisch darf sich beim Einbau nicht entmischen und ist gleichmäßig zu verdichten. Hierbei ist beim Verdichten auf einen günstigen Wassergehalt zu achten. Der gleiche Sachverhalt gilt für die Herstellung der oberen Tragschicht. Diese darf dann hergestellt werden, wenn die untere Tragschicht die festgelegten Anforderungen erfüllt und diese im Sinne der Qualitätsprüfungen auch nachgewiesen wurden.

Die obere und untere Tragschicht sind so anzuordnen und auszuführen, dass diese im Bau- und Betriebszustand einwandfrei entwässern können. Mit einer Querneigung von größenordnungsmäßig ca. 5 % sind die Tragschichten in Dammlage bis zur Dammflanke und im Bereich von Einschnitten bis zu den seitlichen Entwässerungseinrichtungen zu führen. Beim Einbau einer gebundenen oberen Tragschicht kann die Querneigung noch reduziert werden.

Der Einbau beider Tragschichten hat so zu erfolgen, dass deren Eigenschaften durch Verunreinigungen oder Feinkornanreicherungen nicht nachteilig beeinträchtigt werden.

**Qualitätsnachweise**

Für die Nachweise der Qualität der Korngemische sowie der richtigen Bauherstellung kann man im Regelfall zwischen den nachfolgenden Prüfungen unterscheiden:

- Eignungsprüfungen,
- Kontrollprüfungen,
- Abnahmeprüfungen

Eignungsprüfungen führt grundsätzlich der Herstellers des Materials für die oberen und unteren Tragschichten durch. Das Ziel der Prüfungen liegt insbesondere darin, die Anforderungen an das Material selbst entsprechend nachzuweisen. Diese Prüfungen sollten auch dann durchgeführt werden, wenn das Material in oder neben der Baustelle gewonnen wird. Die Ergebnisse der Prüfungen müssen vor Einbau des Material vorliegen.

Kontrollprüfungen sind die laufenden Qualitätsnachweise des bauausführenden Unternehmers oder dessen Beauftragten, um festzustellen, ob die Güteeigenschaften des Materials und der fertigten Bauleistung den bauvertraglichen Bestimmungen entsprechen.

Abnahmeprüfungen dienen der Feststellung, ob die bauvertraglich festgelegten Anforderungen an die Materialien der oberen und unteren Tragschicht sowie der fertigen Bauleistung eingehalten wurden. Zeitlich sollten die Abnahmeprüfungen jedenfalls derart vorliegen, dass diese die Grundlage für die Abnahme und die Abrechnung darstellen können. Für Abnahmeprüfungen hat grundsätzlich der Auftraggeber zu sorgen. Folgende Abnahmeprüfungen haben sich für ungebundene Tragschichten im Eisenbahnbau als zweckmäßig herausgestellt:

- Korngrößenverteilung inklusive der Berücksichtigung der Frostbeständigkeit,
- Verdichtung,
- Ebenflächigkeit,
- Schichtdicke,
- Einhaltung des erforderlichen Quergefälles.

Bei der Verwendung von rezyklierten Gesteinskörnungen wird im Regelfall die Überprüfung von zusätzlichen Parametern erforderlich. Beispiele hierfür können sein: Einhaltung von Qualitätsklassen, Klassifizierung von Bestandteilen, Wasseraufnahme.

## 5.5 Bahnentwässerung

### 5.5.1 Rechtlicher Hintergrund

Die Fassung und Ableitung des im Bereich von Bahnanlagen anfallenden, aus dem Niederschlag stammenden oder im Boden vorhandenen Wassers bis zur Vorflut unterliegt wasserrechtlichen Vorgaben. Als Vorflut ist dabei ein Oberflächengewässer (stehendes oder fließendes Gewässer), Grundwasser oder auch die Kanalisation anzusehen. Während es bei letzterem auf die Einhaltung der vom öffentlichen Betreiber des Abwassernetzes vorgegebenen mengen- und belastungsabhängigen Einleitvorgaben ankommt, sind bei Versickerung ins Grundwasser oder Einleitung in ein Gewässer rechtliche Regelungen bindend. Grundlage der nationalen Gesetzgebung sind dabei das Wasserhaushaltsgesetz (Deutschland), Wasserrechtsgesetz (Österreich) und die Gewässerschutzverordnung (Schweiz). In diesen Gesetzen oder Verordnungen ist der Grundsatz einer nachhaltigen Bewirtschaftung von Gewässern festgeschrieben, die möglichst natürliche und schadlose Abflussverhältnisse sicherstellen und Beeinträchtigungen des Wasserhaushaltes vermeiden soll. Daraus ergibt sich, dass bei einer Gewässer- oder Grundwasserbenutzung im Allgemeinen wasserrechtliche Gestattungen erteilt werden müssen. Diese sind von für das Wasserrecht zuständigen Behörden zu erteilen. In Deutschland und der Schweiz sind mit dem Eisenbahn-Bundesamt (EBA) und dem Bundesamt für Verkehr (BAV) oder für Umwelt (BAFU) für die bundeseigenen Infrastrukturunternehmen Bundesbehörden zuständig, wobei in Deutschland die unteren Wasserbehörden in der Regel zu beteiligen sind. In Österreich ist die Genehmigungsfunktion im Regelfall den zuständigen Bezirksverwaltungsbehörden zugeordnet.

Die Regelungen zur Notwendigkeit von wasserrechtlichen Gestattungen gelten für die Einleitung von gesammeltem Wasser, da dieses nach den gesetzlichen Regelungen als Abwasser zu werten ist. Niederschlagswasser, dass im Bereich von Bahnanlagen nicht gefasst wird, sondern gleichmäßig über z. B. die Bahndammböschungen versickert, ist von einer Gestattungserfordernis, zumindest außerhalb von Wasserschutz- und -schongebieten, meistens nicht betroffen. In Wasserschutz- und -schongebieten gelten zusätzliche Schutz-/Schongebietsvorgaben, die ggf. eine vollständige Abdichtung von Bahnanlagen und die Ableitung des oberflächlich gefassten Wassers aus den Schutzzonen erforderlich machen.

Zusätzlich zu den genannten gesetzlichen Vorgaben gibt es umfangreiche bahneigene und externe mitgeltende technische Regelwerke, die Lösungen für die Entwässerung beschreiben.

### 5.5.2 Hydrogeologische Grundlagen und Bemessung der Entwässerung

Böden, Lockergestein als auch Fels haben unterschiedliche Eigenschaften bezogen auf hydrogeologisch relevante Parameter wie Durchlässigkeit, entwässerbare Porosität sowie Wasser- und Frostempfindlichkeit.

Die Durchlässigkeit eines Bodens wird beschrieben als fiktive Geschwindigkeit, mit der eine Wassermenge durch einen Flächenquerschnitt in Abhängigkeit von den Druckverhältnissen fließen kann. Dieser Durchlässigkeitsbeiwert $k_f$ ist bei grobkörnigen Bodenarten erheblich größer als bei feinkörnigen. Ungefähre Werte für Böden: Ton $\leq 10^{-7}$ m/s, Schluff $10^{-6}$ bis $10^{-7}$ m/s, Sand $10^{-4}$ bis $10^{-5}$ m/s, Kies $\geq 10^{-3}$ m/s.

Im allgemeinen sind schwächer durchlässige Böden auch schlechter zu entwässern und wasser- und frostempfindlicher. Somit ist es gerade bei diesen Böden im Untergrund von Gleisen wichtig, dass eine funktionierende Entwässerung vorhanden ist. Dabei ist bereits eine Planums- oder Tragschichtquerneigung von in der Regel 5 % eine wesentliche Voraussetzung für gute Entwässerungsbedingungen.

Entwässerungsanlagen sind zu bemessen. Es muss sichergestellt sein, dass bei Starkregenereignissen mit einer bestimmten statistischen Wiederkehrzeit das anfallende Niederschlagswasser rückstaufrei abgeleitet werden kann. Der grundlegende Zusammenhang für die anfallende bzw. abzuführende Wassermenge stellt beim Fließzeitverfahren folgende Formel dar:

$$Q_R = r_{D(n)} \cdot A_E \cdot C_S.$$

$Q_R$: *Berechnungswassermenge*
$r_{D(n)}$: *Regenspende für eine bestimmte Regendauer und Wiederkehrhäufigkeit (i. A. für einen Regen mit 15 min Dauer, der ortsbezogen alle 10 Jahre eintritt)*
$A_E$: *Einzugsfläche (aus der das Regenwasser zuläuft)*
$C_S$: *Spitzenablussbeiwert, d. h. Anteil der Regenspende, die abfließt und nicht versickert (im Gleisbereich im Mittel 0,4 bis 0,6)*

Darüber hinaus sind ggf. noch weitere Wassermengen aus dem unterirdischem Zufluss aus Grund- oder Schichtwasser sowie zusätzlich in die Entwässerungsanlage eingeleitete Zuflussmengen in der Ermittlung der Berechnungswassermenge zu berücksichtigen. Die Entwässerungsanlagen, Rohrleitungen, Gräben und Versickeranlagen werden dann so dimensioniert, dass sie dass Wasser bis zur Stärke des Bemessungsregens schadfrei und drucklos ableiten können.

### 5.5.3 Typen der Bahnentwässerung neben Gleisen

Ein bautechnischer Grundsatz für alle Bauwerke, wenn es sich nicht gerade um wasserbauliche Anlagen handelt, ist, dass Wasser vom Bauwerk fern zu halten und anfallendes Wasser schadlos abzuführen ist. Wasser kann, je nach den Einwirkungsbedingungen und baulicher Widerstandsfähigkeit, zu baulichen Schäden führen und die dauerhafte Funktionsfähigkeit eines Bauwerkes negativ beeinflussen. Dies gilt auch für Gleisanlagen. So können die Einwirkungen von Wasser, je nach den geotechnischen Randbedingungen, z. B. zur Bildung von Schlammstellen und Aufweichen des Planums führen, die dann in Gleislageproblemen resultieren. Als bauliche Maßnahmen sind deshalb, wenn erforderlich, Entwässerungsanlagen zur Fassung und Ableitung des vorhandenen bzw. anfallenden Wassers vorzusehen.

Bei allen drei DACH-Bahnen gilt dabei als Prioritätenreihung, dass Wasser möglichst über Versickerung dem natürlichen Wasserhaushalt wieder zugeführt wird und nur, wenn dies nicht möglich ist, eine Ableitung in Oberflächengewässer oder die Kanalisation anzustreben ist. Soweit es die Gegebenheiten ermöglichen, ist dabei eine flächige Ableitung, z. B. über die Bahndammböschung, ohne eigentliche Fassung des Niederschlagswassers sinnvoll. Dies ist jedoch nur bei versickerungsfähigem, also grobkörnigem Untergrund bei Abwesenheit von einem hohen Schicht- oder Grundwasserstand möglich, wenn zudem kein zusätzlicher Abfluss aus gleisentfernten Einzugsgebieten vorhanden ist.

In anderen Fällen, vor allem in Einschnitten, sind seitliche Entwässerungen die Regelbauweise. Dies sind im einfachsten Fall Bahnmulden oder -gräben. Wenn außerdem im Boden vorhandenes ungebundenes Wasser, Schicht- oder Grundwasser abgeführt werden soll, ist eine weitere Drainage in Form einer Tiefenentwässerung erforderlich. Diese Anlagen sind bei den Bahnen ähnlich aufgebaut und bestehen aus einer längsverlegten, geschlitzten Sickerleitung, die das Bodenwasser aufnimmt, und einem ummantelndem Filterkörper aus grobem Kies (Abb. 5.14). Tiefenentwässerungen können unterhalb des Seitengrabens oder im Bereich des Randweges bzw. Banketts angeordnet werden. Zur Sicherstellung der Filterstabilität, d. h. der Verhinderung, dass sich der Filterkies durch von außen eingetragene Bodenbestandteile zusetzt, wird ein Vliesstoff (Geotextil) um den Filterkörper gelegt. Während früher noch Rohre aus Beton oder Steinzeug eingesetzt worden sind, werden seit 20 bis 30 Jahren zunehmend und heute fast ausschließlich Kunststoffrohre meist aus Polypropylen oder Polyethylen eingesetzt.

Alle 50 bis 100 m sind Schächte zur Kontrolle und/oder Übergabe des Wassers in abführende geschlossene Transportleitungen vorzusehen (Abb. 5.15). Je nach Funktion haben die Schächte einen Durchmesser von 60 bis 100 cm. Im Gegensatz zu den Rohren handelt es sich überwiegend um Schächte aus Beton.

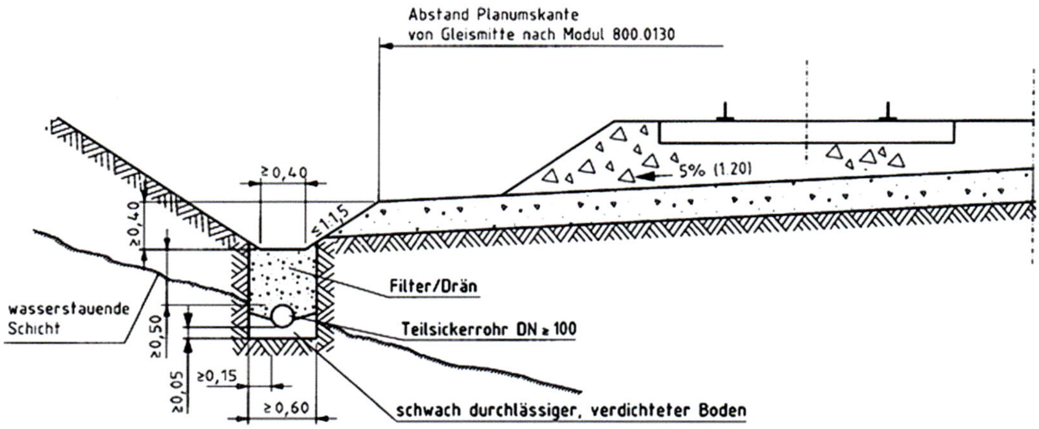


**Abb. 5.14** Regelquerschnitt mit Tiefenwässerung und Bahngraben der DB InfraGO AG (nach Ril 836.4602) [22]

**Abb. 5.15** Schacht einer Tiefenentwässerung (Foto: G. Behsing)

**Abb. 5.16** Wasserdurchlässige Halbschalen mit Abdeckung (Foto: Fa. Porosit)

Eine Möglichkeit zur Entwässerung stellen auch die wasserdurchlässigen Betonhalbschalen dar (Abb. 5.16). Sie fassen das Wasser über die durchlässige Mulde, leiten es weiter und versickern es wieder, soweit es die hydrogeologischen Verhältnisse erlauben. Ansonsten wird das Wasser im Freispiegelgefälle zum Endpunkt geführt und dort abgeleitet. Dies ist z. B. über eine Böschung möglich, wo das Wasser dann versickern kann. Für diese Entwässerung sind keine Schächte erforderlich. Zudem ist durch die Abdeckung der Halbschalen mit Betonplatten sichergestellt, dass ein trittfester und ebener Randweg vorhanden ist.

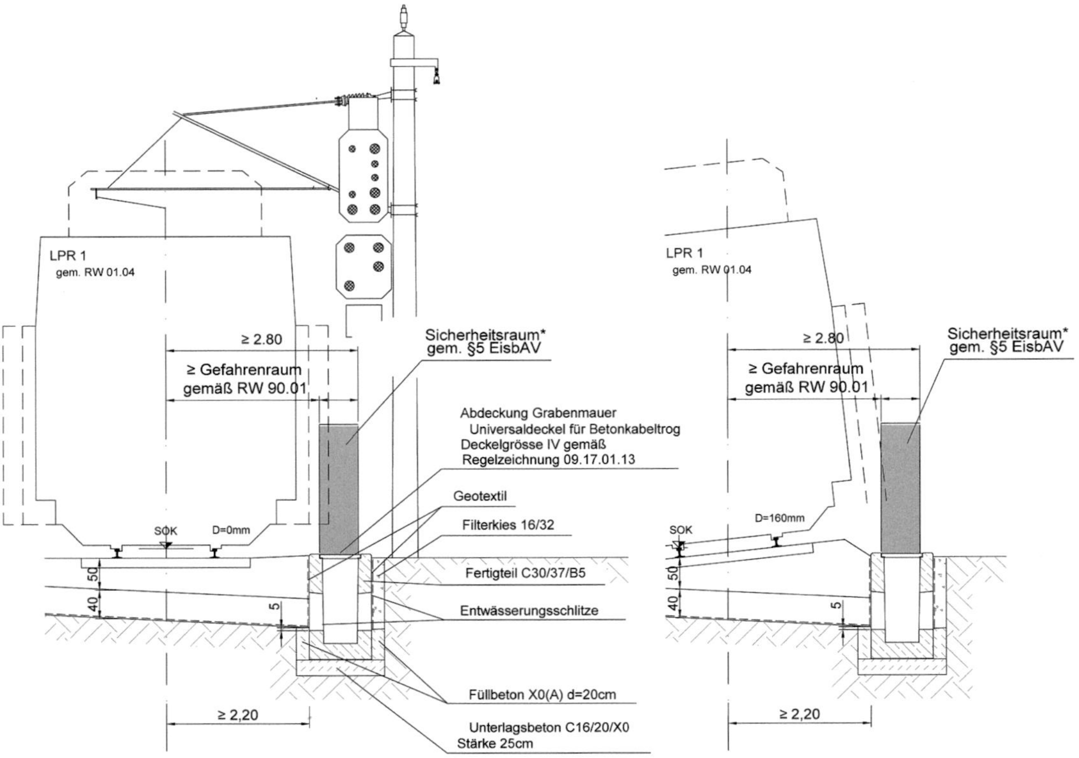


**Abb. 5.17** Grabenmauer zur Entwässerung (nach ÖBB Regelwerk 09.04) [23]

Während bei der ÖBB-Infrastruktur AG derartige wasserdurchlässige Halbschalen mit Abdeckung aus wasserrechtlichen Gründen nicht zur Anwendung gelangen, kommen hingegen sogenannte Grabenmauern gemäß Abb. 5.17 zum Einsatz. Sie bestehen aus trogförmigen, abgedeckten Betonfertigteilen und werden vornehmlich dort eingesetzt, wo für die Ausbildung eines offenen Bahngrabens zu wenig Platz vorhanden ist. Über wandseitige Öffnungen kann das Wasser aus dem Gleisbereich und den angrenzenden Böschungen oder Hängen zufließen und wird dann längs der Strecke abgeleitet. Grabenmauern zeichnen sich durch einen geringen Instandhaltungsaufwand und eine hohe Langlebigkeit aus (Abb. 5.17).

Eine besondere Problematik der Gleisentwässerung ist neben Bahnsteigen aus Betonfertigteilen zu konstatieren. Hier verhindert eine oftmals mit in Magerbeton gegründete Bahnsteigkante das Abfließen des Wassers aus dem Gleisbereich in Querrichtung. Hier sind ggf. besondere konstruktive Lösungen erforderlich. Bei der SBB werden z. B. auf Sickerbeton gegründete Bahnsteigkanten (Perrons) mit darunter liegender Dränage eingebaut. In Modulbauweise hergestellte Bahnsteige, die auf Mikropfählen gegründet sind, gewährleisten aufgrund der unten offenen Ausbildung ein Abfließen des Wassers über die gleisabgewandte Bahnsteigböschung. Im Bereich der ÖBB-Infrastruktur AG kommen aktuell geschlitzte Bahnsteigkantenfundamente aus Betonfertigteilen zum Einsatz.

### 5.5.4 Behandlungs- und Versickerungsanlagen

Wie in Abschn. 5.5.1 bereits ausgeführt, ist die Entwicklung hin zur Behandlungserfordernis von aus dem Gleisbereich abfließenden Niederschlagswässern aufgrund wasser- und umweltrechtlicher Vorgaben in den letzten Jahren beim Neubau von Entwässerungsanlagen stetig forciert

**Abb. 5.18** Versickerbecken einer Neubaustrecke der DB InfraGO AG (Foto: Gepro GmbH)

worden. Die Gleiswässer werden nicht mehr, wie noch vor der Jahrtausendwende üblich, als weitestgehend unbelastet eingestuft. Dies hat zur Folge, dass zunehmend Maßnahmen zur Behandlung vorgesehen werden müssen, sowohl für die Versickerung als auch die Ableitung von gefasstem Wasser in Oberflächengewässer. Vor allem die Belastung mit von den Bahnen eingesetzten Herbiziden als auch durch vom Zugbetrieb und Ausrüstungsteilen der Infrastruktur stammende Schwermetalle sowie Kohlenwasserstoffverbindungen wie PAK sind in den Fokus der Betrachtungen geraten. Im einfachsten Fall ist durch die Berücksichtigung einer belebten bzw. bewachsenen Bodenzone eine Reinigungswirkung zu erzielen. Der Nachteil liegt in verbesserten Wachstumsbedingungen für Pflanzen und einem dadurch erhöhten Vegetationsdruck auf die Gleisanlagen. Hier ist ein grünes Wachstum für die Gleislageentwicklung und den erforderlichen Instandhaltungsaufwand eher kontraproduktiv, da durch den damit verbundene Eintrag von Feinbestandteilen in das Schotterbett dessen Entwässerungseigenschaften reduziert werden, so dass es mittelfristig zum Verlust der Elastizität des Gleisbettes verbunden mit Gleislagefehlern kommen kann.

Mulden- oder Grabensysteme mit einer 20 bis 30 cm dicken Oberbodenandeckung und ggf. darunter befindlichen Rigolen aus Kiesfilter zur Speicherung eignen sich zur Versickerung von Wässer auch im gleisnahen Bereich. Sollte dies aufgrund beengter Verhältnisse oder hydrogeologisch ungünstiger Verhältnisse nicht möglich sein, ist die Ableitung in zentrale Versickerbecken eine technische Möglichkeit (Abb. 5.18).

Bei behördlicher Vorgabe einer bestimmten Einleitmenge in ein Oberflächengewässer können Drossel- oder Stauvorrichtungen notwendig werden. Damit wird die einzuleitende Wassermenge pro Zeiteinheit begrenzt, teilweise zurückgehalten und zeitverzögert wieder abgegeben. Bei Neubaustrecken kommen daher oft Regenrückhaltebecken zum Einsatz.

### 5.5.5 Instandhaltung von Entwässerungsanlagen

Entwässerungsanlagen müssen, genauso wie andere Bauwerke auch, instand gehalten werden, um ihre dauerhafte Funktionsfähigkeit zu erhalten. Dazu gehören auch die Inspektionen, die je nach Anlagentyp oder Regelung der Bahnen alle 3 bis 5 Jahre durchzuführen sind.

Bei Tiefenentwässerungen, in denen sich in den Leitungen im Laufe der Nutzungszeit Feinbestandteile absetzen oder, bei kalkhaltigem Umgebungsmilieu, es zu Versinterungen kommt, ist regelmäßiges Hochdruckspülen erforderlich (Abb. 5.19). Kombiniert damit werden Kamerabefahrungen durchgeführt, um den Zustand der Rohre feststellen zu können oder auch den Spülerfolg zu dokumentieren.

**Abb. 5.19** Spülfahrzeug auf einem Flachwagen (Foto: G. Behsing)

**Abb. 5.20** Neuprofilierung eines Entwässerungsgrabens (Foto: G. Behsing)

Bei Entwässerungsgräben reduziert sich durch Bodeneintrag, Erosion, Pflanzenwachstum usw. im Laufe der Zeit ebenfalls der hydraulisch wirksame Querschnitt. Neben dem jährlichen Vegetationsrückschnitt, der auch die Gräben berücksichtigen sollte, ist bei fortgeschrittenen Mängeln eine Reprofilierung erforderlich (Abb. 5.20).

## 5.6 Baugrubensicherung im Gleisbereich

### 5.6.1 Allgemeines

Baugrubensicherungen im Gleisbereich, welche im Lastableitungsbereich von in Betrieb befindlichen Gleisen liegen, kommen in Hinblick auf die Sicherheit des Bahnbetriebs einer besonderen Bedeutung zu. Dies vor allem deshalb, da die maximal zulässigen Verformungen der Baugrubensicherungen zu begrenzen sind, um eine unzulässig große Veränderung der Gleislage zu verhindern. Damit auftretende Verformungen des Gleises bestmöglich im Zuge der Dimensionierung der Baugrubensicherung abgeschätzt werden können, ist es zweckmäßig, den Querschnitt des Bahnkörpers in die folgenden Bereiche einzuteilen:

- Innerer Druckbereich
- Äußerer Durckbereich
- Stützbereich

Graphisch dargestellt, verlaufen diese Bereiche gemäß dem Regelwerk 09.06 der ÖBB-Infrastruktur AG [24] nach der Abb. 5.21.

Die Besonderheit beim inneren Druckbereich liegt darin, dass in diesem Bereich sowohl statische als auch dynamische Verkehrslasten aus dem Bahnbetrieb in der Dimensionierung der Baugrubensicherung zu berücksichtigen sind. Die seitliche Begrenzung ist durch eine 60° zur Horizontalen geneigten Linie gegeben. Der innere Druckbereich beginnt dabei an der Unterkante des Schwellenvorkopfes. Der Verlauf bei mehrgleisigen Strecken kann zwischen den Gleisen der Abb. 5.21 entnommen werden. Die Tiefe des inneren Durckbereiches kann grundsätzlich mit 5,0 m unterhalb der Schwellenoberkante begrenzt werden.

Außerhalb des inneren Druckbereiches kommt der äußere Druckbereich zu liegen. In diesem treten im Regelfall nur statische Lasten aus dem Bahnbetrieb auf. Die seitliche Begrenzung erfolgt durch eine 45° geneigte Linie, welche ab

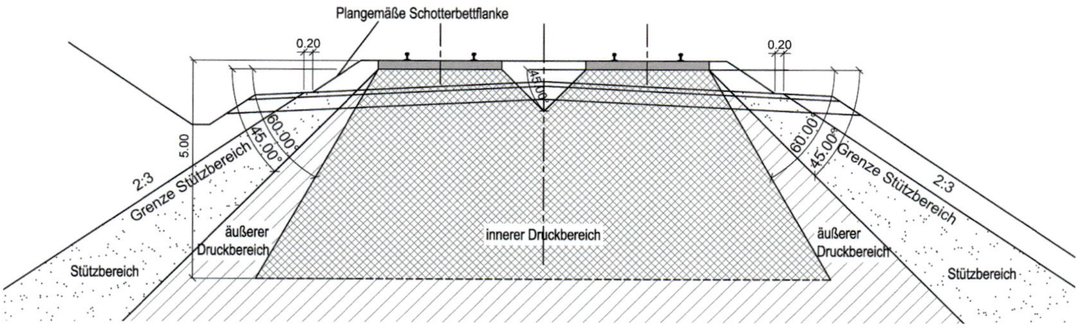


**Abb. 5.21** Druck- und Stützbereiche gemäß Regelwerk 09.06 der ÖBB-Infrastruktur AG [24]

der Unterkante des Schwellenkopfes verläuft. Eine Begrenzung in der Tiefe existiert beim äußeren Druckbereich nicht.

Gemäß dem Regelwerk 09.06 der ÖBB-Infrastruktur AG [24] wird der Stützbereich als jener Gesamtbereich definiert, innerhalb dessen statisch abgesicherte Maßnahmen zur Gründung und Stützung des Gleisoberbaues vorzunehmen bzw. Schwächungen von diesem zu vermeiden sind. Die seitliche Begrenzung des Stützbereiches erfolgt durch eine 2 : 3 geneigte Linie zur Horizontalen, welche 20 cm neben dem Fußpunkt der plangemäßen Schotterbettflanke auf Höhe der Schotterbettunterkante ansetzt.

Eine analoge Zuordnung der Einflussbereiche von Eisenbahnverkehrslasten und ihre Bedeutung für den Bahnbetrieb kennt die Ril 836.2001 [25] der DB InfraGO AG, wobei der innere als auch äußere Druckbereich auf eine Tiefe von 5,5 m unter Schwellenoberkante begrenzt sind.

## 5.6.2 Planung und Ausführung von Baugrubensicherungen im Gleisbereich

Bei der Planung und Ausführung von Baugrubensicherungen im Gleisbereich ist es zweckmäßig, zwischen dauerhaften und temporären Konstruktionen zu unterscheiden. Vor allem bei dauerhaften Ausführungen sind die Tragfähigkeit und die Gebrauchstauglichkeit die wichtigsten zu berücksichtigenden Planungsparameter, um über die gesamte Nutzungsdauer der Baugrubensicherung nachteilige Auswirkungen auf die Gleislage zu vermeiden. Baugrubensicherungen für temporäre Zwecke sind so zu planen und auszuführen, dass während deren beschränkten Nutzungsdauer die sichere Bahnbetriebsführung jederzeit gewährleistet werden kann. Unabhängig, ob eine dauerhafte oder temporäre Baugrubensicherung im Gleisbereich projektspezifisch zur Anwendung gelangt, ist es wichtig, dass ein Bemessungsverfahren zur Anwendung kommt, welches sowohl die Verformungen der Baugrubensicherung selbst als auch im Untergrund realitätsnah berücksichtigt. Als Beispiel hierfür können finite Elementemethoden genannt werden. Im allgemeinen wird bei dauerhaften Stützkonstruktionen ein höheres Sicherheitsniveau bei der Bemessung erforderlich.

Bei der Planung von Baugrubensicherungen neben in Betrieb befindlichen Gleisen sind auch noch weitere, bahnspezifische Parameter zu berücksichtigen. Beispiele hierfür können sein:

- Berücksichtigung von allfällig erforderlichen Sicherheits- und Bedienräumen,
- Berücksichtigung von vorhandenen bahnbetrieblichen Einbauten und Ausrüstungsgegenständen wie Signale, Lärmschutzwände, Kabeltröge und Oberleitungsmaste, etc.
- Gewährleistung der ordnungsgemäßen Entwässerung des Bahnkörpers

Folgende Konstruktionsarten können neben klassischen Schotterbettsicherungen bzw. -halterungen als Ausführung von Baugrubensicherungen im Gleisbereich zur Anwendung gelangen:

- Schlitzwände,
- Bohrpfahlwände,
- Spundwände,
- Spritzbetonsicherungen/Nagelwände,
- mittels Düsenstrahlverfahren hergestellte Sicherungen (DSV-Körper),
- Trägerbohlenwände

Je nach Höhe und Längserstreckungen der Baugrubensicherungen und in Abhängigkeit von den Untergrundeigenschaften können Rückverankerungen und Aussteifungen erforderlich werden. Welche Art der Baugrubensicherung zur Anwendung gelangt, ist neben den geometrischen und geotechnischen sowie hydrogeologischen Randbedingungen auch noch abhängig von den folgenden Parametern: Abstand zur Gleisachse und damit auch verbunden mit der Lage im inneren oder äußeren Druckbereich beziehungsweise im Stützbereich, Geschwindigkeit am Gleis, Erfordernis einer Wasserdichtheit. Unabhängig von der Wahl der Art der Baugrubensicherung sind jedenfalls die durch die Herstellung und den Betrieb der Baugrubensicherung allfällige Auswirkungen auf die Gleise, insbesondere durch Verformungen, bestmöglich gering zu halten bzw. generell nach Möglichkeit zu vermeiden.

Als dauerhafte Baugrubensicherungsmaßnahmen kommen neben klassischen Beton- und Stahlbetonkonstruktionen auch Schlitzwände oder Bohrpfahlwände zur Ausführung. Alle anderen in diesem Kapitel angeführte Konstruktionsarten sollten grundsätzlich als temporäre Maßnahmen angesehen werden.

### 5.6.3 Bahnspezifische Besonderheiten während der Herstellung von Baugrubensicherungen im Gleisbereich

Um die Sicherheit des laufenden Bahnbetriebs während der Herstellung der Baugrubensicherung jederzeit gewährleisten zu können, sind vor der Planung von dieser aussagekräftige Untergrunderkundungen durchzuführen. Auf Basis von diesen sollten jedenfalls neben den Angaben zum Untergrund auch Prognosen zu den zu erwartenden Verformungen des Untergrundes inklusive des zeitlichen Verlaufs erstellt werden. Im Anschluss ist anzugeben, ob auch Verformungen in den im Betrieb befindlichen Gleisen zu erwarten sind. Sollten Verformungen der Gleise nicht ausgeschlossen werden können, sind vor Beginn der Herstellung der Baugrubensicherung die aktuell vorhandenen Gleislagen zu überprüfen. Sind bereits Abweichungen von den Soll-Gleislagen vorhanden, sind diese mit den prognostizierten Verformungen der Gleise – bedingt durch die Herstellung der Baugrubensicherung – zu überlagern. Sofern Eingriffsschwellen von Gleislageabweichungen überschritten sind, sollten die Soll-Gleislagen jedenfalls vor Herstellung der Baugrubensicherung hergestellt werden. Während der Errichtung der Baugrubensicherung erweist es sich als zweckmäßig, die Gleislagen geodätisch zu überwachen. Hierzu können Messpunkte am Schienensteg oder auf den Schwellen situiert werden. Das Messintervall sowie das Erfordernis einer allenfalls erforderlichen Gleisbeobachtung durch eine hierfür qualifizierte Person sollten durch den Bahninfrastrukturbetreiber gemeinsam mit dem für das Bauvorhaben zuständigen Geotechniker einvernehmlich festgelegt werden. Treten während der Bauherstellung der Baugrubensicherung unzulässige Verformungen der Gleise auf, sind geeignete Maßnahmen einzuleiten. Maßnahmen können sein: Unterbrechen der Herstellung der Baugrubensicherung soweit geotechnisch möglich und Korrektur der Gleislage, Veranlassung zusätzlicher Schutzmaßnahmen wie z. B. Nachankerungen, Reduktion der Geschwindigkeit am Gleis, gegebenenfalls Gleissperren. Nach Fertigstellung der Baugrubensicherung sollen die geodätischen Messungen zeitlich noch fortgesetzt werden. Dadurch können Nachverformungen in der Baugrubensicherung selbst beziehungsweise im Untergrund festgestellt werden.

Wird festgestellt, dass keine Verformungen mehr vorliegen, kann von einer sach- und fachgerechten Ausführung der Baugrubensicherung im Gleisbereich sowie von einer sicheren Bahnbetriebsführung aus Sicht der Herstellung der Baugrubensicherung ausgegangen werden.

## 5.7 Sonstige geotechnische Unterbauanlagen

### 5.7.1 Überblick

Neben den Dämmen und Einschnitten bzw. deren Böschungen, Hangsicherungen sowie Fahrweggründungen gehören auch Querungen des Bahnkörpers sowie Stützbauwerke zu den Unterbauanlagen bzw. geotechnischen Bauwerken. Hierbei handelt es sich um Bauwerke, die auch mit Baustoffen des Baugrundes hergestellt oder in sie eingebettet sind bzw. diesen stützen. Es sind Bauwerke, bei denen die Wechselwirkung mit dem Boden maßgeblich für die Konstruktion und Tragfähigkeit ist. Grundlage von Entwurf, Berechnung und Bemessung in der Geotechnik ist der Eurocode 7 (EN 1997 in den jeweiligen Länderfassungen, z. B. DIN EN 1997) [19].

### 5.7.2 Stützbauwerke

Stützbauwerke sind Konstruktionen, die zur Sicherung von Geländesprüngen, künstlichen Böschungen oder natürlichen Hängen dienen.

**Abb. 5.22** Winkelstützmauer aus Fertigteilen im Bauzustand

**Abb. 5.23** Spundwand mit zwei Ankerlagen im Bauzustand

Oftmals wird für diese Bauwerke der Begriff Stützkonstruktionen verwendet. Bei den Stützmaßnahmen im Eisenbahnbau handelt es sich entweder um permanente Maßnahmen oder um temporäre Baubehelfe, wie z. B. die Gleissicherungen/Schotterbettsicherungen mittels Schotterhalterung. Ein Überblick ist in Göbel et al. [10] enthalten.

Stützbauwerke können sowohl zur Stützung des Eisenbahnunterbaus als auch neben oder oberhalb von Gleisen eingesetzt werden. Im ersten Fall sind bei der Bemessung neben den Einwirkungen aus dem Erddruck des zu stützenden Unterbaus auch die Verkehrslasten zu berücksichtigen.

Der überwiegende Teil der Stützbauwerke sind bei den Bahnen massive Konstruktionen, Gewichts- und Winkelstützmauern (Abb. 5.22) oder wandartige Bauwerke. Hierzu gehören Spund- und Bohrpfahlwände, die in den letzten Jahrzehnten für dauerhafte Zwecke vermehrt eingesetzt werden. Sie kommen bei größeren Stützhöhen auch rückverankert vor (Abb. 5.23). Damit werden die auftretenden Horizontalkräfte in den Baugrund eingetragen, womit relativ schlanke und wirtschaftliche Konstruktionen ermöglicht werden. Vor allem aber Schwergewichtskonstruktionen zeichnen sich durch eine hohe Langlebigkeit und einen geringen Instandhaltungsaufwand aus.

Neben diesen massiven oder wandartigen Konstruktionen werden seit etwa 40 bis 50 Jahren zunehmend flexible Stützbauwerke eingesetzt. Hierbei handelt es sich um Verbundkonstruktionen aus Boden und künstlichen Tragelementen. Im Regelfall weisen sie eine statisch tragende Frontpartie auf. Die flexiblen Bauwerke können aufgrund ihres gesamthaft duktilen Verhaltens eher Setzungen ausgleichen. Bezüglich Ressourcenschonung und ökologischem Fußabdruck sind sie gegenüber den massiven Bauwerken als vorteilhafter einzustufen.

Zu den flexiblen Stützkonstruktionen zählen Gabionen- und Raumgitterwände sowie Bewehrte-Erde-Bauwerke mit geogitterbewehrtem Hinterfüllboden und „Terre-Armee"-Konstruktionen aus Betonfertigteilen oder Stahlgitterelementen als Außenhaut mit im Hinterfüllbereich verlegten Stahlbändern.

Die am häufigsten eingesetzten flexiblen Bauwerke sind Gabionen (Drahtschotterbehälter, Abb. 5.24), die aus stufenartig aufgebauten, mit Kies, Schotter oder Bruchsteinen gefüllten Drahtkörben bestehen. Sie können aus schalltechnischen oder ökologischen Gründen auch als vor die eigentliche Stützkonstruktion vorgesetztes Bauwerk oder freistehend als Lärmschutzwand fungieren. Die schalltechnische Wirkung

**Abb. 5.24** Neubaustrecke im Bau mit beidseitigen Gabionenwänden

**Abb. 5.25** Herstellung einer rückverhängten Randwegkonstruktion vor der Auffüllung

ist bei deren Verwendung im Einzelfall nachzuweisen. Dies gilt auch für die Bemessung hinsichtlich Tragfähigkeit und Gebrauchstauglichkeit für Lasten aus dem Bahnbetrieb.

Weitere Konstruktionen, die z. B. bei der Anlagenbuchhaltung der DB InfraGO AG als Stützbauwerke angesehen werden, sind Felssicherungssysteme.

Eine Form der Stützkonstruktionen zur Sicherung der Dammkrone sind die sogenannten Randwegkonstruktionen (Abb. 5.25). Sie werden dann erforderlich, wenn der Regelstreckenquerschnitt hergestellt werden soll, dies jedoch aufgrund der eingeschränkten geometrischen Verhältnisse des Dammes nicht ohne Weiteres möglich ist. Ein regelgerechter Randweg – in Österreich auch als Sicherheitsraum bezeichnet – als Inspektions-/Zugangs- und ggf. Rettungsweg kann dann nur mit einer böschungsseitigen Stützkonstruktion aus Trägern und Ausfachungselementen, die je nach statischen Erfordernissen auch rückverhängt sind, bewerkstelligt werden.

Stützbauwerke und Baugrubensicherungen sind für die Anwendung im Streckennetz der ÖBB-Infrastruktur AG in den Regelwerken 09.05 und 09.06 [24, 26] enthalten.

### 5.7.3 Querungen

Querungen sind Tragwerke unterhalb von Gleisanlagen, die in anderen Bauwerken einen Durchgang oder eine Durchleitung ermöglichen. Es können Durchlässe, Rohrleitungen, die in der Regel Fließgewässer oder Abwasser durchleiten, oder auch Kabelquerungen mit kleinem Durchmesser (< 200 mm) sein. Während Rohrleitungen grabenlos mit Rohrvortriebsverfahren oder im offenen Graben hergestellt werden können, werden neue Durchlässe oft im Aushubverfahren und abschließender Bodenauffüllung eingebaut. Rohrförmige Leitungen haben in der Regel einen Kreisquerschnitt und können offen oder mit Anschlussschächten versehen sein. Die Rohre bestehen aus Stahl, Stahlbeton oder Kunststoffen (Abb. 5.26). Im Lastableitungsbereich der Bahn erweist es sich als nachhaltig, die Rohre mittels Beton zu ummanteln.

**Abb. 5.26** Durchlass aus Stahlbetonrohren mit gepflasterter Böschung

Durchlässe umfassen neben offenen Rohrleitungen auch rechteckförmige Stahlbetonrahmen. Sowohl im Eisenbahn- als auch Straßenbau werden im Bereich der Eisenbahninfrastrukturunternehmen DB InfraGO AG, ÖBB-Infrastruktur AG und SBB AG Tragwerke ab einer lichten Weite bzw. Stützweite von mehr als 2,0 m in der Regel nicht mehr als Durchlässe, sondern als Brücken eingestuft. Dies ist hinsichtlich Bemessung, Konstruktion, z. B. bei der Abdichtung, und/oder der Instandhaltung/Inspektion mit allgemein höherem Aufwand verbunden.

Zunehmend bedingen Anforderungen aus dem Hochwasserschutz und der damit verbundenen hydraulischen Absicherung für ein Referenzhochwasser, z. B. das hundertjährliche Ereignis, sowie der ökologischen Durchgängigkeit die Dimensionierung von neuen Durchlässen.

Querungen stellen bei den Bahnen einen großen Anteil der Bauwerke im Unterbau dar. So verfügt die DB InfraGO AG über 50.000 eigene Querungen, wozu nochmals eine fünfstellige Anzahl an Bauwerken Dritter kommen, die nicht in der Unterhaltungspflicht des Infrastrukturunternehmens liegen. Im Streckennetz der ÖBB-Infrastruktur AG existieren mit Stand Dezember 2022 annähernd 6500 Stück Durchlässe, die dem Unterbau zugeordnet sind.

Durchlässe und Leitungsquerungen sind für die Anwendung im Streckennetz der ÖBB-Infrastruktur AG im Regelwerk 09.09 [27] enthalten.

## 5.8 Inspektion und Instandhaltung von geotechnischen Unterbauanlagen

Alle Bauwerke und Bahnanlagen sind nach den gesetzlichen Vorgaben sowie nach den Vorgaben des jeweiligen Eisenbahninfrastrukturbetreibers zu unterhalten, wozu auch die turnusmäßige Inspektion gehört (Deutschland: Allgemeines Eisenbahngesetz AEG, Schweiz: Eisenbahngesetz EBG, Österreich: Eisenbahngesetz EisbG). Die Inspektionen sind erforderlich, um den Istzustand und den Verschleißvorrat der Anlagen zu erkennen sowie sich daraus ergebende Maßnahmen für Wartung und Instandsetzung festlegen zu können. Grundsätzlich sollen Instandhaltungsmaßnahmen die Verfügbarkeit, Tragfähigkeit und Gebrauchstauglichkeit der Bauwerke sicherstellen. Dies betrifft alle Bauwerke, nicht nur die geotechnischen. Es handelt sich hierbei um originäre Aufgaben eines Infrastrukturbetreibers.

Inspektionen werden nach gängiger Definition (siehe u. a. DIN 31051) [28] neben der Wartung und Instandsetzung zur Instandhaltung gezählt.

Inspektionen sind je nach Bauwerksbedeutung hinsichtlich der Auswirkungen im Falle eines Versagens und der Beurteilungstiefe mehrstufig aufgebaut. Sie haben bei DB InfraGO AG, ÖBB-Infrastruktur AG und SBB folgendes Schema bzw. Inhalte und Regelfristen (Ril 836.8001, Regelwerk 06.01.03 der ÖBB-Infrastruktur AG, SBB-Unterhaltsrichtlinie Erdbauwerke):

- **Überwachung**: im Zuge von Gleisbegehungen (DB InfraGO AG) bzw. der augenscheinlichen Kontrolle (ÖBB-Infrastruktur AG) oder laufenden Beobachtung (SBB) der vom Gleis einsehbaren Anlagen; je nach Streckenbedeutung alle 2 bis 12 Monate
- **Untersuchungen bzw. Beobachtungen** (SBB): objektkonkrete Prüfung des äußerlich erkennbaren Zustandes eines Bauwerkes mit Schadensbefundung, alle 1 oder 3 Jahre bei der DB InfraGO AG und i. Allg. 4 oder 5 Jahre bei der ÖBB-Infrastruktur AG, i. d. R. vom Anlagenverantwortlichen, bei der SBB für Stützbauwerke jährlich.
- **Begutachtungen bzw. Hauptinspektionen** (SBB): objektkonkrete Feststellung des Bauwerkszustandes, bei der DB InfraGO AG für ausgewählte Bauwerke alle 6 Jahre (ersatzweise für die Untersuchung) durch Fachbeauftragten (Abb. 5.27), bei der ÖBB-Infrastruktur AG bedarfsweise nach Untersuchungen durch Spezialisten, bei der SBB je nach Risikoklassenzuordnung alle 6 oder 12 Jahre durch Spezialisten.

► **Anmerkungen** Die Inspektionsinhalte der Bahnen sind nicht deckungsgleich. So wird z. B. eine ausführliche Zustandsbeschreibung bei der ÖBB-Infrastruktur AG im Rahmen der Untersuchung, bei der DB

**Abb. 5.27** Beispiel eines schadhaften, im Rahmen einer Begutachtung inspizierten Durchlasses (Foto: U. Wedler)

**Abb. 5.28** Beispiel eines Dammes mit im Randweg beginnender Böschungsrutschung (Foto: D. Sack)

InfraGO AG nur bei einer Begutachtung durchgeführt. Die Risikoklassenzuordnung für Erdbauwerke der SBB ist abhängig von Gleisbelastung, Untergrund, Böschungsneigung und Fahrbahnqualität, bei Stützbauwerken u. a. von Höhe, Sichtfläche und Abstand Gleis. Bei der DB InfraGO AG werden die Bauwerke in Bauwerksklassen eingestuft, die nach potentieller Versagensauswirkung, Höhe und Böschungsneigung (Erdbauwerke), lichte Weite zu Überschüttungshöhe (Durchlässe) und Höhe und Abstand zum Gleis (Stützbauwerke) abgestuft sind. Nur die höchste Bauwerksklasse (Klasse 3) wird begutachtet.

Darüber hinaus gibt es Sonderinspektionen, z. B. nach außergewöhnlichen Ereignissen wie Hochwasser, Rutschungen (Abb. 5.28) oder ähnlichen Naturgefahrenereignissen. Die Inspektionen werden vom qualifiziertem Fachpersonal, Techniker oder Meister der jeweiligen Fachrichtung (z. B. Gleisbau oder Unterbau) oder vergleichbar durchgeführt; bei der DB InfraGO AG sind die Untersuchungen und Begutachtungen Ingenieuren vorbehalten. In einem festgestellten Schadensfall mit Auswirkungen auf die Stand- und/oder Betriebssicherheit sind unverzüglich Maßnahmen einzuleiten; ggf. ist eine Gleissperrung anzuordnen. Anschließend ist das Bauwerk wieder instandzusetzen (Abb. 5.29). Vergleichbare Bestimmungen gelten für die Anlagen im Streckennetz der ÖBB-Infrastruktur AG.

Bei den Untersuchungen oder Begutachtungen werden die Bauwerkszustände in einem vier- oder fünfklassigen System bewertet. Je nach Umfang und Auswirkung der Schäden und Mängel werden die Bauwerke in Zustandskategorien (DB InfraGO AG) oder Anlagenzustandsklassen (ÖBB-Infrastruktur AG) eingestuft. Die daraus abzuleitenden Maßnahmen richten sich hinsichtlich ihrer Dringlichkeit und ihres Umfanges nach der prognostizierten, qualitativen Zustandsentwicklung und der Wirtschaftlichkeit. Rechnen sich Instandsetzungsmaßnahmen bei Berücksichtigung der Lebenszykluskosten für einen schlechten Bauwerkszustand nicht mehr, so wird im Regelfall eine Erneuerung oder ein Neubau erforderlich.

Ein geeignetes Hilfsmittel für die Identifizierung von Unterbauschäden im Allgemeinen und von allenfalls versagenden Bauwerken unter Gleisen im Besonderen stellen Gleismessfahrten und deren Auswertung der aufgezeichneten Gleislageveränderungen dar. Vor allem langewelligere Längshöhenfehler im 10er-Meter-Bereich können Hinweise dazu geben.

Die Instandhaltung hat sicher zu stellen, dass die Sicherheitsrisiken eines Bauwerkes (Stand-, Betriebs- und Verkehrssicherheit) auf ein tolerierbares Maß reduziert werden, um der gesetzlich vorgesehenen Betreiberverantwortung eines Infrastrukturunternehmens nach zu kommen.

**Abb. 5.29** Beispiel eines Stützbauwerkes im Schadensfall und nach der Instandsetzung (Fotos: D. Sack)

## 5.9 Geotechnische Besonderheiten – Maßnahmen zur Vermeidung von Untergrund- und Dammversagen anhand von Fallbeispielen

### 5.9.1 Allgemeines

Das gegenständliche Kapitel umfasst verschiedene Fallbeispiele in den Streckennetzen der ÖBB-Infrastruktur AG und der DB InfraGO AG.

Es sollen ausgewählte geotechnische Besonderheiten sowie Maßnahmen aufgezeigt werden, um präventiv Untergrund- und Dammversagen im Eisenbahnbetrieb frühzeitig zu erkennen und entsprechend entgegen wirken zu können.

### 5.9.2 Geotechnische Risikoanalyse im Streckennetz der ÖBB-Infrastruktur AG

Im Rahmen eines Strecken-Monitorings, genannt „Geotechnische Risikoanalyse", im Streckenabschnitt zwischen Wien Westbf. und St. Pölten Hbf. im Bereich des Wienerwaldes wurde im Jahr 2008 festgestellt, dass einzelne Bahndammabschnitte durch äußerst ungünstige Untergrundverhältnisse gekennzeichnet sind. Die Dammhöhen erreichen Abmessungen bis zu ca. 18 m über der umliegenden Geländeoberkante. Folglich wurden bedarfsbezogene Maßnahmen an diesen Erdbauwerken zur weiteren Gewährleitung der Standsicherheit kurz- bis mittelfristig erforderlich. Aufgrund des hohen Alters dieser Dammabschnitte von bis zu ca. 165 Jahren und der immer weiter angestiegenen Belastungen in Form von erhöhten Zugfrequenzen, Geschwindigkeiten und Achslasten wären örtliche „Ermüdungserscheinungen", verbunden mit plötzlichem Materialversagen der Dämme in Form von Dammbrüchen oder Dammrutschungen, möglich gewesen. Daraus resultierende Gleisverwindungen und mögliche Entgleisungen hätten im ungünstigsten Fall die Folge sein können. Derartige Dammbrüche oder Dammrutschungen kündigen sich in der Regel nicht an, sodass in diesen Fällen durchaus keine rechtzeitigen Gegenmaßnahmen vor dem unmittelbaren Schadensereignis hätten getroffen werden können.

Da seinerzeit nicht ausgeschlossen werden konnte, dass im Bereich des bundesweiten Stre-

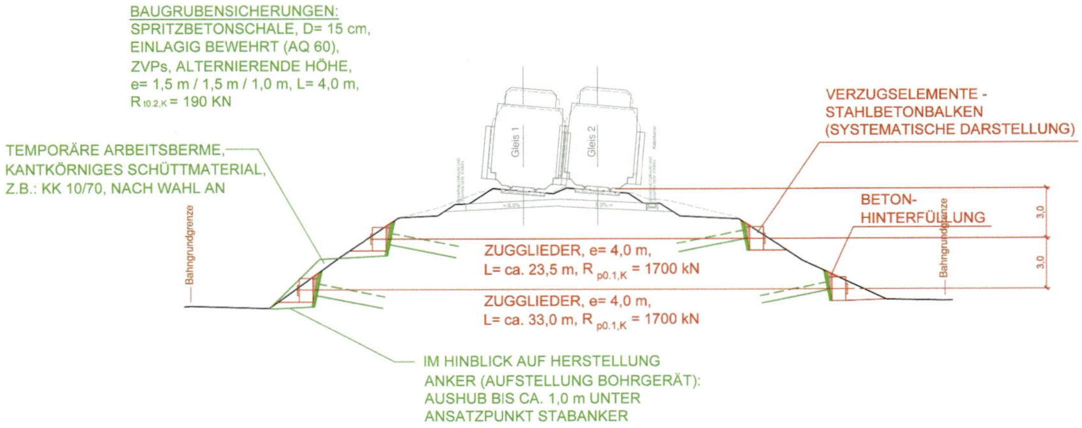


**Abb. 5.30** Beispiel eines Funktionsprinzips der Dammverspanung (Quelle: Dr. Peter Waibel ZT-GmbH)

ckennetzes auch für weitere bestehende Bahndämme eine ähnliche Problematik existiert, war es erforderlich, dieses geotechnische Strecken-Monitoring an weiteren vergleichbaren Abschnitten durchzuführen. Ein derartiges geotechnisches Strecken-Monitoring bedingt einen entsprechenden Untersuchungsaufwand, bei dem die Verformungen von Bahndämmen in regelmäßigen Abständen gemessen werden. Je nach Größe dieser Verformungen können in Kombination mit den vorherrschenden Untergrundverhältnissen präventive Baumaßnahmen wie beispielsweise Dammvernagelungen, Stützkörper oder Entwässerungsmaßnahmen bedarfsgerecht und vor allem frühzeitig abgeleitet, geplant und umgesetzt werden, sodass neben der Steigerung der Betriebssicherheit auch die Streckenverfügbarkeit optimiert werden kann.

Dieses geotechnische Strecken-Monitoring wird in zwei aufeinander folgenden, zeitlich verschränkten Phasen durchgeführt:

**Phase 1 – Geologische Kartierung**

Um das mögliche Gefährdungspotential von Dammbrüchen sowie Rutschungen und das Erfordernis von vertieften geotechnischen Untersuchungen (Phase 2) beurteilen zu können, wird in der Phase 1 eine geologisch/geotechnische Erstkartierung der ausgewählten Streckenabschnitte samt Risikoeinstufung der Bereiche durchgeführt. Ein besonderes Augenmerk liegt dabei in der Feststellung von: Wasseraustritten, Rissen und kleinräumigen Abrutschungen der Böschungsoberfläche, Säbelwuchs von Bäumen, Schäden an Bahnanlagen.

**Phase 2 – Vertiefte geotechnische Untersuchungen**

Aufbauend auf den Ergebnissen der Phase 1 werden in einzelnen Abschnitten vertiefte geotechnische Untersuchungen in Form von Schürfen, Bohrungen, Einbau von Inklinometermessstellen und geodätische Verformungsmessungen sowie regelmäßige Nachkartierungen je nach geotechnischer Erfordernis bedarfsgerecht durchgeführt. Der wesentliche Punkt liegt dabei in der Abklärung von möglichen Versagensszenarien des Bahndammes. Die Festlegung von notwendigen baulichen Maßnahmen erfolgt je nach anstehen-

**Abb. 5.31** Foto der Dammverspanung (Foto: J. Stern)

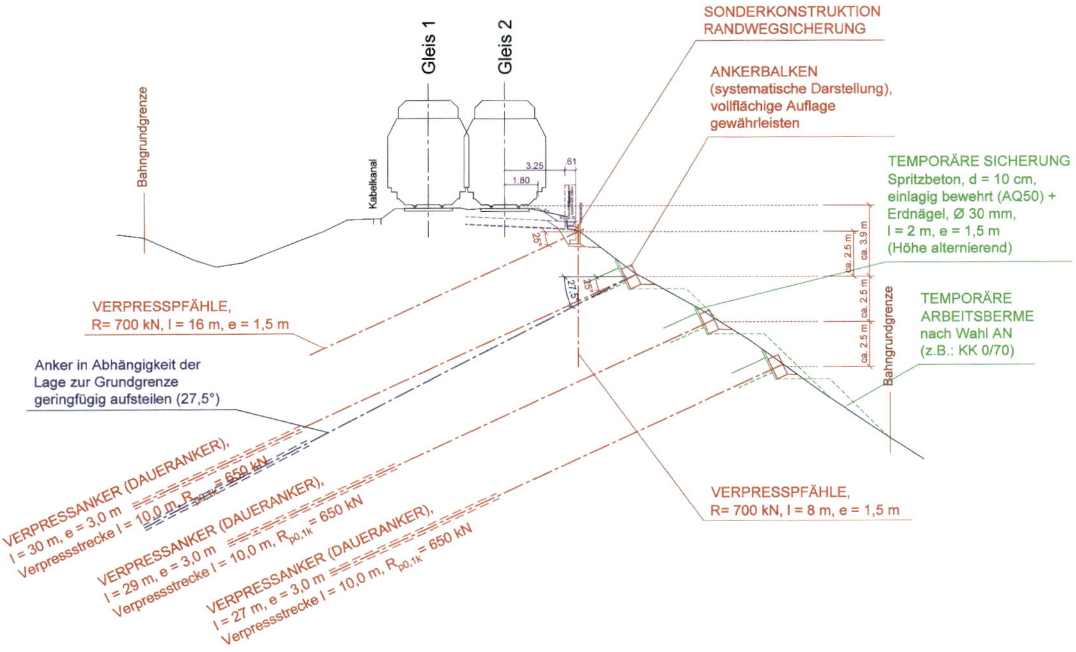


**Abb. 5.32** Funktionsprinzip der Dammverstärkung mittels Verpressanker (Quelle: Dr. Peter Waibel ZT-GmbH)

den Untergrundverhältnissen sowie nach zeitlichem Verlauf und Größe der gemessenen Verformungen.

## Maßnahmenplanung und Maßnahmenumsetzungen

Auf Basis dieser vertieften geotechnischen Untersuchungen wurden bereits mehrere Bahndammabschnitte verstärkt bzw. gesichert. Die Abb. 5.30 und 5.31 zeigen das gegenseitige Verspannen der Dammböschungen.

**Abb. 5.33** Foto der Dammverstärkung mittels Verpressanker (Foto: Dr. Peter Waibel ZT-GmbH)

Die Abb. 5.32 und 5.33 beinhalten eine Dammverstärkung mittels Verpressankern, um ein mögliches Dammversagen entlang einer Gleitfläche zu verhindern.

### 5.9.3 Fahrweggründung bei der DB InfraGO AG

Die Strecke 1522 Oldenburg–Wilhelmshaven verläuft im Nordwesten Niedersachsens und verbindet die Hafen- und Marinestadt Wilhelmshaven mit der kreisfreien Stadt Oldenburg. Sie wurde 1867 eingeweiht und war bis zum 2. Weltkrieg zweigleisig. Im Zuge des Baus des JadeWeser-Ports als einzigen deutschen Tiefsee-Containerhafen, der 2012 in Betrieb ging, wurde auch frühzeitig der Ausbau und die Ertüchtigung der 52 km langen Bahnstrecke geplant. Zusammen mit den Strecken 1540 (Sande–Jever) und 1552 (Nordstrecke zum JadeWeserPort) bilden sie als ABS Oldenburg–Wilhelmshaven die Seehafenhinterlandanbindung, die etwa 68 km lang ist. Hierzu

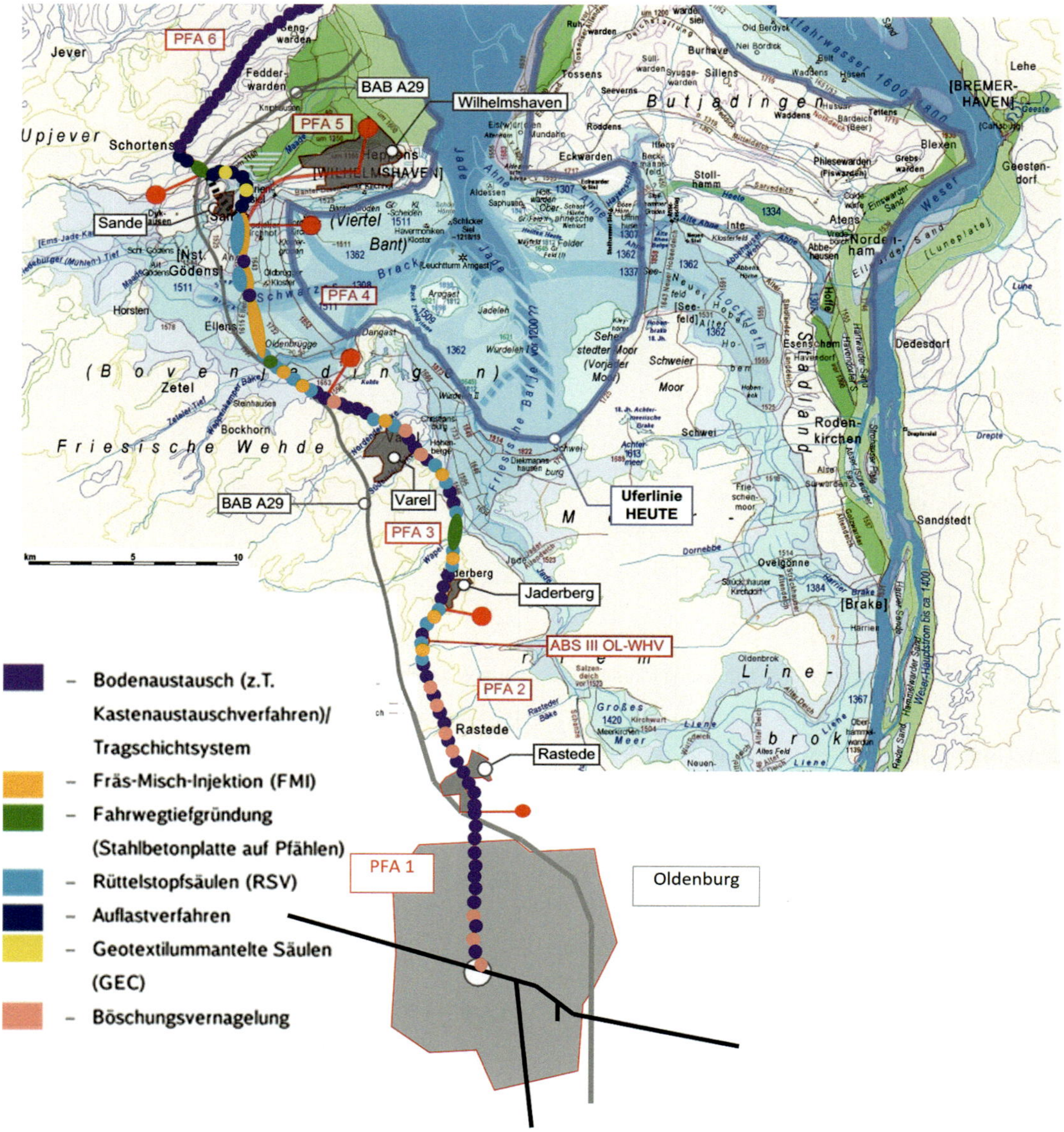


**Abb. 5.34** ABS Oldenburg–Wilhelmshaven mit angewendeten Fahrweggründungs- und Unterbauverbesserungsmaßnahmen [29]

ist neben der Wiederherstellung der Zweigleisigkeit die durchgehende Elektrifizierung, der Bau von Lärmschutzwänden und der Ausbau für eine Streckengeschwindigkeit von 120 km/h vorgesehen. Der Ausbau der Strecke begann Anfang der 2000er Jahre und ist größtenteils abgeschlossen. 2023 wurden noch Restarbeiten durchgeführt.

Das nordwestliche Gebiet Deutschlands ist geologisch geprägt durch glaziale und fluviatile Ablagerungen der letzten Eiszeit mit schluffig-sandigen Sedimenten, die bereichsweise mächtige Klei-Torfschichten enthalten. Diese Abschnitte hatten aufgrund ihrer äußerst geringen Tragfähigkeit und des hohen Verformungspotentials bereits in früheren Zeiten immer wieder zu Gleislageproblemen mit aufwendigen Instandhaltungsarbeiten geführt. Zur Sicherstellung der Verfügbarkeit wurde daher beschlossen, diese

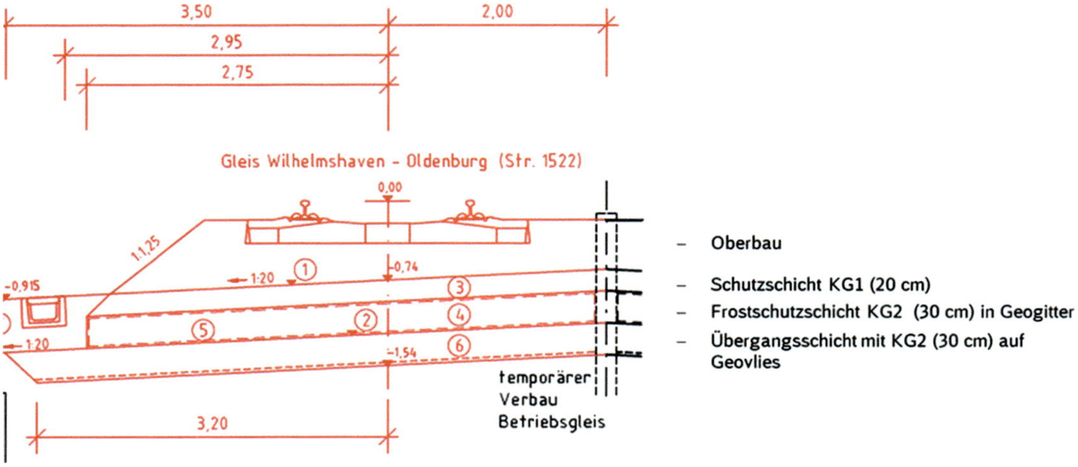


**Abb. 5.35** Querschnitt eines geogitterbewehrten Tragschichtsystem [29]

**Abb. 5.36** Geogittereinbau der mittleren Tragschichtlage (Foto: O. Niebling)

Weichschichtbereiche tiefgründig zu verbessern bzw. Fahrweggründungen durchzuführen. Die Abb. 5.34 gibt einen Überblick über die angewendeten geotechnischen Verfahren sowie die lagemäßige Verteilung.

Im Einzelnen kamen folgende geotechnische Maßnahmen zum Einsatz [30]:

### Geogitterbewehrtes Tragschichtsystem (verstärkte Planumsschutzschicht)

Die Tragschichten können mittels Lagen aus Geogittern und/oder Geoverbundstoffen konstruktiv bewehrt werden, so dass sie eine bessere Lastverteilung ermöglichen und die auftretenden Verformungen reduzieren. Durch diese Verstärkung lassen sich je nach geotechnischen Randbedingungen tiefreichende Ertüchtigungs- bzw. Verbesserungsmaßnahmen vermeiden. Diese Methode wurde als Baustandard auf der Strecke umgesetzt. Als Beispiel ist in Abb. 5.35 und 5.36 das mehrlagige System aus Tragschichten und Geokunststoffen dargestellt.

### Kasten-Bodenaustauschverfahren

Dieses Verfahren ist in einem Teilbereich (Bau des Überholgleises Bf Ölweiche, rd. 1 km Länge) auf dem Streckenabschnitt zum JadeWeser-Port umgesetzt worden. Die mittlere Verbesserungstiefe lag bei 4,0 m unter Erdplanum. Es handelt sich dabei um ein Bodenaustauschverfahren, dass im Schutze eines vibrierend eingebrachten Großkastens (3,0 m × 1,5 m) erfolgt. In diesem im Untergrund eingebrachten Kasten wird der Boden mittels Bagger ausgehoben und durch neues, geeignetes Schüttmaterial, z. B. ein Kiessandgemisch, ersetzt (Abb. 5.37). Anschließend wird der Kasten wieder vibrierend gezogen, so dass sich das Schüttmaterial verdichtet. Ggf. kann noch mit Stahlträgern, die in den Austauschboden gerüttelt und wieder gezogen werden, die Verdichtung verbessert werden. Je Gleis werden die Austauschbereiche so angeordnet, dass der Bodenaustauch abwechselnd nebeneinander und anschließend vorsetzend in Längsrichtung erfolgt. Systembedingt sind Nachteile des Verfahrens vorgegeben. So sind durch das

**Abb. 5.37** Kasten-Bodenaustauschverfahren beim Aushub des Rüttelkastens (Foto: O. Niebling)

**Abb. 5.38** Herstellen der Rüttelstopfsäulen (Foto: O. Niebling)

Einbringen des Großkastens Beeinflussungen des Nachbargleises nicht auszuschließen. Zudem besteht je nach den Grundwasserverhältnissen beim Aushub die Gefahr eines hydraulischen Grundbruches, so dass die Austauschsohle gestört ist und damit ein qualifizierter Aufbau des Austauschmaterials nur eingeschränkt möglich ist. Können diese Nachteile ausgeschlossen werden bzw. kommen sie nicht zum Tragen, ist das Kastenaustauschverfahren ein relativ schnelles und unter wirtschaftlichen Gesichtspunkten eine interessante Untergrundverbesserungsmethode.

**Rüttelstopfverdichtung**

Bei der Rüttelstopfverdichtung kommen überwiegend Schleusenrüttler, die an einer Tragraupe mäklergeführt werden, zum Einsatz (Abb. 5.38). Der Rüttler wird senkrecht in den Boden vibriert, wobei der Boden seitlich verdrängt wird, und nach Erreichen der Endtiefe unten geöffnet. Dabei wird Zugabematerial abgegeben und im Pilgerschrittverfahren, indem der Rüttler abwechselnd hochgezogen und heruntergefahren wird, verdichtet. So entstehen Stopfsäulen bis zur Höhe des Arbeitsplanums. Als Zugabematerial wird i. Allg. ein Kies- oder Schottergemisch verwendet. Die Säulen haben Durchmesser von ca. 0,5 bis 0,8 m und werden im quadratischen oder dreiecksförmigen Raster mit Achsabständen von 1 bis 2 m hergestellt. Die Abstände richten sich nach der Verbesserungswirkung, die gegenüber dem unverbesserten Boden erreicht werden soll. Diese Methode wurde bspw. in Übergangsbereichen zwischen unterschiedlichen Verbesserungsverfahren (Übergang FMI-Bereichen zu geogitterbewehrten Tragschichten) ausgeführt.

**Geotextilummantelte Sandsäulen**

Geokunststoffummantelte Sandsäulen (GEC = geotextile encased columns) sind ein flexibles Ertüchtigungssystem und in Deutschland als Fahrwegtiefgründungsverfahren der Strabag AG durch das Eisenbahn-Bundesamt zugelassen. In einem bestimmten Raster (1,5 bis 2,5 m) wird mittels schwerer Baggergeräte ein unten offenes Stahlrohr vibrierend und drehend bis zur Unterkante der zu ertüchtigenden Weichschicht niedergebracht. Der Boden innerhalb des Rohres wird mit einer Bohrschnecke ausgehoben. Anschließend wird ein unten geschlossener Geotextilstrumpf in das Rohr abgelassen und mit einem Sand- oder Kiessand-Gemisch aufgefüllt. Durch das Vibrieren beim Rohrziehen wird die Sandfüllung verdichtet. Oberhalb des Arbeitsplanums, d. h. ab Oberkante der Geotextilsäulen, wird ein mehrfach geokunststoffbewehrtes Tragschichtsystem zur Lastverteilung aufgebaut. In der Regel benötigt das System eine Vorbelastung durch Überschüttung. Durch die vertikale Last verformen sich die Geotextilsäulen, indem sich ihr Querschnitt vergrößert. Diese Verformungen nehmen die Setzungen durch Verkehrslasten vorweg und reduzieren damit die während der späteren Betriebsphase der Strecke zwangsläufig auftretenden Verformungen. Die Dehnungen des Geotextils und die Bettungsreaktionen der umgebenden Weichschicht lassen sich berechnen. Bedingt durch das Geotextil wird gegenüber Rüttelstopfsäulen ein Eindringen des Mineralstoffgemisches in den seitlichen Boden, und damit ggf. der Verlust der Tragfähigkeit der einzelnen Säule, verhindert. Somit können mit diesem Verfahren auch Weichschichten mit sehr geringer undrainierter Scherfestigkeit von 3 bis 15 $kN/m^2$ ertüchtigt werden.

Im Bereich der Umfahrung Sande (Str 1540) sind vier Abschnitte mit dem Verfahren ertüchtigt worden.

**Auflastverfahren mit Vertikaldrains**

Bei diesem Verfahren wird eine temporäre Auflast durch Überschüttung mit mineralischen Schüttstoffen hergestellt. Dadurch werden Setzungen im Untergrund erzeugt, die die späteren Verformungen während der Nutzungsdauer vorwegnehmen bzw. reduzieren. Um den Vorgang zu beschleunigen, werden zudem Vertikaldrainagen aus Sandsäulen oder Kunststoffdrains eingebracht, die zur Entwässerung der schlecht durchlässigen Weichschichten führen. Damit werden den Setzungen entgegen wirkende Porenwasserdrücke abgebaut, so dass die Verformungen schneller eintreten können und die Konsolidationszeit kürzer ist. Dieses Verfahren ist nur möglich, wenn die zeitlichen und räumlichen Randbedingungen es gestatten, also vornehmlich bei neuen Gleistrassen.

Auf einem neu zu errichtenden Abschnitt der Strecke 1540 (Sande–Jever) ist ein ca. 6 m hoher Damm geschüttet worden, der messtechnisch instrumentiert wurde (Porenwasserdruckmessgeber, Horizontalinklinometer, Setzungspegel) (Abb. 5.39). Die Vertikaldrainagen bestanden aus Kunststoffdrains im Dreieckrastermaß von 0,8 m [31]. Die Liegezeit des Dammes betrug 450 Tage [30]. Während dieser Zeit sind Setzungen von bis zu 1,7 m aufgetreten.

**Abb. 5.39** Auflastschüttung mit Messinstrumentierung (Foto: J. Heine-Seela)

**Stahlbetonplatte auf Pfählen**

Bei dieser Variante einer Fahrwegtiefgründung wird eine Stahlbetonplatte mit bewehrten Pfählen gegründet. Die Platte wird mit einer Tragschicht bzw. Planumsschutzschicht überdeckt und der standardmäßige Schotteroberbau aufgebaut. Die Pfähle können als Bohr- oder Rammpfähle ausgebildet werden. Auf der ABS Oldenburg – Wilhelmshaven kamen beide Varianten zum Einsatz. Diese Fahrweggründungsart ist dort umgesetzt worden, wo die Weichschichtmächtigkeiten besonders groß waren und andere Ertüchtigungsvarianten an ihre Anwendungsgrenzen gestoßen sind.

Südlich von Varel ist dieses im Projekt mehrfach angewendete Verfahren 2012 auf einer Länge von 1,5 km (längster Abschnitt) umgesetzt worden (Abb. 5.40). Die Stahlbetonplatte ist 70 cm dick und 10,6 m breit. Es kamen 888 Rammpfähle (zweiteilige Stahlbetonfertigteilpfähle mit Kupplung, Abmessungen 45/45 cm) mit Längen von 20 bis 23 m zum Einsatz [30].

In einem Teilbereich musste aufgrund eingeschränkter Baufreiheit durch eine 110 kV-Freileitung und ausgeprägt schwer rammbaren Beckenton die Ausführung von Ortbetonpfählen ($\varnothing$ = 60 cm, Längen = 24 bis 27 m) erfolgen.

**Abb. 5.40** Rammpfahlherstellung für die Fahrwegtiefgründung/Anschluss der Stahlbetonplatte an die Rammpfähle (Fotos: O. Niebling)

**Fräs-Misch-Injektionsverfahren (FMI)**

Das Verfahren ist in Abschn. 5.3.1.3 beschrieben.

Ein großer Anteil der Fahrwegtiefgründungsmaßnahmen auf der Strecke Oldenburg-Wilhelmshaven ist mit dem FMI-Verfahren durchgeführt worden. Insgesamt sind ca. 10 km Strecke beidgleisig ertüchtigt worden. Es wurden bis in den Tiefenbereich von im Mittel 4 bis 6 m die Klei-Torf-Wechsellagerungen verbessert. Entweder ist im kompletten Streckenquerschnitt ein durchgehender monolithischer Erdbetonkörper hergestellt worden (Einblocksystem) oder jeweils nur unter einem Gleis, um das zweite Gleis weiterhin als Betriebsgleis einsetzen zu können. Anschließend ist dann im zweiten Gleis das Verfahren eingesetzt worden. Verfahrensbedingt ist zwischen den Gleisbereichen ein nicht ertüchtigter, 0,5 m breiter Streifen verblieben (Zweiblocksystem, Abb. 5.41). Dieser Streifen ist im Nachgang bis ca. 0,7 m Tiefe mit zementhaltigen Überschussmassen konventionell ausgetauscht worden. Damit ist eine Abdichtung zu den verbliebenen, wasserempfindlichen Böden erreicht worden [29].

Die FMI-Körper stellen, trotz der Abdeckung mit einer 20 bis 30 cm dicken PSS-Lage, ein relativ hartes Gleisauflager dar. Um am Ende der jeweiligen Ertüchtigungsabschnitte einen allmählichen Steifigkeitsübergang zu den nicht ertüchtigten und weicheren Untergrundbereichen zu erreichen und damit Setzungsunterschiede auszugleichen, sind besondere tiefbautechnische Maßnahmen umgesetzt worden. Anfangs sind hierfür teilvermörtelte und unvermörtelte Rüttelstopfsäulen und mit zunehmendem Abstand vom Erdbetonkörper größer werdenden Rastermaß hergestellt worden. Darüber ist eine geogitterbewehrte Tragschicht eingebaut worden. Im Rückblick betrachtet erfüllte diese Vorgehensweise nicht vollständig die Anforderungen an eine Vergleichmäßigung der Setzungen. Für die späteren Maßnahmen im Übergangsbereich ist der FMI-Körper daher keilartig verzogen worden, wobei eine zweifach geogitterbewehrte Tragschicht auf 20 m Länge jeweils zur Hälfte überlappend auf dem Keil und dem nicht verbesserten Untergrund liegt. Diese Übergangskonstruktion hat sich unter Berücksichtigung des späteren Gleislageverhaltens im Gegensatz zur anfangs eingesetzten Variante bewährt.

**Vernagelung von Dammböschungen**

Teilweise erfolgte der Streckenausbau, indem vorhandene Dämme verbreitert worden sind. Aus Platzgründen oder zur Reduzierung des erforderlichen Grundstückerwerbs sind teilweise relativ steile Böschungen realisiert worden. In diesem Fall wurden die Böschungen mittels Vernagelung gesichert, so dass die Standsicherheit der Dämme gewährleistet ist. Im Raster von zwei auf zwei Meter werden Mikropfähle senkrecht zur Böschungsoberfläche hergestellt. Sie bestehen aus einem Stahltragglied, das in ein Bohrloch eingestellt und mit Zementmörtel verpresst wird

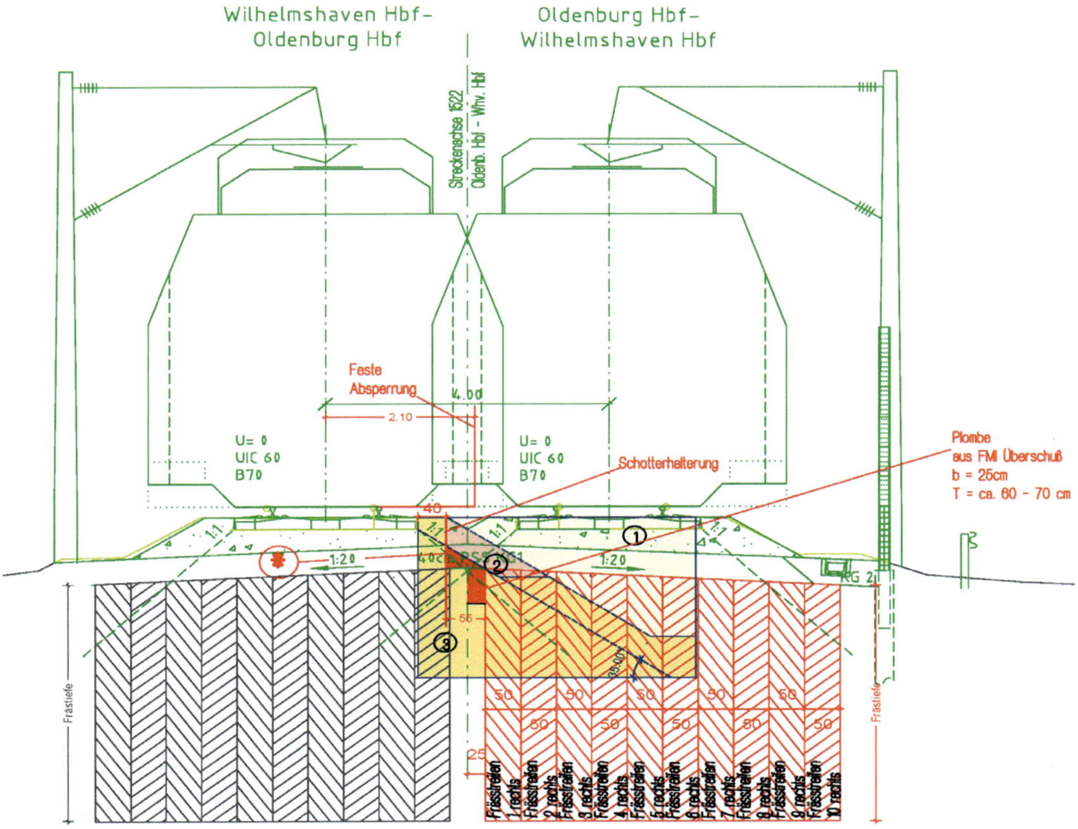


**Abb. 5.41** Herstellung von FMI-Körpern (Zweiblocksystem) unter zwei Gleisen [32]

**Abb. 5.42** Einbringen der Mikropfähle für die Böschungsvernagelung (Foto: O. Niebling)

(Abb. 5.42). Die Vernagelung verhindert die Ausbildung von tieferen Rutschungsflächen in den Böschungen. Außerdem ist ein Stahlnetz auf die Böschungsoberfläche aufgebracht worden, das durch die Kopfkonstruktion der Mikropfähle gehalten wird. Damit sollen Rutschungen und das Ableiten von oberflächlichem Bodenmaterial verhindert und die Ausbildung einer Vegetationsdecke unterstützt werden.

## Literatur


1. Regelwerk 09.02 – ÖBB-Infrastruktur AG; Regelwerk 09.02 – Tragschichten, Gestaltung der Randbereiche einschließlich Kabeltroglagen, Ausgabe 29. Nov. 2022
2. DIN EN ISO 14688-1 bzw. ÖNORM EN ISO 14688-1: Geotechnische Erkundung und Untersuchung – Benennung, Beschreibung und Klassifizierung von Boden – Teil 1: Benennung und Beschreibung; 2020-12
3. DIN 18196: Bodenklassifikation für bautechnische Zwecke; 2023-02
4. DIN EN ISO 14689 bzw. ÖNORM EN ISO 14689: Geotechnische Erkundung und Untersuchung – Benennung, Beschreibung und Klassifizierung von Fels; 2019-10

5. VOB, Teil C: Vergabe- und Verdingunsgordnung für Bauleistungen – Teil C: Allgemeine Technische Vertragsbedingungen für Bauleistungen (ATV) mit DIN 18300 bis 18315
6. ÖNORM B 2205: Erdarbeiten – Werkvertragsnorm; 2022-09
7. DIN 4020: Geotechnische Untersuchungen für bautechnische Zwecke – Ergänzende Regelungen zu DIN EN 1997-2; 2010-12
8. DIN 18300: Vergabe- und Verdingunsgordnung für Bauleistungen – Teil C: Allgemeine Technische Vertragsbedingungen für Bauleistungen (ATV) – Erdarbeiten; 2019-09
9. MvfG: Merkblatt über veränderlich feste Gesteine als Erdbaustoff, Forschungsgesellschaft für Straßen- und Verkehrswesen (FGSV) Nr. 566; 2021
10. Göbel C, Lieberenz K, Weisemann U (2022) Handbuch Erdbauwerke der Bahnen. pmc media
11. RVS 08.03.01 – Österreichische Forschungsgesellschaft Straße – Schiene – Verkehrs (FSV); RVS 08.03.01 – Erdarbeiten; Ausgabe 30. Juli 2021
12. RiF 83601: Richtlinienfamilie 83601 – Erdbauwerke und sonstige geotechnische Bauwerke planen, bauen und instand halten, DB Netz AG; Ausgabe 1. Mai 2022
13. ZTVE-StB: Zusätzliche Technische Vertragsbedingungen und Richtlinien für Erdarbeiten im Straßenbau, Forschungsgesellschaft für Straßen- und Verkehrswesen (FGSV) Nr. 599; 2017
14. Ril 836.4101: Erdbauwerke – Planung (technische Bearbeitung), DB Netz AG; Ausgabe 1. Febr. 2013
15. Ril 836.4105: Erdbauwerke – Planumsverbesserung, DB Netz AG; Ausgabe 1. Febr. 2013
16. R RTE 21110 – Verband öffentlicher Verkehr (VöV); R RTE 21110 – „Unterbau und Schotter" – Normalspur und Meterspur; Ausgabe 1. Sept. 2015
17. Ersatzbaustoffverordnung: Verordnung über Anforderungen an den Einbau von mineralischen Ersatzbaustoffen in technische Bauwerke (Ersatzbaustoffverordnung - ErsatzbaustoffV), 2021, BGBl I 2021, S 2598; 16. Juli 2021
18. Ril 836.4106: Übergänge zwischen Erd- und Kunstbauwerken, DB Netz AG; Ausgabe 1. Juli 2018
19. DIN EN 1997 bzw. ÖNORM EN 1997: Eurocode 7: Entwurf, Berechnung und Bemessung in der Geotechnik – Teil 1: Allgemeine Regeln; 2014-03 und Teil 2: Erkundung und Untersuchung des Baugrunds; 2010-08
20. DBS 918062 (889.0062): Technische Lieferbedingungen Korngemische für Trag- und Schutzschichten, DB Netz AG; Ausgabe Juli 2023
21. RVS 08.15.01 – Österreichische Forschungsgesellschaft Straße – Schiene – Verkehrs (FSV); RVS 08.15.01 – Ungebundene Tragschichten; Ausgabe 1. Mai 2017
22. Ril 836.4602: Entwässerungsanlagen – Streckenentwässerung, DB Netz AG, Ausgabe 1. Okt. 2008
23. RW 09.04 – ÖBB-Infrastruktur AG; Regelwerk 09.04 – Gestaltung und Dimensionierung von Entwässerungsanlagen; Ausgabe 25. Okt. 2023
24. Regelwerk 09.06 – ÖBB-Infrastruktur AG; Regelwerk 09.06 – Stützbauwerke und Baugrubensicherungen im Gleisbereich; Ausgabe 30. Apr. 2022
25. Ril 836.2001: Erdbauwerke – Einwirkungen und Widerstände, Einwirkungen, DB Netz AG; Ausgabe 1. Febr. 2013
26. RW 09.05 – ÖBB-Infrastruktur AG; Regelwerk 09.05 – Mauern; Ausgabe 30. Apr. 2022
27. RW 09.09 – ÖBB-Infrastruktur AG; Regelwerk 09.09 – Rohrdurchlässe und Leitungsquerungen inkusive Vorgaben für grabenlose Verfahren; Ausgabe 23. Nov. 2018
28. DIN 31051: Grundlagen der Instandhaltung; 2019-06
29. Heine-Seela J, Niebling O (2019) Herstellung durchgehende Zweigleisigkeit Neubau Bahnverlegung Sande. Vortrag auf der DB-Fachtagung für Tunnel und Erdbauwerke, Fulda, 07.11.2019–08.11.2019 (unveröffentlicht)
30. DB Netz AG Ausbaustrecke Oldenburg-Wilhelmshaven, Sonderbauverfahren, Projekthomepage. https://www.oldenburg-wilhelmshaven.de/sonderbauverfahren.html. Zugegriffen: 13. Aug. 2023
31. Heine-Seela J, Stahl M (2018) Effektive Planung und Ausführung auf komplexem Untergrund. Der Eisenbahningenieur, Heft 7/2018, DVV Media Group – Eurailpress, Hamburg
32. Niebling O, Polloczek J, Schielke P (2017) Bodenverbesserung mit dem FMI-Verfahren. Der Eisenbahningenieur, Heft 2/2017, DVV Media Group – Eurailpress, Hamburg

# 6 Eisenbahnbrücken, Tunnel und Ingenieurbauwerke

Tristan Mölter und Michael Fiedler

**Zusammenfassung**

Das Kapitel gibt einen Überblick über den Konstruktiven Ingenieurbau und den Tunnelbau. Vorweggestellt wird mit einem historischen Teil ein Einblick über die Entwicklung der verschiedenen Epochen und Baustoffe gegeben. Im Folgenden sind konstruktive Regeln sowie die Zusammenstellung über die erforderlichen Ausrüstungselemente zur Planung einer Eisenbahnbrücke ebenso Bestandteil wie die wichtigsten Lastansätze und Beanspruchungen. Auch der Tunnelbau wird kurz umrissen und dargestellt.

Denn die im Wissen der hier niedergeschriebenen Hinweise und Empfehlungen geplanten Ingenieurbauwerke dienen einzig dem Zweck, den Fahrweg immer dort unter Einhaltung der zulässigen Trassierungsparameter über Bäche, Täler, andere Verkehrswege oder auch durch Tunnel zu führen, wo ein Bahndamm allein nicht ausreicht.

T. Mölter (✉)
Brückenbau u. LS-Anlagen Technik, I.NAI 421, DB Netz AG, München, Deutschland

M. Fiedler
Konstruktiver Ingenieurbau, EBA, Hamburg, Deutschland

## 6.1 Definition Ingenieurbauwerke

Als Ingenieurbauwerke bezeichnet die DIN 1076 Brücken, Tunnel, Trogbauwerke, Stützbauwerke mit mindestens 1,5 m sichtbarer Höhe, Lärmschutzwände mit mindestens 2 m sichtbarer Höhe und Bauwerke, für die ein Einzelstandsicherheitsnachweis erforderlich ist, z. B. Regenrückhaltebecken und Schachtbauwerke.

## 6.2 Geschichte der Deutschen Eisenbahn

Die erste mit Lokomotiven betriebene Eisenbahn in Deutschland nahm 1835 den öffentlichen Personen- und Güterverkehr auf. Und dies bereits mit der bis heute üblichen Normalspur mit einer Spurweite von 1435 mm. Der Aufbau des Eisenbahnnetzes erfolgte anfänglich durch private Gesellschaften sowie bald auch durch Staatsbahnen.

Nach der deutschen Einigung von 1871 entstand in den einzelnen Bundesstaaten eine Reihe von staatlichen Länderbahnen. Die zahlreichen in dieser Zeit gebauten Privatbahnen bedienten in der Regel den Regional- und Nahverkehr. Nach dem Ersten Weltkrieg wurden die Länderbahnen vom Deutschen Reich übernommen und in der 1924 gegründeten Deutschen Reichsbahn-Gesellschaft zu einem einzigen Staatsunternehmen zusammengefasst, das den größten Teil des Eisenbahnverkehrs in Deutschland betrieb.



J. Holzfeind, J. Liu, F. Pospischil (Hrsg.), *Handbuch Eisenbahninfrastruktur*,
https://doi.org/10.1007/978-3-662-68960-8_6

Mit dem Ende des Zweiten Weltkrieges entstanden als Folge der deutschen Teilung mit der Deutschen Bundesbahn in der Bundesrepublik Deutschland sowie der Deutschen Reichsbahn in der DDR zwei Staatsbahnen. Nach der deutschen Wiedervereinigung 1990 wurden die beiden Staatsbahnen durch die Bahnreform am 01.01.1994 zum privatwirtschaftlichen Unternehmen in der Deutschen Bahn AG zusammengefasst. Privaten Bahnunternehmen (Eisenbahnverkehrsunternehmen – EVU) wurde damit ein diskriminierungsfreier Zugang zum Eisenbahnnetz verschafft sowie der Schienenpersonennahverkehr durch die Regionalisierung den Bundesländern übertragen.

## 6.3 Eisenbahnbrücken

### 6.3.1 Geschichte der Eisenbahnbrücken in Deutschland

1835 wurde der öffentliche Eisenbahnbetrieb in Deutschland aufgenommen. Im Zuge des Ausbaus des Streckennetzes in Deutschland sind auch Eisenbahnbrücken in wegweisender Art und Weise errichtet worden, die noch heute Meilensteine im Deutschen Eisenbahnbrückenbau darstellen. Die ersten Eisenbahnbrücken wurden aus Holz gebaut. Dabei überbrückte die erste große Eisenbahnbrücke auf der Strecke Leipzig–Dresden (Baujahr 1837 bis 1839) bei Riesa die Elbe. Der Baustoff Holz wurde später durch Stein und Stahl ersetzt, da diese Baustoffe in der Lage waren, die Beanspruchungen infolge der erhöhten Lasten und Geschwindigkeiten besser zu ertragen sowie die Anforderungen an die Dauerhaftigkeit besser zu erfüllen.

Dabei spielte der Baustoff Stein in Gewölbebrücken (Abb. 6.1) bis zu Beginn des 20. Jahrhunderts eine wesentliche Rolle.

Die Weiterentwicklung der Erzverarbeitung führte zur Entwicklung des Gusseisens. Hierbei wurde das Eisenerz in Tiegeln zum Schmelzen gebracht und in Blöcke gegossen. Diese Technologie legte den Grundstein für die gusseisernen Eisenbahnbrücken. Die ersten Brücken dieser Art

**Abb. 6.1** Gewölbebrücke

wurden um 1840 in Baden-Baden gebaut. Hierbei handelte es sich um Balkenbrücken, deren Träger T- oder U-förmige Querschnitte hatten. Wegen seiner spröden Materialeigenschaften eignete sich das Gusseisen aber nicht für längere Brücken.

Da es in der damaligen Zeit sehr viele Eisenbahngesellschaften gab, und diese über wenig Kapital verfügten, verzögerte sich der Ausbau der Infrastruktur. Auf der Suche nach der günstigsten Strecke von Leipzig über Plauen und Hof bis nach Nürnberg, beschloss die Sächsisch-Bayerische-Eisenbahn den Bau zweier großer Brücken; der Göltzschtalbrücke und der Elstertalbrücke. Die größere der beiden Brücken sollte dabei die Göltzschtalbrücke (bei Reichenbach im Vogtland) sein. Da die finanziellen Mittel begrenzt waren, entschied sich die Sächsisch-Bayerische-Eisenbahn zur Auslobung eines Preisgeldes für den besten Entwurf, bei welchem zwar eine große Anzahl einging, jedoch keiner der damaligen Ingenieurskunst entsprach. Der Leiter der Kommission, Professor Johann Andreas Schubert, entwarf daraufhin unter Berücksichtigung seiner eigenen Erfahrungen mit statischen Berechnungen selbst eine Lösungsmöglichkeit und verwendete dabei einzelne Anregungen aus den eingegangenen Vorschlägen und des bereits im Sommer 1845 fertiggestellten Viaduktes in Leubnitz. Damit wurde sie die erste nach statischen Gesichtspunkten bemessene Brücke der Welt. Der Planer sah als hauptsächlichen Baustoff Ziegel vor, weil in der Gegend große Lehmvorkommen vorhan-

**Abb. 6.2** Göltzschtalbrücke; Briefmarke

den waren und somit Ziegel kostengünstig und schnell beschafft werden konnten. Nur in einigen besonders stark beanspruchten Bauwerksteilen plante er die Verwendung von Granit.

Die Baustelle der Göltzschtalbrücke (Abb. 6.2) war für ihre Zeit außergewöhnlich. Nicht nur ihre Größe sondern insbesondere die mit der Ziegelbauweise erforderliche Baustellenlogistik war als äußerst komplex zu bezeichnen. So wurden täglich 50.000 Ziegel von fast 20 Ziegeleien entlang der Bahnstrecke gebrannt. Daneben benötigte allein das Baugerüst 23.000 Bäume. Die Göltzschtalbrücke war nach der Fertigstellung und Einweihung am 15. Juli 1851 die höchste Eisenbahnbrücke der Welt und ist heute immer noch die weltweit größte Ziegelbrücke.

Bereits wenige Jahre nach Einweihung der Göltzschtalbrücke wurden im Jahre 1857 drei richtungsweisende Eisenbahnbrücken in Betrieb genommen. Zum einen die Weichsel- und Nogat-Brücke bei Dirschau und zum anderen die Großhesseloher Brücke bei München (Abb. 6.3). Bei diesen Brücken handelt es sich um die größten zu dieser Zeit errichteten eisernen Eisenbahnbrücken in Deutschland. Die Großhesseloher Brücke wurde in den Jahren 1851 bis 1857 errichtet. Der Entwurf stammte von Friedrich August von Pauli, einem Ingenieur und Pionier des Eisenbahnbrückenbaus. Bereits der erste Entwurf sah einen zweigleisigen Betrieb vor. Die Eisenbahnbrücke hatte dabei eine getrennte Tragkonstruktion, welche durch Fachwerk-Linsenträger (sog. Pauli-Träger) gekennzeichnet waren. Am 31. Oktober 1857 war die Einweihung.

Die immer höher werdenden Achslasten der Züge erforderten, dass die Großhesseloher Brücke in den Jahren 1908, 1936, 1941 und 1961 immer wieder umgebaut werden musste. In den Jahren 1983 und 1984 wurde die alte Großhesseloher Brücke durch eine neue Brücke ersetzt. Erwähnenswert ist dabei, dass bei der Baumaßnahme die bisher längste Hilfsbrücke der Welt errichtet wurde. Um den Eisenbahnbetrieb aufrechtzuerhalten, wurde neben der bestehenden Großhesseloher Brücke eine SKB-Hilfsbrücke (Schaper-Krupp-Bundesbahn) über eine Länge von 330 m errichtet. Im Oktober konnte die neue Großhesseloher Brücke mit einer feierlichen Überfahrt mit

**Abb. 6.3** Großhesseloher Brücke bei München 1857

**Abb. 6.4** Rheinbrücke Kehl; 1861

einem Nachbau des historischen Adlers eingeweiht werden.

Zur gleichen Zeit der Ersterrichtung der Großhesseloher Brücke im Jahre 1857 breitete sich die Köln-Mindener Eisenbahngesellschaft im Westen Deutschlands immer mehr aus. Der Rhein bildete im aufstrebenden Westdeutschland eine Trennung zwischen wichtigen Handelszentren. Um die Waren leichter und zuverlässiger über den Rhein transportieren zu können, strebte die Eisenbahngesellschaft den Bau von Eisenbahnbrücken an. Dies waren im Jahr 1859 die beiden Rheinbrücken in Waldshut und Köln. Damit war der Eisenbahnverkehr zwischen dem westeuropäischen und dem mitteleuropäischen Schienennetz erschlossen.

Eine weitere bedeutende Brücke über den Rhein zwischen Deutschland und Frankreich ist die Brücke bei Kehl (Abb. 6.4). Der Baubeginn war 1858, die Inbetriebnahme erfolgte 1861. Die Brücke wurde zweigleisig ausgelegt und hatte eine Gesamtlänge von 235 m. Der mittlere Teil der Brücke bestand aus drei Feldern und hatte eine Länge von 177 m. Das Fachwerk wurde mit 6 m hohen Gitterträgern ausgebildet. Die Montage erfolgte durch den Einschub der Brücke in Gänze.

Nachdem Zustand und Kapazität der Brücke nicht mehr den heutigen Anforderungen gewachsen waren, wurde eine neue Brücke errichtet und im Jahre 2010 als neue Rheinbrücke Kehl in Betrieb genommen. Die neue Brücke gehört zum Transeuropäischen Netz und stellt damit einen entscheidenden Baustein auf der Achse zwischen Deutschland und Frankreich dar. Erwähnenswert ist, dass als Oberbauart die Feste Fahrbahn gewählt wurde. Damit wurde die Feste Fahrbahn erstmalig auf Stahlbrücken dieser Länge verwendet. Als Fahrbahnüberbrückungskonstruktion der Festen Fahrbahn im Übergang zwischen Brücke und Widerlager wurden sog. Ausgleichsplatten eingebaut, die die Bewegungen und Verformungen an der Trennfuge auf die zulässigen Grenzwerte reduzieren.

1862 wurde als weitere wichtige Verbindung die Rheinbrücke bei Mainz in Betrieb genommen. Und im Jahre 1863 war Baubeginn der weltweit ersten Eisenbahnschiffbrücke über den Rhein bei Maximiliansau, welche 1865 ihren Betrieb aufnahm. Im Norden von Deutschland wurde das Eisenbahnnetz mit der Inbetriebnahme der Hamburger Elbbrücken um 1872 immer großräumiger erschlossen.

**Abb. 6.5** Müngstener Brücke

Am Ende des 19. Jahrhunderts beherrschten die Ingenieure den Baustoff Stahl zunehmend. In dieser Zeit entstanden weitere herausragende Eisenbahnbrücken. So wurde 1893 mit dem Bau der Müngstener Brücke (Abb. 6.5) begonnen. Die Müngstener Brücke ist eine stählerne Bogenbrücke, die das Tal der Wupper mit einer Stützweite von 170 m bei einer Gesamtlänge von 465 m überspannt. Die Höhe der Brücke beträgt 107 m, was zur damaligen Zeit Weltrekord bedeutete. Das stählerne Tragwerk der Brücke wird von insgesamt etwa 950.000 Nieten sowie der Legende nach einem goldenen Niet zusammengehalten. Am 15.07.1897 fand die offizielle Einweihungsfeier der Brücke statt.

Ein weiteres herausragendes Ingenieurbauwerk ist die Hochbrücke Rendsburg (Abb. 6.6). Diese wurde zwischen 1911 und 1913 als beeindruckende Stahlkonstruktion erbaut. Sie ist ein wichtiges Bauwerk für die Nord-Süd-Verbindung, da sie den Nord-Ostsee-Kanal überspannt. Die Brücke hat eine Gesamtlänge von knapp 2,5 km. Der Nord-Ostsee-Kanal wird dabei mit einer Länge von 317 m und einer Höhe von 42 m überspannt. Insgesamt wurden damals 934.456 Niete verbaut, die die „Eisenstangen" der Brücke zusammenhalten.

**Abb. 6.6** Hochbrücke Rendsburg über den Nord-Ostsee-Kanal

Zu Beginn des 20. Jahrhunderts entwickelte sich die Stahl- und Betontechnologie immer weiter. Daraus ergab sich die Möglichkeit die günstigen Eigenschaften der beiden Baustoffe in einem Tragwerk zu nutzen. Die hohe Druckfestigkeit des Betons und die hohe Zugfestigkeit des Stahls werden in einem Verbundträger aus Be-

**Abb. 6.7** Walzträger in Beton (WIB-Brücke)

**Abb. 6.9** Mainbrücke Gemünden

**Abb. 6.8** Stahlbetonrahmen

**Abb. 6.10** Betongelenk

ton in der Druckzone und Stahl in der Zugzone kombiniert. Der sog. Walzträger in Beton (WIB) (Abb. 6.7) war entstanden. Damit war es möglich, kleine bis mittlere Stützweiten kostengünstig und schnell zu überbrücken.

In der ersten Hälfte des 20. Jahrhunderts wurde auch der Baustoff Zement weiterentwickelt sowie dessen Weiterverarbeitung zu Beton immer weiter verbessert. In dieser Zeit kamen die reinen Stahlbetonrahmen (Abb. 6.8) für kleinere Stützweiten in Mode.

Die Weiterentwicklung der Bautechnologien setzte sich nach dem 2. Weltkrieg weiter fort. So entstanden Vorspanntechniken, die den Spannbetonbau erst möglich machten.

Ein weiterer Höhepunkt des Eisenbahnbrückenbaus war die Errichtung der Maintalbrücke Gemünden (Abb. 6.9), die im Jahre 1983 in Betrieb ging. Die Eisenbahnbrücke hat eine Gesamtlänge von 793 m. Erwähnenswert ist, dass es sich bei der Eisenbahnbrücke lange Zeit um die weitgespannteste Eisenbahn-Spannbetonbrücke handelte. Zusätzlich darf nicht unerwähnt bleiben, dass sich am Fußpunkt der Festpunktpfeiler die größten jemals gebauten Betongelenke (Abb. 6.10) befinden. Diese Betongelenke haben Abmessungen von 0,40 m auf 6,60 m und sind für Auflasten von 120 MN dimensioniert.

### 6.3.2 Aktuelle Entwicklungen im Eisenbahnbrückenbau

Im Zuge des weiteren Ausbaus von Strecken und des Hochgeschwindigkeitsverkehrs scheint es notwendig, im Eisenbahnbrückenbau innovative Entwicklungen entgegen der bis dahin vorherrschenden Brückenbauphilosophie zu beschreiten. Neben den bewährten Bauweisen, wie Einfeldträger- und Durchlaufträgerketten, die in den Richtlinien und Richtzeichnungen des eisenbahntechnischen Regelwerks – insbesondere der Richtlinienfamilie 804 – beschrieben sind, werden in der letzten Zeit vermehrt neue Bauweisen mit dem Ziel errichtet, bei gleichbleibendem Zuverlässigkeitsniveau Kosten entweder durch Verringerung der Bauzeit, den verringerten Materialeinsatz oder einer Kombination aus beidem zu senken. Der folgende Abschnitt befasst sich beispielhaft mit vier Entwicklungen. Zum einen wäre dies die semi-integrale Bauweise, als zweites die Ausführung von stählernen Bogenbrücken mit einem Bogennetzwerk dann, die Standardisierung von Rahmenbauwerken und als viertem Trogbrücken mit dicken Blechen als Ersatz für zumeist innerstädtische Brücken mit geringer Bauhöhe.

#### 6.3.2.1 Talbrücken in semi-integraler Bauweise

Im Gegensatz zu konventionellen Brücken, kommen integrale Brücken ohne Lager und Dehnfugen aus. Über- und Unterbau werden zu einem monolithischen Tragwerk „gegossen". Das gesamte Bauwerk ist im Baugrund eingebettet und steht mit dem „Baustoff" Boden in Interaktion. Sorgfältig geplant, entstehen einfache robuste Konstruktionen, zu denen auch die typischen Rahmenbauwerke (Abb. 6.11 und Abschn. 6.3.2.3) zählen.

Beim Neubau des Verkehrsprojekts Deutsche Einheit Nr. 8 (VDE 8) wurde die semi-integrale Bauweise (Abb. 6.12) für einige Talbrücken gewählt. Zu diesen Brücken zählen die Unstruttalbrücke, die Scherkondetalbrücke (Abb. 6.13), die Grubentalbrücke, die Stöbnitztalbrücke oder auch die Gänsebachtalbrücke.

Semi-integrale Brücken stellen eine Mischform zwischen konventioneller und integraler Bauweise dar.

Bei der semi-integralen Bauweise wird eine gewisse Verformungsfähigkeit der Tragwerke angestrebt, um die Zwangsschnittkräfte in ihrer Größe zu begrenzen. Da das konzipierte Tragwerk aus gestalterischen Gründen relativ schlank und im Resultat deutlich verformungsfähiger ist als eine entsprechende konventionelle Eisenbahnbrücke, stellt die Betriebssicherheit der Fahrbahn einen der wesentlichen Aspekte bei der Beurteilung dar. Die absoluten Verformungen des integralen Tragwerks haben einen entscheidenden Einfluss auf die zusätzlichen Schienenspannungen. Dagegen sind konventionelle Einfeldträgersysteme mit ihren steifen Unterbauten in Bezug auf zusätzliche Schienenspannungen unproblematisch. Einerseits weist die Konzeption gestalterische Vorzüge auf, Bauwerksfugen sowie Lager als Verschleißteile werden minimiert, andererseits muss jedoch sichergestellt sein, dass die Anforderungen ebenso zuverlässig erfüllt

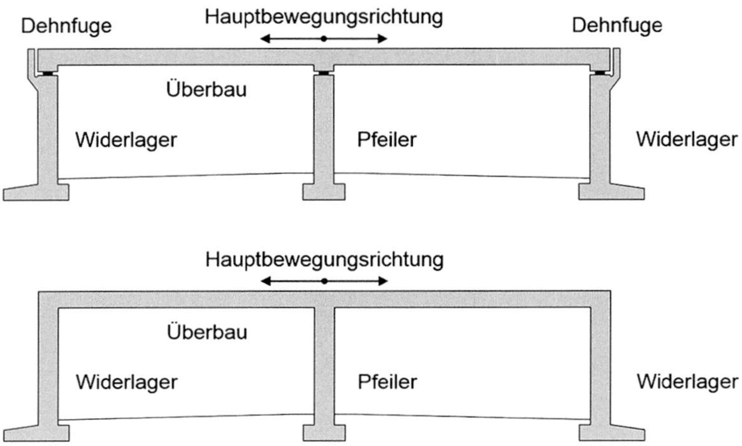


**Abb. 6.11** Konventionelle Bauweise (*oben*) und integrale Bauweise (*unten*)

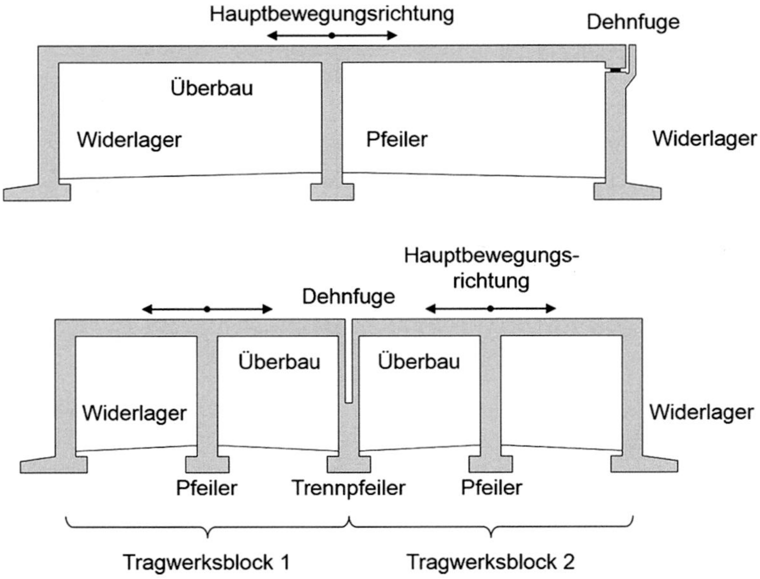


**Abb. 6.12** Semi-integrale Bauweise

**Abb. 6.13** Scherkondetalbrücke als semi-integrales Bauwerk

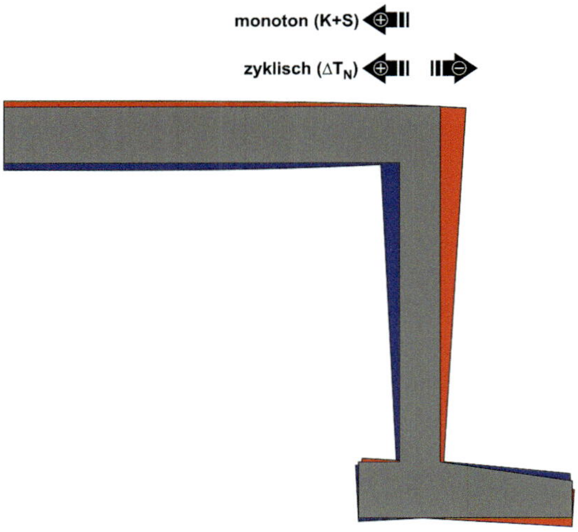


**Abb. 6.14** Temperaturverformungen einer Jahresscheibe (exemplarisch) sowie Verformungen aus Kriechen und Schwinden

**Abb. 6.15** Probebetonage eines Rahmenknotens der Gänsebachtalbrücke im Maßstab 1 : 1

werden, wie durch die konventionelle Bauweise. In diesem Zusammenhang sind insbesondere die deutlich geringeren Steifigkeiten der Unterbauten, der große Einfluss der Interaktion zwischen Baugrund und dem Brückentragwerk sowie der großen Temperaturverformungen zwischen monolithisch angeschlossenem Widerlager und der Hinterfüllung im Jahresgang (Abb. 6.14) gegenüber einer Eisenbahnbrücke in Regelbauweise zu beachten.

Ein ganz wesentlicher Vorteil ergibt sich hinsichtlich der Dauerhaftigkeit durch die Minimierung der Bauwerksfugen und den weitgehenden Verzicht auf Lager. Durch den durchlaufenden Überbau entstehen hinsichtlich der Tragsicherheit zusätzliche Systemreserven. Demgegenüber steht eine deutlich geringere Steifigkeit des integralen Bauwerks zur Begrenzung der Verformungen und der Schienenspannungen auf die zulässigen Werte, hinsichtlich ihrer Verträglichkeit mit der Festen Fahrbahn als Oberbaubauart. Gewisse Unsicherheiten ergeben sich bei der Ermittlung der Zwangsschnittgrößen, die direkt proportional zu den absoluten Steifigkeiten sind. Dies macht bei den Berechnungen aufwändigere, differenziertere und genauere Herangehensweisen mit Grenzwertbetrachtungen erforderlich, um die normgemäßen Anforderungen mit der gebotenen Zuverlässigkeit erfüllen zu können.

Dagegen können die zulässigen Verformungen und Schienenspannungen mit dem derzeitigen Standard im Eisenbahnbrückenbau als gelagerte Einfeldträger- oder Durchlaufträgerketten (konventionelle Bauweise) problemlos eingehalten werden. Im Falle einer erforderlichen Erneuerung sind sie einfacher zu ersetzen. Bei unvorhergesehenen Baugrundbewegungen können im Bereich der Lager Höhenkorrekturen vorgenommen werden. Dieser Fall dürfte bei einer sachgerecht geplanten und ausgeführten Tiefgründung jedoch eher unwahrscheinlich sein.

Der Erfahrungsbereich und auch der Anwendungsbereich sowohl der anerkannten Regeln der Technik als auch der Technischen Baubestimmungen wurde mit Errichtung semi-integraler Brücken, wie sie als Talbrücken auf der Strecke Nürnberg–Erfurt–Halle/Leipzig gebaut wurden, deutlich verlassen (Abb. 6.15).

Die Errichtung semi-integraler Brücken erfordert es daher, dass Aufsteller, Prüfer und Infrastrukturbetreiber sich deshalb zwingend bereits im frühen Planungsstadium mit den o. g. Fragestellungen beschäftigen müssen.

Die schlanke Bauweise – insbesondere der Unterbauten – gekoppelt mit der starken Abhängigkeit vom E-Modul, der Rissbildung und der Interaktion Bauwerk-Baugrund macht es notwendig, eine besonders sorgfältige Planung, Bemessung und Ausführung durchzuführen. Dabei ist auch ein deutliches Augenmerk auf die besondere Resonanzgefährdung und Quersteifigkeit schlanker Bauwerke zu richten. Der Aufwand bei Entwurf und Berechnung sowie die Anforderungen an den Aufsteller steigen. Denn es sind grundsätzlich Berechnungen am Gesamtsystem (Brückentragwerk und Baugrund) erforderlich und die statischen Berechnungen müssen in der Regel getrennt mit den oberen und unteren charakteristischen Werten für die Nachgiebigkeit der Gründung und deren Veränderung über die Zeit durchgeführt werden.

Den letzten Punkt betreffend, sind für das Ermitteln zutreffender Annahmen Parameterstudien nötig, z. B. zum Einfluss der Unterbausteifigkeiten beim (teilweisen) Übergang in den Zustand II. Konstruktiv stellen jedoch die Rahmenecken (Abb. 6.15) eine besondere Herausforderung an die bauliche Durchbildung und die Auswirkungen aus Temperatur + Kriechen + Schwinden auf die Hinterfüllung dar.

Bei der Beurteilung der Gleichwertigkeit des Bauwerks in semi-integraler Bauweise im Vergleich zum derzeitigen Standard im Eisenbahnbrückenbau muss beachtet werden, dass es sich jeweils um grundverschiedene Konzepte und Herangehensweisen handelt. So hat jede Konzeption ihre spezifischen Vor- und Nachteile. Letzten Endes kommt es darauf an, welche Bedeutung man den einzelnen Kriterien beimisst. Grundsätzlich sind die Bauwerke beider Konzeptionen so zu bemessen und zu konstruieren, dass die normgemäßen Anforderungen hinsichtlich Tragsicherheit, Dauerhaftigkeit und Gebrauchstauglichkeit aber auch hinsichtlich der Energieeinsparung bei Ausführung, Betrieb und Rückbau sowie der Ansprüche an die nachhaltige Nutzung natürlicher Ressourcen erfüllt werden.

Im Gegensatz zu Bauwerken in konventioneller Bauweise liegen hinsichtlich des Instandhaltungsaufwandes semi-integraler Bauwerke derzeit nur unzureichende Erfahrungswerte vor.

#### 6.3.2.2 Netzwerkbogenbrücken

Netzwerkbogenbrücken sind eine Sonderbauform der Stabbogenbrücken. Ihre Bezeichnung leitet sich von der Anordnung und Orientierung der Hänger zwischen Bogen und Versteifungsträger ab. Die Hänger liegen bei dieser Bauform schräg in der Bogenebene und kreuzen einander. So entsteht der typische Netzwerkbogen.

Eigentlich flossen in die Entwicklung des Netzwerkbogens die Überlegungen zu Stabbogenbrücken und Fachwerkbrücken ein. In Kombination der Vorteile entstand dieser als Sonderbauform der Stabbogenbrücken aber auch als Hybrid von Stabbogen- und Fachwerkbrücke (Abb. 6.16).

Durch das statisch optimierte Tragwerk kann bei wesentlich höherer vertikaler Steifigkeit gegenüber einer Stabbogenbrücke im Allgemeinen eine Reduzierung des Stahleinsatzes erreicht werden.

Erstmalig wurde 1963 die Fehmarnsundbrücke als kombinierte Straßen- und Eisenbahnbrü-

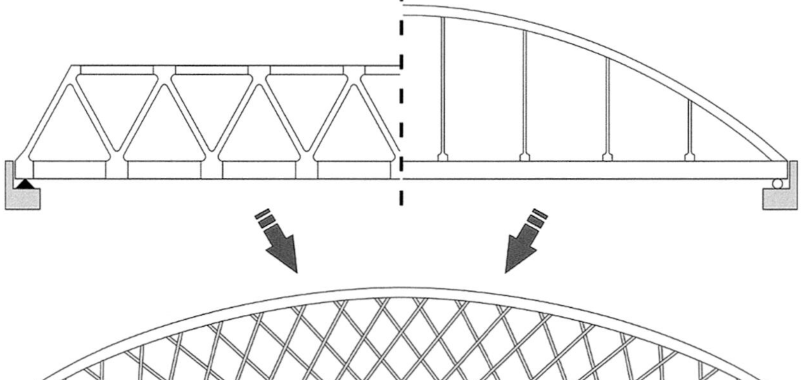

**Abb. 6.16** Netzwerkbogen

cke mit einem Netzwerkbogen in Betrieb genommen. Ihre Hänger wurden anders als bei heutigen Brücken als Stahlseile ausgeführt. Für neuere Netzwerkbogenbrücken werden in der Regel Flachstahlhänger verwendet.

Neben den bereits genannten Vorteilen gegenüber einer Stabbogenbrücke – geringer Stahleinsatz und hohe vertikale Steifigkeit – bestehen auch einige Nachteile. Die Montage der sehr weichen Hängerstäbe stellt hohe Anforderungen an die Fertigung und Errichtung. Gerade bei einem Verschub der kompletten Brücke kann es bei gegenüber dem Endzustand verändertem statischen System oder bei einseitigen Laststellungen in Überlagerung mit Temperaturgradienten zum Schlaffwerden und Ausknicken von Hängern kommen. Das Netzwerk ist in der Art zu optimieren, dass das Auftreten von Nullstäben als auch von Drucknormalspannungen in den Hängern ausgeschlossen wird.

Im Weiteren muss beim Einschweißen der Hänger darauf geachtet werden, dass es zu keinen Knicken zwischen den Hängeranschlüssen und dem Hänger selbst kommt.

Da die schrägen Hänger geringe Abmessungen bei gleichzeitig großen Hängerlängen haben, sind sie eher anfällig gegenüber wirbelerregten Querschwingungen. Die Kreuzungen der Hänger bieten jedoch die elegante Möglichkeit, Kopplungen vorzusehen und somit durch Verstimmen Schwingungsprobleme weitgehend auszuschließen. Grundsätzlich muss der unplanmäßige gegenseitige Kontakt von sich kreuzenden Hängern aber unbedingt ausgeschlossen werden.

Bei Netzwerkbogenbrücken liegen die Vorteile klar im geringeren Materialeinsatz, dem statisch optimierten Tragverhalten und der höheren ästhetischen Qualität gegenüber herkömmlichen Stabbogenbrücken. Darüber dürfen die höheren Anforderungen an die Herstellung und die Herstellungsqualität sowie ggf. an den höheren Instandhaltungsaufwand jedoch nicht vergessen werden.

#### 6.3.2.3 Rahmenstandardisierung

Standardisierungen spielen im industriellen Herstellungsprozess eine große Rolle, um eine gleichbleibende Qualität über eine große Stückzahl bei gleichzeitig sinkenden Stückpreisen zu gewährleisten.

Die Deutsche Bahn AG errichtet jährlich eine große Anzahl von Brückenbauwerken als Rahmentragwerke im niedrigen Stützweitenbereich (Abb. 6.17), die bisher für jeden Einzelfall bemessen, geplant und ausgeführt wurden. Dabei kam es bei vergleichbaren Bauwerken zu großen Unterschieden im Bewehrungsgrad. Dies war zunächst nicht erklärbar.

Im Zuge der Anpassung auf die Eurocodes und der Weiterentwicklung auf den Stand der Technik, wurden Rahmenbauwerke im Stützweitenbereich von 2,0 bis 16,0 m standardisiert, um vor allem eine gleichbleibende Herstellqualität sowie eine Kostenersparnis zu erreichen.

Mit der Standardisierung werden Einsparungen insbesondere bei der Entwurfsplanung (Leistungsphase 3) sowie bei der Genehmigungs- und Ausführungsplanung (Leistungsphasen 4 und 5) erzielt. Darüber hinaus können weitere Effekte in der Bauphase realisiert werden. Gelingt zusätzlich noch die Planung und Ausführung mehrerer Maßnahmen in einem Paket, steigert sich dieser Einspareffekt.

Voraussetzung für eine sinnvolle Standardisierung ist, dass Bauteile genügend oft hergestellt werden. Eine Standardisierung bei Bauwerken bedeutet, eine möglichst gleichartige Tragstruktur zu entwickeln, die auf lokale Randbedingungen durch kleine Änderungen angepasst wird. Die Ausstattung und gestalterischen Anforderungen werden individuell umgesetzt.

Aus Sicht der Deutschen Bahn AG können zahlreiche Vorteile angeführt werden:

- Reduzierung der Planungskosten,
- zeitlicher Planungsvorteil,
- Massensicherheit,
- Ausführungssicherheit,
- einheitliche konstruktive Durchbildung,
- gleichbleibende Planungsqualität,
- Langlebigkeit/weniger Instandhaltung.

Mit der Standardisierung in Richtlinie 804.9040 werden dem Planer nunmehr eindeutige Hinweise an die Hand gegeben, so dass die relativ einfachen Systeme der Rahmen mit kurzen

Abb. 6.17 Rahmen vor dem Einschub

Stützweiten auf einem einheitlichen Niveau umgesetzt werden können.

Bei den Brückenprüfungen zeigten sich oft gleiche oder ähnliche wiederkehrende Schäden, die durch die Vorgabe von Konstruktionsdetails bzw. durch die Einhaltung bestimmter Baustoffe zukünftig vermieden werden. Dadurch werden die Qualität der Bauwerke und ihre Zuverlässigkeit noch erheblich gesteigert und die Langlebigkeit erhöht.

#### 6.3.2.4 Trogbrücken aus Dickblechen

Die Entwicklung von Trogbrücken aus Dickblechen (Abb. 6.18) hat sich in jüngerer Zeit deutlich verstärkt. Dieser Brückentyp eignet sich besonders gut als Ersatz für Bestandsbrücken, in denen

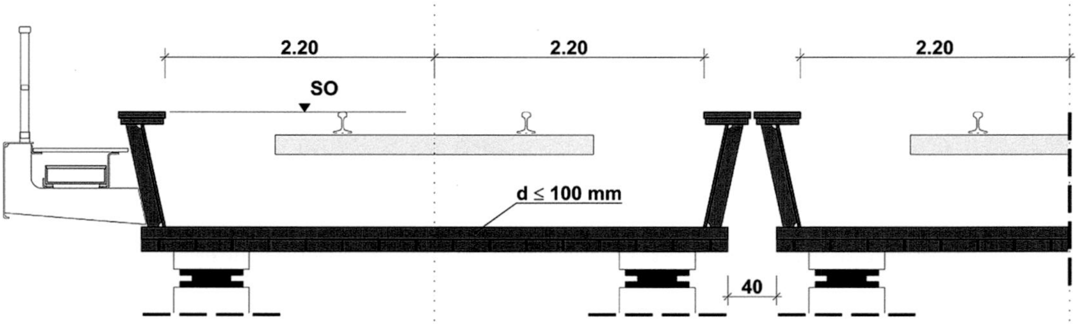


Abb. 6.18 Trogbrücke aus Dickblechen

aufgrund der vorhandenen, geometrischen Randbedingungen andere Brückentypen mit größerer Konstruktionshöhe ausscheiden. Diese Brücken sind somit insbesondere geeignet, Brücken mit geringer Bauhöhe zu ersetzen. So sind die Beibehaltung der Durchfahrtshöhe bei gleichzeitiger Einhaltung der Gradiente möglich.

Durch die Nachweisführung auf der Grundlage nicht mehr gültiger Bemessungsregeln war es möglich, Brücken mit geringer Bauhöhe zu konstruieren. Diese Bestandsbrücken müssen wegen der gestiegenen Anforderungen an Robustheit und Gebrauchstauglichkeit sukzessive durch neue Brücken ersetzt werden. Um eine Anhebung der Streckenklasse bei Beibehaltung von Durchfahrtshöhe und Gradiente zu gewährleisten, kommt nur der Austausch durch Brücken mit gleicher Bauhöhe infrage. Aufgrund dieser Randbedingungen sind Trogbrücken aus Dickblechen mit Blechdicken bis 100 mm entwickelt worden.

### 6.3.3 Normen und Regelwerke

Die Europäische Kommission fördert die Entwicklung eines homogenen Eisenbahnbereichs durch die Festlegung von europaweit einheitlichen Anforderungen. Dabei sind zwei wesentliche Ziele zu erkennen. Dies sind die verbesserte Verknüpfung der einzelstaatlichen Netze (Interoperabilität) sowie die Schaffung eines europaweit offenen, wettbewerbsorientierten Marktes.

Um dies zu erreichen, wird einerseits ein grundlegendes, regelwerksbasiertes Sicherheitsniveau festgelegt, andererseits ist eine prozessuale Komponente vorgesehen. Dabei ist ein Aufsichtsregime vorgesehen, bei dem die Prozesse sowohl (bahn-)intern als auch extern zu kontrollieren sind.

Bei der Bemessung von Eisenbahnbrücken sind folglich eine Vielzahl von europäischen und nationalen Normen zu berücksichtigen. Hinzu kommen eisenbahnspezifische Regeln, die der Bemessung und baulichen Durchbildung zusätzlich zugrunde gelegt werden müssen. Mittlerweile ist es so, dass die nationalen Normen mehr und mehr durch europäische Normen ersetzt werden, um die grundlegenden Anforderungen an die Bemessung von Tragwerken aber auch an die Bauprodukte europaweit zu harmonisieren und so einen barrierefreien europäischen Binnenmarkt zu schaffen.

Neben anderen Normen sind für die Bemessung und bauliche Durchbildung im Eisenbahnbrückenbau insbesondere Bemessungs- sowie Produktnormen notwendig. Mit dem Inkrafttreten der europäischen Normung im Bausektor wird eine stringente Trennung der Regelungen von Bauprodukten und der Bemessung von Tragwerken verfolgt.

#### 6.3.3.1 Europäische Bemessungsnormen

Zu den Bemessungsnormen zählen insbesondere die Eurocodes. Diese europäischen Bemessungsnormen der Normenreihe DIN EN 1990 bis 1999 einschließlich ihrer Nationalen Anhänge sind in den wesentlichen Teilen durch das Eisenbahn-Bundesamt bauaufsichtlich eingeführt worden und haben derzeit den Status Technischer Baubestimmungen.

Abweichend zum bisherigen Konzept in Deutschland handelt es sich bei den Eurocodes um ein System von Grundnormen, auf die die sogenannten Ergänzungsnormen aufbauen. Die Grundnormen sind dabei regelmäßig die Teile 1 der jeweiligen Norm, beispielsweise DIN EN 1992-1 für den Betonbau. In den Ergänzungsnormen werden dabei nur abweichende bzw. zusätzliche Inhalte, wie für den Brückenbau, dargestellt. Dies bedeutet, dass die Verwendung der Ergänzungsnormen nur in Verbindung mit den Grundnormen möglich ist.

Neben den einheitlichen, europäischen Anforderungen, ist es vorgesehen, dass die Nationalstaaten nationale (nicht europaweite) Vorgaben definieren. Diese finden sich in den nationalen Anhängen, welche im bauaufsichtlichen Verfahren ebenfalls verbindlich anzuwenden sind.

Für die Bemessung von Eisenbahnbrücken finden im Wesentlichen die folgenden Eurocodeteile (Abb. 6.19) einschließlich ihrer nationalen Anhänge Anwendung:

1. DIN EN 1990 (Eurocode 0) – Grundlagen der Tragwerksplanung

**Abb. 6.19** Übersicht über die Eurocodeteile (Technische Baubestimmungen)

**Abb. 6.20** Nationale Anpassungsmöglichkeiten zu den Eurocodes

2. DIN EN 1991-2 (Eurocode 1, Teil 2) – Verkehrslasten auf Brücken
3. DIN EN 1992-2 (Eurocode 2, Teil 2) – Betonbrücken
4. DIN EN 1993-2 (Eurocode 3, Teil 2) – Stahlbrücken
5. DIN EN 1994-2 (Eurocode 4, Teil 2) – Verbundbrücken
6. DIN EN 1997 (Eurocode 7) – Geotechnische Bemessung

Bei der Anwendung der Teile 2 der Eurocodes 1 bis 4 – also der für den Brückenbau relevanten Teile wie beispielsweise DIN EN 1993-2 – ist zu beachten, dass die allgemeingültigen Regelungen jeweils im Hochbauteil (entspricht der Grundnorm) – beispielsweise DIN EN 1993-1-x – zu finden sind. Außerdem bieten die Eurocodes dem jeweiligen Nationalstaat für bestimmte Regelungsinhalte eigene festzulegende Parameter. Dies ist bei den Regelungen möglich, für die es in den Eurocodes Öffnungsklauseln gibt. Die Zusammenstellung der national festlegbaren Parameter (NDP – national determined parameter) erfolgt für jeden Teil eines jeden Eurocodes in den Nationalen Anhängen (NA). So ist die Anwendung beispielsweise der Eurocodes für Stahlbrücken DIN EN 1993-2 in Deutschland nur in Verbindung mit dem deutschen Nationalen Anhang DIN EN 1993-2/NA zulässig. Zusätzlich zu den national festlegbaren Parametern enthalten die Nationalen Anhänge auch nicht widersprechende Angaben und Erläuterungen (NCI – non-contradictory complementary information), die ebenfalls zu beachten sind (Abb. 6.20).

#### 6.3.3.2 Harmonisierte Produktnormen

Harmonisierte europäische Normen (hEN) sind europäische Normen für Bauprodukte und dienen dem freien Verkehr von Waren und Dienstleistungen innerhalb des europäischen Binnenmarktes. Für den Bereich des Bauwesens regeln diese harmonisierten Produktnormen die grundlegenden Anforderungen an Bauprodukte und deren Deklaration. Zu erkennen sind diese harmonisierten Produktnormen an ihrem Anhang ZA. In diesem Anhang sind unter anderem die CE-Kennzeichnung sowie die Leistungserklärung für das jeweilige Bauprodukt beschrieben. Typische Vertreter harmonisierter Produktnormen sind für warmgewalzte Baustähle die Teile 2 bis 6 der Normenreihe DIN EN 10025 und für Lager im Bauwesen die Teile 3 bis 8 von DIN EN 1337 (Abb. 6.21). Wobei die harmonisierten europäischen Produktnormen überwiegend die Merkmale und Eigenschaften der Bauprodukte regeln, die für den barrierefreien Warenverkehr innerhalb der europäischen Handelszone notwendig sind. Technische Regel für die Verwendung dieser europäisch harmonisier-

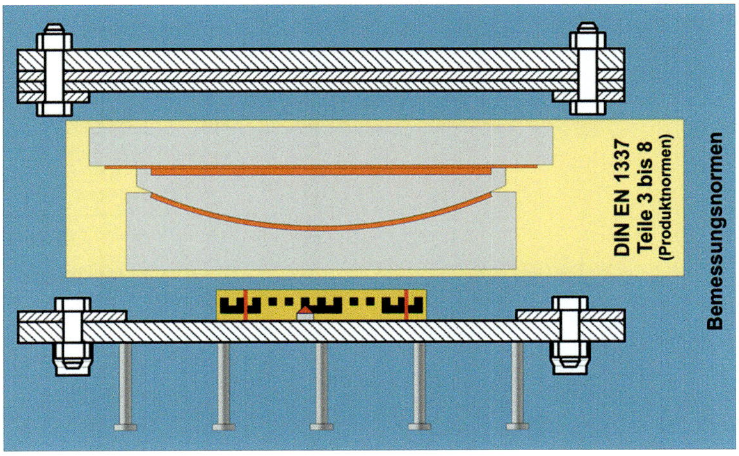


**Abb. 6.21** Definition Bemessungs- und harmonisierte europäische Produktnorm anhand des Brückenlagers

ten Bauprodukte sind oftmals nicht vorhanden.

Diese Verknüpfung von Produktnormen auf der einen Seite und Bemessungsnormen auf der anderen Seite soll im folgenden Beispiel anhand der Normung für Brückenlager verdeutlicht werden:

Das Brückenlager an sich nach Norm, ist ein Bauprodukt, das europaweit barrierefrei gehandelt werden soll. Die Teile 3 bis 8 der Normenreihe DIN EN 1337 regeln somit die grundlegenden Anforderungen an dieses Bauprodukt und den Nachweis, dass diese grundlegenden Anforderungen erfüllt sind. Der Anschluss des Brückenlagers beispielsweise am Brückenüberbau spielt zunächst keine Rolle. Für diese Befestigung und für alle Komponenten der Brückenlagerausstattung muss der jeweilige Nationalstaat eigene Regelungen so treffen, dass diese Regelungen nicht anderen europäisch harmonisierten Normen und technischen Regeln widersprechen. In Deutschland wird dies insofern umgesetzt, als dass neben den übrigen Teilen der DIN EN 1337 natürlich die entsprechenden Eurocodes und in diesem Zusammenhang weitere Produktnormen, wie die DIN EN 10025 für die stählernen Bauteile der Brückenlagerausstattung aus warmgewalzten Baustählen, sog. Ausstattungszulassungen durch das Deutsche Institut für Bautechnik (DIBt) erteilt werden. Diese allgemeinen bauaufsichtlichen Zulassungen sind die Voraussetzung für die Verwendung komplett ausgestatteter, CE-gekennzeichneter Brückenlager, also Bauprodukten nach harmonisierten Produktnormen, in Deutschland. In diesen Zulassungen wird alles das geregelt, was für die Ausstattung der Brückenlager notwendig ist. Neben Regelungen zu den Anschlussbauteilen, wie Anker-, Keil- und Futterplatten, finden sich hier Angaben zum Lagerweganzeiger, zur Drei-Punkt-Messebene aber auch zur Notwendigkeit von Verfahrensprüfungen für Schraubenverbindungen, die nicht DIN EN 1090-2 entsprechen.

Harmonisierte Normen werden im Amtsblatt der Europäischen Union einschließlich der Dauer der Koexistenzperiode mit nationalen Vorschriften bekannt gegeben. Alle europäischen harmonisierten Normen müssen als nationale Normen umgesetzt und hierzu im Widerspruch stehende nationale Normen nach Ablauf der Koexistenzperiode zurückgezogen werden.

#### 6.3.3.3 Bauproduktenverordnung (BauPVO)

Für den Warenverkehr in der Europäischen Union sind einheitliche Richtlinien für einen barrierefreien Warenverkehr wichtig. Hierzu wurden Richtlinien des Europäischen Rates verfasst, die das CE-Zeichen für Bauprodukte als Leistungserklärung fordern.

Gegenstand der BauPVO ist die Festlegung von Bedingungen für das Inverkehrbringen von Bauprodukten oder ihre Bereitstellung auf dem Markt durch die Aufstellung von harmonisierten Regeln über die Angabe der Leistung von Bauprodukten und die CE-Kennzeichnung.

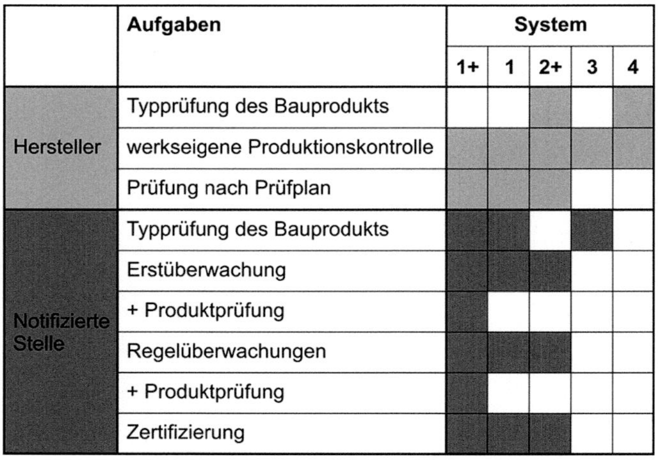


**Abb. 6.22** Systeme der Leistungserklärung nach Bauproduktenverordnung (BauPVO)

Die BauPVO muss aufgrund des Charakters europäischer Verordnungen nicht erst in nationales Recht umgesetzt werden. Sie gilt unmittelbar und somit ohne nationale Anpassungen in allen Mitgliedsländern gleich. Damit wird die CE-Kennzeichnung für den europäischen Binnenmarkt konsequent nach einheitlichen Vorgaben erfolgen. Der freie Warenverkehr und die uneingeschränkte Verwendung der Bauprodukte innerhalb dieses Binnenmarktes werden somit weiter vorangetrieben.

Die in der BauPVO aufgeführten *Wesentliche Merkmale* an Bauprodukte und Bauwerke umfassen folgende Anforderungen:

1. Mechanische Festigkeit und Standsicherheit
2. Brandschutz
3. Hygiene, Gesundheit und Umweltschutz
4. Schallschutz
5. Energieeinsparung und Wärmeschutz
6. Sicherheit und Barrierefreiheit bei der Nutzung
7. Nachhaltige Nutzung der natürlichen Ressourcen.

Die Festlegung wesentlicher Merkmale von Bauprodukten erfolgt in harmonisierten technischen Spezifikationen. Dies können harmonisierte Produktnormen (hEN) aber auch europäische technische Bewertungen (ETB) auf der Grundlage von europäischen Bewertungsdokumenten (EAD-European Assessment Document) sein. Die Verwendung eines Bauproduktes wird hierin in der Regel nicht geregelt.

Die Erfüllung der Anforderungen einer harmonisierten Norm oder einer Europäischen Technischen Bewertung bescheinigt der Hersteller mit einer Leistungserklärung für das Produkt. Damit übernimmt der Hersteller die Verantwortung für die Konformität des Bauprodukts mit der erklärten Leistung. Bauprodukte, für die der Hersteller eine Leistungserklärung erstellt hat, sind mit einer CE-Kennzeichnung zu versehen. Die CE-Kennzeichnung steht für die Konformität des Produktes mit der erklärten Leistung.

Der Nachweis der Anwendbarkeit erfolgt als Bewertung und Überprüfung der Leistungsbeständigkeit hinsichtlich ihrer wesentlichen Merkmale. Dazu sind Systeme wie in Abb. 6.22 vorgegeben, beginnend mit dem System 4 und endend mit dem System 1+, wobei das System 1+ das hochwertigste darstellt. Diese Systeme unterscheiden sich im Überprüfungs- und Überwachsumfang und in den zu beteiligenden Stellen.

Der Verwendbarkeitsnachweis von Bauprodukten nach nationalen Regeln, die nicht mit europäisch harmonisierten Normen konkurrieren, und der Anwendbarkeitsnachweis von Bauarten erfolgt durch allgemeine bauaufsichtliche Zulassungen oder Bauartgenehmigungen des Deutschen Instituts für Bautechnik (DIBt). Diese Bauprodukte werden durch eine Übereinstimmungserklärung bzw. ein Übereinstimmungszertifikat gemäß der Musterbauordnung gekennzeichnet.

#### 6.3.3.4 Zusätzliche Technische Normen, Regeln und Empfehlungen

Neben den genannten Normen und Regelwerken können auch Richtlinien anderer Ausschüsse für die Bemessung von Tragwerken relevant werden. Diese werden z. B. vom Deutschen Ausschuss für Stahlbau (DASt), dem Deutschen Ausschuss für Stahlbeton (DAfStb) oder auch der Bundesanstalt für Straßenwesen (BASt) erarbeitet. Sie können Regeln und Empfehlungen sowohl hinsichtlich von Bauprodukten und Bauarten als auch hinsichtlich der Bemessung und Ausführung bestimmter Tragwerke enthalten. Aus diesem Grund sind sie in entsprechenden Verwaltungsvorschriften Technischer Baubestimmungen zu finden, die auf der Musterverwaltungsvorschrift Technischer Baubestimmungen fußen.

#### 6.3.3.5 Eisenbahnspezifische Technische Baubestimmungen, Normen und Regeln

Eisenbahnspezifisch höhere, aber auch gegenüber dem Straßenbrückenbau veränderte Anforderungen machen es erforderlich, über die Normung des üblichen Hoch- und Brückenbaus hinaus Regeln zu formulieren, um neben den Grundanforderungen (vgl. Abschn. 6.3.3.3) die öffentliche sowie die Sicherheit des Eisenbahnverkehrs zu gewährleisten.

Dies geschieht unter anderem durch die Erarbeitung von Richtlinien, DB Standards (zumeist Technische Lieferbedingungen) und im Vorgriff auf die Fortschreibung des eisenbahntechnischen Regelwerks durch Technische Mitteilungen. Die bauaufsichtliche Legitimation dieser eisenbahnspezifischen Regeln erfolgt für bauaufsichtlich relevante Richtlinien und DB Standards durch Veröffentlichung in den Eisenbahnspezifischen Technische Baubestimmungen (EiTB) als Verwaltungsvorschrift.

Die EiTB basiert auf der oben genannten Musterverwaltungsvorschrift und umfasst im Wesentlichen die Bemessungsnormen sowie die nationalen Anforderungen an Bauprodukte und Bauarten. Sie wird vom Eisenbahn-Bundesamt um die eisenbahntechnischen Baubestimmungen sowie um weitergehende bauaufsichtliche Regelungen ergänzt.

**Abb. 6.23** U-EBA-Zeichen nach Anlage 4, VV BAU

Der Verwendbarkeitsnachweis für eisenbahnspezifische Bauprodukte sowie der Anwendbarkeitsnachweis für eisenbahnspezifische Bauarten werden in § 26 der Eisenbahn-Inbetriebnahmegenehmigungsverordnung (EIGV) geregelt und durch die Verwaltungsvorschrift VV BAU umgesetzt. Eisenbahnspezifische Bauprodukte und Bauarten, für die die EiTB als Verwendbarkeitsnachweis eine Zulassung fordert, können vom Eisenbahn-Bundesamt zugelassen werden. Ausnahmen davon regelt der § 26 EIGV. Statt des Ü-Zeichens nach Musterbauordnung wird das eisenbahnspezifische Bauprodukt bzw. die werksmäßig hergestellten Komponenten eisenbahnspezifischer Bauarten mit dem U-EBA-Zeichen gekennzeichnet (Abb. 6.23).

#### 6.3.3.6 Technische Spezifikationen für die Interoperabilität (TSI)

Die Technischen Spezifikationen für die Interoperabilität (TSI) sind technische Vorschriften. Sie wurden geschaffen, um ein sicheres und interoperables, also technisch kompatibles, europäisches Bahnsystem zu verwirklichen. Sie werden sowohl im Hochgeschwindigkeitsverkehr als auch im konventionellen Verkehr als sogenannte Technische Spezifikationen für die Interoperabilität (TSI) eingeführt. Sie enthalten die Anforderungen und die Prüfverfahren für Interoperabilitätskomponenten und Teilsysteme.

Ziel ist es, den Zugverkehr innerhalb der Europäischen Union mithilfe dieser Verordnung zu harmonisieren und die Wettbewerbs- und Zukunftsfähigkeit des spurgeführten Transports durch den dann barrierefreien grenzüberschreitenden Zugverkehr europaweit zu stärken.

Unter anderem sind folgende wesentliche für den interoperablen Verkehr – konventionelles und Hochgeschwindigkeitsbahnsystem – notwendige strukturelle Teilsysteme von ihr erfasst:

- Strukturelle Teilsysteme
  - Infrastruktur,
  - Energie,
  - streckenseitige Zugsteuerung/Zugsicherung und Signalgebung,
  - fahrzeugseitige Zugsteuerung/Zugsicherung und Signalgebung,
  - Fahrzeuge.
- Funktionale Teilsysteme
  - Betriebsführung und Verkehrssteuerung,
  - Instandhaltung,
  - Telematikanwendungen für den Personen- und Güterverkehr.

Für diese strukturellen und funktionalen Teilsysteme werden jeweils Technische Spezifikationen für das regelspurige Eisenbahnsystem im Hochgeschwindigkeits- und im konventionellen Verkehr verordnet. Ergänzend werden die Regelungsinhalte, die für Strecken des konventionellen und des Hochgeschwindigkeitsverkehrs gleichermaßen gelten in übergreifenden TSI behandelt. Dies betrifft vor allem die Regelungen für Fahrgäste mit eingeschränkter Mobilität, die Tunnelsicherheit und Telematikanwendungen für den Personenverkehr.

Sie gelten gleichermaßen für den Hochgeschwindigkeitsverkehr und für den konventionellen Verkehr und umfassen auch den erweiterten Bereich der nationalen Schienennetze.

Der jeweils aktuelle Stand sowie deren Gültigkeit kann z. B. im Internetauftritt des Eisenbahn-Bundesamtes nachgelesen werden.

Als Grundlage der Prüferklärung und der Inbetriebnahmegenehmigung für neue, umgerüstete oder erneuerte Teilsysteme ist eine EG-Prüfbescheinigung, ausgestellt durch eine Benannte Stelle (Notified Body). Dazu wird ein EG-Konformitätsbewertungsverfahren durchgeführt, das in der jeweiligen Spezifikation beschrieben ist. Nach dem die hierin beschriebenen Nachweise erbracht worden sind, kann die EG-Prüfbescheinigung ausgestellt werden.

Für das Inverkehrbringen von Interoperabilitätskomponenten, also von Bauteilen, Bauteilgruppen, Unterbaugruppen oder komplette Materialbaugruppen, die in ein Teilsystem eingebaut sind oder eingebaut werden, ist ein entsprechendes Verfahren zur Erstellung einer EG-Konformitäts- und Gebrauchstauglichkeitserklärung vorgeschrieben.

Der Teil 3 der EIGV beschreibt dieses Verfahren.

#### 6.3.3.7 Richtlinienfamilie 804

Die für den Eisenbahnbrückenbau wichtigste Richtlinienfamilie der DB InfraGO AG (bis 31.12.2023 DB Netz AG) ist die Richtlinienfamilie 804 „Eisenbahnbrücken und sonstige Ingenieurbauwerke". Sie ergänzt die Eurocodes um eisenbahnspezifische Regeln und Anforderungen. Im Wesentlichen sind dies:

- Richtlinie 804.1101 – Entwurfsgrundlagen
- Richtlinie 804.2101 – Einwirkungen
- Richtlinie 804.3101 – Nachweise unabhängig von der Bauart, allgemein
- Richtlinie 804.3201 – Ermittlung der Belastbarkeitswerte
- Richtlinie 804.3301 – Dynamische Effekte bei Resonanzrisiko
- Richtlinie 804.3401 – Längskraftabtragung
- Richtlinie 804.4101 – Stahlbrücken
- Richtlinie 804.4110 und 4111 – Hilfsbrücken
- Richtlinie 804.4201 – Betonbrücken
- Richtlinie 804.4301 – Verbundbrücken
- Richtlinie 804.4302 – Verbundbrücken mit einbetonierten Stahlträgern
- Richtlinie 804.4401 – Spundwände für Brückenwiderlager und -flügel
- Richtlinie 804.4501 – integrale und semi-integrale Bauweise
- Richtlinie 804.5101 – Eisenbahnbrückenlager
- Richtlinie 804.5301 – Führungen und Fangvorrichtungen
- Richtlinie 804.5401 – Feste Fahrbahn auf Brücken – Entwurfsgrundlagen

- Richtlinie 804.5402 – Feste Fahrbahn auf Brücken – Bemessung
- Richtlinie 804.5501 – Lärmschutzanlagen an Eisenbahnstrecken
- Richtlinie 804.5502 – Berechnung von Lärmschutzanlagen an Eisenbahnstrecken

Zusätzlich sind für eisenbahnspezifische Anforderungen an Bauprodukte, Bauweisen, Bautenschutz sowie die Instandhaltung auch noch die folgenden Richtlinien zu beachten:

- Richtlinie 804.5201 – Fugenkonstruktionen
- Richtlinie 804.5202 – Ausgleichsplatten als Fahrbahnüberbrückungskonstruktionen
- Richtlinie 804.5601 – Befestigungen und Verankerungen in Beton
- Richtlinie 804.6101 – Abdichtung massiver Eisenbahnbrücken
- Richtlinie 804.800x – Inspektion von Ingenieurbauwerken

### 6.3.4 Anforderungen an Eisenbahnbrücken

Zwar ähneln sich die Probleme aus den Pionierzeiten der Eisenbahn mit den heutigen, weil die Errichtung von Bauwerken traditionell einem Sparzwang unterworfen ist, jedoch werden heute noch weit höhere Anforderungen an den Ingenieurbau gestellt. Neben der Stand-, Betriebs- und Verkehrssicherheit sowie der Gebrauchstauglichkeit können dies Anforderungen aus der Berücksichtigung dynamischer Beanspruchungen aber auch dem Brand-, Umwelt- und Schallschutz sein. Die Eisenbahnbrücken müssen zudem den Ansprüchen der Energieeinsparung bei Ausführung, Betrieb und Rückbau sowie den Ansprüchen an die nachhaltige Nutzung natürlicher Ressourcen als auch ggf. an die Barrierefreiheit während der Nutzungszeit genügen.

#### 6.3.4.1 Anforderungen an die Tragfähigkeit und Standsicherheit

Eisenbahnbrücken unterliegen Beanspruchungen aus immer höher werdenden Geschwindigkeiten. In diesem Zusammenhang und der Tendenz hin zu schlanken Tragwerken spielt die Dynamik für das Tragwerk als auch für die Gleis-Tragwerk-Interaktion eine immer größer werdende Rolle. Bereits beim Brückenentwurf müssen diese Aspekte beachtet werden.

#### 6.3.4.2 Anforderung an die Instandhaltung

Im Hinblick auf die Dauerhaftigkeit der Bauwerke, die nachhaltige Nutzung der Ressourcen und die Betrachtung der Lebenszykluskosten von der Erstellung über die Nutzung bis zum restlosen Rückbau spielt die Instandhaltung eine entscheidende Rolle. Eisenbahnbrücken sind für eine Nutzungsdauer von 100 Jahren auszulegen. Deshalb sind bereits im Entwurfsstadium Konzepte in Abhängigkeit von der geplanten Nutzungsdauer und der Bedeutung des Tragwerkes im Netz zu erarbeiten.

Es gibt viele Eisenbahnbrücken in Deutschland, die bereits wesentlich älter sind. Die wesentlichen Grundsätze für ein gutes Bauwerk können auf die folgenden zwei Punkte reduziert werden:

1. Das Bauwerk muss in der „Waage“ sein, d. h. die Statik muss stimmen.
2. Das Wasser muss weg. Das heißt: Die Entwässerung und Abdichtung spielen eine entscheidende Rolle.

Derzeit scheinen diese grundsätzlichen Voraussetzungen in den Hintergrund getreten zu sein. Gerade bei Entwässerung und Abdichtung wird in Planung und Ausführung sehr oft gespart. Deshalb muss der Grundsatz für nachhaltige und instandhaltungsarme Bauwerke immer sein, dass sie neben den ästhetischen Anforderungen vor allem mit dem Ziel geplant und errichtet werden müssen, dass sie funktionieren. Das „Funktionieren“ schließt unbedingt die Verträglichkeit der

Tragwerksverformen mit den Anforderungen des Oberbaus ein. Diesem Ziel ist zunächst alles unterzuordnen.

Weitere wesentliche Anforderungen zum Erreichen dieses Zieles gerade auch hinsichtlich der Instandhaltung sind:

1. Ausreichende Zufahrts- und Zugangswege müssen eingeplant werden.
2. Eine zweckmäßige bauliche Durchbildung der Brücke, wie ausreichende Lichtabstände und -räume, insbesondere im Bereich von Lagern und Fugen muss bereits in der Entwurfsplanung berücksichtigt werden.
3. Zugänge (Durchstiege zu Hohlräumen, feste Zusatzeinrichtungen wie Besichtigungsstege, Leitern usw.) müssen sinnvoll angeordnet werden.
4. Haltevorrichtungen für Hängegerüste, Lastbeförderungen und Besichtigungseinrichtungen müssen ebenfalls von Beginn an geplant werden.
5. Fahrschienen für bauwerksverbundene Besichtigungswagen, beweglichen, bauwerksverbundene oder ortsveränderliche Besichtigungseinrichtungen wie Besichtigungsfahrzeuge müssen berücksichtigt werden.

Die Bauwerksunterhaltung mit den periodisch wiederkehrenden Begutachtungen, Untersuchungen, Beobachtungen, Prüfungen und Instandsetzungen werden im Regelfall von anderen Organisationseinheiten durchgeführt, als die mit der Errichtung der Bauwerke betrauten. Für die Eisenbahninfrastrukturunternehmen (EIU) ist es dabei wichtig, die erforderliche Sicherheit mit möglichst geringem, finanziellen Aufwand zu erreichen, da diese aus Eigenmitteln der EIU zu bestreiten sind.

Es ist durch das EIU sicherzustellen, dass es aus der Aufteilung in die Bereiche Erstellung und Betrieb (Unterhaltung) zu keinen negativen Auswirkungen bezüglich der Verwendbarkeit über die Nutzungsdauer kommt.

Der Übergang von der Erstellung zur Unterhaltung der Brücke beginnt mit der ersten Hauptprüfung nach Abschluss der Bauarbeiten. Später werden durch laufende Beobachtungen und turnusmäßige Brückenprüfungen Veränderungen registriert, Schäden und Mängel festgestellt und instand gesetzt.

**Abb. 6.24** Brückenbesichtigungsfahrzeug

### 6.3.4.3 Inspektion

Für die Inspektionen von Eisenbahnbrücken und sonstigen Ingenieurbauwerken gilt die Richtlinie 804.8001 ff. Hierin sind neben der Qualifikation der Beteiligten auch Fristen und Anforderungen an das inspektionsgerechte Konstruieren genannt.

Die leichte Zugänglichkeit zu allen Bauteilen der Brücke ist Voraussetzung für die Wirtschaftlichkeit der Inspektionen. Günstige Bedingungen für Inspektion und Wartung von Eisenbahnbrücken sind durch folgende Maßnahmen gegeben:

- Die Brücke ist leicht erreichbar.
- Geh- und Arbeitsflächen auf den Randkappen bieten Zugang zur Streckenausrüstung auf dem Brückendeck.
- Bei Talbrücken sind die Widerlagerkammern und Hohlkästen des Überbaus mit Kleingeräten befahrbar.
- Die Pfeiler von Talbrücken sind vom Überbau aus zugänglich.

Zur Rationalisierung dieser Unterhaltungsarbeiten werden Brückenbesichtigungsgeräte (Abb. 6.24) eingesetzt.

Für hohe Talbrücken wird ein speziell dafür konzipiertes Brückenbesichtigungsfahrzeug verwendet. Dieses wird von der Straße über die

Zufahrt zu einem Widerlager der Brücke transportiert und mit Hilfe von Hebegeräten vor dem Widerlager auf dem Überbau der Brücke aufgebaut.

#### 6.3.4.4 Anforderungen an den Oberbau

Der Oberbau auf Brücken musste in den Jahren ebenfalls an die veränderten Anforderungen angepasst werden. Die horizontal und vertikal deutlich weicheren, verformungsfähigen Brücken sowie die höheren Erregerfrequenzen infolge des Hochgeschwindigkeitsverkehrs können zu ungünstigen Gleis-Tragwerk-Interaktionen als auch zu Unverträglichkeiten hinsichtlich der zulässigen Schienenspannungen und Schienenstützpunktabstände sowie -kräfte an den Trennfugen zwischen Überbauten als auch zwischen Überbau und Dammbereich führen. Im Weiteren stellt die Planung einer direkten Schienenbefestigung oder einer Festen Fahrbahn besondere Herausforderungen für die Planung der Brücke dar. Die vorgenannten Anforderungen resultierend aus den „Grenzparametern" des Oberbaus müssen aus diesen Gründen bereits bei der Planung der Brücke berücksichtigt werden.

#### 6.3.4.5 Anforderungen an die Umwelt und an den Lärmschutz

Ebenfalls spielen bei der gesamten Trassen- und Brückenplanung die Anforderungen an die Umwelt und speziell an den Lärmschutz eine immer größer werdende Rolle.

### 6.3.5 Entwurfsgrundlagen

Das Konstruieren und Bemessen einer Eisenbahnbrücke oder eines Ingenieurbauwerks beginnt beim Entwurf. Das Wissen um grundlegende Konstruktions- und Bemessungsregeln und die Beachtung dieser hilft, einen guten, gelungenen Entwurf zustande zu bringen.

#### 6.3.5.1 Erfordernisse nach Richtlinie 804.1101

Die Richtlinie 804.1101 (Entwurfsgrundlagen) fasst die wichtigsten Grundsätze für einen gelungenen Entwurf zusammen.

Bauwerke sind so zu entwerfen, zu konstruieren und herzustellen, dass sie insbesondere folgende Anforderungen erfüllen:

- Tragsicherheit entsprechend den anerkannten Regeln der Technik sowie der öffentlichen Sicherheit und Ordnung,
- Gebrauchstauglichkeit entsprechend dem Nutzungszweck während der gesamten Nutzungszeit,
- Wirtschaftlichkeit über die ganze Zeit von der Herstellung und Errichtung über die Instandhaltung bis zum Abbruch,
- Erfüllen der gesetzlichen Auflagen zum Umweltschutz (Schall- und Erschütterungsschutz usw.), Unfallverhütungsvorschriften und erfüllen der Auflagen zum Notfallrettungskonzept,
- Nachhaltigkeit bei der Nutzung der natürlichen Ressourcen,
- ansprechende Gestaltung und Einfügung in die Umgebung.

Bauverfahren sind so zu wählen, dass sie folgende Anforderungen erfüllen:

- Gewährleistung der Sicherheit des Eisenbahnbetriebes,
- geringe Störung des Eisenbahnbetriebes,
- Wirtschaftlichkeit,
- Umweltschutzauflagen (z. B. zu Lärmemissionen).

Die wichtigsten Entwurfsgrundlagen sind:

- Die Brückenenden sollen rechtwinklig zur Gleisachse ausgebildet werden.
- Schotterauflockerungen und unzulässige Beanspruchungen der Schienenbefestigungen sind zu vermeiden.
- Gleisverbindungen (Weichen) sollen auf Brücken vermieden werden.
- Längsfugen zwischen benachbarten Tragwerken sollen jeweils mittig zwischen den Gleisachsen angeordnet werden.
- Über Längsfugen darf kein Gleis verlegt werden.
- Schienen sind in der Regel lückenlos über Brücken hinwegzuführen.

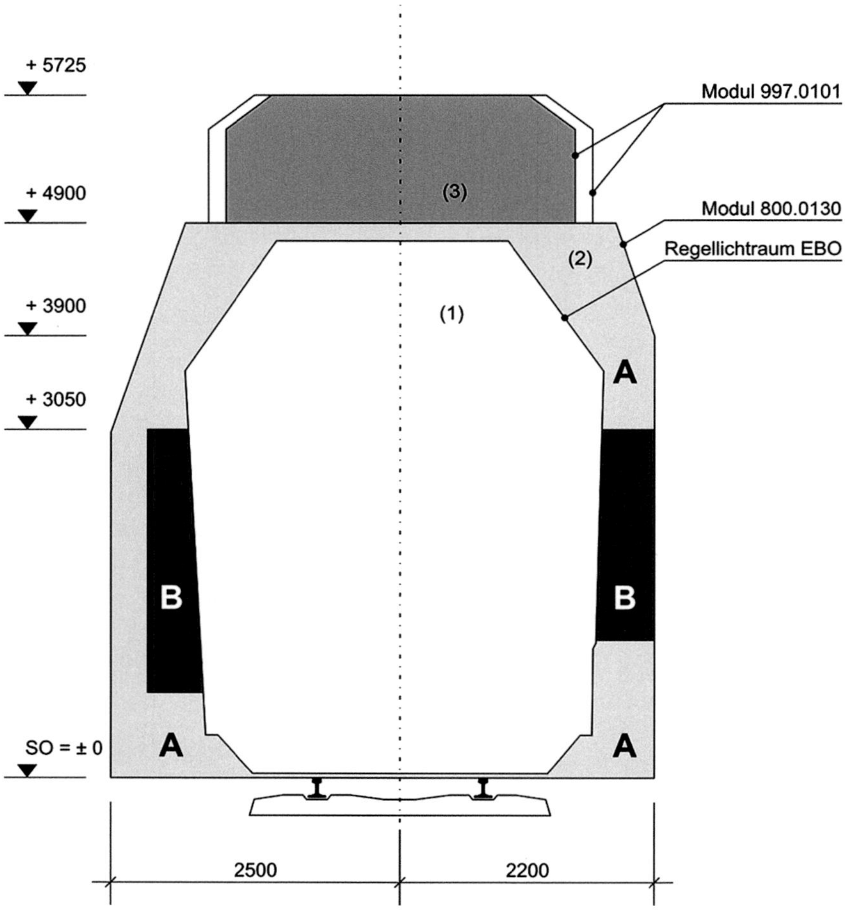


**Abb. 6.25** Lichtraumprofil GC

- Das Schotterbett ist in der Regel durch Schotterhaltungen zu begrenzen.
- Der Abstand zur Gleisachse muss mindestens 2,20 m betragen.

Regellichträume und Querschnitte (Abb. 6.25)

- Bereich (1): Lichtraumprofil nach EBO
- Bereich (2): Lichtraumprofil nach M 800.0130
- Bereich (3): Lichtraumprofil für Oberleitung nach M 997.0101

Die Fahrbahnhöhe spielt für den Entwurf einer Eisenbahnbrücke eine wesentliche Rolle. Dabei unterscheiden sich die Fahrbahnhöhen für Schotteroberbau (Tab. 6.1) von denen mit Fester Fahrbahn.

Für die Feste Fahrbahn beträgt die Fahrbahnhöhe, je nach gewählter Bauart ca. 0,5 bis 0,8 m zwischen Schienenoberkante (SO) und Oberkante Abdichtung.

Bei Brücken über Bundesfernstraßen ist eine lichte Höhe von $\geq$ 4,50 m sicherzustellen. Randwege sind mindestens 0,80 m breit und 2,20 m hoch auszubilden. Ferner müssen alle Brückenbauwerke vor Anprall geschützt werden sowie einen Erdungs- und Blitzschutz aufweisen.

### 6.3.5.2 Längskraftabtragung

Ein wichtiges Thema bei der Planung und Bemessung von Eisenbahnbrücken stellt die Abtragung der Längskräfte aus Schienenverkehr und Temperaturbeanspruchungen auf Schienen und Überbau dar. Längskräfte entstehen aus:

**Tab. 6.1** Fahrbahnhöhe bei Schotteroberbau

| Entwurfsgeschwindigkeit $v_e$ in km/h | Fahrbahnhöhe |
|---|---|
| $v_e < 160$ | 0,70 m für Hauptgleise |
| | 0,60 m für Nebengleise (in Bahnhöfen und in Gleisanschlüssen) |
| $160 \leq v_e \leq 230$ | 0,75 m |
| $v_e > 230$ | 0,80 m |

- Anfahr- und Bremseinwirkungen,
- Temperaturbeanspruchungen,
- Durchbiegung infolge von Vertikallasten und anderen Einwirkungen (z. B. Kriechen und Schwinden).

Mit der Einführung der lückenlos verschweißten Schiene entfällt die früher übliche Trennung zwischen Oberbau und den Überbauten. Die auftretenden Beanspruchungen müssen von den Schienen aufgenommen und über das Bauwerk sicher abgeleitet werden. Dabei werden bereits wesentliche Teile der Beanspruchung von den Schienen selbst aufgenommen und in die angrenzenden Dammbereiche eingeleitet.

#### 6.3.5.3 Schienenspannung, Schienenauszüge

Schienen sind in der Regel lückenlos über Bauwerke hinwegzuführen. Die Schienen müssen jedoch die Verformungen des Tragwerks ohne nachteilige Auswirkungen auf die Gleislage aufnehmen können. Werden diese Verformungen und damit die Schienenspannungen zu groß, werden Schienenauszüge erforderlich. Es handelt sich dabei um sogenannte gerade Weichen ohne Ablenkung von der Gleisachse, jedoch mit Zunge und Backenschiene. Diese können sich infolge Temperaturverformungen entlang der Schienenlängsachse bewegen. Grundsätzliche Regelungen für den Einbau von Schienenauszügen und die Befestigungsart der Schienen sind in Richtlinie 820.2230 angegeben.

Ohne genaueren Nachweis kann auf die Planung von Schienenauszügen verzichtet werden, wenn folgende Punkte erfüllt sind:

- Ohne Nachweis bei Beton- und Verbundbrücken bis zu einer Ausgleichslänge von 90 m. Bei genauer Nachweisführung können Ausgleichslängen bis zu 120 m erreicht werden.
- Bei Stahlbrücken sind Schienenauszüge bis zu einer Ausgleichslänge von 60 m nicht erforderlich.

Die genauen Voraussetzungen hierfür sind in DIN EN 1991-2 sowie im zugehörigen Nationalen Anhang (NA) aufgeführt. Die Nachweise für das Zusammenwirken von Oberbau und Brücke sowie die zulässigen zusätzlichen Schienenspannungen sind ebenfalls in DIN EN 1991-2 und DIN EN 1991-2/NA geregelt.

#### 6.3.5.4 Brückensysteme

Der größte Teil aller vorhandenen Eisenbahnbrücken sind Brücken bis zu einer Stützweite bis 10 m. Diese Eisenbahnbrücken werden in Brückenlängsrichtung überwiegend als – bezogen auf die Längsrichtung – statisch bestimmte Systeme ausgebildet. Dies bedeutet, dass die in der einen Lagerachse als allseits sowie längs festes Lager und in der anderen Lagerachse als quer festes sowie allseits bewegliches Lager (Abb. 6.26) ausgebildet wird. Bei den geringen Stützweiten bietet es sich jedoch an, die Bauwerke als Rahmen auszubilden, was in den letzten Jahren vermehrt praktiziert wird und sich in der Standardisierung dieser Bauwerke (siehe Abschn. 6.3.2.3) widerspiegelt.

Einen Sonderfall bei Eisenbahnbrücken stellt die schwimmende Lagerung dar. Bei Brücken als Einfeldträger mit einer Länge bis 30 m und einer Lagerung auf Verformungslagern kann auf die Anordnung von längsfesten Lagern verzichtet werden. Die längsgerichteten Horizontalkräfte werden dann überwiegend durch das Gleis in den Dammbereich übertragen. Ein kleiner Teil der Längskräfte wird jedoch als Rückstellkraft aus der Verformung der Lager direkt in die Unterbauten eingeleitet.

Die Örtlichkeiten und geometrischen Randbedingungen haben einen großen Einfluss auf

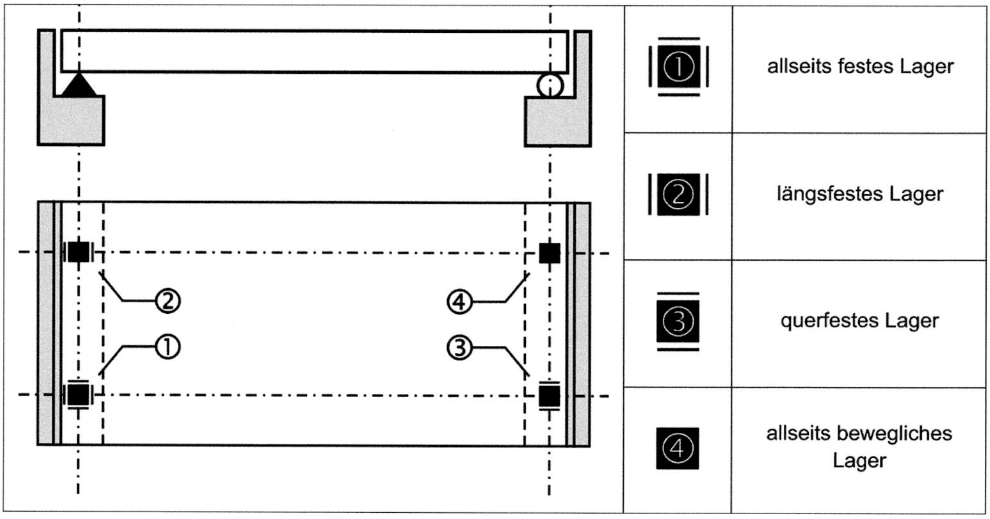


**Abb. 6.26** Statisch bestimmte Lagerung

das statische System (Abb. 6.27) der Brücke. So können die Eisenbahnbrücken als einteilige oder mehrteilige Überbauten und als Einfeld- oder Durchlaufträger mit verschiedenen Lagerarten ausgebildet werden.

Je größer die Stützweiten werden, desto größer ist die Rolle des statischen Systems für Eisenbahnbrücken. Bei zunehmender Brückenlänge spielt auch der Oberbaueine wesentliche Rolle bei der Wahl des richtigen Brückensystems. So sind Schienenauszüge auf ein Minimum zu reduzieren.

Im Gegensatz zu Straßenbrücken reicht es bei Eisenbahnbrücken nicht aus, die Abtragung der Brems- und Anfahrlasten ohne Berücksichtigung der dabei auftretenden Verformungen der Unterbauten (Pfeiler und Gründung) zu gewährleisten. Vielmehr muss am Gesamtsystem die mittragende Wirkung der Schiene in Brückenlängsrichtung, die Auswirkung von Temperaturschwankungen im Überbau aufgrund der durch das Schotterbett oder Festen Fahrbahn vorhandenen Kopplung zwischen Überbau und Gleis sowie die Steifigkeit der Unterbauten berücksichtigt werden. Die entstehenden Zusatzbeanspruchungen in der Schiene dürfen dabei bestimmte Grenzwerte nicht überschreiten. Bis zum heutigen Zeitpunkt gilt Druckspannungen:

- Schotteroberbau: $72\,\mathrm{N/mm^2}$
- Feste Fahrbahn: $92\,\mathrm{N/mm^2}$
- Zugspannungen: $92\,\mathrm{N/mm^2}$

Die Einhaltung dieser Forderung bestimmt ganz wesentlich das für die Abtragung der Längskräfte notwendige Brückensystem.

### 6.3.5.5 Einwirkungen

Grundsätzlich werden Eisenbahnbrücken für Einwirkungen nach der Normenreihe DIN EN 1991 bemessen. Für die vertikalen Lasten infolge des Eisenbahnverkehrs werden in DIN EN 1991 die Lastmodelle LM 71 und SW/0, SW/2 definiert (Abb. 6.28). Das Lastmodell LM 71 stellt vereinfacht die umhüllende Schnittkraftfunktion für alle Triebwagen dar. Alle weiteren Waggons des Lastzuges werden als verteilte Linienlasten mit unbegrenzter Länge erfasst. Die im Lastmodell enthaltenen Einzellasten von 250 kN gelten für Regelfahrzeuge mit einer Radsatzlast von 22,5 t. Für artreinen S-Bahn-Verkehr oder Verkehre mit Achslasten von 25 t kann das Lastmodell mit Hilfe des Lastklassenbeiwerts $\alpha$ in seiner Größenordnung angepasst werden. Das Lastmodell LM 71 wurde als Lastbild UIC 71 in den 80-er Jahren des 20. Jahrhunderts für die damalige DS 804 eingeführt.

**Abb. 6.27** Typische Lagerungssysteme

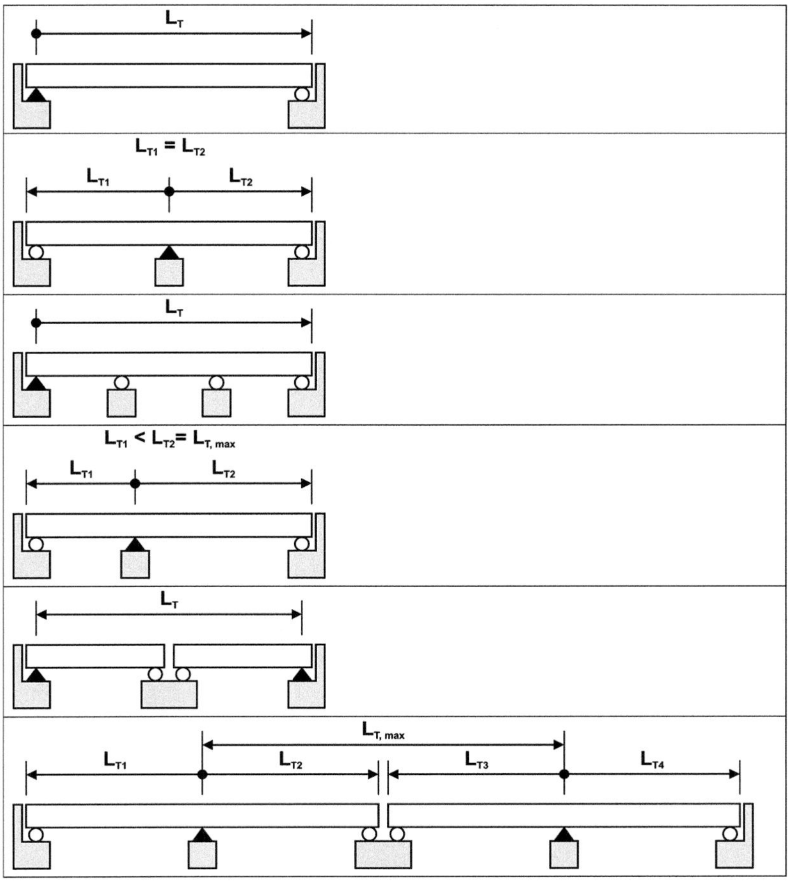


**Abb. 6.28** Eisenbahnverkehrslastmodell nach DIN EN 1991

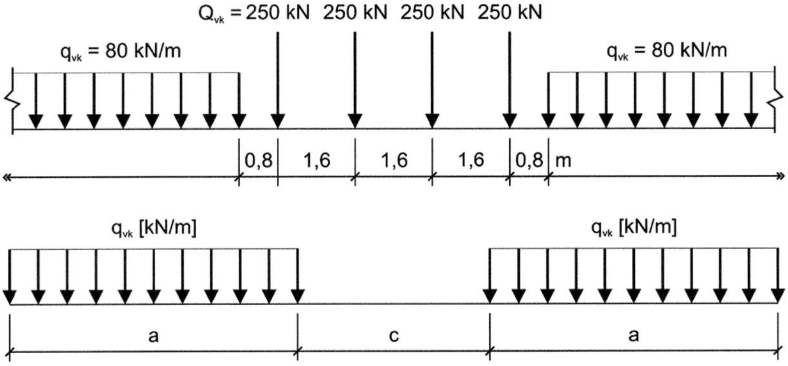


Das Lastmodell SW/0 stellt den statischen Anteil der Verkehrslast des Regelverkehrs auf Durchlaufträgerbrücken dar. Über das Lastmodell SW/2 wird hingegen der statische Anteil des Schwerlastverkehrs erfasst. Charakteristische Werte der Vertikallasten der Lastmodelle SW/0 und SW/2 sind in Tab. 6.2. zusammengefasst. Weitere zu berücksichtigende Einwirkungen können sich aus Ausrüstungsteilen, Instandhaltungsmaßnahmen und Anpralllasten ergeben. Diese Einwirkungen sind in den Richtlinien 804.2101 sowie 804.5301 geregelt.

**Tab. 6.2** Charakteristische Werte der Vertikallasten der Lastmodelle SW/0 und SW/2

| Lastmodell | $q_{vk}$ [kN/m] | a [m] | c [m] |
|---|---|---|---|
| SW/0 | 133 | 15,0 | 5,3 |
| SW/2 | 150 | 25,0 | 7,0 |

Hierin sind zusätzliche Regelungen für folgende Ausrüstungselemente zu finden:

- Lärmschutzanlagen,
- Oberleitungsmaste,
- Signalmaste,
- Ansetzen der Fahrbahn (Oberbau),
- Einwirkungen aus Instandhaltungsmaßnahmen (Fahrzeugeinwirkungen, Besichtigungseinrichtungen),
- Anprall durch Straßenfahrzeuge an Überbauungen,
- weitere außergewöhnliche Einwirkungen.

**Eisenbahnverkehrslasten für dynamische Berechnungen**

Eisenbahnbrücken werden durch Züge dynamisch angeregt. Die Anregung wird durch die vergleichsweise hohen Achslasten und Geschwindigkeiten begünstigt. Letztere führen in Verbindung mit den typischen Wagenkastenlängen zu Anregungsfrequenzen, die im Bereich der Eigenfrequenzen typischer Brückentypen liegen können.

Zur Berechnung der dynamischen Auswirkung von Zugüberfahrten auf Eisenbahnbrücken ist die Angabe der zu untersuchenden Zugkonfigurationen (Achslasten und deren Abstände) und des zu untersuchenden Geschwindigkeitsbereichs erforderlich. Dabei wird, wie auch bei den Einwirkungen für statische Berechnungen, in Lastmodelle und Betriebslastenzüge unterschieden.

Für Hochgeschwindigkeitsstrecken des übergeordneten Netzes ist das Lastmodell HSLM (High Speed Load Model) anzusetzen, das im Sinne einer Umhüllenden die dynamischen Auswirkungen einiger, zur Zeit seiner Entwicklung auf dem Markt befindlichen Hochgeschwindigkeitszüge erfasst.

Auf anderen Strecken, oder wenn die vorgesehenen Züge nicht durch das Lastmodell HSLM abgedeckt werden, sind die Eisenbahnbrücken für die vorgesehenen Betriebslastenzüge, also die Achslasten und Achslastabstände realer Züge, zu untersuchen.

Die Achslasten der Betriebslastenzüge für dynamische Berechnungen sind mit den Massedefinitionen für die Auslegungsmasse mit normaler Zuladung der DIN EN 15663 zu ermitteln. Die DIN EN 15528 ist zusätzlich zu beachten. Diese Achslasten sind auch bei der Prüfung, ob ein Zug durch das Lastmodell HSLM abgedeckt ist, anzusetzen.

Betriebslastenzüge können grundsätzlich ohne Einschränkungen hinsichtlich der Spannweite der Brücken (0 bis $\infty$ m), der Bauart (Rahmen, Einfeld-, Zweifeldträger, ...) oder der Bauweise (Stahl, Beton, Stahlbeton, Verbundbrücken, ...) eingesetzt werden. Beim Lastmodell HSLM ist für Einfeldträger mit einer Spannweite unter 7 m das Lastmodell HSLM-B, in den übrigen Fällen das Lastmodell HSLM-A zu verwenden.

Dynamische Berechnungen, die eine Interaktion zwischen Fahrzeug und Tragwerk berücksichtigen, können mit Lastmodellen und Betriebslastenzügen, die nur Achslasten und Achslastabstände umfassen, nicht durchgeführt werden. Für solche Untersuchungen sind umfangreichere Daten tatsächlicher Betriebslastenzüge wie Geometrie, Massenbelegungen, Federkennwerte, Dämpfungswerte und die Kenndaten des Oberbaus wie Steifigkeit und Dämpfung erforderlich.

**HSLM; Lastmodelle des Hochgeschwindigkeitsverkehrs nach DIN EN 1991-2**

Die in DIN EN 1991-2 vorgegebenen Modellzüge HSLM-A und HSLM-B (Abb. 6.28, 6.29 und 6.30) decken im Sinne einer Einhüllenden mit ihren Einwirkungen die dynamischen Auswirkungen der Betriebslastenzüge ab, die die in Anhang E.1 der DIN EN 1991-2 definierten Kriterien erfüllen. Züge, die diese Kriterien nicht erfüllen, sind als Betriebslastenzüge gesondert zu untersuchen.

Die Modellzüge HSLM sind auf allen Strecken, bei denen die Interoperabilitätskriterien

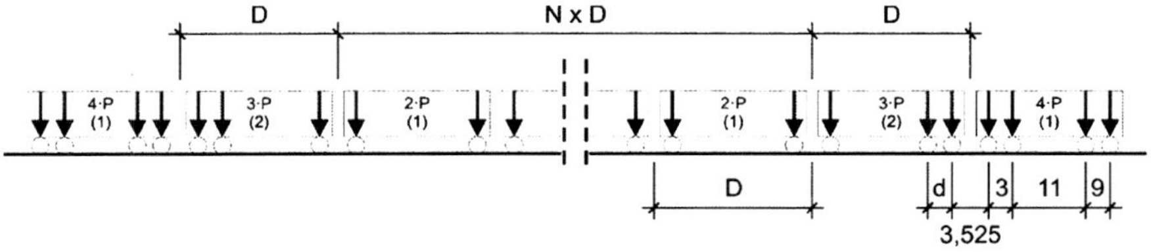


Tabelle 6.3 — HSLM-A (DIN EN 1991-2)

| Modellzug | Anzahl der Mittelwagen | Wagenlänge D [m] | Drehgestell-achsenabstand d [m] | Einzellast P [kN] |
|---|---|---|---|---|
| A1 | 18 | 18 | 2,0 | 170 |
| A2 | 17 | 19 | 3,5 | 200 |
| A3 | 16 | 20 | 2,0 | 180 |
| A4 | 15 | 21 | 3,0 | 190 |
| A5 | 14 | 22 | 2,0 | 170 |
| A6 | 13 | 23 | 2,0 | 180 |
| A7 | 13 | 24 | 2,0 | 190 |
| A8 | 12 | 25 | 2,5 | 190 |
| A9 | 11 | 26 | 2,0 | 210 |
| A10 | 11 | 27 | 2,0 | 210 |

**Abb. 6.29** HSLM-A

**Abb. 6.30** HSLM-B

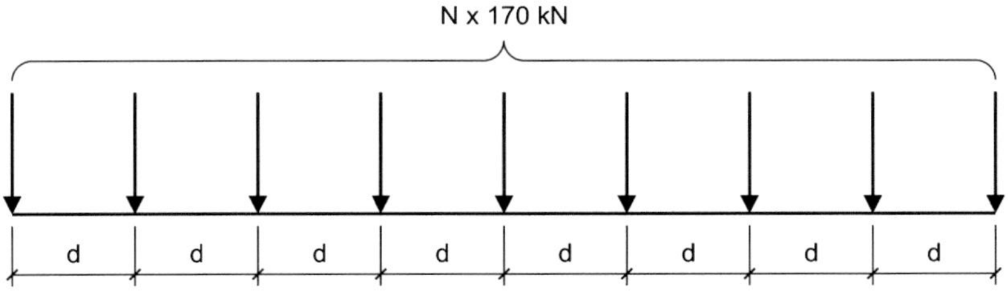


anzuwenden sind, zwingend anzusetzen. Bei allen anderen Strecken wird ein Ansatz im Sinne vergleichbarer und aussagekräftiger Ergebnisse ebenfalls empfohlen.

## HSLM-A

Das Lastmodell HSLM-A umfasst zehn Modellzüge und ist immer in vollem Umfang anzusetzen. Die allgemeine Konfiguration der Modellzüge entspricht Abb. 6.29. Die einzelnen Parameter – Anzahl $N$ der Mittelwagen, Wagenlänge $D$, Abstand $d$ im Drehgestell und die jeweils konstante Achslast $P$ – sind der Tabelle in Abb. 6.29 zu entnehmen.

## HSLM-B

Für Einfeldträger mit einer Stützweite $L$ unter 7 m ist das Lastmodell HSLM-B anzusetzen, das gemäß Abb. 6.30 aus einem Modellzug mit äquidistanten Achsen (Achsen im gleichen Abstand) besteht. Die Anzahl $N$ der einzelnen Achsen und deren Abstand $d$ ist Abb. 6.31 zu entnehmen. Die Achslast beträgt konstant 170 kN.

Sofern eine eindeutige Zuordenbarkeit zu einer Stützweite $L$ möglich ist, darf ein einzelnes Lastmodell HSLM-B verwendet werden, wobei die Festlegung der Parameter $N$ (obere Diagrammlinie) und $d$ (untere Diagrammlinie) gemäß Abb. 6.31 zu erfolgen hat.

## Betriebslastenzüge

Betriebslastenzüge bilden die Achslasten und Achsabstände realer Züge ab. Dies können die Typen 1 bis 12 nach Anhang D.3, DIN EN 1991-2 sein, es kann allerdings auch jeder andere existierende Zug verwendet werden.

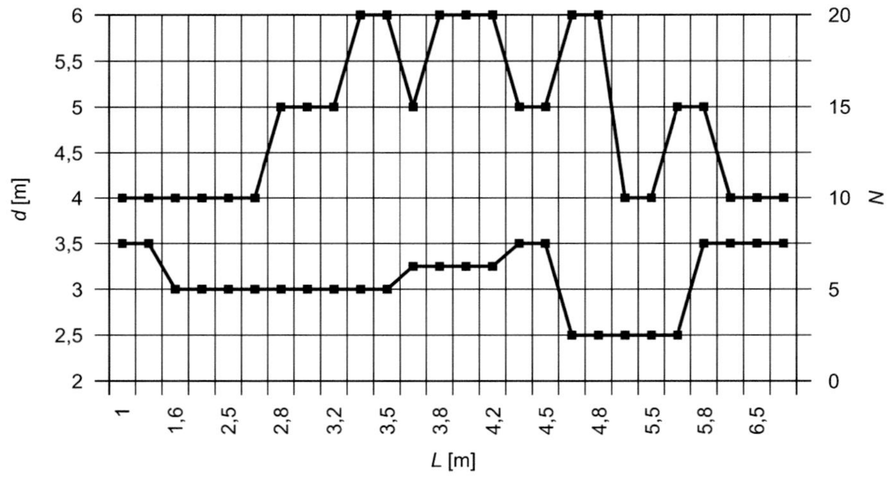


**Abb. 6.31** HSLM-B, Achsabstand

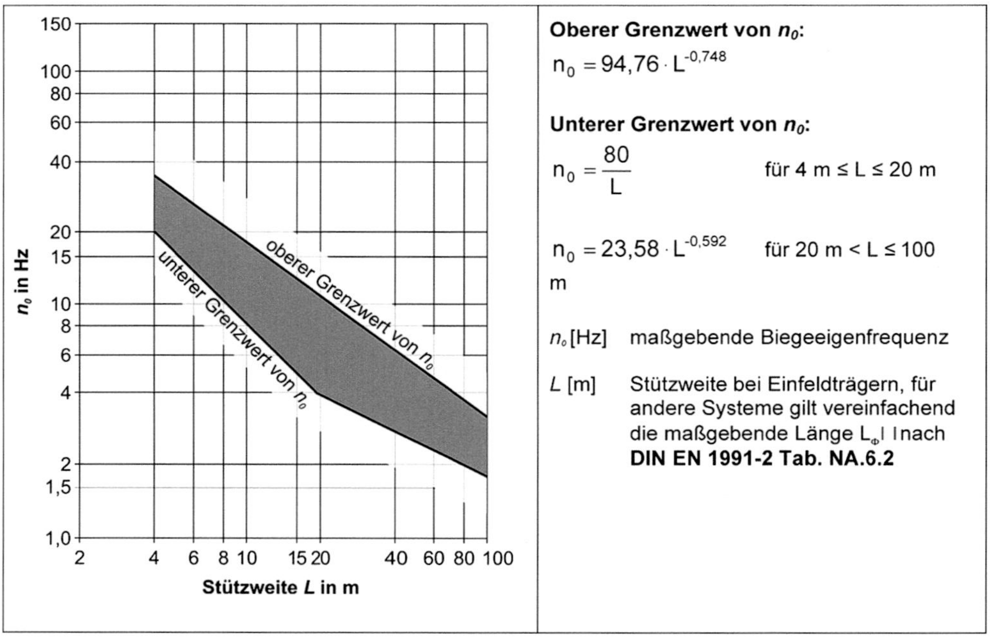


**Abb. 6.32** Richtlinie 804.3101: Grenzwerte für die maßgebende Biegeeigenfrequenz

#### 6.3.5.6 Erforderliche Nachweise

Die Richtlinie 804.3101 (Nachweise allgemein) gibt einen Überblick über die erforderlichen notwendigen Nachweise (Abb. 6.32):

- Eisenbahnbrücken sind für die in DIN EN 1991 und Richtlinie 804.2101 angegebenen Einwirkungen zu bemessen und in Abhängigkeit von den Bau- und Werkstoffen nach den Regeln der DIN EN 1992 bis 1994 nachzuweisen.
- Zusätzliche Nachweise, Anforderungen und Bedingungen sind in Abhängigkeit von der Bauweise in eigenen Richtlinien geregelt.
- Die maximale Gleisverwindung über eine Länge von 3,0 m darf bei einer Geschwindigkeit von 200 km/h einen Höchstwert von 3,0 mm nicht überschreiten (DIN EN 1991).

- Der Endtangentenwinkel des Überbaus ist für eingleisige Brücken auf einen Wert von $6{,}5 \cdot 10^{-3}$ rad und für einen zweigleisigen Überbau auf $3{,}5 \cdot 10^{-3}$ rad begrenzt.
- Auf eine dynamische Berechnung darf verzichtet werden, wenn eine der folgenden Bedingungen erfüllt ist:
  - bei S-Bahnen
  - bei Hilfsbrücken mit einer örtlich zulässigen Geschwindigkeit $v \leq 120\,\text{km/h}$
  - bei einer örtlich zulässigen Geschwindigkeit $v \leq 90\,\text{km/h}$
  - bei einer örtlich zulässigen Geschwindigkeit $v \leq 160\,\text{km/h}$, wenn gleichzeitig für die Radsatzlasten $Q_{\text{RSL}}$ und die Linienlast $m'$ die Bedingungen $Q_{\text{RSL}} \leq 225\,\text{kN}$ und $m' \leq 80\,\text{kN/m}$ erfüllt werden
  - bei überschütteten Tragwerken mit Überschüttungshöhen $h_{Ü} \geq 1{,}5\,\text{m}$
  - bei einfeldrigen Rahmentragwerken mit wandartigen Stielen in Stahlbetonbauart bis zu einer lichten Weite von 25 m, einer Biegeschlankheit $L/d \leq 15$ und einer Mindestdicke der Deckenplatte von 0,45 m, wenn zusätzlich entweder die Schiefe $\alpha$, d. h. der durch Auflager- und Brückenachse eingeschlossene Winkel, gering ist, d. h. $90\,\text{gon} \leq \alpha \leq 110\,\text{gon}$ oder bei größerer Schiefe $50\,\text{gon} \leq \alpha \leq 90\,\text{gon}$ oder $110\,\text{gon} \leq \alpha \leq 150\,\text{gon}$ die erste Eigenfrequenz der Biegeschwingung $n_0$ sich nicht um mehr als $\pm 10\,\%$ von der ersten Eigenfrequenz des Rahmens mit $\alpha = 100\,\text{gon}$ und sonst gleichen Abmessungen unterscheidet
  - bei Durchlaufträgern mit einer örtlich zulässigen Geschwindigkeit $v \leq 200\,\text{km/h}$
- Außerdem darf auf eine dynamische Berechnung durch die vereinfachte Überprüfung des Resonanzrisikos verzichtet werden, wenn für ein Tragwerk die erste Eigenfrequenz der Biegeschwingung $n_0$ innerhalb des oberen und unteren Grenzwertes von $n_0$ liegt und zusätzlich eine der folgenden Bedingungen erfüllt ist:
  - Die örtlich zulässige Geschwindigkeit beträgt $v_{ö} \leq 200\,\text{km/h}$ bei S-Bahnen
  - Das Tragwerk ist ein balkenartiger Einfeldträger mit einer Stützweite $L \geq 40\,\text{m}$
  - Das Tragwerk ist ein balkenartiger Durchlaufträger in Betonbauart mit einer kleinsten Stützweite $\min L \geq 40\,\text{m}$ und einer größten Stützweite $\max L \leq 1{,}5 \min L$

Einige Nachweise sind in getrennten Richtlinien geregelt, z. B. ist

- die Ermittlung der Belastbarkeitswerte in Richtlinie 804.3201 enthalten,
- die Überprüfung des Resonanzrisikos durch eine dynamische Berechnung ist in Richtlinie 804.3301 enthalten.

## 6.3.6 Entwurfsgrundsätze

### 6.3.6.1 Brückentypen

Eisenbahnbrücken werden in der Regel als Deckbrücken (Abb. 6.33) ausgeführt. Dabei liegt die Tragkonstruktion unter Schienenoberkante (SO). Die Vorteile der Deckbrücke sind dabei im Wesentlichen:

- Die Eisenbahnlasten werden auf kürzestem Weg in die Lager geleitet.
- Alle tragenden Bauteile liegen witterungsgeschützt unter der abgedichteten Fahrbahntafel.
- Die Gleislage kann in gewissen Grenzen nachträglich verändert werden.
- Das gleichbleibend durchlaufende Schotterbett ermöglicht die kontinuierliche, rationelle Durcharbeitung des Gleises mit Oberbaumaschinen.
- Die Tragkonstruktion ist gut gegen Beschädigungen durch entgleiste Schienenfahrzeuge geschützt.

Das Prinzip der Deckbrücke mit Schotterbett beinhaltet auch, dass im Brückenbereich die gleichen Anforderungen wie im sonstigen Bereich der Strecke erfüllt werden können. So trägt das Brückendeck alle für den Fahrweg der Eisenbahn erforderlichen Einrichtungen, wie Schienen, Schwellen, Schotter, Kabeltrog, Randweg und ggf. Lärmschutzwände.

Ausnahmen bilden dabei verschiedene Bauformen von Stahlbrücken, z. B. Stabbogenbrü-

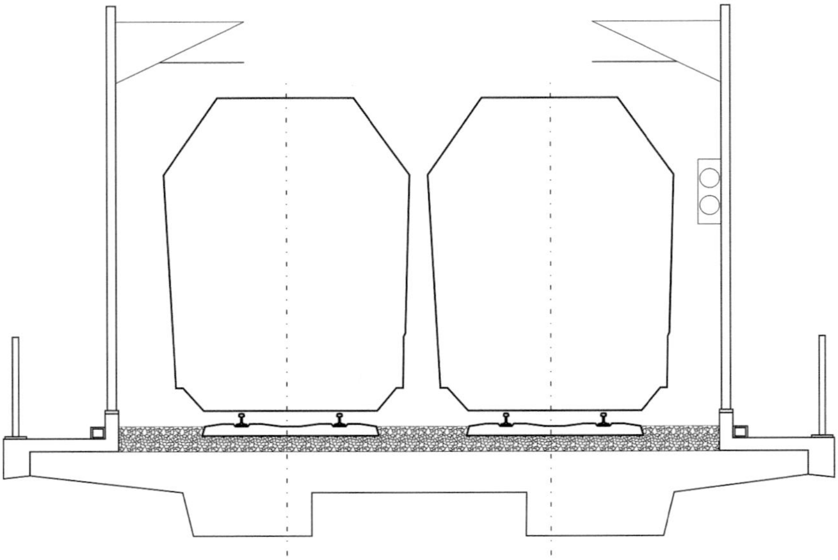

**Abb. 6.33** Deckbrücke

cken oder Fachwerkbrücken. Diese haben eine unten liegende Fahrbahn.

Querschnittsformen für Deckbrücken:

- Vollquerschnitte in Beton:
  - Vollplatte
  - Breiter Balken
- Vollquerschnitte in Verbund:
  - Walzträger in Beton
- Gegliederte Querschnitte:
  - Plattenbalken
  - Hohlkasten
- Stahlbrücken:
  - Trägerrost
  - Vollwandtragwerk
  - Stahl-Hohlkasten

**Vollplatte**

Bei der Vollplatte (Abb. 6.34) handelt es sich um die häufigste Querschnittsform bei Betonbrücken.

Konstruktive Randbedingungen:

- für Stützweiten $l < 25\,\mathrm{m}$
- mit Schlankheiten $l/h_k < 22$.

Geeignet:

- für eingleisige Überbauten mit $h_k > 1\,\mathrm{m}$ bei knapper Bauhöhe,
- für mehrgleisige Überbauten (z. B. unter Weichenverbindungen),
- bei geometrisch nicht rechtwinkligen Grundrissen (z. B. schiefe Kreuzungen).

Vorteile:

- einfache Schalung,
- im Allgemeinen leichtes Bewehren und Betonieren,
- Bemessung auch für die Querbiegemomente eines mehrgleisigen Tragwerks in der Regel problemlos.

Nachteile:

- schlechte Vorspannbarkeit.

**Breiter Balken**

Der Brückentyp Breiter Balken (Abb. 6.35) ist geeignet

- für eingleisige Überbauten mit $h_k > 1\,\mathrm{m}$.

Vorteile:

- einfache Schalung,
- im Allgemeinen leichtes Bewehren und Betonieren,

**Abb. 6.34** Vollplatte

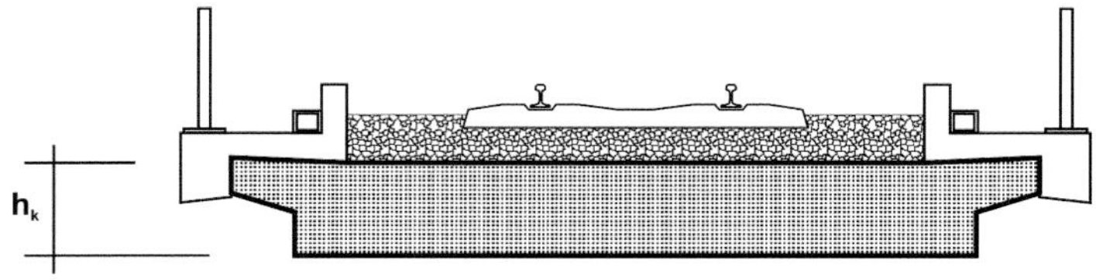


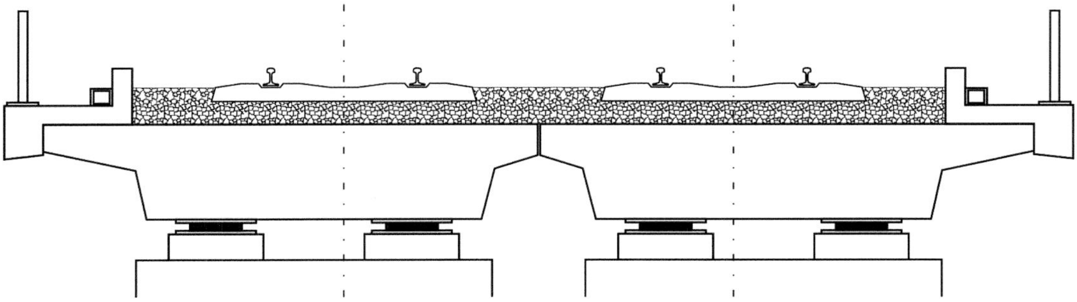

**Abb. 6.35** Breiter Balken

- Im Falle einer Vorspannung ist bei ausgeprägten Kragarmen des Tragquerschnitts für die Spanngliedlagen ein größerer innerer Hebelarm möglich als bei einer Vollplatte, so dass für die Bedingung der Dekompression weniger Spannkräfte erforderlich werden (im Gegensatz zum Plattenbalken).

Nachteile:

- Wenn die Unterschiede in den Dickenabmessungen zwischen den Kragarmen und dem Balken zu groß werden, können beim Abfließen der Hydratationswärme erhebliche Zugeigenspannungen mit unerwünschten Rissbildungen in den Kragarmen entstehen. Die Grundsätze für das Entwerfen von gegliederten Querschnitten sind zu beachten.

**Verbundbrücke mit einbetonierten Stahlträgern**

Verbundbrücken mit einbetonierten Stahlträgern (Abb. 6.36) sind geeignet:

- für Stützweiten 15 m $< l <$ 25 m, mit Schlankheiten $l/h_k < 25$,
- für Baustoffe C25/30 und S 235, $l/h_k < 30$,
- für Baustoffe C30/37 und S 355.
- als Einfeldtragwerk,
- bei knapper Bauhöhe,
- für mehrgleisige Überbauten

Vorteile:

- einfaches Bauverfahren, denn die Einrüstung kann entfallen und der Schalungsaufwand ist gering
- einfache Berechnung und Bemessung.

Nachteile:

- Bei langen Brücken ist für Durchlauftragwerke ein Vollstoß der Walzträger nach besonderen Bestimmungen herzustellen.
- Bei mehrgleisigen Tragwerken mit großen Querbiegemomente sind für die untere Querbewehrung viele Bohrungen in den Stegen der Walzträger vorzusehen.

**Beton-Plattenbalken**

Beton-Plattenbalken (Abb. 6.37) eignen sich:

- für Stützweiten 15 m $< l <$ 30 m, mit Schlankheiten $l/h_k < 15$.
- für Einfeldträger, wenn eine ausreichend große Bauhöhe zur Verfügung steht und die lotrechten Verkehrslasten nicht zu stark exzentrisch wirken.

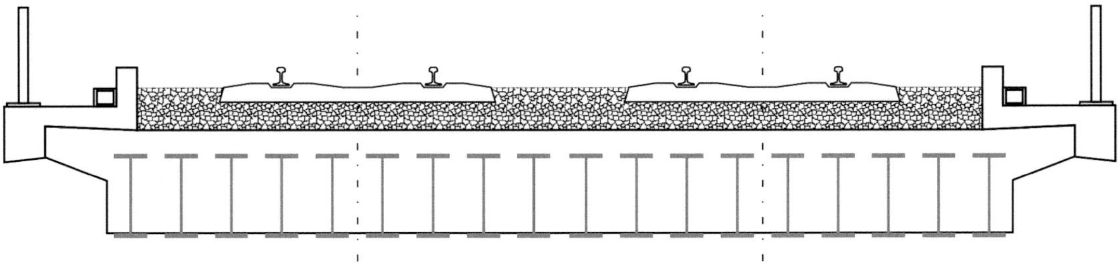

**Abb. 6.36** Verbundbrücke mit einbetonierten Stahlträgern

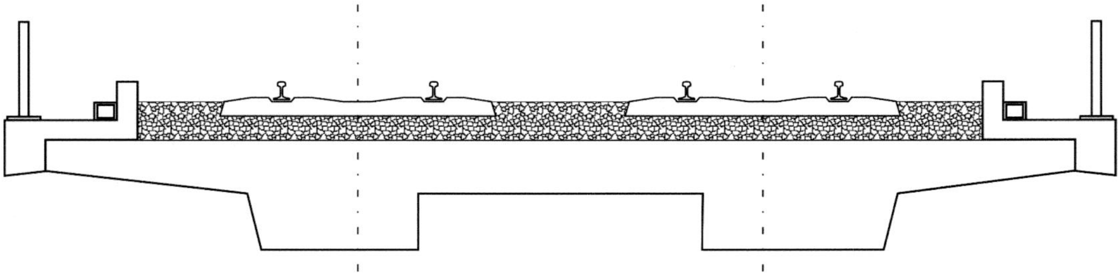

**Abb. 6.37** Plattenbalkenbrücke

Vorteile:

- wirtschaftliche Querschnittsform durch sparsamen Betonverbrauch besonders für Einfeldträger, denn die Betonmengen werden optimal eingesetzt,
- geringer Spannstahlbedarf, da die Schwerlinie im Querschnitt weit oben liegt.

Nachteile:

- ungünstige Querschnittsform für Durchlaufträger,
- wegen der notwendig großen Konstruktionshöhe $h_k$ ist diese Querschnittsform nur anwendbar, wenn von Schienenoberkante bis zum Lichtraumprofil des unterführten Verkehrsweges genügend Bauhöhe zur Verfügung steht,
- bei exzentrisch wirkenden lotrechten Verkehrslasten erhalten die Stege verschieden große Beanspruchungen.

**Betonhohlkasten**

Betonhohlkästen (Abb. 6.38) eignen sich:

- für Stützweiten $25\,\text{m} < l < 60\,\text{m}$, mit Schlankheiten $18 > l/h_k < 20$.
- für Durchlaufträger mit großen Stützweiten,
- bei großer exzentrischer Wirkung der lotrechten Verkehrslasten,
- für 2-gleisige Tragwerke.

Vorteile:

- nur geringe Verformungen unter Verkehrslast,
- günstige Querschnittsform auch im Stützenbereich von Durchlaufträgern, da die Bodenplatte einen breiten Druckgurt anbietet,
- über den begehbaren Kastenträger können bei Brückeninspektionen alle Auflager erreicht werden.

Nachteile:

- durch die Innenschalung entsteht hoher Schalungsaufwand,
- schwieriges Betonieren der Bodenplatte am Anschluss der aufgehenden Stege,

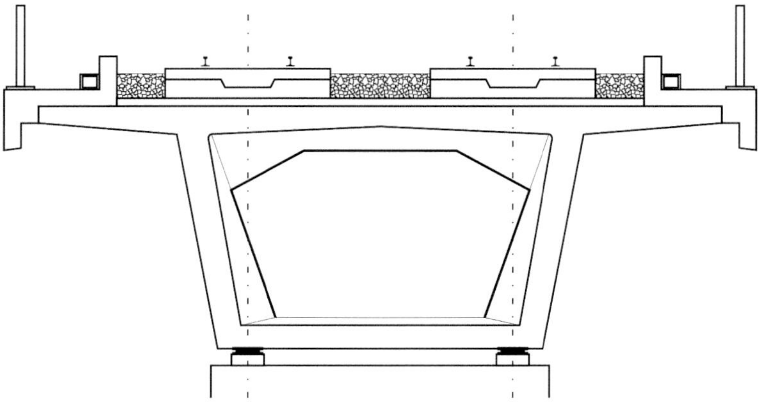

**Abb. 6.38** Betonhohlkastenbrücke

- bei unterschiedlichen Dickenabmessungen können beim Abfließen der Hydratationswärme erhebliche Zugeigenspannungen mit unerwünschten Rissbildungen in der Bodenplatte entstehen.

**Trägerrost**
Trägerroste (Abb. 6.39) sind geeignet

- für Stützweiten 10 m $< l <$ 20 m, mit Schlankheiten 30 $> l/h_k <$ 25.
- bei knapper Bauhöhe (beispielsweise wegen sehr geringer Konstruktionshöhe des Tragwerks),
- bei Erneuerung eines alten Brückenüberbaus „unter dem rollenden Rad" ist der Trägerrost wegen seines leichten Gewichts in kurzen Sperrpausen schnell einhebbar.

Vorteile:

- geringes Gewicht,
- sehr niedrige Konstruktionshöhe.

Nachteile:

- hoher Fertigungsaufwand,
- erhöhter Korrosionsschutzaufwand wegen starker Gliederung der Konstruktion,
- stark gegliederte offene Untersicht anfällig gegen Schmutzecken und Salzsprühnebel aus dem unterführten Straßenverkehr,
- bei Anprallschäden Gefahr einer erheblichen Minderung der Tragfähigkeit,
- hohe akustische Emissionen.

**Vollwandträger**
Vollwandträger (Abb. 6.40) sind geeignet

- für Stützweiten 10 m $< l <$ 30 m, mit Schlankheiten 15 $> l/h_k <$ 20.
- für Einfeldträger, wenn eine ausreichend große Bauhöhe zur Verfügung steht und die lotrechten Verkehrslasten nicht zu stark exzentrisch wirken,
- wegen seines leichten Gewichts ist der „Hutquerschnitt" bei Erneuerung eines alten Brü-

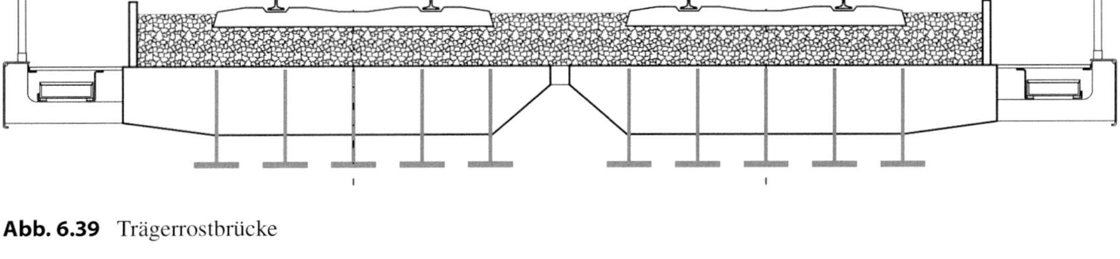

**Abb. 6.39** Trägerrostbrücke

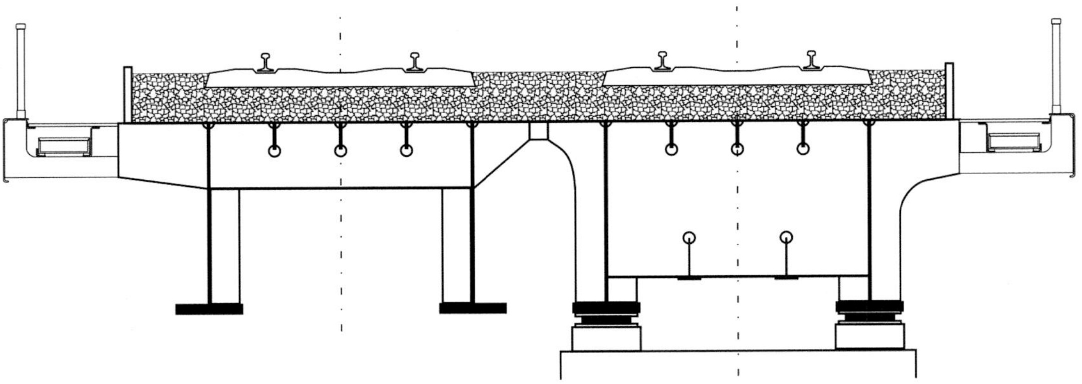

**Abb. 6.40** Vollwandträgerbrücke

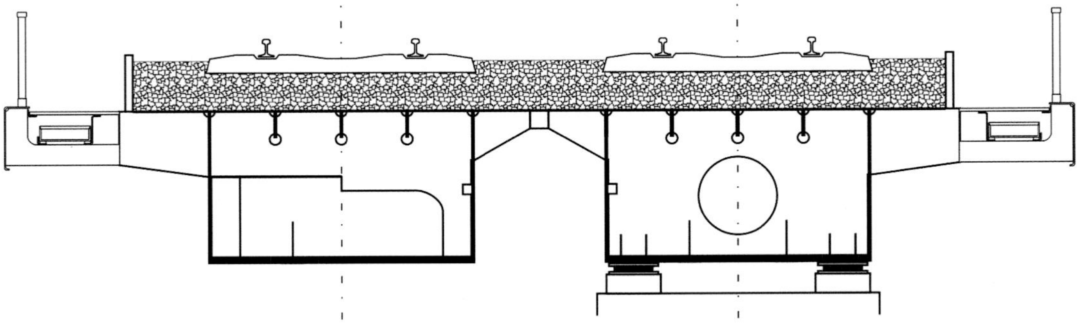

**Abb. 6.41** Stahlhohlkastenbrücke

ckenüberbaus „unter dem rollenden Rad“ in kurzen Sperrpausen schnell einhebbar.

Vorteile:

- geringes Gewicht mit positiver Auswirkung auf die Unterbauten und Gründungen, damit kann auf alte Unterbauten abgesetzt werden, die ggf. eine geringere Tragfähigkeit haben.

Nachteile:

- bei Zugüberfahrten Schallabstrahlungen durch die hohen Stegbleche zu erwarten (Umweltverträglichkeit besonders bei Lage der Brücke in Siedlungsgebieten),
- bei Anprallschäden Gefahr einer erheblichen Minderung der Tragfähigkeit.

**Stahlhohlkasten**

Stahlhohlkästen (Abb. 6.41) sind geeignet

- für Stützweiten etwa $15\,\text{m} < l < 45\,\text{m}$, mit Schlankheiten etwa $20 < l/h_k < 24$ bei Einfeldträgern, etwa $22 < l/h_k$ bei Durchlaufträgern.
- für Durchlaufträger,
- bei großer exzentrischer Wirkung der lotrechten Verkehrslasten,
- für 2-gleisige Tragwerke.

Vorteile:

- geringes Gewicht, somit geringere Beanspruchung der Unterbauten,
- Als Einfeldträger ist der Hohlkasten bei Erneuerung eines alten Brückenüberbaus „unter dem rollenden Rad“ wegen des geringen Gewichts in kurzen Sperrpausen schnell einhebbar

Abb. 6.42 Zurückgesetztes Widerlager

Nachteile:

- bei Anprallschäden kaum Reparaturmöglichkeiten für die Bodenplatte als Untergurt,
- bei Zugüberfahrten starke Schallabstrahlungen durch den Stahlkasten zu erwarten (Umweltverträglichkeit besonders bei Lage der Brücke in Siedlungsgebieten).

### 6.3.6.2 Widerlager und Pfeiler

**Widerlager**

Grundsätzlich gibt es zwei verschiedene Bauformen der Widerlager, welche einen erheblichen Einfluss auf die Planung haben. Die Widerlager werden dabei im Wesentlichen als „Vollwiderlager" bzw. als „Kammerwand" ausgebildet. Zusätzlich zu den Widerlagern spielt die Wahl der Flügelwände ebenfalls eine Rolle und hat Einfluss auf die Planung. Hier wird zwischen Parallelflügeln, welche parallel zur Gleisachse angeordnet sind und Schrägflügel, welche schräg zur Fahrbahn angeordnet sind, unterschieden. Die Wahl der Widerlager und der Flügel hängt im Wesentlichen von den örtlichen Gegebenheiten und Randbedingungen ab.

Die Hauptunterscheidungsmerkmale sind dabei:

- das niedrige in die Böschung zurückgesetzte Widerlager (Abb. 6.42) und
- das hohe nach vorn gesetzte Widerlager (Abb. 6.43).

Der Vorteil bei zurückgesetzten Widerlagern (Abb. 6.42) besteht darin, dass diese relativ klein ausgebildet werden können und die Brücke durch die schräge Böschung nicht so „störend" empfunden wird. Der Nachteil ist dabei, dass die Überbauten länger werden. Bei einem nach vorne gesetzten Widerlager (Abb. 6.43), muss dieses sehr hoch ausgebildet werden. Dadurch erscheinen das Widerlager und das Bauwerk sehr dominant. Der Vorteil ist dabei, dass die Überbauten kürzer ausfallen und dass die Baugrube nicht so groß wird.

Eine Ausnahme zu den beschriebenen Widerlagern bildet das Hohlwiderlager, welches bei großen Brückenlängen eingesetzt wird. Das Hohlwiderlager hat dabei nicht nur die Funktion, die Überbauten aufzulagern, sondern auch einen

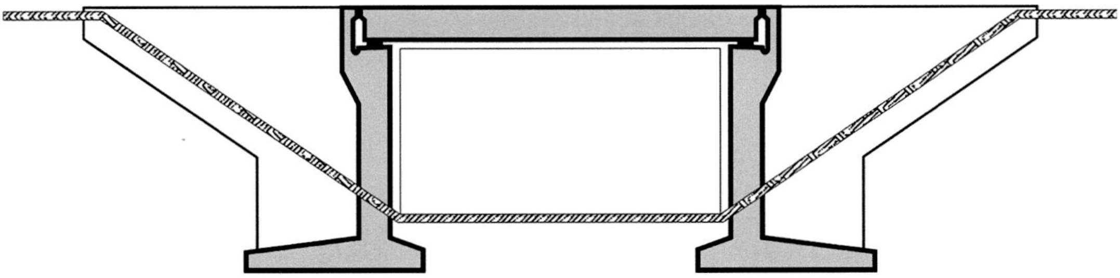

**Abb. 6.43** Nach vorn gesetztes Widerlager

Zugang in das Innere der Brücke sowie Lager- und Arbeitsräume zu gewährleisten.

Für die Ausbildung der Widerlager hat die konstruktive Gestaltung am Brückenende zusätzlich großen Einfluss auf die Instandhaltungskosten und auf den Eisenbahnbetrieb, deshalb müssen von den Planern insbesondere folgende Punkte beachtet werden:

- Wirkungen des beweglichen Brückenendes gegen die Hinterfüllung,
- Auswirkung des Endtangentenwinkels aus der Durchbiegung auf das Gleis,
- Abführung des Oberflächenwassers der Fahrbahntafel,
- Zugänglichkeit der Auflagerung für Inspektion und Wartung,
- Art der Fahrbahn (Schotteroberbau oder Feste Fahrbahn).

In Abb. 6.44 werden die verschiedenen Widerlagerausbildungen dargestellt.

**Pfeiler**
Pfeiler spielen bei Brücken mit größerer Stützweite eine Rolle hinsichtlich des statischen Gesamtsystems und der Gestaltung. Grundsätzlich wird zwischen zwei Pfeilertypen unterschieden, welche dabei in verschiedenen Variationen ausgebildet sein können:

- Vollpfeiler werden von außen gewartet,
- Hohlpfeiler werden von innen gewartet und inspiziert.

Die Pfeiler unterliegen verschiedenen Randbedingungen und haben Einfluss auf die konstruktive Gestaltung. Die Höhe der Brücke ist entscheidend für den Einsatz verschiedener Brückenbesichtigungsgeräte. Brücken mit Höhen bis ca. 14 m über Gelände können vom Boden aus inspiziert werden, demnach kommen hier Vollpfeiler zum Einsatz. Pfeiler über 14 m Höhe werden in der Regel von innen inspiziert. Hier kommen Hohlpfeiler zum Einsatz. Zusätzlich ist auch entscheidend, ob die Überbauten als Durchlaufträger oder Einfeldträger ausgebildet werden. Pfeiler für Durchlaufträger werden in der Regel schlanker ausgebildet, da hier konstruktiv keine Stöße der Überbauten berücksichtigt werden müssen. Außerdem müssen nur eine Lagerachse auf dem Pfeilerkopf untergebracht werden. Pfeiler für Einfeldträgersysteme haben größere Abmessungen, da hier jeweils die Enden der Überbauten gestoßen werden und auch die Pfeilerköpfe zwei Lagerachsen aufnehmen müssen.

### 6.3.7 Ausrüstungselemente für Eisenbahnbrücken

#### 6.3.7.1 Entwässerung

Die Entwässerung ist das gezielte Abführen von Wasser durch künstliche Einrichtungen. Dabei wird unterschieden in offene Entwässerung (z. B. Rinnen, Gräben) und geschlossene Entwässerung (z. B. Rohre).

Das rasche und wirkungsvolle Abführen des Oberflächenwassers dient

- der Sicherheit des Verkehrs,
- einer langen Lebensdauer und
- einem geringen Unterhaltungsaufwand des Ingenieurbauwerks.

**Abb. 6.44** Bauweisen für Widerlager

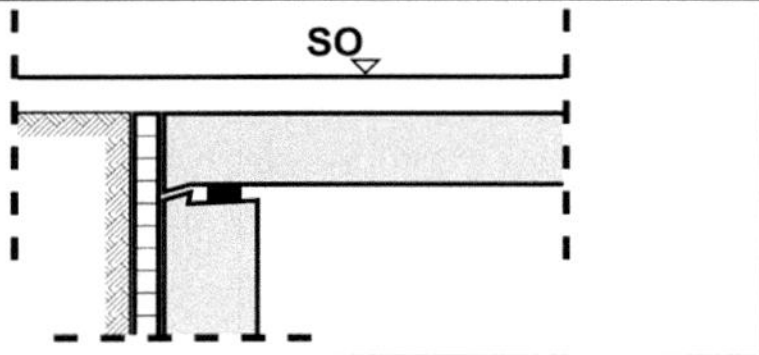


Überbauende stößt in voller Höhe gegen Filtersteine und Hinterfüllung. Brückendurchbiegung hat direkten Einfluss auf Filtersteine und Hinterfüllbereiche

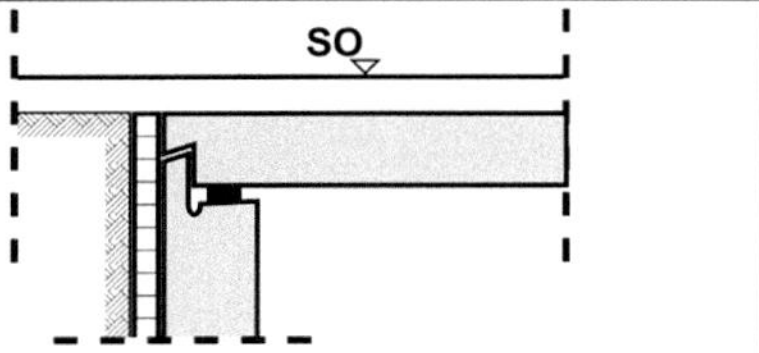


Die Kammerwand wird zur Hälfte der Überbauhöhe hochgezogen. Dadurch verringert sich die Auswirkung der Brückendurchbiegung auf Filtersteine und Hinterfüllbereiche.

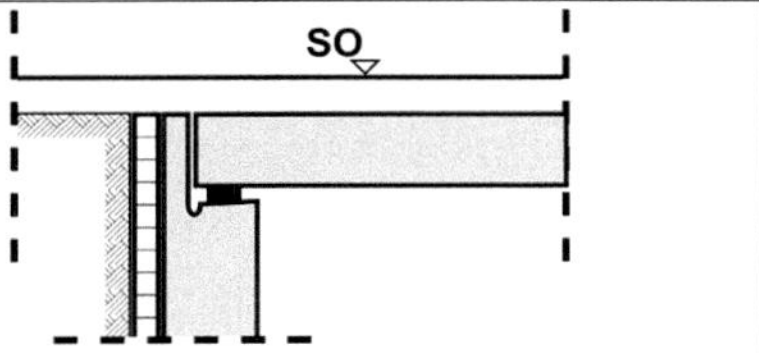


Betonbrücke: Die Kammerwand bildet den Abschluss zu Filtersteinen und Hinterfüllbereich. Entkopplung des Einflusses der Brückendurchbiegung von den Einwirkungen auf Filtersteine und Hinterfüllbereiche. Ausführung mit geschlossener Fugenkonstruktion

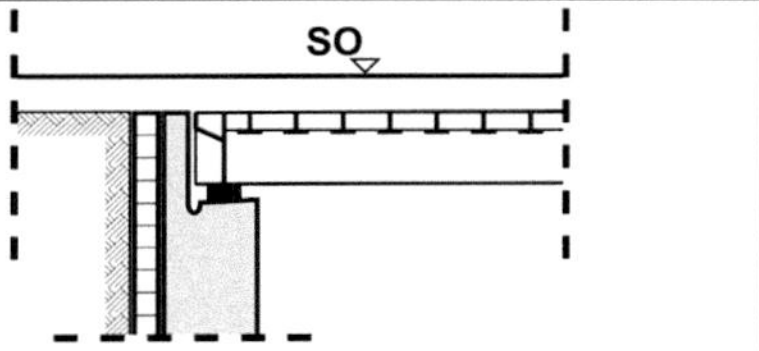


Stahlbrücke: Die Kammerwand bildet den Abschluss zu Filtersteinen und Hinterfüllbereich. Entkopplung des Einflusses der Brückendurchbiegung von den Einwirkungen auf Filtersteine und Hinterfüllbereiche. Ausführung mit geschlossener Fugenkonstruktion

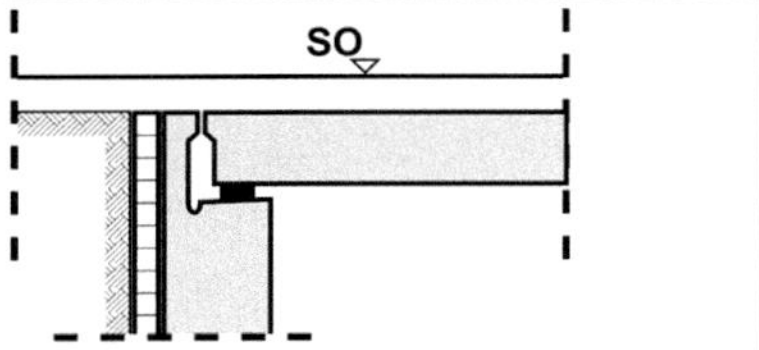


Die Kammerwand bildet den Abschluss zu Filtersteinen und Hinterfüllbereich. Entkopplung des Einflusses der Brückendurchbiegung von den Einwirkungen auf Filtersteine und Hinterfüllbereiche. Ausführung mit geschlossener Fugenkonstruktion.
Wartungsgang ermöglicht einfache Wartung und Instandhaltung.

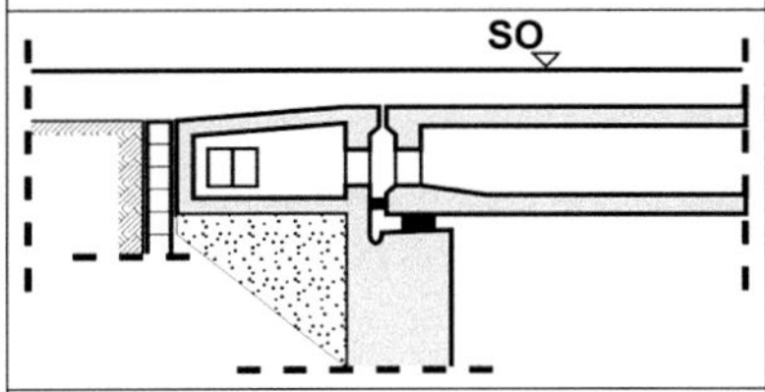


Ausführungsvariante für Talbrücken; Hohlwiderlager mit Zugangsmöglichkeit des Hohlkastens

Legende

Das Oberflächenwasser der Fahrbahn muss vom Gleis weg und auf kurzem Weg zu Einläufen/Abläufen geführt werden. Dafür muss die Oberfläche des Brückendecks ein Quer- und ggf. ein Längsgefälle erhalten. Durch das Gefälle weg vom Gleis soll vermieden werden, dass sich unter den Gleisen Restwasser sammelt und Schmutz anreichert, was den Untergrund der Gleisbettung verschlammen und damit das Strukturverhalten des Schottergerüsts stören würde.

Es wird unterschieden in

- kurze Brücken bis 30 m Länge und
- lange Brücken über 30 m.

In Längsrichtung muss im Allgemeinen kein besonderes Gefälle ausgebildet werden. Brücken mit Längen bis etwa 30 m – auch solche ohne Längsneigung – dürfen ohne besondere Entwässerungseinläufe im Überbau über die Sickerwände an den Widerlagern entwässert werden. Zur Vermeidung von Wassersackbildung und zur Sicherstellung der Entwässerung bei Gleisgradienten ohne Längsneigung sollte auch bei Stützweiten $\leq 15$ m die Überhöhung in der Oberfläche der Fahrbahnplatte vorgesehen werden.

### 6.3.7.2 Abdichtung

Eine Bauwerksabdichtung hat die Aufgabe, Bauwerke vor den schädigenden Einflüssen des im Boden befindlichen Wassers zu schützen, beispielsweise:

- Frost-Tau-Wechsel-Gefährdung mancher Baustoffe,
- verringerte Festigkeit mancher Baustoffe im feuchten Zustand,
- Korrosion von Baustoffen bei aggressivem Wasser,
- Nutzungseinschränkungen bei durchfeuchteten Wänden,
- Eindringen von Wasser in ein Bauwerk.

Bauwerksabdichtungen sind dadurch gekennzeichnet, dass sie in der Regel weder gewartet noch nachgebessert werden können, so dass sie für die Lebensdauer des abzudichtenden Bauwerks funktionsfähig sein müssen. Die Sanierung fehlerhafter Abdichtungen verursacht enorme Kosten, deren Verhältnismäßigkeit in Abhängigkeit der Nutzungsdauer geprüft werden muss. Jede Abdichtungsmaßnahme muss geplant werden. Mit der Planung muss ein fachkundiger Ingenieur beauftragt werden, der entsprechend der vorhandenen Beanspruchung, eine Abdichtungsplanung erstellt. Besondere Aufmerksamkeit ist dabei Anschlüssen und Übergängen zu widmen.

### 6.3.7.3 Randkappen

Das Brückendeck setzt sich aus der Fahrbahn und den Randkappen zusammen. Die Randkappe begrenzt seitlich die Fahrbahn. Sie trägt alle Ausrüstungselemente, die für den Eisenbahnbetrieb und für die Instandhaltung der Brücke notwendig sind und besteht im Allgemeinen aus Gesims, Randweg, Ausrüstungsbalken, Kabeltrog und Schotterbegrenzungsbalken. Die Randkappe ist auf der Fahrbahntafel aufgelegt. Sie ist unter bestimmten Voraussetzungen auswechselbar und kann ggf. den veränderten Anforderungen an das Brückendeck jederzeit angepasst werden und soll daher bei der Ermittlung des Tragverhaltens des Brückenüberbaus nicht angesetzt werden.

Da die Randkappe (Abb. 6.45) auf dem Kragarm des Überbaus aufliegt, kann sich die Fugenfläche zwischen Randkappe und Kragarm bei Verformungen des Überbaus abwechselnd leicht öffnen und wieder schließen, so dass Wasser, das von der Brückenfahrbahn in diese Fuge eingesickert ist, nach außen zum Gesims hin gepumpt werden kann. Aus diesem Grund wurde ein spezielles Dichtungsband entwickelt, dass dem Effekt

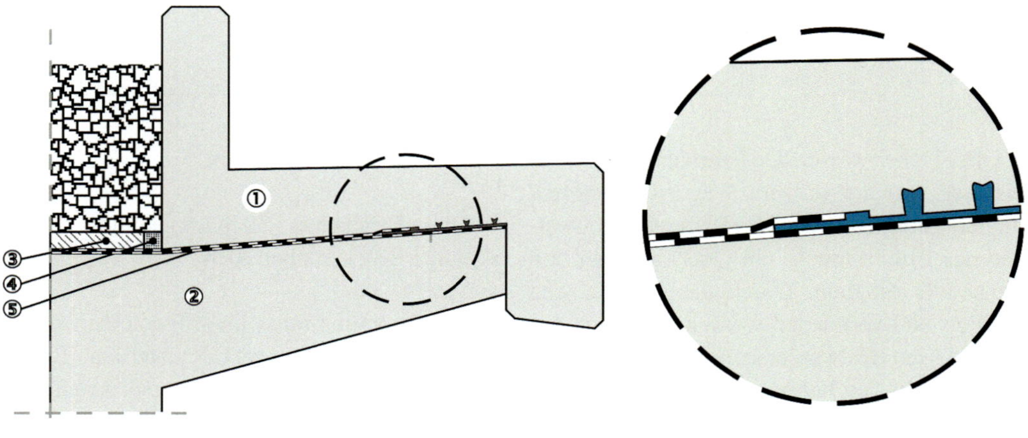


**Abb. 6.45** Randkappe mit Kappenfugenband

des Pumpens mittels Sperren (Labyrinthprinzip) entgegenwirkt. Das Dichtungsband soll ein Austreten dieses Wassers am Gesims verhindern. Weiterhin eignen sich aus diesem Grund keine Fertigteilrandkappen, da hier kein Dichtungsband eingelegt werden kann.

#### 6.3.7.4 Kabeltrog

Kabeltröge (Abb. 6.46) sind mechanische Schutzsysteme für die Verlegung elektrischer Kabel. Sie dienen dem Schutz und der mechanischen Entlastung der Kabel. Der Kabeltrog ist zum Einbau als aufgesetzter Kabeltrog auf massiven Eisenbahnbrücken bestimmt und besitzt spezielle Vorkehrungen zur Längs- und Querentwässerung. In den Wangen ist ein V-förmiger Ausschnitt vorzusehen, um einen Dichtungsstreifen (Teerstrick) aufzunehmen. Kabeltröge sind in festgelegten Einheitsgrößen verfügbar. Der Querschnitt entspricht den überwiegend erforderlichen Querschnitten auf Eisenbahnbrücken.

Im Bahnhofsbereich bzw. in näherer Umgebung zu einem Bahnhof kann es jedoch zu einer Bündelung von Kabeln unterschiedlichster Fachdienste kommen, so dass entweder eine beidseitige Anordnung von Kabelkanälen vorgesehen wird oder sogar zwei Kabelkanalfertigteile der Größe II nebeneinander auf einer Seite angeordnet werden. In diesem Fall muss die Breite der Randkappe entsprechend dimensioniert werden ggf. auch die des Überbaus.

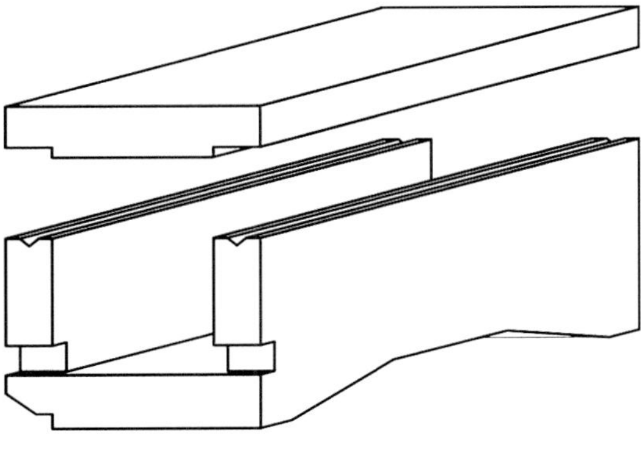

**Abb. 6.46** Kabeltrog

#### 6.3.7.5 Schotterhaltung

Die Schotterhaltung begrenzt wie die Randkappe seitlich die Fahrbahn. Schotterhaltungen werden nach konstruktiven Gesichtspunkten entweder aus Blechen oder Stahlbeton ausgebildet. Ihre Oberkante entspricht der Schienenoberkante.

#### 6.3.7.6 Geländer

Geländer dienen als Schutzausrüstung, d. h. als

- Schutz vor dem Herabstürzen von Personen sowie das Hindurchrutschen von gestürzten Personen,
- Schutz vor dem Herabfallen von Gegenständen auf (ggf. unterführte Verkehrswege) darunter liegende Verkehrswege, besonders bei elektrifizierten Strecken.

Sie sind daher in erster Linie entsprechend den Vorgaben der Unfallverhütungsvorschriften (**UVV**) und den Anforderungen von Richtlinie **804.1101** sowie der EBA-Richtlinie Anforderungen des Brand- und Katastrophenschutzes an Planung, Bau und Betrieb von Schienenwegen nach AEG auszubilden.

Folgende Konstruktionsarten werden unterschieden:

- Füllstabgeländer
- Geländer mit Welldrahtgitterrahmen
- Holmgeländer mit einem oder zwei Zwischenholmen

#### 6.3.7.7 Brückenlager

Als Lager (Abb. 6.21) bezeichnet man Bauelemente, die die Kräfte aus dem Brückenüberbau konzentrieren und möglichst zwängungsfrei in die Unterbauten übertragen und/oder gleichzeitig Bewegungen und Verformungen des Bauwerks ermöglichen. Für den Brückenneubau der Deutschen Bahn AG kommen nach Richtlinie 804.5101 wegen der hohen eisenbahnspezifischen Anforderungen nur Kalotten- und Elastomerlager zur Ausführung. Topf-, Rollen- und Linienkipplager sind nicht zulässig.

Kalotten- und Elastomerlager können mit Gleiteinrichtungen nach DIN EN 1337-2 sowie mit Festhaltungen und Festhaltekonstruktion nach DIN EN 1337-8 als auch nach DIN 4141-13 kombiniert werden, so dass je nach Aufgabenstellung das technisch sinnvollste Lager verfügbar ist. Die Gleitpaarung Stahl-Stahl nach DIN 4141-13 für Führungen und Festhaltekonstruktionen ist für Eisenbahnbrücken nicht zulässig.

Wie bereits ausgeführt, wurden die Regelungen für Ausstattungselemente national durch Zulassungen ergänzt. Die eisenbahnspezifisch höheren Anforderungen und die damit verbundenen Regelungen finden sich in der Richtlinie 804.5101.

#### 6.3.7.8 Fugen- und Übergangskonstruktion

Grundsätzlich haben Fugen- und Übergangskonstruktionen die Aufgabe der Überbrückung von Bewegungen zwischen zwei Tragelementen. Um zwängungsfreie Bewegungen zwischen zwei gegeneinander verschieblich angeordneten Tragelementen zu ermöglichen, werden zur Verbindung bzw. zur Überbrückung der Bewegungsfugen, Fugen- und Übergangskonstruktionen vorgesehen.

Fugen- und Übergangskonstruktionen werden unterschieden in Festhaltungen mit Formschluss und Festhaltungen mit Kraftschluss. Bei Fugenkonstruktionen mit außenliegenden Klemmprofilen handelt es sich um Festhaltungen mit Kraftschluss. Diese müssen im Gegensatz zu Festhaltungen mit Formschluss zusätzlich durch Bauschutzmatten geschützt werden.

Fugenübergangskonstruktionen müssen geeignet sein Verkehrslasten aufzunehmen. Hierbei ist zu beachten, dass beispielsweise Schwellen auf den Fugen- und Übergangskonstruktionen liegen können. Steifigkeitssprünge zwischen Überbau, Widerlager und Übergangskonstruktion müssen klein gehalten werden.

Eine weitere wichtige Aufgabe ist das gezielte Abführen des Wassers auf der Brücke. dies kann mittels offenen oder geschlossenen (wasserdichten) Fugen- und Übergangskonstruktionen erfolgen. Das im Bereich der Trennfuge anfallende Oberflächenwasser des Brückendecks soll gezielt gesammelt und planmäßig zu den Fallrohren in den Widerlagern, Pfeilern oder auf den Übergangsbereich abgeführt werden.

Man unterscheidet zwischen:

- bituminös eingeklebten Längsfugenbändern, die bis zu einer vertikalen Differenzdurchbiegung der angrenzenden Überbauten von 25 mm eingebaut werden können. Bituminös eingeklebte Längsfugenbänder sind für schwimmend gelagerte Überbauten und Spannbetonüberbauten nicht zulässig, da sie nicht geeignet sind, Längsbewegungen zu übertragen,

und

- geschraubten Fugen- und Übergangskonstruktionen, die über das o. g. Durchbiegungsmaß hinaus und/oder bei anderen Bewegungen des Bauwerks sowohl in Brückenlängs- als auch in Brückenquerrichtung eingebaut werden können.

#### 6.3.7.9 Befestigungen und Verankerungen

Befestigungen und Verankerungen (Abb. 6.47) haben die Aufgabe, alle nachträglich anzubringenden Ausrüstungselemente wie

- Geländer,
- Lärmschutzwände,
- Oberleitungs- und Signalmasten,
- Signalausleger und Signalbrücken,
- und sonstige wie Fernsprecher, KVZ-Schränke oder Windmessgeräte,

auf den Eisenbahnbrücken zu befestigen.

Bei Befestigungen werden z. B. Dübel oder Betonschrauben in Verbindung mit Bohrtechnik und ggf. Injektionsmaterial nachträglich am Bauteil montiert. Bei Verankerungen handelt es sich um Einlegeteile, wie beispielsweise Ankerkörbe mit Gewindehülsen bzw. Gewindebolzen, Ankerplatten mit Kopfbolzen, Ankerschienen, die vor der Betonage eines Bauteils positioniert werden müssen.

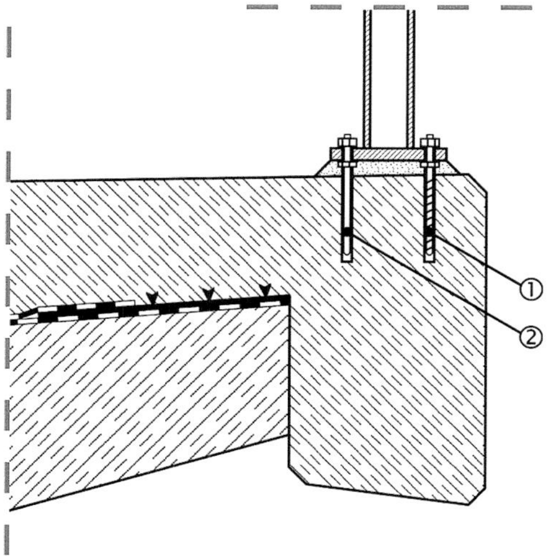


**Abb. 6.47** Befestigungsvarianten

### 6.3.7.10 Ausrüstungsbalken

Auf dem Ausrüstungsbalken (Abb. 6.48) sind die Befestigungsmittel aller Systemkomponenten der Oberleitung sowie der Leit- und Sicherungstechnik angeordnet. Die Oberkante des Ausrüstungsbalkens beträgt in der Regel der Schienenoberkante (SO).

### 6.3.7.11 Oberleitungsmaste

Oberleitungsmaste sind für die Montage der Oberleitung einer elektrifizierten Eisenbahn. Oberleitungsmasten für die Eisenbahn werden in der Regel aus Stahl oder Stahlbeton gefertigt. Bei Neu- und Ausbaustrecken werden meist Schleuderbetonmaste verwendet. Bei modernen Oberleitungsmasten hängt der Fahrdraht meist an einem N-förmigen Ausleger, während früher auch andere Bauarten üblich waren. Da der Fahrdraht stets straff gespannt sein muss, erfolgt die Abspannung des Fahrdrahts stets über eine Rolle, an der ein Seil mit einem Gewicht hängt.

### 6.3.7.12 Signalmaste

Eisenbahnsignale an Signalmasten signalisieren grundsätzlich, ob und in welcher Geschwindigkeit Streckenabschnitte befahren werden dürfen. Dazu existieren verschiedene Signalarten, die sich grob in Haupt- (Hp) und Vor- (Vr) sowie Zusatzsignale (Zs) gliedern lassen. Auf Eisenbahnbrücken vermeidet man weitgehend die Anbringung von Signalmasten.

**Abb. 6.48** Ausrüstungsbalken

### 6.3.7.13 Führungen und Fangvorrichtungen

Bei Gleisen auf Eisenbahnbrücken sind Führungen – in der Regel mit einem Abstand zur Fahrschiene von 180 mm und auf 5 m Länge über die Überbauenden hinaus – und zusätzlich zugehörigen unverkürzten Fangvorrichtungen mit 6 m Länge einzubauen, und zwar:

- bei Brücken mit tragenden Konstruktionsteilen oberhalb des Gleises, die durch Anprall entgleister Fahrzeuge beschädigt oder zerstört werden können,
- bei Brücken, die entgleiste Fahrzeuge nicht vor dem Absturz schützen können und
- bei Brücken mit Gleisbögen oder im Anschluss an Gleisbögen (auch mit Übergangsbögen) mit Radien $R < 300$ m.

### 6.3.8 Hilfsbrücken und Baubehelfe

Hilfsbrücken, Baubehelfe und temporäre Bauwerke haben die Aufgabe, permanente Brücken, die aufgrund ihres Alters, möglicher Beschädigungen oder auch wegen Sanierungsmaßnahmen nicht befahrbar sind, vorübergehend durch schnell und einfach zu errichtende Tragkonstruktionen zu ersetzen. Mithilfe von Hilfsbrücken, Baubehelfen und temporären Bauwerken ist es möglich, Instandsetzungsmaßnahmen ohne größere Probleme und ohne größere Betriebseinschränkungen durchzuführen.

Hilfsbrücken müssen leicht sowie schnell montier- und demontierbar sein und zusätzlich, wenn auch mit Einschränkungen der Gebrauchstauglichkeit, den Anforderungen an Eisenbahnbrücken genügen. Diese Brückenüberbauten sind zumeist mehrfach einsetzbare stählerne Tragkonstruktionen, die für den o. g. Verwendungszweck sowie für den Katastrophenfall in großen Stückzahlen vorgehalten werden.

#### 6.3.8.1 Geschichtlicher Überblick

Hilfsbrücken und temporäre Bauwerke haben durch die in militärischen Einsätzen gewonnenen Erfahrungen und Erkenntnisse auch im zivilen Bereich an Bedeutung gewonnen. Bereits während des 1. Weltkriegs wurden diese von den Pionieren des Militärs eingesetzt, um die Versorgung an der Front sicherzustellen und schnellen Nachschub und die Truppenbeweglichkeit zu gewährleisten. Gerade zwischen den beiden Weltkriegen hat die Entwicklung von Brückensystemen ihren Höhepunkt erreicht. Große Hilfsbrückensysteme kann der Laie kaum von permanenten Brücken unterscheiden. Diese ähneln Fachwerkbrücken und sind in der Lage bis zu mehreren hundert Metern zu überspannen. Wesentliche Großhilfsbrückensysteme waren dabei:

- SKR 6-Brücke (Schaper-Krupp-Reichsbahn mit 6 m Feldweite)
- SE-Brücke (Straßen-Eisenbahn-Brücke)
- SKB-Brücke (Schaper-Krupp-Bundesbahn) (Abb. 6.49).

**Abb. 6.49** SKB-Brücke

Nach dem 2. Weltkrieg sind Hilfsbrücken auch zunehmend im zivilen Bereich eingesetzt worden. Ohne die Entwicklung verschiedenster Hilfsbrückentypen zur Wiederherstellung der Verkehrswege wäre der Wiederaufbau Deutschlands nicht denkbar gewesen. In dieser Zeit wurden die Hilfsbrücken auch auf die eisenbahnspezifischen Anforderungen angepasst, da die Versorgung überwiegend über die Schiene abgewickelt wurde.

In den 50-er Jahren verlagerte sich der Verkehr dann wieder zunehmend auf die Straße. Während dieser Zeit veränderten sich die Anforderungen von Hilfsbrücken komplett, da die Hilfsbrücken für den Verteidigungsfall noch schneller aufbaubar sein mussten.

In jüngerer Vergangenheit wurden die Anforderungen immer größer, da die Geschwindigkeiten zunehmen, mit denen über die Hilfsbrücken gefahren wird, und die konventionellen Hilfsbrücken immer größere Stützweiten überbrücken müssen. Deswegen wurden die Hilfsbrücken typisiert.

#### 6.3.8.2 Schutz vor Katastrophen und höherer Gewalt

Die Philosophie von Hilfsbrücken spielt nach dem 2. Weltkrieg bis heute eine wesentliche Rolle, da diese für den Katastrophenschutz seitens des Bundes vorgehalten werden. Speziell SKB-Brücken wurden während des kalten Krieges für den Verteidigungsfall geplant und vorgesehen. Sie durften nur in begrenzter Stückzahl und nur für eine kurze Dauer verliehen werden. Daher wurden SKB-Brücken relativ selten eingebaut. Diese Brücken unterliegen dem „Einzelplan 12", welcher die Bereitstellung von Brücken für den Katastrophenfall zur Aufgabe hat. Diese Bestimmung gilt bis heute.

Beim großen Elbehochwasser 2002 konnte, mittels der im Hilfsbrückenlager Konz bei Trier befindlichen Hilfsbrücken für Katastrophenfälle, die eingestürzten Eisenbahnbrücken bei Riesa innerhalb kürzester Zeit ersetzt und der Fahrbetrieb wieder aufgenommen werden.

### 6.3.8.3 Aktuell eingesetzte Hilfsbrücken und Hilfsstützen

Im Laufe der Jahrzehnte kristallisierten sich bestimmte Hilfsbrückensysteme und Hilfsstützen heraus. Dabei haben sich im Wesentlichen drei Systeme für typische Einsätze herausgebildet.

Zum einen waren dies die klassischen Zwillingsträgerhilfsbrücken zum Überbrücken von Einschnitten. Diese Zwillingsträgerhilfsbrücken werden wie permanente Brücken aufgelagert, wobei sich die Lagerungssysteme von Hilfsbrücken hinsichtlich der Nachstellbarkeit der Gleisgradiente von denen permanenter Brücken unterscheiden.

Zum anderen wurden Kleinhilfsbrücken mit sehr geringen Bauhöhen entwickelt, um einen Einsatz direkt im Gleis für Gleissicherungen oder für Gleisabfangung kleiner Überbrückungen zu gewährleisten. Die geringe Bauhöhe der Kleinhilfsbrücken ist deshalb erforderlich, da diese in Einzelteilen von der Seite in das Gleis eingeschoben und dann mit dem Gleis verspannt werden.

Zwillingsträgerhilfsbrücken und Kleinhilfsbrücken bestehen aus vier Längsträgern. Zwischen jeweils zwei Längsträgern wird dabei eine Schiene auf den Querträgern befestigt. Die Längsträger sind relativ breit, da auf deren Unterseite Lager angeordnet werden. Manche Hilfsbrücken haben auch aufgeschweißte Gurtlamellen als zusätzliche Verstärkungen.

Als drittes System haben sich Hilfsstützen als sinnvolle Ergänzung temporärer Bauwerke erwiesen.

**Zwillingsträger-Hilfsbrücken**

Die gebräuchlichsten Hilfsbrücken für den Bau unter dem rollenden Rad sind Zwillingsträger-Hilfsbrücken. Hierbei wird unterschieden in Zwillingsträger-Hilfsbrücken des Altbestandes (ZHa) (Abb. 6.50) und neuen Zwillingsträger-Hilfsbrücken (ZH) (Abb. 6.51 und 6.52).

Zwillingsträgerhilfsbrücken müssen wie permanente Brücken eine ausreichende Tragfähigkeit unter Einhaltung der Verformungsgrenzwerte gewährleisten. Sie müssen robust und für den Baustelleneinsatz geschaffen sein. Außerdem müssen Hilfsbrücken einfach, schnell und leicht montierbar sein und dabei noch ein möglichst geringes Gewicht aufweisen.

Der Hilfsbrückentyp (ZHa) wurde Anfang der 1970er Jahre entwickelt und 1976 als Systemhilfsbrücke eingeführt. Dieser Typ wurde per-

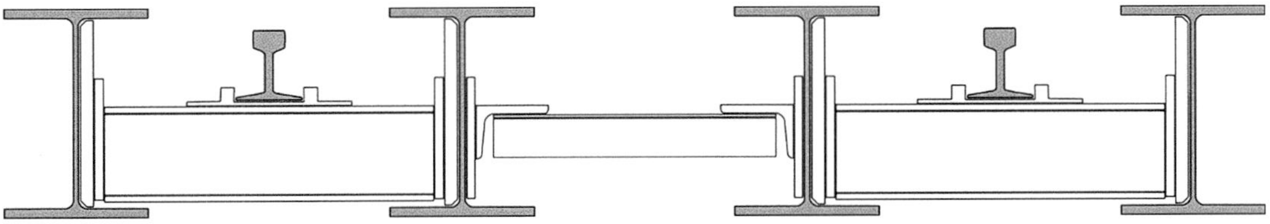

**Abb. 6.50** Zwillingsträger-Hilfsbrücke des Altbestandes

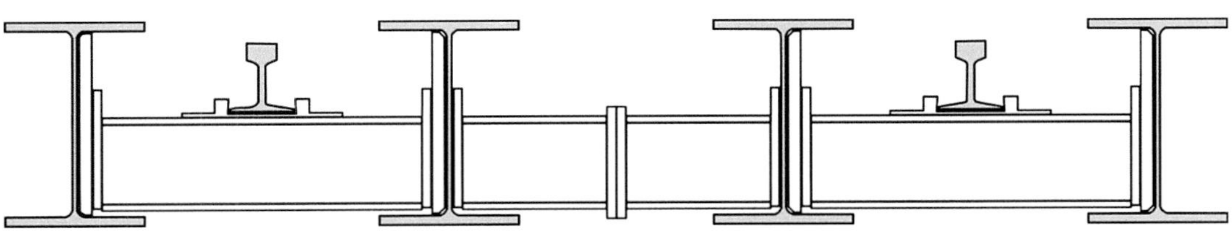

**Abb. 6.51** Endquerträger ZH

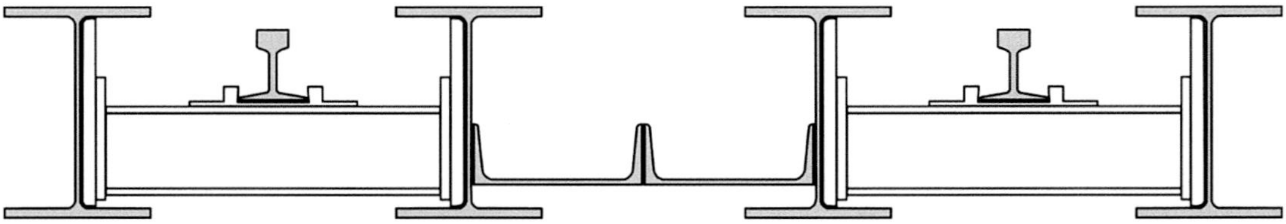

**Abb. 6.52** Bremsverband ZH

manent weiterentwickelt, was letztendlich in den 1990er Jahren zum Zwillingsträgerhilfsbückentyp (ZH) führte. Zwillingsträgerhilfsbrücken des Altbestandes werden heute nicht mehr gefertigt. Es werden lediglich beschädigte Konstruktionsteile erneuert.

Zwillingsträger-Hilfsbrücken nach Richtzeichnung ZHa (Zwillingsträgerbrücken alter Bauform), gibt es in den Stützweiten $L = 7{,}20$ m bis $L = 24{,}00$ m in Stützweitenrastern von 2,40 m. Zwillingsträger-Hilfsbrücken nach Richtzeichnung ZH, in den Stützweiten $L = 7{,}20$ m bis $L = 26{,}40$ m im Stützweitenraster von 2,40 m und eine Zwillingsträgerhilfsbrücke mit einer Stützweite von 31,20 m.

**Technische Besonderheiten (ZHa)**

- Stahlwinkel-Diagonal-Verband zwischen beiden Hauptträgerpaaren,
- der Auflagerpunkt enthält vier Bohrungen ⌀ 25 mm für ggf. anzuschraubende Auflagerplatten oder -konstruktionsteile,
- asymmetrisch angeordnete Langlöcher zum Anschluss der Schienenauflagerplatten Rph,
- Transport-Anschlagpunkte (Anhängetraversen) außen an den äußeren Hauptträgern,
- Gehwegkonsolen und Geländerelementen werden eingehängt.

**Technische Besonderheiten (ZH)**

- Zwillingsträger-Hilfsbrücken Typ ZH können im Bereich der Endauflager bis zu 1,20 m verkürzt und/oder schief aufgelagert werden.
- U-Profile als Verband zwischen beiden Hauptträgerpaaren,
- der Auflagerpunkt enthält vier Bohrungen ⌀ 25 mm für ggf. anzuschraubende Auflagerplatten oder -konstruktionsteile,
- asymmetrisch angeordnete Langlöcher zum Anschluss der Schienenauflagerplatten Rph,
- Transport-Anschlagpunkte (Anhängetraversen) innen an den äußeren Hauptträgern. Dadurch kann die Hilfsbrücke leichter eingehoben werden und eine Schädigung beim Anschlagen wird damit vermieden.
- Beim Typ ZH werden die Gehwegkonsolen überwiegend fest montiert, horizontal drehbar gelagert und durch einen Sicherungsbolzen selbsttätig gesichert. Zum Transport müssen die Gehwegkonsolträger um 90° eingeschwenkt werden, so dass sie an den Längsträgern anliegen.

**Kleinhilfsbrücken**

Kleinhilfsbrücken (Abb. 6.53) besitzen eine sehr geringe Bauhöhe und können dadurch auch bei entsprechenden Baumaßnahmen wie kleineren Gleisabfangungen und als Gleissicherung eingesetzt werden, wo wenig Bauhöhe zur Verfügung steht. Sie zeichnen sich konstruktiv dadurch aus, dass sie einen gerundeten Träger haben, der bei Gleissicherungen ein Einschieben von der Seite her ermöglicht.

Bekannte und seit vielen Jahrzehnten eingesetzte Bauarten sind:

- Kleinhilfsbrücken KHB, in den Längen $L = 6{,}00$ m und $L = 12{,}00$ m,
- verstärkte Kleinhilfsbrücke KHBv, in den Längen $L = 9{,}31$ m und $L = 12{,}51$ m.

Aufgrund der Erfordernisse an Kleinhilfsbrückensysteme wurden diese in den letzten Jahren weiterentwickelt und an Lagerhaltung und Montage angepasst. Dabei entwickelte die DB InfraGO AG ein Richtlinieares System, welches identische Querträger und Verbindungsbolzen sowie zwei verschiedene Längsträger hat.

Das Richtlinieare System unterscheidet dabei zwei unterschiedliche Kleinhilfsbrücken, wobei

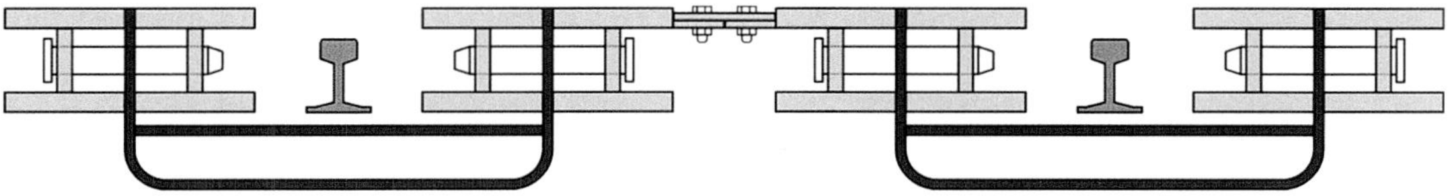

**Abb. 6.53** Querschnitt Kleinhilfsbrücke (KHB)

sich im Wesentlichen nur die Längsträger unterscheiden:

- KHB-K und KW in der Länge $L = 8{,}46\,\text{m}$,
- KHB-M in der Länge $L = 7{,}26\,\text{m}$.

**Technische Besonderheiten Kleinhilfsbrücken:**

- Kleinhilfsbrücken sind nicht verwindungssteif und daher nicht für schiefe Auflagerung geeignet,
- Kleinhilfsbrücken sind für den Einbau in Gleisen mit Holz-, Kunststoff- und Betonschwellen (B 70) geeignet,
- Kleinhilfsbrücken können im geraden Gleis und in Bögen ($R \geq 300\,\text{m}$) verwendet werden (KHB mit 6 m Länge in Bögen $R \geq 150\,\text{m}$),
- Gleissicherungen ohne besonders herzurichtende Auflager können in der Regel ohne Einschränkung an die örtlich zulässige Geschwindigkeit eingesetzt werden.
- bei der Gleissicherung sind zulässige Stützweiten einzuhalten. Es ist darauf zu achten, dass die Hauptträger auf allen Gleisschwellen auflagern,
- Gleisabfangungen mit besonders herzurichtenden Auflagern sind einzubauen bei Baugruben unter dem Gleis sowie bei Baugruben neben dem Gleis mit einem Abstand kleiner als 2,00 m von der Gleisachse.

**Hilfsstützensysteme**

Um Baumaßnahmen temporär zu gewährleisten, wurden neben Zwillingsträger-Hilfsbrücken und Kleinhilfsbrücken über Jahrzehnte auch Hilfsstützen geschaffen und weiterentwickelt. Hilfsstützen werden im Wesentlichen zur Unterstützung von Hilfsbrücken und bei der Montage von Brücken beispielsweise als Traggerüst verwendet. Sie werden aber auch für Brücken eingesetzt, deren Tragfähigkeit durch Beschädigung vermindert ist. Außerdem finden sie Verwendung als Arbeitsgerüst. Bei den Hilfsstützen werden zwei Systeme unterschieden:

- Trestle-Stützen,
- Pizmo-Stützen.

Die Trestle-Stütze stammt aus dem britischen militärischen Eisenbahnbrückenbau und wird als Hilfsstütze bei diversen Brückenbaumaßnahmen zur Abstützung von Hilfsbrücken, als Notstütze bei beschädigten Brücken und als Arbeitsbühne verwendet.

Die Pizmo-Stütze (Abb. 6.54) ist eine tschechoslowakische Entwicklung und ähnelt sehr stark der englischen Trestle-Stütze. Allerdings hat die Pizmo-Stütze einige Vorteile. Es wurde ein Auslegerkran entwickelt, der mit dem Bau der Stütze mitklettert und zur Montage der Stütze einschließlich der Stützenköpfe dient. Zusätzlich wurden die Stützen optimiert, indem Stielfüße für das Aufstellen in tiefem Wasser und Schwimmkästen geschaffen wurden. Ein weiterer sehr großer Vorteil ist das verstellbare Kugelgelenk an den Stielfüßen, damit lassen sich diese an jede Neigung des Untergrundes anpassen. Da die Pizmo-Stütze in der Handhabung wesentlich durchdachter ist als die Trestle-Stütze, wird diese auch häufig zum Abstützen von Bauwerken und Hilfsbrücken eingesetzt.

### 6.3.8.4 Baubehelfe

Die Definition eines Baubehelfes lautet: „Ein Baubehelf ist ein Hilfsmittel im Zusammenhang mit der Herstellung eines Bauwerkes. Ein Baubehelf wird aber gleichzeitig nicht Bestandteil dieses Bauwerkes. Baubehelfe sind auch keine Werkzeuge, Geräte oder Maschinen“.

Dementsprechend sind Hilfsbrücken, Kleinhilfsbrücken, Hilfsstützen und sämtliche Verbauarten oder Stützwände Baubehelfe.

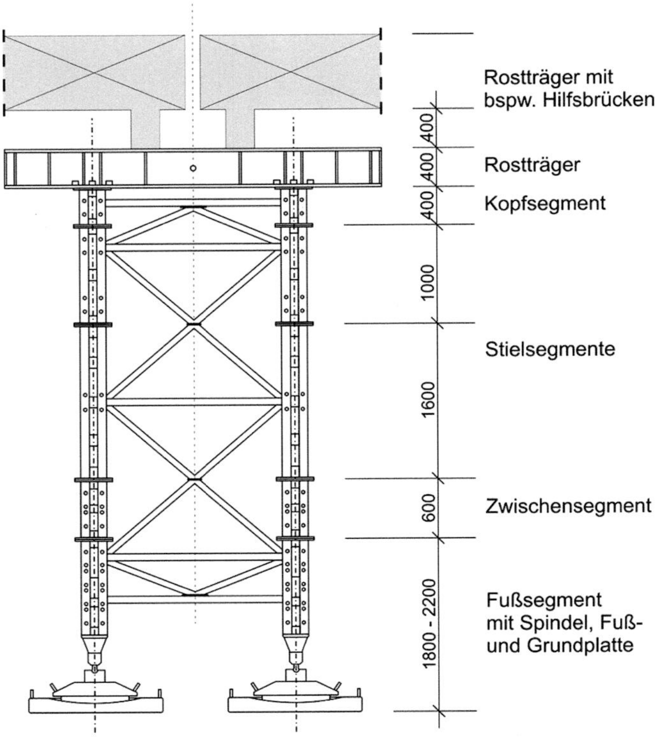


**Abb. 6.54** Pizmo-Stütze

## 6.4 Tunnel und Trogbauwerke

Zur Sicherung der Marktfähigkeit des Schienenverkehrs, der Akzeptanz in der Bevölkerung und der Konkurrenzfähigkeit gegenüber dem Luftverkehr setzt die Deutsche Bahn AG bei Aus- und Neubau verstärkt auf Hochgeschwindigkeitsstrecken, die vom ICE und anderen interoperablen Zügen mit Geschwindigkeiten von 160 bis 200 km/h bzw. 200 bis 300 km/h befahren werden können. Derart hohe Geschwindigkeiten setzen eine möglichst steigungsarme und niveaugleiche Trassierung voraus. Daher ist eine möglichst siedlungsferne Streckenführung bei der Verbindung von Ballungszentren zu bevorzugen, um einerseits die Lärmbelästigung gering zu halten und andererseits die Anzahl an Zwangspunkten, z. B. niveaugleiche Kreuzungen von Verkehrswegen, zu vermindern. Sowohl wegen topografischer als auch trassierungstechnischer Randbedingungen können deshalb neben Straßen- und Eisenbahnüberführungen insbesondere Tunnel und Trogbauwerke erforderlich werden.

Darüber hinaus kommt dem Lärm- und Umweltschutz eine stetig wachsende Bedeutung zu. Tunnel und Trogbauwerke können den daraus erwachsenden Anforderungen sowohl bei wohngebietsnaher Trassenführung als auch in sensiblen Bereichen von Naturschutzgebieten gerecht werden. Durch Tunnel können zudem die Eingriffe in die Natur minimiert werden, da große linienförmige Einschnitte (Trennwirkung) in die Landschaft vermieden werden. Tunnel werden hinsichtlich der Bauweise als auch hinsichtlich ihrer Erstellung als Tunnel in geschlossener und in offener Bauweise unterteilt. Im Netzbereich der Deutschen Bahn AG überwiegt dabei der Anteil der Tunnel in geschlossener Bauweise mit ca. 80 %. Per Definition handelt es sich bei der Herstellung untertage, also der geschlossenen Bauweise, bereits ab dem ersten Meter um einen Tunnel, während Tunnel in offener Bauweise erst ab einer Länge von über 250 m als solche bezeichnet werden. Die geschlossene Bauweise wird im Weiteren in den bergmännischen Vortrieb und den Schildvortrieb untergliedert.

Trogbauwerke bestehen aus seitlichen Stützwänden und einer geschlossenen Sohle. Dabei wird die Sohle in der Regel als Rampe ausgebildet. Der Verkehrsweg wird auf der Rampe geführt.

### 6.4.1 Geschichte der Tunnel und Eisenbahntunnel in Deutschland

Bis zur Mitte des 17. Jahrhunderts kannte man im Tunnelbau einzig und allein den Handausbruch. Spitzhacken, Spaten und Schaufeln waren die Werkzeuge der Zeit. Außerdem war es gebräuchlich, allein die Eigenspannungen infolge einer Temperaturgradiente zu nutzen. Dazu wurde die herauszubrechende Oberfläche durch ein Feuer stark erhitzt. Zum anderen bestand die Möglichkeit – bei genügend tiefen Temperaturen – Wasser in Klüfte und Spalte zu füllen und die Vergrößerung des Eisvolumens auszunutzen, um den Fels zu sprengen. Dann hielt das Schwarzpulver Einzug im Tunnelbau und sorgte für einen gewaltigen Umbruch in der Herstellungstechnologie, denn auf einmal reichte es, Sprenglöcher in ausreichender Anzahl und Tiefe in das Gestein zu treiben. Den Rest übernahm die eingebrachte Sprengladung. Mit der beginnenden Industrialisierung Deutschlands und den technischen Entwicklungen dieser Zeitperiode wurde der Baufortschritt im Tunnelbau durch den Einsatz von Schlagbohrmaschinen und besseren Sprengstoffen zum einen weiter beschleunigt aber auch sicherer für die Mineure.

Mit dem Siegeszug der Eisenbahn erlebte der Tunnelbau als Verkehrswegebau weiteren Auftrieb. 1836 wurde der erste Eisenbahntunnel mit einer Länge von 133 m in Betrieb genommen. Die Spurweite betrug 585 mm. Der Oberauer Tunnel, auf der Strecke Leipzig–Dresden, war der erste Eisenbahntunnel einer Vollbahn in Deutschland und wurde 1839 in Betrieb genommen. Zwischen 1860 und 1880 wurden in Deutschland analog den Eisenbahnbrücken auch Eisenbahntunnel in größerer Anzahl in den Fels getrieben. Von den heute über 900 Eisenbahntunneln in Deutschland stammen knapp zwei Drittel aus dieser Zeit.

Anfangs wurden Tunnel nur trassiert, wo die Beschaffenheit eine längere Standzeit des Gebirges sicherstellte. Bis zur industriellen Revolution kannte man nur den Baustoff Holz als Stütz- und Sicherungsmaterial. Außerdem bauten die damaligen Bauleute Tunnel, aufgrund der unzureichenden Geologiekenntnisse nur durch festes Gestein in entsprechender Tiefe. Oberflächennahe Tunnel und Tunnel in verwittertem Gestein wurden damals nicht gebaut.

Eisenbahntunnel durchliefen genauso wie Eisenbahnbrücken im Laufe der Jahre eine technische Evolution. So wurden die Querschnittsflächen der Eisenbahntunnel immer größer. Im Dampflokzeitalter war für zweigleisige Eisenbahntunnel in Deutschland eine Regelquerschnittsfläche von $46\,m^2$ vorgesehen. Dagegen haben die Eisenbahntunnel für Hochgeschwindigkeitsstrecken bei 300 km/h eine Regelquerschnittsfläche von $92\,m^2$. Aufgrund der Erfahrungen und den Erkenntnissen, die aus der Auswertung von zum Teil katastrophalen Ereignissen gewonnen wurden, werden alle seit 1998 für den Mischverkehr geplanten Tunnel als zwei parallele, eingleisige Röhren ausgeführt.

Im Zuge der Hochgeschwindigkeitsstrecken Hannover–Würzburg, Mannheim–Stuttgart, Köln–Rhein/Main, Nürnberg–Ingolstadt, Leipzig–Nürnberg und Wendlingen–Ulm sowie Stuttgart 21 werden in Deutschland seit Ende der 1970-er Jahre wieder verstärkt Tunnel gebaut. Allein die Hochgeschwindigkeitsstrecke Nürnberg–Ingolstadt wurde mit neun, insgesamt 27 km langen Eisenbahntunneln gebaut.

### 6.4.2 Aktuelle Entwicklungen im Eisenbahntunnelbau

Im Zuge des nun wieder verstärkt betriebenen Tunnelbaus auf Hochgeschwindigkeitsstrecken wurde in diesem Bereich in den letzten Jahren viel Entwicklungsarbeit geleistet. Zum einen wurden die Sicherheitsvorschriften weiter optimiert, zum anderen erkannten Firmen auch Potenziale von Tunneln, die eigentlich nichts mit dem eigentlichen Verkehrsweg zu tun haben; nämlich die Geothermie.

In Bezug auf die Sicherheit für neugebaute Eisenbahntunnel ist heute in Deutschland die Richtlinie des Eisenbahn-Bundesamtes „Anforderungen des Brand- und Katastrophenschutzes an den Bau und Betrieb von Eisenbahntunneln“ maßgebend. Darin werden unter anderem die Zufahrten zu den Tunnelportalen sowie die Größe, Lage und Erreichbarkeit von Rettungsplätzen an den Portalen, eine auskömmliche Beleuchtung und die Kennzeichnung der Fluchtwege und natürlich der Abstand von Rettungsstollen geregelt.

Doch Eisenbahntunnel können noch mehr. Durch die sich stetig vergrößernde Anzahl von Eisenbahntunneln und den hohen Grad der Technisierung gerade im Bereich der Fertigung von Tübbingen als Betonfertigteile in Kombination mit ständig steigenden Energiepreisen ist es lukrativ, die Geothermie auszunutzen und die Tunnel in Geothermiekraftwerke zu verwandeln. Dabei soll die Erdwärme, welche eine erneuerbare und nachhaltige Energiequelle darstellt, neben der Klimatisierung des Tunnels selbst zur Energiegewinnung genutzt werden. In einer Tiefe von 15 m Tiefe beträgt die Temperatur konstante 10 °C. Erdwärme kann das ganze Jahr über genutzt werden und bietet signifikante Reduktion der Kohlendioxid-Emissionen und Energiekosten.

Durch die Installation von Absorberrohren im Inneren des Tunnels ist es möglich, Energie aus dem umgebenden Erdreich zu extrahieren und überschüssige Wärme im Inneren des Tunnels, beispielsweise verursacht durch die Abwärme von Triebwagen, zu gewinnen. Die typische Energiegewinnung reicht von 10 bis 30 W pro $m^2$ Tunneloberfläche. Diese extrahierte Energie kann für die Erwärmung oberirdischer Gebäude verwendet werden. Der Tunnel wird gleichzeitig klimatisiert.

### 6.4.3 Normen und Regelwerke

Grundlage für die Planung und den Bau von Eisenbahntunneln ist die Richtlinienfamilie 853 „Eisenbahntunnel“ der Deutschen Bahn AG. Sie ist wie folgt untergliedert:

- Richtlinie 853.0101: Allgemeine Bestimmungen
- Richtlinie 853.1001: Entwurfsgrundlagen: Allgemeine Regelungen
- Richtlinie 853.1002: Entwurfsgrundlagen: Entwurfsgrundlagen: Eisenbahntunnel (ausgenommen S-Bahn-Tunnel)
- Richtlinie 853.1003: Entwurfsgrundlagen: Entwurfsgrundlagen: S-Bahn-Tunnel
- Richtlinie 853.1101: Geotechnische Grundlagen
- Richtlinie 853.1201: Anforderungen an den Beton
- Richtlinie 853.2001: Standsicherheitsuntersuchungen
- Richtlinie 853.4001: Allgemeine Grundsatze für Vortrieb, Sicherung und Ausbau
- Richtlinie 853.4002: Ausbaubögen als vorübergehende oder dauernde Sicherung
- Richtlinie 853.4003: Ausbau mit Spritzbeton
- Richtlinie 853.4004: Ausbau mit Ortbeton
- Richtlinie 853.4005: Tübbingausbau
- Richtlinie 853.4101: Abdichtung und Entwässerung
- Richtlinie 853.4201: Tunnel in offener Bauweise – Gewölbte Tunnel aus Stahlbeton
- Richtlinie 853.4202: Tunnel in offener Bauweise – Rechteckrahmen
- Richtlinie 853.5001: Ergänzende Bestimmungen für Bauprodukte und Tunneleinbauten.
- Richtlinie 853.6001: Baudurchführung, bautechnische Unterlagen und Dokumentation
- Richtlinie 853.8001: Inspektion im EDV-System SAP
- Richtlinie 853.6001: Wartung, Instandsetzung und sonstige Baumaßnahmen an bestehenden Tunneln.

Die Umstellung der Richtlinienfamilie auf die Eurocodes wurde mittels der bauaufsichtlichen Einführung zum 01.05.2013 als siebte, überarbeitete Auflage vollzogen. Sie regelt die technischen Anforderungen für die Planung und den Neubau sowie die Instandhaltung bestehender Eisenbahntunnel in Untertagebauweise auf Strecken, die mit Geschwindigkeiten von 300 km/h befahren werden. Gleichermaßen beinhaltet sie in der Richtlinie 853.42xx die Anforderungen an Tunnelbauwerke in offener Bauweise. Ergänzt wird diese Vorschrift durch den Leitfaden zur

Richtlinie 853 „Kommentare und Planungshilfen zur 853.0101“ sowie insbesondere durch die TSI SRT und die EBA-Tunnel-Richtlinie „Anforderungen des Brand- und Katastrophenschutzes an den Bau und Betrieb von Eisenbahntunneln“.

Zusätzlich sind für die Geotechnischen Untersuchungen bzw. Standsicherheitsuntersuchungen die DIN EN 1997-2 in Verbindung mit DIN 1054 und DIN 4020 zu beachten sowie die Regelungen der Eisenbahnspezifischen Technischen Baubestimmungen einzuhalten. Hierbei müssen für die Planung und den Bau von Tunneln die Beschaffenheit des Gebirges und die Grundwasserverhältnisse ausreichend bekannt sein. Dies wird in einem geotechnischen Bericht festgehalten.

Der geotechnische Bericht nach DIN 4020 muss konkrete Angaben zu Entwurf, Ausschreibung und Ausführung des Tunnels enthalten, und zwar:

- geologische Beschreibung,
- Eigenschaften des Gesteins,
- Trennflächengefüge,
- Bergwasserverhältnisse,
- Gebirgskenngrößen,
- primärer Spannungszustand,
- begründete Empfehlung zweckmäßiger Vortriebs- und Ausbauverfahren.

### 6.4.4 Anforderungen an Eisenbahntunnel

Grundsätzlich ähneln die Anforderungen an Eisenbahntunnel denen von Eisenbahnbrücken. Neben der Stand-, Betriebs- und Verkehrssicherheit sowie Gebrauchstauglichkeit können dies Anforderungen aus dem Brand-, Umwelt- und Schallschutz sein. Die Eisenbahntunnel müssen zudem den Ansprüchen der Energieeinsparung bei Ausführung, Betrieb und Rückbau sowie dem Ansprüchen an die nachhaltige Nutzung natürlicher Ressourcen genügen.

Die wesentlichen Anforderungen an Eisenbahntunnel sind:

- Anforderungen an Tragfähigkeit und Standsicherheit. Eisenbahntunnel unterliegen Beanspruchungen aus immer höher werdenden Geschwindigkeiten,
- Anforderungen an die Instandhaltung,
- Anforderungen an den Oberbau,
- Anforderungen an die Umwelt und an den Lärmschutz,
- Anforderungen des Brand- und Katastrophenschutzes an den Bau und Betrieb von Eisenbahntunneln.

### 6.4.5 Entwurfsgrundlagen

Die Gründe für das Erfordernis eines Tunnels sind vielfältig. In den meisten Fällen erfolgt die Planung von Tunneln aus Gründen der Berücksichtigung von Zwangspunkten (Trassierung der Strecke, vorhandene Bauwerke), geologischen Anforderungen, der Umweltschutzaspekte sowie des Schallschutzes. Tunnelabschnitte unter Bebauungsgebieten und Tunnel mit geringer Überdeckung sind mit einem Geländestreifen von 15 m beiderseits der Tunnelachse abzusichern. Eisenbahntunnel sind ebenso geeignet niveaugleiche Kreuzungen mit anderen Verkehrswegen zu vermeiden. Um die Bau- und Unterhaltungskosten so gering wie möglich zu halten, sollen Eisenbahntunnel möglichst kurz sein.

Aus Gründen des Brand- und Katastrophenschutzes sind Tunnel gemäß Richtlinie 853.1001 grundsätzlich eingleisig zu planen. In Ausnahmefallen ist eine zweigleisige Ausführung möglich. Jedoch sind in diesem Fall die erhöhten Anforderungen entsprechend der einschlägigen Richtlinien (TSI-SRT, EBA-Tunnelrichtlinie) zu berücksichtigen.

Gemäß Richtlinienfamilie 853 „Eisenbahntunnel“ werden Eisenbahntunnel folgendermaßen unterschieden:

- Eisenbahntunnel für den Hochgeschwindigkeitsverkehr $\leq$ 300 km/h,
- Eisenbahntunnel für den Schnellverkehr $\leq$ 230 km/h,
- Eisenbahntunnel für den Personen-/Güterverkehr $\leq$ 160 km/h,
- Eisenbahntunnel für den S-Bahn-Verkehr $\leq$ 120 km/h.

Tunnel auf den Schnellfahrstrecken Hannover–Würzburg und Mannheim–Stuttgart haben einen Tunnelquerschnitt über SO im Normalbereich von 82 $m^2$ (in der Geraden) bzw. 87 $m^2$ (im Bogen). Neue zweigleisige Tunnel für den Hochgeschwindigkeitsverkehr haben einen Tunnelquerschnitt von 92 $m^2$, eingleisige Tunnel ca. 60 $m^2$. Die Vergrößerung des Querschnitts basiert auf der Berücksichtigung der aerodynamischen Verhältnisse und resultiert im Wesentlichen aus der Einhaltung des europäischen Druckwechselkriteriums.

#### 6.4.5.1 Querschnittsgestaltung

Für die Festlegung des erforderlichen Mindestquerschnitts des Tunnels enthalten die Richtlinien 853.1002 (Eisenbahntunnel, ausgenommen S-Bahn-Tunnel) und 853.1003 (S-Bahn-Tunnel) eine Zusammenstellung aller einzuhaltenden Vorgaben und Randbedingungen. Alternativ bieten die Richtzeichnungen der Richtlinie 853.9001 verschiedene Regelquerschnitte an. Diese Regelquerschnitte sind für folgende Abhängigkeiten verfügbar:

- in Abhängigkeit von der Verkehrsart: Hochgeschwindigkeits-, Schnell-, Personen-/Güter-, S-Bahn-Verkehr,
- in Abhängigkeit vom Querschnitt: Kreis-, Korbbogen-, Rechteckquerschnitt,
- in Abhängigkeit von der Anzahl der Gleise pro Röhre: ein- bzw. zweigleisiger Querschnitt.

Die geotechnischen Verhältnisse können einen wesentlichen Einfluss auf die erforderliche Bauweise und somit indirekt auch für die Querschnittsgestaltung haben. Aus Gründen des Brand- und Katastrophenschutzes (Befahrbarkeit mit Rettungsfahrzeugen) kommt bei neuen Tunneln verstärkt die Feste Fahrbahn zum Einsatz (Abb. 6.55, 6.56, 6.57, 6.58, 6.59 und 6.60).

Außerhalb des Sicherheitsraums und des Rettungswegs ist bei neuen Tunneln ein bautechnischer Nutzraum mit einer Breite von 0,30 m Breite vorzusehen. Der Nutzraum beträgt bei offener Bauweise mit senkrechten Seitenwänden 0,10 m. Die Nutzräume dienen als Raum für Einrüstungen und evtl. nachträglichen Verstärkungen im Falle eines Tunnelausbaus.

Die in den letzten Jahrzehnten gesammelten Erfahrungen mit Eisenbahntunneln haben zur Entwicklung des derzeit vorliegenden Regelwerks einschließlich der daraus resultierenden Anforderungen bezüglich des Arbeitsschutzes geführt. Die derzeit geltende Unfallverhütungsvorschrift definiert einen einzuhaltenden Sicherheitsraum.

Bei der Planung und beim Einbau der Tunnelausrüstung (Oberleitung, Signale, Beleuchtung, Handläufe) einschließlich der jeweils notwendigen Befestigungen sind einerseits die besonderen Anforderungen aus der Dynamik zu berücksichtigen und andererseits die Anforderungen des Brand- und Katastrophenschutzes – hierbei insbesondere an die Nichtbrennbarkeit der verwendeten Materialien – zu berücksichtigen.

#### 6.4.5.2 Bemessung von Tunneln

Bei Planung und Neubau von Eisenbahntunneln sind diese gemäß den bauaufsichtlichen Vorgaben (EiTB) und insbesondere nach Richtlinie 853.2001 zu bemessen. Dabei sind Standsicherheit für den Endzustand und alle Bauzustände zu untersuchen. Dies gilt auch, wenn wesentliche Änderungen an bestehenden Tunneln vorgenommen werden sollen. Die Standsicherheit ist während der Bauzeit und im Endzustand mittels geeigneter Messungen zu überprüfen.

Einwirkungen werden unterschieden in:

a. ständige Einwirkungen
    - Eigengewichte des Tunnelausbaus bzw. der Tunnelkonstruktion und aller übrigen eingebrachten Bauteile,
    - Eigengewichte aus der Fahrbahn,
    - Einzellasten aus Oberleitungsanlagen,
    - Einwirkungen aus dem Gebirge,
    - Wasserdruck,
    - Einwirkungen aus Vorspannmaßnahmen,
    - Einwirkungen aus Kriechen und Schwinden,
    - dauernd wirkende Lasten auf der Geländeoberfläche und Einflüsse aus benachbarten Hohlräumen, die im Regelvortrieb auf den

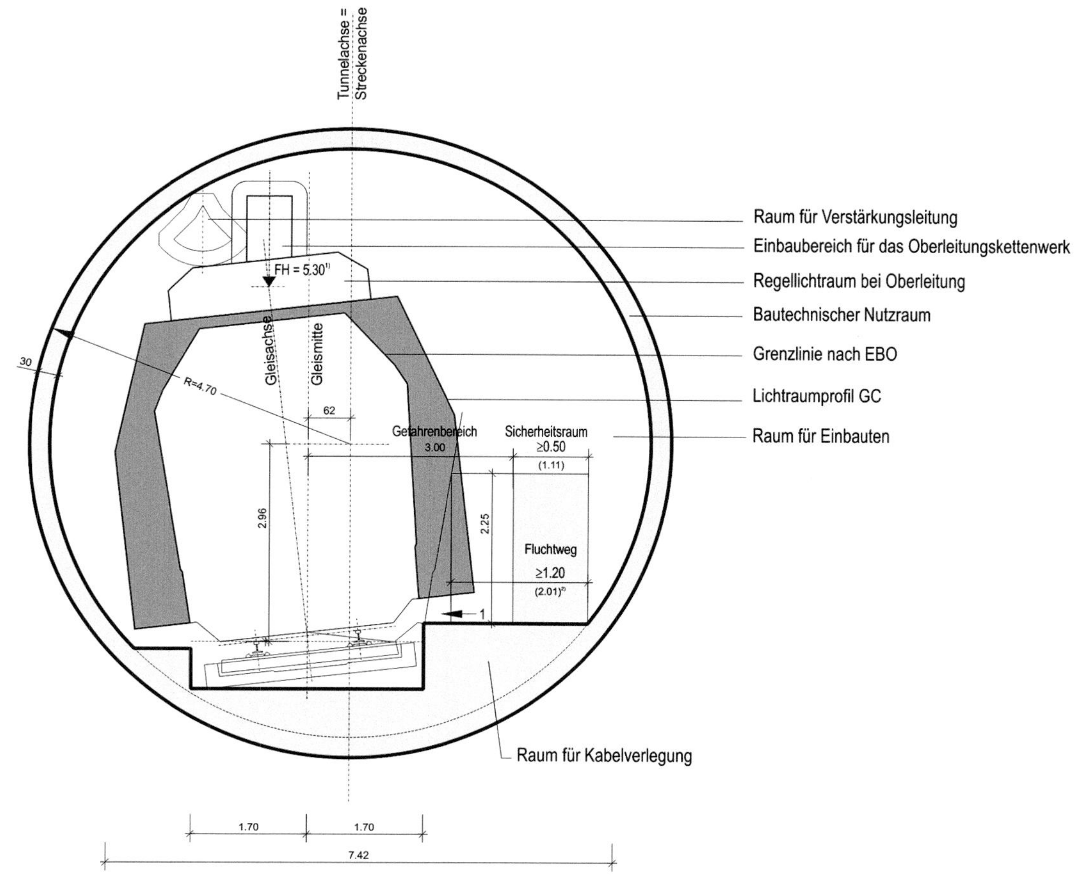


**Abb. 6.55** Kreisquerschnitt für Strecken mit Fester Fahrbahn

Ausbau wirkenden Pressenkräfte von Tunnelvortriebsmaschinen (TVM).

b. regelmäßige auftretende veränderliche Einwirkungen
   - charakteristische Einwirkungen für Eisenbahnverkehr im Tunnel und Verkehrswege über dem Tunnel,
   - durch Zugfahrten verursachte aerodynamische Einwirkungen nach Anhang 853.2001A01,
   - Temperaturänderungen (besondere Festlegungen für die Sicherheitsnachweise),
   - Verkehrslast für Zwischendecken, Treppen, Bahnsteigplatten und Fluchtwege mit mindestens $5\,\mathrm{kN/m^2}$. Für Decken unter Betriebsräumen Ansatz der tatsächlichen Lasten.

c. selten auftretende Verkehrslasten
   - Einflüsse aus zivilen oder militärischen Fahrzeugen an der Geländeoberfläche außerhalb von Verkehrswegen.

d. Vorübergehende Einwirkungen während der Bauzeit
   - zeitweilig wirkende Lasten aus Vortriebsmaschinen (z. B. maximal für den Vortrieb installierte Pressendrücke auf den Ausbau), Baugeräten, Rüstungen, Baustoffen, Bauwerksteilen,
   - Einpressdruck bei Einpressungen,
   - Einwirkungen aus Druckluft, soweit diese ungünstig wirken,
   - vorübergehend wirkende Einwirkungen an der Geländeoberfläche und aus benachbarten Hohlräumen, soweit nicht als ständige Einwirkungen eingestuft

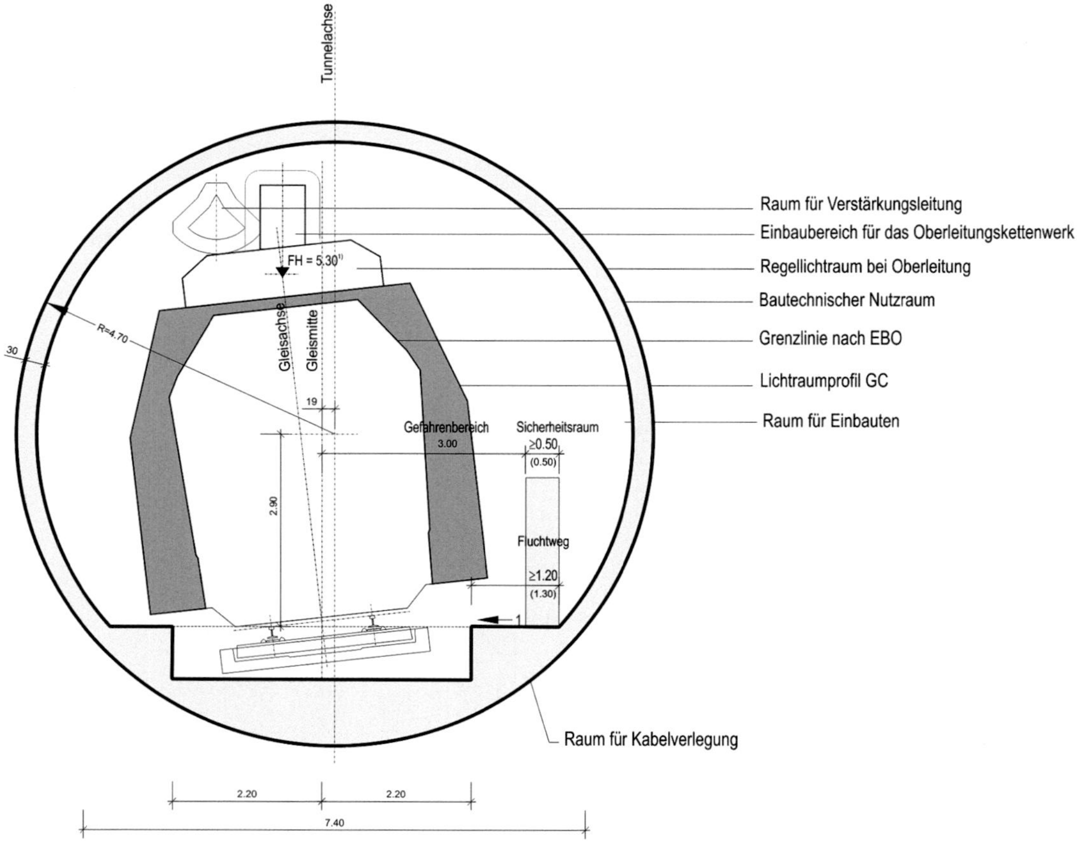


**Abb. 6.56** Kreisquerschnitt für Strecken mit Schotteroberbau

e. außergewöhnliche Einwirkungen
- Anpralllasten,
- Bruch der Oberleitung und anderer mitgeführter Leitungen,
- Erdbebeneinwirkungen auf Einbauten,
- Einwirkungen aus zukünftigen möglichen Subrosionserscheinungen,
- Temperatureinwirkungen im Brandfall nach Richtlinie 853.1001.

### 6.4.5.3 Anforderungen des Brand- und Katastrophenschutzes

Die vorliegenden Anforderungen bezüglich des Brand- und Katastrophenschutzes resultieren aus den vorliegenden internationalen und nationalen Erfahrungen aus der Nutzung von Straßen- und Eisenbahntunneln. Die wesentlichen Anforderungen für Eisenbahntunnel finden sich in der TSI SRT sowie in der EBA-Tunnelrichtlinie. Beim Neubau von Tunneln erfolgt die Festlegung der maßgeblichen Anforderungen im Zuge des Planrechtsverfahrens (Planfeststellung).

Die Definition der Anforderungen dient dabei nicht dem Schutz des Bauwerks, sondern soll die Selbst- und Fremdrettung im Ereignisfall ermöglichen.

Ergänzend besteht das Erfordernis für jeden Tunnel ein Rettungskonzept zu erstellen und mit den Fremdrettungskräften abzustimmen.

### 6.4.5.4 Umweltschutzaspekte

Die Bewertung der Umweltauswirkungen von Tunneln erfolgt im Regelfall im Zuge der Umweltverträglichkeitsprüfung im Rahmen des Planrechtsverfahrens.

Aus Sicht des Umweltschutzes bieten Tunnel Vorteile, da im Regelfall die Auswirkungen für die Umwelt geringer sind als bei anderen

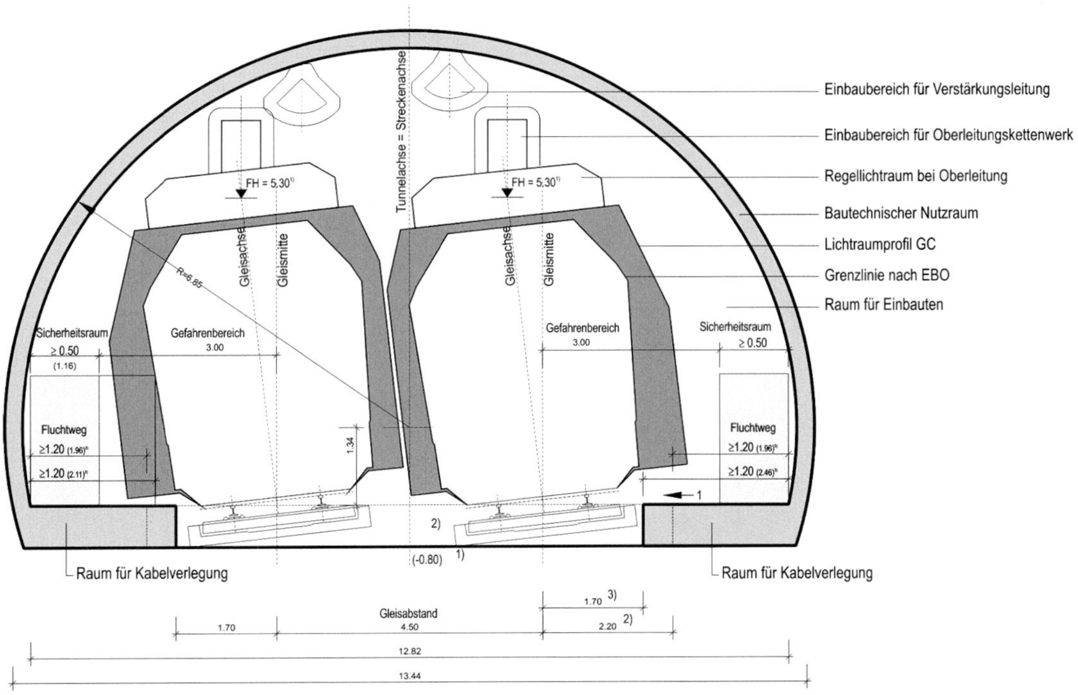


**Abb. 6.57** Korbbogenquerschnitt für Strecken mit Fester Fahrbahn

Bauweisen. Insbesondere die Lärmschutzaspekte und die verkehrlichen Vorteile sind hierbei zu nennen, da keine höhengleichen Kreuzungen erforderlich sind. Mögliche nachteilige Auswirkungen (z. B. Absenkung, Absperrung oder Umleitung von Grundwasser) werden innerhalb des Planrechtsverfahrens ebenfalls betrachtet und abgewogen.

## 6.4.6 Tunnelbauverfahren

### 6.4.6.1 Allgemeines

Die Wahl des Bauverfahrens für die Herstellung eines Tunnels richtet sich in erster Linie nach den geologischen und topologischen Verhältnissen der Trasse. Die verschiedenen Vortriebstechnologien bedingen unterschiedliche Tragsysteme der eingebrachten Tunnelröhren. Dabei lassen sich zwei grundlegende Philosophien bei der Entwicklung des Tragsystems ableiten. Wird beim Tunnelvortrieb das umgebende Erdreich/Gestein in größerem Maße aufgelockert, so verliert es seine Tragfähigkeit. Der Tunnelquerschnitt muss daher entsprechend dimensioniert und massiv ausgebildet werden, um die tragende Funktion zu übernehmen.

Dem gegenüber stehen Vortriebsverfahren, die eine weitgehende Erhaltung der Gebirgstragfähigkeit ermöglichen. In diesen Fällen übernimmt die Tunnelschale in erster Linie die Schutzfunktion gegen ein Auflockern des umgebenden Gebirgskörpers. Dadurch werden dünnere Querschnitte möglich. Gleichermaßen muss der Tunnelquerschnitt in diesem Fall auch die Verformungen des umgebenden Gebirges schadlos ertragen können, was bei dünnwandigen und damit weniger steifen Querschnitten erheblich leichter zu realisieren ist.

### 6.4.6.2 Vortrieb, Sicherung und Ausbau

Bei der Wahl des Tunnelbauverfahrens ist zu beachten, dass die Tragfähigkeit des Gebirges während der Erstellung und der Nutzung des Bauwerks weitgehend erhalten bleibt. Außerdem müssen die Verformungen, die durch den Tunnelbau entstehen können (z. B. durch Einpressungen, Lösen des Gebirges, Sprengungen), durch

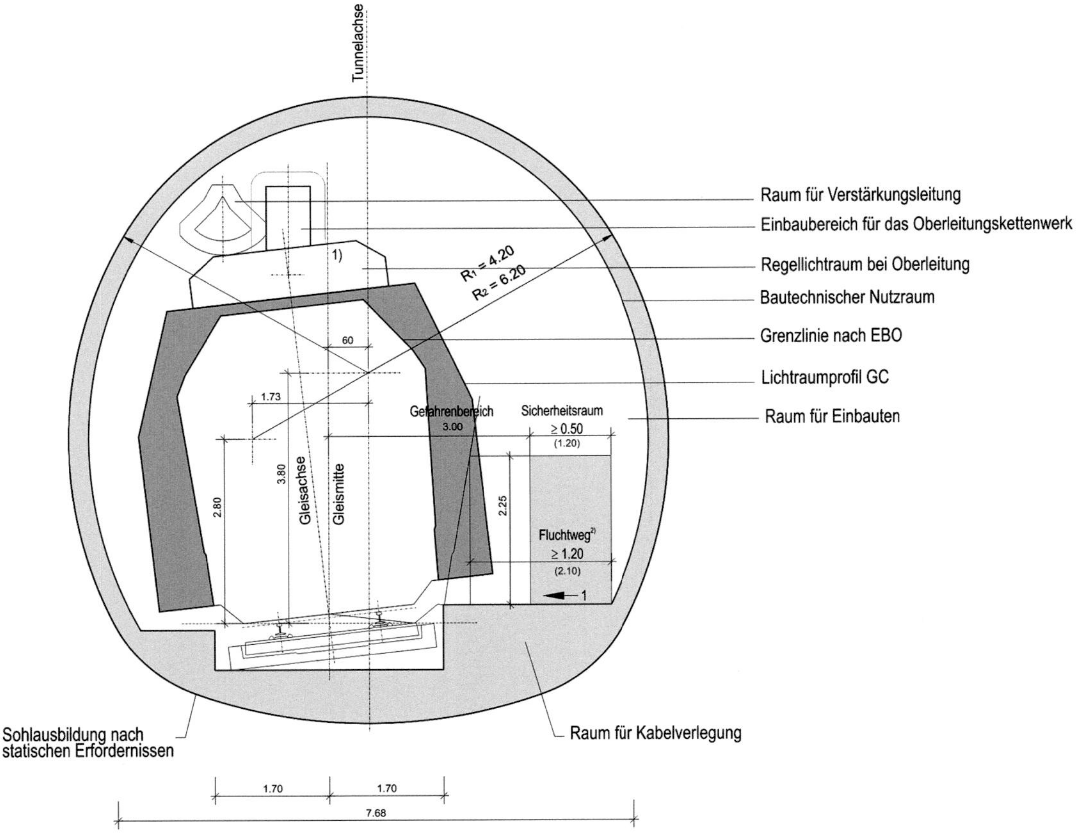


**Abb. 6.58** Korbbogenquerschnitt für Strecken mit Schotteroberbau

die Vorgabe von Grenzwerten beschränkt werden.

Die bergmännische Bauweise wird unterschieden in Spritzbetonbauweise oder die Bauweise mit Tunnelvortriebsmaschinen (in der Regel Schildmaschinen), (Abb. 6.61).

Nach dem Vortrieb erfolgt der endgültige Ausbau von Eisenbahntunneln mit Tübbingen aus Stahlbetonfertigteilen oder bewehrtem Ortbeton. Beim Ausbau ist entscheidend, dass der Verbund zwischen dem Ausbau und dem Gebirge hergestellt sein muss. Dadurch werden Hohlräume vermieden und es wird eine optimale Kraftübertragung gewährleistet, was sich später auch auf die Instandhaltung positiv auswirkt.

### 6.4.6.3 Tunnel im Schildbauverfahren

Der Schildvortrieb ermöglicht die untertägige Erstellung langer Tunnel und bei geringen Überdeckungshöhen. Beim Schildvortrieb handelt es sich, wie der Begriff „untertägig" schon andeutet, ebenfalls um eine geschlossene Bauweise, bei der der Vortrieb durch das Vorpressen einer Tunnelvortriebsmaschine erfolgt. Ein großer Vorteil des Schildvortriebs ist dessen Einsatzfähigkeit auch in wenig tragfähigen Gesteinsarten und geringer Überdeckung, ohne Störungen der Oberfläche oder Setzungen größeren Ausmaßes zu verursachen. Die zu erwartenden Senkungen können mit dieser Bauweise auf 10 bis 20 mm begrenzt werden.

Die Tunnelvortriebsmaschine (Abb. 6.62) beinhaltet die eigentliche Abbruchtechnologie (den „Bohrer") zum Lösen des Bodens/Gesteins als auch die erforderlichen Stützmaßnahmen an der Ortsbrust (Erddruckschild, Druckluftschild, Hydroschild). In Deutschland hat sich der Schildvortrieb mit hydraulisch gestützter Ortsbrust durchgesetzt. Bei diesem Verfahren wird zur Stützung der Ortsbrust in den vorderen Bereich der Tun-

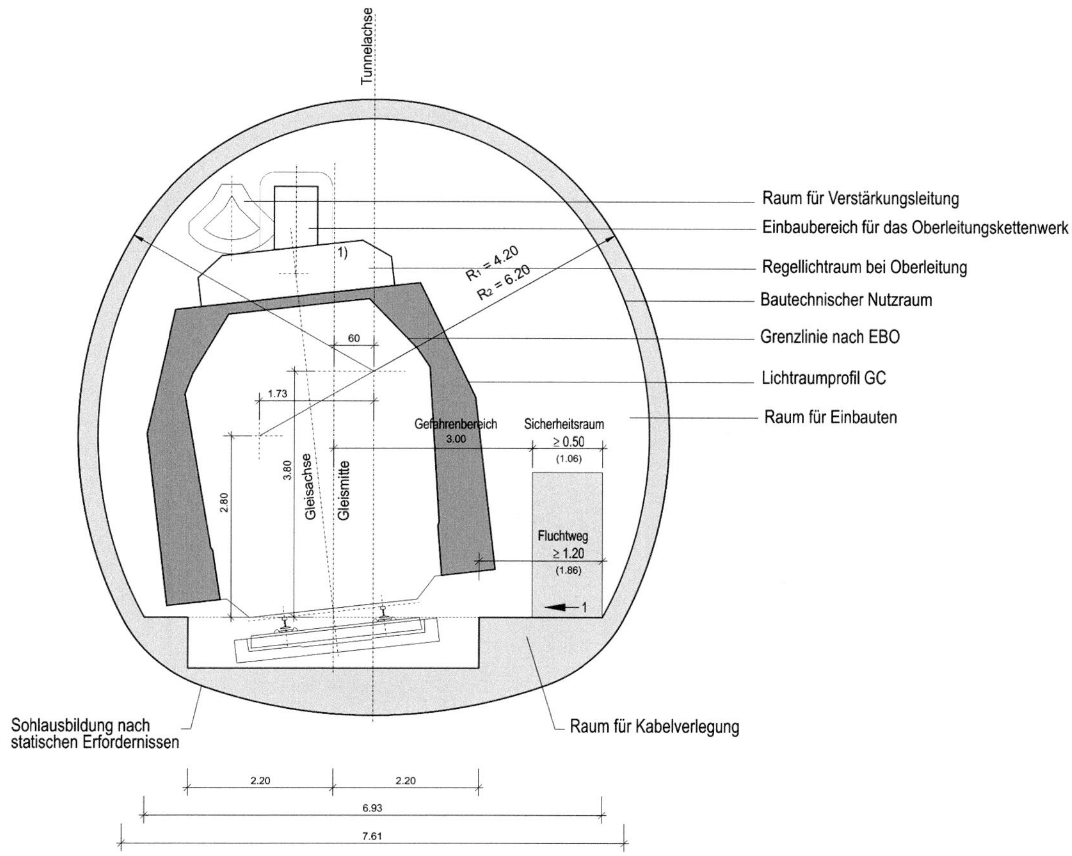


**Abb. 6.59** Kreisquerschnitt für Strecken mit Fester Fahrbahn und Schotteroberbau

nelbohrmaschine eine Stützsuspension gepresst, in der sich das Schneidrad dreht und den Boden löst. Über Pumpenanlagen wird das Abbruchgemisch zu einer Separieranlage gefördert und dort in flüssige und feste Bestandteile getrennt. Die Suspension wird anschließend wieder in die Abbaukammer zurückgepresst. Im Schutz eines kreisförmigen zylindrischen Stahlmantels, dem sog. Schild, erfolgt der endgültige Tunnelausbau mit Stahlbetontübbingen. Der verbleibende Ringspalt zwischen dem Ausbruchquerschnitt und der Tunnelauskleidung wird mit Mörtel verpresst. Die Tunnelbohrmaschine stützt sich dabei über Hydraulikpressen gegen den bereits fertig gestellten Tunnelquerschnitt ab.

Die Tunnelauskleidung erfolgt wie oben beschrieben durch Stahlbetontübbinge (Abb. 6.63). Die sich daraus ergebenden Ringe werden mit Schräg- oder Bogenschrauben (Abb. 6.64 und 6.65) gegeneinander verspannt.

#### 6.4.6.4 Tunnel in Spritzbetonbauweise

Bei der Spritzbetonbauweise wird bei ausreichender Überdeckung die Gewölbewirkung des Gebirges aktiviert, so dass die vorhandenen Einwirkungen abgeleitet werden können.

Tunnel in Spritzbetonbauweise (Abb. 6.66) werden gebaut, wenn das Gebirge standfest ist und nur geringe Mengen Grundwasser vorhanden sind, oder aber das Grundwasser für die Erstellung abgesenkt werden darf. Der Vorteil der Spritzbetonbauweise ist die hohe Anpassungsfähigkeit an geometrische Veränderungen. Die Querschnittsfläche von Tunneln in Spritzbetonbauweise hängt dabei im Wesentlichen von der Anzahl der Gleise sowie der zulässigen Strecken-

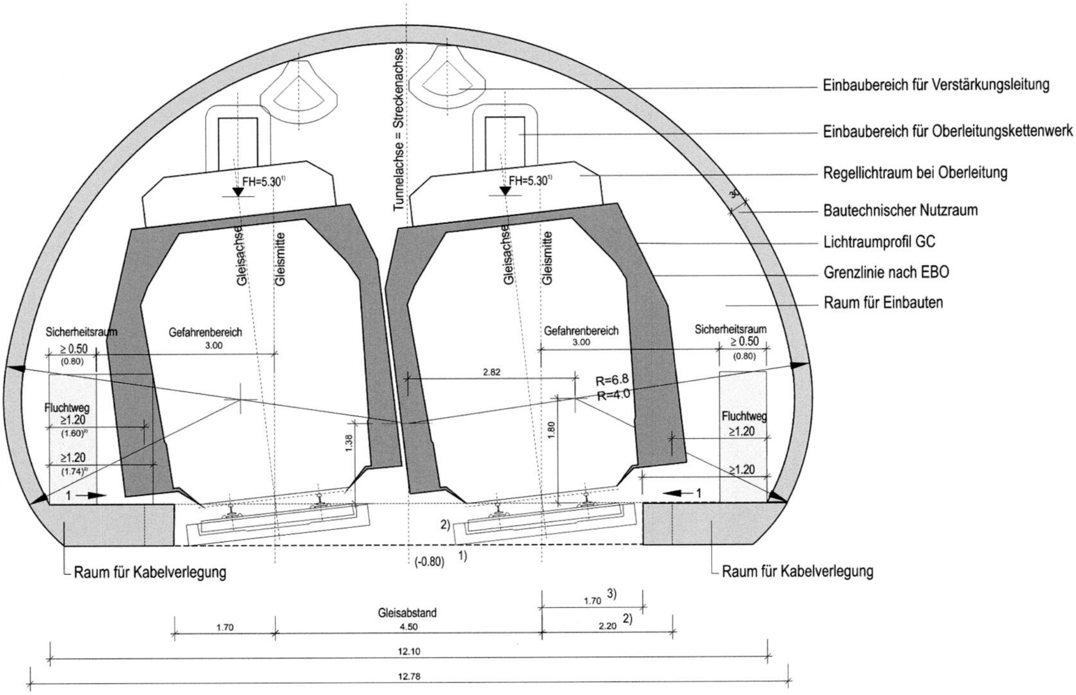


**Abb. 6.60** Korbbogenquerschnitt für Strecken mit Fester Fahrbahn und Schotteroberbau

**Abb. 6.61** Arbeitsschritte einer Tunnelvortriebsmaschine

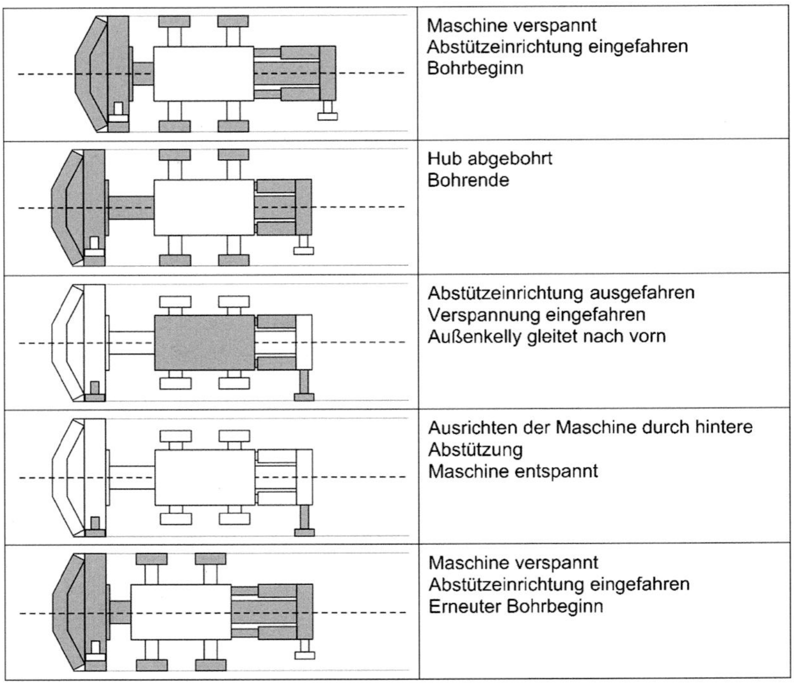

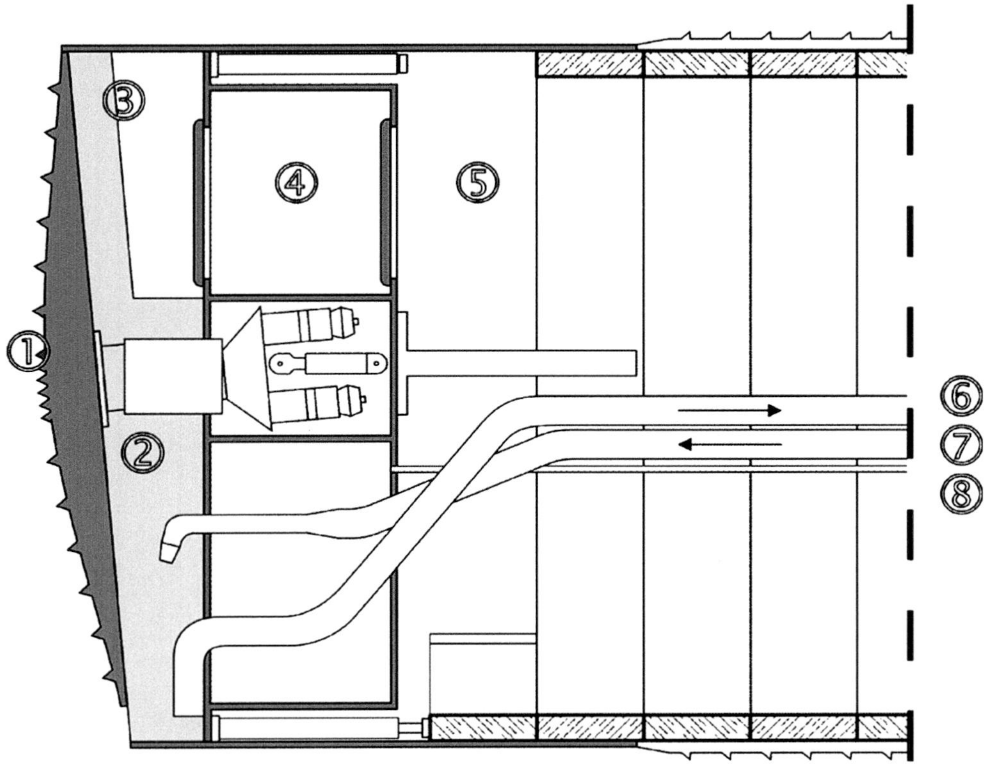


1 ... Vollschnittmaschine
2 ... Stützflüssigkeit (Suspension)
3 ... Tauchwand
4 ... Personenschleuse
5 ... Bereich mit atmosphärischen Druck
6 ... Nassförderleitung
7 ... Rückwasserleitung
8 ... Druckluftleitung

**Abb. 6.62** Tunnelvortriebsmaschine

geschwindigkeit ab. In unterirdische Bahnhofsbereichen kann es zu einer deutlichen Aufweitung der Querschnittsfläche kommen.

Das Lösen des Materials erfolgt dabei in Abhängigkeit der vorhandenen Randbedingungen (Gebirge, Überdeckung usw.) auf verschiedene Weisen (Abbau mittels Bagger, Schrämmmaschinen, Sprengen) als Voll- oder Teilaushub. Nach Abtransport des Abraumes erfolgt eine erste Sicherung der freigelegten Flächen mit Felsankern in unterschiedlicher Zahl, Richtung und Länge, Spritzbeton oder vorgefertigten Ausbaubögen. Dadurch wird eine Auflockerung des Gebirges verhindert. Außerdem gewährleistet der Spritzbeton ein hohlraumfreies Anschließen der Sicherung an das Gebirge, es entsteht ein absoluter Formschluss. Erst nach Ausbruch und Sicherung aller Stufen des Tunnelquerschnitts erfolgt nach dem Abklingen der Gebirgsverformungen der Einbau der Innenschale des Tunnels. Das Gebirge wird hierbei als tragendes Bauteil betrachtet. Durch die umgehende Sicherung der beim Vortrieb freigelegten Flächen wird eine mögliche Gebirgsauflockerung reduziert und ein schneller Kraftschluss mit dem Gebirge erreicht. Die eingebaute Spritzbetonschale (äußere Schale) unterschiedlicher Dicke ist ausreichend nachgiebig, so dass die Verformungen des Gebirges schadlos von ihr aufgenommen werden können. Dadurch verringern sich die Beanspruchungen aus Ge-

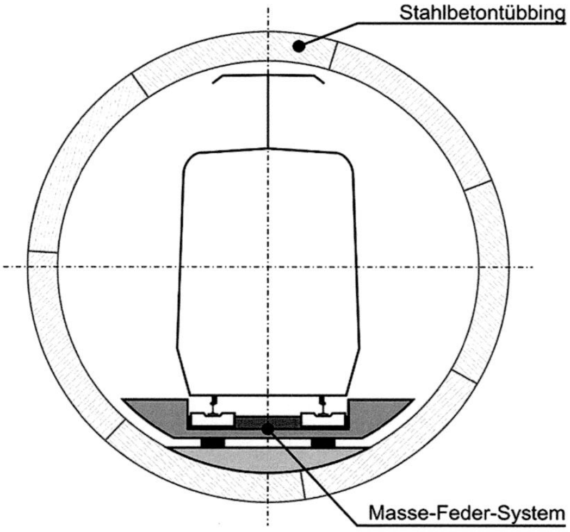


**Abb. 6.63** Eingleisiger Streckentunnel mit Masse-Feder-System nach Dr. Mattner

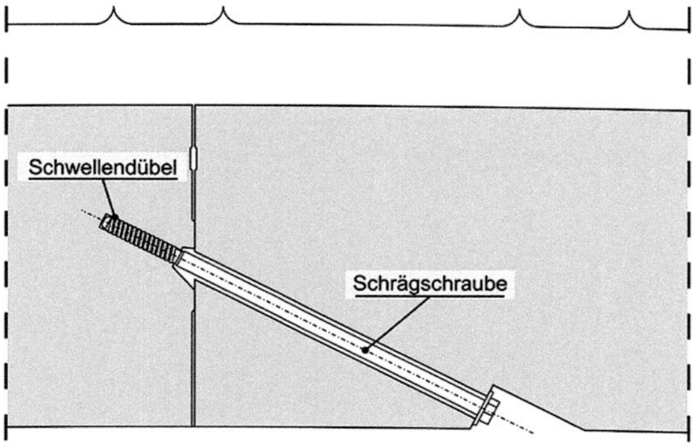


**Abb. 6.64** Längsverschraubung als Schrägverschraubung

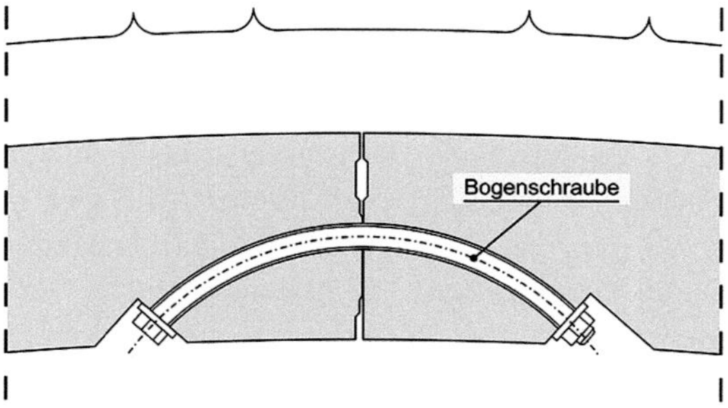


**Abb. 6.65** Längsverschraubung als Bogenverschraubung

birgsdruck auf den Ausbauquerschnitt. Die Begrifflichkeiten im Tunnelbau zeigt Abb. 6.67.

**Abb. 6.66** Tunnelmund

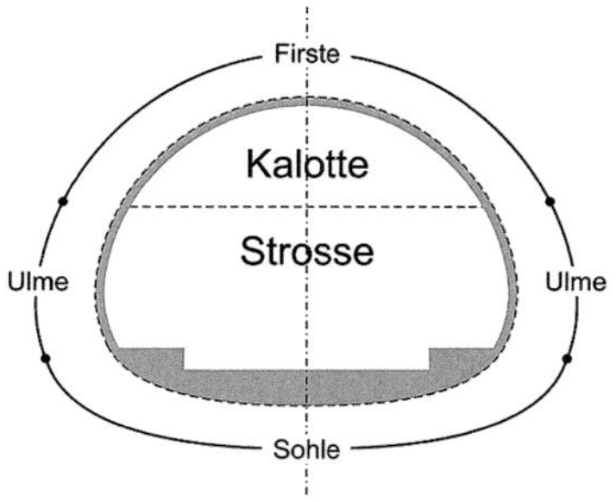


**Abb. 6.67** Begriffe des Tunnelbaus

Vor dem Einbringen der Innenschale (Ausbauquerschnitt des Tunnels (Abb. 6.68 und 6.69)) wird zunächst ein Abdichtungssystem aus Geotextilien und verschweißten Kunststoffbahnen auf die Außenschale sowie ein Drainagesystem für Sickerwasser eingebaut. Danach erfolgt der Einbau der Innenschale (Ausbauquerschnitt) aus Stahlbeton. Die Entscheidung über den Einsatz von Spritzbeton oder dem Einbau vorgefertigter Ausbaubögen hängt von den hydrogeologischen Verhältnissen ab. Spritzbeton kommt vorrangig in standfestem Gebirge ohne Druckwasser zum Einsatz und zeichnet sich durch seine hohe Anpassungsfähigkeit gegenüber Gebirgsverformungen aus.

Mit dieser Bauweise entstehen z. B. korbbogenförmige Querschnitte für zwei- und eingleisige Tunnel (Abb. 6.70 und 6.71).

1 ... Mattenbewehrung
2 ... Nächster Abschlag Strosse
3 ... Nächster Abschlag Kalotte
4 ... übernächster Abschlag Strosse
5 ... Ausbruchsohle
6 ... Streckenbögen
7 ... Spritzbetonsicherung
8 ... Anker
9 ... Aufschüttung

**Abb. 6.68** Phasen der Spritzbetonbauweise

### 6.4.6.5 Tunnel in offener Bauweise

Die offene Bauweise, also die Herstellung des Tunnels in einer offenen Baugrube, bietet sich bei oberflächennaher, unbebauter Trassenführung und günstigen geologischen Verhältnissen an. Die offene Bauweise ist in technischer Hinsicht weniger anspruchsvoll und kostengünstiger. Die Wirtschaftlichkeit hängt dabei stark von der Menge der erforderlichen Erdbewegungen für den Aushub und der geologischen Beschaffenheit des Baugrundes ab. Für eine grobe Einschätzung der Wirtschaftlichkeit der offenen Tunnelbauweise kann man bis zu einer Grenztiefe der Baugrube von ca. 15 m von einer wirtschaftlichen Herstellung ausgehen. Tunnel in offener Bauweise werden nach Richtlinie 853.4201 bzw. 853.4202 entweder als Rechteckrahmen aus Stahlbeton oder gewölbt hergestellt und sind immer mit geschlossener Sohle auszubilden. Die Gewölbedicke soll 45 cm nicht unterschreiten.

Offene Bauweisen werden durch Baugruben von der Geländeoberfläche aus hergestellt. Nach Abschluss der Aushubarbeiten wird das Bauwerk von unten nach oben errichtet (Abb. 6.72, 6.73, 6.74 und 6.75). Zur Herstellung der Baugrube muss diese durch entsprechende Verbaumaßnahmen abgestützt werden. Übliche Verbaumöglichkeiten sind in Tab. 6.3 aufgeführt.

**Tab. 6.3** Verbaumöglichkeiten

| Wände | Abstützungen |
|---|---|
| Spundwände<br>Trägerbohlwände<br>Bohrpfahlwände<br>Schlitzwände | Zuganker<br>Steifen aus Stahl |

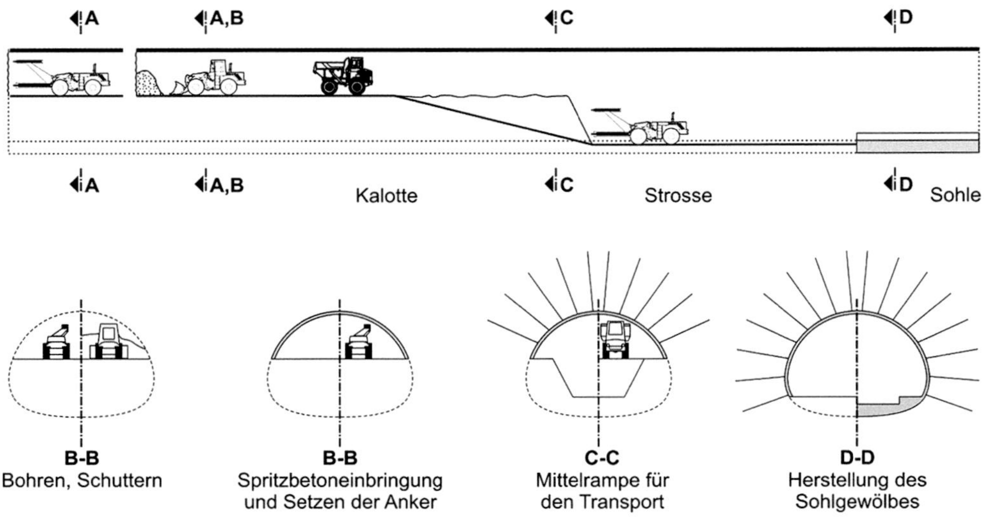


**Abb. 6.69** Bauablauf der Neuen Österreichischen Tunnelbauweise

**Abb. 6.70** Tunnelquerschnitte; Korbbogen zweigleisig

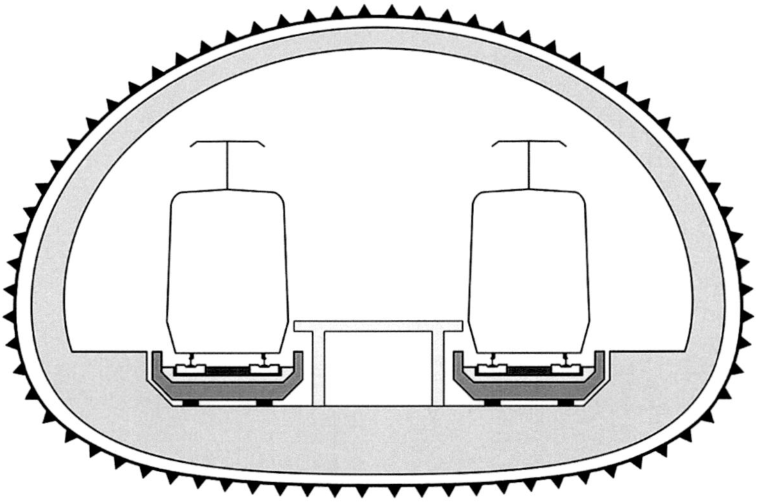

Ist für die Baugrube ausreichend Platz vorhanden, kann die Baugrube mit Böschungen ohne Verbaumaßnahmen hergestellt werden. Wenn das Bauwerk im Bereich des Grundwassers liegt und eine Grundwasserabsenkung nicht möglich ist, kommt die „Wand-Sohle-Methode" zur Ausführung. Bei dieser Methode wird die Baugrube mittels wasserundurchlässigen Wänden und Sohlen abgedichtet und einem Wassereintritt entgegengewirkt.

Bei tieferen Einschnitten in den Baugrund steigen die Kosten für die erforderlichen Erdbewegungen so stark an, dass die geschlossene Bauweise hier wirtschaftliche Vorteile bietet. Steht seitlich der Tunnelachse ausreichend Platz zur Verfügung, ist die Herstellung der Baugrube ohne Verbau möglich. Im Regelfall werden jedoch gesicherte Baugrubenwände ausgeführt. Die Querschnittsform des Tunnels ist bei der offenen Bauweise meistens rechteckförmig angelegt. Es kommen sowohl Vollrahmenquerschnitte (z. B. als Fertigteile) als auch Boden/Wände/Deckel-Konstruktionen in verschiedenen Herstellungsvarianten zum Einsatz. Die Baugru-

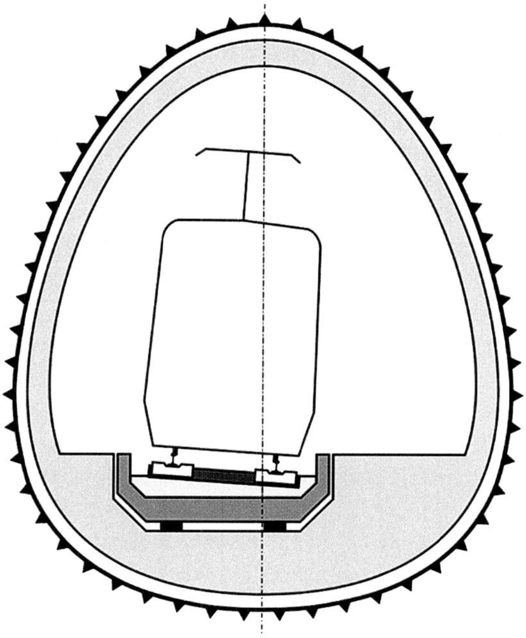

**Abb. 6.71** Tunnelquerschnitte; Korbbogen eingleisig

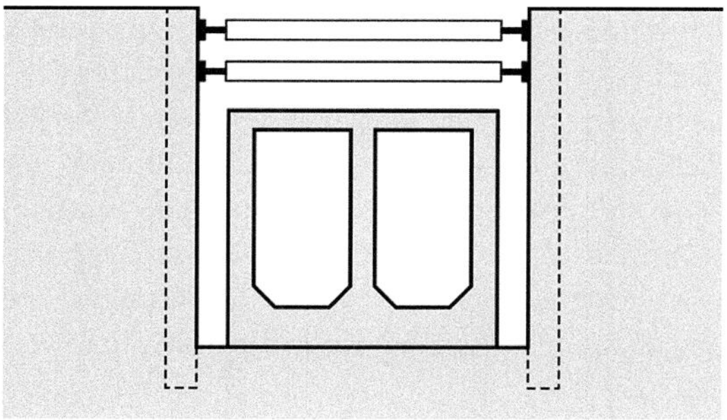

**Abb. 6.72** Hamburger Bauweise mit Aussteifung

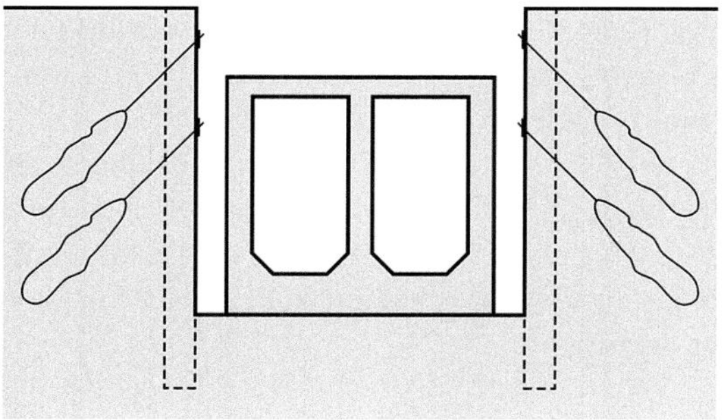

**Abb. 6.73** Hamburger Bauweise mit Verankerung

be wird entlang der Tunnelachse abschnittsweise ausgehoben, das Tunnelsegment aus Fertigteilen

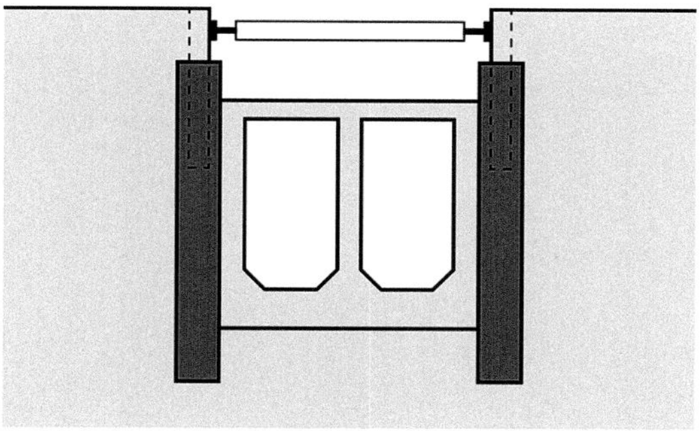

**Abb. 6.74** Verbauwand in das Bauwerk integriert

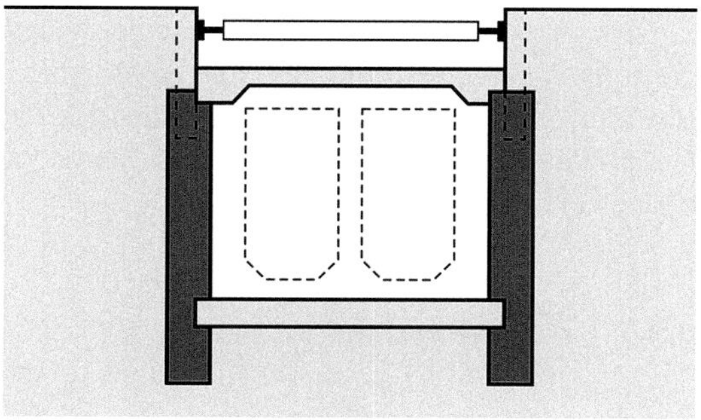

**Abb. 6.75** Verbauwand ist Bauwerkswand

zusammengesetzt bzw. in Ortbetonbauweise errichtet und der Tunnel nach Fertigstellung mit Erdreich überdeckt.

### 6.4.6.6 Tunnel in Deckelbauweise

Tunnel in Deckelbauweise (Abb. 6.76) werden eingesetzt, wenn baubetriebliche Beeinträchtigungen reduziert werden sollen. Dies trifft meist bei unmittelbarer Anliegerschaft, bei Geschäften oder auch wenn die Verkehrsführung möglichst gering gehalten werden soll.

Bei der Deckelbauweise werden zuerst die Baugrubenwände in das Gelände von oben eingebracht. Nachfolgend wird der Deckel (oberste Tunneldecke) erstellt. Dabei wird die Tunneldecke auf dem vorhandenen Erdreich betoniert und lagert auf den seitlichen Baugrubenwänden, welche zuvor erstellt wurden. Nach Fertigstellung des Deckels (Abschluss der oberirdischen Maßnahmen) besteht die Möglichkeit, die Oberfläche während der Bauzeit zu nutzen, während der Aushub und Ausbau des Tunnels im Schutze des Deckels erfolgt.

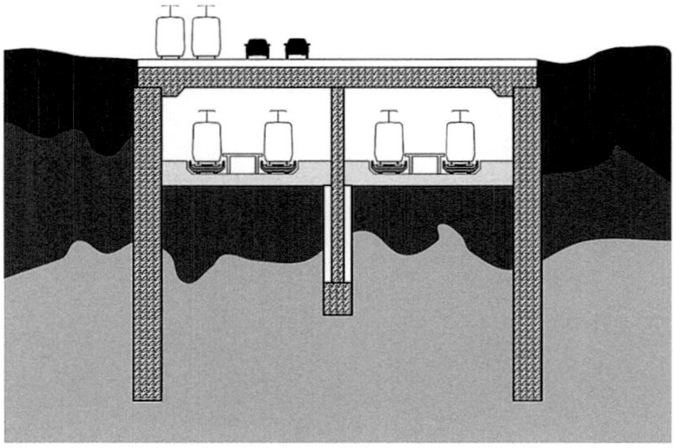

**Abb. 6.76** Tunnel in Deckelbauweise

Vorteile von Tunneln in Deckelbauweise sind die zeitlich kurzen Beeinträchtigungen für Anlieger und Verkehr, der geringe Platzbedarf für die Durchführung der Baumaßnahme und das witterungsunabhängige Bauen.

### 6.4.7 Tunnelinspektion

Zur Feststellung und Beurteilung des Ist-Zustands von Tunneln sind diese im notwendigen Umfang gemäß Tab. 6.4 zu inspizieren. Die Inspektion dient zur Beurteilung des Ist-Zustands der Tunnelbauwerke. Bei der Inspektion bzw. Begutachtung werden alle wesentlichen Bauteile und Einrichtungen des Tunnels überprüft. Dabei sind die Standsicherheit des Tunnels und seine Gebrauchsfähigkeit für die Durchführung des Eisenbahnbetriebs zu gewährleisten.

Nach größeren Umbauarbeiten von Eisenbahntunneln muss das Lichtraumprofil nachgemessen werden. Um einen Bezug zu haben, sind vorher die Soll- und Ist-Lagen der Gleise zu ermitteln. Werden Abweichungen bzw. Mängel oder Schäden festgestellt, sind entsprechende Maßnahmen für die Beseitigung zu ergreifen, um die Betriebssicherheit zu gewährleisten.

## 6.5 Lärmschutzwände

Seit Beginn des Schienenverkehrs in Deutschland vor rund 175 Jahren beklagen sich Anwohner über eine hohe Belastung durch die von Schienenfahrzeugen verursachten Geräusche. Neben dem Straßenverkehr gehört der Bahnlärm in Ballungsgebieten und größeren Kommunen zu den Hauptverursachern der Lärmbelastung. Die wesentlichen Störungen gehen vom Güterverkehr und den Rad-Schiene-Geräuschen aus. Erst durch den Beginn des Hochgeschwindigkeitsverkehrs Ende des 20. Jahrhunderts wurde die Dominanz dieser Lärmemission durch aerodynamische Geräusche abgelöst. Im Schienen-Personennahverkehr und insbesondere im Güterverkehr stehen aber immer noch die Rad-/Schiene-Geräusche im Blickpunkt weitergehender Forschung und Entwicklung. Neben den Rollgeräuschen sind die Geräusche in Gleisbögen sowie die Bremsgeräusche Quelle zahlreicher Beschwerden.

Ziel ist es, die Gesundheitsschwellenwerte des Sachverständigenrats für Umweltfragen von tags 65 dB(A) und nachts 55 dB(A) einzuhalten.

Entgegen allen Bemühungen zur Lärmminderung verbleiben innerhalb und außerhalb unserer Städte viele Bereiche, in denen die Außenlärmbelastung Schallschutzmaßnahmen erforderlich macht. Insbesondere an Eisenbahnstrecken besteht dabei typischerweise zwischen der Höhe der Beurteilungspegel Tag und Nacht nur eine geringe Differenz mit der Folge, dass die Lärmbelastung in Wohngebieten tagsüber durchaus verträglich sein kann, während in der Nachtzeit die einschlägigen Planungszielwerte erheblich verfehlt werden.

Neben den Maßnahmen, wie die Brückenentdröhnung, die Installation von Schienenstegdämpfern, das Errichten von Lärmschutzwällen und Raumgitterwänden oder die Umrüstung auf Flüsterbremsen ist die Errichtung von Lärmschutzwänden das Mittel der Wahl.

Hier stehen unterschiedlichste Varianten zur Verfügung, um die Akzeptanz von Neu- und Ausbaumaßnahmen zu steigern und damit die Lärmbelastung der Anwohner hoch belasteter Strecken zu verringern:

- LS-Elemente mit transparenter Ausfachung (Abb. 6.77),
- LS-Elemente aus Aluminium (Abb. 6.78),
- LS-Elemente aus Beton mit Vorsatzschale (Abb. 6.79),

**Tab. 6.4** Regelinspektionen von Tunneln

| Inspektionsart | Zeitabstände | Betroffener Tunnel | Durchführender | Umfang | Nachweis und Nachweisunterlage |
|---|---|---|---|---|---|
| Überwachung | Analog zur Ril 821.2003, Abschn. 3, Tab. 1 | Alle | Mitarbeiter gemäß Ril 821.2003, Abschn. 3, Tab. 1 | Alle vom Gleisbereich aus einsehbare Bauteile einschließlich Notausgänge | Gemäß Ril 821.2003 |
| Untersuchung | Auf Anforderung des Fachbeauftragten (Fb) für Tunnel | Alle | Ingenieur der Fachrichtung Bauingenieurwesen | Nach Angabe des Fb für Tunnel die Bauteile, die wegen ihres baulichen Zustandes zu einer Gefährdung kommen können | Inspektionsnachweis, Schadensliste/Gutachten in Fällen in denen eine anschließende Sonderinspektion (U/B) erforderlich ist |
| Sonderinspektion | Nach Erfordernis | Einzelne Tunnel aus besonderem Anlass | Fb für Tunnel | Nach Festlegung des Anlagenverantwortlichen (Alv) bzw. des Fb für Tunnel für das gesamte Bauwerk oder ausgewählte Bauwerksteile | Schadensliste/Gutachten |
| Begutachtung | 3 Jahre, Verlängerung auf 6 Jahre möglich | Alle | Fb für Tunnel | Das gesamte Bauwerk | Schadensliste/Gutachten |

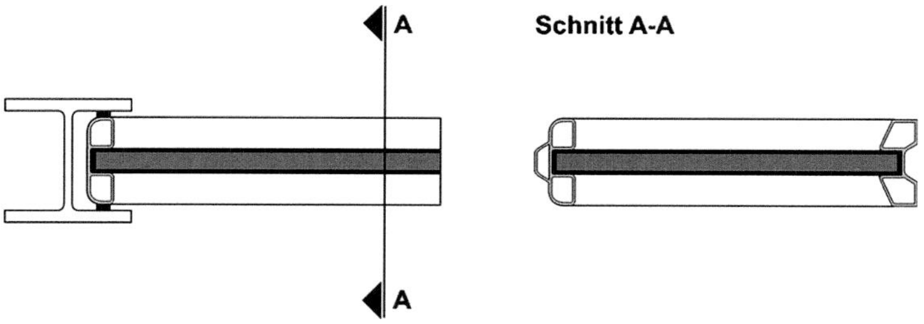


**Abb. 6.77** Lärmschutzwandelement mit transparenter Ausfachung

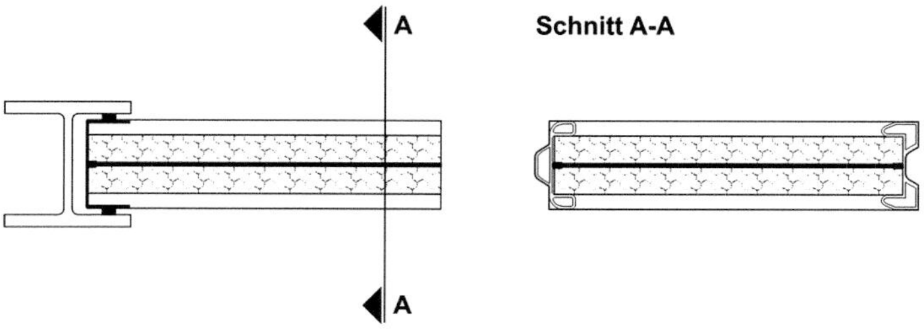


**Abb. 6.78** Aluminiumlärmschutzwandelement

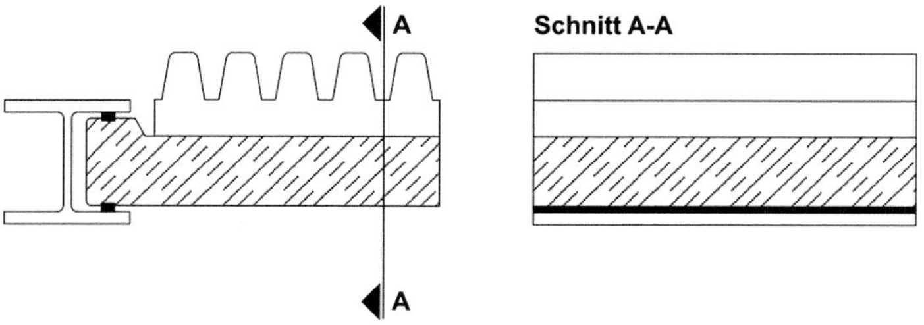


**Abb. 6.79** Betonlärmschutzwandelement mit Vorsatzschale

- LS-Gabionen,
- lärmabsorbierende Geländerausfachungen,
- niedrige Schallschutzwände (nSSW),
- Minischallschutzwände (mSW).

Konventionelle Lärmschutzwände bestehen aus einem Pfosten-Element-System. Hier kommen bevorzugt Lärmschutzwand-Elemente aus Aluminium, Beton oder Aluminiumrahmen mit transparenter Ausfachung aus Mineralglas (VSG) oder Kunststoffen (in der Regel PMMA) zum Einsatz, die in rammrohrgegründete Walzprofile eingeschoben werden. Während die Elemente aus Aluminium und Beton mit Vorsatzschale den Schall weitestgehend absorbieren, sind die transparenten Materialien nur in der Lage, den Schall zu reflektieren.

In der letzten Zeit werden vermehrt Lärmschutzwände aus übereinander gestapelten steinbefüllten Körben (Gabionen) errichtet. Im Gegensatz zu Stützbauwerken aus Gabionen verfügen die Lärmschutzgabionen über einen Kern aus Beton oder Sand, um den Anforderungen an den Schallschutz dauerhaft zu genügen.

## Literatur


1. Curbach M, Jesse D (2007) Ingenieurbauwerke. In: Fendrich L (Hrsg) Handbuch Eisenbahninfrastruktur. Springer, Berlin Heidelberg, S 215–251
2. Mölter TM, Pfeifer RH, Fiedler M (2017) Handbuch Eisenbahnbrücken. Eurailpress, Hamburg
3. DIN 1076:1999-11 – Ingenieurbauwerke im Zuge von Straßen und Wegen – Überwachung und Prüfung
4. Richtlinie 804 – Eisenbahnbrücken (und sonstige Ingenieurbauwerke) planen, bauen und instand halten
5. Richtlinie 800 – Netzinfrastruktur Technik entwerfen
6. Richtlinie 820 – Grundlagen des Oberbaus
7. Richtlinie 821 – Oberbau inspizieren
8. Richtlinie 853 – Eisenbahntunnel planen, bauen und instand halten
9. Richtlinie 997 – Oberleitungsanlagen planen, errichten und instand halten
10. DIN 4020 – Geotechnische Untersuchungen für bautechnische Zwecke – Ergänzende Regelungen zu DIN EN 1997-2
11. DIN 4141-13 – Lager im Bauwesen; Führungslager mit der Gleitpaarung Stahl – Stahl – Bemessung und Herstellung
12. DIN EN 1990 – Grundlagen der Tragwerksplanung
13. DIN EN 1991 – Einwirkungen auf Tragwerke
14. DIN EN 1992 – Bemessung und Konstruktion von Stahlbeton- und Spannbetontragwerken
15. DIN EN 1993 – Bemessung und Konstruktion von Stahlbauten
16. DIN EN 1994 – Bemessung und Konstruktion von Verbundtragwerken aus Stahl und Beton
17. DIN EN 1995 – Bemessung und Konstruktion von Holzbauten
18. DIN EN 1996 – Bemessung und Konstruktion von Mauerwerksbauten
19. DIN EN 1997 – Entwurf, Berechnung und Bemessung in der Geotechnik
20. DIN EN 1998 – Auslegung von Bauwerken gegen Erdbeben
21. DIN EN 1999 – Bemessung und Konstruktion von Aluminiumtragwerken
22. DIN EN 1337 – Lager im Bauwesen
23. DIN EN 10025 – Warmgewalzte Erzeugnisse aus Baustählen
24. EiTB – Eisenbahnspezifische Technische Baubestimmungen
25. TSI – Technische Spezifikationen für die Interoperabilität
26. TEIV – Transeuropäische-Eisenbahn-Interoperabilitätsverordnung
27. EBO – Eisenbahn Bau- und Betriebsordnung
28. AEG – Allgemeines Eisenbahngesetz
29. DS 804 – Vorschriften für Eisenbahnbrücken und sonstige Ingenieurbauwerke (Deutsche Bundesbahn)
30. Unfallverhütungsvorschrfiten DGUV
31. EBA-Richtlinie „Anforderungen des Brand- und Katastrophenschutzes an den Bau und Betrieb von Eisenbahntunneln"
32. EBA-Richtlinie „Anforderungen des Brand- und Katastrophenschutzes an Planung, Bau und Betrieb von Schienenwegen nach AEG"
33. Fiedler J (2011) Bahnwesen – Planung, Bau und Betrieb von Eisenbahnen, S-, U-, Stadt und Straßenbahnen
34. DB Neubaustrecke Mannheim–Stuttgart: Ingenieurbauwerke – Tunneltechnik – offene Bauweise, Heft 1, Nr 4, 10/85
35. DB Neubaustrecke Mannheim–Stuttgart: Ingenieurbauwerke – Tunneltechnik – offene Bauweise, Nr 2, 7/86
36. DB Neubaustrecke Mannheim–Stuttgart: Ingenieurbauwerke – Talbrücken. 3/87
37. DB Neubaustrecke Mannheim–Stuttgart: Ingenieurbauwerke – Tunneltechnik – Bergmännische Bauweise. Nr 3, 12/86
38. Richtlinie für Fahrbahnwannen auf Gewölbebrücken, Deutsche Reichsbahn, 1979
39. Wikipedia

# Bahnübergänge

**7**

Eric Schöne

**Zusammenfassung**

Bahnübergänge stellen besondere Kreuzungssituationen dar, an denen sich zwei Verkehrssysteme mit grundlegend verschiedenen Eigenschaften begegnen. Dies führt zu speziellen Anforderungen an die Sicherheit, die vom allgemeinen Eisenbahn- und Straßenverkehr abweichen.

Das Kap. 7 befasst sich zunächst mit Grundlagen, wobei Definitionen, Anforderungen und Rechtsnormen dargelegt werden. Anschließend steht die bautechnische Gestaltung mit Bahnübergangsbelägen und Entwässerung im Fokus. Den Schwerpunkt des Kapitels bilden die Sicherungsmaßnahmen, wobei zunächst die Technologien und Grundprinzipien überblicksmäßig erläutert und danach die einzelnen nichttechnischen und technischen Sicherungsarten detailliert behandelt werden. Abschließend konzentriert sich das Kapitel auf die Rolle der Bahnübergänge als Gemeinschaftsanlage von Bahn und Straße und liefert Lösungsansätze für komplexe Verkehrssituationen. In sämtlichen Abschnitten werden aktuelle Erkenntnisse aus Forschung und Praxis berücksichtigt.

## 7.1 Einführung

Bahnübergänge stellen besondere Kreuzungssituationen dar, an denen sich zwei Verkehrssysteme mit grundlegend verschiedenen Eigenschaften begegnen.

Eines der Verkehrssysteme ist der Straßenverkehr. Durch die große Haftreibung zwischen Gummirädern und Straßenoberfläche erreichen die Fahrzeuge relativ kurze Bremswege. Sie können außerdem kurzfristig vor Hindernissen ausweichen. Die Sicherheit beruht vor allem auf Verkehrsregeln und hängt daher stark vom Verhalten der Straßenverkehrsteilnehmer ab. Sie dürfen nur so schnell fahren, dass sie innerhalb der übersehbaren Strecke anhalten können. Eine Beeinflussung des Verhaltens wird vor allem über die Straßengestaltung angestrebt. Wesentliche Bedeutung kommt der passiven Sicherheit zu.

Der Schienenverkehr weist wesentlich andere Eigenschaften auf (vgl. Abschn. 12.1.2). Durch die kleine Haftreibung zwischen Stahlrädern und Stahlschienen sind die Bremswege erheblich länger. Aufgrund der Spurführung können die Fahrzeuge nicht kurzfristig ausweichen; Richtungsänderungen sind nur an vordefinierten Stellen möglich. Die Sicherheit beruht vor allem auf technischen Systemen, mit denen die Fahrwege gesichert werden. Die Fahrzeugführer können ihren Bremsweg nicht überblicken, sondern richten sich bei Brems- und Beschleunigungsvorgänge vor allem nach den Signalen. Somit steht die aktive Sicherheit im Vordergrund.

E. Schöne (✉)
Dresden, Deutschland

 
J. Holzfeind, J. Liu, F. Pospischil (Hrsg.), *Handbuch Eisenbahninfrastruktur*,
https://doi.org/10.1007/978-3-662-68960-8_7

Somit treffen an Bahnübergängen zwei unterschiedliche Sicherheitsphilosophien aufeinander, deren Besonderheiten bei der Gestaltung der Kreuzungsstellen berücksichtigt werden müssen. Weder darf das Verhalten der Straßenverkehrsteilnehmer einen wesentlichen Einfluss auf die Sicherheit des Eisenbahnverkehrs erhalten, noch dürfen die Gefahren des Eisenbahnverkehrs die Sicherheit der Straßenverkehrsteilnehmer übermäßig beeinträchtigen.

Ein vollständiger Ausschluss gefährlicher Auswirkungen menschlichen Fehlverhaltens ist nur durch Vermeidung bzw. Beseitigung von Bahnübergängen möglich. In allen anderen Fällen müssen absichtliche oder unbeabsichtigte Fehler der Straßenverkehrsteilnehmer in Betracht gezogen und bei der Gestaltung des Bahnübergangs berücksichtigt werden. Dazu gehören insbesondere die Auswahl und Ausführung der Sicherungsmaßnahmen.

▶ **Anmerkung** Die in den folgenden Abschnitten dargestellten Prinzipien gelten grundsätzlich international. Rechtsquellen, Einsatzkriterien, Zahlenwerte sowie weitere Details beziehen sich allerdings auf die Verhältnisse in der Bundesrepublik Deutschland und können im Ausland deutlich abweichen. Für eine internationale Darstellung wird auf [1] verwiesen.

## 7.2 Grundlagen

### 7.2.1 Definitionen

#### 7.2.1.1 Bahnübergänge bei öffentlichen Eisenbahnen

Für öffentliche Eisenbahnen ist der Begriff des Bahnübergangs in § 11 der Eisenbahn-Bau- und Betriebsordnung definiert [2]:

> „Bahnübergänge sind höhengleiche Kreuzungen von Eisenbahnen mit Straßen, Wegen und Plätzen."

Davon abzugrenzen sind Übergänge für Reisende sowie für den innerdienstlichen Verkehr, die nicht als Bahnübergänge gelten. Hierfür existieren spezielle Vorschriften, da andere Gefährdungssituationen vorliegen. Die Vorgaben zur Sicherung von Reisendenübergängen bei den Eisenbahnen des Bundes sind in [3] enthalten.

#### 7.2.1.2 Bahnübergänge bei nichtöffentlichen Eisenbahnen

Die Bahnübergangsdefinitionen für nichtöffentliche Eisenbahnen sind in den von den Bundesländern erlassenen Bau- und Betriebsordnungen für Anschlussbahnen enthalten (z. B. [4] oder [5]). Sie entsprechen inhaltlich der Definition für öffentliche Eisenbahnen (s. Abschn. 7.2.1.1).

Für abgeschlossene Werksgelände gelten spezielle Vorschriften, die von den jeweiligen Bahnbetreibern festgelegt werden. Diese Kreuzungsstellen werden als „Bahnüberwege" bezeichnet; Vorgaben zur Gestaltung bei nichtbundeseigenen Eisenbahnen finden sich in [6].

### 7.2.2 Anforderungen

#### 7.2.2.1 Vorrang der Schienenfahrzeuge

Aufgrund der Systemeigenschaften (s. Abschn. 7.1) erhält der Schienenverkehr an Bahnübergängen i. d. R. den Vorrang vor dem Straßenverkehr. Den Straßenverkehrsteilnehmern ist das Anhalten am ehesten möglich und zuzumuten, auch weil dies im Schienenverkehr deutlich mehr Zeit beanspruchen und ein Fahren nach Fahrplan erschweren würde.

Auf Bahnübergängen von öffentlichen Eisenbahnen (s. Abschn. 7.2.1.1) hat der Eisenbahnverkehr stets Vorrang vor dem Straßenverkehr. Bei nichtöffentlichen Eisenbahnen (s. Abschn. 7.2.1.2) sind hingegen auch Bahnübergänge ohne Vorrang der Schienenfahrzeuge vorhanden.

Mit Andreaskreuzen wird die Vorrangsituation für die Straßenverkehrsteilnehmer gekennzeichnet. An Bahnübergängen von Fußwegen müssen jedoch keine Andreaskreuze aufgestellt sein; in den Verhaltensvorschriften des Straßenverkehrs ist verankert, dass Schienenfahrzeuge an diesen Stellen grundsätzlich Vorrang haben.

Bahnübergänge von nichtöffentlichen Eisenbahnen können auch ohne Vorrang der Schienenfahrzeuge vor dem motorisierten Straßenverkehr ausgeführt sein und verfügen in diesen Fällen nicht über Andreaskreuze. Dies trifft insbesondere dann zu, wenn ein Übergang nur sehr selten von Schienenfahrzeugen befahren wird, wie es bei Anschlussgleisen gelegentlich vorkommt. Um das Überqueren von Straßen zu erleichtern, dürfen Bahnmitarbeiter nach den Straßenverkehrsvorschriften jedoch den Straßenverkehr anhalten. Dabei können auch technische Mittel wie Lichtzeichen eingesetzt werden, die allerdings nicht die hohen Anforderungen an herkömmliche Bahnübergangstechniken erfüllen müssen.

Je nach örtlicher Bedeutung und Verkehrssituation ist es auch möglich, Bahnübergängen nichtöffentlicher Eisenbahnen den gleichen rechtlichen Status wie Bahnübergängen öffentlicher Eisenbahnen einzuräumen. Dann erhalten sie auch Andreaskreuze und damit den Vorrang vor dem Straßenverkehr. Die Entscheidung darüber obliegt den Straßenverkehrsbehörden.

#### 7.2.2.2 Schutzfunktionen von Bahnübergängen

Eine wesentliche Aufgabe bei der Gestaltung der Bahnübergänge ist der Schutz des Straßenverkehrs vor dem Schienenverkehr. Kollisionen mit Schienenfahrzeugen können für die Straßenverkehrsteilnehmer erhebliche Personen- und Sachschäden nach sich ziehen, die im Vergleich zu Unfällen im übrigen Straßenverkehr überproportional hoch sind.

Umgekehrt muss jedoch auch der Schienenverkehr vor dem Straßenverkehr geschützt werden. Insbesondere wenn größere Straßenfahrzeugen beteiligt sind, kann es zu schweren Unfallfolgen kommen. Die oftmals im Regionalverkehr eingesetzten leichten Triebwagen können stark beschädigt und ihre Insassen gefährdet werden. Auch bei Entgleisungen der Schienenfahrzeuge sind gravierende Folgeschäden möglich.

Die Kollision eines Schienenfahrzeugs mit einem Straßenverkehrsteilnehmer auf einem Bahnübergang ist als „Zusammenprall" definiert (vgl. Abschn. 12.1.2). Somit ist das Verhindern von Zusammenprallen die vorrangige Aufgabe der Bahnübergangssicherung.

#### 7.2.2.3 Anforderungen der Straßenverkehrsteilnehmer

Bahnübergänge müssen so gestaltet sein, dass der Vorrang der Schienenfahrzeuge (Abschn. 7.2.2.1) deutlich wird und von den Straßenverkehrsteilnehmern beachtet werden kann. Dabei sind die Belange aller auftretenden Nutzer zu berücksichtigen: je nach örtlicher Situation somit Fußgänger, Radfahrer sowie Kraftfahrzeuge verschiedener Art und Größe.

Die Anforderungen sind unterschiedlich. Während es bei Fußgängern z. B. auf die Warnung unmittelbar am Bahnübergang ankommt, müssen Kraftfahrzeugführer bereits während ihrer Annäherung an den Übergang vor Schienenfahrzeugen gewarnt werden, um rechtzeitig anhalten zu können. Gleichzeitig sind die nutzerspezifischen Aspekte der Befahrbarkeit und Barrierefreiheit zu berücksichtigen.

In die Gestaltung ist das straßenverkehrliche Umfeld sowohl vor als auch hinter dem Bahnübergang einzubeziehen. Vor dem Bahnübergang befindliche Ablenkungsfaktoren (z. B. Einmündungen, Kreuzungen, Kurven, Verkehrszeichenhäufungen, Werbetafeln, Fahrbahnschäden) können sich auf die Wahrnehmbarkeit und damit auf die Wirksamkeit der Sicherungseinrichtungen auswirken. Straßenverkehrsanlagen hinter dem Bahnübergang können hingegen die Räumung beeinträchtigen, wenn sie einen Rückstau auf den Bahnübergang bewirken.

Die Sicherung muss einerseits wirksam sein, soll jedoch andererseits den Verkehrsfluss möglichst wenig behindern. Daraus ergibt sich die Forderung nach möglichst kurzen Sperrzeiten für den Straßenverkehr.

Die wichtigsten Anforderungen an die Gestaltung von Bahnübergängen aus Sicht der Straßenverkehrsteilnehmer lassen sich wie folgt zusammenfassen:

- Erkennbarkeit des Bahnübergangs,
- Erkennbarkeit und Begreifbarkeit der Sicherungseinrichtungen,
- Befahrbarkeit und Begehbarkeit (einschließlich Barrierefreiheit),
- Räumbarkeit des Bahnübergangsbereichs,
- hohe Sicherheit technischer Anlagen,
- kurze Sperrzeiten.

Konkrete Anforderungen enthalten Abschn. 7.3 zur Bautechnik, Abschn. 7.4 zu den Sicherungsmaßnahmen und Abschn. 7.5 zu den Einflüssen des Straßenumfeldes.

#### 7.2.2.4 Fahrdynamische Anforderungen

Jeder Bahnübergang muss einen wesentlichen fahrdynamischen Grundsatz erfüllen, unabhängig von der Art der Sicherung:

> „Jeder Straßenverkehrsteilnehmer muss die Annäherung eines Schienenfahrzeugs so zeitig wahrnehmen können, dass er gefahrlos vor dem Übergang anhalten kann.
>
> Befindet er sich zum Zeitpunkt der Wahrnehmungsmöglichkeit bereits zu nahe am Bahnübergang um anzuhalten, muss er ihn noch gefahrlos überqueren können."

Dieses Grundprinzip – rechtzeitiges Anhalten oder gefahrloses Räumen – schlägt sich sowohl in den Sichtflächenberechnungen bei der nichttechnischen Sicherung (Abschn. 7.4.2.6) als auch in den Berechnungen der zeitlichen Abläufe bei der technischen Sicherung (Abschn. 7.4.3.8) nieder.

Eine zentrale Rolle spielt dabei der Entscheidungspunkt vor dem Bahnübergang, an dem sich der Straßenverkehrsteilnehmer für Anhalten oder Überqueren entschieden haben muss. Aus der für das Überqueren benötigten Räumzeit lässt sich dann errechnen, wann das Schienenfahrzeug frühestens am Bahnübergang eintreffen darf.

### 7.2.3 Rechtsgrundlagen

#### 7.2.3.1 Überblick

Die Regeln zu Bahnübergängen sind in Deutschland auf zahlreiche Rechtsquellen verteilt. Zu den wichtigsten Quellen zählen:

- Eisenbahnkreuzungsgesetz (EKrG) [7],
- Bau- und Betriebsordnungen der Bahnen:
  - Eisenbahn-Bau- und Betriebsordnung (EBO) [2],
  - länderspezifische Bau- und Betriebsordnungen für Anschlussbahnen (BOA/EBOA), z. B. [4] und [5],
- Vorschriften für den Straßenverkehr:
  - Straßenverkehrs-Ordnung (StVO) [8],
  - Allgemeine Verwaltungsvorschrift zur Straßenverkehrs-Ordnung (VwV-StVO) [9],
  - Leitfaden für Bahnübergangsschauen [10],
- Anerkannte Regeln der Technik:
  - DB-Richtlinie 815 „Bahnübergänge planen und instand halten" [11],
  - Bahnübergangsvorschrift für nichtbundeseigene Eisenbahnen (BÜV NE) [12].

#### 7.2.3.2 Eisenbahnkreuzungsgesetz

Das EKrG regelt vor allem grundsätzliche Fragen der Zuständigkeiten und Finanzierung von Kreuzungen zwischen Eisenbahnen und Straßen. Dazu gehören sowohl höhengleiche Kreuzungen (Bahnübergänge) als auch nicht höhengleiche Kreuzungen (Überführungen). Es enthält in § 2 die Vorgabe, keine neuen Bahnübergänge mit Straßen zu errichten [7]:

> „Neue Kreuzungen von Eisenbahnen und Straßen, die nach der Beschaffenheit ihrer Fahrbahn geeignet und dazu bestimmt sind, einen allgemeinen Kraftfahrzeugverkehr aufzunehmen, sind als Überführungen herzustellen."

Bei schwachem Verkehr können allerdings Ausnahmen zugelassen werden, wenn z. B. eine neu zu bauende Erschließungsstraße eine selten befahrene nichtöffentliche Eisenbahn kreuzen soll und die Errichtung einer Überführung unverhältnismäßigen Aufwand verursachen würde.

Des Weiteren sind im EKrG die Zuständigkeiten für die Instandhaltung der Anlagen festgelegt. Für die Ankündigung der Schienenfahrzeuge und den Bahnübergangsbereich ist dabei der Bahnbetreiber zuständig. Für die Ankündigung des Bahnübergangs und für die Straßenanlagen im Umfeld hat hingegen der Straßenbaulastträger zu sorgen. Es ergeben sich die in Abb. 7.1 dargestellten Zuständigkeitsgrenzen.

Als Kreuzungsstück gilt dabei die vom Straßen- und Schienenverkehr gemeinsam genutzte Fläche, begrenzt durch einen Abstand von 2,25 m von der äußeren Schiene. Einige der genannten Anlagen (z. B. Sichtflächen, Pfeiftafeln) sind nicht bei allen Bahnübergängen vorhanden.

Oft befinden sich Sichtflächen auf privaten Grundstücken. Dann muss die Freihaltung von Sichthindernissen über Eintragungen in den Grundbüchern oder vertragliche Vereinbarungen sichergestellt werden, was bei bestehenden Bahnübergängen zu Problemen führen kann.

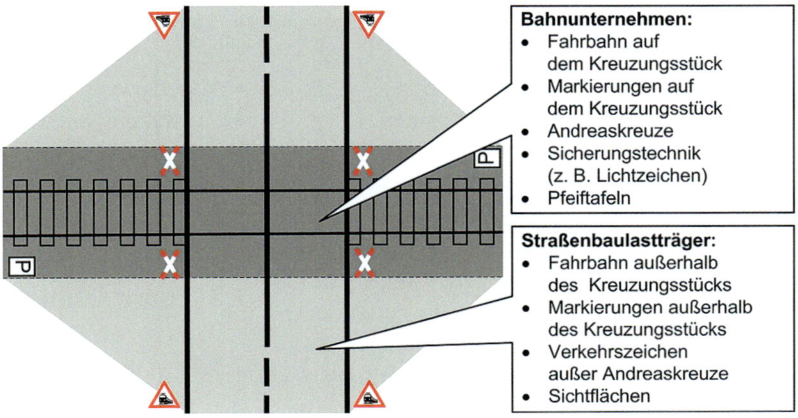


**Abb. 7.1** Zuständigkeiten an Bahnübergängen

Für die Finanzierung von Baumaßnahmen an Kreuzungsanlagen ist zu unterscheiden, ob es sich um eine Neuerrichtung oder um die Änderung einer bestehenden Anlage handelt. Während bei neuen Kreuzungen das Veranlasserprinzip gilt, werden die Kosten für Maßnahmen zur Verbesserung der Verkehrsverhältnisse oder Beseitigungen von Bestandsanlagen zwischen Eisenbahninfrastrukturunternehmen, Straßenbaulastträger und Bund (bei Eisenbahnen des Bundes) bzw. Land (bei nichtbundeseigenen Eisenbahnen) gedrittelt. Für Straßen in kommunaler Baulast gelten abweichende Regelungen.

Über die Gesamtkosten der Maßnahmen sollen sog. Kreuzungsvereinbarungen geschlossen werden. Die Instandhaltungskosten trägt jeder Kreuzungsbeteiligte für seine Anlagen jeweils selbst.

Bei Feld-, Wald- und Privatwegen können Zuständigkeiten und Finanzierung abweichend geregelt sein, da diese Bahnübergänge i. d. R. nicht dem EKrG unterliegen. In diesen Fällen sind Vereinbarungen zwischen Bahnbetreiber und Wegeigentümer zu schließen.

#### 7.2.3.3 Bau- und Betriebsordnungen der Bahnen

In den Bau- und Betriebsordnungen sind in unterschiedlicher Tiefe unter anderem folgende Sachverhalte geregelt:

- Vorrang der Schienenfahrzeuge,
- Aufstellung der Andreaskreuze,
- Einsatzkriterien verschiedener Sicherungsarten,
- Anforderungen an Sichtflächen,
- Anforderungen an Sicherungseinrichtungen.

Die wichtigste Fundstelle für Bahnübergänge öffentlicher Eisenbahnen ist § 11 der EBO. Daraus ergibt sich unter anderem eine wichtige Geschwindigkeitsgrenze: Bahnübergänge sind nur bis zu einer Streckengeschwindigkeit der Eisenbahn von 160 km/h zulässig.

#### 7.2.3.4 Vorschriften für den Straßenverkehr

Die Vorschriften für den Straßenverkehr enthalten einerseits Verhaltensregeln für die Straßenverkehrsteilnehmer, andererseits aber auch Vorgaben für die Behörden.

Die StVO trifft zu Bahnübergängen folgende wesentliche Regelungen:

- Park- und Halteverbote,
- Vorrangregelung und weitere Verhaltensregeln,
- Verkehrszeichen und -einrichtungen,
- Anordnungsbefugnis der Bahnunternehmen (für öffentliche Eisenbahnen).

In der VwV-StVO sind weitere konkretisierende Regeln für Straßenbehörden festgeschrieben:

- Aufstellung der Andreaskreuze (für nichtöffentliche Eisenbahnen),

- Anordnung weiterer Verkehrszeichen und -einrichtungen,
- Beteiligung der Bahnunternehmen,
- Durchführung von Verkehrsschauen.

Da gemeinsame Verkehrsschauen an Bahnübergängen (Bahnübergangsschauen, s. Abschn. 7.5.4) ein wichtiges Instrument darstellen, um die Sicherheit kontinuierlich zu überwachen, wurde hierfür ein Leitfaden entwickelt. Er enthält unter anderem Checklisten und Regelpläne, mit denen vorliegende Situationen (Beschilderung, Verkehrsregelung usw.) systematisch geprüft werden können. Die rechtliche Verbindlichkeit des Leitfadens ist allerdings in den einzelnen Bundesländern unterschiedlich.

#### 7.2.3.5 Anerkannte Regeln der Technik

Bedingt durch die historische Entwicklung und die unterschiedlichen Zuständigkeiten haben die bundeseigenen und die nichtbundeseigenen Eisenbahnen jeweils eigene Regelwerke für Bahnübergänge. Während die bundeseigenen Eisenbahnen die Regeln in der DB-Richtlinienfamilie 815 verankert haben, gibt es für die nichtbundeseigenen Eisenbahnen mit der BÜV NE eine eigene Vorschrift mit deutlich geringerer Regelungstiefe. Da nichtöffentliche Eisenbahnen i. d. R. gleichzeitig nichtbundeseigene Eisenbahnen sind, findet dort die BÜV NE Anwendung.

In den genannten anerkannten Regeln der Technik sind vor allem folgende Sachverhalte zu Bahnübergängen geregelt:

- Konkretisierung von Einsatzkriterien der Sicherungsarten,
- Berechnung der Strecken und Zeiten für technische und nichttechnische Sicherung,
- Standorte der Andreaskreuze,
- Gestaltung bautechnischer Anlagen,
- Gestaltung sicherungstechnischer Anlagen,
- Instandhaltung und Störungsmanagement.

## 7.3 Bautechnische Gestaltung

### 7.3.1 Allgemeine Anforderungen

Ein Bahnübergang ist gemeinsamer Bestandteil der Verkehrswege Schiene und Straße. Er muss deshalb den bautechnischen Anforderungen beider Verkehrswege gerecht werden (Tab. 7.1). Über den Kreuzungswinkel verknüpft, stehen die Längs- und Querneigungen der Verkehrswege in Abhängigkeit voneinander. Daraus ergeben sich widersprüchliche Anforderungen, die Kompromisslösungen erforderlich machen.

Hinsichtlich der Linienführung im Kreuzungsbereich ist zu beachten, dass bei rechtwinkliger Kreuzung die Querneigung der Straße durch die Längsneigung des Gleises und die Längsneigung

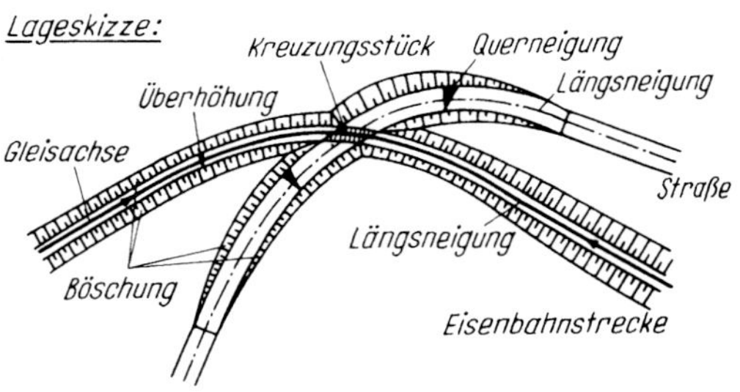


**Abb. 7.2** Lageskizze der Kreuzungsstelle (Quelle: [13])

**Tab. 7.1** Anforderungen an die bauliche Gestaltung von Bahnübergängen

| Straße | Schiene |
|---|---|
| Lückenlose starre Fahrbahndecke mit durchgehend gleicher Oberflächenbeschaffenheit | Freihaltung der Spurrille |
| | Durchgehende Oberbauform |
| | Durchgehend gleichbleibende Elastizität und Setzung des Gleises |
| | Schneller Ein- und Ausbau des Belages für Stopfarbeiten |
| | In Gleisstromkreisen: elektrische Isolierung der Schienen gegeneinander (vgl. Abschn. 12.2.3) |
| Linienführungskriterien der Straße | Linienführungskriterien der Bahn |
| | Gradientenhebung bei Stopfarbeiten |

der Straße durch die Querneigung (Überhöhung) des Gleises vorgegeben sind. Bei nicht rechtwinkligen Kreuzungen bestehen noch komplexere Abhängigkeiten (Abb. 7.2).

Die Linienführung der Bahn wird hinsichtlich zweier Gesichtspunkte an die Bedürfnisse der Straße angepasst:

- in Gleisbögen wird ggf. nur die minimale Überhöhung eingebaut,
- in mehrgleisigen überhöhten Bögen werden alle Gleise nach Möglichkeit in eine Ebene gelegt (Abb. 7.3), wozu das äußere Gleis bzw. die äußeren Gleise im Vorfeld des Bahnübergangs anzurampen sind (ähnlich wie bei Weichenverbindungen in Gleisbögen).

Weichen und Kreuzungen können nicht in Bahnübergängen angeordnet werden, weil die Radlenker mehrere Zentimeter über die Schienenoberkante ragen und die Weichenzungen durch Schmutz oder Steine blockiert werden könnten.

### 7.3.2 Bahnübergangsbeläge

Bei schwächerer Belastung von Eisenbahnstrecke und Straße ist die Befestigung des Bahnübergangs mit einem bituminösen Belag eine kostengünstige und funktionale Lösung. Dabei war es früher üblich, die Spurrille in den Asphaltbelag einzuwalzen, ohne sie permanent zu sichern (Abb. 7.4). Dadurch war jedoch die Einhaltung des Lichtraumprofils der Bahn nicht dauerhaft gewährleistet, sodass die eingewalzte Spurrille nur noch bei Bahnübergängen von Fuß- und Radwegen, bei Bahnübergängen mit schwachem Verkehrsaufkommen (bis 100 Kfz/Tag, vgl. Abschn. 7.4.1.1) sowie bei Provisorien zugelassen ist. In allen übrigen Fällen muss der Belag eine dauerhafte Spurrille aufweisen, entweder durch entsprechende Ausbildung der Ränder von Plattenbelägen, durch eine Beischiene („Spurrillenschiene") oder durch die Verwendung eines monolithischen Rillenschienenprofils im Bahnübergangsbereich.

Nachteilig sind bei bituminösen Bahnübergangsbelägen:

- die gegenüber der Eisenbahnstrecke deutliche veränderte Elastizität,
- die problematische Standfestigkeit der Anschlüsse an die Schienen,
- die Belastung und damit zusätzliche Setzung des Schotters durch die Straßenverkehrsbelastung,
- die Notwendigkeit einer Erneuerung des Belages bei Durcharbeitung des Gleises.

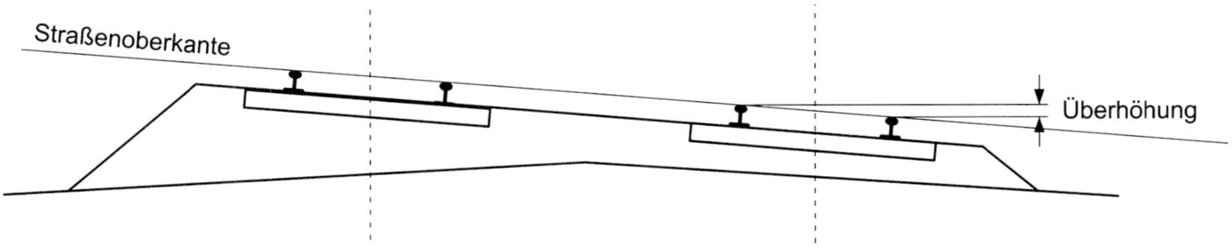


**Abb. 7.3** Lage der Gleise in einer Ebene

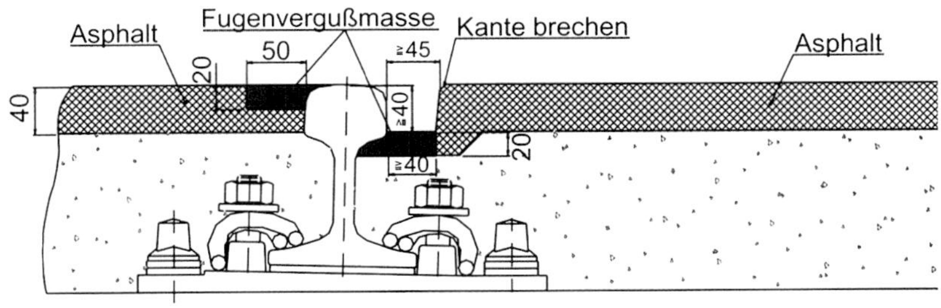


**Abb. 7.4** Eingewalzte Spurrille in Asphalt (Quelle: [14])

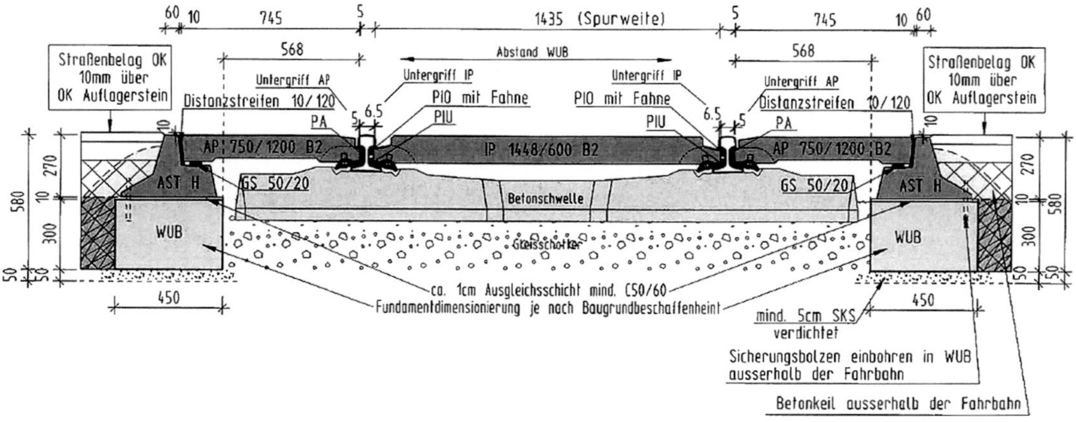


**Abb. 7.5** Ausführungsbeispiel Betonplattenbelag (Quelle: [15])

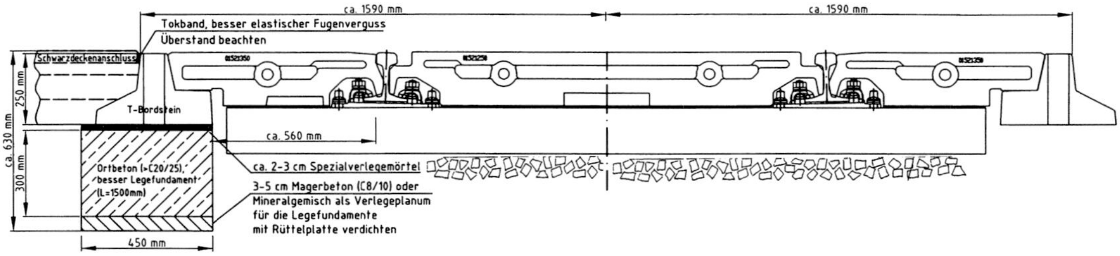


**Abb. 7.6** Ausführungsbeispiel Hartgummiplattenbelag (Quelle: [16])

Bahnübergänge mit höherer Straßenverkehrsbelastung und solche auf schnell und stark befahrenen Eisenbahnstrecken werden i. d. R. mit Belägen ausgerüstet, die die Elastizität und Setzung des Eisenbahnoberbaus möglichst wenig beeinflussen und die zur Durcharbeitung des Gleises ausgebaut werden können. Diese Anforderungen werden durch Plattenbeläge aus Beton oder Hartgummi erfüllt. Sie setzen die Verkehrslasten der Straße unmittelbar oder mittelbar auf die Schienenfüße ab, so dass die lastverteilende Wirkung der Schienen aktiviert wird. Gleichzeitig sichern diese Bahnübergangsbefestigungen aufgrund der Gestaltung ihrer Plattenränder die Spurrille dauerhaft.

Betonplattenbeläge (Abb. 7.5) sind sehr biegesteif, so dass sie ihre Last brückenartig über Profilstücke direkt auf die Schienenfüße absetzen können. Wegen ihrer großen Masse wird zum Ein- und Ausbau des Belags ein Hebezeug benötigt.

Hartgummiplatten (Abb. 7.6) sind weniger biegesteif. Sie werden deshalb vierseitig auf die Schienenfüße und die Schwellen aufgelagert, dabei flächig unterstützt durch die Schotterbettung. Die einzelnen Platten werden horizontal gegeneinander mit Zugstangen verspannt. Der Ein- und Ausbau der Beläge kann ohne Hebezeug erfolgen.

Die Außenplatten der Plattenbeläge werden straßenseitig auf speziellen Fundamentsteinen aufgelagert.

Um zu verhindern, dass ein zu starrer Bahnübergang insbesondere bei schnellfahrenden Zügen zusätzliche vertikale und im Bogen horizontale Fliehkräfte verursacht („Sprungschanzeneffekt“), wird die Straßenfahrbahn im Bereich des Kreuzungsstücks durch den Baulastträger Bahn so konstruiert, dass die elastischen Eigenschaften des Gleises weitgehend erhalten bleiben. Bahnübergänge auf schnell befahrenen und hoch belasteten Strecken erhalten deshalb i. d. R. Beläge,

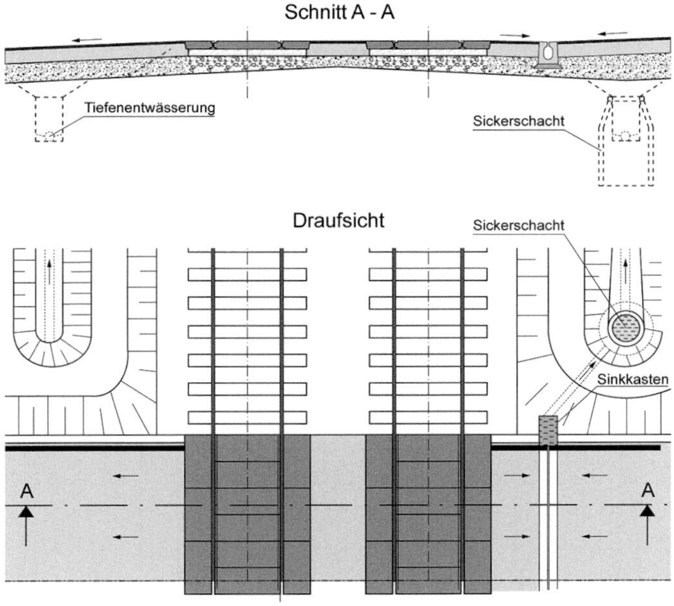


**Abb. 7.7** Beispiel für Entwässerungsanlagen (Quelle: [11] in der Fassung gültig ab 01.11.2008)

die ihre Lasten analog zum Schienenverkehr über die Schienenfüße bzw. Schwellen in die Bettung übertragen.

### 7.3.3 Entwässerung

Durch die Entwässerung ist einerseits zu gewährleisten, dass sich bei Niederschlag auf dem Bahnübergang keine Wasseransammlungen bilden, und andererseits, dass der Bahnkörper nicht durchfeuchtet wird.

Die Entwässerungen werden so geführt, dass das Niederschlagswasser den vier Ecken des Bahnübergangsbereichs zugeführt wird. In Abhängigkeit von der Lage der Vorflut werden Bahn- bzw. Straßengraben verrohrt. Wenn die Gefahr besteht, dass Oberflächenwasser der Straße auf den Bahnübergang läuft, muss dieses straßenseitig durch eine Querdrainage parallel zur Gleisachse gefasst und abgeleitet werden.

Ein Ausführungsbeispiel für Entwässerungsanlagen zeigt Abb. 7.7.

## 7.4 Sicherungsmaßnahmen

### 7.4.1 Technologien zur Sicherung

#### 7.4.1.1 Arten und Einsatzkriterien

Damit die Annäherung eines Schienenfahrzeugs für den Straßenverkehrsteilnehmer erkennbar wird, kommen zwei unterschiedliche Lösungen zur Anwendung:

- nichttechnische Sicherung (Abschn. 7.4.1.2),
- technische Sicherung (Abschn. 7.4.1.3).

Diese Unterteilung richtet sich nach dem Vorhandensein bzw. Nichtvorhandensein technischer Einrichtungen zur Warnung der Straßenverkehrsteilnehmer am Bahnübergang.

Welche der beiden Lösungen zum Einsatz kommt, richtet sich nach den Eigenschaften der Eisenbahnstrecke und der Straße. Für öffentliche Eisenbahnen sind dabei gemäß EBO folgende Kriterien maßgebend:

- bahnseitig:
  - Status der Strecke als Haupt- oder Nebenbahn,
  - Anzahl der Gleise (ein- oder mehrgleisiger Bahnübergang),

**Tab. 7.2** Einteilung der Verkehrsstärke nach EBO

| Schwacher Verkehr | Mäßiger Verkehr | Starker Verkehr |
|---|---|---|
| Bis 100 Kfz/Tag | Über 100 bis 2500 Kfz/Tag | Über 2500 Kfz/Tag |

- straßenseitig:
  - Art des Weges (z. B. Fuß-, Rad-, Feld-, Waldweg oder Straße),
  - Verkehrsstärke.

Die Einteilung der Straßenverkehrsstärke richtet sich ausschließlich nach der Anzahl der Kraftfahrzeuge (Tab. 7.2); Fußgänger und Radfahrer werden bei der Einteilung bislang nicht berücksichtigt.

Konkrete Einsatzbedingungen für die unterschiedlichen Arten der technischen und nichttechnischen Sicherung werden in Abschn. 7.4.2 und 7.4.3 behandelt.

Für nichtöffentliche Eisenbahnen gelten in den einzelnen Bundesländern unterschiedliche Vorgaben, die von einer Übernahme der Einsatzkriterien der öffentlichen Eisenbahnen bis hin zu einer grundsätzlichen Festlegung der Sicherungsart durch die Aufsichtsbehörden reichen.

Grundsätzlich stellen die Einsatzkriterien in den Verordnungen und Regelwerken nur Mindestforderungen dar, über die je nach örtlichen Verhältnissen hinausgegangen werden muss. Dabei sind stets Einflussfaktoren im näheren und weiteren Umfeld des Bahnübergangs zu beachten (z. B. Erkennbarkeit, Nähe zu anderen Verkehrsanlagen, Umfang des Fußgänger- und Radverkehrs, Lage auf Schulwegen).

#### 7.4.1.2 Nichttechnische Sicherung

Die Straßenverkehrsteilnehmer müssen hier durch Sehen und Hören unmittelbar prüfen, ob die Eisenbahnstrecke gefahrlos überquert werden kann. Am Bahnübergang gibt es keine technischen Einrichtungen, die sie vor Schienenfahrzeugen warnen. Man spricht deshalb von nichttechnisch gesicherten Bahnübergängen.

Die Sicherheit beruht hier vor allem auf dem richtigen Verhalten der Straßenverkehrsteilnehmer, hängt jedoch auch von der regelkonformen Gestaltung des Bahnübergangs ab.

Auch wenn an solchen Bahnübergängen keine technischen Einrichtungen vorhanden sind, handelt es sich nicht um „ungesicherte“ Bahnübergänge. Sie werden durch die Übersicht auf die Bahnstrecke und/oder durch akustische Signale der Schienenfahrzeuge gesichert.

Eine Sonderstellung nimmt die sog. Postensicherung ein. Sie ist zwar nichttechnisch, die Straßenverkehrsteilnehmer werden jedoch durch Bahnpersonal aktiv gewarnt (s. Abschn. 7.4.2.5).

#### 7.4.1.3 Technische Sicherung

Durch eine technische Einrichtung werden die Straßenverkehrsteilnehmer von der Annäherung eines Schienenfahrzeugs mittelbar in Kenntnis gesetzt. Dafür kommen optische Signale oder physische Barrieren zum Einsatz. In diesem Fall spricht man von technisch gesicherten Bahnübergängen.

Die Sicherheit hängt hier sowohl vom fehlerfreien Funktionieren der technischen Anlagen als auch von deren Beachtung durch die Straßenverkehrsteilnehmer ab. Letztere wird wiederum von der Gestaltung des Bahnübergangsbereichs beeinflusst.

### 7.4.2 Nichttechnische Sicherung

#### 7.4.2.1 Arten und Einsatzkriterien

Die nichttechnische Sicherung von Bahnübergängen unterscheidet sich nach der EBO in drei Arten:

- Übersicht auf die Bahnstrecke (Abschn. 7.4.2.2),
- hörbare Signale der Schienenfahrzeuge (Abschn. 7.4.2.3),
- Übersicht auf die Bahnstrecke in Verbindung mit hörbaren Signalen der Schienenfahrzeuge.

Ergänzend können bei nichttechnischer Sicherung auch Langsamfahrstellen auf der Eisenbahnstrecke sowie Umlaufsperren auf Fuß- und Radwegen erforderlich werden (Abschn. 7.4.2.4). Auch die Postensicherung (Abschn. 7.4.2.5) ist ihrem Charakter nach der nichttechnischen Sicherung zuzuordnen.

**Tab. 7.3** Mindestforderungen der EBO beim Einsatz nichttechnischer Sicherungsarten

| Eigenschaften der Kreuzungspartner | Hauptbahn | Nebenbahn, mehrgleisig | Nebenbahn, eingleisig |
|---|---|---|---|
| *Straße, starker Verkehr* | Unzulässig | Unzulässig | Unzulässig |
| *Straße, mäßiger Verkehr* | Unzulässig | Unzulässig | Ü + P, mit Genehmigung: P + Lf (20 km/h) |
| *Feldweg oder Waldweg, mäßiger Verkehr* | Unzulässig | Unzulässig | Ü + P, mit Genehmigung: P + Lf (60 km/h) |
| *Straße, schwacher Verkehr* | Unzulässig | Ü | Ü, bei fehlender Sicht: P + Lf (20 km/h) |
| *Feldweg oder Waldweg, schwacher Verkehr* | Unzulässig | Ü | Ü, bei fehlender Sicht: P + Lf (60 km/h) |
| *Fußweg oder Radweg* | Ü + U oder P + U | Ü oder P | Ü oder P |

*Ü* Übersicht auf die Bahnstrecke, *P* hörbare Signale der Schienenfahrzeuge, *Lf* Langsamfahrstelle für die Schienenfahrzeuge, *U* Umlaufsperre

Die Straßenverkehrsteilnehmer müssen sich nichttechnisch gesicherten Bahnübergängen mit größter Vorsicht und Aufmerksamkeit nähern. Sie müssen die Eisenbahnstrecke in beide Richtungen beobachten, auf Pfeifsignale achten und bei Annäherung von Schienenfahrzeugen vor dem Andreaskreuz warten.

Da das richtige Verhalten der Straßenverkehrsteilnehmer hier den entscheidenden Einfluss auf die Sicherheit hat, darf die nichttechnische Sicherung nur unter bestimmten Bedingungen eingesetzt werden. Die Mindestforderungen für öffentliche Eisenbahnen sind in Tab. 7.3 enthalten. Daraus ist ersichtlich, dass die Anforderungen an die Sicherungsmaßnahmen mit der Verkehrsstärke auf der Straße und der Bedeutung von Straße und Eisenbahnstrecke steigen.

Für Privatwegübergänge gelten spezielle Regeln, die aus Vereinfachungsgründen nicht in Tab. 7.3 dargestellt sind. Dabei sind unter anderem Sicherungsmaßnahmen mit Sprechverbindungen zum zuständigen Fahrdienstleiter sowie von den Straßenverkehrsteilnehmern selbst zu schließende Abschlüsse zulässig.

Die genannten Einsatzkriterien werden durch die anerkannten Regeln der Technik weiter präzisiert und teilweise verschärft (vgl. Abschn. 7.2.3.5). So sind z. B. Umlaufsperren gemäß DB-Richtlinie 815 bei Neubauten nur bis zu Geschwindigkeiten der Schienenfahrzeuge von 120 km/h auf eingleisigen Strecken und 80 km/h auf zweigleisigen Strecken zulässig.

#### 7.4.2.2 Übersicht auf die Bahnstrecke

**Grundprinzip**
Die Sichtverhältnisse müssen so beschaffen sein, dass der in Abschn. 7.2.2.4 erläuterte fahrdynamische Grundsatz erfüllt wird, also ein rechtzeitiges Anhalten bzw. gefahrloses Räumen durch jeden Straßenverkehrsteilnehmer möglich ist. Dabei ist zu berücksichtigen, dass es schnelle und langsame Straßenfahrzeuge gibt. Dieses Prinzip soll anhand Abb. 7.8 erläutert werden.

Um die benötigten Sichtflächen zu ermitteln, betrachtet man zunächst den Anhalteweg des schnellsten Straßenfahrzeugs. In dieser Entfernung vor dem Bahnübergang muss sich der Fahrzeugführer spätestens zum Anhalten entschließen, also ein sich näherndes Schienenfahrzeug gesehen haben, um noch gefahrlos vor dem Bahnübergang zum Stillstand zu kommen. Deshalb bezeichnet man diesen Punkt als Sehpunkt.

Konnte er bis zu dieser Stelle kein Schienenfahrzeug erkennen, muss er den Bahnübergang gefahrlos mit seiner gesamten Länge überqueren können. Über die hierfür benötigte Zeit und die Streckengeschwindigkeit der Bahn ergibt sich die erforderliche Annäherungsstrecke auf dem Gleis. An deren Beginn muss das Schienenfahrzeug für den Straßenverkehrsteilnehmer sichtbar sein, daher wird diese Stelle als Sichtpunkt bezeichnet. Verbindet man beide Punkte, ergibt sich ein freizuhaltendes Sichtdreieck mit dem langen Schenkel entlang der Straße und dem kurzen Schenkel entlang der Bahn.

Die gleiche Betrachtung erfolgt nun für das langsamste Straßenfahrzeug. Dessen Anhalteweg

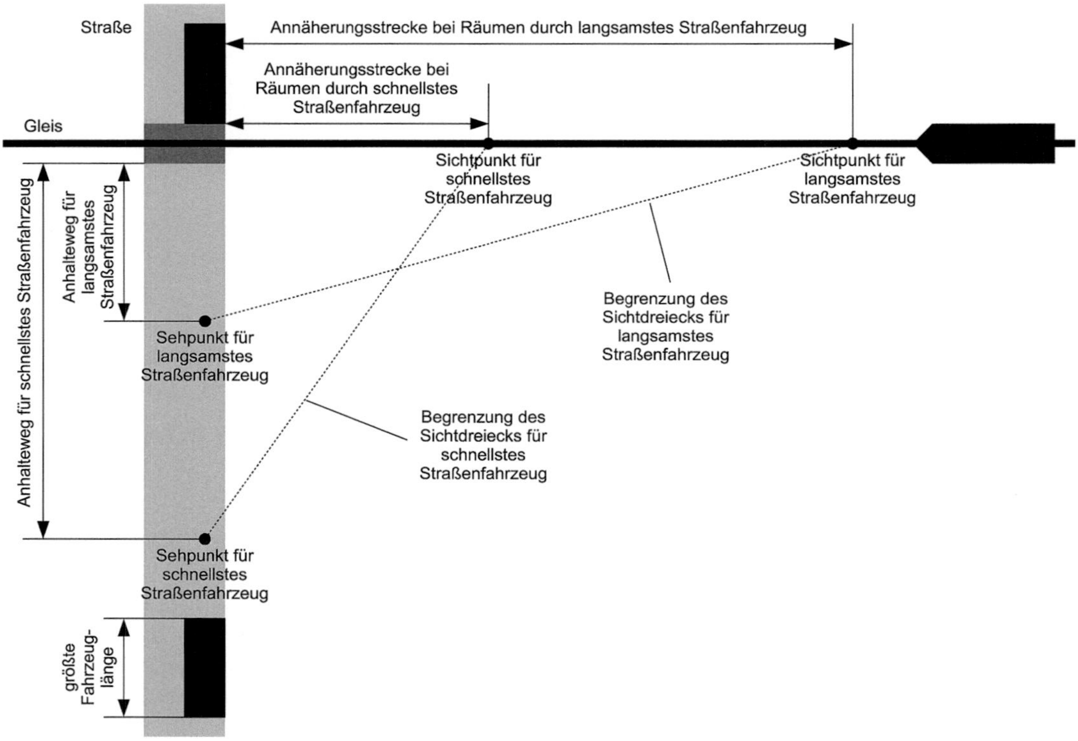


**Abb. 7.8** Bildung der Sichtflächen

ist deutlich kürzer, weshalb der Sehpunkt einen geringeren Abstand zum Bahnübergang hat. Dafür benötigt dieses Fahrzeug jedoch wesentlich länger zum Überqueren des Bahnübergangs. Deshalb wird die erforderliche Annäherungsstrecke auf dem Gleis größer und beträgt meist mehrere hundert Meter. Der Sichtpunkt liegt somit deutlich weiter vom Bahnübergang entfernt. Durch Verbindung des Sehpunktes mit dem Sichtpunkt ergibt sich wieder ein Sichtdreieck, diesmal mit dem kurzen Schenkel entlang der Straße und dem langen Schenkel entlang der Bahn.

Legt man die beiden Sichtdreiecke für das schnellste und das langsamste Straßenfahrzeug übereinander, erhält man die insgesamt benötigte Sichtfläche. Fußgänger sind ggf. gesondert zu berücksichtigen.

### Anforderungen an Sichtflächen

Innerhalb der Sichtflächen dürfen sich keine Sichthindernisse befinden. Einzelne kleinere Objekte führen jedoch nicht zwangsläufig zum Verlust der Sicht, sofern Schienenfahrzeuge nicht frontal oder über eine längere Strecke verdeckt werden. Dies ist jeweils im Einzelfall örtlich zu entscheiden.

Die räumlichen Anforderungen an Sichtflächen müssen einerseits die unterschiedlichen Augenhöhen der Fahrer und andererseits die Maße der Schienenfahrzeuge berücksichtigen: Fahrer von Pkw sitzen wesentlich niedriger als Fahrer von Lkw, demgegenüber ist ein flacher Güterwagen deutlich niedriger als eine Lokomotive. Außerdem müssen die Schienenfahrzeuge auch nachts anhand ihres leuchtenden Spitzensignals wahrgenommen werden können. Deshalb sind bestimmte Höhenmaße vorgeschrieben, in deren Bereich die Sicht freizuhalten ist (Abb. 7.9).

Die Sichtflächen sind unmittelbar sicherheitsrelevant. Sie müssen mehrmals im Jahr überprüft werden; nach dem Regelwerk der Eisenbahnen des Bundes dreimal jährlich. Werden dabei Mängel festgestellt, sind ggf. Sofortmaßnahmen zu ergreifen.

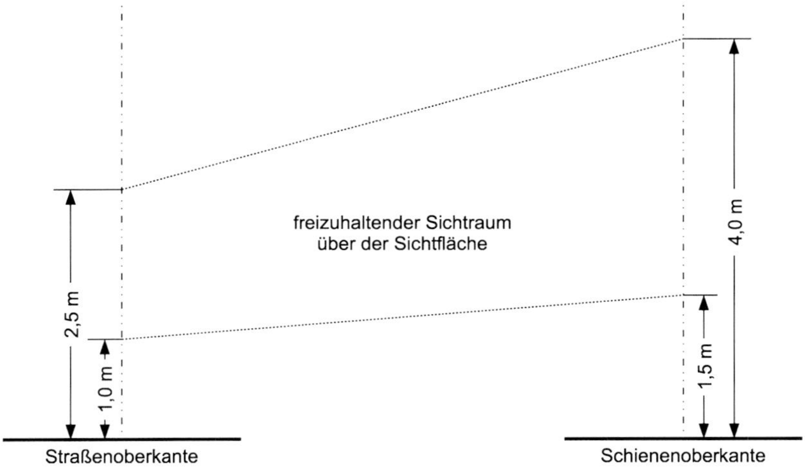


**Abb. 7.9** Sichtraum über Sichtflächen nach Vorgaben der DB-Richtlinienfamilie 815 [11]

Typische Hindernisse in Sichtflächen sind:

- Kulturpflanzen auf landwirtschaftlich genutzten Flächen,
- Bäume und Sträucher,
- Holzstapel,
- Baustoffablagerungen (vor allem bei Baustellen oder Bauhöfen),
- Hecken, Zäune, Mauern (insbesondere auf privaten Grundstücken),
- Werbetafeln oder andere Werbeeinrichtungen,
- abgestellte Straßenfahrzeuge,
- abgestellte Schienenfahrzeuge (insbesondere in Bahnhöfen).

**Besondere örtliche Situationen**
Verlaufen Straße und Eisenbahnstrecke parallel oder sind die Kreuzungen spitzwinklig, sollten die Verhältnisse besonders sorgfältig betrachtet werden. Hier ist es für die Straßenverkehrsteilnehmer schwierig, die Eisenbahnstrecke zu überblicken. Problematisch sind solche Situationen, weil die zu beobachtende Eisenbahnstrecke dann erheblich außerhalb des normalen Blickfeldes der Kraftfahrzeugführer liegen kann. Für ältere Straßenverkehrsteilnehmer sind die dann erforderlichen Kopfbewegungen oft aus körperlichen Gründen erschwert. Fahrer von Lastkraftwagen haben nach hinten rechts ein durch die Fahrerkabine baulich eingeschränktes Sichtfeld, sodass es objektiv unmöglich sein kann, Schienenfahrzeuge aus dieser Richtung zu sehen.

Die Sicht und damit die Sicherheit lassen sich verbessern, wenn der Straßenverlauf vor dem Bahnübergang begradigt wird. Rechtwinklige Kreuzungen sind für die Übersicht auf die Bahnstrecke am besten geeignet, da sie gleichmäßige Sichtverhältnisse nach links und rechts ermöglichen. Für bestehende Bahnübergänge mit ungünstigem Straßenverlauf sollte jeweils unter Berücksichtigung der örtlichen Verhältnisse entschieden werden, ob und welche Maßnahmen notwendig sind. Ausführlicher wird auf Auswirkungen örtlicher Besonderheiten und auf mögliche Lösungen in [17] eingegangen.

**Maßnahmen bei fehlender Sicht**
Bei fehlender Sicht ist zu unterscheiden, ob es sich um eine erstmalige Ermittlung benötigter Sichtflächen im Rahmen von Planungsprozessen handelt oder ob Hindernisse in bestehenden und bereits planfestgestellten Sichtflächen festgestellt werden. Im letztgenannten Fall ist eine zügige Beseitigung der Sichthindernisse anzustreben, wofür auch die rechtlichen Voraussetzungen bestehen. Die nachfolgenden Ausführungen beziehen sich dann nur auf die erforderlichen Sofortmaßnahmen zur Abwehr von Gefahren.

Oftmals kann die Sicht für die gewünschten Höchstgeschwindigkeiten jedoch von vornherein nicht hergestellt werden, insbesondere wenn

**Tab. 7.4** Geschwindigkeitsbeschränkung bei fehlender Sicht

| Sichthindernis im Sichtdreieck für ... | Geschwindigkeitsbeschränkung auf ... |
|---|---|
| Langsamstes Straßenfahrzeug | Eisenbahnstrecke |
| Schnellstes Straßenfahrzeug | Straße |
| Langsamstes und schnellstes Straßenfahrzeug | Eisenbahnstrecke und Straße |

es sich bei den Sichthindernissen um Gebäude handelt. Sofern keine technische Sicherung errichtet werden kann oder soll, ist eine Lösung nur durch Geschwindigkeitsbeschränkungen möglich.

Ob dabei die Geschwindigkeit des Straßenverkehrs oder des Bahnverkehrs herabgesetzt werden muss, richtet sich nach der Lage des Sichthindernisses (Tab. 7.4). Die letztlich zu wählende Kombination der Geschwindigkeiten ist in einem iterativen Prozess zu ermitteln.

#### 7.4.2.3 Hörbare Signale der Schienenfahrzeuge

Die Sicherung durch hörbare Signale der Schienenfahrzeuge ist nach EBO

- in Verbindung mit der Übersicht auf die Bahnstrecke erforderlich, wenn mäßiger Verkehr auf der Straße vorliegt;
- als alleinige Sicherung zulässig, wenn
  - schwacher Verkehr auf der Straße vorliegt und die Übersicht fehlt, oder
  - es sich um einen reinen Fuß- oder Radweg handelt.

Ausgenommen an Fuß- und Radwegen muss bei dieser Sicherungsart die Geschwindigkeit der Schienenfahrzeuge am Bahnübergang durch eine Langsamfahrstelle auf 20 km/h beschränkt werden (bei Feld- und Waldwegen auf 60 km/h).

Die Sicherungsart beruht darauf, dass die Triebfahrzeugführer in bestimmten Entfernungen vor dem Bahnübergang Pfeifsignale abgeben, die von den Straßenverkehrsteilnehmern wahrgenommen werden können. Zu diesem Zweck werden an den betreffenden Stellen neben dem Gleis Pfeiftafeln aufgestellt. Die Abstände entsprechen den Annäherungsstrecken, die sich bei einer Sicherung durch Übersicht ergeben würden, da das Prinzip der Zeit-Weg-Abläufe gleich ist (Abb. 7.10).

Eine ausführliche Darstellung einschließlich rechtlicher Bewertung dieser Sicherungsart enthält [18]. Bekannt sind insbesondere Probleme bei der Wahrnehmung akustischer Signale der Schienenfahrzeuge im Innenraum von Kraftfahrzeugen [19].

#### 7.4.2.4 Umlaufsperren

Umlaufsperren sind zusätzliche Sicherungseinrichtungen an nichttechnisch gesicherten Bahnübergängen auf Fuß- und Radwegen (Abb. 7.11). Mit diesen Einrichtungen soll eine höhere Aufmerksamkeit der Benutzer erreicht werden, um Schienenfahrzeuge besser wahrzunehmen. Außerdem sind Umlaufsperren ein Mittel zum Ausschluss von Kraftfahrzeugen.

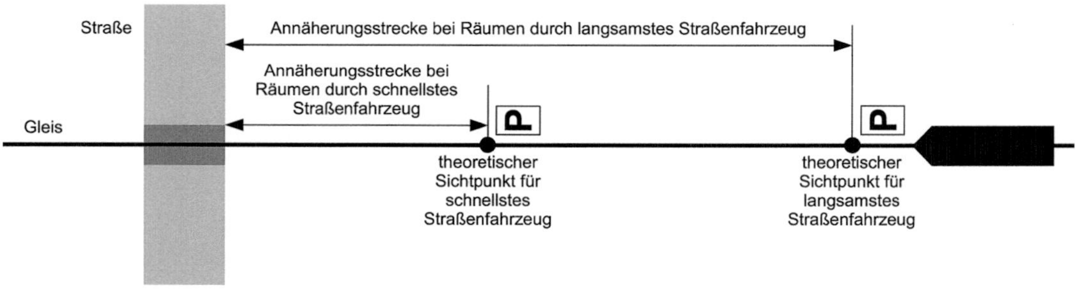


**Abb. 7.10** Standorte der Pfeiftafeln

**Abb. 7.11** Ausführungsbeispiel einer Umlaufsperre (Bauform im Bestand)

Gemäß EBO müssen nichttechnisch gesicherte Bahnübergänge von Fuß- und Radwegen auf Hauptbahnen mit Umlaufsperren versehen werden (vgl. Tab. 7.3). Aber auch auf Nebenbahnen dürfen Umlaufsperren ergänzend eingesetzt werden.

Gestaltungsvorgaben enthalten die anerkannten Regeln der Technik. Diese sehen für Neubauten und umfassende Umbauten aufgrund bekannter Probleme bei der Benutzung mit Fahrrädern (insbesondere mit Anhängern), Elektrorollstühlen, Elektromobilen und ähnlichen Hilfsmitteln [20] mittlerweile größere Abmessungen vor als im Bestand vor.

### 7.4.2.5 Postensicherung

Postensicherung ist die Sicherung eines Bahnübergangs durch Bahnpersonal (sog. Bahnübergangsposten) ohne Verwendung einer vollwertigen technischen Bahnübergangssicherungsanlage (Abb. 7.12). Sie wird in folgenden Fällen angewendet:

- als ständige Sicherungsmaßnahme bei einfachen Betriebsverhältnissen (z. B. geringer Zugverkehr und geringe Geschwindigkeiten auf der Eisenbahnstrecke),
- als vorübergehende Sicherungsmaßnahme
  - bei Ausfall einer technischen Bahnübergangssicherungsanlage,
  - bei vorübergehend starkem Verkehr an nichttechnisch gesicherten Bahnübergängen (z. B. Umleitungsverkehr),
  - bei Bauzuständen (z. B. an vorübergehend angelegten Baustraßen).

**Abb. 7.12** Ausführungsbeispiel einer Postensicherung

Der Bahnübergangsposten kann je nach Anwendungsfall vor Ort stationiert sein oder mit dem Zug mitfahren. Bei einer Einbindung der örtlich stationierten Bahnübergangsposten in das Zugmeldeverfahren dürfen die Schienenfahrzeug den Bahnübergang mit unverminderter Geschwindigkeit befahren. Fährt der Bahnübergangsposten hingegen im Schienenfahrzeug mit, muss dieses zum Aussteigen zunächst vor dem Bahnübergang warten und darf erst nach Anhalten des Straßenverkehrs weiterfahren. Dazu dienen weiß-rot-weiße Signalfahnen oder Absperrbänder.

Für Strecken mit sehr geringem Schienenverkehr kann die Postensicherung durch das Zugpersonal ein Mittel sein, um auf eine technische Sicherung oder auf die Freihaltung von Sichtflächen zu verzichten. Den geringen Kosten für diese Maßnahme und der schnellen Umsetzbarkeit stehen allerdings die Fahrzeitverlängerung, mögliche Fehlhandlungen des Postens sowie die Gefährdung des Postens durch den Straßenverkehr gegenüber.

Sofern eine Postensicherung mit vor Ort stationiertem Personal über einen längeren Zeitraum eingesetzt wird, kann dies auch als Grenzfall eines wärterbedienten technisch gesicherten Bahnübergangs betrachtet werden, da die gleichen Prinzipien gelten (vgl. Ausführungen zur Bedienerüberwachung in Abschn. 7.4.3.4). Mittlerweile stehen für Bahnübergangsposten mobile Sicherungsanlagen zur Verfügung, deren Erscheinungsbild für den Straßenverkehrsteilnehmer einer herkömmlichen Bahnübergangssicherungsanlage entspricht [21]. Allerdings weist auch diese Sicherung erhebliche Risiken auf, solange sie vom korrekten Verhalten des Bahnpersonals abhängig ist [22]. Deshalb existieren mittlerweile sogenannte Nachwarnsysteme, mit denen die mobile Sicherung notfalls vom Schienenfahrzeug aktiviert wird, sollte dies nicht rechtzeitig durch den Bahnübergangsposten erfolgt sein.

Bei kurzfristigem Ausfall technisch gesicherter Bahnübergänge erlaubt die EBO ein besonderes Verfahren, bei dem auf den Einsatz eines Postens verzichtet werden darf, wenn der Zug nur mit dem Triebfahrzeugführer besetzt ist. Hier darf der Bahnübergang befahren werden, nachdem das Schienenfahrzeug angehalten hat und Pfeifsignale abgegeben wurden (vgl. Abschn. 7.4.3.7).

#### 7.4.2.6 Berechnungsverfahren

Für die Ermittlung der Sichtflächen bzw. der Pfeiftafelstandorte werden die in Abb. 7.13 dargestellten Begriffe benötigt. Ziel der Berechnungen sind die Sehpunkte auf der Straße und die Sichtpunkte auf der Eisenbahnstrecke für alle Quadranten des Bahnübergangs.

Die eigentliche Berechnung besteht aus vier Schritten, die sowohl für das schnellste als auch für das langsamste Straßenfahrzeug und ggf. auch für Fußgänger zu wiederholen sind:

1. Berechnung des Anhalteweges des Straßenfahrzeugs aus Geschwindigkeit, Bremsver-

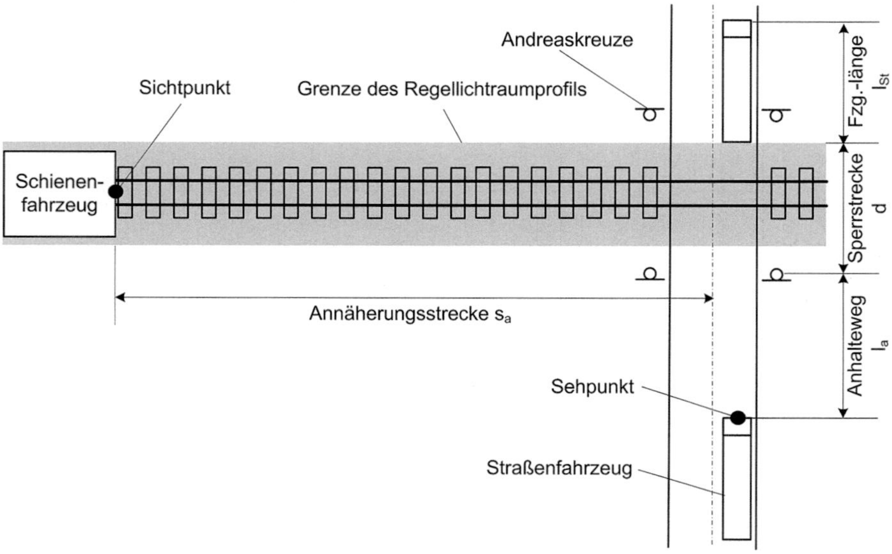


**Abb. 7.13** Begriffe zur Sichtflächenberechnung

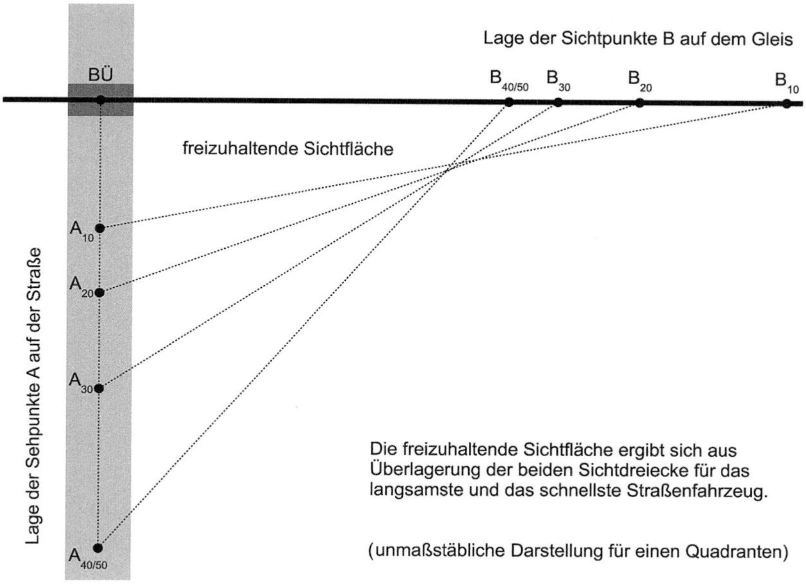


**Abb. 7.14** Sichtflächen für unterschiedliche Geschwindigkeiten

zögerung und Reaktionszeit (Ergebnis: Sehpunkt),
2. Berechnung des Zeitbedarfs des Straßenfahrzeugs für das Durchfahren der Strecke vom Sehpunkt bis zum vollständigen Verlassen des Bahnübergangs (Ergebnis: Räumzeit),
3. Berechnung der Mindestzeit bis zur Ankunft des Schienenfahrzeugs aus der Räumzeit zuzüglich eines Sicherheitszuschlags (Ergebnis: Annäherungszeit),
4. Berechnung der Annäherungsstrecken des Schienenfahrzeugs aus dessen Annäherungszeit und höchster zulässiger Geschwindigkeit (Ergebnis: Sichtpunkt).

Bei den Berechnungen werden für die Geschwindigkeiten auf der Straße i. d. R. 10 km/h für das langsamste und 50 km/h für das schnellste Straßenfahrzeug angesetzt. Falls auf der Straße eine geringere Geschwindigkeit zugelassen ist (z. B. in einer 30-km/h-Zone), wird diese als Obergrenze verwendet. Wie aus Abb. 7.14 ersichtlich ist, sind die Geschwindigkeiten zwischen den jeweiligen beiden Grenzwerten automatisch berücksichtigt.

Für die einzelnen Geschwindigkeitsstufen auf der Straße werden in den anerkannten Regeln der Technik unterschiedliche Annahmen für Bremsverzögerungen und Reaktionszeiten getroffen. Dabei wird davon ausgegangen, dass schnellere Fahrzeuge auch stärkere Bremsen haben, jedoch bei höheren Geschwindigkeiten eine längere Reaktionszeit vorliegt. Dadurch ist die Verteilung der Sehpunkte auf der Straße ungleichmäßig; so ergibt sich auch die Zusammenlegung der Seh- und Sichtpunkte für die Geschwindigkeiten 40 und 50 km/h.

Auch Fußgänger sind bei der Berechnung der Sichtflächen zu berücksichtigen. Meist ergeben sich für die Fußgänger aufgrund des nicht benötigten Anhalteweges geringere Räumzeiten als für das langsamste und längste Straßenfahrzeug, sodass die erforderliche Sicht ohnehin gewährleistet ist. Eine gesonderte Berechnung wird daher meist nur bei reinen Fußwegen erforderlich.

Zur praktischen Anwendung enthalten die anerkannten Regeln der Technik umfangreiche Tabellen und elektronische Berechnungshilfen. Es bestehen allerdings Widersprüche zu Rechtsnormen des Straßenverkehrs und zu wissenschaftlichen Erkenntnissen [23].

## 7.4.3 Technische Sicherung

### 7.4.3.1 Allgemeines und Unterscheidungsmerkmale

An vielen Bahnübergängen sind die Voraussetzungen für eine nichttechnische Sicherung nicht erfüllt. Vor allem die Verkehrsstärke auf der Straße, aber auch die Art der Bahn und des Weges, die Gleisanzahl, fehlende Sichtflächen oder andere örtliche Verhältnisse können dazu führen, dass eine technische Sicherung erforderlich wird.

Aufgrund der hohen Komplexität technisch gesicherter Bahnübergänge sind mehrere Unterscheidungskriterien zu betrachten, auf die in den nachfolgenden Abschnitten eingegangen wird. Die technische Sicherung lässt sich unterscheiden nach:

- Art der Sicherung (Abschn. 7.4.3.2),
- Art der Einschaltung (Abschn. 7.4.3.3),
- Art der Funktionsüberwachung (Abschn. 7.4.3.4),
- Art der Gefahrenraumfreimeldung (Abschn. 7.4.3.5).

Unter Sicherungsart sind die Ausprägungen der technischen Einrichtungen zu verstehen, mit denen die Straßenverkehrsteilnehmer von der Annäherung eines Schienenfahrzeugs in Kenntnis gesetzt werden – also das Erscheinungsbild aus Sicht der Straße. Die Art der Einschaltung beschreibt, wodurch bahnseitig die technische Sicherung bei Annäherung eines Schienenfahrzeugs in Betrieb gesetzt wird. Mit der Art der Funktionsüberwachung ist die Variante der bahnseitigen Prüfung und Auswertung des Funktionszustandes gemeint, um Ausfälle oder Störungen der Bahnübergangssicherungsanlage zu offenbaren und darauf reagieren zu können. Als Art der Gefahrenraumfreimeldung wird die Lösung umschrieben, die in bestimmten vorgeschriebenen Fällen bahnseitig das Freisein des Bahnübergangsbereichs prüft, damit eingeschlossene Straßenverkehrsteilnehmer erkannt und die Fahrt des Schienenfahrzeugs unterbunden werden kann.

### 7.4.3.2 Sicherung für den Straßenverkehr

**Arten und Einsatzkriterien**

Für öffentliche Eisenbahnen unterscheidet die EBO vier Arten der technischen Bahnübergangssicherung:

- Lichtzeichen (Lz) oder Blinklichter (Bli),
- Lichtzeichen mit Halbschranken (LzH) oder Blinklichter mit Halbschranken (BliH),
- Lichtzeichen mit Schranken (LzHH oder LzV),
- Schranken (HH oder V).

Die Formulierungen verdeutlichen, dass optische Straßensignale (Lichtzeichen oder Blinklichter) als primäre Sicherungsmittel angesehen werden, die durch physische Barrieren (Halbschranken oder Schranken) ergänzt sein können.

Blinklichter sollen im Interesse eines einheitlichen Erscheinungsbildes nicht mehr neu angewendet werden und sind deshalb nur an bestehenden Bahnübergängen anzutreffen. Auch eine alleinige Sicherung durch Schranken (ohne Lichtzeichen oder Blinklichter) kommt fast ausschließlich bei Bestandsanlagen vor, wenn die Bedienung durch einen Wärter erfolgt.

Die EBO enthält nur wenige Einsatzkriterien für die Wahl der technischen Sicherung. Daher müssen für eine differenzierte Betrachtung auch die anerkannten Regeln der Technik herangezogen werden, die sich im Detail zwischen Eisenbahnen des Bundes und nichtbundeseigenen Eisenbahnen unterscheiden (Tab. 7.5).

Regelungen für Blinklichter wurden aus Vereinfachungsgründen nicht in die Tabelle aufgenommen; sie gelten außerdem nur für Bestandsanlagen. An diesen sind unter bestimmten Voraussetzungen auch auf mehrgleisigen Strecken Blinklichter allein zulässig, wenn eine zusätzliche Leuchtschrift „2 Züge“ auf die Sperrung für einen weiteren Zug hinweist. Neu sind solche Anlagen nicht mehr zulässig.

**Lichtzeichen/Blinklichter**

Bis in die 1980-er Jahre kamen in Deutschland als optische Straßensignale fast ausschließlich

**Tab. 7.5** Mindestforderungen der Regelwerke beim Einsatz technischer Sicherungsarten

| Eigenschaften Straße/Bahn | Haupt- oder Nebenbahn, mehrgleisig | Hauptbahn eingleisig | Nebenbahn, eingleisig, Eisenbahn des Bundes | Nebenbahn, eingleisig, nichtbundeseigene Bahn |
|---|---|---|---|---|
| Starker Verkehr | LzH | LzH | LzH | Lz |
| Mäßiger Verkehr | LzH | LzH | Lz[a] | Lz |
| Schwacher Verkehr | LzH | Lz[b] | Lz[b] | Lz |

[a] Nur bei höchstens 40 Zügen/Tag, höchstens 80 km/h Streckengeschwindigkeit sowie geringem Fußgängerverkehr (sonst LzH notwendig)
[b] Nur bei höchstens 40 Zügen/Tag, höchstens 120 km/h Streckengeschwindigkeit sowie nur land- und forstwirtschaftlichem Verkehr oder Anliegerverkehr (sonst LzH notwendig)

Blinklichter zum Einsatz. Die Deutsche Bundesbahn sowie die nichtbundeseigenen Eisenbahnen ordneten diese gemäß EBO in einer Kontrastblende über dem Andreaskreuz an. Viele dieser Anlagen bestehen noch und genießen Bestandsschutz.

Bei der Deutschen Reichsbahn wurden die Blinklichter direkt im Andreaskreuz montiert. Diese Anlagen entsprechen nicht der heutigen EBO und dürfen deshalb nur noch befristet mit einer Ausnahmegenehmigung betrieben werden.

Im Gegensatz zu den meisten anderen Ländern finden in Deutschland heute Lichtzeichen mit der Farbfolge Gelb-Rot Anwendung. Sie sind an die Signalisierung im sonstigen Straßenverkehr angelehnt. Der einzige spezifische Vorteil gegenüber Blinklichtern besteht nach einer Studie aus dem Jahr 1980 in einem besseren Entscheidungsverhalten während der Gelbphase, da das bevorstehende Rotlicht für die Fahrer wie an einem Straßenknotenpunkt angekündigt wird [24].

Beim alleinigen Einsatz optischer Signale ist deren gute Wahrnehmbarkeit entscheidend für die Sicherheit. Die Lichtzeichen bzw. Blinklichter müssen von allen Zufahrten (also auch aus untergeordneten Seitenwegen) erkennbar sein, wofür ggf. eigene Signalgeber notwendig werden.

**Lichtzeichen/Blinklichter mit Halbschranken**

In den meisten Fällen sind die Lichtzeichen oder Blinklichter durch Halbschranken zu ergänzen. Die physische Barriere erhöht die Sperrwirkung. Dies ist z. B. an mehrgleisigen Strecken wichtig, um einem fahrlässigen Verhalten von Straßenverkehrsteilnehmern nach der Vorbeifahrt eines Zuges vorzubeugen, da sich ein zweiter Zug aus der Gegenrichtung nähern kann.

Halbschranken sind Zusatzeinrichtungen zu den Lichtzeichen oder Blinklichtern und werden ausschließlich in Kombination mit ihnen angewendet. Die Sperrung beschränkt sich dabei auf die Zufahrtsseite der Straße und muss so beschaffen sein, dass der Bahnübergang jederzeit verlassen werden kann. Dadurch können keine Fahrzeuge eingeschlossen werden, weshalb – anders als bei Schranken – keine Freimeldung des Gefahrenraums notwendig ist (vgl. Abschn. 7.4.3.5).

Sind an Bahnübergängen mit Halbschranken Fuß- oder Radwege vorhanden, müssen diese in die Sicherung einbezogen werden. Hierfür gibt es spezielle Fußwegschranken (in Abb. 7.15 links). Je nach Abstand zwischen Fußweg und Straße kann hierfür in eine Richtung auch die Halbschranke der Straße mitgenutzt werden.

Die Wirkung von Halbschranken lässt sich durch straßenbauliche Maßnahmen erhöhen. Durch eine bauliche Trennung der Richtungsfahrstreifen mittels Fahrbahnteilern (Mittelinseln) über eine ausreichende Länge vor dem Bahnübergang kann das Umfahren der Halbschranken weitgehend unterbunden werden.

**Schranken**

Die höchste Wirksamkeit der Bahnübergangssicherung erzielt man mit Schranken über die gesamte Straßenbreite. Damit wird ein Umfahren der Halbschranken unterbunden, das einen erheblichen Teil der Zusammenpralle an solchen Bahnübergängen verursacht. Je nach abzusperrender Breite können hierfür ein- oder doppelschlägige Schranken verwendet werden, in letzterem Fall wird der Vollabschluss im Prinzip durch vier Halbschrankenbäume realisiert.

**Abb. 7.15** Bahnübergang mit Halbschranken und Fußwegschranken

Beim Vollabschluss durch Schranken ist gemäß der Forderung der EBO vor der Fahrt eines Schienenfahrzeugs zu prüfen, dass kein Straßenverkehrsteilnehmer eingeschlossen wurde (vgl. Abschn. 7.4.3.5). Dies wiederum bedingt, dass die Züge zum Zeitpunkt der Freiprüfung eine ausreichende Entfernung zum Bahnübergang haben, um ggf. noch angehalten werden zu können. Demzufolge muss die Sicherung wesentlich früher aktiviert werden.

Somit erhöht ein Vollabschluss zwar die Sicherheit, führt jedoch auch zu einer längeren Sperrzeit des Bahnübergangs, was die Wartezeiten für die Straßenverkehrsteilnehmer beträchtlich erhöht und die Leistungsfähigkeit der Straße senkt. Lange Wartezeiten können sich wiederum negativ auf das Verhalten nichtmotorisierter Straßenverkehrsteilnehmer auswirken.

Sofern die Straße vor dem Bahnübergang von der Bedienstelle nicht eingesehen werden kann oder es sich um eine vollautomatische Bahnübergangsanlage handelt, sind Schranken nur in Verbindung mit Lichtzeichen zulässig. Dadurch wird sichergestellt, dass keine Straßenverkehrsteilnehmer mit den sich schließenden Schranken kollidieren. Man spricht hierbei vom Abstimmen des Schließens auf den Straßenverkehr.

### 7.4.3.3 Einschaltung

**Arten und Einsatzkriterien**

Um die technische Sicherung eines Bahnübergangs rechtzeitig einzuschalten, gibt es verschiedene Lösungen. Folgende Arten lassen sich unterscheiden:

- fahrzeugbewirkte Einschaltung,
- fahrstraßenbewirkte Einschaltung,
- bedienerbewirkte Einschaltung,
- Anrufschranke als Sonderfall.

Die Entscheidung richtet sich vor allem nach dem Standort des Bahnübergangs und den bahnbetrieblichen Randbedingungen, die in den nachfolgenden Abschnitten erläutert werden.

**Fahrzeugbewirkte Einschaltung**

Bahnübergänge auf der freien Strecke werden meist fahrzeugbewirkt eingeschaltet. Als technische Mittel verwendet man dabei Radsensoren, Schienenkontakte oder Fahrzeugsensoren (s. Abschn. 12.2.2). Dabei ist eine Richtungserkennung notwendig. Wird ein zum Bahnübergang fahrendes Fahrzeug erkannt, schaltet sich die technische Sicherung ein.

In welcher Entfernung vom Bahnübergang die Einschaltsensoren platziert werden, hängt von zahlreichen Randbedingungen ab. Hierzu gehören vor allem die Überwachungsart (s. Abschn. 7.4.3.4), die Höchstgeschwindigkeit der Schienenfahrzeug und die Räumzeit des Straßenverkehrs. In jedem Falle muss dabei der in Abschn. 7.2.2.4 erläuterte fahrdynamische Grundsatz erfüllt werden.

**Fahrstraßenbewirkte Einschaltung**

Befindet sich vor dem Bahnübergang ein Hauptsignal, kann der Bahnübergang nicht ohne Weiteres zugbewirkt eingeschaltet werden, denn bei einem Halt des Zuges vor dem Hauptsignal wäre der Bahnübergang unnötig gesperrt. Bei Gleisverzweigungen sind zudem verschiedene Fahrwege der Züge möglich, die bei der Einschaltung zu berücksichtigen sind.

Das Einschalten erfolgt in solchen Fällen über das Stellwerk mit dem Einstellen einer Fahrstraße, die den Bahnübergang berührt. Dementsprechend findet sich diese Einschaltart vor allem in Bahnhofsbereichen. Damit wird der Bahnübergang nur für die Fahrten eingeschaltet, die ihn tatsächlich benötigen (vgl. Abschn. 12.4.2.12). Je nach betrieblichen Anforderungen kann im Gleis ein Annäherungskontakt für eine zeitgerechte Einschaltung des Bahnübergangs angeordnet werden; der unmittelbare Einschaltbefehl kommt jedoch auch in diesem Fall vom Stellwerk.

**Bedienerbewirkte Einschaltung**

Auch die manuelle Einschaltung der technischen Sicherung ist möglich. Sinnvoll und möglich ist diese Lösung vor allem an Haltepunkten, wenn dort sämtliche Züge halten. Vor der Abfahrt schaltet das Zugpersonal den Bahnübergang z. B. durch Schlüsseltaster oder Infrarotsender ein. Dadurch bleiben die Sperrzeiten kurz und Reisende können den Übergang bis kurz vor der Abfahrt benutzen.

Auch die noch vereinzelt vorzufindenden klassischen Schrankenposten zählen zur bedienerbewirkten Einschaltung, da der Schließvorgang hier vom Schrankenwärter eingeleitet wird.

**Sonderfall: Anrufschranke**

Eine besondere Form der technischen Sicherung bilden die sog. Anrufschranken, die in der Grundstellung geschlossen sind. Nur bei Bedarf werden sie für den Straßenverkehr geöffnet. Dafür besteht eine Sprechverbindung mit dem zuständigen Fahrdienstleiter. Möchte ein Straßenverkehrsteilnehmer den Bahnübergang queren, betätigt er die Anforderungstaste. Daraufhin prüft der Fahrdienstleiter, ob sich Züge auf der Strecke befinden und öffnet dann die Schranken oder teilt dem Benutzer mit, dass er warten muss. Über die Verbindung wird auch das Verlassen des Bahnübergangs durch die Straßenfahrzeuge überwacht, indem der Fahrdienstleiter die Fahrgeräusche mithört sowie vor dem Schließen eine warnende Durchsage vornimmt.

Anrufschranken werden angewendet, wenn an einem Bahnübergang weniger Straßenverkehr als Schienenverkehr vorliegt, aber eine nichttechnische Sicherung nicht ausreicht. Neben weiteren, historisch bedingten Gründen für die Errichtung von Anrufschranken wird gegenüber einer in Grundstellung geöffneten Anlage die Zahl der Öffnungs- und Schließvorgänge minimiert, was den Verschleiß und damit den Instandhaltungsaufwand senkt.

Neue Anrufschranken in der beschriebenen Form werden nur in Ausnahmefällen errichtet. Es gibt jedoch Bestrebungen, die Anrufschranken zu automatisieren, sodass ihre Funktionen (Entgegennehmen der Anforderung, Prüfen der Voraussetzungen, Öffnen, Schließen, Gefahrenraum freimelden) komplett durch technische Einrichtungen übernommen werden. Ein Ansatz hierfür wird in [25] beschrieben.

#### 7.4.3.4 Funktionsüberwachung

**Arten und Einsatzkriterien**

Die Funktionsüberwachung technisch gesicherter Bahnübergänge lässt sich in folgende grundsätzliche Technologien mit jeweils mehreren Ausprägungen einteilen:

- Überwachung der Einschaltung oder Sicherung auf technischem Wege:
  - Überwachungssignale (ÜS),
  - Hauptsignaldeckung (Hp);
- Überwachung der Einschaltbereitschaft auf technischem Wege:

  - Fernüberwachung (Fü),
  - Überwachungssignale mit optimierter Einschaltung ($ÜS_{OE}$);
- Fahrstraßenüberwachung (FSÜ);
- Bedienerüberwachung (Bed):
  - Bedienerüberwachung ohne Bestätigung der Sicherung,
  - Bedienerüberwachung mit Bestätigung der Sicherung.

Bei Überwachung der Einschaltung oder Sicherung wird zunächst das Erreichen des projektierten Zustands (Aufleuchten des Rotlichts an den Lichtzeichen, ggf. Schließen der Schranken) geprüft. Erst dann darf ein Schienenfahrzeug den Bahnübergang befahren. Ausfälle der technischen Sicherung, wie sie bereits bei Ausfall des Rotlichts an einem einzigen Lichtzeichen vorliegen, werden durch Anhalten bzw. Zurückhalten der Schienenfahrzeuge kompensiert.

Die Überwachung der Einschaltbereitschaft folgt einer völlig anderen Sicherheitsphilosophie. Sie basiert darauf, gefährliche Ausfälle durch eine hochverfügbare und damit sichere Systemgestaltung praktisch auszuschließen. Dies wird unter anderem durch einen zweikanaligen Aufbau der Anlage (Redundanz) erreicht. Eine ständige Prüfung und Meldung des Anlagenzustandes sorgt dafür, dass ungefährliche Ausfälle einzelner Komponenten offenbart und behoben werden, sodass die Redundanz wiederhergestellt wird. Somit wird nur die Bereitschaft der Anlage überwacht. Hierdurch kann die Einschaltung zu einem Zeitpunkt erfolgen, zu dem Schienenfahrzeuge nicht mehr vor dem Bahnübergang angehalten werden könnten, was sehr kurze Sperrzeiten erlaubt.

Das neuartige Konzept der Fahrstraßenüberwachung bildet keine eigene Überwachungsart, sondern ist je nach konkreter Ausprägung und Betriebssituation einer der beiden vorgenannten Technologien zuzuordnen. Angestrebt wird dabei die Überwachung der Einschaltbereitschaft mit ihren kurzen Sperrzeiten, es kann jedoch auch die Überwachung der Einschaltung oder Sicherung erforderlich werden.

Bei klassischen Schrankenposten oder einfachen Betriebsverhältnissen wird auch eine Überwachung durch den Bediener angewendet. Abhängig davon, ob eine Bestätigung der Sicherung erfolgt und somit ein Zurückhalten von Schienenfahrzeugen im Versagensfall möglich ist, kann man diese Überwachung hinsichtlich ihres Grundprinzips mit den beiden vorgenannten technischen Überwachungsarten vergleichen.

Die Wahl der anzuwendenden Überwachungsart richtet sich unter anderem nach den bereits auf der Strecke vorhandenen Überwachungsarten, den Standorten von Signalen und schließlich auch nach wirtschaftlichen Gesichtspunkten. Diese Aspekte werden in den folgenden Abschnitten konkretisiert.

**Überwachungssignale**

Überwachungssignale werden meist auf der freien Strecke angewendet und stehen im Bremswegabstand der Schienenfahrzeuge vor dem Bahnübergang. Nach erfolgter Einschaltung des Bahnübergangs zeigt das Signal – je nach technischer Ausprägung, die von verschiedenen Faktoren abhängt – weißes Stand- oder Blinklicht. Damit wird dem Triebfahrzeugführer erlaubt, den Bahnübergang zu befahren.

Bleibt das Überwachungssignal dunkel, ist der Bahnübergang nicht ordnungsgemäß gesichert. Dann muss der Triebfahrzeugführer vor dem Übergang anhalten und ihn ersatzweise sichern (vgl. Abschn. 7.4.3.7).

Werden die Überwachungssignale mit Komponenten der Zugbeeinflussung verknüpft, kann sich ein mögliches Übersehen oder Missachten des nicht leuchtenden Überwachungssignals durch den Triebfahrzeugführer nicht gefährlich auswirken. Bei Einsatz der punktförmigen Zugbeeinflussung verwendet man 1000-Hz-Magnete, die bei gestörter Bahnübergangssicherungsanlage vom Triebfahrzeugführer eine Wachsamkeitsbestätigung verlangen und anschließend die Bremsfahrt überwachen (vgl. Abschn. 12.8.5).

Der Vorteil dieser Überwachungsart besteht in der autarken Betriebsweise, die keine Verbindungen zur Stellwerkstechnik bzw. zu benachbarten Bahnhöfen erfordert. Dadurch ist der Verkabelungsaufwand gering. Nachteil ist die notwendige Aufstellung zusätzlicher Signale. Außerdem ist die Zeitdauer zwischen der Einschaltung der

Bahnübergangssicherung und der Ankunft des Zuges größer als durch die Räumzeit der Straßenverkehrsteilnehmer eigentlich erforderlich, da der Zug nach Vorbeifahrt am Überwachungssignal erst noch den Bremswegabstand zurücklegen muss.

Bei einfachen Betriebsverhältnissen kann das Überwachungssignal auch direkt vor dem Bahnübergang aufgestellt werden, wenn es vom Triebfahrzeugführer im Bremswegabstand erkennbar ist oder wenn eine bedienerbewirkte Einschaltung durch das Zugpersonal vorliegt (Abschn. 7.4.3.3). Damit werden Kabellängen gespart, was eine erhebliche Kostenreduzierung ermöglicht.

**Hauptsignaldeckung**

Befindet sich zwischen dem Ort an der Eisenbahnstrecke, an dem die Einschaltung des Bahnübergangs nach den theoretischen Berechnungen erfolgen muss, und dem Bahnübergang bereits ein Hauptsignal, wird dieses zur Überwachung herangezogen.

Mit der Hauptsignaldeckung wird vor allem die Abhängigkeit zu Fahrstraßen ermöglicht, außerdem wird eine Häufung von Signalen vermieden. Dementsprechend kommt diese Überwachungsart vor allem bei fahrstraßenbewirkter Einschaltung im Bereich von Bahnhöfen vor (s. Abschn. 7.4.3.3). Hierfür ist die Einbindung des Bahnübergangs in die Stellwerkstechnik erforderlich. Die erfolgte Sicherung des Bahnübergangs ist dann Voraussetzung für die Fahrtstellung des Hauptsignals (vgl. Abschn. 12.4.2.12).

Meldet der Bahnübergang keine ordnungsgemäße Sicherung, verbleibt das Hauptsignal in Haltstellung. Im Gegensatz zu Überwachungssignalen ist für den Triebfahrzeugführer der Zusammenhang zwischen Haltstellung des Signals und der Störung des Bahnübergangs hier nicht erkennbar, da das Signal auch wegen einer noch nicht eingestellten Fahrstraße oder wegen eines besetzten Blockabschnitts Halt zeigen kann. Deshalb muss der zuständige Fahrdienstleiter, bei dem sich auch Bedien- und Überwachungseinrichtungen befinden, im Störungsfall die Vorbeifahrt am Halt zeigenden Signal und anschließende ersatzweise Sicherung des Bahnübergangs durch schriftlichen Befehl anordnen und den Instandhaltungsdienst benachrichtigen.

Unmittelbare Vorteile ergeben sich aus dieser Überwachungsart nicht. Nachteile sind die aufwändige Einbindung in die Stellwerkstechnik, die Belastung des Fahrdienstleiters bei Störungen und vor allem die langen Sperrzeiten. Diese resultieren daraus, dass eine Einschaltung bereits vor Erreichen des Vorsignals erfolgen muss, um eine behinderungsfreie Fahrt zu gewährleisten. In Verbindung mit dem außerdem zu berücksichtigenden Abstand des Hauptsignals vom Bahnübergang und der fahrstraßenbewirkten Einschaltung weisen Bahnübergänge mit dieser Überwachungsart die längsten Sperrzeiten auf.

**Fernüberwachung**

Bei der Überwachungsart Fernüberwachung wird nicht die Einschaltung selbst, sondern die Bereitschaft der Anlage überwacht. Ein gefährliches Versagen der Technik wird durch hochverfügbare uns damit sichere Systemgestaltung verhindert. Die Stromversorgung und weitere wichtige Anlagenkomponenten sind redundant ausgeführt. Wegen der hohen Verfügbarkeit der Anlage kann auf Signale für den Triebfahrzeugführer verzichtet werden, da gefährliche Ausfälle praktisch ausgeschlossen sind.

Die eigentliche Fernüberwachungseinrichtung dient vor allem der Offenbarung von Fehlern und Störungen, damit zeitnah der Instandhaltungsdienst gerufen werden kann. Entsprechende Anzeigeeinrichtungen mit akustischen Meldern werden beim zuständigen Fahrdienstleiter angeordnet. Hierzu wird je nach Stellwerksbauform ein eigenes Überwachungspult aufgestellt oder die Überwachungseinrichtungen in die Bedienoberfläche integriert.

Der größte Vorteil dieser Überwachungsart besteht in den kurzen Sperrzeiten, da sich die Einschaltung nur an den Räumzeiten für den Straßenverkehr orientiert und somit zum spätestmöglichen Zeitpunkt erfolgen kann. Außerdem sind keine Signale an der Strecke erforderlich. Nachteilig ist hingegen die notwendige Verbindung zum Arbeitsplatz des zuständigen Fahrdienstleiters sowie dessen Arbeitsbelastung bei

Unregelmäßigkeiten, was insbesondere bei großen Zuständigkeitsbereichen relevant ist.

**Überwachungssignal mit optimierter Einschaltung**

Da fernüberwachte Bahnübergänge die Kapazitäten der Fahrdienstleiter beanspruchen und Verbindungen zu den jeweiligen Arbeitsplätzen erfordern, andererseits jedoch die kurzen Sperrzeiten der Überwachungsart Fernüberwachung wünschenswert sind, wurde eine neue Überwachungsart entwickelt. Sie stellt eine Mischform aus Fernüberwachung und Überwachungssignalen dar. Der Begriff „Überwachungssignal mit optimierter Einschaltung" betont die günstige Lage des Einschaltpunktes für eine möglichst kurze Sperrzeit.

Prinzipiell wird auch hier die Einschaltbereitschaft überwacht, nicht die Einschaltung selbst. Der Unterschied zur Fernüberwachung besteht jedoch darin, dass der Anlagenstatus nicht dem zuständigen Fahrdienstleiter angezeigt wird, sondern dem Triebfahrzeugführer mit Hilfe eines Überwachungssignals. Dieses muss – wie ein herkömmliches Überwachungssignal auch – im Bremswegabstand vor dem Bahnübergang stehen, damit der Triebfahrzeugführer bei Ausfällen rechtzeitig anhalten kann. In seiner Grundstellung erlaubt es jedoch – anders als herkömmliche Überwachungssignale – das Befahren des Bahnübergangs. Der Einschaltpunkt wird i. d. R. erst hinter dem Überwachungssignal angeordnet. Wie bei fernüberwachten Bahnübergängen muss die Technik deshalb auch hier hochverfügbar und damit sicher ausgelegt sein, sodass ein Versagen der Einschaltung ausgeschlossen ist.

Weitere Einzelheiten zu dieser verhältnismäßig neuen Überwachungsart enthält [26].

**Fahrstraßenüberwachung**

Die Fahrstraßenüberwachung (FSÜ) bildet ein neuartiges Konzept, das im Zusammenhang mit den Möglichkeiten einer Datenschnittstelle zwischen elektronischen Stellwerken und rechnergesteuerten Bahnübergangssicherungsanlagen entwickelt wurde [27]. Bahnübergänge werden dabei stets in die Fahrwegsicherung eingebunden und befinden sich somit stets unter Deckung des Hauptsignals. Ist im Rahmen der Fahrstraßenbildung ein Bahnübergang zu sichern, sendet das Stellwerk diesem eine Anforderung. Hat der Bahnübergang den erforderlichen Zustand eingenommen (je nach Projektierung: Einschaltbereitschaft, Einschaltung oder Sicherung), sendet er eine Zustimmung an das Stellwerk, das die Zugfahrt mittels Hauptsignal zulässt.

Tatsächlich stellt die Fahrstraßenüberwachung keine eigene Überwachungsart dar, sondern ist als Oberbegriff für drei unterschiedliche Varianten zu verstehen:

- FSÜ (B): eigensichere Bahnübergangssicherungsanlage mit Einschaltpunkten, wobei die Bahnübergangssicherungsanlage (B) den jeweils zu verwendende Einschaltpunkt zuweist,
- FSÜ (E): eigensichere Bahnübergangssicherungsanlage mit Einschaltpunkten, wobei das elektronische Stellwerk (E) den jeweils zu verwendende Einschaltpunkt zuweist,
- FSÜ (S): nicht eigensichere Bahnübergangssicherungsanlage ohne Einschaltpunkte, die „signalbewirkt" (S) eingeschaltet wird, das heißt direkt durch das elektronische Stellwerk.

Währen die Variante FSÜ (S) weitgehend der heutigen Hauptsignaldeckung entspricht, können FSÜ (B) und FSÜ (E) je nach Betriebssituation als Verschmelzung der Überwachungsarten Hauptsignaldeckung und Fernüberwachung betrachtet werden.

**Bedienerüberwachung ohne Bestätigung der Sicherung**

Die älteste Überwachungsart von Bahnübergängen ist die Bedienerüberwachung ohne Bestätigung der erfolgten Sicherung. Bei den Schrankenposten auf der freien Strecke wurde ursprünglich nur mit Hilfe des Fahrplans und der Ausschau des Schrankenwärters auf die Strecke der geeignete Zeitpunkt zum Schließen der Schranken gefunden, später mit Glockenzeichen oder dem Mithören von Zugmeldungen (sog. „Frankfurter Verfahren" der ehemaligen Deutschen Bundesbahn). Eine Fehlhandlung oder die plötzliche Dienstunfähigkeit des Schrankenwärters nach der Abfahrt des Zuges auf der benachbarten Zugmeldestelle und vor dem Schließen der Schranken kann sich hier unmittelbar gefährlich auswirken, da das Versagen nicht offenbart wird und deshalb die Schienenfahrzeuge auf einen ungesicherten Bahnübergang treffen.

Auch heute wird diese Form der Überwachung noch angewendet, obwohl sie in Fachkreisen aufgrund von Sicherheitsbedenken umstritten ist. An vielen dieser Übergänge wurden deshalb zumindest technische Zusatzeinrichtungen ergänzt, die entweder an das Schließen der Schranken erinnern (sog. Anrückmelder) oder – insbesondere auf zweigleisigen Strecken – ein vorzeitiges Öffnen verhindern, bevor alle Züge den Bahnübergang verlassen haben (sog. Sperr- und Meldegeräte). Eine weitere mögliche Vorkehrung ist das Nachrüsten von 2000-Hz-Magneten der punktförmigen Zugbeeinflussung (vgl. Abschn. 12.8.5) im Bremswegabstand vor dem Bahnübergang, die bei offenen Schranken eine Zwangsbremsung des Zuges auslösen.

Vorteil dieser Überwachungsart gegenüber der im folgenden Abschnitt dargestellten Variante sind die kürzeren Sperrzeiten. Diesen steht jedoch der Nachteil der geringen Sicherheit durch die Abhängigkeit vom korrekten Verhalten des Bedieners gegenüber, sofern keine der beschriebenen technischen Zusatzeinrichtungen vorhanden ist.

**Bedienerüberwachung mit Bestätigung der Sicherung**

Eine höhere Sicherheit als das im vorherigen Abschnitt beschriebene Verfahren bietet die Bedienerüberwachung mit Bestätigung der Sicherung. Auch dieses Verfahren findet sich vorrangig bei Bahnübergängen auf der freien Strecke. Der Unterschied besteht jedoch darin, dass der Schrankenwärter die erfolgte Sicherung des Bahnübergangs an die benachbarte Zugmeldestelle meldet, bevor ein Zug dort abfahren darf (sog. „Leipziger Verfahren“ der ehemaligen Deutschen Reichsbahn). Dadurch wird ein Versagen oder eine Dienstunfähigkeit des Schrankenwärters rechtzeitig offenbart und kann sich nicht gefährlich auswirken. Auf zweigleisigen Strecken verbleibt allerdings die Gefährdungsmöglichkeit durch ein vorzeitiges Öffnen der Schranken wegen Vergessens des Gegenzuges, wogegen wiederum technische Einrichtungen unterstützend wirken können.

Dem Vorteil einer höheren Sicherheit dieses Verfahrens gegenüber der Variante ohne Bestätigung der Sicherung steht der Nachteil deutlich längerer Sperrzeiten gegenüber.

Bei besonders einfachen Verhältnissen, wie sie gelegentlich bei nichtöffentlichen Eisenbahnen vorliegen, kann diese Überwachungsart auch in Verbindung mit einem grundsätzlichen Halt der Schienenfahrzeuge vor dem Bahnübergang und Weiterfahrt nach Sicherung angewendet werden. Dabei erfolgen Bedienung und Überwachung nicht durch einen gesonderten Schrankenwärter, sondern durch den Triebfahrzeugführer oder das Rangierpersonal. Auf ein Überwachungssignal wird hier verzichtet; stattdessen wird die direkte Sicht auf die Sicherungseinrichtungen des Bahnübergangs als ausreichend angesehen. Alternativ kann in diesen Fällen eine Überwachungslampe direkt an der Bedieneinrichtung die erfolgte Einschaltung anzeigen.

#### 7.4.3.5 Gefahrenraumfreimeldung

**Arten und Einsatzkriterien**

Eine Freimeldung des Gefahrenraums zwischen den Schranken wird mit wenigen Ausnahmen in § 11 der EBO bei Vollabschluss gefordert, um Gefährdungen durch ein Einschließen von Straßenverkehrsteilnehmern vorzubeugen [2]:

> „Bahnübergänge mit Schranken – ausgenommen Anrufschranken und Schranken an Fuß- und Radwegen – müssen von der Bedienungsstelle aus mittelbar oder unmittelbar eingesehen werden können. Dies ist nicht erforderlich, wenn das Schließen der Schranken durch Lichtzeichen auf den Straßenverkehr abgestimmt und das Freisein des Bahnüberganges durch technische Einrichtungen festgestellt wird.“

Um das Freisein des Gefahrenraums vor der Fahrt eines Schienenfahrzeugs sicherzustellen, gibt es demnach drei verschiedene Möglichkeiten:

- unmittelbare Sicht des Bedieners,
- mittelbare Sicht des Bedieners,
- automatische Freimeldung durch Technik.

Die Entscheidung richtet sich im Wesentlichen nach der Besetzung von Betriebsstellen und der Arbeitsbelastung des Personals.

**Unmittelbare Sicht des Bedieners**
Befindet sich der Bahnübergang im Sichtbereich einer besetzten Betriebsstelle, kann ein Bahnmitarbeiter die Überprüfung des Gefahrenraums direkt vornehmen. Dies ist die älteste Form der Gefahrenraumfreimeldung, die noch heute bei Bedienerüberwachung (s. Abschn. 7.4.3.4) eingesetzt wird.

Sofern am Bahnübergang keine Lichtzeichen vorhanden sind, muss auch das Schließen der Schranken durch den Bediener beaufsichtigt und so durchgeführt werden, dass Kollisionen von Straßenverkehrsteilnehmern mit Schrankenbäumen vermieden werden (vgl. Abschn. 7.4.3.2). Damit sind Schließen und Freimelden als eine Handlung zu betrachten. Bei vorhandenen Lichtzeichen beschränkt sich die Aufgabe auf die eigentliche Freimeldung nach dem Schließen der Schranken.

Vorteil ist die einfache Umsetzbarkeit des Verfahrens ohne technischen Aufwand. Nachteile sind hingegen der Personalaufwand und das mögliche Versagen des Menschen.

**Mittelbare Sicht des Bedieners**
Um den Personalaufwand für die Freimeldung eines einzelnen Bahnübergangs zu senken, lässt sich diese Aufgabe für mehrere Übergänge bei einem Mitarbeiter anordnen und damit zentralisieren. Dies ist eine Voraussetzung, um z. B. die Bedienung eines Bahnhofs in einem Stellwerk zu konzentrieren. Dafür wird eine Bildübertragung mittels Videotechnik benötigt, um die nicht direkt einsehbaren Bereiche freiprüfen zu können. Die sicherheitsrelevante Entscheidung trifft jedoch letztlich der Mensch aufgrund der angezeigten Bilder; die Technik dient hier lediglich der Informationsübertragung. Daher spricht man von mittelbarer Freimeldung durch Mitarbeiter.

Als Vorteil kann der geringere Personalaufwand betrachtet werden. Andererseits sind technische Einrichtungen notwendig, ohne dass hierdurch die Sicherheit erhöht wird. Es verbleibt auch hier die Gefahr menschlicher Fehlhandlungen bei der Freimeldung.

**Automatische Freimeldung durch Technik**
Moderne Sensortechniken wie Radarscanner ermöglichen die automatische Freimeldung des Gefahrenraums. Nach dem Schließen der Schranken tastet das Radar den Gefahrenraum ab (s. Abschn. 12.2.2.3). Erst wenn sichergestellt ist, dass kein Straßenverkehrsteilnehmer eingeschlossen wurde, gibt die Technik den Bahnübergang für Schienenfahrzeuge frei.

Eine automatische Freimeldung bedingt, dass die Überwachung des Bahnübergangs durch Überwachungssignale oder Hauptsignaldeckung erfolgt (s. Abschn. 7.4.3.4), damit Schienenfahrzeuge bei Besetzung des Gefahrenraums rechtzeitig angehalten werden können. Ohne diese Rückwirkung auf Fahrten wäre die Freimeldung zwecklos.

Dem Vorteil einer personalfreien und damit auch äußerst zuverlässigen Freiprüfung steht der Nachteil der zunächst hohen Kosten für die technischen Einrichtungen gegenüber. Bei langfristiger Betrachtung kann die automatische Gefahrenraumfreimeldung jedoch als optimal angesehen werden.

#### 7.4.3.6 Kombinationen
Die in Abschn. 7.4.3.2 bis 7.4.3.5 erläuterten Arten der Sicherung, Einschaltung, Funktionsüberwachung und Gefahrenraumfreimeldung sind für die praktische Anwendung stets im Zusammenhang zu sehen. Nicht alle Kombinationen sind möglich oder sinnvoll. Die typischen in der Praxis vorkommenden Kombinationen sind:

- auf der freien Strecke:
  - Sicherung durch Lichtzeichen mit Halbschranken,
  - Einschaltung zugbewirkt,
  - Funktionsüberwachung durch Überwachungssignal oder Fernüberwachung,
  - Gefahrenraumfreimeldung nicht erforderlich;
- in Bereich von Bahnhöfen und Abzweigstellen:

  - Sicherung durch Lichtzeichen mit Halbschranken,
  - Einschaltung fahrstraßenbewirkt,
  - Funktionsüberwachung durch Hauptsignaldeckung,
  - Gefahrenraumfreimeldung nicht erforderlich;
- wenn Vollabschluss erforderlich:
  - Sicherung durch Lichtzeichen mit Schranken,
  - Einschaltung fahrstraßenbewirkt,
  - Funktionsüberwachung durch Hauptsignaldeckung,
  - Gefahrenraumfreimeldung automatisch durch Technik.

Während Sicherung und Gefahrenraumfreimeldung je Bahnübergang festgelegt werden, können Einschaltung und Funktionsüberwachung für jede Fahrtrichtung und jedes Gleis unterschiedliche Ausprägungen annehmen. Dies wird bspw. dort erforderlich, wo sich nur in einer Fahrtrichtung Hauptsignale in der Einschaltstrecke befinden oder sich die Signalstandorte zwischen Regel- und Gegengleis unterscheiden.

#### 7.4.3.7 Instandhaltung und Störungsmanagement

**Instandhaltung**

Ein zuverlässiges Instandhaltungs- und Störungsmanagement ist für eine hohe Verfügbarkeit der technischen Sicherung unabdingbar und somit ein entscheidender Baustein der Sicherheit. Die Anlagen des Bahnübergangs müssen vom Fachpersonal in regelmäßigen Abständen vorbeugend geprüft werden. Hierzu gehört z. B. die Batterieanlage zur Notstromversorgung, die einen Weiterbetrieb bei Netzausfall ermöglicht. Ebenso müssen die Außenanlagen wie Einschaltpunkte, Lichtzeichen und Schrankenantriebe auf ihren Zustand geprüft und gegebenenfalls repariert oder justiert werden.

Im Bereich der Instandhaltung unterscheidet man [28]:

- Inspektion (Feststellung und Beurteilung des Ist-Zustandes),
- Wartung (Bewahrung des Soll-Zustandes),
- Instandsetzung (Wiederherstellung des Soll-Zustandes).

Die Häufigkeit der Inspektionen richtet sich nach der Art der Anlage und ist für die einzelnen Komponenten in den anerkannten Regeln der Technik festgelegt (z. B. [12, 28]). Während Batterieanlagen je nach Bauart teilweise alle zwei Monate zu prüfen sind, müssen die Inspektionen bei vielen anderen Anlagenteilen halbjährlich oder jährlich durchgeführt werden. Wartungsfristen sind ebenfalls für die einzelnen Komponenten vorgeschrieben und richten sich unter anderem nach den Vorgaben der Hersteller.

Um Ausfälle im laufenden Betrieb zügig durch Instandsetzung zu beseitigen, ermöglichen moderne Kommunikationswege die direkte Benachrichtigung des Instandhaltungsdienstes. Durch Ferndiagnose kann sich der Instandhalter über die Art der Störung informieren und entsprechende Ersatzteile und Werkzeuge mit zum Einsatzort nehmen. Diese nicht unmittelbar sicherheitsrelevante Ferndiagnose ist nicht zu verwechseln mit der Fernüberwachung beim Fahrdienstleiter, die der betrieblichen Offenbarung von Ausfällen dient (vgl. Abschn. 7.4.3.4).

**Maßnahmen bei Ausfall der technischen Sicherung**

Trotz regelmäßiger Wartung und hoher Zuverlässigkeit der Technik können Ausfälle nicht vollständig ausgeschlossen werden. Sie müssen sich jedoch offenbaren und stets zur sicheren Seite auswirken, da sich die Straßenverkehrsteilnehmer auf die Technik verlassen. Deshalb haben Schienenfahrzeuge bei Ausfall der technischen Sicherung zunächst vor dem Bahnübergang anzuhalten. Je nach Überwachungsart wird dies durch die Anzeige der Überwachungssignale oder durch betriebliche Anweisung des Fahrdienstleiters erreicht.

Der Triebfahrzeugführer muss nach dem Anhalten zunächst akustische Signale abgeben und darf den Bahnübergang nur mit Schrittgeschwindigkeit befahren. Damit ist es den Verkehrsteilnehmern möglich, das Schienenfahrzeug trotz der ausgefallenen technischen Sicherung – also bei

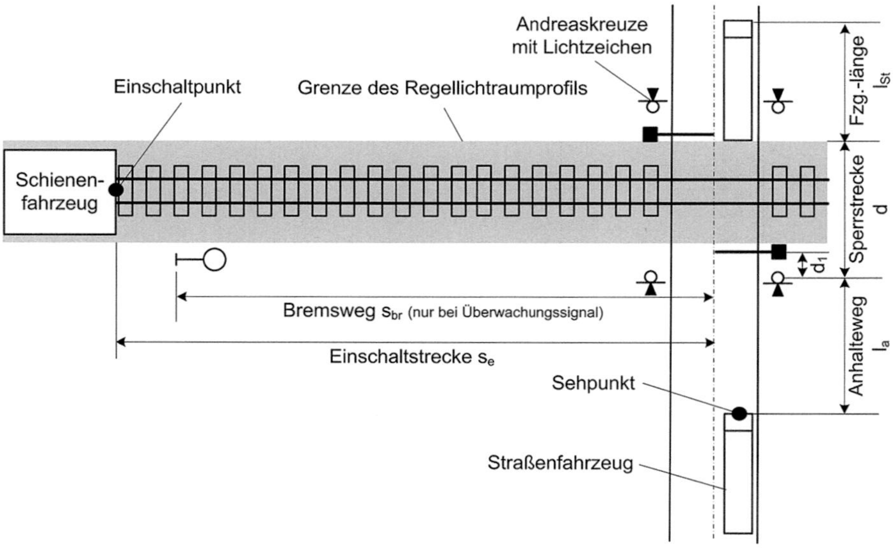


**Abb. 7.16** Begriffe zur Einschaltstreckenberechnung

dunklen Lichtzeichen bzw. offenen Schranken – wahrzunehmen. Durch das Vorhandensein der Andreaskreuze besteht der Vorrang der Schienenfahrzeuge weiter (vgl. Abschn. 7.2.2.1), so dass ein Überqueren mit verminderter Geschwindigkeit nach dem Anhalten auch rechtlich unproblematisch ist. Bei länger andauernden Störungen wird meist eine stationäre Postensicherung eingerichtet (s. Abschn. 7.4.2.5).

Oft verfügen die Anlagen über eine sog. Hilfseinschaltung direkt am Bahnübergang. Sofern einzelne Komponenten, vor allem die Straßensignale, noch funktionsfähig sind, können diese trotz Ausfall anderer Anlagenteile vom Triebfahrzeugführer angeschaltet werden und erleichtern damit das Überqueren der Straße.

#### 7.4.3.8 Berechnungsverfahren

Die Berechnung der Strecken und Zeiten der technischen Sicherung beruht auf dem gleichen Prinzip wie bei der nichttechnischen Sicherung. Als Mindestforderung ist daher stets die Räumzeit des langsamsten und längsten Straßenverkehrsteilnehmers zu berücksichtigen. Zusätzlich müssen die Einflüsse der technischen Sicherungsanlagen und ihrer unterschiedlichen Ausprägungen beachtet werden, wodurch sich ein sehr komplexer Berechnungsablauf ergibt. So ist unter anderem sicherzustellen, dass kein Straßenverkehrsteilnehmer mit einem Schrankenbaum kollidiert und dass die Schienenfahrzeuge erst nach vollständigem Schließen der Halbschranken bzw. Schranken am Bahnübergang eintreffen.

Im Rahmen der Berechnung einer technischen Bahnübergangssicherung sollen insbesondere die Lage der Einschaltpunkte sowie die Zeitpunkte für das Einschalten der Lichtzeichen und das Schließen der Halbschranken bzw. Schranken ermittelt werden. Die hierfür benötigten Begriffe sind in Abb. 7.16 dargestellt (bezieht sich auf eine Sicherung durch Lichtzeichen mit Halbschranken bei Überwachung durch Überwachungssignale oder Fernüberwachung).

Abb. 7.17 zeigt den prinzipiellen Berechnungsablauf für den o. g. Einsatzfall. Der erste Block „Räumung durch den Straßenverkehr“ stimmt mit der Berechnung der nichttechnischen Sicherung überein und beinhaltet die Grundforderung, dass ein Schienenfahrzeug erst nach Räumung des Bahnübergangs durch den langsamsten und längsten Straßenverkehrsteilnehmer eintreffen darf.

Der zweite Block „Technische Abläufe der Bahnübergangssicherung“ berücksichtigt das gefahrlose Passieren der Schrankenbäume durch die

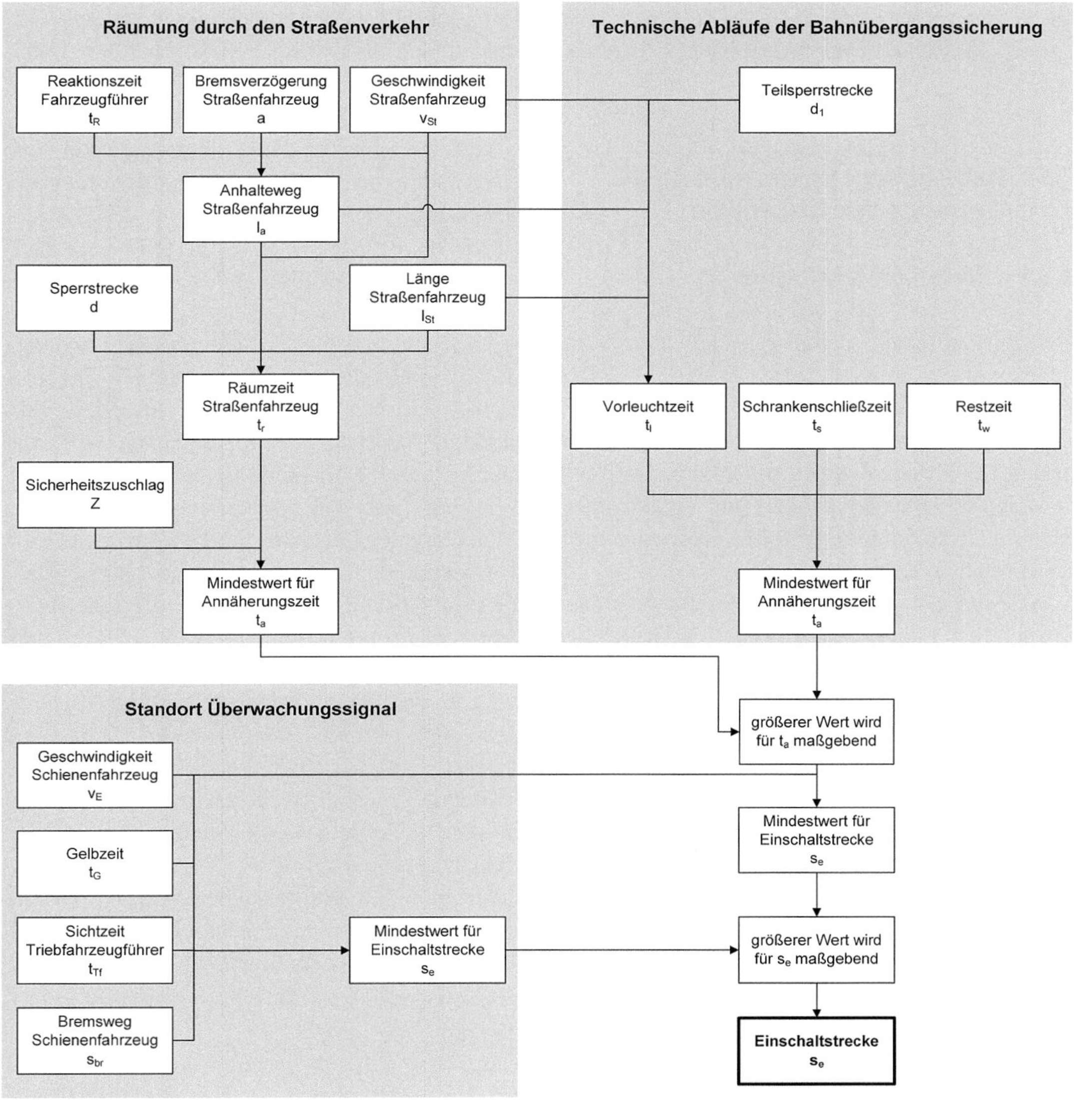


**Abb. 7.17** Ablauf der Einschaltstreckenberechnung

Straßenverkehrsteilnehmer sowie einen hinreichend großen Zeitabstand zwischen dem Schrankenschließen und der Ankunft des Schienenfahrzeugs.

Der dritte Block „Standort Überwachungssignal" wird nur bei der entsprechenden Überwachungsart (nicht jedoch bei Überwachungssignalen mit optimierter Einschaltung) benötigt. Er resultiert aus der Forderung, dass das im Bremsweg aufgestellte Überwachungssignal erst nach Anschaltung der roten Lichtzeichen aufleuchten darf und noch vom Triebfahrzeugführer wahrgenommen werden muss.

Maßgebend für die Lage des Einschaltpunktes wird letztlich das Maximum der einzeln berechneten Mindestwerte für die Einschaltstrecke.

Die anzusetzenden Annahmen für die einzelnen Werte ergeben sich aus den anerkannten Regeln der Technik. Diese beinhalten auch elektronische Berechnungshilfen.

In Deutschland wurde die zulässige Fahrzeuglänge von Lastkraftwagen für bestimmte Straßenabschnitte erhöht („Lang-Lkw"). Zu den Auswirkungen auf Bahnübergänge wird auf [29] verwiesen.

## 7.5 Bahnübergangssicherung als Gemeinschaftsaufgabe

### 7.5.1 Wechselwirkungen

Die Zuständigkeiten sind zwischen den Kreuzungspartnern aufgeteilt (s. Abschn. 7.2.3.2). Die Sicherheit an Bahnübergängen hängt jedoch maßgeblich davon ab, wie Straße und Schiene zusammenwirken, denn es gibt zahlreiche Wechselwirkungen. Verkehrsablauf und Verkehrsregelung im Umfeld müssen mit den Sicherungsmaßnahmen abgestimmt sein.

So sind alle zugelassenen Straßenfahrzeuge hinsichtlich Länge, Breite, Höhe, Bodenfreiheit und Geschwindigkeit vor, auf und hinter dem Bahnübergang zu berücksichtigen. Um das Befahren und Räumen zu ermöglichen, ist unter anderem die Fahrbahnbreite zu betrachten. Die Fahrbahn muss so breit sein, dass es nicht zu Konfliktsituationen kommt. In Kurvenbereichen und an Einmündungen müssen dabei auch die geometrischen Anforderungen großer Fahrzeuge (sog. Schleppkurven) berücksichtigt werden, damit sie behinderungsfrei abbiegen können.

Von wesentlicher Bedeutung sind die Verkehrsbeziehungen im Umfeld, wenn Fahrzeuge hinter dem Bahnübergang wartepflichtig sind und ein Rückstau entstehen kann bzw. wenn der übergeordnete Verkehr erst nach Befahren des Bahnübergangs wahrnehmbar ist. Die Verkehrsregelung muss so gestaltet werden, dass Fahrzeuge entweder von vornherein nicht verkehrsbedingt auf dem Bahnübergang anhalten müssen oder ihn bei Annäherung eines Schienenfahrzeugs rechtzeitig räumen können.

### 7.5.2 Beschilderung und Markierung

#### 7.5.2.1 Ankündigung

Um die Aufmerksamkeit der Straßenverkehrsteilnehmer zu erhöhen, müssen Bahnübergänge durch Gefahrzeichen angekündigt werden. Oftmals finden sich zusätzlich Baken. Am Bahnübergang selbst kennzeichnen die Andreaskreuze den Vorrang der Schienenfahrzeuge.

Der Umfang der Ankündigung richtet sich unter anderem nach der Verkehrsbedeutung der Straße und ist in der VwV-StVO geregelt. So bildet die in Abb. 7.18 dargestellte Ankündigung den Regelfall außerhalb geschlossener Ortschaften. Innerorts sowie an Straßen und Wegen mit untergeordneter Bedeutung und geringen Geschwindigkeiten sind meist weniger Verkehrszeichen zur Ankündigung ausreichend. Ein vollständiger Verzicht auf ankündigende Verkehrszeichen kommt allenfalls auf schwach befahrenen Feld- und Waldwegen infrage, wenn der Bahnübergang ausreichend erkennbar ist. Für die Aufstellung ist der Straßenbaulastträger zuständig (vgl. Abschn. 7.2.3.2), wobei die Straßenverkehrsbehörde die Beschilderung anordnen muss.

#### 7.5.2.2 Weitere Verkehrszeichen

Neben den ankündigenden Verkehrszeichen sind oftmals auch Geschwindigkeitsbeschränkungen erforderlich, wenn die Sichtflächen für die sonst auf der Straße gefahrene Höchstgeschwindigkeit nicht ausreichen (Abschn. 7.4.2.2). Diese sind i. d. R. mit den Gefahrzeichen zu kombinieren, damit die Geschwindigkeitsbeschränkung gemäß StVO hinter dem Bahnübergang endet, ohne dass es hierfür weiterer Verkehrszeichen bedarf.

### 7.5.3 Freihaltung der Räumstrecke

#### 7.5.3.1 Begriff und Problembeschreibung

Mit dem Begriff der Räumstrecke wird der Straßenbereich hinter dem Bahnübergang beschrieben, den das längste zugelassene Straßenfahrzeug benötigt, um den Gefahrenbereich vollständig zu verlassen. Teilweise wird hierfür auch der Begriff der Aufstelllänge verwendet, um Verwechslungen mit dem bei der Berechnung der Räumzeit ebenfalls verwendeten und abweichend definierten Begriff der Räumstrecke zu vermeiden.

Die Räumstrecke ist insbesondere im Zusammenhang mit benachbarten Straßenverkehrsanlagen von Bedeutung. Aufgrund der Verkehrsre-

**Abb. 7.18** Beispiel zur straßenseitigen Ankündigung des Bahnübergangs (Grafik: Ingrid Zimmermann)

gelung oder baulicher Gegebenheiten kann eine Wartepflicht der vom Bahnübergang kommenden Straßenverkehrsteilnehmer bestehen (Abb. 7.19). Ist dabei keine ausreichende Räumstrecke vorhanden, kann eine ungünstige Verkehrslage bewirken, dass ein Straßenverkehrsteilnehmer trotz regelkonformen Verhaltens auf dem Bahnübergang anhalten muss und daraus eine Gefährdungssituation entsteht.

#### 7.5.3.2 Bauliche Lösungen

Eine Vermeidung problematischer Verkehrsanlagen innerhalb der Räumstrecke von Bahnübergängen ist die wirksamste Maßnahme. In den meisten Fällen handelt es sich jedoch um Bestandsanlagen, deren verkehrliches Umfeld sich seit der Errichtung weiterentwickelt hat. Dennoch sollte geprüft werden, ob sich die Situation durch bauliche Veränderungen verbessern lässt. Dafür kommen z. B. infrage:

- Verlegung von Einmündungen oder Einfahrten,
- Verbreiterung der Fahrbahn,
- Herstellung von Schleppkurven,
- Begradigung des Höhenprofils.

#### 7.5.3.3 Technische Lösungen

Insbesondere im innerstädtischen Bereich lassen sich problematische Verkehrsanlagen im Bereich der Räumstrecke oftmals nicht vermeiden oder verlegen. Dort sind die Bahnübergänge jedoch aufgrund der Verkehrsstärken meist technisch gesichert, so dass auch Lösungen unter Einbeziehung der Technik gefunden werden können.

Um den Verkehrsablauf zwischen technisch gesicherten Bahnübergängen und benachbarten Kreuzungen oder ähnlichen Verkehrsanlagen aufeinander abzustimmen, gibt es zwei spezielle technische Lösungen. Beide sorgen dafür, dass der Bahnübergangsbereich rechtzeitig geräumt werden kann:

- vorgeschaltete Lichtzeichen,
- BÜSTRA-Anlagen.

Vorgeschaltete Lichtzeichen werden immer dann notwendig, wenn die Gefahr besteht, dass ein technisch gesicherter Bahnübergang verkehrsbedingt nicht rechtzeitig geräumt werden kann und die Vorfahrtregelung auf der Straße nur durch Verkehrszeichen erfolgt. Ein typischer Anwendungsfall ist die Einmündung einer untergeordne-

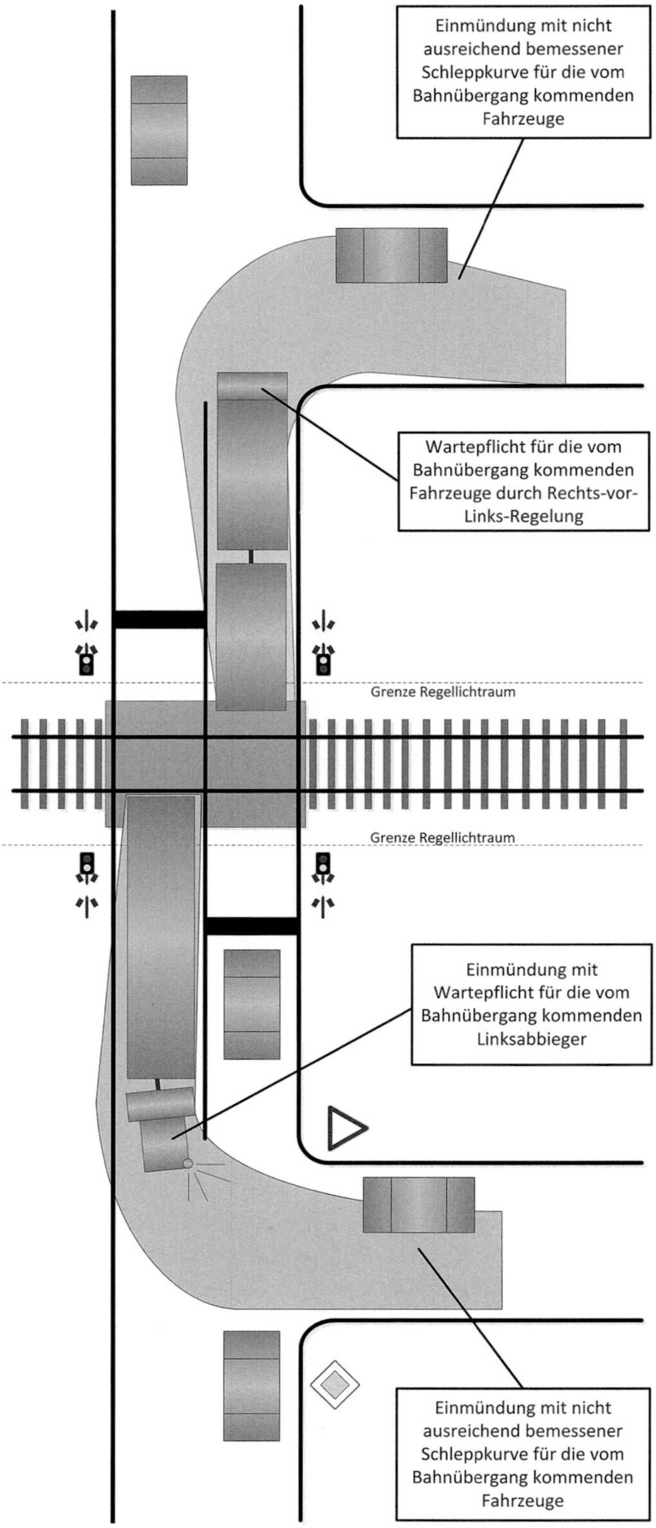


**Abb. 7.19** Problematische Verkehrssituationen in der Räumstrecke (Grafik: Klaus Wester)

**Abb. 7.20** Einsatzbeispiel vorgeschalteter Lichtzeichen (Grafik: Ingrid Zimmermann)

**Abb. 7.21** Einsatzbeispiel einer BÜSTRA-Anlage (Grafik: Ingrid Zimmermann)

ten Straße unmittelbar hinter dem Bahnübergang (Abb. 7.20). Damit Fahrzeuge von der wartepflichtigen Straße den Bahnübergang verlassen können, bevor sich ein Schienenfahrzeug nähert, halten vorgeschaltete Lichtzeichen den Verkehrsstrom auf der Hauptstraße an. Dadurch kann der Bahnübergang zügig geräumt werden.

Im Grundzustand sind sowohl die Lichtzeichen am Bahnübergang als auch die vorgeschalteten Lichtzeichen an der übergeordneten Straße dunkel. Nähert sich ein Schienenfahrzeug, werden zunächst die übergeordneten Verkehrsströme angehalten. Somit kann der Verkehr vom Bahnübergang abfließen. Nach Ablauf der berechneten Räumzeit werden die vorgeschalteten Lichtzeichen wieder ausgeschaltet, während die eigentlichen Sicherungseinrichtungen am Bahnübergang bereits arbeiten. Damit endet die Beeinflussung des übergeordneten Verkehrsstroms, der nun unbehindert fließen kann.

BÜSTRA-Anlagen dienen einem ähnlichen Zweck. Die Abkürzung steht für „Abhängigkeit zwischen der technischen Sicherung von Bahnübergängen und der Verkehrsregelung an benachbarten Straßenkreuzungen und Einmündungen". Man setzt sie ein, wenn der benachbarte Straßenknotenpunkt bereits mit einer Lichtsignalanlage ausgerüstet ist (Abb. 7.21). Dann muss die Steuerung der Lichtsignalanlage mit der Steuerung des Bahnübergangs koordiniert werden, um gegenseitige Behinderungen oder Gefährdungen auszuschließen.

Im Grundzustand, also ohne Annäherung eines Schienenfahrzeugs, regelt die Lichtsignalanlage den Straßenverkehr unbeeinflusst vom Bahnübergang. Die Sicherungsanlage des Bahnübergangs ist ausgeschaltet. Halten Straßenfahrzeuge auf dem Bahnübergang an, ist dies zwar regelwidrig, aber unkritisch.

Nähert sich ein Schienenfahrzeug, werden zunächst die übergeordneten Verkehrsströme durch Rot angehalten. Dem Verkehr zwischen Bahnübergang und Straßenknotenpunkt wird durch Grün das zügige Räumen ermöglicht. Nach Schließen der Schranken bleiben die Zufahrten zum Bahnübergang durch Rot gesperrt. Alle anderen Teile der Lichtsignalanlage können nun weiterarbeiten und den vom Bahnübergang unabhängigen Verkehrsströmen die Weiterfahrt ermöglichen.

Hat das Schienenfahrzeug den Bahnübergang geräumt und die Sicherung wieder ausgeschaltet, endet auch die Beeinflussung der benachbarten Lichtsignalanlage. Es ist jedoch möglich, dem am stärksten behinderten Verkehrsstrom nun eine längere Grünzeit einzuräumen, um den Rückstau zügig abzubauen.

Bei Ausfall der Lichtsignalanlage tritt eine Notsignalisierung durch zusätzliche Signalgeber in Betrieb (in Abb. 7.21 jeweils rechts neben den dreifeldigen Signalgebern zu erkennen), die dann wie vorgeschaltete Lichtzeichen funktionieren.

Damit vorgeschaltete Lichtzeichen und BÜSTRA-Anlagen ihren Zweck sicher erfüllen, müssen die Verantwortlichen für Projektierung, Errichtung und Instandhaltung auf Seiten von Straße und Bahn eng zusammenarbeiten. Kenntnisse über das jeweilige andere Teilsystem und die Zusammenhänge zwischen den Systemen sind dabei unerlässlich.

#### 7.5.3.4 Verkehrsregelnde Maßnahmen

Ist weder eine bauliche noch eine technische Lösung möglich oder wäre eine solche Lösung aufgrund der örtlichen Verhältnisse unverhältnismäßig, verbleibt die Möglichkeit verkehrsregelnder Maßnahmen zur Freihaltung der Räumstrecke. Sie werden von der jeweils zuständigen Straßenverkehrsbehörde mit Hilfe von Verkehrszeichen angeordnet, da dies nicht in den Zuständigkeitsbereich des Bahnbetreibers fällt (vgl. Abschn. 7.2.3.2).

Häufig angewendete verkehrsregelnde Maßnahmen an Bahnübergängen sind:

- vorgeschriebene Fahrtrichtung (Abbiegeverbote),
- abknickende Vorfahrt,
- Verbot für bestimmte Fahrzeugarten,
- Gegenverkehrsregelungen.

Allerdings ist die Akzeptanz solcher Maßnahmen durch die Straßenverkehrsteilnehmer und damit die Wirksamkeit oftmals gering, wenn durch die Regelungen langjährig gewachsene Verkehrsbeziehungen verboten oder eingeschränkt werden sollen. Bei Einfahrten in gewerblich genutzte Grundstücke oder mit Versorgungsverkehr (Müllabfuhr, Post usw.) sind Verkehrsbeschränkungen kaum umsetzbar, wenn keine alternativen Zufahrtsmöglichkeiten bestehen.

Ein völliger Verzicht auf Maßnahmen zur Freihaltung der Räumstrecke kommt allenfalls dann infrage, wenn die Verhältnisse sehr übersichtlich sind und gleichzeitig die Verkehrsstärke auf der Straße so gering ist, dass die Begegnungswahrscheinlichkeit zwischen Straßenfahrzeugen vernachlässigt werden kann.

### 7.5.4 Verkehrsschau an Bahnübergängen

Um die Sicherheit kontinuierlich zu überwachen, sind in Deutschland Bahnübergangsschauen vorgeschrieben. Jeder Bahnübergang einschließlich seines Umfeldes muss regelmäßig gemeinsam von den Verantwortlichen der Straße und der Bahn begutachtet werden, unabhängig von den bahnseitigen Inspektionen (Abschn. 7.4.3.7). Dabei werden z. B. die Beschilderung und der bauliche Zustand überprüft. Bei Mängeln treffen die Beteiligten verbindliche Anordnungen über deren Beseitigung.

Nach den gegenwärtigen Regelungen der VwV-StVO sind Bahnübergangsschauen alle zwei Jahre durchzuführen. Einzelne Bundesländer haben hierzu jedoch abweichende Festlegungen mit Zeitabständen von bis zu vier Jahren getroffen.

Die Einladung erfolgt durch die jeweils zuständige Straßenverkehrsbehörde. An einer Bahnübergangsschau sind i. d. R. beteiligt:

- Bahnbetreiber,
- Aufsichtsbehörde der Bahn,
- Straßenbaulastträger,
- Straßenverkehrsbehörde,
- Gemeinde,
- Polizei (Landes- und ggf. Bundespolizei).

Als Hilfsmittel für eine systematische Beurteilung im Rahmen von Verkehrsschauen hat eine Arbeitsgruppe im Bund-Länder-Fachausschuss zur StVO den „Leitfaden zur Durchführung von Bahnübergangsschauen“ herausgegeben (Abschn. 7.2.3.4).

## 7.5.5 Auflassung und Beseitigung

### 7.5.5.1 Mögliche Maßnahmen

Die wirksamste Maßnahme zur Erhöhung der Sicherheit ist die Beseitigung von Bahnübergängen. Der Bau von Überführungen erfordert jedoch einen erheblichen finanziellen und zeitlichen Aufwand und ist aufgrund der Örtlichkeit (z. B. bei dichter Bebauung innerhalb von Ortschaften) oftmals nicht realisierbar.

Bahnübergänge mit untergeordneter Bedeutung können unter Umständen ersatzlos geschlossen werden, wenn in der Nähe andere Querungsstellen vorhanden sind. Dies kann z. B. bei landwirtschaftlich genutzten Feldwegen der Fall sein, wenn deren Anliegern ein Umweg zugemutet werden kann. Ein Sicherheitsgewinn ergibt sich aus einer solchen Verkehrsverlagerung jedoch nur, wenn an dem verbleibenden Bahnübergang eine höherwertige Sicherungsart vorliegt.

Oftmals sind kombinierte Lösungen sinnvoll, wenn Bahnübergänge beseitigt werden sollen. So kann für Fußgänger und Radfahrer eine Unterführung an gleicher Stelle errichtet werden, während Kraftfahrzeuge zu bereits vorhandenen Bahnübergängen oder Überführungen in der Umgebung geleitet werden.

### 7.5.5.2 Verfahren bei Streckenstilllegungen

Werden Bahnübergänge nach der Einstellung des Zugverkehrs auf einer Eisenbahnstrecke nicht mehr benötigt, so sollen auch die Sicherungsanlagen beseitigt oder zumindest unkenntlich gemacht werden. Andernfalls besteht die Gefahr, dass die Straßenverkehrsteilnehmer die Sicherungsanlagen auch an anderen Bahnübergängen an noch betriebenen Strecken nicht mehr ausreichend ernst nehmen.

Bei der konkreten Entscheidung ist zu prüfen, welchen Status die Eisenbahnstrecke hat:

- stillgelegt oder
- entwidmet.

Während entwidmete Strecken von ihrer Zweckbestimmung als Bahnanlage endgültig entbunden sind, kann es bei nur stillgelegten Strecken mittelfristig zur Wiederaufnahme des Bahnbetriebs kommen. Dadurch ist bei entwidmeten Strecken die Beseitigung des gesamten Bahnübergangs möglich (und für einen unbehinderten Verkehrsfluss oft erforderlich), während bei stillgelegten Strecken unter Umständen nur Verkehrszeichen und Schrankenbäume abgebaut oder verdeckt werden sollten.

## Literatur


1. Theeg G, Svalov D, Schöne E (2009) Level crossings. Railway signalling and interlocking – international compendium. Eurailpress, Hamburg
2. Eisenbahn-Bau- und Betriebsordnung vom 8. Mai 1967 (BGBl 1967 II S 1563), die zuletzt durch Artikel 2 der Verordnung vom 5. April 2019 (BGBl I S 479) geändert worden ist
3. DB Netz AG (2020) Richtlinienfamilie 816: Reisendenübergänge planen und instand halten, gültig ab 01.04.2020
4. Bau- und Betriebsordnung für Anschlussbahnen vom 13. Mai 1982 (Sonderdruck Nr 1080 des GBl der DDR), Fortgeltung gemäß Einigungsvertrag Anlage 11 Kapitel XI Sachgebiet A Abschnitt III Nr 2
5. Eisenbahn-Bau- und Betriebsordnung für Anschlussbahnen vom 3. März 1983 (Bayerisches GVBl 1983, S 159)
6. Verband Deutscher Verkehrsunternehmen e. V. (2004) VDV-Schrift 362 Bahnüberwege in abgeschlossenen Werksbereichen, Stand 03/2004. Köln
7. Eisenbahnkreuzungsgesetz in der Fassung der Bekanntmachung vom 21. März 1971 (BGBl I S 337), das zuletzt durch Artikel 2 des Gesetzes vom 31. Mai 2021 (BGBl I S 1221) geändert worden ist

8. Straßenverkehrs-Ordnung vom 6. März 2013 (BGBl I S 367), die zuletzt durch Artikel 38 des Gesetzes vom 15. Juli 2024 (BGBl 2024 I Nr 236) geändert worden ist
9. Allgemeine Verwaltungsvorschrift zur Straßenverkehrs-Ordnung (VwV-StVO) vom 26. Januar 2001 in der Fassung vom 8. November 2021 (BAnz AT 15. Nov. 2021 B1)
10. Unterausschuss „Verkehrssicherheit an Bahnübergängen" des Bund-Länder-Fachausschusses Straßenverkehrs-Ordnung/Ordnungswidrigkeiten (Hrsg) (2003) Leitfaden zur Durchführung von Bahnübergangsschauen. Mainz
11. DB Netz AG (2021) Richtlinienfamilie 815 Bahnübergänge planen und instand halten, gültig ab 30.11.2021
12. Verband Deutscher Verkehrsunternehmen e. V. (2020) Vorschrift für die Sicherung der Bahnübergänge bei nichtbundeseigenen Eisenbahnen. Verband Deutscher Verkehrsunternehmen e. V., Köln
13. Fiedler J, Scherz W (Hrsg) (2012) Bahnwesen – Planung, Bau und Betrieb von Eisenbahnen, S-, U-, Stadt- und Straßenbahnen, 6. Aufl Werner, Köln
14. Elberg R (2000) Der Bahnübergang als Teil der Fahrbahn von Schiene und Straße. Eisenbahningenieur 51(3):5–10
15. Gmundner F (Hrsg) (2010) Bodan international, Produktinformations-CD
16. Kraiburg E (Hrsg) (2007) Strail-Dokumentation – Straße trifft Schiene, Produktinformations-CD. Kraiburg Strail, Tittmoning
17. Tietz K, Köppel M (2011) Der Bahnübergang – ein neuralgischer Kreuzungspunkt. Eisenbahningenieur 62(11):23–36
18. Speck G (2011) Sicherung von Bahnübergängen durch hörbare Signale. Eisenbahningenieur 62(11):39–42
19. Schöne E, Bagola R (2013) Wahrnehmbarkeit akustischer Signale der Bahnfahrzeuge an Bahnübergängen. Eisenbahningenieur 64(10):38–43
20. Schöne E, Hoefert C (2012) Umlaufsperren im Spannungsfeld zwischen Sicherheit und Barrierefreiheit. Eisenbahningenieur 63(11):34–40
21. Alldieck U (2010) Technisches Hilfsmittel entlastet Bahnübergangsposten. Eisenbahningenieur 61(8):41–43
22. Schöne E, Geißler R (2017) Postensicherung an Bahnübergängen: Notwendiges Übel mit Verbesserungspotenzial. Eisenbahntech Rundsch 66(6):47–51
23. Schöne E, Schreiber N (2016) Eine zeitgemäße Sichtflächenberechnung für Bahnübergänge. Eisenbahningenieur 67(7):50–55
24. Erke H, Wimber P (1980) Wirksamkeit von Lichtsignalanlagen zur Sicherung von Bahnübergängen. Bericht zum Forschungsprojekt 7437 der Bundesanstalt für Straßenwesen. Bundesanstalt für Straßenwesen, Köln
25. Pelz M, Eickmann C, Lemmer K (2008) Innovative Sicherungstechnik mit optischen Systemen. Eisenbahningenieur 59(8):11–14
26. Bielefeld T (2006) Erste Anlagen der Überwachungsart $ÜS_{OE}$ bei DB und NE – ein Erfahrungsbericht. Signal Draht 98(9):28–31
27. Wallasch S, Dambietz H, Lehmann M (2015) Standardschnittstelle zwischen elektronischem Stellwerk und Bahnübergangssicherungsanlage. Signal Draht 107(4):25–33
28. DB Netz (2020) Richtlinienfamilie 892: LST-Anlagen montieren und instand halten, gültig ab 01.04.2020
29. Günther F, Schemmel A, Schöne E (2016) Zulassung überlanger Straßenfahrzeuge: Auswirkungen auf Bahnübergänge. Eisenbahningenieur 67(11):53–58

# Begrenzungslinien, Lichträume und Querschnittsgestaltung der Bahnanlagen

8

Eberhard Jänsch

**Zusammenfassung**

Alle Eisenbahnfahrzeuge benötigen für ihre behinderungsfreie Fahrt einen von festen Gegenständen freigehaltenen lichten Raum. Für Fahrzeuge und Infrastruktur gelten gemeinsame Bezugslinien, so nach EN 15273 die Profile G1, G2 und das große Profil GC für Neubaustrecken. Ein Teil der Fahrzeugbewegungen auf dem Gleis wird fahrzeugseitig berücksichtigt, wie die Sehnenstellung des Fahrzeugs im Gleisbogen und ein Teil des Wankens. Die Infrastrukturseite berücksichtigt weitere Auswirkungen von planmäßigen und zufälligen kinematischen Phänomenen, ausgehend von der Bezugslinie und mit pauschalierten Ansätzen für Fahrzeugbewegungen und Gleislageunregelmäßigkeiten. Hieraus ergeben sich Mindestlichträume und Gleisabstände, berechnet entweder nach der älteren statischen Methode oder nach der neueren, kinematischen Methode gemäß EBO von 1991.

Bei Streckenquerschnitten berücksichtigt man u. a. die Aerodynamik vorbeifahrender Züge, Sicherheitsräume neben dem Gleis und Randwege. Bei Bahnsteiganlagen bestimmen Sicherheit und Funktionalität an der Schnittstelle Infrastruktur/Eisenbahnzug die Dimensionierung.

E. Jänsch (✉)
Schöneck, Deutschland

## 8.1 Fahrzeugbegrenzung und Lichtraumprofil

### 8.1.1 Grundlagen

Ausgangspunkte für die Querschnittsgestaltung von Bahnanlagen sind das Gleis und die darauf befindlichen Eisenbahnfahrzeuge. Grundlage ist das Koordinatensystem gemäß Euronorm EN 15273-1 [1], (Abb. 8.1). Die Verbindungslinie der Schienenoberkanten (SO) wird in der Norm als „Laufebene“ bezeichnet.

Alle Abmessungen beziehen sich auf die Mittellinie des Gleises in Soll-Lage und auf das Fahrzeug in Mittelstellung auf einem geraden, ebenen Gleis. In Gleisbögen mit Überhöhungen werden Fahrzeug- und Lichtraumprofile sowie Gleisabstände parallel beziehungsweise orthogonal zur Laufebene angetragen.

In Gleisbögen benötigen die Eisenbahnbahnfahrzeuge aufgrund der Sehnenstellung mehr Platz (Abb. 8.2). Diese geometrische Ausragung führt einerseits zu Einschränkungen der Fahrzeugbreite, andrerseits zu gewissen seitlichen Überschreitungen, die seitens der Infrastruktur berücksichtigt werden. Bei dem Drehgestellfahrzeug nach Abb. 8.2 beträgt $dg_i = (a^2 + p^2)/8R$, wobei der Gleisbogenradius $R$ im Regelfall zu $R \geq 250$ m anzusetzen ist.

Hinzu kommt ein weiterer Platzbedarf (seitlich und vertikal) aufgrund einer Vielzahl von Einflussgrößen: Spurspiel zwischen Radsatz und Gleis, Achslagerquerspiel, Wiegenspiel zwischen Laufwerk und Wagenkasten, Drehbewegungen

 
J. Holzfeind, J. Liu, F. Pospischil (Hrsg.), *Handbuch Eisenbahninfrastruktur*,
https://doi.org/10.1007/978-3-662-68960-8_8

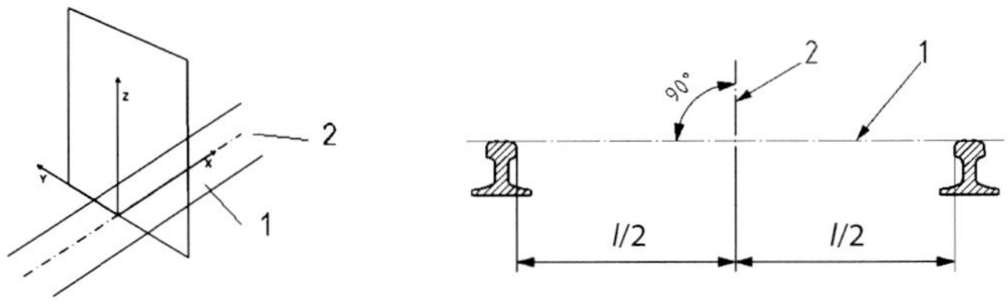


**Abb. 8.1** Bezugsachsen nach EN 15273-1; *links* Koordinatensystem; *rechts* Laufebene. *1* Laufebene, *2* Mittellinie des Gleises und des Fahrzeugs in Mittelstellung

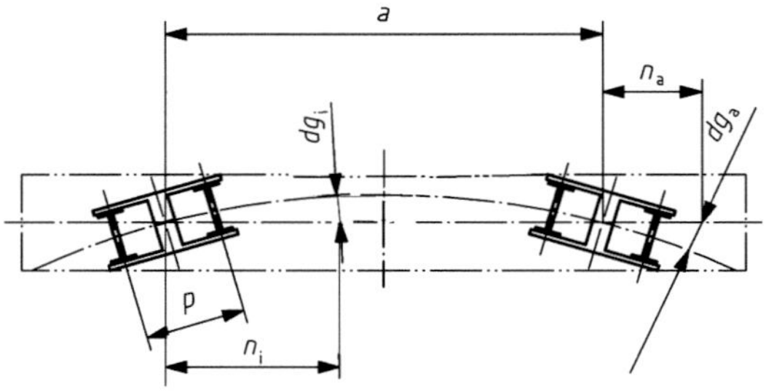


**Abb. 8.2** Stellung eines Drehgestell-Eisenbahnfahrzeugs im Gleisbogen, Draufsicht (EN 15273-1). *a* Drehzapfenabstand, *p* Achsabstand im Drehgestell, *dg* geometrische Ausragung

des Fahrzeugkastens aufgrund der Federelastizität (Wanken) sowie aufgrund asymmetrischer Einstellung und Beladung, Gleislageunregelmäßigkeiten in Querrichtung und aus Querhöhenfehlern des Gleises und Schwingungen des bewegten Wagenkastens. In der Summe ergeben diese Einflussgrößen den Mindestlichtraum, der sich aus fahrzeugseitigen und bautechnischen Anteilen zusammensetzt, die entweder als technische Parameter vorliegen oder als Zufallsgrößen in definierter Größe berücksichtigt werden.

Zur Berechnung des Mindestlichtraums gibt es drei Verfahren:

- die statische Berechnungsmethode,
- die kinematische Berechnungsmethode und
- die dynamische Methode, bei welcher der Mindestlichtraum in Kenntnis spezifischer Fahrzeugeigenschaften und des zur Verfügung stehenden Lichtraums berechnet wird.

Die Berechnung des Mindestlichtraums enthält keine Zuschläge für die Aerodynamik fahrender Züge und für die Sicherheit von Personen in Gleisnähe. Aus dem Mindestlichtraum und diesen Zuschlägen ergeben sich die Regellichtraumprofile, die bei den einzelnen Infrastrukturunternehmen als Standard eingeführt sind. Die Regel-Gleisabstände berücksichtigen die Aerodynamik bei Zugvorbeifahrt. Regel-Streckenquerschnitte verfügen über Sicherheitsabstände für Personen in Gleisnähe. Für Tunnel gelten insbesondere bei schnellem Zugverkehr besondere Querschnitte aufgrund der aerodynamischen Phänomene.

Gemeinsames Merkmal verschiedener Berechnungsmethoden für Fahrzeugbegrenzungen und Mindestlichträume sind neben dem Koordinatensystem die sog. „Bezugslinie" und die dazugehörigen Berechnungsregeln. Bei allen Drehbewegungen, die in Zusammenhang mit der Federelastizität oder der Überhöhung stehen, wird bei einer Spurweite von $l = 1435$ mm (Europäische Normalspur) ein Abstand von 1500 mm für die Distanz der Kontaktpunkte auf den beiden Schienen angenommen.

## 8.1.2 Statische Berechnungsmethode

Die Berechnung der zulässigen Fahrzeugabmessungen und der dazugehörigen Mindestlichträume hat einen historischen Hintergrund. Dieser liegt nicht nur in dem Wunsch, die Eisenbahnfahrzeuge berührungsfrei an den gleisnahen Anlagen und Bauwerken vorbeizuführen, sondern auch in der Notwendigkeit, Eisenbahnnetze unterschiedlicher Infrastrukturbetreiber mit durchgehenden Zügen befahren zu können, ohne technisch bedingte Restriktionen. Das bezeichnen wir heute als „Interoperabilität", ein Ausdruck, der erst seit 1991 in einem Vorentwurf über eine Richtlinie der Europäischen Kommission über rechtliche und technische Vorschriften für das Netz der transeuropäischen Hochgeschwindigkeits-Eisenbahn erschien.

Die statische Berechnungsmethode wurde seit ihrem Ursprung (1850) ständig weiterentwickelt und in die Regelungen der Technischen Einheit (TE, Bern, 1887, in Kraft 1913, geändert 1938) aufgenommen. Sie war bis Mai 1991 Grundlage der Lichtraumberechnung in der Eisenbahnbau- und Betriebsordnung (EBO) [2]. Die historische Entwicklung ist in [3] erläutert.

Bei dieser Berechnungsmethode geht man von den Umrissen eines stehenden Fahrzeugs bei Mittelstellung im geraden Gleis aus, mit einer halben Breite von 1,575 m. Dieses Fahrzeug mit einer Maximalbreite von 3,15 m bestimmt als Bezugslinie alle weiteren Daten zu Fahrzeugabmessungen und Mindestlichträumen. Für die Infrastruktur werden zwei Zuschläge addiert, und zwar für Ausladungen $k$ in Gleisbögen und für das Bewegungsverhalten des Fahrzeugs auf einem realen Gleis; damit wird der gesamte Raumbedarf (der Mindestlichtraum) bestimmt.

Nach der bis Mai 1991 geltenden EBO sah dies bei Radien $R \geq 250$ m wie folgt aus:

- Halbe Breite der statischen Bezugslinie:
  1,575 m
- Ausladungen $k$ (Spurspiel bei 1465 mm Spurweite, Achslager- und Wiegenspiel, geometrische Ausragung im Gleisbogen $R = 250$ m):
  0,075 m
- Zuschlag für „Betriebsunregelmäßigkeiten" (Gleislage, Fahrzeugreaktionen wie Wanken, Dynamik u. a.):
  0,100 m
- Summe für die halbe Mindestlichtraumbreite:
  1,750 m

Die Lichtraumbreite und der Gleisabstand wurde somit als Mindest-Regelwert zu $2 \cdot 1{,}75 = 3{,}50$ m bestimmt. Der Regelwert wurde zwischenzeitlich auf 4,00 m erweitert.

Nach der prEN 15273-4 werden die Ausladungen $k$ wie folgt berechnet:

- Spurspiel $(l_{\max} - d)/2 = (1{,}465 - 1{,}410)/2$:
  0,0275 m
- Quer- und Wiegenspiel $(q + w)$:
  0,0325 m
- geometrische Ausragung $dg_i = 3{,}75/R$ bei $R = 250$ m:
  0,0150 m
- Summe Ausladungen $k$:
  0,0750 m

Dabei ist $l_{\max} = 1{,}465$ m die maximal anzusetzende Spurweite des Gleises und $d = 1{,}410$ m das minimale Spurmaß (Abstand der Fahrkanten der Spurkränze eines Radsatzes). Die geometrische Ausragung entspricht einem 2-achsigen Fahrzeug mit einem Achsabstand von $a = \sqrt{30} = 5{,}477$ m (wie bei kinematischen Methode). Längere Fahrzeuge müssen in ihrer Breite so eingeschränkt werden, dass sie den Wert $k$ nicht überschreiten.

Die Zuschläge für die „Betriebsunregelmäßigkeiten" werden nach EN 15273 wie bei der kinematischen Berechnung in nicht zufällige und zufällige Anteile unterschieden. „Nicht zufällig" ist das Wanken unter Einfluss einer seitlichen Krafteinwirkung infolge der Überhöhung im Bogengleis (bei Stillstand) oder Fahrt mit Überhöhungsfehlbetrag. In der statischen Berechnung ist dies als Element der „Betriebsunregelmäßigkeiten" im Gesamtwert von 0,100 m enthalten. Damit kommt mit der EN ein Element in die statische Berechnungsmethode, das eigentlich das Kernstück der kinematischen Berechnungsmethode darstellt. In der kinematischen Berechnungsmethode ist der Effekt aus Wanken jedoch keine zufällige Größe. Ferner wird nach EN 15273 der Wankkoeffizient auf $s = 0{,}2$ für die Profile G1 und G2 und auf $s = 0{,}3$ für die Profile GA, GB und GC beschränkt (prEN 15273-4 von 2016, Absätze 5.2.1.2 und 5.2.5.2). Die Höhe $h_c$ des Wankpols wurde hier nicht festgelegt.

Die Zuschläge für zufällige Phänomene werden nach EN 15273 wie bei der kinematischen Berechnungsmethode ermittelt. Die Summe der „Betriebsunregelmäßigkeiten" kann daher durchaus von den pauschalen 100 mm der historischen statischen Berechnung abweichen.

Nach einer Entscheidung der UIC von 1991 soll die statische Methode nur noch für die Lichtraumberechnung von Ladungen angewandt werden. Die DB benutzt sie deshalb nur an Engstellen bei der Durchführung lademaßüberschreitender Sendungen.

### 8.1.3 Kinematische Berechnungsmethode und Bezugslinien

Die kinematische Berechnungsmethode wurde ab Mitte der 1950er Jahre vom Internationalen Eisenbahnverband (UIC) erarbeitet. Erst seit der Neufassung der EBO im Mai 1991 wurde sie in Deutschland verbindlich [4, 5]. Die in den UIC-Merkblättern Reihe 505 und 506 enthaltenen kinematischen Rechenregeln erlauben eine genauere Erfassung des Bewegungsverhaltens eines Fahrzeugs. Diese Berechnungsmethode ist im Verlauf der Erarbeitung der EN 15273 (Begrenzungslinien) in den Jahren 2004 bis 2022 präzisiert worden.

Ein wesentliches Merkmal des kinematischen Berechnungsverfahrens ist die Vereinbarung einer gemeinsamen Bezugslinie, mit einer halben Breite von 1,645 m, mit welcher die Zuständigkeiten zwischen der Fahrzeugseite und der Infrastrukturseite abgegrenzt werden (Abb. 8.3, nach EN 15273-1).

Der Fahrzeugbau muss, wie auch schon bei der statischen Berechnungsmethode, bei längeren Fahrzeugen aufgrund der Sehnenstellung im Gleisbogen Einschränkungen in den Fahrzeugabmessungen vornehmen. Als ein „längeres" Fahrzeug ist ein solches anzusehen, dessen Achsabstand bei 2-achsigen Fahrzeugen den Wert von $\sqrt{30} = 5{,}477$ m überschreitet. Das Referenzfahrzeug hat in einem Gleisbogen von 250 m eine Ausladung von 15 mm, was infrastrukturseitig berücksichtigt wird.

Innerhalb dieser Bezugslinie berücksichtigt der Fahrzeugbau außerdem weitere Teile der Ausladungen, und zwar die Wirkungen aus Quer- und Wiegenspiel ($q$ und $w$) und aus Spurspiel bei einer Normalspurweite von 1435 mm, sowie das Wanken des Wagenkastens bei einer Überhöhung $u$ ($D_0$) = 50 mm bzw. einem Überhöhungsfehlbetrag $u_f$ ($I_0$) = 50 mm; das geschieht mit fahrzeugspezifischen Eingangsdaten von $h_c$ und $s$. Die seitlichen Verschiebungen der Fahrzeugkästen (das Wanken, Abb. 8.4) werden bei der kinematischen Berechnungsmethode fahrzeugseitig stets mit $D_0$ oder $I_0$ berücksichtigt, also auch dann, wenn das Fahrzeug in einem

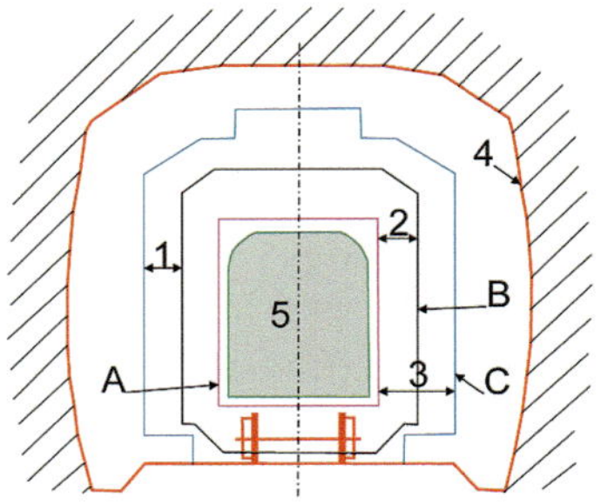


**Abb. 8.3** Allgemeine Darstellung der Begrenzungslinien. *A* maximale Fahrzeugbegrenzungslinie; *B* Bezugslinie; *C* Lichtraumumgrenzungslinie; *1* infrastrukturseitig festgelegte Erweiterungen; *2* fahrzeugseitig festgelegte Einschränkungen; *3* Summe der Fahrzeugverschiebungen und des infrastrukturseitig zu berücksichtigenden Raumbedarfs; *4* ortsfeste Anlagen; *5* Fahrzeug

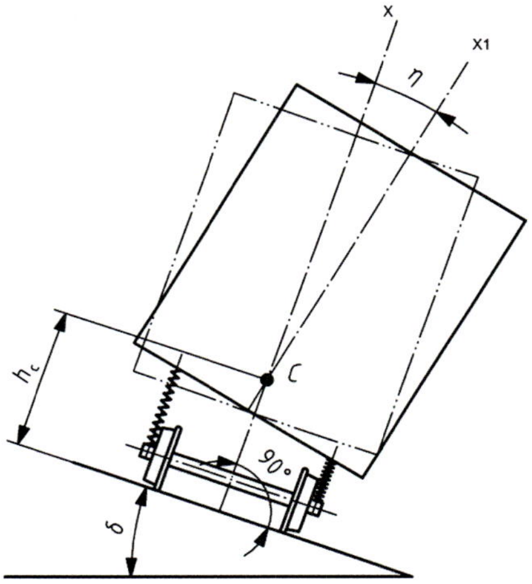


**Abb. 8.4** Wanken beim Stillstand in einem überhöhten Gleisbogen (EN 15273-1)

geraden Gleis fährt, bei dem keine Überhöhung vorhanden ist und ein Überhöhungsfehlbetrag rechnerisch nicht auftreten kann.

Der Wankkoeffizient (Elastizitätskoeffizient) ist definiert als $s = \eta/\delta$. Mit $\sin\delta = D/L$ (Überhöhung/Gleismittenabstand) und $\sin\eta = Q/(h - h_c) = s \cdot \sin\delta$, wobei $Q$ die seitliche Verschiebung aus Wanken in der Höhe $h$ über der Laufebene ist. Parallel zur Laufebene gemessen, beträgt $Q = s \cdot D \cdot (h - h_c)/L$ nach bogeninnen; bei Fahrt mit Überhöhungsfehlbetrag (freie Seitenbeschleunigung nach bogenaußen) ist entsprechend $Q = s \cdot I \cdot (h - h_c)/L$ nach bogenaußen.

Innerhalb der kinematischen Bezugslinie wird das Wanken bei $D_0$ oder $I_0 = 50$ mm mit dem Symbol $z$ belegt. Außerhalb der Bezugslinie übernimmt die Infrastruktur den Rest, nun unter der Bezeichnung $qs$ und mit pauschalen Eingangsdaten für $h_c$ und $s$.

Weil die Anteile $q$ und $w$, Spurspiel bei Normalspurweite und Wankeffekte bis $D_0/I_0 = 50$ mm nun innerhalb der kinematischen Bezugslinie berücksichtigt werden, ist die kinematische Bezugslinie gegenüber der statischen Bezugslinie etwas vergrößert werden, und zwar seitlich in ihrer halben Breite um 70 mm und in der Höhe über der Laufebene um 30 mm.

Für die Berechnung des Mindestlichtraums werden folgende Anteile zu den Maßen der kinematischen Bezugslinie addiert:

- Ausladungen $S$ (Summe aus der geometrische Ausragung des Referenz-Fahrzeugs im Gleisbogen und aus dem Spurspiel bei einer Spurweite von 1465 mm), zusammen 30 mm,
- Quasistatische Seitenneigung aus $(D - D_0)$ bzw. $(I - I_0)$ mit $h_c = 0{,}50$ m als Höhe des Wankpols über der Laufebene, und
- zufallsbedingte Verschiebungen (im Wesentlichen aus unregelmäßiger Gleislage und deren Wechselwirkung auf das bewegte Eisenbahnfahrzeug).

Zur Berechnung der Verschiebungen aus Wanken (quasistatische Neigung) geht man infrastrukturseitig von folgenden Annahmen aus:

- Abstand der Radaufstandspunkte in Höhe der Laufebene (Schienenkopfoberkanten-Verbindungslinie) bei Normalspur:
  $L = 1{,}500$ [m],
- Wankpolhöhe über Laufebene:
  $h_c = 0{,}500$ [m],
- Wankbeiwert (Elastizitätskoeffizient):
  $s = 0{,}4$

Die seitens der Infrastruktur zu berücksichtigenden zufälligen Phänomene sind in EN 15273 zu finden, nebst einer Liste für die von der Norm empfohlenen Zuschlagswerte, aufgeschlüsselt nach unterschiedlichen Lagequalitäten des Oberbaus. Zum Teil wird auch nach Streckengeschwindigkeiten und Bogenaußenseite/Bogeninnenseite differenziert.

Die folgenden Angaben beziehen sich beispielhaft auf das Schottergleis, Bogenaußenseite und gerades Gleis, sehr gute Gleislagequalität und $V > 80$ km/h gemäß Tab. A.1 der EN 15273-3 Version 2018/2022.

Berücksichtigt werden:

- Seitenlage des Gleises ($T_{\text{voie}}$):
  0,025 m
- Gleishöhenfehler ($T_N$) nach oben:
  0,021 m
- Querhöhenfehler ($T_D$):
  0,015 m
- Schwingungen ($T_{\text{osc}}$):
  0,039 m
- Unsymmetrie der Beladung ($T_{\text{charge}}$):
  0,77°
- Unsymmetrie der Federeinstellung ($T_{\text{susp}}$):
  0,23°

Alle zufälligen Phänomene können nach der Wahrscheinlichkeitstheorie in ihrem quadratischen Mittelwert summiert und unter einer Quadratwurzel zusammengefasst werden. Ein Sicherheitsfaktor von 1,2 vor der $\sqrt{}$ wird empfohlen. Die so ermittelte Grenzlinie (Mindestlichtraum) ist für die Berechnung von Engstellen im Streckennetz notwendig. Hinzu kommen aus betrieblichen und sicherheitlichen Überlegungen notwendige Abstände. Ergebnis sind Regellichträume als Planungsgrößen.

Die EBO enthält zwei kinematische Bezugslinien: G1 und G2 (Abb. 8.5).

G1 gilt für Fahrzeuge, die auch im grenzüberschreitenden Verkehr eingesetzt werden können; G2 liegt dem seit 1991 gültigen Regellichtraum der EBO zugrunde. Der untere Bereich der Grenzlinie für feste Anlagen ist in Anlage 1 Bild 2 der EBO dargestellt.

Aufgrund der Richtlinie 96/48/EG des Rates vom 23. Juli 1996 über die Interoperabilität des transeuropäischen Hochgeschwindigkeitsbahnsystems, später ausgeweitet auf das gesamte Eisenbahnsystem und zuletzt fortgeschrieben in der Richtlinie (EU) 2016/97 des europäischen

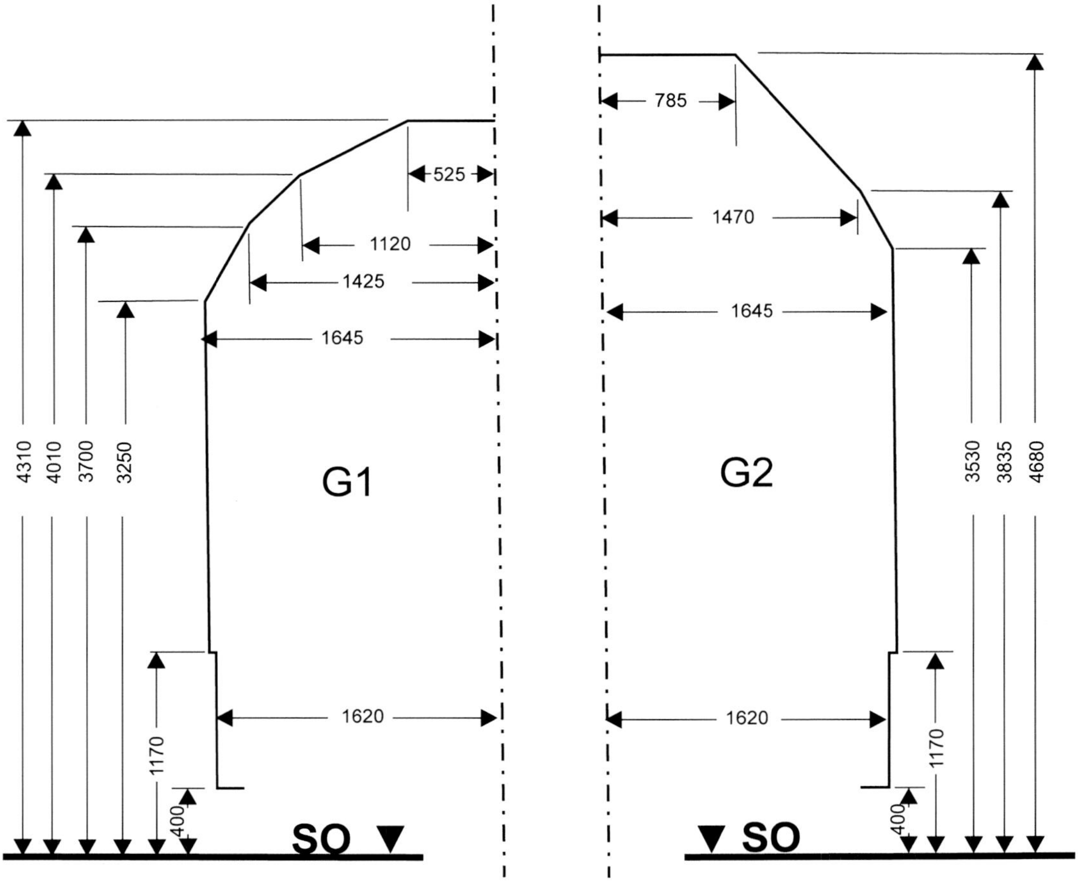


**Abb. 8.5** Bezugslinien *G1* und *G2*; Maße in [mm]

Parlaments und des Rates vom 11. Mai 2016 über die Interoperabilität des Eisenbahnsystems in der Europäischen Union (Neufassung) ist mit den sog. Technischen Spezifikationen (TSI) auch die Anwendung der drei Bezugslinien GA, GB und GC im transeuropäischen Eisenbahnnetz eingeführt worden (Abb. 8.6).

## 8.1.4 Stromabnehmer: Bezugslinie und Lichtraum

Beim Zusammenwirken Fahrdraht/Oberleitung sind zwei Dinge zu betrachten: Der Kontakt zwischen Fahrdraht und dem leitenden Teil der Stromabnehmerwippe ist zu gewährleisten, und gleichfalls sind die Lichtraumbedingungen (in der EBO genannt: Raum für den Durchgang des Stromabnehmers) einzuhalten. Es gibt unterschiedliche Wippenformen. Für das Oberleitungs-Stromsystem 15 kV/16 2/3 Hz hat sie eine Wippenbreite von 1950 mm; die halbe Breite beträgt somit $b_w = 975$ mm. Die Hörner sind bei modernen Triebfahrzeugen auf 200 mm Projektionslänge isoliert; die Infrastruktur hat jedoch stets mit nicht isolierten Hörnern zu rechnen (EN 50367).

Die kinematische Bezugslinie für Stromabnehmer wird, wie in UIC-Merkblatt 505-4 (2005) oder in TSI Energy (2014) dargestellt, aus der halben Wippenbreite $b_w$ und aus einem Zuschlagswert $e_p$ gebildet, wobei es für $e_p$ zwei Nachweishöhen $h'_o$ und $h'_u$ gibt. Mit der oben genannten Wippe und den Normwerten für $e_p$ (110 bzw. 170 mm) ergibt sich die Breite dieser Bezugslinie zu $b_w + e_{pu} = 975 + 110 =$

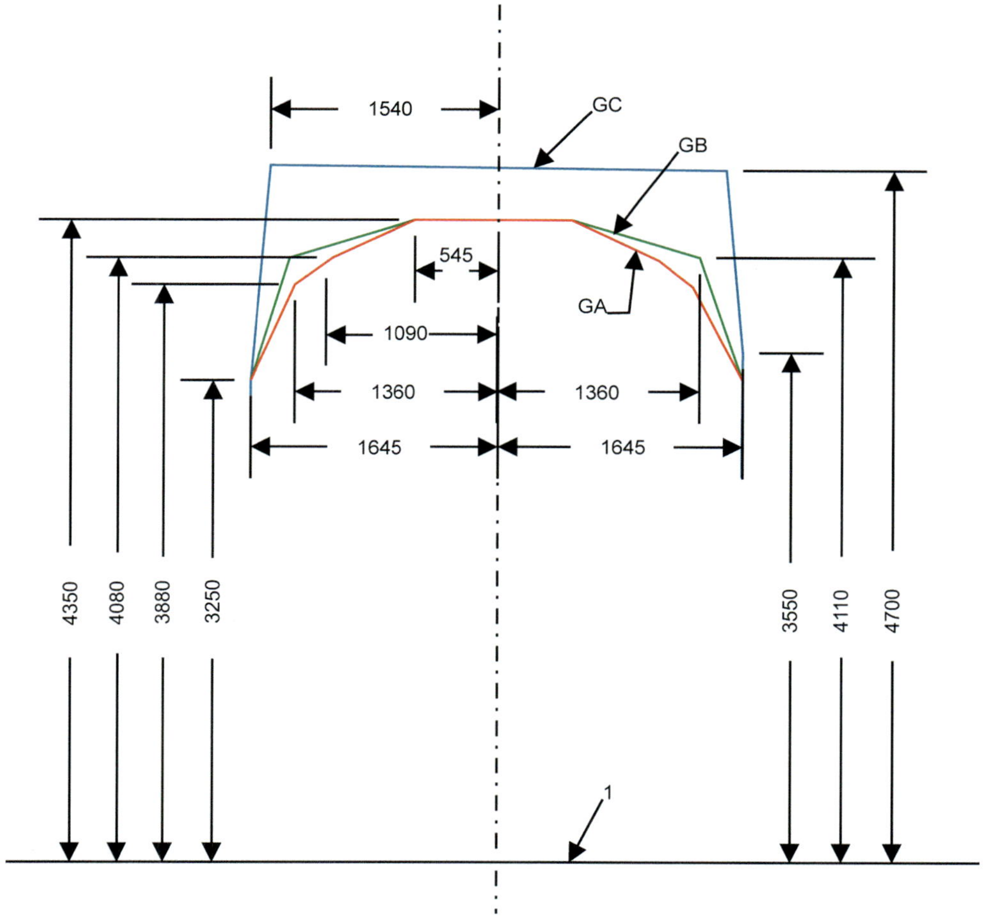


**Abb. 8.6** Bezugslinie der kinematischen Begrenzungslinien *GA*, *GB* und *GC*; *1* Laufebene

1085 mm und $b_w + e_{po} = 975 + 170 = 1145$ mm (Abb. 8.7).

Folgende Parameter sind innerhalb der Bezugslinie vom Fahrzeugbau zu berücksichtigen:

| | |
|---|---|
| $q + w$ | $\leq 0{,}0375$ m |
| $s$ | $\leq 0{,}225$ |
| $I'_0$ oder $D'_0$ | $= 0{,}066$ m |
| $h_c$ | $= 0{,}500$ m |

Das Spurspiel bei Normalspurweite $S_l = (l_{\text{nom}} - d)/2 = 12{,}5$ mm wurde vergessen.

Zufällige Phänomene innerhalb der Bezugslinie:

- $t \leq 0{,}03$ m (seitliche Elastizität des Stromabnehmers, Verschiebung aufgrund einer Seitenkraft von 300 N in $h_o = 6{,}5$ m; wird bei $h_u$ auf $t \cdot (h_u - h_t / h_o - h_t)$ reduziert, mit $h_t$ = Höhe der Stromabnehmer-Anlenkung über Laufebene)
- $\tau \leq 0{,}01$ m (laterale Bau- und Einstellungstoleranzen des Stromabnehmers)
- $\theta \leq 0{,}005$ rad (Unsymmetrie des stromabnehmertragenden Triebfahrzeugs aufgrund von Einstellungstoleranzen der Federungen, entspricht $0{,}29°$).

Diese drei Phänomene können als Zufallsereignisse voneinander unabhängig betrachtet werden, also in ihren Quadraten addiert und unter einer $\sqrt{\ }$ zusammengefasst werden, mit dem Sicherheitskoeffizienten $K = 1$. So wird bei $e_{pu}$ gerechnet, allerdings dort zusätzlich ein Abschlag

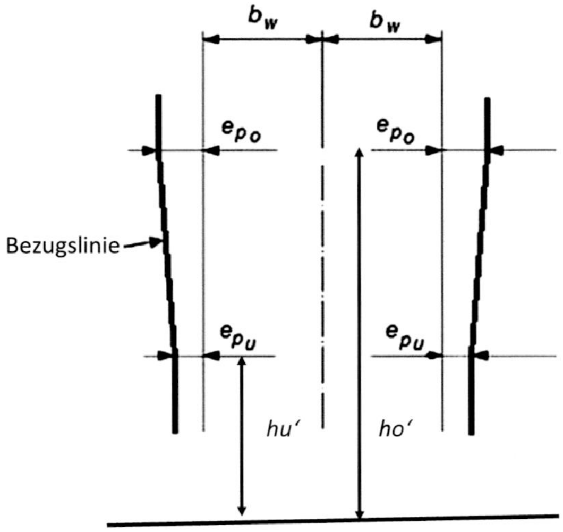


**Abb. 8.7** Kinematische Stromabnehmer-Bezugslinie

($Abt$) von 20 mm in Ansatz gebracht, mit Hinweis auf die Wahrscheinlichkeitsrechnung. Dieser ist mathematisch nicht begründbar. Es handelt sich vielmehr um eine planmäßige Überschreitung der Bezugslinie, so dass die Infrastruktur stets mit $e_{pu} + Abt_u = 110 + 20 = 130$ mm Breite der Bezugslinie im unteren Nachweispunkt zu rechnen hat. Im oberen Nachweispunkt werden die zufälligen Phänomene arithmetisch addiert, was aus Gründen der Wahrscheinlichkeitstheorie nicht nötig ist; 15 mm werden gewonnen. Die korrekte Breite der Bezugslinie kann hier somit zu $e_{po} + Abt_o = 155$ mm angesetzt werden, was die Infrastruktur berücksichtigt.

Sowohl im oberen als auch im unteren Bezugspunkt kann durch Berechnung nachgewiesen werden, dass sich das vergessene Spurspiel bei Normalspurweite ($S_l = (1435 - 1410)/2 = 12{,}5$ mm) innerhalb der Bezugslinie $e_p + Abt$ unterbringen lässt.

Für den Fall, dass der Stromabnehmer nicht direkt über dem Drehzapfen des Trägerfahrzeugs angebracht ist, gibt es eine fahrzeugseitige Begrenzung; diese wird im Mindestlichtraum für den Durchgang des Stromabnehmers infrastrukturseitig stets als radienabhängiger Teil der Ausladung mit $S_R = 2{,}5/R$ berücksichtigt.

Ebenso sind das Spurspiel $S_l = (l_{\max} - l_{\text{nom}})/2$ mm und das Wanken mit $h_c = 0{,}50$ m, $s = 0{,}225$ bei $(I' - I'_0) > 0$ oder $(D' - D'_0) > 0$ infrastrukturseitig zu berücksichtigen. Bei den zufälligen Phänomenen rechnet die Infrastruktur ebenfalls mit den Parametern des stromabnehmertragenden Referenzfahrzeugs. $T_{\text{susp}}$ braucht nicht berücksichtigt zu werden, da es als $\Theta$ schon innerhalb der Bezugslinie vorhanden ist. Der Sicherheitsfaktor vor der $\sqrt{}$ wird hier wie innerhalb der Bezugslinie zu $K = 1$ gesetzt.

Hinzu kommt der elektrische Schutzabstand, wobei mit nicht isolierten Hörnern zu rechnen ist; bei 15 kV Oberleitungsspannung ist das Abstandsmaß 150 mm.

## 8.2 Querschnittselemente

### 8.2.1 Regellichtraum nach EBO

Der Regellichtraum nach EBO Anlage 1 Bild 1 (Abb. 8.8) ist entweder mit 2,50 oder 2,20 m halber Breite definiert.

- Linke Hälfte (2500 mm): Bei durchgehenden Hauptgleisen und bei anderen Hauptgleisen für Reisezüge
- Rechte Hälfte (2200 mm): Bei den übrigen Gleisen
- Bereich A: Zulässig sind Einragungen von baulichen Anlagen, wenn es der Bahnbetrieb erfordert (z. B. Bahnsteige, Rampen, Rangiereinrichtungen, Signalanlagen)
- Bereiche A und B: Zulässig sind Einragungen bei Bauarbeiten, wenn die erforderlichen Sicherheitsmaßnahmen getroffen sind.

Innerhalb des Regellichtraums sind hier zwei besondere Grenzlinien (Mindestlichträume) eingetragen. Dazwischen befinden sich zusätzliche Räume für sicherheitstechnische, bauliche und betriebliche Zwecke. In diesen Räumen sind bestimmte Einragungen auf Dauer zulässig (Bereich A) bzw. nur bei Bauarbeiten, wenn die erforderlichen Sicherheitsmaßnahmen getroffen sind (Bereiche A und B). Über diese Fälle hinaus dürfen in den unteren Raum des Bereichs A wegen der dort ohnehin zahlreich vorhandenen Einragungen, z. B. durch Bahnsteigkanten, wei-

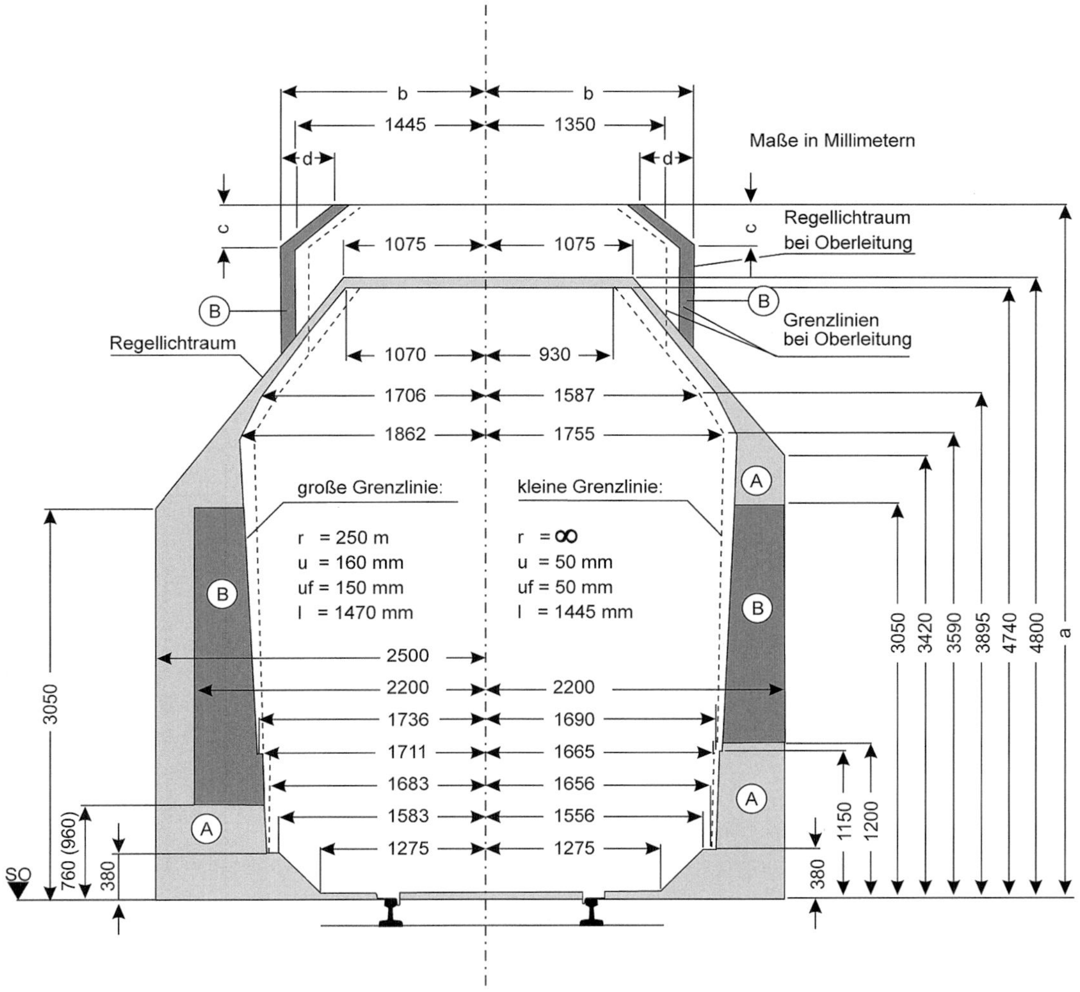


**Abb. 8.8** Regellichtraum in der Geraden und im Bogen bei Radien $R \geq 250$ m. Für den Regellichtraum bei Oberleitung: $a$, $b$, $c$ und $d$ siehe Tab. 8.1

**Tab. 8.1** Regellichtraum bei Oberleitung 15 kV 16,7 Hz bei $R \geq 250$ m (EBO/DB)

| Regelmaße | Regellichtraum | |
|---|---|---|
| | $a$ [mm] | $b$ [mm] |
| Ohne BÜ | 6150 (DB-Wert) | 1510 |
| An BÜ | 6500 | 1510 |
| Fahrdrahthöhe allgemein | 5600 (DB-Wert) | 1470 |

$a$ = Höhe des Lichtraums bei Oberleitung [mm]; Bereich nach EBO 5900–6500 mm
$b$ = halbe Mindestbreite im Arbeitshöhenbereich des Stromabnehmers [mm]
Abschrägung der Ecken: $c = 300$ mm, $d = 400$ mm
BÜ = höhengleicher Bahnübergang (nur bis $V = 160$ km/h zulässig)

tere bauliche Anlagen bis zur Höhe von 0,38 m über Laufebene hineinragen, insbesondere:

- Flucht- und Rettungswege auf bzw. in Bauwerken,
- Dauerhilfsbrücken,
- Obergurte der Hauptträger von Trogbrücken,
- Fundamente von Oberleitungsmasten,
- Schotterbegrenzungsbalken sowie
- Kabelkanäle auf Brücken und in Trogbauwerken,

wenn andere Lösungen unverhältnismäßig hohe Kosten verursachen würden.

Die innerhalb des Regellichtraums dargestellten beiden Grenzlinien (kleine und große Grenzlinie) begrenzen die Bandbreite für den erforderlichen Mindestlichtraum bei Zugrundelegung bestimmter Trassierungsparameter und reichen daher für eine erste Abschätzung aus.

**Anmerkungen**

- Zwischen zwei Gleisen ist bei 4,00 m Regelgleisabstand kein Sicherheitsraum (A oder B) vorhanden.
- Der obere Bereich des Mindestlichtraums (der Grenzlinie) berücksichtigt eine Reserve für die Hebung des Oberbaus von 50 mm und soll einen vertikalen Ausrundungsradius $R_v = 2000$ m mit seiner Wirkung von $\Delta h = 50/R_v = 25$ mm enthalten. Diese Höhenmaße sind allerdings für $R_v = 5000$ m berechnet worden, was zu $\Delta h = 10$ mm führt; sie müssen deshalb um 15 mm erhöht werden.
- Bei der „großen Grenzlinie" ist das gleichzeitige Auftreten der Parameter Gleisbogenradius 250 m und Überhöhung $u = D = 160$ mm oder Überhöhungsfehlbetrag $u_f = I = 150$ mm aus trassierungstechnischen Gründen ausgeschlossen.
- Bei der „kleinen Grenzlinie" ist die Wirkung aus quasistatischer Seitenneigung bei $D_0$ oder $I_0 = 50$ mm bereits mit fahrzeugtechnischen Parametern in der Bezugslinie enthalten, welche orthogonal auf der Laufebene steht.
- In Tunneln und in unmittelbar angrenzenden Einschnittsbereichen darf die halbe Breite des Regellichtraums von S-Bahn-Strecken bis auf 1900 mm verringert werden, wenn besondere Fluchtwege vorhanden sind.

In Gleisbögen mit Radien $< 250$ m sind die halben Breitenmaße der Lichtraumprofile und des Regellichtraumes bei Oberleitung nach EBO zu vergrößern, zum Beispiel bei $R = 190$ m um 65 mm bogeninnen und 80 mm bogenaußen; der Lichtraum für den Durchgang des Stromabnehmers ist dabei um 25 mm zu vergrößern.

Bei einem im Bahnsteigbereich abzweigenden engen Weichenbogen muss die Bahnsteigkante im Bereich des Einlaufs in die Weiche in Abhängigkeit von der Krümmung zurückgesetzt werden.

### 8.2.2 Lichtraumprofil GC

Seit Anfang der 1990er Jahre wird im Netz der DB beim Neubau und umfassenden Umbau von Strecken an Stelle des bisherigen EBO-Regellichtraums das Lichtraumprofil GC hergestellt (Abb. 8.9).

- Linke Hälfte (2500 mm): Bei durchgehenden Hauptgleisen und bei anderen Hauptgleisen für Reisezüge.
- Rechte Hälfte (2200 mm): Bei den übrigen Gleisen
- Bereiche A und B: Raum, in den bauliche Anlagen einragen dürfen, wenn es der Bahnbetrieb erfordert

Im oberen Bereich bei 4900 mm über Laufebene entspricht das Breitenmaß von 1860 mm dem des sog. erweiterten Regellichtraums (ERL) bei 4800 mm über Laufebene, das die DB Anfang der 1970er Jahre dem Entwurf ihrer ersten Neubaustrecken zugrunde gelegt hat. Der ERL wurde 1992 aufgegeben und durch GC ersetzt.

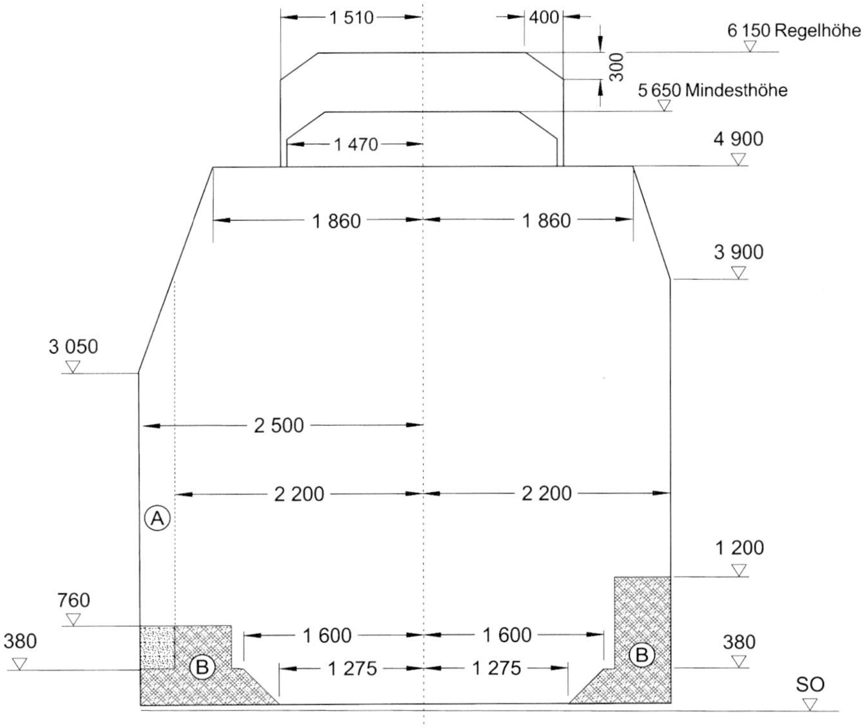


**Abb. 8.9** Regellichtraumprofil GC der DB InfraGO AG (bis 31.12.2023 DB Netz AG) in der Geraden und im Bogen bei Radie $R \geq 250$ m; Maße in [mm]

### 8.2.3 Gleisabstand

Der Gleisabstand ist der Abstand von Mitte zu Mitte benachbarter Gleise. Gemäß der Festlegung der EN 15273 wird er parallel zur Laufebene des Gleises gemessen, auch bei überhöhten Gleisen. Bei unterschiedlichen Überhöhungen benachbarter Gleise gilt die Laufebene des geringer überhöhten Gleises. Hat das bogenäußere Gleis eine größere Überhöhung $D$ als das bogeninnere, ist der Mindestgleisabstand um das Maß $2{,}35 \cdot \Delta D$ [mm] zu vergrößern.

Mindestgleisabstände können in ähnlicher Weise wie die Mindestlichtraumprofile errechnet werden, wobei auch hier von den Bezugslinien auszugehen ist (EN 15273-3). Der ungünstigste Fall in überhöhten Gleisen ist derjenige, bei dem das Fahrzeug im Außengleis steht oder sehr langsam fährt und somit seine Verschiebungen nach bogeninnen gerichtet sind, während das Fahrzeug im Innengleis mit dort maximal zugelassenem Überhöhungsfehlbetrag fährt. Wie bei der kinematischen Lichtraumberechnung werden beim Wanken der kinematischen Bezugslinie nur die Anteile aus $(D - D_0)$ bzw. $(I - I_0)$ berücksichtigt.

Nach EBO sind Mindestgleisabstände bis hinunter zu 3,50 m zulässig, in Abhängigkeit der Gleisbogenradien (EBO Anlage 4, siehe Tab. 8.2). Die 3,50 m sind historisch bedingt, sie entstammen den statischen Berechnungen nach der TE für kurze Fahrzeuge (Achsstand 5,477 m) mit einer Breite von 3,15 m und den schon genannten pauschalen Zuschlägen für den Gleisbogenradius 250 m.

Nach DB-Regelwerk betragen die hier in der Horizontalen gemessenen Regelgleisabstände bei Gleisbogenradien $R \geq 250$ m:

- 4,00 m auf der freien Strecke,
- 4,50 m in Bahnhöfen und
- 3,80 m bei S-Bahnen.

**Tab. 8.2** Mindestgleisabstände (m) bei der DB

| $R$ [m] | $V$ [km/h] | | | | | | |
|---|---|---|---|---|---|---|---|
| | 160 | 140 | 120 | 100 | 80 | 60 | 40 |
| 2100 | 3,50 | 3,50 | 3,50 | 3,50 | 3,50 | 3,50 | 3,50 |
| 1100 | 3,61 | 3,56 | 3,51 | 3,50 | 3,50 | 3,50 | 3,50 |
| 950 | – | 3,59 | 3,53 | 3,50 | 3,50 | 3,50 | 3,50 |
| 500 | – | – | – | 3,59 | 3,52 | 3,50 | 3,50 |
| 300 | – | – | – | – | 3,61 | 3,52 | 3,50 |
| 250 | – | – | – | – | – | 3,55 | 3,50 |
| 200 | – | – | – | – | – | 3,71 | 3,62 |

**Tab. 8.3** Soll-Gleisabstand [m] im bestehenden Netz bei Streckengeschwindigkeiten $V < 160$ km/h und ICE-Verkehr

| $u_a + u_f$ [mm] | $R = 250$ m | $R = 350$ m | $R = 500$ m | $R = 2000$ m |
|---|---|---|---|---|
| 100 | 3,56 | 3,51 | 3,50 | 3,50 |
| 160 | 3,59 | 3,55 | 3,53 | 3,50 |
| 220 | 3,61 | 3,58 | 3,58 | 3,54 |
| 280 | 3,64 | 3,63 | 3,63 | 3,59 |
| 300 | 3,66 | 3,64 | 3,64 | 3,60 |
| 320 | 3,67 | 3,66 | 3,65 | 3,62 |

Für Neubaustrecken (Hochgeschwindigkeitsstrecken) beträgt der Mindestgleisabstand in Abhängigkeit von der Geschwindigkeit nach TSI Infrastruktur bei:

- $230\,\text{km/h} < V < 250\,\text{km/h}$: 4,00 [m]
- $250\,\text{km/h} < V < 300\,\text{km/h}$: 4,20 [m]
- $V > 300\,\text{km/h}$: 4,50 [m]

Die DB hat bei ihren 1991 fertiggestellten Neubaustrecken einen Regelgleisabstand von 4,70 m eingebaut; dieses Maß entspricht der Breite des damals zugrunde gelegten erweiterten Regellichtraumes (ERL) bei einem Gleisbogenradius von 300 m, der aber hier nicht vorkommt. Für die neueren Hochgeschwindigkeitsstrecken (Inbetriebnahme ab 2002) wurde der Gleisabstand auf 4,50 m reduziert.

Bei Gleisabständen von 5,00 m und weniger können sich die Regellichträume benachbarter Gleise überschneiden. Dies ist bis herab auf die örtlichen Mindestgleisabstände unkritisch, solange sich keine festen Einbauten zwischen den Gleisen befinden und keine Fahrzeuge verkehren, die die Fahrzeugbegrenzungen überschreiten. Ausgenommen hiervon sind feste Gegenstände in einer Höhe von bis zu 0,38 m über Schienenoberkante, z. B. niedrige signaltechnische Einrichtungen. Lediglich bei Bauarbeiten sind Einragungen auch im darüber liegenden Höhenbereich zulässig.

Für die Anwendung im bestehenden Netz der DB, insbesondere mit ICE-Verkehr, ist bei Streckengeschwindigkeiten von weniger als 160 km/h und relativ kleinen Bogenradien die Zuordnung von Soll-Gleisabständen nach Tab. 8.3 erarbeitet worden. Diese Tabelle ist nach Werten aus der Summe von $D$ (hier $u_a$ genannt, Überhöhung des Außenbogengleises) und $I$ (hier $u_f$ genannt, Überhöhungsfehlbetrag im Innenbogengleis) aufgebaut und berücksichtigt in Radien $R \leq 350$ m einen etwas größeren Gleisabstand, der durch den überbreiten ICE 1/ICE 2-Mittelwagen bedingt ist.

Sollen zwischen den Gleisen Signale mit Schmalmasten aufgestellt werden, ist bei Streckengleisen ein größeres Abstandsmaß als der Regelgleisabstand erforderlich. Bei Gleiswechselbetrieb soll ein Gleisabstand von 4,60 m eingehalten werden, bei S-Bahnen von 4,40 m. Hierin sind die Breite eines Schmalmastes von 0,10 m sowie eine Bautoleranz von jeweils 0,05 m enthalten. In Gleisbögen müssen Gleisüberhöhungen berücksichtigt werden.

In Bahnhöfen gestattet ein Soll-Gleisabstand von mindestens 4,50 m das Aufstellen von bis zu 0,10 m breiten Schmalmasten zwischen den Gleisen (z. B. für Signale), wenn sichergestellt ist,

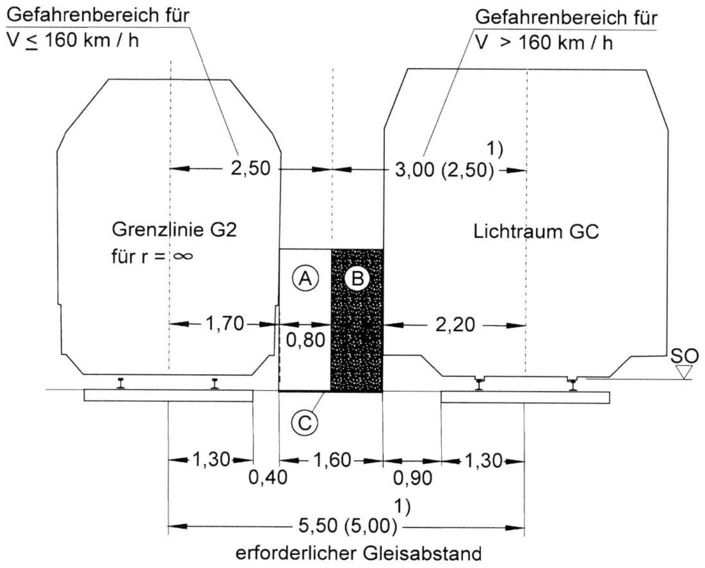


**Abb. 8.10** Gleisabstand zwischen durchgehendem Hauptgleis und Überholungsgleis mit Zwischenweg; Maße in [m]. *A* Sicherheitsraum für Beschäftigte bei Durchfahrt im Schnellfahrgleis; *B* Sicherheitsraum für Beschäftigte bei Einfahrt im Überholungsgleis; *C* Zwischenweg. 1) Maße in Klammern gelten für $V \leq 160\,\text{km/h}$

dass der Bereich B des Regellichtraums nicht in Anspruch genommen wird. Bei diesem kleinsten zulässigen Herstellmaß von 4,50 m ist jedoch vorhersehbar, dass durch Gleislageveränderungen der Soll-Abstand unterschritten wird. Derartige Unterschreitungen sind nur solange nicht unmittelbar betriebsrelevant, wie Abstandsmessungen zwischen der Vorderkante des Masts und der Gleisachse ergeben, dass die seitlichen Verschiebungen des Gleises aus der Soll-Lage nicht mehr als 25 mm betragen; dieser Anteil der zufallsbedingten Verschiebungen wird in der Grenzlinienberechnung berücksichtigt.

Ein Mindestgleisabstand von 4,50 m erlaubt auch das Einlegen von Weichenverbindungen ohne die bei geringeren Gleisabständen zu verwendenden Langschwellen, was bei Instandhaltungsarbeiten die Sperrung beider Gleise erfordert.

Durchgehende Hauptgleise ohne Zwischenbahnsteig dürfen im Gleisabstand der freien Strecke durch Bahnhöfe geführt werden, wenn die Herstellung eines Gleisabstands von 4,50 m mit erheblichen Mehrkosten verbunden ist.

Aus Gründen der Unfallverhütung ist neben jedem zweiten Gleis ein Sicherheitsraum von 0,80 m Breite außerhalb des Gefahrenbereichs bewegter Fahrzeuge (Tab. 8.4) vorgeschrieben, in welchem sich im Gleisbereich Beschäftigte ungefährdet aufhalten können.

**Tab. 8.4** Breite des Gefahrenbereichs in Abhängigkeit von der Geschwindigkeit im betreffenden Gleis, von der Gleismitte aus gemessen

| $V$ [km/h] | Breite [m] |
|---|---|
| $160 > V \leq 300$ | 3,00 |
| $\leq 160$ | 2,50 |
| $\leq 140$ | 2,40 |
| $\leq 120$ | 2,30 |
| $\leq 50$ | 2,00 |
| $\leq 40$ | 1,85 |

Der Abstand eines Überholungsgleises zu einem durchgehenden Hauptgleis muss mindestens so groß sein, dass bei Fahrt in einem der beiden Gleise mit der größten zugelassenen Geschwindigkeit stets noch der Sicherheitsraum neben dem Nachbargleis zur Verfügung steht. Der geringste Gleisabstand ergibt sich, wenn bei Fahrt im durchgehenden Hauptgleis der Sicherheitsraum bis unmittelbar an die Grenzlinie der im benachbarten Überholungsgleis stehenden Fahrzeuge heranreicht (Abb. 8.10).

Können in benachbarten Gleisen gleichzeitig Zugfahrten stattfinden, muss der 0,80 m breite Sicherheitsraum zwischen beiden Gefahrenbereichen liegen (Tab. 8.5). Zwischen zusammenlaufenden Gleisen muss ein Grenzzeichen angebracht werden, dessen Standort die Gefährdung eines abgestellten Fahrzeugs durch ein bewegtes Fahrzeug ausschließt.

**Tab. 8.5** Gleisabstand bei Hauptgleisen mit Zwischenweg (0,80 m breit)

| Durchgehendes Hauptgleis | Überholungsgleis | |
|---|---|---|
| $160 < V \leq 300$ km/h | $\leq 160$ km/h | 6,30 m |
| $\leq 160$ km/h | $\leq 100$ km/h | 5,80 m |

**Tab. 8.6** Vergrößerung der Gleisabstände bei $R < 250$ m

| Gleisbogenradius [m] | Erforderliche Vergrößerung [mm] |
|---|---|
| 250 | 0 |
| 225 | 55 |
| 200 | 120 |
| 180 | 180 |
| 170 | 215 |
| 150 | 305 |

Bei Gleisbögen sowie bei Zweiggleisbögen von Weichen mit weniger als 250 m Radius muss der Gleisabstand vergrößert werden (Tab. 8.6).

### 8.2.4 Fahrbahnbreite

Bei einer zweigleisigen Strecke setzt sich die Breite der Fahrbahn zusammen aus:

- dem Gleisabstand,
- den beiden Gefahrenbereichen,
- der zweifachen Breite des Sicherheitsraums und
- ggf. der von der Überhöhung abhängigen Verbreiterung auf der Bogenaußenseite bei Schotteroberbau.

Für die Breite des Gefahrenbereichs neben Streckengleisen soll grundsätzlich eine Entwurfsgeschwindigkeit von mindestens 160 km/h vorgesehen werden. Randwege sollen eine Breite von 0,80 m aufweisen und sind i. d. R. in Höhe der Tragschicht anzuordnen, und zwar bei:

- eingleisigen Strecken auf beiden Seiten der Fahrbahn,
- zweigleisigen Strecken auf den beiden Außenseiten der Fahrbahn,
- Bahnhöfen neben den äußeren Gleisen (außer bei Bahnsteigen und Rampen).

Die Randwege dienen unter anderem:

- der Sicherheit des Personals bei Inspektionsgängen und Instandhaltungsarbeiten während der Vorbeifahrt von Zügen (Sicherheitsraum) und der
- Evakuierung eines Zuges.

Bei Strecken mit ausschließlichem S-Bahnverkehr darf die Randwegbreite bis auf 0,60 m verringert werden. Ist bei eingleisigen Strecken wegen beengter Platzverhältnisse abschnittsweise nur ein einseitiger Randweg möglich, darf auf den zweiten Randweg verzichtet werden.

Zwischenwege sollen eine Breite von 0,80 m aufweisen und sind i. d. R. in Höhe der Tragschicht anzuordnen

- zwischen höhengleich und parallel geführten Strecken nach jedem zweiten Gleis,
- zwischen den durchgehenden Hauptgleisen der Bahnhöfe bei ausreichendem Gleisabstand,

Sie sollen bei abgeböschtem Schotterbett in Höhe der Tragschicht und bei durchgehendem Schotterbett in Höhe der Schwellenoberkante angelegt werden.

Da Rand- und Zwischenwege der Sicherheit des Personals bei Inspektionsgängen und Instandhaltungsarbeiten während der Vorbeifahrt von Zügen dienen, sollen Einbauten im Höhenbereich bis zu 2,20 m über Wegoberkante vermieden werden. Ausgenommen hiervon sind feste Anlagen mit geringer Längenentwicklung, wie Maste, Mastfundamente, Sprechstellen oder Schalteinrichtungen. Der Fußbereich von Rand- und Zwischenwegen darf bei abgeböschtem Schotterbett bis auf 0,55 m verringert werden.

Auf zweigleisigen Strecken mit Schotteroberbau (SchO) und Überhöhung liegt der Schotterbett-Fußpunkt des auf der Bogenaußenseite liegenden Schienenstrangs außerhalb des Gefahrenbereichs, wodurch die innere Randwegkante um bis zu 0,40 m weiter nach außen rückt (Tab. 8.7).

**Tab. 8.7** Fahrbahnbreiten in Abhängigkeit von der Entwurfsgeschwindigkeit

| Strecken-gleise | Geschwindigkeit | Gleis-abstand | Gefahren-bereich | Randweg-breite | Fahrbahnbreite [m] | | |
|---|---|---|---|---|---|---|---|
| | | | | | bei SchO mit $D$ [mm] | | bei FF mit $D$ [mm] |
| [Anzahl] | [km/h] | [m] | [m] | [m] | $D = 0$ | $D = 160$ | $0 \leq D \leq 170$ |
| 2 S-Bahn | $V \leq 140$ | 3,80 | 2,40 | 0,80 | 10,20 | 10,50 | – |
| 2 | $V \leq 160$ | 4,00 | 2,50 | 0,80 | 10,60 | 11,00 | 10,60 |
| 2 | $160 < V \leq 200$[a] | 4,00 | 3,00 | 0,80 | 11,60 | 12,00 | 11,60 |
| 2 NBS | $200 < V \leq 300$ | 4,50 | 3,00 | 0,80 | 12,10 | 12,50 | 12,10 |
| 1 S-Bahn | $V \leq 140$ | – | 2,40 | 0,80 | 6,40 | 6,40 | – |
| 1 | $V \leq 160$ | – | 2,50 | 0,80 | 6,60 | 6,60 | – |
| 1 | $160 < V \leq 300$ | – | 3,00 | 0,80 | 7,60 | 7,60 | 7,60 |

[a] Ausnahmsweise auch für ABS mit $V \leq 230$ km/h zulässig

Grenzen Randwege an Flächen, die steiler als etwa 45° bzw. senkrecht abfallen und beträgt die Absturzhöhe mehr als einen Meter, sind Absturzsicherungen (z. B. Geländer) vorzusehen.

## 8.2.5 Abstand fester Anlagen von Gleismitte

Der Abstand fester Anlagen von Gleismitte ist die Summe aus Gefahrenbereich und Sicherheitsraum (Rand- bzw. Zwischenwegbreite) sowie bei überhöhten Gleisen der bogenaußen liegende Schotterbettfußpunkt (Tab. 8.8).

Steht fest, dass die Geschwindigkeit auf einem Hauptgleis im Bahnhof auf Dauer unter 160 km/h liegen wird, reicht ein kleinerer Gefahrenbereich aus (Tab. 8.9).

Neben stark überhöhten Gleisen mit Schotteroberbau darf bei Stützwänden und Lärmschutzwänden auf die sonst erforderliche Vergrößerung der Abstände an der Bogenaußenseite verzichtet werden, wenn der Randweg, zugleich Sicherheitsraum, etwa in Höhe der Schwellenoberkante verläuft (Abb. 8.11).

## 8.2.6 Lichte Weite und Höhe unter Überführungsbauwerken

Bei der Bemessung der lichten Weite unter Überführungsbauwerken sind die Regelmaße für die Fahrbahnbreite der freien Strecke lediglich als Mindestmaße anzusehen (Tab. 8.10). Sie enthalten noch keine Bautoleranzen. Die Maße bei Überhöhung gelten für Oberbau mit abgeböschtem Schotterbett. Wird die Standfläche des Sicherheitsraums auf Höhe der Schwellenoberkante angelegt, sowie bei Fester Fahrbahn, sind die Werte für $D = u = 0$ und 20 mm ausreichend. Im Bereich von Bahnhöfen soll zu Widerlagern, Stützen und dgl. ein Mindestabstand von 3,80 m

**Tab. 8.8** Regelabstand fester Anlagen von Gleismitte; Maße in [m]

| Überhöhung | Eingleisige Fernbahnen | | Eingleisige S-Bahnen |
|---|---|---|---|
| [mm] | $V \leq 160$ km/h | $V > 160$ km/h | $V \leq 140$ km/h |
| Bis 160 | 3,30 | 3,80 | 3,20 |

| Überhöhung | Zweigleisige Fernbahnen | | Zweigleisige Fernbahnen | | Zweigleisige S-Bahnen | |
|---|---|---|---|---|---|---|
| [mm] | $V \leq 160$ km/h | | $V > 160$ km/h | | $V \leq 140$ km/h | |
| | Bogeninnen | Bogenaußen | Bogeninnen | Bogenaußen | Bogeninnen | Bogenaußen |
| Bis 20 | 3,30 | 3,30 | 3,80 | 3,80 | 3,20 | 3,20 |
| 25–50 | 3,30 | 3,40 | 3,80 | 3,90 | 3,20 | 3,30 |
| 55–100 | 3,30 | 3,55 | 3,80 | 4,00 | 3,20 | 3,45 |
| 105–160 | 3,30 | 3,70 | 3,80 | 4,20 | 3,20 | 3,60 |

**Tab. 8.9** Abstand fester Anlagen von Gleismitte bei nicht überhöhten Gleisen mit $V \leq 160\,\text{km/h}$

| Geschwindigkeit [km/h] | Gefahrenbereich [m] | Sicherheitsraum [m] | Abstand fester Anlagen [m] |
|---|---|---|---|
| ≤ 140 | 2,40 | 0,80 | 3,20 |
| ≤ 120 | 2,30 | 0,80 | 3,10 |
| ≤ 90 | 2,20 | 0,80 | 3,00 |
| ≤ 50 | 2,00 | 0,80 | 2,80 |

**Tab. 8.10** Lichte Mindestweiten unter Überführungsbauwerken bei ein- und zweigleisigen Streckenabschnitten

| Überhöhung $D$ [mm] | Eingleisig [m] | | Zweigleisig [m] | | |
|---|---|---|---|---|---|
| | $V \leq 160\,\text{km/h}$ | $V > 160\,\text{km/h}$ | $V \leq 160\,\text{km/h}$ | $160\,\text{km/h} < V \leq 200\,\text{km/h}$ | $V > 200\,\text{km/h}$ |
| 0 und 20 | 6,60 | 7,60 | 10,60 | 11,60 | 12,10 |
| 160 | 6,60 | 7,60 | 11,60 | 12,00 | 12,50 |

**Tab. 8.11** Lichte Mindesthöhen unter Überführungsbauwerken bei Lichtraumprofil GC, $D = 0\,\text{mm}$ und Oberleitung mit 15 kV 16,7 Hz Wechselstrom

| Streckengeschwindigkeit $V$ [km/h] | Freie Strecke im Normalbereich der Kettenwerke [m] | Freie Strecke im Bereich von Nachspannungen, Streckentrennern, Bahnhöfen [m] |
|---|---|---|
| $V \leq 160$ | 5,70 | 6,15 |
| $160 < V \leq 200$ | 5,90 | 6,40 |
| $200 < V \leq 300$[a] | 6,70 | 7,20 |
| $200 < V \leq 300$[b] | 7,40 | 7,90 |

[a] Systemhöhe der Oberleitung: 1,10 m, Längsspannweite: 40 m
[b] Systemhöhe der Oberleitung: 1,80 m, Längsspannweite: > 40 bis 65 m

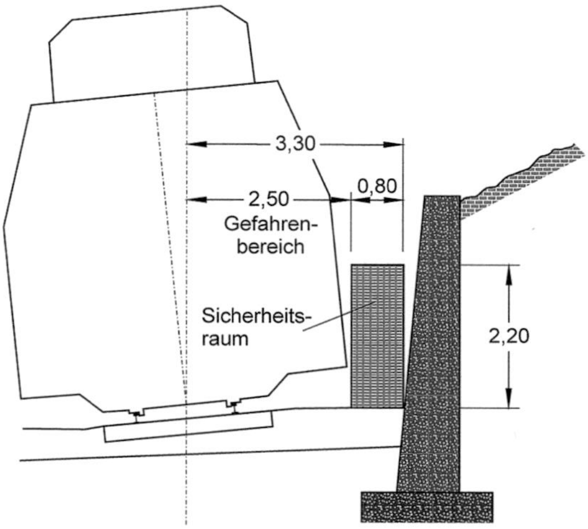


**Abb. 8.11** Abstand einer Stützwand bei verbreitertem Schotterbett und $V \leq 160\,\text{km/h}$; Maße in [m]

von der Gleismitte eingehalten werden. Bei Geschwindigkeiten bis 160 km/h darf dieser Abstand auf 3,30 m verringert werden, wenn die Standfläche des Sicherheitsraums (Randweg) auf Höhe der Schwellenoberkante angelegt wird.

Die lichte Bauwerkshöhe richtet sich nach dem Lichtraumprofil und bei elektrifizierten Strecken nach dem Stromsystem und der Systemhöhe der Oberleitungskonstruktion (Tab. 8.11).

Bei reinen S-Bahnstrecken mit Oberleitung soll eine lichte Höhe von 6,10 m freigehalten werden.

Sind elektrifizierte Gleise unter Bauwerken überhöht, muss die nach Tab. 8.11 erforderliche lichte Mindesthöhe um einen Wert von 2/3 der Überhöhung $D$ [mm] sowie bei geneigten Gleisen um 1,5 mm je Promille der Längsneigung $i$ (‰) vergrößert werden:

$$\Delta h = \frac{2}{3} D + 1{,}5 \cdot i \quad [\text{mm}]. \tag{8.1}$$

Bei den sich hiernach ergebenden lichten Bauwerkshöhen ist die Anordnung der Oberleitung sowie der Speise- und Verstärkungsleitungen unter Bauwerken ohne zusätzliche Nachweise möglich.

## 8.3 Streckenquerschnitte

### 8.3.1 Streckenquerschnitte auf Erdkörpern

Alle Streckenquerschnitte lassen sich je nach Entwurfsgeschwindigkeit und Oberbauart aus den in Abschn. 8.2.4 zusammengestellten Fahrbahnbreiten entwickeln. Beispielhaft sind hier nur Querschnitte für Gleisbögen mit großen Überhöhungen in zweigleisigen Strecken dargestellt (Abb. 8.12, 8.13 und 8.14). Weitere Darstellungen sind im Regelwerk der DB InfraGO AG zu finden.

### 8.3.2 Streckenquerschnitte auf Brücken und in Tunneln

Die Streckenquerschnitte auf Brücken und in Tunneln setzen sich aus Gleisabstand (4,00 bis 4,50 m), Gefahrenbereich (2,50 m bei $V \leq 160\,\text{km/h}$, 3,00 m bei $V > 160\,\text{km/h}$) und Sicherheitsraum (in Tunneln Breite $\geq 0{,}50$ m, auf Brücken $\geq 0{,}80$ m) zusammen. Innerhalb des Sicherheitsraums liegt der Randweg, der eine Breite von $\geq 1{,}20$ m aufweisen muss, was bei Tunneln vom Mindestlichtraum aus gemessen werden darf.

Bei Talbrücken mit Oberleitungsmasten zwischen Fester Fahrbahn und Randweg kann die Randwegbreite an diesen Masten etwas eingeschränkt werden. Wo der Einsatz von randwegfahrbaren Brückeninspektionsgeräten vorgesehen ist, müssen aber beide Randwege eine durchge-

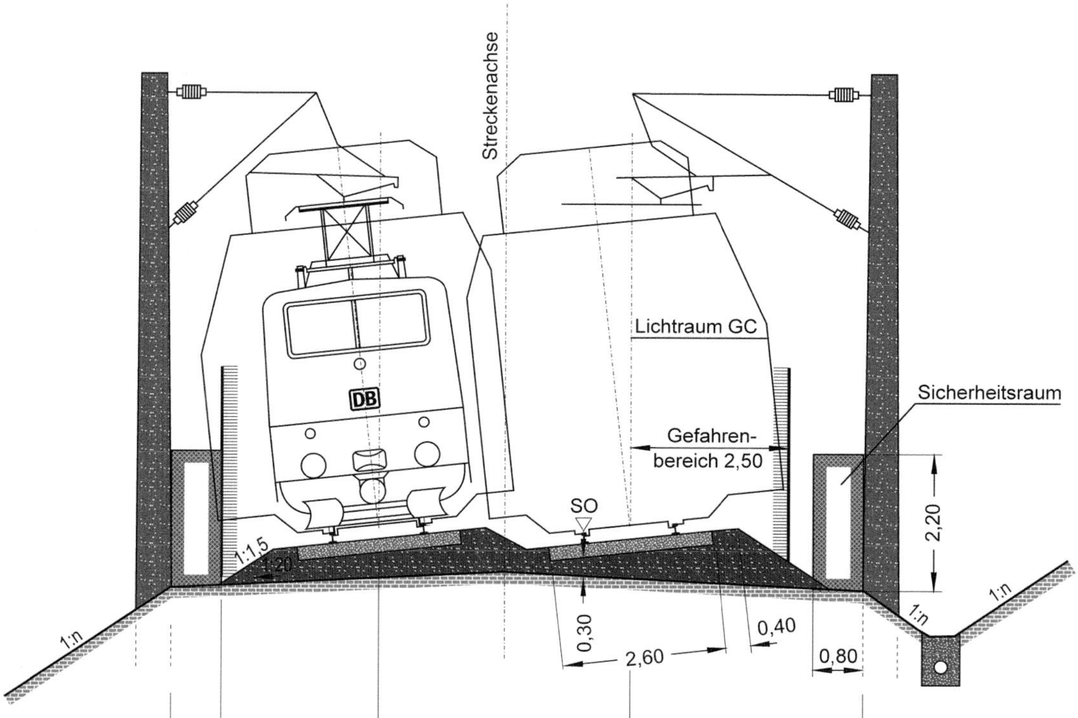


**Abb. 8.12** Streckenquerschnitt für $V \leq 160\,\text{km/h}$, Schotteroberbau, $D = 160\,\text{mm}$, Maße in [m]. 1) Maß ergibt sich aus der Verbreiterung des Schotterbetts aufgrund der Überhöhung

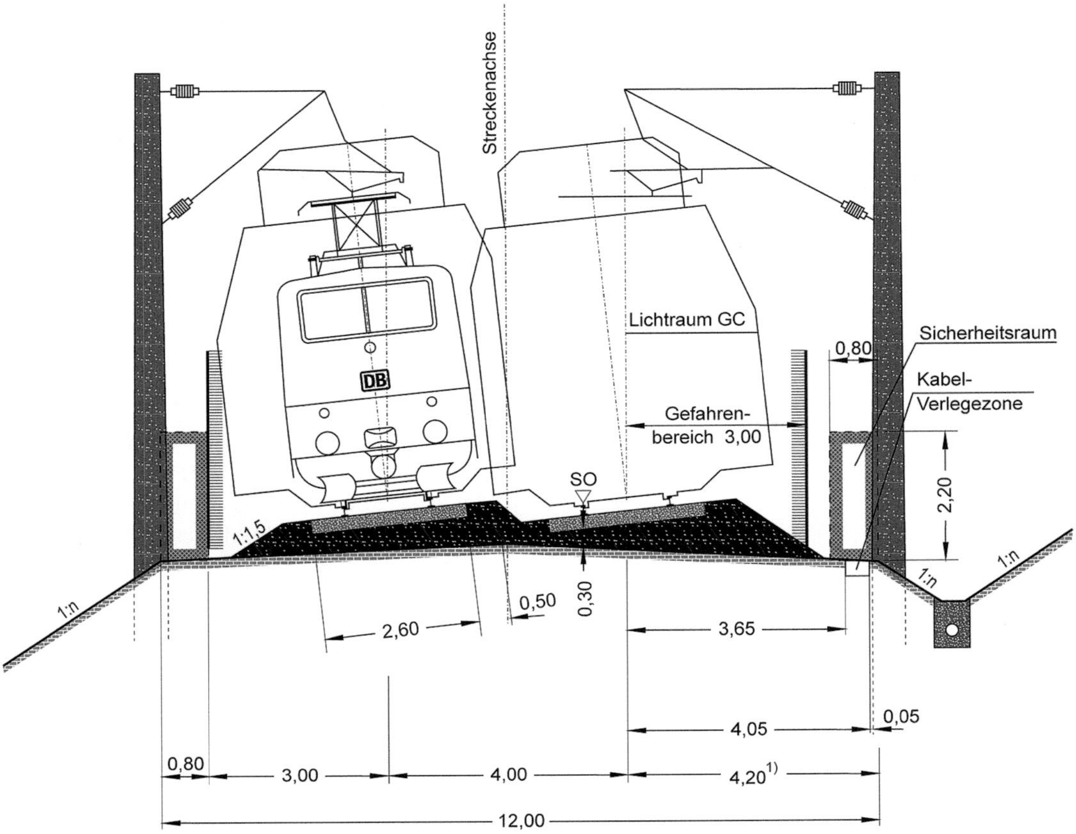


**Abb. 8.13** Streckenquerschnitt für 160 km/h < $V \leq 200$ km/h, Schotteroberbau, $D = 160$ mm, Maße in [m]. 1) Maß ergibt sich aus der Verbreiterung des Schotterbetts aufgrund der Überhöhung

hende Breite von ca. 1,20 m aufweisen (Abb. 8.15 und 8.16).

Tunnel werden entweder 2- oder eingleisig gebaut (Abb. 8.17 und 8.18). Ihre Querschnittsabmessungen richten sich nach aerodynamischen Gesichtspunkten, wobei aber die Gleisabstände und Sicherheitsabstände der freien Strecke erhalten bleiben. Bei eingleisigen Tunneln wird nur ein einseitiger Randweg vorgesehen und zwar entweder auf der Seite, auf der man die Querschläge zur benachbarten Tunnelröhre erreicht, oder dort, wo man über Notausstiege den Tunnel im Bedarfsfall verlassen kann. Am Ende längere Tunnel befindet sich ein Rettungsplatz, der auch bei Inspektions- und Wartungstätigkeiten für Fahrzeuge und Gerätschaften genutzt werden kann.

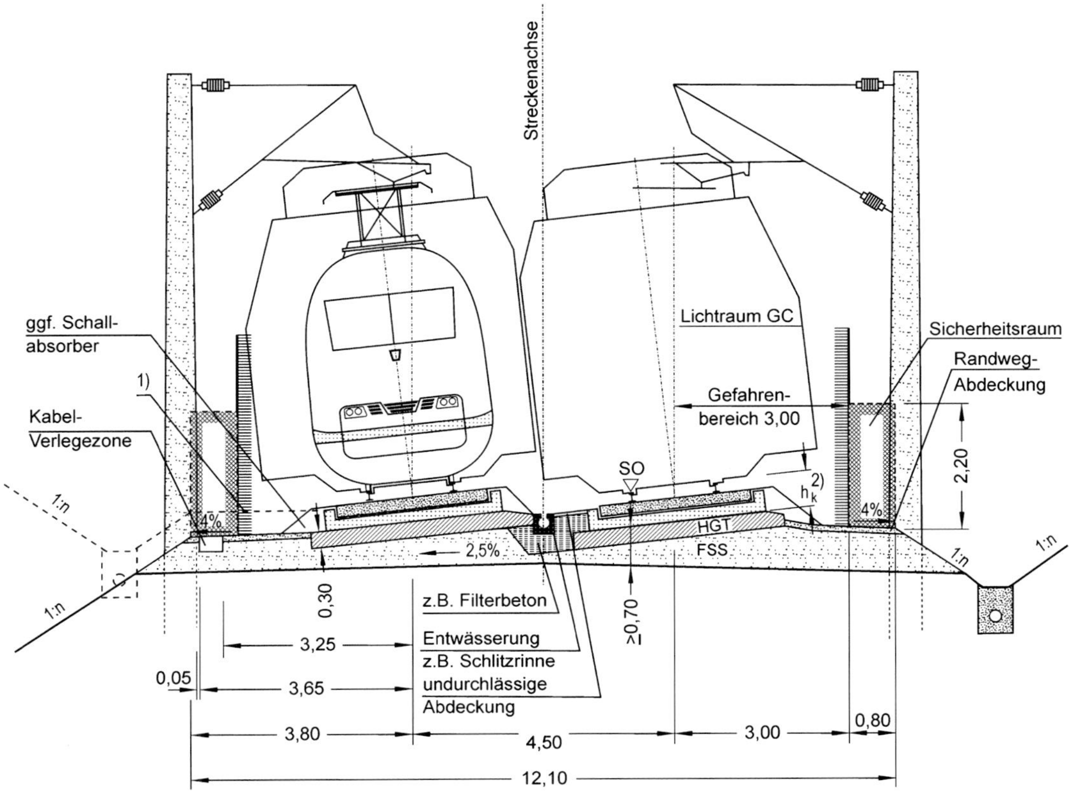


**Abb. 8.14** Streckenquerschnitt für 200 km/h < $V \leq$ 300 km/h, Feste Fahrbahn, $D$ = 170 mm, Maße in [m]

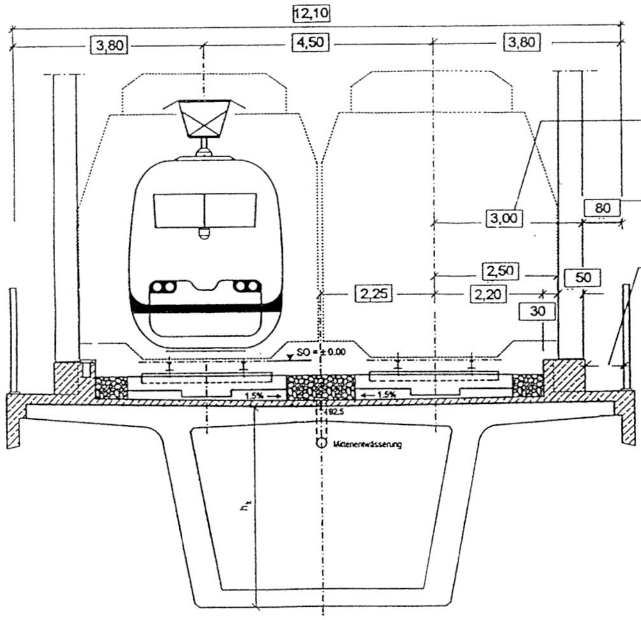


**Abb. 8.15** Regelquerschnitt einer Spannbeton-Hohlkasten-Deckbrücke, NBS 300 km/h

**Abb. 8.16** Hallerbach-Talbrücke auf der NBS Köln-Rhein/Main

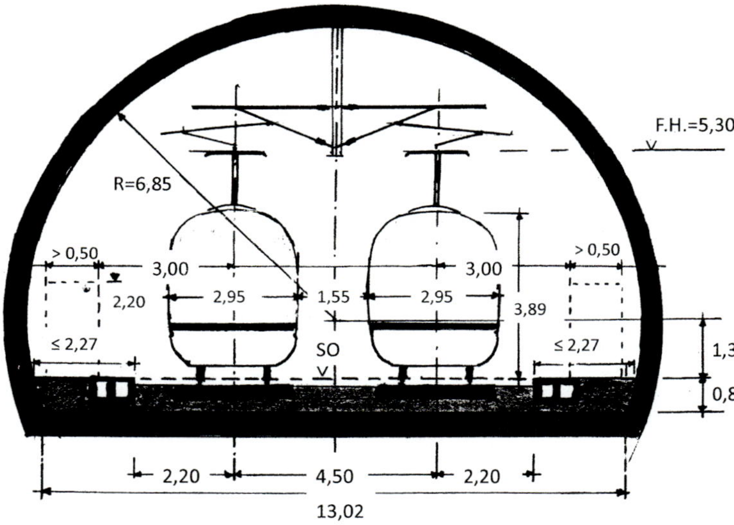


**Abb. 8.17** Zweigleisiger Tunnel einer Neubaustrecke, $V = 300\,\text{km/h}$. Nettofläche 92 $m^2$ über SO. Eingezeichnet ist der Querschnitt der ICE 3-Züge

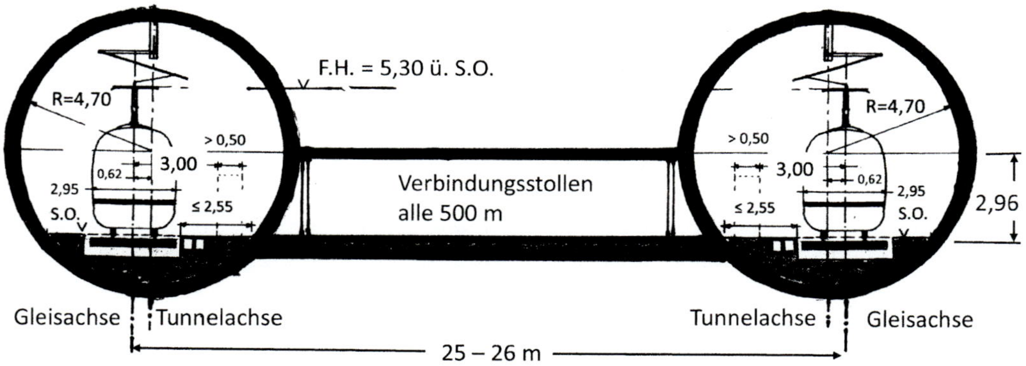


**Abb. 8.18** Regelquerschnitt eines 2-Röhren-Tunnels auf Neubaustrecken, $V = 300\,\text{km/h}$. Nettofläche ca. 61 $m^2$ über SO. Die Verbindungsstollen verfügen aus Sicherheitsgründen über Türen an beiden Enden

## 8.4 Bahnsteige

### 8.4.1 Gestaltungsgrundsätze

Die Gestaltung von Bahnsteiganlagen und ihren Zugängen richtet sich nach verkehrlichen Bedürfnissen und betrieblichen Vorgaben. Grundsätzlich sollen sie für alle Fahrgäste ohne Erschwernisse benutzbar sein, eingeschlossen Menschen mit eingeschränkter Mobilität, alte Menschen und Kinder. Für die Gestaltung der Zugänge gibt es verschiedene Möglichkeiten; jede hat Vor- und Nachteile (Tab. 8.12).

Bei Aufzügen oder Fahrtreppen müssen stets auch feste Treppenanlagen und Rampen vorgesehen werden, weil nur diese – auch als Flucht- und Rettungsweg – ständig verfügbar sind; sie sollen vor Witterungseinflüssen geschützt sein.

Bahnsteige sollen grundsätzlich an Gleisen mit geradem Verlauf oder bei Bogenradien $\geq 500$ m errichtet werden. Das ermöglicht:

- vertretbare Spaltbreite zwischen Bahnsteigkante und Einstiegsebene,
- geringe Querneigung des Wagenbodens während des Halts
- gute Sicht auf die Einstiegsbereiche für den Triebfahrzeugführer bzw. das Abfertigungspersonal,

Bahnsteiggleise mit einer Längsneigung $\geq 2{,}5\,‰$, mit Gleisbogenradien $< 500$ m und Überhöhungen $> 60$ mm wirken sich nachteilig auf die Einstiegsverhältnisse aus.

### 8.4.2 Abmessungen

Die Bahnsteignutzlänge variiert je nach Maximallänge der im Betriebsprogramm vorgesehenen Züge zwischen minimal 60 m (z. B. zweiteilige Triebwagen) und 405 m (größte Länge von Triebzügen im nationalen und internationalen Verkehr).

Bahnsteige sollen ein barrierefreies, bequemes, schnelles und sicheres Ein- und Aussteigen ermöglichen. Der Idealfall im Hinblick auf geringe Fahrgastwechselzeiten und mobilitätseingeschränkte Reisende ist ein stufenfreier Übergang zwischen Bahnsteig und Einstiegsbereich der Fahrzeuge mit einer rollstuhlgeeigneten Höhendifferenz und Spaltbreite. Dies ist nur in Teilnetzen erreichbar, zum Beispiel auf S-Bahn-Stammstrecken.

Die Höhe der Bahnsteigkante sollte etwas unterhalb der Einstiegsebene der Fahrzeuge oder ihrer untersten Trittstufe liegen (Tab. 8.13).

**Tab. 8.12** Bahnsteigzugänge

| Art des Zugangs | Vorteile | Nachteile |
|---|---|---|
| Höhengleiche Gleisquerung mit Anschlussrampen zum Bahnsteig<br>– seitlich innerhalb des Bahnsteigs (im Bestand)<br>– vor Kopf an den Bahnsteig angrenzend | Geringer Instandhaltungsaufwand<br>– kürzester Zugang, auch bei geringer Bahnsteigbreite<br>– barrierefrei, kurze Wege | Sichere Gleisquerung nur bei $V \leq 160$ km/h sowie bei begrenztem Zugverkehr und Reisendenaufkommen<br>– nur bei niedrigen Bahnsteigen (0,38 m über SO) möglich |
| Höhenfreie Gleisquerung (Unter- oder -überführung) mit Rampen ($\leq 6$ %) | – barrierefreier Zugang, geringe Betriebskosten, geeignet als Flucht- und Rettungsweg, ausfallsicher | Vorgeschrieben bei $V > 160$ km/h<br>– große Entwicklungslängen bzw. Wege |
| – Aufzüge | – Barrierefreier Zugang für alle | – Begrenzte Kapazität, nur zusätzlich zu festen Treppen;<br>– Erhöhte Betriebskosten, nicht ausfallsicher |
| – festen Treppen | – Bequemer Zugang auf kurzem Weg für Reisende ohne Mobilitätseinschränkung, große Kapazität | – Nicht geeignet für Mobilitätsbehinderte<br>– Unbequem für Reisende mit Fahrrädern und Kinderwagen |
| – Fahrtreppen | – Zur Kapazitätserhöhung fester Treppen | – Erhöhte Betriebskosten, nicht ausfallsicher |

**Tab. 8.13** Nennhöhen für den Bau von Personenbahnsteigen

| Nennhöhe bezogen auf die Laufebene [m] | Zulässigkeit nach EBO bzw. TSI | Barrierefreie optimierte Fahrzeuge (rollstuhlgerecht) | Bedingt barrierefreie Fahrzeuge (Trittstufe als Einstiegsebene) |
|---|---|---|---|
| 0,96 | Größte zulässige Höhe (nur für S-Bahnverkehr) | S-Bahnfahrzeuge mit ca. 1 m Wagenbodenhöhe im Einstiegsbereich | – |
| 0,76 | Regelhöhe (DB, TSI) | Fahrzeuge des Fern- und Regionalverkehrs sowie S-Bahnen mit ca. 0,8 m Wagenbodenhöhe im Einstiegsbereich | Unterste Trittstufe auf ca. 0,8 m |
| 0,55 | Regelhöhe (DB, TSI) | Fahrzeuge des Regional- und Fernverkehrs mit ca. 0,6 m Wagenboden- oder Trittstufenhöhe | Unterste Trittstufe auf ca. 0,6 m |
| 0,38 | Niedrigste zulässige Höhe | Niederflurfahrzeuge mit ca. 0,35 m Wagenbodenhöhe im Einstiegsbereich | Unterste Trittstufe auf ca. 0,4 m |

Die Einbaumaße für Bahnsteigkanten berücksichtigen die Bewegungen der Fahrzeuge sowohl beim Vorbeifahren als auch beim Halt sowie Gleislageunregelmäßigkeiten und Bautoleranzen des Oberbaus. Außerdem enthalten sie Einbautoleranzen. Die Abstände der Bahnsteige von der Gleisachse hängen darüber hinaus von der Höhe der Bahnsteigkante, ihrer Anordnung am Außen- oder Innenbogen sowie dem Gleisbogenradius und der Überhöhung des Bahnsteiggleises ab. Bei hohen Bahnsteigkanten sollte die Breite des Spaltes zwischen Trittstufe und Bahnsteigkante aus Sicherheitsgründen minimiert werden (Abb. 8.19).

Die Mindestbreite der Personenbahnsteige (Abb. 8.20) richtet sich nach:

- der Bahnsteiganordnung (Außen- oder Mittelbahnsteig),
- dem Gefahrenbereich bei Zugdurchfahrten,
- der Breite der Bahnsteigzugänge und Einbauten (Treppenanlagen, Rampen, Aufzüge, Einhausungen und Warteräume) sowie nach deren Abstand von der Bahnsteigkante,
- dem Fahrgastaufkommen (Anzahl Gehspuren von 0,80 m Breite, bei Treppenanlagen i. d. R. mindestens drei Gehspurbreiten) und
- den barrierefreien Durchgangsbreiten neben Einbauten (i. d. R. mindestens zwei Gehspuren, für Rollstuhlnutzung in verengten Bereichen mindestens 1,20 m außerhalb des Gefahrenbereichs).

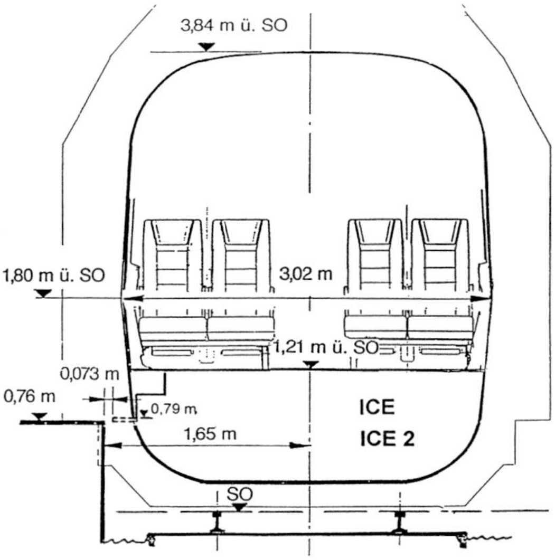


**Abb. 8.19** ICE 1 und ICE 2 an einer Bahnsteigkante im geraden Gleis

Die Längsneigung neuer Bahnsteige soll 2,5 ‰ nicht überschreiten. Bahnsteige ohne Überdachung müssen ein Quergefälle von ca. 2 % vom Gleis weg erhalten.

Der Abstand der Bahnsteigkanten von der Gleisachse beträgt ungefähr 1,65 m. Der Gefahrenbereich wird von Gleisachse aus gemessen angenommen zu:

- 2,50 m bei $V \leq 160\,\text{km/h}$,
- 3,00 m bei $160\,\text{km/h} < V \leq 200\,\text{km/h}$ und
- 3,70 m bei $200\,\text{km/h} < V \leq 230\,\text{km/h}$.

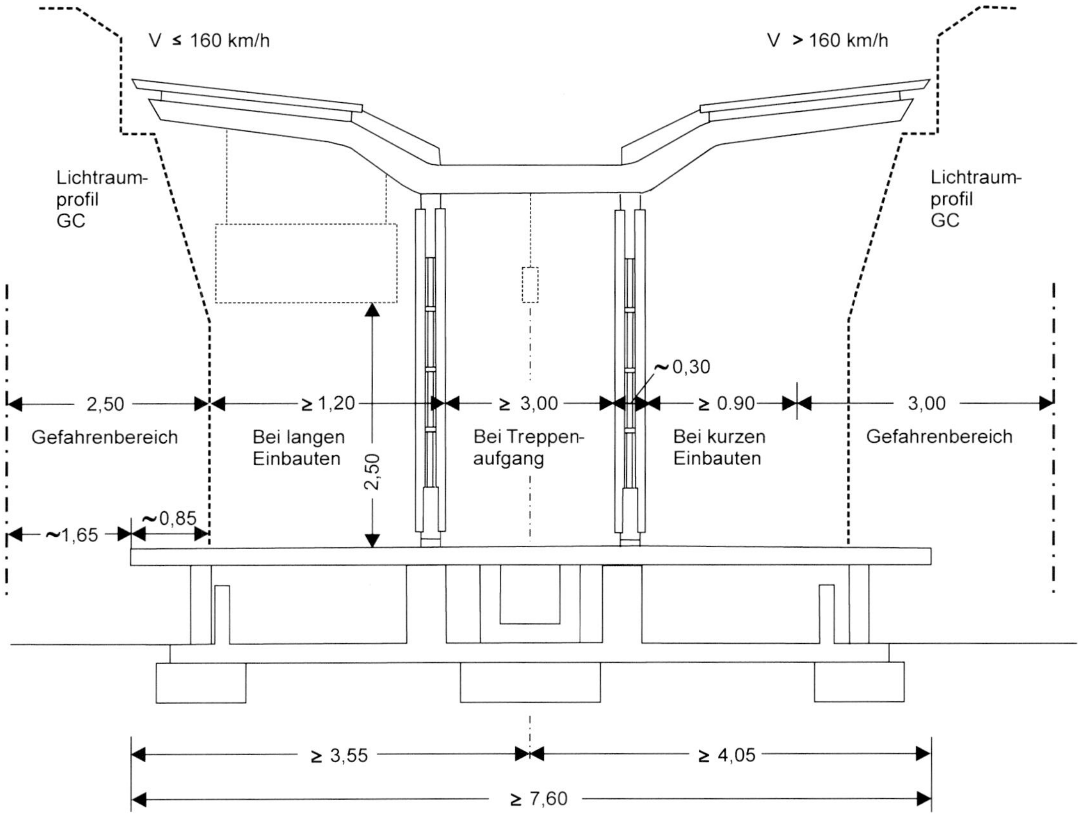


**Abb. 8.20** Querschnitt durch einen Mittelbahnsteig mit Treppenzugang; Maße in [m]

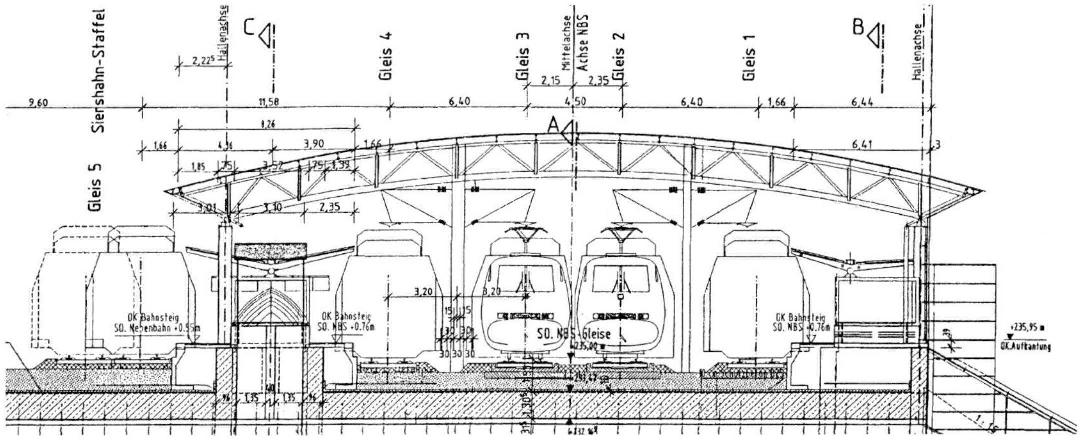


**Abb. 8.21** Bahnhof Montabaur, Schnellfahrstrecke Köln-Rhein/Main, Querschnitt. Quelle: DB Projekt K-R/M

Darüber hinaus ist die Vorschrift der EBO (§ 13 Abs. 2) zu beachten, dass feste Gegenstände auf Personenbahnsteigen (z. B. Säulen) bis zu einer Höhe von 3,05 m über Laufebene mindestens 3,00 m von der Gleismitte entfernt sein müssen.

Befindet sich am Bahnsteigende kein öffentlicher Zugang und beträgt die Geschwindig-

**Abb. 8.22** Durchfahrt eines ICE 3 durch den Bahnhof Montabaur mit 300 km/h. Foto: DB

keit durchfahrender Züge höchstens 160 km/h, dürfen Außenbahnsteige im Endbereich bis auf 2,00 m Breite verjüngt werden. Wenn jedoch die Regelungen der TSI-PRM anzuwenden sind, darf die Mindestbreite von 2,50 m dort nicht unterschritten werden.

Die Anordnung von Bahnsteigen an Gleisen, die mit mehr als 200 km/h befahren werden, ist nur beim Ausbau vorhandener Strecken bis zu einer Durchfahrgeschwindigkeit von 230 km/h zulässig, wenn der aus aerodynamischen Gründen verbreiterte Gefahrenbereich durch ein unterbrochenes festes Geländer gegen den Aufenthaltsbereich auf dem Bahnsteig abgegrenzt ist. Bei neuen Hochgeschwindigkeitsstrecken dürfen Bahnsteige grundsätzlich nicht an die durchgehenden Hauptgleise gelegt werden (Abb. 8.21 und 8.22).

## Literatur

1. EN 15273-1 bis 4 (2022/2024)
2. Eisenbahnbau- und Betriebsordnung (EBO) vom 8. Mai 1967, Ausgabe 1992
3. Jänsch E (2023) Begrenzungslinien für Eisenbahnfahrzeuge und Lichträume. ETR – Eisenbahntech Rundsch 3/2023:52–55 und 5/2023:62–66
4. Delvendahl H (1976) Die kinematische Begrenzung der Fahrzeuge als neu vereinbarte internationale Fahrzeugbegrenzung. In: Archiv für Eisenbahntechnik (AET) 31. Tetzlaff, Darmstadt, S 9–30
5. Jacobs K, Mittmann W (1993) Neue Lichtraumbestimmungen auf kinematischer Grundlage – Regeln, Auswirkungen, Perspektiven. In: Heinisch R, Koch P, Kracke R, Rahn T (Hrsg) Edition ETR – Erstellen und Instandhalten von Bahnanlagen. Hestra, Darmstadt, S 241–249

# 9 Trassierung und Gleisplangestaltung

Fabian Walf

## 9.1 Einleitung

Linienführung und Trassierung sind die beiden gebräuchlichsten Begriffe in Deutschland für einerseits die grundsätzliche Anordnung des (Eisenbahn-)Fahrweges als Korridor, Strecke und Gleis im Raum und andererseits für seine konkrete Gestaltung im Detail. Der Trassierung kommt in allen Planungsphasen besondere Bedeutung zu:

- In frühen Planungsphasen kann sie beispielsweise dafür entscheidend sein, ob Korridore grundsätzlich infrage kommen oder ob verkehrlich-betriebliche Ziele erreichbar sind.
- In späteren Planungsphasen und ggf. sogar noch während der Realisierung[1] können mittels „Feinschliff" insb. die Leistungsfähigkeit maximiert, Betroffenheiten reduziert oder die Wirtschaftlichkeit gesteigert werden (Nutzensteigerung und/oder Kostensenkung).

Dies gilt sowohl für Neu- und Ausbauten als auch die Erneuerung bestehender Gleisanlagen, die auf Basis einer optimierten Trassierung deutlich besser den aktuellen Anforderungen gerecht werden können.

Der Fahrweg ist im System „Eisenbahn" folglich mitnichten nur ein Kostentreiber, sondern bestimmt in Abhängigkeit von seiner Gestaltung und damit auch in Abhängigkeit von der Trassierung maßgeblich den erzielbaren Nutzen. Dieser Sachverhalt wurde in den letzten Jahr(zehnt)en mitunter massiv unterschätzt, so dass regelmäßig

- „billige" Trassierungen mit geringem Nutzen und/oder hohen Kosten (also fahrdynamisch und gestalterisch nicht ausoptimiert, (zu) geringe Geschwindigkeiten etc.)

und nicht

- „preiswerte" Trassierungen, ggf. sogar mit geringfügig höheren Planungs- bzw. Baukosten, dafür jedoch mit (deutlich) größerem Nutzen (z. B. höhere Geschwindigkeiten bzw. kürzere Fahrzeiten, größere Nutzlängen, weniger Eingriffe etc.)

umgesetzt wurden.

Dabei entfaltet ein „Feinschliff" an der Trassierung nicht nur verkehrlich-betrieblichen Nutzen, sondern kann auch ein überdurchschnittlich gutes Nutzen/Kosten-Verhältnis aufweisen: Während bei Großprojekten im Eisenbahnsektor aus volkswirtschaftlicher Sicht (auf Basis der derzeitigen Berechnungsmethoden) nur selten Nutzen/Kosten-Quotienten > 10 ausgewiesen werden, legen Beispiele aus der jüngeren Vergangenheit nahe, dass der Nutzen/Kosten-Quotient von Trassie-

F. Walf (✉)
DB InfraGO AG, Berlin, Deutschland

[1] Vgl. hierzu eindrucksvolle Beispiele wie die Umplanung der Einbindung der Neubaustrecke Wendlingen–Ulm in den Ulmer Hauptbahnhof während der laufenden Arbeiten, beschrieben u. a. in [1] und insb. [2].



J. Holzfeind, J. Liu, F. Pospischil (Hrsg.), *Handbuch Eisenbahninfrastruktur*,
https://doi.org/10.1007/978-3-662-68960-8_9

rungsoptimierungen bei derselben Berechnungsmethode um den Faktor 100 höher liegen kann.[2]

Es ist daher nicht nur mit Blick auf die angestrebte Verkehrswende geboten, dem Thema Trassierung in der Planung deutlich mehr Aufmerksamkeit als bislang zu widmen und ggf. verschiedene Trassierungsvarianten auch im Detail ausführlich zu betrachten; so, wie dies in anderen Gewerken, z. B. dem konstruktiven Ingenieurbau, längst üblich ist.

Dieses Kapitel beschreibt im Wesentlichen zum einen die technischen Grundlagen bzw. den Rahmen, in dem ein Fahrweg sicher und richtlinienkonform gestaltet werden kann („Spielfeld“ und „Spielregeln“).[3] Der Fokus liegt auf Deutschland; fallweise wird aber auch auf die Unterschiede der Regelungen in verschiedenen Ländern explizit eingegangen.

Zum anderen werden grundlegende Prinzipien für die Gestaltung einer bedarfsgerechten und leistungsfähigen Infrastruktur erläutert (üblicherweise erfolgversprechende „Spielstrategien“ und „Spielzüge“).

Das folgende Kap. 10 geht darüber hinaus auf das Wechselspiel der trassierungsseitigen Möglichkeiten mit den konkreten verkehrlich-betrieblichen Anforderungen ein („Spielanalyse“).

► **Anmerkung in eigener Sache** Trotz seiner enormen Bedeutung für das System Bahn wird das Thema Trassierung leider oft als abschreckend („viele komplizierte Formeln“) oder als reines Vermessungsthema wahrgenommen. Viele Zusammenhänge erschließen sich jedoch völlig ohne Formeln. Und gerade im Zusammenspiel zwischen Trassierung und verkehrlich-betrieblichen Aspekten spielen, wenn überhaupt, nur einige wenige und einfache Formeln eine Rolle. Zudem bieten mittlerweile vielfältige Software-Produkte Unterstützung beim Trassieren.

Insofern bietet das Thema allen, die sich überhaupt darauf ein- und nicht abschrecken lassen, ein sehr interessantes, wichtiges und – in Anbetracht eleganter Trassierungen – oft auch im wahrsten Sinne des Wortes schönes Betätigungsfeld.

► **Hinweis** Das Handbuch ersetzt weder die jeweils gültigen Regelwerke noch geht es auf alle darin beschriebenen Fälle ein. Vielmehr greift das Handbuch die im „Trassierungsalltag“ überwiegend relevanten Situationen bzw. Regelungen vertiefend auf.

## 9.2 Grundlagen

Die Trassierung eines (Eisenbahn-)Fahrweges umfasst in der Regel drei Kernelemente, die sich überlagern:

1. Gleisachse im Raum – Aufriss: vertikale Gestaltung („Gradiente“)
2. Gleisachse im Raum – Grundriss: horizontale Gestaltung
3. Überhöhung, die in der Regel gemeinsam mit dem Grundriss trassiert wird: Höhendifferenz beider Schienen bezogen auf die bogeninnere Schiene; bei den deutschen Eisenbahnen wird diese üblicherweise durch Anheben der bogenäußeren Schiene als „Bogeninnenranddrehung“ hergestellt, in anderen Ländern bzw. bei anderen spurgeführten Verkehrssystemen auch durch Mittendrehung, Absenken der bogeninneren Schiene oder Schwerpunktdrehung.

Mit zunehmendem Einsatz von BIM[4] und echten 3D-Werkzeugen verbessern sich zwar die Möglichkeiten einer integrierten und perspektivisch ggf. sogar (teil)automatisierten[5] Gestaltung aller drei Kernelemente. Und beispielsweise in überhöhten Weichenbereichen oder bei der Gestaltung kreuzungsfreier Streckenverknüpfungen ist

[2] Beispiele aus der Praxis: Wird Dank einer relevanten Fahrzeitverkürzung im Schienenpersonenfernverkehr ein volkswirtschaftlicher Nutzen mit einem monetären Gegenwert in dreistelliger Millionenhöhe (€) durch (Planungs-)Kosten von lediglich mehreren 10.000 € ermöglicht, entspricht dies einem Nutzen/Kosten-Quotienten von über 1000.

[3] Vgl. hierzu auch die korrespondierenden technischen Kapitel, u. a. Kap. 4 „Weichen“.

[4] Building Information Modelling.

[5] Vgl. u. a.: https://bmdv.bund.de/SharedDocs/DE/Artikel/DG/mfund-projekte/trim.html sowie [3].

es ohnehin unabdingbar, im Sinne guter Lösungen Auf- und Grundriss gleichzeitig zu betrachten. Gleichwohl beschreibt das Regelwerk Auf- und Grundriss nach wie vor weitgehend getrennt und ermöglicht so auch die zunächst weitgehend getrennte Trassierung der beiden Perspektiven.

Neben den drei Achsen des *Raumes* wird im Hinblick auf fahrdynamische Betrachtungen in der Regel auch ein Koordinatensystem mit drei senkrecht zueinander stehenden Achsen bezogen auf die Ebene des *Gleises* aufgespannt:

- $x$-Achse entlang des jeweiligen Gleises (aufsteigende Kilometrierung),
- $y$-Achse quer zwischen beiden Schienen,
- $z$-Achse senkrecht über dem (ggf. überhöhten oder geneigten) Gleis.

Beim Bau der ersten Eisenbahnen war die größte, verkehrlich-betrieblich sinnvoll nutzbare bzw. beherrschbare Längsneigung meist ausschlaggebend für die Trassenwahl, um Tunnel und andere aufwendige Kunstbauwerke zu vermeiden oder zumindest einzukürzen. Mitunter war zwar auch der kleinste Bogenradius bereits von Bedeutung; jedoch zunächst weniger wegen der geplanten Geschwindigkeit, als vielmehr hinsichtlich der Lauffähigkeit der Lokomotiven in den Bögen. In Summe stand daher zunächst oft die Betrachtung der Gradiente im Fokus.[6]

Relativ bald hatten sich im Adhäsionsbetrieb größte Längsneigungen von etwa 25 ‰[7] als Standard für Strecken im Mittel- und Hochgebirge sowie von etwa 10–12 ‰ im Flachland durchgesetzt; auf Nebenstrecken kamen auch größere Längsneigungen vor: meist bis zu 40 ‰, vereinzelt auch bis zu etwa 60 ‰ (vgl. [4]). Noch steilere Längsneigungen führten üblicherweise zum Einsatz von Zahnrad- oder Seilbahnen.

Die Festlegung in der Eisenbahn-Bau- und Betriebsordnung (damalige Abkürzung BO, heutige Abkürzung EBO) von 1928 auf 12,5 bis max. 25 ‰ bei Hauptbahnen und 40 ‰ bei Nebenbahnen orientierte sich daher offensichtlich am Bestand des damals weitgehend fertiggestellten Eisenbahnnetzes in Deutschland, vgl. [4] bzw. [5]. Gerade im Güterverkehr können allerdings lange Steigungsabschnitte mit lediglich 12,5 ‰ bereits zu steil sein, um die heute üblichen Zuggewichte ohne zusätzliches Triebfahrzeug bewältigen bzw. die gewünschten sogenannten Grenzlasten gewährleisten zu können.

Mit der fortschreitenden technischen Entwicklung und angesichts einer zunehmenden Konkurrenz durch andere Verkehrsmittel rückten höhere Geschwindigkeiten und damit die Trassierung im Grundriss immer stärker in den Fokus. Das Ermöglichen hinreichend großer Bogenradien ist daher heute mindestens genauso wichtig und herausfordernd (und insb. im Bestandsnetz oft geschwindigkeitslimitierend) wie die Beachtung der mindestens zu gewährleistenden Grenzlasten vor allem im Güterverkehr.

Auch wenn die „raumgreifenden" Strecken zwischen den Knoten erst die eigentliche Ortsveränderung ermöglichen, ist die Gestaltung der Knoten – sowohl zur Verknüpfung verschiedener Korridore und Strecken als auch entlang eines Korridors bzw. einer Strecke – aus verkehrlich-betrieblicher und damit auch aus trassierungstechnischer Sicht mindestens ebenso wichtig und oft entscheidend für die Leistungsfähigkeit ganzer (Teil-)Netze. Daher erfordern die Knoten besonderes Augenmerk hinsichtlich der Gestaltung des Spurplans, der Anordnung und Wahl der Weichen bis hin zu Überwerfungsbauwerken und der Gestaltung der Behandlungsanlagen und Bahnsteige einschließlich ihrer Zuwegungen (siehe auch Kap. 10).

Über allem steht selbstverständlich das Ziel, ein sicheres Verkehrssystem zu gestalten. Auch wenn dies im Folgenden nicht immer explizit ausgeführt wird, so bestimmt dieses Ziel dennoch maßgeblich die Grenzen einer jeden Trassierung und eines jeden (trotz dieses „globalen" Ziels bzw. der weltweit einheitlichen Physik oft länderspezifischen) Regelwerks.

[6] Auf diesen historischen Zusammenhang geht letztlich die Gliederung dieses Kapitels zurück, auch wenn heutzutage die Grundriss- und Überhöhungsgestaltung oft an erster Stelle stehen.

[7] Die Längsneigung wird bei Eisenbahnen üblicherweise in promille angegeben; 1 ‰ = 0,1 %.

## 9.3 Gradientengestaltung

### 9.3.1 Längsneigung außerhalb von Stationen

Die Eisenbahn-Bau- und Betriebsordnung (EBO) von 1967 [6] fordert, dass die Längsneigung auf der freien Strecke von Hauptbahnen bei Neubauten 12,5 ‰ nicht überschreiten soll. Soweit heute eine für Personen- *und* Güterverkehr geeignete Strecke gebaut wird, ist dieser Wert nach wie vor als zweckmäßige obere Grenze anzusehen.[8]

Das Einhalten dieses Wertes ist jedoch keinesfalls hinreichend, um die verkehrlich-betrieblich üblicherweise gewünschten Grenzlasten zu ermöglichen; hierfür sollten eher 8,0 ‰ angestrebt werden, wobei zur Einkürzung von Überwerfungsbauwerken auf kurzen Abschnitten durchaus höhere Werte trassiert werden können, wenn dort nicht mit einem Halt von Zügen zu rechnen ist bzw. „Schwungfahrten" möglich sind. Nicht nur im Bereich des Verkehrsprojektes Deutsche Einheit Nummer 8 (VDE 8) wurden auf kurzen Abschnitten auch steilere Neigungen als 12,5 ‰ trassiert.[9]

Das heißt: Beim Entwurf neuer Teilabschnitte in einem vorhandenen Netz genügt es nicht, einen allgemein vorgegebenen Grenzwert einzuhalten; vielmehr ist die Längsneigung nach Zuggewichten und beabsichtigter Traktion zu wählen. Dabei ist zu berücksichtigen, dass moderne, (quasi)kontinuierlich arbeitende Zugsicherungssysteme bis hin zum „moving block" die Anzahl betrieblich relevanter Haltplätze deutlich vermehren können im Vergleich zu früheren Systemen mit punktförmigen Signalen und dezidierten Halteplätzen. Bei Ausbauten sowie umfassenden Erneuerungen im Bestandsnetz ist daher auch das Abflachen von die Grenzlast limitierenden Anstiegen zu prüfen.[10]

Bei artreinen Strecken für den Personenverkehr kommen dagegen bei Neubaustrecken Längsneigungen bis zu 35–40 ‰ in Betracht, um Kunstbauten zu vermeiden oder aber bei sehr begrenzten Platzverhältnissen die verkehrlich-betrieblichen Ziele überhaupt erreichen zu können.

Bei allen Verkehrsarten (Güterverkehr, Nah- und Fernverkehr, Hochgeschwindigkeitsverkehr (HGV)) sollte, wann immer möglich, versucht werden, vom Energieerhaltungssatz zu profitieren und kinetische Energie (Bewegungsenergie) in potentielle Energie (Höhenenergie) umzuwandeln (bergauf langsamer werden) bzw. umgekehrt (bergab schneller werden).[11]

Die Chance, potentielle in kinetische Energie wandeln zu können, kann insb. im Umfeld planmäßig oder zumindest regelmäßig operativ genutzter Halteplätze sowohl im Güter- wie im Personenverkehr als „Booster" für schnelleres Beschleunigen und somit zur Verflüssigung des Betriebsablaufs genutzt werden: So können ober- wie unterirdische Bahnsteige vorzugsweise höher als der folgende Streckenabschnitt angeordnet werden, um die idealtypische Anordnung von Untergrundbahnen zu imitieren (vgl. Abb. 9.1). Und auch im Bereich von Vereinigungen zweier Fahrwege (z. B. am Ende eines Überhol- oder Synchronisationsgleises) wirkt ein Gefälleabschnitt positiv auf die Leistungsfähigkeit.

Im Falle von Überwerfungsbauwerken folgt daraus: Das Gleis, in dem ein Halt von Zügen wahrscheinlicher ist, sollte „oben" trassiert werden. Jenes, in dem seltener mit vor der Fahrwegvereinigung haltenden Zügen zu rechnen ist, sollte „unten" trassiert werden.

[8] Beispiele hierfür sind die Anfang der 1990er Jahre in Betrieb genommenen Schnellfahr-Strecken Mannheim–Stuttgart und Hannover–Würzburg.

[9] Dies widerspricht früheren, inzwischen überholten Grundsätzen des Eisenbahnbaus, die mit Vorrang eine über lange Streckenabschnitte gleichbleibende, minimale Längsneigung forderten. Das war auch sinnvoll, solange die Grenzlast der mit Dampflokomotiven bespannten Züge so bemessen war, dass diese in Steigungsstrecken nur mit „Übergangsgeschwindigkeit" fahren konnten bzw. nicht zur Kapazitätsschonung schneller fahren mussten; also so langsam, dass bei größter Leistung des Triebfahrzeugs die Haftwertzugkraft voll ausgenutzt wurde. Bedingt durch die geringe kinetische Energie war es deshalb kaum möglich, zusätzliche Steigungen mit Schwung zu überwinden vgl. [4].

[10] Beispiel: „Piracher Berg" zwischen Mühldorf bzw. Tüßling und Burghausen im Zulauf auf das bayerische „Chemiedreieck".

[11] Beispiele für entsprechend Passagen im Hochgeschwindigkeitsverkehr sind die französische Strecke Paris–Lyon und die deutsche Strecke Köln–Frankfurt.

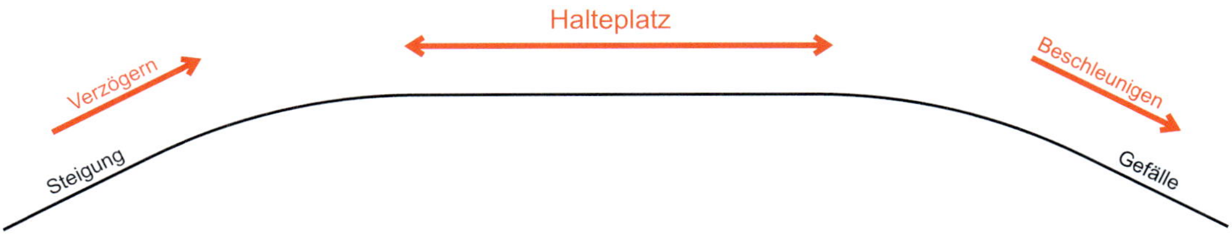


**Abb. 9.1** Geschickte Gradientengestaltung zur Nutzung potentieller Energie. (Quelle: eigene Darstellung)

Selbstverständlich kann dieses „Booster"-Prinzip unabhängig von Halteplätzen auch während der Fahrt genutzt werden, wenn Gefälleabschnitte hinter einem Geschwindigkeitswechsel nach oben (Ziel: schnelleres Beschleunigen) bzw. vor einem Geschwindigkeitswechsel nach unten (Steigung unterstützt die Verzögerung) angeordnet werden, wie dies beispielsweise beim Pfaffensteigtunnel durch integrierte Planung von Grund- und Aufriss erfolgte, vgl. [7].

► **Hinweis**[12] In Bögen mit kleinen Radien ist der Bogenwiderstand (Krümmungswiderstand) zusätzlich zum Neigungswiderstand zu berücksichtigen. Er wird einer Steigung gleichgesetzt und in Promille ausgedrückt. In der Literatur (vgl. beispielsweise [8]) sind verschiedene Formeln zur Berechnung des Bogenwiderstands, z. T. abhängig von fahrzeugspezifischen Daten, angegeben. Nach *Röckl* gilt z. B. für Hauptbahnen mit Normalspur und dem Bogenradius $r$:

$$w_K = \frac{650}{r - 55} \quad (\text{in ‰}, \ r \text{ in m}).$$

Bei Radien von etwa 300 m und darüber unterscheiden sich die nach den verschiedenen Quellen errechneten Bogenwiderstände nur wenig voneinander; sie betragen hier etwa 2,6–2,8 ‰, bei kleineren Bogenradien sind die Unterschiede etwas größer.

Wird auf einer Strecke der Bogenradius vergrößert, so kann die Längsneigung aufgrund des reduzierten Bogenwiderstands in den Bögen entsprechend erhöht werden. In der Praxis wird diese Möglichkeit z. B. bei Linienverbesserungen auf steilen Gebirgsstrecken genutzt.

Der Bogenwiderstand wirkt jeweils nur auf den Teil des Zuges, der sich in der Kurve befindet. Für eine grobe Abschätzung genügt es, nur eine der üblichen Faustformeln (z. B. die oben angegebene Formel von *Röckl*) zu benutzen.

In der heutigen Praxis stehen leistungsfähige Berechnungstools zur Verfügung, die alle Einflussfaktoren bei der Fahr(zeug)dynamik berücksichtigen und direkt die für eine spezifische Zugspezifikation zulässige Grenzlast ausweisen. Unter Nutzung dieser Tools ist es möglich, die Trassierung im Aufriss so zu optimieren, dass die zulässige Grenzlast an den betrieblich relevanten Stellen nutzenstiftend maximiert werden kann.

### 9.3.2 Längsneigung in Stationen

In Stationen und Bahnhöfen sind bei der Wahl der Längsneigung verschiedene Aspekte zu berücksichtigen: Die EBO 2019 [6] erlaubt in Bahnhöfen auch bei Neu- und Ausbauten eine Längsneigung von bis zu 2,5 ‰. Ursprung dieser Begrenzung war das Ziel, dass sich Fahrzeuge auch dann nicht unbeabsichtigt in Bewegung setzen sollten, wenn sie während der Zugbildung oder bei der (Wende-)Bremsprobe ungebremst sind. Laut [4] wird diese Festlegung allerdings häufig mit der Begründung kritisiert, dass das Abrollen moderner Fahrzeuge aufgrund ihres geringeren Rollwiderstands dadurch nicht verhindert werden kann. Absolut zu verhindern wäre dies selbst bei horizontalen Gleisen nicht, (z. B. im Falle leerer Waggons und Wind aus „geeigneter" Richtung), so dass abgestellte Fahrzeuge immer gegen

[12] Vgl. [4].

Entlaufen gesichert werden müssen, zumal im Bestand vielfach auch größere Längsneigungen als 2,5 ‰ anzutreffen sind.

Die eingeschränkte Längsneigung der Bahnhofsgleise wird üblicherweise nur für den Bereich gefordert, in dem Fahrzeuge abgestellt werden oder Züge planmäßig halten. In den Weichenbereichen sind größere Längsneigungen meist nicht vermeidbar. Solche Ausnahmefälle sind in der EBO (im Gegensatz zur früheren BO) zwar nicht mehr ausdrücklich erwähnt, sind aber im Sinne des Systems Bahn nach wie vor als zulässig anzusehen (ebd.). Beispielsweise in Rangierbahnhöfen mit Ablaufberg sind sie sogar systemimmanent erforderlich.

Soweit Längsneigungen von mehr als 2,5 ‰ in Bahnhöfen geplant werden sollen, müssen besondere betriebliche Regelungen, z. B. für das Kuppeln und Abkuppeln, Abstellen von Wagen, Festlegen der Bremsen bei längerem Stillstand usw. getroffen werden. Bei Stationen, an denen keine derartigen betrieblichen Handlungen vorgesehen sind, kann die Längsneigung deutlich größer gewählt werden, sofern fahrzeugseitig ein für die flüssige Betriebsführung hinreichend großes Brems- und Beschleunigungsvermögen besteht.

### 9.3.3 Wechsel zwischen verschiedenen Längsneigungen/ Neigungswechsel

Nicht nur die angestrebten Längsneigungen können gravierende Auswirkungen auf die Trassierung haben, sondern auch die sinnvolle Anordnung und Ausgestaltung der Neigungswechsel; also der Abschnitte, in denen sich die Längsneigung ändert. Häufig erfordern die Neigungswechsel sogar die größere Aufmerksamkeit beim Trassieren. Dies gilt in besonderem Maße in überhöhten Weichenbereichen sowie bei Überwerfungsbauwerken.

Da Schienen nicht „geknickt" werden können, entsteht bei jeder Änderung der Längsneigungsneigung einer Schiene allein aus physikalischen Gründen eine vertikale Ausrundung. Ohne Schienenbefestigung würde sich bei einem Schienentyp UIC 60 E2 ein vertikaler Biegeradius von ca. 350 bis 500 m einstellen, vgl. [9].

Aus mehreren Gründen ist dieser Bereich in Deutschland

1. bei fester Fahrbahn grundsätzlich,
2. bei Schotterfahrweg üblicherweise ab einer betragsmäßigen Änderung der Längsneigung $> 1\,‰$

auch planerisch explizit auszurunden. Dies erfolgt durch Kreisbögen im Aufriss; Übergangsbögen werden hier in der Regel nicht angewandt.

Aus geometrischer Sicht fungieren die beiden einem Neigungswechsel benachbarten Längsneigungen als Tangenten, zwischen denen der Kreisbogen liegt, siehe Abb. 9.2.

Die Längsneigungsdifferenz $\Delta s$ [‰] wird vorzeichenbehaftet gebildet als: $\Delta s = |s_1 - s_2|$.

Für die Tangentenlänge $t$ [m] gilt: $t \approx \frac{l_a}{2}$ bzw. $t \approx \frac{\Delta s \cdot r_a}{2000}$.

Für das Stichmaß $h$ [m] gilt: $h \approx \frac{t^2}{2 \cdot r_a}$.

Bei der Wahl des Ausrundungsradius sind sowohl fahrzeugtechnische als auch fahrdynamische Aspekte beispielsweise hinsichtlich Befahrbarkeit, Entgleisungssicherheit und Komfort zu beachten: Als üblicherweise kleinster Ausrundungsradius in Gleisen, die von allen Fahrzeugen befahrbar sein sollen, gilt in Deutschland geschwindigkeitsunabhängig $r_a \geq 2000$ m.[13] Als Maximalwert gilt $r_a \leq 25.000$ m.

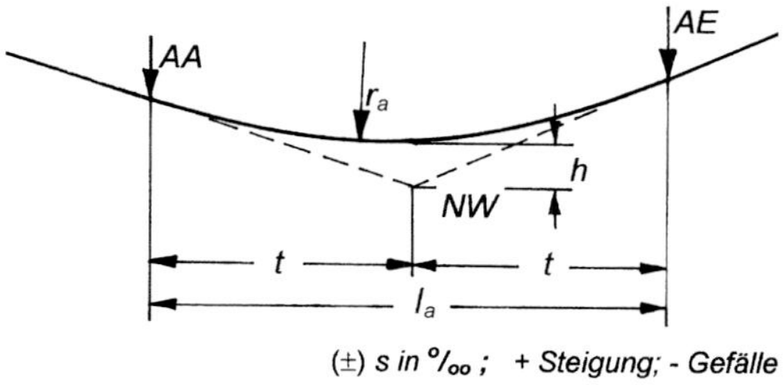


**Abb. 9.2** Ausrundung von Neigungswechseln. *AA*: Ausrundungsanfang (in Kilometrierungsrichtung), *AE*: Ausrundungsende (in Kilometrierungsrichtung), $l_a$: Ausrundungslänge [m] (Quelle: [4])

[13] Im Regelwerk (vgl. z. B. [10]) sind auch kleinere Ausrundungsradien zugelassen, deren Anwendung in Deutschland jedoch unüblich ist und einer Zustimmung der Zentrale der DB InfraGO AG bedürften.

Darüber hinaus gelten (siehe [11]) folgende Regelwerte ...

$$\text{reg}\, r_a = \begin{cases} 0{,}4 \cdot V^2, & \text{wenn } V \leq 230\,\text{km/h}, \\ 22.500\,\text{m}, & \text{wenn } V > 230\,\text{km/h}, \end{cases}$$

bzw. folgende Ermessensgrenzen:

$$r_a = \begin{cases} 0{,}25 \cdot V^2, & \text{wenn } V \leq 230\,\text{km/h}, \\ 16.000\,\text{m bei Kuppen}, & \text{wenn } V > 230\,\text{km/h}, \\ 14.000\,\text{m bei Wannen}, & \text{wenn } V > 230\,\text{km/h}. \end{cases}$$

Auch wenn das folgend zitierte Ziel *in der Praxis* aufgrund der zu beachtenden Zwangspunkte oft kaum erreichbar ist bzw. die Vermeidung an anderer Stelle zu gravierend(er)en Nachteilen in einer Trassierung führen kann, gilt sinnvollerweise [11]:

> „Neigungswechsel, auch deren Ausrundungen, sollen in Überhöhungsrampen und in Weichen vermieden werden. Ist dies nicht möglich, soll der Ausrundungsradius nicht kleiner als der Regelwert [...] sein."

Die vertikalen Ausrundungen sollen mindestens 20 m, die Tangentenlängen entsprechend mindestens 10 m lang sein. Bei geringen Neigungsänderungen führt dies mitunter zu sehr großen Ausrundungsradien. (Ausnahmen können sich im Bereich von Weichenverbindungen ergeben.)

An den Ablaufbergen der Rangierbahnhöfe werden wesentlich kleinere Ausrundungsradien angewandt (vgl. [4]):

- in Kuppen: $r_a \geq 300\,\text{m}$.
- in Wannen: $r_a \geq 400\,\text{m}$.

Solche Gleise dürfen jedoch nicht von allen Fahrzeugen befahren werden.

Die Ausrundungen von Neigungswechseln dürfen aneinander direkt angrenzen. Bei Geschwindigkeiten $\geq 160\,\text{km/h}$ sollte (vgl. [11]) allerdings zwischen gegensinnigen Ausrundungen bei

- Verwendung des Regelwertes reg $r_a$ eine Zwischengerade von $l_g \geq 0{,}25 \cdot V$ [m] bzw.
- Verwendung der Ermessensgrenze $r_a$ eine Gerade $l_g \geq 0{,}55 \cdot v$ [m] berücksichtigt werden.

Bei der Anordnung der Neigungswechsel ist zu beachten, dass die tatsächliche Höhenlage des Gleises nicht der Nennhöhe des Neigungswechsel, also nicht dem Schnittpunkt der Tangenten, entspricht (siehe Abb. 9.2): Das heißt, bei Wannen liegt das Gleis tatsächlich höher, bei Kuppen tatsächlich tiefer. Vor allem bei langen Neigungswechseln bzw. großen Längsneigungsänderungen kann dieses sogenannte Stichmaß $h$ bestimmend für die Trassierung werden.

**Beispiel**

Bei einem Wechsel von $+40$ auf $-40\,‰$ mit 200 km/h und einem Regelausrundungsradius von 16.000 m resultieren 320 m Tangentenlänge (also 640 m Ausrundungslänge) und ein Stichmaß von 3,20 m. Liegt dieser Neigungswechsel auf einem Überwerfungsbauwerk, muss bei der Betrachtung der lichten Höhen dieses Bauwerks also beachtet werden, dass das Gleis tatsächlich 3,20 m tiefer liegt, als es die Nennhöhe des Neigungswechsels suggeriert. ◄

► **Hinweis** Um auch im Lageplan (Grundriss) Ausrundungsanfang und -ende einfach erkennen zu können, bietet es sich an, diese mit einem kleinen Kreuzchen zu markieren.

## 9.4 Grundriss- und Überhöhungsgestaltung

Die Trassierung im Grundriss besteht aus einer stetigen Linie, die abschnittsweise im Wesentlichen wie folgt beschrieben werden kann:

1. Abschnitt mit konstanter Krümmung $K = 1000/r$ ($r$ = Radius, $r$ [m]):
   Üblicherweise wird unterschieden in:
   - $K = 0$ bzw. $r = \infty$
     → Trassierungselement **Gerade**

- $|K| > 0$ bzw. Radius endlich
  → Trassierungselement **Kreisbogen**, wobei das Vorzeichen von $K$ bzw. $r$ die Richtung angibt: $r < 0 \rightarrow$ Linksbogen bzw. $r > 0 \rightarrow$ Rechtsbogen in Kilometrierungsrichtung,

2. Wechsel zwischen verschiedenen Krümmungen:
   - vermittelt (gleichbedeutend mit einer stetigen Krümmungsänderung)
     → Trassierungselement **Übergangsbogen**
   - unvermittelt/punktuell
     → Trassierungselement **Bogenwechsel** (bzw. Bogenanfang oder Bogenende) als Krümmungswechsel; gleichbedeutend mit einem Krümmungssprung.

Diesen Abschnitten des Grundrisses überlagert ist die Überhöhung $u$ [mm], also die Differenz zwischen der Höhenlage der bogenäußeren gegenüber der bogeninneren Schiene. Ein Übergang zwischen verschiedenen Überhöhungen muss stetig erfolgen. (Anderenfalls würde eine Stufe in mindestens einer der beiden Schienen entstehen.) Es resultiert daher als weiteres Trassierungselement:

3. Wechsel zwischen verschiedenen Überhöhungen
   → Trassierungselement **Überhöhungsrampe**

Infolge der engen Abhängigkeiten zwischen Grundriss und Überhöhung drängt sich eine gemeinsame Abhandlung auf.

► **Anmerkung** Im Hinblick auf die Berechnung der zulässigen Geschwindigkeit bzw. aus trassierungstechnischer und fahrdynamischer Sicht unterscheiden sich Geraden und Kreisbögen nicht grundsätzlich. Da – je nach Topologie – gerade Abschnitte durchaus häufig auftreten und formelseitig Vereinfachungen ermöglichen, erfolgt in der Praxis dennoch eine Unterscheidung bzw. werden beide in der Regel als eigenständiges Trassierungselement geführt.

In Weichen und Kreuzungen (siehe Kap. 4) kommen dieselben Trassierungselemente zum Einsatz; allerdings mit der Besonderheit, dass die beteiligten Gleisstränge nicht unabhängig voneinander trassiert werden können, sondern den – üblicherweise standardisierten – Weichen- und Kreuzungsgeometrien gerecht werden müssen.

► **Hinweis** Zwar werden in der Literatur und teilweise auch im Regelwerk den standardisierten Weichengrundformen üblicherweise konkrete zulässige Geschwindigkeiten zugeordnet. Diese sind – sofern sie nicht baulich-konstruktiv begründet sind, wie beispielsweise Geschwindigkeitsrestriktionen infolge steiler Herzstückwinkel – aus fahrdynamischer Sicht jedoch irreführend: Denn letztlich richten sich die in den Weichensträngen zulässigen Geschwindigkeiten nicht nach der Weichengrundform, sondern danach, wie die einzelnen Stränge trassiert sind (vgl. auch Abschn. 9.5).

**Hinweis für Querlesende**

Abschn. 9.4 ist so aufgebaut, dass in der Gliederungsebene 9.4.x die Grundlagen beschrieben werden, die ggf. auch für Querlesende von Interesse sein könnten. Die Gliederungsebene 9.4.x.y geht dagegen deutlich tiefer ins Detail; für Querlesende bietet es sich daher an, die tiefere Gliederungsebene zu überspringen. ◄

### 9.4.1 Grundsätzliche Ziele

Neben dem – immer übergeordneten – Ziel, einen sicheren und zuverlässigen Eisenbahnbetrieb zu ermöglichen, verfolgt die Trassierung im Grundriss zwei wesentliche verkehrlich-betriebliche Ziele (siehe auch Abschn. 9.8 und Kap. 10):

- Herstellung der erforderlichen Fahrwege („Gleistopologie“, „Spurplan“),
- Gewährleistung der anforderungsgerechten Geschwindigkeit in diesen Fahrwegen, die sich fahrwegspezifisch in der Regel aus Fahrzeit- und/oder Kapazitätszielen ableitet.

Diesen verkehrlich-betrieblichen Zielen stehen die Investitions- und Betriebskosten gegenüber, die früher oft im Vordergrund standen. Mit Blick auf Programme wie „Starke Schiene“ und die angestrebte „Verkehrswende“ durch Verlagerung von Verkehren auf den umweltfreundlichen Verkehrsträger Bahn steht derzeit der Nutzen jedoch (wieder) im Vordergrund. Insofern gilt es insbesondere,

1. Geschwindigkeitseinbrüche sowohl zwischen als auch in Stationen zu vermeiden bzw.
2. Dank hoher Geschwindigkeiten

kurze Fahr- und Reise- bzw. Transportzeiten zu erreichen und dadurch zugleich die Belegungszeiten von Fahrwegelementen zu minimieren und so die Kapazität zu maximieren.

Die Beschreibung der am Beginn von Abschn. 9.4 aufgeführten Trassierungselemente ist zwar hinreichend, um daraus die zulässige Geschwindigkeit im jeweiligen Abschnitt zu ermitteln. Neben baulichen Aspekten (z. B. Tragfähigkeit des Untergrunds) wird die Gestaltung der Infrastruktur und damit die Trassierung im Hinblick auf die Geschwindigkeit jedoch v. a. durch folgende drei Größen determiniert:

- Überhöhungsfehlbetrag $u_f$
- Änderung des Überhöhungsfehlbetrages über der Zeit ($\Delta u_f$)
- Änderung der Überhöhung über dem Weg bzw. über der Zeit ($\Delta u$)

Während die konkreten Werte, die diese Größen annehmen dürfen, beispielsweise in den schweizerischen Trassierungsrichtlinien zeitabhängig beschrieben sind, weisen die deutschen Trassierungsrichtlinien sie anwenderfreundlich geschwindigkeitsabhängig bzw. längenbezogen aus. Letztlich liegen jedoch ähnliche Prinzipien zugrunde. Im Folgenden werden die Formeln des deutschen Regelwerks verwendet; über den Zusammenhang $v = s/t$ ist jedoch eine Umrechnung bei Bedarf problemlos möglich.

Sofern sinnvoll möglich, ist mit Regelwerten zu trassieren. Selbst Neubaustrecken treffen heute jedoch nicht mehr auf ein „green field“, sondern sind sowohl bei der Einbindung in den Bestand („brown field“) als auch zwischen diesen Bereich so vielen Zwangspunkten ausgesetzt, dass der Ermessensbereich genutzt werden muss. Gleichwohl sollte auch unter derartigen Umständen versucht werden, $u_f$, $\Delta u_f$, und $\Delta u$ nicht durchgehend auf der Ermessensgrenze zu trassieren, um die wirkenden Kräfte zu begrenzen und den Komfort zu verbessern.

### 9.4.2 Grundsätzliche Zusammenhänge

Im Eisenbahnbau wird der Zusammenhang zwischen Bogenradius $r$ [m], ausgleichender Überhöhung $u_0$ [mm] und Geschwindigkeit $V$ [km/h] in Deutschland[14] vereinfacht durch folgende Beziehung ausgedrückt („Überhöhungsformel“ für Normalspur[15]):

$$u_0 \approx 11{,}8 \cdot \frac{V^2}{r}.$$

Wird als tatsächlich trassierte Überhöhung $u$ die ausgleichende Überhöhung $u_0$ gewählt, gleicht die aus dieser Querneigung der Aufstandsfläche nach bogeninnen resultierende Hangabtriebskraft (in Abb. 9.3 grün) die die bei dieser Geschwindigkeit aus der Bogenfahrt in Gleisebene resultierende Fliehkraftkomponente (in Abb. 9.3 blau) aus. Zur detaillierten Herleitung vgl. Appendix B dieses Kapitels.

Üblicherweise wird jedoch für schnell fahrende Züge eine geringere Überhöhung $u < u_0$ trassiert. Es verbleibt dann ein Überhöhungsfehlbetrag $u_f$:

$$u_f = u_0 - u.$$

Er ist proportional zur in der Ebene des überhöhten Gleises nach bogenaußen verbleibenden Seitenbeschleunigung $a_q$ [m/s²]. Für Normalspur gilt vereinfacht:

$$a_q \approx \frac{u_f}{153}.$$

**Beispiel**

Bei einem Überhöhungsfehlbetrag $u_f = 150\,\text{mm}$ wirkt eine verbleibende Seitenbe-

[14] Der Zusammenhang ist infolge physikalischer Gesetzmäßigkeiten weltweit gültig, wird jedoch landesspezifisch mit anderen Formeln bzw. Formelzeichen ausgedrückt.

[15] Spurweite 1435 mm resultierend in einem Aufstandsmaß, auf das die Überhöhungsmessgeräte geeicht sind, von 1500 mm (ungefähr Mitte der Schienenköpfe); dieses Maß gilt ohne sowie mit Spurerweiterung.

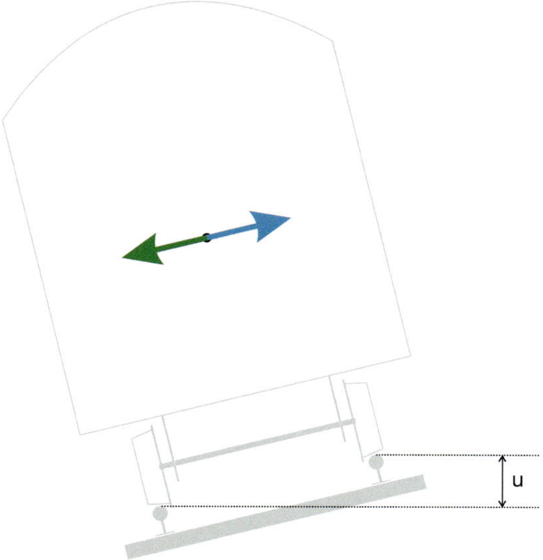


**Abb. 9.3** Prinzip der ausgleichenden Überhöhung. (Quelle: eigene Darstellung)

schleunigung $a_q$ von knapp $1\,\text{m/s}^2$ nach bogenaußen. ◄

Durch Umformen der „Überhöhungsformel" und Einsetzen des maximal zulässigen $u_f$ resultiert bei gegebenem Radius die sogenannte Mindestüberhöhung min $u$ [mm], die mindestens trassiert werden muss, um die Geschwindigkeit $V_{\text{zul}}$ zulassen zu können:

$$\min u \approx 11{,}8 \frac{{V_{\text{zul}}}^2}{r} - u_{f,\text{zul}}.$$

► **Anmerkung**[16] Die Ungenauigkeit dieser pragmatischen und üblichen Näherungsberechnung könnte zweifellos durch eine exakte Berechnung ersetzt werden. Eine physikalisch genauere Berechnung brächte zwar im Extremfall ein um etwa 1 bis 2 % anderes Ergebnis, im Hinblick auf die wesentlich größeren Abweichungen im praktischen Eisenbahnbetrieb (unterschiedliches Fahrzeugverhalten, Toleranzen bei der Geschwindigkeitsmessung u. a.) brächte diese höhere Genauigkeit aber keinen in Realität nutzbaren Vorteil.

Neben dem Überhöhungsfehlbetrag selbst ist auch dessen Änderung über der Zeit – also die Änderung der Seitenbeschleunigung über der Zeit, bezeichnet als „Ruck" – ein ganz wesentlicher Parameter der Trassierung; sowohl hinsichtlich Entgleisungssicherheit als auch hinsichtlich Komfort: So können zwar hohe $u_f$-Werte bereits an für sich als unangenehm empfunden werden und letztlich auch die Ladungssicherheit beeinträchtigen. Entscheidend ist jedoch, wie schnell diese Werte auf- bzw. abgebaut werden, also wie groß $\Delta u_f$ über der Zeit ist.

Als drittes Element – ebenfalls sowohl aus Entgleisungs- wie aus Komfortsicht – relevant ist die Änderung der Überhöhung $\Delta u$ über dem Weg (Verwindung) bzw. über der Zeit (Rotations- bzw. Hubbewegung und -beschleunigung).

Für alle drei Größen sind zulässige bzw. anzustrebende Wertebereiche in den Regelwerken vorgegeben (siehe auch Abschn. 9.4.5). Teilweise unterscheiden sich die zulässigen bzw. anzustrebenden Werte von Regelwerk zu Regelwerk bzw. Land zu Land; im Folgenden wird – so nicht anders vermerkt – auf die deutschen Werte eingegangen.

#### 9.4.2.1 Überhöhungsfehlbetrag $u_f$

In Gleisen außerhalb von Weichen bzw. Zwangspunkten ist in Deutschland ein rechnerisch auf die Fahrbahn bezogener Überhöhungsfehlbetrag $u_f \leq 130\,\text{mm}$ zugelassen. Dieser gilt üblicherweise auch für die im Güterverkehr eingesetzten Fahrzeuge. In vielen, näher bestimmten Fällen (v. a. für die meisten heute im Personenverkehr eingesetzten Fahrzeuge) kann $u_f \leq 150\,\text{mm}$ angewendet werden. Deutlich darüber hinausgehende Werte gelten für Fahrzeuge mit Neigetechnik ($u_{fN} \leq 300\,\text{mm}$, siehe Abschn. 9.6.1.4), bei denen die Neigung des Wagenkastens nach bogeninnen zwar die auf die Fahrgäste wirkenden Fliehkräfte, nicht jedoch die auf das Gleis wirkenden Kräfte reduziert. Gemäß EBO ist der Überhöhungsfehlbetrag „in Abhängigkeit von der Beschaffenheit des Oberbaus, von der Bauart der Fahrzeuge sowie von der Ladung und deren Sicherung festzulegen" [6]. Das heißt, Spurführung und Rad/Schiene-Kontakt sind in der Lage, die resultierenden Radaufstands- und Führungskräfte bei $u_f$-Werten auch deutlich $> 150\,\text{mm}$ zu beherrschen; entscheidend ist, ob diese Kräfte fahrweg-

[16] Vgl. [4].

**Tab. 9.1** Ermessensgrenzen des Überhöhungsfehlbetrags $u_f$ [mm] in Weichen, Kreuzungen, Kreuzungsweichen und Schienenauszügen in Deutschland. (Quelle: vgl. [11])

| $u_f$ in Weichen [mm] | | Geschwindigkeitsbereich [km/h] | | | | | |
|---|---|---|---|---|---|---|---|
| Element | Spezifikation | $V \leq 160$ | $160 < V \leq 200$ | $200 < V \leq 230$ | $230 < V \leq 250$ | $250 < V \leq 300$ | $300 < V$ |
| Weiche | Starre Herzstückspitze im Verlauf der i. d. R. führenden Schiene | 110 | 90 | * | Anwendung nicht zulässig; bewegliche Herzstückspitze zwingend erforderlich | | |
| | Starre Herzstückspitze im Verlauf der i. d. R. nicht führenden Schiene | 110 | | * | | | |
| | Bewegliche Herzstückspitze | 130 | | 100 | | * | |
| Kreuzung und Kreuzungsweiche | | 100 | Anwendung nicht zulässig | | | | |
| Schienenauszug | | 110 | | * | | | |

* = mit der Zentrale zu klären

bzw. fahrzeugseitig aufgenommen werden können.

Der Bereich $u_f \leq 130$ mm ist für Gleise, abgesehen von Sonderfällen (wie schlechter Untergrund o. ä.), durch langjährige Erfahrung nachgewiesen; die Bedingungen, unter denen Überhöhungsfehlbeträge $u_f \leq 150$ mm zugelassen werden können, wurden nach umfangreichen Untersuchungen bei der früheren Deutschen Bundesbahn festgelegt.[17] Galt ein zulässiger $u_f \leq 150$ mm zunächst nur für Radien $r \geq 650$ m (vgl. [11]), kann er infolge neuerer Untersuchungen bis herab zu Radien $r \geq 300$ m angewendet werden.

Allerdings ist als deutsche Besonderheit zu beachten, dass ETCS-geführte Züge auf Strecken, die auch vom Güterverkehr genutzt werden können, derzeit bei ETCS-Level 2 nur bei Geschwindigkeiten $V > 140$ km/h mit Überhöhungsfehlbeträgen $u_f > 130$ mm verkehren können; bis $V \leq 140$ km/h gilt $u_f \leq 130$ mm auch dann, wenn die Fahrzeuge für $u_f \leq 150$ mm zugelassen sind.

► **Anmerkung** Gleichwohl sollten infolge der Langlebigkeit der Infrastruktur auch bei Geschwindigkeiten bis 140 km/h Geschwindigkeitsbänder für beide $u_f$-Werte vorgehalten werden, da zu hoffen ist, dass diese deutsche Einschränkung perspektivisch entfallen wird. Während der absehbar noch Jahre anhaltenden Migrationsphase sind beide für nicht ETCS-geführte Züge ohnehin vorzuhalten bzw. zu erstellen.

Zudem sollten Geschwindigkeitsangaben auch in Deutschland konsequent zumindest in 5 km/h-Schritten (und nicht in 10 km/h-Schritten) erfolgen.

In Deutschland variiert die Ermessengrenze für $u_f$ in Weichen geschwindigkeits- und situationsabhängig, vgl. Tab. 9.1.

In einigen Ländern wird dagegen in Bogenweichen häufig derselbe Überhöhungsfehlbetrag zugelassen wie in Gleisen. Auch die TSI kennt keine Spezifizierung des zulässigen Überhöhungsfehlbetrages in Weichen, vgl. [10]. Die Erfahrungen in Deutschland und bei anderen Bahnen (z. B. in der Schweiz und in Österreich) zeigen jedoch, dass es mit Blick auf die Instandhaltung insb. der Herzstückbereiche sinnvoll ist, $u_f$ in Weichen stärker als außerhalb von Weichen zu limitieren.[18]

In Österreich gelten ähnliche Werte, wobei diese auch außerhalb von Weichen stärker ausdifferenziert sind und der „empfohlene" Grenzwert 100 mm beträgt, vgl. [12]. Gemäß [13] sind in der Schweiz dagegen teilweise sogar höhere Werte zulässig.

In Nordamerika hängt der zulässige Überhöhungsfehlbetrag stark von den eingesetzten Fahrzeugen ab und ist im Güterverkehr teilweise auf 1 oder 2 inches (ca. 25 mm bzw. 51 mm) limitiert; im Personenverkehr werden bis zu 3 oder 4 inches (ca. 76 mm bzw. 102 mm), bei „light rails" bis zu 6 inches (ca. 152 mm) zugelassen, vgl. [14].

[17] Vgl. [4].

[18] Vgl. auch [4]; demnach sei die in Tab. 9.1 erkennbare Differenzierung durch Ergebnisse diverser fahrdynamischer Messungen in Deutschland bestätigt worden.

#### 9.4.2.2 Ruck (Änderung des Überhöhungsfehlbetrages, $\Delta u_f$)

Neben dem Überhöhungsfehlbetrag $u_f$ ist v. a. dessen Änderung, also $\Delta u_f$, für einen sicheren Fahrzeuglauf, aber auch für einen hinreichenden Komfort im Reiseverkehr relevant; dies gilt insb. bei großen $\Delta u_f$-Werten. Es gilt daher, Änderungen von $u_f$

- nach Möglichkeit stetig (also nicht sprunghaft) sowie
- möglichst komfortabel

zu vollziehen.

► **Anmerkung** Auch hierbei ist es – nicht zuletzt im Sinne einer Komplexitätsreduktion – hinreichend, nicht weiter danach zu differenzieren, ob es sich beispielsweise um ein Fahrzeug mit Einzelachsfahrwerk oder Drehgestellen handelt oder ob die Betrachtung beispielsweise über dem Drehgestell oder mittig zwischen zwei Drehgestellen erfolgt.

Wie zu Beginn des Abschnittes ausgeführt, können $u_f$ und $\Delta u_f$ nicht isoliert von Krümmung bzw. Radius und Überhöhung betrachtet werden: Bei den meisten Trassierungsaufgaben ändert sich $u_f$ nur dort, wo sich auch Krümmung bzw. Radius ändern. Die detailliertere Betrachtung von $\Delta u_f$ einschließlich der zulässigen Werte erfolgt daher in den Abschn. 9.4.4 und vor allem Abschn. 9.4.5.

#### 9.4.2.3 Überhöhung $u$

Die Überhöhung $u$ eines Gleises ist einerseits technisch begrenzt (v. a. durch die Lagebeständigkeit des Gleises im Schotterbett sowie die Standsicherheit der Fahrzeuge) und andererseits betrieblich durch das Fahrgastempfinden (im Zug und an der Schnittstelle Fahrzeug/Bahnsteig) bzw. die Gefahr von Ladungsverschiebungen oder gar von Entgleisungen nach bogeninnen.

Sie wird auf einen normierten Abstand der Aufstandspunkte eines Radsatzes bezogen, der bei Normalspur (Spurweite zwischen den Schienenköpfen von 1435 mm) 1500 mm beträgt, vgl. Abb. 9.4.

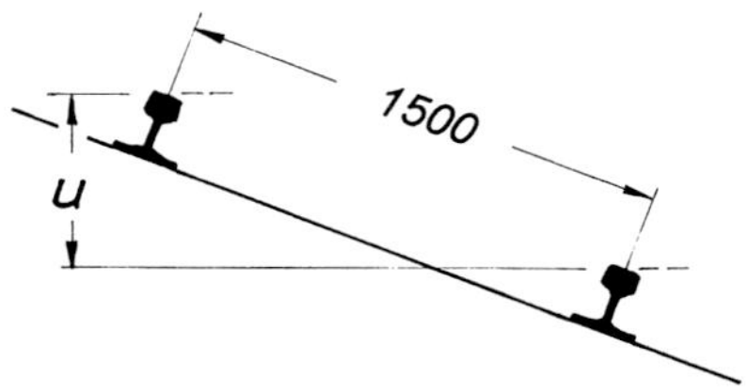


**Abb. 9.4** Überhöhung $u$ bei Normalspur. (Quelle: [4])

Sowohl nach den Untersuchungen in Deutschland als auch nach weitgehend übereinstimmender Auffassung in Europa liegt der Grenzwert der Überhöhung für Gleise mit Güterverkehr im Extremfall bei etwa $u = 180$ mm.[19] In der EBO wird mit der Formulierung, die Überhöhung „darf unter Einbeziehung der sich im Betrieb einstellenden Abweichungen 180 mm nicht überschreiten" [6], ein harter Grenzwert vorgegeben. Dementsprechend müssen bei der Planung niedrigere Werte zugrunde gelegt werden. In der TSI ist dagegen die „bei der Planung zugrunde gelegte Überhöhung" definiert, vgl. [10]: bei Güter- und Mischverkehr in Gleisen mit Schotterbett maximal 160 mm und bei fester Fahrbahn maximal 170 mm. Bei Strecken für Personen-, jedoch ohne Güterverkehr sind ebd. sowohl in Gleisen mit Schotterbett als auch bei fester Fahrbahn Überhöhungen bis 180 mm zugelassen, in Deutschland wäre hierfür allerdings eine Ausnahmegenehmigung zur EBO notwendig.

In Nordamerika werden üblicherweise bis zu 6 inches (ca. 152 mm) Überhöhung als möglich angesehen; es sollen aber nicht mehr als 5 inches (ca. 127 mm) Überhöhung geplant werden, vgl. [14].

► **Hinweis** Die früher häufig vertretene Auffassung, dass der „Hangabtrieb" (entsprechend einer Seitenbeschleunigung zur Bogeninnenseite) bei großer Überhöhung und langsamer Fahrt schwerer Güterzüge zu deutlich höherem Aufwand bei der Instandhaltung führt, konnte bei Betriebsversuchen in dieser Form nicht nachgewiesen werden; eine große Überhöhung ist zwar aufwendiger herzustellen und führt

[19] Vgl. [4].

ggf. auch zu rascherer Verschlechterung der Gleislage – dies gilt aber allgemein, auch in Bögen mit kleineren Radien und unabhängig vom Verhältnis zwischen langsam und schnell fahrenden Zügen, vgl. [4]. Und selbst wenn ein solcher Nachweis hätte geführt werden können, wären etwaige zusätzliche Instandhaltungskosten dem entgangenen Nutzen (infolge niedrigerer zulässiger Geschwindigkeiten schneller Züge) gegenüberzustellen; üblicherweise mit dem Ergebnis, höheren Überhöhungen den Vorzug gegenüber einer Begrenzung des Überhöhungsüberschusses zu geben. Folgerichtig wurden in Deutschland Vorgaben für den sogenannten Überhöhungsüberschuss $u_{ü}$, also negative Überhöhungsfehlbeträge uf, aus dem Regelwerk entfernt. Bei diversen anderen Bahnen sind sie jedoch nach wie vor vorhanden.

Unabhängig davon gilt nach wie vor die pragmatische Empfehlung, bei Neubauten von Strecken mit ausgeprägtem Güterverkehr die Überhöhungen bei Schotter nach Möglichkeit auf etwa $u \leq 120$ mm zu begrenzen, vgl. ebd. Allerdings sind auch hierbei etwaige Nachteile infolge Geschwindigkeitsrestriktionen für schnelle Züge immer einzubeziehen.

In Gleisbögen an Bahnsteigen soll die Überhöhung nicht größer sein als $u \leq 110$ mm, wobei $u \leq 60$ mm anzustreben sind. Diese Festlegung war ursprünglich mit Rücksicht auf Fahrzeuge mit nach außen zu öffnenden Schwenktüren getroffen worden. Heute zielt die Begrenzung der Überhöhung vor allem auf den „barrierefreien" Zugang zum öffentlichen Personenverkehr und auf das bequeme Ein- und Aussteigen von Fahrgästen mit Mobilitätseinschränkungen (siehe auch TSI-PRM). Vergleichbare Regelungen (z. B. das Behindertengleichstellungsgesetz (BehiG) in der Schweiz) gibt es auch bei anderen Bahnen, jedoch teilweise mit anderen zulässigen Werten hinsichtlich Radien, Abständen und Überhöhungen.

Auch in Bogenweichen, Bogenkreuzungen und Bogenkreuzungsweichen soll die Überhöhung begrenzt werden. Letzteres gilt vor allem bei Neu- und Ausbaumaßnahmen ($u \leq 100$ mm bzw. $u \leq 120$ mm). Gleichwohl belegen diverse im Bestand vorhandene und im Betrieb unauffällige Bogenweichen in zum Teil deutlich größeren Überhöhungen bis $u \leq 150$ mm die Machbarkeit entsprechend großer Überhöhungen auch in Weichen. Letztlich sind zusätzliche Kosten (insb. für ggf. stärker auszuführende Weichenantriebe, da die Weichenzunge „bergauf" zu bewegen ist) und Nutzengewinn durch die größere Überhöhung gegeneinander abzuwägen.

Im Allgemeinen wird die Überhöhung durch Anheben ausschließlich der bogenäußeren Schiene hergestellt; die bogeninnere Schiene verläuft in der angegebenen Längsneigung. Ausnahmen bilden sogenannte Gleisscheren (siehe Abschn. 9.4.5). In der Schweiz wird dagegen allgemein die bogeninnere Schiene abgesenkt und die bogenäußere Schiene angehoben (Drehung um die Gleisachse).

In Deutschland sollen keine Überhöhungen $u < 20$ mm vorgesehen werden. Zudem sollen Überhöhungen nur in 5 mm-Schritten geplant werden. In der Schweiz sind dagegen auch geringere Überhöhungen und pragmatischerweise 1 mm-Schritte Stand der Technik.

In Weichen (siehe Kap. 4) kann die Überhöhung der verschiedenen Gleisstränge erst dort unterschiedlich gestaltet werden, wo diese nicht mehr auf denselben Schwellen angeordnet sind; das heißt, erst hinter der sogenannten letzten durchgehenden Schwelle (ldS).

► **Anmerkung**[20] Durch die Wahl von Überhöhung und Überhöhungsfehlbetrag lässt sich im Wesentlichen nur der Fahrkomfort beeinflussen. Die Abnützung der Räder (Spurkranz- und Laufflächenverschleiß) sowie der Schienen (Seiten- und Höhenverschleiß der Schienenköpfe) hängt dagegen weit überwiegend vom Anschnittwinkel zwischen vorlaufendem Radsatz und bogenäußerer Schiene und dem dadurch erzwungen Quergleiten („Bohrschlupf") zwischen Radsatz und Schienen ab. Neben dem primären Einfluss der Fahrwerkskonstruk-

[20] Vgl. [4].

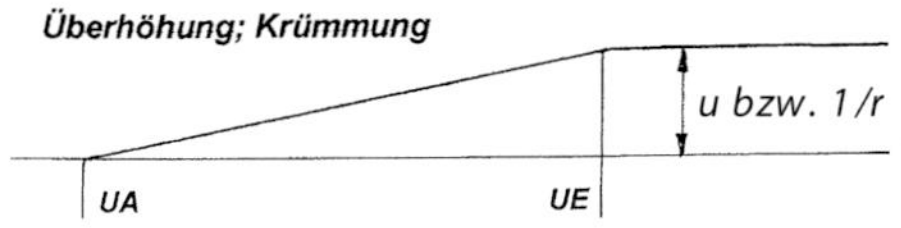


**Abb. 9.5** Gerade Überhöhungsrampe. (Quelle: vgl. [4])

tion und des Bogenradius, ist die Seitenbeschleunigung bzw. der Überhöhungsfehlbetrag weder für die Abnützung der Räder noch der Schienen von wesentlicher Bedeutung.

#### 9.4.2.4 Änderung der Überhöhung ($\Delta u$)

Eine Änderung der Überhöhung darf und kann nur stetig erfolgen und erfordert folglich eine sogenannte Überhöhungsrampe. Diese hat mehrere Funktionen:

- baulich: Vermeidung einer „Stufe“ im Schienenstrang,
- spurführungsseitig: Wahrung eines kontinuierlichen und ausreichenden Rad/Schiene-Kontakts, um insb. die erforderlichen Spurführungskräfte zuverlässig (im Sinne von: sicher[21]) übertragen zu können und die Entgleisung von verwindungssteifen Fahrzeugen zu verhindern[22],
- fahr(zeug)dynamisch: Rücksichtnahme auf die Trägheit der Fahrzeuge,
- komfortseitig: Vermeidung zu starker Hub- bzw. Drehbeschleunigungen bzw. zu starker Änderungen dieser Beschleunigungen.

Die einfachste Form der Überhöhungsrampe ist die gerade Überhöhungsrampe, bei der Überhöhungsunterschiede proportional zur Länge der Überhöhungsrampe auf- bzw. abgebaut werden, vgl. Abb. 9.5. Die Fahrbahn bildet dabei eine windschiefe Fläche.

Mit dem Ziel kürzerer Entwicklungslängen und/oder eines besseren Fahrkomforts bzw. Fahrzeuglaufs etablierten sich jedoch weitere Formen für Überhöhungsrampen: Um die Kosten bei Geschwindigkeitserhöhungen zu reduzieren, wurde in den dreißiger Jahren des letzten Jahrhunderts auf Initiative von *Schramm* in Deutschland die sogenannte „geschwungene Rampe“ eingeführt, die bereits in den 1870er Jahren von *Helmert* beschrieben wurde.[23] Noch etwas mehr Spielraum für bestandsnahe Geschwindigkeitserhöhungen bzw. platzsparende Trassierungen im Allgemeinen verschafft die nach *Bloss* benannte Überhöhungsrampe, die er 1936 vorschlug: Der Überhöhungsverlauf entspricht hierbei einer Parabel 3. Grades, vgl. Abb. 9.6.

Weitere Formen sind beispielweise ein sinusförmiger Überhöhungsverlauf oder der „Wiener Bogen“®, die sich in Deutschland nicht etablieren konnten.

Inzwischen sind in Deutschland die gerade und die Bloss-Rampe das Mittel der Wahl. So sollen Schramm-Rampen wegen deren Vorteile in Bloss-Rampen umgebaut werden, wenn sich die Gelegenheit dazu ergibt.[24] Trotz der erheblichen und vielfältigen Vorteile der Bloss-Rampe (vgl. auch Abschn. 9.4.5) fristet sie beispielsweise in der Schweiz nach wie vor ein Schattendasein und erscheint in Nordamerika bislang noch nicht einmal im Regelwerk.

**► Anmerkungen**

- Analog zu Neigungswechseln (beide Schienen betroffen) können auch am Beginn und Ende einer Überhöhungsrampe (je nach Land eine oder beide Schienen betroffen) die Schienen nicht „geknickt“ werden. Das heißt: Auch eine als gerade bezeichnete Überhöhungsrampe ist in Realität immer – zumindest an ihren Enden etwas – geschwungen. *Lay* (vgl. [9]) berichtet diesbzgl. auch von praktischen Erfahrungen *Schramms*, wonach sich „schlecht liegende“ gerade Rampen – also „ausgefahrene“ und

[21] Y/Q-Quotient als Verhältnis zwischen Führungs- und Radaufstandskraft.

[22] Im Extremfall könnte es sogar zum Abheben von Rädern führen; ähnlich wie im verlinkten Video, bei dem eines der vier Räder im Bereich der „Überhöhungsrampe“ den Kontakt zum Boden bzw. zur Schiene verliert: https://www.youtube.com/watch?v=WK7uPImjU-w.

[23] Vgl. [4].

[24] Vgl. [11]; bei gleichem Abrückmaß ist die Rampenlänge nach Bloss etwas kürzer und zugleich deren Neigung in Rampenmitte etwas flacher als bei einer Rampe nach Helmert/Schramm.

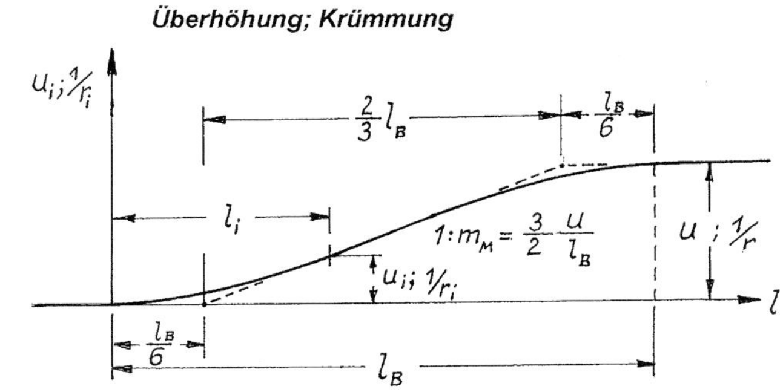


**Abb. 9.6** Überhöhungsrampe nach Bloss. (Quelle: vgl. [4])

dadurch leicht geschwungene Rampen – besser fahren als geometrisch exakt liegende Rampenanfänge oder -enden.

Je nach Philosophie der Bahnen wird diese vertikale Ausrundung bzw. Biegung explizit trassiert oder – wie in Deutschland – bei der Trassierung vernachlässigt. Experimente zeigen, dass der Biegeradius in der Größenordnung 350 bis 500 m liegt, vgl. [9].

Letztlich sind zwei Kriterien zu beachten:

- die Steilheit der Rampe, also geschwindigkeitsunabhängig die Änderung der Überhöhung als Funktion des Weges (Begrenzung der Rampenneigung $1 : m$) sowie
- die (fahr)dynamische Komponente, also die Änderung der Überhöhung als Funktion der Zeit.

Bei den heute üblichen Geschwindigkeiten bestimmt üblicherweise letztere die Mindestlänge der Überhöhungsrampe; bei geringen Geschwindigkeiten wird jedoch $1 : m$ trassierungsbestimmend.

Wie zu Beginn des Abschnittes ausgeführt, können $u$ und $\Delta u$ nicht isoliert von Krümmung bzw. Radius und Überhöhungsfehlbetrag betrachtet werden: Bei den meisten Trassierungsaufgaben ändert sich $u$ nur dort, wo sich auch Krümmung bzw. Radius ändern. Die detailliertere Betrachtung von $\Delta u$ einschließlich der zulässigen Werte erfolgt daher in Abschn. 9.4.5.

### 9.4.3 Minimale Länge von Trassierungselementen

An jeder Stelle im Gleis, an der sich wenigstens ein Trassierungsparameter ändert, reagiert das Fahrzeug; beispielsweise auf die wechselnde Seitenbeschleunigung infolge eines Krümmungswechsels durch Änderung des Wankwinkels: Der Wagenkasten schwingt dabei über die neue Gleichgewichtslage hinaus und stellt sich auf diese in gedämpfter Bewegung ein, vgl. Abb. 9.9 in Abschn. 9.4.4.2. Innerhalb der Strecke, die während dieses „Einpendelns" durchfahren wird, sollte entweder kein weiterer Krümmungswechsel folgen oder aber $u_f$, also die unausgeglichene Seitenbeschleunigung, in den folgenden Trassierungselementen (annähernd) konstant bleiben. Gleichwohl gilt es auch dann abzuwägen zwischen (annähernd) konstantem Überhöhungsfehlbetrag $u_f$ und Anpassung der Überhöhung $u$.

Das heißt: Häufige Wechsel der Trassierungselemente bzw. kurze Elementlängen sind möglichst zu vermeiden. Als Faustregel gilt, dass die Fahrt in den Trassierungselementen mit konstanter Krümmung jeweils mindestens eineinhalb bis zwei Sekunden dauern soll; das entspricht einer Länge [m] von etwa $0{,}4 \cdot V$ bis $0{,}6 \cdot V$.

Diese Regel ist kein Gebot und gilt nicht für die Länge von Übergangsbögen (siehe Abschn. 9.4.4.1) und auch nur für durchgehende Hauptgleise. Bei relativ großen Radien oder kleinen Überhöhungsfehlbeträgen kann dieser Regelwert auch – bei noch gutem Fahrkomfort – unbedenklich unterschritten werden.[25]

[25] Vgl. [4].

Aufgrund der praktischen Erfahrung sowie durch Versuchsfahrten bestätigt, wurden die folgenden, in Deutschland geltenden Mindestlängen $l_{\min}$ [m] festgelegt [11]:

- $V \leq 70\,\text{km/h}: \quad l_{\min} = 0{,}10 \cdot V,$
- $70\,\text{km/h} < V \leq 100\,\text{km/h}: \quad l_{\min} = 0{,}15 \cdot V,$
- $V > 100\,\text{km/h}: \quad l_{\min} = 0{,}20 \cdot V.$

Die nordamerikanischen Standards sehen in Hauptgleisen (main tracks) dagegen geschwindigkeitsunabhängig 100 feet (ca. 30 m, ungefähr dem längsten üblicherweise eingesetzten Wagenkasten entsprechend) als Mindestlänge vor, was effiziente und raumsparende Trassierungen massiv erschwert bzw. fahrdynamische günstige Trassierungen teilweise sogar verhindert.

In vorhandenen Anlagen sind aufgrund früherer Regelungen auch kürzere Zwischenelemente vorhanden, insb. in Gleisverbindungen. Bei einer Erneuerung sollte versucht werden, hier zumindest die aktuell gültigen Mindestlängen herzustellen. Die zulässige Fahrgeschwindigkeit ist ggf. durch Fahrversuche nachzuweisen; es gilt jedenfalls $V_{\max} \leq 10 \cdot l$ (wiederum mit $V$ [km/h] und $l$ [m]).

Wenn zwischen einem längeren Zwischenelement und größeren Radien abzuwägen ist, so ist letzteres vorzuziehen; vorausgesetzt die Mindestlänge der Zwischenelemente ist vorhanden.[26]

### 9.4.4 Trassierungselemente mit konstanter Krümmung und Krümmungsänderungen

Die am einfachsten zu beschreibenden und fahrdynamisch zu bewertenden Trassierungselemente im Grundriss sind jene mit konstanter Krümmung bzw. konstantem Radius: Kreisbögen sowie insb. der häufig auftretende Sonderfall der Geraden. Oft ergeben sich aus den örtlichen Zwangspunkten sowie der angestrebten zulässigen Geschwindigkeit $V_{\text{zul}}$ erste Größenordnungen für die Krümmung $K$ bzw. den Radius $r$ und die Überhöhung $u$ gemäß der bereits bekannten Formel:

$$\min u \approx 11{,}8 \frac{{V_{\text{zul}}}^2}{r} - u_{f,\text{zul}}.$$

Um einen freizügigen Fahrzeugeinsatz zu gewährleisten, ist $r \geq 150\,\text{m}$ erforderlich. Radien $r > 25.000\,\text{m}$ sollen zumindest bei Schotteroberbau nicht (mehr) geplant werden, vgl. [11].

Mitunter sehr herausfordernd ist die geeignete Gestaltung der zwischen den Elementen mit konstanter Krümmung notwendigerweise erforderlichen Krümmungs*änderungen.* Erstens im Sinne einer Begrenzung der wirkenden Kräfte sowie zweitens zur komfortsteigernden und ggf. sogar die Instandhaltungskosten senkenden Beruhigung des Fahrzeuglaufes drängen sich kontinuierliche Krümmungsänderungen auf; das heißt, zwischen zwei verschiedenen Krümmungen (z. B. Gerade und Kreisbogen) wird kontinuierlich vermittelt. Diese sogenannten Übergangsbögen führen allerdings üblicherweise zu deutlich größeren Entwicklungslängen und -breiten als unvermittelte Krümmungsänderungen (oft als Krümmungssprung oder Bogenwechsel bezeichnet).

Es ist daher immer abzuwägen zwischen dem fahrdynamisch ceteris paribus günstigeren vermittelten Krümmungswechsel und dem platzsparenden unvermittelten Krümmungswechsel. Die Regelwerke der verschiedenen Infrastrukturbetreiber weisen diesbzgl. Unterschiede auf.

In Deutschland sind Übergangsbögen (bislang) nur in durchgehenden Hauptgleisen der Regelfall. In nicht durchgehenden Hauptgleisen wird oft darauf verzichtet. Zudem ist der Effekt bei geringen Geschwindigkeiten und insb. beim Rangieren gering, so dass Übergangsbögen in Nebengleisen unüblich sind.

► **Anmerkungen** Die Begriffe „durchgehendes Hauptgleis", „Hauptgleis" und „Nebengleis" gehen auf EBO § 4 zurück [6]: „Hauptgleise sind die von Zügen planmäßig befahrenen Gleise. Durchgehende Hauptgleise sind die Hauptgleise der freien Strecke und ihre Fortsetzung in den Bahnhöfen. Alle übrigen Gleise sind Nebengleise."

[26] Vgl. [4].

Obwohl an diversen Stellen im deutschen Regelwerk auf diese Begriffe Bezug genommen wird und sich diese Definitionen daher auch auf die Infrastrukturgestaltung auswirken, sind sie aus trassierungstechnischer Sicht mitunter nur bedingt hilfreich (vgl. Abschn. 9.5 bzw. Kap. 10).

Aus vermessungstechnischen Gründen wurden Übergangsbögen in nicht durchgehenden Hauptgleisen in der Vergangenheit mitunter sogar abgelehnt. Aus heutiger Sicht bietet es sich dagegen an, zumindest in allen häufig benutzten Hauptgleisen Übergangsbögen zu berücksichtigen, falls daraus keine verkehrlich-betrieblichen Nachteile (kürzere Nutzlängen, geringere Geschwindigkeiten, …) resultieren.

► **Erläuterung** Funktion und Wirkung von Übergangsbögen erschließen sich am einfachsten durch einen Blick auf den Straßenverkehr: Denn beim Autofahren erlauben Übergangsbögen das Drehen des Lenkrades ohne hektische Bewegungen. Das exakte „Nachfahren" eines unvermittelten Krümmungswechsels auf der Straße würde dagegen entweder das unendlich schnelle Drehen des Lenkrades während der Fahrt oder das Drehen des Lenkrades während eines vorübergehenden Fahrzeugstillstands erfordern.

#### 9.4.4.1 Vermittelte Krümmungswechsel (Übergangsbögen)

Historisch bedingt ist die Regelform des Übergangsbogens noch immer die Klothoide. Zunehmend werden in Deutschland mittlerweile jedoch auch die in vielerlei Hinsicht vorteilhaften Übergangsbögen nach Bloss verwendet, zumindest außerhalb von Weichen.

Entscheidend für die Mindestlänge eines Übergangsbogens ist die Änderung des Überhöhungsfehlbetrages $u_f$ als Funktion der Zeit ($\Delta u_f$). Aufgrund der Ungenauigkeit bzw. der je nach Position im Wagen (Radsatz, Drehgestell, Wagenmitte, Unterdeck/Oberdeck, …) unterschiedlichen Wahrnehmung ist eine exakte Herleitung einer Mindestlänge weder möglich noch sinnvoll (vgl. auch [4]). Im Ergebnis haben sich bei den Bahnen unterschiedliche Herangehensweisen etabliert; in Deutschland gelten folgende Mindestlängen (vgl. [11]):

- Klothoide: $\min l_U = \frac{4{,}0 \cdot V \cdot \Delta u_f}{1000}$,
- Bloss-Bogen: $\min l_{UB} = \frac{4{,}5 \cdot V \cdot \Delta u_f}{1000}$.

In der Schweiz liegt der „Grenzwert im Normalfall" bei einer $\Delta u_f$-Änderung von 55 mm/s; der „maximale Grenzwert" beträgt bei $\leq 200$ km/h 90 mm/s, vgl. [13]. Daraus resultiert eine Mindestlänge von:

$$\min l_U \approx \frac{5{,}05 \cdot V \cdot \Delta u_f}{1000}$$

bzw.

$$\min l_U \approx \frac{3{,}09 \cdot V \cdot \Delta u_f}{1000}.$$

► **Kommentar** Die resultierenden Mindestlängen führen bei fehlender Entwicklungslänge oft dazu, dass anstelle eines Übergangsbogens ein unvermittelter Krümmungswechsel trassiert wird, um dem aktuell gültigen Regelwerk zu genügen, obwohl ein Übergangsbogen mit kürzerer Länge möglich und fahrdynamisch dem unvermittelten Krümmungswechsel vorzuziehen wäre. Hier besteht Optimierungspotential.

Im Gegensatz zu einem unvermittelten Krümmungswechsel (z. B. Gerade – Kreisbogen) weist ein Übergangsbogen nicht nur eine größere Entwicklungslänge, sondern auch einen größeren Breitenbedarf auf: So führt die kontinuierliche Richtungsänderung zu einem sogenannten Abrückmaß $f$ (auch Tangentenabrückung genannt), die mehrere Meter betragen kann, vgl. Abb. 9.7:

$$f = \frac{l_U^2}{24 \cdot r}.$$

Bloss-Bögen kommen bei gleicher Länge mit einem um 40 % geringeren Abrückmaß aus (Abb. 9.8):

$$f = \frac{{l_{UB}}^2}{40 \cdot r}.$$

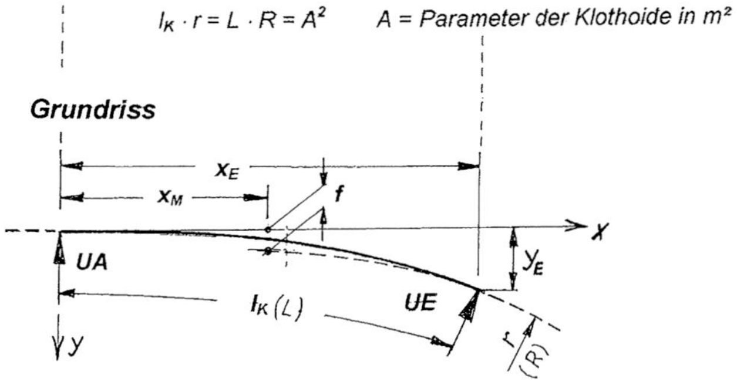


**Abb. 9.7** Abrückmaß einer Klothoide. (Quelle: [4])

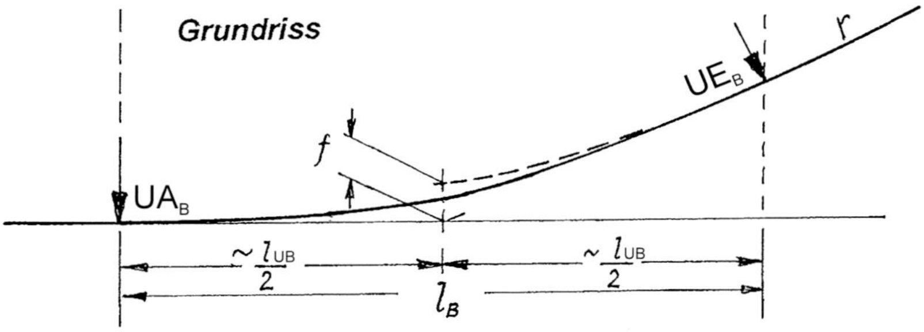


**Abb. 9.8** Abrückmaß eines Bloss-Bogens. (Quelle: vgl. [4])

► **Hinweis** Das deutsche Regelwerk enthielt früher eine Soll-Vorgabe $f \geq 15$ mm. Diese Mindestabrückung konnte insb. bei kleinen $\Delta u_f$-Werten maßgeblich für die Übergangsbogenlänge werden, was in der Praxis – obwohl nur eine Soll-Vorgabe aus ehemals vermessungstechnischen Gründen – oft zu fahrdynamisch schlechteren Lösungen führte, bei denen auf die Anordnung eines Übergangsbogens verzichtet wurde. Es ist davon auszugehen, dass mit der nächsten Neuherausgabe der Trassierungsrichtlinie [11] diese Soll-Vorgabe sinnvollerweise entfallen wird.

### 9.4.4.2 Unvermittelte Krümmungswechsel und Vergleichsradien

Nicht immer ist es infolge von Zwangspunkten möglich, Übergangsbögen zu trassieren; in Zweiggleisen von Weichen ist zumindest ein Krümmungssprung am Weichenanfang sogar die Regel; oft wird auch beim anschließenden Gegenbögen auf Übergangsbögen bzw. auf eine Überhöhung verzichtet. Und in bestimmten Fällen darf bzw. soll sogar auch in durchgehenden Hauptgleisen ohne Übergangsbögen trassiert werden (siehe Abschn. 9.4.4.3).

► **Hinweis** Prinzipiell können Krümmungssprünge auch unmittelbar am Anfang oder am Ende von Übergangsbögen sowie innerhalb von Klothoiden auftreten; insb. in Weichen. Im Sinne der Komplexitätsreduktion sind derartige Fälle zwar zu vermeiden. Allerdings können sie zu eleganten und fahrdynamisch günstigen Lösungen führen und daher gegenüber anderen Lösungen vorzugswürdig sein.

Auf ein Fahrzeug, das einen Krümmungssprung erfährt (beispielsweise bei der Fahrt aus einer Geraden unmittelbar in einen Kreisbogen), wirkt die Fliehbeschleunigung bzw. -kraft ab Bogenanfang unvermittelt. Der federnd mit dem Laufwerk verbundene Wagenkasten „wankt" zunächst über die neue geneigte Gleichgewichtslage hinaus; erst im Bogen stellt sich eine neue Gleichgewichtslage ein. Im Fahrzeug selbst wird dabei eine Seitenbeschleunigung empfunden, die kurzzeitig etwa doppelt so groß sein kann wie die rechnerische Fliehbeschleunigung im Kreisbogen (siehe Abb. 9.9, vgl. auch [4]).

Zur Ermittlung einer größten Seitenbeschleunigung, die nicht nur eine ausreichende Sicherheit gegen Entgleisen, sondern auch einen noch ausreichenden Fahrkomfort bietet, wurden ver-

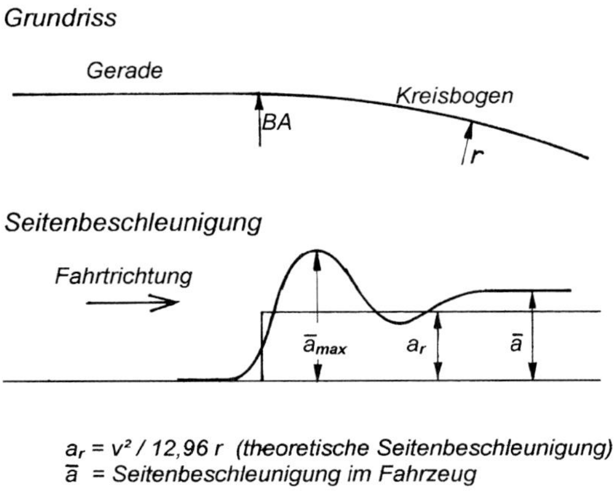


**Abb. 9.9** Seitenbeschleunigung bei einem Krümmungswechsel. (Quelle: [4])

schiedene Theorien aufgestellt. Letztlich basieren die heutigen Regelwerke im Wesentlichen auf Erfahrungen aus dem Betriebsalltag, vgl. [4]: So lassen die meisten Bahnen in Europa bis zu einer Geschwindigkeit von etwa $V = 100\,\text{km/h}$ eine unvermittelte Änderung des Überhöhungsfehlbetrags von $\Delta u_f \approx 100\,\text{mm}$ zu.

In Deutschland gilt $\Delta u_{f,\max} = 106\,\text{mm}$ ($V \leq 100\,\text{km/h}$) bzw. die vereinfachte Beziehung:

$$r_{\min} = \frac{V^2}{9}.$$

▶ **Anmerkung**[27] Bei der ehemaligen Deutschen Reichsbahn (DR) wurde $\Delta u_{f,\max} = 100\,\text{mm}$ zugrunde gelegt bzw. $r_{\min} = \frac{V^2}{8{,}5}$.

Bei Geschwindigkeiten $V > 100\,\text{km/h}$ werden die maximalen Werte für die unmittelbare Änderung des Überhöhungsfehlbetrags niedriger festgesetzt, wobei insb. bei höheren Geschwindigkeiten zum Teil erhebliche Abweichungen zwischen den Bahnen bzw. zu [10] auftreten.[28] Neben der üblichen Angabe eines expliziten, maximalen $\Delta u_f$-Wertes wird im deutschen Regelwerk ein sogenannter Vergleichsradius $r_w$ genannt, der nicht unterschritten werden darf:

$$\frac{1}{r_w} = \left| \frac{1}{r_1} - \frac{1}{r_2} \right|$$

bzw. taschenrechnerfreundlich

$$r_w = \left| \frac{1}{\frac{1}{r_1} - \frac{1}{r_2}} \right|$$

($r$ vorzeichenbehaftet: $r < 0 \rightarrow$ Linksbogen, $r > 0 \rightarrow$ Rechtsbogen; im Sonderfall, dass ein Element eine Gerade bildet, wird $\frac{1}{r_2} := 0$ gesetzt).

Je nach Präferenz kann die Richtung der Bögen (Rechtsbogen versus Linksbogen) formelseitig verschieden ausgedrückt werden; gebräuchlich ist auch die folgende Formel, die ausschließlich mit den positiven Beträgen der Radien arbeitet und deren Richtungen über die Bildung einer Summe bzw. einer Differenz ausdrückt:

$$\frac{1}{r_w} = \left| \frac{1}{|r_1|} \pm \frac{1}{|r_2|} \right|$$

bzw. taschenrechnerfreundlich

$$r_w = \left| \frac{1}{\frac{1}{|r_1|} \pm \frac{1}{|r_2|}} \right|$$

(+ bei Gegenbögen, − bei gleichgerichteten Bögen; im Sonderfall, dass ein Element eine Gerade bildet, wird $\frac{1}{r_2} := 0$ gesetzt).

Die Werte im deutschen Regelwerk basieren bis $V = 100\,\text{km/h}$ auf $u_f \leq 106\,\text{mm}$, bei höheren Geschwindigkeiten sind sie nach den Ergebnissen von zahlreichen Versuchen im praktischen Betrieb festgesetzt und weichen – teilweise deutlich – von den in der TSI genannten Werten ab, vgl. Tab. 9.2 bzw. [10]. Hierbei ist jedoch zu berücksichtigen, dass die TSI keine Planungs-, sondern zulässige Werte enthält.

Ist der Abstand zwischen zwei Krümmungswechseln kürzer als die Mindestlänge (siehe Abschn. 9.4.3), so sind die beide Krümmungswechsel fahrdynamisch als ein Krümmungswechsel zu betrachten.

Bei Gegenbögen mit kleinen Radien und entsprechend kleinen Vergleichsradien ist zu beachten, dass

- etwaige Zug- und Längsdruckkräfte sicher von Fahrzeug zu Fahrzeug übertragen werden können und
- es keinesfalls zu einer „Überpufferung“ kommen darf, bei der sich die Pufferteller hintereinander verhaken.

[27] Vgl. [4].

[28] Die deutschen Werte im Bereich $V > 200\,\text{km/h}$ sind derzeit sehr restriktiv; eine Angleichung an internationale Standards wird untersucht.

**Tab. 9.2** Vergleichsradien. (Quelle: in Anlehnung an [11])

<table>
<tr><th>Geschwindigkeit $V$</th><th>Vergleichsradius $r_w$ Regelwert für Gleise</th><th>$\Delta u_f$</th><th>Vergleichsradius $r_w$ für Weichen, Ermessensgrenze für Gleise</th><th>$\Delta u_f$</th><th>$\Delta u_f$ zulässig gemäß [TSI 2023]</th></tr>
<tr><td>[km/h]</td><td>[m]</td><td>[mm]</td><td>[m]</td><td>[mm]</td><td>[mm]</td></tr>
<tr><td>≤ 25</td><td>175 / 85*</td><td>42 / 87</td><td>150 / 75*</td><td>49</td><td rowspan="3">130 (150)</td></tr>
<tr><td>≤ 30</td><td>175 / 125*</td><td>61 / 85</td><td>150 / 100*</td><td>49 / 106*</td></tr>
<tr><td>≤ 40</td><td>220</td><td rowspan="7">86</td><td>178</td><td rowspan="7">106</td></tr>
<tr><td>≤ 50</td><td>340</td><td>278</td><td rowspan="2">130</td></tr>
<tr><td>≤ 60</td><td>490</td><td>400</td></tr>
<tr><td>≤ 70</td><td>670</td><td>545</td><td rowspan="14">125</td></tr>
<tr><td>≤ 80</td><td>875</td><td>710</td></tr>
<tr><td>≤ 90</td><td>1110</td><td>900</td></tr>
<tr><td>≤ 100</td><td>1370</td><td>1110</td></tr>
<tr><td>≤ 110</td><td>1735</td><td>82</td><td>1410</td><td>101</td></tr>
<tr><td>≤ 120</td><td>2170</td><td>78</td><td>1745</td><td>97</td></tr>
<tr><td>≤ 130</td><td>2680</td><td>74</td><td>2130</td><td>94</td></tr>
<tr><td>≤ 140</td><td>3275</td><td>71</td><td>2575</td><td>90</td></tr>
<tr><td>≤ 150</td><td>3990</td><td>67</td><td>3085</td><td>86</td></tr>
<tr><td>≤ 160</td><td>4825</td><td>63</td><td>3675</td><td>82</td></tr>
<tr><td>≤ 170</td><td>5810</td><td>59</td><td>4350</td><td>78</td></tr>
<tr><td>≤ 180</td><td>6975</td><td>55</td><td>5125</td><td>75</td></tr>
<tr><td>≤ 190</td><td>8365</td><td>51</td><td>6000</td><td>71</td></tr>
<tr><td>≤ 200</td><td>10.000</td><td>47</td><td>7000**</td><td>67</td></tr>
<tr><td>≤ 230</td><td colspan="4" rowspan="2">mit der Zentrale zu klären</td><td>85</td></tr>
<tr><td>> 230</td><td>25</td></tr>
</table>

* für Gegenbögen
** entspricht der Weichenform 60–7000/6000–1 : 42-fb

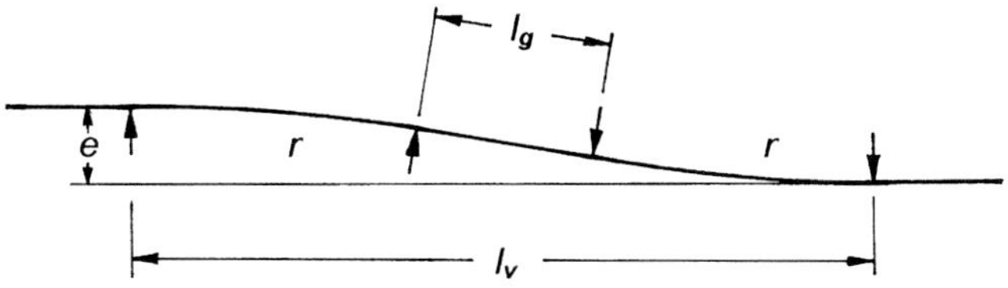


**Abb. 9.10** Gleisverziehung zwischen geraden parallelen Gleisen. (Quelle: [4])

Das heißt, dass sich etwaige Seitenpuffer der Fahrzeuge auch bei Durchfahrung des S-Bogens immer ausreichend überdecken müssen.

► **Anmerkung**[29] Die praktische Relevanz belegen Erfahrungen der früheren Deutschen Bundesbahn: So sind mehrere Fälle von Unregelmäßigkeiten (auch Aushängen von Kupplungen) bekannt, die an Gegenbögen mit entsprechend kleinen Vergleichsradien auftraten (z. B. bei Krümmungswechseln von $|r_1| = 190$ und $|r_2| = 215$).

Derartige Situationen sind offenbar nur deshalb selten eingetreten, weil diese Radienfolge kaum vorkommt und die weitaus häufigste Kombination von Gegenbögen mit Radien $r = 190\,\text{m}$ in Deutschland seit jeher mit mindestens 6 m langen Zwischengeraden trassiert wird.

Auf Basis der Erfahrungen mehrerer Bahnen wird eine mindestens sechs Meter lange Zwischengerade bereits dann gefordert, wenn der Vergleichsradius $r_w < 111\,\text{m}$ beträgt. Ausnahme: Außenbogenweichen 215–1 : 4,8 dürfen aneinander stoßen ($r_w = 107{,}5\,\text{m}$).

Darüber hinaus ist nach [11] bei Gegenbögen mit Vergleichsradien $r_w < 90\,\text{m}$ eine Zwischengerade von 8 m gefordert; solche Gegenbögen kommen in Deutschland jedoch selbst im Bestand äußerst selten und bei Neuanlagen üblicherweise gar nicht vor.

#### 9.4.4.3 Umgang mit kleinen Richtungsänderungen

Abweichend von dem in Abschn. 9.4.4.1 beschriebenen Ziel, Krümmungswechsel nach Möglichkeit zu vermitteln, gibt es eine Situation, in der der Verzicht auf Übergangsbögen tatsächlich das Mittel der Wahl ist; nämlich dann, wenn die Länge auch großer Radien zu kurz ist, um Kreisbogen *und* Übergangsbögen anordnen zu können. Das ist häufig der Fall

- bei sehr kleinen Richtungsänderungen und/oder
- wenn Gleise um ein geringes Maß $e$ (siehe Abb. 9.10) seitlich parallel versetzt werden sollen (sogenannte Gleisverziehung).

Es wird dann häufig auf Übergangsbögen verzichtet, wobei deutliche größere Radien als $r_w$ angestrebt werden sollen:

$$r = \frac{V^2}{2}.$$

Die Zwischengerade soll möglichst mit

$$l = 0{,}4 \cdot V$$

trassiert werden.

Im Falle extrem kleiner Richtungsänderungen (ohne Gegenbogen) kommen im Bestand zudem „Richtungsknicke“ ohne Ausrundung im Grundriss vor, die bei Neuanlagen zu vermeiden sind.

### 9.4.5 Zusammenspiel von Krümmungs- und Überhöhungsänderung

Auch wenn es Situationen gibt, bei denen ein Übergangsbogen ohne Überhöhungsrampe (z. B. bei großen Radien) oder sogar eine Überhöhungsrampe ohne Übergangsbogen das Mittel der Wahl ist (z. B. im Anfahr- und Bremsbereich oder

[29] Vgl. [4].

wenn Überhöhungen angeglichen werden müssen, aber kein Übergangsbogen trassiert werden kann), fallen Übergangsbogen und Überhöhungsrampe üblicherweise zusammen. Es drängt sich daher auf, die bei deren Trassierung relevanten Aspekte und Formeln gemeinsam darzustellen.

Im Regelfall gilt: Übergangsbogen und Überhöhungsrampe sollen sich überlagern: Rampenanfang RA auf Übergangsbogenanfang UA sowie Rampenende RE auf Übergangsbogenende UE.[30] Liegen RA und UA bzw. RE und UE idealtypisch jeweils aufeinander, werden im Lageplan häufig auch nur UA und UE beschriftet.

Zudem gilt: Krümmung und Überhöhung sollen nach demselben Gesetz geformt sein. Das heißt:

- Eine gerade Überhöhungsrampe soll mit einer Klothoide kombiniert werden.
- Eine Überhöhungsrampe nach Bloss soll mit einem Bloss-Bogen kombiniert werden.

Krümmung wie Überhöhung beziehen sich in der mathematisch exakten Funktion auf die Bogenlänge, die in der Praxis häufig durch deren Projektion auf die Tangente angenähert wird; Abszissen und Ordinaten werden dann durch Reihenentwicklung bestimmt.

Im Sonderfall zweier direkt aneinander stoßender gegenläufiger Klothoiden („Wendeklothoide“) werden (nur) dann, wenn zugleich zwei Überhöhungsrampen beteiligt sind, diese auf ganzer Länge zwischen UE/RE und UE/RE überlappend angeordnet: Es entsteht eine sogenannte Gleisschere. Die resultierende Überhöhung weicht dadurch nicht von der sich bei zwei getrennt angeordneten Überhöhungsrampen entstehenden Überhöhung ab. Auch auf den Grundriss wirkt sich dies nicht aus. Allerdings ist im Aufriss auf das im Wendepunkt tatsächlich (ggf. deutlich) höher liegende Gleis zu achten, da dort infolge der Überlagerung der Überhöhungsrampen beide Schienen gegenüber der Nennlage ohne Gleisschere angehoben werden. Gleisscheren sind im Lageplan daher explizit zu kennzeichnen. Bei Bloss-Bögen erfolgt dagegen keine Überlagerung beider Überhöhungsrampen; $UA_B$ und gegensinniger $UA_B$ bzw. $RA_B$ und gegensinniger $RA_B$ stoßen direkt aneinander.

Bei der Trassierung von Überhöhungsrampen stehen zwei Formeln im Fokus (vgl. [11]):

- die Änderung der Überhöhung als Funktion der Zeit (im deutschen Regelwerk anwenderfreundlich über die Geschwindigkeit ausgedrückt):
$$l_R = \frac{\mathrm{RF} \cdot V \cdot \Delta u}{1000}.$$
Hierin ist RF als Rampenfaktor wie folgt spezifiziert:
  - Gerade Rampe:
    Regelwert: 10,0
    Ermessensgrenze: 8,0
  - Rampe nach Bloss:
    Regelwert: 7,5
    Ermessensgrenze: 6,0

  Als Nebenbindungen sollen Bloss-Rampen nur mit $\Delta u \geq 40\,\mathrm{mm}$ trassiert werden.
- die Steilheit der Überhöhungsrampe:
  - Mindestneigung bei Schotteroberbau:
    $1 : m = 1 : 3000$ (gerade Rampe)
    $1 : m = 1 : 1500$ (Rampe nach Bloss)
    (bei fester Fahrbahn sind flachere Neigungen möglich)
  - Regelneigung:
    $1 : m = 1 : 600$ oder flacher
  - Ermessengrenze:
    $1 : m = 1 : 400$

  Während $m$ bei geraden Rampen über die gesamte Länge der Überhöhungsrampe konstant ist, gelten die angegebenen Werte bei Bloss-Rampen nur in Rampenmitte und werden daher häufig auch als $m_M$ bezeichnet. Das heißt: Bloss-Rampen sind tatsächlich überwiegend deutlich flacher als durch $m_M$ ausgedrückt. Die Regellänge einer Überhöhungsrampe nach Bloss richtet sich daher nicht nach m, sondern primär nach RF $= 7{,}5$.

  Während bei geraden Rampen bereits über den Rampenfaktor sichergestellt ist, dass die Rampe nicht zu steil wird, ist dies bei Bloss-

[30] Ohne Index = Klothoide bzw. gerade Rampe, mit Index B = Bloss-Bogen bzw. Bloss-Rampe, wobei UA bzw. $UA_B$ am jeweils größeren Radius und UE bzw. $UE_B$ am jeweils kleineren Radius angetragen werden sowie RA bzw. $RA_B$ am unteren Ende und RE bzw. $RE_B$ am oberen Ende einer Überhöhungsrampe.

Rampen immer gesondert zu prüfen und die Überhöhungsrampe ggf. abzuflachen.

Zusätzlich ist abzugleichen, ob sich $u_f$ hinreichend langsam ändert (vgl. Abschn. 9.4.4.1):

- Klothoide:
  $\min l_U = \frac{4{,}0 \cdot V \cdot \Delta u_f}{1000}$,
- Bloss-Bogen:
  $\min l_{UB} = \frac{4{,}5 \cdot V \cdot \Delta u_f}{1000}$.

In Radien $r < 300$ m ist eine weitere Einschränkung zu beachten, die sich aus der Gefahr des Entgleisens (von in erster Linie leeren, verwindungssteifen Güterwagen) ergibt: So darf im Bereich von $0{,}4 \cdot V$ vor dem Ende einer Überhöhungsrampe die Überhöhung nicht größer sein als (vgl. [11]):

$$u \leq \frac{r - 50}{1{,}5}.$$

► **Hinweis** Diese Begrenzung schließt nicht aus, dass – mit hinreichendem Abstand zur Überhöhungsrampe – bezogen auf den jeweiligen Radius auch größere Überhöhungen zulässig sind; diese engeren Radien sind durch unvermittelte bzw. vermittelte Krümmungswechsel ohne (zusätzliche) Überhöhungsrampe erzielbar, falls keine anderen Lösungen gefunden werden.

Der Schweizer „Grenzwert im Normalfall“ liegt bei einer Überhöhungsänderung von 50 mm/s; der „maximale Grenzwert“ beträgt 60 mm/s, vgl. [13]. Daraus resultieren im Vergleich zu Deutschland deutlich kürzere Überhöhungsrampenlängen von:

$$l_R = \frac{5{,}56 \cdot V \cdot \Delta u}{1000}$$

bzw.

$$l_R = \frac{4{,}63 \cdot V \cdot \Delta u}{1000}.$$

In Nordamerika gelten mit Verweis auf Verwindung und Fahrgastkomfort ähnliche Formeln zur Ermittlung der erforderlichen Längen von Übergangsbogen bzw. Überhöhungsrampe, vgl. [14], wobei die Übergangsbogenlängemit Zustimmung des Infrastrukturbetreibers in bestimmten Fällen um bis zu 25 % gekürzt werden darf:

$$L = 62 \cdot E_a,$$
$$L = 1{,}63 \cdot E_u \cdot S_p,$$

$L$: Length of spiral [feet] als Länge der Überhöhungsrampe bzw. des Übergangsbogens,
$E_a$: Actual superelevation [inch] als (ausgeführte) Überhöhung (bzw. in diesem Fall Überhöhungsdifferenz),
$E_u$: Superelevation imbalance [inch] bzw. cant deficiency [inch] als Überhöhungsfehlbetrag (bzw. in diesem Fall als Überhöhungsfehlbetragsänderung),
$S$: Speed [mph] als Geschwindigkeit.

Das heißt, in Nordamerika ist die Steilheit der Überhöhungsrampe geschwindigkeitsunabhängig.

Nach Umrechnung auf die deutschen Einheiten ($[V] = \text{km/h}$, $[u] = \text{mm}$) ergibt sich:

$$l_{R,\text{Nordamerika}} \approx \frac{62 \cdot \frac{39{,}37 \cdot \Delta u}{1000}}{3{,}28} \approx \frac{744 \cdot \Delta u}{1000},$$
$$\min l_{U,\text{Nordamerika}} \approx \frac{1{,}63 \cdot \frac{39{,}37 \cdot \Delta u_f}{1000} \cdot \frac{V}{1{,}6093}}{3{,}28}, \approx \frac{12{,}16 \cdot V \cdot \Delta u_f}{1000}.$$

Der deutsche Regelrampenfaktor RF = 10 stellt sich bei einer Geschwindigkeit von ca. 74 km/h ein. Bei 160 km/h betrüge RF = 4,65 und wäre damit in Deutschland nicht genehmigungsfähig. (Dies würde dann teilweise dadurch ausgeglichen werden, dass die Überhöhungsrampe bereits in der Geraden beginnen würde.)

Andererseits darf die Änderung des Überhöhungsfehlbetrages nur ca. ein Drittel so rasch erfolgen wie in Deutschland, wenn Übergangsbögen verwendet werden. Gleichwohl sind – z. B. bei Weichen und deren Gegenbögen – auch unvermittelte Krümmungswechsel zugelassen, bei denen zumindest im Personenverkehr je nach eingesetztem Fahrzeugmaterial die europäischen Werte zwar nicht ganz erreicht werden, jedoch keine derart großen Unterschiede wie bei den Überhöhungsrampen- und Übergangsbogenlängen zu beobachten sind.

> **Anmerkung** Trotz ihrer fahrdynamischen Vorteile am Punkt des Krümmungsrichtungswechsels sind durchlaufende Klothoiden (und folglich auch Gleisscheren) in Nordamerika nicht üblich; auch vermittelte S-Kurven erfordern daher immer das Einschalten einer 100 feet, mitunter sogar 200 feet langen Zwischengerade, resultierend in einer (sehr) großen Entwicklungslänge.

Bei einer Klothoide bzw. geraden Überhöhungsrampe ergibt sich, dass die Änderung des Überhöhungsfehlbetrages nur dann maßgebend für die Mindestlänge des Elements Übergangsbogen ist, wenn die Änderung des Überhöhungsfehlbetrags mehr als doppelt so groß ist wie die Änderung der Überhöhung. Die kürzeste Länge und damit das geringste Abrückmaß wird erzielt, wenn die ausgleichende Überhöhung im Verhältnis 1 : 2 (ein Drittel Überhöhung, zwei Drittel Überhöhungsfehlbetrag) aufgeteilt wird.

Analog ist die Länge eines *Bloss*-Übergangsbogens nach der Änderung des Überhöhungsfehlbetrages zu bemessen, wenn das Verhältnis zwischen $\Delta u$ und $\Delta u_f$ kleiner ist als 4,5 zu 6; das heißt, wenn die Überhöhungsänderung kleiner ist als circa 43 % der Überhöhungsfehlbetragsdifferenz.

### 9.4.6 Vorteile von Bloss-Bögen bzw. -Rampen

Die trassierungsseitigen Vorteile einer Bloss-Rampe (zusammenfallend mit einem Bloss-Bogen) gegenüber einer geraden Rampe (zusammenfallend mit einer Klothoide) sind offenkundig:

- Bei gleichem Abrückmaß ist der Bloss-Bogen bzw. die Bloss-Rampe ca. 29 % länger, so dass ceteris paribus größere Überhöhungsdifferenzen $\Delta u$ vermittelt werden können.
- Bei gleicher Länge kann eine um ca. 33 % größere Überhöhungsdifferenz $\Delta u$ vermittelt werden.
- Infolge der expliziten Ausrundungen sind Krümmungs- und Überhöhungsverlauf stetig differenzierbar, so dass die Übergänge an $UA_B$ und $UE_B$ bzw. $RA_B$ und $RE_B$ deutlich sanfter ausfallen als bei Klothoiden und geraden Rampen.

Unter sonst gleichen Bedingungen ist es also möglich, mit einem Übergangsbogen nach *Bloss* die Überhöhung gegenüber einer Klothoide mit gerader Rampe um rund 71 % zu vergrößern. Im Umkehrschluss können bei gegebenen $\Delta u$ die Entwicklungslänge und das Abrückmaß gegenüber einer Klothoide mit gerader Rampe durch Anwendung von Bloss-Bogen und -Rampe deutlich reduziert werden.

Aus diesem Grunde wird die Form nach Bloss in Deutschland heute vor allem bei der Ertüchtigung (Erhöhung der Geschwindigkeit) auf vorhandenen Strecken, aber auch bei Neu- und Ausbau angewandt.[31]

Lediglich bei geringen Geschwindigkeiten (infolge einer dann in ihrer Mitte zu steil werdenden Überhöhungsrampe) sowie bei großen $\Delta u_f$-, aber geringen $\Delta u$-Werten kann die Anwendung gerader Rampen (und damit von Klothoiden) Vorteile bieten.

> **Anmerkung** Bislang lässt das deutsche Regelwerk die Anwendung von Bloss-Bögen bzw. -Rampen in Weichen nur mit Genehmigung der Zentrale zu. Vorhandene Weichen in Bloss-Bögen im Bestand und angedachte Betriebserprobungen könnten perspektivisch jedoch zu einer Weitung des Ermessensbereiches führen, sofern daraus keine ungerechtfertigten Erschwernisse für die Instandhaltung resultieren.

## 9.5 Entwurf der Spurpläne und die Trassierung von Weichen

Üblicherweise verfügen Bahnanlagen über Weichen, um

- Gleisstränge verzweigen zu können *und*
- diese Verzweigung kontinuierlich befahren zu können.

[31] Vgl. auch [4].

(Im Gegensatz dazu ermöglichen insb. Drehscheiben und Schiebebühnen kein kontinuierliches Befahren.)

Die Visualisierung der sich ergebenden Fahrwege wird in der Regel als „(Gleis-)Topologie", „Spurplan", „schematischer Übersichtsplan" o. ä. bezeichnet. Der Begriff „Gleisplan" wird hierfür nach Möglichkeit vermieden und bevorzugt für maßstäbliche Darstellungen (insb. Lagepläne) genutzt.

Letztlich bestimmen Weichen mit ihrer Anordnung und den trassierten Geschwindigkeiten maßgeblich den Nutzen von Eisenbahninfrastrukturen beispielsweise hinsichtlich möglicher (ggf. auch paralleler) Fahrwege, Nutzlängen, Durchrutschwege bzw. Gefahrpunktabstände usw.

Zugleich stellen sie Elemente dar, die trassierungsseitig (zusätzliche) Zwangspunkte setzen und besondere Aufmerksamkeit erfordern.

Im Folgenden wird vorwiegend auf diese trassierungsseitig relevanten Aspekte eingegangen; die baulich-technischen Aspekte von Weichen sind ausführlich in Kap. 4 beschrieben.

### 9.5.1 Trassierungsrelevante Grundlagen von Weichen

Die Grundform der einfachen Weiche setzt sich aus einem geraden Gleis und einem gebogenen Gleis mit konstantem Radius $r_0$ zusammen. Das gerade Gleis wird aus baulicher Sicht üblicherweise als Stammgleis bezeichnet, das gebogene Gleis als Zweiggleis. Je nach Verzweigungsrichtung (Blick analog zur Definition der Leit- und Sicherungstechnik vom Weichenanfang in Richtung Weichenende) sind die Bezeichnungen „Rechts-" oder „Linksweiche". Aus fahrdynamischer Sicht kann jedoch auch das gebogene Gleis das Stammgleis und das gerade Gleis das Zweiggleis sein, so dass diese Begriffe mit Vorsicht zu verwenden sind. Im Falle einfacher Weichen bietet es sich bei konkreten Trassierungen daher an, die immer eindeutigen Begriffe „rechter Strang" bzw. „linker Strang" zu verwenden.

In der Grundform der in Europa üblichen Weichen tangiert die Achse des gebogenen Stranges

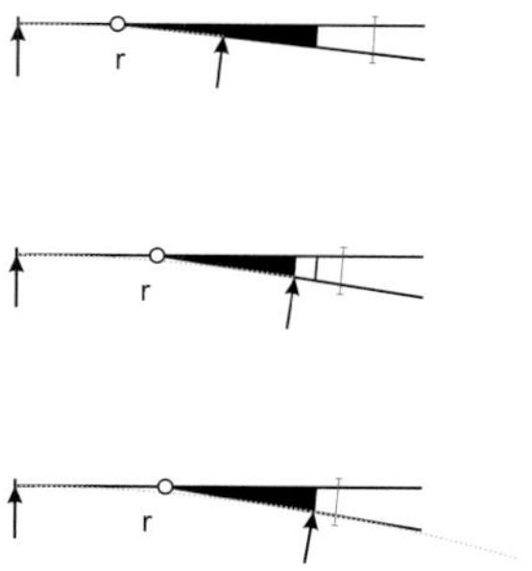


**Abb. 9.11** Grundformen der einfachen Weichen (Prinzipdarstellung). (Quelle: eigene Darstellung)

am Weichenanfang die Achse des geraden Stranges. Der Bogen endet entweder vor oder nach dem Herzstück; entsprechend ist das Herzstück entweder gerade oder gebogen. Bei Weichen mit Bogenherzstück kann zwischen Herzstück und Weichenende auch ein kurzer gerader Gleisabschnitt vorhanden sein; häufiger sind jedoch jene Bauformen, bei denen der Bogen bis zum Weichenende durchläuft und daher ohne Krümmungswechsel bei Bedarf über das Weichenende hinaus verlängert werden kann. Abb. 9.11 veranschaulicht die drei Fälle, wobei die letzte durchgehende Schwelle (ldS) rot angedeutet ist.

Im Fall einfacher Weichen oder Kreuzungen (im schweizerischen „Gleisdurchschneidungen", insb. in Nordamerika auch „diamonds" genannt) sind lediglich zwei Gleisstränge zu betrachten; bei einfachen Kreuzungsweichen und Doppelweichen werden drei Gleisstränge gemeinsam geführt, bei doppelten Kreuzungsweichen sogar vier, vgl. erneut Kap. 4.

Ein Großteil der Weichen- und Kreuzungsgrundformen dürfen auch „verbogen" trassiert werden: Der bzw. die vormals geraden Stränge sind dann ebenfalls gebogen; die Krümmung des bzw. der bereits zuvor gebogenen Gleisstränge ändert sich korrespondierend. Auch wenn bereits vorher zumindest ein Strang gebogen war, werden Weichen und Kreuzungen in der Regel nur dann als Bogenweiche bzw. Bogenkreuzung bezeichnet, wenn sie gegenüber der Grundform „verbogen" wurden, siehe Abschn. 9.5.2.

Um standardisierte Weichentypen verwenden zu können, ist die Trassierung der verschiedenen Weichenstränge zwischen Weichenanfang

**Abb. 9.12** Überhöhte Weichen. (Quelle: eigene Aufnahme)

(WA) und Weichenende (WE) im Grund- wie im Aufriss direkt voneinander abhängig. Für Gradiente und Überhöhung gilt dies sogar bis zur ldS, da die Weichenstränge hinter dem Weichenende üblicherweise noch auf einer gewissen Länge bis zum Erreichen eines Gleisachsenabstands von mehr als 2,30 m über das geometrische Weichenende hinaus in Form dieser durchgehenden Schwelle miteinander verbunden sind. Das heißt:

1. Zwischen WE und ldS können beide Gleise im Grundriss, nicht jedoch bzgl. Überhöhung und Gradiente unabhängig voneinander trassiert werden. Im Grundriss sollen zudem keine BW, UA, UE zwischen WE und ldS angeordnet werden, um auch in diesem Bereich standardisierte Schwellensätze verwenden zu können, vgl. [15].
2. Im Querschnitt müssen alle Schienen auf einer Ebene liegen. Das bedeutet, dass sie bei Anordnung in Überhöhung(sramp)en räumlich auf einer windschiefen Torsionsfläche liegen, vgl. Abb. 9.12. In diesem Fall sind spezielle Weichenhöhenpläne zu erstellen.

Besonders stark beansprucht sind die Herzstückbereiche, also jene Weichenbauteile in denen sich die Schienen der verschiedenen Gleisstränge kreuzen und der Kanal für den Spurkranz freigehalten werden muss (Herzstücklücke). Die Beanspruchung wächst mit steilerem Weichen- bzw. Kreuzungswinkel, und die Fahrqualität leidet (Stoßbelastung). Die Verwendung steiler Weichen bzw. Kreuzungen (Winkel steiler als 1 : 9) führt daher üblicherweise (jedoch nicht in Nordamerika) zu einer Geschwindigkeitsbeschränkung selbst im geraden Strang. In durchgehenden Hauptgleisen werden daher in Deutschland bevorzugt nur einfache Weichen und Kreuzungen mit Neigung 1 : 9 oder flacher eingebaut.

Infolge des nochmals größeren Konfliktpotentials der Doppelherzstücke bei Kreuzungen und Kreuzungsweichen sollen diese in stark beanspruchten Gleisen vermieden bzw. idealerweise in zwei einfache Weichen „aufgelöst" werden (siehe Abschn. 9.5.3).

Weichen mit beweglichen Herzstück(spitz)en wurden zum Schließen der Herzstücklücke entwickelt, um sowohl mit Blick auf schlanke Weichen mit Endneigungen flacher als ca. 1 : 20 (vgl. Kap. 4) für höhere Geschwindigkeiten als auch hohe Achslasten den Fahrzeuglauf zu verbessern und den Verschleiß zu reduzieren. Infolge ihrer erschütterungsseitigen Vorteile werden sie mitunter auch unabhängig von fahrdynamischen Aspekten gefordert. Bewegliche Herzstücke werden dabei wie Weichenzungen bewegt und gesichert; die Radlenker können entfallen. Zudem ermöglichen bewegliche Herzstücke höhere Überhöhungsfehlbeträge $u_f$, so dass sie mitunter auch bei deutlichen geringeren Geschwindigkeiten nutzenbringend eingesetzt werden können.

► **Kommentar** Leider besteht hinsichtlich der Nutzen- und Kostenwirkung verschiedener Herzstückausprägungen aus Gesamtsystemsicht (Nutzen, Investitionskosten, Betriebskosten, Fahrkomfort) noch erheblicher Forschungsbedarf: Dies gilt sowohl für die Frage „festes versus bewegliches Herzstück“ in Weichen bei kleinen Einzelachslasten aber in Summe großer Belastung im gesamten Geschwindigkeitsbereich bis 230 km/h als auch bzgl. der Herzstückform. So sind gemäß Regelwerk in Deutschland und Österreich die platzsparenden gebogenen Herzstücke der Regelfall, in der Schweiz dagegen gerade Herzstücke (selbst dort, wo gebogene Herzstücke aus fahrdynamischer Sicht möglich bzw. zulässig wären).

Auch in sogenannten „Flachkreuzungen“, also Kreuzungen mit einem sehr flachen Kreuzungswinkel (flacher als 1 : 9), sind zur Vermeidung einer zu langen führungslosen Stelle am Doppelherzstück bewegliche Doppelherzstückspitzen zwingend erforderlich (siehe Kap. 4).

Die Grundformen vieler Weichen können abgewandelt bzw. kombiniert werden. So kann beispielsweise ein Teil der Weiche aus einer Rechts- und der andere Teil aus einer Linksweiche bestehen. Derartige Weichen mit vertauschter Zungenvorrichtung können zum Aufsteilen von Weichenstraßen sowie zur Abflachung von Kreuzungsweichen der Grundformen 500–1 : 9 genutzt werden, vgl. ebenfalls Kap. 4.

Im Sinne der Komplexitätsreduktion und einfacheren Vorhaltung von Ersatzteilen sollen Weichen nach Möglichkeit in ihrer Grundform, also unverbogen trassiert werden. Gleichwohl ist verbogenen Weichen der Vorzug zu geben, wenn dadurch fahrdynamisch günstigere Trassierungen und/oder Trassierungen mit höherem verkehrlich-betrieblichem Nutzen realisiert werden können.

Am Anfang und Ende der Zweiggleisbögen werden unvermittelte Krümmungswechsel in Kauf genommen, um die Weichenbereiche und damit die Bahnhofsköpfe kapazitätsschonend kompakt und Rangierfahrwege kurz halten zu können. In Gegenbögen, die an Weichen anschließen, wird üblicherweise auf Überhöhungen verzichtet.

► **Anmerkung** Selbstverständlich können Übergangsbögen und ggf. sogar Überhöhungen auch in diesen Fällen im Sinne einer eleganteren und fahrdynamisch günstigeren Trassierung angewendet werden, sofern daraus keine verkehrlich-betriebliche Nachteile resultieren.

Zugunsten kurzer Entwicklungslängen werden in der Regel die kleinsten Weichengrundformen verwendet, die die geforderte Abzweiggeschwindigkeit ermöglichen. Um Nutzlänge zu gewinnen, werden meist auch die anschließenden Gegenbögen mit denselben Radien trassiert; nach Möglichkeit sollen dort aber auch größere Radien (siehe $r_w$ in Abschn. 9.4.4.2) verwendet werden bzw. – sofern hinreichender Platz besteht – zumindest in Hauptgleisen mit Übergangsbögen trassiert werden.

### 9.5.2 Verbogene Weichen (Bogenweichen)

Die in Europa verwendeten Weichen sind, mit wenigen Ausnahmen, relativ freizügig zu Bogenweichen verformbar: Bei Außenbogenweichen (ABW) wird die Grundform der Weiche „aufgebogen“, das heißt der Zweiggleisradius der Grundform vergrößert. Folglich sind die Stränge in unterschiedlichen Richtungen gekrümmt. Bei Innenbogenweichen (IBW) wird der Radius dagegen verringert, so dass die Stränge in dieselbe Richtung gekrümmt sind. Auch Mischformen (bezeichnet als IBW/ABW bzw. ABW/IBW) sind möglich, aber zu vermeiden.

In Nordamerika sind Bogenweichen bislang außerhalb von Nebengleisen (non-main track) nur selten anzutreffen und werden bei Neu- und Ausbauplanungen selbst dann vermieden, wenn dadurch fahrdynamisch (und ggf. instandhaltungsseitig) deutlich günstigere Trassierungen möglich wären.

Aus dem Verbiegen resultiert eine Längenänderung der Weiche im Bereich der Zwischenschienen (vgl. Kap. 4). Hinsichtlich der Weichengeometrie gilt jedoch, dass beim „Verbiegen“ innerhalb von Kreisbögen die Tangentenlängen im Vergleich zur Grundform unverändert bleiben. Bei Weichen in Übergangsbögen entspricht die Summe der Tangentenlängen der Summe der Tangentenlängen der Grundform.

Stark verbogene Weichen müssen vorgebogen werden; nur leicht verbogene Weichen (Radien bis ca. 1500 m im schwächer gekrümmten Strang) können wie unverbogene Weiche in ihrer Grundform bestellt und – mit Ausnahme der Herzstücke – erst auf der Baustelle entsprechend angepasst werden.

Zur fahrdynamischen Beurteilung genügt es, die Radien der Bogenweichen näherungsweise mit Hilfe der Krümmungsüberlagerung zu bestimmen. Dabei entspricht die Krümmungsdifferenz zwischen den Weichenradien $r_1$ und $r_2$ der Krümmung des Zweiggleises in der Grundform. Ähnlich der Berechnung des Vergleichsradius $r_w$ (siehe Abschn. 9.4.4.2) gilt:

$$\frac{1}{r_0} = \left|\frac{1}{|r_1|} \pm \frac{1}{|r_2|}\right|$$

bzw. taschenrechnerfreundlich

$$r_0 = \left|\frac{1}{\frac{1}{|r_1|} \pm \frac{1}{|r_2|}}\right|.$$

Üblicherweise ist jedoch nicht $r_0$ gesucht, sondern es wird $r_2$ berechnet, da $r_0$ und $r_1$ bereits bekannt sind:

$$\frac{1}{r_2} = \left|\frac{1}{|r_1|} \pm \frac{1}{|r_0|}\right|$$

bzw. taschenrechnerfreundlich

$$r_2 = \left|\frac{1}{\frac{1}{|r_1|} \pm \frac{1}{|r_0|}}\right|,$$

$+$, falls bei IBW der Radius des stärker gekrümmten Strangs berechnet werden soll,
$-$ bei IBW, falls der Radius des schwächer gekrümmten Strangs berechnet werden soll, sowie bei ABW.

Bei IBW sind die Grenzen der Biegbarkeit zu beachten – weniger technisch bedingt, sondern vielmehr mit Blick auf Standardisierung und Instandhaltung:

Das Einhalten der Biegegrenze vermeidet einerseits eine Spurerweiterung im stärker gekrümmten Strang, die ein Radius $r < 175$ m erfordern würde, und andererseits größere konstruktive Änderungen an der Weiche. Die Grenzen liegen bei einem kleinsten Zweiggleisradius von ca. 40 % des jeweiligen Radius der Grundform, vgl. Kap. 4. Für Bogenkreuzungen und Bogenkreuzungsweichen sind davon abweichende Grenzen definiert (siehe [15]).

Bei überhöhten Außenbogenweichen vergrößert die negative Überhöhung den infolge des Radius ohnehin auftretenden Überhöhungsfehlbetrag. Mitunter führt dies dazu, dass

- die Überhöhung gegenüber dem ursprünglichen angestrebten Wert reduziert werden muss,
- eine größere Grundform gewählt werden muss und/oder
- ein bewegliches Herzstück geplant werden muss.

► **Anmerkung** Die Formulierung im deutschen Regelwerk (vgl. [15]), Weichen sollten nicht in Bögen angeordnet werden, ist nicht gleichzusetzen mit der leider verbreiteten Interpretation, verbogene Weichen seien grundsätzlich zu vermeiden. Im Gegenteilkönnen verbogene Weichen

**Abb. 9.13** Weiche im Übergangsbogen. (Quelle: [4])

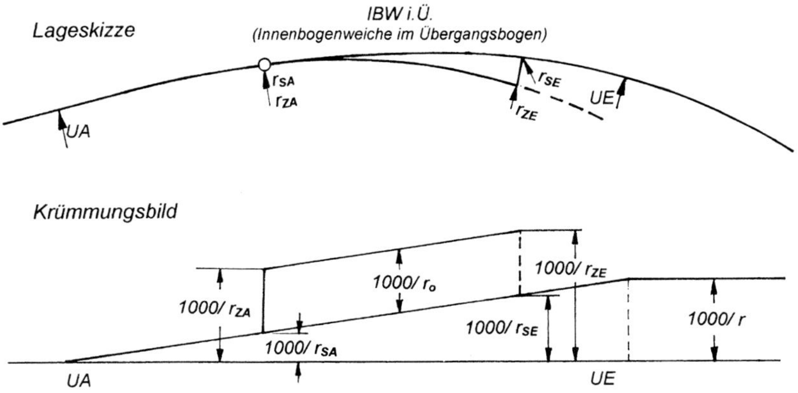


(„Bogenweichen") fahrdynamisch günstiger sein, als der Versuch, verbogene Weichen zu vermeiden. Werden Weichen nur wenig verbogen, so dass der geringer gekrümmte Stang nicht enger als $r = 1500$ m gebogen ist, sind sie bzgl. Beschaffung und Ersatzteilvorhaltung identisch mit unverbogenen Weichen.

Allerdings ist die Komplexität von Weichen in Bögen (z. B. im Falle einer überhöhten Gleisverbindung) größer, als wenn diese unverbogen im nicht überhöhten Gleis lägen.

Gleichwohl gilt: Sofern andere Lösungen mit geringerem Nutzen oder fahrdynamischen Verschlechterungen verbunden wären, sollte den Lösungen mit verbogenen Weichen der Vorzug gegeben werden.

Werden Bogenweichen verwendet, sollen diese im Sinne der Komplexitätsreduktion in Kreisbögen und nicht in Übergangsbögen bzw. Überhöhungsrampen angeordnet werden. Jedoch ist dies oft nicht sinnvoll vermeidbar bzw. würde – wie derzeit in Nordamerika noch häufig zu beobachten – zu fahrdynamisch schlechteren und daher – aus deutscher Sicht – abzulehnenden Lösungen führen. Bislang sieht das Regelwerk Weichen nur in Klothoiden bzw. in geraden Überhöhungsrampen vor; eine Anordnung in Bloss-Bögen erfordert die Zustimmung der Zentrale.

Liegt auch der Weichenanfang im Übergangsbogen, ergibt sich dort *innerhalb* des Übergangsbogens (mindestens) ein Krümmungssprung. Dies zeigt, dass sich Krümmungssprünge in Übergangsbögen fahrdynamisch nicht ausschließen, sofern die Krümmungsänderung in Summe dadurch nicht zu groß wird.

► **Vertiefung**[32] Die Krümmungsverhältnisse ergeben sich ebenso wie bei Weichen in Kreisbögen auch bei Weichen im Übergangsbogen unmittelbar aus der Überlagerung der Krümmung der Weichengrundform mit der Krümmung des durchgehenden Gleises (vgl. Abb. 9.13). Der Parameter A der Klothoide ist im Stamm- und Zweiggleis (annähernd) gleich, die jeweiligen Klothoidenursprünge (Krümmungsnullstellen) sind in Längsrichtung gegeneinander verschoben.

Wie erwähnt, beruhen die o. g. Formeln auf dem Näherungsprinzip der Krümmungsüberlagerung; sie sind für Entwürfe und zum fahrdynamischen Nachweis der zulässigen Geschwindigkeit stets genügend genau. Bei der Weichenkonstruktion und -fertigung werden die Radien jedoch unter der Annahme konstanter Tangentenlängen berechnet. Die exakten Formeln lauten dafür:

- bei Abzweigungen nach innen:

$$r_2 = \frac{r_1 \cdot r_0 - t^2}{r_0 + r_1},$$

- bei Abzweigungen nach außen:

$$r_2 = \frac{r_1 \cdot r_0 + t^2}{r_0 - r_1}.$$

[32] Vgl. [4].

Das Prinzip der konstanten Tangentenlänge ist eine in Deutschland getroffene pragmatische Festlegung. In anderen Ländern gelten z. T. andere Regeln, die bei Bogenweichen zu geringfügig anderen Radien und Tangentenlängen führen können.

In Deutschland beziehen sich alle Radien auf die Gleisachsen. In anderen Ländern werden mitunter z. B. die Fahrkanten der bogenäußeren Schiene als Bezug genutzt, vgl. [9].

### 9.5.3 Bedarf und Anordnung von Weichen

Bei der Wahl und Anordnung der Weichen sind sowohl die verkehrlich-betrieblichen Bedürfnisse als auch die Instandhaltung zu berücksichtigen, zumal sich diese massiv auf den Betrieb auswirken kann.

Weichen sind besonders aufwendige Fahrwegelemente; in der Beschaffung wie in der Instandhaltung. Je nach Philosophie und „Trend" wird ihre Anzahl

- auf ein absolutes Minimum für den Regelbetrieb – zum Teil unter bewusster Aufgabe von Fahrwegen – reduziert (niederländische Strategie, vgl. u. a. [16]) oder aber
- im Hinblick auf eine möglichste flexible Betriebsführung (auch) bei Baumaßnahmen und Störungen bzw. Abweichungen vom „Jahresfahrplan" ausgelegt (Schweiz und seit kurzem wieder Deutschland).

Lange Zeit galt in Deutschland infolge finanzierungstechnischer Regelungen des Bundes die Maßgabe, nur solche Weichen vorzusehen, die im Regelbetrieb genutzt werden. „Regelbetrieb" umfasst jedoch nicht die allfälligen – und infolge des Investitionsrückstaus absehbar stark zunehmenden – Bautätigkeiten oder auch aus der Erfahrung heraus bekannte oder absehbare Bedarfe im operativen Betrieb, sondern nur den „Jahresfahrplan". So wurden sogar noch Anfang der 2020er Jahre diversederartige Weichen zurückgebaut, bevor die Trendumkehr nun beginnt zu wirken.

Bei verkehrlich-betrieblich gleichwertigen Lösungsvarianten kann der Instandhaltungsbedarf reduziert werden, wenn die Weichen möglichst in den schwächer belasteten Gleisen angeordnet werden, sofern daraus nicht andere instandhaltungsseitige Nachteile resultieren.

Bei Weichen, die in beiden Strängen ähnlich oft befahren werden, bei denen also kein eindeutiges Stammgleis erkennbar ist, bietet es sich an, den Ruck am Weichenanfang auf beide Weichenstränge zu verteilen oder sogar eine Weiche mit kleinerer Grundform zu planen, was fahrdynamische und kostenseitige Vorteile bieten kann, vgl. Abschn. 9.6.2.1 bzw. Abschn. 9.7.3.2.

Auch wenn die grundsätzliche Zielstellung lautet, im Sinne der Komplexitätsreduktion Weichen außerhalb von Bögen anzuordnen, ist dies selbst auf Neubaustrecken mitunter nicht möglich. Zudem führt das Vermeiden von verbogenen Weichen zu fahrdynamisch oft schlechteren Lösungen und ist daher oft nicht empfehlenswert. Fahrdynamisch bzw. instandhaltungsseitig günstig sind leicht verbogene Innenbogenweichen, bei denen das stärker belastete Gleis am Weichenanfang (nahezu) ohne Krümmungswechsel durchläuft und das schwächer belastete Gleis zur Bogeninnenseite abzweigt. In beiden Strängen wird das bogenäußere Rad – auch im überhöhten Gleis – am Bogenaußenstrang und somit im stärker belasteten Strang nicht über das Herzstück geführt.

Bei Außenbogenweichen entsteht dagegen immer in einem der beiden Fahrwege ein Gegenbogen: Die Krümmung wechselt das Vorzeichen, das vorlaufende Rad wechselt den führenden Schienenstrang und das Spurspiel zwischen Radsatz und Spurkanal wirkt wie ein Gleislagefehler.

► **Kommentar** Der daraus resultierende höhere Instandhaltungsaufwand führte früher unter Berücksichtigung der damaligen Weichen- und insbesondere Radlenkerkonstruktionen dazu, dass zur Vermeidung des Krümmungsrichtungswechsels IBW mit (mitunter deutlich) größeren Weichen-

**Abb. 9.14** Wegen des engen Radius zurückgesetzte Bahnsteigkante (*Pfeil*); im Fall einer Weiche an dieser Stelle würde folglich der Spalt zwischen Fahrzeugen und der Bahnsteigkante auch im Stammgleis vergrößert sein. (Quelle: eigene Aufnahme)

grundformen trassiert wurden, vgl. [9]. Aus heutiger Sicht darf dieses Vorgehen bezweifelt werden.

Gleichwohl gilt (vgl. [4]): Bogenweichen, die auch im Zweiggleis schnell befahren werden (wie z. B. bei Streckenverzweigungen) sollten daher, wann immer möglich, als Innenbogenweichen aus entsprechend großen Grundformen geplant werden.

Weichen in Übergangsbögen, die nach außen abzweigen, sollten im Sinne der Komplexitätsreduktion so angeordnet werden, dass die Krümmung im abzweigenden Strang im Verlauf der Weiche nicht das Vorzeichen ändert, das heißt, es sollte weder eine IBW/ABW noch eine ABW/IBW entstehen. Diese Empfehlung kann jedoch in vielen Fällen nicht eingehalten werden und ist für das durchgehende Hauptgleis fahrdynamisch unwesentlich; keinesfalls sollten fahrdynamisch in Summe schlechtere Lösungen zur Einhaltung dieses Zieles trassiert werden.

Das deutsche Regelwerk sieht vor, anstelle von Weichen der Grundform mit $r_0 = 190\,\text{m}$ solche mit $r_0 = 300\,\text{m}$ zu verwenden, falls das Zweiggleis ein Hauptgleis ist, auch wenn die zulässige Geschwindigkeit dies nicht erfordert. Bei Verwendung der Schienenform 60 E2 oder E1 ist die größere Weichengrundform aus geometrischen Gründen sogar zwingend erforderlich. An Personenbahnsteigen und Laderampen sollen (Zweig-)Gleisradien mindestens mit $r \geq 250\,\text{m}$ trassiert werden, weil anderenfalls die Bahnsteig- bzw. Rampenkante wegen des größeren Lichtraumbedarfs zurückgesetzt werden müsste, wie beispielsweise in Köln Hbf, vgl. Abb. 9.14.

Nach Möglichkeit sind stets einfache Weichen zu verwenden. Kreuzungen und Kreuzungsweichen sind zu vermeiden und nach Möglichkeit „aufzulösen“, das heißt, durch einfache Weichen zu ersetzen; entweder teilweise (eine EKW und zwei einfache Weiche ersetzen eine doppelte Kreuzungsweiche), vorzugsweise jedoch vollständig durch zwei einfache Weichen, siehe hierzu auch Kap. 10. Dies gilt auch für die fahrdynamisch etwas günstigeren, aber baulich aufwendigeren Flachkreuzungen mit beweglichen Doppelherzstückspitzen.

Gleichwohl ist der Verzicht auf Kreuzungen und Kreuzungsweichen wegen des größeren Platzbedarfs einfacher Weichen vielfach nicht möglich. Es sollte dann zumindest versucht werden, die Kreuzungsweichen nicht in den Hauptfahrwegen anzuordnen, so dass ihre Belastung reduziert werden kann.

Ein strenger Maßstab ist ferner anzulegen, wenn sogenannte Doppelweichen (mitunter umgangssprachlich auch als Dreiwegeweichen bezeichnet) in Erwägung gezogen werden; diese seien laut [4] nur bei extrem beengten Verhältnissen vertretbar.

## 9.5.4 Weichenverbindungen und Weichenanschlüsse

### 9.5.4.1 Weiche an Weiche

Als Gleiswechsel oder Überleitverbindung werden Weichenverbindungen zwischen nebeneinanderliegenden (und häufig parallelen) Gleisen bezeichnet. Um ein Zwischenelement ausreichender Länge zwischen den Weichen zu erhalten, ist es bei engen Gleisabständen nicht immer möglich, Weichen mit Bogenherzstück (Regelfall in Deutschland) zu verwenden; z. T. müssen Weichen mit geradem Herzstück (Regelfall in der Schweiz und in Nordamerika), ggf. auch Weichen mit Bogenherzstück und geänderter Endneigung gewählt werden.

Es sollen stets die Weichenformen gewählt werden, die bei ausreichender Zwischengerade eine nach Möglichkeit kurze Länge der gesamten Verbindung (d. h. von WA bis WA) ergeben. Die bei der DB im Regelfall zu verwendenden Weichen bei einfachen Gleisverbindungen sind in [15] angegeben.

Beträgt der Achsabstand der zu verbindenden Gleise weniger als 4,50 m, so überdecken sich die durchgehenden Schwellen beider Weichen. Dies bedingt entweder besondere „Langschwellen" bzw. geteilte Schwellen mit Schwellenverbindungsplatten oder Mittelschienen. In jedem Fall ist der Einbau und die Instandhaltung sich überlappender Weichen erschwert und erfordert sowohl bei der Durcharbeitung als auch beim Weichentausch Eingriffe in die Nachbarweiche. Eine Überlappung der letzten durchgehenden Schwellen sollte deshalb – sofern sinnvoll möglich – vermieden werden. Außer bei Gleiswechseln auf freier Strecke, bei denen eine Überlappung oft nicht sinnvoll vermeidbar ist, wird daher empfohlen, bei Weichenverbindungen einen Gleisachsabstand von mindestens 4,50 m vorzusehen. Bei größeren Gleisabständen kann die Entwicklungslänge verkürzt werden, in dem der Radius der Zweiggleise über deren Enden hinweg fortgesetzt wird.

Weichenverbindungen in parallelen Gleisbögen können wie solche zwischen geraden Gleisen entworfen werden. Der Radius des Verbindungsgleises zwischen den Weichenenden ist etwas

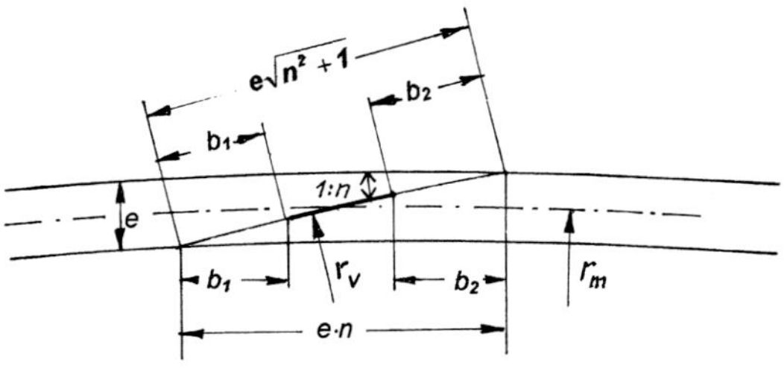


$$r_v = r_m \frac{e\sqrt{n^2+1} - (b_1 + b_2)}{e \cdot n - (b_1 + b_2)}$$

**Abb. 9.15** Zwischenbogen bei Weichenverbindungen paralleler Gleise im Bogen. (Quelle: [4])

größer als der mittlere Radius der parallelen Gleise, vgl. Abb. 9.15.

► **Anmerkung** Bei software-gestützter Trassierung erfolgt diese Berechnung automatisch, so dass sie in der Praxis für den Anwender heutzutage keine Relevanz mehr besitzt. Für eine überschlägige Abschätzung gilt als „Daumenregel": In parallelen Bogengleisen können Weichenverbindungen aus denselben Weichengrundformen konstruiert werden wie zwischen parallelen geraden Gleisen, wenn die Überhöhung der ausgleichenden Überhöhung für den Stammgleisradius bei Zweiggleisgeschwindigkeit entspricht. Zu beachten ist, dass aus der Überhöhung ggf. unterschiedliche Höhenlagen für beide Stammgleise resultieren.

Bei engen Stammgleisradien ist jedoch eine vertiefende Betrachtung unentbehrlich, vgl. Abb. 9.16.

Bei den in Abb. 9.16 vorhandenen 4,50 m Gleisabstand wären gemäß deutschem Regelwerk für 60 km/h zwei Weichen der Grundform 500–1 : 12 anzuwenden. Weiche 1 wäre dann jedoch wegen des Stammgleisradius von 680 m eine ABW und würde im Zweiggleis einen unzulässigen Überhöhungsfehlbetrag $u_f > 110$ mm aufweisen. Im Beispiel aus Abb. 9.16, die eine ältere Trassierung zeigt, wurde daher für Weiche 1 die Grundform 760–1 : 14 gewählt, was jedoch für Weiche 2 die Sonderbauart 500–1 : 14 bedingt.

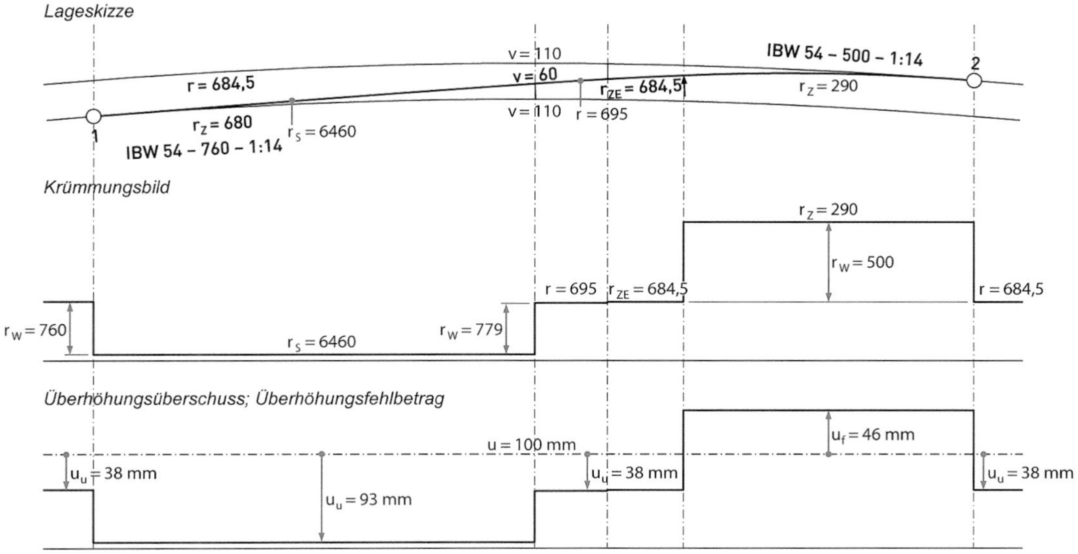


**Abb. 9.16** Beispiel für eine Weichenverbindungen mit angepassten Weichengrundformen. (Quelle: [4])

Aus heutiger Sicht sähe die Lösung anders aus:

- Vorzugsweise würden mit Blick auf die geltenden Ausrüstungsstandards beide Weichen als Regelbauart mit 760 m Radius in der Grundform trassiert und die Geschwindigkeit im Zweiggleis auf 80 km/h angehoben werden. (Die gemäß heutigem Standard geforderten $V_{\text{Zweig}} = 100\,\text{km/h}$ würden zumindest für Weiche 2 infolge der bei IBW zu beachtenden Biegegrenze eine Bogenaufweitung erfordern, die in dem dargestellten Beispiel allerdings vermutlich nicht zu vertreten wäre.)
- Alternativ würde geprüft werden, beide Weichen als Regelbauart 500–1 : 12 zu belassen, Weiche 1 jedoch mit einem federnd beweglichen Herzstück auszurüsten, was die Spurführung in beiden Strängen von Weiche 1 verbessern würde. So oder so würde die Weichenverbindung mit Weiche 2 als 500er Weiche heutzutage zudem nicht für 60 km/h, sondern für 65 km/h trassiert (und zumindest für ETCS-geführte Züge signalisiert) werden.

Als „Weichenanschlüsse" werden Anordnungen bezeichnet, bei denen Weichen am Ende einer davor liegenden Weiche angeschlossen werden. Nach Möglichkeit soll der Weichenanfang der folgenden Weiche außerhalb der durchgehenden Schwellen liegen. Bei Weichenanschlüssen an das Stamm- *und* an das Zweiggleis ist eine der anschließenden Weichen um mindestens einen Schwellenabstand vom WE abzurücken, damit die Weichenantriebe angeordnet werden können (vgl. [4]).

Im Grundriss können an das WE anschließend beide Gleise unabhängig voneinander trassiert werden. Um genormte Schwellensätze verwenden zu können, ist darauf zu achten, dass Krümmungswechsel nicht zwischen WE und ldS angeordnet werden.

Zeigen Weichen mit der Spitze zueinander und sind die zulässigen Vergleichsradien eingehalten, so bestehen fahrdynamisch keine Einwände gegen einen unmittelbaren Anschluss, also $WA_1$ auf $WA_2$; mitunter kann dies fahrdynamisch sogar sinnvoll sein. Ein bestimmter Mindestabstand kann aber aus Gründen der Leit- und Sicherungstechnik (LST) zweckmäßig oder sogar erforderlich sein. Zudem ist das Einhalten folgender Mindestschienenlänge zwischen WA und WA instandhaltungsseitig anzustreben, falls daraus keine fahrdynamischen Nachteile resultieren:

- 3 m bei $V \leq 50\,\text{km/h}$,
- 5 m bei $50\,\text{km/h} < V \leq 80\,\text{km/h}$,
- 10 m bei $V > 80\,\text{km/h}$.

#### 9.5.4.2 Weichenanfang und Übergangsbogen

Schließt ein BE oder UA ohne Krümmungsrichtungswechsel an einen WA an, kann versucht werden, den Ruck am WA dadurch etwas zu lindern, dass BE bzw. UA auf WA trassiert wird. Bei entgegengesetzten Krümmungsrichtungen ist dagegen ein Zwischenelement vorzusehen – analog zu den o. a. Regelungen zum Vergleichsradius (vgl. Abschn. 9.4.4.2) bzw. den Mindestelementlängen (vgl. Abschn. 9.4.3). Darüber hinaus fordert [11] aus Gründen der leichteren Instandhaltbarkeit einen Mindestabstand zwischen UA und WA von 10 m bzw. nennt als Soll-Abstand sogar 20 m, um bei maschinellen Gleislagekorrekturen im Übergangsbogen nicht in die Weiche eingreifen zu müssen.

► **Kommentar** Im Bestand sind viele Fälle vorhanden, in denen auf dem WA ein entgegengesetzt gerichteter UA liegt. Theoretisch sind dabei Konstellationen konstruierbar, in denen der zulässige $\Delta u_f$-Wert bei Nutzung des Zweiggleises rechnerisch überschritten werden würde. Die Forderung nach dem geschwindigkeitsabhängigen Mindestabstand zwischen WA und entgegengesetztem UA soll daher auf einfache Art und Weise sicherstellen, dass auch im sehr seltenen „worst case" keine unzulässige Trassierung entsteht. Aus Sicht des Verfassers wäre es – zumal bei rechnerunterstützt erstellten Trassierungsentwürfen – jedoch günstiger, hier einen expliziten Nachweis über die Einhaltung eines zulässigen $\Delta u_f$-Wertes zu fordern, da es in vielen Fällen fahrdynamisch günstiger sein dürfte, auch bei entgegengesetzten Krümmungsrichtungen UA auf WA zu trassieren; insb. dann, wenn UA zugleich RA ist: Denn in diesem Falle entsteht im Übergangsbogen häufig ein Überhöhungsüberschuss, der in dieselbe Richtung wie der Überhöhungsfehlbetrag im Zweiggleis der Weiche gerichtet ist; das Einschalten eines Zwischenelementes ist fahrdynamisch in diesem Falle also sogar kontraproduktiv. Im seltenen Falle, dass im Übergangsbogen ein größerer Überhöhungsfehlbetrag entsteht, der jenem im Zweiggleis der Weiche entgegengesetzt ist, könnte ein einfacher Nachweis dahingehend erbracht werden, dass die Summe aus

- $u_f$ im Abstand min $l$ zum gegensinnige WA und
- $\Delta u_f$ am gegensinnigen WA

innerhalb des zulässigen Rahmens für $\Delta u_f$ bleibt.

Letztlich sind fahrdynamische und instandhaltungsseitige Aspekte in jedem Einzelfall gegeneinander abzuwägen – zumal fraglich ist, was instandhaltungsfreundlicher ist: ein regelwerkskonformes, „künstliches" Verlängern des Übergangsbogens in die Weiche hinein, um die vorgegebene Mindestlänge zwischen UA und gegensinnigem WA zu „umgehen", oder UA/RA auf gegensinnigem WA.

### 9.5.5 Geschwindigkeitsgestaltung in Weichenbereichen

Die in (Zweiggleisen von) Weichen bzw. in Weichenbereichen möglichen Geschwindigkeiten beeinflussen maßgeblich Fahrzeiten und Kapazität (siehe auch Kap. 10). Auch wenn „größere" Weichen (also Weichen mit größerem Zweiggleisradius in der Grundform) hinsichtlich Investitions- und Betriebskosten geringfügig teurer als „kleine" Weichen sind, so sind sie bzgl. des Nutzens und letztlich unter Nutzen/Kosten-Gesichtspunkten im Zweifel die bessere Wahl. Insofern sollten die Geschwindigkeiten nicht zu gering angesetzt werden, zumal eine „zu große" Weiche – also eine Weiche, die im praktischen Betrieb langsamer befahren wird als sie dürfte –

fahrdynamisch immer (und oft auch verschleißmäßig) günstiger zu bewerten ist als eine Weiche, die grundsätzlich mit „voller“ Geschwindigkeit genutzt wird. Dies führte beispielsweise im schweizerischen Regelwerk zur ehemals expliziten Aufforderung, insb. bei Streckenverzweigungen bzw. Übergängen von Doppel- auf Einspurabschnitte für die „Spaltungsweichen“ größere Weichengrundformen zu verwenden als geschwindigkeitsseitig gefordert.

### 9.5.5.1 Zulässige Geschwindigkeiten in Weichen

Entscheidend für die fahrdynamische Betrachtung einer Weiche ist nicht deren Grundform oder die Zweiggleisdifferenz, sondern immer jeder Fahrweg für sich hinsichtlich $u$, $u_f$ etc. Dies gilt insb. am WA und den dort – zumindest in einem Strang – unvermeidlich auftretenden Krümmungssprung $\Delta u_f$. Prinzipiell gibt es hier zwei Situationen:

- Der Krümmung (Gerade, Übergangsbogen, Kreisbogen) „vor“ der Weiche wird stetig in einen Strang der Weiche überführt: In diesem Strang ist $\Delta u_f = 0$ am WA. Folglich wird das aus der Krümmungsdifferenz zwischen beiden Strängen resultierende $\Delta u_f$ voll dem anderen Strang angelastet. Dies ist der Regelfall, wenn z. B. ein Überholgleis eindeutig von einem Stammgleis (z. B. vom durchgehenden Hauptgleis) abzweigt – unabhängig davon, ob das Überholgleis nach links oder rechts abzweigt, und unabhängig davon, ob es sich um eine ABW oder IBW handelt, vgl. Abb. 9.17. (Um das Prinzip zu verdeutlichen, ist hier auch der Sonderfall einer unverbogenen Weiche dargestellt, bei der der aus fahrdynamischer Sicht abzweigende Strang gerade verläuft.)
- Die Krümmungsdifferenz wird anteilig auf beide Stränge aufgeteilt. Es entsteht eine „bezogen spiegelähnliche“ oder bei hälftiger Aufteilung „bezogen spiegelgleiche“ Weiche (jeweils bezogen auf die Krümmung „vor“ dem WA). Schließt die Weiche in diesem Sonderfall an einer Gerade an, entsteht eine symmetrische Außenbogenweiche („symm. ABW“), vgl. Abb. 9.18.

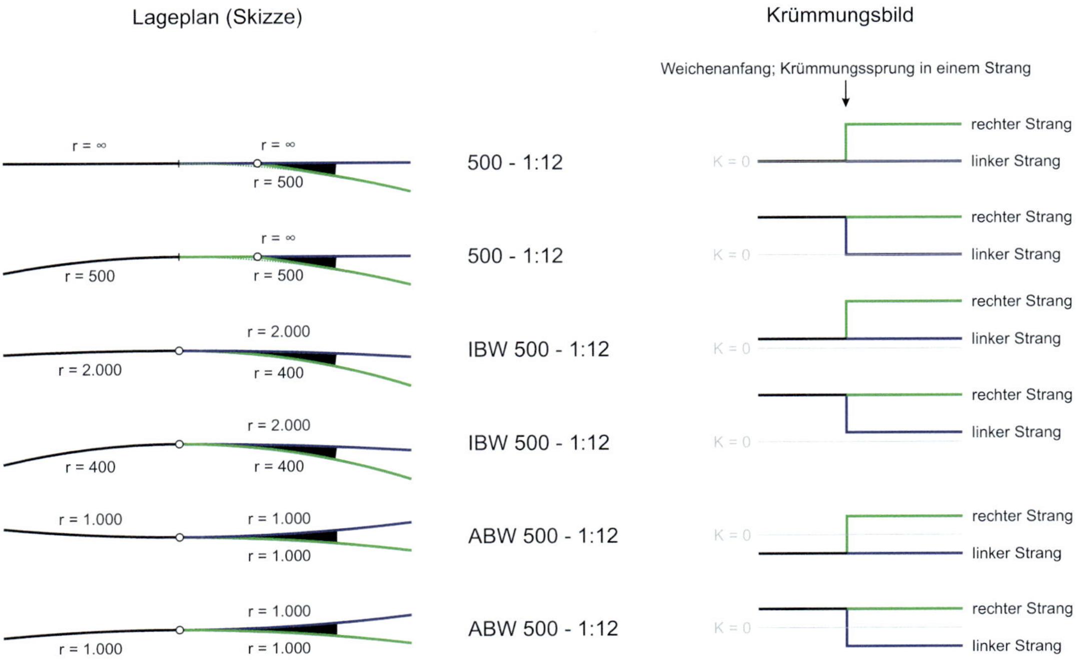


**Abb. 9.17** Beispiele, bei denen der Krümmungssprung am Weichenanfang voll einem Strang angelastet wird; *links* Darstellung im Grundriss, *rechts* Krümmungsdiagramm. (Quelle: eigene Darstellung)

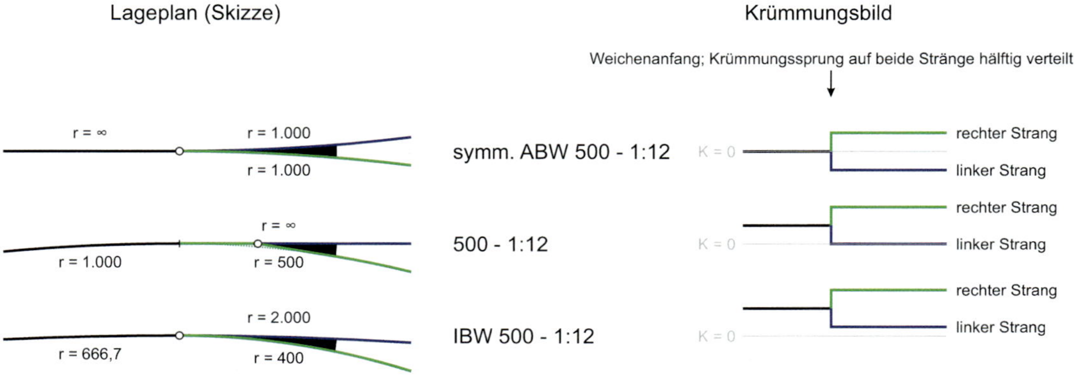


**Abb. 9.18** Beispiele, bei denen der Krümmungssprung am Weichenanfang auf beide Stränge hälftig verteilt wird; *links* Darstellung im Grundriss, *rechts* Krümmungsdiagramm. (Quelle: eigene Darstellung)

**Beispiel**

Für beide Situationen zeigen Abb. 9.17 und 9.18 exemplarische Konstellationen anhand einer Weiche der Grundform 500–1 : 12. ◄

### 9.5.5.2 Weichen in Stationsbereichen

Die Grundzüge der Weichenbereiche vieler Bahnhöfe stammen noch immer aus Zeiten, in denen Züge schlecht bremsen und v. a. schlecht beschleunigen konnten, so dass die Nachteile geringer Weichengeschwindigkeiten bzgl. Fahrzeit und Kapazität bei haltenden Zügen vernachlässigbar waren bzw. Reisezeiten der Bahn ohnehin konkurrenzlos kurz waren. Zudem wurden viele Weichen mit Muskelkraft gestellt, was den Einsatz größerer Weichen erschwerte oder gar verhinderte. Selbst in großen Knoten, in denen (fast) alle Züge hielten oder viele Züge nicht die durchgehenden Hauptgleise nutzen konnten, führte dies zu einer gestreckten Trassierung der durchgehenden Hauptgleise und zu geringen Geschwindigkeiten, sobald vom durchgehenden Hauptgleis abzweigende Fahrwege genutzt werden.

In Anbetracht

- der heutigen technischen Möglichkeiten (elektrische Weichenantriebe, Anfahrbeschleunigungen bis zu ca. 1,3 $m/s^2$, elementscharfe und metergenaue Geschwindigkeitssignalisierung etc.) sowie
- der verkehrlich-betrieblichen Anforderungen (Erfordernis kurzer Fahrzeiten für konkurrenzfähige Reise- und Transportzeiten unter Berücksichtigung hinreichender Fahrzeitreserven sowie kurze Belegungszeiten der einzelnen Fahrwegelemente zugunsten eines möglichst geringen Kapazitätsverzehrs je Zug)

sind derartige Gleispläne und Weichengeschwindigkeiten, die zu relevanten Fahrzeitverlängerung ggü. einer restriktionsfreien Fahrt führen, zumindest in den hoch be- und ausgelasteten Netzteilen nicht mehr zeitgemäß.

Daher ist in den standardmäßig genutzten Bahnsteiggleisen sowie in den systematisch genutzten Überholgleisen eine Ein- und Ausfahrgeschwindigkeit von 100 km/h anzustreben und mindestens 80 km/h zu ermöglichen. Bei weiter außen liegenden Weichen sollten höhere Geschwindigkeiten geprüft werden; bei nur selten genutzten Gleisen sowie in größeren Gleisharfen können geringere Geschwindigkeiten von z. B. 65 km/h in Erwägung gezogen werden. Nur in Rangierbereichen und Bereichen, die nur selten von Zugfahrten genutzt werden, sind Geschwindigkeiten ≤ 50 km/h denkbar.

Im Falle der anzustrebenden 100 km/h sind die europäischen Standards für durchfahrende Güterzüge mit abgedeckt, vgl. [17]. Sofern regelmäßige Durchfahrten mit höheren Geschwindigkeiten (insb. im Personenverkehr) zu erwarten sind, sind die durchgehenden Hauptgleise entsprechend gestreckt zu trassieren.

#### 9.5.5.3 Streckenverzweigungen

Bei Streckenverzweigungen ist grundsätzlich anzustreben, dass es zu keinen Geschwindigkeitseinbrüchen kommt. Dies ist in vielfacher Hinsicht günstig:

- Fahrzeitverlängerungen werden vermieden.
- Die Belegungszeiten werden kapazitätsschonend nicht verlängert.
- Es entsteht kein zusätzlicher Energieverbrauch durch das Abbremsen bzw. erneute Beschleunigen.

Um diese Ziele auch bei hohen Geschwindigkeiten erreichen zu können, sind in vielen Ländern Weichen mit $V > 300\,\mathrm{km/h}$ im Stammgleis und $V = 230\,\mathrm{km/h}$ im Zweiggleis Standard. Da Deutschland, Österreich und die Schweiz im Gegensatz zu beispielsweise Frankreich, Spanien und China bislang über keine sich untereinander verzweigenden Hochgeschwindigkeitsstrecken verfügen, waren Abzweiggeschwindigkeiten in Weichen von maximal 200 km/h bislang ausreichend. Als Teil der Neu- und Ausbaumaßnahmen zum Deutschland-Takt[33] wird sich diese Situation jedoch grundlegend ändern, so dass zumindest auch in Deutschland ein Bedarf für Abzweiggeschwindigkeiten von mindestens 230 km/h deutlich erkennbar ist.

Für Abzweiggeschwindigkeiten $\leq 200\,\mathrm{km/h}$ stehen die Weichen gemäß Weichenkatalog zur Verfügung. Im Falle der Verzweigung zweier gleichrangiger Strecken kann hierbei auch der Einsatz kleinerer Weichen geprüft werden, z. B. die noch relativ kompakte Weiche der Grundform 2500–1 : xx–fb,

- deren Zweiggleisradius ohne Aufteilung des Rucks am WA $V_{\mathrm{Zweig}} = 135\,\mathrm{km/h}$ zulässt und
- die bei Aufteilung des Rucks am Weichenanfang auch unverbogen mit 160 km/h in *beiden* Strängen nutzbar ist.

#### 9.5.5.4 Überleitverbindungen

Überleitverbindungen dienen dazu, zwei oder mehr Gleise eines Korridors miteinander zu verbinden. (Je nach Betriebsphilosophie handelt es sich dann formal um Abzweige, obwohl großräumig betrachtet gar keine Streckenverzweigung zu erkennen ist, vgl. auch Kap. 10 bzw. 12.)

Sie werden

- entweder nur operativ (z. B. bei Störungen) oder planmäßig (z. B. bei Bauarbeiten) benötigt, um Züge von einem nicht nutzbaren auf ein anderes, noch nutzbares Gleis überzuleiten,
- oder grundsätzlich für die Abwicklung auch des „normalen" Fahrplanes genutzt, wenn beispielsweise zunächst mehrere Züge parallel auf einen Taktknoten zufahren, um dann wenige Minuten später parallel vom Taktknoten wegzufahren, so dass die Gleise im Zweirichtungsbetrieb genutzt werden.

Zudem bilden sie auch die Grundlage für sogenannte „fliegende Überholungen", die bislang jedoch eher selten fahrplanmäßig geplant werden. Mithilfe neuer Technologien könnte sich dies jedoch ändern, vgl. u. a. [18].

Im Falle einer regelmäßigen Nutzung drängt es sich hinsichtlich der zu planenden Zweiggleisgeschwindigkeiten auf, Überleitstellen auch unabhängig von ihrer betrieblichen Bezeichnung wie Streckenverzweigungen zu behandeln, also Geschwindigkeitseinbrüche möglichst zu vermeiden oder zumindest gering zu halten. So zeigt die Praxis z. B. auf den Strecken Hannover–Berlin und Stuttgart–Ulm, dass auch Überleitstellen mit 160 km/h gerechtfertigt sein können.

Da infolge der Überalterung der Eisenbahninfrastruktur zumindest in Deutschland Baumaßnahmen zukünftig noch häufiger auftreten werden, wird auch die Nutzungsintensität der Überleitverbindungen zunehmen, so dass standardmäßig $V_{\mathrm{Zweig}} \geq 100\,\mathrm{km/h}$ angestrebt werden. Hierbei ist auch zu berücksichtigen, dass selbst im Falle einer Vorhaltung lediglich für Störfälle oder seltene Baumaßnahmen geringere Zweiggleisgeschwindigkeiten zu erheblichen Fahrzeitverlängerungen führen würden, die

- einerseits die stabile Erreichung von Anschlüssen in einem integralen Taktfahrplan gefährden würden und

[33] Siehe auch https://www.deutschlandtakt.de.

- andererseits erhebliche Kapazitätseinbußen zur Folge hätten, die den Effekt der Überleitverbindungen deutlich schmälern und das Ziel gefährden würden, den Verkehr bestmöglich aufrecht zu erhalten.

## 9.6 Optimierung vorhandener oder geplanter Trassierungen

Bislang gibt es noch keine etablierten bzw. allgemein anerkannten Verfahren zur objektiven Bewertung von Trassierungen, auf deren Basis sich „optimale" Trassierungen identifizieren oder gar generieren ließen. Dies gilt sowohl aus fahrdynamischer Sicht wie aus Gesamtsystemsicht.[34] Erste Vorstöße erfolgen im Rahmen des anwendungsorientieren Forschungsvorhabens *TRIM*, vgl. [19].

Gleichwohl gibt es auch ohne derartige Verfahren diverse Anhaltspunkte, die auf Optimierungspotential bestehender Trassierungen bzw. geplanter Trassierungen hinweisen können. Dies betrifft vor allem den verkehrlich-betrieblichen Nutzen.

Stoßrichtungen dabei sind insb.:

- höhere, fahrzeitwirksame Geschwindigkeiten (mit vielfältigem Nutzen, vgl. in Kap. 10 Abb. 10.31),
- kreuzungsfreie oder zumindest kreuzungsarme Fahrwege,
- größere Gleislängen (mit den Komponenten Nutzlänge, Bremslänge, Abstände zu Gefahrenpunkten).

Die Erfahrung lehrt, dass mitunter bereits wenige Millimeter oder Zentimeter seitliche Abrückung erhebliche Nutzensteigerungen ermöglichen und dass mit einem entsprechenden „Feinschliff" einer Trassierung erheblicher (Zusatz-)Nutzen generiert werden kann. Da dieser Zusatznutzen oft ohne oder mit lediglich marginalen Steigerungen der Investitionskosten verbunden ist, ist der Nutzen/Kosten-Quotient der in einen solchen „Feinschliff" investierten Planungsressourcen in der Regel sehr hoch, vgl. hierzu auch [20].

Diese Optimierungen erfordern üblicherweise eine enge Zusammenarbeit mit den anderen Fachplanungen, vor allem bzgl. Fahrbahn und konstruktivem Ingenieurbau, aber auch Oberleitung und LST. Im Rahmen der „Task Force Trassierung" entstand eine diesbzgl. hilfreiche Checkliste (Abb. 9.19, vgl. hierzu auch weitere Materialien in [1]).

Dies gilt selbstverständlich auch für den engen Austausch mit den Aufgabenstellenden sowie der Eisenbahnbetriebswissenschaft.

### 9.6.1 Maßnahmen zur Fahrzeitverkürzung

Die Attraktivität des Systems Bahn hängt – neben der Pünktlichkeit – entscheidend von der Reisegeschwindigkeit im Personenverkehr bzw. den Transportzeiten im Güterverkehr ab. Bei geeigneter Fahrplangestaltung können Fahrzeitgewinne direkt zu einer Verkürzung der Reisezeit (und damit zu einer Vergrößerung der Reisegeschwindigkeit) führen, wobei die Reisezeitverkürzung – insb. bei dadurch früher erreichbaren Anschlüssen – ggf. deutlich größer als die Fahrzeitverkürzung ausfallen kann. Zugleich reduzieren kürzere Fahrzeiten die Belegungszeiten sogenannter Fahrstraßenknoten (siehe Kap. 10) und können dadurch sogar kapazitätssteigernd wirken.[35]

Die möglichen Fahrzeiten richten sich einerseits nach dem eingesetzten Fahrzeugmaterial (Höchstgeschwindigkeit, Beschleunigungs- und Bremsvermögen, Zugsicherungstechnik, etc.) und andererseits – ganz wesentlich – nach der infrastrukturseitig zulässigen Geschwindigkeit. Sind diese (höheren) Geschwindigkeiten im praktischen Betrieb „ausfahrbar", also nutzbar,

[34] Das Regelwerk zielt in der Regel auf die Zulässigkeit von Trassierungen ab, nicht auf deren „Optimalität": So ist eine Trassierung, die auf der Anwendung von Regelwerten basiert, in der Regel fahrdynamisch als „besser" einzuschätzen als eine Trassierung, bei der nahezu ausschließlich auf der Ermessensgrenze trassiert wird. Eine Gesamtabwägung bspw. unter Einbezug des Erreichungsgrades verkehrlich-betrieblicher Ziele oder der entstehenden Betroffenheiten findet dadurch jedoch nicht statt.

[35] Vgl. [21].

DB

**Projekt Stuttgart-Ulm; „Taskforce Trassierung" (TFT)**
**Checkliste für Änderungsvorschläge (Arbeitsstand)**

**Übersicht Vorschlag Nr. […] / PFA [x.xy]**

**[Kurztitel]**

| | ✓ | (✓) | × |
|---|---|---|---|
| Erstindikation | | | |
| ■ Nutzen vorhanden (Fahrzeit, Kapazität, Kosten, Baubetrieb, …) | ☐ | ☐ | ☐ |
| ■ Trassierungstechnische Machbarkeit absehbar | ☐ | ☐ | ☐ |
| Technische Machbarkeit | | | |
| ■ Trassierungstechnische Machbarkeit bestätigt | ☐ | ☐ | ☐ |
| ■ Querschnittsseitig machbar (inkl. Fahrweg und Abstände) | ☐ | ☐ | ☐ |
| ■ Fahrbahnseitig machbar (inkl. Rettungswege / -zufahrten, Untergrund) | ☐ | ☐ | ☐ |
| ■ Fahrleitungsseitig machbar (inkl. Masten / Stützpunkte, …) | ☐ | ☐ | ☐ |
| ■ Energieversorgungsseitig machbar | ☐ | ☐ | ☐ |
| ■ Kabelführung (inkl. Tröge) machbar | ☐ | ☐ | ☐ |
| ■ Aerodynamisch machbar (inkl. Tunnel und z. B. Fluchttüren) | ☐ | ☐ | ☐ |
| ■ Bauwerksseitig machbar (Abstände, dynamische Lasten etc.) | | | |
| - Brücken / Tunnel | ☐ | ☐ | ☐ |
| - Schallschutzwände | ☐ | ☐ | ☐ |
| ■ Schall beherrschbar (inkl. „sonic boom") | ☐ | ☐ | ☐ |
| ■ Genehmigungsfähigkeit etwaiger Sonderlösungen | ☐ | ☐ | ☐ |
| Umsetzbarkeit | | | |
| ■ In Zeitplan integrierbar | ☐ | ☐ | ☐ |
| ■ Finanzierbar etwaiger Zusatzkosten | ☐ | ☐ | ☐ |
| ■ Geeignet kommunizierbar | ☐ | ☐ | ☐ |
| ■ Beherrschbarkeit etwaiger Folgen | ☐ | ☐ | ☐ |

Legende:
✓ Erfüllt / machbar / …
(✓) Bedingt erfüllt / bedingt machbar / … → siehe Details auf Folgeseiten
× Nicht erfüllt / nicht machbar / …

**Unser Anspruch:**
DB 2020 Profitabler Qualitätsführer
Top-Arbeitgeber
Umwelt-Vorreiter

**Abb. 9.19** Checkliste für den gewerkeübergreifenden Austausch bei Trassierungsverbesserungen. (Quelle: „Task Force Trassierung", vgl. [1])

können sie sehr wirkungsvoll zu einer Fahrzeitverkürzung beitragen. Dies gilt ausdrücklich in allen Geschwindigkeitsbereichen, auch wenn in der Vergangenheit oft zwei Situationen im Vordergrund standen:

- die Beseitigung von Geschwindigkeitseinbrüchen, sowie
- der Hochgeschwindigkeitsbereich ($V \geq 250\,\mathrm{km/h}$), da eine Steigerung der Höchstgeschwindigkeit bei sehr hohen Ausgangsgeschwindigkeiten erst dann einen nennenswerten Fahrzeitgewinn bringt, wenn längere Streckenabschnitte durchgehend schnell(er) befahren werden können.

Zudem kann in großen Senken oder längeren Gefälleabschnitten infolge höherer zulässiger Geschwindigkeiten ggf. sogar ein Bremsen vermieden und Dank der dann möglichen „Schwungfahrt“ eine höhere Energieeffizienz erreicht werden.

Auch geringe Verkürzungen der Fahrzeit können bedeutsam werden, wenn sich damit z. B.

- bessere Anschlüsse an den Knotenbahnhöfen,
- wirtschaftlichere Fahrzeugumläufe und/oder
- signifikante Einsparungen an anderer Stelle (beispielsweise der Verzicht auf einen zusätzlichen Kreuzungsbahnhof)

erzielen lassen.

Prinzipiell ist die „Schwere“ der Eingriffe in den Bestand oder bestehende Planungen beliebig skalierbar, wie die folgenden Abschnitte zeigen. Die dafür verwendeten Begriffe sind nicht standardisiert. Bei der früheren Deutschen Bundesbahn wurde beispielsweise unterschieden in „Linienkorrekturen“ (Maßnahmen auf vorhandenem Bahnkörper und ohne größere Eingriffe in die Infrastruktur) und „Linienverbesserungen“ (meist größere Vorhaben, die signifikante Abrückungen und wesentliche Änderungen an der Infrastruktur bedingen).

Aus heutiger Sicht sind diese Begriffe nicht mehr relevant; im Vordergrund steht v. a. die Frage,

- welche seitlichen Verschiebungen aus der Trassierung für höhere Geschwindigkeiten resultieren,
- ob diese baulich machbar und wirtschaftlich vertretbar sind, und
- ob für deren Realisierung ein Genehmigungsverfahren erforderlich werden könnte.

Vertikale Abrückungen insb. infolge für die höheren Geschwindigkeiten zu vergrößernder Ausrundungsradien bei Neigungswechseln sind hierbei oft unkritisch, aber selbstverständlich in die Betrachtung einzubeziehen.

#### 9.6.1.1 Geschwindigkeitserhöhung im Bestand

Aus diversen – mitunter nicht mehr nachvollziehbaren – Gründen liegt die im Bestand zugelassene Geschwindigkeit oft unterhalb der im Bestand trassierten Geschwindigkeit. Die einfachste Möglichkeit zur Geschwindigkeitserhöhung ist daher das Ausnutzen der bereits ohne Trassierungsanpassung zulässigen Geschwindigkeiten.

Bei gegebener Überhöhung, gegebenem Bogenradius und dem jeweils zulässigen Überhöhungsfehlbetrag errechnet sich die zulässige Geschwindigkeit bei Normalspur nach der Formel:

$$V_{\text{zul}} \approx \sqrt{\frac{r}{11{,}8}\left(u + u_f\right)}.$$

Mit einer Überhöhung $u = 160\,\text{mm}$ und einem Überhöhungsfehlbetrag $u_f = 150\,\text{mm}$ ergibt sich danach eine größte zulässige Geschwindigkeit von:

$$V_{\text{zul}} \approx 5{,}1\sqrt{r}$$

**Beispiel**

Gegeben sei im Bestand die Elementfolge Gerade – Klothoide (Länge: 48 m) – Kreisbogen ($r = 500\,\text{m}$, $u = 20\,\text{mm}$); der Fahrplan weist als zulässige Geschwindigkeit $V = 70\,\text{km/h}$ aus.

Auf Basis $u_f = 150\,\text{mm}$ ergibt sich im Kreisbogen:

$$V_{\text{zul}} \approx \sqrt{\frac{500}{11{,}8}(20 + 150)}\ \frac{\text{km}}{\text{h}} \approx 84{,}9\,\text{km/h}.$$

Der Abgleich bzgl. $\Delta u_f$ (vgl. Abschn. 9.4.5) ergibt für 80 km/h sowie die mit Zustimmung der Zentrale der DB InfraGO AG denkbaren 85 km/h:

$$\min l_U = \frac{4{,}0 \cdot 80 \cdot 131}{1000}\ \text{m} \approx 41{,}9\,\text{m},$$
$$\min l_U = \frac{4{,}0 \cdot 85 \cdot 150{,}1}{1000}\ \text{m} \approx 51{,}0\,\text{m}.$$

Das heißt: Ohne Änderung an der Bestandstrassierung könnten 80 km/h, ggf. sogar 85 km/h zugelassen werden. ◄

Das Beispiel zeigt, dass im Bestand häufig nicht die Radien die zulässige Geschwindigkeit limitieren, sondern zu kurze Überhöhungsrampen bzw.

Übergangsbögen. Um Geschwindigkeitseinbrüche zu vermeiden, lässt zumindest das deutsche Regelwerk in diesen Fällen – wie im Bespiel erwähnt – zwar bestimmte Abweichungen von den Werten zu, die bei Aus- oder Neubauplanungen anzusetzen wären, vgl. [11]. Letztlich empfiehlt sich aber dennoch eine Prüfung, welche Anpassungsmöglichkeiten bestehen.

Sollen Anpassungen im Grundriss vermieden werden, kann in einem ersten Schritt sowohl bei zu großem $u_f$ im Bogen als auch bei zu großem $\Delta u_f$ im Übergangsbogen geprüft werden, ob die Überhöhungsrampe hinreichend lang ist, um die Überhöhung zu vergrößern. Auch wenn dies prinzipiell ohne Anpassung im Grundriss möglich wäre, kann eine leichte Abrückung nach bogeninnen zur Kompensation des höheren und dadurch breiteren Schotterkegels auf der Bogenaußenseite und zugleich zur Verlängerung des Übergangsbogen (siehe Folgeabschnitt) beitragen. Insofern handelt es sich bei einer Anpassung mit gänzlich unverändertem Grundriss eher um einen seltenen Fall.

► **Hinweis** Sind nicht $u_f$ oder $\Delta u_f$ zu groß, sondern $\Delta u$, kann in Einzelfällen sogar eine Abflachung der Überhöhungsrampe größere zulässige Geschwindigkeiten ermöglichen.

**Beispiel (Fortsetzung)**

Bei Ansatz des Regelrampenfaktors könnte die im Bestand 48 m lange Klothoide genutzt werden, um die Überhöhung

- bei $V = 85\,\text{km/h}$ auf abgerundet $u = 55\,\text{mm}$,
- bei $V = 90\,\text{km/h}$ auf abgerundet $u = 50\,\text{mm}$

zu vergrößern. Letzteres würde aber gemäß Regelwerk eine Klothoide mit $\min l_U \approx 50{,}8\,\text{m}$ erfordern, um $\Delta u_f \approx 141\,\text{mm}$ zu vermitteln. Um $V = 90\,\text{km/h}$ dennoch zu realisieren, sollte in Erwägung gezogen werden, hier in den Ermessenbereich bzgl. der Rampenneigung zu gehen und so das $\Delta u_f$-Kriterium auch bei unverändert $l_U = 48\,\text{m}$ einzuhalten. ◄

#### 9.6.1.2 Umwandlung und Anpassung von Übergangsbögen

Einer der wirksamsten Hebel, um bei geringen seitlichen Verschiebungen höhere Geschwindigkeiten zu ermöglichen, ist die Anpassung der Übergangsbögen

1. durch Umwandlung von Klothoiden in Bloss-Bögen,
2. durch geringfügige Radiusverringerung (!) zur Vergrößerung des Abrückmaßes und somit zur Verlängerung des Übergangsbogens,
3. durch Einfügen eines Vor-Gegenbogens zur (weiteren) Vergrößerung des Abrückmaßes und somit zur Verlängerung des Übergangsbogens.

Zu Anstrich 1: Wenn im Bestand die Länge einer Klothoide nicht ausreicht, bietet es sich an, den Übergangsbogen durch einen Bloss-Bogen mit Bloss-Rampe zu ersetzen, vgl. Abschn. 9.4.4.1. Diese Umwandlung ermöglicht es (sofern genügend Entwicklungslänge zur Verfügung steht), bei Übergang von einer Geraden oder einem Kreisbogen in einen (anderen) Kreisbogen, diese im Grundriss unverändert zu belassen. Das heißt: Die seitlichen Verschiebungen bleiben üblicherweise (sehr) klein und treten nur im Bereich des Bloss-Bogens auf.

Bei unverändertem Abrückmaß $f$ ist der Bloss-Bogen dann ca. **29 %** länger als die vorherige Klothoide.

Hinzu kommt der grundsätzliche Vorteil, dass eine Bloss-Rampe eine um **ein Drittel** größere Überhöhung aufbauen kann als eine gerade Überhöhungsrampe gleicher Länge (vgl. auch Abschn. 9.4.5).

Herleitung „29 %"

$$f_{\text{Bloß}} := f_{\text{Klothoide}} \frac{l_{UB}{}^2}{40r} \approx \frac{l_U{}^2}{24r}$$

$$l_{UB} \approx \sqrt{\frac{40}{24}} \cdot l_U$$

$$l_{UB} \approx 1{,}29 \cdot l_U$$

Herleitung „ein Drittel“
*Regelrampenfaktoren:*
$RF_{\text{Klothoide}} = 10{,}0$
$RF_{\text{Bloß}} = 7{,}5$

$$l_{UB} := l_U$$

$$\frac{7{,}5 \cdot V \cdot \Delta u_{\text{Bloß}}}{1000} \approx \frac{10{,}0 \cdot V \cdot \Delta u_{\text{Klothoide}}}{1000}$$

$$\Delta u_{\text{Bloß}} \approx \frac{10{,}0}{7{,}5} \cdot \Delta u_{\text{Klothoide}}$$

$$\Delta u_{\text{Bloß}} \approx \frac{4}{3} \cdot \Delta u_{\text{Klothoide}}$$

► **Anmerkung** Diese Möglichkeit war der wesentliche Grund für die Einführung geschwungener Überhöhungsrampen in Deutschland (vgl. [4]).

**Beispiel (Fortsetzung)**

Bei identischem Abrückmaß kann die 48 m lange Klothoide in einen 61,97 m langen Bloss-Bogen umgewandelt werden, ohne die Lage von Gerade und Kreisbogen zu ändern. Dies ermöglicht mit einem Regelrampenfaktor von 7,5 bei 95 km/h den Aufbau einer Überhöhung von 65 mm, bei der

- sowohl die Überhöhungsrampe deutlich flacher als die Ermessensgrenze geneigt
- als auch der Bloss-Bogen deutlich länger als die für $\Delta u_f$ geforderte Mindestlänge

ist. Das heißt, die Änderung der Übergangsbogenform erlaubt mit sehr geringen seitlichen Verschiebungen, die nur im Bereich des Bloss-Bogens auftreten, eine Geschwindigkeitserhöhung auf 95 km/h.

Eine weitere Erhöhung erfordert ein größeres Abrückmaß (siehe unten), das bis 110 km/h limitierend wirkt. Um bei entsprechend vergrößertem Abrückmaß 115 km/h zuzulassen, wäre bei Schotteroberbau eine leichte Bogenaufweitung um 4 m auf $r = 504$ m erforderlich bei $u = 160$ mm und $u_f = 150$ mm. ◄

Zu Anstrich 2: Bereits relativ kleine Vergrößerungen des Abrückmaßes f können zu spürbar längeren Übergangsbögen führen. Daher kann die bereits in Abschn. 9.6.1.1 erwähnte geringfügige Radiusverringerung auch genutzt werden, um das Abrückmaß spürbar zu vergrößern und den Übergangsbogen dadurch signifikant verlängern zu können.

**Beispiel**

Gegeben sei die exemplarische Zielstellung einer maximalen seitlichen Verschiebung von ±50 cm gegenüber dem Bestand. Eine Verengung des Radius eines bestehenden Bogens um 50 cm erlaubt in Verbindung mit einem Versetzen des folgenden Elements um ebenfalls 50 cm nach bogenaußen ein um 1 m größeres Abrückmaß und eine entsprechende Verlängerung des Übergangsbogens bzw. der Überhöhungsrampe. ◄

Zu Anstrich 3: In geeigneten Fällen kann zusätzliche Länge für den Übergangsbogen gewonnen werden, indem das damit verbundene Wachstum des Abrückmaßes $f$ durch ein Verschwenken bzw. Drehen der Tangente des anschließenden Trassierungselements kompensiert wird (üblicherweise der Geraden vor oder nach einem Kreisbogen, ggf. auch des anschließenden Bogens). Die Trasse nimmt dann die Form eines „Schwanenhalses“ an; die Seitenverschiebung des Gleises beschränkt sich dabei auf den Bereich kurz vor und innerhalb des Übergangsbogens, vgl. Abb. 9.20.

Diese Prinzipien lassen sich analog bei anderen Situationen anwenden; so auch bei S-Bögen, in denen das Abrückmaß üblicherweise nicht durch Vorbögen, sondern durch eine leichte Drehung der Geraden zwischen beiden Bögen oder die Anordnung $UA_B$ auf $UA_B$ kompensiert werden kann.

Bei relativ kurzen Bögen, bei denen der Radius geschwindigkeitslimitierend ist, kann die bestandsnahe Vergrößerung des Bogenradius auf dem verfügbaren Bahnkörper und/oder die Umwandlung in Scheitelbögen ($UE_B$ auf $UE_B$)[36] zielführend sein.

[36] Scheitelbögen kommen üblicherweise mit $UE_B$ auf $UE_B$ zur Anwendung. In bestimmten Fällen kann jedoch

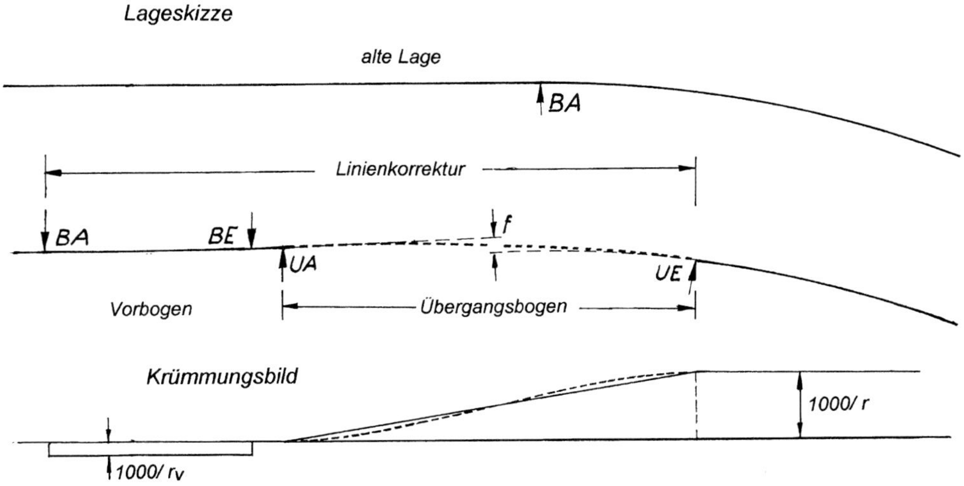


**Abb. 9.20** Anordnung eines Vor-Gegenbogens („Schwanenhals") zur Vergrößerung des Abrückmaßes. (Quelle: [4])

### 9.6.1.3 Aufweitung von Radien inkl. ggf. deutlicher Abweichungen vom Grundriss

Reicht die Anpassung der Übergangsbögen bzw. die bestandsnahe Anpassung der Radien (siehe vorangehende Abschn.) nicht aus, sind größere Abweichungen vom Bestand und insb. die signifikante Aufweitung der Radien zu prüfen. Spätestens in diesem Falle sind etwaige Synergien hinsichtlich der Erneuerung von Bestandsbauwerken oder der Beseitigung von Bahnübergängen zu prüfen. Beispielsweise kann eine seitliche Verschiebung, die über das trassierungsseitig mindestens notwendige Maß hinausgeht, hilfreich sein, um entsprechende Bauwerke neben dem rollenden Rad errichten zu können.

Zudem ist zu prüfen, ob kurvenreiche Abschnitte ggf. durch einen kurzen Neubauabschnitt von mehreren 100 Metern oder auch mehreren Kilometern Länge ersetzt werden sollten.

### 9.6.1.4 Einsatz von Neigetechnikfahrzeugen

Da die zumutbare Seitenbeschleunigung in den Gleisbögen primär durch den Reisekomfort bestimmt wird, entstand die Idee, Fahrzeuge mit neigbaren Wagenkästen zu entwickeln. Der Fahrgast spürt dann nur die parallel zum Wagenfußboden wirkende Seitenbeschleunigung, die durch die Neigung des Wagenkastens nach bogeninnen geringer als die auf Gleisebene wirkende Seitenbeschleunigung ist. Das heißt: Bei gleichbleibendem Komfort können die Bögen mit Neigetechnik schneller befahren werden.[37]

Je nach Konstruktionsprinzip erfolgt die Neigung passiv infolge der Fliehkräfte oder aktiv durch Aktuatoren.

Neigetechnikfahrzeuge sind heute meist für eine Schrägstellung von bis zu acht Grad und einen Überhöhungsfehlbetrag von $u_f = 300\,\text{mm}$ ausgelegt.

Selbst wenn fahrzeugseitig sichergestellt ist, dass die Neigung bzw. Drehung des Wagenkastens unter bestmöglicher Ausnutzung des Lichtraumprofils in etwa um dessen Mittelpunkt herum erfolgt, ist der Ansatz für Doppelstockfahrzeuge bislang nicht umsetzbar. Für die diversen Linien in der Schweiz, deren hohe Nachfrage den Einsatz von Doppelstockzügen erfordert, entstanden daher Überlegungen, zumindest dem Wanken des Wagenkastens nach bogenaußen (das zu einer größeren Seitenbeschleunigung nach bogenaußen führt) aktiv entgegen zu steuern. Die Anwendung

auch die Anwendung invertierter Scheitelbögen mit $UA_B$ auf gleichgerichtetem $UA_B$ sinnvoll sein.

[37] Vgl. [4]; für das Fahren mit aktivierter Neigetechnik hat sich in der Vergangenheit auch der irreführende Begriff „bogenschnell" eingebürgert.

dieser „Wankkompensation"® wurde zwischenzeitlich jedoch wieder verworfen, vgl. u. a. [22].

Aufgrund der größeren Komplexität der Fahrzeuge bzw. der deutlich höheren Kosten je Sitzplatz sowie der bislang erforderlichen Ertüchtigung der Infrastruktur war und ist die Neigetechnik seit jeher umstritten.[38] Zumindest im Fernverkehr geht der Trend momentan eher dazu, zukünftig auf den Einsatz von Neigetechnik-Fahrzeugen zu verzichten und den daraus resultierenden Fahrzeitverlust durch einen entsprechenden Ausbau der Infrastruktur zumindest teilweise zu kompensieren, sofern möglich.

## 9.6.2 Spurplan

Der Spurplan – auch Gleistopologie genannt – ist einer der wichtigsten Überlappungsbereiche zwischen der „abstrakten" Planung der betrieblichen Infrastruktur auf Basis von zu realisierenden Fahrwegen und Geschwindigkeiten (siehe auch Kap. 10) und deren konkreter Trassierung. Vor allem an Engstellen, wie sie im Bestand („brown field") fast immer vorhanden sind und selbst bei Neubauten oft vorkommen, kann die Trassierung entscheidend dafür sein, ob

- bestimmte Spurpläne überhaupt realisierbar sind, und
- ggf. Abstriche an den geforderten Geschwindigkeiten oder gar am Spurplan selbst erforderlich werden.

So kann die Trassierung teilweise sogar entscheidend dafür sein, ob grundlegende Betriebsweisen (zwei- statt eingleisig, Richtungsbetrieb statt Linienbetrieb[39] etc.) umgesetzt werden können oder nicht.

Positiv formuliert: Die Trassierung und deren Feinschliff sind vielfach der Schlüssel, um – oft sogar signifikante – Verbesserungen im Bestand oder von bereits vorliegenden Planungen erzielen zu können. Hierbei gibt es drei wesentliche Anknüpfungspunkte:

- Höhere Geschwindigkeiten Dank angepasster Spurpläne,
- Kreuzungsfreie oder zumindest kreuzungsärmere Fahrwege Dank angepasster Spurpläne,
- Größere Nutzlängen Dank angepasster Spurpläne.

### 9.6.2.1 Geschwindigkeiten

In vielen Fällen sind – oft historisch bedingt, teilweise aber auch durch unglückliche Aufgabenstellungen oder Planungsansätze – die Zweiggleisgeschwindigkeiten in Weichen so gering, dass sie zu erheblichen Fahrzeitverlängerungen gegenüber einer Fahrt im Stammgleis und somit zugleich zu erheblichem Kapazitätsverzehr führen, was sich negativ auf das Gesamtsystem einschließlich ganzer Knoten und Korridore auswirken kann. Ein wesentliches Optimierungsziel ist daher die Erhöhung die Zweiggleisgeschwindigkeiten. Oft führt dies zu einer größeren Entwicklungslänge der erforderlichen Fahrwege. Um diesem Effekt zu begegnen, gibt es mehrere Ansätze.

Zunächst sollte ermittelt werden,

- welche Fahrbeziehungen
  - nicht mehr,
  - immer noch,
  - zusätzlich

  zu planen sind,
- welche Geschwindigkeiten erforderlich bzw. anzustreben sind, und
- ob sich – beispielsweise infolge geänderter Anforderungen im Verlaufe der letzten Jahrzehnte – die Reihenfolge der Weichen im Vergleich zum Bestand ändern lässt.

Zudem erlauben die heutigen Möglichkeiten der LST üblicherweise ein „Strecken" der Bahnhofsköpfe nach außen. Da Umgestaltungen der Gleise und Fahrleitung – sei es für höhere Geschwindigkeiten oder größere Nutzlängen – sinnvollerweise ohnehin mit Anpassungen der LST einhergehen, sind die entsprechenden Zusatzkosten üblicherweise überschaubar bzw. durch den entstehenden Nutzen gerechtfertigt.

---
[38] Vgl. hierzu diverse Aufsätze in den einschlägigen Fachzeitschriften, wie z. B. der Eisenbahn-Revue International in den letzten Jahr(zehnt)en.
[39] Zur Erläuterung vgl. Kap. 10.

Diese Ansätze gelten in besonderem Maße, wenn infolge früherer Einschränkungen seitens der LST mehrere Strecken nebeneinander verlaufen, ohne fahrwegseitig verbunden zu sein.

Zudem kann es bei grundsätzlichen Anpassungen in Abhängigkeit des Zielfahrplanes (siehe auch Kap. 10) mit Blick auf die Zweiggleisgeschwindigkeiten zielführend sein, bislang nebeneinander angeordnete Gleisnutzungen (z. B. Verkehrshalt am Bahnsteig versus Überholung im Güterverkehr) hintereinander anzuordnen: Dadurch sinkt der Bedarf, „in die Breite" zu gehen, was flachere Weichenendneigungen und damit größere Weichen ermöglicht bzw. die Realisierung höherer Geschwindigkeiten erleichtert.

Sollte die generierte Entwicklungslänge dennoch noch nicht genügen, beschreibt Abschn. 9.7.3 weitere trassierungsseitige Lösungsansätze: „Was tun, wenn Entwicklungslänge fehlt?"

#### 9.6.2.2 Kreuzungsfreie/-arme Fahrwege

Selbst wenn angemessene Geschwindigkeiten trassierbar sind, führen niveaugleiche Fahrwegkreuzungen je nach Nutzungsintensität und Fahrplangestaltung zu mitunter erheblichen Kapazitätsverlusten;

- sowohl planmäßig
- als auch im operativen Betrieb, wenn die relative zeitliche Lage der am Kreuzungskonflikt beteiligten Fahrten vom Fahrplan derart abweicht, dass mindestens einer der beteiligten Züge[40] bremsen oder gar anhalten muss, was wiederum zu Folgekonflikten führen kann.

Im Rahmen von Spurplananpassungen im Sinne einer Optimierung gilt es daher, auch auf möglichst kreuzungsfreie oder zumindest kreuzungsarme Fahrwege zu achten und diese bei der Lösungsfindung und der Abwägung zwischen verschiedenen Lösungen einzubeziehen. Übliche fahrwegseitige Lösungsansätze sind (vgl. auch Kap. 10):

- Schaffung paralleler Fahrwege,
- Schaffung alternativer Fahrwege zur operativen Verschiebung der Kreuzungsstelle, falls der Kreuzungskonflikt fahrwegseitig nicht beseitigt werden kann,
- Schaffung von Synchronisationsabschnitten zur Entzerrung von Konflikten bzw. zur Vermeidung der Übertragung von Konflikten (z. B. „Linksabbiegerspur"),
- Herstellung der Kreuzungsfreiheit zwischen den relevanten Fahrwegen durch Eliminierung der niveaugleichen Kreuzung mittels Überwerfungsbauwerk.

► **Anmerkung** In Einzelfällen können bereits bestehende oder ohnehin geplante Überwerfungsbauwerke Dank Spurplananpassung zugleich für die Herstellung einer Kreuzungsfreiheit genutzt werden.[41] In der Regel erfordert der Bau neuer Überwerfungsbauwerke allerdings größere Investitionen. Nicht nur deshalb sollten immer auch fahrplanseitige Maßnahmen zur grundsätzlichen Vermeidung (oder zumindest Linderung) der Kreuzungskonflikte geprüft werden, wie dies beispielsweise in den Niederlanden mittlerweile akzeptierter Standard ist, vgl. [16].

► **Kommentar** Die als Gegenteil zu „niveaugleich" bzw. „höhengleich" mitunter genutzten Begriffe „niveaufrei" bzw. „höhenfrei" sind aus Sicht des Verfassers unpassend bzw. missverständlich; „kreuzungsfrei" ist hier deutlich sprechender.

#### 9.6.2.3 Größere Nutzlängen

Selbst wenn alle relevanten Fahrwege mit angemessener Geschwindigkeit trassiert werden können, ist sowohl im Personen- wie im Güterverkehr auf hinreichende Gleislängen zu achten (vgl. auch Kap. 10). Dies gilt nicht nur für die eigentliche Nutzlänge am Bahnsteig bzw. im Gleis, sondern auch für die Brems- und Beschleunigungsbereiche, um den durch das Bremsen und Beschleunigen verursachten Kapazitätsverzehr zu reduzieren.

► **Erläuterung** Um einen Güterzug mit der derzeitigen Standard-Länge von 740 m

[40] Oder Rangierabteilungen (unterschiedliche Begriffe abhängig vom jeweiligen betrieblichen Regelwerk).

[41] Vgl. beispielsweise Planungen für München-Riem.

flüssig überholen zu können, muss das Überholgleis *zuzüglich* zur Zuglänge folgende erforderliche Längen berücksichtigen (vgl. auch Kap. 12):

- Muss: Signalsicht (mindestens 5 m; kann bei virtuellen Signalen ggf. entfallen)
- Muss: Länge für ungenaues Halten (mindestens 5 m)
- Abhängig von Situation ein Muss: eine Länge für das Strecken des Zuges nach dem Anhalten („Streckschutz", üblicherweise 10 m)
- Soll, je nach Situation Muss: Hinreichender Durchrutschweg bzw. Abstand zum Gefahrenpunkt (unter ETCS-Level 2 sind im Netz der DB InfraGO AG 70 m anzustreben, sonst ggf. bis zu 300 m)
- Soll: Länge, um eine „Schleichfahrt" an den Halteplatz zu vermeiden (idealerweise mehrere 100 m)

### 9.6.3 Signalisierung (Exkurs)

Zusätzlich zu den Fahrzeitpotentialen, die nur trassierungsseitig gehoben werden können, bestehen sowohl im Bestand als auch teilweise bei geplanten Maßnahmen erhebliche Potentiale durch Optimierung der Signalisierung und insb. gestufte Geschwindigkeitssignalisierungen (siehe auch Kap. 10). Dies gilt sowohl für konventionelle Signalsysteme mit in der Regel nur punktförmiger Informationsübertragung als auch Systeme mit (nahezu) kontinuierlicher Informationsübertragung wie z. B. ETCS Level 2, wobei letztere mit der Möglichkeit zur metergenauen und damit elementscharfen Geschwindigkeitssignalisierung zusätzliche Möglichkeiten im Vergleich zur konventionellen Signalisierung bieten. Dies inkludiert nicht nur die Glättung von Geschwindigkeitsschwellen in 5 km/h-Schritten (oder perspektivisch sogar in 1 km/h-Schritten), sondern auch die Möglichkeit, die trassierten bzw. zulässigen Geschwindigkeiten auf die im Betrieb fahrzeugseitig erreichbaren Geschwindigkeiten optimal abzustimmen und entsprechend zu signalisieren. Hierbei ist das Brems- und Beschleunigungsverhalten moderner – und, soweit möglich – zukünftiger Fahrzeuggenerationen zu berücksichtigen. Im Ergebnis lohnt es sich, quasi-kontinuierliche Geschwindigkeitsprofile inkl. mehrerer fein gestufter Geschwindigkeitswechsel beispielsweise im Bereich langer Übergangsbögen zu implementieren, vgl. [7].

► **Anmerkung** Solange noch nicht flächendeckend mit ETCS geplant wird, gilt es, die Möglichkeiten der konventionellen Geschwindigkeitssignalisierung zumindest im hoch be- und ausgelasteten Netz bestmöglich zu nutzen. Dies gilt sowohl für Geschwindigkeitsstufen nach unten als auch nach oben – ggf. auch mehrfach gestuft.

## 9.7 Was tun, wenn ...?

Für einige Fragen, die sich üblicherweise bei (fast) jeder Trassierungsaufgabe stellen, gibt es (nahezu) allgemeingültige Herangehensweisen, um zu einem Lösungsansatz und schließlich zu guten Lösungen zu gelangen. Einige dieser Ansätze werden im Folgenden dargestellt.

### 9.7.1 ... jeglicher Anhaltspunkt für $u$ fehlt?

Sofern keine weiteren Randbedingungen (zum Beispiel Maximierung der zulässigen Geschwindigkeit schnell fahrender Züge) oder besondere bauliche Zwangspunkte zu berücksichtigen sind, bietet sich zumindest für einen Erstentwurf auf Mischbetriebsstrecken die sogenannte Regelüberhöhung reg $u$ [mm] an, wobei die Geschwindigkeit der schnellsten Züge angesetzt wird:

$$\text{reg}\,u = 6{,}5 \cdot \frac{V^2}{r}$$

bzw.

$$\text{reg}\,u \approx 55\,\% \cdot u_0.$$

► **Anmerkungen** Der Faktor 55 % geht zurück auf das Ausschöpfen der früher üblichen Maximalwerte von $u = 160\,\text{mm}$ und

$u_f = 130\,\text{mm}$ (und somit $u_0 = 290\,\text{mm}$):

$$\frac{160}{160 + 130} \approx 55\,\%.$$

Er deckt sich mit der Empfehlung für normalspurige Mischbetriebsstrecken in der Schweiz, vgl. [13].

Diese Formel ergibt mit Blick auf die heute tendenziell größere Spanne der Fahrgeschwindigkeiten etwas kleinere Überhöhungen als früher üblich[42] zugunsten etwas größerer Überhöhungsfehlbeträge.

Bei überwiegend gleichartigem Verkehr, z. B. bei S-Bahnen, bietet es sich an, größere Überhöhungen zu wählen, wobei im Sinne der Laufruhe sowie des Fahrgastempfindens nach Möglichkeit stets ein gewisser Überhöhungsfehlbetrag verbleiben sollte.

Für Bögen, in denen nur wenige Züge mit Höchstgeschwindigkeit fahren, z. B. in Durchfahrgleisen großer Bahnhöfe sowie allgemein in Zweiggleisen von Weichen und ggf. auch deren anschließenden Gleisbögen, soll dagegen die Überhöhung zwischen Mindest- und Regelwert gewählt werden.

### 9.7.2 ... jeglicher Höhenansatz bei Überwerfungsbauwerken fehlt?

Im Bereich von Brücken im Allgemeinen und Überwerfungsbauwerken im Besonderen sind vielfältige technische Abhängigkeiten und entsprechend vielfältige Regelwerke zu beachten; die Abstimmung zwischen den verschiedenen Gewerken ist daher essentiell.

Als grober Anhaltspunkt für den zu trassierenden vertikalen Abstand zwischen dem oben und dem unten liegenden, elektrifizierten Gleis können folgende Werte dienen:

- Fahrbahnhöhe (vgl. [23]):
  0,8 m (je nach Geschwindigkeit und Bauart)
- Bauwerkshöhe:
  1,0 m (je nach Spannweite)
- Mindestwert für lichte Höhe (vgl. [24]):
  (5,7...)6,2 m (je nach Situation und Regelwerk)
- in Summe ca.
  **(7,5...)8,0 m**

Aus der konkreten Situation heraus können sich diese Werte

- vergrößern (große Spannweiten, noch nicht berücksichtigte Überhöhungen oder Längsneigungen, Schiefwinkligkeit/Verwindung sowie Berücksichtigung von Reserven zumindest in früheren Planungsphasen etc.) oder aber
- durch Optimierung der Konstruktion (Fahrbahn, Bauwerk, Fahrleitung (z. B. Deckenstromschiene)) verringern.

Zudem wird bei der lichten Höhe fahrleitungsseitig nach „Bahnhof" und „freier Strecke" unterschieden; unabhängig davon, ob die Fahrleitung tatsächlich anders aufgebaut ist oder nicht. Folglich besteht in Absprache zwischen den Gewerken auch hier ein gewisser Spielraum, falls Lösungen mit den o. a. Werten nicht möglich sind.

### 9.7.3 ... Entwicklungslänge fehlt?

Sowohl bei Umbauten bestehender Gleisanlagen als auch sogar bei Neubaustrecken fehlt in ersten Entwürfen häufig die für die Herstellung der angestrebten Spurpläne und/oder Geschwindigkeiten erforderliche Entwicklungslänge. Hierfür gibt es einige prinzipielle Lösungsansätze, mit denen die erforderliche Entwicklungslänge gewonnen werden kann, ohne die betrieblich-verkehrlichen Ziele zu schmälern. Während einige dieser Lösungsansätze (nahezu) ausschließlich im Kontext der Höhengestaltung bzw. bzgl. der Längsneigungen relevant sind (Abschn. 9.7.3.1), helfen weitere sowohl beim Grund- wie beim Aufriss (Abschn. 9.7.3.2).

Auch wenn die aufgeführten Lösungsansätze am Beispiel zweier sich kreuzender Gleise dargestellt werden, gelten diese analog auch bei der Beteiligung anderer Zwangspunkte (z. B. Straßenüberführungen). Selbstverständlich können die Ansätze auch kombiniert werden.

[42] Vgl. [4].

### 9.7.3.1 Aufriss (ggf. mit Auswirkungen auf den Grundriss)

Mitunter (zum Beispiel im Vorfeld von Überwerfungsbauwerken, vgl. Abb. 9.21), reicht die zur Verfügung stehende Länge nicht aus, um den im Kreuzungspunkt beider Gleise erforderlichen Höhenunterschied zu generieren. Diese Situation tritt beispielsweise dann ein, wenn die entscheidende Verzweigungsweiche nicht weiter westlich angeordnet werden kann, weil

- andere erforderliche Fahrwege und/oder
- die dafür nicht zur Verfügung stehende Entwicklungsbreite

dies verhindern, vgl. erneut Abb. 9.21.

In diesem Falle gibt es insb. die folgenden Lösungsansätze:

1. Vergrößern des Kreuzungswinkels
2. Aufteilung der Höhendifferenz auf beide Gleise
3. Anpassung der Höhenlage der Verzweigungsweiche
4. Anpassung der Längsneigung der Verzweigungsweiche
5. Anpassung der Längsneigung(en) im Kreuzungsbereich
6. (Betrieblich möglichst neutrale) Anpassung des Spurplanes
7. Tausch der Höhenlagen (sofern betrieblich möglich)

Ab der relevanten letzten durchgehenden Schwelle (in den jeweiligen Abbildungen rot markiert) können sich die Gradienten der beiden relevanten Gleise trennen.

Zu Anstrich 1: Je größer der Kreuzungswinkel ist, desto kürzer kann das Bauwerk gestaltet werden, was üblicherweise auch zu geringen Bauwerkskosten führt. Der steilere Kreuzungswinkel kann zugleich – sofern die erforderliche Entwicklungsbreite zur Verfügung steht – genutzt werden, um zusätzliche Entwicklungslänge zu schaffen, vgl. Abb. 9.22.

Zu Anstrichen 2, 3 und 4: Sofern baulich möglich, kann die Entwicklungslänge zwischen dem exemplarisch dargestellten Bahnsteigbereich und dem Überwerfungsbauwerk verkürzt werden, wenn z. B. nicht nur ein Gleis abgesenkt wird (vgl. Abb. 9.23a), sondern zugleich die beiden anderen angehoben werden (vgl. Abb. 9.23b). Ist dies auf Basis der Höhenlage der relevanten Verzweigungsweiche nicht möglich, sollte die Anpassung deren Gradiente geprüft werden; dies gilt sowohl für die Höhenlage (vgl. Abb. 9.23c) als auch die Längsneigung (vgl. Abb. 9.23d). Letzteres ist insb. dann relevant, wenn die Neigungen in den verzweigenden Gleisen und/oder deren zulässige Geschwindigkeiten unterschiedlich sind: Die kürzeste Entwicklungslänge entsteht dann, wenn die erforderlichen Ausrundungen östlich der Weiche in beiden Strängen gleich lang sind.

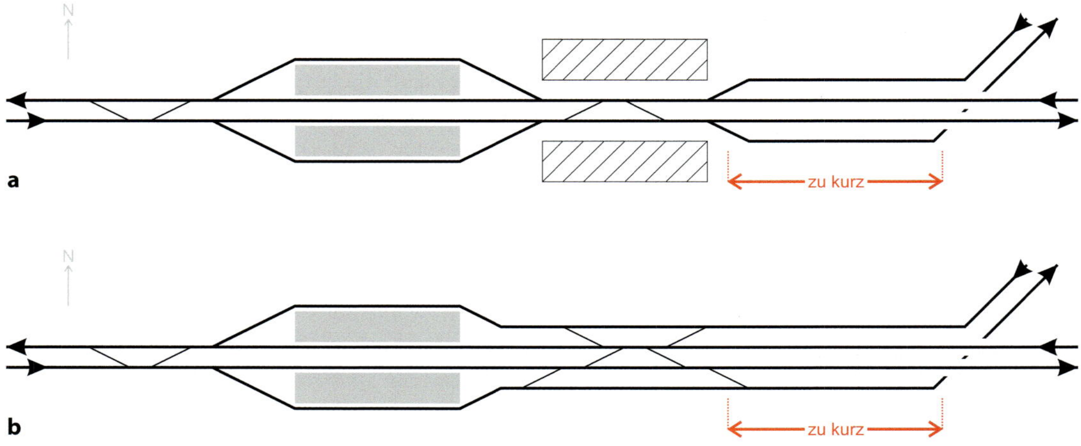


**Abb. 9.21** **a**,**b** Exemplarische Situationen mit fehlender Entwicklungslänge. (Quelle: eigene Darstellung)

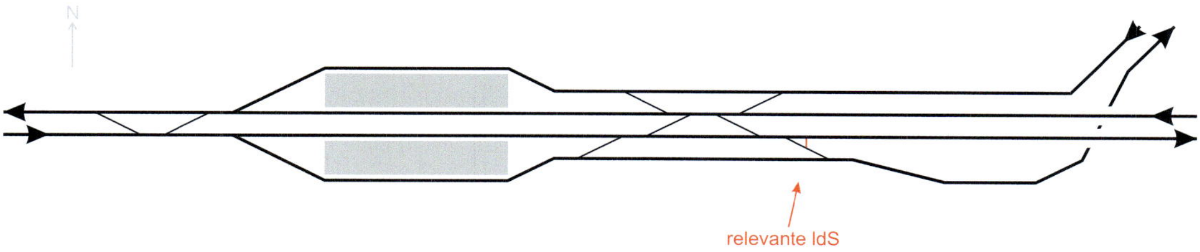


**Abb. 9.22** Lösungsansatz steilerer Kreuzungswinkel. (Quelle: eigene Darstellung)

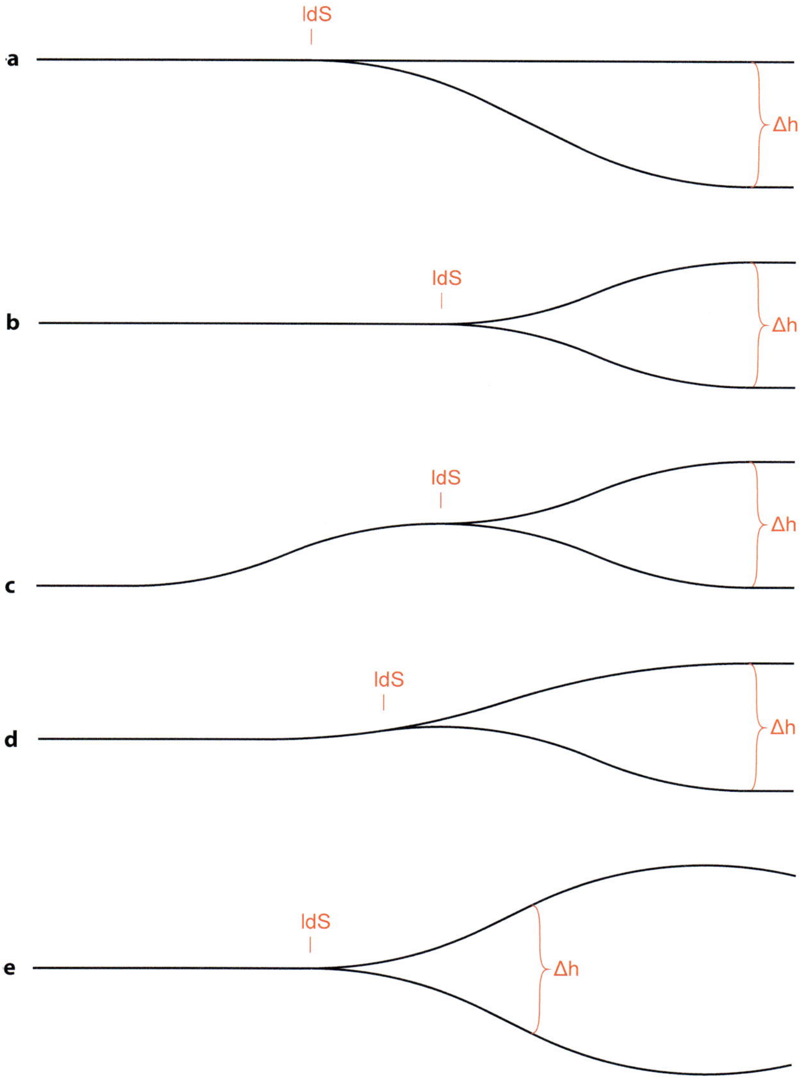


**Abb. 9.23** **a–d** Lösungsansatz Anpassung der Gradienten (Aufriß) ($\Delta h$ in allen vier Abbildungen identisch; ldS-Markierung entspricht der in Abb. 9.22 ebenfalls markierten ldS). **e** Lösungsansatz Verschiebung der Neigungswechsel (Aufriß) ($\Delta h$ identisch mit Abb. 9.23a–d; ldS-Markierung entspricht der in Abb. 9.22 ebenfalls markierten ldS). (Quelle: eigene Darstellung)

► **Erläuterung** Je größer die Geschwindigkeit ist, desto größer ist der Ausrundungsradius eines Neigungswechsels und desto länger wird die Ausrundung für eine gewisse Neigungsdifferenz. Bei angenommen gleicher Längsneigung in den beiden sich verzweigenden Gleisen, kann die Entwicklungslänge verkürzt werden, wenn die Längsneigung der Weiche an deren letzter durchgehenden Schwelle nicht die Winkelhalbierende bildet (in diesem Beispiel also waagerecht liegt), sondern sich am schneller befahrenen Gleis orientiert, so dass die auszurundende Längsneigungsdifferenz des schneller befahrenen Gleises geringer ist als jene des langsamer befahrenden Gleises.

Zu Anstrich 5: Die Entwicklungslänge westlich des Kreuzungspunktes beider Gleise (also z. B. westlich des exemplarisch dargestellten Überwerfungsbauwerkes) kann zudem verkürzt werden, wenn die Längsneigungen bis zum Kreuzungspunkt fortgesetzt werden. Das heißt: Die Ausrundungen der oft im Bereich des Kreuzungspunktes vorgesehenen gegenläufigen Neigungswechsel beginnen dann nicht bereits westlich des Bauwerks (vgl. nochmals Abb. 9.23a–d in der Annahme, der Kreuzungspunkt sei dort, wo $\Delta h$ angetragen ist), sondern ggf. sogar erst im Kreuzungspunkt (vgl. Abb. 9.23e).

Dies führt dann zwar östlich des Kreuzungspunktes zu einer (ggf. deutlich) größeren Höhendifferenz als im Kreuzungspunkt beider Gleise, kann allerdings hingenommen werden, wenn etwaige Zwangspunkte östlich des Kreuzungspunktes dem nicht entgegenstehen.

Zu Anstrich 6: Eine Anpassung des Spurplanes kann oft ohne Verringerung des betrieblich-verkehrlichen Nutzens mit Blick auf eine günstigere Höhenentwicklung erfolgen, wenn möglichst viele der erforderlichen Weichen östlich der gradientenseitig relevanten Verzweigungsweiche angeordnet werden (können); vgl. Abb. 9.24a,b im Vergleich zu Abb. 9.21b. Mit Blick auf die wechselseitige Nutzbarkeit der beiden Streckengleise aus/in Richtung Nordost kann die Weichenanordnung in Abb. 9.24b abhängig von der konkreten Örtlichkeit betrieblich sogar Vorteile bieten.

► **Anmerkung** Prinzipiell sind auch asymmetrische Lösungen („verschränkter Richtungsbetrieb") denkbar, woraus sich allerdings üblicherweise mehr Nach- als Vorteile ergeben, vgl. hierzu auch Kap. 10.

Zu Anstrich 7: Die Entscheidung, welche Gleise oben und welche Gleise unten liegen, ergibt sich oft aus den Örtlichkeiten. Lassen diese jedoch prinzipielle Freiheiten, ergeben sich weitere Optionen beispielsweise hinsichtlich der Verzweigungsweichen sowie der Streckenanordnung, vgl. Abb. 9.25a–f.

Insbesondere bei stark überhöhten Verzweigungsweichen bietet es sich an, den bogenäußeren (und daher in der Weiche ohnehin höher

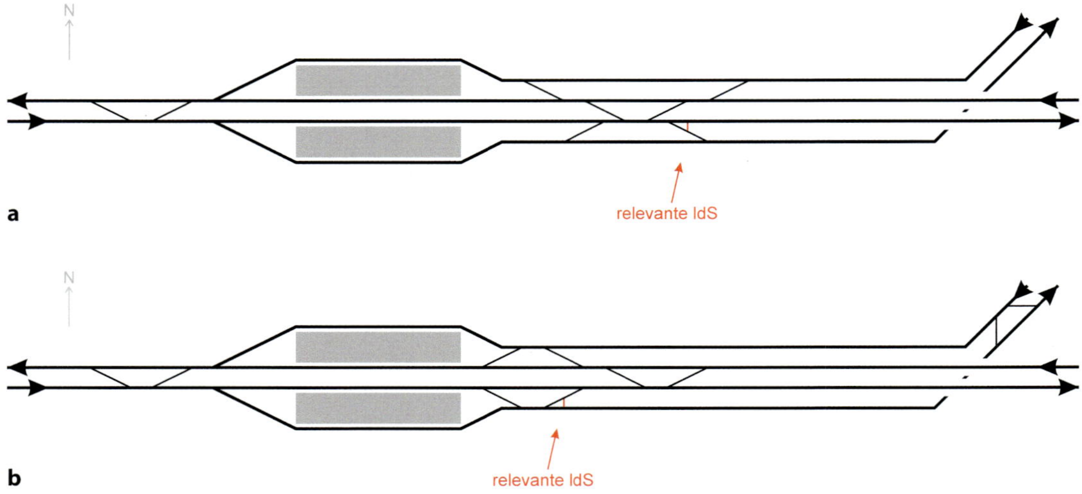


**Abb. 9.24** **a**,**b** Lösungsansatz Anpassung des Spurplanes (Beispiel). (Quelle: eigene Darstellung)

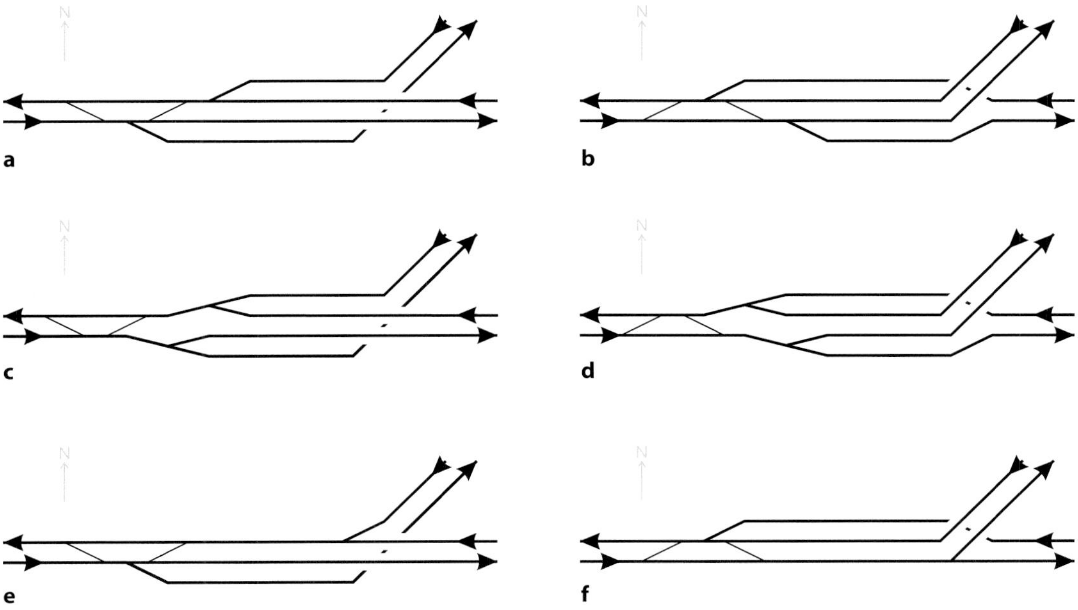


**Abb. 9.25** a–f Beispiele für verschiedene Anordnungen der Verzweigungsweichen und der Strecken. (Quelle: eigene Darstellung)

**Abb. 9.26** a,b Nutzung der Überhöhung einer Weiche zur Verkürzung der Entwicklungslänge. (Quelle: eigene Darstellung)

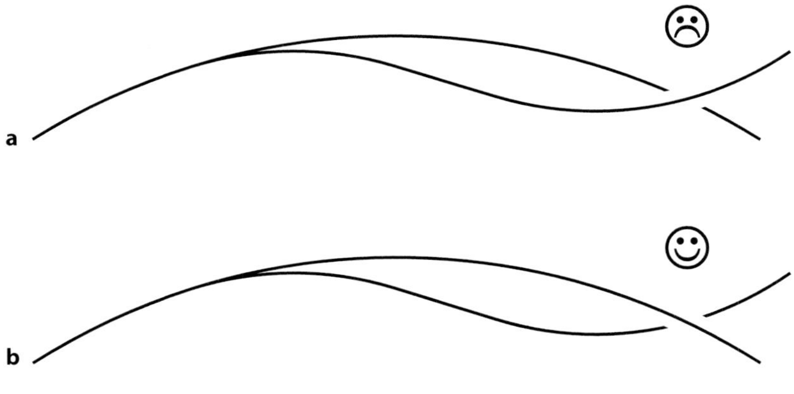


liegenden) Weichenstrang zu überführen, siehe Abb. 9.26b im Vergleich zu Abb. 9.26a.

#### 9.7.3.2 Grundriss (Lösungsansätze oft auch bzgl. Aufriss hilfreich)

Ist auch durch Optimierung der Weichenreihenfolge nicht genügend Entwicklungslänge im Grundriss vorhanden, gibt es zwei üblicherweise praktikable Lösungsansätze:

8. Verwendung kleinerer Weichen
9. Anpassung der Gleisabstände und/oder der Weichenendneigung

Zu Anstrich 8: Insb. dann, wenn zwei Weichenstränge aus betrieblicher Sicht (nahezu) gleichwertig sind hinsichtlich

- Anzahl der Fahrten in beiden Strängen und/oder
- Geschwindigkeit in beiden Strängen

kann es sinnvoll sein, am WA die Krümmungsdifferenz der Weichengrundform auf beide Stränge zu verteilen. Es entsteht dann zwar in *beiden* Strängen ein $\Delta u_f$, das jedoch jeweils geringer ist als das sonst in *einem* Strang üblicherweise große

$\Delta u_f$. Im Idealfall gelingt es sogar, die Krümmungsdifferenz (annähernd) umgekehrt proportional zum Verhältnis der Zuganzahlen bzw. der Geschwindigkeiten je Strang aufzuteilen.

**Beispiel**

Im Weichenbereich eines Bahnhofs sollen die beiden Stränge einer Weiche mit 65 km/h und in etwa gleich häufig befahren werden. Auf Basis des Geschwindigkeitszieles wäre die Basislösung die Planung einer unverbogenen Weiche mit $r_0 = 500\,\text{m}$ in der Grundform (siehe oberstes Beispiel in Abb. 9.17 in Abschn. 9.5.5.1). Aus fahrdynamischer Sicht deutlich günstiger wäre jedoch eine Lösung gemäß Abb. 9.18 (ebd.). ◄

Das Aufteilen der Krümmungsdifferenz kann erforderlichenfalls auch dafür genutzt werden,

- um unter Beibehalt der Geschwindigkeiten eine kleinere Weichengrundform verwenden zu können, um die Entwicklungslänge zu reduzieren, bzw.
- um bei unverändertem Radius der Weichengrundform im abzweigenden Strang höhere Geschwindigkeiten zulassen zu können. Dieser Ansatz kann auch bei Kreuzungsweichen von Interesse sein, deren Radius in der Grundform bei ca. 500 m limitiert ist, so dass auch in Kreuzungsweichen mit mehr als 65 km/h verzweigt werden kann.[43]

Bei der Wahl einer Weiche mit geringerem Radius in der Grundform ist sorgfältig abzuwägen zwischen einerseits den Vorteilen Dank der kürzeren Entwicklungslänge, der geringeren Investitionskosten und dem geringeren Inspektionsaufwand sowie andererseits den fahrdynamischen Aspekten. Letztere müssen nicht zwingend negativ zu bewerten sein, wie obiges Beispiel mit der Aufteilung der Krümmungsdifferenz zeigt.

► **Erläuterung/Fortsetzung des vorherigen Beispiels** Im Falle der Weiche, die in beiden Strängen ungefähr gleich häufig mit 65 km/h befahren werden soll, wäre bei Aufteilung der Krümmungsdifferenz am WA auf beide Stränge auch der Einsatz einer 300er Weiche denkbar: Im Gegensatz zu einer 500er Weiche in der Grundform ohne Aufteilung der Krümmungsdifferenz am WA (ein Weichenstrang erfährt den vollen Ruck) wäre dann die 300er Weiche mit hälftiger Aufteilung der Krümmungsdifferenz fahrdynamisch sogar günstiger einzuschätzen, da in beiden Strängen der Regelwert des Vergleichsradius (siehe Abschn. 9.4.4.2) eingehalten bzw. der maximal auftretende $\Delta u_f$-Wert geringer ausfällt.

► **Anmerkung** Idealerweise sollte eine Abwägung der Weichengrundform die Lebenszykluskosten vollständig einbeziehen. Bislang sind dem Verfasser jedoch keine aussagekräftigen Vergleichsanalysen bekannt hinsichtlich der Auswirkung auf die Lebensdauer der kleineren Weichen infolge der höheren Belastungen durch die größeren $u_f$-Werte sowie etwaige Mehrkosten bei der Ersatzteilvorhaltung im Falle von Bogenweichen, die enger als $r = 1500\,\text{m}$ im schwächer gekrümmten Strang gebogen sind. Daher spricht vieles für die Anwendung der Lösung mit dem höheren Nutzen (z. B. höhere Geschwindigkeit, größere Nutzlänge, ...)

Zu Anstrich 9: Üblicherweise gilt: je flacher die Endneigung einer Weiche, desto größer die Entwicklungslänge von Weichen und Weichenverbindungen.

**Beispiel**

Um mit einer Weichenendneigung 1 : 14 einen typischen Gleisabstand von 4,50 m zu überwinden, sind 9 m mehr Entwicklungslänge erforderlich als bei der Weichenendneigung 1 : 12. ◄

[43] Die hierfür entwickelte und versuchsweise zumindest in Maschen eingesetzte EKW 850–1 : 18,5 hat sich nicht bewährt (vgl. [25]). Mittel der Wahl ist in derartigen Situationen daher der Einsatz von 500er Bogenkreuzungsweichen, sofern diese nicht in Einzelweichen aufgelöst werden können.

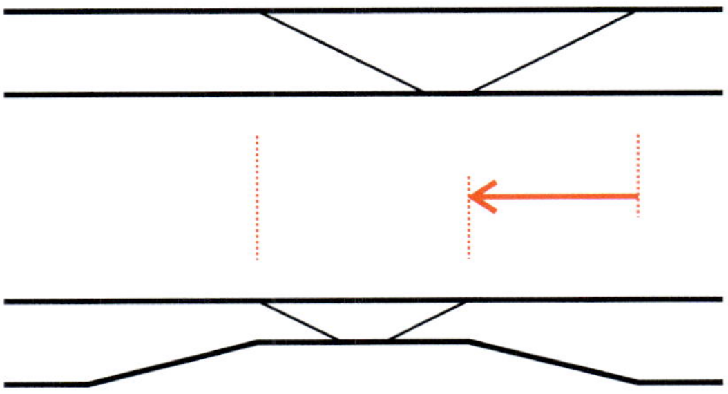

**Abb. 9.27** Auswirkung der Anordnung verschiedener Gleisabstände auf die Entwicklungslänge. (Quelle: eigene Darstellung)

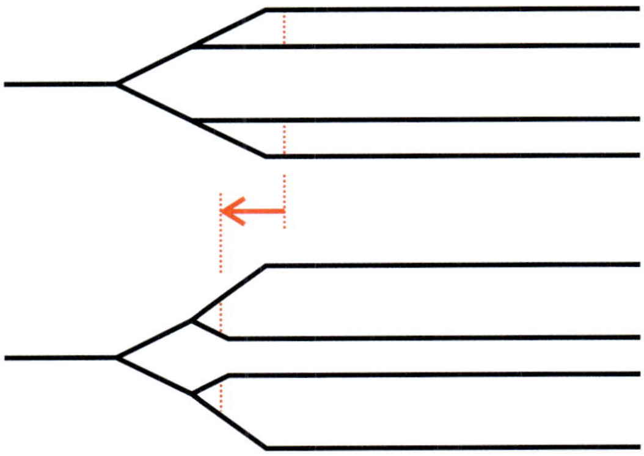

**Abb. 9.28** Auswirkung der Anordnung verschiedener Gleisabstände auf die Nutzlänge. (Quelle: eigene Darstellung)

Im Umkehrschluss bedeutet dies: Steilere Weichenendneigungen können zur Verkürzung der Entwicklungslänge beitragen. Daraus lassen sich folgende Lösungsansätze ableiten:

- Bei unterschiedlichen Gleisabständen (z. B. infolge von Mastgassen oder Sicherheitsräumen) und unterschiedlichen Weichengeschwindigkeiten sollte versucht werden, die großen Gleisabstände möglichst auf die Weichenverbindungen mit den geringeren Weichengeschwindigkeiten abzustimmen bzw. im Bereich der „schnellen" Weichenverbindungen die geringeren Gleisabstände anzustreben. Im Extremfall kann dies sogar dazu führen, dass die Gleisabstände (und damit verbunden z. B. auch die Sicherheitsräume) zwischen den Gleisen wechseln, um an den Stellen der relevanten Weichenverbindungen möglichst geringe Gleisabstände anordnen zu können, vgl. Abb. 9.27.
- Mit einer geschickten Anordnung der Gleisabstände bzw. der Weichen lassen sich auch in Gleisharfen einige Meter Nutzlänge gewinnen, vgl. Abb. 9.28.
- Verhindert ein zu enger Gleisabstand steile Endneigungen (und sollen keine kleineren Weichen (siehe Anstrich 7) mit üblicherweise konstruktionsimmanent größerer Weichenendneigung verwendet werden), sollte die Vergrößerung des Gleisabstands geprüft werden.

### 9.7.4 … Zwangspunkte im Grundriss dicht aufeinander folgen?

Mitunter ergibt sich die Situation, mehrere aufeinander folgende Zwangspunkte slalomartig „umfahren" zu müssen. Hierbei ist es – analog zur Wahl der „Ideallinie" bei Wettrennen (z. B. Riesenslalom im Abfahrtsskilauf oder bei Autorennen) – wichtig, nicht nur den direkt betroffenen Bereich, sondern auch die vor- und nachgelagerten Abschnitte beim Trassieren einzubeziehen: Denn oft entscheidet sich nicht im Bereich der Zwangspunkte selbst, sondern in den diesen vor- und nachgelagerten Abschnitten, wie gut die „Umfahrung" der Zwangspunkte gelingt. Hierbei besteht häufig auch die Chance, eine Art Hebelwirkung zu nutzen, wie sie Abb. 9.29 verdeutlicht: So können schon sehr kleine seitliche

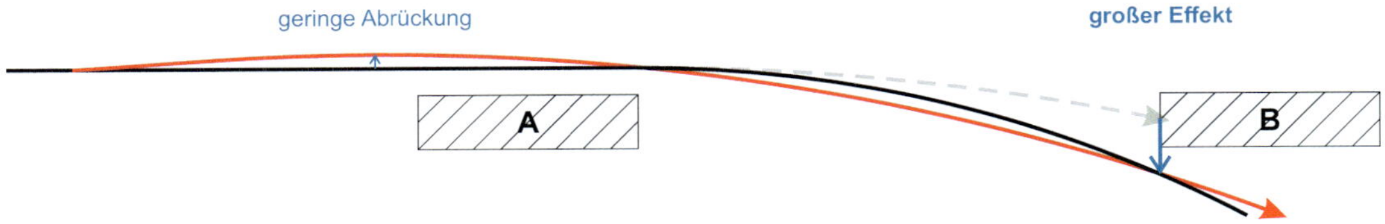


**Abb. 9.29** Hebelwirkung bei S-Bögen. (Quelle: eigene Darstellung)

Verschiebungen bei A zu den im Beispiel erforderlichen großen Effekten bei B führen.

Auf diese Weise kann der enge Bestandsbogen (schwarz) unter Erhalt der Zwangspunkte A und B auf den deutlich größeren Radius (grau bzw. rot) aufgeweitet werden. Die durch das „Ausholen" bei A minimal längere Linienführung wird durch die höheren Geschwindigkeiten in der Regel deutlich überkompensiert, so dass ein Fahrzeitgewinn resultiert. Das heißt: Nicht immer ist der kürzeste Weg der schnellste.

### 9.7.5 ... $\Delta u_f$ zu groß ist?

Ist $\Delta u_f$ zu groß, ergeben sich je nach Situation verschiedene Optionen:

- Handelt es ich um einen Übergangsbogen, bei dem weder dessen Verlängerung noch eine Verringerung der Krümmungsdifferenz der benachbarten Trassierungselemente infrage kommen, sollte geprüft werden, die Überhöhungsdifferenz zu vergrößern; idealerweise innerhalb des Übergangsbogens, ausnahmsweise ggf. auch durch eine getrennte Trassierung von Überhöhungsrampe und Übergangsbogen, so dass RA beispielsweise vor UA liegt und nur RE mit UE zusammenfällt.
- Vor allem in Bahnhofsbereichen kann ausnahmsweise die Anwendung eines (möglichst großen) gleichgerichteten Vorbogens in Erwägung gezogen werden, so dass ein (möglichst geringer) unvermittelter Krümmungswechsel in Kauf genommen wird, um das zu noch vermittelnde $\Delta u_f$ innerhalb des anschließenden Übergangsbogens reduzieren zu können.
- Ist die gewünschte Anordnung eines Übergangsbogens gemäß dem aktuell gültigen Regelwerk gar nicht möglich, sollte geprüft werden, den Krümmungswechsel möglichst mittig auf zwei unvermittelte Krümmungswechsel mit hinreichender Elementlänge dazwischen aufzuteilen, um den großen, sonst unvermittelten Krümmungswechsel zumindest etwas zu „glätten". Allerdings sollte auch dies nur erfolgen, wenn trotz intensiver Optimierung keine anderen, günstigeren Lösungen gefunden werden.

## 9.8 Zusammenfassung

Der Anordnung und Trassierung von Gleisen und Weichen kommt in nahezu allen Planungsphasen eine große – bislang leider oft unterschätzte – Bedeutung zu, da sie maßgeblich die verkehrlich-betrieblichen Eigenschaften des Systems Bahn beeinflussen.

Der Fahrweg ist im System „Eisenbahn" folglich mitnichten nur ein Kostentreiber, sondern bestimmt in Abhängigkeit von seiner Gestaltung und damit auch in Abhängigkeit von der Trassierung maßgeblich den erzielbaren Nutzen und damit das Nutzen/Kosten-Verhältnis von Neu- und Ausbaumaßnahmen sowie von Optimierungen und Ersatzinvestitionen.

Kap. 9 beschreibt im Wesentlichen zum einen die technischen Grundlagen bzw. den Rahmen, in dem ein Fahrweg sicher und richtlinienkonform gestaltet werden kann („Spielfeld" und „Spielregeln"). Zum anderen werden grundlegende Prinzipien für die Gestaltung einer bedarfsgerechten und leistungsfähigen Infrastruktur erläutert (üblicherweise erfolgversprechende „Spielstrategien" und „Spielzüge").

Mit der pyramidalen Gliederung jedes Abschnitts wird versucht,

- auch Fachfremde für das wichtige und alles andere als „trockene" Thema Trassierung und Gleisplangestaltung anzusprechen, und zugleich
- den für die Planenden erforderlichen Tiefgang zu gewährleisten.

## Appendix A.I: Abkürzungen

| | |
|---|---|
| AA | Ausrundungsanfang |
| ABW | Außenbogenweiche |
| AE | Ausrundungsende |
| BO | Eisenbahn-Bau- und Betriebsordnung (alte Abkürzung) |
| BA | Bogenanfang |
| BE | Bogenende |
| BehiG | Behindertengleichstellungsgesetz |
| BW | Bogenwechsel |
| DKW | Doppelte Kreuzungsweiche |
| EBO | Eisenbahn-Bau- und Betriebsordnung (aktuelle Abkürzung) |
| EKW | Einfache Kreuzungsweiche |
| ETCS | European Train Control System |
| Hbf | Hauptbahnhof |
| HGV | Hochgeschwindigkeitsverkehr (je nach Definition ab $\geq 250\,\mathrm{km/h}$) |
| IBW | Innenbogenweiche |
| ldS | letzte durchgehende Schwelle |
| LST | Leit- und Sicherungstechnik |
| PRM | Passengers with reduced mobility (Im Kontext TSI: „Zugänglichkeit für Menschen mit Behinderung und Menschen mit eingeschränkter Mobilität“) |
| RA | (Überhöhungs-)Rampenanfang |
| RE | (Überhöhungs-)Rampenende |
| TEN-V | Transeuropäische Netze Verkehr |
| TSI | Technische Spezifikationen für die Interoperabilität |
| UA | Übergangsbogenanfang |
| UE | Übergangsbogenende |
| WA | Weichenanfang |
| WE | Weichenende |
| WM | Weichenmitte |

## Appendix A.II: Formelzeichen

| Symbol | Symbol nach [10] | Einheit | Bedeutung | Symbol nach [14] | Einheit | Bedeutung |
|---|---|---|---|---|---|---|
| $1:m$ | $1:n$ | – | Neigung einer geraden Überhöhungsrampe | | | |
| $1:m_M$ | | – | Neigung in der Mitte einer geschwungenen Überhöhungsrampe | | | |
| $\Delta\ldots$ | $\Delta\ldots$ | mm | Differenz von ... | | | |
| | | | | $F$ | – | Als Index: freight |
| $f$ | | mm | Abrückmaß bzw. Tangentenabrückung | | | |
| $h$ | | m | Stichmaß bei Neigungswechseln | | | |
| $l_a$ | | m | Länge eines Ausrundungsbogens | | | |
| $l_b, l_g$ | $L_i$ | m | Länge eines Bogens, einer Geraden | | | |
| $l_R, l_{RB}$ | $L_D$ | m | Länge einer Überhöhungsrampe (Klothoide bzw. Bloss) | | | |
| $l_t$ | | | Tangentenlänge bei Weichen | | | |
| $l_U, l_{UB}$ | $L_K$ | m | Länge eines Übergangsbogens (Klothoide bzw. Bloss) | | | |
| $l_w$ | | m | Weichenlänge | | | |
| min, max | min, max | | Als Index: Mindestwert, Maximalwert | | | |
| | | | | $P$ | – | Als Index: passenger |
| $r$ | $R$ | m | Radius eines Kreisbogens im Grundriss | $D$ | – | Degree of curv(atur)e |
| $r_a$ | $R_V$ | m | Radius einer vertikalen Ausrundung | | | |
| reg | | – | Als Index: Regelwert | | | |
| $r_w$ | | m | Vergleichsradius | | | |
| $s$ | | ‰ | Längsneigung | | | |
| $t_a$ | | m | Tangentenlänge bei Neigungswechseln | | | |
| $u$ | $D$ | mm | Überhöhung | $E_a$ | in | (Actual) Superelevation |
| $u_0$ | | mm | Ausgleichende Überhöhung | | | |
| $u_f$ | $I$ | mm | Überhöhungsfehlbetrag | $E_u$ | in | Superelevation imbalance bzw. cant deficiency |
| $u_{ü}$ | | mm | Überhöhungsüberschuss | | | |
| $V$ | $V$ | km/h | Geschwindigkeit | $S$ | mph | Speed |
| $v$ | $v$ | m/s | Geschwindigkeit | | | |

## Appendix A.III: Kleine Formelsammlung

Abb. 9.30 fasst die im täglichen Gebrauch wichtigsten Formeln überblicksartig zusammen.

**Ausgewählte Trassierungsformeln (Normalspur, Spurweite 1.435 mm)** [u] = mm, [V] = km/h, [r] = [f] = [l] m, [a] = m/s²

**Ausgleichende** Überhöhung $u_0 \approx 11{,}8 \cdot \frac{V^2}{r}$

**Überhöhungsformel** $u \approx 11{,}8 \cdot \frac{V^2}{r} - u_f$

Überhöhungs**fehlbetrag** und freie Seitenbeschleunigung $u_f \approx 153 \cdot a_q$

Überhöhungs**rampenlänge** $l_R = \frac{RF \cdot V \cdot \Delta u}{1.000}$

Rampenfaktor RF

| | | |
|---|---|---|
| Deutschland | Regelwert | Ermessensgrenze |
| Klothoide | 10,0 | 8,0 |
| Bloss | 7,5 | 6,0 |
| Schweiz | Grenzwert im Normalfall | Maximaler Grenzwert |
| Klothoide | 5,56 | 4,63 |
| Nordamerika | 744 (und V := 1 km/h) | |

**Übergangsbogenlänge** Deutschland

Klothoide $\min l_U = \frac{4{,}0 \cdot V \cdot \Delta u_f}{1.000}$

Bloss $\min l_{UB} = \frac{4{,}5 \cdot V \cdot \Delta u_f}{1.000}$

Übergangsbogenlänge Schweiz (Kothoide)

Grenzwert im Normalfall $\min l_U = \frac{5{,}05 \cdot V \cdot \Delta u_f}{1.000}$

Maximaler Grenzwert $\min l_U = \frac{3{,}09 \cdot V \cdot \Delta u_f}{1.000}$

Übergangsbogenlänge Nordamerika

Kothoide: $\min l_{U,Nordamerika} \approx \frac{12{,}16 \cdot V \cdot \Delta u_f}{1.000}$

**Abrückmaß**

$f = \frac{l_U{}^2}{24 \cdot r}$ $f = \frac{l_{UB}{}^2}{40 \cdot r}$

falls $f_{UB} := f_U$ $l_{UB} \approx 1{,}29 \cdot l_U$

Weitere Erläuterungen: Walf, F.: Trassierung und Gleisplangestaltung. In: Holzfeind, J., Liu, J., Pospischil, F. [Hrsg.]: Handbuch Eisenbahninfrastruktur. Berlin 2024.

**Vergleichsradius** (taschenrechnerfreundliche Schreibweise)
+ bei Gegenbögen, - bei gleichgerichteten Bögen → Tabelle 2

$r_w = \left| \frac{1}{\frac{1}{|r_1|} \pm \frac{1}{|r_2|}} \right|$

Radien bei **Bogenweichen**
+ wenn $r_2$ bei IBW stärker gekrümmt als $r_1$,
- wenn $r_1$ bei IBW schwächer gekrümmt als $r_1$ sowie bei ABW

$r_2 = \left| \frac{1}{\frac{1}{|r_1|} \pm \frac{1}{|r_0|}} \right|$

Überhöhungs**fehlbetrag** $u_f$ ≤ 130 mm bzw. 150 mm (Deutschland):

| $u_f$ in Weichen [mm] | | Geschwindigkeitsbereich [km/h] | | | | | |
|---|---|---|---|---|---|---|---|
| **Element** | **Spezifikation** | V ≤ 160 | 160 < V ≤ 200 | 200 < V ≤ 230 | 230 < V ≤ 250 | 250 < V ≤ 300 | 300 < V |
| Weiche | Starre Herzstückspitze im Verlauf der i. d. R. führenden Schiene | 110 | 90 | * | Anwendung nicht zulässig; bewegliche Herzstückspitze zwingend erforderlich | | |
| Weiche | Starre Herzstückspitze im Verlauf der i. d. R. nicht führenden Schiene | 110 | | * | | | |
| Weiche | Bewegliche Herzstückspitze | 130 | | 100 | | * | |
| Kreuzung und Kreuzungsweiche | | 100 | Anwendung nicht zulässig | | | | |
| Schienenauszug | | 110 | | * | | | |

Deutschland: u ≤ 160 mm (Schotter) bzw. u ≤ 170 mm (Feste Fahrbahn)

In Überhöh.-rampennähe bei r < 300 m: $u \leq \frac{r-50}{1{,}5}$

**Neigungswechsel** $t \approx \frac{\Delta s \cdot r_a}{2.000}$ $t \approx \frac{l_a}{2}$ $h \approx \frac{t^2}{2 \cdot r_a}$

$reg\, r_a = \begin{cases} 0{,}4 \cdot V^2, wenn\, V \leq 230\, km/h \\ 22.500\, m, wenn\, V > 230\, km/h \end{cases}$ (Deutschland)

$r_a = \begin{cases} 0{,}25 \cdot V^2, wenn\, V \leq 230\, km/h \\ 16.000\, m\, bei\, Kuppen, wenn\, V > 230\, km/h \\ 14.000\, m\, bei\, Wannen, wenn\, V > 230\, km/h \end{cases}$

**Mindestschienenlänge**, falls WA nicht auf WA:
3 / 5 / 10 m bei ≤ 50 / ≤ 80 / > 80 km/h

| **Weichenbeispiele** Grundform | $l_t = l_w/2$ [m] | V [km/], falls $r_w = r_0$ |
|---|---|---|
| 300 – 1:9 | 16,6155 | 50 |
| 500 – 1:12 | 20,7973 | 65 |
| 760 – 1:14 | 27,1083 | 80 |
| 1.200 – 1:18,5 | 32,4088 | 100 |
| 2.500 – 1:26,5 – fb | 47,1530 | 135 |

**Abb. 9.30** Kleine Formelsammlung (für weitergehende Erläuterungen vgl. Haupttext). (Quelle: eigene Darstellung)

## Appendix B: Herleitung ausgewählter Formeln

### Überhöhungsformel

Dank der Überhöhung des Gleises resultiert in der Ebene des überhöhten Gleises infolge der Erdbeschleunigung eine Hangabtriebskraft, die zur (teilweisen) Kompensation der bei Bogenfahrt dort wirkenden Fliehkraftkomponente genutzt werden kann. Für die auf Gleisebene nach außen wirkende, unausgeglichene Seitenbeschleunigung $a_q$ gilt (vgl. Abb. 9.31):

$$a_q = a_z \cdot \cos\alpha - g \cdot \sin\alpha,$$
$$a_z = \frac{v^2}{r} \quad v\,[\mathrm{m/s}],\ r\,[\mathrm{m}]\ \text{bzw.}$$
$$a_z = \frac{V^2}{3{,}6^2 \cdot r} \quad V\,[\mathrm{km/h}],\ r\,[\mathrm{m}]\ \text{bzw.}$$
$$g \approx 9{,}81\,\frac{\mathrm{m}}{\mathrm{s}^2},$$
$$\sin\alpha = \frac{u}{1500\,\mathrm{mm}} \quad u\,[\mathrm{mm}].$$

Die 1500 mm repräsentieren den Abstand der Radaufstandspunkte (auch als „Stützweite" oder „Schienenkopfmittenabstand" bezeichnet) bei Normalspur; das heißt, bei einer Spurweite von 1435 mm. Je nach Spurweite ist dieser Wert anzupassen, beispielsweise bei Meterspur auf 1060 mm.

Infolge der kleinen Winkel $\alpha$ wird $\cos\alpha \approx 1$, was eine Vereinfachung zur sicheren Seite darstellt, da die auf diesem Wege näherungsweise berechnete Überhöhung etwas (max. um etwa 2 %) größer ist als bei exakter Berechnung.

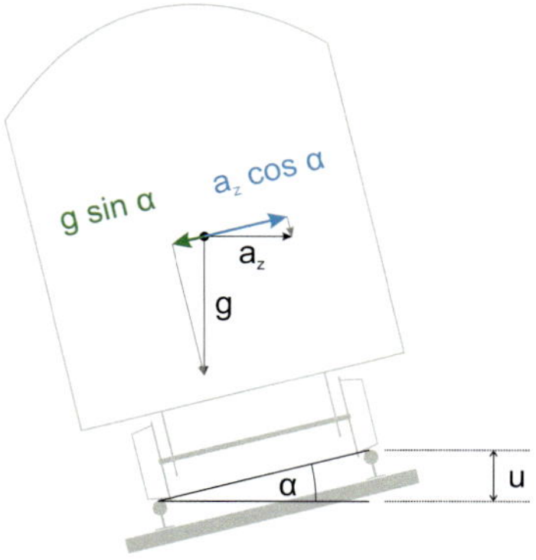


**Abb. 9.31** Herleitung der Überhöhungsformel. (Quelle: eigene Darstellung)

Einsetzen und Umformen führt zur bekannten „Überhöhungsformel" für Normalspur:

$$a_q = \frac{V^2}{3{,}6^2 \cdot r} - 9{,}81 \cdot \frac{u}{1500},$$
$$9{,}81 \cdot \frac{u}{1500} = \frac{V^2}{3{,}6^2 \cdot r} - a_q,$$
$$u = \frac{1500}{9{,}81} \cdot \left(\frac{V^2}{3{,}6^2 \cdot r} - a_q\right),$$
$$u \approx 11{,}8 \cdot \frac{V^2}{r} - 153 \cdot a_q,$$
$$u \approx 11{,}8 \cdot \frac{V^2}{r} - u_f \quad \textbf{und} \quad u_f \approx 153 \cdot a_q,$$
$$u_0 \approx 11{,}8 \cdot \frac{V^2}{r}.$$

► **Anmerkung**[44] Aus mehreren Gründen ist eine genauere Berechnung nicht notwendig – schon deshalb nicht, weil die Fahrzeuge in den Bögen eine „Wankneigung" einnehmen, die von der Querneigung der Fahrbahn abweicht. Parallel zum Wagenfußboden treten daher unterschiedliche, meist größere Seitenbeschleunigungen auf. Bei schneller Fahrt ist daher die Seitenbeschleunigung $a_i$ parallel zum Wagenfußboden um den „Wankzuschlag" $s$ größer als der rechnerische Wert $a_q$:

$$a_i = (1 + s) \cdot a_q.$$

Der Wankzuschlag kann bei den üblichen Fahrzeugen zwischen 0,25 und 0,40 angenommen werden. Auch bei der Berechnung des kinematischen Mindestlichtraums wird allgemein ein Wankzuschlag mit dem Wert 0,40 angesetzt.

Die im amerikanischen Raum übliche Überhöhungsformel ersetzt den Radius $r$ durch den Kurvengrad („degree of curv(atur)e" $D$ [decimal degrees]):

$$E_a \approx 0{,}0007 \cdot D \cdot S^2 - E_u,$$

[44] Vgl. [4].

**Tab. 9.3** Klothoidenannäherung. (Quelle: [4])

| | Näherung | Korrekturglied | Parabel 3. Ordnung |
|---|---|---|---|
| Ordinate $y$ | $y = \frac{l^3}{6A^2}$ | $\Delta y = -\frac{l^7}{336A^6}$ | $y = \frac{l^3}{6rx_E}$ |
| Abrückmaß $f$ | $f = \frac{l^2}{24r}$ | $\Delta f = -\frac{l^4}{2688r^3}$ | $f = \frac{x_E^2}{24r}$ |
| Messpunkt $x_M$ f. d. Abrückmaß | $x_M = \frac{l}{2}$ | $\Delta x_M = -\frac{l^3}{240r^2} + \frac{l^5}{3456r^4}$ | $x_M = \frac{x_E}{2}$ |

$E_a$: Actual superelevation [in] als (ausgeführte) Überhöhung,
$S$: Speed [mph] als Geschwindigkeit,
$E_u$: Superelevation imbalance [in] bzw. cant deficiency [in] als Überhöhungsfehlbetrag.

Mit den Umrechnungen

$$D = \frac{360°}{2\pi} \cdot \frac{100\,\text{feet}}{r} = \frac{5729{,}58}{r},$$

$[r]$ hier noch in feet (!)

$$\begin{aligned} 1\,\text{feet} &= 0{,}3048\,\text{m}, \\ 1\,\text{mph} &= 1{,}6093\,\text{km/h}, \\ 1\,\text{inch} &= 25{,}4\,\text{mm}. \end{aligned}$$

zeigt sich die – infolge der identischen physikalischen Zusammenhänge – sehr große Ähnlichkeit zur deutschen Formel:

$$\begin{aligned} e_a &\approx 25{,}4 \cdot 0{,}0007 \cdot \frac{5729{,}58}{\frac{r}{0{,}3048}} \cdot \frac{V^2}{1{,}6093^2} - e_u \\ &\approx 11{,}989 \cdot \frac{V^2}{r} - e_u, \end{aligned}$$

$e_a$: Superelevation [mm],
$e_u$: Imbalance [mm],
$V$: Geschwindigkeit [km/h],
$r$: Radius [m].

**Klothoidenannäherung**[45]
*Bei einer Klothoide gilt:*

$$r \cdot l = A^2 = r_i \cdot l_i,$$

$A$: „Parameter“ der Klothoide bzw. Klothoidenparameter,
$r$: Radius des Kreisbogens,
$l$: Gesamtlänge der Klothoide,
$r_i$: Radius am Punkt $i$,
$l_i$: Bogenlänge vom Klothoiden-Ursprung bis zum Punkt $i$.

Die Koordinaten lassen sich nur durch Reihenentwicklung ermitteln. Dabei geht man von der Bogenlänge $l$ aus und bestimmt daraus Abszissen und Ordinaten im rechtwinkligen Koordinatensystem. Ersetzt man die Bogenlänge $l$ durch die Abszisse $x$, so entspricht das jeweils erste Glied der Reihenentwicklung der bekannten kubischen Parabel (Parabel 3. Ordnung), nach der früher die Eisenbahn-Übergangsbögen berechnet wurden. Die Koordinaten der Klothoide können innerhalb des praktischen Anwendungsbereichs leicht durch Berücksichtigung des zweiten, ggf. auch dritten Gliedes bestimmt werden (vgl. Tab. 9.3, näheres in [26]).

[45] Vgl. [4].

## Literatur


1. Arbeitsergebnisse diverser Mitarbeitenden aus verschiedenen Unternehmen des DB-Konzerns im Rahmen der „Task Force Trassierung“ der Projektgesellschaft Stuttgart–Ulm. Stuttgart/Berlin 2019. Vgl hierzu auch: https://www.bsu.link/task-force-trassierung (letzter Aufruf: 24. Jan. 2024).
2. Castaño A et al (2022) Umtrassierung des Nordkopfs Ulm während der Bauausführung. Eisenbahningenieur 2022(12):21–24. https://bit.ly/40r0x0P (letzter Aufruf: 14. Aug. 2024)
3. Bartnizek et al (2024) TRIM: automatisiert optimale Trassierungen erzeugen. In Mainka T (Hrsg) Eisenbahn Ingenieur Kompendium 2025. DVV Media/eurailpress, Hamburg
4. Weigend M (2019) Trassierung und Gleisplangestaltung. In: Fendrich L, Fengler W (Hrsg) Handbuch Eisenbahninfrastruktur, 3. Aufl. Springer, Berlin

5. Eisenbahn-Bau- und Betriebsordnung von 1928
6. Eisenbahn-Bau- und Betriebsordnung vom 8. Mai 1967 (BGBl 1967 II S 1563), die zuletzt durch Artikel 2 der Verordnung vom 5. April 2019 (BGBl I S 479) geändert worden ist
7. Berner T et al (2022) Der Pfaffensteigtunnel nimmt Kontur an. Eisenbahningenieur 2022(11):47–52. https://bit.ly/3UmnvCv (letzter Aufruf: 14. Aug. 2024)
8. Henschel-Werke GmbH (Hrsg) (1960) Henschel Lokomotiv-Taschenbuch. Düsseldorf
9. Lay E (2023) Fachlicher Austausch per E-Mail. Seeheim-Jugenheim, Berlin
10. EU (2023) Verordnung Nr. 1299/2014 der Kommission vom 18. November 2014 über die technische Spezifikation für die Interoperabilität des Teilsystems „Infrastruktur" des Eisenbahnsystems in der Europäischen Union. Zuletzt geändert durch: Durchführungsverordnung (EU) 2023/1694 der Kommission vom 10. August 2023. https://www.eisenbahn-cert.de/DE/Informationen/TSI/TSI_INS/tsi_ins_node.html (letzter Aufruf: 25. Jan. 2024).
11. DB Netz AG (Hrsg) (2021) Richtlinie 800 Netzinfrastruktur Technik entwerfen. Ril 800.0110 Linienführung. Frankfurt am Main
12. ÖBB-Infrastruktur AG (Hrsg) (2016) Linienführung von Gleisen. Wien
13. Bundesamt für Verkehr (BAV) (Hrsg) (2020) Ausführungsbestimmungen zur Eisenbahnverordnung. Bern
14. Metrolinx (2018) GO Transit Track Standards. https://www.gosite.ca/engineering_public/GO%20Track%20Standards/GO%20Transit%20Track%20Standards%20%20Revision%2001.pdf
15. DB Netz AG (Hrsg) (2018) Richtlinie 800 Netzinfrastruktur Technik entwerfen. Richtlinie 800.0120 Auswahl der Weichen, Kreuzungen und Hemmschuhauswurfvorrichtungen. München
16. Hofstra K (2022) Redesigning the Dutch Railways. Vortrag am 29.09.2022 in Löwenberg (Schweiz). https://forumoevplanung.event.sbb.ch/. Zugegriffen: 10. Dez. 2023
17. EU (2013) Verordnung Nr. 1315/2013 des europäischen Parlaments und des Rates über Leitlinien der Union für den Aufbau eines transeuropäischen Verkehrsnetzes. https://eur-lex.europa.eu/legal-content/DE/TXT/?uri=CELEX:32013R1315 (letzter Aufruf: 14. Jan. 2024).
18. Reinhart P (2023) Leistungsfähigkeit mit ETCS & Co. Im Spiegel der Praxis: Erfahrungen aus dem Digitalen Knoten Stuttgart. Vortrag zum Eisenbahnwesen-Seminar der Technischen Universität, Berlin, Fachgebiet Bahnbetrieb und Infrastruktur, 10. Juli 2023. https://www.static.tu.berlin/fileadmin/www/10002264/ews/2023-sose/2023-07-10-folien.pdf (letzter Aufruf: 15. Aug. 2024)
19. BMDV (2023) Forschungsvorhaben „Entwicklung neuer Verfahren zur automatisierten Trassenoptimierung von Bahnanlagen – TRIM". https://bmdv.bund.de/SharedDocs/DE/Artikel/DG/mfund-projekte/trim.html. Zugegriffen: 23. Sept. 2023
20. Enzmann A et al (2021) Trassierungsfeinschliff: Millimeterarbeit mit großem Nutzen. Eisenbahningenieur 2021(04):6–11. https://www.bsu.link/taskforce-trassierung (letzter Aufruf: 23. Sept. 2023)
21. Reinhart P, Walf F (2021) Kleiner Aufwand – großer Nutzen: Trassierungsfeinschliff am Beispiel des Projekts Stuttgart–Ulm. Vortrag zum virtuellen Gleisbauseminar 2021. https://www.bsu.link/taskforce-trassierung (letzter Aufruf: 23.09.2023)
22. SBB AG (2022) FV-Dosto: SBB setzt auf Zuverlässigkeit und Fahrkomfort. https://news.sbb.ch/ (letzter Aufruf: 26. Jan. 2024).
23. DB Netz AG (Hrsg) (2018) Richtlinie 800.0130 Streckenquerschnitte auf Erdkörpern. Frankfurt am Main
24. DB Netz AG (Hrsg) (2021) Richtlinie 997.0110 Oberleitungsanlagen; Allgemeine Grundlagen Raumbedarf für Oberleitungsanlagen. Frankfurt am Main
25. Becker T (o.J.) Vorbild und Modell. https://drahtkupplung.de/gtbhb2417.html. Zugegriffen: 23. Sept. 2023
26. Schlemmer H, Müller G et al (Hrsg) (2000) Handbuch Ingenieurgeodäsie, 3. Aufl. Heidelberg

# 10 Betriebliche Infrastrukturplanung und Infrastrukturgestaltung

Fabian Walf und Andreas Heppe

## 10.1 Einführung

Die betriebliche Infrastrukturplanung (BIP) ist Teil des Planungsdreiecks aus

- (angestrebtem) Fahrplan- bzw. Kapazitätsangebot,
- Fahrzeug und
- Infrastruktur.

Beim in der Schweiz üblichen Planungsfünfeck werden die Dimensionen Finanzierung/Ressourcen und Immobilien ergänzt, siehe Abb. 10.1.

In Deutschland wird das Zusammenspiel dieser Elemente (inkl. Leistungsfähigkeit/Kapazität, Qualität, ...) aus betrieblich-verkehrlicher Sicht als Leistungsverhalten bezeichnet. Auf die diesbezüglichen eisenbahnbetriebswissenschaftlichen Untersuchungen (EBWU) wird in Abschn. 10.5 näher eingegangen.

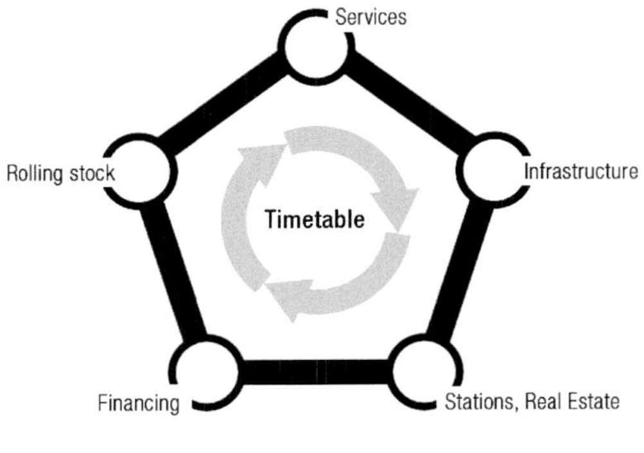


**Abb. 10.1** Planungsfünfeck. (Quelle: [1])

Ein wesentlicher Teil der betrieblichen Infrastrukturplanung umfasst die betriebliche Infrastrukturgestaltung (BIG), das heißt die konkrete Ausgestaltung prinzipiell aller Infrastrukturelemente, die sich auf das Leistungsverhalten auswirken können, z. B.

- Spurplan, Geschwindigkeiten und Längsneigungen etc., und deren Untersetzung durch eine konkrete Trassierung (siehe auch Kap. 9),
- Stationsgestaltung,
- Leit- und Sicherungstechnik (LST, siehe auch Kap. 12).

## 10.2 Zeitliche Einordnung der betrieblichen Infrastrukturplanung in Projekten

BIP im Eisenbahnwesen findet üblicherweise in den fünf Leistungsphasen vor Beginn der Ausführung der geplanten Arbeiten statt, mitunter aber auch noch während der Ausführung der Bauarbeiten (vgl. u. a. [2]); gemäß der Honorarordnung für Architekten und Ingenieure (HOAI, siehe [3]) also v. a.

- in den Leistungsphasen 1 bis 5 sowie
- in der dort nicht abgebildeten Leistungsphase „0" (Entwicklung einer Projektidee bzw. Aufsatz eines Projekts).

F. Walf (✉)
DB InfraGO AG, Berlin, Deutschland

A. Heppe
DB InfraGO AG, Dresden, Deutschland



J. Holzfeind, J. Liu, F. Pospischil (Hrsg.), *Handbuch Eisenbahninfrastruktur*,
https://doi.org/10.1007/978-3-662-68960-8_10

Im Fokus stehen hierbei insb. die sogenannten Verkehrsanlagen in üblicherweise enger Wechselwirkung mit den übrigen Gewerken. In den letzten Jahren zeigte sich, dass es in der Praxis sinnvoll ist, Anteile der HOAI-Leistungsphasen zusammenzuziehen und gleichzeitig zu bearbeiten bzw. bereits in den frühen Leistungsphasen 0 bis 2 (Projektidee, Grundlagenermittlung und Vorplanung) in entscheidungsrelevanten Bereichen ggf. sogar bereits die Planungstiefe der Leistungsphasen 3 und 4 (Entwurf- und Genehmigungsplanung) oder sogar 5 (Ausführungsplanung) zu erreichen.

Der BIP kommt somit eine wesentliche Rolle im Lebenszyklus eines Projektes zu, da sie letztlich massiv Nutzen und Kosten beeinflussen kann. Dies kann – insb. bei langen Laufzeiten von Projekten – im Hinblick auf einen wirtschaftlichen Mitteleinsatz und kundenfreundliches Bauen dazu führen, dass Arbeiten früherer Leistungsphasen infolge geänderter (das heißt, in der Regel gewachsener) Anforderungen wiederholt oder zumindest fortgeschrieben werden sollten, damit die errichteten Verkehrsanlagen den veränderten Anforderungen gerecht werden und bei Inbetriebnahme nicht bereits überlastet sind.

In der Praxis wird häufig versucht, derartige betrieblich gebotene und ökonomisch sinnvolle Anpassungen mit dem Argument eines angeblichen Rückfalls des gesamten Projektes in eine frühere Leistungsphase abzulehnen. Diverse positive Beispiele (vgl. z. B. [2]) zeigen jedoch einerseits, dass mit derartigen Fortschreibungen nicht notwendigerweise ein Zeitverzug eintritt, und andererseits, dass derartige Fortschreibungen der *Planung* in der Regel günstiger sind als die Anpassung bereits errichteter *Infrastruktur*.

▶ **Anmerkung** Selbstverständlich sollten Anpassungen in späten Leistungsphasen nicht die Regel sein; im Zweifel sind sie aber das deutlich geringere Übel im Vergleich zu den Folgen einer unterlassenen Anpassung.

## 10.3 Ermittlung der Anforderungen an die Infrastruktur

Um zielgerichtet planen zu können, ist die Ermittlung der Anforderungen an die Infrastruktur essentiell. Hierbei gilt es, zunächst *nicht* die Infrastruktur zu beschreiben, die geplant werden soll, sondern in abstrakter Form „nur" die Anforderungen, denen diese Infrastruktur gerecht werden soll.

**Beispiel 1**

Anstelle der Beschreibung der Infrastruktur: „Die Entwurfsgeschwindigkeit soll 120 km/h betragen", Beschreibung der verkehrlich-betrieblichen Anforderung: „Zwischen den Stationen A und B ist unter Annahme des Fahrzeugs F gemäß Haltekonzept X eine technische Fahrzeit inkl. Regelzuschlägen von maximal Y Minuten zu ermöglichen." ◀

**Beispiel 2**

Anstelle der Beschreibung der Infrastruktur: „Die maximale Längsneigung soll 8 ‰ betragen", Beschreibung der verkehrlich-betrieblichen Anforderung: „Unter Annahme des Musterzuges G gemäß Fahrplankonzept Z ist eine Grenzlast[1] von mindestens 2000 t zu gewährleisten." ◀

Als Vorbild gilt die Schweizer Methodik: „erst Fahrplan, dann Infrastruktur", die aus deutscher Sicht erst in den letzten Jahren sowie verstärkt mit den Diskussionen um einen „Deutschlandtakt" Akzeptanz fand, vgl. www.deutschlandtakt.de sowie Abb. 10.2.

Der „Ziel-Fahrplan" ist für jeden Zeithorizont bzw. jede Fahrplanperiode zu definieren, wobei sich die jeweiligen Ziel-Fahrpläne je nach Zeithorizont durchaus unterscheiden können. Zudem kann es erforderlich werden, auch für denselben Zeithorizont verschiedene Varianten von Ziel-Fahrplänen zu berücksichtigen, um Unwägbarkeiten und Unsicherheiten abzufangen. Das heißt: Die resultierende Infrastruktur muss ggf. mehre-

[1] Grenzlast beschreibt hier das größte Zuggewicht, das betrieblich zuverlässig beherrschbar ist.

**Abb. 10.2** Paradigmenwechsel in Deutschland (Prinzipdarstellung). (Quelle: DB InfraGO AG)

ren Fahrplankonzepten gerechtet werden. Zudem sind Reserven zu berücksichtigen – ggf. auch im gering belasteten Netz.

▶ **Erläuterung** Es ist grundsätzlich zwischen Belastung und Auslastung zu differenzieren. So kann eine Infrastruktur, die lediglich mit einem Zugpaar/Stunde *be*lastet ist, bereits voll *aus*gelastet oder sogar *über*lastet sein.[2]

Zumindest im Kern- bzw. hochbelasteten Netz gilt es, eine weitere Komponente zu berücksichtigen: die fahrplanunabhängige Kapazitätsmaximierung sowohl für den Regelbetrieb als auch bei Abweichungen davon zur Steigerung der Robustheit und Resilienz bei Störungen und Bauarbeiten.

Der Regelprozess in Deutschland sieht zur Dokumentation der Anforderungen die Erstellung einer verkehrlichen (VASt) und anschließend einer betrieblichen Aufgabenstellung (BASt) vor.

### 10.3.1 Zu berücksichtigende Nachfragemenge und -charakter

Bei BIP und BIG im spurgeführten Verkehr sind zwei verschiedene Bezugsebenen zu berücksichtigen:

- Personen und Güter sowie
- Gefäße (z. B. Züge).

[2] Vgl. z. B. das bekannte Beispiel der überwiegend eingleisigen *Kremmener Bahn* (Berliner Radiale aus/in Richtung Neuruppin.

Abgesehen von der grundsätzlichen Herausforderung, dass zukünftige Anforderungen aus – im Zweifel fehlerbehafteten – Prognosen abgeleitet werden müssen, fehlt dem Infrastrukturbetreiber oft der Blick *in* die Züge. Das heißt: Die ohnehin vorhandene Ungenauigkeit der Prognosen wird dadurch weiter vergrößert, dass der Infrastrukturbetreiber auf Zug-, nicht aber auf Fahrgast- oder Güterebene in die Zukunft schauen muss. Dies ist beispielsweise an Verkehrsstationen (z. B. hinsichtlich der Dimensionierung von Haltezeiten infolge Fahrgastwechselzeiten) von besonderer Bedeutung, da die Haltezeiten mitunter entscheidend für die Leistungsfähigkeit des Gesamtsystems sind.

Infolge des diskriminierungsfreien Netzzugangs und der sogenannten „Trennung von Netz und Betrieb“, die in Deutschland mit der Bahnreform 1994 eingeführt wurde, wurde die Rolle des Eisenbahninfrastrukturunternehmens (EIU) darauf beschränkt, Kapazitäten im Sinne nutzbarer Fahrplantrassen anzubieten. Diese Beschränkung wirkt sich nochmals ungünstiger aus, wenn man bedenkt, dass auch Schwankungen der Nachfrage aufgrund kurzfristiger Anforderungen (z. B. Veranstaltungen), saisonaler Schwankungen oder Konjunkturveränderungen durch das EIU berücksichtigt werden müssen. Zudem führte die überwiegende Betrachtung baufreier Zustände bzw. die fehlende Berücksichtigung von absehbaren Umleiterverkehren zu einer systematischen Unterschätzung des tatsächlichen Kapazitätsbedarfs.

Die Gründung der DB InfraGO AG als Zusammenlegung von DB Netz AG und DB Station&Service AG zum 1. Januar 2024 (https://www.dbinfrago.com) lässt hoffen, dass zukünftig zumindest innerhalb der BIG entstandene Grenzen zwischen Verkehrsstation und Fahrweg wieder abgebaut werden können.

► **Anmerkung** Für die Erstellung von Verkehrsprognosen gibt es verschiedene Verfahren, z. B. die sogenannte „Vier-Stufen-Rakete", bei der sequentiell folgende Schritte durchlaufen werden:

1. Verkehrserzeugung (Wer? Von wo?)
2. Verkehrsverteilung (Wohin? In Verbindung mit Schritt 1 ergeben sich also Quelle-Ziel-Beziehungen.)
3. Verkehrsaufteilung (Womit? Welches Verkehrsmittel wird genutzt?)
4. Verkehrsumlegung (Wo entlang? Welcher konkrete Weg wird genutzt?)

Nicht nur in Anbetracht der zunehmenden Intermodalität (also der Nutzung verschiedener Verkehrsmittel auf einem Weg von der Quelle zum Ziel), sondern auch bzgl. des Umgangs mit induziertem Verkehr stoßen diese „etablierten" Verfahren mitunter an ihre Grenzen bzw. erfordern Iterationen und Fortschreibungen. Für Details wird auf die einschlägige Literatur verwiesen.

Aktuelle Überlegungen zielen daher darauf ab, diese nachfrage- und relationsabhängigen Schwankungen besser zu berücksichtigen (vgl. [4]). Hierdurch kann die Eisenbahninfrastruktur so bemessen werden, dass sie in der Lage ist, auch typische Belastungsspitzen mit einer wirtschaftlich ausgewogenen Betriebsqualität abzufahren.

## 10.3.2 Entwicklung des Kapazitätsangebots

### 10.3.2.1 Kapazitätsmanagement

Das Ziel des Kapazitätsmanagements besteht darin, die bestehende Verkehrsnachfrage so auf das bestehenden Kapazitätsangebot zu verteilen, dass keine Überlastungen mit der Folge einer schlechten Betriebsqualität auftreten, vgl. Abschn. 10.5. Bei anderen Anbietern von Kapazität erfolgt diese Steuerung nicht nur über die Änderung des Angebots, sondern auch über den Preis der angebotenen Leistung: Stark nachgefragte Angebotssegmente kosten mehr und schlecht nachgefragte entsprechend weniger. Auf diese Weise erfolgt eine Steuerung der Nachfrage und eine gleichmäßigere Auslastung des Angebots. Dies ist sinnvoll, da Überlastungen regelmäßig zu einer schlechten Qualität der erbrachten Leistungen führen.

Die Betreiber der Schienenwege unterliegen in Deutschland dem Eisenbahnregulierungsgesetz (ERegG). In Satz 3 und 4 von § 36 ERegG wird die Ausgestaltung der Preise wie folgt eingeschränkt:

> „Die erhobenen Entgelte dürfen nicht die Nutzung der Schienenwege durch Verkehrsdienste oder Marktsegmente ausschließen, die mindestens die Kosten, die unmittelbar auf Grund des Zugbetriebs anfallen, sowie eine Rendite, die der Markt tragen kann, erbringen können. Aufschläge müssen so gewählt werden, dass die Verkehrsdienste Güterverkehrsdienst und Personenverkehrsdienst die dem Betreiber der Schienenwege insgesamt entstehenden Kosten decken."

Auf als überlastet erklärten Abschnitten können zwar nach Absatz 1 § 35 ERegG erhöhte Entgelte festgelegt und nach Absatz 3 und 4 § 55 ERegG „Vorrangkriterien … [nach] dem gesellschaftlichen Nutzen eines Verkehrsdienstes" angewendet werden. Diese Maßnahmen können aber aus rechtlichen Gründen auch nicht ohne weiteres zu einer umfassenden Nachfragesteuerung genutzt werden; insbesondere lassen sich die negativen Effekte von Überlastungen auf die Betriebsqualität mit diesen Instrumenten derzeit nicht effektiv reduzieren.

Aus diesem Grund befinden sich aktuell aufeinander aufbauende Konzepte für die zukünftige Planung und Zuweisung von Fahrwegkapazität in der Entwicklung, welche bereits weit vor dem eigentlichen Betriebstag beginnen. Hierbei handelt es sich insb. um:[3]

- das langfristig angelegte Kapazitätsnutzungskonzept (KNK),

[3] Vgl. https://www.dbinfrago.com/web/schienennetz/kazu-novum-11909200.

- mittelfristig abzuschließende Kapazitätsrahmenverträge (KRV) zur mehrjährigen Sicherung von Fahrwegkapazitäten durch die Zugangsberechtigten,
- den mittelfristigen Kapazitätsnutzungsplan (KNP), welcher bereits Einschränkungen durch größere Baumaßnahmen berücksichtigt, und schließlich
- den konkreten Netzfahrplan bzw. den unterjährigen Fahrplan inklusive Gelegenheitsverkehr und kurzfristig geplanten kleineren Baumaßnahmen.

Voraussetzung für deren Einführung ist die Herstellung der rechtlichen Rahmenbedingungen und hier insbesondere die Zulässigkeit der neuen Regelungen auch aus Sicht der EU.

#### 10.3.2.2 Langfristige Angebotsorientierung

Wie bereits in Abschn. 10.3.1 angemerkt, unterliegt die Planung von Eisenbahnverkehren einer Teilung: Das EIU kann lediglich die infrastrukturseitige Kapazität verfügbar machen, nicht aber die Verkehre selbst planen.

Die unter Abschn. 10.3.2.1 vorgestellte Konzeption berücksichtigt dies bereits im langfristigen KNK durch eine nachfrageorientierte Ausgestaltung. Dies bedeutet, dass sich die Infrastrukturentwicklung sowie die Fahrplankonzeption an absehbaren Verkehrsnachfragen orientieren. Ein Eckpfeiler dieser Vorgehensweise ist der Deutschlandtakt (https://www.deutschlandtakt.de). Hierbei handelt es sich um ein im Auftrag des Bundesministeriums für Verkehr und digitale Infrastruktur von externen Gutachtern entwickeltes Konzept eines deutschlandweit abgestimmten integralen Taktfahrplans (ITF). Das Ziel besteht darin, durch aufeinander abgestimmte Verkehrsangebote die Attraktivität der Bahn im Personenfern- und Nahverkehr (SPFV und SPNV) sowie im Güterverkehr (SGV) zu erhöhen.

Für das langfristige Kapazitätsmanagement bedeutet dies, dass im Gegensatz zu früheren Herangehensweisen die Infrastruktur anhand konkreter Fahrpläne weiterentwickelt wird. Dies ist erforderlich, weil beispielsweise der Deutschlandtakt bestimmte Fahrzeiten zwischen Knotenbahnhöfen und eine hohe Anzahl gleichzeitig verfügbarer Bahnsteigkanten in Taktknoten erfordert. Die Umsetzung einiger Projekte zur Realisierung des Deutschlandtakts wird unter anderem im Koalitionsvertrag der Bundesregierung aus dem Jahr 2021 (vgl. [5]) als prioritär benannt.

#### 10.3.2.3 Angebotskonzeption

Für die konkrete Angebotskonzeption muss zwischen Personen- und Güterverkehr unterschieden werden.

Zu beachten ist zudem, dass SPFV und SPNV in Deutschland grundlegend unterschiedlich organisiert sind und auf unterschiedlichen wirtschaftlichen Grundlagen basieren.

Für den SPFV gibt es verschiedene Organisationsformen: „Fernverkehrszüge“ werden in Deutschland grundsätzlich eigenwirtschaftlich betrieben, das heißt, ihre Kosten müssen voll aus den Fahrgeldeinnahmen bestritten werden. Das Gebot der Eigenwirtschaftlichkeit erfordert, dass Fernverkehrszüge beziehungsweise -linien nur dort eingerichtet werden, wo ein entsprechend hohes Verkehrsaufkommen Kostendeckung erwarten lässt. Dabei ist der von der EU geforderte „diskriminierungsfreie“ Zugang zum Markt sicherzustellen. Das heißt, Fernverkehrszüge kann bspw. nicht nur die Deutsche Bahn anbieten, sondern auch Drittunternehmen können in den Markt eintreten. Bei Erarbeitung von „Langfristfahrplänen“ wie des „Deutschlandtaktes“ wird ein Fernverkehrskonzept entwickelt, das betreiberneutral realisiert werden könnte.

Leistungen im SPNV werden von den „Aufgabenträgern des Nahverkehrs“ bestellt und finanziert. Aufgabenträger des Nahverkehrs sind die Bundesländer beziehungsweise von diesen beauftragte Gesellschaften und Verkehrsverbünde. Die Bundesländer erhalten seit der Bahnreform 1994 zur Finanzierung sogenannte „Regionalisierungsmittel“. Da es sich um öffentliche Mittel handelt, werden die Verkehrsleistungen grundsätzlich ausgeschrieben und an dasjenige EVU vergeben, welches die jeweiligen Ausschreibungskriterien am besten erfüllt. Im SPNV bilden die Konzepte der Aufgabenträger oft die Grundlage der „Langfristfahrplanplanung“.

Für den Personenverkehr resultieren aus der Angebotskonzeption

- die Dimensionierung der Verkehrshalte und der Knoten-, Überholungs- und Kreuzungsstationen sowie der sogenannten Serviceeinrichtungen,
- die Machbarkeit eines ITF und die Lage seiner Systemknoten,
- notwendige Spurplaneigenschaften der Stationen, wie Gleisanzahlen, Notwendigkeit gleichzeitiger Ein- und/oder Ausfahrten, Bahnsteiglängen, Doppelbelegung von Gleisen und die zu gewährleistenden Umsteigewege bzw. -zeiten.

Die EVU des Güterverkehrs sorgen sich im Wesentlichen um die zeitnah zur Verfügung stehenden Kapazitäten auf dem bestehenden Netz (inkl. Serviceeinrichtungen), deren verlässliche Nutzung sowie – derzeit oft erst an dritter Stelle – die Transportzeiten. Vorliegende Vorstellungen zum zukünftigen Güterverkehr gehen bei vielen Transporteuren – bis auf einige Spezialverkehre – nicht über die grobe Definition von Produktionskonzepten hinaus. Für die BIP ist jedoch die langfristige Entwicklung des Güterverkehrsmarktes auf der Schiene zu berücksichtigen; Basis sind daher die vorliegenden Prognosen des Bundes, die so auch Eingang in den „Langfristfahrplan" finden.

Für den Güterverkehr folgen aus der Angebotskonzeption unter Berücksichtigung der bestehenden oder geplanten Zugbildungsanlagen die

- Notwendigkeit von Überhol- und Kreuzungsbahnhöfen (insbesondere bei starkem und/oder schnellem Personenverkehr),
- Notwendigkeit von Knotenbahnhöfen mit entsprechender Ausstattung (Ein-, Ausfahrgleise; Aufstell-, Abstell-, Rangier- und Lokomotiv(um)fahrgleise).

#### 10.3.2.4 Fahrplankonzeption und -symmetrie

Die Fahrplanplanung erfolgt sinnvollerweise systematisiert, indem nach Möglichkeit

- sich wiederholende „Musterstunden" konzipiert werden und
- innerhalb dieser „Musterstunden" die zur Verfügung stehende Kapazität Dank systematisierter Fahrplantrassen bestmöglich genutzt wird.

Die so erzeugten Fahrplantrassen können dann

- angebotsorientiert (also weitgehend unabhängig davon, ob tatsächliche Nachfrage besteht) oder
- nachfrageorientiert

mit Zugfahren belegt werden.

Im Rahmen eines Taktfahrplanes erfordert dies nicht nur in Tagesrandzeiten eine gute Abwägung zwischen ggf. nicht wirtschaftlich ausgelasteten Zügen einerseits und sogenannten „Taktlücken" andererseits, die die Attraktivität des Angebots und letztlich seine Konkurrenzfähigkeit erheblich reduzieren können. Besonders relevant wird dies im Rahmen von ITF, bei denen verschiedene Verkehrsmittel (z. B. Zug, Bus, Schiff, Seilbahn)

- in demselben Takt bzw. Rhythmus verkehren und
- nach Möglichkeit an Knotenpunkten aufeinander abgestimmt sind, so dass in diesen „Taktknoten" gute Anschlüsse hergestellt werden.

► **Anmerkung** Hierbei ist auch zu beachten, dass beispielsweise eine Taktlücke am späteren Abend (z. B. im Anschluss an einen geplanten Theaterbesuch) dazu führen kann, dass andere Verkehrsmittel genutzt werden, obwohl für die Anreise eine geeignete Verbindung mit öffentlichen Verkehrsmitteln zur Verfügung stünde. Das heißt: Die Taktlücke am späteren Abend führt dazu, dass das am frühen Abend eigentlich passende Angebot ebenfalls als unattraktiv wahrgenommen und daher nicht genutzt wird.

Zu den Hauptverkehrszeiten kann es dagegen erforderlich werden, zusätzliche Fahrten anzubieten. Auch hier ist dann abzuwägen, ob die

Infrastruktur für diese zusätzlichen Fahrten ausgelegt wird, andere Fahrten in dieser Zeit nicht angeboten werden oder von vornherein sogenannte Hybridtrassen konzipiert werden, die zu den Hauptverkehrszeiten des Personenverkehrs mit Reisezügen belegt werden und außerhalb dieser Zeiten dem Güterverkehr zur Verfügung stehen.

Letztlich kann es daher erforderlich sein, Fahrpläne für verschiedene Musterstunden zu konzipieren und folglich auch die Infrastruktur entsprechend flexibel zu gestalten. Zugleich kommt dem gewählten Grundtakt bzw. Grundrhythmus eine entscheidende Rolle zu, vgl. [6].

Bestenfalls gelingt es zudem,

- symmetrische, also bezogen auf eine bestimmte Symmetrie-Minute in Richtung und Gegenrichtung spiegelbildliche Fahrpläne zu erstellen und
- im Sinne der einfacheren Merkbarkeit als Symmetrielinie die Minute :00 zu wählen (sogenannte „Null-Symmetrie").

► **Erläuterung** In einem derartigen nullsymmetrischen Fahrplan ergibt die Summe aus der Abfahrtsminute (z. B. :42 in Richtung A) und der Ankunftsminute aus derselben Richtung (z. B. :18 aus Richtung A) immer 60.

Ein (null-)symmetrischer Fahrplan weist Vorteile sowohl für den Kunden als auch den Fahrplanplaner auf:

- Als Kunde reicht es aus, die Reisekette in einer Richtung zu kennen. In der Gegenrichtung funktioniert sie bei einem symmetrischen Fahrplan analog.
- Ist die Infrastruktur ebenfalls symmetrisch, reicht es – zumindest in der konzeptionellen Phase – aus, nur eine Richtung zu beplanen.

► **Hinweis** Im Detail sowie unter Berücksichtigung der je Richtung ggf. doch vorhandenen Unterschiede sind selbstverständlich beide Richtungen exakt auszuplanen. Besondere Aufmerksamkeit ist dann beispielsweise auf Dreigleisigkeiten zu legen, deren Mittelgleis für Überholungen in beide Richtungen genutzt werden soll: Diese Überholungen müssen dann so geplant werden, dass sie selbstverständlich nicht gleichzeitig stattfinden.

Die systematische (und idealerweise null-symmetrische) Fahrplanplanung erlaubt es nicht nur, durch Aneinanderreihung der erzeugten Musterstunden Fahrpläne für einen gesamten Tag oder sogar eine gesamte Fahrplanperiode „lean" zu erzeugen, sondern unterstützt infolge der sich wiederholenden Abläufe auch die reale Betriebsdurchführung sowie – sofern die konzipierten Fahrplantrassen auch konsequent belegt werden – die Verlässlichkeit des Angebots und die Fahrgastinformation (einschließlich der besseren Merkbarkeit des Fahrplans).

#### 10.3.2.5 Gesamtfahrplan

Im Netzfahrplan hat das EIU die unterschiedlichen Interessen der einzelnen Verkehrsarten – SPFV, SPNV und SGV – untereinander zu koordinieren und zu einem Gesamtwerk zusammenzuführen.

Der Wettbewerb nimmt im deutschen Eisenbahnverkehr einen sehr hohen Stellenwert ein. Über 500 EVU (vgl. [7]) nutzen das Schienennetz der DB InfraGO AG. Über die diskriminierungsfreie Vergabe der Trassen – juristisch wird dies auch als Zuweisung von Trassen bezeichnet – wacht die Bundesnetzagentur (BNetzA) als Regulierungsbehörde. Keine Zugangsberechtigten zu diskriminieren, muss wegen der resultierenden Konsequenzen für Infrastrukturmaßnahmen bereits bei der Langfristfahrplanplanung berücksichtigt werden. Anderenfalls könnte bereits das gezielte Vorenthalten der oben aufgeführten speziellen Infrastrukturanforderungen einzelner EVU einem Diskriminierungstatbestand entsprechen.

Die Bearbeitung des Fahrplans wird elektronisch durchgeführt. Das in Deutschland bisher angewendete grundlegende Verfahren, das mit exakter Fahrdynamik und daraus abgeleiteten Sperrzeitentreppen arbeitet, nennt sich „Rechnerunterstützte Trassenkonstruktion RUT-K". Trassenkonflikte (Unvereinbarkeiten zwischen unterschiedlichen Fahrplantrassen) müssen aufgelöst werden. Dies geschieht durch Änderungen der zeitlichen oder, wenn nicht anders möglich, räumlichen Trassenlagen, durch betriebliche Halte oder betrieblich bedingte Haltezeitverlängerungen, betrieblich bedingtes Langsamfahren, Überholungen und Kreuzungen. Reichen diese Mittel nicht aus, um den Vorgaben der Angebotskonzeption gerecht zu werden, müssen entweder die Angebotskonzeption überarbeitet oder Infrastrukturänderungen (siehe Abschn. 10.4) vorgesehen werden.

Der konstruierte Fahrplan muss neben der Übereinstimmung mit der Angebotskonzeption (Planungsqualität[4]) auch stabil sein und eine gute Betriebsqualität ermöglichen (siehe Abschn. 10.5). Die Stabilität des Fahrplans ist „seine Fähigkeit, die aus Einbruchs- und Urverspätungen resultierenden Folgeverspätungen zeitlich und räumlich zu begrenzen oder abzubauen" und „ist eine wesentliche Voraussetzung für eine gute Betriebsqualität" (ebd.).

Ein Fahrplan gilt als stabil, wenn

- die Summe der von außen in das Bahnsystem eingetragenen Verspätungen (Einbruchsverspätungen) und der im System entstehenden Verspätungen (Urverspätungen) größer ausfällt als
- die Summe der Verspätungen der Züge, welche das System verlassen (Ausbruchsverspätungen) und der Verspätungen der Züge, welche im System enden (Ankunftsverspätungen).

Pufferzeiten[5] und Fahrzeitzuschläge, welche beide einen Verbrauch von Infrastrukturkapazität bedeuten, sind die entscheidenden Faktoren für einen stabilen Fahrplan. Kann die Fahrplanstabilität mittels geeigneter Verfahren (EBWU; siehe Abschn. 10.5) nicht nachgewiesen werden, sind zur Verbesserung der Betriebsqualität wiederum entweder Änderungen der Angebotskonzeption oder der Infrastruktur notwendig.

Die IT für die Fahrplanplanung wird gegenwärtig auch im Sinne der oben beschrieben lang- und mittelfristigen Planung und Zuweisung von Fahrwegkapazitäten weiterentwickelt. Neben der Optimierung der Kapazitätsnutzung wird hierbei insbesondere das Ziel verfolgt, eine durchgängig integrierte IT-Unterstützung aller lang-, mittel- und kurzfristigen Prozesse, welche zur Erstellung des Fahrplans erforderlich sind, zu schaffen.

[4] [8], Abschn. 6.4 „Fahrplanqualität und Fahrplanleistung" auf S. 218.
[5] Vgl. [8], Abschn. 6.2 „Zeitanteile im Fahrplan" ab Seite 196.

## 10.4 Betriebliche Infrastrukturgestaltung (BIG)

Wesentliches Ziel der BIG ist es, die Anforderungen aus der VAst betrieblich und wirtschaftlich sinnvoll zu erfüllen, indem die einzelnen Infrastrukturkomponenten idealerweise integriert sowie ggf. iterierend ausgestaltet werden. Selbst dann, wenn die verkehrlich-betrieblichen Ziele durch eine bestimmte Lösung erfüllt werden, sollte diese Lösung bestmöglich gestaltet werden – insb. dann, wenn die Möglichkeit besteht, ohne Sprungkosten zusätzlichen Nutzen zu generieren bzw. das Nutzen/Kosten-Verhältnis zu verbessern. Mitunter kann eine optimierte Infrastrukturgestaltung auch helfen, bei gleichem Nutzen im Endzustand

- Auswirkungen auf den laufenden Betrieb während des Baus zu reduzieren (z. B. durch Bauen „neben" dem rollenden Rad anstelle von „unter" dem rollenden Rad),
- die Akzeptanz zu erhöhen (z. B. durch Verringerung von Eingriffen in die Natur oder Fremdflächen),
- die Bauzeit zu verkürzen (z. B. durch Verringerung bzw. Vereinfachung von Bauzuständen),
- sinnvolle Teilinbetriebnahmen zu ermöglichen, um (Teil-)Nutzen früher zu generieren,
- die Kosten zu reduzieren (Investitions- und/oder Betriebskosten).

Aus verkehrlich-betrieblicher Sicht stehen dabei im Sinne einer möglichst flüssigen Betriebsabwicklung einige Grundprinzipien im Vordergrund:

- Die Infrastruktur sollte sich an den erforderlichen Fahrwegen orientieren; je häufiger ein Fahrweg genutzt wird, desto „gestreckter" sollte er trassiert sein (vgl. auch Kap. 9).

- Selbst wenn fahrplanseitig niveaugleiche Fahrwegüberlappungen oder -kreuzungen möglich erscheinen, sollten die erforderlichen Fahrwege möglichst unabhängig voneinander nutzbar sein; hierbei sind auch Fahrstraßenausschlüsse beispielsweise infolge von Durchrutschwegen (D-Wegen) zu beachten. Nicht immer ist für die Kreuzungsfreiheit von Fahrwegen ein Überwerfungsbauwerk erforderlich; auch kleinere Maßnahmen, die parallele Fahrwege mittels zusätzlicher Weichen, durch tangentiales „Abbiegen" oder abschnittsweisen Linksbetrieb (anstelle des zumindest in Deutschland üblichen Rechtsbetriebs) etc. realisieren, können großen kapazitiven Nutzen entfalten und so Fahrplankonzepte ermöglichen und/oder zumindest die Robustheit des Betriebs erhöhen.
- Neben den Fahrwegen also solchen sind ausreichende Längen in relevanten Gleisabschnitten erforderlich; dies gilt sowohl für den Personenverkehr (ggf. mit Auswirkungen auf die Bahnsteiggestaltung) als auch den Güterverkehr: Dabei sind nicht nur die Nutzlängen für haltende Züge zu beachten (also bspw. mindestens 750 m Nutzlänge als absolute Mindestlänge für 740 m lange Züge im Güterverkehr), sondern auch geeignet lange Brems- und Beschleunigungsbereiche, um den Kapazitätsverzehr durch das Anhalten und Wiederanfahren zu minimieren.

Um diese Prinzipien umsetzen zu können, sind selbst im „green field" (z. B. bei einer Neubaustrecke) und insb. im „brown field" (Anpassungen bestehender Infrastrukturen) Spurplan und Trassierung in der Regel sorgfältig aufeinander abzustimmen (vgl. auch Abschn. 10.4.3.3 bzw. Kap. 9). Idealerweise werden dabei bereits in frühen Phasen die übrigen Gewerke und insb. die LST einbezogen.

Die BIG kann auf verschiedenen Ebenen erfolgen und sowohl die grundsätzliche Netzgestalt als auch einzelne Betriebsstellen betreffen, vgl. Abschn. 10.4.1. Üblicherweise kommt dabei über verschiedene Betrachtungsebenen hinweg der Anordnung der Gleise eine besondere Bedeutung zu, vgl. Abschn. 10.4.2 und 10.4.3.

## 10.4.1 Grundlagen

### 10.4.1.1 Betrachtungsebenen

Prinzipiell kann BIG auf makro-, meso- und mikroskopischer Ebene erfolgen. Mit Ausnahme vollkommen neuer Netze (z. B. Metros in Mittel- und Nahost, „PeopleMover" und Seil- oder Magnetschwebebahnen) ist selbst bei Neubaustrecken eine Anknüpfung an das bestehende Netz erforderlich. Abhängig von der Schwere des Eingriffs in bestehende Angebotskonzepte bzw. daraus folgend in die Infrastruktur ist zu entscheiden, ob

- die Infrastrukturkonzeption „top-down" vom Makroskopischen zum Mikroskopischen erfolgen soll oder
- einzelne Zwangspunkte im Detail so gravierend sind, dass die Konzeption „bottom-up" vom Mikroskopischen ausgehend erfolgen muss.

Gerade bei letzterem sollte jedoch immer – und ggf. mehrfach bzw. iterativ – hinterfragt werden, ob die vermeintlichen Zwangspunkte tatsächlich maßgebend sind oder ob sie die Konzeption in unverhältnismäßiger Weise negativ beeinflussen. In jedem Fall aber sind die Zwangspunkte transparent und nachvollziehbar aufzuzeigen.

**Reales Beispiel auf makroskopischer Ebene**

Für die Einbindung einer Neubaustrecke in einen Ballungsraum wird zunächst unterstellt, dass die dortigen Strukturen nicht grundsätzlich geändert werden sollen, zumal diese Strukturen durch aufwendige Überwerfungsbauwerke im Bestand „in Beton gegossen" zu sein scheinen. Bei näherer Betrachtung zeigt sich jedoch, dass die bestehenden Überwerfungsbauwerke in absehbarer Zeit ohnehin zu erneuern sind. Es bietet sich daher an, diese nicht als zwingend einzuhaltende Zwangspunkte für die Einbindung der Neubaustrecke anzusehen, sondern für den Ballungsraum ein in Summe verkehrlich-betrieblich günstigeres und ggf. in Summe sogar kostengünstigeres Infrastrukturkonzept zu verfolgen, das die Einbindung der Neubaustrecke *und* den Ersatzinvestitionsbedarf integriert betrachtet.

Infolge der aktuellen Bestrebungen, die Finanzierung der Eisenbahninfrastruktur – zumindest in Deutschland – neu zu ordnen, ist davon auszugehen, dass derartige integrierte Betrachtungen zunehmend seltener an zersplitterten Finanzierungstöpfen scheitern werden, vgl. https://www.dbinfrago.com. ◄

**Reales Beispiel auf mikroskopischer Ebene**

Im Zuge der Verlängerung von Abstellgleisen steht ein Fahrleitungsmast im Weg, der ein langes Querfeld trägt (vgl. Kap. 16). Um Sprungkosten zu vermeiden, steht im Raum, trotz des hohen verkehrlichen Nutzens auf die Verlängerung der Abstellgleise zu verzichten. Die Rückfrage beim Gewerk Fahrleitung ergibt jedoch, dass der fragliche Mast ohnehin zur Disposition steht und daher nicht notwendigerweise als Zwangspunkt bei der Verlängerung des Abstellgleises anzusehen ist. ◄

#### 10.4.1.2 Intramodale Knoten und Kanten

Nahezu alle Betrachtungsebenen können in Knoten und Kanten gegliedert werden, vgl. Abb. 10.3.

Entscheidend dafür, welche Stellen im Netz als Knoten der jeweiligen Betrachtungsebene fungieren, sind

- relevante (!) Änderungen von Eigenschaften der Kanten (je nach Betrachtungsebene z. B. eine Streckenverzweigung als Beginn/Ende von Kanten, eine Änderung der Gleisanzahl oder ein Geschwindigkeitswechsel) und/oder
- je nach Betrachtungsebene betrieblich relevante Punkte (z. B. Halteplätze oder Signale).

Das heißt: Im Sinne der Komplexitätsreduktion ist vor der Erstellung des Knoten-Kanten-Modells zu klären, welche Eigenschaften relevant sind. Beispielsweise sind Längsneigungswechsel (vgl. Kap. 9) auf vielen Betrachtungsebenen

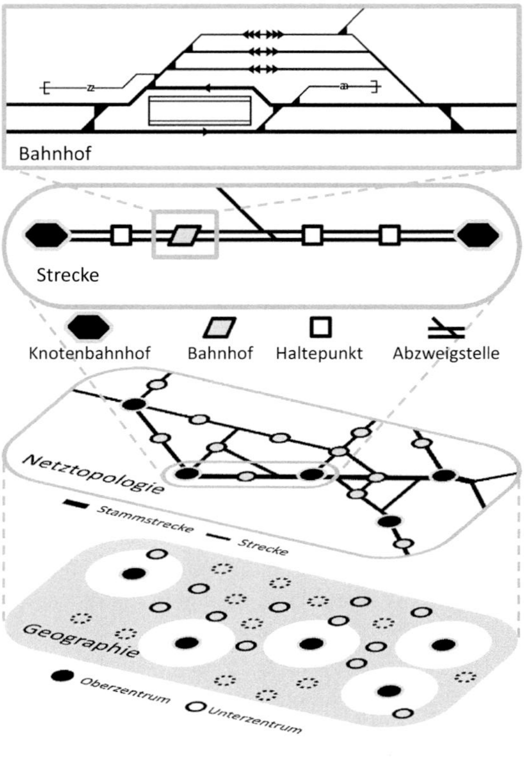


**Abb. 10.3** Knoten und Kanten auf verschiedenen Betrachtungsebenen. (Quelle: [9])

irrelevant und müssen daher nicht notwendigerweise bearbeitet werden.

Und auch wenn in bestimmten Fällen die Art der Betriebsstelle (z. B. Bahnhof, Bahnhofsteil, Haltepunkt) gemäß aktuell zumindest in Deutschland gültigem Regelwerk von Bedeutung sein kann, sollten derartige Details nicht unnötig früh spezifiziert werden, sondern – sofern auf der jeweiligen Betrachtungsebene überhaupt relevant – schlicht als Knoten dargestellt und im Zweifel mit einem Oberbegriff (in Deutschland „Station") bezeichnet werden, um etwaige Verwechslungen und Missverständnisse zwischen Planenden und Betreibenden zu vermeiden.

**Beispiel**

Im Hinblick auf die Ausführungsplanung (z. B. bzgl. der Frage, ob ortsfeste Signale links oder rechts vom Gleis zu stellen sind) oder die Betriebsdurchführung (z. B.

bzgl. des Endes des sogenannten anschließenden Weichenbereichs, vgl. Kap. 12) können sich durchaus – und zum Teil erhebliche – Unterschiede in der konkreten Infrastrukturgestaltung abhängig davon ergeben, ob eine Weichenverbindung einem Bahnhofsteil angehört oder als „isolierte“ Überleitstelle definiert wird. Aus verkehrlich-betrieblicher Sicht sind entsprechende Festlegungen in frühen Planungsphasen jedoch oft unnötig oder sogar irreführend; im Fokus sollte der verkehrlich-betriebliche Nutzen stehen, der anschließend durch geeignete Anwendung und Auslegung des Regelwerks auch LST-seitig abzudecken ist. ◄

Bei der Einschätzung, ob Änderungen der Eigenschaften von Kanten relevant sind, können u. a. folgende Kriterien helfen (vgl. auch [9]):

- Verkehrsart (z. B. Personen-, Güter- oder Mischverkehrsstrecke),
- Belastung (z. B. Tagesganglinien der Anzahl Züge je Stunde nach Verkehrsart),
- Auslastung,
- Gleisigkeit,
- Traktionsart,
- zulässige Geschwindigkeit
- Geschwindigkeits- bzw. Fahrzeitspreizung,
- Überholgleise (ggf. Abhängig von deren Lage bzw. fahrtrichtungsbezogener Nutzbarkeit und Nutzlänge),
- Überleitverbindungen (ggf. abhängig von Fahrtrichtung und Geschwindigkeit; unabhängig von der Betriebsstellenart),
- Art und Umfang der LST, Signal- bzw. Blockabstände,
- Art und Ausstattung der Knoten,
- Schnittstellen zu anderen Verkehrsträgern (insb. an Stationen für den Personen- und/oder Güterverkehr).

Einige dieser Eigenschaften werden zudem für die Identifikation eines passenden Streckenstandards herangezogen (vgl. u. a. [4]), der weitere Anhaltspunkte für die BIG gibt.

#### 10.4.1.3 Gleisarten

Historisch bedingt werden in Deutschland in der Regel alle Gleise verschiedenen Gleisarten zugeordnet, vgl. beispielsweise [10, 11] sowie die einschlägigen Richtlinien (insb. [12]):

- (Haupt-)Gleise der freien Strecke,
- durchgehende Hauptgleise,
- sonstige Hauptgleise,
- Nebengleise.

Zudem werden Bahnhöfe gegenüber der freien Strecke abgegrenzt (siehe auch Kap. 12), die zumindest in Deutschland über eine eineindeutige Streckennummer verfügen. Dabei sind einer Streckennummer max. zwei Streckengleise zugeordnet. Sollen auf einer Kante mehr Gleise angeordnet werden, müssen diese auf verschiedene Strecken- und somit auf verschiedene Streckennummern verteilt werden, wobei die Strecken ineinander verschachtelt liegen können bzw. Streckengleise derselben Strecke(nnummer) räumlich nicht unmittelbar nebeneinander liegen müssen.

Dieses Regelwerk führt aus verkehrlich-betrieblicher Sicht sowie der Finanzierung mitunter zu skurrilen Effekten und wirkt sich – beispielsweise hinsichtlich der Anordnung von Signalen rechts oder links vom Gleis oder der Trassierung, vgl. Kap. 9 – bis auf die BIG aus.

**Negativ-Beispiel**

Gegeben seien zwei unmittelbar nebeneinander liegende Hauptgleise in einem Bahnhof, an die verkehrlich-betrieblich identische Anforderungen gestellt werden, die aber nach unterschiedlichen Prinzipien trassiert sind. Der Grund: Dadurch, dass nur eines der beiden Gleise aus formellen Gründen als durchgehendes Hauptgleis einer Strecke definiert wurde, wurde nur dieses mit Übergangsbögen und überhöht trassiert, das andere ohne Übergangsbögen und ohne Überhöhung. ◄

Bei vielen anderen Bahnen bestehen diese Herausforderungen seitens des Regelwerks nicht oder zumindest nicht mehr: So wird beispielsweise in Nordamerika schlicht in main und non-main tracks unterschieden, wobei die Anforderungen an non-main tracks hinsichtlich Geschwindigkeiten, Instandhaltungsniveau und Ausrüstung mit LST üblicherweise deutlich geringer als bei den main tracks ausfallen.

Infolge des über die letzten Jahre anhaltenden und sich mittlerweile beschleunigenden Trends bei der LST, Technik zunehmend im Fahrzeug oder in der Leitstelle anstelle am Gleis zu konzentrieren[6], können Gleise, die früher zwecks Kostenvermeidung als Nebengleise eingestuft wurden, nun ebenfalls als Hauptgleise konzipiert werden. Gleiches gilt für die – in Nordamerika längst übliche, in Deutschland jedoch nach wie vor nicht flächendeckend vorhandene – Möglichkeit, Gleise

- freizügig in beiden Fahrtrichtungen und
- idealerweise in beiden Fahrtrichtungen sogar gleichwertig

nutzen zu können.

Immerhin sehen die deutschen Standards mittlerweile, für eine bessere Vertretbarkeit von Gleisen und damit zugunsten einer größeren Robustheit des Systems vor, Gleise grundsätzlich für den Zweirichtungsbetrieb auszurüsten; die Umsetzung dieser Ausrüstungsstandards wird jedoch noch eine geraume Zeit in Anspruch nehmen, vgl. u. a. [13].

► **Hinweis** Nicht zuletzt im Sinne einerseits einer Komplexitätsreduzierung und andererseits der Darstellung der verkehrlich-betrieblichen relevanten Zusammenhänge wird im folgenden – soweit möglich – nicht näher auf diese Besonderheiten eingegangen, sondern „neutral" formulierend sich am nordamerikanischen Beispiel der Haupt- und Nebengleise orientiert.

[6] Beispiel: aufwendige ortsfeste Außensignale werden durch einfache Schilder/Tafeln und Balisen im/am Gleis und eine Führerstandssignalisierung oder sogar durch automatisches Fahren (ATO) ersetzt.

Um in Spur- und ggf. auch Lageplänen rasch die Bedeutung und ggf. sogar die Funktion von Gleisen erfassen zu können, werden üblicherweise unterschiedliche Strichstärken sowie unterschiedliche Pfeilsymbole oder weitere Beschriftungen ergänzt. Falls mehrere Strecken oder Korridore beteiligt sind, erfolgt mitunter auch eine Kennzeichnung über unterschiedliche Linienarten oder Farben.

#### 10.4.1.4 Grundsätze der Gleisanordnung

Der grundsätzliche Gleisbedarf leitet sich aus den verkehrlich-betrieblichen Zielen ab. Die Dimensionierung richtet sich dabei im Wesentlichen nach der Dauer, die ein Gleis(abschnitt) infolge der erforderlichen Prozesszeiten beansprucht bzw. „belegt" wird. Zur Abbildung des Betriebsablaufs in Abhängigkeit verschiedener Fahrpläne, Szenarien und Störeinflüsse gibt es vielfältige Methoden (vgl. Abschn. 10.5), die auch zur Ermittlung der Leistungsfähigkeit bei voller Infrastruktur- und Fahrzeugverfügbarkeit sowie zur Ermittlung der Restleistungsfähigkeit bei Einschränkungen herangezogen werden können.

Im Sinne einer möglichst großen Flexibilität bzgl. sich verändernder Anforderungen (z. B. veränderte Fahrplankonzepte) als auch einer möglichst großen Resilienz gegenüber Störungen drängt es sich auf, Gleise, die sich gegenseitig vertreten *können* bzw. die sich bei Störungen oder Bauarbeiten auch explizit vertreten *sollen*, spurplanseitig dicht beieinander anzuordnen. Oft, aber nicht notwendigerweise, führt dies auch zu einer räumlichen Nähe dieser Gleise – sowohl auf Kanten als auch in Knoten. Diese Nähe ermöglicht es, die Vertretbarkeit möglichst kreuzungsarm und somit mit möglichst geringen Auswirkungen auf andere Nutzungen herzustellen; beispielsweise mittels relativ einfacher Weichenverbindungen.

Idealerweise werden bei der Gleisanordnung nicht nur bahnseitige, sondern auch umfeldseitige Aspekte wie z. B. die intramodalen Schnittstellen berücksichtigt (siehe auch Abschn. 10.4.5).

Die in der Regel sowohl verkehrlich als auch betrieblich vorteilhafte und daher üblicherweise anzustrebende Fahrplan-Symmetrie (vgl.

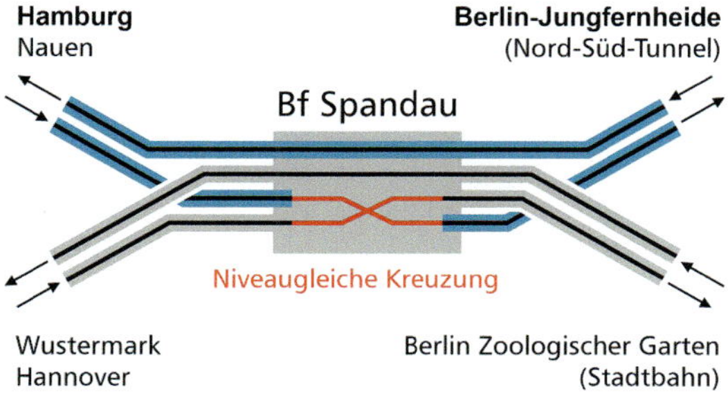


**Abb. 10.4** Asymmetrische Infrastruktur vernichtet Kapazität. (Quelle: [14])

Abschn. 10.3.2.4) sollte selbstverständlich auch bei der BIG berücksichtigt werden und sich in einer möglichst symmetrischen Infrastruktur niederschlagen.[7] Das heißt exemplarisch:

- Wenn in Fahrtrichtung A ein seitenrichtiges Überholgleis zur Verfügung steht, sollte dies auch in der Gegenrichtung der Fall sein.
- Wenn zwei ankommende Züge parallel einfahren können, sollten die Abfahrten der beiden Züge in Gegenrichtung ebenfalls parallel möglich sein.

► **Negativ-Beispiel** Die negative Wirkung asymmetrischer Infrastrukturen lässt sich am Knoten Berlin-Spandau hervorragend veranschaulichen (vgl. Abb. 10.4).

Infolge der asymmetrischen Einbindung der beiden sich kreuzenden Strecken im Westkopf (links) sind keine kreuzungsfreien Angebotskonzepte möglich, wenn Züge der Rückrichtung – wie allgemein üblich – dieselbe Relation der Züge der Hinrichtung bedienen sollen: Es kommt immer (!) zu kapazitätsverzehrenden niveaugleichen Abkreuzungen (rot symbolisiert).[8]

[7] Ausnahmen bestätigen die Regel; so lassen lange Steilstreckenabschnitte insb. im Zahnradbetrieb talwärts oft nur deutlich geringere Geschwindigkeiten als bergwärts zu. Da ein „Ausbremsen" von bergwärts fahrenden Zügen nur zum Zwecke der Fahrplan-Symmetrie verkehrlich unattraktiv und betrieblich nachteilig wäre, ist hier eine Asymmetrie in Kauf zu nehmen.

[8] Erfreulicherweise wird der Umbau des Westkopfes bereits beplant, vgl. [15].

### 10.4.2 Gestaltung des Spurplanes von Kanten

Bei der Gestaltung des Spurplans von Kanten spielen – neben der je Gleis möglichen Zugdichte – vor allem drei Aspekte eine Rolle:

- die Gleisigkeiten (Anzahl der Gleise),
- deren Anordnung sowie
- deren Verknüpfung.

Je detaillierter die Betrachtungsebene wird, desto eher werden die Verknüpfungsstellen der Gleise als eigenständige Knoten abgebildet. Sofern deren Lage und Ausgestaltung nicht durch weitere Zwangspunkte vorgegeben ist, können sie zunächst als Teil der Kanten betrachtet und dann in folgenden Phasen als Knoten ausgestaltet werden.

Bei großmaßstäblichen, gesamthaften Netzdarstellungen werden mitunter alle Gleise als einzelne Kante abgebildet oder zumindest betriebliche zusammengehörige Gleispaare als einzelne Kanten zusammengefasst. Es entsteht ein Korridor mit mehreren Kanten.

#### 10.4.2.1 Gleisigkeit

Minimal besteht eine Kante aus einem Gleis. Um beide Fahrtrichtungen möglichst unabhängig voneinander betreiben zu können, liegen 2gleisige Kanten (in der Schweiz auch „Doppelspuren" genannt) auf der Hand. In Steigungsbereichen sowie zur Trennung schneller und langsamer Verkehre entwickelten sich 3- und 4gleisige Kanten – vergleichbar den heute auch im Straßenverkehr zu beobachten 3spurigen Straßen, auf denen zwei Fahrstreifen bergauf genutzt werden dürfen.

Ebenfalls vergleichbar zum Straßenverkehr werden 3gleisigkeiten auch dazu genutzt, in Längsrichtung versetzte Überholmöglichkeiten zu schaffen. Allerdings zeigt die Erfahrung, dass das Nutzen/Kosten-Verhältnis 3gleisiger Kanten deutlich schlechter ausfällt als bei 4gleisigen Kanten.

► **Erläuterung** Als grobe Faustformel gilt, dass der Ausbau von zwei auf drei Gleise ungefähr ⅔ der Kosten eines 4gleisigen Ausbaus verursacht, aber nur ⅓ des

Nutzens eines 4gleisigen Ausbaus bringt. Zugleich zeigen viele der jüngeren Beispiele (wie der 3gleisige Ausbau Emmerich–Oberhausen oder der 4gleisige Ausbau im Verkehrsprojekt Deutsche Einheit Nr. 8 (VDE 8) zwischen Unterleiterbach und Nürnberg), dass das Ergänzen zusätzlicher Gleise entlang einer Kante häufig mit einem vollständigen Neubau aller Gleise verbunden ist. Der „Nachbau" zweier Gleise, wie er nach wie vor zumindest im deutschen Regelwerk verankert ist (vgl. u. a. [16]), erscheint heute in vielen Fällen schlicht unrealistisch.

Stellenweise haben sich mehrgleisige Kanten auch mit fünf oder sechs Gleisen, selten mehr als acht Gleisen, entwickelt. Letztere stellen überwiegend die räumliche Bündelung verschiedener Relationen dar, die auf makroskopischen Netzdarstellungen mitunter gar nicht zu erkennen ist.

Nicht immer werden die Gleise einer Relation räumlich unmittelbar nebeneinander geführt. Dies ist in der Praxis insb. in drei Situationen zu beobachten, die teilweise auch bei der heutigen BIG von Interesse sind:

- Nutzung zweier – räumlich ggf. sogar mehrere Kilometer voneinander entfernter – Strecken zwecks Kapazitätssteigerung,[9]
- nicht parallele Lage von Verbindungskurven,
- nicht parallele Lage von Bestands- und „Neubaustrecke".

Die Frage, ob zusätzliche Gleise räumlich entlang einer bestehenden Strecke errichtet werden können oder nicht, ist vielschichtig: So enthalten u. a. [17] und [18] den Aufruf, Möglichkeiten einer Verkehrswege- bzw. Trassenbündelung zu prüfen, um Zerschneidungen der Landschaft zu vermeiden. Neben der beabsichtigten verkehrlich-betrieblichen Nutzung der zusätzlichen Gleise und deren Trassierung für höhere Geschwindigkeiten geraten jedoch zunehmend auch bauliche Aspekte in den Mittelpunkt: Infolge des Verkaufs ehemals bahneigener Flächen und Gebäude sind bestehende Gleise inzwischen nicht mehr nur in den kapazitiv oft maßgeblichen Ballungsräumen bzw. Knoten, sondern inzwischen nahezu flächendeckend zwischen bahnfremden Grundstücken und deren Bebauung eng eingezwängt. Erforderliche Infrastrukturerweiterungen führen daher entweder zu erforderlichen Fremdgrundeingriffen und/oder zu erheblichen Zwangspunkten. Beides verursacht in der Regel lange (Genehmigungs- und) Bauzeiten, lang andauernde verkehrlich-betriebliche Einschränkungen der Bestandsinfrastruktur sowie entsprechende Belastungen der Anwohner.

Insofern empfiehlt es sich, weitere Aspekte in die Abwägung einzubeziehen, um die Umsetzung der Maßnahmen des ohnehin umweltfreundlichen Verkehrsträgers Schiene zu beschleunigen. Beispiele:

- Viele der (nicht nur in Deutschland) bislang in Betrieb genommenen Neubaustrecken, wie zum Beispiel Hannover–Würzburg und deren Einbettung in die Landschaft, zeigen, dass bauzeitliche Wunden rasch verheilen und infolge der umfangreichen Ausgleichsmaßnahmen bzw. landschaftspflegerischer Begleitmaßnahmen oft ein sogar höherwertiger Naturraum entstanden ist.
- Die sogenannte Umfahrung Stendal belegt eindrucksvoll, wie auch nicht durchfahrene Orte von einem deutlich besseren Verkehrsangebot Dank des Baus von Hochgeschwindigkeitsstrecken sogar profitieren können und nicht etwa „abgehängt" werden.

Diese Aspekte sind bei einer Vergrößerung der Gleisanzahl als Teil der BIG möglichst frühzeitig zu berücksichtigen.

#### 10.4.2.2 Anordnung der Gleise

„Anordnung der Gleise" bezieht sich hier weniger auf deren Trassierung im Detail (vgl. Kap. 9) oder gar eine „Anweisung", sondern auf deren relative Position zueinander bzw. die Konzeption,

[9] Vgl. hierzu exemplarisch die jüngst in Betrieb genommene „Schlaufe Mägenwil" in der Schweiz (https://cdn.img.sbb.ch/content/dam/internet/sharedimages/objekte/Karte-Gueterzuege.jpg, letzter Aufruf: 30.01.2024); das Prinzip, räumlich voneinander entfernte Strecke zur Kapazitätssteigerung zu nutzen, lässt sich auch bei zwei eingleisigen Strecken anwenden, wenn diese jeweils vorwiegend im Einrichtungsbetrieb genutzt werden.

welches Gleis üblicherweise welche Fahrtrichtungen und welche Züge aufnehmen soll.

Dies kann bereits bei zwei Gleisen von Relevanz sein, nämlich schon bei der Frage: „Rechts- oder Linksbetrieb?" So gibt es diverse Situationen, in denen auch auf solchen Netzen, die überwiegend im Rechtsbetrieb genutzt werden, (abschnittsweiser) Linksbetrieb von Vorteil sein kann, um beispielsweise Kreuzungskonflikte zu vermeiden.

**Vereinfachtes Beispiel**

Viele Züge der Relationen Würzburg–Augsburg verkehren über Nürnberg Hbf, wo sie „Kopfmachen", also die Fahrtrichtung wechseln (müssen). Um den Verkehr auf der durchgehenden Achse Würzburg–Nürnberg–München möglichst wenig zu beeinträchtigen, wird die Augsburger Strecke im Linksbetrieb eingebunden. Neben der Reduzierung von Kreuzungskonflikten ist es so möglich, die Abfahrten Richtung Würzburg auf benachbarten Bahnsteiggleisen anzubieten, vgl. Abb. 10.5.

Ein weiteres bekanntes Beispiel ist München Ost, bei dem eine vergleichbare Verdrillung auf Linksbetrieb bereits zwei S-Bahn-Stationen weiter südlich erfolgt und dort zugleich für eine kreuzungsfreie Streckenverzweigung genutzt wird (vgl. https://www.google.com/maps/@48.0973724,11.6033151,18z). ◀

Zudem kann selbst bei nur zwei Gleisen die Bahnsteiganordnung nicht nur die Passagierströme, sondern auch die Betriebsabwicklung erheblich beeinflussen. Hierauf wird in Abschn. 10.4.3.4 näher eingegangen.

Die Frage, wie ein mehrgleisiger Korridor am besten strukturiert wird, stellt sich üblicherweise v. a. bei 3- und 4gleisigen Kanten: symmetrischer Richtungsbetrieb, verschränkter Richtungsbetrieb, Linienbetrieb (vgl. Abb. 10.6)?

Die Antwort ergibt sich aus mehreren, teilweise divergierenden Zielen, insb.:

- Das Ziel, die Gesamtkapazität aller Gleise zu maximieren, führt in der Regel zu einer Trennung schneller und langsamer Verkehre. Auf längeren Abschnitten ist dabei mitunter weniger die gefahrene Höchstgeschwindigkeit relevant, sondern die sich unter Berücksichtigung etwaiger Halte ergebende Durchschnittsgeschwindigkeit. Ziel ist es also, die sogenannte „Geschwindigkeitsschere" je Gleis bestmöglich zu verringern. Dies führt häufig zur Konzeption eines „schnellen" Gleispaares („Ferngleise", genutzt durch den überregionalen Personenverkehr mit Fern- und Regionalzügen sowie schnelle Güterzüge) und eines „langsamen" Gleispaares („Ortsgleise", genutzt für den regionalen Personenverkehr mit Regional- und Nahverkehrszügen sowie langsame Güterzüge).
Im Sinne einer freizügigen Nutzung beispielsweise bei Bauarbeiten oder Störungen bedeutet diese Konzeption *nicht* zwingend, dass mit unterschiedlichen Geschwindigkeiten trassiert werden soll (z. B. 230 km/h für die „schnellen" Gleise und 160 km/h für die „langsamen" Gleise); vielmehr sollte geprüft werden, die Geschwindigkeit auch in den „Ortsgleisen" anzuheben soweit sinnvoll möglich. Zugleich sollten Einschränkungen der freizügigen Nutzung, wie sie in der Vergangenheit leider durch die Definition spezieller S-Bahn-Strecken geschaffen wurden (vgl. [16]) in jedem Falle ver-

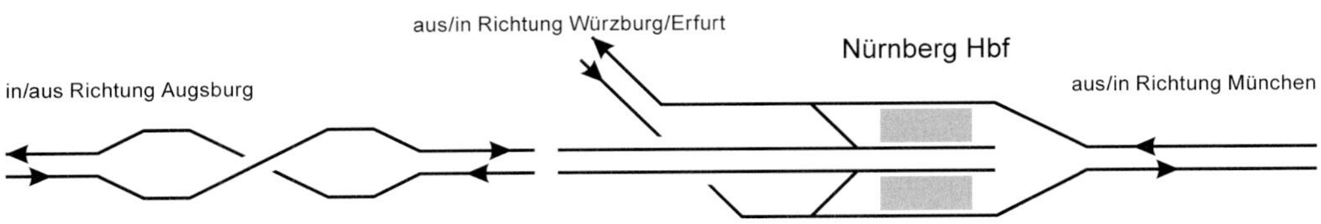


**Abb. 10.5** Beispiel für Linksbetrieb in Deutschland (stark vereinfachte Prinzipskizze Nürnberg Hbf). (Quelle: eigene Darstellung)

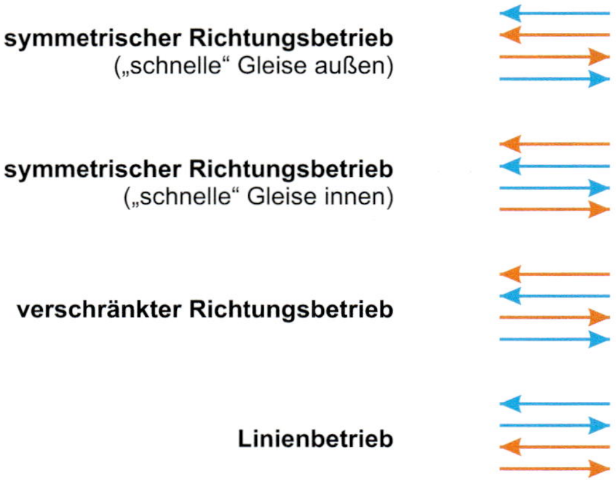


**Abb. 10.6** Richtungsbetrieb und Linienbetrieb am Beispiel Rechtsverkehr. (Quelle: mwp infrastructure concepts GmbH)

mieden werden. Folglich sollte auch dann von „Ortgleisen“ gesprochen, wenn diese planmäßig nur von S-Bahn genutzt werden.
Vor allem Angebote im Nahverkehr (z. B. S-Bahn-Linien) zeigen regelmäßig Teleskopierungen, um die Zugmenge sinnvoll an die je Linienabschnitt unterschiedlich hohe Fahrgastnachfrage anzupassen. Das heißt: Insb. auf Radialen von Ballungsräumen verkehren nicht alle Züge bis zum Linienendpunkt in der Peripherie, sondern wenden bereits an einer vorgelagerten Stationen; idealerweise dort, wo sich die Nachfrage (ggf. auch mehrfach) markant ändert (z. B. am Rand des „Speckgürtels“, bis zu dem ein 10′-Rhythmus angeboten wird, der dahinter auf einen 20′-Rhythmus ausgedünnt wird, vgl. auch [6]). Damit diese Wenden möglichst konfliktfrei und effizient möglich sind, ist es elementar, dass beide Ortsgleise nebeneinander liegen.
Konsequenzen:
- Der symmetrische Richtungsbetrieb mit schnellen Gleisen außen und Ortsgleisen innen sowie der Linienbetrieb sind diesbzgl. vorteilhaft.
- Der Richtungsbetrieb mit schnellen Gleisen innen und Ortsgleisen außen sowie der verschränkte Richtungsbetrieb sind nachteilig.

- Auch wenn stakeholderseitig mitunter versucht wird, die lokalen Interessen (z. B. S-Bahn) und die überregionalen Interessen (z. B. Fernverkehr) gegeneinander auszuspielen und die sinnvolle Vertretbarkeit von Gleisen zu verhindern, ist es verkehrlich und betrieblich vorteilhaft, insb. eine gute Vertretbarkeit der Gleise derselben Fahrtrichtung zu ermöglichen. Dies verbessert die Robustheit des Systems und reduziert Einschränkungen aus Störungen oder Baustellen.
Der Wechsel zwischen „Fern-“ und „Ortsgleisen“ kann sogar planmäßig für sogenannte „fliegende Überholungen“ genutzt werden, wenn dies zusätzliche Kapazität schafft: So kann beispielsweise ein Güterzug, der die schnellen Gleise nutzt, vorübergehend auf die langsamen Gleise wechseln, um einen (noch) schnelleren Zug auf den schnellen Gleisen passieren zu lassen, und anschließend wieder auf die schnellen Gleise zurückwechseln.[10]
Voraussetzung sind hinreichend schnelle Weichenverbindungen sowie eine hinreichende technische und ggf. personelle Ausstattung, um derartige Manöver umzusetzen. Sind beide Gleispaare hochbelastet, kann es zudem erforderlich werden, Synchronisationsgleise zwischen den schnellen und den langsamen Gleisen vorzusehen, um trotz etwaiger Einfädelkonflikte behinderungsfrei ausscheren zu können.
Konsequenzen:
  - Die diesbzgl. Vorteile des Richtungsbetriebs ggü. dem Linienbetrieb liegen auf der Hand.
  - In Verbindung mit dem vorherigen Anstrich ist der symmetrische Richtungsbetrieb mit „schnellen“ Gleisen außen und „Ortsgleisen“ innen erste Wahl.
- Sollen Korridorverzweigungen kreuzungsfrei erfolgen, ist dies im Richtungsbetrieb üblicherweise mit weniger aufwendigen Kreuzungsbauwerken möglich, vgl. Abb. 10.7.

Trotz der klaren verkehrlich-betrieblichen Vorteile des symmetrischen Richtungsbetriebs mit „schnellen“ Gleisen außen, kann es erfor-

[10] Fliegende Überholungen sind, sofern es die Zugdichte zulässt, auch auf 2gleisigen Strecken unter Nutzung des Gegengleises möglich und bewährt.

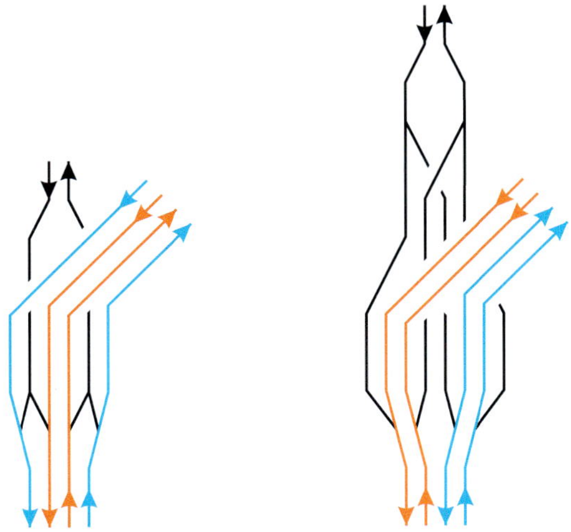

**Abb. 10.7** Kreuzungsfreie Streckenverzweigung bei Richtungs- und Linienbetrieb. (Quelle: eigene Darstellung in Anlehnung an die links dargestellte, zukünftige Situation im Nordkopf Bamberg)

derlich werden, dennoch – zumindest in Teilabschnitten – Linienbetrieb zu realisieren. Gründe können sein:

- Fehlende bahneigene Flächen entlang eines ggf. bereits vorhandenen Gleispaares setzen einer räumlichen Bündelung beider Gleispaare enge Grenzen. Zudem ergibt sich aus verkehrlichen, betrieblichen und wirtschaftlichen Gründen üblicherweise das Ziel oder gar Gebot, zumindest das „schnelle" Gleispaar für (deutlich) höhere Geschwindigkeiten als das ggf. bereits Gleise zu trassieren, was die Aufweitung von Radien erfordern kann.
  Positiver Nebeneffekt eines Neubaus der „schnellen" Gleise in abgerückter Lage kann der (weitgehende) Entfall von Maßnahmen an der Bestandsstrecke sein.
- Müssen Stationen angeordnet werden, können diese abhängig von den konkreten Örtlichkeiten ebenfalls dazu führen, dass ein Richtungsbetrieb mit gespreizten Gleispaaren verhindert wird, vgl. Abb. 10.8.

► **Kommentar** Leider kommt es immer wieder vor, dass die verkehrlich-betrieblichen Sachverhalte bzw. Vorteile des symmetrischen Richtungsbetriebs mit „schnellen" Gleisen außen und „Ortsgleisen" innen verkannt werden und – üblicherweise seitens der Lokalpolitik – der kundenseitig nachteilige symmetrische Richtungsbetrieb mit „schnellen" Gleisen innen und „Ortsgleisen" außen gefordert wird. Grund hierfür sind mitunter auch ungeeignet konzipierte Finanzierungstöpfe, die das Prinzip „form follows function" ins Gegenteil verkehren. Beispiele aus der Praxis:

- Es werden Seitenbahnsteige gefordert in der Hoffnung, dass deren zuverlässige barrierefreie Erschließung nicht von der Verfügbarkeit eines Aufzugs zum Inselbahnsteig abhängt. Dabei wird unterstellt, dass die Seitenbahnsteige entweder mir Rampen erschlossen werden oder andere Gleisquerungen (z. B. noch bestehenden Bahnübergänge oder andere Über-/Unterführungen) genutzt werden können. Abgesehen von dem grundsätzlichen Lösungsansatz, die Verfügbarkeit der Fördertechnik hinreichend zu erhöhen, wäre es technisch bzw. baulich ohne weiteres denkbar, auch den Inselbahnsteig mit einer immer verfügbaren Rampe (ggf. sogar zusätzlich zum Aufzug) zu erschließen, um so den Kundeninteressen zu entsprechen. Positiver Nebeneffekt wäre, dass alle mobilitätseingeschränkten Fahrgäste (also beispielsweise auch Fahrradnutzende, für die ein Aufzug nicht immer die beste

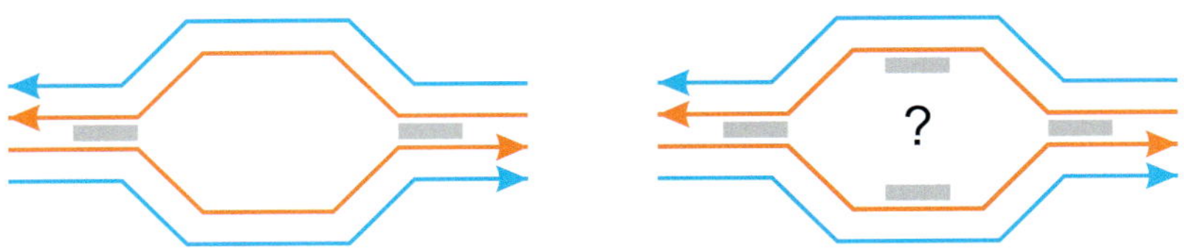


**Abb. 10.8** Getrennte Führung der Gleispaare. (Quelle: eigene Darstellung)

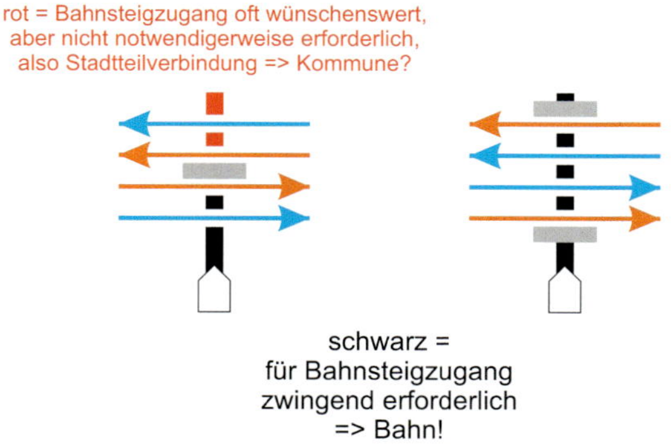


**Abb. 10.9** Bahnsteigzugang versus Stadtteilverbindung: Wer trägt welche Kosten? (Quelle: eigene Darstellung)

Lösung ist) davon profitieren würden. Zudem ergibt sich bei mehreren Zugängen regelmäßig die Chance, auf diese Weise nicht nur einen, sondern zwei Zugänge barrierefrei gestalten zu können: einen mit Aufzug, einen mit Rampe. So können Wege verkürzt und die Attraktivität des Systems Bahn (auch für nicht mobilitätseingeschränkte Kunden) weiter gesteigert werden. Selbst wenn es sich nicht um ein Großprojekt handelt, sind die Mehrkosten derartiger Lösungen in der Regel überschaubar und erscheinen im Sinne der Attraktivität des Verkehrssystems, des verkehrlich-betrieblichen Nutzen und nicht zuletzt hinsichtlich der Chance, Genehmigungsprozesse und damit die Inbetriebnahme zu beschleunigen, mehr als gerechtfertigt. Der bürokratische Aufwand, der erforderlich ist, derartige Lösung finanzieren zu dürfen, ließ sie in der Vergangenheit jedoch regelmäßig scheitern.

- Kommunal werden Seitenbahnsteige gefordert, da auf diese Weise „automatisch" eine Querung aller vier Gleise als Teil der Station bzw. des Bahnsteigzugangs erforderlich wird. Die Kostenträgerschaft liegt dann in der Regel beim EIU und nicht bei der Kommune, die im Falle eines Inselbahnsteigs ggf. für die restliche Querung (roter Anteil in Abb. 10.9) aufkommen müsste.
- Es werden Seitenbahnsteige gefordert, weil befürchtet wird, die Aufweitung für einen Inselbahnsteig sei wegen der hohen Geschwindigkeiten zumindest bei den schnellen Gleisen nicht sinnvoll möglich. Die Praxis[11] zeigt jedoch, dass diese Befürchtung in der Regel unbegründet ist, da ihr durch geeignete Trassierung (siehe Kap. 9) üblicherweise erfolgreich begegnet werden kann.

Es bleibt zu hoffen, dass die Neuordnung der Finanzierungstöpfe sowie die Gründung der gemeinwohlorientierten DB InfraGO AG zu einer deutlichen Verbesserung der Situation beitragen werden.

#### 10.4.2.3 Verknüpfung der Gleise

Je nach Betrachtungsebene stellt jede Verknüpfung von Gleisen einer Kante mindestens einen Knoten dar. Prinzipielle Zusammenhänge lassen sich jedoch knotenunabhängig auf makroskopischer Ebene einfacher erläutern:

Aus kapazitiver Sicht ist es bei der Verknüpfung von Gleisen erstrebenswert, den dadurch eintretenden Kapazitätsverlust zu reduzieren – oder positiv formuliert: die nutzbare Kapazität zu maximieren, indem sogenannte Schattentrassen ermöglicht werden. Das heißt: Verlässt ein Zug ein durchgehendes Gleis, ist dessen Kapazität dennoch nutzbar, wenn ein anderer Zug auf dieses einscheren kann, vgl. Abb. 10.10.

Das Prinzip kann fahrtrichtungsunabhängig und auch im Zusammenspiel mehrerer Weichen(verbindungen) genutzt werden. Einen diesbzgl. Sonderfall bilden Gleisdreiecke

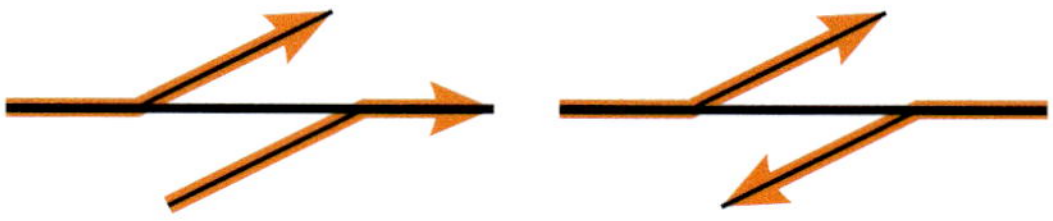

**Abb. 10.10** Schattentrassen im Spurplan. (Quelle: mwp infrastructure concepts GmbH)

[11] Zumindest bzgl. aller (!) Projekte, die den Verfassern in diesem Zusammenhang bekannt sind.

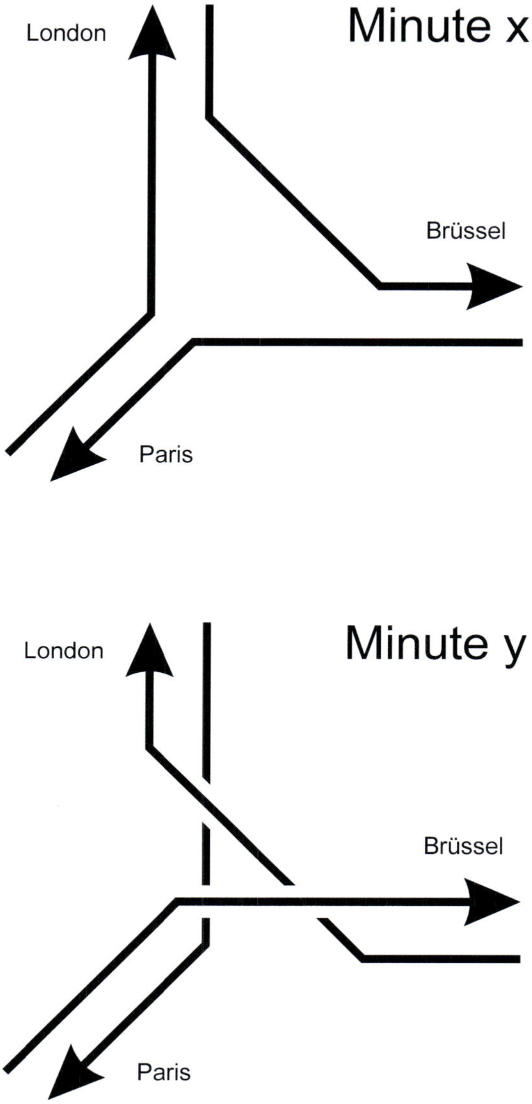


**Abb. 10.11** Schattentrassen im Gleisdreieck (Beispiel: Fretin, siehe auch https://upload.wikimedia.org/wikipedia/commons/0/03/Fretin-triangle-diagram.svg, letzter Aufruf: 24.01.2024) (Quelle: vgl. [19])

(vgl. Abb. 10.11) bzw. Streckenwechsel (vgl. Abb. 10.12; hier zugleich mit der üblicherweise kostenreduzierenden Nutzung eines Bauwerkes für beide Überwerfungen und in diesem Fall Linksbetrieb auf dem Bauwerk).

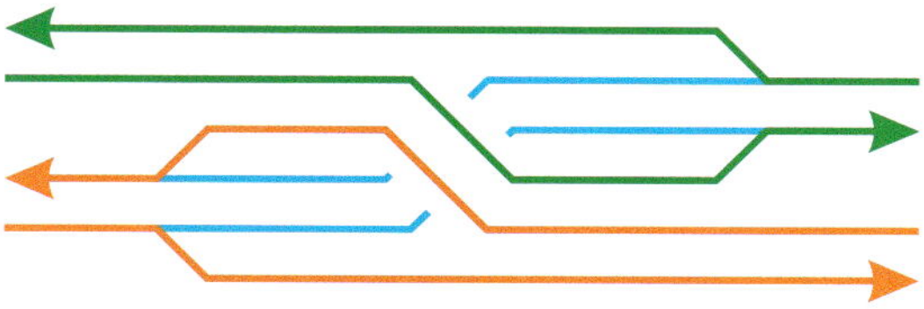

**Abb. 10.12** Schattentrassen bei gleichzeitigen Streckenwechseln. (Quelle: [19])

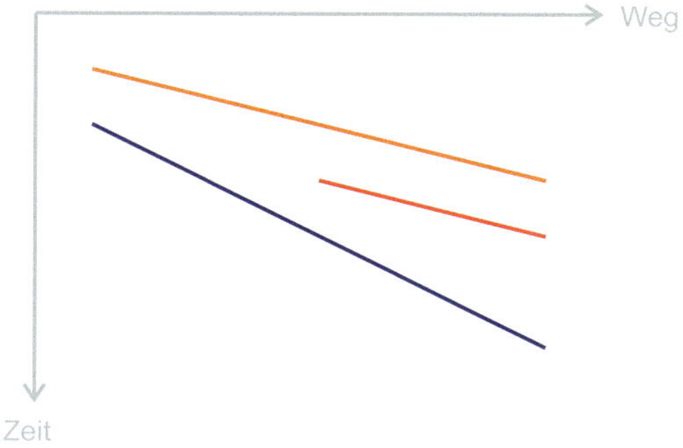


**Abb. 10.13** Schattentrasse im Bildfahrplan (Zeit-Weg-Diagramm). (Quelle: eigene Darstellung)

Dabei können Schattentrassen sowohl groß- als auch kleinräumig genutzt werden bzw. an verschiedenen Orten zu verschiedenen Zeiten wirken: Beispielsweise ist auch die bereits erläuterte „Geschwindigkeitsschere“ zu beachten (vgl. Abb. 10.13), die in der Regel Freiräume zwischen einem schnellen (orange) und einem folgenden langsameren Zug (blau) schafft („Schatten“), in die mindestens ein weiterer Zug (rot) einscheren und so die dort vorhandene Kapazität nutzen kann.

Einen weiteren Anwendungsfall stellen gleichzeitig gegensinnige Streckenwechsel dar, wie sie nicht nur bei Streckenwechslern in S-Bahn-Systemen, sondern auch im überregionalen Verkehr genutzt werden können, um Kapazitätsverluste zu vermeiden. Derartige Lösungen (vgl. Abb. 10.14) können in vielfältiger Form sowohl bei sich kreuzenden Korridoren als auch bei Verzweigungen genutzt werden.

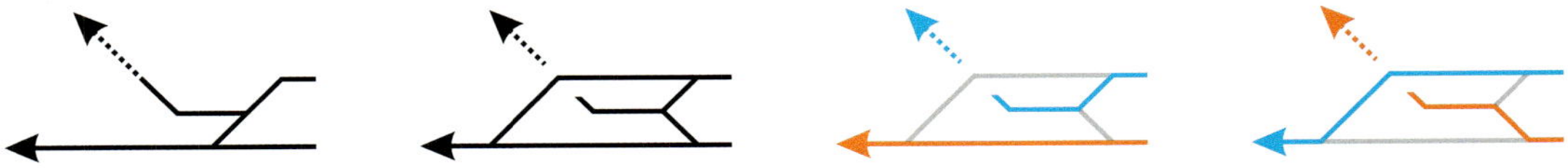

**Abb. 10.14** Gleichzeitig gegensinnige Streckenwechsel. (Quelle: mwp infrastructure concepts GmbH)

► **Erläuterung zu Abb. 10.14** Eine geeignete Synchronisation vorausgesetzt entsteht weder zur Minute *x* noch zur Minute *y* ein Kapazitätsverlust:

- Links: kapazitätsvernichtende Ausgangssituation; gleichzeitig gegensinnige Streckenwechsel nicht möglich
- Mitte-links: ergänzte Infrastruktur; sofern – wie im konkreten Beispiel angedeutet – ein Gleis ohnehin in ein Tunnelbauwerk abtaucht, ist für die zusätzliche Weichenverbindung sogar nicht einmal ein Kreuzungsbauwerk zu errichten …
- Mitte-rechts: Nutzung der Infrastruktur zur Minute *x*
- Rechts: Nutzung der Infrastruktur zur Minute *y*

### 10.4.3 Gestaltung des Spurplanes von Knoten

Ab einer gewissen Betrachtungsebene (siehe Abschn. 10.4.1.1) können Knoten nicht mehr nur als „black box" dargestellt werden. Tendenziell gilt: Je mehr Korridore oder Strecken miteinander verknüpft werden und je vielfältiger die verkehrlich-betrieblichen Anforderungen sind, desto früher wird die Spurplangestaltung in Knoten relevant.

**Beispiel**

Gegeben sei ein Trennungsbahnhof[12], bei dem nicht alle Züge auf den westlichen Streckenabschnitt übergehen (siehe Abb. 10.15). Abhängig davon, welcher der beiden östlichen Äste im Westen stärker ausgedünnt wird, ergibt sich eine Vorzugslösung für das grundsätzliche Layout.

Angenommen, es wenden viele Züge aus Richtung rechts-oben zurück in Richtung rechts-oben. Dann ist Lösung a in der Regel nachteilig gegenüber Lösung b, da Lösung a deutlich mehr Kreuzungskonflikte erzeugt bzw. Kapazität verzehrt (sofern – üblicherweise fahrzeitschonend – in Bahnsteignähe zwischen Richtungs- und Gegenrichtungsgleis gewechselt wird). Zur Reduzierung der Kreuzungskonflikte könnte zwar das gestrichelte Weichentrapez ergänzt werden; es entstünde jedoch ein längerer Abschnitt, dessen Gleise planmäßig im Zweirichtungsbetrieb befahren werden müssten.

In Variante b kann dagegen kreuzungsarm am Bahnsteig gewendet werden. Zudem können mithilfe des gestrichelten Weichentrapezes sinnvoll nutzbare parallele Fahrwege geschaffen werden. ◄

Das heißt: In der Regel müssen im Rahmen der BIG bereits bei makroskopischen Betrachtungen die Anforderungen an die Infrastruktur konkret berücksichtigt werden. Entsprechend wichtig ist es, bereits in frühen Phasen Klarheit über die grundsätzliche Knotengestaltung zu erlangen; ggf. auch durch tiefergehende Analysen auf Detailebene, um auch die bei den EBWU (vgl. Abschn. 10.5) erforderlichen Betrachtungsebenen hinreichend abdecken zu können.

Wesentliches Element der Spurplangestaltung in Knoten ist die integrierte Gestaltung von

- Gleis(grupp)en und/oder
- deren Verbindungen und/oder
- Schnittstellen zu anderen Verkehrsmitteln (z. B. Umschlaganlagen und Bahnsteigen).

Nicht immer sind alle drei Anstriche betroffen, wie folgendes Beispiel zeigt:

[12] Ursprung der Bezeichnung „Trennungsbahnhof": Zwei Strecken trennen sich.

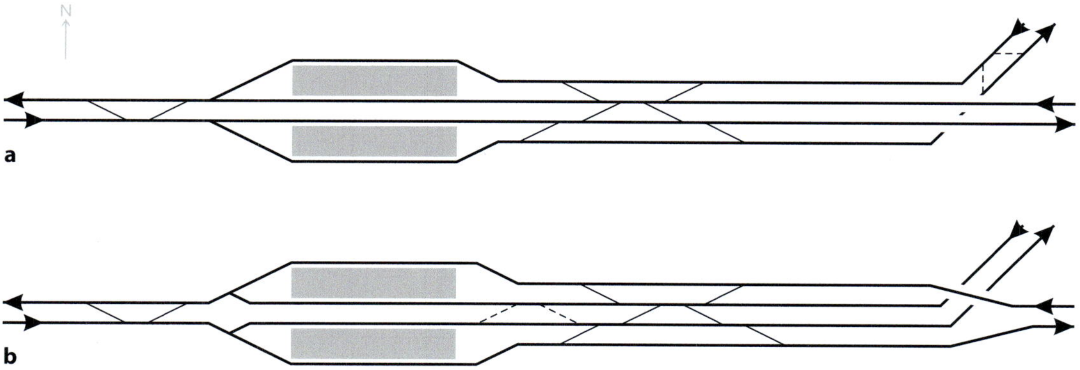


**Abb. 10.15** **a**,**b** Beispiel für die grundsätzliche Anordnung eines Trennungsbahnhofs. (Quelle: eigene Darstellung)

**Beispiel**

Die lehrbuchmäßige Planung für den unterirdischen S- und U-Bahn-Anschluss des Berliner Hauptbahnhofs (früher auch als Lehrter Bahnhof bezeichnet) sah vor, möglichst vielen Fahrgästen einen bahnsteiggleichen Umstieg zwischen beiden Systemen zu ermöglichen – und zwar sowohl „in Fahrtrichtung" als auch „über Eck". Kern der Lösung war, an der ursprünglich geplanten Station Reichstag die Höhenlage jeweils eines der beiden Gleise von S- und U-Bahn zu tauschen (vgl. Abb. 10.16).

Das heißt: Obwohl gar keine gleisseitige Verknüpfung zwischen beiden Teilsystemen besteht, beeinflussen sich beide Teilsyteme bei der BIG massiv und bestimmen letztlich den verkehrlichen Nutzen. Dies gilt selbstverständlich auch intermodal z. B. bei sogenannten „Kombi-Bahnsteigen", bei denen ein Seitenbahnsteig zugleich als Bussteig dient. ◄

► **Anmerkung** Das Beispiel zeigt zugleich eindrucksvoll, dass selbst verkehrlich-betrieblich lehrbuchmäßige Planungen an politischen Entscheidungen scheitern können. (Vgl. hierzu auch das bereits in Abschn. 10.4.2.2 angeführte Beispiel einer verkehrlich-betrieblich nachteiligen Anordnung von Gleisen auf Druck der Lokalpolitik.)

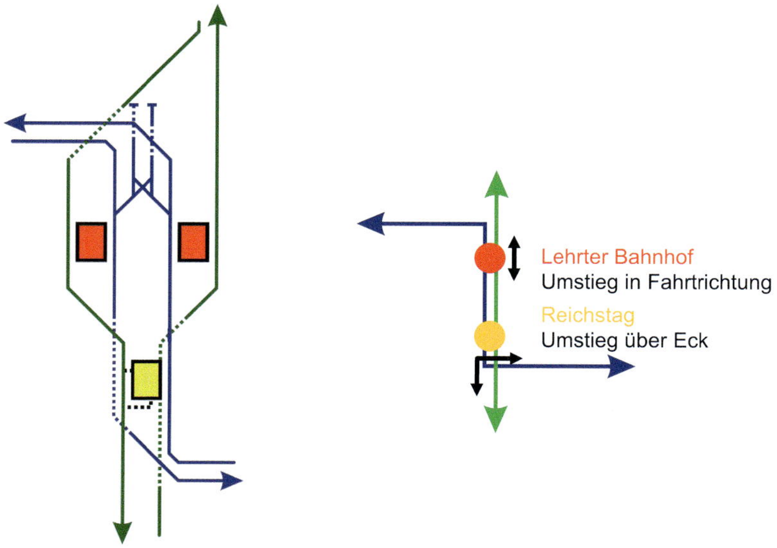


**Abb. 10.16** Lehrbuchmäßige Planung für die Verknüpfung von S- und U-Bahn am Berliner Hauptbahnhof (grün = S-Bahn, blau = U-Bahn, gepunktet = untere Ebene, schwarz = bahnsteiggleiche Umsteigebeziehungen). (Quelle: [20])

#### 10.4.3.1 Prinzipielle Aufgaben von Knoten

Abhängig von der Betrachtungsebene (siehe Abschn. 10.4.1.1 bzw. EBWU-Abschn. 10.5) können bzw. müssen Knoten (und Kanten) sehr kleinteilig definiert werden. Im Folgenden stehen jedoch jene Knoten im Fokus, die zumindest im deutschen betrieblichen Regelwerk als Bahnhöfe bezeichnet werden. (Für eine detaillierte Beschreibung der diesbzgl. Grundlagen sei auf Kap. 12 verwiesen.)

Um in dem vorliegenden Handbuch Eisenbahninfrastruktur ausführlicher auf die in der heutigen Praxis besonders relevanten verkehrlich-betrieblichen Zusammenhänge eingehen zu können, sei bzgl. der theoretischen Grundlagen der Spurplangestaltung auf zwei Standardwerke verwiesen:

1. *Grau* (vgl. [21]) beschreibt eingängig und umfassend die bei der Bahnhofsgestaltung anzuwendenden Grundsätze bzw. -prinzipien einschließlich der verschiedenen Bahnhofsformen (z. B. Trennungsbahnhof, Kopfbahnhof, Turmbahnhof, ...). Auch wenn diverse Ausführungen inzwischen schlicht als überholt anzusehen sind, so sind die beschriebenen Grundsätze bzw. -prinzipien quasi unverändert anwendbar und bedürfen lediglich einer angemessenen Adaption an heutige Anforderungen und Randbedingungen.
2. *Bendfeldt* (vgl. [22]) skelettiert eindrucksvoll die einzelnen Anforderungen an Bahnhöfe und zeigt auf, wie diese durch standardisierte Elementarbahnhöfe erfüllt werden können bzw. wie durch Kombination und „Überlagerung“ dieser Elementarbahnhöfe zielführende Spurpläne abgeleitet werden können. (Auch hier gilt es, bei der Lektüre die heutigen Randbedingungen und Ziele im Hinterkopf zu behalten.)

Darüber hinaus bietet [9] weitere Einblicke; beispielsweise hinsichtlich der betrieblichen Möglichen, die eine einzelne Weiche bietet.

Im Gegensatz zu solchen Stationen, die ausschließlich eine Schnittstelle zur „bahnexternen“ Welt bieten, an der gehalten werden kann, werden Bahnhöfe für weitere Funktionen genutzt; u. a.:

- die Kreuzung von Zügen,
- die Überholung von Zügen.

► **Erläuterung zum „Kreuzen“** Der Begriff „Kreuzen“ ist doppeldeutig:

- Einerseits hebt er auf das Ausweichen sich entgegenkommender Züge derselben Relation A–B im Bahnhof X ab. Der Ursprung liegt in den sich im Bildfahrplan kreuzenden Zeit-Wege-Linien (insb. bei eingleisigen Strecken).
- Andererseits beschreibt er die Situation, dass sich die Fahrwege zweier Züge (z. B. von A nach B und von C nach D) im Bahnhof Y niveaugleich kreuzen. Hier liegt der Ursprung in den sich tatsächlichen kreuzenden Fahrwegen.

Hinzu kommen die vermeintlich trivialen Funktionen „Beginnen“, „Enden“, „Wenden“, die in vielen Fällen gemäß deutschem Regelwerk leider noch immer an die betriebliche Definition Bahnhof gekoppelt sind und daher immer wieder zu verkehrlich-betrieblichen Einschränkungen bzw. „Verrenkungen“ bei der BIG führen.

► **Anmerkung** Es bleibt zu hoffen, dass mit einer Neugestaltung des betrieblichen Regelwerkes insb. in Deutschland überfällige Vereinfachungen vorgenommen werden, um die betriebliche Flexibilität und letztlich den Nutzen der Infrastruktur zu vergrößern. Ziel sollte nach dem Vorbild anderer Bahnen[13] perspektivisch dann auch in Deutschland der Entfall der Trennung von freier Strecke und Bahnhof sein.

Vor allem im Güterverkehr, stellenweise aber auch im Personenverkehr dienen Bahnhöfe darüber hinaus bei entsprechendem Bedarf auch der Zugbildung, also

- dem Bilden und Auflösen von Zügen sowie

[13] Vgl. hierzu beispielsweise die diesbzgl. bereits erzielten Fortschritte in der Schweiz, wo die Unterschiede zumindest auf Stellwerksebene deutlich reduziert wurden und in der Praxis nahezu ausschließlich noch bzgl. Rangierfahrten – in Österreich Verschubfahrten genannt – auftreten (vgl. [23]).

- dem Beistellen, Abziehen, Umsetzen, Ordnen, Abstellen von Waggons.

Teilweise – insb., wenn der Güterumschlug sowie das Abstellen von Fahrzeugen im Vordergrund stehen – erfolgen die entsprechenden Vorgänge in

- sogenannten Serviceeinrichtungen, für deren Nutzung Entgelte erhoben werden, oder
- Gleisanschlüssen, die einem anderen Infrastrukturbetreiber gehören und lediglich über (in der Regel genau) eine Anschlussweiche an das Eisenbahnnetz angeschlossen sind.

Entsprechende Informationen zu den Serviceeinrichtungen in Deutschland gibt u. a. die Seite https://www.trassenfinder.de.

► **Anmerkung** Der Entfall der Trennung von „freier Strecke" und „Bahnhof" würde ggf. auch bei der Zugbildung neue Chancen eröffnen, beispielsweise bzgl. des Kuppelns zweier 740 m langer Güterzüge zu einem – umgangssprachlich – 1500 m langen Güterzug hinter an einer Abzweigstelle „auf freier Strecke".

#### 10.4.3.2 Anordnung der Gleise und Gleisgruppen

Ausgehend von den Grundsätzen aus den vorhergehenden Abschnitten in Verbindung mit den EBWU-Erkenntnissen (siehe Abschn. 10.5) können die erforderlichen Gleise ermittelt und – ggf. in Gleisgruppen mit Gleisen gleicher Funktionalität – angeordnet werden.

Infolge der sich aus der LST ergebenden Restriktionen bzw. mit dem Ziel, den Stellwerks- und damit den Personalbedarf zu reduzieren, wurde früher üblicherweise versucht, Gleise möglichst kompakt und daher mit geringer Entwicklungslänge nebeneinander anzuordnen – mit entsprechendem Breitenbedarf. Dies führte zu Spurplänen, die aus heutiger Sicht oft nicht mehr den Anforderungen gerecht werden. Beispiele sind:

- zu kurze Nutzlängen (insb. in den „außen" liegenden Gleisen),
- zu niedriges Geschwindigkeitsniveau,
- lange Parallelführung von Strecken ohne Verknüpfung.

Es liegt auf der Hand, sowohl bei Neubauten als auch bei Umbauten (und Erneuerungen) die heutigen sicherungstechnischen Möglichkeiten zu nutzen und so bessere Spurpläne zu ermöglichen, also beispielsweise parallel verlaufenden Strecken so früh wie möglich zu verknüpfen, um den mehrgleisen Bereich auch für Überholungen und zur Synchronisation der Verkehre der verschiedenen Strecken zu nutzen.

Eine besondere Bedeutung auf Mischbetriebsstrecken spielen Überholgleise. Deren geeignete Anordnung bzw. Gestaltung ist ggf. sogar entscheidend für die Leistungsfähigkeit eines gesamten Korridors. Während auch bei diesen früher versucht wurde, sie möglichst in der Nähe der für den Personenverkehr erforderlichen Gleise anzuordnen (vgl. Abb. 10.17), lassen es die heutigen Möglichkeiten der LST ohne weiteres zu, Überholgleise auch abseits der bestehenden Stationen anzuordnen.

Vorteile derartiger Überholbahnhöfe auf der „grünen Wiese" im Vergleich zur Anordnung in bestehenden Stationen sind üblicherweise:

- geringere Restriktionen bzgl. der Entwicklungslänge und somit bessere Voraussetzungen, um die gewünschten Gleisnutzlängen und Geschwindigkeiten zu realisieren,
- bessere Flächenverfügbarkeit auch in der Breite (und somit auch hinsichtlich der seitenrichtigen Anordnung),
- geringere Betroffenheiten (Anwohner etc.),
- geringere Eingriffe in bestehende Infrastrukturen,
- bessere Voraussetzungen, um die Überholgleise dort anzuordnen, wo sie fahrplanseitig benötigt werden,
- etc.

Im Sinne der Robustheit der Infrastruktur bzw. des Betriebsablaufs sowie der Resilienz ggü. Bauarbeiten und Störungen spielt die Vertretbarkeit von Gleisen eine wichtige Rolle, die zumindest in Deutschland in den vergangenen Jahrzehnten vernachlässigt wurde. Während bei Neubauten vollständige Weichentrapeze, also zwei

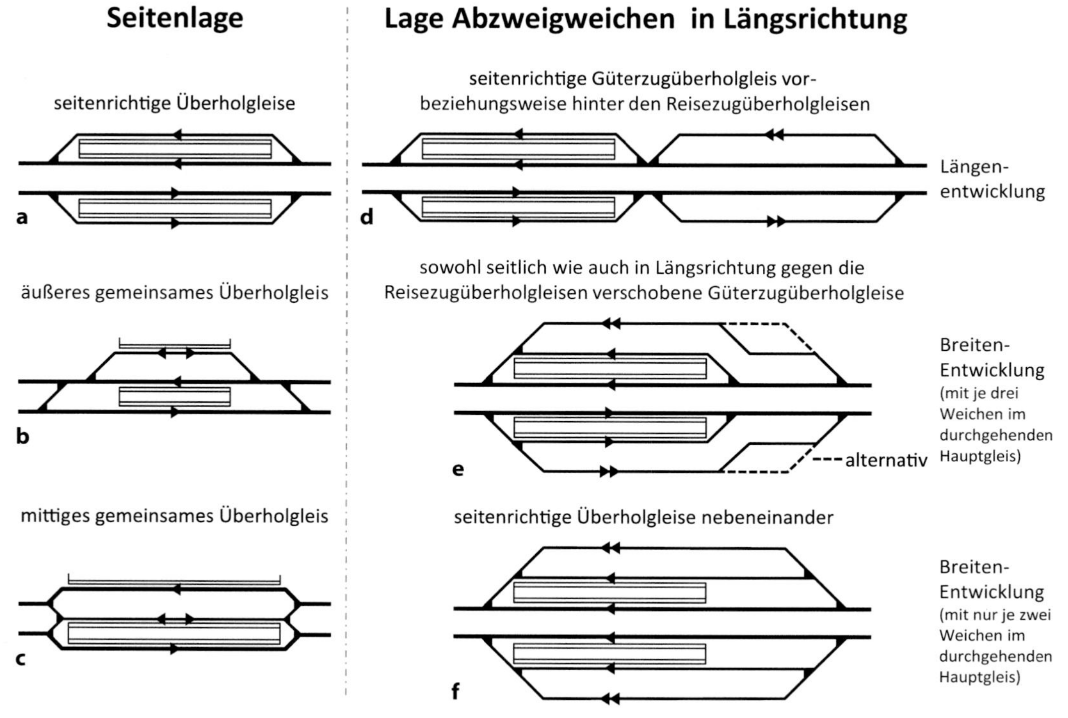


**Abb. 10.17** **a–f** Beispiele für die Anordnung von Überholgleisen in einem bestehenden Knoten. (Quelle: [9])

entgegensetzte Weichenverbindungen, in jedem Bahnhofskopf Standard sein sollten, stellt sich bei „gewachsenen" Bestandsinfrastrukturen mitunter die Frage, mit welchen Spurplananpassungen die Vertretbarkeit am besten hergestellt werden kann. Abb. 10.18 veranschaulicht die Vielzahl der Varianten bzw. der erforderlichen Abwägungen ausgehend von einem typischen Beispiel.

Besondere Anforderungen können resultieren, wenn die Angebots- bzw. Betriebskonzepte

- das Flügeln von Zügen (also das Trennen und Vereinigen von Zugteilen),
- das Stärken/Schwächen von Zügen sowie
- doppelt besetzte Gleise

vorsehen. Neben den fahrzeugseitigen Herausforderungen beim Kuppeln ergeben sich hierbei mitunter auch LST-seitige Anforderungen an die BIG: So befinden sich zeitweise zwei Züge bzw. Zugteile in einem Gleisabschnitt, was üblicherweise unzulässig ist bzw. durch besondere Verfahren ermöglicht werden muss. Diese sind infrastrukturell zu unterstützen und erfordern mitunter größere Gleislängen und eine zusätzliche LST-Ausstattung.[14]

► **Erläuterung** Beim Flügeln einer Linie verkehren mehrere Zugteile auf einem Teilabschnitt gemeinsam und werden bei einem Unterwegshalt (üblicherweise, aber nicht immer zugleich Verkehrshalt) von/nach verschiedenen Stationen vereint bzw. geteilt. Das Stärken beziehungsweise Schwächen eines Zuges unterscheidet sich vom Flügeln dadurch, dass der abgekuppelte Zugteil beim Schwächen verkehrlich endet bzw. der angekuppelte Zugteil beim Stärken verkehrlich beginnt. Zumindest in der Schweiz wird Stärken/Schwächen derzeit auch noch mit

[14] Für die in Deutschland üblichen Verfahren ohne ETCS vgl. [24].

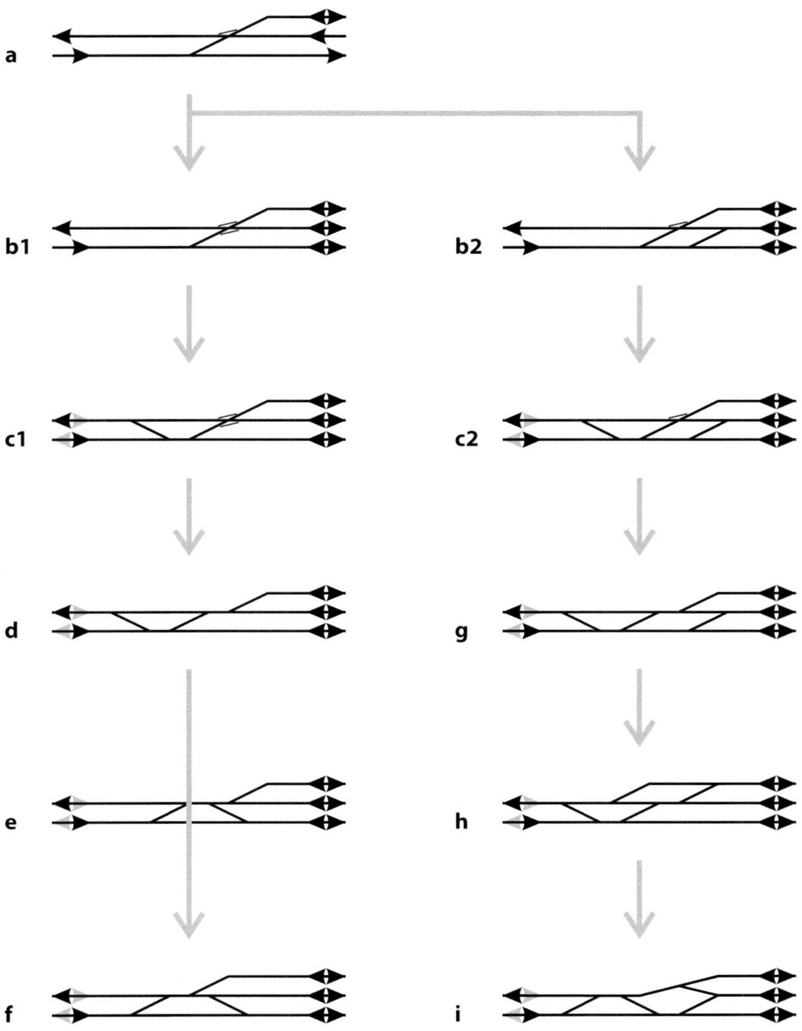


**Abb. 10.18** **a–i** Verbesserung der Vertretbarkeit von Gleisen. (Quelle: eigene Darstellung (stark vereinfacht, Varianten exemplarisch))

einzelnen Wagen und ggf. Lokomotiven praktiziert.

**Erläuterung zu Abb. 10.18** Ausgehend vom Bestand a ergibt sich zunächst eine grundsätzliche Verzweigung im Variantenbaum:

- links: ohne parallelen Fahrweg vom/zum Mittelgleis,
- rechts: mit parallelem Fahrweg vom/zum Mittelgleis.

Für die Anordnung der fehlenden Rechtsweichenverbindung ergeben sich dann jeweils verschiedene Optionen: Verbreitet ist deren „äußere“ Lage (c, d und e), aber auch die „Innenlage“ (f) sollte in Erwägung gezogen werden. Aufgrund des unnötig langen „eingleisigen“ Abschnitts, der bei Nutzung der Linksweichenverbindung im Zweirichtungsbetrieb genutzt werden muss, sollte Variante e jedenfalls vermieden werden.

#### 10.4.3.3 Möglichst kreuzungsfreie Fahrwege

Sofern keine Schattentrassen genutzt werden können (siehe auch Abschn. 10.4.2.2) führen niveaugleiche Fahrwegkreuzungen in der Regel zu

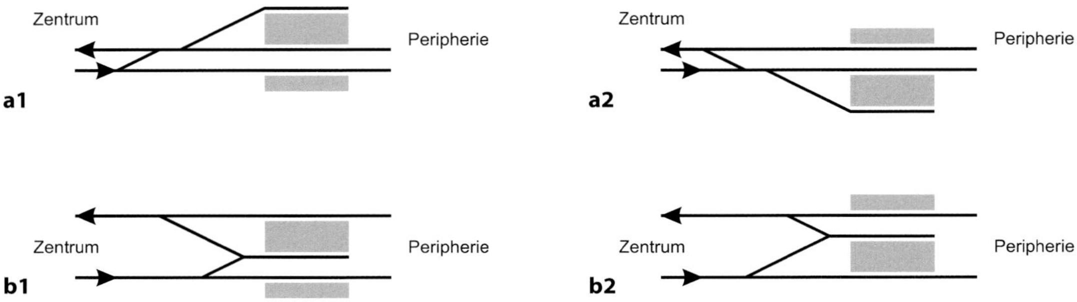


**Abb. 10.19** **a**,**b** Prinzipielle Anordnung eines Wendegleis. (Quelle: eigene Darstellung (zusätzliche Gleiswechsel für die Vertretbarkeit der beiden durchgehenden Gleise nicht dargestellt))

Kapazitätsverlusten; sowohl in Knoten als auch auf den Kanten.

Um derartige Situation zu vermeiden, bieten sich drei wesentliche Ansatzpunkte:

1. geschickte Gestaltung der *ohnehin erforderlichen* Infrastruktur und/oder
2. geschickte Fahrplangestaltung und/oder
3. Errichtung *zusätzlicher* Fahrwege (parallele Weichenverbindungen, Synchronisationsgleise/„Abbiegespuren", Überwerfungsbauwerke etc.).

Während Ansatz 3 ggf. mit (mitunter erheblichen) Zusatzkosten verbunden ist, fallen die Ansätze 1 und 2 üblicherweise kostengünstig aus, sofern sie bei der BIG von Anbeginn berücksichtigt werden.[15]

**Beispiel mittiges Wendegleis**

Ein typisches Beispiel, wie sich kreuzende Fahrwege elegant vermeiden lassen, zeigt das mittige Wendegleis in Abb. 10.19.

Bei einem Infrastrukturbedarf in ähnlicher Größenordnung weisen die b-Lösungen (mittiges Wendegleis) aus Kapazitätssicht deutliche betriebliche Vorteile gegenüber den a-Lösungen (Wendegleis in Seitenlage) auf, da wendende Züge nicht das Gegengleis kreuzen müssen.

Diese Vorteile können so groß sein, dass selbst der Umbau einer bestehenden a-Lösung in eine b-Lösung gerechtfertigt sein kann. Wegen der einfacheren Orientierung (alle Züge Richtung Zentrum verkehren planmäßig an demselben Bahnsteig) ist bei Rechtsverkehr Lösung b1 immer vorzugswürdig gegenüber b2.

Sofern – warum auch immer – eine der beiden a-Lösungen geplant werden muss, ist abzuwägen, was (neben den Vorteilen der Variante a1 aus Fahrgastsicht) schwerer wiegt:

- die von Gegenverkehr unabhängig mögliche (und dadurch üblicherweise pünktlichere) Abfahrt in Variante a1 *oder* die Möglichkeit in Variante a2, das durchgehende Gleis unabhängig vom Gegenverkehr räumen zu können, bzw.
- die abhängig von der konkreten BIG ggf. längere Belegungszeit des Gegengleises in Variante a1 (wegen der bei der Einfahrt in das Stumpfgleis ggü. der Ausfahrt aus dem Stumpfgleis ggf. geringeren Geschwindigkeit). ◄

Letztlich ist eine enge Abstimmung zwischen Fahrplan und Infrastruktur entscheidend, die bereits mit der grundsätzlichen Angebotsphilosophie begründet wird: Je mehr Direktverbindungen in einem verzweigten Netz angeboten werden sollen, desto mehr Streckenwechsel sind verkehrlich-betrieblich erforderlich, auf die die Infrastruktur insb. in den Knoten auszulegen ist. Im Umkehrschluss kann bei (weitgehend) linienreinem Betrieb auf viele Fahrwege verzichtet wer-

[15] Vgl. hierzu auch die „Planungspyramide" in [25].

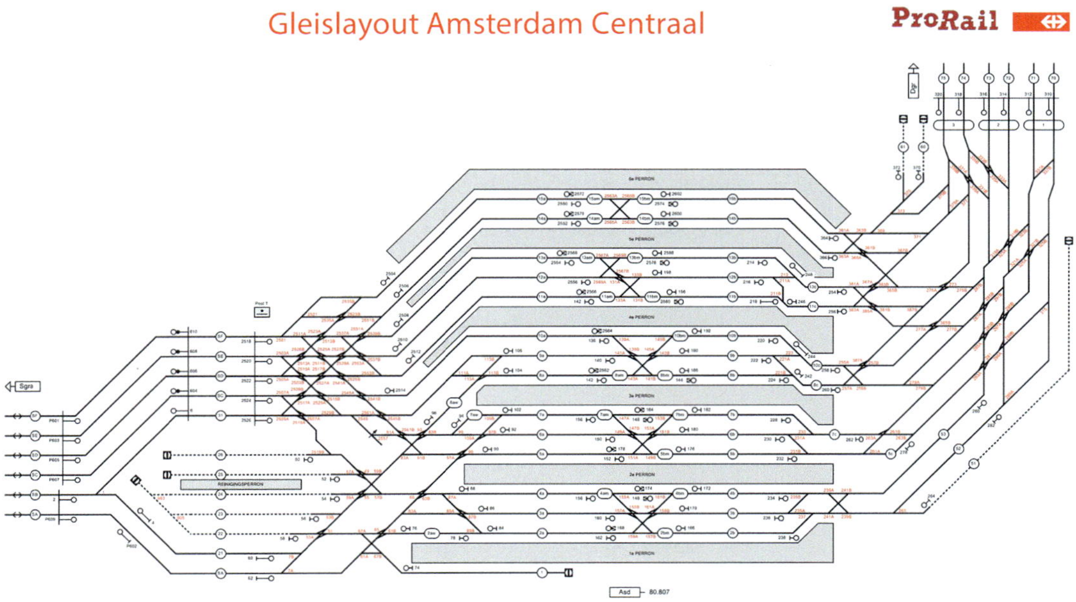


**Abb. 10.20** Gleisplan Amsterdam Centraal. (Quelle: [26])

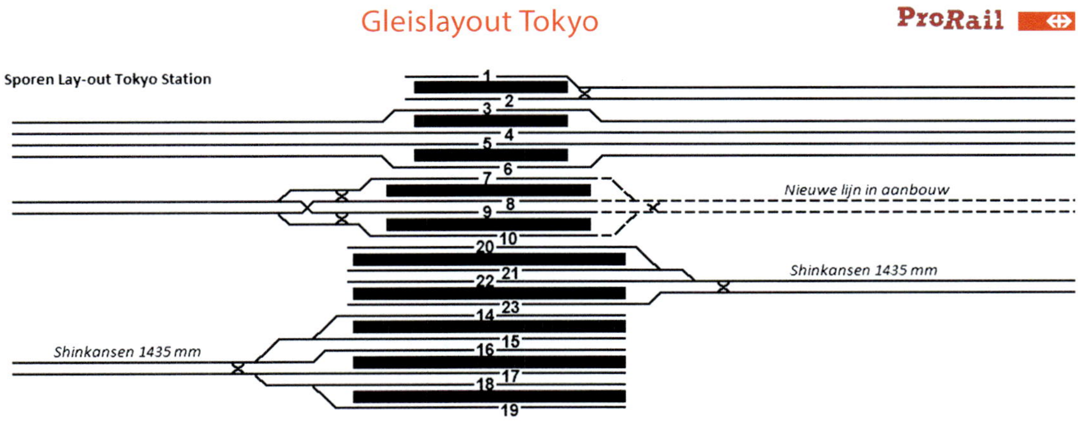


**Abb. 10.21** Layout Tokyo Station. (Quelle: [26])

den, was in der Regel zusätzliche Freiheiten für die Gestaltung der zwingend erforderlichen Fahrwege insb. bzgl. Geschwindigkeiten und Kreuzungsfreiheit ermöglicht.

Das Prinzip verdeutlicht ein Vergleich von Abb. 10.20 mit Abb. 10.21.

Aber auch dann, wenn diverse Streckenwechsel erforderlich sind oder zumindest die Möglichkeit dazu bestehen (bleiben) soll, ist eine gründliche Analyse der verkehrlich-betrieblichen Anforderungen erforderlich:

- Welche Fahrwege *müssen* notwendigerweise vorhanden sein, da sie z. B. für reguläre Angebote zwingend benötigt werden?
- Welche Fahrwege *sollen* vorhanden sein, um eine hinreichende Resilienz zu ermöglichen (auch abhängig von der Philosophie, ob/wie Verkehre bei planmäßigen Bauarbeiten und entsprechenden Verfügbarkeitseinschränkungen aufrecht erhalten werden sollen)?
- Welche Fahrwege *sollen* vorhanden sein, z. B. um die Flexibilität zu erhöhen?

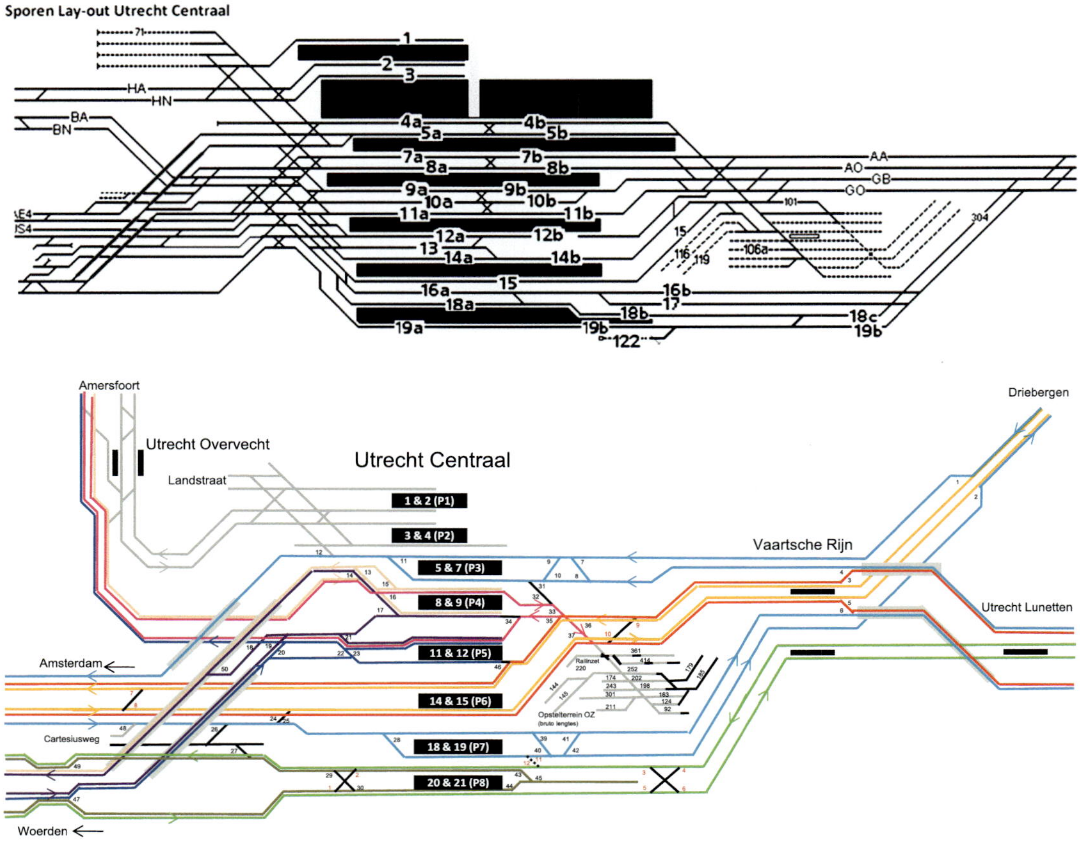


**Abb. 10.22** Utrecht Centraal vor und nach dem Umbau 2016. (Quelle: [28])

- Welche Fahrwege *können* (oder sollen) nur dann vorhanden sein, falls sie zu keinen Nachteilen für die Fahrwege mit höherer Priorität führen?
- Welche Fahrwege sind nicht (mehr) erforderlich, da sie absehbar keinen Nutzen stiften bzw. der dafür erforderliche Aufwand kein hinreichendes Nutzen/Kosten-Verhältnis erwarten lässt?

Dabei gilt (auch mit Blick auf möglichst kurze Belegungszeiten und entsprechend große Kapazität, vgl. Abschn. 10.4.4.1):

- Je wichtiger ein Fahrweg ist,
- je häufiger er genutzt wird und/oder
- je kritischer er bzgl. etwaiger Konflikte (z. B. Kreuzungskonflikte oder fahrplanseitige Anschlüsse) und Kapazitätsverluste ist,

desto größere Aufmerksamkeit erfordert er bei der Spurplangestaltung und bei der Trassierung (vgl. Kap. 9).

Zur Vertiefung sei exemplarisch auf die Niederlande verwiesen, u. a. auf die in [27] geschilderten Erkenntnisse und Erfolge bzgl. einer vereinfachten *und* gleichzeitig leistungsfähigeren Infrastruktur wie in Utrecht (vgl. Abb. 10.22).

So konnten – auch dank der realisierten höheren Geschwindigkeiten und verkürzten Blocklängen – bei unverändertem Fahrplan sowohl die Anzahl der Störungen als auch die Verspätungsminuten um jeweils 85 % reduziert werden (vgl. ebd.).

Trotz Ausreizens der trassierungstechnischen Möglichkeiten (vgl. Abschn. 9.7 und darin insb. Abschn. 9.7.3) ist es manchmal nicht möglich, Fahrwege, die kreuzungsfrei sein sollen, tatsächlich kreuzungsfrei zu realisieren. In diesen Fällen gilt es, die Infrastruktur so zu gestalten, dass die betrieblichen Folgen der niveaugleichen Fahrwegkreuzungen minimiert werden. Hierfür gibt es vier übliche Ansätze:

1. Anordnung der Fahrwegkreuzung dort, wo sich die Züge beider Fahrtrichtungen derselben Relation fahrplanmäßig begegnen, so dass – zumindest bei pünktlichem Betrieb – idealerweise gar kein Kapazitätsverlust entsteht,
2. Planung von Synchronisationsgleisen, beispielsweise einer „Linksabbiegerspur" (bei Rechtsbetrieb; entsprechend Planung einer „Rechtsabbiegerspur" bei Linksbetrieb) bzw. von entsprechenden „Einfädelspuren" und/oder
3. Ermöglichung in Abhängigkeit des konkreten Betriebsgeschehens operativ verschobener Kreuzungen, deren effiziente Nutzung allerdings (vorausschauende) Konflikterkennungen bzw. geeignete Dispositionsmöglichkeiten und -ressourcen voraussetzt.

Zu Anstrich 1: Thalwil im hochbelasteten Zürcher Speckgürtel stellt. diesbzgl. ein Paradebeispiel dar (vgl. Abb. 10.23 sowie [26]).

Zu Anstrich 2: Synchronisationsgleise vor oder ggf. auch hinter dem Kreuzungskonflikt ermöglichen eine Entkopplung der betrieblichen Abhängigkeiten. Abb. 10.24 zeigt exemplarisch eine typische Situation, wie sie auch aus dem Straßenverkehr bekannt ist: Muss der kreuzende Zug Gegenverkehr abwarten, ermöglicht die „Linksabbiegerspur", das durchgehende Gleis zu räumen und so etwaige Behinderungen nachfolgender Züge zu minimieren.

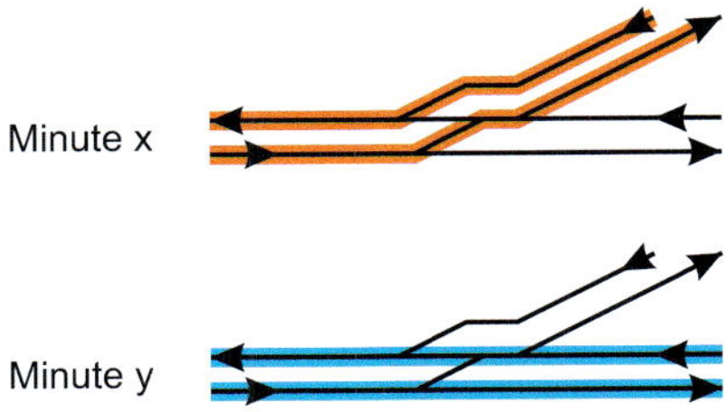


**Abb. 10.23** Idealtypische Abstimmung von Fahrplan (hier durch die farbige Hervorhebung der jeweils genutzten Fahrwege symbolisiert) und Infrastruktur im Falle unvermeidbarer niveaugleicher Kreuzungen. (Quelle: eigene Darstellung)

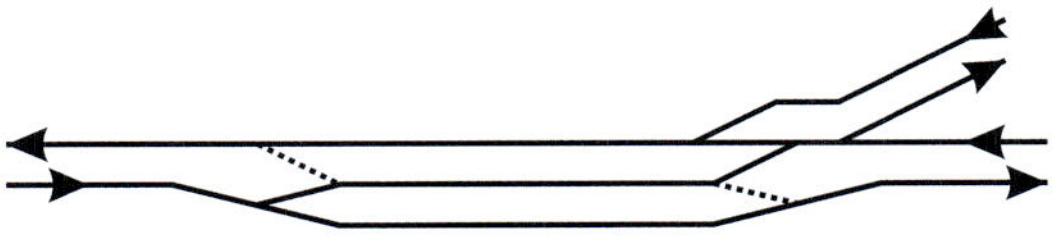

**Abb. 10.24** „Linksabbiegerspur" als Beispiel für ein Synchronisationsgleis. (Quelle: eigene Darstellung (stark vereinfachte Prinzipdarstellung, gestrichelte Weichenverbindungen ermöglichen die Nutzung als Überholgleis))

In der Gegenrichtung können ggf. die Streckengleise zur Synchronisation genutzt werden, wobei zur Trennung von Kreuzungs- und Einfädelkonflikt für die Aussteuerung des Einfädelkonfliktes bevorzugt das Gleis von oben rechts prädestiniert wäre.

Zu Anstrich 3: Soll das Risiko, (z. B. im Synchronisationsgleis) anhalten zu müssen, vermieden werden, bietet es sich an, eine zweite Kreuzungsmöglichkeit vorzusehen: Im Verspätungsfall (obere Situation in Abb. 10.25, Zug in orange verspätet) nutzt der blaue Zug dann operativ nicht den fahrplanseitig vorgesehenen Fahrweg, sondern das Gegengleis. Dadurch „verschiebt" sich der Punkt, wo sich die Fahrwege kreuzen, an eine gar nicht oder zumindest weniger konfliktbehaftete Stelle. Im Idealfall können beide Züge dadurch

- ohne anzuhalten und
- (nahezu) ohne Kapazitätsverlust infolge des Kreuzungskonfliktes

verkehren.

► **Anmerkung** Letztlich kann dieses Prinzip auch auf eingleisige Strecken übertragen werden, indem zusätzlich zur planmäßigen Kreuzungsstation als Rückfallebene zusätzliche Doppelspureninseln geschaffen werden oder zumindest die Doppelspur über die planmäßige Kreuzungsstelle hinaus verlängert wird.

Bzgl. der Frage, ob unvermeidbare Fahrwegkreuzungen besser „hinter" oder „vor" einem Verkehrshalt (z. B. am Bahnsteig) erfolgen sollten (vgl. Abb. 10.26), kommt es auf den Einzelfall an.

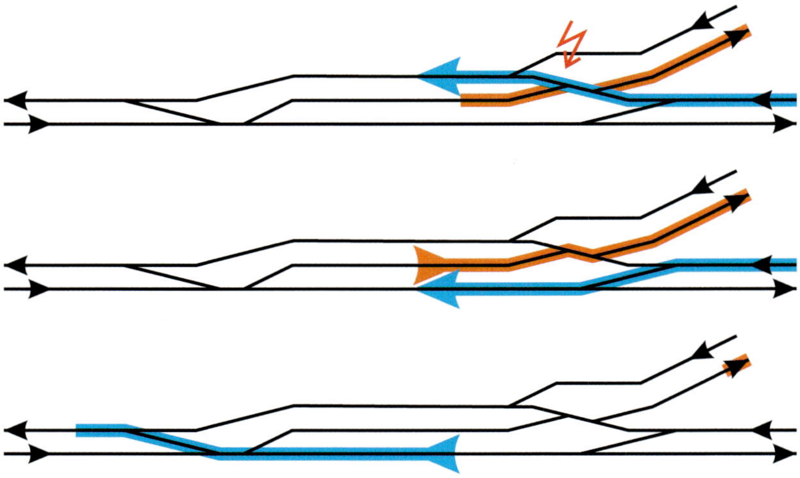

**Abb. 10.25** Beispiel für eine operativ verschobene Kreuzung. (Quelle: eigene Darstellung (stark vereinfachte Prinzipdarstellung))

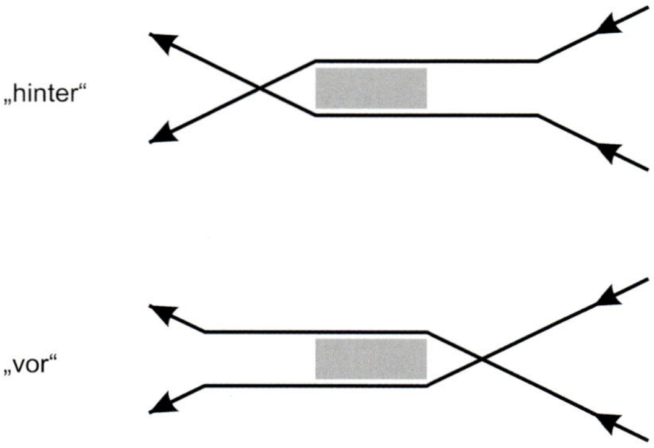


**Abb. 10.26** Fahrwegkreuzung „hinter“ oder „vor“ dem Bahnsteig. (Quelle: eigene Darstellung)

Sofern keine übergeordneten Gründe (z. B. die Möglichkeit, dadurch ein Überwerfungsbauwerk anordnen zu können, oder fahrplanseitige Anforderungen) eine konkrete Lage definieren, war und ist die Lage „hinter“ dem Bahnsteig häufig vorteilhaft. Sie verhindert zwar gleichzeitige Ausfahrten, ermöglicht aber gleichzeitige Einfahrten. Damit verbunden sind folgende positive Effekte:

- Ein für Fahrgäste üblicherweise unangenehmer zusätzlicher Halt und v. a. die damit verbundene Wartezeit kurz vor dem erwarteten Halt am Bahnsteig kann vermieden werden.[16]
- Etwaige fahrplanseitige Pufferzeiten können am Bahnsteig zugleich als (zusätzlicher) Puffer für den Fahrgastwechsel etc. genutzt werden.
- Energiesparend kann ein zusätzliches Bremsen/Anfahren vermieden werden.
- Heute bei den meisten Bahnen infolge der guten sicherungstechnischen Ausrüstung nicht mehr relevant: Bei einer sich abzeichnenden Kollision der sich kreuzenden Züge sind die Geschwindigkeiten „hinter“ dem Bahnsteig üblicherweise geringer, so dass auch von einem geringeren Schadensausmaß auszugehen ist.

► **Hinweis** Abweichend davon wird im öffentlichen Personennahverkehr (ÖPNV) z. B. bei Straßenbahnen in der Regel die Lösung „vor“ dem Bahnsteig präferiert, damit alle Züge/Busse derselben Fahrtrichtung „hinter“ der (Straßen-)Kreuzung von derselben Haltestelle abfahren können, was die Fahrgastlenkung bzw. -orientierung erleichtert (vgl. hierzu auch das zwar schon etwas ältere, in vielen Bereichen aber nach wie vor gültige Standardwerk [30]).

► **Anmerkung** Es bleibt abzuwarten, ob sich diese Lösung zukünftig ggf. auch im Eisenbahnverkehr durchsetzen wird, da das

[16] Hierbei ist auch relevant, dass Zeit im stehenden Fahrzeug als deutlich unangenehmer bzw. länger empfunden wird als dieselbe Dauer bei sich bewegendem Fahrzeug, vgl. u. a. [29].

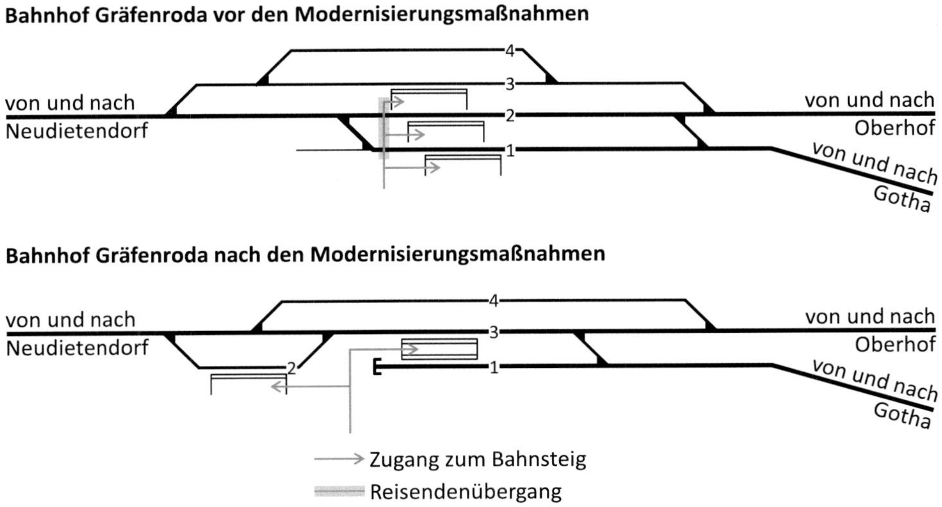


**Abb. 10.27** Vermeidung gleisgleicher Bahnsteigzugänge. (Quelle: [9] unter Nutzung von [31])

Verhalten bereits fahrender (in diesem Falle also einfahrender) Züge in der Regel deutlich besser vorherzusehen ist als das Verhalten abfahrender Züge, deren Abfahrtszeitpunkt und damit deren Eintreffen am Kreuzungskonflikt mitunter nur schwer prognostiziert werden kann (beispielsweise infolge von Verzögerungen beim Fahrgastwechsel oder der Abfertigung). Eine entsprechende Prognosefähigkeit ist jedoch Voraussetzung für geeignete Fahr- bzw. Geschwindigkeitsempfehlungen, mit denen ein etwaiger Kreuzungskonflikt kapazitätsschonend auch ohne Halt vor dem Bahnsteigbereich gelöst werden könnte.

### 10.4.3.4 Möglichst kreuzungsfreie Zugänge

Sowohl im Güterverkehr (z. B. bei der Zufahrt für Lastkraftwagen im Container-Terminal) als auch im Personenverkehr (Bahnsteigzugang) stellen Zugänge, die Gleise niveaugleich[17] kreuzen, besondere Anforderungen an den Eisenbahnbetrieb. Häufig führen sie zu erheblichen Behinderungen und dadurch letztlich zu Kapazitätseinschränkungen. Ziel sollte daher sein, derartige Zugänge kreuzungsfrei anzuordnen.

Infolge des Regelwerks führt die Vermeidung allerdings üblicherweise zu Personenüber- oder -unterführungen, sofern keine andere Querung mitgenutzt werden kann. Damit verbunden sind

- entsprechende Bau-, Instandhaltungs- und Betriebskosten sowohl des Bauwerkes als auch der ggf. erforderlichen Fördertechnik zur Herstellung eines barrierefreien Bahnsteigzugangs (Aufzug, Rampe etc.) sowie
- ggf. Verschlechterungen zumindest der empfundenen Sicherheit (insb. bei Personenunterführungen).

► **Hinweise** Ein wesentlicher Vorteil von Personenunter- ggü. -überführungen liegt in der üblicherweise geringeren, zu überwindenden Höhendifferenz.

Abhängig von der Zug- bzw. Reisendenanzahl sowie dem Geschwindigkeitsniveau der Züge sind gleisgleiche Zugänge zumindest bei der Deutschen Bahn unter bestimmten Bedingungen, wie erwähnt jedoch oft mit erheblichen Betriebsauswirkungen, nach wie vor zulässig.

Gerade auf eher gering belasteten Strecken kommt es daher immer wieder zu Lösungen ohne Kunstbauten, wie die Auflösung zweier ehemals gleisgleicher Bahnsteigzugänge in Abb. 10.27 zeigt.

[17] In diesem Kontext mitunter auch als „gleisgleich" bezeichnet.

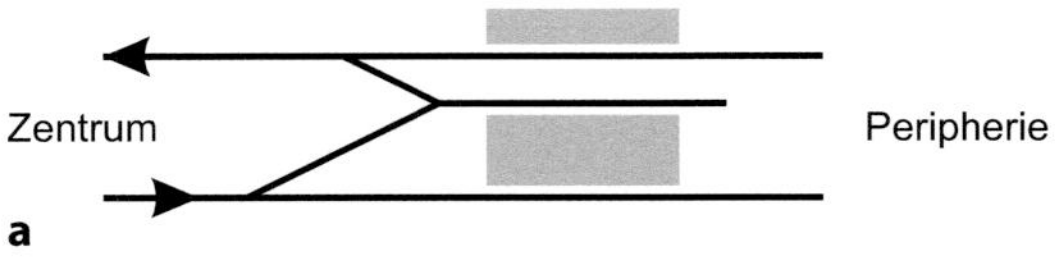


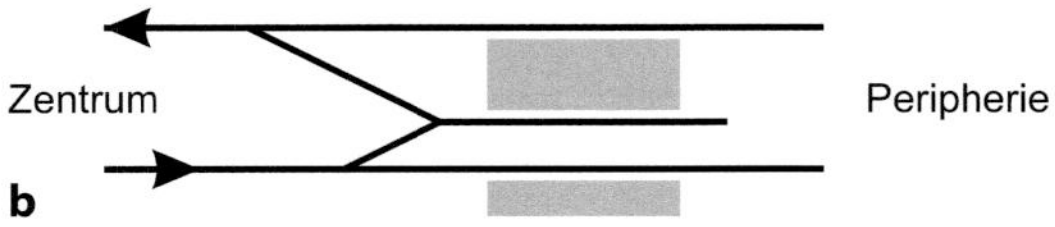


**Abb. 10.28** **a**,**b** Bündelung gleichartiger Verkehre an einem Bahnsteig. (Quelle: eigene Darstellung)

Ähnlich den allgemeinen Grundsätzen der Verkehrsplanung bzw. des Verkehrsmanagements, nämlich vor der Verkehrsbewältigung die Verkehrsvermeidung zu adressieren, sollte auch bei der BIG versucht werden, die Anlässe für Gleisquerungen zu reduzieren – nicht nur wie im Beispiel Gräfenroda (Abb. 10.27), sondern generell. Dies gilt im übertragenen Sinne daher auch für Situationen wie in Abb. 10.28, wo Lösung b der klare Vorzug zu geben ist.

Das heißt: Aus betrieblicher Sicht ist ein Inselbahnsteige im Regelfall immer zwei Seitenbahnsteigen vorzuziehen:

- Gleiswechsel sind bis kurz vor Abfahrt möglich und führen nicht zu einem Bahnsteigwechsel.
- Bei ausgeprägten Hauptverkehrsrichtungen (z. B. morgen stadteinwärts, abends stadtauswärts) wird weniger Bahnsteig- und Verkehrsfläche benötigt, da die Flächen des Inselbahnsteigs morgens *und* abends genutzt werden können und nicht nur morgens *oder* abends wie bei Seitenbahnsteigen.

Auch hier gilt: Die BIG darf nicht nur gleisbezogen erfolgen, sondern muss die gesamten Eisenbahninfrastruktur einbeziehen; und zwar möglichst bereits in der Konzeptionsphase.

**Beispiel**

Abb. 10.29 veranschaulicht das Wechselspiel zwischen Gleisen und Bahnsteigen aus betrieblicher Sicht: Grundsätzlich ist der Spurplan – auch dank schneller Weichen – gut dafür geeignet, den mehrfach pro Stunde auftretenden Kreuzungskonflikt im Bereich der Streckenverzweigung im Verspätungsfalle durch eine ad-hoc verschobene Kreuzung (vgl. Abb. 10.25) auszusteuern.

Der dafür betrieblich erforderliche operative, das heißt kurzfristige Gleiswechsel scheitert jedoch an der Bahnsteiganordnung. Verschärft wird die Situation dadurch, dass ein verkehrlicher Bahnsteigwechsel nur über den Bahnübergang möglich ist; kurzfristige verkehrliche Gleiswechsel sind daher in dieser Station sogar verboten.

Eine kostengünstige Lösungsmöglichkeit wäre – neben einem Überwerfungsbauwerk anstelle der niveaugleichen Streckenverzweigung oder der Umwandlung in einen Inselbahnsteig – das Doppeln der Weichenverbindung (rot in Abb. 10.30). ◄

### 10.4.4 Wechselwirkungen zwischen Spurplan und Trassierung

Wie bereits im vorhergehenden Kap. 9 beschrieben, hängen Trassierung und Spurplangestaltung bzw. BIG eng zusammen bzw. oft voneinander ab. Häufig sind die Grenzen fließend, so dass ein

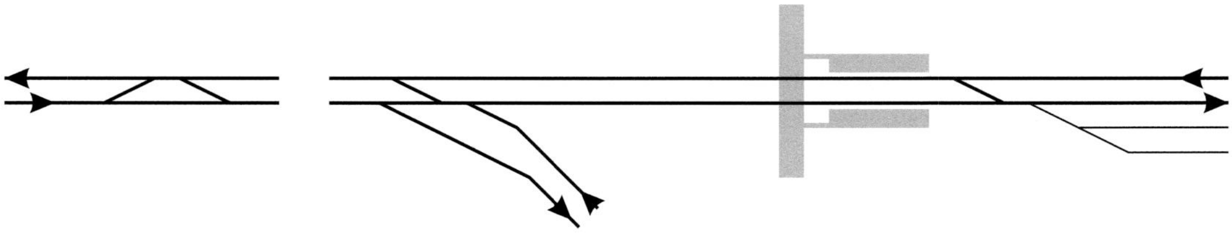

**Abb. 10.29** Seitenbahnsteige verhindern kurzfristige Gleiswechsel. (Quelle: eigene Darstellung)

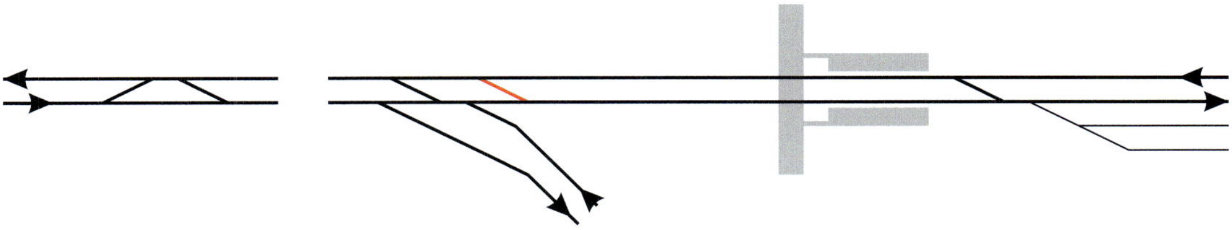

**Abb. 10.30** Zusätzliche Weichenverbindung (rot) kompensiert fehlenden Inselbahnsteig. (Quelle: eigene Darstellung)

interdisziplinäres Vorgehen unabdingbar ist, auch wenn dieses in der HOAI (vgl. [3]) nicht explizit zum Ausdruck kommt. Diverse positive Beispiele aus der Praxis belegen:

- Es ist durchaus möglich und sehr sinnvoll, bereits in früheren Projektphasen als ehemals üblich tief in die Trassierung und damit die Verzahnung zwischen Trassierung und BIG einzusteigen.
- Es kann – insb. bei Projekten mit langer (Planungs-)Historie – geboten sein, auch in späten Leistungsphasen bestehende Planungen bzw. getroffene Entscheidungen zu hinterfragen, falls diese nicht mehr zu den aktuellen Anforderungen an die geplante Infrastruktur passen; daraus resultiert jedoch *nicht* notwendigerweise ein Rückfall in frühere Planungsphasen, wie die Umplanung der Einbindung der Neubaustrecke Wendlingen–Ulm in den Ulmer Hauptbahnhof erst kurz vor deren Inbetriebnahme eindrucksvoll zeigt (vgl. u. a. [2]).

Im Folgenden wird – in Ergänzung zu den Hinweisen in Kap. 9 (insb. Abschn. 9.7) – auf einige aus BIG-Perspektive besonders relevante Aspekte näher eingegangen.

#### 10.4.4.1 Hinreichende zulässige Geschwindigkeiten

Hinreichende zulässige Geschwindigkeiten sind die Grundlage für einerseits konkurrenzfähige Fahr- und Reisezeiten und andererseits für kapazitätsschonend kurze Belegungszeiten, vgl. Abb. 10.31.

Das heißt:

- Geschwindigkeitseinbrüche sollten vermieden werden.
- Im Bereich von Brems- und Beschleunigungsbereichen sollten die zulässigen Geschwindigkeiten nach Möglich keine Einschränkungen für die fahrdynamisch tatsächlich erreichbaren Geschwindigkeiten bilden, sondern sich am technisch möglichen Brems- bzw. Beschleuni-

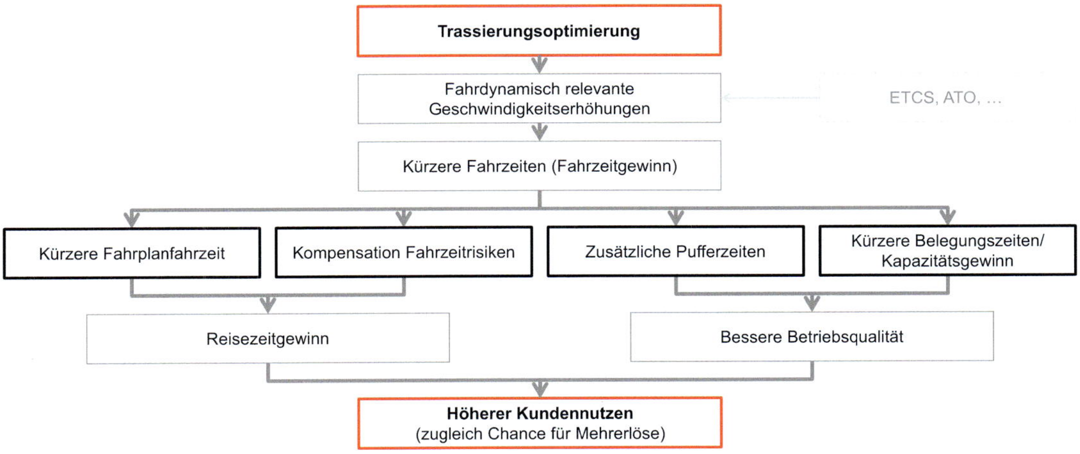


**Abb. 10.31** Vielfältiger Nutzen kürzerer Fahrzeiten. (Quelle: [32])

gungsverhalten moderner Fahrzeuge ausrichten.

Letzteres betrifft insb. die Stationsgestaltung, bei der sich in den letzten Jahren eine erfreuliche Trendumkehr andeutet: Während früher (u. a. infolge der technischen Restriktionen bei der Signalisierung von Geschwindigkeitswechseln nach „unten“) Weichenbereiche in der Regel kapazitätsvernichtend nur mit geringen und nicht gestuften Geschwindigkeiten geplant wurden, lassen die heutigen sicherungstechnischen Möglichkeiten entsprechende Geschwindigkeitswechsel auch in Weichenbereichen ohne weiteres zu. Dies ermöglicht es, mit zunehmendem Abstand zum Halteplatz höhere (Weichen-)Geschwindigkeiten sinnvoll zu nutzen. Unter Berücksichtigung des Fahrverhaltens aktueller Fahrzeuggenerationen sollten daher 65 km/h (passend zur Grundform der weit verbreiteten 500er Weichen (vgl. Kap. 4)) die absolute Untergrenze in im Regelbetrieb mit Zugfahrten genutzte Gleise sein. Im Regelfall sind 100 km/h, mindestens jedoch 80 km/h auch im unmittelbaren Bahnsteigumfeld anzustreben, um Fahrzeit- und Kapazitätseinbußen zu vermeiden.

Da in Brems- und Beschleunigungsbereichen üblicherweise nur ein Teil eines Zuges die zulässige Geschwindigkeit voll ausfährt und zumindest in Bremsbereichen eine „spitze“ Fahrweise bei pünktlichem Betrieb nicht die Regel ist, erscheint es in diesen Bereichen durchaus vertretbar, die möglichen Geschwindigkeiten bei der Trassierung auszureizen bzw. durchaus im Ermessensbereich bis hin zur Ermessensgrenze zu trassieren: Denn im praktischen Betrieb kommen die entsprechenden Werte wenn überhaupt, dann üblicherweise nur auf einem kleinen Teil der Zuglänge zum Tragen, während die übrige Zuglänge bzw. die pünktlichen Züge infolge deren niedrigerer Geschwindigkeit von der flüssigeren Trassierung für die höheren Geschwindigkeiten profitieren, ohne diese auszuschöpfen – mit entsprechenden Vorteilen für Komfort und Instandhaltung.

Dies gilt sowohl bei geringen Geschwindigkeiten, in denen bereits kleine Geschwindigkeitserhöhungen zu deutlichen Fahrzeiteffekten führen können, als auch im restlichen Geschwindigkeitsbereich.

► **Erläuterung** Auf einem Kilometer Länge verkürzt eine Erhöhung um 20 km/h von 80 auf 100 km/h die Fahrzeit um neun Sekunden; bei einer Erhöhung um 20 km/h von 180 auf 200 km/h sind es „nur“ zwei Sekunden. Üblicherweise sind die für Geschwindigkeitserhöhungen infrage kommenden Abschnitte im höheren Geschwindigkeitsbereich jedoch länger: Bei zehn Kilometern Länge wächst der Effekt von 180 auf 200 km/h bereits auf 20 s an.

Bei der Geschwindigkeitskonzeption sollten daher drei Stoßrichtungen vereint werden:

- Beachtung der „Mindestgeschwindigkeit“ (Stoßrichtung: 100 km/h, vgl. auch aktuelle Ausrüstungsstandards insb. auf Hochleistungskorridoren),
- Zielfahrzeit zwischen definierten Punkten für definierte Zugtypen und Haltemuster,
- Ausschöpfen der sich (darüber hinaus) ohne Sprungkosten bietenden Möglichkeiten.

In jedem Falle sollten die Möglichkeiten unter ETCS genutzt werden, Geschwindigkeitswechsel – ggf. auch in dichter Folge – fahrwegspezifisch metergenau in 5 km/h-Schritten signalisieren zu können. Für weitere Erläuterungen vgl. erneut Kap. 9 sowie die dort zitierten Beispiele, u. a. [33].

#### 10.4.4.2 Ausreichende Nutz- und Bahnsteiglängen

Nicht nur Abb. 10.22 in Abschn. 10.4.3.3 lässt erahnen, dass Entwicklungslänge insb. in Knoten ein knappes Gut ist. Umso wichtiger ist es, bereits frühzeitig Klarheit über die erforderlichen Gleise und deren Längen zu erlangen – sowohl im Güter- wie im Personenverkehr. Bei beiden Verkehrsarten ist zu beachten, dass die bauliche Gleislänge (teilweise deutlich) größer sein muss als die verkehrlich erforderliche Nutzlänge.

Selbst wenn die Nutzlänge (im deutschen Güterverkehr beispielsweise mindestens 750 m für einen 740 m langen Zug) erreicht wird, folgt daraus noch nicht, dass der Betrieb flüssig gestaltet werden kann.

► **Erläuterung** Heutige Güterzüge lassen sich üblicherweise noch nicht so exakt bremsen wie Personenzüge; die finale Zielbremsung erfolgt daher meist aus sehr geringer Geschwindigkeit. Zudem ist das Brems- und Beschleunigungsverhalten im Güterverkehr in der Regel auch insgesamt schlechter. Je geringer die über die minimal erforderliche Nutzlänge hinausgehende, für die Annäherung bei der Zielbremsung zur Verfügung stehende Länge ist, desto größer ist der Kapazitätsverbrauch bzw. die Behinderung folgender Züge (vgl. Ausfädelspur auf Autobahnen). Gleiches gilt beim Anfahren, falls kein „Beschleunigungsstreifen" für ein kapazitätsschonendes Einfädeln vorhanden ist.

In Personenverkehr kommt – zumindest in Deutschland – mitunter hinzu, dass unterschiedliche Bahnsteighöhen und unterschiedliche Fahrzeugeinstiegshöhen die Nutz- und Vertretbarkeit von Gleisen einschränken.

Eine enge Abstimmung zwischen BIG und Trassierung (vgl. insb. Abschn. 9.7.3 in Kap. 9) ist daher oft die einzige machbare Lösung.

► **Anmerkung** Obwohl unterschiedliche Bahnsteighöhen an demselben Gleis in Deutschland ein bewährtes und pragmatisches Mittel sind, um betriebliche Restriktionen zu reduzieren, untersagt das aktuelle Regelwerk deren Neubau. Es bleibt zu hoffen, dass im Zuge der DB InfraGO AG eine Regelwerksanpassung erfolgen wird.

#### 10.4.4.3 Kurze Entwicklungslängen

Häufig stehen hinreichende Nutzlängen in Konkurrenz mit den für eine bestimmte Topologie erforderlichen Entwicklungslängen. Bereits bei der Spurplanung sollte daher darauf geachtet werden, die Gleise und Weichen so zu konzipieren, dass „kurze" Weichen verwendet werden können, ohne dass daraus Geschwindigkeitsreduktionen resultieren (vgl. hierzu auch das Beispiel in Abschn. 9.7.3.2 von Kap. 9). Das heißt: Wann immer möglich, sollte der schneller (oder häufiger) befahrene Weichenstrang bezogen auf die Grundform einer Weiche nach Möglichkeit nicht das fahrdynamische Zweiggleis bilden.

**Beispiel**

Abb. 10.32 zeigt zwei Spurpläne mit identischen Fahrbeziehungen und Funktionen. Variante a ist zwar planerisch mit weniger „Mausklicks" und folglich mit weniger Zeiteinsatz darstellbar als Variante b. Letztere ist aber u. a. fahrdynamisch, kostenseitig (Invest und Betrieb) und verkehrlich-betrieblich die deutlich bessere. Es ist daher in der Planung darauf zu achten, dass die zusätzlich erforderlichen „Mausklicks" auch erbracht werden. ◄

#### 10.4.4.4 Kurze Belegungszeiten

Bei allen Überlegungen zur Spurplangestaltung sind nicht nur die Anforderungen an die Gleise und Fahrwege zu berücksichtigen, sondern im Sinne der Leistungsfähigkeit des Systems kurze Belegungszeiten der einzelnen Fahrwegelemente anzustreben. Ein wesentlicher Hebel hierfür sind geeignete Geschwindigkeiten (siehe Abschn. 10.4.4.1) sowie die geeignete Gestal-

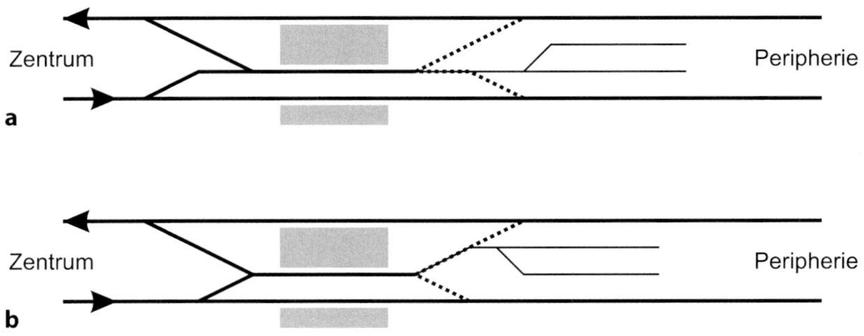


**Abb. 10.32** a,b Ungünstige und günstige Spurplangestaltung. (Quelle: eigene Darstellung)

tung der LST (siehe folgenden Abschn. 10.4.4.5). Aber auch durch geeignete Spurplangestaltung können Belegungszeiten verkürzt werden, beispielsweise indem ein schnelles Räumen („Freifahren“) der kritischen Elemente unterstützt wird.

**Beispiel**

Abb. 10.33 zeigt zwei Spurpläne für ein mittiges Güterzug-Überholgleis, die sich nur in der Anordnung der Schutzweiche unterscheiden. Variante b ist hierbei aus betrieblicher Sicht gleich in zweifacher Hinsicht günstiger, sofern im Regelfall Rechtsbetrieb unterstellt wird:

1. Ostwärts fahrende Güterzüge, die vom Regelgleis in das Überholgleis einfahren, fahren das Flankenschutzelement früher frei, so dass dieses für einen nachfolgenden Zug früher umlaufen kann.
   Das frühere Freifahren resultiert aus zwei Effekten: Erstens ist der Weg, der bis zum Passieren des maßgeblichen Weichenanfangs zurückzulegen ist, in Variante b kürzer als in Variante a (siehe Pfeil). Zweitens führt die je nach Bremsverhalten des Zuges mitunter sehr vorsichtige Zielbremsung im Überholgleis – insb. dann, wenn der Zug (nahezu) die gesamte Nutzlänge des Überholgleises beansprucht – zu sehr geringen Geschwindigkeiten, so dass dieser „Längengewinn“ in Variante b überproportional zeitsparend wirkt.
2. Westwärts einfahrende Güterzüge, die nach der Überholung aus dem Überholgleis auf das Regelgleis ausfahren sollen, erfahren keine Nachteile. Wird das Überholgleis jedoch als lang gezogene Weichenverbindung vom Regel- in das Gegengleis genutzt, ergeben sich ebenfalls Vorteile ggü. Variante a: Die Weiche im Überholgleis kann bereits bei der Einfahrt die erforderlich Linkslage einnehmen, so dass als Gefahrenpunkt der „weiter hinten“ liegende Weichenanfang der Schutzweiche fungieren kann, was im Zweifel kapazitätsschonend höhere Einfahrgeschwindigkeiten ermöglicht. ◀

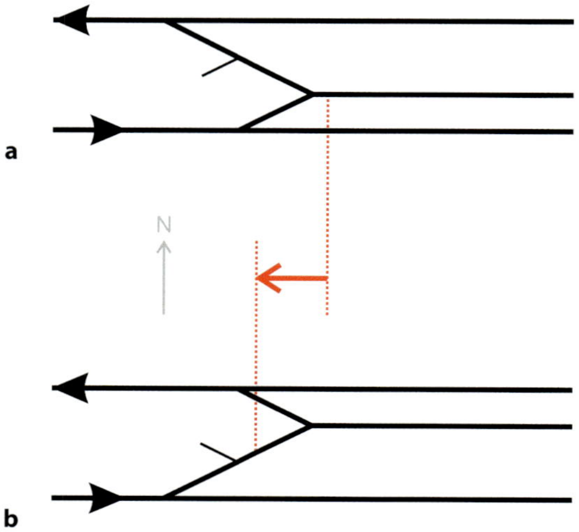


**Abb. 10.33** **a**,**b** Ungünstige und günstige Anordnung einer Schutzweiche. (Quelle: eigene Darstellung)

Bei sich niveaugleich kreuzenden Fahrwegen ergeben sich Gleisabschnitte, die im Zweirichtungsbetrieb befahren werden müssen. Im kürzesten Falle ist dies fahrwegseitig eine Kreuzung. Oft erstrecken sich diese Bereiche jedoch über mehrere Weichen oder gar mehrere 100 Meter. In der Regel ist es kapazitätsschonend, diese Bereiche so kurz wie möglich zu halten. Daher sind in Abb. 10.18 in Abschn. 10.4.3.2 die Varianten d und f günstiger zu bewerten als Variante e.

### 10.4.4.5 LST

Wie in Kap. 11 ausgeführt, spielt die LST (vgl. auch Kap. 12) eine wesentliche kapazitive Rolle. Daher sind die entsprechenden Wechselwirkungen bei der BIG möglichst frühzeitig zu berücksichtigen. Dies gilt in beiden Richtungen.

Einerseits sind infrastrukturell besondere Anforderungen, die sich aus der LST beispielsweise bzgl. Durchrutschwegen (D-Wege) und für die LST vorzuhaltenden Längen (z. B. Abstand zwischen Signal und Grenzzeichen) ergeben, zu berücksichtigen.

Andererseits kann die LST die Infrastrukturgestaltung und letztlich das Kapazitätsangebot nicht nur durch die „klassischen“ Hebel (wie eine kurze Blockteilung) unterstützen, sondern beispielsweise auch durch kurze Prozesszeiten. Zu diesen Hebeln zählen insb.:

- deutlich kürzere Fahrstraßenbildezeiten (einschließlich schneller und paralleler Weichenumläufe) als bislang,
- kurze Fahrstraßenauflösezeiten,
- deutlich kürzere Übertragungszeiten unter ETCS als bislang, das heißt: im Bereich von wenigen Sekunden für den Gesamtprozess,
- Anwendung geeigneter Bremskurven,
- etc.

Zur Vertiefung sei auf [34] sowie das reichhaltige Material unter https://www.bahnprojekt-stuttgart-ulm.de/digitaler-knoten-stuttgart/ verwiesen.

### 10.4.5 Gestaltung von Stationen und intermodaler Knoten

Neben der intramodalen Funktion von Stationen fungieren sie auch als Schnittstelle mit der „Außenwelt", schaffen also Übergänge von und zu anderen Verkehrsmitteln und Fortbewegungsarten.

Diese, in den letzten Jahrzehnten zumindest im deutschen Personenverkehr nicht immer beachtete intermodale Funktion der Stationen erlebt mittlerweile wieder eine Renaissance: An die Stelle des Denkens „von Bahnhof zu Bahnhof" rückt das Denken „von Tür zu Tür" – und damit rücken auch wieder

- der Weg von/zu einer Station,
- der Weg durch eine Station,
- der Aufenthalt in einer Station sowie ggf. deren Umfeld sowie
- die Schnittstelle zwischen Station und Bahnsteig

ins Blickfeld.

An Güterverkehrsstationen spielt der Umschlag von Gütern eine entscheidende Rolle. Zunehmend werden dabei auch (wieder) Konzepte in Betracht gezogen, bei denen weder Massen- noch großvolumige Güter im Fokus stehen, sondern kleinteiligere Güter. Und auch die Chancen, die sich aus der Kombination von Personen- und Güterverkehren in einem Gefäß ergeben, werden – endlich – wieder ernst genommen.

Infolge der Komplexität und Vielschichtigkeit dieses Thema kann es im Folgenden nur angerissen werden. Für eine Vertiefung des Güterverkehrs sei beispielsweise auf [35] verwiesen.

#### 10.4.5.1 Verkehrlich-betriebliche Funktionen von Stationen im Personenverkehr

Die verkehrliche Funktion von Stationen im Personenverkehr besteht darin, den Reisenden den Übergang

- zwischen Zügen (intramodal) und
- von/zu anderen Personenverkehrsträgern (intermodal), wie zum Individualverkehr (sowohl zum motorisierten Straßenverkehr als auch zum Fuß- und Radverkehr), zum ÖPNV, zum Flugverkehr oder zum Schiffsverkehr zu ermöglichen.

Die unmittelbare Schnittstelle zum Eisenbahnverkehr ist – soweit vorhanden – der Bahnsteig. Dessen wichtigste Funktion besteht darin, den Reisenden die Möglichkeit zu geben, sicher und barrierearm bzw. sogar barrierefrei ein- und auszusteigen. Maßgeblich für einen flüssigen Fahrgastwechsel sind

- möglichst geringe Höhendifferenzen und Spaltmasse sowie
- hinreichende Bewegungsflächen auf dem Bahnsteig *und* auch im Fahrzeug (zumindest in den Türbereichen)[18].

Hierbei besonders zu beachten sind die Herausforderungen, die sich aus international und zumindest in Deutschland auch national unterschiedlichen Bahnsteighöhen ergeben.[19] Während Österreich und die Schweiz im Eisenbahnverkehr die Strategie einer einheitlichen Bahnsteig(ziel)höhe von 55 cm über Schienenoberkante verfolgen, sehen deutsche Konzepte teilweise

[18] Zu fahrzeugseitigen Aspekten vgl. u. a. [36].

[19] Eine detaillierte Betrachtung würde den Umfang dieses Kapitels sprengen.

sogar drei unterschiedliche Bahnsteighöhen in derselben Station oder sogar an demselben Bahnsteig vor (Beispiel Buxtehude mit 55 cm, 76 cm und 96 cm hohen Bahnsteigkanten, vgl. [37]) und unterstellen auf den Stationen mit überregionalem Verkehr v. a. 76 cm über Schienenoberkante (vgl. u. a. [38]).

Das wichtige Thema Bahnsteiglängen ist bereits Teil von Abschn. 10.4.4.2 bzw. von Kap. 9.

Je nach Stationsgröße unterstützen diverse Ausstattungselemente die verkehrliche Funktion auf dem Bahnsteig (vgl. insb. [39]). und in den angrenzenden Bereichen und Gebäuden sowie idealerweise auch bereits im Umfeld.[20] Oft stehen dabei Komfortmerkmale für die Fahrgäste und Kunden – auch solche, die ggf. gar nicht die Züge nutzen – im Vordergrund, z. B. (vgl. auch [9]):

- Angemessene Aufenthaltsqualität inkl. einer subjektiv als hinreichend empfundenen Sicherheit,
- Schutz vor Witterungseinflüssen,
- Schutz vor Taubenkot bzw. Taubenvergrämung,
- Information der Fahrgäste (inkl. Uhrzeit und Wegeleitung),
- Fahrscheinautomaten/Entwerter,
- Einkaufsmöglichkeiten,
- Abfallbehälter,
- Gepäckförderanlagen bzw. Umschlagshilfen,
- …

Teilweise sind diese Ausstattungselemente auch aus Sicht der BIG von Bedeutung. Hinzu kommt eine Reihe von infrastrukturellen Möglichkeiten bei der Stationsgestaltung, die – zumindest auf hochbelasteten Korridoren bzw. in hochbelasteten Stationen – sogar entscheidend (!) für die Leistungsfähigkeit des Gesamtsystems sind, also beispielsweise für die Anzahl der mit der gewünschten Betriebsqualität produzierbaren Zugfahrten. Leistungsfähigkeitssteigernd wirken insb.:

- kurze Haltezeiten und
- kurze Umsteigezeiten.

Sofern nicht mehrere Halteplätze zur Verfügung stehen, die zur Verlängerung der Haltezeit je Halteplatz gleichzeitig genutzt werden können, wirkt die Haltezeit unmittelbar auf die minimal mögliche Zugfolgezeit. Diese ergibt sich dann unmittelbar aus

- der Zugwechselzeit (Dauer zwischen der Abfahrt des vorausfahrenden Zuges und Ankunft des folgenden Zuges) zzgl.
- der Haltezeit (Dauer zwischen Ankunft und Abfahrt desselben Zuges).

**Beispiel (Bedeutung kurzer Haltezeiten)**

Alle S-Bahn-Stationen im Münchener Stammstreckentunnel verfügen lediglich über ein Bahnsteiggleis je Richtung. Auch wenn derzeit keine automatische Fahr- und Bremssteuerung erfolgt, erlaubt die linienförmige Zugbeeinflussung selbst bei den gut 200 m langen Zügen Zugwechselzeiten von lediglich 61 s. Sollen bei 30 Zügen pro Stunde je Richtung zwischen zwei Zugfahrten 30 s Puffer liegen, ist technisch eine minimale Zugfolgezeit von 90 s erforderlich. Daraus folgt: Die Haltezeiten müssen auf 29 s begrenzt werden!

Aufgrund der bei heutigen Fahrzeugen mitunter sehr langen Latenzzeiten für Halterkennung, Türöffnen, Abfertigung, Türschließen, Türschließerkennung und Abfahrtseinleitung verbleiben nur wenige Sekunden für den Fahrgastwechsel.[21] Damit die große Fahrgast-Nachfrage überhaupt bewältigt werden kann, ist es also entscheidend, den Fahrgastwechsel so effizient wie möglich zu gestalten. Denn längere Haltezeiten würden entweder die Pufferzeiten reduzieren oder die planbare Anzahl an Zügen verringern, was wiederum zu noch höheren Anforderungen bzgl. des Fahrgastwechsels bei den verbleibenden Zügen führen würde.

[20] Infolge unterschiedlicher Zuständigkeiten, teilweise gegenläufiger Interessen, unklarer Kostenträgerschaft etc. hält die Einbeziehung von Bereichen, die nicht (mehr) im Eigentum des EIU stehen (z. B. Bahnhofsvorplätze und inzwischen in Privatbesitz befindliche Empfangsgebäude), häufig besondere Herausforderungen an eine kundenorientierte Umsetzung bereit.

[21] Vgl. hierzu auch [40].

Die drei aufkommensstärksten Stationen im Münchener Stammstreckentunnel verfügen daher über zwei Bahnsteigkanten je Gleis (sogenannte „spanische Lösung"), um ein- und aussteigende Fahrgastströme zu trennen. Dadurch kann immerhin weitgehend vermieden werden, dass aussteigende Fahrgäste durch auf dem Bahnsteig wartende Fahrgäste behindert werden.

Das heißt: Obwohl die Bahnsteiggestaltung und -ausstattung in der Regel noch nicht explizit in die gleisbezogene Leistungsfähigkeitsbetrachtung eingeht, sondern bislang – wenn überhaupt – üblicherweise separat im Rahmen von Fahrgastflusssimulationen betrachtet wird, stellen diese Stellschrauben wesentliches Element der BIG dar. ◄

Es liegt auf der Hand. dass die kurzen Haltezeiten nicht nur für die Zugfolge relevant sind, sondern bei mehreren Halten auch direkt die Reisezeit beeinflussen können. Soll zwischen zwei bestimmten Stationen (z. B. Taktknoten) mit mehreren Halten dazwischen die Reisezeit verkürzt werden, kann also nicht nur die Verkürzung der Fahrzeit zwischen den Stationen, sondern auch die Reduzierung der Haltezeiten ein wesentlicher Hebel sein.

► **Anmerkung** Alle hier angeführten Hebel zielen nicht darauf ab, Reserven zu reduzieren oder kürzere Prozesszeiten bei der Fahrplanplanung anzusetzen als in Realität erforderlich, sondern die technischen bzw. infrastrukturellen Randbedingungen so zu gestalten, dass die Prozesszeiten in Realität auch tatsächlich kürzer werden.

Sowohl bei intra- als auch bei intermodalen Umstiegen sind neben der Schnittstelle Zug – Bahnsteig auch die Wege und die Gestaltung innerhalb der Stationen zu beachten. Auch hier gilt es, die Infrastruktur nach dem Prinzip „form follows function" zu gestalten und bei der „function" die verkehrlich-betrieblichen Anforderungen zu priorisieren und so die Prozesszeiten kurz zu halten.

**Beispiel (Umsteigezeiten)**

Abgesehen davon, dass Umsteigezeiten Teil der Reisezeit sind, die es im Sinne eines attraktiven und konkurrenzfähigen Angebots zu verkürzen gilt, können gesamte Angebotskonzepte an zu langen Umsteigezeiten scheitern. Dies gilt insbesondere für Taktknoten, die auf kurze Umsteigezeiten angewiesen sind, um die idealtypischen „Rund-um-Anschlüsse" zu gewährleisten, ohne unzumutbare Haltezeiten für Durchreisende zu verursachen.

So kann allein die Anpassung der mindestens erforderlichen Übergangszeit dazu führen, dass bei unverändertem Fahrplan Reiseketten zusätzlich ermöglicht oder schlimmstenfalls sogar gebrochen werden, wie es bei der Verlängerung der ohnehin schon langen Mindestübergangszeit von 8′ auf 9′ am Berliner Hauptbahnhof (Lehrter Bahnhof) einige Jahre nach Inbetriebnahme erfolgte. ◄

Obwohl hierbei die infrastrukturelle – und somit im Nachhinein schwer änderbare – Gestaltung der Stationen eine zentrale Rolle spielt, sind die diesbzgl. relevanten Hebel baulich und fahrzeugseitig oft gar nicht so offensichtlich wie die „spanische Lösung". Beispiele sind:

1. sowohl fahrgastfreundliche als auch leistungsfähigkeitsorientierte Anordnung von Bahnsteigen und Zugängen,
2. kurze (Umsteige-)Wege,
3. geeignete Unterstützung kurzer Fahrgastwechsel- und ggf. Abfertigungszeiten,
4. geeignete Anordnung der Informationselemente,
5. geeignete Art der Informationsgebung,
6. Barrierefreiheit,
7. geeignete Allokation verkehrlicher und betrieblicher Prozesse.

Infolge der fehlenden „Offensichtlichkeit" geraten diese Elemente leicht aus dem Blickfeld der BIG oder müssen sogar mit Zielen konkurrieren, die keinen Beitrag zum verkehrlich-betrieblichen Nutzen stiften. Beispiele für derartige konkurrierende Elemente sind insb. architektonische und

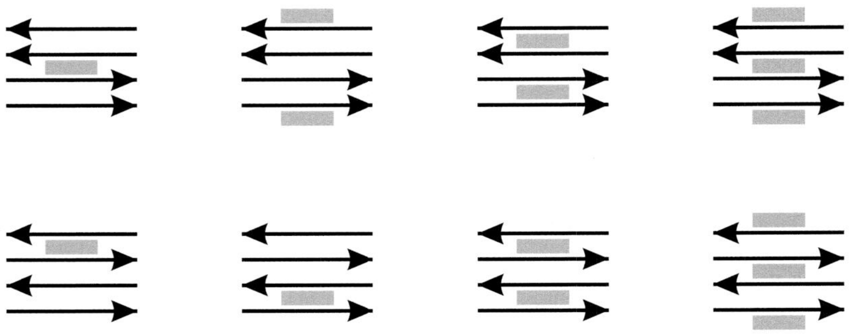

**Abb. 10.34** Wechselspiel zwischen Gleis- und Bahnsteiganordnung bei mehrgleisen Korridoren. (Quelle: [19])

kommerzielle Ziele, allen voran die Schaffung von „attraktiv“ gelegenen Vermarktungsflächen zur Erzielung möglichst hoher Vermietungserlöse auf Kosten eines attraktiven und robusten Bahnbetriebs.

Zu Anstrich 1: Selbst bei gleisseitig identischen Spurplänen kann sich allein die Anordnung der Bahnsteige bzw. Bahnsteigkanten erheblich auf die Reisenden und die operative Betriebsabwicklung auswirken, vgl. Abb. 10.28 in Abschn. 10.4.3.4: Bei Rechtsbetrieb ist Variante a nachteilig. Variante b ermöglicht dagegen, dass im Regelfall alle Züge Richtung Zentrum von demselben Bahnsteig abfahren. Dies erleichtert sowohl die Fahrgastlenkung als auch kurzfristige Gleiswechsel. (Bei Linksbetrieb ist bzgl. der Bahnsteiganordnung folglich Variante a zu bevorzugen.)

Bei mehrgleisigen Korridoren kommt dem Wechselspiel zwischen Gleis- und Bahnsteiganordnung sowie dem Angebotskonzept samt etwaiger (ggf. sogar bahnsteiggleicher) Anschlussbeziehungen besondere Bedeutung zu, vgl. Abb. 10.34 sowie bzgl. der Vorteile des symmetrischen Richtungsbetriebs mit innenliegenden Ortsgleisen Abschn. 10.4.2.2 (in Abb. 10.34 in der einfachsten Form links oben dargestellt).

Die Anordnung der Zu- und Abgänge zum/vom Bahnsteig kann maßgeblich zur Verteilung der Fahrgäste auf dem Bahnsteig (und im Zug) und letztlich zu kurzen Fahrgastwechsel- und damit kurzen Haltezeiten beitragen. Dies gilt sowohl innerhalb einer Station als auch stationsübergreifend: So sollten entlang der Stationen einer Linie unterschiedliche Positionen der Zugänge auf dem Bahnsteig angestrebt werden.

**Negativ-Beispiel Zugänge**

Am Regionalbahnhof Berlin Potsdamer Platz wurden die hauptsächlich genutzten Zugänge so angeordnet, dass sie am Bahnsteig auf ungefähr einer Wagenlänge zusammentreffen, vgl. Abb. 10.35.

Entsprechend ballen sich die zuströmenden Fahrgäste in Zugmitte, versperren aussteigenden Fahrgästen den Weg und nutzen für den Einstieg nur wenige der zur Verfügung stehenden Türen. Das heißt: Sowohl im Sinne kurze Wege (siehe Anstrich 2) als auch im Sinne einer besseren Verteilung der Fahrgäste wäre ein größerer Abstand zwischen diesen Zu- und Abgängen auf dem Bahnsteig erstrebenswert. ◄

Zu Anstrich 2: Wirksamstes Mittel für kurze Wegezeiten sind kurze (und hinreichend breite) Wege. Bis auf ganz wenige Ausnahmen sind daher rechtwinklige Gleisquerungen Mittel der Wahl. Ergaben sich diese in den ersten 150 Jahren seit Bau der ersten Eisenbahn häufig bereits allein durch das Ziel, kostengünstig zu bauen und zu betreiben[22], standen die verkehrlich-betrieblichen Bedürfnisse ab den 1990er zumindest in Deutschland zunehmend in Konkurrenz mit anderen Nutzungsarten und -zielen, wie z. B. einem bestmöglichen „Shopping-Erlebnis“.

[22] Kurze Wege reduzieren üblicherweise den Flächenbedarf und somit die Betriebskosten z. B. für deren Reinigung.

**Abb. 10.35** Zu geringer Abstand zwischen den beiden hauptsächlich genutzten Zugängen. (Quelle: eigene Aufnahme)

**Abb. 10.36** „Versteckte" Bahnsteigzugänge mit langen Wegen zu den Gleisen 1 und 2. (Quelle: eigene Aufnahme)

**Negativ-Beispiele für lange Wege**

Viele der in den 1990er Jahren konzipierten „großen" Stationen zeigen Bereiche, in denen eine vermeintlich bessere Lage von Vermarktungsflächen zu langen Wegen zum/vom Bahnsteig führt, die zu langen Umsteigewegen und somit zu langen Umsteigezeiten führen. Exemplarisch seien drei Stationen angeführt:

- Die Zugänge zu den Bahnsteigen an Gleis 1/2 und 7/8 am Berliner Hauptbahnhof (Lehrter Bahnhof) sind von den übrigen Treppenanlagen des Kernbereichs separiert so hinter Verkaufsflächen zurückversetzt angeordnet, dass sie von Fahrgästen mitunter nicht oder zumindest nicht auf Anhieb wahrgenommen werden und sich zudem sehr weite Wege im Zwischengeschoss ergeben (Abb. 10.36). Infolge dieser versetzten Anordnung münden die Treppen auf den Bahnsteigen deutlich außerhalb der Halteplätze der Regionalzüge, so dass hier die bereits im Zwischengeschoss entstandenen Wege erneut – nun jedoch in umgekehrter Richtung – zurückzulegen sind. Die ohnehin langen Wege(zeiten) werden so nochmals verlängert.
- Ähnlich sieht es am Erfurter Hauptbahnhof aus: Obwohl dieser als idealtypischer ITF-Vollknoten fungieren soll (vgl. u. a. http://www.deutschlandtakt.de), wurden die Stumpfgleise 4 bis 7 samt Zugängen weit entfernt von der zentralen Perso-

**Abb. 10.37** Weit entfernte Zugänge zu den Bahnsteigen 3, 4, 5, 8 am Erfurt Hauptbahnhof. (Quelle: [41], Aufnahmestandort im Bereich der zentralen Personenunterführung; der im Text beschriebene Aufgang zu den Gleisen 3 bis 8 ist im Bildhintergrund gerade noch zu erkennen)

nenunterführung angeordnet. Der Weg zu den Gleisen 3 bis 8 ist entsprechend weit (vgl. Abb. 10.37); eine direkte Verbindung der Gleise 6 und 7 mit der zentralen Personenunterführung fehlt sogar gänzlich.

- Am Turmbahnhof Berlin Südkreuz zeigt sich ein gemischtes Bild: Zwar ergeben sich vermeintlich kurze Wege zwischen der oben liegenden Ringbahn und den unteren Bahnsteigen, da nur eine (lange) Treppe genutzt werden muss. Zugleich fungiert der Ringbahnbahnsteig im Sinne „best practice“ als Verbindung zwischen den unten liegenden Bahnsteigen und den Treppen vom/zum Straßenrand. Durch die nicht rechtwinklige Anordnung der Ringbahn entstehen jedoch sehr lange Wege zwischen den unten liegenden Gleisen untereinander sowie v. a. von und zu den Bussen auf dem Vorplatz (Luftlinie max. ca. 100 m, tatsächlicher Fußweg ca. 240 m, vgl. http://maps.google.com), die zu entsprechend langen Umsteigezeiten führen. ◄

Zu Anstrich 3: Kurze Fahrgastwechsel- und Abfertigungszeiten können durch vielfältige infrastrukturelle[23] Maßnahmen unterstützt werden, die bereits bei der BIG zu berücksichtigen sind; insb.:

- hinreichende Bewegungsflächen und Aufenthaltsflächen auf dem Bahnsteig und im Zug,
- stufenfreie und spaltarme Schnittstelle zwischen Zug und Bahnsteig (auch beeinflusst durch Höhe und (Bogen-)Lage des Bahnsteigs),
- korrekte, leicht verständliche, umfassende und rechtzeitige Fahrgastinformation,
- geeignete Zugangsanordnung,
- geeignete Wahl der Halteplätze,

[23] Für fahrzeugseitige Maßnahmen vgl. insb. die Arbeiten von *Rüger*; u. a. [36].

- direkte, möglichst knickfreie, übersichtliche und einbaufreie Bahnsteiggestaltung und Wegeführung,
- ...

Letztlich trägt jede Sekunde, die durch derartige Maßnahmen gewonnen werden kann, zu einer Attraktivierung des Systems Bahn bei.

Zu Anstrich 4: Allein das Vorhandensein von Informationselementen ist nicht ausreichend; auch deren geeignete Anordnung spielt eine zentrale Rolle für kurze Prozesszeiten: Die Kunden sollen die Informationen bzw. Informationselemente (z. B. Uhren, Abfahrtsübersicht, Zugzielanzeiger, Wagenstandsanzeiger, Anschlussinformationen usw.) schließlich nicht suchen müssen, was bestenfalls zu verschwendeter Zeit auf Kundenseite, schlimmstenfalls aber zur Behinderung anderer Reisenden oder des Zugbetriebs oder gar zum Bruch der Reisekette führt. Auch wenn bei einfachen Verhältnissen Standardlösungen passfähig sein mögen, so sollten grundsätzlich die konkreten Örtlichkeiten berücksichtigt werden. Hierbei sind auch die Aspekte mobilitätseingeschränkter Personen sowie wahrnehmungseingeschränkter Personen zu berücksichtigen.

Zu Anstrich 5: Informationselemente sollten nicht nur in hinreichender Anzahl vorhanden und geeignet angeordnet sein, sondern müssen die Informationen gut les-, hör- und fühlbar sowie leicht verständlich vermitteln. Die diversen Bahnen in Europa und der Welt verfolgen hier unterschiedliche Ansätze mit teilweise noch erheblichem Verbesserungspotential.

Zu Anstich 6: Während Einstiegshilfen (z. B. fahrzeugseitig Schiebetritte oder Lifte sowie bahnsteigseitig Hubwagen oder mobile Rampen) die Aufenthaltszeiten leider häufig verlängern und daher andere Lösungen zur Stufenvermeidung und Spaltverringerung präferiert werden sollten, helfen nahezu alle Infrastrukturelemente, die eigentlich „nur" auf mobilitätseingeschränkte Personen zielen (Rollstuhlnutzende, Fahrgäste mit Gepäck und/oder Kinderwagen, Fahrradfahrende usw.), in der Regel auch den vermeintlich nicht mobilitätseingeschränkten Kunden.

Dem Thema „Barrierefreiheit", das mitunter v. a. als Kostentreiber wahrgenommen zu werden scheint, kommt somit erhebliche Bedeutung zu. Beispielsweise erlangt vor dem Hintergrund des Ziels der starken Schiene, auch Ausflugsverkehre noch stärker als bislang mit der Bahn abzuwickeln, die Fahrradbeförderung (wieder) größere Bedeutung und zeigt, dass Aufzüge, die für einen einzelnen Rollstuhl gerade noch normgerecht sein mögen, bereits mit einem zu transportierenden Fahrrad vollkommen überfordert sein können. Das heißt: „Barrierefreiheit" ist differenziert zu betrachten bzw. die je Kundengruppe teilweise unterschiedlichen Anforderungen sind zu beachten.

Zu Anstich 7: Abhängig von den jeweiligen verkehrlich und betrieblich an einer Station erforderlichen Prozesse kann es sinnvoll sein, diese bewusst

- an einer Station zu kombinieren oder
- auf zwei (oder sogar mehr) Stationen zu verteilen.

Ein typisches Beispiel ist das sogenannte „Leermachen" von Zügen, wenn diese nach einer Fahrgastfahrt aussetzen: Hierfür kann es sinnvoll sein, die Prüfung, ob alle Fahrgäste das Fahrzeug verlassen haben, nicht an einem Aufkommensschwerpunkt vorzunehmen (an dem das Risiko hoch ist, dass Fahrgäste (wieder) einsteigen), sondern idealerweise erst an der Folgestation.

Andererseits bieten sich Stationen mit hohem Fahrgastwechsel und daher im Zweifel längeren Aufenthaltszeiten an, Fahrtrichtungs- oder – sofern eigene Führerraumtüren vorhanden sind – Triebfahrzeugführerpersonalwechsel vorzunehmen. Allerding ist hierbei sicherzustellen, dass der Informationsbedarf von Reisenden gerade an aufkommensstarken Stationen und in deren Vorfeld nicht unter der Personalablösung leidet.

#### 10.4.5.2 Verkehrlich-betriebliche Funktionen von Stationen im Güterverkehr

Die wesentliche verkehrliche Funktion von Güterbahnhöfen besteht wie beim Personenverkehr darin, intra- und intermodale Übergänge zu ermöglichen; und zwar durch Umladen des Transportguts beziehungsweise Transportbehälters. Dies kann sowohl in Umschlagsstationen erfolgen, die ausschließlich auf den Güterverkehr ausgelegt sind, als auch (wieder) in Stationen des Personenverkehrs.

Lag der Fokus in den letzten Jahrzehnten überwiegend auf intermodalen Verkehren mit einem starken Wachstum des kombinierten Verkehrs, erlangt spätestens seit Inbetriebnahme des „MegaHub“ Lehrte auch der intramodale Umstieg wieder Bedeutung: Anstelle der zumindest bislang aufwendigen Umbildung von Zügen (ganze Wagen wechseln von Zug zu Zug) rückt nun der Umstieg von Ladeeinheiten (z. B. Container wechseln von Zug zu Zug) wieder ins Blickfeld. Und auch der früher übliche Transport von Gütern in Personenzügen[24] wird – endlich[25] – wieder thematisiert.

Gleichwohl dominieren nach wie vor die Zugbildungsanlagen das Bild.

Nicht zu unterschätzen in den heutigen Produktionsmethoden ist die betriebliche Bedeutung der Verkehrsstationen des Personenverkehrs für den Güterverkehr: Denn aufgrund ihrer in der Regel guten Erreichbarkeit werden sie gerne für Lokomotivpersonalwechsel (LPW) auch im Güterverkehr genutzt. Mitunter resultieren hieraus zusätzliche Anforderungen; beispielsweise an die Nutzlängen jener Gleise, bei denen vermeintlich nur im Personenverkehr planmäßig haltende Züge relevant erscheinen.

## 10.5 Eisenbahnbetriebswissenschaftliche Untersuchungen (EBWU)

Um bereits im Vorfeld der Umsetzung

- einer Infrastrukturmaßnahme (Neu- und Ausbau, Bestandsverbesserung, ggf. auch Rückbau) bzw.
- eines Fahrplanes

die betriebliche Machbarkeit zu überprüfen, stehen diverse eisenbahnbetriebswissenschaftliche Untersuchungsmethoden zur Verfügung.

Derartige Leistungsfähigkeitsuntersuchungen werden zu folgenden Zwecken durchgeführt:

- bedarfsgerechte Dimensionierung von Anlagen anhand geplanter oder prognostizierter Betriebsprogramme,
- Prüfung der Durchführbarkeit von Betriebsprogrammen auf einer gegebenen Infrastruktur.

Leistungsuntersuchungen sind damit eines der wichtigsten Werkzeuge sowohl für die Gestaltung und Dimensionierung der Infrastruktur als auch für die Betriebsplanung.[26]

Idealerweise gehen EBWU und BIG (vgl. Abschn. 10.4) daher Hand in Hand.

### 10.5.1 Leistungsverhalten

Um die Qualität der Abstimmung der Infrastruktur auf die Angebotskonzeption zu bestimmen, muss das Leistungsverhalten der Infrastruktur unter einem bestimmten Fahrplanregime untersucht werden. Unter Leistungsverhalten wird der Zusammenhang zwischen Betriebsbelastung (Anzahl Züge je Zeit) und der Betriebsqualität verstanden. Als wesentliches Maß für die Betriebsqualität dienen dabei die Wartezeiten der Züge.

Die Untersuchung des Leistungsverhaltens findet in verschiedenen Skalen statt. Typisch sind die Untersuchung von

- Strecken,
- Knoten und
- Gleisgruppen.

Im Rahmen der Langfristplanung (siehe Abschn. 10.3.2) wird auch das Leistungsverhalten des

[24] Vgl. hierzu auch die früheren Zuggattungen „PmG“ (Personenzug mit Güterbeförderung) und „GmP“ (Güterzug mit Personenbeförderung).

[25] Vgl. hierzu exemplarisch frühere Vorschläge der Verfasser, wie beispielsweise die gleisgebundene Belieferung von Geschäften auf dem Bahnsteig, und aktuelle Untersuchungen.

[26] [8], Kapitel 5 „Leistungsuntersuchungen von Eisenbahn-Betriebsanlagen“ auf Seite 146.

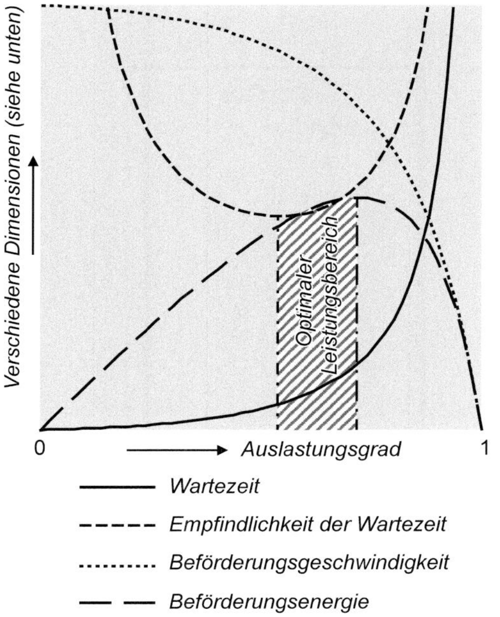


**Abb. 10.38** Wartezeit, Empfindlichkeit der Wartezeit, Beförderungsgeschwindigkeit und Beförderungsenergie über dem Auslastungsgrad. (Quelle: [9])

Netzes oder von Teilnetzen untersucht. Zur Untersuchung des Leistungsverhaltens zählt auch die Analyse der Stabilität eines Fahrplans.

Die grundlegenden Zusammenhänge zwischen der Betriebsbelastung und der Betriebsqualität auf der einen Seite und die Frage nach der optimalen Belastung auf der anderen Seite lassen sich gut am Beispiel einer Strecke beschreiben. Die dazu zur Veranschaulichung notwendigen Funktionen sind in Abb. 10.38 über dem Auslastungsgrad zusammengefasst dargestellt und werden im Folgenden sukzessive beschrieben. Mit *Auslastungsgrad* ist hier das Verhältnis zwischen den tatsächlich je Zeiteinheit verkehrenden Zügen und der maximal für eine gute Betriebsqualität empfohlenen Anzahl von Zügen je Zeiteinheit gemeint.

Zur Motivation der folgenden Ausführungen ist es zunächst erforderlich den grundlegenden Widerspruch bei der Festlegung des optimalen *Auslastungsgrades* zu diskutieren, welcher aus den divergierenden Ansprüchen des Transportkunden (und damit des Transporteurs) einerseits und denen des Infrastrukturbetreibers andererseits resultiert. Während der Transportkunde einen zügigen und möglichst kostengünstigen Transport anstrebt, besteht das Hauptinteresse des Infrastrukturbetreibers in einer möglichst guten Auslastung seiner Infrastruktur. Diese Ansprüche sind deshalb gegensätzlich, weil hohe *Auslastungsgrade* auch zu hohen *Wartezeiten* führen, welche nicht mit kurzen *Transportzeiten* und geringen Betriebskosten des Transporteurs im Einklang stehen. Wie bereits angedeutet, ist für die mögliche gleichzeitig auf einer Strecke verkehrende Anzahl Züge der Blockabstand, bei unterschiedlichen Zuggattungen auch der Abstand der Überholungsbahnhöfe und auf eingleisigen Strecken der Abstand der Kreuzungsbahnhöfe ausschlaggebend[27]. Je mehr Züge also gleichzeitig verkehren sollen, desto größer wird der infrastrukturelle Aufwand. Das gilt analog auch für Gleisgruppen und Knoten. Anderenfalls treten mit größer werdender Zuganzahl mehr und mehr der bereits angesprochenen *Wartezeiten* auf.

Die *Wartezeit* setzt sich aus planmäßigen und unplanmäßigen Teilen zusammen. Auf einer unausgelasteten Strecke (zum Beispiel durch [zu] feine Blockteilung) sind beide im Mittel klein. Auf einer stark ausgelasteten Strecke (zum Beispiel [zu] großer Abstand der Kreuzungsbahnhöfe einer eingleisigen Strecke) treten sowohl planmäßige Wartezeiten (zum Beispiel für geplante Überholungen) als auch unplanmäßige Wartezeiten auf (zum Beispiel, wenn infolge einer Verspätung ein schneller Zug hinter einem langsamen Zug herfährt und deshalb an einem Signal gestutzt wird oder zum Stehen kommt). An der Grenze zur Vollauslastung einer Strecke werden die Wartezeiten im Mittel sehr groß, weil sich die auf der Strecke befindlichen Züge gegenseitig (sowohl plan- als auch unplanmäßig) behindern. Die in Abb. 10.38 durchgezogen dargestellte Wartezeitfunktion basiert auf empirischen Untersuchungen[28]. Solange die Werte der mittleren *Wartezeit* sehr klein sind (im Bereich geringer *Auslastungsgrade*), können auch kleine absolute Änderungen zu großen relativen

[27] Siehe [8] unter Abschn. 6.2.2.1 „Zugfolgezeit" ab Seite 199.

[28] Formel (18) in [42].

Änderungen führen. Im Bereich großer *Auslastungsgrade* treten ebenfalls große relative Änderungen der *Wartezeiten* auf, weil der Anstieg der Wartezeitfunktion dort sehr groß ausfällt. Daraus folgt, dass die relative Änderungsrate der *Wartezeit* – oder deren *Empfindlichkeit*[29] – zwischen kleinen und großen *Auslastungsgraden* ein Minimum aufweisen muss. Die *Empfindlichkeit* der in Abb. 10.38 dargestellten *Wartezeit* ist in Abb. 10.38 als kurzgestrichelte Kurve dargestellt.

Aufgrund der am Minimum noch moderaten Größenordnung der *Wartezeit* und der um das Minimum annähernd gleichbleibenden *Wartezeitempfindlichkeit* kann man feststellen, dass die Strecke noch über Reserven verfügt und damit unterhalb des Minimums der *Wartezeitempfindlichkeit* nicht wirtschaftlich betrieben wird. Zur Güte des Kompromisses zwischen Transporteur und Infrastrukturbetreiber lässt das Minimum der *Wartezeitempfindlichkeit* keinen Schluss zu.

Eine obere Grenze des *Auslastungsgrades* – zu einem dann als qualitativ problematisch einzustufenden Auslastungsbereich – kann aus dem bereits erwähnten Umstand abgeleitet werden, dass die zunehmende *Wartezeit* dazu führt, dass die mittlere *Beförderungsgeschwindigkeit* (in Abb. 10.38 gepunktet, auf Basis der ebenfalls dargestellten *Wartezeit* berechnet) abnimmt, um schließlich bei voller Auslastung gegen null zu gehen. Dies bedeutet definitionsgemäß nicht, dass keine Zugfahrten mehr stattfinden. Im Gegenteil ist der *Zugstrom* in Zügen je Zeiteinheit, welcher in die Strecke einfährt und diese verlässt, maximal. Diesem *Streckendurchsatz* steht aber eine sehr viel größere Anzahl von Zügen entgegen, welche mit einer sehr geringen mittleren *Beförderungsgeschwindigkeit* auf der Strecke unterwegs sind (siehe Abb. 10.39).

Um auszudrücken, ab wann die Abnahme der Beförderungsgeschwindigkeit die Zunahme des Streckendurchsatzes überwiegt, benötigt man eine Größe, welche sowohl für geringe *Beförderungsgeschwindigkeiten* als auch für einen geringen *Streckendurchsatz* kleine Werte annimmt und dazwischen ein Maximum aufweist. Die einfachste Definition einer solchen Größe ergibt sich durch Multiplikation von *Streckendurchsatz* und mittlerer *Beförderungsgeschwindigkeit*. Diese multiplikative Größe wird in annähernder Analogie[30] zur *kinetischen Energie* als *Beförderungsenergie* bezeichnet und ist wie die *kinetische Energie* ein Maß für die in der Bewegung (hier der Bewegung der Züge) befindlichen *Arbeit*. Sie stellt auch ein Maß für die Güte des Kompromisses zwischen Transporteur und Infrastrukturbetreiber dar. Da die *Beförderungsenergie* – welche auch als normierte Verkehrsleistung bezeichnet wird[31] – (in Abb. 10.38 langgestrichelt und wiederum auf Basis der Wartezeit berechnet) für *Auslastungsgrade* oberhalb des Maximums abnehmen würde, eignet sich dieses Maximum der *Beförderungsenergie* als obere Grenze des *Auslastungsgrades*. Als Untergrenze eignet sich das oben besprochene Minimum der *Wartezeitempfindlichkeit*, da dies den Bereich der wirtschaftlichen Auslastung nach unten begrenzt[32]. In der Praxis wird der angestrebte Leistungsbereich daher auch als „wirtschaftlich optimal" bezeichnet[33]. Dabei werden die Wartezeiten mittels ana-

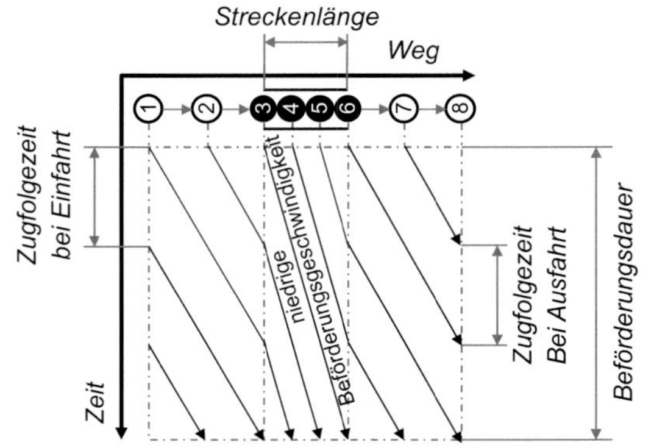


**Abb. 10.39** Zugstrom auf einer stark belegten Strecke. (Quelle: [9])

[29] Division der Ableitung der Wartezeit nach dem Belegungsgrad durch die Wartezeit; siehe Formel (17) in [42].

[30] Zugstrom · Geschwindigkeit = (Züge/Zeit) · Geschwindigkeit = (Züge/Weg) · (Weg/Zeit) · Geschwindigkeit = (Züge/Weg) · Geschwindigkeit$^2$ entspricht mit (Züge/Weg) als Masse formal der kinetischen Energie (ohne Faktor 0,5); eigentlich handelt es sich aber eher um eine kinetische Energiedichte (mit den Zügen als Masse).

[31] Abschn. 2.2.5 „Verkehrsleistung" in [42].

[32] Abschn. 5.2 „Optimaler Leistungsbereich" in [8] ab Seite 150.

[33] [43], Tab. 1.

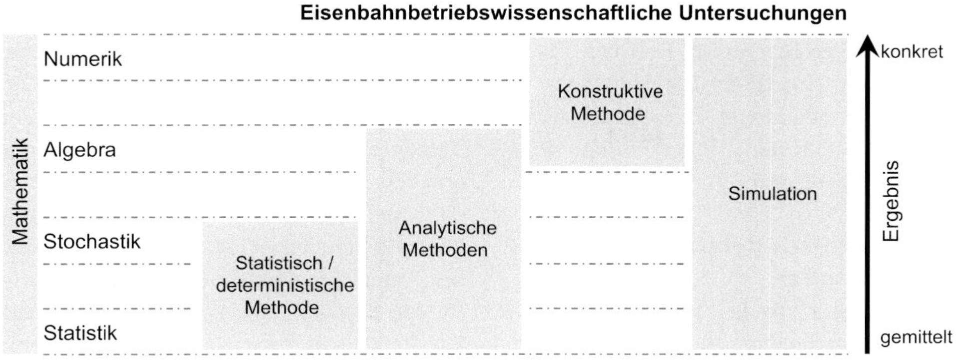


**Abb. 10.40** Eisenbahnbetriebswissenschaftliche Untersuchungsmethoden. (Quelle: [9])

lytischer Verfahren wie der Strele-Formel[34] berechnet und mittels eines Qualitätsmaßstabs (siehe Abschn. 10.5.2.2) aus Erfahrungswerten auch unter Beachtung wirtschaftlicher Gesichtspunkte bewertet. Die so berechnete Zuganzahl wird als Nennleistung bezeichnet und beschreibt eine empfohlene Zuganzahl, bei deren Überschreitung als kritisch einzustufende Qualitätseinbußen auftreten.

Betrachtet man nicht den *Auslastungsgrad*, sondern die Zuganzahl, so ergibt sich ein Unterschied zwischen der maximal konstruierbaren und der maximal fahrbaren Zuganzahl, weil im Prozess der Fahrplanerstellung nicht alle Möglichkeiten der Infrastruktur ausgenutzt werden. Zu nennen sind beispielsweise das Verbiegen (Parallelisieren) von Trassen, das Aufgeben von Anschlüssen oder das zusätzliche Einlegen von Überholungen. Die maximale Zuganzahl in der tatsächlichen Betriebsabwicklung liegt daher über derjenigen des Fahrplans[35].

Die Differenz zwischen der maximalen Zuganzahl des Fahrplans und der maximalen Zuganzahl des tatsächlichen Betriebs fällt umso geringer aus, je homogener der Fahrplan gestaltet ist. Der Fahrplan fällt umso homogener aus, je ähnlicher sich die Züge bezüglich ihrer Geschwindigkeit sind (Trassenparallelität)[36]. Auf Mischverkehrsstrecken können solche Homogenierungen nicht nur durch den Verbrauch betrieblicher Reserven die Betriebsqualität negativ beeinflussen, sondern auch die Reisezeit schneller Verkehre vergrößern und damit sowohl die Gebrauchstauglichkeit der Strecke mindern als auch das Verkehrsangebot verschlechtern.

## 10.5.2 Untersuchungsverfahren für Leistungsuntersuchungen

Für Leistungsuntersuchungen können vier grundsätzliche Untersuchungsmethoden unterschieden werden:

- statistisch/deterministische Methoden,
- analytische Methoden,
- konstruktive Methoden und
- Simulation[37].

Diese unterscheiden sich hinsichtlich der zum Einsatz kommenden mathematischen Teildisziplinen, wie in Abb. 10.40 dargestellt. Sowohl die Art der Eingangsgrößen als auch die möglichen Ergebnisse hängen von den mathematischen Methoden ab. Methoden, welche vor allem auf Statistik beruhen, generieren aus vielen Eingangsdatensätzen wenige Ergebniswerte, welche dann in stochastischen Modellen eingesetzt werden, um wiederum wenige gemittelte Kenngrößen zu berechnen. Im Gegensatz dazu benötigen numerische Simulationsmodelle sehr viele konkretere

[34] Strele = Streckenleistungsfähigkeit nach Schwanhäuser.
[35] Abschnitt 5.1 „Leistungsverhalten und Leistungsfähigkeit" in [8] auf Seite 148.
[36] Abschnitt 5.1 „Leistungsverhalten und Leistungsfähigkeit" in [8] auf Seite 150.
[37] Richtlinie 405.0202; [43].

Eingangsdaten (darunter auch statistischen Größen) und Regelgrößen (zum Beispiel für die Disposition); sie generieren ihrerseits sehr viele verschiedene detaillierte Datensätze, welche dann wieder mittels statistischer Verfahren ausgewertet werden müssen.

#### 10.5.2.1 Statistisch-deterministische Methoden

Statistisch/deterministische Methoden dienen vor allem der Datenerhebung und Auswertung und bilden damit die Grundlage für weitere Untersuchungen – beispielsweise durch Analyse des Ist-Zustands. Obwohl die statistische Auswertung des historischen Betriebsgeschehens durchaus Bewertungen zulässt, sind Aussagen zu zukünftigen Veränderungen nur in Sonderfällen und dann nur indirekt möglich. Deutet beispielsweise die Auswertung des Ist-Zustands die Überlastung einer Infrastrukturkomponente an, so kann man bereits davon ausgehen, dass eine Anlagenreduzierung zu einer weiteren Verschlechterung der Betriebsqualität führen wird. Umgekehrt ist es aber nicht möglich, direkt Aussagen zu einer konkreten Umgestaltung abzuleiten.

Da für das Leistungsverhalten die Wartezeiten eine wesentliche Rolle spielen, werden vor allem diese ausgewertet. Typische Auswertungen außerplanmäßiger Wartezeiten umfassen beispielsweise:

- die Einbruchsverspätungen in das Untersuchungsgebiet (außerhalb des Untersuchungsgebiet akkumulierte außerplanmäßige Wartezeiten) und
- Halte- und Fahrzeitverlängerungen innerhalb des Untersuchungsgebiets (Zusatzverspätungen).

Eine Grundvoraussetzung für statistisch/deterministische Methoden besteht darin, dass entsprechende Betriebsdaten in einer möglichst rechnergestützt auswertbaren Form gesammelt wurden.

Neben der oben beschriebenen Anwendung zur Grundlagenermittlung oder zur Erhebung von Eingangsdaten kommt aktuell Anwendungsfällen der Massendatenverarbeitung mittels maschinellen Lernens eine zunehmende Rolle zu. Hierzu zählen sowohl Zeitreihenmodelle als auch modellgestützte Analysen. Bei Zeitreihenmodellen werden die Abhängigkeiten einer Kennzahl von Wochen- und Feiertagen, Jahreszeiten und Trends ermitteln. Dies ermöglicht das Herausarbeiten typischer Zusammenhänge, erleichtert das Monitoring durch eine saubere Trennung von wiederkehrenden Schwankungen und Sonderzuständen und ermöglicht in vielen Fällen einfache Prognoseansätze. Während bei Zeitreihenmodellen die Abhängigkeit einer Kenngröße nur von der Zeit untersucht werden, können im Rahmen von modellgestützten Analysen auch Abhängigkeiten einer oder mehrerer Kenngrößen von einer größeren Anzahl von Einflussgrößen untersucht werden. Beispielsweise lassen sich so der Einfluss von primären Störungen und der Auslastung auf die Folgeverspätungen (außerplanmäßige Wartezeiten) modellieren. Neben den Anwendungsfällen der Zeitreihenmodelle können hier zusätzlich Wirkzusammenhänge identifiziert und damit auch überwacht werden. Dies ermöglicht beispielweise Aussagen darüber, welche Ursachen für einen konkreten Verspätungsanstieg verantwortlich waren oder welche Störungsarten besonders stark dazu neigen, Folgestörungen zu erzeugen. Die Methodik kann nach weiteren Einflüssen wie Teilnetzen, Verkehrsarten oder Netzsegmenten weiter ausdifferenziert werden und ist auf diese Weise flexibel an verschiedene Anwendungsfälle anpassbar. Da die Methoden des maschinellen Lernens mit Daten der Vergangenheit trainiert werden, sind Rückschlüsse auf zukünftig abweichende Zustände, wie bei den „klassischen" statistisch/deterministischen Methoden nur eingeschränkt möglich.

#### 10.5.2.2 Analytische Methoden

Der wesentliche Unterschied zwischen statistisch-deterministischen Methoden und analytischen Methoden besteht darin, dass sich die analytischen Methoden eines Modells bedienen. Dieses Modell basiert zum Beispiel auf bedienungstheoretischen Ansätzen[38] und ermöglicht

[38] Siehe [8] unter Abschn. 5.3.3 „Analytische Untersuchung von Strecken" und 5.3.4 „Analytische Untersuchung von Knoten".

es, Aussagen zu angenommenen Szenarien zu machen. Die in den statistisch/deterministischen Methoden lediglich erhobenen Größen können auf Basis analytischer Methoden (häufig mit vereinfachenden Annahmen) auch berechnet und damit auch für zukünftige Zustände ermittelt werden. Aufgrund der bedienungstheoretischen Basis erfordern die Modelle meist statistische Eingangsgrößen, so dass eine „Verschmierung" von detaillierten Angaben erforderlich ist. Ein vorgegebener Fahrplan wird dann beispielsweise auf Zugmischungen und Zuggattungen reduziert, die konkreten Fahrplanlagen gehen aber verloren. Das Ergebnis der Methode gilt daher für alle Fahrpläne mit gleicher Charakteristik im Mittel. Je systematischer der Fahrplan konstruiert ist, desto weniger trifft das Ergebnis zu. So können stark vertaktete Fahrpläne auf diese Weise nicht ohne weiteres untersucht werden.

Aktuell befinden sich analytische Verfahren für fahrplanabhängigen Berechnungen in Entwicklung. Ziel dieser Verfahren ist es, die „Verschmierungen" der bisherigen Analytik zu verringern oder gar zu vermeiden und Zugfolgefälle höherer Ordnung (es wird mehr als eine Verspätungsübertragung modelliert) exakter zu berücksichtigen. Damit können neben vertakteten Verkehren zukünftig auch andere Effekte konkreter Zugfolgefälle spezifischer Fahrpläne genauer abgebildet und bewertet werden.

Auch für analytische Methoden sind die Wartezeiten grundlegend. Eine typische Herangehensweise besteht darin, dass eine optimale Wartezeit vorgegeben wird und dann das Betriebsprogramm oder die Infrastrukturgestaltung so lange gezielt geändert werden, bis das Modell der konkreten Methode die vorgegebene Wartezeit ergibt. Die dazugehörigen Zug- oder Gleisanzahlen sind dann das Ergebnis der Berechnung.

#### 10.5.2.3 Konstruktive Methoden

Die konstruktiven Methoden sind wie die statistisch/deterministischen Methoden einfach zu handhaben, stellen aber das entgegengesetzte Extrem dar, da sie sehr konkrete Vorgaben erfordern; sie ähneln oder entsprechen der Fahrplankonstruktion. Obwohl sie keine modellbasierte Berechnung der Wartezeiten enthalten, sind mit konstruktiven Methoden wie bei der Fahrplankonstruktion konkrete Aussagen zu Infrastruktur- oder Fahrplanvarianten möglich, aber nur gültig für einen spezifischen Satz von Annahmen oder Vorgaben. Um Streuungen der Eingangsgrößen zu berücksichtigen, müsste die Methode mehrfach wiederholt angewendet werden, wodurch der Aufwand oft in keinem sinnvollen Verhältnis mehr zum Nutzen steht. Insbesondere führen Änderungen von Grundannahmen von Variantenuntersuchungen schnell dazu, dass alles grundlegend neu untersucht werden muss. Zukünftig wird hier die automatische Fahrplankonstruktion die Arbeit erleichtern. Die automatische Fahrplankonstruktion basiert auf einem Optimierungsansatz und befindet sich bereits zur automatischen Konstruktion einzelner Trassen im Gelegenheitsverkehr im Einsatz. Für komplexe Fahrpläne mit Prioritäten und Anschlüssen, wäre aber eine Modellierung der konkreten Wechselwirkungen der Züge notwendig, welche bisher nur eingeschränkt zu Verfügung steht.

Die Wartezeiten sind bei der konstruktiven Methode Teil des konstruierten Fahrplans. Aussagen zu außerplanmäßigen Wartezeiten können daher nicht ohne weiteres gemacht werden. Meist geht es aber vor allem darum, die Konstruierbarkeit eines Fahrplans auf einer Infrastruktur festzustellen oder einen Modellfahrplan für eine analytische oder simulative Untersuchung zu schaffen. In der Regel ist die konstruktive Methode auch integraler Bestandteil einer Untersuchung mittels Simulation. Anderenfalls müsste die Simulation auf einen „zufälligen" Fahrplan zurückgreifen.

#### 10.5.2.4 Simulation

Mittels Simulation können die Einschränkungen der bisher besprochenen Methoden zum Preis einer erheblich größeren Komplexität überwunden werden. Insbesondere können mittels Simulationen konkrete Vorgaben mit statistischen Untersuchungen unter Anwendung von Vorhersagemodellen kombiniert werden. Im Prinzip handelt es sich um eine sich wiederholende automatisierte konstruktive Methode, welche die Stochastik des zu untersuchenden Betriebsregimes berücksichtigt. Da Simulationen die Fähigkeiten der anderen Methoden in sich vereinen, vereinen Sie auch deren Notwendigkeiten. Dies bedeutet konkret, dass Simulationen den Aufwand der konstruktiven Methoden mit der Notwendigkeit der statistischen Untersuchung zur Gewinnung von Eingangsgrößen und dem Vorhandensein eines meist numerischen Modells (welches der Bearbeiter verstehen muss) kombinieren. Für das Modell existieren zwei Grundformen, welche beide versuchen den Bahnbetrieb nachzubilden, um so den realen Betriebsablauf in der Simulation möglichst detailgenau vorwegzunehmen. Die Simulation entspricht damit der Finite-Elemente-Methode der Mechanik, welche Laborversuche ersetzt. Im Gegensatz zur Mechanik ist die Simulation im Bahnbetrieb aber unverzichtbar, da Experimente im realen Bahnbetrieb nur in äußerst geringem Umfang möglich sind.

Bei den beiden Formen der Simulation handelt es sich um

- die asynchrone und
- die synchrone

Simulation.

Da bei beiden Simulationsarten der Anspruch darin besteht, den Betrieb nachzubilden, müssen beide Simulationen in der Lage sein, das Verhalten von Zugfahrten abzubilden. Da dieses Verhalten durch das Simulationsmodell determiniert wird, muss sich bei mehrfacher Simulation desselben Fahrplans im Mittel auch dasselbe Resultat ergeben. Weist der unterstellte Fahrplan Konflikte auf, werden diese im Rahmen der Simulation durch Abweichungen vom ursprünglichen Fahrplan in Erscheinung treten. Die sogenannte Einzelsimulation eines Fahrplans ermöglicht also bereits die Prüfung einer Fahrplan-Infrastruktur-Kombination auf Konflikte. Es können also im Gegensatz zu den konstruktiven Methoden auch außerplanmäßige Wartezeiten ermittelt werden.

Der eigentliche Sinn von Simulationen besteht aber darin, die Stochastik des Bahnbetriebs abzubilden. Dazu wird der vorgegebene Fahrplan nicht nur einmal, sondern wiederholt simuliert. Und in jedem Simulationslauf werden Störungen in Form von Einbruchverspätungen oder Haltezeitverlängerungen eingespielt, die ebenfalls zu außerplanmäßigen Wartezeiten (Folgeverspätungen) führen können. In Deutschland werden diese Störungen derzeit nach bestimmten Zufallsfunktionen erzeugt und müssen zunächst, beispielsweise unter Anwendung statistisch/deterministischer Methoden, für den Untersuchungsraum ermittelt werden. Weiterhin sollte zum Beispiel durch eine Eichung am tatsächlichen Betrieb für zukünftige Zustände eine eingehende Plausibilitätsüberprüfung des simulierten Betriebs erfolgen. Die Auswertung der sogenannten Mehrfachsimulation erfolgt dann ebenfalls mittels statistisch/deterministischer Methoden, da es sich um nichts anderes als eine Vorwegnahme des Eisenbahnbetriebs handelt und ähnlich viele Daten anfallen.

Bei der synchronen Simulation wird das Verhalten von gleichzeitig verkehrenden Zügen auch simultan berechnet. Daher ist die synchrone Simulation in der Lage, dem tatsächlichen Betriebsablauf sehr nahe zu kommen. Das oben bei der Diskussion des Leistungsverhaltens angesprochene Verbiegen, außerplanmäßiges Überholen oder der Ausfall von Anschlüssen können – entsprechende Dispositionsregeln für Überholen und Anschlüsse vorausgesetzt – nachgebildet werden.

Bei der asynchronen Simulation werden die Züge nacheinander in der Reihenfolge ihres Ranges eingelegt. Der Vorgang ähnelt der Fahrplankonstruktion und unterstellt damit eine vorausschauende Disposition. Es ergeben sich daher typischerweise für die verschiedenen Gattungen andere Lösungen als bei der synchronen Simulation. Zudem wird wegen der Ähnlichkeit zur Fahrplankonstruktion meist nicht mit verbogenen Trassen gearbeitet, weshalb die Ergebnisse einer asynchronen Simulation dann tendenziell zu sehr auf der sicheren Seite liegen (größere Wartezeiten als in der Realität). Wie auch bei der synchronen Simulation werden Dispositionsregeln benötigt, um zum Beispiel zu definieren, unter welchen Umständen außerplanmäßige Überholungen stattfinden sollen[39].

Um den dispositiven Überblick eines Dispatchers in einen ansonsten realitätsnahen Betriebsablauf zu integrieren, besteht auch die Mög-

[39] Abschn. 5.3.2 „Simulationsverfahren" in [8] ab Seite 156.

lichkeit, beide Verfahren zu kombinieren. Hierbei werden die beiden Verfahren als voneinander unabhängige Agenten betrachtet, welche zu bestimmten Zeitpunkten interagieren, so wie es Dispatcher (asynchron) und Triebfahrzeugführer (synchron) tun würden.

Da es sich bei Simulationsverfahren nicht um eine analytische Methode handelt, können Dimensionierungen nicht direkt berechnet, sondern nur „ausprobiert" werden. Beim Einsatz von Simulationen sollten daher immer Varianten (siehe auch Abschn. 10.5.4.2) untersucht und deren Ergebnisse verglichen werden.

Ein Ansatz zur Ermittlung des optimalen Leistungsbereichs einer Infrastruktur und damit auch zur Bewertung eines konkreten Fahrplans für eine vorgegebene Infrastruktur stellt der in Abb. 10.38 dargestellte Zusammenhang dar[40]. Hierfür sind aber zusätzlich zur Mehrfachsimulation Variationen des Auslastungsgrads und damit Variationen des Fahrplans erforderlich. Weiterhin kann eine Kombination von Belegungsgrad und Behinderungsgrad zur mikroskopischen Bewertung von Engpässen auf Infrastrukturelementen sowie zu deren Bewertung hinsichtlich ihrer Signifikanz genutzt werden[41].

Neben den oben beschriebenen Simulationsverfahren existieren auch weitere Ansätze zur Abbildung der Stochastik des Bahnbetriebs auf Basis eines konkreten Fahrplans, deren Gemeinsamkeit darin besteht, dass sie Vereinfachungen der Abbildungstreue vornehmen. Zu nennen sind hier vor allem zwei Ansätze:

- Abbildung der Zuginteraktion durch analytische Berechnungen und
- Faltung von Verspätungsverteilungen.

Beim erstgenannten Verfahren werden die mikroskopischen Interaktionen der Züge stark vereinfacht. Ziel ist es, automatisch aus Daten der Infrastruktur, des Fahrplans und der Störungen der Vergangenheit ein lauffähiges geeichtes Modell zu Erzeugen und damit netzweite Untersuchungen der näheren Zukunft deutlich schneller als mit einer exakt modellierten Simulation auf Basis der aktuellen Daten untersuchen zu können. Dafür nimmt man Ungenauigkeiten in der Modellierung in Kauf.

Beim zweiten Ansatz werden die Interaktionen voneinander im Fahrplan unmittelbar folgenden Zügen durch Faltung ihrer Verspätungsverteilungen modelliert. Infrastruktur und Fahrplan werden dafür zunächst zu einem Ereignisnetzwerk vereinfacht. Für Verspätungsniveaus mit einer nicht zu großen Wahrscheinlichkeit für Änderungen der Zugreihenfolge ergeben sich für jeden Zug an jeder Betriebsstelle detaillierte Verspätungsverteilungen, welche anschließend analysiert werden können. Wegen der Beschränkung des Verfahrens auf Zweizugkonflikte eignet sich das Verfahren nur eingeschränkt zur Untersuchung von Verkehrsarten mit hohen Verspätungsniveaus wie dem Güterverkehr. Da das Ziel des Verfahrens vor allem darin besteht, netzweite Untersuchungen des Pünktlichkeitsniveaus des Personenverkehrs durchzuführen, bietet es wie die vorgenannte vereinfachte Simulation einen Ansatz durch Reduktion der Modellkomplexität, um in kürzerer Zeit netzweite Untersuchungen der Betriebsqualität des Personenverkehrs durchführen zu können.

### 10.5.3 Einsatz der verschiedenen Methoden

Wie im vorigen Abschnitt festgestellt, existieren verschiedene grundsätzliche Methoden. Je nach Untersuchungsgegenstand und Planungsstand der Vorgaben erfolgt dann die Wahl eines bestimmten Untersuchungsverfahrens. Der Untersuchungsgegenstand kann sehr verschiedene Größenordnungen aufweisen und von einer Gleisgruppe bis zu einem kompletten Netz reichen. Die allgemeine Eignung der im vorstehenden Abschnitt diskutierten Grundverfahren für die Bemessung von Infrastrukturanlagen unterschiedlicher Größenordnung ist in Abb. 10.41 dargestellt. Je systematischer der zugrundeliegende Fahrplan und je mehrkanaliger die Infrastruktur, desto eher ist eine Simulation erforderlich. Je unsystematischer der Fahrplan und je einfacher strukturiert die In-

[40] [44]: Bild 3 „Programmbereich ‚Optimaler Leistungsbereich'" auf Seite 466.
[41] [45]: 5. Engpassanalyse ab Seite 40.

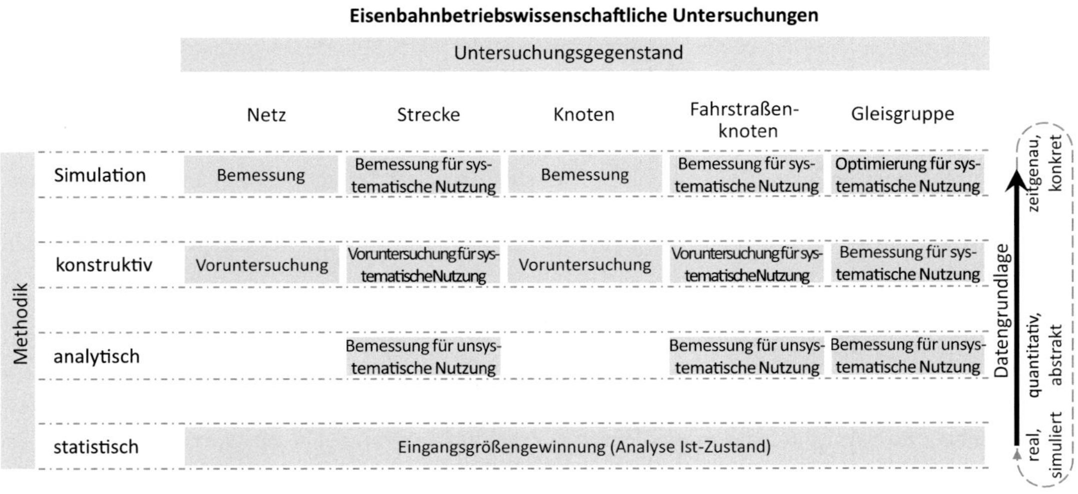


**Abb. 10.41** Eisenbahnbetriebswissenschaftliche Untersuchungsmethoden für die Infrastrukturbemessung. (Quelle: [9])

frastruktur, desto eher eignen sich analytische Methoden. Die Einordnung in Abb. 10.41 gilt für den allgemeinen Fall, im Spezialfall können Abweichungen auftreten. So kann es beispielsweise erforderlich sein eine Gleisgruppe durch Simulation zu dimensionieren oder eine einfache Strecke kann für einen einfachen systematischen Fahrplan mittels angepasster analytischer Verfahren dimensioniert werden. Weiterhin ist es möglich, den Detaillierungsgrad der Infrastrukturmodelle insbesondere für weiträumige Untersuchungen oder für weit in der Zukunft liegende Zustände gröber zu wählen. Signalgenaue Abbildungen der Infrastruktur werden dabei als mikroskopisch bezeichnet. Stark vereinfachte Simulationen, zum Beispiel ohne Berücksichtigung von Blockteilungen und Fahrstraßen in Knoten, werden als makroskopisch bezeichnet.

Neben der Bemessung werden die in Abb. 10.41 aufgeführten Untersuchungsverfahren noch für die folgenden Untersuchungen von Netzelementen genutzt, vgl [43]:

- allgemein
  - konstruktiv
    - konfliktfreie Modellfahrpläne für andere Untersuchungen
    - konfliktfreie Modellfahrpläne zur Untersuchung von Betriebszuständen
    - Prüfung analytischer Ergebnisse
    - Bemessung für fest definierte verkehrliche Anforderungen
  - Simulation (Qualität, Leistungskenngrößen, Ermitteln maßgeblicher Netzelemente)
    - Untersuchung von Betriebsprogrammen mit vielen bekannten Randbedingungen
    - Prüfung von Betriebszuständen
    - Stabilitätsprüfung für Betriebsprogramme
    - Untersuchungen, welche nur mit Simulation durchgeführt werden können
- Netz
  - Simulation (Qualität, Leistungskenngrößen, Ermitteln maßgeblicher Netzelemente)
    - Bemessen von Netzelementen
    - Untersuchen von Wechselwirkungen zwischen Netzelementen
- Strecken
  - analytisch (Qualität, Leistungskenngrößen, Bemessung, Feststellen von Engpässen)
    - eingleisige Strecken
    - zweigleisig im Einrichtungsbetrieb je Streckengleis
  - konstruktiv
    - Ermittlung des Belegungsgrads anhand eines Fahrplans

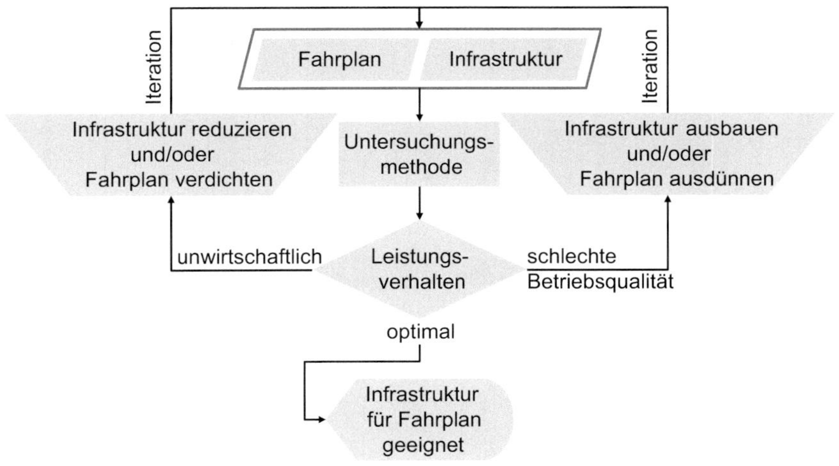


**Abb. 10.42** Prinzipieller Ablauf einer Eisenbahnbetriebswissenschaftlichen Untersuchung mit Iteration. (Quelle: [9])

- Knoten
  - konstruktiv
    Ermittlung des Belegungsgrads anhand eines Fahrplans
- Fahrstraßenknoten[42]
  - analytisch (Qualität, Leistungskenngrößen, Bemessung, Feststellen von Engpässen)
    Fahrstraßenknoten
    Teilfahrstraßenknoten
  - konstruktiv
    Optimierung von Fahrwegen
- Gleisgruppen
  - analytisch (Qualität, Leistungskenngrößen, Bemessung, Feststellen von Engpässen)
  - konstruktiv
    Optimierung der Belegung
    Optimierung von Umläufen

## 10.5.4 Ablauf der Untersuchungen

Wie bereits beschrieben, bauen Leistungsuntersuchungen für Eisenbahninfrastruktur aufeinander auf. Es treten aber auch Iterationen sowie Variantenuntersuchungen auf. Bei letzteren werden mehrere Lösungswege miteinander verglichen.

### 10.5.4.1 Einfache Iteration

Eine einfache Iteration (Abb. 10.42) tritt auf, wenn das Ergebnis einer Leistungsuntersuchung unbefriedigend ausfällt. Wie zuvor beschrieben, tritt dieser Fall auf, wenn die zu erwartende Betriebsqualität zu schlecht ausfällt (zu große Wartezeiten) oder wenn die Wirtschaftlichkeit nicht gegeben ist (zu viele Reserven). In diesen Fällen müssen Fahrplan oder Infrastruktur entsprechend angepasst werden. Im Fall des Fahrplans bedeutet dies, dass Linienverläufe verschoben oder in ihrer Taktung angepasst werden müssen. Im Fall der Infrastruktur muss der Spurplan angepasst werden.

### 10.5.4.2 Variantenuntersuchungen

Da in der Praxis wegen der vielen zu beachtenden Randbedingungen häufig Kompromisse erforderlich sind, ist es üblich, mehrere Varianten (mit jeweils unterschiedlichen Vor- und Nachteilen) miteinander zu vergleichen und dann diejenige auszuwählen, welche der Aufgabe am besten gerecht wird. In Abb. 10.43 ist der prinzipielle Ablauf am Beispiel einer Variantenuntersuchung mit zwei Varianten dargestellt. Die zwei in Abb. 10.42 angegebenen Gründe für Iterationen sind auch bei Variantenuntersuchungen beide relevant, zur Verbesserung der Übersichtlichkeit werden sie aber in Abb. 10.43 unter dem Begriff „ungeeignet“ zusammengefasst. Wegen der ange-

[42] Für „Fahrstraßenknoten“ siehe Kap. 12.

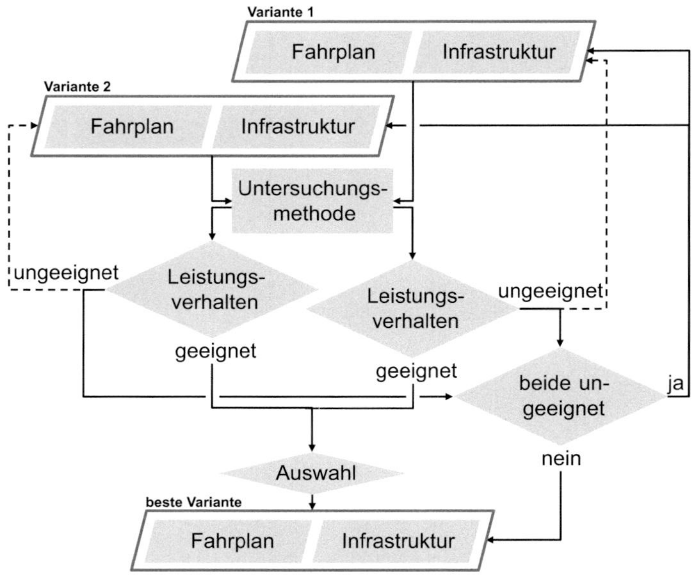


**Abb. 10.43** Ablauf einer eisenbahnbetriebswissenschaftlichen Variantenuntersuchung. (Quelle: [9])

deuteten Notwendigkeit zu Kompromissen wurde zudem „optimal“ durch „geeignet“ ersetzt.

Da zwei Varianten untersucht werden, sind mehrere Formen von Iterationen möglich. Sind beide Varianten ungeeignet, so müssen beide Lösungsvorschläge überarbeitet werden. Ist hingegen nur eine der beiden ungeeignet, kann es sinnvoll sein, diese zu überarbeiten und erst dann einen Variantenvergleich durchzuführen. In diesem Fall liegt nur eine Teiliteration (in Abb. 10.43 gestrichelt) vor. Das Grundprinzip aus Abb. 10.43 kann natürlich auch für mehr als zwei Varianten angewandt werden.

Die Auswahl der besten Variante muss möglichst objektiv und nachvollziehbar sein. Dies ist mit einer weitgehend monetären Bewertung am besten zu gewährleisten, aber meist nicht uneingeschränkt möglich. Ziel der monetären Bewertung ist es, Aufwand und Nutzen einer Lösung mittels Geldwerten zu vergleichen. Für die Infrastruktur müssen hierfür die Lebenszykluskosten oder der Unterschied der Lebenszykluskosten der verschiedenen Varianten berechnet werden. Diese umfassen neben den Investitionskosten insbesondere die Instandhaltungskosten sowie die Rückbaukosten. Für den Fahrplan müssen (aus Sicht des Infrastrukturbetreibers) die Trasseneinnahmen (oder der Ausfall derselben), die durch den im Fahrplan unterstellten Verkehr entstehenden Betriebskosten (für das stationäre Betriebspersonal) sowie aus der Betriebsqualität resultierende Kosten (zum Beispiel für im Trassenpreissystems festgelegte Strafzahlungen oder zur Berücksichtigung des Nachfragerückgangs) berücksichtigt werden. Obwohl eine rein monetäre Betrachtung meist zu aufwändig oder aufgrund fehlender Daten unmöglich ist, sollten so viele Aspekte wie möglich monetär ausgedrückt werden. Weiterhin sollten die nicht monetären Varianteneigenschaften möglichst quantifiziert werden, also nicht nur mit verbalen Bewertungen wie „gut“ oder „schlecht“ versehen werden. Im Fall von Leistungsuntersuchungen bieten sich dafür beispielsweise die sich ergebenden Leistungskenngrößen an. Bei den verbleibenden nicht quantifizierbaren Varianteneigenschaften handelt es sich meist um Einschätzungen zur Akzeptanz einer Maßnahme in der Öffentlichkeit oder um Bewertungen, welche für die aktuelle Planungsstufe unangemessen aufwändige Teiluntersuchungen erforderlich machen würden (zum Beispiel Nachfragewirkung oder Umweltverträglichkeit in Voruntersuchungen).

Um auch inkompatible Größen und Expertenmeinungen objektiv und nachvollziehbar zu vergleichen, sollte ein formalisierter Entscheidungs-

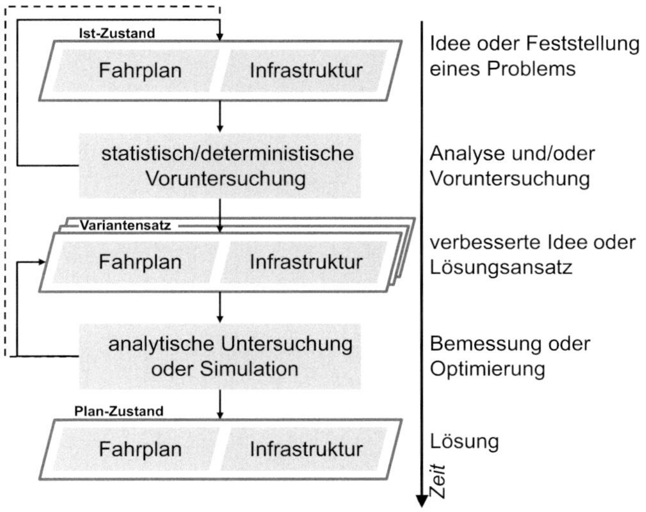


**Abb. 10.44** Eisenbahnbetriebswissenschaftliche Untersuchung in mehreren Phasen. (Quelle: [9])

prozess zum Einsatz kommen. Ein einfaches Verfahren bietet die Nutzwertanalyse, bei welcher den verschiedenen Eigenschaften zunächst Gewichte (zur Abbildung ihrer Wichtigkeit für die Gesamtbewertung) und dann Noten zugewiesen werden. Die Noten werden anschließend unter Berücksichtigung der Gewichte gemittelt, wodurch sich eine Rangfolge der Varianten anhand der sich ergebenden Gesamtnoten aufstellen lässt. Nachteilig an der – leicht zu handhabenden – Nutzwertanalyse sind vor allem die vielen Freiheitsgrade (Gewichtung und Noten je Eigenschaft), da diese zu einer gewissen Beliebigkeit des Ergebnisses führen, was im Widerspruch zur angestrebten Objektivität steht. Selbst wenn die Eigenschaften alle objektiv quantifiziert sind, hat doch die Gewichtung noch erheblichen Einfluss auf das Ergebnis.

Beim analytischen Hierarchieprozess[43] handelt es sich um einen in der Anwendung komplexeren, aber auch objektiveren Entscheidungsprozess. Das Grundprinzip der einfachen Nutzwertanalyse, die Eigenschaften der einzelnen Kriterien gewichtet zu mitteln, kommt auch hier zur Anwendung. Die Gewichte werden aus einer für jedes Kriterienpaar vorzunehmenden Bewertung bezüglich ihrer Wichtigkeit im direkten Vergleich zueinander berechnet. Diese Vorgehensweise bietet zwei Vorteile. Erstens kann die relative Wichtigkeit eines Kriteriums gegenüber *einem* anderen besser diskutiert und begründet werden als die Festlegung eines globalen Wichtungsfaktors. Zweitens bietet der analytische Hierarchieprozess auch die Möglichkeit, die innere Logik der Bewertung zu überprüfen. Unlogische Reihungen wie $A > B > C > A$ beim Paarvergleich können auf diese Weise identifiziert werden. Weiterhin können mittels einer zur Bestimmung der Kriteriengewichte analogen Herangehensweise auch sonst nicht quantifizierbare Varianteneigenschaften durch paarweisen Vergleich quantifiziert werden.

### 10.5.4.3 Mehrfache stufenweise Iteration

Unter Abschn. 10.5.2 wurde bereits erläutert, dass es üblich ist, dass Leistungsuntersuchungen aufeinander aufbauen. Hierbei können je Stufe die oben beschriebenen Iterationen sowie Variantenuntersuchungen erforderlich sein. Obwohl der Sinn der Voruntersuchungen darin besteht, unpraktikable Lösungen herauszufiltern, kann es erforderlich sein, eine Lösung in der Bemessungsphase zu verwerfen, wenn sich erst hier wegen der im Vergleich zur Voruntersuchung genaueren Untersuchung herausstellt, dass die Lösung nicht funktioniert (in Abb. 10.44 gestrichelt). Für komplexe Infrastrukturuntersuchungen (Netze und große Knoten) sind, anders als in Abb. 10.44, mehr als zwei Untersuchungsstufen erforderlich.

[43] Abschn. 4.3 „Analytischer Hierarchie Prozess“ in [46].

### 10.5.5 Fazit EBWU

Wesentliche Erkenntnis des Abschn. 10.5 ist, dass das optimale Zusammenspiel von Infrastruktur und Angebotskonzeption nicht nur theoretisch beschrieben, sondern auch mittels verschiedener Methoden berechnet werden kann. Grundlegend hierfür sind die planmäßigen und außerplanmäßigen Wartezeiten als entscheidende Größen des Leistungsverhaltens.

Mit den eisenbahnbetriebswissenschaftlichen Methoden stehen anerkannte Verfahren zur Verfügung, aus der Angebotskonzeption Infrastrukturbedarfe als Handreiche für die betriebliche Infrastrukturgestaltung (BIG) abzuleiten bzw. konkrete Spurpläne und Infrastrukturen auf ihre Eignung hinsichtlich der beabsichtigen Angebotskonzepte zu überprüfen. Wenn sich auf Basis der Leistungsuntersuchungen herausstellt, dass die Infrastruktur durch die Angebotskonzeption zu gering oder übermäßig belastet wird, sollten bzw. müssen Angebotskonzeption und Infrastruktur besser aufeinander abgestimmt werden.

## 10.6 Zusammenfassung

Die betriebliche Infrastrukturplanung (BIP) ist Teil des Planungsdreiecks aus

- (angestrebtem) Fahrplan- bzw. Kapazitätsangebot,
- Fahrzeug und
- Infrastruktur.

Ein wesentlicher Teil der betrieblichen Infrastrukturplanung umfasst die betriebliche Infrastrukturgestaltung (BIG), das heißt die konkrete Ausgestaltung prinzipiell aller Infrastrukturelemente, die sich auf das Leistungsverhalten auswirken können, z. B.

- Spurplan, Geschwindigkeiten und Längsneigungen etc., und deren Untersetzung durch eine konkrete Trassierung (siehe auch Kap. 9),
- Stationsgestaltung,
- Leit- und Sicherungstechnik (LST, siehe auch Kap. 12).

Die BIG bestimmt maßgeblich den Nutzen der Eisenbahninfrastruktur und bedarf daher besonderer Aufmerksamkeit, da einmal errichtete Infrastruktur nur schwer wieder geändert werden.

Von einer guten BIG hängen auch Attraktivität und Betriebsqualität des Systems Eisenbahn entscheidend ab. Das sogenannte Leistungsverhalten kann durch vielfältige eisenbahnbetriebswissenschaftliche Methoden antizipiert und bewertet werden; die Ergebnisse können direkt in die BIG einfließen.

## 10.7 Appendix A: Abkürzungen

| | |
|---|---|
| ATO | Automatic Train Operation |
| BAst | Betriebliche Aufgabenstellung |
| BIG | Betriebliche Infrastrukturgestaltung |
| BIP | Betriebliche Infrastrukturplanung |
| BNetzA | Bundesnetzagentur |
| D-Weg | Durchrutschweg |
| EBWU | Eisenbahnbetriebswissenschaftliche Untersuchung |
| EIU | Eisenbahninfrastrukturunternehmen |
| ERegG | Eisenbahnregulierungsgesetz |
| ETCS | European Train Control System |
| EU | Europäische Union |
| EVU | Eisenbahnverkehrsunternehmen |
| Hbf | Hauptbahnhof |
| HOAI | Honorarordnung für Architekten und Ingenieure |
| ITF | Integraler Taktfahrplan |
| KNK | Kapazitätsnutzungskonzept |
| KNP | Kapazitätsnutzungsplan |
| KRV | Kapazitätsrahmenvertrag |
| LPW | Lokomotivpersonalwechsel |
| LST | Leit- und Sicherungstechnik |
| ÖPNV | Öffentlicher Personennahverkehr |
| SGV | Schienengüterverkehr |
| SPFV | Schienenpersonenfernverkehr |
| SPNV | Schienenpersonennahverkehr |
| VAst | Verkehrliche Aufgabenstellung |

## Literatur


1. Buttler H (2017) Wie entsteht der Fahrplan. https://gdi-adi.ch/fileadmin/user_upload/170301_Referat_GdI_-_wie_entsteht_der_Fahrplan.pdf. Zugegriffen: 28. Jan. 2024
2. Castaño A et al (2022) Umtrassierung des Nordkopfs Ulm während der Bauausführung. Eisenbahningenieur 2022(12):21–24. (https://bit.ly/40r0x0P)
3. Verordnung über die Honorare für Architekten- und Ingenieurleistungen (Honorarordnung für Architekten und Ingenieure – HOAI): Honorarordnung für Architekten und Ingenieure vom 10. Juli 2013 (BGBl I S 2276), die zuletzt durch Artikel 3 des Gesetzes vom 22. März 2023 (BGBl 2023 I Nr 88) geändert worden ist
4. Emunds T et al (2023) Streckenstandards – Mindestelemente für eine leistungsfähige und resiliente Infrastruktur. Eisenbahntech Rundsch 2023(11):30–34
5. Presse- und Informationsamt der Bundesregierung (Hrsg) (2021) Koalitionsvertrag zwischen SPD, Bündnis 90/Die Grünen und FDP. https://www.bundesregierung.de/breg-de/service/gesetzesvorhaben/koalitionsvertrag-2021-1990800. Zugegriffen: 28. Jan. 2024
6. Walf F (2009) Änderung des Grundtaktes von S-Bahn-Systemen – Motive, Möglichkeiten und Auswirkungen. 1-2-Buch.de, Berlin
7. Eisenbahn-Bundesamt (2023) Eisenbahnunternehmen. https://www.eba.bund.de/DE/Themen/Eisenbahnunternehmen/eisenbahnunternehmen_node.html. Zugegriffen: 27. Okt. 2023
8. Pachl J (2008) Systemtechnik des Schienenverkehrs. Vieweg-Teubner, Stuttgart, Leipzig
9. Heppe A, Weigand W (2019) Spurplangestaltung und betriebliche Infrastrukturplanung. In: Fendrich L, Fengler W (Hrsg) Handbuch Eisenbahninfrastruktur, 3. Aufl. Springer, Berlin
10. Allgemeines Eisenbahngesetz vom 27. Dezember 1993 (BGBl I S 2378, 2396; 1994 I S 2439), das zuletzt durch Artikel 1 des Gesetzes vom 26. Juli 2023 (BGBl 2023 I Nr 205) geändert worden ist.
11. Eisenbahn-Bau- und Betriebsordnung vom 8. Mai 1967 (BGBl 1967 II S 1563), die zuletzt durch Artikel 2 der Verordnung vom 5. April 2019 (BGBl I S 479) geändert worden ist
12. DB Netz AG (Hrsg) (2023) Richtlinie 413.3102 Gleisarten und Gleislängen. Frankfurt am Main
13. Deutsche Bahn AG (2022) https://www.deutschebahn.com/de/presse/pressestart_zentrales_uebersicht/Fuer-ein-leistungsstarkes-Schienennetz-Weitere-Hochleistungskorridore-stehen-fest–9180068. Zugegriffen: 28. Jan. 2024
14. Gumprecht M, Walf F (2006) Wechselstrom-S-Bahnen in Berlin – Kernelement des SX-Konzepts. Eisenb Rev Int 2006(10):523
15. Verkehrsverbund Berlin-Brandenburg GmbH (2023) i2030. https://www.i2030.de/west/. Zugegriffen: 3. Dez. 2023
16. DB Netz AG (2018) Richtlinie 800.0130 Streckenquerschnitte auf Erdkörpern. Frankfurt am Main
17. Gesetz über Naturschutz und Landschaftspflege (Bundesnaturschutzgesetz – BNatSchG): Bundesnaturschutzgesetz vom 29. Juli 2009 (BGBl I S 2542), das zuletzt durch Artikel 3 des Gesetzes vom 8. Dezember 2022 (BGBl I S 2240) geändert worden ist. https://www.gesetze-im-internet.de/bnatschg_2009/BNatSchG.pdf (letzter Aufruf 29. Jan. 2024).
18. Raumordnungsgesetz (ROG): Raumordnungsgesetz vom 22. Dezember 2008 (BGBl I S 2986), das zuletzt durch Artikel 1 des Gesetzes vom 22. März 2023 (BGBl 2023 I Nr 88) geändert worden ist. https://www.gesetze-im-internet.de/rog_2008/ROG.pdf (letzter Aufruf: 29. Jan. 2024.)
19. Walf F (2021) Functional infrastructure design. Berlin, Frankfurt am Main (Schulungsunterlage)
20. Walf F (2007) Die Einbindung des Berliner Hauptbahnhofs in das städtische Verkehrssystem. Beitrag zur Tagung „Grosser Bahnhof – Wie verändert der neue Hauptbahnhof die Stadtstruktur Berlins?“, Berlin
21. Grau B (1966) Bahnhofsgestaltung Bde 1, 2. Transpress, Berlin
22. Bendfeldt J-P (2005) Möglichkeiten der Standardisierung in der Infrastrukturplanung von Eisenbahnknoten. In: Universität Hannover, Institut für Verkehrswesen, Eisenbahnbau und -betrieb (Hrsg) Wissenschaftliche Arbeiten, Bd 62. DVV Media Group, Hannover
23. Pachl J (2023) Vortrag im Rahmen der Weihnachtsfeier 2023 des Vereins der Freunde und Förderer des Eisenbahn-Betriebs- und Experimentierfeldes, Berlin, 8. Dez. 2023 (EBuEf) e. V., Berlin
24. Homeyer D, Walf F (2009) Vereinigen von Zügen mittels neuer Betriebsverfahren. Eisenbahningenieur 9/2009:29–32
25. SBB Infrastruktur, Team NTK (2024) Mehr Bahn für die Schweiz. Strategien und Werkzeuge für mehr Kapazität auf dem Bahnnetz. Bern
26. Hofstra K, Scherrer D (2023) Mehr Kapazität mit bestehender Infrastruktur. https://sgkv.de/wp-content/uploads/2023/11/03_Scherrer_Hoftsra_SBB-ProRail.pdf. Zugegriffen: 8. Dez. 2023
27. Hofstra K (2022) Redesigning the Dutch Railways. Vortrag am 29.09.2022 in Löwenberg (Schweiz). https://forumoevplanung.event.sbb.ch/. Zugegriffen: 10. Dez. 2023
28. Hofstra, K (2024) Fachlicher Austausch per E-Mail. Utrecht/Berlin
29. Frey H (2014) Erfolgsfaktoren für Regionalbahnen. https://gsv.co.at/wp-content/uploads/Regionalbahnen_Erfolgsfaktoren_GSV_Frey.pdf. Zugegriffen: 30. Jan. 2024

30. Rüger S (1986) Transporttechnologie städtischer öffentlicher Personenverkehr. transpress, Berlin
31. Rebstock M (2007) Barrierefreie höhengleiche Reisendenübergänge. Eisenbahningenieur 8/2007:46–53
32. Enzmann A et al (2021) Trassierungsfeinschliff: Millimeterarbeit mit grossem Nutzen. Eisenbahningenieur 4/2021:6–11. (http://www.bsu.link/task-force-trassierung)
33. Berner T et al (2022) Der Pfaffensteigtunnel nimmt Kontur an. Eisenbahningenieur 2022(11):47–52. (https://bit.ly/3UmnvCv)
34. Kümmling M, Wanstrath S (2024) „Digitale" Kapazitätssteigerungen: ein Sachstand. In: Mainka T (Hrsg) Eisenbahn Ingenieur Kompendium 2024. DVV Media Group. (https://bit.ly/4cHBOfi).
35. Karch St et al (2023) Schienengüterverkehr. Marktumfeld, Produktion, Technik und Innovation. Springer, Wiesbaden
36. Rüger B (2021) Effiziente Nahverkehrsfahrzeuge. https://publik.tuwien.ac.at/files/publik_302456.pdf. Zugegriffen: 7. Dez. 2023
37. DB InfraGO (2024) https://www.dbinfrago.com/web/bahnhoefe/leistungen/stationsnutzung/stationshalt/stationsausstattung/Buxtehude-11133244?view=&contentId=10995654. Zugegriffen: 30. Jan. 2024
38. Ernst J et al (2014) Das Bahnsteighöhenkonzept der DB AG. Eisenbahntech Rundsch 5/2014:36–42
39. DB Station&Service AG (2022) Richtlinie 813.0204 Ausstattung der Bahnsteige und ihrer Zugänge. Frankfurt am Main
40. Walf F (2002) Einbindung der 2. S-Bahn-Stammstrecke in den Bereich München Ost nach Vorgaben von Eisenbahnverkehrsunternehmen. Berlin
41. Deutsche Bahn (o.J.) Stationsdatenbank. https://db.de/sdb (letzter Aufruf: 30. Jan. 2024)
42. Hertel G (1992) Die maximale Verkehrsleistung und die minimale Fahrplanempfindlichkeit auf Eisenbahnstrecken. Eisenbahntech Rundsch 41:665–672
43. DB Netz AG (2008) Richtlinie 405. Bahnbetrieb. Richtlinie Fahrwegkapazität. Berlin
44. Martin U, Schmidt C (2010) Erhöhung der Effektivität und Transparenz bei Leistungsuntersuchungen mit Simulationsverfahren. Eisenbahntech Rundsch 7+8/2010:463–468
45. Martin U et al (2012) Bewertungsverfahren für Knotenelemente bei der Infrastrukturbemessung – RePlan. Eisenbahntech Rundsch 11/2012:38–43
46. Götze U (2008) Investitionsrechnung – Modelle und Analysen zur Beurteilung von Investitionsvorhaben. Springer, Berlin

# 11 Betriebsführung der Infrastruktur

Jörn Pachl

**Zusammenfassung**

Die Betriebsgrundsätze der europäischen Eisenbahnen sind noch immer stark national orientiert und weichen in einzelnen Ländern erheblich voneinander ab. Die nachfolgenden Ausführungen beschränken sich daher auf die Situation in Deutschland, Österreich und der Schweiz. Vergleichbare Regeln gelten auch bei vielen osteuropäischen Bahnen. Bei westeuropäischen Bahnen sind mit Ausnahme der sich stark an den deutschen Grundsätzen orientierenden Luxemburgischen Eisenbahn größere Abweichungen anzutreffen.

Das Kapitel stellt die grundlegenden Definitionen für Betriebsstellen und Fahrten mit Eisenbahnfahrzeugen unter Berücksichtigung der Rolle des Fahrplan vor. Die Signalisierung von Zug- und Rangierfahrten wird vergleichend gegenüber gestellt. Es wird auf Fragen des Flankenschutzes, auf die betrieblichen Maßnahmen zum Bauen im Betrieb und auf die Behandlung von Störfällen an Sicherungsanlagen eingegangen.

## 11.1 Betriebsführung der Infrastruktur

Die Betriebsgrundsätze der europäischen Eisenbahnen sind noch immer stark national orientiert und weichen in einzelnen Ländern erheblich voneinander ab. Die nachfolgenden Ausführungen beschränken sich daher auf die Situation in Deutschland, Österreich und der Schweiz. Vergleichbare Regeln gelten auch bei vielen osteuropäischen Bahnen. Bei westeuropäischen Bahnen sind mit Ausnahme der sich stark an den deutschen Grundsätzen orientierenden Luxemburgischen Eisenbahn größere Abweichungen anzutreffen.

## 11.2 Grundbegriffe des Bahnbetriebes

### 11.2.1 Rechtsverordnungen und Regelwerke

Der Bau und Betrieb von Schienenbahnen ist durch nationale Rechtsverordnungen geregelt. Bei der rechtlichen Einordnung der Schienenbahnen unterscheidet sich die Situation in Deutschland und Österreich deutlich von derjenigen in der Schweiz.

In Deutschland und Österreich werden nur die landesweiten, sich durch einen hohen Standardisierungsgrad auszeichnenden Bahnsysteme den Eisenbahnen zugerechnet. Für diese Bahnsysteme gilt in Deutschland die *Eisenbahn-*

J. Pachl (✉)
Institut für Eisenbahnwesen und Verkehrssicherung, TU Braunschweig, Braunschweig, Deutschland



J. Holzfeind, J. Liu, F. Pospischil (Hrsg.), *Handbuch Eisenbahninfrastruktur*,
https://doi.org/10.1007/978-3-662-68960-8_11

*Bau- und Betriebsordnung (EBO)* [1] und in Österreich die *Verordnung über den Bau und Betrieb von Eisenbahnen (Eisenbahnbau- und -betriebsverordnung – EisbBBV)* [2]. Straßenbahnen, wozu der Verordnungsgeber neben den Bahnen, die am Straßenverkehr teilnehmen, also den Straßenbahnen im engeren Sinne, auch vom Straßenverkehr unabhängige Bahnen des städtischen Nahverkehrs zählt, gelten rechtlich nicht als Eisenbahnen, sondern werden von eigenständigen Rechtsverordnungen erfasst. In Deutschland ist dies die *Verordnung über den Bau- und Betrieb der Straßenbahnen (BOStrab)* [3] und in Österreich die *Straßenbahnverordnung (StrabVO)* [4]. Im Unterschied zu den Rechtsverordnungen der Eisenbahnen fordern die Rechtsverordnungen der Straßenbahnen eine weit geringere Standardisierung, da diese Bahnen Inselbetriebe darstellen, zwischen denen im Unterschied zu Eisenbahnen ein Fahrzeugaustausch nicht vorgesehen ist. Auf diese Rechtslage ist bei den Stadtschnellbahnen auch die traditionelle Unterscheidung zwischen S-Bahnen und U-Bahnen zurückzuführen. S-Bahnen gelten hinsichtlich der anzuwendenden Rechtsverordnung als Eisenbahnen und U-Bahnen als Straßenbahnen.

In der Schweiz gibt es keine getrennten Bau- und Betriebsordnungen für Eisenbahnen und Straßenbahnen. Die *Verordnung über Bau und Betrieb der Eisenbahnen (Eisenbahnverordnung, EBV)* [5] gilt auch für Straßenbahnen, die in der Schweiz deswegen auch begrifflich den Eisenbahnen zugerechnet werden.

Auf Basis dieser Rechtverordnungen erstellen die Bahnbetreiber die betrieblichen Regelwerke. Diese Regelwerke enthalten die Vorschriften für die Durchführung von Fahrten mit Eisenbahnfahrzeugen und die Regeln der Signalisierung.

In Deutschland gehören dazu für das Netz der Deutschen Bahn AG in erster Linie folgende Regelwerke:

- Richtlinie 408 „Fahrdienstvorschrift" [6]
- Richtlinie 436 „Zug- und Rangierfahrten im Zugleitbetrieb durchführen" [7]
- Richtlinie 437 „Zug- und Rangierfahrten im Signalisierten Zugleitbetrieb durchführen" [8]
- Richtlinie 301 „Signalbuch" [9].

In Österreich besteht das betriebliche Regelwerk für das Netz der ÖBB aus folgenden wesentlichen Teilen:

- 30.01 Betriebsvorschrift V3 [10]
- 30.02 Signalbuch [11].

In Deutschland und Österreich wird bei der Weiterentwicklung der betrieblichen Regelwerke eine stärkere Differenzierung der Regeln nach Eisenbahninfrastrukturunternehmen und Eisenbahnverkehrsunternehmen angestrebt. In Deutschland enthält die Fahrdienstvorschrift seit der Neuherausgabe im Jahre 2015 nur noch die Regeln für Eisenbahninfrastrukturunternehmen ergänzt um Schnittstellenregelungen für die Eisenbahnverkehrsunternehmen. Die betrieblichen Regeln für das Zugpersonal werden von den Eisenbahnverkehrsunternehmen herausgegeben, wobei die redaktionelle Federführung durch den Verband Deutscher Verkehrsunternehmen (VDV) übernommen wird.

Zurzeit wird von der Deutschen Bahn AG eine neue Fahrdienstvorschrift für den digitalen Bahnbetrieb entwickelt (Richtlinie 400). Diese soll künftig auf allen ETCS-Strecken ohne ortsfeste Signalisierung zur Anwendung kommen. Die erste Anwendung ist im Projekt Digitaler Knoten Stuttgart vorgesehen.

In der Schweiz enthalten die Fahrdienstvorschriften (FDV) [12] sowohl die Regeln für die Durchführung von Zug- und Rangierfahrten als auch die Signalregeln. Im Unterschied zu Deutschland und Österreich werden die Fahrdienstvorschriften nicht von den Bahnunternehmen, sondern vom Bundesamt für Verkehr herausgegeben und sind als Rechtsverordnung für alle Eisenbahnen des öffentlichen Verkehrs gesetzlich bindend. Bedingt durch die oben erläuterte Rechtslage in der Schweiz enthalten die Fahrdienstvorschriften auch die Regeln für Straßenbahnen.

### 11.2.2 Einteilung der Eisenbahnunternehmen

Durch die Neuordnung des Eisenbahnwesens in Europa wird zwischen zwei grundlegenden Arten von Eisenbahnunternehmen unterschieden:

- Eisenbahninfrastrukturunternehmen (EIU)
- Eisenbahnverkehrsunternehmen (EVU).

*Eisenbahninfrastrukturunternehmen* sind Eisenbahnunternehmen, deren Unternehmenszweck im Betreiben einer Eisenbahninfrastruktur besteht. Das Betreiben einer Eisenbahninfrastruktur umfasst den Bau und die Unterhaltung der Schienenwege, die Koordination der Trassenwünsche der Eisenbahnverkehrsunternehmen (Fahrplankonstruktion) und die Führung von Betriebsleit- und Sicherungssystemen. *Eisenbahnverkehrsunternehmen* sind Eisenbahnunternehmen, deren Unternehmenszweck im Erbringen von Eisenbahnverkehrsleistungen (Zugverkehr) auf einer von einem Eisenbahninfrastrukturunternehmen betriebenen Eisenbahninfrastruktur besteht.

Vor Durchführung einer Zugfahrt hat das Eisenbahnverkehrsunternehmen beim Eisenbahninfrastrukturunternehmen eine Fahrplantrasse zu bestellen. Die Fahrplantrasse beschreibt die räumliche und zeitliche Inanspruchnahme der Infrastruktur für diese Zugfahrt. Das Eisenbahninfrastrukturunternehmen nimmt im Rahmen der Fahrplankonstruktion eine Koordination der Trassenwünsche vor und erstellt die Fahrpläne, die dann den Eisenbahnverkehrsunternehmen übermittelt werden.

### 11.2.3 Grundsätzliche Klassifizierung der Betriebsverfahren

Ein Betriebsverfahren ist ein System betrieblicher Regeln und technischer Mittel zur Durchführung von Fahrten mit Eisenbahnfahrzeugen auf einer Eisenbahninfrastruktur. Hinsichtlich der Verfahren zur Führung der Züge lassen sich Betriebsverfahren in zwei grundsätzlich zu unterscheidende Kategorien einteilen:

- Betriebsverfahren, bei denen die Züge durch Signaleinrichtungen geführt werden
- Betriebsverfahren, bei denen die Züge auf nichttechnischem Wege, d. h. durch mündliche oder schriftliche Aufträge mit teilweise ergänzender Beachtung von Fahrplanregeln geführt werden.

Betriebsverfahren mit Führung der Züge durch Signaleinrichtungen setzen die Ausrüstung der Strecke mit einer durchgehenden Signalisierung voraus. Heute ist, von wenigen Ausnahmen abgesehen, die durchgehende Signalisierung auch immer mit einer technischen Zugfolgesicherung (Streckenblock, in der Schweiz nur als Block bezeichnet) verbunden. Zu diesen Betriebsverfahren gehören sowohl der Betrieb mit Führung der Züge durch ortsfeste Signale (signalgeführter Betrieb) als auch der Betrieb mit Führung der Züge durch Führerraumanzeigen (anzeigegeführter Betrieb). Der signalgeführte Betrieb ist heute noch das mit großem Abstand dominierende Betriebsverfahren (in den betrachteten Ländern auf ca. 90 % des Netzes). In den nächsten Jahrzehnten wird aber mit der fortschreitenden Ausrüstung von Strecken mit dem ETCS-Level 2 der Anteil des anzeigegeführten Betriebes deutlich zunehmen.

Schriftliche oder mündliche Aufträge kommen in solchen Betriebsverfahren zur Zulassung einer Zugfahrt nur als besondere Aufträge in der Rückfallebene oder bei Abweichungen vom Regelbetrieb zur Anwendung, wenn die reguläre Signalisierung nicht genutzt werden kann oder darf. Die Fahrdienstleitung einer solchen Strecke kann sowohl von einer zentralen Leitstelle, von der aus die örtlichen Stellwerke ferngesteuert werden, oder durch örtlich besetzte Betriebsstellen, die sich untereinander durch Zugmeldungen über die Zugfolge verständigen, erfolgen.

Betriebsverfahren mit Führung der Züge auf nichttechnischem Wege werden zur rationellen Betriebsführung auf Strecken mit einfachen betrieblichen Verhältnissen (Nebenbahnen) benutzt. Eine durchgehende Signalisierung an der Strecke ist nicht erforderlich. Trotzdem kann auch in diesen Betriebsverfahren eine vereinfachte ortsfeste

Signalisierung vorhanden sein. Die Fahrdienstleitung solcher Strecken ist heute in der Regel zentralisiert. Die örtliche Fahrwegsicherung erfolgt häufig unter Mitwirkung des Zugpersonals. In Deutschland und Österreich wird eine solche Einfachbetriebsweise mit zentralisierter Fahrdienstleitung als Zugleitbetrieb bezeichnet, wobei bei Vorhandensein einer ergänzenden Signalisierung die Bezeichnung Signalisierter Zugleitbetrieb verwendet wird. Der Fahrdienstleiter einer Zugleitstrecke wird in Deutschland als Zugleiter und in Österreich als Zugleit-Fahrdienstleiter bezeichnet. Der Zugleiter bzw. Zugleit-Fahrdienstleiter verfolgt die Zugfahrten anhand fernmündlicher Zuglaufmeldungen und lässt die Zugfahrten durch fernmündliche Fahrerlaubnis zu. Die heute in der Regel per Funk direkt mit den Zugpersonalen ausgetauschten Meldungen können unter bestimmten Voraussetzungen durch technische Einrichtungen ersetzt werden, so dass sich die Betriebsweise im Regelbetrieb dem Niveau eines signalgeführten Betriebes annähert.

In der Schweiz kommt anstelle des Zugleitbetriebes auf Strecken ohne technische Zugfolgesicherung (Strecken ohne Block) ein spezielles Betriebsverfahren zur Anwendung, bei dem die Zugfolge durch Beachtung von Fahrplanregeln geregelt wird. Die Zugpersonale haben bei Halt in einem Bahnhof die planmäßigen Kreuzungen und Überholungen abzuwarten. Im Verspätungsfall oder beim Verkehren außerplanmäßiger Fahrten werden zusätzliche Kreuzungen und Überholungen oder die Verlegung planmäßiger Kreuzungen und Überholungen mit schriftlichen Weisungen durch die Fahrdienstleitung angeordnet.

### 11.2.4 Einteilung der Betriebsstellen

#### 11.2.4.1 Bahnhöfe

Ein ausgesprochenes Charakteristikum der Eisenbahnen des deutschsprachigen Raumes ist der Bahnhofsbegriff und die darauf aufbauende Unterscheidung zwischen Bahnhof und freier Strecke. Die Definition des Bahnhofs ist bei den einzelnen Bahnen zwar ähnlich, aber nicht identisch. In Deutschland ist ein Bahnhof als Bahnanlage mit mindestens einer Weiche, wo Züge beginnen, enden, ausweichen oder wenden dürfen, definiert. Als Grenze zwischen dem Bahnhof und der freien Strecke gelten die Einfahrsignale oder Trapeztafeln (Signaltafeln, die in bestimmten Fällen anstelle eines Einfahrsignals aufgestellt sein können), sonst die Einfahrweichen (je nach Lage der Weiche ist die Weichenspitze oder das Grenzzeichen maßgebend). Im österreichischen Regelwerk entfällt in der Bahnhofsdefinition die Forderung nach mindestens einer Weiche. Das Schweizer Regelwerk definiert einen Bahnhof als Anlage innerhalb der Einfahrsignale, wo diese fehlen innerhalb der Einfahrweichen, zur Sicherung und Regelung des Zugverkehrs und der Rangierbewegungen.

Damit sind in einem Hauptgleis innerhalb eines Bahnhofs folgende betriebliche Prozesse möglich:

- Beginnen und Enden von Zügen
- Verändern der Zusammensetzung von Zügen
- Durchführen von Rangierbewegungen
- Abstellen von Fahrzeugen.

Große Bahnhöfe können in mehrere Bahnhofsteile unterteilt sein, die durch Hauptsignale gegeneinander abgegrenzt werden. In Bahnhöfen herrscht im Unterschied zu den Gleisen der freien Strecke freie Gleiswahl, d. h. es gibt keine gewöhnliche Fahrtrichtung. Bahnhofshauptgleise können je nach betrieblichem Erfordernis mit Signalanlagen für eine oder beide Fahrtrichtungen ausgerüstet sein.

#### 11.2.4.2 Betriebsstellen der freien Strecke

Die freie Strecke (in der Schweiz nur als Strecke bezeichnet) sind die Gleise außerhalb der Einfahrsignale der Bahnhöfe. Zu den Betriebsstellen der freien Strecken gehören in deutscher Terminologie:

- Blockstellen
- Abzweig- und Überleitstellen
- Anschlussstellen
- Deckungsstellen
- Haltepunkte und Haltestellen.

*Blockstellen* sind Betriebsstellen, die einen Blockabschnitt begrenzen. Auf Strecken mit ortsfester Signalisierung sind Blockstellen mit Hauptsignalen ausgerüstet, die die Einfahrt in den Blockabschnitt decken. In Deutschland werden im Gegensatz zu Österreich auch Bahnhöfe zu den Blockstellen gerechnet, da die Ein- und Ausfahrsignale der Bahnhöfe, obwohl nicht zur freien Strecke gehörend, die an den Bahnhof anschließenden Blockabschnitte begrenzen. In der Schweiz wird der Begriff der Blockstelle nicht verwendet, man spricht nur von Blocksignalen.

*Abzweigstellen* (in der Schweiz als *Linienabzweigungen* bezeichnet) sind Streckenverzweigungen außerhalb von Bahnhöfen. *Überleitstellen* (in der Schweiz als *Spurwechselstellen* bezeichnet) sind Betriebsstellen, wo Züge außerhalb von Bahnhöfen auf ein anderes Gleis derselben Strecke übergehen können. Abzweig- und Überleitstellen sind zugleich auch immer Blockstellen. Betriebsstellen am Übergang von einer eingleisigen zu einer zweigleisigen Strecke gelten in Deutschland als Überleitstellen (analog in der Schweiz als Spurwechselstellen), jedoch in Österreich als Abzweigstellen.

*Anschlussstellen* (in der Schweiz als *Anschlussgleise an die Strecke* bezeichnet) sind Betriebsstellen der freien Strecke, an denen ein Nebengleis (z. B. Ladegleis, Anschlussbahn eines Unternehmens) an das Streckengleis anschließt. Anschlussstellen sind selbst keine Blockstellen, die Bedienung erfolgt unter Deckung der Hauptsignale benachbarter Betriebsstellen. Die Weichen an der Anschlussstelle sind meist ortsgestellt und werden durch Weichenschlösser gesichert, über die in der Regel eine Abhängigkeit zu den Hauptsignalen benachbarter Betriebsstellen hergestellt wird. Anschlussstellen, die ein Einschließen der Bedienungsfahrt ermöglichen, so dass der Blockabschnitt nach der Einfahrt der Bedienungsfahrt in die Anschlussstelle für Zugfahrten freigegeben werden kann, werden in Deutschland und Österreich als *Ausweichanschlussstellen* bezeichnet.

*Deckungsstellen* sind Betriebsstellen zur Deckung von Gefahrenstellen (z. B. bewegliche Brücken) auf der freien Strecke. Eine Deckungsstelle kann zugleich als Blockstelle eingerichtet sein. In der Schweiz wird der Begriff der Deckungsstelle nicht verwendet, man spricht nur von Deckungssignalen.

*Haltepunkte* und *Haltestellen* sind Betriebsstellen für Verkehrshalte von Reisezügen außerhalb von Bahnhöfen. In Deutschland werden dabei die Verkehrsstationen ohne Weichen als Haltepunkte und diejenigen Verkehrsstationen, bei denen eine Bahnsteiganlage mit einer Abzweig- oder Anschlussstelle kombiniert ist, als Haltestellen bezeichnet. In Österreich und der Schweiz wird unabhängig vom Vorhandensein von Weichen nur die Bezeichnung Haltestelle verwendet.

### 11.2.4.3 Betriebliche Einteilung der Gleise

Gleise werden betrieblich in Haupt- und Nebengleise eingeteilt (Abb. 11.1). Hauptgleise sind alle Gleise, die von Zügen planmäßig befahren werden dürfen. Sie müssen daher mit für Zugfahrten erforderlichen Signal- und Sicherungseinrichtungen ausgerüstet sein. Die Hauptgleise

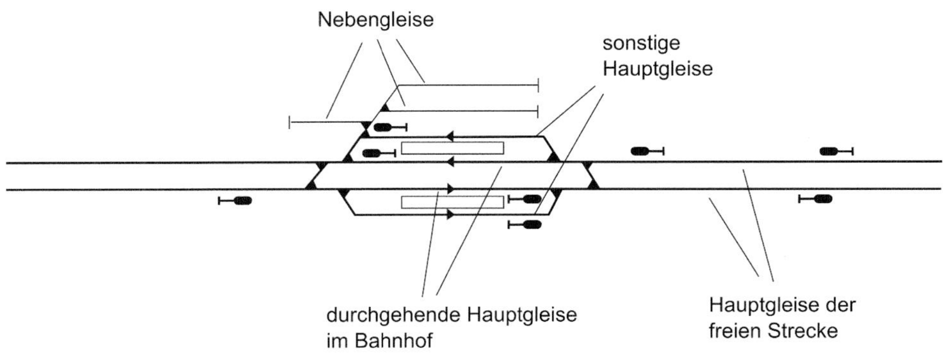


**Abb. 11.1** Einteilung der Gleise

der freien Strecke und ihre Fortsetzung in den Bahnhöfen werden als durchgehende Hauptgleise bezeichnet. Nebengleise sind Gleise, die nicht planmäßig von Zügen befahren werden und in denen somit regulär nur Rangierfahrten stattfinden dürfen. In der Schweiz gelten abweichend davon auch Gleise, die von Zügen nur in Ausfahrrichtung befahren werden dürfen, als Nebengleise.

## 11.2.5 Durchführung von Fahrten auf einer Eisenbahninfrastruktur

Das Fahren der Züge und das Rangieren sind zwei Grundprozesse des Schienenverkehrs, die man zunächst unabhängig von fahrdienstlichen Definitionen interpretieren kann. Das Fahren der Züge ist der Hauptprozess der Eisenbahn, mit dem der eigentliche Transportvorgang stattfindet. Das sind heute die Fahrten, die auf bestellten Fahrplantrassen verkehren. Das Rangieren umfasst als Hilfsprozess die sonstigen Fahrzeugbewegungen, die das Fahren der Züge überhaupt erst ermöglichen, wie z. B. Fahrten zur Zugbildung, Abräum- und Bereitstellungsfahrten, Lokwechsel und -umlauf, Bedienung von Nebengleisanlagen u. ä.

Die Definitionen für Züge und für das Rangieren in den Regelwerken der Bahnen bilden das auch in dieser allgemeinen Form ab und sagen zunächst noch nichts darüber aus, wie diese Fahrten konkret durchgeführt werden. Dies folgt erst in weiteren Regeln, wo sich Züge und Rangierbewegungen insbesondere in der Art der Zulassung der Fahrt und in den Voraussetzungen für die Zulassung einer Fahrt deutlich voneinander unterscheiden.

Die meisten Bahnen verwenden für diese beiden Arten von Fahrzeugbewegungen eine unterschiedliche Signalisierung, wodurch die Einteilung der Fahrten einen erheblichen Einfluss auf die Ausstattung der Infrastruktur hat. Trotz vieler Ähnlichkeiten gibt es hinsichtlich der Abgrenzung von Zügen und Rangierbewegungen bei den einzelnen Bahnen Unterschiede.

### 11.2.5.1 Züge

In Deutschland sind Züge auf die freie Strecke übergehende oder innerhalb eines Bahnhof mit Fahrplan verkehrende, aus Regelfahrzeugen bestehende, durch Maschinenkraft bewegte Einheiten oder einzeln fahrende Triebfahrzeuge. Züge, die in ein betrieblich gesperrtes Streckengleis eingelassen werden (z. B. bei Bauarbeiten oder zum Bedienen von Anschlussstellen auf Strecken ohne selbsttätigen Streckenblock) werden als Sperrfahrten bezeichnet. In einen Blockabschnitt dürfen mehrere Sperrfahrten eingelassen werden.

In Österreich sind Züge alle Triebfahrzeuge, die allein oder mit anderen Fahrzeugen auf die freie Strecke übergehen. Es kann angeordnet sein, dass Fahrten innerhalb eines Bahnhofs als Züge gelten. Fahrten in gesperrten Streckengleisen gelten in Österreich nicht als Züge, sondern werden den sog. Nebenfahrten zugeordnet (Abschn. 11.2.5.3).

In der Schweiz wird zwischen den in Deutschland und Österreich gleichwertigen Begriffen Zug und Zugfahrt unterschieden. Züge sind einzelne oder zusammengekuppelte Triebfahrzeuge mit oder ohne Wagen, die auf die Strecke übergehen, und zwar vom Zeitpunkt ihrer Übernahme durch das Fahrpersonal auf dem Abgangsbahnhof bis zum Erreichen des Bestimmungsbahnhofes, ausgenommen während Rangierbewegungen. Zugfahrten sind Fahrten im Bahnhof und auf der Strecke, die durch Hauptsignale gesichert und geregelt werden.

Zur Durchführung einer Zugfahrt ist ein Fahrplan (in der Schweiz als Fahrordnung bezeichnet) erforderlich, der die Berechtigung darstellt, eine Relation von einem Abgangs- zu einem Bestimmungsbahnhof zu festgelegten Konditionen (z. B. Laufweg, Geschwindigkeiten, erforderliches Bremsvermögen, Fahrzeiten) zu befahren. Der Fahrplan wird vom Eisenbahninfrastrukturunternehmen aufgestellt und den Eisenbahnverkehrsunternehmen in elektronischer Form oder als gedruckter Buchfahrplan übergeben (Abschn. 11.2.5.6). Zusätzlich zum Fahrplan benötigt ein Zug auf jedem Abschnitt seines Laufweges eine Zulassung der Zugfahrt durch den Fahrdienstleiter (in der Schweiz als Zustimmung zur Fahrt bezeichnet). Die Zulassung der Zugfahrt stellt die Berechtigung dar, bis zu einem definierten Punkt zu fahren (z. B. einem Signal oder einem planmäßigen Halteplatz) und kann besondere Restriktionen enthalten (z. B. die Anwendung einer niedrigeren als der im Fahrplan angegebenen Geschwindigkeit). Zu diesem Zweck ist das gesamte Eisenbahnnetz lückenlos in Fahrdienstleiterbezirke eingeteilt, so dass sich ein Zug ständig unter Führung eines für den jeweiligen Infrastrukturbereich zuständigen Fahrdienstleiters befindet.

Die Zugfahrt kann je nach technischer Ausstattung und Betriebsverfahren auf unterschiedliche Weise zugelassen werden:

- durch Fahrtstellung eines Hauptsignals
- durch Führerraumanzeigen
- durch schriftliche Befehle (bei Störungen und Abweichungen vom Regelbetrieb)
- durch Zusatzsignale, die einen schriftlichen Befehl zur Vorbeifahrt an einem Halt zeigenden oder gestörten Hauptsignal ersetzen
- mündlich oder fernmündlich (bei einfachen Verhältnissen).

Züge dürfen im Regelbetrieb nur in freie Gleisabschnitte eingelassen werden und verkehren in Weichenbereichen auf technisch gesicherten Fahrstraßen. Die zulässige Geschwindigkeit wird dem Zugpersonal in den Fahrplanunterlagen bekannt gegeben. Spitze und Schluss eines Zuges werden durch besondere Signale gekennzeichnet. Von besonderer Bedeutung ist dabei das Schlusssignal, durch dessen Vorhandensein jederzeit festgestellt werden kann, ob der Zug einen Gleisabschnitt vollständig geräumt hat.

Heute sind Züge grundsätzlich mit einer durchgehenden selbsttätigen Bremse ausgerüstet. Das Bremsvermögen eines Zuges muss ausreichend sein, um den Zug aus der zulässigen Geschwindigkeit innerhalb des für die zu befahrenden Strecken festgelegten Regelvorsignalabstandes sicher zum Halten zu bringen. Beim Nichterreichen des im Fahrplan angegebenen Mindestbremsvermögens darf der Zug nicht mit der im Fahrplan angegebenen, sondern nur mit einer entsprechend herabgesetzten zulässigen Geschwindigkeit verkehren. Das Bremsvermögen eines Zuges wird durch sog. Bremshundertstel angegeben (in der Schweiz als Bremsverhältnis bezeichnet), die den prozentualen Anteil des Bremsgewichts (auch als Bremsmasse bezeichnet) an der Gesamtmasse des Zuges darstellen. Das Bremsgewicht wird wie die Zugmasse in der Einheit Tonnen (t) angegeben, es kann jedoch physikalisch nicht als Masse interpretiert werden. Es handelt sich um einen durch genormte Bremsversuche ermittelten, reinen Vergleichswert, in den neben der aufgebrachten Bremskraft noch weitere Parameter des Bremssystems eingehen, insbesondere die durch die Trägheit der Bremsauslösung bedingte verzögerte Inanspruchnahme des Zuggewichts für die Übertragung der Bremskraft zwischen Rad und Schiene [13].

#### 11.2.5.2 Rangierfahrten

Das Rangieren ist das beabsichtigte Bewegen von Eisenbahnfahrzeugen, ausgenommen das Fahren der Züge. In Österreich wird das Rangieren als Verschub bezeichnet. Das betrifft in gleicher Weise alle damit in Zusammenhang stehenden Begriffe (Verschubfahrt, Verschubsignal usw.). Im Folgenden wird mit Rücksicht auf die flüssige Lesbarkeit dieser Hinweis nicht noch einmal an jeder Stelle wiederholt.

Zu den Rangierbewegungen zählen:

- die Rangierfahrten, das sind die Bewegungen von mit einem Triebfahrzeug gekuppelten Rangiereinheiten oder einzeln fahrende Triebfahrzeuge, und
- das Bewegen von nicht mit einem Triebfahrzeug gekuppelten Wagen. Dazu zählen das Rangieren durch Abstoßen und Ablaufen lassen von Wagen (in Österreich und der Schweiz als Abrollen bezeichnet).

In Gleisbereichen, die von einem Stellwerk überwacht werden, ist zur Durchführung einer Rangierfahrt eine Zustimmung des zuständigen Stellwerks erforderlich. Diese Zustimmung wird erteilt:

- durch Signalisierung der Aufhebung des Fahrverbots für Rangierfahrten an einem Hauptsi-

gnal oder einem anderen für Rangierfahrten gültigen Haltsignal
- durch Handzeichen
- mündlich oder fernmündlich.

Auf die Signalisierung und die unterschiedlichen Bezeichnungen der bei den einzelnen Bahnen verwendeten Signale zur Regelung von Rangierfahrten wird im Abschn. 11.3.2.2 eingegangen. Rangierfahrten fahren auf Sicht und dürfen in besetzte Gleise eingelassen werden. Eine technische Fahrwegsicherung ist grundsätzlich nicht erforderlich, aber in modernen Stellwerken üblich. Rangierfahrten führen keine Spitzen- und Schlusssignale. Eine durchgehende Bremse ist nicht grundsätzlich vorgeschrieben, oft wird nur mit der Triebfahrzeugbremse rangiert. Wo regelmäßig Rangierfahrten mit schweren Einheiten durchgeführt werden, kann jedoch vorgeschrieben sein, eine bestimmte Anzahl von Wagen an die durchgehende Bremse anzuschließen.

In Deutschland und Österreich sind Rangierfahrten auf Hauptgleisen nur innerhalb von Bahnhöfen und im Bereich von Anschlussstellen zulässig. Auf ein an einen Bahnhof anschließendes Streckengleis, das in Ausfahrrichtung befahren wird, darf beim Rangieren im erforderlichen Maß ausgezogen werden, wenn auf diesem Streckengleis keine Fahrten gegen die gewöhnliche Fahrtrichtung stattfinden. An den an einen Bahnhof anschließenden Streckengleisen, die in Einfahrrichtung befahren werden, ist die Grenze, bis zu der rangiert werden darf, in der Regel durch eine Rangierhalttafel markiert. Wo diese fehlt, gilt die Einfahrweiche als Rangiergrenze. In Österreich ist auf zweigleisigen Strecken mit Zweirichtungsbetrieb auch am Ausfahrgleis eine Rangierhalttafel (dort als Verschubhalttafel bezeichnet) aufgestellt. Muss ausnahmsweise über die Rangiergrenze rangiert werden, ist ein schriftlicher Befehl des Fahrdienstleiters erforderlich, der sicherzustellen hat, dass die benachbarte Betriebsstelle keine Züge ablässt. In der Schweiz gilt mit Ausnahme der nachfolgend behandelten Rangierbewegungen auf die Strecke das Einfahrsignal oder die Bahnhofendetafel als Rangiergrenze.

#### 11.2.5.3 Besonderheiten

Bei der Abgrenzung der Rangierfahrten von den Zugfahrten gibt es eine gewisse Grauzone in Form von Fahrten, die nicht dem Zweck des Rangierens dienen, bei denen jedoch die Sicherungseinrichtungen für Zugfahrten nicht ordnungsgemäß wirken oder nicht bedient werden dürfen. Darunter fallen beispielsweise Fahrten mit Spezialfahrzeugen, die aufgrund ihrer Bauart Gleisschaltmittel nicht sicher betätigen, und Fahrten auf der freien Strecke, die einen Blockabschnitt nicht vollständig durchfahren oder Rückwärtsbewegungen ausführen. Die betriebliche Zuordnung solcher Fahrten wird bei den einzelnen Bahnen unterschiedlich gehandhabt. Die Kenntnis dieser Besonderheiten ist vor allem für die betriebliche Abwicklung von Baumaßnahmen wichtig, wo solche Spezialfahrten häufig durchgeführt werden.

In Deutschland muss für solche Fahrten das Streckengleis gesperrt werden. Die Fahrten, die in das gesperrte Gleis eingelassen werden, werden als sog. Sperrfahrten durchgeführt. Wenn Züge als Sperrfahrt verkehren, gelten sie trotzdem weiterhin als Züge. Fahrzeuge, die wegen ihrer Bauart Gleisschaltmittel nicht sicher betätigen, werden in Deutschland als Kleinwagen bezeichnet. Mit Kleinwagen dürfen keine Zugfahrten durchgeführt werden. Kleinwagen dürfen auf der freien Strecke nur als Sperrfahrt verkehren, gelten dann jedoch nicht als Züge. Kleinwagenfahrten in Bahnhöfen sind immer Rangierfahrten.

In der Schweiz gibt es die besondere Kategorie der Rangierbewegungen auf die Strecke. Das sind Rangierfahrten, die in ein Streckengleis eingelassen werden. Sie gelten auf der Strecke als Rangierbewegungen, bekommen aber Fahrplanangaben in Form der Fahrordnung und müssen die bremstechnischen Vorschriften für Züge einhalten. Das Fahren auf Sicht ist nur erforderlich, wenn in einem Streckenabschnitt mehrere Rangierbewegungen unterwegs sind.

In der Schweiz dürfen in folgenden Fällen Rangierbewegungen auf die Strecke durchgeführt werden:

- bei Fahrten, die als Zugfahrt die Signal- und Blockeinrichtungen aus technischen Gründen

so beeinflussen, dass sie nach der Fahrt die Grundstellung nicht erreichen
- wenn Fahrzeuge mitgeführt werden, die nicht in Züge eingestellt werden dürfen
- zum Abholen liegengebliebener Züge.

In Österreich gibt es neben den Zug- und Verschubfahrten als dritte Kategorie die sog. Nebenfahrten. Das sind alle Fahrten, bei denen die für Zugfahrten vorgesehenen Sicherungsanlagen nicht regulär bedient werden können oder dürfen. Dazu zählen:

- Fahrten ohne Triebfahrzeug
- Fahrten mit Sonderfahrzeugen, die aufgrund ihrer geringen Achslast Gleisschaltmittel nicht sicher betätigen
- Bedienungsfahrten zu Anschlussstellen, die nicht mit Hauptsignal durchgeführt werden können
- Fahrten, die ein Streckengleis nicht vollständig befahren
- Fahrten in gesperrten Streckengleisen.

Fahrten, die in Österreich zu den Nebenfahrten zählen, werden in Deutschland meist als Sperrfahrten und somit als Zugfahrten durchgeführt. Dies erfordert jedoch immer eine Sperrung des Streckengleises. In der Schweiz werden solche Fahrten als Rangierbewegungen auf die Strecke abgewickelt.

Fahrten zur Durchführung von Bauarbeiten in einen Streckengleis, das noch nicht in Betrieb genommen oder das für Bauarbeiten vorübergehend außer Betrieb genommen wurde, finden bei allen behandelten Bahnen unter der Verantwortung der bauausführenden Stellen nach den Regeln für Rangierbewegungen statt (Abschn. 11.5.2.2). Besondere Regeln gibt es auch bei allen Bahnen für von der freien Strecke zurückkehrende Schiebetriebfahrzeuge.

#### 11.2.5.4 Zusammengefasste Systematik der Durchführung von Fahrten auf einer Eisenbahninfrastruktur

Tab. 11.1 gibt eine Übersicht zu den einzelnen Arten von Fahrzeugbewegungen und ihrer betrieblichen Zuordnung bei den Bahnen in Deutschland, Österreich und der Schweiz.

#### 11.2.5.5 Regelung der Zugfolge

Zur sicheren Abstandshaltung der Züge ist heute das Fahren im festen Raumabstand vorgeschrieben. Dazu wird der Fahrweg in Abschnitte eingeteilt, in die ein Zug nur eingelassen werden darf, wenn sie frei von Fahrzeugen sind. Diese Abschnitte werden auf der freien Strecke als Blockabschnitte (in Deutschland auch Blockstre-

**Tab. 11.1** Betriebliche Zuordnung der Fahrten mit Eisenbahnfahrzeugen

| Art der Fahrzeugbewegung | Betriebliche Zuordnung in | | |
|---|---|---|---|
| | Deutschland | Österreich | Schweiz |
| Durch Hauptsignal geregelte Fahrt | Zugfahrt | Zugfahrt | Zugfahrt |
| Ohne Hauptsignal geregelte Fahrt gegen die gewöhnliche Fahrtrichtung einer zweigleisigen Strecke | Zugfahrt | Zugfahrt | Rangierbewegung auf die Strecke |
| Fahrt unter vereinfachten Bedingungen im Bahnhof ohne Fahrplan | Rangierfahrt | Verschubfahrt | Rangierbewegung |
| Fahrt zum Bedienen einer Anschlussstelle | Zugfahrt, ggf. als Sperrfahrt | Nebenfahrt | Rangierbewegung auf die Strecke |
| Fahrt in gesperrtem Streckengleis | Zugfahrt oder Kleinwagen als Sperrfahrt | Nebenfahrt | Rangierbewegung auf die Strecke |
| Fahrt in einem Streckengleis, das für Bauarbeiten außer Betrieb genommen wurde | Rangierfahrt | Verschubfahrt | Rangierbewegung |
| Fahrt auf die Strecke mit Fahrzeug, durch das Gleisschaltmittel nicht sicher betätigt werden | Kleinwagen als Sperrfahrt | Nebenfahrt | Rangierbewegung auf die Strecke |
| Fahrt im Bahnhof mit Fahrzeug, das Gleisschaltmittel nicht sicher betätigt | Rangierfahrt | Nebenfahrt | Rangierbewegung |

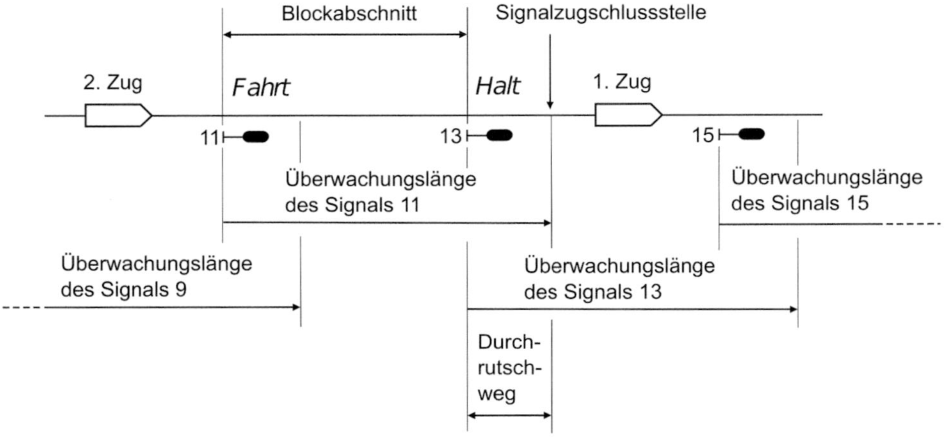


**Abb. 11.2** Fahren im festen Raumabstand

cken) bezeichnet. Bei signalgeführtem Betrieb mit ortsfesten Signalen werden diese Abschnitte durch Hauptsignale begrenzt. Dabei kann ein Hauptsignal nur dann einen für Züge gültigen Fahrtbegriff zeigen, wenn der Abschnitt bis zum nächsten Hauptsignal frei und gesichert ist und ein voraus fahrender Zug durch ein Halt zeigendes Signal gedeckt wird. Bei den meisten Bahnen reicht die auf ein Hauptsignal folgende Gleislänge, die frei und gesichert sein muss (die sog. Überwachungslänge des Hauptsignals) eine definierte Strecke über das Signal hinaus, um als Durchrutschweg (in Österreich als Schutzweg bezeichnet) zusätzlich einen gewissen Schutz gegen ein geringfügiges Überfahren eines Halt zeigenden Hauptsignals durch Verbremsen des Zuges zu gewähren (Abb. 11.2). Die Stelle hinter einem Hauptsignal, die ein Zug vollständig geräumt haben muss, damit das rückliegende Hauptsignal wieder auf Fahrt gestellt werden kann, wird als Signalzugschlussstelle bezeichnet. Auf Strecken mit anzeigegeführtem Betrieb gilt das Fahren im festen Raumabstand grundsätzlich in gleicher Weise.

### 11.2.5.6 Die Rolle des Fahrplans

Der Fahrplan ist die vorausschauende Festlegung des Fahrtverlaufs der Züge hinsichtlich

- Verkehrstage
- Laufweg
- Gleisbenutzung in den Betriebsstellen
- zulässiger Geschwindigkeit auf den einzelnen Abschnitte des Laufweges
- erforderlichem Bremsvermögen
- Ankunft-, Abfahr- und Durchfahrzeiten auf den Betriebsstellen
- sonstiger, für die Führung des Zuges erforderlicher Angaben.

Ein Zug darf nur mit gültigem Fahrplan verkehren. Die Zugnummer ist dabei zugleich die Bezeichnung des zugehörigen Fahrplans. Die Erstellung des Fahrplans gehört zu den Aufgaben des Eisenbahninfrastrukturunternehmens. Die wichtigste bei der Fahrplankonstruktion erstellte Unterlage ist der Bildfahrplan, aus dem alle anderen Fahrplandarstellungen abgeleitet werden. Der Bildfahrplan ist ein Liniennetz aus Ortslinien, die den Fahrzeitmesspunkten der einzelnen Betriebsstellen entsprechen, und orthogonal dazu angeordneten Zeitlinien. In dieses Liniennetz werden die Zugfahrten als Zeit-Weg-Linien eingetragen. Bildfahrpläne können mit horizontaler (liegender Fahrplan) oder vertikaler Wegachse (stehender Fahrplan) ausgeführt sein (Abb. 11.3). Beide Darstellungsformen sind in der Aussage gleichwertig. Für Betriebsstellen mit mehreren, alternativ nutzbaren Gleisen wird die Gleisbenutzung in zusätzlichen Plänen dargestellt. Hier sind neben bildlichen Darstellungen mit horizontaler und vertikaler Zeitachse auch tabellarische Darstellungen üblich.

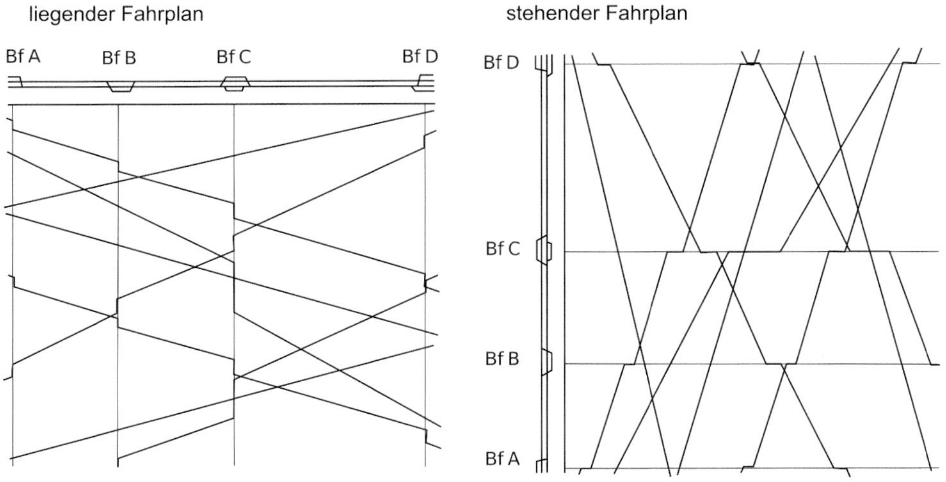


**Abb. 11.3** Liegender und stehender Bildfahrplan

Der im Rahmen der Fahrplankonstruktion erstellte Fahrplan darf keine Trassenkonflikte enthalten. Die Ermittlung konfliktfreier Fahrplanlagen setzt eine exakte Beschreibung des „Trassenverbrauchs", d. h. der Inanspruchnahme der Infrastruktur durch eine Zugfahrt voraus. Diese Inanspruchnahme wird durch die sog. Sperrzeitentreppe beschrieben (Abb. 11.4a). Die Sperrzeit eines Fahrwegabschnitts ist diejenige Zeit, in der dieser Fahrwegabschnitt durch eine Zugfahrt betrieblich beansprucht und somit für die Nutzung durch andere Fahrten gesperrt ist. Die Sperrzeit beginnt mit der Handlung, die zur Zulassung der Einfahrt in den Abschnitt führt und endet mit der Freigabe des Abschnitts für einen folgenden Zug. Abb. 11.4b zeigt als Beispiel die Sperrzeit eines Blockabschnitts für einen planmäßig ohne Halt durchfahrenden Zug.

Das Signal am Anfang des Blockabschnitts ist dabei zur Vermeidung einer Bremseinleitung so rechtzeitig auf Fahrt zu stellen, dass das Vorsignal um eine ausreichende Signalsichtzeit (ca. 0,2 min) vor dem sich nähernden Zug frei wird. Im anzeigegeführten Betrieb entfällt die Signalsichtzeit. Weiterhin ist im anzeigegeführten Betrieb die Annäherungsfahrzeit die Fahrzeit innerhalb des über die Führerraumanzeige signalisierten, geschwindigkeitsabhängigen Bremsweges. Bei einem planmäßigen Halt vor dem Signal am Anfang des Blockabschnitts entfällt die Annäherungsfahrzeit. Die Signalsichtzeit ist dann die Reaktionszeit vom Auf-Fahrt-Stellen des Signals bis zum Ingangsetzen des Zuges.

Das Auftragen der Sperrzeiten einer Zugfahrt über die durchfahrene Strecke ergibt dann die Sperrzeitentreppe. Aus den Sperrzeitentreppen lassen sich unmittelbar die Mindestzugfolgezeiten ableiten. Zur Gewährleistung einer ausreichenden Betriebsqualität werden diesen Mindestzugfolgezeiten im Fahrplan noch Pufferzeiten zugeschlagen, um die Übertragung von Verspätungen zu reduzieren. Für eine detaillierte Einführung in die Sperrzeittheorie und die Grundlagen der Fahrplankonstruktion wird auf [14] verwiesen.

Nach Abschluss der Fahrplankonstruktion werden die Fahrpläne für die Zugpersonale erzeugt, die alle für die sichere Führung des Zuges relevanten Informationen enthalten. Diese Fahrpläne werden heute meist per GSM-R in den Führerraum übertragen und dort entweder auf einem fest installierten Bordgerät oder einem Tablet angezeigt. Bei Bedarf können Eisenbahnverkehrsunternehmen die Fahrpläne aber auch in gedruckter Form beziehen.

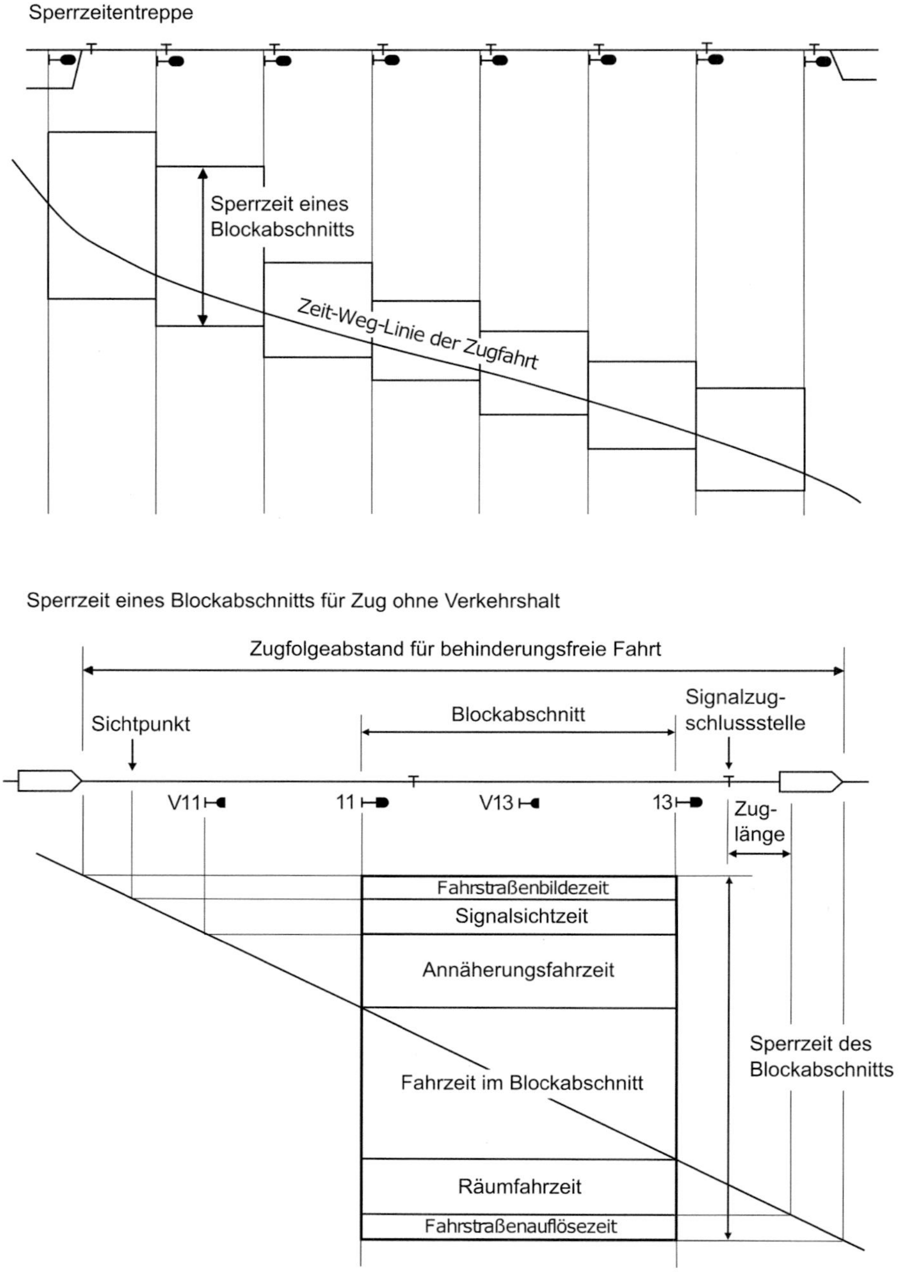


**Abb. 11.4** Sperrzeitentreppe und Sperrzeit eines einzelnen Blockabschnitts

## 11.3 Signalisierung am Fahrweg

### 11.3.1 Signalsysteme

#### 11.3.1.1 Signalisierungsprinzipien für Zugfahrten

Zur Regelung der Zugfolge mittels ortsfester Signale existieren zwei grundsätzliche Signalisierungsprinzipien [14]:

- Einabschnittssignalisierung und
- Mehrabschnittssignalisierung.

Einabschnittssignale können nur Informationen über den unmittelbar folgenden Abschnitt bis zum nächsten Hauptsignal geben (Abb. 11.5). Eine Vorankündigung des nächsten Signals ist nicht möglich. Daher muss in einem Einabschnittssignalsystem jedes Hauptsignal durch ein besonderes Vorsignal angekündigt werden. Wenn bei dichtester Blockteilung das Vorsignal in Höhe des rückliegenden Hauptsignals zu stehen käme, werden bei Lichtsignalen Haupt- und Vorsignal übereinander am gleichen Signalmast angebracht.

Mehrabschnittssignalsysteme geben Informationen über mindestens zwei Blockabschnitte (Zweiabschnittssignale). Dazu ist die Vorsignalfunktion in den Hauptsignalbegriff integriert (Abb. 11.6a). Einige Bahnen verwenden auch Dreiabschnittssignale, bei denen der Signalbegriff eines Hauptsignals die Vorsignalinformation für die folgenden zwei Hauptsignale enthält (Abb. 11.6b). Die Mehrabschnittssignalisierung ist betrieblich jedoch nur dann vorteilhaft, wenn der Signalabstand den Bremsweg nicht wesentlich übersteigt. Da bei Mehrabschnittssignalisierung der Vorsignalabstand dem Abstand zwischen den Hauptsignalen entspricht, führt ein großer Signalabstand zu einer unnötigen Erhöhung der Annäherungsfahrzeit als Teil der Teil der Sperrzeit. Bei großen Signalabständen würden sich dadurch bei Anwendung der Mehrabschnittssignalisierung die Mindestzugfolgezeiten erhöhen und damit die Leistungsfähigkeit der Strecke verschlechtern [14]. Die meisten mehrabschnittsfähigen Signalsysteme sind daher so konzipiert, dass bei größeren Signalabständen wieder zur Einabschnittssignalisierung übergegangen werden kann.

In Österreich kommt ausschließlich Einabschnittssignalisierung zur Anwendung. In Deutschland und der Schweiz sind reine Einabschnittssignalsysteme nur noch in Altanlagen vorhanden, während seit einigen Jahren in Neuanlagen nur noch mehrabschnittsfähige Signalsysteme eingebaut werden. In der Schweiz kommt auf Strecken mit verkürzten Signalabständen auch Dreiabschnittssignalisierung zur Anwendung (Abschn. 11.3.2.3).

#### 11.3.1.2 Beispiele für Einabschnittssignalsysteme

**Das HV-Signalsystem der Deutschen Bahn AG**
Das HV-Signalsystem ist das aus der Vorkriegszeit stammende, traditionelle deutsche Signalsystem (Bezeichnung HV abgeleitet von *H*aupt-*V*or-Signalsystem). Es ist heute an Formsignalen noch im Gesamtbereich der Deutschen Bahn AG zu finden. Lichtsignale des HV-Signalsystem

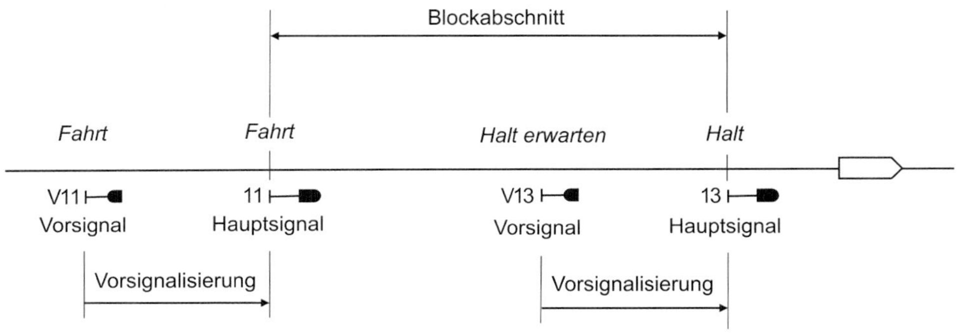


**Abb. 11.5** Einabschnittssignalisierung

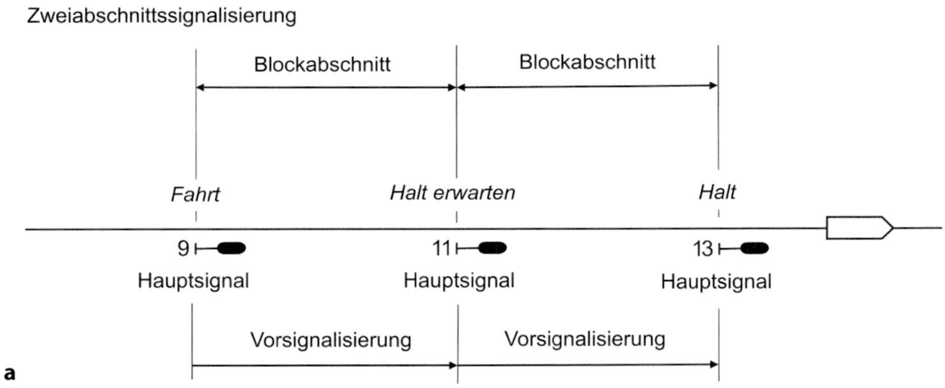


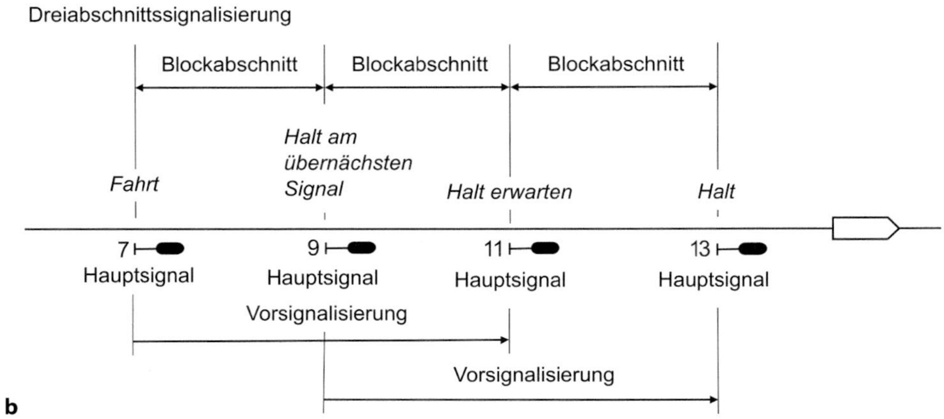


**Abb. 11.6** **a**,**b** Mehrabschnittssignalisierung

sind nur in Altanlagen im Bereich der ehemaligen Deutschen Bundesbahn vorhanden. Das HV-Signalsystem ist ein reines Einabschnittssignalsystem mit einer integrierten Geschwindigkeitssignalisierung in zwei Stufen („Langsamfahrt“ und „Fahrt frei“). Bei Langsamfahrt gilt, wenn keine weiteren Festlegungen getroffen sind, eine Geschwindigkeit von 40 km/h, für „Fahrt frei“ die im Buchfahrplan festgelegte zulässige Geschwindigkeit. Durch Geschwindigkeitsanzeiger (Abschn. 11.3.2.3) oder Einträge im Buchfahrplan können jedoch auch andere Geschwindigkeiten (50 oder 60 km/h) vorgeschrieben werden.

**Das Signalsystem der ÖBB** Das Signalsystem der ÖBB ist ein reines Einabschnittssignalsystem mit einer integrierten Geschwindigkeitssignalisierung in drei Stufen (Frei, 60 km/h, 40 km/h). Bei Anzeige des Signalbegriffs „Frei“ gilt die Fahrplangeschwindigkeit. Durch Geschwindigkeitsanzeiger (Abschn. 11.3.2.3) sind weitere Geschwindigkeiten signalisierbar. Dieses Signalsystem kommt im Gesamtbereich der ÖBB, auch in Neuanlagen, zur Anwendung.

**Das Signalsystem L der Schweizerischen Bundesbahnen** Das Signalsystem L ist das traditionelle schweizerische Signalsystem (Bezeichnung L abgeleitet von Geschwindigkeitssignalisierung durch Lichtpunkte). Es kommt in Neuanlagen nicht mehr zur Anwendung, ist aber noch in großer Zahl vorhanden. Es handelt sich in seiner Ursprungsform um ein reines Einabschnittssignalsystem mit einer integrierten Geschwindigkeitssignalisierung in vier Stufen („Freie Fahrt“, 90 km/h, 60 km/h, 40 km/h). Bei Anzeige des Signalbegriffs „Freie Fahrt“ gilt die in der Stre-

**Abb. 11.7** Übersicht zu Signalbegriffen an Einabschnittssignalen

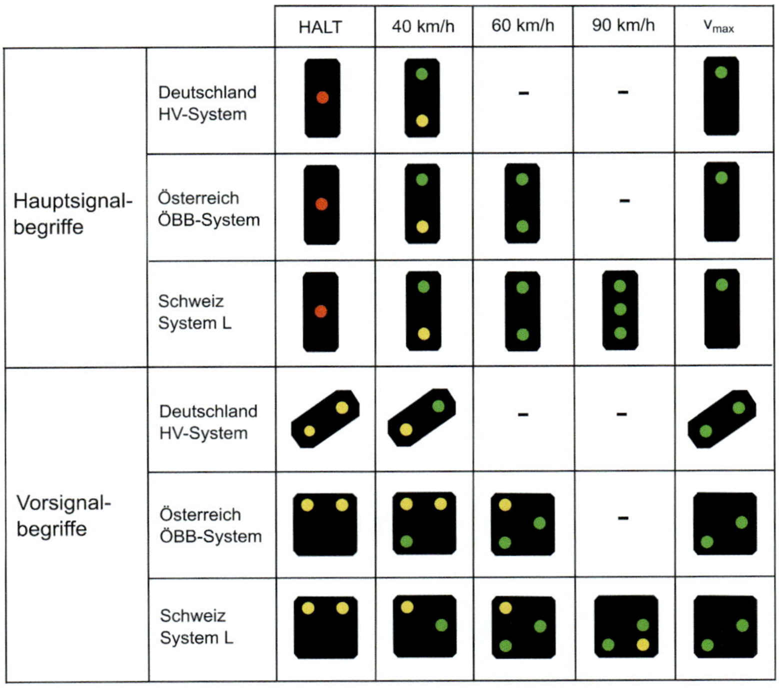


ckentabelle angegebene Höchstgeschwindigkeit. Ergänzende Geschwindigkeitsanzeiger werden im Signalsystem L nicht verwendet.

Später wurden auch sog. kombinierte Signale entwickelt, die eine einfache Mehrabschnittssignalisierung ermöglichen. Sie ähneln äußerlich dem Signalschirm eines Vorsignals, sind jedoch für den Triebfahrzeugführer durch eine Zusatztafel als Hauptsignale kenntlich gemacht. Davon wird insbesondere zur Lichtpunkteinsparung an selbsttätigen Blocksignalen Gebrauch gemacht. Auf diese Signale wird hier nicht weiter eingegangen.

Abb. 11.7 zeigt eine Übersicht der an den hier besprochenen Einabschnittssignalsystemen verwendeten Haupt- und Vorsignalbegriffe. Die in Deutschland und Österreich mögliche weitere Differenzierung der signalisierbaren Geschwindigkeiten durch Anwendung von Zusatzsignalen ist nicht mit dargestellt.

### 11.3.1.3 Beispiele für mehrabschnittsfähige Signalsysteme

**Das Ks-Signalsystem der Deutschen Bahn AG**
Das Ks-Signalsystem ist das nach der Vereinigung der deutschen Bahnen eingeführte Signalsystem, das bei allen Neuanlagen zur Anwendung kommt (Bezeichnung Ks abgeleitet von *K*ombinations*s*ignalsystem). Es kann wahlweise als Einabschnittssignalsystem oder Zweiabschnittssignalsystem zum Einsatz kommen. Das Ks-Signalsystem ist ein reines Zugfolgesignalsystem ohne integrierte Geschwindigkeitssignalisierung. Es gibt nur die drei Signalbegriffe „Halt“, „Fahrt“, und „Halt erwarten“ (Abb. 11.8). Geschwindigkeitsinformationen sind nur durch Zusatzsignale (siehe Abschn. 11.3.2.3) darstellbar. Das grüne Blinklicht für den Signalbegriff „Fahrt“ wird verwendet, wenn an diesem Signal ein Geschwindigkeitsvoranzeiger gezeigt wird, der eine Geschwindigkeitsermäßigung für das folgende Hauptsignal ankündigt, und soll den Triebfahrzeugführer auf die Beachtung des Geschwindigkeitsvoranzeigers besonders aufmerk-

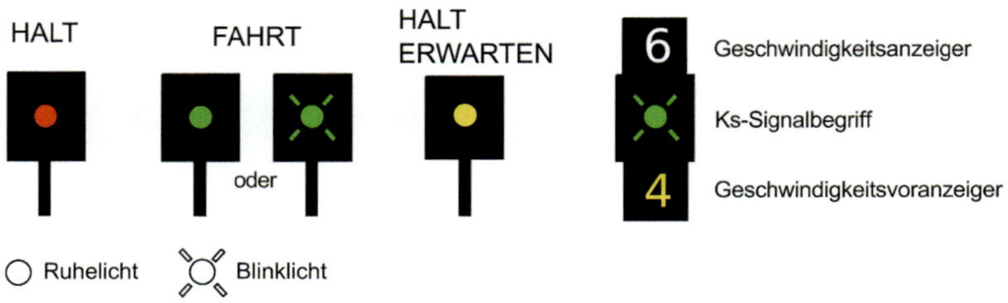


**Abb. 11.8** Signalbegriffe im Ks-Signalsystem

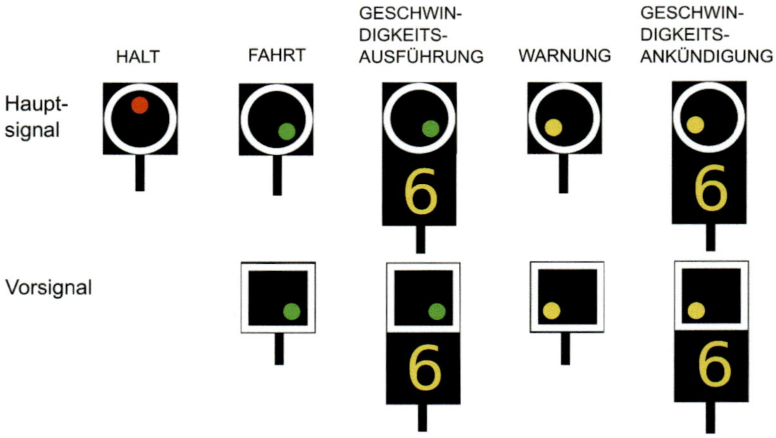


**Abb. 11.9** Signalbegriffe im System N

sam machen. Das Ks-Signalsystem kommt, teilweise mit geringen Modifikationen, in Neuanlagen auch bei einigen osteuropäischen Eisenbahnen zur Anwendung und ersetzt dort schrittweise das OSJD-Signalsystem (s. u.).

**Das Signalsystem N der Schweizerischen Eisenbahnen** Das Signalsystem N ist das neue Signalsystem der Schweizerischen Eisenbahnen (Bezeichnung N abgeleitet von Numerischer Geschwindigkeitssignalisierung). Es kann wahlweise als Einabschnittssignalsystem oder Zweiabschnittssignalsystem zum Einsatz kommen. Das Signalsystem N ist ein reines Zugfolgesignalsystem, Geschwindigkeitsinformationen werden mit ergänzenden Anzeigern in Form gelb leuchtender Ziffern dargestellt. Zusammen mit einem gelben Licht hat die Ziffer die Bedeutung einer Geschwindigkeitsankündigung, zusammen mit einem grünen Licht die Bedeutung einer Geschwindigkeitsausführung (Abb. 11.9). Im Unterschied zum deutschen Ks-Signalsystem ist die gleichzeitige Anzeige einer Geschwindigkeitsausführung und einer Geschwindigkeitsankündigung nicht möglich. Zu der daraus resultierenden abweichenden Anwendung der Geschwindigkeitssignalisierung siehe Abschn. 11.3.2.3.

**Das OSJD-Signalsystem der osteuropäischen Bahnen** Das OSJD-Signalsystem ist das nach vereinheitlichten Grundsätzen bei den Mitgliedsbahnen der Organisation für Zusammenarbeit der Eisenbahnen (OSJD, üblich sind auch noch die früheren Schreibweisen OSShD und OSŽD) eingeführte Signalsystem. Es ist in Osteuropa nach wie vor stark verbreitet und wird von einigen Bahnen auch in Neuanlagen verwendet. Das OSJD-Signalsystem war unter der Bezeichnung Hl-Signalsystem auch das Standardsignalsystem an Lichtsignalen der ehemaligen Deutschen Reichsbahn der DDR. Die Kurzbezeichnung Hl wurde im Signalbuch der Deutschen Reichsbahn für die Hauptsignalbegriffe an Lichtsignalen verwendet und wurde zur Bezeichnung dieses Signalsystems ins Signalbuch der Deutschen Bahn AG übernommen. Es ist in Altanlagen im Bereich der ehemaligen Deutschen Reichsbahn auch heute noch in größerer Zahl vorhanden. Das OSJD-Signalsystem kann je nach Signalabstand wahlweise als Einabschnittssignal-

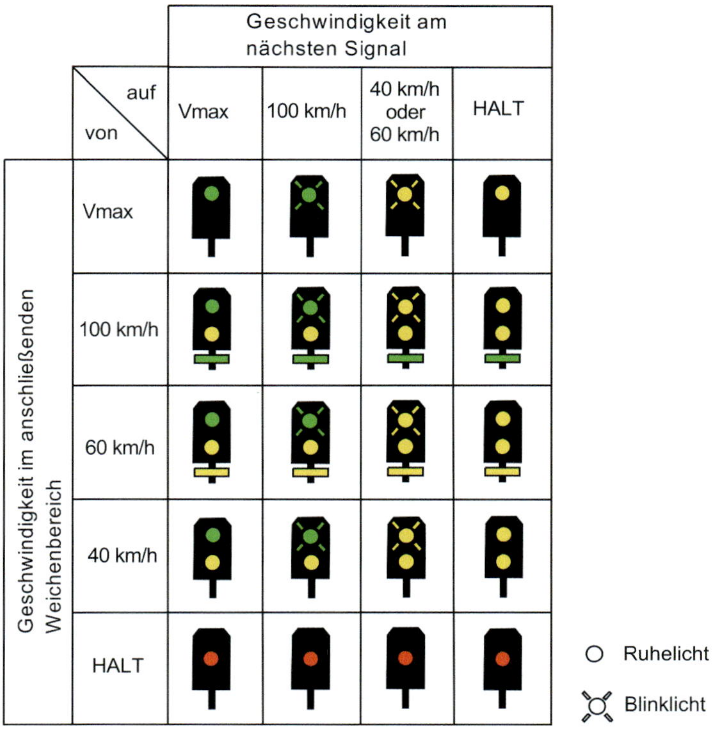


**Abb. 11.10** Signalbegriffe im Hl-Signalsystem

system oder Zweiabschnittssignalsystem verwendet werden und verfügt über eine integrierte mehrstufige Geschwindigkeitssignalisierung. Die signalisierbaren Geschwindigkeiten weichen bei den einzelnen Bahnen geringfügig voneinander ab. Abb. 11.10 zeigt die Geschwindigkeitsstufen für das Hl-Signalsystem der ehemaligen Deutschen Reichsbahn der DDR.

## 11.3.2 Verwendung der Signale

### 11.3.2.1 Haupt- und Vorsignale

**Hauptsignale** Hauptsignale dienen der Regelung der Zugfahrten. Sie werden an folgenden Stellen angeordnet:

- wo die Zulassung einer Zugfahrt signalisiert werden muss
- wo durch Verwendung als fahrtbildloses Zielsignal (Hauptsignal, das für Züge einen Haltbegriff, jedoch keinen Fahrtbegriff zeigen kann) am Ende eines Einfahrweges eine Beschränkung der Einfahrgeschwindigkeit vermieden werden soll.

Nach der betrieblichen Funktion werden Hauptsignale wie folgt eingeteilt:

- Einfahrsignale
- Ausfahrsignale
- Zwischen- oder Gleisabschnittssignale
- Blocksignale
- Deckungssignale.

*Einfahrsignale* bilden die Grenze des Bahnhofs und signalisieren die Einfahrstraßen von der freien Strecke in den Bahnhof. Am Einfahrsignal endet der letzte vor dem Bahnhof liegende Blockabschnitt. An jedem in einen Bahnhof führenden Streckengleis, das im Regelbetrieb von Zügen befahren wird, wird ein Einfahrsignal aufgestellt. Bei Zusammenführung mehrerer Strecken sind die Einfahrsignale so anzuordnen, dass für den Triebfahrzeugführer eine zweifelsfreie Zuordnung der Signale zu den jeweiligen Streckengleisen gewährleistet ist.

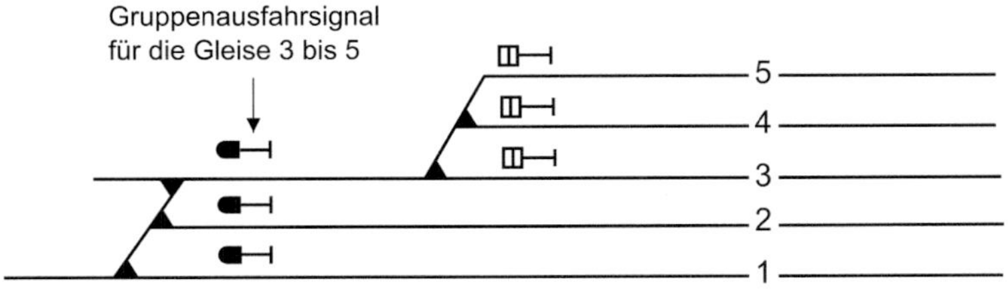


**Abb. 11.11** Gruppenausfahrsignal

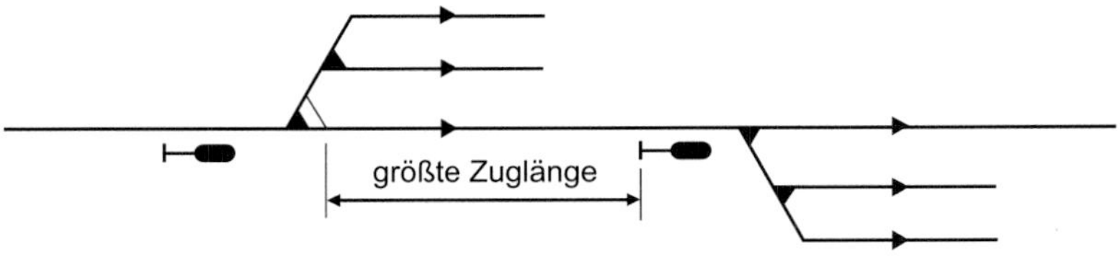


**Abb. 11.12** Zwischensignal bei aufeinander folgenden Fahrtverzweigungen im Bahnhof

*Ausfahrsignale* signalisieren die Ausfahrstraßen auf die freie Strecke. Am Ausfahrsignal beginnt der erste auf den Bahnhof folgende Blockabschnitt. Ausfahrsignale sind nur an Gleisen erforderlich, aus denen planmäßig ausgefahren wird. Der Standort der Ausfahrsignale ist so zu wählen, dass

- die längsten Züge noch vor ihnen halten können, ohne die Ein- oder Ausfahrt anderer Züge zu behindern
- die Reisezüge auch bei Halt zeigendem Ausfahrsignal an den Bahnsteig gelangen können,
- Bahnübergänge durch haltende Züge nicht besetzt werden.

Bei zwei oder mehr Ausfahrgleisen für die gleiche Richtung wird in der Regel für jedes Gleis ein Ausfahrsignal vor dem Zusammenlauf der Ausfahrwege aufgestellt. Wenn es die Betriebsverhältnisse erlauben, kann entsprechend den Planungsgrundsätzen der jeweiligen Bahn in bestimmten Fällen für mehrere Ausfahrgleise ein gemeinsames Ausfahrsignal – Gruppenausfahrsignal – verwendet werden (Abb. 11.11).

Um eine eindeutige Signalisierung zu gewährleisten, sollen Gruppenausfahrsignale neben oder hinter dem Zusammenlauf der zugehörigen Fahrstraßen, aber vor dem Zusammenlauf dieser Fahrstraßengruppe mit anderen Fahrstraßen stehen. Die zu einem Gruppenausfahrsignal gehörenden Ausfahrgleise werden in der Regel durch Sperrsignale (Abschn. 11.3.2.2) oder vereinfachte Hauptsignale (Hauptsignale, die für Zugfahrten nur einen Haltbegriff zeigen können und betrieblich abgeschaltet werden, wenn eine Zugstraße am Signal vorbeiführt) abgeschlossen. Gruppenausfahrsignale sind nur dann zu verwenden, wenn die zugehörigen Ausfahrstraßen

- die gleiche Stellung aller spitz befahrenen Weichen und Schutzweichen erfordern
- außerhalb der durchgehenden Hauptgleise beginnen
- vor ihrem Zusammenlauf nicht durch andere Fahrstraßen gekreuzt werden.

*Zwischensignale* (in der Schweiz als *Gleisabschnittssignale* bezeichnet) dienen bei sehr langen Bahnhöfen oder bei bestimmten Spurplanfällen der Unterteilung eines Bahnhofsgleises in mehrere Abschnitte. Das ist insbesondere dann üblich, wenn innerhalb des Bahnhofs mehrere Fahrtverzweigungen aus demselben Hauptgleis aufeinander folgen (Abb. 11.12). Analog zu den bei Ausfahrsignalen beschriebenen Grundsätzen können auch Zwischensignale als Gruppensignale (Gruppenzwischensignale) angeordnet werden.

*Blocksignale* sind Hauptsignale der freien Strecke, die die Einfahrt in einen Blockabschnitt sichern. Mit Blocksignalen sind mindestens alle Abzweig- und Überleitstellen auszurüsten. Wenn es das Leistungsverhalten der Strecke erfordert, können zur Verkürzung der Mindestzugfolgezeiten weitere Blocksignale angeordnet werden, die nur der Zugfolgeregelung dienen und keine ortsfesten Gefahrpunkte decken. An Haltepunkten und Haltestellen sollen Blocksignale in Analogie zu Ausfahrsignalen so angeordnet werden, dass Züge auch bei Halt zeigendem Blocksignal an den Bahnsteig gelangen können.

*Deckungssignale* sind Hauptsignale der freien Strecke zur Deckung von Gefahrenstellen (z. B. bewegliche Brücken). In der Schweiz wird die Bezeichnung Deckungssignal nur dann benutzt, wenn dieses Signal nicht zugleich die Funktion eines Blocksignals hat.

Für jedes Hauptsignal, welches Weichen deckt, ist ein sog. *anschließender Weichenbereich* festgelegt. Der anschließende Weichenbereich (in der Schweiz als *die zugehörigen Weichen eines Signals* bezeichnet) ist der auf das Signal folgende Bereich, in dem eine signalisierte oder bei ersatzweiser Zulassung der Zugfahrt durch einen schriftlichen Befehl geltende Geschwindigkeitsbeschränkung einzuhalten ist. Der anschließende Weichenbereich hinter Hauptsignalen für Fahrten in ein Bahnhofsgleis (Einfahrsignale, Zwischen- bzw. Gleisabschnittssignale) endet am folgenden Hauptsignal oder am planmäßigen Halteplatz des Zuges. Der anschließende Weichenbereich hinter Hauptsignalen für Fahrten in ein Streckengleis (Ausfahrsignale, Blocksignale an Abzweig- und Überleitstellen) endet nach der letzten auf das Signal folgenden Weiche. Da eine Fehleinschätzung des anschließenden Weichenbereichs durch den Triebfahrzeugführer zu Unfällen führen kann, wenden die Bahnen unterschiedliche Verfahren an, um dem Triebfahrzeugführer die Orientierung zu erleichtern. In Österreich und der Schweiz werden für diesen Zweck in Verbindung mit Hauptsignalen besondere Kennzeichnungen verwendet. So erhält in Österreich jedes Hauptsignal eine Tafel, aus der die Funktion dieses Signal eindeutig hervorgeht. Wenn die Rolle eines Hauptsignals von der eingestellten Fahrstraße abhängt (z. B. Ausfahrsignal, das für bestimmte Fahrstraßen als Zwischensignal gilt), so sind an diesem Signal mehrere Tafeln mit entsprechenden Zuordnungspfeilen angebracht. In der Schweiz werden im Signalsystem N diejenigen Signale, auf die das Einfahrsignal eines Bahnhofs folgt, durch eine Merktafel über dem Signalschirm gekennzeichnet (weiße Raute auf schwarzem Grund). Das Einfahrsignal trägt zusätzlich eine Tafel mit dem Kurzzeichen des Bahnhofs über dem Signalschirm. An allen Fahrstraßen, die in ein Streckengleis führen, ist nach dem Ende des anschließenden Weichenbereichs die Stelle, ab der wieder die Streckengeschwindigkeit gilt, durch eine Merktafel gekennzeichnet (schwarzer, nach oben zeigender Winkel auf weißem Grund). In Deutschland ist für jede Betriebsstelle das Ende des anschließenden Weichenbereichs in den Fahrplanunterlagen des Triebfahrzeugführers angegeben. Eine streckenseitige Kennzeichnung durch Signaltafeln wird nicht vorgenommen.

**Vorsignale** Vorsignale künden im festgelegten Vorsignalabstand den Signalbegriff des folgenden Hauptsignals an. Bei mehrabschnittsfähigen Signalsystemen ist bei kurzen Signalabständen, die den Bremsweg nicht wesentlich überschreiten, die Vorsignalisierung in die Signalanzeige des rückliegenden Hauptsignals integriert. Bei reinen Einabschnittssignalsystemen wird bei kurzen Signalabständen das Vorsignal am Standort des rückliegenden Hauptsignals aufgestellt (bei Lichtsignalen als separater Signalschirm am Mast des Hauptsignals).

In folgenden Fällen kann es erforderlich sein, die Signalanzeige innerhalb des Vorsignalabstandes zu wiederholen:

- wenn das Hauptsignal bei beschränkter Sicht innerhalb der erforderlichen Mindestsichtweite nicht durchgehend zu erkennen ist
- zur Verbesserung der Betriebsflüssigkeit, indem der Triebfahrzeugführer nach dem Passieren einer Haltankündigung das nachträgliche Freiwerden des folgenden Hauptsignal früher aufnehmen kann.

Die Verwechselung einer solchen Signalwiederholung mit einem allein stehenden Vorsignal durch den Triebfahrzeugführer kann zu Gefährdungen führen, da hinter diesem Signal nicht mehr der volle Bremsweg zur Verfügung steht. Daher werden Signalwiederholer besonders gekennzeichnet, entweder durch zusätzliche Kennzeichen oder durch Verwendung von Signalbildern, die sich von den an Haupt- und Vorsignalen gezeigten Signalbildern unterscheiden.

Bei deutschen Bahnen kommen zur Signalwiederholung *Vorsignalwiederholer* zur Anwendung, die nur die Vorsignalinformation des rückliegenden Signals wiederholen. Im Ks-Signalsystem zeigen Vorsignalwiederholer ein weißes Zusatzlicht, sofern ein die Fahrt einschränkender Signalbegriff vorsignalisiert wird.

In der Schweiz werden *Wiederholungssignale* verwendet, die nicht nur die Vorsignalinformation wiederholen, sondern auch eine ab dem Standort des Wiederholungssignals geltende Geschwindigkeitsausführung anzeigen können. Sie werden auch zur Aufwertung der signalisierten Geschwindigkeit innerhalb langer Fahrstraßen verwendet. Die dafür in Deutschland und Österreich übliche Lösung, allein stehende Geschwindigkeitsanzeiger anzuordnen, ist in der Schweiz nicht möglich, da sich die Bedeutung einer Geschwindigkeitsziffer (Ankündigung oder Ausführung) erst in Kombination mit einem gelben oder grünen Signallicht ergibt. Wiederholungssignale werden durch eine Merktafel über dem Signalschirm gekennzeichnet (zwei schwarze Sterne auf weißem Grund, bei mehreren aufeinander folgenden Wiederholungssignalen erhöht sich die Anzahl der Sterne).

In Österreich werden zur Signalwiederholung sog. *Signalnachahmer* verwendet, die die Stellung des folgenden Hauptsignals in vereinfachter Form mit weiß leuchtenden Lichtstreifen nachbilden (nicht zu verwechseln mit den in Deutschland üblichen Fahrtanzeigern am Bahnsteig, die der Zugaufsicht die Fahrtstellung des Ausfahrsignals anzeigen, die jedoch für den Triebfahrzeugführer keine Bedeutung haben). Dadurch ist eine Verwechselung mit einem allein stehenden Vorsignal ausgeschlossen. Da ein Signalnachahmer nicht die Signalanzeige eines rückliegenden Signals wiederholt, sondern die Stellung des folgenden Signals vorwegnimmt, ist auch die Darstellung des Ersatzsignals (Abschn. 11.3.2.3) möglich.

**Standort der Signale neben dem Gleis** Die Anordnung der Signale neben dem Gleis hängt mit der Fahrordnung auf zweigleisigen Strecken zusammen. In Deutschland und Österreich gilt auf zweigleisigen Strecken Rechtsbetrieb. Die Signale stehen daher grundsätzlich rechts, die für das Gegengleis geltenden Block-, Deckungs- und Einfahrsignale jedoch links vom zugehörigen Gleis. Die sich dadurch ergebende Anordnung der Signale in Außenlage auf zweigleisigen Strecken ermöglicht auf der freien Strecken einen gegenüber Bahnhöfen engeren Gleisabstand, der für das Aufstellen von Signalen zwischen den Gleisen nicht auskömmlich ist. In der Schweiz gilt auf zweigleisigen Strecken Linksbetrieb. Die Signale stehen grundsätzliche links vom zugehörigen Gleis. Die Rechtsaufstellung ist in folgenden Fällen zulässig:

- bei Signalen an eingleisigen Strecken zur Verbesserung der Signalsicht
- an zweigleisigen Strecken und in Bahnhöfen für das äußerste rechte Gleis.

**Signalisierung verkürzter Signalabstände** Auf Strecken mit sehr dichter Zugfolge kann es zur Gewährleistung einer auskömmlichen Leistungsfähigkeit erforderlich sein, Hauptsignale in einem Abstand anzuordnen, der den Regel-Vorsignalabstand unterschreitet. In diesem Fall ist der Bremsweg mit speziellen Signalisierungsverfahren auf mehrere Blockabschnitte zu verteilen. Dies gilt analog auch für verkürzte Signalabstände innerhalb von Bahnhöfen. Dazu bestehen folgende grundsätzliche Möglichkeiten:

- Vorwarnung
- doppelte Warnung
- abgestufte Geschwindigkeitssignalisierung.

Die *Vorwarnung* läuft auf das bereits erläuterte Prinzip der Dreiabschnittssignalisierung hinaus. Dabei muss die Bedeutung des Signals, das den Haltbegriff des übernächsten Signals ankündet, so festgelegt werden, dass der Triebfahrzeugführer weiß, dass ihm ab dem nächsten Signal nicht mehr der volle Vorsignalabstand als Bremsweg zur Verfügung steht. Bei der Bestimmung der Sperrzeit entspricht daher die Annäherungsfahrzeit immer der Fahrzeit in zwei Blockabschnitten. Die Vorwarnung wird bei den betrachteten Bahnen nur in der Schweiz beim Signalsystem N

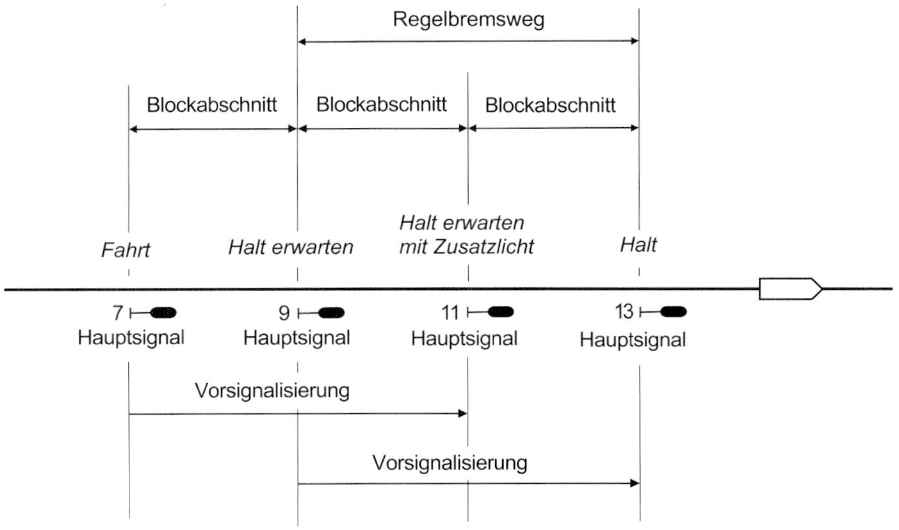


**Abb. 11.13** Signalisierung im Halbregelabstand

angewandt. Dort erscheint als Signalbegriff zur Vorwarnung ein gelbes Signallicht zusammen mit einem gelb leuchtenden Winkel in Form eines „V".

*Doppelte Warnung* bedeutet, dass der Signalbegriff „Halt erwarten" bereits am zweiten Signal vor dem Halt zeigenden Signal gezeigt wird. Am nächsten Signal wird dieser Signalbegriff dann noch einmal wiederholt. Dabei wird zur Vermeidung von Signalverwechselungen die Wiederholung der Haltankündigung für den Triebfahrzeugführer besonders kenntlich gemacht. Dies setzt voraus, dass im betreffenden Signalsystem eine aktiv anschaltbare Kennzeichnung der Wiederholerfunktion möglich ist. Bei der Deutschen Bahn AG wird eine solche Signalisierung, bei der die Blockabschnittslänge dem halben Vorsignalabstand entspricht, als „Halbregelabstand" bezeichnet (Abb. 11.13). Das die Warnung wiederholende Signal zeigt das Signalbild „Halt erwarten" mit einem weißen Zusatzlicht (gleiche Signalisierung wie bei Vorsignalwiederholern). Auf Strecken mit HV-Signalen wird zusätzlich der am gleichen Mast befindliche Hauptsignalschirm abgeschaltet und zeigt Kennlicht (weißes Licht am ansonsten dunklen Signalschirm zur Kennzeichnung eines betrieblich abgeschalteten Signals).

Bei *abgestufter Geschwindigkeitssignalisierung* wird der Bremsweg durch Geschwindigkeitssignalisierung auf mehrere Blockabschnitte verteilt. Nach dem Freifahren eines Blockabschnitts werden die an den rückliegenden Signalen signalisierten Geschwindigkeitsstufen nachträglich aufgewertet (hochsignalisiert). Vorsignalisiert wird jedoch immer nur über einen Abschnitt (Abb. 11.14). Die Signalabstände können dadurch sehr flexibel gewählt werden. Bei sehr dichter Blockteilung, wie sie insbesondere auf Stadtschnellbahnen üblich ist, werden dabei häufig mehr als zwei Geschwindigkeitsstufen verwendet.

Eine besondere Anwendung verkürzter Signalabstände stellen Nachrücksignale dar. Ein Nachrücksignal ist ein zwischen einem Einfahrsignal oder einem einen Bahnsteig deckenden Blocksignal und dem Bahnsteiganfang angeordnetes, zusätzliches Hauptsignal. Nachrücksignale werden auf Stadtschnellbahnen mit sehr dichter Zugfolge zur Reduktion der Bahnsteigwechselzeiten (Zeitspanne von der Abfahrt eines Zuges bis zur Ankunft des folgenden Zuges am gleichen Bahnsteig) angewendet. Zwischen dem Nachrücksignal und dem rückliegenden Hauptsignal besteht nur ein sehr kurzer (oft unterzuglanger) Blockabschnitt. Der Durchrutschweg hinter dem Nachrücksignal reicht in der Regel bis in den Bereich des Bahnsteiges hinein, so dass bei einem am Bahnsteig haltenden Zug sowohl das Nach-

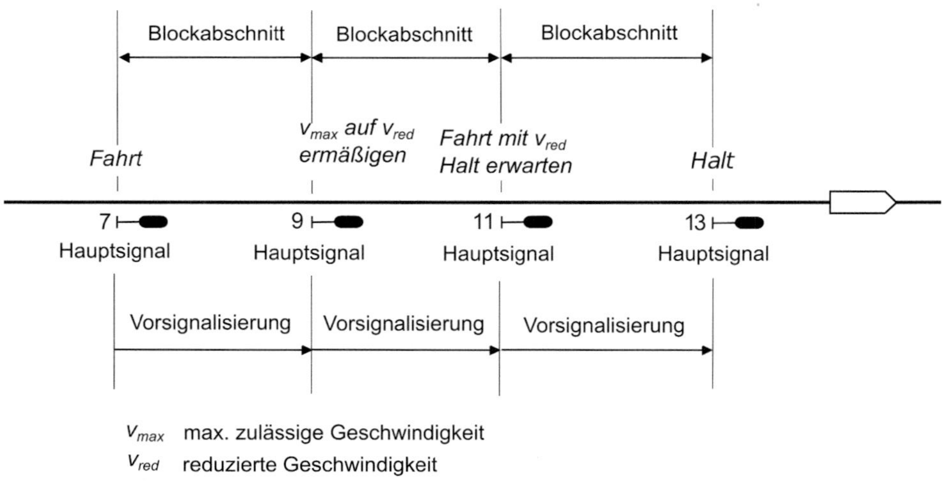


**Abb. 11.14** Abgestufte Geschwindigkeitssignalisierung

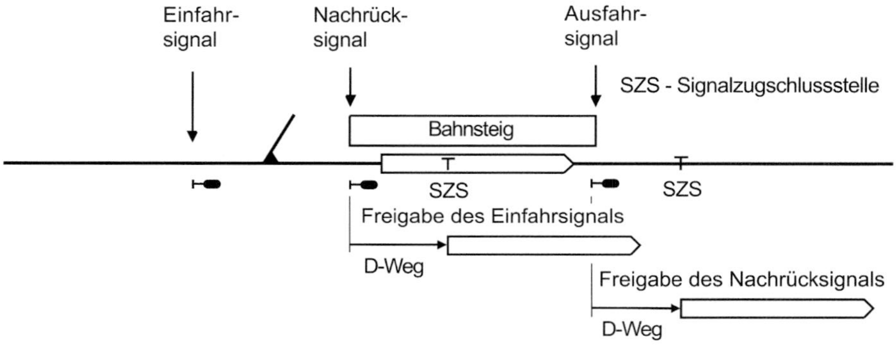


**Abb. 11.15** Nachrücksignal

rücksignal als auch das rückliegende Hauptsignal einen Haltbegriff zeigen (Abb. 11.15).

Wenn ein ausfahrender Zug die Signalzugschlussstelle des Nachrücksignals geräumt hat, kann das rückliegende Hauptsignal bereits wieder auf Fahrt gestellt werden. Ein folgender Zug kann damit bereits nachrücken, bevor das Bahnsteiggleis vollständig geräumt ist. Da ein ausfahrender Zug normalerweise nicht stehen bleibt, wird das Nachrücksignal so zeitig freigegeben, dass ein folgender Zug am Nachrücksignal rechtzeitig einen Fahrtbegriff erhält. Ein Halt vor dem Nachrücksignal tritt nur ein, falls der voraus gefahrene Zug während der Ausfahrt plötzlich bremst (z. B. beim Ziehen der Notbremse). Betrieblich gelten Nachrücksignale in Bahnhöfen als Zwischensignale (Gleisabschnittssignale), ansonsten als Blocksignale. Mitunter werden auf dicht befahrenen Stadtschnellbahnen auch mehrere Nachrücksignale angeordnet.

### 11.3.2.2 Schutz- und Rangiersignale

Unter dem Oberbegriff Schutz- und Rangiersignale werden hier alle ortsfesten Signale zusammengefasst, die zur Regelung des Rangierbetriebes und zum Decken von Gefahrpunkten, an denen ein Hauptsignal nicht erforderlich ist, verwendet werden. Die Klassifizierung und Einordnung dieser Signale weicht in den Signalvorschriften der einzelnen Bahnen teilweise stark voneinander ab. Daher wird hier eine neutrale Klassifizierung vorgenommen, die sich nicht mit der Terminologie aller betrachteten Bahnen deckt. Es wird dann aber auch jeweils auf die

Bezeichnungen und Realisierungsformen bei den einzelnen Bahnen eingegangen.

**Sperr- und Rangierhaltsignale** Sperr- und Rangierhaltsignale werden dort angeordnet, wo ein Haltbegriff für Zug- oder Rangierfahrten und die Aufhebung eines Fahrverbots, jedoch keine Zulassung einer Zugfahrt signalisiert werden muss, sofern für diesen Zweck kein fahrtbildloses Hauptsignal vorgeschrieben ist. Sperr- und Rangierhaltsignale sind meist als niedrig stehende Signale ausgeführt und haben eine geringere Mindestsichtweite als Haupt- und Vorsignale.

*Sperrsignale* können einen Haltbegriff für Züge und Rangierfahrten signalisieren. Die Signalisierung der Aufhebung des Fahrverbots an einem Sperrsignal gilt als Zustimmung zur Rangierfahrt. Da der Haltbegriff eines Sperrsignals auch für Züge gilt, müssen Sperrsignale die Aufhebung des Fahrverbots nicht nur als Zustimmung zur Rangierfahrt sondern auch dann anzeigen, wenn eine an einem rückliegenden Hauptsignal beginnende Zugfahrt am Sperrsignal vorbei führt (Abb. 11.16).

Sperrsignale werden in folgenden Fällen verwendet:

- als Flankenschutzeinrichtung mit Schutzwirkung gegen Zug- und Rangierfahrten
- zum Abschluss der zugehörigen Gleise eines Gruppensignals
- zur Begrenzung des Einfahrweges eines Zuges, sofern für diesen Zweck kein fahrtbildloses Hauptsignal vorgeschrieben ist
- zur Unterteilung eines Bahnsteiggleises in mehrere Gleisabschnitte, in die nacheinander mit Zügen eingefahren werden kann, sofern für diesen Zweck kein Hauptsignal vorhanden ist
- an Stellen, wo regelmäßig eine Zustimmung zur Rangierfahrt signalisiert wird, sofern bei der betreffenden Bahn für diesen Zweck keine Rangierhaltsignale angewendet werden.

*Rangierhaltsignale* signalisieren einen Haltbegriff, der nur für Rangierfahrten gilt. Sie brauchen daher nicht auf Fahrt gestellt zu werden, wenn eine Zufahrt am Signal vorbei führt. Der Fahrtbegriff am Rangierhaltsignal dient ausschließlich als Zustimmung zur Rangierfahrt. Rangierhaltsignale werden in folgenden Fällen verwendet:

- als Flankenschutzeinrichtung mit Schutzwirkung ausschließlich gegen Rangierfahrten
- an Stellen, wo regelmäßig eine Zustimmung zur Rangierfahrt signalisiert wird.

Bei deutschen Eisenbahnen kommen in Neuanlagen überwiegend Sperrsignale in der Ausführung als Lichtsperrsignal zur Anwendung. Lichtsperrsignale zeigen in Haltstellung entweder ein rotes Licht oder – in Altanlagen im Bereich der ehemaligen Deutschen Bundesbahn – zwei rote Lichter waagerecht nebeneinander. Bei Aufhebung des Fahrverbots erscheinen zwei weiße, nach rechts steigende Lichter. Der Fahrtbegriff eines Lichtsperrsignals wird auch an Hauptsignalen gezeigt, um einer Rangierfahrt die Zustimmung zur Vorbeifahrt am Halt zeigenden Hauptsignal zu erteilen. Im Unterschied zu einem reinen Sperrsignal erscheint an einem Hauptsignal die Aufhebung des Fahrverbots zusammen mit dem Haltbegriff, da das Haltgebot für Züge bestehen bleibt.

Es gibt auch Rangierhaltsignale in Form der sog. Wartezeichen. In Neuanlagen ist die Anwendung von Wartezeichen außerhalb reiner Nebengleisanlagen (z. B. Betriebswerke, Abstellanlagen) jedoch eher unüblich.

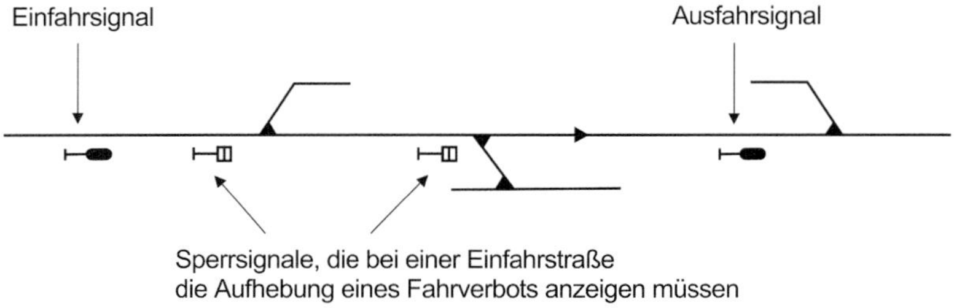


**Abb. 11.16** Sperrsignale am Fahrweg einer Zugfahrt

In Österreich werden Sperrsignale im hier verwendeten Sinne als Schutzsignale bezeichnet. Diese Schutzsignale, die in der Regel wie Hauptsignale mit hohem Mast ausgeführt sind, zeigen in Haltstellung ein rotes Licht und bei Aufhebung des Fahrverbots zwei weiße Lichter senkrecht übereinander. Schutzsignale werden nur dort angeordnet, wo ein Haltbegriff für Zugfahrten erforderlich ist. Zur reinen Regelung des Rangierbetriebes dienen Verschubsignale, deren Haltbegriff nur für Verschubfahrten gilt. Verschubsignale zeigen in Haltstellung zwei weiße Lichter nebeneinander und in Fahrtstellung zwei weiße Lichter nach rechts steigend. Verschubsignale am Mast eines Hauptsignals zeigen keinen Haltbegriff.

In der Schweiz kommen in Neuanlagen nur noch sog. Zwergsignale zur Anwendung, die im hier verwendeten Sinne die Funktion von Sperrsignalen haben. Im Unterschied zur Signalisierung in Deutschland und Österreich sind die schweizerischen Zwergsignale dreibegriffig mit den Signalbegriffen „Halt“ (zwei weiße Lichter waagerecht nebeneinander), „Fahrt mit Vorsicht“ (zwei weiße Lichter schräg steigend) und „Fahrt“ (zwei weiße Lichter senkrecht übereinander).

„Fahrt mit Vorsicht“ bedeutet, dass unmittelbar nach dem Zwergsignal mit einem Hindernis gerechnet werden muss (z. B. einem besetzten Gleis oder einem Halt zeigenden Signal). Bei „Fahrt“ ist das Gleis bis zum nächsten Zwergsignal frei, und das nächste Zwergsignal zeigt „Fahrt“ oder „Fahrt mit Vorsicht“. Zwergsignale, an denen eine Zugfahrt vorbeiführt, zeigen „Fahrt“, das letzte Zwergsignal vor einem Halt zeigenden Hauptsignal zeigt auch für Züge „Fahrt mit Vorsicht“. Bei Ausfahrten auf die Strecke zeigt das letzte Zwergsignal für Zugfahrten „Fahrt“ und für Rangierbewegungen auf die Strecke „Fahrt mit Vorsicht“. Wenn ein Zwergsignal in Höhe der Weichenmitte neben einer Weiche aufgestellt ist, haben Fahrten, denen dieses Zwergsignal in spitz befahrener Richtung Halt gebietet, bereits vor den Weichenzungen anzuhalten. Zwergsignale werden auch am Standort eines Hauptsignals als separates, niedrig stehendes Signal ausgeführt (zugehöriges Zwergsignal eines Hauptsignals) und nicht in die Anzeige am Signalmast des Hauptsignals integriert.

Auch auf Strecken mit ETCS-Level 2 können bei Verzicht auf Hauptsignale in den Bahnhöfen zur Regelung des Rangierbetriebes Zwergsignale vorhanden sein. An diesen Zwergsignalen werden die Signalbilder mit blauen Lichtpunkten dargestellt. Diese haben für Fahrten mit ETCS-Fahrerlaubnis (Movement Authority) keine Bedeutung und werden für diese Fahrten auch nicht auf Fahrt gestellt.

**Haltsignale zum Decken von unbefahrbaren Stellen im Gleis**

Haltsignale zum Decken unbefahrbarer Stellen im Gleis werden in folgenden Fällen verwendet:

- zum Abriegeln vorübergehend unbefahrbarer Gleisabschnitte, z. B. bei Bauarbeiten
- zum behelfsweisen Decken eines Zuges oder Zugteiles bei Einfahrt in ein teilweise besetztes Gleis, wenn ein Haupt- oder Sperrsignal nicht zur Verfügung steht
- zum Herstellen eines provisorischen Haltsignals bei außerplanmäßiger Einfahrt in ein Gleis, in dem kein Zielsignal zur Verfügung steht
- an Gleisabschlüssen.

Zum Abriegeln unbefahrbarer Gleisabschnitte und zum ersatzweisen Herstellen eines Haltsignals wird in Deutschland und Österreich eine Haltscheibe in Form einer rechteckigen roten Tafel mit weißem Rand verwendet. In der Schweiz besteht das analoge Signalbild aus einer runden roten Scheibe mit einem nach rechts steigenden weißen Streifen. Als Nachtzeichen verwenden alle Bahnen ein rotes Licht. In Deutschland und der Schweiz wird diese Signalisierung auch an Gleisabschlüssen verwendet. In Österreich gibt es an Gleisabschlüssen eine davon abweichende Signaltafel (weißer Ring auf schwarzem Grund), die im österreichischen Regelwerk als Sperrsignal bezeichnet wird und auch zur Signalisierung aufgelegter Sperrschuhe verwendet wird. In Deutschland sind in Altanlagen auch noch abweichende Signalisierungen an Gleisabschlüssen anzutreffen.

**Signale an Weichen und Gleissperren** Die Anzeige der Weichenlage durch Weichensignale ist in folgenden Fällen zwingend erforderlich:

- bei ortsgestellten Weichen
- bei ferngestellten Weichen in Bereichen, wo ohne Fahrstraßensicherung rangiert wird.

Weichensignale in Lichtsignalausführung werden bei elektrisch ortsgestellten Weichen verwendet. Diese zeigen die überwachte Endlage an. Gleissperren (in Österreich als Sperrschuhe, in der Schweiz als Entgleisungsvorrichtungen bezeichnet) werden wegen des Gefährdungspotenzials auch in Neuanlagen häufig mit einer drehbaren Laterne oder Scheibe ausgerüstet. Davon kann lediglich abgesehen werden, wenn sichergestellt ist, dass alle Rangierfahrten über die Gleissperre auf verschlossenen Fahrstraßen stattfinden, und zwischen dem die Fahrt zulassenden Signal und der Gleissperre keine Fahrzeuge abgestellt werden können.

**Rangierhalttafel** Die Rangierhalttafel (in Österreich als Verschubhalttafel bezeichnet) kennzeichnet die Stelle, bis zu der an einem an einen Bahnhof anschließenden, in Einfahrrichtung befahrenen Streckengleis in Richtung der freien Strecke rangiert werden darf (Abb. 11.17).

Die Rangierhalttafel steht in einem festgelegten Gefahrpunktabstand hinter dem Einfahrsignal. Auf deutschen Eisenbahnen wird die Rangierhalttafel auf zweigleisigen Strecken in der Regel nur am Einfahrgleis aufgestellt, auch auf Strecken mit Zweirichtungsbetrieb (Ausnahmen möglich). Auf dem Ausfahrgleis darf beim Rangieren im erforderlichen Maß ausgezogen werden, solange keine Zugfahrt auf dem Gegengleis stattfindet. Die Grenze, bis zu der rangiert werden darf, wenn sich eine Zugfahrt auf dem Gegengleis nähert, ist in örtlichen Unterlagen festgelegt. In Österreich wird auf zweigleisigen Strecken mit Zweirichtungsbetrieb an beiden Streckengleisen eine Verschubhalttafel aufgestellt.

In der Schweiz gilt das Einfahrsignal als Rangiergrenze. Bei Bedarf wird eine Bahnhofendetafel aufgestellt. Diese kann auch auf der Rückseite des Einfahrsignals angebracht sein.

**Grenzzeichen und Isolierzeichen** Das *Grenzzeichen* (in Österreich als *Grenzmarke*, in der Schweiz als *Sicherheitszeichen* bezeichnet) kennzeichnet bei zusammenlaufenden Gleisen an Weichen, Kreuzungen und Gleisverschlingungen die Stelle, bis zu der ein Gleis besetzt werden darf, ohne Fahrten auf dem anderen Gleis zu behindern. In Deutschland und der Schweiz ergibt sich die Lage des Grenz- bzw. Sicherheitszeichens rein aus der Gleisgeometrie. In Österreich wird in den Fällen, wo in Gleisen ohne Gleisfreimeldeanlage auf die betreffende Weiche eine Fahrstraßenzugschlussstelle folgt, die Grenzmarke an der Fahrstraßenzugschlussstelle angeordnet. Wenn die Lage der Fahrstraßenzugschlussstellen in beiden Weichensträngen differiert, werden an beiden Gleisen getrennte Grenzmarken vorgesehen.

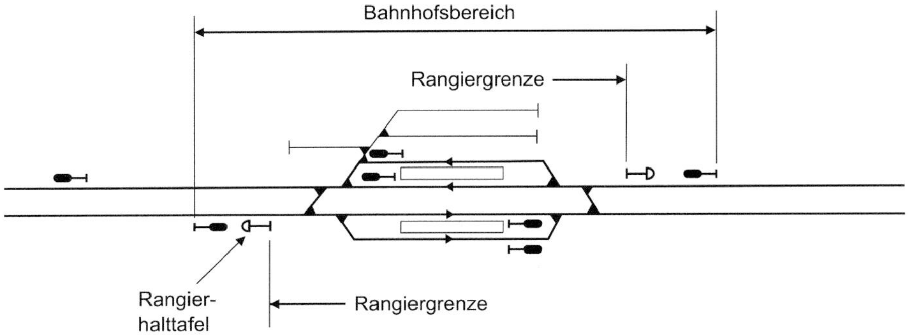


**Abb. 11.17** Rangierhalttafel

Das *Isolierzeichen* kennzeichnet die Grenze einer Gleisfreimeldeanlage, durch deren Besetzen die Bedienung von Sicherungsanlagen (z. B. das Umstellen von Weichen) verhindert wird. Isolierzeichen werden nur angeordnet, wenn dafür ein betriebliches Bedürfnis besteht und die Grenze der Gleisfreimeldeanlage nicht anderweitig (z. B. durch gelb gestrichene Gleisanschlusskästen) zu erkennen ist.

#### 11.3.2.3 Wichtige Zusatzsignale

Zusatzsignale ersetzen einen schriftlichen Befehl oder ergänzen die Signalanzeige eines Haupt- oder Vorsignals.

**Zusatzsignale zur Signalisierung von Geschwindigkeiten** Die Signalisierung unterschiedlicher Geschwindigkeiten durch Zusatzsignale als Ergänzung der Signalanzeige eines Haupt- oder Vorsignals wird in folgenden Fällen vorgesehen, sofern die Geschwindigkeitsinformation nicht bereits durch den Signalbegriff des Haupt- oder Vorsignals ausgedrückt wird:

- wenn im anschließenden Weichenbereich eine ständige Geschwindigkeitsbeschränkung besteht
- wenn fahrstraßenabhängig unterschiedliche Geschwindigkeiten zugelassen sind
- wenn aus einem Bahnhofsgleis wegen Befahrens von Mittelweichen mit unterschiedlichen Geschwindigkeiten ausgefahren werden muss
- zur abgestuften Geschwindigkeitssignalisierung bei verkürzten Signalabständen
- bei der Einfahrt in Stumpfgleise und Gleise mit verkürztem oder teilweise besetztem Einfahrweg (nicht bei allen Bahnen üblich, siehe weiter unten folgenden Abschnitt zu Zusatzsignalen zur Signalisierung restriktiver Bahnhofseinfahrten).

Zur Signalisierung der Geschwindigkeiten gibt es drei grundsätzliche Prinzipien:

a. Für jede Geschwindigkeitsstufe wird sowohl eine Geschwindigkeits-Ankündigung als auch eine Geschwindigkeits-Ausführung signalisiert.
b. Auf die Signalisierung der Geschwindigkeits-Ankündigung wird bei Mehrabschnittssignalen verzichtet, wenn die Geschwindigkeit des Zuges nicht weiter herabzusetzen ist. Teilweise wird auch auf die Ankündigung einer nur geringfügigen Geschwindigkeitsverringerung verzichtet.
c. Wie b, zusätzlich wird auf die Signalisierung der Geschwindigkeits-Ausführung verzichtet, wenn ab dem betreffenden Signal die Geschwindigkeit gegenüber der am rückliegenden Signal signalisierten Geschwindigkeits-Ankündigung weiter reduziert werden muss.

Das Verfahren nach a ist bei Geschwindigkeitssignalisierung durch Zusatzsignale unüblich, da es zu einer unnötigen Vermehrung der anzuzeigenden Geschwindigkeitsziffern führen würde. Es ist jedoch bei einigen Signalsystemen mit integrierter Geschwindigkeitssignalisierung zu finden, besonders ausgeprägt beim OSJD-Signalsystem. Auch das deutsche HV-Signalsystem, das österreichische Signalsystem und schweizerische Signalsystem L sind grundsätzlich diesem Verfahren zuzuordnen.

Das Verfahren nach b wird beim deutschen Ks-Signalsystem verwendet, allerdings nur in den Fällen, in denen die an einem Mehrabschnittssignal signalisierte Geschwindigkeitsbeschränkung bis zum nächsten Hauptsignal gilt. Dies betrifft alle Einfahr- und Zwischensignale, während an Ausfahr- und Blocksignalen nach dem Passieren einer im Fahrplan angegebenen Stelle wieder beschleunigt werden darf. Daher wird an Ausfahr- und Blocksignalen, wenn diese bei einem folgenden kurzen Blockabschnitt als Mehrabschnittssignal ausgeführt sind, für eine am nächsten Signal angezeigte Geschwindigkeitsbeschränkung auch dann eine Voranzeige signalisiert, wenn die Geschwindigkeit nicht weiter herabzusetzen ist. Die ab einem Signal geltende Geschwindigkeit wird mit weiß leuchtenden Ziffern und die Voranzeige mit gelb leuchtenden Ziffern dargestellt. Geschwindigkeitsanzeiger und Geschwindigkeitsvoranzeiger können auch allein stehend angeordnet werden, z. B. zur Aufwertung der Geschwindigkeit in langen Weichenbereichen. Allein stehende Geschwindigkeitsanzeiger und Geschwindigkeitsvoranzeiger sind auch bei HV-Signalen sowie im ÖBB-Signalsystem möglich.

Das Verfahren nach c kommt beim schweizerischen Signalsystem N zur Anwendung. Dabei kann an einem Signal immer nur eine Geschwindigkeitsziffer gezeigt werden, die je nachdem, ob sie zusammen mit einem grünen oder mit einem gelben Signallicht erscheint, als Geschwindigkeits-Ausführung oder Geschwindigkeits-Ankündigung gilt. Die Stelle, ab der auf der freien Strecke nach einer signalisierten Geschwindigkeits-Ausführung wieder die Streckengeschwindigkeit gilt, wird dem Triebfahrzeugführer durch eine Merktafel angezeigt. Fehlt diese Tafel, gilt eine signalisierte Geschwindigkeitsausführung immer bis zum nächsten Signal. Da die Geschwindigkeitsanzeige nur zusammen mit einem Haupt- oder Vorsignal gezeigt werden kann, sind allein stehende Geschwindigkeitsanzeiger nicht möglich. Zur Aufwertung der signalisierten Geschwindigkeit in langen Weichenbereichen werden daher Wiederholungssignale angeordnet.

**Zusatzsignale zur Signalisierung der Fahrtrichtung** Eine Signalisierung der Fahrtrichtung kann vorgesehen werden, wenn auf ein Hauptsignal Streckenverzweigungen folgen und am Signalbild des Hauptsignals nicht zu erkennen ist, in welche Richtung die Fahrstraße führt. Diese, für die Führung des Zuges an sich unnötige Information soll es dem Triebfahrzeugführer ermöglichen, im Falle einer Fehlleitung durch Fehler der Fahrdienstleitung oder Fehlfunktion der Zuglenkung den Zug anzuhalten. Eine solche Signalisierung wird jedoch in der Regel nur dort angewendet, wo durch Fehlleitungen von Zügen Betriebsgefährdungen oder erhebliche Betriebsbehinderungen entstehen können. Dies ist insbesondere in folgenden Fällen gegeben:

- bei Überleitung einer elektrifizierten in eine nicht elektrifizierte Strecke
- bei Überleitung in eine Strecke mit eingeschränktem Lichtraumprofil (z. B. S-Bahn)
- bei Überleitung in eine Strecke mit einer niedrigeren zulässigen Geschwindigkeit
- bei Überleitung in eine Strecke mit technisch nicht gesicherten Bahnübergängen oder Bahnübergängen mit besonderen Einschaltkriterien.

Als Zusatzsignale zur Signalisierung der Fahrtrichtung kommen bei allen betrachteten Bahnen weiß leuchtende Kennbuchstaben zur Anwendung. In Deutschland und Österreich wird in bestimmten Fällen (Durchfahrwege mit höheren Geschwindigkeiten) eine Voranzeige in Form eines gelb leuchtenden Buchstabens vorgesehen. In der Schweiz werden Richtungsanzeiger nur in Verbindung mit Hauptsignalen des Signalsystems L verwendet. Im Signalsystem N wird auf die Richtungssignalisierung vollständig verzichtet. In Deutschland werden Richtungsanzeiger bei Parallelführung mehrerer, alternativ nutzbarer eingleisiger Strecken auch dazu benutzt, dem Triebfahrzeugführer anzuzeigen, in welches Streckengleis die Fahrstraße führt.

**Zusatzsignale zur ersatzweisen Zulassung einer Zugfahrt** Zusatzsignale zur ersatzweisen Zulassung einer Zugfahrt ersetzen den schriftlichen Befehl des Fahrdienstleiters zur Vorbeifahrt an einem Halt zeigenden oder gestörten Hauptsignal. Sie dienen durch Einsparung des Zeitbedarfs für das Ausstellung und Übermitteln eines schriftlichen Befehls der Betriebsbeschleunigung bei Störungen und Abweichungen vom Regelbetrieb. Solche Zusatzsignale werden in zwei Ausführungen verwendet:

- Zusatzsignale, die den Auftrag zur Vorbeifahrt am Halt zeigenden oder gestörten Hauptsignal erteilen und nach dem Passieren des anschließenden Weichenbereichs die Weiterfahrt mit der im Fahrplan festgelegten zulässigen Geschwindigkeit gestatten
- Zusatzsignale, die den Auftrag zur Vorbeifahrt am Halt zeigenden oder gestörten Hauptsignal erteilen und anschließend das Fahren auf Sicht bis zum nächsten Hauptsignal vorschreiben.

In beiden Fällen hat der Fahrdienstleiter sicherzustellen, dass der Fahrweg des Zuges gesichert ist. Das Zusatzsignal ohne Auftrag zum Fahren auf Sicht wird in Deutschland und Österreich als *Ersatzsignal* bezeichnet, in der Schweiz existiert ein solches Signal nicht. Es wird bei beiden Bahnen durch ein weißes Blinklicht dargestellt, in Deutschland gibt es im Bereich der ehemaligen Deutschen Bundesbahn in Anlagen mit HV-Signalen das Ersatzsignal auch in Form von drei weißen Lichtern in Form eines „A". Die Anwendung des Ersatzsignals setzt voraus, dass der Fahrdienstleiter zusätzlich zur Fahrwegsicherung feststellen kann, dass der zu befahrende Gleisabschnitt frei ist. Dies ist in zentralisierten Steuerbereichen immer seltener möglich, weshalb das Ersatzsignal zunehmend an Bedeutung verliert. Das Zusatzsignal mit Auftrag zum Fahren auf Sicht wird überall dort angewandt, wo das Freisein eines Gleisabschnitts nicht festgestellt werden kann. Ein solches Signal wird in Deutschland und Österreich als *Vorsichtsignal* und in der Schweiz als *Hilfssignal* bezeichnet. Das zugehörige Signalbild besteht in Deutschland aus drei gelben Lichtern in Form eines „V", in Österreich aus einem roten Blinklicht (zusätzlich zum roten Signallicht des Hauptsignals), in der Schweiz im Signalsystem L aus einem nach rechts steigenden gelben Lichtstreifen und im Signalsystem N aus einem roten Blinklicht durch Blinken des roten Signallichtes des Hauptsignals.

**Zusatzsignale zur Signalisierung restriktiver Bahnhofseinfahrten** Unter restriktiven Bahnhofseinfahrten werden hier durch Hauptsignal zugelassene Einfahrten in Bahnhofsgleise verstanden, die auch im Regelbetrieb eine besondere Vorsicht erfordern. Dazu zählen:

- Einfahrten in Stumpfgleise und andere Gleise ohne Durchrutschweg
- Einfahrten mit verkürztem Einfahrweg; dazu zählen auch Einfahrten in teilweise besetzte Bahnhofsgleise, bei denen der besetzte Teil des Gleises durch ein Haltsignal gesichert ist
- Einfahrten in teilweise besetzte Bahnhofsgleise ohne Sicherung durch ein Haltsignal.

Die dafür üblichen Signalisierungsgrundsätze weichen bei den einzelnen Bahnen stärker voneinander ab. Bei der Deutschen Bahn AG wird bei Einfahrten in Stumpfgleise und Gleise ohne Durchrutschweg entweder durch Geschwindigkeitsanzeiger eine Einfahrgeschwindigkeit von 30 km/h signalisiert (traditionelle Lösung im Bereich der ehemaligen Deutschen Bundesbahn) oder der *Stumpfgleis- und Frühhaltanzeiger* (nach links umgelegtes, gelb leuchtendes „T") zusammen mit einer Geschwindigkeitsbeschränkung auf 40 km/h gezeigt (traditionelle Lösung im Bereich der ehemaligen Deutschen Reichsbahn). Bei Einfahrten in teilweise besetzte Gleise, bei denen der bereits im Bahnhofsgleis befindliche Zug oder Zugteil durch ein Haltsignal gedeckt wird, wird entweder eine Einfahrgeschwindigkeit von 20 km/h signalisiert (traditionelle Lösung im Bereich der ehemaligen Deutschen Bundesbahn) oder ebenfalls der Stumpfgleis- und Frühhaltanzeiger zusammen mit einer Geschwindigkeitsbeschränkung auf 40 km/h gezeigt (traditionelle Lösung im Bereich der ehemaligen Deutschen Reichsbahn). Als Zugdeckungssignal für den besetzten Teil des Bahnhofsgleises wird in der Regel ein Sperrsignal verwendet (Abschn. 11.3.2.2), das in Grundstellung betrieblich abgeschaltet ist (dunkler Signalschirm mit einem weißen Kennlicht) und nur dann einen Haltbegriff zeigt, wenn es als Zielsignal einer Einfahrstraße bedient wird. Neuerdings sind bei der Deutschen Bahn AG auch Einfahrten in teilweise besetzte Bahnhofsgleise zugelassen, ohne dass der besetzte Teil des Gleises durch ein Haltsignal gesichert ist. In diesem Fall wird immer eine Einfahrgeschwindigkeit von 20 km/h signalisiert.

In Österreich wird bei verkürztem Einfahrweg eine Einfahrgeschwindigkeit von 20 oder 30 km/h signalisiert. Als Zugdeckungssignal für den besetzten Teil des Bahnhofsgleises wird in der Regel ein Schutzsignal verwendet (Abschn. 11.3.2.2). Bei Einfahrten in Stumpfgleise ohne gleichzeitige Verkürzung des Einfahrweges gilt eine Einfahrgeschwindigkeit von 40 km/h. Einfahrten in teilweise besetzte Gleise ohne Deckung des besetzten Teils durch ein Haltsignal sind in Österreich unzulässig.

In der Schweiz werden im Signalsystem N Einfahrten mit verkürztem Einfahrweg durch das

**Tab. 11.2** Verfahren zur Signalisierung restriktiver Bahnhofseinfahrten

| Bahnunternehmen | Einfahrt in | | |
|---|---|---|---|
| | Gleis mit verkürztem Einfahrweg | Teilweise besetztes Gleis | Stumpfgleis |
| DB | 20 km/h oder<br>40 km/h + Stumpfgleis- und Frühhaltanzeiger | 20 km/h | 30 km/h oder<br>40 km/h + Stumpfgleis- und Frühhaltanzeiger |
| ÖBB | 20 oder 30 km/h | – | 40 km/h |
| SBB | Signal Kurze Fahrt | Besetztsignal | 40 km/h |

Zusatzsignal *Kurze Fahrt* (waagerechter, gelb blinkender Lichtstreifen) signalisiert. Im Signalsystem L wird Kurze Fahrt nicht durch ein Zusatzsignal, sondern einen besonderen Hauptsignalbegriff (gelb über gelb) signalisiert. Der besetzte Teil des Bahnhofsgleises ist dabei immer durch ein Hauptsignal gedeckt. Bei Einfahrten in teilweise besetzte Bahnhofsgleise ohne Deckung des besetzten Teils durch ein Haltsignal erscheint am Einfahrsignal als Zusatzsignal das *Besetztsignal* (waagerechter gelber Lichtstreifen). Mindestens 200 m vor dem Gleisabschnitt, der besetzt sein kann, wird durch ein Zwergsignal „Fahrt mit Vorsicht" signalisiert (Abschn. 11.3.2.2). Alle folgenden Zwergsignale bis zum besetzten Abschnitt zeigen ebenfalls „Fahrt mit Vorsicht". Bei Einfahrten in Stumpfgleise ohne gleichzeitige Verkürzung des Einfahrweges gilt wie in Österreich eine Einfahrgeschwindigkeit von 40 km/h. Tab. 11.2 gibt einen Überblick über die Verfahren zur Signalisierung restriktiver Bahnhofseinfahrten.

**Zusatzsignale für Fahrten gegen die gewöhnliche Fahrtrichtung** Die betrieblichen Regeln für Fahrten gegen die gewöhnliche Fahrtrichtung differieren bei den betrachteten Bahnen erheblich, so dass hier auf Einzelheiten nicht eingegangen werden kann. Zusatzsignale, die dem Triebfahrzeugführer anzeigen, dass der Fahrweg in das Gegengleis einer zweigleisigen Strecke führt, gibt es nur in Deutschland. Wenn Züge mit Hauptsignal in das Gegengleis eingelassen werden, erscheint zusammen mit dem Fahrtbegriff des Hauptsignals der Gegengleisanzeiger (nach links steigender, weiß leuchtender Lichtstreifen; die Enden können senkrecht abgebogen sein). An Hauptsignalen, an denen alle Fahrstraßen ins Gegengleis führen, kann der Gegengleisanzeiger auch als Signaltafel ausgeführt sein. Der Gegengleisanzeiger kann entweder direkt am Hauptsignal oder allein stehend nach dem Zusammenlauf mehrerer Fahrwege aber vor der Überleitung ins Gegengleis angeordnet sein.

Wenn Züge ohne Fahrtbegriff am Hauptsignal in das Gegengleis eingelassen werden sollen, kann als ersatzweise Signalisierung das Gegengleisfahrtersatzsignal vorhanden sein. Dieses besteht aus dem blinkenden Signalbild des Gegengleisanzeigers und wird zusammen mit dem Haltbegriff des Hauptsignals gezeigt. Die Bedeutung entspricht dem Ersatzsignal mit der Zusatzinformation, dass der Fahrweg ins Gegengleis führt. Bei allein stehendem Gegengleisanzeiger ist die Anwendung des Gegengleisfahrtersatzsignals nicht möglich.

#### 11.3.2.4 Signalisierung der zulässigen Geschwindigkeit der Strecke

Die Signalisierung der zulässigen Geschwindigkeit der Strecke erfolgt bei allen betrachteten Bahnen durch Signaltafeln unterschiedlicher Ausführung. Dabei sind drei Verfahren zu unterscheiden:

- Die zulässige Geschwindigkeit der Strecke wird mit allen Geschwindigkeitswechseln durchgehend signalisiert.
- Es werden nur Geschwindigkeitswechsel mit Verminderung der zulässigen Geschwindigkeit signalisiert (und i. d. R. erst ab einer bestimmten Größe des Geschwindigkeitswechsels).
- Es werden nur Anfang und Ende von Gleisabschnitten mit verminderter Geschwindigkeit signalisiert („ständige Langsamfahrstellen").

Die durchgehende Signalisierung aller Geschwindigkeitswechsel ist heute die Standardlösung in Deutschland und Österreich. Im Schweizer Regelwerk ist sowohl die durchgehende Signalisierung der Geschwindigkeitswechsel als auch das Verfahren der Signalisierung „ständiger Langsamfahrstellen“ zugelassen.

## 11.4 Flankenschutz der Fahrwege

Flankenschutzmaßnahmen sollen verhindern, dass ein Zug durch in seinen Fahrweg einmündende Fahrten (sog. Flankenfahrten) gefährdet wird. Flankengefährdungen sind möglich durch:

- feindliche Zugfahrten
- feindliche Rangierfahrten
- unbeabsichtigt ablaufende Wagen
- das Strecken von Zügen nach der Einfahrt.

### 11.4.1 Flankenschutz gegen feindliche Zugfahrten

Der Flankenschutz gegen feindliche Zugfahrten kann bewirkt werden durch:

- Fahrstraßenausschlüsse
- Schutzweichen.

Zwei Fahrwege, die nicht in ihrer ganzen Länge getrennt voneinander verlaufen, sind gegenseitig auszuschließen. Zur Fahrweglänge rechnet auch der Durchrutschweg. In Deutschland kann von einem gegenseitigen Ausschluss abgesehen werden, wenn ein Zusammenstoß nur eintreten kann, wenn beide Züge gleichzeitig durchrutschen. Dies ist auch in der Schweiz zulässig, allerdings erst in einem bestimmten Mindestabstand hinter dem Hauptsignal. In Österreich existieren Durchrutschwege nur noch in Form der sehr kurzen Schutzwege. Ausschlüsse durch Konflikte zwischen Schutzwegen sind sehr unwahrscheinlich.

### 11.4.2 Flankenschutz gegen feindliche Rangierfahrten und unbeabsichtigt ablaufende Wagen

Der Flankenschutz gegen feindliche Rangierfahrten kann durch unmittelbare oder mittelbare Flankenschutzmaßnahmen gewährleistet werden. Unmittelbarer Flankenschutz wird durch Flankenschutzeinrichtungen bewirkt. Als Flankenschutzeinrichtungen können Schutzweichen, Gleissperren (Sperrschuhe, Entgleisungsvorrichtungen) und Halt zeigende Signale verwendet werden. Im Unterschied dazu wird mittelbarer Flankenschutz nicht mit Flankenschutzeinrichtungen, sondern nur durch betriebliche Anordnungen (Rangier- und Abstellverbote) bewirkt. Heute wird in der Regel der unmittelbare Flankenschutz verwendet. Der Flankenschutz gegen unbeabsichtigt ablaufende Wagen ist nur unmittelbar durch Schutzweichen oder Gleissperren zu bewirken. Gleissperren werden als Flankenschutzeinrichtung vorgesehen, wenn Schutz vor unbeabsichtigt ablaufenden Wagen erforderlich, jedoch eine Schutzweiche nicht vorgeschrieben ist. Dies ist meist dort der Fall, wo ein Nebengleis, auf dem regelmäßig Fahrzeuge abgestellt werden, in ein Hauptgleis einmündet.

### 11.4.3 Flankenschutz gegen das Strecken von Zügen

Sind zum Schutz gegen das Strecken von Zügen keine Fahrwegweichen mit Flankenschutzfunktion vorhanden, so kann der Streckschutz durch Anordnung von Streckschutzlängen gewährleistet werden. Bei einfachen Verhältnissen lässt sich die Streckschutzlänge durch Verlängerung des Freimeldeabschnitts der Verzweigungsweiche realisieren. Günstiger ist die Anordnung eines besonderen Freimeldeabschnitts hinter der Verzweigungsweiche. Zur Fahrstraßenauflösung muss dieser Streckschutzabschnitt von einem einfahrenden Zug freigefahren werden, kann aber anschließend durch das Strecken des Zuges wieder besetzt werden, ohne das Umstellen der Weiche zu behindern [14].

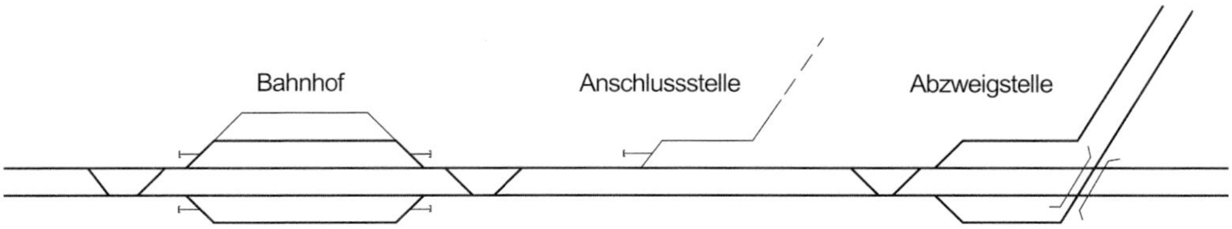


**Abb. 11.18** Charakteristische Anwendung von Schutzweichen auf einer Hochgeschwindigkeitsstrecke

### 11.4.4 Erfordernis von Schutzweichen

Halt zeigende Signale sind als Flankenschutzeinrichtung auskömmlich, wenn auf dem einmündenden Gleis kein starker Rangierverkehr herrscht und nicht regelmäßig Fahrzeuge abgestellt werden. Dies ist an Abzweig- und Überleitstellen immer gegeben. In Bahnhöfen ist bei einmündenden Hauptgleisen die Frage, ob Flankenschutz durch ein Halt zeigendes Signal ausreichend oder eine Schutzweiche erforderlich ist, häufig nicht pauschal zu beantworten. Das Flankenfahrtrisiko hängt im Einzelfall von folgenden Einflussgrößen ab:

- Art und Anzahl der Züge auf dem zu schützenden und dem einmündenden Fahrweg
- zulässige Geschwindigkeiten der Züge
- Anzahl der Rangierfahrten und Abstellvorgänge auf dem einmündenden Fahrweg
- Vorhandensein von Sicherungseinrichtungen, die das Flankenfahrtrisiko reduzieren (Zugbeeinflussung, Gleisfreimeldeanlagen)
- örtliche Besonderheiten, die die Unfallschwere beeinflussen können.

Die einzelnen Bahnen haben unterschiedliche Regeln, welche dieser Einflussgrößen zur Beurteilung des Erfordernisses einer Flankenschutzweiche herangezogen werden. Der Flankenschutz für Gleise mit einer zulässigen Geschwindigkeit von mehr als 160 km/h muss in Bahnhöfen und Anschlussstellen aber generell durch Schutzweichen bewirkt werden (Abb. 11.18).

## 11.5 Bauen im Betrieb

### 11.5.1 Sicherung von Arbeitsstellen im Gleis

#### 11.5.1.1 Der Gefahrenbereich des Gleises

Der Gefahrenbereich eines Gleises (in Österreich als Gefahrenraum, in der Schweiz als Gleisbereich bezeichnet) ist der Bereich auf und neben einem Gleis, in dem Mitarbeiter durch vorbei fahrende Züge gefährdet werden können. Die Gefahr geht dabei insbesondere von der geschwindigkeitsabhängigen Druckwelle aus, durch die zu nahe am Gleis stehende Mitarbeiter mitgerissen oder durch herum fliegende Teile gefährdet werden können. Der Gefahrenbereich ist nicht mit der Breite des Lichtraums identisch, er kann je nach Geschwindigkeit das Lichtraumprofil unter- oder überschreiten. Außerhalb des Gefahrenbereichs muss ein ausreichender Sicherheitsraum (in der Schweiz als Fluchtraum bezeichnet) zur Verfügung stehen, in dem sich Mitarbeiter bei der Vorbeifahrt von Zügen sicher aufhalten können. Bei der Planung von Strecken mit mehr als zwei parallelen Streckengleisen sind die Sicherheitsräume bei der Planung der Gleisabstände zu berücksichtigen. Abb. 11.19 und Tab. 11.3 zeigen die Größe von Gefahrenbereich und Sicherheitsraum nach den in Deutschland geltenden Regeln.

#### 11.5.1.2 Einteilung der Sicherungsmaßnahmen

Hinsichtlich ihrer Wirksamkeit sind Sicherungsmaßnahmen im Gleisbereich wie folgt zu reihen:

- Organisatorische Maßnahmen zum Ausschluss von Gefährdungen der Mitarbeiter aus dem Zugbetrieb, z. B. Gleissperrungen (evtl. in Kombination mit Absperrungen oder sicht-

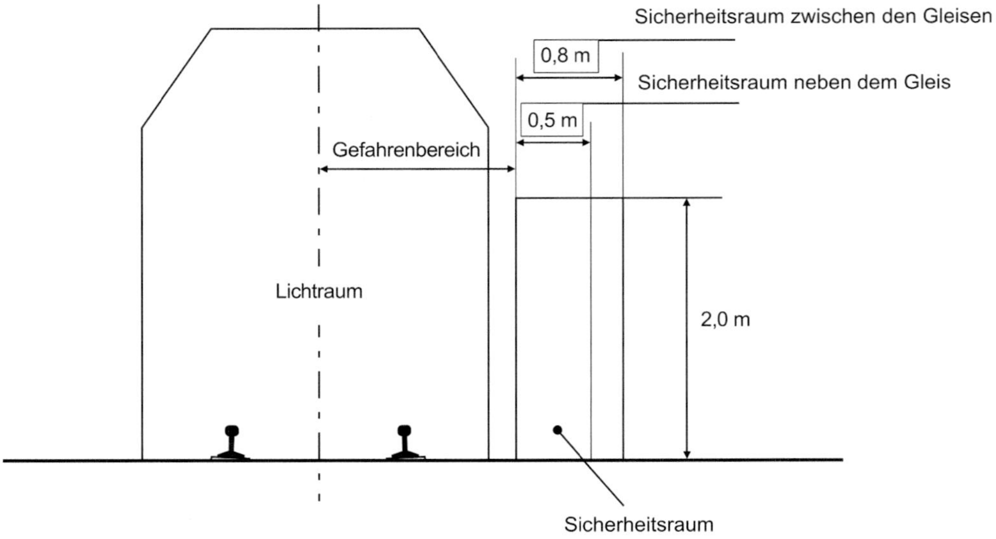


**Abb. 11.19** Gefahrenbereich und Sicherheitsraum nach deutschen Regeln

**Tab. 11.3** Breite des Gefahrenbereichs nach den Regeln der Deutschen Bahn AG

| Zulässige Geschwindigkeit | Breite des Gefahrenbereichs ab Gleismitte |
|---|---|
| ≤ 40 km/h | 1,85 m |
| ≤ 50 km/h | 2,00 m |
| ≤ 70 km/h | 2,10 m |
| ≤ 90 km/h | 2,20 m |
| ≤ 120 km/h | 2,30 m |
| ≤ 140 km/h | 2,40 m |
| ≤ 160 km/h | 2,50 m |
| > 160 km/h | 3,00 m |

baren Abgrenzungen) oder Einrichtung von Schutz-Langsamfahrstellen zur Verringerung der erforderlichen Gefahrenräume
- Einsatz technischer Sicherungseinrichtungen wie automatische Ankündigungs- und Warnanlagen
- Einsatz von Sicherungsposten.

In Deutschland dürfen Arbeiten in Gleisen, die mit mehr als 200 km/h befahren werden, nur im gesperrten Arbeitsgleis ausgeführt werden. In der Schweiz gilt diese Regel bereits bei Geschwindigkeiten von mehr als 160 km/h.

#### 11.5.1.3 Einsatz von Sicherungsposten

Da es nicht möglich ist, bei allen Bau- und Instandhaltungsarbeiten im Gleisbereich die betreffenden Gleise immer zu sperren, spielt die Baustellensicherung durch Sicherungsposten (in der Schweiz als Sicherheitswärter bezeichnet) noch immer eine wichtige Rolle. Dieses Sicherungsverfahren kann in folgenden Fällen zur Anwendung kommen:

- bei Arbeiten in nicht gesperrten Gleisen und
- bei Arbeiten in gesperrten Gleisen, wenn Mitarbeiter durch Fahrten auf nicht gesperrten Nachbargleisen gefährdet werden können.

Das Prinzip besteht darin, dass ein oder mehrere Sicherungsposten in der Nähe der Arbeitsstelle platziert werden, um bei sich nähernden Zügen Warnsignale zu geben. Die Warnsignale werden meist mit einem Druckluft-Signalhorn (Tyfon) gegeben, dessen Signale den Maschinenlärm der Baustelle sicher übertönen. Bei Baustellen mit geringem Arbeitslärm kann auch ein mundgeblasenes Signalhorn benutzt werden. Dabei kommen die Signale gemäß Tab. 11.4 zur Anwendung.

Die akustischen Signale können durch optische Signale (Blink- oder Rundumleuchten) ergänzt oder ersetzt werden. Wenn beim Räumen des Arbeitsgleises nach einer bestimmten Seite aus dem Gleis zu treten ist, um nicht versehentlich in den Gefahrenbereich eines anderen Gleises zu geraten, kann es erforderlich sein, die

**Tab. 11.4** Warnsignale des Sicherungspostens

| Signal | Klangbild | Bedeutung |
|---|---|---|
| Vorsicht, Fahrt im Nachbargleis! | Ein langer Ton, möglichst als Mischklang aus zwei verschieden hohen Tönen (Fanfare) | Der Gefahrenbereich des Nachbargleises ist unverzüglich zu räumen |
| Arbeitsgleise räumen! | Zwei lange (in Österreich zwei kurze und mehrfach wiederholte) Töne nacheinander, möglichst in verschiedener Tonlage | Der Gefahrenbereich der Arbeitsgleise ist unverzüglich zu räumen und Aufstellung im Sicherheitsraum zu nehmen |
| Arbeitsgleise schnellstens räumen! | Mindestens fünfmal (in der Schweiz viermal) zwei kurze Töne, möglichst in verschiedener Tonlage | Dieses Signal dient als Notsignal für den Fall, dass der Sicherungsposten einen sich nähernden Zug zu spät bemerkt hat und eine unmittelbare Gefahr für die Mitarbeiter besteht. In Österreich wird dieses Signal nicht verwendet |

Gleisseite, auf der sich der Sicherheitsraum befindet, besonders zu kennzeichnen. In Deutschland wird dazu das sog. Fahnenschild (fahnenförmige weiße Blechtafel mit schwarzem Rand und einer pfeilförmig eingeschnittenen Schmalseite) benutzt.

Die Signale des Sicherungspostens sind so rechtzeitig zu geben, dass die Mitarbeiter das Arbeitsgleis ohne Hast verlassen und Arbeitsgeräte aus dem Gleis entfernen können. Es ist aber auch eine zu frühzeitige Warnung zu vermeiden, damit sich die Mitarbeiter nicht daran gewöhnen, den Zeitpunkt der Warnung zu ignorieren und unzeitig spät aus dem Gleis zu treten. Zur Bestimmung des optimalen Warnzeitpunktes wird für jede Baustelle eine Annäherungsstrecke berechnet. Die Warnung ist zu geben, wenn der Zug den Beginn der Annäherungsstrecke erreicht. Die Annäherungsstrecke ergibt sich aus der zulässigen Geschwindigkeit der Strecke und der Sicherheitsfrist der Baustelle. Die Sicherheitsfrist ist die Zeitspanne, die zum sicheren Räumen des Arbeitsgleises benötigt wird. Sie setzt sich aus der Räumzeit (abhängig von Anzahl und Art der Geräte) und einem Sicherheitszuschlag (nach deutschen Regeln 15 s) zusammen (Abb. 11.20).

Wenn an der Baustelle eine Langsamfahrstelle eingerichtet ist, reduziert sich die Annäherungsstrecke um die der Bremszuschlagzeit zum Abbremsen von der zulässigen Geschwindigkeit der Strecke auf die zulässige Geschwindigkeit im Baustellenbereich entsprechende Wegstrecke. Bei beschränkter Sicht auf den Beginn der Annäherungsstrecke (z. B. in Gleisbögen) ist eine Kette von Sicherungsposten einzusetzen, die sich die Warnsignale gegenseitig weitergeben. In diesen Fällen ist bei der Festsetzung der Annäherungsstrecke die Zeit für das Weitergeben der

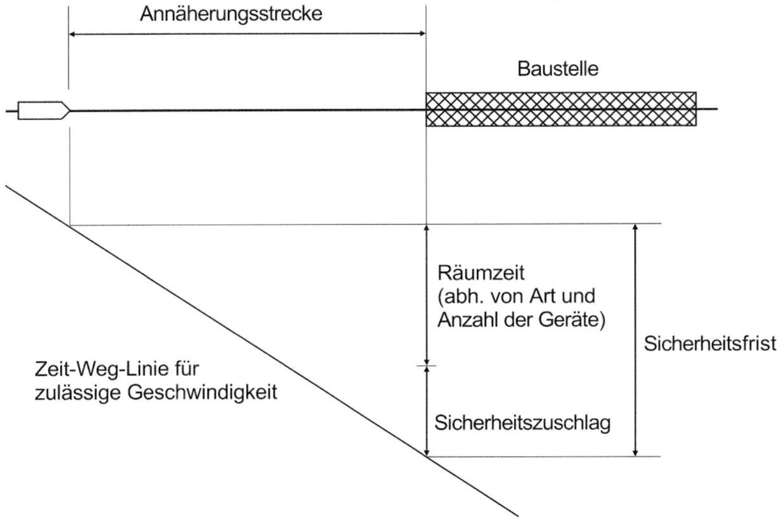


**Abb. 11.20** Annäherungsstrecke (Beispiel ohne Langsamfahrstelle)

Warnsignale vom Außenposten, der den sich nähernden Zug bemerkt, bis zu den Innenposten an der Baustelle zu berücksichtigen.

Wenn Fahrten in einem gesperrten Arbeitsgleis verkehren, kann auf Sicherungsposten verzichtet werden, wenn die Triebfahrzeugführer angewiesen sind, vor der Arbeitsstelle zu halten und die Mitarbeiter durch Achtungssignal mit der Triebfahrzeugpfeife zu warnen.

#### 11.5.1.4 Automatische Warn- und Ankündigungsanlagen

Automatische *Warnanlagen* ersetzen den Sicherungsposten, indem am Beginn der Annäherungsstrecke ein Gleisschaltmittel installiert wird, bei dessen Befahren optische und/oder akustische Warneinrichtungen in Aktion treten. Zur Reduktion der Lärmbelästigung für Anwohner existieren auch Lösungen, die die akustische Warnung über Funkkopfhörer in die Helme der Mitarbeiter übertragen, so dass ein den Baustellenlärm übertönendes Tyfon entbehrlich ist. Bei der Anwendung von Warnanlagen ist zu beachten, dass die Montage und Demontage der Anlage als Arbeit im Gefahrenbereich der Gleise ausgeführt und durch Sicherungsposten gesichert werden muss.

*Ankündigungsanlagen* informieren den Sicherungsposten durch Verbindung mit einem benachbarten Stellwerk über Zugfahrten in Richtung der Arbeitsstelle. Auf Schnellfahrstrecken besteht dabei die Regel, dass ein Zug in Richtung der Arbeitsstelle erst dann abgelassen werden darf, wenn die Mitarbeiter das Arbeitsgleis geräumt haben. Zu diesem Zweck wird eine sicherungstechnische Abhängigkeit zwischen den in Richtung der Arbeitsstelle weisenden Hauptsignalen der benachbarten Betriebsstellen eingerichtet. Wenn der Fahrdienstleiter eine Fahrstraße in Richtung der Arbeitsstelle einstellt, bleibt das Signal zunächst in der Haltstellung und an der Ankündigungsanlage erscheint eine Meldeanzeige für den Sicherungsposten. Der Sicherungsposten lässt daraufhin das Arbeitsgleis räumen und betätigt anschließend eine Quittungstaste an der Ankündigungsanlage. Erst nach dieser Quittungsbedienung geht das Signal auf Fahrt. Problematisch ist bei diesem Verfahren, dass in Abhängigkeit von der Entfernung der Arbeitsstelle von der benachbarten Betriebsstelle das Gleis sehr früh geräumt werden muss, was den Arbeitsablauf ggf. behindern kann.

### 11.5.2 Betriebliche Maßnahmen zur Durchführung von Baumaßnahmen

#### 11.5.2.1 Gleissperrungen

Eine Gleissperrung (in Österreich und der Schweiz als Gleissperre bezeichnet) ist eine betriebliche Maßnahme, durch die das Befahren eines Gleises im Regelbetrieb verhindert wird. Eine Gleissperrung kann im Voraus angeordnet sein (planmäßige Sperrung) oder durch Unfälle oder Betriebsstörungen notwendig werden (unvorhergesehene Sperrung). Bei der Durchführung von Baumaßnahmen ist ein Gleis in folgenden Fällen zu sperren:

- wenn das Gleis aufgrund der Baumaßnahme nicht befahren werden kann
- wenn das Gleis zum Schutz der Mitarbeiter an einer Baustelle nicht befahren werden darf
- wenn die betriebliche Abwicklung der Baumaßnahme die Durchführung von Fahrten erfordert, die nur in gesperrten Gleisen verkehren dürfen.

Die Gleissperrung spricht der zuständige Fahrdienstleiter aus. Sofern das gesperrte Gleis für die Durchführung der Bauarbeiten nicht vorübergehend außer Betrieb genommen wird (Abschn. 11.5.2.2), werden alle Fahrten im gesperrten Gleis weiterhin vom Fahrdienstleiter überwacht. Nach Ausführung von Bauarbeiten darf die Sperrung erst wieder aufgehoben werden, wenn

- durch den Fahrdienstleiter festgestellt wurde, dass alle Fahrzeuge das gesperrte Gleis verlassen haben (gilt nicht für vorübergehend außer Betrieb genommene Gleise, Abschn. 11.5.2.2)
- die zuständige Fachkraft der bauausführenden Stelle dem Fahrdienstleiter die Befahrbarkeit des Gleises gemeldet hat.

#### 11.5.2.2 Vorübergehende Außerbetriebnahme von Gleisen

Bei umfangreichen Baumaßnahmen, bei denen in einem gesperrten Gleis eine größere Anzahl von Fahrten durchzuführen sind, ist es betrieblich vorteilhaft, dieses Gleis vorübergehend für den Zugverkehr außer Betrieb zu nehmen und die Betriebsführung auf diesem Gleis der bauausführenden Stelle in eigener Verantwortung zu überlassen. In Deutschland und Österreich wird ein solches, vorübergehend außer Betrieb genommenes Gleis als *Baugleis* bezeichnet. Fahrten im Baugleis gelten als Rangierfahrten und werden vom Fahrdienstleiter nicht überwacht. In der Schweiz wird ein vergleichbares Verfahren als *Vereinfachtes Vorgehen bei gesperrtem Streckengleis* bezeichnet. In diesem Fall werden die Fahrten im gesperrten Gleis als Rangierbewegungen unter Verantwortung des Sicherheitschefs der Baustelle durchgeführt, die Regeln für Rangierbewegungen auf die Strecke kommen nicht zur Anwendung.

Vor Aufhebung der Gleissperrung eines vorübergehend außer Betrieb genommenen Gleises muss die zuständige Fachkraft der bauausführenden Stelle dem Fahrdienstleiter neben der Befahrbarkeit auch das Freisein des Gleises melden.

#### 11.5.2.3 Vorübergehende Langsamfahrstellen

Vor übergehende Langsamfahrstellen können bei Baumaßnahmen aus folgenden Gründen erforderlich werden:

- Herabsetzung der Lagestabilität des Gleises durch Eingriff in den Bahnkörper
- vorübergehende Außerbetriebnahme von Sicherungsanlagen
- Verringerung des erforderlichen Gefahrenraumes eines Nachbargleises zum Schutz von Mitarbeitern an der Arbeitsstelle (Schutz-Langsamfahrstelle)
- Einsatz von Hilfskonstruktionen der Oberleitung, die nicht mit voller Geschwindigkeit befahren werden dürfen.

Vorübergehende Langsamfahrstellen werden am Gleis durch Signaltafeln signalisiert und dem Triebfahrzeugführer zusätzlich in schriftlicher Form bekannt gegeben.

#### 11.5.2.4 Vorübergehendes Befahren eines Streckengleises gegen die gewöhnliche Fahrtrichtung

Bauarbeiten auf zweigleisigen Strecken mit Sperrung eines Streckengleises erfordern zur Weiterführung des Betriebes das Befahren des nicht gesperrten Gleises im Zweirichtungsbetrieb. Auf zweigleisigen Strecken, deren Gleise sicherungstechnisch für Zweirichtungsbetrieb ausgerüstet sind, können dafür die vorhandenen Sicherungsanlagen benutzt werden. Auf zweigleisigen Strecken, die sicherungstechnisch nur für Einrichtungsbetrieb ausgerüstet sind, muss das Befahren eines Streckengleises gegen die gewöhnliche Fahrtrichtung vorübergehend eingerichtet werden. Dabei bestehen folgende grundsätzliche Möglichkeiten:

- vorübergehende Umrüstung des betreffenden Streckengleises auf technisch gesicherten Zweirichtungsbetrieb,
- Sicherung der Zugfahrten im gegen die gewöhnliche Fahrtrichtung befahrenen Streckengleis mit nichttechnischen Verfahren.

Die Sicherung von Fahrten auf dem Gegengleis mit nichttechnischen Verfahren ist nur vertretbar, wenn während der Gleissperrung nur wenige Züge das Streckengleis gegen die gewöhnliche Fahrtrichtung befahren. Bei allen umfangreicheren Baumaßnahmen sollte immer ein technisch gesicherter Zweirichtungsbetrieb nachgerüstet werden. Dies umfasst folgende Maßnahmen:

- Einrichtung von Fahrstraßen mit Hauptsignalbedienung für die Ausfahrten auf das gegen die gewöhnliche Fahrtrichtung befahrene sowie für die Einfahrten von dem gegen die gewöhnliche Fahrtrichtung befahrenen Streckengleis,
- Aufstellen zusätzlicher Signale für Fahrten gegen die gewöhnliche Fahrtrichtung oder – falls möglich – Erklärung von am gesperrten Gleis

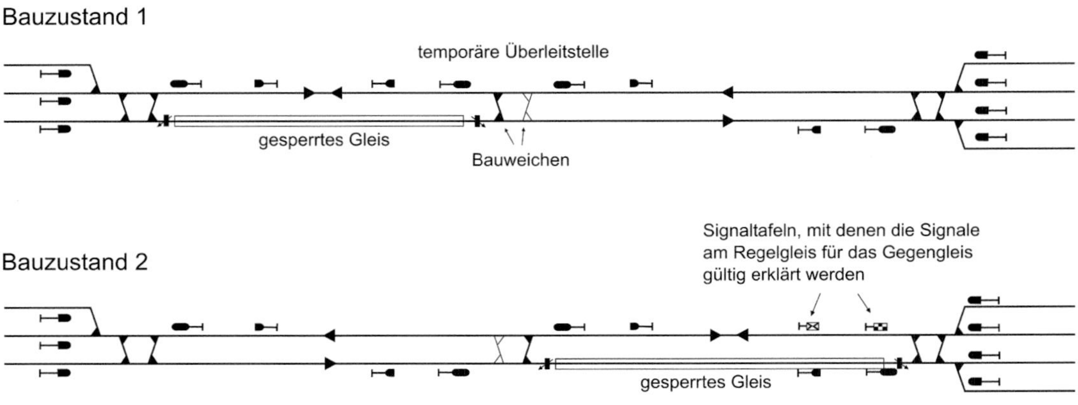


**Abb. 11.21** Beispiel für Anwendung einer temporären Überleitstelle (Signalisierung nach deutschen Regeln)

stehenden Signalen als für das gegen die gewöhnliche Fahrtrichtung befahrene Gleis gültig,

- Einrichtung einer Streckenblockabhängigkeit für den Folgefahrschutz der Fahrten gegen die gewöhnliche Fahrtrichtung und zum Gegenfahrschutz der Fahrten beider Richtungen.

Zusätzlich kann es in Abhängigkeit von der Gleistopologie erforderlich werden, zur Herstellung der erforderlichen Fahrwege Bauweichenverbindungen einzulegen. Dies betrifft auch Fälle ohne Umrüstung auf technisch gesicherten Zweirichtungsbetrieb.

Die während der Baumaßnahme verfügbare Restleistungsfähigkeit der Strecke hängt entscheidend von der Länge des im Zweirichtungsbetrieb befahrenen Abschnitts ab. Wenn keine geeigneten Betriebsstellen zur Verfügung stehen, um den Zweirichtungsbetrieb auf die für die Baumaßnahme notwendige Länge zu beschränken, lässt sich die Restleistungsfähigkeit durch Einrichtung temporärer Überleitstellen unter Verwendung von Bauweichen verbessern (Abb. 11.21).

#### 11.5.2.5 Koordination zwischen Betriebsführung und bauausführenden Stellen

Zur Durchführung einer Baumaßnahme mit Betriebsbeeinflussung ist zur Gewährleistung der Sicherheit das Zusammenwirken der Betriebsführung mit den bauausführenden Stellen sorgfältig zu planen. Das Ergebnis dieser Planung wird in einer schriftlichen Anweisung zusammengestellt, die alle Beteiligten kennen müssen. In Deutschland und Österreich wird eine solche Anweisung als Betriebs- und Bauanweisung (Betra) und in der Schweiz als Sicherheitsdispositiv bezeichnet. Eine solche Anweisung enthält die folgenden Angaben:

- Beschreibung der Lage der Baustelle mit allen relevanten Besonderheiten, ggf. ergänzt durch eine Lageskizze
- Arbeitszeiten, Dauer der Gleissperrungen, Dauer des Ausschaltens von Oberleitungsanlagen (ggf. mit Auflistung aller betroffenen Gleise)
- zulässige Geschwindigkeiten und Fahrzeitverluste im Arbeits- und Nachbargleis (ggf. zeitlich gestaffelt)
- zuständige Berechtigte mit Betriebsaufgaben: Fahrdienstleiter, für Meldungen an den Fahrdienstleiter zuständige technische Fachkraft an der Baustelle, Verantwortliche für das Ein- und Ausschalten von Oberleitungsanlagen
- Erläuterung der anzuwendenden Betriebsverfahren mit allen relevanten Besonderheiten
- Angaben zur Arbeitsausführung und zur Sicherung der Baustelle
- Zusammenstellung der in die schriftlichen Unterlagen der Triebfahrzeugführer zu übernehmenden Angaben

- bei Bedarf ergänzende Anlagen wie Lagepläne, Fahrplanbeispiele, Auszüge sicherungstechnischer Planunterlagen u. ä.

Die Aufstellung einer solchen Anweisung kann in folgenden Fällen entfallen:

- bei Arbeiten außerhalb des Gefahrenbereiches der Gleise, wenn Betriebsbeeinflussungen ausgeschlossen sind
- bei unvorhergesehenen Arbeiten zur Störungsbeseitigung (z. B. Beseitigung eines Schienenbruchs)
- bei Arbeiten in Nebengleisen, stillgelegten Gleisen und Gleisen, die noch nicht dem Betrieb übergeben wurden.

In diesen Fällen sind erforderliche Regelungen in einer anderen schriftlichen Form zu veranlassen.

## 11.6 Behandlung von Signal- und Weichenstörungen

Störungen offenbaren sich dem Fahrdienstleiter meist dadurch, dass sich ein Signal nicht wie erwartet auf Fahrt stellen lässt bzw. nicht selbsttätig auf Fahrt geht. Bei selbsttätigen Signalen oder Signalen mit Zuglenkung wird das häufig erst bemerkt, wenn der Triebfahrzeugführer des nächsten Zuges meldet, dass er an einem Halt zeigenden Signal steht. Vom Fahrdienstleiter ist zunächst davon auszugehen, dass betriebliche Gründe die Signalfahrtstellung verhindern, eine Sperre eingegeben oder eine Bedienung unterlassen wurde. Erst wenn zweifelsfrei feststeht, dass dies nicht der Fall ist, darf eine Störung angenommen werden. Andernfalls besteht die Gefahr, dass durch irrtümliches Annehmen einer Störung ordnungsgemäß funktionierende Sicherungsfunktionen in Personalverantwortung umgangen werden, was unmittelbar zu einer Betriebsgefahr führen kann.

Wenn feststeht, dass eine Störung vorliegt, hat der Fahrdienstleiter das Fahrwegelement zu identifizieren, das die Signalfahrtstellung verhindert und festzustellen, welche Fahrt den Gleisabschnitt, in dem sich dieses Fahrwegelement befindet zuletzt befahren hat. Bei der Störfallbehandlung sind zwei grundsätzliche Fälle zu unterscheiden:

- Ein Fahrwegelement oder Gleisabschnitt ist nach der letzten Fahrt nicht in die Grundstellung gekommen.
- Beim Einstellen einer Fahrstraße erreicht ein Fahrwegelement entweder nicht die ordnungsgemäße Lage oder wird in dieser Lage nicht verschlossen.

Im ersten Fall muss der Fahrdienstleiter die Grundstellung in Personalverantwortung mit einer Hilfsbedienung herstellen, nachdem die Räumung durch die letzte Fahrt festgestellt worden ist. Wenn die Grundstellungsbedienung erfolgreich war, kann die nächste Fahrt wieder durch ein Fahrt zeigendes Signal zugelassen werden. Im zweiten Fall muss der Fahrdienstleiter die betroffenen Fahrwegelemente ersatzweise sichern. In den meisten Fällen muss die nächste Fahrt dann beauftragt werden, dass Startsignal der Fahrstraße in Haltstellung zu passieren. Bei Stellwerken Schweizer Bahnen sind allerdings häufig Sicherungsumgehungen eingerichtet, mit denen einzelne, in Personalverantwortung gesicherte Fahrwegelemente bei der Fahrstraßenprüfung umgangen werden können, so dass die Fahrt trotzdem durch ein Fahrt zeigendes Signal zugelassen werden kann.

Bevor ein Zug beauftragt werden darf, ein Halt zeigendes Signal zu passieren, müssen folgende Bedingungen erfüllt sein:

- Der Fahrweg muss korrekt eingestellt und gesichert sein.
- Die zu befahrenden Gleisabschnitte müssen frei sein.
- Es dürfen keine gefährdenden Fahrten zugelassen sein.
- Signalgesteuerte Bahnübergänge müssen gesichert sein.

Wenn das Freisein eines zu befahrenden Gleisabschnitts nicht festgestellt werden kann, ist der Zug zu beauftragen, diesen Abschnitt auf Sicht zu befahren. Bei Schweizer Bahnen muss die erste

Zugfahrt nach einer Störung immer zum Fahren auf Sicht beauftragt werden, auch wenn für diese Fahrt ein Hauptsignal mit einer Hilfsbedienung auf Fahrt gestellt werden kann. Erst wenn nach dieser Zugfahrt alle erforderlichen Bedingungen erfüllt sind, darf die nächste Fahrt wieder ohne Fahren auf Sicht verkehren. Eine analoge Regel gilt seit 2018 bei der Deutschen Bahn AG für die erste Zugfahrt, die ohne Hauptsignalbedienung durchgeführt wird.

### 11.6.1 Störfallbehandlung der Zugfolgesicherung

#### 11.6.1.1 Nichtselbsttätiger Streckenblock

Nichtselbsttätige Streckenblocksysteme sind nur noch in Altanlagen vorhanden, bei denen die Blockabschnitte noch nicht mit Gleisfreimeldeanlagen ausgerüstet sind. Bei der Freigabe eines Blockabschnitts muss ein örtlicher Mitarbeiter, nachdem der Zug durch Betätigen einer gleisseitigen Kontakteinrichtung mitgewirkt hat, die Zugvollständigkeit durch Beobachten des Zugschlusssignals prüfen und anschließend den Blockverschluss des geräumten Blockabschnitts durch eine Bedienungshandlung aufheben. Da alle Betriebsstellen, die einen Blockabschnitt begrenzen, örtlich besetzt sind, können auch im Störungsfall die Bedingungen für das Fahren im Raumabstand jederzeit festgestellt werden. Wenn die Blockanlage gestört ist oder nur mit Hilfseinrichtungen bedient werden kann, oder wenn aus anderen Gründen ein Zug ohne Fahrt zeigendes Hauptsignal in einen Blockabschnitt eingelassen werden soll, erfolgt die Freigabe des Blockabschnitts nicht durch Blockbedienung, sondern durch protokollpflichtige Rückmeldung. Auf eingleisigen Strecken wird in solchen Fällen der normalerweise durch den Streckenblock bewirkte Gegenfahrschutz durch ein Anbieteverfahren sichergestellt.

#### 11.6.1.2 Selbsttätiger Streckenblock

Bei selbsttätigem Streckenblock sind die Blockabschnitte durchgehend mit Gleisfreimeldeanlagen ausgerüstet, so dass die Blocksignale ohne Mitwirkung eines Bedieners selbsttätig auf Fahrt gehen. Im Störungsfall steht damit vor Ort kein Personal zur Feststellung der vollständigen Räumung eines Blockabschnitts zur Verfügung.

**Ersatzweises Grundstellen von Blockabschnitten**

Bei einigen Bauformen des selbsttätigen Streckenblocks kann der Fahrdienstleiter einen Blockabschnitt, der nach einer Zugfahrt nicht ordnungsgemäß freigegeben wurde, mit protokollpflichtigen Hilfsbedienungen ersatzweise in die Grundstellung bringen. Vor dem ersatzweisen Grundstellen eines Blockabschnitts ist durch den Fahrdienstleiter festzustellen, dass der Zug, der diesen Blockabschnitt zuletzt befahren hat, auf einer hinter diesem Blockabschnitt gelegenen Betriebsstelle vollständig angekommen ist und sich unter Deckung eines stellwerksbedienten Signals befindet. Bei der Deutschen Bahn werden diese Feststellungen unter dem Begriff *Räumungsprüfung* zusammengefasst. Die Vollständigkeit des Zuges kann entweder durch örtliches Personal oder durch das Zugpersonal bestätigt werden. Wenn die Feststellung der Zugvollständigkeit nicht möglich ist, ist der nächste Zug, der den gestörten Blockabschnitt befahren soll, vor der Grundstellungsbedienung zu beauftragen, in diesem Abschnitt auf Sicht zu fahren. Dies ist erforderlich, da nach der Grundstellungsbedienung das in den Blockabschnitt weisende Signal auf Fahrt geht, obwohl das Freisein des Blockabschnitts nicht garantiert werden kann.

Wenn nicht festgestellt werden kann, welcher Zug den Abschnitt zuletzt befahren hat, dürfen keine Grundstellungsbedienungen vorgenommen werden. Wenn nach einer Grundstellungsbedienung ein Zug auf Sicht in einen Abschnitt eingelassen wird, in dem sich noch ein „vergessener Zug" befindet, kann dies bei unverhoffter Weiterfahrt dieses Zuges zu einer Gefährdung durch Auszählen von Achsen führen, die durch den Folgezug eingezählt worden sind. Dies ist ausgeschlossen, wenn der Blockabschnitt nicht in die Grundstellung gebracht wurde. Das Herstellen der Grundstellung ist erst zulässig, nachdem der nächste Zug diesen Blockabschnitt auf Sicht durchfahren hat und dann für diesen Zug die erforderlichen Feststellungen getroffen sind.

Wenn die Grundstellung eines Blockabschnitts nicht herstellbar ist, müssen alle folgenden Züge ohne Fahrt zeigendes Hauptsignal in den Blockabschnitt eingelassen werden, bis ein Instandhalter den ordnungsgemäßen Zustand der Anlage wiederhergestellt hat.

**Zulassen einer Zugfahrt in einen Blockabschnitt ohne Fahrt zeigendes Hauptsignal**
Bei den Eisenbahnen des deutschsprachigen Raumes gilt auch in den Fällen, in denen Züge ohne Fahrt zeigendes Hauptsignal in einen Blockabschnitt eingelassen werden, das Fahren im Raumstand. Daher sind vor Zulassung der Vorbeifahrt am Halt zeigenden oder gestörten Hauptsignal die Bedingungen für das Fahren im Raumabstand in Personalverantwortung durch die oben genannten Feststellungen der Räumungsprüfung sicherzustellen. Es gilt ebenfalls die Regel, dass der Zug zum Fahren auf Sicht zu beauftragen ist, wenn die Zugvollständigkeit des letzten Zuges nicht festgestellt werden kann. In Deutschland und der Schweiz ist zusätzlich für den ersten Zug, der den gestörten Abschnitt befährt, immer das Fahren auf Sicht anzuordnen. Ab dem zweiten Zug darf davon abgesehen werden, wenn alle Feststellungen getroffen werden können.

Das Fahren auf Sicht ist jedoch kein Abweichen vom Prinzip des Fahrens im Raumabstand, da es nur zum Schutz gegen durch unbemerkte Zugtrennung verlorene Fahrzeuge des letzten Zuges dient. Das Fahren auf Sicht ist also kein Fahren im Sichtabstand. Zusätzlich ist auf Streckengleisen mit Zweirichtungsbetrieb sicherzustellen, dass das Streckengleis nicht durch eine Gegenfahrt beansprucht ist. Dazu ist über die Richtungsverwaltung des Streckenblocks die korrekte Fahrtrichtung einzustellen und gegen ungewollten Richtungswechsel zu sichern. Wenn das nicht möglich ist, sind die Hauptsignale der Betriebsstelle, die in diesen Streckenabschnitt Gegenfahrten ablassen kann, in der Haltstellung zu sichern.

Bei vielen ausländischen Bahnen besteht eine verbreitete Lösung darin, dass der Triebfahrzeugführer nach Halt an einem selbsttätigen Blocksignal, das keinen ortsfesten Gefahrpunkt deckt, ohne Auftrag des Fahrdienstleiters das Halt zeigende Signal passieren und auf Sicht weiterfahren darf. International wird dieses Verfahren als „permissives Fahren" bezeichnet. Da der Triebfahrzeugführer nicht erkennen kann, ob ein Signal wegen einer Störung oder wegen eines voraus fahrenden Zuges auf Halt steht, ist nicht auszuschließen, dass ein Zug trotz intakter Sicherungsanlage in einen besetzten Blockabschnitt nachfährt und einem voraus fahrenden Zug im Sichtabstand folgt. Das Fahren auf Sicht ist hier also tatsächlich ein Fahren im Sichtabstand. Die betroffenen Züge erleiden im gestörten Abschnitt eine Fahrzeitverlängerung, es kommt jedoch nicht zu Rückstauerscheinungen vor dem gestörten Abschnitt, da der Durchsatz im gestörten Abschnitt durch trassenparalleles Fahren im Sichtabstand sehr hoch ist. Das permissive Fahren ist daher insbesondere auf Strecken mit kurzen Blockabschnittslängen und hoher Zugdichte vorteilhaft. In Deutschland und Österreich wird dieses Verfahren daher auf vielen Stadtschnellbahnen angewandt, die aufrichtsrechtlich nicht als Eisenbahnen gelten. In Deutschland darf ein entsprechendes Verfahren mit Genehmigung der Aufsichtsbehörde auch auf den mit Gleichstrom betriebenen Strecken der Berliner und Hamburger S-Bahn angewandt werden.

Unabhängig davon, welches dieser beiden Verfahren zur Anwendung kommt, müssen bei Hauptsignalen, die in einen Blockabschnitt weisen, aber auch eine Fahrstraße durch einen Weichenbereich sichern, vor Zulassung der Vorbeifahrt am Halt zeigenden Signal zusätzlich zu den Maßnahmen zur ersatzweisen Sicherung der Zugfolge auch die Maßnahmen zur Sicherung der Fahrwegelemente (siehe Abschn. 11.6.2) durchgeführt sein.

### 11.6.2 Störfallbehandlung der Fahrwegsicherung

**Ersatzweises Auflösen von Fahrstraßen**
Das ersatzweise Auflösen von Fahrstraßen ist eine protokollpflichtige Hilfsbedienung, die bei einigen Bahnen zusätzlich durch eine Zeitverzö-

gerung abgesichert wird. Sie kann in folgenden Fällen erforderlich werden:

- wenn ein Fahrt zeigendes Hauptsignal zurückgenommen werden muss, ohne dass ein Zug gefahren ist
- wenn nach einer Zugfahrt eine Fahrstraße nicht ordnungsgemäß zugbewirkt auflöst

Wenn ein Fahrt zeigendes Hauptsignal zurückgenommen wurde, ohne dass ein Zug gefahren ist, darf die Fahrstraße unverzüglich per Hilfsbedienung aufgelöst werden, sofern sich noch kein Zug in der Annäherung befindet. Wenn sich bereits ein Zug dem Signal nähert, das die Vorsignalinformation für das Signal am Anfang der Fahrstraße liefert, ist vor der hilfsweisen Fahrstraßenauflösung zunächst nur das Signal auf Halt zurückzustellen und anschließend zu warten, bis der Triebfahrzeugführer bestätigt hat, dass er vor dem Signal zum Halten gekommen ist.

Wenn nach einer Zugfahrt eine Fahrstraße nicht oder nicht vollständig zugbewirkt auflöst, müssen die Auflösereste in Personalverantwortung beseitigt werden. Dazu ist zunächst die Fahrt zu identifizieren, die die nicht aufgelösten Fahrwegelemente als letzte befahren hat. Für diese Fahrt ist festzustellen, dass die für die Fahrstraßenauflösung maßgebende Zugschlussstelle geräumt wurde. Anschließend darf der Auflöserest durch eine Hilfsbedienung beseitigt werden. Da das Versagen der zugbewirkten Fahrstraßenauflösung durch Versagen eines Freimeldeabschnitts verursacht worden sein könnte (im Verlauf der Fahrt hatte dieser Abschnitt keine Besetztmeldung), darf der Gleisfreimeldeanlage der ersatzweise aufgelösten Elemente auch bei Freianzeige anschließend nicht vertraut werden. Bevor erneut eine Zugfahrt über diese Elemente zugelassen wird, ist das Freisein entweder visuell festzustellen, oder für die nächste Zugfahrt ist Fahren auf Sicht anzuordnen. Erst wenn nach dieser Fahrt die Anlage wieder ordnungsgemäß arbeitet, ist für folgende Zugfahrten kein Fahren auf Sicht mehr erforderlich.

**Ersatzweise Fahrwegsicherung**
Die Sicherung der Fahrwegelemente kann in der Rückfallebene erfolgen durch

- eine Fahrstraße
- Einzelsicherung der Fahrwegelemente auf der Bedienoberfläche
- örtliche Sicherung der Fahrwegelemente in der Gleisanlage.

Wenn die richtige Lage der Weichen und Flankenschutzeinrichtungen durch das Stellwerk festgestellt werden kann, besteht auch bei Fahrten ohne Signalbedienung in der Regel die Möglichkeit, eine festgelegte Fahrstraße zu nutzen. Weichen und Flankenschutzeinrichtungen, die nicht durch eine Fahrstraße gesichert werden können, sind durch Eingabe von Sperren auf der Bedienoberfläche des Fahrdienstleiters in der für die Zugfahrt erforderlichen Lage einzeln zu sichern. Dies setzt jedoch voraus, dass die ordnungsgemäße Lage dieser Fahrwegelemente auf der Bedienoberfläche sicher festgestellt werden kann. Ist dies nicht möglich, sind die betreffenden Fahrwegelemente örtlich durch Anbringen von Handverschlüssen zu sichern. Da örtliches Bedienpersonal bei zentralisierter Betriebsführung nicht mehr zur Verfügung steht, wird die örtliche Sicherung meist durch Mitarbeiter des Instandhaltungspersonals vorgenommen, die sich zu diesem Zweck zu der betroffenen Betriebsstelle begeben müssen. Weichenstörungen können daher zu erheblichen Verzögerungen im Betriebsablauf führen. Bei Flankenschutzeinrichtungen kann auf die örtliche Sicherung verzichtet werden, wenn sichergestellt werden kann, dass auf den einmündenden Gleisen keine Fahrzeugbewegungen in Richtung des zu schützenden Fahrweges stattfinden.

Einen speziellen Fall stellt die aufgehobene Signalabhängigkeit dar. Die Signalabhängigkeit gilt als aufgehoben, wenn ein Signal auf Fahrt gestellt werden kann, obwohl Verschlüsse von Weichen nicht ordnungsgemäß wirken, so dass die Definition der Signalabhängigkeit verletzt ist. In diesen Fällen sind die betroffenen Weichen örtlich zu sichern.

### 11.6.3 Störfallbehandlung von Gleisfreimeldeanlagen

Wenn nach einer Zugfahrt ein selbsttätiger Blockabschnitt nicht freigemeldet wird, greifen die im Abschn. 11.6.1 beschriebenen Regeln. Wenn auf Bahnhofsgleisen nach einer Fahrt ein Gleisabschnitt besetzt bleibt, sind diese Regeln nicht anwendbar. Da auf Bahnhofsgleisen rangiert wird und Fahrzeuge abgestellt werden dürfen, bietet die Räumung durch den letzten Zug keine Gewähr für das Freisein des Gleises. Vor Zulassung einer Zugfahrt über diese Abschnitte ist daher das Freisein entweder visuell festzustellen oder, falls nicht möglich, der Zug zu beauftragen, diese Abschnitte auf Sicht zu befahren.

## Literatur

1. Eisenbahn-Bau- und Betriebsordnung (EBO) vom 8. Mai 1967, zuletzt geändert durch Art 2 V v 19. Nov. 2015 (BGBl I S 2105)
2. Verordnung über den Bau und Betrieb von Eisenbahnen (Eisenbahnbau- und -betriebsverordnung – EisbBBV) in der Fassung vom 3. Febr. 2021
3. Verordnung über den Bau und Betrieb der Straßenbahnen (Straßenbahn-Bau- und Betriebsordnung – BOStrab) vom 11. Dez. 1987, zuletzt geändert durch Art 1 V v 8. Nov. 2007 (BGBl I S 2569)
4. Straßenbahnverordnung 1999 (StrabVO), in Kraft seit 19. Sep. 2018
5. Verordnung über den Bau und Betrieb der Eisenbahnen (Eisenbahnverordnung [EBV]) vom 23. Nov. 1983
6. Deutsche Bahn AG (2017) Fahrdienstvorschrift; Richtlinie 408.01-06, gültig ab 10. Dez. 2017
7. Deutsche Bahn AG (2015) Zug- und Rangierfahrten im Zugleitbetrieb durchführen (ZLB) – Richtlinie 436, gültig ab 13. Dez. 2015
8. Deutsche Bahn AG (2015) Zug- und Rangierfahrten im Signalisierten Zugleitbetrieb durchführen (SZB) – Richtlinie 437, gültig ab 13. Dez. 2015
9. Deutsche Bahn AG (2020) Richtlinie 301 – Signalbuch (SB). gültig ab 13. Dez. 2020
10. Österreichische Bundesbahnen (2024) 30.01 Betriebsvorschrift V3. Stand 9. Juni 2024
11. Österreichische Bundesbahnen (2024) 30.02 Signalbuch. Stand 9. Juni 2024
12. Schweizerische Fahrdienstvorschriften FDV (2024) R 300.1–.15 gültig ab 1. Juli 2024
13. Gralla D (1999) Eisenbahnbremstechnik. Werner, Düsseldorf
14. Pachl J (2022) Systemtechnik des Schienenverkehrs – Bahnbetrieb planen, steuern und sichern, 11. Aufl. Springer Vieweg, Wiesbaden

# 12 Leit- und Sicherungstechnik

Ulrich Maschek

**Zusammenfassung**

Der Schienenverkehr ist eines der sichersten Verkehrsmittel. Dies liegt einerseits an der zwangsweisen Spurführung, die bei Einhaltung aller Randbedingungen ein Verlassen des Fahrwegs verhindert. Andererseits werden aber auch viele Prozesse wie z. B. die Fahrwegsicherung technisch mit hoher Zuverlässigkeit gesteuert. Um das zu erreichen, bedarf es ausgefeilter Verfahren und Techniken, die die Anforderungen des Bahnbetriebs mit Mitteln der Automatisierungstechnik unter Beachtung der Sicherheitswissenschaft realisieren. Durch die Komponenten und Systeme der Leit- und Sicherungstechnik werden die Zug- und Rangierfahrten mit den Technologien „Fahrstraße" und „Blockinformation" gesichert.

## 12.1 Einführung

### 12.1.1 Begriffsabgrenzung

Das Gebiet der technischen Sicherung des Bahnbetriebs wurde bis Mitte des 20. Jahrhunderts meist pragmatisch als „Signaltechnik" bezeichnet. Dass diese Bezeichnung zu einengend ist, wurde schon früh erkannt. Unter anderem hieß eine Fachzeitschrift zeitweise „Zeitschrift für das gesamte Eisenbahnsicherungswesen". Die Deutsche Bundesbahn übernahm den traditionellen Begriff „Signaltechnik", während die Deutsche Reichsbahn der DDR den treffenderen Begriff „(Eisenbahn-)Sicherungstechnik" verwendete.

Die Weiterentwicklung der Technik mit der Möglichkeit, komplexe Informationen zu verarbeiten, führte dazu, dass auch dispositive Tätigkeiten technisch unterstützt werden konnten. Weil hier i. d. R. keine Sicherheitsrelevanz besteht, spricht man von Leittechnik im Gegensatz zur Sicherungstechnik. Da aber beide Techniken funktional eng miteinander verbunden sind, werden sie meist im Zusammenhang betrachtet. Das führte zum Begriff „Leit- und Sicherungstechnik" (LST), den die Deutsche Bahn in ihren Gründungsjahren schuf und der sich im Bereich der Bahnen nach EBO (Eisenbahn-Bau- und Betriebsordnung) weitgehend durchgesetzt hat.

Im Geltungsbereich der BOStrab (Straßenbahn-Bau- und Betriebsordnung) sind die Begriffe anders definiert. In Bereichen, in denen im Raumabstand gefahren wird, findet der Begriff „Zugsicherung" Verwendung. Für Bereiche, in denen planmäßig auf Sicht gefahren wird, wird für die Technik der Begriff „Fahrsignalanlagen" benutzt.

Innerhalb der technischen Sicherung kann weiterhin in drei große Teilgebiete unterschieden werden: Fahrwegsicherung, Zugbeeinflussung und Bahnübergangssicherung (Abb. 12.1). Durch wörtliche Übersetzung englischsprachiger Begriffe wurde in letzter Zeit die Zugbeeinflussung auch als „Zugsicherung" bezeichnet.

U. Maschek (✉)
Professur für Verkehrssicherungstechnik, TU Dresden, Dresden, Deutschland



J. Holzfeind, J. Liu, F. Pospischil (Hrsg.), *Handbuch Eisenbahninfrastruktur*,
https://doi.org/10.1007/978-3-662-68960-8_12

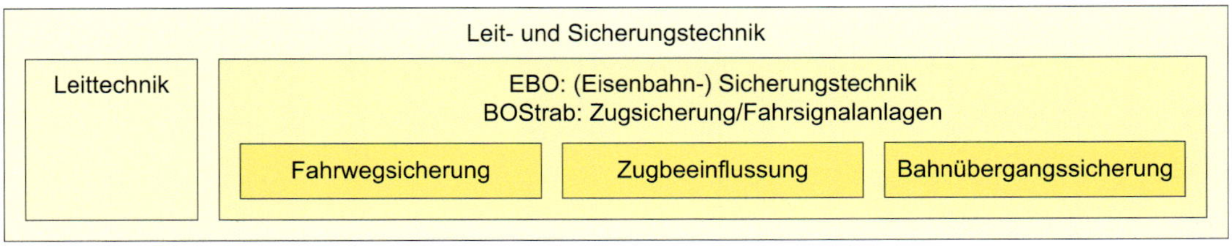


**Abb. 12.1** Systematisierung der Begriffe

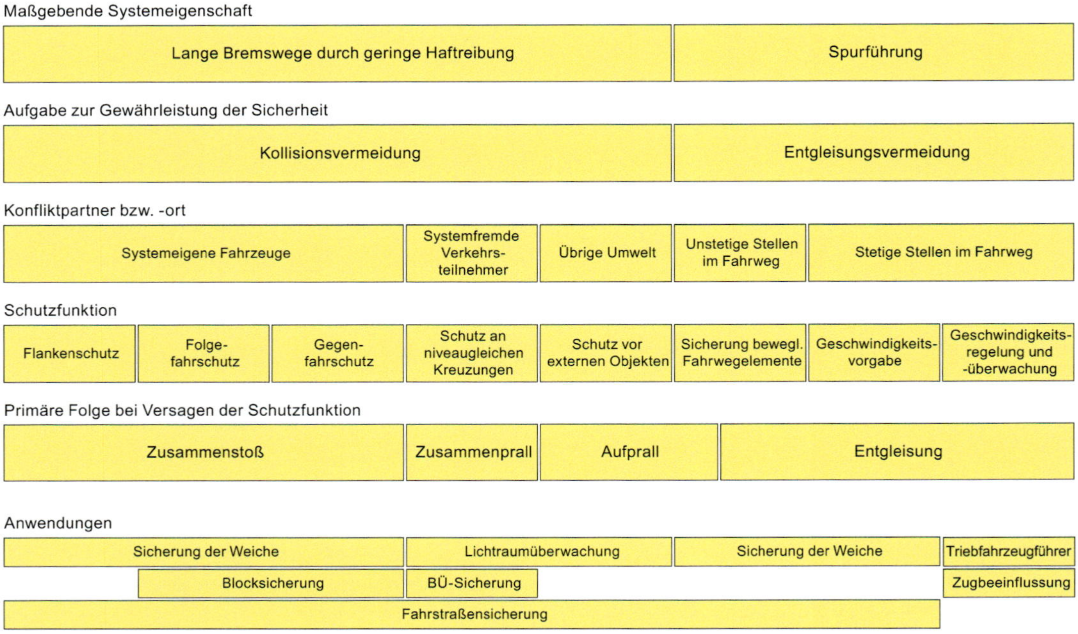


**Abb. 12.2** Maßgebende Systemeigenschaften und daraus resultierende Schutzfunktionen der Sicherungstechnik

Das ist jedoch eine Fehlübersetzung, zumal hier Verwechslungsgefahr mit dem in der BOStrab festgelegten Begriff „Zugsicherung“ besteht, der überdies viel mehr als die Zugbeeinflussung umfasst. Die dargestellten Sachverhalte gelten für Deutschland; in Österreich und der Schweiz kann es abweichende Begriffe geben.

### 12.1.2 Maßgebende Systemeigenschaften

Der Schienenverkehr ist durch zwei maßgebende Systemeigenschaften geprägt:

- lange Bremswege durch geringe Haftreibung,
- Spurführung.

Beide Eigenschaften haben bestimmte Aufgaben bei der Sicherung der Fahrten von Schienenfahrzeugen zur Folge, die in konkrete Schutzfunktionen münden (Abb. 12.2).

Durch die langen Bremswege ist ein Fahren auf Sicht i. d. R. nicht möglich. Deshalb sind besondere Vorkehrungen gegen Kollisionen mit verschiedenen Objektarten zu treffen:

- Flanken-, Folge- und Gegenfahrschutz: Bei Konflikten mit Schienenfahrzeugen kann es zu verschiedenen Arten des Zusammentreffens kommen. Folge- und Gegenfahrten sind vorderes oder hinteres, Flankenfahrten seitliches Eindringen in den freigegebenen Lichtraum eines Schienenfahrzeugs (Abb. 12.3).

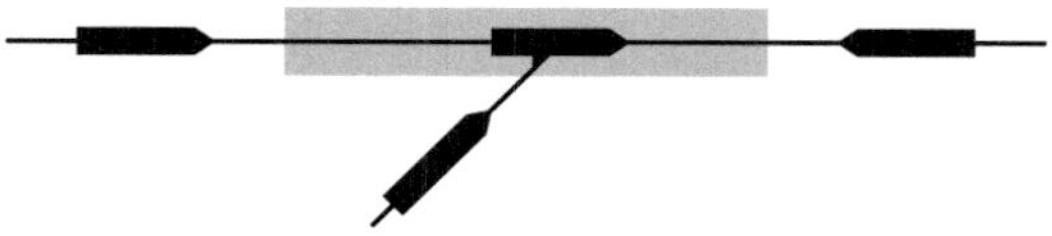

**Abb. 12.3** Möglichkeiten des Eindringens von anderen Schienenfahrzeugen in den freigegebenen Lichtraum

- Schutz an niveaugleichen Kreuzungen: Konflikte mit systemfremden Verkehrsteilnehmern können an Stellen auftreten, wo der Verkehrsraum von verschiedenen Verkehrsträgern benutzt werden darf. Häufigster Anwendungsfall ist der Bahnübergang.
- Schutz vor übrigen Hindernissen: Dies sind Konflikte mit allen anderen Objekten, die kein Schienenfahrzeug sind und sich auch sonst nicht im Lichtraum aufhalten dürfen. Aufgrund der undefinierten Beschaffenheit der Objekte und der großen räumlichen Ausdehnung des Lichtraums ist eine Erkennung sehr aufwendig und wird nur vereinzelt angewandt.

Durch die Spurführung ist i. d. R. ein sehr sicherer Lauf von Schienenfahrzeugen gegeben. Bei Überschreitung physikalischer Grenzen kann jedoch die Spurführung verloren gehen. Aus dem Verlust der Spurführung resultieren unkontrollierte, gefährliche Bewegungen des Schienenfahrzeugs, die meist mit dem Verlassen des Lichtraums und möglicherweise anschließenden Kollisionen einhergehen.

Grundsätzlich kann unterschieden werden, wo die Entgleisung stattfindet: An stetigen Stellen, d. h. an der nicht unterbrochenen Schiene, und an unstetigen Stellen. Letztere sind solche, an der die Schiene unterbrochen ist, wie zum Beispiel an beweglichen Fahrwegelementen (z. B. Weichen). Im Eisenbahnsystem tragen vor allem der Oberbau und die Fahrzeugkonstruktion zur Entgleisungssicherheit bei. Aber auch die Sicherungstechnik hat ihren Anteil: Durch die Sicherung beweglicher Fahrwegelemente und die Überwachung der Fahrzeuggeschwindigkeit.

Während die für die Geschwindigkeitsüberwachung zuständige Zugbeeinflussung sowie der für den Schutz vor systemfremden Verkehrsteilnehmern genutzte Bahnübergang relativ eigenständige Systeme sind, werden die anderen Aufgaben (Fahrwegsicherung) von Stellwerken abgedeckt. Gleichwohl gibt es definierte Schnittstellen zwischen diesen Systemen.

### 12.1.3 Regelkreis der Betriebssicherheit im Schienenverkehr

Die Sicherung des Bahnbetriebs kann durch den in Abb. 12.4 gezeigten Regelkreis dargestellt werden. Zur Fahrt des Zuges in einem Gleisabschnitt müssen der dazugehörige Lichtraum von allen Gegenständen frei sein sowie die dabei befahrenen beweglichen Fahrwegelemente die richtige Lage eingenommen haben. Diese Zustände werden durch eine Sensorik erfasst. Dabei steht die Gleisfreimeldung für die Freiheit des Gleises von anderen Schienenfahrzeugen und die Lichtraumfreimeldung für die Freiheit von anderen Objekten (systemfremde Verkehrsteilnehmer, übrige Umwelt). Wenn durch den vorangegangenen Zug der Gleisabschnitt verlassen wurde, wird dieser freigemeldet.

Eine wichtige Funktion, die nicht durch einen Messwert erfasst werden kann, ist der Ausschluss feindlicher Fahrten. Diese Information ist nur in der Logik selbst zu finden, da nur hier (gespeicherte) Informationen über bereits freigegebene Fahrten zur Verfügung stehen. Die Funktion darf deshalb nicht vernachlässigt werden, da freigegebene Fahrten, die den Gleisabschnitt noch nicht belegt haben, durch die Gleisfreimeldung nicht detektiert werden können. Eine weitere wichtige Funktion ist die Vorgabe der Geschwindigkeit, die als gespeicherter Wert fahrwegabhängig vorliegen muss.

Nach der Informationsverarbeitung muss eventuell noch ein Stellbefehl ausgegeben werden, um die beweglichen Fahrwegelemente in die richtige Stellung zu bringen, was ein erneutes Einlesen der Lage zur Folge hat. Sind die Voraussetzungen erfüllt, kann ein Fahrbefehl ausgegeben werden. Dieser führt zur Beschleunigung des Fahrzeugs, das in den Gleisabschnitt einfahren kann. Die Einhaltung der dabei zulässigen Geschwindigkeit wird durch die Zugbeeinflussung überwacht. Bei einfachen

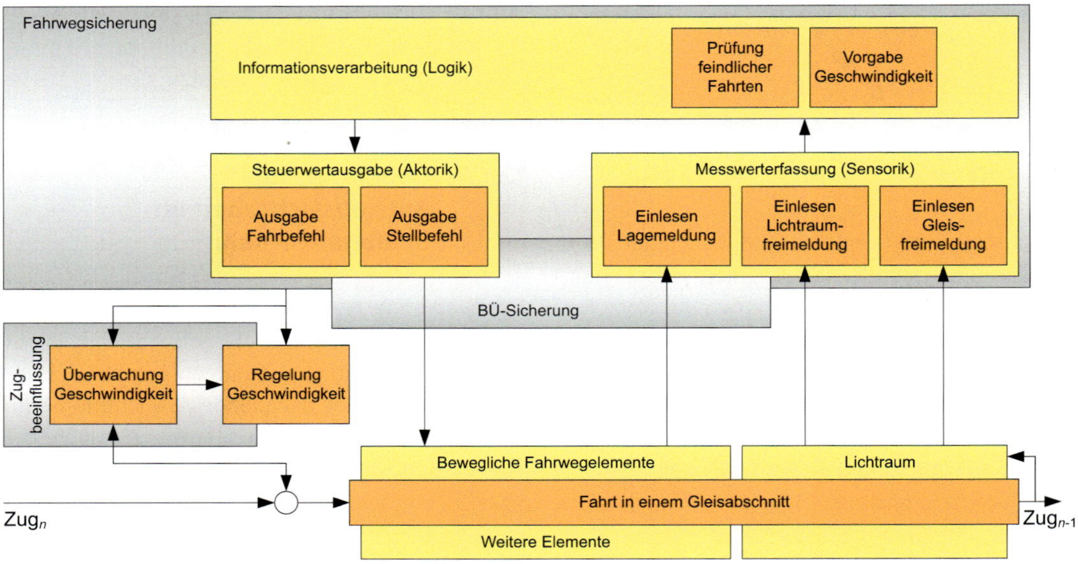


**Abb. 12.4** Regelkreis der Betriebssicherheit im Schienenverkehr

Betriebsverhältnissen können alle beschriebenen Aufgaben auch nichttechnisch durch den Menschen erfolgen.

## 12.2 Ortung

### 12.2.1 Grundlagen

Unter dem Begriff Ortungskomponenten werden alle Komponenten zusammengefasst, die eine Messwerterfassung von Objekten aller Art im Lichtraum vornehmen. Vorrangig werden dabei systemeigene Fahrzeuge betrachtet, aber auch die anderen Objektarten zählen dazu.

#### 12.2.1.1 Aufgaben der Ortung

Der Lichtraum ist definiert als derjenige Raum, der frei sein muss, damit Schienenfahrzeuge sicher verkehren können. Da im Eisenbahnbetrieb i. d. R. im Raumabstand gefahren wird, ist die *Freiprüfung des Lichtraums* vor Zulassung einer Zugfahrt unerlässlich. Die Überwachung betrifft alle Objektarten, wobei technisch-betrieblich meist nur die systemeigenen Fahrzeuge erfasst werden. Auf die anderen Objektarten wird nur an exponierten Stellen geprüft und ansonsten auf die Einhaltung von Verhaltensregeln vertraut.

Würde ein bewegliches Fahrwegelement unter einem Schienenfahrzeug umgestellt, bestünde die Gefahr der Entgleisung. Solche Elemente sind in erster Linie Weichen und Gleissperren (at: Sperrschuh, ch: Entgleisungsvorrichtung). Wird ein Fahrzeug auf einem beweglichen Fahrwegelement detektiert, so muss die Bewegung des Elements (z. B. Umstellen der Weiche) verhindert werden.

Die zweite Funktion der Ortungskomponenten ist die *Erkennung von Schienenfahrzeugen an bestimmten Punkten*. Dabei ist für jeden Zweck eine spezifische Aussage einzuholen. So ist beispielsweise für das Einschalten eines Bahnübergangs wesentlich, dass die Zugspitze den Einschaltpunkt erreicht hat. Für das Ausschalten des Bahnübergangs dagegen ist wesentlich, dass das Zugende den Bahnübergang verlassen hat.

#### 12.2.1.2 Unmittelbarkeit der Ortung

Für die Überwachung des Lichtraums kann unterschieden werden, ob der Aufenthalt eines Objekts im betrachteten Raum unmittelbar oder mittelbar detektiert wird. Dies gilt sowohl für technische als auch nichttechnische Ortung.

Bei der *unmittelbaren Ortung* (direkte Erkennung) wird das Vorhandensein von Objekten zu jedem Zeitpunkt durch die Messeinrichtung bestimmt. Anwendungen dafür sind z. B. die Gleisfreimeldung mit Gleisstromkreisen (technisch) oder durch Hinsehen (nichttechnisch).

Bei der *mittelbaren Ortung* (indirekte Erkennung) wird dagegen das Eintreten eines Objekts in einen definierten Bereich und/oder das Austreten aus diesem bestimmt. Durch logische Verknüpfung und Speicherung der Informationen wird auf den Belegungszustand geschlossen. Anwendung findet das z. B. bei der Freimeldung mit Achszählern (technisch) oder der Zugschlussbeobachtung (nichttechnisch).

#### 12.2.1.3 Informationsinhalt der Ortung

Die Ortung kann herangezogen werden, um verschiedene Aussagen zu treffen. Die praktisch bedeutsamsten sind:

- Lichtraum ist frei/belegt von Schienenfahrzeugen,
- Lichtraum ist frei/belegt von anderen detektierbaren Objekten,
- Schienenfahrzeug hat einen definierten Punkt erreicht und
- Schienenfahrzeug hat einen definierten Punkt verlassen.

### 12.2.2 Wirkprinzipien

#### 12.2.2.1 Punktförmige Detektoren

Punktförmig wirkend sind diejenigen Detektoren, die an einem bestimmten Punkt das Passieren eines Schienenfahrzeugs erkennen. Sie können als einfaches Gleisschaltmittel oder zur Achszählung verwendet werden. Zur Achszählung eignen sich dabei nur diejenigen, die die besondere Anforderung der Einzelerkennung von Achsen erfüllen und darüber hinaus richtungsselektiv orten. Es werden verschiedene physikalische Wirkprinzipien angewandt.

**Mechanisch**

Mechanische Detektoren arbeiten mit einem oder mehreren im Lichtraum (meist im Bereich der Schiene) angebrachten beweglichen Elementen. Bei Betätigung, i. d. R. durch das Rad eines vorbeifahrenden Fahrzeugs, wird an ihnen ein elektrischer Kontakt hergestellt. Das mechanische Wirkprinzip wird heute nur noch selten angewandt. Es gibt jedoch auch moderne Bauformen, die sogar zur Richtungserkennung in der Lage sind. Mechanische Detektoren werden wegen ihrer Einfachheit häufig bei automatischen Warnanlagen für Gleisbaustellen verwendet, um einen sich nähernden Zug zu erkennen.

**Hydraulisch/Pneumatisch**

Hydraulische oder pneumatische Detektoren haben heute kaum noch Bedeutung. Sie werden am Schienenfuß befestigt und erkennen die Durchbiegung der Schiene bei Belastung durch das Rad.

**Magnetisch**

Beim magnetischen Wirkprinzip ist ein magnetischer Kreis so eingestellt, dass sich im Ruhezustand eine magnetische Brücke im Gleichgewicht befindet, wodurch am Schalter kein magnetischer Fluss entsteht. Bewegt sich ein Rad in die Nähe, wird die magnetische Brücke verstimmt und durch das nun am Schalter anliegende Magnetfeld schließt dieser.

**Induktiv**

Das induktive Wirkprinzip ist das heute am häufigsten angewandte bei punktförmigen Detektoren. Von den möglichen und angewandten Prinzipien wird hier das der räumlichen Veränderung eines Magnetfeldes beschrieben.

Um zwei magnetische Pole, die sich in definierter räumlicher Anordnung zueinander und zur Schiene befinden, baut sich ein Magnetfeld auf. Bewegt sich nun ein Rad in dieses Magnetfeld, so verändern sich die Feldlinien durch die Eisenmasse des Rades. Die Änderung der Spannung in der Empfangsspule wird ausgewertet.

Dieses Prinzip reagiert sehr empfindlich auf einzelne Räder, weshalb es gut zur Achszählung geeignet ist. Abb. 12.5 zeigt eine technische Realisierung des Prinzips.

**Visuelle Beobachtung**

Ebenfalls punktförmig wirkend ist die Beobachtung, ob ein Schienenfahrzeug einen bestimmten Punkt erreicht oder passiert hat. Dazu gehört

**Abb. 12.5** Für Achszählung geeigneter Sensor

**Abb. 12.6** Zugschlusssignal an einem Fahrzeug

auch die visuelle Prüfung des Zugschlusssignals (Abb. 12.6), wodurch die Zugvollständigkeit festgestellt wird. In einem System auf höherer Ebene (z. B. Blocksystem, siehe Abschn. 12.4.3) kann daraus eine mittelbare Ortung hergestellt werden.

### 12.2.2.2 Linienförmige Detektoren

Mit linienförmigen Detektoren können Schienenfahrzeuge in einem definierten Bereich entlang des Gleises erkannt werden.

Das am häufigsten angewandte linienförmige Erkennungsprinzip ist das galvanische. Hierbei stellen Räder und Achse eine elektrisch leitende Verbindung zwischen beiden Schienen her und ermöglichen so einen Stromfluss zwischen zwei an den Schienen angebrachten elektrischen Polen. Durch die Auswertung des Stromflusses wird auf das Vorhandensein von Fahrzeugen im Gleis geschlossen (Abb. 12.7). Anwendung

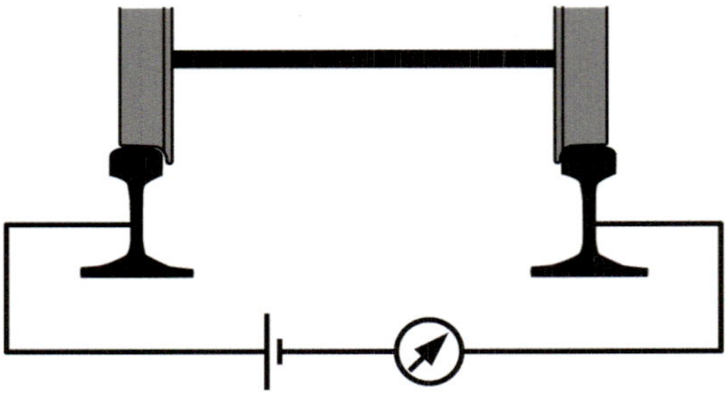

**Abb. 12.7** Galvanisches Wirkprinzip

findet das Prinzip beim Gleisstromkreis (siehe Abschn. 12.2.3).

### 12.2.2.3 Flächenförmige Detektoren

Flächenförmige Detektoren erkennen Objekte, die sich in einer Ebene befinden bzw. sich durch diese hindurch bewegen.

#### Elektromagnetische Wellen

Mittels Laser, Radar oder Infrarot wird eine Lichtschranke gebildet oder periodisch eine Fläche abgetastet. Auch eine Kombination aus mehreren Lichtschranken ist möglich.

Ein Anwendungsbeispiel ist der Radarscanner für Bahnübergänge (Abb. 12.8), der den Gefahrraum in ca. 1 m Höhe scannt. Durch Reflexion der Strahlen entsteht ein Bild der zu prüfenden Fläche, was mit einem gespeicherten Bild für den

**Abb. 12.8** Radarscanner an einem Bahnübergang

Freizustand verglichen wird. Übersteigt die Abweichung vom gespeicherten Bild ein definiertes Maß, gilt der Bahnübergang als nicht frei. Weitere Anwendungen für elektromagnetische Wellen sind die Überwachung des Lichtraums an Bahnsteiggleisen, was bei Schienenverkehrssystemen des automatischen Fahrens zur Anwendung kommt.

**Mechanisch**
Systemfremde Objekte können auch mechanisch detektiert werden. Eine Anwendung dafür ist z. B. das Spannen eines Netzes von stromdurchflossenen Drähten geringer Reißfestigkeit entlang einer Fläche, die den zu prüfenden Lichtraum umgibt. Durchdringt ein Objekt ausreichender Größe mit genügend Kraft diese Fläche, so kommt es zum Reißen der Drähte und damit zur Unterbrechung des Stromflusses.

Eine andere Möglichkeit der mechanischen Detektion sind Kontaktmatten zwischen und neben den Schienen, die im Gleis befindliche Personen und Gegenstände aufgrund ihrer Gewichtskraft erkennen. Auch dieses Prinzip findet bei Schienenverkehrssystemen des automatischen Fahrens Anwendung.

#### 12.2.2.4 Räumliche Detektoren

Räumliche Detektoren überwachen einen Raum und werten hier das Vorhandensein bestimmter Objekte aus.

**Induktiv**
Beim induktiven Wirkprinzip wird die ferromagnetische Masse von Fahrzeugen durch Änderung der Induktivität einer Spule erkannt. Derartige Fahrzeugdetektoren bestehen aus einer im Fahrweg befindlichen Induktivität L, die zusammen mit einem Kondensator C einen Schwingkreis bildet (Abb. 12.9).

Beim Befahren durch ein Fahrzeug verändert sich durch dessen Eisenmasse die Induktivität L. Die dadurch entstehende Änderung der Frequenz des Schwingkreises wird in der Auswerteeinrichtung erkannt. Um bei Anwendungen im Gleis die induktiven Auswirkungen von Fremdströmen zu neutralisieren, wird meist eine symmetrische Doppelschleife verwendet.

**Visuelle Beobachtung**
Die älteste Möglichkeit der Erkennung von Objekten im Lichtraum ist nichttechnischer Art. Durch menschliche Beobachtung wird der Zustand eines Raumes geprüft. Dabei handelt es sich um eine unmittelbare Ortung. Vorteilhaft hierbei ist, dass der Mensch in der Lage ist, auch außergewöhnliche Situationen zu beurteilen. Nachteilig sind dagegen die relativ hohe Fehlerrate durch Irrtum oder Nachlässigkeit und der hohe Personalaufwand. Zudem wird durch die Notwendigkeit des örtlichen Personals eine Zentralisierung erschwert. Durch Videoübertragung kann aber auch eine Fernbeobachtung eingerichtet werden.

### 12.2.3 Gleisfreimeldung mittels Gleisstromkreis

#### 12.2.3.1 Funktionsprinzip

Der Gleisstromkreis folgt dem galvanischen Wirkprinzip. Die Schienen fungieren hierbei als

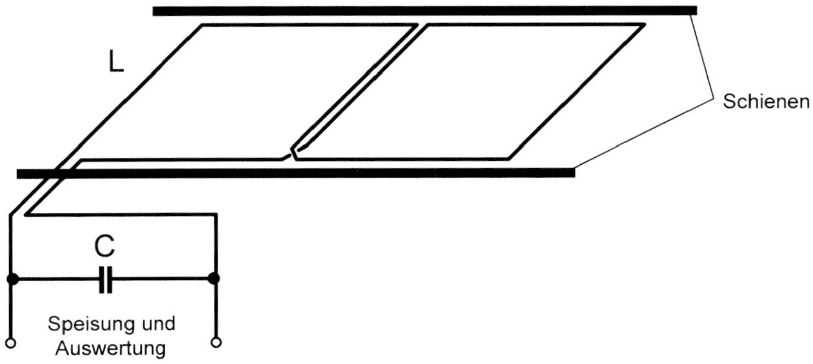


**Abb. 12.9** Induktiver Fahrzeugsensor mit symmetrischer Doppelschleife

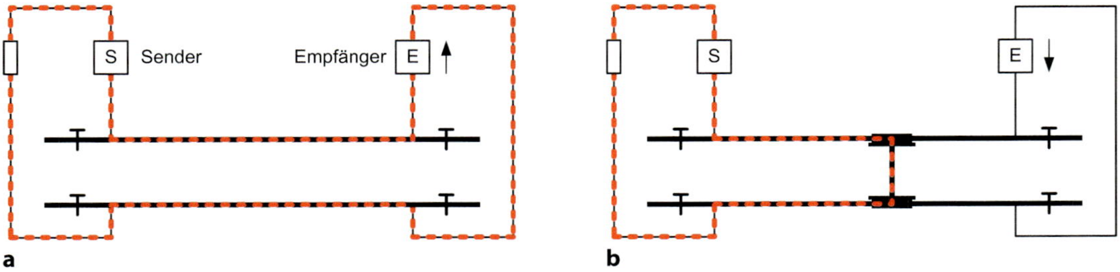


**Abb. 12.10** Prinzip des Gleisstromkreises im Zustand (**a**) frei und (**b**) belegt

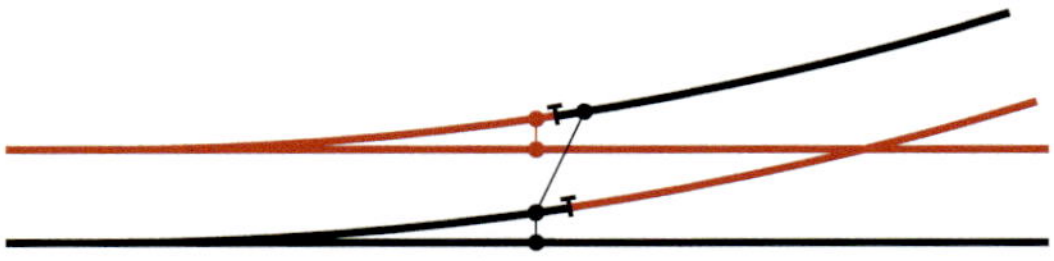

**Abb. 12.11** Prinzip der Isolierung einer einfachen Weiche

elektrischer Leiter. Bei besetztem Gleisabschnitt fließt über die Räder und Achsen ein Strom, bei freiem Gleisabschnitt nicht. Als Auswerteeinrichtung in Gleisstromkreisen werden Motorrelais oder elektronische Schaltungen angewandt.

Gleisstromkreise arbeiten nach dem Ruhestromprinzip. Dabei liegt in Grundstellung (freies Gleis) ein geschlossener Stromkreis vor. Den Stromfluss (Ruhestrom) wertet der Empfänger aus. Ist der Empfänger ein Gleisrelais, ist dieses angezogen (Abb. 12.10a). Befindet sich eine Achse im Abschnitt, wird der Stromkreis kurzgeschlossen und es fließt kein Strom über den Empfänger (Gleisrelais fällt ab), wodurch der Abschnitt als besetzt gemeldet wird (Abb. 12.10b).

Die weitaus häufigste Störung ist der Spannungsausfall oder die Unterbrechung des Stromkreises. Dieser Zustand wirkt sich beim Ruhestromprinzip dahingehend aus, dass die Unterbrechung des Stromflusses ein besetztes Gleis anzeigt. Somit kommt es bei den am häufigsten anzunehmenden Fehlern zu einer fehlerhaften Besetztmeldung, was eine Reaktion zur sicheren Seite darstellt.

Die Anordnung von Gleisstromkreisen im Bereich von Verzweigungen ist möglich. Dazu sind an Weichen und Kreuzungen zusätzliche galvanische Verbindungen und Trennungen notwendig (Abb. 12.11).

#### 12.2.3.2 Widerstände im Gleisstromkreis

Am Gleisstromkreis sind mehrere elektrische Widerstände von Bedeutung (Abb. 12.12).

Der Schienenlängswiderstand $R_S$ ist der Widerstand der stromdurchflossenen Schiene. Er besitzt eine ohmsche Komponente, die bei Gleichstromspeisung vernachlässigbar klein ist. Bei Speisung mit Wechselstrom hingegen gewinnt sie – ebenso wie die induktive Komponente – mit steigender Frequenz an Bedeutung.

Der Bettungswiderstand $R_B$ ist derjenige Widerstand, mit dem die Schienen gegeneinander und gegen Erde isoliert sind. Er besitzt eine ohmsche und eine kapazitive Komponente und ist stark von der Witterung, von konstruktiven Parametern sowie dem Zustand des Oberbaus abhängig und kann um den Faktor 100 schwanken.

Der Achsnebenschlusswiderstand $R_A$ ist der Widerstand der elektrischen Verbindung, die eine im Gleisstromkreis befindliche Achse herstellt. Er wird maßgeblich durch die Kontaktfläche zwischen Rad und Schiene bestimmt. Einfluss haben die konstruktive Beschaffenheit und Verschmutzung der Rad- und Schienenoberflächen, die Achslast sowie die Anzahl der im Abschnitt befindlichen Achsen. Die Widerstände von Ach-

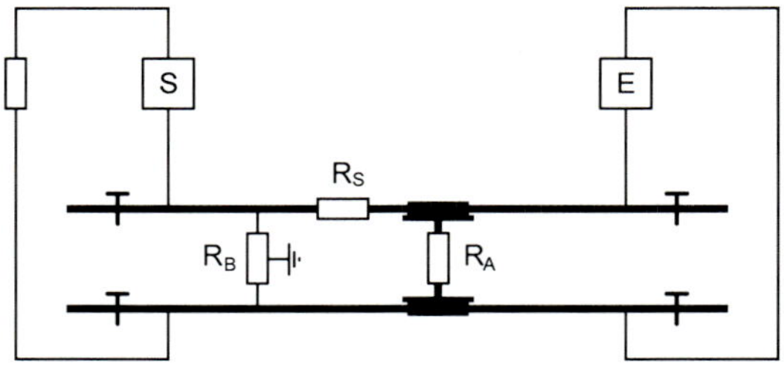


**Abb. 12.12** Widerstände am Gleisstromkreis

se und Rad sind i. d. R. vernachlässigbar gering. Allerdings ist hierfür auch eine durchgehende Fahrzeugachse notwendig, die beide Räder galvanisch miteinander verbindet. Bei einigen modernen Schienenfahrzeugen, bei denen jedes Rad eine separate Achse besitzt (vor allem Stadtbahnfahrzeuge), sind die Achsen galvanisch miteinander zu verbinden, damit der Achsnebenschluss funktioniert.

Aus Schienenlängswiderstand und Bettungswiderstand ergibt sich eine längenabhängige Dämpfung des Gleisstromkreises und damit eine Grenze für seinen sinnvollen Einsatz. Diese liegt, je nach eingesetzter Technik, bei ca. 1000 m. Durch Mitteneinspeisung und Empfänger an beiden Enden kann die Länge verdoppelt werden. Größere Längen können freigeprüft werden, indem mehrere Gleisstromkreise hintereinander angeordnet (kaskadiert) werden.

Durch zu geringen Bettungswiderstand können fehlerhafte Meldungen des Besetztzustands entstehen, die sich betriebshemmend auswirken. Probleme ergeben sich in diesem Zusammenhang durch Verunreinigung des Schotterbettes z. B. mit kleinvolumigen Ladungsverlusten. Unter anderem deshalb ist eine regelmäßige Reinigung des Schotterbettes erforderlich.

Ein zu hoher Achsnebenschlusswiderstand, z. B. aufgrund von Rost, kann dagegen zu gefährlichem Versagen führen, indem eine Belegung durch Schienenfahrzeuge nicht erkannt wird. Solchen Gefährdungen wird vorgebeugt, indem durch Gleisstromkreise freigeprüfte Gleise regelmäßig (z. B. ein Mal pro Tag) befahren werden müssen.

In der Schweiz wird teilweise das Aufschweißen einer korrosionsfreien Metallschicht („korrosionsfeste Schweißraupe") praktiziert, was allerdings aufgrund der Rauheit eine starke Geschwindigkeitsbeschränkung auf den behandelten Gleisen zur Folge hat. Eine andere Möglichkeit ist, eine nichtleitende Schicht auf den Schienen mit höheren Spannungsimpulsen (bis 180 V) zu durchschlagen.

Ein weiteres Problem kann Sand darstellen, der beim Bremsen zur Erhöhung des Reibwertes aufgebracht wird. Wird dabei vor allen Achsen bis zum Stillstand gesandet, besteht die Gefahr, dass durch den Sand zwischen Schiene und Rad der Achsnebenschlusswiderstand unzulässig hoch wird. Hiergegen helfen nur betriebliche Maßnahmen, die darin bestehen können, dass das Sanden bis zum Stillstand verboten ist.

#### 12.2.3.3 Fremdbeeinflussung von Gleisstromkreisen

Der Gleisstrom wird oft von anderen Strömen im Gleis überlagert. Dazu gehören insbesondere folgende:

- **Ströme anderer Gleisstromkreise:** Da im Wesentlichen alle Gleise frei zu prüfen sind, ergibt sich daraus eine Anordnung mehrerer Gleisstromkreise hinter- und nebeneinander. Zur Abgrenzung von Gleisstromkreisen gegeneinander gibt es verschiedene Lösungen (siehe Abschn. 12.2.3.4).
- **Triebrückströme:** Auf Strecken mit elektrischer Traktion fungiert die Schiene als Rückleiter für die Triebströme. Hier ist sicherzustellen, dass die Empfangseinrichtung des Gleisstromkreises die Triebrückströme nicht fälschlicherweise als Signal des Gleisstromkreises auswertet. Dies geschieht durch Auswahl von Frequenzen, die im Triebrückstromspektrum nicht vorhanden sind. Die Empfangseinrichtungen der Gleisstromkreise müssen dazu sehr frequenzselektiv arbeiten.
- **Induktive Einkopplungen von Starkstromsystemen:** Im Gleisbereich verlaufen häufig Leitungen der Leistungsenergieversorgung, die den Gleisstromkreis induktiv beeinflussen können. Durch Einhalten eines Mindestabstandes und Herstellung möglichst rechtwinkliger Kreuzungen kann eine induktive Entkopplung weitgehend erreicht werden.
- **Rückströme der Zugsammelschiene:** Die vom Triebfahrzeug bereitgestellte elektrische Energie für Verbraucher im Zug wird über die Zugsammelschiene in die Wagen geführt. Als Rückleiter werden dabei die Schienen benutzt. Gleisstromkreise müssen so konstruiert sein, dass sie davon nicht beeinflusst werden.

Die Verhinderung von Fremdbeeinflussung ist ein wesentlicher Punkt in der Projektierung von

Gleisstromkreisen und stellt einen erheblichen Aufwand dar.

#### 12.2.3.4 Abgrenzung von Gleisstromkreisen gegeneinander

**Isolierstoß**
Am Isolierstoß wird die Schiene mechanisch unterbrochen und ein isolierendes Material eingefügt. Isolierstöße stellen eine Unstetigkeit in der Schiene dar, die sich negativ auf den Fahrzeuglauf auswirkt.

Eine häufige Störung an Gleisstromkreisen mit Isolierstößen ergibt sich durch das Überwalzen von Isolierstößen (Abb. 12.13). Hierbei wird durch die Fahrzeugräder der Schienenkopf derart bearbeitet, dass sich eine metallische Überbrückung des Isolierstoßes ergibt, die einen Kurzschluss mit dem benachbarten Gleisstromkreis hervorruft.

Bei elektrischer Traktion ergeben sich Konflikte mit den Triebrückströmen, die den Isolierstoß passieren müssen. Bei einschieniger Isolierung werden die Triebrückströme über die nicht isolierte Schiene geleitet (Erdschiene). Damit ein kurzgeschlossener Isolierstoß erkannt wird, wird die Erdschiene an jedem Isolierstoß mittels Diagonalverbinder gewechselt. Somit führt ein derartiger Kurzschluss immer zur Besetztmeldung des Gleisstromkreises und wirkt damit zur sicheren Seite.

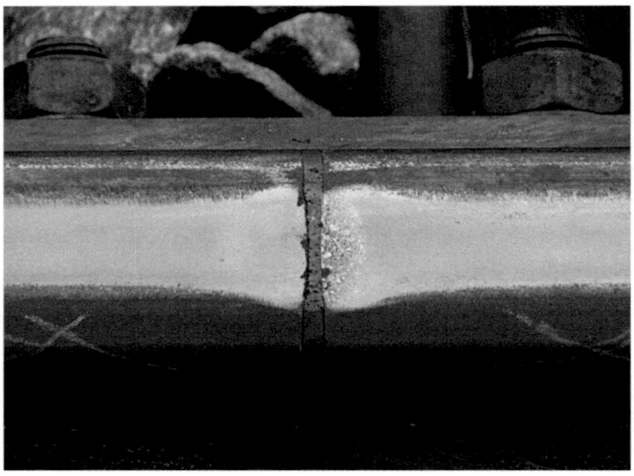

**Abb. 12.13** Isolierstoß, Draufsicht

In vielen Fällen müssen jedoch beide Schienen für den Triebrückstrom zur Verfügung stehen. Hierfür wird die zweischienige Isolierung angewandt. Sie erfordert eine relativ aufwendige Überbrückung der Isolierstöße mittels Drosselstoßtransformatoren.

**Elektrischer Trennstoß**
Bei elektrischen Trennstößen wird der Gleisstromkreis in seiner Länge durch Schienenverbinder mit geringem Widerstand begrenzt, wodurch Isolierstöße nicht notwendig sind. Das Prinzip ist jedoch nur bei tonfrequenten Gleisstromkreisen anwendbar.

#### 12.2.3.5 Speisung von Gleisstromkreisen

Die Speisung von Gleisstromkreisen kann mit Gleich- oder Wechselspannung unterschiedlicher Frequenz erfolgen:

**Gleichspannung**
Mit Gleichspannung betriebene Gleisstromkreise sind einfach und kostengünstig, jedoch anfälliger gegen Fremdbeeinflussung. Sie werden heute nur noch bei einfachen Verhältnissen wie z. B. bei Werkbahnen angewandt.

**Niederfrequente Wechselspannung**
Gleisstromkreise mit Wechselspannung geringer Frequenz arbeiten bis etwa 150 Hz. In diesem Frequenzbereich befinden sich auch die Triebrückströme, so dass die Frequenz des Gleisstromkreises sorgfältig zu wählen ist. Sie muss in den Lücken der Oberwellen des Traktionsstroms liegen.

**Tonfrequente Wechselspannung**
Gleisstromkreise mit Wechselspannung höherer Frequenz arbeiten im Bereich bis etwa 20 kHz. Man spricht auch von Tonfrequenz-Gleisstromkreisen, da es sich um Frequenzen im menschlichen Hörspektrum handelt. Im Spektrum der Triebrückströme sind diese Frequenzen nicht enthalten, so dass entsprechende Beeinflussungen praktisch nicht auftreten. Vorteilhaft ist der mögliche Fortfall von Isolierstößen, nachteilig wirkt sich der größere Schienenlängswiderstand aus.

**Abb. 12.14** Aufbau eines Achszählkreises

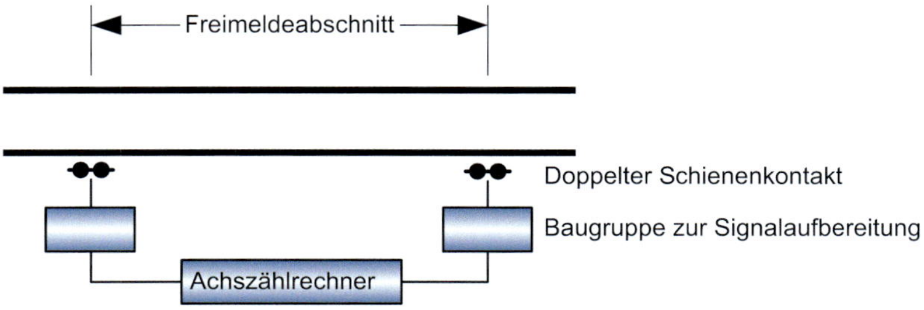


## 12.2.4 Gleisfreimeldung mittels Achszähler

### 12.2.4.1 Funktionsprinzip

Achszähler bestimmen den Belegungszustand eines Freimeldeabschnitts indirekt über die Zählung der ein- und ausgefahrenen Achsen. Ist die Differenz Null, wird ein freier Abschnitt angenommen.

Achszählkreise bestehen aus folgenden Teilen (Abb. 12.14):

- Der **doppelte Schienenkontakt** (Abb. 12.5) ist ein punktförmiger, auf Räder reagierender Detektor im Gleis. Er muss zur Einzelerkennung von Rädern (Achsen) und zur Richtungserkennung in der Lage sein. Die Richtungserkennung wird i. d. R. durch die Auswertung der Signale zweier unmittelbar benachbarter Sensorsysteme im Schienenkontakt realisiert.
- Die **Baugruppe zur Signalaufbereitung** erzeugt aus dem analogen Signal der beiden Sensorsysteme die digitalen Zählimpulse zur Weiterleitung an den Achszählrechner. Die Baugruppe kann in einem separaten Gehäuse direkt neben dem Gleis untergebracht oder im Zählpunkt integriert sein.
- Der **Achszählrechner** setzt die Informationen mehrerer Zählpunkte zueinander in Beziehung und ermittelt aus der Addition eingefahrener und Subtraktion ausgefahrener Achsen den Belegungszustand.

Meist werden Mehrabschnitts-Achszähler angewendet. Dabei werden die Zählinformationen eines Zählpunktes für beide an den Zählpunkt angrenzende Freimeldeabschnitte genutzt. Auch die Begrenzung eines Freimeldeabschnitts durch mehr als zwei Zählpunkte ist möglich und bei Verzweigungen (Weichen) unumgänglich.

### 12.2.4.2 Aufbau und Funktion des Schienenkontaktes

Der Schienenkontakt funktioniert i. d. R. nach dem induktiven Wirkprinzip, indem infolge der ferromagnetischen Masse des Rades die Feldlinien eines Magnetfeldes verändert werden und diese Änderung registriert wird. Die Richtungserkennung wird durch Doppelung des Sensors und Auswertung der Reihenfolge des Ansprechens realisiert.

### 12.2.4.3 Umgang mit Zählfehlern

Typische Zählfehler sind die Nichterkennung und die Mehrfachzählung von Achsen sowie das Zählen nicht vorhandener Achsen. Gefährlich im Sinne einer fehlerhaften Freimeldung kann aber erst das Zusammentreffen mehrerer Fehler in bestimmter Kombination wirken. Dies ist jedoch so wenig wahrscheinlich, dass es praktisch ausgeschlossen wird. Zählfehler führen zunächst zu einer fehlerhaften Besetztmeldung des Abschnitts und wirken sich damit zur sicheren Seite aus.

**Achszählgrundstellung**

Um einen fehlerhaft besetzt gemeldeten Achszählabschnitt wieder in Grundstellung zu bringen, sind bestimmte Voraussetzungen zu erfüllen, damit keine Grundstellung eines tatsächlich besetzten Abschnitts erfolgt. In jedem Fall darf die Grundstellung nur dann durchgeführt werden, wenn der Freizustand auf andere Art zweifelsfrei festgestellt wurde. Das kann durch Personal vor Ort oder durch das Befahren auf Sicht mittels einer vor der Grundstellung durchgeführten Fahrt erfolgen.

Folgende Sicherheitsvorkehrungen können zusätzlich bei einer Grundstellung gefordert werden:

- technische Registrierung und schriftliche Begründung durch den Bediener,
- letzte Aktion vor der Grundstellung muss das Auszählen einer Achse sein,
- alle den Abschnitt begrenzenden Zählpunkte müssen befahren worden sein.

**Automatische Fehlerkorrektur**
Um die Verfügbarkeit von Achszählabschnitten zu erhöhen ist es denkbar, bei Fehlzählungen eines Zählpunktes diesen durch benachbarte Zählpunkte zu korrigieren. Da sich jedoch die moderne Achszähltechnik als sehr zuverlässig erwies und eine Korrektur zu Schwierigkeiten in der Stellwerkslogik führen würde, wurde zunächst auf derartige Fehlerkorrektureinrichtungen verzichtet. Mittlerweile existieren Stellwerkstechniken, die für die Freimeldung der freien Strecke Fehlerkorrekturen anwenden.

### 12.2.5 Anwendung von Gleisstromkreisen und Achszählern

Gleisstromkreise und Achszähler haben ihre spezifischen Vor- und Nachteile. Größter Nachteil von Gleisstromkreisen ist die Notwendigkeit eines ausreichenden Bettungswiderstandes sowie die Längenbegrenzung. Achszähler sind in der Anschaffung teurer, in der Instandhaltung günstiger. Heutige Achszähltechnik arbeitet zuverlässiger als die der Gleisstromkreise.

Seit es Mitte der 1990er Jahre gelang, Achszähler ausreichend zuverlässig zu gestalten, werden bei der Deutschen Bahn fast ausschließlich Achszähler für Neuausrüstungen verwendet. Bis dahin wurden sie vorrangig für die Freimeldung von Streckengleisen eingesetzt, bei denen aufgrund der großen Länge der Bettungswiderstand problematisch ist. Manche europäische Infrastrukturbetreiber stehen Achszählern kritisch gegenüber. So werden in Westeuropa fast ausschließlich und in Osteuropa vorrangig Gleisstromkreise eingesetzt.

## 12.3 Sicherung beweglicher Fahrwegelemente

### 12.3.1 Grundlagen

#### 12.3.1.1 Elementarten
Ein bewegliches Fahrwegelement ist ein dynamisches Element der Infrastruktur, das den stetigen Fahrweg durch

- Unterbrechung der Schiene oder
- in den Lichtraum hineinragende Gegenstände

unterbrechen kann.

Zu den die Schiene unterbrechenden beweglichen Fahrwegelementen gehören in erster Linie Weichen. Das häufigste, in den Lichtraum hineinragende bewegliche Fahrwegelement ist die Gleissperre. Die Gründe für den Einsatz beweglicher Fahrwegelemente zeigt Tab. 12.1.

#### 12.3.1.2 Grundlegende Anforderungen an die Sicherung
An beweglichen Fahrwegelementen besteht zumeist die Gefahr der Entgleisung, in wenigen Fällen (z. B. Tor, Wasserkran) die Gefahr des

**Tab. 12.1** Gründe für bewegliche Fahrwegelemente

| Art | Grund | Beispiel |
|---|---|---|
| Unterbrechung der Schiene | Wechsel des Gleises | Weiche, Drehscheibe, Schiebebühne |
| | Kreuzung des Gleises | Kreuzung mit beweglichen Doppelherzstückspitzen |
| | Verschwenken des Fahrwegs | Bewegliche Brücke |
| | Aufhalten von Schienenfahrzeugen | Entgleisungsweiche |
| In den Lichtraum ragender Gegenstand | Aufhalten von Schienenfahrzeugen | Gleissperre, Beweglicher Prellbock |
| | Aufhalten von Personen und Gegenständen | Tor zur Einfriedung, Tor am Tunnelportal |
| | Sonstige Aufgaben im Lichtraum | Ladeeinrichtungen, Wasserkran |

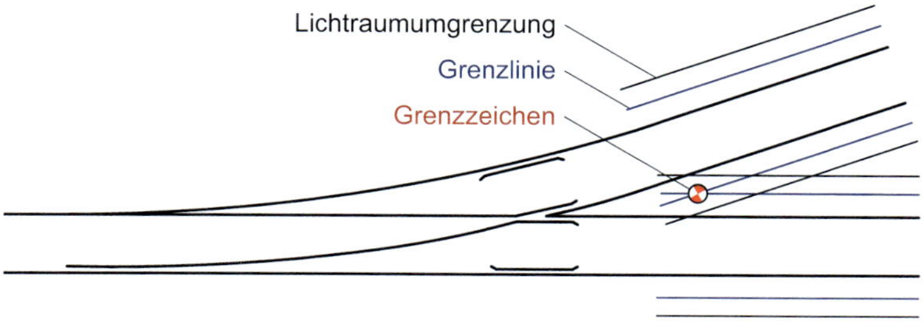


**Abb. 12.15** Positionierung des Grenzzeichens

Aufpralls. Deshalb sind bewegliche Fahrwegelemente vor Zulassung einer Fahrt in die richtige Stellung zu bringen und während der Fahrt in dieser Stellung festzuhalten.

Zusätzliche Gefahren, nämlich die des Zusammenstoßes und des Zusammenpralls, ergeben sich an Elementen, die dem Wechsel des Gleises dienen (hauptsächlich Weichen). Hier kann durch falsche Stellung des Elements eine Fahrt auf ein Gleis gelenkt werden, was nicht für die Fahrt gesichert wurde.

**Festhaltung**
Bei der Festhaltung der Elemente kann grundsätzlich zwischen formschlüssiger und kraftschlüssiger Festhaltung unterschieden werden. Obwohl die formschlüssige Festhaltung zunächst sicherer erscheinen mag, spielt die kraftschlüssige ebenfalls eine Rolle.

**Überwachung**
Die Überwachung beweglicher Fahrwegelemente wird heute im Wesentlichen elektrisch durchgeführt. Dazu wird die Stellung des Elements meist elektromechanisch durch Kontakte detektiert. Berührungslose Techniken sind denkbar, werden aber – auch aus Sicherheitsgründen – bisher nicht eingesetzt. Bei älteren Techniken kommen auch rein mechanische Überwachungen zum Einsatz.

## 12.3.2 Weiche und Kreuzung

### 12.3.2.1 Grenzzeichen
Das Grenzzeichen ist ein Signal und beschreibt die Stelle, bis zu der auf einem der beiden auseinander laufenden Gleise Fahrzeuge stehen dürfen, ohne Fahrten im anderen Gleis zu gefährden (Profilfreiheit). Der Standort ergibt sich aus dem Schnittpunkt der Grenzlinien (siehe Kap. 8) beider Gleise (Abb. 12.15).

### 12.3.2.2 Sicherungstechnische Anforderungen an Weichen

**Umstellung**
Um eine Weiche in die gewünschte Lage zu bewegen, ist eine Kraft aufzubringen, die auf die Weichenzungen zu übertragen ist. Die Kraft wird meist durch Maschinen (i. d. R. durch einen Elektromotor), in wenigen Fällen auch durch Muskelkraft eines Menschen aufgebracht.

**Mechanische Festhaltung**
Um Entgleisungen zu vermeiden, müssen die Weichenzungen in der Endlage festgehalten werden. Dazu gehören sowohl das Anliegen der anliegenden Zunge an der Backenschiene als auch die Gewährleistung der Durchfahrrille der abliegenden Zunge. Die Festhaltung muss besonders robust ausgeführt werden, da eine Weiche bei Überfahrt eines Eisenbahnfahrzeugs erheblichen mechanischen Belastungen ausgesetzt ist. Die Festhaltung kann sowohl innerhalb eines Weichenantriebs (Innenverschluss) als auch außerhalb des Weichenantriebs (Außenverschluss) erfolgen.

**Prüfung der Endlage**
Vor Zulassung der Fahrt über eine Weiche muss geprüft werden, ob sie sich in der richtigen Endlage befindet. Anschließend ist zu prüfen, ob die Weiche in der Endlage verbleibt. Dadurch wird die Funktion der Umstell- und Festhalteeinrichtungen überwacht.

**Auffahrbarkeit**
I. d. R. sind Weichen auffahrbar. Als Auffahren (ch: Aufschneiden) einer Weiche gilt das Befahren von der stumpfen Seite in falscher Lage. Beim Auffahren einer auffahrbaren Weiche entstehen i. d. R. keine Schäden, im Gegensatz zur nicht auffahrbaren Weiche. In Deutschland, Österreich und der Schweiz wird vorrangig der (auffahrbare) Außenverschluss verwendet. Nur in bestimmten Fällen (z. B. bei beweglicher Herzstückspitze) sind Weichen nicht auffahrbar.

#### 12.3.2.3 Kraftübertragungs- und Festhalteeinrichtungen

Die Kraftübertragungs- und Festhalteeinrichtungen verbinden die Antriebseinrichtungen mit den Weichenzungen. Sie haben folgende Aufgaben:

- Übertragung der am Weichenantrieb aufgewandten Kraft auf die Weichenzungen,
- mechanische Festhaltung der anliegenden Weichenzunge, um eine unbeabsichtigte Bewegung zu verhindern,
- Halten der abliegenden Zunge in einem definierten Abstand von der Backenschiene.

Beim Außenverschluss finden Spitzenverschlüsse Anwendung. Im Gegensatz zum Innenverschluss übertragen sie nicht nur die Stellkraft vom Weichenantrieb auf die Weichenzungen, sondern halten diese auch in ihrer Lage fest, wenn die Weiche nicht umgestellt wird (siehe auch Kap. 4).

#### 12.3.2.4 Zungenprüfer

Zungenprüfer sind mit den Weichenzungen über Prüferstangen verbunden und bewegen sich mit diesen mit. Somit können sie die Lage der Weichenzunge direkt prüfen. Bewegen sich die Zungen während des Umstellens nicht mit, erkennt der Prüfer damit ein Versagen der Stellstange oder des Spitzenverschlusses.

Bei elektrischen Weichenantrieben erfolgt die Prüfung über Kontakte, die von den Prüferstangen angetrieben werden. Die Kontakte steuern den Stromfluss derart, dass eine Überwachung nur bei ordnungsgemäßer Lage der Zungen zustande kommt. Bei mechanischen Weichenantrieben blockieren Prüfer den Antrieb, wenn die Zungen nicht der Stellbewegung folgen und offenbaren dadurch einen Fehler.

**Abb. 12.16** Zungenprüfkontakt an einer Weiche

Bei sehr langen und schweren Weichenzungen besteht die Gefahr, dass sich diese nur am unmittelbaren Angriff des bzw. der Weichenantriebe bewegen. Um die Bewegung der Zunge bzw. ihre geometrisch exakte Endlage auch an weiteren Orten zu prüfen, werden zusätzliche Prüfer angewandt. Einen elektrischen Zungenprüfer (Zungenprüfkontakt) zeigt Abb. 12.16.

#### 12.3.2.5 Zungenriegel

Zungenriegel sind über Riegelstangen mit den Zungen verbunden und halten diese formschlüssig fest. Dadurch sind geriegelte Weichen nicht auffahrbar. Fernbediente Weichenriegel gibt es nur in Verbindung mit mechanischen Weichenantrieben. Zungenriegel haben aber nach wie vor große Bedeutung, da sie für die Herstellung der Signalabhängigkeit ortsbedienter Weichen über Riegelhandschlösser (siehe Abschn. 12.3.2.7) verwendet werden.

#### 12.3.2.6 Weichenantrieb

**Mechanische Ortsbedienung**
Mechanisch ortsbediente Weichen (umgangssprachlich: Handweichen) sind noch heute im Einsatz, vor allem in Anlagen, in denen nur rangiert wird. Die notwendige Kraft zum Umstellen wird vor Ort durch Muskelkraft aufgebracht. Ortsgestellte Weichen können durch Handverschlüsse (siehe Abschn. 12.3.2.7) in Abhängigkeiten einbezogen werden.

**Abb. 12.17** Elektrisch ortsbediente Weiche mit Weichenlagemelder

### Elektrische Ortsbedienung

Elektrisch ortsbediente Weichen (EOW) sind eine moderne Form ortsgestellter Weichen, die sich in Rangierbereichen zunehmend durchsetzen. Der Antrieb der Weichen erfolgt dabei mit elektrischen Weichenantrieben wie bei der elektrischen Fernbedienung. In Bereichen mit EOW-Technik wird meist frei rangiert, also ohne Rangierstraßen. Ein als Lichtsignal ausgebildeter Weichenlagemelder unmittelbar an der Weiche meldet dem Rangierpersonal die Weichenlage (Abb. 12.17).

EOW werden i. d. R. durch Achszähler freigemeldet. Diese realisieren zum einen die Umstellsperre bei belegter Weiche; zum anderen geben die richtungsselektiven Sensoren einen Umstellanstoß an die Weiche, wenn sie stumpf befahren wird und die falsche Lage besitzt. Beim spitzen Befahren erfolgt die Umstellung durch Schlagtaster oder Stelltafeln, die vom Rangierpersonal bedient werden. Insbesondere an Stelltafeln ist es üblich, einen Fahrweg einzustellen, d. h. mehrere Weichen mit einer Bedienung zu stellen. Weiterhin besteht die Möglichkeit, einer EOW eine Grundstellung zu geben, in die sie nach dem Befahren in entgegengesetzter Stellung zurückläuft.

### Mechanische Fernbedienung

Die mechanische Fernbedienung wird nur in mechanischen Stellwerken angewandt. Dabei wird sowohl die Umstellenergie als auch die Lageinformation über Drahtzug- bzw. Gestängeleitungen übertragen. Die Energie wird im Stellwerk i. d. R. durch menschliche Muskelkraft aufgebracht.

### Elektrische Fernbedienung

Die elektrische Fernbedienung ist die am häufigsten angewandte Art der Weichenansteuerung. Dabei kommt ein elektrischer Weichenantrieb zum Einsatz, der heute überwiegend mit einem Drehstrommotor arbeitet. Die Kraftübertragung auf das Gestänge erfolgt mechanisch oder hydraulisch. Bei mechanischer Übertragung beinhaltet der Antrieb eine Rutschkupplung, damit bei Blockade der Mechanik eine Beschädigung des Motors vermieden wird. Ein Innenverschluss kann in den Antrieb integriert sein.

Die Anzahl der erforderlichen Weichenantriebe ist je nach Weichenbauform unterschiedlich. Bei der Mehrzahl der Weichen genügt ein Antrieb an der Spitze der Weichenzungen. Sind die Weichenzungen sehr lang (bei großen Zweiggleisradien), sind mehrere Antriebs-, Festhalte- und Prüfeinrichtungen erforderlich.

## 12.3.2.7 Handverschlüsse für Weichen

Handverschlüsse haben nach wie vor große Bedeutung. Sie werden verwendet, wenn

- mechanisch ortsbediente Weichen in Abhängigkeit gebracht,
- vorübergehend außer Betrieb genommene Weichen gesichert oder
- gestörte, fernbediente Weichen gesichert

werden sollen.

Das *Riegelhandschloss* (Abb. 12.18) ist die hochwertigste Form des Weichenhandverschlus-

**Abb. 12.18** Riegelhandschlösser an einer mechanisch ortsbedienten Weiche (je eines pro Stellung)

**Abb. 12.19** Handverschluss HV 73 in sperrender Stellung der anliegenden Zunge

ses und wird für planmäßige Abhängigkeiten genutzt. Über Riegelstangen werden die Weichenzungen formschlüssig festgehalten. Die Herstellung der sicherungstechnischen Verbindung erfolgt über einen Schlüssel, der in ein korrespondierendes Schloss (z. B. im Stellwerk) passt.

Das *Weichenschloss* wird zur Herstellung von temporären Abhängigkeiten oder zur Sicherung untergeordneter Gleise genutzt. Es ist an der Backenschiene befestigt und blockiert die abliegende Zunge. Über den Spitzenverschluss wird die anliegende Zunge festgehalten.

Die heute nur noch wenig verbreitete *Zungensperre* hält entweder die anliegende Zunge fest oder blockiert die abliegende. Es können keine Abhängigkeiten hergestellt werden, da die Schlüssel nicht dafür geeignet sind.

Das heute bei deutschen Eisenbahnen weit verbreitete Schloss *HV 73* (Abb. 12.19) ist dem System nach eine Zungensperre mit dem Unterschied, dass Schlüssel wie beim Riegelhand- bzw. Weichenschloss genutzt werden.

### 12.3.3 Gleissperre

Gleissperren (at: Sperrschuh, ch: Entgleisungsvorrichtung) dienen hauptsächlich dem Flankenschutz, indem sie mittels eines in den Lichtraum hineinragenden Gegenstandes (Entgleisungsschuh) darüber fahrende Schienenfahrzeuge zum Entgleisen bringen (Abb. 12.20). Aufgrund der möglichen Entgleisung dürfen Gleissperren nicht in Hauptgleisen eingesetzt werden.

**Abb. 12.20** Ortsbediente Gleissperre mit Gleissperrensignal

Eine Gleissperre besteht aus dem Entgleisungsschuh, dem Antrieb und dem Gleissperrensignal (ch: Laternen-Sperrsignal), der die Lage der Gleissperre anzeigt. Der Entgleisungsschuh lässt den Spurkranz des Schienenfahrzeugs über den Schienenkopf aufsteigen und drückt ihn nach außen. Die Auswurfrichtung ist so zu wählen, dass sie von den zu schützenden Gleisen weg führt.

Gleissperren werden wie Weichen angetrieben, jedoch ohne Prüfer oder Riegel. Zur Herstellung von Abhängigkeiten bei Ortsbedienung werden Gleissperrenschlösser verwendet.

### 12.3.4 Bewegliche Brücke

Eine bewegliche Brücke unterbricht den stetigen Fahrweg, indem sie diesen verschwenkt, um den Raum für andere Zwecke (z. B. Schiffsverkehr) freizugeben. Sie werden i. d. R. durch Deckungssignale gedeckt oder in die Fahrstraßenlogik einbezogen.

### 12.3.5 Drehscheibe und Schiebebühne

Drehscheiben und Schiebebühnen haben die Funktion des Gleiswechsels mit dem Vorteil eines geringeren Platzbedarfes gegenüber Weichenstraßen, aber den Nachteilen der erforderlichen Unterbrechung der Fahrt und der Längenbegrenzung des bewegten Fahrzeugs. Sie finden vor allem in Werkstätten Anwendung. Nur sehr selten führen Fahrstraßen über diese Elemente, in die sie dann einbezogen werden müssen. In einigen Fällen gibt es Deckungssignale in einfacher Form.

### 12.3.6 Tor

Tore dienen der Einfriedung von Geländen oder dem Verschluss von Räumen. Letztere Aufgabe übernehmen z. B. Tore an Tunnelportalen, die das Eindringen von Schnee oder Tieren verhindern sollen. Auch Tore von Werkstattgebäuden oder Wehrkammertore, mit denen Tunnel wasserdicht abgeriegelt werden können, gehören dazu.

In modernen Anlagen und vor allem, wenn sie Bestandteil von Fahrstraßen sind, werden solche Tore in sicherungstechnische Abhängigkeiten einbezogen. Auch die Sicherung mit Deckungssignalen ist möglich, wobei diese in einfachen Fällen auch aus gängigen Industriekomponenten und nicht aus etablierter Sicherungstechnik bestehen können.

## 12.4 Technologien der Fahrwegsicherung

### 12.4.1 Herleitung

#### 12.4.1.1 Abstandshaltung

Aus den maßgebenden Systemeigenschaften des Schienenverkehrs ergeben sich besondere Anforderungen an die Regelung der Abstandshaltung. An Abstandshalteverfahren kommt heute überwiegend neben dem „Fahren auf Sicht" (z. B. Eisenbahn beim Rangieren, Straßenbahnen) das Fahren im festen Raumabstand zur Anwendung. Dabei wird jedem Zug ein räumlicher Abschnitt zur ausschließlichen Verfügung gestellt (Abb. 12.21). Um das zu erfüllen, sind zwei Grundbedingungen einzuhalten:

1. Bevor die Zustimmung zur Einfahrt in den Abschnitt gegeben wird, muss dieser frei von anderen Fahrzeugen sein.
2. Vom Geben der Zustimmung bis zur Einfahrt in den Abschnitt müssen alle feindlichen Fahrten in diesen Abschnitt ausgeschlossen werden.

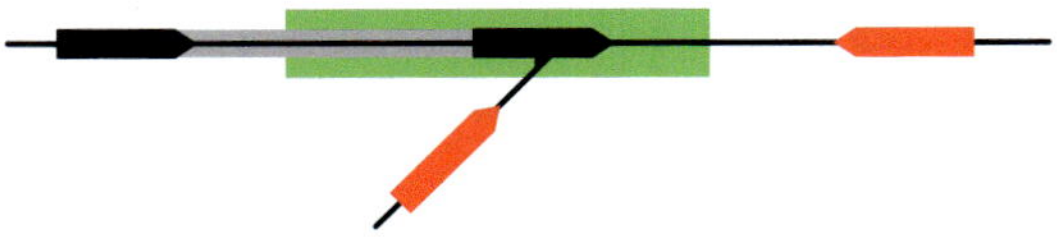

**Abb. 12.21** Fahrt (*grau*) eines Fahrzeugs (*schwarz*) in einen exklusiven Raum (*grün*) und ausgeschlossene feindliche Fahrten (*rot*)

Ist die Fahrt im Abschnitt, so muss die 2. Bedingung nicht mehr aufrecht erhalten werden, da vor einer potenziell feindlichen Fahrt wiederum die 1. Bedingung für diese geprüft werden müsste, die dann nicht erfüllt wäre.

In bestimmten Situationen kann es vorkommen, dass sich der Triebfahrzeugführer „verbremst", also die Bremseigenschaften nicht richtig einschätzt. Ursachen hierfür sind meist kurze Unaufmerksamkeit oder verminderter Reibwert zwischen Rad und Schiene, z. B. bei Nieselregen. Die Folge ist, dass der Zug einige Meter über das Ende des für ihn reservierten Raumes hinaus fährt. Um für solche Fälle vorzubeugen, wird zusätzlich ein Sicherheitsraum freigehalten und gesichert – der sogenannte Durchrutschweg.

Das Fahren im Raumabstand kann grundsätzlich mit zwei verschiedenen Technologien realisiert werden:

- **Fahrstraße:** Bei der Fahrstraße werden unmittelbar vor der Fahrt die Gleise auf Freiheit von anderen Fahrzeugen geprüft. Außerdem wird verhindert, dass feindliche Folge-, Gegen- und Flankenfahrten in den freigegebenen Fahrweg gelangen. Somit werden die o. g. Grundbedingungen für das Fahren im Raumabstand direkt umgesetzt.
- **Sicherung mit Blockinformation:** Nachdem ein Zug einen Abschnitt verlassen hat, wird eine Information, die sogenannte Blockinformation, dem Signal am Anfang des Abschnitts gesandt. Somit wird der Folgefahrschutz durch Austausch von Informationen zwischen Signalen aufeinander folgender Zugfolgestel-

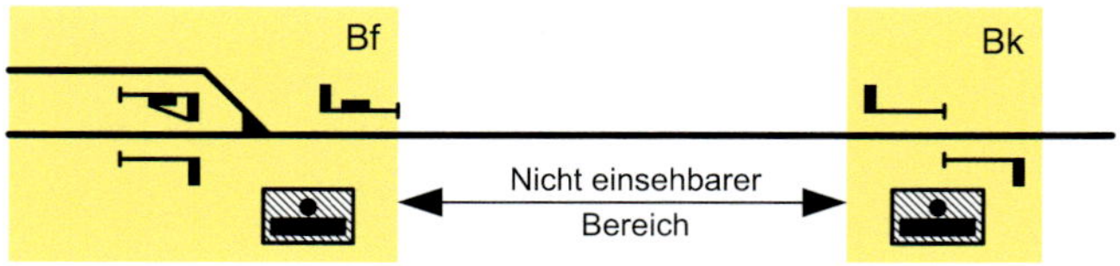


**Abb. 12.22** Einsehbare und nicht einsehbare Fahrwege (Bf – Bahnhof, Bk – Blockstelle)

len[1] gewährleistet. Durch Austausch von Blockinformationen zwischen Signalen, die auf dasselbe Streckengleis benachbarter Zugmeldestellen[2] weisen, wird der Gegenfahrschutz gewährleistet.

Historisch haben sich die beiden Technologien aufgrund der Möglichkeiten zur nichttechnischen Gleisfreiprüfung entwickelt. Während man in den Betriebsstellen noch die Gleise überblicken konnte, bei großer Ausdehnung auch durch Untergliederung in mehrere Bereiche, war dies auf der Strecke nicht mehr möglich (Abb. 12.22). Hier konnte die Freiprüfung nur indirekt durch Prüfung des Zugschlusses am Ende der Strecke durchgeführt werden.

In den Betriebsstellen konnten also unmittelbar vor Zulassung der Zugfahrt die Gleise freigeprüft werden. Diese Information stand damit auch dort zur Verfügung, wo das Signal bedient wurde. Nicht so ist es auf der Strecke: Hier wurde die Freiprüfung zum einen nicht vor der Zugfahrt, sondern immer nach dem vorausgefahrenen Zug durchgeführt. Zum anderen steht die Information nicht an der signalbedienenden Stelle zur Verfügung und muss damit zu ihr übertragen werden – was durch die Blockinformation geschieht.

#### 12.4.1.2 Steuerung und Sicherung der Fahrwegelemente

Eine weitere, sich aus den maßgebenden Systemeigenschaften ergebende Aufgabe ist die Steuerung und Sicherung der beweglichen Fahrwegelemente. Diese Aufgabe wird im Wesentlichen von der Fahrstraße bewältigt. Nur in seltenen Fällen werden bei der Sicherung mit Blockinformationen auch bewegliche Fahrwegelemente gesichert.

[1] Zugfolgestelle: Betriebsstelle, durch die Zugfolge auf der freien Strecke geregelt wird. Einer Zugfolgestelle entspricht anlagenseitig die Einrichtung einer Blockstelle.

[2] Zugmeldestelle: Betriebsstelle, durch die die Reihenfolge der Züge auf der freien Strecke geregelt wird.

Fahrstraßen finden sich in allen Zugmeldestellen. Die Sicherung der Zugfolge zwischen Zugfolgestellen, wo i. d. R. keine beweglichen Fahrwegelemente zu erwarten sind, wird klassischerweise mit Blockinformationen, in modernen Anlagen jedoch ebenfalls mit Fahrstraßen durchgeführt.

#### 12.4.1.3 Geschwindigkeitsvorgabe

Wo sich durch Verzweigungen mehrere Fahrtmöglichkeiten ergeben, sind fast immer unterschiedliche Geschwindigkeiten zu signalisieren. Da sich Verzweigungen in der Regel in Zugmeldestellen befinden, wird die Geschwindigkeitsvorgabe zur Entgleisungsvermeidung innerhalb der Technologie Fahrstraße realisiert.

### 12.4.2 Technologie Fahrstraße

#### 12.4.2.1 Begriff

Der Weg, den ein Schienenfahrzeug nach Lage der Gleise und Weichen nehmen kann, wird Fahrweg genannt. Um den Fahrweg zu sichern, müssen vor dem Befahren die Lage der beweglichen Fahrwegelemente sowie weitere sicherheitsrelevante Bedingungen erfüllt sein. Ist ein Fahrweg derart gesichert, wird er Fahrstraße genannt.

Je nach Art der Fahrt, die darauf stattfinden soll, unterscheidet man zwischen Zug- und Rangierstraße (ch: Zug- und Rangierfahrstraße). In alten Stellwerksbauformen gab es noch keine Rangierstraßen.

Eine Fahrstraße besitzt immer einen definierten Startpunkt und ein definiertes Ziel. Fast immer beginnt eine Zugstraße an einem Hauptsignal. Ziel einer Zugstraße ist meist ein Hauptsignal oder (bei Ausfahrten aus einem Bahnhof) die Strecke an der Grenze des Bahnhofs. Aber auch andere Signale können eine Fahrstraße begrenzen. So besitzt ein Prellbock an einem Stumpfgleis, in das eine Fahrstraße führt (z. B. in

Kopfbahnhöfen) ein definiertes Zeichen, was das Ende des Fahrwegs und damit auch der Fahrstraße markiert.

#### 12.4.2.2 Grundlegende Kriterien für die Sicherung einer Fahrstraße

**Signalabhängigkeit**

Die Sicherstellung der richtigen Endlage von beweglichen Fahrwegelementen, insbesondere von Weichen, wird durch die Signalabhängigkeit gewährleistet. Die Signalabhängigkeit beinhaltet zwei Forderungen:

1. Ein Signal darf sich nur dann auf Fahrt stellen lassen, wenn die zur Fahrstraße gehörenden Elemente richtig gestellt sind.
2. Solange das Signal auf Fahrt steht, müssen die zur Fahrstraße gehörenden Elemente verschlossen sein.

Welche Elemente darin einbezogen werden, hängt von der jeweiligen Definition ab. So sind laut deutscher EBO nur die spitz befahrene Weichen zu sichern; Stand der Technik ist jedoch, alle befahrenen und Flankenschutz bietende Elemente einzubeziehen.

Die Signalabhängigkeit wird im Stellwerk durch den Fahrstraßenverschluss realisiert. Durch den Fahrstraßenverschluss werden die Elemente gegen Umstellen gesperrt und somit in ihrer Lage festgehalten. Weiterhin wird verhindert, dass der Fahrstraßenverschluss zurückgenommen werden kann, während ein Signal auf Fahrt steht.

**Fahrstraßenfestlegung**

Durch die Signalabhängigkeit wird nur erreicht, dass die Elemente während der Fahrtstellung des Hauptsignals richtig stehen. Ist der Zug am Signal vorbeigefahren, so besteht die Möglichkeit, das Signal auf Halt zu stellen, wodurch der Zug unverschlossene Elemente befahren könnte. Zur Verhinderung dessen dient die Fahrstraßenfestlegung. Die Fahrstraßenfestlegung hält den Fahrstraßenverschluss so lange aufrecht, bis der Zug das letzte bewegliche Fahrwegelement (meist die letzte Weiche) verlassen hat. Danach kann die Fahrstraße aufgelöst werden, was die Rücknahme der Fahrstraßenfestlegung bedeutet. Der Punkt, den der Zug verlassen haben muss, damit die Fahrstraße aufgelöst wird, wird Fahrstraßenzugschlussstelle genannt.

**Fahrstraßenausschluss**

Zwei Fahrstraßen, die gemeinsame Fahrwegelemente nutzen, nennt man feindliche Fahrstraßen. Zur Kollisionsvermeidung muss die gleichzeitige Einstellbarkeit zweier feindlicher Fahrstraßen ausgeschlossen sein.

Wenn feindliche Fahrstraßen zu verschließende Fahrwegelemente in unterschiedlichen Stellungen benötigen, so können – bedingt durch die Wirkung der Signalabhängigkeit – beide niemals gleichzeitig eingestellt werden. Man spricht von einem einfachen Ausschluss. Ein einfacher Ausschluss erfordert keine weiteren Maßnahmen.

Haben zwei feindliche Fahrstraßen keine gemeinsamen Fahrwegelemente, die sich in der Stellung unterscheiden (z. B. bei Gegenfahrten), so ist ein besonderer Ausschluss erforderlich. Ein besonderer Ausschluss bedeutet immer einen zusätzlichen Aufwand in der Sicherungslogik.

**Flankenschutz**

Flankenschutz ist eine Maßnahme zur Verhinderung des Eindringens von Fahrzeugen in Fahrstraßen über einmündende Fahrwege. Während feindliche Fahrstraßen durch Ausschlüsse bereits verhindert sind, besteht immer noch die Möglichkeit, dass Rangierfahrten, die frei (ohne Rangierstraße) rangieren, oder unabsichtlich in Bewegung geratene, abgestellte Fahrzeuge eine Flankenfahrt verursachen. Der notwendige Umfang des Flankenschutzes wird ausführlich in Abschn. 11.4 behandelt.

Der Flankenschutz schützt jedoch nur vor Flankenfahrten, die vor dem Flankenschutz bietenden Element beginnen. Deshalb muss das Gleis zwischen dem Flankenschutz suchenden und dem Flankenschutz bietenden Element frei sein. Dieser Raum wird Flankenschutzraum genannt.

**Gleisfreimeldung**

Die Gleisfreimeldung ist eine Maßnahme, mit der die Freiheit der Gleise von Schienenfahr-

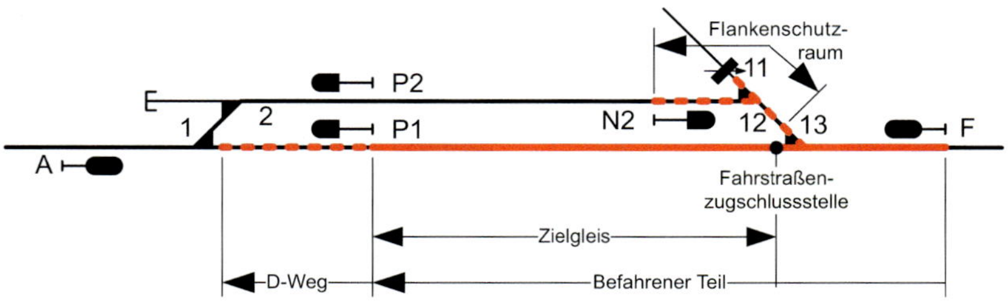


**Abb. 12.23** Bestandteile einer Fahrstraße

zeugen geprüft wird. In den seltenen Fällen, wo eine Freimeldung des Lichtraums auch von systemfremden Verkehrsteilnehmern oder übriger Umwelt erfolgt, kann auch diese mit hinzu gezählt werden. Die Möglichkeiten dazu sind in Abschn. 12.2 erläutert.

#### 12.4.2.3 Topologische Bestandteile einer Fahrstraße

Topologisch besteht eine Fahrstraße nicht nur aus den Elementen, die zwischen Start und Ziel liegen. Drei Bestandteile gehören dazu (Abb. 12.23):

- befahrener Teil,
- Flankenschutzraum,
- Durchrutschweg.

In der Regel werden alle drei Teile in die Gleisfreimeldung einbezogen.

Wie der Name schon sagt, gehören zum befahrenen Teil alle diejenigen Elemente, die die Zug- oder Rangierfahrt auf ihrem Weg vom Start zum Ziel befährt (Fahrweg). Dabei kommt dem Zielgleis eine besondere Bedeutung zu: Es muss nicht freigefahren werden, um die Fahrstraße aufzulösen. Es ist zwar Teil der Fahrstraße und wird vor Zulassung dieser freigeprüft, die Auflösung der Fahrstraße geschieht jedoch nach dem Passieren der Fahrstraßenzugschlussstelle. Dies ist auch logisch, da eine Fahrt im Zielgleis halten und für längere Zeit dort verweilen kann.

#### 12.4.2.4 Teilfahrstraßen

In hoch belasteten Fahrstraßenknoten ist es sinnvoll, bereits freigefahrene Elemente schon vor dem Passieren der Fahrstraßenzugschlussstelle aufzulösen, um sie für andere, zur betreffenden Fahrt feindliche Fahrstraßen zu nutzen. Zu diesem Zweck werden Teilfahrstraßen eingerichtet. An deren Ende befindet sich die Teilfahrstraßenzugschlussstelle. Nach dem Freifahren wird die Teilfahrstraße aufgelöst und steht für andere Fahrten zur Verfügung.

#### 12.4.2.5 Fahrstraßenverschluss

Der Fahrstraßenverschluss beinhaltet die Festhaltung aller Fahrwegelemente in der für die Fahrstraße benötigten Stellung sowie die besonderen Ausschlüsse. Er ist eine Voraussetzung, um das Signal auf Fahrt zu stellen (Signalabhängigkeit). Die vom Verschluss geprüften Bedingungen sowie die Aufrechterhaltung des Verschlusses selbst werden ständig geprüft und würden (außer bei sehr alten Stellwerksbauformen) beim Ausbleiben zur sofortigen Signalhaltstellung führen.

Eine verschlossene Fahrstraße kann vor dem Eintreten der Fahrstraßenfestlegung jederzeit zurückgenommen werden. Eine Gefährdung ergibt sich daraus nicht, da das Signal erst nach der Festlegung auf Fahrt gestellt werden kann.

Teilfahrstraßen werden je Fahrstraßenteil verschlossen, da sie einzeln aufgelöst werden. Bei Zusammenfassung mehrerer Elemente zu einem Gleisfreimeldeabschnitt bestimmt dieser den Umfang der Teilfahrstraße.

Der erfolgte Fahrstraßenverschluss kann als Zwischenbilanz beim Fahrstraßenaufbau betrachtet werden, bei dem nur die wichtigsten Freigabebedingungen geprüft werden. Andere Bedingungen (z. B. Gleisfreimeldung) werden bewusst erst später geprüft, um bei deren Störung mit dem Fahrstraßenverschluss wenigstens die wichtigsten Bedingungen technisch geprüft zu haben. Dadurch muss im Störungsfall der Bediener nicht die gesamte Verantwortung übernehmen.

**Stellbare Fahrwegelemente**
Bei stellbaren Fahrwegelementen bedeutet der Verschluss, dass sie in der richtigen Endlage festgehalten werden. Dazu gehören alle in Abschn. 12.3.1.1 genannten Elemente. Für Zwecke des Flankenschutzes werden auch Signale in Haltstellung verschlossen.

**Mittelweichen**
Mittelweichen sind Weichen und Kreuzungen, die sich im Zielgleis (also hinter der Fahrstraßenzugschlussstelle) befinden. Sie müssen sowohl bei der Einfahrt in das als auch bei der Ausfahrt aus dem Gleis gesichert werden. Mittelweichen müssen bei einer Ausfahrt mit Verschluss und Flankenschutz in die Ausfahrstraße einbezogen und damit – obwohl sie vor dem Startsignal liegen – wie solche im befahrenen Teil der Fahrstraße gesichert werden.

Bei Mittelweichen ist die am Ausfahrsignal signalisierte Geschwindigkeit in Abhängigkeit von der Mittelweiche zu betrachten. Da nach der Weichenbereichsregel (siehe Abschn. 11.3.2.3) die Geschwindigkeit bereits bei Abfahrt des Zuges vom Halteplatz gilt, muss die zulässige Geschwindigkeit der Mittelweiche in die Signalisierung einbezogen werden.

In modernen Stellwerksbauformen geschieht die Sicherung der Mittelweichen dadurch, dass nach der Einfahrt die nicht freigefahrene Teilfahrstraße, in der sich das Element befindet, verschlossen bleibt; damit bestehen Verschluss und Flankenschutz weiterhin. Verlässt der Zug bei Weiterfahrt die Teilfahrstraße, löst sie auf.

Sind aus Gründen wie Zugbereitstellung oder Stärken/Schwächen von Zügen keine oder nicht alle erforderlichen Teilfahrstraßen verschlossen, müssen diese vor Ausfahrt des Zuges separat gesichert werden. Hierfür muss eine **Mittelweichenteilfahrstraße** eingerichtet sein, die zusammen mit der Ausfahrstraße eingestellt wird. Je nach Erfordernis sind auch mehrere Mittelweichenteilfahrstraßen vor einem Signal möglich.

**Besondere Bedingungen**
Im Fahrstraßenverschluss können auch besondere Bedingungen für die Fahrt abgeprüft werden. So kann auf Systemwechselbahnhöfen die Einschaltung der richtigen Traktionsspannung in den Verschluss einbezogen werden oder gar die grundsätzliche Verfügbarkeit des Bahnstromes im freigegebenen Abschnitt.

**Besondere Fahrstraßenausschlüsse**
Mit dem Fahrstraßenverschluss werden auch die besonderen Ausschlüsse feindlicher Fahrstraßen hergestellt. Dazu ist es notwendig, dass sich diese in Grundstellung (nicht eingestellt) befinden. Ebenso wie sich verschlossene Elemente nicht mehr umstellen lassen, lassen sich dann auch die ausgeschlossenen Fahrstraßen nicht mehr einstellen.

### 12.4.2.6 Flankenschutzelemente

**Verschluss der Elemente**
Wie die befahrenen Fahrwegelemente werden auch die Elemente des unmittelbaren Flankenschutzes verschlossen. Für alle Weichen und Kreuzungen im befahrenen Teil und im Durchrutschweg muss Flankenschutz gewährleistet sein. Abhängig von den Forderungen der Eisenbahninfrastrukturunternehmen kann bei Durchrutschwegen und Rangierstraßen auf Flankenschutz verzichtet werden.

In den meisten Fällen wird der Flankenschutz durch das benachbarte Element gegeben. Im Fall der Weiche 12 in Abb. 12.23 kann diese keinen Flankenschutz bieten, wenn die Weiche 13 ihn anfordert. Hier muss der Flankenschutz von der Weiche 12 „durchgereicht“ und von Gleissperre 11 und Signal N2 gewährleistet werden. Weichen, die den Flankenschutz auf diese Art weiterleiten, werden auch „Flankenschutztransportweichen“ genannt.

**Zwieschutzweichen**
Ein Sonderfall des Flankenschutzes sind Zwieschutzweichen. Sie ergeben sich immer dann, wenn eine Weiche gleichzeitig in beiden Stellungen für den Flankenschutz angefordert werden kann. In Abb. 12.24a kann das bei Weiche 3 geschehen: Wenn die eingezeichneten Fahrstraßen von P1 und P3 gleichzeitig eingestellt werden, fordert jede Fahrstraße die Flankenschutzweiche 3 in einer anderen Stellung an. Da Flanken-

**Abb. 12.24** **a,b** Beispiele für Zwieschutzweichen

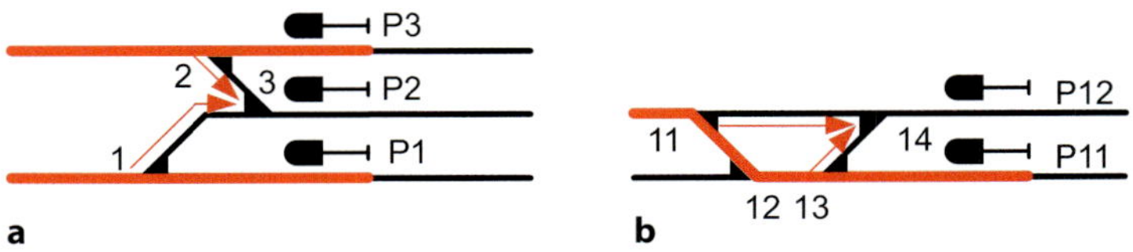


schutzweichen verschlossen werden, ergäbe sich daraus ein einfacher Ausschluss und die beiden Fahrstraßen wären nicht gleichzeitig einstellbar, obwohl sie keine gemeinsam befahrenen Elemente besitzen. Eine solche Weiche wird **Echte Zwieschutzweiche** genannt.

Im Fall der Weiche 14 in (Abb. 12.24b) handelt es sich um eine **Eigenzwieschutzweiche**. Im Gegensatz zur Echten Zwieschutzweiche wird hier die Zwieschutzweiche von der gleichen Fahrt in beiden Stellungen gleichzeitig anfordert. Durch die im Beispiel gekennzeichnete Fahrt von P11 verlangt einerseits die Weiche 13, andererseits die Weiche 11 nach Flankenschutz und beide finden ihn an der Weiche 14 – jedoch in unterschiedlichen Stellungen.

Zwieschutzweichen müssen in der Stellwerkslogik besonders behandelt werden. Der Konflikt des Ausschlusses von Fahrstraßen durch Zwieschutzweichen wird behoben, indem für die Flankenschutzanforderungsfälle folgende Reaktionen geplant werden:

- Verschluss der Zwieschutzweiche (Bedienung der Flankenschutzanforderung)
- Ersatzschutz (Erfüllung der Flankenschutzanforderung durch ein alternatives Flankenschutzelement)
- Flankenschutzverzicht

Die Wahl der jeweiligen Maßnahme hängt von der betrieblichen Situation auf der Infrastruktur ab. So kommt Flankenschutzverzicht i. d. R. nur dann zur Anwendung, wenn die zu schützende Fahrt kein hohes Risikopotenzial birgt (z. B. nur Güterverkehr).

### Flankenschutz gegen das Strecken der Züge

Das Phänomen des Streckens von Zügen besteht darin, dass ein haltender Zug mit eingedrückten Federpuffern zum Stehen kommt, da die Wagen beim Bremsen aufeinander auflaufen. Wenn während eines längeren Halts die Bremskraft der Luftdruckbremse nachlässt, entspannen sich die Federn der Puffer wieder – der hintere Zugteil bewegt sich dadurch bis zu mehreren Metern rückwärts. Diese ungewollte Bewegung kann zu einer Gefährdung durch Flankenfahrt führen, der entgegengewirkt werden muss.

Sind Fahrwegweichen mit Flankenschutzfunktion vorhanden, so werden diese verwendet, wie in Abb. 12.25a dargestellt. Sind solche nicht vorhanden, wird der Streckschutz durch Gleisfreimeldeabschnitte sichergestellt.

Eine relativ aufwendige Möglichkeit ist der Einsatz eines separaten Streckschutzabschnitts (Abb. 12.25b). Hierbei liegt die Fahrstraßenzugschlussstelle am Ende des Streckschutzabschnitts, so dass die Einfahrstraße erst dann aufgelöst wird, wenn dieser besondere Abschnitt frei ist. Sollte sich der eingefahrene Zug in den Abschnitt hinein strecken, so hat das keine Auswirkungen, da für die Fahrt auf dem anderen Gleis nur die Weiche freigemeldet werden muss.

Eine einfachere Möglichkeit ist die Verlängerung des Freimeldeabschnitts der einmündenden Weiche (Abb. 12.25c). Hierbei liegt die Fahrstraßenzugschlussstelle am Ende dieses Abschnitts, der Zug muss diesen also geräumt haben, damit die nächste Fahrt stattfinden kann. Sollte er sich nun strecken, so stehen ihm dafür, abhängig von der Neigung, mindestens 9 m zur Verfügung. Diese Länge reicht aus, damit das Zugende noch vor dem Grenzzeichen der Weiche zum Stehen kommt. Nachteilig bei dieser Variante ist, dass es zu einer Betriebshemmung im Nachbargleis kommt, wenn der Freimeldeabschnitt der Weiche durch die Streckung belegt wird. Da hierfür aber ein sich streckender Zug mit maximaler Länge erforderlich ist, kommt dies nur sehr selten vor.

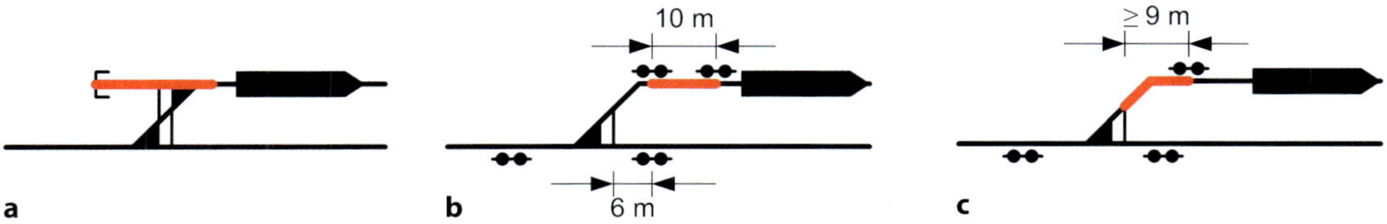


**Abb. 12.25** a–c Möglichkeiten zur Gewährleistung des Streckschutzes

### 12.4.2.7 Freimeldung der Fahrstraßenbestandteile

In der Regel müssen alle topologischen Bestandteile einer Zugstraße auf Freiheit von anderen Schienenfahrzeugen geprüft werden. Dazu werden alle freizuprüfenden Gleise in Gleisfreimeldeabschnitte unterteilt. Dort, wo auch der „Schutz vor übrigen Hindernissen" (siehe Abschn. 12.1.2) realisiert wird, werden auch die Ergebnisse dieser Sensoren einbezogen. Bei Rangierstraßen ist die Freimeldung i. d. R. nicht notwendig, da zum Bilden und Zerlegen von Zügen in besetzte Gleise eingefahren werden muss.

In Stellwerken mit technischer Gleisfreimeldung erfolgt die Prüfung kontinuierlich. Eine Besetzung durch ein in die Fahrstraße eindringendes Fahrzeug führt zum sofortigen Signalhaltfall.

Um sicherzustellen, dass ein Fahrzeug an einer Weiche nicht mit einer Fahrt im benachbarten Strang zusammenstößt, muss es noch vor dem Grenzzeichen (ch: Sicherheitszeichen, at: Grenzmarke) der Weiche stehen; man spricht auch von grenzzeichenfreier Stellung des Fahrzeugs (ch: Profilfreiheit). Hieraus ergibt sich eine Anforderung an die Freimeldung von Weichen.

Zur Gleisfreimeldung werden Schienenfahrzeuge nur an ihren Rädern detektiert. Jedes Fahrzeug ragt aber über die äußerste Achse hinaus. Man spricht dabei auch vom „Überhang" (Abb. 12.26a). Um sicherzustellen, dass ein Fahrzeug, das den Freimeldeabschnitt der Weiche verlassen hat, auch grenzzeichenfrei steht, wird die Gleisfreimeldegrenze einige Meter vor dem Grenzzeichen angeordnet. Nach deutschem Regelwerk sind das 6 m (ch: mindestens 3 m).

Ein besonderes Problem, was häufig auftritt, besteht an Gleisverbindungen dicht benachbarter Gleise. Hierbei sind die Weichen so dicht aneinander angeordnet, dass sich die Grenzzeichen überlappen (Abb. 12.26b). Die Freimeldung kann nicht mehr grenzzeichenfrei erfolgen. Eine Möglichkeit der Abhilfe wäre die Anordnung zweier Gleisfreimeldegrenzen jeweils 6 m nach dem Grenzzeichen. Aufgrund des hohen Aufwands für einen weiteren Gleisfreimeldeabschnitt kommt diese Maßnahme nicht zur Anwendung. Außerdem ist die Positionierung von Gleisfreimeldegrenzen in Weichen bei Gleisstromkreisen problematisch.

Das Problem kann durch einen Eingriff in die Stellwerkslogik gelöst werden. Dazu wird bei jeder Weiche – aber nur in der Stellung für den Fahrweg, der über beide Weichen geht – eine Umstellsperre aktiv, die so lange andauert, bis die benachbarte Weiche frei ist. Durch die Umstellsperre kann im benachbarten Gleis (im Beispiel über die geraden Stränge der Weichen) keine weitere Fahrt stattfinden.

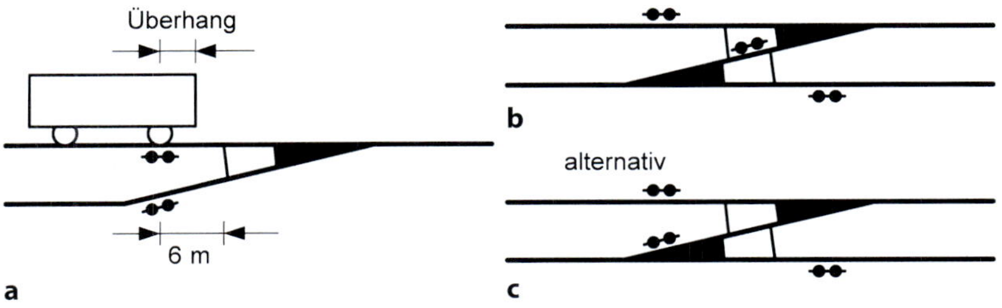


**Abb. 12.26** a–c Freimeldung von Weichen

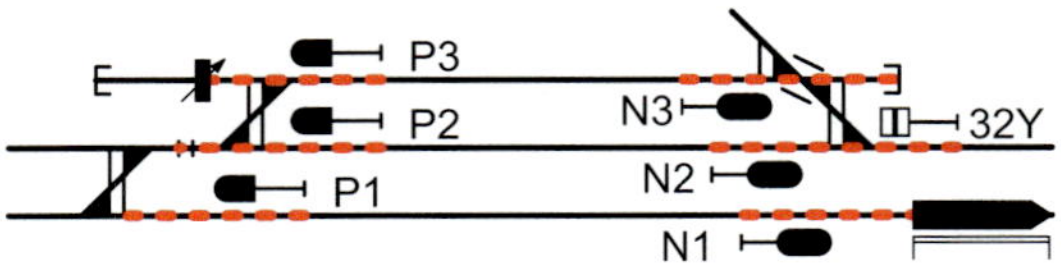


**Abb. 12.27** Beispiele für markante Punkte

Da bei Achszählern das Anordnen von Gleisfreimeldegrenzen in Weichen möglich ist, kann zumindest eine Weiche grenzzeichenfrei freigemeldet werden (Abb. 12.26c). Hierbei ist nur die nicht grenzzeichenfrei freigemeldete Weiche entsprechend zu behandeln.

### 12.4.2.8 Sicherung des Durchrutschwegs

Der Durchrutschweg, als Bestandteil der Fahrstraße, beginnt am Zielsignal und endet am markanten Punkt. International wird er nicht bei allen Bahnen verwendet und manche verwenden ihn nur in bestimmten Fällen. In Österreich wird der Durchrutschweg nicht angewendet; hier gibt es den in der Regel 50 m langen Schutzweg, der aber kein Bestandteil der Fahrstraße ist.

Mit wenigen Ausnahmen gelten in der Fahrstraßenlogik alle Sicherungskriterien für die Fahrstraße auch für den Durchrutschweg. So wird er in den Fahrstraßenverschluss und die -festlegung einbezogen, benötigt Flankenschutz sowie Freimeldung und schließt andere Fahrten aus.

Durchrutschwege enden an einem markanten Punkt, damit bei Stellwerken ohne oder bei gestörter Gleisfreimeldeanlage in der Rückfallebene der visuell frei zu prüfende Abschnitt eindeutig in der Außenanlage identifizierbar ist. Abb. 12.27 zeigt Beispiele für markante Punkte:

N2 Signal der Gegenrichtung
P1 Grenzzeichen einer Weiche
P2 Spitze einer Weiche
P3 Gleissperre
N1 Bahnsteiganfang
N3 Gleisabschluss

**Längen von Durchrutschwegen**

Je nach Geschwindigkeit, mit der auf das Halt zeigende Signal zugefahren wird, sind unterschiedliche Längen von Durchrutschwegen vorzusehen. Die Staffelung ergibt sich aus der Annahme, dass sich bei größeren Geschwindigkeiten der Bremsweg und damit auch der tatsächliche Durchrutschweg verlängern. Die Längen von Durchrutschwegen sind – sofern überhaupt vorgesehen – international sehr unterschiedlich. Die in Deutschland, Österreich und der Schweiz vorgeschriebenen Längen bei Normalspurbahnen sind in Abb. 12.28 wiedergegeben. Teilweise werden sie noch mit einem Gefällezuschlag versehen.

In besonderen Fällen, wie Einfahrt in ein teilweise besetztes Gleis oder in ein Stumpfgleis, kann es vorkommen, dass kein oder nur ein sehr kurzer Durchrutschweg zur Verfügung steht. Dann sind Maßnahmen zu treffen, die

**Abb. 12.28** Regeldurchrutschweglängen (at: Schutzweglänge)

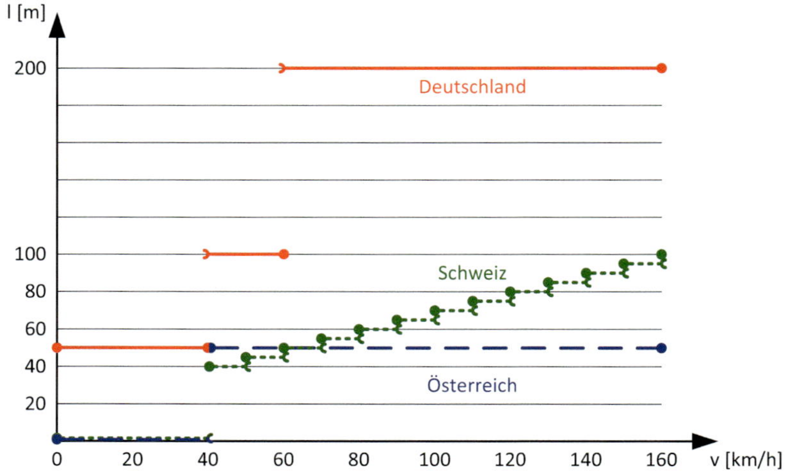

die Wahrscheinlichkeit des Durchrutschens verringern, wie z. B. Verringerung der Einfahrgeschwindigkeit oder besondere Hinweise an den Triebfahrzeugführer durch Signalisierung oder Fahrplanunterlagen.

### Verschluss von Weichen im Durchrutschweg

Deutsche Regelwerke lassen es zu, dass stumpf berutschte Weichen mit auffahrbarem Antrieb nicht verschlossen werden müssen. Man spricht von einer „Regelstellungsweiche", weil diese i. d. R. für den Durchrutschweg in eine bestimmte Stellung gebracht werden soll, aber nicht verschlossen wird. Bei diesen Weichen besteht lediglich die Gefahr, dass sie im Falle des Berutschens falsch steht und dabei aufgefahren wird, was nicht gefährlich ist.

Nicht in allen Stellwerksbauformen kann die Logik von Regelstellungsweichen implementiert werden. In so einem Fall müssen auch stumpf berutschte Weichen verschlossen werden.

### Vereinfachungen bei Durchrutschwegen

Die Wahrscheinlichkeit für das Durchrutschen ist gering und beträgt ca. $10^{-5}$ pro Fahrt auf ein Halt zeigendes Signal. Die Wahrscheinlichkeit des gleichzeitigen Durchrutschens zweier Züge ist hinreichend klein, so dass dieser Fall nicht angenommen wird. Deshalb dürfen nach deutschen Richtlinien Fahrwegelemente gleichzeitig von zwei Durchrutschwegen in Anspruch genommen werden. Auch diese Besonderheit ist nicht in allen Stellwerksbauformen implementierbar. In einigen Fällen kann es schon deshalb scheitern, weil stumpf berutschte Weichen verschlossen werden müssen.

In der Schweiz gilt bei Gegeneinfahrten nur die einfache Länge des jeweils längeren Durchrutschwegs. Bei Paralleleinfahrten ist nur ein Durchrutschweg zu berücksichtigen. Außerdem kann für Folgefahrten der Durchrutschweg auf 40 m verkürzt werden, wenn der Abstand zum nächsten

- Hauptsignal mehr als 750 m oder
- Perron (Bahnsteig) mehr als 100 m

beträgt.

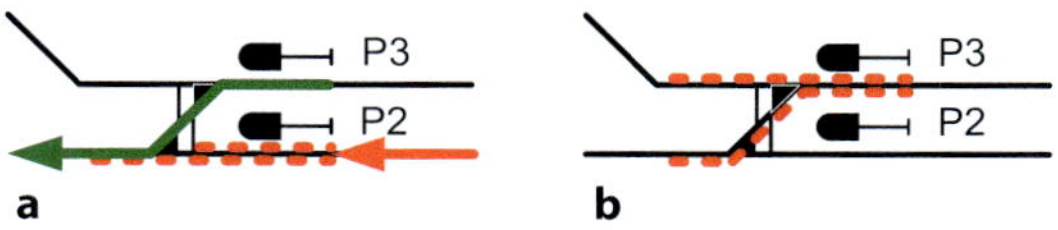


**Abb. 12.29** **a,b** Beispiele für Wahldurchrutschwege

### Wahldurchrutschwege

Selbstverständlich schließen sich Durchrutschwege mit anderen Fahrten aus. Wenn z. B. die in Abb. 12.29a dargestellte Ausfahrt von P3 und die Einfahrt auf P2 gleichzeitig eingestellt werden soll, würden sich diese beiden Fahrten ausschließen, wenn der reguläre Durchrutschweg hinter P2 in die Ausfahrstraße hineinreicht. Um solche Ausschlüsse zu vermeiden, ist es möglich, einen weiteren Durchrutschweg hinter P2 einzurichten. Dieser ist kürzer und endet bereits am Grenzzeichen der nächsten Weiche. Die Verkürzung muss mit einer Verringerung der Einfahrgeschwindigkeit erkauft werden. Mehrere Durchrutschwege hinter einem Signal nennt man Wahldurchrutschwege, da der Bediener je nach betrieblicher Situation einen Durchrutschweg wählen kann.

Ein anderes Erfordernis für die Einrichtung von Wahldurchrutschwegen können mehrere Ausfahrrichtungen hinter einem Ausfahrsignal sein (Abb. 12.29b). Um eine Durchfahrt einzustellen, müssen Ein- und Ausfahrstraße gleichzeitig eingestellt werden. Wenn aber die Verzweigung unterschiedlicher Ausfahrwege im Durchrutschweg liegt, kann nur die Ausfahrt eingestellt werden, in die der Durchrutschweg hineinreicht. Um solcher Art Fahrstraßenausschluss – eine Einfahrt mit der weiterführenden Ausfahrt – zu vermeiden, werden ebenfalls Wahldurchrutschwege eingeführt.

## 12.4.2.9 Fahrstraßenfestlegung

Vor der Durchführung der Fahrt muss die Fahrstraßenfestlegung erfolgen. Sie verhindert ein Zurücknehmen des Fahrstraßenverschlusses und ist Voraussetzung für die Fahrtstellung des Signals; letzteres deshalb, damit nur festgelegte Fahrstraßen befahren werden.

Mit der Festlegung ist die Fahrstraße nicht mehr ohne weiteres rücknehmbar, da ab diesem Zeitpunkt ein Signal auf Fahrt gestanden haben und damit sich bereits eine Fahrt in der Fahrstraße befinden kann. Soll bei Unregelmäßigkeiten eine bereits festgelegte Fahrstraße ohne durchgeführte Fahrt aufgelöst werden, so ist eine registrierpflichtige Hilfshandlung notwendig.

#### 12.4.2.10 Abhängigkeiten zum Streckenblock

Wird bei Ausfahrstraßen die anschließende Strecke mit Blockinformationen gesichert, so werden die Kriterien des Folge- und Gegenfahrschutzes mit geprüft. Weitere Erläuterungen über die Kriterien erfolgen in Abschn. 12.4.3.

#### 12.4.2.11 Weitere Abhängigkeiten

Bei besonderen Bedingungen kann es weitere Abhängigkeiten zur Einstellung der Fahrstraße geben. So ist es z. B. möglich, die Einfahrt in ein bestimmtes Ladegleis von der Zustimmung des Bedieners der Ladeeinrichtung abhängig zu machen. Eine weitere Möglichkeit besteht darin, auf Grenzbahnhöfen die Ausfahrt eines Zuges nur zu gestatten, wenn die Stellen der Grenzabfertigung zugestimmt haben. In Tunneln kann der Zustand seitlicher Türen z. B. zu Querschlägen (Verbindung zweier Röhren) oder Fluchtwegen geprüft werden.

#### 12.4.2.12 Abhängigkeiten zu Bahnübergängen

In einigen Fällen müssen Bahnübergänge (BÜ) von Fahrstraßen abhängig sein (siehe Kap. 7). Das betrifft sowohl den Einschaltanstoß als auch die Überwachung des gesicherten Zustands.

Die Einschaltung eines BÜ erfolgt beim Fahrstraßenaufbau immer als letztes Kriterium vor der Signalfahrtstellung. Dem liegt die Überlegung zugrunde, dass bei einer Störung im Fahrstraßenaufbau der BÜ nicht unnötig für den Straßenverkehr gesperrt sein soll.

#### 12.4.2.13 Signalisierung von Fahrstraßen

**Fahrtstellung des Signals**
Erfüllt die Fahrstraße alle Anforderungen und ist sie festgelegt, kann das Signal auf Fahrt gestellt werden. Voraussetzung dafür ist, dass das Zielsignal kein Zusatzsignal zur ersatzweisen Erteilung der Zustimmung zur Zugfahrt zeigt, nicht betrieblich abgeschaltet oder erloschen ist. Wichtig ist also, dass der freigegebene Bereich am Ende durch ein Halt zeigendes Signal begrenzt wird. Da es in den meisten Fällen möglich sein muss – bei Vorliegen der Voraussetzungen – auch mehrere Fahrstraßen hintereinander einzustellen, kommt eine Haltprüfung des Zielsignals nur in solchen Fällen in Frage, in denen das gleichzeitige Einstellen der nächsten Fahrstraße nicht gefordert ist. Ansonsten werden andere Strategien angewandt.

**Geschwindigkeitssignalisierung**
Statische Geschwindigkeitsbegrenzungen werden durch die Einrichtung ständiger oder vorübergehender Langsamfahrstellen gekennzeichnet. Wo aber ein Hauptsignal einen Fahrweg sichert, kann es z. B. durch Fahrwegverzweigungen zu unterschiedlichen Geschwindigkeiten je nach Fahrweg kommen. Diese müssen durch dynamische Signalisierung dem Triebfahrzeugführer bekannt gegeben werden. Es gibt drei grundlegende Ursachen für eine Geschwindigkeitsbeschränkung in der Fahrstraße:

**Geschwindigkeitseinschränkung durch Fahrweg bei verschiedenen Fahrwegen**
Die häufigste Einschränkung der Geschwindigkeit ergibt sich durch die im jeweiligen Fahrweg zulässige Geschwindigkeit, die wiederum fast immer durch die Abzweiggeschwindigkeit abzweigend befahrener Weichen bestimmt wird. Dabei ist zu beachten, dass auch vor dem Signal befindliche Elemente eine solche Einschränkung hervorrufen können (z. B. bei Gruppensignal oder Mittelweiche). In der Regel können Weichen im Stammgleis mit unverminderter Geschwindigkeit durchfahren werden; die Geschwindigkeit im Zweiggleis richtet sich nach dem Radius des Zweiggleises (siehe Kap. 4). Aber auch andere Trassierungselemente (z. B. Gleisverziehungen) können zur Einschränkung der Geschwindigkeit eines Fahrwegs führen. In den meisten Fällen wird jedoch so trassiert, dass im Umfeld von Weichen keine schärferen Geschwindigkeitsein-

schränkungen durch Trassierungselemente entstehen.

**Verkürzter Durchrutschweg**
Wie bereits erläutert, können zur Vermeidung von Fahrstraßenausschlüssen Wahldurchrutschwege eingerichtet werden. Oftmals sind alternative Durchrutschwege kürzer; sie führen damit zu einer Einschränkung der Geschwindigkeit, mit der auf das Zielsignal zugefahren werden darf. Diese Geschwindigkeit muss am Startsignal signalisiert werden.

**Verkürzter Bremswegabstand**
Ist der Abstand zweier Hauptsignale geringer als der Regelbremsweg, so kann es vorkommen, dass am Startsignal bereits eine geringere Geschwindigkeit gefahren werden muss, damit der Zug innerhalb des verkürzten Bremswegabstandes sicher zum Stehen kommt.

In der Schweiz wurden in modernen Stellwerken weitere Funktionalitäten implementiert, die zu verringerten Geschwindigkeiten führen können:

- nicht vollständig gegebener Flankenschutz (dann höchstens 120 km/h),
- Arbeiten im Nachbargleis bei zweigleisigen Tunneln.

**Sonstige Zusatzsignalisierung**
Neben der Geschwindigkeitssignalisierung können weitere Besonderheiten signalisiert werden. Die Möglichkeiten werden in Abschn. 11.3.2.3 vorgestellt.

**Vorsignalisierung**
Die Stellung des Hauptsignals einschließlich solcher Besonderheiten, die ein vorheriges Bremsen erfordern, ist vorzusignalisieren, damit der Triebfahrzeugführer seine Fahrweise auf das zu erwartende Hauptsignal einstellen kann. Erfolgt die Vorsignalisierung durch ein separates Vorsignal, wird dessen Steuerung in den meisten Fällen direkt von der Hauptsignallogik aus angesteuert.

Stehen Vor- und Hauptsignal an einem Standort oder werden kombinierte Signale genutzt, so muss ein Haltbegriff am Hauptsignal einen eventuellen Fahrtbegriff am Vorsignal maskieren, d. h. das Vorsignal darf dann keinen Begriff anzeigen.

**Haltstellung des Signals**
Nach der Vorbeifahrt des Zuges am Startsignal der Fahrstraße muss dieses umgehend auf Halt gestellt werden, damit der Zug durch ein Halt zeigendes Signal gedeckt ist. In Stellwerken mit technischer Gleisfreimeldung geschieht das mit dem Befahren des Haltfallabschnitts, auch Löschabschnitt genannt. Der Haltfallabschnitt ist der Gleisfreimeldeabschnitt, bei dessen Befahren das Signal auf Halt zurückgestellt, die Fahrtstellung also „gelöscht" wird. In Stellwerken ohne technische Gleisfreimeldung wird die Haltstellung durch den Zug an punktförmigen Ortungskomponenten oder durch den Bediener im Stellwerk ausgelöst.

Neben der regulären Haltstellung des Signals muss diese zur Gefahrenabwehr jederzeit möglich sein. Das kann durch einen Eingriff des Bedieners erfolgen oder durch die technische Fahrstraßenüberwachung, wenn nicht mehr alle Voraussetzungen für die Fahrstraße gegeben sind.

#### 12.4.2.14 Fahrtabbau

**Fahrstraßenauflösung im Regelfall**
Nachdem die Fahrstraßenzugschlussstelle passiert wurde, kann der befahrene Teil der Fahrstraße einschließlich dessen Flankenschutzes aufgelöst werden. Sind die Fahrwegelemente in Teilfahrstraßen (siehe Abschn. 12.4.2.4) aufgeteilt, wird nach dem Befahren der Teilfahrstraßenzugschlussstelle die jeweilige Teilfahrstraße aufgelöst. Teilfahrstraßen werden meist durch einen, selten durch mehrere Gleisfreimeldeabschnitte freigemeldet.

Voraussetzung für eine Auflösung ist in den meisten Fällen, dass das Startsignal inzwischen Halt zeigt. Um zu erreichen, dass ein Zug nur festgelegte Fahrstraßen befährt, muss die Festlegung eingetreten sein, bevor das Signal auf Fahrt geht. Analog dazu muss beim Fahrstraßenabbau das Signal erst in die Haltstellung kommen, bevor die Festlegung gelöscht wird. Dadurch wird sichergestellt, dass ein Signal ohne Festlegung nie Fahrt zeigen kann.

In Stellwerken mit technischer Gleisfreimeldung werden die Gleisfreimeldeabschnitte zur Fahrstraßenauflösung herangezogen. Diese müssen besetzt gewesen und wieder frei sein, um aufzulösen. Damit wird gleichzeitig eine Funktionskontrolle der Freimeldeeinrichtungen durchgeführt, da nur so geprüft werden kann, ob ein besetzter Zustand wirklich detektiert wird.

Der Durchrutschweg kann aufgelöst werden, wenn er nicht mehr benötigt wird, was dann der Fall ist, wenn der Zug steht, die Gefahr des Durchrutschens somit nicht mehr gegeben ist. Bei Vorhandensein von örtlichem Personal kann dieses den Stillstand durch Beobachtung feststellen und mit einer Bedienhandlung den Durchrutschweg auflösen. Befindet sich kein Personal vor Ort, kann lediglich der Zustand der Gleisfreimeldeanlage ausgewertet werden. Da die Gleisfreimeldeabschnitte aber diskret wirken und eine Fahrzeugbewegung nicht direkt erkennen können, muss auf den Stillstand des Zuges indirekt geschlossen werden. Das wird durch eine zeitverzögerte Auflösung des Durchrutschwegs erreicht, deren Zeitglied nach dem Besetzen des Zielgleises angestoßen wird. Die Dauer der Zeitverzögerung ist in Abhängigkeit von der Länge des Zielgleises und der Einfahrgeschwindigkeit zu projektieren.

**Fahrstraßenhilfsauflösung**

Kann eine Fahrstraße nicht regulär aufgelöst werden, so sind meist technische Ausfälle dafür verantwortlich. Aber auch betriebliche Gründe können die Auflösung verhindern, z. B. dann, wenn der vorgesehene Zug die Fahrstraße gar nicht befahren hat. In solchen Fällen muss die Fahrstraße durch eine Hilfsbedienung aufgelöst werden.

Fahrstraßenhilfsauflösungen sind sicherheitsrelevante Bedienungen. Da nach der Festlegung das Signal auf Fahrt gestanden haben kann, kann sich bereits ein Zug in der Fahrstraße befinden. Deshalb unterliegt die Fahrstraßenhilfsauflösung einer Registrierpflicht. Bei dieser Registrierung muss der Bediener seine Handlung begründen.

Es besteht aber auch die Möglichkeit, eine Fahrstraßenhilfsauflösung zeitverzögert wirksam werden zu lassen. Nach Ablauf einer bestimmten Zeit kann angenommen werden, dass ein eventuell in der Fahrstraße befindlicher Zug diese verlassen oder das Zielgleis erreicht hat.

#### 12.4.2.15 Rangierbereiche mit wechselnder fahrdienstlicher Verantwortung

In Stellwerksbereichen stellt im Regelfall der Stellwerksbediener die Weichen bzw. Rangierstraßen für Rangierfahrten. Um den Bediener von solchen Handlungen zu entlasten, besteht die Möglichkeit, die fahrdienstliche Verantwortung in abgegrenzten Bereichen an den Rangierer vor Ort abzugeben. Die Bereiche können sowohl Neben- als auch Hauptgleise umfassen. Die in dem Bereich liegenden Weichen werden dann vom Personal vor Ort bedient, was bei elektrisch angetriebenen Weichen durch in der Außenanlage aufgestellte Bedienelemente geschieht. Damit entfällt auch die sonst notwendige Kommunikation zwischen Rangierpersonal und Stellwerksbediener. Solche abgegrenzten Bereiche werden Nahbedienbereiche (ch: Rangierzone) genannt.

Ist die Nahbedienung eingeschaltet, die Verantwortung also beim Rangierpersonal, so muss der Bereich vom übrigen Bahnhofsbereich getrennt werden. Das wird dadurch erreicht, dass Flankenschutzelemente (meist Weichen) die Bereiche gegenseitig schützen. Bei eingeschalteter Nahbedienung sind diese in Flankenschutzstellung verschlossen.

### 12.4.3 Technologie Blockinformation

#### 12.4.3.1 Wesen der Blockinformation

Auf der freien Strecke reduzieren sich die Gefährdungsmöglichkeiten. Mit wenigen Ausnahmen muss kein Flankenschutz gewährleistet werden, da keine Weichen vorhanden sind. Dadurch entfällt die Sicherung beweglicher Fahrwegelemente. Somit sind vorrangig Folge- und Gegenfahrschutz zu gewährleisten.

Wie in Abschn. 12.4.1.1 beschrieben, hat sich die von der Fahrstraße abweichende Technologie aufgrund der besonderen nichttechnischen Freimeldung entwickelt. Durch die indirekte Freimeldung der Strecke an deren Ende steht die Freimeldeinformation nur dort zur Verfügung, und zwar immer nachdem ein Zug gefahren ist. Benötigt wird sie aber am Anfang der Strecke, wo die Signalbedienung erfolgt. Deshalb muss sie dorthin übertragen werden – was durch die Blockinformation geschieht.

#### 12.4.3.2 Folgefahrschutz

Um den Folgefahrschutz zu realisieren, muss lediglich gewährleistet sein, dass ein „Nachfahren" in einen Abschnitt – hier den Blockabschnitt – nicht möglich ist. Zunächst darf keine Fahrt in einen bereits besetzten Abschnitt zugelassen werden, d. h. das Signal am Abschnittsanfang darf nur Fahrt zeigen, wenn der Abschnitt frei ist.

Analog zur Fahrstraße muss auch hinter einem Halt zeigenden Zielsignal ein Schutzabschnitt freigehalten werden. Dieser Abschnitt wird in deutschen sicherungstechnischen Regelwerken „Gefahrpunktabstand" genannt. In betrieblichen Regelwerken findet sich auch die Bezeichnung „Durchrutschweg hinter Einfahrsignalen". Die Länge beträgt nach deutschen Vorschriften 200 m, in wenigen Fällen auch darunter. In der Schweiz wird dieser Weg gar nicht berücksichtigt, in Österreich kommen die Regeln des Durchrutschwegs zur Anwendung.

Die Problematik der Deckung eines Zuges durch ein Halt zeigendes Signal besteht auch bei der Sicherung mit Blockinformationen. Würde ein Zug in einen freien Abschnitt eingelassen werden, an dessen Ende aber das Signal fehlerhaft nicht in die Haltstellung gekommen ist, so könnte er in den nächsten Abschnitt einfahren, ohne dass geprüft wurde, ob dieser frei ist.

Das Signal am Anfang des Blockabschnitts muss nach Einfahrt des Zuges in den Abschnitt in der Haltstellung verschlossen werden, um den Zug zu decken. Im Gegensatz zum Signal am Ende des Abschnitts, was beim Verlassen des Abschnitts nur gegen eine fehlerhafte, weiterhin Fahrt zeigende Stellung gesichert werden muss, ist das Signal am Anfang so zu sichern, dass es erst wieder nach dem Eintritt der Grundbedingungen des Folgefahrschutzes einen Fahrtbegriff zeigen kann (Abb. 12.30).

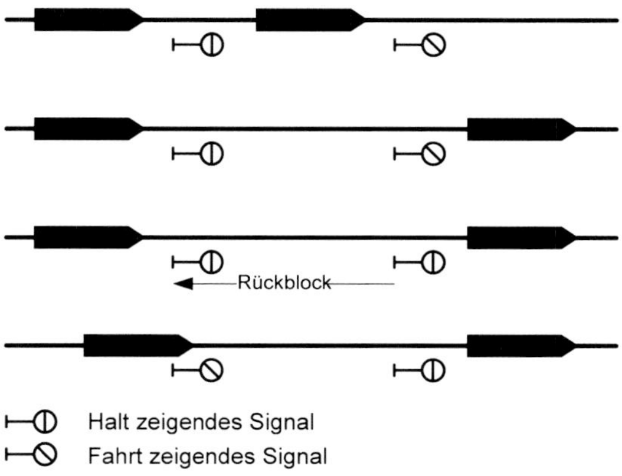


**Abb. 12.30** Verhinderung des Nachfahrens von Zügen bei der Sicherung mit Blockinformationen

Durch die praktische Umsetzung der Bedingungen ergibt sich in der Technologie der Sicherung mit Blockinformationen eine gewisse Abfolge. Beispielhaft soll hier die deutsche Ausprägung herangezogen werden.

Nachdem ein Zug in einen Blockabschnitt eingefahren ist, wird zunächst das Signal am Anfang des Abschnitts in die Haltstellung gebracht. Die Haltstellung ist solange nicht sicherheitsrelevant, wie kein anderer Zug in den davor liegenden Abschnitt gelangen kann.

Befindet sich das Signal in der Haltstellung, so kann die nachfolgende Zugfolgestelle über die Besetzung des Blockabschnitts informiert werden. Dieser Vorgang wird Vorblocken genannt. Die Übertragung des Vorblocks ist nicht sicherheitsrelevant. Der gleichzeitig eintretende Verschluss des oder der Signale am Anfang des Blockabschnitts hingegen besitzt Sicherheitsrelevanz. Man spricht auch vom Signalverschluss. Das Signal bzw. die Signale müssen nun so lange in Halt verschlossen bleiben, bis die Bedingungen für eine Fahrtstellung wieder gegeben sind.

Wie bereits erwähnt, liegen die Bedingungen am Ende des Blockabschnitts vor, weshalb die Information über ihr Eintreten übertragen werden muss. Die Übertragung wird durch den Rückblock realisiert. Dieser ist in höchstem Maße sicherheitsrelevant; gibt er doch den Abschnitt für eine weitere Zugfahrt frei.

Für die Zulassung einer Folgefahrt sind drei Grundbedingungen zu erfüllen:

1. Blockabschnitt frei
2. Schutzabschnitt hinter dem Signal am Ende des Blockabschnitts frei (nicht in ch)
3. Vorausfahrender Zug durch Signal gedeckt

#### 12.4.3.3 Gegenfahrschutz

Für den Gegenfahrschutz ist zu gewährleisten, dass zwei Züge nicht im gleichen Abschnitt aufeinander zufahren können. Einerseits könnte eine Zugfahrt zugelassen werden, während sich bereits eine andere in entgegengesetzter Richtung im Abschnitt befindet. Andererseits könnte aber auch nur die Möglichkeit bestehen, dass eine Zugfahrt in Gegenrichtung zugelassen werden kann.

Die Vereinbarung über die aktuelle Richtung der Befahrung wird „Erlaubnis" (ch: Fahrrichtung) genannt. Dass sich kein Zug auf der Strecke befindet, wird dadurch erzwungen, dass der Wechsel der Erlaubnis nur bei freier Strecke stattfinden kann. Hierfür muss abgeprüft werden, ob sich ein Zug auf der Strecke befindet.

Um nicht bei einer möglichen Gegeneinfahrt in den Abschnitt eine Fahrt zuzulassen, muss gewährleistet werden, dass im Moment des Erlaubniswechsels alle auf die Strecke weisenden Signale der begrenzenden Zugmeldestellen verschlossen sind.

Darüber hinaus besteht noch eine nicht sicherheitsrelevante, aber Behinderungen vermeidende Aufgabe. Zwar könnten auf einem Gleis zwei Züge aufeinander zufahren, solange sie sich in eigenen Blockabschnitten befinden. Allerdings würden sie sich dann an einer Blockstelle gegenüberstehen und damit eine Betriebsbehinderung („Deadlock") ausgelöst haben.

Die letzte, nicht sicherheitsrelevante Aufgabe zeigt, dass eine Vereinbarung über die Richtung, in der die Strecke befahren werden darf, nur zwischen benachbarten Zugmeldestellen sinnvoll ist.

Zur Gewährleistung des Gegenfahrschutzes sind zwei Grundbedingungen zu erfüllen:

1. Es befindet sich kein Zug auf der Strecke.
2. Alle auf die Strecke weisenden Signale sind verschlossen.

Bei der bisherigen Beschreibung wurde immer von einer platzierten Erlaubnis ausgegangen. Dabei befindet sich die Erlaubnis immer an der Zugmeldestelle, die Züge ablassen kann; deren Ausfahrsignale sind also nicht durch die Erlaubnis verschlossen. Beim Wechsel der Erlaubnis kann unterschieden werden zwischen dem Abgeben und dem Holen der Erlaubnis. In der deutschen und österreichischen Sicherungslogik ist das Abgeben der Erlaubnis üblich, in der Schweiz wird die Erlaubnis geholt (ch: „Fahrrichtung anfordern").

Es gibt aber auch Verfahren mit neutraler Erlaubnis. Dabei hat in Grundstellung keine Zugmeldestelle die Erlaubnis („neutrale Stellung"), es sind also alle Ausfahrsignale in Halt verschlossen. Um eine Fahrt durchführen zu können, muss sich eine Stelle die Erlaubnis „nehmen", sofern die Bedingungen erfüllt sind. Nach einer Fahrt geht die Erlaubnis wieder in die neutrale Stellung.

#### 12.4.3.4 Einbeziehung beweglicher Fahrwegelemente

In den meisten Fällen befinden sich auf der freien Strecke keine beweglichen Fahrwegelemente. In einigen Fällen ist das jedoch möglich (z. B. Ausweichanschlussstelle, Bahnübergang). Dann müssen diese Elemente gesichert werden, bevor das Signal am Anfang des Blockabschnitts die Fahrtstellung einnehmen kann. Stellbare Fahrwegelemente können durch Verknüpfungen mit der Blocklogik in die Sicherung mit Blockinformationen integriert werden.

## 12.5 Techniken zur Fahrwegsicherung

Die Fahrwegsicherung mit Fahrstraßen oder Blockinformation verlangt nach konkreten Techniken, in denen diese Technologien umgesetzt werden. Die im Laufe der Eisenbahngeschichte entwickelten Techniken sind auch immer eine

Manifestation der zum Entwicklungszeitpunkt vorhandenen technischen Möglichkeiten. Einerseits betrifft das die Mittel zur technischen Informationsverarbeitung; des Weiteren hatten die technischen Voraussetzungen (insbesondere die Möglichkeiten zur Gleisfreiprüfung) unmittelbaren Einfluss auf die Herausbildung der unterschiedlichen Technologien zur Fahrwegsicherung (siehe auch Abschn. 12.4.1.1). Da Stellwerke sehr langlebig sind, sind neben den modernen Bauformen auch heute noch mechanische und elektromechanische Exemplare im Einsatz. Neubauten werden jedoch fast ausschließlich durch elektronische Stellwerke realisiert.

### 12.5.1 Differenzierung zwischen Leit- und Sicherungstechnik

Sicherungstechnische Anlagen sind von zwei grundlegenden Merkmalen geprägt, die die Begründung dafür liefern, dass heute noch so viele Altstellwerke in Betrieb sind.

***Funktionalität*** Durch die Spurführung der Eisenbahn sind die Fahrmöglichkeiten auf diskrete Alternativen begrenzt – im Gegensatz z. B. zum Flugwesen, bei dem der Kurs stetig innerhalb von drei Dimensionen berechnet werden muss. Deshalb kann der Bahnbetrieb mit einer vergleichsweise einfachen Logik gesteuert werden. Die Anforderungen an die Logik haben sich im Laufe der Entwicklung der Eisenbahn kaum geändert, da sich der zu steuernde Prozess – die Sicherung von Zug- und Rangierfahrten – im Grundsatz nicht geändert hat. Lediglich die Sicherheit oder die Leistungsfähigkeit steigernde Anforderungen sind im Laufe der Zeit hinzugekommen.

***Sicherheit*** Die Forderung nach dem Fail-Safe[3]-Charakter relativiert die Aussagen zur geringen Komplexität der Informationsverarbeitung nur wenig. Sie bedeutet aber, dass spezielle, „sichere" Komponenten und Systeme eingesetzt werden müssen, deren Herstellung aufwendig und deshalb kostenintensiv ist.

Da ältere Techniken die Anforderungen der Funktionalität nach wie vor beherrschen und moderne Technik aufgrund der hohen Sicherheitsanforderungen sehr teuer und der Umbau sehr aufwendig ist, wird in Deutschland knapp die Hälfte der Stelleinheiten noch durch mechanische, elektromechanische und Relaisstellwerke gesteuert und gesichert. Auch in anderen Ländern sind noch viele Alttechniken im Einsatz.

Leittechnische Anlagen, wie z. B. eine Zuglenkung (siehe Abschn. 12.6.3), benötigen hingegen eine sehr viel komplexere Informationsverarbeitung. Deshalb kommen hier fast ausschließlich elektronische Systeme zum Einsatz, weil nur diese die Komplexität beherrschen. Die Forderung nach einem Fail-Safe-Charakter besteht i. d. R. nicht. Aus den genannten Gründen ähneln Anlagen der Leittechnik eher den heute allgemein bekannten Anlagen der Automatisierungstechnik. Aus Prozessgründen werden aber auch an die Leittechnik hohe Anforderungen an die Verfügbarkeit gestellt.

### 12.5.2 Klassifizierung der Techniken

#### 12.5.2.1 Hebelstellwerk

Im 19. Jahrhundert stand nur die Mechanik zur technischen Informationsverarbeitung zur Verfügung. Deshalb wurden zunächst rein mechanische Stellwerke entwickelt, die später mit elektrischen Zusatzeinrichtungen verbessert wurden. Mit Anwendungsreife der Leistungselektrotechnik wurden elektromechanische Stellwerke entwickelt, die zunächst „elektrisches Stellwerk" genannt wurden, was sich jedoch vorrangig auf die Energieübertragung zum Element bezog.

Namensgebend für Hebelstellwerke ist, dass für jedes Element (z. B. Weiche, Signal) ein Bedienelement existiert, was unabhängig von der Platzierung in der Außenanlage in einer oder mehreren Reihen angeordnet ist. Während die Bezeichnung „Hebel" bei mechanischen Stellwerken offensichtlich ist, werden die hauptsächlichen Bedienelemente im elektromechanischen

[3] Fail-Safe: Eigenschaft eines Systems, im Fall eines Fehlers zur sicheren Seite auszufallen.

Stellwerk (Drehknaufe) ebenfalls „Hebel“ genannt.

Den genannten Stellwerksgenerationen ist gemein, dass sie i. d. R. ohne technische Gleisfreimeldung arbeiten, was für die Gestaltung dieser Stellwerke und für deren Bedienung besondere Folgen hat: Sie müssen derart geschaffen sein, dass vom Bedienraum aus die visuelle Gleisfreimeldung vorgenommen werden kann. Das führt auf Bahnhöfen i. d. R. dazu, dass mehrere Stellwerke eingerichtet werden, die zusammenarbeiten müssen.

#### 12.5.2.2 Gleisbildstellwerk

Ab Mitte des 20. Jahrhunderts standen Relaisstellwerke zur Verfügung, bei denen die Informationsverarbeitung ausschließlich elektrisch über Relais erfolgt. Hierdurch konnte auch ein höherer Automatisierungsgrad erreicht werden. Etwa 30 Jahre später wurden elektronische Stellwerke (ESTW) entwickelt, deren Informationsverarbeitung auf Mikrorechnern basiert. Die Funktionalität wurde von den Relaisstellwerken übernommen.

Die namensgebende Eigenschaft von Gleisbildstellwerken besteht darin, dass die Bedienelemente in einer topologischen Anordnung („Gleisbild“) zueinander stehen, die der Anordnung in der Außenanlage entspricht. Dadurch wird eine bessere Übersichtlichkeit erreicht. Die Bezeichnung Gleisbildstellwerk darf nicht mit der Bezeichnung der Relaisstellwerke der Deutschen Reichsbahn verwechselt werden. Hier stand der Begriff Gleisbildstellwerk synonym für Relaisstellwerk.

Gleisbildstellwerke besitzen i. d. R. eine Gleisfreimeldeanlage. Damit ist die Voraussetzung geschaffen, dass der Bediener nicht unbedingt direkte Sicht auf seinen gesteuerten Bereich haben muss. Dennoch wurden die Bedienräume zunächst so angeordnet, dass ein Großteil der Anlagen einsehbar ist. Mit steigender Zentralisierung in der Bedienung und damit einhergehender Fernsteuerung ist das jedoch nicht mehr möglich.

Während im Gleisbildstellwerk die Fahrstraßenbildezeit aufgrund höherer Automatisierung kurz ist (einige Sekunden), muss im Hebelstellwerk jedes Element einzeln bedient werden. Auch die notwendige Zusammenarbeit mehrerer Hebelstellwerke auf einem Bahnhof erhöht den Zeitbedarf, der etwa dem Zehnfachen des Bedarfs der Gleisbildstellwerke entspricht. Der Komplexitätsgrad der Technik von Gleisbildstellwerken ist höher als der von Hebelstellwerken. Dadurch sind aber auch erst Automatisierungen möglich und die Komplexität der Bedienung sinkt.

#### 12.5.2.3 Sicherung ortsbedienter Fahrwegelemente

In sehr schwach belasteten Anlagen ist eine zentrale Bedienung der Elemente nicht notwendig. Hier kann die Elementstellung, im Wesentlichen das Stellen von Weichen, an den Elementen vor Ort durchgeführt werden. Dazu werden die mechanische und die elektrische Ortsbedienung verwendet. Weiterhin werden Handverschlüsse genutzt, die benötigt werden, um ortsgestellte Weichen über Schlüsselabhängigkeiten in die Signalabhängigkeit einzubeziehen. Wird über diese Weichen lediglich rangiert und werden sie auch nicht für Flankenschutzaufgaben benötigt, so können sie auch völlig ohne Abhängigkeit bleiben.

#### 12.5.2.4 Streckenblock mit Blockinformation

Klassische Streckenblockanlagen bedienen sich der Sicherung mit Blockinformationen. Die Übertragung der Blockinformation geschieht dabei meist mit niederfrequentem Wechselstrom, der durch Schrittschaltwerke ausgewertet wird. Daneben gibt es elektronische Systeme, bei denen die Information durch einen Frequenzcode übermittelt wird.

Grundsätzlich ist – ähnlich wie bei Hebel- und Gleisbildstellwerken – zu unterscheiden, ob die Gleisfreimeldung nichttechnisch oder technisch geschieht. Ist eine technische Freimeldung vorhanden, so kann der Folgefahrschutz vollautomatisch gewährleistet werden. Ist sie nicht vorhanden, ist die Mitwirkung des Bedieners zur Zugschlussprüfung notwendig, was Personal auf allen Zugfolgestellen erfordert.

### 12.5.2.5 Streckenblock mit Fahrstraße

Wie in Abschn. 12.4.1 beschrieben, haben sich die unterschiedlichen Technologien Fahrstraße und Blockinformation aufgrund der nichttechnischen Gleisfreimeldung entwickelt. Mit der Einführung einer technischen Gleisfreimeldung auch auf längeren Abschnitten war die Notwendigkeit einer abweichenden Technologie (Blockinformation) auf der Strecke mit allen daraus folgenden Unterschieden gegenüber der Fahrstraße für die betriebliche Handhabung eigentlich entfallen. Dennoch wurde zunächst an der Sicherung mit Blockinformationen festgehalten, vor allem, um die Kompatibilität zu benachbarten Betriebsstellen und zum Regelwerk zu bewahren.

Erst später wurden Blocktechniken entwickelt, die auf der Technologie der Fahrstraße basieren. Im Gegensatz zu den Techniken, die mit Blockinformation arbeiten und bei denen die Blocklogik an jeder Zugfolgestelle angeordnet ist, wird hier die Sicherungslogik zentral angeordnet. Deshalb werden solche Blockbauformen auch „Zentralblock" genannt.

## 12.5.3 Mechanisches Stellwerk

Schon in den Anfangszeiten der Eisenbahnen wurde erkannt, dass für ein zeitgerechtes Einstellen der Fahrwege eine Zentralisierung der Bedienung von Vorteil ist. Diese Zentralisierung schuf gleichzeitig die Voraussetzungen, die Bedienelemente und damit die Weichen und Signale untereinander in Abhängigkeit zu bringen (Signalabhängigkeit). Zur Verarbeitung der Informationen stand nur die Mechanik zur Verfügung, was zur Konstruktion mechanischer Stellwerke führte, bei denen die Verknüpfung der Elemente durch mechanische Verschlüsse realisiert wird.

Die Kraft zum Stellen der Elemente wird dabei durch Muskelkraft des Menschen aufgebracht, die Übertragung zu den Elementen erfolgt durch Gestänge oder Drahtzugleitungen. Wegen der mechanischen Informationsübertragung sind die Stellentfernungen für Weichen auf wenige hundert Meter begrenzt. Für Signale lässt sich etwa die doppelte Stellentfernung realisieren.

**Abb. 12.31** Mechanisches Stellwerk

In der Regel haben mechanische Stellwerke keine Gleisfreimeldeanlagen; die Freimeldung erfolgt visuell durch den Menschen, was eine entscheidende Sicherheitslücke darstellt.

Aufgrund der begrenzten Stellentfernungen und der geforderten Übersicht werden in Bahnhöfen meist mehrere solcher Stellwerke benötigt. Abhängigkeiten der Stellwerke untereinander lassen sich elektrisch herstellen und werden als Bahnhofsblockanlagen bezeichnet.

Mechanische Stellwerke sind noch heute in nennenswerter Anzahl im Einsatz (Abb. 12.31). Aufgrund des hohen Instandhaltungsaufwands und des aus den kleinen Stellbereichen resultierenden hohen Personalbedarfs verursachen sie hohe Betriebskosten.

## 12.5.4 Elektromechanisches Stellwerk

Elektromechanische Stellwerke unterscheiden sich von mechanischen Stellwerken dadurch, dass der Antrieb und die Überwachung der Elemente sowie die Realisierung eines Teils der Abhängigkeiten elektrisch geschehen (Abb. 12.32). Damit steigt zwar die realisierbare Stellentfernung, die Bereiche der Stellwerke müssen sich dennoch an der Übersicht orientieren, da auch hier regulär noch keine technische Gleisfreimeldung vorgesehen ist. Auch elektromechanische Stellwerke sind noch in nennenswertem Umfang im Einsatz.

**Abb. 12.32** Elektromechanisches Stellwerk

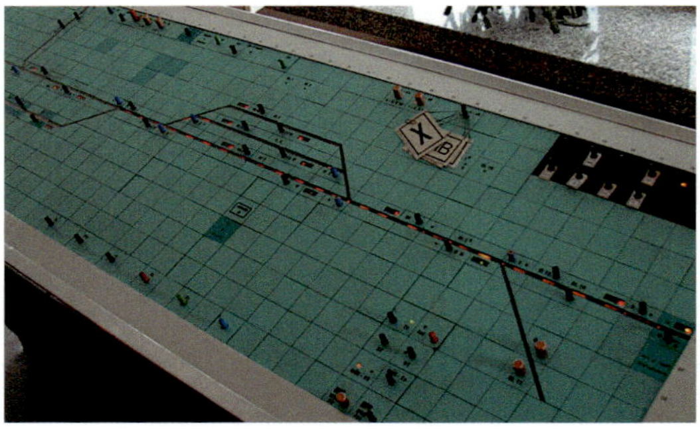

**Abb. 12.33** Bedienplatz eines Relaisstellwerks

## 12.5.5 Relaisstellwerk

In Relaisstellwerken werden alle Abhängigkeiten elektrisch über Relais hergestellt. Zur Gewährleistung der Sicherheit sind besondere Relais, die Signalrelais (ch: Sicherheitsrelais), in Verbindung mit einer speziellen Schaltungsgestaltung notwendig.

Durch die nun mögliche Trennung von Bedienung und Informationsverarbeitung muss sich die Anordnung der Bedienelemente (hier: Tasten) nicht mehr nach der dahinter stehenden Technik richten. Somit werden die Bedienelemente in einer für den Bediener leicht erfassbaren Anordnung verwendet, die der Topologie des Gleisnetzes entspricht (Abb. 12.33). Die Art der Bedienung prägte auch die ursprüngliche Bezeichnung „Gleisbildstellwerk" bzw. „Drucktastenstellwerk".

**Abb. 12.34** Bedienplatz eines ESTW

Technische Gleisfreimeldung ist Standard im Relaisstellwerk, was ein entscheidender Sicherheitsvorteil gegenüber den Hebelstellwerken ist. Aufgrund der technischen Freimeldung ist eine Übersicht über die Gleise nicht mehr notwendig. Deshalb und weil die maximale Stellentfernung durch die elektrische Ansteuerung mehrere Kilometer (typisch: 6,5 km) beträgt, wird auch in großen Bahnhöfen i. d. R. nur ein Stellwerk errichtet. Außerdem eröffnet sich die Möglichkeit der Fernsteuerung, so dass Stellwerke unbesetzt bleiben und von einer übergeordneten Zentrale gesteuert werden können.

Relaisstellwerke realisieren momentan noch den größten Anteil der Steuerung und Sicherung des Eisenbahnbetriebs.

## 12.5.6 Elektronisches Stellwerk (ESTW)

Elektronische Stellwerke entsprechen in ihrem Funktionsumfang im Wesentlichen dem von Relaisstellwerken. Durch Vernetzung von Rechnern mittels Bussystem jedoch setzt die Stellentfernung elektrischer Elemente der Außenanlage keine Grenze mehr hinsichtlich der örtlichen Ausdehnung eines Stellwerksbereiches. Dies hat eine erheblich höhere Zentralisierung der Sicherung und Steuerung zur Folge (Abb. 12.34).

In Elektronischen Stellwerken werden die sicherungstechnischen Verknüpfungen durch Mikrorechner mit entsprechender Software realisiert. Dabei sind besondere Maßnahmen zur Gestaltung der Hard- und Software erforderlich, um

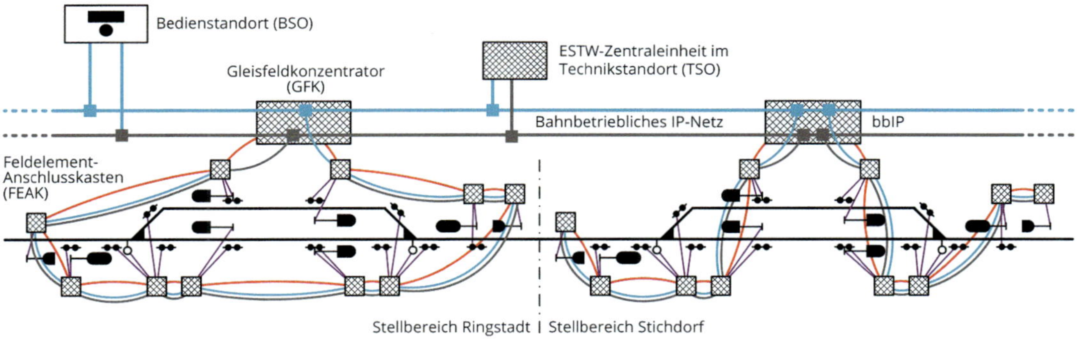


**Abb. 12.35** Stellwerksstruktur mit Trennung von Information und Energie im Feld

Ausfälle der Technik nicht gefährlich wirken zu lassen. Aber auch besondere Maßnahmen zur Gewährleistung der Verfügbarkeit sind notwendig, da technische Ausfälle wegen der großen Stellbereiche erheblich größere betriebliche Behinderungen zur Folge haben können als in früheren Stellwerksbauformen.

Elektronische Stellwerke verdrängen mehr und mehr die älteren Stellwerksbauformen. Die Fernsteuerung elektronischer Stellwerke wird heute oft angewendet. Dabei wird die Bedienung mehrerer Stellwerke in Zentralen (DB: Betriebszentrale, SBB: Betriebssteuerzentrale) zusammengefasst. Da sich die Bedienbereiche in elektronischen Stellwerken flexibel den Bedienern zuordnen lassen, kann der Aufwand an Bedienpersonal der betrieblichen Belastung angepasst werden, was einen wirtschaftlichen Vorteil darstellt.

In zukünftigen Anlagen elektronischer Stellwerke erfolgt die Realisierung der Stellwerkslogik ausschließlich in der ESTW-Zentraleinheit und die Leistungsschalter sind wesentlich näher an den Elementen angeordnet. Hieraus ergibt sich für die Elementansteuerung und -überwachung eine stärkere Dezentralisierung. Ansteuerrechner und Leistungsschalter werden nicht mehr zentral je Zugmeldestelle angeordnet, sondern dezentral im Gleisfeld in Form von Object-Controllern, die im Feldelement-Anschlusskasten (FEAK) gemeinsam mit der Busanbindung und der Energieversorgung untergebracht sind. Dadurch verkürzt sich die Länge der Elementansteuerkabel (sekundäre Stellentfernung), die Daten und Energie gemeinsam übertragen, drastisch, während in der Fläche eine Versorgungsstruktur mit Daten und Energie aufgebaut werden muss. Insgesamt jedoch sinkt der Bedarf an Kupfer für Leitungen erheblich, zumal die Datenversorgung meist mit Lichtwellenleitern realisiert wird. Dem entgegen steht eine zu erwartende Mehrung der erforderlichen Kabel sowie des Kabelgefäßsystems um die gewünschten Redundanzen zu realisieren. Durch dieses Konzept ist zwischen der ESTW-Zentraleinheit und dem Object-Controller (primäre Stellentfernung) eine strikte Trennung zwischen der Übertragung von Daten und Energie gegeben (Abb. 12.35).

Die ESTW-Zentraleinheit wird im Technikstandort (TSO), ggf. mit weiteren ESTW-Zentraleinheiten untergebracht. Sie ist an einen hoch verfügbaren, redundanten Datenbus (Backbone) angeschlossen, der die Betriebsstellen entlang der Strecke erschließt. Außerdem wird über ihn die Verbindung zum Bedienstandort (BSO) hergestellt. BSO und TSO können im gleichen Gebäude untergebracht sein.

In Deutschland werden ESTW nach dem beschriebenen Konzept NeuPro-ESTW oder „Digitales Stellwerk (DSTW)“ genannt. Doch schon immer wurden in der Stellwerkstechnik nur digitale Signale verarbeitet. Analoge Messwerte, wie z. B. die Lage der Prüferstangen an Weichen, werden umgehend in digitale Werte gewandelt, womit die Informationsverarbeitung im Stellwerk schon immer digital war. Insofern ist die Bezeichnung „Digitales Stellwerk“ ein Euphemismus. Zukünftige Stellwerke sind natürlich auch elektronische Stellwerke mit dem Unterschied, dass sie gegenüber herkömmlichen ESTW die oben genannten Eigenschaften aufweisen.

Ein wichtiger Bestandteil ist die Definition von Schnittstellen, wodurch Stellwerke nicht mehr monolithisch einem Stellwerkshersteller zugeordnet sein müssen. Diese Schnittstellendefinitionen sind mittlerweile auch europäisch genormt und finden sich in den EULYNX-Spezifikationen wieder.

## 12.6 Leittechnik

### 12.6.1 Aufgaben der Leittechnik

Erst durch die Verfügbarkeit von Techniken zur komplexen Informationsverarbeitung konnte sich die Leittechnik entwickeln. Bei deren Einsatz gehen bestimmte Aufgaben zur Disposition vom Menschen auf die Technik über.

Die Leittechnik kann nach operativer und dispositiver Leittechnik unterschieden werden. Ein typischer Anwendungsfall für die operative Leittechnik ist die Bedienung elektronischer Stellwerke. Hierbei bekommt die Leittechnik in ausgewählten Fällen (z. B. bei Hilfsbedienungen) auch Sicherheitsrelevanz. Im Wesentlichen werden mit der Leittechnik folgende Ziele verfolgt:

- Gewinnung der Übersicht über die Betriebslage in einem Bereich, dessen Größe sich nach der Dispositionsaufgabe richtet,
- Optimierung der Nutzung von Fahrwegressourcen,
- Entlastung des Bedieners von Routinehandlungen.

Tab. 12.2 zeigt die Ebenen der Prozessautomatisierung angewandt auf die Steuerung von Schienenverkehrsinfrastruktur. In der langfristig (bis 20 Jahre) wirkenden Strategieebene werden mit dem Netzausbau die Möglichkeiten des Fahrplans festgelegt. Mit der bestehenden Infrastruktur erstellt der Fahrplankonstrukteur in der Planungsebene den Jahresfahrplan sowie auch Fahrpläne für kurzfristig bestellte Züge. Aus allen Fahrplandaten wird der jeweils gültige Tagesfahrplan erstellt. Dessen Betriebsprogramm wird in der Betriebsleitebene überwacht. Bei Abweichungen z. B. durch Verspätungen muss der Disponent eingreifen, um den planmäßigen Zustand wieder herzustellen.

In der Steuerungsebene agiert der Fahrdienstleiter, der das Stellwerk bedient und eng mit der Betriebsleitebene zusammenarbeitet. Zur Steuerungsebene gehört außerdem das Stellwerk mit seiner Logik (Stellwerksinnenanlagen). Dieses steuert die Elemente wie Weichen und Signale (Stellwerksaußenanlagen) in der Feldebene.

### 12.6.2 Zugnummernmeldung (ZN)

Eine wichtige Voraussetzung zur Disposition ist die Kenntnis der Zugstandorte. Die Zuglaufverfolgung erfolgte früher ausschließlich durch fernmündliche Meldungen des Personals. Heute wird sie i. d. R. technisch realisiert, was auf verschiedenen Wegen durchgeführt werden kann:

1. Eingabe der Zugnummer und Weiterschaltung dieser nach Information aus der Sicherungstechnik
2. Erkennung der Fahrzeuge in der Infrastruktur durch Kennungsgeber (z. B. Transponder)

**Tab. 12.2** Ebenen der Betriebsführung von Bahnen

| Ebene | Anwendung | Zeithorizont | Beteiligte | Technik |
|---|---|---|---|---|
| Strategieebene | Netzausbau, Langfristfahrplan | Langfristig | Infrastrukturplaner | Bürokommunikation |
| Planungsebene | Fahrplan | Mittelfristig | Fahrplankonstrukteur | |
| Betriebsleitebene | Disposition | Kurzfristig | Disponent, Zuglenker | Dispositive Leittechnik |
| Steuerungsebene | Fahrdienstleitung | Kurzfristig | Fahrdienstleiter | Operative Leittechnik |
| | Stellwerksinnenanlagen | – | – | Sicherungstechnik |
| Feldebene | Stellwerksaußenanlagen | – | – | |

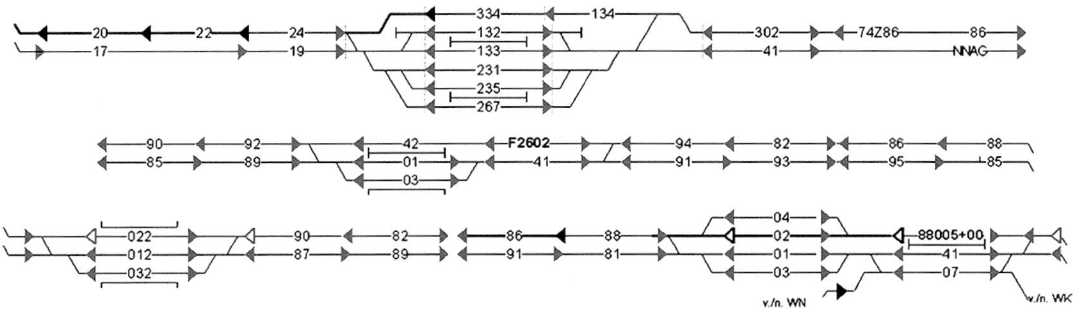


**Abb. 12.36** Ausschnitt aus einem Übersichtsbild mit Zugnummern (zwei und dreistellige Zahlen sind Gleisnummern)

3. Selbstortung des Fahrzeugs und Übertragung der Information an eine Zentrale.

Bei Eisenbahnen wird hauptsächlich die erste Variante angewendet. Die zweite Variante wenden oft Stadtbahnen an. Hierfür besteht die Notwendigkeit einer einheitlichen Ausrüstung der Fahrzeuge mit einem Kennungsgeber, was bei überschaubaren Fahrzeugflotten durchführbar ist. Die dritte Variante kommt ohne Investitionen in die Infrastruktur aus, weshalb sie gern von Eisenbahnverkehrsunternehmen verwendet wird, die auf verschiedenen Eisenbahninfrastrukturen verkehren. Typischerweise sind solche Systeme auch bei Straßenbahnen und Linienbussen im Einsatz.

Technisch wird die Zuglaufverfolgung durch Zugnummernmeldeanlagen (ZN-Anlagen) realisiert. Durch sie wird nicht nur das fernmündliche Zugmeldeverfahren ersetzt, sondern auch eine übersichtliche Darstellung der Zugstandorte in einem Gleisbild möglich (Abb. 12.36).

Die heute bei Eisenbahnen übliche Art der Zugnummernmeldung besteht in der infrastrukturbasierten Weiterschaltung der Zugnummer nach Variante 1. Dazu muss zunächst bei Beginn des Zuges die Zugnummer in das System eingegeben werden. Für die Weiterschaltung der Zugnummer bei Fahrt des Zuges wird die Lage der Weichen ausgewertet. Somit kann auch in alten Stellwerksbauformen eine ZN-Anlage installiert werden. Die Fortschaltung der Zugnummer wird i. d. R. durch den Signalhaltfall ausgelöst; es sind jedoch auch andere Auslöser möglich.

### 12.6.3 Zuglenkung (ZL)

Mit den Gleisbildstellwerken (siehe Abschn. 12.5.2.2) war die Automatisierung der Stellwerksbedienung so weit vorangeschritten, dass eine Fahrstraße i. d. R. durch nur eine Bedienhandlung eingestellt werden konnte. Für eine weitergehende Automatisierung ist die automatische Einstellung von Fahrstraßen notwendig. Hierzu dient die Zuglenkung, die aus der Kenntnis des sich nähernden Zuges die Einstellung von Fahrstraßen automatisch anstößt. Für diese Kenntnis ist die technische Erfassung der Zugstandorte Voraussetzung, was über die ZN geschieht.

Durch die Zuglenkung wird der Bediener von Routinetätigkeiten entlastet und ein zeitgerechtes Einstellen der Fahrstraße – sofern die Voraussetzungen dafür vorliegen – erreicht. Bei Abweichungen vom Fahrplan muss der Bediener jedoch eingreifen. Außerdem dürfen nicht alle Züge zuggelenkt fahren, wie z. B. Züge mit außergewöhnlichen Sendungen.

Zuglenkungen können nach zwei Prinzipien arbeiten: mit Lenkziffer oder mit Lenkplan. Bei der Zuglenkung mit Lenkziffer wird jede Zugnummer in der ZN-Anlage um mindestens eine Lenkziffer ergänzt, die einen Laufweg beschreibt. Damit können aber nur grundsätzliche Entscheidungen an Streckenverzweigungen automatisiert werden. Geeignet ist diese Form vor allem für stark linienorientierte Bahnen mit homogenen Geschwindigkeiten wie U- oder S-Bahnen. Bei weniger stark linienorientierten Bahnen mit inhomogenen Geschwindigkeiten, wie es die Eisenbahn üblicherweise ist, sind Lenkziffern nicht mehr praktikabel. Deshalb wird hier ein Lenkplan erstellt, der für jede Zugnummer das zu benutzende Gleis vorsieht.

### 12.6.4 Fernsteuerung von Stellwerken

Im Hebelstellwerk (siehe Abschn. 12.5.2.1) muss sich der Bediener immer am Stellwerk befinden, um Bedienhandlungen ausführen zu können. Das ist der Technik geschuldet und der Tatsache, dass i. d. R. keine technische Gleisfreimeldung vorhanden ist. Diese Restriktionen gelten im Gleisbildstellwerk nicht mehr, so dass eine Fernsteuerung möglich ist. Die meisten Bauformen von Gleisbildstellwerken sind technisch in der Lage, ferngesteuert zu werden.

An Bedienplätzen von ESTW besteht immer eine serielle Schnittstelle zwischen Bedienplatz und Stellwerk. Im Relaisstellwerk ist die klassische Schnittstelle zwischen Bedienung (Bedienpult) und Informationsverarbeitung (Relaisschaltung) parallel ausgeführt. Mittels einer Fernsteueranlage kann diese parallele in eine serielle Schnittstelle gewandelt werden, so dass damit Informationen über große Entfernungen übertragen werden können. Eine Mischform ergibt sich bei Relaisstellwerken, die nicht mehr mit einem Pult, sondern von einem elektronischen Bedienplatz bedient werden; hier ist nur eine Umsetzung an der Relaisanlage notwendig.

Die Übertragung der Bedien- und Meldedaten ist teilweise sicherheitsrelevant. Hierzu sind gesonderte Verfahren notwendig, um die Integrität (Richtigkeit) und Authentizität (Echtheit) der übertragenen Daten zu wahren.

### 12.6.5 Zentralen zur Betriebsführung

Die Zentralisierung der Betriebsführung findet ihren vorläufigen Höhepunkt in den Zentralen zur Betriebsführung (Betriebszentrale/Betriebsleitzentrale/Betriebssteuerzentrale). Ziel der Zentralen ist es, sowohl die infrastrukturelle als auch die verkehrliche Betriebsführung zu konzentrieren.

Die Deutsche Bahn möchte aus verschiedenen Gründen die starke Konzentration in den Betriebszentralen zukünftig zurückfahren und die Fahrdienstleiter auch des übergeordneten Netzes wieder mehr in der Fläche tätig werden lassen. Deshalb wurde die neue Betriebssteuerstrategie (BSS) beschlossen. Ziel ist es, für das übergeordnete Netz ca. 100 dezentrale Steuerzentralen (SZ), sowie für die regionalen Netze ca. 30 regionale Bedienzentralen (RBZ) zu schaffen. Die SZ beinhalten zwischen sechs und zwanzig Bedienplätze, darunter auch Reserveplätze.

## 12.7 Anordnung ortsfester Signale

### 12.7.1 Bezeichnung der Vor- und Hauptsignale

#### 12.7.1.1 Deutsches System

Zur Bezeichnung der Vor- und Hauptsignale wurde ein einheitliches Bezeichnungsschema eingeführt, aus dem auch die betriebliche Funktion hervorgeht. Tab. 12.3 zeigt die wichtigsten Bezeichnungen. Bei der Bezeichnung wird unterschieden, ob die Signale in Richtung oder in Gegenrichtung der Kilometrierung einer Strecke stehen. Bei Einfahrsignalen besteht ein Wertevorrat für fünf Strecken je Richtung. Bei zweigleisigen Strecken bekommt das Einfahrsignal am Gegengleis den doppelten Buchstaben. Ausfahr- und Zwischensignale bekommen einen oder zwei Buchstaben zusammen mit der Gleisnummer. Vorsignale werden mit einem „V“ und dem Kleinbuchstaben des Hauptsignals bezeichnet (Abb. 12.37).

**Tab. 12.3** Deutsches Bezeichnungsschema der Haupt- und Vorsignale

| | In km-Richtung | Entgegen km-Richtung |
|---|---|---|
| Einfahrsignal | A, B, C, D, E | F, G, H, J, K |
| Ausfahrsignal | N + Gleisnr. | P + Gleisnr. |
| Zwischensignal | ZR, ZS, ZT + Gleisnr. | ZU, ZV, ZW + Gleisnr. |
| Vorsignal | V + Kleinbuchstabe des Hauptsignals | |

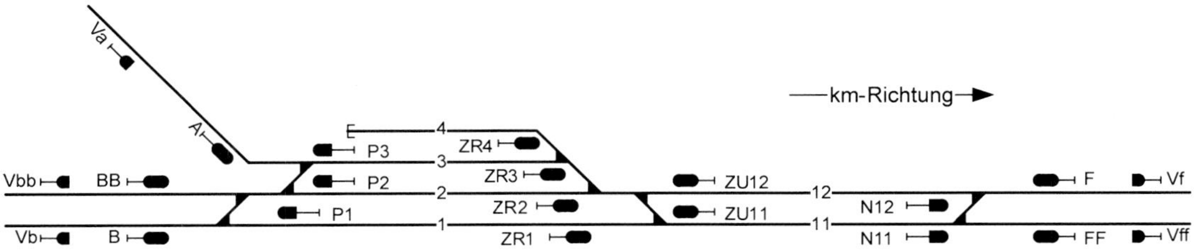


**Abb. 12.37** Beispiel für die Bezeichnung von Vor- und Hauptsignalen

#### 12.7.1.2 Österreichisches System

Die Bezeichnungen für Haupt- und Vorsignale in Österreich werden ähnlich wie in Deutschland vergeben. Auch hier sind für bestimmte Funktionen Buchstaben vorgesehen, die bei Ausfahr- und Zwischensignalen mit der Gleisnummer ergänzt werden. Die Bezeichnung von Vorsignalen entspricht der des zugehörigen Hauptsignals mit dem Unterschied, dass jeweils der Kleinbuchstabe verwendet wird (Tab. 12.4).

#### 12.7.1.3 Schweizer System

In der Schweiz werden Haupt- und Vorsignale ebenfalls mit einem Buchstaben und einer Zahl, die aus der Gleisnummer abzuleiten ist, bezeichnet, jedoch kann hier aus der Bezeichnung nicht auf die betriebliche Funktion geschlossen werden.

Für eine Signalstaffel (mehrere Signale in etwa gleicher Höhe) von Hauptsignalen wird ein Großbuchstabe vergeben, der durch die jeweilige Gleisnummer ergänzt wird. In Richtung der Kilometrierung wird mit dem Buchstaben A begonnen und entsprechend dem Alphabet fortgesetzt. In Lageplänen ist es üblich, die Signalbezeichnungen mit den möglichen Fahrbegriffen zu ergänzen.

Vorsignale werden mit demselben Buchstaben wie das zugehörige Hauptsignal bezeichnet; die Nummer resultiert jedoch aus der Nummer des Gleises, an dem das Vorsignal steht. Die Nummer wird nach unten, zur Kennzeichnung der Vorsignalfunktion wird ein Stern * nach oben abgesetzt angetragen.

### 12.7.2 Standort quer zum Gleis

Selbstverständlich müssen alle Bestandteile von Signalen außerhalb des Lichtraums aufgestellt werden (Details siehe Kap. 8). Außerdem müssen die Signale für den Triebfahrzeugführer eindeutig seinem Gleis zuordenbar sein.

In der Regel werden Signale immer rechts (links) vom Gleis aufgestellt. Zur Aufstellung von Signalen zwischen Gleisen ist jedoch ein ausreichender Gleisabstand notwendig (de: 4,50 m zwischen Gleisen ohne Überhöhung und einem Bogenradius $\geq 250$ m). Kann der Mindestabstand nicht hergestellt werden, so werden Signalbrücken oder -ausleger eingesetzt.

Auf zweigleisigen Strecken, außerhalb der Bahnhöfe, werden am Gegengleis (de, at: links; ch: rechts) die Signale links (ch: rechts) vom Gleis aufgestellt. Somit wird auf zweigleisigen Strecken eine Aufstellung von Signalen zwischen den Gleisen vermieden. Zum einen kann dadurch ein geringerer Gleisabstand gewählt wer-

**Tab. 12.4** Österreichisches Bezeichnungsschema der Haupt- und Vorsignale

| | In Richtung | |
|---|---|---|
| | Endpunkt der Strecke | Anfangspunkt der Strecke |
| Einfahrsignal | A, B, C, D | Z, Y, X, W |
| Ausfahrsignal | R + Gleisnr. | H + Gleisnr. |
| Zwischensignal | E, F, G, J, N, O, P,<br>wenn notwendig auch B, C, D, + Gleisnr. | U, T, S, Q, M, L, K,<br>wenn notwendig auch Y, X, W, + Gleisnr. |
| Vorsignal | Bezeichnung des Hauptsignals (Kleinbuchstabe) | |

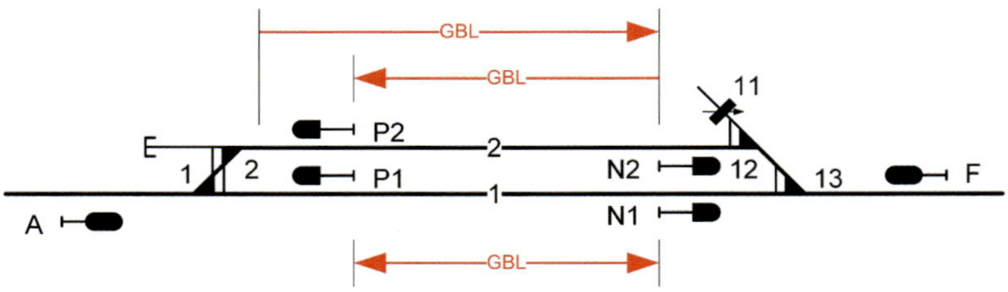


**Abb. 12.38** Beispiel für die Bemessung der Gleisnutzlänge

den (z. B. 4,0 m), zum anderen gestaltet sich die Instandhaltung sowohl des Oberbaus als auch der Signale einfacher.

Aufgrund örtlicher Besonderheiten kann von den Regeln abgewichen werden. Wichtig ist in jedem Fall, dass die Zuordnung von Gleis und Signal eindeutig ist.

## 12.7.3 Standort längs zum Gleis

### 12.7.3.1 Durchrutschweg

Die Anordnung von Hauptsignalen erfolgt mindestens im Abstand des Durchrutschwegs (at: Schutzweg) vom festgelegten Punkt (markanter Punkt bzw. Gefahrpunkt). Aus betrieblicher Sicht ist zu beachten, dass die Elemente des Durchrutschwegs während seiner Sicherung nicht für andere Fahrten zur Verfügung stehen.

### 12.7.3.2 Nutzbare Gleislänge

Einen wesentlichen Einfluss auf den Standort der Hauptsignale hat die betrieblich geforderte Gleisnutzlänge. Sie ergibt sich aus der Gleisbruttolänge (GBL) abzüglich 5 m für Signalsicht und 5 m für ungenaues Halten. Die Gleisbruttolänge bemisst sich aus dem Abstand zwischen dem Zielsignal und der Fahrstraßenzugschlussstelle.

Die theoretische Fahrstraßenzugschlussstelle befindet sich an der Freimeldegrenze nach dem letzten befahrenen beweglichen Fahrwegelement, das ist meist die Spitze oder das Grenzzeichen einer Weiche. Da aber bei Stellwerken mit Gleisfreimeldeanlagen die Freimeldung des Flankenschutzraumes gefordert ist, muss an der Fahrstraßenzugschlussstelle ein Flankenschutz bietendes Element für das Nachbargleis vorhanden sein. Ist die theoretische Fahrstraßenzugschlussstelle das Grenzzeichen einer Weiche, so kann sie nicht zur tatsächlichen Fahrstraßenzugschlussstelle werden, da eine Flankenfahrt von der stumpfen Seite einer Weiche nicht abgewehrt werden kann.

Abb. 12.38 verdeutlicht das an einem Beispiel: Fährt ein Zug von A nach Gleis 1 ein, so befindet sich zwar die theoretische Fahrstraßenzugschlussstelle am Grenzzeichen der Weiche 1, dennoch muss der Zugschluss bis hinter P1 fahren, da dieses Signal das Flankenschutz bietende Element für Fahrten von und nach Gleis 2 darstellt. Stünde ein Teil des auf Gleis 1 eingefahrenen Zuges zwischen Weiche 1 und Signal P1, wäre der Flankenschutzraum nicht frei und eine Zugstraße von und nach Gleis 2 über Weiche 1 nicht einstellbar.

Anders verhält es sich, fährt der Zug von A nach Gleis 2 ein. Hier stellt die theoretische Fahrstraßenzugschlussstelle an der Spitze von Weiche 2 auch die tatsächliche dar. Mit Weiche 2 ist ein Flankenschutz bietendes Element vorhanden, das Fahrten nach Gleis 1 Flankenschutz gibt.

Um in solchen Fällen die Gleisnutzlänge zu verlängern, kommt im Wesentlichen nur die Verschiebung des Ausfahrsignals in Betracht. Wird das Ausfahrsignal in Richtung Bahnhofskopf verschoben, so werden sich jedoch Fahrstraßenausschlüsse ergeben, da der Durchrutschweg nun (weiter) in den Bahnhofkopf hinein reicht. Dem kann zwar durch Verkürzung des Durchrutschwegs mit gleichzeitiger Verringerung der Einfahrgeschwindigkeit entgegengewirkt werden, beide Maßnahmen bedingen jedoch eine Einschränkung der betrieblichen Leistungsfähigkeit.

Gleichwohl kann auch von vornherein eine größere bauliche Gleislänge vorgesehen werden. Hier gilt es, in frühen Phasen der Planung sehr sorgfältig wirtschaftliche und betriebliche Belange abzuwägen.

**Tab. 12.5** Sollsichtbarkeit von Haupt- und Mehrabschnittsignalen (de)

| Geschwindigkeit [km/h] | Sichtweite [m] |
|---|---|
| $120 < v \leq 160$ | 500 |
| $100 < v \leq 120$ | 400 |
| $0 < v \leq 100$ | 300 |

### 12.7.3.3 Sichtbarkeit

Um den Signalbegriff aufzunehmen, ist dem Triebfahrzeugführer eine ausreichende Zeit, die Signalsichtzeit, einzuräumen. Die Einhaltung dieser Mindestzeit wird durch die Bereitstellung einer Mindestsichtweite realisiert, die sich aus dem Produkt der größten zulässigen Geschwindigkeit und der Signalsichtzeit ergibt. Beide Vorgabearten – Sichtzeit und Sichtweite – sind üblich.

Im Bereich der Mindestsichtbarkeit muss immer der vollständige Signalbegriff sichtbar sein, damit durch partielle Verdeckung (z. B. Hoch- oder Kunstbauten, Bewuchs) kein anderer Signalbegriff vorgetäuscht wird.

Gemäß Ril 819.0202 der Deutschen Bahn ist die Entfernung, ab der ein Haupt- bzw. Mehrabschnittssignal ununterbrochen sichtbar sein muss, abhängig von der maximalen Geschwindigkeit mit der sich ein Zug diesem für ihn gültigen Signal nähern kann. Daraus ergeben sich die in Tab. 12.5 dargestellten, anzustrebenden Sollsichtweiten von Haupt- bzw. Mehrabschnittssignalen.

Kann die Sollsichtbarkeit nur mit hohem Aufwand (i. d. R. durch Vorsignalwiederholer) erreicht werden, so ist es zulässig, die Sichtweite auf die minimale Sichtbarkeitsdauer von 6,75 s zu verkürzen.

Eine konstante Signalsichtdauer für Haupt- und Vorsignale wird in der Schweiz mit 7,0 s gefordert; in Österreich sind es 9,0 s, mindestens 100 m.

Kann das Maß der Mindestsichtbarkeit nicht erreicht werden, so sind Vorsignalwiederholer (ch: Wiederholungssignal, at: Signalnachahmer) aufzustellen. Der Standort ist so zu wählen, dass der Vorsignalwiederholer von dem Punkt aus sichtbar ist, von dem auch das zugehörige Hauptsignal aus gesehen werden müsste. Bei Bedarf können auch mehrere Vorsignalwiederholer aufgestellt werden.

### 12.7.3.4 Anordnung zusammenstehender Signale

Der Standort längs zum Gleis trägt auch zu einer eindeutigen Zuordnung des Signals zum Gleis bei. Vor allem bei Gleisbögen muss darauf geachtet werden, dass sich aus der Perspektive des Triebfahrzeugführers immer die gleiche Anordnung der Signale darstellt. Abb. 12.39a zeigt eine unzulässige Anordnung. Hier ergibt sich während der Fahrt auf einem Gleis an unterschiedlichen Orten eine unterschiedliche Reihenfolge der Signale. Bei der Anordnung nach Abb. 12.39b hingegen ergibt sich an jedem Punkt des Gleises die gleiche Reihenfolge der Signale. Dabei müssen die Signale nicht immer in einer Linie senkrecht zum Gleis angeordnet sein. Das gestrichelte Symbol in Abb. 12.39b zeigt eine ebenfalls mögliche Anordnung.

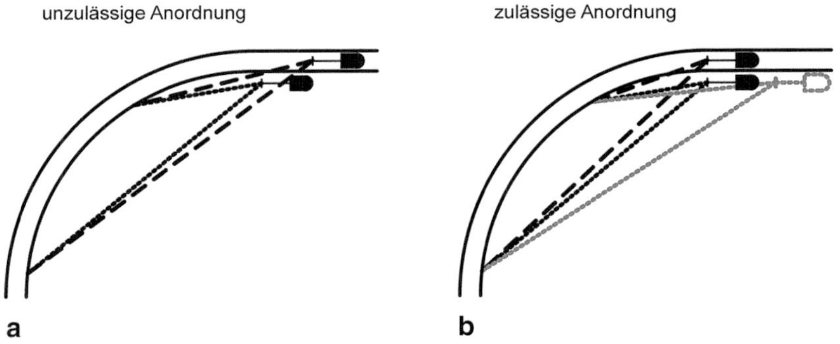


**Abb. 12.39** a,b Unzulässige und zulässige Anordnung von Hauptsignalen an Gleisbögen

Führen die Gleise hingegen so auf die Signale zu, dass Verwechslungen ausgeschlossen sind, hat bei Ausfahr- und Zwischensignalen die Erzielung einer möglichst großen Gleisnutzlänge Priorität.

Mehrere Einfahrsignale sollen immer in einer Linie senkrecht zur Gleisachse angeordnet werden, um eine Torwirkung zu erzielen. Hierdurch wird die Grenze des Bahnhofs eindeutig markiert.

#### 12.7.3.5 Signalfolgeabstand

Grundsätzlich ist jedes Signal so anzukündigen, dass die stärkste mögliche Geschwindigkeitsreduktion bis zum Erreichen des Signals durchgeführt werden kann. In Deutschland ist – ähnlich wie in Österreich – der Regelvorsignalabstand identisch mit dem Nennwert der für diese Strecke geltenden Bremstafel. Dieser beträgt i. d. R.:

- 1000 m auf Hauptbahnen mit $v > 100\,\text{km/h}$,
- 700 m auf Hauptbahnen mit $v \leq 100\,\text{km/h}$,
- 400 m auf Nebenbahnen mit $v \leq 80\,\text{km/h}$.

Vorsignale sind (unabhängig von den Neigungsverhältnissen) im Regelvorsignalabstand zum zugehörigen Hauptsignal aufzustellen. Es ist zulässig, diesen Abstand um bis zu 50 % zu verlängern und um bis zu 5 % zu verkürzen.

Auf Neu- und Ausbaustrecken mit Signalisierung nach Ks-System soll bei 1000 m Regelvorsignalabstand – unbeschadet des Fensters von 950…1500 m – ein Vorsignalabstand von 1300 m angestrebt werden.

In der Schweiz wird der Vorsignalabstand abhängig von den örtlichen Parametern ermittelt. In Bremstabellen sind die minimalen Abstände in Abhängigkeit von Geschwindigkeiten und Gefälle vorgegeben.

#### 12.7.3.6 Lage der Bahnsteige

Hauptsignale an Bahnsteiggleisen müssen so aufgestellt werden, dass Reisezüge mit allen Wagen am Bahnsteig halten können. Bei Neubauten werden Bahnsteige heute nur noch so lang bemessen, wie es der längste planmäßig an der Bahnsteigkante haltende Reisezug erfordert, ggf. aufgerundet auf die nächste Regellänge. Da der Einsatz von Wendezügen heute üblich ist, muss bei der Planung außerdem beachtet werden, dass Lokomotiven auch am Ende des Zuges laufen können.

Die Wechselwirkungen zwischen Bau (Bahnsteig) und Sicherungstechnik (Fahrstraßenzugschlussstellen, Signalstandorte, Gleisnutzlängen) sind auch hier in einer frühen Planungsphase abzustimmen. Bei komplizierten, beengten oder gegebenen Verhältnissen der baulichen Infrastruktur wird es sich nicht immer vermeiden lassen, Signale auch auf dem Bahnsteig aufzustellen.

#### 12.7.3.7 Einflüsse von Ingenieurbauwerken

Neben den bereits genannten baulichen Randbedingungen ist auch die bauliche Umgebung der Anbringung zu beachten. Die Aufstellung von Signalen z. B. in Tunneln, auf Brücken oder an Stützmauern ist prinzipiell möglich, jedoch immer mit einem höheren Aufwand sowohl bei der Errichtung als auch der Instandhaltung verbunden. Nach Möglichkeit sollten deshalb solche Standorte vermieden werden.

#### 12.7.3.8 Belange der Fahrleitung

Auch zwischen Fahrleitungsanlagen und Signalstandorten bestehen Wechselwirkungen. Zum einen können durch Fahrleitungsmasten erhebliche Sichtbehinderungen vor allem in Bögen entstehen, zum anderen müssen die elektrischen Grenzen bei der Standortwahl von Hauptsignalen beachtet werden. So muss das Einfahrsignal eines Bahnhofs noch vor der elektrischen Bahnhofsgrenze stehen, damit ein elektrisch geförderter Zug noch vor einem eventuell abgeschalteten Bereich zum Stehen gebracht werden kann.

## 12.8 Zugbeeinflussung

### 12.8.1 Anforderungen

Die Systemeigenschaften der Eisenbahn, insbesondere die langen Bremswege, erfordern es, dass die Beachtung der Signalbegriffe unbedingt sichergestellt wird. Im modernen Umfeld – außerhalb des automatischen Fahrens – ist der Mensch als Regler der Geschwindigkeit die entscheidende Schwachstelle im Regelkreis der Betriebssicherheit des Schienenverkehrs (vgl. Abb. 12.4), da menschliche Handlungen einer weitaus höheren Fehlerrate unterliegen als technische (siehe Kap. 13). Werden restriktive Begriffe wie Halt oder eine Geschwindigkeitsbeschränkung nicht befolgt, können Gefährdungen oder gar Unfälle durch Kollision bzw. Entgleisung entstehen.

Mit Hilfe der Zugbeeinflussung wird in unterschiedlicher Qualität erreicht, dass der Triebfahrzeugführer die Signale aufnimmt und beachtet. Außerdem können Zugbeeinflussungssysteme zulässige Geschwindigkeiten derart überwachen, dass bei Fehlhandlungen die Fahrt in Form einer Bremsung beeinflusst wird.

Bei folgenden Handlungen des Triebfahrzeugführers können Zugbeeinflussungssysteme überwachend wirken und bei Bedarf eingreifen:

- Halt an einem Halt zeigenden Hauptsignal (Fahrsperre),
- Aufmerksamkeit an einem ein restriktives Signalbild ankündigenden Vorsignal,
- Bremsung vor einem Signal mit restriktivem Begriff,
- Einhaltung der infrastrukturell vorgegebenen, statisch zulässigen Geschwindigkeit (Geschwindigkeit der Strecke und Langsamfahrstellen),
- Einhaltung der fahrzeugseitig vorgegebenen, zulässigen Geschwindigkeit.

Die EBO fordert im § 15 für Hauptbahnen: „Strecken müssen mit Zugbeeinflussung ausgerüstet sein, durch die ein Zug selbsttätig zum Halten gebracht … werden kann.“

Für Nebenbahnen ist Zugbeeinflussung nur vorgeschrieben,

- wenn mehr als 80 km/h gefahren wird oder
- mehrere Züge gleichzeitig verkehren und
  - Reisezugverkehr stattfindet oder
  - mehr als 50 km/h zugelassen sind.

Weiterhin sagt die EBO aus, dass Strecken, die mit mehr als 160 km/h befahren werden, mit einer Zugbeeinflussung auszurüsten sind, die den Zug selbsttätig zum Halten bringen und selbsttätig führen können muss.

### 12.8.2 Systematisierung

Die Einrichtungen der Zugbeeinflussung setzen sich aus der Streckeneinrichtung und der Fahrzeugeinrichtung zusammen.

Zugbeeinflussungen können nach mehreren Kriterien unterschieden werden:

- Ausdehnung des Übertragungsortes
  - diskontinuierlich (punktförmig bzw. teilweise linienförmig)
  - kontinuierlich (linienförmig)
- Ausdehnung der Überwachung
  - diskontinuierlich (punktförmig bzw. unterbrochen linienförmig)
  - kontinuierlich
- physikalische Art der Informationsübertragung zwischen Strecke und Fahrzeug
  - mechanisch
  - optisch
  - galvanisch
  - induktiv (nieder- und hochfrequent)

#### 12.8.2.1 Ausdehnung des Übertragungsortes

Die Ausdehnung des Übertragungsortes wird nach diskontinuierlich (meist punktförmig) und kontinuierlich unterschieden. Ein wesentlicher Vorteil der kontinuierlichen Übertragung gegenüber der punktförmigen ist, dass Sollwertänderungen wie z. B. das Aufwerten eines Signalbegriffes oder die Haltstellung in einer Notsituation sofort an das Fahrzeug übertragen werden können. Allerdings verursacht die kontinuierliche Übertragung einen höheren Aufwand. Ein Kompromiss ist die teilweise kontinuierliche Übertragung an solchen Stellen, wo die sofortige Übertragung besonders effektvoll ist, wie z. B. vor Hauptsignalen.

Durch eine kontinuierliche Übertragung kann die Leistungsfähigkeit von Strecken erhöht werden. Außerdem schafft sie die Voraussetzungen für eine Führerraumsignalisierung (siehe Abschn. 12.8.4). Weiterhin ist die kontinuierliche

Übertragung eine Voraussetzung für das automatische Fahren.

#### 12.8.2.2 Ausdehnung der Überwachung

Die Überwachung kann ebenfalls nach diskontinuierlich und kontinuierlich unterschieden werden, wobei die diskontinuierliche Überwachung wiederum nach punktförmig und unterbrochen linienförmig unterschieden werden kann.

Unter Sicherheitsaspekten ist eine kontinuierliche Überwachung der diskontinuierlichen vorzuziehen. Bei der punktförmigen Überwachung besteht der Nachteil, dass die Geschwindigkeit zwischen zwei Prüfpunkten so weit erhöht werden kann, dass die Geschwindigkeit am nächsten Prüfpunkt einen zu langen Bremsweg für eine gefahrlose Bremsung hervorruft. Ein Kompromiss, der bei punktförmiger Übertragung zur Anwendung kommen kann, ist die unterbrochen linienförmige Überwachung nach einem Beeinflussungspunkt.

Eine Zugbeeinflussung mit kontinuierlicher Übertragung und Überwachung ermöglicht das Fahren mit höheren Geschwindigkeiten und ist damit ein wichtiger Bestandteil von Hochgeschwindigkeitssystemen.

#### 12.8.2.3 Physikalische Wirkprinzipien der Übertragung

Physikalisch kommt heute fast ausschließlich die elektromagnetische Informationsübertragung zur Anwendung, da hierbei die Information berührungslos übertragen wird. Nur vereinzelt finden sich noch Systeme mit mechanischer oder auch mit galvanischer Informationsübertragung.

Bei der elektromagnetischen Informationsübertragung werden die Informationen durch elektromagnetische Induktion übertragen. Die Übertragung kann örtlich punktförmig oder linienförmig erfolgen. Prinzipiell bestehen zwei Möglichkeiten für den übertragenen Informationsumfang:

- Einzelinformation (1 Bit): Induktion durch Bewegung eines Leiters im elektrischen Feld
- Mehrfachinformation (> 1 Bit): Durch auf eine hochfrequente Wechselspannung aufmodulierte Signale können komplexe Datentelegramme übertragen werden. Anwendung findet das z. B. bei Systemen mit Balisen oder bei Übertragung durch Mobilfunk.

Zur kontinuierlichen Informationsübertragung kamen bisher Kabellinienleiter, im Ausland auch Schienenlinienleiter zur Anwendung; moderne Systeme nutzen Mobilfunk.

### 12.8.3 Systeme mit Balisen

Bei einfachen Zugbeeinflussungssystemen kann an einem Beeinflussungspunkt nur die Information „Beeinflussung erfolgt" übertragen werden, nicht jedoch die Information „Beeinflussung nicht erfolgt". Balisen sind dagegen Datenpunkte, die Datentelegramme übertragen. Sie können, obwohl die Information nur punktförmig übergeben wird, durch den wesentlich größeren Umfang der übertragbaren Daten eine kontinuierliche Überwachung gewährleisten. So kann durch die Balisen der Abstand zum nächsten Datenpunkt übertragen werden. Dieser Abstand wird vom Fahrzeuggerät mittels Wegmesseinrichtungen überwacht. Findet die Fahrzeugeinrichtung in dieser Entfernung keine weitere Balise vor, kann damit der Ausfall einer Balise sicher erkannt werden.

Der zurückgelegte Weg wird aus der Zahl der Radumdrehungen ermittelt. Da ein Rad schleudern oder blockieren kann und außerdem der Umfang eines Rades mit zunehmendem Einsatz kleiner wird, ergeben sich Messfehler. Die Ortung kann an jedem Datenpunkt kalibriert werden, da an jedem Punkt die Position übermittelt wird. Je größer nun der Abstand der Datenpunkte zueinander, umso größer ist auch der auftretende Wegmessfehler. Um diesen nicht zu groß werden zu lassen, darf der Abstand der Datenpunkte zueinander ein bestimmtes Maß nicht überschreiten.

Die Balisen können in schaltbar und nicht schaltbar unterschieden werden. Ein Beispiel für nicht schaltbare Balisen ist das System GNT (Geschwindigkeitsüberwachung NeiTech). Schaltbare Balisen, beispielsweise von Signalen angeschaltet, werden dagegen bei den Systemen ZUB und ETCS Level 1 (siehe Abschn. 12.8.8) verwendet. Durch die punktförmige Datenübertragung kann eine Änderung eines Zustands nur an den Standorten der Balisen übertragen werden. Zur Verbesserung des Systems kann es deswegen an wichtigen Stellen, wie z. B. vor Signalen, durch Infill-Schleifen ergänzt werden, die eine lokal begrenzte linienförmige Übertragung ermöglichen. An Stelle von Infill-Schleifen ist auch die Verlegung von Infill-Balisen möglich, womit der Abstand zur Übertragung der aktualisierten Information verringert wird.

Moderne Systeme nutzen Eurobalisen. Sie werden in der Gleismitte verlegt, so dass die Übertragung einer Information notwendig wird, für welche Richtung sie gelten. Die Eurobalise folgt den ETCS-Spezifikationen, jedoch wird sie auch außerhalb von ETCS eingesetzt.

Die Fahrzeuggeräte senden permanent Energie in Form eines elektromagnetischen Feldes aus. Diese Energie wird von der Balise zur Informationsverarbeitung und Sendung der notwendigen Daten an das Fahrzeug genutzt. Übertragene Daten können z. B. sein:

- Entfernung zum nächsten Geschwindigkeitswechsel,
- zulässige Geschwindigkeit ab diesem Wechsel,
- logischer Signalbegriff,
- Neigungsverhältnisse sowie
- Entfernung zum nächsten Datenpunkt.

### 12.8.4 Führerraumsignalisierung

Bei der Führerraumsignalisierung werden die Führungsgrößen im Führerraum angezeigt. Im Wesentlichen sind das die Zielentfernung und die Zielgeschwindigkeit. Bei hohen Geschwindigkeiten ist die Führerraumsignalisierung unumgänglich, da die Sichtzeit auf ortsfeste Signale zu kurz ist und der Vorsignalabstand für eine Bremsung auf Halt nicht ausreicht.

Gegenüber der ortsfesten Signalisierung entstehen folgende Vorteile:

- Die Signalinformation ist kontinuierlich sichtbar.
- Die Sichtbarkeit ist unabhängig von Witterung und örtlichen Sichtverhältnissen.
- Bei kontinuierlicher Übertragung hat der Triebfahrzeugführer die Möglichkeit, auf eintretende Signaländerungen sofort zu reagieren, was der Betriebsflüssigkeit dient bzw. die Möglichkeiten zur Gefahrenabwehr verbessert.
- Der Vorschaubereich ist größer, so dass der Triebfahrzeugführer seine Fahrweise auf die betriebliche Situation einstellen kann.

In Abhängigkeit von der Zielentfernung, der Zielgeschwindigkeit und den Bremseigenschaften des Zuges wird auf dem Fahrzeuggerät die Sollgeschwindigkeit berechnet, deren Einhaltung überwacht wird. Bei der infrastrukturabhängigen Zielgeschwindigkeit spricht man auch vom statischen Geschwindigkeitsprofil, während die von den Fahrzeugeigenschaften (z. B. Zuglänge, Bremseigenschaften) abhängige Sollgeschwindigkeit dynamisches Geschwindigkeitsprofil genannt wird (Abb. 12.40).

Ist eine Strecke mit einem Zugbeeinflussungssystem, das eine kontinuierliche Führerraumsignalisierung erlaubt, ausgerüstet, kann auf orts-

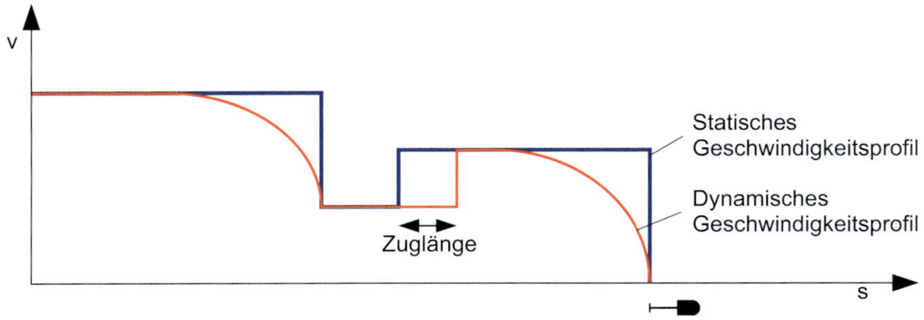


**Abb. 12.40** Beispielhaftes statisches und dynamisches Geschwindigkeitsprofil

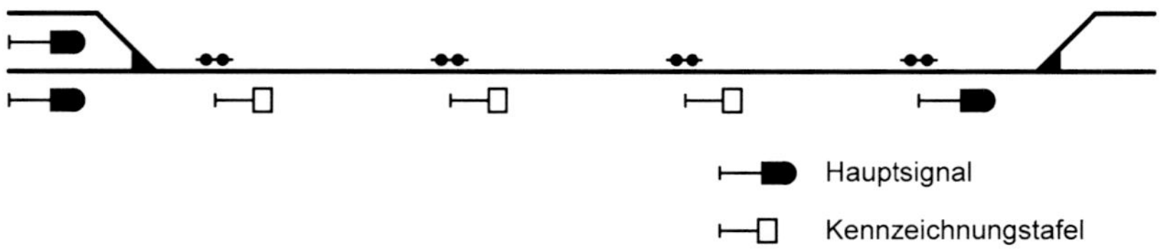


**Abb. 12.41** Prinzip der Überlagerung von ortsfester und Führerraumsignalisierung (nur eine Fahrtrichtung dargestellt)

feste Signale verzichtet werden. Dann allerdings benötigen alle dort verkehrenden Züge die entsprechende Fahrzeugeinrichtung. Um einen Mischverkehr mit nicht ausgerüsteten Zügen zu ermöglichen, werden meist dennoch ortsfeste Signale aufgestellt. Dabei ist es möglich, mittels der kontinuierlichen Zugbeeinflussung kleinere Blockabstände zu verwenden („Teilblock") als mit der ortsfesten Signalisierung („Ganzblock"). Häufig sind nur vor Zugmeldestellen Hauptsignale aufgestellt, während die Teilblöcke nur mit einer Tafel gekennzeichnet sind. Allerdings muss für jeden Teilblock eine eigene Ortung vorhanden sein, was i. d. R. durch eine Gleisfreimeldeanlage geschieht (Abb. 12.41).

Züge ohne Führerraumsignalisierung können nur im Abstand der Hauptsignale folgen. Das Fahren im Teilblockabstand – und damit die höhere betriebliche Leistungsfähigkeit – kommt nur dann zur Anwendung, wenn ein Zug mit Führerraumsignalisierung einem beliebigen anderen Zug, der durch die Gleisfreimeldung geortet wird, folgt. Dabei kann es zu widersprüchlichen Informationen kommen: Ist der nächste Teilblock frei, der Ganzblock aber noch belegt, kann die Führerraumsignalisierung die Fahrt zulassen, während das ortsfeste Signal, was den Ganzblock deckt, noch Halt zeigen muss. Obwohl die Führerraumsignalisierung Vorrang genießt, soll der Widerspruch dennoch nicht sichtbar werden. Deshalb wird in solchen Fällen das ortsfeste Signal dunkel geschaltet.

## 12.8.5 Punktförmige Zugbeeinflussung PZB 90

Die PZB 90 ist die aktuelle Variante der unter dem Namen Indusi in den dreißiger Jahren des zwanzigsten Jahrhunderts eingeführten Form der induktiven Zugbeeinflussung in Deutschland. Die ursprüngliche Form der Indusi hatte neben der punktförmigen Übertragung nur eine punktförmige Überwachung. Mit der Einführung von rechnergesteuerten Fahrzeuggeräten wurde die teilweise kontinuierliche Überwachung möglich.

Mit der PZB 90 wird die Beachtung folgender Sachverhalte überwacht:

- Überwachung der Beachtung restriktiver Begriffe an schaltbaren Signalen
  - Halt zeigendes Signal
  - Vorsignal in Warnstellung
  - Überwachungssignal an BÜ
- Überwachung der Beachtung statischer Geschwindigkeitsbeschränkungen
  - örtliche Geschwindigkeitsbeschränkung
- sonstige Funktionen
  - Überwachung

    Höchstgeschwindigkeit des Zuges in Abhängigkeit von der eingestellten Zugart

    Höchstgeschwindigkeit des führenden Fahrzeugs bei ausgeschalteter oder gestörter PZB-Fahrzeugeinrichtung

### 12.8.5.1 Informationsübertragung

Die grundsätzliche Funktionsweise zeigt Abb. 12.42. Die Fahrzeugeinrichtung sendet ständig elektromagnetische Wellen mit einer Frequenz von 500, 1000 und 2000 Hz aus. In den Gleismagneten befindet sich ein Schwingkreis, der auf eine der drei Frequenzen abgestimmt ist. Bewegt sich der Fahrzeugmagnet über den Gleismagneten, so entzieht der Schwingkreis im Gleismagneten dem Fahrzeugmagneten durch induktive Kopplung Energie. Der Energieentzug führt zu einer Stromabsenkung im Fahrzeugschwingkreis, der selektiv nach den drei Frequenzen detektiert wird. Ist keine Beeinflussung notwendig (z. B.

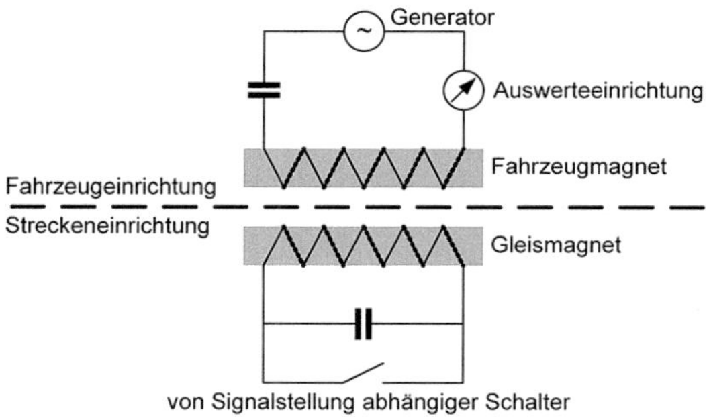


**Abb. 12.42** Funktionsweise der PZB

bei Fahrtstellung des Signals), wird der Gleismagnet durch Kurzschluss des Schwingkreises unwirksam geschaltet und der Energieentzug unterbleibt.

Mit einer Beeinflussung kann nur eine binäre Information übertragen werden. Durch die drei verschiedenen Frequenzen können drei verschiedene Informationen – aber nur eine je Beeinflussungspunkt – übertragen werden, die zu jeweils unterschiedlichen Reaktionen auf dem Fahrzeug führen.

### 12.8.5.2 Zugarten

Das Bremsvermögen und damit der Bremsweg eines jeden Zuges ist unterschiedlich, was bei den Überwachungsfunktionen berücksichtigt werden muss. Deshalb werden die Züge je nach Bremsvermögen in drei Klassen eingeteilt: die Zugarten O, M und U („obere", „mittlere" und „untere"). Je nach Zugart werden unterschiedliche Bremskurven und verschiedene Höchstgeschwindigkeiten überwacht. Die Kriterien für die Wahl der Zugart und die dabei jeweils überwachten Höchstgeschwindigkeiten zeigt Tab. 12.6. Beim Aufrüsten des Fahrzeugs werden die Bremseigenschaften vom Triebfahrzeugführer eingegeben und daraufhin die Zugart automatisch eingestellt.

### 12.8.5.3 Überwachung an Haupt- und Vorsignalen

Abb. 12.43 zeigt die grundsätzliche Anordnung der Gleismagnete vor einem Hauptsignal. Am Vorsignal befindet sich ein 1000-Hz-Gleismagnet, am Hauptsignal ein 2000-Hz-Magnet und 260 m vor dem Hauptsignal ein 500-Hz-Magnet. Im Folgenden sollen die Funktionen bei der Fahrt auf ein Halt zeigendes Hauptsignal erläutert werden.

Der **Gleismagnet 1000 Hz** ist aktiv, wenn das Vorsignal Halt erwarten zeigt oder eine Geschwindigkeitsbeschränkung auf 70 km/h oder weniger ankündigt. Bei einer solchen Beeinflussung muss der Triebfahrzeugführer die Wahrnehmung des Signals durch Betätigung der Wachsamkeitstaste quittieren, ansonsten erfolgt eine Zwangsbremsung. Außerdem wird bei einer 1000-Hz-Beeinflussung die Überwachung einer von der Zugart abhängigen Bremskurve ausgelöst, d. h. es wird geprüft, dass die in der Bremskurve vorgegebene Geschwindigkeit nicht überschritten wird, ansonsten erfolgt die Zwangsbremsung. Die Bremskurve ergibt sich aus einer zeitabhängig fallenden Geschwindigkeit (z. B. Zugart O: von 165 auf 85 km/h in 23 s). Ist die Zielgeschwindigkeit der Überwachungskurve erreicht, wird die Geschwindigkeit weiterhin überwacht („Entlassungsgeschwindigkeit"). Die Überwachungslänge nach einer 1000-Hz-Beeinflussung beträgt 1250 m.

Da nach der Vorbeifahrt an einem Halt erwarten zeigenden Vorsignal das Hauptsignal mittlerweile in die Fahrtstellung gekommen sein kann, besteht 700 m nach der Beeinflussung die Möglichkeit der Befreiung aus der 1000 Hz-Überwachung. Der Festlegung auf 700 m liegt die Überlegung zugrunde, dass für ein Hauptsignal üblicherweise 300 m Signalsicht gewährleistet ist und der reguläre Vorsignalabstand 1000 m be-

**Tab. 12.6** Anwendung der PZB-Zugarten

| Zugart | Bremsstellung | Bremshundertstel | Überwachte Höchstgeschwindigkeit [km/h] | Entlassungsgeschwindigkeit [km/h] | |
|---|---|---|---|---|---|
| | | | | 1000 Hz | 500 Hz |
| O | R oder P | > 110 | 165 | 85 | 45 |
| M | R oder P | 66 ... 110 | 125 | 70 | 35 |
| U | R oder P | < 66 | 105 | 55 | 25 |

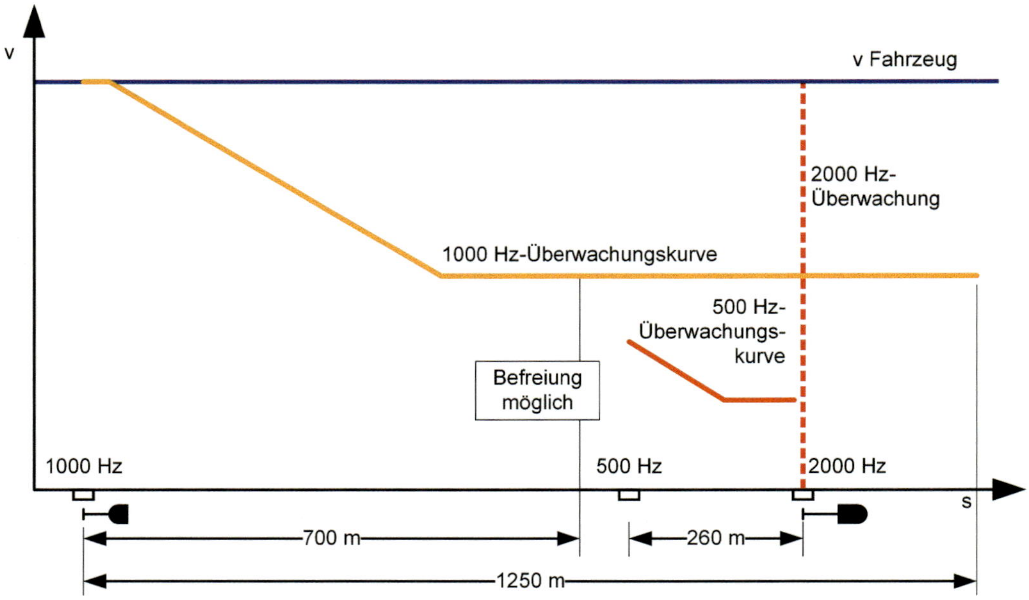


**Abb. 12.43** Grundsätzliche Bremskurvenüberwachung an Haupt- und Vorsignalen bei der PZB 90

trägt. Eine Befreiung vor der Sichtbarkeit des Hauptsignals soll damit vermieden werden.

Der **Gleismagnet 500 Hz** wird vom zugehörigen Hauptsignal gesteuert und ist aktiv, wenn das Hauptsignal Halt oder einen sehr restriktiven Fahrtbegriff (z. B. 20 km/h) zeigt. Bei Beeinflussung durch den 500-Hz-Gleismagneten wird eine weitere Geschwindigkeitsüberwachung angestoßen, die restriktiver ist als die 1000 Hz-Überwachung.

Zunächst erfolgt eine Überwachung auf eine wegabhängig fallende Geschwindigkeit (z. B. Zugart O: von 65 auf 45 km/h in 153 m), danach wird die Entlassungsgeschwindigkeit überwacht. Insgesamt beträgt die Überwachungslänge 250 m. Eine Befreiung aus der 500 Hz-Überwachung ist nicht möglich, weshalb sich bei Signalfahrtstellung nach einer 500 Hz-Beeinflussung aufgrund der erzwungenen „Schleichfahrt" betriebliche Behinderungen ergeben können.

Der **Gleismagnet 2000 Hz** ist am Hauptsignal angeordnet und aktiv, wenn es Halt zeigt. Die Beeinflussung durch einen 2000-Hz-Gleismagneten führt zur sofortigen Zwangsbremsung.

Durch die Bremskurvenüberwachung nach der 1000- und 500-Hz-Beeinflussung wird sichergestellt, dass der Zug sich nur sehr langsam einem Halt zeigenden Signal nähern kann. Wird der Zug aus einer geringen Geschwindigkeit zwangsgebremst, so ist auch die Länge, mit der das Halt zeigende Signal überfahren wird, kurz.

#### 12.8.5.4 Restriktive Geschwindigkeitsüberwachung

Nach 1980 kam es zu schweren Unfällen bedingt durch das Anfahren beschleunigungsstarker Fahrzeuge gegen Halt zeigende Signale, wovor die früheren Indusi-Bauformen nur unzureichend schützten. Deshalb wurde mit der Weiterentwicklung zur PZB 90 auch eine restriktive Geschwindigkeitsüberwachung eingeführt. Unterschreitet der Zug für eine Zeitdauer von mehr als 15 s eine Umschaltgeschwindigkeit von 10 km/h oder hält er an, so werden restriktivere Überwachungen wirksam, was zu noch größeren betrieblichen Behinderungen führen kann.

#### 12.8.5.5 Geschwindigkeitsüberwachungseinrichtung (GÜ)

Um mit der PZB örtliche Geschwindigkeitseinschränkungen zu überwachen, kann die Entlassungsgeschwindigkeit eines 1000- oder 500-Hz-Gleismagneten verwendet werden. Nachteilig

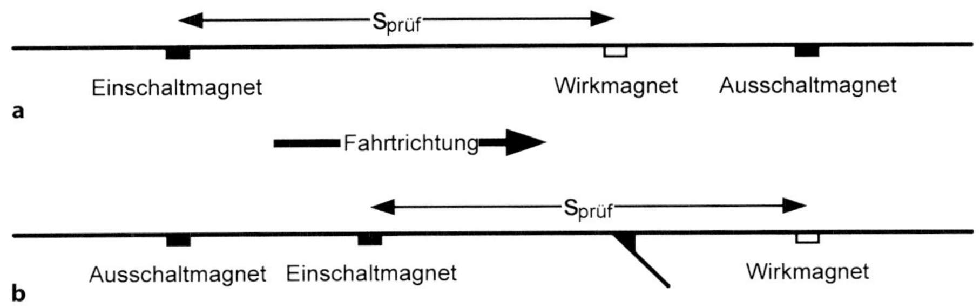


**Abb. 12.44** **a**,**b** Lage der Gleismagneten bei der Geschwindigkeitsüberwachungseinrichtung

hierbei ist, dass nur zwei unterschiedliche Beeinflussungen möglich sind und die Entlassungsgeschwindigkeit je nach Zugart variiert (Tab. 12.6).

Es ist jedoch möglich, eine Beeinflussung in Abhängigkeit von der Geschwindigkeit des Zuges zu geben. Hierzu dient die Geschwindigkeitsüberwachungseinrichtung (GÜ). Dabei wird ein Gleismagnet (Einschaltmagnet) durch einen Fahrzeugmagneten beeinflusst, woraufhin die Anlage aktiviert wird und eine Zeitverzögerung anstößt. Innerhalb der Zeitspanne ist der im definierten Abstand verlegte Wirkmagnet aktiv. Danach wird der Wirkmagnet deaktiviert, wodurch Züge, deren Geschwindigkeit kleiner ist als die Prüfgeschwindigkeit, keine Beeinflussung erhalten.

Um die Anlage in Grundstellung zu bringen, bedarf es noch eines Ausschaltmagneten. In der Regel wird dieser nach der Prüfstrecke angeordnet (Abb. 12.44a). Befindet sich in der Prüfstrecke eine Fahrwegverzweigung, so würde der Ausschaltmagnet nicht unbedingt befahren. In solchen Fällen wird eine Anordnung gewählt, bei der sich der Ausschaltmagnet vor der Prüfstrecke befindet (Abb. 12.44b).

Als Wirkmagnet wird ein 1000- oder 2000-Hz-Gleismagnet verwendet. Beim 2000-Hz-Gleismagneten bekommen alle Züge, die die GÜ zu schnell passieren, eine Zwangsbremsung. Wird ein 1000-Hz-Gleismagnet verwendet, bekommen die Züge mit einer höheren Geschwindigkeit als der Prüfgeschwindigkeit eine 1000-Hz-Beeinflussung. Das kann dazu verwendet werden, um nur schnell fahrende Züge, die üblicherweise in Zugart O fahren, zu beeinflussen. Züge in niedrigeren Zugarten, die ohnehin langsamer fahren, werden nicht beeinflusst, wodurch sich dadurch auch nicht die geringeren Entlassungsgeschwindigkeiten hinderlich auswirken können.

### 12.8.6 Geschwindigkeitsüberwachung für Neigetechnik (GNT)

Um auf vorhandenen Strecken mit engen Bögen (vorrangig im Gebirge) ohne eine Aufweitung der Bögen eine Erhöhung der Geschwindigkeiten im Reiseverkehr durchführen zu können, wurden Fahrzeuge mit Neigetechnik (Geschwindigkeitsabhängige Wagenkastensteuerung, GSt) entwickelt. Fahrzeuge mit eingeschalteter GSt dürfen im Bogen schneller fahren als konventionelle Fahrzeuge. Die Geschwindigkeiten der Strecke werden deshalb nach RS- (Regelseiten-) und ES- (erhöhte Seitenbeschleunigung) Profil unterschieden.

Für Fahrten im ES-Profil forderte der Gesetzgeber eine kontinuierliche Überwachung der Geschwindigkeit. Das führte zur Entwicklung der GNT (Geschwindigkeitsüberwachung für Neigetechnik). Bei der GNT werden mittels Balisen das RS- und das ES-Profil auf das Fahrzeug übertragen. Bei eingeschalteter GSt wird das ES-, ansonsten das RS-Profil überwacht. Bis 1999 kamen Gleiskoppelspulen, danach Eurobalisen zur Anwendung.

Da nur die Geschwindigkeit der Strecke überwacht wird, gelten die Vor- und Hauptsignale einschließlich ihrer Geschwindigkeitsanzeigen weiterhin. Dies wird auch durch die PZB, die parallel zur GNT aktiv sein muss, überwacht.

Die GNT wird daher nur bis 160 km/h eingesetzt.

Die Überwachung erfolgt verdeckt, die jeweils erlaubten Geschwindigkeiten muss der Triebfahrzeugführer seinen Informationsquellen im Führerraum entnehmen. Bei einer Überschreitung der erlaubten Geschwindigkeit erfolgt, je nach Höhe der Differenz, zunächst eine Warnmeldung, dann eine Betriebsbremsung und wenn die Geschwindigkeit noch weiter überschritten wird eine Zwangsbremsung bis zur erlaubten Geschwindigkeit. Das ist ein deutlicher Vorteil gegenüber der PZB, die nur die Zwangsbremsung bis zum Stillstand kennt.

### 12.8.7 Linienförmige Zugbeeinflussung (LZB)

Die LZB (Linienförmige Zugbeeinflussung) ist ein System mit kontinuierlicher Datenübertragung und kontinuierlicher Überwachung. Sie wurde um 1970 entwickelt. Durch das kontinuierliche Wirken erfüllt sie die Anforderung der EBO, wonach bei Geschwindigkeiten über 160 km/h ein System wirken muss, „durch das ein Zug selbsttätig zum Halten gebracht und außerdem geführt werden kann." Derzeitig ist die LZB noch die Regel auf Strecken, die mit mehr als 160 km/h befahren werden. Es werden jedoch keine neuen Strecken mehr mit LZB ausgerüstet; langfristig wird die LZB vollständig durch ETCS (siehe Abschn. 12.8.8) abgelöst.

Als fahrwegseitige Antenne dient der Kabellinienleiter, der in Schleifen im Gleis verlegt wird. Die Fahrzeugantenne befindet sich über der Gleismitte. Die Ortung allein über Radumdrehungszähler (Odometrie) ist zu ungenau. Da die LZB über eine Antenne entlang des Gleises verfügt, kann das Problem hierüber gelöst werden: Alle 100 m wird der Kabellinienleiter gekreuzt, so dass das elektromagnetische Feld um 180° gedreht wird. Die Drehung wird durch das Fahrzeug erkannt, so dass an jeder Kreuzungsstelle die Ortung kalibriert wird.

Die LZB-Zentrale beeinflusst einen Bereich von ca. 50...100 km Strecke. In dem Bereich kommuniziert sie mit allen Stellwerken und allen mit aktiver LZB-Ausrüstung fahrenden Zügen. Ebenso werden Daten mit eventuell vorhandenen benachbarten LZB-Zentralen ausgetauscht.

Die geschwindigkeitsrelevanten Daten der Infrastruktur sind in der LZB-Zentrale gespeichert. Aus diesen Daten und der aktuellen Betriebssituation (Belegung der Abschnitte) ermittelt die LZB-Zentrale die aktuellen Führungsgrößen, die an das jeweilige Fahrzeuggerät übertragen werden. Mit Hilfe dieser Daten und den im LZB-Fahrzeuggerät hinterlegten Daten, wie z. B. Höchstgeschwindigkeit, Bremsvermögen und Länge des Zuges, wird die Sollbremskurve berechnet. Dem Triebfahrzeugführer werden Zielentfernung und Zielgeschwindigkeit angezeigt.

Ist das Fahrzeug mit einer „Automatischen Fahr- und Bremssteuerung" (AFB) ausgerüstet, kann es aus den Werten die notwendige Zug- und Bremskraft für eine automatische Führung des Zuges ermitteln. Bei eingeschalteter AFB findet somit die Regelung der Geschwindigkeit nicht mehr durch den Triebfahrzeugführer statt. Für eine automatische Zielbremsung (z. B. am Bahnsteig) ist die LZB allerdings nicht vorgesehen, da hierfür auch die Ortung nicht genau genug ist.

### 12.8.8 European Train Control System (ETCS)

#### 12.8.8.1 Grundlagen

Der durchgehende Eisenbahnverkehr in Europa wird durch eine Vielzahl nationaler Systeme der Bahnstromversorgung, Spurweite, Betriebsverfahren, Signalisierung, Zugbeeinflussung und weiterer Eigenschaften behindert. Jedoch möchten die mit der Liberalisierung des Eisenbahnverkehrs nunmehr grenzüberschreitend operierenden Eisenbahnverkehrsunternehmen behinderungsfrei durch ganz Europa fahren. Während sich die Überwindung der Bahnstromsystemgrenzen mittlerweile durch Leistungselektronik in den Triebfahrzeugen bewerkstelligen lässt, ist es besonders die Vielzahl von Zugbeeinflussungssystemen, die ein freizügiges Verkehren behindert. Ende der 1980er Jahre wurde deshalb vom internationalen Eisenbahnverband UIC eine Initiative gestartet, die eine Vereinheitlichung der europäischen Zugbeeinflussungssysteme zum Ziel hatte: Das European Train Control System (ETCS).

ETCS steht zwar im Mittelpunkt der Vereinheitlichungsbestrebungen, jedoch gibt es weitere Bestandteile, die den europäischen Eisenbahnverkehr fördern sollen. Dabei dient die Vereinheitlichung nicht nur technischen Zwecken, auch der Beschaffungsmarkt – bisher überwiegend national geprägt – soll größer werden, wodurch mehr Wettbewerb ermöglicht wird.

Zum European Rail Traffic Management Systems (ERTMS) gehört neben ETCS das Global System for Mobile Communication-Railway (GSM-R). Dabei handelt es sich um ein Digitalfunksystem auf Grundlage des Mobilfunkstandards GSM, bei dem lediglich einige bahnspezifische Erweiterungen vorgenommen wurden. Für GSM-R wurde ein eigenes Frequenzband reserviert. Es ist Voraussetzung für einige Ausrüstungsstufen von ETCS. GSM, als Mobilfunkstandard der 2. Generation (2G), ist mittlerweile veraltet. In Zukunft wird das u. a. auf dem 5G-Standard basierende „Future Railway Mobile Communication System“ (FRMCS) das GSM-R ersetzen.

Im Umfeld von ERTMS gab und gibt es die nachfolgend beschriebenen Projekte, die jedoch nicht (mehr) Teil von ERTMS sind.

**European Traffic Management Layer (ETML):** Das Projekt der (nicht sichere) Betriebssteuerung hat die Aufgabe, über Ländergrenzen – und damit EIU-Grenzen – hinweg Zuglaufdaten auszutauschen und den entsprechenden EVU zur Verfügung zu stellen. Operativ werden die Daten entsprechend grafisch oder in Tabellenform visualisiert; im Nachgang ist es möglich, Statistiken zu erstellen um z. B. Qualitätskriterien zu untersuchen.

**Integrated European Signalling System (INESS):** Da die Stellwerkstechnik immobil ist, bestand lange Zeit keine Notwendigkeit einer Vereinheitlichung. Lediglich die Schnittstelle zum Fahrzeug (durch GSM-R oder ETCS) muss standardisiert sein. Im Laufe der weiteren Entwicklung von ETCS zeigte sich aber, dass die komplexen Schnittstellen zwischen ETCS und dem Stellwerk ebenfalls eine Standardisierung vorteilhaft erscheinen lassen. Das Integrated European Signalling System (INESS, 2008–2011) diente zur Vereinheitlichung der Stellwerkstechnik im Zuge der Einführung von ERTMS. Das wesentliche Ziel war die Entwicklung von Standards für eine neue europäische Stellwerkstechnik, die zu ETCS vollständig kompatibel ist. Die ortsfeste Signalisierung ist dabei nicht Bestandteil der Vereinheitlichung. Solange die ortsfeste Signalisierung nicht durch Führerraumsignalisierung abgelöst ist, wird es bei den nationalen Signalisierungssystemen bleiben.

**EULYNX:** Das Projekt EULYNX beschäftigt sich seit 2014 mit der Standardisierung von Schnittstellen zwischen sicherungstechnischen Komponenten nach den Anforderungen mehrerer europäischer EIU. Durch die Möglichkeit, herstellerunabhängig Komponenten austauschen zu können, sollen die Lebenszykluskosten gesenkt werden. Außerdem beschäftigt sich EULYNX mit der Standardisierung von Schnittstellen für die Übergabe von Planungsdaten.

#### 12.8.8.2 Komponenten

Die **Eurobalise** (Abb. 12.45) ist eine europäisch standardisierte Balise. Es wird nach Festdaten- und Transparentdatenbalise unterschieden. Festdatenbalisen senden immer das gleiche Telegramm, wie z. B. Informationen über ständige Langsamfahrstellen. Transparentdatenbalisen hingegen sind schaltbar und können daher unterschiedliche Telegramme senden. Sie werden z. B.

**Abb. 12.45** Eurobalise im Gleis

zur Übertragung von Informationen schaltbarer, ortsfester Signale verwendet. Die Datenübertragung erfolgt nach dem induktiven Transponder-Verfahren.

Die **Lineside Electronic Unit** (LEU) dient der situationsgerechten Versorgung von Transparentdatenbalisen und Euroloops mit Informationen. Dazu werden Informationen aus der Stellwerkstechnik abgegriffen und in entsprechende Datentelegramme gewandelt.

In den ETCS-Leveln 2 und 3 wird GSM-R für die Datenübertragung zwischen Infrastruktur und Fahrzeug genutzt. Das Fahrzeug hält dabei ständig Kontakt mit dem **Radio Block Centre (RBC)**. Dort werden die aktuelle Zugposition verwaltet und Informationen aus der Stellwerkstechnik so aufbereitet, dass daraus die Fahrerlaubnis (Movement Authority, MA) erzeugt wird. Außerdem werden Informationen mit dem Nachbar-RBC ausgetauscht. Kern des RBC ist ein sicheres Rechnersystem.

#### 12.8.8.3 ETCS-Fahrzeugausrüstung

Die Fahrzeugausrüstung besteht aus mehreren Komponenten mit dem European Vital Computer (EVC) als Kern. Die wesentlichen Komponenten sind:

- Odometrie: Geschwindigkeits- und Wegmessung. Primär handelt es sich dabei um Radumdrehungszähler; zur Erhöhung der Ortungsgenauigkeit wird ein Radar eingesetzt,
- Train Interface Unit (TIU): Schnittstelle zu den Antriebs- und Bremskomponenten des Fahrzeugs,
- Balise Transmission Module (BTM): Kommunikation mit der Eurobalise,
- Euroradio: Kommunikation über GSM-R,
- Driver Maschine Interface (DMI): Schnittstelle zum Triebfahrzeugführer. Hier werden Istgeschwindigkeit, Zielgeschwindigkeit und Zielentfernung sowie weitere Zustände und Hinweise angezeigt.

Außerhalb der ETCS-Spezifikation steht das Specific Transmission Module (STM), mit dem eine Schnittstelle vom EVC zum nationalen Zugbeeinflussungssystem hergestellt werden kann, sodass keine separate informationsverarbeitende Einheit für das nationale System benötigt wird. Für jedes nationale System ist ein eigenes STM mit entsprechender Antenne erforderlich.

#### 12.8.8.4 Ausrüstungsstufen (Level)

**Level 0**

Ist das Fahrzeug mit ETCS ausgerüstet, die Strecke jedoch nicht, und kann auch ein eventuelles nationales System nicht mit den ETCS-Fahrzeugkomponenten beherrscht werden, kann die ETCS-Fahrzeugausrüstung immer noch im Level 0 betrieben werden. Durch ETCS wird dabei lediglich die Istgeschwindigkeit angezeigt sowie die Geschwindigkeit des Fahrzeugs und die Geschwindigkeit für Strecken ohne Zugbeeinflussung überwacht. Letztere ist ein nationaler Wert.

**Level NTC**

Besitzt ein ETCS-Fahrzeug auch das STM des nationalen Systems, mit dem die befahrene Strecke ausgerüstet ist, kann im Level NTC (National Train Control; früher: Level STM) gefahren werden. Über das STM werden die Informationen vom nationalen Zugbeeinflussungssystem empfangen und unter Nutzung ausgewählter ETCS-Fahrzeugkomponenten weiterverarbeitet. Dabei sind nur die Funktionen verfügbar, die das nationale System bietet. Eine Kommunikation mit ETCS-Balisen findet nur insoweit statt, wie sie den Wechsel eines Levels ankündigen bzw. kommandieren.

**Level 1**

Im Level 1 besitzt ETCS die volle Funktionalität einer Zugbeeinflussung mit diskontinuierlicher Übertragung und kontinuierlicher Überwachung. Die Informationen werden mit Eurobalisen übertragen und können durch Infill-Elemente ergänzt werden. Es findet nur eine Kommunikation von der Strecke zum Fahrzeug statt.

Die infrastrukturseitige Gleisfreimeldung ist weiterhin erforderlich. Durch die Funktionalität des DMI kann auf ortsfeste Signale verzichtet werden, in den meisten Fällen werden sie jedoch

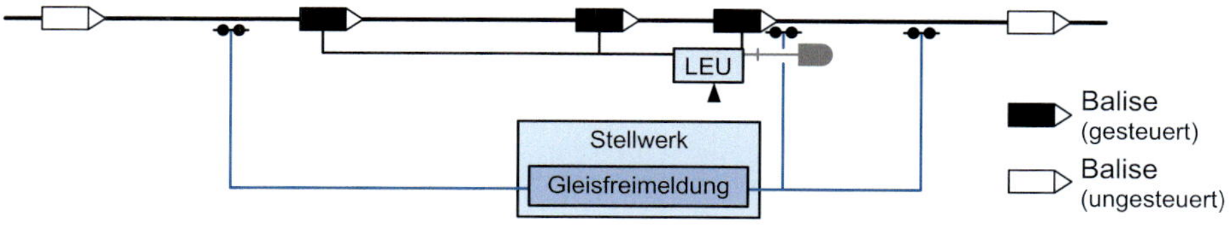


**Abb. 12.46** ETCS Level 1

belassen um eine Signalisierung für nicht ausgerüstete Fahrzeuge bzw. in der Rückfallebene zu haben (Abb. 12.46).

Neben den Festdatenbalisen müssen im Level 1 Transparentdatenbalisen verwendet werden, da sie das primäre Medium zur Übertragung der Movement Authority (MA) sind. Sie müssen mindestens an den ggf. virtuellen Standorten von Haupt- und Vorsignal angeordnet sein.

Die in der MA enthaltenen Informationen nutzt der EVC, um daraus die dynamischen Geschwindigkeitsprofile in Abhängigkeit von den Fahrzeugeigenschaften zu berechnen und zu überwachen. Außerdem werden die Führungsgrößen auf dem DMI angezeigt.

Eine besondere Ausprägung von ETCS Level 1 ist der Betrieb im Modus **„Limited Supervision"** (LS). Hierbei wird nur die Zwangsbremsgeschwindigkeit (siehe Abschn. 12.8.8.5) überwacht und es stehen nur die Funktionen zur Verfügung, die die Schnittstellen der Stellwerke beherrschen. Aus dem beschränkten Funktionsumfang ergibt sich eine nur teilweise kontinuierliche Überwachung. Die Übertragung erfolgt ausschließlich mit ETCS-Mitteln. Damit benötigen die Fahrzeuge, die diese Strecken befahren, nur die ETCS-Ausrüstung ohne STM bzw. kein zweites Zugbeeinflussungssystem.

Der Vorteil gegenüber Level 1 im Modus Full Supervision ergibt sich aus der Tatsache, dass das ansteuernde Stellwerk nicht für ETCS umgebaut werden muss, sondern die bestehenden Schnittstellen zum punktförmig übertragenden nationalen System genutzt werden. Nachteilig ist, dass in den meisten Fällen diese Schnittstellen nicht alle ETCS-Funktionen bedienen können, so dass im Level 1 LS nur die Funktionen umgesetzt werden können, die die Schnittstellen des vorangegangenen Zugbeeinflussungssystems beherrschen.

**Level 2**

Beim Level 2 handelt es sich um eine Zugbeeinflussung mit kontinuierlicher Übertragung und Überwachung. Die dafür notwendige ständige Kommunikation wird über GSM-R realisiert. Somit wird es möglich, Daten auch vom Fahrzeug zur Infrastruktur zu übertragen. Die Ortung des Fahrzeugs geschieht mittels Festdatenbalisen und Odometrie.

Die zentrale Schnittstelle zwischen Fahrzeug und Stellwerk ist das Radio Block Centre (RBC), dem der Standort jedes ETCS-geführten Zuges bekannt ist. Mangels einer sicheren Prüfung der Zugvollständigkeit kann daraus jedoch nicht auf die Räumung von Gleisabschnitten geschlossen werden, weshalb eine konventionelle Gleisfreiprüfung nach wie vor benötigt wird. Das Stellwerk ist weiterhin für die Fahrwegsicherung zuständig. Informationen darüber werden dem RBC zur Verfügung gestellt, was seinerseits die MA generiert (Abb. 12.47).

Wie beim Level 1 kann auch hier auf ortsfeste Signale verzichtet werden. Die Berechnung der dynamischen Geschwindigkeitsprofile sowie die Anzeige auf dem DMI geschehen wie im Level 1.

**Level 3**

Der wesentliche Unterschied zum Level 2 ist die Tatsache, dass für alle Züge eine Zugintegritätsprüfung erforderlich ist und im Gegenzug auf die ortsfeste Gleisfreimeldung verzichtet wird. Da nun sichergestellt ist, dass ein Zug vollständig ist, kann im Zusammenspiel mit der sicheren Ortung ein Fahren im wandernden Raumabstand („Moving Block") realisiert werden. Dadurch verkürzen sich die minimalen Zugabstände und es erhöht sich die Streckenleistungsfähigkeit. Weil es keinen festen Raumabstand mehr gibt,

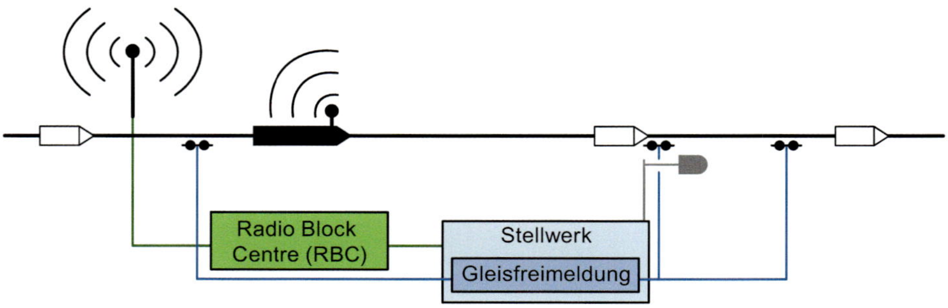


**Abb. 12.47** ETCS Level 2

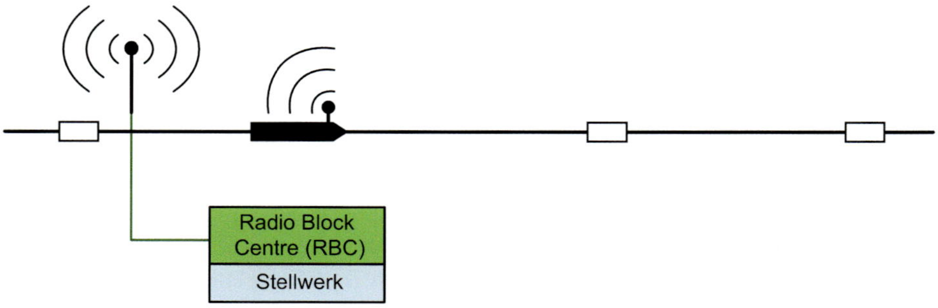


**Abb. 12.48** ETCS Level 3

können auch keine ortsfesten Signale aufgestellt werden. Insofern müssen alle Züge mit ETCS und einer Zugintegritätsprüfung ausgerüstet sein (Abb. 12.48).

Da im Level 3 das RBC für die Abstandshaltung zuständig ist, verschieben sich einige Aufgaben vom Stellwerk zum RBC. Zusammen mit dem Verzicht auf ortsfeste Signale und Gleisfreimeldung ergeben sich erhebliche infrastrukturelle Einsparungen. Durch das Fehlen einer Zugintegritätsprüfung vor allem bei Güterzügen kann dieses Level noch nicht realisiert werden; es bestehen aber Forschungs- und Entwicklungstätigkeiten dazu.

### 12.8.8.5 Funktionen

**Fahrzeugseitige Ortung**
Die fahrzeugseitige Ortung erfolgt mittels Festdatenbalisen, die sehr genau eingemessen werden und den verlegten Ort wiedergeben. Damit fungieren sie als „elektronischer Kilometerstein". Zwischen diesen Balisen erfolgt die Ortung durch Hochrechnung der gefahrenen Strecke, die mit der Odometrie (primär durch Radumdrehungszählung) gemessen wird. Da sie mit Fehlern behaftet ist, muss das bei der Berechnung des Ortes berücksichtigt werden. Hierzu wird ein Vertrauensintervall gebildet, das mit steigender Entfernung von der letzten Positionsbalise linear größer wird.

**Movement Authority (MA)**
Die Erlaubnis zum Befahren eines Abschnitts wird durch die Fahrterlaubnis (Movement Authority – MA) übertragen. Das Fahrzeug erhält die MA in Level 1 über Balisen bzw. Infill-Elemente vom Stellwerk, in Level 2 und 3 über GSM-R vom RBC.

Am Zielpunkt befindet sich das End of Authority (EoA). Außerdem wird die Supervised Location (SvL) definiert. Die SvL ist der Punkt, bis zu dem ein Gleisabschnitt als gesichert angesehen wird, falls die EoA überfahren wird. Als SvL gilt folgender Ort:

- Overlap: Durchrutschwegende, wenn ein Durchrutschweg vorhanden und gesichert ist,

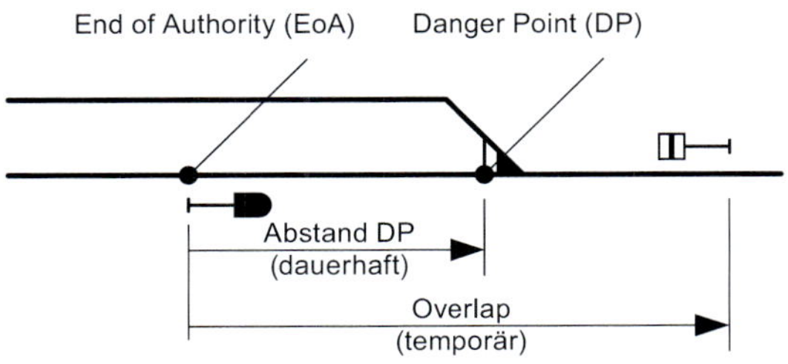


**Abb. 12.49** End of Authority und Möglichkeiten der Supervised Location

- Danger Point (DP): Maßgebende Gefahrstelle, wenn kein Overlap vorhanden ist,
- End of Authority (EoA): wenn weder Durchrutschweg noch Danger Point vorhanden sind (Abb. 12.49).

Die maßgebende Gefahrstelle ist der Punkt, an dem sich beim Überfahren der EoA zuerst eine Gefährdung ergibt, wenn kein Durchrutschweg eingestellt ist.

### Statisches Geschwindigkeitsprofil

Infrastrukturelle Eigenschaften, wie

- EoA,
- Geschwindigkeitsprofil der Strecke (Langsamfahrstellen, sonstige Einschränkungen),
- signalisierte Geschwindigkeiten,

bilden das statische Geschwindigkeitsprofil (Static Speed Profile, SSP), was per ETCS auf das Fahrzeug übertragen wird. Im ETCS-Fahrzeuggerät wird daraus und aus den fahrzeugseitigen Vorgaben das individuelle statische Geschwindigkeitsprofil (Most Restrictive Speed Profile, MRSP) berechnet.

### Dynamisches Geschwindigkeitsprofil

Aus dem individuellen statischen Geschwindigkeitsprofil wird im Fahrzeug das dynamische Geschwindigkeitsprofil berechnet (Abb. 12.50), was die zulässige Geschwindigkeit (Permitted Speed, P) darstellt. Dazu werden Fahrzeug- und Streckendaten benötigt, die das individuelle Bremsverhalten beschreiben. Die wesentlichen sind:

- Bremsverzögerung bei Betriebs- und Zwangsbremsung,
- Länge des Zuges,
- Neigung der Strecke.

Die Streckendaten werden mittels ETCS übertragen, während die Fahrzeugdaten entweder vorkonfiguriert (z. B. bei Triebwagen) oder durch die Eingabe durch den Triebfahrzeugführer bekannt sind.

### Überwachungskurven

Das dynamische Geschwindigkeitsprofil bildet die zulässige Geschwindigkeit ab. Um bei kleinen Ungenauigkeiten der Geschwindigkeitsregelung

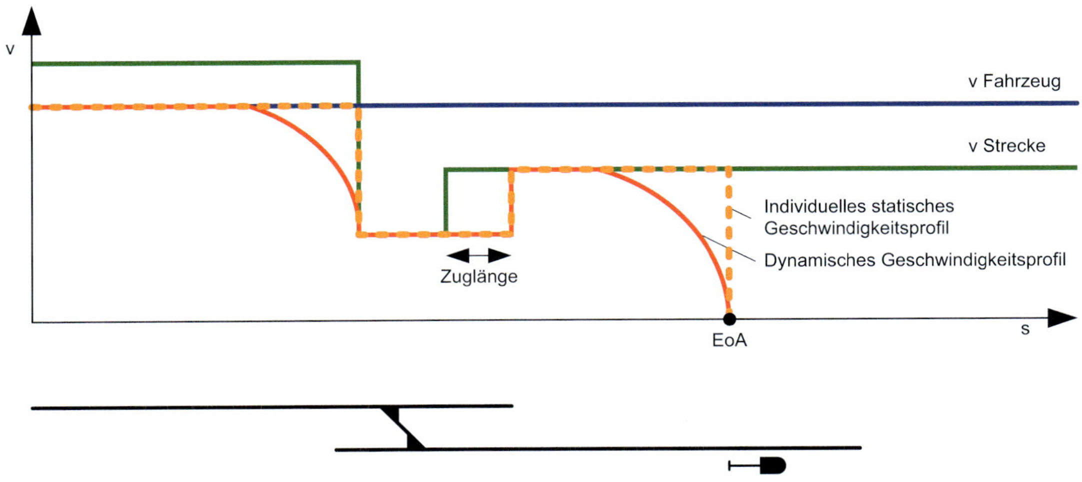


**Abb. 12.50** Statisches und dynamisches Geschwindigkeitsprofil

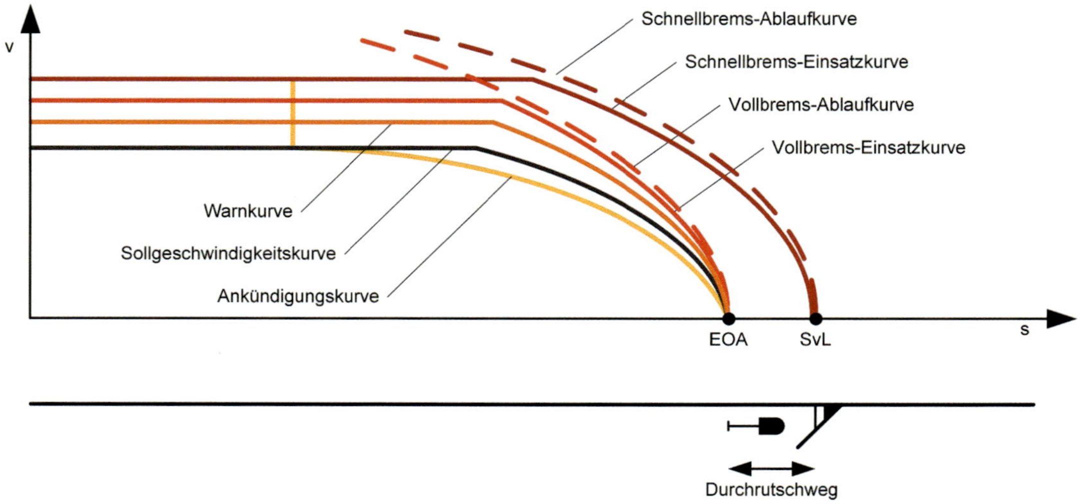


**Abb. 12.51** ETCS-Überwachungskurven

nicht gleich eine Zwangsbremsung hervorzurufen, wird die Geschwindigkeit in mehreren Stufen mit unterschiedlichen Folgen überwacht.

Die Sollgeschwindigkeit (Permittet Speed Supervision Limit – P) wird dem Triebfahrzeugführer auf dem DMI angezeigt. Ist eine Geschwindigkeitsreduktion zu erwarten, so wird der Triebfahrzeugführer mit Erreichen der Ankündigungskurve (Indication Supervision Limit – I) auf die bevorstehende Bremsung hingewiesen. Bei geringfügiger Überschreitung der zulässigen Geschwindigkeit wird zunächst die Warnkurve (Warning Supervision Limit – W) erreicht. Hierbei erfolgt lediglich eine Warnung des Triebfahrzeugführers. Die Warnung bleibt solange bestehen, bis die zulässige Geschwindigkeit wieder erreicht ist.

Steigt die Geschwindigkeit weiter an, sodass die Vollbrems-Einsatzkurve (Service Brake Intervention Curve – SBI) erreicht wird, erfolgt eine Vollbremsung durch ETCS, die bei Erreichen der zulässigen Geschwindigkeit gelöst wird. In der Bremsfahrt wird dabei eine Fahrt auf dem Profil der Vollbrems-Ablaufkurve (Service Brake Deceleration Curve – SBD) angenommen. Diese ist so berechnet, dass der Fußpunkt der Kurve am EOA liegt. Letzte Interventionsebene ist die Schnellbremsung. Da auch hier Reaktionszeiten von Bremsen eingerechnet sind, muss die Schnellbrems-Einsatzkurve (Emergency Brake Intervention Curve – EBI) etwas unter der Trajektorie der Schnellbrems-Ablaufkurve (Emergency Brake Deceleration Curve – EBD) liegen. Führt die Bremskurve nicht auf einen Halt, so kann die Zwangsbremsung auch nur bis zum Erreichen der zulässigen Geschwindigkeit wirken. Ob das zulässig ist, hängt von den nationalen Werten ab.

Da für die Schnellbremsung nur die sicheren Bremsen eingerechnet werden, ist die Schnellbrems-Ablaufkurve flacher als die anderen Kurven. Da die anderen Kurven jedoch den definierten Abstand zur Schnellbrems-Ablaufkurve haben müssen, werden diese somit auch flacher, was insbesondere bei einer Fahrt auf das EOA betriebshinderlich ist. Die Behinderung wird in der Regel dadurch entschärft, dass die Schnellbrems-Ablaufkurve an der SvL endet (Abb. 12.51). Befinden sich SvL und EoA am gleichen Standort, muss die Behinderung jedoch hingenommen werden.

## Betriebsmodi

Je nach betrieblichem und technischem Zustand sind in ETCS verschiedene Betriebsmodi definiert. Hierbei variieren das Überwachungsniveau und der Grad der Verantwortung des Triebfahrzeugführers. Um eine Anpassung an nationale Gegebenheiten zu erreichen, werden für verschiedene Vorgabewerte (meist Geschwindigkeiten) nationale Werte (national values) definiert.

**Full Supervision (FS)** Sofern möglich, wird in den Leveln 1, 2 und 3 der Modus Full Supervision (FS) angestrebt. Hierbei besteht eine vollständige Überwachung durch ETCS.

**Limited Supervision (LS)** Im Modus Limited Supervision (LS) sind, wie der Name schon aussagt, nur eingeschränkte Überwachungsfunktionen aktiv. Der Triebfahrzeugführer erhält seine Fahrterlaubnis ausschließlich durch ortsfeste Signale, die Führerraumsignalisierung zeigt keine Führungsgrößen an. Es wird nur die Zwangsbremskurve überwacht.

**On Sight (OS)** Der Modus On Sight (OS) wird streckenseitig kommandiert und dient der Fahrt auf Sicht in ein möglicherweise besetztes Gleis. Dabei erfolgt eine Überwachung der Geschwindigkeit nach nationalem Wert (de: 40 km/h).

**Shunting (SH)** Für Rangierfahrten dient der Modus Shunting (SH). Auch hier wird eine Geschwindigkeit nach nationalem Wert (de: 40 km/h) überwacht. Für den Modus müssen keine Zugdaten eingestellt sein. Der erlaubte Bereich des Rangierens wird durch Balisen überwacht.

**Staff Responsible (SR)** Soll ohne eine MA gefahren werden, wie z. B. nach Aufrüsten des Fahrzeugs, Fahrt auf Befehl oder Verlust der Verbindung zum RBC, muss der Modus Staff Responsible (SR) gewählt werden. Hierbei geht die Verantwortung für den Fahrweg auf den Triebfahrzeugführer über. Es erfolgt ebenfalls eine Überwachung auf eine Geschwindigkeit nach nationalem Wert (de: 40 km/h). Eine Begrenzung für eine maximal zurückzulegende Strecke ist möglich.

**National System (SN)** In National System (SN) erfolgt die Überwachung durch ein nationales System unter Nutzung von ETCS-Fahrzeugkomponenten, wie z. B. Odometrie oder DMI. Voraussetzung ist die Ausrüstung des Fahrzeugs mit den Antennen des nationalen Systems.

**Reversing (RV)** Reversing (RV) dient dem Rückwärtsfahren zur Evakuierung vor allem aus Tunneln. Wo dieser Modus infrastrukturell zugelassen ist, kann ohne Führerraumwechsel rückwärts mit begrenzter Geschwindigkeit für eine begrenzte Strecke gefahren werden.

**Trip (TR)** Bei einer durch ETCS ausgelösten Zwangsbremsung wird automatisch in den Modus Trip (TR) gewechselt. Der Modus bleibt bis zum Stillstand des Fahrzeugs erhalten.

**Post Trip (PT)** Nach Halt im Modus Trip und Bestätigung durch den Triebfahrzeugführer kommt nur ein Wechsel in Post Trip (PT) in Frage. In diesem Modus ist nur das Rückwärtsfahren mit einer beschränkten Länge möglich. Anschließend kann in Shunting gewechselt werden oder, um eine neue MA zu erhalten, im Level 1 in den Modus Staff Responsible bzw. in den Leveln 2 und 3 direkt in Full Supervision nach Erhalt einer MA.

**Weitere Modi**

- Stand By (SB): Grundzustand nach Einschalten des Fahrzeugs
- Non Leading (NL): Für nicht vom führenden Fahrzeug aus gesteuerte Triebfahrzeuge
- Sleeping (SL): Für vom führenden Fahrzeug aus gesteuerte Triebfahrzeuge
- Unfitted (UN): Zur Befahrung von Strecken im Level 0
- Isolated (IS): Zur Abtrennung des ETCS-Fahrzeuggerätes von den übrigen Einrichtungen des Fahrzeugs bei Fehlfunktionen
- No Power (NP): Bei Ausfall der Energieversorgung, Einleitung der Zwangsbremsung
- System Failure (SF): Bei sicherheitsrelevanten Ausfällen, Einleitung der Zwangsbremsung.

**Symbolverzeichnis**

| | |
|---|---|
|  | Vorsignal |
|  | Hauptsignal |
|  | Mehrabschnittsignal |
| 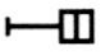 | Sperrsignal |
|  | Weiche, fernbedient |
|  | Weiche, ortsbedient |
| 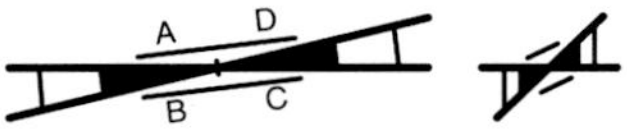  | Doppelte Kreuzungsweiche, fernbedient |
| 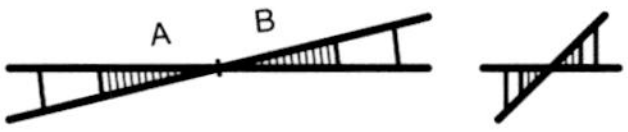  | Starre Kreuzung |
|   | Kreuzung mit beweglichen Doppelherzstückspitzen |
|  | Gleissperre, fernbedient |
|  | Radsensor (Achszählkontakt, richtungsselektiv) |
|  | Isolierstoß, einseitig |
|  | Isolierstoß, zweiseitig |
|  | Punktförmiges Gleisschaltmittel (Schienenkontakt) |
|  | Fahrzeugsensor |
|  | PZB-Gleismagnet 500/1000/2000 Hz |
|  | PZB-Gleismagnet 1000 und 2000 Hz |
|  | Einzelbalise, ungesteuert |
|  | Balisengruppe, ungesteuert |
|  | Einzelbalise, gesteuert |
|  | Balisengruppe, gesteuert |
| 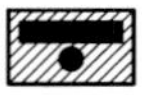 | Stellwerk, mechanisch, mit Bediener und Bedieneinrichtung |
| 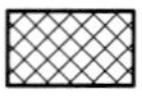 | Stellwerk, elektrisch, ohne Bediener und Bedieneinrichtung |
|  | Bahnsteig, einseitig |
|  | Bahnsteig, zweiseitig |

**Danksagung** Der Autor dankt folgenden Personen für ihre Unterstützung: Dr.-Ing. Gregor Theeg (Siemens), Dr.-Ing. Robert Leemann (SBB), Dipl.-Ing. Dr.-techn. Andreas Schöbel (TU Wien)

# 13 Funktionale Sicherheit

Jens Braband

**Zusammenfassung**

Programmierbare elektronische Systeme spielen in modernen Eisenbahn-Automatisierungssystemen eine wichtige Rolle. Viele dieser Systeme sind sicherheitsrelevant, sie schützen z. B. direkt das Leben von Passagieren oder Personal. Manche führen relativ einfache Aufgaben aus wie z. B. die Zwangsbremse eines Zuges nach Überfahren eines Haltsignals, während andere relativ komplexe Aufgaben ausführen wie den fahrerlosen Betrieb einer U-Bahn. Daher ist das Sicherstellen der korrekten Funktion des Eisenbahn-Automatisierungssystems eine Schlüsselaufgabe der Sicherheitsarbeit, die als Funktionale Sicherheit bezeichnet wird.

Obwohl eisenbahnspezifische Normen und Regelwerke schon vor über zwei Jahrzehnten eingeführt wurden, wird die Funktionale Sicherheit oft als komplexe und kostenintensive Aufgabe angesehen, selbst von Fachleuten. Dies liegt u. a. darin begründet, dass Normen und Regelwerke nur Minimalanforderungen festlegen, aber wichtige Themen wie Methoden oder Sicherheitsziele nicht normativ vorgegeben werden.

Dieses Kapitel stellt eine strukturierte und gradlinige Einführung in die Funktionale Sicherheit von Eisenbahn-Automatisierungssystemen dar. Insbesondere werden Zusammenhänge und Empfehlungen dargestellt, die über die reine Erfüllung von Normen und Gesetzen hinausgehen. Dazu werden auch zahlreiche zusätzliche Themen wie z. B. Unfallursachenanalyse, risikoorientierte Bewertung von Produktsicherheitsmängeln oder strukturierte Sicherheitsargumentation einbezogen.

## 13.1 Einleitung

Die Eisenbahn ist unbestreitbar nach wie vor eines der sichersten Verkehrsmittel, im Sicherheitsniveau nur mit der zivilen Luftfahrt vergleichbar. Die stellt auch die europäische Richtlinie über Eisenbahnsicherheit klar fest: „Das Eisenbahnsystem der Union weist generell ein hohes Sicherheitsniveau auf, insbesondere im Vergleich zum Straßenverkehr. Die Eisenbahnsicherheit sollte allgemein aufrechterhalten und, soweit das durchführbar ist, kontinuierlich verbessert werden, wobei der technische und wissenschaftliche Fortschritt sowie die Entwicklung des Unionsrechts und des internationalen Rechts berücksichtigt werden sollten."

Allerdings treten wie in anderen komplexen Systemen trotz des hohen technischen und organisatorischen Aufwands zur Unfallvermeidung immer wieder Unfälle auf, teilweise mit katastrophalen Folgen. Es ist mittlerweile anerkannter Stand der Wissenschaft, dass solche Unfälle selten einfache Ursachen haben und sich hinter den offensichtlichen oder direkten Ursachen, zum Beispiel menschlichen Fehlhandlungen, ein gan-

J. Braband (✉)
SMO RI R&D, Siemens Mobility GmbH, Braunschweig, Deutschland



J. Holzfeind, J. Liu, F. Pospischil (Hrsg.), *Handbuch Eisenbahninfrastruktur*,
https://doi.org/10.1007/978-3-662-68960-8_13

zer „Eisberg“ von latenten oder indirekten Ursachen verbirgt (auch Grundursachen oder root causes genannt). Ähnliches gilt für Unfälle, hinter denen sich eine Vielzahl von Beinahe-Unfällen oder Gefährdungen verbergen, siehe Abb. 13.1.

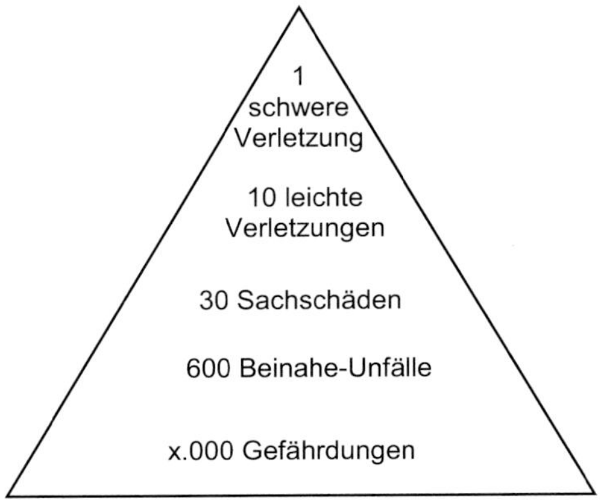


**Abb. 13.1** Das Eisberg-Modell

### 13.1.1 Wesentliche Unfallursachen

Das zentrale Ziel der Sicherheitsarbeit besteht daher darin, diese Ursachen, soweit möglich, zu vermeiden oder zu beherrschen.

Grundsätzlich lassen sich die Ursachen in drei Gruppen einteilen:

1. unzureichende technische Aktivitäten,
2. ineffektive Organisation und Kommunikation (Management),
3. Schwachstellen in der Sicherheitskultur.

### 13.1.2 Beispiel

Am 4. Januar 2000 kam es nahe Åsta (Norwegen) zu einem schweren Eisenbahnunfall mit 19 Todesopfern. Die eingleisige Strecke wird aus einem Kontrollzentrum ferngesteuert, die meisten Bahnhöfe sind unbesetzt. Die Einführung einer Zugbeeinflussung war geplant, aber noch nicht realisiert. Stark vereinfacht war der zeitliche Ablauf wie folgt:

13:07 Beide Züge fahren ab.
13:08 Bei Ausfahrt des Zuges in Rudstadt (dem aktuellen Kreuzungsbahnhof) wird eine Weiche aufgefahren, die für die Einfahrt des Gegenzugs gestellt war.
13:12 Im Kontrollzentrum wird bemerkt, dass sich beide Züge auf Kollisionskurs befinden. Es gelingt nicht, die Handy-Nummern der beiden Triebfahrzeugführer rechtzeitig zu finden, um diese noch zu warnen.
13:13 Die beiden Züge kollidieren und geraten in Brand (Dieseltriebzüge).

Zu den im Untersuchungsbericht angegebenen Ursachen zählten insbesondere:

- Im Kontrollzentrum wurde die aufgefahrene Weiche nur durch einen 16 mm hohen Hinweistext am Bildschirmrand angezeigt, nicht durch einen akustischen Alarm. Dadurch wurde diese Situation erst sehr spät offenbart (unzureichende technische Aktivität).
- Ursprünglich mussten sowohl Triebfahrzeugführer als auch Zugführer die Ausfahrtsignale beobachten und der Abfahrt zustimmen. Nach einer Änderung der Vorschriften (Hintergrund Personaleinsparung) war hierfür nur noch der Triebfahrzeugführer alleine verantwortlich (Management).
- Der Bahn-Zugfunk war auf dieser Strecke abgeschafft worden. Stattdessen wurden Handys an die Triebfahrzeugführer ausgegeben. Es gab keine Vorschriften, wie die Rufnummern bekannt gemacht und verwaltet werden sollten. Das Personal im Kontrollzentrum hatte sich eine praktische Handhabung überlegt, die aber am Unglückstag versagte (Management)
- Die Kreuzung der Züge war nicht vorab bestimmt, sondern wurde dynamisch nach Betriebslage vereinbart (Management).
- Berichten über die Anzeige von fehlerhaften Signalbegriffen von Triebfahrzeugführern wurde nicht ausreichend nachgegangen (Sicherheitskultur).

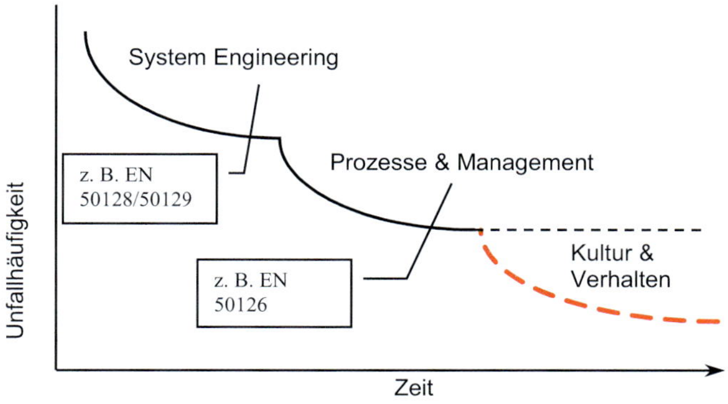


**Abb. 13.2** Epochen der Systemsicherheit

### 13.1.3 Epochen der Systemsicherheit

Etwa in der o. a. Reihenfolge hat man sich auch historisch den Sicherheitsproblemen zugewandt. Es wurden zunächst verstärkt technische Verbesserungen gesucht, bevor das Sicherheitsmanagement in den Fokus geriet. Die Betrachtung dieser beiden Bereiche ist „Stand der Technik" geworden, wie auch ihre Berücksichtigung in Normen belegt. In Zukunft wird aber verstärkt das Thema „Sicherheitskultur" zum Gegenstand der Betrachtungen werden, da hier das größte Potenzial zur weiteren Verringerung der Unfallhäufigkeit liegt, siehe Abb. 13.2 für eine schematische Darstellung.

Sicherheit muss also als ganzheitlicher Ansatz gesehen werden, bei dem es insbesondere auf eine ausgewogene Mischung aus reaktiven Elementen (z. B. Unfallanalysen, Lernen aus Fehlern…) sowie pro-aktiven Elementen (z. B. Risikoanalysen…) ankommt.

## 13.2 Definition des Begriffs Sicherheit

### 13.2.1 Klassische Definitionen

Der Begriff „Sicherheit" war aus Sicht der Gesetzgebung zunächst nur abstrakt bestimmt:

> „Die Eisenbahnen sind verpflichtet, ihren Betrieb sicher zu führen und die Eisenbahninfrastruktur, Fahrzeuge und Zubehör sicher zu bauen und in betriebssicherem Zustand zu halten." (Allgemeines Eisenbahngesetz, § 4 (1))
>
> „Bahnanlagen und Fahrzeuge müssen so beschaffen sein, daß sie den Anforderungen der Sicherheit und Ordnung genügen. Diese Anforderungen gelten als erfüllt, wenn die Bahnanlagen und Fahrzeuge den Vorschriften dieser Verordnung und, soweit diese keine ausdrücklichen Vorschriften enthält, anerkannten Regeln der Technik entsprechen." (Eisenbahn-Bau- und Betriebsordnung, § 2 (1))

Damit hat der deutsche Gesetzgeber bisher die Ausgestaltung des Begriffs „Sicherheit" im Wesentlichen den einschlägigen Fachkreisen, i. d. R. Normungsgremien, überlassen. Dies hat sich erst in den letzten Jahren teilweise durch die von der Europäischen Eisenbahnagentur (ERA) erarbeiteten Verordnungen verändert, z. B. durch die sog. „CSM-Verordnung".

In diesem Kapitel wird lediglich ein wichtiger Teilaspekt davon betrachtet:

- „Funktionale Sicherheit": der Teil der Sicherheit, der von der korrekten Funktion des betrachteten Systems abhängt.

Beispiel: eine Tür kann eine oder mehrere Funktionen haben, z. B. Zugangsschutz, Sichtschutz, Lärmschutz etc. Je nachdem, welche Anforderungen gestellt werden, sieht die technische Lösung anders aus, enthält z. B. einen Schließmechanismus oder nicht. Wenn es sich z. B. um eine kraftbetätigte automatische Bahnsteigtür handelt, so bestehen funktionale Sicherheitsanforderungen u. a. darin, dass die Tür nicht zur Unzeit öffnen darf, dass sie keine Menschen beim Schließen verletzen darf etc. Aber auch an das Ausfallverhalten müssen funktionale Sicherheitsanforderungen gestellt werden z. B. an das Verhalten bei Stromausfall.

Daneben gibt es natürlich noch viele weitere Aspekte, die zum Thema Sicherheit betrachtet werden müssen, hier aber aus Platzgründen nicht berücksichtigt werden können, wie z. B. elektrische Sicherheit, Brandschutz, elektromagnetische Verträglichkeit etc.

In Deutschland war die Vorgehensweise weit verbreitet, „Sicherheit" regelorientiert zu definieren, wie in VDE 0831 und Mü 8004:

> „Die *Fähigkeit einer Sicherungsanlage*, bei bestimmungsgemäßem Einsatz, ordnungsgemäßer Instandhaltung und vorschriftsmäßiger Handhabung während einer vorgegebenen Brauchbarkeitsdauer *Gefährdungen durch Funktionsversagen* in dem Umfang, der nach dem *Stand der Technik* erforderlich ist, auch dann zu verhindern, wenn **Bauelementeausfälle und Störungen** in der *zu Beanspruchungsbeginn als fehlerfrei angesehenen* Sicherungsanlage eintreten."

Dabei wurde pragmatisch jede Komponente einer Sicherungsanlage in eine von mehreren Anforderungsklassen eingeteilt (teilweise schematisch, teilweise aufgrund einer Risikoabschätzung, z. B. mit dem Risikographen nach VDV 331, siehe Abb. 13.12), zu jeder Anforderungsklasse wurden dann qualitative Vorschriften aufgestellt. Bei Einhaltung aller zu einer Anforderungsklasse gehörenden Regeln galten die Komponenten als „sicher".

Der wesentliche Nachteil dieser Vorgehensweise bestand darin, dass den Regeln gewisse Annahmen zugrunde lagen, z. B. bezüglich der Architektur der Sicherungsanlage, die vorzüglich auf eine bestimmte Lösung passten, andere Lösungen dadurch aber ausschlossen. Dadurch erwies sich dieser Ansatz als wettbewerbs- und fortschrittshemmend, z. B. was den Einsatz neuer Technologien angeht. Zwar hätte man bei neuen Lösungen oder Technologien den Ansatz um neue Regeln erweitern können, aber bei der Vielzahl neuer Technologien und der durchschnittlichen Abstimmungsdauer in Fachgremien war dieser Ansatz nicht mehr durchzuhalten.

### 13.2.2 Moderne, risikoorientierte Definition

Das sogenannte „neue Konzept" der Europäischen Union, das der technischen Harmonisierung mit Ziel, Beschränkungen des freien Warenverkehrs zu vermeiden, dient, verfolgt einen risikobasierten Ansatz. Gegenüber dem früher verfolgten Ansatz, hoch detaillierte technische Rechtsvorschriften für einzelne Produktkategorien zu beschließen, beschränkt sich das neue Konzept auf die Festlegung und Durchsetzung der wesentlichen Sicherheitsanforderungen.

Als weitere Motivation im Eisenbahnbereich ist noch die EU-Eisenbahn-Sicherheitsrichtlinie zu nennen, die u. a. das Ziel hat, die Sicherheit der verschiedenen europäischen Eisenbahnen zu vergleichen und zu optimieren. Sie verlangt u. a. die schrittweise Einführung von gemeinsamen Sicherheitszielen (Common Safety Targets) sowie Sicherheitsanalysemethoden (Common Safety Methods), um auch vor dem Hintergrund der weiter voranschreitenden Privatisierung der Eisenbahnen das erreichte hohe Sicherheitsniveau zu erhalten. Dies ist nur mit einem risikobasierten Ansatz erreichbar.

Die wesentlichen, diesem Konzept auch in den CENELEC-Normen zugrunde liegenden Definitionen sind

- Sicherheit (safety): die Abwesenheit von unvertretbaren Schadensrisiken
- Risiko (risk): die Kombination der Wahrscheinlichkeit des Eintretens von (durch Gefährdungen verursachten) Unfällen und Zwischenfällen, die zu einem Schaden führen, und des Ausmaßes dieses Schadens.
- Schaden (harm): physische Verletzung oder Schädigung der Gesundheit von Menschen
- Tolerierbares Risiko (tolerable risk): Risiko, das basierend auf den aktuellen gesellschaftlichen Wertvorstellungen in einem gegebenen Zusammenhang tragbar ist
- Gefährdung (hazard): Umstand, der zu einem Unfall führen könnte

Diese Definition der Sicherheit unterscheidet sich fundamental von der o. a. klassischen Definition, denn es ist die Abwesenheit eines unzulässig hohen Risikos nachzuweisen (im Gegensatz zu der Implementierung gewisser technischer Regeln).

Ergänzend sei bemerkt, dass in Risikodefinitionen zwar häufig von Wahrscheinlichkeiten gesprochen wird, damit aber im engeren Sinn die Auftretenswahrscheinlichkeit von (seltenen) Ereignisse pro Zeit gemeint ist, d. h. (mathematisch) eine Ereignisrate oder (umgangssprachlich) eine Ereignishäufigkeit, z. B. im Mittel ein gefährliches Ereignis pro 1000 Jahre.

### 13.2.3 Risikoorientierter Ansatz

Es wird damit eingestanden, dass komplexe technische Systeme grundsätzlich nicht vollständig fehler- oder ausfallfrei ausgeführt werden können und daher ein gewisses Restrisiko gesellschaftlich in Kauf genommen werden muss. Daher muss ein vertretbares Risiko definiert werden, das nach Betrachtung aller wirksamen Schutzmaßnahmen unterschritten werden muss. Während häufig in den risikoorientierten Normen implizit davon ausgegangen wird, dass das Restrisiko quantitativ bewertet wird, bietet die CSM-Verordnung drei alternative, aber gleichwertige Grundsätze zur Risikoakzeptanz an:

1. Anwendung der anerkannten Regeln der Technik
2. Vergleich mit ähnlichen Systemen
3. Explizite Risikoabschätzung

### 13.2.4 Europäische gesetzliche Vorgaben

Im engeren Sinn gilt die CSM-Verordnung, die seit dem 1. Juli 2012 verbindlich ist, nicht für den kompletten Eisenbahnverkehr, z. B. ist der Nahverkehr formal ausgenommen. Auch gilt die CSM-Verordnung nur für sogenannte signifikante Änderungen. Das sind im engeren Sinn Änderungen am Eisenbahnsystem, die sich durch ein hohes Maß an Komplexität und Innovation auszeichnen, so dass eine Risikobewertung nach harmonisierten Methoden und Grundsätzen angebracht erscheint. Allerdings beruhen diese Grundsätze auf dem Stand der Technik und in diesem Abschnitt wird der Ansatz daher ohne Berücksichtigung der genannten Ausnahmen dargestellt, auch um die Darstellung zu vereinfachen.

Das Risikomanagementverfahren gilt für das komplette Eisenbahnwesen, umfasst also insbesondere die Bewertung von Risiken, die sich aus technischen, betrieblichen und organisatorischen Änderungen ergeben. Hier wird es nur in dem Detaillierungsgrad dargestellt, wie es aus dem Blickwinkel der funktionalen Sicherheit notwendig ist. Einen Überblick über das Risikomanagementverfahren bietet Abb. 13.3.

Für Bewertung der funktionalen Sicherheit technischer Systeme sind die in den CENELEC-Normen angegebenen Vorgehensweisen zur Risikobewertung konform zu dem Risikomanagementverfahrens der CSM-Verordnung, d. h. erfüllt man die Vorgaben der CENELEC-Normen zur funktionalen Sicherheit, so erfüllt man auch die CSM-Verordnung. Allerdings stellt die CSM-Verordnung ein unmittelbar in allen Mitgliedsstaaten gültiges Gesetz dar.

An dieser Stelle soll daher vorrangig auf die Elemente der CSM-Verordnung eingegangen werden, weitere Elemente werden in den nächsten Kapiteln im Rahmen der Diskussion der Normen behandelt.

#### 13.2.4.1 Anwendung der anerkannten Regeln der Technik

Die CSM-Verordnung führt formal drei Grundsätze der Risikoakzeptanz ein, die zwar häufig schon in der Praxis verwendet wurden, aber nicht formalisiert wurden. Ein wichtiger Grundsatz besteht darin, dass Risiken dann vertretbar sind, wenn die mit ihnen verbundenen Gefährdungen komplett durch Anwendung von Regelwerk (Code of Practice) ausgeräumt werden können. Die im Deutschen verwendete Übersetzung „anerkannte Regeln der Technik" geht leider weit über den ursprünglichen Sinn der CSM-Verordnung hinaus, denn Regelwerke müssen lediglich die folgenden Anforderungen erfüllen:

a. Sie müssen im Eisenbahnsektor allgemein anerkannt sein. Ist dies nicht der Fall, müssen sie begründet werden und für die Bewertungsstelle akzeptabel sein.

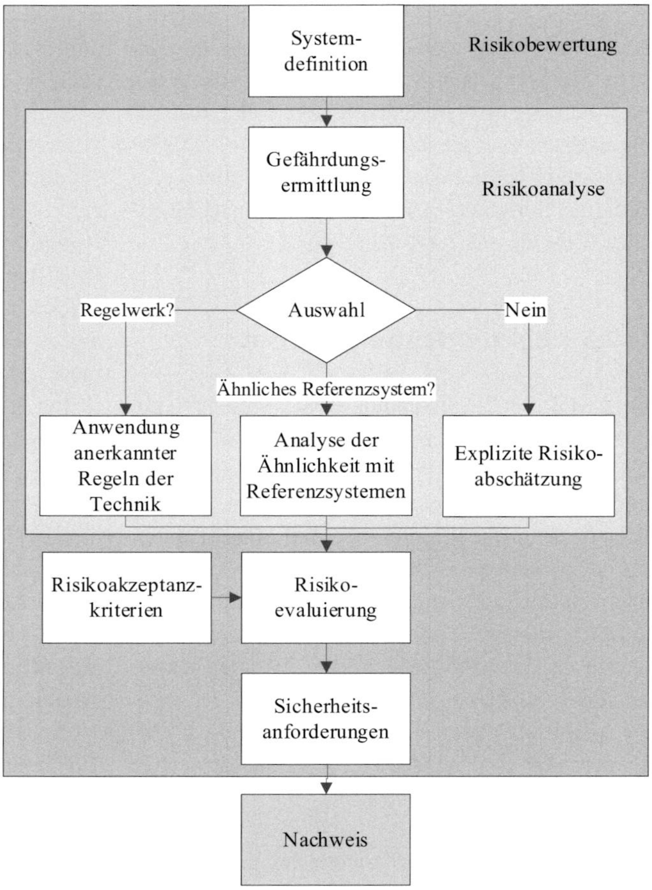


**Abb. 13.3** Das Risikomanagementverfahren nach CSM-Verordnung (vereinfacht)

b. Sie müssen für die Kontrolle der betreffenden Gefährdungen in dem System, das der Bewertung unterzogen wird, relevant sein.
c. Sie müssen auf Nachfrage für Bewertungsstellen zugänglich sein.

Dies bedeutet in der Praxis vor allem, dass nicht für alle Risiken quantitative Sicherheitsanforderungen definiert werden müssen.

#### 13.2.4.2 Vergleich mit einem Referenzsystem

Sicherheitsanforderungen können auch dadurch bestimmt werden, dass bez. einer oder mehrerer Gefährdungen die Sicherheitsanforderungen eines ähnlichen Referenzsystems übernommen werden. Ein solches Referenzsystem muss die folgenden Eigenschaften besitzen:

a. Es hat sich bereits in der Praxis bewährt, weil es ein akzeptables Sicherheitsniveau gewährleistet, und es würde in dem Mitgliedstaat, in dem die Änderung eingeführt werden soll, nach wie vor eine Genehmigung erhalten.
b. Es verfügt über ähnliche Funktionen und Schnittstellen wie das System, das der Bewertung unterzogen wird.
c. Es wird unter ähnlichen Betriebsbedingungen eingesetzt wie das System, das der Bewertung unterzogen wird.
d. Es wird unter ähnlichen Umweltbedingungen eingesetzt wie das System, das der Bewertung unterzogen wird.

Entscheidend ist hier, dass die Systeme lediglich hinreichend ähnlich, nicht aber identisch sein müssen. Sind die Unterschiede zwischen den

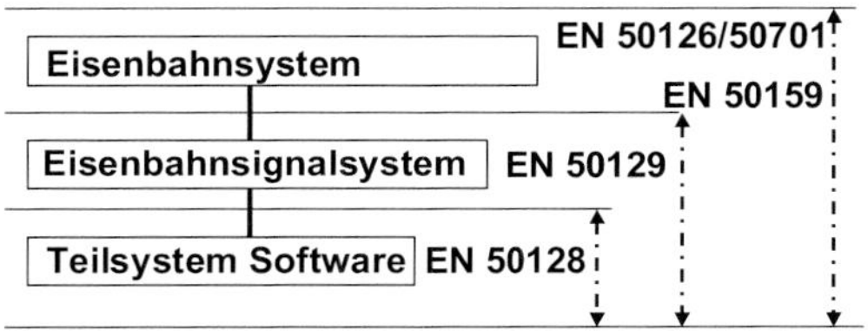


**Abb. 13.4** Geltungsbereich ausgewählter CENELEC-Normen

Systemen gering, so können sie vernachlässigt werden. Sind sie dagegen so groß, dass sie ins Gewicht fallen, so kann sich ggf. die Risikoanalyse auf die Untersuchung der Unterschiede beschränken.

### 13.2.5 Bedeutung der Normen

Unter risikobasiertem Ansatz wurde bisher in der Normung jede Vorgehensweise verstanden, bei der die Sicherheit über einen Risikogrenzwert definiert wird, dies wird in der CSM-Verordnung als explizite Risikoabschätzung bezeichnet.

Bei der Implementierung des risikoorientierten Ansatzes in der Eisenbahntechnik kommt den Normen eine zentrale Bedeutung bei, denn sie definieren den Stand der Technik und enthalten i. d. R. konkretere Vorgaben und detailliertere Ausprägungen als die CSM-Verordnung. Dabei muss allerdings immer ihr Geltungsbereich berücksichtigt werden, siehe Abb. 13.4.

In der Normung kommt dem Bereich Risikoanalyse eine zweifache Bedeutung zu. Im Mittelpunkt steht dabei zuerst die Festlegung zu Vorgehensweisen und Methoden für Risikoanalyen, siehe z. B. EN 50126 oder EN 50129. Diese müssen dann projektspezifisch angewendet werden, um die Sicherheit eines Systems nachzuweisen. Es ist andererseits aber auch möglich, für standardisierte Produkte eine Risikoanalyse durchzuführen und die Ergebnisse selbst in eine Produktnorm zu übernehmen. Dies bedeutet, dass fortan für das standardisierte Produkt keine Risikoanalyse mehr gemacht werden muss, sondern lediglich die Anforderungen der Produktnorm eingehalten werden müssen.

## 13.3 Risikoanalyse

Um die Motivation für die Festlegungen in den CENELEC-Normen besser verstehen zu können, muss man die grundlegenden technischen und politischen Anforderungen an eine international abgestimmte Vorgehensweise kennen:

1. Der Ansatz soll risikoorientiert sein
2. Die Vorgehensweise soll diskriminierungsfrei sein, d. h. die Definition von Sicherheitsanforderungen darf weder bestimmte technische Lösungen noch Hersteller bevorzugen
3. Die Vorgehensweise soll flexibel und offen für neue Technologien sein.
4. Die Verantwortung der beteiligten Parteien soll klar festgelegt werden.

Während Forderung 1 sich aus der Definition der Sicherheit ergibt, ist Forderung 2 eine politische Vorgabe der Europäischen Union, um den Binnenmarkt zu fördern. Forderung 3 ist zum Teil auch politisch motiviert, hat aber ihren Hintergrund auch in den Sachzwängen der Arbeit der Normungsgremien, denn i. d. R. dauert es mindestens drei Jahre, bis substanzielle Änderungen in internationalen Normen abgestimmt sind (bei Neuerstellung ist sogar mit fünf Jahren zu rechnen). Forderung 4 entspricht einem Wunsch vor allem der Hersteller und Betreiber, die sich klare Zuständigkeiten (und damit auch Kostenverantwortung) wünschen.

### 13.3.1 Prozess der expliziten Risikoanalyse

Der hier dargestellte Prozess („Sanduhr“) wurde für die europäische Eisenbahnsignaltechnik in der EN 50129 normativ festgeschrieben, er wird mittlerweile auch in der EN 50126 für alle Gewerke empfohlen (siehe Abb. 13.5).

Den Mittelpunkt des Prozesses bildet eine klar definierte Schnittstelle zwischen den Betriebsanforderungen und dem Sicherungssystem als der technischen Lösung.

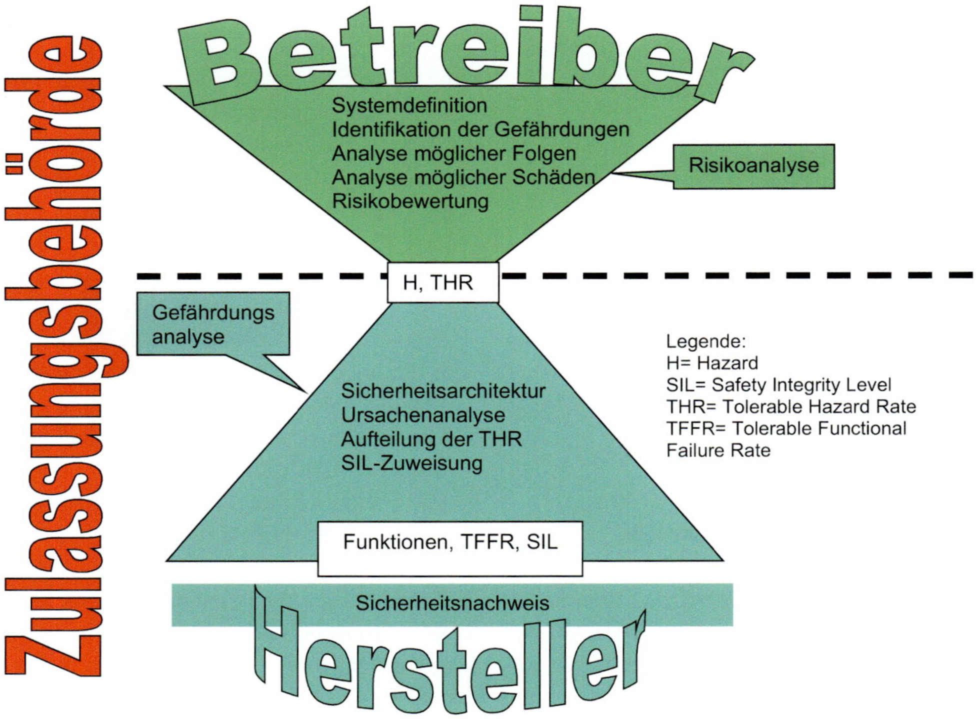


**Abb. 13.5** Sanduhr-Modell

► Es ist Aufgabe des Betreibers, eine Risikoanalyse durchzuführen, insbesondere:

- die Funktionsanforderungen für das betreffende System (unabhängig von dessen technischer Ausführung) festzulegen, wie etwa die Art des Betriebsprogramms (Signalisierungsprinzipien), Betriebsparameter (Geschwindigkeit, Zugdichte), Systemgrenzen usw.,
- systemrelevante Gefährdungen (Hazards) zu identifizieren,
- die Folgen von Gefährdungen zu analysieren,
- sicherzustellen, dass das sich ergebende Risiko tolerierbar ist, und
- die tolerierbaren Gefährdungsraten (THR) abzuleiten.

► Der Hersteller ist verpflichtet, eine Gefährdungsanalyse durchzuführen, insbesondere:

- Festlegung der Systemarchitektur unter Berücksichtigung der tolerierbaren Gefährdungsrate für jede Gefährdung,
- Analyse der Ursachen für jede Gefährdung und
- Bestimmung der Sicherheitsanforderungen (Sicherheitsanforderungsstufe und Gefährdungsraten (TFFR)) für Funktionen bzw. die sie implementierenden Teilsysteme.

In der Ursachenanalyse wird die tolerierbare Gefährdungsrate THR für jede Gefährdung unter der Berücksichtigung der gewählten Sicherheitsarchitektur auf die Ebene der Systemfunktionen aufgeteilt. Auf dieser Ebene werden Sicherheitsanforderungsstufen für die Teilsysteme, die die Funktionalität realisieren, festgelegt. Die Gefährdungsrate TFFR für ein Teilsystem wird anhand

**Tab. 13.1** Zuordnung von TFFR zu SIL nach EN 50129

| Gefährdungsrate TFFR pro Stunde und pro Funktion | Sicherheitsanforderungsstufe (SIL) |
|---|---|
| $10^{-9} \leq \text{TFFR} < 10^{-8}$ | 4 |
| $10^{-8} \leq \text{TFFR} < 10^{-7}$ | 3 |
| $10^{-7} \leq \text{TFFR} < 10^{-6}$ | 2 |
| $10^{-6} \leq \text{TFFR} < 10^{-5}$ | 1 |

von Tab. 13.1 (sog. SIL-Tabelle) in eine Sicherheitsanforderungsstufe umgesetzt. Dabei wurde die SIL-Tabelle aus der Sicherheitsgrundnorm IEC 61508 übernommen. Die Einhaltung dieser Sicherheitsanforderungen muss dann im Sicherheitsnachweis gezeigt werden.

## 13.3.2 Definition von Sicherheitszielen

### 13.3.2.1 Aktive und passive Sicherheit

Ausgehend von der risikoorientierten Definition der Sicherheit gibt es zwei grundsätzliche Ansätze, die Sicherheit zu verbessern:

► Passive Sicherheitskonzepte beschäftigen sich vornehmlich mit der Reduktion des Schadensausmaßes, d. h. der Verringerung der Unfallfolgen.

Aktive Sicherheitskonzepte beschäftigen sich vornehmlich mit der Reduktion der Schadenswahrscheinlichkeit, d. h. der Vermeidung von Unfällen.

Beispiele für passive Sicherheitskonzepte sind z. B. Maßnahmen zur Verbesserung der Crashsicherheit bei Fahrzeugen oder Verbesserung des Notfallmanagements, d. h. z. B. zeitnahe medizinische Versorgung von Unfallopfern. Im Mittelpunkt der funktionalen Sicherheit stehen allerdings natürlich aktive Sicherheitskonzepte, z. B. Schutzsysteme, die Unfälle oder kritische Situationen vermeiden bzw. deren Wahrscheinlichkeit verringern.

### 13.3.2.2 Zuverlässigkeitsfunktion

Bei aktiven Sicherheitskonzepten wird nur die Verringerung der Wahrscheinlichkeit von Unfällen durch Sicherheitssysteme betrachtet. Dabei steht im Mittelpunkt des Interesses die Wahrscheinlichkeit, dass ein Sicherheitssystem, das zum Zeitpunkt 0 in Einsatz gebracht wurde, bis zum Zeitpunkt $t$ durchgehend funktionsfähig ist (unter definierten Randbedingungen wie Einsatzumgebung, Wartung etc.). Dies kann man mathematisch in Form der sog. Zuverlässigkeitsfunktion, nämlich der Wahrscheinlichkeit, dass die Funktionsdauer $X$ des Sicherheitssystems größer als $t$ Zeiteinheiten ist, ausdrücken:

$$R_H(t) = P(X > T).$$

Diese Definition ist auch aus der Zuverlässigkeitstheorie bekannt. Bei Sicherheitsbetrachtungen wird zur Unterscheidung häufig noch der Index $H$ (für Hazard) mitgeführt.

Das Komplement der Zuverlässigkeitsfunktion

$$F(t) = 1 - R_H(t)$$

wird dann auch die „Lebensdauerverteilung" des Sicherheitssystems genannt und ihre Ableitung (falls sie existiert) $F'(t) = f(t)$ die Verteilungsdichte der Lebensdauer.

Ist die Zuverlässigkeitsfunktion für ein System bekannt, so kann man alle für Sicherheitsanalysen nötigen Fragestellung mit ihr beantworten.

### 13.3.2.3 Häufigkeit von Gefährdungen

Bei sicherheitstechnischen Systeme tritt i. d. R. durch unerkanntes Versagen eines Sicherheitssystems zumindest eine Gefährdung ein, aus der sich dann ggf. durch gleichzeitiges Eintreten weiterer ungünstiger Faktoren ein Unfall resultieren kann. Daher sind die mittlere Dauer bis zur ersten Gefährdung bzw. der mittlere Abstand zwischen Gefährdungen MTBHE (Mean Time Between Hazardous Events) oder die Häufigkeit $F$ von Gefährdungen wichtige, praktische Maße für die Gefährdungsfreiheit eines Systems. Ist die Zuverlässigkeitsfunktion bekannt, so kann direkt MTBHE daraus berechnet werden

$$\text{MTBHE} = \int_0^\infty R_H(t)\mathrm{d}t.$$

Für die mittlere oder erwartete Häufigkeit $E(F)$ von Gefährdungen gilt

$$E(F) = \frac{1}{\text{MTBHE}}.$$

### 13.3.2.4 Gefährdungsrate

Die Zuverlässigkeitsfunktion hat zwei Nachteile:

- Sie ist wesentlich aufwändiger zu bestimmen als z. B. MTBHE

- Die meisten Zuverlässigkeitsfunktionen sehen sehr ähnlich aus und sind schwer zu unterscheiden

Deshalb wird bei Sicherheitsbetrachtungen häufig die Gefährdungsrate

$$\lambda_H(t) = \frac{-R'_H(t)}{R_H(t)}$$

benutzt, deren Form einfachere Schlussfolgerungen als bei der Zuverlässigkeitsfunktion ermöglicht.

Inhaltlich beschreibt die Gefährdungsrate die bedingte infinitesimale Wahrscheinlichkeit, dass eine bis zum Zeitpunkt $t$ einschließlich funktionierende Komponente innerhalb des Intervalls $[t, t + \Delta t]$ gefährlich ausfällt. Es gilt also näherungsweise für die Wahrscheinlichkeit, dass eine Gefährdung in $[t, t + \Delta t]$ stattfindet:

$$P(X \in [t, t + \Delta t] \mid X > t)\lambda_H(t) \cdot \Delta t.$$

Insbesondere kann man anhand des Verlaufs der Gefährdungsrate feststellen, ob z. B. Alterungs- oder Verschleißeffekte eine Rolle spielen (i. d. R. durch steigende Gefährdungsraten gekennzeichnet).

Eine wichtige Eigenschaft von Gefährdungsraten besteht darin, dass sie addiert werden können, wenn die die Gefährdungen verursachenden Systeme parallel geschaltet sind. D. h. wenn $H_1$ und $H_2$ Gefährdungen sind und die Gefährdung $H$ genau dann eintritt, wenn mindestens eine der beiden Gefährdungen eintritt, so gilt:

$$\lambda_H(t) = \lambda_{H_1}(t) + \lambda_{H_2}(t).$$

### 13.3.2.5 Gefährdungsraten einfacher elektronischer Komponenten

In der Sicherheitsanalyse wird häufig angenommen, dass die Gefährdungsrate einer einzelnen elektronischen Komponente (i. d. R. als Ausfallrate bezeichnet) den Verlauf einer „Badewannenkurve" (siehe Abb. 13.6) besitzt:

- Zu Beginn ist die Ausfallrate hoch und fällt dann ab (Frühausfälle aufgrund von Fertigungsfehlern oder Qualitätsmängeln).

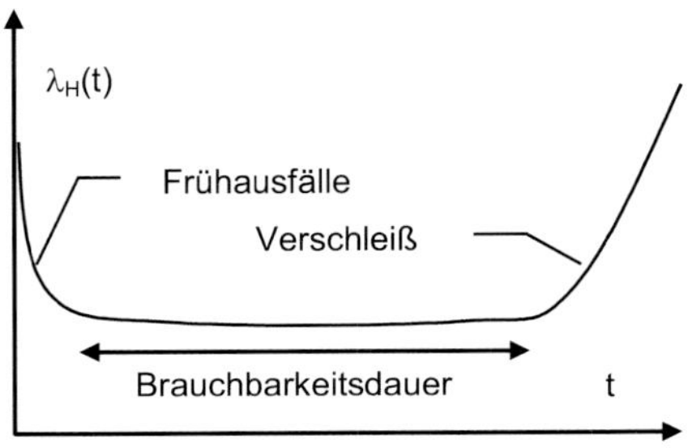


**Abb. 13.6** Badewannen-Kurve

- Dann ist die Ausfallrate während der Brauchbarkeitsdauer mehr oder weniger konstant (oder nur leicht steigend).
- Wird die Brauchbarkeitsdauer überschritten, so steigt die Ausfallrate aufgrund von Alterungseffekten stark an (z. B. Verschleiß).

Frühausfällen versucht man durch Tests und Qualitätssicherungsmaßnahmen entgegenzuwirken. Beim Erreichen der Brauchbarkeitsdauer sollte man Komponenten rasch austauschen. In diesem Fall darf man während der Brauchbarkeitsdauer eine konstante Ausfallrate annehmen.

Die einzige Wahrscheinlichkeitsverteilung mit einer konstanten Ausfallrate ist die sog. Exponentialverteilung mit

$$R_H(t) = e^{-\lambda t}, \quad \lambda_H(t) = \lambda,$$
$$\text{MTBHE} = \frac{1}{\lambda_H(t)} = \frac{1}{\lambda}.$$

### 13.3.2.6 Prognose von Ausfallraten elektronischer Komponenten

In der praktischen Anwendung bedient man sich Datenbanken, die für Komponenten Ausfallraten unter spezifizierten Referenzbedingungen enthalten (z. B. Umgebungstemperatur, Betriebsspannung). Um für einen spezifischen Anwendungsfall die Ausfallrate zu prognostizieren, wird die sog. Referenzausfallrate $\lambda_{\text{ref}}$ mit Beanspruchungsfaktoren z. B. für Spannungsabhängigkeit, Stromabhängigkeit und Temperaturabhängigkeit multipliziert

$$\lambda = \lambda_{\text{ref}} \cdot \pi_U \cdot \pi_I \cdot \pi_T.$$

Zu jedem Beanspruchungsfaktor ist wiederum eine Formel hinterlegt, mit dem die Beanspru-

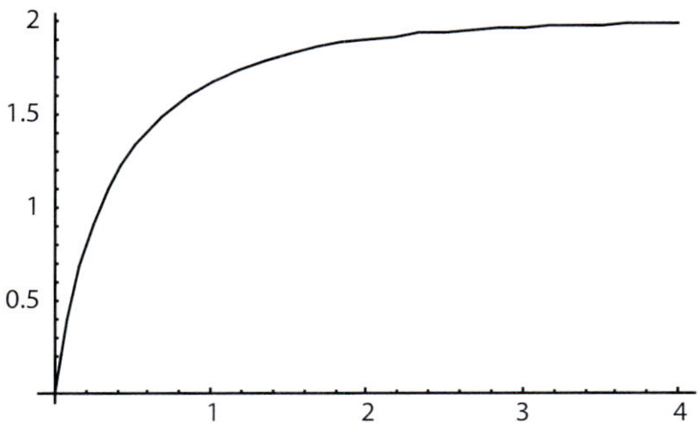


**Abb. 13.7** Typischer Verlauf einer Gefährdungsrate für ein redundantes System

chungsfaktoren im spezifischen Anwendungsfall ermittelt werden können.

### 13.3.2.7 Gefährdungsraten komplexer elektronischer Systeme

Bei Systemen, bei denen Einzelausfälle dominieren, d. h. bei denen schon Ausfälle einzelner Komponente zum Ausfall des Systems führen, erhält man die Ausfallrate des Systems als Summe der Ausfallraten der Komponenten (unter Berücksichtigung der spezifischen Beanspruchungsfaktoren), deren Einzelausfall zum Systemausfall führt. Dabei kann man in erster Näherung Mehrfachausfälle vernachlässigen, da diese i. d. R. viel unwahrscheinlicher sind als Einzelausfälle.

Setzt man aber z. B. für sicherheitstechnische Anwendungen aus elektronischen Systemen komplexere Systeme, z. B. mit Redundanz, zusammen, so sind die resultierenden Gefährdungsraten nicht mehr konstant und die Rechnung gestaltet sich wesentlich komplizierter (Abb. 13.7). Allerdings nähern sich die Ausfallraten solcher Systeme nach einer gewissen Einschwingphase rasch einer Konstanten an. In diesen Fällen gilt:

$$\mathrm{MTBHE} \leq \frac{1}{\lambda_H(\infty)}.$$

### 13.3.2.8 Allgemeine Systeme

Zuverlässigkeitsfunktionen kann man prinzipiell für beliebige Systeme ermitteln, entweder analytisch oder empirisch, und daraus Gefährdungsraten ableiten, deswegen eignen sich sowohl Zuverlässigkeitsfunktionen als auch Gefährdungsraten allgemein zur sicherheitstechnischen Bewertung beliebiger Systeme.

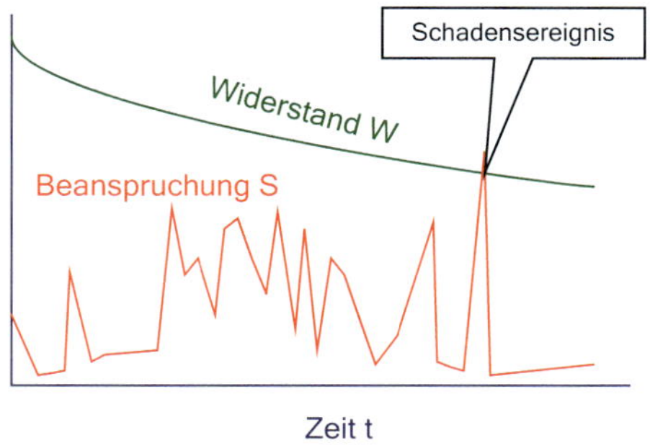


**Abb. 13.8** Veranschaulichung des Beanspruchungs-/Widerstands-Modells

In der Praxis kann dies aber problematisch sein, da viele Konstruktionen, z. B. einer Eisenbahnbrücke, einzigartig sind und man in solchen Fällen nicht viele vergleichbare Fälle findet, um z. B. statistische Untersuchungen durchzuführen. Daher muss man i. d. R. auf analytische Vorgehensweisen zurückgreifen, die man zumindest partiell validieren kann, z. B. durch Laborversuche.

In der analytischen Herleitung der Modelle unterscheiden sich allerdings alle Gewerke, da z. B. die thermodynamischen Prozesse, die zum Ausfall elektronischer Bauteile führen, sich grundsätzlich von den Prozessen unterscheiden, die z. B. Bauwerke zum Einsturz bringen.

**Beanspruchungs-/Widerstandsmodell**
Ein grundsätzlicher Ansatz besteht darin, zwei Größen gegenüberzustellen, und zwar erstens eine Beanspruchung oder Stress $S$ sowie zweitens einen Widerstand bzw. eine Stärke $W$. Mit $S$ bzw. $W$ könnten z. B. die Beanspruchung durch Lasten und der Widerstand eines Tragwerks gemeint sein. Die grundsätzliche Sicherheitsforderung besteht nun darin, dass $W \geq S$ sein sollte, oder das Versagen

$$W - S < 0$$

zumindest nicht zu häufig eintreten sollte (siehe Abb. 13.8). Dabei wird $M = W - S$ häufig als Sicherheitsmarge bezeichnet.

Für jedes konkrete Problem muss jetzt natürlich erst einmal eine detaillierte Analyse und Bewertung der Größen $W$ und $S$ sowie ihrer Einflussparameter erfolgen. Traditionell wurde

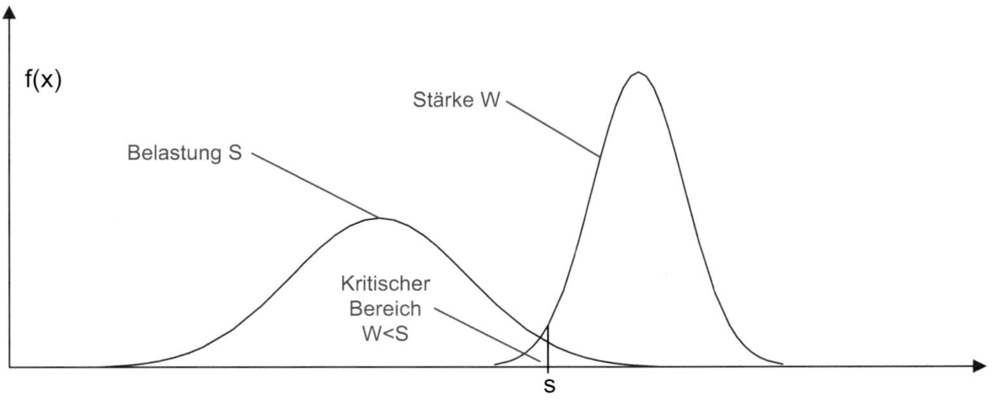


**Abb. 13.9** Das Bemessungsproblem bei normalverteilten Parametern

dieses sog. Bemessungsproblem deterministisch durch Überdimensionierung und Einführung von Sicherheitsfaktoren gelöst.

Bei der risikoorientierten Betrachtungsweise werden aus den Modellen für beide Größen Wahrscheinlichkeitsverteilungen $F_W(x)$ bzw. $F_S(x)$ ermittelt, die ggf. zusätzlich von einem Zeitparameter $t$ abhängen können. Liegt nun innerhalb eines bestimmten Betrachtungszeitraums (z. B. 1 Jahr oder auch die Lebensdauer) ein (maximaler) Beanspruchungswert $s$ vor, so versagt das System, wenn der Widerstand $W$ kleiner als $s$ ist. Die Wahrscheinlichkeit dafür beträgt bei konstantem $s$ genau $F_W(s)$. Da $s$ aber nicht deterministisch ist, sondern zufällig beliebige Werte entsprechend der Verteilung von $S$ annehmen kann, erhält man als Versagenswahrscheinlichkeit insgesamt

$$F(t) = \int_0^\infty F_W(s) f_S(s) \mathrm{d}s.$$

Das Komplement der Versagenswahrscheinlichkeit ist aber wieder die gesuchte Zuverlässigkeitsfunktion $R_H(t)$.

### Bemessung bei normalverteilten Größen

In der Praxis geht man häufig davon aus, dass sowohl $S$ als auch $W$ normalverteilt sind, d. h. für ihre Verteilungsdichte gilt:

$$f_X(x) = \frac{1}{\sigma_X \sqrt{2\pi}} e^{-\frac{1}{2}\left(\frac{x-\mu_X}{\sigma_X}\right)^2}.$$

Dies ist die bekannte Gauß'sche Glockenkurve mit dem Mittelwert $\mu_x$ sowie der Streuung $\sigma_x$ als Parameter. Sind $S$ und $W$ unabhängig normalverteilt (siehe Abb. 13.9), so ist die Sicherheitsmarge $M$ ebenfalls normalverteilt mit den Parametern

$$\mu_M = \mu_W - \mu_S, \quad \sigma_M = \sqrt{\sigma_W^2 + \sigma_S^2}.$$

Aus diesen Größen abgeleitet wird der sog. Sicherheitsindex

$$\beta = \frac{\mu_M}{\sigma_M}.$$

Der Sicherheitsindex gibt an, wie häufig die Streuung von $M$ zwischen Nullpunkt (das heißt dem Punkt, ab dem Versagen eintritt) und Mittelwert von $M$ hineinpasst.

Da die Normalverteilung heute in jeder Tabellenkalkulation vorhanden ist, lassen sich die Versagenswahrscheinlichkeiten einfach ermitteln.

In diesem Fall lässt sich relativ einfach eine Bemessungsgleichung konstruieren (sog. Verfahren nach Basler/Cornell). Ist in einer Norm oder einem Gesetz ein Grenzwert $\beta_G$ vorgegeben, das der Sicherheitsindex $\beta$ mindestens erfüllen soll, so erhält man folgende Bemessungsgleichung:

$$\mu_W - \frac{\beta_G \sigma_W^2}{\sqrt{\sigma_W^2 + \sigma_S^2}} \geq \mu_S + \frac{\beta_G \sigma_S^2}{\sqrt{\sigma_W^2 + \sigma_S^2}}.$$

Damit kann man ausgehend von der Kenntnis der Beanspruchung $S$ den notwendigen Widerstand $W$ der Konstruktion bemessen, d. h. auslegen.

In der Praxis kommt allerdings eine Reihe von Problemen dazu, z. B. wenn die Größen $W$ und $S$ nicht unabhängig sind. In der Regel hängen $S$ und $W$ wiederum von einer Vielzahl von Parametern, im einfachsten Fall z. B. linear

$$S = \sum_{i=1}^{n} \alpha_i S_i ,$$

wobei man sich unter den $\alpha_i$ bzw. $S_i$ Gewichtsfaktoren bzw. verschiedene Beanspruchungstypen vorstellen kann, für ein Tragwerk z. B. Eigenlast, Nutzlast, Windlast, Schneelast, Erdbeben etc. Sind die Verteilungen der einzelnen Beanspruchungstypen bekannt und unabhängig normalverteilt, so kann nach obigem Muster die Gesamtverteilung der Beanspruchung ermittelt werden.

**Weibull-Verteilung**

Die statistische Bestimmung von Gefährdungsraten, falls genügend Daten vorliegen, verläuft für nahezu alle Gewerke nach derselben Methode und kommt i. d. R. mit einer, allerdings etwas komplizierteren Wahrscheinlichkeitsverteilung aus.

Die sog. Weibull-Verteilung ist eine Verallgemeinerung der Exponentialverteilung mit weiteren Formparametern, die es auch erlauben, steigende oder fallende Ausfallraten zu modellieren:

$$R_H(t) = e^{-\left(\frac{t-\delta}{\eta-\delta}\right)^{\beta}},$$

$$\lambda_H(t) = \frac{\beta}{(\eta-\delta)^{\beta}}(t-\delta)^{\beta-1},$$

$$\mathrm{MTBHE} = \delta + (\eta-\delta)\gamma\left(1+\frac{1}{\beta}\right).$$

Der Parameter $\beta$ bestimmt die Steigung der Ausfallrate, für $\beta = 1$ erhält man die Exponentialverteilung. Der Parameter $\delta$ bewirkt eine Verschiebung des Nullpunkts, d. h. des Zeitpunkts des frühestmöglichen Ausfalls und mit dem Parameter $\eta$ lässt sich die MTBHE steuern.

Praktisch erfolgt die Bestimmung dieser Parameter bei vorliegenden empirischen Daten entweder durch von Hand durch Eintragen der Lebensdauern (d. h. Zeiten bis zur ersten Gefährdung) in ein spezifisches Weibull-Papier oder mittels eines Statistik-Programms.

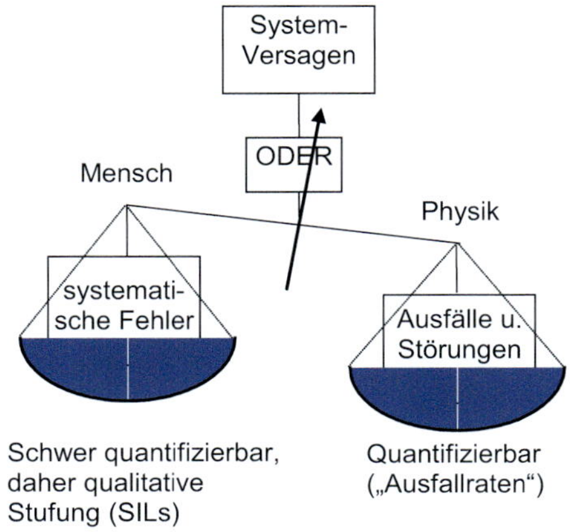


**Abb. 13.10** SIL-Konzept

### 13.3.2.9 Systematische und zufällige Gefährdungsursachen

Die CENELEC-Normen gehen, wie fast alle anderen Sicherheitsnormen auch, davon aus, dass Sicherheit sowohl auf angemessenen Maßnahmen zur Vermeidung systematischer Fehler als auch auf angemessenen Maßnahmen zur Beherrschung zufälliger Ausfälle beruht. Die Maßnahmen gegen die Ursachen von Fehlern und Ausfällen sollten ausgewogen sein, um eine optimale Sicherheitsleistung des Systems zu gewährleisten, siehe Abb. 13.10. Um dieses Ziel zu erreichen, wird das Konzept der Sicherheitsanforderungsstufen (SIL) verwendet.

### 13.3.2.10 Safety Integrity Level (SIL)

Durch die Zuordnung zu Sicherheitsanforderungsstufen soll ein Gleichgewicht zwischen den Maßnahmen zur Vermeidung systematischer Fehler und denen zur Beherrschung zufälliger Ausfälle hergestellt werden, da es anerkannter Stand der Technik ist, dass die Sicherheit gegen systematische Fehler nicht quantifizierbar ist (zumindest nicht bei Anwendungen mit einem hohen Sicherheitsniveau). Die detaillierten Anforderungen für die Erfüllung eines SIL sind in den Normen EN 50128 und 50129 zusammengestellt. Der quantitative Zusammenhang nach EN 50129 wird in Tab. 13.1 dargestellt.

Zusätzlich zu den Sicherheitsfunktionen, denen ein SIL von 1 bis 4 zugeordnet wird, gibt es noch sicherheitsbezogene Funktionen. Eine sicherheitsbezogene Funktion wird für die Sicherheitsargumentation benötigt, sie muss allerdings nur geringere Anforderungen erfüllen als SIL 1, diese werden mit Basisintegrität bezeichnet (früher auch häufig als SIL 0).

#### 13.3.2.11 SIL-Zuordnung

Aus der Prozessdarstellung ergibt sich, dass als Ergebnis einer Risikoanalyse zunächst eine Liste von Gefährdungen mit den zugehörenden tolerierbaren Gefährdungsraten (THR) abgeleitet wird. Zur Beherrschung dieser Gefährdungen werden Sicherheitsfunktionen definiert, die gemäß einer geeigneten Sicherheitsarchitektur verbunden sind. Im Rahmen der Ursachenanalyse müssen für die Sicherheitsfunktionen TFFR und SIL abgeleitet werden, d. h. *nach EN 50129 besteht eine Sicherheitsanforderung immer aus einer funktionalen Sicherheitsanforderung (d. h. Forderung einer Sicherheitsfunktion) sowie einem quantitativen (TFFR) und einem qualitativen (SIL) Sicherheitsziel.* Etwas vereinfacht ausgedrückt, ist die TFFR ein Maß für die Häufigkeit, mit der eine Gefährdung auftreten darf, d. h. toleriert wird und der SIL ein Maß für den Aufwand, der für fehlervermeidende Maßnahmen in Bezug auf die Sicherheitsstufe als angemessen erachtet wird. Mathematisch gibt es keinen Unterschied zwischen THR und TFFR, in den aktuellen Ausgaben der Normen wird allerdings begrifflich differenziert, da die THR das unmittelbare Ergebnis der Risikoanalyse und die TFFR eine daraus abgeleitete mittelbare Größe ist.

Die SIL-Tabelle kann mit folgender Heuristik erläutert werden: Zuverlässigkeitsanforderungen von bis zu 10 fehlerfreien Betriebsjahren (dies entspricht umgerechnet ungefähr der Grenze zu SIL 1) sind durch hochwertige Industrietechnik mit normalen Qualitätssicherungsmaßnahmen zu erfüllen. Will man höhere Anforderungen erfüllen, so sind zusätzliche Maßnahmen bezüglich Fehlervermeidung und Ausfallbeherrschung erforderlich. Auf der anderen Seite sind quantitative Anforderungen von $10^{-9}$/h (dies entspricht umgerechnet 100.000 fehlerfreien Betriebsjahren!) die höchsten Sicherheitsanforderungen, die in der zivilen Luftfahrt an Funktionen gestellt werden, deren Versagen zum sofortigen Verlust eines Flugzeugs führen. Eine schärfere Sicherheitsanforderung ist daher auch in der Eisenbahntechnik für keine einzelne Sicherheitsfunktion sinnvoll und darf nach EN 50129 auch nicht gestellt werden. Die Zuordnung der SIL-Stufen zu Zehnerpotenzen mag auf den ersten Blick willkürlich scheinen, entspricht aber der Genauigkeit, mit der man quantitative Sicherheitsanforderungen in der Praxis nachweisen kann.

Veranschaulicht man sich die Sicherheitsanforderungen z. B. für SIL 4, so wird schnell deutlich, dass diese realistischerweise nicht durch Test oder Betriebserfahrung nachgewiesen werden können, denn dazu wären fehlerfreie Tests oder fehlerfreier Betrieb über mehrere 100.000 Jahre notwendig. Daher stützt sich der Nachweis der Sicherheitsanforderungen in den höheren SIL hauptsächlich auf Analysen und rigoroser Anwendung fehlervermeidender Maßnahmen ab.

#### 13.3.2.12 Risikoakzeptanz bei expliziter Risikoabschätzung

Den Ausgangspunkt aller Betrachtungen bilden die sog. Risikoakzeptanzkriterien, die die Frage nach dem tolerierbaren Grenzrisiko beantworten sollen. In EN 50126 werden drei Kriterien beispielhaft angegeben:

- ALARP (*As Low As Reasonably Practicable*),
- GAMAB (*Globalement Au Moins* Aussi *Bon*) und
- MEM (*Minimum Endogenous* Mortality).

Durch die CSM-Verordnungen wurde allerdings im Paragraph 2.5.5 weitere Risikoakzeptanzkriterien verankert, die sog. RAK-TS (*Risikoakzeptanzkriterien für Technische Systeme*), die hinreichende Kriterien für die gegenseitige Akzeptanz von technischen Systemen und damit die technische Harmonisierung definiert. RAK-TS stellt zurzeit das einzige international harmonisierte Risikoakzeptanzkriterium dar. Außerdem definiert die CSM-Verordnung den Begriff des

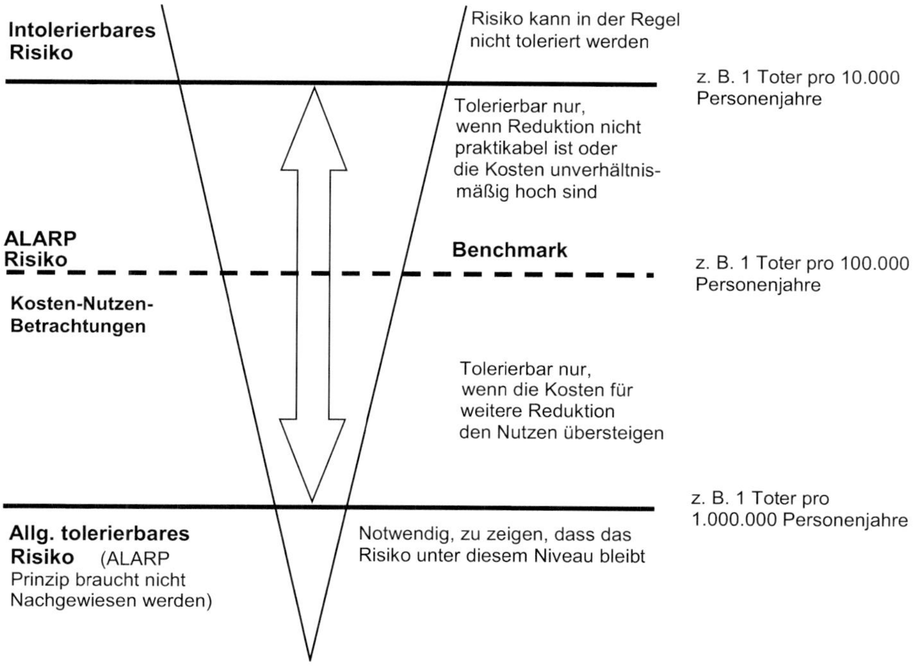


**Abb. 13.11** ALARP-Prinzip

weitgehend akzeptablen Risikos, ein Sonderfall, der Ähnlichkeit mit einem Aspekt des ALARP-Kriteriums aufweist.

## ALARP

ALARP bedeutet im Kern eine monetäre Kosten-Nutzen-Analyse von Sicherheitstechnik, wobei der Nutzen i. d. R. in Form von potenziell verhinderten Unfallopfern gemessen wird. Eine Ausnahme wird davon nur zugelassen, wenn das Risiko sehr weit unter dem vorgegebenen Sicherheitsziel (Benchmark) liegt, siehe Abb. 13.11. Dieses Risiko wird als „allgemein tolerierbar" (broadly acceptable) bezeichnet und kommt in der Praxis allerdings nur selten vor. Um den Nutzen mit den Investitionskosten zu vergleichen, werden i. d. R. alle Unfallfolgen in monetäre Einheiten umgerechnet, d. h. auch einem Menschenleben wird ein Geldbetrag zugeordnet.

### Allgemein vertretbares Risiko

Dieser Begriff aus der CSM-Verordnung lehnt sich an den Begriff „allgemein tolerierbar" aus dem ALARP-Kriterium an. Gemeint sind damit z. B. Risiken, die so gering sind, dass die Einführung zusätzlicher Sicherheitsmaßnahmen nicht angemessen wäre. Das darf natürlich nicht dazu führen, dass z. B. durch künstliche Aufteilung des Gesamtrisikos in viele kleine Teilrisiken jedes Einzelrisiko vernachlässigbar wird. Deshalb wird in der CSM-Verordnung gefordert, dass der Gesamtumfang aller allgemein vertretbaren Risiken einen bestimmten Anteil am Gesamtrisiko nicht übersteigen darf.

Leider macht die CSM-Verordnung hier keine weiteren konkreten Vorgaben, allerdings kann man aus dem ALARP-Kriterium folgern, dass ein Teilrisiko, das 1 % des Grenzrisikos nicht übersteigt, für sich alleine allgemein vertretbar sein sollte. Ähnliche Vorschläge findet man auch in von der ERA veröffentlichten Leitfäden und Beispielen. Dort wird auch beispielhaft diskutiert, dass der Gesamtanteil allgemein vertretbarer Risiken nicht mehr als 10 % des Grenzrisikos, das für ein System vorgegeben ist, betragen sollte.

## GAMAB und MGS

GAMAB (neuerdings auch als GAME, d. h. *Globalement Au Moins Equivalent*, bezeichnet) bedeutet, dass neue Technik auf einem globalen

Niveau (z. B. dem individuellen Risiko für einen Reisenden) mindestens genauso sicher sein muss wie bisher eingesetzte Technik (Referenztechnik). Dies entspricht grundsätzlich dem zweiten Grundsatz der Risikoakzeptanz aus der CSM-Verordnung (Vergleich mit ähnlichen Systemen, siehe Abb. 13.3) und ähnelt sehr stark dem in § 2 (2) der Eisenbahn-Bau- und Betriebsordnung (EBO) verankerten Kriterium:

> „Von den anerkannten Regeln der Technik darf abgewichen werden, wenn mindestens die gleiche Sicherheit wie bei Beachtung dieser Regeln nachgewiesen ist."

Dieses Kriterium wird häufig vereinfachend auch als „Mindestens Gleiche Sicherheit (MGS)" bezeichnet, dabei ist jedoch der Nachsatz *wie bei Beachtung dieser [anerkannten] Regeln [der Technik]* wesentlich. Diese allgemeinen Vorgaben wurden bereits seitens des Eisenbahn-Bundesamts (EBA) untersucht und folgendermaßen interpretiert: *„Für die Belange der Aufsichtsbehörde ist die Abschätzung der individuellen Risiken und deren Vergleich mit einem Referenzwert die zweckmäßigste Methode... Ein System ist dann sicher genug, wenn die individuellen Risiken* aller *Personen oder Personengruppen im System unterhalb des Referenzwertes liegen. Der Referenzwert kann entweder ein Vergleichswert aus einem vergleichbaren System sein, oder er kann als zulässiges Risiko in Form eines Grenzwertes definiert sein."*

In der Regel erfüllt eine neue Technik, die GAMAB erfüllt, auch MGS (vorausgesetzt, die Referenztechnik erfüllt die EBO).

### MEM

Das MEM-Prinzip basiert auf einem unvermeidbaren Grundrisiko, nämlich der endogenen Sterblichkeit (d. h. ohne ersichtliche Todesursachen aufgrund von äußeren Einwirkungen wie z. B. Unfällen) für die statistisch gesündeste Altersgruppe, die in Westeuropa aus Jugendlichen besteht. Es wird willkürlich postuliert, dass dieses minimale Grundrisiko von $2 \cdot 10^{-4}$ pro Person und Jahr ebenso für sämtliche technischen Bedrohungen angesetzt werden darf. Dies bedeutet, dass im Durchschnitt maximal 2 von 10.000 Personen jährlich aufgrund von Einwirkungen technischer Systeme zu Tode kommen dürfen. Dies ist sozusagen der Preis, den die Gesellschaft für den technischen Fortschritt und die daraus resultierenden Vorteile zu zahlen bereit sein muss.

Daraus werden dann tolerierbare individuelle Risiken für einzelne technische Systeme (durch Aufteilung des Vorgabewert auf 20 technische Systeme, d. h. $10^{-5}$ Todesfallrisiko pro Person und Jahr für ein einzelnes technisches System z. B. die Eisenbahn) oder sämtliche Verkehrssysteme (durch Aufteilung auf drei Risikobereiche, d. h. $10^{-8}$ Todesfallrisiko pro Person und Stunde für den Verkehr insgesamt) abgeleitet. Aus der letztgenannten Anforderung lässt sich direkt eine Sicherheitsanforderungen bezogen auf eine Stunde Reisezeit für einen Reisenden ableiten, indem man annimmt, dass der Reisende während dieser Reisezeit nicht Risiken ausgesetzt wird, die von anderen Verkehrssystemen verursacht werden. Konkret heißt diese Forderung, dass bei einem Verkehrsbetrieb, z. B. einer U-Bahn, bei 100 Mio. Reisendenstunden höchstens ein Reisender zu Tode kommen darf.

MEM wird häufig als universell einsetzbares Risikoakzeptanzkriterium bezeichnet, allerdings sind zusätzlich folgende Einschränkungen festzustellen:

- Es ist nicht sichergestellt, dass ein neues System, das MEM erfüllt, die EBO erfüllt, d. h. die gleiche Sicherheit bietet wie eine Referenztechnik, die die anerkannten Regeln der Technik erfüllt.
- Die informative Nennung in EN 50126 suggeriert zwar Praxiserfahrung (in Deutschland), dies ist aber bisher nicht richtig: Soweit bekannt, wurde MEM bisher in der Eisenbahnsignaltechnik lediglich für Forschungsvorhaben oder Prototypen, aber nicht für in Betrieb befindliche Seriensysteme zugrunde gelegt.
- Die minimale endogene Mortalität hat sich in den letzten Jahrzehnten verringert und es wird erwartet, dass sich dieser Trend fortsetzt. D. h. eigentlich müsste das MEM-Kriterium fortlaufend angepasst werden.

In der bekanntesten Darstellungsform wird das MEM-Kriterium noch ergänzt durch eine Risiko-

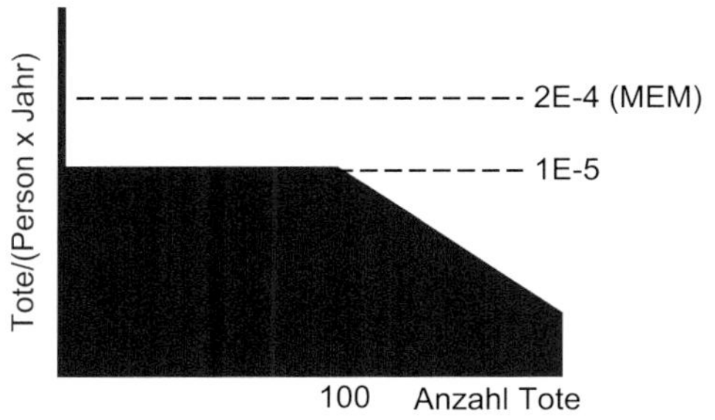


**Abb. 13.12** MEM-Kriterium

aversion ab einer erwarteten Opferzahl von 100 Opfern, d. h. verschärften Anforderungen für Gefährdungen, die Katastrophen hervorrufen können (Abb. 13.12).

## RAK-TS

RAK-TS lehnt sich eng an ein Risikoakzeptanzkriterium aus der Zivilluftfahrt an.

► Bei technischen Systemen, bei denen „bei einem Ausfall davon auszugehen [ist], dass dieser unmittelbar zu einem katastrophalen Unfall führt, muss das damit verbundene Risiko nicht weiter reduziert werden, wenn es nachweislich höchst unwahrscheinlich ist, dass es zu einem Ausfall der Funktion kommt". Ergänzend wird noch festgelegt: „Ist bei einem Ausfall davon auszugehen, dass dieser unmittelbar zu einem kritischen Unfall führt, muss das damit verbundene Risiko nicht weiter reduziert werden, wenn es nachweislich unwahrscheinlich ist, dass es zu einem Ausfall der Funktion kommt".

Diese Definition soll durch folgende Hinweise erläutert werden:

a. Ein katastrophaler Unfall ist „ein[en] Unfall, bei dem in der Regel eine große Zahl von Personen Schaden erleidet und mehrere Menschen zu Tode kommen", d. h. bei den Ausfallfolgen sind typischerweise viele Unfallopfer zu erwarten. Ein „kritischer Unfall [bezeichnet] einen Unfall, bei dem in der Regel eine sehr geringe Zahl von Personen Schaden erleidet und mindestens ein Mensch zu Tode kommt".
b. „höchst unwahrscheinlich" bezeichnet „das Auftreten eines Ausfalls mit einer Ausfallrate von höchstens $10^{-9}$ je Betriebsstunde"; „unwahrscheinlich" dagegen „das Auftreten eines Ausfalls mit einer Ausfallrate von höchstens $10^{-7}$ je Betriebsstunde".
c. Unmittelbarkeit bedeutet, dass keine Barrieren existieren, die einen Unfall verhindern könnten. Wenn die Folgen nicht direkt aus dem Funktionsversagen resultieren, dann sollten die Auswirkungen reduzierende Einflüsse oder Barrieren bei der Sicherheitsanalyse berücksichtigt werden.
d. Die Betriebsstunde bezieht sich direkt auf die Funktion, die das Versagen verursacht. Wenn es sich zum Beispiel um eine fahrzeugseitige Funktion handelt, dann bezieht die Angabe sich auf die Betriebsstunde des Zuges. Bei einer streckenseitigen Funktion bezieht sich die Betriebsstunde auf das Streckenelement, das die Funktion realisiert.
e. RAK-TS bedeutet, dass jedes Funktionsversagen auf der Systemebene getrennt betrachtet wird. Bei der zivilen Luftfahrt wurde diese Vereinfachung erfolgreich eingeführt, was erheblich zur Kosteneffizienz beitrug.
f. Die Funktionen, auf die dieses Kriterium angewendet werden soll, müssen sich auf einer ähnlichen Funktionsebene befinden, z. B. Systemfunktionen eines Zuges oder eines Stellwerks.
g. RAK-TS und alle abgeleiteten Anforderungen sind als Entwurfsziele zu verstehen. Sie stellen nicht die Sicherheitsleistung einer Einrichtung an der Strecke dar, die meist bedeutend höher ist. Daher ist es praktisch sinnlos, von der RAK-TS Risikoabschätzungen abzuleiten.

Zweck von RAK-TS ist es, Referenzpunkte zu definieren, gegen den das Risikoanalyseverfahren kalibriert werden kann. Es stellt für sich allein kein Verfahren für die Risikoanalyse dar, denn nur in wenigen Ausnahmefällen, z. B. unerkannt falsche Lage einer Weiche auf einer Hochgeschwindigkeitsstrecke oder komplettes Bremsversagen eines Zuges, kann man mit RAK-TS direkt die Sicherheitsanforderung ableiten.

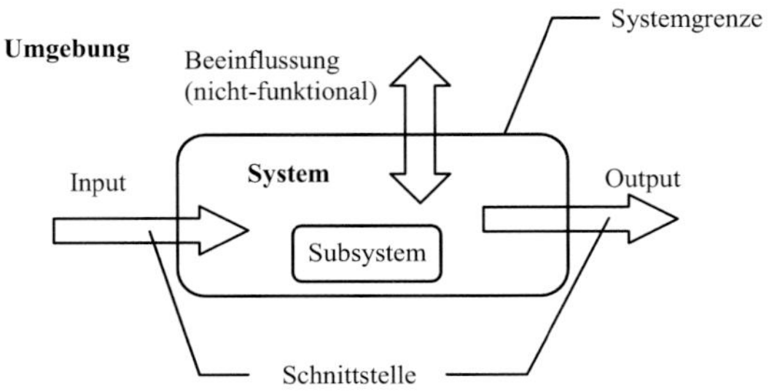


**Abb. 13.13** Prinzipdarstellung Systemdefinition

Mit RAK-TS definiert die CSM-Verordnung, insbesondere für zukünftige harmonisierte Systeme, die gegenseitiger Anerkennung bedürfen, anspruchsvolle Entwurfsziele, die die Eisenbahn auf einem nur mit der Zivilluftfahrt vergleichbaren Sicherheitsniveau einordnen und den höchsten zulässigen Anforderungen der CENELEC-Normen entsprechen. Dies ist aber durchaus nicht übertrieben, da in der Eisenbahntechnik dieses Sicherheitsniveau bereits heute für besonders sicherheitskritische Systeme gefordert und realisiert wird.

#### 13.3.2.13 Systemdefinition

Die Definition eines Systems oder von Systemfunktionen oder seiner Bestandteile ist eine Sache des Blickwinkels. Es ist unerheblich, wie ein System definiert wird, von zentraler Bedeutung ist nur, dass es exakt definiert wird (Grenzen, Schnittstellen, Funktionen, Umgebung usw.), vgl. Abb. 13.13.

Die CSM-Verordnung fordert die Berücksichtigung folgender Aspekte bei der Systemdefinition:

a. Zweckbestimmung des Systems, z. B. vorgesehene Verwendung;
b. Funktionen und Bestandteile des Systems, sofern relevant (einschließlich z. B. menschlicher, technischer und betrieblicher Komponenten);
c. Systemgrenzen, einschließlich anderer, interagierender Systeme;
d. physische Schnittstellen (interagierende Systeme) und funktionale (Ein- und Ausgabe-) Schnittstellen;
e. Systemumgebung (z. B. Energie- und Wärmefluss, Erschütterungen, Vibrationen, elektromagnetische Beeinflussung, betriebliche Verwendung);
f. bestehende Sicherheitsmaßnahmen und – nach mehrfacher Anwendung – Definition der im Rahmen des Risikobewertungsverfahrens ermittelten Sicherheitsanforderungen;
g. Annahmen, die die Grenzen der Risikobewertung bestimmen.

Daher kommt eine Vielzahl möglicher strukturierter Beschreibungsmittel in Betracht, siehe z. B. EN 50128. Hierbei ist insbesondere festzulegen, ob der Mensch z. B. als Bediener oder Instandhalter Teil des Systems ist oder nicht.

Die Diskussion von Beschreibungsmitteln, Methoden und Werkzeugen für die Systemdefinition soll hier unterbleiben, da sie den Rahmen sprengen würde. Die allgemeine Entwicklung in der Informatik geht allerdings klar in Richtung Unified Modelling Language (UML) und diesem Trend wird sich die Sicherheitstechnik nicht verschließen können. Betrachtet man die wesentlichen Grundkonzepte der UML, nämlich Klassendiagramme, Use Cases (d. h. Benutzungsszenarien), Zustandsübergangsdiagramme und Message Sequence Charts (d. h. Interaktionsdiagramme), so stellt man fest, dass dies auch die wichtigsten Fragestellungen bez. des Verhaltens des Systems sind, die in Risikoanalysen wie auch Sicherheitsnachweisen eine entscheidende Rolle spielen.

► Das Hauptziel einer Risikoanalyse bzw. eines Sicherheitsnachweises muss die angemessene Beherrschung der Gefährdungen sein. Es darf keine Rolle spielen, ob eine Sicherheitsfunktion durch Systeme oder Teilsysteme erreicht wird.

Man kann allerdings feststellen, dass allein die intensive Beschäftigung mit dem Thema Systemdefinition einen Nutzen bringt, unabhängig davon, welches Beschreibungsmittel schließlich gewählt wird. *Die Definition des Systems ist also der Schlüssel zu den folgenden Schritten und sollte niemals unterschätzt werden. Ohne eine sinnvolle Systemdefinition kann die gesamte Analyse zu falschen oder ungültigen Ergebnissen führen.*

#### 13.3.2.14 Gefährdungsidentifikation

Die Gefährdungsidentifikation (in der CSM-Verordnung als Gefährdungsermittlung bezeichnet) beinhaltet eine systematische Analyse eines Systems, um Gefährdungen, die sich während des Lebenszyklus des Systems ergeben können, zu erkennen.

Eine systematische Identifikation von Gefährdungen umfasst im Allgemeinen zwei Phasen:

- eine empirische Phase (Nutzung von in der Vergangenheit gemachten Erfahrungen, z. B. Checklisten oder Lehren aus Beinahe-Unfällen) und
- eine kreative Phase (Vorhersagen, z. B. strukturierte Was-wäre-wenn-Studien in Art einer FMEA).

**FMEA**

Als Beispiel soll eine Failure Modes and Effects Analysis (FMEA) eine mögliche Vorgehensweise zur Gefährdungsidentifikation illustrieren:

1. Zunächst verschafft man sich eine Darstellung des Systems, z. B. eine funktionale Beschreibung, Systemarchitektur, die die Betrachtungseinheiten des Systems (Funktionen, Komponenten etc.) vollständig beschreibt und erzeugt eine nummerierte Liste der Betrachtungseinheiten.
2. Anschließend erzeugt man, z. B. mittels Brainstorming oder bekannten Checklisten, eine vollständige Liste aller denkbaren Versagensarten der Betrachtungseinheiten und nummeriert diese, z. B. von a, b, c ... Typische Versagensarten sind z. B. Funktion wird nicht erbracht, Funktion wird fälschlicherweise erbracht bzw. zu früh, zu spät etc.
3. Der eigentliche kreative Akt besteht darin, für jede Komponente für jede denkbare Ausfallart die Folgen abzuschätzen und zu entscheiden, ob sich als Folge eine Gefährdung ergibt oder nicht.

Tab. 13.2 illustriert das Prinzip mittels eines Ausschnittes aus einer FMEA-Tabelle für eine automatische Bahnsteigtür, und zwar für die Funktion Objekterkennung.

Eine FMEA hat den Vorteil, dass man damit argumentieren kann, dass man alle Versagensarten für alle Betrachtungseinheiten vollständig diskutiert hat, vorausgesetzt natürlich, man kann plausibel begründen, dass man alle Betrachtungseinheiten und alle Versagensarten vorher vollständig identifiziert hat.

Die empirische und die kreative Phase der Gefährdungsidentifikation ergänzen einander, so dass man darauf vertrauen kann, dass der potentielle Gefährdungsraum abgedeckt und alle signifikanten Gefährdungen identifiziert werden. Es ist zu beachten, dass die Identifikation einer einzigen signifikanten Gefährdung die Identifikation einer großen Zahl weniger signifikanter Gefährdungen aufwiegt. Das heißt, hier ist nicht Quantität, sondern Qualität entscheidend. Dies wird auch durch die Unfallforschung bestätigt.

**Hierarchische Definition von Gefährdungen**

Für praktische Zwecke hat sich folgende Definition von Gefährdungen als nützlich erwiesen: *Eine*

**Tab. 13.2** FMEA-Prinzip

| Funktion | Versagensart | Folge | Gefährdung | Bemerkung |
|---|---|---|---|---|
| ... | | | | |
| 7 Objekterkennung | a: Erkennt Objekt nicht | Objekt wird eingeklemmt | Ja, mögliche Verletzung bzw. Beschädigung durch Tür oder abfahrenden Zug | |
| | b: Erkennt fälschlicherweise Objekt (obwohl kein Objekt da) | Tür schließt nicht, Zug kann nicht abgefertigt werden | Nein | |
| | c: Erkennt Objekt zu spät | Tür trifft Objekt | Ja, möglicherweise Beschädigung bzw. Verletzung | |
| | d: ... | | | |
| ... | | | | |

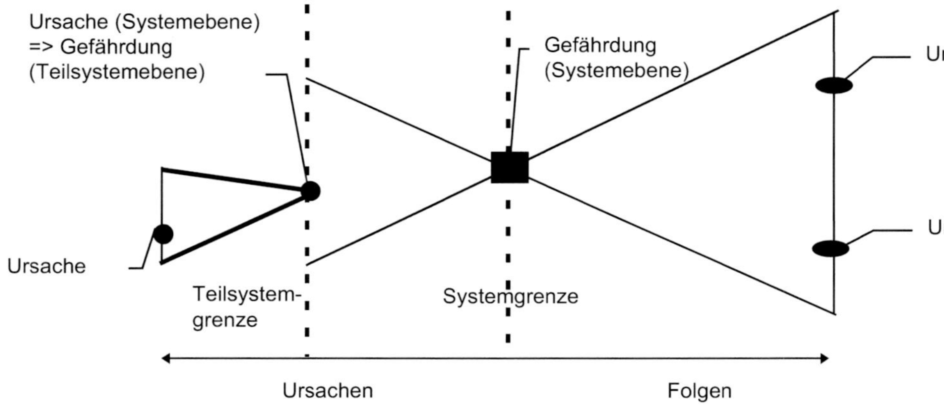


**Abb. 13.14** Hierarchische Strukturierung von Gefährdungen

*Gefährdung ist ein Zustand eines Systems, der unter bestimmten äußeren Bedingungen zu einem Unfall führt.*

Diese Definition besitzt den Vorteil, dass die Gefährdungen einen Bezug zur Systemdefinition und insbesondere den Systemgrenzen herstellt, was eine hierarchische Gliederung der Gefährdungen hinsichtlich der Systeme und Teilsysteme ermöglicht, siehe Abb. 13.14. Für die Gefährdungsidentifikation bedeutet dies, dass man nur Effekte als Gefährdung bezeichnen sollte, die über die Systemgrenze hinaus wirken.

### 13.3.2.15 Folgenanalyse

Angewandt auf eine Gefährdung befasst sich die Folgenanalyse mit der Frage „Was passiert, wenn eine Gefährdung eintritt?". Die Folgenanalyse dient der Identifizierung, Erfassung und Quantifizierung von wahrscheinlichen Konsequenzen, die sich aus einer Gefährdung ergeben können. So gesehen zählen alle Ereignisse, die nach Eintritt einer Gefährdung passieren, zu den möglichen Folgen.

Die Notwendigkeit einer Folgenanalyse für eine realistische Beurteilung des Risikos ergibt sich aus der Tatsache, dass längst nicht alle Gefährdungen, wie z. B. Vorbeifahrt an einem Halt zeigenden Signal, zu Unfällen oder gar Katastrophen führen, sondern dass ein großer Teil dieser Situationen schadensfrei oder mit geringen Schäden endet, vgl. Abb. 13.1. Dies bedeutet aber insbesondere, dass ohne eine adäquate Folgenanalyse Risiken um Größenordnungen überschätzt werden können und damit unnötig hohe Sicherheitsanforderungen abgeleitet werden.

Ausgehend von der Gefährdung werden alle physikalischen, verfahrenstechnischen oder lediglich auf vorteilhaften Umständen basierenden Schutzmaßnahmen (sog. Barrieren) von einem Expertenteam erfasst, das mit den Eskalationsszenarien und verschiedenen Schutzmaßnahmen in der Umgebung der Anwendung vertraut ist. Auf diese Weise wird ein Graph erzeugt, in dem alle Eskalationsszenarien, die sich aus der Gefährdung ergeben, in Abhängigkeit von Erfolg oder Versagen jeder Barriere dargestellt sind. Können keine weiteren Barrieren identifiziert werden, ist man schließlich bei den Folgen angelangt, die von sicheren und verlustfreien Bedingungen bis zu einer Vielzahl von Zwischen- und Unfällen mit unterschiedlich starken Verlusten reichen:

- sichere oder verlustfreie Folgen,
- Folgen, die in erster Linie einen Personenschaden bedeuten,
- Folgen, die in erster Linie einen finanziellen Verlust bedeuten und
- Folgen, die in erster Linie einen Umweltschaden bedeuten.

Die Folgenanalyse führt zur Vorhersage einer Reihe von Zwischen- und Unfällen, die sich nach Eintritt einer Gefährdung aus verschiedenen Kombinationen von Erfolg und Versagen von Schutzmechanismen ergeben. Wurde ein Folgenmodell entwickelt, kann die Effizienz jeder

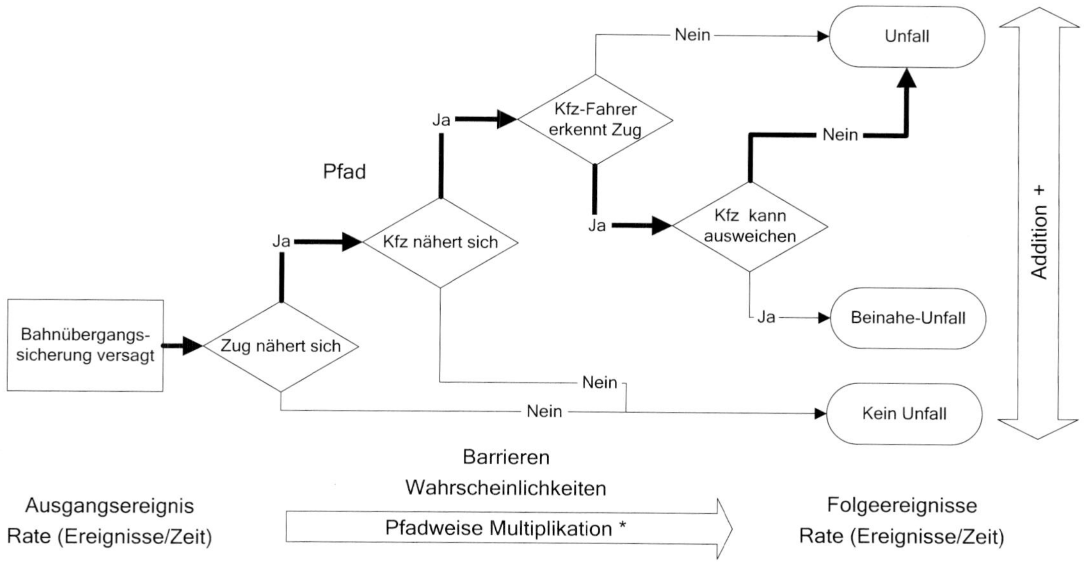


**Abb. 13.15** Ereignisbaum (Prinzip)

Barriere durch die Wahrscheinlichkeit ihres Versagens quantifiziert werden. In Zusammenhang mit diesen Wahrscheinlichkeiten kann die Wahrscheinlichkeit eines bestimmten Unfalls bei Eintritt einer Gefährdung abgeschätzt werden.

**Ereignisbaumanalyse**
Die Standardmethode für detaillierte Folgenanalysen ist die sog. Ereignisbaumanalyse, in der ausgehend von einem Ereignis sämtliche Folgeereignisse in einer Baumstruktur untersucht werden, siehe Abb. 13.15 für ein einfaches Beispiel.

Neben der Darstellung qualitativer Ereignisketten kann die Ereignisbaumanalyse auch zu probabilistischen Analysen benutzt werden. Dazu wird ausgehend von einer Auftretensrate für die Gefährdung für jede Kante des Ereignisbaumes (d. h. für jeden Ja/Nein-Zweig) ermittelt, mit welcher Wahrscheinlichkeit die jeweilige Kante in der jeweiligen Situation auftreten kann (d. h. unter Berücksichtigung aller vorher aufgetretenen Ereignisse). Dabei ergeben sich einfache Rechenregeln, vgl. Abb. 13.15:

1. Für jeden Pfad von dem Ausgangsereignis zu einem spezifischen Folgeereignis ergibt sich die Auftretensrate dieses Pfades durch Multiplikation der Auftretensrate des Ausgangsereignisses mit allen Wahrscheinlichkeiten, die auf dem Pfad liegen.
2. Für jedes Folgeereignis ergibt sich die Auftretensrate als Summe der Auftretensraten aller Pfade, die vom Ausgangsereignis zu diesem spezifischen Folgeereignis führen.

Die häufigste Fehlerquelle in Ereignisbäumen besteht darin, dass die Wahrscheinlichkeiten auf den Pfaden nicht korrekt bestimmt werden, z. B. dass nicht die komplette Vorgeschichte bei der Bestimmung der Wahrscheinlichkeit eines Ereignisses berücksichtigt werden.

#### 13.3.2.16 Schadensanalyse
Die meisten Unfälle resultieren in einem Schaden, der abhängig von der Schwere und Energie, dem Unfallort und der Zahl der Unfallbeteiligten auch erhebliche finanzielle und umweltrelevante Folgen beinhaltet. Für eine objektive Abschätzung ist allerdings eine große Zahl fallspezifischer Parameter zu ermitteln. Eine solche Abschätzung ist i. d. R. mit einer großen Unschärfe behaftet. Alternativ können Schadensdaten statistisch mit Hilfe einer Unfalldatenbank ermittelt werden. Da Unfälle seltene Ereignisse sind, ist die Genauigkeit allerdings auch mit dieser Me-

thode nicht sehr hoch. Außerdem ist die Streuung des Schadensausmaßes sehr hoch, z. B. gehen viele Entgleisungen nur mit Sachschäden einher, aber es gibt auch Entgleisungen mit katastrophalen Folgen.

Bei Schadensanalysen wird i. d. R. nach den gefährdeten Personengruppen unterschieden (z. B. Reisende, Betriebspersonal …). Häufig wird eine Gewichtung zwischen den verschiedenen Schadensklassen vorgenommen, um diese vergleichbar zu machen, z. B. wird folgende Heuristik verwendet: 1 Todesfall wird gleichgesetzt mit 10 Schwerverletzten bzw. 100 Leichtverletzten. Mit dieser Gewichtung kann dann als Schadensmaß die Einheit „Fatalities and Weighted Injuries (FWI)", im Deutschen vielleicht am ehesten mit „gewichtetem Opferäquivalent" zu übersetzen, gebildet und in probabilistischen Risikoanalysen verwendet werden:

$$\begin{aligned}&\text{Opferäquivalent}\\&\quad=\text{Anzahl Toter}\\&\qquad+\text{Anzahl Schwerverletzte}/10\\&\qquad+\text{Anzahl Leichtverletzte}/100\end{aligned}$$

In der internationalen Diskussion im Rahmen der ERA hat sich allerdings herausgestellt, dass insbesondere die Definition von „Leichtverletzten" problematisch ist und sehr unterschiedlich gehandhabt wird, so dass in den ERA-Statistiken dieser Beitrag weggelassen wird und „Fatalities and Weighted Serious Injuries (FWSI)" betrachtet werden.

Bei qualitativen Risikoanalysemethoden wird die Schwere möglicher Schäden nur grob in eine von mehreren Klassen eingeordnet, siehe das Beispiel in Tab. 13.3. Falls eine Quantifizierung erfolgen soll, wird statt einer statistischen Opferzahl ein dimensionsloser Gewichtsfaktor verwendet, in den auch Aspekte wie Risikoaversion gegenüber Katastrophen berücksichtigt werden können. Idealerweise enthält eine solche Zuordnungstabelle Unfälle oder Unfallszenarien, die typischerweise in die entsprechenden Klassen fallen.

#### 13.3.2.17 Explizite Risikobewertung

Ziel ist es, durch Vergleich der Analyseergebnisse mit dem gewählten Risikoakzeptanzkriterium systematisch und nachvollziehbar zu einer tolerierbaren Gefährdungsrate (THR) zu kommen.

In der Regel gibt es dabei zahlreiche Freiheitsgrade, die für ein optimales Systemdesign genutzt werden können und zahlreiche geeignete Methoden. In allen Ansätzen dient die explizite Risikobewertung aber zweierlei Zwecken:

- der Definition der THR für die Gefährdungen an der Systemgrenze und
- der Überprüfung, ob die zugehörigen Risiken tolerierbar sind.

Die explizite Bestimmung von Risiken ist jedoch nicht in allen Fällen erforderlich. Es gibt andere Mittel, um oben genannten Zweck zu erfüllen, z. B. in der CSM-Verordnung auf Grundlage anerkannter Regeln der Technik oder des Vergleichs mit ähnlichen Systemen.

**Tab. 13.3** Beispiel für qualitative Schadensabschätzung

| Klasse | Beschreibung | Typische Unfallszenarien (Beispiele) | Gewicht |
|---|---|---|---|
| E | Mehrere Tote, Systemverlust, oder kritische Umweltschäden | Frontalkollision eines Reisezugs Entgleisung eines Reisezugs bei hoher Geschwindigkeit | 1000 |
| D | Einzelne Tote, Verlust eines Teilsystems oder schwere Umweltschäden | Zusammenprall am Bahnübergang Personenunfall in einer Arbeitsstelle | 100 |
| C | Schwere Verletzungen oder größerer System- oder Umweltschaden | Entgleisung eines Güterzugs Aufprall eines Reisezugs auf ein Hindernis | 10 |
| D | Leichte Verletzungen, geringere System- oder Umweltschäden | Personenunfall beim Ein- und Aussteigen Entgleisung einer Rangierfahrt | 1 |
| E | Geringere Schäden als in Kategorie D | Aufprall einer Rangierfahrt auf ein Hindernis | – |

### 13.3.3 Methoden zur expliziten Risikoanalyse

Hier werden die wichtigsten, gebräuchlichen Methoden mit Konstruktions- und Anwendungshinweisen vorgestellt.

#### 13.3.3.1 Probabilistische Risikoanalyse (PRA)

Unter diesem Sammelbegriff findet man zahlreiche Ansätze. Hier wird beispielhaft ein Referenzansatz aus der Eisenbahnsignaltechnik dargestellt.

**Risikoformel**
Das Modell, das dieser PRA zugrunde liegt, kann man folgendermaßen erläutern:

1. Ein Individuum $i$ verwendet ein technisches System (z. B. einen Zug). Das Benutzungsprofil wird beschrieben durch die Zahl der Nutzungen $N_i$ (pro Jahr oder pro Stunde).
2. Bei der Benutzung des technischen Systems ist das Individuum Gefährdungen ausgesetzt, die durch das Versagen des technischen Systems bedingt sind. Dies wird durch die Liste der Gefährdungen und entsprechenden Gefährdungsraten $\{(H_j, HR_j)\}$ beschrieben. Die Wahrscheinlichkeit, dass das Individuum einer Gefährdung ausgesetzt ist, ist außerdem von der Dauer (Bestehens- oder Latenzzeit) der Gefährdung $D_j$ und der Zeit $E_{ij}$, die das Individuum der Gefährdung ausgesetzt ist (Aussetzungsdauer), abhängig. Diese Wahrscheinlichkeit setzt sich zusammen aus der Wahrscheinlichkeit, dass die Gefährdung bereits existiert, wenn das Individuum das System betritt (näherungsweise $HR_j \cdot D_j$), und der Wahrscheinlichkeit, dass die Gefährdung auftritt, während das Individuum dem System ausgesetzt ist (ungefähr $HR_j \cdot E_{ij}$).
3. Aus jeder Gefährdung können sich eine oder mehrere Arten von Unfällen ergeben. Dies wird für jede Gefährdung durch die Folgenwahrscheinlichkeit $C_{jk}$ beschrieben, dass sich ausgehend von der Gefährdung $H_j$ ein Unfall vom Typ $A_k$ ereignet. Diese Wahrscheinlichkeit steht für die Barrieren, die aus der Folgenanalyse abgeleitet werden können (z. B. mit Ereignisbaumanalyse). Für jede Art von Unfall $A_k$ gibt es einen zugehörigen Schweregrad (abgeleitet aus der Schadensanalyse), der vom Individuum her gesehen z. B. beschrieben werden kann als die Wahrscheinlichkeit eines Todesfalls $F_{ik}$ für das einzelne Individuum.

Diese Kausalität entspricht eins zu eins dem individuellen Risiko eines Todesfalls, das durch folgende Formel definiert wird:

$$IRF_i = N_i \sum_{\text{Gefährdungen } H_j} (HR_j \cdot D_j + HR_j \cdot E_{ij}) \cdot \sum_{\text{Unfälle } A_k} C_{jk} \cdot F_{ik}. \quad (13.1)$$

Wichtig ist hier noch, die Einheit klarzustellen, und zwar Todesfälle pro betrachtete Zeiteinheit, typischerweise in der Einheit FWI oder FWSI bewertet. Diese Bezugseinheit entspricht der Bezugseinheit bei der Betrachtung kollektiver Risiken, außer dass hier die Betrachtungseinheit ein Individuum ist.

(13.1) kann hinsichtlich der Einbeziehung menschlicher Fehler in das Modell wie folgt verallgemeinert werden

$$IRF_i = N_i \sum_{\text{Gefährdungen } H_j} P_j \sum_{\text{Unfälle } A_k} C_{jk} \cdot F_{ik}. \quad (13.2)$$

Hierbei kann nun $P_j$, die Wahrscheinlichkeit, dass der Reisende der Gefährdung $j$ ausgesetzt wird, entweder als technisches oder als menschliches Versagen interpretiert werden. Bei menschlichem Versagen könnte $P_j$ z. B. während des Betriebes im Rückfallmodus definiert werden als das Produkt aus der Wahrscheinlichkeit des Rückfallmodus (die Nichtverfügbarkeit des technischen Systems) und der Wahrscheinlichkeit des menschlichen Versagens.

Die Formel (13.1) kann sowohl durch Verwendung von Mittelwerten als auch durch Einsetzen von statistischen Verteilungen für die Parameter ausgewertet werden. Sie wird häufig auch schlichtweg als „Risikoformel“ bezeichnet. Ein weit verbreitetes Missverständnis besteht darin, zu meinen, dass die Risikoformel (13.1) durch CENELEC vorgeschrieben wird. Im Gegenteil, in der EN 50129 wird kein einziger Ansatz zur expliziten Risikobewertung ausdrücklich erwähnt.

#### 13.3.3.2 Vor- und Nachteile

Ein wesentlicher Vorteil der PRA besteht darin, dass alle nur denkbaren Effekte und Einflussfaktoren individuell und detailliert berücksichtigt werden können. Der entscheidende Nachteil besteht allerdings darin, dass häufig die zur Berechnung benötigten Daten nicht oder nicht in der nötigen statistischen Qualität zur Verfügung stehen, denn es handelt sich um seltene Ereignisse. Obwohl häufig eine höhere Genauigkeit vorgetäuscht wird (z. B. durch Angabe vieler Nachkommastellen), kann man in der Praxis davon ausgehen, dass auch eine PRA nur Aussagen über die Größenordnung eines Risikos machen kann.

Unabhängig davon, welche Art der PRA angewendet wird, sollte man immer darauf bestehen, dass:

1. die verwendete Formel und das zugrunde liegende Modell explizit ausformuliert werden und nachvollziehbar sind,
2. die verwendeten Einheiten konsistent sind,
3. klar die Unsicherheit bezüglich der Eingangsdaten dargestellt wird sowie der daraus resultierende Einfluss auf das Gesamtergebnis.

#### 13.3.3.3 Risikomatrix

In der EN 50126 wird lediglich als Beispiel eine sog. Risikomatrix dargestellt (siehe Tab. 13.4), allerdings ohne Anwendungsregeln oder Vorschläge für eine quantitative Ausprägung der Häufigkeits- oder Schadensausmaßklassen.

**Konstruktion**

Dies bedeutet, dass zunächst einmal die Kategorien für beide Klassen quantitativ oder qualitativ eindeutig und klar beschrieben werden müssen. Als nächster Schritt muss die Risikoakzeptanz abgestimmt werden, d. h. es muss eine Zuordnung der Felder der Matrix zu zwei oder mehr Klassen wie z. B. tolerabel bzw. intolerabel hergestellt werden, siehe Tab. 13.4 für ein Beispiel. In diesem Beispiel sind Kategorien, die vergleichbaren Risiken entsprechen, mit denselben Prioritäten belegt worden.

In der Praxis wird man hier ein oder mehrere Punkte in der Tabelle lokalisieren, die eindeutig tolerabel sind (z. B. durch Vergleich mit RAK-TS) oder in jedem Fall intolerabel sind. Dann kann man durch Interpolation bzw. Extrapolation die weiteren Felder der Matrix zuordnen. Dabei kann es auch Grenzrisiken, die zwar nicht intolerabel, aber unerwünscht sind und nur toleriert werden, wenn es keine sinnvolle Möglichkeit gibt, das Risiko zu reduzieren (in Anlehnung an das ALARP-Prinzip). Hierbei ist es auch möglich, Risikoaversion zu berücksichtigen, d. h. für Ereignisse mit hohem Schadenspotenzial erhöhte Anforderungen zu stellen. Tab. 13.5 zeigt

**Tab. 13.4** Beispiel für eine Risikomatrix nach EN 50126

| Häufigkeit des gefährlichen Ereignisses | | | | |
|---|---|---|---|---|
| Häufig | 5 | 6 | 7 | 8 |
| Wahrscheinlich | 4 | 5 | 6 | 7 |
| Gelegentlich | 3 | 4 | 5 | 6 |
| Selten | 2 | 3 | 4 | 5 |
| Unwahrscheinlich | 1 | 2 | 3 | 4 |
| Unvorstellbar | 0 | 1 | 2 | 3 |
| | Vernachlässigbar | Marginal | Kritisch | Katastrophal |
| | Schadensausmaß | | | |

**Tab. 13.5** Beispiel für eine kalibrierte Risikomatrix

| THR | B | C | D | E |
|---|---|---|---|---|
| $10^{-5}$/h | | | nicht | tolerierbar |
| $10^{-7}$/h | | RAK-TS | | |
| $10^{-8}$/h | tolerierbar | | | |
| $10^{-9}$/h | | | | RAK-TS |

ein Beispiel, das auf RAK-TS kalibriert wurde und bei dem bei höherem Schadenspotenzial tendenziell schärfere Anforderungen gestellt werden. Die Schadenskategorien wurden entsprechend Tab. 13.3 gewählt. Diese Matrix wurde zwar von der ERA vorgeschlagen, hat aber bisher keinen Eingang in die CSM-Verordnung gefunden.

**Vor- und Nachteile**

Diese Methode, die ursprünglich auf den amerikanischen MIL-STD 882 zurückgeht, wird zwar auch in vielen anderen Standards zitiert, sie bringt aber neben der Kalibrierung weitere Probleme mit sich:

- Die Resultate hängen davon ab, welche Systemebene (z. B. Gesamtsystem oder Komponenten) und welche Bezugsgröße (z. B. eine Fahrtstunde eines Zuges oder eine Strecke über ein Jahr) betrachtet werden.
- Dieser Ansatz tendiert dazu, Risiken zu überschätzen, da Anwender häufig vom maximalen Schadensausmaß ausgehen und dazu neigen, Gefährdungen mit Unfällen gleichzusetzen.
- Es fehlen im Vergleich zu (13.1) einige wichtige Parameter, wie z. B. der Reduktionsfaktor $C_{jk}$. Dadurch dürften sich in Anwendungen, in denen noch Gefahrenabwehr möglich ist, erheblich höhere Sicherheitsanforderungen ergeben.

Hat man allerdings die oben ausgeführten Vorüberlegungen ausgeführt und insbesondere eine klare und eindeutige Definition der Kategorien gefunden, so lässt sich mit der Risikomatrix sehr pragmatisch und effizient arbeiten, da man z. B. aus der Einschätzung des Schadenspotenzials sofort die tolerierbare Häufigkeit des gefährlichen Ereignisses ablesen kann.

#### 13.3.3.4 Risikoprioritätszahlen

Risikoprioritätszahlen sind eine besonders in der Automobil- und Software-Industrie verbreitete, aber auch in der Eisenbahntechnik gelegentlich angewendete, Methode, eine FMEA zu einer einfachen Risikobewertung auszubauen, die dann auch FMECA (Failure Modes, Effects and Criticality Analysis) genannt wird.

**FMECA**

Die Analyse beginnt wie eine FMEA mit einer Definition der Systemfunktionen sowie ihrer möglichen Ausfallmodi. Dann wird jeder mögliche Ausfall auf seine Folgen untersucht. Das Ergebnis wird tabellarisch dokumentiert und zwar wird zu jedem denkbaren Ausfallmodus $i$ dessen Häufigkeit $H_i$, die Möglichkeiten der Offenbarung (bzw. Entdeckung) $O_i$ (bevor ein Schaden eintreten kann) sowie der mögliche resultierende Schaden $S_i$ auf einer Rangskala (typischerweise von 1 bis 10) abgeschätzt.

Dabei werden typischerweise in der Anwendung statt der Funktionen, die sie implementierenden Komponenten betrachtet und die Häufigkeit auf einen festen Betrachtungszeitraum (z. B. ein Jahr oder die Lebensdauer des Systems) bezogen und als Anteil der Komponenten definiert, an denen man im Betrachtungszeitraum den angegebenen Ausfall erwartet.

Daraus wird die zugehörige Risikoprioritätszahl

$$\mathrm{RPZ}_i = H_i \cdot O_i \cdot S_i$$

ermittelt, die ein Maß für die Kritikalität (typischerweise auf einer Skala von 1 bis 1000) des Ausfallmodus sein soll. Diese Risikoprioritätszahlen werden benutzt, um verschiedene Ausfallmodi miteinander zu vergleichen oder konkrete Handlungen abzuleiten, z. B. das Design so zu ändern, dass alle Ausfallmodi eine Risikoprioritätszahl von geringer als ein Vorgabewert, z. B. 125 haben.

**Vor- und Nachteile**

Aufgrund seiner Einfachheit ist diese Vorgehensweise sehr beliebt. Von einer Risikoanalyse unterscheidet sich das Konzept der Risikoprioritätszahlen allerdings dadurch, dass

- es nicht möglich ist, auf Grundlage von Risikoprioritätszahlen Aussagen über tatsächliche Risiken oder das Einhalten von Grenzrisiken abzuleiten,

- wichtige Parameter wie die Aussetzungsdauer oder Latenzzeiten von Gefährdungen nicht berücksichtigt werden und
- Reduktionsfaktoren nur sehr pauschal betrachtet werden (Parameter *O*).

Bei näherer Betrachtung zeigt sich, dass dieses Konzept selbst innerhalb seines Betrachtungsumfangs erhebliche systematische Schwächen aufweist:

- Unterschiedliche Bandbreiten bei Parametern: Während man sich leicht vorstellen kann, dass zwischen geringen und äußerst schweren Schäden ein Unterschied von sechs oder mehr Größenordnungen liegen kann, so ist dies bei den anderen Parametern, z. B. Offenbarung, nur schwer begründbar.
- Sensitivität gegenüber kleinen Änderungen: Ändert man einen Parameter geringfügig, so hängt die Größe der Änderung in der resultierenden Risikoprioritätszahl von der Größe der anderen Parameter ab. Dieser Effekt ist insbesondere im Bezug zum damit verbundenen Risiko nur schwer zu begründen.
- Gefahr falscher Schlussfolgerungen: Die Definition der Risikoprioritätszahlen impliziert, dass die Verdopplung eines Parameters bei gleichzeitiger Halbierung eines anderen keinen Einfluss auf das Ergebnis hat. Diese Schlussfolgerung würde aber eine rationale Skala voraussetzen, während das Konzept lediglich auf einer Rangskala basiert.

Zusammenfassend ist daher von einer Anwendung klassischer Risikoprioritätszahlen für Risikoanalysen abzuraten. Sie können allenfalls einer ersten, groben Priorisierung von Risiken dienen.

#### 13.3.3.5 Risikograph

Der VDV besitzt mit dem in der VDV-Schrift 331 beschriebenen Verfahren eine im Nahverkehr bewährte Methode der Risikoanalyse, die zugleich das für diesen Bereich gültige (implizite) Risikoakzeptanzkriterium darstellt.

**Parameter nach VDV 331**

Beim Risikographen wird das notwendige Maß an Risikoreduktion in Form eines SIL für jede Sicherheitsfunktion abgeleitet, und zwar mittels qualitativer Beurteilung von vier Einflussfaktoren, s. Tab. 13.6.

**Vor- und Nachteile**

Obwohl die Parameter des Risikographen hier tabellarisch dargestellt wurden, unterscheidet sich das Verfahren qualitativ von Risikoprioritätszahlen deutlich. So wird z. B. durch den Graphen gesteuert, welche Parameter überhaupt maßgeblich sind: Beim Wert S1 ist z. B. nur noch W maßgeblich, während im Fall S2 zusätzlich noch A und G berücksichtigt werden. Außerdem sind die Parameter im Risikographen wesentlich gröber differenziert (mit 2, 3 oder 4 Werten) als die Parameter der Risikoprioritätszahlen (mit jeweils 10 Werten).

**Tab. 13.6** Parameter des VDV-Risikographen

| Parameter | Wert | Beschreibung |
|---|---|---|
| Schadensausmaß | S1 | Leichte Verletzung |
| | S2 | Schwere irreversible Verletzung einer oder mehrerer Personen oder Tod einer Person |
| | S3 | Tod mehrerer Personen |
| | S4 | Katastrophale Auswirkungen, sehr viele Tote |
| Aufenthaltsdauer | A1 | Seltener bis häufiger Aufenthalt im Gefahrenbereich |
| | A2 | Häufiger bis dauernder Aufenthalt im Gefahrenbereich |
| Gefahrenabwehr | G1 | Möglich unter bestimmten Bedingungen |
| | G2 | Kaum möglich |
| Wahrscheinlichkeit des unerwünschten Ereignisses | W1 | Sehr gering |
| | W2 | Gering |
| | W3 | Relativ hoch |

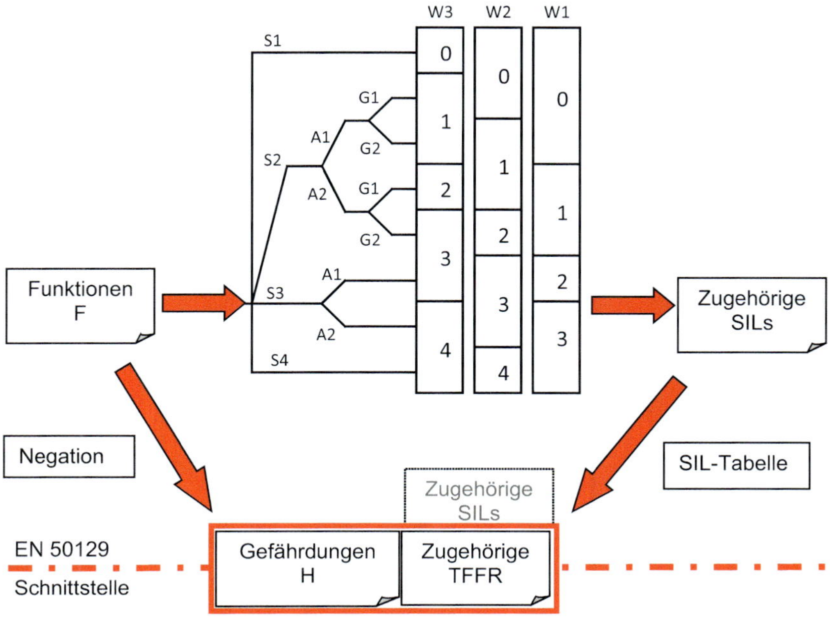


**Abb. 13.16** Zusammenhang zwischen Risikograph nach VDV 331 und EN 50129

Die wesentliche Schwäche des Verfahrens liegen darin, dass die Kategorien für die Einflussfaktoren nur verbal beschrieben sind und dass es keine Begründung für die Konstruktion des Verfahrens gibt. Z. B. ist schwer abzuschätzen, welches Schadensausmaß bei einer Entgleisung zutrifft, dies kann (selbst bei hoher Geschwindigkeit) von S2 bis S4 variieren. Auch die in VDV 331 enthaltenen weiteren Erläuterungen können diese Schwäche nicht gänzlich beseitigen.

**Konformität zu EN 50129**

Die Vorgehensweise nach VDV 331 erfüllt die Anforderungen der EN 50129 bezüglich:

a. Systemdefinition,
b. Identifikation der Gefährdungen (im Sinne von Funktionsversagen) und
c. abgestimmtes Risikoakzeptanzkriterium (Risikograph).

Auch nach VDV 331 werden für die Dimensionierung der Ausfallsicherheit Zahlenwerte benötigt. Die VDV 331 benutzt dazu die Tab. 13.1.

Die Anwendung des Risikographen nach VDV 331 in Verbindung mit der SIL-Tabelle ist damit konform zur EN 50129 (siehe Abb. 13.16), wenn als Ergebnis der Risikoanalyse jeweils:

- die Gefährdung (als Versagen der Sicherungsfunktion),
- die TFFR sowie
- der SIL (für die Sicherungsfunktion) angegeben wird.

Es fehlt lediglich die konkrete Vorgabe, welche TFFR aus der jeweiligen Bandbreite der SIL-Tabelle gewählt werden soll. Konservativ könnte man die jeweils kleinste Zahl wählen (untere Grenze der Bandbreite).

### 13.3.4 Semi-quantitatives Verfahren Risk Score Matrix

Man kann versuchen, die Vorteile quantitativer PRA mit den Vorteilen qualitativer Verfahren, insbesondere hinsichtlich Einfachheit und Anwenderakzeptanz, zu verbinden. Dabei definiert man zunächst ein PRA-Modell, aus dem man durch Transformation bzw. Approximation ein qualitatives Verfahren konstruiert. Der Vorteil

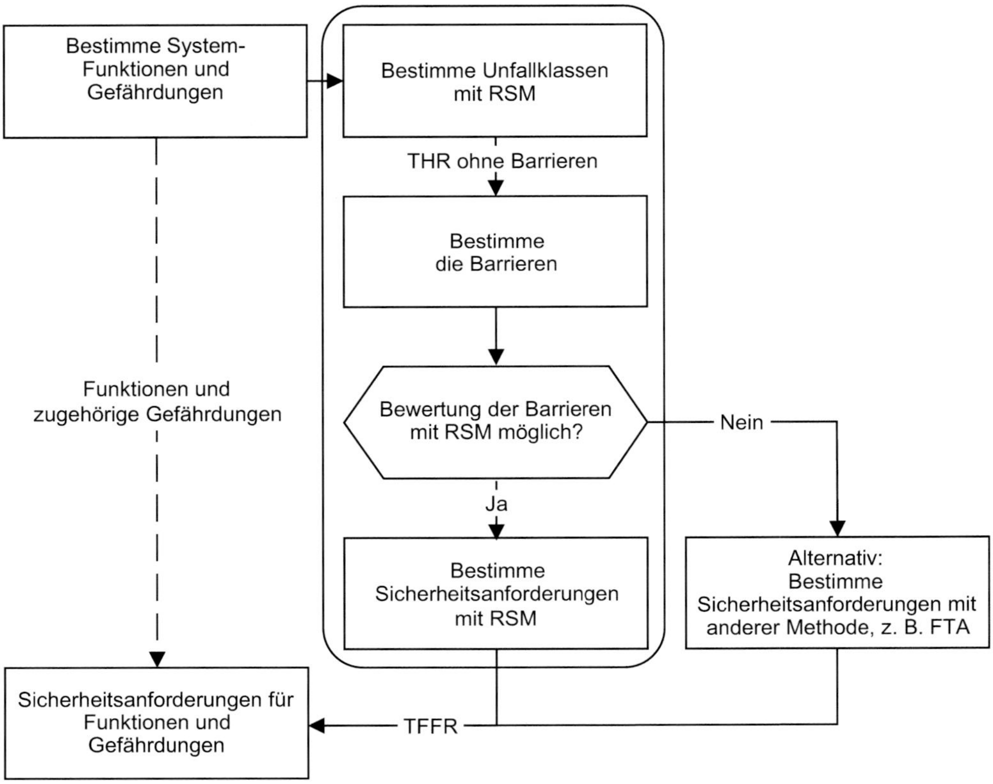


**Abb. 13.17** Übersicht über das RSM-Verfahren

besteht darin, dass dieses abgeleitete qualitative Verfahren aufgrund seiner ingenieurmäßigen Konstruktion dann nachweisbare Eigenschaften besitzt. In diesem Abschnitt wird ein Vorschlag namens Risk Score Matrix (RSM) präsentiert, der kürzlich in Deutschland normiert wurde und der auf RAK-TS beruht, d. h. die Vorgaben der CSM-Verordnung erfüllt.

Die grundsätzliche Vorgehensweise wird in Abb. 13.17 dargestellt. Zunächst wird aus einer Liste von Systemfunktionen die zu betrachtende Funktion ausgewählt und die dazugehörenden Gefährdungen werden bestimmt. Zu jeder Gefährdung wird die zugehörige typische Unfallklasse bestimmt und mittels Tab. 13.5 die zugehörige THR bestimmt. Im nächsten Schritt werden risikoreduzierende Faktoren, die sog. Barrieren identifiziert. Für die typischen Barrieren enthält das RSM-Verfahren vordefinierte Bewertungstabellen.

Tab. 13.7 zeigt eine Bewertungstabelle für menschliche Handlungen. Für jede menschliche Handlung, die nach Eintritt einer Gefährdung noch einen möglichen Unfall verhindern kann, wird eine Bewertung nach den vorgegebenen Kriterien durchgeführt und die resultierenden Punkte werden summiert. Jeder Punkt entspricht einer Risikoreduktion um eine „halbe" Zehnerpotenz, d. h. zwei Punkte entsprechen einer Größenordnung.

Als weiteres Beispiel zeigt Tab. 13.8 eine Barriere, die von zwei Faktoren abhängt. Es handelt sich um die Risikoreduktion, die aus der seltenen Aussetzung gegenüber manchen externen Ereignissen resultiert. Als Beispiel mag ein Brandmelder gelten. Feuer sind i. d. R. seltene Ereignisse. Die Risikoreduktion von Brandmeldern hängt allerdings davon ab, wie häufig sie getestet werden. Führt man im Extremfall keine Tests durch, so wird bei einem auftretenden Feuer mit

**Tab. 13.7** Bewertungstabelle für menschliche Handlungen

| Wirksamkeit | Aufgabentyp | Erläuterung |
|---|---|---|
| 4 | Fertigkeitsbasiert | Intuitiv ausgeführte, gut trainierte Handlung |
| 2 | Regelbasiert | Für die Handlung ist eine Regel definiert, die angemessen trainiert und überwacht wird |
| 0 | Wissensbasiert | Keine Regeln und wenig Routine |
| | *Arbeitsbedingungen* | |
| 1 | Gute Bedingungen | Die Aufgabe wird unter normalen bzw. guten Bedingungen in Bezug auf Sicht, Lärm, Temperatur, Einwirkung physikalischer Kräfte etc. durchgeführt |
| 0 | Schlechte Bedingungen | Die Aufgabe wird unter widrigen Bedingungen in Bezug auf mindestens einen der folgenden Faktoren durchgeführt: Beleuchtung Lärm, Einwirkung Physikalischer Kräfte (z. B. Vibration), Temperatur |
| | *Stressniveau* | |
| 1 | Optimal | |
| 0 | Überforderung | Die Arbeitsbelastung ist sehr hoch. Das Stressniveau ist hoch, z. B. Arbeit unter hohem Zeitdruck |
| 0 | Unterforderung | Die Aufgaben sind wenig anspruchsvoll und überwiegend Routine |

**Tab. 13.8** Bewertungstabelle für seltene Aussetzung gegenüber externen Ereignissen

| Anforderungsrate | Testintervall | | | | |
|---|---|---|---|---|---|
| | $\leq 1$ Tag | $\leq 1$ Woche | $\leq 1$ Monat | $\leq 3$ Monate | $\leq 1$ Jahr |
| $\leq 1$ Jahr | 4 | 3 | 2 | 1 | 0 |
| $\leq 3$ Jahre | 5 | 4 | 3 | 2 | 1 |
| $\leq 10$ Jahre | 6 | 5 | 4 | 3 | 2 |
| $\leq 30$ Jahre | 7 | 6 | 5 | 4 | 3 |

**Tab. 13.9** Bewertungstabelle für Abhängigkeiten zwischen Barrieren

| Abhängigkeit zwischen Barrieren | $\beta_i = 1$ | $\beta_i = 2$ | $\beta_i = 3$ | $\beta_i = 4$ | $\beta_i = 4 + j$ |
|---|---|---|---|---|---|
| Unabhängigkeit (I) | 0 | 0 | 0 | 0 | 0 |
| Geringfügige Abhängigkeit (LD) | 0 | 0 | $-1$ | $-1$ | $-(j+1)$ |
| Mittlere Abhängigkeit (MD) | 0 | $-1$ | $-1$ | $-2$ | $-(j+2)$ |
| Hohe Abhängigkeit (HD) | 0 | $-1$ | $-2$ | $-3$ | $-(j+3)$ |
| Vollständige Abhängigkeit (CD) | $-1$ | $-2$ | $-3$ | $-4$ | $-(j+4)$ |

hoher Wahrscheinlichkeit der Brandmelder nicht warnen, da er ausgefallen ist. Testet man den Brandmelder sehr häufig, so ist er mit einer hohen Wahrscheinlichkeit bei Auftreten eines Brandes wirksam.

Aus Platzgründen können hier nicht alle Bewertungstabellen aufgeführt werden (siehe DIN V 0831-103 für weitere Tabellen und Beispiele). Sind für alle Barrieren Bewertungstabellen vorhanden, so kann man die Analyse komplett semiquantitativ durchführen. Fehlen Bewertungstabellen, so kann man zusätzliche Tabellen konstruieren oder man kann die Risikoreduktion mit alternativen Methoden berücksichtigen.

In jedem Fall ist allerdings zu berücksichtigen, dass Barrieren abhängig sein können. In diesem Fall ist die Punktzahl der Barriere um den in Tab. 13.9 angegebenen Wert zu reduzieren, und zwar in Abhängigkeit der ursprünglichen Bewertung und dem Grad der Abhängigkeit zu den bereits durchgeführten Bewertungen.

Schließlich erhält man für jede Gefährdung eine Sicherheitsanforderung und die strengste dieser Sicherheitsanforderungen ergibt die Sicherheitsanforderung der Systemfunktion.

Als Beispiel soll die fahrzeugseitige Zugsicherung betrachtet werden, die verhindern soll, dass ein Triebfahrzeugführer haltzeigende Signale überfährt. Typischerweise wird man nach Überfahren haltzeigender Signale mit Kollisionen mit anderen Eisenbahnfahrzeugen rechnen müssen, so dass sich ohne weitere Barrieren nach Tab. 13.5 eine TFFR von $10^{-9}$/h ergibt. Das Beachten von Signalen kann als fertigkeitsbasierte

Handlung eingeschätzt werden, die ein Triebfahrzeugführer i. d. R. bei guten Arbeitsbedingungen und einem normalem Stressniveau durchführt, d. h. nach Tab. 13.7 ergibt sich eine Bewertung von 6 Punkten, d. h. es ergibt sich insgesamt eine TFFR von $10^{-6}$/h.

## 13.4 Sicherheitsnachweisführung

Das Ziel der Sicherheitsnachweisführung besteht darin, nachzuweisen, dass das System für den vorgesehenen Einsatzzweck ausreichend sicher ist. Dieser Nachweis wird englisch auch als „assurance" (Sicherstellung) tituliert. Wenn alle Aktivitäten der Sicherheitsnachweisführung fehlerfrei ausgeführt würden (z. B. alle Gefährdungen ermittelt, alle Sicherheitsanforderungen korrekt ermittelt), wäre es ausreichend, einfach alle Sicherheitsanforderungen nachzuweisen. Da dies aber i. d. R. nicht der Fall sein wird, geben die Normen vorsichtshalber umfangreiche Hinweise, welche Aspekte in Sicherheitsnachweisen berücksichtig werden müssen. Der (zusätzliche) Nachweis der Normkonformität wird im Englischen als „compliance" (Erfüllung) bezeichnet und ist für sich alleine nicht ausreichend, um die Sicherheit eines Systems nachzuweisen (da eine Norm nicht jeden Spezialfall abdecken kann), aber aus den o. a. Gründen für einen Sicherheitsnachweis notwendig. Daher kommt es häufig zu Überschneidungen und Redundanz zwischen Aspekten der Sicherstellung sowie der Erfüllung, dies ist aus sicherungstechnischer Sicht aber durchaus sinnvoll und gewollt.

CENELEC EN 50129 fordert daher, dass der Nachweis der Sicherheitsanforderungen sowie der normativen Anforderungen in einem einheitlich gegliederten Dokument enthalten ist, das Sicherheitsnachweis genannt wird. Der Sicherheitsnachweis bildet einen Teil der gesamten Dokumentation, die der zuständigen Aufsichtsbehörde vorgelegt wird, um eine Zulassung zu erlangen. Dabei kann die Zulassung für ein generisches Produkt, einer Klasse von Anwendungen oder für eine spezifische Anwendung beantragt werden.

### 13.4.1 Gefährdungsanalyse-Prozess

#### 13.4.1.1 Überblick

Die Gefährdungsanalyse ist der Prozess während der Entwicklung eines Systems, der die Ursachen für die Gefährdungen ermittelt und die in der Risikoanalyse ermittelten Sicherheitsanforderungen für die Gefährdungen auf die Systemfunktionen bzw. -komponenten aufteilt, siehe Abb. 13.18 für einen Überblick.

#### 13.4.1.2 Ursachenanalyse

Die Ursachenanalyse besteht aus zwei Stufen. In einer ersten Phase der Ursachenanalyse wird die tolerierbare Gefährdungsrate für jede Gefährdung auf Funktionen aufgeteilt. Die Gefährdungsrate wird dann in einen SIL unter Verwendung der SIL-Tabelle umgesetzt. Die SIL werden auf dieser funktionalen Ebene direkt den Teilsystemen, die die Funktionen implementieren, zugeordnet.

Ein Teilsystem kann mehrere sicherheitsrelevante Funktionen umfassen, wobei unterschiedliche SIL gefordert sein könnten. Wo dies der Fall ist, muss das Teilsystem alle Anforderungsstufen erfüllen. Dieses kann dadurch erreicht werden, indem das Teilsystem den höchsten SIL erfüllt, oder indem Unabhängigkeit der Funktionen nachgewiesen werden kann. In diesem Fall muss eine Untersuchung möglicher gemeinsamer Ursachen, eine sog. Common-Cause-Failure Analyse (CCF), durchgeführt werden.

In einer zweiten Phase der Ursachenanalyse werden die Gefährdungsraten von Teilsystemen weiter aufgeteilt auf Ausfallraten von Komponenten, aber dabei bleiben die SIL unverändert.

Die Ursachenanalyse kann mit jeder Methode durchgeführt werden, die eine geeignete Darstellung der Zusammenhänge erlaubt, wie z. B. Zuverlässigkeitsblockdiagramme, Fehlerbäume, binäre Entscheidungsdiagramme, Markov-Modelle o. ä. In jedem Fall muss auf die notwendige Unabhängigkeit von Einheiten geachtet werden. Während in der ersten Phase der Ursachenanalyse funktionale Unabhängigkeit gefordert ist (d. h. das Versagen von Funktionen muss unabhängig in Bezug auf systematische und zufällige Fehler sein), ist lediglich physikalische Unabhängigkeit

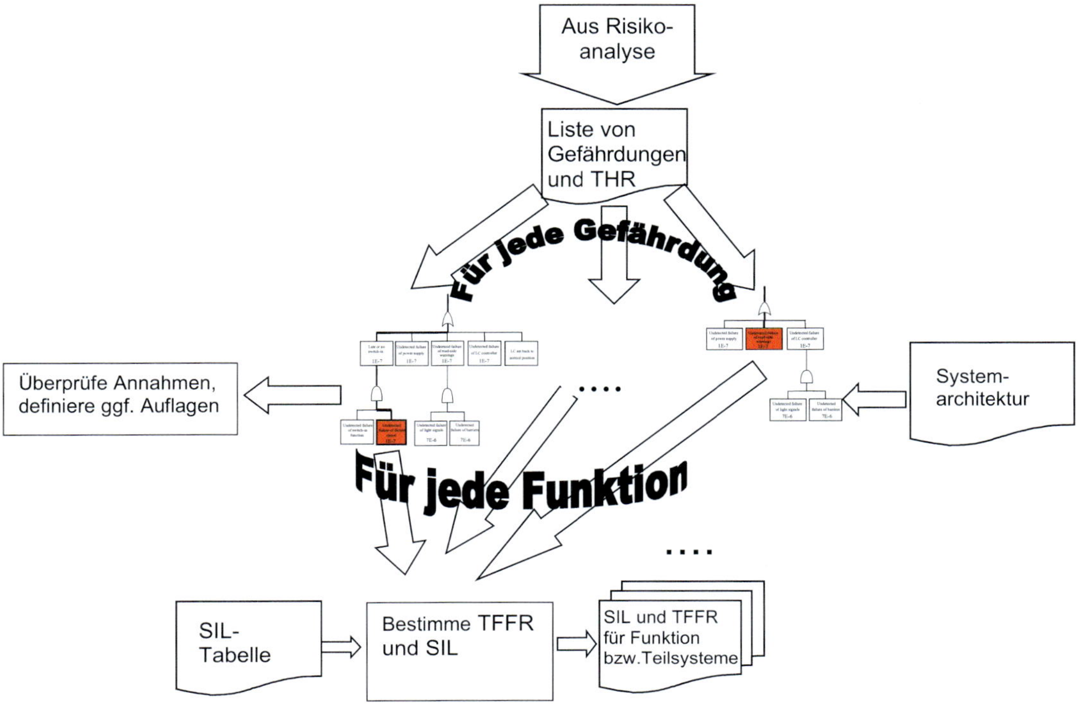


**Abb. 13.18** Gefährdungsanalyseprozess

**Abb. 13.19** Wichtige Fehlerbaum-Symbole

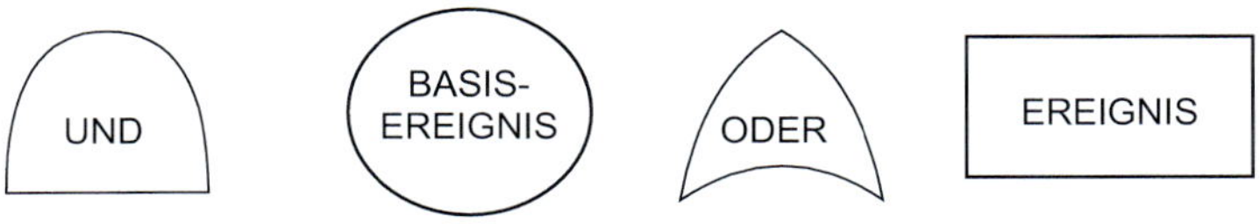


in der zweiten Phase gefordert (d. h. das Versagen von Funktionen muss unabhängig in Bezug auf zufällige Fehler sein). Die in der Ursachenanalyse gemachten Annahmen müssen in jedem Fall nachgeprüft werden, und sie können zu sicherheitsbezogenen Anwendungsregeln (SEAR) für die Implementierung führen.

Die EN 50129 empfiehlt ausdrücklich, dass im Sicherheitsnachweis zwei komplementäre Methoden zur Anwendung kommen müssen, um hinreichend sicher bezüglich der Vollständigkeit der Identifikation von Gefährdungen und der Analyse ihrer Ursachen zu sein. In der Praxis hat sich eine Kombination aus FMEA und Fehlerbaumanalyse (FTA) bewährt.

### Fehlerbaumanalyse (FTA)

Bei der FTA handelt es sich im Gegensatz zur FMEA um eine deduktive Methode, d. h. ihr Ziel besteht in der systematischen Analyse aller möglichen Ursachen eines bestimmten unerwünschten Ereignisses, des sog. TOP-Ereignisses. Der Fehlerbaum stellt in Bool'scher Logik die Ereigniskombinationen dar, die zum TOP-Ereignis führen, d. h. im Wesentlichen logische UND- bzw. ODER-Verknüpfungen.

Die Analyse erfolgt dann Top-Down (im Gegensatz zur FMEA oder auch Ereignisbaumanalyse), rückwärts (auch zeitlich gesehen) vom TOP-Ereignis zu den Ursachen. Jedes Ereignis im Baum, für das keine weiteren Ursachen ermittelt werden (können), stellt ein sog. Basisereignis dar.

Die Symbole für FTA sind leider nicht standardisiert, aber in den meist angelsächsischen Tools sind die in Abb. 13.19 abgebildeten Symbole am gebräuchlichsten. Ereignisse werden durch Rechtecke, Basisereignisse durch Kreise gekennzeichnet.

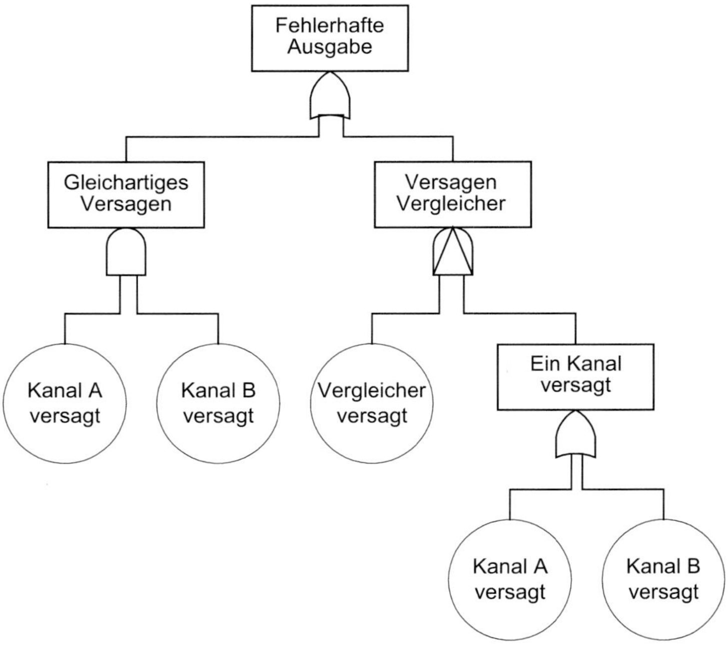


**Abb. 13.20** Fehlerbaum-Beispiel

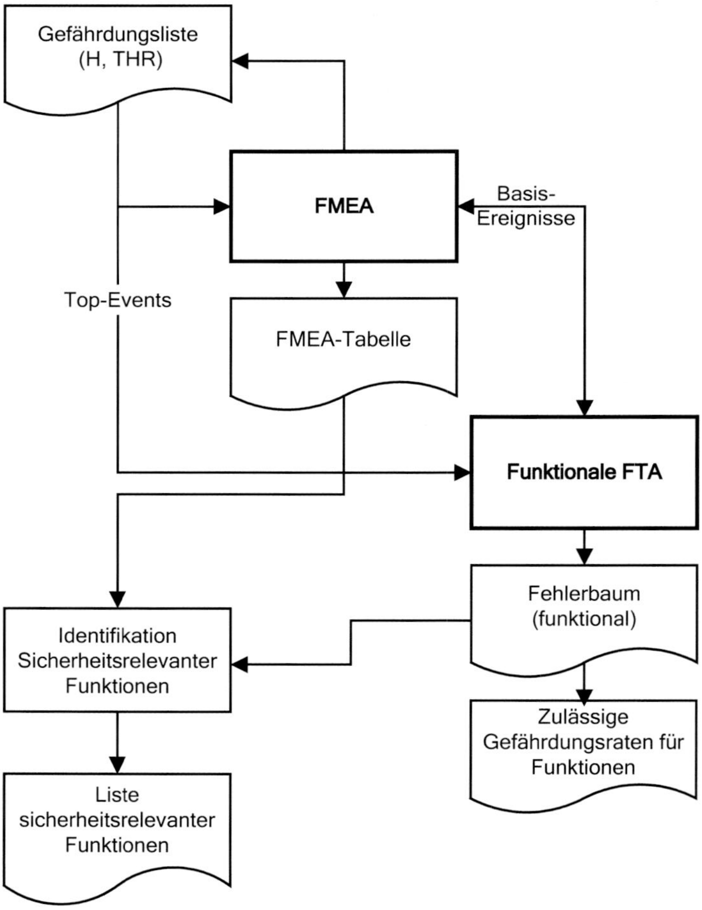


**Abb. 13.21** Anwendung von FTA und FMEA im Rahmen einer Gefährdungsanalyse

Abb. 13.20 zeigt ein einfaches Beispiel für ein redundantes System, bei dem zwei sog. Kanäle eine Aufgabe bearbeiten und vor einer sicherheitskritischen Ausgabe ein sog. Vergleicher überprüft, ob beide Kanäle dasselbe Ergebnis liefern (im andern Fall würde die Ausgabe unterbunden).

Der Fehlerbaum basiert auf folgender Logik: Es kommt dann zu einer fehlerhaften Ausgabe, wenn Kanal A und Kanal B die gleiche fehlerhafte Ausgabe machen, oder wenn der Vergleicher nicht mehr korrekt arbeitet (dann würde ggf. ein zusätzlicher Fehler eines Kanals ausreichen). Allerdings zeigt schon dieses einfache Beispiel, dass die Bool'sche Logik bereits an ihre Grenzen kommt, denn im letzteren Fall muss der Vergleicher vor den Kanälen ausfallen. Würde ein Kanal ausfallen, so würde ein noch funktionierender Vergleicher dies mit hoher Wahrscheinlichkeit schon bei einer der nächsten Ausgaben feststellen. Deshalb wurde im obigen Beispiel ein zusätzliches Zeichen für diesen Fall notwendig, ein sog. Prioritäts-UND mit der Bedeutung „ERST A, und dann B".

Abb. 13.21 zeigt den Zusammenhang zwischen der Gefährdungsliste, der FMEA, der FTA sowie einen möglichen Ablauf einer Ursachenanalyse.

#### 13.4.1.3 Common-Cause Failure (CCF)-Analyse

Zweck der CCF-Analyse ist die Aufdeckung aller Fälle, in denen zwei oder mehr Ereignisse als Ergebnis einer gemeinsamen Ursache oder eines auslösenden Ereignisses auftreten können. Ist die Wahrscheinlichkeit einer gemeinsamen Ursache deutlich größer als die Wahrscheinlichkeit, dass die zwei oder mehr Ereignisse unabhängig auftreten, dann kann die gemeinsame Ursache entscheidend zur Gefährdungsrate beitragen.

Man beachte, dass im Normalfall Funktionen oder Komponenten nicht unabhängig sind, d. h. Unabhängigkeit ist die Ausnahme und CCF sind der Normalfall. Funktionen können aber häufig in unabhängige Teil-Funktionen und Teil-Funktionen, die durch gemeinsam wirkende Fehler (CCF) abhängig sind, aufgeteilt werden. Abb. 13.22 zeigt die allgemeine Behandlung von CCF durch eine FTA.

#### 13.4.1.4 Zuweisung von SIL

Tab. 13.1 identifiziert den geforderten SIL für eine sicherheitsrelevante Funktion ausgehend von der vertretbaren Gefährdungsrate TFFR für diese Funktion. Die SIL-Tabelle ist abgeleitet aus und konform zu der Sicherheitsgrundnorm IEC 61508. Der SIL darf nur Funktionen zugewiesen werden, die unabhängig sind bzw. für die CCF wie in Abb. 13.22 abgetrennt wurden.

Die SIL-Tabelle ist auf sicherheitsrelevante Funktionen oder Teilsysteme anwendbar, die eine oder mehrere dieser Funktionen implementieren. Theoretisch sollte eine SIL-Tabelle folgende Eigenschaften besitzen:

- Ist man den für ein SIL x geforderten Maßnahmen und Methoden gefolgt (die z. B. in EN 50128 und EN 50129 definiert werden), dann liegt die Versagenshäufigkeit sowohl für

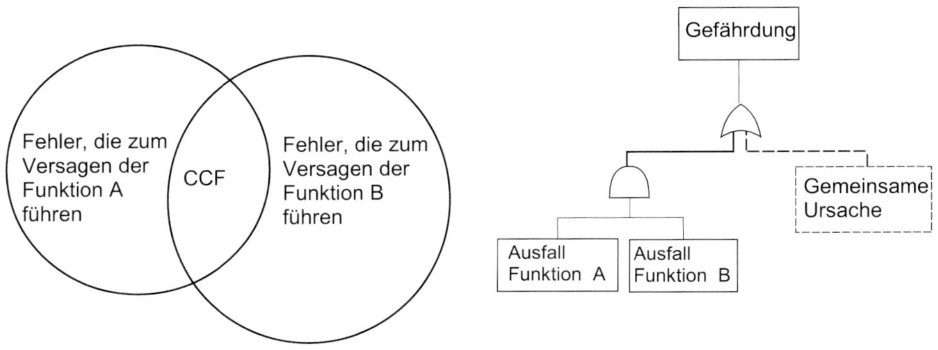


**Abb. 13.22** Behandlung von funktionaler Unabhängigkeit durch FTA

systematische als auch für zufällige Ursachen innerhalb der für SIL x definierten Bandbreite.
- Wenn für eine sicherheitsrelevante Funktion eine Versagenshäufigkeit innerhalb der Bandbreite von SIL x gefordert wird, dann müssen die für SIL x geforderten Maßnahmen und Methoden angewendet werden.

Praktisch hängt die Gültigkeit der Aussage von vielen Details und Randbedingen ab und kann nicht allgemein nachgewiesen werden.

### 13.4.2 Struktur und Hierarchie von Sicherheitsnachweisen

In der Regel sind Systeme, schon aus Gründen der Beherrschbarkeit der Komplexität bzw. Wiederverwendbarkeit, modular aufgebaut.

#### 13.4.2.1 Sicherheitsnachweistypen

Die EN 50129 differenziert zwischen drei grundsätzlichen Systemebenen:

1. Spezifische Anwendungen,
2. Generische Anwendungen und
3. Generische Produkte.

Unter spezifischen Anwendungen werden konkrete Anlagen verstanden, z. B. das Stellwerk Braunschweig. Generische Anwendungen können Anwendungen sein, die für einen spezifischen Kunden angepasst wurden, aber noch nicht an eine spezifische Anlage, z. B. eine Stellwerksbauform für die DB AG, die noch mit anlagenspezifischen Daten projektiert werden muss. Ein generisches Produkt dagegen ist i. d. R. unabhängig von einer Anwendung, z. B. eine Rechnerplattform für sicherheitsrelevante Anforderungen, die in einem Bahnübergang, einem Stellwerk oder in einem Fahrzeug eingesetzt werden kann.

Daher hängt der Systemsicherheitsnachweis von Sicherheitsnachweisen untergeordneter Teilsysteme oder Komponenten ab. In solchen Fällen ist die Sicherheitszulassung des Systems nicht ohne die vorangegangenen Sicherheitszulassungen der zugehörigen Teilsysteme oder Komponenten möglich.

Wenn eine Sicherheitszulassung für ein generisches Produkt oder für eine generische Anwendung erteilt wurde, darf ein Verweis in der Sicherheitszulassung einer spezifischen Anwendung darauf gemacht werden; die Sicherheitszulassung generischer Anteile braucht nicht für jede Anwendung wiederholt werden. Diese Abhängigkeit zwischen den Sicherheitszulassungen ist in Abb. 13.23 dargestellt.

In solchen Beispielen von Abhängigkeit muss auf jeden Fall sichergestellt sein, dass die generischen Anteile die spezifischen Anforderungen der Anwendung erfüllt. Dies wird insbesondere für generische Systeme nicht ohne Annahmen oder Anforderungen an andere Systeme möglich sein. Daher werden die Sicherheitsnachweise i. d. R. sicherheitsrelevante Anwendungsregeln enthalten, d. h. Bedingungen, unter denen die Sicherheitsanforderungen erfüllt sind. Diese müssen im Sicherheitsnachweis einer höheren Ebene als erfüllt gezeigt worden sind, oder schließlich zum Anwender als sicherheitsrelevante Auflagen übertragen wurden.

#### 13.4.2.2 Logik von Sicherheitsnachweisen

Die obigen Ausführungen betrafen allein die hierarchische Struktur von Sicherheitsnachweisen. Die inhaltliche Strukturierung wird in EN 50129 nur stichpunktartig vorgegeben, deswegen ist es sinnvoll, diese logische Strukturierung durch eine Methode zu unterstützen. Dazu ist es sinnvoll, Sicherheitsnachweiskonzepte logisch zu unterteilen in:

- das eigentliche Sicherheitsargument (der „rote Faden“ der Nachweisführung) und
- unterstützende Fakten (z. B. Analyse- oder Testergebnisse).

Beides ist notwendig für eine schlüssige Sicherheitsnachweisführung, denn:

- ein Sicherheitsnachweis, der nur aus einer Sammlung von Fakten besteht, ist nicht ausreichend erklärt bzw. nachvollziehbar und
- ein Sicherheitsnachweis, der nur aus einem Sicherheitsargument besteht, ist ohne Fakten unbegründet.

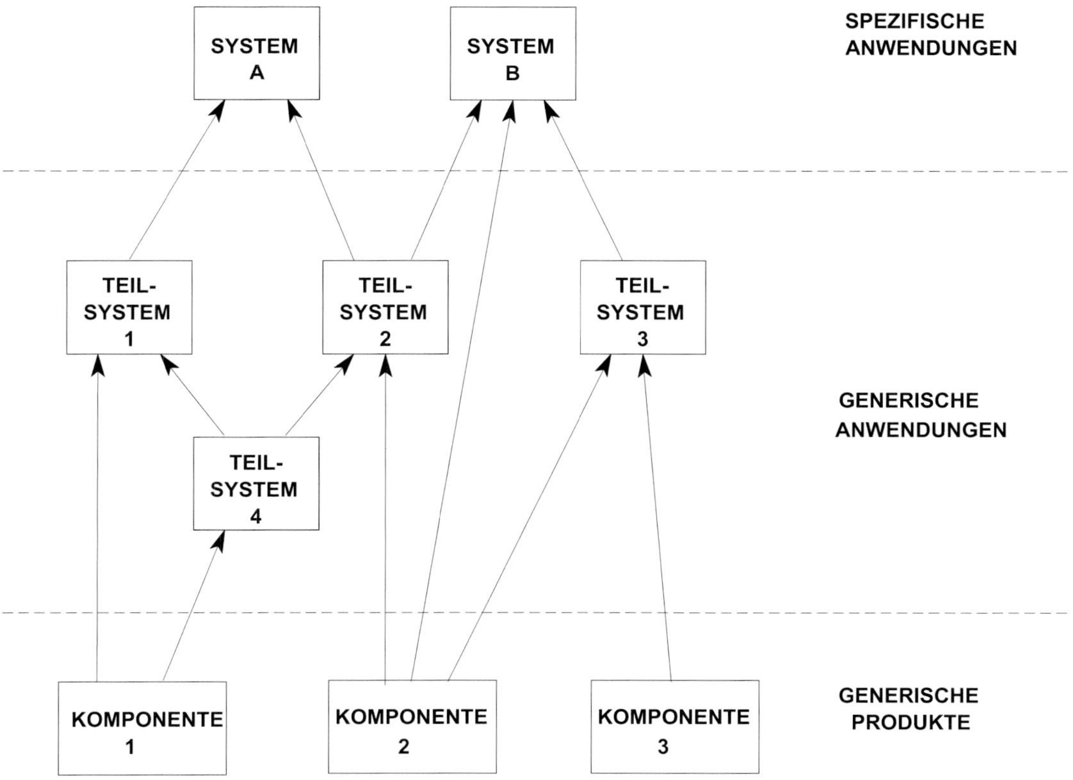


**Abb. 13.23** Hierarchie von Sicherheitsnachweisen nach EN 50129

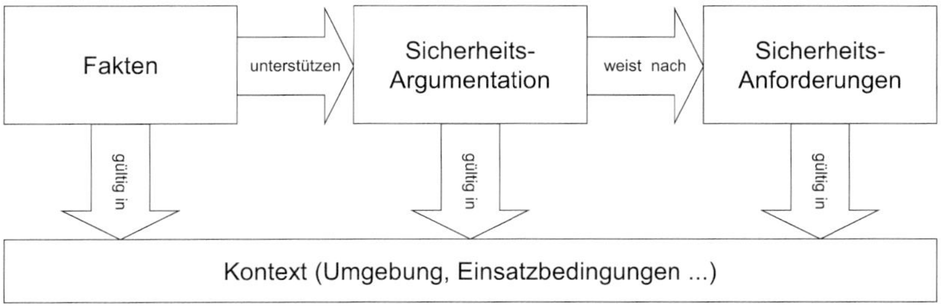


**Abb. 13.24** Logischer Aufbau einer Sicherheitsargumentation

Weiterhin ist die Erkenntnis wichtig, dass sowohl Sicherheitsanforderungen als auch Sicherheitsargumente als auch Fakten nur in einem spezifischen Kontext gelten. Deshalb ist es notwendig, diesen Kontext explizit zu definieren, siehe Abb. 13.24.

#### 13.4.2.3 Strukturierung von Sicherheitsargumenten

Zur logischen Strukturierung bietet sich eine einfache Methode wie die sog. Goal Structuring Notation (GSN) an. Die grundlegende Vorgehensweise besteht darin, zu erreichende Ziele (d. h. Sicherheitsanforderungen) argumentativ durch Strategien bzw. Vorgehensweisen zu untermauern und dadurch das (komplexe) Gesamtziel in (einfachere) Teilziele aufzuteilen,

**Tab. 13.10** Elemente der Goal Structuring Notation (GSN)

| Bezeichnung | Erläuterung | Symbol |
|---|---|---|
| Ziel (Goal) | Das Ziel der gesamten Argumentation bzw. ein Zwischenziel | 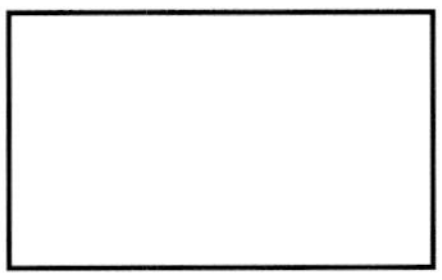 |
| Strategie (Strategy) | Eine Strategie ist eine Vorgehensweise, wie ein Ziel erreicht bzw. nachgewiesen werden kann | 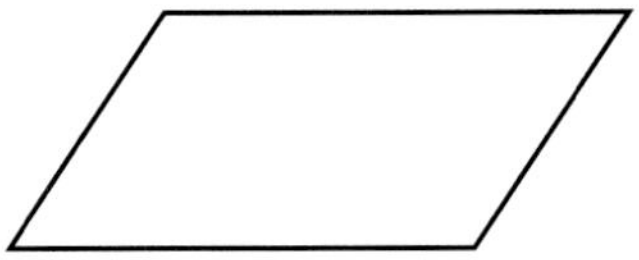 |
| Randbedingungen (Context) | Ziele sind nur unter gewissen Randbedingungen formulierbar bzw. erreichbar | 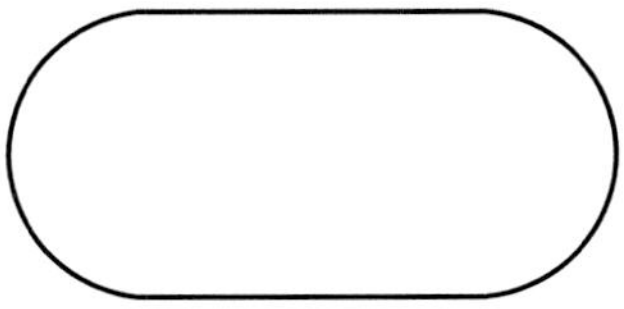 |
| Annahmen (Assumptions) | Die zugrundeliegenden Annahmen für eine Strategie müssen ausgewiesen werden, da nur unter diesen Annahmen das Ziel erreicht werden kann | 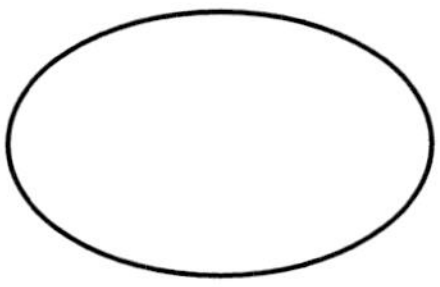 |
| Lösung (Solution) | Eine Lösung bezeichnet einen Fakt oder einen Nachweis, der unmittelbar einsichtig ist bzw. nach einer anerkannten Methode unstrittig erbracht werden kann | 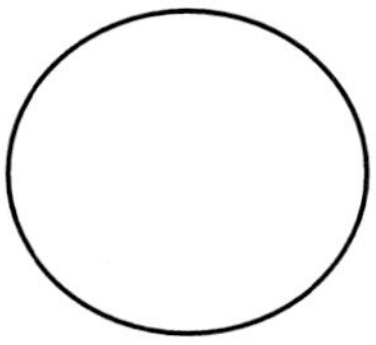 |

s. Tab. 13.10. Dabei werden die grundlegenden Randbedingungen und Annahmen klar ausgewiesen. Teilziele werden so lange unterteilt, bis man zu überschaubaren Einheiten (sog. Lösungen) kommt, für die man unmittelbar einen Nachweis durch Fakten erbringen kann.

Als einfaches Beispiel wird in Abb. 13.25 der grundsätzliche Ansatz von CENELEC in einer GSN dargestellt.

### 13.4.3 Aufbau und Inhalt von Sicherheitsnachweisen

In EN 50129 wird gefordert, dass ein Sicherheitsnachweis (Safety Case) sich nicht nur mit technischen Aspekten befasst, sondern immer drei wesentliche Bestandteile besitzt (siehe Abb. 13.26):

- Nachweis des Qualitätsmanagements (Quality Management (QM) Report),
- Nachweis des Sicherheitsmanagements (Safety Management (SM) Report) und
- Nachweis der technischen Sicherheit (Technical Safety (TS) Report).

#### 13.4.3.1 Qualitätsmanagementbericht

Die Qualität des Systems, Teilsystems oder der Komponente muss durch ein entsprechendes Qualitätsmanagementsystem über den gesamten Lebenszyklus gewährleistet werden. Der dokumentierte Nachweis muss im Qualitätsmanagementbericht erfolgen.

Der Zweck des Qualitätsmanagementsystems ist es, die Häufigkeit menschlicher Fehler zu minimieren und damit das Risiko von systematischen Fehlern in dem System, Teilsystem oder der Komponente zu reduzieren.

Ein wichtiger Aspekt dabei ist die Wirksamkeit von Prüfungen, insb. Reviews und Audits.

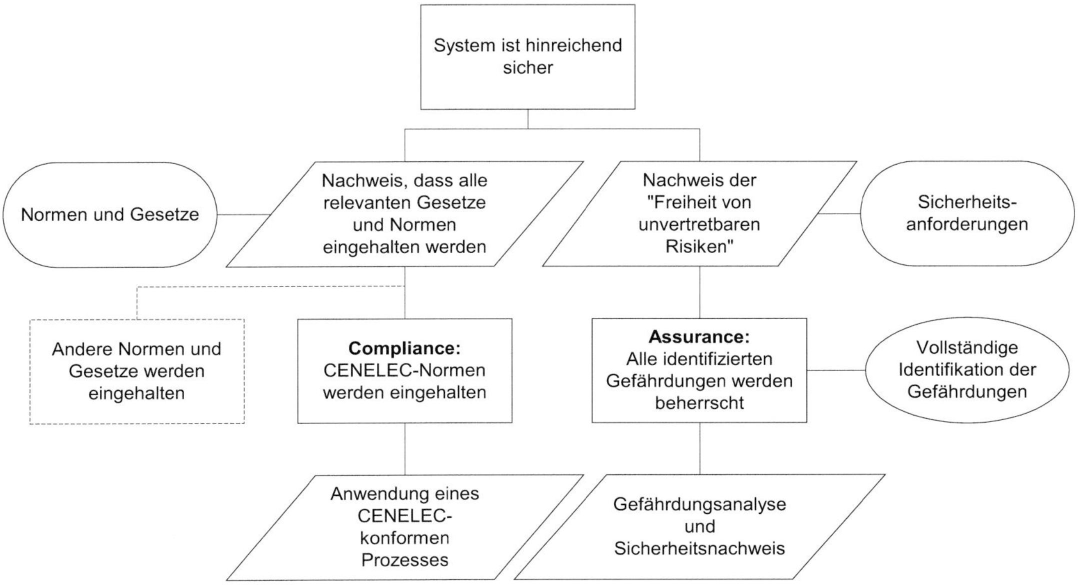


**Abb. 13.25** Beispiel GSN

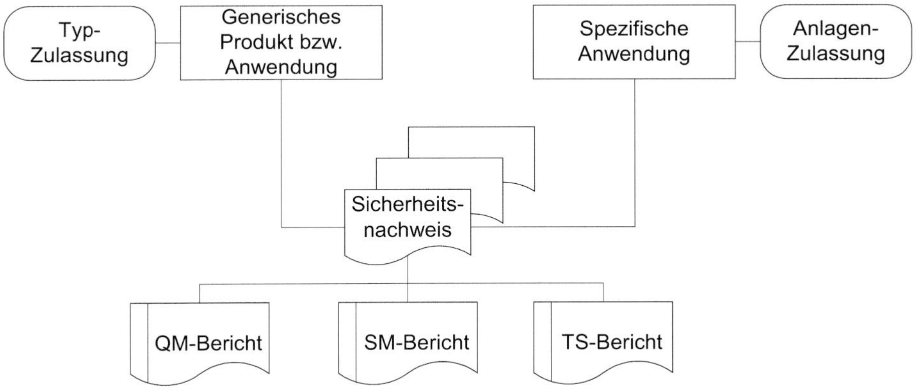


**Abb. 13.26** Struktur des Sicherheitsnachweises nach EN 50129

## Prüfungen

Bei CENELEC werden grundsätzlich die folgenden Prüfschritte unterschieden:

> *Verifikation:* Analyse und Testen um festzustellen, ob das Ausgangsprodukt jeder Phase des Lebenszyklus die Anforderungen aus der vorhergehenden Phase erfüllt
>
> *Validierung:* Analyse und Testen zur Demonstration, dass das Produkt in allen Belangen seine spezifizierten Anforderungen erfüllt
>
> *Begutachtung:* Analyseprozess zur Feststellung, ob die Entwurfsinstanz und der Validierer ein Produkt zustande gebracht haben, das die spezifizierten Anforderungen erfüllt und um zu beurteilen, ob das Produkt für seinen gedachten Anwendungszweck geeignet ist

Dabei wird grundsätzlich jedes Ergebnis einer Phase gegen seine Anforderungen geprüft (verifiziert, i. d. R. durch Review) sowie jede Implementierungsstufe gegen die Anforderungen (i. d. R. durch Analyse und Test). Das Endprodukt wird gegen die Anforderungen des spezifischen Einsatzfalls geprüft (validiert). Zusätzlich wird der Gesamtprozess begutachtet (häufig un-

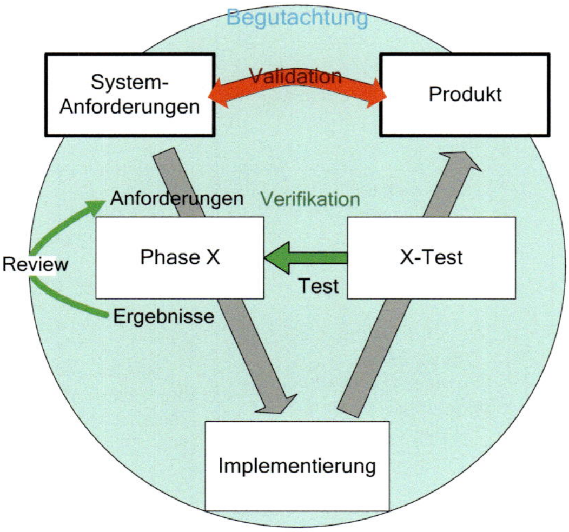


**Abb. 13.27** Grundsätzliche Prüfschritte im CENELEC-Lebenszyklus

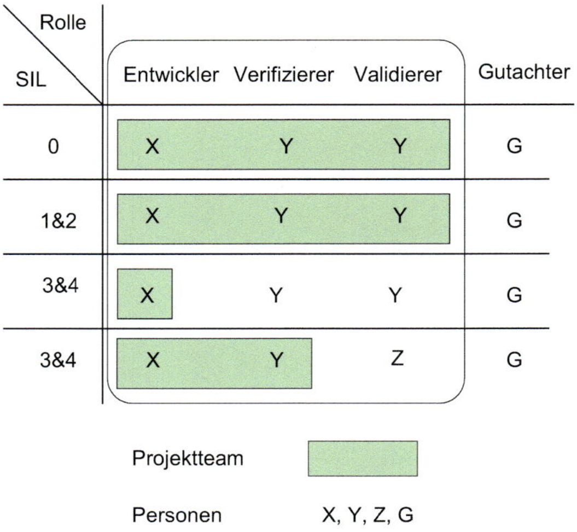


**Abb. 13.28** Unabhängigkeitsforderungen nach EN 50128

terstützt durch Audits), wobei insbesondere die Einsatzfähigkeit festzustellen. In Abb. 13.27 wird der grundsätzliche Zusammenhang verdeutlicht.

**Unabhängigkeit von Prüfern**
Bei CENELEC werden aufgrund der Sicherheitsrelevanz der Produkte dabei konkrete Anforderungen an die Unabhängigkeit der Prüfschritte sowie die anzuwendenden Methoden bei Analyse und Test gestellt, siehe Abb. 13.28. Dabei werden sowohl Anforderungen bezüglich der Zuordnung von Personen zu Rollen als auch bez. der disziplinarischen Unterstellung gestellt. Der Gutachter muss dabei in jedem Fall unabhängig vom Projekt und nicht an disziplinarische Weisungen gebunden sein, muss aber nicht notwendigerweise einer externen Organisation angehören. Das deutsche Konstrukt einer unabhängigen Prüfleitstelle innerhalb eines Entwicklungsbetriebs wird ausdrücklich zugelassen. Der Nachweis dieser Anforderungen ist Teil des Sicherheitsmanagementberichts.

In der CSM-Verordnung wird allgemeiner von einer Bewertungsstelle gesprochen, dies bedeutet eine „unabhängige, fachkundige Person, Organisation oder Stelle, die eine Untersuchung vornimmt, um auf der Grundlage von Nachweisen zu beurteilen, ob ein System die gestellten Sicherheitsanforderungen erfüllt“. Dabei wird festgelegt, dass derjenige, der die Änderung vornimmt, der sog. Vorschlagende, die Bewertungsstelle auswählt, „bei der es sich um eine andere Organisation oder auch um eine interne Abteilung handeln kann“. Dies bestätigt die Festlegungen der CENELEC-Normen. Weiter wird eindeutig festgestellt, dass der Sicherheitsbewertungsbericht einer Bewertungsstelle „nicht von einer anderen Bewertungsstelle, die mit einer erneuten Bewertung desselben Systems beauftragt ist, in Frage gestellt werden“ darf, d. h. Doppelprüfungen sollen explizit vermieden werden. Damit die Bewertungsberichte anerkannt werden können, müssen die Bewertungsstellen einheitliche Anforderungen erfüllen, die in Anhang II der CSM-Verordnung dargelegt sind. Zukünftig soll eine europäische Akkreditierung für Bewertungsstellen die gegenseitige Anerkennung von Bewertungsberichten erleichtern.

### 13.4.3.2 Sicherheitsmanagement

CENELEC EN 50126 ergänzt den normalen Lebenszyklus eines Systems um einen generischen, systematischen Prozess für die Spezifikation von Sicherheits- und Verfügbarkeitsanforderungen und für den Nachweis, dass diese Anforderungen erfüllt sind. Die Anwendung und Wirksamkeit dieses zusätzlichen Sicherheitsmanagementprozesses muss nachgewiesen werden. Unter Sicherheitsmanagement versteht man daher die Managementorganisation, die sicherstellt, dass dieser Prozess adäquat geplant, kompetent implementiert und nachvollziehbar dokumentiert wird. Abweichungen von den Aktivitäten und Anforderungen der EN 50126 sind zu rechtfertigen, aber bei Nachweis der Angemessenheit der ausgewählten Aktivitäten erlaubt.

**Grundsätzliche Anforderungen**
Bei allen Anwendungen der EN 50126 ist dabei verbindlich:

► Die Verantwortlichkeiten für die Durchführung aller Aktivitäten für jede Phase des Lebenszyklus müssen klar definiert werden.

► Das Personal mit Verantwortung im Rahmen dieses Management-Prozesses muss nachgewiesenermaßen kompetent sein.

► Die Festlegung und Umsetzung einer Planung zum Thema Verfügbarkeit (sog. RAM-Programm) und zum Thema Sicherheit (sog. Sicherheitsplan).

► Die Anforderungen der EN 50126 müssen in die Geschäftsprozesse implementiert werden, unterstützt durch ein Qualitätsmanagementsystem (QMS), das die Anforderungen von EN ISO 9001 ff. erfüllt.

► Ein angemessenes und wirksames Konfigurations-Managementsystem muss festgelegt und umgesetzt werden.

**Elemente des Sicherheitsmanagements**
Die EN 50126 spricht zwar weitere Elemente des Sicherheitsmanagements an, die aber erst durch die EN 50129 normativ gefordert werden:

1. Die Erstellung und Pflege eines Sicherheitslogbuchs (hazard log), in dem alle mit der Sicherheit zusammenhängenden Maßnahmen, die ermittelten Gefährdungen, die getroffenen Entscheidungen und die gewählten Lösungen aufgezeichnet oder als Verweis enthalten sind.
2. Die Durchführung und Dokumentation von Sicherheitsreviews und -audits.
3. Die Erstellung eines Sicherheitsnachweises, dessen prinzipielle Struktur durch EN 50129 vorgegeben wird, vgl. Abb. 13.26. Der Nachweis der technischen Sicherheit besitzt dieselbe Struktur wie der Sicherheitsnachweis nach Mü 8004, vgl. Abb. 13.30.

Abb. 13.29 zeigt den Zusammenhang zwischen den wichtigsten Elementen des Sicherheitsmanagements hinsichtlich ihrer Bedeutung für den Nachweis des Sicherheitsmanagements.

**Sicherheitsmanagement-Prinzipien**
Bei der Umsetzung des Sicherheitsmanagements haben sich die folgenden Prinzipien bewährt:

- Sicherheitsaspekte sollten so früh wie möglich im Lebenszyklus behandelt werden.
- Sicherheit und Verfügbarkeit müssen gemeinsam optimiert werden.
- Sicherheit kann am einfachsten durch erprobte Methoden und Technologien gewährleistet werden.
- Sicherheit kann am besten durch eine kontinuierliche, iterative und evolutionäre Vorgehensweise erreicht werden, die insbesondere für Feedback zwischen dem Systemdesign und Sicherheitsaktivitäten sorgt
- Alle Systeme sollen, bevor nicht das Gegenteil nachgewiesen wurde, als sicherheitsrelevant eingeschätzt werden.
- Sicherheit verlangt die Sichtbarkeit des Produkts wie des Prozesses. Sie kann nur sehr schwer mit einem Blackbox-Ansatz gewährleistet werden.
- Sicherheit wird am besten durch ein adäquates Maß an Diversität beim Personal, Kompetenzen und Methoden gewährleistet.
- Sicherheitsfunktionen und -argumente sollten so einfach wie möglich aufgebaut sein.
- Testen ist notwendig, aber alleine für Sicherheitsfunktionen nicht ausreichend. Testaktivitäten müssen durch analytische und strukturierte Methoden komplementiert werden.

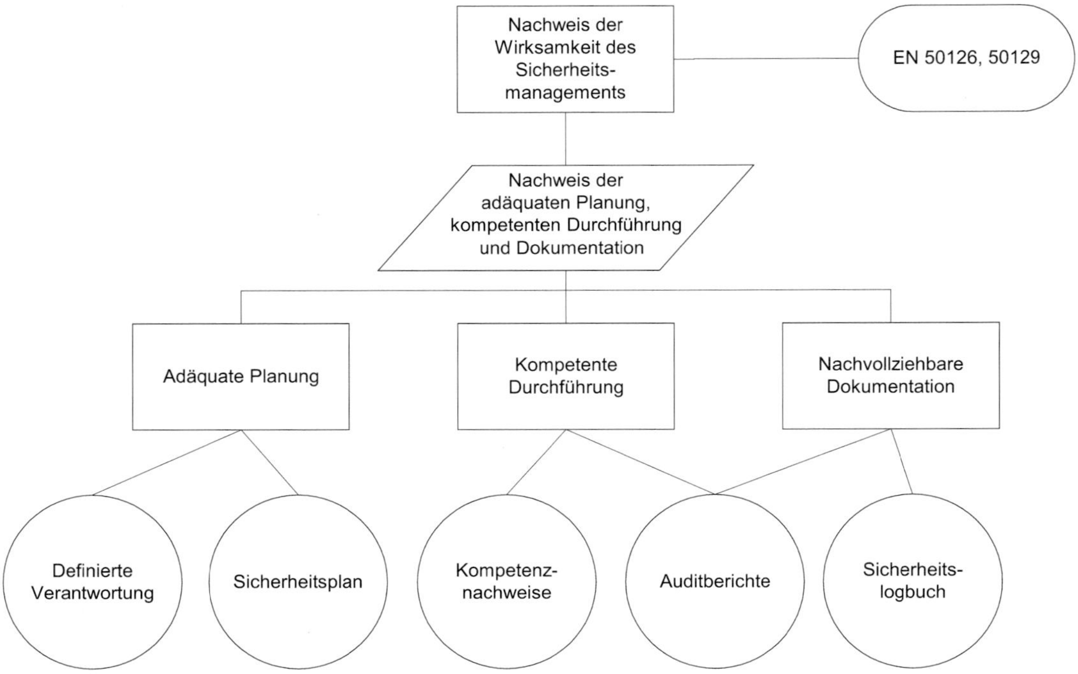


**Abb. 13.29** Zusammenhang zwischen den wichtigsten Sicherheitsmanagement-Elementen

### 13.4.3.3 Technischer Sicherheitsnachweis

Der Aufbau des technischen Sicherheitsnachweises wurde direkt aus der deutschen Richtlinie Mü 8004 übernommen (siehe Abb. 13.30), allerdings haben sich einige Inhalt bzw. Nachweismethoden verändert.

**Abb. 13.30** Struktur des technischen Sicherheitsnachweises nach EN 50129

#### Nachweis der funktionalen Sicherheit

Dieser Abschnitt muss alle Nachweise dafür enthalten, dass die Betrachtungseinheit im ausfallfreien Zustand die korrekte Funktion erfüllt, in Übereinstimmung mit den spezifizierten Anforderungen. Dies erfolgt i. d. R. in einer Mischung aus Analyse und Tests, und zwar für jede einzelne Sicherheitsanforderung. Dabei ist insbesondere die Nachverfolgbarkeit, welcher Test welche Anforderung abdeckt, sicherzustellen.

Die nachfolgend genannten Aspekte sind dabei in den gleichnamigen Abschnitten des Sicherheitsnachweises zu berücksichtigen:

2.1 Beschreibung der Systemarchitektur;
2.2 Definition der Schnittstellen;

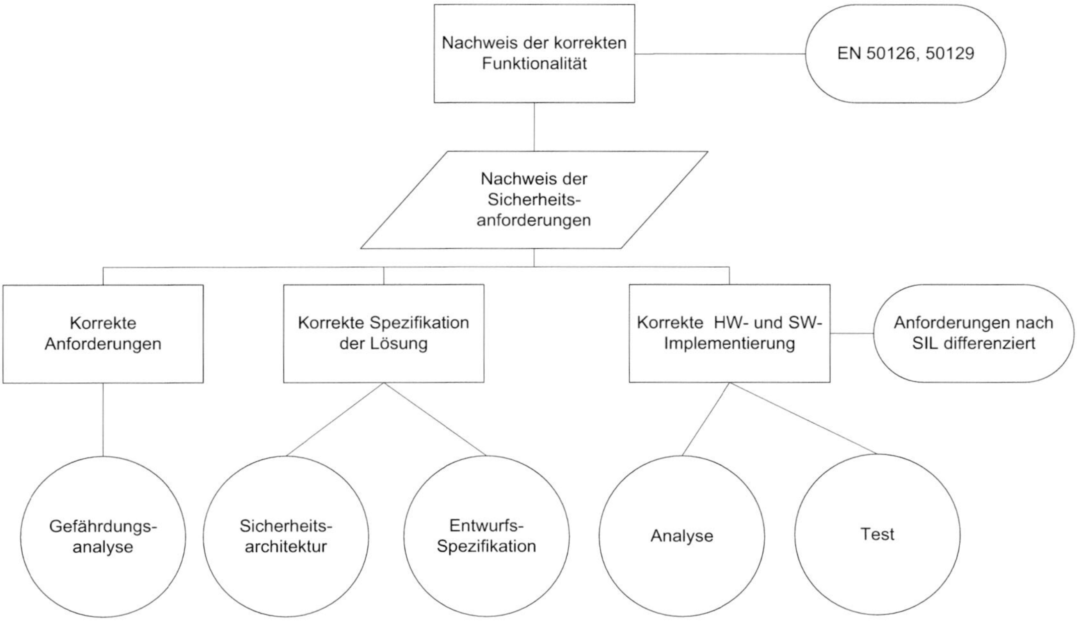


**Abb. 13.31** Vorgehensweise zum Nachweis der korrekten Funktionalität

2.3 Erfüllung der Systemanforderungsspezifikation;
2.4 Erfüllung der Sicherheitsanforderungsspezifikation;
2.5 Nachweis der korrekten Hardwarefunktionalität;
2.6 Nachweis der korrekten Softwarefunktionalität.

Der grundsätzliche Ansatz wird durch eine GSN in Abb. 13.31 verdeutlicht.

**Ausfallauswirkungen**

Insbesondere der Abschn. 3 des Sicherheitsnachweises steht in engem Zusammenhang mit den oben bereits erwähnten Methoden zur Ursachenanalyse. Das Inhaltsverzeichnis dieses Kapitels lautet wie folgt:

3.1 Ergebnisse von Einzelausfällen
3.2 Unabhängigkeit von Betrachtungseinheiten
3.3 Offenbarung von Einzelausfällen
3.4 Maßnahmen nach der Ausfalloffenbarung (einschließlich der Beibehaltung des sicheren Zustands)
3.5 Auswirkungen von Mehrfachausfällen
3.6 Schutz vor systematischen Ausfällen

In einem effizienten, integrierten Ansatz und bei sorgfältiger Auswahl der Methoden können viele Inhalte von Abschn. 3 des Sicherheitsnachweises direkt aus den Ergebnissen der Gefährdungsanalyse entnommen werden.

Für Abschn. 3.1 sind die Ergebnisse einer FMEA vollkommen ausreichend. Die FMEA identifiziert auch die zu offenbarenden Ausfälle. Bei einer FTA müssen die in den Abschn. 3.2, 3.3 und 3.4 aufgeworfenen Fragen ohnehin beantwortet werden. Dies schließt im Allgemeinen eine Analyse von Ausfällen mit gemeinsamer Ursache ein. So sind diese Fragen bereits während der Gefährdungsanalyse beantwortet worden, so dass nur noch die Ergebnisse sauber dokumentiert werden müssen. Dies kann jedoch im Format des Sicherheitsnachweises effizient durchgeführt werden. Eine komplette FTA deckt dann die Inhalte des Abschn. 3.5 ab.

**Betrieb unter externen Einflüssen**

In diesem Abschnitt muss nachgewiesen werden, dass die Betrachtungseinheit, wenn sie den in der Systemanforderungsspezifikation festgelegten externen Einflüssen (Teil des System-Kontexts) ausgesetzt wird,

- die spezifizierten betrieblichen Anforderungen erfüllt, sowie
- die spezifizierten Sicherheitsanforderungen erfüllt (einschließlich Ausfallbedingungen).

Zu den externen Einflüssen gehören insbesondere

- Klimatische Einflüsse
- Mechanische Belastungen
- Höhe (über NN)
- Elektrische und elektromagnetische Einflüsse
- Unberechtigter Zugriff

In der Regel wird bei Anforderungen bez. externer Einflüsse auf fachspezifische Normen verwiesen, die häufig auch standardisierte Testmethoden zum Nachweis dieser Forderungen enthalten, z. B. standardisierte Testaufbauten zum Nachweis elektromagnetischer Verträglichkeit. Beim Thema „Unberechtigter Zugriff" müssen gerade bei IT-Anlagen Aspekte der Informationssicherheit, z. B. Schutz vor unberechtigter Veränderung von Daten oder Lahmlegung des Systems durch Computerviren, berücksichtigt werden. Das Teilthema der gesicherten Datenübertragung wird in EN 50159 behandelt. Für eine weitergehende Behandlung sollten spezielle Normen für die IT-Sicherheit von industriellen Steuerungssystemen wie z. B. IEC 62443 herangezogen werden. Für die Anpassung an die spezifischen Randbedingungen der Eisenbahn siehe CENELEC TS 50701 (Kap. 14).

Der Sicherheitsnachweis ist nur innerhalb des spezifizierten Bereiches von externen Einflüssen gültig (Teil des System-Kontexts). Die Sicherheit ist außerhalb dieser Grenzen nicht gewährleistet, sofern nicht zusätzliche Maßnahmen getroffen werden.

**Sicherheitsrelevante Anwendungsregeln**
Dieses Kapitel des Sicherheitsnachweises muss alle Regeln, Bedingungen und Einschränkungen spezifizieren (oder darauf verweisen), die bei der Anwendung der Betrachtungseinheit eingehalten werden müssen. Dies muss auch die Anwendungsbedingungen aus den Sicherheitsnachweisen aller Teilsysteme oder Einrichtungen einschließen, auf die Bezug genommen wird.

**Sicherheitserprobung**
Dieser Abschnitt des Sicherheitsnachweises muss den Nachweis erbringen, dass die Sicherheitserprobung unter Betriebsbedingungen erfolgreich abgeschlossen wurde. Anforderungen an Sicherheitserprobung werden meist aus Erfahrung gestellt (z. B. Vier-Jahreszeiten-Erprobung bei Einrichtungen der Außenanlage) oder ergeben sich durch sicherheitsrelevante Anwendungsregeln oder Auflagen.

## 13.5 Beurteilung von potenziellen Sicherheitsmängeln

Bei klassischen Risikoanalysen geht es vornehmlich darum, das Risiko einer Vielzahl von Gefährdungen zu bewerten, die i. d. R. noch nicht eingetreten sind. Dies bedeutet, ein zumeist hypothetischer Fall wird proaktiv bewertet. Bei potenziellen Sicherheitsmängeln (PSM) stellt sich das Problem anders dar: Wird ein PSM bei einem Eisenbahnsystem bekannt, befinden sich alle Beteiligten (z. B. Hersteller, Betreiber, Gutachter, Sicherheitsbehörde) bei den modernen, hochverfügbaren und hoch zentralisierten technischen Systemen in einer doppelten Zwickmühle: Wenn aufgrund des PSM z. B. ein technisches System abgeschaltet wird, ist die Betriebsführung in der Rückfallebene häufig unsicherer als der technisch gesicherte Normalbetrieb. Werden aufgrund des PSM risikoreduzierende Maßnahmen (RM) getroffen, wird es i. d. R. verschiedene Maßnahmen geben, die hinsichtlich ihrer Wirksamkeit und ihrer wirtschaftlichen Angemessenheit kurzfristig bewertet werden müssen.

Unterstützung bietet in diesem Fall eine risikobasierte Vorgehensweise. Sie kann

- eine transparente Entscheidungshilfe bieten, in welchem Ausmaß und mit welcher Dringlichkeit Maßnahmen durchzuführen sind, um technisch oder betrieblich die Sicherheit des Betriebs weiterhin zu gewährleisten,

- eine nachvollziehbare Entscheidungshilfe bieten, wie lange ein PSM (bei eingeleiteten Maßnahmen) gegebenenfalls geduldet werden kann,
- die Ableitung vergleichbarer Maßnahmen für ähnlich kritische PSM ermöglichen.

Die aufgrund einer solchen Vorgehensweise getroffenen Entscheidungen müssen sowohl verlässlich sein als auch zeitnah zum Auftreten des PSM getroffen werden können. Daher bieten sich insbesondere RPZ oder andere Varianten semiquantitativer Verfahren an.

Um verbindliche Vorgaben sowohl für den Prozess der Bearbeitung von PSM als auch für Bewertungsmethoden zu machen, wurde die DIN VDE 0831-100 erarbeitet. Hier wird lediglich der grundsätzliche Ansatz vorgestellt, der auf der CSM-Verordnung beruht, für Details sei auf die Norm verwiesen.

Die DIN VDE 0831-100 ist die einzige Norm in der Eisenbahnsignaltechnik, die sich mit der Behandlung von PSM befasst. Ihr Anwendungsbereich ist die funktionale Sicherheit von Eisenbahnautomatisierungssystemen und deckt sich mit dem der DIN EN 50129 und DIN EN 50128.

Die Herausgabe der Norm bedeutet Rechtssicherheit für Anwender (insbesondere Gutachter), die Entscheidungen im Zusammenhang mit PSM treffen müssen. Bei Einhaltung einer Norm gilt nämlich die (allerdings widerlegbare) Vermutung, dass das Beurteilen eines Produktsicherheitsmangels dem Stand der Technik entspricht.

### 13.5.1 Bewertungsprozess

Der Prozess wird in Abb. 13.32 dargestellt. Für Details des Prozesses sei auf die DIN VDE 0831-100 verwiesen. Hier sei nur auf einige wichtige Anforderungen hingewiesen. Zu Beginn der PSM-Bewertung und auch während jedes Prozessschrittes muss geprüft werden, ob der PSM die folgenden Bedingungen erfüllt:

1. Der PSM kann bei einem in Betrieb befindlichen System auftreten.
2. Der PSM betrifft eine Sicherheitsfunktion.

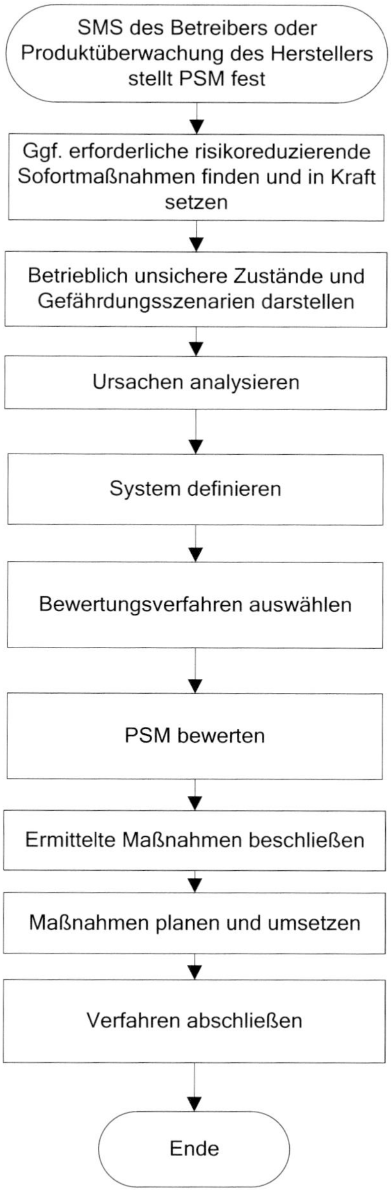


**Abb. 13.32** Prozess der PSM-Bewertung

3. Der PSM wirkt sich risikoerhöhend (im Vergleich zur expliziten Sicherheitsanforderung) aus.

Bei PSM muss grundsätzlich (von klar abgegrenzten Ausnahmen abgesehen, z. B. im Fall, dass die Risikoerhöhung weitgehend akzeptabel oder die Beseitigung unwirtschaftlich ist) jeder erkannte Sicherheitsmangel behoben werden. Es geht darum festzulegen, in welchem Zeitraum der Fehler behoben werden muss und ob gleichzeitig risikoreduzierende Maßnahmen (RM) zu ergreifen sind. Der PSM-Prozess ist damit Teil des Sicherheitsmanagement-Systems (SMS).

### 13.5.2 Risikobewertung

Unter Fachleuten ist unstrittig, dass bei Ergebnissen von quantitativen Risikoanalysen und deren Nachweisen aufgrund der Unsicherheiten in Daten und Schätzwerten bestenfalls die Größenordnung korrekt ist. Dieser Auffassung folgt auch die Vornorm, indem sie vorschlägt, semi-quantitative Verfahren zu verwenden, bei denen die Parameterwerte in Klassen mit gewissen Bandbreiten eingeteilt werden, z. B. entweder ein Faktor von 100 oder $\sqrt{10}$, je nachdem welche Granularität angestrebt wird. Hier bedeutet MGS, dass beim Bewerten eines Systems gegenüber einem Referenzsystem die Bewertungsergebnisse in die gleiche Klasse fallen.

Dem Prozess liegt folgendes Modell zugrunde: Ein PSM kann unter bestimmten technischen und betrieblichen Randbedingungen in Erscheinung treten. Dies ist dann der Fall, wenn durch den PSM ein betrieblicher Zustand eintritt, der vom normalen betrieblichen Zustand gefährlich abweicht.

Unter ungünstigen Randbedingungen kann es aufgrund des PSM zu einem Schaden kommen. Bildlich vorstellen kann man sich diese Randbedingungen als Barrieren zwischen dem vom PSM betroffenen System und dem Schadensereignis (siehe Abb. 13.33). Unter Barriere wird hier jede Randbedingung verstanden, die dazu beiträgt, die Häufigkeit eines betrieblich unsicheren Zustands zu reduzieren oder den resultierenden Schaden eines mutmaßlichen Unfalls zu verringern. Als Barrieren wirken in erster Linie technische und betriebliche Randbedingungen. Sie beeinflussen primär, wie häufig der PSM betrieblich in Erscheinung tritt. Letzte Barriere sind oft die Bediener (z. B. Fahrdienstleiter oder Eisenbahnfahrzeugführer) und Außenstehende (z. B. Straßenverkehrsteilnehmer oder Reisende). Beide können eventuell das drohende Schadensereignis (betrieblich unsicherer Zustand) erkennen und einen bevorstehenden Unfall abwenden (menschliche Gefahrenabwehr).

Ein PSM kann unterschiedliche Gefährdungsszenarien mit unterschiedlichen betrieblich unsicheren Zuständen aufweisen. In Verbindung mit einem Gefährdungsszenario steht eine Funktion, die durch eine Kombination von Hardware,

**Tab. 13.11** Bewertung der Häufigkeit

| Beschreibung für H | H |
|---|---|
| Täglich | 17 |
| Halbwöchentlich | 16 |
| Wöchentlich | 15 |
| Monatlich | 14 |
| Vierteljährlich | 13 |
| Jährlich | 12 |
| Einmal je 3 Jahre | 11 |
| Einmal je 10 Jahre | 10 |
| Einmal je 30 Jahre | 9 |
| Einmal je 100 Jahre | 8 |
| Einmal je 300 Jahre | 7 |
| Einmal je 1000 Jahre | 6 |
| Einmal je 3000 Jahre | 5 |
| Einmal je 10.000 Jahre | 4 |
| Einmal je 30.000 Jahre | 3 |
| Einmal je 100.000 Jahre | 2 |
| Einmal je 300.000 Jahre | 1 |
| Einmal je 1.000.000 Jahre | 0 |

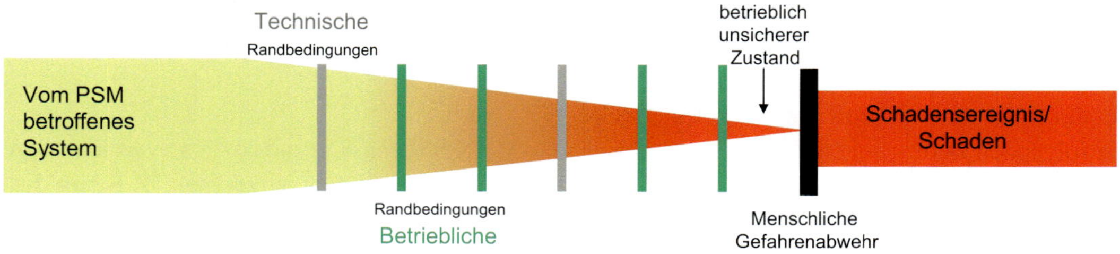


**Abb. 13.33** Grundmodell der PSM-Bewertung

Software und menschlichem Handeln erbracht wird. Diese Funktion soll das Eintreten des zum Gefährdungsszenario gehörenden betrieblich unsicheren Zustands verhindern.

PSM beeinflussen i. d. R. nur die Häufigkeit mit der ein Gefährdungsszenario eintritt, nicht aber das Schadensausmaß. Sie stellen nur eine zusätzliche Ursache für ein Gefährdungsszenario dar, rufen jedoch keine anderen Folgen hervor. Allerdings können die Möglichkeiten zur Gefahrenabwehr durch einen PSM eingeschränkt sein. Daher wird zunächst die Häufigkeit bewertet, mit der das Gefährdungsszenario sich wiederholen könnte, zur Einstufung wird Tab. 13.11 verwendet. Der Parameterwert H:

- wird für jede vom PSM betroffene Funktion und somit für jedes Gefährdungsszenario ermittelt,
- bezieht sich jeweils nur auf eine „Gruppe von Hardware und Software Elementen", welche die jeweilige Funktion realisiert,
- schätzt jeweils für die vom PSM betroffene Funktion die erwartete Zeit bis zum Eintritt des betrieblich unsicheren Zustands ab

Detaillierte Informationen sind bei Beginn der Risikobewertung eines PSM meistens nicht vorhanden. Der Parameter H und somit auch die Endergebnisse werden sich bei Bekanntwerden neuer Randbedingungen ändern. Da die Berücksichtigung von Randbedingungen als Reduktionsfaktoren bei der Ermittlung der Häufigkeit eingehen, bedeuten fehlende Informationen einen größeren Parameterwert H und somit eine konservative Einschätzung der Kritikalität.

Jede vom Mangel betroffene Funktion wird mit dem ermittelten Parameter H und (falls risikoreduzierende Maßnahmen notwendig sind) mit einem weiteren Parameter $\Delta$RM in Bezug zur Sicherheitsintegritätsanforderung (SIL) dieser Funktion gesetzt (siehe Abb. 13.34). Das Ergebnis ist ein zulässiger Behebungszeitraum für die vom PSM betroffene Funktion. Dabei wurde aus pragmatischen Gründen die Obergrenze auf 360 Monate gesetzt, da dies der typischen Lebensdauer von Systemen in der Eisenbahntechnik entspricht. Bei langen Behebungsdauern sind allerdings noch zusätzliche Randbedingungen zu beachten, siehe dafür die DIN VDE 0831-100.

| H | SIL1 Funktion | SIL2 Funktion | SIL3 Funktion | SIL4 Funktion |
|---|---|---|---|---|
| 0 | | | | 360 Monate |
| 1 | | | | 120 Monate |
| 2 | | | 360 Monate | 36 Monate |
| 3 | | 360 Monate | 120 Monate | 12 Monate |
| 4 | 360 Monate | | 36 Monate | 4 Monate |
| 5 | | 120 Monate | 12 Monate | 1 Monat |
| 6 | | 36 Monate | 4 Monate | |
| 7 | 120 Monate | 12 Monate | 1 Monat | |
| 8 | 36 Monate | 4 Monate | Risikoreduzierende Maßnahmen sind notwendig | |
| 9 | 12 Monate | 1 Monat | | |
| 10 | 4 Monate | | | |
| 11 | 1 Monat | | | |
| > 11 | | | | |

**Abb. 13.34** Risikomatrix zum Ermitteln des Behebungszeitraums

Wenn keine risikoreduzierenden Maßnahmen geplant sind oder ergriffen werden, geht der Parameter ΔRM nicht in die Ermittlung ein. Wenn der zulässige Behebungszeitraum zu kurz ist, müssen RM definiert und bewertet werden. Hier können ähnliche Tabellen wie bei semi-quantitativen Risikoanalysen zur Bewertung benutzt werden. Wird z. B. eine zusätzliche menschliche Handlung, z. B. eine zusätzliche Prüfung, als RM eingeführt, so ergibt sich ΔRM direkt aus Tab. 13.7. Für weitere RM sowie deren Bewertung siehe DIN V VDE V 0831-100.

Der Grundsatz des Verfahrens besteht darin, dass alle Sicherheitsmängel behoben werden müssen. Dafür gibt es gute Gründe, z. B. dass sich bei komplexen Systemen nicht behobene Fehler mit anderen Fehlern zu neuen Ursachenkombinationen und damit möglicherweise gefährlichen Szenarien kombinieren könnten.

Es gibt aber erfahrungsgemäß Fälle, die zwar mit dieser Vorgehensweise behandelt werden können, bei denen die formale Behandlung der PSM aber an Grenzen stößt, z. B. weil die semi-quantitative Methode nicht alle Sonderfälle adäquat abbilden kann (u. a. sehr kleine Häufigkeiten). Weiter kann es Mängel geben, deren Behebungskosten in einem groben Missverhältnis zum Restrisiko stehen, oder Mängel, deren Ursache innerhalb der Fehlerbehebungszeit nicht gefunden wird. Der letztere Fall betrifft insbesondere transiente oder singuläre Phänomene, die auch nach eingehender Untersuchung weder im Feld noch im Labor nachgestellt werden können.

Die unbedingte Fehlerbehebung in einem solchen Fall würde z. B. auch dem in der EU-Sicherheitsdirektive geforderten „vernünftigem Ermessen“ widersprechen und u. U. sogar die Wettbewerbsfähigkeit der Eisenbahn beeinträchtigen.

Falls die Kritikalität des PSM gering ist (Fehlerbehebungszeit mindestens 60 Monate nach Abb. 13.34) und nach dem billigen Ermessen der Fachleute ein solcher Fall vorliegt, so kann eine Wirtschaftlichkeitsanalyse durchgeführt werden oder es kann geprüft werden, ob das mit dem PSM verbundene Risiko weitgehend akzeptabel ist.

## 13.6 Ereignisanalyse

Zwar ist es vorrangiges Ziel der Sicherheitsarbeit, Unfälle zu vermeiden, wenn sie aber dennoch passieren, so ist es unbedingt notwendig, aus ihnen zu lernen, da sie die relevantesten Schwachstellen (bzw. deren Kombinationen) des Betriebes offenbaren. Da sich Unfälle und Beinahe-Unfälle nur darin unterscheiden, dass im letzteren Fall noch (mindestens) eine wirksame Barriere Schlimmeres vermieden hat, ist es ratsam, zusätzlich zu Unfällen auch Beinahe-Unfälle und andere sicherheitsrelevante Ereignisse zu untersuchen.

### 13.6.1 Erfassung und Auswertung sicherheitsrelevanter Ereignisse

Die Voraussetzung für eine Ereignisanalyse ist, dass sicherheitsrelevante Ereignisse (insbesondere schadensfreie) möglichst vollständig gemeldet werden. Dazu ist notwendig, dass

- Mitarbeiter die Sicherheitsrelevanz eines Ereignisses erkennen,
- diese Ereignisse melden sowie
- diese Ereignisse an Entscheidungsträger und Bearbeiter verteilt werden

Dazu ist es vor allem wichtig, das Bewusstsein aller Mitarbeiter für die Wichtigkeit der Ereignisanalyse zu schärfen und klar zu definieren, welche Ereignisse gemeldet werden sollen. Dabei könnte z. B. ein sicherheitsrelevantes Ereignis definiert werden als jede Möglichkeit, aus Fehlern zu lernen und die Sicherheit zu verbessern, bevor ein Schaden eintritt.

Dazu ist unbedingt zu verdeutlichen, dass keine Schuldigen gesucht werden, sondern Verbesserungspotenzial. Melde- und Informationswege müssen dabei so einfach und effizient wie möglich organisiert werden.

### 13.6.2 Unfallursachen

Die Realität zeigt, dass bei einem Unfall mindestens eine Hand voll von Faktoren in Kombination auftreten. Wäre in einem bestimmten Fall einer dieser Faktoren nicht vorhanden gewesen, so wäre der Schaden nicht eingetreten. Daraus lassen sich zwei Schlüsse ziehen:

- Zur Vermeidung von Unfällen ist es nicht nötig, perfekt zu sein, das heißt, bis zu einem gewissen Maß können Fehler toleriert werden. Es dürfen allerdings nicht zu viele unfallträchtige Faktoren zusammenkommen, und aus Fehlern muss gelernt werden – sowohl individuell als auch auf Organisationsebene. Um den Unfälle begünstigenden Faktoren frühzeitig entgegenzuwirken, besteht eine effektive Strategie daher in der Analyse noch schadensfreier Vorfälle und der wirksamen Abstellung der Ursachen dieser Vorfälle.
- Es ist nützlich zu wissen, welche Faktoren häufig vorkommen, da die Definition und Umsetzung von Gegenmaßnahmen bezüglich dieser Faktoren am wirksamsten ist.

### 13.6.3 Unfallursachenanalyse

Das vorrangige Ziel ist die möglichst vollständige und korrekte Analyse aller Ursachen. Dazu benötigt man eine Definition, was eine Ursache ist, und eine pragmatische, übersichtliche Vorgehensweise. Hier haben sich Ladkins Why-Because-Graphen (bzw. die hier dargestellte vereinfachte Variante) in der Praxis bewährt.

#### 13.6.3.1 Why-Because-Graphen

Ein WBG wird von oben nach unten entwickelt (top-down). Ausgangspunkt ist ein Vorfall (in Abb. 13.34 das Ereignis A), der in Zukunft vermieden werden soll. Weiterhin muss der Betrachtungsgegenstand festgelegt werden, z. B. welches System oder welche Organisationseinheit etc. Dann wird sukzessive und strukturiert gefragt, was die Ursachen des Ereignisses gewesen sind, bis man zu grundlegenden Ursachen (sog. root causes) angekommen ist, bez. deren zukünftiger Vermeidung man Gegenmaßnahmen definieren kann.

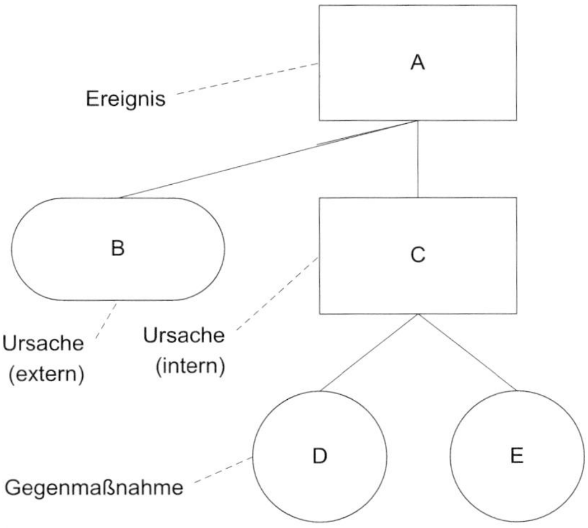


**Abb. 13.35** Grundsätzliche Symbole des vereinfachten Why-Because-Graphen

Folgende Symbole sind definiert (siehe Abb. 13.35):

- Ein Rechteck bezeichnet entweder den Vorfall selber oder eine Ursache dafür.
- Eine Linie verbindet die Vorfälle, Ursachen bzw. Maßnahmen miteinander (mehrere Linien verbinden sich im Sinne eines logischen UND). In Abb. 13.34 (A–C) bedeutet er z. B. „C ist unmittelbare Ursache von A" bzw. „E ist eine Maßnahme, die C unmittelbar verhindern hilft"
- Ein Oval bezeichnet eine externe Ursache (bez. des gewählten Betrachtungsgegenstandes). Externe Ursachen sind i. d. R. nicht oder nur schwer beeinflussbar.
- Ein Kreis bezeichnet eine Maßnahme, die vorgeschlagen wird, um die zugeordnete Ursache in Zukunft zu vermeiden.

#### 13.6.3.2 Prüfkriterien für Why-Because-Graphen

Wichtig ist die Bedeutung des Wortes „unmittelbar" in der obigen Beschreibung. Um strukturiert und sukzessive die Ursachen des Vorfalls zu ermitteln, dürfen jeweils nur unmittelbare Ursachen

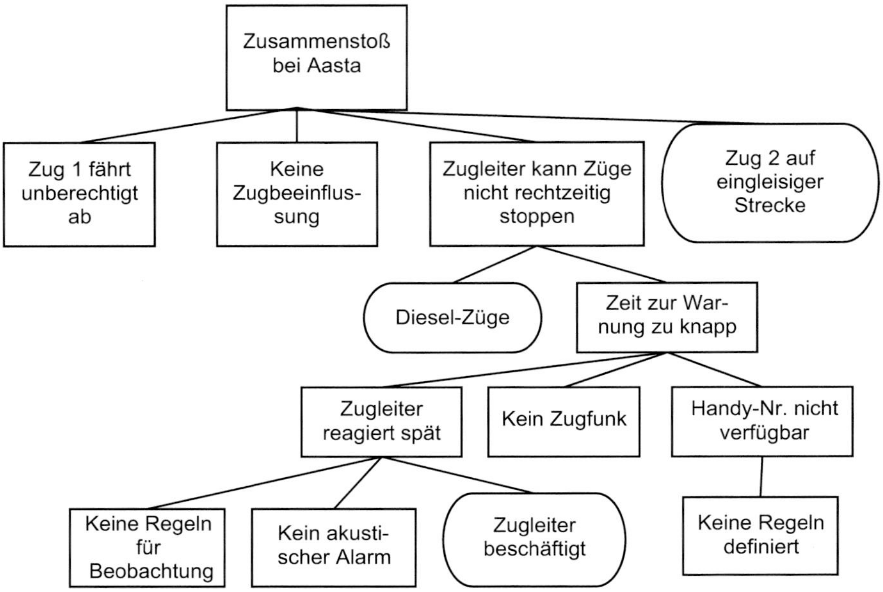


**Abb. 13.36** WBG-Beispiel

miteinander verbunden werden, d. h. man muss sich die Frage stellen:

- Gibt es in der Ursachenkette, noch ein relevantes Ereignis oder eine Ursache, die noch dazwischen passt?

Weiterhin sollten für ein Ereignis mindestens zwei Ursachen vorliegen. Ist dies nicht der Fall, ist folgendes zu prüfen:

- Ist es sinnvoll, Ursache und Wirkung getrennt darzustellen oder können diese besser zusammengefasst werden?

Neben diesen eher intuitiven Regeln gibt es noch formale Tests für die Richtigkeit des WBG:

- Kausaler Faktor-Test (notwendige Ursachenbeziehung): Ist B eine unmittelbare Ursache von A (also A–B) so muss gelten: Wäre B nicht eingetreten, so auch nicht A.

Weiter sollte beachtet werden, dass an einer Ursache entweder nur Maßnahmen oder weitere Ursachen angehängt werden (d. h. keine Mischung von Ursachen und Maßnahmen), dies kann ggf. durch Einführung weiterer Ursachen erreicht werden.

Glaubt man schließlich, für ein Ereignis alle notwendigen Ursachen bestimmt zu haben, so kann man sich zur Probe folgende Frage stellen:

- Hinreichende Ursachenermittlung: Sind $B_1$, $B_2$, …, $B_n$ notwendige Ursachen von A, so muss gelten: Immer wenn $B_1$, $B_2$, …, $B_n$ gemeinsam eintreten, so tritt zwangsläufig auch A ein.

Ergänzend sei erwähnt, dass man den WBG auch als Fehlerbaum deuten kann, in dem nur UND-Verknüpfungen zugelassen sind. ODER-Verknüpfungen kann es nicht geben, wenn die Ursachen eines Vorfalls eindeutig bestimmt werden können (dies wird hier vorausgesetzt). Im Gegensatz zum Fehlerbaum lässt sich der WBG aber einfacher verstehen und darstellen und besitzt in der originalen (eher akademischen) Fassung auch eine formale Interpretation.

Abb. 13.36 zeigt einen Teil der Ursachen des Unglücks von Åsta als WBG.

#### 13.6.3.3 Vor- und Nachteile

Die Analyse von Vorfällen mit dem vereinfachten Why-Because Graph besitzt die folgenden Eigenschaften:

- Es wird systematisch das größte Verbesserungspotenzial gefunden.
- Die Vorgehensweise ist strukturiert und intuitiv.
- Sie kann von jedem Mitarbeiter leicht erlernt und angewendet werden.
- Die Analyse kann auf Konsistenz und Vollständigkeit geprüft werden.
- Es gibt eine direkte grafische Zuordnung von Maßnahmen und Ursachen.

Allerdings muss man auch zugestehen, dass bei manchen Ursachentypen ein WBG an Grenzen stößt, z. B. da, wo die Ursachen nicht streng kausal verknüpft sind. Als Beispiel könnte man sich vorstellen, dass eine mangelnde Ausbildung eines Mitarbeiters eine Ursache eines Ereignisses sein könnte. Um dies zu bestätigen, müsste man z. B. die Frage „Hätte der Mitarbeiter Ausbildung X gemacht, so wäre es zu dem Ereignis nicht gekommen?“ mit ja beantworten. Dies ist aber meistens nicht eindeutig zu bejahen, da es sich eher um einen beitragenden Faktor als um eine Ursache zu handeln scheint. Als Abhilfe könnte man solche mutmaßlichen kausalen Zusammenhänge im WBG anders kennzeichnen, z. B. mit gestrichelten Linien, um den schwächeren Zusammenhang deutlich zu machen.

### 13.6.4 Lernen auf Organisationsebene

Im Nachgang der Analyse ist zunächst sicherzustellen, dass die beschlossenen Maßnahmen wirksam umgesetzt werden. In der Praxis werden sich viele Maßnahmen in Änderungen von Produkten und Prozessen niederschlagen. Bei Befolgung der geänderten Prozesse ist damit automatisch sichergestellt, dass die Organisation aus dem Ereignis gelernt hat.

Weiterhin ist es wichtig, den betroffenen Personenkreisen die wichtigsten Erkenntnisse aus den Analysen oder die Analysen selbst zukommen zu lassen, um individuelles Lernen aus den Fehlern anderer zu ermöglichen.

Auf Organisationsebene ist es weiterhin sinnvoll, die wichtigsten Unfallursachen zu kategorisieren und auch quantitativ zu erfassen, um Trends und Tendenzen ableiten zu können oder zu erkennen, ob sich trotz umgesetzter Maßnahmen ähnliche Ursachen wiederholen.

## 13.7 Sicherheitskultur

Der Untersuchungsbericht zum Unfall bei „Ladbroke Grove“ enthält beeindruckende Aussagen des Untersuchungsführers Lord Cullen. Cullen weist darauf hin, dass „*... es wünschenswert wäre, wenn die Industrie eine Kultur entwickelte, in der es fortschreitende Bewegung von einer Situation der Abhängigkeit, in der die Unternehmensführung die Regeln festlegt und den Unternehmen ihr Handeln vorschreibt, zu einer Situation stattfindet, in der jeder Einzelne unter Einhaltung der Vorschriften und Verfahren seinen Beitrag mit Ideen und Arbeit leisten kann, über eine Position, in der ein engagiertes, dediziertes Teamkonzept existiert, mit einem hohen Grad der Verzahnung zwischen Teams und über Unternehmensgrenzen hinweg.*“

Der Bericht selbst attestiert Mängel in der Sicherheitskultur des gesamten Eisenbahnsektors in Großbritannien als eine der Grundursachen des Unglücks und stellt fest, dass in diesem Bereich das größte und fundamentalste Verbesserungspotenzial zu finden ist. Ähnlich weitreichende Schlussfolgerungen sind auch in der Luft- und Raumfahrt zu finden, zum Beispiel im Unfallbericht zum Space Shuttle „Columbia“. Dort wird klar festgestellt, dass die organisatorischen Defizite, die auch auf Mängeln in der Sicherheitskultur beruhen, genauso schwerwiegend zum Unfall beigetragen haben wie die offensichtlichen physikalischen Ursachen.

Obwohl die herausragende Bedeutung der Sicherheitskultur mittlerweile in vielen Anwendungsfeldern anerkannt wird, hat sich die Forschung leider bisher weder auf eine Definition des Begriffs Sicherheitskultur noch auf einheitliche Kriterien zur Bewertung der Sicherheitskultur einigen können.

Mit der Neufassung der Richtlinie über die Eisenbahnsicherheit hat die Europäische Eisenbahnagentur ein Mandat erhalten: „Die Mitgliedstaaten sollten eine Kultur des gegenseitigen Vertrauens und des wechselseitigen Lernens fördern, durch die das Personal der Eisenbahnunternehmen und der Infrastrukturbetreiber ermutigt wird, zum Ausbau der Sicherheit beizutragen, während gleichzeitig die Vertraulichkeit gewährleistet wird.... Die [Europäische Eisenbahn-]Agentur bewertet die Entwicklung der Sicherheitskultur, einschließlich der Ereignismeldungen". Ein erster Schritt bestand in der Abstimmung einer „Erklärung zur Sicherheitskultur im europäischen Eisenbahnsektor".

### 13.7.1 Begriffsdefinition

Eine klare Definition ist aber immens wichtig. Sie darf zudem nicht in der Theorie verharren, sondern muss klar verständliche Werte und praktische Handlungsanweisungen für jeden Mitarbeiter enthalten. Die Europäische Eisenbahnagentur versteht darunter „die Interaktion zwischen den Anforderungen des Sicherheitsmanagementsystems, deren individuellem Verständnis auf der Grundlage der jeweiligen Werte, Einstellungen und Überzeugungen und dem Handeln der Menschen, erkennbar an ihrem Verhalten und ihren Entscheidungen. Eine positive Sicherheitskultur zeichnet sich durch die gemeinschaftliche Verpflichtung von Führungskräften und jedem Einzelnen, stets sicher zu handeln aus, insbesondere wenn sie mit konkurrierenden Zielen konfrontiert werden."

Dieser Anspruch wird noch besser durch eine Definition verdeutlicht, die auf einem Ansatz der amerikanischen Nuclear Reactor Commission basiert. Demnach ist Sicherheitskultur:

- ein Zustand, in dem jeder Mitarbeiter
  - immer auf die Verbesserung der Sicherheit bedacht ist,
  - Bewusstsein dafür hat, was falsch laufen kann,
  - sich persönlich für die Sicherheit verantwortlich fühlt,
- diszipliniertes, konsequentes Arbeiten von kompetentem Personal, das
  - selbstsicher, aber nicht selbstzufrieden ist,
  - definierten Prozessen folgt,
  - gute Teamarbeit leistet und
  - effizient miteinander kommuniziert,
- das Bestehen auf einer sicheren technischen Grundlage für das Handeln und auf ein konsequentes Analysieren und Ausräumen von Problemen.

### 13.7.2 Indikatoren für eine positive Sicherheitskultur

Die moderne Unfallforschung zeigt, dass eine positive Sicherheitskultur im Unternehmen die nachhaltigste Gegenkraft darstellt, da sie Faktoren wie gute Prozesse, ausgewogenes Sicherheitsmanagement oder konsequente technische Konzepte entscheidend unterstützt. Ein weiteres wichtiges Ergebnis ist, dass die wesentlichen Antriebskräfte für eine gute Sicherheitskultur drei „Co"-Faktoren sind:

- Commitment (Verpflichtung bzw. gelebtes Vorbild) aller Mitarbeiter, insbesondere des Managements, dass Sicherheit in allen Belangen eine hohe Priorität eingeräumt wird,
- Competence (Kompetenz), insbesondere um die sicherheitsrelevanten Aufgaben mit der notwendigen hohen Qualität auszuführen,
- Cognisance (Bewusstsein), das heißt ein hohes Sicherheitsbewusstsein und die Bewusstheit bezüglich der eigenen Verantwortung und Rolle beim Engineering sicherheitsrelevanter Produkte, unter anderem durch Lernen aus Fehlern.

Die Stärkung der Sicherheitskultur, insbesondere der drei „Co"-Faktoren, ist ein zentraler Hebel, wenn die Sicherheit des Systems Eisenbahn weiter erhöht werden soll. Dies gilt insbesondere vor dem Hintergrund der sich vollziehenden technologischen Innovationen und der sich ändernden wirtschaftlichen Randbedingungen, zum Beispiel der Privatisierung.

Für Betreiber wie Hersteller ist die Förderung der Sicherheitskultur eine wichtige Maßnahme zur nachhaltigen Sicherung ihres Geschäftserfolges.

## 13.8 Beispiel

In diesem Kapitel soll versucht werden, einige Grundkonzepte anhand eines realitätsnahen Beispiels zu beleuchten.

Als Ausgangspunkt soll der Unfall von Åsta dienen. Nach einer eingehenden strukturierten Unfallanalyse (siehe Abb. 13.36 für einen Ausschnitt davon) würde die Untersuchungskommission Maßnahmen vorschlagen. Nehmen wir an, dass u. a. die folgenden Maßnahmen abgeleitet würden:

M1 Ausrüstung der Strecke mit einer automatischen Zugbeeinflussung
M2 Aufrüstung des Bedienplatzes des Fahrdienstleiters mit einem akustischen Alarm

Maßnahme M1 wäre sicher eine Standardmaßnahme, bedeutet aber gerade auf schwach belasteten Strecken eine hohe Investition. Maßnahme M2 wird für den Fall eingeführt, dass es eine gewisse Anzahl nicht ausgerüsteter Fahrzeuge (z. B. Museumsbahn, Rangierfahrten) oder Fahrzeuge mit gestörter Zugbeeinflussung gibt.

### 13.8.1 Systemdefinition

In einem ersten Schritt muss das System definiert werden. Aus Platzgründen wird dies nur für den Fall der Zugbeeinflussung angedeutet, siehe Abb. 13.37.

Informationstechnisch sieht das System recht einfach aus: Es gibt Schnittstellen zum Signal an der Strecke, zum Treibfahrzeugführer sowie (mechanisch) über die Bremse zum Rad. Intern wird das System notwendigerweise aus einer Fahrzeugeinrichtung, einer Streckeneinrichtung sowie einer Übertragungsstrecke bestehen. Vereinfacht gehen wir davon aus, dass die Funktion des Systems nur darin besteht, bei Vorbeifahrt an einem Halt zeigenden Signal eine Zwangsbrem-

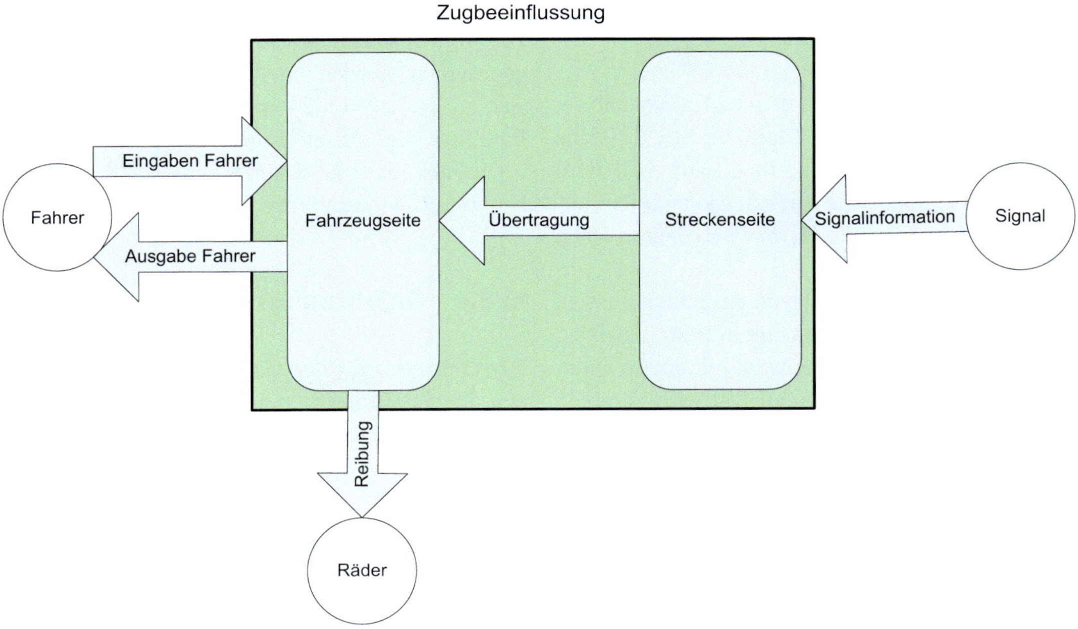


**Abb. 13.37** Funktionale Systemdefinition

sung bis zum Stillstand auszulösen. Technische Realisierungsmöglichkeiten werden in Kap. 12 ausgeführt, z. B. mit Gleismagneten oder Eurobalisen. Erweiterungen wie eine punktförmige Geschwindigkeitsüberwachung etc. werden nicht betrachtet.

### 13.8.2 Gefährdungsidentifikation

Als nächster Schritt muss die Gefährdungsidentifikation erfolgen. Sie sieht zunächst sehr einfach aus, denn die grundsätzliche Gefährdung kann wie folgt definiert werden:

$H_1$: System löst keine Zwangsbremsung aus, obwohl es eine Halt-Information vom Signal erhält.

Denkt man jedoch etwas intensiver nach, so erkennt man, dass das Auslösen eines Fehlalarms nicht nur betrieblich stören kann, sondern auch zu verletzten Reisenden führen kann, die von der plötzlichen Zwangsbremsung überrascht werden und stürzen, also

$H_2$: System löst Zwangsbremsung aus, obwohl keine Halt-Information vorliegt.

### 13.8.3 Risikoanalyse

Im nächsten Schritt folgt die Risikoanalyse, die hier mit Hilfe der Methode RSM (siehe Abb. 13.17) erfolgen soll. In diesem Fall wird RSM auf die beiden möglichen Sicherheitsfunktionen angewendet, die $H_1$ bzw. $H_2$ beherrschen sollen.

Im Fall $H_1$ wird man davon ausgehen müssen, dass es nach Vorbeifahrt an einem Halt zeigenden Signal zu einem Zusammenstoß mit einem anderen Zug kommen kann, wobei Tote zu befürchten sind (Kategorie E nach Tab. 13.3 bzw. 13.5). Anschließend sind mögliche Risikoreduktionsfaktoren zu diskutieren. Hier ist insbesondere zu berücksichtigen, dass die Triebfahrzeugführer i. d. R. sehr zuverlässig sind. Die Beachtung Halt zeigender Signale ist eine fertigkeitsbasierte Handlung, die im Normalbetrieb unter ergonomisch guten Arbeitsbedingungen und einem normalen Stressniveau durchgeführt wird, d. h. nach Tab. 13.7 wäre die Wirksamkeit der Barriere mit 6 Punkten zu bewerten, d. h. 3 Größenordnungen Reduktion. Es könnten auch noch weitere Barrieren in Betracht gezogen werden, die aber stark von den betrieblichen Randbedingungen abhängen und damit im Sinne eines möglichst allgemein zu verwendeten Systems hier außer Betracht bleiben sollen. Für die Gefährdungsrate $TFFR_1$ ergibt sich aus der Methode RSM dann $10^{-6}$ pro Zug-Stunde und Funktion, d. h. die $TFFR_1$ entspricht SIL 1.

Im Fall $H_2$ kann man davon ausgehen, dass nach einer plötzlichen Zwangsbremsung i. d. R. nur leichte Verletzungen zu befürchten sind (Kategorie Leichtverletzte nach Tab. 13.5). Außerdem ist noch Gefahrenabwehr durch Reisende möglich, denn ein stehender Reisender könnte sich noch festhalten oder abstützen, d. h. man könnte noch einen Risikoreduktionsfaktor nach Tab. 13.7 ansetzen, konservativ soll ein Punkt angenommen werden. In diesem Fall führt RSM also zu $TFFR_2$ von $3 \cdot 10^{-5}$ pro Zug-Stunde und Funktion, dies entspricht Basisintegrität.

In Tab. 13.12 ist das Ergebnis der Risikoanalyse mit RSM zusammengefasst.

### 13.8.4 Gefährdungsanalyse

Als erster Schritt der Gefährdungsanalyse können die Gefährdungsraten auf die Teilfunktionen aus Abb. 13.37 aufgeteilt werden. Da erfahrungs-

**Tab. 13.12** Ergebnisse der Risikoanalyse

| Gefährdung | TFFR (pro Funktion pro Zugstunde) |
|---|---|
| $H_1$: System löst keine Zwangsbremsung aus, obwohl es eine Halt-Information vom Signal erhält | $10^{-6}$ |
| $H_2$: System löst Zwangsbremsung aus, obwohl keine Halt-Information vorliegt | $3 \cdot 10^{-5}$ |

**Tab. 13.13** Aufteilung der Gefährdungsrate $TFFR_1$ auf Teilfunktionen

| Teilfunktion | Anteil | $TFFR_1$ (pro Funktion pro Zugstunde) |
|---|---|---|
| Übertragung | 1 : 100 | $10^{-8}$ |
| Fahrzeugeinrichtung | Ca. 1 : 2 | $5 \cdot 10^{-7}$ |
| Streckeneinrichtung | Ca. 1 : 2 | $5 \cdot 10^{-7}$ |

gemäß die Übertragungsstrecke durch geeignete Codierung hochgradig sicher gemacht werden kann, wählen wir nur ein Hundertstel Anteil für die Übertragung und teilen den Rest gleichmäßig auf Fahrzeug und Strecke auf, siehe Tab. 13.13.

Ehe die Gefährdungsanalyse fortgesetzt werden kann, sind weitere Designüberlegungen zur Systemarchitektur notwendig. Typischerweise besteht eine Zugbeeinflussung aus weiteren Teilfunktionen bzw. Komponenten:

1. einer Streckeneinrichtung, die die Informationen des Signals abgreift und verarbeitet,
2. einer streckenseitigen Übertragungseinrichtung, die die Information über einen Luftspalt an ein Fahrzeug überträgt,
3. einer fahrzeugseitigen Empfangsantenne, die die Informationen über ein Bussystem an eine Auswertungseinrichtung überträgt,
4. einer fahrzeugseitigen Übertragungseinrichtung (Bus),
5. einer Auswertungseinrichtung, die anhand der empfangenen Informationen den Treibfahrzeugführer informiert sowie die Zwangsbremse ansteuert,
6. einem Führerstandsdisplay, das dem Treibfahrzeugführer Informationen anzeigt und mit dem er Eingaben für das System machen kann und
7. einer Zwangsbremse.

Aus Platzgründen wird hier lediglich die Fahrzeugeinrichtung im Detail betrachtet. Dabei wird außerdem das Display vernachlässigt, um hier nicht die umfangreichen Interaktionsmöglichkeiten mit dem Triebfahrzeugführer diskutieren zu müssen (z. B. fehlerhafte Eingabe, Ausschalten, Überbrücken etc.). Zunächst würde man mittels einer FMEA untersuchen, ob durch Versagen einer der Teilfunktionen in Abb. 13.38 die Gefährdung $H_1$ ausgelöst werden könnte. Dabei würde man erkennen, dass alle übrigen Teilfunktionen

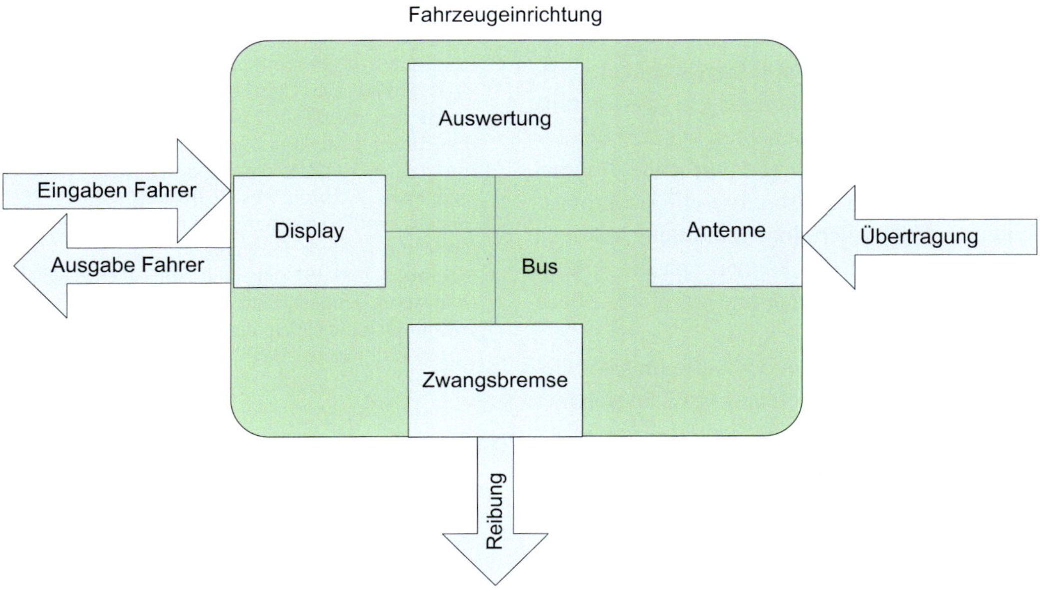


**Abb. 13.38** Systemdefinition Fahrzeugeinrichtung

**Tab. 13.14** Aufteilung der Gefährdungsraten und Zuweisung von SIL

| Teilfunktion | Anteil (fit) | TFFR | SIL |
|---|---|---|---|
| Zwangsbremse | 300 | $3 \cdot 10^{-7}$ | 2 |
| Bus | 10 | $10^{-8}$ | 3 |
| Auswertung | 190 | $2 \cdot 10^{-7}$ | 2 |
| Antenne | 500 | $5 \cdot 10^{-7}$ | 2 |

Versagensarten besitzen, die bezüglich $H_1$ gefährlich sind. Z. B. könnte jeder dieser Teilfunktionen die Signalinformation aufgrund eines Fehlers oder Ausfalls verschwinden lassen oder nicht rechtzeitig verarbeiten. Dies bedeutet aber, dass alle diese Teilfunktionen logisch durch ein ODER verbunden sind (Parallelschaltung), d. h. ein gefährliches Versagen einer dieser Teilfunktionen könnte schon $H_1$ auslösen. Daher müssen sich die Gefährdungsraten dieser Teilfunktionen zu dem fahrzeugseitigen Anteil von $TFFR_1$ addieren. Anschaulich ausgedrückt, müssen 1000 fit (1 fit $= 10^{-9}$) Gesamtgefährdung auf vier Teilgefährdungen aufgeteilt werden. Da man aus Erfahrung weiß, dass die Übertragung sowie die Auswertungseinrichtung hoch sicher gemacht werden können (vgl. EN 50159 bzw. EN 50129), würde man diesen beiden Teilfunktionen eher geringe Anteile geben und der Empfangseinrichtung sowie der Zwangsbremse eher höhere Anteile. Es könnte aber andere Randbedingungen geben, die zu anderen Aufteilungen führen könnten, z. B. wirtschaftliche, oder es könnte sein, dass bereits fertig entwickelte Komponenten wieder verwendet werden sollen. Nehmen wir daher einmal an, dass für eine Zwangsbremse ein Sicherheitsnachweis vorliegt, der eine Gefährdungsrate von 300 fit nachweist. Dann könnte man die Aufteilung aus Tab. 13.14 wählen und auf dieser Ebene die SIL zuweisen.

Analog könnte man bei der Aufteilung der Gefährdungsrate $TFFR_2$ vorgehen. Obwohl sich hier immer deutlich geringere Sicherheitsanforderungen ergeben, sollte darauf hingewiesen werden, dass diese Anforderungen im Sicherheitsnachweis durchaus eine Rolle spielen können. Dies soll kurz an einem Beispiel illustriert werden: Für die Auswertung könnte ein zweikanalig redundanter Rechner mit einem Vergleicher eingesetzt werden. Für diesen Typ zeigt Abb. 13.20 den zugehörigen Fehlerbaum. Während hier i. d. R. immer zwei Ausfälle zeitnah passieren müssen, um zu einer fehlerhaften Ausgabe zu führen (z. B. keine Ausgabe einer Zwangsbremse, obwohl dies notwendig wäre), würde schon der Ausfall eines Kanals zu einer Sicherheitsabschaltung und, je nach Design, entweder zu einer unnötigen Zwangsbremsausgabe (also $H_2$) führen oder auch nur den Treibfahrzeugführer informieren. Im ersten Fall würden sich scharfe zusätzliche Anforderungen an die Ausfallrate der Kanäle ergeben.

Betrachtet man zum Vergleich noch den zusätzlichen akustischen Alarm (aus $M_2$), so kann man bei der Risikoanalyse nun voraussetzen, dass eine Zugbeeinflussung eingesetzt wird, die außer in wenigen Ausnahmen wirksam ist. Versagt der Alarm allerdings, so wird der Fahrdienstleiter einen nicht ausgerüsteten Zug, der an einem Halt zeigenden Signal vorbeifährt, nicht bemerken und auch nicht warnen können.

## Weiterführende Literatur

### Fachliteratur


1. Birolini A (2017) Reliability Engineering. Springer, Berlin
2. Braband J (2005) Risikoanalysen in der Eisenbahn-Automatisierung, 8. Aufl Hestra, Hamburg
3. Braband J, Brehmke B, Griebel S, Peters H, Suwe K-H (2006) Die CENELEC-Normen zur Funktionalen Sicherheit/The CENELEC-Standards regarding Functional Safety. Eurailpress, Hamburg
4. Leveson NG (1995) Safeware – System safety and computers. Addison-Wesley, Boston
5. Reason J (1997) Managing the risks of organizational accidents. Ashgate, Farnham
6. Schneider J (1996) Sicherheit und Zuverlässigkeit im Bauwesen. Teubner, Stuttgart
7. Health & Safety Commission (2001) The Ladbroke Grove Rail Inquiry. HSE Books, Bde 1 + 2


### Richtlinien


8. CENELEC: Systematic Allocation of Safety Integrity Requirements, Report R009-004
9. Eisenbahn-Bundesamt: Grundsätze zur technischen Zulassung in der Signal- und Nachrichtentechnik (Mü 8004)

10. VDV: Sicherheitsbetrachtungen und Anforderungsklassen für Signal- und Zugsicherungsanlagen gemäß BOStrab, VDV-Richtlinie 331


## Normen


11. CENELEC: Bahnanwendungen – Spezifikation und Nachweis der Zuverlässigkeit, Verfügbarkeit, Instandhaltbarkeit und Sicherheit (RAMS), EN 50126, 1998
12. CENELEC: Bahnanwendungen – Telekommunikationstechnik, Signaltechnik und Datenverarbeitungssysteme – Software für Eisenbahnsteuerungs- und -überwachungssysteme, EN 50128
13. CENELEC: Bahnanwendungen – Spezifikation und Nachweis der Zuverlässigkeit, Verfügbarkeit, Instandhaltbarkeit und Sicherheit (RAMS) – Teil 1: Generischer RAMS-Prozess, DIN EN 50126-1, 2018
14. CENELEC: Bahnanwendungen – Spezifikation und Nachweis der Zuverlässigkeit, Verfügbarkeit, Instandhaltbarkeit und Sicherheit (RAMS) – Teil 2: Systembezogene Sicherheitsmethodik, DIN EN 50126-2, 2018
15. CENELEC: Bahnanwendungen – Telekommunikationstechnik, Signaltechnik und Datenverarbeitungssysteme – Sicherheitsrelevante elektronische Systeme für Signaltechnik, DIN EN 50129, 2019
16. CENELEC: Bahnanwendungen – Telekommunikationstechnik, Signaltechnik und Datenverarbeitungssysteme – Sicherheitsrelevante Kommunikation in Übertragungssystemen, DIN EN 50159, 2011
17. DIN: Risikoorientierte Beurteilung von potenziellen Sicherheitsmängeln und risikoreduzierenden Maßnahmen, DIN VDE 0831-100, 2023
18. DIN: Ermittlung von Sicherheitsanforderungen an technische Funktionen in der Eisenbahnsignaltechnik. DIN V VDE V 0831-103, 2022
19. IEC: Funktionale Sicherheit sicherheitsbezogener elektrischer/elektronischer/programmierbarer elektronischer Systeme, IS 61508
20. IEC: Industrielle Kommunikationsnetze – IT-Sicherheit für Netze und Systeme, IS 62443
21. DIN: Bahn-Anwendungen – Cybersecurity, DIN CLC/TS 50701, 2023


## Gesetze und Kommentare


22. Wittenberg K-D et al (2020) Kommentar zur Eisenbahn-Bau- und Betriebsordnung (EBO). Trackomedia, Darmstadt
23. Richtlinie 2004/49/EG des Europäischen Parlaments und des Rates vom 29. April 2004 über Eisenbahnsicherheit in der Gemeinschaft und zur Änderung der Richtlinie 95/18/EG des Rates über die Erteilung von Genehmigungen an Eisenbahnunternehmen und der Richtlinie 2001/14/EG über die Zuweisung von Fahrwegkapazität der Eisenbahn, die Erhebung von Entgelten für die Nutzung von Eisenbahninfrastruktur und die Sicherheitsbescheinigung („Richtlinie über die Eisenbahnsicherheit"). Neufassung: Richtlinie (EU) 2016/798 des Europäischen Parlaments und des Rates vom 11. Mai 2016 über Eisenbahnsicherheit
24. Durchführungsverordnung (EU) Nr. 402/2013 der Kommission vom 30. April 2013 über die gemeinsame Sicherheitsmethode für die Evaluierung und Bewertung von Risiken und zur Aufhebung der Verordnung (EG) Nr. 352/2009, ergänzt um: Durchführungsverordnung (EU) 2015/1136 der Kommission vom 13. Juli 2015 zur Änderung der Durchführungsverordnung (EU) Nr. 402/2013 über die gemeinsame Sicherheitsmethode für die Evaluierung und Bewertung von Risiken („CSM-Verordnung")
25. Europäische Eisenbahnagentur (2018) Erklärung zur Sicherheitskultur im europäischen Eisenbahnsektor

# Cybersecurity 14

Matthias Drodt und Carsten Sattler

**Zusammenfassung**

Eisenbahnsysteme sind eines der sichersten Verkehrsmittel und verfügen über ein hohes Maß an Resilienz. Der Fokus liegt hierbei auf der funktionalen Sicherheit (Safety). Aufgrund der zunehmenden Digitalisierung müssen auch Aspekte der Cybersecurity berücksichtigt werden. Das vorliegende Kapitel ordnet das Thema Cybersecurity in den Kontext des Entwicklungsprozesses und des Betriebs von Eisenbahninfrastrukturen ein. Es werden die wesentlichen Begriffe und regulatorischen Vorgaben erläutert, sowie Neuerungen in der Gesetzeslage und bei technischen Vorschriften angerissen. Die Unterschiede aber auch Wechselwirkungen der Cybersecurity und der funktionalen Sicherheit werden erläutert. Neben aktuellen Herausforderungen der Cybersecurity im Umfeld der Eisenbahninfrastruktur werden anhand von Best-Practice-Ansätzen konkrete Lösungen zur angemessenen Umsetzung von Cybersecurity beschrieben. Es wird aufgezeigt, wie im statischen Umfeld des Systems Bahn die dynamischen Prozesse der Cybersecurity implementiert werden können inkl. der Zulassungsprozesse. Die Wechselwirkungen der Cybersecurity auf den Eisenbahnbetrieb werden auszugsweise erläutert. Zum Abschuss werden technologische Trends im Umfeld von Eisenbahninfrastrukturen und deren Bedeutung für die Cybersecurity beschrieben.

## 14.1 Einleitung

Eisenbahnsysteme verfügen historisch über ein hohes Maß an Resilienz[1] gegen Störungen jeder Art, so dass jederzeit die funktionale Sicherheit gewährleistet ist. Treten dennoch einmal Störungen auf, sind vielfach technische oder betriebliche Rückfallebenen vorhanden. Durch diese Eigenschaften wird die Bahn zu einem der sichersten Verkehrsmittel. Im Rahmen dieser auf die funktionale Sicherheit (Safety) ausgerichteten Betrachtung sind nicht vorhersehbare Handlungen bzw. Manipulationen ausgeschlossen.

Aufgrund der zunehmenden Digitalisierung, die auch im System Bahn Einzug hält, sowie der zunehmenden Kommunikation über offene Kommunikationsnetze, müssen auch bewusste Veränderungen/Manipulationen sowie Cyber-

[1] Der Begriff *Resilienz* kommt ursprünglich aus der Materialwissenschaft und bezeichnet die *„Rückkehr eines Materials nach Verformung in den Urzustand"*. Resilienz hat aktuell Einzug gehalten in unterschiedliche Fachdisziplinen. In diesem Kapitel wird der Begriff sowohl im Sinne der Ingenieurwissenschaften *„Fähigkeit technischer Systeme, bei Teilausfall nicht vollständig zu versagen"* als auch im Sinne einer *„systemischen Widerstandsfähigkeit von Unternehmen gegenüber Störungen"* verstanden.

M. Drodt (✉)
Unabhängige Bewertungsstelle Fahrweg, DB InfraGO AG, Frankfurt, Deutschland

C. Sattler
SMO RI D TS, Siemens Mobility GmbH, Braunschweig, Deutschland

 
J. Holzfeind, J. Liu, F. Pospischil (Hrsg.), *Handbuch Eisenbahninfrastruktur*,
https://doi.org/10.1007/978-3-662-68960-8_14

angriffe berücksichtigt werden. Folglich entstehen völlig neue Angriffsvektoren und auch im Bereich der Eisenbahninfrastruktur müssen Prozesse, Strukturen und Maßnahmen der Cybersecurity systematisch berücksichtigt werden. Damit sind zusätzlich normative und regulatorische, sowie technische und betriebliche Herausforderungen verbunden. Wesentlich ist hierbei, dass die funktionale Sicherheit nicht beeinträchtigt werden darf.

Im Rahmen dieses Kapitels ist mit dem Begriff „Sicherheit" grundsätzlich die funktionale Sicherheit (Safety) gemeint. Cybersecurity bezeichnet im Gegensatz hierzu alle Aspekte der IT-Security, IT-Sicherheit bzw. Informationssicherheit. Aufgrund des begrenzten Umfangs kann nicht auf alle prozessualen und technischen Inhalte der Cybersecurity eingegangen werden. Es erfolgt eine Fokussierung auf für die Eisenbahninfrastruktur wesentlichen Inhalte unter Berücksichtigung von Best-Practice-Ansätzen. Für darüber hinaus gehende Detailinformationen sei auf die sehr umfassend verfügbare Fachliteratur verwiesen (beispielsweise die beiden grundlegenden Fachbücher von Claudia Eckert [1] und Norbert Pohlmann [2]).

Der primäre Fokus in diesem Kapitel liegt auf den direkt anlagenrelevanten Systemen der Eisenbahninfrastruktur, sprich den Systemen, die klassischerweise zu den STE-Anlagen gezählt werden, sprich Signal-, Telekommunikations- und Elektrotechnische Anlagen. Infrastrukturbauwerke sind insofern betroffen, da physische Sicherungs- und Überwachungstechnik zum Einsatz kommt, die auch zentral administriert wird.

## 14.2 Definitionen

### 14.2.1 IT-Sicherheit/Cybersecurity

Nutzung und Missbrauch von Informationen sind so alt wie die Menschheit selbst. In den Bereichen, in denen Informationen zur Lenkung und Steuerung von Aktivitäten genutzt werden, entsteht ggf. auch zur Durchsetzung gegenläufiger Ziele der Bedarf des Missbrauchs. Dieses führte schon immer auch zur Notwendigkeit Informationen zu schützen.

Norbert Pohlmann nennt sein umfassendes Lehrbuch *„Cyber-Sicherheit"* [2] und definiert diese wie folgt:

> „Cyber-Sicherheit befasst sich mit allen Aspekten der IT-Sicherheit, wobei das Aktionsfeld auf den gesamten Cyber-Raum ausgeweitet wird. Cyber-Raum umfasst in dieser Definition sämtliche mit dem globalen Internet verbundenen IT und IT-Infrastrukturen sowie deren Kommunikation, Anwendungen, Prozesse mit Daten, Informationen und Intelligenzen. Mit der zunehmenden Digitalisierung wird im Cyber-Raum auch die strikte Trennung zwischen Arbeit und Freizeit aufgelöst. Cyberangriffe im Cyber-Raum können Unternehmen und Bürger treffen, aber auch zu erheblichen Beeinträchtigungen der gesellschaftlichen Lebensgrundlagen führen."

Wenn eine Bedrohung (z. B. Manipulation, Schadprogramm oder Naturgefahren) auf eine vorhandene Schwachstelle in einem System (z. B. Sicherheitslücke) trifft, kann eine Gefährdung auf das System bzw. auf die unterstützten Geschäftsprozesse oder Informationen entstehen. Bei einer vorhandenen Gefährdung ist ein Risiko durch den potenziellen Schaden (das konkrete Schadensausmaß) definiert, der durch die konkrete Gefährdung entstehen kann, multipliziert mit der geschätzten Eintrittswahrscheinlichkeit[2]. Sicherheit, oder hier Cybersecurity, ist demnach definiert als die Abwesenheit von unvertretbaren Risiken. Risikomanagement bezeichnet den planvollen Umgang mit solchen Risiken und umfasst alle Aktivitäten (konkrete Maßnahmen), die darauf ausgerichtet sind, die Eintrittswahrscheinlichkeit oder das Schadensausmaß des Risikos zu verringern bzw. die Übernahme vorhandener Restrisiken sicherzustellen.

[2] Wenn im Folgenden von Eintrittswahrscheinlichkeit gesprochen wird, so ist von einem Schätzwert im Sinne einer Likelihood für das konkrete Ereignis die Rede. Dieses ist meist basierend auf Erfahrungswerten (einzelne Stichproben) oder reinen Schätzwerten und ohne hinreichend statistische Signifikanz.

### 14.2.2 Beziehung zwischen Cybersecurity und Safety

Grundsätzlich müssen heute in allen Branchen Prozesse und Strukturen zum professionellen Management von Risiken etabliert sein. Es werden z. B. Risiken eines technischen Systems analysiert und Risikoakzeptanzkriterien formuliert. Dabei entstehen auch Anforderungen, die durch technische Systeme und Regelwerke im Entstehungs- und Betriebsprozess zu beachten sind. Es ist heute weitestgehend akzeptiert, dass eine vollständige Beherrschung sämtlicher Risiken nicht möglich ist. Es bleiben also (vertretbare) Restrisiken bestehen, für die ein bewusster (gemanagter) Umgang erforderlich ist.

Im englischsprachigen Raum gibt es für den deutschen Begriff *Sicherheit* zwei Ausprägungen *Safety* und *Security* mit sehr unterschiedlichen Bedeutungen:

- Safety (funktionale Sicherheit oder Betriebssicherheit) beschreibt den Schutz der Umgebung (z. B. Mensch und Umwelt) vor Fehlern oder Ausfällen eines Systems (z. B. des Eisenbahnsystems).
- Wohingegen Security (Angriffssicherheit) den Schutz eines Systems (z. B. IT-System, Eisenbahnsystem sowie Informationen und Geschäftsprozesse) vor negativen Auswirkungen durch die Umgebung (z. B. vor Cyberangriffen, Naturgewalten) bezeichnet.

In diesem Sinn muss, soweit erforderlich, eine geeignete Security-Umgebung die Safety-Funktionen vor äußeren Einwirkungen schützen, damit Mensch und Umwelt angemessen geschützt werden. Safety beschreibt je nach Anforderungslage die Zuverlässigkeit technischer Systeme unter Berücksichtigung statistischer Einflüsse inklusive vorhersehbaren Missbrauchs (ohne gezielte Sabotage) und ohne intelligente Verfälschung (Manipulationen). Die derzeitigen und absehbaren Bedrohungslagen (u. a. auch bzgl. Cybersecurity) erfordern ein höheres Maß an Schutz, um die gewünschten Eigenschaften zur Bewahrung der Zuverlässigkeit sicherzustellen.

Obwohl sowohl Safety- als auch Security-bezogene Risiken zu analysieren sind und sich die Herangehensweisen nicht grundsätzlich unterscheiden, werden die Ursprünge der Risiken dennoch unterschiedlich betrachtet. Quellen für Safety-Risiken sind statistische Fehlfunktionen der eingesetzten Technik (z. B. durch Bauteilfehler), systematische Fehler im Entstehungsprozess oder unabsichtliche, aber vorhersehbare Fehlhandlungen von Personen. Dabei werden zielgerichtete Fehlhandlungen (Manipulationen, Sabotage) als nicht beherrschbar betrachtet und nicht berücksichtigt. Safety charakterisiert also eine bestimmte Robustheit und Zuverlässigkeit im Gebrauch von Technik und dies auch im Rahmen zufälliger Fehlerereignisse (Fehlbedienung bzw. Technikversagen). Ziel ist hierbei der Schutz von „Mensch und Umwelt“ und dies gelingt unter anderem durch das Einnehmen definierter Rück- und Ausfallzustände im Fehlerfall (z. B. auf Kosten der Verfügbarkeit).

Die hohen Anforderungen an die funktionale Sicherheit, um einen gefahrlosen Eisenbahnbetrieb zu ermöglichen, haben dazu geführt, dass für eine Vielzahl von möglichen Fehlfunktionen und Ausfällen Rückfallebenen existieren, die den Betrieb – ggf. mit verminderter Kapazität – aufrechterhalten. Die Rückfallebene unterstützt die Resilienz des Systems Eisenbahn gegen Störungen. Diese Prozesse stützen sich auf den Faktor Mensch oder ggf. auf Technik. Technische Innovationen können zum einen die Ausfallsicherheit der eingesetzten Systeme erhöhen (Hochverfügbarkeit) und zum anderen die Rückfallprozesse weiter unterstützen, um die Auswirkungen durch menschliche Fehler noch weiter auszuschließen und die Kapazität der Infrastruktur bei Nutzung der Rückfallebenen zu steigern. Die Rückfallebene muss zur verwendeten Technik kompatibel sein, um die Übernahme des Betriebs durch die Rückfallebene sicher zu stellen. Das betrifft z. B. die Zugortung oder die Resilienz durch Rückfall auf andere Übertragungswege (bspw. öffentliches Telefonnetz).

In einer Safety-Risikobewertung wird oft auch umgangssprachlich von einer CSM-RA gesprochen. Der Begriff steht für Common Safety Methods – Risk Assessment, d. h. die EU-weit gemeinsame Methode für eine Risikobewertung im Risikomanagementverfahren gemäß der *Durchführungsverordnung CSM-RA* [3] und [4]. Wesentliche Anforderung für diese Risikobewertung ist, dass durch betriebliche, organisatorische oder technische Änderungen des Systems Eisenbahn ein vorhandenes Safety-Niveau nicht vermindert werden darf. Siehe hierzu auch das Kap. 13 „*Funktionale Sicherheit*".

Im Gegensatz dazu geht man bei Cybersecurity in Anlehnung an die DIN ISO/IEC 27000 [5] in der Regel von beabsichtigten Bedrohungen aus, die zielgerichtet auf Schwachstellen sogenannter Assets (zu schützende informationstechnische Werte und Güter) einwirken und somit deren Schutzwerte Vertraulichkeit, Integrität und Verfügbarkeit gefährden, wobei es Abstufungen an Ressourceneinsatz und Motivation der angreifenden Instanzen gibt. In der Praxis kann dies unterschiedliche Auswirkungen haben, z. B. der komplette oder teilweise Ausfall bzw. auch Fehlfunktionen des betroffenen Systems, ggf. mit Folgewirkungen auf weitere angeschlossene, nicht unmittelbar manipulierte Systeme. Bei der Betrachtung von Cybersecurity geht es also um den Schutz IT-basierter technischer Systeme vor i. d. R. zielgerichteten Einwirkungen von außen. Hierbei findet z. B. das Verbreiten von Schadcode durchaus zielgerichtet statt (z. B. abzielend auf ein bestimmtes IT-System bzw. eine bestimmte Software), allerdings kann das Einbringen des Schadcodes in eine konkrete Anlage durch Personen auch unbeabsichtigt (d. h. ohne aktives Zutun der eigentlichen angreifenden Instanz) erfolgen (z. B. durch einen legitimierten Anlagenbediener mittels eines mit Schadcode infizierten USB-Sticks).

Inhaltliche Konflikte zwischen Security und Safety sind im System Eisenbahn schon lange bekannt. So traten in den 1990er Jahren Konflikte im Entwurf des ERTMS-Standards (European Railway Traffic Management System) auf: Damals dauerte die Prüfung eines kryptografischen Codes lange, je nach Rechner bis zu mehreren Sekunden. Dies erschien für Nothaltanforderungen aus Sicht der Safety inakzeptabel, so dass auf eine kryptografische Sicherung solcher Nachrichten verzichtet wurde. Somit wurde keine Kryptografie genutzt und das Risiko des Einspielens eines unberechtigten Nothalt-Kommandos akzeptiert, was aus Sicht der Safety aber nur betriebseinschränkend wirkt (siehe hierzu [6]).

### 14.2.3 Cybersecurity in der Eisenbahninfrastruktur

Bei Automatisierungs- und Steuerungssystemen werden aktuell hauptsächlich Aktivitäten im Kontext RAMS beschrieben. RAMS beschreibt alle Prozesse im Lebenszyklus eines Produktes oder Systems, die sich mit der Zuverlässigkeit (**R**eliability), Verfügbarkeit (**A**vailability), Wartbarkeit (**M**aintainability) und funktionalen Sicherheit (**S**afety) beschäftigen. Für Eisenbahnsysteme ist nachgelagert zur Eigenschaft der Verfügbarkeit auch die Resilienz zu betrachten. Dies ist hier die Fähigkeit eines Systems, mit Veränderungen umgehen zu können und bedeutet Widerstandsfähigkeit gegen Störungen, Anpassungsfähigkeit an neue Bedingungen und eine flexible Reaktion auf Veränderungen mit dem Ziel, das System (z. B. einen Betrieb oder einen Prozess) aufrecht zu erhalten. Bei allen diesen Prozessen wird i. d. R. davon ausgegangen, dass das betreffende System (hier: die Eisenbahninfrastruktur) regelkonform betrieben wird und keine mutwilligen und bewussten Veränderungen an Teilen des Systems vorgenommen werden, d. h. es werden ausschließlich systematische und zufällige technische Fehler bzw. unbeabsichtigte Fehlhandlungen betrachtet.

Demgegenüber müssen im Rahmen der Cybersecurity auch Cyberangriffe oder bewusste Veränderungen (Manipulationen) betrachtet werden, um unbefugt Informationen zu erlangen, diese oder die verarbeitenden Systeme missbräuchlich zu nutzen oder gezielt das Verhalten und die Funktion der beteiligten Systeme zu verändern. Dieses wirkt sich auch auf die oben genannten Eigenschaften eines Produktes oder Systems aus. Die wesentlichen Schutzwerte der Cybersecurity sind CIA – **V**ertraulichkeit (**C**onfidentiality), Integrität (**I**ntegrity) und Verfügbarkeit (**A**vailability). Es ist unschwer zu erkennen, dass beiden Management-Prozessen die Verfügbarkeit

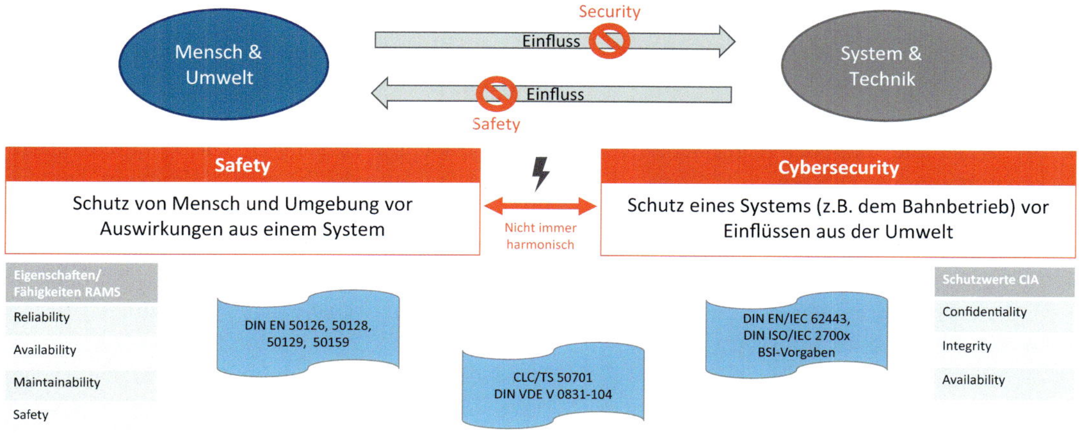


**Abb. 14.1** Gegenüberstellung der wesentlichen Unterschiede zwischen Safety und Cybersecurity: kurze Definitionen, unterschiedliche Schutzwerte bzw. Eigenschaften/ Fähigkeiten und relevanten Normen und, so weit vorhanden, gesetzliche und normative Vorgaben

**Tab. 14.1** Bedeutung und Einfluss der drei Schutzwerte CIA sowie Gegenüberstellung der wesentlichen Einflussfaktoren für Safety und Cybersecurity

| Schutzwert | Bedeutung | Einfluss Safety | Einfluss Cybersecurity |
|---|---|---|---|
| **Integrität (inkl. Authentizität/ Verbindlichkeit)** | – Bahnbetriebliche Daten müssen unverändert übertragen werden (z. B. Steuerbefehle für Feldelemente)<br>– Zustand der Feldelemente muss im Stellwerk korrekt abgebildet sein | – Hardwarefehler<br>– Softwarefehler<br>– Bitflips | – Gezielte Manipulation (z. B. Informationen löschen, einschleusen, verändern – Man-in-the-Middle) |
| **Vertraulichkeit** | – Für bahnbetriebliche Daten sekundär | – Kein | – Unberechtigte Kenntnisnahme Dritter |
| **Verfügbarkeit** | – Ausfallsicherheit<br>– Resilienz<br>– Fehleroffenbarung | – Materialversagen<br>– Naturgefahren<br>– Unabsichtliche Beschädigung (Fehlverhalten) | – Gezielte Manipulation (z. B. DDoS-Angriffe) |

gemein ist. Ebenso ist erkennbar, dass bei Verletzung der Integrität von Information, die Zuverlässigkeit (welche auch auf Vertrauen basiert) nicht mehr gewährleistet ist. Folglich gibt es gegenseitige Abhängigkeiten zwischen Cybersecurity und Safety (wie in Abb. 14.1 dargestellt).

Ein Beispiel hierfür sind Angriffe auf sicherheitsrelevante IT-Systeme. Stellt ein Hacker beispielsweise im Bahnhof unerkannt ausgewählte Signale auf Fahrt, könnte es in der Folge zu Unfällen bzw. Personenschäden und damit zu direkten Auswirkungen auf die Betriebssicherheit kommen.

Möglichkeiten des Eintrags von potenziellen Gefährdungen bestehen über den kompletten Lebenszyklus eines Produktes oder Systems, d. h. sowohl bei Planung (Anforderungen), Ausführung (Erstellung), Betrieb, Wartung und schlussendlich auch im Zuge einer Außerbetriebnahme und Entsorgung (siehe hierzu auch Abschn. 14.4.3).

In Tab. 14.1 sind die wesentlichen Einflussfaktoren für Safety und Cybersecurity bzgl. der drei Schutzwerte CIA anhand konkreter Beispiele gegenübergestellt.

Obwohl gemäß dem ENISA-Report Railway Cybersecurity [7] der Eisenbahnsektor bis heute kein direktes Ziel für Cyberangriffe ist, haben bereits mehrfach Vorfälle stattgefunden, die auf die Anfälligkeit des Eisenbahnsektors hindeuten. In diesem Bericht sind für Unternehmen im Eisenbahnsektor folgende Schwächen aufgelistet:

- geringes Bewusstsein für Cybersecurity,
- Probleme, die aktuellen Cybersecurity-Risiken richtig einzuschätzen,
- unzureichende Einrichtung von Notfall-, Backup- und Wiederherstellungsplänen
- starke Abhängigkeit von Lieferketten,
- digitale Transformation & neue Technologien im Eisenbahnsektor erfordern höhere Cybersecurity-Awareness sowie
- nicht angemessene Ausrichtung der Unternehmensstrategie zur Cybersecurity (inkl. Komplexitätsreduktion) bezüglich der normativen und gesetzlichen Vorgaben.

Gemäß einer DZSF-Studie (Deutsche Zentrum für Schienenverkehrsforschung) bzgl. Cybersecurity [8] existieren im Bereich der Eisenbahninfrastrukturen noch deutliche Verbesserungspotenziale – insbesondere auch gegenüber Eisenbahnverkehrsunternehmen. Ebenso zeigt sich, dass kleine Unternehmen im Vergleich zu großen Unternehmen noch Nachholbedarf haben.

### 14.2.4 Gesetzliche und normative Vorgaben

Die wachsende Bedeutung der Cybersecurity spiegelt sich auch in Gesetzen und Vorschriften wider. Dazu zählt unter anderem der Cybersecurity Enhancement Act von 2014 [9] aus den Vereinigten Staaten. In der EU trat 2016 die *NIS-Richtlinie* [10] in Kraft, die 2022 im Rahmen der *NIS2-Richtlinie* [11] fortgeschrieben wurde. Diese weitet die Vorgaben bzgl. Cybersecurity auf mehr Sektoren und mehr Unternehmen aus. Betroffene Unternehmen werden anhand ihrer Unternehmensgröße erfasst und sie gilt grundsätzlich für alle mittleren- und großen Unternehmen in den betroffenen Wirtschaftssektoren. Die Definition von kritischen Infrastrukturen erfolgte in der *ECI-Direktive 2008/114* [12]. Diese wurde 2022 durch die EU-Richtlinie über die Resilienz kritischer Einrichtungen (*CER-Richtlinie*, Critical Entities Resilience) *2022/2557* [13] abgelöst. Sie verpflichtet die Mitgliedstaaten, kritische Einrichtungen zu identifizieren und deren physische Widerstandsfähigkeit (Resilienz) gegenüber Bedrohungen wie Naturgefahren, Terroranschläge oder Sabotage zu stärken. Die Mitgliedsstaaten haben die Aufgabe, beide Richtlinien in nationales Recht bis Oktober 2024 umzuwandeln.

Die europäische NIS2-Richtlinie wird auf nationaler Ebene mit dem *NIS2-Umsetzungs- und Cybersicherheitsstärkungsgesetz* (NIS2UmsuCG) umgesetzt. Dieses verweist u. a. auf die persönliche Haftung des Managements für Schäden, die durch mangelhaftes Cyber-Risikomanagement entstanden sind. Seit Mitte 2023 liegt für das NIS2UmsuCG ein Referentenentwurf des Bundesministeriums des Innern und für Heimat (BMI) vor [14].[3]

Die Umsetzung der CER-Richtlinie erfolgt hingegen mit dem IT-Sicherheitsgesetz (IT-SiG) [15] bzw. durch das KRITIS-Dachgesetz. Zentraler Punkt im KRITIS-DG ist die „Wirtschaftsstabilität" inkl. einer stärkeren Fokussierung auf die Resilienz kritischer Anlagen. Zwei Referentenentwürfe liegen seit Mitte bzw. Ende 2023 vor [16]. Aufgrund dieser neuen Gesetze und Verordnungen ist davon auszugehen, dass der Anwendungsbereich zukünftig deutlich mehr Unternehmen und weitere Einrichtungen betreffen wird. Wenn IT-Systeme für Kritische Infrastrukturen eingesetzt werden, müssen für diese Systeme die entsprechenden Regelungen des IT-SiG angewendet und nachgewiesen werden. Auch Teile der Eisenbahninfrastruktur (Betrachtung im Sektor „Transport und Verkehr") unterliegen dem IT-SiG.

Im Jahr 2022 ist der Entwurf für einen *Cyber Resilience Act* (CRA) von der EU veröffentlich worden; 2022/0272 [17]. Der CRA enthält Anforderungen an die Cybersicherheit von Produkten mit digitalen Elementen, die miteinander oder mit dem Internet verbunden werden können. Neben weiteren konkreten Anforderungen wird erstmalig auf EU-Ebene die wichtige Anforderung nach „Security-by-Design" regulatorisch gefor-

[3] Im Juli 2024 wurde das NIS2UmsuCG vom Bundeskabinett beschlossen und wird zeitnah den weiteren Weg der Gesetzgebung nehmen.

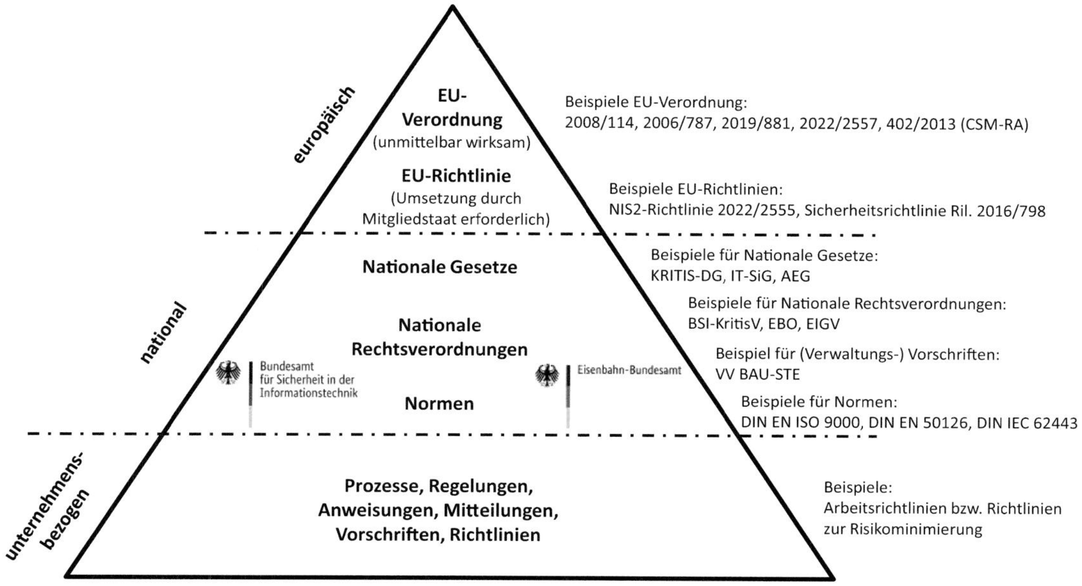


**Abb. 14.2** Beispielhafte Darstellung der Gesetzespyramide mit den drei Ebenen der Gesetzgebung (europäisch, national und unternehmensbezogen) für Eisenbahninfrastrukturen. Diese Beispiele beinhalten sowohl Gesetze und Normen der Cybersecurity als auch der funktionalen Sicherheit. Auf nationaler Ebene sind auch die beiden relevanten Bundesämter BSI und EBA aufgeführt

dert. Die neuen Regelungen betreffen alle Unternehmen, die Produkte mit digitalen Elementen herstellen. Darüber hinaus gibt es Verpflichtungen für Händler und Betreiber.

Eine weitere Notwendigkeit zur Umsetzung von Cybersecurity (insbesondere in betrieblichen Umgebungen) ergibt sich aus der Betriebssicherheitsverordnung (BetrSichV) der EU [18]. Demnach sind gemäß § 3 BetrSichV auftretende Gefährdungen zu beurteilen und notwendige Maßnahmen abzuleiten. Solche Gefährdungen können auch aus Cybersecurity-Bedrohungen entstehen.

Die Aspekte von RAMS sind in der Normenreihe DIN EN 501xx[4] [19–24] beschrieben. Die Einbettung der Cybersecurity erfolgte kürzlich durch die Vornorm CLC/TS 50701 [25][5], welche im Speziellen Aktivitäten und Synchronisationspunkte bzgl. Cybersecurity in das Lebenszyklus-Modell der DIN EN 50126 implementiert.

In § 4 AEG [26] sind Anforderungen an die Sicherheit von Eisenbahninfrastrukturen und Fahrzeugen und in § 2 EBO [27] Anforderungen an die Betriebssicherheit von Bahnanlagen und Fahrzeugen definiert. Beides bezieht sich ausschließlich auf Safety; Aspekte der Security oder gar der Cybersecurity sind hier nicht definiert. Zusätzlich sind in der EIGV [28] u. a. Vorgaben für eine sichere Integration von System oder Teilsystemen beschrieben.

In Abb. 14.2 sind die wesentlichen Gesetze und Normen der Cybersecurity sowie der funktionalen Sicherheit schematisch dargestellt.

Nachfolgend die wesentlichen gesetzlichen Vorgaben mit indirekten Anforderungen auch an Cybersecurity.

- **§ 4 Abs. 1 AEG:** „*Eisenbahninfrastrukturen und Fahrzeuge müssen den **Anforderungen der öffentlichen Sicherheit** [...] genügen.*" Hierunter wird auch der Schutz vor Gefahren der Cybersecurity verstanden.
- **§ 2 (7 f) AEG:** gültig für Eisenbahninfrastrukturen: „*Unterhaltung der Betriebsanlagen ei-*

[4] Die Normenreihe DIN EN 501xx bezeichnet die einzelnen Normen DIN EN 50126, 50128, 50129 und 50159.
[5] Der Standard wird aktuell fortgeschrieben als DIN IEC 63452:202X (Stand Ende 2023).

*ner Eisenbahn sind Arbeiten zur Erhaltung oder Wiederherstellung der Funktionsfähigkeit einer bestehenden Betriebsanlage einschließlich der Anpassung an* ***geltendes Recht*** *oder die* ***anerkannten Regeln der Technik****.*"

- **§ 2 Absatz 1 EBO:** „*Bahnanlagen und Fahrzeuge müssen so beschaffen sein, dass sie den Anforderungen der Sicherheit und Ordnung genügen. Diese Anforderungen gelten als erfüllt, wenn die Bahnanlagen und Fahrzeuge den Vorschriften dieser Verordnung und, soweit diese keine ausdrücklichen Vorschriften enthält,* ***anerkannten Regeln der Technik*** *entsprechen.*" Bezüglich der Systeme im bahnbetrieblichen Umfeld wird hiermit auch die Einhaltung des IT-SiG und weiterer rechtlicher Vorgaben bzgl. Cybersecurity gefordert.
- **§ 2 EIGV „sichere Integration":** „*Maßnahmen zur Sicherstellung, dass die Eingliederung eines Elements, wie beispielsweise ein neuer Fahrzeugtyp, ein Netzprojekt, ein Teilsystem, ein Bauteil, ein Verfahren, eine Komponente, eine Software oder eine Organisation, in ein bestehendes System* ***keine inakzeptablen Risiken für das Gesamtsystem*** *zur Folge hat.*"

In den RAMS-Normen DIN EN 501xx usw. finden sich bis auf zwei Ausnahmen keine Regelungen zu Cybersecurity:

- In der **DIN EN 50129** ist in Abschn. 6.4 beschrieben, dass Bedrohungen der Cybersecurity (wörtlich „IT-Sicherheit") in den Prozessschritten Risikobewertung und Gefährdungsbeherrschung behandelt werden müssen, sobald eine Auswirkung der Cybersecurity auf die Safety nicht durch einfache Argumentation ausgeschlossen werden kann. Maßnahmen zur Behandlung der Cybersecurity müssen im Sicherheitsnachweis (der Safety) oder durch Verweis aufgeführt werden.
- In der **DIN EN 50159** ist beschrieben, dass kryptographische Maßnahmen nur für Netze der Kategorie 3 erforderlich sind (siehe Abschn. 14.3.5). Für Netze der Kategorien 1 und 2 ist dies nicht erforderlich (kann aber aufgrund der notwendigen IT-Bedrohungs- und Risikoanalyse erforderlich sein – siehe Abschn. 14.4.5).

Wesentlich für die Betrachtungen bzgl. Cybersecurity sind die nachfolgenden Definitionen aus der DIN EN 50126-1:

- Eine **Sicherheitsfunktion** ist eine Funktion, deren alleiniger Zweck die Sicherstellung der Sicherheit ist.
- Ergänzend hierzu weisen Systeme **sicherheitsbezogene Funktion** auf, wenn durch deren Ausfall oder Störungen (z. B. mittels Manipulationen) der sichere Bahnbetrieb gefährdet sein kann (nur mittelbare aber keine unmittelbaren Gefährdungen für den Bahnbetrieb möglich).
  (Alle Sicherheitsfunktionen sind sicherheitsrelevante Funktionen, aber nicht alle sicherheitsbezogenen Funktionen sind Sicherheitsfunktionen).

Grundlegend ist hierbei, dass Systeme der Cybersecurity selbst **keine** Sicherheitsfunktionen haben, aber sicherheitsbezogene Funktionen aufweisen können, indem z. B. durch vorhandene Schwachstellen mittels konkreter Bedrohungen auch Auswirkungen auf die Sicherheit des Bahnbetriebs möglich sind. Demzufolge werden Systeme der Cybersecurity selbst nicht mit einem Safety-Integritätslevel (SIL) gemäß DIN EN 50129 beaufschlagt. Dies bedeutet, dass für solche Systeme kein Sicherheitsnachweis (Safety Case) gemäß DIN EN 50126 notwendig ist, aber ein Nachweis bzgl. Cybersecurity, z. B. ein Cybersecurity Case (CSC) gemäß DIN CLC/TS 50701 (siehe hierzu auch Abschn. 14.4.7).

Neben den unterschiedlichen Normen sind auch unterschiedliche Technologiestandards zu berücksichtigen. Während im Bereich der Safety „anerkannte Regeln der Technik" (a. R. d. T.) als Beurteilungsgrundlage zum Einsatz kommen (gemäß § 2 Abs. 1 EBO, s. o.), wird im deutlich schnelllebigeren Bereich der Cybersecurity der „Stand der Technik[6]" (S. d. T.) referenziert.

[6] Den Ingenieurwissenschaften entsprungen und vom Gesetzgeber häufig verwendet, stellt dieser Begriff Juristen

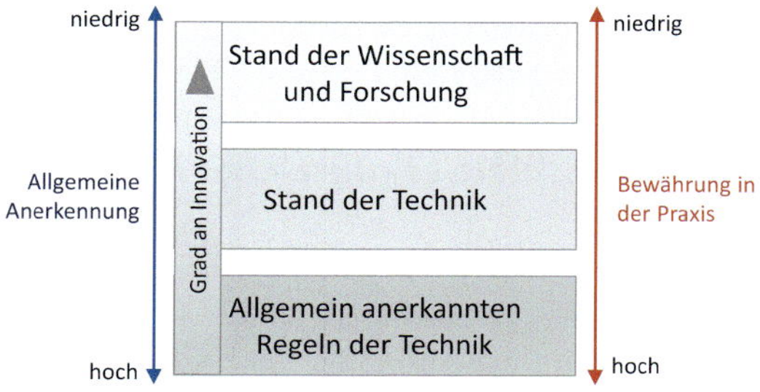


**Abb. 14.3** Visualisierung der drei Stufen des Technikstandards nach [29, Abschn. 2.1, Abb. 1]. Zu erkennen ist der gegenläufige Trend von Allgemeiner Anerkennung/Bewährung in der Praxis auf der einen und Grad der Innovation auf der anderen Seite

So fordert z. B. das IT-SiG Nachweise die Einhaltung des Stands der Technik. Der Stand der Technik berücksichtigt im Vergleich zu a. R. d. T. aktuellere technische Erkenntnisse, verfügt jedoch über einen weniger gefestigten Erfahrungsschatz. Im Kontext der Cybersecurity werden die resultierenden potenziellen Risiken durch deutlich flexiblere Handlungsmöglichkeiten ausgeglichen, insbesondere was Detektion und Abwehr von Cybergefahren bzw. Risikoakzeptanz angeht.

Es besteht die Möglichkeit, branchenspezifische Standards zur Anerkennung als Stand der Technik zu definieren. Nicht anerkannte Standards können sicherlich auch verwendet werden, bieten aber keine Rechtssicherheit. Stand der Technik ist insofern schwierig als er für verschiedene Branchen und Sektoren auch unterschiedlich gehandhabt werden kann und ist somit als Rechtsbegriff vergleichsweise unscharf (siehe Abb. 14.3).

Grundsätzlich ist die Bedrohung durch Cyberangriffe für alle Sektoren gleich, allerdings unterscheiden sich alle Bereiche hinsichtlich der Kritikalität der verarbeiteten Informationen, der Art und Weise des Betriebs, der „Angriffsfläche“ und ggf. weiterer einzuhaltenden Regularien, wie Genehmigungen etc. Demzufolge gilt es, branchenspezifische Aspekte zu beachten. Trotz der ähnlich gelagerten Automatisierungsaufgaben macht es hinsichtlich der Wirkung eines Schadens durch einen Cyberangriff einen Unterschied, ob eine Paketsortieranlage oder eine chemische Prozessanlage betroffen ist. Verheerende Chemieunfälle sind aus der Vergangenheit durch technisches oder menschliches Versagen bekannt, sie könnten aber auch bewusst herbeigeführt werden. Und die Verwendung von Cyberwaffen, wie z. B. im Falle von Stuxnet, lassen hier Befürchtungen zu (siehe hierzu die grundlegenden Ausführungen in Abschn. 14.3.1).

Neben der Normung gibt es europäisch weitere Aktivitäten zu Vereinbarungen hinsichtlich der Cybersecurity von Eisenbahnen und Infrastrukturbetreibern. Zum einen wäre das Projekt Shift2Rail [30] zu nennen, in welchem u. a. eine vereinheitlichte interoperable Referenzarchitektur für den zukünftigen digitalen Eisenbahnbetrieb erarbeitet wurde. In dieser Referenzarchitektur wurde auch eine Zonierung eingeführt und es wurden verpflichtende und empfohlene interoperable Dienste für die Cybersecurity erarbeitet. Das Nachfolgeprogramm hierzu ist Europe’s Rail Joint Undertaking (EU-Rail) [31]. Weiterhin haben sich die größeren europäischen Betreiber in der EULYNX-Arbeitsgruppe zusammengeschlossen, um Schnittstellenstandardisierungen voranzutreiben. Auch hier wird das Thema Cybersecurity betrachtet.

### 14.2.5 Behörden – Aufgaben und Verantwortlichkeiten

Die Europäische Union fördert die Integration und Harmonisierung vorhandener Prozesse und Regelungen. Die europäischen Mitgliedsstaaten unterwerfen sich dabei weitestgehend europäischer Gesetzgebung und Vorschriften. Für die Überwachung und Unterstützung dieser Prozesse auf den Gebieten Eisenbahn und Cybersecurity wurden die Eisenbahnagentur der Europäischen Union (ERA) und die Agentur der Europäischen Union für Cybersicherheit (ENISA) gegründet.

und Techniker bei der Cybersecurity vor komplexe Aufgaben. Anders als z. B. im technischen Umweltschutz gibt es hier weder gesetzliche Schwellwerte noch einheitliche Messmethoden zur Feststellung des Grades der Cybersecurity beziehungsweise des Technologieniveaus. Eine gesetzliche Definition gibt es nicht. Der im IT-SiG beschriebene Aufwand hinsichtlich der Angemessenheit wird in Beziehung gesetzt zu den Folgen eines Ausfalls oder einer Beeinträchtigung. Für diese Angemessenheit gibt es aber keine messbaren Kriterien.

Die Überwachung und Regelung von nationalen Vorschriften obliegen den mit diesen Aufgaben betrauten nationalen Behörden. Im Bereich der Bundesrepublik Deutschland sind dies das EBA und das BSI. Beide Behörden agieren nicht unabhängig, sondern sind nachgeordnete Behörden der jeweiligen Ministerien, derzeit dem Bundesministerium für Digitales und Verkehr sowie dem Bundesministerium des Innern und für Heimat. Das Eisenbahn-Bundesamt (EBA) bezieht im Wesentlichen seine Ermächtigung aus dem Allgemeinen Eisenbahngesetz (AEG) und der Eisenbahn-Bau- und Betriebsordnung (EBO) und hat seine wesentliche Zuständigkeit für die Bahnen des Bundes. Die technischen Aufsichtsbehörden (TAB) der Länder beziehen ihre Rolle aus dem Personenbeförderungsgesetz und der *Verordnung über den Bau und Betrieb der Straßenbahnen (BOStrab)* [32]. Dabei agiert in einigen Bundesländern das EBA mittels Außenstellen geschäftsbesorgend im Auftrag der Bundesländer als TAB.

Das Bundesamt für Sicherheit in der Informationstechnik (BSI) ging aus dem Bundesnachrichtendienst (Zentralstelle für Chiffrierwesen) hervor und war ursprünglich die Behörde zur Einführung und Überwachung des Standes der Technik in dem Gebiet für Bundesbehörden. Mit der Einführung des IT-SiG als nationale Umsetzung der europäischen Verordnungen zu kritischen Infrastrukturen und zur Stärkung der Informationssicherheit wurde der Zuständigkeitsbereich deutlich erweitert. So ist das BSI nun Überwachungsbehörde für Bundesbehörden und Betreiber kritischer Infrastrukturen, Zertifizierungsstelle und zentrale Meldestelle für IT-Sicherheitsvorfälle (wobei hier im Wesentlichen *erhebliche Vorfälle* gemeint sind – die Definition obliegt den Betreibern). Gleichzeitig informiert das BSI andere Aufsichtsbehörden zu aktuellen Risiken in der Cybersecurity. Mit weiteren Novellen der Gesetze (siehe Abschn. 14.2.4) wird zukünftig der Geltungsbereich auch auf weitere kritische Infrastrukturen (weitere Sektoren) ausgeweitet.

## 14.3 Bedrohungen und Herausforderungen

### 14.3.1 Beispiele erfolgreicher Angriffe

Gemäß den BSI-Berichten zur Lage der IT-Sicherheit in Deutschland 2022 [33] sowie 2023 [34] ist die Bedrohung durch Cyberangriffe bzw. Cybercrime für Unternehmen so hoch wie nie. Dabei sind Bedrohungen (engl. Threats) von Gefährdungen (engl. Risks) zu unterscheiden. Gefährdungen sind per Definition (s. BfGA): *„Zustände oder Ereignisse, in der die Möglichkeit des Eintritts von Gesundheitsschäden besteht"*. Im Eisenbahnbereich entstehen Gefährdungen bereits durch das konkrete Arbeitsumfeld (Züge z. B. können nicht ausweichen). Eine Bedrohung ist allgemein ein potenziell eintretendes Ereignis, welches einen Schaden verursachen kann. Die Quelle von Bedrohungen sind unterschiedlich – Naturereignisse, technische Mängel, Nichteinhaltung von Vorschriften, gezielte Handlungen. Schäden sind dabei physischer, ökologischer, finanzieller, sozialer oder ideeller Natur.

Vom BSI werden die nachfolgenden wesentlichen Bedrohungen aufgeführt:

- Erpressungsmethoden (z. B. mittels Ransomware),
- DDoS-Angriffe,
- APT-Angriffe,
- Sabotage von Industrieanlagen sowie
- Identitätsdiebstahl

Über erfolgreiche Cyberangriffe auf Eisenbahninfrastrukturen liegen kaum Informationen vor. Seit dem Angriff Russlands auf die Ukraine im Februar 2022 sind aber verstärkt Cyberangriffe oder IT-Störungen bei Bahnsystemen zu beobachten. Nachfolgend zwei konkrete Beispiele:

**Hacker legen Güterbahnverkehr in Italien lahm [35]**

Am 23. März 2022 wurde der Eisenbahnverkehr in Italien durch einen Hackerangriff gestört. Stark betroffen war der Netzbetreiber RFI und hierbei im Wesentlichen der Güterverkehr, der für einen Tag vollständig eingestellt wurde. Angeblich wurden im internen IT-Netz Spuren der Ransomware mit dem Namen *CryptoLocker* gefunden. Weitere Details zum Ursprung des Angriffs bzw. zu den konkreten Auswirkungen sind nicht bekannt.

**Störung des Bahnbetriebs in Polen durch Manipulation von Funksignalen [36]**
Im August 2023 wurden 20 Züge durch eine technisch vergleichsweise einfache Manipulation während der Fahrt gestoppt. Hierzu wurde eine lange bekannte Schwachstelle der polnischen Eisenbahninfrastruktur ausgenutzt, da in vielen polnischen Zügen noch unverschlüsselte Funkkommunikation zum Einsatz kommt. Bisher unbekannte Täter haben Haltbefehle gesendet, indem die korrekten Informationen auf der richtigen Frequenz an mehrere Züge übermittelt wurden.

Nachfolgend zwei konkrete Beispiele von erfolgreichen und bekannt gewordenen Cyberangriffe, die ähnlich geartet auch auf Eisenbahninfrastrukturen denkbar wären.

**Ransomware-Angriff auf Medizintechnologie-Unternehmen; Quelle: „Lagebericht BSI 2022" [33]**
Ein japanisches Medizintechnologie-Unternehmen, das auch mehrere Standorte in Deutschland unterhält, ist im September 2021 Opfer eines Ransomware-Angriffes geworden. Medienberichten zufolge waren die Standorte in Afrika, Europa und dem Mittleren Osten von dem Vorfall betroffen. Laut einer Pressemitteilung des Unternehmens wurden die Verkaufs- und Herstellungssektoren zeitweise durch den Angriff beeinträchtigt. Jedoch existieren bisher keine Hinweise darauf, dass Unternehmensdaten abgeflossen sind. Im Zuge sofortiger Analysen des Vorfalls wurden die Systeme heruntergefahren und vom Netz genommen. Obwohl keine weiteren Informationen mitgeteilt wurden, gehen mehrere Quellen davon aus, dass es sich bei der eingesetzten Schadsoftware um die Ransomware *BlackMatter* handelte. Der Verdacht basiert auf mehreren Lösegeldforderungen, die auf den infizierten Systemen gefunden worden sind.

Die Ransomware *BlackMatter* wird offiziell als „Cyber-Produkt" angeboten und kann somit auch von Cyber-Kriminellen käuflich erworben und für Angriffe genutzt werden. BlackMatter-Angriffe werden in der Regel von Forderungen nach Schutzgeld- und Schweigegelderpressungen begleitet.

**Kollateralschäden nach Angriffen auf ein Unternehmen der Satellitenkommunikation; Quelle: „Lagebericht BSI 2022" [33]**
Am 24. Februar 2022 fiel um etwa 3 Uhr Weltzeit im europäischen Raum ein Satellitendienst aus. Über diesen werden u. a. Prozesse zur Entstörung von Windenergieanlagen in der Strombranche mittels Satellitenkommunikationslösungen unterhalten. Infolge der Störung konnten rund 5800 Windenergieanlagen nicht mehr mittels Fernwartung gewartet werden. Weiterhin kam es auch bei deutschen Kunden zu Störungen bei der Implementierung der Satellitenkommunikationslösungen.

Der Betreiber räumte ein, Störungen aufgrund eines Firmware-Updates zu haben und mutmaßte über eine Manipulation (d. h. einen Cyberangriff). Die betroffenen Modems mussten auf Werkseinstellungen zurückgesetzt werden, um ihre Funktionsfähigkeit wieder herzustellen. Von der Störung waren auch weitere Staaten betroffen, darunter Frankreich und Irland.

Eine nachfolgende Analyse hat ergeben, dass es sich wirklich um einen gezielten Angriff gehandelt hat. Ziel des Angriffs sei die Nicht-Verfügbarkeit des Dienstes gewesen (DDoS-Angriff). Absender des Datenverkehrs waren laut Analyse mehrere Geräte aus der Ukraine. Eine forensische Analyse ergab, dass sich die Angreifer durch eine fehlkonfigurierte VPN-Verbindung Zugang zu einem Management-Netz verschafft hatten, wobei hierüber Befehle auf zehntausenden Modems zeitgleich ausgeführt worden sein sollen.

Auswirkungen auf die Versorgungssicherheit in den mittelbar betroffenen Sektoren deutscher Kritischer Infrastrukturen, beispielsweise Energie, waren jedoch nicht zu beobachten. Die Stromversorgung und die Netzstabilität waren durch den Vorfall wahrscheinlich nicht beein-

**Tab. 14.2** Wesentliche Unterschiede zwischen IT- und OT-Systemen im Kontext von Anlagen der Eisenbahninfrastruktur

| | IT | OT |
|---|---|---|
| **Lebensdauer** | 3 bis 5 Jahre | 10 bis 30 Jahre (tlw. > 50 Jahre) |
| **Zugriffe vom Internet** | Möglich entsprechend Anforderungen | Strikte netztechnische Trennung vom Internet |
| **Zulassungsrelevant** | Nein | Ja |
| **Virenschutz** | Gewöhnlich vorhanden und i. d. R. erforderlich | I. d. R. nicht erforderlich |
| **Patchmanagement** | Regelmäßig | Nur eingeschränkt möglich (Betrachtung im Rahmen der Zulassung nötig) |
| **Schwachstellenscans** | Regelmäßig (aktive Scans) | Bisher nicht üblich und vielfach nur passiv möglich |
| **Herstellerabhängigkeit** | Gering | Hoch (nur wenige Anbieter) |
| **Cybersecurity Know-how & Awareness** | I. d. R. vorhanden | Vielfach noch aufzubauen |
| **Verteilung Aufwand** | Ca. 20 % von Konzept bis Abnahme ca. 80 % Betrieb, Instandhaltung, Monitoring | Ca. 80 % von Konzept bis Abnahme ca. 20 % Betrieb, Instandhaltung, Monitoring |

flusst. Die Windkraftanlagen arbeiteten im Regelbetrieb ohne Eingriffe von außen autark.

Zusammenfassend darf festgestellt werden, dass Cyberangriffe weltweit sowohl quantitativ als auch qualitativ zunehmen. Auch Systeme der Eisenbahninfrastruktur waren bzw. sind betroffen. Glückerweise sind bisher keine expliziten Auswirkungen oder gar Schäden durch Cyberangriffe auf safety-relevante Eisenbahninfrastrukturen aufgetreten (oder zumindest bekannt geworden). Dies kann aber zukünftig nicht ausgeschlossen werden.

## 14.3.2 Unterschiede IT und OT

Neben der Unterscheidung zwischen Cybersecurity und Safety (siehe Abschn. 14.2.2), ist zwischen IT und OT zu unterscheiden (siehe hierzu Tab. 14.2).

Mit IT (Information Technology) werden die Systeme beschrieben, die im *„klassischen"* Business- oder Büroumfeld bzw. mit Zugang von und zum Internet eingesetzt werden (Webanwendungen, E-Mailsysteme, Public-Cloud-Systeme[7]).

Mit OT (Operational Technology) werden die Systeme (Hardware und Software) beschrieben, die der direkten Überwachung, Bedienung, Kontrolle von physischen Prozessen, Ereignissen, Geräten (Aktoren, Sensoren) dienen, sowie Änderungen innerhalb der Produktion und der Instandhaltung erkennen oder bewirken. Der Begriff hat sich etabliert, um die technologischen und funktionalen Unterschiede zwischen IT und OT aufzuzeigen. Wesentliche Schutzwerte sind Integrität und Verfügbarkeit. Die Vertraulichkeit spielt zumeist eine untergeordnete Rolle. Wesentlich ist auch eine klare netztechnische Trennung zwischen IT und OT bzw. kontrollierte Netzübergänge. So müssen OT-Systeme grundsätzlich strikt vom Internet sowie von Business- und Büroumgebungen getrennt sein. Neben Cybersecurity müssen im Gegensatz zu IT-Systemen zumeist auch Aspekte der Safety berücksichtigt werden.

Zusammenfassend kann festgestellt werden, dass IT-Systeme im Gegensatz zu OT-Systemen einem regelmäßigen und stetigen Veränderungsprozess unterliegen. Dies ist auf der einen Seite bedingt durch die hohe Dynamik in diesem Umfeld als auf der anderen Seite durch ein deutlich größeres direktes Bedrohungspotenzial durch externe Einflüsse (z. B. Cyberangriffe).

[7] Dies ist bewusst begrenzt auf Public-Cloud-Systeme (z. B. Dropbox). Zukünftig ist der Einsatz von Private-Cloud-Systemen auch im Bereich der Eisenbahninfrastruktur (z. B. Stellwerke) denkbar (siehe hierzu auch Abschn. 14.6.1.2).

### 14.3.3 Einsatz von COTS-Komponenten

Für Netzwerk- sowie für Cybersecurity-Komponenten sind heute bereits vielfach COTS-Komponenten unterschiedlicher Hersteller im Einsatz, wohingegen im Bereich der Safety typischerweise proprietäre Systeme und Komponenten genutzt werden. Die *Mü 8004* [37] als technische Vorschrift enthielt bereits Leitlinien und Grundprinzipen für safety-relevante Verfahren und deren Umsetzung mit COTS-Techniken (Standard-Hardware und -Software). Aktuell wird der Einsatz von COTS im Umfeld der Stellwerke erprobt [38] und in Forschungsprojekten für serverbasierte Systeme untersucht. Die jeweiligen Hersteller müssen zunehmend Langfristverfügbarkeit sowie Abwärtskompatibilität bei neuen Produkten sowie ggf. eine Produktzertifizierung durch das BSI sicherstellen (beachtenswerte Punkte sind in Abschn. 14.4.6 ausgeführt). Es werden zunehmend COTS-Komponenten genutzt, die nicht speziell für den Bahnsektor entwickelt wurden. Damit werden Kosten gesenkt und neue Entwicklungen auch für den Bahnsektor nutzbar gemacht. Die in Abschn. 14.2.2 beschriebene Trennung von Cybersecurity- und Safety-Systemen sowie die in Abschn. 14.3.2 beschriebene netztechnische Trennung zwischen IT und OT dürfen aber nicht durch andere Teilsysteme (z. B. Monitoring-, Update-Systeme) oder zentrale COTS-Komponenten umgangen werden.

Safety-relevante Systeme der Eisenbahninfrastruktur (z. B. Stellwerke, Lichtsignale) unterliegen stringenten Prozessen der Zulassungsbewertung sowie Nachweisführung zur systematischen Beherrschung von Gefährdungen im Rahmen eines Sicherheitsnachweises im Sinne der Safety. Für IT-Systeme und -Komponenten (insbesondere auf Basis von COTS-Komponenten) sind aufgrund der Produktdynamik angemessene bzw. angepasste Prozesse hinsichtlich der Zulassungsbewertung und Nachweisführung zur Gefährdungsbeherrschung erforderlich. Diese werden in Abschn. 14.3.4 und 14.4.7 ausführlich beschrieben.

### 14.3.4 Zulassung im Kontext Cybersecurity

Wie bereits in Abschn. 14.2.2 geschildert kann für Systeme der Eisenbahninfrastruktur eine Auswirkung der Cybersecurity auf Safety nicht ausgeschlossen werden, so dass für die Inbetriebnahme eine Zulassungsbewertung notwendig sein kann. Dieser Prozess ist ggf. langwierig und kann auch mehrere Monate in Anspruch nehmen. Aufgrund der hohen Dynamik und der stetigen Bedrohungssituation müssen regelmäßig und teilweise kurzfristig Patches oder Security-Updates eingespielt werden. Dies wird z. B. auch vom IT-SiG explizit gefordert.

In Abb. 14.4 ist diese Problematik anhand einer identifizierten Security-Schwachstelle in einer safety-relevanten Komponente des Systems, die aufgrund langer, kostspieliger Neuzulassungen nicht zeitnah behoben werden kann, dargestellt. Sobald ein Security-Patch zur Schließung einer Security-Schwachstelle eingespielt wird, würde die Genehmigung des Eisenbahnsystems unverzüglich erlöschen und der Zugbetrieb müsste eingestellt werden. In Abschn. 14.4.7 wird für diese Herausforderung ein Lösungsansatz aufgezeigt.

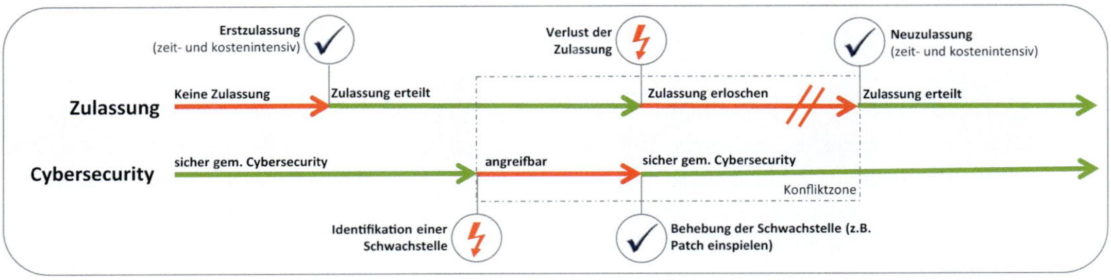


**Abb. 14.4** Wechselspiel aus Zulassung und Cybersecurity in einer safety-relevanten Komponente des Systems

Bei Nutzung eines Cybersecurity-Zertifikats (z. B. für ein eingesetztes COTS-Produkt) würde die Genehmigung verloren gehen, wenn das Zertifikat abläuft.

### 14.3.5 Geschlossene und offene Kommunikationsnetze

Im Bereich der Eisenbahninfrastruktur wurden bisher vorwiegend geschlossene Kommunikationsnetze/Übertragungssysteme genutzt. Aufgrund der zunehmenden Digitalisierung aber auch aufgrund des gestiegenen Kostendrucks erfolgt die Kommunikation zunehmend über offene Netze. Dies, sowie der zunehmende Einsatz von COTS-Komponenten, bringt neue Bedrohungen mit sich, da auf der einen Seite bekannte Sicherheitslücken in COTS-Komponenten Angriffe auf Systeme der Eisenbahninfrastruktur erlauben und auf der anderen Seite offene Kommunikationsnetze per se eine größere Angriffsfläche bieten.

Anforderungen für die Kommunikation von safety-relevanten Informationen über geschlossene oder offene Übertragungssysteme sind umfassend in der Norm DIN EN 50159 [24] beschrieben. Es werden hierbei drei Kategorien von Übertragungssystemen unterschieden:

- **Kategorie 1:** Geschlossene Übertragungssysteme, wo alle wesentlichen Eigenschaften des Systems (alle Teilnehmer, alle Kommunikationsverbindungen) vollständig bekannt und unter Kontrolle des Netzverantwortlichen sind. Dieses Übertragungssystem ist vollständig projektiert. Nicht autorisierte Zugriffe können vollständig ausgeschlossen werden.
  **Beispiele:** interne Kommunikationsnetze innerhalb eines Stellwerks bzw. in einem Zug (Bus-System)
- **Kategorie 2:** Offene Übertragungssysteme, bei denen die Eigenschaften sowie Teilnehmer teilweise unbekannt sind. Das Risiko von nicht autorisierten Zugriffen und damit böswilligen Angriffen (Manipulationen, Cyberangriffe) kann aber vernachlässigt werden.
  **Beispiele:** Industrie-LANs sowie LST-Datennetze (beispielsweise innerhalb eines Technikstandorts, TSO) und das Datennetz Gleisfeld im Bereich der Digitalen Stellwerke (siehe Abschn. 14.4.4.2).
- **Kategorie 3:** Offene Übertragungssysteme, bei denen die Eigenschaften sowie Teilnehmer unbekannt sind. Das Risiko von nicht autorisierten Zugriffen und damit böswilligen Angriffen (Manipulationen) muss hier betrachtet werden.
  **Beispiele:** Internet, bbIP, GSM-R (Global System for Mobile Communications – Rail), alle Funknetze.

In Übertragungssystemen der Kategorien 1 und 2 muss die Verfälschung von sicherheitsrelevanten Nachrichten durch systematische und zufällige Fehler oder Fehlhandlungen berücksichtigt werden. Manipulationen, d. h. bewusste Veränderung von Nachrichteninhalten, können hingegen ausgeschlossen werden. Aus diesem Grund fordert die DIN EN 50159 für safety-relevante Nachrichten den Einsatz von sogenannten Sicherheitscodes (oder Safetycodes) zum Schutz gegen Verfälschungen. Der Safetycode muss zufällige und systematische Bitfehler entdecken können. Im Gegensatz hierzu können in Übertragungssystemen der Kategorie 3 Manipulationen auftreten, so dass gemäß DIN EN 50159 neben dem Safetycode zwingend kryptographische Schutzmaßnahmen zur Vermeidung bzw. zeitnahen Erkennung von Manipulationen erforderlich sind.

Ein konkretes Beispiel eines bahnbetrieblichen Protokolls für Kategorie 2-Netze ist das RaSTA-Protokoll (Rail Safe Transport Application) (spezifiziert in der Vornorm DIN VDE V 0831-200 [39]). Hierbei handelt es sich um ein speziell auf die Anforderungen der Eisenbahnsignaltechnik zugeschnittenes einkanalig sicheres Netzwerkprotokoll (Kommunikation zwischen sicheren Systemen), welches einen Safetycode auf Basis der Hash-Funktion MD4 (Message-Digest Algorithm 4) enthält. Es erfüllt die Anforderungen an einen sicheren Nachrichtentransport nach DIN EN 50159 und kann ohne zusätzliche Maßnahmen in Übertragungssyste-

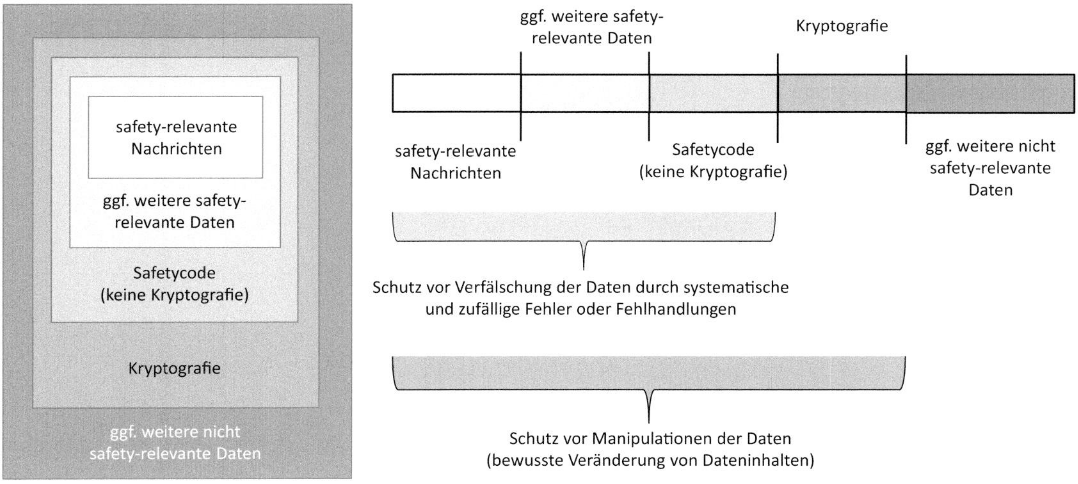


**Abb. 14.5** Schematisches Schalenmodell zum Schutz von safety-relevanten Nachrichten gemäß DIN EN 50159, Anhang C.3 [24]

men der Kategorien 1 und 2 eingesetzt werden. Zu den besonderen Eigenschaften von RaSTA gehört eine verlässliche Übertragung von Nachrichten ohne unbemerkten Paketverlust, die Überwachung der Kanalgüte, eine garantierte Zustellung von Nachrichten innerhalb eines Zeitfensters und die Nutzung mehrerer Transportkanäle zur Steigerung der Ausfallsicherheit. Für Übertragungssysteme der Kategorie 3 sind zusätzlich kryptographische Verfahren notwendig. Eine reine Hashfunktion wie das RaSTA-Protokoll ist in diesem Fall nicht ausreichend.

In Abb. 14.5 ist gemäß DIN EN 50159 für Kategorie 3-Netze dargestellt wie safety-relevante Nachrichten (inkl. zusätzlicher Daten) im Rahmen eines Schalenmodells zuerst durch einen nicht kryptographischen Safetycode vor Verfälschung und danach zusätzlich mittels eines kryptografischen Verfahrens vor Manipulation geschützt werden. Somit ist eine doppelte Absicherung sowohl gegen Verfälschung als auch gegen Manipulation umgesetzt.

### 14.3.6 Aktuelle und zukünftige Cyberbedrohungen für die Eisenbahninfrastruktur

Die Vornorm DIN CLC/TS 50701 beschreibt bzgl. Cybersecurity für Bahnanwendungen eine Reihe von Aktivitäten und Maßnahmen, die mit dem Ziel ergriffen werden, nichtautorisierte Zugriffe oder Cyberangriffe, die zu einem Unfall, einer unsicheren Situation oder einer Beeinträchtigung der Leistung der Bahnsysteme führen könnten, zu verhindern, aufzudecken und darauf zu reagieren. Diese Definition grenzt den Anwendungsbereich deutlich enger ein, als dies die anderen Normen und Standards der Cybersecurity üblicherweise tun. Wesentlich ist hierbei, dass Cybersecurity im Rahmen der Eisenbahninfrastruktur Bedrohungen aufgrund von nicht autorisierten Zugriffen oder Cyberangriffen betrachtet, die zu einer Beeinträchtigung der funktionalen Sicherheit/Safety führen können. Im Konferenzbeitrag von Braband (2016) [40] findet sich eine Gegenüberstellung der Anforderungen für unbeabsichtigte bzw. zufällige Angriffe gemäß dem Security Level 1 (SL1) nach DIN IEC 62443-3-3 (siehe Abschn. 14.4.5.4 und Tab. 14.6) mit den Anforderungen, die durch die Eisenbahnnormenreihe DIN EN 501xx vorgegeben sind. Der Vergleich zeigt, dass mit Einhaltung der normativen Vorschriften gemäß DIN EN 501xx bereits ein angemessener Schutz gegen vorhersehbaren Missbrauch und Fehlbedienung vorhanden ist. Somit sind bereits große Teile der Anforderungen für SL1, soweit diese im Safety-Kontext relevant sind, erfüllt und folglich ein gewisser Basisschutz bereits vorhanden.

**Tab. 14.3** TOP 10 der Cyberbedrohungen des BSI für OT-Systeme für 2022 sowie Veränderungen seit 2019 [43]

| Top 10 Bedrohungen 2022 | Trend seit 2019 |
|---|---|
| Einschleusen von Schadsoftware über Wechseldatenträger und mobile Systeme | → |
| Infektion mit Schadsoftware über Internet und Intranet | ↑ |
| Menschliches Fehlverhalten und Sabotage | → |
| Kompromittierung von Extranet und Cloud-Komponenten | ↗ |
| Social Engineering und Phishing | → |
| DDoS Angriffe | → |
| Internet-verbundene Steuerungskomponenten | ↗ |
| Einbruch über Fernwartungszugänge | ↗ |
| Technisches Fehlverhalten und höhere Gewalt | → |
| Soft- und Hardwareschwachstellen in der Lieferkette | ↑ |

Die nachfolgenden wesentlichen allgemeinen Bedrohungen sollten aktuell und zukünftig im Bereich der Eisenbahninfrastruktur berücksichtigt werden (All-Gefahren-Ansatz siehe Nationale Strategie zum Schutz Kritischer Infrastrukturen (KRITIS-Strategie) [41, Abschn. 4] sowie *ENISA-Report: Threat Landscape 2022* [42]):

- Umwelteinwirkung/Naturkatastrophen (Sturm, Wasser)
- Ausfall, Störung, physischer Schaden
- Technische Fehlfunktion (z. B. fehlerhafte Konfiguration)
- Menschliche Fehler
- Technisch ausgeführter Angriff, nicht autorisierter Zugriff, Manipulation, Cyberangriff
- Schadfunktion, Malware

Das BSI analysiert jährlich die aktuellen Bedrohungen bzgl. Cybersecurity auf OT-Systeme[8] [43] und ermittelt die Bedrohungen mit der höchsten Kritikalität (siehe Tab. 14.3). Zusätzlich wurden vom BSI zu jeder der Top-Bedrohungen dedizierte Gegenmaßnahmen aufgeführt und beschrieben.

Gemäß dem ENISA Report „*NIS Investments 2022*" [44] sind nur ca. 4 % aller Cyberangriffe auf Transportunternehmen gerichtet. Der primäre Fokus liegt auf Industrieanlagen und Banken/Versicherungen. Der ENISA-Report gibt die mittleren Kosten für einen Cyberangriff im Sektor Transport für das Jahr 2021 mit ca. 225.000 € an.

Gemäß dem *BKA-Bericht 2022* [45] ist Ransomware weiterhin die wichtigste Bedrohung und die Schäden durch Cyberattacken beliefen sich 2022 für deutsche Unternehmen auf 203 Mrd. €.

Gartner geht davon aus, dass durch das zunehmende hybride Arbeiten sowie durch die Digitalisierung der Geschäftsprozesse (z. B. Nutzung von Cloud-Diensten) zukünftig neue Bedrohungen wie ausgeklügelte Ransomware-Angriffe auf digitale Lieferketten und Ausnutzung von kritischen Schwachstellen entstehen werden [46].

### 14.3.7 Anforderungen an die Cybersecurity

Gemäß Abschn. 14.2.4 müssen IT-/OT-Systeme nachweislich die nachfolgenden Anforderungen erfüllen:

- Gesetzliche und normative Vorgaben (u. a. nationale und europäische Verordnungen),
- spezifisch vorhandene Regelungen (z. B. ISMS[9] der betreffenden Organisation),
- anerkennte Regeln der Technik,
- Stand der Technik (gemäß IT-SiG, soweit relevant) sowie
- betreiberspezifische Eignung (technische Kompatibilität und sichere Integration).

[8] Das BSI spricht hier von ICS „industrial control systems".

[9] Hierbei sind mögliche Wechselwirkungen des ISMS (Information Security Management System) mit dem SMS (Sicherheitsmanagement mit Fokus auf Safety) über definierte Schnittstellen zu beschreiben.

Gemäß den in Abschn. 14.2.4 beschriebenen Aussagen, sind durch Cybersecurity-Funktionen oder -Systeme Auswirkungen auf die Sicherheit des Eisenbahnsystems möglich (sicherheitsbezogene Funktion gemäß DIN EN 50126-1). Wenn solche Auswirkungen nicht ausgeschlossen werden können, kommen weitere relevante Anforderungen an die Cybersecurity hinzu, die zu berücksichtigen sind. Im Einzelnen sind dies:

- **Rückwirkungsfreiheit auf die Safety:** Die betriebliche Sicherheit (Safety) darf im fehlerfreien Betrieb durch die Cybersecurity-Funktionen nicht beeinträchtigt werden. Dies ist initial, d. h. beim Anschluss oder Einbau zu berücksichtigen. Der Nachweis kann z. B. auf der Spezifikationsebene durch entsprechendes Systemdesign oder auf der Umsetzungsebene durch Konformitätsprüfungen und Integrationstests erfolgen.
- **Security schützt Safety:** Die Cybersecurity-Funktionen oder -Systeme müssen die betrieblichen Systeme angemessen nach dem Stand der Technik vor äußeren Einwirkungen (z. B. Cyberangriffen) schützen („Schalenmodell"). Bildlich gesprochen schützt die äußere Security-Schale den inneren Safety-Kern angemessen vor äußeren Einwirkungen. Hierbei sind auch dedizierte Anforderungen des betrieblichen Systems durch die Cybersecurity sicherzustellen (z. B. Anforderungen an die Verfügbarkeit, Zeitverhalten). Siehe hierzu auch Abschn. 14.4.3 zur Einbindung in das V-Modell.
- **Ausfalloffenbarung:** Der Ausfall der Cybersecurity-Funktion oder des -Systems muss unmittelbar offenbart werden. Dies bedingt u. a. ein 24 × 7-Monitoring der Cybersecurity sowie entsprechende Melde- und Notfallprozesse.
- **Nachweisführung:** Mittels eines Cybersecurity Cases ist die Einhaltung der Cybersecurity-Anforderungen, die Gefährdungsbeherrschung der Cybersecurity auf die betriebliche Sicherheit sowie die Umsetzung des Standes der Technik nachzuweisen. Siehe hierzu Abschn. 14.4.7.

Diese Ausprägungen bedeuten, dass die Funktion der Cybersecurity im Wesentlichen nicht direkt mit dem Safety-System gekoppelt ist und Security und Safety weitgehend unabhängig voneinander betrachtet werden können. Diese Entkopplung ist per se nicht statisch und muss regelmäßig – insbesondere bei größeren Veränderungen – verifiziert werden. Durch diese Entkopplung besteht u. a. die Möglichkeit Veränderungen (z. B. Updates, Einspielen von Patches) für das Safety- und das Cybersecurity-System unabhängig voneinander durchzuführen. Ferner besteht z. B. die Möglichkeit, die vom IT-SiG geforderte Umsetzung des Standes der Technik auf der Security-Seite durchzuführen und nachzuweisen. Es sei an dieser Stelle auch erwähnt, dass ohne eine solche Entkopplung keine COTS-Komponenten (Abschn. 14.3.3) für Cybersecurity eingesetzt werden könnten und die damit verbundenen Kosten- und Zeitvorteile nicht möglich wären.

Elementar ist, sowohl die Rückwirkungsfreiheit der Security auf die Safety als auch eine angemessene architektonische und prozessuale Trennung von Security und Safety im Rahmen der Zulassungsbewertung nachzuweisen. Dokumentiert und nachgehalten wird dies im Cybersecurity Case als dedizierter Cybersecurity-Nachweis (siehe hierzu Abschn. 14.4.7).

Die Entkopplung von Cybersecurity und Safety erlaubt Änderungen in der Cybersecurity, die die Schnittstellen zum Systementwicklungsprozess bzw. Safety-Prozess nicht beeinträchtigen. Weitere Ausführungen finden sich in einem Übersichtsartikel von Jens Braband [6] sowie im Kap. 13 *„Funktionale Sicherheit"*.

Wenn Cybersecurity-Anforderungen nicht oder nur unter bestimmten Randbedingungen erfüllt werden können, ist dies in security-relevanten Anwendungsbedingungen im Cybersecurity Case zu dokumentieren (sogenannte SecRAC, ähnlich den sicherheitsrelevanten Anwendungsvorschriften SRAC in der Safety). Wesentlich ist die Kennzeichnung von Anforderungen mit Bezug zur Safety über klar definierte Schnittstellen. Damit besteht die Möglichkeit, bei Nichterfüllung von Anforderungen etwaige Auswirkungen auf die Safety feststellen zu können. Diese müssen dann als sicherheitsrelevante Anwendungsbedingungen (SRAC) im Rahmen der Safety betrachtet werden. Demnach kann der Cybersecurity-Nachweis vom Sicherheitsnachweis nach DIN EN 50129 entkoppelt werden, so dass die Wechselwirkungen minimiert werden.

## 14.4 Wesentliche Bausteine im Umfeld Cybersecurity

In diesem Abschnitt sind Best-Practice-Ansätze zum Umfang bzw. zur Umsetzung von Cybersecurity in Systemen der Eisenbahninfrastruktur dargestellt. Quellen sind Realisierungen bzw. Beschreibungen von Betreibern, Herstellern und Forschungsinstituten. Zu vielen dieser Themen wird, soweit sinnvoll und möglich, auf Fachliteratur oder normative Vorgaben verwiesen. Aufgrund des riesigen Umfangs an Best-Practice-Ansätzen kann hier nur eine kleine Auswahl beschrieben werden.

### 14.4.1 Technik, Prozesse und Menschen

Wenn von Cybersecurity-Maßnahmen gesprochen wird, fallen zuerst technische Aspekte, wie Firewalls, Kryptografie, Security Operations Center oder Benutzerauthentifizierung in den Blickwinkel der Betrachtung. Doch Cybersecurity greift viel umfassender auf weiteren Ebenen, die im Rahmen einer gesamtheitlichen Betrachtung nicht vernachlässigt werden dürfen. Auf der einen Seite sind technische Maßnahmen nicht immer die besten oder effizientesten Lösungen und auf der anderen Seite bringt die Kombination unterschiedlicher Maßnahmen das höchste Maß an Sicherheit. Hierbei sind technische und organisatorische Prozesse (inkl. Regelungen), also das Zusammenspiel mehrerer Aktivitäten, von entscheidender Bedeutung. Beispielsweise sind selbst die stärksten kryptografischen Schlüssel wertlos bzw. sogar risikobehaftet, wenn über fehlende oder fehlerhafte Prozesse geheime Schlüssel den falschen Personen zugeordnet werden.

Neben Technik und Prozessen fehlt noch eine wesentliche Komponente der Cybersecurity: der Mensch integriert in seine Organisation. Viele öffentlich zugängliche Auswertungen zeigen, dass in Unternehmen aller Branchen das Bewusstsein im Umgang mit Cybersecurity noch nicht ausreichend ausgeprägt ist. Dies kann verheerende Folgen für die Wirksamkeit von technischen und organisatorischen Maßnahmen haben. So bieten beispielsweise selbst die sichersten und längsten Passwörter keinen Schutz, wenn diese von Benutzern aufgeschrieben und z. B. an den Monitor befestigt werden. Aus diesem Grund sind Schulungen der Aufmerksamkeit beziehungsweise des Problembewusstseins (Awareness) für alle Mitarbeiter unerlässlich. Aufgrund der zunehmenden Bedrohungslage sollten solche Schulungen regelmäßig (z. B. einmal jährlich) verpflichtend durchgeführt und nachweislich dokumentiert werden (wie dies aufgrund der gesetzlichen Notwendigkeit bzgl. Arbeitssicherheit, Brandschutz und Erste Hilfe regelmäßig erforderlich ist). Darüber hinaus müssen berufsgruppenspezifische Qualifikationen regelmäßig durchgeführt werden, um z. B. auf notwendige spezifische Aspekte einzugehen. Solche Maßnahmen sind u. a. auch zur Sicherstellung bzw. für einen Nachweis zum Stand der Technik unerlässlich (siehe Abschn. 14.2.4). Wesentlich bei Awareness ist der Fokus auf „Verständnis“ anstatt „Belehrung“.

### 14.4.2 Das „Three Lines of Defense“-Modell

In den letzten Jahren wird das „Three Lines of Defense“-Modell in Organisationen verstärkt im Rahmen der Security-Governance angewendet. In diesem Modell liegen die Schwerpunkte auf mehreren unabhängigen Vorgängen, Rollen und Verantwortlichkeiten innerhalb von Organisationen zur ganzheitlichen Bewertung und Kontrolle von Prozessen in einem ISMS.

Das Modell lässt sich folgendermaßen zusammenfassen:

- **Linie 1** (erste „Verteidigungslinie“) besteht aus den Fachbereichen mit dem operativen Management (z. B. Betrieb) und stellt u. a. ei-

ne angemessene Überwachung von Schwachstellen und Risiken sicher. Diese erste Verteidigungslinie hat als „Risiko-Eigentümer" die Verantwortung für die Beurteilung, Steuerung, Überwachung sowie Reduktion von Cyber-Risiken und stellt die Einhaltung gesetzlicher und regulatorischer Anforderungen sicher.
- **Linie 2** dient der Steuerung und Überwachung der Risikomanagementfunktionen von Linie 1 für eine bestmögliche Effektivität. Hierzu gehört die Festlegung von Methoden und Verfahren für das Risikomanagement, die Vorgaben durch Leit- und Richtlinien, die Überwachung der Risiken sowie das Reporting an die Unternehmensleitung. Der Schwerpunkt der ersten und zweiten Linie liegt auf einem effektiven IT-Bedrohungs- und Risikomanagement und nicht auf der Einhaltung von Vorschriften.
- **Linie 3** stellt als objektive und unabhängige Prüfungs- und Beratungsinstanz die Interne Revision der Linien 1 und 2 dar mit dem Schwerpunkt auf betriebliche Wirksamkeit und Effizienz. Die Interne Revision unterstützt in dieser Funktion Unternehmensleitung, operatives Management und Überwachungsinstanzen. Sie soll der Unternehmensleitung die Gewähr dafür bieten, dass die Risiken wirksam erkannt, bewertet und gesteuert werden.

Zusätzlich können auch externe Instanzen, wie z. B. Abschlussprüfer oder Aufsichtsbehörden, die Überwachungsstruktur der Organisation unterstützen. Dieses externe Audit kann als vierte „Verteidigungslinie" angesehen werden.

### 14.4.3 Einbettung von Cybersecurity in das V-Modell

Cybersecurity muss während des gesamten Lebenszyklus bei Systemen der Eisenbahninfrastruktur betrachtet werden, d. h. von der Spezifikation und Entwicklung über die Integration und den Betrieb bis hin zur Außerbetriebnahme. Prozess- und Vorgehensmodelle sind heute häufig V-artig strukturiert, sprich Phasenergebnisse früherer Phasen sind Vorbedingung für die Bearbeitung in der aktuell anstehenden Bearbeitungsphase. Die Behandlung von RAMS (s. Abschn. 14.2.3) wird im Lebenszyklus von Systemen in den Normen DIN EN 50126-1/2 beschrieben, wobei Teil 2 gezielt auf die sicherheitsbezogenen Aspekte (gemeint funktionale Sicherheit) eingeht. Die Prozessschritte zur Erreichung der Qualitätsziele zu den einzelnen Eigenschaften im Einzelnen werden in generischer Weise und über den kompletten Lebenszyklus eines Eisenbahnsystems (vom Entwurf bis zur Außerbetriebnahme) beschrieben (siehe Abb. 14.6).

Da in diesem Prozess die Beherrschung von Risiken in den einzelnen Phasen betrachtet wird, ist es naheliegend hier auch Themen der Cybersecurity einzubetten. Hierzu entstand die Vornorm CLC/TS 50701 [25]. Diese übernimmt die Vorgehensweisen der DIN EN IEC 62443 [47], einer Normenreihe zur Behandlung von Cybersecurity im Kontext industrieller Automatisierungssysteme. Die Eisenbahnleit- und Sicherungstechnik kann dabei als Spezialfall eines industriellen Automatisierungssystems aufgefasst werden. Zugrunde liegt das Phasenmodell für das Risikomanagement im Rahmen der Erstellung des Systems der Eisenbahnleit- und Sicherungstechnik. Im Rahmen dessen werden Phasenergebnisse in Richtung Cybersecurity-Prozess übermittelt und umgekehrt fließen Ergebnisse des IT-Risikomanagements in Phasenergebnisse der Erstellung des betreffenden Bahnsystems ein[10]. Anforderungen zur Cybersecurity, die aus der Safety generiert werden, müssen durch die Cybersecurity nachgewiesen werden. Dabei geht es nicht darum die Cybersecurity als zusätzliche Zielstellung in den bestehenden Prozess zu integrieren, sondern darum in jeder Phase Aussagen zur Risikobeherrschung bzgl. Cybersecurity zu erhalten[11]. Wesentliches Hilfsmittel ist der sogenannte Cybersecurity Case[12], der phasenbegleitend entsteht. Der Cybersecurity Case bildet als Dokumentation der definierten Maß-

[10] Für das IT-Risikomanagement bzgl. Cybersecurity sei auf Abschn. 14.4.5, und für die Nachweisführung zur Cybersecurity sei auf den Abschn. 14.4.7 verwiesen.
[11] Konkrete Aussagen findet man in Abschn. D.4 der DIN CLC/TS 50701.
[12] IT-Sicherheitsnachweis – s. Abschn. 9.2 der DIN CLS/TS 50701.

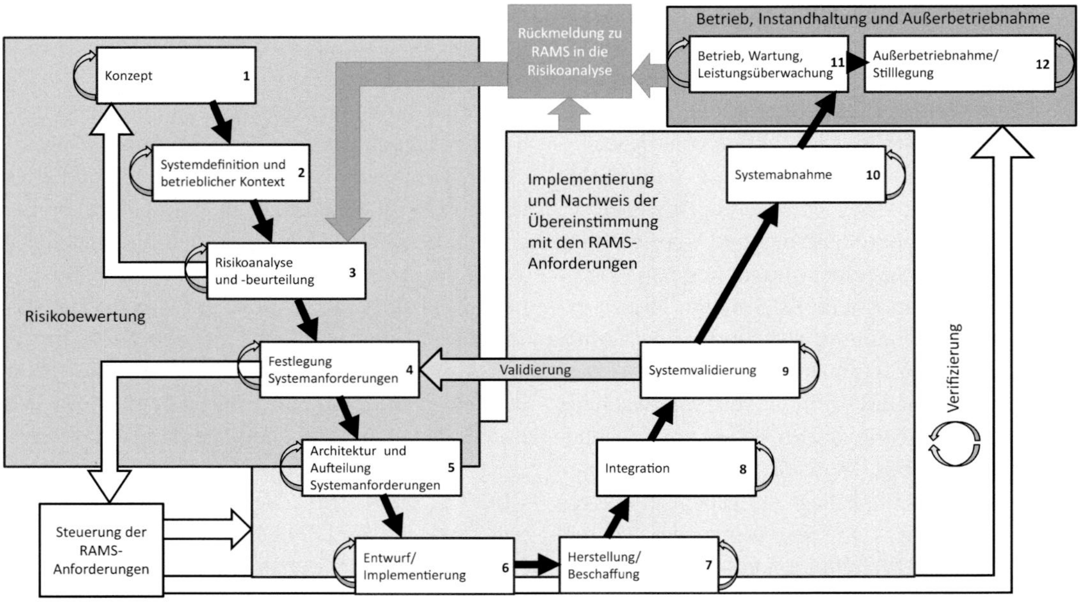


**Abb. 14.6** Einzelne Phasen des V-Modells für das System Bahn nach DIN EN 50126-1 [19, Abschn. 6.2]

nahmen und ihrer Wirkung die Grundlage für den Nachweis der Cybersecurity gemäß der Anforderung der DIN EN 50129 (siehe Abschn. 14.2.4). Im Rahmen der Phase Integration wird geprüft, ob es Bedingungen gibt, die sich aus der Erfüllung von RAMS-Anforderungen ergeben, die auf die Cybersecurity wirken bzw. auch umgekehrt (siehe hierzu Tab. 14.4). Der Cybersecurity Case existiert bis zur Außerbetriebnahme des jeweiligen Systems. Vorschläge der Struktur und Inhalte des Cybersecurity Case sind in Anhang G der DIN TS/CLC 50701 beschrieben.

Die Synchronisationspunkte und Aussagen zu den Phasen der DIN EN 50126-1 sind in Tab. 1 (Kap. 5 der DIN TS/CLC 50701) beschrieben. Für die Prozessabläufe zur IT-Bedrohungs- und Risikoanalyse wird auf Abschn. 14.4.5 verwiesen.

### 14.4.4 Referenzarchitekturen

In diesem Kapitel erfolgt der Blick auf Referenzarchitekturen aus zwei Richtungen. Zuerst wird ein generisches Modell vorgestellt, wie die verschiedenen Systeme der Eisenbahninfrastruktur in unterschiedliche Bereiche aufgeteilt werden können. Anschließend wird als konkretes Beispiel die Security-Architektur der Digitalen Stellwerke (DSTW) der Deutschen Bahn grob beschrieben.

#### 14.4.4.1 Generisches Architekturmodell

Zur Strukturierung von komplexen Automations- und Industrienetzen sowie insbesondere zur Ermittlung relevanter Bedrohungen bzw. Anforderungen zur Cybersecurity kann der Einsatz von Referenzarchitektur-Modellen hilfreich sein. Eines dieser Modelle ist das Purdue Referenzmodell [48]. Das Modell strukturiert Industrie- und Automationsnetze in sechs Bereiche (Level). Die betriebenen Geräte und Systeme werden jeweils einem Level zugeordnet. Das Referenzmodell wurde auch in die Normenreihe DIN EN IEC 62443 [47] als Orientierung für die Umsetzung von Zonen und Conduits übernommen.

Das Purdue Referenzmodell ermöglicht, komplexe Systemstrukturen klar zu strukturieren. Durch Abstraktion und Zuordnung der Geräte und Systeme in verschiedene Bereiche hilft das Modell, den Überblick zu erlangen. Die Planung

**Tab. 14.4** Synchronisationspunkte zwischen Lebenszyklen Eisenbahnsystem und Cybersecurity (die Pfeile zeigen an, welche Information in das jeweilige Phasenergebnis einfließt $\Leftarrow$ Information aus Cybersecurity fließt in Phasenergebnis RAMS ein, $\Rightarrow$ Information aus RAMS-Management fließt in Richtung Cybersecurity) – angelehnt an CLS/TS 50701, Abschn. 5.3, Tab. 1 [25]

| Nr. | Phase DIN EN 50126 | Synchronisierte Informationen | | | Phase Cybersecurity Prozess |
|---|---|---|---|---|---|
| 1 | Konzept | $\Rightarrow$ | Umgebung, Zweck, Anwendungsbereich | | System under Consideration (SuC), Festlegung IT-Bedrohungskatalog |
| | | | Cybersecurity-Managementplan | $\Leftarrow$ | |
| 2 | Systemdefinition und betrieblicher Kontext | $\Rightarrow$ | Architektur, Systemgrenzen, Funktionen, Schnittstellen, generische Systeme | | Zonierungskonzept |
| | | | Risikobewertung, Zonierung | $\Leftarrow$ | |
| 3 | Risikoanalyse und -beurteilung | $\Rightarrow$ | Funktionale Anforderungen | | Detaillierte Risikoanalyse (DRA) und organisatorische sowie technische Maßnahmen, Betriebsprozesse |
| | | | Bedrohungsprotokoll, Aktualisierung der Zonierung | $\Leftarrow$ | |
| 4 | Festlegung Systemanforderungen | | Cybersecurity-Anforderungen (CSR) und SecRACs | $\Leftarrow$ | Cybersecurity-Anforderungen und SecRACs |
| 5 | Architektur und Aufteilung Systemanforderungen | $\Rightarrow$ | Detaillierte Systemarchitektur, Produktliste | | Aktualisierung DRA, Zuweisung Cybersecurity-Anforderungen |
| | | | Cybersecurity-Anforderungen und SecRACs Subsysteme | $\Leftarrow$ | |
| 6 | Entwurf/ Implementierung | | Keine Synchronisation | | Entwurf und Implementierung nach Cybersecurity Normen |
| 7 | Herstellung/ Beschaffung | | Keine Synchronisation | | Herstellung nach Cybersecurity Normen und Beschaffung |
| 8 | Integration | $\Rightarrow$ | Dokumentation Integrationstest mit Informationen des SuC | | Eignungsnachweis (Testintegration, Schwachstellen, Cybersecurity-Tests, Härtung) Aktualisierung DRA |
| | | | Eignung Cybersecurity-Komponenten | $\Leftarrow$ | |
| 9 | System-Validierung | Cybersecurity Case und Cybersecurity-Richtlinien | | $\Leftarrow$ | Bestätigungen, Nachweise (Cybersecurity-Richtlinien, -Funktionen, CSR, Konfigurationen, organisatorische Regelungen, SecRACs) |
| 10 | System-Abnahme | Cybersecurity Case und Beantwortung SecRACs und Cybersecurity-Richtlinien | | $\Leftarrow$ | Cybersecurity-Abnahme/Risikoübernahme |
| 11 | Betrieb, Wartung, Leistungsüberwachung | $\Rightarrow$ | Cybersecurity Case und Cybersecurity-Richtlinien | | Cybersecurity-Betriebsprozesse gemäß ISMS (z. B. Assetmanagement, Schwachstellen- und Patchmanagement) |
| 12 | Außerbetriebnahme/ Stilllegung | Entsorgungsbericht | | $\Leftarrow$ | Sichere Entsorgung (z. B. Löschen von Attributen, Passwörter, Zertifikaten etc.) |

und Realisierung von Schutzmaßnahmen werden hierbei erleichtert. An den Übergängen zwischen den Leveln lassen sich gemäß den bestehenden Schutzanforderungen technische Schutzmaßnahmen implementieren. Die Unterteilung in Level reicht von der niedrigsten Stufe, den physischen Komponenten des industriellen Herstellungsprozesses, bis zur höchsten Stufe, dem Büronetzwerk. Je niedriger der Level, desto höher die Anforderungen an Robustheit und Zuverlässigkeit der Systeme. Der Informationsaustausch muss zwischen den Leveln kontrolliert und überwacht werden. Sicherheitstechnisch unterschiedliche OT-Systeme bzw. IT- und OT-Systeme sind damit logisch und physisch getrennt bzw. isoliert.

In Tab. 14.5 sind einige Systeme der Eisenbahninfrastruktur anhand von Beispielen dem Purdue Referenzmodell zugeordnet.

Zwischen dem Level 3 und 4 befindet sich der Conduit (gegebenenfalls ist hier eine sogenannte DMZ vorhanden), mit der sich IT und OT separieren und die Informationsflüsse zwischen IT- und OT-Systemen überwachen und kontrollieren lassen.

**Tab. 14.5** Zuordnung von Beispielen aus der Eisenbahninfrastruktur im Purdue Referenzmodell [48]

| Level | Beschreibung | Beispiele aus dem Umfeld Bahn |
|---|---|---|
| **Level 0** | Physischer Prozess mit den Komponenten des industriellen Herstellungsprozesses wie Sensoren und Aktoren | Sensor für Gleisfreimeldung, Weichenantrieb, Annäherungssensoren |
| **Level 1** | Intelligente Steuerungs- und Überwachungssysteme wie programmierbare Controller oder elektronische Steuerungen | Gleisfreimeldeanlage, Stellteile, Objectcontroller (OC), DAK (Digitale Automatische Kupplung), Stellwerk[a] |
| **Level 2** | Prozessleitsysteme zur Überwachung der Prozessführung | Stellwerk (z. B. DSTW), RBC (Radio Block Center) |
| **Level 3** | Betriebsführungs- und Produktionsbetriebssysteme (Operations Management) | SOC (Security Operations Center), NOC (Network Operations Center), Zuglenkung, BSO |
| **Level 4** | Geschäftslogiksysteme, wie z. B. ERP-Software | SAP, Fahrkartenverkauf, Fahrplankonstruktion, Fahrgastinformationssysteme |
| **Level 5** | Büronetzwerk mit Arbeitsplatz- und Peripheriegeräten | Office, E-Mail, Smartphone |

[a] Je nach Sichtweise, ließe sich ein Stellwerk sowohl Level 1 als auch Level 2 zuordnen

Es kann auch als Ausgangspunkt für Maßnahmen dienen, die nach dem Defense-in-Depth-Prinzip aufgebaut werden. Defense in Depth beschreibt dabei ein von der National Security Agency (NSA) eingeführtes Mehrschalen-Modell (umgangssprachlich Zwiebel-Modell genannt) zum Schutz vor Cybersecurity-Bedrohungen unter Berücksichtigung von Menschen, Technologien und Prozessen (siehe auch Abschn. 14.4.1). Auf allen Ebenen werden dabei Maßnahmen ergriffen, um auch bei Versagen einer Schale auf weitere Maßnahmen zurückgreifen zu können. Näheres dazu ist zu finden in [49].

#### 14.4.4.2 Security-Architektur DSTW

Das digitale Stellwerk (DSTW) ist die Weiterentwicklung des elektronischen Stellwerkes (ESTW) und wird im Rahmen der Digitalen Leit- und Sicherungstechnik (DLST) über ein neues Bediensystem gesteuert (iLBS – integriertes Leit- und Bediensystem). Da die standardisierten Schnittstellen des DSTW interessierten Anwendern zugänglich und IP-basiert sind, können Komponenten unterschiedlicher Hersteller zu einem Gesamtsystem zusammengeschaltet werden. Vorteile von DSTW gegenüber ESTW sind standardisierte Schnittstellen, Trennung von Energie- und Datenverbindungen (mit der Möglichkeit größerer Stellentfernungen), Erhöhung der Resilienz sowie verbesserte Diagnosefähigkeit. Das digitale Stellwerk ist ein zentraler Bestandteil des Programms *Digitale Schiene Deutschland (DSD)* der Deutsche Bahn AG [50], wird aber auch in anderen Ländern eingesetzt bzw. geplant. Grundlegende Detailinformationen sind zu finden in dem Fachartikel von Hans Leister [51].

Die Systemarchitektur kann in drei unterschiedliche Ebenen aufgeteilt werden (siehe Abb. 14.7):

- **Steuerungsebene:** Übergeordnete Anbindungen an mehrere Basisfunktionen, wie BSO (inkl. iLBS), NOC und SOC,
- **Stellebene:** An zentraler Stelle das eigentliche Stellwerk im TSO sowie Anbindungen an Nachbarstellwerke und
- **Feldebene:** Anbindungen der Feldelemente (Weichen, Signale, ...) über Gleisfeldkonzentratoren (GFK)

Die Kommunikation zu den Nachbarstellwerken (anderen DSTWs), zu den übergeordneten Basisfunktionen und zu den GFKs erfolgt über das bundesweite bahnbetriebliche IP-Netz (bbIP) auf Basis DB-eigener Glasfaserinfrastruktur. Aufgrund der bundesweiten Ausdehnung ist das bbIP-Netz gemäß DIN EN 50159 als Kategorie-3-Netz klassifiziert (siehe Abschn. 14.3.5), bei dem nicht autorisierte Zugriffe und auch Manipulationen nicht ausgeschlossen werden können. Daher sind zwingend Cybersecurity-Maßnahmen erforderlich. Diese bestehen im Wesentlichen aus Maßnahmen zum Schutz der Verbindungen (kryptografische Verfahren schwerpunktmäßig zur Sicherstellung der Datenintegrität, inkl.

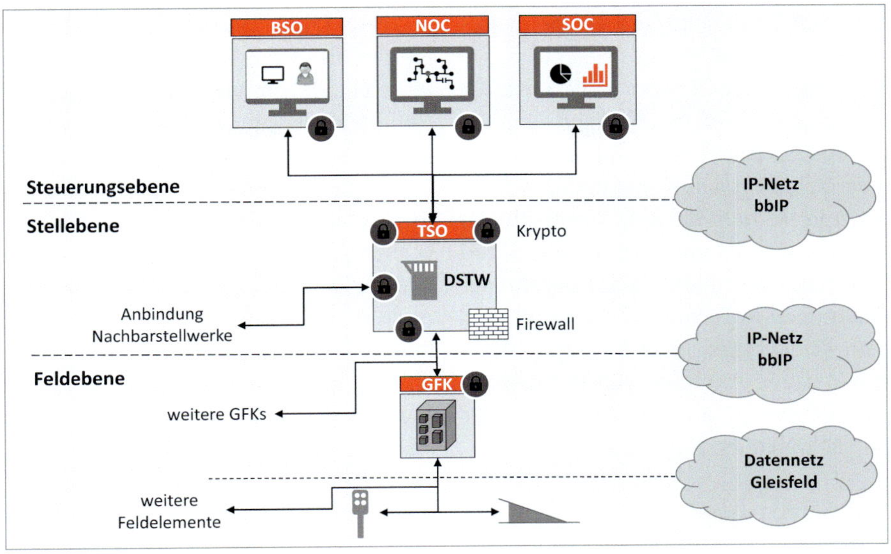


**Abb. 14.7** Systemarchitektur DSTW (vereinfachte Darstellung ohne Redundanzen)

Authentifizierung der Kommunikationspartner, Verbindlichkeit der Datenkommunikation, Kontrolle unberechtigter Netzwerkzugriffe über Firewalls, aktive Überwachung der Netzwerkverkehre über IPS sowie Anomalie Erkennung über ein SIEM im SOC). Für die kryptografischen Verfahren sind mehrere technische Lösungen denkbar:

- Anbindung mittels Verschlüsselungstunnel (z. B. IPsec) über dedizierte Krypto-Boxen bzw.
- Nutzung des Internetprotokolls TLS entweder über dedizierte TLS-Module oder integriert in Objectcontroller (OC) bzw. Firewall/IPS.

In der Nähe der Feldelemente befinden sich die individuellen Objectcontroller (OC) zur Steuerung von Weichen, Signalen usw. in verschlossenen Anschlusskästen, die zentral überwacht werden und deren unberechtigte Öffnung einen sofortigen Alarm auslöst. Auch die GFK sind wie die Stellwerke selbst zentral überwacht und Störungen werden unverzüglich erkannt. Die Anbindung der Feldelemente an die GFK erfolgt über das Datennetz Gleisfeld auf dedizierten Kabeln, die sich vollständig in Verantwortung des Betreibers befinden. Da die Netzzugänge des Datennetzes Gleisfeld überwacht sind (inkl. Alarmierung) und an den Feldelementen regional terminieren, können nicht autorisierte Zugriffe und Manipulationen weitgehend ausgeschlossen werden. Folglich kann das Datennetz Gleisfeld als Kategorie-2-Netz gemäß DIN EN 50159 klassifiziert werden. Wesentlich ist hierbei, dass mögliche Unregelmäßigkeiten und Störungen systematisch überwacht, zeitnah erkannt und mögliche Ausfälle lokal begrenzt (kleine Stellbereiche *unterhalb* der GFK) bleiben. Letzteres ist über geeignete Firewall- und IPS-Systeme im TSO und weitere Security-Funktionen sicherzustellen.

### 14.4.5 IT-Bedrohungs- und Risikoanalyse

In den CENELEC-Phasen 1 und 2 sind die konzeptionellen Grundlagen zur Berücksichtigung inkl. Planung von Cybersecurity im individuellen Systemkontext und die konkrete Systemdefinition „System under Consideration" (SuC) inkl. Beschreibung der Funktionen und Schnittstellen definiert. Zusätzlich ist in Phase 3 eine IT-Bedrohungs- und Risikoanalyse für das definierte System erforderlich (siehe Abschn. 14.4.3). Die Verantwortung für die Durchführung der IT-

Bedrohungs- und Risikoanalyse liegt beim Betreiber des relevanten SuC.

Das zu betrachtende System (SuC) ist ein Bestandteil des Bahnsystems und kann mehrere Subsysteme umfassen und muss sich nach außen hin klar abgrenzen lassen. Funktionen, welche für den sicheren Betrieb der Bahnanwendungen benötigt werden, werden als Kernfunktionen bezeichnet. Sie umfassen, ohne darauf beschränkt zu sein, Funktionen in Bezug auf die funktionale Sicherheit, Verfügbarkeit oder Steuerung. Dies können zum Beispiel Antriebs- und Bremsfunktion, die Türsteuerung, die Signaltechnik oder Funktionen zur Datenübertragung sein.

Die Systemdefinition muss:

- alle im Rahmen der Kernfunktionen des Systems verarbeiteten Informationen enthalten, um eine sinnvolle Schutzbedarfsfeststellung zu ermöglichen und
- ausreichend detailliert sein, um eine sinnvolle Zonierung des Systems zu ermöglichen.

Cyberangriffe können die Kernfunktionen des Systems Eisenbahninfrastruktur beeinträchtigen. Die entsprechenden Cybersecurity-Schutzmechanismen stellen insofern eine sicherheitsbezogene Funktion dar. Folglich können sie das sichere Verhalten des Systems mit potenziellen Auswirkungen u. a. auf die funktionale Sicherheit, Finanzen oder die Verfügbarkeit des Systems bedrohen (siehe auch Abschn. 14.3.6).

Für die Methodik der IT-Bedrohungs- und Risikoanalyse können in dieser Phase die nachfolgenden Regelungen heranzogen werden:

- DIN CLS TS 50701, Kap. 6 und 7
- DIN EN IEC 62443-3-2
- DIN ISO/IEC 27001 bzw. 27005
- BSI-Standard 200-2 bzw. 200-3

Zusätzlich müssen auf der einen Seite die Anforderungen des IT-SiG sowie auf der anderen Seite unternehmensinterne Vorgaben (z. B. Richtlinien) berücksichtigt werden. Gerade im Hinblick auf die hier betrachteten Systeme der Eisenbahninfrastruktur ist dies nicht immer einfach möglich und birgt Diskussions- bzw. Konfliktpotenzial. Es ist aber in jedem Fall eine Eignung der genutzten Methode, die Vollständigkeit der betrachteten Bedrohungen sowie die Korrektheit der daraus abgeleiteten Risikobewertung sicherzustellen.

Die IT-Bedrohungs- und Risikoanalyse muss in regelmäßigen zeitlichen Abständen (z. B. alle zwei Jahre) überprüft bzw. aktualisiert werden oder wann immer dies notwendig ist, um neue Bedrohungen und Schwachstellen des Bahnsystems zu berücksichtigen.

Wesentliche Ziele einer IT-Bedrohungs- und Risikoanalyse sind

- für jede Zone und jedes Conduit die relevanten Bedrohungen zu identifizieren (siehe Abschn. 14.4.5.2),
- diese Bedrohungen auf das Vorhandensein wirksamer Schwachstellen hin zu untersuchen,
- die daraus resultierenden Risiken anhand der erwarteten Eintrittswahrscheinlichkeit und potenziellen Schadensauswirkung zu bewerten und
- eine Entscheidung über den Umgang mit diesen Risiken herbeizuführen.

#### 14.4.5.1 Schutzbedarfsfeststellung

Das Ziel der Schutzbedarfsfeststellung (SBF) ist es, den Schutzbedarf, bzw. die Kritikalität, des zu betrachteten Systems (SuC) zu ermitteln. Hierbei wird das ungeminderte Schadenspotential (Auswirkungen) auf die drei Schutzwerte Verlust von Vertraulichkeit, Integrität und Verfügbarkeit unter Nichtbeachtung der Eintrittswahrscheinlichkeit (ungünstigster Fall) ermittelt. Für jedes der drei Schutzwerte erfolgt eine Einstufung von zuvor definierten Schadenskategorien in fest definierte Stufen (z. B. normal, hoch und sehr hoch).

Für Systeme der Eisenbahninfrastruktur sind mindestens die folgenden Schadenskategorien zu berücksichtigen:

- Beeinträchtigung der persönlichen Unversehrtheit und Auswirkungen auf die Umwelt

- Beeinträchtigung der Geschäftstätigkeit (z. B. Verfügbarkeit des Betriebs)
- Finanzielle Auswirkungen
- Verstoß gegen Gesetze, Regularien und Vorschriften
- Negative Außenwirkung (Imageverlust)

Namentlich wird der Begriff Schutzbedarfsfeststellung im BSI-Grundschutz verwendet und wurde dort geprägt. Einen Leitfaden findet man im *BSI-Standard 200-2* [52].

#### 14.4.5.2 Einteilung in Zonen und Conduits

Auf Grundlage der Ergebnisse der Schutzbedarfsfeststellung wird das betrachtete System (SuC) geeignet in Subsysteme mit einheitlichen Cybersecurity-Zonen unterteilt, welche durch Übergänge (Conduits) miteinander verbunden sind. Dies bedeutet, dass alle Subsysteme, die sich in derselben Zone befinden, sowie alle Daten, die über dieselben Conduits gesendet werden, dieselbe oder ähnliche Anforderungen an Cybersecurity haben. Ein Conduit ist der zu gestaltende Übergang zwischen Zonen mit verschiedenen Security-Anforderungen. Ein Conduit kann also z. B. auch ein Mensch mit USB-Stick sein.

Subsysteme, die keine sicherheitsbezogenen Funktionen aufweisen (keine SIL-Einstufung), sind strikt von Subsystemen zu trennen die sicherheitsbezogenen Funktionen bzw. Sicherheitsfunktionen aufweisen (Basisintegrität bis SIL 4). Wenn diese jedoch nicht getrennt werden können, richtet sich die Einstufung der gesamten Zone nach der höchsten vorhandenen SIL-Stufe.

Weiterführende Aussagen sind z. B. in einem ENISA-Report *Zoning and Conduits for Railways* [53] zu finden.

#### 14.4.5.3 Detaillierte IT-Bedrohungs- und Risikoanalyse

Es ist die Auswahl eines geeigneten IT-Bedrohungskatalogs heranzuziehen, der sowohl umfassend alle relevanten Bedrohungen auf die zu betrachtenden Zonen und Conduits abbildet als auch den spezifischen Fokus mit Auswirkungen auf die funktionale Sicherheit betrachtet.

Beispielsweise können die nachfolgenden Bedrohungskataloge herangezogen werden:

- *ENISA-Report: Threat Landscape 2022* [42],
- ISO/IEC 27005,
- KRITIS-Anforderungskatalog (nur bei Anwendung des IT-Sicherheitsgesetzes) [54]

Mindestens zu berücksichtigen sind die in den Abschn. 14.3.6 beschriebenen wesentlichen IT-Bedrohungen auf die Systeme der Eisenbahninfrastruktur.

Für jede Zone und für jedes Conduit ist eine detaillierte IT-Bedrohungs- und Risikoanalyse durchzuführen. Hierbei gilt es vor allem, die bekannten Schwachstellen von jedem Subsystem zu identifizieren oder im Falle von unbekannten Schwachstellen zu antizipieren. Jedes Bedrohungsszenario muss bewertet werden, um die Auswirkungen auf die einzelnen Schadenskategorien bei einem Eintreten der Bedrohung zu bestimmen. Für jede dieser ermittelten Auswirkungen wird die Eintrittswahrscheinlichkeit abgeschätzt, mit der die Bedrohung auftreten kann.

Als Ergebnis ist für jede Bedrohung das ungeminderte Cybersecurity-Risiko als Produkt von Auswirkung und geschätzte Eintrittswahrscheinlichkeit zu ermitteln. Zur Behandlung dieser Cybersecurity-Risiken kann auf das aus dem CSM-RA-Prozess bekannte Modell der Risikoakzeptanzkriterien zurückgegriffen werden. So kann jede Bedrohung (und die daraus resultierenden Risiken) ggf. durch Anwendung von Regelwerken (anerkannte Regeln der Technik – siehe Abschn. 14.2.4) oder von Referenzsystemen beherrscht werden.

Für die Anforderungen eines Regelwerks muss dieses im System Bahn (hier: Eisenbahninfrastrukturen) weithin anerkannt sein, und es muss die Bedrohungen, für die es angewendet wird, wirksam ausschließen. Es erfolgt hierbei eine Orientierung am Stand der Technik.

Für alle verbleibenden Risiken, die sich nicht durch Anwendung von Regelwerken oder von Referenzsystemen abdecken lassen, ist eine explizite IT-Risikoanalyse erforderlich. Es muss sichergestellt sein, dass alle Risiken entweder durch ein Regelwerk, ein Referenzsystem oder

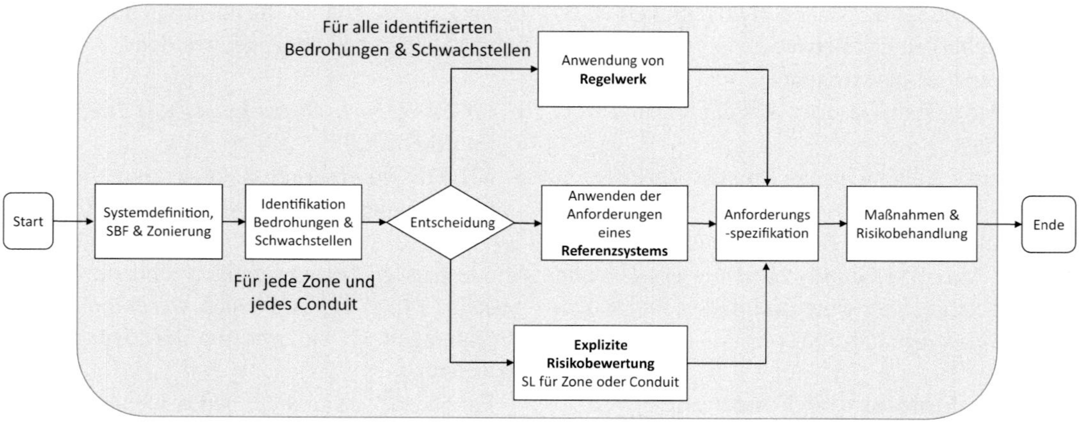


**Abb. 14.8** Prozessschritte des IT-Bedrohungs- und Risikomanagements inkl. der drei Risikoakzeptanzkriterien (angelehnt an CLC/TS 50701, Abschn. 7.2 [25])

der expliziten Risikobewertung abgedeckt sind (siehe Abb. 14.8).

#### 14.4.5.4 Security Level und Cybersecurity-Anforderungen

Im Rahmen der IT-Bedrohungs- und Risikoanalyse gemäß DIN EN IEC 62443-3-2 werden für das betreffende System die zu erreichenden Security Level (SL) abgeleitet (siehe hierzu Tab. 14.6), aus denen sich die sieben grundlegenden Anforderungen (Foundational Requirements, FR) ergeben.

Diese SL sind nicht mit den Safety Integrity Leveln (SIL) aus der funktionalen Sicherheit (Safety) zu verwechseln. Sie unterscheiden sich hinsichtlich ihrer Zielstellung, ihrer Definition und man kann aus einem SIL x keinen SL x ableiten oder umgekehrt.

Welche Security Level für die einzelnen Systeme der Eisenbahninfrastruktur festzulegen sind, hängt entscheidend von der Risikobewertung ab. Im Rahmen der Angemessenheit müssen die damit verbundenen Kosten für die umzusetzenden Maßnahmen in Relation zu den Kosten von Ausfall und Störung stehen. Grundsätzlich sagt z. B. das BSI, dass die umzusetzenden Maßnahmen nach dem Stand der Technik angemessen sein müssen, sprich in einem vernünftigen Verhältnis zu Folgen und Kosten eines Ausfalls oder einer Störung stehen sollen. Um einen Eindruck von den finanziellen Ressourcen zu bekommen, sei der Film *„Zero Days"* empfohlen, der die Geschichte und Hintergründe von Stuxnet erläutert. In einem durch Edward Snowden geleakten Dokument wird das Budget der zweiten Obama-Amtszeit für Cyberwaffen dargestellt, welches sich auf 52,6 Mrd. US Dollar belief [55, 01:03:33]. Dieses gibt einen Eindruck von Ressourcen auf Ebene von Nationalstaaten.

Die sieben grundlegenden Anforderungen gemäß DIN EN IEC 62443-3-3 sind:

1. Zugriffskontrolle (identification and authentication control, IAC)

**Tab. 14.6** Beschreibung der fünf Security Level (SL) in Bezug auf die Art der Bedrohungen, gegen welche sie Schutz bieten sollen (z. B. auch Expertise der Angreifer, Fähigkeiten und finanzielle Mittel) gemäß DIN EN IEC 62443 [47]

| Security Level | Beschreibung |
|---|---|
| **SL0** | Kein IT-Sicherheitsschutz notwendig |
| **SL1** | Schutz vor gewöhnlichen oder zufälligen Verstößen |
| **SL2** | Schutz vor vorsätzlichen Verstößen mit einfachen Mitteln, wenigen Ressourcen, allgemeinen Fähigkeiten und einem geringen Maß an Motivation |
| **SL3** | Schutz vor vorsätzlichen Verstößen mit anspruchsvollen Mitteln, moderaten Ressourcen, spezifischen Fähigkeiten und einer moderaten Motivation |
| **SL4** | Schutz vor vorsätzlichen Verstößen mit anspruchsvollen Mitteln, erhöhten Ressourcen, spezifischen Fähigkeiten und hoher Motivation |

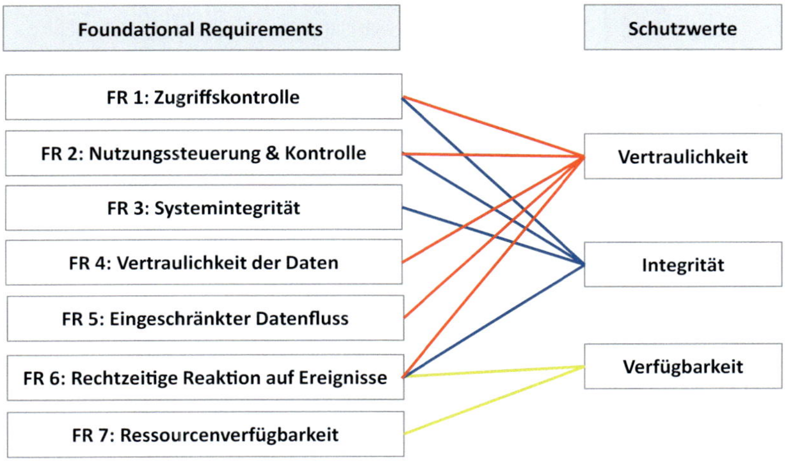


**Abb. 14.9** Zuordnung der grundlegenden Anforderungen zu den Schutzwerten der Cybersecurity

2. Nutzungskontrolle (use control, UC)
3. Systemintegrität (system integrity, SI)
4. Vertraulichkeit der Daten (data confidentiality, DC)
5. Eingeschränkter Datenfluss (restricted data flow, RDF)
6. Rechtzeitige Reaktion auf Ereignisse (timely response to events, TRE)
7. Ressourcenverfügbarkeit (resource availability, RA)

Die grundlegenden Anforderungen können auf die drei Schutzwerte Integrität, Verfügbarkeit und Vertraulichkeit abgebildet werden (siehe Abb. 14.9) und damit die nachfolgenden Arbeitsschritte maßgeblich vereinfacht werden[13].

Auf Basis der detaillierten Risikobewertung wird für jede Zone und jeden Conduit zunächst der anzustrebende 7-stufige SL-Vektor festgelegt. Anschließend werden für jede Zone und jedes Conduit Maßnahmen (z. B. aus DIN EN IEC 62443-3-3) korrespondierend mit dem SL ausgewählt, die umzusetzen sind. Die durch diese Maßnahmen erreichten Reduzierungen der Risiken werden ermittelt, und es wird geprüft, ob damit die Risikoakzeptanzkriterien bereits erfüllt werden.

Das Ergebnis der detaillierten IT-Bedrohungs- und Risikoanalyse sind abgeleitete Anforderungen an die Cybersecurity für jede Zone und jedes Conduit.

[13] Diese Zuweisung ist mit einer gewissen Ungenauigkeit verbunden.

Die CLC/TS 50701 beschreibt Herangehensweisen zum Umgehen mit den grundlegenden Anforderungen (foundational requirements) der DIN IEC 62443-3-3 und gibt Empfehlungen für Aktivitäten und Maßnahmen für die spezifische Anwendung im System Bahn. Zusätzlich wird auf die reichhaltigen Quellen der DIN EN IEC 62443 zur Auswahl weiterer Anforderungen verwiesen. Zu berücksichtigen ist, dass die grundlegenden Anforderungen nicht vollständig umgesetzt sein müssen.

#### 14.4.5.5 Gegenmaßnahmen und Risikobehandlung

Für jede identifizierte Gefährdung (Bedrohung trifft auf vorhandene Schwachstelle) muss das betreffende Risiko bewertet werden. Hierbei wird für jede Gefährdung die Eintrittswahrscheinlichkeit und das Schadensausmaß bestimmt. Überschreitet das bewertete Risiko einen festgelegten Schwellwert, muss dieses reduziert werden. Durch zusätzliche Maßnahmen wird entweder die Eintrittswahrscheinlichkeit und/oder die Schadenshöhe reduziert. Hierfür wird die Methodik aus dem betreffenden ISMS des jeweiligen Unternehmens herangezogen, in dem z. B. die Schwellwerte unternehmensabhängig festzulegen sind (siehe Abb. 14.10).

Für verbleibende Restrisiken gibt es drei Möglichkeiten der Behandlung: Diese können vom betreffenden Unternehmen akzeptiert, an einen anderen Bereich transferiert bzw. weiter reduziert werden. Bei Bedarf können auch die Modelle

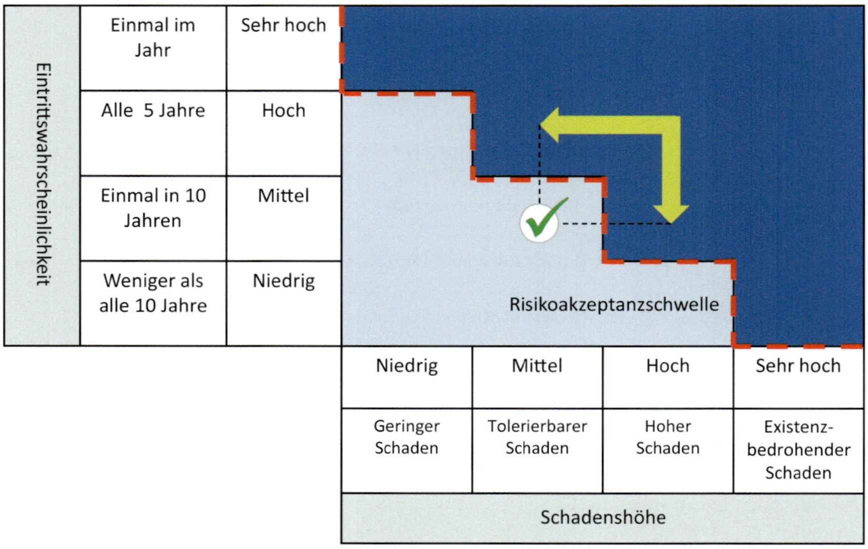


**Abb. 14.10** Beispiel für eine Matrix zur Einstufung von Cybersecurity-Risiken (Eintrittswahrscheinlichkeit & Schadenshöhe) sowie Visualisierung der Wirkung von Maßnahmen (Risiko unterhalb der Risikoakzeptanzschwelle)

der Risikomatrixkalibrierung und Risikoakzeptanzkategorien aus Anhang C der DIN EN 50126-1 herangezogen werden.

Ergänzend sollten im Rahmen dieses Prozesses Kontrollmaßnahmen (z. B. Penetrationstests, technische Schwachstellenanalysen, etc.) durchgeführt wurden, um Anhaltspunkt zu potenziellen Schwachstellen zu erhalten (siehe hierzu Abschn. 14.5).

### 14.4.6 Produktauswahl und Risikoübergang

Zur Erfüllung von Anforderungen ist es häufig notwendig Cybersecurity-Techniken (Produkte) einzusetzen. Dieses sind z. B. Verschlüsselungs-Geräte, Firewalls, Networkprobes, Datendioden, PKI (Public Key Infrastruktur), HSM (Hardware Security Module) etc., welche nicht ausschließlich für ein konkretes Einsatzumfeld konzipiert sind. Dies sind gewöhnlich COTS-Komponenten (s. Abschn. 14.3.3).

Üblicherweise sind diese Produkte für ein klassisches IT-Umfeld (Abschn. 14.3.2) entwickelt oder aber für dedizierte Anforderungsprofile im Sicherheitsumfeld (Sicherheitsbehörden, Verwaltung, Militär). Dahingehend erfolgt auch häufig die Zertifizierung dieser Produkte. Somit ist ein aktuelles Security-Zertifikat einer Komponente oder sogar nur für Teilfunktionen in erster Linie eine Aussage zum „Stand der Technik" (s. Abschn. 14.2.4). Klassischerweise sind solche Zertifikate mit Anwendungsregeln (zu Konfiguration und/oder Betrieb) verbunden. Diese Anwendungsregeln sind entweder für den typischen Anwendungsfall oder das konkrete Einsatzumfeld formuliert. Teile dieser mit Zertifikaten verbundenen Anwendungsregeln können dabei durchaus für den Anwendungsfall im Kontext der Eisenbahninfrastruktur geeignet sein. Es bestehen aber sehr wahrscheinlich Abweichungen in der Risikobewertung zwischen dem zugrundeliegenden Anwendungsfall für das Zertifikat und dem konkreten Anwendungsfall. Hieraus ergeben sich dann spezifische Ableitungen für den vorliegenden Anwendungsfall (hinsichtlich Parametrierung, Betrieb, Instandhaltung etc.). Weiterhin ist darauf zu achten, dass ggf. Regeln, die aus der funktionalen Sicherheit stammen, in der Cybersecurity zu berücksichtigen sind.

D. h. auch für COTS-Security-Techniken ist die Formulierung geeigneter Anforderungen/Einsatzbedingungen/Projektierungsregeln für den spezifischen Anwendungsfall erforderlich. Dabei müssen aber Anforderungen zum Stand der

Technik, die ggf. durch das Produktzertifikat ausgedrückt werden, nicht wiederholt oder angepasst werden. Die Aussagekraft vorliegender Produktzertifikate in der Cybersecurity ist häufig eingeschränkt. Die Anforderungen sind meist nicht standardisiert und vertraulich. Sind diese dennoch vollständig oder teilweise bekannt, sind sie und die sich daraus ergebenden Anwendungsregeln häufig nicht geeignet, obwohl durch die Zertifizierung ein hohes Niveau erreicht wird. Bsp.: Microsoft erhielt eine Common Criteria EAL4-Zertifizierung für Windows 2000 mit Service Pack 3. Zertifiziert wurde das sogenannte Controlled Access Protection Profile, welches für typische Umgebungen (z. B. Rechner mit Internet-Anschluss) nicht praktikabel ist (siehe [56]). Dies bedeutet, dass Zertifizierungen für Produkte ggf. nichtzutreffend sind. Die Anforderungen sind nicht im Detail bekannt oder die Rahmenbedingungen passen nicht und das Zertifikat veraltet schnell. Besser ist eine Auswahl gegen einen anwendungsfallbezogenen Anforderungskatalog (z. B. ein detailliertes Lastenheft). Für viele Anwendungsfälle sind Unternehmenszertifikate (z. B. die Zertifizierung eines ISMS bzgl. DIN EN 27001) eine sinnvolle Alternative zu Produktzertifikaten, da so ein entsprechender Entwicklungs- oder Fertigungsprozess vorausgesetzt ist, der Security-Aspekte berücksichtigt. Es ergibt sich daraus aber keine Garantie, dass Produkte bestimmte dedizierte Eigenschaften aufweisen.

Bei der Gestaltung des Risikoübergangs[14] sind erforderlich:

- Nachweis der spezifischen Cybersecurity-Anforderungen
- Nachweise zur Einbettung in die ISMS-Prozesse des Betreibers
- Durchführung der IT-Bedrohungs- und Risikoanalyse zum Zeitpunkt des Übergangs (z. B. Schwachstellenscan, ...)
- Risikoübernahme (Übernahme der Verantwortung in das Managementsystem des Betreibers/Abnahme)

Weitere Regelungen zur kontinuierlichen Aufrechterhaltung der Cybersicherheit und des Risikomanagements (Patchmanagement, Behebungszyklen etc.) sind ggf. über SLA (Service Level Agreement) oder Wartungsverträge zu gestalten.

Für den Risikoübergang sind Regelungen zwischen Hersteller und Betreiber zu treffen, da sich die Bedrohungslage als Risikoquelle dynamisch entwickelt. Die Regelungen umfassen u. a.:

- Akzeptanz von Schwachstellen (dokumentierte Risikoübernahme)
- Dauer der Akzeptanz
- Abstimmung zu Kompensationsmaßnahmen

### 14.4.7 Nachweisführung der Cybersecurity

Für die Inbetriebnahme von Eisenbahninfrastrukturen sind stringente Prozesse der Zulassungsbewertung umzusetzen und die Ergebnisse u. a. in einem Sicherheitsnachweis (Safety Case) zu dokumentieren. Dieser berücksichtigt Safety-Anforderungen und wird während der Lebenszeit des betreffenden Systems üblicherweise nicht angepasst. Anforderungen der Cybersecurity werden bisher nur im geringen Maße berücksichtigt, sind aber normativ gefordert (siehe Abschn. 14.2.4 und 14.3.4).

Die Prozesse der Zulassungsbewertung von Signal-, Telekommunikations- und Elektrotechnischen Anlagen (STE) gemäß EIGV sind in der *Sektorleitlinie* [57] beschrieben. Eine solche Zulassung („Genehmigung“) ist erforderlich für die Inbetriebnahme von STE-Anlagen bzw. zur Beantragung einer *Genehmigung zum Inverkehrbringen und Verwenden* (GIuV). Die Sektorleitlinie stellt hierbei eine nationale technische

[14] Der Risikoübergang meint hier den Übergang aus der Verantwortung des Herstellers in den Verantwortungsbereich des Betreibers. Verbunden ist damit die Bestätigung, dass das System frei von nicht akzeptablen Risiken ist und dass vereinbarte Standards zur Risikohandhabung eingehalten wurden.

Vorschrift gemäß des Allgemeinen Eisenbahngesetzes (AEG) sowie der EIGV dar. Neben übergreifenden Festlegungen in Abschn. 1 sind in Abschn. 2 die Prozesse für signaltechnische Anlagen, in Abschn. 3 für Telekommunikationsanlagen, in Abschn. 4 für Elektrotechnische Anlagen und in Abschn. 5 für IT-Security beschrieben.

Die Sektorleitlinie beschreibt die generischen Prozesse der Zulassungsbewertung von STE-Systemen und beschränkt sich ausschließlich auf die Abläufe in den Phasen Lastenheft, Pflichtenheft und Produkt. Diesen Phasen vor- oder nachgelagerte Aspekte (z. B. Systemdefinition, IT-Bedrohungs- und Risikoanalyse, Betriebsprozesse) werden in der Sektorleitlinie nicht betrachtet. Zu berücksichtigen ist, dass Produktfreigaben o. ä. sowie Genehmigungen zur Inbetriebnahme nachgelagert erfolgen und ebenfalls nicht in den generischen Prozessen der Zulassungsbewertung der Sektorleitlinie betrachtet werden.

Für signaltechnische Systeme (z. B. Stellwerke), bei denen die Kommunikation ausschließlich in geschlossenen Kommunikationsnetzen gemäß DIN EN 50159 stattfindet (zum Austausch von Nachrichten der Typen A0 oder A1 gemäß DIN EN 50159, Anhang C), kann auf eine dedizierte Betrachtung hinsichtlich Cybersecurity verzichtet werden (siehe Abschn. 2.1.15 der Sektorleitlinie). Dies betrifft im Wesentlichen die sicherheitsrelevanten Einrichtungen der Bestandstechnik. Zusätzlich ist für nicht sicherheitstechnische Komponenten oder Systeme, die eine Verbindung zu sicherheitstechnischen Komponenten haben, ein Nachweis der Rückwirkungsfreiheit ausreichend. Für STE-Systeme und -Komponenten, die über offene Kommunikationsnetze gemäß DIN EN 50159, verbunden sind, ist hingegen eine dezidierte Nachweisführung hinsichtlich Cybersecurity erforderlich. Entsprechende Regelungen sind in Abschn. 5 der Sektorleitlinie beschrieben.

Die Beschreibungen in Abschn. 5 der Sektorleitlinie regeln die Zulassungsbewertung von Cybersecurity in Eisenbahnsystemen unter Einhaltung der gesetzlichen und regulatorischen Rahmenbedingungen. Betrachtet werden hierbei sowohl Cybersecurity-Systeme als auch Cybersecurity-Funktionen in einem Gesamtsystem.

Nachfolgende Rahmenbedingungen sind bei der Nachweisführung bzgl. Cybersecurity zu berücksichtigen:

- Prozessabläufe im bewährten Drei-Phasen-Modell (Lastenheft, Pflichtenheft und Produkt)
- Prozessuale und technische (logische) Trennung von Cybersecurity und Safety inkl. Trennung der beiden Zulassungsbewertungsprozesse, um erteilte Safety-Zulassungsbewertungen nicht zu gefährden.
  - Dies beinhaltet auch getrennte Nachweisführungen und -dokumente (Safety Case und Cybersecurity Case) sowie getrennte Begutachtungsprozesse.
  - Damit ist eine unabhängige Weiterentwicklung möglich.
- Berücksichtigung des „Stands der Technik" für Cybersecurity (zusätzlich zu den „anerkannten Regeln der Technik" für safety-bezogene Systeme) als Prüfgrundlage für Prüfsachverständige IT-Security
- Beschreibung von Struktur und der Inhalte des Cybersecurity-Nachweises gemäß DIN CLC/TS 50701. Dies beinhaltet die beiden wesentlichen Nachweise:
  - Gefährdungsbeherrschung inkl. Rückwirkungsfreiheit der Cybersecurity auf die betriebliche Sicherheit (keine Auswirkungen Security auf Safety) sowie
  - Erfüllung der allgemeinen Ziele und Anforderungen der Cybersecurity nach dem Stand der Technik (z. B. notwendige Schutzfunktionen, Berücksichtigung von aktuellen Cyberbedrohungen, Erkennung von Unregelmäßigkeiten).
- Anforderungen an einen Patchprozess, so dass bei einer rein auf Cybersecurity bezogenen Software-Aktualisierung (z. B. kurzfristiges Einspielen von Cybersecurity-Patches) keine neuen Nachweise, weder für Cybersecurity und insbesondere nicht für Safety, erforderlich sind. Dieser Patchprozess ist Bestandteil der Zulassungsbewertung und wird von einem PSV IT-Security geprüft.
- Nachfolgende Bauprozesse (Prozess gemäß VV BAU-STE) können unverändert beibehal-

ten werden. Der Einsatz der aktuell anerkannten Plan- und Abnahmeprüfer ist weiterhin – ohne spezifische Anerkennung bzgl. Cybersecurity – möglich (ggf. mit Zusatzqualifikation).

- Regelungen zur Kompatibilität bei Austausch von Komponenten oder Produkten, d. h. bei Austausch ist im Wesentlichen ein Nachweis der Kompatibilität der neuen Komponente zur vorherigen Komponente und nicht zum Gesamtsystem erforderlich.

Für zukünftige Inbetriebnahmen ist durch die Ergänzung der Sektorleitlinie die erforderliche Rechtssicherheit bzgl. Cybersecurity gewährleistet.

## 14.5 Cybersecurity im Eisenbahnbetrieb

Cybersecurity wird zunehmend eine wichtige Aufgabe im Eisenbahnbetrieb. Die Berücksichtigung der Cybersecurity stellt im Rahmen der Abwicklung des Eisenbahnbetriebes keinen Wert an sich dar. Sie ist aber eine wesentliche Säule des Risikomanagements und der Qualitätssicherung. Die für die Durchführung des Eisenbahnbetriebs geltenden Regelwerke wurden teilweise über einen Zeitraum von mehr als 100 Jahren entwickelt. Entstanden ist ein umfangreicher Kanon an Regeln, die sowohl technikunabhängig als auch technikbezogen sind. Technikbezogene Regeln entwickeln sich unter dem Einfluss der Digitalisierung stark weiter[15].

Die Technologieunabhängigkeit vieler bahnbetrieblicher Regeln erkennt man daran, dass es in vielen Ländern noch verschiedene Technologien gibt, die in Eisenbahnnetzwerken eingesetzt werden. Dieses reicht von mechanischen Stellwerken bis hin zu ETCS. Technologiegetriebene neuere Regeln ermöglichten z. B. höhere gefahrene Geschwindigkeiten, Personaleinsparungen und auch Kapazitätssteigerungen. Seit den 1990er Jahren setzte sich zunehmend die Technik elektronischer Stellwerke durch, welche in jüngster Vergangenheit in Form sogenannter digitaler Stellwerke (DSTW) weiterentwickelt werden (siehe hierzu Abschn. 14.4.4.2). Die Nutzung von kommerzieller Informationstechnologie auch für sicherungstechnischen Aufgaben macht die Beherrschung der einhergehenden Cybersecurity-Risiken unabdingbar.

Dabei ist Cybersecurity eine Voraussetzung für einen sicheren Eisenbahnbahnbetrieb und es wird angenommen, dass ein erforderliches Maß an Beherrschung von Cyberrisiken kontinuierlich gewährleistet wird. Ist dieses in der Form gegeben, so ist – vorausgesetzt andere Umgebungsbedingungen gemäß Abb. 14.11 sind auch erfüllt – ein sicherer Regelbetrieb der Eisenbahn möglich. Ist die Risikobeherrschung der Cybersecurity auf den Bahnbetrieb nicht angemessen sichergestellt, so ist für den betrieblichen Prozess (analog zu anderen Ereignissen, wie Wetterlagen etc.) zu entscheiden, ob Transitionsphasen oder gar Rückfallebenen einzunehmen sind (siehe Abb. 14.12). Transitionsphasen dienen auch der Überführung von Regelbetrieb in Rückfallebenen, wie auch der Rückkehr in den Regelbetrieb. Im Extremfall ist der Bahnbetrieb einzustellen. Der Eisenbahnbetrieb ist also Cybersecurity-informiert[16] und nutzt Erkenntnisse der Cybersecurity-Risikobewertung im Rahmen der Gefährdungsbeurteilung. Verankert ist der Eisenbahnbetrieb im Lebenszyklus nach DIN EN 50126-1/2. Dies entspricht dem Vorgehen gemäß Phase 11 (Tab. 14.4; Abschn. 14.4.3). Auf der einen Seite wird der Prozess gemäß den betrieblichen Regelwerken des Eisenbahnbetriebs ausgeführt und auf der anderen Seite folgt der Bereich Cybersecurity den Regelungen des ISMS. Kernelemente sind jeweils Qualitätssicherung, Kapazitätserhaltung und Risikobeherrschung. Definiert werden dabei Steuerungsgrößen, an denen die Wirksamkeit der jeweiligen Regelwerke ausgerichtet ist und die

[15] Datenübertragungsnetzwerke kommen seit den 1980er Jahren auch in der Eisenbahninfrastruktur verstärkt zum Einsatz.

[16] Security informiert bedeutet an dieser Stelle, dass der Eisenbahnbetrieb auch unter Berücksichtigung von Security Aspekten sicher ist und umgesetzte Security-Maßnahmen Argumente zur Stützung von Safety Regeln liefern.

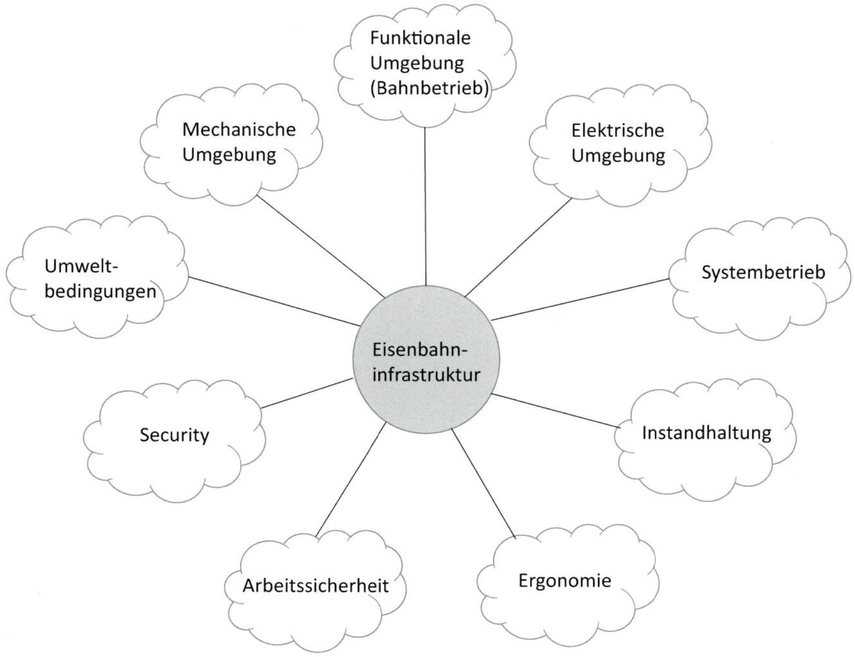


**Abb. 14.11** Wesentliche Umgebungsbedingungen der Eisenbahninfrastruktur nach DIN VDE 831-013 [58]. Die Gewährleistung von Cybersecurity und physischer Security sind hierbei unter dem Begriff „Security" zusammengefasst

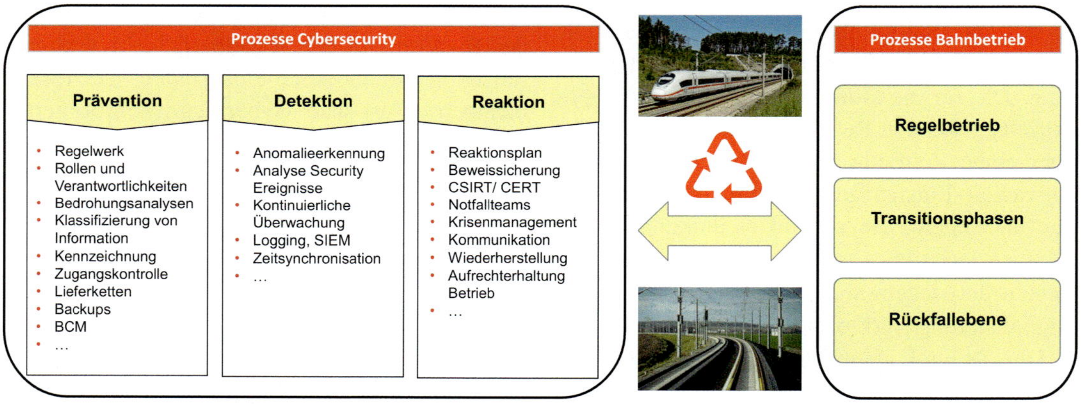


**Abb. 14.12** Wechselwirkung der Cybersecurity-Prozesse (insbesondere der Betriebsprozesse) mit den bahnbetrieblichen Betriebsprozessen (vereinfachte schematische Darstellung)

einen Regelkreis implementieren. Für die Bereitstellung von Cybersecurity-Steuerungsgrößen gibt es eigene Dienste, die über das ISMS definiert werden. Der grundsätzliche Aufbau für ein ISMS ist in der Norm DIN ISO 27001 [5] beschrieben (siehe Tab. 14.7).

Der Anhang der DIN ISO 27001 beschreibt eine Reihe von Steuerungsgrößen und -maßnahmen zur Erreichung von Sicherheitszielen basierend auf der durchgeführten IT-Bedrohungs- und Risikoanalyse zur Sicherstellung von Vertraulichkeit, Integrität und Verfügbarkeit. Die Norm DIN ISO 27002 beschreibt dabei einen Leitfaden und Fragestellungen zur Implementierung der Steuerungsmaßnahmen. Der Normenteil DIN ISO 27003 gibt einen Leitfaden zur Umsetzung,

**Tab. 14.7** Bausteine eines ISMS nach DIN ISO 27001 gemäß [5]

| Baustein | Beschreibung |
|---|---|
| Einordnung des ISMS | Zielstellung der Aktivitäten, Einordnung in die Organisation, beteiligte Interessengruppen und deren Bedürfnisse und Erwartungshaltungen |
| Verantwortlichkeiten | Verpflichtung und Unterstützung des Managements zu den Zielen, Festlegung von Rollen und Verantwortlichkeiten und deren Mandatierung |
| Planung | Risikoanalyse in Bezug auf Risiken hinsichtlich Vertraulichkeit, Integrität und Verfügbarkeit; Behandlung der Risiken und Festlegung von Aktivitäten zur Sicherstellung der genannten Eigenschaften |
| Unterstützende Aktivitäten | Bereitstellung von Ressourcen und Management (Ausbildung und Sicherstellung) von deren Kompetenzen, Awareness (Schulung der Aufmerksamkeit der Belegschaft für Belange und Risiken der Cybersecurity), Kommunikation (wer berichtet was wem?), Klassifizierung von Information und deren Lenkung |
| Betrieb | Etablierung des Regelkreises aus kontinuierlicher Risikobewertung, -behandlung und Nachjustierung des Prozesses |
| Evaluierung | Überwachung, Messung und Analyse von festgelegten Kenngrößen für etablierte Maßnahmen der Cybersecurity; regelmäßige interne und externe Auditierung des etablierten Regelwerkes; Management-Reviews (zur Sicherstellung der Aufmerksamkeit und Verpflichtung des Managements zu den Zielen des ISMS) |
| Verbesserungsprozesse | Maßnahmen zur Sicherstellung und Adaption an veränderte Rahmenbedingungen und Bedrohungen, Erreichung der Zielstellungen und Sicherstellung der Konformität zu den aufgestellten Regelungen |

Aufbau und Etablierung eines ISMS. Zur Überprüfung der Konformität und Verbesserung der etablierten Maßnahmen zur Cybersecurity gibt der Normenteil DIN ISO 27004 Hinweise zu Überwachung, Messung, Analyse und Evaluierung. Folgende Empfehlungen des Monitorings zu Fähigkeiten, Prozessen und Domänen werden in Abschn. 6.2 der Norm genannt:

- Implementierung der ISMS-Prozesse (z. B. Umsetzungsgrade)
- Vorfallmanagement
- Schwachstellenmanagement
- Konfigurationsmanagement
- Security-Awareness und Training
- Zugangs- und Zugriffskontrolle, Firewalls und anderes Ereignis-Logging
- Audit
- Risiko Bewertungs- und Behandlungsprozess
- Risikomanagement Dritter
- Business Continuity Management
- Management physischer Security und Umgebungsbedingungen
- Systemüberwachung

Besonders verwiesen sei auf die Beispiele in Anhang B der Norm zur Konstruktion von Metriken. Schlussendlich gibt der Normenteil DIN ISO 27005 methodische Unterstützung bei der Durchführung von Risikobewertung und -behandlung von Cybersecurity-Risiken (s. auch Abschn. 14.4.5). Damit ist der wesentliche Kanon der Normen zum Umfeld ISMS in betrieblichen Prozessen und Organisationen behandelt. Im Folgenden soll auf ausgewählte Bausteine mit Bezug zur Eisenbahninfrastruktur gesondert eingegangen werden, und zwar Systemüberwachung und das Schwachstellen- und Vorfallmanagement.

### 14.5.1 Systemüberwachung

Die Anlagenbeobachtung hat viele Facetten. Schaut man in DIN ISO 27002 Anhang 1, so sind unter der Fähigkeit *Management von Ereignissen* der Informationssicherheit acht Maßnahmen aufgelistet:

1. Dokumentierte Betriebsverfahren
2. Informationssicherheitsereignismeldungen
3. Logging
4. Monitoring
5. Uhrzeitsynchronisation
6. Vorfallmanagement – Planung und Vorbereitung

7. Reaktion auf Vorfälle
8. Beweissicherung

Nachfolgend werden ausgewählte Maßnahmen vorgestellt:

**Informationssicherheitsereignismeldungen/ Logging/Monitoring:** Gegenstand sind die Erfassung und Aufzeichnung/Speicherung von Daten und deren Beobachtung und Auswertung verglichen mit definierten Vorgaben und Schwellwerten. Diese Maßnahmen werden zusammenhängend betrachtet, da sie gemeinsam darauf zielen, gemessen an Metriken einen Sollzustand aufrechtzuerhalten. Die Metriken sind dabei so entworfen, dass einerseits Schwellwertüberschreitungen, dedizierte Ereignisse aber auch die Anzahl überwachter Anlagen und der Umsetzungsgrad des Monitorings berichtet werden. Wesentliche Voraussetzung des Monitorings ist eine Inventarisierung. Die Meldungen von Cybersecurity-Ereignissen basieren auf der vorangegangenen IT-Bedrohungs- und Risikoanalyse und daraus abgeleiteten Festlegungen (siehe Abschn. 14.4.5), welche konkreten Meldungen zu Ereignissen im Kontext Cybersecurity abzugeben sind. Dieser Katalog ist initial aufzustellen und im Zuge der Prozessevolution fortwährend anzupassen. Ereignisse sind zum Beispiel:

- Logins/Login-Versuche
- Netzwerkzugriff (eines unbekannten Gerätes)
- Schwellwertüberschreitung von Datenraten
- Überschreitung Speicherplatzauslastung
- CPU-Überlastung
- Starten unbekannter Prozesse
- Ereignisse physikalischer Kontakte oder Sensoren (Türkontakte, Lichtsensoren, ...)

Die Funktion des Monitorings an sich ist das Sammeln von Rohdaten an Stellen, die repräsentativ sind für den Zustand des Systems. Dies können Datenproben Log-Informationen von Firewalls und Gateways, Log-Informationen von Netzwerkgeräten, Logs zentraler Server oder ggf. von Endanwendersystemen sein. Eine vollständige Sammlung könnte angestrebt werden, würde aber eine sehr große Datenmenge produzieren. Genauso gibt es verschiedene Log-Level auf Systemen und je feiner der Grad umso mehr Daten werden produziert, umso häufiger laufen Dateien ggf. um, umso häufiger müssen Daten übertragen werden. Letztlich geht auch die Datensammlung zu Lasten der Netzwerkkapazität, da häufig keine separaten Diagnosenetzwerke oder reservierte Bandbreiten für diese Aktivität vorliegen[17]. Die gewonnenen Rohdaten werden analysiert. Die dafür verwendeten Systeme für eine automatische bzw. teilautomatische Analyse sind beispielsweise

- SIEM – Security Information and Event Management
- IDS/IPS – Intrusion Detection Systems/Intrusion Prevention Systems
- Expertensysteme[18]

Der Gesetzgeber in Deutschland verpflichtet via IT-Sicherheitsgesetz Betreiber kritischer Infrastrukturen Systeme zur Angriffserkennung einzusetzen [59]. Unter diesen kann man o. g. Systeme einordnen. Das BSI hat dazu die Orientierungshilfe „Systeme zur Angriffserkennung (SzA)“ herausgegeben [60]. Des Weiteren gibt der Standard DIN ISO/IEC 27039 [61] Hilfestellung für IDS/IPS-Systeme. Wichtig für die Datengewinnung ist, dass die Daten geeignet sind und die Sammlung und Ausleitung der Daten selbst rückwirkungsfrei auf die Funktion der Eisenbahninfrastruktur ist. Das bedeutet, zugesicherte Eigenschaften der Eisenbahninfrastruktur dürfen durch diese Mechanismen nicht verändert werden. Beispielsweise dürfen durch eine Datensammlung keine Speicherbereiche derart befüllt werden, dass die Funktion nicht mehr gegeben ist (z. B. können keine Semaphoren mehr angelegt werden oder die Performance des Systems

[17] Häufig gibt es reservierte Managementkanäle, die aber für Steuerungsinformationen benötigt werden, Log-Daten können innerhalb weniger Tage mehrere hundert Gigabyte selbst in gepacktem Zustand einnehmen.

[18] Expertensysteme sind Systeme, die auf Basis von Wissens- oder Erfahrungsdatenbanken Empfehlungen ableiten und dem Nutzer präsentieren. Moderne Expertensysteme nutzen Mechanismen der künstlichen Intelligenz (KI).

leidet). Oder, Daten werden derart häufig geliefert, dass die notwendigen Bandbreiten, die für betriebliche Daten erforderlich sind, nicht mehr erreicht werden.

**Zeitsynchronisation:** Zeitsynchronisation wird benötigt, um aufgezeichnete Ereignisse verschiedener Systeme miteinander korrelieren zu können. Weiterhin spielt sie auch bei der Dokumentation und Beweissicherung eine essenzielle Rolle, dass die korrekten Zeitpunkte angetroffen werden. Zur zeitlichen Befristung von Cybersecurity-Eigenschaften (Passwort-Ablauf, Zertifikatslebensdauer) wird auch die korrekte Zeit benötigt.

### 14.5.2 Schwachstellen- und Vorfallmanagement

Schwachstellen beschreiben Möglichkeiten, vorgegebene Mechanismen der Cybersecurity zu umgehen oder zu verletzen. Diese können technischer, physischer oder organisatorisch prozessualer Natur sein.

Demgegenüber steht der Cybersecurity-Vorfall. Hier ist ein Ereignis bereits eingetreten, welches Vorgaben der Cybersecurity verletzt. Als einfachstes Beispiel einer Zielvorgabe mag das Kategorie-2-Netzwerk gemäß DIN EN 50159 dienen. Wesentliches Ziel ist die Sicherstellung des Schutzes vor unbefugtem Zugriff. Die Detektion einer nicht intendierten Aufzeichnungseinrichtung oder das Ereignis einer Einbruchmeldeanlage sind in diesem Fall Beispiele eines Cybersecurity-Vorfalls.

#### 14.5.2.1 Schwachstellenmanagement

Ursachen für Schwachstellen selbst können einerseits auf fehlerhaften Implementierungen beruhen, unvollständigen Anforderungen oder schlicht auf intelligenten, nicht absehbaren Möglichkeiten der missbräuchlichen Nutzung. Eine Schwachstelle kann dazu führt, dass das System in mehr oder minder einfacher Weise in einen Zustand versetzt werden kann, so dass entweder die Schutzwerte der Cybersecurity tangiert sind oder aber für den Eisenbahnbetrieb notwendige unverlierbare Eigenschaften des Systems Bahn nicht mehr sichergestellt werden können. Dabei sind drei Handlungspfade zu unterscheiden:

- Schwachstelle ist öffentlich bekannt und wird aktiv ausgenutzt
- Schwachstelle ist öffentlich bekannt und wird (noch) nicht ausgenutzt
- Schwachstelle ist (noch) nicht öffentlich bekannt

In letzterem Fall gibt es in der Cybersecurity den Mechanismus der sogenannten Responsible Disclosure Time. Die Veröffentlichung der Erkenntnis zu einer Schwachstelle wird so lange hinausgezögert, bis Möglichkeiten zur Lösung gefunden wurden. Ziel ist in jedem Fall die Aufrechterhaltung der Cybersecurity-Eigenschaften. Dies bedeutet, dass dann auch die Veröffentlichung erfolgt, um ggf. weitere mögliche betroffene Institutionen zu informieren und dann auch zum Ausräumen der Schwachstelle beitragen kann. Die Dauer bis zur Behebung hängt davon ab, wie einfach oder komplex ein mit der Schwachstelle verbundenes Angriffsszenario aussieht. Zur Bewertung der Kritikalität hat sich z. B. das CVSS (Common Vulnerability Scoring System) durchgesetzt. Es handelt sich hierbei um einen Industriestandard, der weltweit in CERT (Computer Emergency Response Teams) zum Einsatz kommt und welcher letztlich analog zu den oben beschriebenen Verfahren zur Risikobewertung eine Maßzahl zur Einordnung liefert. Insbesondere Hersteller von COTS-Komponenten (Abschn. 14.3.3) informieren, gemäß vertraglicher Vereinbarungen, über vorhandene Schwachstellen inkl. CVSS-Bewertung. Diese initialen CVSS-Werte müssen hierbei aber immer bzgl. der eigenen Systemumgebung überprüft werden. Beispielsweise wird eine Softwarekomponente im Kontext der Eisenbahninfrastruktur verwendet und der Hersteller stuft eine Schwachstelle dieser Komponente als kritisch bei Internetzugriff ein, so muss bei Ausschluss einer Internetverbindung diese Herstellereinstufung korrigiert werden (reduziertes Risiko).

Ziel sollte es in jedem Fall sein, eine Schwachstelle schnellstmöglich zu beseitigen (vorausgesetzt, die Lösung ist bekannt). Grundsätzlich ist es vorstellbar, dass Möglichkeiten der zielgerichteten intelligenten Einflussnahme auf den Eisenbahnbetrieb bekannt werden (Sabotage mit einfachen Mitteln sei hier nicht betrachtet). Solche bekannt gewordenen Bedrohungen sind ggf. auch mit den o. g. Methoden der CSM-RA (Abschn. 14.2.2) zu bewerten und hinsichtlich der zu treffenden Maßnahmen zu betrachten (betriebliche Kompensation bis hin zu Verlassen des regulären Betriebsregimes).

Hinsichtlich der Responsible Disclosure Time sind Zeiträume von wenigen Tagen bis zu 24 Monaten zu beobachten. Dies hängt letztlich an der Risikobeurteilung und dem Grad des öffentlichen Interesses. Hinsichtlich der Behebung von Schwachstellen sind Zyklen von drei bis zwölf Monaten anzutreffen[19]. Zu berücksichtigen sind ggf. Nachweise und neue Legitimierungen hinsichtlich der Verwendung im Kontext von Eisenbahnleit- und Sicherungsanlagen. Gelingt der Nachweis der Rückwirkungsfreiheit bezüglich der einzubringenden Änderungen, so sind ggf. kürzere Zyklen möglich.

#### 14.5.2.2 Vorfallmanagement

Gemäß DIN ISO/IEC 27035-1, Abschn. 4.1 [62] können folgende Cybersecurity-Ereignisse und -Vorfälle auftreten:

- Technische, organisatorische oder physische Schwachstellen, hervorgerufen durch unvollständige Umsetzung verabschiedeter Cybersecurity-Maßnahmen gemäß ISMS, die ausgenutzt werden und deren vollständige Eliminierung unwahrscheinlich ist (hier besteht eine Beziehung zum Schwachstellenmanagement, Abschn. 14.5.2.1)
- Menschliche Fehler
- Technische Fehler
- Unvollständige Risikobewertung oder Risiken wurden bei der Bewertung weggelassen
- Risikobehandlung deckt identifizierte Risiken ungenügend ab
- Veränderungen (intern/extern) dahingehend, dass neue Risiken entstehen oder behandelte Risiken dadurch nur ungenügend abgedeckt sind

[19] Erfahrungswerte belegen, dass Schwachstellen zumeist deutlich länger existieren und beobachtet werden können.

Allgemein definiert die Norm dies in Abschn. 3.1.4 und 3.1.5:

- Cybersecurity-Ereignis: „Informationssicherheitsereignis – das Eintreten indiziert eine Verletzung der Informationssicherheit oder das Versagen von Maßnahmen."
- Cybersecurity-Vorfall: „Informationssicherheitsvorfall – ein verknüpftes und identifiziertes Informationssicherheitsereignis, welches Schutzgüter (Assets) einer Organisation gefährdet oder den Betrieb kompromittiert."

Die grundsätzliche Handhabung von Cybersecurity-Vorfällen ist in DIN ISO 27035-1 [62] beschrieben. Der Prozess ist nicht wesentlich verschieden von anderen Prozessen zum Fehlermanagement. Eine besondere Bedeutung kommt im Umfeld Bahn aber dem Schritt „Bewertung und Entscheidung" zu. Zuerst muss bei einem gemeldeten Ereignis entschieden werden, ob es sich um einen Cybersecurity-Vorfall handelt. Im positiven Fall sind weitere Untersuchungsprozess einzuleiten. Zusätzlich sind bereits im ersten Bewertungsprozess nachfolgende Fragestellungen zu prüfen:

- Ist die funktionale Sicherheit des Systems oder von Teilen des Systems noch gegeben?
- Sind bereits in dieser Phase weitere Schritte einzuleiten?
- Kann noch regulär Eisenbahnbetrieb durchgeführt werden?
- Ist bereits in dieser Phase ein Übergang in ein anderes Betriebsregime erforderlich?

Auch dieser Prozess unterscheidet sich nicht grundsätzlich von denen anderer Bewertungsprozesses für den Eisenbahnbetrieb, z. B. bei Großwetterlagen oder Schadensereignissen. Die Untersuchung der tatsächlichen Tragweite eines Cybersecurity-Vorfalls kann aber bereits zu erheblichen Beeinträchtigungen des Betriebes führen und ist u. a. auch abhängig davon, wie gut das Thema Anlagenbeobachtung beim jeweiligen Unternehmen ausgeprägt ist.

Bsp.: Ein Eisenbahninfrastrukturbetreiber hat an einigen ausgewählten Stellen ein Kommunikationsnetz mit einem Netzwerk Intrusion Detection System (IDS), dieses meldet ungewöhnlichen Datenverkehr und wird als Einbruch und somit Cybersecurity-Ereignis klassifiziert. Es existieren aber keine weiteren Auswertemechanismen in Form von Host-basierten IDS, oder anderen Security-Log-Mechanismen. Dann wäre die nächste Aktivität ein Blick auf die Netzwerktopologie und -struktur. Je flacher das Kommunikationsnetz, umso größer die unmittelbare Reichweite des Angreifers. Um zu entscheiden, ob die Systeme noch den korrekten Zustand haben, ist ggf. (in Abhängigkeit von der eingeschätzten Reichweite) auf Systemen eine Beweissicherung vorzunehmen. Unter Umständen müssen dazu Systeme in einen Betriebsmodus gebracht werden, der einen regulären Betrieb nicht mehr zulässt. Dann sind z. B. Umleiterverkehre, Ersatzverkehre etc. zu organisieren und nach der Beweissicherung muss auch entschieden werden, ob wieder in einen regulären Betriebsmodus gewechselt wird (ggf. mit Zusatzmaßnahmen) oder ob diese Teile des Kommunikationsnetzes weiter außer Betrieb bleiben oder ggf. durch Reservesysteme ersetzt werden können.

Neben den Meldeverfahren für den Cybersecurity-Vorfall sind dann ggf. weitere Dienststellen und Stellen von Aufsichtsbehörden für den Eisenbahnbetrieb zu informieren.

Zur Einschätzung der Tragweite des Cybersecurity-Vorfalls müssen dann die potenziell betroffenen Systeme inkl. deren Ausrüstungsstand (inkl. Patchlevel) identifiziert werden. Je System und Stand sind die ggf. vorhandenen Schwachstellen (s. Abschn. 14.5.2) zu betrachten. Dabei sind zwei Dinge wesentlich:

- Kritikalität der Schwachstelle (z. B. CVSS-Wert) und
- wurde diese bereits ausgenutzt.

In Abhängigkeit von diesen Ergebnissen sind dann weitere Maßnahmen einzuleiten.

### 14.5.3 Übergang zwischen Betriebsregimen

Der Eisenbahnbetrieb findet in den drei Betriebsregimen statt (siehe auch Abb. 14.12):

- Regelbetrieb
- Transitionsphasen
- Rückfallebenen

Die Behebung von Schwachstellen bzw. das Behandeln von Vorfällen tangiert die Durchführung des Regelbetriebes und es müssen ggf. Transitionsphasen oder sogar eine Rückfallebene eingenommen werden. Eine Rückfallebene kann dabei eine technisch robuste oder eine rein organisatorische Rückfallebene sein. Gekennzeichnet ist letztere, dass z. B. über die Zeit das Risiko menschlicher Fehlhandlungen steigt bzw. dass die gewünschte Kapazität der Eisenbahninfrastruktur nicht aufrechterhalten werden kann. Somit wird klar, dass diese Betriebsregime nur eine begrenzte Zeit eingenommen werden sollten.

Wie oben beschrieben, ist der Eisenbahnbetriebsprozess Cybersecurity-informiert. Sind Ereignisse der Cybersecurity Auslöser für einen Übergang, so sind über definierte Schnittstellen die benötigten Informationen auszutauschen, ggf. Behörden zu informieren und die Verantwortlichen für die Durchführung des Eisenbahnbetriebes in Kenntnis zu setzen. Die jeweilige Behandlung erfolgt in den vereinbarten Managementsystemen bzw. Regelwerken des Betreibers (ISMS bzw. betriebliches Regelwerk). Ebenso erfolgt der Informationsaustausch, wenn die betreffende Ursache behoben ist, und wieder der Übergang in den Regelbetrieb eingeleitet werden soll.

## 14.6 Zukünftige Technologien/Trends und Securitybedarfe

In diesem abschließenden Kapitel werden prognostizierte Technologien und Trends beschrieben, die im Bereich der Eisenbahninfrastrukturen in den kommenden Jahren erwartet werden inkl. der damit verbundenen Herausforderungen bzgl. Cybersecurity. Zusätzlich werden zukünftige Technologien und Trends im Umfeld der Cybersecurity beschrieben sowie mögliche Auswirkungen auf den Eisenbahnbetrieb inkl. der Betriebssicherheit. Diese Aufstellung basiert auf aktuell vorliegenden Forschungs- und Analyseberichten und erhebt keinen Anspruch auf Vollständigkeit und trifft keine Aussagen hinsichtlich der Eintrittswahrscheinlichkeit. Weitergehende Aussagen inkl. einem Blick bis 2050 sind zu finden in einem Bericht vom DZSF von 2022 [8].

## 14.6.1 Zukünftige Technologien im Bereich der Eisenbahninfrastruktur

### 14.6.1.1 CBTC und ATO

Als Communication-Based Train Control (CBTC) werden Systeme zur Zugbeeinflussung und zur Sicherung von Zugfahrten bezeichnet, bei denen eine in beide Richtungen arbeitende Datenkommunikation zwischen Fahrzeug und Streckenausrüstung stattfindet, sowie eine präzise Gleisfreimeldung unabhängig von einer Streckenausrüstung wie Gleisstromkreisen genutzt wird, wodurch Fahren im wandernden Raumabstand ermöglicht wird [63]. CBTC-Systeme werden überwiegend bei Nahverkehrssystemen und U-Bahnen eingesetzt.

Eine wesentliche Ausprägung von CBTC ist der vollautomatische Zugbetrieb (Automatic Train Operation, ATO), bei dem die Zugsteuerung ganz oder teilweise vom Fahrtrechner übernommen wird. Die Technologie setzt vorgegebene Anweisungen zum Beschleunigen und Bremsen um, die Reaktionszeiten zwischen Übermittlung und Umsetzung der Fahrbefehle sind deutlich geringer und Geschwindigkeitsvorgaben können sehr exakt eingehalten werden. Die Züge fahren pünktlicher, die Taktung kann erhöht werden und der Betrieb ist stabiler. Es gibt fünf Automatisierungsgrade (Grade of Automation – GoA) bis zu vollautomatischem Fahren (ohne Triebfahrzeugführer) in der höchsten Stufe.

Mit höheren Automatisierungsgraden für den Bahnbetrieb ist die stärkere Verwendung offener Kommunikationsnetze und generell mehr Verwendung von COTS- bzw. IT-Technik verbunden und damit ergeben sich auch höhere Anforderungen an die Cybersecurity (z. B. Schutzmaßnahmen für die mobile Datenübertragung).

### 14.6.1.2 Stellwerke in der Cloud

Im Bereich der klassischen businessorientieren IT werden zunehmend cloudbasierte Technologien eingesetzt zur Erhöhung der Flexibilität von IT-Services und vor allem um Kosten zu sparen. So betreibt z. B. die Deutsche Bahn den Großteil ihrer klassischen IT-Systeme und -Anwendungen nicht mehr wie bisher in eigenen Rechenzentren, sondern nutzt Cloud-basierte Lösungen. Cloud-Computing beschreibt das Speichern von Daten und das Ausführen von Programmen in mit anderen Benutzern geteilten externen Rechenzentren, anstatt hierfür Server im firmeneigenen Rechenzentrum zu nutzen. Im Business-Umfeld kommen abgesicherte Lösungen, sogenannte „Private-Cloud-Systeme“ zur Anwendung und keine „Public-Cloud-Systeme“, wie z. B. Dropbox. Mittels vertraglicher Regelungen (z. B. SLAs) mit einem oder besser mehreren Cloud-Providern und dedizierten Cybersecurity-Maßnahmen kann eine solche Migration sogar mit einem Gewinn an Cybersecurity verbunden sein [64].

Es versteht sich von selbst, dass bei Nutzung von Cloud-Umgebungen, Aspekte der Cybersecurity ein wesentlicher Erfolgsfaktor sind – insbesondere bei der Nutzung im System Bahn. Lösungsansätze im Bahnumfeld wurden 2021 in einer Forschungskooperation zwischen der Siemens Mobility GmbH und der Deutschen Bahn AG erarbeitet [65]. Im Rahmen dieser Kooperation wurde u. a. eine Sicherheitsarchitektur erarbeitet, bei der z. B. die Hardware grundsätzlich keine sicherheitsbezogene Funktion aufweist und deswegen einfach ausgetauscht werden kann. Die unterschiedlichen Sicherheitszonen sind über Virtualisierungslösungen voneinander isoliert.

### 14.6.1.3 Weitere relevante neue Technologien

Nachfolgend wird eine nicht vollständige Aufzählung von weiteren neuen Technologien vorgestellt, die im Bereich der Eisenbahninfrastrukturen in den nächsten Jahren oder Jahrzehnten eingesetzt werden (können) oder bereits genutzt werden oder deren Nutzung ausgeweitet wird. Damit werden auch neue Herausforderungen bzgl. Cybersecurity erwachsen, die gesondert betrachtet werden müssen:

**FRMCS** Das *Future Railway Mobile Communication System* ist das zukünftige Kommunikationssystem zwischen den Zügen und der Eisenbahninfrastruktur und löst das bestehende System GSM-R ab. FRMCS basiert auf aktuellen Funkstandards und ist im Wesentlichen IP-basiert. Anwendungsfelder sind sowohl Sprachals auch Datenkommunikation (insbesondere für ETCS und ATO). Die ersten Spezifikationen liegen mittlerweile vor, so dass in den kommenden Jahren die ersten Produkte auf den Markt kommen werden. GSM-R selbst soll bis 2035 vollständig abgelöst werden. Absehbar ist, dass durch die zusätzlichen Anwendungsfelder (z. B. ATO) gegenüber GSM-R erhöhte Anforderungen an die Netzwerksicherheit bzw. allgemein Cybersecurity bestehen werden (siehe hierzu auch Abschn. 14.6.2.2).

**Künstliche Intelligenz (KI) im Kapazitäts- und Verkehrsmanagement (CTMS – Capacity & Traffic Management System)** Eine vorausschauende Disposition und Steuerung des Bahnbetriebs wird zunehmend ein wichtiger Erfolgsfaktor, um die stetig zunehmende Anzahl von Zügen auf der vorhandenen Eisenbahninfrastruktur effizient zu steuern. So soll zukünftig eine weitgehend automatisierte Disposition und Steuerung etabliert werden, wobei Aspekte von KI bzw. Maschinelles Lernen (ML) zur Anwendung kommen. Hierdurch werden Wartezeiten, Zugfolgeentscheidungen, Gleiswechsel oder Umrouten effizienter berechnet und schneller umgesetzt, sodass der Verkehr auf dem Gesamtnetz reibungslos fließen kann. Angemessene Maßnahmen zur Cybersecurity müssen hierbei frühzeitig berücksichtigt und angemessen umgesetzt werden. Durch die vermehrte Übertragung von menschlichen Entscheidungen auf eine KI sind solche Entscheidungen nicht im gleichen Maße transparent und nachvollziehbar. Angreifer können diesen Umstand ausnutzen, um Entscheidungen zu ihren Gunsten zu beeinflussen [66]. Im aktuellen BSI-Bericht zur Lage der IT-Sicherheit in Deutschland 2023 [34] wird beschrieben, dass durch KI-Sprachmodelle neue Cyberbedrohungen entstehen werden, da die antrainierte Erzeugung von Programmcodes auch zur Erzeugung von Schadprogrammen genutzt werden kann.

**Sensorik für Umfeldwahrnehmung** Um das Bahnsystem zu digitalisieren, braucht es Technologien, die das Umfeld von Zügen erkennen können. Hierbei kommt hoch performante Sensorik (Kamera, Lidar, Radar) am und im Fahrzeug sowie an der Bahninfrastruktur zum Einsatz. Die Erkennung von Objekten und Strukturen geschieht auf Basis von intelligenter Software, die die gesammelten Informationen dann in Echtzeit zusammenführt. Ein wesentlicher Vorteil ist die sehr schnelle Analyse und Klassifizierung des Umfelds (z. B. Einstufung von Objekten als Hindernisse). Die technischen Herausforderungen sind aber nicht unerheblich.

**Zukünftige Ortungslösungen und Zugintegritätssysteme** Eine präzise Ortung insbesondere von Zügen ist von großer Bedeutung zur Steigerung der Effizienz und der Flexibilität. So wird z. B. das globale Navigationssatellitensystem (GNSS; Global Navigation Satellite System) zur exakten Positionsbestimmung bei der Vegetationsbekämpfung in sogenannten Spritzzügen eingesetzt [67]. Denkbar ist auch ein zukünftiger Einsatz als Ersatz für Balisen. Ortslösungen über GNSS hinaus bzw. in Ergänzung können dazu beitragen, die Präzision der Ortsbestimmung zu erhöhen und die mangelhafte Abdeckung satellitenbasierter Systeme in Tunneln und abgeschatteten Bereichen zu kompensieren. Hierfür kann das Zusammenspiel mehrerer Informationsquellen für die Bestimmung des Ortes genutzt werden (z. B. fahrzeugseitige Odometer). Streckenseitig können die herkömmliche Gleisfreimeldung und die bereits in ETCS verwendeten Balisen genutzt werden. Eng mit der Ortung verbunden sind die Zugintegritätssysteme, die zukünftig von hoher Bedeutung für die Sicherheit von Zugfahrten sein werden, da sie das vollständige Räumen von Gleisabschnitten durch einen Zug und damit die Befahrbarkeit für einen nachfolgenden

Zug feststellen können. Heute wird diese Prüfung streckenseitig durch Gleisfreimeldeanlagen vorgenommen, die blockbasiert arbeiten. Im Rahmen zukünftiger Ortungslösungen können, die am Ende des Zuges angebrachten digitalen Zugschlussscheiben detektiert werden. Insbesondere für Güterzüge bieten sich solche Lösungen an.

**Maschine-Maschine-Kommunikation (M2M)** Unter M2M versteht man den automatischen Informationsaustausch zwischen Endgeräten wie Maschinen, Automaten, Fahrzeugen oder allgemein Systeme untereinander oder mit zentralen Leitstellen. M2M vereinfacht somit Arbeitsabläufe, verschlankt Prozesse und ermöglicht neue Geschäftsmodelle in allen Wirtschaftsbereichen, von Logistik und Automotive, über Energie, Gesundheit und Handel bis hin zum öffentlichen Sektor. Denkbar sind unterschiedliche Szenarien, z. B. eine gesicherte Kommunikation zwischen einem Zug und einem Bahnübergang.

Viele dieser und noch weitere zukünftig eingesetzte Technologien werden auf dem sogenannten *Digitalen Testfeld im Erzgebirge* getestet [68]. Die Deutsche Bahn AG betreibt dieses für Technologien im Umfeld der Eisenbahninfrastruktur, der Fahrzeuge und des Eisenbahnbetriebes. Hierbei sind Kooperationen mit diversen Forschungseinrichtungen, Universitäten sowie System- und Komponentenherstellern etabliert. Dank der nicht regulär fahrplanmäßig betriebenen Strecke im Erzgebirge können neue Technologien und Ausrüstungen in realitätsnahen Bedingungen eingehend erprobt, getestet und innovative Ansätze für die Optimierung des Systems Eisenbahn zur Einsatzreife gebracht werden.

### 14.6.2 Zukünftige Technologien im Bereich der IT-/OT-Systeme

#### 14.6.2.1 Quantencomputing

Kryptografische Verfahren, die heute noch als sicher gelten, können in Zukunft mit Quantencomputern gebrochen werden. Sie müssen daher in absehbarer Zeit durch neue, quantensichere Methoden ersetzt werden, z. B. durch die sogenannte Post-Quanten-Kryptografie[20]. Dies ist keine spezielle Herausforderung für das System Bahn – dies betrifft nahezu alle Industriezweige. Aber aufgrund der sehr langen Nutzungszeiten der eingesetzten Technologien, sind gerade für das System Bahn vorausschauende Analysen und der Einsatz von variablen Techniken erforderlich.

Quantencomputing nutzt die Gesetze der Quantenmechanik, um die heute eingesetzten kryptografischen Verfahren brechen zu können, so dass diese dann praktisch nicht mehr eingesetzt werden dürften. Aktuell ist unklar, wann Quantencomputing tatsächlich einsetzbar sein wird. Das BSI geht in einer Arbeitshypothese davon aus, dass Anfang der 2030er Jahre kryptografisch relevante Quantencomputer zur Verfügung stehen werden [69] sowie [34]. Hierauf gilt es sich entsprechend vorzubereiten. Auf der einen Seite sind zukunftsweisende technische Lösungen einzusetzen (z. B. die technische Möglichkeit nicht nur die kryptografischen Schlüssel kurzfristig auszutauschen, sondern auch das gesamte Kryptoverfahren). Auf der anderen Seite muss dieses Thema verstärkt im Rahmen des IT-Bedrohungs- und Risikomanagements berücksichtigt werden (siehe Abschn. 14.4.5). Unterstützen kann auch die Einführung eines Krypto-Inventars (detaillierte Aufstellung, welche kryptografischen Verfahren in einer Organisation eingesetzt werden).

#### 14.6.2.2 Drahtlose Kommunikation

Die drahtlose Kommunikation wird zukünftig einen immer breiteren Raum einnehmen. Für viele Anwendungen ist dies bereits heute erforderlich (z. B. GSM-R bzw. zukünftig FRMCS, siehe Abschn. 14.6.1.3). Es werden neben Mobilfunk auch weitere Übertragungssysteme, wie Bluetooth, WLAN (Wireless Local Area Network), NFC (Near Field Communication) oder Satellitenfunk zum Einsatz kommen. Daher erhöht sich

[20] NIST hat hierzu 2016 eine weltweite Ausschreibung für Post-Quanten-Algorithmen gestartet, deren Gewinner Ende 2022 gekürt wurden. Wahrscheinlich erfolgt aber noch eine weitere Ausschreibung. Mögliche Verfahren sind: Gitterkryptografie, multivariate Verfahren, fehlerkorrigierende Codes, hashbasierte Verfahren und Isogenien-Kryptografie.

gleichzeitig die Angriffsfläche für Cyberangriffe. Insbesondere Jamming-Angriffe stellen eine große Herausforderung dar, da mit einfachsten Mitteln starke Einschränkungen der Verfügbarkeit möglich sind. Nach dem Stand der Technik existieren heute keine geeigneten Maßnahmen, um Jamming vollständig und wirksam zu verhindern. Notwendig sind deswegen Strategien, um Systeme resilienter gegen den Einfluss von Jamming zu gestalten.

## 14.7 Glossar

*Aktoren* Antriebstechnische Baueinheiten, die elektrische Signale (z. B. vom Steuerungscomputer ausgegebene Befehle) in mechanische Bewegungen bzw. Veränderungen physikalischer Größen wie Druck oder Temperatur umsetzen und damit aktiv in den gesteuerten Prozess eingreifen. Sensoren und Aktoren sind aus dem Alltag kaum mehr wegzudenken und wird in den vielfältigsten Bereichen angewendet.

*APT* „Advanced Persistens Threats", professionelle zielgerichtete Angriffe auf Informationssysteme, um z. B. an vertrauliche Daten zu gelangen

*Bahnbetriebliche Daten* für die Durchführung des Fahrbetriebes genutzte Daten

*bbIP* Bahnbetriebliches IP-Netz von DB InfraGO AG; bundesweites Kommunikationsnetz zur Vernetzung der neuen Digitalen Leit- und Sicherungstechnik (DLST)

*BfGA* Beratungsgesellschaft für Arbeits- und Gesundheitsschutz

*BSO* Bedienstandort gemäß Betriebssteuerungsstrategie der DB InfraGO AG

*CERT* Computer Emergency Response Team – sind Teams in Organisationen und Institutionen bestehend aus Fachleuten zur Cybersecurity, die Sicherheitslücken analysieren, bewerten und sich untereinander informieren und austauschen.

*COTS* commercial off-the-shelf: seriengefertigte, i. d. R. hoch standardisierte Produkte

*CVSS* Common Vulnerability Scoring System – ist ein Industriestandard zur Bewertung und zum Vergleich von Schwachstellen anhand verschiedener Metriken

*Cybercrime* Straftaten, die mittels Informationstechnik begangen werden

*DDoS* Distributed-Denial-of-Service-Angriffe; gezielte Angriffe auf die Verfügbarkeit von Informationssystemen (z. B. Internetseiten)

*DMZ* Demilitarisierte Zone; ein speziell kontrolliertes Netzwerk, das sich zwischen dem externen Netzwerk (z. B. Internet) und dem internen Netz befindet. Es stellt eine Art Pufferzone dar, die die Netze durch strenge Kommunikationsregeln und Firewalls voneinander trennt.

*ERP-Software* Enterprise Resource Planning Software

*ETCS* Europaweit standardisiertes Zugbeeinflussungssystem und ein wesentlicher Bestandteil des zukünftigen einheitlichen europäischen Eisenbahnverkehrsleitsystems ERTMS. Es soll langfristig die mehr als 20 verschiedenen Zugbeeinflussungssysteme in Europa ersetzen.

*EULYNX* Ist eine Organisation europäischer Eisenbahninfrastrukturbetreiber zur Entwicklung und Bereitstellung einheitlicher Industriestandards für neue modulare Stellwerkstechnik

*Feldelemente* Außenelemente am Gleis (z. B. Lichtsignal, Weiche, Achszähler)

*IPsec* Internet Protocol Security (IPsec) ist eine Protokoll-Suite, die eine gesicherte Kommunikation über potenziell unsichere IP-Netze ermöglicht. IPsec arbeitet direkt auf der Vermittlungsschicht (Internet Layer, entspricht OSI-Layer 3) und ist eine Weiterentwicklung der IP-Protokolle.

*Jamming* Störung der genutzten Funkfrequenzen

*Künstliche Intelligenz* Methode, welche die Fähigkeit von Maschinen beschreibt, ähnlich wie der Mensch zu „denken". Ein Ziel der angewandten KI ist, dass intelligente Systeme entwickelt werden können, die z. B. systematische Fehler identifizieren.

*Malware* Bösartige Software; Oberbegriff für Viren, Spyware, Würmer und andere Schadsoftware (wird mit dem Ziel programmiert,

Schaden auf IT- oder OT-Systemen anzurichten)

*Man-in-the-Middle* i. d. R. unerkannter Angreifer zwischen zwei Kommunikationspartnern

*ML* Machine Learning ist ein Computersystem, welches anhand unterschiedlicher Lernverfahren Daten analysiert

*Ransomware* Schadsoftware, die den Zugriff auf Daten und Systeme z. B. mittels Verschlüsselung verhindert. Einher geht dies oft im Rahmen von Erpressung.

*Sensoren* Detektoren, Messfühler, die bestimmte physikalische oder chemische Eigenschaften (z. B. Temperatur, Feuchtigkeit, Druck) aufnehmen. Im Gegensatz zu einem Aktor erfolgt kein Eingriff in gesteuerte Prozesse.

*Stellwerk* Ortsfeste Anlage zur Steuerung des Bahnbetriebs

*Stuxnet* Schadsoftware institutioneller Angreifer auf Industriesteuerungen aus den Jahren 2010 ff

*TLS* Transport Layer Security ist ein Verschlüsselungsprotokoll zur sicheren Datenübertragung im Internet. TLS ist im OSI-Layer 5 (Sitzungsschicht) angeordnet. Die aktuelle Version ist TLS 1.3.

*Unverlierbare Eigenschaften* beschreiben (meist physikalische) Eigenschaften eines Systems, eines Teilsystems oder einer Komponente, auf die sich die Safety-Argumentation stützt. Unverlierbar bedeutet hierbei, dass diese Eigenschaft unter den vorausgesetzten Anwendungsbedingungen und über die angenommene Lebens- und Nutzungsdauer erhalten bleiben, so dass die Safetyeigenschaften erhalten bleiben und nicht immer erneut betrachtet werden müssen.

*Zuglenkung* Automatikfunktion zur Einstellung von Regelzugstraßen gemäß Fahrplan

## Literatur


1. Eckert C (2023) IT-Sicherheit: Konzepte – Verfahren – Protokolle. De Gruyter, Oldenburg
2. Pohlmann N (2019) Cyber-Sicherheit. Springer Vieweg, Wiesbaden
3. EU-Kommission (2013) CSM-RA: Durchführungsverordnung (EU) Nr 402/2013 der Kommission vom 30. April 2013 über die gemeinsame Sicherheitsmethode für die Evaluierung und Bewertung von Risiken und zur Aufhebung der Verordnung (EG) Nr 352/2009
4. EU-Kommission (2015) Ergänzung der CSM-RA: Durchführungsverordnung (EU) 2015/1136 der Kommission vom 13. Juli 2015 zur Änderung der Durchführungsverordnung (EU) Nr 402/2013 über die gemeinsame Sicherheitsmethode für die Evaluierung und Bewertung von Risiken
5. DKE (o.J.) DIN ISO/IEC 2700x: Normenreihe Informationstechnik – Sicherheitsverfahren – Informationssicherheitsmanagementsysteme
6. Braband J (2020) Safety und Security in der Sicherheitsnachweisführung und Begutachtung. Deine Bahn 6:20
7. ENISA (2020) Railway Cybersecurity [Online]. https://www.enisa.europa.eu/publications/railway-cybersecurity. Zugegriffen: 22. Aug 2023
8. Nord M et al (2023) Studie „Security und geplanter Technologieeinsatz“. Berichte des Deutschen Zentrums für Schienenverkehrsforschung, Bericht 37. https://www.dzsf.bund.de/SharedDocs/Downloads/DZSF/Veroeffentlichungen/Forschungsberichte/2023/ForBe_37_2023_CyberTechEinsatz.pdf?__blob=publicationFile&v=8. Zugegriffen: 20. Aug 2023
9. US Congress (2014) Cybersecurity Enhancement Act of 2014 [Online]. https://www.congress.gov/bill/113th-congress/senate-bill/1353. Zugegriffen: 3. Sept 2023
10. EU-Kommission (2016) NIS-Richtlinie (EU) 2016/1148 des Europäischen Parlaments und des Rates vom 6. Juli 2016 über Maßnahmen zur Gewährleistung eines hohen gemeinsamen Sicherheitsniveaus von Netz- und Informationssystemen in der Union
11. EU-Kommission (2022) NIS2-Richtlinie (EU) 2022/2555 des Europäischen Parlaments und des Rates vom 14. Dezember 2022 über Maßnahmen für ein hohes gemeinsames Cybersicherheitsniveau in der Union, zur Änderung der Verordnung (EU) Nr 910/2014 und der Richtlinie (EU) 2018/1972 sowie zur Aufhebung der Richtlinie (EU) 2016/1148
12. EU-Kommission (2008) ECI-Richtlinie 2008/114/EG des Rates vom 8. Dezember 2008 über die Ermittlung und Ausweisung europäischer kritischer Infrastrukturen und die Bewertung der Notwendigkeit, ihren Schutz zu verbessern
13. EU-Kommission (2022) CER-Richtlinie (EU) 2022/2557 des Europäischen Parlaments und des Rates vom 14. Dezember 2022 über die Resilienz kritischer Einrichtungen und zur Aufhebung der Richtlinie 2008/114/EG des Rates
14. BMI (2023) NIS2-Umsetzungs- und Cybersicherheitsstärkungsgesetz, mehrere Referentenentwürfe
15. EU-Kommission (2015/2021) Gesetze zur Erhöhung der Sicherheit informationstechnischer Systeme des BSI: IT-SiG 1.0 von 2015 sowie das IT-SiG 2.0 von 2021
16. BMI (2023) Referentenentwürfe für das KRITIS-Dachgesetz

17. EU-Kommission (2022) Vorschlag der Kommission für einen Cyber Resilience Act (CRA)
18. Bund (2015) Verordnung über Sicherheit und Gesundheitsschutz bei der Verwendung von Arbeitsmitteln (Betriebssicherheitsverordnung BetrSichV)
19. CENELEC (2017) EN 50126-1: Bahnanwendungen – Spezifikation und Nachweis von Zuverlässigkeit, Verfügbarkeit, Instandhaltbarkeit und Sicherheit (RAMS) – Teil 1: Generischer RAMS Prozess
20. CENELEC (2017) EN 50126-2: Bahnanwendungen – Spezifikation und Nachweis von Zuverlässigkeit, Verfügbarkeit, Instandhaltbarkeit und Sicherheit (RAMS) – Teil 2: Systembezogene Sicherheitsmethodik
21. CENELEC (2018) EN 50129: Bahnanwendungen – Telekommunikationstechnik, Signaltechnik und Datenverarbeitungssysteme – Sicherheitsbezogene elektronische Systeme für Signaltechnik
22. CENELEC (2011/2020) EN 50128: Bahnanwendungen – Telekommunikationstechnik, Signaltechnik und Datenverarbeitungssysteme – Software für Eisenbahnsteuerungs- und Überwachungssysteme (inklusive A1 und A2)
23. CENELEC (2023) EN 50716: Bahnanwendungen – Anforderungen für die Softwareentwicklung
24. CENELEC (2010/2020) EN 50159: Bahnanwendungen – Telekommunikationstechnik, Signaltechnik und Datenverarbeitungssysteme – Sicherheitsrelevante Kommunikation in Übertragungssystemen (inklusive A1)
25. DKE (2024) DIN CLC/TS 50701 (VDE V 0115-701). Bahnanwendungen-Cybersecurity
26. BMDV (o.J.) Allgemeines Eisenbahngesetz (AEG)
27. BMDV (2019) Eisenbahn-Bau- und Betriebsordnung (EBO)
28. BMDV (2018) EisenbahnInbetriebnahmegenehmigungsverordnung (EIGV)
29. Autorenkollektiv (2023) IT-Sicherheitsgesetz und Datenschutz-Grundverordnung: Handreichung zum „Stand der Technik" – technische und organisatorische Maßnahmen. Bundesverband der IT-Sicherheit e. V. (TeleTrusT), Berlin
30. EU Projekt Shift2Rail. https://rail-research.europa.eu/about-shift2rail/. Zugegriffen: 27. Febr 2023
31. EU (2021) EU-Rail. Europe's Rail Joint Undertaking. https://european-union.europa.eu/institutions-law-budget/institutions-and-bodies/search-all-eu-institutions-and-bodies/europes-rail-joint-undertaking_en. Zugegriffen: 3. Sept 2023
32. BMDV (2019) Verordnung über den Bau und Betrieb der Straßenbahnen (Straßenbahn-Bau- und Betriebsordnung – BOStrab)
33. BSI (2022) Die Lage der IT-Sicherheit in Deutschland 2022
34. BSI (2023) Die Lage der IT-Sicherheit in Deutschland 2023
35. DVZ Deutsche Verkehrszeitung (2022) Hacker legen Güterbahnverkehr mit Italien lahm. https://www.dvz.de/rubriken/land/schiene/detail/news/italien-nach-hackerangriff-schwer-erreichbar.html (nur für Abonnenten)
36. Holland M (2023) Polen: Offenbar mit simplem Radiosignal rund 20 Züge angehalten [Online]. https://www.heise.de/news/Polen-Offenbar-mit-simplem-Radiosignal-rund-20-Zuege-angehalten-9286854.html. Zugegriffen: 9. Sept 2023
37. EBA (2007) Technische Grundsätze für die Zulassung von Sicherungsanlagen (Mü 8004). Sg 226. EBA, München
38. Steffens S, Valvoda W (2021) Entwicklung einer neuen Safety-Plattform DS3 – vom Forschungsprojekt bis zur Inbetriebnahme. Signal + Draht 113(06):52–59
39. DKE (2015) DIN VDE V 0831-200. Elektrische Bahn-Signalanlagen – Teil 200: Sicheres Übertragungsprotokoll RaSTA nach DIN EN 50159 (VDE 0831-159)
40. Braband J (2016) What's Security Level got to do with Safety Integrity Level? 8th European Congress on Embedded Real Time Software and Systems (ERTS 2016), Toulouse, Jan 2016. HAL open science. hal-01289437
41. BMI (2009) Nationale Strategie zum Schutz kritischer Infrastrukturen. https://www.bmi.bund.de/SharedDocs/downloads/DE/publikationen/themen/bevoelkerungsschutz/kritis.pdf?__blob=publicationFile&v=4. Zugegriffen: 31. Okt 2023
42. ENISA (2022) ENISA Report: Threat Landscape 2022
43. BSI (2022) Industrial Control System Security, Top 10 Bedrohungen und Gegenmaßnahmen 2022
44. ENISA (2022) NIS Investments 2022
45. BKA (2023) BKA-Bericht 2022
46. Gartner (2022) 7 Top Trends in Cybersecurity for 2022. https://www.gartner.com/en/articles/7-top-trends-in-cybersecurity-for-2022. Zugegriffen: 9. Aug 2023
47. DKE (o.J.) DIN EN IEC 62443: Normenreihe IT-Sicherheit für industrielle Automatisierungssysteme
48. Williams TJ (1990) Purdue enterprise reference architecture (PERA)
49. Homeland Security (2016) Recommended Practice: Improving Industrial Control System Cybersecurity with Defense-in-Depth Strategies. https://www.cisa.gov/sites/default/files/recommended_practices/NCCIC_ICS-CERT_Defense_in_Depth_2016_S508C.pdf. Zugegriffen: 21. Aug 2024
50. Deutsche Bahn AG (o.J.) DSD – Digitale Schiene Deutschland. https://digitale-schiene-deutschland.de/de. Zugegriffen: 7. Sept 2023
51. Leister H (2017) DB Netz und Bundesregierung planen den Sprung in die Zukunft: ETCS und digitale Technologie für Stellwerke. Eisenbahn Rev Int: 2017(8–9):417–422
52. BSI (2017) BSI-Standard 200-2: IT-Grundschutz-Methodik; Version 1.0
53. ENISA (2022) Zoning and conduits for railways
54. BSI (2020) Anforderungskatalog für KRITIS-Betreiber und Prüfer

55. Gibney A (2016) Zero Days. Jigsaw (Dokumentarfilm)
56. Shapiro JS (2003) Understanding the Windows EAL4 Evaluation. IEEE Computer 36(2):103–105 (siehe auch http://ole.tange.dk/projekter/kontroversielt/eros.cs.jhu.edu/shap/NT-EAL4.html. Zugegriffen: 29. Aug 2023)
57. EBA (2024) Sektorleitlinie für die Zulassungsbewertung von Signal-, Telekommunikations- und Elektrotechnischen Anlagen (Technische Vorschrift), Ausgabe 2.0
58. DKE (2020) Elektrische Bahn-Signalanlagen. DIN VDE V 0831-103: Ermittlung von Sicherheitsanforderungen an technische Funktionen in der Eisenbahnsignaltechnik. VDE Verlag, Berlin
59. BMI (2021) Bundesgesetzblatt. Zweites Gesetz zur Erhöhung der Sicherheit informationstechnischer Systeme Bd 1. BMI, Bonn, S 25
60. BSI (2022) Orientierungshilfe zum Einsatz von Systemen zur Angriffserkennung. https://www.bsi.bund.de/SharedDocs/Downloads/DE/BSI/KRITIS/oh-sza.html. Zugegriffen: 10. Aug 2023
61. DKE (2015) DIN ISO/IEC 27039. Informationstechnik – IT-Sicherheitsverfahren – Auswahl, Einsatz und Betrieb von Intrusion Detection Systemen (IDPS)
62. DKE (2023) DIN ISO/IEC 27035-1. Informationstechnik – Management von Informationssicherheitsvorfällen – Teil 1: Grundsätze und Verfahren
63. Schnieder L (2022) Communication Based Train Control (CBTC). Springer, Berlin
64. Drodt M (2017) Die Cloud. Fluch oder Segen? In: Wegweiser in die Digitale Zukunft. Palo Alto Networks
65. Steffens S et al (2021) SIL4 Data Center – eine neue Plattform-Architektur für sichere Bahnanwendungen. Signal + Draht 113(10):41–48
66. BSI (2023) BSI Sicherheitswarnungen. Intrinsische Schwachstelle in anwendungsintegrierten KI-Sprachmodellen. https://www.bsi.bund.de/SharedDocs/Cybersicherheitswarnungen/DE/2023/2023-249034-1032.html. Zugegriffen: 6. Okt 2023
67. Deutsche Bahn AG (2018) Integrierter Pflanzenschutz im DB-Konzern in Deutschland
68. Deutsche Bahn AG (o.J.) Digitales Testfeld im Erzgebirge. https://digitale-schiene-deutschland.de/5G-Testfeld-im-Erzgebirge/. Zugegriffen: 17. Aug 2023
69. BSI (o.J.) Entwicklungsstand Quantencomputer. https://www.bsi.bund.de/DE/Themen/Unternehmen-und-Organisationen/Informationen-und-Empfehlungen/Quantentechnologien-und-Post-Quanten-Kryptografie/Entwicklungsstand-Quantencomputer/entwicklungsstand-quantencomputer_node.html. Zugegriffen: 15. Aug 2023

# 15 Elektromagnetische Verträglichkeit

Wilhelm Baldauf und Stefan Jäger

**Zusammenfassung**

Das Themengebiet „Elektromagnetische Verträglichkeit im Bahnbereich" lässt sich anhand der zu erfüllenden Schutzziele in mehrere Teilbereiche untergliedern:

- Verträglichkeit der Komponenten und Geräte eines Fahrzeuges untereinander, so dass das Fahrzeug bestimmungsgemäß eingesetzt werden kann (Abschn. 15.2, Schlagwort „EN 50121")
- Verträglichkeit der Komponenten, Geräte und Anlagen der Infrastruktur untereinander, so dass die Infrastruktur bestimmungsgemäß arbeiten kann (Abschn. 15.2, 15.3, Schlagworte „EN 50121", „Beeinflussung von LST-Anlagen durch Bahnstrom")
- Begrenzung der Störaussendung von Fahrzeugen in die Außenwelt (Abschn. 15.2, Schlagwort „EN 50121", „Regelung EMV 06")
- Begrenzung der Störaussendung der Eisenbahn-Infrastruktur in die Außenwelt (Abschn. 15.2, Schlagwort „EN 50121")
- Sicheres und hochverfügbares Zusammenwirken von Fahrzeugen mit der Bahn-Infrastruktur (Abschn. 15.4, Schlagwort „Beeinflussung von Gleisfreimeldeeinrichtungen")
- Begrenzung der Beeinflussung anderer Infrastrukturen wie z. B. Telekommunikations- oder Rohrleitungen durch die Bahn (Abschn. 15.3, Schlagwort „Beeinflussung durch Bahnstrom").

Ein weiteres Schutzziel ist der Personenschutz. Auswirkungen des 16,7-Hz-Bahnstromes auf Personen sind im Abschn. 15.3 aufgeführt.

Nicht alle Themen können an dieser Stelle umfassend dargestellt werden, es kann hier nur auf die ganz wesentlichen Grundlagen eingegangen werden.

W. Baldauf (✉)
DB Systemtechnik GmbH, München, Deutschland

S. Jäger
DB Systemtechnik GmbH, München, Deutschland

## 15.1 Allgemeines

Das Themengebiet „Elektromagnetische Verträglichkeit im Bahnbereich" lässt sich anhand der zu erfüllenden Schutzziele in mehrere Teilbereiche untergliedern:

- Verträglichkeit der Komponenten und Geräte eines Fahrzeuges untereinander, so dass das Fahrzeug bestimmungsgemäß eingesetzt werden kann (Abschn. 15.2, Schlagwort „EN 50121")
- Verträglichkeit der Komponenten, Geräte und Anlagen der Infrastruktur untereinander, so dass die Infrastruktur bestimmungsgemäß arbeiten kann (Abschn. 15.2, 15.3, Schlagworte „EN 50121", „Beeinflussung von LST-Anlagen durch Bahnstrom")



J. Holzfeind, J. Liu, F. Pospischil (Hrsg.), *Handbuch Eisenbahninfrastruktur*,
https://doi.org/10.1007/978-3-662-68960-8_15

- Begrenzung der Störaussendung von Fahrzeugen in die Außenwelt (Abschn. 15.2, Schlagworte „EN 50121“, „Regelung EMV 06“)
- Begrenzung der Störaussendung der Eisenbahn-Infrastruktur in die Außenwelt (Abschn. 15.2, Schlagwort „EN 50121“)
- Sicheres und hochverfügbares Zusammenwirken von Fahrzeugen mit der Bahn-Infrastruktur (Abschn. 15.4, Schlagwort „Beeinflussung von Gleisfreimeldeeinrichtungen“)
- Begrenzung der Beeinflussung anderer Infrastrukturen wie z. B. Telekommunikations- oder Rohrleitungen durch die Bahn (Abschn. 15.3, Schlagwort „Beeinflussung durch Bahnstrom“).

Ein weiteres Schutzziel ist der Schutz von Personen vor unzulässig hohen magnetischen, elektrischen und elektromagnetischen Feldern. Auswirkungen des 16,7-Hz-Bahnstromes auf Personen sind im Abschn. 15.3 aufgeführt.

Nicht alle Themen können an dieser Stelle umfassend dargestellt werden, es kann hier nur auf die ganz wesentlichen Grundlagen eingegangen werden.

Generell eingeschätzt werden kann, dass durch die Zunahme des Einsatzes:

- moderner Umrichter für Antriebe und Hilfsenergieversorgungen von Fahrzeugen mit immer höheren Taktraten und steileren Schaltflanken,
- zusätzlicher Sekundärsysteme, die dem Fahrgastkomfort sowie der Information des Fahrgastes dienen und
- der mobilen Kommunikation in der Gesellschaft

die Sicherstellung der elektromagnetischen Verträglichkeit in der Zukunft immer mehr an Bedeutung gewinnt.

## 15.2 EMV im hochfrequenten Bereich

**Allgemeines** Unter Elektromagnetischer Verträglichkeit (EMV) zweier oder mehrerer elektrischer Geräte (oder Einrichtungen) untereinander ist die ungewollte Beeinflussung bzw. Nichtbeeinflussung mittels elektrischer, magnetischer oder elektromagnetischer Felder sowie durch elektrische Spannungen und Ströme zu verstehen.

Allgemein kann eine derartige Beeinflussung einer Einrichtung durch alle ihre Anschlüsse sowie über das Gehäuse selbst erfolgen. Als Anschlüsse der Einrichtung wiederum gelten:

1. Wechselspannungsanschlüsse,
2. Gleichspannungsanschlüsse,
3. Signaleingänge,
4. Signalausgänge,
5. Erdungsanschlüsse.

Die gegenseitige Beeinflussung hängt von der Störfestigkeit und der Störaussendung der beteiligten Geräte (oder Einrichtungen) sowie von deren Verkopplung untereinander ab.

Um ungewollte Beeinflussungen elektrischer Einrichtungen untereinander zu vermeiden und somit einen störungsfreien Betrieb der Geräte (oder Einrichtungen) zu ermöglichen, wird die Mindeststörfestigkeit und die maximale Störaussendung von Geräten und Einrichtungen durch Normen auf nationaler und internationaler Ebene geregelt.

Im nachfolgenden Abschnitt wird näher auf die EMV-Normenreihe für Bahnanwendungen eingegangen.

**EMV-Normen EN 50121 und IEC 62236** Anfang der 1990er Jahre wurde begonnen, bei CENELEC auf europäischer Ebene eine EMV-Norm für Bahnanwendungen zu entwickeln, die dann modifiziert als Weltnorm bei IEC übernommen wurde. Die europäische Normenreihe trägt die Bezeichnung EN 50121 „Bahnanwendungen – Elektromagentische Verträglichkeit“, die Normenreihe auf Weltebene IEC 62236 „Railway Applications – Electromagnetic Compatibility“. Beide Normenreihen bestehen aus sechs Teilen und unterscheiden sich nur geringfügig voneinander.

Im Einzelnen besteht die Normenreihe EN 50121 aus folgenden Teilnormen:

- EN 50121-1, Teil 1: Allgemeines
  Dieser Teil enthält eine Beschreibung des elektromagnetischen Verhaltens einer Bahn und legt für die gesamte Norm die Bewertungskriterien für das Betriebsverhalten fest. Zudem wird ein Planverfahren für die Sicherstellung der EMV an der Schnittstelle der Bahninfrastruktur mit den Zügen festgelegt.
- EN 50121-2, Teil 2: Störaussendungen des gesamten Bahnsystems in die Außenwelt
  Dieser Teil legt die Grenzwerte für hochfrequente Störaussendung der Bahn in die Außenwelt fest. Er beschreibt die anzuwendenden Messverfahren und enthält Informationen über typische Feldstärken verschiedener Traktionssysteme (z. B. 15 kV 16,7 Hz; 25 kV 50 Hz).
- EN 50121-3-1, Teil 3-1: Bahnfahrzeuge – Zug und gesamtes Fahrzeug
  Dieser Teil definiert die Anforderungen zur Störaussendung für alle Arten von Schienenfahrzeugen. Er deckt sowohl Triebfahrzeuge und Züge als auch unabhängige gezogene Fahrzeuge ab.
- EN 50121-3-2, Teil 3-2: Bahnfahrzeuge – Geräte
  Dieser Teil legt Anforderungen an die Störaussendung und Störfestigkeit von elektrischen und elektronischen Geräten (Einrichtungen), die zur Verwendung an Bord von Schienenfahrzeugen vorgesehen sind, fest.
- EN 50121-4, Teil 4: Störaussendungen und Störfestigkeit von Signal- und Telekommunikationseinrichtungen
  Dieser Teil definiert die Anforderungen an die Störaussendung und Störfestigkeit von Signal- und Telekommunikationseinrichtungen für den Bahnbetrieb.
- EN 50121-5, Teil 5: Störaussendungen und Störfestigkeit von ortsfesten Anlagen und Einrichtungen der Bahnenergieversorgung
  Dieser Teil enthält die Anforderungen an die Störaussendung und Störfestigkeit von ortsfesten Anlagen und Einrichtungen der Bahnenergieversorgung.

Neben den Vorschriften dieser Normenreihe sind für einen beeinflussungsfreien Betrieb der einzelnen Einrichtungen weitere Maßnahmen zu beachten, auf die im nachfolgenden Abschnitt näher eingegangen wird.

**Zusätzliche EMV-Anforderungen** Als weitere wichtige Anforderung ist die Funkverträglichkeit zu nennen, die sich aus der Norm EN 50121-3-1 ergibt. Sie betrifft sowohl die Störaussendungen der Geräte und Einrichtungen, die an Bord von Schienenfahrzeugen eingesetzt werden, als auch das Schienenfahrzeug als Ganzes selbst.

Die Funkverträglichkeit soll den störungsfreien Betrieb der Signal- und Telekommunikationseinrichtungen gewährleisten, d. h. die bahnbetrieblichen Kommunikationsfunkbereiche schützen. Darunter fallen Funkbereiche für den Rangierbetrieb, für die Wartung und Instandhaltung, Lokomotivenfernsteuerung sowie den analogen und digitalen Zugfunk.

Da die hierfür verwendeten Funkbereiche von Land zu Land variieren, gelten für jedes Land eigene Vorschriften hinsichtlich der Frequenzbereiche und der Messanordnung. Die Einhaltung dieser Vorschriften ist im europäischen Kontext (TSI, Technische Spezifikation Interoperabilität) als Notifizierte Nationale Technische Regelung (NNTR) des jeweiligen Landes einzustufen. In Deutschland wurde hierzu die Regelung Nr. EMV 06 „Nachweis der Funkverträglichkeit von Schienenfahrzeugen mit Bahnfunkdiensten" erarbeitet und als nationale technische Regelung von der ERA (Eisenbahnagentur der Europäischen Union) notifiziert.

Bei der Anbringung von Funkantennen an oder in Schienenfahrzeugen ist auf die gegenseitige Entkopplung der Antennen zu achten, um einen beeinträchtigungsfreien Betrieb der verschiedenen Funksysteme auf den Schienenfahrzeugen zu gewährleisten. Dabei muss berücksichtigt werden, dass Fahrzeuge auch gekuppelt in Mehrfachtraktion fahren können.

Die Anforderungen an die Entkopplungen der unterschiedlichen Funksysteme zueinander ergeben sich aus den hochfrequenztechnischen Eigenschaften der beteiligten Funksysteme sowie den verwendeten Antennentypen.

## 15.3 Beeinflussung von Anlagen der Leit- und Sicherungstechnik durch Bahnströme

Bahnströme können bahneigene Anlagen der Leit- und Sicherungstechnik sowie Anlagen Dritter, z. B. Telekommunikationsanlagen oder Rohrleitungen, beeinflussen. Dieser Abschnitt beschränkt sich im Wesentlichen auf die Beeinflussung bahneigener Anlagen. Weiterführende Hinweise zur Beeinflussung Dritter finden sich am Ende dieses Abschnittes.

**Ursache der Beeinflussung** Wird ein Verbraucher über einen elektrischen Leiter an eine Spannungsquelle angeschlossen, fließt im Leiter Strom. Mit dem Stromfluss entsteht ein magnetisches Feld, dessen Feldlinien kreisförmig um den stromdurchflossenen Leiter angeordnet sind.

Beim elektrischen Zugbetrieb wird über ein Unterwerk (Uw) oder einen Schaltposten (Sp) Strom in die Oberleitung zum Verbraucher Zug (Lokomotive) eingespeist. Der Rückstrom fließt in der Regel über die Schienen an das Uw oder den Sp zurück. Durch den Strom in der Oberleitung und den Rückstrom in den Schienen entstehen zwei, aus der unterschiedlichen Stromrichtung resultierende, überlagerte magnetische Felder, s. Abb. 15.1. Diese Magnetfeldlinien durchdringen auch die Fläche, die zwischen einem parallel zur elektrifizierten Bahnstrecke verlegten Signalkabel und Erde aufgespannt ist, s. Abb. 15.1. Dadurch wird zwischen den Enden jeder Signalkabelader eine (Längs-)Spannung induziert. Wenn an einem Kabelende ein Erdfehler (z. B. Durchschlag gegen Erde) auftritt, dann liegt am anderen Ende die induzierte Spannung in voller Höhe als (Quer-)Spannung zwischen der beeinflussten Kabelader und Erde an, s. Abb. 15.2 (oben).

Die Beeinflussungsspannung beansprucht die Kabelisolation und die angeschlossenen Gerä-

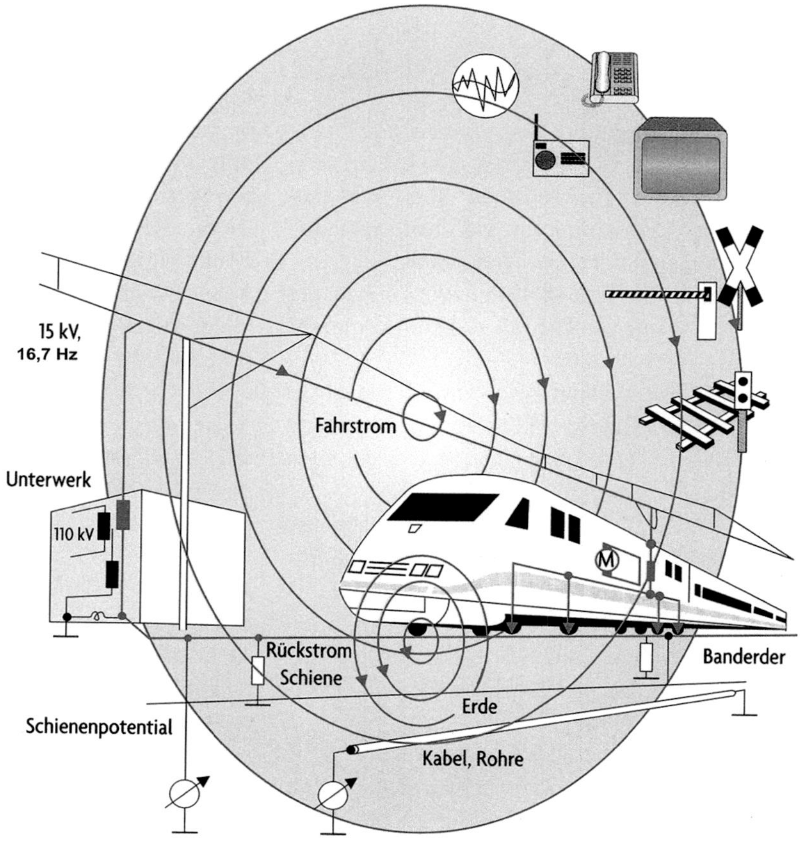


**Abb. 15.1** Felder im Bahnbetrieb (Bild aus dem Internet)

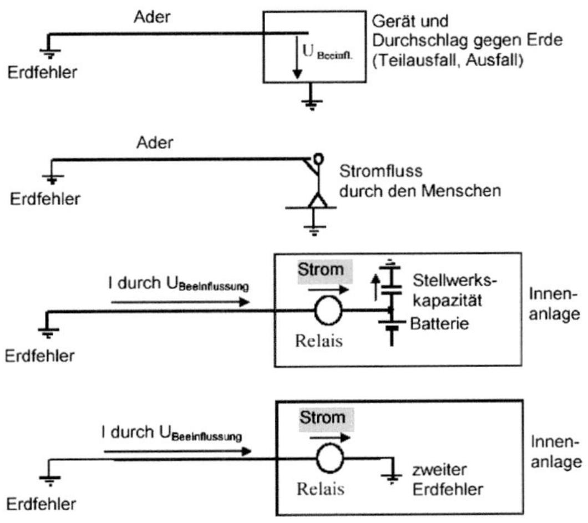


**Abb. 15.2** Mögliche Szenarien zur Erzeugung unzulässig hoher Beeinflussungsspannungen

te und Einrichtungen und kann den Menschen gefährden, wie in den folgenden Abbildungen dargestellt.

Eine zu hohe Beeinflussungsspannung kann auch zu Fehlreaktionen z. B. eines Relais in der Stellwerksanlage führen.

Negative Auswirkungen der in Abb. 15.2 dargestellten Beeinflussungsfälle müssen verhindert werden, indem auch im Fehlerfall bestimmte Grenzwerte der Beeinflussungsspannung eingehalten werden.

Die allgemeinen Grundlagen und weiterführende Informationen sind in der DIN VDE 0845-6 „Maßnahmen bei der Beeinflussung von Telekommunikationsanlagen durch Starkstromanlagen" (früher VDE 0228) sowie in den „Technischen Empfehlungen" der von Betreibern von Bahn-, Telekommunikations- und 50-Hz-Energieübertragungsanlagen gegründeten „Schiedsstelle für Beeinflussungsfragen" beschrieben. Diese Technischen Empfehlungen wurden in den letzten Jahren überarbeitet und können unter https://www.sfb-emv.de abgerufen werden.

Die für die Anlagen der Leit- und Sicherungstechnik (LST) zulässigen Grenzwerte der Beeinflussungsspannungen sowie weitere bahnspezifische Festlegungen sind für die Infrastruktur der DB InfraGO AG in den Richtlinien 819.0801 bis 819.0806 „LST-Anlagen planen; Beeinflussung und Schutzmaßnahmen" festgeschrieben.

Die Richtlinie 819.0802 schreibt folgende Nachweispflichten vor:

Ist eine induktive Beeinflussung vorhanden, muss diese bei der Planung einer LST- und TK-Anlage grundsätzlich beachtet werden. Dies gilt bei Neubau und Umbau von Anlagen der LST und TK-Technik.

An elektrifizierten Bahnstrecken ist dies grundsätzlich notwendig.

Wird das beeinflussende System nachgerüstet (z. B. nachträgliche Elektrifizierung einer Strecke), muss für die Anlagen der LST und TK-Technik die induktive Beeinflussung beachtet werden. Es muss sichergestellt werden, dass durch geeignete Beeinflussungsschutzmaßnahmen die zulässigen Beeinflussungsspannungen nicht überschritten werden.

Eine Überprüfung ist auch in jedem Fall erforderlich, wenn eine Veränderung der Beeinflussungsintensität durch das beeinflussende System (z. B. Stromerhöhung) zu erwarten ist.

Die Nachweisführung erfolgt grundsätzlich über eine Beeinflussungsberechnung. Messungen sind unter bestimmten Voraussetzungen zulässig. Der Nachweis für die Einhaltung der zulässigen Grenzwerte der Beeinflussungsspannung ist Bestandteil der Planunterlagen einer Anlage der LST und TK-Technik und ist in die Bestandsdokumentation (IZ-Plan) zu überführen.

**Berechnung der Beeinflussungsspannung nach Ril 819.0803**

Die Längsspannung $U_L$ (Beeinflussungsspannung) ist die Spannung zwischen den Endpunkten der galvanisch durchverbundenen Leitung. Sie errechnet sich für einen festgelegten Abschnitt wie folgt:

$$U_L\ [\mathrm{V}] = 2 \cdot \pi \cdot f\ [\mathrm{Hz}] \cdot I\ [\mathrm{kA}] \cdot M'\ [\mathrm{mH/km}] \cdot r_{\mathrm{ges}} \cdot l\ [\mathrm{km}],$$

mit:

- $f$ Frequenz des beeinflussenden Stromes in Hz (im Allgemeinen die Grundschwingung mit 16,7 oder 50 Hz),
- $I$ Beeinflussungsstrom im beeinflussenden System in kA:
  im Normalbetrieb (Fahrstrom $I_F$) $I = I_F$,

im Kurzschlussfall (Kurzschlussstrom $I_K$) $I = I_K \cdot w$,
mit $w$ Erwartungsfaktor für $I_K$, $w = 0{,}7$,

$M'$ längenbezogene Gegeninduktivität (Gegeninduktivitätsbelag) zwischen beeinflusstem und beeinflussendem System in mH/km (Bei Verwendung von $M'$ in µH/km ergibt sich $U_L$ in mV)

$r_{\text{ges}}$ Gesamtreduktionsfaktor ohne Maßeinheit: $r_{\text{ges}} = r_S \cdot r_K \cdot r_E \cdot r_X < 1$,

$r_S$ Reduktionsfaktor der Schienen (immer kleiner 1),

$r_K$ Reduktionsfaktor des Kabelmantels (kleiner 1, wenn induktionsgeschütztes Kabel vorhanden ist),

$r_E$ Reduktionsfaktor des Erdseiles bzw. Rückleiters (kleiner eins, wenn entsprechende Einrichtungen vorhanden sind),

$r_X$ Reduktionsfaktor benachbarter Rohrleitungen und anderer metallener Leiter,

$l$ wirksame Länge der Näherung in km.

Durch den Erwartungsfaktor $w$ wird berücksichtigt, dass der Berechnung des Kurzschlussstromes die ungünstigsten Verhältnisse zugrunde gelegt wurden und dass das gleichzeitige Zusammentreffen aller ungünstigsten Verhältnisse wenig wahrscheinlich ist.

Bei der Berechnung der induzierten Spannung ist das beeinflusste Kabel zunächst in Abschnitte zu unterteilen, in denen die oben genannten Einflussfaktoren jeweils als konstant angesehen werden können. Daher führen bei der praktischen Berechnung Änderungen z. B.

- des Abstandes $a$ oder
- des beeinflussenden Stromes, z. B. an Unterwerksstandorten oder
- der Anzahl der Gleise

zur Bildung von solchen Abschnitten. Für jeden Abschnitt wird die Beeinflussungsspannung gemäß der obigen Formel berechnet.

Für eine detailliertere Darstellung der Berechnung sei an dieser Stelle auf die oben genannten Richtlinien, VDE-Normen und Technischen Empfehlungen verwiesen.

Zusammenfassend soll aufgezeigt werden, welches Mindestmaß an Informationen für eine Beeinflussungsberechnung vorhanden sein muss:

- Länge $l$ der zu betrachtenden Kabelverbindung. Damit ist die längste galvanisch durchgeschaltete Verbindung gemeint. Typische Endpunkte sind Vorsignale, Weichen und Stellwerke bzw. Riegelstellen. Wenn die zu betrachtende Verbindung im Stellwerk nicht galvanisch getrennt ist, so darf das Stellwerk auch nicht als Endpunkt der zu betrachtenden Kabelverbindung angenommen werden.
- Abstand $a$ des beeinflussten Kabels zum Gleis,
- Überblick über die Speiseverhältnisse sowie Fahr- und Kurzschluss-Stromdiagramm für die betrachtete Strecke, siehe auch Abschnitt „Stromdiagramme“,
- reduzierende Systeme und deren Reduktionsfaktoren.

Die Berechnung kann als vereinfachte Überschlagsrechnung, als detaillierte Handrechnung sowie mit Hilfe von speziellen Berechnungsprogrammen durchgeführt werden.

Eine Berechnung ist auch in jedem Fall erforderlich, wenn eine Veränderung der Beeinflussungsintensität durch das beeinflussende System (z. B. Stromerhöhung) oder eine Änderung von reduzierenden Faktoren (z. B. Gleisrückbau) zu erwarten ist.

Langzeitbeeinflussung ergibt sich aus den Stromwerten der Fahrstromdiagramme, die Kurzzeitbeeinflussung wird aus den Kurzschlussstromdiagrammen abgeleitet.

**Grenzwerte** Die Beeinflussungsspannung darf die zulässigen Grenzwerte nicht überschreiten. In der Richtlinie 819.0804 sind die Werte für die verschiedenen LST-Techniken angegeben.

Für neuere LST-Anlagen müssen mindestens folgende Beeinflussungsspannungen zulässig sein:

- Langzeitbeeinflussung: 250 V,
- Kurzzeitbeeinflussung: 1500 V.

Diese Grenzwerte sind Anlagenschutzwerte. Die Personenschutzgrenzwerte liegen deutlich niedriger. Bei Arbeiten an beeinflussten Anlagen sind die Vorgaben der Gesetzlichen Unfallverhütungsvorschriften zu beachten (z. B. DGUV Vorschrift 4 – Elektrische Anlagen und Betriebsmittel).

**Schutzmaßnahmen** Ergeben die Berechnungen eine zu hohe Beeinflussungsspannung, müssen Schutzmaßnahmen gemäß Richtlinie 819.0805 durchgeführt werden. Diese werden in die nochmalige Berechnung einbezogen und müssen die Beeinflussungsspannung auf die zulässigen Grenzwerte reduzieren.

Folgende Maßnahmen zur Reduktion der Beeinflussungsspannung sind im Bahnbereich sinnvoll und können angewendet werden:

- Verkürzung der Beeinflussungslänge, z. B. durch Einsatz von Wandlern in der Stellwerks-Stromversorgung oder von Trennübertragern,
- Einsatz von Kabeln mit Induktionsschutz. Der Metallmantel dieser Kabel muss beidseitig geerdet werden, um wirksam zu sein,
- Einsatz oder Berücksichtigung anderer geerdeter Leiter, die eine Reduktionswirkung erzeugen,
- Einsatz von Überspannungsableitern unter Beachtung der bahnspezifischen Bedingungen,
- Einsatz von anderen Techniken, die höhere Beeinflussungsspannungen zulassen,
- befristete betriebliche Maßnahmen.

Die Schutzmaßnahmen müssen bereits bei der Planung zusätzlich vorgesehen werden. Vorhandene Maßnahmen mit geeigneter Schutzwirkung können bei der Planung einbezogen werden. Schutzmaßnahmen sind nach technisch-wirtschaftlichen Gesichtspunkten auszuwählen. Ausreichende Schutzmaßnahmen müssen realisiert sein, bevor die beeinflussende Anlage in Betrieb genommen bzw. bevor eine LST-Anlage unzulässig beeinflusst wird.

**Stromdiagramme** Als Basis für eine Beeinflussungsberechnung dienen die für die verschiedenen elektrifizierten Streckenabschnitte vorzuhaltenden Fahr- und Kurzschluss-Stromdiagramme.

Diese Diagramme sind bereits während der Planungen, also **vor** dem Bau einer Strecke oder **vor** einer Elektrifizierung zu erstellen.

Wie diese Diagramme zu erstellen sind, ist in der DIN VDE 0845-6-3 mit dem Titel „Maßnahmen bei Beeinflussung von Telekommunikationsanlagen durch Starkstromanlagen“ mit den Teilen 1 und 3 geregelt:

- DIN VDE 0845-6-1 Allgemeine Grundlagen
- DIN VDE 0845-6-3 Beeinflussung durch Wechselstrom-Bahnanlagen.

Um ein Diagramm erstellen zu können, ist es erforderlich, die Ströme, die in einem Streckenabschnitt zwischen zwei Einspeisepunkten maximal fließen können, hinreichend genau zu kennen. Dabei ist zum einen der Fahrstrom, also der Strom, der von allen im Streckenabschnitt befindlichen Fahrzeugen benötigt wird, zu betrachten und zum anderen der Kurzschlussstrom, der an einem beliebigen Ort im Streckenabschnitt durch eine Störung im System auftreten kann.

Durch die Planer einer Baumaßnahme sind für die Diagrammerstellung weitere wichtige Eingangsinformationen zur Verfügung zu stellen, die unter anderem Antworten auf folgende betriebliche Fragen:

- Eingleisiger, zweigleisiger, mehrgleisiger Abschnitt?
- Welche Triebfahrzeuge und Zuggattungen sind unterwegs (z. B. S-Bahn, Reisezüge, Güterzüge)?
- Einfachtraktion, Mehrfachtraktion?
- Fahrplantakt?
- Gleichzeitige Beschleunigungsvorgänge?

und auf folgende technische Fragen:

- Durch welche Uw bzw. Sp wird der Streckenabschnitt mit Energie versorgt?
- An welcher Stelle befindet sich die Einspeisung in die Oberleitung (z. B. Streckenkilometer)?

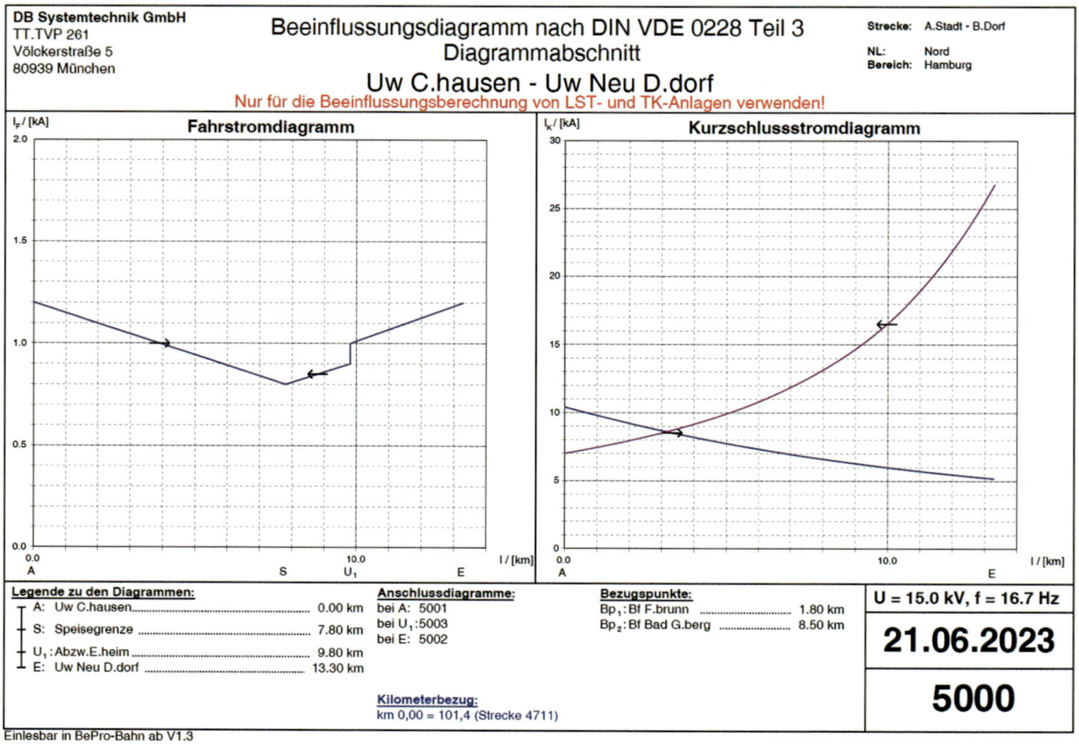


**Abb. 15.3** Beispiel für ein Fahr- und Kurzschluss-Stromdiagramm

- Oberleitungsbauart Re 100, Re 160, Re 200 oder eventuell Stromschiene?
- Kabel- bzw. Speiseleitungslänge vom Uw/Sp zur Einspeisung (Typ/Querschnitt)?
- Existieren weitere Speiseleitungen, Verstärkungsleitungen, Umgehungsleitungen, Rückleitungen (Info zu deren Verlauf, Länge, Typ, Querschnitt)?

geben.

Zur Erleichterung der Diagrammerstellung dienen verschiedene weitere Unterlagen:

- Strecken- und Betriebsstellenkarten, wenn schon existent,
- Eintragungen des zukünftigen Streckenverlaufes in einer topografischen Karte,
- Streckenspeisepläne/Listen,
- Oberleitungspläne (EbsU), Lagepläne, Baupläne,
- Planungsnetzplan.

Ein aus diesen Daten zu generierendes Fahr- und Kurzschluss-Stromdiagramm ist in Abb. 15.3 dargestellt.

**Wie bleiben diese Fahr- und Kurzschluss-Stromdiagramme aktuell?** Um Fahr- und Kurzschlussstromdiagramme auf einem aktuellen Stand halten zu können, sind diverse Informationen über die tatsächliche Ist-Strombelastung für einen Streckenabschnitt erforderlich. Zu diesem Zweck erfasst DB Energie über einem definierten Zeitraum für alle elektrifizierten Strecken die von einem Uw oder einem Sp auf einen Streckenabschnitt eingespeisten Ströme durch so genannte Oberleitungsbeeinflussungsmessungen (OLBM) und übersendet diese zur weiteren Verwendung an die DB Systemtechnik.

Hier wird jedes Jahr für alle bestehenden Diagramme ein Vergleich zwischen den in den Diagrammen festgelegten Fahrströmen und den Ergebnissen der OLBM durchgeführt. Weichen die Ströme aus den OLBM um mehr als 10 % vom Fahrstrom des Diagramms ab, wird eine Anpassung des entsprechenden Fahr- und Kurzschlussstromdiagrammes vorgenommen.

**Wer benötigt diese Informationen?** Neue oder aktualisierte Fahr- und Kurzschluss-Stromdiagramme werden grundsätzlich an das Eisenbahn Bundesamt (EBA), die Deutsche Telekom sowie DB-interne Adressaten verteilt. Dort werden sie als Bezugsdaten für verschiedene Aufgaben und Anfragen vorgehalten und als Grundlage für Berechnungen der Beeinflussung durch Ströme in der 15-kV-Oberleitungsanlage u. a. von:

- LST-Anlagen von DB InfraGO und Tk-Anlagen von DB Kommunikationstechnik gemäß Richtlinie 819.080x,
- Anlagen der Deutschen Telekom,
- Anlagen von Rohrleitungsbetreibern,
- Gebäuden und Anlagen im Bereich der Bahnstrecken

genutzt.

Generell sind die DB AG als beeinflussende Partei bzw. die beeinflussten DB-Internen und Dritten verpflichtet, *Beeinflussungsgrenzwerte mit den folgenden Schutzzielen* einzuhalten:

- Grenzwerte des elektrischen, magnetischen und elektromagnetischen Feldes gemäß 26. BImSchV mit dem Ziel „Personenschutz“,
- Grenzwerte der induktiven Beeinflussung von DB-eigenen LST- und Tk-Anlagen mit dem Schutzziel Personen- und Anlagenschutz gemäß Ril 819.0802 und 819.0804,
- Grenzwerte der induktiven Beeinflussung von Telekomleitungen Dritter und von Rohrleitungen mit dem Schutzziel Personen- und Anlagenschutz gemäß VDE 0845-6-x und der Empfehlung Nr. 3 der Arbeitsgemeinschaft für Korrosionsfragen „Maßnahmen beim Bau und Betrieb von Rohrleitungen im Einflussbereich von Hochspannungsdrehstromanlagen und Wechselstrombahnanlagen“.

**Zusammenfassende Information für Planer und Instandhalter von LST- und Oberleitungsanlagen** Notwendiges Ziel ist es, die Fahr- und Kurzschluss-Stromdiagramme aktuell zu halten und bei Umbaumaßnahmen an der Bahnstromversorgung vorausschauende, vorläufige Diagramme für die LST-Planer zur Verfügung zu stellen.

Es ist deshalb sehr wichtig, dass die Planer bei relevanten Maßnahmen, d. h. wenn z. B. zu erwarten ist, dass die Strombelastung an Strecken erheblich zunehmen wird, den Diagrammersteller rechtzeitig vor den Baumaßnahmen informieren und einbinden. Nur dann ist es möglich, vorläufige Diagramme zu erstellen, die die zu erwartenden Belastungen genauer abbilden und zu einer angepassten Beeinflussungsberechnung führen.

Ohne ausreichende Informationen würden nach Inbetriebnahme einer geänderten Anlage die Diagramme erst nach Vorlage der OLBM jährlich überprüft und ggf. anschließend aktualisiert werden. Als Ansprechpartner für die Diagrammerstellung steht bei der DB AG die DB Systemtechnik GmbH in München zur Verfügung.

## 15.4 Beeinflussung von Gleisfreimeldeanlagen durch Eisenbahnfahrzeuge

Moderne Stellwerke zeichnen sich durch die selbsttätige Freimeldung von Weichen und Gleisen aus. Hierbei kommen verschiedene Bauarten von Gleisfreimeldeanlagen zur Anwendung, u. a. Gleisstromkreise und Achszähler.

Gleisfreimeldeanlagen können durch Eisenbahnfahrzeuge auf verschiedene Arten beeinflusst werden. Es werden die galvanische, kapazitive, induktive und die elektromagnetische Beeinflussung unterschieden. Mit dem Einsatz von Stromrichtern auf Eisenbahnfahrzeugen treten neben der Grundfrequenz 16,7 Hz auch höherfrequente Anteile (Oberschwingungen) auf, die im Traktionsrückstrom enthalten sind, aber auch in Form von magnetischen Feldern von Fahrzeugen in den Gleisbereich abgestrahlt werden können. Sind Oberschwingungsanteile in ausreichender Größe im Arbeitsfrequenzbereich von

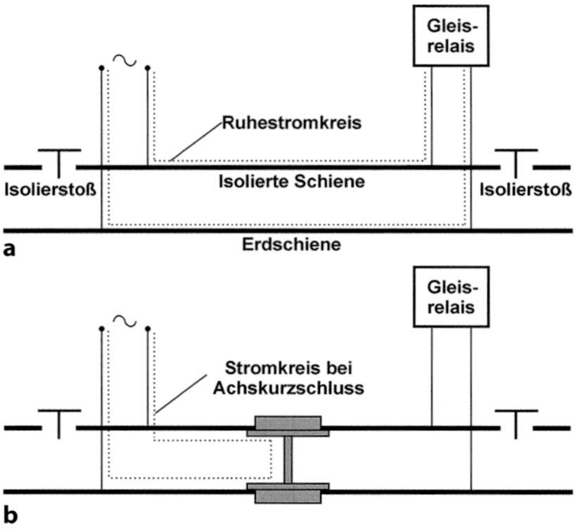


**Abb. 15.4** Einschienig isolierter Gleisstromkreis. **a** im nicht belegten und **b** im belegten Zustand

Gleisfreimeldeanlagen enthalten, können unzulässige Beeinflussungen auftreten.

**Gleisstromkreise/Tonfrequenz-Gleisstromkreise – Wirkprinzipien** Der Wirkbereich eines niederfrequenten Gleisstromkreises (Gleisfreimeldeabschnitt) wird über Isolierstöße begrenzt. Dabei können sowohl eine Schiene (einschienige Isolierung) als auch beide Schienen (zweischienige Isolierung) elektrisch gegen die Schienen eines angrenzenden Abschnittes und gegen Erde isoliert sein. Da im Falle der zweischienigen Isolierung die Rückführmöglichkeit des Stromes nicht gegeben ist, wird der Strom mittels Gleisdrosseln über die Isolierstöße geführt. Abb. 15.4 zeigt den einschienig isolierten Gleisstromkreis.

Das Wirkprinzip des Gleisstromkreises ergibt sich dadurch, dass an einer Seite des Gleisstromkreises eine Spannung fester Frequenz (z. B. 100 Hz) zwischen beiden Schienen angelegt wird (vgl. Abb. 15.4a). Diese Spannung steuert am Ende des Gleisstromkreises ein Gleisrelais an, welches im nicht belegten Zustand (kein Zug befindet sich im Abschnitt) angezogen ist. Fährt ein Eisenbahnfahrzeug in einen überwachten Gleisabschnitt ein, so wird die eingespeiste Spannung über dessen Achsen kurzgeschlossen und das Gleisrelais fällt ab (vgl. Abb. 15.4b). Die Gleisfreimeldeanlage registriert in diesem Fall eine Besetzung.

Der Gleisstromkreis arbeitet somit nach dem Ruhestromprinzip. Im Fehlerfall, z. B. bei einem Schienenbruch, wird der betroffene Gleisabschnitt automatisch als besetzt gemeldet.

Tonfrequenz-Gleisstromkreise (Arbeitsfrequenzen: ca. 4 bis 17 kHz) verfügen im Gegensatz zu niederfrequenten Gleisstromkreisen (Arbeitsfrequenzen: 42, 50 und 100 Hz) über keine Isolierstöße. Die Trennung der verschiedenen Abschnitte wird durch galvanische Verbindungen der Schienen (z. B. Kurzschlussverbinder, S-Verbinder) realisiert. Ein Sender am Anfang des Gleisabschnittes speist ein Signal fester Frequenz in die Schienen ein, welches von einem Empfänger am Ende des Abschnittes registriert wird. Der Empfänger ist als Schwingkreis konzipiert, dessen auf die Schienenimpedanz abgestimmte Resonanzfrequenz im nicht belegten Zustand gleich der Senderfrequenz ist. Die Abstimmung der Resonanzfrequenz auf die Schienenimpedanz des Abschnittes bewirkt, dass im Falle eines einfahrenden Eisenbahnfahrzeuges eine Reduktion der Schienenimpedanz erfolgt und dies in einer Veränderung der Resonanzfrequenz resultiert. Die Abnahme der Amplitude des Freimeldestromes und der Abfall des Überwachungsrelais (Gleisbesetzung) sind die Folge.

**Beeinflussung durch Eisenbahnfahrzeuge** Gleisstromkreise können von Eisenbahnfahrzeugen galvanisch beeinflusst werden. Es wird in diesem Zusammenhang zwischen der Fernbeeinflussung und der Nahbeeinflussung unterschieden. Bei einer Fernbeeinflussung befindet sich der beeinflusste Gleisstromkreis zwischen dem beeinflussenden Schienenfahrzeug (Verbraucher) und dem speisenden Unterwerk. Der Gleisstromkreis wird vom Schienenrückstrom beeinflusst.

Bei einer Nahbeeinflussung befindet sich der beeinflusste Gleisstromkreis unter dem beeinflussenden Zug oder im Nachbargleis. Der Gleisstromkreis wird in diesem Fall durch Rückströme bei zentraler Energieversorgung des Fahrzeugs (u. a. über die Zugsammelschiene) beeinflusst. Im Falle einer Diesellok mit Reisezugwagen bedeutet dies beispielsweise, dass bei zentraler Speisung der Verbraucher der Reisezugwagen

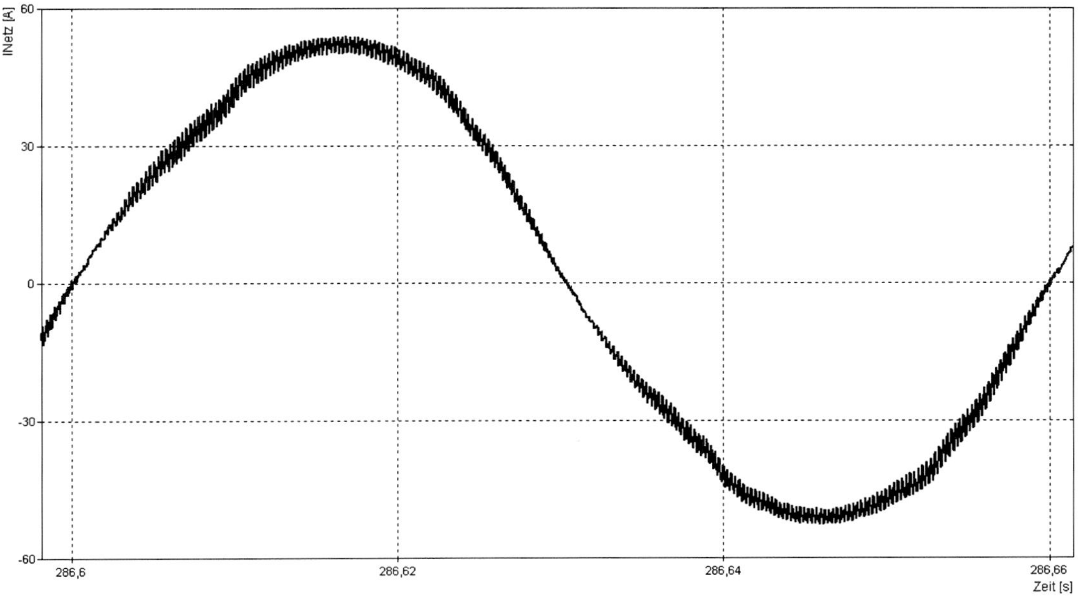


**Abb. 15.5** Oberleitungsstrom *INetz* eines Zuges

(z. B. Heizung, Klimatechnik, Batterieladung) über die Zugsammelschiene die Rückströme über die Schienen des befahrenen Gleises und bei guter Vermaschung auch über Nachbargleise zurück zur Diesellok fließen und dadurch Gleisstromkreise beeinflusst werden können.

Beeinflussungen sind grundsätzlich deshalb möglich, weil Eisenbahnfahrzeuge aufgrund des Einsatzes von Stromrichtern zur Speisung der Traktionseinheit sowie der elektrischen Verbraucher keinen idealen sinusförmigen Strom dem Netz entnehmen. Der nicht ideal sinusförmige Oberleitungsstrom eines Eisenbahnfahrzeuges enthält neben der Grundfrequenz 16,7 Hz auch höherfrequente Anteile (Störströme), die maßgeblich von den auf dem Zug eingesetzten Stromrichtertechniken mitbestimmt werden.

Abb. 15.5 zeigt exemplarisch den Oberleitungsstrom *INetz* eines Zuges.

Abb. 15.6 enthält das zugehörige Spektrum ermittelt mittels der sog. „Schnellen Fourier-Transformation (engl. Fast Fourier Transform, FFT)".

Deutlich erkennbar sind die resultierenden harmonischen Stromanteile der eingesetzten leistungselektronischen Bauteile bei 4 kHz und Vielfachen von 4 kHz.

Würde der Schienenrückstrom neben der Grundschwingung 16,7 Hz auch Oberschwingungsanteile enthalten, die im Bereich der Arbeitsfrequenz von Gleisstromkreisen liegen, und sind weitere Parameter wie die Mindestbeeinflussungsdauer (niederfrequente Gleisstromkreise: 0,5 s, Tonfrequenz-Gleisstromkreise: 40 ms), ausreichende Amplitude, Phase etc. gegeben, könnte eine unzulässige Beeinflussung auftreten. Dabei wären sowohl die Belegtmeldung eines freien Abschnittes als auch die Freimeldung eines belegten Abschnittes (Betriebsgefährdung!) möglich. Daher sind diese Beeinflussungen im Rahmen der Fahrzeugzulassung zu untersuchen und auszuschließen.

Es sei darauf hingewiesen, dass sich das Spektrum des Traktionsstromes von Eisenbahnfahrzeugen in Abhängigkeit von den Betriebszuständen (Geschwindigkeit, Beschleunigung, zugeschaltete Hilfsbetriebe etc.) stark verändern kann. Damit abschließende Aussagen hinsichtlich einer Kompatibilität mit Gleisstromkreisen getätigt werden können, müssen alle relevanten Betriebszustände (Normalbetrieb, Ausfallbetriebe) eines Eisenbahnfahrzeuges im Rahmen der Zulassung messtechnisch untersucht werden.

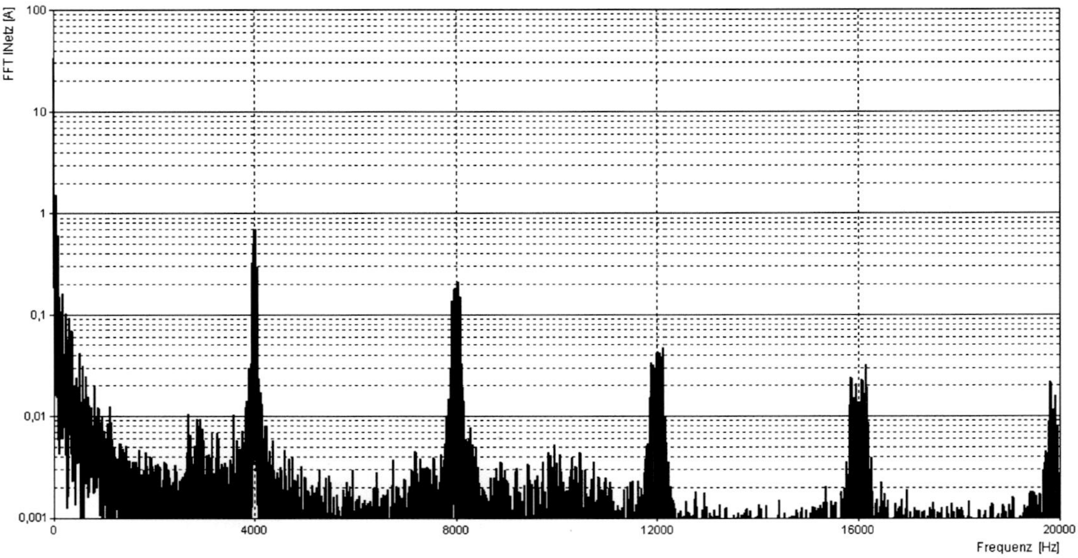


**Abb. 15.6** FFT-Darstellung des Netzstromes aus Abb. 15.5 (12 Perioden)

Auch Änderungen an Hard- und Software von Eisenbahnfahrzeugen können das Oberschwingungsverhalten verändern. In diesem Falle sind Änderungen an bereits zugelassenen Fahrzeugen anzuzeigen und ggf. neue Nachweise erforderlich.

**Regelwerke** Die Nachweisführung zur Kompatibilität mit Gleisstromkreisen (Nah- und Fernbeeinflussung) sind in den Technischen Regelungen für den Nachweis der elektromagnetischen Verträglichkeit zwischen Schienenfahrzeugen und der Infrastruktur beschrieben, welche auf den Internetseiten des Eisenbahn-Bundesamtes veröffentlicht sind.

Die Regelungen umfassen einen erklärenden allgemeinen Teil (Technische Regelung für den Nachweis der elektromagnetischen Verträglichkeit zwischen Schienenfahrzeugen und der Infrastruktur Teil 1 – Allgemeines (TR-EMV Teil 1)) und die Vorgaben zur Nachweisführung bezüglich der Einhaltung der Störstromgrenzwerte (Teil 2 – Nachweis der Einhaltung der Störstromgrenzwerte (TR-EMV Teil 2)).

Auf europäischer Ebene beschreibt die TS 50238-2 (Titel siehe unten) die im europäischen Bereich angewandten Mess- und Bewertungsverfahren zum Nachweis der Kompatibilität von Fahrzeugen mit Gleisstromkreisen. Die EN 50617-1 (Titel siehe unten) definiert die Parameter, die bei der Auslegung und dem Design von Gleisstromkreisen – vor allem unter dem Aspekt der Kompatibilität mit Fahrzeugen – zu beachten sind. Im Interface Dokument der TSI CCS (ERA/ERTMS/033281, Titel siehe unten) werden grundlegende Parameter und Vorgaben zur Kompatibilität von Fahrzeugen mit den Systemen der Gleisfreimeldung (Gleisstromkreise, Achszähler, Bahnübergangsschleifen) definiert. Im Interface Dokument ist auch ein auf die wesentlichen europäischen Spannungsversorgungsysteme (DC 3 kV/1,5 kV, AC 15 kV/16,7 Hz sowie AC 25 kV/50 Hz) abgestimmtes Frequenzmanagement für Gleisstromkreise definiert, welches die maximalen Störstromemissionen eines Fahrzeugs in bestimmten Frequenzbereichen (Arbeitsfrequenzbereiche TSI-konformer Gleisstromkreise) festlegt. Grundlage bildeten hierfür u. a. die in der TS 50238-2 aufgeführten, für zukünftige Anwendungen definierten Gleisstromkreise.

**Achszähler-Wirkprinzipien** Achszähler stellen Impulsgeber dar, die am Anfang und am Ende eines zu überwachenden Gleisabschnittes installiert sind und die Anzahl der Achsen eines

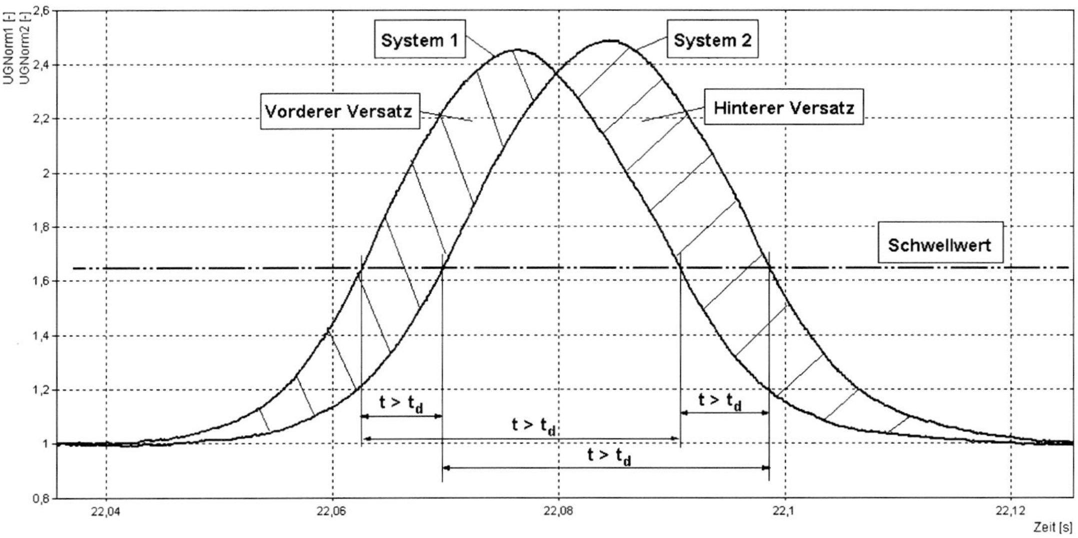


**Abb. 15.7** Einfluss eines vorbeifahrenden Rades (Kopplungserhöhung)

Zuges an ein Achszählwerk weitermelden. Beim Einfahren eines Zuges in einen durch Achszähler abgesicherten Gleisabschnitt werden zunächst alle Achsen eingezählt und bei der Ausfahrt wieder ausgezählt. Stimmt die Anzahl der ein- und ausgezählten Achsen überein, wird der Gleisabschnitt frei gemeldet, ansonsten erfolgt eine Belegtmeldung.

Es lassen sich zwei verschiedene Ausführungen bei Achszählern unterscheiden: die Sender-/Empfänger-Ausführung und die Ausführung als Näherungsschalter.

Bei Achszählern, die als Sender-/Empfänger-Einheit arbeiten, werden an einer Schienenseite ein Sender und an der gegenüberliegenden Seite ein Empfänger (Empfangsspule) installiert. Der Sender emittiert ein Magnetfeld konstanter Frequenz über den Schienenkopf hinaus aus, welches im Empfänger eine Induktionsspannung erzeugt. Ein in den Wirkbereich des Achszählers einfahrendes Rad verändert die Kopplung zwischen Sender und Empfänger und erzeugt je nach Achszähltyp eine Anhebung (Erhöhung der Kopplung) oder Absenkung (Erniedrigung der Kopplung) der Induktionsspannung vom Ruhewert. Damit die Fahrtrichtung von Zügen erkannt werden kann, besitzen Achszähler grundsätzlich zwei unabhängige Systeme, die im Abstand von wenigen zehn Zentimetern nebeneinander angeordnet sind.

Abb. 15.7 zeigt ein Beispiel für die Einwirkung eines vorbeifahrenden Rades auf einen Achszähler. Dargestellt sind die gleichgerichteten und auf ihren Ruhespannungswert normierten Empfängerspannungen *UGNorm1* und *UGNorm2* der Systeme 1 und 2. Der Schwellwert wurde in diesem Beispiel frei gewählt.

Bei der Ausführung eines Achszählers als Näherungsschalter reagiert ein Spulensystem auf das ferromagnetische Material des Spurkranzes und erzeugt ähnliche Ausgangssignale wie sie in Abb. 15.7 dargestellt sind. Die bei der Deutschen Bahn AG eingesetzten spurkranzbezogenen Achszähler arbeiten im Frequenzbereich bis etwa 1 MHz.

Räder, die den Vorgaben der Eisenbahn Bau- und Betriebsordnung (EBO) bzw. dem Interface Dokument der TSI CCS (ERA/ERTMS/033281, Titel siehe unten) entsprechen müssen, werden grundsätzlich von Achszählwerken erst dann als zählfähig akzeptiert, wenn folgende Bedingungen erfüllt sind (vgl. Abb. 15.7):

a. ein vordefinierter Schwellwert wird unter- oder überschritten,
b. die Unter- oder Überschreitung des Schwellwertes erfolgt für eine vordefinierte Mindestdauer $t_d$,
c. in beiden Kanälen werden die Bedingungen a. und b. eingehalten,

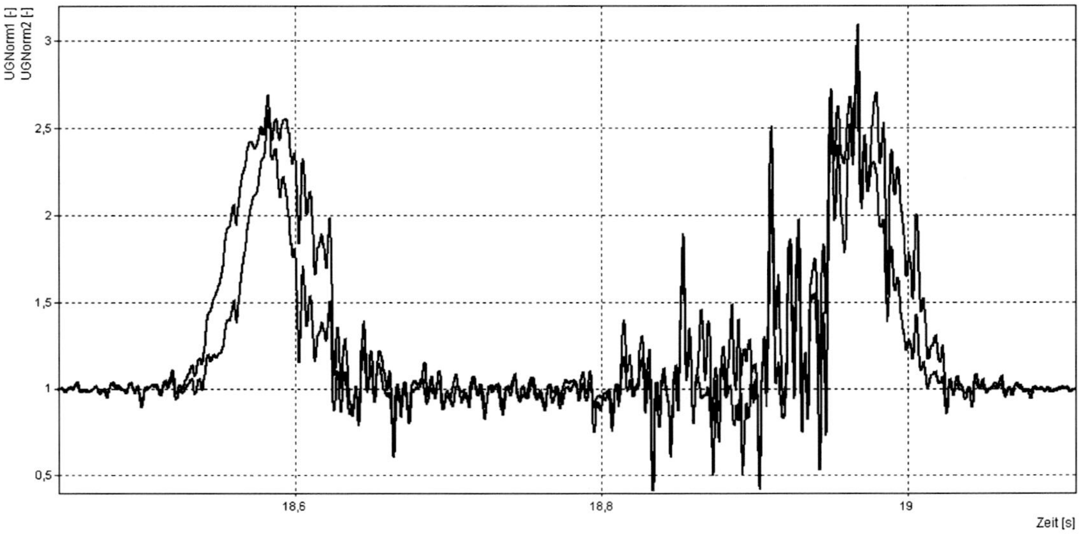


**Abb. 15.8** Beeinflussung eines Achszählers durch ein Motorfeld (Darstellung eines angetriebenen Drehgestells)

d. der vordere und hintere Radversatz sind vorhanden und für beide gilt $t > t_d$,
e. alle Räder des Zuges betätigen die Systeme des Achszählers zeitlich stets in der gleichen Reihenfolge (z. B. System 1 wird vor System 2 betätigt).

Bei Nichteinhaltung einer der o. g. Bedingungen wird ein Rad verworfen und dies mündet in eine Fehlzählung (Besetztmeldung).

**Beeinflussung durch Eisenbahnfahrzeuge** Achszähler können durch Magnetfelder beeinflusst werden, sofern diese Frequenzanteile im Arbeitsfrequenzbereich der Achszähler besitzen. Äußere Felder induzieren in den Spulen der Achszähler Spannungen, die sich je nach Phasenlage und Amplitude den Nutzsignalen überlagern.

Da in den Empfängersystemen von Achszählern u. a. LC-Glieder zur Anwendung kommen, können auch impulsförmige Felder mit einer Pulsfolgerate im Kilohertzbereich zu einer Beeinflussung führen (Beeinflussung durch transiente Vorgänge).

Quellen der Beeinflussung können grundsätzlich alle stromführenden Leiter sein, die ein Magnetfeld im Arbeitsfrequenzbereich der Achszähler in den Gleisbereich emittieren.

In der Vergangenheit wurden u. a. sowohl Felder von Motorkabeln als auch Motorfelder als Quellen der Beeinflussung identifiziert, die aufgrund von Rückwirkungen der eingesetzten Stromrichter höherfrequente Feldanteile aufwiesen.

Abb. 15.8 zeigt exemplarisch die Beeinflussung eines Achszählers durch das Motorfeld eines Zuges.

Da die Anforderungen für ein zählfähiges Rad sehr hoch sind (vgl. Abschnitt „Wirkprinzipien"), ist die Wahrscheinlichkeit für eine Radgenerierung durch eine Stör-Beeinflussung deutlich geringer als für eine Radauslöschung. Die Achszähler zeigen vor allem gegenüber Störungen, die im Bereich des vorderen oder hinteren Radversatzes auftreten (vgl. Abb. 15.7), eine erhöhte Störanfälligkeit. Grundsätzlich wirken sich Stör-Beeinflussungen aufgrund einer Belegtmeldung des betroffenen Gleisabschnittes betriebshemmend, nicht jedoch betriebsgefährdend aus.

Achszähler können nicht nur durch in den Gleisbereich abgestrahlte Felder, sondern auch durch tief hängende ferromagnetische Materialien beeinflusst werden. Abb. 15.9 zeigt den Einfluss einer nur wenige Millimeter über der Schienenoberkante in Ruhelage hängenden Magnetschienenbremse (MG).

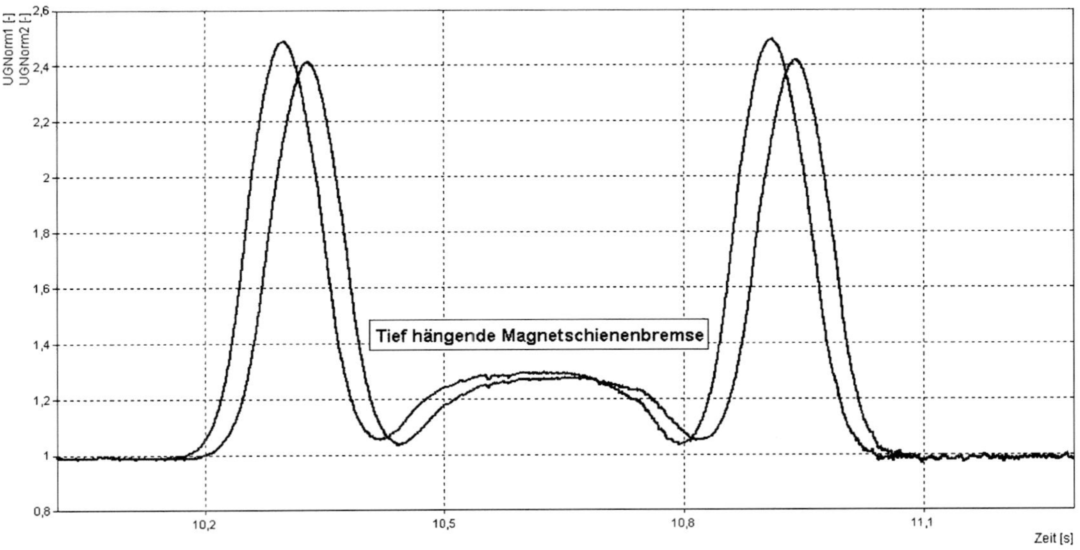


**Abb. 15.9** Einfluss einer tief hängenden Magnetschienenbremse

Eine derart tief hängende MG birgt, sofern diese den Schwellwert des Achszählers erreicht, die Gefahr, dass bei höheren Geschwindigkeiten die Luftspalte zwischen der MG und den Rädern eines Drehgestells eventuell nicht mehr erkannt werden können ($t_{\text{Luftspalt}} < t_d$). Das gesamte Drehgestell verschmilzt für den Achszähler zu einer einheitlichen ferromagnetischen Masse und die Detektion nur einer einzigen Radachse ist die Folge. Sofern hieraus voneinander abweichende Achszahlen bei der Ein- und Auszählung registriert werden, würde eine betriebshemmende Belegtmeldungen resultieren.

**Regelwerke** Die Nachweisführung über eine Kompatibilität mit Achszählern/Sensoren sind in den Technischen Regelungen für den Nachweis der elektromagnetischen Verträglichkeit zwischen Schienenfahrzeugen und der Infrastruktur beschrieben, welche auf den Internetseiten des Eisenbahn-Bundesamtes veröffentlicht sind.

Die Regelungen umfassen einen erklärenden allgemeinen Teil (Technische Regelung für den Nachweis der elektromagnetischen Verträglichkeit zwischen Schienenfahrzeugen und der Infrastruktur Teil 1 – Allgemeines“ (TR-EMV Teil 1)) und die Vorgaben zur Nachweisführung (Teil 3 – Sensorik (TR-EMV Teil 3)).

Auf europäischer Ebene beschreibt die EN 50592 ein Mess- und Auswerteverfahren zum Nachweis der Kompatibilität von Fahrzeugen mit Achszähler auf Basis von Magnetfeldmessungen im Gleisbereich. Die EN 50617-2 (Titel siehe unten) definiert die Parameter, die bei der Auslegung und dem Design von Achszählern – vor allem unter dem Aspekt der Kompatibilität mit Fahrzeugen – zu beachten sind. Im Interface Dokument der TSI CCS (ERA/ERTMS/033281, Titel siehe unten) werden grundlegende Parameter und Vorgaben zur Kompatibilität von Fahrzeugen mit den Systemen der Gleisfreimeldung definiert. Das Interface Dokument enthält auch ein Frequenzmanagement zur Kompatibilität mit Achszähler welches festlegt, welche Magnetfeldemissionen ein Fahrzeug in bestimmten Frequenzbereichen (Arbeitsfrequenzbereiche der Achszähler) im Bereich der Schiene maximal aufweisen darf. Das Frequenzmanagement stützt sich auf das in der EN 50592 festgelegte Mess- und Bewertungsverfahren. Zudem gibt das Interface Dokument zur TSI CCS auch wesentliche Design- und Auslegungsparameter für Fahrzeuge vor.

## Weiterführende Literatur

### Rechtsvorgaben und Regelwerk

1. EN 50121-1, Teil 1: Allgemeines
2. EN 50121-2, Teil 2: Störaussendungen des gesamten Bahnsystems in die Außenwelt
3. EN 50121-3-1, Teil 3-1: Bahnfahrzeuge – Zug und gesamtes Fahrzeug
4. EN 50121-3-2, Teil 3-2: Bahnfahrzeuge – Geräte
5. EN 50121-4, Teil 4: Störaussendungen und Störfestigkeit von Signal- und Telekommunikationseinrichtungen
6. EN 50121-5, Teil 5: Störaussendungen und Störfestigkeit von ortsfesten Anlagen und Einrichtungen der Bahnenergieversorgung
7. VDE 0845-6-x: Maßnahmen bei Beeinflussung von Fernmeldeanlagen durch Starkstromanlagen
8. Technische Empfehlungen der Schiedsstelle für Beeinflussungsfragen (SfB)
9. Richtlinie 819.0801: Beeinflussung und Schutzmaßnahmen; Übersicht
10. Richtlinie 819.0802: Beeinflussung und Schutzmaßnahmen; Starkstrombeeinflussung, Induktive Beeinflussung; Übersicht
11. Richtlinie 819.0803: Beeinflussung und Schutzmaßnahmen; Starkstrombeeinflussung durch das Bahnsystem, Induktive Beeinflussung, Berechnung
12. Richtlinie 819.0804: Beeinflussung und Schutzmaßnahmen; Grenzwerte der Beeinflussungsspannung
13. Richtlinie 819.0805: Beeinflussung und Schutzmaßnahmen; Schutzmaßnahmen
14. Empfehlung Nr 3 der Arbeitsgemeinschaft für Korrosionsfragen: Maßnahmen beim Bau und Betrieb von Rohrleitungen im Einflussbereich von Hochspannungs-Drehstromanlagen und Wechselstrom-Bahnanlagen
15. TR-EMV – Technische Regelung für den Nachweis der elektromagnetischen Verträglichkeit zwischen Schienenfahrzeugen und der Infrastruktur: Teil 1 – Allgemeines
16. TR-EMV – Technische Regelung für den Nachweis der elektromagnetischen Verträglichkeit zwischen Schienenfahrzeugen und der Infrastruktur: Teil 2 – Nachweis der Einhaltung der Störstromgrenzwerte
17. TR-EMV – Technische Regelung für den Nachweis der elektromagnetischen Verträglichkeit zwischen Schienenfahrzeugen und der Infrastruktur: Teil 3 – Sensorik
18. TS 50238-2 Railway applications – Compatibility between rolling stock and train detection systems – Part 2: Compatibility with track circuits (Technische Spezifikation)
19. TS 50238-3 Railway applications – Compatibility between rolling stock and train detection systems – Part 3: Compatibility with axle counters (Technische Spezifikation)
20. EN 50592 Railway applications – Testing of rolling stock for electromagnetic compatibility with axle counters
21. EN 50617-1 Railway applications – Technical parameters of train detection systems for the interoperability of the trans-European railway system – Part 1: Track circuits
22. EN 50617-2 Railway applications – Technical parameters of train detection systems for the interoperability of the trans-European railway system – Part 2: Axle counters
23. ERA/ERTMS/033281 Interfaces between control-command and signaling trackside and other subsystems
24. Regelung Nr EMV 06: Nachweis der Funkverträglichkeit von Schienenfahrzeugen mit Bahnfunkdiensten

# Energieversorgung elektrischer Bahnen 16

Bernd-Wolfgang Zweig und Arnd Stephan

**Zusammenfassung**

In der Einführung zu diesem Kapitel werden die Aufgaben und Strukturen von Bahnenergieversorgungssystemen erläutert und die in Europa üblichen Bahnstromsysteme vorgestellt. Dabei nehmen die historische und technische Entwicklung sowie die Verbreitung der jeweiligen Bahnstromsysteme einen entsprechenden Raum ein. Insbesondere die Frage nach den Gründen für das in Deutschland, Österreich, der Schweiz, Norwegen und Schweden übliche Einphasenwechselstromsystems mit 16 2/3 Hz, 15 kV wird beantwortet. In einem weiteren Abschnitt wird der Stand der heutigen 16,7-Hz-Bahnenergieversorgung der DB AG in ihrer Gesamtstruktur und in ihren Teilsystemen beschrieben.

Im Abschnitt „Fahrleitungen" werden die in Deutschland üblichen Oberleitungs- und Stromschienenbauarten vorgestellt. Dabei beschränkt sich die Darstellung der Oberleitungsbauarten aus Platzgründen im Wesentlichen auf die DB AG. In diesem Abschnitt soll dem Leser ein Überblickswissen zum konstruktiven Aufbau der Regeloberleitungen Re 100 bis Re 330 vermittelt werden. Dabei werden die einzelnen Baugruppen (wie z. B. Längskettenwerke, Quertrageinrichtungen, Maste und Gründungen) vorgestellt. Durch eine große Anzahl von Tabellen und Abbildungen wird eine Schnittstellenbetrachtung der Oberleitung zu anderen Gewerken der Eisenbahninfrastruktur, wie z. B. Oberbau, Leit- und Sicherungstechnik, Brücken, Bahnübergängen, bis hin zum Stromabnehmer elektrischer Triebfahrzeuge erleichtert. In diesem Zusammenhang sind auch die Ausführungen zur Rückstromführung, Bahnerdung und Potentialausgleich zu sehen.

Am Schluss des Kapitels werden die Schutzabstände von Personen und von Baumaschinen bei Arbeiten in der Nähe spannungsführender Ober- und Bahnenergieleitungen aufgezeigt.

Ein Anhang zu diesem Kapitel enthält eine Zusammenstellung der wesentlichen Regelzeichen für Oberleitungslagepläne.

## 16.1 Grundlagen

### 16.1.1 Aufgaben und Systemstruktur

Die Energieversorgung der elektrischen Bahnen, in der Fachsprache kurz als Bahnenergieversorgung (BEV) oder Bahnstromversorgung bezeichnet, hat die Aufgabe, die elektrischen Triebfahrzeuge zuverlässig und sicher mit elektrischer

B.-W. Zweig (✉)
Rail Power Systems GmbH, Offenbach, Deutschland

A. Stephan
Fakultät Verkehrswissenschaften „Friedrich List",
Technische Universität Dresden, Dresden, Deutschland



J. Holzfeind, J. Liu, F. Pospischil (Hrsg.), *Handbuch Eisenbahninfrastruktur*,
https://doi.org/10.1007/978-3-662-68960-8_16

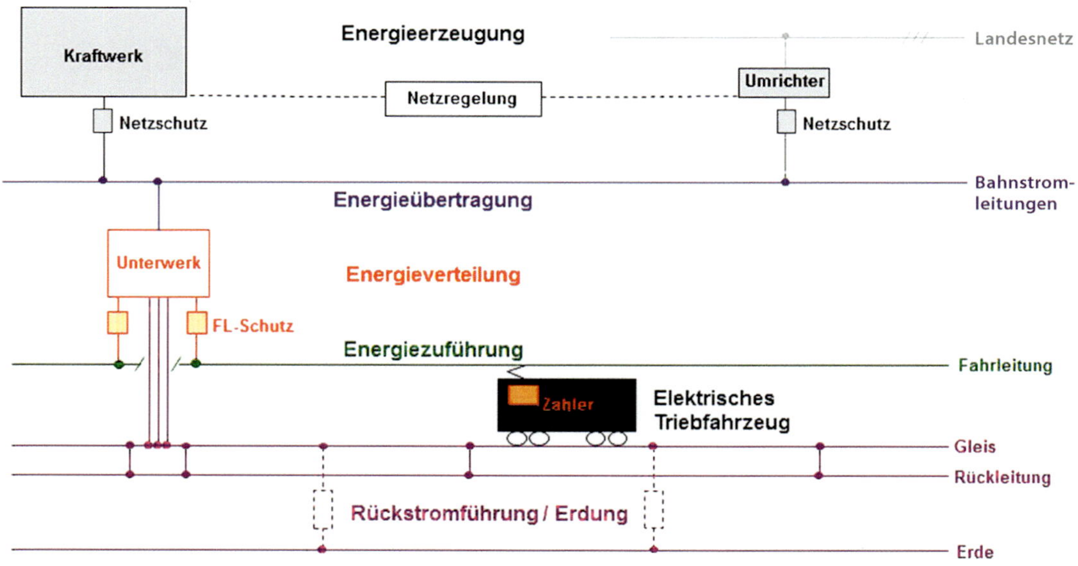


**Abb. 16.1** Gesamtsystemstruktur der Bahnenergieversorgung

Energie entsprechend den jeweils geltenden Qualitätsparametern für

- Spannungshöhe
- Frequenz und
- Leistungsfähigkeit

zu versorgen. Zudem sind die Anforderungen des Fahrbetriebes hinsichtlich

- Geschwindigkeit sowie
- Unterbrechungsfreiheit der Energieversorgung

zu erfüllen.

Bahnenergieversorgungssysteme weisen gegenüber anderen elektrischen Energieversorgungssystemen folgende Besonderheiten auf:

- Die elektrischen Fahrzeuge sind zeitlich und örtlich veränderliche Verbraucher im Netz.
- Die Fahrzeuge können sowohl Verbraucher als auch Einspeiser sein.
- Die Fahrzeuge tauschen untereinander Energie über die Fahrleitung aus.
- Am Fahrzeugstandort sind große Spannungstoleranzen nach oben und unten bezüglich der Nennspannung zulässig.
- Die Lastgänge in elektrischen Bahnnetzen sind hochdynamisch.
- Infolge des Bahnbetriebs und äußerer Einwirkungen treten Kurzschlüsse deutlich häufiger als in anderen Elektroenergieversorgungsnetzen auf.
- Die Rückleitungsanlage liegt im öffentlichen Bereich und ist frei zugänglich.

Die Bahnenergieversorgung wird in folgende funktionale Teilsysteme untergliedert (Abb. 16.1).

**Bahnenergieerzeugung**

- Kraftwerke (fossile Wärmekraftwerke, Kernkraftwerke, Wasserkraftwerke, ggf. auch Windkraft- und Solaranlagen)
- Umformer-/Umrichterwerke

**Bahnenergieübertragung**

- Bahnstromleitungen inkl. Schaltwerke (nur bei zentraler BEV 16,7 Hz)
- bahneigene Kabelnetze (ggf. bei DC-Bahnen[1])

[1] DC: Gleichstrom.

**Bahnenergieverteilung**

- Bahnumspannwerke (Unterwerke für AC-Bahnen[2])
- Gleichrichterunterwerke (Unterwerke für DC-Bahnen)
- Schaltposten/Kuppelstellen

**Bahnenergiezuführung**

- Fahrleitung (Oberleitung oder Stromschiene)

**Bahnenergierückführung**

- Gleise
- zusätzliche Rückleitungsanlagen
- Erdreich

### 16.1.2 Elektrifizierungswürdigkeit

Die Entscheidung zur Elektrifizierung von Bahnen wird maßgeblich von wirtschaftlichen Gesichtspunkten geprägt. Wichtigster Treiber dafür sind die hohe spezifische Leistung und der gute Wirkungsgrad des elektrischen Antriebs. Unter Berücksichtigung der im Bahnverkehr begrenzten Radsatzlasten und Fahrzeugabmessungen erlaubt die elektrische Antriebstechnik – verglichen mit anderen Antriebstechnologien – die Installation deutlich höherer Traktionsleistungen in den Fahrzeugen. So haben beispielsweise moderne 4-achsige Elektrolokomotiven in Europa heute maximale Traktionsleistungen von ca. 6 bis 8 MW bei Radsatzfahrmassen von maximal 22 t, Diesellokomotiven mit vergleichbarer Radsatzfahrmasse und -anzahl leisten etwa nur ein Drittel davon.

Aus der hohen Leistungsfähigkeit des elektrischen Antriebs ergeben sich wesentliche betriebliche Vorteile:

- hohes Beschleunigungsvermögen über einen weiten Geschwindigkeitsbereich
- hohe erreichbare Fahrgeschwindigkeiten
- große Anhängelasten
- hohes Steigvermögen.

Für vergleichbare Traktionsaufgaben benötigt die elektrische Traktion weniger und hinsichtlich Beschaffung und Betrieb deutlich kostengünstigere Triebfahrzeuge. Aufgrund des hohen Wirkungsgrades bei der Energiewandlung im Elektroantrieb von 80 bis 90 % und der Rückspeisefähigkeit beim generatorischen Bremsen ergibt sich zudem ein deutlich geringerer Fahrzeugenergiebedarf. Hinsichtlich des Fahrzeugbetriebs ist die Elektrotraktion somit grundsätzlich wirtschaftlicher. Aufseiten der Bahninfrastruktur sind jedoch zusätzliche Aufwendungen für die Installation und den Betrieb der elektrischen Bahnenergieversorgungsanlagen notwendig. Diese sind in ihrer Höhe allerdings relativ unabhängig vom Verkehrsaufkommen. Daraus ergibt sich, dass die Wirtschaftlichkeit der Elektrifizierung von Bahnen maßgeblich vom Verkehrsaufkommen (Streckenbelastung) bestimmt wird. Je höher die jährliche Streckenbelastung ist, desto eher lohnt sich die Elektrifizierun. In Mitteleuropa liegt der Grenzwert für die Elektrifizierungswürdigkeit heute bei Streckenbelastungen von 10 bis 20 Mio. Brutto-Tonnen pro Jahr (dies wären 30 bis 60 Züge a 500 t pro Tag und Richtung bzw. 2 bis 3 dieser Züge pro Stunde und Richtung). In Ländern mit signifikant geringeren Montage- und Elektroenergiekosten lohnt sich die Elektrifizierung auch schon bei geringeren Streckenbelastungen.

Weitere zwingende Gründe für die Elektrifizierung von Bahnen können – zusätzlich zur Wirtschaftlichkeit – sein:

- (lokale) Emissionsfreiheit, z. B. Metros, Stadtverkehr
- Hochgeschwindigkeitsverkehr.

### 16.1.3 Begriffsdefinitionen

Nachfolgend werden einige wichtige Fachbegriffe der Bahnenergieversorgung kurz eingeführt und erläutert (Abb. 16.2).

Bahnstromleitung: Hochspannungsfreileitung zum Transport von Bahnenergie

Unterwerk: Einrichtung zur Energieeinspeisung in die Fahrleitung mit Energiebezug aus einem vorgelagerten Energieversorgungsnetz (Hoch- oder Mittelspannung)

[2] AC: Wechselstrom.

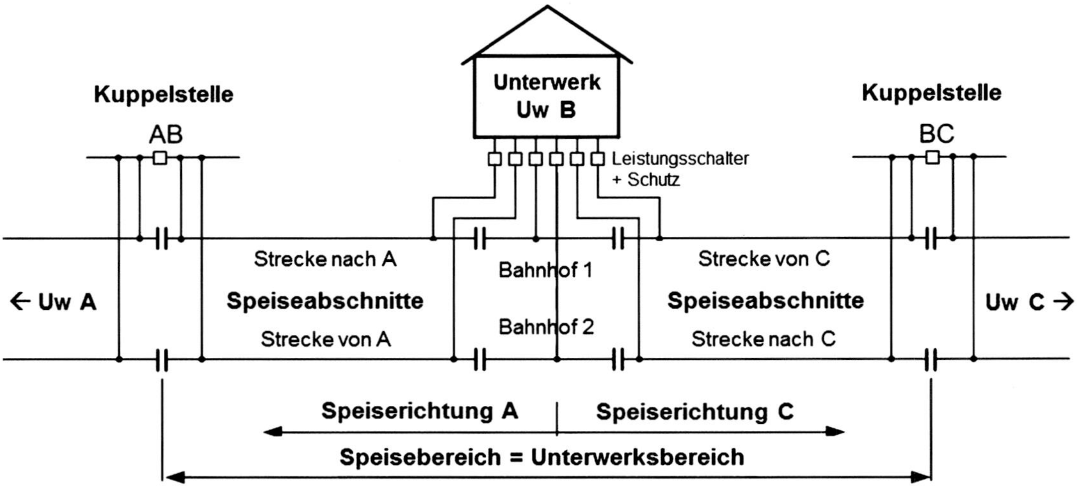


**Abb. 16.2** Grundbegriffe der Speisung elektrischer Bahnen (nach [1])

Schaltposten: Einrichtung zur Einspeisung in die Fahrleitung mit Energiebezug aus einem Unterwerk

Streckenabgang: Elektrischer Abzweig im Unterwerk zur Einspeisung eines Speiseabschnitts, ausgestattet mit Leistungsschalter und Schutzgerät

Leistungsschalter: Trennschalter im Streckenabgang eines Unterwerks zum Zu- und Abschalten eines Speiseabschnitts der Fahrleitung unter Last

Schutzgerät: Einrichtung im Streckenabgang eines Unterwerks zur Fehlerstromüberwachung eines Speiseabschnitts der Fahrleitung

Speisekabel: Kabelverbindung vom Streckenabgang eines Unterwerks zum Speiseabschnitt der Fahrleitung

Fahrleitung: Einpolige elektrische Energieleitung ausgeführt als Schleifkontakt mit definierter Lage zum Gleis

Speiseabschnitt: (auch: Fahrleitungsabschnitt, Sektor, Feeder): separat eingespeister und schaltbarer Abschnitt der Fahrleitungsanlage

Speisebereich: (auch: Unterwerksbereich): räumliche Ausdehnung aller Speiseabschnitte eines Unterwerks

Kuppelstelle: Einrichtung zum Verbinden einzelner Speiseabschnitte

Rückleitung: Streckenseitige Anlagen zur Stromrückführung vom Fahrzeug zum Unterwerk

Rückleiteranschlusskabel: Kabelverbindung vom Gleis zur Rückleitersammelschiene im Unterwerk

## 16.2 Bahnstromsysteme

### 16.2.1 Entwicklung und Verbreitung

Aufgrund der unterschiedlichen historischen und wirtschaftlichen Entwicklung in den einzelnen Ländern sowie der spezifischen technischen Anforderungen der elektrischen Bahnsysteme hat sich eine Reihe von unterschiedlichen Bahnstromsystemen etabliert.

Die ersten öffentlichen elektrischen Bahnen ab etwa 1880 waren Gleichstrombahnen (DC-Bahnen). Grund hierfür war die Verwendung der seinerzeit bereits vorhandenen Gleichstrom-Reihenschlussmaschine als Fahrmotor, bei der eine einfache Drehmoment-Drehzahl-Stellung allein über die Klemmenspannung möglich war. Die Reihenschlussmaschine weist zudem ein günstiges Drehmoment-Strom-Verhalten auf: bei konstanter Spannung ergibt sich aus dem mit der Drehzahl hyperbolisch abfallenden Drehmoment eine Begrenzung des maximalen Stroms.

Bei geringen Nennspannungen < 1000 V, wie sie z. B. im Stadtverkehr oder bei S- und U-Bahnen mit Seitenstromschienen aus Sicherheitsgründen erforderlich sind, haben Gleichstrom-Bahnsysteme den Vorteil, dass die hohen Ströme nur ohmsche, aber keine induktiven Spannungsfälle[3] in den Fahr- und Rückleitungen hervorrufen. Wechselstrombahnen mit derartig geringen Nennspannungen würden wegen der großen Ströme hohe induktive Spannungsfälle hervorrufen, häufigere Einspeisungen in die Fahrleitung erfordern und wären damit weniger wirtschaftlich. Weltweit wird deshalb bis heute ein großer Teil der elektrischen Bahnen – vor allem städtische Nahverkehrsbahnen – mit Gleichstrom betrieben. Wegen der Anforderungen an die Elektrosicherheit wird sich daran auch in Zukunft grundsätzlich nichts ändern.

Die Verwendung von Gleichstrom auch für die Fernbahnelektrifizierung hatte historisch den Nachteil, dass Gleichstrom nicht transformierbar war und daher die Spannung auf etwa 3000 V (maximale Isolationsspannung der Erzeugermaschinen) begrenzt blieb. Dies erforderte zahlreiche Einspeisungen entlang der Strecken aus Energieversorgungsnetzen der Landesversorgung.

Anfang des 20. Jahrhunderts gab es deshalb Bemühungen vor allem in Deutschland, die guten Eigenschaften des Reihenschlussmotors als Antriebsmaschine mit den Vorteilen der Transformierbarkeit des Wechselstroms bei der Elektroenergieübertragung zu verbinden. Prinzipiell funktioniert der Reihenschlussmotor zwar auch mit Wechselspannung, aber bei Nutzung der Landes- bzw. Industriefrequenz von 50 oder 60 Hz traten dabei Probleme zutage, die zur damaligen Zeit technisch nicht lösbar waren, wie:

- sehr hoher Kohlebürsten- und Kommutatorverschleiß des 50-Hz-Einphasen-Reihenschlussmotors durch starkes „Bürstenfeuer" infolge der frequenzproportionalen transformatorischen Spannung in der kommutierenden Spule,
- unvertretbar große Werte der Spannungsunsymmetrie in den noch leistungsschwachen 50-Hz-Drehstromnetzen durch den ein- bzw. zweiphasigen Anschluss der Bahnunterwerke,
- unzulässig große induktive Beeinflussung von parallel zur elektrischen Bahn verlaufenden Leitungen.

Im Ergebnis umfangreicher Untersuchungen wurde als Kompromiss für die Bahnenergieversorgung das Einphasen-Wechselstromsystem mit der Nennspannung 15 kV und reduzierter (Sonder-)Frequenz von $50/3\,\text{Hz} = 16\,2/3\,\text{Hz}$ gewählt. Die direkte Einflussnahme der Fahrzeugantriebstechnik auf die Gestaltung der Bahnstromversorgung zeigte, dass die elektrische Bahn ein Gesamtsystem mit zahlreichen Wechselwirkungen ist. Das Sonderfrequenz-Bahnstromsystem 1 AC 15 kV 16 2/3 Hz[4] wurde 1912/1913 von drei deutschen Bahnverwaltungen eingeführt. Später übernahmen auch andere deutsche Länderbahnen sowie die Bahnverwaltungen von Österreich (BBÖ/ÖBB), Schweiz (SBB), Norwegen (NSB) und Schweden (SJ) dieses System. Eine geringfügige Änderung der Nennfrequenz von 16 2/3 auf 16,7 Hz bei der zentralen Bahnenergieversorgung hat sich mittlerweile auch in der normativen Bezeichnung 1 AC 15 kV 16,7 Hz niedergeschlagen.

In Nordamerika wurde eine Sonderfrequenz von $50/2\,\text{Hz} = 25\,\text{Hz}$ gewählt.

In Frankreich (SNCF) wurde 1955 auf einer Tagung in Lille über erste gute Erfahrungen mit 50-Hz-Einphasenwechselstrom für die elektrische Zugförderung berichtet. Dank großer Fortschritte auf dem Gebiet der Leistungselektronik war es möglich geworden, die 50-Hz-Wechselspannung an Bord der Fahrzeuge wieder in Gleich- bzw. Mischspannung zur Speisung der Fahrmotoren umzuwandeln, was die Anwendung dieses Systems nunmehr technisch möglich und wirtschaftlich lukrativ machte. Allerdings war zur Kompensation der dreifach höheren induktiven Spannungsfälle bei 50 Hz gegenüber 16 2/3 Hz die Wahl einer höheren Fahrleitungsspannung erforderlich, die schließlich auf 25 kV festgelegt wurde. Heute wird das Industriefrequenz-System 1 AC 25 kV 50(60) Hz weltweit bei Neuelektrifizierungen bevorzugt, weil es die geringsten Investitionen für die Bahnenergiever-

[3] Früher auch als „Spannungsabfall" bezeichnet.

[4] 1-Phasen-Wechselstrom 15 kV 16 2/3 Hz.

**Tab. 16.1** Bahnstromsysteme und ihre Anwendung

| Bahnstromsystem | Nennspannung | Anwendung (Beispiele) |
|---|---|---|
| Gleichstrom DC | 600 V | Straßenbahnen, Trolleybus |
| | 750 V | S-, U-, Stadt-, Straßenbahnen |
| | 1,2 kV | Industriebahnen, S-Bahn |
| | 1,5 kV | Vorort-, Stadt-, Industriebahnen, Vollbahnen (F, NL) |
| | 2,4 kV | Industriebahnen |
| | 3 kV | Vollbahnen (CZ, E, I, PL, RUS, ...) |
| Einphasenwechselstrom 1 AC 16,7 Hz | 11 kV | Schmalspurbahnen (CH) |
| | 15 kV | Vollbahnen (A, CH, D, N, S) |
| Einphasenwechselstrom 1 AC 25 Hz | 12 kV | Vollbahnen (USA) |
| Einphasenwechselstrom 1 AC 50(60) Hz | 10 kV | Industriebahn |
| | 25 kV | Vollbahn (CN, F, GB, HU, RO, RUS ...) |
| | 50 kV | Spezialbahnen (CA, ZA) |

**Tab. 16.2** Spannungen am Fahrzeugstromabnehmer nach EN 50163

| Bahnstromsystem | Niedrigste nicht-permanente Dauerspannung | Niedrigste Dauerspannung | Nennspannung | Höchste Dauerspannung | Höchste nicht-permanente Spannung |
|---|---|---|---|---|---|
| | $U_{\min 2}$ | $U_{\min 1}$ | $U_n$ | $U_{\max 1}$ | $U_{\max 2}$ |
| Gleichstrom | | 400 V | **600 V** | 720 V | 800 V |
| | | 500 V | **750 V** | 900 V | 1000 V |
| | | 1000 V | **1500 V** | 1800 V | 1950 V |
| | | 2000 V | **3000 V** | 3600 V | 3900 V |
| Wechselstrom (Effektivwerte) | 11.000 V | 12.000 V | **15.000 V** | 17.250 V | 18.000 V |
| | 17.500 V | 19.000 V | **25.000 V** | 27.500 V | 29.000 V |

sorgungsanlagen erfordert. Allerdings hat dieses System durch den unsymmetrischen Netzanschluss und die erforderlichen Phasentrennstellen in der Fahrleitung einige technische, energetische und bahnbetriebliche Nachteile.

Die Entwicklung von elektrischen Triebfahrzeugen mit Umrichtergespeisten Drehstromantrieben ab den 1980-er Jahren vereinfachte die Auslegung der Fahrzeuge für mehrere Bahnstromsysteme. So wird der grenzüberschreitende Einsatz moderner elektrischer Mehrsystem-Triebfahrzeuge heute nicht mehr durch die verschiedenen Bahnstromsysteme, sondern durch abweichende Stromabnehmer-/Fahrleitungsgeometrien (siehe Abschn. 16.4), unterschiedliche Zugsicherungssysteme und/oder multinationale Zulassungsprobleme erschwert.

Die verschiedenen Bahnstromsysteme mit ihren Anwendungsbereichen sind in Tab. 16.1 dargestellt.

Tab. 16.2 gibt einen Überblick über die in Europa genormten Nennspannungen für Bahnanwendungen einschließlich der zugelassenen Toleranzen. Hierbei fällt auf, dass bei Bahnstromsystemen im Unterschied zu öffentlichen Energieversorgungssystemen relativ große Spannungstoleranzen bezüglich der Nennspannung nach oben und unten akzeptiert werden. Dies ist einerseits der Ortsveränderung der Verbraucher (Züge) zuzuschreiben, da mit zunehmendem Abstand von der Einspeisung auch die Spannungsfälle über Fahr- und Rückleitung zunehmen. Um die Anzahl der Einspeisungen (Unterwerke) zu begrenzen, werden Spannungstoleranzen am Fahrzeugstromabnehmer bis $-30\,\%$ zugelassen. Zur effektiven Nutzung der generatorischen Bremse ist andererseits eine ausreichende Spannungstoleranz nach oben erforderlich, damit bremsende Triebfahrzeuge Strom in die Fahrleitung zurückspeisen können. Zugelassen werden hierfür Toleranzen bis $+20\,\%$. Das große zulässige Spannungstoleranzband bezüglich der Nennspannung stellt hohe Anforderungen an die Komponenten der Fahrzeugausrüstung.

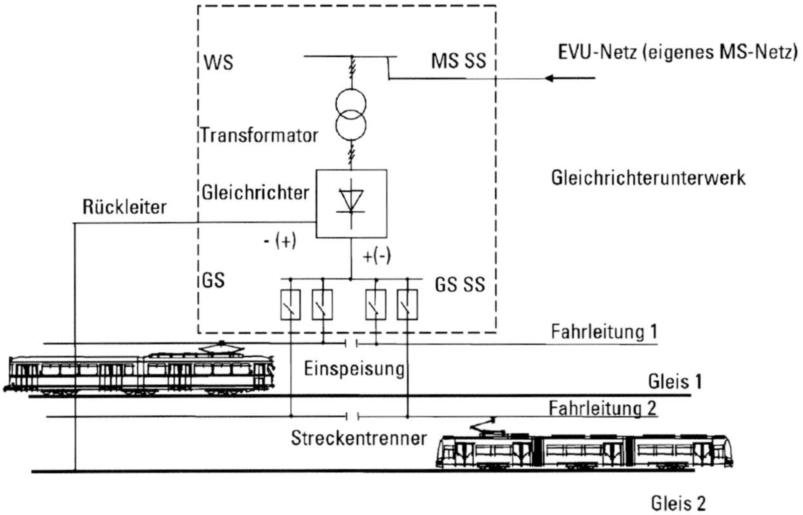


**Abb. 16.3** Prinzipschaltbild der Bahnenergieversorgung mit Gleichstrom. *SS*: Sammelschiene, *WS*: Wechselspannung, *GS*: Gleichspannung, *MS*: Mittelspannung

## 16.2.2 Gleichstrombahnsysteme

Gleichstromsysteme sind weltweit im Nahverkehr dominierend. Bei Fernbahnen sind sie – infolge der historischen Entwicklung – ebenfalls noch weit verbreitet. Da ihre Leistungsfähigkeit aber insbesondere für den Hochgeschwindigkeitsverkehr stark eingeschränkt ist, setzen immer mehr klassische „Gleichstromländer" beim Bau neuer (Hochgeschwindigkeits-)Strecken auf das Wechselstromsystem 1 AC 25 kV 50 Hz. Beispiele hierfür sind Spanien, Italien, die Niederlande und Russland.

Den grundsätzlichen Aufbau der Bahnenergieversorgung einer Gleichstrombahn zeigt Abb. 16.3.

Die Gleichrichter-Unterwerke beziehen ihre Energie aus Drehstromnetzen der öffentlichen 50-Hz-Energieversorgung. Im Nahverkehr sind dies meist städtische Netze der Nennspannungen 3 AC 10/20 oder 30 kV. In einzelnen Fällen betreiben die Bahnen auch eigene Mittelspannungsnetze zur Versorgung der Bahnunterwerke. Die Unterwerke verfügen eingangsseitig über eine dreipolige Mittelspannungs-Schaltanlage zur Anschaltung an die Drehstromnetze und zur internen Konfiguration der einzelnen Abzweige. Mit einem Drehstromtransformator wird die dreiphasige Eingangsspannung für die Gleichrichterschaltung herabgesetzt. Als Gleichrichter kommen aus Kostengründen meist ungesteuerte 6-Puls- oder 12-Puls-Diodenbrücken zur Anwendung. Seltener werden auch gesteuerte Gleichrichterschaltungen eingesetzt, um eine dynamische Spannungsnachführung im Gleichstromnetz zu ermöglichen oder um Bremsenergie von der Gleichstromseite zur Drehstromseite zurück zu speisen. Letzteres erfordert allerdings den Einsatz von sogenannten Umkehrstromrichtern, die bei Energieflussumkehr als dreiphasiger Wechselrichter arbeiten können.

Die Gleichspannung wird anschließend auf zwei einpolige Sammelschienensysteme für die Fahrleitung (meist positive Polarität) und die Rückleitung (meist negative Polarität) gespeist. Die (positive) Fahrleitungssammelschiene ist Bestandteil der Gleichstrom-Schaltanlage. Sie besteht aus den einzelnen Streckenabgängen, von denen die Speiseabschnitte über Leistungsschalter und Speisekabel versorgt werden. Die (negative) Rückleitungssammelschiene ist direkt und nicht schaltbar über die Rückleiteranschlusskabel mit den Gleisen verbunden. Aus Sicherheitsgründen (Ausfallredundanz) wird grundsätzlich eine größere Anzahl Rückleiteranschlusskabel als Speisekabel verlegt.

Eine wichtige Besonderheit bei Gleichrichter-Unterwerken betrifft die Erdung und den Berührschutz im Unterwerk. Hintergrund dafür ist die grundsätzliche Forderung, dass die Rückleitungsanlagen von Gleichstrombahnen aus Gründen des Streustromschutzes keine leitfähige Verbin-

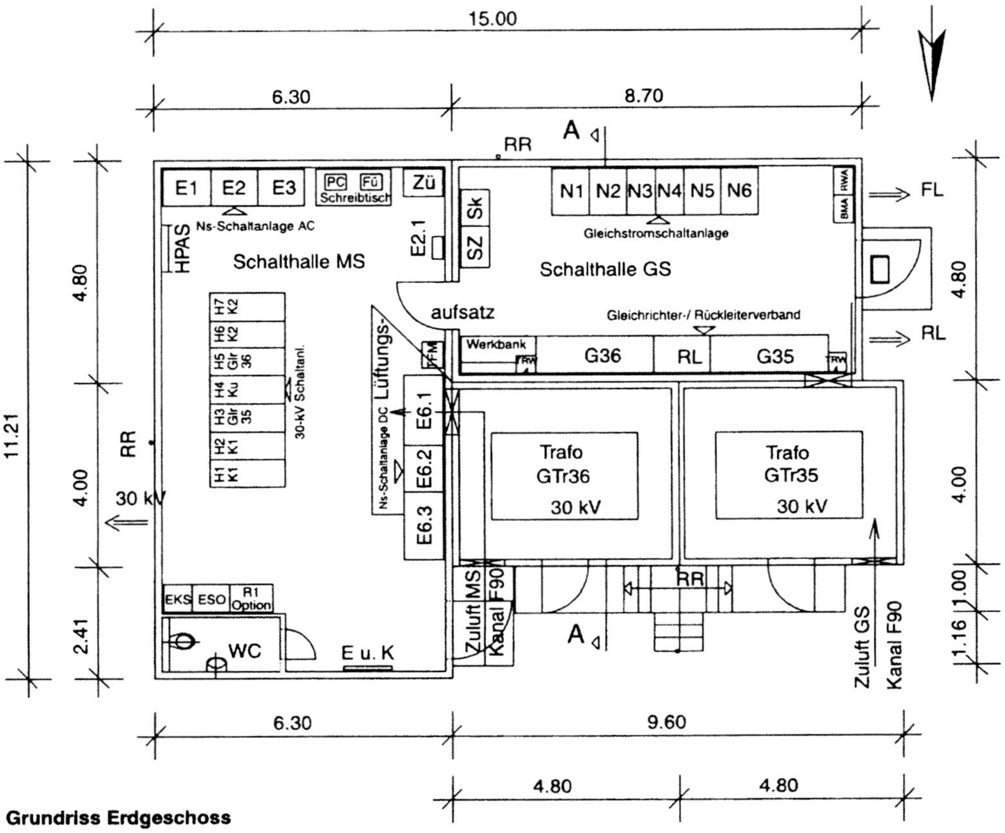


**Abb. 16.4** Aufbau und Raumkonzept eines Gleichrichter-Unterwerks (nach [1])

dung zur Erde haben dürfen. Um einen sicheren Kurzschlussschutz für die Fahrleitungsschaltanlage im Unterwerk zu gewährleisten, müssen die (Gleichstrom-)Schaltschränke im Unterwerk dauerhaft mit der Rückleitung verbunden sein. Eine Verbindung der Schaltschränke zur Erde ist damit jedoch nicht zulässig, was der herkömmlichen Schutzphilosophie des allgemeinen Potenzialausgleichs in elektrotechnischen Betriebsräumen widerspricht. Aus diesem Grund werden die Gleichstrom-Schaltanlagen im Unterwerk isoliert gegen Erde aufgestellt und ihr Potenzial gegen Erde mit einem sogenannten Gerüstschlussschutz überwacht. Treten zu hohe Potenzialdifferenzen zwischen Rückleitung und Bauwerkserde im Unterwerk auf, schaltet der Gerüstschlussschutz temporär Gleichstrom-Rückleitung und (Bauwerks-)Erde zusammen. Bautechnisch ergibt sich aus dieser Besonderheit, dass die Gleichspannungsschaltanlage in Gleichrichter-Unterwerken meist in einem separaten Raum untergebracht ist.

Abb. 16.4 zeigt schematisch den Aufbau eines Gleichrichter-Unterwerks.

Da die Rückleitungsanlagen von Gleichstrombahnen (Gleise, Rückleiterverstärkung, Rückleiteranschlusskabel) wegen der Streustromproblematik isoliert gegen Erde auszuführen sind, ist eine direkte Verbindung von leitfähigen Teilen und Konstruktionen entlang der Bahn mit den Gleisen der Gleichstrombahn verboten. Zum Kurzschlussschutz bei Oberleitungsriss werden die potenziell betroffenen Konstruktionen im Oberleitungsbereich wie zum Beispiel Masten, Geländer oder Stahlbrücken mittels Spannungsdurchschlagsicherungen an die Gleise angeschlossen. Man spricht in diesem Fall von einem „schwebenden Potenzialausgleich“ oder auch einer „offenen Erdung“. Zum Schutz vor hohen betrieblichen Potenzialanhebungen der Gleise, die an den Fahrzeugen leicht auch von Personen beispielsweise beim Ein- und Aussteigen abgegriffen werden können (Berührspannung), werden auf Stationen sogenannte Erdungskurzschließer eingesetzt, welche die Potenzialdifferenzen zwischen Gleis und Erde permanent überwachen und bei Überschreitung von Grenzwerten eine temporäre Erdverbindung herstellen. Zusätzlich werden bei einigen Bahnen isolierende Bahnsteigbeläge verwendet.

### 16.2.3 Wechselstrombahnsysteme mit Industriefrequenz

Wechselstrombahnsysteme mit der Industriefrequenz von 50 bzw. 60 Hz weisen heute im Eisenbahnbereich bezüglich der elektrifizierten Streckenlängen die größten Zuwachsraten auf. Ursache dafür ist die vergleichsweise einfache Systemstruktur für den Netzanschluss und die Bahnenergieverteilung. Dies führt zu geringeren Investitionen gegenüber anderen Bahnstromsystemen, weshalb dieses System auch meist für Neuelektrifizierungen gewählt wird.

Ein Prinzipschaltbild der Bahnenergieversorgung mit Industriefrequenz zeigt Abb. 16.5.

Die einphasige Bahnenergie wird aus Drehstrom-Landesnetzen zweipolig abgenommen. Aus Gründen der Leistungsfähigkeit werden hierfür meist Hochspannungsnetze 3 AC 110 kV oder 3 AC 220 kV genutzt. Je nach Netzform des speisenden Drehstromnetzes mit oder ohne Nullleiter (N) erfolgt der Anschluss entweder zwischen einer Phase des Drehstromnetzes und dem N-Leiter (als Strangspannung) oder zwischen 2 Phasen des Drehstromnetzes (als verkettete Spannung). Nach einer zweipoligen Hochspannungsschaltanlage wird die Phasenspannung über einen Einphasentransformator auf das Bahnspannungsniveau herabgesetzt und über eine einpolige Mittelspannungsschaltanlage auf die einzelnen Streckenabgänge verteilt. Von diesen aus erfolgt die Einspeisung der Speiseabschnitte der Oberleitung über Leistungsschalter mit Schutzgerät und Speisekabel. Die Rückleiteranschlusskabel werden in Unterwerksnähe ans Gleis angeschlossen und schließen den Stromkreis zur Rückleitungssammelschiene im Unterwerk.

Die Rückleitungsanlage der Wechselstrombahn wird aus Gründen des Berührschutzes geerdet ausgeführt. Damit kann an allen nicht betriebsmäßig spannungsführenden leitfähigen An-

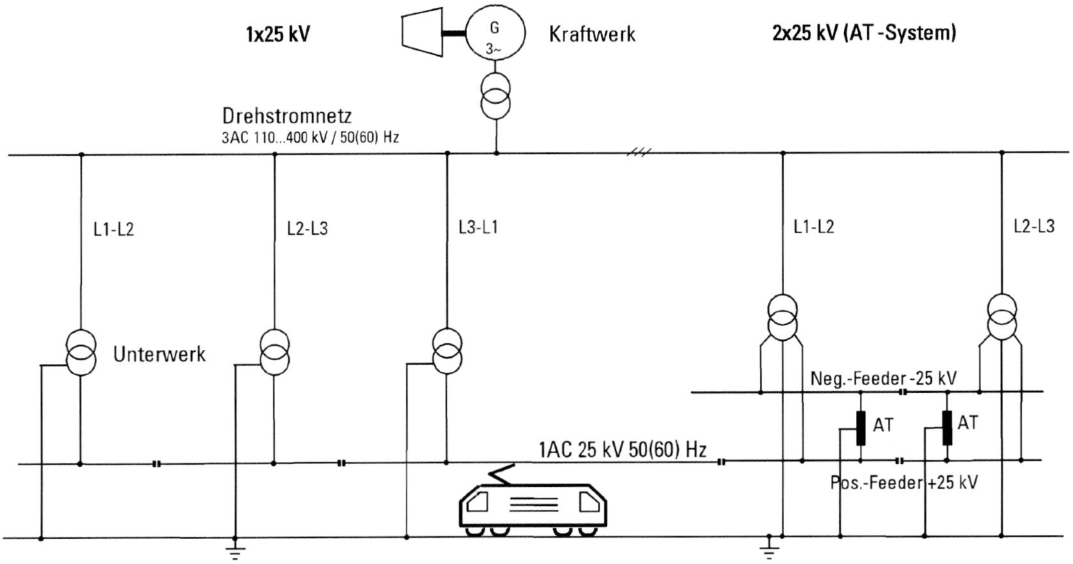


**Abb. 16.5** Prinzipschaltbild der Bahnenergieversorgung mit Industriefrequenz

lagen im Unterwerk (Schaltschränke, Einbauten, Bewehrung) der vollständige Potenzialausgleich über das Erdpotenzial ausgeführt werden.

Durch den ein- bzw. zweiphasigen Anschluss der Bahnenergieverteilung an die Drehstromnetze kommt es in diesen zur unsymmetrischen Belastung der drei Phasen, die als Stromunsymmetrie oder „Schieflast“ bezeichnet wird. Diese zieht infolge der daraufhin abweichenden Spannungsfälle im Drehstromnetz eine sogenannte Spannungsunsymmetrie nach sich, welche negative Auswirkungen auf andere an das Drehstromnetz angeschlossene dreiphasige Verbraucher hat. Deshalb fordern die Netzbetreiber die Einhaltung einer maximal zulässigen Spannungsunsymmetrie $u_U$ am Anschlusspunkt der Bahnunterwerke. Diese liegt meist zwischen 0,7 und 1 % der Nennspannung und begrenzt die mögliche Anschlussleistung der Bahn in Abhängigkeit von der Leistungsfähigkeit des Drehstromnetzes. Letztere wird durch die sogenannte Netzkurzschlussleistung $S_k''$ repräsentiert, die vom Netzbetreiber für jeden Netzpunkt entsprechend dem Schaltzustand ermittelt wird. Überschlagsmäßig kann die maximal mögliche einphasige Bahnanschlussleistung $S_{\max 1}$ über die **Beziehung**

$$S_{\max 1} = u_U \cdot S_k'' \tag{16.1}$$

ermittelt werden. Beträgt also beispielsweise die Netzkurzschlussleistung im Drehstromnetz $S_k'' =$ 3000 MVA, so darf bei 1 % zulässiger Spannungsunsymmetrie die Bahnleistung nicht größer als $S_{\max 1} = 30$ MVA sein. Bei typischen Bahnanschlussleistungen von 25 ... 40 MVA kommen drehstromseitig für den Netzanschluss somit nur Hochspannungsnetze in Frage, die über entsprechende Kurzschlussleistungen verfügen. Bei Hochleistungsbahnen mit Anschlussleistungen von 60 MVA und darüber genügen meist sogar 110-kV-Netze nicht mehr, sodass auf Drehstromnetze mit höheren Spannungen ausgewichen werden muss.

Die begrenzte unsymmetrische Bahnlast im Drehstromnetz hat auch auf der Bahnseite strukturelle und betriebliche Auswirkungen. Zur Reduzierung der Spannungsunsymmetrie erfolgt ein zyklisch vertauschter Anschluss der einzelnen Bahnunterwerke an die verschiedenen Leiter des Drehstromnetzes. Dies erzwingt allerdings sogenannte Phasentrennstellen in der Oberleitung der Bahn zwischen den aus verschiedenen Drehstromphasen versorgten Speisebereichen der Unterwerke. Die Phasentrennstellen müssen von den Zügen leistungslos durchfahren werden und sind damit sowohl betrieblich als auch energetisch nachteilig. Sie verhindern ein durchgeschaltetes Fahrleitungsnetz, was negative Konsequenzen für die Energieeffizienz hat. Gleichfalls wird die Rückspeisung von Bremsenergie unterbrochen; anders als bei Sonderfrequenzbahnen müssen die Fahrzeuge daher mit Bremswiderständen ausgerüstet werden. Die vorteilhafte zweiseitige Einspeisung wird bei Industriefrequenzbahnen in der Regel nicht ausgeführt. Die einseitige Einspeisung begrenzt wegen der höheren Spannungsfälle in der Fahrleitung jedoch die mögliche Speiseabschnittslänge, weshalb die Unterwerksabstände bei Industriefrequenzbahnen geringer sind.

Bei leistungsfähigen Bahnen, vor allem für Hochgeschwindigkeitsstrecken, kommt seit einigen Jahren häufiger das sogenannte Mehrspannungssystem 1 AC 2 × 25 kV zur Anwendung (Abb. 16.6). Es verfügt zusätzlich zur Fahrleitung über einen zweiten spannungsführenden Leiter, der entlang der Strecke als Freileitung auf den Masten mitgeführt wird. Dieser wird als Negativ-Feeder bezeichnet und hat gegenüber der Rückleitung (Erde) das gleiche Potenzial wie die Fahrleitung, allerdings mit entgegengesetzter Phasenlage. Auf diese Weise liegt zwischen Fahrleitung (Positiv-Feeder) und Negativ-Feeder die doppelte Spannung an. Über sogenannte Autotransformatoren in Sparschaltung werden beide Potenziale in regelmäßigen Abständen entlang der Strecke miteinander verbunden, wobei die Mitte der Autotransformatorwicklung auf das Schienen- bzw. Erdpotenzial gelegt wird. Das Durchflutungsgleichgewicht der beiden identischen, aber entgegengesetzt geschalteten Teilwicklungen (Fahrleitung – Schiene und Negativ-Feeder – Schiene) bewirkt, dass sich der in den Schienen fließende Rückstrom am nächsten Autotransformator gleichmäßig aufteilt und idealerweise jeweils zur Hälfte in die Fahrleitung und in den Negativ-Feeder fließt. Damit

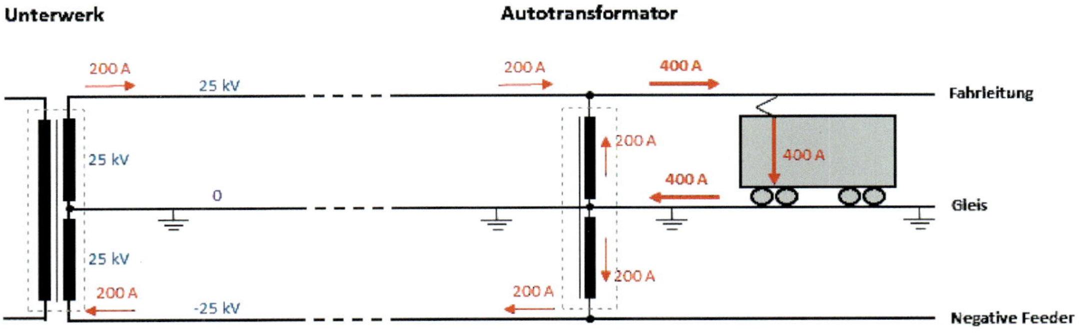


**Abb. 16.6** Prinzipschaltbild des Mehrspannungssystems 1 AC 2 × 25 kV mit Autotransformatoren (nach [1])

wird zwischen Unterwerk und Autotransformator die Fahrzeugleistung mit doppelter Spannung übertragen, was den Strom halbiert. In der Folge ergeben sich geringere Spannungsfälle und Verluste; dies trägt zur Vergrößerung der Speisebereichslänge bei. Durch räumliche Führung des Negativ-Feeders in Höhe der Fahrleitung wird außerdem eine gute Magnetfeldkompensation zwischen Hin- und Rückleitung erreicht, was den Einsatz des Mehrspannungssystems auch aus Gründen der elektromagnetischen Verträglichkeit vorteilhaft macht. Allerdings ist dieses System mit deutlich höherem Aufwand entlang der Strecke verbunden: Autotransformatoren im Abstand von im Mittel 10 bis 15 km, zweipolige Mittelspannungs-Schaltanlagen in den Unterwerken und den Autotransformator-Stationen sowie der für 25 kV gegen Erde (und 50 kV gegen Fahrleitung) isolierte Negativ-Feeder bedingen höhere Investitionen und Betriebskosten. Das grundsätzliche Problem der Unsymmetrie im Drehstromnetz wird durch das Mehrspannungssystem allerdings nicht verbessert, eher im Gegenteil: infolge der vergrößerten Speisebereichslängen mit höheren Zugzahlen nimmt die Bahnleistung weiter zu, was die Unsymmetrie noch vergrößert.

Industriefrequenzbahnen sind zwar hinsichtlich der Investitionen günstiger als Sonderfreqenzbahnen, weisen allerdings aus den dargestellten Gründen bahn- und netzbetriebliche Nachteile auf.

### 16.2.4 Wechselstrombahnsysteme mit Sonderfrequenz

Derartige elektrische Bahnen zeichnen sich durch eine von der Landes- bzw. Industriefrequenz abweichende Nennfrequenz aus. Gebräuchlich sind heute 16,7 oder 16 2/3 Hz in Mitteleuropa und 25 Hz in Nordamerika. Mit dem Bahnstromsystem 1 AC 15 kV 16,7 Hz werden in Europa heute über 50 % der elektrischen Transportleistungen gefahren. Der weltweite Zuwachs an elektrifizierten Strecken mit Sonderfrequenz beschränkt sich allerdings auf Netzerweiterungen bei diesen Bahnen.

Grundsätzlich unterscheidet man bei den Sonderfrequenz-Bahnstromsystemen zwischen zentraler und dezentraler Bahnenergieversorgung. Bei der zentralen Bahnenergieversorgung wird die Bahnenergie mit Sonderfrequenz in großen Einheiten an zentralen Stellen (meist in Lastschwerpunkten) erzeugt und über ein bahneigenes Hochspannungsnetz (DB AG/ÖBB: 110 kV, SBB: 132 kV) verteilt.

Bei der dezentralen Bahnenergieversorgung wird die Bahnenergie durch kleinere Umformer-/Umrichtereinheiten in Unterwerken an der Strecke erzeugt und direkt in die Fahrleitung eingespeist. Die Energie wird dreiphasig aus Netzen der Landesenergieversorgung ohne Unsymmetrie entnommen. Dezentrale Systeme mit Sonderfrequenz gibt es heute in Nordostdeutschland (DB AG), in Schweden (Banverket, SJ), Norwegen (Jernbanverket, NSB) und in den USA.

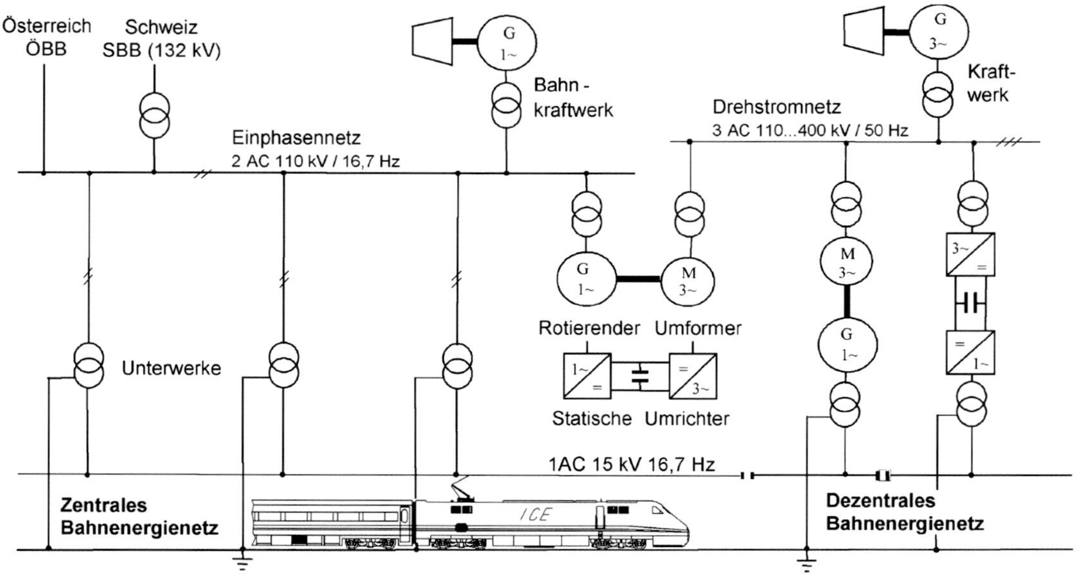


**Abb. 16.7** Prinzipschaltbild der Bahnenergieversorgung mit Sonderfrequenz 16,7 Hz

Ein Prinzipschaltbild der Bahnenergieversorgung mit Sonderfrequenz zeigt Abb. 16.7. Der Systemaufbau wird im nachfolgenden Kapitel anhand der elektrischen Bahnenergieversorgung bei der Deutschen Bahn beschrieben.

## 16.3 Die 16,7-Hz-Bahnenergieversorgung in Deutschland

### 16.3.1 Gesamtstruktur

Die Eisenbahn ist in Deutschland der Elektroenergieverbraucher mit dem größten Einzelenergiebedarf. Allein der Gesamtenergiebedarf aller Konzernunternehmen der DB AG beträgt aktuell ca. 11,3 TWh pro Jahr. Dieser gliedert sich auf in die elektrische Traktionsenergie für den Fahrbetrieb der Züge (ca. 9,6 TWh) sowie die elektrische Energie für den Betrieb der bahntechnischen und sonstigen Anlagen (z. B. Weichenheizungen 110 GWh, Zugvorheizanlagen 120 GWh, allgemeine 50-Hz-Versorgung 1470 GWh).

Circa 90 % der Schienenverkehrsleistung auf den Strecken der DB Netz AG werden heute mit elektrischer Energie erbracht. In Zukunft wird dieser Anteil durch weitere Elektrifizierung und den Einsatz von Hybrid- bzw. Speicherfahrzeugen auf nichtelektrifizierten Strecken noch zunehmen. Die verlässliche Deckung des Elektroenergiebedarfs und der effiziente Einsatz dieser Energie sind zentrale Themen für die Wettbewerbs- und Zukunftsfähigkeit des Eisenbahnverkehrs in Deutschland.

Die in Deutschland verwendete und von der Landesfrequenz 50 Hz abweichende Bahnstrom-Sonderfrequenz von 16,7 Hz bzw. 16 2/3 Hz ist historisch bedingt und wurde bereits in der Anfangszeit der Streckenelektrifizierung nach 1912 gewählt, um elektrische Triebfahrzeuge mit Einphasenwechselstrom-Reihenschlussfahrmotoren technisch und wirtschaftlich vorteilhaft betreiben zu können. Obwohl diese Anforderung heute in den Hintergrund getreten ist, hat sich die Sonderfrequenz insbesondere hinsichtlich der Wirtschaftlichkeit des Energieeinkaufs, der Verfügbarkeit der Bahnstromversorgung, des Netzbetriebes, der Energieeffizienz im Fahrleitungsnetz sowie aus bahnbetrieblichen Gründen bewährt.

Zur Versorgung der elektrifizierten Eisenbahnstrecken in Deutschland betreibt die Deutsche Bahn AG ein eigenes Energieübertragungsnetz mit der Nennspannung 2 AC 110 kV 16,7 Hz. Dieses auch als „Bahnstromnetz" bezeichnete

Übertragungsnetz hat eine Netzausdehnung von ca. 7800 km Trassenlänge und versorgt aktuell ca. 180 Bahnunterwerke. In das Bahnstromnetz speisen Kraftwerke mit 16,7-Hz-Einphasengeneratoren sowie zentrale Umformer- und Umrichterwerke verschiedener Energieversorgungsunternehmen ein. Aus dem 110-kV-Bahnstromnetz wird der überwiegende Teil der mit der Nennspannung 1 AC 15 kV 16,7 Hz elektrifizierten Eisenbahnstrecken über Einphasentransformatoren und einpolige Schaltanlagen eingespeist. Abb. 16.8 zeigt die Netzstruktur in Deutschland.

Für den Netzbetrieb mit allen Schalthandlungen, die Leistungsregelung der Erzeuger und die Instandhaltung des Bahnstromnetzes sowie den Energieeinkauf ist das Konzernunternehmen DB Energie GmbH zuständig.

In Netzbereichen, in denen das zentrale 2 AC-110-kV-Übertragungsnetz aus historischen Gründen nicht vorhanden ist (vorrangig in Nordostdeutschland), werden die Fahrleitungsanlagen über rotierende Umformer oder leistungselektronische Umrichter mit Sonderfrequenz 16 2/3 Hz dezentral aus 50-Hz-Drehstromnetzen der Landesenergieversorgung gespeist. Die über rotierende Umformer dezentral gespeisten Strecken lassen sich wegen des starren Frequenzverhältnisses von 3 : 1 zum 50-Hz-Landesnetz nicht mit den zentral gespeisten Strecken zusammenschalten. Insofern existieren heute in Deutschland noch zwei getrennte Netzbereiche, deren Fahrleitungsanlagen intern jeweils vollständig elektrisch durchgekuppelt betrieben werden können. Nach dem zukünftig angestrebten Ersatz aller rotierenden Umformer durch Umrichter im dezentralen Netz wird eine Zusammenschaltung des gesamten 16,7-Hz-Fahrleitungsnetzes der DB Netz AG möglich.

## 16.3.2 Teilsysteme

### 16.3.2.1 Bahnenergieerzeugung 16,7 Hz

Die gesamte installierte Erzeugerleistung für Bahnstrom mit Sonderfrequenz beträgt ca. 3000 MW. Die 16,7-Hz-Energieerzeuger sind weiträumig über das gesamte Bahnstromnetz verteilt. Große Erzeugerleistungen sind vorrangig in Lastschwerpunkten konzentriert. Es gibt Grundlasterzeuger (hauptsächlich Laufwasser-, Kernkraft- und Kohlekraftwerke), Mittellasterzeuger (Dampfkraft-, Umformer- und Umrichterwerke) und Spitzenlasterzeuger (Umformer- und Umrichter- sowie Pumpspeicherwerke).

Die 16,7-Hz-Einphasen-Synchrongeneratoren in Kraft- und Umformerwerken sind Spezialmaschinen, die nur in geringer Stückzahl gefertigt wurden. Durch das pulsierende Drehmoment der Einphasenleistung ist eine federnde Aufstellung erforderlich. Aufgrund der Einphasigkeit ist die Ständerwicklung über den Maschinenumfang nur teilbewickelt, wodurch die elektromagnetische Ausnutzung und die Leistungsdichte geringer sind als bei Dreiphasenmaschinen. Wegen dieser Spezifika und des geringen Teillastwirkungsgrades ist es heute wirtschaftlicher, die Bahnenergie mittels dreiphasiger Maschinen der Landesenergieversorgung mit 50 Hz zu erzeugen und anschließend über statische Umrichter in Einphasenenergie mit 16,7 Hz zu wandeln. Neuere Bahnstromerzeuger bedienen sich dieser Technologie.

Der aktuelle Energiemix der DB AG ist noch dominiert von thermisch erzeugter elektrischer Leistung (Kohle, Gas, nuklear). Allerdings kann bereits heute ein überdurchschnittlich hoher regenerativer Anteil von über 20 % (Wasser, Wind) ausgewiesen werden. Erklärtes Ziel der DB AG ist es, bis 2050 vollständig auf regenerative Energie umzusteigen und damit eine emissionsfreie Elektromobilität auf der Schiene anzubieten.

Mit Ausnahme zweier kleiner Wasserkraftwerke besitzt die DB Energie selbst keine eigenen Kraftwerke zur Erzeugung der Bahnenergie mit Sonderfrequenz. Der Energiebezug aus den 16,7-Hz-Kraftwerken anderer Betreiber ist über langfristige Verträge abgesichert. Die Mehrzahl der Umformer- und dezentralen Umrichterwerke ist jedoch im Eigentum der DB Energie und wird von dieser betrieben.

Die infolge des Zugbetriebes hochdynamische elektrische Bahnlast mit Lastgradienten von bis zu ±300 MW/s stellt besondere Anforderungen an die Leistungsregelung – d. h. die Regelung des Erzeugereinsatzes – im Bahnstromnetz und

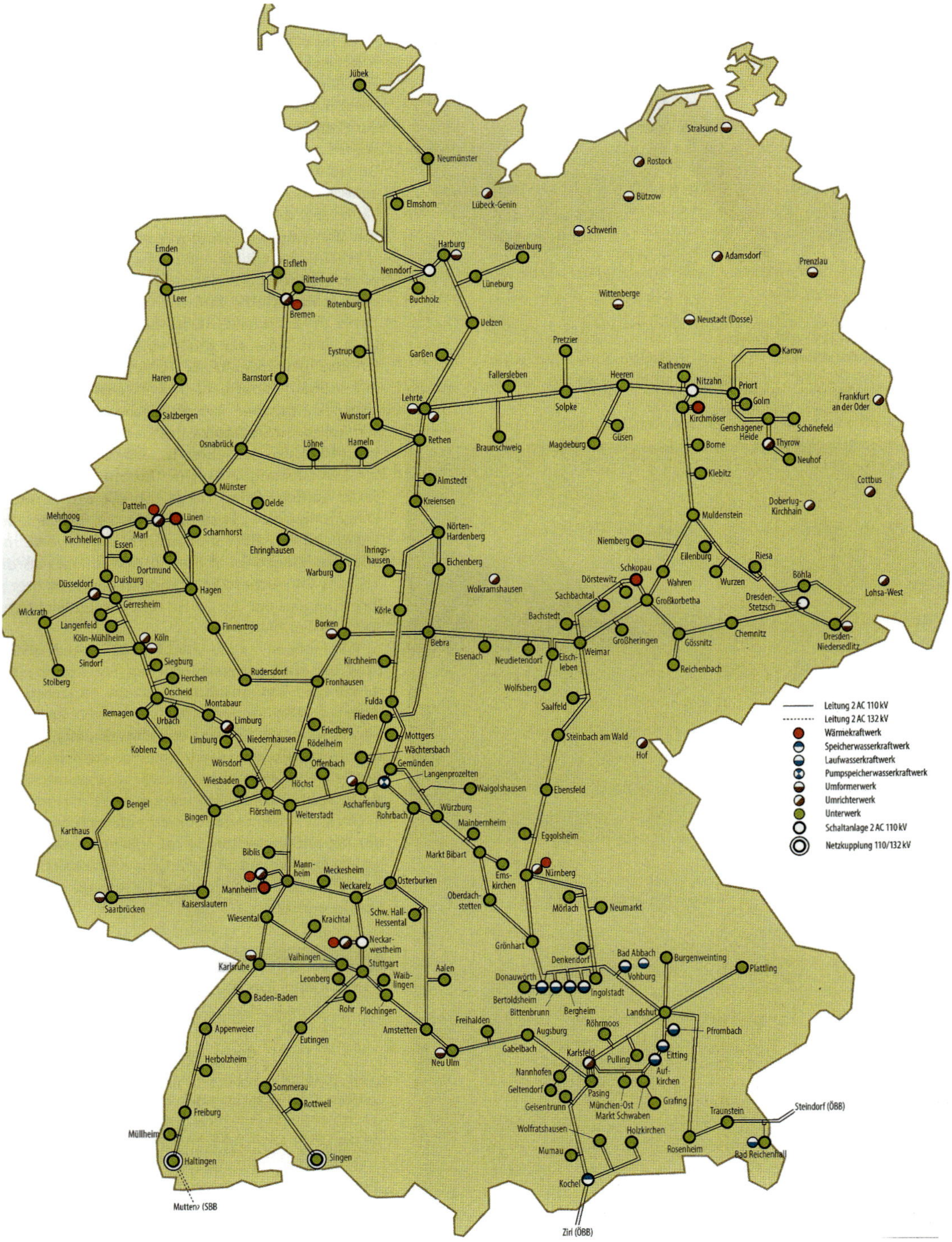


**Abb. 16.8** Netzstruktur des 2 AC 110 kV 16,7-Hz-Bahnstromnetzes der DB Energie (aus [2])

an den Energieeinkauf. Die DB Energie nutzt hierfür spezialisierte Werkzeuge zur fahrplan- und erfahrungsbasierten Lastprognose. Auf Basis von Prognose- und IST-Werten übernimmt die Hauptschaltleitung (HSL) der DB Energie in Frankfurt/M. die Funktion der netzweiten Leistungsregelung. Einer zentralen Sekundärregelung für alle Erzeuger ist dabei die Primärregelung der einzelnen Erzeugermaschinen nach individueller Frequenz-Wirkleistungscharakteristik (sogenannte f-P-Statik) unterlagert. Die Netzfrequenz dient als Indikator für den Lastzustand im Netz. Bei Frequenzänderungen reagiert die Primärregelung jedes Erzeugers mit einer mehr oder weniger starken Leistungsänderung. Grundlasterzeuger fahren mit „steiler" Statik, d. h. sie ändern bei Frequenzschwankungen ihre Wirkleistung nur geringfügig. Spitzenlasterzeuger haben eine „flache" Statik und übernehmen somit automatisch die Leistungsspitzen. Die Primärregelung dient vorrangig zur Gewährleistung der Netzstabilität bei schnellen Laständerungen. Die nachgelagerte, zentrale Sekundärregelung übernimmt anschließend die netzweite Nachregelung aller Erzeugerleistungen. Im Bahnstromnetz der DB Energie wird derzeit eine Regelleistung von ca. 500 MW vorgehalten.

Die für den Netzbetrieb benötigte Blindleistung wird möglichst regional in Bedarfsnähe erzeugt. Als Indikator dient die Netzspannung (sogenannte U-Q-Regelung). Im Netzbetrieb kann es durchaus vorkommen, dass bestimmte Erzeuger vorrangig (oder sogar ausschließlich) im sogenannten Phasenschieberbetrieb, d. h. als reine Blindleistungserzeuger, laufen, während die Wirkleistung preisgünstig an anderer Stelle erzeugt wird.

Die zukünftig geplante weitere Umstellung der Bahnenergieerzeugung zugunsten höherer Anteile der Umrichter-Einspeisung sowohl in das 110-kV-Bahnstromnetz als auch in die 15-kV-Fahrleitungsanlagen bietet aus heutiger Sicht vor allem energiewirtschaftliche Vorteile, die in der hohen Regeldynamik sowie dem hohen Wirkungsgrad der Umrichter auch bei großer Lastdynamik und damit in größeren Freiheitsgraden bei der Wahl der Energiebezugs begründet sind. Zudem haben leistungselektronische Umrichter inzwischen deutlich geringere Lebenszykluskosten als rotierende Umformer, die aus Spezialmaschinen bestehen.

Herausforderungen für den vermehrten Umrichtereinsatz in der Bahnenergieerzeugung stellen der Netzschutz und die Netzstabilität dar. Einerseits besitzen Umrichter keine rotierenden Massen, die im Falle von hochdynamischen Laständerungen, z. B. beim Kurzschluss, eine temporäre Energiereserve darstellen. Daraus resultieren hohe absolute Stromanstiege, die klassisch zur Kurzschlusserkennung im Fahrleitungsnetz genutzt werden. Bei Umrichterspeisung ist der Maximalstrom aufgrund des Eigenschutzes der Umrichtermodule begrenzt, wodurch die Kurzschlusserkennung anspruchsvoller wird. Andererseits weisen Umrichter eine hohe Regeldynamik auf, was im Zusammenwirken mit den Netzparametern und ggf. anderen Umrichtern auf den Fahrzeugen zu regelungstechnischen Instabilitäten führen könnte. Hier besteht zukünftig noch Forschungsbedarf.

#### 16.3.2.2 Bahnenergieübertragung

Der Leitungsaufbau des Bahnstromnetzes ist zweipolig mit entgegengesetzter Phasenlage, die Leiter-Erde-Nennspannung beträgt je 55 kV pro Phase. Daraus ergibt sich für die Energieübertragung eine Leiter-Leiter-Nennspannung von 110 kV.

Das deutsche Bahnstromnetz hat aktuell eine Trassenlänge von 7785 km und ist landesweit – mit Ausnahme im Raum nordöstlich von Berlin – vorhanden. Das Netz wird landesweit durchgekuppelt und mit resonanzgeerdetem Sternpunkt betrieben, was die Löschfähigkeit und den unterbrechungsfreien Weiterbetrieb ohne Schalthandlungen bei flüchtigen einpoligen Erdschlüssen sichert. Der für die Löschfähigkeit zulässige maximale Erdschlussreststrom ist derzeit im Gesamtnetz fast erreicht. Aus diesem Grund sind großräumige Netzerweiterungen oder die Installation von Kabelstrecken mit hoher kapazitiver Wirkung nicht ohne weiteres möglich.

Mit dem weitgehend identisch aufgebauten 110-kV-Bahnstromnetz der Österreichischen

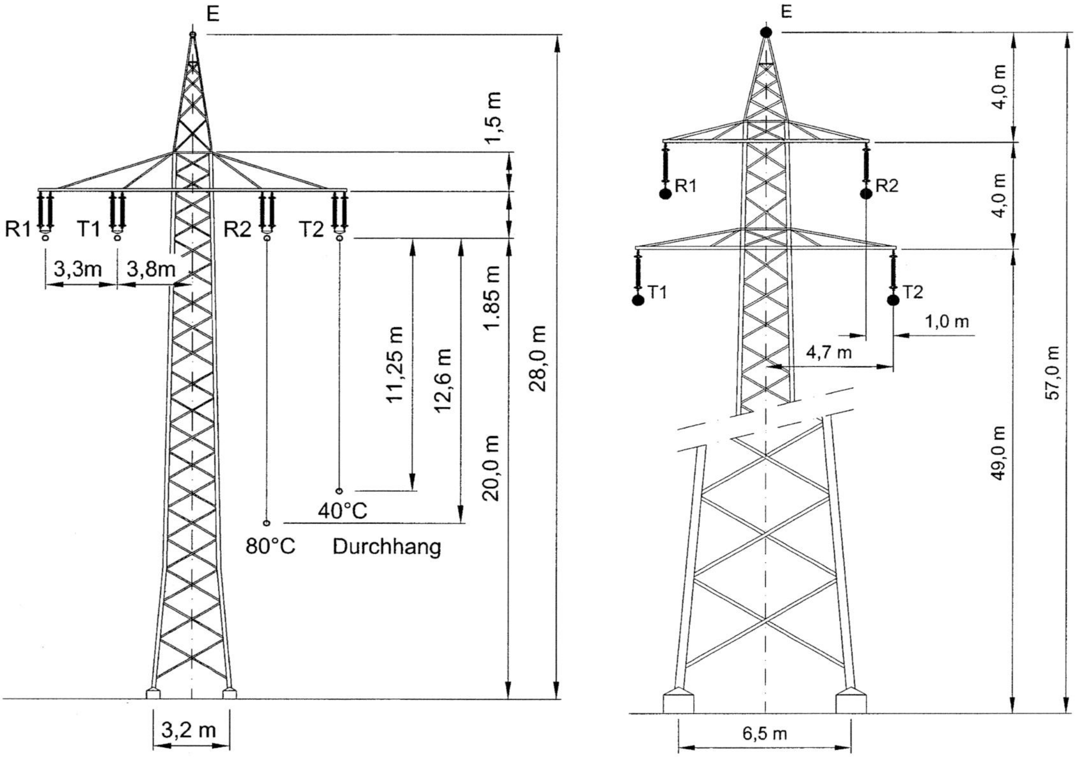


**Abb. 16.9** Bahnstromleitungsmasten 2 AC 110 kV der DB Energie (nach [1])

Bundesbahn besteht ein galvanischer Netzverbund über zwei grenzüberschreitende Bahnstromleitungen. Mit dem 132-kV-Bahnstromnetz der Schweiz gibt es ebenfalls zwei Netzkupplungen über Trenntransformatoren, da das Schweizer Netz mit höherer Nennspannung und starrer Sternpunkterdung betrieben wird.

Die Bahnstromleitungen führen in der Regel 2 Systeme mit ±55 kV Strangspannung, d. h. 4 Einzelleiter bzw. Leiterbündel. Die konkret ausgeführte Beseilung richtet sich nach der Last auf den Leitungsabschnitten. Für den regulären Netzbetrieb gibt es dafür mehrere Standard-Lastfälle, die sich je nach Wochentag, Tageszeit und Betriebslage unterscheiden. Für Sonderbetriebsfälle haben die Leitungen entsprechende Belastungsreserven.

Abb. 16.9 zeigt Mastbilder eines typischen Bahnstromleitungsmastes mit zwei Stromkreisen. In Lastschwerpunkten und bei Verzweigungen können bis zu 4 Systeme auf einem Mast mitgeführt werden.

Der Netzbetrieb des 110-kV-Bahnstromnetzes wird von der Hauptschaltleitung der DB Energie in Frankfurt geführt. Das gesamte Netz ist mit Fernwirktechnik ausgestattet.

### 16.3.2.3 Bahnenergieverteilung

Die Einspeisung der Oberleitungen des ca. 18.000 km langen elektrifizierten Streckennetzes erfolgt derzeit über 182 Unterwerke. Diese sind hinsichtlich ihres Anschlusses an das 110-kV-Bahnstromnetz als Block- oder Knotenunterwerke ausgeführt. Blockunterwerke werden aus dem 110-kV-Netz im Stich gespeist. Bei Knotenunterwerken wird die Bahnstromleitung durchgeschleift, sodass mit der Hochspannungsschaltanlage des Unterwerks Konfigurationsmöglichkeiten für das Bahnstromnetz bestehen.

Die Unterwerke besitzen eine zweipolige 110-kV-Freiluftschaltanlage, in der Regel zwei einphasige Leistungstransformatoren 110/15 kV (meist 2 × 10 MVA oder 2 × 15 MVA) und eine sogenannte Normschaltanlage für die 15-kV-sei-

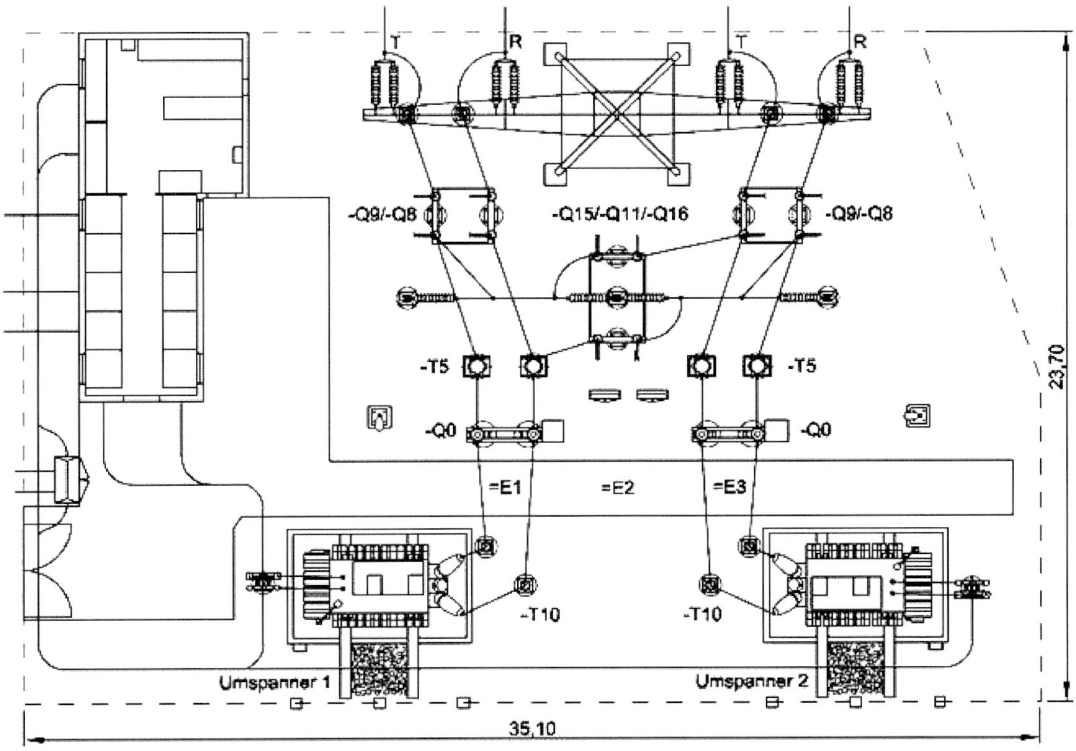


**Abb. 16.10** Unterwerk 110/15 kV 16,7 Hz der DB Energie (nach [1])

tige Verteilung. Jedes 15-kV-Streckenabgangsfeld hat einen Leistungsschalter und eine Fahrleitungsschutzeinrichtung. Die Zuführung zu den Oberleitungsanlagen der Strecke erfolgt über Kabel oder kurze Freileitungen. Die Rückleiteranschlüsse an den Gleisen werden ebenfalls über Kabel ins Unterwerk zurückgeführt. Im Unterwerk sind alle Rückleiterkabel betrieblich nicht schaltbar an der geerdeten Rückleitersammelschiene zusammengefasst.

Abb. 16.10 zeigt den Aufbau eines typischen Bahnunterwerks der DB Energie.

### 16.3.2.4 Bahnenergiezuführung

Die streckenseitige Energiezuführung zu den elektrischen Triebfahrzeugen wird über Kettenwerksoberleitungen realisiert. Die Oberleitungsanlagen gehören zum Zuständigkeitsbereich der DB Netz AG. Die Oberleitung ist aus bahnbetrieblichen und schutztechnischen Gründen in einzelne Speiseabschnitte unterteilt, die separat vom Unterwerk eingespeist und geschaltet werden können. Standardmäßig werden die Speiseabschnitte der Oberleitung zweiseitig von zwei benachbarten Unterwerken eingespeist. In der Mitte zwischen zwei benachbarten Unterwerken befindet sich in der Regel eine sogenannte Kuppelstelle, die im Fehlerfall eine Auftrennung zwischen den angrenzenden Speiseabschnitten ermöglicht. Die separate Versorgung der Speiseabschnitte dient vorrangig der Selektivität im Fehlerfall. Das gesamte Fahrleitungsnetz der DB Netz AG im Bereich der zentralen Bahnstromversorgung wird elektrisch durchgekuppelt betrieben. Dies hat bahnbetriebliche und energetische Vorteile.

### 16.3.2.5 Elektrische Triebfahrzeuge

Die elektrischen Triebfahrzeuge haben eine dem Bahnstromsystem angepasste elektrische Antriebsausrüstung. Beim System 1 AC 15 kV 16,7 Hz wurden Lokomotiven bis Anfang der

1990er Jahre als Direktmotorlokomotiven ausgeführt. Dabei wird die Fahrleitungsspannung über den Fahrzeugtransformator heruntergesetzt und über ein Schaltwerk in verschiedenen Stufen den Wechselstrom-Kommutatormotoren zur Stellung von Zugkraft und Geschwindigkeit zur Verfügung gestellt. Eine weitere Möglichkeit besteht darin, die Wechselspannung nach dem Fahrzeugtransformator gleichzurichten und dann über ein Schaltwerk mit Widerständen oder über einen Gleichstromsteller die Steuerung von Zugkraft und Geschwindigkeit der Mischstrommotoren vorzunehmen. Modernere elektrische Lokomotiven und Triebzüge werden seit den 1980er Jahren in Drehstromantriebstechnik ausgeführt. Bei ihnen versorgt ein dem Transformator nachgeschalteter Umrichter die Drehstrom-Asynchronmotoren mit einer in Amplitude, Frequenz und Phasenfolge veränderlichen dreiphasigen Spannung zur Stellung von Zugkraft und Geschwindigkeit. Derartige Fahrzeuge sind zudem jederzeit in der Lage, die generatorisch erzeugte Bremsenergie ins Fahrleitungsnetz zurück zu speisen.

Triebfahrzeuge mit Gleichrichtertechnik und solche in Drehstromantriebstechnik können so ausgerüstet werden, dass sie auch unter anderen Bahnstromsystemen verkehren können (Mehrsystemfähigkeit). Allerdings wird dieser technische und finanzielle Mehraufwand nur dann in Kauf genommen, wenn ein prognostiziertes Einsatzprofil dies rechtfertigt.

#### 16.3.2.6 Bahnenergierückführung

Zur Rückstromführung dienen die Fahrschienen und ggf. zusätzliche Rückleitungsseile, die mit den Fahrschienen der Gleise parallelgeschaltet sind. Zur Parallelschaltung werden die Fahrleitungsmaste genutzt, die mit den Fahrschienen über Kabel verbunden sind und an denen die Rückleitungsseile befestigt sind. Bei Stahlmasten wird als elektrische Verbindung der Mastkörper selbst genutzt, bei Betonmasten die innere Bewehrung, die zu diesem Zweck kurzschlussfest auszuführen ist.

Die gesamte Rückleitungsanlage ist aus Gründen des Berührschutzes gut leitend mit der Erde – vorrangig über die Fundamente der Fahrleitungsmasten – verbunden. Ein Teil des Traktionsrückstromes fließt damit abschnittsweise immer durch die Erde. Diese Rückstromanteile können zwar keine Streustromkorrosionsschäden wie bei Gleichstrombahnen verursachen, dennoch aber unerwünschte Beeinflussungen in Fremdanlagen nach sich ziehen.

Um den Anteil des durch die Erde fließenden Rückstroms gezielt zu verringern, werden Rückleitungsseile bevorzugt in räumlicher Nähe zur Fahrleitung angeordnet. Die bei Wechselstrom immanente elektromagnetische Verkopplung paralleler Leitungen bewirkt, dass größere Anteile des Rückstroms in den Rückleitungsseilen fließen und damit den Erdstromanteil reduzieren. Gleichzeitig bewirkt die magnetische Verkopplung eine Verringerung der Schleifenimpedanz Unterwerk – Fahrleitung – Rückleitung, was die mögliche Speiseabschnittslänge vergrößert.

Zu weiteren Aspekten und Details der Rückstromführung siehe Abschn. 16.6.

## 16.4 Fahrleitungen

### 16.4.1 Allgemeines

Die Aufgabe einer Fahrleitungsanlage besteht in der Übertragung der elektrischen Energie von den Unterwerken zu den elektrischen Triebfahrzeugen. Dabei hat die Leistungsübertragung in der für die Erfüllung der Transportaufgaben erforderlichen Leistungsgröße, mit geringsten Energieverlusten und ohne Unterbrechung zu erfolgen.

Die Anforderungen an eine Fahrleitungsanlage resultieren im Wesentlichen aus ihrer Doppelfunktion als:

- Leitung zur Energieübertragung über eine bestimmte Entfernung und als
- Gleitkontakt zum Stromabnehmer der Fahrzeuge.

An die Konstruktion einer Fahrleitungsanlage werden vor allem folgende Anforderungen gestellt:

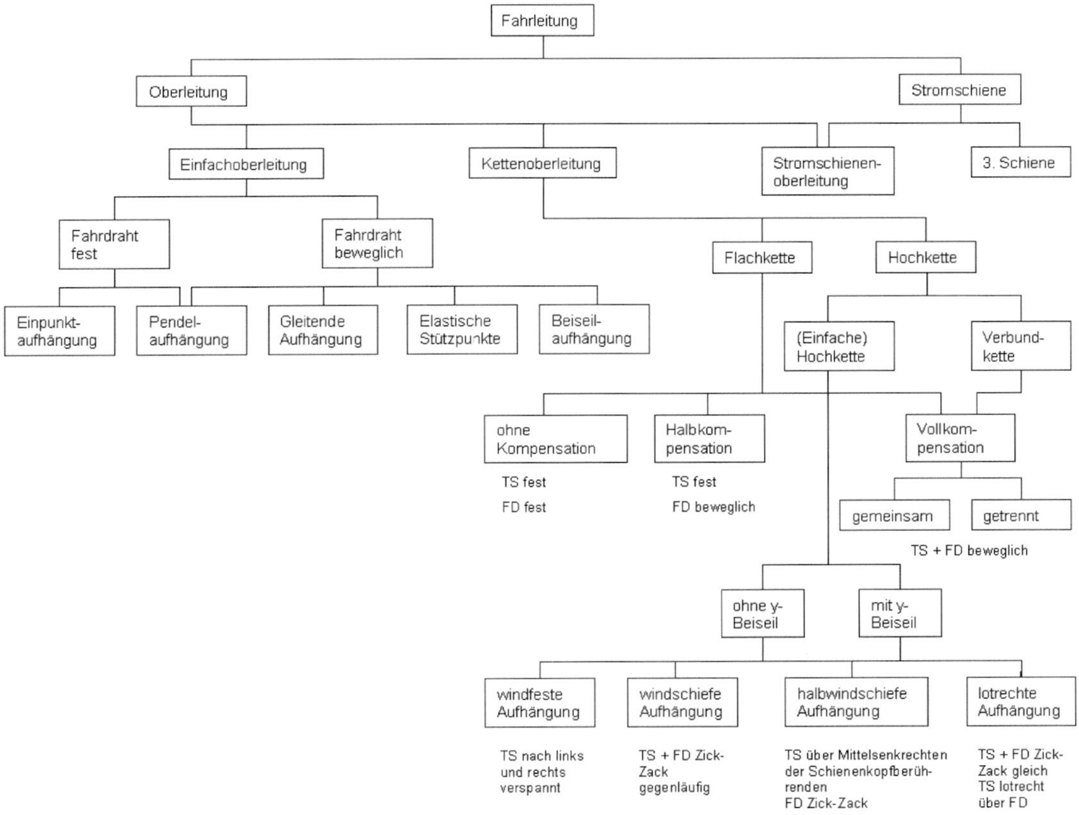


**Abb. 16.11** Übersicht der Fahrleitungssysteme elektrischer Bahnen (*FD* Fahrdraht, *TS* Tragseil)

- das dynamische Zusammenwirken von Stromabnehmer und Fahrleitung soll, in Abhängigkeit von der Fahrgeschwindigkeit, eine nahezu unterbrechungslose Leistungsübertragung ermöglichen. Dafür ist eine gleichbleibende Elastizität der Fahrleitung erforderlich;
- die Fahrleitungsanlage soll betriebssicher und leistungsfähig sein sowie Personen und Anlagen im Bahnbereich nicht gefährden;
- es ist eine hohe Lebensdauer der Fahrleitungsanlage anzustreben. Dies setzt:
  - hohe mechanische und elektrische Festigkeit,
  - Korrosionsbeständigkeit,
  - Beständigkeit gegenüber Witterungseinflüssen (Windbelastung, Eislast),
  - geringe und gleichmäßige Abnutzung der Fahrdrähte,

  voraus;
- die Investitions- und Instandhaltungskosten sollen gering sein;
- bei Nahverkehrsfahrleitungen sind u. U. noch architektonische und städtebauliche Gesichtspunkte zu beachten.

Durch die Vielzahl verschiedener elektrischer Bahnsysteme und deren unterschiedliche historische Entwicklung sind verschiedene Fahrleitungssysteme entstanden. Die Einteilung der verschiedenen Fahrleitungssysteme geht aus Abb. 16.11 hervor [3].

## 16.4.2 Oberleitungen

Für Vollbahnen werden in Europa, bis auf wenige Ausnahmen, „Einfache Hochketten-Oberleitungen" verwendet. Die Hochkette besteht aus Tragseil, Hänger und Fahrdraht und wird auch als Längskettenwerk bezeichnet. Der prinzipielle Aufbau eines Längskettenwerkes ist in Abb. 16.12 dargestellt.

### 16.4.2.1 Längskettenwerk

**Fahrdrähte**

Die bei elektrischen Bahnen für Oberleitungsanlagen in Europa verwendeten Fahrdrähte sind in der Norm EN 50149 standardisiert. Die Fahrdrähte unterscheiden sich hinsichtlich Klemmrillen, Querschnittsflächen, Profilen und dem verwendeten Material.

Bezüglich der Klemmrillen wird zwischen der Ausführung A und der Ausführung B unterschieden (siehe Abb. 16.13).

Die Querschnittsfläche bezieht sich immer auf den Nennquerschnitt des Fahrdrahtes im Neuzustand und beträgt 80, 100, 107, 120 oder 150 $mm^2$.

Bei den Profilarten unterscheidet man zwischen zwei Hauptprofilarten: dem Rundprofil und dem Flachprofil.

Bei dem Rundprofil tritt im Neuzustand zwischen Stromabnehmer und Fahrdraht eine sehr hohe Flächenpressung auf, da der Stromabnehmer praktisch nur an einem Punkt an dem runden Fahrdraht anliegt. Dadurch ist der Verschleiß in der ersten Betriebszeit relativ hoch; bis sich ein breiter Spiegel gebildet hat, wodurch die Flächenpressung abnimmt.

Diesen physikalischen Gegebenheiten wird bei der Verwendung eines Flachprofils von vornherein Rechnung getragen, d. h. schon bei einem

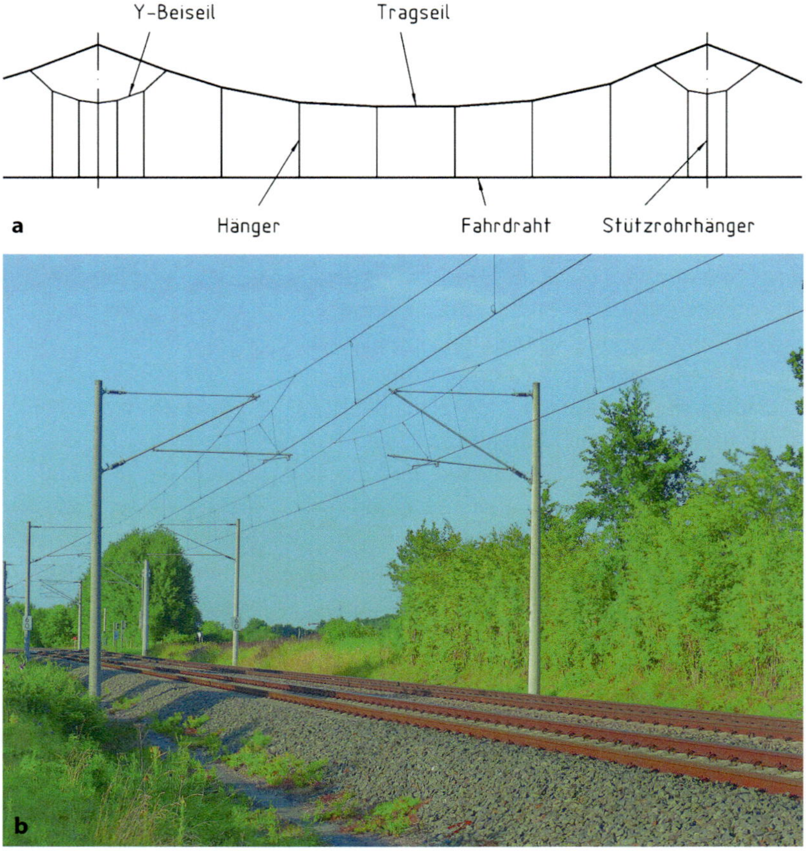


**Abb. 16.12** **a** Prinzipieller Aufbau eines Längskettenwerkes („Einfache Hochkette"), **b** Längskettenwerk einer Re 200 der DB AG

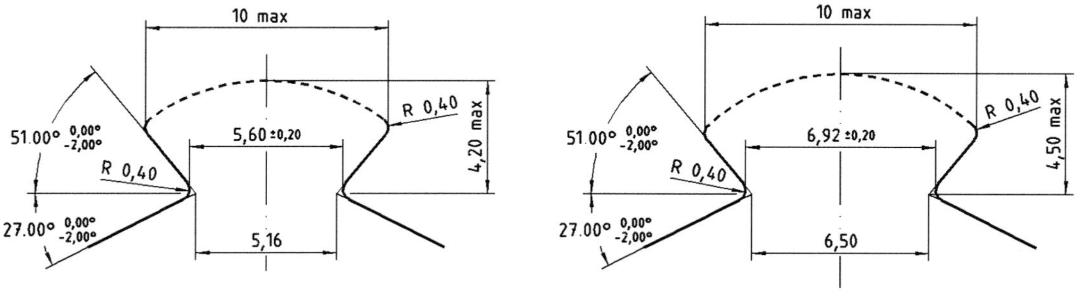


**Abb. 16.13** Klemmrillen des Fahrdrahtes nach EN 50149 (Profil A – *links*, Profil B – *rechts*)

Fahrdraht im Neuzustand ist eine verhältnismäßig große Kontaktfläche zwischen der Schleifleiste des Stromabnehmers und der Fahrdrahtunterkante vorhanden. Dadurch wird eine geringere Flächenpressung erzeugt, die den Verschleiß in den Anfangsjahren geringer erscheinen lässt.

Hinsichtlich der Materialzusammensetzung wird bei Fahrdrähten unterschieden zwischen:

- gewöhnlichem und hochfestem Kupfer (Cu),
- Kupfer-Cadmium-Legierung (CuCd0,7, CuCd1,0),
- Kupfer-Silber-Legierung (CuAg0,1),
- Kupfer-Magnesium-Legierung (CuMg0,02, CuMg0,5),
- Kupfer-Zinn-Legierung (CuSn0,1).

Die Kennzeichnung des Materials eines Fahrdrahtes erfolgt durch Kennrillen. Das gewöhnliche hochfeste Kupfer hat keine Kennrille. Der Kupfer-Cadmium-Fahrdraht hat eine einfache Kennrille auf der Oberseite des Drahtes. Der Kupfer-Silber-Fahrdraht wird mit zwei identischen Kennrillen auf der Oberseite der Wölbung gekennzeichnet. Der Kupfer-Magnesium-Fahrdraht hat drei Kennrillen auf der Oberseite des Fahrdrahtes und die Kupfer-Zinn-Legierung eine Kennrille, die in einem Winkel von 24° versetzt ist.

Eine weitere Besonderheit ist, dass der Kupfer-Cadmium-Fahrdraht in den Ländern Dänemark, Deutschland, Österreich und Schweiz aus umwelttechnischen Gründen nicht verwendet werden darf.

In Deutschland kommen ausschließlich Rillenfahrdrähte mit der Klemmrille A und einer Querschnittsfläche von 80 (nur in bestehenden Anlagen), 100, 120 oder 150 $mm^2$ (nur bei Gleichstrombahnen) zur Anwendung.

Es werden Fahrdrähte mit Rundprofil aus Kupfer (Cu), aus Kupfer-Silber-Legierung (CuAg0,1) und aus Kupfer-Magnesium-Legierung (CuMg0,5) verwendet. Zur Substitution des teuren Silbers im AC-100-CuAg0,1 wurden von der Industrie in den letzten Jahren die Fahrdrähte AC-100-CuSn0,1 (VALTHERMO hochfest) und AC-100-CuMg0,02 (ELCORIM Light) mit ähnlichen Eigenschaften entwickelt. Diese Fahrdrähte werden mit den vorgenannten Kennrillen und zusätzliche mit dem Namen gekennzeichnet.

In Österreich kommt ein Fahrdraht mit abweichender Klemmrille und Profil zum Einsatz (siehe Abb. 16.14).

Die Tab. 16.3 zeigt eine Gegenüberstellung, der bisherigen (DIN VDE 0115) zur neuen Fahrdrahtbezeichnung (EN 50149).

In der Tab. 16.4 sind die wichtigsten Eigenschaften der Fahrdrähte enthalten.

Die zulässige mechanische Zugbelastung eines Rillenfahrdrahtes hängt von den in (16.2) angegebenen Parametern ab. Die Mindest-Zugfestigkeit des Fahrdrahtes ($\sigma_{min}$) – siehe Tab. 16.4 – muss mit dem Produkt dieser Faktoren multipliziert werden, um die höchstzulässige Betriebszugspannung ($\sigma_w$) zu erhalten.

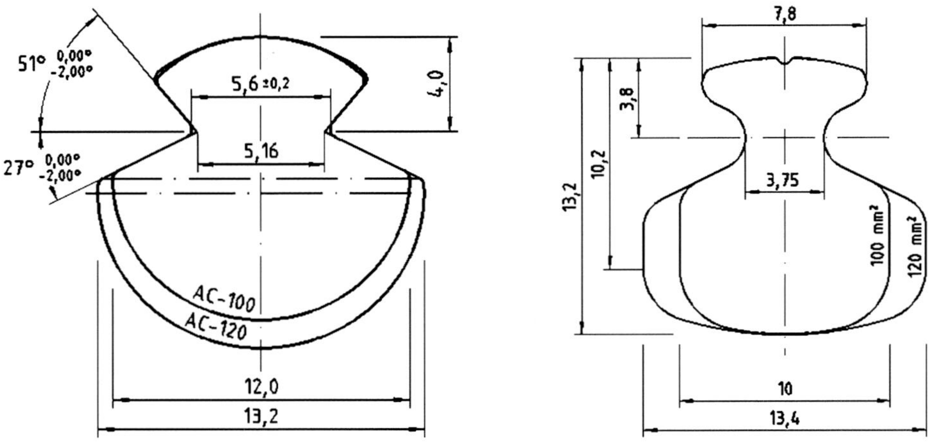


**Abb. 16.14** Fahrdrähte der DB AG nach EN 50149 (*links*) und der ÖBB (*rechts*) [4]

**Tab. 16.3** Gegenüberstellung der Bezeichnung und Verwendung von Fahrdrähten bei der DB AG

| Bezeichnung nach EN 50149 | Bezeichnung nach DIN VDE 0115 | Anwendung |
|---|---|---|
| AC-80-Cu | Ri 80 | Re 75 (nur in bestehenden Anlagen) |
| AC-100-Cu | Ri 100 | Re 75, Re 100, Re 160, Re 200 |
| AC-100-CuAg0,1 | RiS 100 | Re 100, Re 160, Re 200, Re 200mod |
| AC-120-CuAg0,1 | RiS 120 | Re 250 |
| AC-120-CuMg0,5 | RiM 120 | Re 330 |
| AC-100-CuMg 0,02_ELCORIM | – | Re 100, Re 160, Re 200, Re 200mod |
| AC-100-CuSn0,1 | – | Re 100, Re 160, Re 200, Re 200mod |
| AC-120-CuSn0,1 | – | Re 250 |

**Tab. 16.4** Eigenschaften von Fahrdrähten – Auswahl [4]

| Werkstoff | Bezeichnung | Nennquerschnitt | Mindest-Zugfestigkeit | Mindest-Bruchlast[a] | Elektrischer Widerstand |
|---|---|---|---|---|---|
| | | [mm²] | [N/mm²] | [kN] | [Ω/km] bei 20 °C |
| Gewöhnliches Kupfer | Cu-ETP | 80 | 355 | 27,5 | 0,229 |
| | Cu-FRHC | 100 | 355 | 34,5 | 0,183 |
| | Cu-HCP | 107 | 350 | 36,3 | 0,171 |
| | Cu-OF | 120 | 330 | 38,4 | 0,153 |
| | | 150 | 310 | 45,1 | 0,122 |
| Gewöhnliche Kupfer-Silber-Legierung | CuAg0,1 | 80 | 365 | 28,3 | 0,229 |
| | | 100 | 360 | 34,9 | 0,183 |
| | | 107 | 350 | 36,3 | 0,171 |
| | | 120 | 350 | 40,7 | 0,153 |
| | | 150 | 350 | 50,9 | 0,122 |
| Kupfer-Magnesium-Legierung | CuMg0,5 | 80 | 520 | 40,4 | 0,385 |
| | | 100 | 510 | 49,5 | 0,286 |
| | | 107 | 500 | 46,3 | 0,268 |
| | | 120 | 490 | 57,0 | 0,239 |
| | | 150 | 470 | 68,4 | 0,191 |

[a] berechnet mit dem Mindestquerschnitt

Die berechnete Nennzugspannung des Fahrdrahtes darf 65 % der Mindest-Zugfestigkeit nicht überschreiten.

$$\sigma_w = \sigma_{\min} \cdot 0{,}65 \cdot K_{\text{Temp}} \cdot K_{\text{Abnutzung}} \cdot K_{\text{Eis/Wind}} \cdot K_{\text{eff}} \cdot K_{\text{Klemme}} \cdot K_{\text{Verbindung}} \quad (16.2)$$

Darin bedeuten:

$K_{\text{Temp}}$ Höchste Temperatur ($K_{\text{Temp}} = 1{,}0$)
$K_{\text{Abnutzung}}$ Zulässiger Verschleiß ($K_{\text{Abnutzung}} = 0{,}8$)
$K_{\text{Eis/Wind}}$ Wind- und Eislasten ($K_{\text{Eis/Wind}} = 0{,}95$)
$K_{\text{eff}}$ Genauigkeit und Wirkungs-Grad der Nachspanneinrichtung ($K_{\text{eff}} = 0{,}97$)
$K_{\text{Klemme}}$ Abspannklemme ($K_{\text{Klemme}} = 1{,}0$)
$K_{\text{Verbindung}}$ Geschweißte oder gelötete Verbindung ($K_{\text{Verbindung}} = 1{,}0$)

Für die Regeloberleitungen der DB AG gelten die in den Klammern angegebenen Faktoren.

**Seile**
Die im Oberleitungsbau und bei den 110-kV-Bahnstromleitungen bei der DB AG zur Anwendung kommenden Seile sind in der Tab. 16.5 (Auszug aus [5]) dargestellt.

**Regeloberleitungen der DB AG**
Aufgrund der historischen Entwicklung in Deutschland entstanden während der Zeit der

**Tab. 16.5** Seile, Drähte und Kabel für Oberleitungs- und 110-kV-Bahnstromanlagen der DB AG [5]

| Bezeichnung | Nennquerschnitt [mm²] | Dauerstrombelastbarkeit [A] | Durchmesser [mm] | Gewichte [kg/km] | Drähte [Zahl] | Verwendung |
|---|---|---|---|---|---|---|
| DIN 43138 Seil BzII-10x49 | 10 | | 4,5 | 89 | 49 | Hängerseil |
| DIN 48201 Seil 25/7-BzII | 25 | 130 | 6,3 | 218 | 7 | $y$-Seil, Hänger für oberes Richtseil |
| DIN 48201 Seil 35/7-BzII | 35 | 160 | 7,5 | 310 | 7 | $y$-Seil (Re 250 und Re 330) |
| DIN 48201 Seil 50/7-BzII | 50 | 200 | 9,0 | 446 | 7 | Quertragseil, Tragseil (und Richtseil)[a] |
| DIN 48201 Seil 70/19-BzII | 70 | 245 | 10,5 | 596 | 19 | Quertragseil, Richtseil, Tragseil Re 250 |
| DIN 48201 Seil 95/19-BzII | 95 | 305 | 12,5 | 845 | 19 | Quertragseil, Richtseil |
| DIN 48201 Seil 120/19-BzII | 120 | 350 | 14,0 | 1060 | 19 | Quertragseil, Tragseil Re 330 |
| DIN 48201 Seil 70/19-E-Cu | 70 | 310 | 10,5 | 596 | 19 | Schalterquer- und Speiseleitung[a] |
| DIN 48201 Seil 95/19-E-Cu | 95 | 380 | 12,5 | 845 | 19 | Bypass, Bypassanschlussleitung, Tragseil Re S-Bahn |
| DIN 48201 Seil 120/19-E-Cu | 120 | 440 | 14,0 | 1060 | 19 | Schalterquerleitung, Bypass, Bypassanschlussleitung, 110-kV-Bahnstromleitung |
| DIN 43138 Seil E-Cu-35x133 | 35 | 225 | 9,0 | 353 | 133 | Zusätzliche Verbindung von Fahrdraht und Tragseil (Ausgleichsverbinder) |
| DIN 43138 Seil E-Cu-50x133 | 50 | 310 | 13,4[b] | 482[c] | 133 | Seil für Spannungssicherung mit transp. PVC-Isolation YM2 nach DIN VDE 0207 Teil 5, Mantel 1,4 mm |

**Tab. 16.5** (Fortsetzung)

| Bezeichnung | Nenn-querschnitt | Dauer-strom-belast-barkeit | Durch-messer | Gewichte | Drähte | Verwendung |
|---|---|---|---|---|---|---|
| | [$mm^2$] | [A] | [mm] | [kg/km] | [Zahl] | |
| Rundseil 50 | 50 | 230 | 14,6[b] | 585 | $6383\times0{,}1+$ $360\times0{,}1$ | Für Erdungsvorrichtung mit durchsichtigem PVC-Mantel 1 mm |
| DIN 43138 Seil E-Cu-70x189 | 70 | 370 | 13,0 | 685 | 189 | Bewegliche Verbindungsleitung wie Schalteranschlussleitung, Strombrücken und dgl.[a] |
| DIN 43138 Seil E-Cu-95x259 | 95 | 460 | 14,7 | 935 | 259 | Schalteranschluss- und Verbindungsleitung; Elektrischer Verbinder |
| DIN 43138 Seil E-Cu-120x336 | 120 | 535 | 16,4 | 1120 | 336 | |
| DIN EN 50182 Seil 243-AL1 | 242,5 | 625 | 20,3 | 674,1 | 61 | Speiseleitung, Verstärkungsleitung, Rückleitungen |
| DIN EN 50182 Seil 626-AL1 | 626,2 | 1140 | 32,6 | 1739,7 | 91 | Speiseleitung |
| (N)A(ST)YY-01x100 RM0,6/1 kV | 100 | – | 20,0[b] | 530 | 37 | Erdung, Potentialausgleich |
| (N)A(ST)YY-01x110 RM0,6/1 kV | 110 | – | 21,0[b] | 630 | 37 | Erdung, Potentialausgleich |
| (N)AYY-01x110 RM0,6/1 kV | 110 | – | 21,0[b] | 590 | 37 | Erdung, Potentialausgleich |
| DIN EN 50182 Seil 44 AL1/32-ST1A | 44/32 | – | 11,2 | 369 | 7 St 14 Al | Erdseil für 110-kV-Bahnstromleitung |
| DIN EN 50182 Seil184-AL1/30-ST1A | 183/30 | 535 | 19,0 | 741 | 7 St 26 Al | 110-kV-Bahnstromleitung |
| DIN EN 50182 Seil 243-AL1/39St1A | 243/39 | 645 | 21,8 | 980 | | 110-kV-Bahnstromleitung |
| DIN EN 50182 Seil304-AL1/49-ST1A | 304/49 | 740 | 24,4 | 1227 | | 110-kV-Bahnstromleitung |
| DIN EN 50182 Seil 97-AL1/56-ST1A | 97/56 | – | 16,0 | 707 | 7 St 12 Al | Erdseil für 110-kV-Bahnstromleitung |
| DIN EN 50182 Seil106-AL1/76-ST1A | 106/76 | – | 17,5 | 885 | 19 St 14 Al | Erdseil für 110-kV-Bahnstromleitung (nur mit Luftwarnkugel) |
| DIN EN 12385-4 Seil 6x19M-WSC 1570 sZ | 16 | – | 6,0 | 138 | 133 | Hängerseil für Chlorid belastete Gebiete |
| DIN EN 12385-4 Seil 6x19M-WSC 1570 sZ | 16 | – | 6,0 | 138 | 133 | Hängerseil |
| DIN 46431 Draht E-CuF31 | 12,57 | – | 4,0 | 112 | 1 | Aufhängung für Streckentrenner |
| DIN 43137 Draht St 34 – t Zn | 80 | – | 10,0 | 617 o. Mantel | 1 | Schutzerdung, Prelldrähte u. ä., Erdungsleitungen[a] |
| DIN EN 10278 Draht X5CrNi 18 – 10 + 2H + C 700 | 7 | – | 3,0 | 55 | 1 | Windsicherung für Seitenhalter, Sicherungsbügel für Spannschloss-Streckentrenner |
| DIN 48201 Seil 50/7 BzII | 50 | – | $\approx$14,0 | | 7 | Unter Bauwerken als Schutz gegen Vogelüberschlag, Tragseil für Streckentrenner; Isoliermaterial: LE 6022; Wanddicke: $\approx$2,25 mm |
| DIN 48201 Seil 70/19 BzII | 70 | – | $\approx$15,5 | | 19 | |
| Kab. NYY-0 1x50 RM | 50 | – | 15,0–18,0 | | $\geq$ 19 | Erdung, Potentialausgleich |

**Tab. 16.5** (Fortsetzung)

| Bezeichnung | Nenn-querschnitt | Dauer-strombelastbarkeit | Durchmesser | Gewichte | Drähte | Verwendung |
|---|---|---|---|---|---|---|
| | [mm$^2$] | [A] | [mm] | [kg/km] | [Zahl] | |
| Kab. NYY-0 1x70 RM | 70 | – | 16,0–19,0 | | $\geq 19$ | Erdung, Potentialausgleich |
| Kab. NYY-0 1x95 RM | 95 | – | 18,0–21,0 | | $\geq 19$ | Erdung/Rückstromführung |
| Kab. NYY-0 1x120RM | 120 | – | 20,0–23,0 | | $\geq 37$ | Erdung/Rückstromführung |
| Kab. NYY-0 1x150RM | 150 | – | 22,0–26,0 | | $\geq 37$ | Erdung/Rückstromführung |

[a] nicht für Neu- bzw. Umbau
[b] mit PVC-Isolation
[c] ohne PVC-Isolation

Deutschen Reichsbahn-Gesellschaft, der Deutschen Bundesbahn, der Deutschen Reichsbahn und der Deutschen Bahn AG eine Reihe unterschiedlicher Oberleitungsbauarten. Die Tab. 16.6 und die Abb. 16.15 geben einen Überblick über die wichtigsten technischen Parameter der Regeloberleitungen der DB AG.

Zu beachten ist hierbei, dass die Oberleitungsbauarten Re 75, Re 160 und Re 200mod für den Neubau nicht mehr zugelassen sind, aber im Bestandsnetz noch über viele Jahre eine größere Bedeutung haben werden. Die Gleichstromoberleitung hat nur territoriale Bedeutung für die Elektrifizierung von Grenzstrecken.

Die jeweils in Abb. 16.15 angegebene **Längsspannweite** ist der Maximalwert für die Gerade. In Kurven verringert sich, in Abhängigkeit vom Bogenhalbmesser, die zulässige Längsspannweite. Mit der Veränderung der Längsspannweite variieren die Anordnung der $y$-Beiseile und der Hänger entsprechend.

Die Differenz der Längsspannweiten $L$ zweier benachbarter Felder (Stufensprung) darf dabei:

$L/2$: bei $v \leq 80\,\text{km/h}$
25 m: bei $v < 160\,\text{km/h}$
15 m: bei $v \geq 160\,\text{km/h}$
10 m: für Re 200mod, Re 250 und Re 330

nicht überschreiten. Dabei beziehen sich die Angaben für $L$ auf das größere Feld. Die Geschwindigkeit $v$ kann aus dem Verzeichnis der zulässigen Geschwindigkeiten (VzG) entnommen werden.

**Tab. 16.6** Übersicht der Regelbauarten der DB AG [5]

| Zulässige Höchstgeschwindigkeit | Regelbauart | Mindest-Fahrdrahthöhe | Regelfahrdrahthöhe | Nachspannung | Nachspannlänge (max.) |
|---|---|---|---|---|---|
| [km/h] | | [mm] | [mm] | | [m] |
| 330 | Re 330 | 5070 | 5300 | 5-feldrig | 2 × 625 |
| 280 | Re 250 | 5070 | 5300 | 5-feldrig | 2 × 600 |
| 230 | Re 200 mod[c] | 4950 oder 5000 | 5500 | 3-feldrig | 2 × 750 |
| 200 | Re 200 | 4950 oder 5000 | 5500 | 3-feldrig | 2 × 750 |
| 160 | Re 160[c] | 4950 oder 5000 | 5500 | 3-feldrig | 2 × 750 |
| 100 | Re 100 | 4950 oder 5000 | 5500 | 2- oder 3-feldrig | 2 × 750 |
| 75 | Re 75[c] | 4950 oder 5000 | 5750 | 2-feldrig | 2 × 750 |
| 100 | Re S-Bahn[a] | 4800[b] | 4850[b] | 4-feldrig | 2 × 500 |

[a] Strecken mit dichter Zugfolge
[b] Mindest-FH bzw. Regel-FH nur mit Ausnahmegenehmigung
[c] für Neubau ungültig

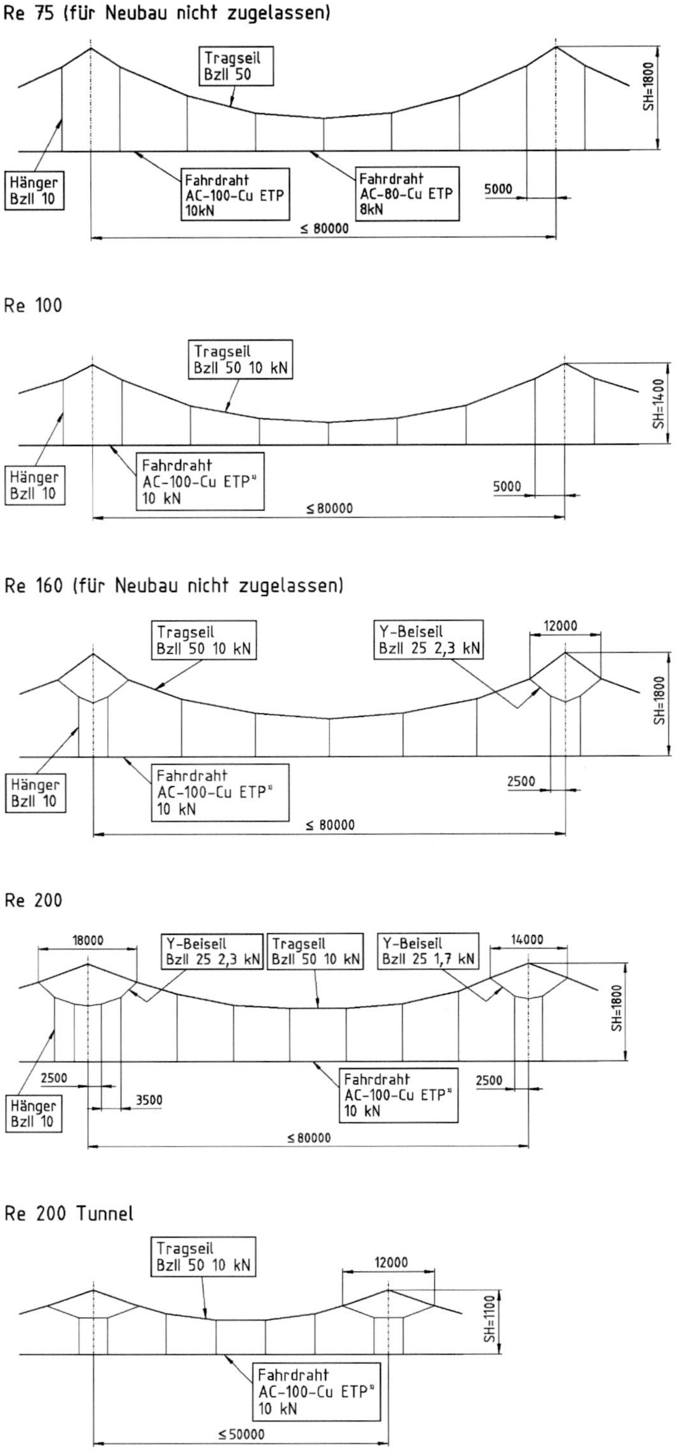


**Abb. 16.15** Regelbauarten der DB AG
Anmerkung: Die mit [1)] gekennzeichneten Fahrdrähte können auch durch andere Fahrdrähte für die gleiche Oberleitungsbauart entsprechend Tab. 16.3 ersetzt werden

**Abb. 16.15** (Fortsetzung)

Re 200mod (für Neubau nicht zugelassen)

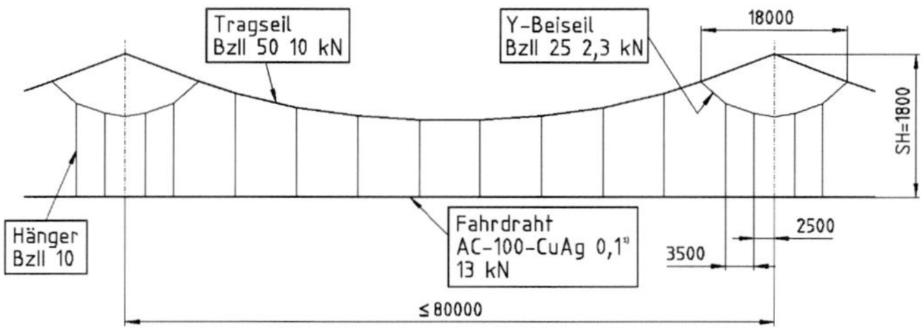


Re 250 offene Strecke

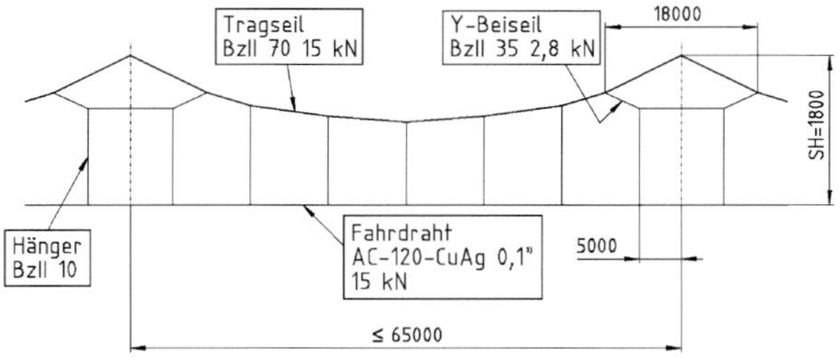


Re 250 Tunnel

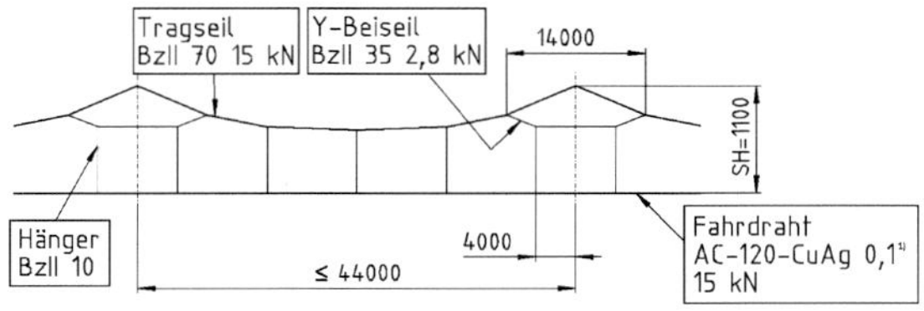


Re 330 offene Strecke

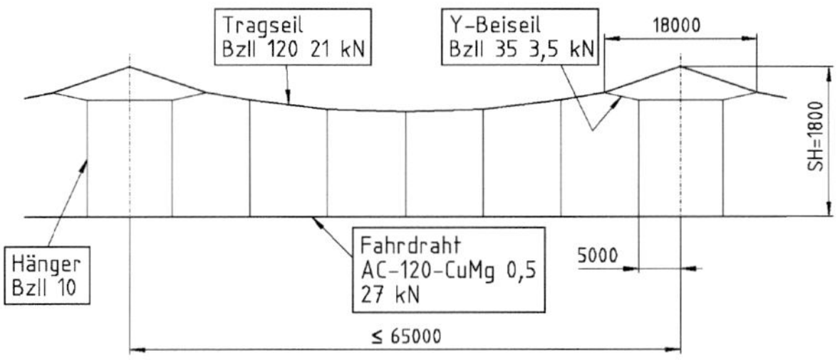


Re 330 Tunnel

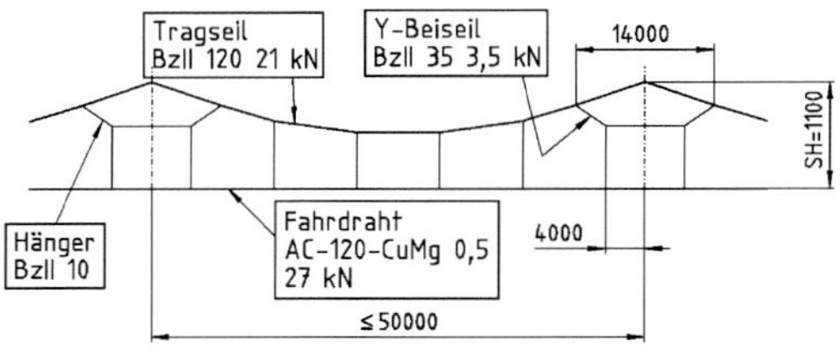

**Abb. 16.15** (Fortsetzung)

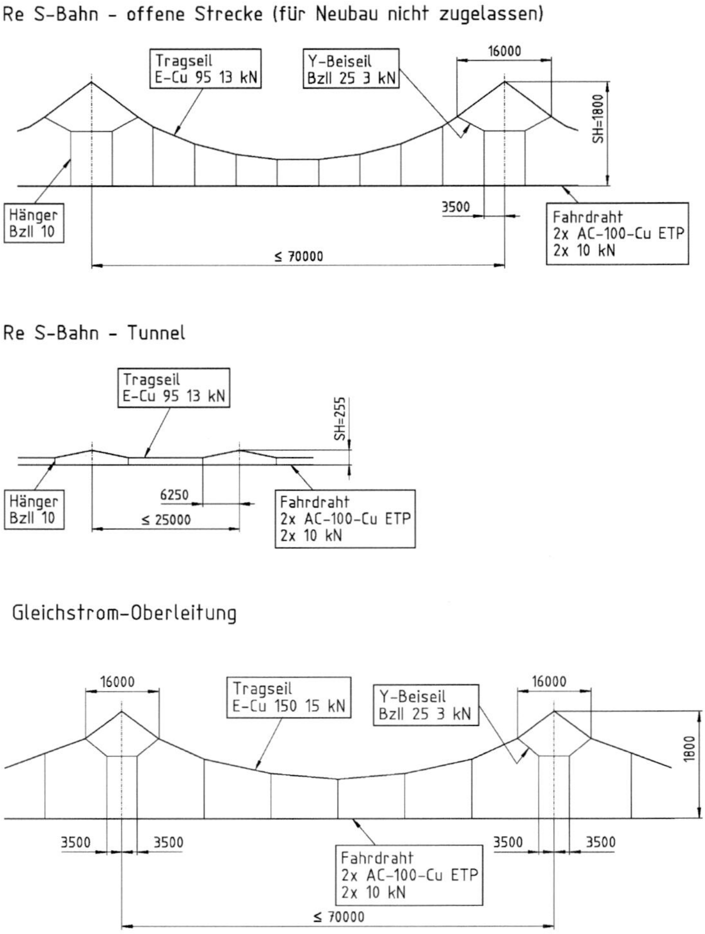


Die **Regelfahrdrahthöhe** und die zulässige **Mindestfahrdrahthöhe**, die an keiner Stelle unterschritten werden darf, ergibt sich nach Tab. 16.6. Ist ein Abweichen von der Regelfahrdrahthöhe erforderlich, so ist der Übergang von der parallelen Lage in die Neigung und umgekehrt bogenförmig auszubilden. Dabei dürfen die Neigungswerte nach Tab. 16.7, bei Absenkungen, nicht überschritten werden.

Der *Nachweis der Mindestfahrdrahthöhe* hat, unter Berücksichtigung der Eislast, bei einer Temperatur von $-5\,°\mathrm{C}$, zu erfolgen. Die Eislast auf Längskettenwerken wird in Anlehnung an die EN 50341 „Bau von Starkstrom-Freileitungen mit Nennspannungen über 1 kV" berechnet:

$$F'_E = 5 + 0{,}1 \cdot d. \tag{16.3}$$

Darin bedeuten:

$F'_E$ Eislast in N/m,
$d$ Durchmesser in mm.

Erfahrungen von Betreibern von Oberleitungsanlagen zeigen, dass größere Eislasten, insbesondere an der Unterseite des Fahrdrahtes, abgestreift werden oder durch Stromwärme abschmelzen. Deshalb rechnet man bei Oberleitungen für Elemente der Längskettenwerke nur mit dem halben Wert:

$$F'_E = 2{,}5 + 0{,}05 \cdot d. \tag{16.4}$$

Die maximale **Fahrdrahtseitenlage** in Ruhelage (b-Maß) beträgt:

**Tab. 16.7** Neigung und Neigungswechsel [6]

| Geschwindigkeit | Größte Neigung | Größter Neigungswechsel |
|---|---|---|
| $v_{max} \leq 100\,km/h$ | 1 : 167 | 1 : 333 |
| $v_{max} \leq 120\,km/h$ | 1 : 250 | 1 : 500 |
| $v_{max} \leq 160\,km/h$ | 1 : 300 | 1 : 600 |
| $v_{max} \leq 200\,km/h$ | 1 : 500 | 1 : 1000 |
| $v_{max} \leq 250\,km/h$ | 1 : 1000 | 1 : 2000 |

- bei der Re 75 bis Re 200mod: $\pm 400\,mm$,
- bei der Re 250 und Re 330: $\pm 300\,mm$.

Bei einem Wind quer zur Gleisachse wird der Fahrdraht weiter abgetrieben. Der Windabtrieb (e-Maß), bezogen auf die Mittelsenkrechte der Schienenkopfberührenden, darf bei der:

- Re 75 bis Re 200mod:
  $\pm 550\,mm$ (in Gleisbögen Verringerung in Abhängigkeit vom Bogenhalbmesser bis auf $\pm 450\,mm$),
- bei der Re 250 und Re 330:
  $\pm 400\,mm$ (in Gleisbögen verringerter Wert, Berechnung nach TSI-Energie und EN 50367)

nicht überschreiten.

Die auf Leitungen wirkende Windlast berechnet sich nach folgender Gleichung:

$$F_w = (1/2)\gamma \cdot v_W^2 \cdot c_W \cdot A_W. \qquad (16.5)$$

Die Windlast wird in der Regel auf 1 m bezogen

$$F'_w = F_w/L. \qquad (16.6)$$

Darin bedeuten:

$F_w$ Windlast in m,
$F'_w$ Windlastbelag in N/m,
$\gamma$ Luftdichte $= 1{,}250\,kg/m^3$ (bei 20 °C und NN),
$v_W$ Windgeschwindigkeit in m/s,
$c_W$ aerodynamischer Kraftbeiwert 1,0 für BEV-Leitungen 1,1 ... 1,2 für FD und TS,
$A_W$ Querschnittsfläche in Windrichtung,
$L$ Länge.

Die bei verschiedenen Windgeschwindigkeiten auf das jeweilige Längskettenwerk wirkende Windlast geht aus Tab. 16.8 (Angaben aus [5]) hervor.

Die Fahrdrahtführung ohne und mit Windbelastung in der Geraden, im Bogen mit großen Bogenhalbmessern und mit kleinen Bogenhalbmessern ist in Abb. 16.16 dargestellt.

Das Längskettenwerk unterliegt durch seine Horizontalzugkraft einer *Elastischen Dehnung*, die sich nach folgender Gleichung berechnen lässt:

$$\Delta L = (H \cdot L)/(E \cdot A). \qquad (16.7)$$

Darin bedeuten:

$\Delta L$ Längenänderung des Leiters,
$H$ Horizontalzugkraft,
$L$ Länge des Leiters,
$A$ Querschnittsfläche,

**Tab. 16.8** Lasten, Temperaturbereich, Dauerstrombelastbarkeit der Regeloberleitung der DB AG

| | | Re 100 | (Re 160) | Re 200 | Re 200 mod | Re 250 | Re 330 |
|---|---|---|---|---|---|---|---|
| Kettenwerksgewicht [N/m] | | 14 | 14 | 14 | 14 | 18 | 22,5 |
| Windlast [N/m] bei | 26,0 m/s | 11,5 | 11,5 | 11,5 | 11,5 | – | – |
| | 29,8 m/s | 15,1 | 15,1 | 15,1 | 15,1 | – | – |
| | 32,1 m/s | 17,5 | 17,5 | 17,5 | 17,5 | – | – |
| | 33,0 m/s | – | – | – | – | 19,8 | 21,8 |
| | 37,0 m/s | – | – | – | – | 25,0 | 27,4 |
| Temperatur [°C] | min[a] | −30 | −30 | −30 | −30 | −30 | −30 |
| | max | +70 | +70 | +70 | +70 | +70 | +80 |
| Dauerstrombelastbarkeit [A] | | 560 | 560 | 560 | 560 | 670 | 810 |

[a] für Tunnelbereiche gilt für die minimale Temperatur ab 500 m vom Portal: −20 °C und ab 1000 m vom Portal: −10 °C

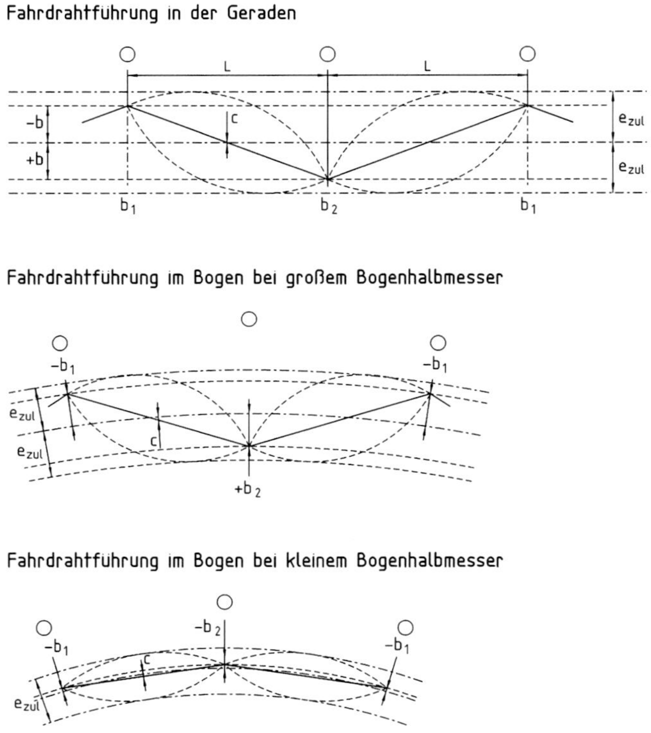


**Abb. 16.16** Fahrdrahtführung in der Geraden, bei großen und kleinen Bogenhalbmessern

$E$ Elastizitätsmodul für Seile,
Cu, CuAg0,1 120 ... 124 kN/mm$^2$,
BzII 113 kN/mm$^2$,
Al 60 kN/mm$^2$.

Diese Längenänderung tritt nur einmal nach der Verlegung und Belastung des Fahrdrahtes bzw. Seiles ein und wird bei der Montage und Regulierung des Kettenwerkes mit berücksichtigt.

Dagegen müssen die ständig wirkenden Wärmedehnungen im Temperaturbereich von $-30$ bis $+70\,°C$ (Re 330: bis $+80\,°C$) durch konstruktive Maßnahmen berücksichtigt werden. Die Wärmedehnung eines Drahtes bzw. Seiles berechnet sich nach:

$$\Delta L = L \cdot \alpha \cdot (\theta_2 - \theta_1). \tag{16.8}$$

Darin bedeuten:

$\Delta L$ Längenzunahme,
$L$ Ursprungslänge,
$\alpha$ linearer Wärmeausdehnungskoeffizient:
$17{,}3 \cdot 10^{-6}$ 1/K für Cu-Fahrdraht,
$17{,}0 \cdot 10^{-6}$ 1/K für BzII-Seile,
$23{,}0 \cdot 10^{-6}$ 1/K für Al-Seile,
$11{,}0 \cdot 10^{-6}$ 1/K für St-Seile,
$\theta_1$ Umgebungstemperatur (Verlegetemperatur),
$\theta_2$ betrachtete Temperatur.

Um die Längenänderungen durch Temperaturschwankungen ausgleichen zu können, wird das Kettenwerk in sogenannte **Nachspannlängen** unterteilt. Der Übergang von einem Kettenwerk zum nächsten erfordert eine Parallelführung der Kettenwerke über mehrere Längsspannweiten (Mastfelder). Sie wird als **Parallelfeld** bezeichnet und läuft, je nach Oberleitungsbauart, über 2- bis 5-Längsspannweiten. Dient das Parallelfeld auch der elektrischen Trennung zwischen den Längskettenwerken, so wird es als Streckentrennung bezeichnet. Beide Längskettenwerke sind über einen Mast-Trennschalter verbunden. Parallelfelder ohne elektrische Trennmöglichkeiten sind Nachspannungen. Hier werden die beiden Längskettenwerke durch Stromverbinder fest verbunden. Der horizontale Abstand der parallel geführten Kettenwerke beträgt bei der DB AG bei einer Streckentrennung 450 mm, bei einer Nachspannung 200 mm. Seit Mitte

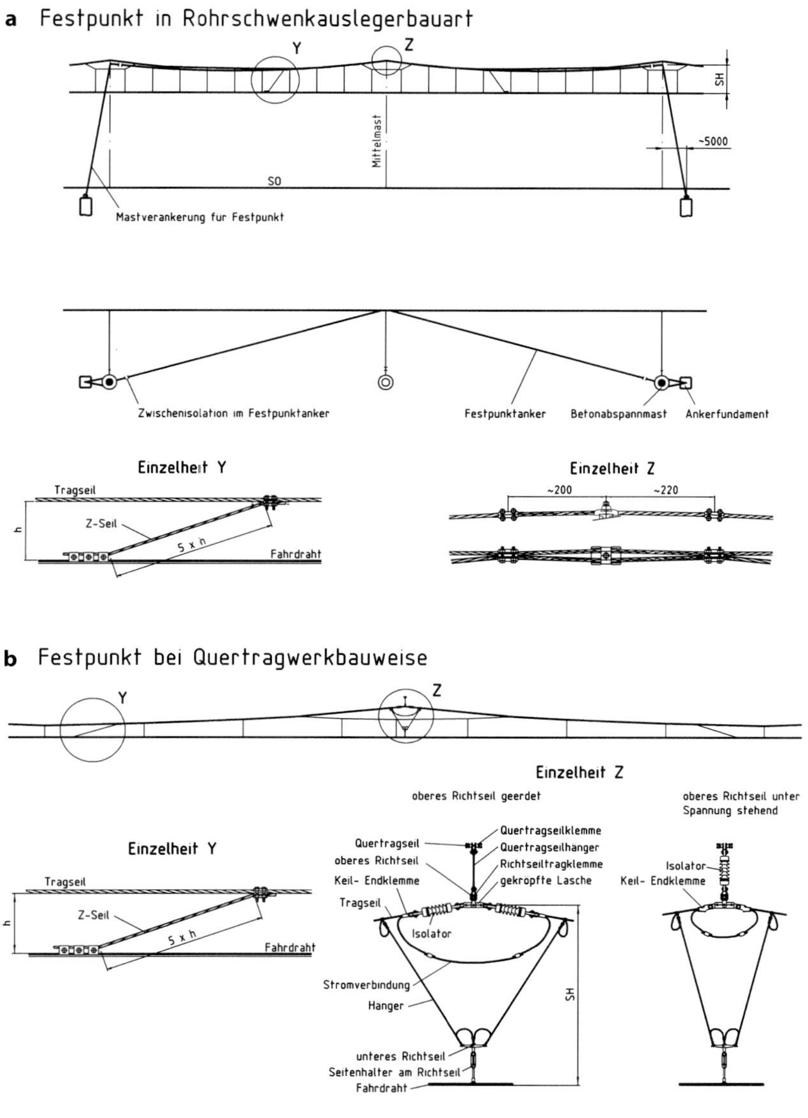


**Abb. 16.17** Festpunkt in Rohrschwenkauslegerbauart (**a**) und Quertragwerkbauweise (**b**) [5]

der 1990-er Jahre baut man bei der DB AG, aus Vereinheitlichungsgründen, auch Nachspannungen mit einem horizontalen Abstand der beiden Kettenwerke von 450 mm (Ausnahme: Re 200 mod).

In der Mitte der Nachspannlänge befindet sich der **Festpunkt**. An diesem Punkt wird das Längstragseil am Rohrschwenkausleger oder am oberen Richtseil verankert. In den angrenzenden Feldern erfolgt die Verankerung des Fahrdrahtes am Tragseil durch Diagonalverbinder, auch als Z-Seil bezeichnet. Den grundsätzlichen Aufbau eines Festpunktes zeigt die Abb. 16.17.

Die maximale Nachspannlänge eines Kettenwerkes wird begrenzt:

- durch den Temperaturbereich,
- den Arbeitsbereich der Nachspanneinrichtung (Radspanner),
- die Anzahl der Stützpunkte,
- den Bogenhalbmesser und
- die wirkenden Rückstellkräfte.

Für die Regeloberleitungen der DB AG gelten für die Geraden und großen Bogenhalbmesser maximale Nachspannlängen von:

- 1500 m (Re 100 bis Re 200mod),
- 1200 m (Re 250),
- 1250 m (Re 330).

Abgesehen von der 2-feldrigen Nachspannung für geringe Geschwindigkeiten (Re 100) werden bei der DB AG nur 3-feldrige (Re 100 bis Re 200mod) und 5-feldrige (Re 250, Re 330 sowie bei anderen Bauarten in kleinen Bogenhalbmessern) Parallelfelder verwendet. Der Aufbau eines 3-feldrigen und 5-feldrigen Parallelfeldes geht aus den Abb. 16.18 hervor.

Die realisierbare Längsspannweite im Parallelfeld wird einerseits durch den Windabtrieb (Begrenzung nach oben) und andererseits durch den erforderlichen Fahrdrahthochzug (Begrenzung nach unten) begrenzt.

Im eigentlichen Übergabefeld (Überlappung) werden in der Mitte die beiden Kettenwerke so nach oben gezogen, dass sich je nach den dynamischen Eigenschaften der Oberleitungsbauart ein „Dach" von 4 ... 8 cm ausbildet. Dadurch wird ein guter dynamischer Übergang des Stromabnehmers von einem Kettenwerk auf das nächste Kettenwerk ermöglicht.

Die **Nachspanneinrichtung**, bis auf wenige Ausnahmen werden Radspannwerke (Radspanner) verwendet, hat eine gleichmäßige Horizon-

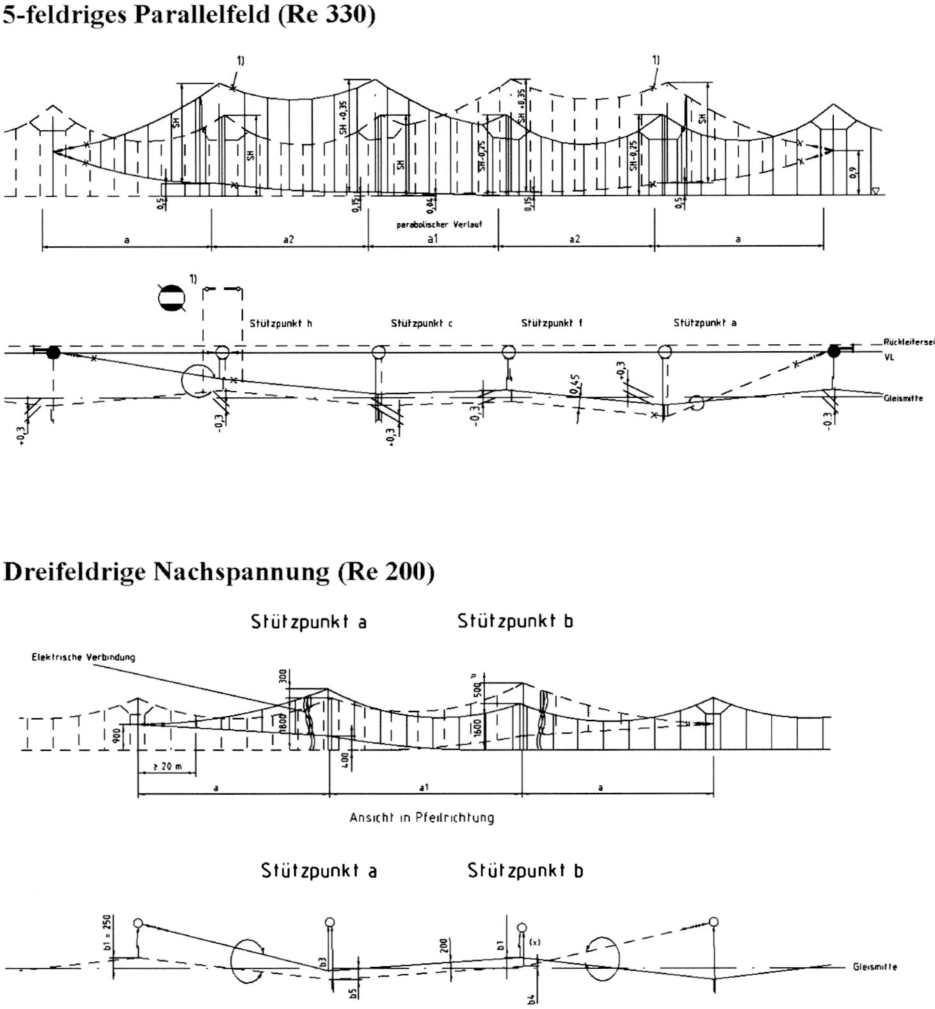


**Abb. 16.18** 5-feldriges Parallelfeld als Nachspannung (ohne Isolatoren und Schalter) oder Streckentrennung (mit Isolatoren und Schalter) (*oben*), 3-feldrige Nachspannung ohne elektrische Trennmöglichkeit (*unten*)

**Betonmast Re 200 nebeneinander**

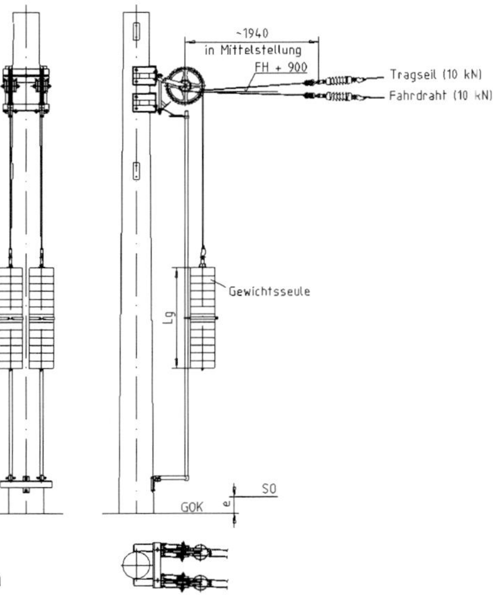


a

**Winkelmast Re 200 übereinander**

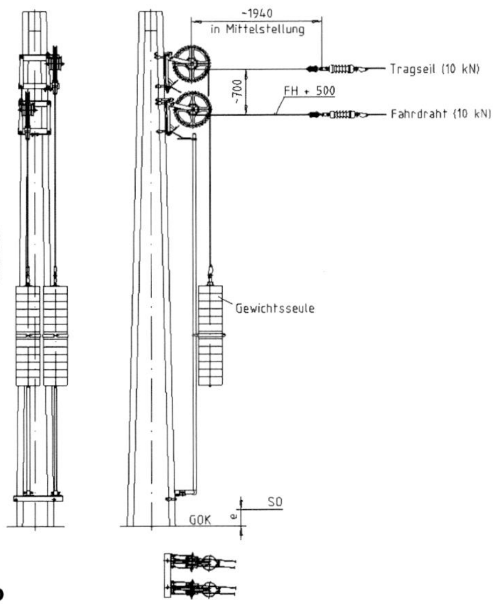


b

**Betonmast Re 330 voreinander**

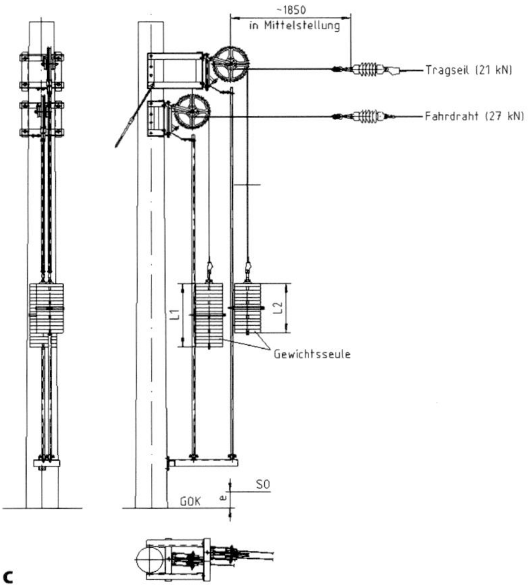


c

**Abb. 16.19** Anordnung der Radspanner am Mast (Auswahl)

talzugkraft im Kettenwerk zu gewährleisten. Die bei der DB AG verwendeten Radspanner haben ein Übersetzungsverhältnis von 1 : 3. Die Abspannung von Tragseil und Fahrdraht erfolgt getrennt an je einem eigenen Radspanner. Dabei gibt es verschiedene Anordnungen der Radspanner an einem Mast, die wichtigsten Beispiele sind in Abb. 16.19a,b dargestellt.

Im Tunnel werden die Radspanner von Tragseil und Fahrdraht – in der Regel – um eine Blockteilung versetzt. Die Blockteilung ist, je nach Bauweise des Eisenbahntunnels, abhängig von der Länge der Schalwagen zur Herstellung der Innenschalung oder von der Länge der Tübbinge, zum Auskleiden des Tunnels.

**Abb. 16.20** Hängerbauformen

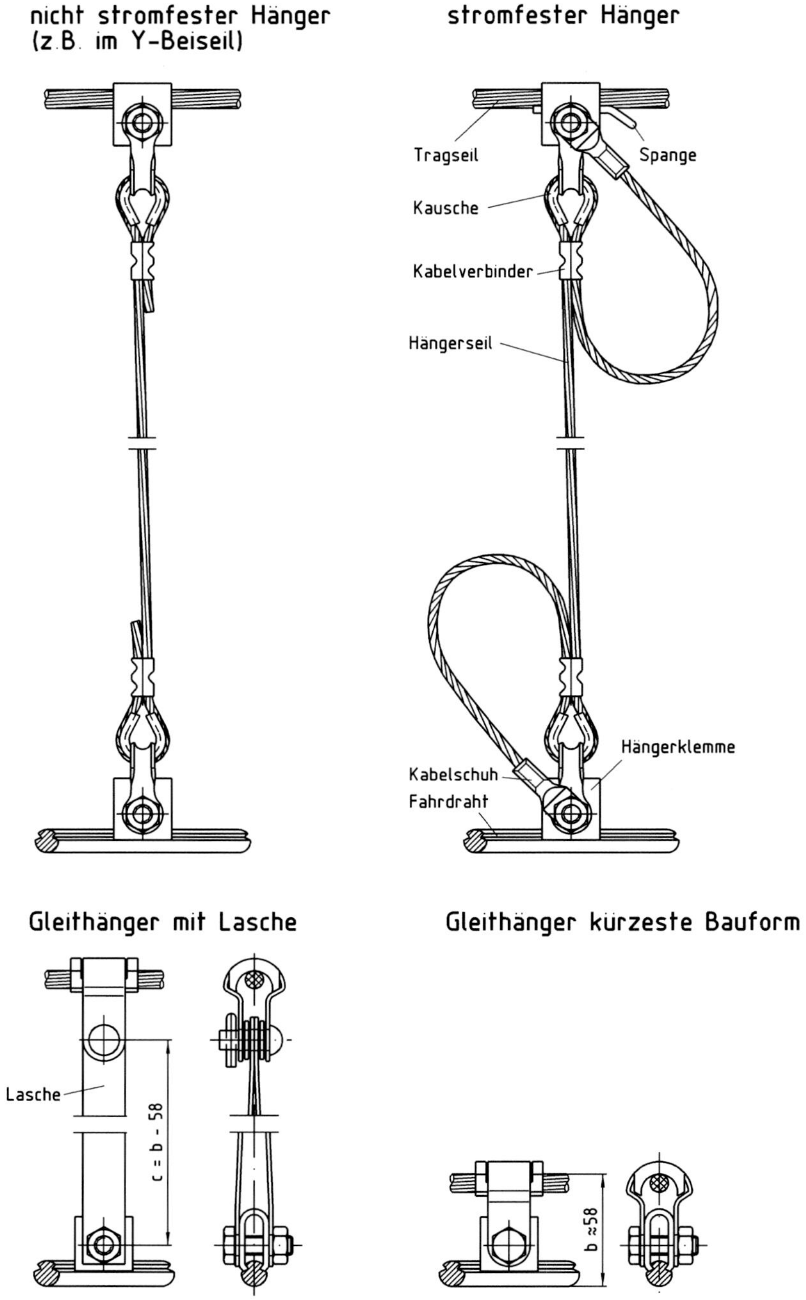


Bei Oberleitungen der ehemaligen DR und älteren Oberleitungsbauarten der ÖBB werden Tragseil und Fahrdraht über einen Doppelhebel an einem gemeinsamen Radspanner abgespannt. Durch die Veränderung der Längen am Doppelhebel kann auch eine unterschiedliche Kraftverteilung zwischen Tragseil und Fahrdraht realisiert werden. Die gemeinsame Abspannung von Tragseil und Fahrdraht hat dynamische Nachteile. Außerdem können Probleme beim Einrasten des Radspanners beim Tragseil- oder Fahrdrahtriss auftreten. Wegen diesen Nachteilen werden diese Radspanner zurückgebaut. Alle Radspanner der DB AG sind mit einer Sperrklinge oder einer vergleichbaren Einrichtung ausgerüstet, die im Falle des Tragseil- oder Fahrdrahtrisses ein Herunterfallen der Gewichtssäule und ein Verziehen des Kettenwerkes verhindern soll.

Der Hängerabstand im Längskettenwerk beträgt, je nach Oberleitungsbauart und der tatsächlichen Längsspannweite, zwischen 8 und 12 m. Die Hänger außerhalb der $y$-Beiseile (Feldhänger) werden kurzschlussfest ausgeführt. Die Hänger innerhalb der $y$-Beiseile (Beiseilhänger) werden bis zur Re 200 mod nicht kurzschlussfest ausgeführt. Bei der Re 250, Re 330 sind auch die Beiseilhänger kurzschlussfest auszuführen.

In der Mitte der Längsspannweite soll der Abstand von Mitte Tragseil bis Unterkante Fahrdraht an den Hängern bei Fahrgeschwindigkeiten:

$$\begin{aligned} v \leq 120\,\text{km/h}: &\quad 300\,\text{mm}, \\ 120\,\text{km/h} < v \leq 230\,\text{km/h}: &\quad 500\,\text{mm}, \\ v > 230\,\text{km/h}: &\quad 600\,\text{mm}. \end{aligned}$$

nicht unterschreiten. Können bei Zwangspunkten diese Abstände nicht eingehalten werden, sind die Hänger bei der Re 100 bis Re 200mod als Gleithänger auszuführen. Die Ausführung der Hänger geht aus der Abb. 16.20 hervor.

**Oberleitungen der ÖBB**
Als Beispiel für die Vielzahl der Kettenwerksbauarten ausländischer Bahnverwaltungen sind der Aufbau der Längskettenwerke der ÖBB in Abb. 16.21 dargestellt und die wichtigsten Daten in Tab. 16.9 zusammengefasst.

### 16.4.2.2 Quertrageinrichtungen

Zu den Quertrageinrichtungen gehören alle Bauteile und Baugruppen, die an einem Oberleitungsmast oder zwischen zwei Oberleitungsmasten (quer zur Gleisrichtung) der Aufnahme vertikaler und horizontaler Kräfte dienen.

Je nach Anzahl der zu überspannenden Gleise, der historischen Entwicklung der betreffenden Bahnverwaltung und der vorhandenen örtlichen Verhältnisse kommen verschiedene Quertrageinrichtungen zur Anwendung. Eine Übersicht über die verschiedenen Quertrageinrichtungen zeigt die Abb. 16.22.

**Tab. 16.9** Übersicht der Oberleitungstypen der ÖBB

| Zulässige Höchstgeschwindigkeit | Regelbauart | FD<br>TS | Regelsystemhöhe | $y$-Beiseil | Mindest-Fahrdrahthöhe | Regel-Fahrdrahthöhe | Fahrdrahtseitenlage | Nachspannung | Nachspannlänge (max.) |
|---|---|---|---|---|---|---|---|---|---|
| [km/h] | | [mm²] | [m] | [m] | [mm] | [mm] | [mm] | | [m] |
| ≤ 250 | Typ 2.1 | 120<br>70 | 1,60 off. Strecke<br>1,10 Tunnel | 16 off. Strecke<br>14 Tunnel | 5200 | 5300 | ±300 | 3-feldrig | 1 × 750 |
| ≤ 160 | Typ 1.3 | 100 oder 120<br>70 | 1,30 off. Strecke<br>1,10 Tunnel | 12 | 5000 | 5500 | ±300 ($R$ > 1200)<br>±350 ($R$ ≤ 1200) | 3-feldrig | 1 × 750<br>2 × 800 Bahnhof |
| ≤ 120 | Typ 1.2 | 100 oder 120<br>70 | 1,30 off. Strecke<br>1,10 Tunnel | Ohne | 5000 | 5500 | ±300 ($R$ > 1200)<br>±350 ($R$ ≤ 1200) | 2-feldrig ($R$ > 500)<br>3-feldrig ($R$ ≤ 500) | 2 × 750<br>2 × 800 Bahnhof<br>1 × 750 |
| ≤ 80 | Typ 1.1 | 100<br>40<br>(Nirosta) | 1,30 off. Strecke<br>1,10 Tunnel | Ohne | 5000 | 5500 | ±400 | 2-feldrig | 2 × 750<br>2 × 800 Bahnhof<br>1 × 750 |

Anmerkung: *FD* Fahrdraht; *TS* Tragseil; Bogenhalbmesser *R* in m

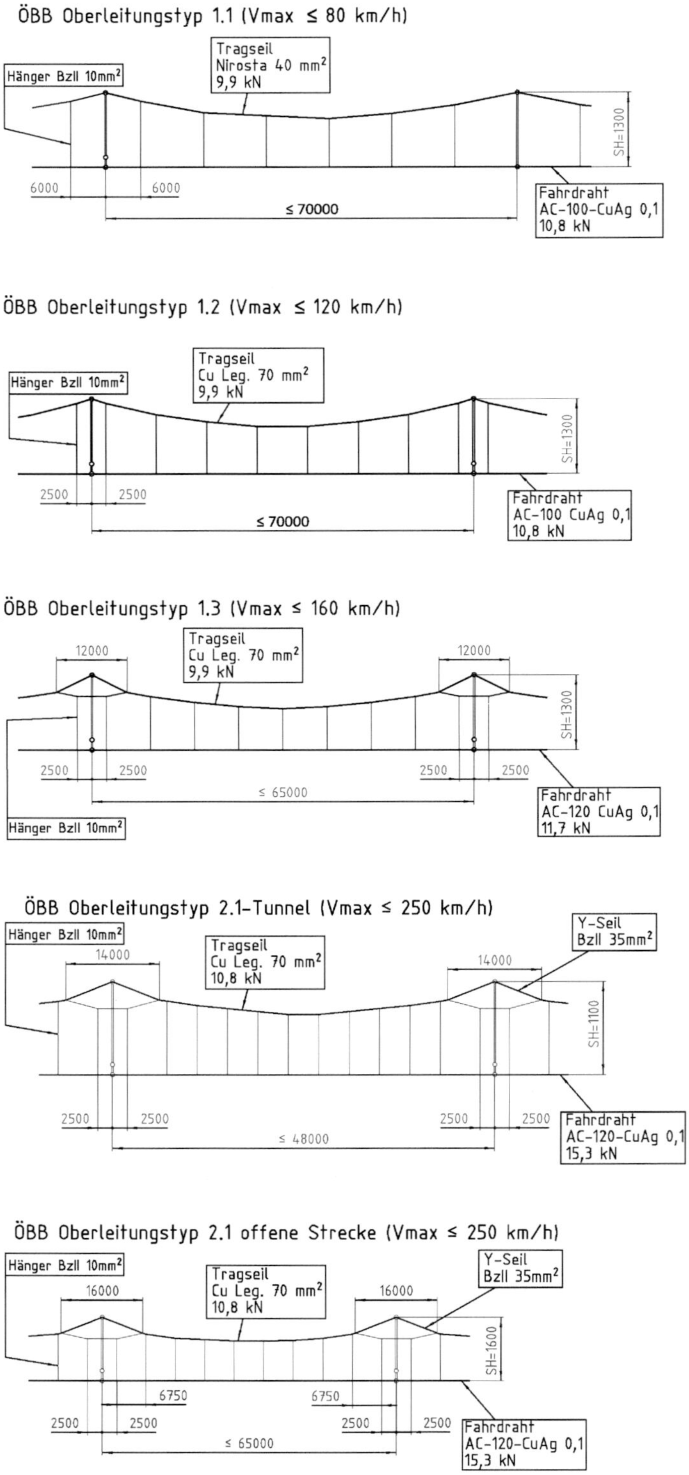


**Abb. 16.21** Oberleitungsbauarten der ÖBB

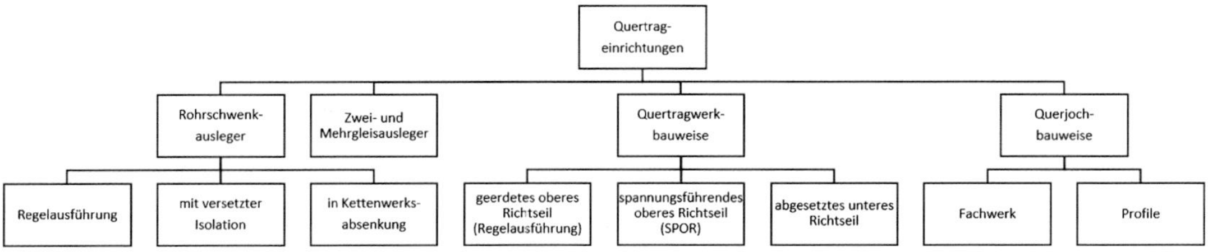


**Abb. 16.22** Übersicht der Quertrageinrichtungen

## Rohrschwenkausleger

Der Rohrschwenkausleger dient der Aufnahme von einem Längskettenwerk. Er ist am Mast in Richtung der Gleisachse drehbar befestigt und folgt der temperaturabhängigen Längenänderung des Längskettenwerkes.

Rohrschwenkausleger werden in der Regel auf ein- und zweigleisigen Strecken eingesetzt. Auf drei- und mehrgleisigen Strecken, sowie innerhalb der Bahnhöfe, erfolgt der Einsatz von Rohrschwenkauslegern, wenn die Anordnung von Einzelmasten (z. B. in Mittelmastgassen) möglich ist.

Einige Beispiele von Rohrschwenkauslegerbauformen der DB AG und ÖBB zeigt die Abb. 16.23.

Die Bezeichnung der Oberleitungsbauteile wurde in Abb. 16.23a komplett vorgenommen. Bei den Abb. 16.23b–d sind nur neue und geänderte Bauteile gegenüber Abb. 16.23a aufgeführt.

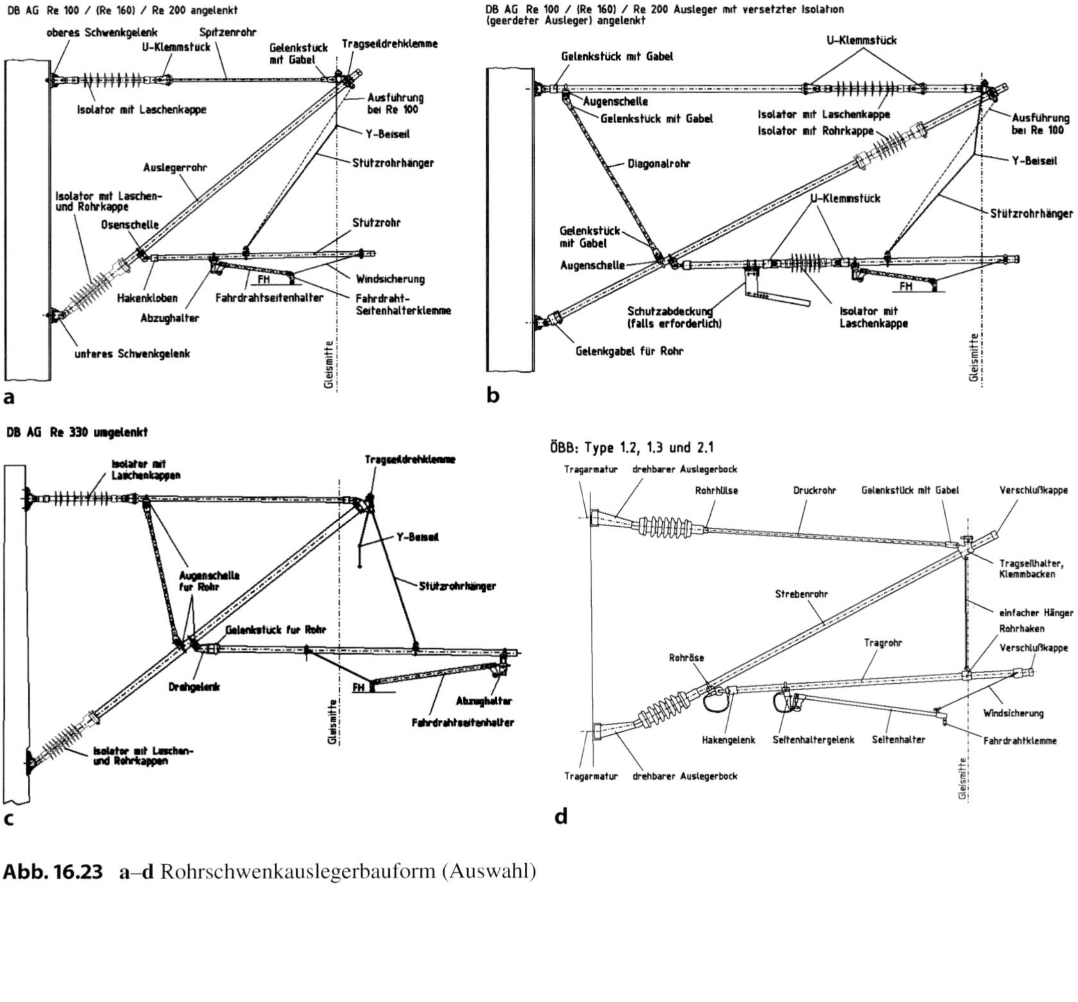


**Abb. 16.23** **a–d** Rohrschwenkauslegerbauform (Auswahl)

**Tab. 16.10** Eigenschaften der Aluminiumrohre für Rohrschwenkausleger der DB AG Werkstoff: EN AW-6082-T6 nach EN 755-2 [5]

| Rohr $D \times t$ | $A$ [mm²] | Gewicht [kg/m] | Verwendung |
|---|---|---|---|
| 26 × 3,5 | 247,40 | 0,668 | Seitenhalter, Spitzenrohr, Strebe |
| 42 × 4 | 477,52 | 1,289 | Stützrohr, Spitzenrohr, Gewichtsführung |
| 55 × 6 | 923,63 | 2,494 | Auslegerrohr, Spitzenrohr, Stützrohr |
| 70 × 6 | 1206,37 | 3,257 | Auslegerrohr |
| 80 × 6 | 1394,87 | 3,766 | Auslegerrohr |

Kann der elektrische Abstand zu möglichen Standflächen mit den Rohrschwenkauslegern der Regelausführung Abb. 16.23a,c,d mit zwei Isolatoren nicht eingehalten werden, muss der Rohrschwenkausleger mit versetzter Isolation, oft auch als geerdeter Ausleger bezeichnet, verwendet werden (Abb. 16.23b).

Typische Anwendungsgebiete sind z. B. Bahnsteige und begehbare Stützmauern.

Bei Bahnsteigen muss die geerdete Kappe des Stützrohrisolators über der Bahnsteigkante liegen. Ist dies nicht möglich sind weitere Abdeckungen anzubringen.

Die für Rohrschwenkausleger der DB AG verwendeten Aluminiumrohre sind in Tab. 16.10 dargestellt.

### Zwei-/Mehrgleisiger Ausleger

Der Zwei-/Mehrgleisige Ausleger ist eine Stahlkonstruktion über zwei oder mehr Gleise, die einseitig, in der Regel an einem Winkelmast, befestigt wird. Er wird angewendet, wenn nur auf eine Seite der Gleistrasse Maste gestellt werden können oder wenn man bei mehrgleisigen Abschnitten keine Quertragwerke verwenden möchte, da Quertragwerke keine mechanische Entkoppelung der Längskettenwerke ermöglichen. Der Zwei-/Mehrgleisige Ausleger wird über 1 oder 2 Auslegeranker am Mastkopf befestigt. Am Mast und an der Hängesäule werden normale Rohrschwenkausleger angebaut. Die Abb. 16.24 zeigt einen dreigleisigen Ausleger mit verschiedenen Rohrschwenkauslegerbauarten (vgl. Abb. 16.23).

**Abb. 16.24** DB AG, 3-Gleis-Ausleger

## Quertragwerk

Bei Bahnhöfen und Strecken mit mehr als drei Gleisen wurden bei der DB und DR in der Regel Quertragwerke für die Aufhängung des Längskettenwerkes verwendet. Quertragwerke haben den Vorteil der platzsparenden Bauweise und benötigen keine zusätzlichen Mastgassen zwischen Gleisen.

Sie besitzen jedoch folgende Nachteile:

- bei Störung des Quertragwerkes sind alle Gleise betroffen,
- Schwingungen im Längskettenwerk werden über das Quertragwerk ins parallele Längskettenwerk übertragen.

Diese Nachteile sind der Grund, dass Quertragwerke nur bis zur Re 200 realisiert wurden.

Der prinzipielle Aufbau eines Quertragwerkes geht aus Abb. 16.25 hervor.

Bei großen Querspannweiten ist die Anwendung eines Mittelmastes üblich.

Die Bauarten der Quertragwerke unterscheiden sich in:

**Abb. 16.25** Aufbau von Quertragwerken

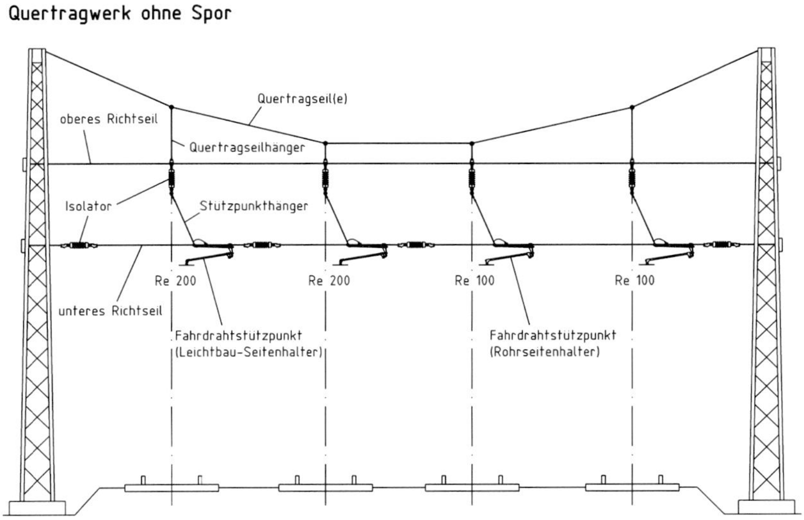


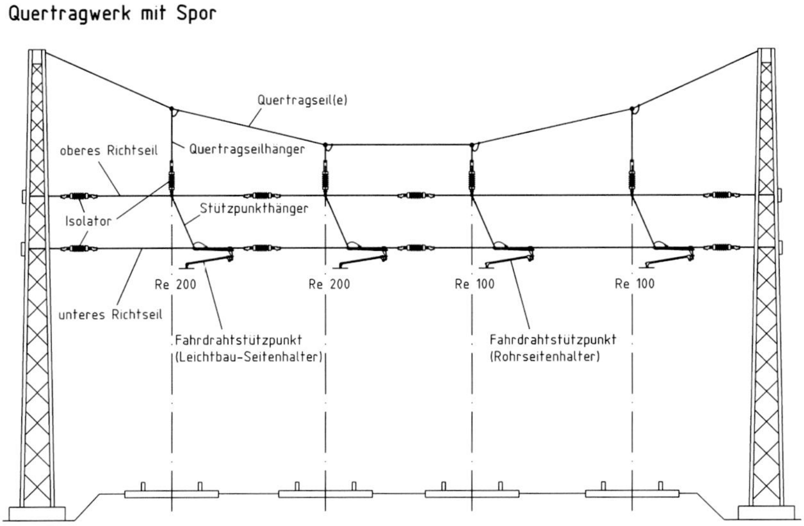

a) Quertragwerk mit geerdetem oberen Richtseil (Abb. 16.25 oben),
b) Quertragwerk mit spannungsführendem oberen Richtseil (SPOR) (Abb. 16.25 unten),
c) Quertragwerk mit abgesetztem unteren Richtseil.

Als *Quertragseile* kommen 2 oder 4 Bronzeseile zum Einsatz. Sie nehmen die vertikalen Kräfte der Oberleitungsstützpunkte über den Querseilhänger auf. Bei der Verwendung von 4 Quertragseilen werden die Tragseilstützpunkte benachbarter Längskettenwerke über die Querseilhänger immer wechselseitig, an jeweils zwei Quertragseilen, aufgehängt. Ein Kreuzen der beiden Seilebenen ist unzulässig. Die Quertragseile sind stets geerdet. Das Durchhangsverhältnis des Quertragseiles (Durchhang des Quertragseiles zur Querspannweite) sollte in den Grenzen von 1 : 7 bis 1 : 10 liegen. Abgesehen von bestehenden älteren Anlagen wird jeweils nur ein *Richtseil* als oberes bzw. unteres Richtseil verwendet.

Das obere Richtseil nimmt die horizontalen Kräfte der Tragseilstützpunkte und das untere Richtseil die horizontalen Kräfte aus den Fahrdrahtstützpunkten auf. Die Verankerung der Richtseile am Mast erfolgt je nach Querspannweite:

- beidseitig fest,
- einseitig fest und auf der anderen Seite mit einer Richtseilfeder,
- einseitig fest und auf der anderen Seite mit zwei Richtseilfedern.

Die Richtseilfedern haben die Aufgabe, temperaturbedingte Längenänderungen der Richtseile auszugleichen und so einer Lageänderung von Tragseil- bzw. Fahrdrahtstützpunkt vorzubeugen. Der Einbau der Richtseilfeder erfolgt bei Querspannweiten:

- $> 30$ m grundsätzlich und
- $\leq 30$ m bei Richtseilzugkräften über 5 kN.

**a) Quertragwerk mit geerdetem oberen Richtseil**
Quertragwerke mit geerdetem oberen Richtseil stellen die Regelausführung dar und werden bei Bogenhalbmesser $R > 800$ m verwendet.

Die Gestaltung der Tragseilstützpunkte ist abhängig von der Entfernung vom Festpunkt des Längskettenwerkes. Im Festpunkt selbst wird das Tragseil über zwei horizontal liegende Isolatoren am oberen Richtseil befestigt (siehe Abb. 16.17b). Ansonsten befindet sich jeweils ein Isolator zwischen dem Längstragseil und oberem Richtseil.

Als Fahrdrahtstützpunkte werden auf Zug beanspruchte Leichtbauseitenhalter (in älteren Anlagen auch Rohrseitenhalter) für den befahrenen Fahrdraht verwendet.

**b) Quertragwerk mit spannungsführendem oberen Richtseil (SPOR)**
Tritt aufgrund großer Kurvenzugkräfte des Längskettenwerkes eine zu große Schrägstellung der Tragseilstützpunkte auf, werden Quertragwerke mit spannungsführendem oberen Richtseil verwendet.

Dies trifft grundsätzlich für Quertragwerke von:

- Gleisen mit einem Bogenhalbmesser $R \leq 800$ m und
- Streckentrennungen

zu.

Die Isolatoren werden zwischen Quertragseil und oberem Richtseil angeordnet. Dadurch erhöht sich der Bedarf an Isolatoren, da die Zwischenisolation zur elektrischen Trennung der Längskettenwerke in einzelnen Schaltgruppen nicht nur im unteren, sondern auch im oberen Richtseil erfolgen muss. Im Festpunkt wird das Längstragseil direkt am oberen Richtseil verankert.

Die Bauart der Fahrdrahtstützpunkte unterscheidet sich nicht von der Ausführung nach a).

**c) Quertragwerk mit abgesetztem unteren Richtseil**

Treten bei parallelliegenden Gleisen innerhalb eines Quertragwerkes unterschiedliche Gleishöhen auf, so bekommt das untere Richtseil, durch das Einfügen einer oder zweier Hängestützen, eine unterschiedliche Höhe, wodurch die Gleishöhenunterschiede ausgeglichen werden. Dadurch kann der absolute Wert der Fahrdrahthöhe, bezogen auf die jeweilige Schienenoberkante (SO), bei Gleishöhenunterschieden innerhalb eines Quertragwerkes, konstant gehalten werden.

Ferner sind abgesetzte Richtseile zur Verbesserung des Arbeitsraumes über Ladestraßen sowie beim Überkreuzen von Gebäuden üblich.

Je nach auftretenden Belastungen kommen einfache Hängestützen oder Hängestützen in Dreiecksform zur Anwendung. Die Hängestütze selbst liegt in der Regel auf Erdpotential.

**Joche**

Die Jochbauweise war bei der DB AG keine Regelbauart und kam deshalb nur in Ausnahmefällen zum Einsatz, wenn andere Quertrageinrichtungen nicht eingesetzt werden konnten. Dafür waren entsprechende Sondernachweise erforderlich. Insbesondere die Forderung nach einer mechanischen Entkopplung der Längskettenwerke bei den Oberleitungsbauarten Re 200, Re 200 mod, Re 250 und Re 330 macht den Einsatz von Jochen erforderlich, wenn die Bespannungsaufgaben nicht mit Zwei-/Mehrgleisauslegern gelöst werden können. Im Jahre 2016 wurde bei der DB AG die Jochbauweise als Regellösung mit vier verschiedenen Riegellösungen eingeführt.

Dagegen werden bei fast allen anderen europäischen Eisenbahnverwaltungen Jochkonstruktionen schon seit den Anfängen der elektrischen Zugförderung in großem Umfang angewendet. Dabei weichen die konstruktiven Ausführungen weit voneinander ab.

**Bogenabzug**

Der Bogenabzug stellt eine Sonderform der Quertrageinrichtungen dar, da er auf Grund seiner Konstruktion keine vertikalen Kräfte, sondern nur horizontale Kräfte aufnehmen kann.

Der Abstand der Quertrageinrichtungen, d. h. die Längsspannweite wird oft durch den Gleisbogenhalbmesser oder die Gestaltung der Weichenstraße begrenzt. Maßgebend hierfür ist die Einhaltung der zulässigen Werte für die Fahrdrahtseitenlage. Durch Anwendung von Bogenabzügen in Gleisbögen mit kleinerem Halbmesser zwischen zwei Quertrageinrichtungen kann die Längsspannweite vergrößert werden.

Unterschiede werden zwischen einem:

- gemeinsamen Bogenabzug für Fahrdraht und Tragseil und
- getrenntem Bogenabzug für Fahrdraht und Tragseil

gemacht.

Welcher Bogenabzug zur Anwendung kommt, hängt vom Abstand des Fahrdrahtes und Tragseiles an der Stelle des Bogenabzuges ab.

#### 16.4.2.3 Maste

**Unterscheidungsmerkmale**

Oberleitungsmaste werden unterschieden hinsichtlich ihrer Funktion, des Materials, aus dem sie hergestellt werden und der Verbindungsart mit der Gründung.

Bei der Funktion unterscheidet man zwischen

- Tragmasten und
- Abspannmasten,

wobei auch ein Mast beide Funktionen in sich vereinigen kann (z. B. Radspannermaste mit Rohrschwenkausleger).

Hinsichtlich des Materials unterscheidet man zwischen

- Stahlmasten und
- Betonmasten.

Nach ihrer Verbindung mit der Gründung werden Fahrleitungsmaste weiterhin unterschieden in

- Aufsetzmaste,
- Einsetzmaste und
- Überstülpmaste.

*Aufsetzmaste* werden mit den Ankerbolzen des jeweiligen Fundamentes verschraubt. Je nach Belastung ist die Anzahl der verwendeten Ankerbolzen unterschiedlich und schwankt zwischen 4 und 16 Ankerbolzen.

*Einsetzmaste* werden direkt in die Gründung eingesetzt. Das kann bei einer Ortbetongründung direkt in den Beton erfolgen (alte Bauform) oder z. B. durch Einsetzung ins Ramm- oder Bohrrohr.

*Überstülpmaste* werden ausschließlich bei Betonmasten verwendet. Der Mast wird über ein Rohr der Gründung übergestülpt.

**Stahlmaste**

Als Stahlmaste kommen zur Anwendung:

a) Rahmenflachmaste,
b) Winkelmaste, auch als Gittermaste bezeichnet,
c) Stahlmaste aus Doppel-T-Profil (HEB-, HEM-Maste),
d) Sondermaste (z. B. Rohrmaste).

**a) Rahmenflachmaste**

Der Rahmenflachmast, oft auch kurz als Flachmast bezeichnet, besteht im Wesentlichen aus zwei, durch Bindebleche miteinander verbundenen, U-Stahl-Profilen. Diese bilden ein Rahmentragwerk, das auf Mastfußplatten aufgeschweißt wird. In bestimmten Abständen sind in dem Rahmentragwerk Verstärkungsbleche eingebaut, welche einem Verdrehen des Mastes in der Längsachse entgegenwirken. Mastfuß und Mast werden durch Bleche verbunden. Der Mastfuß ist mit vier Bohrungen für die Aufnahme der Ankerbolzen versehen. Die im Mastkopf vorhandenen Bohrungen dienen zur Befestigung eines Trägers, Querträgers oder Mastaufsatzes.

Das Anbringen einer Zugstange ist ebenfalls möglich.

Der Flachmast darf aufgrund seiner Belastbarkeit nur über die schmale Seite belastet werden und wird ausschließlich als reiner Tragmast verwendet. Ausnahmen davon erfordern einen besonderen statischen Nachweis. Je nach statischer Belastung kommen für die Flachmaste U-Profile in den Abmessungen 100, 120, 140 oder 160 mm zur Anwendung. Die Länge der Maste schwankt zwischen 6,50 und 14 m. Jeder Mast hat eine Breitenzunahme von 30 mm/m. Zum Anschluss von Erdungsleitungen ist im unteren Mastabschnitt an den beiden schmalen Seiten jeweils eine Bohrung von 17 mm Durchmesser vorgesehen.

**b) Winkelmaste**

Winkelmaste, häufig auch als Gittermaste bezeichnet, bestehen aus vier Stahl-Winkelprofilen, so genannten Eckstielen, die durch Diagonalverstrebung untereinander verbunden sind. Je nach Länge und Beanspruchung betragen die Abmessungen 80 × 8 bis 150 × 14 mm. Bei Diagonalverstrebungen kommen Winkelstiele in den Abmessungen 45 × 5 bis 70 × 7 mm zum Einsatz.

Während früher die Diagonalen mit den Eckstielen durch Nieten verbunden wurden, wird heute der Mast als Schweißkonstruktion hergestellt.

Die Mastfüße haben eine Abmessung von 600 × 800, 800 × 1000, 1000 × 1250, 1250 × 1600, 1600 × 2000 mm und bis zu 16 Bohrungen für die Aufnahme der Ankerbolzen.

Die im Mastkopf vorhanden Bohrungen dienen zur Befestigung der Träger, Querträger und Traversen. Außerdem können Mastaufsätze befestigt werden. Der Mastkopf hat an jeder Seite zwei Bohrungen von 45 mm Durchmesser, durch welche die zur Befestigung des Quertragseils notwendigen Zugstangen geführt werden. Dabei wird der Mastkopf, in Beanspruchungsrichtung durch die Zugstange, mittels einer Auflage verstärkt. Die Abmessungen des Mastkopfes betragen 350 × 350 oder 400 × 400 mm.

**c) Stahlmaste aus Doppel-T-Profilen**

Stahlmaste aus Doppel-T-Profilen werden im Ausland recht häufig als Tragmaste verwendet. Eine Verwendung als Abspannmast bedingt häufig eine zusätzliche Verspannung des Mastes mit Rückankern.

Bei der DB AG werden Stahlmaste mit Doppel-T-Profil nur in Ausnahmefällen verwendet. Einige Anwendungsfälle stellen Talbrücken von Neubaustrecken dar sowie Stellen mit nur geringem Gleisabstand. Ein weiteres Beispiel ist die Verwendung von Stahlmasten aus Doppel-

T-Profil innerhalb integrierter Schallschutzwände. Stahlmaste mit Doppel-T-Profil haben den prinzipiellen Nachteil gegenüber den anderen Stahlmasten, dass sie ein hohes Gewicht aufweisen und verhältnismäßig empfindlich gegen Torsionskräfte sind.

Sie werden sowohl als Einsatzmaste als auch, mit angeschweißter Fußplatte, als Aufsetzmaste verwendet.

**Betonmaste**

Betonmaste werden in der Regel als Schleuderbetonmaste hergestellt und haben einen kreisringförmigen Querschnitt, d. h. im Inneren einen durchlaufenden Hohlraum. Die Maste sind konisch gestaltet. Die bei der DB AG eingesetzten Betonmaste unterscheiden sich hinsichtlich ihrer Betongüte

- beim B-Mast-System und NB-Mast-System: C 55/67 und
- beim C-Mast-System: C 80/95.

Während die B-Maste und NB-Maste in der Regel als Überstülpmaste ausgeführt werden, d. h. über ein Rammrohr des Fundamentes gestülpt werden, werden die C-Maste, aufgrund ihrer geringeren Abmessungen und der hohen Betonqualität, als Einsetzmaste hergestellt. Sie werden in das Rohr des Fundaments eingesetzt. Die Befestigung von Bauteilen der Rohrschwenkausleger erfolgt bei der DB AG über entsprechende Buchsen, die mit der Bewehrung des Mastes verbunden sind. Im internationalen Maßstab und im Nahverkehr sind auch Spannbänder für die Befestigung der Bauteile üblich.

Eine besondere Form der Betonmaste sind die Rechteckbetonmaste. Diese werden bei der ÖBB und bei der ehemaligen DR für Tragmaste von Quertragwerken verwendet. Die Nachteile dieser Masten sind das hohe Gewicht und die schlechte Besteigbarkeit.

### 16.4.2.4 Gründungen

**Gründungsarten**

Die Gründungen der Oberleitungsmaste und der Mastanker haben die Aufgabe, alle Kräfte der Oberleitungsanlage in den Baugrund zu übertragen.

Die Auswahl der jeweiligen Gründungsart wird im Wesentlichen durch:

- die Tragfähigkeit und Festigkeit des Baugrundes,
- die Belastung,
- die verwendeten Mastarten,
- die technologischen Bedingungen,
- die Kosten,
- die geometrischen Bedingungen in einer bestehenden Anlage

bestimmt.

Die Abb. 16.26 gibt einen Überblick der gebräuchlichsten Gründungsarten.

Als ein gewisses „Standardgründungsverfahren“ hat sich heute in Deutschland die **Rammgründung** etabliert. Sie eignet sich besonders für Maststandorte mit tiefliegenden tragfähigen Schichten oder mit hohem Grundwasserstand, kann aber aus wirtschaftlichen Gründen auch bei anderen Bodenarten angewandt werden.

Nicht geeignet ist dieses Verfahren bei Felsuntergrund und überall dort, wo wegen den Erschütterungen und Veränderungen im Boden nicht gerammt werden darf, so z. B. bei Fester Fahrbahn, Nähe zu Bauwerken.

Bei der *Rammpfahlgründung* werden in der Regel Stahlpfähle in die Erde gerammt und danach mit einem Betonkopf mit Ankerbolzen versehen. Die Ankerbolzenanzahl richtet sich nach der Belastung. Es können alle Stahlmaste mit einem Fuß verwendet werden.

Für die Verwendung von Betonmasten, wird auf dem Rammpfahl, vor dem Rammen, ein Stahlrohr mit kleinem Durchmesser aufgeschweißt. Über dieses Rohrstück wird der Betonmast (B- oder NB-Mast) gestülpt.

Anstelle des Rammpfahles tritt bei der *Rammrohrgründung* ein Rohr. Dieses Rohr kann einen kleinen Durchmesser aufweisen, ist dann relativ starkwandig und es können Betonmaste (B-, NB-Maste) übergestülpt werden. Bei Verwendung von Rohren mit großem Durchmesser werden Betonmaste (C-Maste) oder Stahlsondermaste mit Doppel-T-Profil ohne Fuß eingesetzt

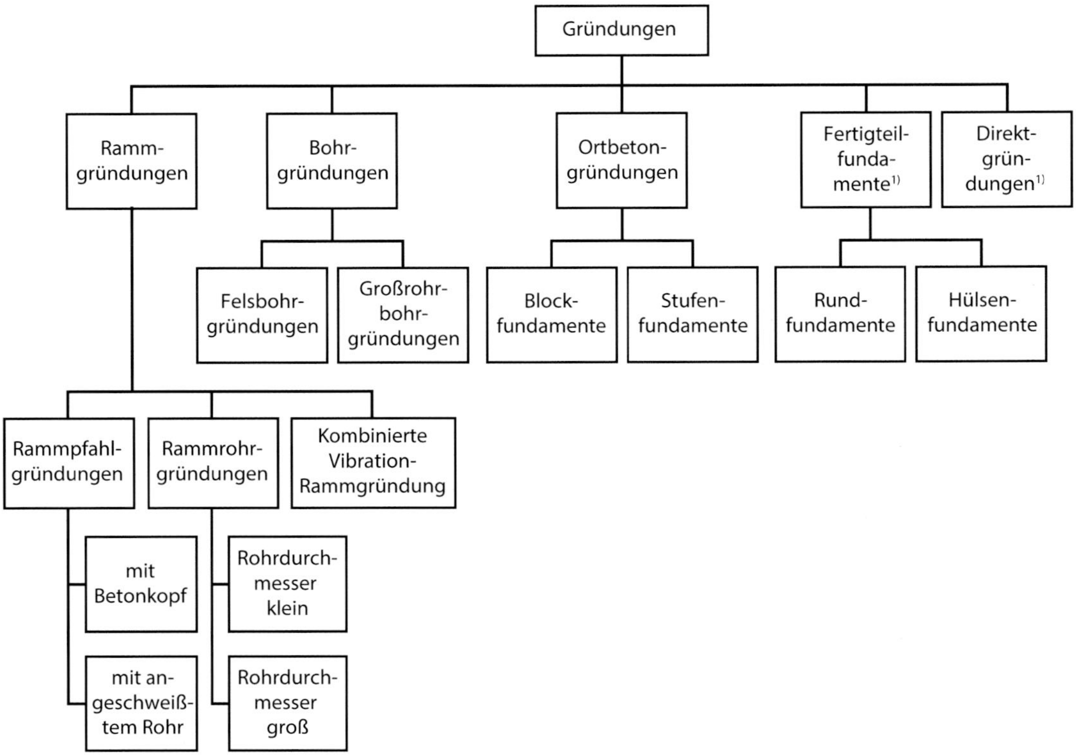


**Abb. 16.26** Übersicht über die Gründungsarten. [1]) bei der DB AG für den Neubau nicht zugelassen

und nach entsprechender Ausrichtung der Maste mit Vergussmasse verfüllt.

Kann aus verschiedenen Gründen (z. B. Lärm, Erschütterungen) nicht gerammt werden, stellen **Bohrgründungen** eine Alternative dar. Ein Rohr wird dabei nicht in die Erde geschlagen, sondern es besteht die Möglichkeit das Rohr in die Erde hineinzudrehen. Dabei wird gleichzeitig ein Teil des im Rohr anfallenden Erdreiches mit einem Bohrer entfernt. Diese Gründungsart wird als *Großrohrbohrgründung* bezeichnet. In dieses Rohr können dann Betonmaste oder Stahlsondermaste ohne Fuß eingesetzt werden.

In felsigen Böden werden die Bohrungen direkt in den Untergrund eingebracht. Dies bezeichnet man als *Felsbohrgründung*.

Die **Ortbetongründung** ist historisch gesehen die älteste Gründungsart. Nach Ausheben einer Fundamentgrube wird das Fundament „am Ort" gegen das Erdreich betoniert. Die Ankerbolzen werden in der Regel mittels einer Schablone in das Fundament eingehängt. Darauf können dann alle Stahlmaste mit Fuß als Aufsetzmaste verschraubt werden. Ortbetonfundamente haben den Nachteil, dass ihre Errichtung einen verhältnismäßig hohen Zeit- und Arbeitsaufwand erfordert.

Ortbetongründungen werden in der Regel als *Blockfundamente* ausgeführt. Große äußere Kräfte und/oder nicht standfeste Böden können die Verwendung eines *Stufenfundamentes* erforderlich machen.

Alle Gründungen mit Beton (Ortbetongründung und Rammgründungen mit Kopf) haben den Nachteil, dass zwischen Einbringen der Gründung und dem Stellen der Maste eine Abbindezeit des Betons einzuhalten ist. Bei Rammgründungen mit aufgeschweißtem Rohr und Überstülpmasten oder bei Großrohrbohrgründungen mit Einsetzmasten können unmittelbar nach dem Einbringen der Gründung die Maste gestellt werden.

**Tab. 16.11** Fundament- und Mastabstände (Regelwerk) [7]

| Ort | | Abstand $b$ in m | | | |
|---|---|---|---|---|---|
| | | Eingleisiger Streckenabschnitt | | Zweigleisiger Streckenabschnitt | |
| | | Mit | Ohne | Mit | Ohne |
| | | Kabeltrasse | | Kabeltrasse | |
| In der Geraden | | 3,65 | 3,50 | 3,65 | 3,50 |
| Im Bogen auf der Bogeninnenseite | | 3,65 | 3,50 | 3,65 | 3,50 |
| Auf der Bogen-außenseite für $u^b$ | 0 bis 20 mm | 3,65 | 3,50 | 3,65 | 3,50 |
| | 25 bis 50 mm | 3,65 | 3,50 | 3,75 | 3,60 |
| | 55 bis 100 mm | 3,65 | 3,50 | 3,85/3,90[a] | 3,70/3,75[a] |
| | 105 bis 160 mm | 3,65 | 3,50 | 3,95/4,05[a] | 3,80/3,90[a] |

[a] gültig für Re 250/Re 330,
[b] Überhöhung

**Fundament- und Mastabstände**
Die Abstände $b$ von Gleismitte zur

- Vorderkante des Fundaments (Stahlmaste) oder
- Vorderkante der Betonmaste

sollen die Werte in Tab. 16.11 nicht unterschreiten.

Bei beengten Verhältnissen, in Folge von Umbauten bestehender Strecken, sind folgende Mindestmaße einzuhalten, die sich aus der Summe:

- halbe Breite des Lichtraumprofils,
- Bautoleranz,
- Zuschlag für $u$ auf der Bogeninnenseite

ergeben.

Daraus resultiert ein erforderlicher Mindestabstand für:

a) durchgehende Hauptgleise und andere Hauptgleise mit Reisezugverkehr von: $b = 2500\,\text{mm} + 50\,\text{mm} + u$ (nach Tab. 16.12),
b) übrige Gleise von: $b = 2200\,\text{mm} + 50\,\text{mm} + u$ (nach Tab. 16.13).

### 16.4.2.5 Erforderliche Lichte Höhe von Bauwerken

Bei elektrifizierten Strecken oder zur Elektrifizierung vorgesehener Strecken sollten Überbauten in Abhängigkeit der Oberleitungsbauart und der zulässigen Geschwindigkeiten die in Tab. 16.14 aufgeführte Lichte Höhe aufweisen. Die Werte beziehen sich auf eine maximale Bauwerksbrei-

**Tab. 16.12** Zuschläge zur halben Breite des Lichtraumprofils für die Ermittlung der Mastabstände bei beengten Verhältnissen (durchgehende Hauptgleise und andere Hauptgleise für Reisezüge) [7]

| $u$ [mm] | 0 | 20 | 30 | 40 | 50 | 60 | 70 | 80 | 90 | 100 | 110 | 120 | 130 | 140 | 150 | 160 |
|---|---|---|---|---|---|---|---|---|---|---|---|---|---|---|---|---|
| Zuschlag [mm] | 0 | 40 | 60 | 80 | 100 | 120 | 140 | 159 | 178 | 198 | 217 | 236 | 255 | 274 | 292 | 310 |

**Tab. 16.13** Zuschläge zur halben Breite des Lichtraumprofils für die Ermittlung der Mastabstände bei beengten Verhältnissen (übrige Gleise) [7]

| $u$ [mm] | 0 | 20 | 30 | 40 | 50 | 60 | 70 | 80 | 90 | 100 | 110 | 120 | 130 | 140 | 150 | 160 |
|---|---|---|---|---|---|---|---|---|---|---|---|---|---|---|---|---|
| Zuschlag [mm] | 0 | 52 | 78 | 103 | 129 | 154 | 180 | 205 | 230 | 255 | 280 | 305 | 330 | 354 | 379 | 404 |

**Tab. 16.14** Minimale Lichte Höhe von Bauwerken [7], ohne Berücksichtigung des Vogelschutzes SH: Systemhöhe

| $v_{max}$ | Freie Strecke im Normalbereich der Kettenwerke | Freie Strecke im Bereich von Nachspannungen, Streckentrennungen, Streckentrennern und in Bahnhöfen | Bemerkungen |
|---|---|---|---|
| $\leq 200\,\text{km/h}$ | 5,70 m | 6,20 m | |
| $> 200\,\text{km/h}$, SH = 1,80 m | 7,40 m | 7,90 m | |
| $> 200\,\text{km/h}$, SH = 1,10 m | 6,70 m | 7,20 m | Reduzierung der Längsspannweite erforderlich |

**Tab. 16.15** Minimale Lichte Höhe von Bauwerken [7] unter Berücksichtigung des Vogelschutzes, SH: Systemhöhe

| $v_{max}$ | Freie Strecke im Normalbereich der Kettenwerke | Freie Strecke im Bereich von Nachspannungen, Streckentrennungen, Streckentrennern und in Bahnhöfen | Bemerkungen |
|---|---|---|---|
| $> 200$ km/h, SH $= 1{,}80$ m | 7,70 m | 8,20 m | |
| $> 200$ km/h, SH $= 1{,}10$ m | 7,00 m | 7,50 m | Reduzierung der Längsspannweite erforderlich |

te von 15 m senkrecht zur Gleisachse und eine mittige Anordnung über dem Parallelfeld (Nachspannung, Streckentrennung).

Bei überhöhten bzw. geneigten Gleisen sind, abhängig von der Überhöhung $u$ und der Neigung $i$, folgende Zuschläge zu machen:

$$\Delta h = \tfrac{2}{3}u + 1{,}5i. \tag{16.9}$$

Darin bedeuten:

$\Delta h$ Zuschlag der Lichten Höhe in mm,
$u$ Überhöhung in mm,
$i$ Neigung in ‰.

Abweichungen von den Werten aus Tab. 16.14 erfordern einen projektbezogenen Nachweis der Einhaltung der (Mindest-)Fahrdrahthöhe und der elektrischen Abstände zwischen spannungsführenden und geerdeten Bauteilen. Diese Werte berücksichtigen auch nicht den Vogelschutz nach Bundesnaturschutzgesetz § 41. Deshalb sind in diesem Fällen zusätzliche Maßnahmen für den Vogelschutz nach Richtlinie 997.9114 erforderlich.

Auf diese zusätzlichen Maßnahmen kann verzichtet werden, wenn folgende minimale Lichte Höhen eingehalten werden (Tab. 16.15).

#### 16.4.2.6 Gestaltung der Oberleitungsanlage an Bahnübergängen (BÜ)

Auf Bahnübergängen (BÜ) mit allgemeinem Fahrzeugverkehr soll von Oberleitungen und von an demselben Gestänge geführten Leitungen zur Straßenoberfläche ein Abstand von wenigstens 5500 mm vorhanden sein.

Dabei sind alle thermischen und dynamischen Bewegungen des Fahrdrahtes und der Leitungen sowie die Bautoleranz von 30 mm und die halbe normale Zusatzlast nach EN 50341 zu berücksichtigen. Der ungünstigste Fall ist maßgebend. Überbauten in der Nähe solcher BÜ sollten so hoch sein, dass die geforderte Fahrdrahtlage über dem Bahnübergang eingehalten werden kann, ohne die zulässige Neigung des Fahrdrahtes zu überschreiten (siehe Tab. 16.7).

Lässt sich auf BÜ der Mindestabstand von 5500 mm nicht einhalten, so müssen, im Einvernehmen mit der Straßenverkehrsbehörde, beiderseits des Überganges Höhenbegrenzungen (Profiltore) für die Straßenfahrzeuge angebracht werden. Die Höhenbegrenzungen müssen durch Verkehrsverbotszeichen nach der Straßenverkehrsordnung (StVO-Zeichen 265) gekennzeichnet werden.

Die durchzuführenden Maßnahmen sind in Tab. 16.16 aufgeführt.

**Tab. 16.16** Gestaltung von Bahnübergängen [5]

| Fahrdrahthöhe $H$ [m] über Straßenoberkante | Maßnahme | | | |
|---|---|---|---|---|
| | Andreaskreuz mit Blitzpfeil | Höhenbegrenzungsschild (Zeichen 265 nach StVO) | Profiltor $H$ [m] | Leittafeln |
| $H \geq 5{,}50$ | Notwendig | | | |
| $5{,}20 \leq H < 5{,}50$ mit Profileinschränkung | Notwendig | 4,20 m | | |
| $5{,}10 \leq H < 5{,}20$ mit Profileinschränkung | Notwendig | 4,10 m | | |
| $5{,}00 \leq H < 5{,}10$ mit Profileinschränkung | Notwendig | 4,00 m | | |
| $4{,}95 \leq H < 5{,}00$ mit Profileinschränkung | Notwendig | 4,35 m | 4,45 | Notwendig |

**Abb. 16.27** Profiltor für einen BÜ mit überwiegend landwirtschaftlichem Verkehr

Die Abb. 16.27 zeigt ein Profiltor an einem Bahnübergang mit überwiegend landwirtschaftlichem Verkehr, wo mit einer Überschreitung der zulässigen Fahrzeughöhe gerechnet wird.

### 16.4.2.7 Elektrische Gestaltung

**Thermische Bemessung**

Die Oberleitungsanlage muss so bemessen sein, dass sie die elektrische Strombelastung (Dauer- und Fehlerstrombelastung) berücksichtigt. Die Anlage muss für Kurzschlussfälle ausgelegt werden.

Die größte Erwärmung der Leiter (durch Strombelastung verursacht) darf nicht zu Leitertemperaturen führen, bei denen die mechanischen Eigenschaften negativ beeinflusst werden. Die im Hinblick auf geometrische Anforderungen festgelegte höchste Betriebstemperatur der Oberleitungsanlage darf nicht überschritten werden.

Die höchste Betriebstemperatur der Oberleitung der DB AG beträgt 70 °C (Re 100 bis Re 250) bzw. 80 °C (Re 330).

Die von der Strombelastung verursachte Erwärmung muss zur Umgebungstemperatur und Sonneneinstrahlung addiert werden, um die mechanischen und maßlichen Vorgaben, die für die maximale Belastung des Leitersystems gemacht wurden, einzuhalten. Die zulässige Dauerstrombelastbarkeit der Kettenwerke der DB AG ist in Tab. 16.8 enthalten.

**Isolation**

Die Isolation der spannungsführenden Teile erfolgt an den Stützpunkten (Aufhängepunkten) mit Hilfe von Isolatoren, ansonsten durch Einhaltung eines Mindestabstandes in Luft zwischen spannungsführenden und geerdeten Teilen.

Je nach Material der Isolatoren unterscheidet man zwischen

- Keramikisolatoren,
- Glasisolatoren und
- Kunststoffisolatoren (Verbundisolatoren).

Keramikisolatoren haben eine über 100 Jahre dauernde Betriebszuverlässigkeit nachgewiesen. Für Rohrschwenkausleger kann der Isolator mit einer Unikappe ausgerüstet werden und damit verschiedene Rohrdurchmesser klemmen.

Glasisolatoren werden bei der DB AG schon seit mehreren Jahrzehnten in Neuanlagen nicht mehr angewendet, sind aber noch umfangreich im Bestand.

Kunststoffisolatoren sind sehr leicht und nicht bruch- oder stoßempfindlich. Gegenüber Über-

**Tab. 16.17** Elektrische Abstände in Luft [6]

| Spannung | Empfohlene Abstände in Luft | |
|---|---|---|
| | Statisch [mm] | Dynamisch [mm] |
| DC 750 V | 100 | 50 |
| DC 1,5 kV | 100 | 50 |
| DC 3,0 kV | 150 | 50 |
| AC 15 kV | 150 | 100 |
| AC 25 kV | 270 | 150 |

schlägen sind Kunststoffisolatoren unempfindlicher und brauchen danach oft nicht ausgewechselt werden. Dies bringt für die Montage und den Betrieb der Anlage einige Vorteile mit sich, weshalb seit über 10 Jahren fast ausschließlich Kunststoffisolatoren zur Anwendung kommen. Insbesondere die neuen Forderungen des Vogelschutzes, für eine Mindestisolationslänge von 600 mm, macht den Einsatz von Kunststoffisolatoren notwendig.

Die Luftstrecken zwischen geerdeten Teilen und unter Spannung stehenden unisolierten Teilen der Oberleitung oder Bahnenergieleitungen müssen festgelegt werden, um Beschädigungen der Oberleitungsanlage und der geerdeten Infrastruktur zu begrenzen und die Sicherheit nicht zu gefährden.

In verschmutzten Bereichen sind vergrößerte Luftstrecken erforderlich.

Unterschiedliche *Luftstrecken* für „statische" und „dynamische" Fälle werden mehr durch Wahrscheinlichkeitsüberlegungen als aus physikalischen Gründen gerechtfertigt; z. B. ist es unwahrscheinlich, dass eine Stoßüberspannung in genau demselben Augenblick auftritt, wenn ein Stromabnehmer einen engen Teil eines Tunnels passiert. Für diesen „dynamischen" Fall ist eine kleinere Luftstrecke zu rechtfertigen.

Die in Tab. 16.17 angegebenen Luftstrecken können verkleinert oder vergrößert werden, wobei Gesichtspunkte, wie z. B. absolute Feuchte, Bereich der Umgebungstemperatur, Luftdruck, relative Luftdichte, Form und Werkstoff, sowohl der unter Spannung stehenden als auch der geerdeten Bauwerke zu berücksichtigen sind (siehe EN 50125). Es sollte jedoch jeder Fall gesondert betrachtet werden.

**Mindestabstände von spannungsführenden Oberleitungsteilen zu Standflächen**

Die spannungsführenden Teile einer Oberleitungsanlage müssen zu Orten, die von Personen (auch zufällig) betreten werden können, einen Mindestabstand aufweisen. Der Mindestabstand muss bei allen Temperaturen und bei Zusatzlasten von Leitungen eingehalten werden.

Ob ein Ort als Standfläche gilt, ist davon abhängig, ob eine Person dort stehen oder gehen kann.

Für arbeitende Personen, z. B. auf Bahnsteigdächern, Arbeitsbühnen oder Signalen, gelten diese Abstände nicht.

Abb. 16.28 zeigt die erforderlichen Mindestabstände. Können diese aufgrund der örtlichen Gegebenheiten nicht eingehalten werden, sind Hindernisse in Form von Schutzgittern bzw. Schutzabdeckungen vorzusehen.

**Elektromagnetische Beeinflussungen**

Elektromagnetische Beeinflussungen, die von Oberleitungen elektrischer Bahnen hervorgerufen werden, können eine Anzahl von Ursachen haben, einschließlich:

- Überschläge und Kriechströme über Isolatoren,
- keine feste Verbindung unter Spannung stehender Teile (Hängerklemmen, Fahrdrahtseitenhalter, usw.),
- als Antenne wirkende Leiter,
- Lichtbogenbildung zwischen Stromabnehmer und Fahrdraht.

Diese Gesichtspunkte sollten bei der Auslegung der Oberleitungsanlage und der Konstruktion der Bauteile und Einrichtungen berücksichtigt werden. Prüf- und Messtechniken, Empfehlungen für Grenzwerte und Vorschläge für anzuwendende Verfahren zur Verringerung der elektromagnetischen Beeinflussungen sind enthalten in EN 50121-5.

**Schaltung der Oberleitungsanlage**

Ein Streckenabschnitt, der innerhalb eines vom Unterwerk versorgten Bereiches über einen ein-

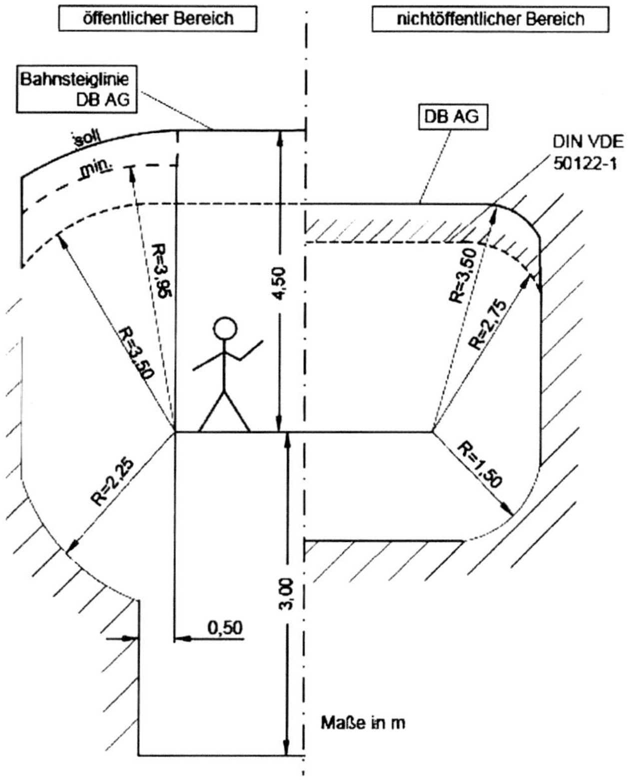


**Abb. 16.28** Mindestabstände von aktiven, der Berührung zugänglichen Teilen der Oberleitungsanlagen sowie der Außenseiten von Fahrzeugen zu Standflächen, die von Personen betreten werden dürfen [7, 8]

zelnen Leistungsschalter gespeist wird, wird als *Speisebezirk* bezeichnet. Um für Wartungs- und Instandhaltungsarbeiten und für Havariefälle nicht den gesamten Speisebezirk ausschalten zu müssen, wird dieser in elektrisch abtrennbare Teilbereiche der Oberleitung unterteilt, die als *Schaltabschnitte* bezeichnet werden.

Die Grenzen der Schaltabschnitte sollen an den betrieblichen Grenzen zwischen den Bahnhöfen und den freien Strecken sowie an sonstigen Betriebsstellen der freien Strecke angeordnet werden.

Ein Bahnhofsschaltabschnitt umfasst sämtliche Oberleitungen einschließlich eventueller Verstärkungsleitungen innerhalb der Schaltabschnittsgrenzen.

Zum Schaltabschnitt der freien Strecke gehören sämtliche Oberleitungen einschließlich eventueller Verstärkungsleitungen zwischen den Schaltabschnittsgrenzen zu benachbarten Bahnhöfen oder zu sonstigen Betriebsstellen der freien Strecke.

Schaltabschnittsgrenzen müssen und Längsunterteilungen der Oberleitung innerhalb von Bahnhöfen sollen unter Signaldeckung liegen.

Schaltabschnittsgrenzen müssen, Längsunterteilungen in Bahnhöfen sollen als **Streckentrennungen** ausgeführt werden. Streckentrennungen dürfen nicht im Bereich von Bahnsteigen und an sonstigen Stellen liegen, an denen Fahrzeuge mit gehobenem Stromabnehmer regelmäßig halten.

Signaldeckung liegt vor, wenn beim haltzeigenden Hauptsignal kein Triebfahrzeug mit gehobenem Stromabnehmer in einer Streckentrennung zum Halten kommt.

Auf Strecken, auf denen Züge regelmäßig nachgeschoben oder Wendezüge, Triebzüge oder Triebwagenzüge eingesetzt werden, dürfen vor Hauptsignalen, auch vor denen der Gegenrichtung, im Abstand nach Abb. 16.29 keine Schaltabschnittsgrenzen liegen.

Der Abstand *a* zu Hauptsignalen, LZB-Blockkennzeichen, Signal Ne 1 bzw. Ne 14 ist abhängig von den vorwiegend zum Einsatz

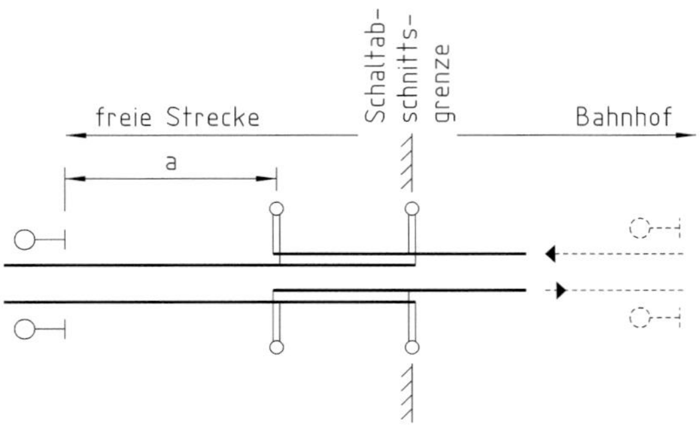


**Abb. 16.29** Lage der Schaltabschnittsgrenze vor Hauptsignalen (Blockkennzeichen) [7]

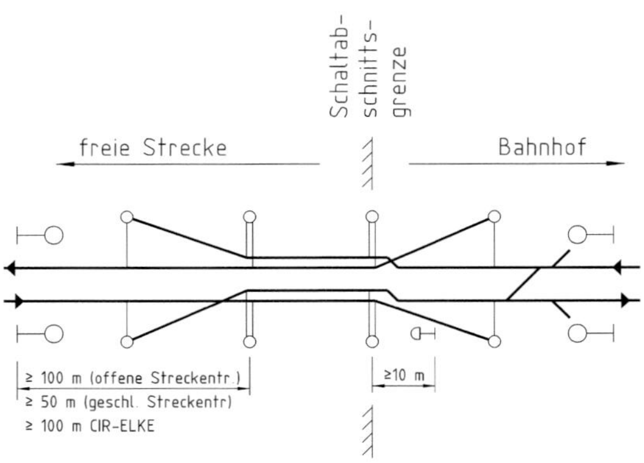


**Abb. 16.30** Lage der Schaltabschnittsgrenze Bahnhof – freie Strecke

kommenden Zuggarnituren und den vorhandenen Zugbeeinflussungssystemen:

- 200 m: bei S-Bahnen mit PZB,
- 220 m: bei S-Bahnen mit ETCS,
- 250 m: bei S-Bahnen mit LZB.

Strecken mit Triebzügen, Tfz am Zugschluss mit Zuglängen $L \leq 390\,\text{m}$:

- 410 m: bei PZB,
- 430 m: bei ETCS,
- 450 m: bei LZB,
- 500 m: Schnellfahrstrecken (NBS) mit ETCS oder LZB.

Strecken mit Triebzügen, Tfz am Zugschluss mit Zuglängen $L > 390\,\text{m}$:

- $L + 20\,\text{m}$: bei PZB,
- $L + 40\,\text{m}$: bei ETCS,
- $L + 60\,\text{m}$: bei LZB.

Durch die geforderte Anordnung soll verhindert werden, dass sich bei signalmäßigem Halt der genannten Zugarten ein gehobener Stromabnehmer im Bereich der zurückliegenden Streckentrennung befindet.

Die Oberleitung der freien Strecke und der durchgehenden Hauptgleise der Bahnhofsschaltabschnitte dürfen nicht elektrisch fest verbunden werden.

Schaltabschnittsgrenzen zwischen dem Bahnhof und der freien Strecke müssen nach Abb. 16.30 angeordnet werden.

In der Regel werden die Schaltabschnittsgrenzen zwischen Einfahrsignal und Einfahrweiche/Rangierhalttafel (Ra 10) angeordnet.

Durch die festgelegten Abstände soll sichergestellt werden, dass ein nach Signalhalt anfahrendes Triebfahrzeug mit gehobenem Stromabnehmer, beim Befahren der Streckentrennung, bereits eine solche Geschwindigkeit erreicht hat, dass eine punktuelle Erwärmung des Fahrdrahtes durch Ausgleichsströme nicht zu einem Fahrdrahtabbrand führt.

Der festgelegte Abstand für das Signal Ra 10 (Rangierhalttafel) garantiert, dass beim Rangieren mit elektrischen Triebfahrzeugen die Streckentrennung nicht befahren wird.

Bei Wende- und Kreuzungsbahnhöfen von S-Bahnen sind Abweichungen davon zulässig.

Die in Abb. 16.30 dargestellten Abstände zu den Hauptsignalen gelten auch sinngemäß für Abzweigstellen der freien Strecke.

Die Oberleitungen der Bahnhofsschaltabschnitte sind in Schaltgruppen zu unterteilen. Unterteilungen können nach Hauptgleisen für Reisezüge und für Güterzüge sowie nach Nebengleisen vorgesehen werden. Zusätzlich können Längsunterteilungen in durchgehenden Hauptgleisen, z. B. zwischen Weichenbereichen und Gleisen oder zwischen Bahnhofsteilen, erforderlich werden. Bei der Schaltgruppeneinteilung ist Übersichtlichkeit anzustreben.

Durch zweckmäßige elektrische Unterteilung in Schaltgruppen soll einerseits die Verfügbarkeit der Oberleitungsanlagen gesteigert werden, da bei Störungen und Instandhaltungsarbeiten nur Teilbereiche ausgeschaltet werden müssen; andererseits setzt das Gebot der Wirtschaftlichkeit und auch die Gefährdung von elektrischen Trennstellen durch Überfahren elektrischer Triebfahrzeuge einer zu weit gehenden Unterteilung Grenzen. Durch Übersichtlichkeit bei der Schaltgruppeneinteilung soll die sichere Betriebsführung im Oberleitungsnetz erleichtert werden.

Die Oberleitungen von Privatgleisanschlüssen sollen möglichst dicht bei der Eigentumsgrenze auf DB InfraGO-Seite an den versorgenden Streckenschaltabschnitt oder an die versorgende Bahnhofsschaltgruppe elektrisch angebunden werden. Der Anschluss muss über einen Schalter mit Kurzschlussstrommeldewandler erfolgen. Bei großen Privatanschlüssen ist die direkte Speisung aus dem Unterwerk/Schaltposten über eine Speiseleitung sinnvoll.

Für jeden Schalter im Oberleitungsnetz ist eine Grundstellung festzulegen.

Die Oberleitungen der durchgehenden Hauptgleise eines Speisebezirks sollen quergeschaltet werden. Hierzu sind in den Bahnhöfen sowie an Überleitstellen und Abzweigstellen Querschalter (Schalter 5, 15, ...) vorzusehen. Bei getrennten Speiseleitungen sind in der Nähe von Speisepunkten zu Streckenschaltabschnitten zusätzlich Querschalter einzubauen.

In Ausnahmefällen können weitere Querschalter auf der freien Strecke erforderlich werden.

Durch die Anordnung der Querschalter in den genannten Betriebsstellen soll erreicht werden, dass die Kettenwerke beider Streckengleise zum Energietransport, auch bei unterschiedlichen Belastungsverhältnissen, beitragen und die Spannungsunterschiede beim Überfahren von Streckentrennern zwischen den durchgehenden Hauptgleisen verringert werden. Weiterhin wird durch die Querschaltung die Spannungshaltung auf der Strecke zwischen zwei Uw verbessert.

Durch die Anordnung der Querschalter an den Speisepunkten soll eine bessere Kurzschlussortung und bei längeren Speiseleitungen eine symmetrische Stromverteilung auf die Speiseleitung erreicht werden. Querschalter sind für eine Kurzschlussortung mit Kurschlussmeldewandler auszurüsten.

***Streckentrenner*** (siehe Abb. 16.31) dienen zur Unterteilung der Oberleitung in verschiedene Schaltabschnitte (Schaltgruppen).

Im Regelfall werden **Streckentrenner** nur in Weichenverbindungen sowie in den nicht durchgehenden Hauptgleisen und Nebengleisen der Bahnhöfe eingesetzt.

Nur im Ausnahmefall, insbesondere bei vorübergehenden Bauzuständen (Zwischenbauzustand), werden Streckentrenner auch in die durchgehenden Hauptgleise der Bahnhöfe und auf der freien Strecke eingebaut. Hierfür ist eine besondere Genehmigung erforderlich.

**Abb. 16.31** Streckentrenner für $v_{\max} = 130\,\text{km/h}$

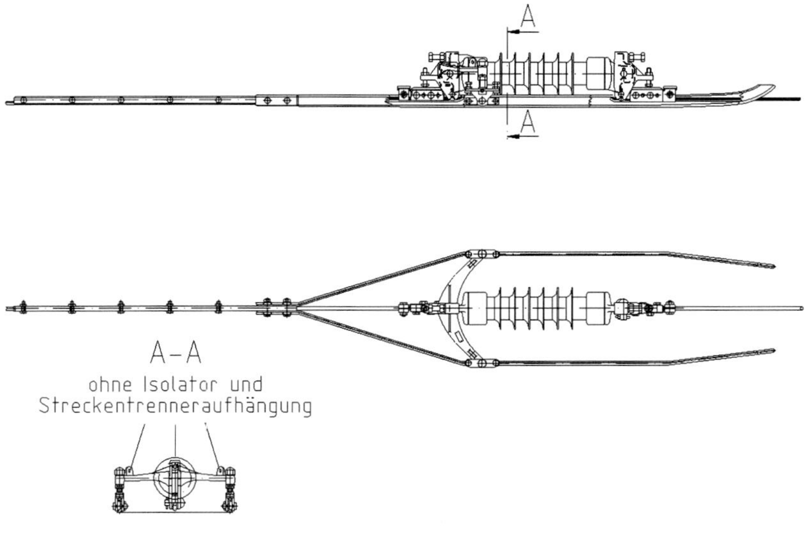

**Tab. 16.18** Bezeichnung der Fahrleitungsschalter der DB AG (Auszug) [9]

| | |
|---|---|
| 1, 2, 3, 4 | Schalter zur Verbindung der Fahrleitung der durchgehenden Hauptgleise des Bahnhofes mit der Fahrleitung zur freien Strecke |
| 11, 12, 13, 14<br>21, 22, 23, 24, usw. | Schalter zur Verbindung der Fahrleitung weiterer in den Bahnhof einmündender Strecken mit der Fahrleitung der Bahnhofsgleise |
| 5, 15, 25, usw. | Schalter zur Verbindung der Schaltgruppen zweier Hauptgleise der gleichen Strecke, Querkuppelschalter |
| 6, 16, 26 | Ladegleisschalter, Hallenschalter von Werkstattanlagen |
| 8, 18, 28, usw.<br>oder<br>7, 17, 27, usw.<br>9, 19, 29, usw. | Gruppenschalter zum Anschluss der Schaltergruppen an die Umgehungsleitungen bzw. an die Schaltgruppen der durchgehenden Hauptgleise sowie Schalter zur Verbindung der Schaltgruppen untereinander |
| 10, 20, 30, 40, usw. | Schalter zur Verbindung der Schaltgruppen zweier Hauptgleise verschiedener Strecken |
| 105, 115, 125, usw. | Schalter zur Verbindung der Schaltgruppen zweier Nebengleise mit ungerader und gerader Schaltgruppe |
| 107, 117, usw.<br>108, 118, usw. | Gruppenschalter, wenn o. g. Nummernbereiche nicht ausreichen |
| 201, 202, 203, 204, usw. | Schalter von Betriebsstellen der freien Strecke |
| 301, 302, 303, 304, usw. | Sonderfälle: z. B. Privatanschlussgleise, Zweitanschlüsse von Bahnhöfen und sonstigen Bahnanlagen, weitere Längsunterteilungen, Systemumschaltung |
| 401, 411, 402, 412, 403, 413, 404, 414, 406, 416, 407, 417, 408, 418, 409, 419, usw. | Längsschalter in Bahnhöfen |
| 901, 902, 903, 904 | Schutzstreckenschalter |
| A1, A2, usw. | Schalter zum Anschluss der Fahrleitung an die Speiseleitung (nur im Bereich der ehem. DR) |
| E1, E2, usw. | Erdungsschalter für Oberleitungsspannungsprüfeinrichtung (OLSP), Zollschaltungen und sonstige Sonderfälle |
| F1, F2, usw. | Schalter zum Anschluss von Schaltgruppen an Umgehungsleitungen |
| G1, G2, usw. | Schalter zum Anschluss von Oberleitungen der freien Strecke an Umgehungsleitungen |
| H1, H2, usw. | Anschlussschalter von Autotransformatoren an die Oberleitung |
| N1, N2, usw. | Schalter zum Anschluss von Nebenverbrauchern an die Fahrleitung |
| Q1, Q2, usw. | Anschlussleitungen von Verbrauchsanlagen Dritter |
| R1, R2, usw. | Speiseschalter von Ersatzspeiseabzweigen mit außenliegender Ersatzschiene |
| S1, S2, usw. | Speiseschalter von Bahnhofsspeiseabzweigen |
| T1, T2, usw. | Schalter zur Unterteilung der Bahnenergieleitung in Abschnitte |
| U1, U2, usw. | Speiseschalter von Streckenspeiseabzweigen |

Streckentrenner sind so konstruiert, dass beim Überfahren des Streckentrenners die Leistungsübertragung zum elektrischen Triebfahrzeug nicht unterbrochen wird. Streckentrenner und Stromabnehmer (Doppelschleifleiste) sind so aufeinander abgestimmt, dass ein Einstromabnehmerbetrieb möglich ist.

Der Streckentrenner sollte bei einer Fahrdrahtseitenlage von $\pm 0$ cm (Mittelsenkrechte der Schienenkopfberührenden) eingebaut werden.

In Ausnahmefällen ist eine Fahrdrahtseitenlage von $\pm 5$ cm am Einbauort zugelassen.

Streckentrenner bestehen aus einem Isolierkörper und Kufen, die das Darunterweggleiten des Stromabnehmers und die unterbrechungsfreie Energieübertragung zum Triebfahrzeug garantieren sollen. Als Isolierkörper werden entweder Isolatoren aus Keramik bzw. Kunststoff oder Isolatorstäbe verwendet. Beim Überfahren eines Streckentrenners durch ein elektrisches Triebfahrzeug mit angelegtem Stromabnehmer kommt es zu einer Überbrückung beider Seiten!

Streckentrenner mit Keramikisolatoren haben den großen Nachteil der Masseanhäufung im Kettenwerk und sind deshalb nur bis 120 km/h geeignet. Streckentrenner mit Kunststoffisolatoren sind für eine maximale Befahrgeschwindigkeit von 130 km/h zugelassen. Leichtbaustreckentrenner mit Isolierstäben erreichen 160 km/h. Allerdings ist dann ein Einbau im mittleren Drittel einer Längsspannweite erforderlich.

Darf es beim Überfahren einer Trennstrecke mit angehobenen Stromabnehmer nicht zu einer kurzfristigen Verbindung kommen, ist der Einsatz von Streckentrennungen und Streckentrennern nicht ausreichend. In diesem Fall ist eine **Schutzstrecke** anzuordnen. Die Schutzstrecke besteht prinzipiell aus zwei hintereinander angeordneten Streckentrennungen, wobei der mittlere Teil neutrales Potential hat. Es werden Schutzstrecken mit einer wirksamen Länge (Abstand der beiden Spannungspotentiale) von über 402 m, weniger als 142 m oder von 35 m (veraltet: Standard DB/DR) gebaut. Eine Sonderform ist die verkürzte Schutzstrecke (VSS) mit einer wirksamen Länge von 3 m. Die VSS besteht aus zwei Isolierstäben und einem dazwischen liegenden geerdetem Mittelteil. Die Isolierstäbe müssen länger sein als der äußere Abstand der beiden Schleifleisten des Stromabnehmers. Ein Betrieb mit zwei Stromabnehmern, die über eine Dachleitung verbunden sind, ist bei einer VSS unzulässig. Allen Schutzstrecken gemeinsam ist, dass der Triebfahrzeugführer den Hauptschalter des elektrischen Triebfahrzeuges ausschalten muss (Signalisierung durch El 1), bevor die Schutzstrecke befahren wird.

Die *Ladegleisschaltung* darf sich nur über die unbedingt notwendige Länge erstrecken. Die Anordnung des Ladegleisschalters sowie die zulässige Ladegleislänge nach beiden Seiten des Ladegleisschalters sind entsprechend den örtlichen Verhältnissen festzulegen.

Die Schaltung von Oberleitungsanlagen über Behandlungsanlagen ist von der planenden Stelle mit dem Betreiber abzustimmen.

***Nebenverbraucher*** Nebenverbraucher (z. B. Weichenheizung, Zugvorheizungsanlage, Ersatzeinspeisung von Stellwerken) müssen vom Oberleitungsnetz, über Schalter, abtrennbar sein. Über nachgeordnete Schutz- und Überwachungseinrichtungen muss sichergestellt werden, dass das Ergebnis der Oberleitungsprüfung nicht verfälscht wird und Störungen an Nebenverbrauchern möglichst keine Auswirkungen auf das Oberleitungsnetz haben.

**Abb. 16.32** Schalterkennzeichnung am Schalterantrieb

Um die Fahrleitungsschaltung zu vereinheitlichen und die notwendige Übersicht in der Schaltung der Fahrleitungsanlage auch bei großen Bahnhöfen zu gewährleisten, erfolgt die Ausführung der Schaltung der Fahrleitungsanlage nach einheitlichen Grundsätzen. Für die DB AG sind diese in der Richtlinie-Oberleitungsanlagen 997.0302 [9] dargestellt. Aus der Bezeichnung der Fahrleitungsschalter (Mast-Trennschalter), die am Schalterantrieb angebracht ist (siehe Abb. 16.32), kann man auf dessen Funktion schließen.

Die Tab. 16.18 enthält auszugsweise die wichtigsten Schalterbezeichnungen der Fahrleitungsschalter der DB AG.

### 16.4.3 Oberleitungsstromschiene

Die Oberleitungsstromschiene (OSS), auch als Stromschienenoberleitung, starre Oberleitung oder als Deckenstromschiene (DSS) bezeichnet, besteht aus einem Aluminiumprofil ENAW-6106 T 5 mit eingesetztem Cu-Fahrdraht (in der Regel: AC-100 Cu ETP).

Das Aluminiumprofil wird in Segmenten mit Standardlängen von 10 oder 12 m geliefert und durch eine spezielle Verbindungsplatte zusammengefügt. Die Verbindungsplatte garantiert einen präzisen Übergang zwischen den Stromschienensegmenten. Der Fahrdraht wird durch eine besondere Vorrichtung in das Aluminiumprofil eingepresst und steht nicht unter Zugspannung. Deshalb gilt der im Abschn. 16.6.2 in Abb. 16.47 genannte Oberleitungsbereich nicht für OSS. Hier wird im Allgemeinen der Oberleitungsbereich = 0 m anerkannt. Dadurch ergibt sich als wesentlicher Vorteil einer OSS gegenüber einer Oberleitung, dass alle nicht zum Betriebsstromkreis gehörenden, leitfähigen Teile nicht in die Bahnerdung einbezogen werden müssen.

In Abhängigkeit von der maximalen Fahrgeschwindigkeit ergeben sich Regelstützpunktabstände von 8, 10 oder 12 m. Dabei können die Stützpunkte in vertikaler Ausführung als drehbarer Ausleger (Abb. 16.33) oder in horizontaler Ausführung (Abb. 16.34) angeordnet werden. Bei sehr beengten Verhältnissen kommen auch V-Aufhängungen zur Ausführung.

Die maximal realisierbare Dehnlänge einer OSS ist abhängig von den Temperarturdifferenzen, z. B. bei 70 K beträgt diese Dehnlänge 300 m. Da im Tunnel und in Werkhallen die auftretenden Temperaturdifferenzen geringer sind, können dort Dehnlängen bis zu 450 m realisiert werden. Die Dehnlänge ist der Abstand zwischen zwei Dilatationen bzw. Parallelführungen. In der Mitte zwischen der Dilatation/Parallelführung ist, wie beim Oberleitungskettenwerk, ein Festpunkt erforderlich.

Als Isolatoren kommen verschiedene Isolatoren aus Kunststoff (Verbundisolatoren) zum Einsatz. Elektrische Trennungen werden entweder durch eine Parallelführung (ohne Verbindung) zweier OSS oder durch Einbau eines Streckentrenners in die OSS realisiert.

Die Dauerstrombelastbarkeit beträgt 2400 A.

Der Übergang des OSS-Systems (ohne Zugspannung) auf ein Kettenwerk (mit Zugspannung) stellt eine dynamische Schnittstelle dar. Um an dieser Stelle den Übergang des Stromabnehmers ohne große Kontaktkraftschwankungen zu ermöglichen, gibt es zwei Konstruktionsprinzipien:

- Das Oberleitungskettenwerk wird im Annäherungsbereich an die OSS verhältnismäßig starr gemacht (geringe Längsspannweiten, Fahr-

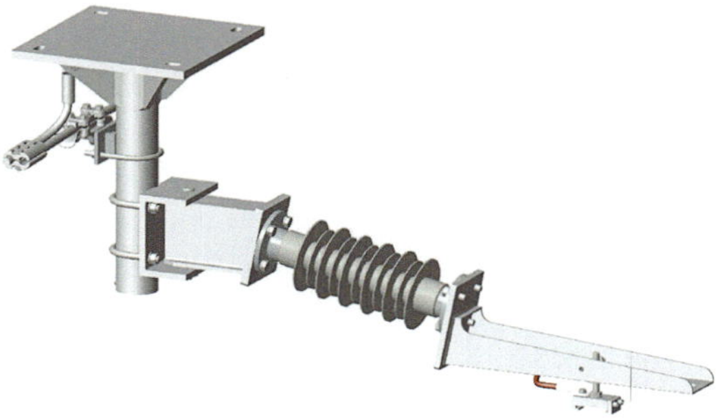

**Abb. 16.33** Aufhängung Oberleitungsstromschiene – Auslegerstützpunkt

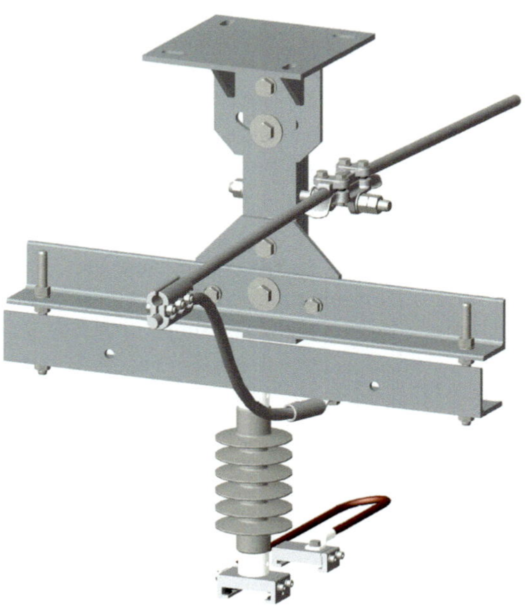

**Abb. 16.34** Aufhängung Oberleitungsstromschiene – Hängestützpunkt

drahtversteifung usw.). Durch die Parallelführung am Übergangsmast, der gleichzeitig Abspannmast für das Oberleitungskettenwerk ist, werden die OSS und das Kettenwerk mechanisch und, wenn gewünscht, elektrisch vollständig getrennt.

- Durch Einbringen von Federelementen in die OSS wird diese im Übergangsbereich zum Kettenwerk elastischer gestaltet. Die Horizontalzugkraft des Fahrdrahtes wird im Übergangsbereich in die OSS eingeleitet.

▶ **Anmerkung** Die im Text genannten Daten beziehen sich auf TracFeed® OSS der Rail Power Systems GmbH.

## 16.4.4 Stromschienen

### 16.4.4.1 Einführung

Für Nahverkehrsbahnen, die außerhalb des öffentlichen Verkehrsraumes verlaufen, werden zur Energieübertragung zu den elektrischen Triebfahrzeugen Stromschienen, auch als 3. Schiene bezeichnet, verwendet.

Die Stromschiene verläuft bis auf wenige Ausnahmen außerhalb des Gleises und oberhalb der Schienenoberkante (SO), parallel zu den Fahrschienen. Die Höhe der Stromschiene, bezogen auf die SO, und der Abstand von der Gleismitte sind bei den einzelnen Bahnen unterschiedlich.

Je nach Schleiffläche des Stromabnehmers unterscheidet man zwischen:

- oben bestrichene Stromschiene
  Beispiel: Kleinprofil U-Bahn Berlin,
- seitlich bestrichene Stromschiene
  Beispiel: S-Bahn Hamburg,
- unten bestrichene Stromschiene
  Beispiel: S-Bahn Berlin,
  Großprofil U-Bahn Berlin,
  U-Bahn Hamburg, Nürnberg, München.

Die von unten bestrichene Stromschiene hat den Vorteil, dass sich auf der Schleiffläche keine Ablagerungen bilden können und sie bietet eine gute Voraussetzung für einen wirksamen Berührungsschutz. Diese Vorteile führten zur weiten Verbreitung dieses Systems.

Deshalb beziehen sich alle weiteren Angaben auf eine von unten bestrichene Stromschiene.

### 16.4.4.2 Allgemeine Grundlagen

Stromschienensysteme werden in der Regel mit Gleichstrom und einer Nennspannung von 0,75 kV betrieben (Ausnahme: S-Bahn Hamburg mit 1,2 kV).

Die maximale Fahrgeschwindigkeit beträgt in der Regel 100 km/h.

Sie werden für einen Temperaturbereich von

- −20 bis +60 °C (80 K) offene Strecken,
- −15 bis +40 °C (55 K) Tunnel

ausgelegt.

Diese Angaben berücksichtigen die Leitererwärmung durch Umgebungsbedingungen und Stromwärme.

### 16.4.4.3 Stromschiene

Es werden Stromschienen aus Stahl (St) oder Aluminium mit Stahlschleiffläche (Al-Verbundstromschiene) verwendet.

Das verwendete Profil geht aus den Abb. 16.35a für die St-Stromschiene oder aus der Abb. 16.35b für die Al-Verbundstromschiene hervor.

Die Verbindung der Stahlschleiffläche mit dem Aluminium wird von verschiedenen Herstellern unterschiedlich gelöst, weshalb die Abb. 16.35b nur als Beispiel anzusehen ist.

Die mechanischen und elektrischen Eigenschaften sind in Tab. 16.19–16.22 zusammengefasst.

Aufgrund der aus diesen Tabellen zu entnehmenden Vorteile der Al-Verbundstromschiene gegenüber der Stahlstromschiene in mechanischer und elektrischer Hinsicht werden in Neuanlagen ausschließlich Al-Verbundstromschienen verwendet und in bestehenden Anlagen Stahlstromschienen durch Al-Verbundstromschienen ersetzt.

Die Stromschienenstücke werden in der Regel in einer Länge von 18 m geliefert. Unter Berücksichtigung verschiedener Bedingungen wie Streckenführung, Bogenhalbmesser und thermischer Längendehnung wird die jeweils größtmögliche Stromschienenlänge (möglichst ein Vielfaches von 18 m) angewendet.

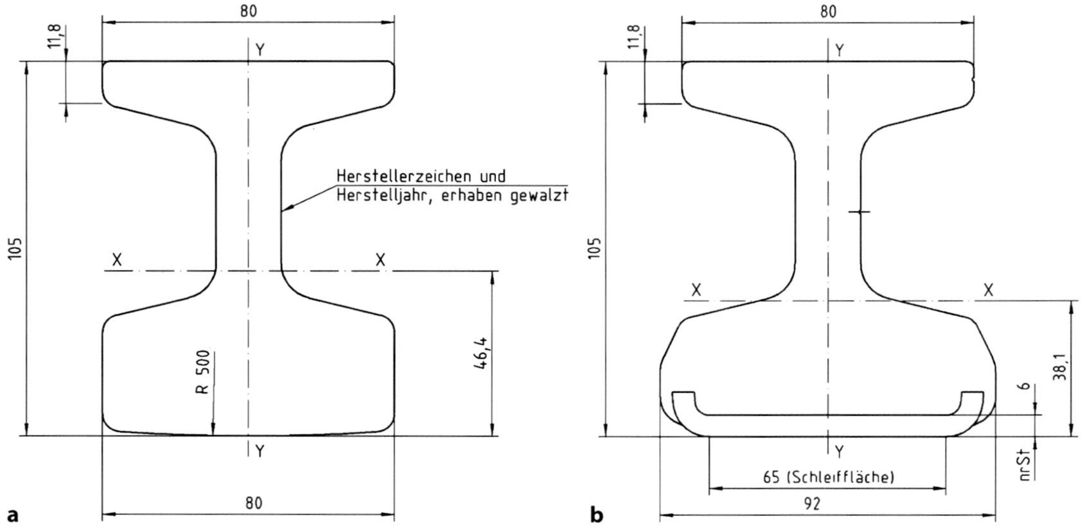


**Abb. 16.35** **a** Stahl-Stromschiene (veraltet), **b** Al-Verbundstromschiene

**Tab. 16.19** Elektrische Eigenschaften von Stahlstromschienen

| | | | | | | |
|---|---|---|---|---|---|---|
| Leitfähigkeit bei 15 °C | | $[\mathrm{m}/\Omega\,\mathrm{mm}^2]$ | $\geq 8{,}5$ | | | |
| Spezif. Widerstand bei 15 °C | | $[\Omega\,\mathrm{mm}^2/\mathrm{m}]$ | $\leq 0{,}1176$ | | | |
| Widerstandskoeffizient | | $[\mathrm{K}^{-1}]$ | 0,0045 | | | |
| Widerstand bei 20 °C | | $[\mathrm{m}\Omega/\mathrm{km}]$ | 23,07 | | | |
| Dauerstrombelastbarkeit bei Umgebungs-temperatur 40 °C | Leitererwärmung von 20 K | [A] | 1519 | 1719 | 1912 | 2030 |
| | Windgeschwindigkeit | [m/s] | 0,3 | 0,6 | 1,0 | 1,3 |
| | Erwärmungszeitkonstante | [s] | 6120 | 4720 | 3863 | 3428 |

**Tab. 16.20** Elektrische Eigenschaften von Al-Verbundstromschienen

| | | | | | | |
|---|---|---|---|---|---|---|
| Leitfähigkeit bei 20 °C | | $[\mathrm{m}/\Omega\,\mathrm{mm}^2]$ | 30,3 | | | |
| Spezif. Widerstand bei 20 °C | | $[\Omega\,\mathrm{mm}^2/\mathrm{m}]$ | 0,033 | | | |
| Widerstandskoeffizient | | $[\mathrm{K}^{-1}]$ | 0,0038 | | | |
| Widerstand bei 20 °C | | $[\mathrm{m}\Omega/\mathrm{km}]$ | 6,72 | | | |
| Dauerstrombelastbarkeit bei Umgebungs-temperatur 40 °C | Leitererwärmung von 20 K | [A] | 2828 | 3201 | 3561 | 3781 |
| | Windgeschwindigkeit | [m/s] | 0,3 | 0,6 | 1,0 | 1,3 |
| | Erwärmungszeitkonstante | [s] | 3950 | 3083 | 2491 | 2211 |

Für den unter Abschn. 16.4.4.2 genannten Temperaturbereich ergibt sich eine maximale Stranglänge von

- 108 m (offene Strecke),
- 162 m (Tunnel).

Die Verbindung der einzelnen Stromschienenstücke untereinander erfolgt durch Laschenstöße (Abb. 16.36).

Nach Erreichen der maximalen Stranglänge ist die Anordnung einer Dilatation (Dehnungsstoß) erforderlich. Sie hat die Aufgabe, thermische Längendehnung zu kompensieren. Die hierzu erforderlichen Lücken zwischen den Stromschienen sind in der Länge angepasst an den Stromabnehmer-Schleifschuh. Die mechanische Kopplung der Stromschienen erfolgt mit präzise eingestellten Führungslaschen. Die elektrische Kopplung übernimmt ein Schiebekontakt oberhalb der Stromschienen.

Das Ausführungsbeispiel einer Dilatation für Al-Verbundstromschienen mit 2 hintereinander angeordneten Lücken zeigt Abb. 16.37.

**Abb. 16.36** Laschenstoß

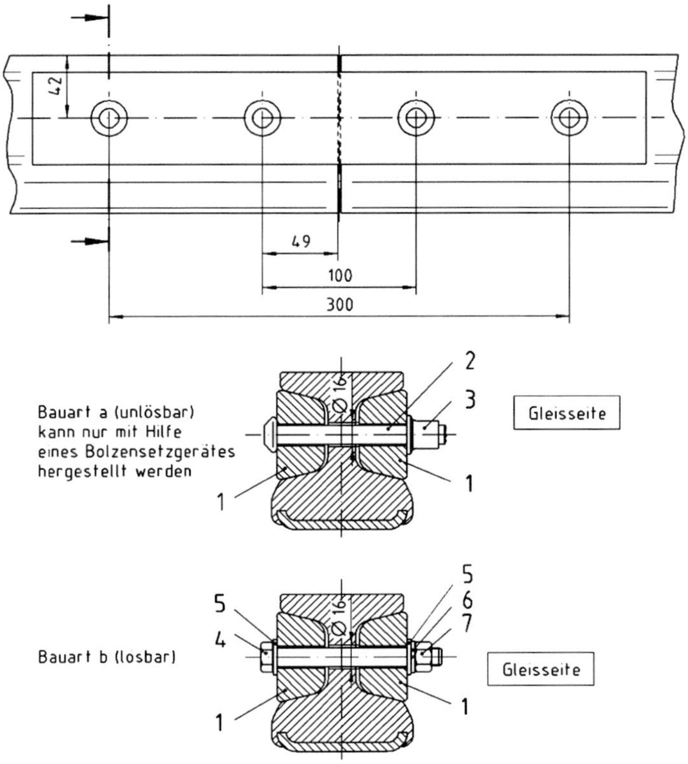


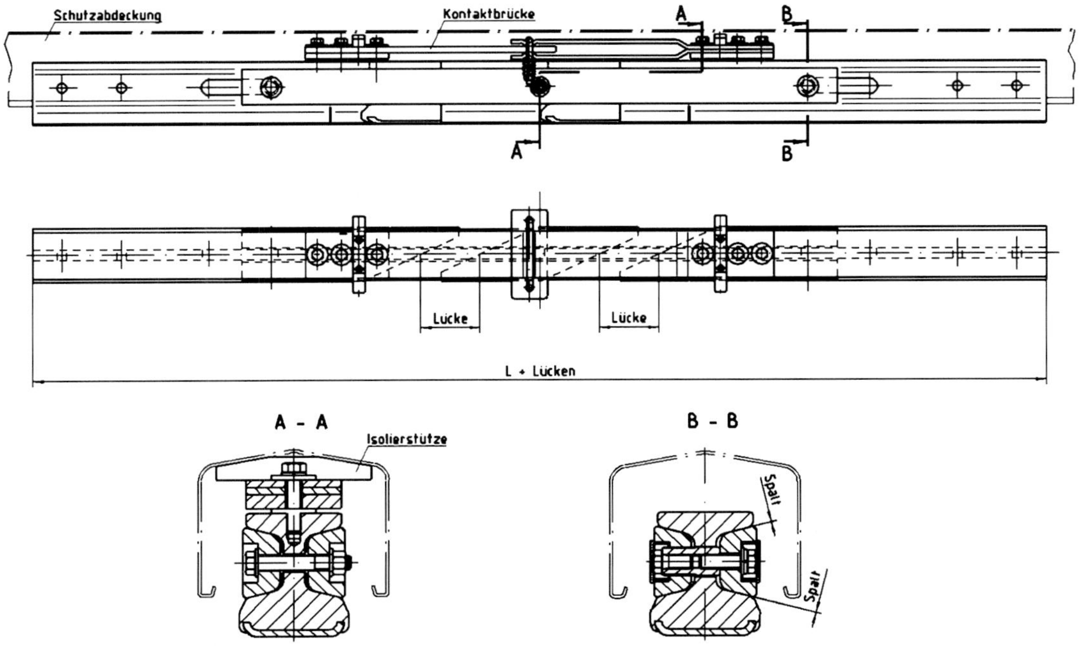


**Abb. 16.37** Dilatation

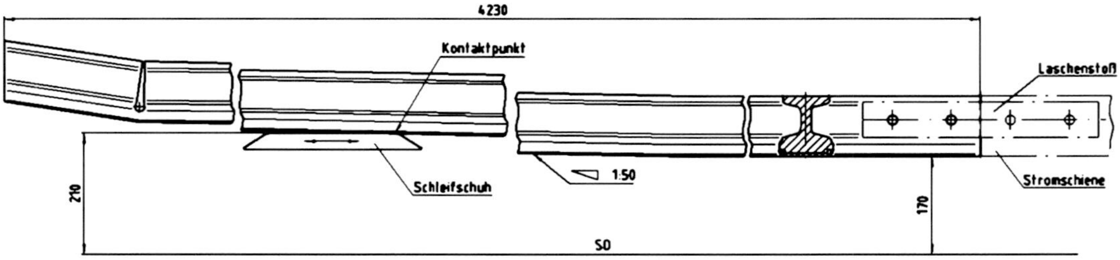


**Abb. 16.38** Stromschienenauflauf 1 : 50

**Tab. 16.21** Mechanische Eigenschaften von Stahlstromschienen

| Querschnittfläche | | |
|---|---|---|
| Gesamt | [mm²] | 5100 |
| Längenbezogene Masse | [kg/m] | Ca. 40 |
| Trägheitsmoment $J_x$ | [cm⁴] | 597 |
| Trägheitsmoment $J_y$ | [cm⁴] | 211 |
| Elast. Durchbiegung um $x$-Achse, Stützweite 6 m, (Durchlaufträger) | [mm] | < 3 |
| Widerstandsmoment $W_x$ | [cm³] | 102 |
| Widerstandsmoment $W_y$ | [cm³] | 53 |
| Längenausdehnungskoeffizient | $[10^{-6}/K]$ | 11,5 |

**Tab. 16.22** Mechanische Eigenschaften von Al-Verbundstromschienen

| Querschnittfläche | | |
|---|---|---|
| Gesamt | [mm²] | 5452 |
| Querschnittfläche (Al) | [mm²] | 4912 |
| Längenbezogene Masse | [kg/m] | 17,201 |
| Trägheitsmoment $J_x$ [a] | [cm⁴] | 804 |
| Trägheitsmoment $J_y$ [a] | [cm⁴] | 320 |
| Elast. Durchbiegung um $x$-Achse, Stützweite 6 m, (Durchlaufträger) | [mm] | < 3 |
| Brinellhärte (Al) | [HB] | 85 |
| Brinellhärte (St) | [HB] | 130 ... 170 |
| Längenausdehnungskoeffizient | $[10^{-6}/K]$ | 20,4 |

[a] Stahlquerschnitt ist auf äquivalenten Aluminiumquerschnitt umgerechnet

An jedem freien Ende einer Stromschiene ist ein Stromschienenauflauf erforderlich.

Stromschienenaufläufe sind mit steigender Neigung versehene Stromschienen, die ein sicheres Auf- bzw. Ableiten des Stromabnehmers in vertikaler Richtung ermöglichen. Das freie Ende der Neigungsfläche muss immer höher als die Höchstlage des Stromabnehmer-Schleifschuhs sein.

In Abhängigkeit der maximalen Fahrgeschwindigkeit werden Stromschienenaufläufe mit unterschiedlicher Neigung versehen:

- $v_{\max} \leq 40\,\text{km/h}$: Neigung 1 : 30,
- $v_{\max} \leq 100\,\text{km/h}$: Neigung 1 : 50.

Ein Ausführungsbeispiel ist Abb. 16.38 zu entnehmen.

#### 16.4.4.4 Stromschienenstützpunkte

Stromschienenstützpunkte haben die Aufgabe, horizontale und vertikale Kräfte von der Stromschiene auf die Schwellen bzw. Bauwerke zu übertragen. Sie halten die Stromschienen in einem definierten Abstand zum Gleis. Die Seiten-

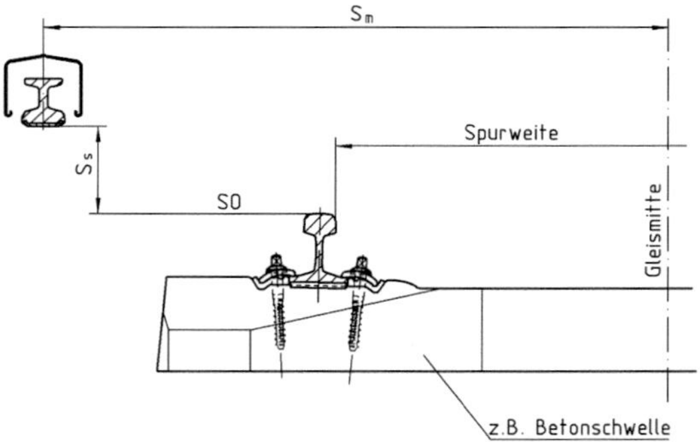


| Anlage | Ss | Sm | Spurweite |
|---|---|---|---|
| U-Bahn Berlin | $170^{+2}_{-3}$ | $1270^{+3}_{0}$ | 1435 |
| S-Bahn Berlin | $135^{+5}_{0}$ | $1570 \pm 5$ | 1435 |
| U-Bahn München | $192^{+3}_{-7}$ | $1345^{+10}_{0}$ | $1433 \pm 2$ |
| U-Bahn Nürnberg | $190 \pm 5$ | $1345^{+10}_{0}$ | $1432^{+2}_{-1}$ |
| Hamburger Hochbahn | $200^{0}_{-10}$ | $1200 \pm 10$ | $1432^{+1,5}_{0}$ |
| Metro Helsinki | $235 \pm 4$ | $1470 \pm 5$ | $1521{,}5 \pm 1$ |
| Metro Kuala Lumpur | $170^{0}_{-5}$ | $1417.5^{+10}_{0}$ | 1435 |
| Metro Singapore | $170 \pm 5$ | $1317.5 \pm 5$ | 1435 |
| Metro Barcelona | $175 \pm 2$ | $1472.5 \pm 2$ | 1435 |

**Abb. 16.39** Stromschiene – Seiten- und Höhenlage

**Abb. 16.40** Stromschienenstützpunkt aus Metall (Beispiel: U-Bahn Berlin – Großprofil)

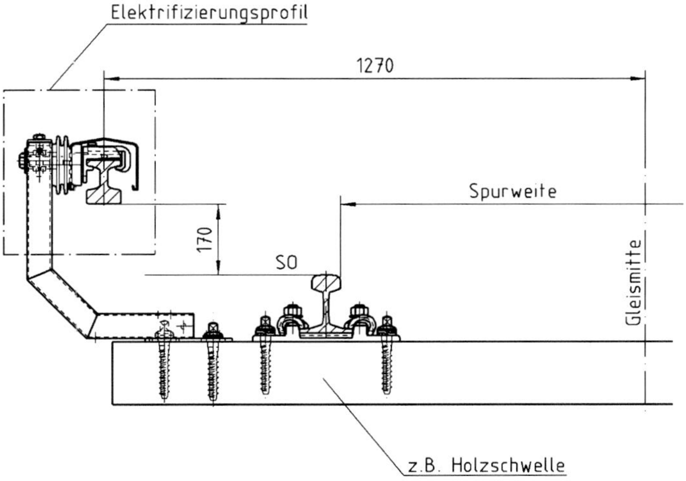


**Abb. 16.41** Stromschienenstützpunkt aus Kunststoff (Beispiel: U-Bahn München, Nürnberg)

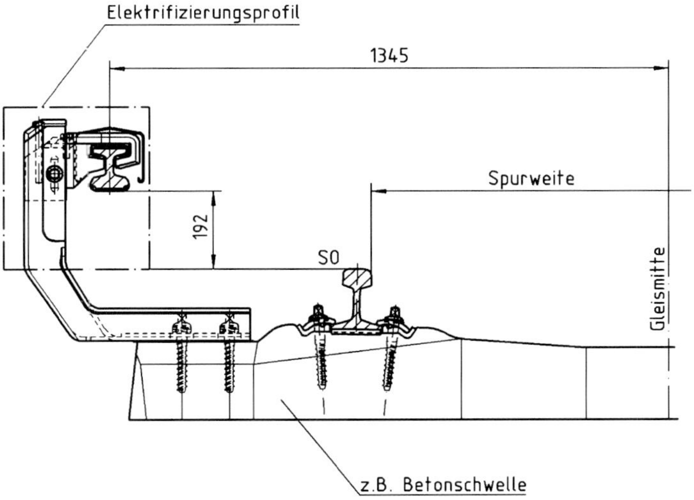


und Höhenlagen der Stromschiene verschiedener Bahnen sind in Abb. 16.39 zusammengefasst.

Stromschienenstützpunkte können aus Metall oder Kunststoff bestehen.

Bei Stromschienenstützpunkten aus Metall befindet sich zwischen Träger und Stromschiene die Isolation (Abb. 16.40). Diese Anordnung ist veraltet und wird bei Neuanlagen nicht mehr angewendet.

Bei Stromschienenstützpunkten aus Kunststoff bestehen diese, bis auf diverse Kleinteile, aus hochwertigem Isolierstoff (Abb. 16.41).

Die Befestigung der Stromschienenstützpunkte auf dem Untergrund (z. B. Schwelle oder Feste Fahrbahn) geschieht durch Fußplatten mit 1 bis 4 Löchern. Anwendungsbeispiele sind in Abb. 16.42 enthalten.

#### 16.4.4.5 Stromschienenabdeckung

Von unten bestrichene Stromschienen sind zum Schutz vor direkter Berührung mit einer isolierenden Schutzabdeckung zu versehen. Die Abdeckung erfolgt oberhalb und beiderseits der Stromschiene. Durch die Bauweise dieser Abdeckung hat sie keinen direkten Kontakt mit der Stromschiene. Auf Distanz gehalten wird die Abdeckung durch Abstandshalter aus Isolierstoff (Abb. 16.43).

**Abb. 16.42** Stromschienenstützpunkt, Lochbild der Fußplatte

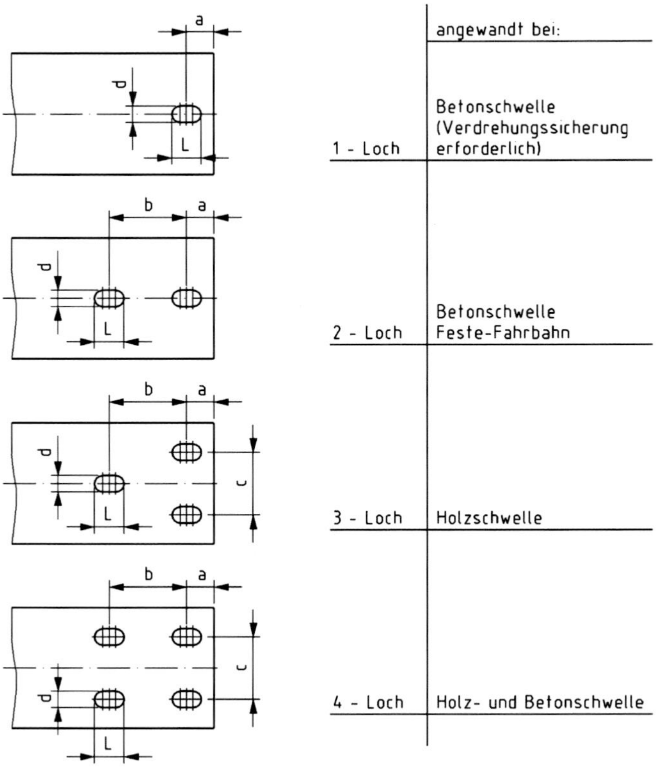


**Abb. 16.43** Stromschienenabdeckung

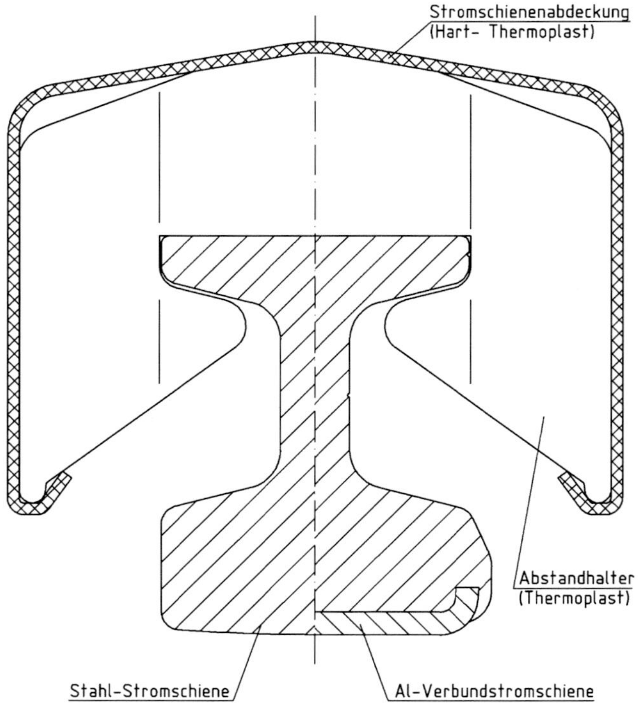

Stromschienenabdeckungen werden vorzugsweise aus Hartthermoplast oder faserverstärktem Duroplast hergestellt.

Die thermische Belastbarkeit der Schutzabdeckung kann mit:

- −40 bis +60 °C:
  für Hartthermoplast,
- −40 bis +100 °C:
  für faserverstärkten Duroplast

angenommen werden.

Bei Verwendung von Stromschienenabdeckungen in Tunneln bestehen besondere Brandschutzanforderungen.

## 16.5 Stromabnehmer

### 16.5.1 Allgemeines

Der Stromabnehmer fungiert als Gegenkontakt zur Fahrleitung. Dadurch wird es möglich, die Traktionsenergie von der Fahrleitung zum Triebfahrzeug zu übertragen. Obwohl er sich auf dem beweglichen Fahrzeug befindet, hat er einen wesentlichen Einfluss auf die Fahrleitung hinsichtlich Geometrie und mechanische Eigenschaften. Durch die komplexen Wechselwirkungen mit der Oberleitung darf die Infrastruktur einer Eisenbahnstrecke nicht losgelöst vom Stromabnehmer betrachtet werden.

### 16.5.2 Stromabnehmer für Oberleitungen

Der prinzipielle Aufbau eines Stromabnehmers geht aus Abb. 16.44 hervor.

Aufgrund unterschiedlichen historischen Entwicklungen bei der Elektrifizierung und dem jeweiligen technischen Entwicklungsstand kamen in den Oberleitungsnetzen der Bahninfrastrukturbetreiber verschiedene Wippenbreiten und -profile zum Einsatz.

Die Breite der Wippe bzw. der horizontale Arbeitsbereich hat im Zusammenwirken mit der Oberleitung Einfluss auf die zulässige seitliche Auslenkung des Fahrdrahts unter Windeinwirkung. Dieser Eckwert der Oberleitung hat großen Einfluss auf die maximalen Längsspannweiten bzw. Mastabstände in der Geraden und im Bogen sowie auf die Fahrdrahtseitenlage am Stützpunkt (Zick-Zack). Je breiter die Wippe bzw. deren horizontaler Arbeitsbereich ist, umso größer sind die zulässige seitliche Auslenkung des Fahr-

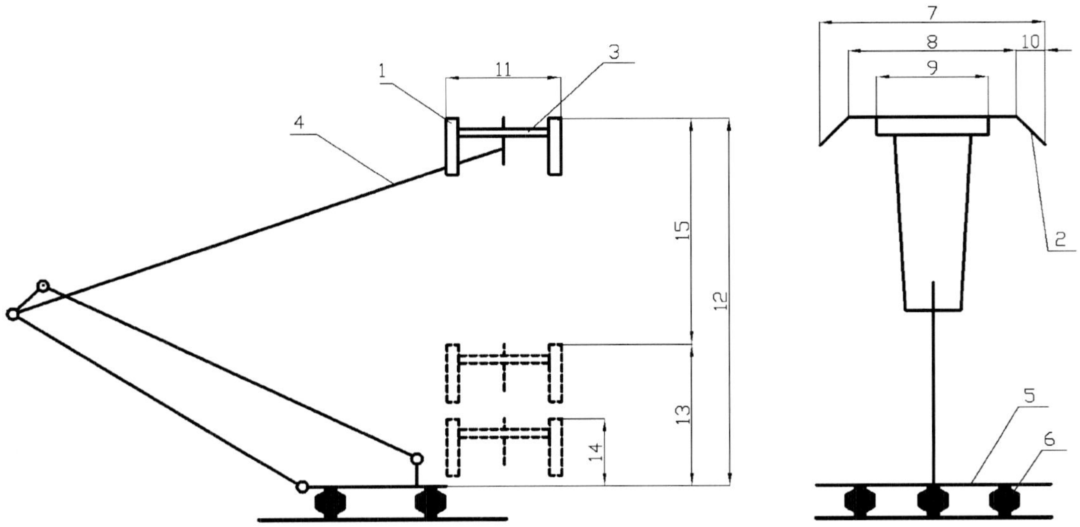


**Abb. 16.44** Grundaufbau eines Stromabnehmers (Halbschere). *1.* Schleifleiste, *2.* Horn, *3.* Wippe, *4.* Gestell, *5.* Grundrahmen, *6.* Isolator, *7.* Breite der Wippe, *8.* Horizontaler Arbeitsbereich, *9.* Länge der Schleifleisten, *10.* Notlauf, *11.* Länge der Wippe, *12.* Maximale Betriebshöhe, *13.* Minimale Betriebshöhe, *14.* Höhe der Senklage, *15.* Vertikaler Arbeitsbereich

**Abb. 16.45** Wippenprofile

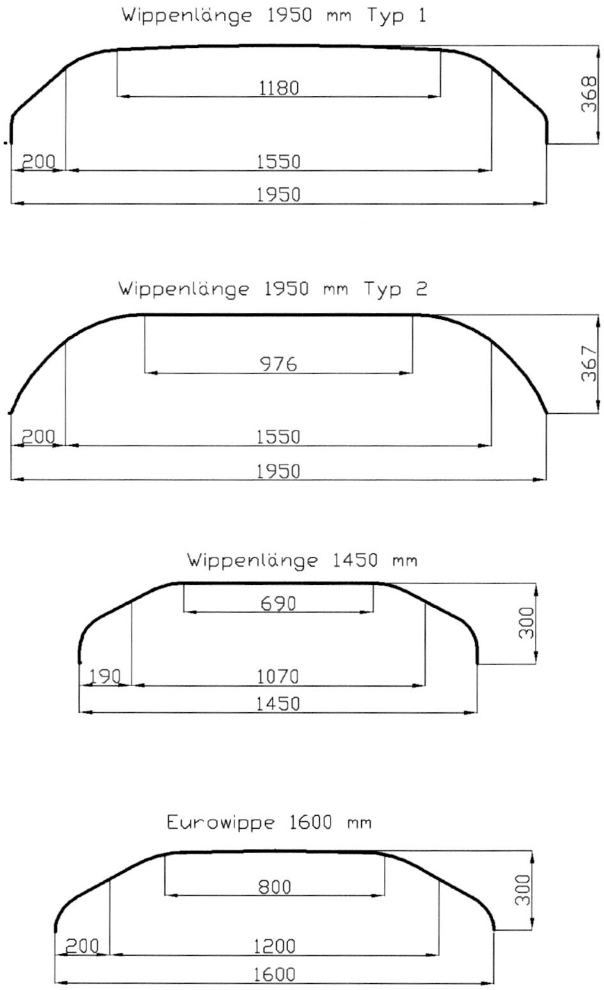


drahtes unter Windeinwirkung und die maximal mögliche Längsspannweite. Über die Anzahl der notwendigen Maste werden die Kosten der Oberleitung bei Bau und Instandhaltung beeinflusst. Andererseits beeinflusst die Breite der Wippe das dynamische Begrenzungsprofil des Stromabnehmers, welches durch die maximale Hüllkurve des Stromabnehmers, unter allen Betriebsbedingungen, beschrieben wird. Das dynamische Begrenzungsprofil des Stromabnehmers und die elektrischen Schutzabstände für die Oberleitung in Luft ergeben den notwendigen Durchgangsraum für den Stromabnehmer, der durch die Oberleitung und sonstigen Infrastrukturen freigehalten werden muss. Je größer die Breite der Wippe ist, umso größer ist der notwendige Raum für den Durchgang des Stromabnehmers. Der notwendige Durchgangsraum für den Stromabnehmer beeinflusst u. a. das Querschnittsprofil von Tunneln und damit deren Baukosten.

In der Abb. 16.45 sind die gebräuchlichsten Wippenprofile mit Beispielen für die Anwendung dargestellt.

### 16.5.3 Seitenstromabnehmer bei Grubenbahnen

Das Beladen von Schüttgutwaggons von oben ist bei einer über dem Gleis angeordneten Oberleitung nicht möglich. Daher ist bei Grubenbahnen im Ladebereich von Tagebaugroßgeräten die

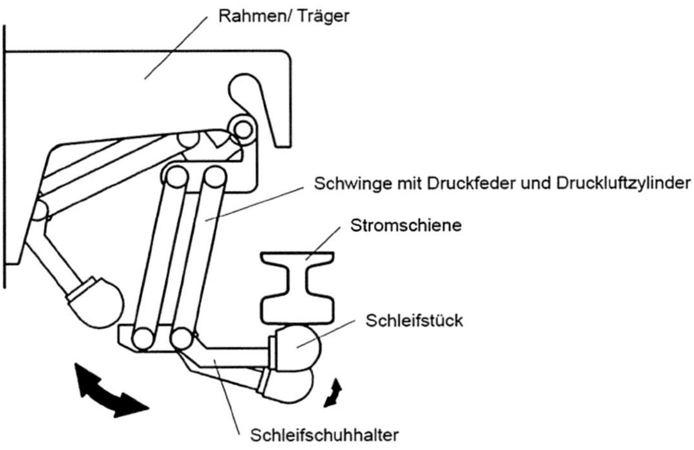


**Abb. 16.46** Stromabnehmer für Stromschiene (von unten bestrichen)

Oberleitung seitlich angeordnet. Im Vergleich zu Stromabnehmern für über dem Gleis angeordnete Oberleitungen haben Seitenstromabnehmer eine deutlich geringere Baugröße. Die Hubrichtung zeigt schräg nach oben. Seitenstromabnehmer sind nur für die Stromabnahme bei niedrigen Fahrgeschwindigkeiten ausgelegt.

### 16.5.4 Stromabnehmer für Stromschienen

Mit dieser Bauart von Stromabnehmern ist es möglich, Traktionsenergie von seitlich neben dem Gleis angeordneten Stromschienen zu den elektrischen Anlagen des Fahrzeugs zu übertragen. Es wird zwischen Stromabnehmern unterschieden, die die Stromschienen von oben, von der Seite oder von unten bestreichen. Die Stromabnehmer sind üblicherweise seitlich an den Drehgestellwangen und auf beiden Fahrzeugseiten angebracht. Damit Lücken in der Stromschienenanlage, z. B. an Bahnübergängen, nicht zur Unterbrechung der Stromversorgung führen, sind die Stromabnehmer an den vorderen und hinteren Drehgestellen der Fahrzeuge/Triebzüge angebracht und über Kabel parallel geschaltet. Hauptbauteile sind Schleifschuh, Schleifschuhhalter, Schwinge mit Druckfeder und Druckluftzylinder und Rahmen. Eine Prinzipskizze eines Stromabnehmers für Stromschienen zeigt Abb. 16.46 Im Bereich von Brücken und sonstigen Profileinschränkungen drückt eine Brückenleitschiene den Schleifschuh in Richtung Gleismitte. Die Brückenleitschiene wird seitlich bestrichen. Daraus ergibt sich eine zweite Arbeitslage des Stromabnehmers.

## 16.6 Rückstromführung, Bahnerdung und Potentialausgleich

Die Rückstromführung, die Bahnerdung und der Potentialausgleich bei Wechselstrom- und Gleichstrombahnen unterscheiden sich grundlegend.

Der wesentliche Unterschied besteht im Auftreten der Streustromkorrosion bei im Erdreich verlegten Leitungen bei Gleichstrombahnen und in induktiven und kapazitiven Kopplungsvorgängen bei Wechselstrombahnen.

Die nachfolgenden Ausführungen beziehen sich nur auf Wechselstrombahnen!

An die Anlagenteile der Rückstromführung, Bahnerdung und den Potentialausgleich werden hohe Forderungen hinsichtlich

- Sicherheit,
- Zuverlässigkeit,
- geringer Verlustleistung,
- elektromagnetischer Verträglichkeit (EMV) und
- Wirtschaftlichkeit

gestellt.

### 16.6.1 Rückstromführung

Die Rückleitungsanlage muss eine elektrisch gut leitende Verbindung zwischen

- den elektrischen Triebfahrzeugen und
- den aus der Oberleitungsanlage gespeisten sonstigen Verbrauchern

und dem Unterwerk herstellen. Diese Verbindung darf an keiner Stelle unterbrochen werden, da sonst als Folge lebensgefährliche Differenzspannungen auftreten können und andere Anlagenteile gefährdet werden.

Zur Rückstromführung müssen während des Betriebes mindestens zwei Fahrschienen bzw. Ersatzleitungen zur Verfügung stehen.

Bei eingleisigen Strecken sind deshalb einschienig isolierte Abschnitte durch zusätzliche Rückleitung (NYY-0, 50 oder 70 mm$^2$ oder äquivalente Leitungen (siehe Abschn. 16.6.2)) zu überbrücken.

#### 16.6.1.1 Verbinder

Hauptelement der Rückleitung sind die Schienen bzw. Gleise. Zur Erhöhung ihres Leitwertes und der Zuverlässigkeit sind die Schienen elektrifizierter Strecken in Längs- und Querrichtung, soweit es die verwendete Technik der Sicherungsanlagen zulässt, gut leitend zu verbinden.

Schienenstöße müssen in Fahrschienen in Längsrichtung überbrückt werden. Als elektrisch leitende Verbindungen für den Rückstrom sind Laschenverbindungen ausreichend. An Abschnitten mit Gleisstromkreisen sind Laschenverbindungen zusätzlich durch Längsverbinder zu überbrücken. Schienenquerverbinder verbinden die Schienen eines Gleises. Gleisverbinder verbinden die jeweils geeigneten Schienen verschiedener Gleise.

Liegen Gleise mehr als 30 m auseinander, gelten sie als eingleisige Strecken und Gleisverbinder entfallen.

Die Anordnung der Verbinder geht aus Tab. 16.23 hervor.

#### 16.6.1.2 Rückleitungsseile

Die Anwendung von Rückleitungsseilen ist eine zusätzliche Maßnahme

- zur Verbesserung der Rückleitungsverhältnisse,
- zur Verminderung der Intensität der induktiven Beeinflussung durch Oberleitungsströme und
- zur Verringerung der magnetischen Feldstärke.

Die Rückleitungsseile sind als separate Leitungen an den Masten der Oberleitung so mitzuführen, dass eine optimale induktive Kopplung zum Kettenwerk (und zur Verstärkungsleitung) vorhanden ist. Im Regelfall (zweigleisige Strecke) ist je Kettenwerk ein Rückleitungsseil zu

**Tab. 16.23** Anordnung von Verbindern [7]

| Gleisisolierung | Gleisfreimeldung | Maximaler Abstand der Schienenquerverbinder | | Maximaler Abstand der Gleisverbinder | |
|---|---|---|---|---|---|
| | | Allgemein | Hochleistungsstrecken | Allgemein | Hochleistungsstrecken |
| Ohne | Ohne bzw. Achszähler | 1000 m | 1000 m | 1000 m | 1000 m |
| Einschienig | 42 Hz/100 Hz | Keine | Keine | 300 m | 150 m[b] |
| Zweischienig | 42 Hz/100 Hz | 1000 m[a] bei Neubau (über Gleis- oder Erdungsdrossel) | 1000 m[a] bei Neubau (über Gleis- oder Erdungsdrossel) | 1000 m[a] (über Gleis- oder Erdungsdrossel) | 1000 m[a] (über Gleis- oder Erdungsdrossel) |
| Tonfrequenzgleisstromkreis | | 1000 m | 1000 m | 300 m[b,c] | 150 m[b,c] |

[a] bei bestehenden Anlagen und Einhaltung der zulässigen Schienenpotentiale: max. 2300 bzw. 1800 m bei felsigem Untergrund
[b] bei Fester Fahrbahn: 300 m
[c] siehe Regelungen nach 997.0202, 3(6) und Bild 4

verwenden. Auf Talbrücken kann es aufgrund des Einsatzes eines Brückenbesichtigungsgerätes notwendig werden, auf die Verlegung von Rückleitungsseilen im Bereich der Brücken zu verzichten. Dies setzt die Erfüllung einiger Sonderbedingungen voraus.

Im Regelfall wird als Rückleitungsseil Leiterseil DIN 50182 Seil 243-AL-1 (siehe Tab. 16.5) verwendet.

Rückleitungsseile an Oberleitungsmasten ohne Verstärkungsleitung sind mit einer Höchstzugspannung von 35 N/mm$^2$ zu verlegen. Hierbei ist ein Temperaturbereich von $-30$ bis $+60\,^\circ$C zu berücksichtigen.

Bei Rückleitungsseilen an Oberleitungsmasten mit Verstärkungs- und/oder Speiseleitungen sind am Mast mindestens folgende Abstände zwischen den Rückleitungsseilen und den aktiven Teilen von Verstärkungs-/Speiseleitungen einzuhalten:

- 500 mm: vertikale Anordnung,
- 1250 mm: horizontale Anordnung.

Um zwischen Rückleitungsseil und Verstärkungs- und/oder Speiseleitungen im gesamten Temperaturbereich und bei ungünstigen Lastannahmen eine unzulässige Näherung der Seile zu vermeiden, sind folgende Werte bei der Verlegung zu beachten:

- Regelfall: Für Verstärkungs- und/oder Speiseleitungen mit Seil DIN 48201-240-E-Al und mit einem Leitertemperaturbereich von $-30\,^\circ\text{C} \le t_0 \le 80\,^\circ\text{C}$ gilt eine Höchstzugspannung von 35 N/mm$^2$, für Rückleitungsseile mit Seil DIN 48201-240-E-Al und mit einem Leitertemperaturbereich von $-30\,^\circ\text{C} \le t_0 \le 60\,^\circ\text{C}$ gilt eine Höchstzugspannung von 20 N/mm$^2$.
- Ausnahme: Für Verstärkungs- und/oder Speiseleitungen mit Seil DIN 48204-240/40-Al/St und mit einem Leitertemperaturbereich von $-30\,^\circ\text{C} \le t_0 \le 80\,^\circ\text{C}$ gilt eine Höchstzugspannung von 60 N/mm$^2$, für Rückleitungsseile mit Seil DIN 48201-240-E-Al und mit einem Leitertemperaturbereich von $-30\,^\circ\text{C} \le t_0 \le 80\,^\circ\text{C}$ gilt eine Höchstzugspannung von 35 N/mm$^2$.

Rückleitungsseile gelten als Bahnerde. Damit sind die tragenden Oberleitungsmaste als geerdet anzusehen. Zur Bildung von Induktionsschleifen sind die Rückleitungsseile mindestens alle 500 m mit der Erdschiene zu verbinden (NYY-0, 50 mm$^2$ oder äquivalente Leitungen nach Abschn. 16.6.2). Dies muss bei zweigleisigen Strecken an gegenüberliegenden Masten erfolgen. Diese Maste werden auch miteinander verbunden. Diese Verbindung gilt als Gleisverbinder (siehe auch Abschn. 16.6.1.1).

Endet die Rückleitungsseilführung, so ist eine doppelte Verbindung ($2 \times$ NYY-0, 70 mm$^2$) vom Rückleitungsseil zur Erdschiene auszuführen.

#### 16.6.1.3 Rückleiteranschluss am Unterwerk

Jedes Unterwerk ist mit mindestens zwei Rückleitern mit dem Schienennetz verbunden.

Dabei sind die Rückleiter so zu bemessen, dass es bei einem Ausfall eines Rückleiters nicht zur Überbeanspruchung des in Betrieb befindlichen Rückleiters kommt.

In der Regel sind je Unterwerksumspanner (einschließlich Reserveumspanner) bis zu einer Nennleistung von 15 MVA zwei Rückleiterkabel NYY-0, 150 mm$^2$, zu den am Unterwerk vorbeiführenden, durchgehenden Hauptgleisen zu verlegen. Der Anschluss erfolgt an unterschiedliche Schienen.

Die Rückleitungsanschlüsse an Schienen sind als Betriebserden zu kennzeichnen und mit einer Schutzabdeckung zu versehen.

### 16.6.2 Bahnerdung (Verbinden mit der Rückleitung)

Zum Schutz von Personen und Betriebsmitteln im Oberleitungs- und Stromabnehmerbereich (siehe Abb. 16.47) ist die Bahnerdung anzuwenden.

Das Reißen von Speise-, Schalter-, Umgehungs- oder Verstärkungsleitungen braucht nicht berücksichtigt werden.

Bei abgehenden Kettenwerken und Festpunkten ist der Oberleitungsbereich nach dem Verlauf des unter Spannung stehenden Kettenwerkes bzw. Festpunktankers entsprechend zu erweitern.

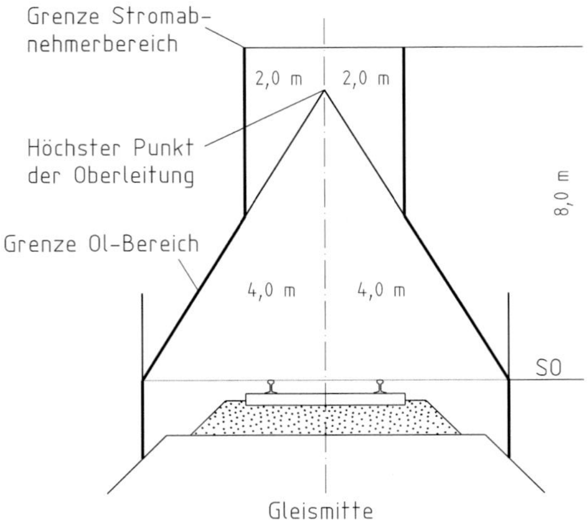


**Abb. 16.47** Oberleitungs- und Stromabnehmerbereich

Bei Gleisradien < 1000 m ist zu prüfen, ob der Oberleitungsbereich bogeninnen bis auf 5 m zu erweitern ist.

Für Stromschienenoberleitungen (siehe Abschn. 16.4.2) entfällt der Oberleitungsbereich, aber nicht der Stromabnehmerbereich.

Im Regelfall ist die unmittelbare Bahnerdung anzuwenden. In die Bahnerdung einzubeziehen sind alle nicht zum Betriebsstromkreis gehörenden, leitfähigen Teile der Oberleitungsanlage und alle übrigen ganz oder teilweise leitenden Teile im Oberleitungs- und Stromabnehmerbereich. Ausgenommen davon sind leitfähige Bauteile, die keine elektrischen Betriebsmittel beinhalten bzw. tragen *und* kleiner als 3 m (parallel zum Gleis) und 2 m (senkrecht zum Gleis) sind. Für nur teilweise leitfähige Bauteile vergrößert sich die Abmessung parallel zum Gleis auf 15 m. Die 2 m (senkrecht zum Gleis) bleiben gleich. Weiterhin muss sichergestellt sein, dass eine Person aus beliebiger Richtung erkennen kann, ob ein aktiver Leiter das Objekt berührt.

Die mögliche Ausführung der Bahnerdung richtet sich entscheidend nach den Anforderungen und der Verwendung der Schienen für die Leit- und Sicherungstechnik.

Unterschieden wird nach:

- nicht isolierten Gleisen (ohne Gleisstromkreise; hierzu gehören auch Gleise mit Achszähleinrichtungen),
- einschienig isolierten Gleisen,
- zweischienig isolierten Gleisen,
- Gleisen mit Tonfrequenz-Gleisstromkreisen (eine Schiene muss als Erdschiene freigegeben sein).

Die Anschlüsse von Erdungsleitungen dürfen isolierte Abschnitte der Gleisfreimeldeanlagen nicht in ihrer Funktion beeinträchtigen.

Als Material für Erdungsleitungen wurden bisher angewendet:

- bei Kurzschlussströmen am Einbauort $\leq 25$ kA: Kabel NYY-0, 50 mm$^2$,
- bei Kurzschlussströmen am Einbauort $> 25$ kA: Kabel NYY-0, 70 mm$^2$.

Aufgrund des zunehmenden Diebstahls von Kupfer, der neben dem Materialverlust vor allem zur Gefährdung der Anlagen und Personen führt, hat die DB AG in den letzten Jahren die Verwendung von alternativen Materialien forciert.

In Tab. 16.24 sind diese Kabel zusammengestellt. Da die alternativen Materialien gegenüber Kupfer schlechtere elektrische Eigenschaften besitzen, ist ihre Anwendung in der Länge, in Abhängigkeit des tatsächlichen Kurzschlussstromes,

**Tab. 16.24** Erdungsleitung bei der DB AG [Auswahl]

| Material | Bezeichnung | Bemerkungen |
|---|---|---|
| Cu-Kabel | NYY-0 1 × 50 mm$^2$ | $I_K \leq 25$ kA |
| Cu-Kabel | NYY-0 1 × 70 mm$^2$ | |
| Al-Kabel | (N)AYY-0 1 × 110 RM 0,6/1 kV ALMG | |
| Al-/St-Kabel | (N)A(ST)YY-0 1 × 75 RM 0,6/1 kV ALMGST | $I_K \leq 25$ kA |
| Al-/St-Kabel | (N)A(ST)YY-0 1 × 100 RM 0,6/1 kV ALMGST | |
| Al-/St-Kabel | (N)A(ST)YY-0 1 × 110 RM 0,6/1 kV ALMGST | |
| St-Seil | Ummanteltes Stahlseil 95 mm$^2$ | $I_K \leq 25$ kA |
| Composite Cable | PBA806A06 – 14,5 mm | Für Tunnel geeignet |
| Cu-/St-/Al-Kabel | (N)2x 1 × 70 RF CuStAl | |

**Tab. 16.25** Maximale Längen des Erdungsverbinders

| Kurzbezeichnung | Außendurchmesser in mm | Maximale Länge des Erdungsverbinders in m | | | |
|---|---|---|---|---|---|
| | | $I_K \leq 15\,\text{kA}$ | $I_K \leq 20\,\text{kA}$ | $I_K \leq 25\,\text{kA}$ | $I_K > 25\,\text{kA}$ |
| Cu – 50 mm² | 15–18 | O. B. | O. B. | O. B. | Nicht zulässig |
| Cu – 70 mm² | 16–19 | | | | O. B. |
| Al – 100 mm² | 20 | 195 | 139 | 104 | 49 |
| Al/St – 75 mm² | 18 | 132 | 91 | 65 | Nicht zulässig |
| Al/St – 100 mm² | 20 | 217 | 156 | 118 | 59 |
| Al/St – 110 mm² | 20 | 217 | 156 | 118 | 59 |
| St-Seil – 95 mm² | 13,5 | 30 | 19 | 12 | Nicht zulässig |
| St-Draht – ⌀10 mm | 10 | 12 | 12 | Nicht zulässig | Nicht zulässig |
| Composite Cable | | 200 | 142 | 106 | 49 |
| Cu-/St-/Al-Kabel | 14 | 147 | 101 | 72 | 30 |

O. B. – ohne Begrenzung

vor Ort begrenzt. Die Begrenzungen können aus der Tab. 16.25 entnommen werden.

Als Erdungsleitungen können, bei ausreichenden Querschnitten (mindestens 120 mm² bei Kurzschlussströmen am Einbauort $\leq$ 25 kA oder mindestens 200 mm² bei Kurschlussströmen > 25 kA), auch in Beton eingebettete blanke Stahlleiter, jedoch keine Spannstähle verwendet werden.

Als Material für **Prellleiter** sind Rund- oder Flachmaterialien aus Stahl, verzinkt, mit einem Mindestquerschnitt von 120 mm² (bei Kurzschlussströmen $\leq$ 25 kA) oder mindestens 200 mm² (bei Kurschlussströmen > 25 kA) zu verwenden.

Die Zusammenschaltung mehrerer Erdungsleitungen soll vorrangig an Oberleitungsmasten erfolgen. Hierzu sollen bei mehr als zwei Erdungsleitungen entweder Ankerschienen an Mastfundamenten oder die Erdungsbuchsen an Spannbetonmasten verwendet werden. Das Verklemmen von maximal zwei Erdungsleitungen (z. B. Kabelschuhen) unter einer Erdungsschraube ist zulässig.

### 16.6.3 Potentialausgleich

Der Potentialausgleich dient dem Ausschluss unzulässig hoher abgreifbarer oder Berührungs-Spannungen. Durch niederohmige Verbindungen zwischen Bauteilen verschiedenen Potentials wird eine Potentialangleichung erzwungen.

## 16.7 Arbeiten in der Nähe spannungsführender Ober- und Bahnenergieleitungen (16,7 Hz, 15.000 V)

### 16.7.1 Abstand von Personen

Der Schutzabstand von Elektrofachkräften und bahntechnisch-elektrotechnisch unterwiesenen Personen zu spannungsführenden Teilen der Oberleitungsanlage beträgt **1,50 m**.

Dieser Abstand darf auch durch Werkzeuge, Gegenstände und schwingende Teile unter keinen Umständen unterschritten werden.

Bei Bauarbeiten, wie z. B. Gerüstbau, Arbeiten mit Baumaschinen, Montagearbeiten, Transportarbeiten sowie weitere nichtelektrotechnische Arbeiten gilt ein Schutzabstand von **3,00 m**.

Kann der Schutzabstand nicht eingehalten werden, sind die Anlagenteile, unter Anwendung der 5-Sicherheitsregeln, auszuschalten.

**5-Sicherheitsregeln**

1. Freischalten
2. Gegen Wiedereinschalten sichern
3. Spannungsfreiheit feststellen (Prüfen)
4. Erden und Kurzschließen
5. Benachbarte, unter Spannung stehende Teile abdecken oder abschranken. Ist dies nicht möglich, ist der Sicherheitsabstand zu diesen benachbarten Teilen einzuhalten.

### 16.7.2 Abstand von Baumaschinen und Geräten

Oberleitungen und Bahnenergieleitungen, unter denen mit Baumaschinen gearbeitet wird, sind grundsätzlich auszuschalten und bahnzuerden. Dabei brauchen die Baumaschinen nicht bahngeerdet werden. Zur Vermeidung von mechanischen Schäden muss bei höhenverstellbaren Baumaschinen die Hubbegrenzung eingeschaltet sein. Dabei muss ein

Mindestabstand von 0,10 m

zur ausgeschalteten und bahngeerdeten Oberleitung eingehalten werden.

Je nach Bauart der Baumaschine müssen folgende Abstandzuschläge für unkontrollierte Bewegungen während der Arbeiten (z. B. Auslegerschwankungen) berücksichtigt werden:

- schienenfahrbare Baumaschinen 0,15 bis 0,30 m,
- nicht schienenfahrbare Baumaschinen wegen Fahrbahnunebenheiten > 0,30 m.

Können Oberleitungen und/oder Bahnenergieleitungen aus betrieblichen Gründen nicht ausgeschaltet werden, ist ein

Sicherheitsabstand von 1,50 m

einzuhalten.

Zu diesem Abstand sind die vorgenannten Abstandszuschläge für unkontrollierte Bewegungen zu addieren. Die Baumaschinen müssen bei Arbeiten unter spannungsführender Oberleitung immer *bahngeerdet* werden!

Ein Schienenfahrzeug (auch ein eingegleistes Zweiwegefahrzeug) gilt als bahngeerdet, wenn mindestens ein Rad auf einer, als Rückleitung dienenden, nicht unterbrochenen Schiene steht.

Fahrzeuge, Kräne, Baumaschinen und Baugeräte, die auf einem Güterwagen stehen, können an diesem bahngeerdet werden, wenn sich der Wagen auf einer zur Rückleitung benutzten Schiene befindet.

Alle gummibereiften Fahrzeuge sind grundsätzlich mit einer Schlepperde an das rückleitende Gleis anzuschließen.

Kann bei Bauarbeiten unter eingeschalteter Oberleitung der Sicherheitsabstand von 1,50 m nicht eingehalten werden, darf dieser im Ausnahmefall bis auf 0,3 m verringert werden. Die Zuschläge für unkontrollierte Bewegungen während der Arbeit sind gesondert aufzuaddieren, d. h. der Mindestabstand von schienenfahrbaren Arbeitsmaschinen darf 0,45 . . . 0,60 m (je nach Art der Baumaschinen) nicht unterschreiten. Bei höhenverstellbaren Arbeitsmaschinen muss die Hubbegrenzung immer eingeschaltet sein und sie darf während der Arbeitsausführung nicht unwirksam gemacht werden.

Arbeitskräfte, die vom Boden aus bewegte Lasten am Ausleger führen, müssen durch eine elektrische Trennung von der geführten Last und Tragmitteln vor einem eventuellen Überschlag geschützt sein.

Die elektrische Trennung kann durch eine isolierte Aufhängung der Last, aus Isolierstoff bestehende Arbeitsmittel oder isolierende Leitseile zum Führen der Last erreicht werden.

# Appendix A. Regelzeichen für Oberleitungslagepläne

**Maste**

| | Benennung | Symbol |
|---|---|---|
| Lageplan | Flachmast | |
| | Anklammerflachmast | |
| | Winkelmast | |
| | Anklammerwinkelmast | |
| | Holztragmast | |
| | Holzabspannmast | |
| | Mast mit Anker | |
| | Mast mit Radabweiser | |
| | Betontragmast | |
| | Betonabspannmast | |
| | IPB-Mast | |
| Querprofil | Mastvorderkante im Querfeld | |
| | Mittelmast | |
| | Mast mit Aufsatz | |

**Oberleitungsstützpunkte im Tunnel Re250**

| Benennung | Symbol |
|---|---|
| Einzelstützpunkte an der Decke | |
| Einzelstützpunkte an der Wand | |
| Doppelstützpunkte an der Wand | |
| Festpunkt mit Stützpunkt an der Decke | |
| Festpunkt mit Stützpunkt an der Wand | |

**Oberleitungsstützpunkte**

| Benennung | Symbol |
|---|---|
| Ausleger über 1 Gleis am Flachmast | |
| 2 Ausleger am Mast (bei nachgespanntem Tragseil) | |
| Ausleger über 2 Gleise | |
| Bogenabzug am Flachmast | |
| Bogenabzug für 2 und mehr Gleise am Flachmast | |
| Bogenabdrücke ohne Ausleger | |
| Sehkeilausleger I (II, III) am Flachmast | |
| Querseilaufhängung | |
| Abspannjoch mit Zwischen-Flachmast | |
| Tragjoch | |
| Y-Beilseil Kreuzung Re75, Re100 mit Re160, Re200 | |

**Oberleitungsstützpunkte im Tunnel**

| Benennung | Symbol |
|---|---|
| an der Decke, ohne Seitenhalter | |
| an der Decke, mit 1 Seitenhalter | |
| an der Decke, mit 2 Seitenhaltern | |
| an der Wand, ohne Seitenhalter | |
| an der Wand, mit 1 Seitenhalter | |
| an der Wand, mit 1 Seitenhalter | |

**Festpunkte im Tunnel**

| Benennung | Symbol |
|---|---|
| mit Anker an der Decke oder Wand, z. B. am Stützpunkt ohne Seitenhalter an der Hängesäule | |
| an der Decke oder Wand, z. B. an der Wand mit je 1 Seitenhalter | |

**Oberleitung**

| Benennung | | Symbol |
|---|---|---|
| Gleis mit befahrbahrer Oberleitung | | |
| Gleis ohne Oberleitung | | |
| Abgehende Kettenwerke | | |
| Tragseillose Oberleitung | bewegl. Endverank. | |
| | feste Endverank. | |
| Oberleitung mit festem Tragseil | bewegl. Endverank. | |
| | feste Endverank. | |
| Oberleitung mit nachgesp. Tragseil | bewegl. Endverank. | |
| | feste Endverank. | |
| Oberleitung mit nachgesp. Tragseil und Doppelfahrdraht | bewegl. Endverank. | |
| | feste Endverank. | |
| | bewegl. Endverank. an versch. Masten o. Befestigungspunkten | |
| | feste Endverank. an versch. Masten o. Befestigungspunkten | |
| Zukunfts Endverankerung | | |
| Fahrdraht-Verankerung bei festem Tragseil | | |
| Fahrdraht-Verankerung bei nachgespanntem Tragseil im Querseil | | |
| Fahrdraht-Verankerung bei nachgespanntem Tragseil am Ausleger | | |
| Oberleitungen kreuzen sich und sind mit Führungsleiste versehen | | |
| Die kreuzenden Oberleitungen berühren sich nicht (ohne Führungsleiste) | | |
| Oberleitungen kreuzen sich. Doppelte Kreuzugnsweiche mit beigeklemmten Fahrdrähten | | |
| Elektrische Verbindung zweier Oberleitungen | | |
| Streckentrenner | | |
| Zwischenisolation im Fahrdraht und Tragseil o. Richtseil | | |
| Zwischenisolation nur im Tragseil | | |
| mechanisch verstärkte Isolation im Richtseil (Darstellung im Querprofil) | | |
| doppelte Tragseil-Isolation am Stützpunkt im Querfeld | | |
| Reiter zwischen 2 Fahrdrähten | | Zug / Druck |
| Kettenwerk mit Seil statt Fahrdraht | | |
| Fahrdraht-Seilverbindung (ohne Isolation) | | |
| Fahrdraht-Seilwechsel an Zwischenisolation | | |
| Streckentrennung (Darstellung im Übersichtsplan mit Schaltanweisung) | | |

| | Speiseleitungen | | Schalter | | Sonstiges | |
|---|---|---|---|---|---|---|
| | Benennung | Symbol | Benennung | Symbol | Benennung | Symbol |
| Lageplan | Speiseleitung (2 Leitungen 240-E-Al) | 240-E-Al | Trennschalter ohne Erdkontakt | | Steuerkabel (3 Leiter Ø 1,5) | 1,5 / 3 |
| Lageplan | 15 kV Speisekabel (1 Kabel Cu 95²) | Cu 95² | Trennschalter mit Erdkontakt | | Erdplatte | |
| Lageplan | Speiseleitungsausleger | | Masttrennschalter für 1000 A mit ortsgesteuertem Antrieb | | Umspanner | |
| Lageplan | Einfachaufhängung | EH | Masttrennschalter für 1000 A mit ferngesteuertem Antrieb | | Zusatzsignal für den elektr. Betrieb El 6 "Halt für Fahrzeuge mit Stromabnehmer" (Signalbuch 301) | |
| Lageplan | Doppelaufhängung 1) | DH | Masttrennschalter für 1700 A mit ortsgesteuertem Antrieb | | Zes-Grenze | |
| Lageplan | Doppelaufhängung z. B. am Winkelmast | V | Masttrennschalter für 1700 A mit ferngesteuertem Antrieb | | Bw-Instandhaltungsgrenze | |
| Lageplan | Speiseleitungs-Endverankerung am Mast | EA | Masttrennschalter für 2000 A mit ortsgesteuertem Antrieb | | Bestimmung d. Gleis-km bei Weichen | von hier ab |
| Lageplan | Einfache Endverankerung am Ausleger | EA | Masttrennschalter für 2000 A mit ferngesteuertem Antrieb | | Endverschluß | |
| Lageplan | Doppelte Endverankerung am Ausleger | DA | handbedienter Schalterantrieb mit Vierkant-Steckschlüssel | | Stromwandler | |
| Lageplan | Speiseleitungs-Zwischenverankerung am Ausleger | EA DA / EA EA | handbedienter Schalterantrieb mit Dreikant-Steckschlüssel | | Standort der Bahnerdungsvorrichtungen | rot |
| Querprofil | Speiseleitungs-Ausleger in der Querprofilebene | | handbedienter Schalterantrieb mit Sonderverschluß | | Standort des Spannungsprüfers | grün rot |
| Querprofil | Speiseleitungs-Ausleger im Winkel zur Querprofilebene | | mechanisch fernbedienter Schalterantrief im Bf. | | Standort der Bahnerdungsvorrichtungen (nur für Rettungsfahrzeug) | |
| | *1) = alte Bauart (für Neubau ungültig)* | | Leistungsschalter | | | |
| | | | Leistungsschalter mit ortsgesteuertem Antrieb | | | |
| | | | Leistungsschalter mit ferngesteuertem Antrieb | | | |

## Literatur


1. Biesenack H et al (2006) Energieversorgung elektrischer Bahnen. Vieweg+Teubner Verlag, Wiesbaden
2. Elektrische Bahnen (Heft 3/2012) Oldenbourg-Industrieverlag, München
3. Zweig B-W, Schurade A, Dietrich G, Damm L, Große J (1989) Lehrheft für die Berufsausbildung – Fahrleitungen der Deutschen Reichsbahn
4. DIN EN 50149 (2013) Ortsfeste Anlagen – Elektrischer Zugbetrieb; Rillenfahrdrähte aus Kupfer und Kupferlegierung
5. Ebs-Zeichnungswerk der Regeloberleitung der DB AG
6. DIN EN 50119 (2021) Bahnanwendungen – Ortsfeste Anlagen, Oberleitungen für den elektrischen Zugbetrieb; Deutsche Fassung EN 50119:2020
7. Richtlinie Oberleitungsanlagen DB Netz AG 997.01xx (2020) und 997.020x (2013)
8. DIN EN 50122-1 (2023) Bahnanwendungen – Ortsfeste Anlagen-Elektrische Sicherheit, Erdung und Rückleitung – Teil 1: Schutzmaßnahmen Gegen elektrischen Schlag; Deutsche Fassung EN 50122-1:2022
9. Richtlinie-Oberleitungsanlagen DB Netz AG 997.0302 (Januar 2005)


## Weiterführende Literatur


10. DIN EN 50367 (2012) Bahnanwendungen – Zusammenwirken der Systeme – Technische Kriterien für das Zusammenwirken Stromabnehmer und Oberleitung (für einen freien Zugang); Deutsche Fassung EN 50367:2021

# 17 Stromversorgung der Infrastruktur

Ferdinand Pospischil und Gerhard Wolff

**Zusammenfassung**

Neben dem Energieverbrauch für die Traktion von Zügen gibt es bei den Eisenbahnen zahlreiche, stationäre Energieverbraucher der Infrastruktur. Mit der weiteren Entwicklung der Technik und der immer höher werdenden Komplexität werden diese immer intensiver zur Anwendung von Elektroenergie übergehen und zunehmend an Bedeutung gewinnen.

Normalerweise werden die Energieverbraucher aus bahneigenen Starkstromnetzen (3AC 400 V 50 Hz oder 3AC 6/12/20/30 kV 50 Hz) versorgt, die aus den anliegenden Netzen der regionalen Energieversorgung gespeist werden. In den Knotenpunkten nehmen diese zum Teil bedeutende Ausmaße an. Der komplexe Aufbau und die Sicherheitsstruktur hinter den ESTW und DSTW wird anhand von Beispielen gezeigt.

Das Kap. 17 beruht auf den Ausführungen der 3. Auflage der Herren Hunger und Steinert und wurde von Herrn Wolff überarbeitet und erweitert. Besten Dank für die Zurverfügungstellung der bisherigen Ausführungen.

F. Pospischil
Institut für Eisenbahn-Infrastrukturdesign, TU Graz, Graz, Österreich

G. Wolff (✉)
Extertal, Deutschland

## 17.1 Vorbemerkungen

Neben dem Energieverbrauch für die Traktion von Zügen gibt es bei den Eisenbahnen zahlreiche, stationäre Energieverbraucher der Infrastruktur. Mit der weiteren Entwicklung der Technik und der immer höher werdenden Komplexität werden diese immer intensiver zur Anwendung von Elektroenergie übergehen und zunehmend an Bedeutung gewinnen.

Normalerweise werden die Energieverbraucher aus bahneigenen Starkstromnetzen (3AC 400 V 50 Hz oder 3AC 6/12/20/30 kV 50 Hz) versorgt, die aus den anliegenden Netzen der regionalen Energieversorgung gespeist werden. In den Knotenpunkten nehmen diese zum Teil bedeutende Ausmaße an.

Als allgemeine Verbraucheranlagen seien genannt:

- Bahnhöfe, Haltepunkte einschließlich der Versorgung Dritter,
- Beleuchtungsanlagen in Bahnhöfen und Haltepunkten,
- Tunnelanlagen,
- Zugbehandlungsanlagen,
- Anlagen der LST und Tk.

Soweit es wirtschaftlich und zweckmäßig ist, können Verbraucheranlagen an das Oberleitungsnetz angeschlossen werden. Dies sind zum einen Verbraucherstrukturen, welche die Sonder-



J. Holzfeind, J. Liu, F. Pospischil (Hrsg.), *Handbuch Eisenbahninfrastruktur*,
https://doi.org/10.1007/978-3-662-68960-8_17

frequenz des Oberleitungsnetzes (z. B. 16,7 Hz) verwenden können:

- Zugvorheizanlagen (EZVA),
- Schuppenspannungsprüfanlagen (SPA),
- Netzersatzanlagen (NEA).

Zum anderen sind es Verbraucherstrukturen an Netzstandorten, an denen die Einspeisung aus dem Oberleitungsnetz stabiler und ökonomischer ist, z. B.

- Weichenheizanlagen (EWHA).

Für bahneigene elektrische Energieanlagen unterliegen die Systemauswahl und -einführung ausgewählter bahnspezifischer Betriebsmittel der technischen Freigabe durch die, die Richtlinienkompetenz abdeckende, Struktureinheit. Das trifft insbesondere zu für:

- Betriebsmittel für EWHA,
- Betriebsmittel für EZVA,
- Sicherheitsbeleuchtungen in Tunnels,
- Lampen und Leuchten für den sicherheits- und betriebsrelevanten Bereich,
- Fernwirk- und Meldesysteme.

Nach dem Errichten, Erweitern und wesentlichen Änderungen sind alle elektrischen Energieanlagen vor ihrer Inbetriebnahme nachweislich zu prüfen und technisch abzunehmen.

Die Verantwortung für die Sicherheit und Funktionsfähigkeit der gesamten elektrischen Anlage trägt der Errichter.

Im Folgenden soll auf wesentliche Verbraucherstrukturen vertiefend eingegangen werden, um die allgemeine Sensibilisierung für Bedeutung, Besonderheit und Verfügbarkeit für das Gesamtsystem der Eisenbahninfrastruktur darzustellen.

### 17.1.1 Energiebezug vom Versorgungsnetzbetreiber

Während die DB Energie in Eisenbahnknoten eigene Mittelspannungsnetze zur Versorgung der bahneigenen Anlagen und der Verbraucher Dritter mit Elektroenergie betreibt, wird die Energie auf kleineren Bahnhöfen und zur Versorgung der Infrastruktur entlang der Strecke meist direkt vom lokalen Versorgungsnetzbetreiber (VNB) bezogen. An den Übergabestationen bzw. -punkten befinden sich Zähl- und Verrechnungseinrichtungen für die vom VNB bezogenen Energiemengen und ggf. weitere Zähl- und Verrechnungseinrichtungen entsprechend der Abnehmerstruktur auf der Verbraucherseite. Im Jahre 2016 wurden von der DB Energie ca. 17.589 GWh Elektroenergie an DB eigene stationäre Verbraucher (50 und 16,7 Hz) geliefert.

### 17.1.2 Energiebezug aus der Oberleitung

Prinzipiell eignet sich die Oberleitung an Eisenbahnstrecken, die mit einem AC-Bahnstromsystem elektrifiziert sind, als Energiebezugsquelle für Nebenverbraucher bis hin zur nahezu alleinigen Energiequelle für Nebenverbraucher und den Hilfsenergiebezug, da die Oberleitung das einzige Netz ist, welches entlang einer elektrifizierten Eisenbahnstrecke immer zur Verfügung steht und im Vergleich zu anderen Energieformen den Energiebezug von einigen 100 kVA zulässt. Aufgrund der niedrigeren Versorgungssicherheit in Oberleitungsnetzen sind bei Notwendigkeit für den angeschlossenen Verbraucher Maßnahmen zur Energiepufferung notwendig.

An Eisenbahnstrecken, die mit einem DC-Bahnstromversorgungssystem elektrifiziert sind, scheidet die Oberleitung als Energiebezugsquelle aus, da aufgrund der niedrigen Oberleitungsspannung (3 kV oder 1,5 kV) zusätzliche Nebenverbraucher einen Spannungsfall verursachen können, der die elektrische Zugförderung beeinträchtigen könnte.

Im Bereich der DB AG ist z. B. der Energiebezug eines Stellwerkes allein aus der Oberleitung dann möglich und zulässig, wenn

- der Bahnhof eine untergeordnete Bedeutung hat oder eine Blockstelle ist oder

**Abb. 17.1** NEA für ein ESTW-A

- kein öffentliches Energieversorgungsnetz vorhanden ist und die Verlegung eines Kabels zu aufwendig ist.

Als Netzersatz ist der Energiebezug aus der Oberleitung im Bereich der DB AG generell die bevorzugte Variante. Analog zu Elektrischen Weichenheizanlagen (EWHA) wird die Oberleitungsspannung mit einem Transformator auf 2AC 231 V reduziert und auf die Gleichspannung des Gleichstromzwischenkreises umgerichtet. Die Einspeisung aus der Oberleitung wird als getrenntes System von der EWHA realisiert.

Die typische Konfiguration bei Energiebezug aus der Oberleitung bei 1AC 15 kV 16,7 Hz ist:

- Lasttrennschalter am Mast,
- Kabel,
- Hochspannungssicherung,
- Transformator, sekundär 2AC 230 V 16,7 Hz,
- Rückleiter zur Schiene.

Transformatoren stehen in den Leistungsgrößen zwischen 30 und 400 kVA zur Verfügung. In Altanlagen sind Transformatoren bis 100 kVA oft am Mast auf einer Traverse angebracht. Bei der Aufstellung der Transformatoren in Fertigbetonstationen ist die Verwendung von Kompakt-Fertigbetonstationen für Transformatoren bis 100 kVA zulässig. Für Transformatoren mit größerer Leistung sind begehbare Fertigbetonstationen erforderlich. Abb. 17.1 zeigt die Netzersatzanlage (NEA) für ein ESTW-A mit Oberleitungseinspeisung und Fertigbeton-Kompaktstation und Abb. 17.2 den zugehörigen Prinzipschaltplan.

Für minimale Leistungen ist die Energieversorgung aus der Oberleitung auch über Spannungswandler möglich. Die Spannungswandler werden auf einer Traverse am Mast installiert. Es stehen Wandler mit sekundär 1AC 230 V 16,7 Hz und 300 VA zur Verfügung. Sekundär ist lediglich eine Absicherung über RCD erforderlich. Auf diese Weise können elektronische Geräte, die im Stand-by-Betrieb nur geringe Leistungen benötigen, aus der Oberleitung versorgt und betrieben werden. Statische Umrichter, die als Netzersatz für Tk-Anlagen aus der Oberleitung versorgt und betrieben werden, sind in Entwicklung.

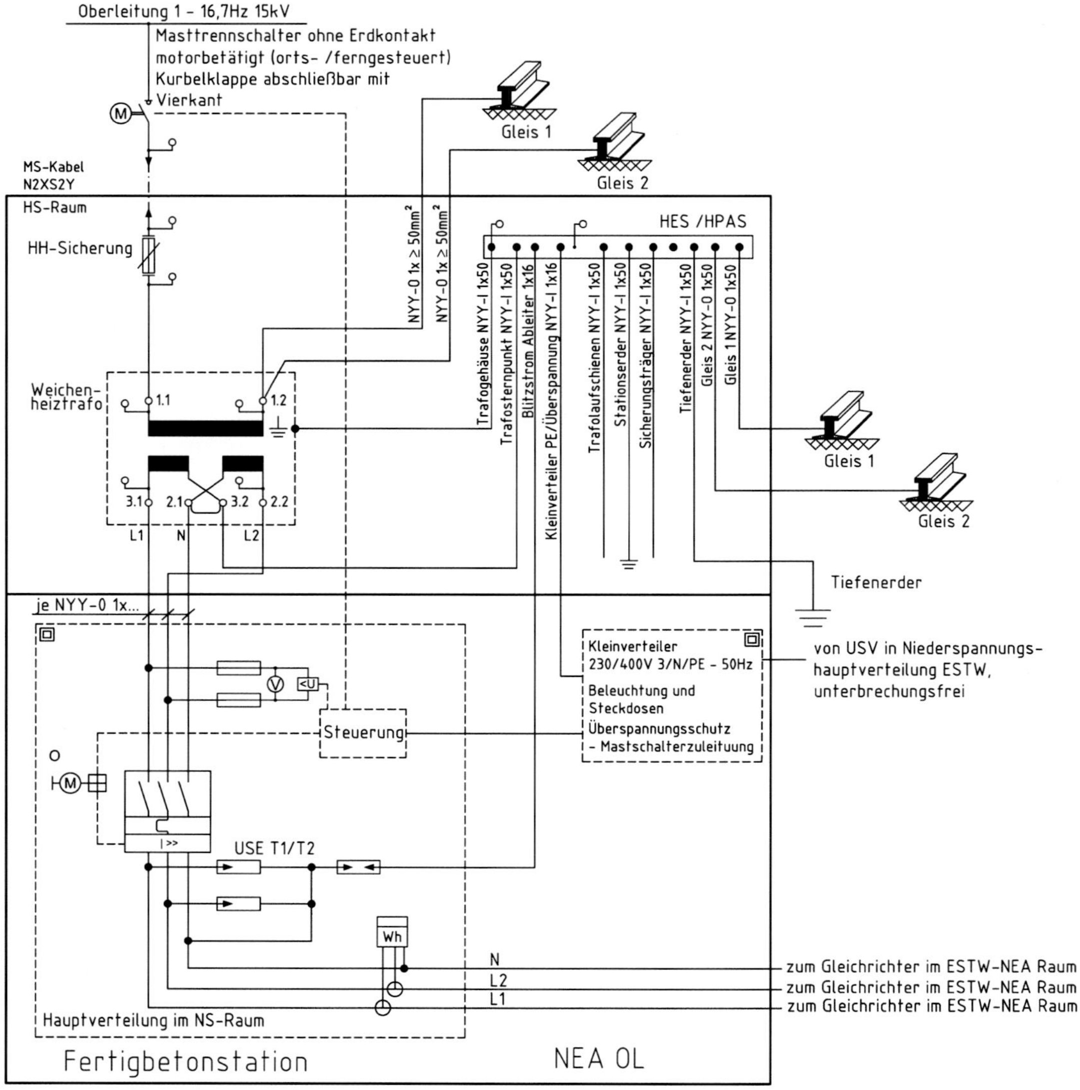


**Abb. 17.2** Prinzipschaltplan NEA für ein ESTW-A

## 17.2 Stromversorgung von Strecken

### 17.2.1 Verbraucherstruktur

Die linienförmige Topologie einer Eisenbahnstrecke und die verteilte Anordnung der Infrastruktureinrichtungen verursacht eine dezentrale Verbraucherstruktur. Energieverbraucher entlang einer Eisenbahnstrecke benötigen vorrangig elektrische Energie. Wärmeenergie wird zur Beheizung/Kühlung von Gebäuden mit Aufenthaltsräumen für Personal oder für Betriebsräume benötigt. Die große Längsausdehnung einer Eisenbahnstrecke bedingt, dass sich Energieverbraucher an einer Eisenbahnstrecke weit ab von öffentlichen Energieversorgungsnetzen befinden können. Die netzferne Energieversorgung stellt häufig ein Problem dar, da die Heranführung der Energie mit der Errichtung kostenintensiver Infrastrukturen für relativ wenige und leistungsschwache Verbraucher verbunden ist.

Für die netzferne Energieversorgung von Energieverbrauchern an einer elektrifizierten Eisenbahnstrecke steht alternativ die Energieversorgung aus der Oberleitung zur Verfügung. Im Bereich der DB AG ist der Energiebezug aus der Oberleitung als alleinige Form des Energiebezugs in Ausnahmefällen bei netzferner Versorgung und im Allgemeinen zur Netzersatzversorgung vorgesehen. Diese Möglichkeit ist auf Eisenbahnstrecken mit AC-Bahnstromversorgung beschränkt. An Eisenbahnstrecken mit DC-Bahnstromversorgung findet die Möglichkeit der netzfernen Energieversorgung keine Anwendung, da aufgrund der niedrigen Oberleitungsspannung nicht ausreichend Übertragungskapazitäten zur Verfügung stehen. Dass die netzferne Energieversorgung aus der Oberleitung mit Ausnahme der elektrischen Weichenheizanlagen kaum Anwendung findet, hat vermutlich historische Gründe. Die großflächige Elektrifizierung der Eisenbahnstrecken in Deutschland erfolgte erst Jahrzehnte nach der Errichtung der übrigen Infrastrukturen der Eisenbahnstrecke. Die Energie verbrauchenden Infrastrukturen wurden dort errichtet, wo die Energieversorgung mit geringstem Aufwand möglich war, d. h. sie waren im Bereich der Bahnhöfe konzentriert.

Durch den technischen Fortschritt und Rationalisierungsmaßnahmen bei Bahninfrastrukturbetreibern ergeben sich zunehmend Anwendungen, welche die Installation von Infrastrukturen weit ab von Bahnhöfen und der öffentlichen Energieversorgung erforderlich machen. Hierzu zählen z. B.

- Repeater-Stationen für GSM-R-Funk,
- Heißläuferortungsanlagen,
- Tunnel und
- beschrankte Bahnübergangssicherungsanlagen (BÜSA).

Daher sollte das Thema nicht auf die Versorgung der Hilfsbetriebe beschränkt sein, sondern auf die netzferne Stromversorgung von Elektroenergieverbrauchern entlang einer Eisenbahnstrecke erweitert werden.

Die Energieversorgung aus der Oberleitung hat den Nachteil, dass es in Oberleitungsnetzen im Vergleich zur Energieversorgung aus öffentlichen Energieversorgungsnetzen relativ häufig zu Unterbrechungen der Energieversorgung bedingt durch Kurzschlüsse kommt. Die Kurzschlusshäufigkeit in Oberleitungsnetzen wird mit etwa 1 Kurzschluss je Kilometer einer zweigleisigen Strecke und Jahr angegeben. Die Kurzschlusshäufigkeit beträgt dagegen in öffentlichen 3AC 50 Hz-Energieversorgungsnetzen etwa 0,02 Fehler je Jahr und Kilometer Leitungslänge. Die Energieversorgung aus der Oberleitung hat daher eine relativ geringe Versorgungssicherheit. Im Gegensatz dazu steht die Forderung einer nahezu ununterbrochenen Energieversorgung der Energieverbraucher, die an einer Eisenbahnstrecke häufig eine sicherheitsrelevante Funktion haben. Daher ist am Ort des Energieverbrauchs eine Pufferung der Elektroenergie erforderlich, was i. d. R. durch Batterien realisiert wird. Batterien gestatten den Weiterbetrieb der Infrastrukturen für einen bestimmten, vorgegebenen Zeitraum. Aus der benötigten Energiemenge und der zu überbrückenden Zeit ohne externe Energieversorgung ergibt sich die Kapazität der Batterien oder allgemein des Speichermediums.

Nutzt man die am Ort des Energieverbrauchs vorhandenen Energiequellen, ist es möglich, die Kapazität des Speichermediums zu reduzieren oder gänzlich darauf zu verzichten. Für die netzferne Energieversorgung von Eisenbahninfrastrukturen stehen im Allgemeinen Solar- und Windenergie und für Heizzwecke geothermische Energie zur Verfügung. Beispiele für die Nutzung dieser Energieformen werden in Abschn. 17.4.7 gezeigt.

## 17.2.2 Freie Strecke

In den nachstehenden Abschnitten werden einige ausgewählte Energieverbraucher, die häufig entlang der freie Strecke zu finden sind, vorgestellt.

### 17.2.2.1 Linienzugbeeinflussung

Eisenbahnstrecken mit einer Betriebsgeschwindigkeit $> 160\,\text{km/h}$ werden bei der DB AG mit einer linienförmigen Zugbeeinflussung (LZB) ausgerüstet. Die LZB ist ein Zugsicherungs- und -Steuerungssystem. Sie sichert die Zugfahrten durch kontinuierliche Überwachung der Geschwindigkeit und steuert Zugfahrten mit Hilfe

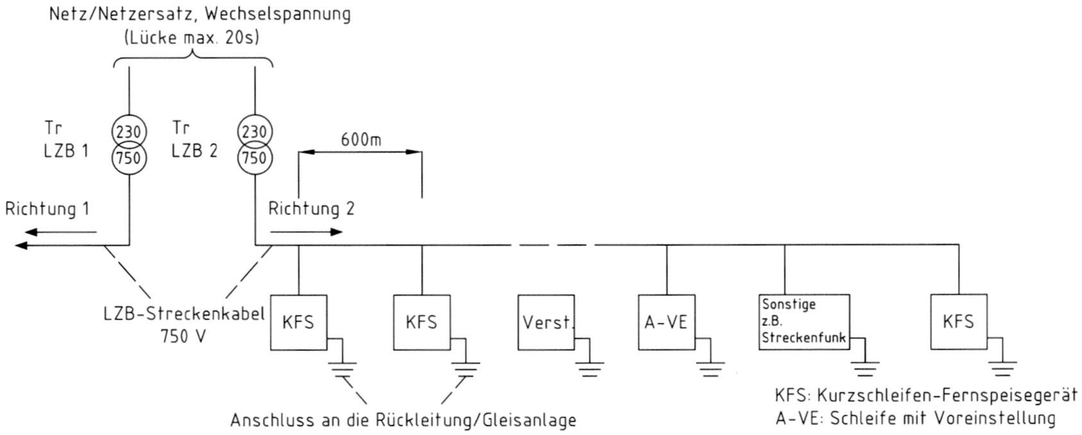


**Abb. 17.3** Prinzip der Energieversorgung der LZB-Außenanlage

der Führerraumanzeigen für den Triebfahrzeugführer oder direkt in Verbindung mit der automatischen Fahr- und Bremssteuerung. Die LZB gliedert sich in die LZB-Zentrale im Stellwerk und die Streckenausrüstung. Hinsichtlich der Energieversorgung wird in diesem Abschnitt nur die Streckenausrüstung beschrieben. Im Gegensatz zu den anderen, in Abschn. 17.2, 17.3 und 17.4 beschriebenen, Energieverbrauchern stellen die Energieverbraucher der LZB-Streckenausrüstung einen quasi linienförmigen Energieverbraucher und durch die verwendete Speisespannung von AC 750 V 50 HZ eine gewisse Besonderheit dar. Zur Einspeisung der Linienleiterschleifen im Gleis dienen Einspeisegeräte, von denen zwei bis sechs Stück in einem Kurzschleifen-Fernspeisegerät (KFS) untergebracht sind. Die Einspeisegeräte haben einen Leistungsbedarf von 25 VA, woraus sich pro KFS ein Leistungsbedarf von 50 VA, 100 VA oder 150 VA ergibt. Entsprechend der Längen der Linienleiterschleifen ergibt sich für die KFS ein Raster von 600 m, in dem die KFS in Form von Freiluft-Außenschränken entlang der Strecke aufgestellt sind. Ausgehend vom Stellwerk erfolgt die Energieversorgung der KFS über eine Stich- bzw. Speiseleitung bis etwa zur Hälfte der Distanz zum benachbarten Stellwerk. Die Länge der Speiseleitungen sollte möglichst kurz sein, ist jedoch vom Abstand der Stellwerke abhängig. Die LZB-Speisebereiche der einzelnen Stellwerke sind i. d. R. nicht mit den deutlich längeren LZB-Zentralenbereichen identisch.

Zur Einhaltung des Spannungsfalls und zur Reduzierung des Aderquerschnitts wird die LZB-Speiseleitung mit AC 750 V 50 Hz als IT-Netz mit Isolationsüberwachung betrieben. Die Speisespannung wird im Stellwerk mit einem separaten Hochsetztransformator je Speisekabel aus AC 230 V 50 Hz erzeugt. Hinsichtlich der Versorgungssicherheit der Energieverbraucher der LZB-Außenanlage ist eine Versorgungslücke von 20 s zulässig. Für die Speiseleitung kommen die Kabeltypen NYCY-0 bzw. NYCWY-0 zum Einsatz. Ist ein Nagetierschutz notwendig, wird der Kabeltyp (N)YYZg2Y verwendet. Im Regelfall werden zweiadrige Kabel verwendet. Zur Querschnittserhöhung können auch vieradrige Kabel ohne gelb/grün gekennzeichnete Ader bei Parallelschaltung von jeweils zwei Adern verwendet werden. Der minimale Aderquerschnitt beträgt 4 $mm^2$ und der minimale Kabelaußendurchmesser 23 mm (Nagetierschutz). Der Aderquerschnitt des LZB-Speisekabels wird so dimensioniert, dass am entferntesten Verbraucher unter Berücksichtigung einer Leistungsentnahme von 500 VA an einer Gerätesteckdose in einem KFS noch mindestens 600 V zur Verfügung steht. Abb. 17.3 zeigt das Prinzip der Energieversorgung der LZB-Außenanlage. Die DB Migrationsstrategie zur Umstellung auf das Nachfolgesystem ETCS ist derzeit bis 2029 kommuniziert, zeigt jedoch noch nicht annähernd eine 100 % Migration.

#### 17.2.2.2 Heißläuferortungsanlagen

Ortsfeste Heißläufer- und Festbremsortungsanlagen (HOA/FBOA) dienen der Erkennung unzulässiger Temperaturen an Radsatzlagern oder Bremseinrichtungen fahrender Züge. Die Anlagen an der Strecke messen die Temperaturen der an den Fahrzeugen zu überwachenden Einrichtungen und übermitteln die relevanten Daten an die Meldeeinrichtung beim zuständigen Fahrdienstleiter und ggf. an weitere Stellen.

Grundsätzlich wird das Kernnetz der DB AG mit HOA/FBOA ausgestattet. Folgende Abstände zwischen zwei HOA/FBOA werden angestrebt:

- Strecken mit $v > 200\,\text{km/h}$ (SFS): 30 bis 35 km,
- übrige Strecken: 40 bis 70 km.

Die HOA/FBOA-Elektronik wird in einem abgeschlossenen Raum, z. B. Tk-Raum, möglichst in einem vorhandenen Gebäude untergebracht. Ansonsten wird ein separates Schalthaus (Netzstation) vorgesehen. Die Entfernung zwischen Detektoren und Elektronik beträgt maximal 50 m. Ein separates Schalthaus wird in Regelfahrtrichtung etwa 5 m nach der Messstelle so angeordnet, dass von innen der Blick auf Züge möglich ist.

Erforderliche Spannungen für die Versorgung der Hilfsbetriebe: 3AC 400/230 V 50 Hz.

**Leistungsanforderungen**

Für HOA/FBOA-Elektronik, Heizung, Lüftung, MAS 90, Beleuchtung

- ca. 3,5 kVA für Einzelanlage (1 Gleis),
- ca. 5,0 kVA für Doppelanlage (2 Gleise).

**Autonome Arbeitszeit**

10 min, dabei wird nur die Elektronik versorgt. Die Detektorenheizung und die Heizung des Frostwächters (300 VA) werden nicht versorgt.

**Batteriedimension**

- ca. 10 Ah für Einzelanlagen (1 Gleis),
- ca. 20 Ah für Doppelanlagen (2 Gleise).

Abb. 17.4 zeigt die Gleisausrüstung einer HOA.

**Abb. 17.4** Gleisausrüstung einer HOA

#### 17.2.2.3 Windmesseinrichtungen

Windmesseinrichtungen zählen zu den betrieblichen Gefahrenmeldeanlagen und diese wiederum zu den Telekommunikationsanlagen. Windmesseinrichtungen sind z. B. in Form von Windmeldeanlagen auf hohen Brücken installiert. Starkwind als betriebsgefährdender Zustand wird an die Betriebsleitzentrale gemeldet, welche ggf. Streckensperrungen oder Fahrt mit verringerter Geschwindigkeit veranlassen kann. Luftströmungsmeldeanlagen sind in Tunneln ab 1000 m Länge installiert (2 Stück pro Tunnel) und übermitteln Informationen zur Strömungsrichtung der Luft im Tunnel. Die Informationen werden von den Rettungskräften im Brand- und Katastrophenfall benötigt, um Rettungsaktionen unbeeinflusst von der Strömungsrichtung giftiger Brandgase durchführen bzw. den Einsatz von Atemschutzgeräten koordinieren zu können. Für die Energieversorgung ist ein Anschluss AC 230 V 50 Hz oder AC 750 V 50 Hz (LZB-Speisespannung) erforderlich. Die Informationsübertragung erfolgt über das Melde- und Anlagensystem MAS 90.

#### 17.2.2.4 GSM-R Repeaterstationen

Global System for Mobile Communications – Railway (GSM-R) ist ein Mobilfunksystem, welches auf dem weltweit dominierenden GSM aufbaut, jedoch für die Verwendung bei den Eisenbahnen angepasst wurde. Neben Sprachkommunikation, die anders als bei GSM neben einer funktionalen Rufnummer unter anderem auch Gruppenrufe, Prioritäten und ein Verdrängen niedriger priorisierter Gespräche unterstützt, soll GSM-R vor allem auch der Zugsicherung dienen.

GSM-R wird bei der UIC als EIRENE (European Integrated Railway Radio Enhanced Network) Projekt geführt. Neben GSM-R/EIRENE arbeitet die UIC in diesem Zusammenhang an ETCS (European Train Control Systems) und ERTMS (European Rail Traffic Management Systems). Als gesamteuropäischer Standard sollen GSM-R/EIRENE, ETCS und ERTMS mittelfristig die meist zueinander inkompatiblen nationalen Zugsicherungssysteme ablösen. Auf GSM basierend kann GSM-R relativ schnell und kostengünstig entwickelt und aufgebaut werden.

Die Deutsche Bahn hat 24.500 km ihrer 36.600 Netzkilometer mit GSM-R/EIRENE ausgestattet. Der analoge Zugfunk wird zurzeit nach und nach durch GSM-R ersetzt.

Entlang einer Eisenbahnstrecke, die mit GSM R ausgerüstet ist, befinden sich so genannte Base Transceiver Station (BTS) (engl. für Basis Sende- und Empfangsstation). Die BTS ist ein Netzelement des digitalen GSM-R-Mobilfunknetzes. Die BTS versorgt unmittelbar eine Funkzelle.

Die Größe der Zellen liegt von 100 m bis 5 km.

Über den Standort der BTS entscheiden vorrangig funktechnische Erfordernisse. Daher kann es zu netzfernen Aufstellungsorten entlang einer Eisenbahnstrecke kommen.

Erforderliche Spannungen für die Versorgung der Hilfsbetriebe: 3AC 400/230 V 50 Hz.

**Leistungsanforderungen**

Typische Leistung: 7–10 kVA.

Abb. 17.5 zeigt die Sendeantenne und die -technik im Freiluft-Außenschrank.

### 17.2.2.5 Ortssteuereinrichtungen

In Oberleitungsnetzen sind für die Sektionierung und Freischaltung im Fehlerfalle Schalteinrichtungen erforderlich, die i. d. R. als Lasttrennschalter auf Oberleitungsmasten oder an Schaltgerüsten installiert sind. Die Schalter selbst werden häufig mittels Schalterantrieben betätigt.

**Abb. 17.5** Sendeanlage einer GSM-R-Station

Die Schalterantriebe benötigen für ihre Funktion Elektroenergie.

Auf Bahnhöfen sind üblicherweise andere Eisenbahninfrastrukturen zu finden, die mit Elektroenergie versorgt werden müssen. Daher stellt der Anschluss der Ortssteuereinrichtung (OSE) bzw. der Schalterantriebe an die Elektroenergieversorgung normalerweise kein Problem dar. Selbst an weit abgelegenen Abzweigstellen ist häufig Stellwerkstechnik vorhanden, die mit Elektroenergie versorgt werden muss.

Schutzstrecken, Phasentrenn- oder Systemtrennstellen im Oberleitungsnetz können weit entfernt von anderer Bahninfrastruktur angeordnet sein. Hier stellt die netzferne Energieversorgung ein Problem dar.

Oberleitungsschalter sind i. d. R. an den Bahnhofsgrenzen angeordnet, damit die Oberleitung im Bahnhof von der Oberleitung der freien Strecke elektrisch getrennt werden kann. Innerhalb des Bahnhofs werden häufig sog. Querkuppelschalter installiert, um die Oberleitungen der durchgehenden Streckengleise miteinander verbinden zu können. Die Oberleitung von Nebengleisen wird ebenfalls über Oberleitungsschalter mit Traktionsenergie versorgt.

Oberleitungsschalter bzw. deren Schalterantriebe werden i. d. R. an eine sog. OSE angeschlossen. Die OSE versorgt die Schalterantriebe mit der benötigten Energie, übernimmt die Steuerungsfunktion und befindet sich häufig im Stellwerk oder im Dienstraum des Fahrdienstleiters. Diese Anordnung ist nicht zwingend. Von der OSE aus können die Mastschalter betätigt werden. Durch Anschluss an eine Fernwirkeinrichtung können die Oberleitungsschalter auch von Zentralen Schaltstellen (ZeS) betätigt werden.

**Erforderliche Spannungen für die Versorgung der Hilfsbetriebe**

Bei der OSE werden drei Verbraucherkategorien unterschieden, die mit AC 230 V 50 Hz versorgt werden müssen:

- Unterstation OSE (PC-OSE),
- Fernwirkunterstation,
- Masttrennschalterebene.

Die OSE muss insgesamt über eine gesicherte Stromversorgung mit AC 230 V 50 Hz versorgt werden. Die Unterstation OSE und die Fernwirkunterstation werden vorzugsweise unterbrechungsfrei über eine USV zu versorgt. Die Fernwirkunterstation kann bei Erfordernis mit DC 48 V/60 V (unterbrechungsfrei, gesichert) aus der Energieversorgung eines ESTW versorgt werden, damit weitere Fernwirkunterstationen anderer OSE, die an diese Fernwirkunterstationen angeschlossen sind, trotz eines Spannungsausfalls der OSE-Energieversorgung weiterhin von einer zentralen Schaltstelle aus bedienbar bleiben. Bei nicht vorhandener AC 230 V 50 Hz-Versorgung ist die Versorgung mit AC 230 V 16,7 Hz über Wandler und Gleichrichter mit DC 24 V zulässig.

**Leistungsanforderungen**

Leistungsaufnahme: 0,63–1 kVA.

**Autonome Arbeitszeit**

Die Ausrüstung der OSE mit einer internen USV ist allgemein nicht gefordert. Sie wird dann notwendig, wenn an die Fernwirkunterstation im weiteren Verlauf weitere Fernwirkunterstationen angeschlossen sind oder auf die Fernwirkunterstation weitere Meldungen aufgeschaltet werden. Ein Beispiel hierfür ist die Unterbringung der OSE in einer 50 Hz-Schaltanlage auf der NBS Nürnberg Ingolstadt, in welcher Meldungen aus der 50 Hz-Schaltanlage an die Fernwirkunterstation angeschaltet wurden. Die Überbrückungszeit wird mit 3 h, im Maximum mit 5 h angegeben.

**Batteriedimension**

ca. 20 Ah.

#### 17.2.2.6 Bahnübergänge

Bahnübergangssicherungsanlagen (BÜSA) sichern niveaugleiche Übergänge von Straßen und Wegen über Gleise und signalisieren Zugfahrten. Die technische Ausführung ist in den Technischen Unterlagen der DB AG in der Modulfamilie 819.1203 bis 819.1210 beschrieben.

BÜSA befinden sich teilweise weit ab von Bahnhöfen und Ortschaften. Dort arbeiten BÜSA unter Umständen unabhängig von der übrigen Signal- und Sicherungstechnik. Für diese Anlagen ist eine separate Energieversorgung erforderlich. Die Zuführung der Elektroenergie ist in diesen Fällen häufig mit großem Aufwand verbunden.

Die Stromversorgung der BÜSA erfolgt aus einem bahneigenen oder öffentlichen Energieversorgungsnetz mit 3AC 230/400 V 50 Hz. Außerhalb des Betonschalthauses werden

- Schrankenantriebe,
- Straßensignale,
- Überwachungssignale,
- Gleisschaltmittel,

**Abb. 17.6** Vollschrankenanlage mit Betonschalthaus und Gefahrenraumfreimeldeanlage

- Straßenbeleuchtung,
- eventuell Rangiersignale oder
- automatische Gefahrenraumfreimeldeanlagen mit Energie versorgt.

**Erforderliche Spannungen für die Versorgung der Hilfsbetriebe**
In Abhängigkeit vom Hersteller werden Pufferbatterien mit 36 V, 2 × 18 V oder 24 V eingesetzt. Informationen zu den Versorgungsspannungen der einzelnen Verbraucher sind in den zugänglichen Unterlagen nicht enthalten.

**Leistungsanforderungen**
Leistungsaufnahme: 3 kVA.

**Autonome Arbeitszeit**
normalerweise 3 h.

Ist die BÜSA in ein Stellwerk integriert, so gilt die Batteriereservezeit des Stellwerks.

**Batteriedimension**
Bis 200 Ah, bei größerer Batteriekapazität separater Batterieraum erforderlich.

Abb. 17.6 zeigt eine Vollschrankenanlage mit Betonschalthaus und Gefahrenraumfreimeldeanlage.

#### 17.2.2.7 Elektrische Weichenheizanlagen

Auf der freien Strecke werden Weichen für Überleitverbindungen und Streckenabzweige benötigt. Um diese in der kalten Jahreszeit schnee- und eisfrei und damit betriebsbereit zu halten, werden Weichenheizanlagen benötigt. Wird als Heizenergie Elektroenergie verwendet, kommen elektrische Weichenheizanlagen (EWHA) zum Einsatz. Diese werden in Abschn. 17.4.2 beschrieben.

### 17.2.3 Tunnel

#### 17.2.3.1 Allgemeines

Nachfolgende Ausführungen beschreiben die Anlagen der 50 Hz-Energieversorgung und der Tunnelsicherheitsausrüstung. Die Ausführungen beziehen sich in Bezug auf Tunnelsicherheitsausrüstungen, wenn nicht anders angegeben, auf gesetzliche und bahneigenen Vorschriften und technische Normen aus Deutschland.

Internationale Vorschriften für Tunnelsicherheitsausrüstung im Bereich des Eisenbahnwesens existierten früher in Form des UIC-Codex „Tunnelsicherheit in Eisenbahntunneln". Im Rahmen der Harmonisierung der Vorschriften im europäischen Eisenbahnwesen ist eine Technische Spezifikation Interoperabilität für Tunnelsicherheit in Eisenbahntunneln (TSI SRT) seit 2008 gültig. Als europäische Rechtsverordnung ist die TSI SRT bei Tunnelneubauten oder wesentlichen -umbauten anzuwenden. Die TSI SRT definiert Mindeststandards für die Tunnelsicherheit in Eisenbahntunneln und deren technische Ausrüstung.

Als Eisenbahntunnel werden im Bereich der Deutschen Bahn (DB) Fahrtunnel für den

Zugverkehr bezeichnet. Eisenbahntunnel ab einer Länge $l > 500\,\mathrm{m}$ werden mit Tunnelsicherheitstechnik ausgerüstet. Ausgenommen aus den nachstehenden Betrachtungen sind Anlagen der Bahnenergieversorgung, Oberleitungsanlagen und Anlagen für die Bahnrückstromführung und Erdung sowie den Potentialausgleich.

Grundlage für die Konzeption der Energieversorgungsanlage eines Tunnels ist die Ermittlung des Energiebedarfes aller dem Bauwerk zuzuordnenden 50 Hz-Verbraucher. Dazu gehören u. a.:

- Telekommunikationsanlagen, wie Fernmelde- und Funkeinrichtungen,
- Einbruch- und Brandmeldeanlagen, Übertragungsanlagen, z. B. MAS 90,
- Entrauchungs- und Entwässerungsanlagen (Pumpenanlagen),
- Aufzüge, ggf. Hubschrauberlandeplatz-Befeuerung,
- Beleuchtungsanlagen (Tunnelsicherheitsbeleuchtung),
- Oberleitungspannungs-Prüfeinrichtungen (OLSP), Ortsteuereinrichtung (OSE),
- Heißläuferortungsanlagen (HOA/FBOA),
- Elektranten.

Aus dem Energiebedarf, Bauwerksspezifika des Tunnels, lokalen Besonderheiten und Dimensionen, insbesondere der Länge des Tunnels, ergibt sich die Notwendigkeit der Festlegung für eine Spannungsebene (Mittel-/Niederspannung).

Als Netzsysteme werden TT/TN-Netze angewandt. Für die Versorgung der Elektranten werden IT-Netze aufgebaut. Damit ist eine Isolations- und Netzspannungsüberwachung erforderlich. Störungsmeldungen werden über ein Fernwirk- und Meldesystem übertragen.

Transformatoren außerhalb von Eisenbahntunneln sind als Öltransformatoren in hermetisch geschlossener Ausführung und innerhalb von Eisenbahntunneln als Gießharztransformatoren vorzusehen.

Transformatoren für die Energieversorgung von elektrischen Energieanlagen 50 Hz in Eisenbahntunneln werden für unsymmetrische Belastung im erforderlichen Umfang ausgelegt. Bei der Leistungsbemessung aller Transformatoren ist die maximale Abnahmeleistung der Verbraucheranlage mit einem Auslegungsfaktor 1,3 zu berücksichtigen.

#### 17.2.3.2 Besonderheiten der Stromversorgung von Tunneln

Bezüglich der Versorgung mit AC 50 Hz-Energie kann für Eisenbahntunnel eine Klassifizierung nach der Länge vorgenommen werden:

- Eisenbahntunnel mit einer Länge $500\,\mathrm{m} < l < 1000\,\mathrm{m}$:
  Dimensionierung der Energieversorgung für Tunnelsicherheitsbeleuchtung (TSB) und sonstige elektrische Verbraucher, keine Elektranten,
- Eisenbahntunnel mit einer Länge $l \geq 1000\,\mathrm{m}$: Dimensionierung der Energieversorgung für TSB, Elektranten und sonstige elektrische Verbraucher,
- Eisenbahntunnel mit einer Länge $l \leq 1500\,\mathrm{m}$: Einspeisung von einem Tunnelportal aus,
- Eisenbahntunnel mit einer Länge $l > 1500\,\mathrm{m}$: Einspeisung von beiden Tunnelportalen aus,
- Lange Eisenbahntunnel: zusätzliche Einspeisungen an Querschlägen, Notausgängen bzw. Notausstiegen.

Die Notwendigkeit zusätzlicher Einspeisungen innerhalb des Tunnels ergibt sich aus den zu übertragenden, elektrischen Leistungen und Kabellängen sowie den daraus resultierenden Leiterquerschnitten und den einzuhaltenden Spannungstoleranzen. Unter Umständen sind höhere Spannungen als die beim bevorzugt verwendeten Stromsystem 3AC 230/400 V 50 Hz erforderlich.

Der Einsatz von Transformatorenstationen (TST) ist bei der Entscheidung für die Mittelspannungsversorgung zu optimieren. Bei sehr langen Tunnelbauwerken sind Betriebsräume innerhalb des Tunnels zu planen, die mit Mittel-/Niederspannungs-TST bestückt werden können. Die Energieversorgung der Verbraucher erfolgt auf der Niederspannungsebene im jeweiligen Netzsystem (TT/TN/IT-System).

Kabel und Leitungen im Tunnel werden so verlegt, dass sie durch die Folgewirkung von Unfällen nicht beschädigt werden können bzw.

ihre Funktion nicht beeinträchtigt wird. Alle Kabel sind vorzugsweise brandsicher (geschützt) zu verlegen (Klasse F90). Für Kabel, die nicht brandsicher verlegt sind, werden nicht brennbare, halogenfreie Materialien verwendet. Für den Erhalt der Funktionsfähigkeit der Elektranten im Brandfall, sind deren Zuleitungen für einen Funktionserhalt von 90 min auszuführen. Die Anlagen der Tunnelsicherheitsbeleuchtung müssen nicht in der Funktionserhaltsklasse E90 ausgeführt werden. Der Funktionserhalt ist durch die Systemlösung der TSB mit Einzelbatterieanlagen sichergestellt. Übergänge (z. B. Kabeldurchführungen) von brandsicherer zu nicht brandsicherer Verlegungsart sind brandsicher zu verschließen. Ausdrücklich besteht Einsatzverbot für PVC-haltige Materialien mit Ausnahme von Steckdosen, Kleinteile, wie Schalter, Taster, Klemmen, Schellen. Der Erhalt der Funktionsfähigkeit ist jeweils für das Gesamtsystem zu gewährleisten. Dabei darf sich ein durch das Schadensereignis verursachter Ausfall einzelner Systemkomponenten nicht auf das Gesamtsystem auswirken.

#### 17.2.3.3 Elektranten

Elektranten sind an den Tunnelwänden am Rand des Sicherheitsraumes in Höhe von ca. 1,10 m über FOK und längs im Abstand von höchstens 125 m anzubringen. Die Anbringung der Elektranten erfolgt bei:

- zweigleisigen Eisenbahntunneln beidseitig,
- eingleisigen Eisenbahntunneln einseitig (kann) auf der Seite des Rettungsweges.

Gegenüberliegende und benachbarte Elektranten dürfen nicht vom gleichen Stromkreis versorgt werden.

Die Energieversorgung der Elektranten ist so zu dimensionieren, dass je 8 kW an zwei benachbarten Elektranten je Tunnelseite entnommen werden können. Die Netzspannung wird an jedem Elektranten überwacht. Das Vorhandensein der Versorgungsspannung ist innerhalb der Elektranten optisch anzuzeigen. Elektranten sind in Schutzklasse II und mindestens Schutzart IP65 auszuführen. Eine mögliche Bestückung mit Steckdosen gibt nachstehendes Beispiel an:

- 1× CEE 16/20 A 3 P/N/PE nach EN 60309 (DIN VDE 0623),
- 1× CEE 16/20 A 1 P/N/PE nach EN 60309 (DIN VDE 0623),
- 2× Schutzkontaktsteckdosen 10/16 A nach DIN 49440.

Weitere Anforderungen an Elektranten enthält DS 954.9107. Abb. 17.7 zeigt einen Elektranten im Tunnel mit geöffneter Tür.

#### 17.2.3.4 BOS-Tunnelfunk

Der BOS-Funk ist ein nichtöffentlicher, analoger, mobiler UKW-Landfunkdienst in Deutschland, der von Behörden und Organisationen mit Sicherheitsaufgaben (BOS) verwendet wird. Der BOS-Tunnelfunk wird als eigenständiges Funksystem in neue und bereits vorhandene Tunnel ab einer Länge >500 m eingebracht, um den Organisationen, die die DB AG bei Unglücks-

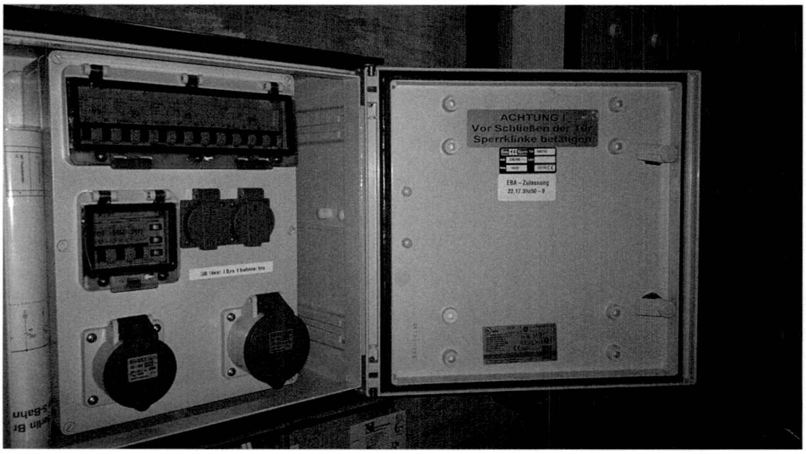


**Abb. 17.7** Elektrant im Tunnel mit geöffneter Tür

fällen unterstützen, die interne Kommunikation an jeder Stelle im Tunnel zu gewährleisten. Die komplette Funktionalität wird erst mit Aufschalten einer Einsatzzentrale von Feuerwehr, Polizei, Bundesgrenzschutz o. ä. auf das BOS-Funksystem erreicht. Der BOS-Tunnelfunk gewährleistet im Einsatzfall die Kommunikation der Einsatzkräfte innerhalb des Tunnels, der Notausgänge und auf den Freiräumen an den Tunnelportalen bis zu einer Entfernung von ca. 200 m. In Abhängigkeit von der schrittweise Einführung des digitalen Bündelfunks TETRA bei Behörden und Organisationen, der als Nachfolger des heutigen BOS-Funks gilt, wird diese Technik in neue Tunnel eingebaut bzw. in Bestandstunnel auf diese Technik umgestellt.

Für die Funkversorgung im Tunnelbereich werden im Regelfall sog. Leckkabel oder strahlende Kabel verwendet. Es handelt sich hierbei um herkömmliche HF-Koaxialleitungen, welche als Schlitzkabel ausgeführt sind. Jedes Leckkabel (ca. 1000 m Länge) wird an beiden Enden an eine Funkanlage angeschlossen und das Signal somit von beiden Seiten in das Kabel eingespeist. Bei Unterbrechung des Leckkabels wird durch die beidseitige Einspeisung gewährleistet, dass auf der gesamten Kabellänge auch weiterhin ein Signal anliegt.

Die Stromversorgung der BOS-Funkanlagen erfolgt über Anschlüsse 3AC 230/400 V 50 Hz bei einer Anschlussleistung von ca. 3 kVA. Bei Netzausfall muss automatisch eine Ersatzstromversorgung (USV) den BOS-Funk über die Dauer von 12 h bei Volllast funktionsfähig halten. Die BOS-Funkanlagen außerhalb der Tunnel werden im Regelfall in Betonschalthäusern untergebracht. Bei Erfordernis werden die Funkanlagen auch in Tk-Räumen innerhalb der Tunnel untergebracht, z. B. in Notausgängen oder Rettungsschleusen. Abb. 17.8 zeigt ein Betonschalthaus für BOS-Funk mit Außenantenne zur Freiraumversorgung in der Nähe des Tunnelportals.

#### 17.2.3.5 Tunnelsicherheitsbeleuchtung

Die Tunnelsicherheitsbeleuchtung (TSB) ist eine bedarfsorientierte Sicherheitsbeleuchtungsanlage in Bereitschaftsbetrieb zur Unterstützung der Selbstrettung von Reisenden im Unglücksfall

**Abb. 17.8** Betonschalthaus für BOS-Funk mit Außenantenne zur Freiraumversorgung am Tunnelportal

und des Einsatzes von Rettungskräften in Tunneln und angrenzenden Trogbauwerken. Sie dient der Beleuchtung der Rettungswege und wird in Tunnel >500 m eingebaut. Die Einschaltung ist im Tunnel über im Abstand von 125 m angebrachten Tastern und über Fernwirkeinrichtungen möglich. Die TSB ist als Einzelbatterieanlage aufgebaut. Die Batterien sind in Notlichtversorgungsgerät en (NVG) untergebracht und versorgen bei Ausfall der Energieversorgung maximal zwei nicht benachbarte Einzelleuchten mit Energie. Die Reservezeit beträgt 3 h. Bei funktionierender Energieversorgung im Tunnel laden die NVG die Batterien bzw. speisen die angeschlossenen Leuchten direkt. Die Leuchten als LED-Leuchten sind entweder über dem Rettungsweg angebracht oder als LED-Lichtbänder in den Handlauf des Rettungsweges integriert. Für eine gleichmäßige Beleuchtung des Rettungsweges sind die von NVG gespeisten Leuchten in Abständen von 15–17 m angebracht. Abb. 17.9 zeigt einen Rechtecktunnel mit eingeschalteter TSB.

Dementsprechend muss eine relativ große Anzahl von NVG im Tunnel installiert und mit Energie versorgt werden. Um den Installationsaufwand gering zu halten, werden mehrere NVG nebeneinander an der Tunnelwand angebracht und aus einer Unterverteilung der Energieversorgung des Tunnels mit AC 230 V 50 Hz oder höheren Spannungen gespeist. Die Leistungsaufnahme beträgt ca. 50 VA/NVG. Wenn neben dem NVG ein Elektrant installiert ist, übernimmt das

**Abb. 17.9** Tunnel mit eingeschalteter TSB

NVG zusätzlich die Spannungsüberwachung im Elektranten. Damit alle Leuchten im Tunnel von einer Stelle aus eingeschaltet werden können, sind die NVG untereinander und mit einer in der Nähe des Tunnelportals situierten Tunnelüberwachungszentrale (TÜZ) über eine Busleitung verbunden. Über die Busleitung werden neben den Einschaltbefehlen auch andere Befehle, Meldungen und Statusinformationen übertragen und von der TÜZ weiterverarbeitet. Die TÜZ in Form eines Rechners ist entweder in einem Freiluftaußenschrank oder in einem Betonschalthaus gemeinsam mit anderen technischen Einrichtungen des Tunnels untergebracht. Sie stellt die Schnittstelle zu den übergeordneten Fernwirksystemen her, koordiniert den Datenverkehr auf der Busleitung und speichert die Betriebsdaten der TSB. Die TÜZ wird mit AC 230 V 50 Hz versorgt und verfügt über eine eigene USV, die die TÜZ bei Netzausfall für 100 h mit Energie versorgen kann. Abb. 17.10 zeigt das Prinzipschaltbild der TSB.

#### 17.2.3.6 Sonstige elektrische Verbraucher

Weitere Energieverbraucher in Tunneln sind u. a.:

- Telekommunikationsanlagen, wie Fernmelde- und Funkeinrichtungen,
- Einbruch- und Brandmeldeanlagen,
- Fernwirkeinrichtungen, z. B. MAS 90-Übertragungsanlagen,
- Entrauchungs- und Entwässerungsanlagen (Pumpenanlagen),
- Aufzüge, ggf. Hubschrauberlandeplatzbefeuerung,
- Oberleitungspannungs-Prüfeinrichtungen (OLSP),
- Ortsteuereinrichtungen (OSE),
- Heißläuferortungsanlagen (HOA/FBOA) (s. Abschn. 17.2.2.2),
- GSM-Repeaterstationen (s. Abschn. 17.2.2.4).

### 17.2.4 Stellwerke an Strecken

Elektronische Stellwerke (ESTW) werden im Bereich der DB AG verstärkt eingesetzt, da diese Technik die teilweise über 100 Jahre alte, mecha-

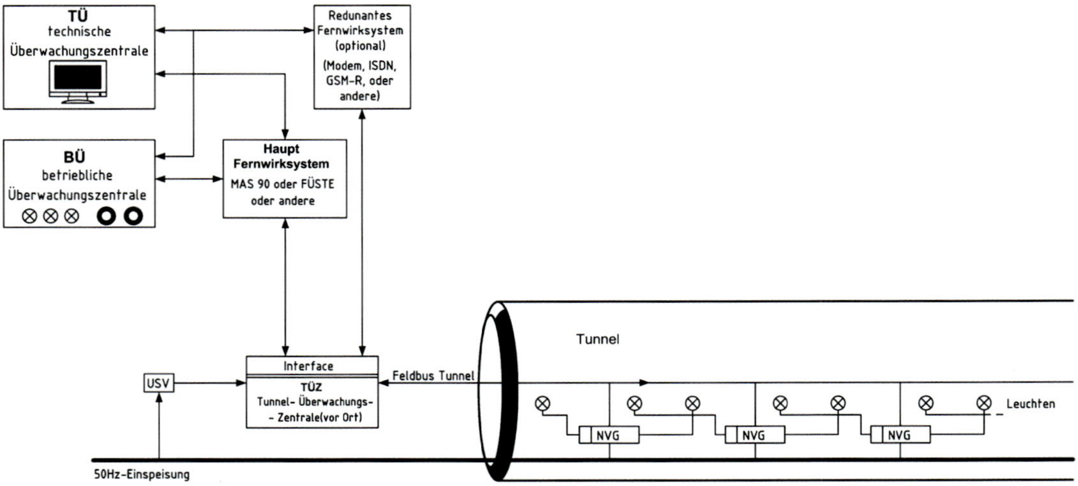


**Abb. 17.10** Prinzipschaltbild der TSB

nische und elektromechanische Stellwerkstechnik ablöst. Nachfolgend werden ausschließlich ESTW-A, sog. abgesetzte Stellrechner an Hauptbahnen, und ESTW-R, an Nebenbahnen, betrachtet. ESTW Unterzentralen, an die mehrere ESTW-A angeschlossen werden oder ESTW-R Bedienzentralen, befinden sich i. d. R. in Knotenpunkten, wo die Energieversorgung der Infrastruktur häufig auf eigene Verteilernetze abgestützt ist.

ESTW-A und ESTW-R werden entlang der Eisenbahnstrecken zur Steuerung und Anschluss von Signalen, Weichenantrieben und Achszähleinrichtungen eingesetzt. Die maximalen Stellentfernungen (Distanz zwischen ESTW-A und der angeschlossenen Peripherie) und die maximale Distanz zwischen zwei ESTW-A bestimmen u. a. die Aufstellungsorte der ESTW-A. Aufgrund dieser technischen Erfordernisse kann es dazu kommen, dass ein ESTW-A relativ weit entfernt von der Infrastrukturen der öffentlichen Energieversorgung aufgestellt werden muss und eine netzferne Energieversorgung erforderlich wird. Hierbei obliegt es dem Planer, die wirtschaftlichste Lösung zu finden. ESTW-R übernehmen darüber hinaus das Ein- und Ausschalten sowie die Übertragung von Störungs- und Statusmeldungen anderer, nicht zu den LST-Anlagen gehörenden Energieverbraucher, z. B. Bahnsteig- und Verkehrsflächenbeleuchtung, EWHA.

Die Betriebserfordernisse einer Eisenbahnstrecke bestimmen deren Ausrüstung und die Standorte der Signal- und Sicherungstechnik. Dabei können Weichen, Signale und Achszähleinrichtungen nur bis zu einer bestimmten Entfernung vom ESTW abgesetzt angeschlossen werden. Die Stellentfernung schwankt herstellerspezifisch. Als Anhaltspunkt dienen folgende Werte für die maximalen Stellentfernungen (Länge Kabelweg):

- Weichen: ca. 6 km,
- Signale: ca. 8 km,
- Achszähler: ca. 30 km.

Daraus abgeleitet ergäbe sich ein minimaler Abstand von 12 km bei Anschluss von Weichen und 16 km beim Anschluss von Signalen (Blockstelle).

Ein Beispiel der Stromversorgung eines ESTW bzw. einer Blockstelle ohne Ersatznetz mit zusätzlich angeschlossener Bahnübergangssicherungsanlage zeigt Abb. 17.11.

Erforderliche Spannungen für die Versorgung der angeschlossenen Peripherien:

- 1AC 230 V 50 Hz (einphasige Verbraucher),
- 3AC 400/230 V 50 Hz (Weichenantriebe),
- DC 60 V (Relais, Achszähler),
- DC 24 V (Rechentechnikbaugruppen).

**Leistungsanforderungen**

Die Leistungsanforderungen differieren stark nach der Größe des ESTW-A bzw. dem Umfang der angeschlossenen Peripherien (Stelleinheiten), mit zu versorgenden Tk-Anlagen etc. und sonstige betriebswichtige Verbraucher. ESTW-A bzw. ESTW-R an Blockstellen, Überleitverbindungen oder kleinen Unterwegsbahnhöfen haben z. T. Anschlussleistungen $< 15$ kVA. Dieser Anschlusswert hat hinsichtlich der Auslegung der Energieversorgung der ESTW und der Bestückung mit Pufferbatterien Konsequenzen, die sie von ESTW mit größerer Anschlussleistung unterscheiden und an dieser Stelle erwähnt werden sollen.

Im Gegensatz zu ESTW mit einer Anschlussleistung $\geq 15$ kVA können ESTW mit Anschlussleistungen $< 15$ kVA aus nur einem Energieversorgungsnetz gespeist werden. Generell wird die Anschlussmöglichkeit eines mobilen Netzersatzaggregates vorgesehen. Das Versorgungsnetz kann ein bahneigenes Netz oder das eines EVU 3AC 230/400 V 50 Hz sein oder alternativ das Oberleitungsnetz mit 1AC 15 kV 16,7 Hz. Zur Erhöhung der Versorgungssicherheit bei Speisung aus nur einem Netz wird die Kapazität der Stellwerksbatterien erhöht und beträgt bei Versorgung aus einem 3AC 230/400 V 50 Hz-Netz 3 h bzw. die Zeit, die benötigt wird, um eine mobiles Netzersatzaggregat bereitzustellen. Werden Telekommunikationsanlagen vom ESTW-A mitversorgt, beträgt die Batteriereservezeit mindestens 4 h. Bei alleiniger Versorgung des ESTW-A aus dem Oberleitungsnetz mit 1AC 15 kV 16,7 Hz wird eine Batteriereservezeit 5 h vorgesehen.

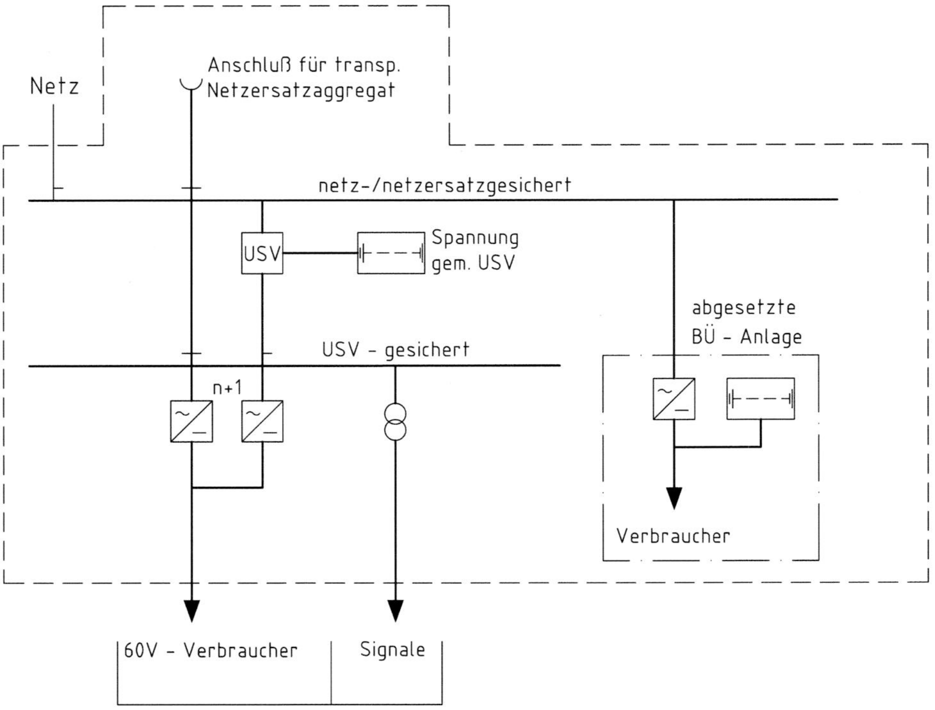


**Abb. 17.11** Beispiel der Stromversorgung einer Blockstelle

Bei ESTW-R an Nebenbahnen kann die Batteriereservezeit reduziert werden und beträgt bei Volllastbetrieb 15 min und bei reinem Rechnerbetrieb und Aufrechterhaltung der Gleisfreimeldung 1 h.

Abb. 17.12 zeigt ein Modulgebäude, in dem neben anderen LST-Anlagen ein ESTW-A untergebracht ist.

Alternativ dazu besteht die Möglichkeit, z. B. eine Blockstelle von den benachbarten Stellwerken mit zu versorgen. Abb. 17.13 zeigt eine Prinzipschaltung.

**Abb. 17.12** Modulgebäude eines ESTW-A

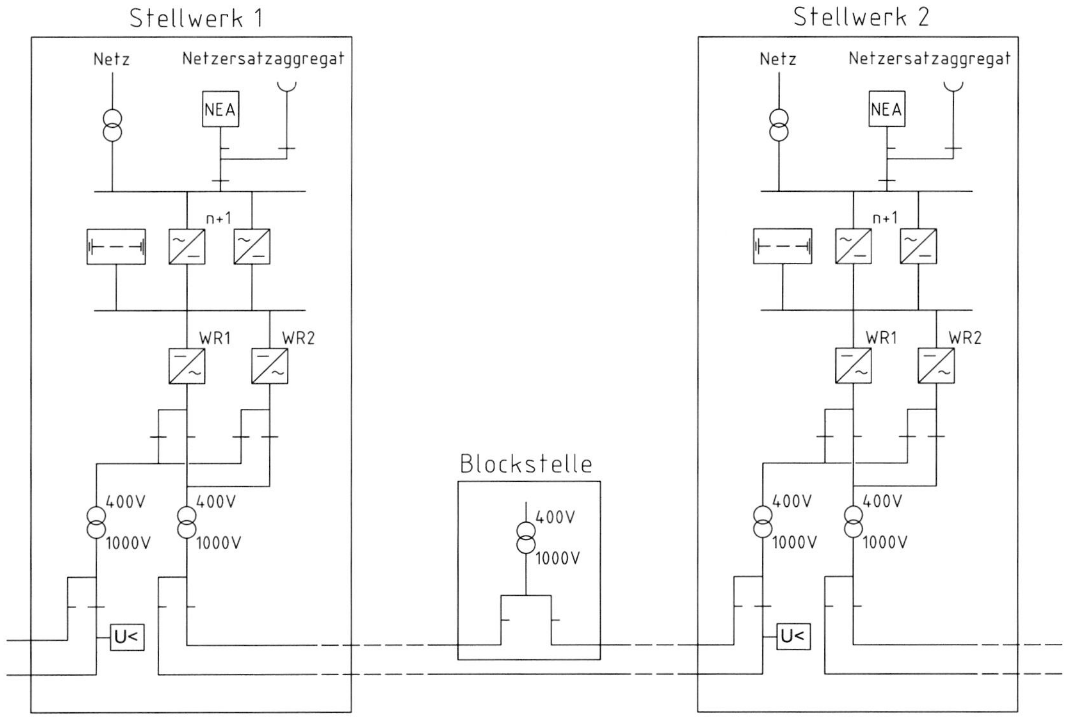


**Abb. 17.13** Beispiel der Speisung einer Blockstelle von den benachbarten Stellwerken

### 17.2.5 Bahnhöfe, Haltepunkte an Strecken

In einem Bahnhof können Züge enden, wenden und beginnen. Der einfachste Fall eines Bahnhofes besteht daher aus einer Weiche und zwei Gleisen (siehe § 4 EBO). Bahnhöfe unterscheiden sich zunächst ausgehend von der betrieblichen Infrastrukturplanung in Grundtypen

- nach dem Zweck: Überholungs-, Trennungs- oder Kreuzungsbahnhof,
- nach der Lage: Kopf-, Durchgangs- oder Begegnungsbahnhof,
- nach der Struktur der Gleisanlagen: Linien-, Richtungsbetrieb oder Turmbahnhof.

Hinweise zu Abstellbahnhöfen und Zugbehandlungsanlagen s. Abschn. 17.4.4 und zu Bahnhöfen des Güterverkehrs bzw. Rangierbahnhöfen s. Abschn. 17.4.1.

Maßgebend für die Nutzung eines Bahnhofs im Personenverkehr sind Bahnsteige, obwohl die Existenz eines Bahnsteigs allein zwar einen Haltepunkt, aber noch keinen Bahnhof begründet. Ein Personenbahnhof ist nach § 2(3c) AEG eine Serviceeinrichtung der Eisenbahn, darunter fallen Bahnhöfe und Haltepunkte.

Für Anlagen des Personenverkehrs wird umgangssprachlich noch häufig das Empfangsgebäude eines Bahnhofs als Bahnhof bezeichnet, ungeachtet der Tatsache, dass Bahnhöfe für den Betrieb kein Empfangsgebäude brauchen. Die ca. 5400 Personenbahnhöfe und Haltepunkte im Netz der DB AG sind in 7 Kategorien strukturiert, für die einheitliche Richtlinienvorgaben gelten.

Je nach Kategorie erhalten Bahnhöfe mindestens folgende Ausstattungsmerkmale (siehe Tab. 17.1):

- Fahrplan,
- Abfallbehälter,
- Namensschild,
- Wegeleitsystem,
- Uhr,
- Sitzgelegenheit,

**Tab. 17.1** Ausstattung der Bahnhöfe gemäß der Kategorien 1–7

| Merkmal | Kategorie | | | | | | |
|---|---|---|---|---|---|---|---|
| | 1 | 2 | 3 | 4 | 5 | 6 | 7 |
| Fahrplan | X | X | X | X | X | X | X |
| Abfallbehälter | X | X | X | X | X | X | X |
| Namensschild | X | X | X | X | X | X | X |
| Wegeleitsystem | X | X | X | X | X | X | X |
| Uhr | X | X | X | X | X | | |
| Sitzgelegenheit | X | X | X | X | X | | |
| Wetterschutz | X | X | X | X | | | |
| Fahrgastinformationssystem (FIA) | X | X | X | | | | |
| Bahnsteigabschnittsmarkierungen | X | X | | | | | |
| Service-Mitarbeiter | X | X | | | | | |
| DB Information | X | | | | | | |

- Wetterschutz,
- Fahrgastinformationssystem (FIA),
- Bahnsteigabschnittsmarkierungen,
- Service-Mitarbeiter,
- DB-Informationsstand.

Dabei gilt für die in diesem Kapitel beschriebenen Kategorien 6 und 7 nur der Mindeststandard:

- Fahrplan,
- Abfallbehälter,
- Namensschild,
- Wegeleitsystem.

Kategorie 6: Die ca. 2500 Bahnhöfe und Haltepunkte der zweitniedrigsten Kategorie weisen eine geringe Zahl an Reisenden auf. Sie liegen oft in schwach besiedelten Gegenden oder dienen hauptsächlich dem Berufsverkehr.

Kategorie 7: Zur niedrigsten Bahnhofskategorie gehören etwa 900 Stationen, die sich fast immer in ländlichen Gegenden befinden. Es handelt sich dabei überwiegend um Bedarfshalte auch so genannte „Landhalte“. Sie verfügen häufig über nur eine Bahnsteigkante. Aufgrund der sehr geringen Anzahl an Zughalten und Reisenden ist das Ausstattungsniveau niedrig.

Alle weiteren Kategorien sind in Abschn. 17.3.4 beschrieben. Aufgrund der Erläuterungen ist festzustellen, dass sich die elektrischen Energieanlagen (EEA) im Sinne der Bahnrichtlinien wesentlich beschränken. Das Versorgungsnetz stellt fast ausschließlich ein Niederspannungsnetz (Niederspannungsebene $\leq$ 1000 V/50 Hz) des jeweiligen Versorgungsnetzbetreibers (VNB) dar. Wenn kein Verteilnetz der Bahn vorhanden ist oder aufgebaut wird, können einzelne Verbraucheranlagen direkt eingespeist werden.

**Abb. 17.14** Beleuchtungsanlage einer oberirdischen Personenverkehrsanlage

Die Verbraucheranlagen beschränkt sich häufig auf die Beleuchtungsanlage, die nach den geltenden Grundsätzen für Beleuchtungsanlagen in Personenverkehrsanlagen zu gestalten sind. Die Nomenklatur für Beleuchtungsanlagen im Freien, nicht überdacht und gleisnah, gilt teilweise noch für die Bahnsteigzugänge und Bahnhofsvorplätze gleisfern. Gleisnah im Sinne dieser Richtlinie ist der unmittelbar an das Gleis grenzende, zu beleuchtende Bereich für den Ein- bzw. Ausstieg von Personen. Abb. 17.14 zeigt ein Beispiel der Beleuchtungsanlage einer oberirdischen Personenverkehrsanlage außerhalb von Hallen.

Folgende Beleuchtungsarten werden unterschieden:

- Allgemeinbeleuchtung,
- temporäre Beleuchtung,
- Bauphasenbeleuchtung,
- Event- und Architekturbeleuchtung.

Die Anlagen sind überwiegend Einzellichtpunkte auf Eingrab- oder Aufsatzmasten. Die Auswahl der Leuchten erfolgt aus der Leuchtenauswahlliste. Die Anlagen sind in hohem Masse standardisiert und die Beleuchtung als sicherheitsrelevanter Verbraucher fernüberwacht.

## 17.3 Stromversorgung von Eisenbahnknoten

### 17.3.1 Verbraucherstruktur

Vom Grundsatz her finden sich fast alle Verbraucherstrukturen, die bereits im Abschn. 17.2 erläutert wurden, auch in Eisenbahnknoten wieder, allerdings zum Teil in wesentlich komplexerer Ausbildung. Vorteile ergeben sich aus dieser Zentralisierung von Versorgungsleistungen, in dem relativ gesichert Versorgungsnetzbetreiber oder bahneigene Verteilnetze zur Verfügung stehen. Daraus resultierend ergeben sich neue und zum Teil wesentlich anspruchsvollere Anforderungen an die Elektroenergieanlagen (EEA). Insbesondere seien die in den Personenbahnhöfen der Eisenbahnknoten erwähnt.

### 17.3.2 Netzstruktur

Vom Grundsatz lassen sich die EEA in drei Kategorien unterscheiden:

- Versorgungsnetz,
- Verteilnetz und
- Verbraucheranlagen sowie eisenbahnspezifische Anlagen.

Alle sind einzelnen Betreibern fest zugeordnet.

Das Versorgungsnetz ist dem Verteilnetzbetreiber, d. h. dem vorgelagerten externen VNB, früherer auch unter dem Begriff Energieversorgungsunternehmen (EVU) bekannt, zugeordnet. Das Verteilnetz ist dem Verteilnetzbetreiber der DB AG, z. B. DB Energie, zugeordnet. Die Verbraucheranlagen sowie eisenbahnspezifische Anlagen, wie EWHA, EZVA, NEA aus OL, sind dem Anschlussnehmer zugeordnet. Der jeweilige Betreiber ist für die Anlagen in seinem Zuständigkeitsbereich eigenverantwortlich.

#### 17.3.2.1 Versorgungsnetze

Zum Versorgungsnetz gehören alle Bestandteile der Mittel- und Niederspannungsanlagen bis zur Übergabestelle, z. B. zwischen VNB und DB Energie. Die Übergabestelle wird i. d. R. vom VNB festgelegt. Wenn örtlich kein bahneigenes Verteilnetz vorhanden ist, können einzelne Verbraucheranlagen direkt aus dem externen Versorgungsnetz eingespeist werden.

#### 17.3.2.2 Verteilnetze

Zum Verteilnetz gehören alle Leitungen und Kabel, Transformatorenstationen und zugehörige Schalt- und Verteilungsanlagen der Mittel- und Niederspannungsanlagen zwischen der Übergabestelle vom Versorgungsnetz und der Übergabestelle zur Verbraucheranlage. Jeder Anschluss an das bahneigene Verteilnetz bzw. jede Änderung des Anschlusswertes, auch vorübergehend, ist anzumelden.

Eisenbahninfrastrukturunternehmen (EIU) betreiben zum Teil eigene Verteilnetze. 2008 betrieb die DB Energie 184 Mittelspannungsnetze, vorzugsweise zur Elektroenergieversorgung von Eisenbahnknoten. Innerhalb dieser Mittelspannungsnetze befanden sich insgesamt 1975 Transformatorenstationen mit insgesamt 2724 Transformatoren, deren installierte Leistung 1129 MVA betrug. Die Mittelspannungsnetze werden mit den Spannungsebenen 6 kV, 10 kV, 15 kV oder 20 kV betrieben. Die Elektroenergie wurde über 9501 Mittelspannungsfelder und ca. 4000 km Mittelspannungskabeltrassen und 11.454 Niederspannungsverteilungen zu den Verbrauchern verteilt. 2008 wurden 53 Mittelspannungsstationen neu errichtet, 30 davon als Ersatzneubau bei ersatzloser Stilllegung (Rückbau) von 21 Stationen.

Niederspannungsverteilnetze unterschiedlichster Ausprägung gibt es grundsätzlich an jedem Standort einer Eisenbahninfrastrukturanlage. Sie werden mit der Spannungsebene $\leq$ AC 1000 V betrieben.

#### 17.3.2.3 Verbraucheranlagen

Die Verbraucheranlage ist die Gesamtheit aller elektrischen Betriebsmittel hinter der Übergabestelle vom

- Verteilnetz des EIUs oder
- Versorgungsnetz eines externen VNB, sofern eine Direkteinspeisung besteht.

EEA im Sinne der Bahnrichtlinien sind elektrische Anlagen mit Betriebsmitteln zum Erzeugen, Umwandeln, Speichern, Fortleiten, Verteilen und Nutzen (Verbrauchen) von elektrischer Energie. Ausgenommen sind elektrotechnische Anlagen für Bahnstrom und elektrische Anlagen in Eisenbahnfahrzeugen.

Bei der Planung und Errichtung der EEA im Bereich und in der Nähe der Gleisanlagen sind spezifische Vorgaben der DB AG zu beachten. Diese betreffen u. a.:

- Lichtraumprofil und Gleisabstand,
- Kabelverlegung, Kabelquerung,
- Hoch- und Tiefbau,
- Beeinflussungen der Leit- und Sicherungstechnik,
- Beeinflussung der Telekommunikationsanlagen,
- Erdungsanlagen, Potenzialausgleich,
- Rand- und Zwischenwege.

Grundsätzlich sind auf elektrisch betriebenen Eisenbahnstrecken Besonderheiten bei allen EEA zu beachten. Diese sind strukturiert und unterliegen besonderen Anforderungen hinsichtlich Planung, Errichtung und Betrieb.

Die Notwendigkeit des Einsatzes von Ersatzstromversorgung, Sicherheitsstromversorgung bzw. Ersatzbeleuchtung und Notbeleuchtung für Betriebsanlagen der EIU erfolgt auf Grundlage von gesetzlichen Vorgaben oder aus Vorgaben des Betreibers dieser Anlagen. Die Ausführung ist in den jeweiligen Technischen Unterlagen geregelt.

### 17.3.3 Stellwerke von Eisenbahnknoten

Nachfolgend werden ausschließlich ESTW's mit einer Anschlussleistung $\geq$ 15 kVA betrachtet. Aufgrund der hohen Anzahl der an ein Knoten-ESTW angeschlossenen Peripherien (Stelleinheiten) und der hohen Dichte von vom ESTW mit zu versorgenden, sonstigen Verbrauchern, z. B. Telekommunikationseinrichtungen (Tk-Anlagen), wird vorgenannte Anschlussleistung von Knoten-ESTW i. d. R. überschritten. Bei den Knoten-ESTW kann es sich um ESTW-A, sog. abgesetzte Stellrechner, oder um ESTW-UZ, sog. Unterzentralen, handeln. ESTW-UZ sind ESTW, die über einen Notbedienplatz verfügen, der bei unterbrochener Kommunikation zur Betriebszentrale mit Bedienpersonal besetzt werden kann und eine Vor-Ort-Bedienung des Stellbezirks ermöglicht. Analog gilt dies auch für Bedienzentralen von ESTW-R an Nebenbahnen.

Ein Übersichtsschaltbild mit einem Beispiel der Stromversorgung eines ESTW mit USV und Ersatznetz aus der Oberleitung zeigt Abb. 17.15.

Erforderliche Spannungen für die Versorgung der Hilfsbetriebe (auch für Alttechnik) sind:

- 1AC 230 V 50 Hz (einphasige Verbraucher),
- 3AC 400/230 V 50 Hz (Weichenantriebe),
- 3AC 400/230 V 42 Hz (Gleisstromkreise),
- 3AC 400/230 V 100 Hz (Gleisstromkreise),
- DC 60 V (Relais, Achszähler, LZB-Rechner),
- DC 24 V (Rechentechnikbaugruppen).

**Leistungsanforderungen**

Die Leistungsanforderungen differieren stark nach der Größe des ESTW bzw. dem Umfang der angeschlossenen Peripherien, mit zu versorgenden Tk-Anlagen etc. und sonstigen betriebswichtigen Verbrauchern.

- mittleres ESTW (mittlere Bahnhöfe, Abzweigstellen): um 45 kVA,
- Knoten ESTW (z. B. Leipzig): 2 $\times$ 120 kVA.

ESTW werden generell aus zwei Energieversorgungsnetzen gespeist, dem primären Versorgungsnetz, meist ein bahneigenes Netz oder das

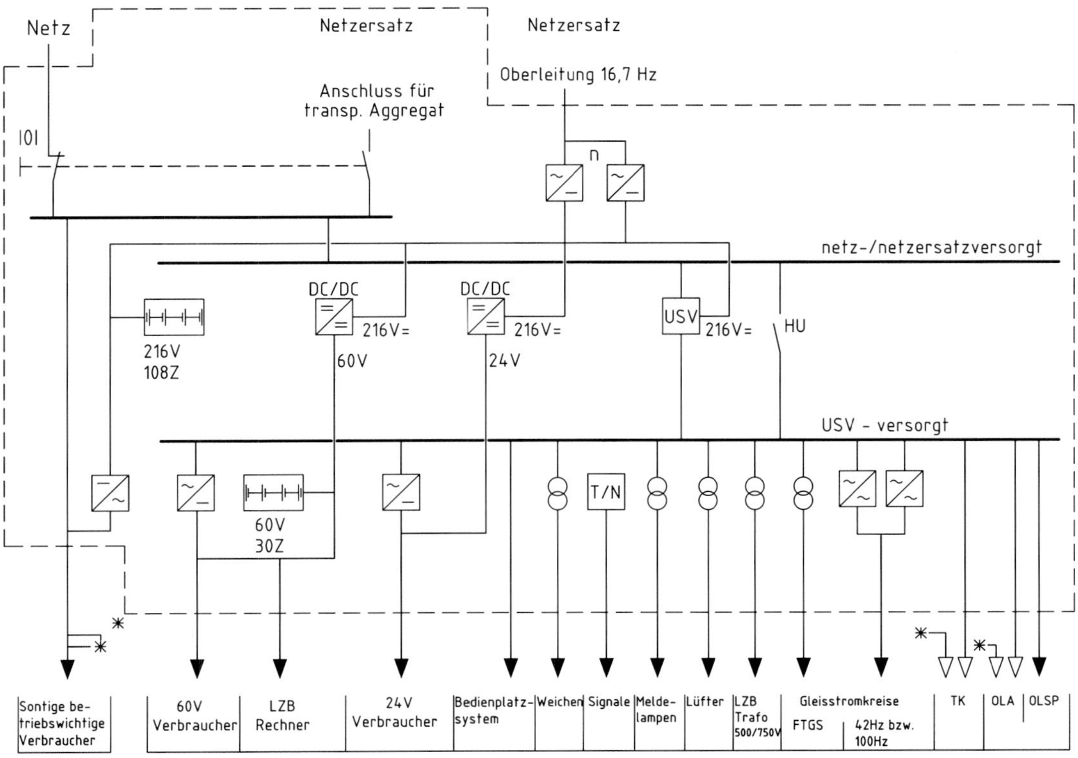


**Abb. 17.15** Stromversorgung eines ESTW mit Netzersatz aus der Oberleitung

eines EVU mit 3AC 230/400 V 50 Hz, und einem Ersatznetz, um eine sehr hohe Versorgungssicherheit zu erreichen. Für das Ersatznetz gibt es in Abhängigkeit von den örtlichen Gegebenheiten und der Anschlussleistung des ESTW unterschiedliche Möglichkeiten und Vorgaben, die ihrerseits Auswirkungen auf die erforderliche Kapazität und Art der Pufferbatterien haben.

Eine Anschlussmöglichkeit für ein mobiles, externes Netzersatzaggregat ist für ein ESTW immer vorzusehen. Als Ersatznetz wird vorzugsweise eine Einspeisung aus der Oberleitung verwendet. Die Oberleitungsspannung 1AC 15 kV 16,7 Hz wird über eine Netzersatzanlage (NEA) in 2AC 231 V 16,7 Hz transformiert und zur Energieversorgung des ESTW verwendet (s. Abschn. 17.1.2). Mit diesen 2AC 231 V 16,7 Hz werden entweder die Gleichrichter des stellwerksinternen Gleichstromzwischenkreises oder ein rotierender Umformer gespeist, der seinerseits 3AC 230/400 V 50 Hz erzeugt. Ist der Netzersatz aus der Oberleitung nicht möglich, z. B. an nicht elektrifizierten Strecken, werden ortsfeste, automatisch startende Netzersatzaggregate in Form von Hubkolben-Verbrennungsmotoren mit Generator verwendet, der 3AC 230/400 V 50 Hz erzeugt. Netzersatzaggregate mit Verbrennungsmotor und Generator wie auch rotierende Umformer müssen nach Ausfall des primär versorgenden Netzes automatisch starten und binnen 15 s die Speisung der Verbraucher übernehmen.

Abb. 17.16 zeigt das Gebäude eines Knoten-ESTW.

Batterieanlagen in ESTW werden je nach Kapazität vorzugsweise mit DC 60 V (30 Zellen) oder DC 216 V (108 Zellen) ausgeführt. Der Vorteil der DC 60 V ist die niedrige Spannung, die die Schutzmaßnahmen vereinfacht. Bei großer Batteriekapazität würde dieser Vorteil durch große Leiterquerschnitte kompensiert werden, so dass DC 216 V mit entsprechenden Schutzmaßnahmen vorgesehen wird. Bei ESTW mit stationären Netzersatzaggregaten werden die Batterien für eine Reservezeit von 1 h ausgelegt. Bei Netzersatz aus der Oberleitung beträgt die Batteriereservezeit je nach Priorität des Stellwerks eine 1/2

**Abb. 17.16** ESTW-UZ Leipzig-Ostseite

bis 3 h. Werden vom ESTW Tk-Anlagen mit versorgt, beträgt die Batteriereservezeit 2 h.

Bei Ausfall des primär versorgenden Netzes kann es zu einer kurzzeitigen Unterbrechung der Energieversorgung der angeschlossenen Verbraucher kommen, die bei einigen Verbrauchen, z. B. computergestützten Anlagen, zu einer längeren, nicht tolerierbaren Funktionsunterbrechung führen kann. Daher werden die Verbraucher nach der zulässigen Speiselücke unterschieden, und zwar Speiselücke 2 s, < 1 s und ohne Speiselücke. Verbraucher mit einer tolerierbaren Speiselücke von 2 s werden direkt aus dem primär versorgenden Netz oder dem Ersatznetz gespeist. Bei Netzausfall wird ein Wechselrichter zugeschaltet, auf den die Verbraucher umgeschaltet werden (kalte Redundanz). Verbraucher mit einer tolerierbaren Speiselücke von < 1 s werden direkt aus dem primär versorgenden Netz oder dem Ersatznetz gespeist. Bei Netzausfall werden die Verbraucher auf einen im Stand-by mitlaufenden Wechselrichter umgeschaltet (heiße Redundanz). Alle Verbraucher, die eine Speiselücke nicht tolerieren, werden von verbrauchereigenen USV oder aus der Stellwerksbatterie, direkt oder über DC-DC-Wandler, versorgt.

### 17.3.4 Bahnhöfe von Eisenbahnknoten

Vom Grundsatz haben die Bahnhöfe in den Eisenbahnknoten ausgehend von ihrer betrieblichen Bedeutung höchste Priorität, z. B. die Bahnhöfe des Personenverkehrs. Im Folgenden soll auf diese komplexe Infrastruktur näher eingegangen werden. In der Nomenklatur der betrieblichen Infrastrukturplanung sind das die Bahnhofsarten:

- Knotenpunktbahnhof,
- kleinerer Knotenpunktbahnhof,
- Überholbahnhof und
- Kreuzungsbahnhof.

Bahnhöfe werden auch als Personenverkehrsanlagen (PVA) bezeichnet. Die komplexe Infrastruktur in den Bahnhöfen funktioniert rund um die Uhr. Dazu gehört sämtliche eisenbahnspezifische und sicherheitsrelevante Infrastruktur, z. B. Signale, Weichen, Stellwerke sowie die Gleisfeldbeleuchtung, aber auch die Rolltreppen, Aufzüge und Beleuchtungen. Diese sind jederzeit störungsfrei und zuverlässig mit elektrischer Energie zu versorgen. Es wird darüber hinaus auch zuverlässig die Energieversorgung der externen, gewerbetreibenden Energiekunden in den Bahnhöfen gesichert, egal ob Einzelhandel, Industrie oder Gewerbe und ganz gleich wie die standortspezifischen Anforderungen gestellt werden. Unter Zugrundelegung des öffentlichen Baurechts gelten sie für Neu- oder umfassende Umbauten an Anlagen der Personenbahnhöfe.

Für Baumaßnahmen in Personenbahnhöfen im Transeuropäischen Eisenbahnnetz (TEN), die als erstmalige Inbetriebnahme, Wiederinbetriebnahme, Erneuerung oder Umrüstung nach der Transeuropäischen Interoperabilitätsverordnung

(TEIV) einzustufen sind, gelten zusätzlich die nach TEIV gültigen und jeweils anwendbaren Technischen Spezifikationen für Interoperabilität (TSI). Alle Betriebsanlagen und Einrichtungen sind so zu bauen und zu ändern, dass die Einhaltung sowohl der öffentlichen Sicherheit und Ordnung sowie die besonderen Anforderungen, die aus dem Bahnbetrieb herrühren, gewährleistet sind.

Alle Anlagen sind unter Beachtung betrieblicher Belange so zu planen und zu bauen, dass:

- die Anlagen in das verkehrliche Gesamtkonzept eingebunden sind,
- die Anlagen funktionsgerecht, übersichtlich sowie umwelt- und instandhaltungsfreundlich gestaltet sind,
- die Anlagen in die örtliche städtebauliche, architektonische Gesamtsituation eingebunden und dabei die Belange des örtlichen Umfeldes berücksichtigt sind,
- die Anlagen so angeordnet sind, dass die Anforderung nach der öffentlichen Ordnung und Sicherheit erfüllen,
- die Benutzung der Anlagen durch mobilitätseingeschränkte Personen ohne besondere Erschwernis ermöglicht wird.

Planungen und Arbeiten an den EEA der Personenbahnhöfe mit ihrer Anbindung an den öffentlichen Verkehrsraum sind eine komplexe Aufgabe, bei denen Verantwortliche der Länder und Kommunen, verschiedener Ressorts des Eisenbahnbetriebes, der Sicherheitsbehörden und der Baulastträger zusammenwirken müssen. Der Betreiber der Eisenbahninfrastrukturanlage ist verantwortlich für den Bau und Betrieb der Personenverkehrsanlagen, also für Bahnsteige, Zugangsanlagen und Empfangsgebäude.

Es ist zu unterscheiden zwischen:

- Betriebsanlagen der Eisenbahnen des Bundes (EdB),
- keine Betriebsanlagen der EdB.
- Betriebsanlagen der EdB sind:
- Bahnsteige und Bahnsteigzugänge,
- gewidmete Bahnhofsvorplatzflächen,
- Empfangsgebäude, einschließlich Vermarktungsflächen, die primär dem Reisebedarf dienen,
- Service Store DB.

Bahnsteigzugänge sind Verkehrsflächen für Bahnreisende zwischen Bahnsteigen und dem öffentlichen Straßenraum. Sie können im Außenbereich, innerhalb von Bahnhofsgebäuden, innerhalb von unterirdischen Personenbahnhöfen oder im Bereich von Überbauungen von Bahnanlagen liegen.

Keine Betriebsanlagen der EdB sind:

- Vermarktungsflächen, die nicht primär dem Reisebedarf dienen,
- nicht gewidmete Bahnhofsvorplatzflächen.

Wie bereits in Abschn. 17.2.5 erwähnt, erhalten die Bahnhöfe je nach Kategorie mindestens folgende Ausstattungsmerkmale (siehe Tab. 17.1):

- Kategorie 1: Dazu gehören 21 Bahnhöfe, die stark frequentiert und stufenfrei ausgebaut sind. In repräsentativen Gebäuden, die meist im Zentrum der Großstädte liegen, finden Reisende und Besucher sämtliche Dienstleistungen rund um die Bahn. In der Regel sind solche Stationen zugleich auch mit umfassenden Einkaufsmöglichkeiten kombiniert. Zum Teil haben die Bahnhöfe besondere Wartezonen für Kunden erster Klasse und Vielfahrer, die DB Lounges. Die vier größten deutschen Städte Berlin, Hamburg, München und Köln verfügen über mehrere Bahnhöfe dieser höchsten Kategorie.
- Kategorie 2: Die 87 Bahnhöfe dieser Kategorie sind häufig wichtige Zustiege für den Fernverkehr mit Halt von ICE-, InterCity- oder EuroCity-Zügen, also Schnittstellen zu großen Flughäfen oder Hauptbahnhöfe größerer Städte. Alle wichtigen Funktionen und Dienstleistungen im Zusammenhang mit einer Bahnreise sind vorhanden. Die Betreuung der Reisenden durch Mitarbeiter wird in der Hauptverkehrszeit gewährleistet. Die Ausstattung ist ähnlich wie die für die Bahnhöfe der Kategorie 1.

- Kategorie 3: Das sind die etwa 239 Bahnhöfe, vor allem Hauptbahnhöfe kleiner oder mittelgroßer Städte. Viele dieser Bahnhöfe sind regelmäßige Fernverkehrshalte. Meist gibt es ein Empfangsgebäude mit verschiedenen Einkaufsmöglichkeiten.
- Kategorie 4: Dieser Kategorie werden etwa 630 Bahnhöfe zugeordnet. Die Stationen liegen meist in städtischen Ballungsräumen, weisen i. d. R. eine hohe Dichte an Regionalbahnen oder Regional-Express-Zügen auf und werden vor allem von Pendlern genutzt. An einigen Bahnhöfen der Kategorie 4 halten auch Fernverkehrszüge. Die Ausstattung dieser Bahnhöfe entspricht im Wesentlichen denen der Kategorie 3. Auch S-Bahnhöfe bzw. -Haltepunkte, die in dichtem Takt bedient werden, gehören zu dieser Kategorie.
- Kategorie 5: Die ca. 1000 Bahnhöfe und Haltepunkte der Kategorie 5 befinden sich oft in kleineren Städten oder es handelt sich um Stadtteilbahnhöfe. Auch sie werden überwiegend von Pendlern genutzt. Weil eher schwach frequentiert, wird auf eine widerstandsfähige Ausstattung geachtet, die Vandalismus unterbinden soll. Diese Bahnhöfe sind der Zugang zum System Bahn und gleichzeitig die Visitenkarte der Städte und Regionen. Daneben sind Bahnhöfe heute ein zentraler Treffpunkt städtischen Lebens mit einem vielfältigen Angebot von Handel und Dienstleistung.
- Kategorie 6 und 7 siehe Abschn. 17.2.5.

#### 17.3.4.1 Beleuchtung in Personenverkehrsanlagen

Den Beleuchtungsanlagen in PVA gilt eine besondere Aufmerksamkeit verbunden mit strengen Richtlinien, strenger Überwachung und vorausgewählten Produkten gemäß den Leuchtenauswahllisten der DB AG. Diese Richtlinien beschreiben die Anforderungen an die Innen- und Außenbeleuchtungsanlagen in PVA, die sich in

- gleisnaher und
- Vermarktungsbereich

unterteilen.

Gleisnaher Bereich: Gleisnah ist der unmittelbar an das Gleis grenzende, zu beleuchtende Bereich für den Ein- bzw. Ausstieg von Personen.

Vermarktungsbereich: Beleuchtungsanlagen in Vermarktungsbereichen sind entsprechend den anerkannten Regeln der Technik zu planen, zu errichten und zu betreiben. Es muss sichergestellt sein, dass keine unzulässigen Beeinträchtigungen, z. B. Blendwirkungen, des Eisenbahnbetriebs auftreten können.

Es wird zwischen den Beleuchtungsarten:

- Allgemeinbeleuchtung,
- temporäre Beleuchtung,
- Bauphasenbeleuchtung,
- Eventbeleuchtung,
- Architekturbeleuchtung,
- Fassadenbeleuchtung

unterschieden. Je nach Aufgabenstellung gelten als Anforderungen lichttechnische Gütemerkmale für gute Sehbedingungen im Bahnbereich, um den Nutzern der PVA Sicherheit, qualitätsgerechten Betrieb sowie die Orientierung und Information zu gewährleisten. Wesentliche zu beachtende Qualitätskriterien sind:

- Leuchtdichteverteilung,
- Beleuchtungsniveau und Gleichmäßigkeit,
- Blendungsbegrenzung,
- Lichtrichtung und Schattigkeit,
- Lichtfarbe und Farbwiedergabe,
- Vermeidung von Signalverfälschungen.

Grundsätzlich sind Beleuchtungsanlagen sicherheitsrelevante Infrastrukturen, die zum Teil der Fernüberwachung und Übertragung von Meldungen an eine ständig besetzte Stelle unterliegen. Die Anlagen werden unter Beachtung der oben genannten Anforderungen realisiert mittels Mastleuchten, Deckenleuchten, Hallenleuchten, Medienträgersysteme und sonstigen Leuchten. Auszuwählen sind die Leuchten für das Portfolio der PVA aus den freigegebenen Leuchtenauswahllisten.

Die Ausführungen gelten ganz allgemein und verbindlich sowohl für oberirdische Personenverkehrsanlagen (OPVA) als auch für unterirdische

Personenverkehrsanlagen (UPVA) mit folgenden Besonderheiten:

- UPVA und OPVA in Hallen: Für Bahnsteige in UPVA und in OPVA innerhalb von Bahnsteighallen sind im Brandschutzkonzept (BSK) „Rettungswege" in Anlehnung an das Hochbaurecht vorzusehen und grundsätzlich entsprechend den anerkannten Regeln der Technik auszustatten. Die ausreichende Kapazität der Rettungswege ist im BSK nachzuweisen. Dazu gehören die Festlegungen zu Notbeleuchtungsanlagen. Vom Grundsatz her ist die Notbeleuchtung gemäß den gesetzlichen Anforderungen und anerkannten Regeln der Technik in Abhängigkeit von den objektbezogenen organisatorischen Festlegungen als Sicherheits- oder Ersatzbeleuchtung auszuführen. Die Sicherheitsbeleuchtung dient im Ereignisfall der Ausleuchtung der Flucht- und Rettungswege bis zum gesicherten Bereich. Die Ersatzbeleuchtung als eine Art der Notbeleuchtung ermöglicht bei Störung der Allgemeinbeleuchtung die Bereitstellung eines Beleuchtungsniveaus zur Weiterführung des Eisenbahnbetriebs. Für unterirdische Personenverkehrsanlagen sind generell Ersatzbeleuchtungsanlagen einzurichten. Die Notwendigkeit einer Ersatzbeleuchtung für oberirdische Personenverkehrsanlagen ist vom Betreiber festzulegen. Ein weiteres Hauptaugenmerk gilt grundsätzlich der gesicherten Stromversorgung der Entrauchungsanlagen. Diese können je nach Detailtopologie der PVA erhebliche Komplexität und Priorität gemäß Rettungskonzept erreichen.
- OPVA außerhalb von Hallen: Für oberirdische Bahnsteige außerhalb von Bahnsteighallen sind „Rettungswegmöglichkeiten" vorzusehen. Die technischen Ausstattungsvorgaben für Rettungswege gelten für Rettungswegmöglichkeiten nicht. Es ist grundsätzlich weder eine Rettungswegbeschilderung noch eine Notbeleuchtungsanlage erforderlich. Für Treppenabgänge, Treppenaufgänge oder Rampen sowie Personenunterführungen oder Personenüberführungen können vom Betreiber für die Beleuchtungsplanung ergänzende Festlegungen getroffen werden. Die Kriterien für die im Hochbau üblichen, teilweise umfangreichen Ausstattungen von Rettungswegen sind auf Bahnsteige OPVA außerhalb von Bahnsteighallen nicht übertragbar. Daher wird hier der Begriff der Rettungswegmöglichkeiten zur Abgrenzung zum Begriff Rettungsweg aus dem Hochbaurecht verwendet.

**Abb. 17.17** Aufzugsanlage in einem Bahnhof, 3AC 230/400 V 50 Hz, ca. 5 kVA

#### 17.3.4.2 Maschinentechnische Anlagen in PVA

Eine weitere wesentliche Verbrauchergruppe in den PVA stellen die maschinentechnischen Anlagen sowie anderer Anlagen zur Abwicklung des Bahnbetriebs dar. Diese sind wie folgt strukturiert:

Abb. 17.18 Fahrtreppe in einem Bahnhof, 3AC 230/400 V 50 Hz, ca. 2–5 kVA

Abb. 17.19 Fahrsteig in einem Bahnhof, 3AC 230/400 V 50 Hz, ca. 2–5 kVA

- Aufzüge innerhalb und außerhalb von Verkehrsstationen,
- Fahrtreppen und -steige in Verkehrsstationen oder Vermarktungsbereichen,
- Automatiktüren,
- Befahranlagen,
- Betriebsräume.

Beispiele für maschinentechnische Anlagen in PVA zeigen die Abb. 17.17, 17.18 und 17.19.

## 17.4 Sonderanlagen

### 17.4.1 Zugbildungsanlagen

Zugbildungsanlagen der DB InfraGO AG sind Drehscheiben für die Warenströme des Güterverkehrs. Der Schienengüterverkehr vollzieht durch geänderten Bedarf hervorgerufen einen Strukturwandel dahingehend, dass heute im Wesentlichen Ganzzug- und Einzelwagenverkehr stattfindet, der wiederum häufig containerbasiert ist. Zugbildungsanlagen sind in Deutschland die ca. 1750 Betriebsstellen, zu denen alle Zugbildungseinrichtungen wie Rangier- oder Güterbahnhöfe mit den dazugehörigen Ladestellen zählen.

**Abb. 17.20** Balkengleisbremse, hydraulisch, mit Hydraulikstation, 100 kVA, 3AC 400 V 50 Hz

**Abb. 17.21** Schiebebühne, 3AC 400 V 50 Hz

Die im Einzelwagenverkehr beförderten Güterwagen müssen für den Transport zu Zügen zusammengestellt und die Züge wieder zerlegt werden. Dafür müssen alle Einrichtungen der technischen Infrastruktur zur Verfügung stehen.

Im Gegensatz zu Personen- dienen Rangierbahnhöfe nicht als Zugangsstelle zum Eisenbahnnetz, also nicht verkehrlichen, sondern innerhalb des Netzes als Betriebsbahnhöfe des Güterverkehrs betrieblichen Aufgaben. Rangierbahnhöfe sind hinsichtlich der Ausdehnung ihrer Gleisanlagen die größten Bahnhöfe überhaupt.

Aus diesen betrieblichen Zusammenhängen heraus leiten sich die enormen und zum Teil auch sehr komplexen Anforderungen hinsichtlich der Qualität und der Anforderungen an die elektrischen Energieanlagen ab. Das Hauptaugenmerk ist neben der sicheren Stromversorgung für alle Verbraucheranlagen die Qualität der Beleuchtungsanlagen für alle erforderlichen Sehanforderungen unter Eisenbahnbetrieb.

Beispiele der Ausrüstung von Zugbildungsanlagen sind:

- Balkengleisbremsen,
- Druckluftanlagen, Bremsprobeanlage,
- Beidrückanlage,
- Krananlagen,
- Seilzuganlagen,
- Drehscheiben und Schiebebühnen,

von denen zwei Beispiele in Abb. 17.20 und 17.21 gezeigt werden.

### 17.4.2 Elektrische Weichenheizanlagen

Alle elektrischen Weichenheizanlagen (EWHA) im gesamten Streckennetz der DB AG sind in der Summe ein nicht zu vernachlässigender Energieverbraucher. Dies betrifft sowohl die installierte Anschlussleistung der EWHA, für die entsprechende Netz- und Energieerzeugerkapazitäten vorzuhalten sind, als auch die verbrauchten Energiemengen. 2008 wurden für die EWHA rund 110.000 MWh benötigt, was ca. 6 % der Energielieferung der DB Energie an stationäre Anlagen entspricht. Davon waren 77,9 % 16,7-Hz-Heizenergie und 22,1 % 50-Hz-Heizenergie. Die installierte Anschlussleistung der EWHA berechnet sich aus der Heizstableistung. Da EWHA selbsttätig und in Abhängigkeit vom Wettergeschehen in den Heizbetrieb übergehen, zudem während des Heizbetriebs getaktet arbeiten, heizen im gesamten Streckennetz nie alle EWHA gleichzeitig. Dies ist für die Berechnung des Leistungspreises für EWHA mit 16,7-Hz-Heizenergiebezug wichtig. Dazu wird ein Gleichzeitigkeitsfaktor verwendet, der durch die Auswertung des deutschlandweiten Wettergeschehens während der zurückliegenden Heizperiode ermittelt wird. Ein typischer Wert für den Gleichzeitigkeitsfaktor ist 0,55. Bei deutschlandweiten Dauerfrostwetterlagen ergab sich ein Gleichzeitigkeitsfaktor von 0,67.

#### 17.4.2.1 Allgemeiner Aufbau einer EWHA

Um einen reibungslosen Zugverkehr in der kalten Jahreszeit zu gewährleisten, müssen Weichen störungsfrei betätigt werden können. Schneefall, -verwehungen und Eisbildung können dies behindern oder unmöglich machen. Mit elektrischen Weichenheizanlagen (EWHA) werden die beweglichen Teile der Weichen (Weichenzungen, bewegliche Herzstücke, Verschlusskästen) schnee- und eisfrei gehalten.

Elektrische Weichenheizanlagen im Bereich der DB werden nach der technischen Unterlage DS 954.9101 „Elektrische Weichenheizanlagen" erstellt.

Nachstehende Ausführungen beziehen sich i. d. R. auf elektrische Weichenheizanlagen mit Bezug der Heizenergie aus AC 15 kV 16,7-Hz Oberleitungsnetzen.

Alternativ dazu kann der Bezug der Heizenergie einer elektrischen Weichenheizanlage aus öffentlichen oder bahneigenen 3AC 400 V 50-Hz-Versorgungsnetzen erfolgen. Diese Form des Heizenergiebezuges wird vor allem bei nicht elektrifizierten Eisenbahnstrecken, DC-Bahnen und in wirtschaftlich begründeten Fällen auch bei AC-Bahnen angewandt.

Im Nahverkehrsbereich (Straßenbahnen) können Weichenheizungen direkt aus dem DC 750 V bzw. DC 600-V-Oberleitungsnetz versorgt werden.

Eine Weichenheizanlage besteht i. Allg. aus:

1. Energieeinspeisung für den Bezug der Heizenergie wahlweise aus:
   a) Oberleitung AC 15 kV 16,7 Hz über
      - Mastschalter,
      - Kabelendverschluss,
      - Mittelspannungskabel,
      - Transformator AC 15 kV 16,7 Hz auf AC 462 V 16,7 Hz
      - bzw. 2AC 231 V 16,7 Hz,
      - Kabel zur Niederspannungsverteilung (NS-V),
   b) DC-Oberleitung über
      - Mastschalter,
      - Kabelendverschluss und
      - Kabel direkt zur Verteilung,
   c) bahneigenem bzw. öffentlichen 3AC 400 V 50 Hz-Netz über
      - Kabel direkt zur NS-V.
2. Niederspannungsverteilung (NS-V)
   Die Heizenergie wird auf die einzelnen Weichen bzw. Heizstäbe verteilt und gesteuert.
3. Kabel
   zwischen der NS-V und den Verteilerkästen an den Weichen.
4. Heizstäbe
   direkt an Backenschienen, Weichenzungen, Herzstücken und in Verschlussfächern angebracht. Die Heizstäbe werden am Verteilerkasten angeschlossen.
5. Steuerung
   untergebracht in der NS-V, mit Temperatur- und Feuchtigkeitsfühler, für die automatische Steuerung der EWHA.
6. Erdung

Die elektrische Schaltung einer EWHA entspricht einem TT-System, d. h. es wird kein Schutzleiter mitgeführt. Alle leitenden Bauteile werden daher in die Schutzmaßnahme Erdung (Anschluss an die Rückleitung) einbezogen.

#### 17.4.2.2 Energiebezug aus Oberleitungsnetz AC 15 kV 16,7 Hz

Die elektrische Energie zum Betrieb der Weichenheizanlagen wird dem AC-Oberleitungsnetz entnommen.

Die elektrische Weichenheizanlage wird an der Oberleitung über einen Masttrennschalter mit elektrischem Schalterantrieb angeschlossen. Im Bereich der DB werden die Masttrennschalter ohne Erdkontakt ausgeführt. Die Schalter werden mit W1, W2 usw. bezeichnet.

Die Schnittstelle von Oberleitungs- und Weichenheizanlage bezüglich der Anlagenzuordnung liegt zwischen der Abgangsklemme des Masttrennschalters und dem Kabelendverschluss des Speisekabels der Weichenheizung.

Die zum Betrieb der Weichenheizanlage notwendige Niederspannung für die Heizenergie wird mit einem Transformator erzeugt. Die Verteilung und Steuerung der Heizenergie zu den

Weichenheizstäben erfolgt in einer Niederspannungsverteilung (NS-V). Zusätzlich ist eine Zuleitung aus einem 50 Hz-Versorgungsnetz zum Betrieb der Weichenheizungssteuerung und von Nebenverbrauchern erforderlich.

Abb. 17.22 zeigt beispielhaft den allgemeinen Systemaufbau einer elektrischen Weichenheizanlage am AC 15 kV 16,7 Hz Oberleitungsnetz mit Transformator und Niederspannungsverteilung in einer Fertigbetonstation.

#### 17.4.2.3 Energiebezug aus bahneigenem Versorgungsnetz 3AC 400 V 50 Hz

Bei Vorhandensein eines bahneigenen 3AC 400 V 50 Hz Versorgungsnetzes können Weichenheizanlagen auch mit 3AC 400 V 50 Hz betrieben werden. Die 50 Hz-Heizenergie wird einer vorhandenen oder zu erweiternden Transformatorenstation entnommen. Die galvanische Trennung der Weichenheizanlage erfolgt über einen Trenntransformator in der Transformatorenstation. Von der Transformatorenstation wird die 3AC 400 V 50 Hz Heizenergie über ein Starkstromkabel zur Weichenheizanlage übertragen.

Die Schnittstelle zwischen dem bahneigenen 3AC 400 V 50 Hz Versorgungsnetz und Weichenheizanlage bezüglich der Anlagenzuordnung liegt projektabhängig

- an der Abgangsklemme des Starkstromkabels zur Weichenheizanlage oder
- an der Eingangsklemme der NS-V der Weichenheizanlage.

Soweit möglich, werden alle standardisierten 16,7 Hz Weichenheizbauteile verwendet. Versorgungskabel, Niederspannungsverteilerschrank sowie Anschlusskasten werden den technischen Erfordernissen angepasst. Bei der Schaltung wird auf eine symmetrische Belastung der Außenleiter geachtet.

Die Schutzmaßnahmen müssen entsprechend Abschn. 17.5.2 ausgeführt werden.

#### 17.4.2.4 Energiebezug aus Versorgungsnetz eines VNB AC 400 V 50 Hz

Falls kein bahneigenes 3AC 400 V 50 Hz Versorgungs- und kein Oberleitungsnetz vorhanden ist bzw. die Versorgung der Weichenheizanlage aus diesen Netzen nicht zweckmäßig erscheint, können Weichenheizanlagen auch aus einem 3AC 400 V 50 Hz Netz eines kommerziellen Versorgungsnetzbetreibers (VNB) mit Heizenergie versorgt werden. Die Heizenergie wird einer vorhandenen, zu erweiternden oder neu zu errichtenden Transformatorenstation entnommen. Von der Transformatorenstation wird die 3AC 400 V 50 Hz Heizenergie über einen Trenntransformator und ein Starkstromkabel zur Weichenheizanlage übertragen.

Die Schnittstelle zwischen dem 3AC 400 V 50 Hz Netz des VNB und Weichenheizanlage bezüglich der Anlagenzuordnung liegt am Anschlusskasten der NS-V der Weichenheizanlage mit anschließender Zähl- und Verrechnungseinheit.

Abb. 17.23 zeigt beispielhaft den prinzipiellen Aufbau einer elektrischen Weichenheizanlage am 3AC 400 V 50-Hz-Versorgungsnetz.

#### 17.4.2.5 Energiebezug aus Oberleitungsnetz DC 750 V oder DC 600 V

Die elektrische Energie zum Betrieb der Weichenheizanlagen wird dem DC 750 V- oder DC 600 V-Oberleitungsnetz entnommen. Die elektrische Weichenheizanlage wird an der Oberleitung über einen Masttrennschalter angeschlossen. Die Steuerung der Weichenheizanlage versorgt die Heizstäbe direkt ohne Änderung der Spannungsebene. Die Hilfsenergie zum Betrieb der Steuerung kann aus der Oberleitungsspannung erzeugt werden.

### 17.4.3 Zugvorheizanlagen

Elektrische Zugvorheizanlagen (EZVA) sind stationäre Anlagen zur Bereitstellung von Energie zum Zwecke der Vorheizung oder -Klimatisie-

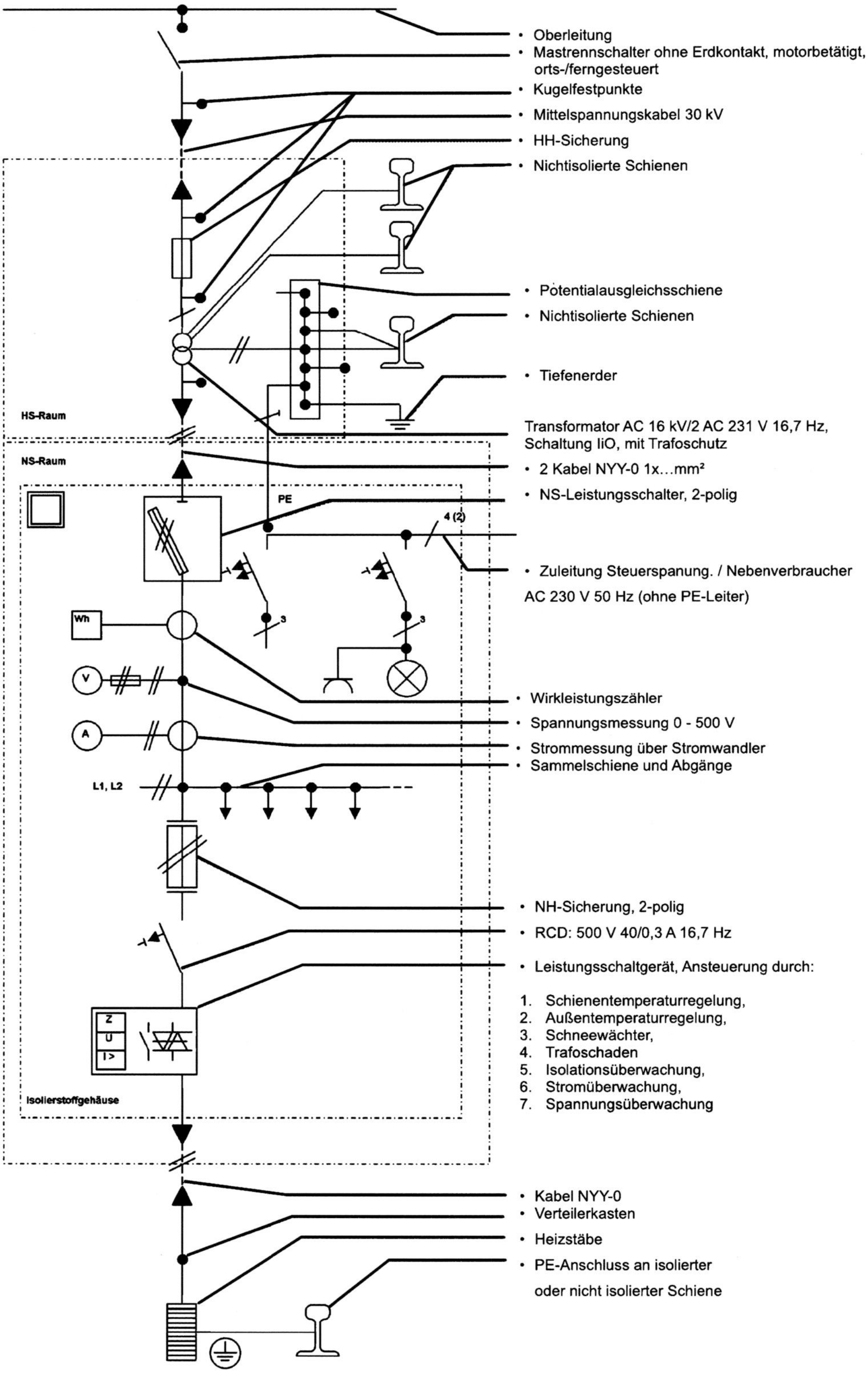


**Abb. 17.22** Allgemeiner Systemaufbau einer elektrischen Weichenheizanlage am AC 15 kV 16,7 Hz-Netz

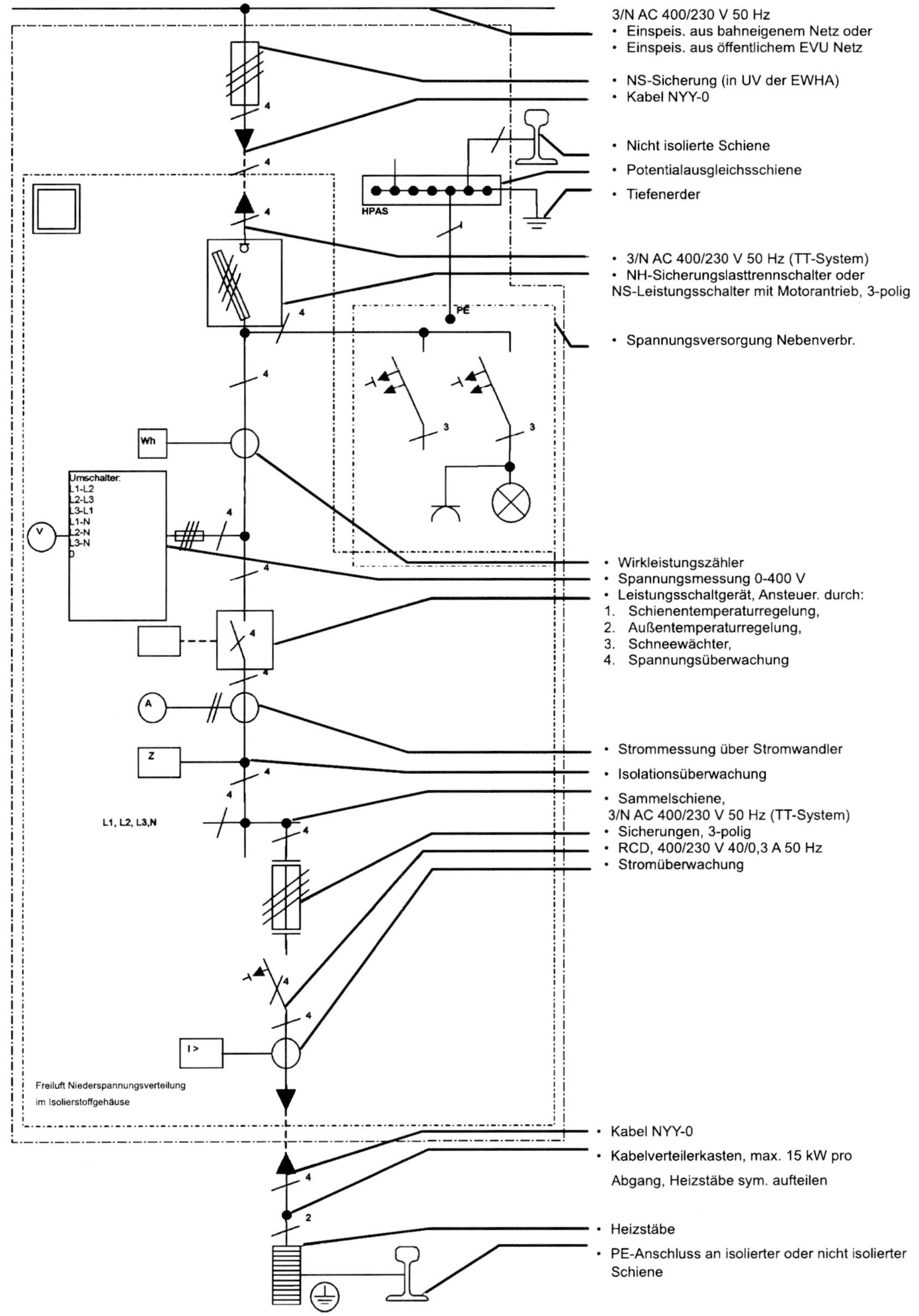


**Abb. 17.23** Allgemeiner Systemaufbau einer elektrischen Weichenheizanlage am 3AC 400 V 50 Hz Netz

rung und allgemeinen Energieversorgung von abgestellten Reisezugwagen ohne gekuppeltes Triebfahrzeug. Im Jahre 2008 befanden sich im Bestand der DB AG 362 Anlagen mit einer installierten Leistung von ca. 437 MW und insgesamt mit rund 3000 Steuersäulen bzw. Heizanschlüssen.

Alle elektrischen Zugvorheizanlagen im gesamten Streckennetz der DB AG sind ein nicht zu vernachlässigender Energieverbraucher. Dies betrifft sowohl die installierte Anschlussleistung der EZVA, für die entsprechende Netz- und Energieerzeugerkapazitäten vorzuhalten sind, als auch die verbrauchten Energiemengen. Im Jahre 2008 wurden für die EZVA rund 188.000 MWh benötigt, was ca. 11 % der Energielieferung der DB Energie an stationäre Anlagen entspricht. Davon waren 92 % 16,7 Hz-Heizenergie und 8 % 50 Hz-Heizenergie.

Unabhängig von den vorgenannten Daten geht die Bedeutung der EZVA sukzessive zurück, da der Anteil elektrischer Triebzüge im Fahrzeugbestand stark zunimmt. Diese können sich – abgestellt über den gehobenen Stromabnehmer – selbst mit Energie aus der Oberleitung versorgen und machen EZVA entbehrlich. Dies drückt sich auch darin aus, dass im Bereich der DB AG im Jahre 2008 nur 4 EZVA neu errichtet wurden, 2 davon als Ersatzneubau bei ersatzloser Stilllegung von 4 EZVA.

#### 17.4.3.1 Allgemeiner Aufbau einer EZVA

Reisezugwagen beziehen die Energie zum Heizen, Klimatisieren und zum Betrieb aller sonstigen elektrischen Betriebsmittel, gepuffert durch die Bordbatterie, aus der Zugsammelschiene. Während der Fahrt wird die Zugsammelschiene von der Lokomotive mit Energie versorgt. Zulässige Spannungssysteme auf der Zugsammelschiene sind u. a.:

- AC 1000 V 16,7 Hz,
- AC 1000 V oder 1500 V 50 Hz,
- DC 1500 V oder 3000 V.

Bei abgestellten Reisezugwagen ohne gekuppeltes Triebfahrzeug erfolgt die Energieversorgung über eine elektrische Zugvorheizanlage. Aufgabe der EZVA ist es, Elektroenergie bereitzustellen, um:

- die angeschlossenen Reisezugwagen zur Abzugszeit auf die gewünschte Innenraumtemperatur zu heizen oder in Verbindung mit der internen Klimaanlage der Reisezugwagen zu kühlen,
- eine Innentemperatur von $+7\,°C$ während der Standzeit der Reisezugwagen nicht zu unterschreiten,
- die Ladung der Batterien der Reisezugwagen und die Versorgung der an die Zugsammelschiene angeschlossenen sonstigen Betriebsmittel im nötigen Umfang zu gewährleisten bzw. generell die durchgängige Versorgung mit Elektroenergie sicherzustellen.

Elektrische Zugvorheizanlagen im Bereich der DB werden nach der technischen Unterlage DS 954.9102 „Elektrische Zugvorheizanlagen“ erstellt.

Nachstehende Ausführungen beziehen sich i. d. R. auf elektrische Zugvorheizanlagen mit Bezug der Heizenergie aus AC 15 kV 16,7 Hz Oberleitungsnetzen. Alternativ dazu kann der Bezug der Heizenergie einer elektrischen Zugvorheizanlage aus öffentlichen oder bahneigenen 3AC 400 V 50-Hz-Versorgungsnetzen erfolgen. Diese Form des Heizenergiebezuges wird vor allem bei nicht elektrifizierten Eisenbahnstrecken, DC-Bahnen und in wirtschaftlich begründeten Fällen auch bei AC-Bahnen angewandt.

Eine elektrische Zugvorheizanlage besteht i. Allg. aus:

- Hochspannungsschaltanlage (HS-Schaltanlage),
- Traforaum,
- Niederspannungsschaltanlage (NS-Schaltanlage),
- Außenanlage.

Die Innenraumkomponenten sind in einer Fertigbetonstation mit mehreren Einzelräumen für die jeweiligen Komponenten untergebracht.

1. Einspeisung und HS-Schaltanlage für den Bezug der Heizenergie wahlweise aus:

   a) Oberleitung AC 15 kV 16,7 Hz über
      - Mastschalter,
      - Kabelendverschluss,
      - Mittelspannungskabel,
      - einschaltfester Erdungsschalter,
      - Leistungsschalter,
      - (Lasttrennschalter)
   b) bahneigenem bzw. öffentlichen 3AC xx kV 50 Hz-Netz über
      - Mittelspannungskabel von VNB-Übergabestation,
      - einschaltfester Erdungsschalter,
      - Leistungsschalter,
      - (Lasttrennschalter)
2. Transformator bei Einspeisung aus:
   a) Oberleitung AC 15 kV 16,7 Hz
      - 1 oder 2 Transformatoren 800 kVA oder 1250 kVA
        AC 15 kV 16,7 Hz auf AC 1000 V 16,7 Hz
   b) bahneigenem bzw. öffentlichen 3AC xx kV 50 Hz-Netz über
      - 1 oder 2 Transformatoren 630 kVA, 800 kVA oder 1250 kVA
        3AC xx kV 16,7 Hz auf AC 1000 V 50 Hz
3. Niederspannungsverteilung (NS-V)
   - Trennschalter,
   - Sammelschiene(n), bei 50 Hz separate Sammelschienen für L1 und L3,
   - Heizschütz
4. Außenanlage, für jeden Heizabgang:
   - Kabel (1000 V) NYSY $1 \times 185\,\text{mm}^2$ rm/ $25\,\text{mm}^2$ Cu,
   - Heizleitungsanschlusskasten mit Sollbruchstelle,
   - Heizleitung NSGAFCMöu $1 \times 185\,\text{mm}^2$/ $25\,\text{mm}^2$ Cu,
   - Heizstecker (RIC-Stecker) in Blinddose,
   - Steuersäule mit Steuerkabel
5. Steuerung
   Bei der Steuerung einer EZVA muss zwischen der internen Steuerung der Schaltanlage in der Fertigbetonstation und der Steuerung für Bedienhandlungen über die Steuersäulen der Außenanlage unterschieden werden. Die interne Steuerung verarbeitet Messwerte, Meldungen und ankommende Steuersignale von den Steuersäulen der Außenanlage oder abgesetzten Bedientableaus und bildet daraus Steuerbefehle für den Betrieb und Schutz der Anlage, z. B. für Leistungsschalter, Verriegelung von Schalteinrichtungen, Heizschütze und Meldelampen. Außerdem verfügt die interne Steuerung über Funktionen zur Anlagendiagnose sowie Aufzeichnung und Speicherung von Betriebsdaten. An den Steuersäulen der Außenanlage werden Betriebszustände und Störungen der Anlage angezeigt und durch den Bediener Betriebsarten zur Steuerung des einzelnen Heizkreises eingestellt. Dazu zählen Vorheizen mit Zeitvorwahl, Batterieerhaltungsladung, Frostschutz, Klimatisieren. Die Steuerung und Überwachung der EZVA kann alternativ von einer Betriebsleitzentrale erfolgen.
6. Erdung
   Die elektrische Schaltung einer EZVA entspricht einem TT-System, d. h. es wird kein Schutzleiter mitgeführt. Alle leitenden Bauteile werden daher in die Schutzmaßnahme Erdung (Anschluss an die Rückleitung) einbezogen.
7. Rückstromführung
   Die Rückleitung des Primärstromkreises einer EZVA bei 16,7-Hz-Anlagen wird über 2 Kabel NYY-0 $1 \times 50\,\text{mm}^2$ oder größer mit den nicht isolierten Schienen zweier Gleise verbunden und mit Abdeckblechen gemäß Ebh 165 versehen. Bei 50-Hz-Anlagen stellt der Heiztrafo gleichzeitig den Trenntrafo zum vorgelagerten Netz des VNB dar, so dass keine Verbindung des Primärstromkreises mit Schienen erforderlich ist.

Im Sekundärstromkreis fließt der Rückstrom von den Verbrauchern in den Reisezugwagen über deren Wagenkasten und Achsen zu den Schienen. Besondere Bedeutung für die Rückstromführung der EZVA in teilweise weit verzweigten Gleisanlagen hat die Vermaschung der Schienen untereinander und die Verbindung mit der Rückleitersammelschiene (RSS) der EZVA. Die Vermaschung der nicht isolierten Schienen untereinander erfolgt im Abstand von mindestens 150 m mit Kabel NYY-0 $1 \times 150\,\text{mm}^2$ und un-

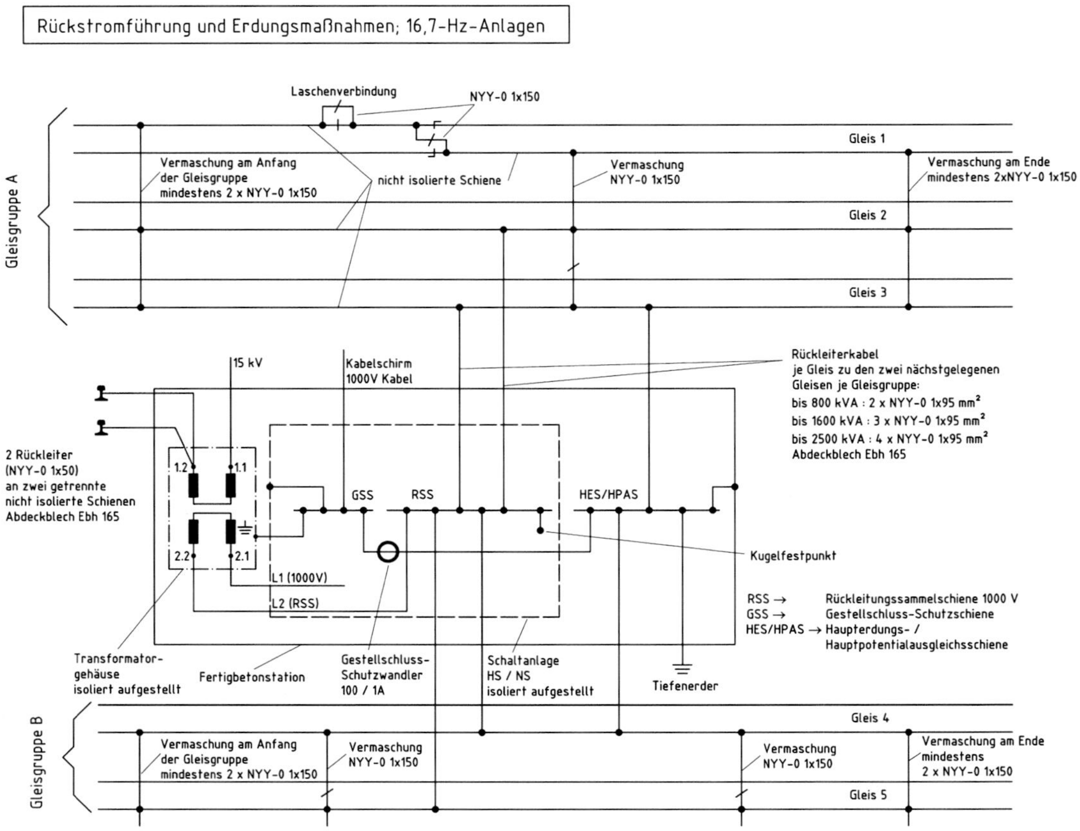


**Abb. 17.24** Erdung und Rückstromführung einer aus dem AC 15 kV 16,7-Hz-Oberleitungsnetz gespeisten EZVA

abhängig von der Vermaschung der Rückleitung der Oberleitung. Am Anfang und Ende der Gleisgruppen erfolgt die Vermaschung je nach Trafoleistung mehrfach. Die Rückleitung zwischen der Gleisanlage und der RSS der EZVA wird an den nicht isolierten Schienen zweier Gleise je Gleisgruppe über mindestens 2 Kabel NYY-0 $1 \times 95\,\text{mm}^2$ verbunden. Die Schienenanschlüsse werden mit Abdeckblechen gemäß Ebh 165 versehen.

Abb. 17.24 zeigt die erforderlichen Kabelverbindungen für Erdung und Rückstromführung einer aus dem AC 15 kV 16,7 Hz-Oberleitungsnetz gespeisten EZVA.

Neben den vorgenannten Hauptkomponenten gehören Schutz- und Messeinrichtungen, Zähl- und Verrechnungseinheiten, Fernwirkkomponenten, Überspannungsschutz sowie die Stationsausrüstung zur Ausstattung einer EZVA.

### 17.4.3.2 Energiebezug aus Oberleitungsnetz AC 15 kV 16,7 Hz

Die elektrische Energie zum Betrieb der EZVA wird dem AC-Oberleitungsnetz entnommen.

Die elektrische EZVA wird an der Oberleitung über einen handbedienten Masttrennschalter angeschlossen. Im Bereich der DB werden die Masttrennschalter ohne Erdkontakt ausgeführt. Die Schalter werden mit Z1, Z2 usw. bezeichnet.

Die Schnittstelle von Oberleitungs- und Zugvorheizanlage bezüglich der Anlagenzuordnung liegt zwischen der Abgangsklemme des Masttrennschalters und dem Kabelendverschluss des Speisekabels der Weichenheizung.

Die zum Betrieb der EZVA notwendige 1000-V-Heizspannung wird mit einem oder zwei, parallel geschalteten Transformatoren erzeugt. Die Verteilung und Steuerung der Heizenergie zu den

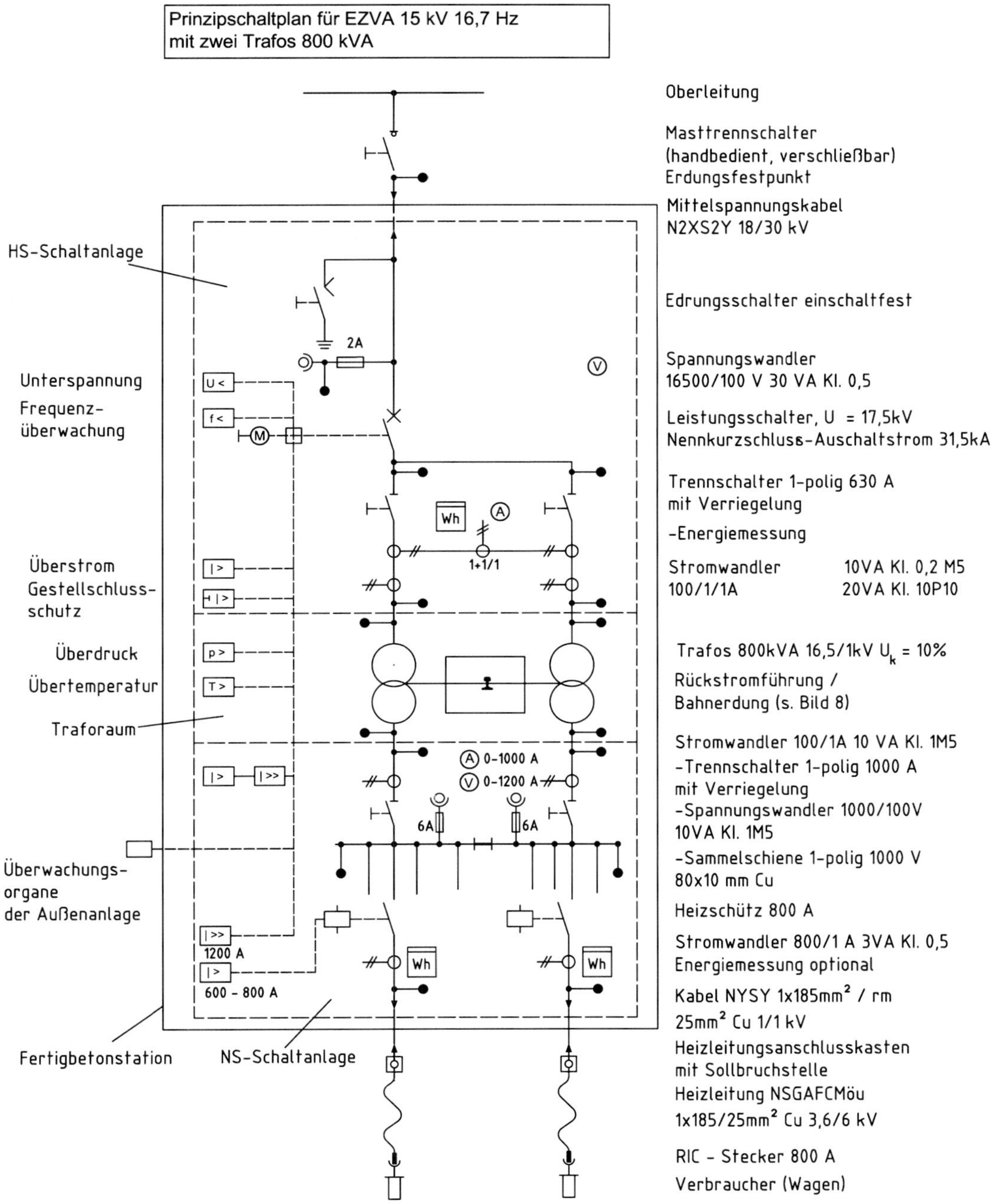


**Abb. 17.25** Allgemeiner Systemaufbau einer EZVA am AC 15 kV 16,7-Hz-Netz

Heizleitungsanschlusskästen erfolgt in einer Niederspannungsverteilung (NS-V). Zusätzlich ist eine Zuleitung aus einem 50-Hz-Versorgungsnetz zum Betrieb der EZVA-Steuerung und von Nebenverbrauchern (Eigenbedarf) erforderlich.

Abb. 17.25 zeigt beispielhaft den allgemeinen Systemaufbau einer elektrischen Zugvorheizanlage am AC 15 kV 16,7-Hz-Oberleitungsnetz mit HS-Schaltanlage, Transformator und Niederspannungsverteilung in einer Fertigbetonstation.

#### 17.4.3.3 Energiebezug aus Versorgungsnetz 3AC 400 V 50 Hz

Bei Vorhandensein eines bahneigenen 3AC 50-Hz-Versorgungsnetzes oder dem eines kommerziellen Versorgungsnetzbetreibers (VNB) können EZVA auch mit 3AC 50 Hz betrieben werden. Die 50-Hz-Heizenergie wird einem Mittelspannungsnetz, z. B. 20 kV, entnommen. Die galvanische Trennung der EZVA vom Versorgungsnetz erfolgt durch den oder die Transformatoren der EZVA.

Die Schnittstelle zwischen dem 3AC 50 Hz Versorgungsnetz und EZVA bezüglich der Anlagenzuordnung liegt projektabhängig

- an der Abgangsklemme des Mittelspannungskabels in der Übergabestation des Versorgungsnetzes des VNB zur EZVA oder
- an der Eingangsklemme der HS-Schaltanlage der EZVA

mit Zähl- und Verrechnungseinheit.

Die 50-Hz-EZVA werden soweit wie möglich nach dem Konzept der 16,7-Hz-EZVA erstellt. Versorgungskabel, Transformatoren, HS- und NS-Schaltanlage werden den technischen Erfordernissen angepasst und mehrpolig ausgeführt. Im Heizbetrieb lässt sich, bedingt durch die einphasigen Verbraucher, eine unsymmetrische Belastung des Versorgungsnetzes nicht vermeiden. Die maximal zulässige Schieflast im Versorgungsnetz des VNB muss beachtet werden.

Abb. 17.26 zeigt beispielhaft den prinzipiellen Aufbau einer EZVA am 3AC 50-Hz-Versorgungsnetz.

### 17.4.4 Zugbehandlungsanlagen

Moderne Zugbehandlungsanlagen sind für Wartung und Pflege von Personenverkehrszügen mit Einzelwagen als auch für Triebzüge erforderlich. Für die Qualität im Nah- und Fernverkehr sind sie eine wichtige Basis. Jedes Eisenbahnverkehrsunternehmen mit Personenverkehrsaufkommen verfügt über Abstell- und Behandlungsanlagen für Züge.

In den Anlagen werden täglich die Züge, die in einem Knoten beginnen oder enden, zentral abgestellt und behandelt. Von hier aus werden sie gereinigt und technisch geprüft und für den Einsatz vorbereitet. Es werden die Toiletten entleert, die Wassertanks wieder aufgefüllt und Kleinstschäden – sogenannte Komfortschäden – im Zug behoben. Die Graffitientfernung wird vorgenommen und alles unter zeitkritischen Abläufen. Die Anlagen umfassen insgesamt Abstellgleise, Reinigungsbahnsteige, Waschanlagen für die Außenreinigung und andere Serviceeinrichtungen. Abb. 17.27 zeigt ein Beispiel einer Außenreinigungsanlage. Darüber hinaus sind Nebengebäude für die Mitarbeiter, eine Einsatzzentrale sowie ein elektronisches Rangierstellwerk erforderlich.

Die Anforderungen an die elektrischen Energieanlagen der Verbraucher sind sehr vielseitig geprägt. Insbesondere auch aus der zunehmenden Internationalisierung des Verkehrs erwachsen daraus neue Aufgaben für die Bereitstellung unterschiedlicher Spannungssysteme schon für Fahrzeugunterhaltung und -wartung.

### 17.4.5 Werke

Die Werke der Deutschen Bahn liegen zentral im Netz und verfügen über eine gute Anbindung an die Ballungszentren und damit günstige Voraussetzungen für eine schnelle Zuführung der Fahrzeuge. Die Fahrzeuginstandhaltung bietet, verpflichtend aus der Tradition, hohe Standards und exzellente Leistung. Die hoch qualifizierten Spezialisten werden durch modernste Technik und leistungsfähige Spezialanlagen unterstützt. Hier wird konsequent die hochspezialisierte Qualitätssicherung für das rollende Material der DB AG als auch bei einer wachsenden Zahl anderer in- und ausländischer Eisenbahnunternehmen betrieben.

Um die hohen Standards auch in Zukunft zu bestätigen, werden Produktionsabläufe permanent optimiert. Die Werke sind mit Qualitäts- und Umweltmanagementsystemen zertifiziert und besitzen alle erforderlichen fahrzeugspezifischen Zulassungen. Die werkübergreifenden Strukturen der Organisation und die Konzentration der

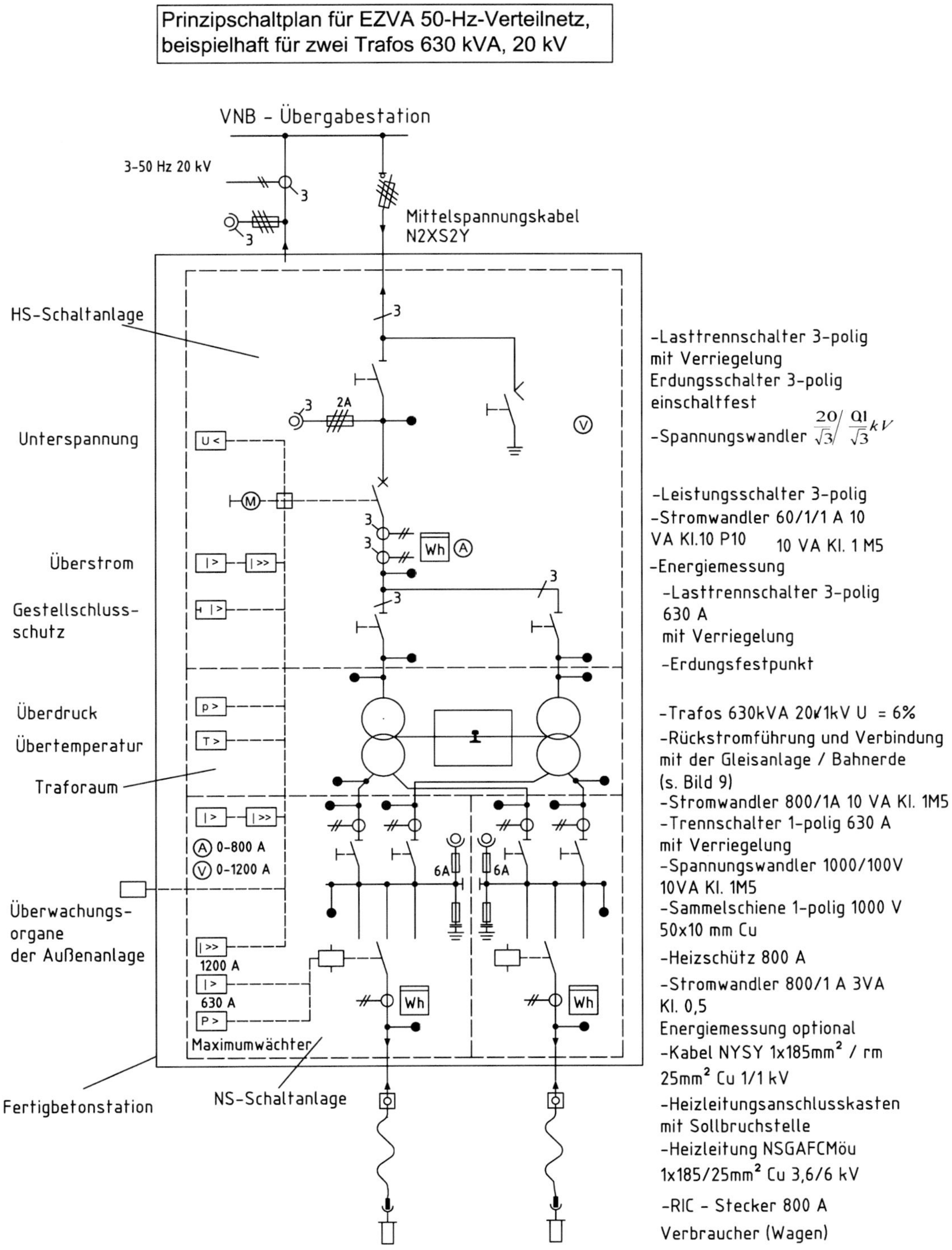


**Abb. 17.26** Allgemeiner Systemaufbau einer EZVA am 3AC 20 kV 50-Hz-Netz eines VNB

**Abb. 17.27** Waschanlage für die Außenreinigung

**Abb. 17.28** Krananlage in einem Instandsetzungswerk der DB AG

Kapazitäten führen zu Vorteilen. Die Anforderungen an die Elektrischen Energieanlagen der Verbraucher sind sehr vielseitig geprägt. Einige Standorte verfügen dabei je nach ihrer Spezialisierung über ein enorm umfangreiches Portfolio aller möglichen speziellen Anwendungen. Insbesondere auch aus der zunehmenden Internationalisierung des Verkehrs erwachsen daraus neue Aufgaben für die Bereitstellung unterschiedlicher Spannungssysteme für die durchzuführenden Prüfaufgaben. Die Abb. 17.28 zeigt ein Beispiel für maschinentechnische Anlagen in Werken.

### 17.4.6 Nebenverbraucher an der Oberleitung

Nebenverbraucher sind alle zur ordnungsgemäßen Aufrechterhaltung des Bahnbetriebes beitragenden Verbraucher, die mit elektrischer Energie aus dem Oberleitungsnetz versorgt werden. Die Nebenverbraucher müssen vom Oberleitungsnetz über Schalter abtrennbar sein. Über nachgeordnete Schutz- und Überwachungseinrichtungen muss sichergestellt werden, dass nach Auftreten von Fehlern im Oberleitungsnetz das Ergebnis der Oberleitungsprüfung nicht verfälscht wird und Störungen an Nebenverbrauchern möglichst keine Auswirkungen auf das Oberleitungsnetz haben. Dieser Anforderung wird i. d. R. entsprochen, in dem die Nebenverbraucheranlagen das Vorhandensein der Oberleitungsspannung überwachen. Fehlt diese, unterbrechen die Nebenverbraucheranlagen die Energieentnahme aus dem Oberleitungsnetz selbsttätig. Kehrt die Oberleitungsspannung wieder, schalten die Nebenverbraucheranlagen zeitverzögert zu.

Typische Nebenverbraucher der Oberleitung sind:

- Elektrische Weichenheizanlagen (EWHA); s. Abschn. 17.4.2,
- Elektrische Zugvorheizanlagen (EZVA); s. Abschn. 17.4.3,
- Netzersatzanlagen (NEA), s. Abschn. 17.1.2.

### 17.4.7 Alternative Stromversorgungsanlagen

#### 17.4.7.1 Solarenergie

Solare Energie zählt zu den erneuerbaren Energieformen und steht prinzipiell überall auf der Welt zur Verfügung, selbstverständlich auch an Eisenbahnstrecken, die zum überwiegenden Teil an der Erdoberfläche verlaufen. Die solare Energie kann über marktverfügbare Solargeneratoren direkt in elektrische Energie umgewandelt werden. Vorteil der Solargeneratoren ist es, dass mehrfache, verlustbehaftete Energieumwandlungen wie bei der Umwandlung von thermischer Energie über mechanische Energie in elektrische Energie entfallen. Dies macht Solargeneratoren zu einem technisch einfachen System ohne mechanisch bewegte Bauteile, was sich günstig auf die Kosten auswirkt. Unabhängig davon muss beachtet werden, das marktverfügbare Solargeneratoren derzeit lediglich einen Wirkungsgrad zwischen 11 und 18 % aufweisen, das heißt, dass nur der vorgenannte Prozentsatz der zur Verfügung stehenden solaren Energie in elektrische Energie umgewandelt werden kann.

Da die solare Energie nicht kontinuierlich zur Verfügung steht, muss diese in Abhängigkeit von den Anforderungen auf der Verbraucherseite gepuffert werden. In Verbindung mit Laderegler und Batterien stehen Solargeneratoren am Markt auch zur netzfernen Stromversorgung zur Verfügung.

#### 17.4.7.2 Windenergie

Die Energie des Windes zählt zu den erneuerbaren Energieformen. Bei Windenergieanlagen wird die Strömungsenergie der bewegten Luft mittels eines Rotors in mechanische Rotationsenergie überführt. Mit Hilfe eines Generators kann die Rotationsenergie in elektrische Energie umgewandelt werden. Windenergieanlagen erreichen einen physikalisch maximal möglichen Wirkungsgrad von 59,3 %. Weitere Verluste der Anlage in Getriebe, Generator und elektrischen System ergeben einen Gesamtwirkungsgrad von 30–45 %.

Aufgrund der diskontinuierlichen Verfügbarkeit der Windenergie ist bei netzunabhängigen Anlagen eine Energiepufferung für die zu versorgenden Verbraucher erforderlich. Hierzu werden zweckmäßigerweise Windenergieanlagen mit Gleichstromausgang verwendet, die über einen Laderegler mit der Batterie des Gesamtsystems verbunden sind. Windenergieanlagen sind bereits ab 0,12 kW verfügbar. Je nach Standort (geeignetes Windrevier) und Dimensionierung der Anlage betragen die Gestehungskosten zwischen 0,04 und 0,20 €/kWh.

**Abb. 17.29** Nutzung von Solar- und Windenergie bei der Verkehrsüberwachung

Windenergieanlagen eignen sich besonders in Verbindung mit Photovoltaik-Anlagen, um diese in Schlechtwetterperioden zu unterstützen und zur Stabilität des zu versorgenden Netzes beizutragen, Abb. 17.29.

#### 17.4.7.3 Brennstoffzellen

Bei Brennstoffzellenanlagen wird chemisch gebundene Energie direkt in elektrische Energie umgewandelt. Dieser einzige Energieumwandlungsprozess weißt einen potentiell hohen Wirkungsgrad auf. Zum Betrieb der Brennstoffzelle wird Wasserstoff benötigt, der selbst Energieträger und keine Primärenergie ist sowie unter Einsatz von Energie erzeugt werden muss. Nur wenn der Wasserstoff unter Verwendung von erneuerbaren Energien erzeugt wird, ist die Ökobilanz besser, als bei konventionellen Techniken.

In Bezug auf die alternative Hilfsenergieerzeugung bzw. netzferne Energieversorgung ist zu beachten, dass der Energieträger nicht als Primärenergie uneingeschränkt zur Verfügung steht und vor Ort gelagert werden muss. Damit wird die Betriebsdauer u. a. von der gelagerten Brennstoffmenge abhängig ist. Die Lagerung des Brennstoffs kann zum Beispiel in Druckflaschen erfolgen.

Bei Brennstoffzellenanlagen werden unterschiedliche Technologien bezüglich der Energieumwandlung angewandt. Sie unterscheiden sich u. a. hinsichtlich der Betriebstemperatur, die im Bereich von 300 bis 2000 K liegen kann. Im Bereich der stationären Brennstoffzellenanlagen reichen die Leistungsklassen von etwa 5 kW bis 100 MW.

Marktverfügbare Systeme sind bisher nicht über das Vorserien-Stadium hinaus gekommen. Das bedeutet nicht, dass Brennstoffzellenanlagen in Zukunft keine breite Anwendung erlangen werden. Dies gilt insbesondere in Verbindung mit der Erzeugung des Brennstoffs aus erneuerbaren Energien. Hier dient der Brennstoff sozusagen als Energiespeicher und -puffer, dessen Funktion sonst von Batterien übernommen wird. Für die netzferne Stromversorgung eignen sich Brennstoffzellenanlagen dann, wenn der Brennstoff vor Ort aus erneuerbaren Energien erzeugt wird. Muss der Brennstoff zum Einsatzort transportiert werden, ist dies die gleiche Verfahrensweise wie bei Netzersatzaggregaten, die mit konventionellen Verbrennungskraftmaschinen angetrieben werden.

#### 17.4.7.4 Geothermie

Als Geothermie wird die durch den geothermischen Gradienten mit der Tiefe ansteigende Temperatur des Bodens/Gesteins bezeichnet. Die saisonal bedingten Temperaturschwankungen der Erdatmosphäre dringen nur bis zu einer geringen Tiefe in den Boden- bzw. Felskörper ein. Ab einer Tiefe von etwa 15 m bleibt die Temperatur konstant und steigt mit zunehmender Tiefe weiter an. Eisenbahnbauwerke stehen, bedingt durch ihre große Längsausdehnung (Tunnel, Bahnhöfe, Dämme), mit einer großen Fläche von Boden- bzw. Felskörper in Berührung. Somit ist der Bodenkörper als Wärmespeicher unter Verwendung einer Wärmepumpe nutzbar. Geothermische Energie zählt zu den erneuerbaren Energieformen. Primär kann geothermische Energie in Verbindung mit einer Wärmepumpe zur Beheizung oder Klimatisierung genutzt werden, da hierbei weitere, den Wirkungsgrad reduzierende Energieumwandlungen entfallen. Geothermie hat vor allem in der Gebäudebeheizung eine beachtliche Verbreitung erlangt. Erste Anlagen zur Beheizung von Weichen zwecks Schnee- und Eisfreihaltung im Winter absolvieren seit mehreren Jahren erfolgreich Erprobungen. Für eine Erzeugung von Elektroenergie ist die oberflächennahe Geothermie nicht wirtschaftlich nutzbar, da die Entzugsleistungen je Meter Bohrtiefe relativ gering sind.

## 17.5 Schutzmaßnahmen

Oberstes Gebot des Personenschutzes in elektrischen Anlagen ist der Schutz gegen elektrischen Schlag. Durch Schutzvorkehrungen ist zum einen dafür zu sorgen, dass gefährliche aktive Teile nicht berührbar sind und dass andererseits berührbare leitfähige Teile sowohl unter normalen Betriebsbedingungen, wie auch beim Auftreten eines Einzelfehlers nicht zu aktiven Teilen werden und keine Personen gefährden können.

Mittels folgender Schutzmaßnahmen kann der Schutz gegen direktes Berühren (Basisschutz) realisiert werden:

- Schutz durch Isolierung von aktiven Teilen,
- Schutz durch Abdeckung oder Umhüllung,
- Schutz durch Hindernisse,
- Schutz durch Abstand.

Der Schutz bei indirektem Berühren (Fehlerschutz) ist gemäß den anerkannten Regeln der Technik durch folgende Schutzmaßnahmen erreichbar:

- Schutz durch automatische Abschaltung der Stromversorgung,
- Schutz durch doppelte oder verstärkte Isolierung (Schutzisolierung) bzw. Verwendung von Betriebsmitteln der Schutzklasse II,
- Schutz durch Schutztrennung,

- Schutz durch nicht leitende Räume,
- Schutz durch erdfreien örtlichen Potentialausgleich.

Erdungsanlagen können für Schutz- und/oder Funktionszwecke verwendet werden. Vorrang haben immer die Festlegungen für Schutzzwecke. Mittels Erdungsleitern werden dafür zuverlässige und korrosionsbeständige Verbindungen zur Erde hergestellt, die Erdfehler- bzw. Schutzleiterströme sicher zur Erde ableiten können. Werden Infrastrukturanlagen der Bahn über das öffentliche Versorgungsnetz eingespeist, könnten Rückströme des Bahnsystems in dieses Netz verschleppt werden und bei verbundenen Erdungs- bzw. Schutzleitern dort zu ungewollten Beeinflussungen führen. Es könnten dadurch auch Überlastungen von Neutralleitern, Schutzleitern oder PEN-Leitern hervorgerufen werden. Deshalb wird der Anschluss an die Rückleitung, früher unter dem Begriff Bahnerdung bekannt, i. d. R. zu einem separaten (bahninternen) Erdungssystem zusammengeführt und von der Erdung des öffentlichen Energieversorgungsnetzes galvanisch getrennt.

Wegen der Rückleiterfunktion des Bahnerdungssystems ist sowohl bei der Planung von Anlagen im Bahnbereich, wie auch bei Arbeiten an solchen Anlagen ganz besonders auf die Personensicherheit zu achten, da insbesondere durch das Auftrennen von Verbindungen der Betriebserdung gefährliche Berührungsspannungen entstehen können. Durch die in den letzten Jahren gehäuft auftretenden Diebstähle von Kupferkabeln in Bahnanlagen hat sich dieses Gefährdungspotenzial noch vergrößert.

### 17.5.1 Netzform und Erdung von EWHA

Für elektrische Energieanlagen mit Nennspannungen über 1 kV wird als Schutzmaßnahme bei indirektem Berühren die Schutzerdung nach DIN VDE 0101 bzw. DIN EN 50122-1 angewendet.

Vom speisenden 15-kV-Masttrennschalter der Oberleitung wird ein Mittelspannungskabel zur Betonstation geführt, dessen Querschnitt nach der örtlichen Kurzschlussleistung zu dimensionieren ist. Der Schirm dieses Kabels wird am Mast geerdet, während er in der Station isoliert aufgelegt wird. Durch diese Maßnahme wird erreicht, dass über den Kabelschirm kein anteiliger Rückstrom fließen kann.

In der Station werden eine Haupterdungsschiene (HES) und eine Hauptpotenzialausgleichsschiene (HPAS) gemäß den Richtlinien der DB AG errichtet. Wenn sich beide in einem Raum (Gebäude) befinden, wird i. d. R. eine gemeinsame Schiene (HES/HPAS) errichtet, die über zwei Erdungsleiter zweifach am Gleis geerdet wird (Betriebserde). Zusätzlich wird die HES/HPAS über einen weiteren Erdungsleiter an einen Tiefenerder angeschlossen, dessen Erdübergangswiderstand ($R_e$) 10 Ω nicht überschreiten soll. Dieser dient auch der Stoßableitung von induktiven Einkopplungen in das Schienennetz. Die HES/HPAS wird außerdem mit zwei Erdungsfestpunkten (Kugelfestpunkten) ausgestattet.

Die Primärwicklung des Einphasen-Weichenheiztransformators ($16\,\text{kV}/2 \times 231\,\text{V}$, Schaltgruppe Ii–0) wird über zwei Erdungsleiter direkt an getrennten Anschlusspunkten am Gleis (ohne zweischienige Isolierung) geerdet (Rückleiter). Eine Kombination mit anderen Erdungsleitungen ist nicht zulässig. Auf diese Weise wird das Fließen des Rückstroms über die Fahrschienen gewährleistet, wobei ggf. zusätzliche Laschenverbinder erforderlich werden können.

Die Sekundärwicklung und das Gehäuse des Transformators werden an die HES/HPAS angeschlossen, die außerdem über Kabel mit dem Anschlusspunkt der inneren Erdung der Betonstation und ggf. mit weiteren metallischen Einrichtungen der Station verbunden wird. Wird die EWHA-Station im Oberleitungsbereich aufgestellt und sind Kurzschlussströme ($I_k''$) $> 25\,\text{kA}$ zu erwarten, ist die innere Bauwerkserdung gemäß DB-Richtlinie 997.0205 mit verstärkter Bewehrung auszuführen.

Aus der Sekundärwicklung des Weichenheiztransformators wird die Niederspannungsverteilung (NS-V) der EWHA eingespeist. Diese wird als „Typgeprüfte Schaltgerätekombination“ ausgeführt und muss bei Innenraumaufstellung mindestens die Schutzart IP31 haben. Die NS-V wird als TT-System betrieben. Werden in der

NS-V NH-Sicherungslasttrennschalter als erstes Abschaltorgan verwendet, müssen die verteilerinternen Verbindungsleitungen zwischen diesen und der Sammelschiene mit verstärkter Isolierung ausgeführt und besonders sicher verlegt werden. Das entfällt bei Verwendung eines Niederspannungs-Leistungsschalters mit Motorantrieb als erstes Abschaltorgan.

Aus der NS-V erfolgt die Einspeisung der Weichenheizeinrichtungen. Hierfür werden im unmittelbaren Bereich der zu beheizenden Weichen Anschlusskästen montiert, die über Kabel an die NS-V angeschlossen werden und aus denen der Kabelanschluss der Heizstäbe erfolgt. Die Schaltung einer 16,7-Hz-EWHA stellt ein Einphasen-Zweileitersystem dar, wobei die Verbraucheranlage im TT-System betrieben wird, d. h. in den Heizstromkreisen wird kein Schutzleiter mitgeführt.

Die Metallkörper der Heizstäbe sind durch ihre Anschlusskopfbefestigungen elektrisch mit dem Gleis (isolierte Schiene) verbunden und besitzen damit deren Potenzial. Heizstäbe an isolierten Schienen müssen dagegen über zusätzliche Impedanzen (Drosseltransformatoren) geerdet werden.

Die Schaltung einer 50-Hz-EWHA stellt ein Dreiphasen-System dar, wobei die Verbraucheranlage auch hier im TT-System betrieben wird. Bei dieser Anlage wird eine HPAS errichtet, die über einen Erdungsleiter am Gleis geerdet wird. Zusätzlich wird die HPAS über einen weiteren Erdungsleiter an einen Tiefenerder angeschlossen.

Aus dem 50 Hz-Niederspannungsnetz der Bahn oder des örtlichen Versorgungsnetzbetreibers wird die NS-V der EWHA eingespeist. Diese wird als „Typgeprüfte Schaltgerätekombination“ in Schutzklasse II ausgeführt und muss bei Außenaufstellung mindestens die Schutzart IP54 besitzen. Die NS-V wird als TT-System betrieben. Von hier erfolgt die Einspeisung der Weichenheizeinrichtungen ähnlich wie bei den 16,7 Hz-Anlagen, wobei im Dreiphasensystem auf eine gleichmäßige Aufteilung der Heizstäbe auf die drei Außenleiter geachtet wird. Die Heizstäbe sind durch ihre Anschlusskopfbefestigungen elektrisch mit dem Gleis (isolierte Schiene) verbunden und besitzen damit deren Potenzial.

## 17.5.2 Schutzeinrichtungen der EWHA

An dem Oberleitungsmast, von dem aus die Speisung einer 16,7 Hz-EWHA erfolgt, sind sowohl am Mastfuß wie auch 2 m unterhalb der Schaltertraverse des Masttrennschalters Erdungsfestpunkte (Kugelbolzen) zu montieren. An den aktiven Teilen im Bereich des Mastkopfes (Cu-Schiene, Kabelendverschluss) sind weitere Erdungsfestpunkte anzubringen.

Zum Prüfen der Hochspannung an der 16,7 Hz-EWHA werden bahnzugelassene Spannungsprüfer nach DIN EN 61243-1 (VDE 0682-411) verwendet. Zur Sicherung von Arbeiten im Hochspannungsraum der Station und an Hochspannung führenden Anlagenteilen sind handgeführte Erdungseinrichtungen (EuK) zu verwenden. Spannungsprüfer und EuK werden im HS-Raum der Transformatorenstation vorgehalten. Für den Schutz des Weichenheiztransformators werden herstellerseitig ein Druckwächter und ein Temperaturwächter eingebaut.

In der NS-V der EWHA ist als Schutzmaßnahme bei indirektem Berühren „Schutz durch automatische Abschaltung der Stromversorgung“ anzuwenden. Als Schutzeinrichtungen können im TT-System Überstrom-Schutzeinrichtungen (z. B. Schmelzsicherungen) und RCDs (Fehlerstrom-Schutzeinrichtungen) eingesetzt werden. In den Heizstromkreisen der EWHA sind wegen zu langer Auslösezeiten RCDs mit einem Bemessungsdifferenzstrom von 0,3 A oder 0,5 A einzusetzen. Die Technische Spezifikation dieser RCDs hängt davon ab, aus welchem Netz die Heizenergie bezogen wird und um welche Streckenart es sich handelt:

- nicht elektrifiziert oder elektrifiziert,
- elektrifiziert mit DC oder AC,
- Spannung und Frequenz des Bahnstromversorgungssystems.

Für einige in der NS-V enthaltenen Komponenten wird ein Schutzleiteranschluss (PE) benötigt.

Dieser PE wird über ein Kabel an der HES/HPAS der Station geerdet. Die NS-V sowie darin enthaltene elektronische Komponenten werden mit geeigneten Ventilableitern vor Überspannungen geschützt.

### 17.5.3 Besonderheiten bei EWHA

Für den reibungslosen Betrieb ist in Bahnanlagen wichtig, dass die Anlagen der Leit- und Sicherungstechnik (LST-Anlagen) nicht unzulässig beeinflusst werden. Neben Gleisstromkreisen sind hierbei insbesondere solche LST-Anlagen zu beachten, die mit dem Erdungssystem der Starkstromanlagen verbunden sind, sowie Signalleitungen, die parallel zu Starkstromkabeln laufen und die daran angeschlossenen Anlagen.

Im Bahnbereich können u. a. folgende Schutzmaßnahmen zur Reduzierung von induzierten Beeinflussungsspannungen eingesetzt werden:

- Reduzierung der Beeinflussungslängen,
- Verlegung von Kabeln mit Induktionsschutz,
- Einsatz bzw. Einbeziehung von anderen Leitern mit Reduktionswirkung,
- Einsatz von Geräten/Komponenten, welche höhere Beeinflussungsspannungen zulassen.

Erfolgen die Meldungen „Gleis besetzt“ und „Gleis frei“ von Weichen über Gleisstromkreise, wird eine Schiene der Weichen isoliert und eine nicht isoliert ausgeführt. Zwischen den beiden Schienen speist ein Transformator eine Spannung für die Gleisstromkreise ein. Der Widerstand zwischen nicht isolierter (geerdeter) und isolierter Schiene soll kleiner als 10 Ω sein.

Bei DC-Bahnen, die über größere Strecken parallel zu einer AC-Bahn verlaufen, können die EWHA der DC-Bahn aus der Oberleitung der AC-Bahn mit Heizenergie versorgt werden. Zur Vermeidung der Verschleppung von Rückströmen der DC-Bahn in das Rückleitungssystem der AC-Bahn und zur Vermeidung von Streustromkorrosion muss in diesen Fällen ein Kondensator in Reihe in die sekundäre Rückleitung bzw. Funktionserdung des Weichenheiztransformators geschaltet werden. Dieser Kondensator ist mit einem Entladewiderstand zu blocken. Außerdem erfolgt die Speisung der Weichenheizstäbe in solchen Anlagen über Trenntransformatoren.

Im Rahmen der Planung der EWHA wird die Einhaltung der Grenzwerte für Beeinflussungsspannungen auf LST- und Telekommunikationskabeln im Bereich der DB AG nach der Richtlinie 819.0804 überprüft. Werden die Grenzwerte eingehalten, können ungeschirmte Kabel verwendet werden.

Bezüglich des Auflegens und Erdens von Kabelschirmen und -mänteln sind bei der Montage generell die technischen Vorgaben des Lieferanten der EWHA-Steuerung zu befolgen. In der Regel werden Kabelschirme und/oder -mäntel von LST- und Telekommunikationskabeln gemäß DB Richtlinie 819.0805 an beiden Enden mit der Rückleitung verbunden. Steuerkabel der EWHA nur mit einseitiger Schirmerdung.

### 17.5.4 Elektronische Stellwerke

Zunächst ein kurzer Blick zurück. Mit Beginn der Erprobungsphase Ende 1985 und vorliegenden Sicherheitsnachweisen Ende 1987 ging das erste Elektronische Stellwerk (ESTW) einer Vollbahn in Deutschland in Betrieb. Zurzeit verrichten in Deutschland etwa 1400 ESTW ihren Dienst.

#### 17.5.4.1 ESTW bei Nichtbundeseigenen Eisenbahnen

Elektronische Stellwerke wurden auch für Nichtbundeseigene Eisenbahnen etwa in Industrie- oder Stadtbahnen entwickelt. So wurde 1989 mit MCDS (Mikrocomputer Controlled Dezentral System) das erste ESTW in der Hafenbahn-Infrastruktur in Europas größtem Binnenhafen in Duisburg in Betrieb genommen. Etwas später nahm das erste MCDS für Personenverkehr bei der AVG auf der Strecke Busenbach–Bad Herrenalb den Betrieb auf.

Es zeigte sich jedoch, dass insbesondere die Einflüsse von Blitzeinschlägen regelmäßig zu Betriebsstörungen und den damit verbundenen Einschränkungen führten. In beiden Anlagen wurden unter rollendem Rad Mitte der 1990er Jahre deshalb umfassende Blitzschutzkonzepte

**Abb. 17.30** Austausch der vorhandenen Trennstecker im Kabelabschlussgestell durch Trennstecker mit integrierten SPD und deren Anschluss an das im KAG ergänzte Potentialausgleichssystem

**Abb. 17.31** Kabelabschlussgestell im Schalthaus Oberhausen nach Umbau mit DB Richtlinie 819.0808 konformen SPD

nachgerüstet. Dabei wurden allein in Duisburg in allen 15 Schalthäusern insgesamt etwa 50.000 Signaladern beschaltet.

Abb. 17.30 zeigt einen Ausschnitt des Kabelabschlussgestells (KAG) eines Schalthauses der Duisburger Hafenbahn mit noch vorhandenen bislang verwendeten Trennsteckern sowie dahinter mit bereits ausgetauschten neuen Trennsteckern. Diese weisen zusätzlich zur Trennfunktion Blitzschutz-Funktionalität auf. Diese Stecker sind in das nachgerüstete Potentialausgleichssystem eingebunden.

Hand in Hand mit Modernisierung der dortigen ESTW-Technik wurde auch das Blitzschutz-Konzept an die Anforderungen der neuen DB Richtlinie 819.0808:2018-03 umgesetzt. In Abb. 17.31 ist ein Teil des Kabelabschlussgestells im Schalthaus Oberhausen mit bereits aktualisierter Blitzschutz-Beschaltung zu sehen.

Die modernste Nachfolgegeneration von MCDS ist heute unter EBI Lock 950 bekannt. Ende September 2008 wurde diese neue Technik mit dezentraler Stromversorgung sowie IP-basierter Netzwerktechnik angesteuerte Feldelemente erstmals in Mannheim-Rheinau in Betrieb genommen. Die dort verwendete Technik kann als „Blaupause“ für die Entwicklung von DSTW mit dezentraler Stromversorgung und standardisierten Feldelement-Schnittstellen angesehen werden.

### 17.5.4.2 ESTW im Netz der Deutschen Bahn

Alle nachfolgenden Ausführungen beziehen sich auf DB-Netze in Deutschland. Systeme außerhalb Deutschlands können abweichende Eigenschaften aufweisen. Sie werden in diesem Beitrag nicht behandelt.

### 17.5.4.3 Energieversorgung der LST-Anlage direkt aus dem ESTW

Alle außerhalb von ESTW im Gleisfeld errichtete Elemente signaltechnischer Anlagen wie Lichtsignale, Weichen oder Achszähler sind über LST-Kabel direkt mit der Innenanlage des zugehörigen ESTW verbunden. Schnittstellen zwischen den Innenanlagen von ESTW und den zugeordneten Außenanlagen bilden die Kabelabschlussgestelle.

Die Stellbefehle für diese Elemente führen zu einer unmittelbaren elektrischen Aktivierung. Auf diese Weise ändern beispielsweise Weichen ihre Lage oder Lichtsignale wechseln die angezeigten Signalbegriffe.

So werden etwa die Drehstromasynchronmotore der Weichenantriebe aus der Stromversorgungsanlage von ESTW direkt mit 3/N 400/230 V 50 Hz (IT-System) beaufschlagt. Mit Erreichen einer der beiden Endlagen einer Weiche oder nach Ablauf einer festgelegten maximalen Umlaufzeit wird die Antriebswechselspannung wieder abgeschaltet. Bis zum nächsten Stellbefehl wird mittels einer Hilfsgleichspannung über spezielle Kontaktsätze im Weichenantrieb permanent die korrekte Weichenlage überwacht. In dieser üblicherweise verwendeten Vierdraht-Weichenschaltung werden für die Überwachung der Weichenlage die gleichen vier Drähte im LST-Kabel genutzt, über die auch der Weichenstellstrom fließt.

Alle stromdurchflossenen Komponenten eines Weichenstromkreises sind so auch Teil des Konzepts zum Erreichen der erforderlichen Funktionalen Sicherheit der gesamten Leit- und Sicherungs-technischen Anlage.

#### 17.5.4.4 Bei ESTW-Sicherheitsnachweis für die gesamte LST-Anlagen erforderlich

In ESTW arbeiten zwei unabhängig voneinander agierende Rechnersysteme zusammen. Nur bei gleichzeitiger Übereinstimmung der Ausgangszustände beider Kanäle werden sicherheitsrelevante Schaltvorgänge eingeleitet. Zur Erhöhung der System-Verfügbarkeit kann ein zusätzlicher dritter Kanal verwendet werden.

Im Sicherheitsnachweis muss ausnahmslos für das gesamte System die tatsächlich erreichte Funktionale Sicherheit dargestellt und durch Begutachtung nachgewiesen werden. Alle im sicherheitsbezogenen System signifikant beteiligten Teilsysteme müssen bei einem Ausfall von Rechner- oder anderen Funktionen in einen sicheren Grundzustand zurückfallen.

„Sicher" heißt in diesem Fall: Alles bleibt stehen, nichts rollt mehr.

Wie früher bei Formsignalen die Signalarme durch Wirkung der Schwerkraft mechanisch in Grundstellung „gefallen" sind und so waagerecht liegend „Halt" signalisierten, zeigen heute in diesem Fall Lichtsignale den Signalbegriff „Halt" an.

Im Eisenbahnbetrieb wird in den meisten Fällen die höchste Sicherheitsanforderungsstufe der Funktionalen Sicherheit gefordert. Dies ist die Sicherheitsintegritätsstufe 4 (SIL 4).

### 17.5.5 Weiterentwicklung vom Elektronischen Stellwerk zum Digitalen Stellwerk – Funktionalität und Vorteile von DSTW gegenüber ESTW

Im Projekt Neuausrichtung Produktionssteuerung (NeuPro) ist beginnend etwa in 2014 in Zusammenarbeit zwischen DB InfraGO AG (damals noch DB Netz AG), Schweizerische Bundesbahnen AG und ÖBB-Infrastruktur AG ein Systemlastenheft für den Neubau von dezentralen und zentralen Stromversorgungen erarbeitet und fortgeschrieben worden. Die darin formulierten Spezifikationen sind Grundlage für den Neubau von standardisierten Strom- und Energieversorgungssystemen für Elektronische Stellwerke mit dezentraler Peripherie mit deren Leit- und Sicherungstechnik- (LST) und Telekommunikations- (TK) Anlagen.

Nachstehend werden die grundlegenden Unterschiede im Aufbau von ESTW und DSTW nebeneinandergestellt. In Abb. 17.32 sind diese skizziert.

#### 17.5.5.1 ESTW-Infrastruktur

Bei ESTW führen alle Kabel der Leit- und Sicherungstechnik vom ESTW in Signalkästen im Gleisfeld. Von diesen werden die jeweiligen Feldelemente angesteuert. Die maximale Stellentfernung wird unter anderem durch die Länge der verwendeten LST-Kabel mit Kupferadern sowie den Durchmesser, bzw. dem Querschnitt der LST-Adern begrenzt und liegt bei 6,5 km.

Der gesamte Signalweg, beginnend im ESTW in den Komponenten der Signalbautechnik, weiterführend über die Schnittstelle zwischen Innen- und Außenanlage, dem Kabelabschlussgestell, bis hin zu den einzelnen Feldelementen im Gleisfeld, wie Weichen, Lichtzeichen oder Achszähler, ist Sicherheitsnachweis-pflichtig und unterliegt den Anforderungen der Funktionalen Sicherheit. Teil-Systeme oder Komponenten unterschiedlicher Hersteller oder von verschiedenen Signalbaufirmen können nicht untereinander ausgetauscht werden.

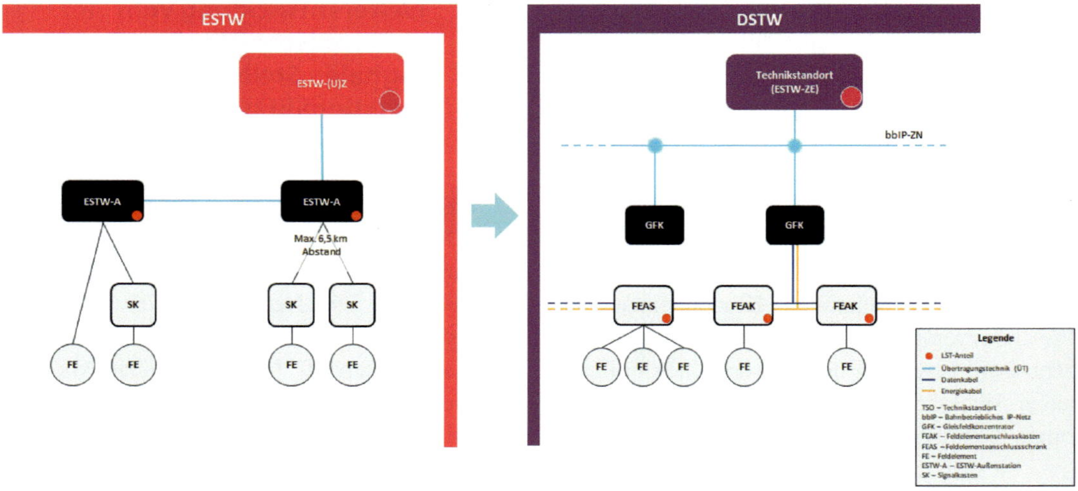


**Abb. 17.32** Digitales Stellwerk – Funktionalität im Vergleich zu Elektronischem Stellwerk

#### 17.5.5.2 DSTW-Infrastruktur

DSTW werden in Technikstandorten (TSO) errichtet. Nach heutigem Informationsstand werden in Deutschland etwa 50 Technikstandorte errichtet.

An diesen Technikstandorten werden die Gleisfeldkonzentratoren (GFK) – sie werden in der Nähe von Bahnhöfen gebaut werden – signaltechnisch über Lichtwellenleiter-Kabel angeschlossen. Diese können mit benachbarten Gleisfeldkonzentratoren ebenfalls über Lichtwellenleiter-Kabel verbunden werden. Die TK-Stellentfernung liegt bei etwa 60 km pro Richtung und die Elektroenergieanlagen (EEA)-Stellentfernung bei 8 km pro Richtung.

Die Gleisfeldkonzentratoren versorgen über Kupferkabel die im Gleisfeld liegenden Feldelementanschlusskästen (FEAK) oder Feldelementanschlussschränke (FEAS) mit elektrischer Energie. Die LST-Signaltechnik in diesen FEAK/FEAS wird über Lichtwellenleiter-Kabel zugeführt.

Über Object Controller (OC) in den FEAK/FEAS sind Weichen, Lichtsignale, Achszähler, usw. angeschlossen.

### 17.5.6 Digitale Stellwerke (DSTW)

Mit der Digitalen Schiene Deutschland soll das System Bahn für die nächsten Dekaden zukunftssicher aufgestellt werden. Ziele sind unter anderem die Erhöhung der Schienennetzkapazitäten, Verbesserung von Qualität und Pünktlichkeit oder die Umsetzung von nachhaltigen Maßnahmen zur Verkehrswende sowie zum Klimaschutz.

Digitale Stellwerke sind wie ESTW auch elektronische Stellwerke. Die Stellbefehle werden jedoch nicht wie bei diesen direkt über Signalkabel übermittelt, sondern durch informationstechnische Systeme/Datennetze. Diese werden vorzugsweise mit Lichtwellenleiter-Kabeln realisiert. Die Energiezufuhr erfolgt in unmittelbarer Nähe der signaltechnischen Elemente und Objekte.

#### 17.5.6.1 Funktionale Sicherheit wird in den Object Controllern der Feldelemente hergestellt

Anders als in bekannten ESTW wird die Funktionale Sicherheit im Gleisfeld in den Object Controllern der Feldelemente hergestellt. Die Energieversorgung aller Spannungsebenen wird mit industriell gefertigten Standardprodukten realisiert. Proprietäre Systeme kommen in diesem Anwendungsbereich nicht mehr zum Einsatz. Somit ergeben sich hierbei Kostenvorteile gegenüber bestehenden Lösungen.

#### 17.5.6.2 Energieversorgung der Feldelemente unterliegt nicht der Funktionalen Sicherheit

Die Systeme und Komponenten der elektrischen Energieversorgung unterliegen keinen Anforderungen an die Funktionale Sicherheit. Gleiches gilt für die Kabelanlagen der Energieversorgung. Diese Systeme sind somit nicht mehr in den Sicherheitsnachweis einzubeziehen.

#### 17.5.6.3 Erste Pilotprojekte

Mit einigen Referenzimplementierungen einzelner standardisierter Schnittstellen der DSTW/NeuPro-Architektur wurden erste Erfahrungen in Bestands-ESTW gesammelt.

Diese Schnittstellen wurden vereinbart für

- Interlocking-Systeme (SCI-ILS),
- Lichtsignale (SCI-LS),
- Achszähler (SCI-TDS) und
- Weichen (SCI-P).

Ende 2015 wurde die erste systemübergreifende Verbindung zwischen zwei benachbarten ESTW unterschiedlicher Signalbaufirmen in Betrieb genommen.

#### 17.5.6.4 Vier Vorserienprojekte

Unter Beteiligung mehrerer Hersteller wurden von DB InfraGO AG vier DSTW-Vorserienprojekte mit vollständiger DSTW-Architektur beauftragt. Die Inbetriebnahmen dieser Stellwerke erfolgten ab 2018/2019.

#### 17.5.6.5 Bei DB InfraGO AG künftig nur noch DSTW

Alle künftigen neu errichteten Stellwerke werden von DB InfraGO AG als DSTW ausgeführt. Erste Serien-DSTW sind seit 2020 in Planung und Realisierung.

#### 17.5.6.6 Weisung Gewerkezuordnung (GZO) für Digitale Stellwerke

DB InfraGO AG hat im Oktober 2022 eine Gewerkezuordnung sowie Schnittstellen für

- FEAK (Feldelementanschlusskasten)/FEAS (Feldelementanschlussschrank),
- GFK (Gleisfeldkonzentrator) sowie
- TSO (Technikstandort)

formuliert. Darin ist die Zuordnung von

- DSTW-Komponenten des Gleisfeldes, Gleisfeldkonzentrator (GFK) und Technikstandort (TSO),
- damit verbundenen Aufgaben/Tätigkeiten, z. B. Planung, Instandhaltung oder Anlagenverantwortung,
- den Gewerken Leit- und Sicherungstechnik (LST), Telekommunikation (TK) und Elektroenergieanlagen (EEA)

beschrieben.

Gleichfalls ist die Planungsverantwortung für den örtlichen Potentialausgleich sowie den erforderlichen Blitz- und Überspannungsschutz adressiert.

Im Folgenden sind die Gewerkezuordnungen, Funktionalitäten sowie Schnittstellen zu benachbarten Gewerken mit Fokussierung auf Elektroenergieanlagen (EEA) beschrieben. Details der Nachbargewerke werden in diesem Beitrag nicht weiter betrachtet.

**Gewerke und Schnittstellen Technikstandort (TSO)**

In Abb. 17.33 sind die Zuordnungen der Gewerke Telekommunikation (TK), Leit- und Sicherungstechnik (LST) sowie Elektrische Energieanlagen (EEA) dargestellt.

Die elektrische Energieversorgung von Technikstandorten (TSO) erfolgt aus dem 50 Hz Mittelspannungsnetz (10 kV, 20 kV oder 30 kV). Es werden die Sekundärspannungen 230/400 V 50 Hz bereit gestellt.

Gleisfeldkonzentratoren (GFK) werden durch den Verteilungsnetzbetreiber/Versorgungsnetzbetreiber (VNB) aus dem 50 Hz Netz versorgt. Spannung: 230/400 V. Weiterhin kann über mobile Netzersatzanlagen (NEA mobil) eingespeist werden. Spannung: 230/400 V 50 Hz. Optional ist eine Oberleitungseinspeisung über Transformator möglich.

Spannung: 15 kV/231/462 V 16,7 Hz. Feldelementanschlusskästen/-schränke (FEAK/FEAS) werden aus denGleisfeldkonzentratoren mit den

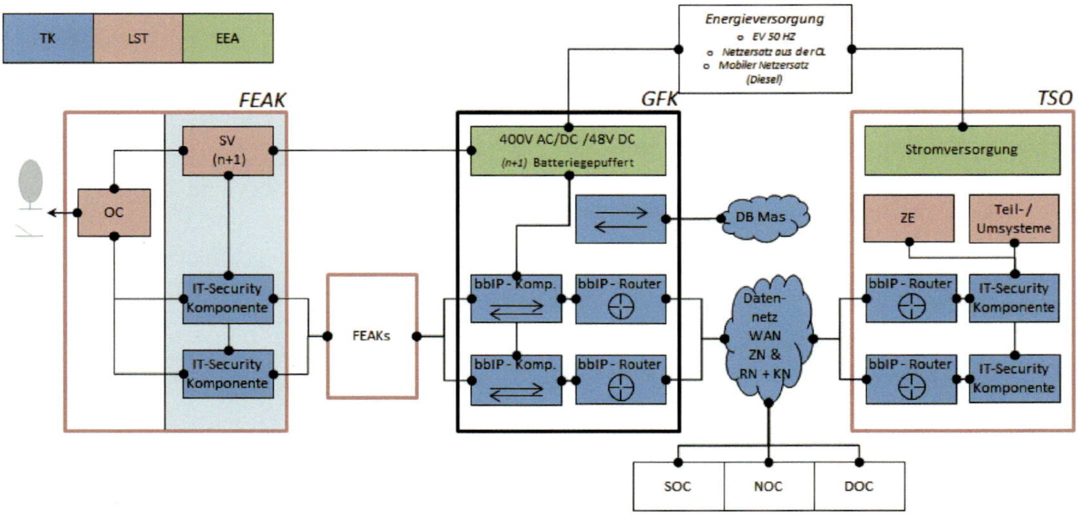


**Abb. 17.33** Gewerkezuordnung und Schnittstellen in Technikstandorten (TSO), Gleisfeldkonzentratoren (GFK) und Feldelementanschlusskästen (FEAK)

benötigten Systemspannungen versorgt. Dies sind batteriegepufferte Spannungen 400 V AC oder DC sowie 48 V DC.

### 17.5.6.7 System-Verfügbarkeit der geerdet betriebenen Telekommunikations-Systeme erhöhen

Mit der Betriebserdung des Pluspols der 48 V DC-TK-Systemspannung wird die Isolationsqualität dieses Systems im Vergleich zu einem isoliert betriebenen System praktisch halbiert. Aus Verfügbarkeitsgründen sollte die Funktionserdung dieses 48 V DC-Systems nur einmal an einer einzigen Stelle erfolgen. Andernfalls führen unbeabsichtigte nicht offenbarte Mehrfacherdungen des Pluspols zu möglichen Verfügbarkeitseinschränkungen durch die dann fließenden systemfremden Teilströme aus der Erdungs- und Potentialausgleichsanlage. Gleiches gilt für etwaige bewusst geplante und hergestellte weitere Erdungen des Pluspols.

Möglicherweise vorhandene Spannungsqualitäts-Überwachungen in den verwendeten Stromversorgungsgeräten selbst (Beispiel: Grüne Leuchte signalisiert: DC-Systemspannung in Ordnung) können solche Mehrfacherdungen des Pluspols im Verlauf der Stromversorgungs-Infrastruktur physikalisch bedingt nicht erkennen.

**Mehrfacherdungen des Pluspols dauerhaft vermeiden**

Unter anderem aus System-Verfügbarkeitsgründen ist eine permanent wirkende Stromüberwachung dieser Betriebserdungsleitung angeraten. Dieses berührungslos und damit rückwirkungsfrei auf die Stromversorgung arbeitende Strommonitoring sollte gleich- und wechselstromsensitiv sein.

Idealerweise fließt in der Betriebserdungsleitung weder ein Gleichstrom, beispielsweise aus der Stromversorgung selbst, noch ein Wechselstrom, etwa aus der lokalen Erdungs- und Potentialausgleichsanlage. Nur im Fall von Fehlern (Erdschlüssen) im Minuspol des 48 V DC-Stromversorgungssystems führt der dann sofort einsetzende Kurzschlussstrom zu einer unmittelbaren Abschaltung der betroffenen Stromversorgung – fachgerechte Ausführung des Stromversorgungssystems vorausgesetzt.

In der Praxis können während des Betriebes durch die Betriebserdungsleitung hochfrequente Ströme aufgrund von kapazitiven Einkopplungen aus der Systemtechnik in Richtung Erde fließen. Ströme dieser Art weisen jedoch im Vergleich zu Strömen im Fall von Mehrfacherdungen des Pluspols nur sehr kleine Stromamplituden auf. In allstromsensitiven Permanent-Strommonitoring-Systemen werden solche Anlagen-EMV bedingte Ströme durch situationsgerecht angepasste Einstellung von Meldungs-Schwellwerten berücksichtigt.

Eine solcherart aufgebaute dauerhaft wirkende Erfassung von unzulässigen Strömen in der Betriebserdungsleitung des Pluspols der 48 DC-Stromversorgung arbeitet gleichsam wie ein Seismograf für die „Isolationsqualität“ von Minus- und Plusleitung der TK-Stromversorgung. So werden etwa im Verlauf der Zeit alterungsbedingt schleichend auftretende Verschlechterungen der Isolationsqualität offenbart.

Beim Unterschreiten betreiberseitig festzulegender Grenzwerte können dann unter rollendem Rad Wartungsarbeiten initiiert und Risiken möglicher System-Gefährdungen durch Auswirkungen von auf diese Weise in das TK-System eindringenden systemfremden Strömen reduziert werden.

Im Fall schlagartiger Verschlechterungen der Isolationsqualität, etwa im Fall einer während Wartungsarbeiten unbeabsichtigt hergestellten unzulässigen weiteren Verbindung zwischen Pluspol und Erdpotential, erfolgt unmittelbar mit dem Auftreten eines Isolationszusammenbruchs die Offenbarung über das Monitoring-System.

**Isolationsmessung erhöht Grad der Verfügbarkeit der TK-Systeme**

Obwohl die geerdete TK-Systemspannung mit 48 V DC unterhalb der höchstzulässigen Grenze der Berührungsspannung von 120 V DC liegt und deshalb in vielen Fällen

- vor der Inbetriebnahme,
- bei wiederkehrenden Prüfungen oder
- im Fehlerfall

auf Isolationsmessungen verzichtet wird, sind diese aus System-Verfügbarkeitsgründen dringend angeraten. Isolationsmessungen können mit handelsüblichen Isolationsmessgeräten bei fachgerechter Vorgehensweise ohne Risiken von Beschädigungen von TK-Systemkomponenten durch die bei der Isolationsmessung verwendeten Messgleichspannung von beispielsweise 250 V oder 500 V vorgenommen werden.

### 17.5.7 Digitales Stellwerk (DSTW) – Konzept

Der grundsätzliche Aufbau einer DSTW-Struktur zeigt Abb. 17.34 und ist gegliedert in

- Bedienstandort (BSO),
- Technikstandort (TSO),

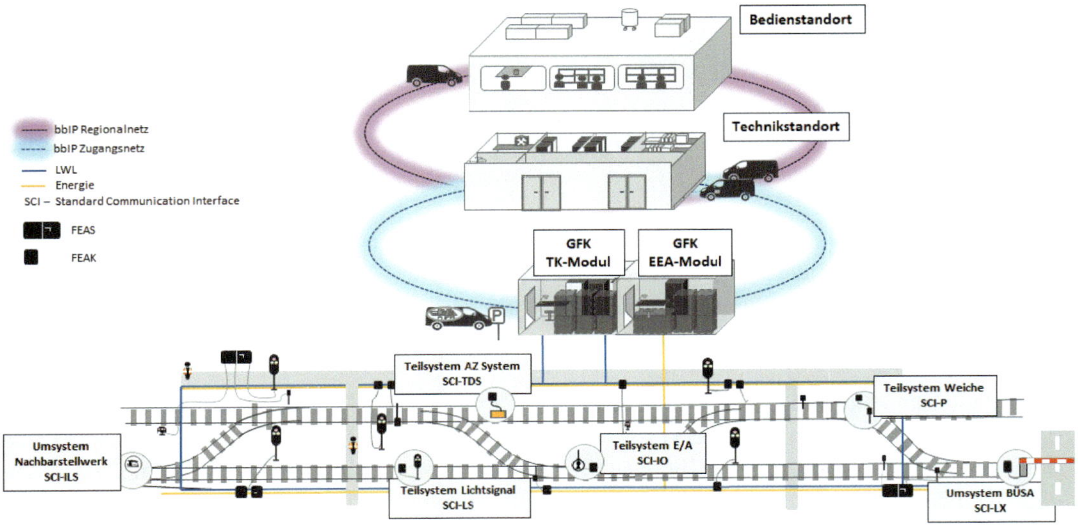


**Abb. 17.34** Grundsätzlicher Aufbau einer DSTW-Struktur

**Abb. 17.35** Bedienstandort (BSO) Rostock – Planungsstand 2022

- Gleisfeldkonzentrator (GFK) mit mindestens je einem EEA-Modul und einem TK-Modul sowie
- neben den weiteren standardisierten Schnittstellen Standard Communication Interfaces (SCI) im Gleisfeld.

Bedienstandorte werden nach neuem Regelwerk auf Grundlage der DIN EN 50600 in der Verfügbarkeitsklasse 3 geplant und errichtet. Dies gilt gleichermaßen für Technikstandorte. Gleisfeldkonzentratoren werden nach neuem Regelwerk gebaut.

Standard Communication Interfaces werden für unterschiedliche Anwendungen verwendet:

- Teilsystem Weiche (SCI-P)
- Teilsystem Lichtsignal (SCI-LS)
- Teilsystem Achszählsystem (SCI-TDS)
- Teilsystem Eingabe/Ausgabe (SCI-IO)
- Anbindung an Nachbarstellwerk (SCI-ILS)
- Anbindung an BÜSA (SCI-LX).

### 17.5.7.1 DSTW-Komponenten im Bild

Im Folgenden sind bebilderte Beispiele der einzelnen Komponenten zusammengestellt. So lassen sich Begrifflichkeiten leichter mit realen Gegebenheiten verbinden.

Im Bedienstandort (BSO) werden das integrierte Leit- und Bediensystem (iLBS) sowie die Bedienung verortet. Abb. 17.35 zeigt den Planungsstand des BSO Rostock.

**Abb. 17.36** Technikstandort (TSO) Donauwörth

**Abb. 17.37** Teil des Gleisfeldes (GF) vor den Umbaumaßnahmen bei Rostock-Bramow

In Abb. 17.36 ist der Technikstandort (TSO) Donauwörth gezeigt. Im zentral im Netzbezirk liegenden TSO (ESTW-ZE) sind die Stromver-

**Abb. 17.38** Gleisfeldkonzentrator (GFK) Meitingen

**Abb. 17.40** Feldelementanschlussschrank (FEAS) bei Rostock-Warnemünde

**Abb. 17.39** Demonstrator eines Feldelementanschlusskastens (FEAK) bei Rostock-Warnemünde

sorgung (SV), die DSTW-Zentraleinheit sowie Räumlichkeiten für Instandhaltungszwecke untergebracht.

Abb. 17.37 zeigt einen Teil des Gleisfeldes Rostock-Bramow vor den Umbaumaßnahmen. In Gleisfeldern sind neben der primären Energieverkabelung (Kupfer) und Datenverkabelung (LWL) Gleisfeldkonzentratoren sowie Feldelementanschlusskästen/-schränke verortet.

Ein Beispiel für einen Gleisfeldkonzentrator (GFK) ist in Abb. 17.38 gezeigt. Der GFK Meitingen im Landkreis Augsburg beinhaltet die Stromversorgung, Switch sowie IT-Sekundärkomponenten. Die Gewerke-spezifischen Module in Einheitsgröße sind nebeneinander angeordnet.

Ein Demonstrator eines Feldelementanschlusskastens (FEAK) ist in Abb. 17.39 gezeigt. Er steht in Rostock-Warnemünde in unmittelbarer Nähe zum Feldelement. Er beinhaltet die Stromversorgung, IT-Sekundärkomponenten und einen Object Controller für das angeschlossene Teilsystem.

Abb. 17.40 zeigt einen Feldelementanschlussschrank (FEAS) bei Rostock-Warnemünde. In Feldelementanschlussschränken sind mehrere Object Controller eingebaut. Der FEAS steht in der Nähe zu den Feldelementen im Gleisfeld. Darin eingebaut sind die Stromversorgung, IT-Sekundärkomponenten sowie drei bis fünf Object Controller für die jeweiligen Teilsysteme.

#### 17.5.7.2 Stromversorgungskonzept für Technikstandort (TSO)

In Abb. 17.41 ist das Stromversorgungskonzept für Technikstandorte dargestellt.

In DSTW ist die Norm für Rechenzentren DIN EN 50600 anzuwenden. Diese Norm beschreibt in einem alle Systeme und Funktionalitäten umfassenden Ansatz Vorgaben für Planung,

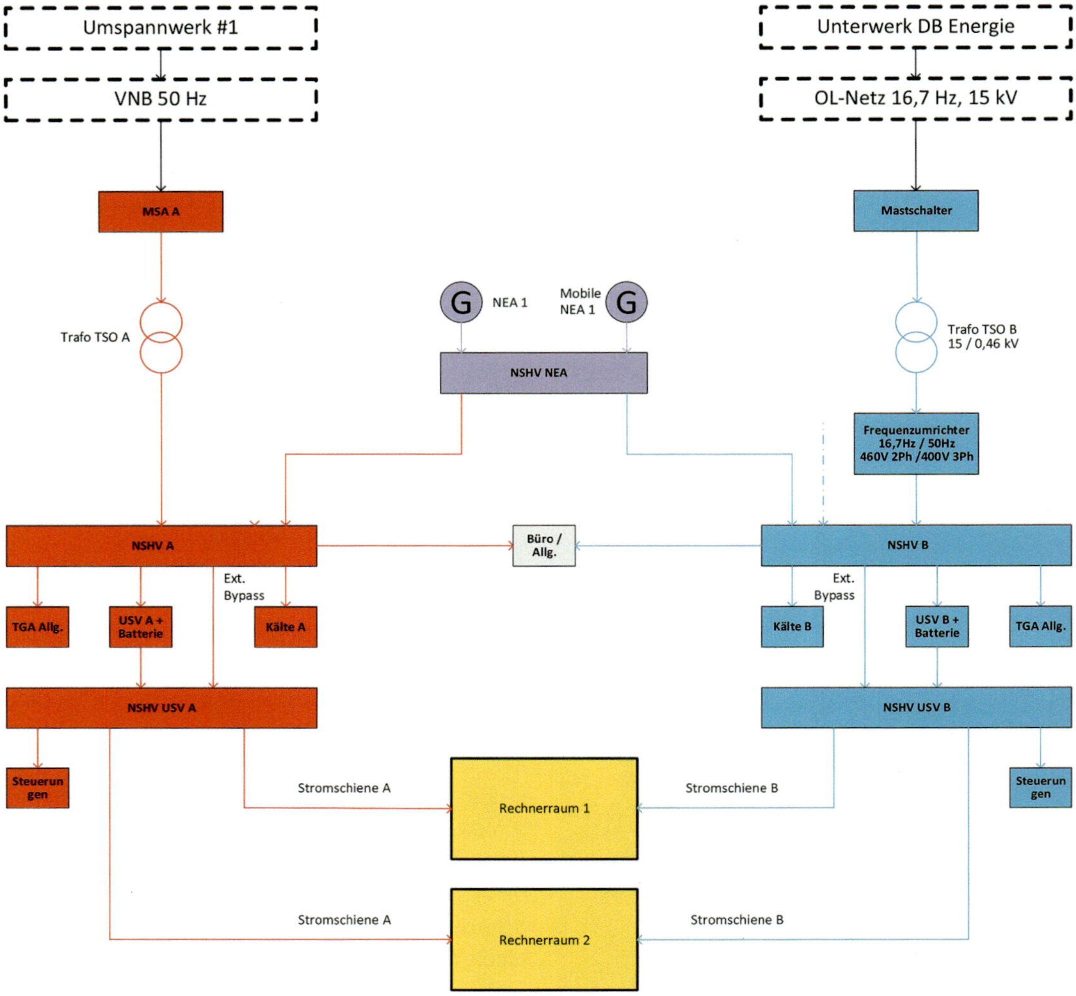


**Abb. 17.41** Stromversorgungskonzept für Technikstandorte (TSO)

Neubau und Betrieb von Rechenzentren mit Anforderungen an Konstruktion, Stromversorgung, Klimatisierung und Lüftung, Kabelanlagen und Sicherheitssysteme sowie für Betriebskriterien.

Insbesondere sind folgende Anforderungen zu benennen:

- Verfügbarkeitsklasse 3 – Diese Klasse 3 ist erreicht, wenn ein Rechenzentrum ohne Betriebsunterbrechung gewartet werden kann. Die Verfügbarkeit ist durch redundante Systeme sowie weitere Vorsorgemaßnahmen soweit gesteigert, dass der Betrieb der IT-Systeme in den meisten Fällen auch bei Fehlern und technischen Störungen aufrechterhalten wird.
- Zwei räumlich getrennte zueinander redundante Rechnerräume für höhere Verfügbarkeit und Redundanz
- Die Versorgung muss aus folgenden unabhängigen Quellen (z. B. aus zwei separaten Umspannwerken) erfolgen: einer Primärversorgung (VNB-Einspeisung = Verteilnetzbetreiber), einer Sekundärversorgung (zweite unabhängige VNB-Einspeisung oder OL-Einspeisung) und einer zusätzlichen Energieversorgung (Netzersatzanlage). Das Bahnstromfrequente Netz wird auf die Fahrdrahtspannung 15 kV 16,7 Hz herunter gespannt, das Energieversorger-seitige auf lokal übliche Mittelspannungswerte von 10 kV, 20 kV

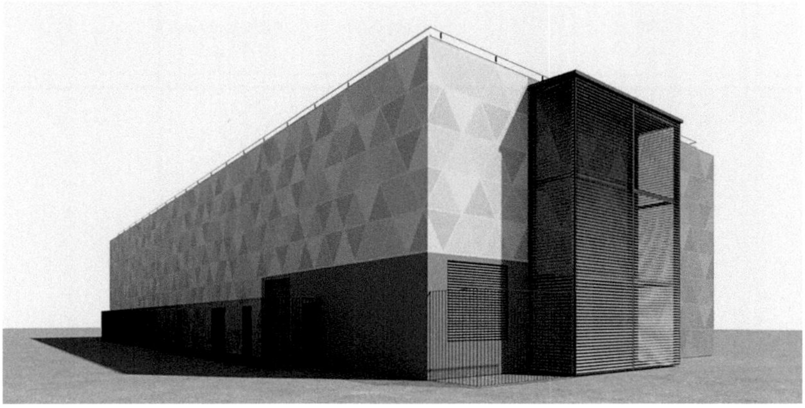

**Abb. 17.42** Beispiel eines baulichen Layouts eines Technikstandortes (TSO)

oder 30 kV. Die Niederspannungs-seitigen Einspeisespannungen von Technikstandorten sind 2 × 231 V/462 V 16,7 Hz, bzw. 230/400 V 50 Hz.
- Für jeden Energiepfad ist eine stationäre Netzersatzanlage (NEA) mit einer ununterbrochenen Betriebsdauer von mindestens 72 h vorhanden. Jeder Energiepfad verfügt über die Anschlussmöglichkeit einer mobilen Netzersatzanlage.
  - Leistungsanforderungen
    Frequenzumrichter (FU) – 400 bis 600 kVA
    Unterbrechungsfreie Stromversorgung (USV) – 250 bis 400 kVA

Ein mögliches bauliches Layout eine Technikstandortes (TSO) ist in Abb. 17.42 skizziert.

### 17.5.7.3 Stromversorgungskonzept Gleisfeldkonzentrator (GFK)

In Abb. 17.43 ist das GFK-Stromversorgungskonzept dargestellt. Es gliedert sich in den Bereich der Einspeisung, die Technik im EEA-Modul des Gleisfeldkonzentrators selbst sowie in das Gleisfeld.

**Spannungsebenen im Gleisfeldkonzentrator**

Den Planungen des DSTW-Stromversorgungskonzeptes liegt zugrunde, Stromversorgungssysteme mit industrieüblichen Spannungen zu verwenden. Weiterhin wird in DSTW gegenüber ESTW die Anzahl der verwendeten Spannungsebenen verringert.

- Versorgungsspannungen im Gleisfeldkonzentrator
  - AC 230/400 V 50 Hz (IT-System)
  - AC 230/400 V 50 Hz (TT-System oder TN-C-S-System mit isoliert geführtem PEN-Leiter und Zentraler Erdverbindung ZEV)
  - *DC 48 V*
- Versorgungsspannungen im Gleisfeld
  - AC 230/400 V 50 Hz (IT-System)
  - DC 400 V (IT-System)
  - DC 750 V (IT-System), optional

**Blitzschutzkonzept Gleisfeldkonzentrator**

Weiterhin ist in Abb. 17.43 die grundsätzliche Blitzschutzzonengrenze des Blitzschutzsystems LPS (Lightning Protection System) des Gleisfeldkonzentrator-Gebäudes eingetragen. Im Bild ist stellvertretend der Blitzschutzzonenübergang zwischen LPZ 0 und LPZ 1 (LPS – Lightning Protection Zone) dargestellt. Weitere Detaillierungen, wie etwa am Gesamt-Blitzschutzzonenkonzept orientierte Blitzschutzzonenübergänge, beispielsweise zwischen LPZ 1 und LPZ 2, sind nicht Gegenstand dieser Abbildung.

**Weitere Randbedingungen**

- Für die Stromversorgung von Gleisfeldkonzentratoren ist ein Verfügbarkeitsgrad (RAMS) von 99,9998 % gefordert.
- Meldungen werden mittels
  - IP-Protokoll oder über
  - potentialfreie Kontakte

  weitergeleitet.

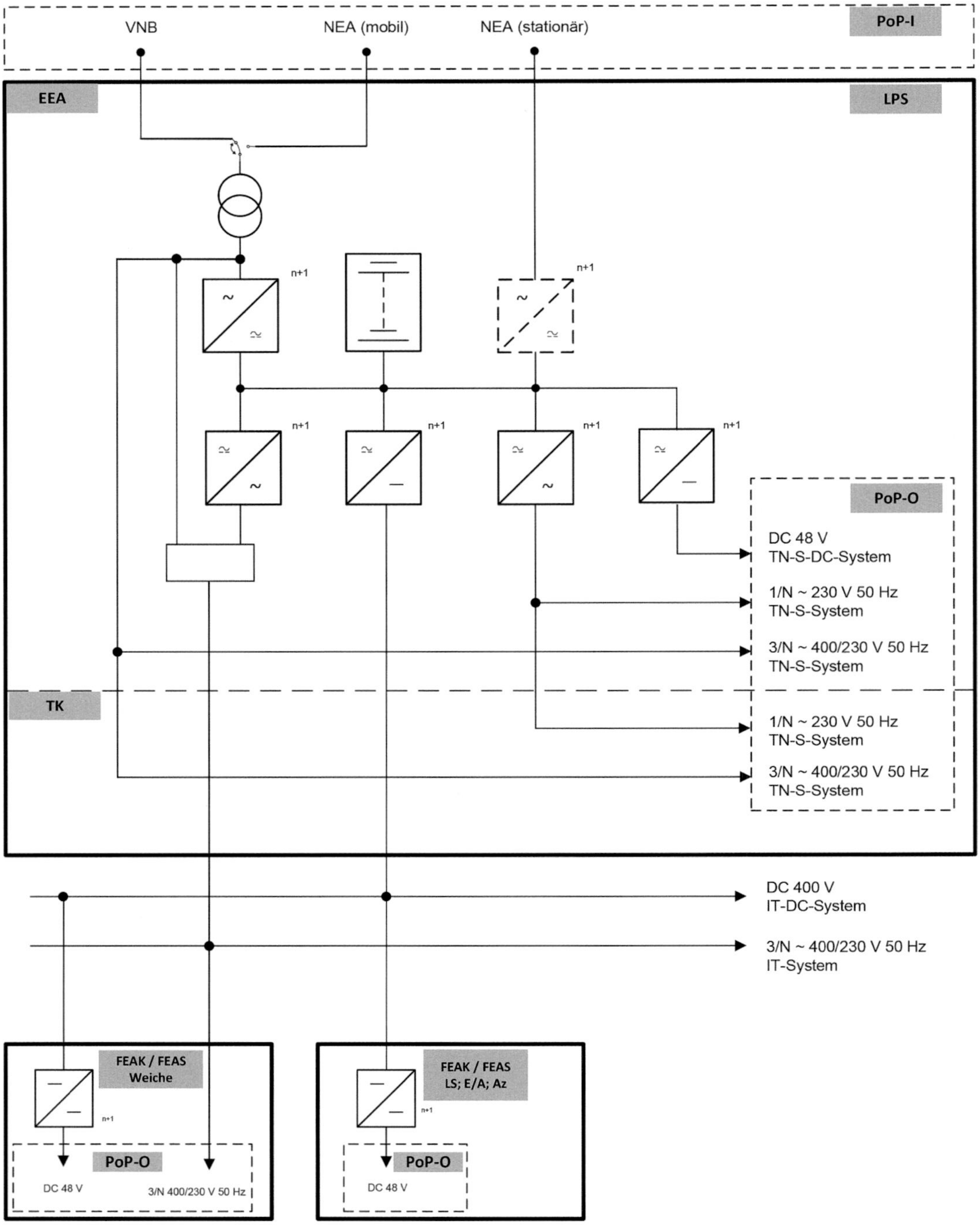


**Abb. 17.43** Stromversorgungskonzept im Gleisfeldkonzentrator sowie in dessen Umsystem

- Soweit möglich werden bevorzugt modulare Aufbauten eingesetzt.
- Der Leistungsbedarf liegt je nach Ausbaustand bei etwa 20 bis 120 kW.

### Versorgungsspannungen im Gleisfeld

Grundsätzlich sind alle aus dem Gleisfeldkonzentrator versorgten Betriebsmittel und Systeme im Gleisfeld von allen speisenden Systemen des Gleisfeldkonzentrators galvanisch getrennt ausgeführt. Im Gleisfeld werden für diese Betriebsmittel ausschließlich nicht geerdete IT-Netzsysteme verwandt.

Aus dem Gleisfeldkonzentrator heraus werden zwei Versorgungsspannungen ins Gleisfeld geführt.

- Gleichspannung: 400 V DC
  - Geringere Spannungsfälle/Verluste an den Leitungssystemen. Aufgrund des Fehlens wechselstrombedingter Blindwiderstände tragen nur die ohmschen Komponenten zu leitungsabhängigen Spannungsfällen bei.
  - Bei Bedarf wird durch Aderdopplung eine Querschnittsverdoppelung für einzelne Stromwege geschaffen.
  - Es sind keine unsymmetrischen Belastungen wie bei 230/400 V 50 Hz Systemen möglich.
  - Es besteht keine Anforderung der Synchronisation von Frequenz, Spannung und Phasenlage, wie es beim Zusammenschalten von Drehstromquellen unabdingbar ist. DC-Energiesysteme können bei gleicher Spannungshöhe leicht gekoppelt werden. Lediglich die Abschaltbedingungen im Fall von Überströmen sind zu berücksichtigen.
  - Mögliche Verbraucher sind
    Lichtsignale
    Eingabe/Ausgabe-Baugruppen
    Achszählauswertegeräte
- Wechselspannung: 230/400 V 50 Hz
  - Bei Einphasenbelastung oder bei oberwellenhaltigen Betriebsströmen in Drehstromanwendungen können erhöhte Neutralleiter-Belastungen auftreten.
  - Als Antriebsmotor für Weichenantriebe sind ausschließlich Drehstrom-Asynchronmotore zugelassen.
  - Mögliche Verbraucher sind
    Weichenantriebe

### Gleisfeldkonzentrator-Einspeisungsvarianten der Energieversorgung

Gleisfeldkonzentratoren werden aus mindestens zwei voneinander unabhängigen Energieversorgungen gespeist.

- Die primäre Energieversorgung erfolgt durch eine oder zwei VNB-Einspeisungen (Spannungsqualität nach DIN EN 50160).
- Die sekundäre Energieversorgung wird als Netzersatz aus der Oberleitung eingespeist. (Spannungsqualität gemäß DIN EN 50163).
- Eine zusätzliche Energieversorgung durch eine mobile Netzersatzanlage realisiert (Spannungsqualität nach DIN EN 61000-2-4 Klasse 2).

### Gleisfeld – Schematischer Aufbau eines Feldelementanschlusskastens

In Abb. 17.44 ist beispielhaft der schematische Aufbau eines FEAK skizziert. Alle Kabel werden von unten eingeführt. Auf der unteren Tragschiene sind die Klemmen für die ankommenden oder weiterführenden Kabel, die Überspannungs-Schutzeinrichtungen (ÜSE/SPD) – ausgeführt als SPD Typ 2 – sowie Lasttrennschalter angeordnet.

Weiterhin finden Komponenten der Stromversorgung und der IT-Security sowie etwa Geräteschutzschalter ihren Platz.

Im oberen Bereich sind der Object Controller sowie die Spleißbox für die LWL-Kabel platziert.

### Gleisfeld-Topologie – FEAK/FEAS-Einspeisung in Linien-, Ring- oder Stern-Topologie

Abb. 17.45 zeigt Beispiele für die Versorgung mehrerer benachbarte FEAK. Im oberen Pfad kann etwa eine 400 V DC Versorgung diese FEAK nacheinander in Linien-Topologie miteinander verbinden. Dabei dürfen höchstens zehn FEAK hintereinander angeordnet werden.

Die Überstrom-Schutzeinrichtungen im Stichanschluss der einzelnen FEAK (FEAK 1 bis FEAK 10) sowie in den nachfolgenden Beispielen sind in geeigneter Form selektiv zu möglicherweise im Linienpfad liegenden Schutzeinrichtungen (in den Beispielbildern nicht darge-

**Abb. 17.44** Schematischer Aufbau eines Feldelementanschlusskastens (FEAK)

stellt) sowie zum Überstromschutz im GFK auszulegen.

Im unteren Pfad wird der ebenfalls in Linien-Topologie angeschlossene FEAK Weiche 3 sowohl mit Gleichspannung als auch mit 230/400 V 50 Hz versorgt. An diesem FEAK ist eine Weiche angeschlossen. Das Ende dieses unteren Pfades bildet ein FEAS.

FEAK können auch in Ring-Topologie an einen Gleisfeldkonzentrator angeschlossen werden. Abb. 17.46 zeigt ein solches Beispiel. Auch hier gilt die maximale Anzahl von zehn FEAK in einem Ring.

Aus dem EEA-Modul im Gleisfeldkonzentrator können einzelne FEAK/FEAS jeweils per Stichleitung direkt aus dem GFK versorgt werden. Abb. 17.47 zeigt ein solches Beispiel. Jeder einzelne FEAK/FEAS wird über ein eigenes Versorgungskabel an den zugehörigen 400 V DC-Wandler im GFK angeschlossen. So entsteht bei dieser Art der Speisung eine Stern-Topologie.

FEAS können zusätzlich zur 400 V DC Versorgung auch mit 230/400 V 50 Hz Versorgung in Stern-Topologie gespeist werden. Abb. 17.47 zeigt einen solchen Anwendungsfall.

### Gleisfeld-Topologie – FEAK/FEAS-Einspeisung für die Anbindung von Weichen

In Abb. 17.48 ist die Versorgung eines FEAS mit den beiden Versorgungssystemen 400 V DC und 230/400 V 50 Hz in Stern-Topologie gezeigt.

Abb. 17.49 zeigt ein Beispiel für die Anbindung mehrerer Weichen. Dabei sind das 400 V DC System und das 230/400 V 50 Hz System an beiden FEAK/FEAS jeweils in Linien-Topologie angeschlossen.

### IT-Systeme erhöhen die Verfügbarkeit

Sowohl die Gleichspannungsversorgung 400 DC als auch die Systemspannung 230/400 V 50 Hz werden im Gleisfeld als IT-System betrieben. Sie verfügen jeweils über in Echtzeit wirkende Isolationswächter. Diese kommunizieren den Isolationswiderstand und offenbaren Erdschlüsse im Moment des Entstehens. Erforderliche Wartungsmaßnahmen können situationsgerecht veranlasst werden.

Die Systemspannungen 400 V DC und 230/400 V 50 Hz sind im Gleisfeldkonzentrator batteriegepuffert.

### Gleisfeldplanung – Musterbahnhof

Ein Musterbahnhof mit Verortungsbeispielen unterschiedlicher Feldelemente ist in Abb. 17.50 gezeigt. Doppelgleisige Ein- und Ausfahrtstrecken, zwei Bahnsteigleise in jeder Richtung sowie Gleiswechsel auf beiden Seiten des Bahnhofs geben häufig anzutreffende Standardsituationen wieder. Weichen, Achszähler und Signale sowie auch ein Bahnübergang sind auf dem Musterbahnhof anzutreffen.

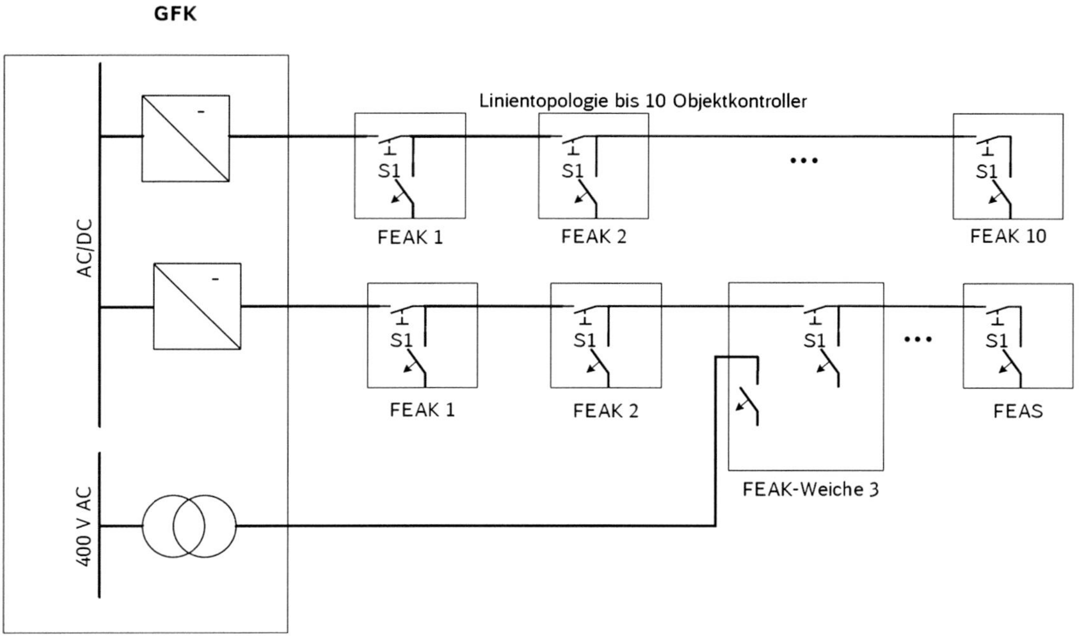


**Abb. 17.45** Einspeisung von FEAK/FEAS in Linien-Topologie

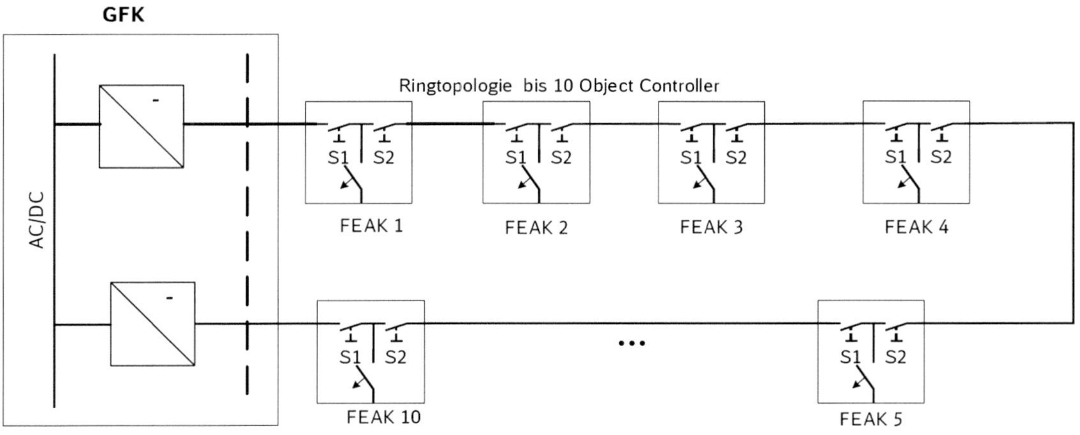


**Abb. 17.46** Einspeisung von FEAK/FEAS in Ring-Topologie

In diesem Beispiel sind die mit Kupferkabeln ausgeführten Energieversorgungssysteme dargestellt. Die LWL-Kabel sind nicht gezeigt.

In Abb. 17.51 sind die praxisgerechten Verortungen des Gleisfeldkonzentrators sowie der verschiedenen FEAK und FEAS einschließlich der Bahnübergangs-Schaltanlage (BÜSA) eingezeichnet. So gibt es im Musterbahnhof Feldelementanschlusskästen für

- Lichtsignale
- Weichen und
- Achszähler (Feldelementanschlussschrank).

Die Stammkabeltrassen sind in Abb. 17.52 eingetragen. In diesen wird die Systemverkabelung entlang der Gleise sowie als Gleisquerung vorgenommen. Alle Kabel führen durch die Kabeltrassen zum Gleisfeldkonzentrator.

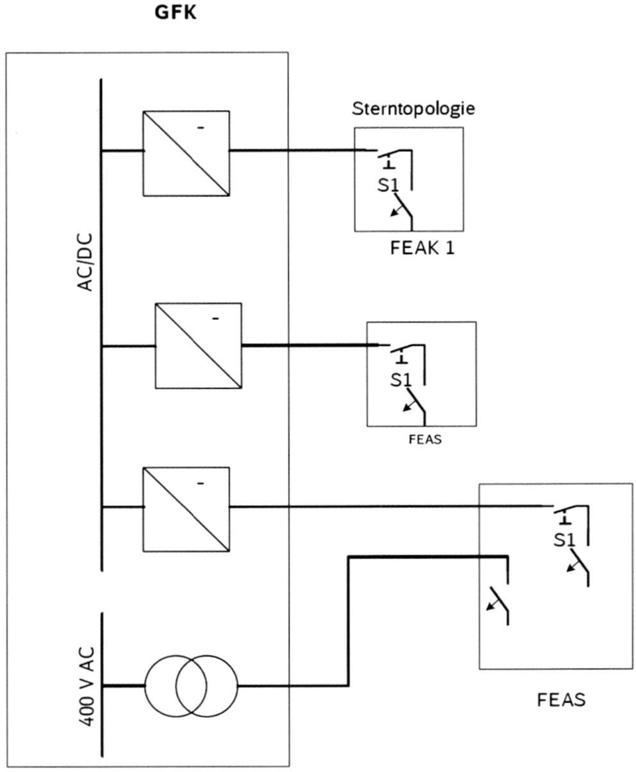


**Abb. 17.47** Einspeisung von FEAK/FEAS in Stern-Topologie

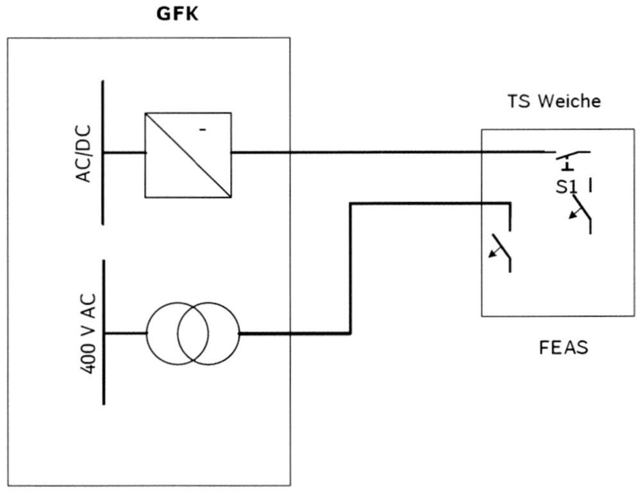


**Abb. 17.48** Anbindung von FEAS für Weichen in Stern-Topologie

Für die Planung der Verkabelung im Gleisfeld sind in Abb. 17.53 in Teilbereichen beispielhaft weitere Hinweise gegeben. In dieser Darstellung sind sowohl die 400 V DC- als auch die 230/400 V 50 Hz-Systemspannungs-Infrastruktur eingezeichnet. Alle Feldelementanschlusskästen/-schränke werden direkt aus dem Gleisfeldkonzentrator versorgt.

Dabei werden einzelne FEAK jeweils nur mit einer Systemspannung eingespeist, also entweder mit 400 V DC oder mir 230/400 V 50 Hz. Eine gleichzeitige Versorgung von FEAK mit beiden

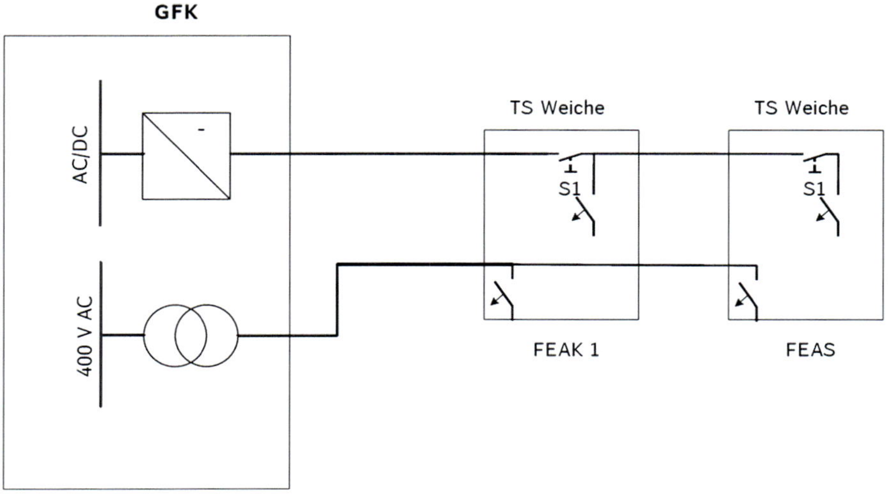


**Abb. 17.49** Anbindung von FEAS für Weichen in Linien-Topologie

**Abb. 17.50** Musterbahnhof mit unterschiedlichen Feldelementen

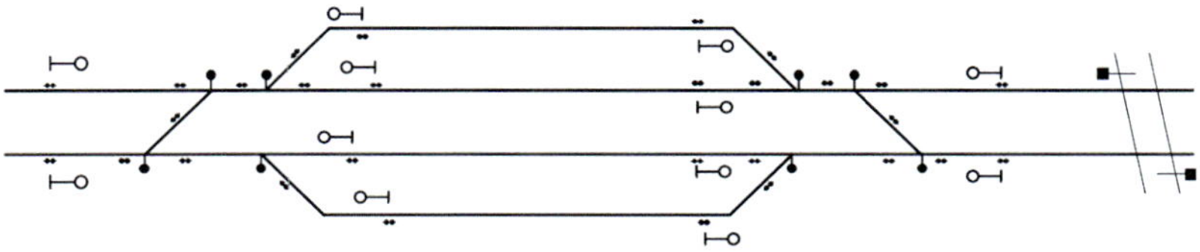

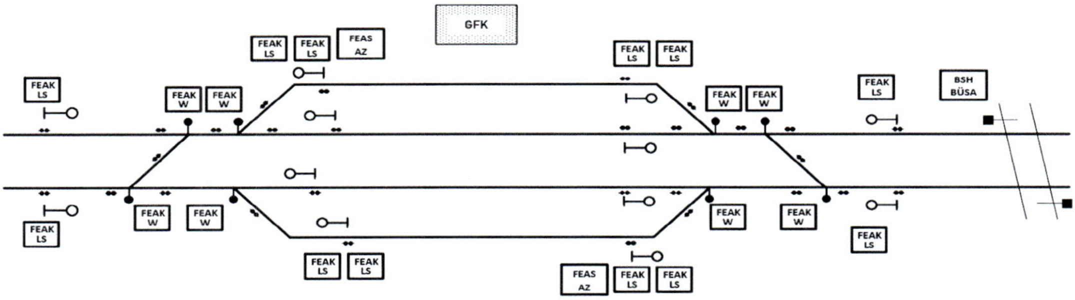


**Abb. 17.51** Musterbahnhof mit Gleisfeldkonzentrator, FEAK/FEAS mit daran angeschlossenen Feldelementen sowie einer BÜSA

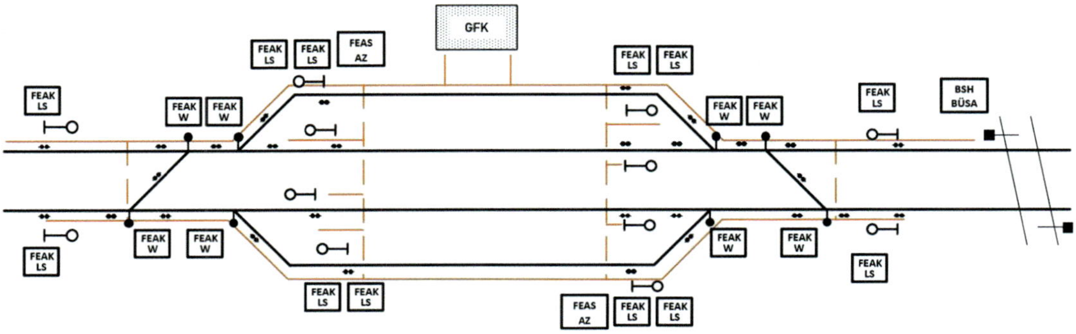


**Abb. 17.52** Musterbahnhof wie in Abb. 17.49, jedoch zusätzlich mit den zugehörigen Stammkabeltrassen

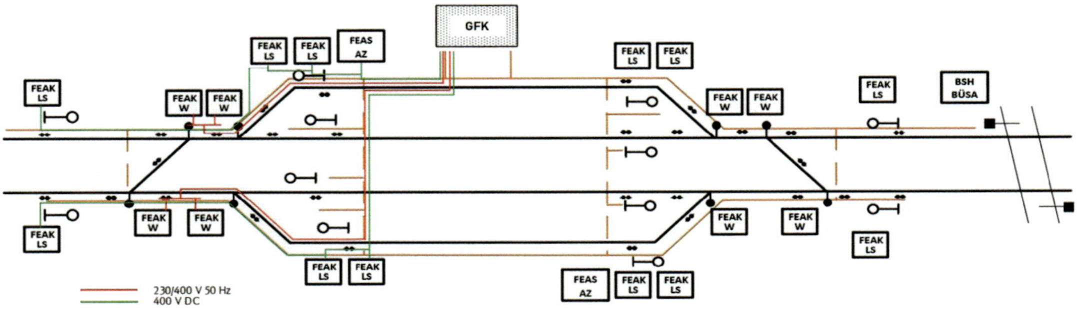


**Abb. 17.53** Musterbahnhof wie in Abb. 17.49, jedoch ergänzend mit teilweise ausgeführter 400 V DC- und 230/400 V 50 Hz-Systemspannungsinfrastruktur

Systemspannungen ist nicht vorgesehen. In den einzelnen FEAK sind spezifische Object Controller für jeweils ein spezielles Feldelement eingebaut. Spätere „Umwidmungen" sind systembedingt aus heutiger Sicht nahezu ausgeschlossen.

Ob eine stern-, ring- oder linienförmige Topologie der Stromversorgung der FEAK ausgeführt wird, ist von den örtlichen Gegebenheiten abhängig. Die Auswahl der einen oder der anderen Verkabelungs-Topologie wird anhand der sinnvoller Weise einzubindenden Feldelemente geplant und ausgeführt.

### Blitz- und Überspannungsschutz für Gleisfeldkonzentratoren

Alle Gleisfeldkonzentratoren sind gemäß DB RIL 819.0808:2018-03 grundsätzlich der Blitzschutzklasse 1 zugeordnet. Eine DB-Richtlinie mit weiteren Einzelheiten für GFK ist in Bearbeitung.

Alle von außen in den Gleisfeldkonzentrator eingeführten elektrisch leitfähigen Systeme sind am zugeordneten Schutzzonenübergang von LPZ 0 auf LPZ 1 in den örtlichen Blitzschutzpotentialausgleich nach DIN VDE 0185-305 einzubeziehen. Die gilt für elektrisch passive Systeme (metallene Rohrleitungen, Kabelschirme, usw.) genauso wie für elektrisch aktive Systeme. Ausnahmslos sind alle Gewerke an diese Vorgabe gebunden.

Soweit Leiter dieser Systeme nicht direkt geerdet werden dürfen, sind alle Leiter der betroffenen Systeme mit geeigneten blitzstromtragfähigen systemgerechten Überspannungs-Schutzeinrichtungen (ÜSE/SPD) in den lokalen Blitzschutzpotentialausgleich einzubinden.

Diese Überspannungs-Schutzeinrichtungen (ÜSE), in DIN VDE- oder EN-Normen auch als SPD (Surge Protective Device) bezeichnet, müssen blitzstromtragfähig sein. In Niederspannungs-Anlagen sind geeignete Schutzgeräte als SPD Typ 1 gekennzeichnet. Die Angabe des jeweiligen Ableitstoßstromes bezieht sich auf Stoßströme der Kurvenform (10/350) μs.

Darüber hinaus sind diese ÜSE/SPD etwa bezüglich ihrer Bemessungsspannung oder Schaltungsart für die jeweilige Nennspannung sowie das Netzsystem auszulegen. Bei elektrischer Traktion ist bei der Dimensionierung zusätzlich die Beeinflussungsspannung aus dem Gleis mit einzubeziehen.

Ergänzende Hinweise sind in den jeweils aktuellen Dokumenten von DIN VDE 0185-305, DIN VDE 0100-443 oder DIN VDE 0100-534 sowie DIN EN 50121-1 zu finden.

Bei der Dimensionierung der Bemessungsspannung dieser ÜSE/SPD sind insbesondere bei elektrischer Traktion die auftretenden Beeinflussungsspannungen aus dem Gleis zu berücksichtigen.

Soweit technisch möglich ist die Anordnung der Blitzschutzzonen so zu treffen, dass in elektrischen Energieanlagen Überspannungs-Schutzeinrichtungen der Anforderungsklasse SPD Typ 1/Typ 2 eingesetzt werden können. Dies wird in den allermeisten Fällen möglich sein.

Blitzschutzzonenübergänge für alle anderen Gewerke sind gleichermaßen zu behandeln. Insbesondere für das Gewerk Leit- und Sicherungstechnik (LST) sind die Sicherheitsnachweis-relevanten Vorgaben in DB RIL 819.0808:2018-03 zwingend zu beachten. Zum Gewerk Telekommunikation sind in der genannten DB-Richtlinie und in den darin fortgeführten TK-Informationen weitere Hinweise formuliert.

Der Anschluss von Erdern, die außerhalb des Gleisfeldkonzentrators angeordnet sind, erfolgt grundsätzlich an der Haupterdungsschiene (HES)/Hauptpotentialausgleichsschiene (HPAS) im GFK-Modul Elektrische Energieanlagen (EEA).

Kabelführungen zwischen GFK-Modulen sind induktionsgeschützt auszuführen.

Sofern bei Gleisfeldkonzentratoren Blitzstrom- oder Blitzpotential-führende Ableitungen des Blitzschutzsystems ebenerdig auf dienstmäßig oder betriebsmäßig genutzten Flächen im Abstand von bis zu 3 m um diese Ableitungen herum von Personen berührbar sein könnten, sind Standortisolierungen und/oder im Bedarfsfall Potentialsteuerungs-Maßnahmen erforderlich. Genauere Hinweise hierzu sind in DIN VDE 0185-305 dokumentiert.

Die zu errichtenden GFK-Gebäude in standardisierter Modul-Bauweise sollten vorzugsweise bereits in der Planung sowie in der Ausführung im Betonwerk grundsätzlich so ausgeführt werden, dass die im Beton liegenden inneren und äußeren Bewehrungslagen bereits im Betonwerk geeignet untereinander blitzstromtragfähig verbunden werden, beispielsweise durch Verschweißungen mit mindestens 50 mm langen Schweißraupen. Hinweise sind in zuvor genannter Norm beschrieben.

Auf diese Weise werden außenliegend am Gleisfeldkonzentrator-Gebäude herunter geführte Ableitungen nicht benötigt und damit Personengefährdungen im Fall eines Blitzeinschlages in das Gebäude vermieden. Die Ableitung von Blitzströmen erfolgt durch die im Beton liegende Bewehrung. Fachgerechte Planung vorausgesetzt werden Blitzteilströme von oben in die in den Wänden der Modulgebäude liegende Bewehrung eingeleitet. Unten werden sie in die lokale Erdungsanlage eingeführt.

### 17.5.8 Abschließender Hinweis

Alle in diesem Kapitel beschriebenen Sachstände beruhen auf bis zum Redaktionsschluss vorliegenden Quellen. Die Entwicklung und Fortschreibung insbesondere der DB-Richtlinienlage zu DSTW ist bislang noch nicht abgeschlossen. Für Planung, Ausführung und Betrieb sind jeweils die aktuellen Fassungen der Regelwerke und Vorschriften anzuwenden.

## Weiterführende Literatur


1. DB Netz AG (2018) DB-Richtlinie 819.0808:2018.03.15; LST Anlage planen; Blitz- und Überspannungsschutz von LST Anlagen. Frankfurt am Main
2. DB Netz AG (2022) I.NDT 153; Digitale Stellwerkstechnik (DSTW) – Stromversorgung von TSO, GFK und GF, 01.09.2022. Frankfurt am Main
2. DB Netz AG (2022) I.NDE 12; Weisung Gewerkezuordnung (GZO) für Digitale Stellwerke (Kurzübersicht): 06.10.2022. Frankfurt am Main
3. DB Netz AG (2023) I.NDT 3153; Digitale Stellwerkstechnik (DSTW) – Stromversorgung von TSO, GFK und GF, 12.06.2023. Frankfurt am Main
4. Deutsche Bahn AG, DB Netz AG (2015ff) Projekt Neuausrichtung Produktionssteuerung (NeuPro), Gesamtsystem ESTW – Stromversorgung. Frankfurt am Main
5. DIN EN 50121-1:2017-11; Bahnanwendungen – Elektromagnetische Verträglichkeit, Teil 1: Allgemeines; Deutsche Fassung EN 50121-1:2017, VDE Verlag GmbH, Berlin 2017
6. DIN EN 50122-1:2023-02; Bahnanwendungen – Ortsfeste Anlagen – Elektrische Sicherheit, Erdung und Rückleitung – Teil 1: Schutzmaßnahmen gegen elektrischen Schlag, VDE Verlag GmbH, Berlin 2023
7. DIN EN 50126-1:2018-10; Bahnanwendungen – Spezifikation und Nachweis von Zuverlässigkeit, Verfügbarkeit, Instandhaltbarkeit und Sicherheit (RAMS) – Teil 1: Generischer RAMS-Prozess, VDE Verlag GmbH, Berlin 2018
8. DIN EN 50129:2019-06; Bahnanwendungen – Telekommunikationstechnik, Signaltechnik und Datenverarbeitungssysteme – Sicherheitsbezogene elektronische Systeme für Signaltechnik; Deutsche Fassung EN 50129:2018 + AC:2019, VDE Verlag GmbH, Berlin 2019
9. DIN EN 50160:2020-11; Merkmale der Spannung in öffentlichen Elektrizitätsversorgungsnetzen; Deutsche Fassung EN 50160:2010 + Cor.:2010 + A1:2015 + A2:2019 + A3:2019, Beuth Verlag GmbH, Berlin 2020

10. DIN EN 50163/A3:2022-11; Bahnanwendungen, Speisespannungen von Bahnnetzen; Deutsche Fassung EN 50163:2004/A3:2022, VDE Verlag GmbH, Berlin 2022
11. DIN EN 50600-2-1:2021-09; Informationstechnik – Einrichtungen und Infrastrukturen von Rechenzentren, Teil 2-1: Gebäudekonstruktion; Deutsche Fassung EN 50600-2-1:2021, VDE Verlag GmbH, Berlin 2021
12. DIN EN 50600-2-2:2019-08; Informationstechnik – Einrichtungen und Infrastrukturen von Rechenzentren, Teil 2-2: Stromversorgung und Stromverteilung; Deutsche Fassung EN 50600-2-2:2019, VDE Verlag GmbH, Berlin 2019
13. DIN EN 50600-2-3:2019-08; Informationstechnik – Einrichtungen und Infrastrukturen von Rechenzentren, Teil 2-3: Regelung der Umgebungsbedingungen; Deutsche Fassung EN 50600-2-3:2019, VDE Verlag GmbH, Berlin 2019
14. DIN EN 61000-2-4:2003-05; Elektromagnetische Verträglichkeit (EMV), Umgebungsbedingungen – Verträglichkeitspegel für niederfrequente leitungsgeführte Störgrößen in Industrieanlagen, (IEC 61000-2-4:2002); Deutsche Fassung EN 61000-2-4:2002, VDE Verlag GmbH, Berlin 2003
15. DIN EN 62305-1:2011-10; Blitzschutz, Teil 1: Allgemeine Grundsätze, (IEC 62305-1:2010, modifiziert); Deutsche Fassung EN 62305-1:2011, VDE Verlag GmbH, Berlin 2011
16. DIN EN 62305-2:2013-02; Blitzschutz, Teil 2: Risiko-Management, (IEC 62305-2:2010, modifiziert); Deutsche Fassung EN 62305-2:2012, VDE Verlag GmbH, Berlin 2013
17. DIN EN 62305-3:2011-10; Blitzschutz, Teil 3: Schutz von baulichen Anlagen und Personen, (IEC 62305-3:2010, modifiziert); Deutsche Fassung EN 62305-3:2011, VDE Verlag GmbH, Berlin 2011
18. DIN EN 62305-4:2011-10; Blitzschutz, Teil 4: Elektrische und elektronische Systeme in baulichen Anlagen, (IEC 62305-4:2010, modifiziert); Deutsche Fassung EN 62305-4:2011, VDE Verlag GmbH, Berlin 2011
19. DIN VDE 0100-443:2016-10; Errichten von Niederspannungsanlagen, Teil 4-44: Schutzmaßnahmen – Schutz bei Störspannungen und elektromagnetischen Störgrößen – Abschnitt 443: Schutz bei transienten Überspannungen infolge atmosphärischer Einflüsse oder von Schaltvorgängen, (IEC 60364-4-44:2007/A1:2015, modifiziert); Deutsche Übernahme HD 60364-4-443:2016, VDE Verlag GmbH, Berlin 2016
20. DIN VDE 0100-534:2016-10; Errichten von Niederspannungsanlagen, Teil 5-53: Auswahl und Errichtung elektrischer Betriebsmittel – Trennen, Schalten und Steuern – Abschnitt 534: Überspannungs-Schutzeinrichtungen (SPDs), (IEC 60364-5-53:2001/A2:2015, modifiziert); Deutsche Übernahme HD 60364-5-534:2016, VDE Verlag GmbH, Berlin 2016
21. Durth R, Fink J-M, Kunert C, Wolff GK (2021) DB-Richtlinien-konforme Aktualisierung des Blitzschutzkonzeptes der Stellwerkstechnik im Bereich der Duisburger Hafenbahn lässt Züge sicher rangieren. 14. VDE-Blitzschutztagung, Frankfurt am Main (Studio-Online-Veranstaltung), 07.–08.10.2021. VDE-Verlag GmbH, Berlin
22. Fink J-M, Wolff GK (2019) Neue DB-Richtlinie fordert SPDs jetzt auch für alle Leitungen der Leit- und Sicherungstechnik. 13. VDE-Blitzschutztagung, Aschaffenburg, 24.–25.10.2019. VDE-Verlag GmbH, Berlin
23. Wolff GK (2019) 24 V DC Stromversorgungen in der Praxis richtig erden. 17. EMV-Industrieseminar, Otto-von-Guericke-Universität, Magdeburg, 5. Nov. 2019
24. Wolff GK (2011) AC Currents in DC Ground-Systems. International PMM Phoenix Contact, Blomberg
25. Wolff GK (2003) Berücksichtigung des Blitz- und Überspannungsschutzes bei der Planung von Zugsicherungs- und Signalanlagen. ATI-Symposium, Bonn
26. Wolff GK (2018) Blitz- und Überspannungsschutz für Eisenbahnsignaltechnik. ÖBB Technologietag, Wien, 24. Sept. 2018
27. Wolff GK (2013) Multiple grounding of 48 V DC power supply units endangers devices and causes the loss of availability. INTELEC 2013 – 35th International Telecommunications Energy Conference, Hamburg, 13.–17.10.2013
28. Wolff GK (2008) Fehlerhafte Erdung von System-Massen beeinflusst Verfügbarkeit von Systemfunktionen. Praxis-Workshop; EMV, Düsseldorf, 19.–21.02.2008
29. Wolff GK (2011) Keine Erdung ohne Überwachung, P&A Kompendium 2010/2011. publish-industry Verlag GmbH, München

# 18 Kabelanlagen

Andreas Boldt

**Zusammenfassung**

Kabel unterscheiden sich von Leitungen durch ihren Aufbau und ihre Verwendung.

Kabel sind gegen Umgebungseinflüsse besser geschützt und eignen sich für eine feste Installation sowie für Verlegung

- in Luft,
- im Erdreich (auch ungeschützt),
- im Wasser,
- in Kabelkanälen, z. B. Betonkabelkanäle im Gleisbereich,
- in Schutzrohren,
- in Formsteinen,
- in Beton,
- auf Kabelpritschen, Kabelbahnen (Abb. 18.1 und 18.2) oder
- in Kabelrinnen.

Leitungen eignen sich für geschützte Verlegungen und insbesondere für ortsveränderliche Betriebsmittel. Außerdem finden sie Verwendung als Aderleitungen in Steuerungen, Schienenfahrzeugen und in der Bahnstromversorgung, z. B. als Rückleitungsverbinder im Gleisbereich.

Leitungen müssen durch ihre Verlegungsart vor mechanischer, thermischer und chemischer Beschädigung geschützt werden, da derartige Beanspruchungen je nach Intensität eine Schädigung oder auch eine vorzeitige Alterung der Isolier- und Mantelwerkstoffe verursachen.

Die Leiter von Kabeln und Leitungen bestehen aus blankem oder metallumhülltem Zinn oder Zinnlegierung, weichgeglühtem Kupfer oder aus Aluminium bzw. aus Aluminiumlegierungen. Aluminiumleiter haben gegenüber Kupfer bei gleichem Gewicht das 3,3-fache Volumen. Der leitwertgleiche Querschnitt beträgt das 1,5-fache im Vergleich zu Kupfer. Das leitwertgleiche Gewicht beträgt nur die Hälfte von Kupfer. Damit sind Kabel mit Aluminiumleiter deutlich leichter.

## 18.1 Bauarten und Verwendung

Kabel unterscheiden sich von Leitungen durch ihren Aufbau und ihre Verwendung.

Kabel sind gegen Umgebungseinflüsse besser geschützt und eignen sich für eine feste Installation sowie für Verlegung

- in Luft,
- im Erdreich (auch ungeschützt),
- im Wasser,
- in Kabelkanälen, z. B. Betonkabelkanäle im Gleisbereich,
- in Schutzrohren,
- in Formsteinen,
- in Beton,

A. Boldt (✉)
DB InfraGO AG, Berlin, Deutschland



J. Holzfeind, J. Liu, F. Pospischil (Hrsg.), *Handbuch Eisenbahninfrastruktur*,
https://doi.org/10.1007/978-3-662-68960-8_18

**Abb. 18.1** Installation mit Kabelschellen auf Kabelleitern

**Abb. 18.2** Verlegung auf Kabelbahnen

- auf Kabelpritschen, Kabelbahnen (Abb. 18.1 und 18.2) oder
- in Kabelrinnen.

Leitungen eignen sich für geschützte Verlegungen und insbesondere für ortsveränderliche Betriebsmittel. Außerdem finden sie Verwendung als Aderleitungen in Steuerungen, Schienenfahrzeugen und in der Bahnstromversorgung, z. B. als Rückleitungsverbinder im Gleisbereich.

Leitungen müssen durch ihre Verlegungsart vor mechanischer, thermischer und chemischer Beschädigung geschützt werden, da derartige Beanspruchungen je nach Intensität eine Schädigung oder auch eine vorzeitige Alterung der Isolier- und Mantelwerkstoffe verursachen.

Die Leiter von Kabeln und Leitungen bestehen aus blankem oder metallumhülltem Zinn oder Zinnlegierung, weichgeglühtem Kupfer oder aus Aluminium bzw. aus Aluminiumlegierungen. Aluminiumleiter haben gegenüber Kupfer bei gleichem Gewicht das 3,3-fache Volumen. Der leitwertgleiche Querschnitt beträgt das 1,5-fache im Vergleich zu Kupfer. Das leitwertgleiche Gewicht beträgt nur die Hälfte von Kupfer. Damit sind Kabel mit Aluminiumleiter deutlich leichter.

Gemäß der Norm, DIN EN IEC 60228 (VDE 0295), sind die Nennquerschnitte im Bereich von 0,5 bis 2500 mm$^2$ für Leiter von Kabeln und isolierten Leitungen (Abb. 18.3) in folgende vier Klassen eingeteilt:

- Klasse 1: eindrähtige Leiter } für Kabel und Leitungen für feste Verlegung
- Klasse 2: mehrdrähtige Leiter } für Kabel und Leitungen für feste Verlegung
- Klasse 5: feindrähtige Leiter } für flexible Leitungen
- Klasse 6: feinstdrähtige Leiter } für flexible Leitungen

Die Leitergeometrie, die Leiterwiderstände sowie deren Ermittlung sind ebenfalls in der vorgenannten Norm festgelegt.

Die Wahl des Leiterwerkstoffes und des Aufbaus bestimmen auch die Biegsamkeit und die Zugfestigkeit eines Kabels bzw. einer Leitung, Abb. 18.4.

Kupfer verhält sich unproblematisch. Aluminium neigt dagegen zum Kaltfließen bei Druck (z. B. an Verbindungsstellen), zur Bildung nichtleitfähiger Oxidschichten und weist einen hohen Wärmeausdehnungskoeffizienten auf.

Als Isoliermaterial werden Polymere, überwiegend Polyvinylchlorid (PVC) und vernetztes Polyethylen (VPE) verwendet. Sie werden nach ihrem physikalischen Verhalten in Thermoplaste, Elastomere und Duroplaste klassifiziert.

Die Verwendung von Polymeren hat für die Kabel- und Leitungstechnik folgende Vorteile:

**Abb. 18.3** Anwendung von isolierten Leitungen

**Abb. 18.4** Leiterbauarten

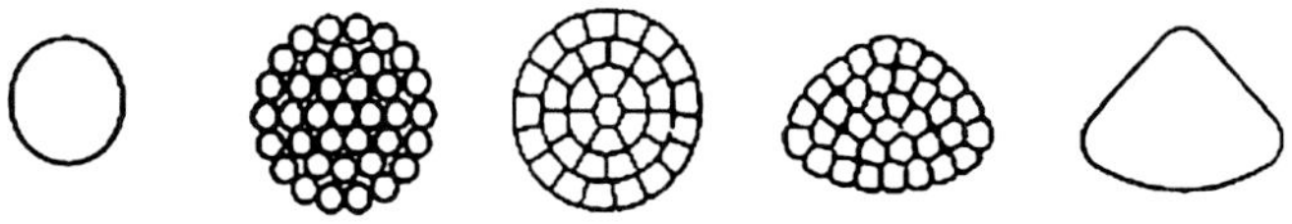

| | RE | RM | RM verdichtet | SM | SE |
|---|---|---|---|---|---|
| Cu | NS: kleine Querschnitte | NS MS | | NS MS (bis 10 kV) | -- |
| Al | 25 bis 150 mm² MS | NS MS | | NS MS (bis 10 kV) | NS MS (bis 10 kV) |

NS: Niederspannung RE: rund eindrähtig SM: sektorförmig mehrdrähtig
MS: Mittelspannung RM: rund mehrdrähtig SE: sektorförmig eindrähtig

- schnelle und saubere Montage,
- geringes Gewicht, einfache Verlegung, große Liefer- und Legelängen und geringe Muffenzahl,
- hohe Belastbarkeit, mehr Reserve bei größerer Übertragungsleistung,
- niedrige stromabhängige und dielektrische Verluste,
- Eignung für Gefällestrecken durch Feststoffdielektrikum,
- hohe Betriebssicherheit, lange Lebensdauer und niedrige Instandhaltungskosten.

Die Höhe der elektrischen Beanspruchung und der Grad der Empfindlichkeit des Isolierwerkstoffes gegen Teilentladungen bestimmen, ab welcher Nennspannung bei den einzelnen Kabelbauarten eine elektrische Schirmung aus metallenen Aufbauelementen erforderlich ist, die dann folgende Funktionen erfüllt:

- Homogenisierung des elektrischen Feldes,
- Potentialsteuerung und Begrenzung des elektrischen Feldes,
- Vermeidung von Teilentladungen an den Oberflächen der Isolierung,
- Fortleitung von Ableit- und Ladeströmen,
- Schutz gegen gefährliche Berührungsspannung (Berührungsschutz).

Üblich ist ein Kupferschirm (Abb. 18.5), dessen Drähte über eine Querleitwendel aus Kupferband miteinander verbunden sind. Gemäß DIN VDE 0276 müssen Kupferschirme folgende geometrische Mindestquerschnitte aufweisen:

| Nennquerschnitt des Leiters [mm$^2$] | Nennquerschnitt des Schirmes [mm$^2$] |
|---|---|
| $\leq 120$ | 16 |
| $150 \ldots 300$ | 25 |
| $\geq 400$ | 35 |

Von diesen Mindestquerschnitten kann bei besonderen Anforderungen wie beispielsweise erhöhter Kurzschlussfestigkeit abgewichen werden.

Die äußere Schutzhülle des Kabels bildet der Mantel. Er soll das Kabel gegen mechanische und chemische Einwirkungen von außen schützen.

Mäntel werden als äußere Schutzhülle nahtlos auf die Kabelkonstruktion extrudiert. Sie dienen aber auch als Polster für Bewehrungen und als Korrosionsschutz. In der Regel werden PVC und PE (Polyethylen) als Mantelmaterial wegen folgender Eigenschaften verwendet:

- hohe Zugfestigkeit und Dehnung,
- Druckfestigkeit auch in höheren Temperaturbereichen,
- hohe Beständigkeit gegen Chemikalien,
- gute Gleiteigenschaften bei der Verlegung und
- hohe Alterungsbeständigkeit.

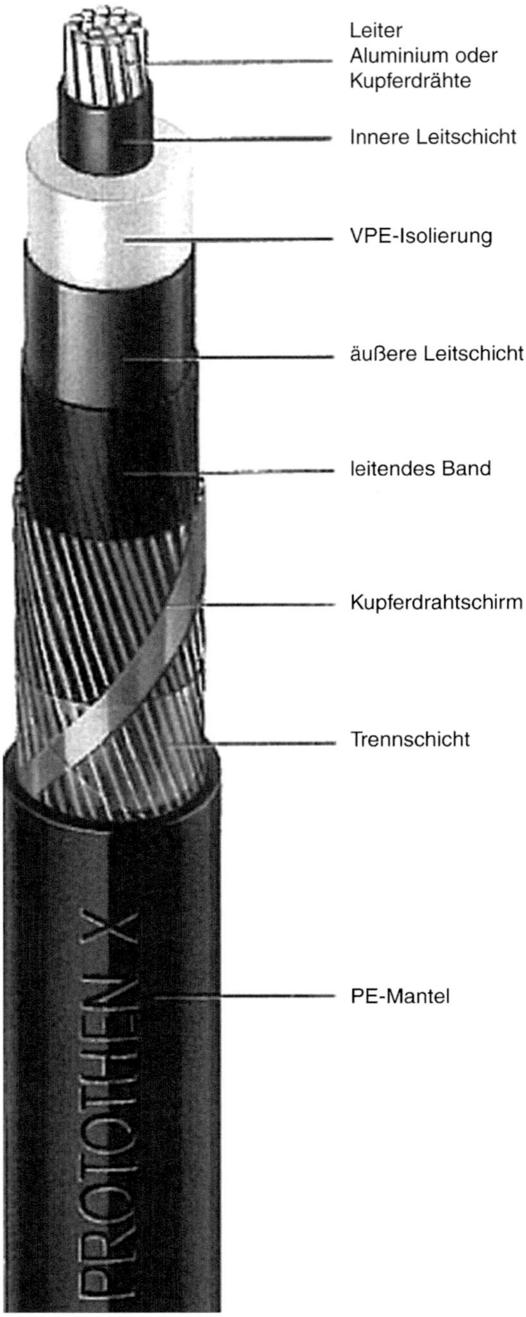


**Abb. 18.5** Aufbau eines typischen Mittelspannungs-Einleiterkabels

Besteht die Gefahr des Eindringens von Wasser, z. B. durch Mantelbeschädigung bei erdverlegten Kabeln, so ist die Verwendung von längswasserdichten Kabeln sinnvoll. Die Längswasserdichtung verhindert die Ausbreitung von eingedrungenem Wasser und begrenzt damit die Schadstelle auf einen minimalen örtlichen Bereich. Für diesen Zweck wurden quellfähige Bänder unter und/oder über dem Schirm bei der Kabelfertigung eingebracht.

Liegen Kabel ständig im Wasser (z. B. Grundwasser oder Staunässe) besteht langfristig die Gefahr der Diffusion von Wasser durch den Außenmantel. Hier ist die Verwendung von längs- und querwasserdichten Kabeln zu empfehlen. Diese Kabel haben zusätzlich zur Längswasserdichtung im Schirmbereich ein überlappendes Aluminiumband unter dem PE-Außenmantel, das mit diesem verklebt ist (Al-PE-Schichtenmantel). Für hochflexible Leitungen werden auch Mäntel aus EPR (Ethylen-Propylen-Kautschuk) oder anderen synthetischen Kautschukwerkstoffen verwendet.

### 18.1.1 Energiekabel und Leitungen

Kabel werden aus folgenden Elementen aufgebaut:

- ein- oder mehrdrähtigen runden oder sektorförmigen Kupfer oder Aluminiumleitern,
- einer Leitschicht zur spaltfreien Bindung der Leiterisolation an den Leiter und zur Steuerung des elektrischen Feldes bei Mittel- und Hochspannungskabeln,
- der Leiterisolation, die heute in aller Regel aus Kunststoff besteht,
- einer weiteren Leitschicht, die ebenfalls der Feldsteuerung bei Mittel- und Hochspannungskabeln dient,
- Zwischenlagen aus Spezialpapier- oder Kunststoffbänder, die als z. T. leitfähige Polster oder Trennschicht fungieren,
- metallenen Hüllen, meist als Schirm aus Kupferdrähten ausgebildet, für die Feldsteuerung und um insbesondere die im Fehlerfall auftretenden Ströme zu den Erdungspunkten ableiten zu können,
- weiteren Bebänderungen als Polster und Trennschicht und
- dem Außenmantel, der in aller Regel aus widerstandsfähigem Kunststoff besteht.

Der Kabelaufbau kann durch längs- und querwasserdichte Füllungen oder Umhüllungen zwischen Schirm und Mantel ergänzt werden.

Kabel, die erhöhten mechanischen Beanspruchungen ausgesetzt sind, erhalten, je nach Verwendungszweck eine Bewehrung aus verzinkten Stahldrähten, Stahlbändern oder Drahtgeflecht als besonderen mechanischen Schutz über dem Außenmantel.

Der Aufbau von Kabeln und Leitungen lässt sich leicht aus dem normierten Bauartkennzeichen ablesen.

Die wichtigsten Buchstabenkurzzeichen für die normierten Bauartenkennzeichen der Kabel sind:

- Normtyp: N
- Leiter
  - Kupfer: kein Zeichen
  - Aluminium: A
- Kabel mit $U_o/U = 0{,}6/1\,\mathrm{kV}$, ohne konzentrischen Leiter,
  - mit grün-gelber Ader: J
  - ohne grün-gelbe Ader: O
- Isolierung
  - PVC: Y
  - VPE: 2X
  - vernetztes halogenfreies Polymer: HX
- Konzentrischer Leiter aus Kupfer
  - im Längsschlag: C
  - wellenförmig: CW
- Schirm aus Kupfer
  - bei mehradrigen Kabeln mit gemeinsamem Schirm: S
  - bei mehradrigen Kabeln mit Einzeladerschirmen: SE
- Metallmantel aus Aluminium
  - glatt: KL
  - gewellt: KLD
- Längswasserdichter Schirmbereich: (F)
- Innere Schutzhülle
  - PVC: Y
  - PE: 2Y
  - gewickelte Schutzhülle mit eingebetteter Schicht aus Kunststofffolien: E
- Bewehrung
  - Stahlband: B
  - Stahlflachdraht: F
  - Stahlrunddraht: R
  - Stahlband gegen – oder Haltewendel: G
- Äußere Schutzhülle (Mantel)
  - PVC: Y
  - verstärkter PVC-Mantel: YV

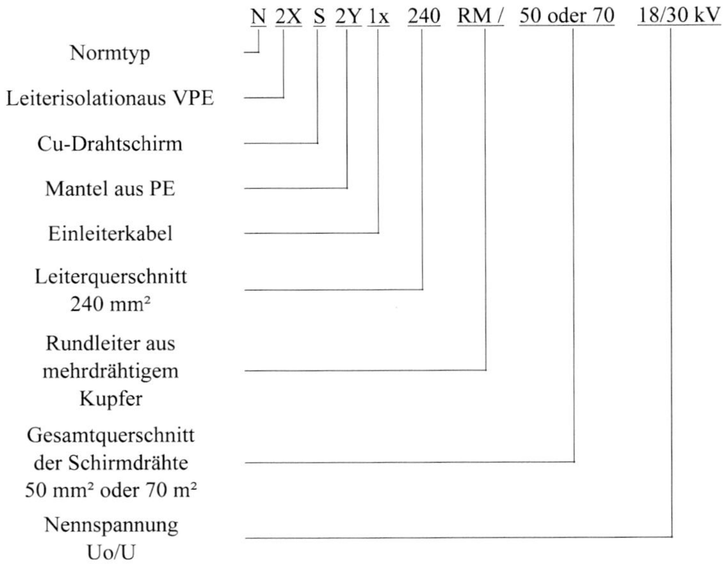


**Abb. 18.6** Bauartenkurzzeichen für das Standardspeisekabel der 15 kV-Bahnenergieleitung nach DIN/VDE 0276-620 und gem. DB-Regelwerk 4 Ebs09.41.11 Blatt 3. Uo = Effektivwert der Nennwechselspannung zwischen einem Außenleiter und Erde in nicht isolierender Umgebung, U = Effektivwert der Nennwechselspannung zwischen zwei Außenleitern

- PE: 2Y
- verstärkter PE-Mantel: 2YV
- Aluminiumband mit PE-Mantel verklebt AL/PE-Schichtenmantel: FL2Y
- vernetztes, halogenfreies Polymer: HX
- unvernetztes, halogenfreies Polymer: H

Das Bauartenkurzzeichen für das Standardspeisekabel der 15 kV-Bahnenergieleitung nach DIN/VDE 0276-620 und gem. DB-Regelwerk 4 Ebs 09.41.11 Blatt 3 zeigt Abb. 18.6.

Auf Kabeln mit Kunststoffmänteln finden sich folgende Einprägungen:

- Markenbezeichnung oder Firmenzeichen des Herstellers,
- Herstellungsjahr,
- Bauartkurzzeichen und Nennspannung $U$,
- VDE-Normenkonformitätszeichen,
- Längenmarkierung für Kabel mit einem Außendurchmesser ab 10 mm.

Beispiel für ein 30-kV-Bahnspeisekabel der S-Bahnstromversorgung Berlin:

$$2010 + \text{AFUMEX N2XS(F)2Y } 1 \times 185\text{RM } 30\text{kV VDE } 0276 \ 250\text{m}.$$

### 18.1.2 Kabel und Leitungen mit verbessertem Verhalten im Brandfall

Die Gefahr von Bränden, ihrer Ausdehnung sowie deren unmittelbare Wirkung auf das Umfeld müssen bei der Auswahl der Kabel- und Leitungstypen und der Art ihrer Verlegung berücksichtigt werden. Dies gilt insbesondere in baulichen Anlagen für Menschenansammlungen und somit auch in Gebäuden, Tunneln und Bahnhöfen des Fern- und Nahverkehrs.

Ein wichtiges Merkmal zur Unterscheidung des Isoliermaterials ist der Gehalt an Halogenen in der Isoliermischung. Die Halogene Chlor, Fluor und Brom sind sog. Salzbildner, die bei Abspaltung unter Flammeneinwirkung und bei gleichzeitiger Feuchtigkeit korrosive Säuren und toxische Stoffe bilden können. Dies spielt beim Verhalten von Kabeln und Leitungen im Brandfall eine wichtige Rolle. Einzelne Kabel und Leitungen mit PVC- und VPE-Isolier- und Mantelmischungen brennen ohne Stützflamme nicht und sind wegen der in ihnen enthaltenen Halogene selbstverlöschend.

Eine Kabelhäufung durch Parallelverlegung und Bündelung begünstigt jedoch, insbesondere bei senkrechter Anordnung infolge des Kamineffektes, eine rasche Brandausbreitung.

Im Brandfall verqualmt 1 kg PVC rund 500 $m^3$ Rauminhalt mit Rauchgasen von hoher Dichte. Außerdem verbindet sich das freigesetzte Chlor mit der Luftfeuchtigkeit und mit Löschwasser zu gefährlicher korrosiver Salzsäure.

Daher empfiehlt es sich in Gebäuden mit hoher Personen- und Sachwertkonzentration sowie auf Tunnelstrecken, Kabel und Leitungen mit besonderen Eigenschaften im Brandfall zu installieren. Die seit 01.07.2017 verpflichtende Anwendung der harmonisierten Norm DIN EN 50575 stellt besondere Bedingungen für die Vermarktung von Bauprodukten für Starkstromkabel und -leitungen, Steuer- und -kommunikationskabel für allgemeine Anwendungen in Bauwerken, auf die Anforderungen an das Brandverhalten. Die Kabel werden in europäischen Brand- bzw. Euroklassen eingeteilt (A bis F) eingeteilt. Diese Kabel (ab Euroklasse E) unterliegen dann einer Zertifizierung durch „Notifizierte" Prüfinstitute mit einer Typmusterprüfung. Derartige Sonderkabel und Leitungen sind mit halogenfreien Isolier- und Mantelmischungen ausgestattet, die folgende Eigenschaften im Brandfall aufweisen:

- geringe Brandfortleitung,
- geringe Korrosivität der Brandgase,
- geringe Rauchgasdichte,
- geringe Toxizität der Brandgase und
- einen definierten Isolationserhalt bei Flammeinwirkung.

Bei der Auswahl von Kabeln und Leitungen sind auch die in Projekten und Bestandsunterlagen möglichen ausgewiesenen Brandschutzgutachten mit heranzuziehen. Für Tunnel empfiehlt der ZVEI dem Einsatz von B2ca-Kabeln.

Ein typisches Mittelspannungskabel für die Fahrstromversorgung, mit derartigen Eigenschaften, trägt das Bauartenkurzzeichen (Abb. 18.7 und 18.8, vor 1. Juli 2017 (BauPVo)).

Für Kabel mit besonderen Eigenschaften im Brandfall werden folgende Kurzzeichen verwendet:

- FE 180 bedeutet Isolationserhalt $\geq$ 180 min,
- E 30 bedeutet Funktionserhalt $\geq$ 30 min,
- E 90 bedeutet Funktionserhalt $\geq$ 90 min.

Isolationserhalt bedeutet, dass die Funktionsfähigkeit des Kabels bzw. der Leitung für eine Zeitspanne von 30–180 min selbst bei voller Beflammung gesichert ist.

Funktionserhalt bedeutet, dass Kabel- und Leitungsführungen inkl. der Befestigungselemente unter Berücksichtigung der im Brandfall auftretenden Beanspruchungen so beschaffen und installiert sind, dass ihre Funktion für 30–90 min (E 30 bzw. E 90) selbst bei einem Vollbrand erhalten bleibt. Kabel mit den Anforderungen der Bauproduktenverordnung (BauPVo) sind mit entsprechender Kennzeichnung auszurüsten. da es umfänglich kaum möglich ist alle erforderlichen Kennzeichnungen auf die Kabel aufzubringen, ist es zulässig, die Kennzeichnung mittels CE-Zeichen und einer Nummer, die eine eindeutige Zuordnung zu einer beizulegenden Herstellererklärung herstellt.

Kabel mit diesen Eigenschaften sind durch ihre speziell auf den Brandfall und Isolations-/Funktionserhalt ausgerichteten Aufbaumaterialien nicht UV-beständig, nicht wasserdicht und nicht für eine direkte Erdverlegung geeignet.

Insbesondere für Sicherheitsbeleuchtungssysteme auf Tunnelstrecken sind Kabel mit einem gesicherten Isolationserhalt von 30–180 min empfehlenswert. So ist selbst bei einem Vollbrand die Funktion der Sicherheitsbeleuchtung, bis auf einzelne Leuchtenausfälle, gewährleistet und unterstützt damit wirksam die Rettungs- sowie Brandbekämpfungsmaßnahmen.

Weiterführende Maßnahmen des vorbeugenden Brandschutzes an Kabelanlagen, insbesondere Maßnahmen zur Verzögerung bzw. Verhinderung einer unkontrollierten Brandausbreitung, sind zusätzlich auf die Kabel und Leitungen aufgebrachte Beschichtungssysteme (Abb. 18.9). Als Beschichtung kommen hier dämmstoffbildende und aplativ wirkende Systeme zum Einsatz, die auf die betreffenden Abschnitte der Kabel und Leitungen im Spritz- oder Streichverfahren auf die Kabel aufgebracht werden können. Dämmstoffbildner sind im Innenbereich (trocken) vorrangig einzusetzen, da die Brandschutzeigenschaften bei Feuchtigkeit nicht gewährleistet werden. Aplationsprodukte sind im Außenbereich einsetzbar.

H 07 RNF 1x120

| | |
|---|---|
| **Kennzeichen der Bestimmung** | |
| Harmonisierte Bestimmung | H |
| Anerkannter nationaler Typ | A |
| **Nennspannung $U_n$/U** | |
| 100/100 V | 01 |
| 300/300 V | 03 |
| 300/500 V | 05 |
| 450/750 V | 07 |
| **Isolierwerkstoff** | |
| Ethylen-Propylen-Kautschuk | B |
| Kautschuk, wärmebeständig (110 °C) | G |
| Ehylen-Propylen-Kautschuk für 60 °C Betriebstemperatur | R |
| Silikonkautschuk | S |
| PVC | V |
| PVC, wärmebeständig (90 °C) | V1 |
| PVC, kältebeständig (- 25 °C) | V3 |
| PVC, vernetzt | V4 |
| vernetztes Polymer, im Brandfall raucharm und nicht korrosiv | Z |
| **Mantelwerkstoff** | |
| Ethylen-Propylen-Kautschuk | B |
| Kautschuk, wärmebeständig (110 °C) | G |
| Glasfasergepflecht | J |
| Chloroprenkautschuk | N |
| Polyethylen, chlorsulfoniert oder chloriert | N4 |
| Polyurethan | Q |
| Ethylen-Propylen-Kautschuk für 60 °C Betriebstemperatur | R |
| Textilgeflecht | T |
| PVC | V |
| PVC, wärmebeständig (90 °C) | V2 |
| PVC, vernetzt | V4 |
| PVC, ölbeständig | V5 |
| vernetztes Polymer, im Brandfall raucharm und nichtkorrosiv | Z |
| **Besonderheiten im Aufbau** | |
| Kupfer-Schirmgeflecht über den verseilten Adern | C4 |
| Zugentlastungselement/Tragorgan | D3 |
| Kerneinlauf (kein Tragelement) | D5 |
| flache, aufteilbare Leitung | H |
| flache , nicht aufteilbare Leitung | H2 |
| flache PVC-Leitung mit drei oder mehr Adern | H6 |
| zweischichtige, extrudierte Isolierung | H7 |
| gewendelte Leitung | H8 |
| **Leiterart** | |
| für Schweißleitungen, normale Flexibilität | -D |
| für Schweißleitungen, besonders hohe Flexibilität | -E |
| feindrähtig bei flexiblen Leitungen | -F |
| feinstdrähtig bei flexiblen Leitungen | -H |
| feindrähtig bei Leitungen für feste Verlegung | -K |
| mehrdrähtig | -R |
| eindrähtig | -U |
| Lahnlitze | -Y |
| **Aderzahl** | ... |
| mit Schutzleiter (grün-gelb) | G |
| ohne Schutzleiter | X |
| **Nennquerschnitt des Leiters** | ... |

**Abb. 18.7** Bestimmung Bauartenkurzzeichen für Kabel

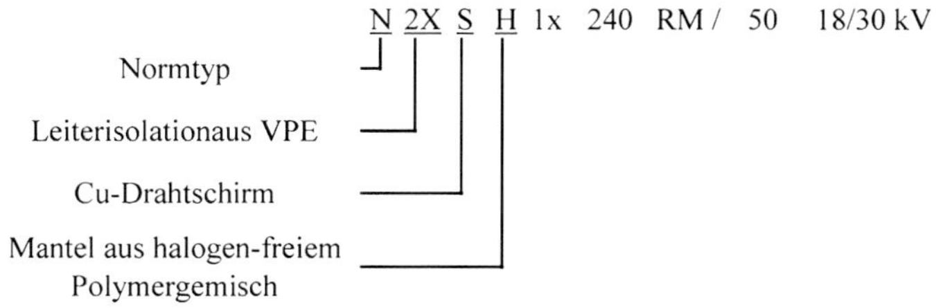


**Abb. 18.8** Bauartenkurzzeichen

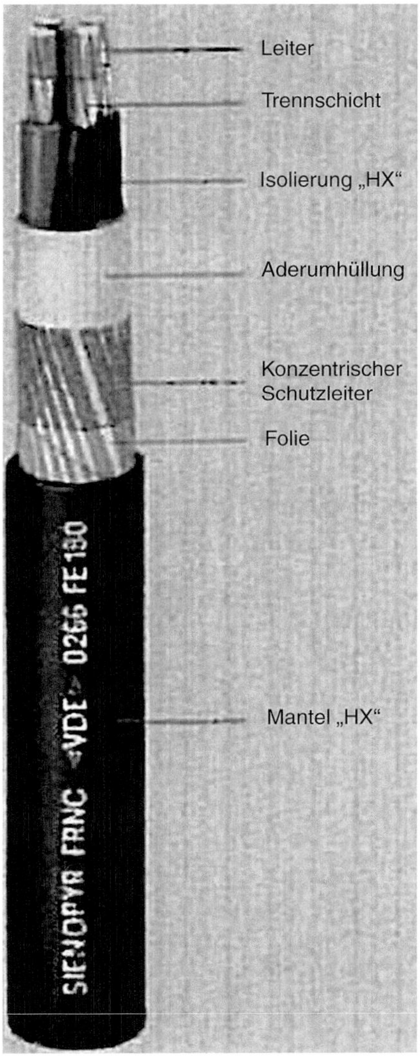


**Abb. 18.9** Aufbau eines Energiekabels mit besonderen Eigenschaften im Brandfall

## 18.1.3 Signal- und Nachrichtenkabel

Für die Streckensignalübertragung und zur Kommunikation werden spezielle Kabel mit klassischen Kupferadern und vermehrt Konstruktionen mit Lichtwellenleitern in der Bahntechnik verwendet. Mit diesen Bahnkabeln lassen sich analoge und digitale Daten mit hohen Übertragungsraten und mit einer hohen Sicherheit sowie Zuverlässigkeit für den Betrieb von Zugsicherungs-, EL/WL- und Uhrenanlagen bis hin zu Zugzielanzeigern übertragen.

Wo viele Schnittstellen benötigt werden, wie z. B. in lokalen Kommunikationsnetzen größerer Bahnhöfe, werden Nachrichtenkabel mit klassischer elektrischer Übertragungstechnik eingesetzt.

Nachrichtenkabel sind durch fortlaufende Einprägung eines Fernsprechhörersymbols in den Kunststoffmantel gekennzeichnet.

Signalkabel weisen eine fortlaufende Einprägung „SIGNAL“ auf ihrer Manteloberfläche auf (Abb. 18.10).

Die wichtigsten Bauartenkurzzeichen von Signal- und Nachrichtenkabeln haben folgende Bedeutung:

| | |
|---|---|
| A | Außenkabel |
| AB | Außenkabel mit Blitzschutz |
| AJ | Außenkabel mit Induktionsschutz |
| Y | Schutzhülle aus PVC |
| YV | verstärkte Schutzhülle aus PVC |
| 2Y | Isolierhülle aus PE |
| O2Y | Isolierhülle aus Zell-PE |
| D | konzentrische Lage aus Kupferdrähten |
| (L)2Y | Schichtenmantel |

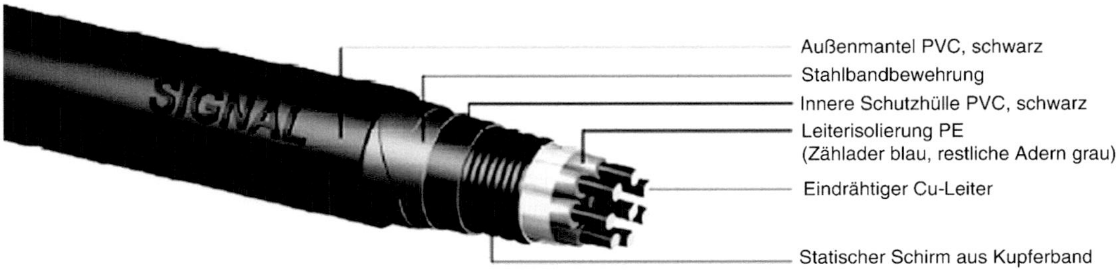


**Abb. 18.10** Aufbau eines typischen Bahn-Signalkabels

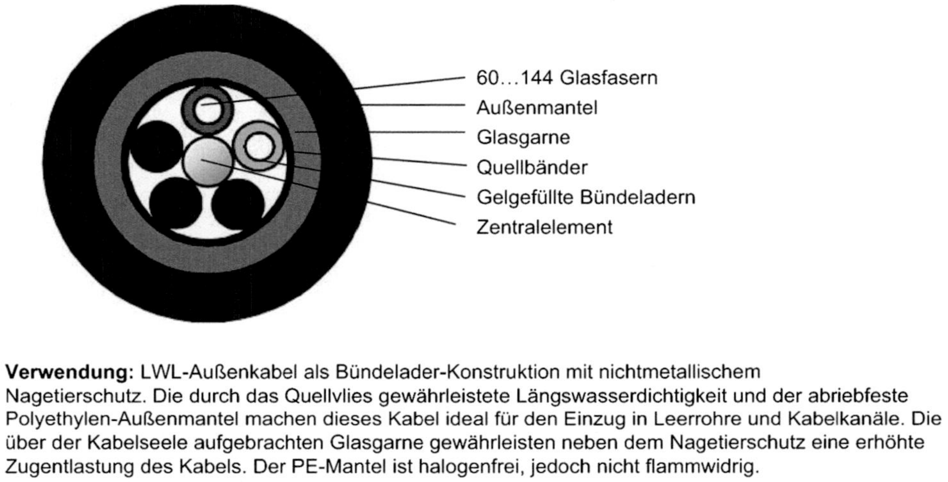


**Abb. 18.11** Querschnitt eines LWL-Außenkabels als Bündelader-Konstruktion

| | |
|---|---|
| F | Kabelseele mit Petrolatfüllung, längswasserdicht |
| (L)2Y | Schichtenmantel, querwasserdicht |
| B | Bewehrung |
| (Z) | Stahldrahtgeflecht über PVC-Innenmantel |
| E | Masseschicht mit eingebettetem Kunststoffband |
| S | Signal- und Messkabel |
| LG | Lagenverseilung |

Ein Kurzzeichen-Beispiel für ein bahntypisches Signalkabel mit Voll-PE-Isolierung, innerer Schutzhülle, Bewehrung, äußerer Schutzhülle, 12 Adern mit Cu-Leitern à 1,4 mm Durchmesser und Lagenverseilung lautet demnach:

$$\text{A-2YYBC}12 \times 1 \times 1{,}4\text{SLG.}$$

Für die Datenfernübertragung im Streckennetz oder für den Betrieb in Bereichen mit großer elektromagnetischer Beeinflussung eignet sich eher die optoelektronische Technik der Lichtwellenleiterübertragung.

Die Lichtwellenleiter (LWL) zeichnen sich durch eine sehr hohe Datenübertragungskapazität aus und sind unempfindlich gegen elektromagnetische Beeinflussungen.

Basiswerkstoff von Glasfaser-LWL ist hochreines Siliziumoxid, das durch Dotierung mit geeigneten Oxiden die gewünschten Eigenschaften der Lichtbrechung bei geringer Dämpfung erhält. Wegen der Empfindlichkeit der Glasfasern gegen mechanische Beanspruchungen sind die einzelnen Fasern entweder mit einer röhrenförmigen Schutzhülle aus Kunststoff zu sog. Hohladern oder als Volladern verarbeitet (Abb. 18.11). Dadurch können mechanische Beanspruchungen nicht unmittelbar auf die Fasern wirken. Um zu verhindern, dass Feuchtigkeit in die Hohlader eindringen kann und bei Kälte entstehendes Eis den LWL schädigt, ist der Hohlraum mit einer neutralen Masse gefüllt.

## 18.2 Garnituren

Als Garnituren werden Kabelmuffen und Endverschlüsse bezeichnet.

Während Muffen zum Verbinden von Kabeln und Leitungen eingesetzt werden, bilden Endverschlüsse den Abschluss der Kabelenden und dienen dem Anschluss an elektrische Betriebsmittel wie Schaltanlagen und Transformatoren.

Folgende Anforderungen, die aus elektrischen Einwirkungen resultieren, müssen von Garnituren erfüllt werden (Abb. 18.12). Wobei die Bedeutung der Längs- und Querdichtigkeit in Abb. 18.13 dargestellt ist.

Je nach Art und Spannungsreihe sind folgende Garniturentechnologien gebräuchlich:

- Gießharztechnik,
- Schrumpftechnik,
- Wickeltechnik,
- Aufschiebetechnik,
- Steckertechnik.

### 18.2.1 Muffen und Verbinder

Kabelmuffen müssen grundsätzlich folgende Anforderungen erfüllen:

- Verbinden der Leiter,
- Verbinden des Schirmes,
- Steuern des elektrischen Feldes,
- Isolieren der Leiter,
- Wiederaufbau der abgesetzten Kabelelemente,
- Schutz der Kabelverbindung vor Feuchtigkeit,
- Schutz der Verbindungsstelle vor thermischen und mechanischen Beanspruchungen.

Die Verbindung der Leiter wird meistens mit Press- oder Schraubverbindern hergestellt.

Die gebräuchlichen Pressarten sind in Abb. 18.14 aufgeführt.

Zum Durchverbinden des Schirmes werden an den Übergangsstellen auch Rollfedern verwendet. Bei Mittelspannungskabeln wird der Schirm als Zopf ausgebildet.

Für Aluminiumleiter und Adern von Signal-, Steuer- und Nachrichtenkabel sind daneben spezielle Lötverbindungen gebräuchlich.

Wegen einfacher Montage, geringer Abmessungen, guter Dichteigenschaften, einfacher Lagerhaltung und langer technischer Lebensdauer haben sich Muffen aus Schrumpfmaterial durchgesetzt (Abb. 18.15). Die über die zu verbindenden Kabelenden geschobenen Schläuche schrumpfen unter dem Einfluss einer weichen Flamme oder eines Heißluftgebläses auf das notwendige Maß und verschließen die Enden mit austretendem Heißkleber, der auf die Innenseite der Schrumpfschläuche aufgebracht ist. Die Kabel sind direkt nach Abschluss der Muffen prüf- und betriebsbereit.

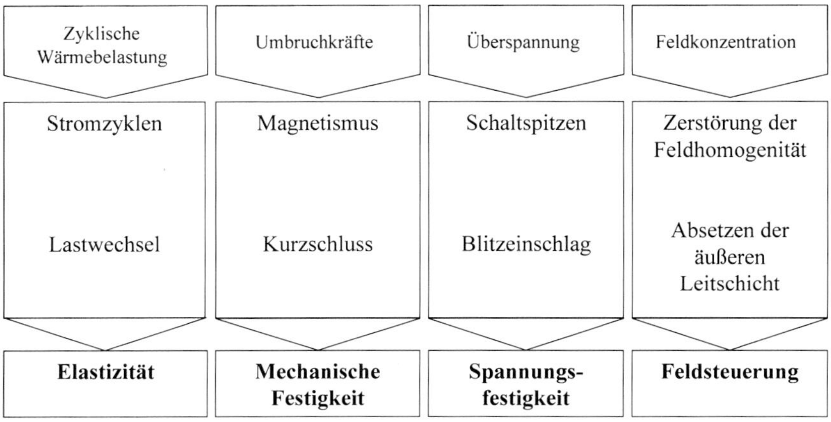


**Abb. 18.12** Einflussgrößen auf Garnituren

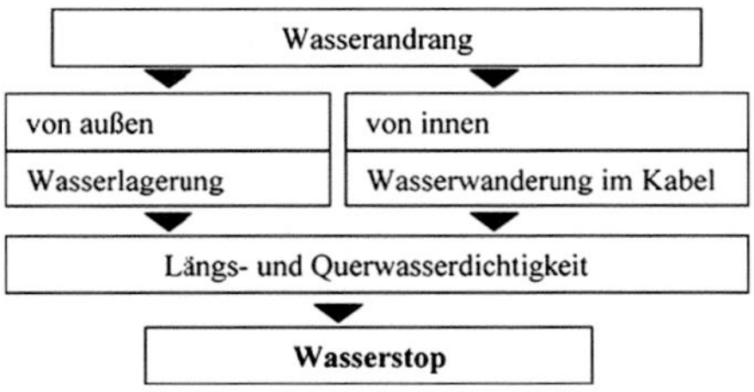


**Abb. 18.13** Bedeutung der Längs- und Querdichtigkeit

Zur Reparatur von Schadstellen in Kabelmänteln werden spezielle Manschetten aus wärmeschrumpfendem Material angeboten, die um das ungeschnittene Kabel herum gelegt und von einer Verschlussschiene bis zum Abschluss des Schrumpfprozesses gehalten werden (Abb. 18.16). Unter Wärmeeinwirkung schrumpft die Manschette so weit herunter, bis der schadhafte Bereich vollständig abgedeckt und durch den Schmelzkleber dicht verschlossen und geschützt ist.

### 18.2.2 Endverschlüsse

Die grundsätzlichen Anforderungen an Endverschlüsse sind:

- betriebssicheres Anschließen der Leiter,
- Steuern des elektrischen Feldes,
- Begrenzen von Kriech- und Leckströmen,
- Schützen der Kabel vor Feuchtigkeit.

Bei Freiluftendverschlüssen werden die durch das Absetzen des Kabels freigelegten Adern, zum Schutz gegen Umweltbeanspruchungen, wie z. B. UV-Strahlung, durch spezielle Schrumpfschläuche oder Aufschiebeelemente geschützt. Der Kabelzwickel wird vorzugsweise mit einer Aufteilungskappe gegen das Eindringen von Feuchtigkeit und Schmutz abgedichtet. Auch in der Endverschlusstechnik haben sich Aufschiebegarnituren und Schrumpfmaterial durchgesetzt.

**Abb. 18.14** Pressarten für Leiterverbindungshülsen

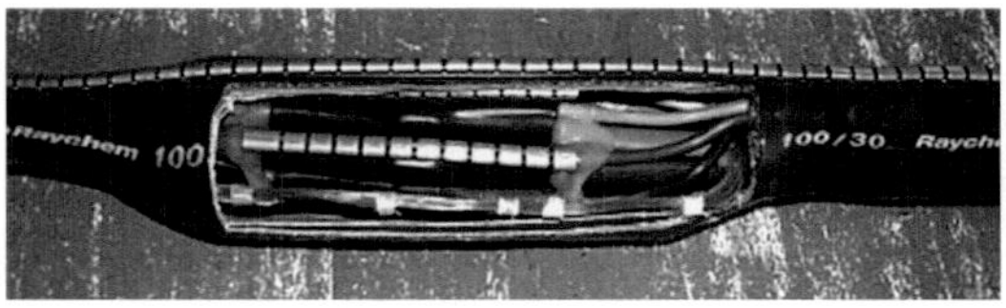

**Abb. 18.15** Aufbau einer Schrumpfmuffe

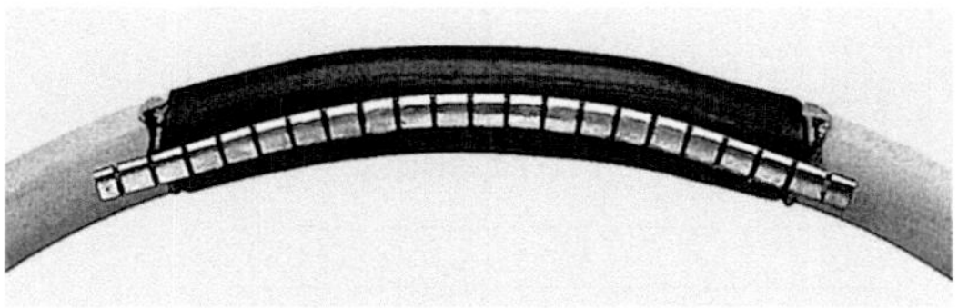

**Abb. 18.16** Reparaturmanschette

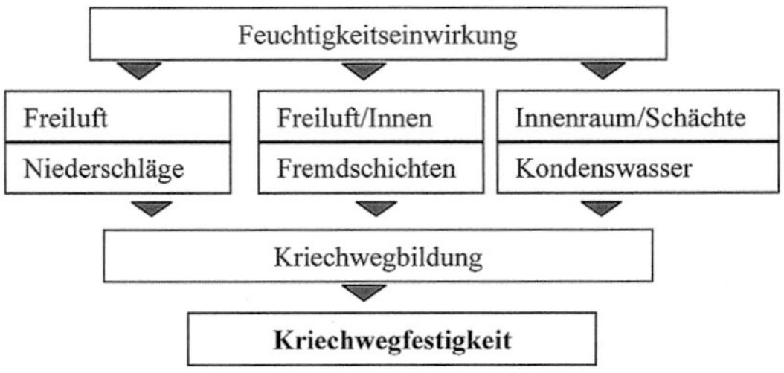


**Abb. 18.17** Faktoren zur Festlegung der Kriechweglänge

Mittelspannungsendverschlüsse aus Schrumpfmaterial bestehen aus kriechstrom- und erosionsfesten Schläuchen. Die Übergänge zwischen Aderisolation und Kabelschuh sowie zwischen Leiterisolation und Kabelmantel werden durch gesonderte passgerechte Schläuche dauerhaft abgedichtet und geschützt. Die Feldsteuerung erfolgt entweder durch eine im Schlauch integrierte Beschichtung oder mit einem gesonderten Feldsteuerschlauch. Die integrierte Feldsteuerung hat den Vorteil einer vereinfachten und kurzzeitigen Montage.

Je nach Spannungsebene und notwendiger Kriechweglänge (Abb. 18.17) können zusätzlich Isolatorschirme aufgeschrumpft werden.

Endverschlüsse aus Schrumpfmaterial können nicht nur senkrecht, sondern auch in beliebig anderen Lagen installiert und betrieben werden.

Aufschiebe-Endverschlüsse bestehen meist aus hochwertigem Silikon. Der vorgefertigte Isolator enthält eine integrierte kapazitive Feldsteuerung und passt sich optimal an den jeweiligen Kabeltyp an.

Steckbare Endverschlüsse mit steck- oder schraubbaren Kontaktelementen eignen sich für den Kabelanschluss an gekapselte Schaltanlagen, Transformatoren usw. Sie zeichnen sich durch eine sehr kompakte Bauweise aus, die aufgrund der geringen Abstände der Pole der Durchführungen erforderlich ist.

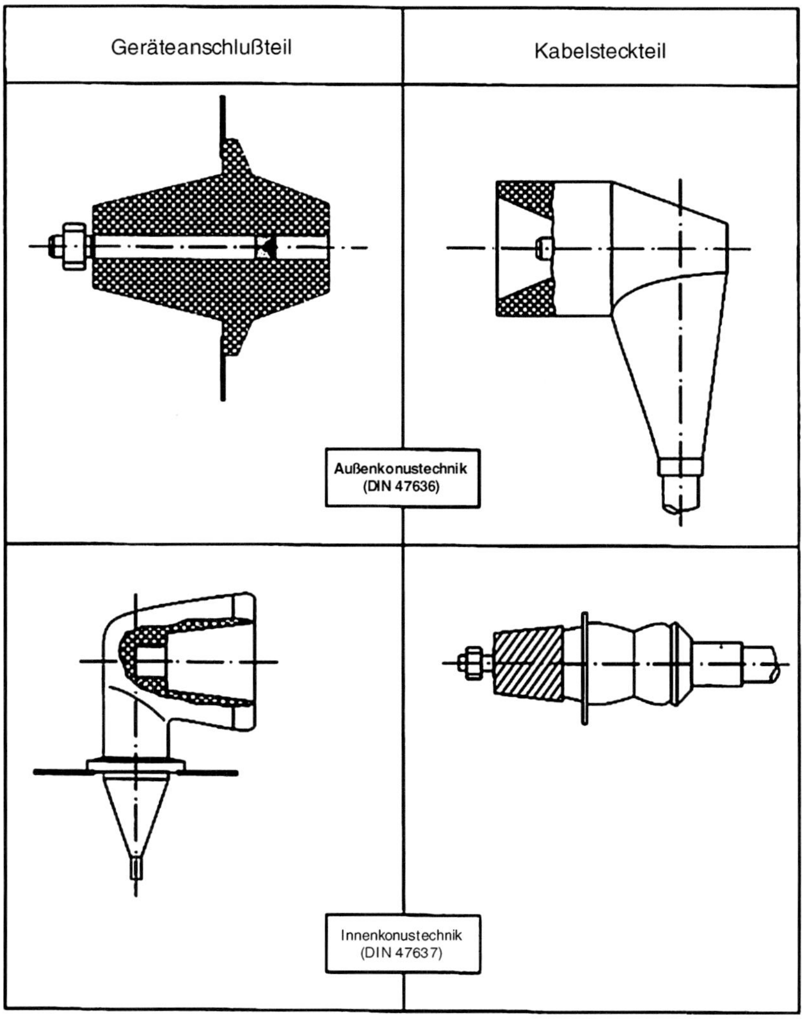


**Abb. 18.18** Gekapselte, steckbare Kabelanschlüsse

Außerdem sind Verbindungs-, Abzweig- und Übergangsmuffen mit steckbaren Kabelanschlüssen möglich (Abb. 18.18).

Zwei unterschiedliche Anschlusssysteme sind gebräuchlich: dass Innenkonus- und das Außenkonussystem. Der sog. Innenkonus ragt in das anzuschließende Betriebsmittel hinein, während der Außenkonus heraussteht.

## 18.3 Planung von Kabelanlagen

Eine gute Vorbereitung und umfassende Dokumentation der zu errichtenden Kabelanlage sind die Basis für einen sicheren Betrieb und für eine lange Lebensdauer. Die Planung von Kabelanlagen umfasst

- die Auswahl der Trasse,
- die Erstellung von Lageplänen mit Bestandsangaben,
- die Bestimmung der Kabelführung (Erdkanal- oder Rohrverlegung),
- die Auswahl und Dimensionierung der Kabel und Leitungen,
- die Berücksichtigung der Transport-, Verlege- und Montagebedingungen,
- die elektromagnetischen Beeinflussungen insbesondere bei Häufung und
- die Ab- und Inbetriebnahmeprüfungen.

### 18.3.1 Trassenplanung

Eine wichtige Voraussetzung für die Wirtschaftlichkeit einer Kabelanlage ist die Trassenauswahl. Mit einer sorgfältigen Planung der Kabeltrasse sind bei der Bauausführung sowie im anschließenden Betrieb und bei der Instandhaltung erhebliche Kostensenkungen erreichbar.

Kabeltrassen sind im größtmöglichen Abstand von den Gleisen, mindestens 0,5 m innerhalb der Bahngeländegrenzen, geradlinig und parallel zum Gleiskörper zu führen. Hochwassergefährdete Gebiete sind möglichst zu umgehen. Wasserläufe sollen auf vorhandenen Brücken überquert oder mit Rohrzügen unterfahren werden. Dabei sind die Rohre 1 m unter der Gewässersohle und 1–1,5 m über die Breite des Wasserlaufes hinaus zu verlegen und beidseitig mit Schächten abzuschließen.

Bei Wegunterführungen sind Kabel in Rohrzügen unter der Straße oder auf die Brücke zu verlegen.

Bei Wegüberführungen erfolgt die Kabelverlegung am Brückenfundament, vorzugsweise in einem Betontrog.

Kabeltrassen auf Brücken sind gemäß DB-Richtlinie 804 ff. zu planen. Kabel dürfen auf Betonbrücken ohne isolierende Zwischenlage verlegt werden. Auf Stahlbrücken oder auf metallenen Gitterrosten muss eine Isolierung vorgesehen werden. Auf Betonbrücken sollen Kabel vorzugsweise in Kabeltrögen an der Randkappe verlegt werden.

Kabel aus den Überbauenden bzw. aus den Widerlagern sind in den Gleis-, Randweg- und Geländebereich zu führen. Dabei ist ein Schutz gegen mechanische Einwirkungen vorzusehen.

Kreuzungen, Näherungen und Parallelführungen mit bahnfremden Kabeln sind gemäß Stromkreuzungsrichtlinie 878 ff. zu planen.

Starkstromkabeltrassen der DBAG sind gemäß DB-Richtlinie 954 ff. sowie 997 ff. zu planen. Starkstromkabel mit einer Nennspannung $\leq 1000\,\mathrm{V}$ sollten ohne besondere Vorkehrungen und Einschränkungen gemeinsam mit Fernmelde- und/oder Signalkabeln in Gräben, Schächten, Trögen (Kabelkanälen) und Rohrzügen verlegt werden (Abb. 18.19).

Gemäß DB-Richtlinie 800 ff. ist auf Neubaustrecken dafür ein nutzbarer Kabelbelegungsquerschnitt von mindestens $360\,\mathrm{cm}^2$ je Gleis einzuplanen.

Auch Rückstromkabel und Kompensationsleiter, die parallel zu den Fahrschienen geführt und mit diesen verbunden sind, können gemeinsam mit Fernmelde- und Signalkabeln verlegt werden.

Rückleiter zwischen Unterwerk und Fahrschienen sind wie Kabel mit Nennspannungen $\geq 1000\,\mathrm{V}$ zu behandeln.

Kabel mit Nennspannungen $> 1000\,\mathrm{V}$ dürfen gemeinsam mit Fernmelde- und Signalkabeln in Gräben oder Trögen verlegt werden, wenn ein mechanischer Schutz und ein Wärmeschutz nach DIN 57800/VDE 0800 T.1 vorhanden ist und ei-

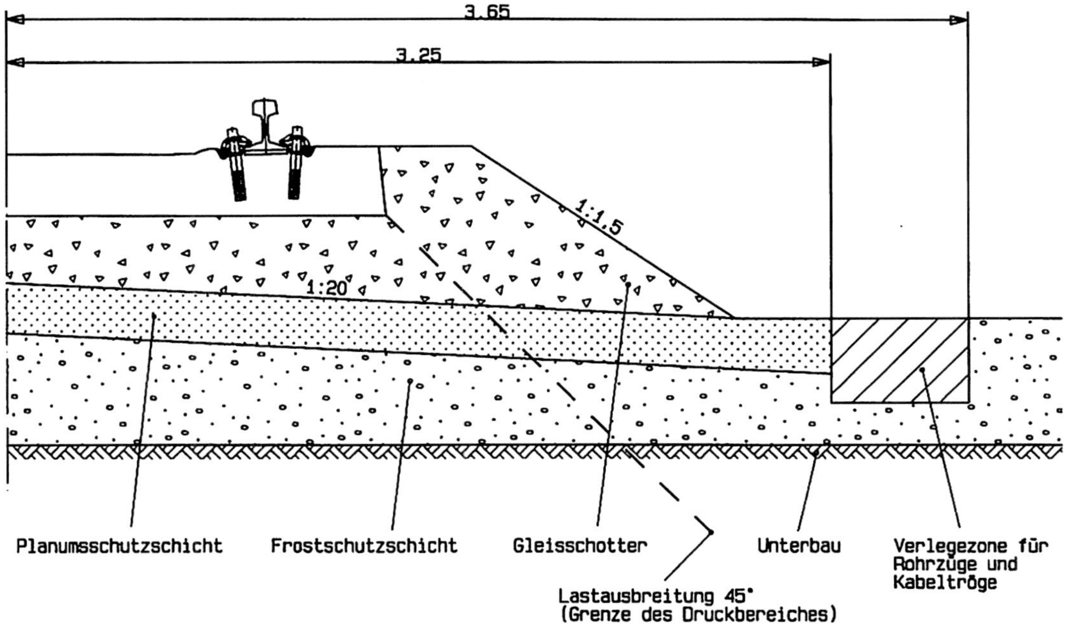


**Abb. 18.19** Verlegezone für Rohrzüge und Kabeltröge im Gleisbereich

ne unzulässige Beeinflussung ausgeschlossen ist. Sie dürfen nicht gemeinsam in denselben Schächten oder demselben Rohrzug verlegt werden.

Bei der gewählten Art einer gemeinsamen Verlegung von Energie- und Fernmelde- sowie Signalkabeln können im Besonderen Untersuchungen zur elektromagnetischen Verträglichkeit (EMV-Untersuchung) notwendig werden.

15.000-V-Einleiterkabel der Fahrstromversorgung dürfen grundsätzlich nicht gemeinsam mit Fernmelde- und Signalkabeln verlegt werden.

Kabeltrassen an Neubaustrecken sind gemäß DB-Richtlinien 800 ff. und 859 ff. zu planen.

Neubaustrecken sind beidseitig gleisbezogen zu verkabeln. Dazu sollen Trog- oder Rohrzugtrassen in den Rand- und Zwischenwegen außerhalb des Druckbereiches aus Eisenbahnverkehrslasten angeordnet werden.

Auf freier Strecke sind Kabeltrassen auf der Bahnseite zu planen, welche die meisten Einführungsstellen aufweist. An Oberleitungsmasten sind Kabel auf der Feldseite zu führen.

Bei Bahndämmen ist die Kabeltrasse am Dammfuß zu planen.

In Einschnitten ist die Kabeltrasse an der oberen Böschungskante zu führen. Die Trassenführung im Randweg stellt eine Ausnahme dar.

In Bahnhofsbereichen sind Kabeltrassen längs der Gleise und außerhalb der Oberleitungsmaste zu führen. Kabeltrassen quer zu den Gleisen müssen diese rechtwinkelig kreuzen. Weichen dürfen nicht unterkreuzt werden.

Kabeltrassen durch oder in der Nähe von Öllagerstätten nicht in Rohrzügen, Trögen oder Schächten planen, da die Gefahr der Gasansammlung und Verschleppung besteht.

Für die spätere Verlegung sind 2–5 % Zuschläge auf die gesamte Kabellänge für Biegeradien, Einführungen, Muffen und Endverschlüsse zu planen.

### 18.3.2 Typenauswahl und Dimensionierung

Die Auswahl des Kabels richtet sich nach Verwendungsbereich und Einsatzort. Der Verwendungsbereich bestimmt die funktionsbedingten

Beanspruchungen und der Einsatzort die Beanspruchungen durch äußere Einflüsse. Verwendungsbereiche sind:

- Energieerzeugung,
- Energieverteilung,
- Energienutzung (Stromversorgungs-, Anschluss, Installationskabel),
- Steuerung,
- Signalübertragung,
- Kommunikation.

Einsatzorte sind die Verlegung in:

- Erde (direkt oder im Rohr),
- Luft (im Freien oder im Innenraum, Tunneln, Trögen oder Schächten),
- Beton,
- Wasser.

Funktionsbedingte Beanspruchungen ergeben sich aus den Netzbedingungen Strom, Spannung und Frequenz mit ihren hauptsächlich thermischen, thermomechanischen, elektrischen und elektromagnetischen Auswirkungen.

Beanspruchungen durch äußere Einflüsse folgen aus Kräften durch Tiere, durch Chemikalien, durch Strahlung, durch die Witterung und durch Feuer.

Tab. 18.1 zeigt typische Beanspruchungen und Einflüsse im Bahnbereich sowie mögliche Maßnahmen durch eine geeignete Kabelauswahl.

Für die Dimensionierung von Energiekabeln müssen die Kabeleigenschaften auf die Anforderungen des Netzes und der Verbrauchsanlage sowie auf die Umgebungsbedingungen abgestimmt werden (Abb. 18.20).

Um die dauernd zulässige Betriebstemperatur nicht zu überschreiten und das Kabel vor frühzeitige Alterung und ggf. Zerstörung zu bewahren, wird die Belastbarkeit je nach Verlegungsart, Anordnung und Anzahl der Kabel in einer Trasse entsprechend reduziert.

**Tab. 18.1** Beanspruchungen und Einflüsse im Bahnbereich und mögliche Maßnahmen

| Beanspruchung durch | Auswirkung | Beanspruchung hauptsächlich bei | Maßnahmen entsprechend der Anforderungshöhe |
|---|---|---|---|
| Strom | Thermisch | Hoher Strombelastung und/oder Kabelhäufung | Leiterwerkstoff ändern, Kupfer statt Aluminium.<br>Leiterquerschnitt erhöhen.<br>Isolierwerkstoff ändern, VPE (90 °C) statt PVC (60 °C). Verlegung in Luft statt in Erde |
| | Thermomechanisch | Geschlossenen Räumen und im Freien | Geschlängelte Verlegung |
| | Dynamische Kräfte | Gebündelten Einleiterkabeln in Drehstromnetzen | Kurzschlussfeste Bündelung, Bandage der Kabeladern |
| | Teilentladungen | VPE isolierten Leitern | Festverbundene Leitschichten<br>sorgfältige Garniturenmontage |
| Spannung | Betriebsfeldstärken | Mittelspannungskabeln | Feldbegrenzung, Leiterglättung<br>Erhöhung der Isolierwanddicken |
| Frequenz | Veränderung der Belastbarkeit, Netzrückwirkungen | Stromrichteranlagen von Gleichstrombahnen, Oberwellen | Bedämpfungseinrichtungen<br>Symmetrie der Phasenlage bei der Verlegung von Einleiterkabeln oder im Aufbau von mehradrigen Kabeln |
| Zugkräfte | Dehnung der Aufbauelemente | Dem Einziehen von Kabeln in Rohrzüge, wenn z. B. die Richtungen in der Trasse häufig wechseln Flussverlegung | Gleitmittel verwenden Anzahl der Legerollen erhöhen, motorisch angetriebene Legerollen einsetzen. Einfache oder doppelte Drahtbewehrung bei mehradrigen Kabeln |
| Schlagkräfte | Verformung der Aufbauelemente | Häufigen Trassenarbeiten, z. B. mit Baggern und Schaufeln | PE- statt PVC-Mantel<br>Stahlbandbewehrung |
| Druckkräfte | Verformung der Aufbauelemente | Dem Anschellen der Kabel und groben Rückfüllgut | Gummi-Innenmantel zusätzliche Polster im Kabelaufbau |

**Tab. 18.1** (Fortsetzung)

| Beanspruchung durch | Auswirkung | Beanspruchung hauptsächlich bei | Maßnahmen entsprechend der Anforderungshöhe |
|---|---|---|---|
| Schleifen über Böden und Kanten | Abrieb des Außenmantels | Einziehen in Rohre<br>Ziehen über Schotter<br>Häufige Richtungswechsel in der Trasse | Ggf. verstärkter PE-Mantel<br>Lege- und Umlenkrollen |
| Vibrationen | Versprödung von Isolier- und Mantelmaterial | Schwingungen durch Zugverkehr<br>Verlegung auf Brücken | Mehr- oder feindrähtige Leiter |
| Nagetiere | Mantelschäden<br>Kabelzerstörung | Starken Aufkommen von Nagern | Abweisende Additive harter PE-Mantel<br>Polyamidüberzug<br>Geschlossene Metallbandbewehrung |
| Chemikalien Öle, Benzin, Säuren | Farbveränderung<br>Aufquellen und Zersetzung von Mantel- und Isoliermaterial | Verlegung in belasteten Böden oder Gleisbereichen | Ölbeständige PVC-Außenmantelmischung<br>PE-Mantel |
| Ultraviolettes Licht<br>UV-Strahlung | Versprödung von Kunststoffen<br>Ausbleichen der Mantelfarbe | Verlegung im Freien ohne Sonnenschutzabdeckung<br>Mastaufführungen<br>Anschlüssen | Rußgefüllte Kunststoffmantel<br>UV-Stabilisatoren<br>Schrumpfschläuche über die freiliegenden Adern |
| Feuchtigkeit<br>Wasser | Korrosion der metallenen Hüllen<br>Water Treeing | Verlegung in Wasser<br>Flusskreuzungen | Metallmantel<br>Schichtenmantel<br>PE-Mantel<br>Quer- und längswasserdichter Kabelaufbau |
| Feuer | Brandfortleitung<br>Zerstörung<br>Korrosive Gase<br>Rauchgasdichte | Verkehrsanlagen<br>Bahnhöfe<br>Tunnelanlagen | FR-PVC-Mantel<br>Flammwidriger Werkstoff, z. B. EVA<br>Isolations- und Funktionserhalt<br>Mineralische Trennschichten<br>Halogenfreier Werkstoff |

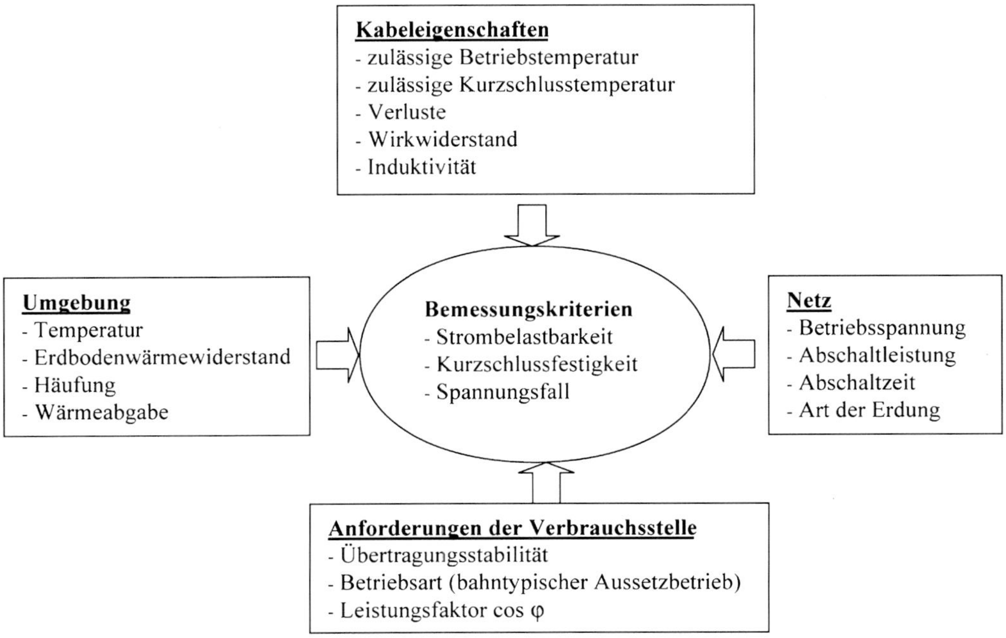


**Abb. 18.20** Kriterien zur Kabeldimensionierung

**Tab. 18.2** Reduktionsfaktoren bei Kabelhäufung in Erde, mit Sandbettung und Verlegung mit 7 cm Abstand, einlagig und nebeneinander

| Kabelanzahl | 1 | 2 | 3 | 4 | 5 | 6 | 7 | 8 | 9 | 10 |
|---|---|---|---|---|---|---|---|---|---|---|
| Reduktionsfaktor | 1 | 0,89 | 0,74 | 0,70 | 0,67 | 0,63 | 0,60 | 0,58 | 0,56 | 0,54 |
| Zul. Strombelastbarkeit [A] | 805 | 716 | 696 | 564 | 539 | 507 | 483 | 467 | 451 | 435 |

**Tab. 18.3** Reduktionsfaktoren bei Rohrhäufung im Abstand der gebräuchlichen Rohrabstandshalter, einlagig, nebeneinander und bei Verfüllung der Rohrzwischenräume mit Sand

| Kabelanzahl | 1 | 2 | 3 | 4 | 5 | 6 | 7 | 8 | 9 | 10 |
|---|---|---|---|---|---|---|---|---|---|---|
| Reduktionsfaktor | 0,95 | 0,84 | 0,69 | 0,65 | 0,62 | 0,58 | 0,55 | 0,53 | 0,51 | 0,49 |
| Zul. Strombelastbarkeit [A] | 765 | 676 | 556 | 523 | 499 | 467 | 443 | 427 | 411 | 594 |

So gelten z. B. im Ebs-Zeichnungsverzeichnis der DB, Zeichnung 3 Ebs 09.41.11 für Speisekabel N2XS 2Y 1 × 240 RM 50 oder 70 18/30 kV von Bahnstromsystemen, wegen des bahntypischen Aussetzbetriebes, die in Tab. 18.2 und 18.3 aufgeführten Reduktionsfaktoren.

Dabei darf lediglich ein Speisekabel in einem Rohr verlegt werden.

Berechnungsbeispiel für die zulässige Strombelastbarkeit eines 30-kV-Bahnstromkabels der S-Bahnstromversorgung Berlin vom Typ N2XS (F)2Y3 × 1 × 185 RM 35 bei Verlegung in erdverlegten Kunststoffschutzrohren und in bahnüblicher Anordnung:

$$\Im_z - \sqrt{\frac{\theta_{Lr} - \theta_E - \left[n \cdot \varpi \cdot C_b'\left(\frac{U_B}{\sqrt{3}}\right)^2 \tan\delta\right]\left\{T_{Kd}' + \eta_R\left[T_p' + \left(\frac{\rho_R}{2\pi} L_N \frac{1}{1-\frac{2\delta_R}{\mathrm{dr}}}\right) + T_x'\right] + \frac{\rho_x}{2\pi}\sum_4^N \delta_i\right\} + \left[\left(\frac{\rho_x}{\rho_E}\right) - 1\right]\Delta\vartheta_x}{n \cdot R_{wr}'\left\{T_{Ki}' + \eta_R\left[T_p + \left(\frac{\rho_R}{2\pi} L\eta \frac{1}{1-\frac{2\delta_R}{\mathrm{dr}}}\right) + T_{xy}'\right]\right\}}}$$

$\Im_z$: zul. Belastbarkeit $= 236\,\mathrm{A}$

$C_b$: Betriebskapazitätsbelag $= 0{,}205 \cdot 10^{-6}\,\frac{\mathrm{F}}{\mathrm{km}}$

$U_B$: Netzbetriebsspannung $= 30.000\,\mathrm{V}$

$\eta_R$: Anzahl der Kabel pro Rohr $= 3$

$n$: Anzahl der belasteten Leiter eines Kabels $= 1$

$T_x'$: fiktiver Erdbodenwiderstand $= 4{,}8\,\frac{\mathrm{K \cdot m}}{\mathrm{W}}$

$T_{xy}'$: Erdbodenwiderstand mit Belastungsgrad $= 3{,}4\,\frac{\mathrm{K \cdot m}}{\mathrm{W}}$

$D_R$: Außendurchmesser des Rohres

$T_p'$: Wärmewiderstand des Luftspaltes zwischen Kabel und Rohr $= 0{,}3\,\frac{\mathrm{K \cdot m}}{\mathrm{W}}$

$D_E$: Ersatzdurchmesser bei 3 Kabeln pro Rohr

$\theta_m$: mittlere Temperatur im Luftspalt

$T_R'$: Wärmewiderstand des Rohres $= 0{,}11\,\frac{\mathrm{K \cdot m}}{\mathrm{W}}$

$\rho_R$: spez. Wärmewiderstand des Rohrmaterials

$\delta_R$: Rohrdicke

$d_R$: Außendurchmesser des Schutzrohres $= 0{,}16\,\mathrm{m}$

$\tan\delta$: dielektrischer Verlustfaktor $= 0{,}65 \cdot 10^{-3}$

$\Delta T_{xy}'$: fiktiver Zusatzwärmewiderstand durch Kabelhäufung $= 4{,}2\,\frac{\mathrm{K \cdot m}}{\mathrm{W}}$ bei Lastwechsel

$\Delta T_x'$: fiktiver Zusatzwärmewiderstand durch Kabelhäufung $= 2{,}2\,\frac{\mathrm{K \cdot m}}{\mathrm{W}}$ bei Dauerbetrieb

$T_{Kd}'$: fiktiver Kabelwärmewiderstand unter Berücksichtigung der dielektrischen Verluste $= 0{,}56\,\frac{\mathrm{K \cdot m}}{\mathrm{W}}$

$T_{Ki}$: fiktiver Kabelwärmewiderstand unter Berücksichtigung der Stromwärmeverluste $= 0{,}52\,\frac{\mathrm{K \cdot m}}{\mathrm{W}}$

$P_d'$: dielektrische Verluste $= 12{,}6 \cdot 10^{-3}\,\frac{\mathrm{W}}{\mathrm{m}}$

$\theta_{Lr}$: zul. Leitertemperatur $= +90\,°\mathrm{C}$

$\theta_E$: Temperatur des Erdbodens bei unbelasteten Kabeln $= +20\,°\mathrm{C}$

$R_{wr}'$: Wirkwiderstandsbelag des Leiters $= 0{,}131 \cdot 10^{-3}\,\Omega/\mathrm{m}$

$\rho_x$: spezifischer Erdbodenwiderstand des Trockenbereiches $= 2{,}5\,\frac{\mathrm{k \cdot m}}{\mathrm{W}}$

$\rho_E$: spezifischer Erdbodenwiderstand des Feuchtbereiches $= 1{,}0\,\frac{\mathrm{k \cdot m}}{\mathrm{W}}$

$\theta_x'$: Erwärmung der Grenzisotherme $x$ bezogen auf die Erdbodentemperatur 15 K bei Dauerbetrieb bzw. 32 K bei Tageslastspiel $m = 1{,}0$ bzw. $m = 0{,}5$

Signal- und Nachrichtenkabel mit Kupfer- oder Aluminiumleitern werden insbesondere bei langer Parallelführung zu Fahrleitungsanlagen elektromagnetisch beeinflusst.

Daher sind gemäß DB-Richtlinie 892 ff bzw. 819 ff. Kabel entlang elektrifizierter Strecken mit einem Induktionsschutz durch entsprechende Schirme auszurüsten. Auch eine direkte Nebeneinanderlegung von Speise- und Rückleitungskabeln bei Gleichstrombahnen und die Installation von Kompensationsleitern wirken diesen Beeinflussungen entgegen.

Die induzierte Längsspannung darf z. B. bei Neuanlagen in Spurplantechnik für Langzeitbeeinflussung $\leq 250\,\text{V}$ und kurzzeitig $\leq 1500\,\text{V}$ betragen.

Bei der Dimensionierung von Signal- und Fernmeldekabeln sind ca. 1/4 der benötigten Adernpaare, jedoch nicht mehr als 20 Doppeladern, als Reserve einzuplanen.

### 18.3.3 Lagepläne

Lagepläne der Kabeltrassen sind nach 809 ff und in der Regel im Maßstab 1 : 1000 oder 1 : 500 zu erstellen.

Grundlage hierfür sind die Bestandspläne, wie Bahnhofs- bzw. Streckenpläne. Für Signalanlagen sind ein Signalkabellageplan und ein Signalkabelübersichtsplan für Gruppenkabel und für Kabelverteiler erforderlich.

Die Planungsunterlagen sollten

- die örtliche Lage mit vorhandenen Gleisen, Weichen und Wegen,
- vorhandene Brücken und Gebäude,
- Grenzsteine,
- vorhandene eigene Kabeltrassen,
- ggf. vorhandene fremde Kabeltrassen,
- projektierte eigene Kabeltrassen,
- ggf. projektierte fremde Kabeltrassen und
- projektierte Gebäude, Brücken und Wege

enthalten.

Die Aufnahme von Baulinien, Höhenpunkten und Höhenprofilen kann ebenfalls sinnvoll sein. Ein mit allen Baubeteiligten abgestimmter Termin- und Ablaufplan vervollständigt die Kabelprojektunterlagen.

### 18.3.4 Führung, Befestigung und Schutz

Bei der Planung von Kabelführungen müssen unbedingt die in Tab. 18.4 aufgeführten Mindestbiegeradien berücksichtigt werden.

Bei Erdverlegung erfolgt die Kabellegung direkt in einem ausgehobenen Kabelgraben oder in Rohrzügen. Kabelformsteine werden bei Neuanlagen nicht mehr eingesetzt.

Der Kabelgraben sollte mindestens 40 cm breit und so beschaffen sein, dass zwischen Oberkante (OK) Kabel bzw. Rohrzug und Geländeoberfläche $\geq 80\,\text{cm}$ Bodenüberdeckung zum Schutz der Kabeltrasse besteht. Bei schwierigem Baugrund wie Fels sind $\geq 40\,\text{cm}$ Überdeckung ausreichend, wenn die Kabeltrasse zusätzlich mit Abdeckhauben oder Platten mechanisch geschützt wird.

Die Verlegung erfolgt auf fester, glatter und steinfreier Grabensohle. Für die Kabelauflage wird eine min. 10 cm dicke Sandschicht (Korngröße höchstens 2 mm) eingebracht und nicht verdichtet (Abb. 18.21).

Ein mit bis zu 90 °C Dauerleitertemperatur betriebenes Energiekabel erzeugt durch Strom-

**Tab. 18.4** Mindestbiegeradien zur Planung von Kabelführungen

| Kunststoffisolierte Kabel | Mehr- und vieladrige Kabel | Einadrige Kabel |
|---|---|---|
| *Ohne Bleimantel und ohne Bewehrung* | | |
| Bis $U_o/U = 600/1000\,\text{V}$ | $12d$ | $15d$ |
| Über $U_o/U = 600/1000\,\text{V}$ | $15d$ | $15d$ |
| *Mit Bleimantel und/oder Bewehrung* | | |
| Bis $U_o/U = 600/1000\,\text{V}$ | $18d$ | $25d$ |
| Über $U_o/U = 600/1000\,\text{V}$ | $20d$ | $25d$ |

$d$ Außendurchmesser der Kabel

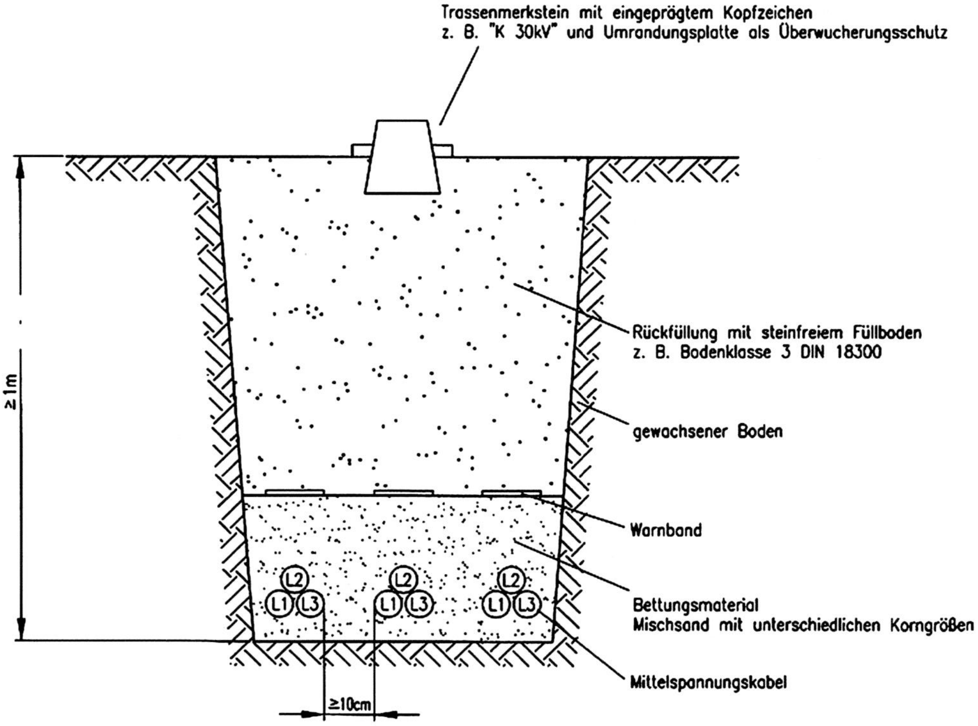


**Abb. 18.21** Bahntypischer Kabelgrabenquerschnitt

wärmeverluste ein stationäres Temperaturfeld (Abb. 18.22). Dadurch entsteht bei Erdverlegung ein Trockenbereich mit Grenzisothermen zum Feuchtbereich, der einen höheren spezifischen Erdbodenwiderstand aufweist. Die Isothermen verlaufen exzentrisch um das Kabel. Die Temperatur nimmt mit dem Abstand vom Kabel logarithmisch ab. Der spezifische Wärmewiderstand ist umso kleiner und damit die Wärmeleitung umso besser, je dichter der Erdboden gelagert ist. Wobei diese Dichte sowohl von einer optimalen Lagerung (mechanische Verdichtung) als auch von möglichst ungleichen Korngrößen abhängt. Außerdem ist die Wärmeleitung umso besser, je mehr Wasser die im Erdboden verbleibende Luft verdrängt. Daher sollte kein gewaschener Bausand mit gleichmäßiger Kornverteilung, sondern Füllmaterial mit ungleichen Korngrößen eingebracht werden (Abb. 18.23).

Mit dem Kabelpflug kann verlegt werden, wenn sich das Gelände und der Boden dafür eignen. Dabei sind die Kabelenden an Muffenpunkten überlappend zusammenzubinden, einzupflügen und oberirdisch zu kennzeichnen. Die Trasse ist nach der Kabellegung durch Walzen einzuebnen.

Für Rohrtrassen werden in der Regel 5–12 m lange Kunststoffrohre mit 110 mm Durchmesser und einer Wanddicke bei Erdverlegung von 6,3 mm verwendet. Bei der Verwendung von Hüllrohren kann die Wanddicke entsprechend vermindert werden. Dabei sollen min. 1/4 Reserverohre, jedoch wenigstens 1 Rohrzug und max. 10 Rohrzüge vorgesehen werden.

Kabel werden in Rohren

- unter Straßen, 1,0–1,5 m über die Weg-/Fahrbahnbreite hinaus, in min. 1 m Tiefe,
- unter Rohrleitungen,
- auf Brücken, wenn kein Kabeltrog möglich ist,
- im Bereich von Fundamenten,
- unter Gleisen, min. 1 m unter Schwellenoberkante und
- in befestigten Bahnsteigen

verlegt.

**Abb. 18.22** Stationäres Temperaturfeld um ein erdverlegtes Kabel

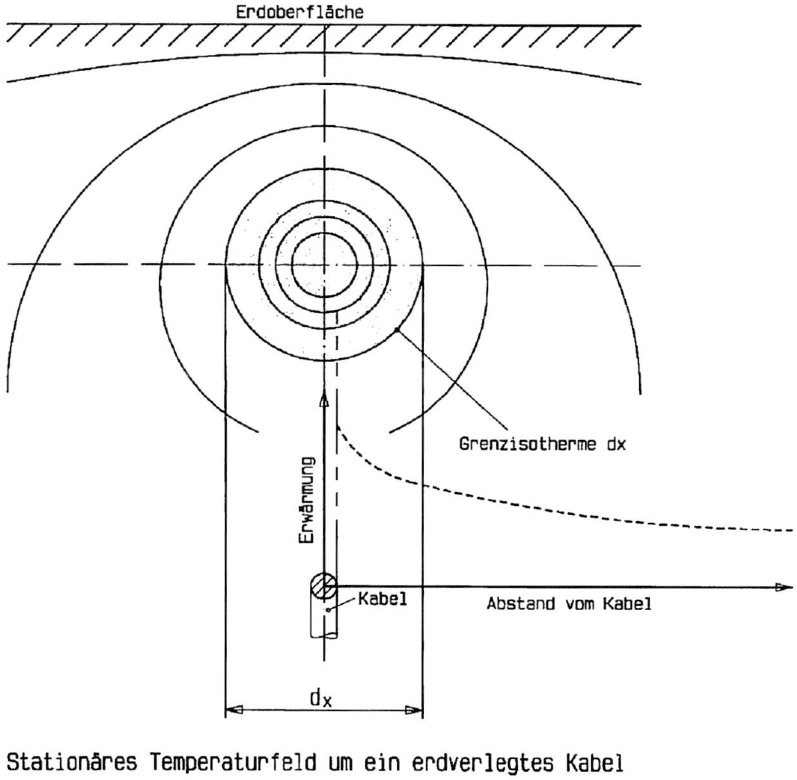


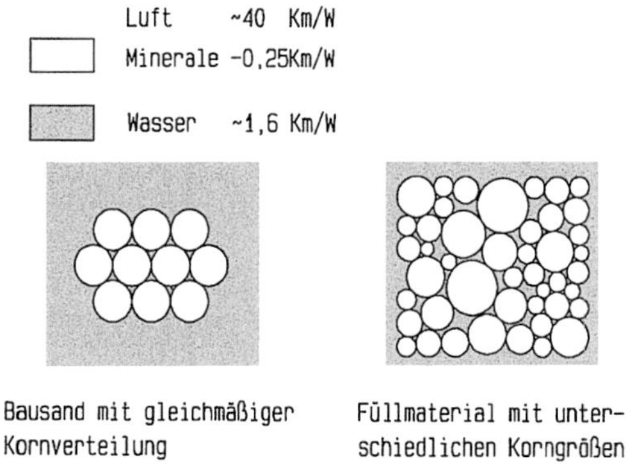


**Abb. 18.23** Füll- und Bettungsmaterial für erdverlegte Kabel

Auf der freien Strecke sind gemäß DB-Richtlinie 836 ff. für den Fernmelde- und Signaldienst sowie für den elektrotechnischen Dienst im Abstand von $\leq$ 600 m und an jedem Hauptsignal Rohrzüge mit 110 mm Außendurchmesser vorzusehen.

Wird die Kabelrohrtrasse im Randweg geführt, sind an den Abzweigpunkten der Querungen Verteilerschächte in einem Mindestabstand von 3,25 m zur Gleismitte vorzusehen. Zwischen Oberkante Randweg und Oberkante der oberen Rohrzuglage sind mindestens 30 cm Überdeckung einzuhalten.

Rohrzüge sind mit einem Gefälle von 1 % einzubauen, damit eindringendes Wasser nicht in den Rohren stehen bleibt. Mindestens alle 1,5 m sind Abstandshalter zu setzen. Die einzelnen Rohrlängen werden mit den angeformten Steckmuffen verbunden.

Erdverlegte Rohrzüge sollen auf eine 10–15 cm dicke und leicht verdichtete Sandschicht gelegt werden. Rohre dürfen nicht direkt übereinander eingebaut werden. Sie müssen einen Abstand zueinander aufweisen, der eine ausreichende Bodenverdichtung um das einzelne Rohr gewährleistet.

Trassen mit Rohren, die eine Wanddicke von $\geq$ 5,3 mm aufweisen, sind vor Herstellung des Schwerlast-Oberbaues zu kalibrieren.

Mehrere Kunststoffrohre können auch gemeinsam in einem Stahl- oder Stahlbetonhüllrohr

**Abb. 18.24** Betonkabelkanal-Trassen im Gleisbereich

geführt werden. Dabei ist eine Mindestüberdeckung des Hüllrohres von 1,5 m zu berücksichtigen.

Die Hohlräume in dem schützenden Hüllrohr sind mit einem geeigneten Dämmer zu verfüllen.

Einzelne Rohrzüge unter Bahnkörpern können auch mit einem hydraulischen Horizontalpressgerät oder mit einer Bodendurchschlagrakete hergestellt werden. Dabei wird das Erdreich durchbohrt bzw. verdrängt (verdichtet) und das Kunststoffrohr nachgezogen. Vor dem Einsatz derartiger Geräte sollte das Gelände hinsichtlich möglicher Blindgänger durch den zuständigen Kampfmittelräumdienst untersucht werden. Zwischen SOK und OK des Rohrzuges ist ein Abstand von min. 1,5 m einzuhalten. Der Mindestabstand zum nächsten Rohr beträgt 60 cm. Dabei sind maximal drei Rohre nebeneinander mit diesem Abstand einzubauen.

Oberirdische Schutzrohre oder Halbschalen sollten aus schwerentflammbarem Material bestehen.

Bei Gleichstrombahnen können Kabel mit Fehlerstellen im Mantel durch Streuströme beschädigt oder zerstört werden. Daher müssen Kabel mit metallenen Mänteln oder Bewehrungen in Rohrzügen oder Kabeltrögen aus Beton untergebracht werden (Abb. 18.24).

Kabeltröge (Betonkabelkanäle) sind auf tragfähigem Untergrund oder auf einer Kiessohle zu verlegen. Dabei müssen ein ungehinderter Oberflächenwasserablauf und eine uneingeschränkte Entwässerung des Bahnkörpers gewährleistet sein.

In Rand-, Zwischen- und Rangierwegen sind Kabelkanäle mit innenliegenden Deckeln einzubauen, da sie auch als Dienstweg und Aufstellplatz für das Instandhaltungspersonal dienen. In der Regel sind im Abstand von 25 bzw. 50 m Deckel mit Hebeösen vorzusehen.

Kabeltröge sind in der Neigung des Planums zu verlegen und müssen mit OK-Planum bzw. OK-Schwelle abschließen.

Die Abstände von Kabeltrögen zu den Gleisen betragen, abhängig von der zulässigen Streckenhöchstgeschwindigkeit und der Überhöhung, bei

- $V \leq 250\,\text{km/h}$: 3,25–3,65 m,
- $V \leq 200\,\text{km/h}$: 3,1–3,4 m und
- bei der S-Bahn: 2,9–3,2 m.

Zwischen Gleisen mit durchgehender Bettung darf der Abstand zwischen Gleismitte und der Vorderkante des Kabeltroges 2,20 m betragen.

Nebeneinander liegende Kabeltröge für Energiekabel unter und über 1000 V müssen jeweils eine eigene Trogabdeckung erhalten, auch dann, wenn sie in einem gemeinsamen Trog mit Trennsteg verlegt werden.

Bei schwierigen örtlichen Verhältnissen bietet sich für Signal-, Steuer- und Nachrichtenkabel mit kleinerem Außendurchmesser, aber auch für Energiekabel die Verwendung von aufgeständerten Kabelkanalanlagen an. Dabei kann

**Abb. 18.25** Aufgeständertes Kabelkanalsystem (Stelzentrog)

man auf unterschiedlichste Kanalmaterialien, wie glasfaserverstärktem Kunststoff oder Blech zurückgreifen. Das aufgeständerte Kabelkanalsystem besteht im Wesentlichen aus Kanälen von 4–8 m Länge, die auf 3–6 m auseinanderstehenden, in das Erdreich eingerammten Stützen montiert werden. Die Abdeckung erfolgt mit jeweils 2–3 m langen entsprechenden Deckeln. Zur Vermeidung von Schwitzwasser und eines Wärmestaus im geschlossenen Kabelkanal sind Boden und Wangen der Blechtröge gelocht. Im Blechtrog werden als isolierende Zwischenlage und zum Schutz der Kabel, z. B. gegen evtl. Böschungsbrände, Steinwollmatten eingelegt. Bei Neubau sind Blechtröge nicht mehr einzusetzen. Der Stelzentrog lässt sich auch bei steilen Böschungen im Bereich von Einschnittbahnen und zur Überbrückung von Hindernissen gut einsetzen. Die Halterungen lassen sich an Bauwerken leicht anpassen. Bei durchgehend metallen leitender Verbindung muss jedoch insbesondere bei Gleichstrombahnen darauf geachtet werden, dass der Stelzentrog keine parallele Rückleitung bildet. Dazu sind Isolierstücke in regelmäßigen Abständen vorzusehen und ist entsprechend der einschlägigen Bestimmungen in die Bahnerdung einzubeziehen. Aktuell werden bei Baumaßnahmen bei schwierigem Gelände i. d. R. glasfaserverstärkte aufgeständerte Kabelkanalsysteme eingesetzt (Abb. 18.25).

Der Einsatz von glasfaserverstärkten Kabelkanalanlagen in Tunneln ist nicht zulässig.

Bei der Errichtung von Fundamenten und Mauern dürfen Kabel nicht eingemauert oder einbetoniert werden. Hier sind teilbare Kunststoffrohre zum Schutz der Kabel zu verwenden.

Kabelschächte sind lt. DB-Richtlinie 859 ff. vorzusehen:

- bei Einführungen von Kabeltrassen in Gebäuden, wenn mehrere Kabel aus verschiedenen Richtungen eingeführt werden müssen,
- am Anfang und Ende von Rohrzug- und Trogtrassen,
- in der Rohrzug- oder Trogtrasse zur Aufnahme von Muffen und
- an Winkelpunkten.

Kabelschächte sind aus Mauerwerk, Ortbeton oder vorzugsweise aus typgeprüften Betonfertigteilen (Segmentschächte) herzustellen. Ihre Mindesttiefe sollte 1,8 m betragen, wenn sie nicht kleiner als 65 cm × 65 cm sind.

Schächte im Allgemeinen und für große Muffen, z. B. Übergangsmuffen von papierisolierten auf kunststoffisolierten Kabeln, müssen im moorigen Gelände oder bei hohem Grundwasserstand bzw. Schichtenwasser wasserdicht sein (Topfschächte) und mit einem Pumpensumpf ausgestattet sein. Hier sind einmündende Rohrzüge abzudichten.

Aussagen zu wassertragenden Schichten sind dem Baugrundgutachten zu entnehmen.

Schachtlose Übergänge von Rohrzügen in den Boden sind nur einlagig herzustellen.

Der Blitzschutz ist für Kabelanlagen im Umkreis von 30 m zum Gleiskörper gegeben. Bei weiter entfernten Kabeltrassen kann ein zusätzlicher Schirmleiter erforderlich werden.

Gemäß DB-Richtlinie 853 ff. sind in eingleisigen Tunneln einseitige Kabeltrassen und bei zweigleisigen Tunneln Kabeltrassen auf beiden Seiten vorzusehen.

Sie sind als Trogtrassen im Abstand von mindestens 2,20 m von Gleismitte anzuordnen. Die Oberkante der Kabeltröge soll auf Höhe SO liegen.

Die lichte Weite der Tröge soll 35 cm und ihre lichte Höhe 40 cm betragen.

Niederspannungskabel und Energiekabel > 1000 V müssen grundsätzlich in einem eigenen Trog verlegt werden.

Bei beengten Verhältnissen dürfen diese Kabel jedoch ausnahmsweise auch zusammen in einem Trog geführt werden.

Rückstromkabel und Kompensationsleiter sind von den übrigen Kabeln zu trennen.

In den Tunneln und Notausgängen dürfen nur nichtbrennbare Stoffe nach DIN 4102-1 ff verwendet werden. Elektro- und nachrichtentechnische Einrichtungen und Rohre für Kabelquerungen unter dem Gleisschotter brauchen diese Forderung nicht zu erfüllen.

Kabel sollen, soweit möglich, geschützt verlegt werden.

Auf Tunnelstrecken ist auch eine Kabelführung aus Ankerschienen in einem Abstand von ca. 70 cm an den Tunnelwänden möglich. Die Kabel können wahlweise mit gebräuchlichen Kabelschellen oder in Kabeltragwannen, die an die Ankerschienen montiert sind, geführt werden.

Bei einem Einsatz von Kabeltragwannen sollten die Kabel alle 10 m angeschellt werden. Kabelschellen dürfen die Kabel weder beschädigen noch in ihrer Funktion beeinträchtigen. Bei Kabeln mit Kunststoffaußenmantel wird die Verwendung einer Druck- und Gegenwanne pro Kabelschelle empfohlen. Mit diesen Schellenteilen wird eine Beschädigung der Kabel durch zu hohen Druck und eine zu große Belastung an den Kanten der Schellen verhindert. Der Durchmesser des anzuschellenden Kabels muss innerhalb des Spannbereiches der Schelle liegen.

Kabelschellen aus magnetischem Material, wie z. B. verzinktem Stahl, verursachen um ein Einleiterkabel im Wechselstrombetrieb montiert, starke Wirbelstromverluste, da ein geschlossener Eisenkreis entsteht. In diesen Fällen müssen Kabelschellen aus Aluminium oder Edelstahl verwendet werden, die auch aggressiven Umgebungseinflüssen widerstehen.

Kabelschellen und Bandagen (Bündelbänder) müssen den im Betrieb auftretenden Kräften standhalten. Daher ist eine rechnerische Überprüfung zur Festlegung der in Frage kommenden Kabelschellen- bzw. Bündelbandtypen zu empfehlen.

Im nachfolgenden Beispiel wird die Kraftwirkung auf die Befestigung eines typischen Bahnstromkabels in einem Drehstromsystem ermittelt.

Kabeltyp: N2XS (F) 3 × 1 × 185 RM35 17/30 kV

$$I_K'' \approx I_a = \frac{S_a}{\sqrt{3} \cdot U_B}$$

Außendurchmesser ca. 48 mm

$F_B'$: Bandagenkraftwirkung [N/m]

$I_K'' = \frac{750 \cdot 10^6\ \mathrm{V \cdot A}}{\sqrt{3} \cdot 30 \cdot 10^3\ \mathrm{V}}$

$F_s$: Stromkraftbelag zweier paralleler Leiter

$I_K'' = 14.434\ \mathrm{A}$

$\beta$: Faktor für die mechanische Beanspruchung der Umhüllung bei Kurzschluss

einpoliger Kurzschluss:

$I_s = \sqrt{2} \cdot \kappa \cdot I_K''$

$\kappa$: Stoßfaktor

$I_s = \sqrt{2} \cdot 1{,}8 \cdot 14.434\ \mathrm{A}$

$a$: Leiterachsabstand [m]

$I_s = 26.743\ \mathrm{A}$

$\frac{\mu_o}{2\pi}$: spez. Permeabilität

$F_s' = \frac{\mu_o}{2\pi} \frac{I_s^2}{a}$

$I_s$: Stoßkurzschlussstrom Scheitelwert [A]

$F_s' = 0{,}2 \cdot 10^{-6}\ \frac{\mathrm{H}}{\mathrm{m}} \cdot \frac{(36.743\ \mathrm{A})^2}{49 \cdot 10^{-3}\ \mathrm{m}}$

**Abb. 18.26** Provisorische Kabelführung bei Brückeninstandsetzungen

$I_K''$: Anfangskurzschlusswechselstrom [A]

$F_s' = 5510\,\frac{\mathrm{N}}{\mathrm{m}}$

zweipoliger Kurzschluss:

$F_B' = \beta \cdot F_s'$

$I_a$: Ausschaltwechselstrom [A]

$F_B' = \frac{1}{2} \cdot 5510\,\frac{\mathrm{N}}{\mathrm{m}}$

$S_a$: Nenn-Ausschaltleistung [V · A]

$F_B' = 2755\,\frac{\mathrm{N}}{\mathrm{m}}$

$U_B$: Betriebsspannung [V]

dreipoliger Kurzschluss:

$F_B' = \beta \cdot F_s' \cdot \frac{\sqrt{3}}{2}$

$F_B' = 2386\,\frac{\mathrm{N}}{\mathrm{m}}$

Handelsübliche Kabelschellen und Bündelbänder sind für folgende Beanspruchungen ausgelegt:

| | |
|---|---|
| Kunststoffbänder | 0,6 kN |
| Verstärkte Bänder | 0,85 kN |
| Standard-Bandschellen | 14,2 kN |
| Verstärkte Bandschellen | 29,6 kN |
| Kurzschlussfeste Bügelschellen | 12 kN |

Demnach sollten die drei Einleiterkabel des Berechnungsbeispiels mit mehreren Lagen Kunststoffband im Abstand von ca. 50 cm oder mit einer der vorgenannten Kabelschellen gebündelt bzw. befestigt werden.

Vor und hinter den Tunnelbahnhöfen besteht die Möglichkeit, die Kabeltrasse von der Tunnelwand über einen Deckenübergang mit Ankerschienen im Abstand von ca. 50 cm zur Kabelführung unter den Bahnsteig zu überführen. Hier sind die Kabel an jeder Ankerschiene anzuschellen.

Unter hohlen Bahnsteigen können die Kabel vorzugsweise in Kabelrinnen oder auf Kabelbahnen übersichtlich und gut zugänglich verlegt werden.

Zur Überbrückung von Hindernissen und größeren Höhenunterschieden stehen Kabelleiterkonstruktionen mit Ankerschienen zur Verfügung.

Zur Verringerung der ständigen elektromagnetischen Beeinflussung ist es sinnvoll, die eine Tunnelwand nur mit Energiekabeln und die andere Wand mit Fernmelde-, Signal- und Steuerkabeln zu belegen.

Als Berührungsschutz sollte ein durchgängiges und fernüberwachtes Tunnelerdsystem errichtet werden.

Bei Umbaumaßnahmen und Grundinstandsetzungsprojekten werden oft individuelle Sonderkonstruktionen erforderlich, s. Abb. 18.26.

## 18.4 Legung und Montage

Eine systematische Vorbereitung der Kabellegung, der Einsatz von modernen Verlegesystemen, eine sorgfältige Garniturenmontage sowie abschließende Prüfungen sind Garanten für eine instandhaltungsarme und langlebige Kabelanlage.

Die Schlussvermessung und Dokumentation der Kabeltrasse bildet die Grundlage für die späteren Wartungspläne und ist sehr wichtig für eine ggf. erforderlich werdende Fehlerortung. Außerdem versetzt es den Anlagenbetreiber in die Lage, jederzeit Auskunft über die Kabellage geben zu können, was insbesondere für spätere Baumaßnahmen im Bereich der Kabeltrasse unabdingbar ist.

**Abb. 18.27** Kabelabzug von der Spule

### 18.4.1 Auslegen und Kennzeichnen

Das zu verlegende Kabel wird i. d. R. auf Holzspulen angeliefert. Da die Kabelspulen mehrfach verwendet werden können, hat sich in Deutschland das Pfandsystem der Kabeltrommelgesellschaft (KTG) durchgesetzt. Ist der Rücktransport der leeren Spule nicht wirtschaftlich, z. B., weil längere Kabelreste zwischengelagert werden sollen, kommen Einwegspulen oder sog. Verkaufsspulen zum Einsatz.

Kürzere Kabellängen mit einem Gewicht bis etwa 80 kg können problemlos in Ringen transportiert werden, sollten jedoch gegen Transportschäden durch Umwickeln mit Krepppapier geschützt werden.

Wichtig ist eine dichte Verkappung der Kabelenden, vorzugsweise mit Schrumpfendkappen. Die Lieferlänge und Spulengröße wird nicht nur durch den Kabeltyp und die benötigten Teillängen bestimmt, sondern auch durch:

- die Transportmittel und deren max. Achslast,
- die Transportwege bezüglich Durchfahrtshöhe, -breite,
- die Transportvorschriften,
- den Lagerplatz (Tragfähigkeit),
- den verfügbaren Montageraum, insbesondere auf Tunnelstrecken und
- die Entlademöglichkeiten, z. B. mit einem Kran.

Je nach Durchmesser und Gewicht des Kabels werden Längen bis zu 2500 m auf einer Spule versandt, die damit durchaus einen Scheibendurchmesser von 2,56 m und ein Gesamtgewicht von 7 t haben kann.

Zum Transport auf der Baustelle ist es zweckmäßig, einen Kabellegewagen mit Auf- und Abladevorrichtung zu verwenden. Wenn dieses Spezialfahrzeug mit einem Wellenlager für Kabeltrommeln ausgestattet ist, kann das Kabel direkt vom Wagen abgezogen oder bei langsamer Fahrt in den vorbereiteten Gräben oder Trögen ausgelegt werden.

Ist das nicht möglich, sind die Spulen möglichst dort abzuladen, wo die Kabel abgezogen werden sollen (Abb. 18.27).

Werden die Spulen von Hand bewegt, gibt der Rollrichtungspfeil auf dem Spulenflansch die Drehrichtung der Spule beim Rollen an. Wird die Spule entgegengesetzt gerollt, lösen sich die Kabellagen, was ein einwandfreies Abrollen des Kabels unmöglich macht.

Das Kabel ist grundsätzlich von oben von der Spule abzuziehen. Hierbei ist die Spule so

**Tab. 18.5** Zu erwartende Zugkräfte auf horizontalen Strecken

| Art der Trasse | Zugkraft in % des Gewichts der einzuziehenden Kabellänge |
|---|---|
| Ohne größere Krümmungen | 15–20 % |
| Mit 2 Richtungsänderungen | 20–40 % |
| Mit 3 Richtungsänderungen | 40–60 % |

**Tab. 18.6** Zulässige Zugbeanspruchung für die Verlegung von kunststoffisolierten Kabeln

| Kraftübertragung | Kabeltyp | Faktor | Zugkraft |
|---|---|---|---|
| Mit Ziehkopf an den Leitern | Alle Typen | $\sigma_{Cu} = 50$ $\sigma_{Al} = 30$ | $P = \sigma \cdot A$ |
| Mit Ziehstrumpf | Kabel ohne Metallmantel und ohne zugfeste Bewehrung | $\sigma_{Cu} = 50$ $\sigma_{Al} = 30$ | $P = \sigma \cdot A$ |
| | Alle stahldrahtbewehrten Kabel | $K = 9$ | $P = K \cdot d^2$ |
| | Kabel mit Metallmantel und ohne zugfeste Bewehrung | $K = 3$ | $P = K \cdot d^2$ |
| | Kabel mit gemeinsamem Metallmantel | $K = 3$ | $P = K \cdot d^2$ |

$P$ = Zugkraft in N
$\sigma$ = zul. Zugspannung in $N/mm^2$
$A$ = Summe der Leiterquerschnitte ohne Berücksichtigung des Schirms
$K$ = empirisch ermittelter Faktor in $N/mm^2$
$d$ = Kabeldurchmesser in mm

aufzustellen, dass der Rollrichtungspfeil entgegengesetzt zur Abzugsrichtung zeigt.

Das Kabel kann per Hand oder mit einer Motorwinde abgetrommelt werden. Dabei muss die sich langsam drehende Spule jederzeit abbremsbar sein. Das kann z. B. mit einer unter eine Spulenscheibe zu schiebenden Holzbohle erfolgen. In diesem Fall wird die Spule mit Winden oder bei schweren Spulen mit hydraulischen Böcken so hoch aufgebockt, dass sich die Bohle nicht verklemmen kann.

Beim Einsatz einer motorischen Winde wird die Zugkraft mit speziellen Ziehstrümpfen oder über einen mit den Leitern verbundenen Ziehkopf auf das Kabel übertragen.

Das Kabel ist beim Abspulen und beim Auslegen auf äußere Beschädigungen hin zu untersuchen. Da die Kabel häufig von Arbeitskräften ohne besondere Ausbildung verlegt werden, ist vorher ausdrücklich auf das hochwertige Material hinzuweisen, damit das Kabel mit der gebotenen Sorgfalt behandelt wird.

Um sicherzustellen, dass die Kabel beim Abziehen mit einer Winde nicht über die zulässigen Zugkräfte beansprucht werden, sind folgende Maßnahmen erforderlich:

- Die Zugkraft ist kontinuierlich zu steigern, es darf keine Rück- oder Stoßbelastung auftreten.
- Die Kontrolle der Zugkraft erfolgt ständig mittels eines Zugkraftdynamometers.
- Ein Messschreiber dokumentiert die Einhaltung der Grenzwerte. Der Messschrieb wird später zur Verlegedokumentation genommen.
- Besondere Sorgfalt ist an den Krümmungen der Trassen erforderlich. Hier sind Windenseil und Kabel unbedingt über Legerollen (Trag- und Eckrollen) zu führen.

Auf horizontalen Strecken und bei gut ausgebauten Kabelgräben mit leichtlaufenden Trag- und Führungsrollen, die grundsätzlich in Abständen von 3–4 m angeordnet werden, sind die in Tab. 18.5 errechneten Zugkräfte zu erwarten.

Die zulässige Zugbeanspruchung für die Verlegung von kunststoffisolierten Kabeln ist in Tab. 18.6 angegeben.

Bei der Kabellegung ist unbedingt auf die Einhaltung der unter Abschn. 18.3.4 genannten zulässigen Biegeradien zu achten.

Bei der Kabelverlegung sind folgende Mindest- bzw. Höchsttemperaturen zu beachten:

- kunststoffisolierte Kabel mit PVC- oder EVA-Außenmantel: −5. . . + 50 °C,
- einadrige VPE-isolierte Kabel mit PE-Außenmantel: −20. . . + 50 °C,
- Kabel mit Koaxialpaaren: −10. . . + 50 °C.

Diese Mindesttemperaturen gelten für das Kabel selbst und nicht für die Umgebung.

Bei niedrigen Temperaturen muss das zu verlegende Kabel bis zum Spulenkern gut durchgewärmt werden. Dies kann durch eine Zwischenlagerung in einem warmen Raum oder mit einer speziellen Trommelhülle und einem Gebläse erfolgen. Während des Transports ist das durchgewärmte Kabel vor Auskühlung zu schützen.

Werden die vorgenannten Mindesttemperaturen unterschritten, können die Aufbauelemente des Kabels irreparabel beschädigt werden.

Bei Häufungen von Energiekabeln oder Annäherung an Wärmequellen, wie Fernwärmeleitungen, sind mit Rücksicht auf die Belastbarkeit der Kabel und die Austrocknung des umgebenden Erdreiches entsprechend größere Abstände der Kabelsysteme untereinander erforderlich. Die Belastung darf nicht zu einer Überschreitung der zulässigen Betriebstemperatur an den Leitern führen.

Rohrzüge und Schächte sind vor dem Einziehen von Schlamm, Wasser und anderen Fremdkörpern zu reinigen.

Beim Einziehen von Kabeln mittels Ziehstrumpf ist dafür zu sorgen, dass ein guter Kraftschluss zwischen Leitern und Mantel besteht, damit die Zugkräfte vom Kabel aufgenommen werden.

Zur Verminderung der Reibung sind beim Einziehen in Rohrzüge Gleitmittel, wie spezielles Kabelfett oder Talkum, zu verwenden. Belegte Rohrzüge sind abzudichten. Bei Legungen im Kabelgraben sollten die Kabel gemäß Abb. 18.21 angeordnet werden.

Kabel können auch neben dem Graben oder Trog ausgelegt und dann eingehoben werden. Dabei dürfen die Kabel nicht über Kanten oder spitze Gegenstände (Schotter o. ä.) gezogen werden. Kabel dürfen im Graben nur mit einem entsprechenden Abstand übereinander liegen und müssen mit Sand einer Korngröße bis 2 mm abgedeckt werden. Der steinfreie Füllboden mit möglichst ungleichen Korngrößen ist lagenweise zu verdichten.

In Kabeltrögen dürfen die Kabel wegen der temperaturabhängigen Längenänderung nicht straff verlegt werden.

Die Abstände zwischen den im Trog liegenden Kabeln sollen etwa gleich dem Kabeldurchmesser sein. Eine Anordnung der Kabel direkt nebeneinander und übereinander führt zu einer Belastbarkeitsreduzierung durch die Kabelhäufung bzw. durch die damit verbundene Erwärmung.

An den Übergängen von Erd- auf Luft- oder Trog- auf Rohrverlegung sind die Kabel vor Beschädigung durch Scheuern oder Kantendruck zu schützen. Das kann durch Polster aus dauerelastischer Silikonmasse oder durch Sandaufschüttungen erreicht werden.

Werden bei der Verlegung von einadrigen Kabeln die einzelnen Längen nacheinander ausgelegt, ist darauf zu achten, dass die bereits ausgelegten Kabel nicht durch Scheuer- oder Schleifbewegungen des folgenden Kabels beschädigt werden. Dies gilt vor allem bei Unterquerungen in Rohren. In diesen Fällen ist daher für jedes Einleiterkabel ein Rohr vorzusehen. Diese dürfen jedoch nicht aus magnetischem Material (z. B. Stahlrohre) bestehen.

Wenn die Einleiterkabel nach dem Auslegen im Graben oder im Trog im Dreieck gebündelt werden sollen, stehen dafür geeignete unmagnetische Abstandhalter zur Verfügung. Auch das Bündeln mit speziellen, ggf. glasfaserverstärkten Kunststoffbändern ist üblich.

Zur eindeutigen Identifizierung der einzelnen Kabel ist die Kennzeichnung mit Kabelschildern aus geprägtem oder gelochtem und beständigem Kunststoffmaterial unerlässlich. Die Ordnungskennung legt der jeweilige Betreiber fest. Dabei können Buchstaben, z. B.

F: Fernmeldekabel,
S: Signalkabel,
B: Bahnenergiekabel,
RL: Rückleitungskabel

und ein Nummernschlüssel, der auch im Kabellageplan eingetragen wird, hilfreich sein.

Rückstromkabel und Kompensationsleiter sind grundsätzlich, insbesondere bei der gemeinsamen Verlegung mit anderen Kabeln, lt. DB-Richtlinie 944 ff. und 998 ff. zu kennzeichnen.

Es ist sinnvoll, die Kabelschilder mindestens

- in Höhe der Hektometerzeichen der Streckenkilometrierung,
- im Bereich von Muffen und Endverschlüssen,
- in Schächten,
- vor und hinter Durchführungen,
- am Übergang von Erd- zu Luftverlegung sowie
- von Trog- zu Rohrverlegung usw.

an den Kabeln bzw. Kabelsystemen anzubringen. Auch in den DB-Richtlinien sind nähere Angaben zu entnehmen.

In Trögen ist ein geringerer Bezeichnungsabstand empfehlenswert und die Positionierung unter Deckeln mit Hebeösen der Tröge sinnvoll.

Bei Erdverlegung ist 30–40 cm über den Kabeln, in der Trassenmitte, ein Kunststoffwarnband mit dem vom Betreiber vorgegebenen Aufdruck, z. B. „Bahnkabel", auszulegen. Nach Betreibervorgaben kann die Verlegung von Kabelabdeckhauben aus Kunststoff zusätzlich 10 cm über jeder Systemtrasse zum Einsatz kommen.

Nach der Füllbodenverdichtung wird die unterirdische Kabeltrasse durch Merksteine aus Beton oder Granit gekennzeichnet, die mit einem eingeprägten Kopfzeichen *K* für Kabel und *M* für Muffenpunkt (andere Kopfzeichen sind vom Betreiber vorzugeben) versehen sind. Diese Merksteine sind mit einer Umrandungsplatte zum Schutz vor Überwucherung auf der freien Strecke in Höhe der Hektometerzeichen und in Bahnhofsbereichen im Abstand von 25 bis 50 m zu setzen, wobei der senkrechte Strich im Kopfzeichen (oder andere Vorgaben des Betreibers) parallel zur Kabeltrasse ausgerichtet wird. An den Winkelpunkten (Richtungsänderungen) der Kabeltrasse sind ebenfalls Merksteine zu setzen.

## 18.4.2 Garniturenmontage

Muffen sind vorzugsweise in Kabelschächten und bei Trogtrassen in Muffenbausätzen (Betonfertigteilen) unterzubringen.

An den Muffenstellen müssen sich die Kabelenden um mindestens eine halbe Muffenlänge überlappen.

Bei Erdverlegung ist der Kabelgraben an den Muffenstellen entsprechend aufzuweiten und nach den in der jeweiligen Montageanleitung angegebenen Muffenabmessungen anzupassen. Um die Kabel ausreichend absetzen und anschließend die Muffe gut montieren zu können, wird insbesondere bei Übergangsmuffen eine Muffengrube von ca. 3 m Länge und 1,5 m Breite erforderlich. Die Muffenmontage setzt weitestgehend trockene Umgebungsverhältnisse voraus. Daher ist bei widrigen Witterungsverhältnissen die Aufstellung eines Montagezeltes über den Muffenpunkt unerlässlich.

Vor dem Endverschluss darf der Biegeradius nach Abschn. 18.3.4 auf bis zu 50 % verringert werden, wenn das Kabel vorher auf 30 °C erwärmt wurde und über eine Schablone gebogen wird.

Für kunststoffisolierte Niederspannungskabel sind in trockenen Innenräumen keine Endverschlüsse erforderlich. Daher ist die anschlussfertige Zubereitung der Kabelenden einfach. Der Kunststoffaußenmantel wird vorzugsweise mit einer Mantelschneidezange abgesetzt. Durch einen Längs- und einen Rundschnitt wird der Außenmantel bis auf den Innenmantel bzw. die Bandumwicklung aufgetrennt.

Dabei ist zu beachten, dass die Aderisolierung nicht angeschnitten wird. Der Kabelmantel lässt sich dann leicht entfernen. Sind die Adern von Kabeln mit VPE-Isolierung der Sonneneinstrahlung ausgesetzt, so ist die Leiterisolation mit übergeschobenen Schrumpfschläuchen zu schützen.

Im Außengelände erhalten die kunststoffisolierten Kabel einen Endverschluss, der vorzugsweise aus einer entsprechenden Schrumpfkappe besteht.

Die Enden von Mittelspannungskabeln müssen gegen das Eindringen von Feuchtigkeit geschützt werden. Dafür stehen feldsteuernde Aufschiebeendverschlüsse aus Silikon und Aufteilungskappen aus mit Heißkleber beschichtetem Schrumpfmaterial, wie unter Abschn. 18.2 beschrieben, zur Verfügung.

### 18.4.3 Ab- und Inbetriebnahmeprüfungen

Aufgrund der hohen Anforderungen an die Zuverlässigkeit und Lebensdauer von Kabelanlagen haben Messungen und Prüfungen eine große Bedeutung für die Beurteilung der Funktionsfähigkeit und der Betriebssicherheit.

Ziel der Prüfung an neuen Kabelanlagen ist es, unmittelbar nach dem Auslegen Kabelfehler oder Fehler bei der Garniturenmontage festzustellen. Häufige Fehlerursachen zeigt Tab. 18.7.

Um Schwach- und Fehlerstellen zu ermitteln, werden die Kabel mit einer Prüfspannung beaufschlagt, die zwei bis dreimal so hoch ist, wie die Betriebsspannung der Kabelanlage. Dafür kommt eine Gleichspannung, eine netzfrequente Wechselspannung mit 45–65 Hz oder eine VLF-Wechselspannung mit 0,1 Hz in Frage.

Am weitesten verbreitet ist die Gleichspannungsprüfung, da die erforderliche Ladeleistung gering ist. Die Spannungsquellen können damit klein und leicht gebaut werden und einfach an die zu messenden Endpunkte der Kabelanlage transportiert werden. Die Prüfpegel müssen allerdings wegen der fehlenden Polaritätswechsel der Prüfspannung deutlich höher gewählt werden als für eine netzfrequente Wechselspannung. Die dadurch entstehenden hohen Raumladungen können die Kabel, insbesondere bei häufigen Wiederholungsprüfungen, nachhaltig schädigen.

Die langjährige Praxis hat jedoch gezeigt, dass mit Wechselspannungsprüfungen Kabelfehler sicherer erkannt werden. Daher wird vor Ort der Einsatz einer VLF-Prüfwechselspannung mit einer Frequenz von 0,1 Hz empfohlen. Die Prüfung sollte durch einen erfahrenen Messtechniker vorgenommen und mit einem Messprotokoll dokumentiert werden.

Das Protokoll ist zur Nachweisführung und für einen Vergleich mit den Werten von Folgemessungen bei den Instandhaltungsunterlagen aufzubewahren.

### 18.4.4 Schlussvermessung und Dokumentation

In die unter Abschn. 18.3.3 beschriebenen Planunterlagen sind folgende Verlegedaten aufzunehmen:

- Kabeltypen,
- Fabrikat,
- Längennummern,
- Kabellänge in Meter,
- Trommel-Nummern,
- Muffenpunkte.

Zur Erstellung der Bestandspläne sowie für das Setzen der Kabel- und Muffenpunktmerksteine ist die Kabeltrasse mit Schächten, Rohrzügen, Gleiskreuzungen und Muffenpunkten bei offenem Graben kartierungsfähig einzumessen. Bei mehreren Kabeln desselben Systems wird das mittlere Kabel eingemessen.

**Tab. 18.7** Fehlerursachen bei der Garniturenmontage

| Fehlerquelle | Prüfungen/Maßnahmen |
|---|---|
| Fertigungsfehler | – Abnahmeprüfung im Herstellerwerk durchführen<br>– Prüfprotokolle verlangen |
| Transport- und Lagerungsfehler | – Kabelenden feuchtigkeitsdicht verschließen<br>– Kabelspulen auf der Ladefläche sicher verkeilen, Kabelenden an der Trommel befestigen<br>– Längere Lagerung im Freien vermeiden, um Witterungsschäden durch direkte Sonnenbestrahlung oder Kälte vorzubeugen |
| Legungsfehler | – Starke Biegebeanspruchung<br>– Schürfbeanspruchung, scharfkantige Steine (Schotter) oder Gegenstände in der Unter- und Decklage vermeiden<br>– Geschirmte Kabel sofort nach der Legung einer elektr. Mantelprüfung mit Gleich- oder Wechselspannung unterziehen |
| Montagefehler | – Adern bei der Garniturenmontage nicht anschneiden oder knicken<br>– Leitschichten sorgfältig behandeln. Montageanleitungen strikt beachten<br>– Leiterisolation nach Legung einer Spannungsprüfung unterziehen |

Nach dem Verfüllen empfiehlt es sich, die Kabeltrasse für das Aufmaß zu verpflocken. Die Pflöcke werden im Abstand von ca. 50 m und bei allen Richtungsänderungen gesetzt und fortlaufend benummert. Anschließend wird eine Aufmaßliste mit den Pflocknummern und den gemessenen Abständen erstellt. Das Aufmaß wird ebenfalls in die Bestandspläne übernommen.

Die so entstandene Dokumentation ist für die Instandhaltung und insbesondere für eine Fehlerortung im Störungsfall sehr hilfreich.

## 18.5 Betrieb und Instandhaltung

Kabelanlagen sollten möglichst von einer ständig besetzten Leitstelle aus überwacht werden.

Diese Maßnahme, gepaart mit regelmäßigen Inspektionen im Rahmen einer dokumentierten Instandhaltung, gewährleistet eine dauerhaft verfügbare Kabelanlage.

### 18.5.1 Kabelüberwachung

Für die Fahr- und Rückleitungskabel von Gleichstrombahnen, aber auch für andere mit einem Schirm ausgestattete Kabel, ist, insbesondere bei Erdverlegung, eine permanente, automatische Isolationsüberwachung sinnvoll.

Diese Aufgabe kann ein im jeweiligen Unterwerk im Kabelabgangsfeld installiertes Überwachungsgerät ohne Hilfsenergie zuverlässig erfüllen. Der Anschluss kann an alle Kabel mit konzentrischem Schirm bzw. Leiter und kunststoffisoliertem Außenmantel erfolgen.

Damit sind eine automatische Überwachung der Isolationsstrecken „Leiter-Schirm" und „Schirm-Erde" sowie eine zusätzliche Überwachung des Kabelschirmes auf Unterbrechung ständig gewährleistet. Darüber hinaus können derartige Überwachungsgeräte an besondere Anforderungen, wie bestimmte Betriebsverhältnisse, Alarmgebung, Auslösung und die Berücksichtigung von Spannungsverlusten in den überwachten Kabeln, problemlos angepasst werden.

Über die bahneigene Fernwirkanlage wird das Überwachungsgerät mit einer ständig besetzten Stelle, vorzugsweise einer technischen Leitstelle, verbunden.

Jegliche Isolationsschäden, sowohl innerhalb des überwachten Kabels als auch durch äußere Einwirkungen (z. B. Bagger oder auch Diebstahl) hervorgerufene Mantelschäden, erzeugen, je nach Geräteeinstellung, ein Alarmsignal in der Leitstelle oder eine automatische Abschaltung des dem Kabel zugeordneten Leistungsschalters, ebenfalls mit entsprechender Meldung.

Damit ist das gesamte Energiekabelnetz ständig automatisch überwacht und Beschädigungen werden unmittelbar sicht- und leichter bestimmbar. Durch den Diebstahl von Kabeln, meistens Leitermaterial aus Kupfer tritt neben den wirtschaftlichen Schaden und den möglichen betrieblichen Einschränkungen bei Fehlen von Erdungs- und Rückleitungskabeln auch eine erhebliche Gefährdung von Personen ein. Hier werden von Herstellern Kabel zur Verfügung gestellt, die mit diebstahlhemmenden Leitern und/oder mit zusätzlichen Überwachungsadern, einschließlich entsprechenden Überwachungseinrichtungen ausgerüstet sind. Trotz Abweichungen der Kabelkonfiguration erfüllen diese alle elektrischen Eigenschaften vergleichbarer „Normkabel".

### 18.5.2 Instandhaltung

Bei den regelmäßigen Inspektionen wird die Kabelanlage auf mögliche Schäden untersucht.

Dabei können die Kabeltrassen und die Endverschlüsse einer Sichtkontrolle unterzogen werden. Kabel auf Tunnelstrecken in offener Verlegung an den Tunnelwänden können so besonders gut kontrolliert werden.

Bei allen anderen Verlegungsarten bleiben nur regelmäßige elektrische Prüfungen, die grundsätzlich an allen Kabelanlagen durchgeführt werden sollten.

Ein verpflichtendes Kabelmerkblatt, das die Arbeiten in der Nähe von Kabeln regelt, ist unbedingt zu empfehlen. Dieses Merkblatt ist von

**Tab. 18.8** Schadensursachen und Gegenmaßnahmen

| Fehlerquelle | Prüfungen/Maßnahmen |
|---|---|
| – Mechanische Beschädigungen bei nachträglichen Erdarbeiten | – Regelmäßige Mantelprüfung mit Gleich- oder Wechselspannung<br>– Ständige automatische Überwachung von wichtigen Kabelanlagen; automatische Meldung von Schäden an eine ständig besetzte Stelle<br>– Kabelmerkblatt verfassen und Auftragnehmer zur Einhaltung verpflichten |
| – Korrosionsschäden durch aggressive Bestandteile des Erdbodens oder durch kontaminierte Böden<br>– Elektrolytische Korrosion durch Streustrom | – Regelmäßige Mantelprüfung mit Gleich- oder Wechselspannung; ständige automatische Überwachung von wichtigen Kabelanlagen; automatische Meldung von Schäden an eine ständig besetzte Stelle<br>– Isolation der Fahrschienen von Gleichstrombahnen gegen den Oberbau<br>– Regelmäßige Kontrolle der Ableitbeläge der Fahrschienen, von Gleichstrombahnen |
| – Schäden durch außergewöhnliche thermische Beanspruchungen infolge von Kurzschlüssen, Kabelhäufungen und zu hohen Umgebungstemperaturen | – Regelmäßige Prüfung der Isolationsstrecken „Leiter-Schirm" und „Schirm-Erde", möglichst durch ein automatisches Überwachungsgerät |
| – Schäden durch innere und äußere Überspannungen infolge von Erdschlüssen und Blitzentladungen | – Alle Überspannungen können an isolationsschwachen Stellen der Kabelanlage zu Durchschlägen führen<br>– Überspannungsableiter installieren<br>– Regelmäßige messtechnische Prüfung der Isolationsstrecken |
| – Alterung | – Je nach Belastungen und Umgebungseinflüssen kann mit einer Mindestlebensdauer von 30–50 Jahren gerechnet werden<br>– Monitoringverfahren anwenden; wiederkehrende Messungen statistisch auswerten |

der Baufirma nachweislich zu bestätigen. Darin sollte u. a. festgelegt sein, dass

- in der Nähe von Kabeln mit besonderer Sorgfalt gearbeitet werden muss,
- ab 30 cm Abstand von Kabeln Pickel und Hacken nicht mehr benutzt werden dürfen,
- ab 10 cm Abstand keine scharfen Werkzeuge verwendet werden,
- freigelegte Kabel zu sichern sind,
- bei Arbeiten mit Baumaschinen (Bagger) näher als 5 m von Kabeln entfernt, ständig eine Person zur Aufsicht und Unterstützung des Maschinenführers anwesend sein muss,
- das Eintreiben von Pfählen, Bohrern, Dornen und anderen Gegenständen, durch die Kabel beschädigt werden könnten, ab 30 cm beiderseits der Kabel verboten ist und bis zu 1 m beiderseits der Kabel nur bis zu 50 cm Tiefe zulässig ist,
- Kabeltröge und Rohrzüge nicht mit Baustellenfahrzeugen befahren werden dürfen und diese Trassen bei Baumaßnahmen deutlich zu kennzeichnen sind.

Die Mehrzahl aller Kabelstörungen (Tab. 18.8) ist erfahrungsgemäß auf äußere Einflüsse, z. B. auf unachtsame Erdarbeiten an der Kabeltrasse zurückzuführen. Da die Schadstelle in diesen Fällen bekannt ist, kann die Reparatur der Kabel nach deren Freilegung ohne aufwändige Fehlerortung erfolgen.

Ist dagegen die Lage der Fehlerstelle, z. B. infolge eines inneren Isolationsversagens, unbekannt, muss die Schadstelle mit speziellen Messgeräten geortet werden. Die Behebung einer Kabelstörung läuft i. d. R. wie folgt ab:

- Eingrenzung des Fehlers und Freischaltung der gestörten Kabelstrecke,
- Identifizierung des schadhaften Kabels,
- Trassenbegehung (ob das Kabel durch Baumaßnahmen beschädigt wurde),
- messtechnische Isolationsprüfung (aus dem Ergebnis lässt sich die Fehlerart bestimmen und das geeignete Ortungsverfahren festlegen),
- Wandlung des Fehlerwiderstandes bei hochohmigen Fehlern, durch Verkohlung (Bren-

nen) der Isolierung, in eine niederohmige Fehlerstelle,

- Ermittlung der Entfernung der Fehlerstelle zum Anschlusspunkt mit einem Laufzeitmessgerät,
- Bestimmung des Kabelverlaufes im Bereich der Vorortung,
- punktgenaue Bestimmung der Fehlerstelle vor Ort, z. B. mit den Stoßspannungs- oder Impuls-Echo-Verfahren,
- Aufgraben des schadhaften Kabels,
- Schadstelle mit Reparaturmuffe bzw. Manschette oder durch Ausbrückung des Fehlers beseitigen,
- Muffengrube fachgerecht verfüllen,
- Reparaturstelle und ggf. Muffenpunkte in Bestandsunterlagen aufnehmen und Störungsdaten zu den Instandhaltungsunterlagen nehmen.

Die hier in Tab. 18.9 aufgeführten Normen, DB-Richtlinien und Empfehlungen können im Einzelnen und zu Themenkomplexen von Einsatzbedingungen von Kabel und Kabelsystemen vor dem Einsatz und Anwendung von Kabeln vertiefend herangezogen werden. Eine Garantie auf Vollständigkeit für den Anwendungsfall kann hier nicht gegeben werden.

**Tab. 18.9** Normen, Richtlinien, Empfehlungen

| | |
|---|---|
| DIN EN 50575 (VDE 0482-575) | Starkstromkabel und -leitungen, Steuer- und Kommunikationskabel – Kabel und Leitungen für allgemeine Anwendungen in Bauwerken in Bezug auf die Anforderungen an das Brandverhalten |
| DIN EN 50163 (VDE 0115-102) | Bahnanwendungen – Speisespannungen von Bahnnetzen |
| DIN EN 50267-1 und -2 (VDE 0482-267-1 und -2) | Allgemeine Prüfverfahren für das Verhalten von Kabeln und isolierten Leitungen im Brandfall – Teile 1 und 2: Prüfung der bei der Verbrennung der Werkstoffe von Kabeln und isolierten Leitungen entstehenden Gase |
| DIN EN 50334 (VDE 0293-334) | Kennzeichnung der Adern von Kabeln und Leitungen durch Bedrucken |
| DIN EN 60228 (VDE 0295) | Leiter für Kabel und isolierte Leitungen |
| DIN EN 60332-1 (VDE 0482-332-1) | Prüfungen an Kabeln, isolierten Leitungen und Glasfaserkabeln im Brandfall – Teil 1: Prüfung der vertikalen Flammenausbreitung an einer Ader, einer isolierten Leitung oder einem Kabel |
| DIN EN 60332-2 (VDE 0482-332-2) | Prüfungen an Kabeln, isolierten Leitungen und Glasfasern im Brandfall – Teil 2: Prüfung der vertikalen Flammenausbreitung an einer kleinen Ader, einer kleinen isolierten Leitung oder einem kleinen Kabel |
| DIN EN 61034-1 (VDE 0482-1034-1) | Messung der Rauchdichte von Kabeln und isolierten Leitungen beim Brennen unter definierten Bedingungen – Teil 1: Prüfeinrichtung |
| DIN EN 61034-2 (VDE 0482-1034-2) | Messung der Rauchdichte von Kabeln und isolierten Leitungen beim Brennen unter definierten Bedingungen – Teil 2: Prüfverfahren und Anforderungen |
| DIN-VDE-0100-Serie | Errichten von Starkstromanlagen mit Nennspannungen bis 1000 V |
| DIN VDE 0101 | Starkstromanlagen mit Nennspannungen über 1 kV |
| DIN VDE 0105-100 | Betrieb von elektrischen Anlagen – Teil 100: Allgemeine Festlegungen |
| DIN VDE 0105-103 | Betrieb von elektrischen Anlagen – Teil 103: Zusatzfestlegungen für Bahnen |
| DIN VDE 0250-214 | Isolierte Starkstromleitungen – Teil 214: Installationsleitung NHXMH mit verbessertem Verhalten im Brandfall |
| DIN VDE 0250-215 | Isolierte Starkstromleitungen – Teil 215: Installationsleitung NHMH mit speziellen Eigenschaften im Brandfall |
| DIN VDE 0266 | Starkstromkabel mit verbessertem Verhalten im Brandfall |
| DIN VDE 0276-603 | Starkstromkabel – Teil 603: Energieverteilungskabel mit Nennspannungen $U_0/U$ 0,6/1 kV |
| DIN VDE 0276-605 | Starkstromkabel – Teil 605: Ergänzende Prüfverfahren |
| DIN VDE 0276-620 | Starkstromkabel – Teil 620: Energieverteilungskabel mit extrudierter Isolierung für Nennspannungen 3,6/6 (7,2) kV bis 20,8/36 (42) kV |

**Tab. 18.9** (Fortsetzung)

| | |
|---|---|
| DIN VDE 0276-1000 | Starkstromkabel – Teil 1000: Strombelastbarkeit, Allgemeines, Umrechnungsfaktoren |
| DIN VDE 0293-308 | Kennzeichnung der Adern von Kabeln/Leitungen und flexiblen Leitungen durch Farben |
| DIN VDE 0472-603 | Prüfungen an Kabeln und isolierten Leitungen – Teil 603: Biegeverhalten |
| DIN VDE 0472-604 | Prüfungen an Kabeln und isolierten Leitungen – Teil 604: Dichtheit von Kabelmänteln |
| DIN VDE 0472-815 | Prüfungen an Kabeln und isolierten Leitungen – Teil 815: Halogenfreiheit |
| DIN EN 50340 | Hydraulische Kabelschneidgeräte – Geräte zur Verwendung an elektrischen Anlagen mit Nennwechselspannungen bis 30 kV |
| DIN VDE 0815 | Installationskabel und -leitungen für Fernmelde- und Informationsverarbeitungsanlagen |
| DIN VDE 0816-1 | Außenkabel für Fernmelde- und Informationsverarbeitungsanlagen – Kabel mit Isolierhülle und Mantel aus Polyethylen in Bündelverseilung |
| DIN VDE 0816-2 | Außenkabel für Fernmelde- und Informationsverarbeitungsanlagen, Signal- und Messkabel |
| DIN VDE 0816-3 | Außenkabel für Fernmelde- und Informationsverarbeitungsanlagen – Kabel mit Isolierhülle aus Papier |
| DIN EN 60794-3 | Lichtwellenleiter – Rahmenspezifikation Außenkabel |
| DIN EN 187105 | Einmoden – Lichtwellenleiterkabel für Röhren- und direkte Erdverlegung |
| DIN VDE 0891-1 | Verwendung von Kabeln und isolierten Leitungen für Fernmeldeanlagen und Informationsverarbeitungsanlagen – Allgemeine Bestimmungen |
| DIN VDE 0891-6 | Verwendung von Kabeln und isolierten Leitungen für Fernmeldeanlagen und Informationsverarbeitungsanlagen – Besondere Bestimmungen für Außenkabel |
| DIN EN 61537 | Kabelträgersysteme zum Führen von Leitungen für elektrische Energie und Informationen |
| DIN VDE 0289 | Begriffe für Starkstromkabel und isolierte Starkstromleitungen |
| IEC 60287 | Kabel – Berechnung der Strombelastbarkeit |
| DIN 4102 ff | Brandverhalten von Baustoffen und Bauteilen |
| DIN EN 50121-1 | Elektromagnetische Verträglichkeit |
| DGUV Vorschrift 3 (BGV A 3) | Unfallverhütungsvorschrift – Elektrische Anlagen und Betriebsmittel |
| TR BS 2131 | Technische Regeln für Betriebssicherheit – Elektrische Gefährdungen |
| DB-Richtlinie 878 | Stromkreuzungsrichtlinie |
| DB-Richtlinie 800 ff. | Netzinfrastruktur Technik entwerfen |
| DB-Richtlinie 804 ff. | Kabelverlegung auf Brücken |
| DB-Richtlinie 819 ff | LST-Anlagen planen |
| DB-Richtlinie 836 ff | Erdbauwerke und sonstige geotechnische Bauwerke planen, bauen und instand halten |
| DB-Richtlinie 853 ff | Eisenbahntunnel planen, bauen und instand halten |
| DB-Richtlinie 892 ff. | LST-Anlagen montieren und instand halten |
| DB-Richtlinie 859 ff. | Planung von Kabeltrassen |
| DB-Richtlinie 954 ff. | Elektrische Energieanlagen |
| DB-Richtlinie 997 ff. | Oberleitungsanlagen planen, bauen und instand halten |
| DB-Richtlinie 998 ff | Gleichstrom-Fahrleitung (Gleichstrom S-Bahn Berlin und Hamburg) |
| DB-Richtlinie 99702 | Maschinen, Energie und Elektrotechnik, Werkstättenwesen und Oberleitungsanlagen |

ZVEI – Zentralverband Elektrotechnik- und Elektronikindustrie e. V. Fachverband Kabel und isolierte Drähte

# Lärm und Erschütterungen

# 19

Bernd Asmussen und Christian Frank

**Zusammenfassung**

Die Emissionen von Lärm und Erschütterungen aus dem Schienenverkehr zählen zu den im Bundes-Immissionsschutzgesetz (BImSchG) genannten Immissionen, die geeignet sind, Gefahren oder erhebliche Belästigungen in der Umgebung von Eisenbahninfrastruktur herbeizuführen. In diesem Kapitel werden die Entstehungsmechanismen für Lärm und Erschütterungen erläutert und die wichtigsten technischen Möglichkeiten zu deren Begrenzung durch Maßnahmen an der Eisenbahninfrastruktur beschrieben. Die wichtigsten Messmethoden und Messgrößen für Erschütterungen werden erläutert. Zum Schutz vor Lärm dienen insbesondere Schallschutzwände und das Schleifen der Schienenoberflächen. Zum Schutz vor Erschütterungen werden meist elastische Elemente in den Oberbau eingebracht. Beim Neubau oder einer wesentlichen Änderung eines Schienenweges sind Maßnahmen zum Schall- und Erschütterungsschutz bereits im Planungsstadium zu berücksichtigen. Dazu ist eine Prognose des zu erwartenden Primär- und Sekundärluftschalls und der zu erwartenden Auswirkungen auf die Erschütterungen zu erstellen. Die Grundsätze der Prognosen einschließlich der relevanten gesetzlichen Grundlagen werden erläutert und Hinweise zum Planungsverfahren gegeben.

## 19.1 Schienenverkehrslärm

Bernd Asmussen

### 19.1.1 Grundlagen

Schallimmissionen, die beim Betrieb von Eisenbahnen entstehen, werden meist als Schienenverkehrslärm bezeichnet. Dessen Begrenzung ist eine wesentliche Voraussetzung für zukünftige Steigerungen des Eisenbahnverkehrs und für den Ausbau des Schienennetzes in Deutschland. Anders als beim Straßenverkehr trägt nicht nur das Fahrzeug, sondern auch der Fahrweg beim Schienenverkehr erheblich zur Entstehung des Lärms bei.

Die Begrenzung des Schienenverkehrslärms ist Inhalt zahlreicher gesetzlicher Regelungen, die sowohl Fahrzeuge als auch die Infrastruktur betreffen.

Abb. 19.1 zeigt schematisch Entstehung und Ausbreitung der Schallemissionen aus dem Schienenverkehr. Neben dem direkten Luftschall entstehen auch Körperschallanregungen, die in den Boden eingeleitet werden und sich dort fortpflanzen. In ungünstigen Fällen können dadurch fühlbare Erschütterungen in Gebäuden und durch die Schallabstrahlung von Wänden und Geschossdecken Sekundärluftschall hervorgerufen werden. Erschütterungen aus dem Schienenver-

B. Asmussen (✉)
Plön, Deutschland

C. Frank
Gleistechnik, DB InfraGO AG, Frankfurt, Deutschland



J. Holzfeind, J. Liu, F. Pospischil (Hrsg.), *Handbuch Eisenbahninfrastruktur*,
https://doi.org/10.1007/978-3-662-68960-8_19

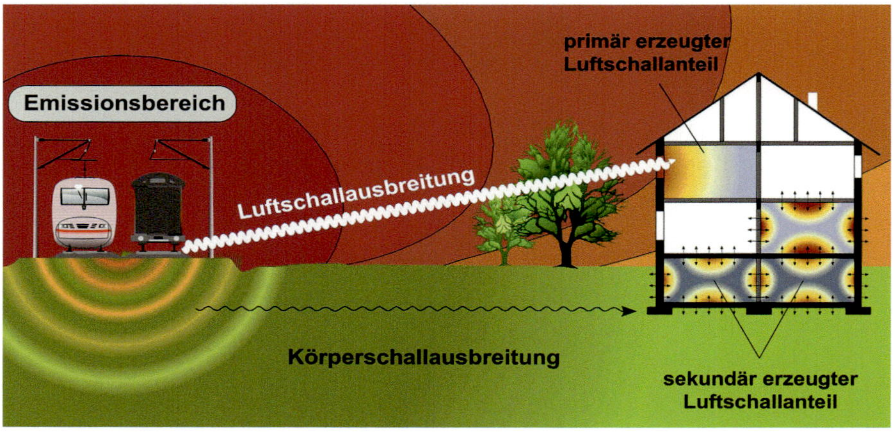


**Abb. 19.1** Übertragungswege für Luft und Körperschall

kehr und Sekundärluftschall werden ausführlich in Abschn. 19.2. behandelt.

In diesem Kapitel werden die Grundlagen von Entstehung, Ausbreitung und Minderung von Schienenverkehrslärm beschrieben. Für weiterführende Literatur sei auf die Referenzen [1, 2] verwiesen.

Schienenverkehrslärm wird durch die Antriebe und Aggregate der Schienenfahrzeuge, durch das Rollgeräusch, das an der Kontaktstelle von Rad und Schiene entsteht, sowie durch aerodynamische Geräusche von Fahrzeug und Stromabnehmern hervorgerufen. Bei Geschwindigkeiten unter 50 km/h dominieren die Antriebs- und Aggregatgeräusche. Im Geschwindigkeitsbereich von 50 bis 250 km/h ist das Rollgeräusch die maßgebliche Lärmquelle. Erst ab 250 km/h überwiegen die aerodynamischen Emissionen.

Zusätzliche Lärmquellen stellen Quietschgeräusche beim Durchfahren enger Kurven, das Dröhnen beim Überfahren von Stahlbrücken und lärmintensive Rangiervorgänge z. B. durch Gleisbremsen, Pufferstöße und Hemmschuhaufläufe dar.

Bezogen auf die Anzahl der von Schienenverkehrslärm betroffenen Anwohner besitzt das Rollgeräusch das größte Konfliktpotenzial. Daher soll im Folgenden zunächst die Entstehung des Rollgeräuschs erläutert werden, um daran anschließend Möglichkeiten zu seiner Minderung zu diskutieren.

### 19.1.2 Entstehung des Rollgeräuschs

Die Oberflächen von Rad und Schiene sind nicht ideal glatt, sondern weisen Rauheiten auf, die durch ein Wellenlängenspektrum beschrieben werden können. Beim Abrollen eines rauen Rades auf einer rauen Schiene entstehen zeitabhängige Kontaktkräfte, welche Rad und Schiene zum Schwingen anregen können. Die Körperschallquellen von Rad und Schiene führen zur Abstrahlung von Luftschall. Dieser Vorgang ist schematisch in Abb. 19.2 dargestellt. Die Schiene wiederum ist über eine elastische Zwischenlage auf der Schwelle gelagert. Über die Zwischenlage können Schwingungen auf die Schwelle übertragen werden, wodurch auch die Schwelle zur Schallquelle wird.

Die Schwelle dominiert die Schallabstrahlung bei tiefen Frequenzen ($< 500$ Hz), das Rad bei hohen Frequenzen ($> 1500$ Hz). In dem dazwischenliegenden Frequenzbereich von ca. 500 bis ca. 1500 Hz ist die Schiene die dominierende Schallquelle. Hier zeigt sich ein gravierender Unterschied zum Straßenverkehr, wo das Fahrzeug die Hauptschallquelle ist. Demgegenüber trägt beim Schienenverkehr auch der Fahrweg signifikant zum Verkehrslärm bei.

Aus Abb. 19.2 lassen sich die grundlegenden Möglichkeiten zur Minderung des Rollgeräuschs ableiten:

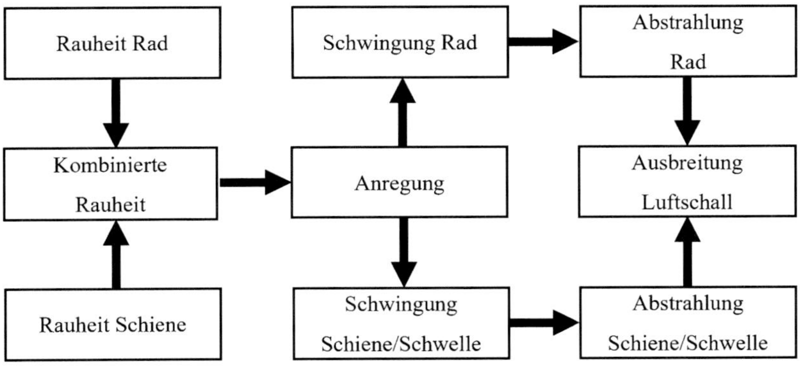


**Abb. 19.2** Schematische Darstellung der Rollgeräuschentstehung

1. Verringerung der Rauheiten auf Rad und Schiene
2. Dämpfung der schallabstrahlenden Bestandteile (insbesondere Rad und Schiene)
3. Abschirmung auf dem Ausbreitungsweg vom Gleis zum Anwohner

Die zu diesen drei Optionen gehörenden technischen Maßnahmen werden als „aktiver Schallschutz" bezeichnet im Gegensatz zum „passiven Schallschutz", der Maßnahmen an Gebäuden umfasst.

## 19.1.3 Maßnahmen des aktiven Schallschutzes

### 19.1.3.1 Schallschutzwände

Schallschutzwände (SSW) sind die am häufigsten eingesetzte Maßnahme zur Reduktion des Schienenverkehrslärms auf dem Ausbreitungsweg (s. Abb. 19.3). Die durch SSW erzielbare Lärmminderung ist abhängig vom Absorptionsgrad der verwendeten Schallschutzelemente, der Höhe über Schienenoberkante, dem Abstand vom Gleis und den topografischen Verhältnissen zwischen Emissions- und Immissionsort. Als Baustoffe für Lärmschutzwände werden Leichtmetall (Aluminium), Beton, transparente Materialien, Kunststoffe und Stahl verwendet.

Alle im Bereich der DB AG eingesetzten SSW benötigen eine Zulassung durch das Eisenbahnbundesamt und müssen für eine Nutzungsdauer von mindestens 50 Jahren ausgelegt sein. Die schall- und bautechnischen Anforderungen an SSW sind in der DB-Richtlinie 804.5501 *„Lärmschutzanlagen an Eisenbahnstrecken"* festgelegt. Wesentliche Anforderungen betreffen die Standsicherheit, insbesondere unter Berücksichtigung der dynamischen Druck-Sog Wechselbelastungen während der Vorbeifahrt von Zügen mit hohen Geschwindigkeiten. Um eine ausreichende Wirkung zu garantieren, sind Mindestwerte für Schalldämmmaß und Schallabsorptionsgrad festgelegt, deren Einhaltung durch entsprechende Prüfzeugnisse vom Hersteller zu belegen ist (s. Tab. 19.1). Im Frequenzbereich zwischen 1000 und 2000 Hz hat das Rollgeräusch sein Maximum und gleichzeitig besitzt das menschliche Gehör dort eine hohe Empfindlichkeit. Entsprechend sind in diesem Frequenzbereich die akustischen Anforderungen besonders hoch.

**Tab. 19.1** Akustische Anforderungen an SSW gemäß der DB-Richtlinie 804.5501 *„Lärmschutzanlagen an Eisenbahnstrecken"*

| Frequenz $f$ [Hz] | 125 | 250 | 500 | 1000 | 2000 | 4000 |
|---|---|---|---|---|---|---|
| Schalldämmmaß $R$ [dB] | 12 | 18 | 24 | 30 | 35 | 35 |
| Schallabsorptionsgrad $\alpha$ | 0,3 | 0,5 | 0,8 | 0,9 | 0,9 | 0,8 |

Aus Tab. 19.1 ist ersichtlich, dass SSW für den Einsatz an Eisenbahnstrecken hochabsorbierend ausgeführt sein müssen. Grund hierfür ist, dass Mehrfachreflexionen zwischen SSW und der Außenwand der vorbeifahrenden Züge vermieden werden müssen, die zu einem „Überklettern" des Luftschallfelds über die SSW führen könnten.

Für die Abstände einer SSW von der Gleisachse gelten die Vorgaben aus Tab. 19.2.

Typische Wandhöhen sind 2 bis 3 m über Schienenoberkante. Im Bereich von Neu- und

**Abb. 19.3** Beidseitige Schallschutzwand aus Aluminium neben einer zweigleisigen Strecke. (Quelle: DB)

**Tab. 19.2** Mindestabstände einer SSW von der Gleisachse. In Bögen sind die Mindestabstände abhängig von der Überhöhung um bis zu 0,4 m größer

| | Mindestabstand SSW – Gleisachse |
|---|---|
| Reine S-Bahnstrecken | 3,2 m |
| Geschwindigkeiten bis 160 km/h | 3,3 m |
| Geschwindigkeiten oberhalb von 160 km/h | 3,8 m |

Ausbaustrecken werden auch deutlich höhere Wände (Höhen bis zu 6 m) errichtet. Zwar steigt mit zunehmender Höhe die Wirkung einer SSW an, gleichzeitig treten aber negative Auswirkungen auf die Umgebung wie Verschattung von Grundstücken, Zerschneidung von Sichtachsen und Beeinträchtigung von Stadt- und Landschaftsbild zunehmend hervor. Die Wirkung einer Schallschutzwand kann durch geeignete Aufsatzelemente gesteigert werden. Prototypen wurden entwickelt mit abgewinkelten oder Y-förmigen Elementen, die fallweise auch noch mit Resonator Elementen ausgestattet sind und das Schallfeld im geometrischen Schattenbereich der Schallschutzwand beeinflussen.

**Abb. 19.4** Niedrige, gleisnahe Schallschutzwand mit Übersteighilfen zum Verlassen des Gleisbereichs. (Quelle: DB)

Eine Alternative zu konventionellen Schallschutzwänden können Niedrig-Schallschutzwände (nSSW) mit einer Höhe von weniger als 1 m sein (s. Abb. 19.4). Da der Regellichtraum kein Rechteck darstellt, sondern sich nach unten verjüngt, können nSSW nahe am Gleis und somit nahe an der Quelle errichtet werden.

Allerdings dämmt eine nSSW lediglich das Rollgeräusch eines Zuges. Geräusche und Antriebsgeräusche werden nicht beeinflusst. Die Pegelminderung durch nSSW hängt stark von der Lage der Immissionsorte in Bezug auf die Strecke ab. In günstigen Fällen kann sie bis zu 5 dB betragen.

Auf Grund ihrer Nähe zum Gleis führen nSSW zu Erschwernissen bei der Instandhaltung des Oberbaus und zu Einschränkungen bei Transporten mit Lademaßüberschreitung. Um in Notfall ein zügiges Verlassen des Gleisbereichs zu ermöglichen, müssen nSSW mit Übersteighilfen ausgerüstet sein.

In sensiblen Umgebungen wie z. B. historischen Ortslagen oder touristisch bedeutsamen Orten, wo aber hohe SSW erforderlich sind, kommt einer ansprechenden optischen Gestaltung zunehmende Bedeutung zu. Die Zerschneidung von Sichtachsen und die Verschattung von Grundstücken durch hohe SSW kann durch den Einsatz transparenter Elemente vermindert werden. Allerdings ist zu beachten, dass transparente Materialien in der Regel keine schallabsorbierende Wirkung haben und daher nur dort eingesetzt werden können, wo eine Schallreflexion akzeptiert werden kann. Dies ist bei der Erstellung eines Schallschutzkonzepts zu berücksichtigen. Innovative Ansätze verwenden gekrümmte oder geneigte transparente Elemente, mit denen das reflektierte Schallfeld in das Schotterbett oder in geeignet angebrachte Absorberelemente gelenkt wird.

Weitere Möglichkeiten sind der Aufbau von SSW aus Gabionen-Elementen (steingefüllte Körbe aus Drahtgeflecht) und das direkte Bedrucken von SSW-Elementen mit Bildern oder Grafiken.

#### 19.1.3.2 Besonders überwachtes Gleis

Das Verfahren „Besonders überwachtes Gleis" (büG) ist eine Maßnahme des aktiven Schallschutzes zur Lärmreduktion an der Quelle. Die Schallentstehung direkt an der Quelle, der Kontaktfläche von Rad und Schiene, wird durch besondere Pflege der Fahrflächen der Schienen („akustisches" Schleifen, d. h. Schleifen der Schiene mit einem besonderen Verfahren ausschließlich zum Zwecke der Lärmreduktion) dauerhaft vermindert. Die Überwachung von Streckenabschnitten mit büG erfolgt in regelmäßigen Abständen (alle 6 Monate) mit einem eigens hierfür entwickelten Schallmesswagen (SMW), der die Kontaktgeräusche akustisch erfasst und in dB(A) bewertet. Wird der vorgegebene Eingreifwert überschritten, so ist der Gleisabschnitt akustisch zu schleifen. Das Verfahren wurde durch das Eisenbahn-Bundesamt im Jahr 1998 zugelassen. Nachfolgend sind die wichtigsten Randbedingungen zusammengestellt (Tab. 19.3).

Ein wichtiger Bestandteil des büG ist die zuverlässige Überwachung der akustischen Qualität der Schienenfahrflächen mit dem Schallmesswagen. Der SMW liefert beim Abfahren der Strecken genaue Angaben über die Schallabstrahlung des befahrenen Gleisabschnitts. So können büG-Abschnitte schnell und zuverlässig überwacht werden. Im SMW wird das Rollgeräusch direkt über einem Drehgestell gemessen. Hierzu ist in einem absorbierend ausgekleideten Abteil ein Mikrofon über einer Öffnung im Wagenboden angebracht, mit dem das Rollgeräusch direkt gemessen wird. Da die Radlaufflächen des SMW kontinuierlich in einem sehr glatten Zustand gehalten werden, ist das Messsignal des SMW ein direktes Maß für die Oberflächenrauheit der Schiene. Der SMW kann Strecken mit einer Höchstgeschwindigkeit von 200 km/h befahren und lässt sich dadurch in den laufenden Verkehr eintakten.

Durch entsprechende Kalibrierung lässt sich der SMW-Messwert direkt auf den Emissionspegel eines Zugkollektivs beziehen. Die Kalibrierung erfolgt über den Vergleich der Messwerte mit dem Ergebnis von Außenmessungen der Vorbeifahrtpegel eines Zugkollektivs, das sich aus den Zuggattungen ICE, IC, Regionalbahn und Güterzug zusammensetzt. Dazu werden Streckenabschnitte ausgewählt, deren Umgebungsbedingungen für Mikrofonmessungen geeignet sind und auf denen die genannten Zuggattungen in ausreichender Anzahl verkehren. Für jede Zugfahrt werden der Vorbeifahrtpegel gemessen und die Einflüsse von Geschwindigkeit, Zuglänge und Bremsbauart herausgerechnet. Dies geschieht durch Anwendung entsprechender Korrekturfak-

**Tab. 19.3** Daten zum Besonders überwachten Gleis

| Status des büG | Aktive Schallschutzmaßnahme |
|---|---|
| Anwendungsgebiete | Lärmvorsorge durch Berücksichtigung eines Abschlags auf den Beurteilungspegel in schalltechnischen Gutachten für Planrechtsverfahren |
| Gleispflegeabschlag für Streckenabschnitte mit büG | Ca. 3 dB, abhängig von Fahrzeugkategorie und Geschwindigkeit |
| Häufigkeit der akustischen Überwachung durch den SMW | Halbjährlich |
| Eingriffsschwelle | 51 dB(A) (Grundwert nach Schall 03 in der Fassung von 1990) |
| Auslöseschwelle zur Veranlassung des Schleifens | 50 dB(A) |
| Zulässige Schleifverfahren | – Fräsen oder Hobeln mit anschließendem Schleifen mit Rutschersteinen<br>– Schleifen mit rotierenden Scheiben und anschließendem Schleifen mit dem Bandschleifer |

toren, die in der Anlage 2 zur 16. BImSchV in der bis zum Jahr 2014 gültigen Fassung (Schall 03 1990) [3] festgelegt worden sind. Daraus wird ein „streckenspezifischer Grundwert" $L_{G,\text{spez}}$ ermittelt. Der Begriff „streckenspezifischer Grundwert" trägt der Tatsache Rechnung, dass die Teststrecken im Allgemeinen nicht den mittleren Schienenzustand aufweisen und daher $L_{G,\text{spez}}$ nicht identisch mit dem „Grundwert" $L_G = 51$ dB ist.

Da der Schallmesswagen zunächst ausschließlich für die Überwachung der büG-Strecken eingesetzt wurde, für die gemäß EBA-Verfügung im zeitlichen Mittel ein Pegelabschlag von 3 dB gegenüber dem Grundwert nachzuweisen war (d. h., auf büG-Strecken ist im zeitlichen Mittel ein streckenspezifischer Grundwert von 48 dB einzuhalten), wurde folgende Skalierung der SMW-Pegel eingeführt:

$$L_{\text{SMW}} = L_{G,\text{spez}} - 48\,\text{dB}. \qquad (19.1)$$

Das bedeutet:

$L_{\text{SMW}} = 0$ dB: Zeitlicher Mittelwert, der auf einem büG-Gleis einzuhalten ist

$L_{\text{SMW}} = 3$ dB: Streckenspezifischer Grundwert entspricht genau dem Grundwert 51 dB. Das Gleis hat dann genau den durchschnittlichen Schienenzustand nach Schall 03 von 1990.

$L_{\text{SMW}} < 3$ dB: Gleiszustand besser als „durchschnittlich"

$L_{\text{SMW}} > 3$ dB: Gleiszustand schlechter als „durchschnittlich"

Die Kalibrierung des SMW wird in regelmäßigen Zeitabständen durch den Abgleich mit Mikrofonmessungen überprüft. Der SMW hat den Status eines akkreditierten Prüflabors nach DIN EN ISO/IEC 17025 „*Allgemeine Anforderungen an die Kompetenz von Prüf- und Kalibrierlaboratorien*" bei der Deutschen Akkreditierungsstelle (DAkkS) erhalten. Als Beispiel zeigt Abb. 19.5 das Ergebnis der Befahrung eines 1,5 km langen Streckenabschnitts mit dem SMW. Wird die gestrichelte rote Linie erreicht, ist der Gleisabschnitt mit einem der zugelassenen Verfahren zu schleifen.

Vor der Inbetriebnahme von Streckenabschnitten mit der Maßnahme „büG" sind diese mit einem für das büG-Schleifen anerkannten Verfahren zu bearbeiten.

Zeigt der SMW für einen Gleisabschnitt einen Messwert von $L_{\text{SMW}} = 2$ dB (Auslöseschwelle) oder mehr an, so wird dieser Gleisabschnitt innerhalb der nächsten zwölf Monate nach der Befahrung akustisch geschliffen.

Messungen des SMW können nur ab einer Fahrgeschwindigkeit von 80 km/h erfolgen. Daher muss auf büG-Abschnitten die Streckenhöchstgeschwindigkeit mindestens 80 km/h betragen. büG-Abschnitte müssen eine Länge von mindestens 300 m haben. Nicht angewendet wird büG in Bahnhofsbereichen, in Streckenabschnitten mit Weichenstraßen, in Kurven mit Radien unter 500 m und auf Bahnübergängen.

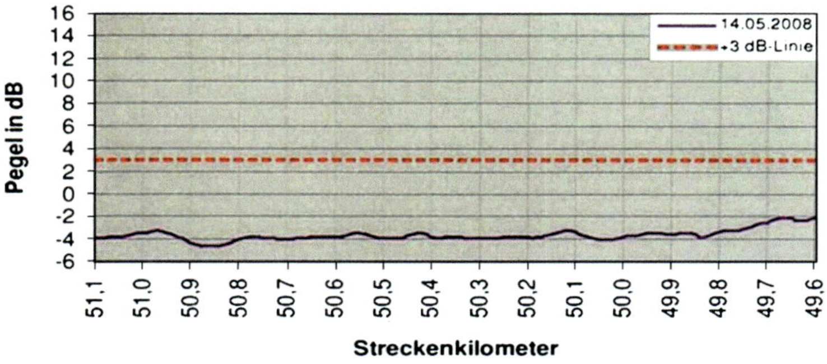


**Abb. 19.5** Beispiel für den Messschrieb der Befahrung eines Streckenabschnitts von 1,5 km Länge mit dem Schallmesswagen. Wird die *gestrichelte rote Linie* erreicht, ist der Gleisabschnitt mit einem der zugelassenen Verfahren zu schleifen

### 19.1.3.3 Schienenstegdämpfer

Aus physikalischer Sicht ist die Schiene ein elastisch gelagerter unendlich langer Balken mit diskreter Auflagerung, der in lateraler und vertikaler Richtung schwingen kann. Während der Überfahrt eines Zuges wird die Schiene im Rad/Schiene-Kontakt zu Schwingungen angeregt, die sich entlang der Schiene ausbreiten (Abb. 19.6).

Je geringer die Dämpfung der Schiene, umso größer ist die Fläche, die zur Schallabstrahlung beiträgt. In den vergangenen Jahren sind Techniken entwickelt worden, die Dämpfung der Schiene durch Anbringen von Schwingungstilgern zu erhöhen. Abb. 19.7 zeigt ein Beispiel.

Durch die Ankopplung an Schienenfuß und Schienensteg werden sowohl vertikale als auch horizontale Schwingungen der Schiene wirksam gedämpft. Eine breitbandige Wirkung wird durch Sandwich-Lagen von Metallplatten und Elastomeren erreicht. Mit Schienenstegdämpfern (SSD) kann das Rollgeräusch um 2 bis 3 dB gemindert werden. SSD sind eine Maßnahme zur Lärmminderung gemäß Anlage 2 zur 16. BImSchV [4] (Abschn. 19.1.8). Dort werden Mindestanforderungen an die Wirksamkeit von Schienenstegdämpfern festgelegt. Um sicherzustellen, dass die eingebauten Produkte auch die Anforderungen im praktischen Einsatz erfüllen, hat die DB InfraGO AG eine technische Lieferbedingung (Ril 889.0290 *„Technische Lieferbedingungen – Schienenstegdämpfer (SSD) – Oberbautechnische und akustische Anforderungen“*) erarbeitet, in dem ein Testverfahren für SSD als Voraussetzung einer Freigabe für den Einsatz bei der DB InfraGO AG verbindlich vorgegeben ist [5].

SSD mindern das Rollgeräusch direkt an der Quelle und sind daher eine sinnvolle Maßnahme zum Schallschutz in Anwendungsfällen, wo z. B. mehrgeschossige Wohngebäude in unmittelbarer Nähe zu Gleisanlegen stehen oder bei mehrgleisigen Gleisanlagen, wo die Errichtung von Mittelwänden gar nicht oder nur mit unverhältnismäßig hohem Aufwand realisiert werden kann.

Nachteilig wirken sich SSD auf die Instandhaltungskosten des Oberbaus aus, da sie vor einem Schienenwechsel manuell demontiert und anschließend wieder montiert werden müssen.

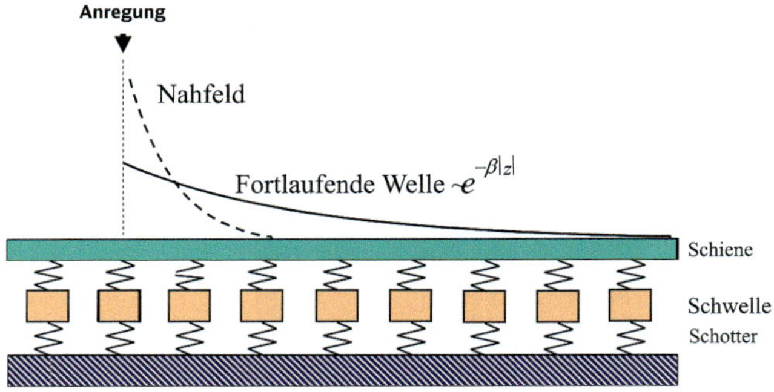


**Abb. 19.6** Modell der Schiene als elastisch gelagerter Biegebalken. Die Dämpfung einer Körperschallwelle in der Schiene wird stark von den elastischen Eigenschaften des Schienenlagers beeinflusst

**Abb. 19.7** Schienenstegdämpfer. (Quelle: Fa. Schrey & Veit GmbH, Sprendlingen)

**Abb. 19.8** Feste Fahrbahn, deren Oberfläche mit schallabsorbierenden Elementen ausgelegt ist. Dadurch kann eine weitgehende akustische Gleichwertigkeit zu einem Gleis mit Schotterbett hergestellt werden. (Quelle: DB)

#### 19.1.3.4 Schienenstegabschirmungen

Schienenstegabschirmungen sind Bauteile, die am Schienenfuß und/oder Schienensteg befestigt sind. Durch teilweise Umhüllung von Schienenfuß und Schienensteg mit schallabsorbierenden Materialien wird der von der Schiene abgestrahlte Luftschall reduziert. Bisherige Versuche haben noch keine nachhaltige Lärmminderung ergeben, die mit den gesetzlichen Vorgaben, die sich aus der Schall 03 [4] ergeben, übereinstimmen. Insbesondere bei Güterzügen lagen die gemessenen Pegelminderungen mit ca. 1 dB zu niedrig für einen praktischen Einsatz. Um interessierten Herstellern eine Perspektive für eine Fortentwicklung der Technologie zu geben, hat die DB InfraGO AG analog zu SSD eine technische Lieferbedingung (Ril 889.0291 „*Technische Lieferbedingungen – Schienenstegabschirmungen (SSA) – Oberbautechnische und akustische Anforderungen*“) herausgegeben [5]. Die darin enthaltenen akustischen Anforderungen orientieren sich an den Vorgaben der 16. BImSchV (s. Abschn. 19.1.8).

#### 19.1.3.5 Schallabsorber auf Fester Fahrbahn

Das Schotterbett ist wegen seiner porösen Struktur ein guter Schallabsorber. Bei schotterlosen Fahrbahnen (Feste Fahrbahn) bewirken die schallreflektierende Oberfläche und die weiche Lagerung der Schiene dagegen eine Erhöhung des Rollgeräuschs um 2 bis 3 dB. Durch Auskleidung der Fahrbahnoberfläche mit absorbierenden Elementen (s. Abb. 19.8) kann die Schallemission signifikant gesenkt werden und eine weitestgehende akustische Gleichwertigkeit von Festen Fahrbahnen und Gleisen mit Schotteroberbau erzielt werden.

Die Anforderungen an Schallabsorber sind in der DB-Richtlinie Ril 820.2020A12 „*Grundlagen des Oberbaus – Schallabsorber*“ festgelegt. Die Zugänglichkeit zu Signal- und elektrotechnischen Bauteilen sowie deren Befestigungselementen darf nicht beeinträchtigt werden und die Verlegung der Linienzugbeeinflussung muss dauerhaft lagesicher möglich sein. Da die Schallabsorber permanent Witterungseinflüssen und den Belastungen aus dem Zugverkehr (direkte Sogkräfte der Züge und indirekte Erschütterungen über die Tragplatte) ausgesetzt sind, müssen sie so beschaffen sein, dass sie für die angestrebte Nutzungsdauer der Festen Fahrbahn dauerhaft bemessen sind.

Im Terzfrequenzbereich zwischen 400 Hz und 5 kHz müssen die Schallabsorber einen Schallabsorptionsgrad nach DIN EN ISO 354 „*Akustik-Messung der Schallabsorption in Hallräumen*“ von mindestens 0,8 unter Berücksichtigung der Einbaubedingungen, insbesondere des Luftzwischenraums zwischen der Unterseite der Absorber und der Tragschichtoberseite, besitzen.

**Abb. 19.9** Auskleidung eines Brückengeländers mit schallabsorbierenden Materialien. (Quelle: DB)

Auf Grund der resultierenden Instandhaltungserschwernisse dürfen gemäß dem Regelwerk der DB Schallabsorber nur auf Strecken eingebaut werden, wo dies planrechtlich gefordert ist.

#### 19.1.3.6 Feste Abschirmungen

Eine weitere Maßnahme zur Lärmminderung ist die Auskleidung von Brückengeländern oder Geländern zur Hangabsicherung mit schallabsorbierenden Materialien (s. Abb. 19.9). Diese lassen sich ohne erheblichen Mehraufwand optisch ansprechend gestalten und dem Ortsbild anpassen. Da die Streckenabschnitte mit geeigneten Geländern oftmals in Dammlage verlaufen, ist die Wirkung auf die nächstgelegene Bebauung besonders hoch.

### 19.1.4 Maßnahmen des passiven Schallschutzes

Grundsätzlich soll bei Neu- und Ausbauvorhaben die Einhaltung der Grenzwerte aus der 16. BImSchV durch aktiven Schallschutz erreicht werden. Ist dies nicht möglich, weil die Kosten für aktiven Schallschutz unverhältnismäßig hoch in Relation zum Schutzzweck sind (dies kann z. B. bei Einzelgebäuden in Alleinlage der Fall sein), oder verhindern technische oder topografische Gründe den Einsatz von ausreichenden aktiven Schallschutzmaßnahmen, kann auf passiven Schallschutz zurückgegriffen werden. Passive Maßnahmen sind schalltechnische Verbesserungen am Immissionsort, d. h. am Gebäude, wie z. B. der Einbau von Schallschutzfenstern und -türen oder die Dämmung von Außenwänden und Dächern.

Art und Umfang der notwendigen passiven Schallschutzmaßnahmen für schutzbedürftige Räume legt die Verkehrswege-Schallschutzmaßnahmenverordnung (24. BImSchV) [6] fest. Die 24. BImSchV enthält in einer Anlage Gleichungen zur Ermittlung des erforderlichen Schalldämmmaßes der gesamten Außenfläche eines Raumes in Abhängigkeit von dem nach Anlage 2 zur 16. BImSchV berechneten Beurteilungspegel. Dabei werden Raumgeometrie, Raumnutzung sowie das Spektrum der Außengeräusche und die Frequenzabhängigkeit der Fensterschalldämmmaße berücksichtigt.

Dem Grunde nach besteht für die Gebäude ein Anspruch auf passiven Schallschutz, an denen in einem schalltechnischen Gutachten zur Planfeststellung die Immissionen über den Grenzwerten der 16. BImSchV liegen. Für die Anwendung der 24. BImSchV hat die DB die Richtlinie Akustik 23 [7] herausgegeben. Diese Richtlinie enthält u. a. eine Darstellung der bauakustischen Grundlagen und Berechnungsverfahren und gibt Hinweise zur praktischen Umsetzung. Der Umfang des erforderlichen passiven Schallschutzes wird separat für jedes Gebäude in einem schalltechnischen Gutachten ermittelt nach Umsetzung ggf. erforderlicher aktiver Schallschutzmaßnahmen.

### 19.1.5 Der akustische Zustand des deutschen Schienennetzes

Zusätzlich zu seinen Überwachungsaufgaben beim besonders überwachten Gleis wird der Schallmesswagen auch zur Ermittlung des akustischen Zustands des deutschen Schienennetzes eingesetzt. Auf einem großen Teil der Hauptabfuhrstrecken in Deutschland wird zweimal jährlich der akustische Zustand gemessen und statistisch ausgewertet. Abb. 19.10 zeigt das Ergebnis der Messungen aus der 2. Jahreshälfte 2022. Befahren und ausgewertet wurden ca. 11.200 Gleis-km. Die Häufigkeit der gemessenen Pegel darge-

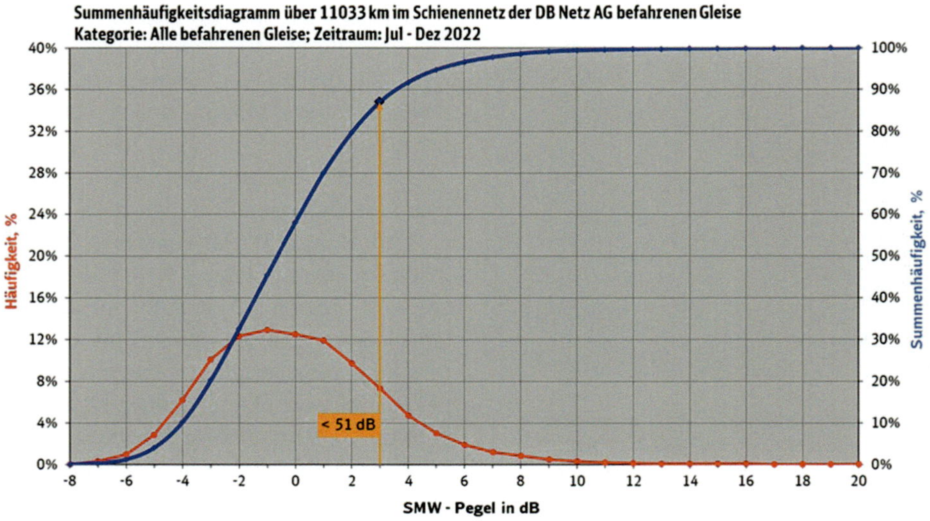


**Abb. 19.10** Häufigkeitsverteilung der Schallpegel auf den vom SMW im 2. Halbjahr 2022 befahrenen Strecken. Ausgewertet wurden ca. 11.200 Gleis-km. Der Wert des „durchschnittlichen" Schienenzustands nach Schall 03 mit $L_{SMW} = 3$ dB wurde auf 87 % des befahrenen Streckennetzes unterschritten. (Quelle: DB InfraGO AG/DB Systemtechnik)

stellt in Pegelklassen mit einer Breite von 1 dB zeigt die rote Kurve.

Da der SMW zunächst ausschließlich für die Überwachung der büG-Strecken eingesetzt wurde, für die gemäß EBA-Verfügung im zeitlichen Mittel ein Pegelabschlag von 3 dB gegenüber dem „durchschnittlichen Schienenzustand" nachzuweisen war (s. Abschn. 19.1.3.2), ist die Skalierung der Messwerte des SMW so gewählt, dass $L_{SMW} = 0$ dB dem zeitlichen Mittelwert eines büG Gleises entspricht und $L_{SMW} = 3$ dB dem „durchschnittlichen Schienenzustand" entspricht, so wie er den Festlegungen der Schall 03 zu Grunde liegt.

Zusätzlich sind in Abb. 19.10 die kumulierten Häufigkeiten der Pegel als blaue Kurve dargestellt. Abb. 19.10 erlaubt drei Schlussfolgerungen:

1. Auf 87 % der vermessenen Strecken ist der Schienenzustand besser als der „durchschnittliche" Schienenzustand ($L_{SMW} = 3$ dB) nach Schall 03.
2. Der tatsächliche durchschnittliche Schienenzustand liegt bei ca. $-1$ dB. Dies ist der häufigste Messwert und er wird in 50 % aller Fälle unter- bzw. überschritten.
3. Schlechte Schienenzustände mit Überschreitungen des durchschnittlichen Schienenzustands um mehr als 5 dB ($L_{SMW} > 8$ dB), sind sehr selten (Häufigkeit $< 2$ %).

Der Anteil der überdurchschnittlich guten akustischen Zustände ist in den letzten Jahren kontinuierlich angestiegen. Er hat sich über einen Zeitraum von 10 Jahren von unter 70 % auf deutlich über 80 % erhöht. Dadurch hat sich der akustische Zustand des Schienennetzes innerhalb der letzten 10 Jahre um ca. 2 dB verbessert. Eine ausführliche Analyse findet sich in [8] und [9].

### 19.1.6 Quietschgeräusche

Während das normale Rollgeräusch ein breitbandiges Frequenzspektrum enthält, können beim Durchfahren enger Gleisbögen Quietschgeräusche („Kurvenquietschen") auftreten, die von einigen wenigen Frequenzen im Bereich von 1 bis 5 kHz dominiert werden. Diese treten kontinuierlich oder auch in Intervallen auf und erhöhen den Schalldruckpegel um mehr als 20 dB(A). In dem Frequenzbereich besitzt das menschliche Ohr eine besonders hohe Empfindlichkeit. Besonders

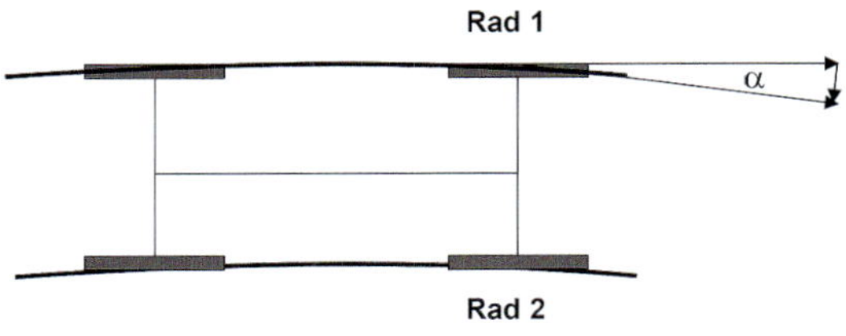


**Abb. 19.11** Position eines Drehgestells bei der Fahrt durch einen Gleisbogen. Der Spurkranz von Rad 1 läuft unter dem Winkel $\alpha$ gegen die bogenäußere Schiene an, was ein optimales Abrollen des bogeninneren Rades verhindert und zum Schlupf in lateraler Richtung führt

**Abb. 19.12** Anlage zur Konditionierung des Schienenkopfs. (Quelle DB)

große Probleme verursacht das Kurvenquietschen naturgemäß beim Betrieb von Straßenbahnen, wo häufig enge Radien in dichter Bebauung auftreten.

Ursächlich für das Entstehen des Kurvenquietschens ist die Rollrichtung der beiden Achsen eines Wagens bzw. eines Drehgestells, die beim Durchlaufen eines Gleisbogens nicht mehr mit der Richtung des Gleises übereinstimmt. Ein Beispiel zeigt Abb. 19.11, wo die führende Achse eines Drehgestells unter einem Winkel $\alpha$ gegen die äußere Schiene anläuft. Der Spurkranz des bogenäußeren Rades 1 erzwingt ein Abrollen von Rad 1 und verhindert damit gleichzeitig ein optimales Abrollen von Rad 2 insbesondere in lateraler Richtung, d. h. quer zur Laufrichtung.

Als Folge des Schlupfs wirken Reibungskräfte in lateraler Richtung auf die Räder, wobei die Konkurrenz von Haft- und Gleitreibung zu ausgeprägten stick-slip Oszillationen führt. Diese erzeugen Biegeschwingungen der Radscheiben, die wiederum zur Schallabstrahlung in die umgebende Luft führen. Dabei dominiert oftmals eine einzelne Schwingungsmode des Rades, was zu den hohen tonalen Anteilen im Frequenzspektrum des Kurvenquietschens führt und damit den unangenehmen Höreindruck bewirkt. Grundsätzlich gibt es folgende Möglichkeiten zur Minderung des Kurvenquietschens:

1. Verminderung des Querschlupfs: Die wirkungsvollste Möglichkeit zur Unterdrückung des Kurvenquietschens liegt naturgemäß in der Vermeidung enger Radien und damit großer Anlaufwinkel. Dies ist jedoch häufig nicht realisierbar. Sehr kleine Anlaufwinkel selbst in engen Gleisbögen können durch elastisch geführte Radsätze, die sich im Bogen radial einstellen, erreicht werden. Diese Lösung, die auch zu vermindertem Verschleiß an Fahrzeug und Fahrweg führt, wird primär bei Straßenbahnen angewendet.
2. Schmierung der Schiene: Zur direkten Beeinflussung der Reibungskraft zwischen Rad und Schiene kann eine Schmierung des Schienenkopfes dienen. Dabei ist jedoch zu beachten, dass eine reine Verminderung des Reibkoeffizienten zwar das Kurvenquietschen grundsätzlich verhindern würde, jedoch gleichzeitig auch Brems- und Traktionswirkung negativ beeinflusst. Eine Möglichkeit besteht im Besprühen der Schiene mit Wasser. Diese Lösung wird häufig bei Straßenbahnen eingesetzt. Allerdings bereitet hier der Winterbetrieb erhebliche Probleme. Die DB AG setzt ortsfeste Anlagen ein, bei denen vor einer Zugüberfahrt ein geeignetes Reibmittel punktuell am Anfang einer Kurve auf den Schienenkopf aufgebracht wird (Abb. 19.12). Durch das Abrollen der Räder wird das Reibmittel entlang der Kurve verteilt, so dass sich nach wenigen Überrollungen ein kontinuierlicher Film ausbildet. Moderne Reibmittel haben die Eigenschaft, dass der Gleitreibungskoeffizient nahezu unabhängig von der Gleitgeschwindigkeit ist. Dadurch wird der Stick-Slip Effekt wirksam unterbunden, ohne den Reibkoeffizienten herabzusetzen.

3. Dämpfung des Rades: Blockdämpfer auf der Radinnenseite, die als Schwingungstilger in einem breiten Frequenzbereich die Schwingungen der Radscheibe dämpfen, werden zur Minderung des Rollgeräuschs bei Hochgeschwindigkeitszügen und S-Bahn Triebwagen eingesetzt. Dadurch können gleichzeitig die Biegeschwingungen eines Rades gedämpft werden, die für das Entstehen von Quietschgeräuschen verantwortlich sind.

### 19.1.7 Schallemission von Eisenbahnbrücken

Beim Überfahren von Stahlbrücken kann zum normalen Rollgeräusch ein tief-frequentes „Brückendröhnen" hinzukommen. Dies wird von Körperschallschwingungen des Brückenkörpers, der Fahrbahnplatte und anderer Bauteile hervorgerufen. Abhilfe können Maßnahmen zur Schwingungsdämpfung der relevanten Bauteile durch Anbringen von Schwingungstilgern oder Entdröhnfolien schaffen. Möglich ist auch die elastische Entkopplung des Gleises von der Brückenstruktur durch hochelastische Stützpunkte der Schienenauflager sowie Unterschottermatten.

Mit finanzieller Förderung durch den Bund hat die DB Systemtechnik im Auftrag der DB Netz AG im Jahr 2018 den Leitfaden *Einsatz von Schallminderungsmaßnahmen an bestehenden und neuen Eisenbahnbrücken im Netz der DB Netz AG („Brückenleitfaden")* erstellt, um den Planer bei der Auslegung von Schallminderungsmaßnahmen im Bereich von Eisenbahnbrücken zu unterstützen [10, 11]. Der Brückenleitfaden definiert Kriterien für die Notwendigkeit von Maßnahmen beim Neubau, bei der Erneuerung sowie bei der Instandsetzung einer Eisenbahnbrücke und zeigt Möglichkeiten zur Reduktion des Brückendröhnens bzw. des Rollgeräusches der Züge auf der Brücke auf.

### 19.1.8 Grundsätze der Planung

Nach § 41 (1) Bundesimmissionsschutzgesetz (BImSchG) muss beim Bau oder der wesentlichen Änderung von Schienenverkehrswegen sichergestellt werden, dass durch Verkehrsgeräusche keine schädlichen Umwelteinwirkungen hervorgerufen werden, die nach dem Stand der Technik vermeidbar sind. Es besteht beim Bau neuer Schienenwege ein Anspruch auf Einhaltung von Lärmgrenzwerten, die in der 16. Verordnung zur Durchführung des BImSchG (16. BImSchV – Verkehrslärmschutzverordnung) festgelegt sind. Auch bei einem erheblichen baulichen Eingriff in einen bestehenden Schienenweg kann ein Anspruch entstehen, wenn durch die Baumaßnahme eine sogenannte „wesentliche Änderung" eintritt.

Eine wesentliche Änderung ist dann gegeben, wenn

- ein Schienenweg um ein oder mehrere durchgehende Gleise baulich erweitert wird,
- durch einen erheblichen baulichen Eingriff der von dem zu ändernden Verkehrsweg ausgehende Lärm um mindestens 3 dB(A) steigt,
- durch einen erheblichen baulichen Eingriff der von dem zu ändernden Verkehrsweg ausgehende Lärm auf mindestens 70 dB(A) am Tag oder auf mindestens 60 dB(A) in der Nacht erhöht wird. Gleiches gilt für erhebliche bauliche Eingriffe, die vorhandene Lärmbelastungen von 70 dB(A) und mehr am Tag oder 60 dB(A) und mehr in der Nacht zusätzlich erhöhen, auch wenn eine solche Erhöhung weniger als 3 dB(A) ausmacht (dies gilt nicht in Gewerbegebieten).

Das Vorliegen eines erheblichen baulichen Eingriffs ist also ausschlaggebend dafür, ob eine wesentliche Änderung vorliegt. Ein baulicher Eingriff ist dann erheblich, wenn hierdurch äußerlich erkennbar in die Substanz des Schienenweges, bestehend aus Oberbau, Unterbau und Oberleitung, eingegriffen wird.

Als erhebliche bauliche Eingriffe sind einzustufen:

- erstmalige Elektrifizierung einer Strecke (wenn sich hieraus Zuggeschwindigkeiten ergeben, die mit Dieseltraktion nicht erreichbar gewesen wären)

- Änderung von Gleislage und/oder deren Gradiente (ggf. nach Einzelfallprüfung)
- Neubau einer Eisenbahnüberführung (EÜ)
- Vergrößerung der lichten Weite oder lichten Höhe einer EÜ durch Änderung der Gradiente des Schienenwegs
- Neubau eines Bahnübergangs (BÜ)
- Ersatz von Schwellengleis durch Feste Fahrbahn
- Neubau von Überholungs-, Bahnsteig- oder Ausziehgleisen.

Keine erheblichen baulichen Eingriffe hingegen sind:

- Einbau von Weichen, soweit kein kausaler Zusammenhang mit anderen erheblichen baulichen Eingriffen besteht
- Errichten oder Versetzen von Signalanlagen
- Änderung einer bestehenden Fahrleitung
- Auswechseln von Schwellen (hierzu gehört auch der Ersatz von Holz- durch Betonschwellen)
- Geschwindigkeitserhöhungen durch Änderung der Leit- und Sicherungstechnik und/oder der Fahrleitung
- Bau eines Bahnsteigs ohne Gradienten- und/oder Lageänderung der Gleise
- Bau bzw. Rückbau einer Bahnhofshalle
- Errichtung oder Rückbau von Bahnsteigüberdachungen
- Rückbau eines BÜ
- Wiederaufbau teilungsbedingt stillgelegter Gleise ohne Gradienten- und Lageänderungen
- Bau von Lärmschutzwänden oder -wällen
- Verbreiterung oder Verschmälerung von Bahndämmen
- Bau von Stützwänden
- Einbau von Lautsprechern auf Bahnsteigen
- Abriss nicht mehr benötigter Gebäude (z. B. Stellwerke).

Die gemäß 16. BImSchV einzuhaltenden Immissionsgrenzwerte sind in Tab. 19.4 aufgelistet.

Im Zuge der Planung eines Neubaus oder eines erheblichen baulichen Eingriffs in einen bestehenden Schienenweg ist eine Schalltechnische Untersuchung (SU) mit einer Prognose der zukünftig zu erwartenden Lärmimmissionen zu erstellen. Das dabei anzuwendende Prognosemodell ist in der Anlage 2 zur 16. BImSchV festgelegt [4]. Aus historischen Gründen hat sich für dieses Modell der Begriff „Schall 03" eingebürgert.

Für die betroffenen Immissionsorte ist mit Hilfe der Schall 03 ein „Beurteilungspegel" $L_r$ zu berechnen, welcher mit den Immissionsgrenzwerten aus Tab. 19.4 zu vergleichen ist. Bei Überschreiten der Grenzwerte sind Schallschutzmaßnahmen vorzusehen. Der Beurteilungspegel ist getrennt für den Beurteilungszeitraum Tag (6 Uhr bis 22 Uhr) und den Beurteilungszeitraum Nacht (22 Uhr bis 6 Uhr) zu ermitteln.

Grundlage für die Berechnung des Beurteilungspegels nach Schall 03 ist ein prognostiziertes Betriebsprogramm, in dem die Zugzahlen unterteilt nach Zugkategorien, Zuglängen und Geschwindigkeiten zugrunde gelegt werden. Auf der Grundlage dieser Prognosedaten erfolgt die Berechnung des Beurteilungspegels in folgenden Schritten:

- Aufteilung der Bahnstrecke in Abschnitte u. a. mit gleicher Geschwindigkeit und gleicher Fahrbahnart
- Berechnung der längenbezogenen Pegel der Schallleistung für jeden Zug im Beurteilungszeitraum in Oktavbändern, getrennt für jeden Abschnitt und bezogen auf eine Stunde

**Tab. 19.4** Immissionsgrenzwerte der 16. BImSchV bei Neubau/wesentlicher Änderung

| | Tag | Nacht |
|---|---|---|
| An Krankenhäusern, Schulen, Kurheimen und Altenheimen | 57 dB(A) | 47 dB(A) |
| In reinen und allgemeinen Wohngebieten und Kleinsiedlungsgebieten | 59 dB(A) | 49 dB(A) |
| In Kerngebieten, Dorfgebieten und Mischgebieten und urbanen Gebieten | 64 dB(A) | 54 dB(A) |
| In Gewerbegebieten | 69 dB(A) | 59 dB(A) |

**Fz-Kategorie 7: E-Lok ($n_{Achs,0}$ = 4)**

| Spalte | A | B | C | D | E | F | G | H | I | J | K | L |
|---|---|---|---|---|---|---|---|---|---|---|---|---|
| Zeile | | Teil-quelle *m* | $f_m$ [Hz] | 63 | 125 | 250 | 500 | 1000 | 2000 | 4000 | 8000 | $a_A$ **[dB]** |
| 1 | **Rollgeräusche** | | | | | | | | | | | |
| 2 | Radsätze mit Grauguss-Klotzbremse (GG-Bremse) | | | | | | | | | | | |
| 3 | Schienenrauheit | 1 | $\Delta a_f$ [dB] | –50 | –40 | –24 | –8 | –3 | –6 | –11 | –30 | **67** |
| 4 | Radrauheit | 2 | $\Delta a_f$ [dB] | –40 | –30 | –22 | –9 | –3 | –5 | –15 | –26 | **71** |
| 5 | Radsätze mit Rad- oder Wellenscheibenbremse | | | | | | | | | | | |
| 6 | Schienenrauheit | 1 | $\Delta a_f$ [dB] | –50 | –40 | –24 | –8 | –3 | –6 | –11 | –30 | **66** |
| 7 | Radrauheit | 2 | $\Delta a_f$ [dB] | –50 | –40 | –25 | –9 | –4 | –4 | –11 | –23 | **55** |
| 8 | | | | | | | | | | | | |
| 9 | **Aerodynamische Geräusche** | | | | | | | | | | | |
| 10 | Quellhöhe 5 m | 5 | $\Delta a_f$ [dB] | –30 | –21 | –13 | –9 | –6 | –4 | –9 | –17 | **43** |
| 11 | Quellhöhe 4 m | 6 | $\Delta a_f$ [dB] | –29 | –22 | –12 | –8 | –5 | –5 | –10 | –18 | **49** |
| 12 | Quellhöhe 0 m | 7 | $\Delta a_f$ [dB] | –15 | –8 | –6 | –6 | –8 | –14 | –21 | –32 | **40** |
| 13 | | | | | | | | | | | | |
| 14 | **Aggregatgeräusche** | | | | | | | | | | | |
| 15 | Quellhöhe 4 m | 8 | $\Delta a_f$ [dB] | –28 | –19 | –6 | –4 | –6 | –10 | –14 | –23 | **61** |
| 16 | Quellhöhe 0 m | 9 | $\Delta a_f$ [dB] | –30 | –22 | –5 | –4 | –7 | –11 | –17 | –26 | **54** |
| 17 | | | | | | | | | | | | |
| 18 | **Antriebsgeräusche** | | | | | | | | | | | |
| 19 | Quellhöhe 0 m | 11 | $\Delta a_f$ [dB] | –32 | –24 | –5 | –4 | –8 | –12 | –18 | –29 | **50** |

**Abb. 19.13** Datenblatt für die akustischen Kennwerte der Fahrzeugkategorie E-Lok in der Schall 03

- Berechnung der Schallimmission durch Ausbreitungsrechnung unter Berücksichtigung der Richtwirkung und der Abstrahlcharakteristik der Schallquellen.

Es werden vier Arten von Schallquellen unterschieden: Rollgeräusch, aerodynamisches Geräusch, Aggregat- und Antriebsgeräusch. Diese Schallquellen werden (sofern vorhanden) zehn Fahrzeugkategorien zugeordnet: HGV-Triebkopf, HGV-Mittelwagen, HGV-Triebzug, HGV-Neigezug, E-Triebzug und S-Bahn, Diesel-Triebzug, E-Lok, Diesel-Lok, Reisezugwagen, Güterwagen. Weitere Unterteilungen innerhalb der Fahrzeugkategorien berücksichtigen akustische Besonderheiten wie z. B. den Einfluss der Bremsbauart auf die Schallemission. Bei den Quellhöhen wird zwischen den Höhen 0 m, 4 m, 5 m über Schienenoberkante (SO) unterschieden.

Für jede Fahrzeugkategorie sind die akustischen Kennwerte in einem Datenblatt vorgegeben. Abb. 19.13 zeigt als Beispiel das Datenblatt für die Fahrzeugkategorie E-Lok. In der Spalte L ist der A-bewertete Gesamtpegel der längenbezogenen Schallleistung angegeben, aus dem durch Anwendung der Differenzen $\Delta a_f$ zum Gesamtpegel in den Spalten D bis K das Oktavband-Spektrum der längenbezogenen Schallleistung gebildet wird. In der Fahrzeugkategorie E-Lok wird beispielsweise zwischen den Schallquellen Rollgeräusch, aerodynamische Geräusche und Aggregatgeräusche und Antriebsgeräusche differenziert. Das Antriebsgeräusch wird auf Schienenoberkante verortet. Auch die Aggregatgeräusche haben eine Komponente auf SO, ergänzt durch einen Anteil in einer Höhe von 4 m über SO. Aerodynamische Geräusche treten bevorzugt im Bereich der Drehgestelle, an Dachaufbauten sowie an Stromabnehmern auf, was im Datenblatt durch die drei Quellhöhen 0 m, 4 m und 5 m über SO abgebildet wird.

Da die Interpretation der Teilquellen 1 und 2 immer wieder zu Missverständnissen führt, sei hier folgende Klarstellung angebracht: Teilquelle 1 ist der Anteil, den die Rauheit der Schienenfahrfläche an der Erzeugung des Rollgeräuschs hat. Gemäß ihrem Anteil an der Gesamtrauheit Rad/Schiene (s. Abb. 19.2) bewirkt Teilquelle 1 sowohl Schallabstrahlungen der Schiene als auch solche des Rades. Gleiches gilt für Teilquelle 2, welche den Anteil der Radrauheit an der Schallemission beschreibt. Teilquelle 1 ist dementsprechend **nicht** der Anteil der Schiene an der Schallemission. Ebenso ist Teilquelle 2 **nicht** der Anteil des Rades an der Schallemission.

Da nicht nur die Fahrzeugart, sondern auch der Oberbau die Schallabstrahlung maßgeblich beeinflusst, sind in der Schall 03 die Fahrbahnarten Schwellengleis im Schotterbett, feste Fahrbahn, feste Fahrbahn mit Absorber sowie Bahnübergänge berücksichtigt. Gegenüber früheren Festlegungen entfällt die Unterscheidung zwischen Holz- und Betonschwellen, da aktuelle Messungen die akustische Gleichwertigkeit belegen.

Ebenso berücksichtigt wird durch entsprechende Zuschläge die gegenüber der freien Strecke erhöhte Schallabstrahlung von Brücken. Entsprechend deren Konstruktion ist zwischen Stahl- und Betonbrücken zu unterscheiden und bezüglich der Schienenauflagerung zwischen direkter Lagerung, Schwellengleis im Schotterbett und fester Fahrbahn. Die Zuschläge liegen zwischen 3 und 12 dB(A) und berücksichtigen als kombinierte Brücken- und Fahrbahnkorrektur auch die Belästigung aufgrund tieffrequenter Geräuschanteile (Brückendröhnen).

Hohen Einfluss auf die Lärmemissionen insbesondere der Güterwagen haben ihre Bremsbauarten. Fahrzeuge mit Verbundstoff-Bremssohlen weisen – je nach Schienenzustand – um bis zu 10 dB niedrigere Emissionswerte auf als die mit Grauguss-Bremssohlen ausgestatteten Güterwagen. Die erhöhten Emissionswerte sind darin begründet, dass die direkt auf die Radlaufflächen wirkenden Grauguss-Bremssohlen die Flächen bei jedem Bremsvorgang aufrauen, was zu höheren Rollgeräuschen führt. Im Jahr 2017 trat das Schienenlärmschutzgesetz (SchlärmschG) in Kraft. Dies untersagt mit wenigen Ausnahmen seit Dezember 2020 das Fahren oder Fahrenlassen von Güterzügen, in die laute Güterwagen eingestellt sind, auf dem deutschen Schienennetz.

Auf Basis der Emissionsdaten und des in der Schall 03 festgelegten Ausbreitungsmodells können für alle betroffenen Immissionsorte Beurteilungspegel berechnet werden. Überschreiten diese die in der Verkehrslärmschutzverordnung festgelegten Grenzwerte, müssen Maßnahmen zum Schallschutz geplant werden. Die Schall 03 sieht dazu folgende Maßnahmen vor:

- Schallschutzwände, dazu zählen auch niedrige, gleisnahe Wände
- Besonders überwachtes Gleis
- Schienenstegdämpfer
- Schienenstegabschirmungen
- Schallabsorber auf Fester Fahrbahn
- Maßnahmen zur Minderung der Schallemission beim Befahren von Brücken und beim Durchfahren enger Gleisbögen

Vorrangig ist anzustreben, dass alle von einem Neubau oder einer wesentlichen Änderung betroffenen Immissionsorte einen Vollschutz erhalten, d. h. durch aktiven Schallschutz Beurteilungspegel unter den Grenzwerten der 16. BImSchV. Allerdings muss gewährleistet sein, dass die Kosten der Maßnahmen in einem angemessenen Verhältnis zu dem angestrebten Schutzzweck stehen (§ 41 (2) BImSchG).

Bei der Erstellung eines Schallschutzkonzepts ist daher eine Verhältnismäßigkeitsprüfung auf Basis einer Kosten-Nutzen-Analyse vorzunehmen. In einem ersten Schritt muss dazu ein Schutzkonzept entworfen werden, durch das in allen betroffenen Einheiten (Wohneinheiten, Gewerbebetriebe, Kliniken etc.) die Einhaltung der Grenzwerte nach § 2 Abs. 1 der 16. BImSchV durch aktive Lärmschutzmaßnahmen erreicht wird („Vollschutz"). Sollten sich die Kosten der für den Vollschutz zu erstellenden Schutzanlage als unverhältnismäßig erweisen, sind ausgehend von dem zu erzielenden Schutzniveau schrittweise Abschläge vorzunehmen, um so die mit gerade noch verhältnismäßigem Aufwand zu leistende maximale Verbesserung der Lärmsituation zu ermitteln. Insbesondere ist zu prüfen, ob nicht zumindest sichergestellt werden kann, dass für keinen oder möglichst wenige Nachbarn der Anlage spürbare Grenzwertüberschreitungen verbleiben. Für die so entstehenden Varianten (z. B. mit abnehmenden Höhen von Schallschutzwänden) sind jeweils die Kosten pro gelöstem Schutzfall zu ermitteln. Diese ergeben sich aus dem Verhältnis der Kosten der jeweiligen Schutzvariante zur Zahl der durch diese Variante insgesamt gelösten Schutzfälle. Die Anzahl der Schutzfälle ergibt sich aus der Zahl der Wohneinheiten (WE) mit Grenzwertüberschreitungen am Tag zuzüglich der WE mit Grenzwertüberschreitungen nachts, d. h. einer WE mit Grenzwertüberschreitungen tags und nachts entsprechen zwei Schutzfälle.

### 19.1.9 Lärmsanierung

Während beim Neubau oder der wesentlichen Änderung von Schienenwegen die Verpflichtung zur Lärmvorsorge besteht, haben Anwohner bei Bestandsstrecken keinen Rechtsanspruch auf Lärmschutzmaßnahmen, auch wenn sich die Lärmbelastung z. B. durch Erhöhung der Geschwindigkeit oder eine stärkere Auslastung der Strecke erhöht hat. Um hier Abhilfe zu schaffen, hat die Bundesregierung im Jahr 1999 das freiwillige Programm zur Lärmsanierung an bestehenden Schienenwegen des Bundes aufgelegt (Lärmsanierungsprogramm). Dessen Bestimmungen sind in der *„Richtlinie zur Förderung von Maßnahmen zur Lärmsanierung an bestehenden Schienenwegen der Eisenbahnen des Bundes"* festgelegt. Ziel des Lärmsanierungsprogramms ist, die von den Schienenwegen ausgehenden Lärmemissionen zu mindern, soweit für die lärmbelastete bauliche Anlage vor dem 01.01.2015 eine Baugenehmigung erteilt wurde oder die bauliche Anlage im Geltungsplan eines vor dem 01.01.2015 bestandskräftig gewordenen Bebauungsplanes errichtet wurde.

Die Förderrichtlinie sieht seit dem Jahr 2021 folgende Auslösewerte für die Lärmsanierung vor (Tab. 19.5).

Die Auslösewerte sind zugleich die Zielwerte, die nach Durchführung der Lärmschutzmaßnahmen nicht überschritten werden sollen. Das in Zusammenarbeit mit der DB InfraGO AG erarbeitete Gesamtkonzept für die Lärmsanierung legt die Priorisierung der sanierungsbedürftigen Abschnitte fest, an der sich die Umsetzungsplanung ausrichtet.

Basierend auf einer Bestandsaufnahme des gesamten Sanierungsbedarfs wird für jeden zu sanierenden Streckenabschnitt aus der Lärmbelastung in dB(A), der Zahl der betroffenen Personen und der Länge des Abschnitts eine Priorisierungskennziffer (PKZ) ermittelt. Zusammen mit den verfügbaren Finanzmitteln und Baukapazitäten ist die PKZ Grundlage für die zeitliche Reihung der Sanierungsarbeiten.

Seit dem Jahr 1999 wurden bisher (Stand 2022) ca. 1,8 Mrd. € für die Lärmsanierung an Schienenwegen ausgegeben.

Finanziert werden u. a.:

- Errichtung von Schallschutzwänden (auch niedrige Bauform) oder -wällen,
- Einbau von Schienenstegdämpfern und Schienenstegabschirmungen
- Maßnahmen zur Lärmminderung an Brückenbauwerken
- Maßnahmen gegen das in engen Gleisbögen auftretende Kurvenquietschen
- Schallschutzfenster und Lüftungseinrichtungen und andere schalldämmende Maßnahmen an den Umfassungsbauteilen von Gebäuden
- Innovative Maßnahmen zum Schall- und Erschütterungsschutz

Förderfähig sind auch zusätzliche Kosten, die sich aus einer besonderen Gestaltung von Schallschutzanlagen aus städtebaulichen Aspekten oder in touristisch bedeutsamen Umgebungen erge-

**Tab. 19.5** Auslösewerte der Lärmsanierung

| | Tag 06:00–22:00 | Nacht 22:00–06:00 |
|---|---|---|
| Krankenhäuser, Schulen, Altenheime, reine und allgemeine Wohngebiete sowie Kleinsiedlungsgebiete | 64 dB(A) | 54 dB(A) |
| Kerngebiete, Dorfgebiete, Mischgebiete | 66 dB(A) | 56 dB(A) |
| Gewerbegebiete | 72 dB(A) | 62 dB(A) |

ben (z. B. Erscheinungsbild von Schallschutzwänden).

## 19.2 Erschütterungen und Sekundärluftschall

Christian Frank

### 19.2.1 Grundlagen

Zusätzlich zu den Schallemissionen (Primärschall oder auch Luftschall) entstehen beim Betrieb von Schienenverkehrswegen Körperschallemissionen und deren Wirkungen als Erschütterungen und der eng damit zusammenhängende Sekundärluftschall. Dies ist eine besondere Konstellation beim Schienenverkehr, welche bei anderen Verkehrsträgern (z. B. Flug- und Straßenverkehr) in dieser Form nicht auftritt.

Erschütterungsimmissionen gehören zu den im Bundes-Immissionsschutzgesetz (BImSchG) ausdrücklich genannten Immissionen, die nach Art, Ausmaß oder Dauer geeignet sind, Gefahren, erhebliche Nachteile oder erhebliche Belästigungen für die Allgemeinheit oder die Nachbarschaft herbeizuführen.

### 19.2.2 Begriffsbestimmungen

Als **Körperschall** wird generell die Erzeugung und Weiterleitung von mechanischen Schwingungen in festen Körpern (hier z. B. Erdreich, Gebäudestruktur, aber auch Grundwasser) bezeichnet. Dessen Auswirkungen werden vom Menschen als Erschütterungen oder Sekundärluftschall wahrgenommen. Körperschalleinwirkungen an einem bestimmten Ort werden üblicherweise durch die Körperschallschnelle (auch Schwingschnelle oder Schwinggeschwindigkeit) in einer oder mehreren Raumrichtungen charakterisiert und oft – ebenso wie der Luftschall – als Pegel $L_v$ in „dB“ angegeben. Hierfür gilt die folgende Beziehung:

$$L_v = 20 \lg \frac{v}{v_0}. \qquad (19.2)$$

Darin bedeuten:

$v$: Effektivwert der Schwingschnelle [m/s],
$v_0 = 5 \cdot 10^{-8}$: Bezugswert der Schwingschnelle [m/s].

Unter **Erschütterungen** werden die tieffrequenten Anteile des Körperschalls verstanden. Sie bezeichnen mechanische Schwingungen von Gebäudeteilen, die vom Menschen wahrgenommen werden. Sie umfassen für den Schienenverkehr nach DIN 4150-2 „*Erschütterungen im Bauwesen – Teil 2: Einwirkungen auf Menschen in Gebäuden*“ den Frequenzbereich von 1–80 Hz (s. Abb. 19.14). Für die Beurteilung der Erschütterungswirkungen werden sogenannte $KB_F$-Werte verwendet. Diese werden durch eine Zeit- und Frequenzbewertung aus den am Immissionsort gemessenen Schwinggeschwindigkeiten der Zugvorbeifahrten gebildet.

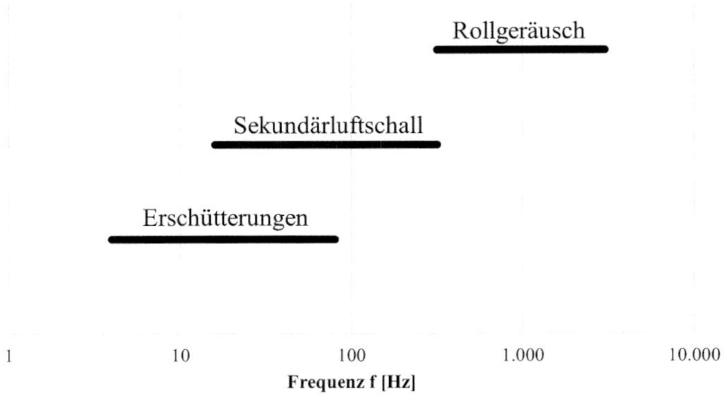


**Abb. 19.14** Maßgebende Frequenzbereiche

Feste Körper, welche durch eine Körperschallausbreitung zu Schwingungen angeregt werden (z. B. Wand- und Deckenflächen, aber auch Brückenkonstruktionen), strahlen ebenfalls Luftschall ab, der wiederum über die Luft und das Gehör wahrgenommen wird. Dies wird als **Sekundärluftschall** bezeichnet (manchmal auch nur Sekundärschall). Es ist ein tieffrequentes Geräusch und da es von mehreren Begrenzungsflächen eines Raumes abgestrahlt wird, kann es meistens nicht einer eindeutigen Schalleinfallsrichtung zugeordnet werden. Der Sekundärluftschall wird in der Regel wie der primäre Luftschall als Schalldruckpegel in dB angegeben. Der zu betrachtende Frequenzbereich kann hier bis zu 315 Hz betragen, liegt aber in den meisten Fällen deutlich darunter. Bei oberirdischem Schienenverkehr wird der Sekundärluftschall häufig durch den primären Luftschalleintrag über die Fenster überlagert. Im Gegensatz dazu fehlt bei Tunnelstrecken der primäre Luftschalleintrag durch den vorbeifahrenden Zug völlig. Dieser wird hier nur durch den sekundären Luftschall als dumpfes Grollen wahrgenommen. Zusätzlich kann es noch zu weiteren Auswirkungen einer Körperschallanregung kommen, z. B. Klirren von Gläsern oder Fensterscheiben.

**Ursachen, Entstehung, Weiterleitung**

Erschütterungsimmissionen entstehen aufgrund von Einwirkungen zeitabhängiger Kräfte auf feste Materie. Sie können sowohl periodischer als auch nichtperiodischer Art sein. Maßgebende Anregungsursachen beim Schienenverkehr sind die durch die überrollenden Fahrzeuge auf den Oberbau einwirkenden Kontaktkräfte, deren Ursachen vor allem in einer Unwucht der rotierenden Radsatzmassen, Abweichungen der Schienen- und Radlaufflächen von der Idealform und insbesondere in einer örtlich variierenden Steifigkeit des Fahrwegs (z. B. durch den ständigen Steifigkeitswechsel zwischen dem Schienenlager und dem Schwellenfach) liegen. Durch die Wechselwirkungen zwischen Fahrzeug, Fahrweg und Untergrund hängen die Emissionen nicht nur vom Fahrzeugtyp und der gefahrenen Geschwindigkeit, sondern auch sehr stark von der Fahrbahnart und den örtlichen Verhältnissen im Untergrund ab. Ein Vergleich der Emissionen zwischen zwei verschiedenen Örtlichkeiten ist selbst bei gleichem Fahrzeugmaterial nur sehr bedingt möglich. Zusätzlich können noch lokale impulsartige Einzelanregungen, wie sie z. B. beim Überfahren eines Schienenstoßes oder der Herzstücklücke in Weichen auftreten, hinzukommen. Sie werden dann durch den Unterbau in den Untergrund als Schwingungen (Körperschall) eingeleitet. Diese breiten sich an der Geländeoberfläche in Form von Rayleigh-Wellen (Oberflächenwellen) und im Untergrund in Form von Druck- und Scherwellen (Raumwellen) aus. Über den Kontaktbereich zwischen Baugrund und Fundament werden sie in die Gebäudestruktur eingeleitet und dort entweder direkt als mechanische und fühlbare Schwingungen (Erschütterungen) wahrgenommen oder von den Raumbegrenzungsflächen als Sekundärluftschall abgestrahlt. Während die Schwingungen im Allgemeinen im Baugrund mit zunehmender Entfernung vom Immissionsort durch Dämpfungsmechanismen gemindert werden, kommt es innerhalb eines Gebäudes aufgrund von Resonanzeffekten wieder zu einer deutlichen Verstärkung. Meist treten die größten Schwingungen in der Mitte der Stockwerksdecken auf, wobei dies je nach Gebäudestruktur in den einzelnen Etagen sehr unterschiedlich sein kann. Einen wesentlichen Einfluss auf die Größe der vom Bewohner wahrnehmbaren Immission hat vor allem die Konstruktion der Geschossdecken, deren Bauweise und Abmessungen die Eigenfrequenz der Decken ganz wesentlich bestimmen. Da vielfach wesentliche Anteile im Frequenzspektrum der Emission mit Eigenresonanzen von Gebäudestrukturen (insbesondere Geschossdecken) übereinstimmen, kann es hier zu deutlichen Verstärkungen kommen.

Dementsprechend lässt sich die Schwingungsübertragung auf die 3 wesentlichen Einflussbereiche (Teilsysteme) aufteilen:

- **Emission:** Schwingungsanregung des Baugrundes in der Nähe ihrer Erzeugung – also im unmittelbaren Umfeld der Eisenbahninfrastruktur. Bezugspunkt für die Emission ist in der Regel ein Referenzpunkt an der Erdoberfläche in 8 m Entfernung von Gleismitte.

- **Transmission:** Ausbreitungsweg zwischen dem Emissionsort und dem Immissionsort. Er wird im Wesentlichen durch die Baugrundeigenschaften (Bodenart, Schichtung, Grundwasserstand u. ä.) und ggf. darin vorhandene Störkörper und Einschlüsse beeinflusst.
- **Immission:** Die Immission ist die von außen auf einen Ort eintreffende Einwirkung. Die Übertragung der Bodenerschütterungen in das Bauwerk, die Weiterleitung der Schwingungen innerhalb des Gebäudes sowie die Übertragung auf die jeweilige Geschossdecke wird als Immissionssystem (Immissionsbereich) bezeichnet. Maßgebender Immissionsort für die Beurteilung von Erschütterungswirkungen auf den Menschen ist i. A. die Fußbodenmitte der zu betrachtenden Räume innerhalb eines Gebäudes.

### 19.2.3 Messung von Erschütterungen und Sekundärluftschall

Sowohl zur Ermittlung der erforderlichen Ausgangskenngrößen für die Erschütterungsprognose, zur Feststellung einer bestehenden Immissionssituation (Beweissicherungsmessung) als auch zur Nachweisführung über den vorhandenen Zustand oder Bestätigung der Prognose nach Fertigstellung einer Baumaßnahme, können Schwingungsmessungen durchgeführt werden.

Allgemeine Hinweise zu Schwingungsmessungen enthält die DIN 45669 *„Messung von Schwingungsimmissionen“*. In DIN 45672 *„Schwingungsmessung an Schienenverkehrswegen“* werden zusätzliche speziell für Erschütterungsmessungen an Schienenverkehrswegen geltende Hinweise gegeben.

Folgende Messrichtungen sind nach DIN 45672-1 definiert:

- $x$-Richtung: horizontal parallel zum Gleis,
- $y$-Richtung: horizontal, senkrecht zum Gleis,
- $z$-Richtung: vertikal.

Für die Messung der Schwingungsgrößen sind geeignete Messpunkte auszuwählen. Als typische Messpunkte gelten:

- **Geländemesspunkt im Baugrund:** Zur Ankopplung von Schwingungsaufnehmern an das Erdreich können Spieße so in den Boden eingeschlagen werden, dass eine feste Kopplung zwischen Erdreich und Spieß hergestellt wird. Die Spieße müssen ausreichend steif sein, um Verformungen beim Einschlagen zu vermeiden. An ihrem oberen Ende werden der oder die Schwingungsaufnehmer kraftschlüssig befestigt. Bewährt haben sich z. B. Spieße mit einer Länge von etwa 500 mm und X-förmigem Querschnitt. Nach dem Entfernen lockerer Bodenschichten werden solche Spieße mit einem Hammer ganz in das Erdreich eingeschlagen. Anschließend wird der vom Schlagen aufgelockerte Boden verfestigt.
- **Messpunkt am Haus- oder Bauwerksfundament:** Für Messungen im Bereich des Fundaments von Gebäuden sind Messpunkte am Fundament oder an den aufgehenden tragenden Bauteilen (z. B. Fensterlaibungen) zu wählen. Sie dürfen nicht höher als 0,5 m oberhalb der Oberkante des umgebenden Erdreichs liegen. Lockere Treppenstufen, lose Platten oder hohlliegende Aufstellflächen sind ebenso wie Messpunkte auf einer Wärmedämmschicht nicht geeignet.
- **Messpunkt auf Fußboden eines Raumes:** Schwingungsmessungen an Geschossdecken (s. Abb. 19.15) sind an den Stellen mit den größten auftretenden Schwingungen durchzuführen. Die größten vertikalen Schwingungsamplituden sind erfahrungsgemäß in der Deckenmitte zu erwarten. Zur Bestimmung der horizontalen Schwingungen sollten die Schwingungsaufnehmer in der Nähe der aufgehenden, tragenden Wände, in Türdurchgängen oder in Fensternischen angebracht werden.

Im Baugrund und auf den Geschossdecken von Gebäuden ist in der Regel die Messung der $z$-Richtung als Hauptrichtungskomponente ausreichend, während am Gebäudefundament die Schwingungsgrößen für alle drei Hauptachsen zu ermitteln sind. Je nach örtlicher Gegebenheit können weitere Messpunkte (z. B. in zusätzlichen Geschossen oder weiteren Räumen) vorgesehen werden.

**Abb. 19.15** Typische Positionen von Messaufnehmern (auf Erdspieß im Baugrund (*links*), im Gebäude (*rechts*))

### 19.2.4 Minderungsmaßnahmen

Zur Minderung von Erschütterungen aus dem Schienenverkehr existieren unterschiedliche Maßnahmen, die sich hauptsächlich in ihrem Wirkungsort unterscheiden. Am effektivsten wirken Maßnahmen direkt an der Quelle.

Die Wirksamkeit einer Minderungsmaßnahme wird durch die Einfügedämmung beschrieben. Hierunter versteht man die relative Wirkung einer Minderungsmaßnahme gegenüber einer Referenzsituation (z. B. Oberbauvariante I – Oberbauvariante II). Die Einfügedämmung ist frequenzabhängig. In vielen Fällen ist die Wirkung auch nicht über das gesamte Frequenzspektrum gegeben, sondern es kommt häufig in einzelnen Frequenzbändern zu einer verminderten Wirksamkeit oder sogar zu einer Verstärkung von Erschütterungen. Die Einfügedämmung kann aus vergleichenden Messungen zweier Einbausituationen, aus Messungen an einem Prüfaufbau im Labor oder auch durch rechnerische Simulationsrechnungen gewonnen werden. Einzelheiten hierzu enthält die DIN SPEC 45673-3 „*Mechanische Schwingungen – Elastische Elemente des Oberbaus von Schienenfahrwegen – Teil 3: Messtechnische Ermittlung der Einfügungsdämmung im eingebauten Zustand*“.

#### 19.2.4.1 Maßnahmen an der Quelle

Hierunter fallen alle Maßnahmen, die zur Verminderung der Entstehung oder der Einleitung und Ausbreitung der Erschütterungen in den Baugrund beitragen. Hierzu zählen auch Maßnahmen am Fahrzeug. Bei den Fahrzeugen ist ein guter Unterhaltungszustand der Fahrwerke und insbesondere der Räder (Beseitigung von Unrundheiten, Unwuchten, Flachstellen u. s. w.) von Bedeutung. In Bezug auf den Fahrweg ist in erschütterungssensiblen Abschnitten besonders auf eine gute Gleislage sowie auf die Vermeidung von Schwellenhohllagen und starker Schienenverriffelung oder Schlupfwellenbildung zu achten.

Da der zu beurteilende Immissionspunkt bei Erschütterungen immer innerhalb eines Gebäudes liegt, und nicht wie beim Luftschall unabhängig vom Gebäude ist, kann die Wirkung nicht losgelöst von der zu schützenden Bebauung betrachtet werden. Hinzu kommt die starke spektrale Ausprägung in der Wirksamkeit der verschiedenen Schutzmaßnahmen. Dies erschwert die Auswahl und Bestimmung der geeigneten Maßnahmen. Diese müssen daher projektspezifisch für den jeweiligen Anwendungsfall ausgewählt und geplant werden. Zusammenstellungen verschiedener ausgeführter Beispiele finden sich in [12] sowie in der Veröffentlichung „Deliverable D3.1 State of the art review of mitigation measures on track“ des UIC-Projekts RIVAS [13]. Die Realisierung von Minderungsmaßnahmen ist in vielen Fällen mit hohen zusätzlichen Kosten verbunden. Zu den primären Kosten der Schutzmaßnahme kommen vielfach weitere sekundäre Kosten, wie z. B. Anpassungen im Aufbau des Untergrundes, zusätzlicher Platzbedarf im Regelprofil und Folgekosten bei der Unterhaltung. Maßnahmen im Bereich des Fahrwegs zielen in vielen Fällen darauf ab, durch Einfügen von zusätzlichen elastischen Komponenten zum einen die Einleitung der dynamischen Kräfte in den Untergrund zu verringern, sowie zum anderen die schwingungsdynamischen Eigenschaften des Oberbaus gezielt zu verändern. Die für die jeweilige Schutzmaßnahme maßgebenden Kennwerte sind nach den Prüfverfahren der DIN 45673 „*Mechanische Schwingungen – Elastische Elemente des Oberbaus von Schienenfahrwegen*“ zu ermitteln (s. [14]).

**Hochelastische Schienenstützpunkte**
Im Bereich des innerstädtischen Schienenverkehrs (Straßenbahnen, U-Bahnen u. ä.) wurden eine Vielzahl von Sonderkonstruktionen entwickelt, um durch hochelastische Schienenstützpunkte die Eintragung von Schwingungen wirksam zu verringern. Hierbei konnte vor allem eine gute Minderung des Sekundär-Luftschalls erzielt werden. Aufgrund der höheren Lasten und gefahrenen Geschwindigkeiten sind im Bereich der Vollbahnen der zulässigen Elastizität und den daraus resultierenden Verformungen enge Grenzen gesetzt, wodurch die Minderungswirkung sehr eingeschränkt wird.

**Elastische Schwellenbesohlung**
Hier wird eine zusätzliche elastische Schicht am Kontaktbereich zwischen Schwelle und Schotter eingefügt (s. Abb. 19.16). Je nach der zulässigen Elastizität (z. B. in Abhängigkeit von der Geschwindigkeit) kann eine schwingungsmindernde Wirkung ab ca. 40 Hz erzielt werden. Im Bereich der Deutschen Bahn sind nach der Technischen Lieferbedingung Ril 889.1452 „*Technische Lieferbedingungen; Besohlte Schwellen, Gleis- und Weichenschwellen mit Schwellenbesohlung*“ zugelassene Produkte zu verwenden.

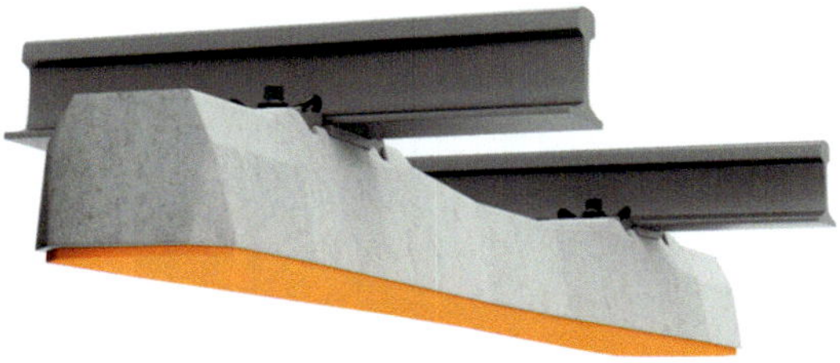

**Abb. 19.16** Besohlte Schwellen. (Copyrights © Getzner Werkstoffe https://www.getzner.com)

**Unterschottermatten auf Brücken, im Betontrog und im Tunnel**
Unterschottermatten werden im Netz der Deutschen Bahn auf Brücken zur Minderung der Schotterbeanspruchung, zur Minderung des Brückendröhnens sowie zum Schutz der Korrosionsschutzschicht bei Stahlbrücken eingesetzt.

Des Weiteren werden Unterschottermatten als Erschütterungsschutzmaßnahme bei oberirdischen Strecken in Betontrögen sowie bei unterirdischen Strecken in Tunneln als elastisches Flächenlager an der Kontaktstelle Schotter/Tunnelsohle verwendet (s. Abb. 19.17). Die wichtigste Kenngröße zur Unterscheidung der Wirksamkeit ist die Elastizität, die als Bettungsmodul angegeben wird. Für die schwingungsmindernde Wirkung entscheidend ist dabei die Elastizität unter dynamischer Belastung (höherfrequenter dynamischer vertikaler Bettungsmodul $C_H$ [$N/mm^3$]) nach DIN EN 17282 „*Bahnanwendungen – Infrastruktur – Unterschottermatten*“.

Die Einsatzbereiche und zulässigen Steifigkeiten von Unterschottermatten im Netz der Deutschen Bahn sind in der DB-Richtlinie Ril 820.2010 „*Ausrüstungsstandard Schotteroberbau für Gleise und Weichen*“ geregelt. Im Bereich der Deutschen Bahn sind nach der Technischen Lieferbedingung Ril 889.0711 „*Technische Lie-*

**Abb. 19.17** In Betontrog eingespannter Schotteroberbau und integrierter Unterschottermatte. (Copyrights © Getzner Werkstoffe https://www.getzner.com)

*ferbedingungen; Unterschottermatten zur Minderung der Schotterbeanspruchung*" zugelassene Produkte zu verwenden.

Voraussetzung für eine gute Wirksamkeit der Unterschottermatte ist ein ausreichend steifer Untergrund (Eingangsimpedanz). Im Gegensatz zum Tunnel mit der steifen Sohlenkonstruktion ist dies auf dem Erdplanum der oberirdischen Strecke i. d. R. nicht gegeben. Hier muss daher erst durch die Ausbildung einer steifen Unterkonstruktion z. B. durch einen Betontrog die entsprechende Voraussetzung geschaffen werden. Dies macht die Maßnahme vergleichsweise aufwändig und beschränkt den Einsatzbereich auf Sonderfälle (s. [15–17]). Abb. 19.18 zeigt ein Beispiel für die Minderungswirkung eines Betontroges mit Unterschottermatte anhand der Einfügedämmung des Gesamtsystems. Die Abbildung zeigt, dass nicht nur die Unterschottermatte die Minderungswirkung der Schutzmaßnahme beeinflusst, sondern dass auch der eingespannte Oberbau und seine Masse sowie die Biegesteifigkeit des Betontroges einen positiven Einfluss auf die Minderungswirkung besitzen.

**Masse-Feder-Systeme im Tunnel**

Als Masse-Feder-System (MFS) werden Oberbauarten im Tunnel bezeichnet, bei denen zusätzlich zu dem elastischen Element (Lager) und der eigentlichen Fahrwegkonstruktion noch eine Zusatzmasse (meistens als Ortbeton- oder Fertigbetongleistragplatte) angeordnet wird. Durch die hohe abgefederte Eigengewichtsmasse und die aufgrund der lastverteilenden Wirkung der Platte zulässigen Verformungen (Einfederungen im elastischen Lager) können auch Abstimmfrequenzen deutlich unter 10 Hz erzielt werden. Damit lässt sich auch bei Gebäuden mit sehr tiefen Deckeneigenfrequenzen eine gute Minderungswirkung erreichen.

Die Bauverfahren von Masse-Feder-Systemen hängen stark von den vorgegebenen Randbedin-

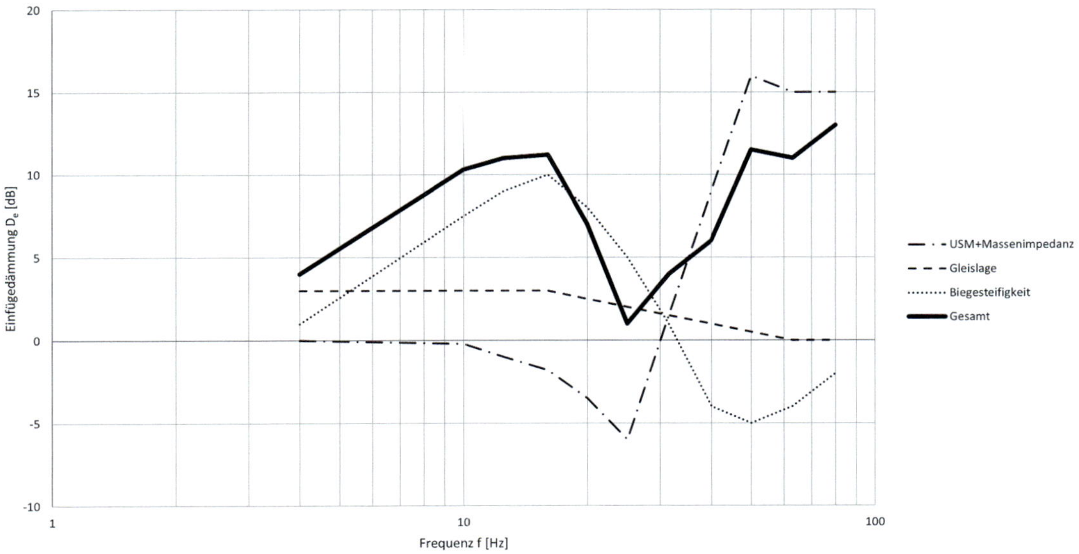


**Abb. 19.18** Beispiel für eine Einfügedämmung $D_e$ eines Betontrogs mit USM zum Erschütterungsschutz [15]

**Abb. 19.19** Schematische Darstellung von vollflächigen MFS (*oben links*), von MFS mit Streifenlager (*oben rechts*) und von MFS mit Einzellagern (*unten links*). (Copyrights © Getzner Werkstoffe http://www.getzner.com)

gungen ab (s. [18]). Die Anordnung und Ausführung der Lager variiert je nach System-Abstimmfrequenz und auftretenden Lagerpressungen zwischen vollflächigen Lagern, Streifenlagern und Einzellagern (s. Abb. 19.19). Der generelle Aufbau eines vollflächig gelagerten Masse-Feder-Systems ist aus Abb. 19.20 ersichtlich.

Masse-Feder-Systeme erfordern eine deutlich größere Konstruktionshöhe als der übliche Oberbau. Entsprechende Abschnitte müssen daher bereits frühzeitig bei der Planung mit berücksichtigt werden um die übrigen Abmessungen (z. B. Tunnelquerschnitt) daraufhin anzupassen.

**Abb. 19.20** Masse-Feder-System mit vollflächiger Lagerung: *1* Oberbau als Feste Fahrbahn, *2* Gleistragplatte mit längsverschieblichen Querkraftdübeln, *3* elastische Matte 50 mm, *4* Ausgleichs- und Sohlbeton. (Quelle: Fa. Baudynamik Heiland & Mistler GmbH, Bochum)

#### 19.2.4.2 Maßnahmen am Ausbreitungsweg

In der Vergangenheit wurden unterschiedliche Maßnahmen untersucht, um durch Hindernisse die Ausbreitung von Bodenwellen zu vermindern. Dazu gehören schwere und leichte Abschirmmaßnahmen (z. B. Bohrpfähle oder Spundwände). Eine nennenswerte abschirmende Wirkung war dabei nur in unmittelbarer Nähe hinter den Maßnahmen festzustellen. Eine großräumige Abschirmung der dahinter liegenden Bebauung (vergleichbar mit Schallschutzwänden) ist nach derzeitigem Kenntnisstand nicht möglich, so dass sich diese Lösungen bisher nicht durchsetzen konnten. Eine Zusammenstellung möglicher Maßnahmen im Ausbreitungsweg finden sich in der Veröffentlichung „Deliverable D4.6 – Design guide and technology assessment of the transmission mitigation measures" des UIC-Projekts RIVAS [13].

#### 19.2.4.3 Maßnahmen am Immissionsort

Wird ein Gebäude neu in unmittelbarer Nähe eines Schienenverkehrswegs oder über einem Eisenbahntunnel gebaut, so kann mit einer elastischen Lagerung des Gebäudes eine sehr gute Schwingungsminderung erzielt werden. Bei bestehenden Gebäuden kann in Einzelfällen eine seitliche Abschirmung mit elastischen Matten eine Minderung der eingetragenen Schwingungen am Übergang zwischen Baugrund und Gebäudefundament bewirken. Durch eine Veränderung der Deckenkonstruktion kann die Decke „verstimmt" werden, um damit die Resonanzfrequenzen außerhalb der pegelbestimmenden Anteile des Erschütterungssignals zu legen. In der Praxis wird dies aber nicht ohne erhebliche Eingriffe in den Grundriss und die Konstruktion des Gebäudes möglich sein, so dass dies aus Kostengründen normalerweise ausscheidet.

### 19.2.5 Grundsätze der Planung

Im Zuge der Planung des Neubaus von oder der Änderungen an Schienenverkehrswegen sind in zunehmendem Maße deren Auswirkungen auf belästigende Erschütterungsimmissionen in der unmittelbar benachbarten und betroffenen Bebauung abzuschätzen und ggf. genauer zu untersuchen und entsprechende Maßnahmen zu deren Minderung zu planen.

Wird in der Nähe von Gebäuden Eisenbahninfrastruktur neu- oder ausgebaut, sind im Rahmen der für die Planfeststellung zu erstellenden Unterlagen auch Aussagen über die zukünftigen Auswirkungen der neuen oder geänderten Eisenbahninfrastruktur hinsichtlich Erschütterungsimmissionen erforderlich und im Rahmen der Abwägung zu berücksichtigen.

Hierbei sind nur die rein baulichen Veränderungen zu berücksichtigen bei denen von Auswirkungen auf die Erschütterungsemissionen auszugehen ist (z. B. Gleislageveränderungen).

Reine Instandhaltungsmaßnahmen ohne Veränderung der Lage oder der Trasse des Gleiskörpers fallen ebenso wie betrieblich-sicherungstechnische Veränderungen nicht unter diese Regelungen. Hier ist von einem Bestandsschutz auszugehen.

Der Einwirkungsbereich einer Gleis- und insbesondere Tunneltrasse, in dem mit relevanten Immissionen aus Erschütterungen und Sekundärluftschall zu rechnen ist, nennt man Betroffenheitskorridor. Dieser hängt vom Betriebsprogramm und vor allem von den örtlich vorliegenden Übertragungseigenschaften des Baugrundes ab. Zur Abschätzung eines möglichen Betroffenheitskorridors können folgende Anhaltswerte nach VDI 3738 „*Erschütterungen in der Umgebung von oberirdischen Schienenverkehrswegen – Spektrales Prognoseverfahren*“ genannt werden:

- Vollbahn mit Massengütertransporten, extrem weichen Böden in Verbindung mit Holzbalkendecken: 200 m
- Vollbahn, „normale“ Verhältnisse: 60 m
- S-Bahn: 40 m
- U-Bahn, Stadt- und Straßenbahn (oberirdisch): 25 m

Diese Werte gelten vor allem für den Neubau von Strecken. Wenn nur die Auswirkungen der Änderungen an Bestandsstrecken untersucht werden sollen, kann der Untersuchungsraum in der Regel enger gefasst werden.

#### 19.2.5.1 Prognose von Erschütterungen und Sekundärluftschall

Das Ziel der Prognose von Erschütterungen und Sekundärluftschall im Zusammenhang mit Neu- und Ausbauvorhaben ist zu prüfen, ob ausreichender Schutz vor den Schwingungsimmissionen aus dem Schienenverkehr besteht und falls erforderlich, mit welchen Maßnahmen dieser Schutz erreicht werden kann.

Anders als beim Verkehrslärm existiert für die Prognose von Erschütterungen und Sekundärluftschall kein gesetzlich vorgeschriebenes Prognoseverfahren. Üblicherweise werden analytische und empirische Prognoseverfahren kombiniert. Die bei der Deutschen Bahn anzuwendenden Prognoseverfahren können der DB-Richtlinie Ril 820.2050 „*Erschütterungen und sekundärer Luftschall*“ entnommen werden. Weitere Hinweise enthalten ebenfalls die VDI 3837 sowie die Veröffentlichungen von Krüger et al. [12], Lutzenberger et al. [19].

Wird im Rahmen der zu erstellenden Prognosen für Erschütterungen und Sekundärluftschall eine Überschreitung der Anspruchskriterien nach Abschn. 19.2.5.2 und 19.2.5.3 für einen oder mehrere Immissionsorte festgestellt, so ist der Vorhabensträger dazu verpflichtet, geeignete Maßnahmen vorzusehen, um die Immissionen auf Werte unterhalb der gültigen Anspruchskriterien zu vermindern. Dies begründet für den betroffenen Anlieger „einen Anspruch dem Grunde nach“ auf entsprechende Schutzmaßnahmen. Einzelheiten über deren Umsetzung werden im Planfeststellungsverfahren geregelt und als Auflage im Planfeststellungsbeschluss festgehalten.

Neben der technischen Realisierbarkeit müssen entsprechend den allgemeinen Grundsätzen des Immissionsschutzrechts die Aufwendungen für Schutzmaßnahmen in einem angemessenen Verhältnis zum Schutzzweck stehen. Es ist daher für jeden Einzelfall eine sorgfältige Abwägung zwischen der technischen Machbarkeit, den Kosten und dem zu erzielenden Nutzen durchzuführen.

Immissionsschutzrechtlich besteht zunächst die Verpflichtung, vorrangig eine Verminderung der Entstehung und Ausbreitung der störenden Emissionswirkungen durch Maßnahmen an der Quelle zu erzielen. Diese werden oft als „aktive Minderungsmaßnahmen“ bezeichnet. Erst wenn diese technisch nicht möglich oder nicht in einem angemessenen Verhältnis zwischen Aufwand und Nutzen zu realisieren sind, kann auf Minderungsmaßnahmen am Immissionsort (passive Minderungsmaßnahmen) ausgewichen werden. Falls keine entsprechenden Maßnahmen möglich sind oder nicht in einem ausreichenden Maß zur Verfügung stehen ist ggf. eine angemessene Entschädigung zu leisten.

Da Immissionsprognosen von Schwingungen des Schienenverkehrs mit erheblichen Ungenauigkeiten bzw. Unschärfen behaftet sind, besteht das Ziel der Immissionsprognose nicht darin, eine exakte Aussage zu den zu erwartenden Immissionen zu erhalten. Vielmehr ist es das Ziel, die im Hinblick auf wirtschaftliche und technische Machbarkeit optimalen Minderungsmaßnahmen festzulegen. Hierbei orientiert sich das Schutzziel zunächst anhand von Vorgaben in Gesetzen und Normen (Mindestschutz), kann aber auch individuell mit dem Bauherrn vereinbart (Komfortschutz) werden.

Die Erschütterungsprognose wird nach der DB-Richtlinie Ril 820.2050 in verschiedene Phasen unterteilt, wobei mit jeder Phase die Genauigkeit der Prognose erhöht wird:

- Grundlagenermittlung
- Sondierung und Konfliktanalyse
- Detailuntersuchung inkl. Untersuchung von Minderungsmaßnahmen.

Auch eine exakte Ermittlung des Sekundärluftschalls aufgrund von physikalischen Modellen ist außerordentlich kompliziert und erfordert eine Vielzahl von in der Regel nicht bekannten oder nur sehr aufwändig zu ermittelnden Eingangsparametern. In ausführlichen Untersuchungen konnte für die typischerweise an Eisenbahnstrecken geltenden Randbedingungen eine Abhängigkeit zwischen der Schwingung des Fußbodens in einem Raum und dem von den Raumbegrenzungsflächen abgestrahlten Sekundärluftschall festgestellt werden. Ein praxistaugliches Verfahren zur Ermittlung des Sekundärluftschalls mit Hilfe von Korrelationsfunktionen ist in der DB-Richtlinie Ril 820.2050 *„Erschütterungen und sekundärer Luftschall“* sowie in [20] dargestellt. Ausgangsgröße hierzu ist der auf die geometrische Vorbeifahrzeit des Zuges bezogene, mit der Zeitbewertung Fast (125 ms) ausgewertete Schwingschnellepegel einschl. der A-Bewertung $L_{vA}$. Demnach gilt für:

- Gebäude mit Holzbalkendecke:

$$L_{\mathrm{sek},A} = 19{,}88 + 0{,}47\,L_{vA} \tag{19.3}$$

- Gebäude mit Betondecken:

$$L_{\mathrm{sek},A} = 15{,}75 + 0{,}60\,L_{vA}. \tag{19.4}$$

### 19.2.5.2 Beurteilung der Erschütterungseinwirkungen

Im Zusammenhang mit der Beurteilung von Erschütterungen aus dem Schienenverkehr werden die Erschütterungseinwirkungen in Einwirkungen auf bauliche Anlagen, in Einwirkungen auf empfindliche technische Geräte und Einrichtungen sowie in Einwirkungen auf Menschen unterschieden. Bei Bauvorhaben der Deutschen Bahn ist bei der Beurteilung der Erschütterungseinwirkungen die DB-Richtlinie Ril 820.2050 *„Erschütterungen und sekundärer Luftschall“* anzuwenden.

#### Einwirkungen auf bauliche Anlagen

Beim Übergang der Erschütterungen vom Baugrund auf die Gründung eines Gebäudes und die Übertragung auf die einzelnen Geschossebenen werden die Schwingungen durch die Elastizität des Baugrunds, die Gebäudemasse, die Art der Gründung, die Gebäudekonstruktion und durch weitere Effekte beeinflusst.

Die aus dem Schienenverkehr herrührenden Erschütterungen liegen deutlich unterhalb der für ein Bauwerk als schädlich einzustufenden Schwingungsgrößen. Dies gilt auch bei unmittelbar an einer Eisenbahntrasse stehenden Gebäuden. Im Regelfall sind hier keine ausführlichen weiteren Untersuchungen erforderlich. Ist trotzdem eine detaillierte Beurteilung erforderlich, können diese nach DIN 4150-3 *„Erschütterungen im Bauwesen – Teil 3: Einwirkungen auf bauliche Anlagen“* beurteilt werden.

#### Einwirkungen auf empfindliche technische Geräte und Einrichtungen

Bei erschütterungsempfindlichen Geräten und Einrichtungen können in Einzelfällen Beeinträchtigungen der Funktionsfähigkeit auftreten oder besondere Schutzvorkehrungen (z. B. schwingungsisolierte Aufstellung) erforderlich werden, wenn die Erschütterungsimmissionen die am Aufstellort der Geräte oder innerhalb der Einrichtungen geforderten Spezifikationen überschreiten. Eine Beurteilung hinsichtlich der Zumutbarkeit hat unter strenger Berücksichtigung des Einzelfalls zu erfolgen. Hierbei ist neben der historischen Entwicklung der Nachbarschaftssituation, den Duldungspflichten nach dem Gebot der gegenseitigen Rücksichtnahme insbesondere auch die ortsübliche Vorbelastung aus anderen bereits in der Umgebung vorhandenen Schwingungsquellen (z. B. aus Lieferanten- und Ladungsverkehr, Personenbewegungen, haustechnischen Anlagen usw.) zu berücksichtigen. Diese können in jedem Fall als zumutbar angesehen werden und sind ggf. vorab durch Bestandsmessungen am Aufstellort zu ermitteln.

**Einwirkungen auf Menschen in Gebäuden**
Hierunter ist die Beurteilung der Erschütterungseinwirkungen zu verstehen, wie sie vom Menschen beim Aufenthalt in Gebäuden, insbesondere Wohngebäuden als belästigend wahrgenommen werden. Für Planungsvorhaben bei der Deutschen Bahn ist eine Beurteilung nach DIN 4150-2 *„Erschütterungen im Bauwesen – Teil 2 Einwirkungen auf Menschen in Gebäuden"* als einschlägiges technisches Regelwerk durchzuführen. Dort werden beim Neubau von Schienenverkehrswegen Anforderungen und Anhaltswerte differenziert nach Gebietsnutzung und Tages- und Nachtzeitraum genannt, bei deren Einhaltung erwartet werden kann, dass in der Regel erhebliche Belästigungen von Menschen in Wohnungen und vergleichbar genutzten Räumen vermieden werden.

Bei Unterschreitung der Anspruchskriterien sind die Erschütterungsimmissionen auch nach dem Gebot der gegenseitigen Rücksichtnahme dem Anwohner zumutbar. Andererseits ist bei einer Überschreitung zwar von zunehmenden Belästigungen auszugehen, keinesfalls kann aber im Umkehrschluss hieraus gefolgert werden, dass die Situation damit für die Betroffenen automatisch als unzumutbar zu bewerten ist. Vielmehr kommt es gerade für diesen Fall auf die konkreten Umstände des Einzelfalls an.

Bei der baulichen Änderung von Schienenverkehrswegen ist bei der Überprüfung der Zumutbarkeit von Erschütterungsimmissionen eine vorhandene oder plangegebene Vorbelastung als zumutbar anzusehen und dementsprechend schutzmindernd bei der Abwägung und Bemessung von evtl. Minderungsmaßnahmen und Ausgleichsansprüchen zu berücksichtigen. Bei der Beurteilung der Erschütterungen kommt es zunächst nicht darauf an, die Absolutwerte einer erschütterungstechnischen Belastung zu bestimmen, sondern zu ermitteln, inwieweit es durch die baulichen Eingriffe zu zusätzlichen Belastungen kommt, und ob gerade in diesen zusätzlichen Belastungen eine unzumutbare Beeinträchtigung liegt. Nur wenn die Erschütterungsimmissionen aus dem Schienenverkehr nach dem Bauvorhaben wesentlich um mindestens 25 % zunehmen, und gleichzeitig die prognostizierten Erschütterungen die Anhaltswerte nach DIN 4150-2 übersteigen, sind Minderungsmaßnahmen zu prüfen.

Die Beurteilung der Erschütterungswirkungen nach DIN 4150-2 wird anhand von KB-Werten durchgeführt. Dies sind dimensionslose Größen zur Beschreibung der Schwingstärke des Fußbodens in Raummitte, die aus der am Immissionspunkt gemessenen oder prognostizierten unbewerteten Schwingschnelle durch eine Zeit- und Frequenzbewertung ermittelt werden.

#### 19.2.5.3 Beurteilung des Sekundärluftschalls

Ähnlich wie bei der Beurteilung der Erschütterungsimmissionen, existiert bei der Beurteilung des Sekundärluftschalls keine über die allgemeinen immissionsschutz- und planungsrechtlichen Grundsätze hinausgehenden konkreten Rechtsverordnungen, die ein Beurteilungsverfahren oder bestimmte einzuhaltende Grenz- oder Richtwerte vorgeben. Bei Bauvorhaben der Deutschen Bahn ist bei der Beurteilung des Sekundärluftschalls die DB-Richtlinie Ril 820.2050 *„Erschütterungen und sekundärer Luftschall"* anzuwenden.

Sekundärluftschall ist eine Sonderform von verkehrsinduzierten Geräuschen. Die Beurteilungsgrundsätze müssen daher insbesondere aus Regelungen und Grundsätzen, wie sie auch sonst im Bereich des Verkehrslärms Anwendung finden, abgeleitet werden. Ein Anhaltspunkt für die Bestimmung von zulässigen Innenraumpegeln von verkehrsindizierten Immissionen kann aus der 24. BImSchV (Verkehrswege-Schallschutzmaßnahmenverordnung) abgeleitet werden. Dort werden Angaben über das erforderliche Schalldämmmaß der Außenbauteile (Wände, Fenster, etc.) in Abhängigkeit vom Außenpegel gemacht.

Wie auch sonst bei der Beurteilung von Verkehrslärm und insbesondere Schienenverkehrslärm allgemein üblich, werden nur Beurteilungspegel und keine Spitzenpegel betrachtet. Die höchstzulässigen Innengeräuschpegel (Mittelungspegel) betragen

- für Wohnräume 40 dB(A), tags,
- für Schlafräume 30 dB(A), nachts.

Für den Sekundärluftschall gilt gleichermaßen der Grundsatz, dass bei Änderungen an bestehenden Verkehrsanlagen eine vorhandene Belastung schutzmindernd anzurechnen ist, und dass bei Überschreitung der oben dargelegten Richtwerte zu überprüfen ist, ob es durch die Baumaßnahme zu einer erheblichen Verschlechterung kommt. Als Grundlage ist hier wie bei Schallimmissionen allgemein üblich eine Pegelerhöhung in Höhe der Wahrnehmbarkeitsschwelle von 3 dB(A) als wesentlich anzusehen.

## Literatur


1. Thompson D (2009) Railway noise and vibration. Elsevier, Oxford
2. Lutzenberger S, Stiebel D, Gerbig C, Wettschureck RG (2016) Luftschall aus dem Schienenverkehr. In: Müller G, Möser M (Hrsg) Taschenbuch der Technischen Akustik. Springer, Berlin
3. Richtlinie zur Berechnung der Schallimmissionen von Schienenwegen – Schall 03, Ausgabe 1990
4. Sechzehnte Verordnung zur Durchführung des Bundes-Immissionsschutzgesetzes, Anlage 2: Berechnung des Beurteilungspegels für Schienenwege (Schall 03); Neufassung 2015
5. Frank C, Stangl M, Asmussen B (2018) Anforderungen an die akustische Wirksamkeit von Schienenstegdämpfern und Schienenstegabschirmungen. ZEVRail 142(11–12):482
6. Vierundzwanzigste Verordnung zur Durchführung des Bundes-Immissionsschutzgesetzes (Verkehrswege-Schallschutzmaßnahmenverordnung)
7. Akustik 23 (1996) Schalldämmung von Fenstern bei Schienenverkehrslärm. Zentralbereich Basis-Technologie ZBT 51. Deutsche Bahn AG, München
8. Rothhämel J, Schröder S, Koch B (2015) Akustischer Fahrflächenzustand im Netz der DB Netz AG. ZEV-Rail 139:19
9. Asmussen B, Lange S, Rothhämel J (2017) Die Bedeutung des Schienenzustands für Entstehung und Prognose von Schienenlärm. Lärmbekämpfung 12(5):158
10. Stiebel D, Asmussen B (2019) Leitfaden zur Auslegung von Schallminderungsmaßnahmen an Eisenbahnbrücken (Brückenleitfaden). Eisenbahntech Rundsch 5/2019:40
11. DB Netz AG (2018) Einsatz von Schallminderungsmaßnahmen an bestehenden und neuen Eisenbahnbrücken im Netz der DB Netz AG – Brückenleitfaden. https://docplayer.org/138659406-Einsatz-von-schallminderungsmassnahmen-an-bestehenden-und-neuen-eisenbahnbruecken-im-netz-der-db-ag-brueckenleitfaden-version-2018.html
12. Krüger F et al (2023) Schall- und Erschütterungsschutz im Schienenverkehr. 3., überarbeitete und erweiterte Auflage. Expert-Verlag GmbH
13. UIC (2011) Railway Induced Vibration Abatement Solutions (RIVAS). https://uic.org/projects/article/rivas
14. Stahl W (2011) Prüfung von elastischen Komponenten zur Schwingungsminderung beim Eisenbahnoberbau. Eisenbahntech Rundsch 12/2011:33
15. Müller-Boruttau et al (2004) Aboveground Low Vibration Emission Ballasted Track with Concrete Trough. Proceedings DAGA 2004, Straßburg
16. Garburg R, Frank C, Mistler M (2021) Investigation of vibration mitigation by concrete trough with integrated under ballast mats for surface-railways, Noise and Vibration Mitigation for Rail Transportation Systems. Proceedings of the 13th International Workshop on Railway Noise, Ghent. Springer, S 563–570.
17. Breitsamter N (2018) Zur erschütterungsmindernden Wirkung von Betontrögen mit Schotteroberbau auf Unterschottermatten. Proceedings DAGA 2018, München
18. Lenz U, Stank H, Stummeyer H-J (2007) Dimensionierung von Masse-Feder-Systemen für Eisenbahnen. Eisenbahningenieur 03/2007:12
19. Lutzenberger S, Stiebel D, Gerbig C, Wettschureck RG (2016) Erschütterungen und sekundärer Luftschall aus dem Schienenverkehr. In: Müller G, Möser M (Hrsg) Taschenbuch der Technischen Akustik. Springer
20. Said A, Grütz H-P, Garburg R (2006) Ermittlung des sekundären Luftschall aus dem Schienenverkehr. Z Lärmbekämpfung 53(1):12

# Vegetationsmanagement 20

Felix Gerhardt und Michael Below

**Zusammenfassung**

Ziel des Vegetationsmanagements entlang von Bahnstrecken ist es, die Betriebssicherheit zu gewährleisten und die Verfügbarkeit des Fahrwegs zu erhalten. Dabei werden die Ansprüche aller Stakeholder (z. B. Anwohner, Naturschutz) bewertet und beachtet.

Im direkten Gleisbereich sorgen hauptsächlich chemische Verfahren für die notwendige Unkrautfreiheit. An alternativen Verfahren (mechanisch, thermisch, elektrisch) und alternativen Wirkstoffen forscht die DB in enger Netzoperation mit Nachbarbahnen und Wissenschaft.

Außerhalb des Gleisbereichs kommen ausschließlich mechanische und motormanuelle Verfahren der Vegetationskontrolle zum Einsatz. Jährliche gleisnahe Rückschnitte stellen die notwendigen Sichtachsen und Abstände zu Bahnanlagen sicher. Die Stand- und Bruchsicherheit von Bäumen wird regelmäßig von Fachleuten bewertet und forstliche Leitbilder sorgen für Resilienz der Baumbestände gegenüber den Auswirkungen des Klimawandels.

## 20.1 Grundlagen

Die Fläche der DB InfraGO AG (bis 31.12.2023 DB Netz AG) als Infrastrukturbetreiber der Deutschen Bahn AG beträgt ca. 1170 $km^2$ und entspricht damit der Hälfte Luxemburgs. Der Fahrweg mit Gleisbett und Randweg sowie Böschungs- und Dammflächen nimmt mit rund 1150 $km^2$ den größten Flächenanteil davon ein. Die Gleisanlagen (Schotterkörper und Randweg) umfassen davon ca. 400 $km^2$, wobei der Fahrweg dabei durchschnittlich einen etwa 20 m breiten Korridor bildet. Die verbleibenden 20 $km^2$ umfassen beispielsweise Bahnhöfe und sonstige Flächen.

Das Ziel der Trassenpflege, zu der auch das Vegetationsmanagement als ein Element gehört, besteht in der Erhaltung der Betriebssicherheit und Bereitstellung eines Fahrwegs mit hoher Verfügbarkeit.

Im Rahmen des Vegetationsmanagements wurde deshalb ein *Sicherheitsrelevanter Bereich* (Abb. 20.1) definiert, in dem Pflanzen den Bahnbetrieb beeinflussen können. Innerhalb dieses Bereichs unterscheidet man zum einen den *Bereich im Gleis*, der den Oberbau mit Schienen, Schwellen und Befestigungsmitteln sowie die angrenzenden Rand- und Rangiererwege umfasst. Und zum anderen den *Bereich am Gleis*, der die angrenzenden Flächen mit variabler Ausdehnung umfasst. In beiden Bereichen gilt es, die Betriebssicherheit wie z. B. die Funktionsfähigkeit des Oberbaus, Signalsichten, Sicherheitsabstände zu Oberleitungen und anderen elektrischen

F. Gerhardt (✉)
Naturgefahrenmanagement, DB Netz AG, Frankfurt, Deutschland

M. Below
Strategie und Reporting Nachhaltigkeit und Umwelt (GUU), DB AG, Berlin, Deutschland

 
J. Holzfeind, J. Liu, F. Pospischil (Hrsg.), *Handbuch Eisenbahninfrastruktur*,
https://doi.org/10.1007/978-3-662-68960-8_20

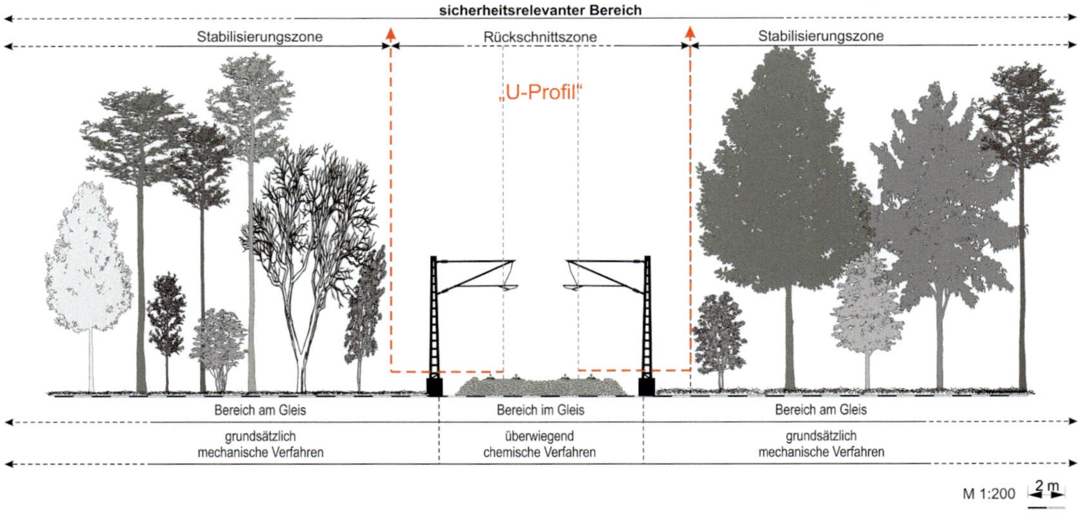


**Abb. 20.1** Sicherheitsrelevanter Bereich

Einrichtungen zu erhalten, um den gesetzlichen Auftrag zur Vorhaltung eines sicheren Eisenbahnbetriebs zu erfüllen (§ 4 Allgemeines Eisenbahngesetz). Aktuell werden hierfür im *Bereich im Gleis* – mangels operativ-anwendbarer nichtchemischer Verfahren – überwiegend chemische Verfahren zur Behandlung des unerwünschten Pflanzenbewuchses angewendet, im *Bereich am Gleis* wird grundsätzlich mechanisch gearbeitet.

## 20.2 Vegetationskontrolle im Gleisbereich

**Gründe für die Vegetationskontrolle** Die technische Funktionsfähigkeit des Schotterbettes kann neben natürlichen Alterungsprozessen zusätzlich durch Pflanzenbewuchs beeinträchtigt werden. So führt der Schotterabrieb aus dem normalen Betrieb zu Einträgen von Feinmaterial, die in Verbindung mit anderen Einträgen und den Verrottungsprodukten der Pflanzen zur Bindung von Wasser im Schotterbett führt. In Folge kann die *Lagestabilität des Schotteroberbaus* beeinträchtigt werden, indem es zum Aufweichen des Untergrundes oder zu Frostaufbrüchen kommen kann. Dies führt zu verkürzter Lebensdauer des Oberbaus bzw. deutlich erhöhten Instandhaltungsaufwendungen in Form von häufigeren Umbau- oder Bettungsreinigungsintervallen. In der Zwischenzeit ist mit Langsamfahrstellen und Kapazitätseinschränkungen der betroffenen Strecken zu rechnen, die sich negativ auf die Fahrpläne auswirken.

Neben dieser rein technischen Funktionsfähigkeit muss auch der Gefahrenbereich der Gleise zur *Gewährleistung der Arbeitssicherheit* sicher verlassen und der Sicherheitsraum aufgesucht werden können. Darüber hinaus erhöhen bewachsene Arbeitswege und durch Pflanzen verdeckte technische Einrichtungen die Unfallgefahren. Der Pflanzenwuchs behindert zudem Wartungsarbeiten und kann die Sicht auf *bodennahe Signaleinrichtungen* beeinträchtigen. Insbesondere bei länger anhaltenden Trockenperioden führt eine ausgeprägte Vegetationsbedeckung zu erhöhter *Brandgefahr*. Bei der *Inspektion der Gleisanlagen* kann Pflanzenbewuchs die Sichtbarkeit auf Konstruktionselemente einschränken. Auch elektrische Signaleinrichtungen, die mit ihren Stromkreisen über die Schienen als Leiter funktionieren, können durch Vegetation negativ beeinflusst werden, da der elektrische „Bettungswiderstand" absinkt.

**Methoden der Vegetationskontrolle** Die im Gleisbereich eingesetzten Methoden zur Beseitigung unerwünschter Vegetation werden in chemische und nicht-chemische Verfahren unterschieden. Aktuell werden chemische Verfahren nur *im Gleisbereich* eingesetzt. In einem gemeinsamen Projekt der UIC[1]-Mitgliedsbahnen „TRansItion STRategy on vegetAtion Management – TRISTRAM" (2019 bis 2020) wurden potenziell geeignete nicht-chemische Methoden für den Gleisbereich identifiziert wie bspw. Heißwasser und elektrischer Strom, die aufgrund ihres derzeitigen Entwicklungsstandes noch zur Praxisreife entwickelt werden müssen. Im Projekt „Ausstieg Glyphosat" (2020 bis 2022) hat die DB diese Ergebnisse aufgegriffen, Verfahren weiter erforscht und Verfahren entwickelt. Zum jetzigen Entwicklungsstand haben die meisten thermischen Verfahren große ökologische Nachteile und werden nicht eingesetzt (z. B. hoher Energieaufwand und Nicht-Selektive Wirkung auf alle Organismen). Andere Verfahren bergen Potentiale und werden weiterentwickelt (z. B. Elektroweeding). Die verbreitetsten Alternativverfahren zur chemischen Vegetationskontrolle sind mechanische oder motormanuelle Lösungen (z. B. Arbeit mit Freischneidern oder Mähraupen). Diese Verfahren haben jedoch immer einen großen negativen Einfluss auf die Fahrwegverfügbarkeit und müssen mehrfach im Jahr durchgeführt werden. Sie sind Personal- und Kostenintensiv und kommen daher nur dort zum Einsatz, wo Herbizide nicht zugelassen sind.

Herbizide sind chemische Substanzen, die Pflanzen(teile) zum Absterben bringen. Sie werden in Blatt- (Aufnahme über die Blätter) und Bodenherbizide (Aufnahme über die Wurzeln) unterschieden. Während Blattherbizide nur auf vorhandenen Aufwuchs wirken, haben Bodenherbizide eine präventive Wirkung auch aufkeimende Pflanzensamen. Die eingesetzten Herbizide müssen speziell für den Anwendungsbereich Gleis zugelassen sein und dürfen danach auf Gleisanlagen nur mit behördlicher Genehmigung nach § 12 Absatz 2 Pflanzenschutzgesetz ausgebracht werden. Die hierfür zuständige Genehmigungsbehörde ist das Eisenbahn-Bundesamt, das in bestimmten Fällen bspw. im Themenkomplex der Wasserschutzgebiete die Länderbehörden als zuständige Behörden einbindet.

Die Ausbringung der Herbizide erfolgt mit gleisgebundenen Spritzzügen und Zweiwegefahrzeugen. Die Spritzzüge werden auf den Streckengleisen eingesetzt, da sie aufgrund ihrer Arbeitsgeschwindigkeit bis zu 60 km/h und der großen Wasservorräte für längere Strecken am besten geeignet sind. Bei der Ausbringung der sogenannten Spritzbrühe wird mit großen Tropfen gearbeitet. Dies stellt eine randscharfe Anwendung sicher und verhindert ein Abdriften. In den Bahnhofsgleisen werden Zweiwegefahrzeuge eingesetzt, da sie mit einer Arbeitsgeschwindigkeit von ca. 20 km/h und kleineren Tankvolumina für diesen Einsatzbereich ausreichend sind. Darüber hinaus sind sie flexibel einsetzbar, weil sie über die Straße an ihre jeweiligen Einsatzorte gelangen können.

In den zurückliegenden Jahren konnten die Aufwandmengen an Herbizidwirkstoffen bei der Deutschen Bahn AG deutlich reduziert werden. Neben dem Verzicht auf glyphosathaltige Herbizidprodukte in 2023 hat die DB die Ausbringungstechnik gemeinsam mit der Industrie in den letzten Jahren immer weiter optimiert, um die Anwendung noch gezielter durchführen zu können (bspw. durch den Einsatz von GIS-Systemen und GPS-Verortung) und somit die Aufwandmengen zu reduzieren.

## 20.3 Vegetationskontrolle am Gleisbereich

Die Flächen außerhalb der Gleisanlagen können mit Gehölzen und krautigen Pflanzen bewachsen sein. Im Zusammenhang mit dem Vegetationsmanagement kommt dem Wald als eine Form der bahnbegleitenden Vegetationsbestände eine besondere Bedeutung zu. Der Waldanteil an den Trassen liegt bei ca. 30 % und damit auf dem gleichen Niveau wie der deutsche Durchschnitt. Unabhängig davon sind die Bahnböschungen selbst in gehölzarmen Landschaften (landwirtschaftlich oder städtisch geprägt) mit Gehölzen bestanden. So sind ca. 70 % der Strecken mit Bäumen bestanden, unabhängig davon, ob es ein

[1] UIC: Union des Chemins de Fer; internationaler Eisenbahnverband mit Sitz in Paris.

Wald ist oder nicht (Einzelbäume, Baumreihen etc.).

**Gründe für die Vegetationskontrolle** Neben positiven Effekten, wie der Stabilisierung von Böschungen mit ihrem Wurzelwerk, können auch negative Effekte entstehen, wenn diese Pflanzen definierte Höhen über- bzw. Abstände zu Anlagen unterschreiten. Darüber hinaus können insbesondere Gehölze ab einem gewissen Alter oder durch Krankheitsbefall eine Gefahr für den sicheren Bahnbetrieb darstellen. Die erwarteten Veränderungen aus dem Klimawandel bergen weitere Risiken, die nicht nur geschädigte oder kranke Bäume treffen können. Neben dem Auftreten von lokalen „Minitornados" treten Stürme allgemein früher im Jahr auf, so dass auch gesunde Bäume aufgrund der Belaubung einer erhöhten Windlast ausgesetzt sind, die in Kombination mit vorangegangenen (Stark-)Niederschlägen zu einem Aufweichen von Böden führen und somit das Windwurfrisiko erhöhen können. Im Bereich von baulichen und technischen Anlagen können durch Einwachsen von Wurzeln bspw. in Mauerwerk oder Entwässerungsöffnungen weitere Schäden entstehen. Die technischen Anforderungen an die bahnbegleitende Vegetation sind deshalb unterschiedlich. Bei der DB werden für die Vegetationskontrolle *am Gleis* zwei Bereiche unterschieden, die Rückschnitts- und die Stabilisierungszone.

Die Ausdehnung der **Rückschnittszone**, horizontal gemessen von der Gleismitte des äußeren Gleises, ist abhängig von den Anforderungen aus den Fachlinien (siehe unten) und beträgt im Minimum 6 m. Sie wird als so genanntes U-Profil betrachtet und nach oben hin offen vegetationsfrei gehalten. Die Fachlinien beinhalten klare Vorgaben zu betrieblich notwendigen Abständen von Vegetation, wodurch in Einzelfällen auch eine deutlich größere Ausdehnung als 6 m notwendig werden kann. In der Rückschnittszone sind regelmäßige Rückschnitte erforderlich, um die erforderlichen Sicherheitsabstände einzuhalten und damit Mitarbeiter den Gefahrenbereich der Gleise sicher verlassen können.

Die Vorgaben der Fachlinien umfassen die Themengebiete Entwässerung, elektrische Anlagen, Drahtzugleitungen, Bauwerke und Signalsichten.

- Die Gleisentwässerung bspw. über Bahnseitengräben darf nicht durch Pflanzenbewuchs behindert werden.
- Im Bereich elektrischer Anlagen müssen bestimmte Mindestabstände zum Schutz vor Überschlägen eingehalten werden. So beträgt der einzuhaltende Mindestabstand von Vegetation zu Oberleitungsanlagen mindestens 2,5 m und zu Bahnenergieleitungen (z. B. Speiseleitungen) 5 m.
- Drahtzugleitungen müssen zur Bedienung von mechanisch bedienten Signalen regelmäßig von Bewuchs freigehalten werden.
- Auch Ingenieurbauwerke müssen sowohl zu Inspektionszwecken von Vegetation freigehalten werden als auch zur Vermeidung des entstehenden Wurzeldrucks, der das Bauwerk schädigen bzw. das Mauerwerk „sprengen" kann.
- Die freie Sicht auf Signalanlagen muss ebenfalls gewährleistet sein. In Abhängigkeit von Gleisbogenradien ergeben sich dabei unterschiedliche Ausdehnungen für die Rückschnittszone (Pfeilhöhen) zur Herstellung der Sichten (Abb. 20.2). Die Pfeilhöhe ist dabei abhängig u. a. vom Bogenradius und der erforderlichen Mindestsichtbarkeit. In der Praxis werden auf der freien Strecke Pfeilhöhen bis zu 25 m angetroffen.

Bei der wirtschaftlichen Ausgestaltung der Pflegemaßnahmen in der Rückschnittszone (z. B. Art, Turnus) muss das jährliche, seitliche Pflanzenwachstum berücksichtigt werden. Der sogenannte Wachstumszuschlag richtet sich nach der vorhandenen Vegetation (individuelle Wuchsdynamik) und dem Zeitpunkt der nächsten geplanten Maßnahme und beträgt mindestens einen, in der Regel jedoch drei Meter. Spätestens beim Erreichen der erforderlichen Abstände (Abb. 20.3) müssen Rückschnittmaßnahmen durchgeführt werden.

Die **Stabilisierungszone** schließt sich an die Rückschnittszone an. Die Ausdehnung der Stabilisierungszone ist abhängig von Vegetation (ins-

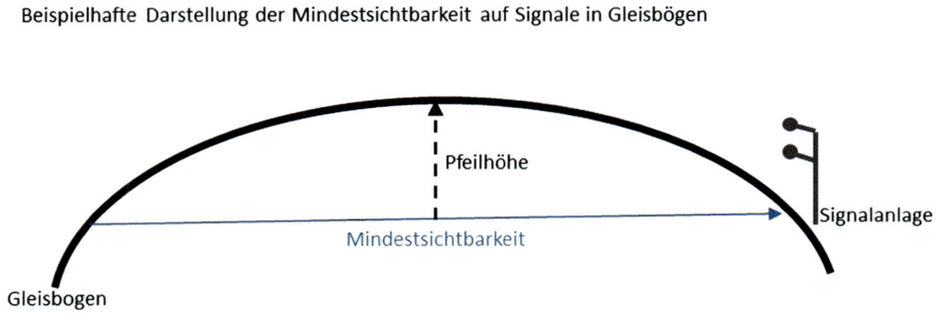


**Abb. 20.2** Beispielhafte Darstellung der Pfeilhöhe

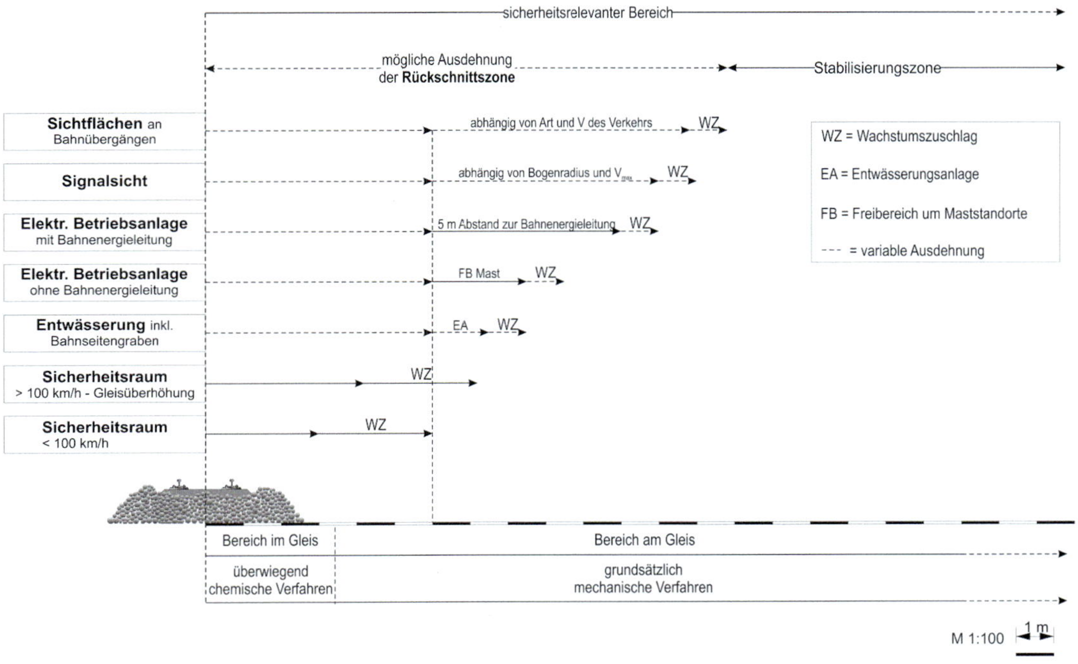


**Abb. 20.3** Orgelpfeifendiagramm. Übersicht der anforderungsbedingten unterschiedlichen Ausmaße der Rückschnittszone

besondere Gehölze), die eine Gefahr für die Bahnanlagen darstellen kann. Ziel des Vegetationsmanagements in der Stabilisierungszone ist es, Gefahren für den sicheren und ungehinderten Eisenbahnbetrieb und Gefahren gegen Dritte zu verhindern bzw. vorzubeugen. Diese können in Form von Baumstürzen, Astbrüchen oder sich unter Wind- oder Schneelast neigenden Bäumen auftreten. Um diesen Gefahren vorzubeugen werden stabile, gesunde Vegetationsbestände erhalten und gepflegt.

Die Einzelbäume und Baumbestände in der Stabilisierungszone werden jährlich zur Aufrechterhaltung der Verkehrssicherheit auf ihre Stand- und Bruchsicherheit hin inspiziert. Dies geschieht in Form einer qualifizierten Inaugenscheinnahme vom Boden aus. Krone, Stamm, sichtbarer Wurzelbereich und das Umfeld des Baumes werden auf Anzeichen einer erhöhten Verkehrsgefährdung untersucht. Dabei werden sowohl mögliche Gefahren für den Eisenbahnbetrieb als auch gegen Dritte aufgenommen. Als

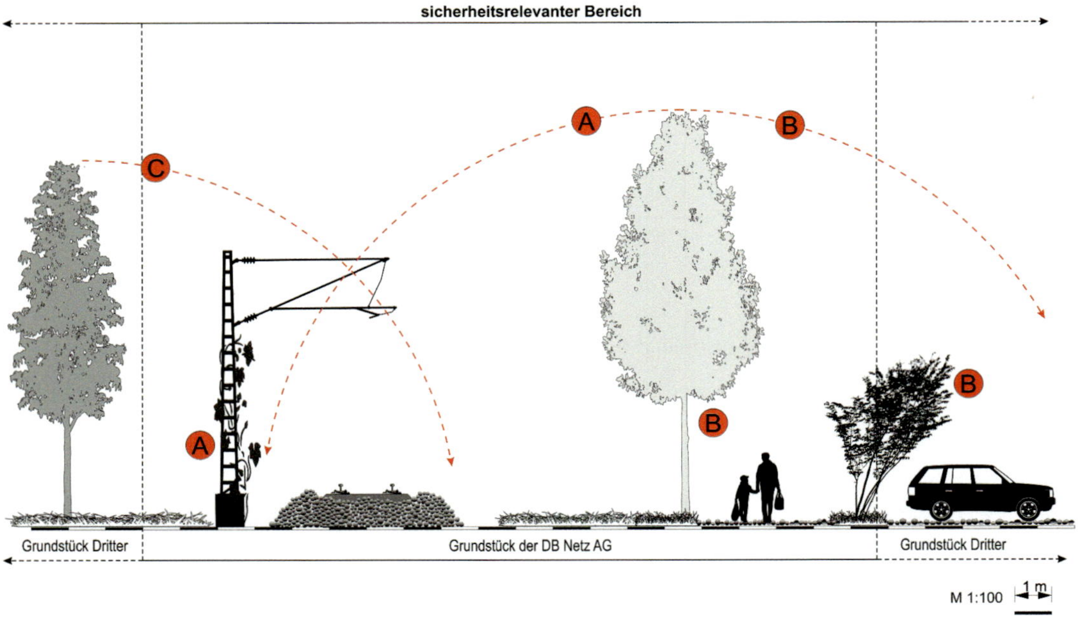


**Abb. 20.4** Inspektionen: *A* Gefahren von Bahngrund gegen den Eisenbahnbetrieb, *B* Gefahren von Bahngrund gegen Dritte, *C* Gefahren von Drittgrund gegen den Eisenbahnbetrieb

nicht stand- oder bruchsicher identifizierte Bäume werden markiert und entnommen, Abb. 20.4.

Idealer Weise wird die Stabilisierungszone mit dem Ziel durchforstet, eine gesunde und stabile Struktur der bahnbegleitenden Vegetationsbestände herzustellen und zu erhalten. Eine Durchforstung ist die gezielte Entnahme von Bäumen zur Erreichung eines waldbaulichen Ziels. Ziel der Durchforstung entlang von Bahnanlagen ist die Erziehung stabiler Bestände, resistenter Bestandsstrukturen und standsicherer Einzelbäume. Diese Erziehung erfolgt durch die (frühzeitige) Entnahme von ungeeigneten Bäumen bzw. Baumarten. Somit wird der Konkurrenzdruck nach Wasser, Nährstoffen und Licht gesteuert und geeignete Bäume werden gefördert. Hierfür sind fünf grundsätzliche Leitbilder für typische Vegetationsbestände an Bahnstrecken definiert worden:

- Offenland
- Waldrand/Hecken, Feldgehölze und Sträucher
- Niederwald
- Einzelbäume, mittelwaldartige Waldbestände oder Baumreihen
- Hochwald

### Leitbild Offenland

Offenland bezeichnet Flächen, die nicht mit Gehölzen bewachsen sind. Vom Offenland gehen keine vegetationsbedingten Gefahren für den Eisenbahnbetrieb aus. Um Offenlandflächen zu erhalten, werden geeignete Pflegemaßnahmen durchgeführt. Dies kann beispielsweise durch Mähen, Mulchen oder Beweidung erfolgen. Bei der Planung der Aufrechterhaltung von Offenland (Abb. 20.5) werden insbesondere die verbindlichen Regelungen des Natur- und Artenschutzes beachtet.

### Leitbild Waldrand/Hecken, Feldgehölze und Sträucher

Hecken, Feldgehölze, Sträucher und Waldränder bestehen überwiegend aus Sträuchern und (Feld-)Gehölzen mit niedrigen Zielhöhen. In Streckenabschnitten dieser Ausprägungsform dürfen keine Bäume stehen, die entsprechend ihrer Höhe und Entfernung zum Gleisbereich eine potentielle Gefahr für die Fahrwegverfügbarkeit darstellen (kritische Höhe). Bäume, die im Falle eines Sturzes nicht den Gleisbereich erreichen können, sowie sonstige Vegetation werden belassen. Bei dieser Ausprägungsform des Leitbildes kann

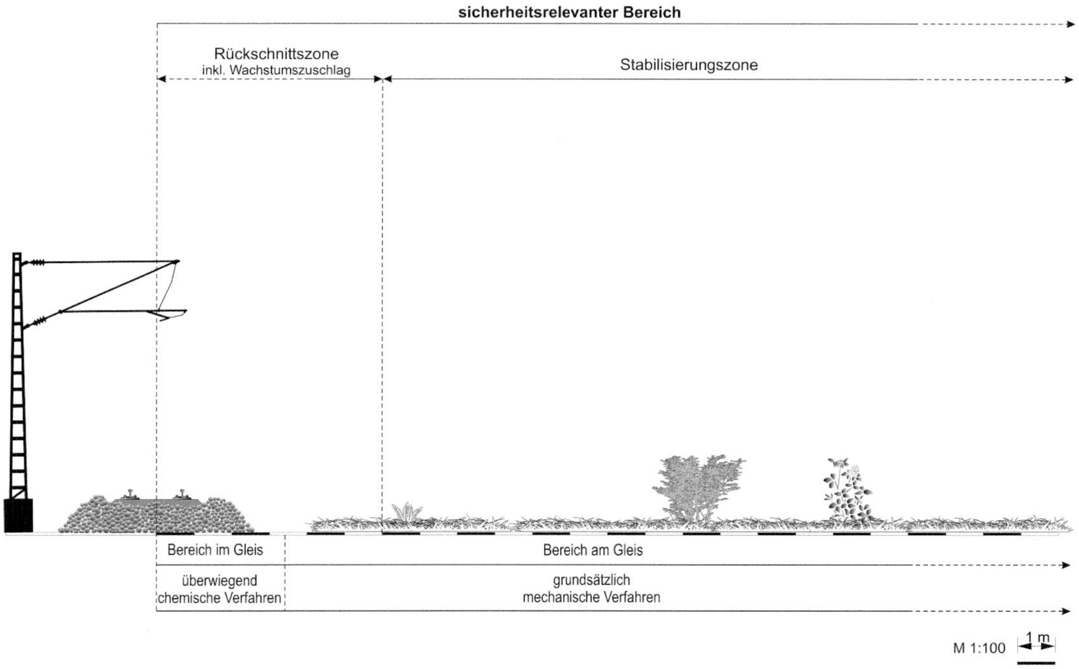


**Abb. 20.5** Offenland

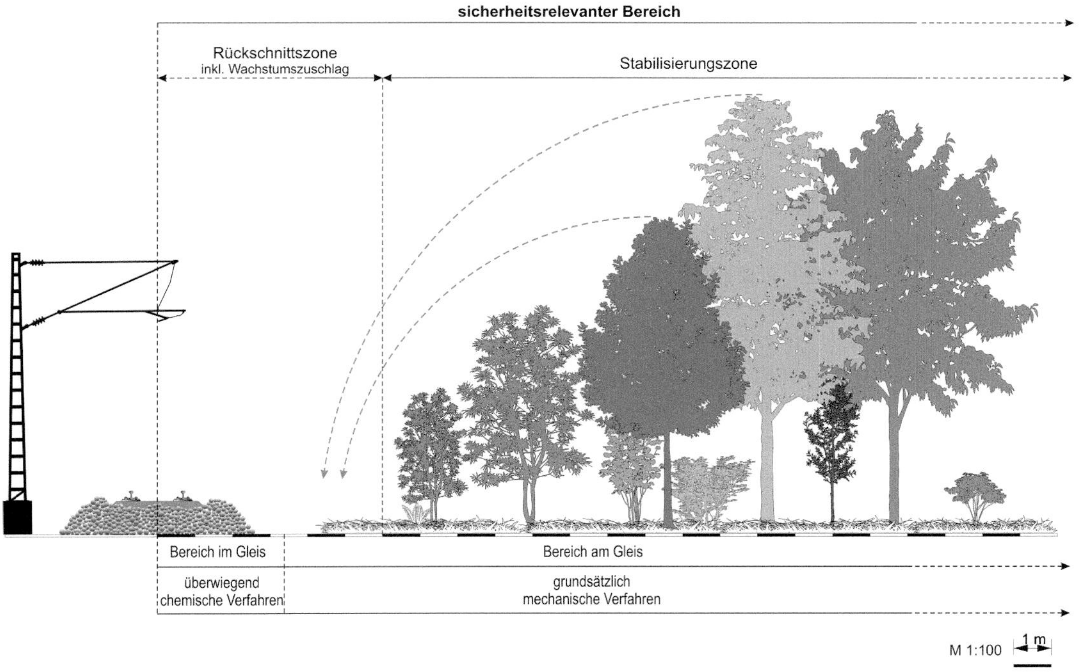


**Abb. 20.6** Feldgehölze

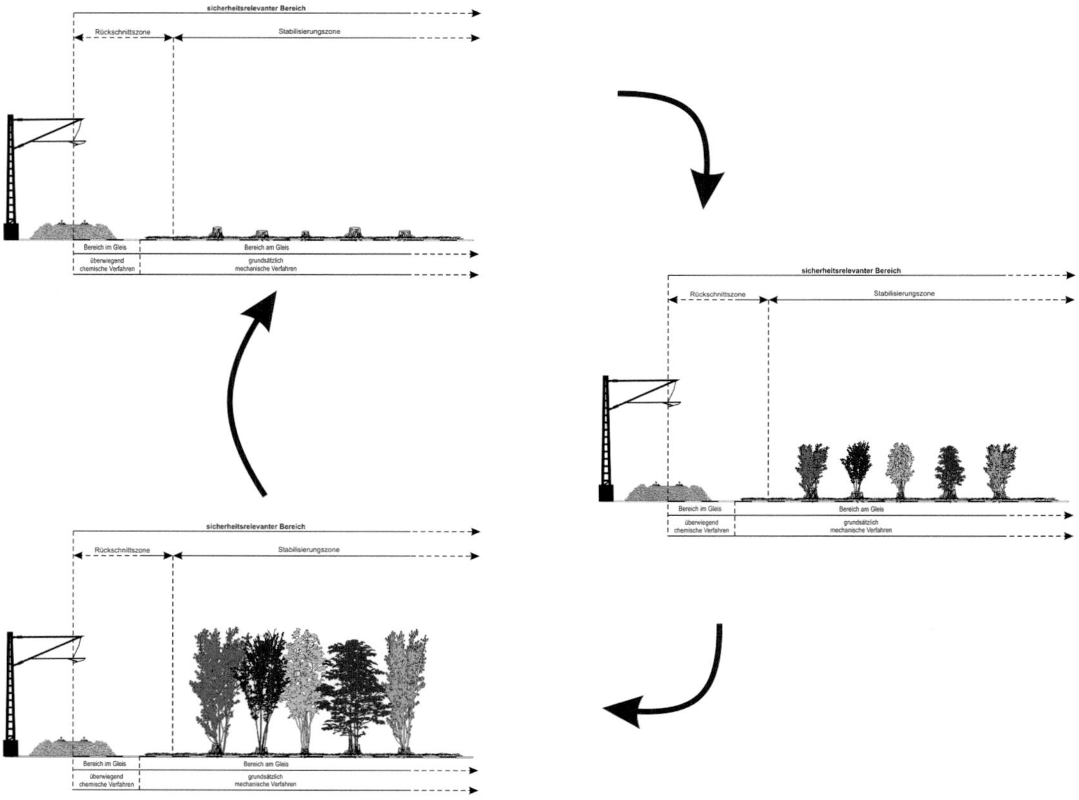


**Abb. 20.7** Niederwald

es sich um Hecken-/Feldgehölzstrukturen in der offenen Landschaft bis hin zu langsam ansteigenden Waldrändern (siehe Abb. 20.6) handeln. Um dieses Leitbild zu erhalten, werden alle Bäume entnommen, bevor sie die kritische Höhe erreichen. Dies kann die einzelstammweise Entnahme von Bäumen oder eine nieder- bzw. mittelwaldartige Bewirtschaftungsform sein. Das Pflegeintervall wird entsprechend der Baumartenzusammensetzung, äußerer Einflüsse, Faktoren des Natur- und Artenschutzes und der gewählten waldbaulichen Bewirtschaftungsform geplant.

**Leitbild Niederwald**
Im Niederwald werden Laubholzbestände regelmäßig, in Zeitabständen von ca. 5 bis 10 Jahren bzw. einer Oberhöhe von 5–15 m flächig auf Stock gesetzt. Die Gehölze aus Stockausschlag erfordern zur Aufrechterhaltung der Verkehrssicherheit in der Regel die Fortführung der niederwaldartigen Bewirtschaftung (Abb. 20.7).

**Leitbild Einzelbäume, mittelwaldartige Waldbestände oder Baumreihen**
Bei mittelwaldartigen Beständen verbleiben im Gegensatz zur Niederwaldwirtschaft einzelne stabile Bäume auf der Fläche. Zwischen den einzelnen Baumarten bestehen Unterschiede hinsichtlich Sturmwurf und Bruchstabilität sowie anderer sicherheitsrelevanter Eigenschaften. Nur geeignete Baumarten werden daher gezielt gefördert. Bei dieser Bewirtschaftungsform können sich Bestände mit großkronigen (niedriger Kronenansatz) Bäumen entwickeln, die eine hohe Stabilität gegenüber Stürmen und Schneebruch aufweisen. Damit ein Baum im Bestand eine optimale Kronenform entwickeln kann, muss er durch regelmäßige Durchforstung gepflegt werden. Werden mittelalte oder alte Bäume mit kleinen Kronen künstlich oder natürlich (vom Sturm) freigestellt, verlieren sie dadurch den Windschutz durch den Bestand. Sie sind stark wurfgefährdet und müssen ggf. gefällt werden (Abb. 20.8).

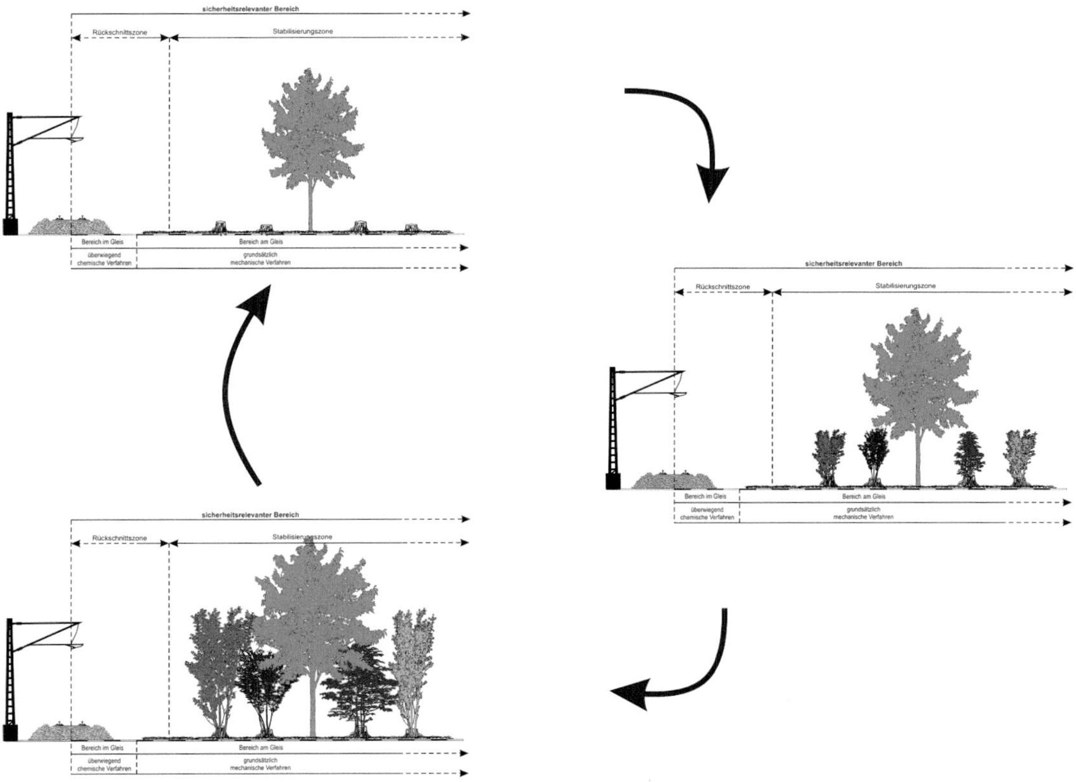


**Abb. 20.8** Mittelwaldartige Bestände

## Leitbild Hochwald

Der Hochwald ist geprägt durch sogenannte Kernwüchse, die eng zu hohen Beständen heranwachsen. Auch der Hochwald muss hinsichtlich seiner Verkehrssicherheit durch Auswahl geeigneter Baumarten und stabilen Wuchsformen ausgerichtet werden. Ferner muss zur Stabilisierung gegen Sturmwurf bei Hochwäldern an Bahnstrecken durch gezielte frühzeitige und dauernde Pflege ein geeigneter Waldrand mit stabilen Randbäumen geschaffen und erhalten werden. An Schnellfahrstrecken sind die Abstände von Hochwäldern zur Strecke meist im Zuge der Planfeststellung auf mindestens eine Baumlänge festgelegt. Hier soll auf Dauer die Ausprägungsform „Waldrand/Hecken, Feldgehölze und Sträucher" oder „Offenland" durch entsprechende Pflegekonzepte verwirklicht werden.

Mit diesem Vegetationsmanagement, bestehend aus dem Erhalt einer niedrigen im Idealfall krautigen Vegetationsdecke in der Rückschnittzone, der Inspektion der bahnbegleitenden Vegetationsbestände und der Durchforstung der Stabilisierungszone trägt die DB InfraGO AG den Anforderungen aus dem Bahnbetrieb und den rechtlichen Vorgaben an die Verkehrssicherheit genauso Rechnung, wie den wachsenden Auswirkungen von Extremwetterereignissen aus dem Klimawandel und den Anforderungen des Natur- und Artenschutzes (Abb. 20.9).

Die kontinuierliche Weiterentwicklung und Umsetzung des umfassenden Vegetationskonzeptes *im und am Gleis* wird durch interne und externe Fachexperten sichergestellt.

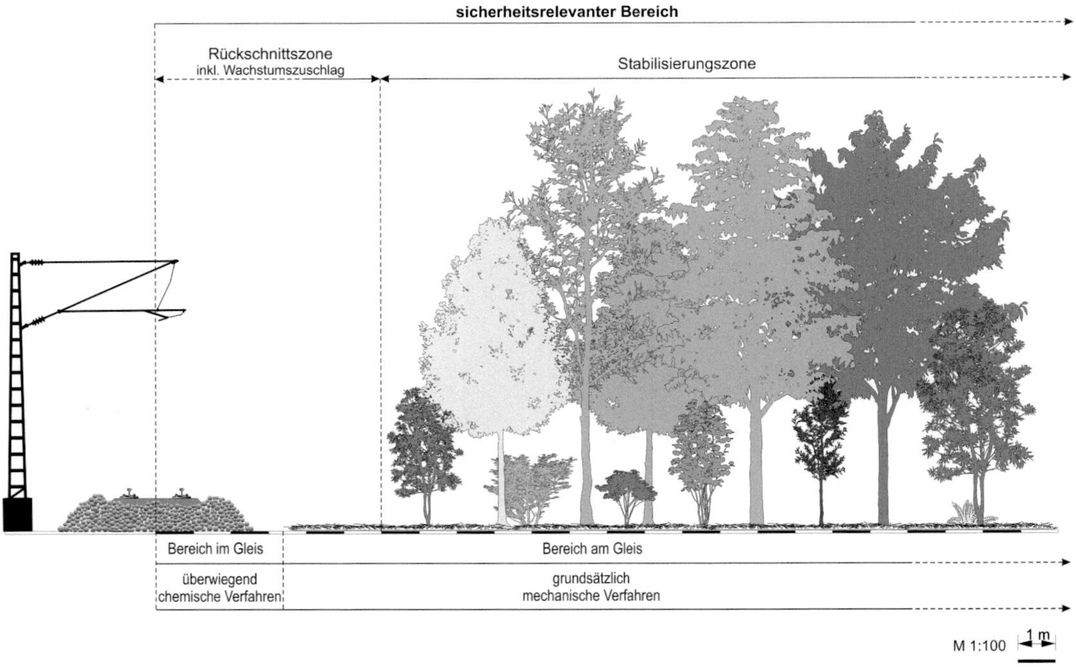


**Abb. 20.9** Hochwald

# 21 Schutz von Natur und Landschaft, Strahlenschutz, Trinkwasserhygiene in Trinkwasser-Befüllungsanlagen

Martina Lüttmann, Holger Tobergte und Samantha Tlustowski

**Zusammenfassung**

Bau und Betrieb von Eisenbahnanlagen können Auswirkungen auf die Umwelt haben. Die strengen Vorschriften auf europäischer und nationaler Ebene z. B. zum Arten- und Biotopschutz verlangen daher, dass bereits in frühen Planungsphasen betrachtet wird, welche Auswirkungen zu erwarten sind und wie diese vermieden oder kompensiert werden können.

Im DB Konzern wird auch mit ionisierender Strahlung umgegangen. Zur Einhaltung der rechtlichen Vorgaben und Sicherstellung des Schutzes von Mensch, Tier und Umwelt wurde eine Strahlenschutzorganisation mit Strahlenschutzverantwortlicher Person, Strahlenschutzbevollmächtigtem und Strahlenschutzbeauftragten etabliert. Als Beispiele für den Umgang mit ionisierender Strahlung kann man den Einsatz von Röntgeneinrichtungen oder Störstrahlern und den Einsatz von Isotopensonden anführen.

In Deutschland wird in den Zügen das Wasser den Kunden und Kundinnen in Trinkwasserqualität bereitgestellt. Dies wird durch die Trinkwasserverordnung gesetzlich verpflichtet und im Bereich der bundeseigenen Bahnen durch das Eisenbahn-Bundesamt behördlich überwacht. Dabei müssen die Anlagen zur Befüllung eine Reihe an gesetzlichen und normativen Anforderungen erfüllen, um so Wasser in Trinkwasserqualität zu gewährleisten.

## 21.1 Schutz von Natur und Landschaft

Martina Lüttmann

### 21.1.1 Grundlagen

Vor dem Hintergrund des weltweiten Artenrückgangs und der Verluste von natürlichen Lebensräumen gewinnt der Schutz von Natur und Landschaft zunehmend an Bedeutung. Dies schlägt sich auch in den umfangreichen naturschutzrechtlichen Regelungen auf europäischer und nationaler Ebene nieder. Ziel des Naturschutzes ist es, die Natur auf Grund ihres eigenen Wertes und als Grundlage für Leben und Gesundheit des Menschen auch für künftige Generationen zu schützen.

Beobachtungen und Untersuchungen der letzten Jahre haben ergeben, dass Bahnanlagen oft wertvolle Lebensräume darstellen. Sie fungieren als Rückzugsort für wärme- und trockenheitsliebende Tieren und Pflanzen und wirken mit ihren mosaikartigen Strukturen als wichtiges Verbindungselement in ausgeräumten Landschaften.

M. Lüttmann (✉)
Infrastrukturplanung und -projekte, DB InfraGO AG, Berlin, Deutschland

H. Tobergte
Strahlenschutz, Hygiene, Gefahrstoffe, Gefahrgut, Deutsche Bahn AG, Minden, Deutschland

S. Tlustowski
Strahlenschutz, Hygiene, Gefahrstoffe, Gefahrgut, Deutsche Bahn AG, Frankfurt, Deutschland



J. Holzfeind, J. Liu, F. Pospischil (Hrsg.), *Handbuch Eisenbahninfrastruktur*,
https://doi.org/10.1007/978-3-662-68960-8_21

**Tab. 21.1** Gegenüberstellung der Anwendungsbereiche der UVP, der Eingriffsregelung und der FFH-VP (aus BMVBW 2004 und EBA 2010, verändert)

| | *Umweltverträglichkeitsprüfung* | *Eingriffsregelung* | *FFH-Verträglichkeitsprüfung* | *Artenschutzrechtliche Prüfung* |
|---|---|---|---|---|
| *Rechtsgrundlage* | UVPG, UVP-Änderungs-Richtlinie | §§ 13 ff. BNatSchG | § 34. BNatSchG i. V. m. Art. 6 III FFH-RL | § 44 BNatSchG |
| *Ziele* | Frühzeitige und umfassende Ermittlung, Beschreibung und Bewertung der Umweltauswirkungen eines Vorhabens | Status-quo-Erhalt der Leistungs- und Funktionsfähigkeit des Naturhaushaltes und des Landschaftsbildes | Aufbau und Schutz eines kohärenten europäischen ökologischen Netzes Natura 2000 von Schutzgebieten zum Erhalt der biologischen Vielfalt in der EU | Schutz der besonders und streng geschützten Arten |
| *Schutzgegenstände* | Mensch inkl. menschl. Gesundheit, Tiere, Pflanzen, Biologische Vielfalt, Fläche, Boden, Wasser, Luft, Klima, Landschaft, Kulturelles Erbe und sonstige Sachgüter einschließlich der Wechselwirkungen zwischen denselben | Biotope, Tiere, Pflanzen, Boden, Wasser, Klima, Luft, Landschaftsbild | Günstiger Erhaltungszustand von Arten und Lebensräumen nach FFH- und Vogelschutz-Richtlinie | Besonders und streng geschützte Arten |
| *Auslöser der Prüfpflicht* | Vorhaben, die gemäß UVPG einer UVP unterzogen werden müssen | Veränderungen der Gestalt oder der Nutzung von Grundflächen, durch welche die Leistungsfähigkeit des Naturhaushaltes oder das Landschaftsbild erheblich oder nachhaltig beeinträchtigt werden können | Pläne oder Projekte, die (einzeln oder im Zusammenwirken mit anderen Plänen oder Projekten) ein Natura 2000-Gebiet erheblich beeinträchtigen können | Verstoß gegen die Zugriffsverbote nach § 44 BNatSchG (Tötung, Zerstörung von Lebensräumen, Störung, etc.) |
| *Rechtsfolgen* | Das Ergebnis der UVP ist so früh wie möglich bei allen behördlichen Entscheidungen über die Zulässigkeit zu berücksichtigen. Keine eigenständigen Rechtsfolgen | Pflichten:<br>– Vermeidung und Minimierung<br>– Kompensation (Ausgleich oder Ersatz)<br>– Naturschutzrechtliche Abwägung<br>– Zahlung Ersatzgeld | Unzulässigkeit von Plänen oder Projekten die (einzeln oder im Zusammenwirken mit anderen Plänen oder Projekten) ein Natura 2000-Gebiet erheblich beeinträchtigen können; eine Ausnahme ist möglich | Verbot der Handlung, welche die Zugriffsverbote auslöst; Ausnahmen sind möglich |

Zudem werden wildlebende Tiere auf Bahnlagen nur selten durch Menschen gestört.

Bei Bau- und Instandhaltungsmaßnahmen der Eisenbahnen sind aber auch negative Auswirkungen auf den Naturhaushalt nicht auszuschließen. Sie unterliegen daher z. T. sehr umfangreichen umwelt- und naturschutzrechtlichen Regelungen und Prüferfordernissen.

Bau und wesentliche Änderungen von Verkehrswegen werden in Deutschland in einem gestuften Planungsverfahren umgesetzt. Im Rahmen der einzelnen Planungsstufen finden die umweltplanerischen Instrumente der Strategischen Umweltprüfung (SUP) und der Umweltverträglichkeitsprüfung (UVP) nach Umweltverträglichkeitsprüfungsgesetz (UVPG), der naturschutzrechtlichen Eingriffsregelung nach §§ 13 ff. Bundesnaturschutzgesetz (BNatSchG) sowie der Flora-Fauna-Habitat-Verträglichkeitsprüfung (FFH-VP) nach §§ 34 ff. BNatSchG als unselbständige Teile eines Verfahrens nach § 18 Allgemeines Eisenbahngesetz (AEG) Anwendung. Eine zentrale Bedeutung in Planungsverfahren kommt auch den artenschutzrechtlichen Bestimmungen der §§ 37 ff. BNatSchG zu.

Ziel der umweltplanerischen Instrumente ist die möglichst frühzeitige Erkennung von Umweltfolgen von Baumaßnahmen um Beeinträchtigungen von Natur und Landschaft zu vermeiden und die Vorhaben umweltschonend zu verwirklichen. UVP, Eingriffsregelung, FFH-VP und artenschutzrechtliche Prüfung weisen Überschneidungen hinsichtlich der Prüfinhalte auf. Unterschiede bestehen jedoch im Hinblick auf Anwendungsbereich, Prüfumfang und -maßstab sowie der Rechtsfolgen (vgl. Tab. 21.1).

Wie die naturschutzrechtlichen Instrumente im Rahmen von Planrechtsverfahren für Eisenbahnen des Bundes abgearbeitet werden müssen, regelt der sogenannte „Umweltleitfaden zur eisenbahnrechtlichen Planfeststellung" – eine interne Verwaltungsvorschrift des Eisenbahn-Bundesamtes.

Im Gegensatz zu Neu- und Ausbauvorhaben sind Maßnahmen zum Erhalt der Verfügbarkeit der Eisenbahninfrastruktur keiner SUP oder UVP zu unterziehen. Sofern ein entsprechender Belang betroffen ist, können jedoch u. a. die Regelungen zur Eingriffsregelung, zur FFH-VP oder zum Artenschutz zu beachten sein.

### 21.1.2 Strategische Umweltprüfung

Die Strategische Umweltprüfung (SUP) dient der frühzeitigen Berücksichtigung von Umweltbelangen von Plänen und Programmen auf planerischen Entscheidungsebenen. Sie fußt – ebenso wie die vorhabensbezogene Umweltverträglichkeitsprüfung (UVP) auf europarechtlichen Vorgaben. Im Rahmen der SUP werden Umweltauswirkungen eines Plans oder Programms einschließlich planerischer Alternativen frühzeitig, systematisch und transparent ermittelt, beschrieben und bewertet. Die Beteiligung von Öffentlichkeit und zuständigen Behörden ist integraler Bestandteil der SUP, die Ergebnisse sind bei der Annahme oder Änderung des untersuchten Plans oder Programms zu berücksichtigen.

Die Struktur der SUP lehnt sich an die (Projekt-)Umweltverträglichkeitsprüfung an (siehe Abschn. 21.1.3):

- Bestimmung der SUP-Pflichtigkeit und der einzubeziehenden Stellen („Screening" von engl. „to screen" = überprüfen)
  Für den Bundesverkehrswegeplan und die daraus abzuleitende Bedarfsplanung ist eine SUP zwingend vorgeschrieben. In Bezug auf die Verkehrsplanungen der Länder existieren eigene Regelungen.
- Festlegen der inhaltlichen Abgrenzung und Randbedingungen („Scoping" von engl. „scope" = Reichweite, Umfang, Rahmen)
  Hiermit ist neben der Einigung über die Detaillierungstiefe auch der Umfang der Untersuchungen gemeint. Zudem werden die anzuwendenden Methoden und die zu untersuchenden Alternativen festgelegt.
  Um Mehrfachprüfungen auf den nachfolgenden Ebenen der Verkehrsplanung zu vermeiden, dient das Scoping auch der Klärung, welche Inhalte in der SUP abgehandelt werden und welche der Projekt-Umweltverträglichkeitsprüfung vorbehalten bleiben (Abschichtung).
- Erstellen eines Umweltberichtes
  Der Umweltbericht bildet den zentralen Kern der SUP. Die für seine Erstellung notwendigen Informationen werden begleitend zur Planentwurfserstellung in folgenden Schritten erarbeitet:
  1. Entwicklung eines Zielsystems
  2. Erhebung des IST-Zustandes und Mängelanalyse (Umweltbelastung)
  3. Festlegen von Projekten, Alternativenprüfungen
  4. Wirkungsanalyse Projekt- und Netzebene
- Abwägung, Konsultation und Entscheidungsfindung
  Die SUP sieht eine Beteiligung von betroffenen Behörden und der Öffentlichkeit vor, die gegebenenfalls auch grenzüberschreitend erfolgen muss. Die Abwägung und die daran anschließende Entscheidungsfindung ist ein primär politischer Prozess, der möglichst methodisch nachvollziehbar und transparent gestaltet werden soll.

- Überprüfung der Auswirkung der Pläne und Programme nach deren Umsetzung (Monitoring)
  Die Überwachung des Verkehrsplans hat im Wesentlichen zwei Ziele. Zum einen die Feststellung, ob die Planungsprognosen zutreffend waren. Zum anderen, ob die vereinbarten Umweltziele erreicht wurden oder ob gegebenenfalls Bedarf zur Nachsteuerung besteht.

### 21.1.3 Umweltverträglichkeitsprüfung

Die Umweltverträglichkeitsprüfung ist ein unselbständiger Teil verwaltungsbehördlicher Verfahren und dient als Grundlage bei der Entscheidung über die Zulässigkeit von Vorhaben. Sie umfasst die Ermittlung, Beschreibung und Bewertung der unmittelbaren und mittelbaren Auswirkungen eines Vorhabens auf folgende Schutzgüter:

1. Menschen, insbesondere die menschliche Gesundheit,
2. Tiere, Pflanzen und die biologische Vielfalt,
3. Fläche, Boden, Wasser, Luft, Klima und Landschaft,
4. Kulturelles Erbe und sonstige Sachgüter,

sowie

5. die Wechselwirkung zwischen den vorgenannten Schutzgütern.

Die UVP wird unter Einbeziehung der Öffentlichkeit durchgeführt (Abb. 21.1).

**Zu 1) Screening**
In Anlage 3 des UVPG sind Kriterien hinterlegt, nach denen ein Vorhaben UVP-pflichtig ist. Anlage 1 des UVPG enthält darüber hinaus eine Liste prinzipiell UVP-pflichtiger Vorhaben. Für bestimmte Schienenverkehrsvorhaben gelten zudem zusätzliche Vorschriften (vgl. §§ 9, § 14a UVPG). Generell sieht das UVPG eine gestufte UVP-Pflicht vor: Einige Vorhaben bedürfen immer der UVP (z. B. der Neubau eines Schienenweges von Eisenbahnen mit den dazugehörigen Betriebsanlagen einschließlich Bahnfernstromleitungen), einige Vorhaben bedürfen nur dann der UVP, wenn die durchzuführende Vorprüfung im Einzelfall ergibt, dass das Vorhaben nach Einschätzung der zuständigen Behörde erhebliche nachteilige Umweltauswirkungen haben kann.

Ein Screening ist bei allen nach § 18 Allgemeines Eisenbahngesetz (AEG) beim Eisenbahn-Bundesamt beantragten Verfahren durchzu-

**Verfahrensschritte Umweltverträglichkeitsprüfung**

**1. Screening**
(sofern Vorhaben nicht generell UVP-pflichtig)
Einzelfallprüfung und Entscheidung über die Erforderlichkeit einer UVP

**2. Scoping**
Festlegung des Untersuchungsrahmens inklusive Art und Umfang der vom Vorhabenträger beizubringenden Unterlagen sowie Angaben zum Zeitplan der Untersuchungen
Festlegung des voraussichtlichen Untersuchungsraums. Dieser ist so abzugrenzen, dass alle erheblichen Wirkungen auf die Schutzgüter ermittelt und untersucht werden können.

**3. Erstellen des UVP-Berichts**

**4. Öffentlichkeits- und Behördenbeteiligung**

**5. Zusammenfassende Darstellung der Umweltbelange und Bewertung der Auswirkungen des Vorhabens**

**Abb. 21.1** Beschreibung des Ablaufs einer Umweltverträglichkeitsprüfung führen, sofern nicht ohnehin eine UVP-Pflicht besteht oder diese per gesetzlicher Festlegung ausgeschlossen ist. Das Eisenbahn-Bundesamt hat hierzu eigene Formblätter entwickelt, die im Rahmen der Antragstellung zu verwenden sind. Auf dieser Grundlage entscheidet das Eisenbahn-Bundesamt, ob eine UVP durchzuführen ist oder nicht. Die Entscheidung wird in Form einer „verfahrensleitenden Verfügung" im Internet veröffentlicht. Ergibt das Screening, dass eine UVP durchgeführt werden muss, wird als Trägerverfahren i. d. R. die Planfeststellung gewählt, da dieses Verfahren eine Beteiligung der Öffentlichkeit beinhaltet.

**Zu 2) Scoping**

Das Scoping dient der Festlegung des vorläufigen Untersuchungsrahmens des UVP-Berichts. Es wird durchgeführt, wenn eine UVP notwendig ist und ein Antrag des Vorhabenträgers vorliegt oder das Eisenbahn-Bundesamt ein Scoping für erforderlich hält. Die Durchführung erfolgt durch das Eisenbahn-Bundesamt in Form eines oder mehrerer Besprechungstermine, zu dem neben dem Vorhabenträger auch betroffene Fachbehörden und weitere Dritte (z. B. Sachverständige, Vertreter von Umweltverbänden) eingeladen werden können. Für das Scoping wird vom Vorhabenträger i. d. R. bereits eine erste Planungsunterlage vorbereitet („Scoping-Papier" oder „Tischvorlage"), die Vorschläge zu Art und Umfang der notwendigen Untersuchungen enthält. Diese werden mit den Beteiligten diskutiert. Im Ergebnis des Scopings steht fest, wie die Umweltauswirkungen des Vorhabens auf die Schutzgüter im Rahmen der UVP ermittelt werden.

**Zu 3) Erstellung der Unterlagen**

Der UVP-Bericht ist das sachlich-inhaltliche Kernstück des UVP-Verfahrens. Er geht als Information in den Entscheidungsprozess über die Zulässigkeit eines Vorhabens ein. Im UVP-Bericht wird zunächst Anlass und Aufgabenstellung sowie der Untersuchungsrahmen erläutert. Danach folgt die Beschreibung des Vorhabens, welche Angaben über den Standort, Art und Umfang sowie wesentlichen Merkmalen des Vorhabens enthält. Sinnvolle Bestandteile sind außerdem Beschreibungen der technischen Gesamtkonzeption, der verkehrstechnischen Erfordernisse, der Anforderungen an den Standort sowie die Erläuterung allgemeiner betrieblicher Erfordernisse, der baulichen Merkmale (Bedarf an Grund und Boden, Lage- und Höhenpläne usw.). Darüber hinaus werden die vorgesehenen Bauverfahren beschrieben und die Baustelleneinrichtungen sowie die Massenbilanzen erläutert. Diese Planungsdaten geben Aufschluss über Art und Umfang des Vorhabens. Im nächsten Schritt werden die Wirkfaktoren des Vorhabens beschrieben. Zu diesen gehören u. a. der Flächenbedarf, die Beanspruchung der natürlichen Ressourcen, stoffliche und nicht-stoffliche Emissionen, Zerschneidungswirkungen und visuelle Faktoren. Es folgt eine schutzgutbezogenen Raumanalyse, d. h. einer Bestandsaufnahme und Bewertung des Ist-Zustandes im Untersuchungsraum. Hierzu werden die zur Einschätzung der Umweltauswirkungen erforderlichen Daten erfasst und fehlende Daten werden durch Erhebungen vor Ort ergänzt.

Auf Grundlage der schutzgutbezogenen Raumanalyse wird eine Beschreibung der zu erwartenden erheblichen nachteiligen Umweltauswirkungen vorgenommen (Risikoeinschätzung oder Risikoanalyse). In der Praxis wird dabei zwischen bau-, anlage- und betriebsbedingten Auswirkungen unterschieden. Vom Vorhaben eingeplante Maßnahmen zur Vermeidung oder zum Ausgleich oder Ersatz nachteiliger Umwelteinwirkungen werden bei dieser Betrachtung berücksichtigt. Neben den erheblichen nachteiligen Umweltauswirkungen muss auch die Vulnerabilität der geplanten Anlage gegenüber Naturgefahren, schweren Unfällen und Katastrophen bewertet werden. In diesem Zusammenhang sind auch Maßnahmen zur Anpassung an die Folgen des Klimawandels bzw. Vorsorge- und Notfallmaßnahmen darzustellen. Der UVP-Bericht enthält zudem eine Beschreibung der Alternativen, die für das Vorhaben geprüft worden sind, sowie die Angabe der wesentlichen Gründe für die getroffene Wahl unter Berücksichtigung der jeweiligen Umweltauswirkungen. Den Abschluss bildet eine allgemein verständliche, nichttechnische Zusammenfassung des UVP-Berichts.

**Zu 4) Anhörungs- bzw. Erörterungstermin**
Die vom Vorhabenträger erstellten Planungsunterlagen inklusive des UVP-Berichts werden beim EBA mit der Bitte um Durchführung des Planfeststellungsverfahrens eingereicht. Das EBA überprüft die Unterlagen zunächst auf Vollständigkeit und leitet anschließend das Anhörungsverfahren mit dem Erörterungstermin ein. Dabei werden die Stellungnahmen der vom Verfahren betroffenen Behörden eingeholt und die Planungsunterlagen in den vom Vorhaben betroffenen Gemeinden sowie auf einer zentralen Internet-Plattform (UVP-Portal) einen Monat zur Einsicht ausgelegt bzw. veröffentlicht. Auf der Grundlage der ausgelegten Unterlagen hört die Anhörungsbehörde dann die Öffentlichkeit zu den Umweltauswirkungen des Vorhabens an (Anhörungsverfahren). Jeder, dessen Belange durch das Vorhaben berührt werden, kann bis einen Monat nach Ablauf der Auslegungsfrist Einwendungen gegen den Plan erheben. Nach Ablauf der Einwendungsfrist setzt die Anhörungsbehörde den sogenannten „Erörterungstermin" an, in dem die rechtzeitig erhobenen Einwände gegen den Plan sowie die Stellungnahmen der Behörden mit dem Vorhabenträger, den Behörden, den Betroffenen sowie den Personen, die Einwendungen erhoben haben, nochmals diskutiert werden. Im Ergebnis des Anhörungsverfahrens gibt die Anhörungsbehörde eine Stellungnahme ab und übersendet diese an das Eisenbahn-Bundesamt als Zulassungsbehörde. Auf der Grundlage des Planungsbeschleunigungsgesetzes vom 29.11.2018 kann auf einen Erörtungstermin in bestimmten Fällen auch verzichtet werden.

**Zu 5) Entscheidung über die Zulässigkeit des Vorhabens**
Das Eisenbahn-Bundesamt erarbeitet nach Ende des Anhörungsverfahrens eine zusammenfassende Darstellung der Umweltbelange, welche Grundlage für die abschließende Bewertung ist. Das Bewertungsergebnis bildet den Abschluss der UVP und geht in den Entscheidungsprozess über die Zulassung des Vorhabens ein. Zwingende Verpflichtungen ergeben sich daraus aber weder für den Vorhabenträger noch für die Behörden. Nur aus dem jeweiligen Fachrecht (z. B. Gewässerschutzrecht, Denkmalschutzrecht) können sich Zulassungsschranken ergeben, die idealerweise im Rahmen der UVP frühzeitig zutage treten.

Die eigentliche Zulassungsentscheidung beruht auf einer Abwägung des Eisenbahn-Bundesamtes. Die Umweltauswirkungen gehen als ein Belang in die Gesamtabwägung des Vorhabens ein und werden mit anderen Belangen (z. B. verkehrlichen, raumordnerischen, wirtschaftlichen) gleichwertig abgewogen. So kann die Entscheidung von der vorgenommenen Bewertung der Umweltauswirkungen (deren Ergebnis z. B. erhebliche negative Auswirkungen des Vorhabens auf die Umwelt konstatiert) aus überwiegenden Gründen des Allgemeinwohls abweichen. Das Ergebnis des Abwägungsvorgangs wird im Planrechtsbeschluss des Eisenbahn-Bundesamtes rechtsgültig festgelegt.

### 21.1.4 Naturschutzfachliche Eingriffsregelung

Ziel der Naturschutzfachlichen Eingriffsregelung nach §§ 13 BNatSchG ist der Status-Quo-Erhalt der Leistungs- und Funktionsfähigkeit des Naturhaushaltes.

Das Vorliegen eines Eingriffstatbestandes nach § 14 Abs. 1 BNatSchG ist von zwei Voraussetzungen abhängig:

1. Mit dem Vorhaben sind Veränderungen der Gestalt oder Nutzung von Grundflächen bzw. des mit der belebten Bodenschicht in Verbindung stehenden Grundwasserspiegels verbunden und
2. diese Veränderungen führen zu einer erheblichen Beeinträchtigung der Leistungs- und Funktionsfähigkeit des Naturhaushaltes oder des Landschaftsbildes.

Im Rahmen der Eingriffsregelung werden folgende Schutzgüter betrachtet:

- Biotope
- Tiere und Pflanzen
- Boden

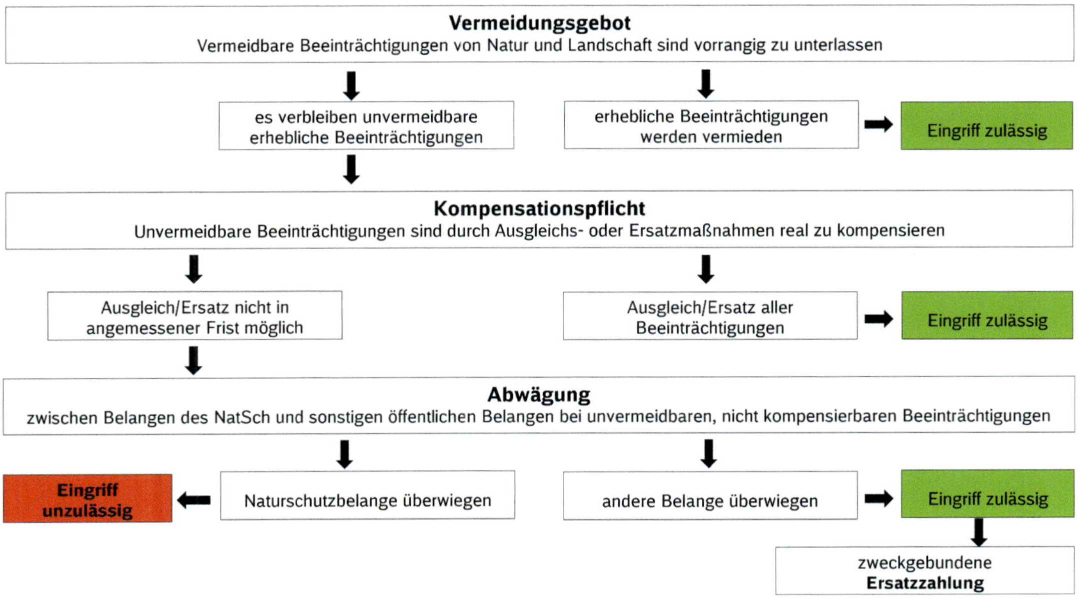


**Abb. 21.2** Eingriffskaskade

- Wasser
- Klima/Luft
- Landschaftsbild

Liegen die Merkmale eines Eingriffs vor, ist die sogenannte Eingriffskaskade zu durchlaufen (vgl. Abb. 21.2). Zunächst müssen die Möglichkeiten zur Vermeidung geprüft werden. Kann der Eingriff nicht vollständig vermieden werden, erfolgt Ausgleich oder Ersatz. Bei Ausgleichsmaßnahmen muss ein enger zeitlicher, räumlicher und funktionaler Bezug vorhanden sein. Ein Eingriff gilt als ausgeglichen, wenn die Funktionen des Naturhaushaltes bzw. das Landschaftsbild wieder gleichartig hergestellt oder landschaftsgerecht neu gestaltet wurden. Ersatzmaßnahmen müssen keinen so ausgeprägten funktionalen Bezug aufweisen wie Ausgleichmaßnahmen und können auch räumlich entkoppelt sein. Ein Ersatz muss aber zwingend im selben Naturraum wie der Eingriff erfolgen. Der Begriff des „Naturraums" orientiert sich dabei an der Gliederung der naturräumlichen Haupteinheiten in Deutschland. In den Bundesländern werden diese z. T. noch weiter detailliert. Sind weder Ausgleich noch Ersatz realisierbar, ist auch eine Ersatzzahlung in Geld möglich.

Die Eingriffsregelung ist immer mit einer Abwägung der verschiedenen Belange verbunden. Vor diesem Hintergrund kann ein Eingriff auch untersagt werden, wenn die Belange des Naturschutzes und der Landschaftspflege anderen Belangen im Range vorgehen. Das planerische Instrument der Eingriffsregelung ist der Landschaftspflegerische Begleitplan (LBP), er ist Bestandteil der rechtsverbindlichen Genehmigungsunterlagen und gemäß § 17 Abs. 4 BNatSchG vom Träger des Vorhabens vorzulegen. Im LBP müssen Vermeidungs-, Ausgleichs- und Ersatzmaßnahmen dargestellt und begründet werden.

*Im Vergleich der Rechtsfolgen von UVP und Eingriffsregelung geht die Eingriffsregelung über die UVP hinaus. Während aus den Ergebnissen der UVP keine zwingenden materiellen Verpflichtungen für den Vorhabenträger resultieren, sondern diese „nur" als Entscheidungsgrundlage bei der Vorhabenszulassung dienen, werden die Ergebnisse der Eingriffsregelung zu rechtsverbindlichen Bestandteilen des Vorhabens. Dabei sind Ausgleichs- und Ersatzmaßnahmen so lange rechtlich zu sichern und zu unterhalten, wie im behördlichen Beschluss festgelegt. Ist der Eingriff auf Dauer angelegt müssen auch die Ausgleichs-*

*oder Ersatzmaßnahmen dauerhaft erhalten werden. Sie werden daher i. d. R. grundbuchrechtlich gesichert. Die Pflicht zur aktiven Erhaltung kann auch kürzer terminiert sein. So beträgt die Dauer nach der sogenannten Bundeskompensationsverordnung (BKompV) in der Regel 25 Jahre, ebenso wie in der landesrechtlichen Vorgabe zur Eingriffsregelung in Bayern.*

### 21.1.5 Flora-Fauna-Habitat-Verträglichkeitsprüfung

Zum Erhalt von Natur und biologischer Vielfalt hat die EU zwei Richtlinien erlassen:

1. Richtlinie 2009/147/EG des Europäischen Parlaments und des Rates vom 30.11.2009 über die Erhaltung der wildlebenden Vogelarten („Vogelschutz-Richtlinie", kurz: VS-RL)
2. Richtlinie 92/43/EWG des Rates vom 21.05.1992 über die Erhaltung der natürlichen Lebensräume sowie der wildlebenden Tiere und Pflanzen („Flora-Fauna-Habitat-Richtlinie", kurz: FFH-RL)

Neben dem Schutz europäischer Tier- und Pflanzenarten hat die FFH-RL die Errichtung des kohärenten, europaweiten ökologischen Netzes „Natura 2000" zum Ziel. In das Netz integriert werden sowohl Gebiete von gemeinschaftlicher Bedeutung nach FFH-RL („FFH-Gebiete") als auch Vogelschutzgebiete nach VS-RL.

Die oben genannten EU-Richtlinien wurden mit den Novellierungen des Bundesnaturschutzgesetzes (BNatSchG) seit 1998 schrittweise in deutsches Recht umgesetzt.

Vorhaben, die geeignet sind, ein Natura 2000-Gebiet erheblich zu beeinträchtigen müssen vor ihrer behördlichen Genehmigung auf ihre Verträglichkeit geprüft werden. Diese Prüfung erfolgt in folgenden Stufen (vgl. Tab. 21.2): Vorprüfung, FFH-VP Kernprüfung und Ausnahmeprüfung. Die Vorprüfung kann ggf. auch entfallen, wenn bereits ersichtlich ist, dass eine Kernprüfung notwendig ist. Ergibt die Flora-Fauna-Habitat-Verträglichkeitsprüfung, dass ein Vorhaben zu einer erheblichen Beeinträchtigung führen kann, ist das Vorhaben unzulässig. Ausnahmen sind nur möglich, wenn zwingende Gründe des überwiegenden öffentlichen Interesses (einschließlich wirtschaftliche und soziale Gründe) bestehen und keine zumutbaren Alternativen erkennbar sind. In diesem Fall sind jedoch geeignete Maßnahmen zur Sicherstellung des funktionalen Zusammenhangs des Natura 2000-Gebietsnetzes (Maßnahmen zur Kohärenzsicherung) zu ergreifen.

Sind prioritäre Lebensräume und/oder Arten betroffen, werden die Ausnahmetatbestände noch stärker eingeschränkt. Hierbei handelt es sich um Arten bzw. natürliche Lebensräume, deren Er-

**Tab. 21.2** Übersicht des Ablaufes einer FFH-Verträglichkeitsprüfung

| | |
|---|---|
| **I. Vorprüfung** | *Können erhebliche Beeinträchtigungen der Schutzziele eines NATURA 2000-Gebiets mit Sicherheit ausgeschlossen werden?*<br>**Ja** → Das Vorhaben (Maßnahme, Eingriff, Anlage) ist nicht geeignet, ein Gebiet erheblich zu beeinträchtigen: Zulassung des Vorhabens ohne FFH-Verträglichkeitsprüfung<br>**Nein** → Eine FFH-Verträglichkeitsprüfung ist erforderlich |
| **II. FFH-VP Kernprüfung** | *Kann ein Projekt oder Plan zu erheblichen Beeinträchtigungen eines NATURA 2000-Gebiets in seinen für die Erhaltungsziele maßgeblichen Bestandteilen führen?*<br>**Ja** → Unzulässigkeit des Projekts oder Plans (eine Zulassung ist nur noch über eine Ausnahme möglich)<br>**Nein** → Zulassung des Projekts oder Plans |
| **III. Ausnahmeprüfung** | *Liegen die Voraussetzungen der Ausnahmebestimmungen (keine Möglichkeit von weniger beeinträchtigenden Alternativen, Vorliegen von zwingenden Gründen des überwiegenden öffentlichen Interesses) vor?*<br>**Ja** → Zulassung des Projekts oder Plans möglich. Es sind Kohärenzsicherungsmaßnahmen durchzuführen.<br>**Nein** → Unzulässigkeit des Projekts oder Plans |

haltung in der Europäischen Gemeinschaft eine besondere Bedeutung zukommt. Sie sind im Anhang I bzw. II der FFH-RL vermerkt und mit einem * gekennzeichnet. Können prioritäre Lebensräume und/oder Arten durch ein Vorhaben erheblich beeinträchtigt werden, sind als zwingende Gründe des überwiegenden öffentlichen Interesses nur solche im Zusammenhang mit der Gesundheit des Menschen, der öffentlichen Sicherheit oder den maßgebend günstigen Auswirkungen des Vorhabens auf die Umwelt denkbar. Sonstige Gründe können nur zum Tragen kommen, wenn zuvor eine Stellungnahme der EU-Kommission eingeholt wurde.

### 21.1.6 Artenschutz

Auf europäischer Ebene ist der Artenschutz durch die Flora-Fauna-Habitat- und Vogelschutzrichtlinie geregelt. Gemäß VS-RL sind alle wildlebenden heimischen Vogelarten geschützt, dies gilt sowohl für das Individuum selbst, wie auch für seine Nester, Eier und Lebensräume. Die FFH-RL stellt über 1000 weitere Tier- und Pflanzenarten unter Schutz – die entsprechenden Arten sind in den Anhängen II, IV und V der Richtlinie aufgeführt. Die Festlegungen der beiden europäischen Artenschutz-Richtlinien wurden in das deutsche Recht integriert. Neben den europäisch geschützten Arten existiert auf nationaler Ebene die Bundesartenschutzverordnung (BArtSchV), die weitere Arten unter Schutz stellt.

Der Artenschutz in Deutschland unterliegt nach dem BNatSchG einem mehrstufigen Schutzsystem (vgl. Abb. 21.3). Dabei wird zwischen dem allgemeinen und dem besonderen Artenschutz unterschieden. Innerhalb des besonderen Artenschutzes wird zusätzlich zwischen besonders und streng geschützten Arten differenziert. Bei eisenbahnrechtlichen Vorhaben ergeben sich häufig artenschutzrechtliche Fragestellungen, da auch der technisch geprägte Teil von Bahnanlagen häufig von besonders oder streng geschützten Arten (u. a. Stechimmen, Heuschrecken, Reptilien und Fledermäuse) besiedelt ist (vgl. EBA 2010).

**Allgemeiner Artenschutz**

Der Allgemeine Artenschutz ist im § 39 BNatSchG geregelt. Verboten ist unter anderem die mutwillige Beeinträchtigung von Tieren und deren Fang, Tötung oder Verletzung ohne vernünftigen Grund. Ferner ist es untersagt, Pflanzen ohne vernünftigen Grund von ihrem Standort zu entnehmen bzw. Bestände zu nutzen oder zu zerstören. In der Verkehrsplanung spielen diese Verbote i. d. R. jedoch eine untergeordnete

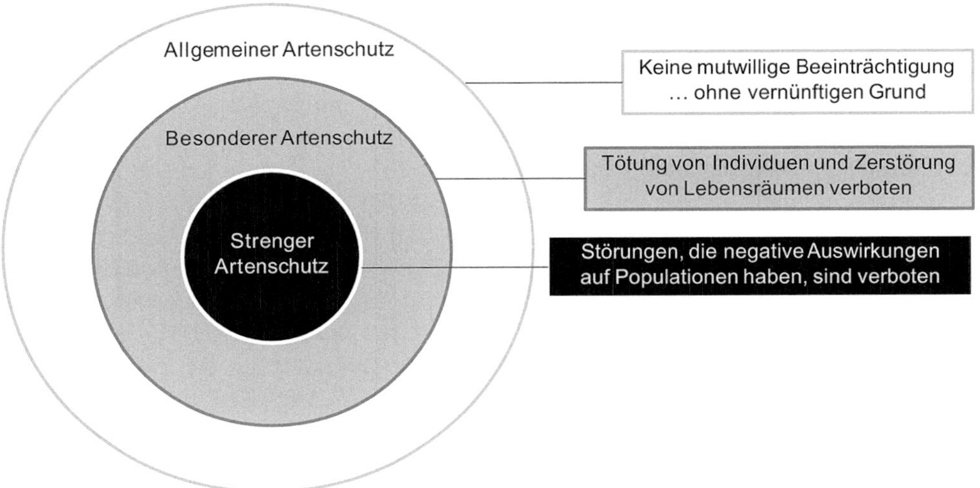


**Abb. 21.3** Vereinfachte schematische Darstellung der Artenschutzbestimmungen im deutschen Recht

Rolle, da der Infrastrukturbau als „vernünftiger Grund" angesehen werden kann. Der Allgemeine Artenschutz beinhaltet zudem Verbotszeiträume für das Beseitigen oder Rückschneiden von Hecken und Bäumen in der freien Landschaft. Deutschlandweit ist dies zwischen dem 01.03. und 30.09. eines jeden Jahres verboten, um die Vögel während des Nist- und Brutzeitraumes zu schützen. Dies ist auch beim Vegetationsrückschnitt am Gleis zu berücksichtigen (siehe Kap. 20).

**Besonderer Artenschutz**
Der besondere Artenschutz ist in § 44 BNatSchG geregelt. Es wird zwischen zwei Schutzkategorien – den besonders und den streng geschützten Arten – unterschieden.

**Besonders geschützte Arten** Für die besonders geschützten Arten besteht ein generelles Zugriffsverbot, sie dürfen also weder gefangen oder verletzt noch getötet werden. Darüber hinaus ist es untersagt, ihre Fortpflanzungs- und Ruhestätten zu beschädigen oder zu beseitigen. Für besonders geschützte Pflanzen besteht ein Beeinträchtigungs- und Zerstörungsverbot. Einen Sonderfall unter den besonders geschützten Arten bilden die europäischen Vogelarten, für die zusätzlich das Störungsverbot gilt, welches ansonsten nur bei streng geschützten Arten Anwendung findet.

**Streng geschützte Arten** Für die streng geschützten Arten gelten die o. g. Zugriffsverbote der besonders geschützten Arten. Darüber hinaus dürfen streng geschützte Arten während der Fortpflanzungs-, Aufzucht-, Mauser, Überwinterungs- und Wanderungszeiten auch nicht erheblich gestört werden. Unter dem Begriff „Störung" ist dabei nicht das Aufscheuchen eines einzelnen Tieres zu verstehen. Eine erhebliche Störung liegt vielmehr dann vor, wenn sich der Erhaltungszustand der lokalen Population verschlechtert.

Von den Verboten des Artenschutzes können die zuständigen Behörden im Einzelfall Ausnahmen gewähren (siehe dazu auch Tab. 21.1).

## 21.2 Strahlenschutz

Holger Tobergte

### 21.2.1 Rechtsgrundlagen und Regelwerk

Die wesentlichen rechtlichen Grundlagen des Strahlenschutzes sind

- Das Gesetz zum Schutz vor der schädlichen Wirkung ionisierender Strahlung (Strahlenschutzgesetz – StrlSchG)
- Verordnung zum Schutz vor der schädlichen Wirkung ionisierender Strahlung (Strahlenschutzverordnung – StrlSchV)
- Das Gesetz über die friedliche Verwendung der Kernenergie und den Schutz gegen ihre Gefahren (Atomgesetz – AtG)

### 21.2.2 Aufbauorganisation des Strahlenschutzes

Im Strahlenschutz sind folgende wesentlichen Funktionen definiert:

**Strahlenschutzverantwortlicher (SSV)** ist gemäß § 69 StrlSchG, wer einer Genehmigung zum Umgang (u. a. Gewinnung, Erzeugung, Lagerung, sonstige Verwendung und Beseitigung von radioaktiven Stoffen) bedarf oder eine Anzeige zu erstatten hat und wer einer Genehmigung zum Betreiben einer Röntgeneinrichtung bedarf oder eine Anzeige nach § 19 StrlSchG zu erstatten hat.

Der SSV ist eine juristische Person mit Geschäftsführungsbefugnis (Mitglied eines Vorstandes oder einer Geschäftsführung).

Der **Strahlenschutzbevollmächtigte (SSBv)** ist eine vom Strahlenschutzverantwortlichen gemäß § 164 BGB schriftlich benannte Person, die mit der Durchführung der Aufgaben des SSV beauftragt ist. Der SSBv besitzt Weisungsrecht, organisiert und kontrolliert den Strahlenschutz und ist Ansprechpartner gegenüber den atomrechtlichen Genehmigungs- und Aufsichtsbehörden.

**Strahlenschutzbeauftragte (SSBa)** sind gemäß § 70 StrlSchG schriftlich bestellte Mitarbeiter, die für den Strahlenschutz im Rahmen ihres betrieblichen Entscheidungsbereiches verantwortlich und weisungsbefugt sind. Im DB Konzern wird der SSBa vom SSBv im Namen des jeweiligen SSV bestellt.

### 21.2.3 Physikalische Grundlagen

Die Atomkerne bestimmter Elemente haben die Eigenschaft, sich ohne äußere Einwirkung umzuwandeln. Dabei wird energiereiche Strahlung ausgesandt. Diese Eigenschaft wird als Radioaktivität und solche Elemente werden als radioaktiv bezeichnet.

Die Geschwindigkeit des Zerfalls sowie die Art und Energie der dabei ausgesandten Strahlung sind für jedes dieser radioaktiven Elemente spezifisch und nicht beeinflussbar. Die Strahlung ist ständig vorhanden; sie lässt sich nicht abschalten; ist nicht direkt wahrnehmbar (außer an ihrer späteren Wirkung), sondern nur mit speziellen Detektoren bzw. Messgeräten nachzuweisen.

Energiereiche Strahlung besitzt die Fähigkeit, die Atome der Materie zu ionisieren (elektrisch leitend zu machen). Bei diesem Ionisierungsvorgang werden Elektronen von der Hülle der getroffenen Atome abgelöst. Diese Elektronen lagern sich an neutrale Atome oder Moleküle an, so dass sich positive und negative Ionen bilden.

Die freiwerdende Strahlung wird im Wesentlichen in Alpha ($\alpha$)-, Beta ($\beta$)-, Gamma ($\gamma$)- und Neutronen (n)-Strahlung unterschieden.

Röntgenstrahlung wird in speziellen Einrichtungen (z. B. Röntgenröhre) erzeugt und entsteht, wenn beschleunigte Elektronen hoher Energie auf Materie treffen und abgebremst werden.

$\alpha$-Strahlung besteht aus beschleunigten Heliumkernen und besitzt eine positive Ladung. Sie hat nur eine geringe Reichweite (z. B. in Luft etwa 40–60 mm). Entsprechend gering ist ihre Durchdringungsfähigkeit bei anderen Stoffen. Bereits die Dicke einer Postkarte genügt zur Abschirmung.

$\beta$-Strahlung besteht aus schnell bewegten Elektronen und entsteht beim radioaktiven Zerfall des Atomkerns. Ihre Reichweite in der freien Luft beträgt bis zu einige Meter. Zur vollständigen Abschirmung genügen einige Millimeter Plexiglas oder Aluminium.

$\gamma$-Strahlung besteht aus elektromagnetischen Wellen hoher Energie. Während $\alpha$- und $\beta$-Strahlen ihre Energie längs ihrer Bahn durch sehr viele Ionisierungsvorgänge abgeben, verlieren die $\gamma$-Strahlen durch einzelne Elementarprozesse ihre Energie. Die $\gamma$-Strahlen haben aus diesem Grund eine sehr große Durchdringungsfähigkeit. Sie lassen sich nur durch Material hoher Dichte (z. B. Blei) ausreichend abschirmen.

n-Strahlung entsteht bei Kernprozessen. Sie besteht aus elektrisch neutralen Teilchen. Beim Durchgang durch Materie treten diese in Wechselwirkung mit den Atomkernen und ionisieren auf indirektem Wege. Neutronenstrahlung hat in der Luft eine Reichweite von einigen hundert Metern. Ihre Durchdringungsfähigkeit des menschlichen Gewebes entspricht etwa der von $\gamma$-Strahlung.

Röntgenstrahlung ist eine kurzwellige, durchdringende, elektromagnetische Strahlung. Die Durchdringungsfähigkeit des menschlichen Gewebes entspricht etwa der von $\gamma$-Strahlung.

### 21.2.4 Umgang mit Ionisationsrauchmeldern

Organisationseinheiten der Eisenbahn-Infrastruktur sind vom Strahlenschutz im Wesentlichen in Zusammenhang mit installierten Brandmeldeanlagen mit Ionisationsrauchmeldern (IRM) betroffen. Diese Melder enthalten zur Ionisierung der in ihren Kammern befindlichen Luft geringe Mengen eines radioaktiven Stoffs (vorwiegend Americium-(Am)241 oder bei IRM älterer Bauart Radium-(Ra)226). Bei Eindringen von Rauchaerosolen in die Messkammer wird der elektrische Normwert verändert und ein Alarm ausgelöst. Aufgrund ihrer Detektoreigenschaften (gute Ansprechwahrscheinlichkeit für

**Tab. 21.3** Anforderungen im Zusammenhang mit IRM

| | |
|---|---|
| Strahlenschutz-beauftragter | Für den Umgang mit IRM ist ein Strahlenschutzbeauftragter (SSBa) zu bestellen. Die erforderliche Fachkunde (Fachkundegruppe S 1.3) wird durch einen 14-stündigen Lehrgang mit Abschlussprüfung erlangt und muss alle 5 Jahre aktualisiert und nachgewiesen werden |
| Qualifikation der Mitarbeitenden | Tätigkeiten mit IRM dürfen nur von Mitarbeitenden durchgeführt werden, die im Strahlenschutz unterwiesen sind und denen für diese Tätigkeit ein Strahlenschutzmerkblatt ausgehändigt wurde |
| Bauartzulassung | Es sollten nur solche IRM verwendet werden, für die eine Bauartzulassung gemäß § 48 StrlSchG erteilt wurde.<br>Der Einbau von IRM ohne Bauartzulassung bedarf einer Genehmigung. Installierte IRM, deren Bauartzulassung abgelaufen ist, dürfen aber weiter in der Brandmeldeanlage verwendet werden |
| Genehmigung | Für Ein- und Ausbau, Wartung und Lagerung von IRM ist eine Genehmigung nach § 12 StrlSchG erforderlich |
| Kennzeichnung | In der Regel erfolgt die Kennzeichnung der IRM mit Strahlenzeichen, dem Wort „Radioaktiv", der Angabe von Aktivität und Radionuklid durch den Hersteller auf der Rückseite der Meldereinsätze |
| Tätigkeitsverbot | Die IRM dürfen nicht geöffnet und baulich verändert werden, da eine Gefährdung durch Aufnahme von radioaktiven Stoffen über Mund und Atemwege nicht auszuschließen ist |
| Beauftragung Dritter | Mit Wartungs- und Instandhaltungstätigkeiten dürfen nur solche Firmen beauftragt werden, die für diese Tätigkeit eine gültige Umgangsgenehmigung nach § 12 StrlSchG vorweisen können |
| Nutzung von Räumen mit IRM/Kennzeichnung | Räume, in denen bauartzugelassene IRM bestimmungsgemäß betrieben werden, sind *nicht* zu kennzeichnen und unterliegen aus Gründen des Strahlenschutzes *keiner Nutzungsbeschränkung* |
| Beförderung | Die Beförderung von IRM ist genehmigungsfrei. Die Bestimmungen des Gefahrgutrechts sind einzuhalten |
| Buchführung | Über IRM ist Buch zu führen. Die Buchführung umfasst Erwerb, Abgabe bzw. Übergabe (einschl. Entsorgung) sowie Lagerbestand |
| Verhalten bei Vorkommnissen | Bei Vorkommnissen (z. B. Diebstahl, Brand, Wasser oder sonstige Beschädigungen) ist der zuständige Strahlenschutzbeauftragte unverzüglich zu informieren. Beschädigte oder mechanisch zerstörte IRM sind unter Verwendung von Handschuhen in Plastikbeuteln einzusammeln und zusammen mit diesen Handschuhen sicherzustellen |
| Entsorgung | IRM, die nicht mehr verwendet werden, sind dem radioaktiven Abfall zuzuführen. Die Abgabe von IRM erfolgt an den Hersteller, die Lieferfirma oder an die entsprechende Landessammelstelle |

alle Brände) werden IRM überall dort eingesetzt, wo aufgrund des voraussichtlichen Brandverlaufs keine anderen Detektoren zu empfehlen sind. Dies trifft besonders auf Schwelbrände in elektrischen Schalträumen und Kabelkanälen zu, da IRM auch auf unsichtbaren Rauch reagieren. Tab. 21.3 zeigt die wichtigsten Anforderungen, die bei der Verwendung von Ionisationsrauchmeldern einzuhalten sind.

## 21.2.5 Umgang mit Isotopensonden

Isotopensonden dienen der schnellen Qualitätskontrolle insbesondere auf Baustellen zur Überprüfung der Verdichtung von Planumsschutzschichten und dem Feuchtigkeitsgehalt im Boden. Bei diesen Sonden handelt es sich um vollautomatische mit einem Mikroprozessor ausgestattete kombinierte Aufsetz- und Einstichsonden. Die radioaktive Strahlenquelle Cäsium-137 als $\gamma$-Strahler zur Messung der Bodendichte ist in der Spitze des ausfahrbaren Sondenstabes untergebracht. Die Americium-241/Beryllium Quelle als Neutronenstrahler zur Bestimmung des Feuchtegehaltes des Bodens ist im Sondengehäuse untergebracht. Das Messprinzip beruht zum einen auf der Absorption von $\gamma$-Strahlung und zum anderen auf der Moderation und Rückstreuung von Neutronen.

**Tab. 21.4** Anforderungen für den Betrieb von Röntgeneinrichtungen

| | |
|---|---|
| Strahlenschutz-beauftragte | Für den Betrieb von Röntgeneinrichtungen und Störstrahlern sind SSBa zu bestellen. Die erforderliche Fachkunde für das Röntgen (Fkg R1.1 bzw. R1.2) wird durch einen 40-stündigen bzw. 32-stündigen Lehrgang mit Abschlussprüfung erlangt und muss alle 5 Jahre aktualisiert und nachgewiesen werden.<br>Ein SSBa muss bei ortsveränderlichem Röntgen anwesend sein.<br>Für den Betrieb von Störstrahlern ist die Fkg R3 erforderlich. Sie wird über einen 8-stündigen Lehrgang erlangt |
| Sonst. tätige Personen | Röntgeneinrichtungen dürfen nur von Röntgenprüfern, die im Strahlenschutz unterwiesen wurden, betrieben werden |
| Genehmigung | Der Betrieb von Röntgeneinrichtungen und Störstrahlern bedarf der Genehmigung nach § 12 StrlSchG |
| Meldungen | Der ortsveränderliche Betrieb ist den zuständigen Aufsichtsbehörden entsprechend der Meldefrist mitzuteilen |
| Kontroll- und Überwachungsbereiche | Der Kontrollbereich (effektive Dosis > 6 mSv im Kalenderjahr) ist mit einem geeichten Dosisleistungsmessgerät auszumessen, abzugrenzen und zu kennzeichnen; ein Überwachungsbereich ist festzulegen |
| Personendosis-ermittlung | An Personen, die sich im Kontrollbereich aufhalten ist die Körperdosis zu ermitteln. Es sind amtliche Dosimeter zu tragen |
| Buchführung | Über den Betrieb der Röntgeneinrichtung/den Störstrahler und die ermittelte Personendosis ist Buch zu führen |
| Anweisungen | Den Anweisungen des SSBa und der Röntgenprüfer ist Folge zu leisten |

Von Organisationseinheiten der Eisenbahn-Infrastruktur werden zurzeit keine Isotopensonden betrieben.

### 21.2.6 Betrieb von Röntgeneinrichtungen und Störstrahlern

Röntgeneinrichtungen werden u. a. zur Grobstrukturanalyse eingesetzt.

Mit Hilfe der erzeugten Röntgenstrahlen können Materialfehler in Schweißverbindungen von Bauteilen an Fahrzeugen sowie Brücken bzw. Stahlbauten festgestellt werden.

Störstrahler sind Geräte, Anlagen und Vorrichtungen, in denen Elektronen beschleunigt und abgebremst werden und somit Röntgenstrahlen erzeugen, ohne dass sie zu diesem Zweck betrieben werden. Dies geschieht z. B. beim Elektronenstrahl-Schweißverfahren welches hohe Schweißgeschwindigkeiten mit extrem tiefen, schmalen und parallelen Nähten erlaubt (Schweißen von Weichenherzstückspitzen). Die Anforderungen, die zum Betrieb einer Röntgeneinrichtung oder eines Störstrahlers einzuhalten sind, können Tab. 21.4 entnommen werden.

## 21.3 Trinkwasserhygiene in Trinkwasser-Befüllungsanlagen

Samantha Tlustowski

### 21.3.1 Allgemeines

Trinkwasser-Befüllungsanlagen dienen im Sinne der Trinkwasserverordnung der Versorgung mit Wasser für den menschlichen Gebrauch, im folgenden Trinkwasser genannt, und dürfen ausschließlich zur Befüllung von Schienenfahrzeugen genutzt werden. Eine Trinkwasser-Befüllungsanlage ist gemäß DIN 2001-2 wie folgt zu kennzeichnen (Abb. 21.4).

Man unterscheidet zwischen stationären Trinkwasser-Befüllungsanlagen, bestehend aus

**Abb. 21.4** Kennzeichnung einer Trinkwasser-Befüllungsanlage

einer oder mehreren Abgabestellen an einem Gleis oder zwischen zwei Gleisen sowie mobilen Trinkwasser-Befüllungsanlagen, bestehend aus einem Wassertransport-Fahrzeug mit einer Abgabestelle. Die Anforderungen an das Betreiben von ortsfesten und mobilen Trinkwasser-Befüllungsanlagen zur Trinkwasserversorgung von Schienenfahrzeugen im Bereich der Eisenbahnen des Bundes sind in Anhang I der Verwaltungsvorschrift (VV IfSG) des Eisenbahn-Bundesamtes in der jeweils gültigen Fassung zur Wahrnehmung der behördlichen Aufsicht gemäß § 54b Infektionsschutzgesetz festgelegt.

### 21.3.2 Verantwortlichkeiten

Die Betreiberin oder der Betreiber sind für die Einhaltung der geltenden Bestimmungen bezüglich der Vorhaltung eines hygienisch-technisch einwandfreien Zustandes der Anlage sowie der einwandfreien Trinkwasserbeschaffenheit verantwortlich. Dies umfasst unter anderem die regelmäßige Kontrolle der Funktion der Anlage sowie die Durchführung erforderlicher Instandhaltungsmaßnahmen. Voraussetzung eines bestimmungsgemäßen Betriebes einer Trinkwasser-Installation ist die regelmäßige Nutzung und Durchströmung aller Entnahmestellen mit Trinkwasser. Entsprechend VDI 6023 ist dieser Zustand gegeben, wenn das Trinkwasser mindestens alle drei Tage vollständig ausgetauscht wird. Trinkwasser-Befüllungsanlagen sind mindestens nach den allgemein anerkannten Regeln der Technik zu planen, zu bauen und zu betreiben. Die Planung und der Bau dürfen lediglich von fachkundigen Personen durchgeführt werden.

Betriebsanweisungen sind auf Grundlage der VV IfSG des Eisenbahn-Bundesamtes, Anhang I, zu erstellen. Die mit der Bedienung der Anlage beauftragten Personen sind vor der Inbetriebnahme und anschließend jährlich dokumentationspflichtig zu unterweisen.

### 21.3.3 Anzeigepflichten der Betreiber und Betreiberin

Die Betreiberin oder der Betreiber einer stationären oder mobilen Trinkwasser-Befüllungsanlage hat dem Eisenbahn-Bundesamt die geplante Errichtung, die erstmalige Inbetriebnahme, die Wiederinbetriebnahme sowie bauliche oder betriebstechnische Änderungen an trinkwasserführenden Teilen, die eine wesentliche Auswirkung auf die Beschaffenheit des Trinkwassers haben könnten, so früh wie möglich elektronisch anzuzeigen. Desgleichen ist der Übergang des Eigentums oder der Nutzungsrechte auf eine/n andere/n Betreiberin oder Betreiber anzuzeigen. Darüber hinaus ist die dauerhafte oder zeitweise Stilllegung von Befüllungsanlagen oder einzelnen Abgabestellen dem Eisenbahn-Bundesamt anzuzeigen.

### 21.3.4 Trinkwasseruntersuchungen

Das Eisenbahn-Bundesamt hat mit dem EBA-Bescheid „Behördliche Ermessensentscheidungen nach Infektionsschutzgesetz und Trinkwasserverordnung“ erlassen, dass der ordnungsgemäße Betrieb der Trinkwasser-Befüllungsanlage vor der erstmaligen Inbetriebnahme und bei Wiederinbetriebnahmen durch eine mikrobiologische Trinkwasseruntersuchung an jeder Abgabestelle und einer chemischen Trinkwasseruntersuchung an einer Abgabestelle nachzuweisen ist. Bei der Inbetriebnahme nach einer baulichen oder betriebstechnischen Änderung an trinkwasserführenden Teilen, sind die mikrobiologischen und chemischen Trinkwasseruntersuchungen lediglich an den betroffenen Abgabestellen durchzuführen. Gemäß der derzeitig gültigen Fassung des EBA-Bescheides sind im Rahmen dieser Trinkwasseruntersuchung folgende Paramater zu untersuchen:

- Coliforme Bakterien
- Escherichia coli
- Enterokokken
- Koloniezahl bei 22 °C
- Koloniezahl bei 36 °C

- Pseudomonas aeruginosa (nur bei mobilen Trinkwasser-Befüllungsanlagen)
- Trübung
- Färbung
- Wasserstoffionen-Konzentration
- Geruch
- Geschmack
- Blei
- Benzo-(*a*)-pyren
- Mangan
- Eisen
- Polyzyklische aromatische Kohlenwasserstoffe
- Trihalogenmethane (Untersuchung nur, wenn in Befüllungsanlagen kontinuierlich betriebene Anlagen zur Desinfektion des Trinkwassers vorhanden oder wenn solche Desinfektionsanlagen Bestandteil von mobilen Befüllungsanlagen sind)
- Chlorit und Chlorat (nur bei Desinfektionsverfahren mittels Chlordioxid)

Das Ergebnis der Trinkwasseruntersuchung muss dem Eisenbahn-Bundesamt vor der Inbetriebnahme der Anlage vorliegen. Dabei ist zu berücksichtigen, dass die Probeentnahme nicht länger als 3 Wochen zurückliegen darf.

### 21.3.5 Betrieb

Die Sicherstellung eines ordnungsgemäßen Betriebes der Trinkwasser-Befüllungsanlage erfolgt gemäß dem EBA-Bescheid „Entnahme und Untersuchung von Trinkwasserproben" durch jährliche behördliche Trinkwasseruntersuchungen und Hygieneprüfungen. Mobile Trinkwasser-Befüllungsanlagen werden hingegen vierteljährlich trinkwasserhygienisch untersucht. Untersuchungsergebnisse und Niederschriften des Eisenbahn-Bundesamtes über erfolgte Prüfungen sind von der Betreiberin oder dem Betreiber 10 Jahre lang aufzubewahren.

Um in einer Trinkwasser-Befüllungsanlage mit mehreren Abgabestellen die Trinkwasserproben so zu entnehmen, dass sie für die Qualität des abgegebenen Trinkwassers repräsentativ sind, gilt im Rahmen der mikrobiologischen Trinkwasseruntersuchung folgender Probenumfang:

- Bis 5 Trinkwasserfüllstellen: 2 Proben/Anlage/Jahr
- Bis 13 Trinkwasserfüllstellen: 3 Proben/Anlage/Jahr
- Ab 14 Trinkwasserfüllstellen: Jede 4. Trinkwasserfüllstelle/Anlage/Jahr

Die chemisch/physikalische Trinkwasseruntersuchung erfolgt an einer Trinkwasserfüllstelle.

Die Trinkwasserproben sind gemäß den gesetzlichen und normativen Vorgaben an der vorgeschriebenen Stelle der Einhaltung zu entnehmen. Bei standortsfesten Trinkwasser-Befüllungsanlagen erfolgt die Probennahme an der Befüllkupplung des an der Abgabestelle angeschlossenen Trinkwasserschlauches. Sofern kein Trinkwasserschlauch vorhanden ist, sind die Trinkwasserproben direkt an der Abgabestelle zu entnehmen. Bei mobilen Trinkwasser-Befüllungsanlagen sind die Proben an der Befüllkupplung der mobilen Anlage zu entnehmen.

Bei Nichteinhaltung oder Nichterfüllung der festgelegten Grenzwerte und Anforderung haben die Betreiberinnen oder die Betreiber von Trinkwasser-Befüllungsanlage die in Anhang I zum EBA-Bescheid festgelegten Maßnahmen umzusetzen. Bei der Reinigung und Desinfektion der Trinkwasser-Befüllungsanlage sind die Festlegungen gemäß DVGW W 551-3 (A) – Hygiene in der Trinkwasserinstallation – Teil 3: Reinigung und Desinfektion einzuhalten.

### 21.3.6 Trinkwasser-Befüllschläuche

Die Betreiberin oder der Betreiber haben sicherzustellen, dass der Trinkwasser-Befüllschlauch den Anforderungen der Bewertungsgrundlage für Kunststoffe und andere organische Materialien mit Trinkwasser (KTW-BWGL) des Umweltbundesamtes entspricht. Zur Verbindung eines Trinkwasser-Befüllschlauches mit der Befüllkupplung sind die in der DVGW-Prüfgrundlage VP 550 in Anhang A aufgeführten und abgebildeten Verbindungstechniken anzuwenden. Die Verbindung zwischen Trinkwasser-Befüllschlauch und Abgabestelle muss baulich so ausgeführt werden, dass der Schlauch für erforderliche Reinigungs- und Desinfektionsmaßnahmen abgenommen werden kann. Trinkwasser-Befüllschläuche sind mindestens halbjährlich vorsorglich zu desinfizieren. Werden Trinkwasser-Befüllschläuche länger als vier Wochen nicht genutzt sind diese vor dem erneuten Einsatz ebenfalls zu desinfizieren. Trinkwasserfüllschläuche, die nicht täglich mindestens einmal in Betrieb sind, müssen vor dem nächsten Einsatz gründlich durchgespült werden.

## Weiterführende Literatur

### 21.1. Schutz von Natur und Landschaft


1. Barsch H, Bork H-R, Söllner R (Hrsg) (2003) Landschaftsplanung, Umweltverträglichkeitsprüfung. Eingriffsregelung, Bd 537. Klett, Gotha
2. Bundesamt für Naturschutz & Bundesministerium für Umwelt, Naturschutz und nukleare Sicherheit (2021) Handreichung zum Vollzug der Bundeskompensationsverordnung. https://www.bfn.de/eingriffsregelung (Erstellt: 11.2021). Zugegriffen: 10. Juli 2023
3. Bundesministerium für Verkehr, Bau- und Wohnungswesen (BMVBW) (2004) Leitfaden zur FFH-Verträglichkeitsprüfung im Bundesfernstraßenbau. BMVBW, Bonn
4. Bundesministerium für Verkehr und digitale Infrastruktur (BMVI) (2019) Leitfaden zur FFH-Verträglichkeitsprüfung beim Aus- und Neubau von Bundeswasserstraßen. BMVI, Bonn
5. Eisenbahn-Bundesamt (2024) Umwelt-Leitfaden des Eisenbahn-Bundesamtes
6. Gassner E (2004) Die Zulassung von Eingriffen trotz artenschutzrechtlicher Verbote. Nat Recht 2004(9):560–564
7. Gerlach J (2002) Strategische Umweltprüfung von Plänen und Programmen im Verkehrssektor – Eine Einführung in die Thematik. Vortrag auf dem Workshop „Strategische Umweltprüfung von Plänen und Programmen im Verkehrssektor“, Wuppertal
8. Köppel J, Peters W, Wende W (2004) Eingriffsregelung, Umweltverträglichkeitsprüfung, FFH-Verträglichkeitsprüfung. Eugen Ulmer
9. Lau M (2011) Die naturschutzrechtliche Eingriffsregelung (Teil 1). Nat Recht 2011(10):680–684
10. Lau M (2011) Die naturschutzrechtliche Eingriffsregelung (Teil 2). Nat Recht 2011(11):762–771
11. Louis HW (2004) Artenschutz in der Fachplanung. Nat Recht 2004(9):557–559
12. Louis HW (2010) Das neue Bundesnaturschutzgesetz. Nat Recht 2010(2):77–89
13. Stein W (2005) Entwurf eines Merkblattes zur Strategischen Umweltprüfung von Plänen und Programmen im Verkehrssektor. UVP-Report 2005(1):38–40
14. Weingarten E, Köppen A, Herbst H (2010) Artenschutzrechtliche Belange in der SUP frühzeitig und effektiv berücksichtigen. Naturschutz Landschaftsplan 2010(9):275–285
15. Empfehlungen zum Umgang mit artenschutzrechtlichen Anforderungen bei Instandhaltungsmaßnahmen der DB Netz AG, unveröffentlicht
16. Richtlinie 2009/147/EG des Europäischen Parlaments und des Rates vom 30. November 2009 über die Erhaltung der wildlebenden Vogelarten (kodifizierte Fassung)
17. Richtlinie 92/43/EWG des Rates vom 21. Mai 1992 zur Erhaltung der natürlichen Lebensräume sowie der wildlebenden Tiere und Pflanzen, ABl L 206 vom 22.07.1992, S 7 (FFH-Richtlinie)
18. Richtlinie 2001/42/EG des Europäischen Parlaments und des Rates vom 27. Juni 2001 über die Prüfung der Umweltauswirkungen bestimmter Pläne und Programme, ABl L 197 vom 21.07.2001, S 30
19. Bundesnaturschutzgesetz (Bundesnaturschutzgesetz – BNatSchG) vom 29. Juli 2009 (BGBl I S 2542), das zuletzt durch Artikel 3 des Gesetzes vom 8. Dezember 2022 (BGBl I S 2240) geändert worden ist
20. Gesetz über die Umweltverträglichkeitsprüfung (Umweltverträglichkeitsprüfungsgesetz – UVPG) in der Fassung der Bekanntmachung vom 18. März 2018 (BGBl I S 540), das zuletzt durch Artikel 2 des Gesetzes vom 22. März 2023 (BGBl 2023 I Nr 88) geändert worden ist


### 21.2. Strahlenschutz


21. Strahlenschutzgesetz vom 27. Juni 2017 (BGBl I S 1966), das zuletzt durch die Bekanntmachung vom 3. Januar 2022 (BGBl I S 15) geändert worden ist
22. Strahlenschutzverordnung vom 29. November 2018 (BGBl I S 2034, 2036; 2021 I S 5261), die zuletzt durch Artikel 1 der Verordnung vom 10. Januar 2024 (BGBl 2024 I Nr 8) geändert worden ist
23. Atomgesetz in der Fassung der Bekanntmachung vom 15. Juli 1985 (BGBl I S 1565), das zuletzt durch Artikel 1 des Gesetzes vom 4. Dezember 2022 (BGBl I S 2153) geändert worden ist


### 21.3. Trinkwasserhygiene in Trinkwasser-Befüllungsanlagen


24. Verwaltungsvorschrift zur Wahrnehmung der behördlichen Überwachung gemäß § 54b Infektionsschutzgesetz im Bereich der Eisenbahnen des Bundes (VV IfSG) vom 1. Juli 2020

25. Anhang I zur Verwaltungsvorschrift IfSG vom 1. Juli 2020 zur Wahrnehmung der behördlichen Aufsicht gemäß § 54b Infektionsschutzgesetz
26. Grundsatzbescheid des EBA: Behördliche Ermessensentscheidungen nach Infektionsschutzgesetz und Trinkwasserverordnung mit Gültigkeit vom 21. März 2022
27. Entnahme und Untersuchung von Trinkwasserproben mit Gültigkeit vom 21. März 2022
28. Durchführung von Maßnahmen gemäß § 9 der Trinkwasserverordnung (a F) mit Gültigkeit vom 21. März 2022
29. DIN 2001-2:2018-01 Trinkwasserversorgung aus Kleinanlagen und nicht ortsfesten Anlagen Teil 2: Nicht ortsfeste Anlagen – Leitsätze für Anforderungen an Trinkwasser, Planung, Bau, Betrieb und Instandhaltung der Anlagen
30. Trinkwasserverordnung (TrinkwV) Artikel 1 V v 20. Juni 2023 BGBl 2023 I Nr 159

# 22 Entsorgung von Abfällen und Einbau von mineralischen Ersatzbaustoffen bei Bau und Instandhaltung

Dirk Melchert

**Zusammenfassung**

In jedem Bauvorhaben der DB InfraGO AG fallen Abfälle an, die ordnungsgemäß und schadlos verwertet oder gemeinwohlverträglich beseitigt werden müssen. Dies wird durch umfangreiche, über viele Jahre weiterentwickelte, abfallrechtliche Vorgaben reguliert, kontrolliert und dokumentiert. In zunehmendem Maß werden Abfälle als Sekundärrohstoffe angesehen, die Primärrohstoffe ersetzen können. Diese Möglichkeit besteht insbesondere bei mineralischen Bauabfällen, den mit jährlich 240 Mio. t größten Abfallstrom in Deutschland. Allein bei der DB AG fallen jährlich 10 Mio. t Boden, Bauschutt, Gleisschotter und Betongleisschwellen an. Mit der am 01.08.2023 in Kraft getretenen Ersatzbaustoffverordnung (EBV) wird der Einsatz von mineralischen Ersatzbaustoffen (mEB) in technischen Bauwerken rechtsverbindlich und bundeseinheitlich geregelt, womit ein wichtiger Beitrag zum ressourcenschonenden Einsatz von mineralischen Materialen geleistet wird.

D. Melchert (✉)
Infrastrukturplanung und -projekte, DB InfraGO AG, Berlin, Deutschland

## 22.1 Gesetzliche Grundlagen und technische Regelwerk

Bei Eisenbahn-Infrastrukturunternehmen fallen bei der Instandhaltung und bei Bauprojekten unterschiedliche Abfallarten wie bspw. Altschotter, Altschwellen aus Holz oder Beton und Boden an. Gleichzeitig werden zunehmend mineralische Ersatzbaustoffe (mEB) bei der Errichtung technischer Bauwerke verwendet.

### 22.1.1 Abfallrechtliche Vorschriften

Im Mittelpunkt des Abfallrechts in der Bundesrepublik Deutschland steht das zum 29.10.2020 novellierte Kreislaufwirtschaftsgesetz (KrWG). Unter Entsorgung im Sinne des Kreislaufwirtschaftsgesetzes wird die Verwertung und Beseitigung von Abfällen verstanden. Abfälle sind hierbei nach § 3 Abs. 1 KrWG „*alle Stoffe oder Gegenstände, deren sich ihr Besitzer entledigt, entledigen will oder entledigen muss. Abfälle zur Verwertung sind Abfälle, die verwertet werden; Abfälle, die nicht verwertet werden, sind Abfälle zur Beseitigung*".

Mit der Novellierung des KrWG wird die in der EU-Abfallrahmenrichtlinie hinterlegte 5-stufige Abfallhierarchie in nationales Recht umgesetzt und gliedert sich in:

1. Vermeidung,
2. Vorbereitung zur Wiederverwertung,
3. Recycling,



J. Holzfeind, J. Liu, F. Pospischil (Hrsg.), *Handbuch Eisenbahninfrastruktur*,
https://doi.org/10.1007/978-3-662-68960-8_22

4. sonstige Verwertung, insbesondere energetische Verwertung und Verfüllung,
5. Beseitigung

Mit der Umsetzung der 5-stufigen Abfallhierarchie werden der Umwelt- und Klimaschutz sowie die Ressourceneffizienz durch Stärkung der Abfallvermeidung und des Recyclings verbessert.

Die Abfälle werden nach dem Grad ihrer Gefährlichkeit in nicht gefährliche und gefährliche Abfälle unterteilt. In der auf Grundlage des KrWG erlassenen Abfallverzeichnisverordnung (AVV) ist allen Abfallarten ein Abfallschlüssel (6-stelliger AVV-Schlüssel) zugeordnet. Der Abfallschlüssel gefährlicher Abfälle ist mit einem Stern versehen (vergl. § 3 der AVV). Eine Einstufung von Abfällen als „gefährlich" erfolgt, wenn ein oder mehrere der in § 3 Abs. 2 genannten Gefährlichkeitskriterien erfüllt sind.

Die Nachweisführung des Abfalls erfolgt gemäß Nachweisverordnung (NachweisV), so werden gefährliche Abfälle mit einer Vorab- und Verbleibskontrolle im elektronischen Nachweisverfahren begleitet und abschließend im Abfallregister dokumentiert.

Neben den vorab beschriebenen allgemeinen Grundsätzen des Abfallrechts existieren bei der Entsorgung von Altholzschwellen weitere spezielle rechtliche Vorgaben, wie z. B. die Altholzverordung (AltholzV), die Gefahrstoffverordnung (GefStoffV) und die Chemikalienverbotsverordnung (ChemVerbotsV).

Beim Umschlag und bei der Lagerung von Abfällen sind weitere rechtliche Vorgaben zu beachten.

So legt z. B. die 4. BImSchV fest, ab welchem täglichen Durchsatz für den Umschlag und die Lagerung von Abfällen Genehmigungen erforderlich sind. Ablauf und Inhalt der Genehmigungsverfahren regelt die 9. BImSchV.

Die AwSV regelt hingegen, dass mineralische Abfälle allgemein wassergefährdend sind. Daher müssen die technischen Anforderungen der AwSV bei der Planung von Bereitstellungs- oder Zwischenlagerflächen berücksichtigt werden.

### 22.1.2 Mantelverordnung

Die Mantelverordung ist am 01.08.2023 in Kraft getreten. Die neu eingeführte Ersatzbaustoffverordnung (EBV, Artikel 1 der Mantelverordnung) definiert bundesweit einheitlich, unter welchen Voraussetzungen mineralische Ersatzbaustoffe (mEB) in technischen Bauwerken eingesetzt werden können, ohne dass hierfür eine wasserrechtliche Erlaubnis benötigt wird. Die Bundes-Bodenschutz- und Altlastenverordnung (BBodSchV, Artikel 2 der Mantelverordnung) formuliert darüber hinaus Anforderungen an das Auf- oder Einbringen von Materialien auf oder in den Boden. Dies ist relevant, wenn Boden aus Baumaßnahmen unmittelbar innerhalb von Baumaßnahmen umgelagert bzw. in Abgrabungen, Steinbrüche, Sand- oder Kiesgruben verwertet werden soll. Im Zuge der Mantelverordnung wurde auch die Deponieverordnung (DepV, Artikel 3 der Mantelverordnung) novelliert. Sie regelt die Errichtung, den Betrieb, die Stilllegung und die Nachsorge von Deponien.

### 22.1.3 Technisches Regelwerk der Länderarbeitsgemeinschaft Abfall

Die technische Regel der Länderarbeitsgemenschaft Abfall (LAGA) M20 hat vor dem in Kraft treten der EBV die Bedingungen für den Einsatz von mineralischen Ersatzbaustoffen geregelt. Sie ist weitgehend von der EBV abgelöst worden, wird aber in einzelnen Bundesländern sowie für bestandsgeschützte, vor dem 16.07.2021 genehmigte Aufbereitungsanlagen und Abgrabungen unverändert angewendet.

## 22.2 Umgang mit mineralischen Abfällen und Altholzschwellen

Um bei der Entsorgung von Bauabfällen die Rechts- und Planungssicherheit zu gewährleisten und eine Kostenminimierung zu realisieren, wurde bei der DB AG das BoVEK (Bodenverwertungs- und Entsorgungskonzept) als Unterstützungsprozess für die Planung und Durchführung von Tief- und Ingenieurbautechnischen Maßnahmen sowie Rückbaumaßnahmen eingeführt. Die Durchführung des BoVEK-Prozesses ist als Konzernrichtlinie (137.0101) festgelegt und auch in der DB AG-Richtlinie „Infrastrukturmaßnahmen Planen, Durchführen, Abnehmen, Dokumentieren und Abschließen" (Ril 809) festgeschrieben.

Der BoVEK-Prozess dient dabei zur Steuerung der Entsorgung von Baustellenabfällen (insbesondere von Bodenmassen) bzw. der Lenkung von Abfallströmen als integraler Bestandteil bei der Planung und Durchführung von Baumaßnahmen. Dabei liegt das Hauptaugenmerk auf dem Grundsatz „Vermeidung vor Verwertung vor Beseitigung". Die anfallenden Abfälle werden dabei nach Art und Menge erfasst, quantitativ und qualitativ bewertet sowie die dafür optimalen Entsorgungsmöglichkeiten aufgezeigt.

Abweichend ist bei reinen Oberbaumaßnahmen die Erstellung einer speziellen, auf die Oberbaumaterialien reduzierten, Entsorgungsplanung erforderlich.

### 22.2.1 Umgang mit Altschotter

Auch bei der Entsorgung von Altschotter sind die allgemeinen Vorgaben des deutschen Abfallrechtes zu beachten. Um bei der DB Netz AG eine einheitliche, wirtschaftliche, ökologisch und technisch sinnvolle Entsorgung des Altschotters unter Beachtung der gesetzlichen Vorgaben sicherzustellen, ist die Richtlinie „Schotter aus Gleisbaustellen/Umgang mit mineralischen Materialien" (Ril 880.4010) in Verbindung mit TM 2018-10391 „Anpassung des Siebschnittes für die Altschotteranalytik von 22,4 auf 31,5 mm" eingeführt worden.

**Altschotterentsorgung im Bauablauf**

Bereits in der Maßnahmenplanung werden eine Mengenermittlung sowie die Abfalldeklaration veranlasst. In der Phase Arbeitsvorbereitung werden die Logistik innerhalb und außerhalb der Baustelle, also auch der Transport zur Entsorgungsanlage, geplant und abgestimmt. Die Baudurchführung führt schließlich zur eigentlichen Entstehung von Altschotter. Dabei sind verschiedene Fälle zu unterscheiden:

a) Altschotter wird als Gesamtschotter (Körnung 0–63 mm) ausgebaut und als solcher einer ordnungsgemäßen Entsorgung zugeführt. Bei einigen Baustellen wird der Gesamtschotter vor Ort mittels mobiler Aufbereitungsanlage aufgearbeitet. Die Siebrückstände (0–31,5 mm) werden dann der Entsorgung zugeführt, wohingegen der aufgearbeitete Schotter (31,5–63 mm), soweit möglich, ins Gleisbett zurückgeführt wird.
b) Im Rahmen einer Bettungsreinigung wird der Schotter von einer schienengebundenen Baumaschine aufgenommen und in der Maschine gesiebt. Der so gereinigte Schotter (31,5–63 mm) wird von der Baumaschine unmittelbar im Gleis wiedereingebaut. Nur die Siebrückstände (0–31,5 mm) unterliegen dem Abfallrecht und werden anschließend der ordnungsgemäßen Entsorgung zugeführt.

**Probenahme und Analytik**

Beprobt werden der beim Ausbau anfallende Schotter, Planumsschutzschichten und anfallende Bodenmassen. Die Proben werden durch das Absieben des Grobschotters gewonnen und umfassen somit nur den Schotter-Feinanteil, der zur chemischen Charakterisierung und abfalltechnischen Einstufung des Altschotters genutzt wird. Die Bahn hat für die chemischen Untersuchungen im Feststoff und Eluat einen spezifischen Parametermindestumfang festgelegt, wobei sich die Bewertung der Eluatuntersuchungen an den Materialwerten der EBV orientiert.

**Bewertung der Untersuchungsergebnisse und Zuordnung eines Abfallschlüssels**

Vom Prüflabor wird ein Prüfbericht erstellt, der die Prüfergebnisse zu jeder Probe und alle wichtigen Informationen enthält.

Anhand der bewerteten Analyseergebnisse wird der anfallende Altschotter entweder als Gleisschotter, der gefährliche Stoffe enthält (170507*) oder als ungefährlicher Gleisschotter (170508) eingestuft. Die Einstufung von Gleisschotter als gefährlicher bzw. nicht gefährlicher

Abfall erfolgt nach EU-rechtlichen bzw. bundeslandspezifischen Kriterien.

**Durchführen der Entsorgung**
In Abhängigkeit von den ermittelten Zuordnungswerten werden die zu verwertenden Altschotterfraktionen einer ordnungsgemäßen und schadlosen Verwertung bzw. einer gemeinwohlverträglichen Beseitigung zugeführt. Dabei werden länderspezifische Andienungs- und Überlassungspflichten, besonders die in einigen Bundesländern für gefährliche Abfälle zur Beseitigung (in Rheinland-Pfalz auch für gefährliche Abfälle zur Verwertung) festgelegten Andienungspflichten an die sogenannten Andienungsgesellschaften/Sonderabfallgesellschaften beachtet.

Die mit der Verwertung oder Beseitigung des Altschotters beauftragten Firmen sind als Entsorgungsfachbetrieb (§§ 56 und 57 Kreislaufwirtschaftsgesetz) bzw. einer vergleichbaren europäische Qualifizierung zertifiziert. Ebenso wird sichergestellt, dass die Vertragsfirmen über eine gültige Genehmigung für die vorgesehene Entsorgungsanlage bzw. -maßnahme und den Transport des jeweiligen Abfalls verfügen.

Bei der Entsorgung des Altschotters finden die Vorgaben der eingangs beschriebenen Nachweisverordnung (s. auch Abschn. 22.1.1) Anwendung.

**Materialkreislauf**
Die Grobfraktion des ausgebauten Schotters aus offensichtlich unbelasteten Gleisbereichen ist i. d. R. nach der Aufbereitung bei einer dafür zugelassenen Anlage als aufbereiteter Schotter (Recycling-Schotter) wiederverwendbar. In der EBV werden Materialwerte für Recycling-Schotter für den Einbau in ein technisches Bauwerk festgelegt. In Abhängigkeit der Ergebnisse der chemischen Analyse wird Recycling-Schotter in die güteüberwachten Kategorien GS 0 bis GS 3 eingeteilt. Die Regelungen der EBV werden flankiert durch DB-internes Regelwerk wie z. B. die Technischen Lieferbedingungen der DB für die Verwendung von aufbereitetem Schotter (Ril 820.2010 „Ausrüstungsstandard Schotteroberbau für Gleise und Weichen“ und 889.0061 DBS 918 061 „Technische Lieferbedingungen; Gleisschotter“) und Korngemische für Trag-/Schutzschichten (889.0062).

Der Einbau des Recycling-Schotters muss entsprechend der EBV-Vorgaben dokumentiert werden.

### 22.2.2 Umgang mit Altholzschwellen

Auf Grundlage der Verordnung über Anforderungen an die Verwertung und Beseitigung von Altholz (AltholzV) wird Altholz nach § 2(4) in Abhängigkeit von der chemischen Belastung in die Kategorien A I (naturbelassenes oder lediglich mechanisch bearbeitetes Holz) bis A IV (mit Holzschutzmitteln behandeltes Holz, das aufgrund seiner Belastung nicht den niedrigeren Klassen zugeordnet werden kann, ausgenommen PCB-Holz (PCB-Polychlorierte Biphenyle)) eingeteilt. Für gängige Altholzsortimente enthält die Altholzverordnung in Anhang III eine Regelvermutung. Danach sind Bahnschwellen der Kategorie A IV zugeordnet. Eine Ausnahme liegt bei ungetränkten Hartholzschwellen vor.

Altholz darf nach § 8 der AltholzV nur zur stofflichen und energetischen Verwertung in einer Altholzbehandlungsanlage in Verkehr gebracht werden. Nach § 10 haben Abfallbesitzer bzw. -erzeuger mit einer täglich anfallenden Altholzmenge von 1 $m^3$ losem Schüttvolumen oder 0,3 t dieses getrennt zu erfassen, zu sammeln, bereitzustellen und zu überlassen.

Der Nachweis über die Zulässigkeit der vorgesehenen Entsorgung und die durchgeführte Entsorgung hat auf Grundlage der Nachweisverordnung zu erfolgen. Bei der Entsorgung von Altholz ist hierbei zusätzlich nach § 11 AltholzV ein Anlieferungsschein gemäß Anhang IV der AltholzV zu erstellen.

Darüber hinaus finden beim Umgang mit Altholzschwellen die Gefahrstoffverordnung (GefStoffV) sowie die Chemikalien-Verbotsverordnung (ChemVerbotsV) Anwendung. So sind zur Imprägnierung von Holzschwellen nur Holzschutzmittel zugelassen, die einen Massegehalt von weniger als 50 mg/kg Benzo(*a*)pyren (BaP) aufweisen (vgl. Anhang zu § 1 ChemVerbotsVO, Abschn. 20, Spalte 1, Anmerkung M). Holzschwellen, die mit Holzschutzmitteln behandelt wurden, die einen Massengehalt von mehr als 50 mg/kg BaP aufweisen, dürfen nur noch als Eisenbahnschwelle gemäß dem ursprünglichen Herstellungszweck wiederverwendet werden. Einen weiteren Verwertungsweg stellt die energetische Verwertung dar. Die Abgabe von Holzschwellen an Dritte für sonstige Verwendungszwecke ist verboten.

### 22.2.3 Umgang mit Boden

Der anfallende Boden stellt den mit Abstand größten Materialstrom bei Baumaßnahmen dar. Aus diesem Grund sind schon frühzeitig in der Planung Einsatzmöglichkeiten innerhalb der Baumaßnahme zu berücksichtigen, um die anfallenden Überschussmassen, die als Abfall entsorgt werden müssen, zu reduzieren. Zur chemischen Bewertung und Einstufung des Bodens sind je nach Anforderung umfangreiche Laboranalysen erforderlich. Der Parameterumfang der Analysen wird durch die Vorgaben der LAGA, der EBV und der BBodSchV festgelegt.

Material zur Wiederverwendung im Bauvorhaben kann beispielsweise durch Verwendung in einem zu errichtenden Bahndamm innerhalb des Bauvorhabens umgelagert werden. Weitere Möglichkeiten wären die Verwendung in einem Technischen Bauwerk, wie zum Beispiel in einem Lärmschutzwall oder in einem Landschaftsbauwerk im Rahmen einer Geländeüberprägung.

Überschüssiger Boden, der nicht im Bauvorhaben Verwendung findet, muss als nicht gefährlicher Boden (AVV-Nr. 17 05 04) oder gefährlicher Boden (AVV-Nr. 17 05 03*) entsorgt werden. Für nicht gefährlichen Boden ermöglicht die EBV die unmittelbare Verbringung von nicht aufbereiteten Bodenmaterial in ein anderes Bauvorhaben. Alternativ kann nicht gefährlicher Boden auch einer Verwertungsanlage, einer Abgrabung oder einer Deponie zugeführt werden. Gefährlicher Boden wird in Aufbereitungsanlagen verwertet oder auf Deponien beseitigt.

Wie anfallender Boden im Bauvorhaben verwendet werden kann, ist in Abb. 22.1 schematisch dargestellt.

Der Einsatz von mEB erfordert gemäß EBV eine umfangreiche Einbaudokumentation, die über die Gesamtlebenszeit des Bauwerkes von Grundstückseigentümer aufzubewahren ist.

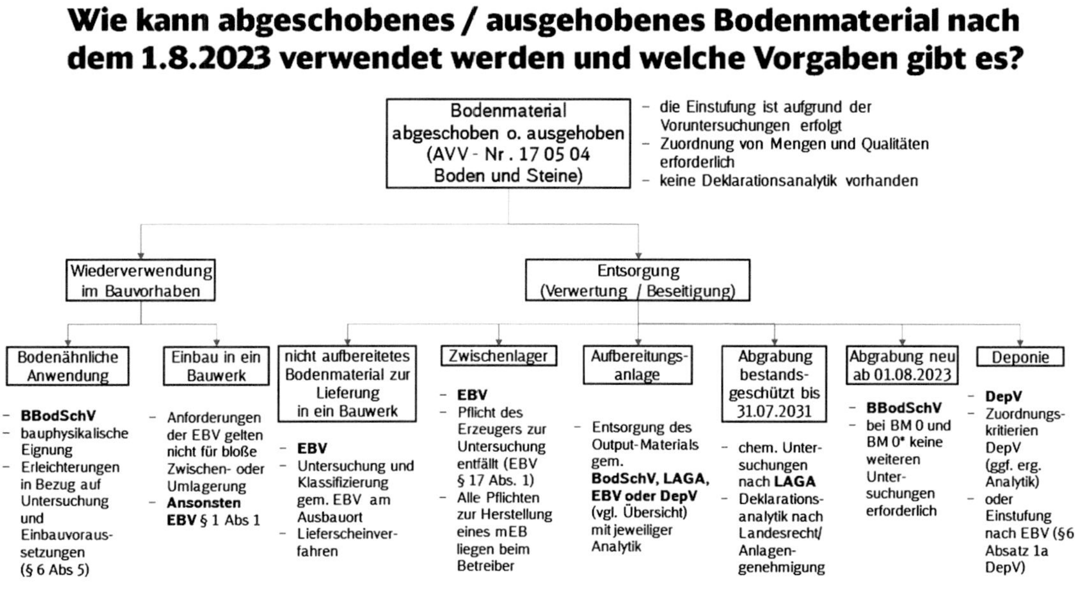


**Abb. 22.1** Verwendungsmöglichkeiten von anfallendem Boden aus Baumaßnahmen

## Weiterführende Literatur


1. Kreislaufwirtschaftsgesetz (KrWG) vom 24. Feb. 2012 (BGBl I S 212), das zuletzt durch Artikel 5 des Gesetzes vom 2. März 2023 (BGBl 2023 I Nr 56) geändert worden ist
2. DB AG 02.2016 „Leitfaden Entsorgung" des DB Umweltzentrums
3. Verordnung über Anforderungen an die Verwertung und Beseitigung von Altholz (AltholzV) vom 15. Aug. 2002 (BGBl I S 3302), die zuletzt durch Artikel 120 der Verordnung vom 19. Juni 2020 (BGBl I S 1328) geändert worden ist
4. Verordnung über das Europäische Abfallverzeichnis (AVV) vom 10. Dez. 2001 (BGBl I Nr 65 vom 12. Dez. 2001 S 3379), die durch Artikel 1 der Verordnung vom 30. Juni 2020 (BGBl I S 1533) geändert worden ist
5. Verordnung über die Nachweisführung bei der Entsorgung von Abfällen (Nachweisverordnung – NachwV) vom 20. Okt. 2006 (BGBl I S 2298), die zuletzt durch Artikel 5 der Verordnung vom 28. April 2022 (BGBl I S 700) geändert worden ist
6. Verordnung über Verbote und Beschränkungen des Inverkehrbringens und über die Abgabe bestimmter Stoffe, Gemische und Erzeugnisse nach dem Chemikaliengesetz (Chemikalien-Verbotsverordnung – ChemVerbotsV) 20. Jan. 2017 (BGBl I S 94; 2018 I S 1389), die zuletzt durch Artikel 300 der Verordnung vom 19. Juni 2020 (BGBl I S 1328) geändert worden ist
7. Verordnung zum Schutz vor Gefahrstoffen (GefStoffV) vom 26. Nov. 2010 (BGBl I S 1643, 1644), die zuletzt durch Artikel 2 der Verordnung vom 21. Juli 2021 (BGBl I S 3115) geändert worden ist
8. Verordnung zur Einführung einer Ersatzbaustoffverordnung, zur Neufassung der Bundes-Bodenschutz- und Altlastenverordnung und zur Änderung der Deponieverordnung und der Gewerbeabfallverordnung (Mantelverordnung) vom 9. Juli 2021 (BGBl I S 2598)
9. DB Netz AG 01.08.2023 Ril 880.4010 „Bautechnik; Verwertung von Altschotter" – Altschotterrichtlinie in Verbindung mit TM 2018-10391 „Anpassung des Siebschnittes für die Altschotteranalytik von 22,4 auf 31,5 mm"
10. Mitteilung der Länderarbeitsgemeinschaft Abfall (LAGA) 20 „Anforderungen an die stoffliche Verwertung von mineralischen Reststoffen/Abfällen – Technische Regeln" vom 6. Nov. 1997 (bzw. 6. Nov. 2003)
11. Bundes-Bodenschutz- und Altlastenverordnung (BBodSchV) vom 9. Juli 2021 (BGBl I S 2598, 2716)
12. Gesetz zum Schutz vor schädlichen Bodenveränderungen und zur Sanierung von Altlasten (BBodSchG) vom 17. März 1998 (BGBl I S 502), das zuletzt durch Artikel 7 des Gesetzes vom 25. Feb. 2021 (BGBl I S 306) geändert worden ist
13. DB AG 02.11.2023 Ril 137.0101 Handbuch „Bodenverwertungs- und Entsorgungskonzept" (BoVEK) der DB AG
14. DB AG 01.10.2022 Ril 809 Infrastrukturmaßnahmen Planen, Durchführen, Abnehmen, Dokumentieren und Abschließen
15. DB AG 01.09.2023 Ril 820 Grundlagen des Oberbaus
16. DB Netz AG 01.08.2023 (889.0061 DBS918 061) Technische Lieferbedingungen; Gleisschotter
17. DB Netz AG 31.07.2023 (889.0062) Technische Lieferbedingungen; Korngemische für Trag- und Schutzschichten zur Herstellung von Eisenbahnfahrwegen

# Asset Management Fahrweg

# 23

Peter Veit und Stefan Marschnig

**Zusammenfassung**

Asset Management dient der Optimierung des Fahrwegs. Dabei gilt: Asset Management = Life Cycle Management. Drei Fragen müssen dabei beantwortet werden: Welche Komponenten sind wo einzubauen (Investitionsstrategie). Ebenso spezifische Instandhaltungsstrategien auszuarbeiten. Schließlich muss die wirtschaftliche Nutzungsdauer bestimmt werden.

Für diese Aufgaben eignet sich die Methode der Standardelemente, und zwar sowohl für das strategische als auch das operative Asset Management. Dabei wird die jeweilige technische Beschreibung des Fahrwegs ebenso in ihren Kosten abgebildet und mittels dynamischer Investitionsrechnungen bewertet.

Life Cycle Management zielt auf einen nachhaltigen und kostenoptimierten Fahrweg. Alle bisherigen Analysen zeigen, dass dies neben den weitgehend vorliegenden Messdaten vor allem eine Weiterentwicklung der Messdatenanalysen erfordert, um mittels Zeitreihen stabile Prognosen zu erarbeiten.

Es zeigt sich, dass ein noch nachhaltigerer Fahrweg weitere Qualitätssteigerungen bedarf. Qualität bezieht sich dabei auf die Ausgangsqualität sowie die erforderliche Instandhaltung. Kurzfristeinsparungen hingegen führen zu massiven Kostensteigerungen und konterkarieren die Nachhaltigkeit.

Das Asset Management hat zur Optimierung des Fahrwegs drei wesentliche Fragen zu beantworten. Einmal muss eine Investitionsstrategie erarbeitet werden – welche Komponenten sind unter welchen Randbedingungen einzubauen. Ebenso ist eine Instandhaltungsstrategie auszuarbeiten – wie werden die bestehenden Anlagen instandgehalten. Schließlich ist noch die Frage nach der wirtschaftlichen Nutzungsdauer zu beantworten – wann sollte die Anlage besser reinvestiert statt weiter instandgehalten werden. Diese drei Fragen können nur gemeinsam beantwortet werden, da Komponentenentscheidungen nur unter Berücksichtigung der erforderlichen Instandhaltungsmaßnahmen getroffen werden können, die Instandhaltungsstrategie natürlich auf den spezifischen Komponenten sowie den betrieblichen Randbedingungen basieren muss und die wirtschaftliche Nutzungsdauer eine Konsequenz von Investitions- und Instandhaltungsstrategie darstellt.

Dabei hat das Asset Management zwei grundsätzlich unterschiedliche Ausprägungen. Das strategische Asset Management legt generelle Investitions- und Instandhaltungsstrategien fest, die es erlauben, die erforderlichen Reinvestitionsmengen und den Instandhaltungsbedarf jeweils für ein Netz zu bestimmen. Die Datengrundlage ist das durchschnittliche Verhalten des Fahrwegs

P. Veit (✉)
Institut für Eisenbahnwesen und Verkehrswirtschaft, TU Graz, Graz, Österreich

S. Marschnig
Institut für Eisenbahnwesen und Verkehrswirtschaft, TU Graz, Graz, Österreich



J. Holzfeind, J. Liu, F. Pospischil (Hrsg.), *Handbuch Eisenbahninfrastruktur*,
https://doi.org/10.1007/978-3-662-68960-8_23

bei verschiedenen Randbedingungen. Das operative Asset Management setzt diese generellen Strategien in projektspezifische Entscheidungen um, und muss daher mit den Daten des spezifischen Abschnitts arbeiten.

Asset Management betrachtet das System Fahrweg daher technisch – wie verhält sich die Anlage bei unterschiedlichen Randbedingungen, im Folgenden als Parameter bezeichnet, einmal auf Durchschnittswertbasis, einmal spezifisch. Diese technische Beschreibung ist anschließend wirtschaftlich zu bewerten. Das bedeutet, die technische Beschreibung ist in ihren Kosten abzubilden und mittels Investitionsrechnung zu bewerten.

Nun stellt sich die Frage, welche Effekte und damit Kosten dabei zu berücksichtigen sind. Dabei ist der einfache Grundsatz von Investitionsrechnungen einzuhalten: Sämtliche Kosten, die auf die zu bewertende Investitionsentscheidung zurückzuführen sind, müssen in die Bewertung einfließen. Diese Forderung hat zwei Dimensionen: eine zeitliche und eine sachliche. Komponente des Fahrwegs verursachen solange Kosten, solange sie installiert sind, da jede Komponenten Instandhaltung erfordert. Damit muss Asset Management den gesamten Lebenszyklus umfassen: Asset Management = Life-Cycle-Management (LCM). Aber welchen Lebenszyklus: den der einzelnen Komponente oder des gesamten Fahrwegs? Tatsächlich muss man sich mit den Komponenten auseinandersetzen, aber sämtliche Komponenten sind Teile des „Gebäudes Fahrweg". Eine ausschließliche Komponentenbetrachtung würde die mannigfaltigen Wechselwirkungen der Komponenten untereinander vernachlässigen, schlussendlich sind Instandhaltungsintensität und Nutzungsdauer des Fahrwegs als Ganzes entscheidend.

Die sachliche Dimension erfordert das Betrachten sämtlicher aus einer Investitionsentscheidung resultierenden Kosten – unabhängig davon, wer diese Kosten trägt. Neben den direkten Kosten der Gleisarbeiten werden damit die sogenannten Betriebserschwerniskosten angesprochen. Dabei handelt es sich um Kosten, die dadurch entstehen, dass die Verfügbarkeit der Anlagen durch umzusetzende Instandhaltungsmaßnahmen reduziert wird. Dies kann beispielsweise zu Verspätungen, Umleitungsverkehren, Langsamfahrstellen oder Schienenersatzverkehren führen, deren Kosten ebenso in die Bewertung Eingang finden müssen.

Das Erfüllen dieser einfachen Anforderungen wird für den Anwendungsfall Eisenbahnfahrweg durch eine besondere Eigenschaft des Eisenbahnwesens erschwert: Das Eisenbahnwesen generell und der Fahrweg im Besonderen sind durch sehr lange Nutzungsdauern gekennzeichnet. So ist eine Nutzungsdauer, im Bereich des Oberbaus oft als Liegedauer bezeichnet, von 30 Jahren bereits kurz, Nutzungsdauern von doppelten oder dreifachen Werten, somit von bis zu 100 Jahren, sind bei Unterbauten keine Seltenheit. Diese extrem hohen Nutzungsdauern geben dem Anlagenmanagement und hier wiederum der Instandsetzung hohe Bedeutung, erfordern aber zur Abbildung des gesamten Lebenszyklus weit in die Zukunft reichende Prognosen [1, 2].

Wie kann nun das System Ober- und Unterbau weiter optimiert werden? Die Implementierung von Innovationen und damit eine konsequente Weiterentwicklung des Fahrwegs sind im Wesentlichen nur im Rahmen der (Re)-Investitionen möglich. Umso wichtiger ist es, diese Reinvestitionen zur Umsetzung von Innovationen zu nutzen. Fraglos sind auch Optimierungen im Bereich der Instandhaltung möglich, der Umfang dieser Verbesserungen ist jedoch eingeschränkt.

Was sind die wesentlichen Hebel der Weiterentwicklung und damit Optimierung des Fahrwegs? Die wichtigste Änderung ist Zielsetzung von Kurzfristeinsparungen zugunsten einer nachhaltigen Entwicklung des Fahrwegs zurückzustellen. Kurzfristeinsparungen führen in aller Regel zu einer Reduktion der Nutzungsdauer und verteuern damit mittel- bis langfristig gesehen das System. Nachhaltige Lösungen versuchen die Nutzungsdauer der Anlagen zu verlängern und damit die Kosten des Systems Fahrweg nachhaltig zu senken. Sämtliche bisherigen Analysen zeigen, dass eine Verlängerung der Nutzungsdauer eine weitere Steigerung der Fahrwegqualität in seiner Ausgangsqualität erfordert, gefolgt von einer Instandhaltung, die darauf abzielt, eine gute Fahrwegqualität möglichst lange sicherzustellen.

Optimieren des Fahrwegs heißt damit die Qualität des Fahrwegs zu steigern, sowohl durch den Einbau innovativer Gleiskomponenten als auch durch konsequentes Umsetzen weiterentwickelter Instandhaltungsmethoden. Zur Realisierung dieser Optimierungspotentiale ist eine technisch-wirtschaftliche Optimierung erforderlich. Eine rein technische Optimierung greift zu kurz, eine ausschließlich wirtschaftliche läuft Gefahr den Realitätsbezug zu verlieren. Schlagworte, die die aktuellen Diskussionen prägen sind: präventive Instandhaltung statt zeitlich definierter Instandhaltung, wobei das je Anwendungsfall zu präventiven oder reaktiven Maßnahmen führen kann. Langfristoptimierung anstelle kurzfristiger Einsparungen, wissensbasierte und damit datenbasierte Konzepte statt ausschließlich erfahrungsbasierter Strategien, den Nutzungsbedingungen angepasste Investitionsstrategien statt der Suche nach „der optimalen Infrastruktur". Die Digitalisierung und Künstliche Intelligenz (KI) erlauben heute datenbasierte Konzepte, allerdings sind Digitalisierung und auch KI als Werkzeuge zu verstehen und nicht als autonome Problemlöser. Zudem sollte trotz Implementierung datenbasierter Konzepte auf Erfahrungen – so noch vorhanden – keinesfalls verzichtet werden.

Die Optimierung der Eisenbahninfrastruktur trifft zumindest in großen Teilen Europas auf eine grundsätzlich veränderte Struktur der Eisenbahnen, die Trennung von Infrastruktur und Betrieb. Diese grundlegende Änderung der Organisationsstrukturen hat einen großen Einfluss auf das Anlagenmanagement, birgt sie doch die Gefahr der separierten Optimierung der einzelnen Bereiche zulasten eines Systemoptimums, auch da sich verschiedene für das Anlagenmanagement bedeutende Kernkompetenzen oftmals in verschiedenen Organisationseinheiten oder Unternehmen wiederfinden. Gleichzeitig werden die Diskussionen des Asset Managements und der Instandsetzungsoptimierung mit anderen Fragestellungen, wie der des optimalen Ausmaßes an Outsourcing oder der durch die Personalsituation schwierige Sicherstellung technisch-betrieblichen Know-hows, überlagert.

Trotz oder gerade wegen dieser neuen Strukturen muss ein fundiertes Asset Management aufgebaut werden, um eine weitere Optimierung des Systems Eisenbahn als Ganzes zu ermöglichen bzw. das Streben nach Suboptima verschiedener organisatorischer Einheiten innerhalb des Systems Eisenbahn zu Lasten des Gesamtoptimums zu konterkarieren.

Das Motto des im Folgenden beschriebenen Modells lautet: Das Ziel ist ein optimales Asset Management, der Weg dazu sind optimierte Investitions- und Instandsetzungsstrategien.

Dabei wird die Konvergenz von Weg und Ziel durch sowohl technisch als auch wirtschaftlich die gesamte Nutzungsdauer berücksichtigende Bewertung von Investitions- und Instandsetzungsstrategien bei gleichzeitiger Berücksichtigung sämtlicher relevanten Kosten – also auch der Betriebserschwerniskosten – sichergestellt.

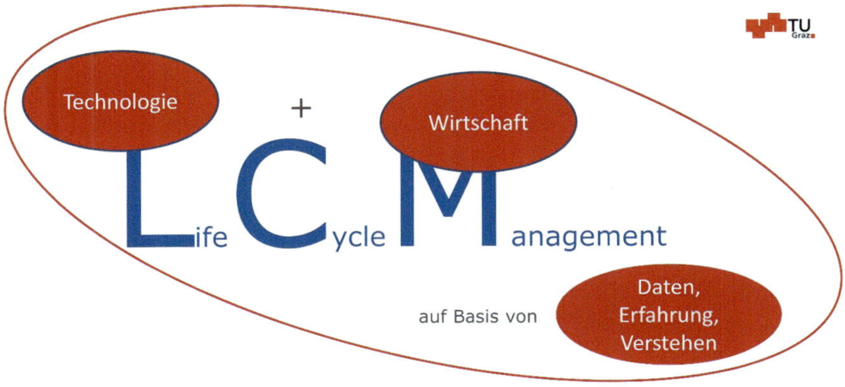


**Abb. 23.1** Life-Cycle-Management

Das im Folgende beschriebene Asset Management wurde mit vielen Partnern – Bahnen, der eisenbahnaffinen Industrie und Universitäten am Institut für Eisenbahnwesen und Verkehrswirtschaft (EBW) seit Mitte der 1990-er Jahren entwickelt und beinhaltet eine Methodik zur technischen Beschreibung des Fahrwegs („Technologie"), zur wirtschaftlichen Bewertung („Wirtschaft") und beschreibt auch beispielhaft Ergebnisse (Abb. 23.1).

## 23.1 Technische Beschreibung des Fahrwegs

Alle folgenden technischen Ausführungen zu Nachhaltigkeit, Anlagenmanagement und technisch-wirtschaftlichen Zusammenhängen sind grundsätzlicher Natur und haben damit generelle Gültigkeit. Aber was heißt nun technische Beschreibung konkret?

Ein Oberbau lässt sich durch sein Qualitätsverhalten beschreiben. Relevant sind somit die Ausgangsqualität sowie die Verschlechterungsraten über die Zeit. Damit ist festzulegen, was nun unter Qualität verstanden wird. Da das Ziel eine hohe Nutzungsdauer bei uneingeschränkter Verfügbarkeit (keine Dauerlangsamfahrstellen, keine Achslastbeschränkungen etc.) ist, wird als genereller Qualitätswert die Standardabweichung der Längshöhe als gleitender Mittelwerte für den Fahrweg als Ganzes verstanden. Für einzelnen Fahrwegkomponenten werden zusätzlich auch andere Werte (Verschleiß, Dauerfestigkeit, ...) herangezogen.

Die folgenden technischen Detailanalysen basieren großteils auf Daten der ÖBB-Infrastruktur AG, aber auch auf Daten anderer primär europäischer Infrastrukturbetreiber von Mischverkehrsnetzen. Die beschriebenen technischen Gesetzmäßigkeiten sind für den Schotteroberbau repräsentativ und nicht länderspezifisch, da sie auf physikalischen Grundlagen aufbauen. Die wirtschaftlichen Ergebnisse können jedoch zufolge unterschiedlicher Kostenstrukturen in verschiedenen Staaten variieren.

Anlagenmanagement muss die Auswirkungen einer Anlage, von der Investition bis zum Ende der Nutzungsdauer unter realen Betriebsbedingungen berücksichtigen.

Anlagemanagement nimmt für sich in Anspruch, eine Optimierung bisheriger Investitions- und Instandsetzungsstrategien zu ermöglichen.

Für den Fahrweg von Eisenbahnen gibt es über diese wirtschaftlichen Erfordernisse hinaus noch einen fundamentalen technischen Zusammenhang, der die Notwendigkeit der Betrachtung der Lebenszykluskosten nochmals unterstreicht.

Generell kann es das beste Gleis nicht geben, da viele Parameter wie Belastung, Trassierung, der Oberbau selbst aber auch der Unterbau und die Qualität der Entwässerung das Gleisverhalten maßgeblich beeinflussen. Es muss daher für die vielen unterschiedlichen Rahmenbedingungen viele unterschiedliche beste Gleise geben.

Dennoch besagt eine generelle Erfahrung für Fahrwege, dass sich ein qualitativ guter Fahrweg besser verhält, d. h. geringeren Verschleißerscheinungen unterliegt, als ein qualitativ geringwertiger. Damit wird die aktuelle Verschlechterungsrate eines Fahrwegs von seiner aktuellen Qualität bestimmt. Die daraus ableitbare Differentialgleichung beschreibt den einfachen allgemeinen Qualitätsverlauf dynamisch belasteter Bauteile [3].

$$Q(t) = Q_0 \cdot e^{b \cdot t} \tag{23.1}$$

mit:

- $Q(t)$ aktuelle Qualität
- $Q_0$ Qualität zum Zeitpunkt $t = 0$ (entspricht der Ausgangsqualität)
- $b$ Verschlechterungsrate
- $t$ Zeit

Die Ausgangsqualität wird dabei nach Abklingen der Anfangssetzungen erfasst. Dieser Zusammenhang erklärt gleichzeitig die Notwendigkeit der Betrachtung der Lebenszykluskosten, da der Term $Q_0$ die technische Auswirkung der Investition beschreibt und $e^{b \cdot t}$ die Verschlechterung der Qualität und damit die Ursache von Instandsetzungsmaßnahmen. Damit ist dieser einfache Zusammenhang die Basis für das technische Verhalten jedes Fahrwegs über seine gesamte

Nutzungsdauer. Also verhalten sich doch alle Gleise gleich? Sind die Parameter irrelevant? Natürlich nicht! Das grundlegende Verhalten aller Gleise, ja aller dynamisch belasteten Anlagen, folgt dieser Funktion. Das je nach den verschiedenen Parametern unterschiedliche Verhalten wird in dieser Funktion durch die Verschlechterungsrate $b$ abgebildet. Diese ist sehr parametersensitiv.

Die Vielzahl der untersuchten Daten zeigt, dass durch eine Instandsetzungsmaßnahme die Ausgangsqualität $Q_0$ nicht wieder erreicht oder gar überschritten werden kann. Die Ausnahme für diese Regel ist das „Stabilisierungsstopfen" zwischen ½ und 1½ Jahren nach Gleisneulage, womit diese Maßnahme eindeutig als Bestandteil der Investition identifiziert ist und sich für das Qualitätsverhalten insgesamt äußerst positiv auswirkt und damit auch ökonomisch ist.

Zwischenzeitlich konnte dieser Zusammenhang auch auf Basis realer Daten nachgewiesen werden (siehe Abschn. 23.3.5). Dazu wurden die Qualitätswerte in Form von Zeitreihen dargestellt, mittels der Zeitreihen Trendanalysen abgeleitet. So konnte die oben beschriebene Formel zum Qualitätsverlauf bestätigt werden. Zudem können unter Berücksichtigung realer Daten die Verschlechterungsraten bei unterschiedlichen Parametern bestimmt werden. Zudem haben umfangreiche Datenanalysen – dem Institut liegen die Fahrwegdaten für knapp 5000 Gleiskilometer in Zeitreihen von nunmehr 21 Jahren vor – gezeigt, dass sich das parameterspezifische Verhalten über die Zeit nicht ändert, außer die Rahmenbedingungen werden geändert (beispielsweise durch eine Steigerung der Belastung) oder es wird in die Verschlechterungsfunktion durch Instandhaltungsarbeiten eingegriffen. Damit eignen sich die Verschlechterungsfunktionen für Prognosen des Verhaltens der Anlagen und damit zur Bestimmung der Instandhaltungsintensität über die Zeit.

Aus diesem generellen Zusammenhang können Investition und Instandsetzung wie folgt definiert werden: Investitionen stellen Potentiale an Nutzungsdauern zur Verfügung, nicht jedoch die Nutzungsdauer selbst. Erst die Instandsetzung ist in der Lage diese Potenziale zu realisieren. Damit wertet unzureichende Instandsetzung aber jede Investition im Nachhinein ab, da die eigentlich möglichen und wirtschaftlich erforderlichen Nutzungsdauern bei mangelhafter oder gar fehlender Instandhaltung nicht realisiert werden können. Dies unterstreicht die immense Bedeutung einer adäquaten Instandhaltung des Fahrwegs und bestätigt generell die Qualität als wesentliche Stellschraube der Fahrwegoptimierung – in Investition und Instandhaltung.

Investitions- und Instandsetzungsstrategien sind damit einander bedingende, zusammengehörende Strategien, weswegen im Folgenden Investitions- und Instandsetzungsstrategien des Fahrwegs der Eisenbahn generell als Fahrwegstrategien bezeichnet werden.

Der strikte und nicht auflösbare Zusammenhang zwischen Investition und Instandsetzung findet, wie bereits erwähnt, in manchen Organisationsstrukturen von Eisenbahnen keine Entsprechung. Auch in der Umsetzung von Gleisarbeiten gibt es Lösungen, die Märkte vorsehen, die sich ausschließlich mit Investition oder Instandsetzung beschäftigen. Aus der Sicht des oben beschriebenen Zusammenhangs widersprechen derartige Organisationsstrukturen den grundlegenden technischen Wirkungsweisen von Fahrwegen, um nicht zu sagen der Eisenbahninfrastruktur als Ganzes, wobei dieser Widerspruch durch die im Vergleich zur Vertragsdauer langen Nutzungsdauern noch verschärft wird.

## 23.2 Wirtschaftliche Bewertung von Fahrwegstrategien

Zur Auswahl der jeweils besten Lösungen ist neben deren technischen Entwicklung und Beschreibung auch ein wirtschaftlicher Nachweis erforderlich. Dieser Nachweis muss in der Lage sein, die bisherige Situation mit einer neuen, optimierten Situation zu vergleichen, und so den postulierten Fortschritt zu belegen. Für den Fahrweg der Eisenbahnen bedeutet dies, die Wirtschaftlichkeit neuer Investitions- und Instandsetzungsstrategien nachzuweisen. Diese Forderung enthält die Notwendigkeit, sich mit den Lebenszykluskosten der Anlagen auseinanderzusetzen.

### 23.2.1 Bewertungsmethoden

Es ist ein Grundsatz von Investitionsrechnungen, alle durch ein Projekt verursachten kosten- und/oder erlösrelevanten Auswirkungen zu berücksichtigen. Dazu werden alle vom Projekt induzierten Zahlungen in Form eines Zahlungsstroms über den zu betrachtenden Zeitraum dargestellt.

Die wesentliche Forderung liegt damit darin, alle von einer Maßnahme – sei es Investition oder Instandhaltung – induzierten Zahlungen zu berücksichtigen. Nochmals ist darauf hinzuweisen, dass auch betriebliche Folgekosten von Investitions- oder Instandhaltungsmaßnahmen berücksichtigt werden müssen. Der sich aus der technischen Beschreibung ergebende Zahlungsstrom zeigt nicht nur die Höhe der Zahlungen, sondern auch ihren Zeitpunkt an. Zur wirtschaftlichen Bewertung von Investitionen existieren verschiedene Verfahren, wobei grundsätzlich statische und dynamische Bewertungsmodelle unterschieden werden. Statische Wirtschaftlichkeitsrechnungen behandeln Kosten und Preise als zeitlich konstant und berücksichtigen die Kapitalbindung nicht. Für statische Bewertungen ist damit der Zahlungszeitpunkt nicht relevant. Dies stellt jedoch für den Eisenbahnoberbau, mit seinen langen Nutzungsdauern, eine unrealistische Annahme dar. Lange Nutzungsdauern ziehen hohe Kapitalbindungskosten nach sich und erfordern damit die Anwendung dynamischer Wirtschaftlichkeitsrechnungen, die den Zahlungszeitpunkt durch Auf- und Abzinsen der Zahlungen auf einen Bezugszeitpunkt berücksichtigen. Dabei stehen die Kapitalwertmethode, die Methode des Internen Zinssatzes sowie die Bestimmung der Annuität zur Verfügung. Dynamische Investitionsrechnungen berücksichtigen die Kapitalbindung, da die Zahlungszeitpunkte berücksichtigt werden, und die Zeitwerte der Zahlungen (ZW) mit Hilfe der Zinseszinsformel in der Regel auf das Jahr der Investition abgezinst werden und so in Barwerte (BW) umgeformt werden:

$$\mathrm{BW} = \mathrm{ZW} \cdot (1+i)^{-t}. \tag{23.2}$$

Die Summe der so erhaltenen Barwerte wird als Kapitalwert (KW) bezeichnet:

$$\mathrm{KW} = \sum \mathrm{BW}. \tag{23.3}$$

Der Kapitalwert beschreibt damit einen dynamisch bewerteten Gewinn.

Zur Bestimmung dieses Kapitalwerts ist ein Diskontierungszinssatz ($i$) festzulegen, mit welchem künftige Zahlungen auf den Betrachtungszeitpunkt abgezinst werden.

Die Methode des Internen Zinssatzes geht einen Schritt weiter, indem eine dynamische Rentabilität einer Investition bestimmt wird. Dies geschieht durch die Bestimmung des Nulldurchgangs der Kapitalwertfunktion, wobei die Kapitalwertfunktion die Kapitalwerte für beliebige Diskontierungszinssätze beschreibt.

$$\mathrm{KW} = 0 \rightarrow i = \mathrm{IRR} \tag{23.4}$$

mit:

KW Kapitalwert
$i$ Diskontierungszinssatz
IRR Interner Zinssatz

Der Nulldurchgang der Kapitalwertfunktion bestimmt damit jene Verzinsung, mit der sich die untersuchte Investition verzinst. Dieser Zinssatz wird als Interner Zinssatz (IRR) bezeichnet.

Die Annuitätenmethode baut ebenfalls auf dem Kapitalwert auf, indem der Kapitalwert einer Investition mittels des Kapitalwiedergewinnungsfaktors (KWF) in die Annuität (A), den durchschnittlichen dynamischen Jahresgewinn, umgerechnet wird.

$$\mathrm{A} = \mathrm{KW} \cdot \mathrm{KWF} \tag{23.5}$$

$$\mathrm{KWF} = (1+i)^n \cdot \frac{i}{(1+i)^n - 1} \tag{23.6}$$

Bei dieser dynamischen Methode braucht die Inflation nicht berücksichtigt zu werden, falls „$i$“ als Realverzinsung ohne Inflation angesetzt wird.

Die drei beschriebenen Methoden eignen sich jedoch nur unter spezifischen Randbedingungen zum Vergleich verschiedener Alternativen: die

Anwendung der Kapitalwertmethode ist nur zulässig, wenn Investition und Nutzungsdauer der zu vergleichenden Investitionsvorhaben gleich sind, da ein Gewinn nur dann als Entscheidungsgrundlage zum Vergleich von zwei Handlungsalternativen herangezogen werden kann, wenn die dazu erforderliche Investition und der Zeitraum der Refinanzierung vergleichbar sind. Die Anwendung der Methode des Internen Zinssatzes erfordert ebenso gleiche Nutzungsdauern. Eine Rentabilität ist dann ein geeignetes Auswahlkriterium, wenn die Zeiträume vergleichbar sind, während die Annuitätenmethode keinerlei derartige Einschränkungen aufweist, da die Annuität den dynamisch bestimmten durchschnittlichen Jahresgewinn beschreibt, und somit Zeitraum und Investitionshöhe berücksichtigt sind. Die Methode des Internen Zinssatzes kann zum Vergleich von Alternativen mit unterschiedlichen Nutzungsdauern durch (wiederholtes) Ansetzen von Re-Investitionen und Berücksichtigung der Restwerte herangezogen werden.

Bei Investitionen in einen Fahrweg im Sinn des Anlagenmanagements handelt es sich um interne Rationalisierungsinvestitionen, denen keine direkten Erlöse zugeordnet werden können. Damit kann in diesem Fall sinnvoller Weise nur die Annuitätenmethode angewendet werden, wobei das Ergebnis dann die jeweiligen durchschnittlichen Jahreskosten beschreibt. Die Methode des Internen Zinssatzes kann zum Vergleich zweier Optionen dienen, indem die Methode für den Differenzzahlungsstrom beider Optionen angewendet wird. Damit kann die Verzinsung der Zusatzinvestition bestimmt werden.

Ein grundlegendes Problem der wirtschaftlichen Bewertung von Lebenszykluskosten sei noch angesprochen: die Unsicherheit künftiger Daten, vor allem angesichts langer Nutzungsdauern. Argumentationen, die auf Lebenszykluskosten einer Anlage aufbauen, sind daher notwendiger Weise mit Unsicherheiten behaftet. Genau aus diesem Grund sind nicht die Lebenszykluskosten selbst das wesentliche Ergebnis, sondern das wirtschaftliche Ranking von Optionen. Zeigen Sensitivitätsanalysen, dass das Ranking der Optionen stabil ist, kann zwar nicht exakt gesagt werden, wie hoch die Lebenszykluskosten der zu wählenden Option über die gesamte Nutzungsdauer tatsächlich sein werden, aber es ist evident, dass die erstgereihte Option jedenfalls die geringsten Lebenszykluskosten aufweist.

Neben den klassischen Partialanalysen zur Bestimmung der Sensitivitäten, erlaubt vor allem die Methode der kritischen Werte oft die Unsicherheiten in der Auswahlentscheidung deutlich zu reduzieren [4].

### 23.2.2 Kosteninhalte

Im Rahmen der Beschreibung der erforderlichen Arbeiten werden Kosten von planbaren Instandsetzungsmaßnahmen spezifisch erhoben. Die nicht planbare „kleine“ Instandsetzung, im Projekt als Mängelbehebung bezeichnet, wird mittels eines jährlichen Kostensatzes berücksichtigt, wobei dieser Kostensatz mit dem Alter der Anlagen steigt. Dazu wurde der aus Statistiken stammende Kostensatz näherungsweise mit 50 % seines Durchschnittswerts im ersten Drittel der Nutzungsdauer, mit dem vollen Wert im zweiten Drittel und dem eineinhalb-fachen Wert im letzten Drittel der Nutzungsdauer angesetzt.

Kosten für Inspektion, Winterdienst und Katastrophen werden nicht angesetzt.

Sämtliche Kostenpositionen werden mit ihren Vollkosten inklusive Logistik und Overhead angesetzt, um ihre Vergleichbarkeit sicherzustellen. Die Kosten der verschiedenen Arbeiten werden dabei für ihre typische Baulosläge erhoben und anschließend auf eine Bauloslänge von einem Kilometer (Oberbau Gleise) bzw. einem Stück (Oberbau Weichen) umgerechnet, um die erforderlichen Rüstzeiten etc. korrekt zu berücksichtigen.

Dies erlaubt die Formulierung genereller Fahrwegstrategien, zeigt aber auch die Grenzen der Übertragbarkeit der Ergebnisse auf Spezialfälle auf. So ist beispielsweise bei spezifischen Projektbewertungen auf den Zusammenhang Bauabschnittslängen – Einheitskosten hinzuweisen.

Sehr wohl berücksichtigt werden jedoch die betrieblichen Folgekosten (Betriebserschwerniskosten) von Reinvestition und Instandsetzung, da sie ursächlich mit diesen Maßnahmen in Zusam-

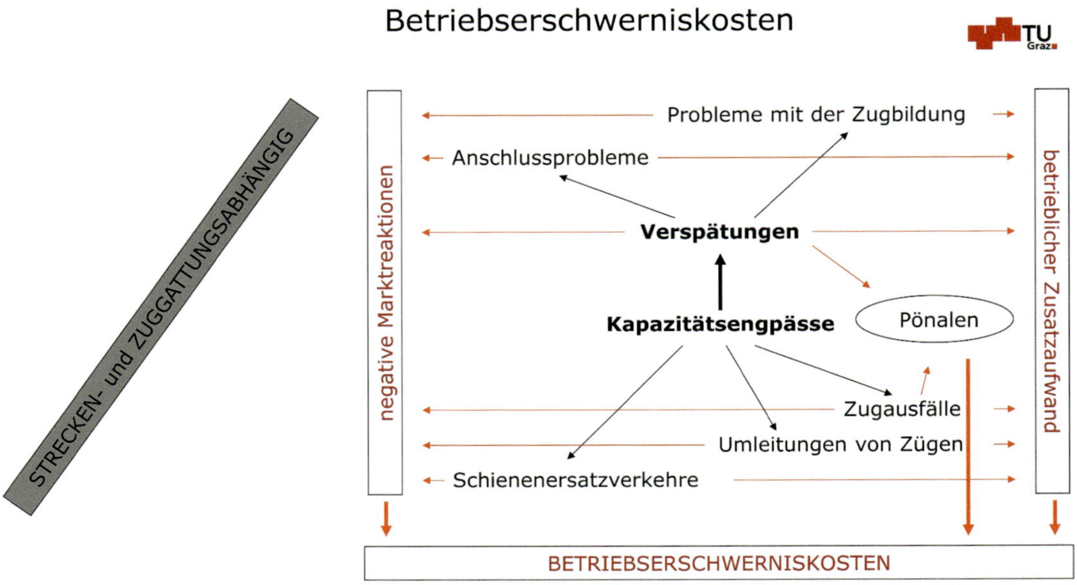


**Abb. 23.2** Betriebserschwerniskosten

menhang stehen und durch die Berücksichtigung ein Optimieren der Infrastruktur auf Kosten des Betriebs verhindert wird. Betriebserschwerniskosten können aber auch anfallen, wenn unzureichende Instandsetzung oder das Überschreiten der Nutzungsdauer einzelner Komponenten zu Dauerlangsamfahrstellen führen. Das Bewertungsmodell für Betriebserschwerniskosten basiert auf den auf eine Baustelle zurückzuführenden

- Zugverspätungen, unter den im jeweiligen Netz vorherrschenden Randbedingungen, wie Überleitstellenabstand, Blockabstand, Bahnhofsabstand, Fahrzeitreserven,
- Folgeverspätungen aus zugtypspezifischen Globalanalysen,
- erforderlichen Umwegfahrten und daraus resultierenden Zusatzkilometern und Zugverspätungen,
- erforderlichenfalls die Kosten für Schienenersatzverkehre,
- etwaige Zusatzkosten beim Verschub,
- Kosten der Disposition,

wobei die Auswertung getrennt für die Zuggattungen Nachtpersonenzug, Personenfernverkehrszug, Regionalpersonenzug, Ferngüterzug, Regionalgüterzug und Dienstzug durchgeführt wird (Abb. 23.2).

Marktseitige negative Auswirkungen von Verspätungen finden auf Basis von Globalanalysen Eingang in die Betriebserschwerniskosten, Pönalen werden zufolge der jeweils aktuellen Regelungen berücksichtigt. Die Basisdaten (Verspätungen je Zuggattung, Anzahl der umgeleiteten Züge, Anzahl der verspäteten Züge, Angaben zum erforderlichen Schienenersatzverkehr) zur Bestimmung der Betriebserschwerniskosten für verschiedene Baumaßnahmen in den unterschiedlichen Standardkilometern stammen aus Betriebssimulationen des betroffenen Streckenabschnitts. Für die sich daraus ergebenden betriebliche Effekte – wie Folgeverspätungen – wurden zuggattungsspezifische netzweite Durchschnittswerte angesetzt.

Kostenseitig basiert das Kalkulationsmodell für Betriebserschwernisse auf Durchschnittskostensätzen, die Betriebssimulation des betroffenen Abschnitts erlaubt die Berücksichtigung des spezifischen Einzelfalls. Für generelle strategische Aussagen wird auf einen Katalog an Betriebserschwerniskosten zurückgegriffen. Zur Erstellung dieses Katalogs wurden die Betriebserschwerniskosten für unterschiedliche Dauern der Gleissperren für elf typische Strecken in der oben beschriebenen Weise bestimmt. Es kann damit festgehalten werden, dass die Betriebserschwerniskosten die wesentlichen betrieblichen Folgekosten umfassen, jedoch nicht alle an einem spezifischen Streckenabschnitt möglichen. Im Kalkulationsmodell besteht die Möglichkeit der Eingabe von im Einzelfall zusätzlich auftretenden Kosten.

## 23.3 Asset Management

Unter Verwendung des beschriebenen wirtschaftlichen Bewertungsmodells wurden beginnend mit 1996 bei den ÖBB Fahrwegstrategien erarbeitet, 1998 bis 2000 in das grundlegende Regelwerk implementiert und seitdem schrittweise verfeinert und ausgeweitet. Die Vision für ein optimales Anlagenmanagement weist als Kernstück technisch abgesicherte und wirtschaftlich auf Basis von Lebenszykluskosten optimierte Fahrwegstrategien auf, die für alle Fahrwegkomponenten sowohl Investitions- als auch Instandsetzungsstrategien umfassen. Durch Einsatz des Messwagens, Auswertung der Messdaten und darauf aufbauender Aktualisierung der Qualitäts-, Instandsetzungs- und Nutzungsdauerprognosen werden die Grundlagen für ein sich den aktuellen Bedingungen anpassendes und damit laufend optimierbares Anlagenmanagement gelegt, wie in Abb. 23.3 skizziert.

Im Sinn einer raschen Wirksamkeit neuer Fahrwegstrategien und damit einer raschen Realisierung von Einsparungspotenzialen wurde ein zweistufiges Verfahren gewählt. Stufe 1 (Standardelemente) basiert auf Daten und Erfahrungen, die das Durchschnittsverhalten der untersuchten Komponente oder des gesamten Fahrwegs unter spezifischen Randbedingungen beschreiben, während Stufe 2 auf spezifischen Daten des untersuchten Projektabschnitts basiert. Damit eignet sich Stufe 1 zur Formulierung genereller Investitions- und Instandhaltungsstrategien, während mittels Stufe 2 spezifische Projektentscheidungen getroffen werden können. Für die folgenden Fahrwegkomponenten wurde die Stufe 1 des Projekts Strategie Fahrweg bereits abgeschossen:

- Oberbau Gleise,
- Weichen,
- Brücken,
- Eisenbahnkreuzungen,
- Bahnsteige und
- Oberbaukomponenten sowie
- ausgewählte Komponenten der Leit- und Sicherungstechnik.

Da in der Stufe 1 „Strategisches Asset Management“ Fahrwegstrategien für Standardsituationen formuliert werden, sind als erster Schritt diese Standardsituationen zu identifizieren. Es wird immer besondere Situationen geben, die spezifische Lösungen erfordern und daher nicht Gegenstand der Basisstrategien sein können. Es hat sich gezeigt, dass mit den untersuchten Standardsituationen jeweils mehr als 80 % der realen Fälle abgedeckt werden können, für die restlichen Fälle sind spezifische Auswertungen erforderlich.

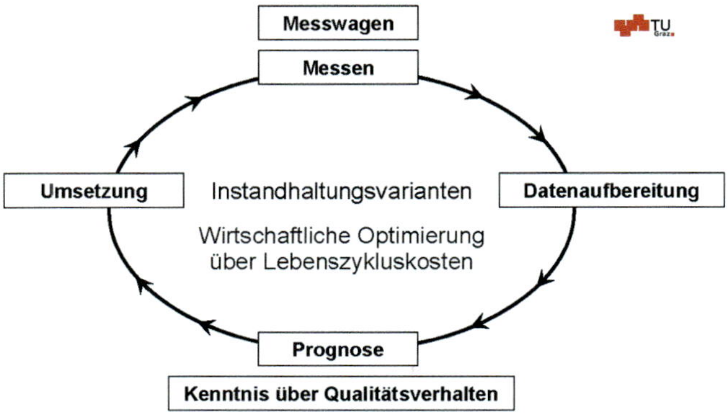


**Abb. 23.3** Kreislauf der Fahrwegstrategien

In Stufe 2 „Operatives Asset Management" wird die Anwendung der Basisstrategien für einzelne Projekte behandelt. Vereinfacht gesagt ersetzt Stufe 2 die Durchschnittswerte der Stufe 1 durch mittels Messwagenfahrten und generell der Digitalisierung vorliegenden spezifischen Daten. Die Vorgehensweise der Stufe 1 bleibt unverändert. Um nach Abschluss der Stufe 1 möglichst rasch mit der Stufe 2 beginnen zu können, wurden zeitgleich mit Stufe 1 jene Forschungsarbeiten gestartet, die die Voraussetzungen für wissensbasierte Fahrwegstrategien schaffen. Im Wesentlichen handelt es sich dabei um die Erforschung des funktionalen Gleisverhaltens auf Basis von Messdaten und weiterentwickelter Messdatenanalysen. Dabei wird funktionales Wissen aus Analysen der Zeitreihen von Messsignalen gewonnen. Dies wiederum ist Voraussetzung für spezifische Prognosen.

Aus Gründen der aus dem Anlagevermögen zu erwartenden Optimierungspotenziale wurde beide Stufen mit den Infrastrukturkomponenten „Oberbau Gleise" und „Oberbau Weichen" begonnen. Damit ist für diese beiden Komponenten die Optimierung am weitesten fortgeschritten. Neben den Ergebnissen der Stufe 1 ist das spezifische Life-Cycle-Management, das Ergebnis der Stufe 2, für Gleise bereits implementiert und steht bei Weichen vor der Implementierung. Es wird im Folgenden daher auf diese beiden Komponenten näher eingegangen.

Im Rahmen dieser intensiven Beschäftigung mit dem Fahrweg ergeben sich Erkenntnisse, die Optimierungen in Bereichen erlauben, die über die ursprüngliche Zielsetzung der Definition von Fahrwegstrategien hinausgehen. So konnte die Bedeutung von Eingriffsschwellen als wesentliche künftige Stellschraube zur technisch-wirtschaftlichen Optimierung von Fahrwegstrategien nachgewiesen werden. Zudem wird in Zukunft die Bedeutung der Verfügbarkeit und der Sperrpausenplanung für Arbeiten am Fahrweg massiv ansteigen. Aktuell laufend die ersten Arbeiten zur Quantifizierung der Zusammenhänge von Fahrwegstrategien und der daraus resultierenden Verfügbarkeiten. Dies steigert in der Bewertung von Strategien die Bedeutung von Betriebserschwerniskosten weiter.

### 23.3.1 Strategisches Asset Management

Das strategische Anlagenmanagement (Stufe 1) hat Aufgaben zu übernehmen, deren Erfüllung auf Einzelprojektebene weder zielführend noch möglich ist. Zuallererst ist festzulegen, nach welcher grundlegenden Instandhaltungs- sowie Reinvestitionsphilosophie der Fahrweg betrieben werden soll. Weiters ist festzulegen, welche Fahrwegkomponenten randbedingungsspezifisch einzusetzen sind. Insbesondere muss das zentrale, strategische Asset Management die Finanzierung von Instandhaltung und Erneuerung sicherstellen und somit in der Lage sein, entsprechende Auswertungen und Prognosen netzweit durchzuführen. Werden die benötigten Budgetmittel nicht bereitgestellt, können die Auswirkungen auf strategischer Ebene ebenfalls dargestellt werden.

Die Basis für die oben genannten Auswertungen bilden durchschnittliche Instandhaltungszyklen und Nutzungsdauern, die in Abhängigkeit von technischen und betrieblichen Randbedingungen (Parametern) variieren. Diese Standardsituationen oder Standardelemente müssen zudem vorab definiert und zugehörige – so genannte – Arbeitszyklen erstellt werden. Die angegebenen Instandhaltungsfrequenzen bzw. erreichten Nutzungsdauern bilden dabei den netzweiten Durchschnitt für die gewählte Randbedingungen (Parameterkombination).

#### 23.3.1.1 Standardelemente

Die Erarbeitung von Standardelementen (StdE) erfolgt in folgenden Schritten:

- Definition der Parameter und deren Ausprägung
- Festlegung der zu betrachtenden Parameterkombinationen (Standardelemente) auf Basis deren netzweiten Häufigkeit
- Erarbeitung der Arbeitszyklen
- Verifikation der Arbeitszyklen (Basis Ist-Mengen)
- Ermittlung der Kostensätze für Instandhaltungs- und Erneuerungsmaßnahmen
- Verifikation über Instandhaltungs- und Erneuerungsbudgets

Sind diese Schritte durchlaufen, können auf Basis der Standardelemente Lebenszykluskostenbetrachtungen durchgeführt werden, auf Basis derer die oben genannten strategischen Fragestellungen beantwortet werden können.

#### 23.3.1.2 Definition der Parameter und Parameterausprägungen

Die wichtigsten betrieblichen Parameter sind Verkehrsart, Belastung und maximale Betriebsgeschwindigkeit, vorerst angenähert als Verkehrsbelastung in Gesamtbruttotonnen (GesBt). Im Folgenden werden Auswertungen für Mischverkehrsnetze gezeigt, womit Strecken mit artreinem Personenverkehr (beispielsweise Hochgeschwindigkeitsverkehre oder Personennah- oder Regionalverkehr) bzw. Güterverkehr (wie reiner Schwerlastverkehr) in den beschriebenen Beispielen ausgeschlossen sind. Gleiches gilt für Strecken mit zulässigen Geschwindigkeiten von mehr als 200 km/h. Eine Variation der Standardelemente auf solche Verkehrsarten ist unter Zuhilfenahme spezifischerer Ansätze für die Verkehrsbelastung (siehe Abschn. 23.4.1) möglich. Von den Anlagenverhältnissen sind Trassierungsradius (Gleise) bzw. Abzweigradius und Bauform (Weichen) von Bedeutung. Hinzu kommt die Anzahl der Gleise, die jedoch nur die Kostenansätze der Gleis- bzw. Weichenarbeiten betreffen, nicht das technische Verhalten. Weitere technische Parameter sind Unterbauqualität, Entwässerungssituation, sowie Oberbauform mit Schienenprofil und Schienenstahlgüte, Schwellenart und Schotterqualität. Die Parameterausprägungen werden über Bandbreiten (Verkehrsbelastung, Trassierungsradius), diskret (Schiene, Schwelle) oder nominal (Unterbau, Entwässerung) vorgenommen. Tab. 23.1 und 23.2 enthalten eine Zusammenstellung gängiger Parameter und Parameterausprägungen für Gleise bzw. Weichen.

Die Kombination dieser Parameter bzw. deren Ausprägungen ermöglichen eine gute Beschreibung der in einem realen Netz auftretenden Fälle.

#### 23.3.1.3 Festlegung der zu betrachtenden Standardelemente

Die formelle Kombination aller Parameterausprägungen würde eine Unzahl von möglichen Standardelementen ergeben, was dem ursprünglichen Zweck dieses Ansatzes – eine Vereinfachung des Netzes, weg von spezifischen Abschnitten, hin zu durchschnittlichen Situationen – widerspräche. Viele der Kombinationen sind jedoch entweder technisch nicht möglich oder sinnvoll (etwa hohe Verkehrsbelastungen

**Tab. 23.1** Parameterausprägungen der StdE – Gleise

| Jährliche Belastung in GesBt | *[1]* | Gleisradius | *[2]* | Gleisanzahl | *[3]* | Schienenprofil | *[4]* |
|---|---|---|---|---|---|---|---|
| $>$ 25 Mio. | 1 | $3000\,\mathrm{m} < R$ | 1 | 1-gleisig | 1 | Xa | 1 |
| 15–25 Mio. | 2 | $1000\,\mathrm{m} < R < 3000\,\mathrm{m}$ | 2 | 2-gleisig | 2 | 49E1 | 2 |
| 10–15 Mio. | 3 | $600\,\mathrm{m} < R < 1000\,\mathrm{m}$ | 3 | Sonstige | 2 | 54E1 | 3 |
| 5–10 Mio. | 4 | $400\,\mathrm{m} < R < 600\,\mathrm{m}$ | 4 | | | 54E2 | 3 |
| 3–5 Mio. | 5 | $250\,\mathrm{m} < R < 400\,\mathrm{m}$ | 5 | | | 60E1 | 4 |
| 1–3 Mio. | 6 | $R < 250\,\mathrm{m}$ | 6 | | | 60E2 | 4 |
| $<$ 1 Mio. | 7 | | | | | 46E1 | 5 |

| Schienenstahlgüte | *[5]* | Schwellen | *[6]* | Schotterqualität | *[7]* | Unterbauqualität | *[8]* | Drainage | *[9]* |
|---|---|---|---|---|---|---|---|---|---|
| R200 | 1 | Holz | 1 | Gut | 1 | Gut | 1 | Gut | 1 |
| R260 | 2 | Beton | 2 | Mittel | 2 | Schlecht | 2 | Schlecht | 2 |
| R320Cr | 3 | Stahl | 3 | Schlecht | 3 | Neubau | 3 | | |
| R350HT | 4 | Brückenhölzer | 4 | – | 7 | | | | |
| R400 | 5 | Andere | 5 | | | | | | |
| | | Beton besohlt (USP) | 6 | | | | | | |
| | | Feste Fahrbahn | 7 | | | | | | |
| | | Beton HDS USP | 8 | | | | | | |

**Tab. 23.2** Parameterausprägungen der StdE – Weichen

| Jährliche Belastung in GesBt | *[1]* | Weichenart | *[2]* | Zweiggleisradius | *[3]* | Gleisanzahl | *[4]* | Schienenprofil | *[5]* | Schienenstahlgüte | *[6]* |
|---|---|---|---|---|---|---|---|---|---|---|---|
| > 25 Mio. | 1 | EW | 1 | R190 | 1 | 1-gleisig | 1 | Xa | 1 | R200 | 1 |
| 15–25 Mio. | 2 | IBW | 2 | R300 | 2 | 2-gleisig | 2 | 49E1 | 2 | R260 | 2 |
| 10–15 Mio. | 3 | ABW | 2 | R500 | 3 | Sonst. | 2 | 54E1 | 3 | R320Cr | 3 |
| 5–10 Mio. | 4 | IBW (überhöht) | 3 | R760 | 4 | | | 54E2 | 3 | R350HT | 4 |
| 3–5 Mio. | 5 | ABW (überhöht) | 3 | R1200 | 5 | | | 60E1 | 4 | R400 | 5 |
| 1–3 Mio. | 6 | | | R1600 I 2600 | 6 | | | 60E2 | 4 | | |
| < 1 Mio. | 7 | | | | | | | 46E1 | 5 | | |

| Herzstück | *[7]* | Schwellen | *[8]* | Schotterqualität | *[9]* | Unterbauqualität | *[10]* | Drainage | *[11]* |
|---|---|---|---|---|---|---|---|---|---|
| Composite I fix | 1 | Holz | 1 | Gut | 1 | Gut | 1 | Gut | 1 |
| Mangan I fix | 2 | Beton | 2 | Mittel | 2 | Schlecht | 2 | Schlecht | 2 |
| Mangan I beweglich | 3 | Stahl | 3 | Schlecht | 3 | Neubau | 3 | | |
| | | Brückenhölzer | 4 | – | 7 | | | | |
| | | Andere | 5 | | | | | | |
| | | Beton besohlt | 6 | | | | | | |
| | | Feste Fahrbahn | 7 | | | | | | |
| | | HDS | 8 | | | | | | |
| | | FFU | 9 | | | | | | |

auf Stahlschwellen oder HD-Schwellen bei geringen Verkehrsbelastungen) und kommen im Netz daher nur sehr unterrepräsentiert oder gar nicht vor, oder können mittels erster Ergebnisse der Wirtschaftlichkeitsbetrachtung frühzeitig als unwirtschaftlich ausgeschlossen werden. Letztlich kann ein Mischverkehrsnetz mit 80 bis 100 Standardelementen zumeist hinreichend gut beschrieben werden.

#### 23.3.1.4 Erarbeitung der Arbeitszyklen

Für jedes Parameterset ist im nächsten Schritt ein so genannter Arbeitszyklus zu erstellen. Zuallererst muss die mittlere Nutzungsdauer festgelegt werden. Diese ist das netzweite Mittel der ausgebauten Gleise unter Berücksichtigung der in Standardelementen festgehaltenen Randbedingungen. Danach startet man mit den häufigsten und wichtigen Instandsetzungsarbeiten. In der abgebildeten Instandsetzungsfrequenz ist auch eine eventuell auftretende Verdichtung der Arbeiten gegen Ende der Nutzungsdauer abzubilden, da bei der wirtschaftlichen Bewertung (dynamisch) auch der Zahlungszeitraum von Belang ist. Während großmaschinelle Arbeiten planbar und somit spitz abbildbar sind, erfüllen die Arbeiten im Rahmen der reaktiven Instandhaltung bzw. Mängelbehebung diese Kriterien nicht. Einzelfehlerstopfungen, die Reparatur von Schienenbrüchen und ähnliche Arbeiten treten stochastisch auf und können daher nur als jährlicher (Kosten-)Mittelwert abgebildet werden. Um das Ansteigen der reaktiven Instandhaltung über den Lebenszyklus zu berücksichtigen, hat es sich als realistisch erwiesen, im ersten Drittel der Nutzungsdauer mit 50 % des Mittelwertes und im letzten Drittel der Nutzungsdauer mit 150 % des Mittelwertes zu arbeiten. Weitere Analysen haben gezeigt, dass bei Überschreiten der wirtschaftlichen Nutzungsdauer die Mängelbehebungskosten mit 10 % p. a. zu erhöhen sind.

Die grundsätzliche Struktur von Arbeitszyklen ist in Abb. 23.4 beispielhaft für den Oberbau dargestellt.

#### 23.3.1.5 Verifikation der Arbeitszyklen

Die Instandhaltungsfrequenzen und Nutzungsdauern sind die wichtigste Basis für alle nachfolgenden Auswertungen, sie müssen daher so gut wie möglich validiert werden. Dafür werden die Standardelemente auf das Netz umgelegt. Die Kombination von Parameterausprägungen und Liegedauer (Alter) liefert so die Gesamtmengen der einzelnen Instandsetzungsarbeiten. Gleiches gilt für die mittlere jährliche Erneuerungsmenge, die sich aus dem gewichteten Mittel

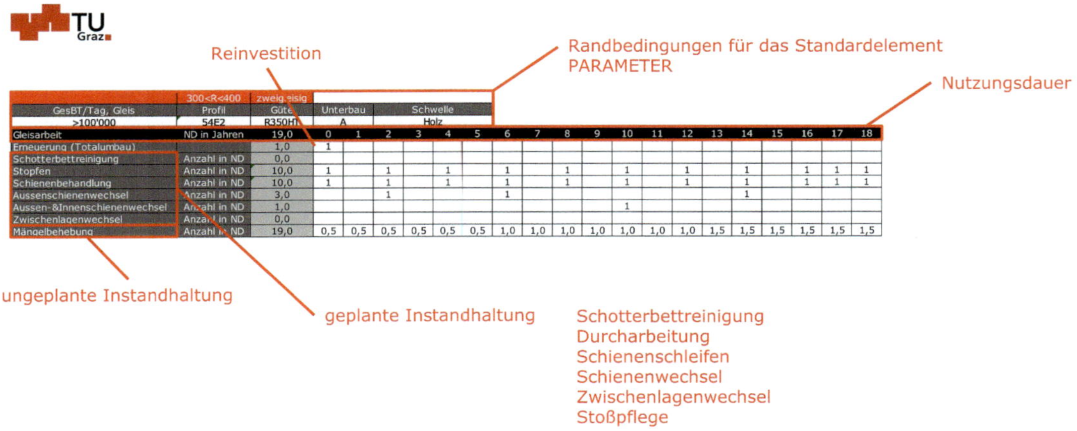


| | 300<R<400 | zweigleisig | | | | | | | | | | | | | | | | | | | |
|---|---|---|---|---|---|---|---|---|---|---|---|---|---|---|---|---|---|---|---|---|---|
| GesBT/Tag, Gleis | Profil | Güte | Unterbau | | Schwelle | | | | | | | | | | | | | | | | |
| >100'000 | 54E2 | R350HT | A | | Holz | | | | | | | | | | | | | | | | |
| Gleisarbeit | ND in Jahren | 19,0 | 0 | 1 | 2 | 3 | 4 | 5 | 6 | 7 | 8 | 9 | 10 | 11 | 12 | 13 | 14 | 15 | 16 | 17 | 18 |
| Erneuerung (Totalumbau) | | 1,0 | 1 | | | | | | | | | | | | | | | | | | |
| Schotterbettreinigung | Anzahl in ND | 0,0 | | | | | | | | | | | | | | | | | | | |
| Stopfen | Anzahl in ND | 10,0 | 1 | | 1 | | 1 | | 1 | | 1 | | 1 | | 1 | | 1 | | 1 | 1 | 1 |
| Schienenbehandlung | Anzahl in ND | 10,0 | 1 | | 1 | | 1 | | 1 | | 1 | | 1 | | 1 | | 1 | | 1 | 1 | 1 |
| Aussenschienenwechsel | Anzahl in ND | 3,0 | | | 1 | | | | 1 | | | | | | | | 1 | | | | |
| Aussen-&Innenschienenwechsel | Anzahl in ND | 1,0 | | | | | | | | | | | 1 | | | | | | | | |
| Zwischenlagenwechsel | Anzahl in ND | 0,0 | | | | | | | | | | | | | | | | | | | |
| Mängelbehebung | Anzahl in ND | 19,0 | 0,5 | 0,5 | 0,5 | 0,5 | 0,5 | 0,5 | 1,0 | 1,0 | 1,0 | 1,0 | 1,0 | 1,0 | 1,0 | 1,5 | 1,5 | 1,5 | 1,5 | 1,5 | 1,5 |

**Abb. 23.4** Standardelemente, Beispiel Gleis

der Nutzungsdauern und der Gesamtnetzlänge ergibt. Sollten hier Abweichungen der real umgesetzten mit den aus den Standardelementen ermittelten Mengen auftreten, sind die Arbeitszyklen zu überarbeiten. Dieser Prozess erfordert ein iteratives Vorgehen, da sowohl die Gesamtheit der Standardelemente betroffen sein kann (etwa: grundsätzlich zu viel Instandsetzung abgebildet) als auch nur eine Teilmenge (etwa: bei Betonschwellen zu viel Instandsetzung abgebildet). Erst wenn über die Standardelemente die Ist-Mengen hinlänglich gut abgebildet sind, ist es sinnvoll, den nächsten Schritt, die Kostenberechnung, in Angriff zu nehmen.

### 23.3.1.6 Ermittlung der Kostensätze für Instandhaltungs- und Erneuerungsmaßnahmen

Bei den anzusetzenden Kostensätzen (Einheitskosten) sind zwei Aspekte von großer Bedeutung. Die verwendeten Kostensätze müssen durchschnittliche Vollkosten der Arbeiten sein. Dies bedeutet, dass Baustellenspezifika oder sich ändernde Logistik- und/oder Transportkosten ebenso abgebildet sein müssen wie unterschiedliche Baulängen (bzw. damit einhergehenden Gleissperren). Jedenfalls zu erfassen sind die zu den Arbeiten gehörenden Logistikkosten und auch Overhead-Kosten und jedenfalls auftretende, nicht zu verhindernde Unproduktivitäten. Der Ansatz von so genannten Idealkosten, d. h. theoretisch optimierter Kosten, negiert diese relevanten Positionen und führt damit zu falschen Ergebnissen und Schlüssen. Zudem sind die Kostensätze nicht über die mittleren Budgets validierbar.

Die Kosten der Nicht-Verfügbarkeit der Gleise im Bauzustand sind ebenfalls zu berücksichtigen. Diese so genannten Betriebserschwerniskosten sind oft entscheidungsrelevant. Sie bilden ein erhöhtes Kostenniveau der Instandsetzung ab, das bei zunehmendem Verkehr weiter steigen wird und somit auch die „Instandhaltbarkeit" abbildet. Betriebserschwerniskosten sind ein monetarisiertes Abbild der möglichen oder betrieblich erwünschten Sperrpausen, sinken also bei kürzeren Gleissperren und bilden somit das Gegengewicht zu den mit kürzeren Bearbeitungslängen steigenden Arbeitskosten. Zudem können Einschränkungen der Gebrauchstauglichkeit des Fahrwegs, also reduzierte Geschwindigkeiten zufolge Dauerlangsamfahrstellen, über Betriebserschwerniskosten erfasst werden. Langsamfahrstellen sind im Anlagenmanagement für die Infrastruktur oft kostenfreie „Instandsetzungsmaßnahmen", die ein Einhalten der Sicherheit ohne den Einsatz von Infrastrukturbudgetmitteln garantieren. Diese „Einsparungen" müssen jedoch von den Eisenbahnverkehrsunternehmen getragen werden.

Betriebserschwerniskosten umfassen die Folgekosten von Verspätungen, Umleitungen, Schienenersatzverkehren, aber auch Zugausfällen, Pönalezahlungen und Mindereinnahmen. Sie bilden variable Kosten der Personal- und Rollmaterialbindung ab. Diese werden auf Durchschnittsbasis errechnet, sind jedoch zuggattungsspezifisch. Die spezifischen Randbedingungen der Strecke (Gleisanzahl, Überleitstellen- und Bahnhofsabstand) und der Verkehrszusammensetzung gehen über die Betriebssimulation ein und liefern baustellenspezifische Kostenansätze. Auf strategischem Niveau wurden bei der ÖBB-Infrastruktur AG für elf Streckencharakteristika Betriebserschwerniskosten für variable Sperrpausendauern errechnet.

#### 23.3.1.7 Verifikation über Instandhaltungs- und Erneuerungsbudgets

Auch die angesetzten Kosten können unter Zuhilfenahme der bereits ermittelten Mengen verifiziert werden: die netzweite Betrachtung der Kosten für die Instandsetzung und Erneuerung muss die jährlichen Budgets für Instandsetzung und Erneuerung ergeben. Auch hier gilt, dass gröbere Abweichungen zur Überprüfung der angesetzten Einheitskosten führen müssen. Gerade die Abbildung realistischer Kosten ist eine Vorbedingung dafür, dass die Ergebnisse der wirtschaftlichen Bewertung auch zu stabilen Entscheidungen führen.

### 23.3.2 Generelle Erkenntnisse aus dem strategischen Asset Management

Die vorliegenden Standardelemente können nun auch monetär bewertet werden. Dabei werden die Instandhaltungsaufwände mit den Kosten der Gleisarbeiten und den durch die mittleren Sperrpausen entstehenden Betriebserschwerniskosten bewertet, die Investition unter Berücksichtigung der jeweiligen Gleiskomponenten sowie die sonstige Instandsetzung bzw. Mängelbehebung mit einem durchschnittlichen Kostenaufwand je Jahr. Die wirtschaftliche Bewertung über den gesamten Lebenszyklus kann entweder statisch (ohne Diskontierungszinssatz) oder dynamisch (inkludierte Kapitalbindung) erfolgen. Da die unterschiedlichen Optionen oftmals auch andere Nutzungsdauern bedeuten, wird als Ergebnisgröße nicht der Kapitalwert verwendet, sondern die durchschnittlichen Jahreskosten (statisch) bzw. die Annuität (dynamisch). Abb. 23.5 zeigt die Zusammensetzung der Lebenszykluskosten für verschiedene Gleise und Weichen. Es wird dabei deutlich, dass die kalkulatorische Abschreibung die dominante Kostenposition ist, den Instandsetzungskosten bei Gleisen in Bögen und auch bei Weichen größere Bedeutung zukommt und die betrieblichen Folgekosten mit steigender Verkehrsbelastung in die gleiche Größenordnung wie die Instandsetzungskosten selbst kommen.

Die Zusammensetzung der Kosten ist jedoch maßgeblich von der gewählten generellen Fahrwegstrategie beeinflusst: Abb. 23.5 ist zu entnehmen, dass sowohl die Gesamtkosten als auch die Aufteilung dieser in die drei Kostenpositionen deutlich variieren. Die abgebildeten Strategien sind auch bei unterschiedlichen Infrastrukturbetreibern umgesetzt. Das Szenario „Minimalinstandhaltung“ ist von reduzierten Instandhaltungsbudgets getrieben, bedeutet letztlich aber, dass die erreichbare Nutzungsdauer nicht realisiert werden kann und die kalkulatorische Abschreibung damit steigt. Im Falle der Verlängerung der Nutzungsdauer durch Reduktion der zulässigen Geschwindigkeit am Ende der Nutzungsdauer wiederum führt zwar zu sinkender Abschreibung, aber auch zu steigenden Betriebserschwerniskosten und damit Gesamtkosten. Lässt man die betrieblichen Folgekosten, die ja hauptsächlich bei den Eisenbahnverkehrsunternehmen (Zugbetreibern) entstehen, außer Acht, so zeigt sich, dass diese Strategie für den Infrastrukturbetreiber eine verlockende Option ist, niedrigere Kosten zu erreichen, jedoch zulasten der Gebrauchstauglichkeit. Die Strategie „Komponententausch“ kennt keine Gleiserneuerung im Sinne einer Reinvestition. Die Gleiskomponenten werden jeweils bei Erreichen ihrer spezifischen, technischen Nutzungsdauer teilweise gewechselt ($x$ % der Schwellen, $x$ % der Schienen, etc.), womit diese Kosten als Instandsetzungskosten erscheinen. Da diese Strategie auch zu häufig(er)en Sperren führt und die Einzelkomponenten zwangsläufig kürzere technische Nutzungsdauern aufweisen müssen, sind auch hier die Gesamtkosten höher. Der Vorteil dieser Strategie liegt in der Verhinderung der Kostenspitze

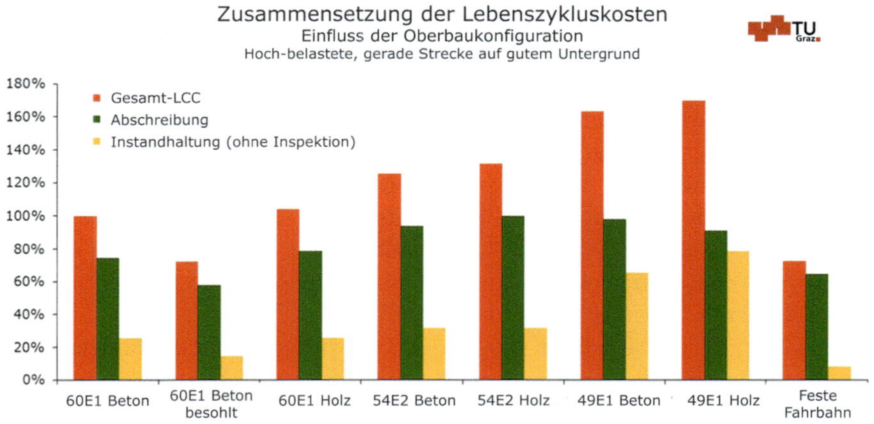


**Abb. 23.5** Zusammensetzung der durchschnittlichen Jahreskosten für unterschiedliche Fahrwegstrategien

durch die Reinvestition. Dennoch steigen die Gesamtkosten durch deutlich erhöhten Instandsetzungsbedarf.

Abb. 23.5 zeigt beispielhaft die durchschnittlichen Jahreskosten (jedoch ohne Betriebserschwerniskosten) für verschiedene Oberbaukonfigurationen bei ansonsten gleichbleibenden Parametern (Verkehrsbelastung, Trassierungsradius, Unterbauqualität) als jeweils roten Balken sowie die Aufteilung dieser Kosten in kalkulatorische Abschreibung (grün) und Instandsetzung (gelb).

Die Kosten der Standardelemente werden in ihren durchschnittlichen Jahreskosten dargestellt, da damit auch Standardelemente mit unterschiedlichen Nutzungsdauern verglichen werden können. Alle angedachten Änderungen (Komponenteninnovationen, Änderungen der Instandhaltungsstrategien) können in Standardelementen dargestellt werden. Diese innovativen Ansätze können damit den Standardlösungen gegenübergestellt werden. Damit lässt sich frühzeitig erkennen, ob die neuen Ansätze erfolgversprechend sich, bzw. bei welchen Randbedingungen sie zum Einsatz kommen sollten. Weitere Analysen betreffen die Zusammensetzung der Jahreskosten. Zudem können auch die Kostenreiber identifiziert werden.

Die Zusammensetzung der Lebenszykluskosten in Form ihrer normalisierten Jahreskosten (Abb. 23.6) ist für Gleise auf gutem Unterbau dargestellt.

Die Jahreskosten setzen sich aus der Abschreibung, der durchschnittlichen jährlichen Instandsetzung sowie den durch die Arbeiten verursachten Betriebserschwerniskosten zusammen. Eine analoge Auswertung für Weichen ergibt bei größeren Streuungen grundsätzlich dieselben Aussagen. Die Kosten des Oberbaus sinken erwartungsgemäß mit sinkender Verkehrsbelastung. Inter-

**Abb. 23.6** Zusammensetzung der normalisierten Jahreskosten

essanter ist jedoch die Aufteilung der einzelnen Kostenpositionen. Dabei zeichnet die Kostenposition kalkulatorische Abschreibung – Kapitalbindungskosten sind in dieser statischen Auswertung noch gar nicht erfasst – für den dominanten Teil der Kosten verantwortlich.

Die Bedeutung der Abschreibung erlaubt bereits eine wesentliche Weichenstellung für die Zielrichtung aller folgenden Strategieüberlegungen. Die Gesamtkosten des Oberbaus lassen sich durch eine Verlängerung der Liegedauer signifikant senken. Die technische Voraussetzung zur Verlängerung der Liegedauer ist wiederum eine hohe Ausgangsqualität, die sich damit bereits sehr früh als der Schlüssel für erfolgreiche Fahrwegstrategien herausstellt. Neben der Ausgangsqualität ist auch auf die Qualität der Instandsetzung zu achten, weil nur eine adäquate Instandsetzung in der Lage ist, hohe Ausgangsqualitäten tatsächlich in lange Nutzungsdauern zu übersetzen. Gleichzeitig zeigt die Auswertung, dass eine Reduktion der Instandsetzung nur geringe Einsparungspotentiale erwarten lässt und immer die Gefahr besteht, bei einer zu starken Reduktion der Instandsetzung die Liegedauer negativ zu beeinflussen und damit die Gesamtkosten deutlich zu erhöhen.

Groß ist auch die Bedeutung der Betriebserschwerniskosten, die bei sehr stark belasteten Strecken in etwa dieselbe Größenordnung wie die gesamte Instandsetzung erreichen.

Diese Auswertung war Beweggrund zur kritischen Hinterfragung von fahrwegbedingten Dauerlangsamfahrstellen. Eine entsprechende Auswertung zeigte die Unwirtschaftlichkeit von Dauerlangsamfahrstellen in stärker befahrenen Netzteilen, da die sich dabei ergebenden Betriebserschwerniskosten die erzielbaren Einsparungen durch Verschieben von Instandsetzungsmaßnahmen oder Reinvestitionen bei weitem übertreffen. Dieses Ergebnis führte zu einem Programm zur Beseitigung von Dauerlangsamfahrstellen. In einzelnen Fällen haben sich diese Maßnahmen in weniger als zwei Jahren amortisiert. Betriebserschwerniskosten stellen sich damit für das Anlagenmanagement als entscheidungsrelevant heraus und dürfen im Sinn der Zielsetzung der Systemoptimierung keineswegs außer Acht gelassen werden. Dass der Anteil der Betriebserschwerniskosten mit sinkender Verkehrsbelastung stark abfällt und bei Nebenbahnen tatsächlich vernachlässigbare Größenordnungen erreicht, liegt in der Natur der Sache.

Mittels Gegenüberstellung verschiedener Arbeitszyklen lassen sich auch die wesentlichen Kostentreiber identifizieren. Es sind dies, in der Reihenfolge ihrer Bedeutung:

- Unterbauqualität (Tragfähigkeit des Bodens und Zustand der Entwässerung),
- Ausgangsqualität,
- Weichendichte,
- Bauabschnittslängen,
- Trassierungsradien,
- Betriebserschwerniskosten,
- Verkehrsbelastung und
- Qualität des Rollenden Materials.

#### 23.3.2.1 Unterbauqualität

Gegenüberstellungen von Standardkilometern auf verschiedenen Unterbauqualitäten zeigen die immense Bedeutung der Unterbauqualität (wie bereits beschrieben, werden darunter nicht nur Bodenkennwerte verstanden, sondern auch der Frage einer geregelten Wasserableitung besondere Gewichtung zugesprochen). Die beiden Eckwerte der Vergleiche liefern zum einen Standardkilometer schwach belasteter Nebenbahnen (Gleisbelastung 2000 GesBt/Tag), zum anderen Standardkilometer einer stark belasteten Hauptstrecke (Gleisbelastung > 80.000 GesBt/Tag). In beiden Fällen liegen Standardkilometer für alle Unterbauqualitäten vor. Für schwach belastete Standardkilometer zeigt der Vergleich für den Standardkilometer auf sehr schlechtem Unterbau die 2,3-fachen Lebenszykluskosten jener auf gutem Unterbau. Dieser Faktor ist umso bemerkenswerter, als er sich nicht auf die Instandsetzungskosten, sondern die gesamten Lebenszykluskosten, also inklusive Investition, bezieht. Dennoch wird dieser Wert beim analogen Vergleich innerhalb stark belasteter Standardkilometern noch bei weitem übertroffen: der stark belastete Standardkilometer führt auf sehr schlechtem Unterbau und unzureichender Entwässerung im Vergleich zum selben Standardkilometer bei derselben Belastung aber auf gutem Unterbau zu maximal den neunfachen (!) Lebenszykluskosten.

Da Weichen in ihrer Lagegenauigkeit kritischer als freie Streckengleise sind, ist der Einfluss der Unterbauqualität bei Weichen sogar noch etwas höher als bei Gleisen.

Diese dramatischen Ergebnisse erzwingen detaillierte Untersuchungen der Wirtschaftlichkeit von Unterbausanierungen. Dazu werden die Arbeitszyklen von Standardkilometern auf Unterbau verschiedenen Qualitätsniveaus gegenübergestellt. Da der gute Unterbau jedoch erst erstellt werden muss, wird im Arbeitszyklus des Standardkilometers auf gutem Unterbau eine Unterbausanierung im Rahmen der Re-Investition eingeführt. Anschließend werden sämtliche Arbeiten der Zyklen inklusive der durch sie verursachten Betriebserschwernisse sowie der Mängelbehebung in ihren Kosten ausgedrückt und damit der Arbeitszyklus in Zahlungsströme übergeführt.

Die Ergebnisse für Weichen und Gleise liefern dieselben Aussagen: unzureichende Unterbauqualitäten sind im Zuge der nächsten Re-Investitionsmaßnahme jedenfalls zu sanieren. Dies ist trotz der hohen Zusatzkosten wirtschaftlich sinnvoll, erfordert jedoch neben dem Einbau einer Tragschicht auch das Herstellen und Warten einer entsprechenden Entwässerung. Liegt eine unzureichende Entwässerung vor, ist in einem ersten Schritt diese zu sanieren. Stabilisiert sich danach das Gleislageverhalten, kann auf weitere Maßnahmen verzichtet werden. Stabilisiert sich das Gleislageverhalten trotz der sanierten Entwässerung jedoch nicht bzw. nur in geringem Maß, ist bei der nächsten Re-Investition ebenfalls der Unterbau zu sanieren. Es hat sich leider herausgestellt, dass eine über längere Zeit vernachlässigte Entwässerung in der Lage ist, fast jeden Unterbau nachhaltig zu beschädigen. Die Konsequenz dieser Analysen war eine Intensivierung der Unterbausanierungen im Zuge von Re-Investitionen beginnend in Österreich mit dem Ende der 1990er Jahre. Damit konnte zwischenzeitlich im Netz der ÖBB ein deutlich verbesserter Unterbauzustand erreicht werden.

Die Eindeutigkeit der Ergebnisse führt auch zu einer weiteren wesentlichen Grundsatzentscheidung: Für Strecken auf nicht zufriedenstellendem Unterbau werden keine Instandsetzungsstrategien erarbeitet, da diese keinesfalls geeignet sein können, die durch schlechten Unterbau resultierenden Mehrkosten auszugleichen. In derartigen Fällen wird durch intensive Instandhaltung versucht, die Nutzungsdauer nicht allzu stark absinken zu lassen. Bei Erreichen der wirtschaftlichen Nutzungsdauer ist dann eine Reinvestition mit Unterbausanierung vorzusehen.

Aus diesem Grund beziehen sich alle weiteren Aussagen betreffend Fahrwegstrategien und später auch Innovationen auf Strecken auf gutem Unterbau.

Es ist in diesem Zusammenhang nochmals auf die Definition der Unterbauqualitäten hinzuweisen, die das Gesamtverhalten des Unterbaus als Basis hat, und damit zu einem gewichtigen Teil die Aspekte der Wasserableitung im Bahnkörper inkludiert. Die obigen Aussagen zeigen damit, dass Instandsetzungsarbeiten wie Pflege der Entwässerung, also Maßnahmen, die einer geordneten Wasserableitung dienen, eine sehr hohe Bedeutung beigemessen werden sollte, da ein Vernachlässigen dieser Arbeiten mittelfristig zu schlechten Unterbauverhältnissen führt, die bald irreversibel sind, d. h. durch eine etwaige spätere Pflege der Entwässerung nicht mehr saniert werden können. Dies ist immer dann der Fall, wenn durch Wasserzutritt und/oder geringe Tragfähigkeit des Bodens die Trennschicht Oberbau – Unterbau aufgelöst wird. Das Vorhandensein einer unbeschädigten Trennschicht ist für die Kräfteableitungen im Fahrweg jedenfalls nötig. Gleichzeitig gibt es außer einer Unterbausanierung keine Instandhaltungsmaßnahme, die diese Trennschicht wieder herstellen könnte. Im Zuge der Analysen und Forschungen von Unterbaudaten ist es zwischenzeitlich gelungen, die Ursachen von Schäden (Schotter, Unterbau, Wasser) frühzeitig zu identifizieren und damit Instandhaltungsstrategien rechtzeitig und spezifisch planen zu können (siehe Abschn. 23.3.6.1).

#### 23.3.2.2 Ausgangsqualität

Der bereits erläuterte strikte Zusammenhang zwischen Ausgangsqualität und Instandsetzungsintensität sowie Liegedauer kann sowohl durch die

**Tab. 23.3** Vergleich der Lebenszykluskosten Gleis – Weiche

| Weiche | Entspricht auf Basis LCC Gleismeter | Länge Weiche im Hauptgleis [m] | Faktor |
|---|---|---|---|
| EW 190, 1 : 9 | 340 | 27 | 12,6 |
| EW 300, 1 : 9 | 380 | 34 | 11,2 |
| EW 500, 1 : 12 | 450 | 42 | 10,7 |
| EW 1200, 1 : 18,5 | 650 | 66 | 9,8 |

Standardkilometer als auch durch die Daten des Gleismesswagens bestätigt werden. Damit liegt ein weiterer Nachweis für ein auf hohe Qualitätsniveaus setzendes Anlagenmanagement vor. Vergleiche von Standardkilometern mit schwererem oder innovativem Oberbau zeigen, dass ein nennenswerter wirtschaftlicher Spielraum für derartige Oberbauformen besteht, wenn es damit gelingt, die Liegedauern zu verlängern.

Gelingt es durch Innovationen jedoch nicht, die Liegedauer zu verlängern, sondern nur Instandsetzungskosten zu reduzieren, bleibt der wirtschaftliche Spielraum für derartige Maßnahmen gering.

### 23.3.2.3 Weichendichte

Weichen sind teuer – eine Aussage ohne Neuigkeitswert; die Schärfe der Daten allerdings doch: 1 m Weiche im durchgehenden Hauptgleis verursacht dieselben durchschnittlichen jährlichen Lebenszykluskosten wie 11 m Gleis. Dieser Wert basiert auf Standardweichen in einer Geraden, wobei er mit dem Abzweigradius der Weiche leicht variiert. Generell gilt, je größer die Weiche desto günstiger im Vergleich. Diese Vergleichszahlen sind von Standardkilometer und damit Streckenbelastung weitgehend unabhängig (Tab. 23.3).

### 23.3.2.4 Bauabschnittslänge

Die Realisierungskosten von (Re-)Investitions- und Instandsetzungsmaßnahmen hängen in bedeutendem Umfang von der Bauabschnittslänge und damit der zur Verfügung stehenden Sperrpause ab [5]. Dabei ergeben sich zwei gegenläufige Trends: die Laufmeterkosten der Gleisbaumaßnahmen sinken mit steigender Bauabschnittslänge, während die Betriebserschwerniskosten mit steigender Sperrdauer und damit Bauabschnittslänge steigen. Nachdem zur Bestimmung der Betriebserschwerniskosten ein Kalkulationsmodell vorliegt, kann der Gesamtkostenverlauf bestimmt werden und somit auch das Gesamtkostenminimum identifiziert werden (Abb. 23.7).

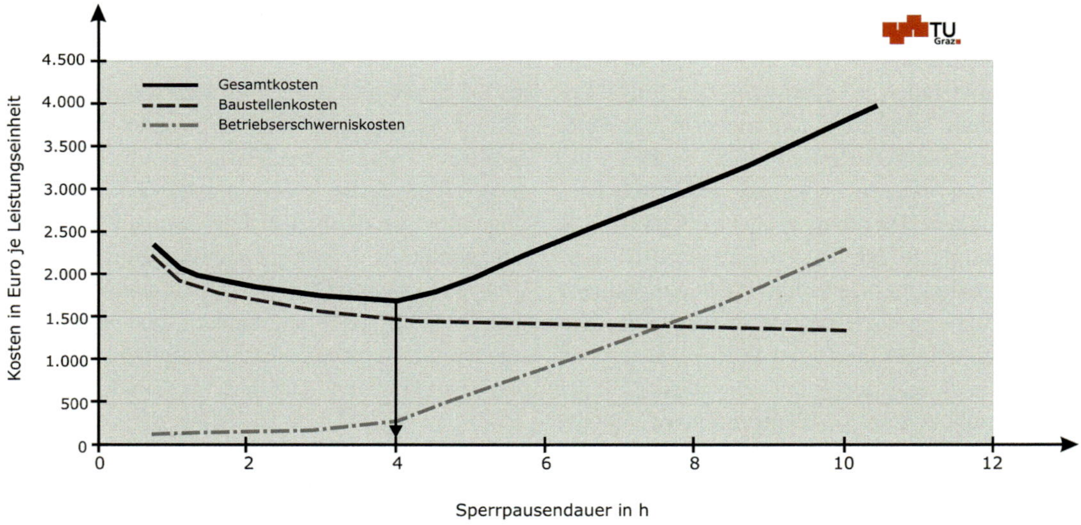


**Abb. 23.7** Bestimmung der optimalen Bauabschnittslänge

Die Analyse für Österreich zeigt, dass die Sperrpausen trotz Berücksichtigung der Betriebserschwerniskosten für Gleisarbeiten generell zu kurz sind. Es ist anzunehmen, dass dieser Trend durch steigendes Verkehrsaufkommen verstärkt wird. Dies gilt umso mehr, je mehr Großmaschinen im Einsatz sind. Es ist zwar nachvollziehbar, dass immer schnellere Maschinen wegen der kürzeren Sperrpausen eingesetzt werden müssen, ihre Wirtschaftlichkeit könnte jedoch in weit höherem Maß genutzt werden, wenn sie auch entsprechend lange Sperrpausen vorfinden würden. Bei Gleisneulagen ist beispielsweise ein Umbau von Bahnhof bis Bahnhof anzustreben.

Generell könnten beim Umsetzten der optimalen Bauabschnittslängen entsprechend dieser Studie mit denselben Mitteln rund 20 % mehr Bauleistung realisiert werden. In dieser Auswertung ist die Tatsache, dass ein Bauabschnittsanfang- bzw. -ende zumindest einen potentiellen Einzelfehler darstellt, ein stark fragmentiertes Netz daher eine schlechtere Qualität aufweist, noch nicht einmal berücksichtigt.

Das Umsetzen der anzustrebenden Bauabschnittslängen führt mittelfristig auch zum Absenken der insgesamt benötigten Gleissperren. Der längeren Sperrpause steht eine geringere Anzahl an Sperren gegenüber, weil die längeren Bauabschnitte eine höhere Effizienz der Maßnahmen erlaubt. Die Umsetzung ist jedoch als langfristige Zielsetzung zu verstehen, da durch die gegenwärtig vorhandenen kurzen Sperren und damit kurzen Bearbeitungslängen ein bereits sehr stark fragmentiertes Netz vorliegt, das schrittweise wieder zu längeren homogenen Abschnitten geführt werden muss.

#### 23.3.2.5 Trassierungsradius

Durch die Unterteilung der Standardkilometer in Radienklassen kann der Zusammenhang zwischen dem Verhalten des Oberbaus und dem Trassierungsparameter Radius dargestellt werden.

Die Arbeitszyklen zeigen die Abhängigkeit der Liegedauer des Oberbaus und der erforderlichen Instandsetzungsintensität von den Krümmungsverhältnissen. Bei engen Radien ist ein zusätzliches Wechseln der Außenschiene und der Zwischenlagen vorzusehen. Zudem wird der Bedarf an Schienenschleifen vor allem in den Radien zwischen 600 und 2000 m stark von Schienenoberflächenfehlern (RCF) bedingt.

Nachdem in Österreich auch auf der Semmering Bergstrecke mit ihren Radien von im Minimum 175 m durchgehend verschweißte Schienen zum Einsatz gebracht wurden, gehört das teure Stoßgleis der Vergangenheit an.

Diese Abhängigkeiten spiegeln sich in den Kostenzusammenhängen (Abb. 23.8) wider, wobei sich der Radienbereich von 300 bis 400 m als jener Grenzbereich herausstellt, bei dessen Unterschreiten die Kosten massiv ansteigen, während Radien zwischen 600 und 2000 m sich im Wesentlichen nur durch das Schienenschleifen

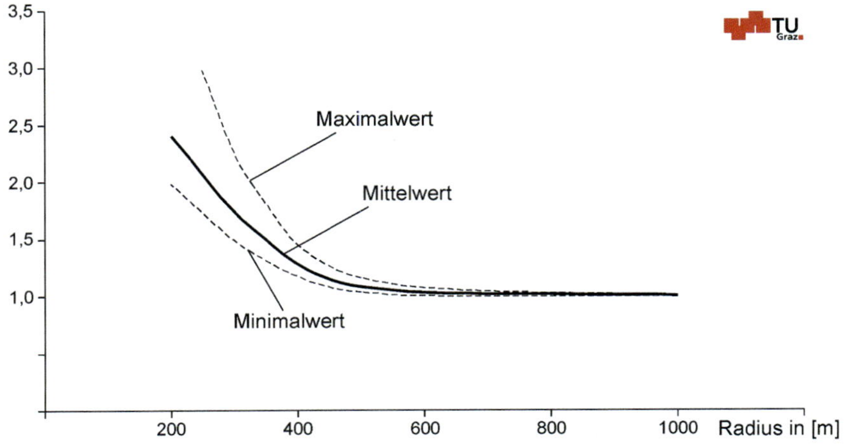


**Abb. 23.8** Lebenszykluskosten des Oberbaus in Abhängigkeit der Trassierungsradien

zufolge der RCF-Problematik von geraden Abschnitten unterscheiden.

#### 23.3.2.6 Betriebserschwerniskosten

Da, wie bereits diskutiert, die Betriebserschwerniskosten bei hohen Streckenbelastungen bedeutend sind, sind sie als relevanter Kostentreiber in der Baustellenplanung und der Strategiefindung zu berücksichtigen.

#### 23.3.2.7 Verkehrsbelastung

Die Oberbaukosten steigen mit der Verkehrsbelastung an, der Anstieg ist jedoch moderat. Erst bei kleineren Radien gewinnt die Verkehrsbelastung massiv an Bedeutung.

Dieser Zusammenhang setzt jedoch voraus, dass der vorliegende Oberbau für die steigende Verkehrsbelastung grundsätzlich technisch geeignet ist; andernfalls ergeben sich sprungfixe Kosten zufolge einer erforderlichen Re-Investition, die nur durch hohe Instandsetzungsintensität auf der Zeitachse verschoben werden kann.

#### 23.3.2.8 Auswirkungen der Qualität des rollenden Materials

Modernes Anlagemanagement bedeutet auch, Maßnahmen zu ergreifen, um die Beanspruchung der Anlagen zu reduzieren. Bereits 2004 zeigten Untersuchungen die Kostenrelevanz unterschiedlicher Konstruktionsprinzipien von Triebfahrzeugen auf die Lebenszykluskosten der Infrastruktur. Dieser Zusammenhang hat mit dem 01.01.2005 Eingang in das Infrastrukturbenützungsentgelt der ÖBB gefunden [6].

In einer open-access-Infrastruktur kann nur über ein sehr differenziertes Trassenpreismodell die Wechselwirkung Fahrzeug – Fahrweg abgebildet werden. Die Beanspruchung ist einerseits ein Resultat der gefahrenen Geschwindigkeit und der Achslasten und andererseits der Fahrzeugauslegung. Gleisfreundliche Fahrzeugkonzepte und Drehgestelle sind in aller Regel investitionsintensiv, womit sie für den Fahrzeugbeschaffer bzw. -betreiber, also die Eisenbahnverkehrsunternehmen (EVU), bei rein zugkilometer- oder tonnenkilometerbasierten Wegeentgelten primär zu Mehrkosten führen. Die durch gleisfreundlichen Rolling Stock erzielbaren Einsparungen in der Gleisinstandsetzung müssen den EVU in geeigneter Weise refundiert werden. Intelligente Trassenpreissysteme müssen daher verursachungsgerecht und damit fahrzeugspezifisch sein [7].

Ein Meilenstein im Bereich dieser Systemoptimierung ist der 01.01.2017, der Tag an dem in der Schweiz ein verursachungsgerechtes Trassenpreismodell implementiert wurde [8]. Im Rahmen dieses Trassenpreises wird fahrzeug- und infrastrukturspezifisch abgerechnet: je nach gefahrener Geschwindigkeit bzw. durchfahrenem Gleisradius kommt für die einzelnen Fahrzeuge verschleißbasierte Kosten zum Ansatz. Damit ist nicht nur das Fahrzeug mit seinen Eigenschaften (Achslast, ungefederte Masse, aufgebrachte Traktionsenergie, Längssteifigkeit), sondern auch dessen Einsatz im Netz erfasst (Abb. 23.9).

Die logische Kette Krafteintrag → Schädigung im Gleis → erforderliche Instandhaltungsmaßnehme → Kosten der Instandhaltung konnte auf Basis der umfangreichen Streckendaten quantifiziert werden. Mit dem deskriptiven Ansatz kann berücksichtigt werden, dass keine Krafteinwirkung nur ein Fehlerbild erzeugt und dass keine Instandhaltungsmaßnahme nur ein Fehlerbild bekämpft.

Durch ein derartiges verursachungsgerechtes Trassenpreissystem entsteht eine Anreizwirkung, Fahrzeuge je nach ihrem Einsatzzweck und -gebiet entsprechend gleisschonend auszulegen. Neben diesem Effekt, der langfristig dazu führen sollte, dass die Beanspruchung des Fahrwegs reduziert wird – was angesichts ständig steigender Zugzahlen jedenfalls notwendig ist – ergibt sich für den Infrastrukturbetreiber auch die Möglichkeit, über die ermittelten Beanspruchungskollektive das Qualitätsverhalten des Fahrwegs besser prognostizieren zu können. Das führt wiederum dazu, dass frühzeitig und damit präventiv instandgesetzt werden kann, was den Einsatz der finanziellen Mittel optimiert und damit auch langfristig zu niedrigen Instandsetzungskosten beträgt. Kurz gesagt: Erst die Implementierung verursachungsgerechter Preise erlaubt eine Gesamtoptimierung des Systems Bahn.

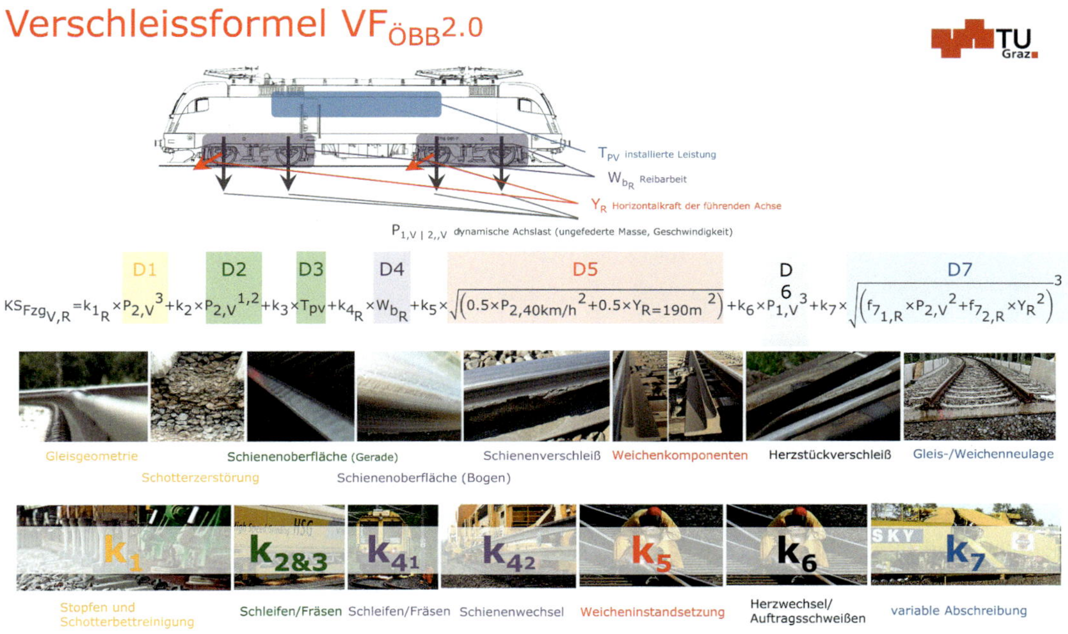


**Abb. 23.9** Zuordnung der Schädigungsmechanismen zu anfallenden Fahrbahnerhaltungsarbeiten

### 23.3.3 Fahrwegstrategien – Ergebnisse

Die Ergebnisse der Analyse der Kostentreiber können für Gleise und Weichen in sehr einfacher Weise zusammengefasst werden:

- **Eine hohe Ausgangsqualität des Ober- und Unterbaus ist der Schlüssel zum Erfolg.**
- **Fahrwegstrategien sollten auf eine Verlängerung der Liegedauer abzielen.**

Damit ist die Qualitätssteigerung als die den wirtschaftlichen Erfolg versprechende Stoßrichtung von Fahrwegstrategien identifiziert, entsprechende Trassenpreissysteme können diesen Qualitätsanspruch auch fahrzeugseitig unterstützen.

Im Rahmen der wirtschaftlichen Bewertungen wurden diese Aussagen für verschiedene Standardkilometer und Standardweichen sowohl im Bereich Investition als auch Instandsetzung spezifiziert [9]. Dazu wurden die Arbeitszyklen der Standardkilometer für verschiedene Oberbauvarianten, wie Schienenprofile, Schienenstahlgüten und Schwellenarten, erarbeitet und wirtschaftlich gegenübergestellt. Die Ergebnisse der Analysen führten bei den ÖBB bereits im Jahr 2000 für Gleise und 2001 für Weichen zur Formulierung grundsätzlicher LCC-basierter Oberbaustrategien.

Dazu wurde auf Basis von Standardelementen für verschiedene Verkehrsbelastungen und Trassierungsradien eine Komponentenstrategie erarbeitet, die Schwellenart, Schienenprofil und Schienenstahlgüte beinhaltet. Für die Randbedingungen der ÖBB-Infrastruktur AG kann diese Strategie wie folgt zusammengefasst werden (Tab. 23.4), wobei aktuell ein erweiterter Einsatz der Güte 400HT umgesetzt wird.

Zur Komponentenstrategie gehört auch die Frage nach der notwendigen Unterbauqualität, die als eine Kombination aus Bodenverhältnissen und Entwässerung dargestellt werden kann. Die Kosten von Gleisen mit a) unzureichender Wasserableitung, b) geringer Tragfähigkeit des anstehenden Bodens und c) einer Kombination aus beiden liegen deutlich über jenen von Gleisen mit ausreichender Unterbauqualität oder eingebauter Tragschicht (Abb. 23.10). Im schlechtesten Fall muss die Nutzungsdauer trotz intensiver Instandhaltung bereits nach der Hälfte der Liegedauer (guter Unterbau) beendet werden, was die kalkulatorische Abschreibung verdoppelt. Auch die

**Tab. 23.4** Oberbaukomponentenstrategie der ÖBB-Infrastruktur AG

| Verkehrsbelastung | $R > 3000$ m | $1000$ m $< R < 3000$ m | $600$ m $< R < 1000$ m | $R < 600$ m |
|---|---|---|---|---|
| > 25 Mio. GesBt/Gleis, Jahr | 60E1-R260-USP | 60E1-R260/R350HT-USP | 60E1-R350/400HT-USP | 60E1-R350/400HT-USP |
| 15–25 Mio. GesBt/Gleis, Jahr | | | | |
| 10–15 Mio. GesBt/Gleis, Jahr | | | | |
| 5–10 Mio. GesBt/Gleis, Jahr | | 60E1-R260-USP | 60E1-R260/R350HT-USP | |
| < 5 Mio. GesBt/Gleis, Jahr | 60E1-R260-Beton<br>Oder altbrauchbare Stoffe | | | |

betrieblichen Folgekosten steigen massiv. Sind Frostaufzüge im Winter Ursache für andauernde Geschwindigkeitsreduktionen (Langsamfahrstellen), werden die Betriebserschwerniskosten die dominante Kostenposition.

Auch hier lässt sich eine LCC-basierte Strategie in einfacher Weise formulieren: Die Entwässerung muss dauerhaft funktionstüchtig gehalten werden, jedenfalls für Gleise mit mehr als 5 Mio. jährlichen Lasttonnen.

Weichen werden grundsätzlich in den analogen Schienenformen und jedenfalls mit dem gleichen Schwellentyp verlegt, wobei bei neuen Weichen generell Mangangussherzstücke (Ausnahme Weichen mit Schienen der Form 49E1) und kopfgehärtete Schienen eingesetzt werden.

Diese Ergebnisse hängen weder vom Niveau der Lohnkosten oder der Betriebserschwerniskosten, noch vom Diskontierungszinssatz ab und sind daher auf Bahnen mit gleichen technischen Randbedingungen auch bei unterschiedlichen Kostenstrukturen übertragbar. Die weitgehende Unabhängigkeit vom Lohnkostenniveau wurde durch die Variation der Lohnkosten von 15 % des österreichischen Niveaus auf 200 % nachgewiesen, die Unabhängigkeit von den angesetzten Betriebserschwerniskosten wurde sogar für eine Variationsbreite von 0 bis 500 % über-

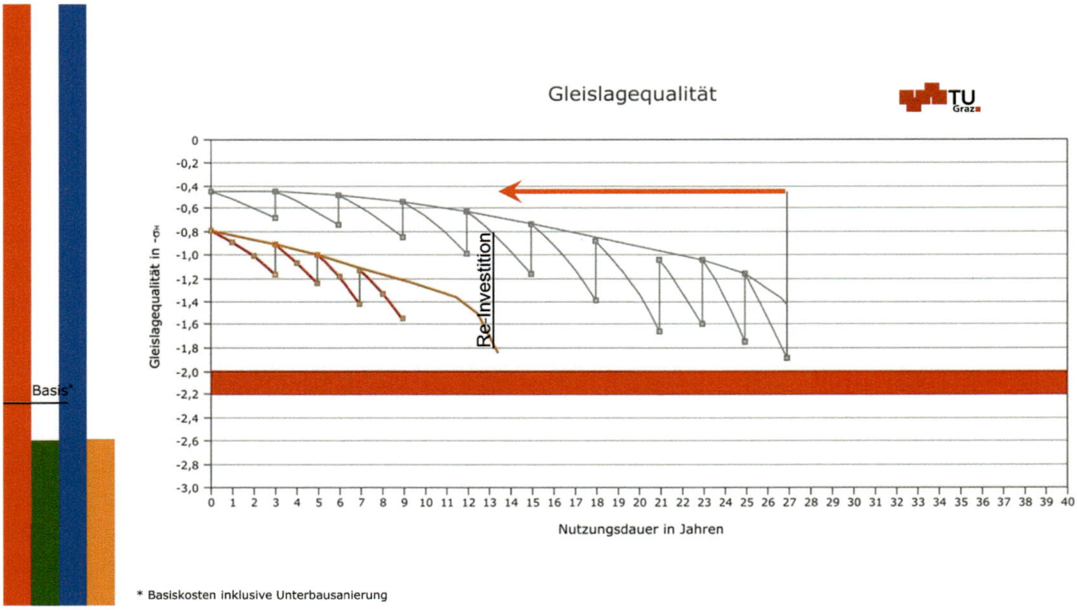


**Abb. 23.10** Auswirkungen eines sehr schlechten Untergrunds (unzureichende Tragfähigkeit, schlechte Entwässerung), auf die Nutzungsdauer und die Lebenszykluskosten

prüft. Für die Diskontierungszinssätze wurde die Stabilität der Ergebnisse bei einem Zinssatz von 0 % nachgewiesen, der kritische Wert für hohe Zinssätze mit real 20 % als irrelevant identifiziert. Die Unabhängigkeit von Lohnkosten, Betriebserschwerniskosten und kalkulatorischen Zinssätzen gilt für den Vergleich verschiedener Arbeitszyklen untereinander und damit für die Auswahl der anzuwendenden Strategie, d. h. in diesem Fall der einzusetzenden Stoffe. Bei der Bestimmung optimierter Arbeitszyklen wirken sich die angesprochenen Einflussgrößen natürlich aus: die Lohnkosten in Bezug auf den anzustrebenden Grad an Mechanisierung der Oberbauarbeiten, die Betriebserschwerniskosten auf die Leistungsfähigkeit der einzusetzenden Maschinen und die kalkulatorischen Zinsen vor allem auf die akzeptablen Kosten der Gleisneulage, das alles jedoch ohne die Komponentenstrategie in Frage zu stellen.

Der Forderung nach hoher Ausgangsqualität wird bei Strecken mit hoher Verkehrsbelastung erforderlichenfalls durch eine schienengebunden durchgeführte Unterbausanierung sowie grundsätzlich den Einsatz von kontinuierlich arbeitenden Gleisumbaumaschinen, den standardisierten Einsatz des Dynamischen Gleisstabilisators nach jedem Stopfgang, dem Verschweißen und Schleifen der Neuschienen als Teil der Neulage, sowie einem nach einem halben Jahr bis 1½ Jahren nach Neulage durchgeführten Stabilisierungsstopfen, entsprochen. Beim bei geringeren Verkehrsbelastungen vorgesehenen Einsatz von Schienen und Schwellen in Zweitlage wird die entsprechende Ausgangsqualität durch eine zentrale Qualitätskontrolle der altbrauchbaren Stoffe sichergestellt.

Bei Weichen wird dem Unterbau eine noch stärkere Bedeutung beigemessen, indem bei Weichenneulagen Unterbausanierungen grundsätzlich vorzusehen sind, außer sie sind nachweislich nicht erforderlich. Eine banal klingende, aber durch Betriebsbedingungen nicht immer einfach umsetzbare Strategie ist es, nur Streckenabschnitte, in denen die Arbeiten zur Gänze abgeschlossen sind, in Betrieb zu nehmen und damit Provisorien auf Zeit zu verhindern. An Messschrieben kann eindrücklich gezeigt werden, dass eine grundsätzlich hohe erreichbare Ausgangsqualität durch das In-Betrieb-Nehmen der Strecke mit verlaschten Schienen und erst späterem Verschweißen eine deutlich reduzierte Ausgangsqualität zur Folge hat, die sich über die gesamte Liegedauer in immer wieder auftretenden Einzelfehlern an den Schweißstellen äußert.

Im Jahr 2009 wurden die Oberbaustrategien zufolge massiver Kostensteigerungen der Einheitskosten aller Gleisarbeiten und aktueller Entwicklungen und Innovationen aktualisiert. Dabei zeigte sich, dass die Kostenänderungen keine Änderungen der Strategien nach sich zogen. Zufolge neuer Phänomene, Erkenntnisse und Innovationen ergaben sich jedoch Adaptionen:

- Der Einsatzbereich höherer Schienenstahlgüten (350HT, später 400HT) wurde maßgeblich erweitert. Wurden kopfgehärtete Schienen davor ausschließlich zur Reduktion des Seitenverschleißes eingesetzt und damit auf Radienbereiche unter 500 m limitiert, erweiterte sich ihr Einsatzbereich bei hohen Gleisbelastungen zufolge des reduzierten Risswachstums von Head Checks bei höheren Schienenstahlgüten auf Radien von bis zu 3000 m. Bei kleinen Belastungen trat keine Änderung ein.
- Zufolge der positiven Erfahrungen mit Schwellenbesohlungen [10] sowohl in technischer als auch wirtschaftlicher Hinsicht sind Schwellenbesohlungen seit 2009 im Zuge von (Re-)Investitionen bei täglichen Gleisbelastungen über 30.000 GesBt grundsätzlich vorzusehen, ebenso bei mit mehr als 160 km/h befahrenen Streckenabschnitten oder bei Radien unter 600 m. Wird ein Streckenabschnitt mit besohlten Betonschwellen (USP) ausgestattet, werden sämtliche Gleise und Weichen dieses Streckenabschnittes besohlt (siehe auch Abschn. 23.3.5.2).

### 23.3.4 Instandhaltungsstrategien

Vor Definition neuer Instandsetzungsstrategien sind die bei der Erarbeitung der Zyklen angesetzten Arbeitshypothesen zu überprüfen.

Zur Überprüfung der Philosophie einer Gleisneulage mit anschließender Instandsetzung im

Gegensatz zu einem permanenten Einzelteilewechsel werden diese beiden Strategieansätze miteinander verglichen. Da für stark belastete Strecken zufolge der geringen erreichbaren Qualitäten permanenter Teilewechsel nicht in Frage kommt, wurde der Vergleich für eine schwach belastete eingleisige Nebenbahn mit nur 2000 GesBt täglicher Gleisbelastung durchgeführt. Trotz dieser geringen Belastung stellt sich eine zyklische Instandsetzung als die wirtschaftlichere Option heraus, mit der einen Einschränkung, dass sich die Gleisneulage von den untersuchten Standardkilometern abhängig erst nach 15 bis 20 Jahren amortisiert, eine Dauer, die aber deutlich kürzer ist als die Liegedauer des Oberbaus bei derartigen Belastungen. Dennoch birgt dieses Ergebnis eine Unsicherheit, nämlich die Frage, ob die betrachtete schwach belastete Bahn in 20 Jahren überhaupt noch existent sein wird. Aus dieser Überlegung ergibt sich als einziger Anwendungsbereich für die Strategie des permanenten Einzelteilewechsels das Überbrücken einer Zeitspanne bis zur endgültigen Einstellung des betrachteten Streckenabschnitts. Damit kann gleichzeitig die grundlegende Strategie einer auf Investition und anschließender Instandsetzung basierenden Fahrwegstrategie bestätigt werden.

Die zweite zu überprüfende Hypothese besagte, dass die wirtschaftliche Liegedauer bei Strecken auf gutem Unterbau durch das Schotterbett bestimmt wird, falls nicht einzelne Komponenten versagen. Zur Bestätigung dieser Hypothese wurden umfassende Wirtschaftlichkeitsbetrachtungen angestellt [11]. Dabei wurden die Lebenszykluskosten eines Standardelements für die folgenden Szenarien verglichen:

- das Gleis wird re-investiert
- es wird stattdessen eine durchgehende Schotterbettreinigung durchgeführt und somit die Gleisneulage verschoben

Diese Untersuchung wurde für insgesamt 84 Standardelemente durchgeführt, wobei der Fokus auf Gleise mit unbesohlten Betonschwellen gelegt wurde, da davon ausgegangen werden kann, dass eine zusätzliche Schotterbettreinigung als Instandhaltungsmaßnahme für diese Gleise besondere Relevanz besitzt. Es ist zu betonen, dass die bisherigen Analysen des Verhaltens von besohlten Abschnitten keinen Bedarf an Schotterbettreinigung erwarten lassen.

Die Auswertung der unbesohlten Abschnitte zeigt, dass eine zusätzliche Schotterbettreinigung als Instandhaltungstätigkeit aufgrund der statischen Kalkulation bis ca. 68 % des Lebenszyklus eine wirtschaftlich sinnvolle Maßnahme darstellt. Danach ist es wirtschaftlicher die Schotterbettreinigung im Rahmen einer vorgezogenen Gleisneulage durchzuführen. Wird die Problemstellung einer dynamischen Analyse (Zinssatz real 5 %) unterzogen, ergibt sich, dass die Schotterbettreinigung als zusätzliche Instandhaltungsmaßnahme bis ca. 74 % der Nutzungsdauer wirtschaftlich noch sinnvoll ist.

Diese Auswertungen führten zu zwei Konsequenzen: Zum einen wurde die Schotterbettreinigung auf Ausnahmefälle, wie Abschnitte mit Unterbauproblemen oder Sonderfälle (z. B. erhöhte Verschmutzung des Schotterbetts durch Windfracht) reduziert, ohne jedoch die Schotterbettreinigung als integralen Bestandteil der Gleis- bzw. Weichenneulage in Frage zu stellen. Zum anderen wurden die Forschungsaktivitäten zur Entwicklung von Schotterbett schonenden Oberbautypen verstärkt.

Ein neuer Aspekt ergibt sich bei Strecken, die mit Geschwindigkeiten über 200 km/h befahren werden. Durch die in diesem Fall strengeren Anforderungen an die Ebenheit der Gleise (reduzierte Standardabweichung vertikal) ist das Stopfen als Lagekorrektur öfter erforderlich. Diese häufigeren Instandsetzungsmaßnahmen sind einerseits notwendig, reduzieren aber auch gleichzeitig die Nutzungsdauer des Oberbaus, da es nach jeder Durcharbeitung zu gewissen Anfangssetzungen und damit verbundenem Schotterbruch kommt. Aus diesem Grund ist die Schotterbettreinigung die seitens der Instandsetzung mögliche Reaktion auf gesteigerte Geschwindigkeiten bei unbesohlten Streckenabschnitten und unbesohlten Weichen. Die bisherigen Analysen deuten auf keinen Bedarf an Schotterbettreinigung bei besohlten Gleisen und Weichen hin.

Für schwach belastete Strecken wurde untersucht, ob ein konzentrierter Einzelschwellenwechsel zur Verlängerung der Liegedauer geeignet sein kann. Für diesen Ansatz konnte ein Einsatzbereich bei Strecken mit einer Verkehrsbelastung unter 5000 t pro Tag identifiziert werden, wenn bei derartigen Strecken beispielsweise die Schwellen nur in engen Bögen getauscht werden, um damit die Liegedauer des Oberbaus in größeren Abschnitten zu verlängern. Für stärker belastete Strecken sollte aus Kosten- und Qualitätsgründen Einzelschwellenwechsel ein auf Einzelfälle beschränktes Übel bleiben (falls eine Neulage zu dem erforderlichen Zeitpunkt nicht umsetzbar ist) und keineswegs eine Strategie darstellen.

Für Weichen in stark belasteten Strecken kann der Wechsel des Schwellensatzes nicht vorgeschlagen werden, da die Fahrbahn der Weiche bei starker Verkehrsbelastung zu dem Zeitpunkt, zu dem ein Wechsel des Schwellensatzes erforderlich wird, üblicherweise keine ausreichenden Verschleißreserven mehr aufweist.

Das grundsätzliche Ziel von längeren zusammenhängend zu bearbeitenden Abschnitten, folgt allein aus der damit erreichbaren Effizienzsteigerung des Maschineneinsatzes, wobei das monetäre Bewerten von Betriebserschwerniskosten hier eine streckenspezifische Optimierung erlaubt.

Als Negativszenario wurde auch das Szenario einer deutlichen Instandsetzungsreduktion, sowohl für Weichen als auch für Gleise, untersucht. Beide Fälle stellen sich als extrem unwirtschaftlich dar, da die Reaktion des Oberbaus bzw. der Weiche auf eine unzureichende Instandsetzung zwar zeitversetzt auftritt, dann aber zu einer Reduktion der Liegedauer führt. Wenn die Alarmsignale, wie eine deutlich beschleunigte Verfallskurve nach den Instandsetzungsmaßnahmen erkannt werden, ist es jedoch meist nicht mehr möglich, die Liegedauerreduktion durch dann wieder intensivierte Instandsetzungsmaßnahmen zu verhindern. In den einfach erzielbaren Einsparungen und dem langsamen, anfangs kaum merkbaren Reagieren des Oberbaus auf unzureichende Instandsetzung, gleichzeitig aber dem unwiderruflichen Verlust an Liegedauer („Gedächtnis des Gleises"), liegt die Gefahr der Strategie der Reduktion der Instandsetzung. Das Herantasten an die gerade noch akzeptable Reduktion der Instandsetzung, und damit das Identifizieren der eigentlich nicht erforderlichen Instandsetzung, die bei Wegfall nicht automatisch zu einer Verkürzung der Liegedauer führt, ist auch bei Einhalten der Sicherheitsstandards mit einem hohen wirtschaftlichen Risiko verbunden und kann daher nicht empfohlen werden.

Verschiedene Analysen und Diskussionen erlaubten bereits in der Stufe 1 die Formulierung grundsätzlicher Fahrwegstrategien, zeigen aber gleichzeitig die Grenzen dieser Methodik auf. So zeigt der Vergleich verschiedener Handlungsalternativen, dass das Instandhalten eines Gleises nahe den sicherheitsrelevanten Grenzwerten zu häufigen, schwer abstimmbaren Instandsetzungsmaßnahmen sowie Störungen führt, und allein aus diesen Gründen nicht wirtschaftlich ist. Die Eingriffsschwelle stellt damit offensichtlich eine für eine weitergehende Optimierung von Fahrwegstrategien bedeutende Stellschraube dar. Diese kann jedoch durch Auswertungen der Erfahrung allein nicht exakt genug gefasst werden und konnte daher erst in Stufe 2 konkretisiert werden.

#### 23.3.4.1 Design Tamping

Während beim konventionellen Stopfen die Ausgangsgleislage nach der Instandsetzungsmaßnahme angestrebt wird, wird beim Design Tamping durch bewusstes Überheben des Gleislagefehlers die Zeit bis zur nächsten Instandsetzungsmaßnahme verlängert. Damit erreicht man ohne Zusatzkosten eine Reduktion der Instandsetzungsintensität von Einzelfehlern. Überheben ist daher beim Stopfen von Einzelfehlern eine Standardlösung bei den ÖBB.

#### 23.3.4.2 Integrierte Instandhaltung

Im Rahmen der Integrierten Instandsetzung wird Stopfen und Schleifen in kurzem zeitlichem Hintereinander ausgeführt [12]. Auslösend ist dabei immer die Notwendigkeit des Stopfens des Gleises, das auch als erste Maßnahme umgesetzt wird. Anschließend wird der betroffene Gleisabschnitt auch geschliffen. Die Grundidee ist folgende: Durch das Stopfen werden Gleislage-

**Abb. 23.11** Implementierung der Integrierten Instandsetzung in die Stopfstrategie der ÖBB (2011)

fehler größerer Wellenlänge entfernt, womit sich die Dynamik im Gleis und damit die Gleisbelastung und die Verschlechterungsrate reduzieren. Wird dieser Abschnitt nun auch geschliffen, wird die durch kurzwellige Fehler entstehende Dynamik ebenso reduziert, womit insgesamt ein Gleis mit einer weiter reduzierten Verschlechterungsrate vorliegen muss. Auswertungen an Streckenabschnitten, bei denen die Integrierte Instandhaltung schon 2003 umgesetzt wurde, haben diese Hypothese und die Wirtschaftlichkeit der Integrierten Instandsetzung bestätigt. Die Integrierte Instandhaltung wird bei Neubauabschnitten umgesetzt. Sie stellt somit ein drittes Standbein der Stopfstrategie der ÖBB dar (Abb. 23.11).

#### 23.3.4.3 Re-Investitionsquote

Der Schritt, der schon im Rahmen der Verifikation der Arbeitszyklen teilweise durchgeführt wurde, kann nun als Planungsinstrument verwendet werden: die mittleren Instandsetzungsmengen, die zur Erreichung der strategischen Nutzungsdauer notwendigen sind, können mittels der Standardelemente bestimmt werden. Können diese Mengen nicht budgetär bedeckt werden, bedeutet das zwangsläufig, dass die Nutzungsdauern nicht erreicht werden können und somit die Erneuerungsmenge künftig steigen muss.

Der Erneuerungsbedarf (Beispiel Teil des Kernnetzes ÖBB) kann auch als jährliche Re-Investitionsquote dargestellt werden. Hierbei ist zu berücksichtigen, dass die Nutzungsdauern der Standardelemente einen Mittelwert darstellen. Beim Umlegen auf das Netz ist die Verteilung rund um diese Mittelwerte mit zu betrachten. Diese sind für verschiedene Schwellenarten zum Teil deutlich verschieden (Betonschwellen als Normal-Verteilung, Holzschwellen als Laplace-Verteilung, Abb. 23.12).

Diese Vorgehensweise führt zu einer Glättung der Jahresmengen. Diese Auswertung kann über mehrere Investitionszyklen erstellt werden. Das erste Ergebnis ist eine wiederum annähernd konstante Erneuerungsquote, die beim 1 : 1-Ersatz des Oberbaus sowie konstanter Verkehrsbelastung gilt (Abb. 23.13). Auf diese Weise kann aber auch eine etwaige Überalterung des Netzes ebenso dargestellt werden (Backlog) wie der positive Effekt der Verwendung strategischer Komponenten (sinkende Erneuerungsquote durch längere Gleisnutzungsdauer, Abb. 23.14). Die steigende Verkehrsbelastung kompensiert einen Teil dieses positiven Effekts wiederum, woraus sich auch ableiten lässt, dass innovative Gleiskomponenten nicht nur dafür dienen, Kosten zu senken, sondern die notwendigen Substanzreserven für die Zukunft aufzubauen (Abb. 23.15).

**Abb. 23.12** Netzweiter Re-Investitionsbedarf

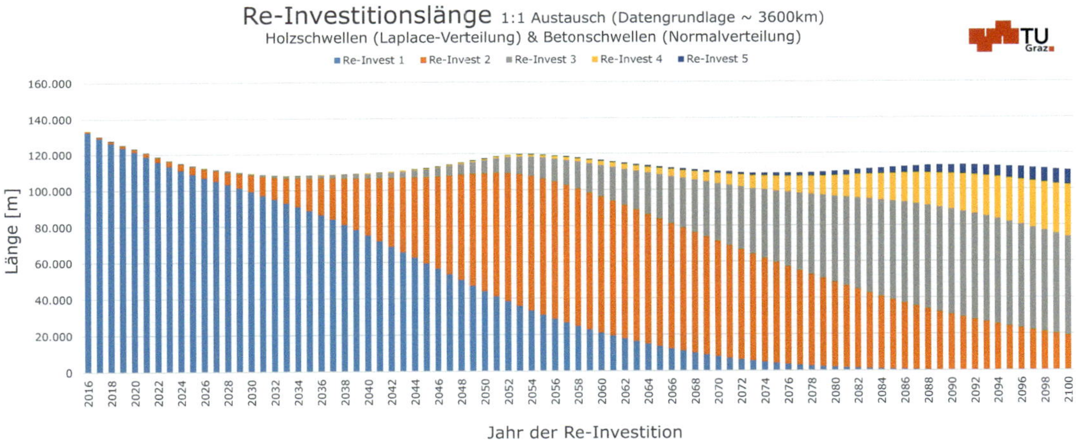


**Abb. 23.13** Re-Investitionsbedarf unter Miteinbeziehung mehrerer Zyklen

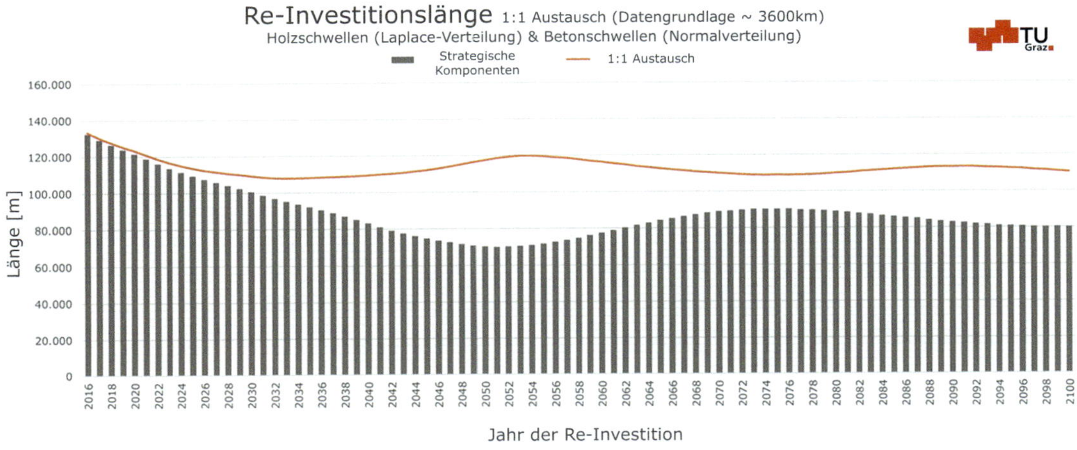


**Abb. 23.14** Re-Investitionsbedarf mit Berücksichtigung des Einbaus strategischer Komponenten

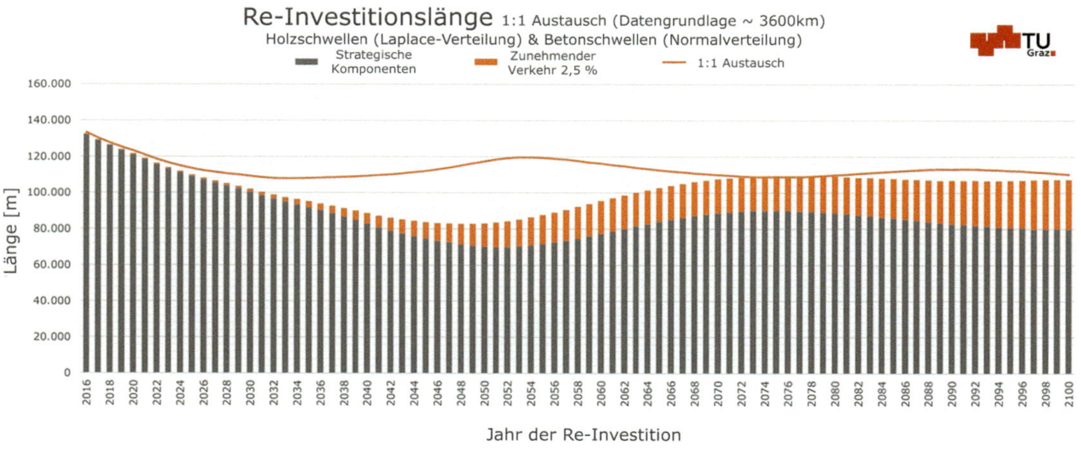


**Abb. 23.15** Zusätzlicher Re-Investitionsbedarf mit Berücksichtigung des zunehmenden Verkehrs

### 23.3.5 Operatives Anlagemanagement

Das operative Anlagenmanagement benutzt im Unterschied zum strategischen Anlagenmanagement nicht Standardelemente, sondern die spezifischen Daten des untersuchten Projektabschnitts. Dies ist erforderlich, da Standardelemente das durchschnittliche Verhalten aller Abschnitte mit denselben Randbedingungen beschreiben, während für manche projektspezifische Auswertungen nur projektspezifischen Daten verwendet werden dürfen. Dies gilt insbesondere für die Bestimmung der wirtschaftlichen Nutzungsdauer und damit des optimalen Reinvestitionszeitpunktes eines spezifischen Abschnitts sowie spezifischer Instandhaltungsstrategien. Diese spezifischen Daten liegen durch die Digitalisierung weitgehend vor. So gibt es unterschiedliche Datenquellen, wobei im Folgenden Messwagendaten auch unter Anwendung neuer Auswertemethoden den Schwerpunkt darstellen. Daten werden erhoben und gespeichert, oft jedoch nicht ausreichend analysiert. Die Existenz von Daten allein reicht jedoch nicht aus, Daten müssen analysiert werden, um in den Entscheidungsprozess einzufließen. Das Ziel muss sein, von Daten zu Taten zu gelangen. Der Weg dazu ist die Datenanalyse, da nur damit aus Daten Wissen erarbeitet werden kann.

#### 23.3.5.1 Von Daten zu Wissen

Vorerst liegen Daten vor, wobei es sich im beschriebenen Fall hauptsächlich um Daten des Gleismesswagens handelt. Einen direkten Weg, um aus diesen Daten Wissen zu extrahieren, gibt es leider nicht (Abb. 23.16). Vielmehr ist erst mit einer Kaskade von Aktionen Wissen – das Beschreiben und Verstehen des Verhaltens – aus Daten ableitbar. Das Beschreiben des Verhaltens erlaubt Prognosen, das Verstehen des Verhaltens die richtigen Maßnahmen (Instandhaltungsmaßnahmen, oder Re-Investition) zum richtigen Zeitpunkt zu setzen.

Es ist unbedingt erforderlich, sämtliche Messdaten vor Ablage zu verifizieren. Eine Verifizierung der Daten nach Ablage in einem IT-System ist schwieriger bis unmöglich, da bei jeder Überführung von Daten in ein Datensystem die Rohdaten verdichtet werden, und damit einzelne Informationen verloren gehen – nicht Informationen für die Anwendung der Daten, sehr wohl aber Daten, die für ihre Verifizierung bedeutend sein können.

In einem weiteren Schritt sind die unterschiedlichen Messungen einer Messwagenfahrt zu synchronisieren, da nicht vorausgesetzt werden kann, dass alle Messungen synchron hochfahren. Dies ist jedoch meist in den Messwagen implizit umgesetzt. Handelt es sich bei den vorliegenden Daten um Daten von fix installierten Messpunkten, ist die Positionierung im Gleis bekannt. Bei Messwagendaten hingegen kann durch die Verortung über GPS, dGPS und Fixpunkte (beispielsweise an Oberleitungs- oder Signalmasten) der Ort der Messung relativ genau festgelegt werden. Dazwischen erfolgt die Längen-

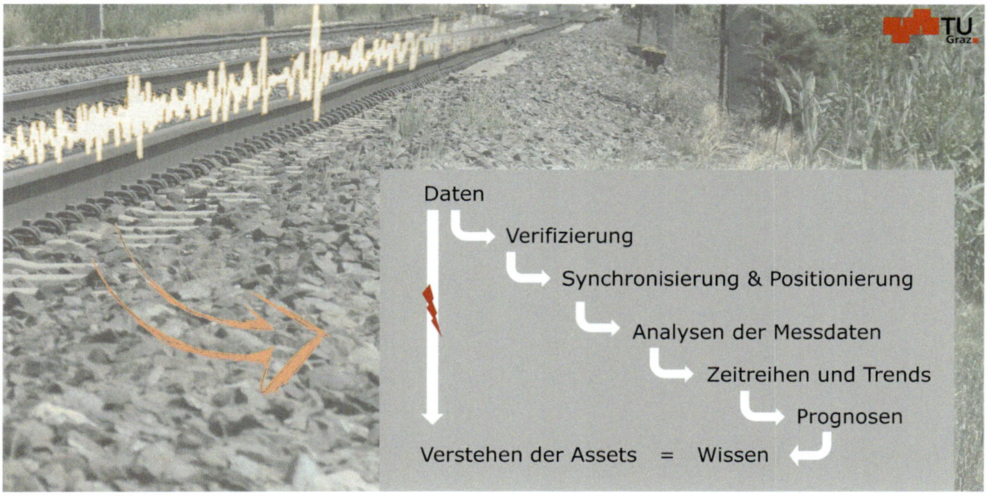


**Abb. 23.16** Von Daten zu Wissen

messung und damit Feinpositionierung über eine auf den Radumdrehungen basierende Längenberechnung. Durch den nicht konstanten Schlupf ergeben sich dabei jedoch Positionierungsungenauigkeiten. Beim System des Messwagens der ÖBB sind diese Positionierungen (dGPS + Fixpunkte) für Standardanwendungen im Gleis ausreichend genau. Bei Weichen sind jedoch wesentlich höhere Genauigkeitsanforderungen an die Positionierung zu erfüllen. Schließlich muss eine Zeitreihe tatsächlich immer dieselben Punkte miteinander verbinden. Man kann keine sinnvollen Zeitreihen aus Daten aufbauen, bei denen die eine Messung knapp vor der Herzstücklücke liegt, der Datensatz der nächsten Messwagenfahrt jedoch einen Punkt nach dem Herzstückspitze meint. Dazu wurden am EBW Positionierungsalgorithmen entwickelt, die die tatsächliche Lage des Herzstückes einmal festlegen und dann für alle folgenden Messwagenfahrten auf diesen Punkt referenzieren.

Ist die Synchronisation aller Messdaten einer Messfahrt und die Positionierung unterschiedlicher Messfahrten gegeben, können aussagekräftige Zeitreihen gebildet werden. Diese Zeitreihen erlauben, mittels Trendanalysen das Verschlechterungsverhalten zu beschreiben, sowohl als Funktion als auch mittels spezifischer Verschlechterungsraten (Abb. 23.17).

Heute ist es Standard, die einzelnen Messdaten ihren Grenzwerten zuzuordnen, um Aussagen über erforderliche Maßnahmen zu generieren. Aus bekannten Datensätzen lassen sich aber wesentlich mehr Informationen ableiten, einfach durch Verknüpfung unterschiedlicher Daten oder spezifischer Analysen.

Diese Zeitreihen sind jedoch kein Selbstzweck, sondern unabdingbare Voraussetzung für Prognosen des künftigen Gleisverhaltens – wenn sich eine einmal eingestellt Funktion als stabil herausstellt. Sämtliche Analysen zeigen erfreulicher Weise, dass sich Trends solange nicht ändern, solange sich die Randbedingungen (Parameter) nicht ändern. Wenn sich beispielsweise die Verkehrsbelastung ändert, dann wird sich auch die Verschlechterungsrate ändern. Zudem brechen Trends auch ab, wenn Instandhaltungsarbeiten durchgeführt werden, ist es doch das Ziel von Gleisarbeiten, die Qualität wieder zu heben und/oder die Verschlechterungsrate zu senken. Für konstante Parameter sind die Trends zwischen zwei Instandhaltungsarbeiten aber stabil und können damit für Prognosen herangezogen werden.

Auf eine wesentliche Einschränkung sei noch hingewiesen. Trendanalysen können nur auf Basis von Daten belasteter Messungen erfolgen. Unbelastete Messungen können die Reaktion des Fahrwegs nicht erfassen – ohne Belastung keine Verschlechterung.

Bei linearer Verschlechterung oder auch der exponentiellen Verschlechterung liegen nur zwei

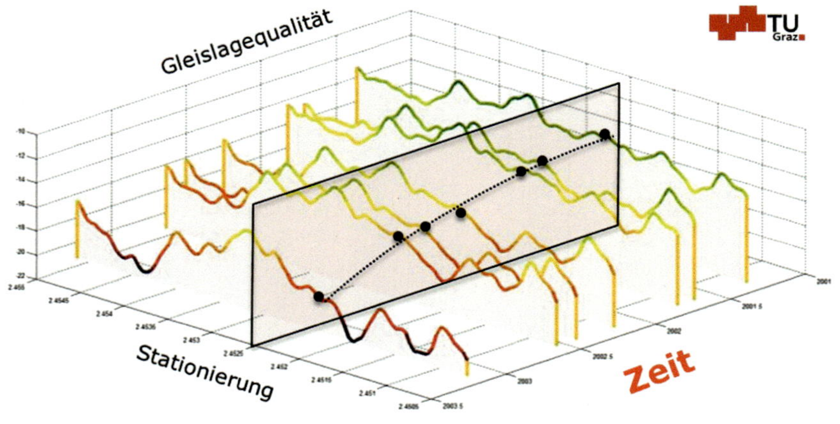


**Abb. 23.17** Zeitreihen von Fahrwegdaten

Unbekannte vor. Damit reichen zwei Messungen aus, um die Trendanalyse durchzuführen. Soweit die Theorie. Da Messungen aber immer mit gewissen Messfehlern behaftet sind, sind längere Zeitreihen über mehrere Messungen erforderlich. Bei vier Messdaten sind Trends verwendbar, bei sechs Messdaten bereits sehr stabil. In Österreich befährt der Messwagen das Netz vier Mal im Jahr, womit ab einem Jahr die Trends bekannt, ab 1½ Jahren stabil sind. Ständiges Messen, beispielsweise mittels Regelzüge, kann für spezifische Auswertungen von Nutzen sein. Zur Bestimmung des generellen oder komponentenspezifischen Verhaltens sind auch Betriebszeiten zwischen den Messungen erforderlich, da die Verschlechterung des Fahrwegs der Eisenbahn ein in der Regel langsamer Prozess ist. Generell gilt: je schlechter die Anlagenqualität, desto häufiger sollte gemessen werden.

Die bisherigen Erkenntnisse und das damit wachsende Verstehen des Verhaltens des Gleises erlaubt es auch Innovationen zu einem relativ frühen Zeitpunkt von Versuchen zu bewerten, um diese Bewertungen mit wachsenden Erfahrungen zu schärfen. Vor allem der Zusammenhang zwischen Stopfintervall und Liegedauer und die verbesserte Analyse der Messwagendaten erlaubt Versuche bereits nach relativ kurzer Zeit, nämlich nach etwas mehr als einem Stopfintervall, auszuwerten und Schlüsse auf das Verhalten während der restlichen Nutzungsdauer zu ziehen. Damit gelingt es in relativ kurzer Zeit das Verhalten abzuschätzen und somit auch Innovationen zu bewerten. Dies wurde bei der Implementierung von Schwellenbesohlungen angewendet.

#### 23.3.5.2 Anwendungsfall Schwellenbesohlung

Die Schwellenbesohlung ist in Österreich bereits seit 2009 eine Standardlösung. Den Vorteilen von Betonschwellen, wie:

- Unempfindlichkeit gegen Witterungseinflüsse,
- exakte und einfache Formgebung,
- hohe Lebensdauer und
- gute Lagestabilität aufgrund der hohen Massen

stehen auch Nachteile gegenüber, wie:

- durch die große Masse ist eine händische Verlegung nicht möglich,
- empfindlich gegen Schläge und Stöße (daher bei Stoßlückengleis und in Rangierbahnhöfen Einbau von Holzschwellen),
- geringe Elastizität, daher hohe Schotterbeanspruchung und
- geringe Kontaktflächen mit dem Schotter, was zu großen und ungleichmäßigen Schotterpressungen führt.

Eine elastische Bettung von Betonschwellen erhöht die Nachgiebigkeit und Dämpfung, vergrößert die Kontaktflächen Schwelle–Schotter, womit die Spitzenbelastung des Schotters reduziert

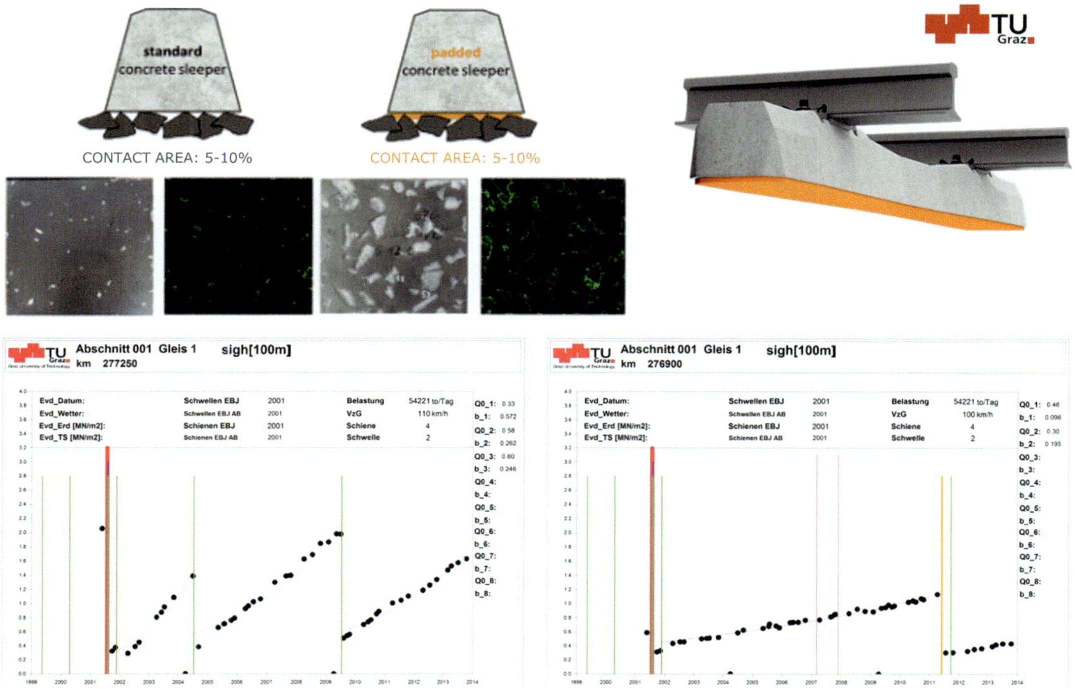


**Abb. 23.18** Auswirkung der Schwellenbesohlung (USP) auf die Kontaktfläche und die Gleislagequalität

und eine breitflächigere Abtragung der Lasten ermöglicht wird. So betragen die Kontaktflächen Schwelle-Schotter nach Stopfen und Stabilisieren bei Holzschwellen 20 %, bei Betonschwellen nur 10 %, bei besohlten Betonschwellen jedoch 30 %. Ohne Einsatz des dynamischen Gleisstabilisators reduzieren sich die Werte jeweils auf die Hälfte. Damit entlastet die Schwellenbesohlung vor allem das Schotterbett in seiner statischen und dynamischen Belastung, was wiederum zu geringerer Schotterzerstörung und damit höherer Lagestabilität des Gleises führt (Abb. 23.18). Dies ist umso bedeutender, als der Schotter in der Regel die Nutzungsdauer von Betonschwellengleisen limitiert. Weiters reduziert die Besohlung die erforderliche Instandsetzungsintensität, vor allem die des Stopfens. Die Besohlung von Betonschwellen kombiniert damit den größten Vorteil der Holzschwelle, relativ große Kontaktfläche Schwelle-Schotter, mit den Vorteilen der Betonschwelle.

Die deutlich reduzierte Verschlechterung der vertikalen Gleislage bei erhöhter Kontaktfläche hat sich bei Auswertungen von 50.000 Querschnitten bestätigt (Abb. 23.19). So sinkt die Verschlechterungsrate der Standardabweichung der Längshöhe (Basis 100 m Einflusslänge) bei besohlten Betonschwellen im Vergleich zu konventionellen Betonschwellen um 50 %, von im Mittel 0,14 auf nur 0,07 mm/a. Dies führt zu einer Verdoppelung des Stopfzyklus. Zudem zeigen die Analysen, dass sich die Ausgangsqualität von 0,5 auf nur 0,3 mm verbessert.

Damit muss sich allen bisherigen Erkenntnissen zufolge auch die Liegedauer des Gleises deutlich verlängern – die Prognosen ergeben eine erwartbare Verlängerung der Liegedauer von 25 %.

Bei der Besohlung von Weichen kommen bei den ÖBB drei Besohlungen verschiedener Steifigkeiten zum Einsatz, eine Möglichkeit, die unterschiedlichen Steifigkeiten der Weiche zu vergleichmäßigen [10, 13].

Mit der Darstellung des Verschlechterungsverhaltens liegen sämtliche wesentlichen Informationen für ein erfolgreiches LCM vor – bis auf eine. Wie lange soll die Instandhaltung fortgesetzt werden? Wann ist es sinnvoll, statt weiterer In-

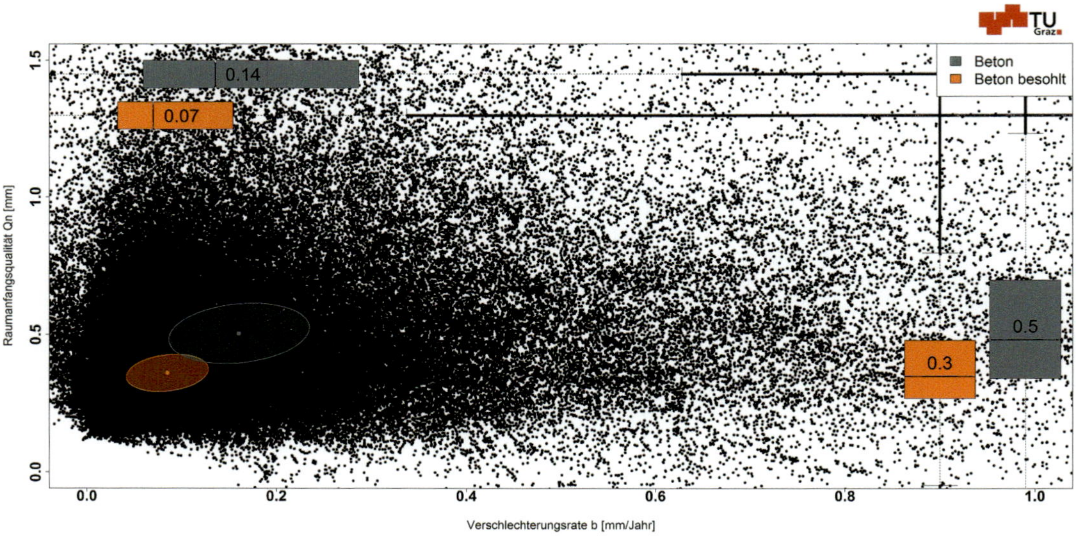


**Abb. 23.19** Auswirkung der Schwellenbesohlung (USP) auf die Anfangsqualität und die Verschlechterungsrate

standhaltung eine Re-Investition vorzunehmen? Das sind die Fragen nach der wirtschaftlichen Nutzungsdauer.

### 23.3.5.3 Wirtschaftliche Nutzungsdauer

Die wirtschaftliche Nutzungsdauer ist die in den Standardelementen dargestellte Nutzungsdauer und damit bekannt. Für netzweite Auswertungen (netzweiter Re-Investitionsbedarf oder Instandhaltungsbedarf – spezifiziert auf Einzelarbeiten – in den kommenden Jahren) können diese Daten herangezogen werden.

Lautet die Fragestellung allerdings, wann ein spezifischer Abschnitt zu erneuern ist, d. h. wann ein bestimmtes Projekt umzusetzen ist, dürfen nicht österreichweite Durchschnittswerte, auch wenn sie parameterspezifisch sind, herangezogen werden.

Generell gilt: netzweite bzw. regionale Auswertungen basieren auf parameterspezifischen Durchschnittswerten und damit Standardelementen, projektspezifische Auswertungen müssen auf den Vor-Ort-Daten des Projektabschnitts aufbauen.

Zur Bestimmung der wirtschaftlichen Nutzungsdauer liegen mit den bisher besprochenen Auswertungen auch für eine projektspezifische Anwendung sämtliche erforderliche Daten vor – sie muss nur noch berechnet werden. Die dazu entwickelte Methodik ist das Annuitätenmonitoring. Eine Verlängerung der Nutzungsdauer führt zu einer reduzierten Abschreibung, eine einfache $1/n$-Funktion. Der Gegentrend ist das Ansteigen der Instandhaltung mit dem Anlagenalter. Die Summe der Abschreibung und der Instandhaltung ergeben die Gesamtkostenfunktion, deren Minimum die wirtschaftliche Nutzungsdauer definiert (Abb. 23.20).

Diese Gesamtkostenfunktion über die Nutzungsdauer muss ebenfalls mittels einer dynamischen Bewertung bestimmt werden. Aus der Summe der beiden Kostenfunktionen werden die Annuitäten punktweise in Abhängigkeit der Nutzungsdauer bestimmt, die Annuität bei einem Jahr Nutzungsdauer, bei zwei Jahren etc., womit die Nutzungsdauer, bei der sich das Kostenminimum einstellt, erkannt wird.

Hier wird zusätzlich noch eine Besonderheit des Gleises berücksichtigt: In dem Jahr, in dem eine Re-Investition vorgesehen ist, wird keine Instandhaltung mehr umgesetzt, da das Verhalten des Fahrwegs eine gewisse Trägheit aufweist. Daher wird die Re-Investition immer im Jahr nach dem Kostenminimum angesetzt. In diesem Jahr tritt das tatsächliche Kostenminimum auf, da der prognostizierte Kostenanstieg sich durch

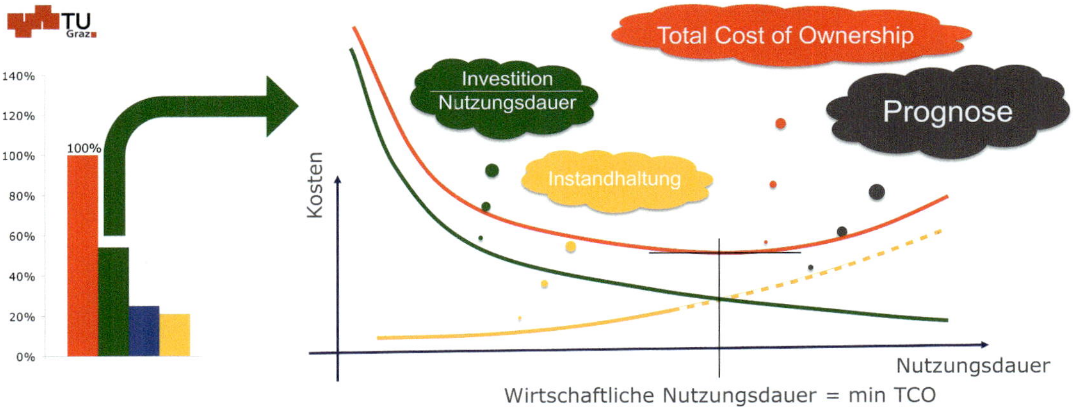


**Abb. 23.20** Annuitätenmonitoring

das Nichtumsetzen der dafür verantwortlichen Instandhaltungsmaßnahme um dieses eine Jahr verschiebt.

Bei der Instandhaltung liegt jedoch keine geschlossene stetige Funktion vor, da besonders aufwendige Instandhaltungsmaßnahmen in größeren zeitlichen Abständen umgesetzt werden. Die „Funktion" der Instandhaltung über dem Alter des Fahrwegs ist daher punktweise zu bestimmen – durch Prognosen. Was heißt in diesem Zusammenhang Prognose, was wird prognostiziert? Die gesamte Instandhaltung ist zu prognostizieren und damit jede einzelne Arbeit und zwar über die wirtschaftliche Nutzungsdauer hinaus. Das ist erforderlich, da das Kostenminimum nur identifiziert werden kann, wenn der anschließende Kostenanstieg aufgezeigt wird.

Im Zuge der Prognosen sind auch die Abhängigkeiten der einzelnen Gleisarbeiten zu berücksichtigen. Beispielsweise inkludiert ein Schienenwechsel einen Wechsel der Zwischenlagen, was in der Prognose für Zwischenlagenwechsel Berücksichtigung finden muss.

Da der Bedarf für sämtliche Instandhaltungstätigkeiten prognostiziert werden muss, müssen möglichst alle Veränderungen, die zu Instandhaltungsmaßnahmen führen, erkannt werden. Dies führte zur Entwicklung neuer Analysemethoden, die auf Bestandsdaten aufbauen. Dies hat den Vorteil, dass keine zusätzlichen Kosten für neue Messungen anfallen und vor allem, dass Zeitreihen auf Basis älterer Messungen gebildet werden können [14, 15].

### 23.3.6 Neue Erkenntnisse durch neue Analysen

In diesem Abschnitt werden bereits in Anwendung stehende Methoden beschrieben, um aufzuzeigen, dass neue Informationen auch ohne neue Messungen nur durch neue Analysemethoden bestehender Messreihen ableitbar sind. Es handelt sich dabei um die Fraktalanalyse, eine neue Schotterzustandszahl (BCI), eine Analyse zum Zustand der Schienenbefestigungen sowie eine Auswertung zum Zustand von Zwischenlagen.

So kann beispielsweise durch Analyse der Standardabweichung der (modifizierten) Spurweite auf den Zustand der Befestigungen geschlossen werden, da die Spurerweiterung bei Zugfahrt bei guten Befestigungen stark limitiert wird. Ein anderes Beispiel für eine neuartige Datenanalyse ist die Berücksichtigung der Wellenlängen des Längshöhensignals. Dies wird im Rahmen der Fraktalanalyse umgesetzt, um festzustellen, auf welche Ursache ein Lagefehler zurückzuführen ist. Derartige innovative Analysen erfordern keine zusätzlichen Messungen, sondern können im Nachhinein auf Basis gegebener Rohdaten erstellt werden. Damit können Zeitreihen auch für diese Analyse auf Basis älterer Messungen gebildet werden.

#### 23.3.6.1 Fraktalanalyse

Die Fraktalanalyse [16] ist ein mathematisches Verfahren zur Untersuchung von geometrischen

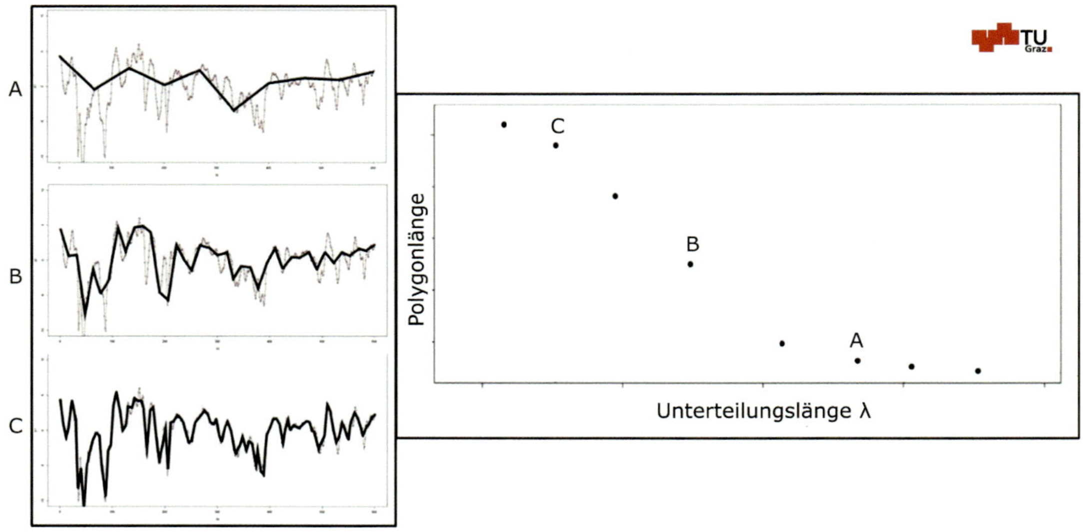


**Abb. 23.21** Methodik der Fraktalanalyse

Formen, welche anhand von „fraktalen Dimensionen" beschrieben werden. Umgelegt auf die Zustandsbeschreibung von Gleisen lässt sich mit dieser Methodik aus den in regelmäßigen zeitlichen Abständen erfassten Messsignalen der Gleisgeometrie zusätzliche Information generieren. Im Gegensatz zu konventionellen Gleislageanalysemethoden (z. B. Berechnung der Standardabweichung) berücksichtigt die Fraktalanalyse zusätzlich zur Signalamplitude auch die Signalwellenlänge. Dadurch ist eine Klassifizierung der Ursachen von Gleislagefehlern möglich.

Das für die Berechnung der Fraktalanalyse von Gleislagesignalen angewandte Verfahren basiert auf der von Benoît Mandelbrot [17] beschriebenen Methodik (Abb. 23.21). Dabei wird ein 150 m langes Datensegment aus dem Längshöhensignal (Wellenlängenbereich 1–70 m) selektiert und anschließend durch sukzessiv feiner unterteilte Polygonzüge angenähert. Die jeweilige Unterteilungslänge sowie die Gesamtlänge des resultierenden Polygonzugs werden in einem Plot logarithmisch aufgetragen.

Durch Unterteilung der erhaltenen Funktion in drei Bereiche ergeben sich drei Regressionsgeraden, deren jeweilige Steigung die Ausprägung von kurzwelligen, mittelwelligen und langwelligen Fehlern im ursprünglichen Längshöhensignal wiedergibt (Abb. 23.22).

Vom Institut für Eisenbahnwesen und Verkehrswirtschaft der TU Graz durchgeführte Validierungen zeigen eindeutige Zusammenhänge zwischen den ermittelten Fraktalwerten und dem realen Fahrwegzustand. Dabei zeigte sich, dass Fraktalzahlen der mittelwelligen Dimension sehr stark mit dem Zustand des Schotterbetts und Fraktalzahlen der langwelligen Dimension mit dem Zustand der darunterliegenden Schichten korrelieren (Abb. 23.23).

Mit der Methodik der Fraktalanalyse lassen sich kostengünstig (Anwendung eines Algorithmus auf regelmäßig erfasste Gleismessdaten) strecken- oder netzweite Aussagen über den Zustand des Schotters und des Unterbaus treffen. Dadurch können gezielt detailliertere lokale Analysen vorgeschlagen werden, sowie die Menge von Schotterbettreinigungen und Unterbausanierungen auf strategischer Ebene bestimmt werden.

Für Prognosen ist nicht nur das Verhalten zu beschreiben. Vielmehr ist es erforderlich, den unterschiedlichen Gleislagequalitäten spezifische Schadensursachen zuzuordnen, um geeignete Instandhaltungsmaßnahmen definieren zu können. Dazu empfiehlt sich eine zusätzliche Berücksichtigung der Wellenlängen der auftretenden Gleislagefehler. Eine derartige Auswertemethode stellt die Fraktalanalyse der vertikalen Gleislage

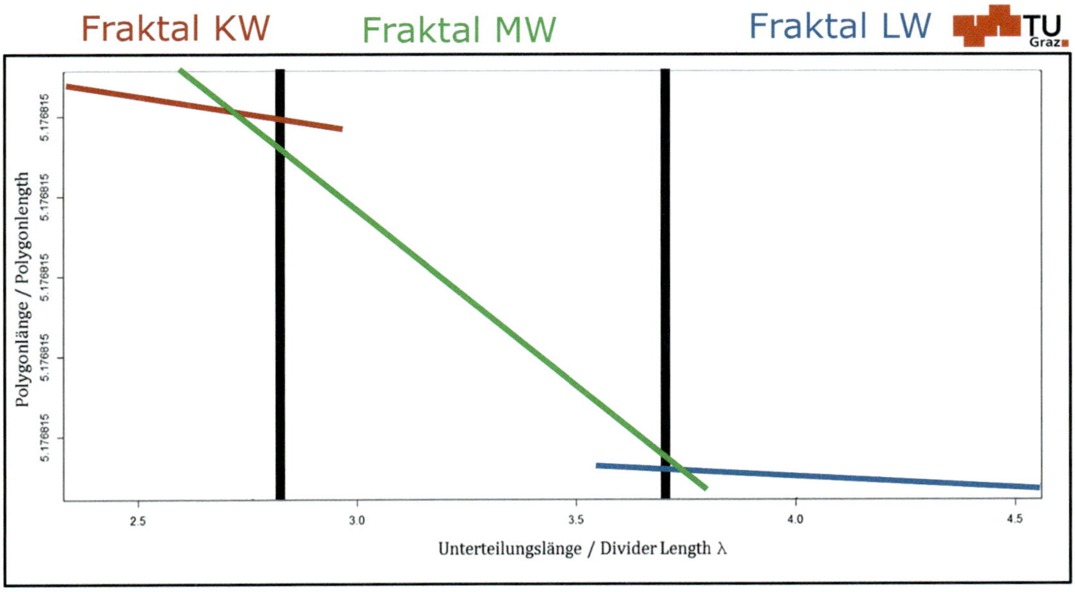


**Abb. 23.22** Einteilung der Wellenlängenbereiche zur Zuordnung der Fehlercharakteristik

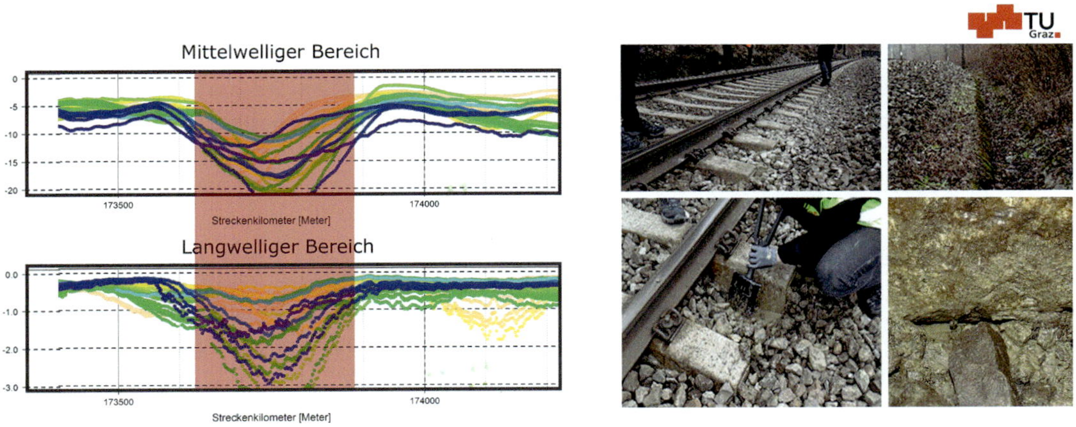


**Abb. 23.23** Validierung der Wellenlängenbereiche zur Zuordnung der Fehlercharakteristik

zur Verfügung. Mit Hilfe dieser Methode ist es möglich, die Irregularitäten der Gleisgeometrie dem maßgeblich verursachenden Wellenlängenbereich zuzuordnen und somit die spezifische Fehlercharakteristik einer Gleislage einem spezifischen Schadensbild zuzuordnen. Im Gegensatz zum Leistungsdichtespektrum wird bei der Fraktalanalyse der Bezug zum Ort nicht verloren. In ihrer derzeitigen unter anderem in Österreich verwendeten Form wird dabei basierend auf dem sogenannten Richardson-Plot in drei Wellenlängenbereiche unterschieden (kurz-, mittel- und langwellig).

Wird eine Überlagerung des kurzwelligen und des mittelwelligen Bereiches sichtbar, so kann davon ausgegangen werden, dass die Problematik ihre Ursache in der Kraftübertragung zwischen Schotter und Schwelle hat. Diese spezielle Fehlercharakteristik wird oftmals als sogenannte „Schwellenhohllage" ersichtlich, welche eine überdurchschnittliche Schotterzertrümmerung („weiße Stellen") verursachen kann. Es können somit mit Hilfe der Fraktalanalyse Bereiche identifiziert werden, welche über eine überdurchschnittliche Anzahl an Hohllagen verfügen.

Ein Auftreten von Irregularitäten im mittelwelligen sowie langwelligen Bereich deutet auf eine erhöhte Schotterverschmutzung im unteren Bereich des Schotterbettes (engl. „Ballast Fouling") hin. Dies kann einerseits durch Setzung des abgeriebenen Schotters oder auch durch Vermischung mit der anstehenden Bodenschicht entstehen.

Damit kann der Verschmutzungsgrad des Schotterbettes und der Zustand des Unterbaus anhand dieser beiden Wellenlängenbereiche klassifiziert werden. Somit kann einerseits das Ende der technischen Nutzungsdauer des Schotterbetts – jener Zeitpunkt, ab dem Instandhaltung nicht mehr ausreichend ist, um das Qualitätsniveau zu halten – quantifiziert werden. Andererseits kann, da diese Ergebnisse in Form von Zeitreihen vorliegen, auch bereits frühzeitig eine Einschätzung getroffen werden, ob im Rahmen einer etwaigen Erneuerungsmaßnahme auch eine Unterbausanierung durchzuführen ist. Dies bedeutet eine essentielle Steigerung der Genauigkeit und auch Prognosefähigkeit im Planungsprozess des Erneuerungsbudgets.

Auf Basis der Fraktalanalyse der vertikalen Gleisgeometrie kann eine Einschätzung der Unterbauqualität für gesamte Streckennetze vorgenommen werden, da die Daten der Gleisgeometrie netzweit vorliegen und keinerlei ergänzende Messungen erforderlich sind. Diese Auswertungen sind für Investitionsplanungen wertvoll, da zu einem frühen Zeitpunkt, zu dem oft noch keine Georadar-Daten zur Verfügung stehen, Aussagen zu Investitionshöhe und Sperrbedarf gefordert werden. Dennoch soll die Fraktalanalyse Georadarmessungen keineswegs ersetzen, kann sie auch nicht ersetzen, da sie die Tiefe des Unterbauproblems und damit die anzuwendende Sanierungsmethode nicht bestimmen kann. Vielmehr kann die Fraktalanalyse jene Streckenabschnitte identifizieren, wo Georadarmessungen zur Detailplanung der Sanierungsmaßnahmen erfolgen sollten.

#### 23.3.6.2 Ballast Condition Index

Die Fraktalanalyse eignet sich für Gleise. Weichen unterscheiden sich vom freien Streckengleis durch die Konfiguration des Oberbaus sowie durch ihre limitierte Längsausdehnung. Die Bewertung des Schotterzustandes ist für sie von besonderer Relevanz, da der Schotter aufgrund des erhöhten dynamischen Lasteintrags in der Regel schneller verschleißt als am freien Streckengleis. Fraktalanalysen sind grundsätzlich denkbar, lange Einflusslängen der Indexberechnung führen jedoch zu einer Verschmierung mit den angrenzenden Gleisen. Insbesondere eine als essentiell betrachtete Bewertung von Teilbereichen der Weiche (Herzstück, Isolierstoß, Übergangsbereiche) kann mittels Fraktalanalyse nicht realisiert werden. Aus diesem Grund wurde der BCI zur Zustandsbewertung des Weichenschotters entwickelt [18].

Ähnlich wie die Fraktalanalyse stützt sich auch der BCI auf die Längshöhenmessung (3–25 m) des Gleismesswagens, womit für diesen Zweck keine zusätzlichen Messungen oder Sensoren an der Weiche notwendig sind. Aufgrund der geringen räumlichen Ausdehnung von Weichen wird dem Indexberechnungsprozess ein Nachstationierungsprozess der Messdaten vorgeschalten. Nur auf diese Weise sind eine eindeutige Signalzuordnung von Weichenkomponenten sowie die Entwicklung von Zeitreihen möglich. Der BCI stellt in Folge eine Bewertung der dominanten Wellenlängenanteile des Längshöhensignals im Bereich 3–7,6 m dar [19]. Ein Indexwert lässt sich für jede Messfahrt für relevante Teilbereiche der Weiche oder als gemittelter Index für die gesamte Weiche darstellen. Abb. 23.24 zeigt die Entwicklung des BCI über die kumulierte Tonnage für 30 Weichen, statistisch zusammengefasst.

Es zeigt sich, dass sich der Index in exponentieller Form verschlechtert. Dieser Zusammenhang kann für Prognosen des Weichenschotterzustands verwendet werden, was die Planung von Instandhaltungstätigkeiten ermöglicht und einen essentiellen Input für das Anlagenmanagement von Weichen liefert.

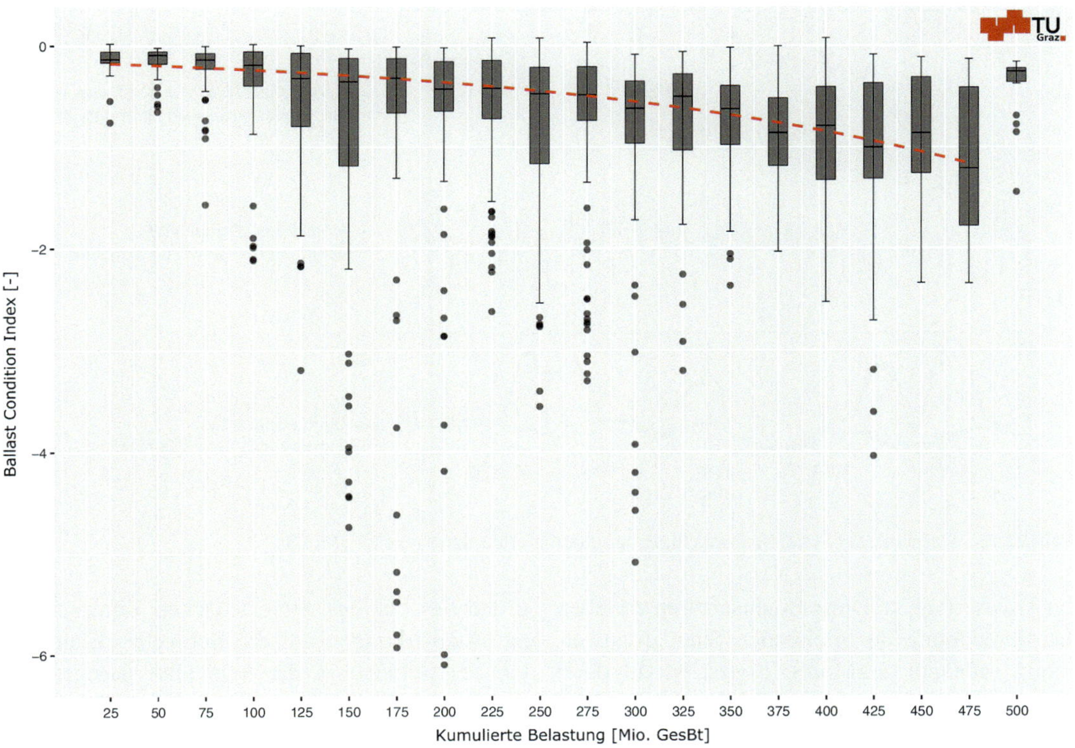


**Abb. 23.24** Entwicklung des Ballast Condition Index (BCI) über die kumulierte Belastung

### 23.3.6.3 Standardabweichung der modifizierten Spurweite (SigModS)

Die Hauptaufgaben von Schwellen, dem Befestigungssystem und den benachbarten elastischen Komponenten sind die Lastverteilung und -weiterleitung in den Schotter sowie die Aufrechterhaltung der gewünschten Spurweite. Diese wird messtechnisch 14 mm unter den Schienenoberkanten erfasst. Dabei weist das Spurweitensignal im Vergleich zum Längshöhensignal zwei charakteristische Unterschiede auf. Zum einen streut das Spurweitensignal nicht um einen fixen Wert (z. B. um die Null-Linie), sondern nimmt in der Regel Werte zwischen −10 und +35 mm an. Diese Eigenschaft ergibt sich daraus, dass das Spurweitensignal die Abweichung der tatsächlichen Spurweite von der Standardspurweite (1435 mm) ist. Zum anderen bildet das Spurweitensignal auch Einflüsse, die sich aus der Trassierung ergeben, ab: In vielen Bögen wird zur Erreichung einer besseren Bogenläufigkeit die Spurweite bewusst aufgeweitet. Diese beiden Charakteristika führen dazu, dass die schlichte Berechnung der gleitenden Standardabweichung der Spurweite nicht zielführend ist. In Übergangsbögen, in welchen aufgrund der Spurerweiterung eine markante Änderung der Spurweite auftritt, nimmt die Standardabweichung signifikant höhere Werte an. Dadurch werden jedoch langwellige Einflüsse aus der Trassierung und nicht die gewünschten kurzen und mittleren Wellenlängen abgebildet. Aus diesem Grund benötigt es eine Modifizierung des Spurweitensignals um die langwelligen Einflüsse zu eliminieren. Dazu wird der gleitende Mittelwert des Spurweitensignals mit einer Einflusslänge von 25 m berechnet und anschließend vom Spurweitenrohsignal subtrahiert. Durch die Anwendung dieses Hochpassfilters ergibt sich das modifizierte Spurweitensignal, das um die Null-Linie streut und frei von langwelligen Einflüssen aus

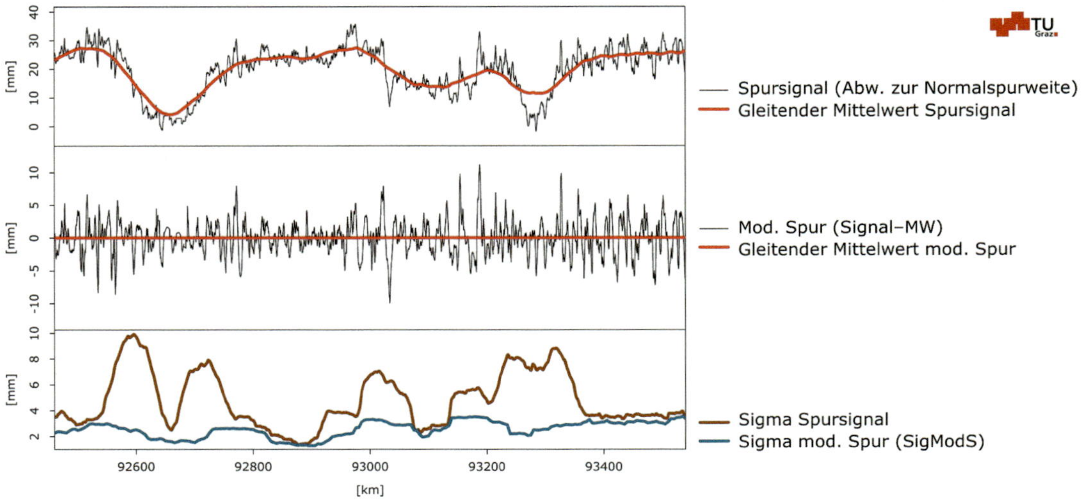


**Abb. 23.25** Methodik der Standardabweichung der modifizierten Spurweite (SigModS)

der Trassierung ist. Diese Eigenschaften erlauben die Berechnung der gleitenden Standardabweichung (genannt SigModS: Sigma Modifizierte Spur, Abb. 23.25) zur Bewertung der kurz- und mittelwelligen Signalcharakteristika und somit der Funktionsfähigkeit der Kraftübertragung zwischen Schiene, Schwelle und Befestigungssystem. Dabei unterscheiden sich die Werte von SigModS in Abhängigkeit des Schwellenbaustoffes. Holzschwellen weisen aufgrund ihrer leichteren Verformbarkeit höhere Werte auf als Betonschwellen, weswegen die empirisch erforschten Schwellwerte bei Betonschwellen strikter sind. Geringfügig erhöhte SigModS-Werte weisen bei Betonschwellen auf verschlissenen Zwischenlagen hin, wodurch ein Zwischenlagenwechsel auf Basis von SigModS abgeleitet werden kann. Der Verschleiß der Zwischenlage erfolgt meist durch die laterale Führungskraft, die ein Kippen der Schiene auslöst. Dadurch hebt die gleismittige Schienenfußhälfte von der Zwischenlage ab und die außenliegende Schienenfußhälfte wird in die elastische Zwischenlage einpresst. In Bogenbereichen wird dieser Effekt durch die Erhöhung der lateralen Führungskräfte zunehmend verstärkt. Bei stark erhöhten SigModS-Werten in Betonschwellengleisen kann auf eine vollständig verschlissene Zwischenschicht und somit aufgrund des Fehlens der elastischen Komponente auf Auswirkungen auf die Schwelle (Einarbeiten der Schiene in die Schwelle) geschlossen werden. Bei Holzschwellengleisen lassen erhöhte SigModS-Werte eine Einpressung der Rippenplatte in die Schwelle vermuten. Zur Wiederherstellung der optimalen Lastübertragung können auf Basis von SigModS Schraublochsanierungen oder Schwellenwechsel abgeleitet werden. Somit kann mithilfe der Standardabweichung der modifizierten Spurweite der Zustand der Komponenten Schwelle und Schienenbefestigung beschrieben werden und daraus Instandhaltungsmaßnahmen abgleitet werden [20–23].

## 23.4 Aktuelle Entwicklungen

Natürlich ist es das Ziel der Forschung, weitere Zusammenhänge des Fahrwegs zu verstehen um noch nicht genutzte Stellschrauben zur Optimierung zu identifizieren. Ein erfolgversprechender Ansatz sind konforme Eingriffsschwellen. Des Weiteren wird versucht, die Prognosegenauigkeit zu erhöhen. Aktuell sind Streuungen in der Prognose auf fehlende Informationen zu den Qualitäten der umgesetzten Gleisarbeiten und fehlende Informationen zum Verschmutzungs-

**Abb. 23.26** Integration von LCA in das LCM

grad des Schotters zurückzuführen. Zudem geht die Belastungsseite ausschließlich in Form der durchschnittlichen täglichen Gesamtbruttotonnen ein, berücksichtigt damit weder den Verkehrsmix noch die unterschiedlichen Fahrzeuge.

Die Eisenbahn ist ein sehr klimafreundliches Verkehrssystem. Dennoch ist der $CO_2$-Footprint der Infrastruktur zu reduzieren. Neben technischen Entwicklungen und Prozessoptimierungen ist wiederum die Nutzungsdauer von großer Bedeutung, da längere Nutzungsdauern einen geringeren Komponentenbedarf nach sich ziehen. Daraus folgt, dass auch ökologische Bewertungen den gesamten Lebenszyklus umfassen müssen. Die entsprechenden $CO_2$-Äquivalente müssen auch in die Entscheidungsfindung implementiert werden, d. h. die rein technisch-wirtschaftliche Bewertungsgrundlage ist um ökologische Aspekte zu erweitern. Voll wirksam werden diese Änderungen, wenn die $CO_2$-Äquivalente monetär bewertet und damit in die Gesamtbewertung einfließen (Abb. 23.26; [24]).

### 23.4.1 Spezifizierung der Gleisbelastung

Auf diesen Punkt wurde bereits hingewiesen (Abb. 23.9). Zusätzlich wird auf diese Thematik im Abschn. 23.3.2.7 näher eingegangen.

### 23.4.2 Effekte kurzwelliger Schienenoberflächenfehler

Der Effekt kurzwelliger Schienenoberflächenfehler kann auf Basis von bestehenden Messdaten analysiert werden. Kurzwellige Effekte beeinflussen die Rad-Schiene-Interaktion und damit das Qualitätsverhalten des Fahrwegs signifikant und müssen bei einem ganzheitlichen Anlagenmanagement berücksichtigt werden. Grund hierfür sind dynamische Kräfte, die durch Unebenheiten der Schienenoberfläche entstehen und zu einem höheren Verschleiß von Gleiskomponenten (Schotter, Schwelle) führen. Einmal im Schotter eingeprägte Fehler können zwar mittels Einzelfehlerstopfungen behoben werden, reproduzieren sich jedoch an genau derselben Stelle immer wieder. Das Schienenoberflächensignal des Gleismesswagen EM250 der ÖBB-Infrastruktur AG ermöglicht es, kurzwellige Fehler an der Schienenoberfläche zu identifizieren. Die Daten des Messsystems werden seit 2005 regelmäßig und streckenweit aufgezeichnet, womit aussagekräftige Zeitreihen gebildet werden können. Es bietet sich die Möglichkeit, die Charakteristiken verschiedener Anomalien zu analysieren und so auch für die Daten- bzw. Fehleranalyse im Rahmen der künftigen Inspektion zu verwenden. Dies wiederum kann nicht nur helfen, diese Fehlerstellen zu beheben, sondern auch diese zu beseitigen, bevor die erhöhte Dynamik dazu führt, dass sich die Fehler auch im Schotterbett manifestieren. Unebenheiten der Schienenoberfläche treten typischerweise zufolge von Schweiß- und Isolierstößen, Riffel, Schlupfwellen und Squats auf. Aktuell werden diese Fehlertypen systematisch analysiert und im Zusammenspiel mit der Gleislage Grenzwerte auf Basis des Schienenoberflächensignals für die Behebung der Fehler definiert. Ebenfalls wird an analytischen Modellen zur Beschreibung dynamischer Kräfte zufolge der Unebenheiten gearbeitet. Die Auswertung dieses Signals stellt ein großes Potential für die Gleisinstandhaltung dar: Fehlertypen, die derzeit zumeist nur visuell erfasst werden, können mit dem Regelinspektionsfahrzeug detektiert werden.

### 23.4.3 Eingriffsschwelle als Stellschraube für die Instandhaltungsoptimierung

Stopfmaßnahmen, wie generell Instandhaltungsmaßnehmen, wirken sich nicht nur auf die Gleislagequalität, sondern auch auf die erreichbare Nutzungsdauer aus.

Im Rahmen zahlreicher Analysen hat sich herausgestellt, dass sich die modifizierte Standardabweichung der Längshöhe sehr gut eignet, um die Gleislage hinsichtlich einer Stopfplanung zu beschreiben. Zudem wird ein Modell entwickelt, das es erlaubt, die Gleislageparameter nach einer Maßnahme aufgrund zahlreicher Einflussparameter zu bestimmen. Dieses Modell eröffnet in weiterer Folge die Möglichkeit allgemeine Stopfstrategien festzulegen, sowie die optimale Eingriffsschwelle für jede spezifische Situation zu berechnen. Dabei zeigt sich, dass konstante Eingriffsschwellen, wie heute üblich, also fixe, von dem Anlagenalter unabhängige Eingriffsschwellen, nicht anzustreben sind.

Die Aufgabe von Instandhaltungsmaßnahmen ist das Mitnehmen der Qualität auf der Zeitachse. Prägt sich ein Fehler, meist in Form einer Schotterschädigung, ein, kann der Fehler nicht mehr zur Gänze behoben werden, sondern nur mehr oder weniger abgemildert werden, was mit einem Qualitätsverlust einhergeht. Daher sollte die Eingriffsschwelle über vom Alter des Oberbaus abhängen (konforme Eingriffsschwelle). Dabei ist anzustreben, bei jungen Gleisen frühzeitig einzugreifen um die Qualität auf hohem Niveau zu halten – entsprechend der grundlegenden Idee der präventiven Instandhaltung. Dies führt am Beginn zu strikten Eingriffsschwellen und damit einer Steigerung des Instandhaltungsbedarfs. In Folge kann diese Eingriffsschwelle, in optimaler Weise parallel zur Qualitätsfunktion, absinken. Dies führt zu zeitlich konstanten Instandhaltungsintervallen. Dennoch handelt es sich dabei keineswegs um eine zeitlich definierte Instandhaltungsstrategie, sondern um Umsetzung der präventiven Instandhaltung. Das Absinken der Eingriffsschwelle muss jedoch mit den Werten der heutigen Eingriffsschwellen limitiert werden, um kritische Qualitätswerte auszuschließen.

Die so definierte konforme Eingriffsschwelle – strikte Eingriffswerte beim jungen Gleis, anschließendes Absinken der Eingriffswerte bis das Niveau heute gültiger Eingriffsschwelle erreicht wird, und abschließend beibehalten dieses Wertes bis zum Ende der Nutzungsdauer (Abb. 23.27) – führt zu einer Verlängerung der Nutzungsdauer [4].

Sowohl mittels praktischer Auswertungen als auch durch Modellrechnungen konnte gezeigt werden, dass eine derartige Vorgehensweise tatsächlich zu einer weiteren Verlängerung der Nutzungsdauer führt. Die Effizienz konformer Eingriffsschwellen hängt dabei vom Qualitätsniveau des Gleises ab. Die konforme Eingriffsschwelle sollte bei neuen Gleisen als grundlegende Instandhaltungsstrategie implementiert werden und ist in diesem Fall hoch effizient.

Ist ein Gleis bereits älter und wurde unter Einsatz konstanter Eingriffsschwellen instandgehalten, ist der Qualitätswert bereits abgesunken. In dieser Situation erlaubt das Umstellen auf eine konforme Eingriffsschwelle zwar eine Verlängerung der Nutzungsdauer, erfordert aber gleichzeitig intensive Instandhaltungsmaßnahmen, um eine ausreichende Qualität wieder herzustellen [25].

Der wirtschaftlich effiziente Umstieg von konstanten Eingriffsschwellen auf konforme kann

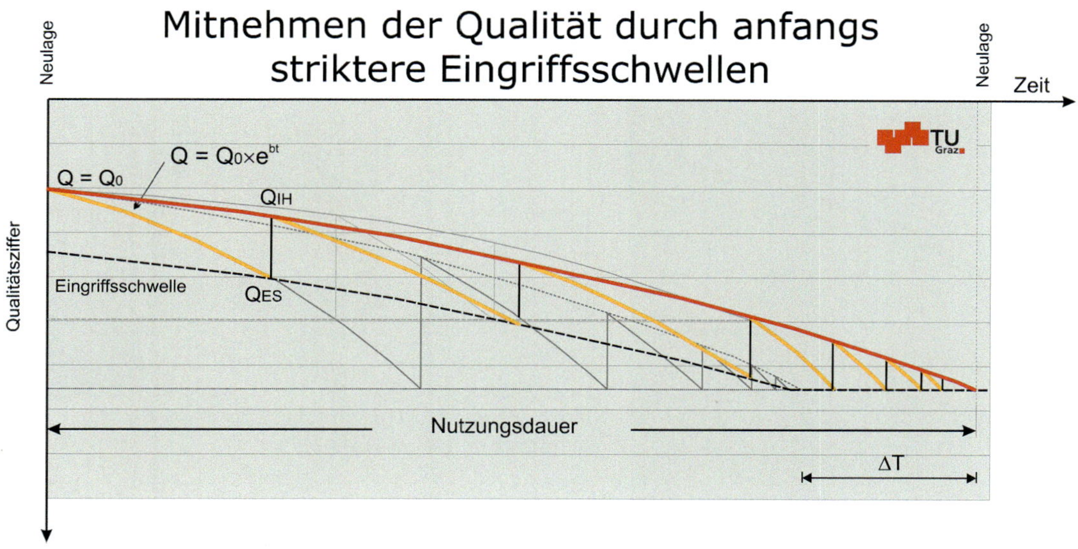


**Abb. 23.27** Konforme Eingriffsschwelle

nach Gleisneulagen für Stopfarbeiten für Gleise auf gutem Unterbau uneingeschränkt empfohlen werden.

### 23.4.4 Berücksichtigung der Arbeitsqualität

Stopfmaschinen stellen im Zuge von Gleisneu- und -umbauten bzw. bei regelmäßigen Instandhaltungsarbeiten während der Nutzungsdauer des Gleises eine definierte, präzise Gleislage her. Somit sind Stopfarbeiten essentiell für eine funktionierende und leistungsfähige Bahninfrastruktur.

Im Rahmen eines gemeinsamen Forschungsprojekts der TU Graz, Plasser & Theurer, ÖBB Infrastruktur AG und SBB AG werden Daten von Stopfmaschinen, die während der Arbeit aufgezeichnet werden, aufbereitet und analysiert. Diese Informationen werden mit Anlagen- und Zustandsdaten (Messdaten des Oberbaumesswagens, Schotterproben, Georadar) der gestopften Streckenabschnitte verknüpft. Dadurch sind einerseits gezielte Analysen von Stopfprozessen und deren Auswirkungen auf die Gleislage möglich und andererseits können gleichzeitig relevante Informationen über den Zustand des Gleises aus den Messdaten der Stopfmaschinen gewonnen werden.

Um den Einfluss genereller Parameter eines Stopfprozesses – u. a. Hebung, Anzahl der Beistellprozesse je Schwelle, Beistellzeit – auf die Gleislage zu untersuchen, werden Stopfeinsätze des Dynamic Stopfexpress 09-4X $E^3$ im Netz der ÖBB aus den Jahren 2015–2021 untersucht. Basis hierfür sind DRP-Schriebe (DRP: Data Recording Processor), welche auf der Stopfmaschine zur Dokumentation und Abnahme jedes Einsatzes erstellt werden. Für jeden gestopften Gleisabschnitt werden die Messdaten des Oberbaumesswagens EM250 der ÖBB aufbereitet. Dafür werden die entsprechenden Streckenabschnitte gefiltert, die Längshöhensignale (Wellenlängenbereich D1; 3 bis 25 m) nachstationiert und anschließend die Standardabweichung gleitend mit einer Einflusslänge von 25 m berechnet. Dieser kurze Betrachtungsbereich erlaubt detaillierte Aussagen über das Gleislageverhalten. Anhand der berechneten Standardabweichungen lassen sich die theoretischen Anfangs- und Endqualitäten sowie die Verschlechterungsraten vor und nach der Stopfung bestimmen [26].

Die stationierten Gleislagemesssignale inklusive der daraus berechneten Gleislageparameter werden anschließend präzise mit dem DRP Schrieb verknüpft. Dafür wird das Längshöhensignal der Abnahmemessung der Stopfmaschine mit dem Längshöhensignal der ersten Messfahrt

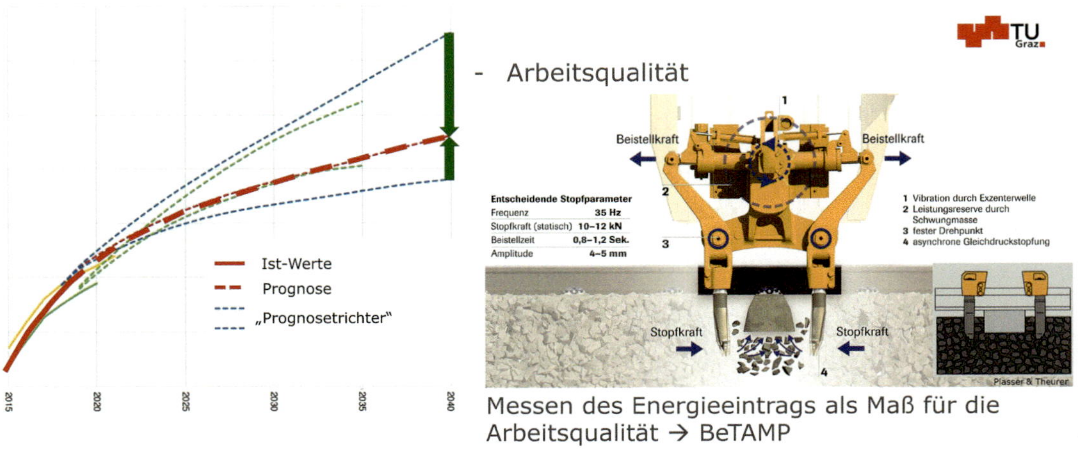


**Abb. 23.28** Beschreibung der Arbeitsqualität von Stopfmaßnahmen

des Oberbaumesswagens nach dem Stopfeinsatz synchronisiert. Somit können punktgenaue Korrelationen zwischen Informationen der Stopfmaschine und dem Gleislageverhalten durchgeführt werden.

Der Versuchsträger, eine moderne Stopfmaschinen, verfügt zusätzlich zu den obligatorischen Gleislage-Messeinrichtungen über Sensoren, welche den Stopfprozess direkt am Stopfaggregat monitoren. Mehrere hauptsächlich in Österreich und der Schweiz eingesetzte Stopfmaschinen sind mit diesen Messsystemen, die ein detailliertes Bild über die Vorgänge während des Stopfprozesses sowie die Reaktion des Schotterbetts liefern, ausgestattet. Durch die Berechnung von aussagekräftigen Kennwerten aus den hochaufgelösten Rohdaten ist es möglich, bereits während des Eindringvorgangs der Stopfpickel in das Schotterbett Rückschlüsse über dessen generellen Zustand zu ziehen. Abgleiche der Messparameter mit Laboruntersuchungen von Schotterproben bestätigen, dass der allgemeine Schotterzustand über die Messungen der Stopfmaschinen zuverlässig erfasst werden kann.

Seitens der SBB wird ein Stopfversuch in Solothurn im Detail vorgestellt. Ziel der Vorstellung ist es, erste Indikatoren der Sensorik anhand der vor Ort befindlichen Gegebenheiten wiederzugeben, sowie die zukünftige Stoßrichtung der SBB bzgl. Datenkompatibilität vorzustellen.

Die integrierte Analyse von Stopfparametern, Messungen der Stopf-Sensorik, Zustandsinformationen des Gleises und der Gleislagequalität ermöglicht detaillierte und zugleich umfassende Untersuchungen von Stopfprozessen und deren Auswirkungen auf die Gleislage. Neben dem Gewinn von relevanten Zustandsinformationen während des Stopfens (Schotterzustand) können somit auch Möglichkeiten zur Optimierung von Stopfprozessen aufgezeigt werden (Abb. 23.28).

Diese Daten erlauben es den Energieeintrag in das Schotterbett durch die Stopfarbeit zu bestimmen, der als Maß für die Arbeitsqualität interpretiert werden kann.

### 23.4.5 Berücksichtigung der Schotterverschmutzung

Es ist jedoch nicht möglich den jeweiligen Energieeintrag ohne Berücksichtigung des Verschmutzungsgrads zu interpretieren. Im nächsten Schritt, nach Vorliegen einer ausreichenden Anzahl von Messungen, kann mit denselben Daten auch auf den Verschmutzungsgrad des Schotters geschlossen werden (Abb. 23.29).

Damit sollte in Zukunft eine Möglichkeit vorliegen, die Schotterverschmutzung und deren Entwicklung zu monitoren und damit sicherzustellen, dass Instandhaltungsmaßnahmen recht-

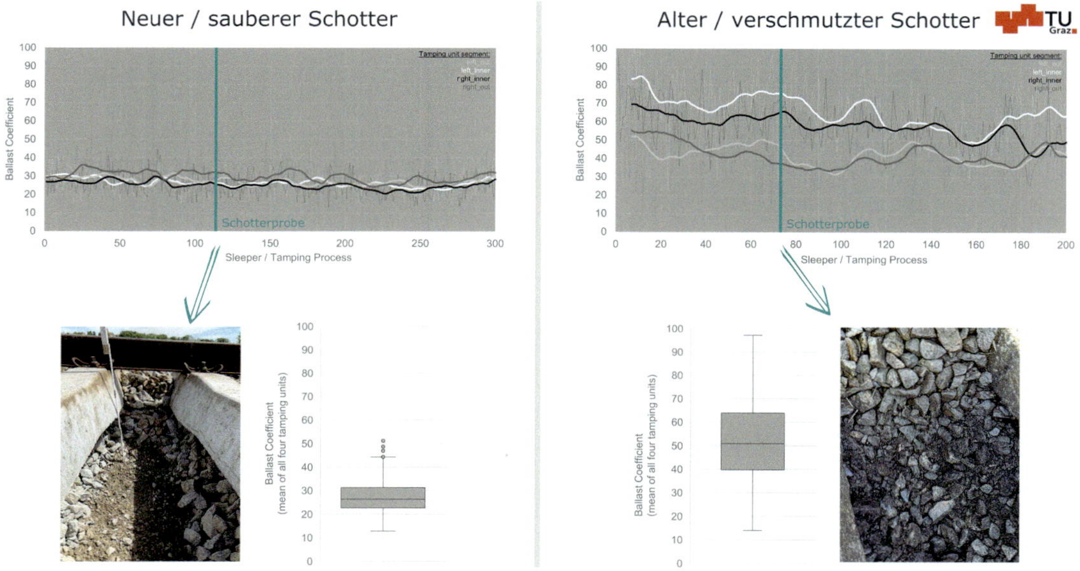


**Abb. 23.29** Beschreibung der Schotterverschmutzung mithilfe von Stopfmaschinendaten

zeitig, vor Auflösen der Trennschicht Schotter – Unterbau, umgesetzt werden können.

## 23.5 Ausblick

Neben den Weiterentwicklungen im Life-Cycle-Management sind erfreulicher Weise stark wachsende Zugzahlen zu beobachten – ein Erfolg der Bahnen und gleichzeitig die größte Herausforderung, die zu Anpassungen in allen Bereichen der Fahrwegwirtschaft führen müssen (Abb. 23.30).

Mehr Züge bedeuten eine steigende Gleisbelastung und daher sowohl eine Reduktion der Liegedauer als auch einen Anstieg des Instandhaltungsbedarfs. Beides führt zu einem Mehrbedarf an Gleissperren und damit einem Absinken der Verfügbarkeit der Infrastruktur. Gleissperren sind aber bereits heute ein knappes Gut, bei steigenden Verkehrsbelastungen werden sie die kritische Größe der Fahrwegwirtschaft. Zudem werden die mit Gleissperren einhergehenden Betriebserschwerniskosten massiv ansteigen, da immer mehr Zuge von einer Gleissperre betroffen sein werden.

Heute sind unterschiedliche Reaktionen zu beobachten: ein Ausweichen in die Nacht, das zu steigenden Kosten führt. Zudem sind diesem Weg aufgrund der kritischen Situation am Arbeitsmarkt enge Grenzen gesetzt. Darüber hinaus sind in Mischverkehrsnetzen die Gleise in der Nacht auch stark genutzt, da versucht wird durch eine zeitliche Trennung von Güter- und Personenverkehr die Streckenkapazitäten zu steigern [27].

Als weitere Reaktion werden Sperrpausen reduziert, was einerseits zu massiven Kostensteigerungen führt, und auch häufigere Sperren nach sich zieht. Dazu kommt, dass die Qualitäten des Fahrwegs sinken, da Arbeitsbeginn und Arbeitsende potentielle Einzelfehler darstellen.

Damit bleibt nur eine Lösung: Innovation in Qualität um den Instandhaltungsbedarf zu limitieren und damit auch die Nutzungsdauern zu halten. Einfach gesagt laufen die aktuellen Entwicklungen auf ein Wettrennen zwischen Innovation und Steigerung der Verkehrsbelastung hinaus. Innovationen in den Fahrweg werden in Zukunft die einzige Möglichkeit sein, Mehrverkehr bei akzeptablen Pünktlichkeitswerten abzuwickeln. Ich bin überzeugt, dass die Innovationskraft des Gesamtsystems, auf Seiten der Industrie wie auch der Bahnen diese Herausforderungen bewältigen können.

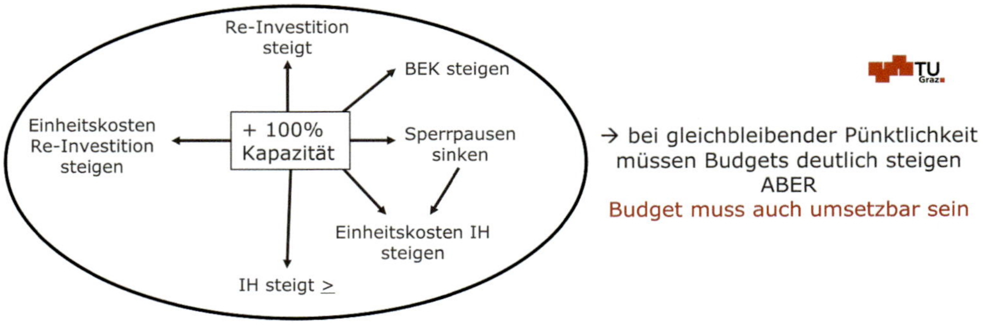


**Abb. 23.30** Herausforderungen und Auswirkungen erhöhter Kapazität

An die zweite Möglichkeit, auf Zeit von der Substanz zu leben, sollte gar nicht gedacht werden, da dies mittelfristig zum Kollaps des Systems führen muss.

Das heißt auch, dass die Bedeutung der Investitionskosten des Fahrwegs künftig abnehmen, die Bedeutung der Verfügbarkeit und damit der Betriebserschwerniskosten, die ja die Nichtverfügbarkeit bepreisen, jedoch massiv ansteigen wird [28].

**Danksagung** Die Forschungen des Instituts für Eisenbahnwesen und Verkehrswirtschaft der Technischen Universität Graz basieren auf den Fahrwegdaten der ÖBB, die uns seit dem Jahr 2000 für unsere Arbeiten zur Verfügung stehen. Für diese Daten aber noch mehr für das uns entgegengebrachte Vertrauen möchte ich mich bei den Vorständen und allen Mitarbeitern der ÖBB herzlich bedanken.

Darüber hinaus möchten wir uns bei den Verantwortlichen der Norwegischen Bahn (Kooperation seit 2005), der Schweizer Bundesbahn (Kooperation seit 2009), der Asian Development Bank (Partner seit 2017) und den vielen anderen Partnern (Bahnen, Eisenbahnindustrie, Wissenschaft) für die Zusammenarbeit bedanken.

## Abkürzungsverzeichnis

| | |
|---|---|
| A | Annuität |
| ABW | Außenbogenweiche |
| $b$ | Verschlechterungsrate |
| BCI | Schotterzustandszahl – Ballast Condition Index |
| BW | Barwert |
| dGPS | Differential Global Positioning System |
| DRP | Data Recording Processor |
| EBW | Institut für Eisenbahnwesen und Verkehrswirtschaft der technischen Universität Graz |
| EVU | Eisenbahnverkehrsunternehmen |
| EW | gerade Weiche |
| FFU | Kunstholzschwellen |
| GesBt | Gesamtbruttotonnen |
| GPS | Global Positioning System |
| HDS | High Duty Sleeper |
| IBW | Innenbogenweiche |
| IRR | Interner Zinssatz |
| KI | künstliche Intelligenz |
| KW | Kapitalwert |
| KWF | Kapitalwiedergewinnungsfaktor |
| LCA | Life-Cycle-Assessment |
| LCM | Life-Cycle-Management |
| $Q_0$ | Ausgangsqualität |
| $Q(t)$ | Qualität zum Zeitpunkt $t$ |
| $R$ | Bogenradius |
| RCF | Rollkontaktermüdung – Rolling Contact Fatigue |
| SigModS | Standardabweichung der modifizierten Spurweite |
| StdE | Standardelement |
| USP | Schwellenbesohlung – Under Sleeper Pad |
| ZW | Zeitwert |

## Literatur


1. Holzfeind J (2019) Zur Prognostizierbarkeit des Qualitätsverhaltens von Gleisen – Analyse des Qualitätsverhaltens am Einzelquerschnitt. Dissertation, Technische Universität Graz
2. Hummitzsch R (2009) Zur Prognostizierbarkeit des Qualitätsverhaltens von Gleisen – Statistische Analyse des Gleisverhaltens zur Erstellung eines Prognosemodells. Dissertation, Technische Universität Graz
3. Presle G (2004) Der Weg zum gläsernen Fahrweg. ZEVrail Glas Ann Sonderherf ÖVG 128:13–17
4. Veit P (1999) Rechenmodell zur wirtschaftlichen Bewertung von Strategien im Bereich Fahrweg. Habilitationsschrift, Technische Universität Graz
5. Marschnig S, Veit P (2010) Optimierte Einheitskosten – Sperrpausendauer und Baustellenlänge. ZEVrail 134:428–437
6. Marschnig S (2012) Fahrzeugkonzeption und Gleisverschleiß – ÖBB-Triebfahrzeugfaktor. Elektr Bahnen 110:288–292
7. Marschnig S (2016) iTAC – innovative Track Access Charges. Habilitationsschrift, Technische Universität Graz
8. Bundesamt für Verkehr BAV (2022) Basispreis Verschleiss im Trassenpreis – Anleitung für die Fahrzeugpreisbestimmung
9. Veit P, Girsch G (2005) Rail profiles and steel grades. Eur Railw Rev 03/2005:69–72
10. Marschnig S, Berghold A (2011) Besohlte Schwellen im netzweiten Einsatz. Eisenbahntech Rundsch 60:10–12
11. Neuhold J, Landgraf M (2016) Schotterbettreinigung als Instandhaltungsmaßnahme? Wirtschaftliche Auswertung auf Basis der Fraktalanalyse der vertikalen Gleislage. ZEVrail 140:232–238
12. Veit P (2005) Integrierte Gleisinstandhaltung. ZEVrail 129(8):330–335
13. Veit P, Marschnig S (2009) Technische und wirtschaftliche Aspekte zum Thema Schwellenbesohlung – Teil 2: Wirtschaftlichkeit im Netz der ÖBB. ZEVrail 133:436–443
14. Enzi M (2011) Optimaler Re-Investitionszeitpunkt für den Oberbau von Streckenabschnitten. Dissertation, Technische Universität Graz
15. Veit P (2016) The Economic Service Life of Track. In: World Congress on Railway Research, Mailand, Italy
16. Hansmann F, Landgraf M (2013) Wie fraktal ist die Eisenbahn? ZEVrail 137:462–470
17. Mandelbrot B (1967) How long is the coast of britain? Statistical self-similarity and fractional dimension. Science: 156:636–638
18. Fellinger M (2020) Sustainable asset management for turnouts. Verlag der Technischen Universität Graz, Graz
19. Fellinger M, Neuhold J, Marschnig S (2020) Ballast condition monitoring for turnouts using power spectral density. J Transp Eng Part A: Syst 146:1–10. https://doi.org/10.1061/JTEPBS.0000433
20. Hansmann F (2018) The missing link between asset data and asset management. Verlag der Technischen Universität Graz, Graz
21. Landgraf M (2018) Smart data for railway asset management railway track: assessment – aggregation – asset management. Verlag der Technischen Universität Graz, Graz
22. Landgraf M, Enzi M (2016) Komponentenspezifische Zustandsbeschreibung des Fahrwegs. ZEVrail 140:424–431
23. Neuhold J, Landgraf M, Marschnig S, Veit P (2020) Measurement data-driven life-cycle management of railway track. Transp Res Rec 2674:685–696. https://doi.org/10.1177/0361198120946007
24. Landgraf M, Schirmer S, Marschnig S (2021) Integration von Umweltwirkungen im öffentlichen Beschaffungsprozess am Beispiel der Eisenbahn. ZEVrail 145:172–178
25. Neuhold J (2020) Tamping within sustainable track asset management. Verlag der Technischen Universität Graz, Graz
26. Offenbacher S, Koczwara C, Landgraf M, Marschnig S (2023) A methodology linking tamping processes and railway track behaviour. Appl Sci 13:2137. https://doi.org/10.3390/app13042137
27. Veit P (2017) Sperrpausen im Spannungsfeld von Kosten und Verfügbarkeit. In: Eisenbahningenieur Sonderheft Oberbau, S 4–6
28. Veit P (2023) Erfolg der Bahn, gleichzeitig eine Herausforderung für die Bahn. ZEVrail 147:65

# Ökobilanzierung der Eisenbahninfrastruktur

24

Matthias Landgraf

**Zusammenfassung**

Die Betrachtung der Nachhaltigkeit in Hinblick auf Eisenbahninfrastruktur ist von großer Bedeutung, da der Verkehrssektor insgesamt einen erheblichen Einfluss auf die Umwelt, die Wirtschaft und die soziale Lebensqualität hat. Dabei gilt es, ökologische, soziale und wirtschaftliche Aspekte zu berücksichtigen, um langfristige Vorteile für die Gesellschaft zu gewährleisten. Die Ökobilanzierung von Eisenbahninfrastruktur ermöglicht die Berücksichtigung ökologischer Parameter über den gesamten Lebenszyklus einer Anlage. Damit kann die langfristige Ressourceneffizienz der bereits heute nachhaltigsten Form motorisierter Mobilität weiter optimiert werden. In diesem Kapitel wird die methodische Herangehensweise erläutert sowie durch bereits durchgeführte Berechnungsbeispiele untermauert. Dabei wird aufgezeigt, wie Umweltwirkungen in den Phasen der Planung, Beschaffung und Instandhaltung von Eisenbahninfrastruktur berücksichtigt werden können. Darüber hinaus wird die mögliche Schonung von Ressourcen sowie die Verringerung von Treibhausgasemissionen durch die Implementierung von Kreislaufwirtschaft aufgezeigt.

Laut der Weltkommission für Umwelt und Entwicklung der Vereinten Nationen ist „nachhaltige Entwicklung eine Entwicklung, die die Bedürfnisse der Gegenwart befriedigt, ohne die Fähigkeit künftiger Generationen zu gefährden, ihre eigenen Bedürfnisse zu befriedigen". In diesem Sinne sollte eine nachhaltige Entwicklung ein Gleichgewicht zwischen Umweltverträglichkeit, sozialer Gerechtigkeit und Wirtschaftlichkeit herstellen [1].

Der Schienenverkehr ist als nachhaltiger Verkehrsträger bereits ein wesentlicher Eckpfeiler der Verkehrswende. Im Personenverkehr sind die Stickoxidemissionen (ausgedrückt in Gramm pro gefahrenem Personenkilometer) von Autos viermal höher als die der Bahn, und die $CO_2$-Emissionen des Luftverkehrs sind sogar zehnmal höher [2]. Abb. 24.1 zeigt die verschiedenen Verkehrsträger in Österreich auf Grundlage ihrer direkten und indirekten Treibhausgasemissionen pro zurückgelegtem Personenkilometer (pkt), die durch den Betrieb verursacht werden.

In den letzten Jahren sind Umweltaspekte in allen Bereichen stark in den Vordergrund gerückt. Dies hat zur Umsetzung zahlreicher weltweiter Maßnahmen zur Bewältigung dieses Problems geführt, darunter das Kyoto-Protokoll, das Pariser Abkommen und das Montrealer Protokoll. Das Europäische Handelssystem (ETS) wurde 2005 als weltweit erster Kohlenstoffmarkt innerhalb der Europäischen Union geschaffen. Im Jahr 2019 wurde im Rahmen des Pariser Abkommens der Europäische Green Deal [4] verabschiedet, der eine Verringerung der verkehrsbedingten

M. Landgraf (✉)
evias, Hart b. Graz, Österreich



J. Holzfeind, J. Liu, F. Pospischil (Hrsg.), *Handbuch Eisenbahninfrastruktur*,
https://doi.org/10.1007/978-3-662-68960-8_24

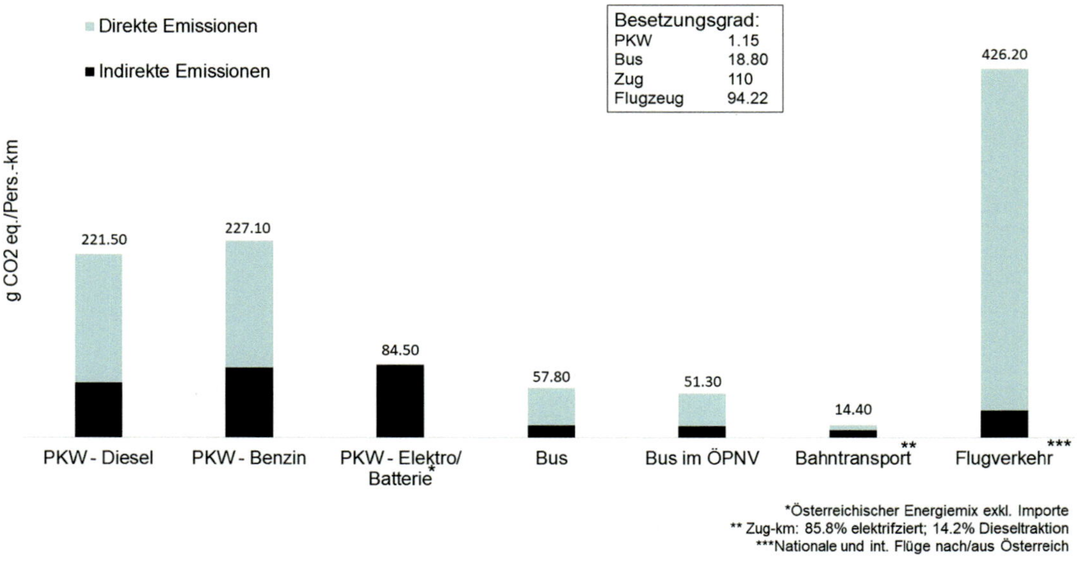


**Abb. 24.1** Treibhausgasemissionen verschiedener Verkehrsträger für österreichische Rahmenbedingungen [3]

Treibhausgasemissionen um 90 % bis 2050 vorsieht, mit dem Gesamtziel, Kohlenstoffneutralität zu erreichen. Darüber hinaus definieren die Europäischen Standards für die Nachhaltigkeitsberichterstattung (ESRS) neue Pflichtangaben im Rahmen der nichtfinanziellen Berichterstattung. Damit wird ein weiterer Fokus auf eine transparente Dokumentation der Umweltwirkungen und die Implementierung von Kreislaufwirtschaftsstrategien gelegt.

Ein wesentlicher Ansatz zur Verringerung der Treibhausgasemissionen in der Gesellschaft ist die Einführung von $CO_2$-Steuern. In 73 Ländern gibt es mit Stand 2023 bereits derartige Besteuerungen und/oder eine Beteiligung am europäischen Handelssystem, womit rund 23 % der weltweiten $CO_2$-Emissionen einer Art von Besteuerung unterliegen [5]. In Bezug auf $CO_2$-Steuer sind die Kosten für die Freisetzung einer Tonne $CO_2$-Äquivalent jedoch weltweit sehr unterschiedlich. Diese reichen von umgerechnet rund 2 €/t $CO_2$ in Estland und Japan bis über 113 €/t $CO_2$ in Schweden, Schweiz, Lichtenstein und Uruguay. Diese Maßnahmen dienen in erster Linie dazu, die Kosten der $CO_2$-Vermeidung auszugleichen und ein gesellschaftliches Umdenken zu erreichen. Die Kosten des tatsächlich verursachten Schadens werden dabei weit höher auf mindestens 180 €/t $CO_2$ geschätzt [6].

## 24.1 Grundlagen der Ökobilanzierung

Eine technische (Kap. 23) und wirtschaftliche Bewertung (Kap. 23) der Eisenbahninfrastruktur schafft eine verschleißabhängige und komponentenspezifische Instandhaltungsprognose, grundlegende Komponentenstrategien und Budgetprognosen. Darüber hinaus wird ermöglicht, optimierte Instandhaltungsstrategien festzulegen und den aus technischer und wirtschaftlicher Sicht idealen Zeitpunkt für Reinvestitionen zu berechnen. Um ein ganzheitliches und nachhaltiges Anlagenmanagement der Eisenbahninfrastruktur zu etablieren, sollten jedoch auch die Umweltauswirkungen in die Bewertungsmethodik miteinbezogen werden. Die Ökobilanzierung ist eine Methodik, die Umweltauswirkungen aller Lebensphasen einer Dienstleistung, einer Funktion oder eines Produkts von der Wiege bis zur Bahre zu bewerten.

Eine Ökobilanz befasst sich mit Umweltaspekten und potenziellen Umweltauswirkungen während des gesamten Lebenszyklus eines Produkts, von der Rohstoffbeschaffung über die Produktion, die Nutzung, die Handhabung am Ende des Lebenszyklus, das Recycling und die endgültige Entsorgung (d. h. von der Wiege bis zur Bahre). Eine Ökobilanz ist eine systematische Analyse und Bewertung der Umweltauswirkungen. Dabei wird der gesamte Lebenszyklus eines Produkts berücksichtigt, einschließlich aller relevanten Materialien, die der Umwelt entnommen werden (Ressourcenverbrauch), sowie der Emissionen in die Umwelt in jeder Phase des Lebenszyklus. Ökobilanzen haben somit das Potenzial, die Nachhaltigkeit eines Produkts transparent aufzuschlüsseln, um auf dieser Basis Reduktionspotentiale eruieren zu können. Zweck und Verfahren der Ökobilanz sind in der EN 14040 und 14044 sowie dem Leitliniendokument ONR CEN ISO/TS 14071 definiert, mit dem Ziel, das Ausmaß und die Bedeutung der potenziellen Umweltauswirkungen eines Produktsystems während des gesamten Lebenszyklus dieses Produkts zu verstehen und zu bewerten. In den vergangenen Jahren wurden europaweit mehrere Normen und Arbeitsdokumente erstellt.

In den vergangenen Jahrzehnten konzentrierte sich die Regulierung weitestgehend auf die Emissionen durch den Betrieb von Fahrzeugen und vernachlässigte die Umweltauswirkungen von Herstellung, Bau, Wartung und Entsorgung der Infrastrukturkomponenten sowie der Fahrzeuge [7].

### 24.1.1 Phasen einer Ökobilanzierung

Jede Ökobilanzierung (Life Cycle Assessment, LCA) sollte vier Phasen umfassen (Abb. 24.2). Phase 1 definiert das Ziel und den Umfang der Studie und befasst sich mit Einschränkungen, Abschneidekriterien und Systemgrenzen. In dieser Phase ist die Definition einer funktionellen Einheit von zentraler Bedeutung. Diese ist für den Vergleich verschiedener Produkte mit unterschiedlichen Funktionen unerlässlich. Sie wird verwendet, um die Treibhausgasemissionen (THG) ähnlicher Produkte zu bewerten. Wenn die verglichenen Produkte beispielsweise ähnliche Funktionen, aber unterschiedliche Nutzungsdauern aufweisen, können diese nicht verglichen werden, ohne eine zeitbasierte Funktion zu berücksichtigen [8].

Phase 2 umfasst die Sachbilanz in Bezug auf die gewählte Funktionseinheit. Materialmassen und -herkunft, Transportlängen und -prozesse, Ressourcen und Produktionsprozesse im Zusammenhang mit den relevanten Produkten, Prozessen und Dienstleistungen müssen definiert und entsprechend aggregiert werden. Eventuell müssen in dieser Phase auch die Randbedingungen neu definiert werden. In Phase 3 werden die damit verbundenen Emissionen erfasst und in Charakterisierungsmodelle übertragen, um die Umweltauswirkungen und die Relevanz der Funktionseinheit zu bewerten. In Phase 4 werden die Ergebnisse miteinander verglichen, um Schluss-

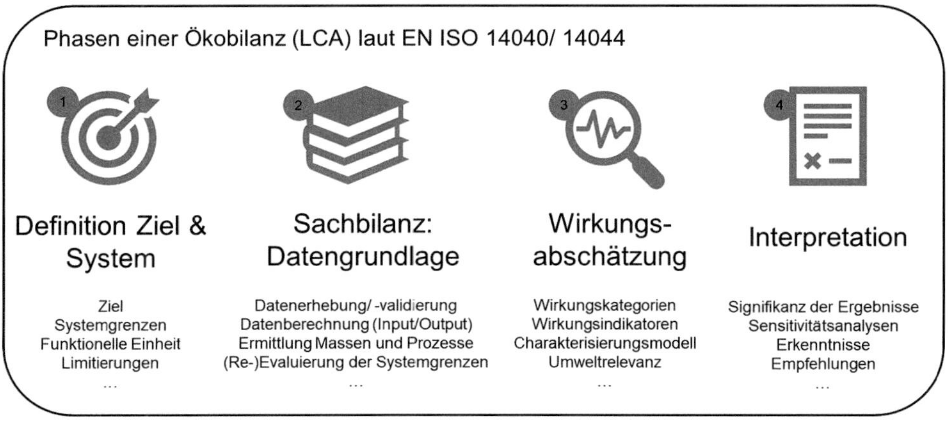


**Abb. 24.2** Phasen einer Ökobilanzierung (Life Cycle Assessment LCA)

folgerungen zu ziehen und Maßnahmen zur Minderung der Umweltauswirkungen abzuleiten.

Aktuell liegt der Fokus von Ökobilanzierungen von Infrastrukturprojekten meist auf $CO_2$-Emissionen oder der Treibhausgasemissionen, ausgedrückt in $CO_2$-Äquivalenten. Zukünftig ist jedenfalls zu empfehlen, weitere Wirkungskategorien zu berücksichtigen.

### 24.1.2 Datengrundlagen für Ökobilanzierungen

Die erforderlichen Dateneingaben und -quellen unterscheiden sich für die verschiedenen Phasen der Ökobilanz (Abb. 24.2). Die Phasen 1 und 4 basieren auf der Ermittlung des Ansatzes und der Methodik, die für die spezifische Bewertung am besten geeignet sind. Dies erfordert eine eingehende Prüfung der Literatur und Erfahrungen mit dem zu bewertenden Produkt, der Dienstleistung oder dem Prozess.

Die intensivste Phase einer Ökobilanz ist die Erstellung der Sachbilanz. Diese beschreibt die Stoff- und Energiebilanz des Produktsystems. Dementsprechend müssen alle Stoffe, Transportwege und Herstellungsprozesse untersucht werden. Das bedeutet, dass für jeden Stoff die Massen, zugehörigen Lieferketten und Herstellungsprozesse berücksichtigt werden müssen. Für Bau und Instandhaltung müssen Transportwege, Energieverbrauch und betriebliche Abläufe bewertet werden. In einigen Fällen müssen die zunächst erhobenen spezifischen Daten verschiedenen Prozessen zugeordnet, in andere Einheiten umgerechnet oder mit Hilfe von Annahmen verarbeitet werden, um die Situation möglichst realitätsnah zu modellieren. Daten über den Einsatz von Gleisbaumaschinen, den Baubetrieb, die Lieferketten, die erwartete Nutzungsdauer und den Instandhaltungsbedarf über den Lebenszyklus werden über die Methode der Standardelemente einbezogen (Kap. 23).

Für die Folgenabschätzung (Phase 3) werden Emissionsfaktoren und Charakterisierungsfaktoren benötigt, um die Umweltauswirkungen von Materialien, Produkten und Prozessen zu bewerten. Die Emissionsfaktoren können mit Hilfe von lizenzierten Datenbanken, öffentlich zugänglichen Daten von Umweltbehörden [9–11], wissenschaftlichen Publikationen oder Umweltproduktdeklarationen (EPD) ermittelt werden. EPDs sind Typ-III-Umweltdeklarationen nach EN 15804, die quantifizierte Umweltinformationen über den Lebenszyklus eines Produkts oder einer Dienstleistung liefern, um Vergleiche zwischen Produkten oder Dienstleistungen mit derselben Funktion zu ermöglichen. Sie beziehen sich auf einzelne Produkte von Unternehmen, werden von externen Gutachtern zertifiziert und entweder auf der jeweiligen firmeneigenen Website oder in frei zugänglichen Datenbanken zur Verfügung gestellt.

Auf der Grundlage dieser Quellen kann eine umfassende Datenbank mit Emissionsfaktoren erstellt werden, mit deren Hilfe die verwendeten Stoffe und Verfahren in die entsprechenden Umweltwirkungskategorien umgerechnet werden können.

### 24.1.3 Umweltwirkungskategorien

Materialien, Produkte und Prozesse verursachen Emissionen, die sich auf die Luft, den Boden und das Wasser auswirken und gleichzeitig knappe Ressourcen verbrauchen. In einer Ökobilanz werden alle relevanten Emissionen und Auswirkungen bewertet und als aggregierte Fußabdrücke oder Wirkungskategorien klassifiziert. Emissionen, die sich auf Boden, Luft und Wasser auswirken, werden spezifisch bewertet und in Charakterisierungsfaktoren zusammengefasst, die es ermöglichen, ihre Auswirkungen in Bezug auf bestimmte Umweltbereiche und -kategorien zu quantifizieren. Die damit verbundenen Emissionen werden durch Klassifizierung und Charakterisierung mit Hilfe der CML-IA-Basismethode [12] in Midpoint-Indikatoren (Versauerungspotenzial AP, Eutrophierungspotenzial EP, Treibhauspotenzial GWP, Ozonabbaupotenzial ODP, photochemisches Ozonbildungspotenzial POCP) umgewandelt. Diese Charakterisierungsfaktoren der mittleren Ebene aggregieren die damit verbundenen Emissionen ab dem Punkt, an dem der Umweltmechanismus für alle Umweltströme dieser Wirkungskategorie identisch ist. An die-

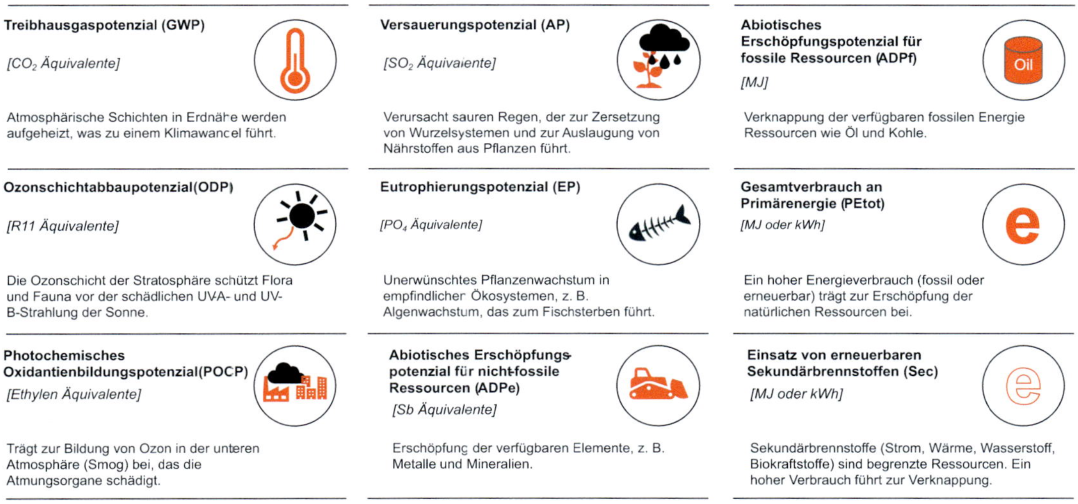


**Abb. 24.3** Überblick Umweltwirkungskategorien

sem Punkt ist die Unsicherheit relativ gering, da die Methodik und die Werte vom Intergouvernemental Panel on Climate Change IPCC [13] veröffentlicht werden. Im Vergleich dazu werden bei den Endpunkt-Indikatoren (z. B. Schäden für die menschliche Gesundheit, die Vielfalt der Ökosysteme und die Verfügbarkeit von Ressourcen) die Midpoint-Indikatoren weiter aggregiert und umgerechnet. Dies führt zu relativ großer Unsicherheit, weswegen Berechnungen von Endpoint-Indikatoren umstritten sind [13].

Abb. 24.3 zeigt einen Überblick über die Umweltauswirkungskategorien; die für die CML-IA-Basismethode relevantesten werden im folgenden Abschnitt erläutert. Das $CO_2$-Äquivalent [14] (Treibhausgase, THG) ist das Maß für das globale Erwärmungspotenzial (GWP) einer Substanz oder die klimaschädigende Wirkung einer Aktivität. Menschliche Aktivitäten verstärken den Treibhauseffekt in der Erdatmosphäre und verursachen dadurch massive Klimagefahren. Die steigende Konzentration von Kohlendioxid ($CO_2$) ist die wichtigste Ursache. Dies ist hauptsächlich auf die $CO_2$-Emissionen bei der Energieumwandlung zurückzuführen. Der Treibhauseffekt wird aber auch durch verschiedene andere Gase wie Methan und Distickstoffoxid verstärkt. Um das Erderwärmungspotenzial dieser verschiedenen Stoffe vergleichen zu können, werden $CO_2$-Äquivalente festgelegt. Hat ein Gas beispielsweise ein Äquivalent von 100, so hat es eine hundertmal größere Wirkung auf das Klima als Kohlendioxid ($CO_2$).

Das Versauerungspotenzial [15] (AP) behandelt die Freisetzung von Stoffen, die eine versauernde Wirkung haben. Dadurch erhöht sich die Anzahl der $H^+$-Ionen, die sich in der Luft, im Wasser und im Boden anreichern. Wald- und Fischsterben sind die Folgen der Versauerung. Das Versauerungspotenzial eines Stoffes wird in $SO_2$-Äquivalenten pro Funktionseinheit angegeben und quantifiziert den relativen Beitrag des Stoffes zur Versauerung der Umwelt.

Das Eutrophierungspotenzial [16] (EP) bezieht sich auf den Überschuss an Nährstoffen und den Prozess, durch den Gewässer und Böden in einen nährstoffreichen (eutrophen) Zustand übergehen. Ein Nährstoffüberschuss fördert beispielsweise das Algenwachstum und verringert die Sauerstoffverfügbarkeit, was zu Fischsterben führen kann. Das Eutrophierungspotenzial wird in $PO_4$-Äquivalenten pro funktioneller Einheit ausgedrückt, als relativer Beitrag eines Stoffes zur Eutrophierung der Umwelt.

Das Ozonabbaupotenzial [17] (ODP) bezieht sich auf die Ausdünnung der Ozonschicht in der oberen Atmosphäre der Erde. Dies wird hauptsächlich durch die Freisetzung der chemischen Verbindungen Chlorgas oder Brom verursacht, die von der Industrie und anderen menschlichen

Aktivitäten erzeugt werden. Dieses große Umweltproblem ist in den Polarregionen, insbesondere in der Antarktis, am stärksten ausgeprägt. Es erhöht die Menge der ultravioletten Strahlung (UV), die die Erdoberfläche erreicht, und verursacht Hautkrebs, Katarakte und Schäden an Genetik und Immunsystem.

Das photochemische Ozonbildungspotenzial [18] (POCP) wird durch eine hohe Ozonkonzentration in der Luft in Bodennähe verursacht und wird auch als Sommersmog bezeichnet. Diese Konzentration tritt bei sonnigem Wetter auf und hängt von der Stickstoffdioxidkonzentration, der Stickstoffmonoxidkonzentration und der Intensität der UV-Strahlung ab. Er wird hauptsächlich durch den Verkehr, die Industrie und den Energieverbrauch der Haushalte verursacht.

Darüber hinaus werden mittelfristig auch insbesondere die Betrachtung des Flächenverbrauchs, der Biodiversität, des Wasserverbrauchs und der (Fein)Staubemissionen eine zunehmende Rolle in derartigen Evaluierungen einnehmen.

## 24.2 Ökologische Bewertung von Eisenbahninfrastruktur

Menschliche Handlungen haben ein breites Spektrum an Umweltfolgen. Man benötigt ein eindeutiges Maß, um festzustellen, welche dieser Folgen die schwerwiegendsten sind.

DIN EN ISO 14040 und DIN EN ISO 14044 geben den grundlegenden Rahmen und die Normen für Lebenszyklusanalysen vor. In öffentlich zugänglichen, vergleichenden Ökobilanzstudien wird in der DIN EN ISO 14044 auf eine Gewichtung der Indikatoren verzichtet. Dennoch bieten viele Ansätze Endpunkt- und/oder Single-Score-Übersetzungen von LCA-Ergebnissen an, die die Indikatoren vergleichbar und damit die LCA-Ergebnisse für Stakeholder verständlicher machen [19]. Da es sich bei der Gewichtungsphase um eine Wertentscheidung der Stakeholder handelt, muss diese sorgfältig angegangen werden [20]. Endpunktsbewertungen wie ReCiPe [21] und „Umweltbelastungspunkte UBP" [22] bieten ein Punktesystem, das den möglichen Schaden (oder Nutzen) für Menschen, Ökosysteme und Ressourcen bewertet. Single-Score-Systeme kombinieren Input aus LCIA und/oder Mid-Point-Indikatoren, wie dem österreichischen OI3 [23] für die Gebäudebewertung, oder End-Point-Indikatoren zu einer einzigen Zahl, mit der sich Alternativen vergleichen lassen.

Eine der ersten umfassenden Studien über die Umweltauswirkungen der Infrastruktur von Verkehrsträgern wurde von Chester und Horvath [24] durchgeführt, gefolgt von einer Bewertung für Hochgeschwindigkeitszüge in China [25]. Ein entscheidender Parameter ist, ob die Strecke als Schotteroberbau oder Feste Fahrbahn ausgeführt wird [26, 27]. Die meisten Umweltauswirkungen innerhalb der Eisenbahninfrastruktur werden durch Schienen, Schwellen und Tiefbauwerke verursacht [12].

In den meisten bisher veröffentlichten Studien fehlten die Berücksichtigung lokaler Bedingungen und die Möglichkeit, das gesamte Eisenbahnnetz darzustellen. Die Gleisanlagen werden meist mit einer durchschnittlichen Nutzungsdauer dargestellt, wobei die Unterschiede in den Instandhaltungsanforderungen und der Lebensdauer aufgrund unterschiedlicher Randbedingungen wie Trassierung, Art der Bauteile und Verkehrsbelastung vernachlässigt werden. Es werden auch allgemeine Annahmen für verschiedene Materialien und deren Herkunft getroffen und allgemeine, durchschnittliche Emissionsfaktoren verwendet, die oft aus anderen Ländern und Zeiträumen stammen. Die Verwendung unspezifischer Daten ist eine der Hauptursachen für Unsicherheiten, die den Nutzen dieser Studien für Umweltverbesserungen und politische Veränderungen beeinträchtigen [8].

Aus diesem Grund ist es notwendig, spezifische Bewertungen vorzunehmen, wobei auch die jeweiligen erreichbaren Nutzungsdauern sowie der Instandhaltungsbedarf mitbetrachtet werden. Dies gilt für die Bewertung sämtlicher Infrastrukturanlagen wie Gleise, Tunnel, Geotechnik, Kommunikation, Stromversorgung und Traktion, Lärmschutzwände, Signalanlagen und Ingenieurbauwerke. Die Umrechnung der gesamten Umweltauswirkungen in Passagierkilometer (pkt) ermöglicht es, die mit der Bereitstellung der Infrastruktur verbundenen Auswirkungen mit denen des Zugbetriebs zu vergleichen. Auf diese Weise lässt sich die Notwendigkeit der Einbeziehung der Infrastruktur in die Bewertung der Umweltauswirkungen des Eisenbahnsystems quantifizieren. Dieser Ansatz basiert auf spezifischen Randbedingungen, Eisenbahndesign und -technik, Energiequellen und Lieferketten. Die Methodik selbst kann auch für die Bewertung gesamter Bahnnetze verwendet werden. Die Relation zwischen Emissionen assoziiert mit Eisenbahnbetrieb und Eisenbahninfrastruktur verteilen sich üblicherweise zwischen 50-50 % [28] und 70-30 % [29, 30]. Dabei sind insbesondere der eingesetzte Strommix sowie der Elektrifizierungsgrad im Eisenbahnbetrieb relevant.

### 24.2.1 Methodik der Bewertung am Beispiel Streckengleis

Betrachtet man die Bahninfrastruktur im Speziellen, ist der Fahrweg mit 54 % der Gesamtemissionen in Hinblick auf Produktion und Einbau der Hauptverursacher der Treibhausgasemissionen in einem bestehenden Eisenbahnnetz [28]. Dies erfordert eine eingehende Analyse dieser Anlagengattung, um die Hauptverursacher zu identifizieren und mögliche Wege zur Minderung der Umweltauswirkungen zu bewerten. Die Methodik wird dabei anhand eines detaillierten Bottom-up-Ansatzes für die Erneuerung von Schotteroberbau erläutert, der die spezifischen österreichischen Randbedingungen und Lieferketten berücksichtigt. Eine Ökobilanzierung sollte dabei immer in Bezug auf das interagierende Gesamtsystem vorgenommen werden. Dies begründet sich darin, dass beispielsweise ein isolierter Vergleich von Schwellentypen nicht deren Auswirkung im Gesamtsystem wie Einflüsse auf Instandhaltungsnotwendigen sowie erreichbare Nutzungsdauer berücksichtigen kann. Dies kann letztendlich zu falschen Aussagen und Entscheidungsgrundlagen im Sinne der Nachhaltigkeit führen.

Die Standardelemente-Methodik [28, 31, 32] ermöglicht eine detaillierte Darstellung der spezifischen Randbedingungen sowie der zugrunde liegenden Degradationsmodelle des Gesamtsystems Eisenbahnoberbau, was die Ermittlung entsprechender Instandhaltungszyklen und Nutzungsdauern ermöglicht. Diese Berechnungen werden für verschiedene Schwellentypen, unterschiedliche Verkehrsbelastungen und Krümmungen durchgeführt, da diese beiden Randbedingungen den größten Einfluss auf die Gleisdegradation und damit auf den Instandhaltungsbedarf und die Nutzungsdauer aufweisen. Dies führt dementsprechend auch zu erheblichen Unterschieden bei den Umweltauswirkungen. Die drei in Österreich am häufigsten verwendeten Schwellentypen sind Holzschwellen, Betonschwellen und Betonschwellen mit Schwellenbesohlung [33]. Um die THG-Emissionen von Oberbauarten dieser verschiedenen Schwellentypen zu vergleichen, wurden die streckenspezifischen Randbedingungen einer moderaten Verkehrsbelastung von 30.000–45.000 GBT (Gesamtbruttotonnen) pro Tag und Gleis (dies entspricht durchschnittlich 13,7 Mio. GBT/Jahr) in einem geraden Abschnitt, der als Radius größer als 3000 m definiert ist, gewählt (Tab. 24.1). Für diesen spezifischen Parametersatz erfordern sowohl Holz- als auch Betonschwellengleise sechs Stopf- und eine Schleifmaßnahme innerhalb einer Nutzungsdauer von 35 Jahren (Holz) bzw. 36 Jahren (Beton). Besohlte Betonschwellen vereinen die mechanischen Effekte von herkömmlichen Betonschwellen (langlebiges und nicht verwit-

**Tab. 24.1** Nutzungsdauer und Instandhaltungsbedarf für das Parameterset 30.000–45.000 GBT/Tag und Gleis, Gerade, Schienenstahlgüte R 260

| Oberbautyp | Instandhaltungsbedarf in ND | Nutzungsdauer |
|---|---|---|
| Holzschwellen, Schienenprofil 54E2 | Stopfen 6×<br>Schleifen 1× | 35 Jahre |
| Betonschwellen, Schienenprofil 60E1 | Stopfen 6×<br>Schleifen 1× | 36 Jahre |
| Betonschwellen mit Schwellenbesohlung, Schienenprofil 60E1 | Stopfen 4×<br>Schleifen 2× | 50 Jahre |

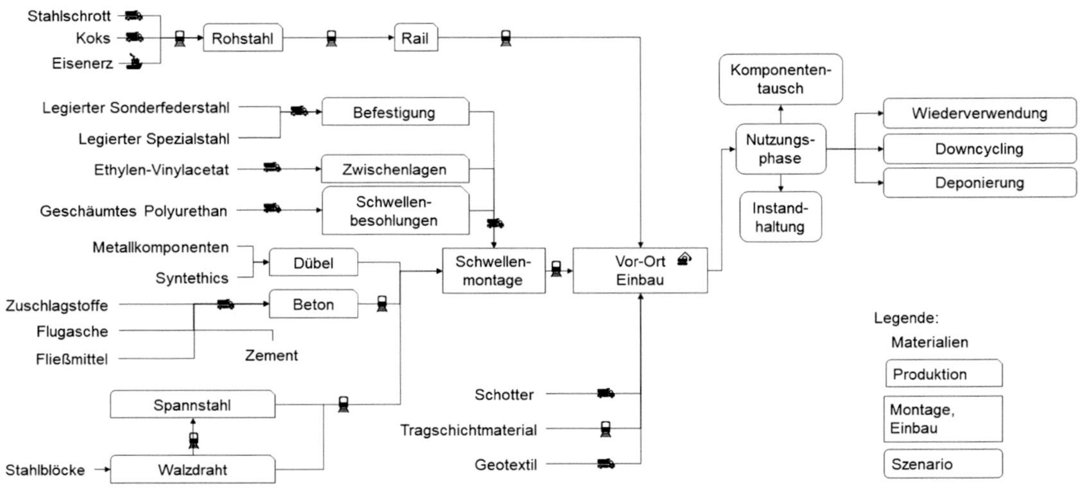


**Abb. 24.4** Lieferkette für Gleise mit Betonschwellen und Schwellenbesohlung

terndes Material) und Holzschwellen (homogene vertikale Lastverteilung aufgrund der Elastizität des Materials). Sie dienen der Vorbehandlung des Schotters und verbessern das Qualitätsverhalten des Gleises erheblich [34], da die Lastverteilung verbessert und Schwellenhohlräume verhindert werden [35]. Dies führt zu einer Nutzungsdauer von 50 Jahren, wobei vier Stopf- und zwei Schleifmaßnahmen erforderlich sind.

Abb. 24.4 zeigt beispielhaft die Lieferkette für ein Gleis in Österreich, das aus besohlten Betonschwellen besteht. Da üblicherweise Rahmenverträge mit Zulieferern abgeschlossen werden, ist die Lieferkette repräsentativ für die überwiegende Mehrheit der Gleisbauprojekte.

Die Eingabedaten der Standardelemente können zur Berechnung der Umweltauswirkungen unter verschiedenen Randbedingungen verwendet werden. Um verschiedene Randbedingungen zu vergleichen, werden unterschiedliche Verkehrsbelastungen und verschiedene Radienklassen berechnet. Dies verdeutlicht den Einfluss des Gleisverhaltens und der Gleisdegradation auf die Umweltauswirkungen.

Der Gleisbau und die Gleisinstandhaltung umfassen den Transport von Maschinen, den Gleisbau selbst und die verwendeten Materialien [36]. In Österreich wird der Gleisbau mit gleisgebundenen Maschinen durchgeführt, die kontinuierlich arbeiten. Die THG-Emissionen für den Gleisbau werden wie folgt berechnet

$$\begin{aligned}\mathrm{THG}_a &= \mathrm{rel}_{\text{non-el}} \cdot \left(n_t \cdot l_t \cdot \frac{1}{l_{ws,a}} \cdot df\right) \cdot \mathrm{EF}_{\text{non-el}} \\ &+ \mathrm{rel}_{\mathrm{el}} \cdot \left(n_t \cdot l_t \cdot \frac{1}{l_{ws,a}} \cdot df\right) \cdot \mathrm{EF}_{\mathrm{el}} \\ &+ \frac{p_a}{fc_a} \cdot \mathrm{EF}_{\text{non-el}}, \qquad (24.1)\end{aligned}$$

wobei $\mathrm{THG}_a$ (in Einheiten von kg $CO_2$eq) die Emissionen aus Gleisarbeiten $a$, $\mathrm{rel}_{\mathrm{el}}$ und $\mathrm{rel}_{\mathrm{non}_{\mathrm{el}}}$ den Anteil des Transports von Gleisbaumaschinen zu und von einer Baustelle mit elektrischen und dieselbetriebenen Lokomotiven sowie deren zugehörige Emissionsfaktoren $\mathrm{EF}_{\mathrm{el}}$ und $\mathrm{EF}_{\text{non-el}}$ (in kg $CO_2$eq pro km) bezeichnen, $n_t$ die Anzahl der notwendigen Transportvorgänge mit der Länge $l_t$ (in km), $l_{ws,a}$ die durchschnittliche Leistungslänge der Gleisbaumaschinen innerhalb einer Arbeitsschicht (in km), und $df$ der Abminderungsfaktor der üblichen Transportlänge der Gleisbaumaschinen durch intelligente Baustellenplanung. Die Produktivität pro Stunde wird durch $p_a$ (in km pro Stunde) und der entsprechende Kraftstoffverbrauch $fc_a$ (in Liter pro Stunde) dargestellt.

Der Gleisbau wird mit einem Schnellumbauzug durchgeführt, die 131,541 Diesel pro Stunde verbraucht [37]. Unter Berücksichtigung des Maschinentransports und einer Produktivität von 200 m/h entspricht dies 2281 kg $CO_2$eq pro km für die Verlegung des Gleisoberbaus. Die Emissionen der Gleisarbeiten, die sich aus der Bettungsreinigung (Leistung 83 m/h), Stopfen (625 m/h), Schleifen (412 m/h) und Schienenwechsel (714 m/h) ergeben, werden ebenfalls nach der vorgestellten Formel berechnet.

Die Möglichkeiten der Wiederverwendung, der Wiederaufbereitung und des Recyclings von Materialien innerhalb der Eisenbahninfrastruktur wurden insoweit berücksichtigt, als sie derzeit in Österreich genutzt werden, während weitere Potenziale für die zirkuläre Wiederverwendung von Materialien noch Gegenstand der Forschung sind. Es können etwa 20 % der Schienen und 15 % der Betonschwellen nach Ablauf ihres ersten Lebenszyklus wiederverwendet werden, vor allem auf Strecken mit geringerem Verkehrsaufkommen. In beiden Fällen kann die Nutzungsdauer durch die Wiederverwendung verdoppelt werden. Beim Schotter besteht ein hohes Wiederverwendungspotenzial, da die Reinigung am Ende des Lebenszyklus erfolgt. Durchschnittlich 40 % des Schotters können nach der Schotterreinigung vor Ort wiederverwendet werden.

## 24.2.2 Treibhausgasbilanz des Streckengleises

Im Rahmen einer vergleichenden Ökobilanzierung unterschiedlicher Oberbautypen (Holz, Beton und besohlte Betonschwellen) weisen Holzschwellen die höchsten Treibhausgasemissionen pro km Gleis und Jahr auf (Abb. 24.5). Da sie eine mit Betonschwellen vergleichbare Lebensdauer bei gleichem Instandhaltungsbedarf innerhalb des Lebenszyklus erreichen, ist dies hauptsächlich auf die Schwellenherstellung und ein geringeres Wiederverwendungspotenzial als bei Betonschwellen zurückzuführen. Die geringsten THG-Emissionen pro km Gleis und Jahr ergeben sich für Betonschwellen mit Schwellenbesohlung. Das für die Herstellung der Besohlungen verwendete Material verursacht höhere Emissionen im Produktionsprozess, die aber durch die deutlich höhere Lebensdauer des Gesamtsystems im Vergleich zu herkömmlichen Betonschwellen ausgeglichen werden können. Die Bezeichnung Schwelle umfasst im Rahmen dieser Ausführungen die Schwellenbesohlung, die Zwischenlagen, die Befestigungsmittel, das Schwellenmaterial und den Bewehrungsstahl für den Beton.

Bei den in Abb. 24.5 dargestellten Randbedingungen sind Schienen und Schwellen die Hauptfaktoren für die Umweltauswirkungen, während Instandhaltung und Bau im Durchschnitt 12 % ausmachen. Dazu gehören Gleisarbeiten und Materialien, wie z. B. zusätzlicher Schotter für Stopfmaßnahmen. Wenn ein Schienenaustausch erforderlich ist, ist auch das Schienenmaterial enthalten. Es besteht also ein hohes Potenzial, die Emissionsauswirkungen durch Instandhaltungsstrategien und den Einsatz alternativer Antriebe für Instandhaltungs- und Baumaschinen zu min-

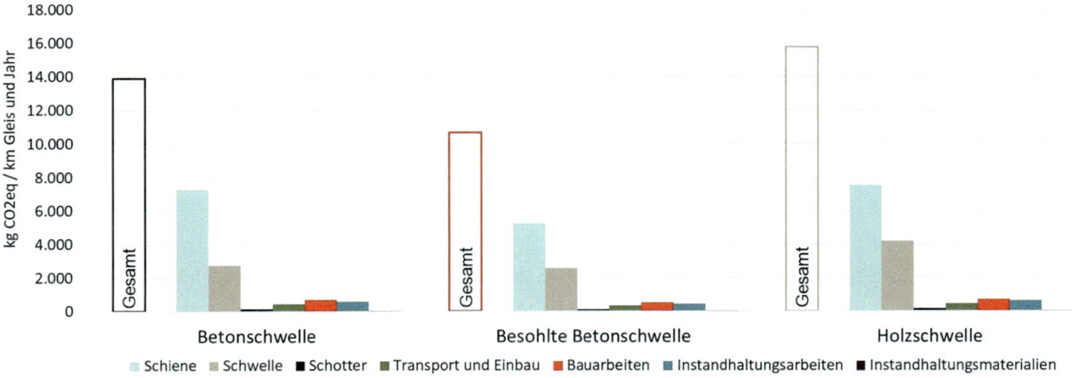


**Abb. 24.5** THG-Emissionen pro km Strecke und Jahr für gerade Streckenabschnitte, Verkehrsbelastung zwischen 30.000 und 45.000 g/Tag und Strecke

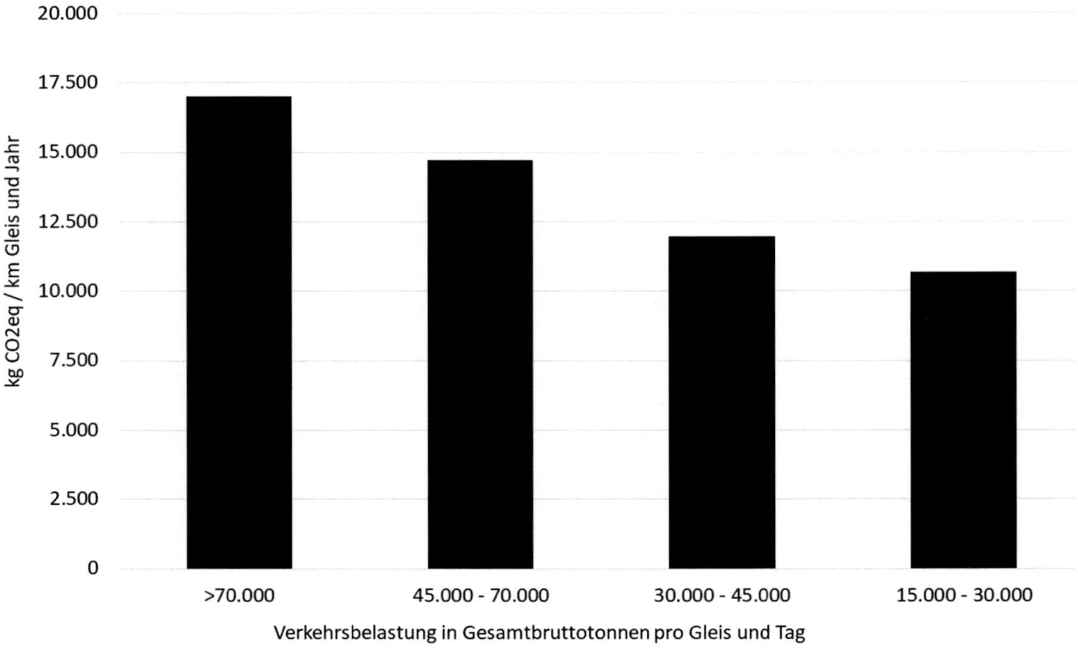


**Abb. 24.6** THG-Emissionen pro Streckenkilometer und Jahr für einen geraden Streckenabschnitt ($R > 3000$ m) für verschiedene Gruppen von Verkehrslasten

dern. Die gesamten Umweltauswirkungen von Herstellung, Bau und Betrieb der drei Oberbauformen belaufen sich auf 442 bis 474 t $CO_2$eq pro Gleiskilometer.

Wie bereits erwähnt, sollten im Rahmen einer Ökobilanzierung die Einwirkungen und dementsprechenden Auswirkung des Gesamtsystems berücksichtigt werden. Dies soll hier am Beispiel der Verkehrsbelastung gezeigt werden. Diese führt zu einer signifikanten Änderung des Gleisverhaltens, da die Lasteinwirkung die Gleisdegradation beeinflusst: Höhere in das System eingebrachte Verkehrslasten bedeuten einen höheren Instandhaltungsbedarf und eine kürzere Nutzungsdauer des Gleises. Zum Beispiel haben Holzschwellen mit einem Verkehrslastcluster von mehr als 70.000 Gesamtbruttotonnen/Tag und Gleis (> 25,6 Mio. GBT/Jahr und Gleis) eine Lebensdauer von 26 Jahren und erfordern zehn Stopfmaßnahmen, während das niedrigste Verkehrsdichtecluster (15.000–30.000 GBT/Tag und Gleis) eine Lebensdauer von 35 Jahren mit nur 5 Stopfmaßnahmen aufweist. Diese Auswirkungen resultieren dementsprechend auch in unterschiedlichen Umweltauswirkungen der Infrastruktur, welche in Abb. 24.6 am Beispiel des Betonschwellengleises dargestellt sind. Das hier angeführte Beispiel ist dabei auf die Radienklasse > 3000 m bezogen, was einem geraden Streckenabschnitt entspricht. Ähnlich zur Verkehrsbelastung erhöht sich der Verschleiß mit abnehmendem Radius, was ebenfalls steigenden Instandhaltungsbedarf bei kürzerer Nutzungsdauer bedingt.

Diese Ergebnisse zeigen, dass die Umweltauswirkungen von Eisenbahntrassen bei unterschiedlichen Randbedingungen erheblich variieren können. Daher müssen diese Randbedingungen bei jeder detaillierten Bewertung von Bahnstrecken berücksichtigt werden. Insbesondere da der Parameter Nutzungsdauer einen wesentlichen Einfluss auf die Nachhaltigkeit von Eisenbahninfrastruktur aufweist.

Jede Bewertung der Umweltwirkungen von Infrastrukturen hängt in hohem Maße davon ab, dass zuverlässige Eingangsdaten vorliegen. Bestenfalls kann auf öffentlich verfügbare Daten zurückgegriffen werden, um Materialmassen zuzuordnen und ihre Treibhausgasemissionen zu ermitteln. Für einige Materialien gibt es eine Vielzahl spezifischer Umweltproduktdeklarationen (EPD), die unterschiedliche Emissionsfaktoren aufweisen. Im Zusammenhang mit dem Bausektor haben Passer et al. [38] eine kritische Überprüfung der EPDs in verschiedenen europäischen Ländern durchgeführt. Sie stellten fest, dass eine Harmonisierung der Wirkungskategorien und der Bewertungsmodelle oder -indikatoren, der Systemgrenzen und der Nutzungsdauer von Produkten und Gebäuden, der Definitionen von Szenarien (Transport, Nutzungsphase und Ende der Lebensdauer) sowie der Zuteilungsregeln, der biogenen Kohlenstoffemissionen, des End-of-Life-Ansatzes und der Anforderungen an die Datenqualität erforderlich ist. Die europäischen EPD-Programme basieren auf der EN 15804, aber nur eine begrenzte Anzahl wissenschaftlicher Arbeiten hat den Einfluss der Verwendung verschiedener generischer Datenbanken bewertet, was zu unterschiedlichen Ergebnissen auf EPD-Ebene führen kann.

### 24.2.3 Bewertung weiterer Umweltwirkungen am Beispiel Weiche

Weichen ermöglichen es Zügen, von einem Gleis auf ein anderes zu wechseln, und sorgen so für die notwendige Flexibilität im Eisenbahnbetrieb. Eine Weiche besteht aus mehreren Metallteilen, wie in Abb. 24.7 dargestellt. Die besondere Bauweise, heterogene Elastizitäten und das Vorhandensein von beweglichen Teilen führen zu hohen dynamischen Kräften. Folglich führen diese Faktoren zu einem beschleunigten Verschleiß der Teile und zu kurzen Inspektions- und Wartungsintervallen, um einen sicheren Bahnbetrieb zu gewährleisten. Zusammenfassend lässt sich sagen, dass Weichen im Vergleich zum offenen Gleis komplexer, kostenintensiver, verschleißbehafteter, materialaufwändiger und sicherheitskritischer sind [39].

Wie bei Streckengleisen, ist eine wichtige Anforderung an die in einer Ökobilanz verwendeten Eingabedaten, dass sie Informationen über das Verhalten der Anlage während des Lebenszyklus liefern, vor allem über die Nutzungsdauer und den erwarteten Instandhaltungsbedarf. Auch für Weichen können diese Informationen über die Methodik der Standardelemente bezogen werden. Diese Standardelemente beschreiben eine Clusterung der relevanten Randbedingungen in Abhängigkeit von vergleichbarem Degradationsverhalten. Folglich repräsentieren diese Cluster (Standardelemente) ähnliche Wartungsanforderungen und Nutzungsdauern.

Im Rahmen der Ökobilanz wurden neben den Treibhausgasemissionen ausgewählte Wirkungskategorien der CML-IA-Basislinienmethode berücksichtigt. Tab. 24.2 zeigt eine Liste der Materialien und Prozesse, die für die Berechnung der Umweltauswirkungen von Produktionsprozessen berücksichtigt wurden. Die spezifischen Materialien und Prozesse sind in Gruppen zusammengefasst, um die Interpretation der Ergebnisse zu erleichtern.

Tab. 24.3 stellt die erwarteten Instandhaltungsaufgaben und die damit verbundene Lebensdauer über den Lebenszyklus einer einfachen Weiche mit Betonschwellen und Schwellenbesohlungen [33, 41] bei einem Abzweigradius von 500 m, einer Verkehrsbelastung von 55.000 Bruttotonnen pro Tag und Gleis, Schienen mit einem Profil 60E1 und Manganweichenherz dar.

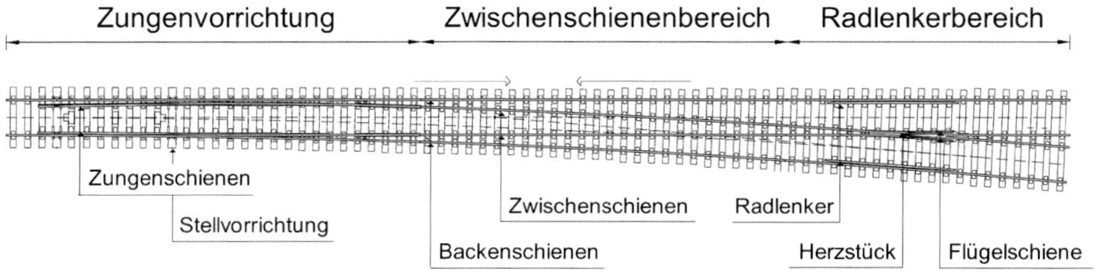


**Abb. 24.7** Konstruktion und Bauteilnomenklatur von Weichen [40]

**Tab. 24.2** Bewertete Komponenten und Gruppen, zugehörige Materialien, Prozesse und Quellen

| Name | Inkludierte Komponenten | Material/Details | LC Phase |
|---|---|---|---|
| Fahrschienen | Backenschienen, Flügelschienen, Radlenker | Schienenstahl, Stahl | Produktion |
| Herzstück | | Schienenstahl, Manganstahl | Produktion |
| Zungen-vorrichtung | Weichenantrieb, Verschluss, Zungenschienen | Schienenstahl, Unlegierter Baustahl | Produktion |
| Schienen-befestigung | Rippenplatten, Befestigung, Zwischenlage | Sphäroguss, legierter Spezialstahl, unlegierter Qualitätsstahl, unlegierter Baustahl, Polyurethan-Hartschaum | Produktion |
| Schwelle | Beton, Dübel, Bewehrung und Bewehrungsstahl, Montage, Schwellenbesohlungen | Beton C50/60, Betonstahl, Bewehrungsstahl, Metall, Kunststoff (PUR) | Produktion |
| Schotter | Schotter (Körnung 2/32) | Extraktion, Verarbeitung | Produktion |
| Transporte | Transporte im Produktionsprozess | Transporte Rohstoffe und zwischen Verarbeitungsschritten | Produktion |
| Weichen-montage | Montage von Schwellen, Schienenträgern, Zungen und Weichen, Herzstücken, Schienen | Arbeitsprozess, Emissionen der Weiterverarbeitung | Einbau |
| Weichen-einbau | Transport von der Weichenmontage zur Baustelle, Transport von Maschinen von/zur Baustelle, Gleisinstandhaltungsarbeiten | Well to wheel-Emissionen, Produktion von Maschinen | Einbau |
| Instand-haltung | Transport von Maschinen von/zur Baustelle, Gleisarbeiten | Well to wheel-Emissionen, Produktion von Maschinen | Nutzung |
| HZV-Wechsel | Halber Weichensatz und Radlenker austauschen | Transport, Arbeit und Material | Nutzung |
| Herzwechsel | Herzstückwechsel | Transport, Arbeit und Material | Nutzung |
| Zwischen-lagenwechsel | Zwischenlagenwechsel | Transport, Arbeit und Material | Nutzung |

Schwellenbesohlungen verbessern grundsätzlich die gesamte Lastverteilung von Weichen, was zu einer geringeren Abnutzung der Komponenten und folglich zu einem geringeren Wartungsbedarf und einer längeren Lebensdauer führt [31, 33, 38]. Dies führt dadurch auch zu einer signifikanten Verringerung der jährlichen Umweltbelastungen gegenüber konventionellen Betonschwellen [42].

Der Weichenbau wird sowohl mit gleisgebundenen als auch mit nicht gleisgebundenen Maschinen durchgeführt. Die Vorgehensweise für die Berechnung der Gleisbauarbeiten folgt dabei (24.1), wobei im Rahmen der Weichenerneuerung nicht nur gleisgebundene Maschinen zum Einsatz kommen. Darüber hinaus werden die Emissionen für Bau und Instandhaltung nicht pro Kilometer, sondern Stück Weiche ermittelt.

Die durchgeführte Ökobilanz umfasst die Materialien, Ressourcen, Lieferketten und den Energieaufwand für die Herstellung, den Bau und die Wartung von Weichen. Die zugeordneten Emissionen werden durch Klassifizierung und

**Tab. 24.3** Notwendige Instandhaltungstätigkeiten innerhalb der Lebensdauer für Weichen auf Basis der Standardelementmethode für eine Weiche mit Betonschwellen und Schwellenbesohlung [42]

| Instandhaltung | | Anzahl |
|---|---|---|
| Stopfen | # in LC | 6 |
| Schleifen | # in LC | 5 |
| HZV-Wechsel | # in LC | 1 |
| Herzwechsel | # in LC | 2 |
| Radlenkertausch | # in LC | 1 |
| Auftragsschweißen | # in LC | 2 |
| Schotterbettreinigung | # in LC | 0 |
| Zwischenlagentausch | # in LC | 1 |
| *Nutzungsdauer* | *Jahre* | *40* |

Charakterisierung mit Hilfe der CML-IA-Basismethode [12] in Mittelwertindikatoren (Versauerungspotenzial AP, Eutrophierungspotenzial EP, Treibhausgaspotenzial GWP, Ozonabbaupotenzial ODP, photochemisches Ozonbildungspotenzial POCP) umgerechnet. In Abb. 24.8 sind die Beiträge der einzelnen Komponenten für die ausgewählten mittleren Kategorien dargestellt. GWP, AP, EP und POCP zeigen ähnliche Beiträ-

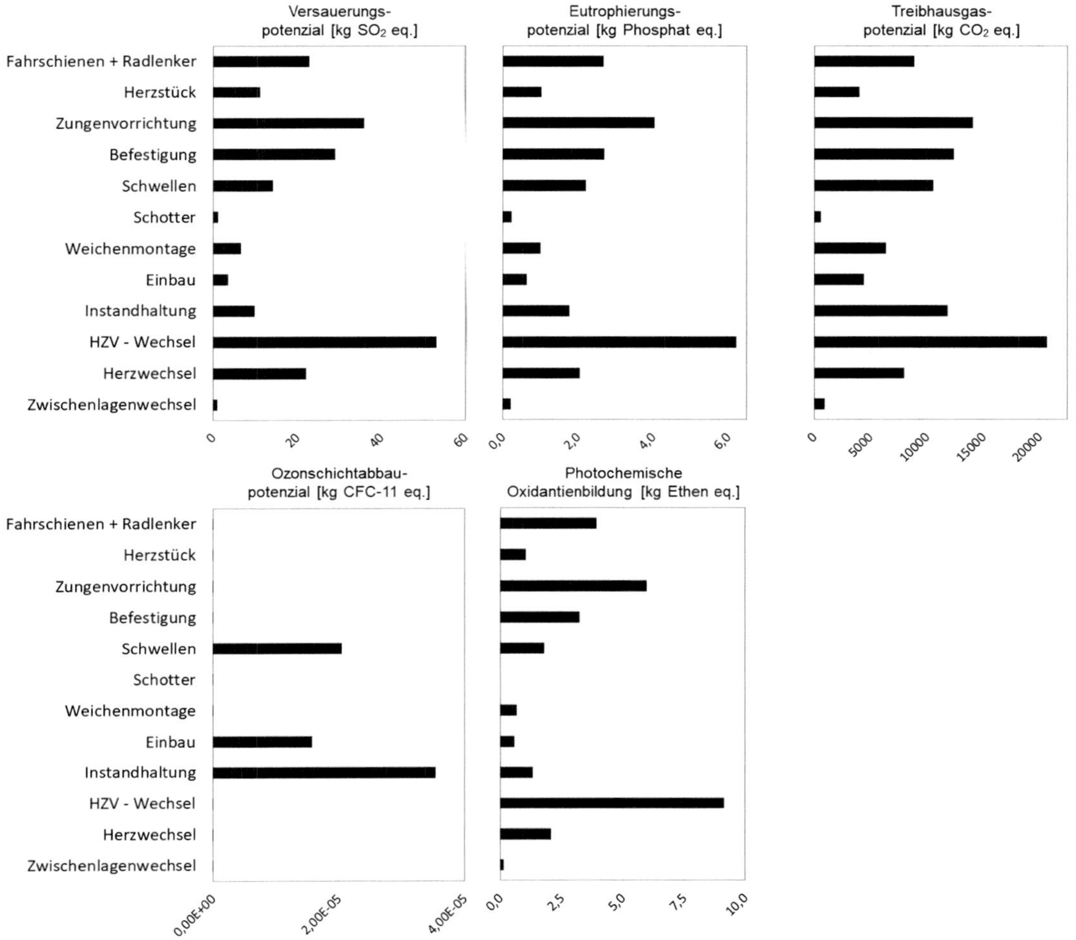


**Abb. 24.8** Die Beiträge der verschiedenen Komponenten zum Versauerungspotenzial (AP), zum Eutrophierungspotenzial (EP), zum Treibhausgaspotenzial (GWP), zum Ozonabbaupotenzial (ODP) und zum photochemischen Ozonbildungspotenzial (POCP) am Beispiel des Oberbaus mit besohlten Betonschwellen für die ausgewählten Randbedingungen

ge. Schwellen, Zungen und Weichen, Schienenauflager und -befestigung (hauptsächlich verursacht durch Rippenplatten) und Schienen sind die Hauptverursacher in der Herstellungsphase. Der Austausch von Stahlteilen (Herzstück, halbe Zungenvorrichtung und Radlenker) spielt im Betrieb aufgrund von Wartungsarbeiten und der Herstellung von Ersatzteilen eine große Rolle. Bei der manuellen Herstellung von Weichenkomponenten verursacht nur die Produktion von Betonschwellen relevante ODP-Werte. Dies deckt sich auch mit den Ergebnissen in der Bauindustrie, wo Beton als Hauptverursacher des ODP identifiziert wurde [42].

In Abb. 24.9 sind die ausgewählten Wirkungskategorien innerhalb des Lebenszyklus gegliedert. Der Herstellungsprozess verursacht im Allgemeinen durchschnittlich 47 % der Auswirkungen innerhalb der ausgewählten Aufprallkategorien. Die Instandhaltung umfasst die Herstellung und den Austausch von Material (Halbe Zungenvorrichtung und Radlenker, Herzstück und Zwischenlagen) sowie Instandhaltungsarbeiten wie Stopf-, Schleif-, Schotterreinigungs-, Auftrags- und Reparaturschweißarbeiten. Dies ergibt einen Durchschnitt von 43 %. Bauarbeiten haben mit durchschnittlich 10 % die geringsten Auswirkungen. Auch hier weicht die Struktur des ODP von

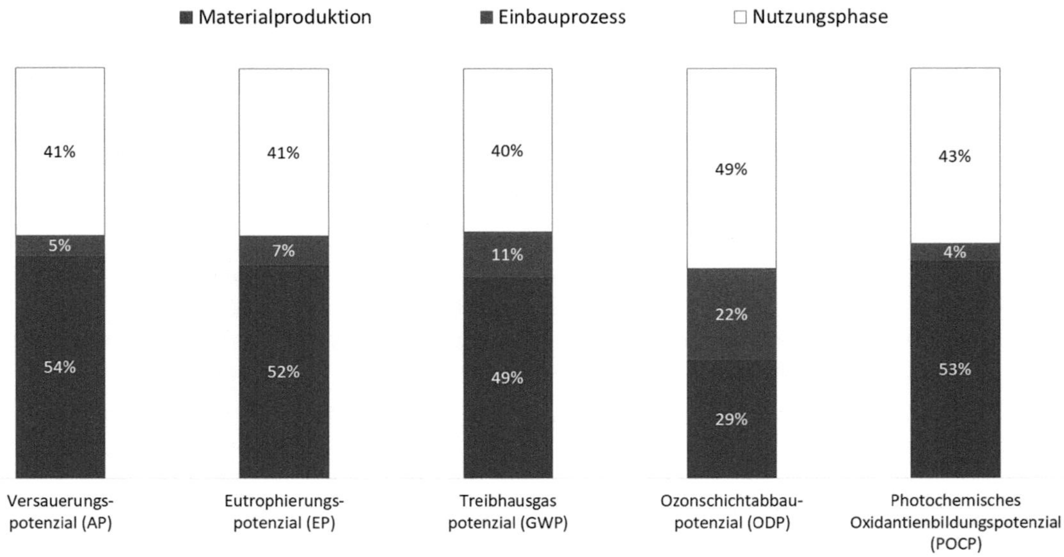


**Abb. 24.9** Verhältnisse von Herstellung, Bau und Betrieb innerhalb der mittleren Kategorien Versauerungspotenzial (AP), Eutrophierungspotenzial (EP), Treibhauspotenzial (GWP), Ozonabbaupotenzial (ODP) und Sommersmogpotenzial (POCP)

den anderen Wirkungskategorien ab, da die Herstellung von Bauteilen einen geringeren Anteil ausmacht. Das ODP in Bau und Betrieb wird fast ausschließlich durch die Produktion von Gleisbaumaschinen verursacht.

Die Instandhaltung offener Gleisanlagen macht je nach den zugrunde liegenden Randbedingungen ca. 5 % der Umweltbelastungen aus [28]. Bei Weichen ist dieser Wert höher, da hier ein höherer Bedarf an Bauteilaustausch während der Nutzungsdauer besteht. Bei den auszutauschenden Bauteilen handelt es sich überwiegend um Stahlteile, so dass die Werkstoffe und die ihnen zugrundeliegenden Herstellungsprozesse die Hauptbelastungen bei der Instandhaltung verursachen [43].

### 24.2.4 Potential zur Reduktion von Umweltwirkungen der Eisenbahninfrastruktur

Dies zeigt, dass es möglich ist, die Umweltauswirkungen von Eisenbahninfrastrukturen transparent zu berechnen. Die Methodik zur Bewertung der Umweltauswirkungen von Eisenbahninfrastrukturen funktioniert offensichtlich, allerdings gibt es zum jetzigen Zeitpunkt noch eine Reihe von Unwägbarkeiten, die sich auf die Eingangsdaten auswirken.

Aus ökologischer Sicht werden Abweichungen in der Ökobilanz durch die Emissionsfaktoren verursacht, die zur Berechnung der Umweltauswirkungen von Prozessen, Massen und Materialien verwendet werden. Die wichtigsten Bereiche, in denen ein Potenzial zur Verringerung der Umweltauswirkungen besteht, sind die Stahlproduktion, die Kreislaufwirtschaft, die Verwendung alternativer Kraftstoffe und Antriebssysteme für schwere Wartungsmaschinen und der Transport sowie die Verlängerung der Lebensdauer von Komponenten und Materialien. Ein Beispiel für Letzteres ist die aufgezeigte Verwendung von Schwellenbesohlungen, da diese die Nutzungsdauer verlängern und den Wartungsaufwand verringern können, was zu geringeren jährlichen Umweltkosten führt. Die Stahlteile der untersuchten Weichen machen 66 % der Umweltauswirkungen aus. Folglich ist die Verringerung der Umweltauswirkungen in der Stahlproduktion ein wichtiger Bereich mit großem Potenzial. Die Produktion im Sauerstoffblaskonverter (blast oxygen furnace, BOF) hat ein geringeres Potenzial für die Wiederverwendung von Stahlschrott im Produktionsprozess (Kreislaufwirtschaft) als der Elektrolichtbogenofen (electric arc furnace, EAF). Außerdem verbraucht das EAF-Verfahren elektrische Energie für den Schmelzprozess. Eine Studie über Stahlproduktionsstätten in Polen [44] kommt zu dem Schluss, dass EAF-Stahl im Best-Case-Szenario nur 23 % der Energie von BOF-Stahl benötigt. EAF ist jedoch stark vom Energiemix in der Region abhängig, um die Umweltauswirkungen der Stahlproduktion wirksam zu mindern.

Die Berücksichtigung der Grundsätze der Kreislaufwirtschaft im Eisenbahnsystem kann ebenfalls eine wichtige Rolle bei der Verringerung der Umweltauswirkungen spielen. Mehrere Studien [45–47] zeigen, dass aufbereitete Stahlschlacke als Eisenbahnschotter verwendet werden könnte. Dies würde die Entsorgungsmenge bei der Stahlproduktion verringern und den Bedarf an natürlichem Schotter senken. Auch der Einbau von Verbundschwellen aus recycelten Materialien [48] würde erheblich zur Verwendung von Sekundärrohstoffen im Eisenbahnsystem beitragen.

### 24.2.5 Umweltkosten von Eisenbahninfrastruktur

Unterschiedliche Stakeholder der Bahnbranche nutzen zunehmend die monetäre Bewertung von LCA-Ergebnissen als Single-Score-Indikator-Ansatz, da sie Umweltkosten als verständliche und klare Entscheidungsgrundlage sehen. Die Vorteile der Verwendung des monetären Wertes in der Gewichtungsphase der Ökobilanz wurden von vielen Autoren untersucht [5, 50–55]. Der Zweck der Gewichtungsphase besteht darin, Kompromisse zwischen (Umwelt-)Effekten zu schließen, die in verschiedenen (biophysikalischen) Einheiten erfasst werden und daher nicht vergleichbar sind. Die Verwendung der monetären Bewertung zur Umrechnung dieser Effekte in dieselbe Einheit ermöglicht einen direkten Vergleich. Ihr Hauptkritikpunkt ist, dass sie aus der Sicht der Nachhaltigkeitsrechnung als problematisch angesehen wird: Die monetäre Bewertung von Umweltproblemen kann implizieren, dass man durch die Bezahlung der „Kosten" der Verschmutzung die Auswirkungen der Verschmutzung kompensieren kann [56]. Dementsprechend sollte die Methodik der Monetarisierung von Umweltkosten nicht als Werkzeug zur „Ausgleichszahlung", sondern als Entscheidungskriterium im Sinne der Nachhaltigkeit verwendet werden.

Wenn es um die Bewertung der ganzheitlichen Umweltqualität von Projekten, Gütern oder Dienstleistungen geht, hat der monetäre Wert den Vorteil, dass er den Beteiligten und politischen Entscheidungsträgern nützliche Informationen liefert. Darüber hinaus ermöglicht die Zuweisung monetärer Werte für Umweltvariablen die Einbeziehung von Umweltkriterien in unternehmerische Entscheidungen und die Durchführung von Kosten-Nutzen-Bewertungen. In der Volkswirtschaft ist der monetäre Wert untrennbar mit dem Begriff der externen Effekte verbunden. Externe Effekte sind Kosten und Gewinne, die aus der wirtschaftlichen Tätigkeit eines Faktors resultieren und einen anderen beeinflussen [57]. Wenn externe Effekte zu einem Wohlfahrtsgewinn oder -verlust führen, können sie gemäß dieser Definition als positiv (Nutzen) oder negativ (Kosten oder externe Effekte) eingestuft werden.

Das Ziel der Berechnung der Umweltkosten von Eisenbahninfrastrukturen besteht ebenfalls darin, anstelle von verschiedenen Parametern, die sich auf unterschiedliche Einheiten beziehen, mehrere Mittelwertindikatoren in einer einzigen Bewertung zusammenzufassen. Die Umrechnung dieser Kosten von Umweltauswirkungen in Kostenwerte ermöglicht es außerdem, Umweltauswirkungen in verschiedenen Sektoren zu berücksichtigen. Die Berechnung der Umweltkosten mit Hilfe einer Single-Score-Bewertungsmethodik wird am Beispiel von Eisenbahnweichen demonstriert (Abb. 24.10).

Auf der Grundlage der Umweltauswirkungen für die ausgewählten Mid-Point-Kategorien können damit verbundene Umweltkosten mit Hilfe von Kostenfaktoren auf der Grundlage von Schadenskosten und Vermeidungskosten berechnet werden [42]. Die Anzahl der in der Literatur vorhandenen Umweltkostenfaktoren für die einzelnen mittleren Kategorien variiert zwischen 11 (AP, EP, ODP und POCP) und 16 (GWP).

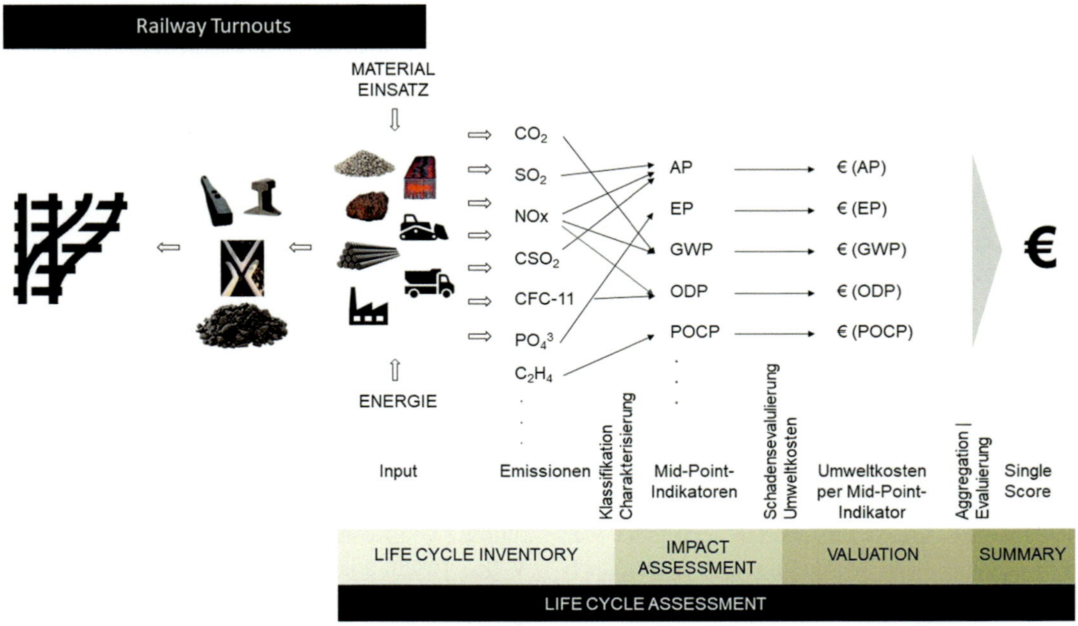


**Abb. 24.10** Konzept der Einpunktbewertung auf der Grundlage der Ökobilanz und der Gewichtung mittels Umweltpreisen für Mittelwertindikatoren für Eisenbahnweichen

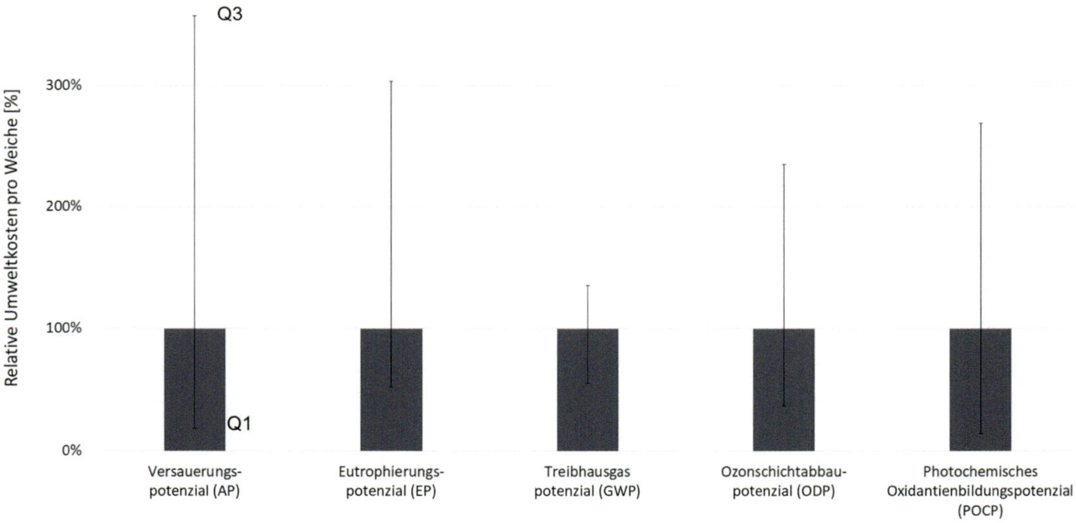


**Abb. 24.11** Verhältnis der Umweltkosten für ausgewählte Mittelwertkategorien für Weichen mit besohlten Betonschwellen

Abb. 24.11 zeigt das Verhältnis der Umweltkosten für Weichen mit besohlten Betonschwellen. Die Medianwerte der Monetarisierungsfaktoren für die jeweilige Wirkungskategorie summieren sich auf 100 % der Umweltkosten. Die Abweichung basiert auf dem ersten und dritten Quartil der Umweltpreisfaktoren. Die Treibhausgasemissionen (GWP) zeigen bei weitem die geringste Abweichung, obwohl GWP die höchste Anzahl an zugrunde liegenden Umweltpreissystemen aufweist. Dies ist ein Hinweis darauf, dass die Berechnung der Umweltkosten in Bezug auf GWP am weitesten fortgeschritten ist. AP zeigt die größte Abweichung mit einer Spanne von 19 bis 358 %. Im Durchschnitt schwanken die Ergebnisse zwischen 36 und 260 %. Dies unterstreicht die Notwendigkeit, dementsprechende Monetarisierungsfaktoren in Zukunft zu harmonisieren.

Auf dieser Basis können nun die Umweltwirkungen von Infrastrukturkomponenten monetarisiert werden.

Die ermittelten Umweltwirkungen können in monetarisierter Form im Anlagenmanagement von Eisenbahninfrastruktur (Kap. 23) als Teil der Lebenszykluskosten integriert werden. Dies gilt für das Annuitätenmonitoring – und damit der Ermittlung des technisch-wirtschaftlich optimalen Reinvestitionszeitpunktes – ebenso wie für den strategischen Komponentenentscheid.

## 24.3 Integration von Umweltwirkungen in Entscheidungsprozesse

In Bezug auf die Reduktion von Umweltwirkungen zu errichtender Eisenbahninfrastruktur stellen sich zwei wesentliche Hebel dar: Die Planungs- sowie die Beschaffungsphase. Erstere bietet die Möglichkeit, eine signifikante Reduktion bereits in der Frühphase eines Projektes zu erreichen. Ein Variantenvergleich auf Basis einer Ökobilanzierung sorgt dafür, dass bereits in der Planung möglichst nachhaltige Stoffe und Konstruktionen sowie deren Potential zur Wiederverwendung angedacht werden. Im nächsten Schritt erlaubt die Berücksichtigung ökologischer Aspekte im Rahmen der Beschaffung, dass eine weitere Differenzierung auf Basis der eingelangten Angebote passiert. Diese Differenzierung berücksichtigt nicht nur die Produktionsprozesse der Materialien, sondern auch Transportlängen und -typ sowie Einbauprozesse. Damit findet in diesem Schritt auch die Regionalität bzw. die einzelnen Schritte der Lieferkette Berücksichtigung. Idealerweise werden bei größeren Infrastrukturprojekten beide Schritte umgesetzt, einerseits ein Variantenentscheid aufgrund ökologischer Faktoren in der Planungsphase und andererseits auch Berücksichtigung im Beschaffungsprozess.

### 24.3.1 Ökologischer Variantenentscheid im Planungsprozess

Im Planungsprozess von Infrastrukturanlagen ist es möglich, weitreichende Entscheidungen in Bezug auf die Nachhaltigkeit zu treffen, wenn man sich für nachhaltige Materialien und Bauweisen entscheidet. Darüber hinaus sollten auch Aspekte der Kreislaufwirtschaft frühzeitig betrachtet und vorbereitet werden, um möglichst viele Stoffe vor Ort wieder zu verwenden und damit Transporte zu vermeiden und Ressourcen zu schonen. Um Ergebnisse einer ökologischen Betrachtung im Projekt zu berücksichtigen, müssen die wesentlichen Treiber von Umweltwirkungen evaluiert und mögliche Einsparungspotentiale aufgezeigt werden. Zur Ermittlung der jeweils nachhaltigsten Planungsvariante wird die bereits vorgestellte Methodik der Ökobilanzierung eingesetzt. Für die Betrachtung des Bahnhofsumbaus werden jene Bauteile erfasst, welche den größten Input verursachen bzw. für welche auf Basis vorhandener Emissionsdaten eine Berechnung des Variantenvergleichs möglich ist. Dies betrifft beispielsweise den Eisenbahnfahrweg, Bahnsteigdächer, Vordächer, Parkplätze, Stellwerke und Stützmauern [58]. Die dafür notwendige Massenermittlung erfolgt anhand der Ausführungspläne. Darauf basierend werden geeignete Materialen bzw. Aufbauten ermittelt, welche als mögliche Alternative anzusehen sind. Folglich können für alle Bauteile mehrere Varianten verglichen werden.

Im Rahmen eines Planungsprozesses sollten jedenfalls auch Aspekte der Kreislaufwirtschaft mitberücksichtigt werden. Die Potentiale sollen hier am Beispiel eines Bahnhofumbaus mit einer Mittelbahnsteiglänge von rund 200 m und einem Gesamtgleisumbau von rund 7 km mit angeschlossenen Park & Ride Flächen aufgezeigt werden [57]. Dabei werden insbesondere die anfallenden Gesteins- und Erdmaterialien untersucht. Das Abtragmaterial stammt zum überwiegenden

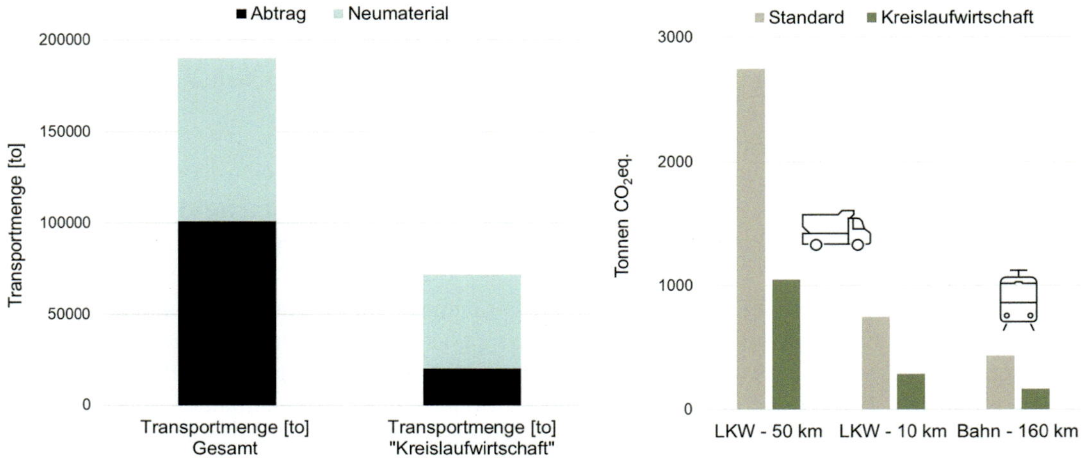


**Abb. 24.12** Einsparungspotential an Transporten im Szenario „Kreislaufwirtschaft“

Teil aus dem Umbau des Gleiskörpers. Darüber hinaus weisen auch die Umbauten des Bahnsteigs und der Parkflächen ein erhöhtes Materialaufkommen auf, da hier ein dementsprechender Bodenaustausch zur Stabilisierung stattfinden muss.

Insgesamt können damit die zu transportierenden Massen von 190.000 t (Abtrag und Neumaterial) auf 72.000 t (Neumaterial, 20 % nicht wiederaufbereitbarer Abtrag und Überschuss „Erdmaterial“) verringert werden. Das entspricht einer Einsparung von 62 % (Abb. 24.12, links).

Dieser Unterschied im Rahmen der zu transportierenden Massen spiegelt sich auch in der Treibhausgasbilanz wider. Dabei ist nicht nur die Transportmenge, sondern auch der Typ sowie die Distanz von maßgeblicher Bedeutung. Dementsprechend wird eine Szenarienrechnung durchgeführt, wobei in sechs Szenarien unterschieden wird. Die Szenarien „Standard“ und „Kreislaufwirtschaft“ werden jeweils für eine realistische Entfernung für derartige LKW-Transporte (50 km) dargestellt. Darüber hinaus auch für eine – sofern vorhanden – Berücksichtigung von regionalen Deponien und Gesteinswerken in einem Umkreis von zehn Kilometer. Die Berechnung der Transporte via Bahn wird für eine bedeutend längere Transportdistanz von 160 km durchgeführt, da Deponien und Werke mit Gleisanschluss weitaus seltener vorhanden sind. In Abb. 24.12 sind die Emissionen der einzelnen Szenarien illustriert. Die notwendigen Abtrags- und Bauprozesse und dementsprechend notwendige Geräte und Maschinen sind für sämtliche Szenarien vergleichbar und daher beiderseits nicht berücksichtigt. Vergleicht man die Ergebnisse, ist zu erkennen, dass der größte Hebel in Bezug auf die Treibhausgasemissionen im gewählten Transporttyp liegt. Gütertransport mittels LKW weist für österreichische Randbedingungen die 45-fachen Treibhausgasemissionen gegenüber der Bahn auf [59].

### 24.3.2 Nachhaltiger Beschaffungsprozess

Neben dem Planungsprozess von Infrastrukturanlagen liegt ein wesentlicher Hebel zur Reduktion von Umweltwirkungen auch in der Beschaffung. Die Berücksichtigung der Umweltwirkungen im Beschaffungsprozess kann auf Basis zweier unterschiedlicher Varianten erfolgen, und zwar angebotsspezifisch und unternehmensspezifisch. Ein Beispiel für Letzteres ist die in den Niederlanden entwickelte $CO_2$-Ladder [60]. Derartige Ansätze bewerten Unternehmen beispielsweise hinsichtlich ihrer Arbeitsbedingungen, des Flottenmanagements, der Kommunikation oder ganzer Produktionsstandorte. Diese unternehmensspezifische Bewertung leistet einen wichtigen Beitrag im Rahmen der Zertifizierung von Unternehmen nach ökosozialen Faktoren. Eine Berücksichtigung der Umweltauswirkungen der spezifisch angebotenen Produkte und Dienstleistungen ist damit allerdings nicht möglich.

Eine auftrags- und angebotsspezifische Bewertung der Umweltauswirkungen ist für die direkte Einbeziehung der Umweltwirkungen als objektives Kostenkriterium unerlässlich. Dies bedeutet, dass die für diese Beschaffung spezifischen Umweltauswirkungen für jedes einzelne Angebot des Bieters bewertet werden müssen. Die angebotsspezifische Berücksichtigung ökologischer Effekte wurde bereits 2021 innerhalb der Österreichischen Bundesbahnen ÖBB für die Beschaffungen des Gesamtkonzerns integriert. Das erstellte Modell TCO $CO_2$ [61] kommt dabei in sämtlichen Bereichen (Infrastruktur, Fahrzeuge, IT und Services) zur Anwendung.

Die ÖBB sind bereits zuvor dazu übergegangen, Folgekosten in den Beschaffungsprozess einzubeziehen, um regulatorischen Anforderungen zu entsprechen. Bei der Angebotslegung werden Energieverbrauch über die Nutzungsdauer, voraussichtliche Wartungs- und Ersatzteilkosten oder z. B. notwendige Umbaukosten abgefragt. Seit der Beschaffung des Hochgeschwindigkeitszuges „Railjet" im Jahr 2005 werden Ausschreibungen für Schienenfahrzeuge nach der Total Cost of Ownership (TCO) Methode durchgeführt. Dieser TCO-Ansatz beschreibt die Gesamtkosten, d. h. auch die nach dem Kauf eines Produktes oder einer Dienstleistung zu erwartenden Kosten. Zusätzlich zu den reinen Investitionskosten werden sowohl die Bau- als auch die Betriebskosten eines Produkts in die Gesamtkosten einbezogen. Die Methodik TCO $CO_2$ ist ein Modell, das die zu erwartenden Umweltauswirkungen der spezifischen Angebote während der Herstellung, des Baus und des Betriebs bewertet. Dies ermöglicht eine nahtlose Integration in die aktuelle TCO-Methode, da diese um die durch Umwelteffekte verursachten Kosten ($\text{Kosten}_{THG}$) erweitert wird (Abb. 24.13).

Die besondere Herausforderung eines derartigen Modells besteht darin, dass alle Beschaffungskategorien abgedeckt werden und auf unterschiedliche Umfänge skalierbar sein müssen. Der Prozess sollte für die Verantwortlichen des Einkaufs und die anbietenden Unternehmen möglichst benutzerfreundlich sein, um den zusätzlichen Aufwand im Beschaffungsprozess so gering wie möglich zu halten.

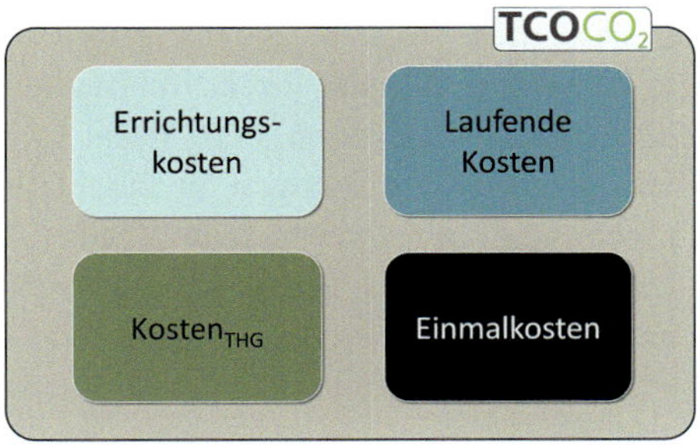


**Abb. 24.13** Kostenelemente des TCO $CO_2$ Ansatzes

Generell sind Erweiterungen und zusätzliche nicht monetäre Kriterien bei Wirtschaftlichkeitsberechnungen nicht einfach zu handhaben. Die fehlende Monetarisierung ist der Grund dafür, dass sie oft als Einzelaspekte separat betrachtet werden müssen, um dann über Gewichtungen, Punktesysteme o. ä. in die Gesamtbewertung einfließen zu können. Die Kostenaufstellung sollte daher alle Auswirkungen des Produktes oder der Dienstleistung über die gesamte Nutzungsdauer in monetarisierter Form widerspiegeln. Liegen diese außerhalb des direkten Rechnungskreises, werden sie in der Regel über geeignete Monetarisierungsverfahren in die Betrachtung einbezogen. Nehmen wir als Beispiel ein Schienenfahrzeug, so wird der Energieverbrauch über den Energie(einkaufs)preis und die Gleisschäden über die Trassenpreise berücksichtigt (Kap. 25). Anders verhält es sich bisher bei den Umweltauswirkungen. Diese (externen) Effekte werden größtenteils entweder noch nicht monetarisiert oder zumindest nicht in Form eines Geldflusses dargestellt. Dies ändert sich, wenn $CO_2$ allgemein besteuert wird und somit in den Buchhaltungskreislauf des beschaffenden Unternehmens direkt einfließt [2].

Insbesondere im öffentlichen Auftragswesen ist die Situation speziell. Gegenwärtig sind die Kosten negativer Umweltauswirkungen klassische externe Kosten, was bedeutet, dass sie als Kosten der Gesellschaft anfallen, d. h. sie werden verallgemeinert. Bei der Verwendung von öffentlichen Geldern, d. h. Steuergeldern und damit Geldern der Allgemeinheit, kann man argumentieren, dass diese Kosten, die in Wirklichkeit externe Kosten sind, auch direkt im Buchungskreislauf zu berücksichtigen sind. Wenn es also möglich ist, die Auswirkungen zu monetarisieren, können und sollten sie auch als Kostenfaktor bei der Bewertung des Erwerbs berücksichtigt werden. Dabei ist es unerheblich, ob eine Gebietskörperschaft oder ein staatliches Unternehmen erwirbt.

Der für dieses Modell gewählte Detaillierungsgrad erfordert Eingabedaten, die demselben Detaillierungsgrad entsprechen. Daher bezieht sich die erste Ausgabe des Modells zur Berechnung der Umweltauswirkungen auf die Treibhausgasemissionen in Form von $CO_2$-Äquivalenten ($CO_2$eq) gemäß den Regeln des Kyoto-Protokolls [62], da diese anhand eindeutiger, objektiver und vergleichbarer Daten ermittelt werden können. Weitere Wirkungskategorien (z. B. Flächennutzung, Feinstaub, Wasserfußabdruck, ...) können hinzugefügt werden, sobald die Eingangsdaten in ausreichender Qualität und Transparenz verfügbar sind.

Generell ist es wichtig, vergleichbare Faktoren der Treibhausgasemissionen für relevante Stoffe oder Materialien und Prozesse in einer Datenbank in die Struktur des Modells zu integrieren, die eine direkte Umrechnung von Materialien und Prozessen in Umweltauswirkungen ermöglichen. Stoffe beziehen sich auf physische Materialien und Produkte, die durch die produzierte Menge definiert werden können. Prozesse sind definiert als Vorgänge wie Transport und Energieversorgung, die zur Herstellung oder zum Betrieb eines Produkts beitragen, aber keinen direkten, physischen Output in der Materialflussbilanz darstellen.

Um den geforderten Transparenzstandards im Rahmen der öffentlichen Beschaffung gerecht zu werden, sollten nur offengelegte Daten verwendet werden, keine lizenzierten Datenbanken. Aus diesem Grund bieten die veröffentlichten Umweltproduktdeklarationen (EPDs) sowie beispielsweise die Umweltbundesämter von Österreich und Deutschland eine seriöse und öffentlich zugängliche Quelle für Eingangsdaten. EPDs sind Typ III Umweltdeklarationen nach ISO 14025 und EN 15804, die ökologisch relevante Inputs und Outputs von Waren oder Dienstleistungen unter Berücksichtigung des gesamten Lebenszyklus quantifizieren. Sie beziehen sich auf bestimmte Wirtschaftsgüter, die von externen Fachleuten zertifiziert und auf der Website des Unternehmens oder in einschlägigen Datenbanken zugänglich gemacht werden.

Abb. 24.14 zeigt, wie der Anteil der umweltbedingten Ausgaben ($\text{Kosten}_{\text{THG}}$) berechnet wird. Die verwendeten Materialien und die für die Produktion und den Bau erforderlichen Prozesse sind für den Großteil der Treibhausgasemissionen verantwortlich. Der Energieverbrauch der einzelnen Energieträger sowie die erforderlichen Wartungsmaßnahmen bestimmen die Betriebs- und Nutzungsphase.

Der Monetarisierungsfaktor ist eine wichtige Inputvariable für die Monetarisierung der externen Kosten und spielt daher im Modell eine wichtige Rolle. Aus Gründen der Transparenz und Diskriminierungsfreiheit im Rahmen der Vergabe sollte hier ein institutionalisierter Faktor gewählt werden, beispielsweise jener der vorherrschenden $CO_2$-Steuer im Land des ausschreibenden Unternehmens [5].

Diese Methodik bietet die Möglichkeit, ökologische Faktoren objektiv, transparent, integriert und vor allem angebotsspezifisch zu berücksichtigen. Damit wird man auch den Anforderungen des Best-Bieter-Kriteriums gerecht. Darüber hinaus ergibt sich durch einen flächendeckenden Einsatz eines derartigen Modells ein weiterer zukünftiger Vorteil im Rahmen des nicht finanziellen Reportings. Ab dem Berichtsjahr 2025 unterliegen kapitalmarktorientierte Unternehmen mit mehr als 500 Mitarbeitern der Corporate Sustainability Reporting Directive (CSRD). Darin definieren die Europäischen Standards für die Nachhaltigkeitsberichterstattung (ESRS) neue Pflichtangaben der nichtfinanziellen Berichterstattung. Neben Emissionen zu Scope 1 und 2 werden dann auch die Scope 3 Emissionen gemäß GHG-Protocol verpflichtend zu berichten sein [63]. Das GHG-Protocol definiert Scope 3 Emissionen als „alle indirekten Emissionen (nicht in Scope 1 und 2 enthalten), die in der Wertschöpfungskette des berichtenden Unternehmens entstehen, einschließlich vorgelagerter und nachgelagerter

1. Produktion | 2. Errichtung | 3. Nutzung

$$Kosten_{THG} = (THG_{prod} + THG_{constr} + THG_{op}) * m$$

$$THG_{prod} = \sum_{i=1}^{n} material_i * EF_i + \sum_{j=1}^{n} prozess_j * EF_j$$

$$THG_{constr} = \sum_{i=1}^{n} material_i * EF_i + \sum_{j=1}^{n} prozess_j * EF_j$$

$$THG_{op} = \sum_{i=1}^{n} EV_i * BZ_i * SL * EF_i + \sum_{j=1}^{n} IH * EF_j$$

| | |
|---|---|
| $Kosten_{THG}$ | *Kosten der THG [€]* |
| *THG* | *Treibhausgasemissionen [t $CO_2e$]* |
| *M* | *Kostenfaktor [€/t $CO_2e$]* |
| *EF* | *Emissionsfaktor [t $CO_2e$ / Einheit]* |
| *EV* | *Energieverbrauch Quelle i [kWh]* |
| *BZ* | *Betriebszeit (z.B. h/a)* |
| *ND* | *Nutzungsdauer (z.B. a)* |
| *IH* | *Instandhaltung j* |

**Abb. 24.14** Berechnung der Umweltkosten im Rahmen des Vergabeverfahrens

Emissionen.“ Die Scope 3 Emissionen werden in insgesamt 15 Kategorien strukturiert, welche bei Bahnbetreibern erfahrungsgemäß über 80 % der gesamten Emissionen verursachen. Dabei sind insbesondere eingekaufte Waren und Dienstleistungen (eng.: purchased goods and services) und Kapitalgüter (capital goods) von maßgeblicher Bedeutung. Diese Warengruppen sind geprägt von sowohl hohem Beschaffungsvolumen als auch durch hohe $CO_2$-Intensität. Die Ermittlung der Umweltwirkungen dieser maßgeblichen Warengruppen könnte bei flächendeckendem Einsatz einer derartigen Berücksichtigung in der Beschaffung direkt über dieses Modell erfolgen.

## 24.4 Zusammenfassung und Ausblick

Die Eisenbahn ist bereits heute die nachhaltigste Form motorisierter Mobilität. Das liegt an den effizienten Materialeigenschaften der Stahl-Stahl-Wechselwirkung und einem hohen Grad an elektrifiziertem Bahnbetrieb. Wie auch bei anderen Verkehrsträgern wurden jedoch bisher die Umweltwirkungen der Bereitstellung und Instandhaltung von Infrastruktur nicht im Detail berücksichtigt. Je nach Strommix sind die emittierten jährlichen Treibhausgasemissionen aus dem Bau und der Instandhaltung der Eisenbahninfrastruktur nahezu vergleichbar mit jenen aus dem Eisenbahnbetrieb. Das bedeutet, dass im Bereich der Verkehrsinfrastruktur noch ein wesentliches Potenzial zur Minderung der Umweltauswirkungen besteht, wenn man auch im Bereich der Infrastruktur dementsprechende flächendeckende Maßnahmen setzt. Die Betreiber der Eisenbahninfrastruktur entwickeln und realisieren bereits vielversprechende Einzelmaßnahmen zur Minderung der Umweltauswirkungen. Eine ganzheitliche Bewertung des Minderungspotenzials wird aktuell jedoch nicht flächendeckend durchgeführt und Umweltauswirkungen werden nur selten in strategische Entscheidungsprozesse einbezogen.

Eine Bewertung der Umweltauswirkungen sollte bestenfalls über den gesamten Lebenszyklus eines Produkts oder einer Leistung betrachtet werden, da die Nutzungsdauer einen wesentlichen Einflussparameter im Sinne der Nachhaltigkeit darstellt. Daher müssen Informationen über Wartungszyklen, die damit verbundenen Transporte und die zu erwartende Lebensdauer unter bestimmten Randbedingungen verfügbar sein.

Um das letztendliche Ziel, eine Umweltbewertung in bestehende Lebenszyklusmanagementmodelle zu integrieren, zu erreichen, kann der Ansatz der Monetarisierung von Umweltauswirkungen gewählt werden. Bestenfalls erfolgt diese Integration direkt in das Lebenszyklusmanagement der Eisenbahninfrastruktur, indem die Umweltkosten zu dem bereits etablierten Modell der Berechnung der wirtschaftlichen Lebenszykluskosten unter Verwendung von Annuitäten hinzugefügt werden. Ein wesentlicher Hebel zur Optimierung des Eisenbahnsystems ist die Einbeziehung der Umweltauswirkungen in den Beschaffungsprozess. Dieser Ansatz wirkt sich auf alle Teilsysteme des Eisenbahnsystems gleichzeitig aus und wäre daher ein wichtiger Schritt zur Verringerung der Umweltauswirkungen auf Systemebene.

Ausgehend von aktuellen Erkenntnissen sollte sich die zukünftige Forschung auf die Einbeziehung weiterer Wirkungskategorien wie Landnutzung, Wasserverbrauch, Lärm und Feinstaub konzentrieren. Im Hinblick auf die Phasen einer Ökobilanz ist weitere Forschung zu End-of-Life-Szenarien erforderlich. Dieser Bereich ist noch weitgehend unterrepräsentiert, spielt aber eine entscheidende Rolle in der Kreislaufwirtschaft und wird ein wesentliches Instrument zur Erreichung der Umweltziele darstellen. Auf europäischer und globaler Ebene sind eine Harmonisierung der Vorschriften, eine technische Bewertung der Umweltauswirkungen und eine transparente Dokumentation erforderlich.

Darüber hinaus sollte die hier erläuterte Methodik auch auf andere Verkehrsträger ausgeweitet werden. Dies wäre ein großer Schritt, um Investitionen in Verkehrsinfrastruktur ganzheitlich zu bewerten und zu vergleichen. Der Verkehr der Zukunft sollte den Bedürfnissen der Gesellschaft auf bequeme, zugängliche und nachhaltige Weise dienen, weshalb die richtigen Instrumente benötigt werden, um die Auswirkungen zu quantifizieren und die richtigen Entscheidungen zu treffen.

## Literatur


1. Brundtland GH, Hauff V (Hrsg) (1987) Unsere gemeinsame Zukunft. Eggenkamp
2. UNIFE, Roland Berger (2020) World rail market study. UNIFE – Association of the European Rail Industry, S 156
3. Umweltbundesamt Österreich (2019) Austrian Emission factors for transport. Vienna. https://www.umweltbundesamt.at/umweltsituation/verkehr/verkehrsdaten/emissionsfaktoren_verkehrsmittel/
4. European Commission (2019) The European Green Deal. Eur Comm [Internet]. 53(9):24. https://eur-lex.europa.eu/legal-content/EN/TXT/PDF/?uri=CELEX:52019DC0640&from=EN
5. Worldbank Carbon Pricing Dashboard. https://carbonpricingdashboard.worldbank.org/
6. Matthey A, Bünger B (2019) Methodenkonvention 3.0 zur Ermittlung von Umweltkosten – Kostensätze [Internet]. German Environment Agency. https://www.umweltbundesamt.de/sites/default/files/medien/1410/publikationen/2019-02-11_methodenkonvention-3-0_kostensaetze_korr.pdf
7. Chester MV, Horvath A (2009) Environmental assessment of passenger transportation should include infrastructure and supply chains. Environ Res Lett 4(2):24008
8. Olugbenga O, Kalyviotis N, Saxe S (2019) Embodied emissions in rail infrastructure: A critical literature review. Environ Res Lett 14:123002. https://doi.org/10.1088/1748-9326/ab442f
9. Environmental Agency (2012) ProBas Prozessorientierte Basisdaten für Umweltmanagementsysteme. https://www.probas.umweltbundesamt.de/
10. Environmental Agency (2020) GEMIS Austria: Global Emission model of integrated systems. Environmental Agency, Vienna (https://www.umweltbundesamt.at/gemis)
11. Federal Ministry of the Interior Building and Community Oekobaudat – Sustainable Construction Information Portal. https://www.oekobaudat.de/
12. de Bortoli A, Bouhaya L, Feraille A (2020) A life cycle model for high-speed rail infrastructure: environmental inventories and assessment of the Tours-Bordeaux railway in France. Int J Life Cycle Assess 25(4):814–830
13. Goedkoop M, Heijungs R, Huijbregts M, De Schryver A, Struijs J, Van Zelm R (2013) ReCiPe 2008: A life cycle impact assessment method which comprises harmonised category indicators at the midpoint and the endpoint level. Report I: Characterisation, Dutch Ministry of Housing, Spatial Planning and Environment (VROM), Den Haag
14. Joos F, Roth R, Fuglestvedt JS, Peters GP, Enting IG, Von Bloh W et al (2013) Carbon dioxide and climate impulse response functions for the computation of greenhouse gas metrics: a multi-model analysis. Atmos Chem Phys 13(5):2793–2825
15. Roy PO, Deschênes L, Margni M (2012) Life cycle impact assessment of terrestrial acidification: modeling spatially explicit soil sensitivity at the global scale. Environ Sci Technol 46(15):8270–8278
16. Ortiz-Reyes E, Anex RP (2018) A life cycle impact assessment method for freshwater eutrophication due to the transport of phosphorus from agricultural production. J Clean Prod 177:474–482. https://doi.org/10.1016/j.jclepro.2017.12.255
17. World Meteorological Organization (WMO) (2014) Scientific assessment of ozone depletion: 2014. World meteorological organization, global ozone research and monitoring project – report no 55
18. Jenkin ME, Derwent RG, Wallington TJ (2017) Photochemical ozone creation potentials for volatile organic compounds: rationalization and estimation. Atmos Environ 163:128–137. https://doi.org/10.1016/j.atmosenv.2017.05.024

19. Pizzol M, Laurent A, Sala S, Weidema B, Verones F, Koffler C (2017) Normalisation and weighting in life cycle assessment: quo vadis? Int J Life Cycle Assess 22(6):853–866
20. Steen BA (2006) Describing values in relation to choices in LCA. Int J Life Cycle Assess 11(4):277–283
21. Huijbregts MAJ, Steinmann ZJN, Elshout PMF, Stam G, Verones F, Vieira M et al (2017) ReCiPe2016: a harmonised life cycle impact assessment method at midpoint and endpoint level. Int J Life Cycle Assess 22(2):138–147. https://doi.org/10.1007/s11367-016-1246-y
22. Ahbe S, Weihofen S, Wellge S (2018) Eco factors for EU-28 and member states. In: Ahbe S, Weihofen S, Wellge S (Hrsg) The ecological scarcity method for the European Union. Springer
23. IBO – Österreichisches Institut für Bauen und Ökologie (2018) Leitfaden zur Berechnung des Oekoindex OI3 für Bauteile und Gebäude [Internet]. Vol 4. Vienna. https://www.ibo.at/fileadmin/ibo/materialoekologie/OI3_Berechnungsleitfaden_V4.0_20181025_01.pdf
24. Chester M, Horvath A (2010) Life-cycle assessment of high-speed rail: the case of California. Environ Res Lett 5(1):14003
25. Yang X, Lin S, Li Y, He M (2019) Can high-speed rail reduce environmental pollution? Evidence from China. J Clean Prod 239:118135. https://doi.org/10.1016/j.jclepro.2019.118135
26. Cheng S, Lin J, Xu W, Yang D, Liu J, Li H (2020) Carbon, water, land and material footprints of China's high-speed railway construction. Transp Res Part D Transp Environ 82:102314. https://doi.org/10.1016/j.trd.2020.102314
27. Pons J, Sanchis I, Franco R, Yepes V (2020) Life cycle assessment of a railway tracks substructures: comparison of ballast and ballastless rail tracks. Environ Impact Assess Rev 85:106444. https://doi.org/10.1016/j.eiar.2020.106444
28. Landgraf M, Horvath A (2021) Embodied greenhouse gas assessment of railway infrastructure: the case of Austria. Environ Res Infrastruct Sustain. https://doi.org/10.1088/2634-4505/ac1242
29. Banar M, Özdemir A (2015) An evaluation of railway passenger transport in Turkey using life cycle assessment and life cycle cost methods. Transp Res Part D Transp Environ 41:88–105
30. Jones H, Moura F, Domingos T (2017) Life cycle assessment of high-speed rail: a case study in Portugal. Int J Life Cycle Assess 22(3):410–422
31. Enzi M, Landgraf M (2017) Steigende Verkehrsprognosen im Schienenverkehr: Innovative Oberbaukomponenten halten dagegen. ZEVrail 141(6/7):250–255
32. Marschnig S, Veit P (2023) Assessing Average Maintenance Frequencies and Service Lives of Railway Tracks: The Standard Element Approach [Internet]. New Research on Railway Engineering and Transport [Working Title]. IntechOpen https://doi.org/10.5772/intechopen.110488
33. Neuhold J, Landgraf M, Neuper G (2018) Effekte von Schwellenbesohlungen auf das langfristige Qualitätsverhalten des Gleises. ZEVrail 142(8):276–281
34. Freudenstein S, Iliev D, Ahmad N (2011) Die Kontaktspannung zwischen elastisch besohlten Schwellen und Schotter: Moderner Gleisbau und Instandhaltung. ETR Eisenbahntech Rundsch 60(5):13–20
35. Sysyn M, Nabochenko O (2020) Experimental investigation of the dynamic behavior of railway track with sleeper voids. Rail Eng Sci 28(3):290–304
36. Landgraf M et al (2023) Nachhaltigkeit im Gleisbau am Beispiel der Gleisbaumaschinenflotte in Österreich. ZEVrail 147(11/12)
37. Austrian Economic Chambers (2020) Austrian construction equipment register. https://www.bgl-online.info/index.html?lang=en. Zugegriffen: 25. Aug. 2020
38. Passer A, Lasvaux S, Allacker K, De Lathauwer D, Spirinckx C, Wittstock B et al (2015) Environmental product declarations entering the building sector: critical reflections based on 5 to 10 years experience in different European countries. Int J Life Cycle Assess 20(9):1199–1212
39. Wilfling PA, Fellinger M, Veit P (2021) Data Sources and Research Models for Turnouts. In: Galeazzi R, Danielsen HK, Ersbøll BK, Jensen DJ, Santos I (eds) Intelligent Quality Assessment of Railway Switches and Crossings. Springer series in reliability engineering. Springer Nature, S 109–127
40. Fellinger M, Neuhold J, Marschnig S (2020) Ballast condition monitoring for turnouts using power spectral density. J Transp Eng Part A Syst 146(9):04020099. https://doi.org/10.1061/JTEPBS.000043
41. Landgraf M (2018) Smart data for sustainable Railway Asset Management: Assessment – Aggregation – Asset management. Monographic Series TU Graz, Graz, S 139
42. Park WJ, Kim R, Roh S, Ban H (2020) Identifying the major construction wastes in the building construction phase based on life cycle assessments. Sustain 12(19):1–14
43. Landgraf M, Zeiner M, Knabl D, Corman F (2022) Environmental impacts and associated costs of railway turnouts based on Austrian data. Transp Res Part D Transp Environ 103:103168
44. Burchart-Korol D (2013) Life cycle assessment of steel production in Poland: a case study. J Clean Prod 54:235–243. https://doi.org/10.1016/j.jclepro.2013.04.031
45. Esmaeili M, Yousefian K, Nouri R (2017) Vertical load distribution in ballasted railway tracks with steel slag and limestone ballasts. Int J Pavement Eng. https://doi.org/10.1080/10298436.2017.1380808
46. Qasrawi H (2014) The use of steel slag aggregate to enhance the mechanical properties of recycled aggregate concrete and retain the environment. Con-

str Build Mater 54:298–304. https://doi.org/10.1016/j.conbuildmat.2013.12.063
47. Delgado BG, da Fonseca VA, Fortunato E, Maia P (2019) Mechanical behavior of inert steel slag ballast for heavy haul rail track: Laboratory evaluation. Ransp Geotech 20:100243. https://doi.org/10.1016/j.trgeo.2019.100243
48. Ferdous W, Manalo A, Van Erp G, Aravinthan T, Kaewunruen S, Remennikov A (2015) Composite railway sleepers – Recent developments, challenges and future prospects. Compos Struct 201(7):158–168. https://doi.org/10.1016/j.compstruct.2015.08.058
49. Hellweg S, Hofstetter TB, Hungerbühler K (2003) Discounting and the Environment. Int J Life Cycle Assess 8(1):8–18
50. Finnveden G, Hauschild MZ, Ekvall T, Guinée J, Heijungs R, Hellweg S et al (2009) Recent developments in life cycle assessment. J Environ Manage 91(1):1–21. https://doi.org/10.1016/j.jenvman.2009.06.018
51. Jeswani HK, Azapagic A, Schepelmann P, Ritthoff M (2010) Options for broadening and deepening the LCA approaches. J Clean Prod 18(2):120–127. https://doi.org/10.1016/j.jclepro.2009.09.023
52. Ahlroth S, Finnveden G (2011) Ecovalue08 – A new valuation set for environmental systems analysis tools. J Clean Prod 19(17–18):1994–2003
53. Ahlroth S (2014) The use of valuation and weighting sets in environmental impact assessment. Resour Conserv Recycl 85:34–41. https://doi.org/10.1016/j.resconrec.2013.11.012
54. Pizzol M, Weidema B, Brandão M, Osset P (2015) Monetary valuation in life cycle assessment: a review. J Clean Prod 86:170–179
55. Arendt R, Bachmann TM, Motoshita M, Bach V, Finkbeiner M (2020) Comparison of different monetization methods in LCA: A review. Sustain 12(24):1–39
56. Vogtlander JG, Bijma A (2000) The 'Virtual pollution prevention costs '99'. Int J Life Cycle Assess 5:113–120. https://doi.org/10.1007/BF02979733
57. Pearce D, Barbier E (2000) Blueprint for a sustainable economy Bd 1. Routledge
58. Landgraf M, Goncalves Ferreira C, Egger J (2023) Ökologische Einsparungspotenziale im Infrastrukturbau: Ökologische Planungsbegleitung am Beispiel eines Bahnhofsumbaus zur Einsparung von Treibhausgasemissionen und Implementierung von Kreislaufwirtschaft. Eisenbahningenieur 2023(2)
59. Umweltbundesamt Österreich (2021) Emissionskennzahlen Datenbasis 2019. Wien, Österreich
60. SKAO Foundation for Climate Friendly Procurement and Business (2017) How to use CO2 Performance Ladder – manual, S 32
61. Landgraf M, Schirmer S, Marschnig S (2021) Integration von Umweltwirkungen im öffentlichen Beschaffungsprozess am Beispiel der Eisenbahn. ZEVrail 145:5
62. United Nations Framework Convention on Climate Change UNFCC (2008) Kyoto protocol reference manual, S 130
63. Minarik H, Schirmer S, Jäger L, Landgraf M (2023) Auf dem Weg zur Evaluierung der Scope 3 Emissionen von Bahnbetreibern. bahn manager 23(04):46–51

# Die Beanspruchung des Fahrwegs 25

Stefan Marschnig und Ursula Ehrhart

**Zusammenfassung**

Die Beanspruchung des Fahrwegs und die damit verbundenen Instandsetzungsaufwendungen lassen sich gut mit Hilfe von Gesamtbruttotonnen abschätzen, solange die Randbedingungen gleichbleiben. Bei Änderungen im Verkehrskollektiv, der Betriebsgeschwindigkeit und den eingesetzten Fahrzeugen greift dieser Ansatz jedoch zu kurz. Es bedarf spezifischerer Betrachtungen der Komponentenschädigungen und deren Beschreibung anhand von Schädigungstermen. Solche Schädigungsgesetze existieren bereits, die Forschung arbeitet daran, diese empirisch zu belegen und gegebenenfalls anzupassen. Die Sichtbarkeit der Auswirkungen unterschiedlicher Fahrzeugkonzepte im Instandhaltungsregime ist oft limitiert, da sich viele Faktoren zeitgleich und laufend ändern. Steigende Zugzahlen und damit Fahrwegbeanspruchungen führen jedoch jedenfalls zu höheren Instandsetzungsaufwänden. Es ist daher wichtig, die Fahrwegschädigung durch technische Innovation möglichst gering zu halten. Dies erfordert Anstrengungen sowohl auf Seiten der Infrastruktur als auch der Fahrzeugindustrie. Letztlich ist das bestmögliche Zusammenwirken von Fahrzeug und Fahrweg der Schlüssel für ein wirtschaftlich gut performendes Bahnsystem.

## 25.1 Einleitung

Eisenbahninfrastruktur wird errichtet, um Zugfahrten abzuwickeln. Verkehrsart, Zugfrequenz und Geschwindigkeit sind dabei Auslegekriterien bei der Dimensionierung der Infrastruktur. Ausgestaltung und Menge der benötigten Infrastrukturanlagen können dabei, je nach Verkehrszweck, deutlich unterschiedlich sein. Die Verkehrsbelastung selbst ist im Betrieb dann die maßgebliche Größe, die Anlagenverschleiß und damit die Instandsetzung definiert. Dieses Kapitel widmet sich der Verkehrsbelastung und deren Auswirkung auf die Performance des Fahrwegs.

Verkehrsbelastung kann unterschiedlich erfasst werden. Die Anzahl der Züge je Gleis ist dabei eine Größe, die weniger den Fahrwegverschleiß als die Kapazität und damit indirekt die Kosten der Instandsetzung betrifft. Je mehr Zugfahrten abgewickelt werden, desto geringer ist die verbleibende freie Streckenkapazität für die notwendige Inspektion und Instandhaltung. Die notwendigen Gleissperren können bei dichtem Zugsverkehr nicht nur in freie Fahrplanfenstern gelegt werden, führen daher zu einer temporären Nichtverfügbarkeit des Fahrwegs und damit unweigerlich zu Auswirkungen auf den Verkehr selbst. Zugsausfälle, Schienenersatzver-

S. Marschnig (✉)
Institut für Eisenbahnwesen und Verkehrswirtschaft, TU Graz, Graz, Österreich

U. Ehrhart
Institut für Eisenbahnwesen und Verkehrswirtschaft, TU Graz, Graz, Österreich
E-Mail: ursula.ehrhart@tugraz.at

 
J. Holzfeind, J. Liu, F. Pospischil (Hrsg.), *Handbuch Eisenbahninfrastruktur*,
https://doi.org/10.1007/978-3-662-68960-8_25

kehre, Verspätungen oder Umleitungen sind die Konsequenzen. Da diese betrieblichen Folgen bei den Zugbetreibern zu Folgekosten führen, sind sie jedenfalls bei der Planung und Durchführung von Instandhaltungs- und Erneuerungsarbeiten mit zu berücksichtigen. Dieser Abgleich von Verfügbarkeit, notwendiger Instandhaltung und den dafür notwendigen finanziellen Mitteln ist eine zentrale Aufgabe des Anlagenmanagements, die auch in Kap. 23 (Instandhaltung und Anlagenmanagement des Fahrwegs) angesprochen wird.

Über die Anzahl der Züge kann jedoch die Belastung des Fahrwegs nicht abgebildet werden. Die Abnutzung von Gleisen und Weichen ist direkte Konsequenz der Fahrzeug-Fahrweg-Interaktion, womit ihre Ursache in physikalischen Vorgängen zu suchen ist, welche wiederum nicht über den Indikator Zuganzahl erfassbar sind. Als Näherung an die entstehenden Kräfte hat sich im Eisenbahnwesen die Beschreibung der Verkehrsbelastung durch die überrollte Tonnage weit verbreitet. Oftmals werden Instandhaltungsfrequenzen über Gesamtbruttotonnen dargestellt, Dauerfestigkeiten von Bauteilen oder Nutzungsdauern von Einzelkomponenten [1–5].

Die Bruttotonnage ist zweifelsfrei eine gute Näherung, bedarf aber weiterer Spezifikation: zum einen ist die Achslast bzw. die Radaufstandskraft maßgebend, womit die Verkehrsart in geeigneter Form darzustellen ist. Da dieselbe Gesamttonnage, aufgebracht von leichten Personenverkehrszügen im S-Bahnverkehr oder von schweren Güterzügen, andere Konsequenzen für den Fahrweg mit sich bringt, wird die Angabe der Bruttotonnen oft mit der Verkehrsart ergänzt. Ein weiterer maßgeblicher Faktor ist die gefahrene Geschwindigkeit. Diese wirkt gleich zwei Mal auf die Fahrweginstandhaltung: eine höhere Geschwindigkeit bringt einen Anstieg der Dynamik mit sich, die auftretenden Kräfte werden damit ausgehend von der statischen Achslast größer. Um die dynamische Anregung möglichst klein zu halten, wird der Fahrweg im Falle von hohen Fahrgeschwindigkeiten mit kleinen Toleranzen erhalten. Diese wirken zugleich positiv auf den Fahrkomfort. Die Betrachtung der Bruttotonnage allein führt demnach zu keiner hinlänglichen Beschreibung der Beanspruchung des Fahrwegs [6, 7].

Es existieren Ansätze (siehe (25.1)), deren Ziel es ist, die Tonnage unter Berücksichtigung von Geschwindigkeit und teilweise Verkehrsart zu modulieren. Gemäß UIC-Code 714 [8] wird eine theoretische Verkehrsbelastung berechnet, indem die Gesamttonnage aufgeteilt und mit unterschiedlichen Koeffizienten belegt wird. So wird die Tonnage, die von Personenverkehrszügen aufgebracht wird, geschwindigkeitsabhängig mit bis zu 40 % stärker gewichtet, die Tonnage von angetriebenen Achsen ebenfalls um 40 % erhöht und die Tonnage des Güterverkehrs aufgrund der möglichen hohen Achslasten um 15 %.

$$\begin{aligned} T_f &= S_v \cdot (T_v + K_t \cdot T_{tv}) \\ &\quad + S_m \cdot (K_m \cdot T_m + K_t \cdot T_{tm}) \end{aligned} \tag{25.1}$$

mit

- $T_f$ Theoretische Verkehrsbelastung in t/Tag
- $T_v$ Tonnage Personenverkehr mit Laufachsen in t/Tag
- $T_{tv}$ Tonnage Personenverkehr mit angetriebenen Achsen in t/Tag
- $T_m$ Tonnage Güterverkehr mit Laufachsen in t/Tag
- $T_{\mathrm{tm}}$ Tonnage Güterverkehr mit angetriebenen Achsen in t/Tag
- $S_v$ Koeffizient „Geschwindigkeit“ Personenverkehr (von 1,00 für Geschwindigkeiten unter 60 km/h bis 1,50 für mehr als 250 km/h)
- $S_m$ Koeffizient „Geschwindigkeit“ Güterverkehr (wie $S_v$, nur definiert bis 130 km/h)
- $K_t$ Koeffizient „Aggresivität“ angetriebener Achsen, $K_t = 1{,}40$
- $K_m$ Koeffizient „Aggresivität“ Güterverkehrsachsen ($K_m = 1{,}15$, da der Anteil von Achsen mit mehr als 20,0 bzw. 22,5 t im Güterverkehr im Mischverkehr nicht größer als 50 % ist)

Der in (25.1) angeführte Ansatz ist dafür ausgelegt, die Verkehrsbelastung des Mischverkehrs zu spezifizieren, um so die zu erwartbaren Kosten der Gleisinstandhaltung besser abschätzen zu können. Dieser Ansatz ermöglicht es jedoch nicht, die höheren Kosten von Bogengleisen zu erfassen. In Bogengleisen ist weniger die Geschwindigkeit (und damit die Dynamik) die maßgebliche Größe, sondern vielmehr die Gleisgeometrie. Die Gleisgeometrie führt zu höheren Erhaltungsaufwänden in der Geometrie (Überhöhung) und in der Schieneninstandhaltung (Verschleiß der Außenschiene). Dieses Faktum kann verallgemeinert werden: insbesondere für den Schienenverschleiß sowie Schädigung an der Schienenoberfläche ist ein Bezug zur Tonnage als Repräsentant der vertikalen Belastung nicht ausreichend.

Ein ähnlicher Ansatz wird in Großbritannien verwendet [9, 10]. Wie in (25.2) ersichtlich ist, werden „äquivalente" Tonnen berechnet, wobei spezifische Achslasten, ungefederte Massen und Geschwindigkeit in die Berechnung eingehen.

$$\begin{aligned} D_V = C_t \cdot (&0{,}473 \cdot e^{0{,}133 \cdot A} + 0{,}015 \cdot S \cdot U \\ &- 0{,}009 \cdot S - 0{,}284 \cdot U - 0{,}442) \\ &\cdot \text{GTM} \cdot \text{axles} \end{aligned} \tag{25.2}$$

mit

- $C_t$ Koeffizient $C_t = 0{,}89$ für Lokbespannte Reisewagen und Triebzüge, $C_t = 1$ für alle anderen Fahrzeuge
- $A$ Achslast in t/Tag
- $S$ Betriebsgeschwindigkeit in miles/hour (vrgl. km/h)
- $U$ ungefederte Masse in t/Achse
- GTM Gross-tonne-miles (vrgl. Bruttotonnen-Kilometer)

Die Koeffizienten und Exponenten aus (25.2) wurden empirisch ermittelt. Es bleibt anzumerken, dass die Schienenschädigung mit einem separaten Schädigungsansatz, dem so genannten $T_\gamma$-Modell, erfasst wird. Der Ansatz ist in den Dokumenten des Office of Rail Regulation publiziert [10]. Hier werden spezifische, schädigungsrelevante Fahrzeuggrößen verwendet, wobei die empirische Ermittlung deren Einflusses auf die Schädigung einen physikalischen Zusammenhang nicht feststellen lassen. Ein weiterer Ansatz, entwickelt an der KTH in Stockholm, verwendet solche physikalischen Größen, verbleibt jedoch ebenfalls mit Referenz auf die aufgebrachte Tonnage [11].

Der in der Schweiz entwickelte „Verschleissfaktor" [12, 13] wendet sich gänzlich von der Betrachtung überrollter Tonnen ab und beschreibt die Beanspruchung verschiedener Fahrwegkomponenten mittels getrennter Schädigungsansätze. Die Methodik basiert auf durch jede Achse aufgebrachte Teilschädigungen, die letztlich zu einer Gesamtschädigung aufsummiert werden. Die Berechnung der Teilschädigungen erfolgt dabei zwar auf Basis spezifischer Fahrzeugkenngrößen, der Geschwindigkeit und des Bogenradius des Gleises, die Schädigungsterme selbst sind jedoch als Schädigungsindikatoren zu verstehen. So kommen Schädigungsmodelle zum Ansatz, die teilweise bereits in der Vergangenheit gut belegt und empirisch geprüft wurden, sie erheben jedoch keinesfalls den Anspruch, alle Aspekte der Schädigung im Detail zu erfassen. Als Beispiel soll hier der erste Schädigungsterm angeführt sein, der die Notwendigkeit zur Gleisstopfung, also der Korrektur der Gleislage, beschreibt: als repräsentative Schädigungsgröße wird hier die dynamische Vertikalkraft verwendet, wohl wissend, dass insbesondere im Bogengleis auch die Lateralkräfte Einfluss auf die Veränderung der Gleisgeometrie haben. Der im Folgenden beschriebene Schädigungsansatz ist ein an der TU Graz in Kooperation mit der ÖBB-Infrastruktur AG weiterentwickelter Ansatz auf Basis des Schweizerischen Modells. Die einzelnen Schädigungsterme sind Gegenstand laufender Forschung mit dem Ziel, diese unter Beibehaltung eines umsetzbaren Modells weiter zu schärfen.

## 25.2 Schädigungsmodellierung

Um den Verschleiß an Gleiskomponenten quantitativ beschreiben zu können, wurden in der Vergangenheit international empirisch-analytische Modellansätze entwickelt [9–12]. Ziel eines solchen Modellansatzes ist es, den Gleiskomponentenverschleiß abhängig von Fahrzeug- und Infrastrukturparameter beschreiben zu können. Die anhand des Modells dargestellten Schädigungen repräsentieren jene Verschleißerscheinungen, die direkt und aufgrund von Fahrzeugläufen verursacht werden. In diesem Kapitel wird auf das an der TU Graz (weiter-)entwickelte Verschleißmodell eingegangen. Vorab sei angemerkt, dass das folglich erläuterte Modell in ähnlicher Form seit 2016 [13, 14] existiert und dabei 2017 im Trassenpreissystem der Schweizerischen Bundesbahnen AG (SBB) angewandt wird [12].

Um die fahrzeugseitige Einwirkung auf die Eisenbahninfrastrukturkomponenten formeltechnisch ermitteln zu können, sind Eingangsgrößen aus den beiden Teilbereichen *Fahrzeug* und *Fahrweg* Grundvoraussetzung. Anhand dieser beiden Datensätze und deren zugehörigen Parameter können die sogenannten *Schädigungsterme* ermittelt werden. Werden diese Schädigungsterme in einem weiteren Schritt mit *Betriebsdaten*, *Instandhaltungsregime* und *Instandhaltungskosten* verknüpft, so lassen sich anhand des *Verschleißmodells* fahrzeug- und fahrwegspezifische Teilschädigungen und letztlich auch Kosten des entstandenen Komponentenverschleißes aufgrund eines Zuglaufes auf einer bestimmten Infrastruktur ermitteln. Abb. 25.1 stellt den erläuterten Zusammenhang der Modelleingangsgrößen und Formelkomponenten übersichtshalber dar.

Der fahrwegabhängige Komponentenverschleiß wird dabei anhand der Unterscheidung in Radien- und Geschwindigkeitsklassen ermöglicht. Wie in Tab. 25.1 dargestellt, wurden für das vorliegende Modell fünf Radienklassen definiert. Die Definition der Radienklassen hat vorrangig spurführungstechnische Hintergründe und sind an das krümmungsabhängig Verschleißverhalten der Schienen angelehnt. Um in geraden Abschnitten sowohl zwischen zulässigen Höchstgeschwindigkeiten unterscheiden zu können, als auch den geschwindigkeitsabhängigen Komponentenverschleiß berücksichtigen zu können, wurden hier acht Geschwindigkeitsklassen definiert. Für jede Radien- und Geschwindigkeitsklasse wird jeweils ein repräsentativer Referenzwert festgelegt, welcher für die Berechnungen herangezogen wird. Für Fahrzeuge, die im Güterverkehr verkehren, wird stets eine maximale Referenzgeschwindigkeit von 90 km/h angesetzt ($V_2$ bis $V_8$ in $R_5$).

**Abb. 25.1** Die Einflussgrößen für die Beschreibung des Gleiskomponentenverschleißes anhand empirisch-analytischer Verschleißmodelle: Schienenfahrzeugeigenschaften, Gleiskomponenten und Instandsetzungsregime

Das Verschleißmodell ist damit so konzipiert, dass fahrzeugseitige *Einwirkungen* auf Infrastrukturen (mit bestimmten Charakteristika)

**Tab. 25.1** Einteilung der Radien- und Geschwindigkeitsklassen mit zugehörigen Referenzradien und -geschwindigkeiten

| Radienklassen [m] | | Referenz [m] | Geschwindigkeitsklasse [km/h] | | Referenz [km/h] |
|---|---|---|---|---|---|
| $R_1$ | $R \leq 250$ | 215 | $V_{R1}$ | | 60 |
| $R_2$ | $250 < R \leq 400$ | 315 | $V_{R2}$ | | 70 |
| $R_3$ | $400 < R \leq 600$ | 500 | $V_{R3}$ | | 90 |
| $R_4$ | $600 < R \leq 1000$ | 800 | $V_{R4}$ | | 110[a] |
| $R_5$ | $R > 1000$ | – | $V_1$ | $V \leq 80$ | 75 |
| | | | $V_2$ | $80 < V \leq 100$ | 90 |
| | | | $V_3$ | $100 < V \leq 120$ | 110[a] |
| | | | $V_4$ | $120 < V \leq 140$ | 130[a] |
| | | | $V_5$ | $140 < V \leq 160$ | 150[a] |
| | | | $V_6$ | $160 < V \leq 200$ | 190[a] |
| | | | $V_7$ | $200 < V \leq 230$ | 220[a] |
| | | | $V_8$ | $230 < V \leq 250$ | 240[a] |

[a] 90 km/h Referenzgeschwindigkeit im Güterverkehr

**Tab. 25.2** Die Schädigungsterme mit deren Parametern, zugehörigen Komponentenverschleiß und zugeordneten Radienklassen

| Schädigungsterm [Einheit] | Parameter [Einheit] | Komponentenverschleiß | Radienklasse(n) |
|---|---|---|---|
| $D_1$ [$kN^3$] | $P_2$ [kN] | Schotter | $R_1$ bis $R_5$ |
| $D_2$ [$kN^{1.2}$] | $P_2$ [kN] | Schiene | $R_5$ |
| $D_3$ [$kW/mm^2$] | TPV [$kW/mm^2$] | Schiene | $R_5$ |
| $D_{4.1}$ [–] | $T_\gamma$ [Nm/m] | Schiene | $R_1$ bis $R_4$ |
| $D_{4.2}$ [–] | $T_\gamma$ [Nm/m] | Schiene | $R_1$ bis $R_4$ |
| $D_5$ [kN] | $P_2$, $Y_R$ [kN] | Weichenkomponenten | Keine[a] |
| $D_6$ [$kN^3$] | $P_1$ [kN] | Weichenherz | $R_5$[b] |
| $D_7$ [$kN^3$] | $P_2$, $Y_R$ [kN] | Erneuerung | $R_1$ bis $R_5$ |

[a] Ein 190 m S-Bogen bei einer Befahrungsgeschwindigkeit von 40 km/h wird angesetzt.
[b] Bezugsgeschwindigkeit ist an die durchschnittliche maximal mögliche Geschwindigkeit der betrachteten Strecke geknüpft.

mit *Instandhaltungstätigkeiten und -kosten* verknüpft werden können. Diese Datenverknüpfung ermöglicht folglich eine monetäre, fahrzeugscharfe Bewertung einzelner Zugläufe. In Abschn. 25.2.1–25.2.5 wird das Modellkonzept genauer erläutert, wobei der Fokus auf der Beschreibung der Schädigungsterme liegt.

Um den Verschleiß an den Gleiskomponenten beschreiben zu können, werden im Modell Schädigungsterme $D$ (Englisch für Damage) angesetzt. Wie in Tab. 25.2 ersichtlich ist, beschreiben $D_1$ bis $D_6$ den Komponentenverschleiß an Schotter, Schiene oder Weiche, während Term $D_7$ die Gleiserneuerung repräsentiert. Die Schädigungsterme setzten sich aus physikalischen Kenngrößen zusammen und sind teilweise radien- und geschwindigkeitsabhängig.

Die Schädigungsterme des Verschleißmodells werden anhand der fünf physikalischen Parameter dynamische vertikale Radaufstandskräfte $P_1$ (höherfrequenter Kraftanteil) und $P_2$ (niederfrequenter Kraftanteil), Lateralkraft $Y_R$, Traktionsleistungswert TPV und $T$-Gamma $T_\gamma$ beschrieben. Die für die Berechnung der physikalischen Parameter nötigen Kenngrößen sind in Tab. 25.3 angeführt.

**Tab. 25.3** Einfließende Berechnungskenngrößen für die Parameterermittlung

| Parameter | Einfließende Kenngrößen | |
|---|---|---|
| Dynamische vertikale Radaufstandskraft (höherfrequenter Anteil) $P_1$ [kN] | Maximale Betriebsgeschwindigkeit (Fahrzeug bzw. Fahrweg abhängig), Fahrzeug: statische Radaufstandskraft, ungefederte Massen, Radradius Fahrweg: Schienen- und Schwellenmasse, Anrampungswinkel | Term $D_6$ |
| Dynamische vertikale Radaufstandskraft (niederfrequenter Anteil) $P_2$ [kN] | Maximale Betriebsgeschwindigkeit (Fahrzeug bzw. Fahrweg abhängig), Fahrzeug: statische Radaufstandskraft, ungefederte Massen Fahrweg: Gleismasse, -steifigkeit, -dämpfung, Anrampungswinkel | Term $D_1$, $D_2$, $D_5$ und $D_7$ |
| Lateralkraft $Y_R$ [kN] | Mehrkörpersimulation | Term $D_5$ und $D_7$ |
| Traction Power Value TPV [$kW/mm^2$] | Fahrzeug: Radradius, statische Radaufstandskraft Fahrweg: Schienenkopfradius | Term $D_3$ |
| $T$-Gamma $T_\gamma$ [Nm/m] | Mehrkörpersimulation | Term $D_{4.1}$ und $D_{4.2}$ |

Die einzelnen Schädigungsterme $D_1$ bis $D_7$ werden in den nachstehenden Unterkapiteln näher beschrieben. Auf die Berechnung der physikalischen Parameter wird jedoch verzichtet und auf [12, 15–17] verwiesen.

### 25.2.1 Schotterschädigung ($D_1$)

Der Schädigungsterm $D_1$ stellt eine repräsentative Kenngröße für die Verschlechterung der Gleisgeometrie und die Zerstörung des Schotterbettes dar. Die dynamische vertikale Radaufstandskraft $P_2$ ist dabei die maßgebende Eingangsgröße [15]. In der Berechnungsformel gehen nicht nur Fahrzeugkenngrößen und Gleisparameter ein, sondern auch zulässige Betriebsgeschwindigkeiten (Tab. 25.3). Unstetigkeitsstellen in der Schienenoberfläche sind Auslöser für den $P_2$-Krafteintrag auf die Gleisinfrastruktur. Wie in (25.3) dargestellt, wird die Einwirkung der dynamischen vertikalen Radaufstandskraft $P_2$ als überlinear mit dem Exponenten 3 angesetzt. Dieser Ansatz geht auf wissenschaftliche Untersuchungen auf dem Eisenbahnversuchsring in Velim (Tschechien) zurück, bei welchen die dynamischen Auswirkungen auf den Gleisoberbau bei einer Erhöhung der Achslast untersucht wurde [18, 19].

$$D_1 = P_{2,V}^3 \tag{25.3}$$

mit

$D_1$ Schädigungsterm 1 (Schotterschädigung) [$kN^3$]

$P_{2,V}$ Dynamische vertikale Radaufstandskraft (niederfrequenter Anteil) [kN]

Dem Schädigungsterm $D_1$ stehen Instandsetzungsarbeiten, wie bspw. Schotterbettreinigung, Abschnitts- und Einzelfehlerstopfungen gegenüber.

### 25.2.2 Schienenschädigung im geraden Gleis ($D_2$ und $D_3$)

Die durch vertikale und laterale Krafteinwirkungen hervorgerufenen Schienenoberflächenschädigungen (Materialermüdungserscheinungen) im geraden Gleis, werden anhand der Schädigungsterme $D_2$ und $D_3$ beziffert. Term $D_2$ repräsentiert den Verschleiß der Schienenoberfläche aufgrund der einwirkenden dynamischen vertikalen Radkraft eines Fahrzeuges. Die dabei herangezogene $P_2$-Kraft entspricht jener in Schadensterm $D_1$. Wie in (25.4) dargestellt, wird die Kraft $P_2$ mit dem Exponenten 1,2 gewichtet. Der leicht überlineare Einfluss der dynamischen vertikalen Radkraft auf die Schiene liegt wiederum [16, 18, 19] zugrunde.

$$D_2 = P_{2,V}^{1,2} \tag{25.4}$$

mit

$D_2$ Schädigungsterm 2 (Schienenschädigung im Geraden Gleis) [$kN^{1,2}$]

$P_{2,V}$ Dynamische vertikale Radaufstandskraft (niederfrequenter Anteil) in [kN]

Da nicht nur dynamische Vertikalkräfte auf die Schienenoberfläche wirken, werden im Schädigungsterm $D_3$ auch fahrzeugseitige Längskrafteinwirkungen berücksichtigt. Die auf der Schienenoberfläche wirkenden Längskräfte werden durch angetriebene Radsätze verursacht [20]. Der sogenannte Traktionsleistungswert (TPV, Englisch für Traction Power Value) wird in $D_3$ herangezogen, welcher die fahrzeugseitige Leistungsdichte auf die kumulierte Rad-Schiene-Kontaktfläche der angetriebenen Achsen bezieht (siehe (25.5)).

$$D_3 = \mathrm{TPV} \tag{25.5}$$

mit

$D_3$ Schädigungsterm 3 (Schienenschädigung im Geraden Gleis) [$kW/mm^2$]

TPV Traktionsleistungswert (Traction Power Value) [$kW/mm^2$]

Die beiden Schadensbegriffe $D_2$ und $D_3$ beschreiben Schienenoberflächenschädigungen in geraden Gleisabschnitten, an welchen primär Head Checks, Squats und Riffel auftreten. Die vertikale ($D_2$) und laterale ($D_3$) Krafteinwirkungen werden mit Instandsetzungsarbeiten in Form von Schienenoberflächenbehandlungen (Schleifen und Fräsen) in Verbindung gebracht.

### 25.2.3 Schienenschädigung im Bogengleis ($D_{4.1}$ und $D_{4.2}$)

Vergleichsweise zu den Termen $D_2$ und $D_3$ beschreiben $D_{4.1}$ und $D_{4.2}$ Schienenoberflächenschädigungen im Bogengleis. In Bögen kann dabei zwischen folgenden drei Formen der Schienenoberflächenschädigung unterschieden werden:

- Rollkontaktermüdung (RCF, Englisch für Rolling Contact Fatigue)
- Abrasion/plastische Deformation
- eine Kombination aus RCF und Abrasion/Deformation

Anhand einer Mehrkörpersimulation kann die zwischen Rad und Schiene wirkende spezifische Reibarbeit $T_\gamma$ ermittelt werden und diese anschließend mithilfe einer Bewertungsfunktion bewertet und Schädigungsmerkmalen zugeordnet werden. Die diskrete Bewertungsfunktion, die die Beziehung zwischen der spezifischen Reibarbeit ($T_\gamma$) und der Schienenoberflächenschädigung beschreibt, basiert auf den Untersuchungen nach Burstow [21]. Die Funktion mit ihren verschiedenen Verschleißbereichen (*a* bis *d*) ist in Abb. 25.2 dargestellt. In Bereich *a* ($T_\gamma < 15\,\text{Nm/m}$) tritt kein Schienenoberflächenverschleiß auf, während im Bereich *b* ($15\,\text{Nm/m} \leq T_\gamma < 65\,\text{Nm/m}$) RCF vorherrschen. Im Funktionsbereich *c* ($65\,\text{Nm/m} \leq T_\gamma < 175\,\text{Nm/m}$) findet sowohl RCF als auch Abrasion/Deformation statt. Ausschließlich Abrasion/Deformation wird im Bereich *d* ($T_\gamma \geq 175\,\text{Nm/m}$) angenommen.

Die Bewertungsfunktion nach Burstow kann in stetige Teilschädigungsfunktionen unterteilt werden. Damit werden (25.6) bis (25.8) dem Schädigungsterm $D_{4.1}$ zugeordnet, welcher Rollkontaktermüdungen beschreibt und mit Schienenoberflächenbehandlungen (Schleifen und Fräsen) in Verbindung gebracht wird. (25.9) und (25.10) sind Bestandteil des Schädigungsterms $D_{4.2}$, welcher die abrasive/deformative Schienenschädigung beschreibt. Die im Bogengleis auftretende spezifische Reibarbeit führt nicht nur zu Schienenoberflächenbehandlungen, sondern auch zum Schienenwechsel der Bogenaußenschiene. Die Terme $D_{4.1}$ und $D_{4.2}$ ermöglichen daher eine Bewertung von bogengängigen Fahrzeugen. Nerlich und Holzfeind [22] zeigen, dass aktiv geregelte Radsätze, die eine bessere Radialstellung in Bögen aufweisen, die spezifische Reibarbeit um über 60 % senken.

$$D_{4.1} = 0 \quad \text{für } T_\gamma < 15\,\text{Nm/m} \text{ und } T_\gamma \geq 175\,\text{Nm/m} \tag{25.6}$$

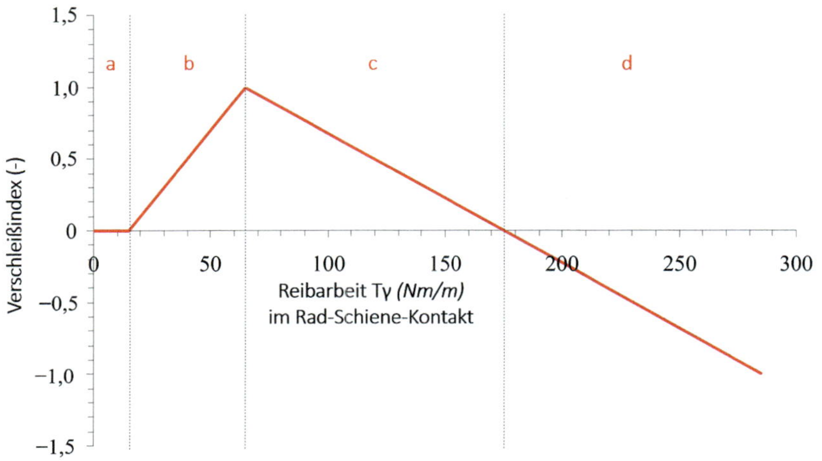


**Abb. 25.2** Bewertungsfunktion der Schienenoberflächenschädigung nach Burstow [21] mit den Bereichen *kein Verschleiß* (*a*), *RCF* (*b*), *RCF und Abrasion/Deformation* (*c*) und *Abrasion/Deformation* (*d*)

$$D_{4.1} = n \cdot (0{,}02 \cdot T_\gamma - 0{,}3) \quad \text{für } 15\,\text{Nm/m} \le T_\gamma < 65\,\text{Nm/m} \tag{25.7}$$

$$D_{4.1} = n \cdot \left(\frac{-T_\gamma + 175}{110}\right) \quad \text{für } 65\,\text{Nm/m} \le T_\gamma < 175\,\text{Nm/m} \tag{25.8}$$

$$D_{4.2} = 0 \quad \text{für } T_\gamma < 65\,\text{Nm/m} \tag{25.9}$$

$$D_{4.2} = n \cdot \left(\frac{T_\gamma - 65}{110}\right) \quad \text{für } T_\gamma \ge 65\,\text{Nm/m} \tag{25.10}$$

mit

$D_{4.1}$ Schädigungsterm 4.1 (Schienenschädigung im Bogengleis zufolge RCF) [–]
$D_{4.2}$ Schädigungsterm 4.2 (Schienenschädigung im Bogengleis zufolge Abrasion) [–]
$T_\gamma$ $T$-Gamma [Nm/m]
$n$ Anzahl der führenden Achsen eines Drehgestelles [–]

## 25.2.4 Weichenkomponentenschädigung ($D_5$ und $D_6$)

Die Terme $D_5$ und $D_6$ beschreiben die Abnutzung von Weichenkomponenten. Term $D_5$ repräsentiert den Verschleiß von HZV, Radlenker und Weichenschwellen und Term $D_6$ spezifisch den Herzstückverschleiß. Wie in (25.11) dargestellt ist, wird $D_5$ durch die vertikalen ($P_2$, analog zu $D_1$) und lateralen ($Y_R$) Kraftanteile beschrieben, welche bei einer Weichenüberfahrt auftreten. $Y_R$ ist dabei die auftretende laterale Kraft des führenden bogenäußeren Rades auf der Außenschiene, welche bei einer Fahrt durch eine typische Weichenverbindung im österreichischen Schienennetz auftritt (190-m-S-Bogen bei einer Geschwindigkeit von 40 km/h). Diese Weichengeometrie repräsentiert die Fahrzeugcharakteristik signifikant und kommt im Netz der ÖBB-Infrastruktur AG mit etwa 15 % auf den Hauptstrecken vergleichsweise häufig vor. In Anlehnung an [18, 19] wird für $D_5$ ein linearer Schadensansatz gewählt, bei dem die Vertikal- und Lateralkräfte jeweils mit 50 % gewichtet werden.

$$D_5 = \sqrt{\left(0{,}5 \cdot P^2_{2,V=40\,\text{km/h}} + 0{,}5 \cdot Y^2_{R=190\,\text{m}}\right)} \tag{25.11}$$

mit

$D_5$ Schädigungsterm 5 (Weichenkomponentenschädigung) [kN]
$P_{2,V}$ Dynamische vertikale Radaufstandskraft (niederfrequenter Anteil) [kN]
$Y_R$ Lateralkraft des führenden bogenäußeren Rades [kN]

Der Schädigungsterm $D_6$ beschreibt die Abnutzung des Weichenhertzstückes anhand der kurzwelligeren und höherfrequenten dynamischen vertikalen Radkraft $P_1$ und wird nach (25.12) angesetzt. Der Ansatz der Radkraft $P_1$ basiert auf [15] und ist durch die unmittelbare Schlagbeanspruchung des Rades auf das Hertzstück bei einer Weichenüberfahrt begründbar. Auch im Term $D_6$ kommt der überlineare Ansatz der dritten Potenz zu tragen [18, 19].

$$D_6 = P^3_{1,V} \tag{25.12}$$

mit

$D_6$ Schädigungsterm 6 (Weichenhertzstückschädigung) [kN$^3$]
$P_{1,V}$ Dynamische vertikale Radaufstandskraft (höherfrequenter Anteil) [kN]

Instandhaltungsarbeiten an Weichen, wie bspw. der Austausch von Weichenbauteilen (HZV und Radlenker) und einzelner Schwellen, sowie Schleif-, Schweiß- und Entgratungsarbeiten werden mit Term $D_5$ in Zusammenhang gebracht. Der in $D_6$ beschriebene Hertzstückverschleiß steht in einem Konnex zu Weicheninstandsetzungsarbeiten in Form von Hertzstücktausch oder Auftrags-/Reparaturschweißen.

## 25.2.5 Gleiserneuerung ($D_7$)

Die Beschreibung der Komponentenschädigung Schotter, Schwelle, Schiene und Weiche wird anhand des Schädigungsterms $D_7$ durchgeführt und impliziert die Erneuerung von Gleisen und Weichen. Ähnlich zu Term $D_5$ kommen auch im Term $D_7$ die geschwindigkeitsabhängige dynamische Vertikalkraft ($P_2$) und die geschwindigkeits- und radiusabhängige Querkraft ($Y_R$) zum Ansatz (siehe (25.13)). Auch hier bildet [18, 19] die Grundlage für den überlinearen Ansatz der dritten Potenz für die Komponentenschädigung in Term $D_7$.

$$D_7 = \sqrt{\left(f_{7.1,R} \cdot P_{2,V}^2 + f_{7.2,R} \cdot Y_R^2\right)}^3 \quad (25.13)$$

mit

$D_7$ Schädigungsterm 7 (Gleiserneuerung) [kN$^3$]
$P_{2,V}$ Dynamische vertikale Radaufstandskraft (niederfrequenter Anteil) [kN]
$Y_R$ Lateralkraft des führenden bogenäußeren Rades [kN]
$f_{7,R}$ Radien abhängige Gewichtungsfaktoren [–]

Die angesetzten Gewichtungsfaktoren ($f_{7.1,R}$ und $f_{7.2,R}$) stellen die Schadensaufteilung der vertikal und lateral wirkenden Kräfte in Abhängigkeit vom Radius dar. In geraden Gleisabschnitten ist die Querkraft zwischen Rad und Schiene vernachlässigbar, weshalb in geraden Abschnitten lediglich die Vertikalkraft ($P_2$) zur Komponentenschädigung beiträgt. Der Querkraftanteil ($Y_R$) ist umso höher, je kleiner der Radius ist. Tab. 25.4 enthält die radiusabhängigen Gewichtungsfaktoren für die Vertikal- und Lateralkraft nach [14].

**Tab. 25.4** Gewichtungsfaktoren für die vertikal und horizontal wirkenden Kräfte [14]

| Radienklassen [m] | | Gewichtungsfaktoren | |
|---|---|---|---|
| | | $f_{7.1,R}$ [–] | $f_{7.2,R}$ [–] |
| $R_5$ | $1000 < R$ | 1,0 | 0,0 |
| $R_4$ | $600 < R \leq 1000$ | 0,8 | 0,2 |
| $R_3$ | $400 < R \leq 600$ | 0,7 | 0,3 |
| $R_2$ | $250 < R \leq 400$ | 0,6 | 0,4 |
| $R_1$ | $R \leq 250$ | 0,5 | 0,5 |

## 25.3 Beanspruchung und Fahrweginstandsetzung am Beispiel Gleisstopfung

In dieser Sektion wird aufgezeigt, wie die Berechnung der Beanspruchung die Abschätzung künftiger Instandsetzung verbessern kann. Vergleichsszenario ist dabei jeweils eine Prognose auf Basis der Gesamtbruttotonnage. Der Zusammenhang zwischen aufsummiertem Schädigungskollektiv und Gleisinstandsetzung ist Thema der einmaligen Kalibrierung des Modells: Für bekannte Randbedingungen ist die Frequenz der Instandsetzung bekannt, ebenso das Fahrzeugkollektiv. Summiert man die Teilschädigungen über das Instandsetzungsintervall auf, erhält man eine instandsetzungsrelevante Schädigung. Hierbei ist zu beachten, dass die Instandsetzung nicht nur von der Verkehrsbelastung – oder eben Beanspruchung – abhängt, sondern auch und im Wesentlichen vom Fahrweg und dessen Komponenten selbst (siehe Kap. 23). Als Beispiel dient hier die Instandsetzungsarbeit Gleisstopfung, da dieses Thema bereits in mehreren Anwendungsfällen untersucht wurde.

Ausgangsbasis ist die Stopffrequenz eines Gleises, dessen Oberbau aus 60E1 Schienen mit Standardgüte R260, Betonschwellen und mittlerer Schotterqualität besteht. Es wird ein guter Unterbau vorausgesetzt. Es wird ausschließlich gerades Gleis betrachtet. Das Verkehrskollektiv besteht aus Personenfernverkehr (PFV), Personennah- und -regionalverkehr (PRNV) und Güterverkehr (GV), damit wird ein klassischer Mischverkehr repräsentiert. Die Verkehrsbelastung ist mit rund 35.000 Gesamtbruttotonnen pro Tag angenommen. Das Mischverkehrskollektiv ist in Tab. 25.5 zusammengefasst. Diese Randbedingungen führen zu einem durchschnittlichen Stopfintervall von 6 Jahren.

Dem Verkehrskollektiv kommt im Weiteren größere Bedeutung zu und muss daher näher spezifiziert werden. Im Personenfernverkehr werden Lok-bespannte Züge mit sieben Wagen angesetzt, der Personenregionalverkehr wird mit dreiteiligen Triebzügen mit 12 Achsen abgebildet. Für den Güterverkehr wird ein Zug mit 19 vierachsigen Güterwagen und einer Lokomotive mit

**Tab. 25.5** Verkehrsbelastung in Tonnen durch das Mischverkehrskollektiv

| Verkehrsbelastung pro Tag | PFV | PNRV | GV | Summe |
|---|---|---|---|---|
| Zuganzahl | 15 | 32 | 20 | 67 |
| | 22 % | 48 % | 30 % | 100 % |
| Gesamtbruttotonnen | 7250 | 5120 | 20.905 | 33.275 |
| | 22 % | 15 % | 63 % | 100 % |

**Tab. 25.6** Die Zusammensetzung der Fahrzeugkollektive

| Verkehrsbelastung | Anzahl | Tonnen | Achsanzahl | Geschwindigkeit |
|---|---|---|---|---|
| Personenfernverkehr | | | | 150 km/h |
| Lokomotive | 1 | 88 | 4 | |
| Personenwagen | 7 | 56,5 | 4 | |
| Personenregionalverkehr | | | | 110 km/h |
| Triebzuggarnitur | 1 | 160 | 12 | |
| Angetrieben | | | 8 | |
| Nicht angetrieben | | | 4 | |
| Güterverkehr | | | | 90 km/h |
| Lokomotive | 1 | 88 | 4 | |
| 4ax-2DG-Y25 | 7 | 26 | 4 | |
| 4ax-2DG-Y25 | 8 | 57 | 4 | |
| 4ax-2DG-Y25 | 4 | 81 | 4 | |

**Tab. 25.7** Belastung und Beanspruchung durch die Fahrzeugkollektive

| | Belastung | | Beanspruchung ($P^3_{2,\mathrm{V}}$) | |
|---|---|---|---|---|
| | [Mio. Bt pro Jahr] | Relativ | [kN$^3$ pro Jahr] | Relativ |
| Personenfernverkehr | 2,65 | 22 % | $1,94 \cdot 10^{12}$ | 37 % |
| Personenregionalverkehr | 1,87 | 15 % | $1,13 \cdot 10^{12}$ | 21 % |
| Güterverkehr | 7,63 | 63 % | $2,22 \cdot 10^{12}$ | 42 % |
| Summe | 12,15 | 100 % | $5,30 \cdot 10^{12}$ | 100 % |

einem Gesamtgewicht von rund 1000 t als Referenz verwendet. In Tab. 25.6 ist das betrachtete Verkehrskollektiv zusammengefasst.

Wird die Beanspruchung als Gesamtschädigung $D_1$ auf Basis der $P_2$-Kräfte errechnet (siehe Tab. 25.7), die im beschriebenen Schädigungsmodell mit der dritten Potenz als Referenzgrößen für die Instandsetzung des Schotterbettes dienen, und stellt diese der Verkehrsbelastung in Bruttotonnen gegenüber, lässt sich erkennen, dass die spezifische Betrachtung der dynamischen Achslasten die Gewichtungen zwischen den Verkehrsarten deutlich verschiebt.

Die Berücksichtigung der Gesamtbruttotonnen greift für die Ermittlung der Stopffrequenz zu kurz. Das mittlere Stopfintervall für das betrachte Gleis von 6 Jahren bedeutet eine kumulierte Belastung von knapp 73 Mio. Tonnen (bei einem Beanspruchungsniveau von $3{,}18 \cdot 10^{13}$ kN$^3$). Im Folgenden wird nun bei gleichem Belastungsniveau die Beanspruchung in kN$^3$ als Auslöser für die Instandsetzung verwendet. Dabei wird der Eintrag von $3{,}18 \cdot 10^{13}$ kN$^3$ als Grenzbeanspruchung verstanden, die für das betrachtete Gleis mit seinen spezifischen Komponenten als Auslöser für die Stopfarbeit gilt. Wird diese Grenzbeanspruchung nun für die jeweiligen Verkehrsarten herangezogen, so ergeben sich für die Annahme „artreiner Verkehr" für äquivalente Belastungen in Bruttotonnen gänzlich andere Stopfzyklen.

Es werden nun die Verkehrsarten getrennt betrachtet, wobei die Jahrestonnage mit 12,15 Mio. Bruttotonnen konstant bleibt. Das wiederum bedeutet, dass die Zugzahlen der einzelnen Verkehrsarten erhöht werden müssen, um in drei Szenarien artreinen Personenfernverkehr, Personennahverkehr und artreiner Güterverkehr betrachten zu können. Die $P_2$-Kraft Kollektive sind bei gleicher Bruttotonnage deutlich unterschiedlich. Die oben ermittelte Grenzbeanspruchung durch die jährliche kumulierte Beanspruchung der drei Szenarien liefert somit das Stopfintervall in Jahren.

**Tab. 25.8** Stopfintervalle für artreinen Verkehr und Mischverkehr

<table>
<tr><th></th><th>PFV</th><th>PNRV</th><th>GV</th><th>Mischverkehr</th></tr>
<tr><td>Zuganzahl pro Tag</td><td>69</td><td>208</td><td>32</td><td>67 (15|32|20)</td></tr>
<tr><td>Mio. Gesamtbruttotonnen pro Jahr</td><td>12,15</td><td></td><td></td><td></td></tr>
<tr><td>Kumulierte Beanspruchung [kN$^3$]</td><td>$8{,}92 \cdot 10^{12}$</td><td>$7{,}37 \cdot 10^{12}$</td><td>$3{,}54 \cdot 10^{12}$</td><td>$5{,}30 \cdot 10^{12}$</td></tr>
<tr><td>Grenzbeanspruchung Stopfen [kN$^3$]</td><td>$3{,}18 \cdot 10^{13}$</td><td></td><td></td><td></td></tr>
<tr><td>Stopfzyklus [Jahre]</td><td>3,6</td><td>4,3</td><td>9,0</td><td>6,0</td></tr>
</table>

**Tab. 25.9** Stopfintervalle für Heavy Haul und Hochgeschwindigkeitsverkehr

<table>
<tr><th colspan="2"></th><th>HH</th><th>HGV</th><th>Mischverkehr</th></tr>
<tr><td colspan="2">Zuganzahl pro Tag</td><td>30</td><td>44</td><td>67 (15|32|20)</td></tr>
<tr><td colspan="2">Mio. Gesamtbruttotonnen pro Jahr</td><td>11,95</td><td>12,01</td><td>12,15</td></tr>
<tr><td colspan="2">Kumulierte Beanspruchung [kN$^3$]</td><td>$3{,}89 \cdot 10^{12}$</td><td>$6{,}08 \cdot 10^{13}$</td><td>$5{,}30 \cdot 10^{12}$</td></tr>
<tr><td colspan="2">Grenzbeanspruchung Stopfen [kN$^3$]</td><td>$3{,}18 \cdot 10^{13}$</td><td></td><td></td></tr>
<tr><td rowspan="2">Stopfzyklus</td><td>[Jahre]</td><td>8,2</td><td>0,87</td><td>6</td></tr>
<tr><td>[Mio. Bruttotonnen]</td><td>97,8</td><td>10,4</td><td>72,9</td></tr>
</table>

**Tab. 25.10** Stopfintervalle für das Verkehrswachstum von 20 % im Mischverkehr

<table>
<tr><th></th><th>Mischverkehr</th><th>PFV</th><th>PNRV</th><th>GV</th></tr>
<tr><td>Zuganzahl pro Tag</td><td>80 (18|38|24)</td><td>81 (29|32|20)</td><td>109 (15|74|20)</td><td>73 (15|32|26)</td></tr>
<tr><td>Mio. Gesamtbruttotonnen pro Jahr</td><td>14,57</td><td></td><td></td><td></td></tr>
<tr><td>Kumulierte Beanspruchung [kN$^3$]</td><td>$6{,}36 \cdot 10^{12}$</td><td>$7{,}08 \cdot 10^{12}$</td><td>$6{,}77 \cdot 10^{12}$</td><td>$5{,}30 \cdot 10^{12}$</td></tr>
<tr><td>Grenzbeanspruchung Stopfen [kN$^3$]</td><td>$3{,}18 \cdot 10^{13}$</td><td></td><td></td><td></td></tr>
<tr><td>Stopfzyklus [Jahre]</td><td>5,0</td><td>4,5</td><td>4,7</td><td>5,3</td></tr>
</table>

Wie aus Tab. 25.8 herausgeht, ist das Stopfintervall bei reinem Güterverkehr bei gleicher Gesamttonnage um 50 % länger und beträgt 9 Jahre, während jenes des Personenverkehrs um rund ein Drittel kürzer ausfällt. Es stellt sich die Frage, wie plausibel diese Ergebnisse sind und inwieweit das $P_2$-Kraft Kollektiv als Referenzlast anwendbar ist. Die Methodik wurde in zwei Extremszenarien angewendet, einerseits für ein Güterschwerlastgleis (Heavy Haul, HH), andererseits für ein Hochgeschwindigkeitsschottergleis. Im Falle des Schwerlastverkehrs wurden bei den Güterwagen die Achslasten der Güterwagen auf 35 t erhöht und jeweils einem Zug mit maximaler Beladung ein leerer Gegenzug angesetzt. Als Geschwindigkeit wurde 75 km/h angenommen. Für den Hochgeschwindigkeitszug wurde ein Triebzug mit 64 Achsen und einer Geschwindigkeit von 300 km/h verwendet. Tab. 25.9 stellt die Eingangsgrößen der beiden angesetzten Szenarien mit deren Stopfzyklen dar.

Das errechnete Stopfintervall von rund 100 Mio. Bruttotonnen im Schwerlastverkehr liegt gut in dem Bereich, der aus HH-Benchmarks bekannt ist [23]. Auch die rund 10 Mio. Bruttotonnen für eine Hochgeschwindigkeitsstrecke bei 300 km/h sind realistisch. Damit kann der $P_2$-Kraft-Ansatz mit dem Schädigungsindex 3 als hinlänglich genau angesehen werden, um die Stopffrequenzen für unterschiedliche Betriebsszenarien abschätzen zu können.

Für den Mischverkehr können damit auch weitere Szenarien berechnet werden (siehe Tab. 25.10). Als erstes Beispiel wird ein Anstieg der Verkehrsbelastung berechnet. Dabei wird die tägliche Zuganzahl im Mischverkehr (MV) um 20 % erhöht. Auch hier gilt grundsätzlich, dass im Basisszenario – alle Verkehrssegmente wachsen um 20 % – die Auswirkung über die Bruttotonnage gut abgeschätzt werden kann: der Stopfzyklus verkürzt sich von 6 auf 5 Jahre.

Für den Fall, dass der Zuwachs an Verkehr (20 % in Bruttotonnage) von lediglich einem Verkehrssegment erbracht wird, ändern sich die Zugzahlen teilweise deutlich, insbesondere im Fall eines starken Anwachsens des Personennah- und

**Tab. 25.11** Stopfintervalle für erhöhte Geschwindigkeit im PFV und den Ersatz von Lok-Wagen-Zugformation durch Triebzug-Formation

| | Mischverkehr | $PFV_{230\,km/h}$ | $PFV_{EMU\,160\,km/h}$ |
|---|---|---|---|
| Zuganzahl pro Tag | 67 | 67 | 67 |
| Mio. Gesamtbruttotonnen pro Jahr | 12,15 | | 11,71 |
| Kumulierte Beanspruchung [$kN^3$] | $5{,}30 \cdot 10^{12}$ | $7{,}70 \cdot 10^{12}$ | $5{,}51 \cdot 10^{12}$ |
| Grenzbeanspruchung Stopfen [$kN^3$] | $3{,}18 \cdot 10^{13}$ | | |
| Stopfzyklus [Jahre] | 6,0 | 4,1 | 5,8 |

-regionalverkehrs. Die Auswirkungen auf den Stopfzyklus sind rechnerisch darstellbar, jedoch sind sie unterjährig, womit der Effekt in der Realität erst über mehrere Stopfzyklen sichtbar würde.

Ein anderes betriebliches Szenario könnte die Erhöhung der Geschwindigkeit im Personenfernverkehr sein. Wie in Tab. 25.11 dargestellt, wird beispielhaft die Geschwindigkeit von 160 auf 230 km/h erhöht. Diese Änderung betrifft also ausschließlich die Personenfernverkehrszüge. Die Auswirkungen sind dennoch gravierend: der Stopfzyklus wird um ein Drittel kürzer. Diese Abschätzung über das Schädigungskollektiv stimmt gut mit den vorbereitenden Auswertungen der ÖBB-Infrastruktur AG im Jahr 2007 hinsichtlich der Erhöhung der Geschwindigkeit auf der Weststrecke überein.

Es sind aber nicht nur Verkehrsart und Betriebsgeschwindigkeit, die die Fahrweginstandsetzung treiben. Auch das eingesetzte Wagenmaterial hat einen nicht zu vernachlässigenden Einfluss, im Fall der Gleisstopfung über Achslast und ungefederte Massen (für andere Schädigungsterme auch über Drehgestellbauart, Längssteifigkeit und aufgebrachte Traktionsenergie). Beispielhaft wurde im gegebenen Verkehrskollektiv die Zugformation des Fernverkehrszuges von einem lokbespannten Wagenzug auf einen Doppelstocktriebzug (electrical mulitple unit, EMU) geändert (siehe Tab. 25.11). Dieser Zug ist zwar leichter, jedoch bei 160 km/h gleisschädigender, was sich im Beanspruchungskollektiv manifestiert. Auch hier sind die Unterschiede in der Instandsetzungsfrequenz nicht derart hoch, um kurzfristig Auswirkungen im Instandhaltungsregime zu bewirken. Der Effekt ist jedoch nachweisbar. Die Wahl des Fahrzeuges durch das Eisenbahnverkehrsunternehmen ist jedoch nicht von erwartbaren Gleisinstandsetzung getrieben, sondern von vielerlei anderen Kriterien. Im Falle des angesetzten Triebzuges stehen beispielsweise bei gleicher Zugzahl 13 % mehr Sitzplätze zur Verfügung. Betrachtet man es aus dieser Perspektive, könnten für dieselbe Anzahl an Sitzplätzen weniger Triebzüge eingesetzt werden, womit auch die Fahrweginstandsetzung wiederum sinken würde.

In der Realität treten die besprochenen Effekte im Mischverkehr zeitgleich auf: es fahren mehr Züge, schnellere Züge, leistungsstärkere Lokomotiven mit größeren ungefederten Massen, Triebzüge ersetzen Lok-Wagen-Garnituren. Damit treten auch die Änderungen in der Instandsetzung als Kombination auf, die entweder günstig, zumeist aber ungünstig auf die Instandsetzung wirken. Zudem werden auf Seiten des Fahrwegs robustere Komponenten eingesetzt, oftmals die Unterbausituation im Zuge der Reinvestition verbessert und die Instandsetzung selbst optimiert, womit die Instandsetzungsaufwendungen oftmals trotz steigender Beanspruchungen konstant gehalten werden können. Dem sind jedoch naturgemäß Grenzen gesetzt.

## 25.4 Fahrzeugspezifisches Verschleißmodell

Über die Fahrzeugkollektive und die existierenden Instandsetzungsaufwendungen können den einzelnen Schädigungen auch die Kosten der Fahrweginstandsetzung zugeordnet werden. Dieser Modellansatz ist in (25.14) dargestellt. Werden die einzelnen Schädigungsterme kostengewichtet aneinandergefügt, so lassen sich inkrementelle Fahrweginstandsetzungskosten berechnen. Diese inkrementelle Fahrweginstandsetzungskosten sind nicht nur fahrzeugspezifisch, sondern berücksichtigen weiters die Betriebsgeschwindigkeit und den Gleisradius. Das Ergebnis sind Fahrweginstandsetzungskosten je Fahrzeugkilometer. Die Terme $D_2$ und $D_3$ enthalten anteilig lediglich Kosten in geraden Abschnitten, während den Termen $D_{4.1}$ und $D_{4.2}$ anteilig Kosten aus Bogengleisen angerechnet werden. Die Terme $D_5$ und $D_6$ für die Kosten der Weicheninstandsetzung können beispielweise als durchschnittliche Kosten je Fahrzeugkilometer addiert werden (wie es in der Schweiz derzeit gehandhabt wird, wobei hier ausschließlich mit $D_5$ operiert wird).

$$K_{\text{Fzg}_{V,R}} = \sum k_n \cdot D_n \qquad (25.14)$$

Über diese Berechnung können die monetären Auswirkungen gleisschondender Fahrzeugkonstruktionen abgebildet werden und deren wirtschaftliche Sinnhaftigkeit unter Berücksichtigung der möglicherweise und üblicherweise höheren Investitionskosten beurteilt werden. Beispiele für die kostengewichtete Gleisschädigung einzelner Fahrzeuge unter Berücksichtigung von angetriebenen und nichtangetriebenen Achsen, unterschiedlichem Gesamtgewicht, unterschiedlichen Betriebsgeschwindigkeiten und Drehgestellbauarten wurden bereits veröffentlicht [17, 24].

Um letztlich diesen Bogen über das Gesamtsystem Fahrzeug-Fahrweg spannen zu können, müssen jedoch die monetären Auswirkungen in einer Hand zusammenlaufen, in der des Fahrzeugbestellers und -betreibers. Bei integrierten Eisenbahnsystemen, beispielweise U-Bahn-Systemen, ist dies der Fall, im Open-Access-Regime auf der Vollbahn zumindest in Europa jedoch nicht. In diesem Fall liegen die Kosten der Fahrweginstandsetzung beim Infrastrukturbetreiber, jene der Fahrzeuginvestiton und -instandhaltung beim Eisenbahnverkehrsunternehmen. Der finanzielle Link zwischen diesen beiden Unternehmen ist die Trassenbenützungsgebühr. Ist es das Ziel des Infrastrukturbetreibers, möglichst fahrwegschonende Fahrzeugkonstruktionen und Zugkonfigurationen auf dessen Netz verkehren zu sehen, muss der Trassenpreis eine fahrzeugspezifische Ausgestaltung haben. Die Schweiz und Großbritannien haben diesen Weg schon beschritten [10, 12].

## 25.5 Zusammenfassung & Diskussion

Die Beanspruchung des Fahrwegs und die damit zusammenhängenden Instandsetzungsaufwendungen lassen sich bei gleichbleiben Randbedingungen mit Hilfe von Gesamtbruttotonnen gut abschätzen. Entstehen aber Änderungen in der Zusammensetzung des Verkehrskollektives, der Betriebsgeschwindigkeit und der eingesetzten Fahrzeuge und Zugkompositionen, greift der Ansatz über die Bruttotonnage zu kurz. Es bedarf spezifischerer Betrachtungen der Schädigungen und damit komponentenspezifischer Schädigungsterme. Der hier vorgestellte Ansatz operiert dabei immer noch auf einer durchschnittlichen, netzweit anwendbaren Methodik. Die spezifischen Randbedingungen, die in situ zu einer Schädigung des Fahrweges führen sind mannigfaltig und kaum über analytische Modelle darstellbar. Die Aufgabe der Forschung ist es, die verwendeten Schädigungsterme bestmöglich empirisch zu prüfen und gegebenenfalls durch neue Erkenntnisse nachzuschärfen. Entsprechende Forschungsarbeiten werden von verschiedenen Institutionen betrieben, zuletzt auch mit dem Versuch, sie in einem gemeinsamen Verständnis zusammenzuführen [25].

Die Sichtbarkeit der Auswirkungen im Instandhaltungsregime ist oftmals limitiert, da sich die Fahrweginstandsetzung beeinflussenden Faktoren zeitgleich und laufend ändern. Dennoch ist das bestmögliche Zusammenwirken von Fahrzeug und Fahrweg letztlich der technische Schlüssel für ein auch wirtschaftlich gut performendes System Bahn. Gerade in Zeiten der Mobilitätswende ist mit ständig steigenden Zugzahlen, Fahrwegbeanspruchungen und damit auch Instandsetzungsaufwänden zu rechnen. Die zuwachsende Fahrweginstandsetzung muss zeitgleich in immer kürzeren Zeitfenster abgearbeitet werden, was die Eisenbahninfrastruktur abgesehen von den Kosten langfristig an die Grenzen der Instandhaltbarkeit führen wird. Es bedarf daher aller Anstrengungen, die Fahrwegschädigung durch technische Innovation möglichst gering zu halten. Ein Auftrag an die Infrastruktur ebenso wie an die Fahrzeugindustrie, denn in

Fahrzeugkonzeption und Fahrzeuginstandhaltung liegt auch ein Schlüssel, um die zuwachsenden Fahrweginstandsetzungskosten im Rahmen zu halten [26].

## Literatur


1. Lichtberger B (2007) Das System Gleis und seine Instandhaltung. EI – Eisenbahningenieur 58(1):10–19
2. Roney M, Eadie D, Oldknow K, Sroba P, Caldwell R, Santoro M (2009) Total friction management on Canadian pacific. In: Proceedings of the 9th International Heavy Haul Association Conference Beijing, S 846–854
3. Silva C, Dersch M, Edwards J (2020) Quantification of the effect of train type on concrete sleeper ballast pressure using a support condition back-calculator. Front Built Environ. https://doi.org/10.3389/fbuil.2020.604180
4. Office of Rail Regulation (2008) Comparison of North American Rail Asset Life. Report. https://www.orr.gov.uk/sites/default/files/om/pr08-arupussl-150408.pdf. Zugegriffen: 14. Juli 2023
5. Marschnig S, Veit P (2023) Assessing average maintenance frequencies and service lives of railway tracks: the standard element approach. IntechOpen https://doi.org/10.5772/intechopen.110488
6. Austrian Standards International (2017) ÖNORM EN 13848-5:2017, Bahnanwendungen – Oberbau – Qualität der Gleisgeometrie – Teil 5: Geometrische Qualitätsstufen – Gleise, Weichen und Kreuzungen
7. Knothe K, Stichel S (2003) Schienenfahrzeugdynamik. VDI-Buch. Springer, Berlin, Heidelberg https://doi.org/10.1007/978-3-642-55766-8_4
8. International Union of Railways (UIC) (2009) UIC Code 714 E – Classification of lines for the purpose of track maintenance. Paris
9. Worley B (2013) Network Rail conclusions on the Variable Usage Charge. https://www.networkrail.co.uk/wp-content/uploads/2017/02/Network-Rail-conclusions-on-the-Variable-Usage-Charge.pdf. Zugegriffen: 14. Juli 2023
10. Worley B, Burstow M (2014) The Variable Usage Charge (VUC) in CP5. https://www.networkrail.co.uk/wp-content/uploads/2017/02/Customer-engagement-Network-Rail-The-Variable-Usage-Charge-in-CP5.pdf. Zugegriffen: 14. Juli 2023
11. Öberg J, Andersson E (2009) Determining the deterioration cost for railway tracks. Proc Inst Mech Eng Part F: J Rail Rapid Transit 223(2):121–129
12. Bundesamt für Verkehr BAV (2022) Basispreis Verschleiss im Trassenpreis: Anleitung für die Fahrzeugpreisbestimmung. https://www.bav.admin.ch/bav/de/home/verkehrsmittel/eisenbahn/fachinformationen/trassenpreis.html. Zugegriffen: 14. Juli 2023
13. Holzfeind J, Nerlich I, Giger M, Marschnig S (2015) Verschleißabhängige Komponente im Trassenpreissystem der Schweiz – ein Anreiz zur Rückbesinnung auf ein Gesamtoptimum. ZEVrail 139:233–243
14. Marschnig S (2021) iTAC – Innovative Track Access Charges. Monographic Series TU Graz / Railway Research, Bd 1. Verlag der Technischen Universität Graz, Graz
15. Jenkins HH et al (1974) The effect of track and vehicle parameters on wheel/rail vertical dynamic forces. REJ – Railw Eng J 3(1):2–16
16. Group Standards Railway Technical Centre (1993) Permissible track forces for railway vehicles. Derby, GMTT0088, Issue 1, Revision A
17. Marschnig S, Ehrhart U (2023) Traffic load and its impact on track maintenance. IntechOpen https://doi.org/10.5772/intechopen.110800
18. ORE D141 (1982) Einfluss der Erhöhung der Radsatzlast von 20 auf 22 t auf den Oberbau – RP5: Untersuchung der technischen und wirtschaftlichen Auswirkungen einer Erhöhung der Radsatzlast von 20 auf 22 t. Utrecht
19. ORE D161.1 (1987) RP4: Dynamische Auswirkungen der Anhebung der Radsatzlast von 20 auf 22,5 t und der geschätzte Anstieg der Oberbauerhaltungskosten. Utrecht
20. Lichtberger B (2010) Handbuch Gleis: Unterbau, Oberbau, Instandhaltung, Wirtschaftlichkeit. Eurailpress, Hamburg
21. Burstow MC (2004) A whole life rail model application and development for RSSB (T115) – continued development of an RCF damage parameter. Rail Standards and Safety Board, London
22. Nerlich I, Holzfeind J (2014) Wie wirtschaftlich ist gleisschonendes Rollmaterial … wie einen Verkehr von morgen in der zukünftigen Auswirkung auf Gleisinstandhaltungen beziffern? ZEVrail 138:138–153
23. WorleyParsons Rail Transport and Urban Development (2008) Benchmark Heavy Haul Lines: International and National Comparison. https://www.qca.org.au/wp-content/uploads/2019/05/5796_R-AurizonV-Submissions-DAU13-0813-1.pdf. Zugegriffen: 18. Juli 2023
24. Marschnig S (2016) Innovative track access charges. Proceedings of 6th Transport Research Arena, Warsaw, 18–21 Apr 2016, S 1–10
25. Marschnig S, Stichel S, Vinolas J, Smith A, Odolinski K, Bezin Y, Casanueva C (2022) Universal Cost Model Bogie 2.0 – Assessing innovative solutions on system level. ZEVrail 146(Sonderheft Graz 2022):74–79
26. Meusburger M, Schmid R (2023) Schädigung der Schieneninfrastruktur durch Fahrzeuge über den Rad-Schiene-Kontakt. Fachtagung Monitoring Rad-Schiene, S 41–55

# Netzzugang

# 26

Robert Prinz, Ulrich Rührnößl, Katja Skodacsek, Roland Pavel, Wolfgang Strehn und Alfred Pitnik

**Zusammenfassung**

Die wesentlichen Funktionen, die ein Mitgliedstaat unabhängig zu erbringen hat, sind in Artikel 7 der „Richtlinie 2012/34/EU des Europäischen Parlaments und des Rates (vom 21. November 2012) zur Schaffung eines einheitlichen europäischen Eisenbahnraums" [1] festgelegt. Dabei handelt es sich erstens um die Entscheidungen über die Zugtrassenzuweisung, einschließlich der Beurteilung zur Verfügbarkeit und zweitens um die Entscheidung über die Wegeentgelte, einschließlich ihrer Festlegung und Erhebung.

Die Mitgliedstaaten haben sicher zu stellen, dass diese beiden wesentlichen Funktionen, die für einen gerechten und nichtdiskriminierenden Zugang zur Infrastruktur ausschlaggebend sind, an von Eisenbahnverkehrsleistungen unabhängige Stellen oder Unternehmen zu übertragen sind.

Als Grundlage für die Wahrnehmung dieser Zugangsrechte sind seitens des Infrastrukturbetreibers Schienennetz-Nutzungsbedingungen zu erstellen und zu veröffentlichen, welche die dafür notwendigen Informationen zum Infrastrukturangebot (Fahrwegkapazität, angeschlossene Serviceeinrichtungen, Zusatz- und Nebenleistungen) sowie umfassende Zugangsbedingungen enthalten.

Welche konkreten operativen Aufgaben für den Netzzugang daraus resultieren, welche Entwicklungen bisher stattgefunden haben, welche Ziele zu verfolgen und welche Herausforderungen in Zukunft zu meistern sind, werden im Kapitel „Netzzugang" dargelegt.

R. Prinz (✉)
Netzzugang, ÖBB-Infrastruktur AG, Wien, Österreich

U. Rührnößl
Netzzugang, ÖBB-Infrastruktur AG, Wien, Österreich

K. Skodacsek
Netzzugang, ÖBB-Infrastruktur AG, Wien, Österreich

R. Pavel
Netzzugang, ÖBB-Infrastruktur AG, Wien, Österreich

W. Strehn
Netzzugang, ÖBB-Infrastruktur AG, Wien, Österreich

A. Pitnik
Netzzugang, ÖBB-Infrastruktur AG, Wien, Österreich

## 26.1 Aufgaben und Ziele Netzzugang

Bereits in den 1990er Jahren erkannte die Europäische Union (EU) die Bedeutung eines effizienten und wettbewerbsfähigen Eisenbahnsektors für den Binnenmarkt und beschloss, den Schienenverkehrsmarkt zu liberalisieren. Die Liberalisierung wurde mittels mehrerer Gesetzgebungspakete – die ihrerseits mehrere Gesetzgebungsakte umfassen – in den Jahren 2001 bis 2016 in Gang gesetzt und kann selbst zum heutigen Zeitpunkt noch nicht als abgeschlossen erachtet werden. Denn im Mittelpunkt steht das Hauptziel, einen einheitlichen europäischen Eisenbahnraum zu schaffen, dem bislang die historisch bedingte Fragmentierung der europäischen Eisenbahnnetze entgegenstand.

 
J. Holzfeind, J. Liu, F. Pospischil (Hrsg.), *Handbuch Eisenbahninfrastruktur*,
https://doi.org/10.1007/978-3-662-68960-8_26

Der Prozess begann mit der Verabschiedung des ersten Eisenbahnpaketes (vgl. Abb. 26.1; [2]) im Jahr 2001, welches selbst eine Reihe von Richtlinien aus den 1990er Jahren abänderte. Als Kernelement sah es die vertikale Entflechtung, also die Trennung von Eisenbahninfrastrukturunternehmen (EIU) und Eisenbahnverkehrsunternehmen (EVU) vor. Dadurch sollten gleiche Wettbewerbsbedingungen für alle Akteure geschaffen werden. In den folgenden Jahren wurden weitere Eisenbahnpakete verabschiedet, um den Wettbewerb zu fördern und den Zugang zum Schienennetz für neue Anbieter zu erleichtern. Zudem wurde die Einrichtung unabhängiger Regulierungsbehörden bzw. -stellen in den Mitgliedstaaten vorgesehen, um den Wettbewerb zu überwachen und faire Bedingungen sicherzustellen.

Insgesamt umfasst das Vorgehen die Verabschiedung von vier Eisenbahnpaketen, die wichtige Schritte zur Förderung des Wettbewerbs und der Integration des europäischen Schienenverkehrs darstellen.

Das zweite Eisenbahnpaket (vgl. Abb. 26.1; [2]) wurde im Jahr 2004 verabschiedet und konzentrierte sich auf die Öffnung des nationalen Schienennetzes für den Wettbewerb. Es forderte die Mitgliedstaaten auf, den Zugang zum Schienennetz für neue Anbieter zu erleichtern und transparente Verfahren für die Zuweisung von Zugtrassen einzuführen. Es führte die Europäische Eisenbahnagentur ein, die die Harmonisierung der Sicherheitsstandards und die Förderung des interoperablen Schienenverkehrs unterstützte.

In diesen Zeitraum fällt auch die Geburtsstunde des freien Zugangs zu den Netzen der EIU innerhalb der EU und damit der Gründung von Organisationen für den Netzzugang. Zunächst beschränkte sich dieser Zugang jedoch auf Güterverkehrsunternehmen und den bestehenden staatlichen Eisenbahnen.

Das dritte Eisenbahnpaket (vgl. Abb. 26.1; [2]) wurde im Jahr 2007 verabschiedet und legte den Schwerpunkt auf die Förderung des grenzüberschreitenden Verkehrs und die Öffnung der Märkte für den Schienenpersonenverkehr. Zudem wurden Maßnahmen ergriffen, um die Zusammenarbeit zwischen den nationalen Regulierungsbehörden zu verbessern und den Zugang zu grenzüberschreitenden Zugtrassen zu erleichtern. Auch wurden die Rechte der Fahrgäste gestärkt, indem ihnen Zugang zu Informationen und Entschädigung im Falle von Verspätungen oder Zugausfällen gewährt wurde.

Im Laufe der Jahre wurden weitere Fortschritte erzielt, um den Wettbewerb zu fördern und den grenzüberschreitenden Verkehr zu erleichtern. Dies umfasste z. B. die Einführung des Europäischen Eisenbahnverkehrsmanagementsystems (ERTMS), welches die Interoperabilität zwischen den nationalen Schienennetzen verbesserte.

Das vierte Eisenbahnpaket (vgl. Abb. 26.1; [2]) wurde im Jahr 2016 verabschiedet und zielt darauf ab, den Wettbewerb weiter zu fördern und die Qualität der Dienstleistungen zu verbessern. Es führte strengere Vorschriften für die Unabhängigkeit der Regulierungsbehörden ein und fördert damit die Zusammenarbeit zwischen den EIU.

Heute ist die Eisenbahnliberalisierung in der EU weit fortgeschritten, obwohl es immer noch Unterschiede zwischen den Mitgliedstaaten gibt. Es gibt eine Vielzahl von EVU, die auf den europäischen Schienenverkehrsmärkten tätig sind, und der Wettbewerb hat zu einer Verbesserung der Dienstleistungen und zu einer größeren Auswahl für die Fahrgäste und Verlader bzw. Spediteure geführt. Aktuelle Entwicklungen auf europäischer Ebene bestätigen das von den EIU immer wieder ins Treffen geführte Argument, wonach ein „one-size-fits-all"-Grundsatz den unterschiedlichen Bedürfnissen der Verkehrsarten kaum gerecht wird und zu einer weiteren Verdrängung des Schienengüterverkehrs führen kann. Um dieser verkehrspolitisch unerwünschten Entwicklung entgegenzuwirken, hat die Europäische Kommission im Sommer 2023 einen Verordnungsentwurf (siehe Abschn. 26.6.2) zur Nutzung der Eisenbahninfrastrukturkapazität veröffentlicht, der den starren Kapazitätszuweisungsprozess mit Regeln für Kapazitätsstrategie, -vorhaltung und -vergabe auch im Sinne der kurzfristigeren Bedürfnisse des Güterverkehrs neu gestalten soll. Dem Netzzugang

## 1. Eisenbahnpaket

Richtlinie 2001/12/EG des Europäischen Parlaments und des Rates vom 26. Februar 2001 zur Änderung der Richtlinie 91/440/EWG des Rates zur **Entwicklung der Eisenbahnunternehmen** der Gemeinschaft.

Richtlinie 2001/13/EG des Europäischen Parlaments und des Rates vom 26. Februar 2001 zur Änderung der Richtlinie 95/18/EG des Rates über die **Erteilung von Genehmigungen an Eisenbahnunternehmen**.

Richtlinie 2001/14/EG des Europäischen Parlaments und des Rates vom 26. Februar 2001 über die **Zuweisung von Fahrwegkapazität der Eisenbahn, die Erhebung von Entgelten für die Nutzung von Eisenbahninfrastruktur und die Sicherheitsbescheinigung**.

## 2. Eisenbahnpaket

Verordnung (EG) Nr. 91/2003 des Europäischen Parlaments und des Rates vom 16. Dezember 2002 über die **Statistik des Eisenbahnverkehrs**.

Richtlinie 2004/49/EG des Europäischen Parlaments und des Rates vom 29. April 2004 über Eisenbahnsicherheit in der Gemeinschaft und zur Änderung der Richtlinie 95/18/EG des Rates über die Erteilung von Genehmigungen an Eisenbahnunternehmen und der Richtlinie 2001/14/EG über die **Zuweisung von Fahrwegkapazität der Eisenbahn, die Erhebung von Entgelten für die Nutzung von Eisenbahninfrastruktur und die Sicherheitsbescheinigung** ("Richtlinie über die Eisenbahnsicherheit").

Richtlinie 2004/50/EG des Europäischen Parlaments und des Rates vom 29. April 2004 zur Änderung der Richtlinie 96/48/EG des Rates über die **Interoperabilität des transeuropäischen Hochgeschwindigkeitsbahnsystems** und der Richtlinie 2001/16/EG des Europäischen Parlaments und des Rates über die **Interoperabilität des konventionellen transeuropäischen Eisenbahnsystems**.

Richtlinie 2004/51/EG des Europäischen Parlaments und des Rates vom 29. April 2004 zur Änderung der Richtlinie 91/440/EWG des Rates zur **Entwicklung der Eisenbahnunternehmen** der Gemeinschaft.

Verordnung (EG) Nr. 881/2004 des Europäischen Parlaments und des Rates vom 29. April 2004 zur **Errichtung einer Europäischen Eisenbahnagentur** ("Agenturverordnung").

## 3. Eisenbahnpaket

Richtlinie 2008/57/EG des Europäischen Parlaments und des Rates vom 17. Juni 2008 über die **Interoperabilität des Eisenbahnsystems** in der Gemeinschaft.

Richtlinie 2007/58/EG des Europäischen Parlaments und des Rates vom 23. Oktober 2007 zur Änderung der Richtlinie 91/440/EWG des Rates zur **Entwicklung der Eisenbahnunternehmen** der Gemeinschaft sowie der Richtlinie 2001/14/EG über die **Zuweisung von Fahrwegkapazität der Eisenbahn und die Erhebung von Entgelten für die Nutzung von Eisenbahninfrastruktur**.

Richtlinie 2007/59/EG des Europäischen Parlaments und des Rates vom 23. Oktober 2007 über die **Zertifizierung von Triebfahrzeugführern, die Lokomotiven und Züge im Eisenbahnsystem in der Gemeinschaft führen.**

Verordnung (EG) Nr. 1370/2007 des Europäischen Parlaments und des Rates vom 23. Oktober 2007 über **öffentliche Personenverkehrsdienste auf Schiene und Straße** und zur Aufhebung der Verordnungen (EWG) Nr. 1191/69 und (EWG) Nr. 1107/70 des Rates.

Verordnung (EG) Nr. 1371/2007 des Europäischen Parlaments und des Rates vom 23. Oktober 2007 über die **Rechte und Pflichten der Fahrgäste im Eisenbahnverkehr**.

## RECAST zum 1. Eisenbahnpaket

Richtlinie 2012/34/EU des Europäischen Parlaments und des Rates vom 21. November 2012 **zur Schaffung eines einheitlichen europäischen Eisenbahnraums**. (Zusammenfassung und Überarbeitung der Richtlinien 91/440/EWG, 95/18/EG und 2001/14/EG).

## 4. Eisenbahnpaket

**Politische Säule**

Verordnung (EU) 2016/2337 des Europäischen Parlaments und des Rates vom 14. Dezember 2016 zur Aufhebung der Verordnung (EWG) Nr. 1192/69 des Rates über gemeinsame **Regeln für die Normalisierung der Konten der Eisenbahnunternehmen**.

Verordnung (EU) 2016/2338 des Europäischen Parlaments und des Rates vom 14. Dezember 2016 zur Änderung der Verordnung (EG) Nr. 1370/2007 hinsichtlich der **Öffnung des Marktes für inländische Schienenpersonenverkehrsdienste**.

Richtlinie (EU) 2016/2370 des Europäischen Parlaments und des Rates vom 14. Dezember 2016 zur Änderung der Richtlinie 2012/34/EU bezüglich der **Öffnung des Marktes für inländische Schienenpersonenverkehrsdienste und der Verwaltung der Eisenbahninfrastruktur**.

**Technische Säule**

Verordnung (EU) 2016/796 des Europäischen Parlaments und des Rates vom 11. Mai 2016 über die **Eisenbahnagentur der Europäischen Union** und zur Aufhebung der Verordnung (EG) Nr. 881/2004.

Richtlinie (EU) 2016/797 des Europäischen Parlaments und des Rates vom 11. Mai 2016 über die **Interoperabilität des Eisenbahnsystems in der Europäischen Union**.

Richtlinie (EU) 2016/798 des Europäischen Parlaments und des Rates vom 11. Mai 2016 über **Eisenbahnsicherheit.**

Quelle: Webseite der Schienen-Control, Österreichische GmbH für Schienenverkehrsmarktregulierung, https://schienencontrol.gv.at/de/rechtlichegrundlagen.html letzter Aufruf: 2.3.2024

**Abb. 26.1** Auflistung der Richtlinien und Verordnungen zu den vier Eisenbahnpaketen kommt dabei eine bedeutende Rolle zu, als dieser den Zugang zu den Leistungen des EIUs für einen sicheren, effizienten und zuverlässigen Betrieb des Schienennetzes ermöglichen und sicherstellen soll. Zu den organisatorischen Aufgaben gehören im Regelfall

- die Verantwortung über den **Antrags- und Genehmigungsprozess**, um Zugang zur Eisenbahninfrastruktur zu erhalten sowie ggf. die Sicherheitsüberprüfung und Zugangskontrolle
- die **Zuweisung von Kapazität** und deren Planung
- die **Bereitstellung von Nutzungsbedingungen** für die jeweiligen Leistungsarten und deren Entgeltfestlegung
- die Abrechnung sowie das Reklamationswesen, die Kundenbetreuung und der Support im Zuge des **Vertriebs**

In den anschließenden Kapiteln wird ein Abriss über die mannigfaltige Aufgabenstellung eines europäischen Netzzugangs am Beispiel der ÖBB-Infrastruktur AG geboten.

## 26.2 Aspekte für den Antrags- und Genehmigungsprozess von Schienenfahrzeugen

Für den Betrieb von Schienenfahrzeugen sind vor der eigentlichen Zugtrassenbestellung je nach Einsatzzweck der einzelnen Schienenfahrzeuge entsprechende Genehmigungen vom Antragsteller einzuholen. Weiters müssen im Vorfeld Abstimmungen mit den EIU durchgeführt werden. Mit diesen Genehmigungen und antragsbasierten Abstimmungen werden die Voraussetzungen für die Zugtrassenbestellung und in weiterer Folge für den Betrieb der Fahrzeuge definiert.

### 26.2.1 Genehmigung von Schienenfahrzeugen

Alle Schienenfahrzeuge, die auf öffentlichen Eisenbahninfrastrukturen zum Einsatz kommen sollen, müssen über eine entsprechende Genehmigung verfügen. Der europarechtliche Rahmen dafür ist in der „Richtlinie 2016/797/EU über die Interoperabilität des Eisenbahnsystems“ [3] und der dazugehörigen „Durchführungsverordnung 2018/545/EU über die praktischen Modalitäten für die Genehmigung für das Inverkehrbringen von Schienenfahrzeugen und die Genehmigung von Schienenfahrzeugtypen“ [4] festgehalten.

Durch die Veröffentlichung dieser beiden Rechtsvorschriften sind die Regeln für die Genehmigung von Schienenfahrzeugen im vierten Eisenbahnpaket definiert worden. Damit wurde das Genehmigungsverfahren von Schienenfahrzeugen innerhalb der EU vereinheitlicht. Die genehmigende Behörde ist grundsätzlich die Europäische Eisenbahnagentur (ERA). Bei einer Genehmigung eines Fahrzeuges ausschließlich für den Einsatz in einem Mitgliedstaat kann der Antragsteller jedoch die nationale Sicherheitsbehörde des betreffenden Mitgliedstaates mit der Genehmigung beauftragen. Im Vordergrund des neuen Prozesses stehen die benannten Stellen (NoBo) bzw. die bestimmten Stellen (DeBo). Die *benannten Stellen* prüfen die Einhaltung der europarechtlichen Vorgaben aus den technischen Spezifikationen der Interoperabilität (TSI). Die *bestimmten Stellen* prüfen die Einhaltung der nationalen technischen Regeln (NNTR) der beantragten Verwendungsgebiete.

Durch die Genehmigung gemäß den Regeln des vierten Eisenbahnpaketes werden die grundlegenden Anforderungen (TSI und dazugehörige technische Normen) und die Netzkompatibilität mit den Infrastrukturen der einzelnen Verwendungsgebiete (NNTR) sichergestellt.

Für bestimmte Einsatzfälle von Schienenfahrzeugen kann es nationale Besonderheiten hinsichtlich deren Genehmigung geben, z. B. für die Durchführung von Probefahrten.

### 26.2.2 Streckenkompatibilität

Das EVU muss vor Beginn einer Zugfahrt über die Genehmigung hinaus prüfen, ob die Schienenfahrzeuge, die den Zug bilden, auch mit der gewählten Strecke kompatibel sind (Route Compatibility Check, kurz RCC). Die Grundlage dafür ist in der technischen Spezifikation für die Interoperabilität des Teilsystems „Verkehrsbetrieb und Verkehrssteuerung“ (TSI OPE, Durchführungsverordnung 2019/773/EU [5]) zu finden.

Beim RCC werden Fahrzeugparameter mit Infrastrukturparametern verglichen. Die Prüfpunkte dazu sind in der Anlage D1 der oben genannten TSI OPE definiert. Die Fahrzeugparameter sind für neue Fahrzeuge im Europäischen Register zugelassener Fahrzeugtypen (vgl. Webseite EU, Agency for Railways, ERATV [6]) zu finden, die Infrastrukturparameter im Infrastrukturregister (vgl. Webseite EU, Agency for Railways, RINF [7]).

Die einzelnen Prüfpunkte werden nicht bei der Genehmigung der Schienenfahrzeuge durch die Behörden berücksichtigt. Es ist möglich, dass ein Schienenfahrzeug eine Genehmigung für ein bestimmtes Verwendungsgebiet erhält, allerdings das EVU, welches dieses genehmigte Fahrzeug in diesem Verwendungsgebiet einsetzen möchte, keine geeignete Strecke in diesem Verwendungsgebiet finden kann (z. B. Streckenklassen oder Fahrzeugumgrenzung). In diesem Fall wäre maximal eine Fahrt als außergewöhnliche Sendung (aS) möglich.

Weitere Einschränkungen bei der Streckenwahl können sich auch aus den Einschränkungen im Genehmigungsverfahren des betreffenden Schienenfahrzeuges ergeben. Diese sind ebenfalls im ERATV [6] zu finden und müssen vom einsetzenden EVU berücksichtigt werden.

Manche EIU bieten den EVU Unterstützung bei der Durchführung des RCC an. Als Beispiel sei die ÖBB-Infrastruktur AG mit dem Service INFRA SK (vgl. Webseite ÖBB-Infrastruktur AG technischer Netzzugang, Streckenkompatibilität [8]) genannt.

### 26.2.3 Außergewöhnliche Sendungen (aS)

Fahrzeuge oder Transporte, bei denen die Prüfung der Streckenkompatibilität (vgl. Abschn. 26.2.2) kein positives Ergebnis brachte, können nach einer speziellen Prüfung durch das EIU gegebenenfalls als außergewöhnliche Sendung (aS) verkehren.

Hauptsächlich sind bei der Streckenkompatibilitätsprüfung die äußere Abmessung bzw. das Gewicht des Fahrzeuges der Grund für ein negatives Ergebnis. Es können aber auch andere technische Eigenschaften des Fahrzeuges, z. B. die elektromagnetische Verträglichkeit oder der maximal zulässige Überhöhungsfehlbetrag zu einem negativen Ergebnis beim RCC führen.

Das EIU prüft gleisgenau, welche Laufwege unter welchen Einsatzbedingungen für die Durchführung der Fahrt möglich sind. Ein Großteil der gängigen Schienenfahrzeuge werden in „aS-Profile“ klassifiziert, um das Erfordernis von Einzelfallprüfungen zu minimieren.

Beispiele für außergewöhnliche Sendungen sind Doppelstockzüge im Personenverkehr oder Containerzüge bzw. die rollende Landstraße im Güterverkehr. In beiden Fällen ist die Überschreitung der zulässigen Fahrzeugumgrenzung der Grund für die aS.

### 26.2.4 Probefahrten

Werden Schienenfahrzeuge neu gebaut bzw. verändert, müssen ggf. Probefahrten durchgeführt werden. Dabei müssen vom EVU die eisenbahnrechtlichen Randbedingungen berücksichtigt werden.

Zusätzlich müssen Probefahrten auch mit den jeweiligen EIU abgestimmt werden. Dabei sind in Abhängigkeit der geplanten Versuche entsprechende Vorlaufzeiten zu berücksichtigen. Speziell bei Probefahrten im Zusammenhang mit ETCS sind Testdrehbücher und besonders geschultes Personal zur sicheren Abwicklung erforderlich.

Die Bedingungen für die Durchführung von Probefahrten werden vom EIU veröffentlicht.

### 26.2.5 Netzregistrierung

Die fortschreitende Digitalisierung im Eisenbahnbetrieb erfordert vor der eigentlichen Bestellung der Zugtrasse die Bekanntgabe spezieller technischer Daten bzw. Eigenschaften von Schienenfahrzeugen beim EIU.

Dies betrifft die Abmessungen der Schienenfahrzeuge, aber auch die Gewichte und insbesondere die betrieblichen Einschränkungen aus der Fahrzeuggenehmigung. Wenn diese Daten beim EIU bekannt sind und die entsprechenden IT-Systeme damit befüllt wurden, erleichtert dies die Zugtrassenbestellung für das EVU und die anschließende betriebliche Umsetzung der Zugfahrt. Die ÖBB-Infrastruktur AG sieht hierzu den Prozess der Netzregistrierung vor.

## 26.3 Aspekte zur Kapazitätszuweisung

Insgesamt stellt der Netzfahrplan die Grundstruktur des Zugverkehrs für einen längeren Zeitraum dar, während der unterjährige Fahrplan die flexiblen Anpassungen und Änderungen darstellt, die im Laufe des Jahres erforderlich sind. Ursachen hierfür können in der geänderten Nachfrage der EVU ebenso zu finden sein, wie in der betrieblichen Notwendigkeit von Baustellen, die eine unterjährige Anpassung des Netzfahrplans erfordern. Der Netzfahrplan bzw. der unterjährige Fahrplan setzt sich aus zugewiesenen Zugtrassen an EVU zusammen, wobei die Fahrwegkapazitätsbegehren entweder im Zuge des Netzfahrplans oder für freie Restkapazitäten adhoc Berücksichtigung finden.

Planung und Zuweisung von Fahrwegkapazität haben sich mit der fortschreitenden Liberalisierung im Eisenbahnverkehr stark verändert. In der Vergangenheit war die Planung von Fahrwegkapazität im Wesentlichen eine innerbetriebliche Optimierungsaufgabe zwischen den Marktbereichen des Personenverkehrs und des Güterverkehrs in einem integrierten Eisenbahnunternehmen. Dabei standen die zur Verfügung stehenden Ressourcen (Personal und Fahrzeuge) im Mittelpunkt. Eine formale Zuweisung von Fahrwegkapazität war nicht erforderlich. Konflikte zwischen den beiden bestimmenden Marktbereichen wurden innerbetrieblich gelöst.

Darüber hinaus waren in der Vergangenheit die zu planenden Verkehrsmengen sowohl im Personen- als auch im Güterverkehr wesentlich niedriger. Zudem war die Stabilität der Verkehre deutlich höher, sodass Anzahl und Umfang notwendiger unterjähriger Änderungen im Netzfahrplan deutlich geringer ausfielen. Zu guter Letzt war auch die Bautätigkeit im Schienennetz, sei es die notwendige Erneuerung von bestehenden Anlagenteilen oder der Neu- bzw. Ausbau von Strecken, nicht so bestimmend, wie es heute oft der Fall ist.

Heute müssen bei der Planung und Zuweisung von Fahrwegkapazität die unterschiedlichsten Interessenskonflikte vom EIU aufgelöst werden.

Die EIU haben vom Gesetzgeber den Auftrag die effektive Nutzung der Eisenbahninfrastruktur sicherzustellen, was angesichts der hohen Errichtungskosten für die Eisenbahninfrastruktur nachvollziehbar und geboten ist. Darüber hinaus soll das EIU in seiner Funktion als Systemintegrator auch einen pünktlichen Eisenbahnbetrieb sicherstellen, sodass die gegenseitigen Beeinflussungen der Marktteilnehmer untereinander nicht überhandnehmen.

Die Marktteilnehmer wiederum stehen im direkten Wettbewerb zueinander und versuchen mit ihren spezifischen Fahrwegkapazitätsbegehren Alleinstellungsmerkmale gegenüber den Mitbewerbern zu schaffen, um am Markt besser reüssieren zu können. Die Ressourcen (Fahrzeuge und Personal) spielen zwar weiterhin eine große Rolle, allerdings versucht heute jedes EVU für sich unter Ausnutzung der Mindestparameter eine möglichst kurze Fahrzeit und einen möglichst effizienten Einsatz seiner Ressourcen im Netzfahrplan sicherzustellen. Mit steigender Anzahl der Marktteilnehmer steigt die Anzahl der Konflikte um bestimmte Zugtrassenlagen. Es kommt einerseits zu einem „Kampf um die Kapazitäten“ zwischen den beiden Verkehrsarten Personenverkehr und Güterverkehr und andererseits innerhalb der Verkehrsarten zwischen den verschiedenen Marktteilnehmern.

Dieser „Kampf um die Kapazitäten“ wird jedoch nicht mit gleichen Mitteln ausgetragen:

EVU im *Personenverkehr* sind in den meisten Fällen in der Lage ihre Fahrwegkapazitätsbegehren entsprechend den geltenden rechtlichen Rahmenbedingungen zeitgerecht für die Planung des Netzfahrplans beim EIU einzubringen. Diese Bestellungen besitzen in der Regel eine hohe Stabilität, weil sie oft auch eine Weiterführung der Fahrpläne aus der Vergangenheit darstellen.

Im *Güterverkehr* stellt sich die Situation für die EVU gänzlich anders dar. Sie müssen beim EIU zeitgleich wie der Personenverkehr Anfang April ihre Fahrwegkapazitätsbegehren abgeben, haben aber zu diesem frühen Zeitpunkt weder die Gewissheit, dass sie die dafür erforderlichen Aufträge zur Durchführung der Transporte bekommen, noch haben sie einen Überblick über den gesamten Verkehr, sodass eine Optimierung der eigenen Ressourcen erfolgen könnte. Dieses Dilemma führt dazu, dass EVU im Güterverkehr zwar ihre Fahrwegkapazitätsbegehren zeitgerecht abgeben, diese aber letztendlich vor der ersten Zugfahrt mehrmals mit Änderungsbestellungen anpassen müssen. Dadurch ergibt sich beim EIU und beim EVU ein sehr hoher Planungsaufwand.

Gemäß Artikel 36 der Richtlinie 2012/34 EU [1] sind Reservierungsgebühren auf Seiten der Fahrwegkapazitätsberechtigten vorgesehen, sofern diese ihre zugewiesenen Zugtrassen regelmäßig nicht in Anspruch nehmen. Dem EIU steht auch die Möglichkeit offen generell für nicht genutzte zugewiesene Zugtrassen Stornierungsentgelte zu erheben. Von dieser Möglichkeit machen eine Reihe von Mitgliedstaaten (darunter auch Österreich) aktuell noch keinen Gebrauch, weil das System der Ab- und Umbestellungen ein Ausfluss der kurzfristigen Notwendigkeiten des Güterverkehrs ist und mit einem bloßen (finanziellen) Anreiz nicht behoben werden kann. Mit der zukünftig angedachten Aufteilung von Fahrwegkapazität in kurzfristiger und langfristiger Natur im Rahmen einer Kapazitätsverordnung (vgl. Abschn. 26.6) wird schlussendlich auf diese Notwendigkeit Bedacht genommen und die Stornierungsentgelte sollen verpflichtend als begleitendes Instrument zur effizienten Nutzung der Fahrwege zur Anwendung gebracht werden.

Schließlich sorgen die umfangreichen Baumaßnahmen zum Ausbau der Eisenbahninfrastruktur in ganz Europa zu einer Zunahme an temporären Kapazitätsbeschränkungen (TCR). Diese haben umfangreiche Auswirkungen auf die Verkehrsplanung und -abwicklung. Die Folge sind unterjährige Änderungen zum Netzfahrplan, die oftmals einer internationalen Koordination entsprechend den Zugläufen bedürfen. Auch dadurch steigt der Planungsaufwand sowohl beim EIU als auch beim EVU.

Zur Sicherstellung muss das EIU in den Schienennetz-Nutzungsbedingungen (SNNB) entsprechende Kriterien definieren. Dazu zählen zum Beispiel Konstruktionsparameter, wie Fahrzeit- und Haltezeitreserven sowie Zeitansätze für die Manipulation an Zügen.

### 26.3.1 Fahrplangrundlagen

Für die Erstellung der Fahrpläne sind einige Grundlagen erforderlich. Diese werden unabhängig von den konkreten Zugtrassen in Abhängigkeit der technischen Voraussetzung der vorhandenen Eisenbahninfrastruktur bzw. der eingesetzten Schienenfahrzeuge erstellt.

Die technische Ausführung der Eisenbahninfrastrukturanlagen hat einen entscheidenden Einfluss auf die maximal zulässige Fahrgeschwindigkeit. Dabei stellen Bogenradien, Überhöhung, Art der Weichen und die Art der Zugsicherungsanlagen einen wesentlichen Teil dieser Einflussgrößen dar. Darüber hinaus gibt es eine Vielzahl von weiteren technischen Parametern. In Summe ergibt sich aus diesen Parametern für jeden Streckenabschnitt eine örtlich zulässige Höchstgeschwindigkeit. Diese werden im Verzeichnis der örtlich zugelassenen Geschwindigkeiten (VzG) zusammengefasst dargestellt. Dieses Dokument stellt eine wesentliche Basis für die Erstellung der einzelnen Fahrpläne dar.

Temporäre Einschränkungen werden in Form von Langsamfahrstellen veröffentlicht. Die Notwendigkeit Langsamfahrstellen einzurichten, ergibt sich oftmals aus Schäden an der Eisenbahninfrastruktur, bis zu deren Behebung die betroffenen Gleisbereiche nur mit verminderter Geschwindigkeit befahren werden dürfen.

Weiters werden für die Zugplanung und letztendlich für deren Abwicklung wichtige Daten vom EIU erstellt und bereitgestellt. Die maximalen Anhängelasten werden von den auf dem Laufweg der Züge vorhandenen Steigungen und Bogenradien, aber auch vom Anfahrverhalten der Zugtriebfahrzeuge beeinflusst. Diese Daten werden in Form von Anhängelasttabellen bzw. Belastungstafeln veröffentlicht. Weiters sind für die Zugbildung Informationen über den technischen Ausrüstungszustand wie z. B. Zugsicherungssystem, Zugfunk, Tunnelbereiche, usw. relevant. Diese werden vom EIU in Form von Streckenlisten öffentlich zugänglich gemacht.

Alle diese Informationen sind erforderlich, um eine effektive Nutzung der vorhandenen Fahrwegkapazität mit einem entsprechenden Fahrplangefüge zu erstellen. Zusätzlich wird damit den EVU ermöglicht, Zugleistungen bestmöglich zu planen und durchzuführen.

### 26.3.2 Der Weg zum Jahresfahrplan (Netzfahrplan)

Der Weg zum Netzfahrplan – den planmäßig für ein Jahr zugewiesenen Zugtrassen – ist vom Grundsatz her ein sich jährlich wiederholendes 13 Monate dauerndes Projekt mit Phasen und Meilensteinen. Ziel dieses Projektes ist, die im Anhang VII der Richtlinie 2012/34/EU [1] festgeschriebene „Auflage eines Netzfahrplans" zum international vereinbarten Termin im Dezember mit der Gültigkeit eines Jahres. In diesem Netzfahrplan finden sich alle Züge, die am Netz des jeweiligen EIUs „planmäßig verkehren", vom Personenfernverkehr bis zur Bedienungsfahrt einer Anschlussbahn auf freier Strecke.

Die Fristen und Termine zum Bestell- und Zuweisungsverfahren von Fahrwegkapazität im Netzfahrplan sind in Abb. 26.2 angeführt. Zu Beginn des Projekts, im November des Vorjahres, muss sich das EIU im Klaren sein, welche Eisenbahninfrastruktur im betreffenden Zeitraum für die Abwicklung des Zugverkehrs zur Verfügung steht. Informationen über Reduktionen oder Erweiterungen der Bahnanlagen müssen dem Planer rechtzeitig zur Verfügung stehen und im Planungstool eingearbeitet sein. Wertvolle Erkenntnisse aus Fahrplanstudien werden vom Kapazitätsmanagement zur Verfügung gestellt, in denen neue Eisenbahninfrastrukturen und/oder Verkehrskonzepte im Vorfeld betrachtet wurden. Auf Basis dessen werden in weiterer Folge in der *Beratungsphase* bis Anfang April neue Konzepte und Ideen der EVU geprüft und netzverträglich weiterentwickelt. Diese Phase ist für das EIU besonders heikel. Die Richtlinie 2012/34/EU [1] verpflichtet das EIU, die Fahrplantrassen (Fahrplanzeiten) diskriminierungsfrei an EVU zu vergeben. In der *Phase der Angebotskonzeption* legen zahlreiche EVU dem Trassenmanagement ihre Geschäftspläne offen. Es versteht sich von selbst, dass sich EVU darüber höchste Vertraulichkeit vom EIU erwarten. Am Ende der Beratungsphase sind die internationalen Verkehre sowie die nationalen Fern- und Taktverkehre grob abgestimmt.

Da das EIU die Fahrplantrassen diskriminierungsfrei gegenüber den EVU zu vergeben hat, ist ein europaweit einheitlicher Termin festgelegt, an dem ein EVU spätestens Fahrplantrassen für den Netzfahrplan bestellen muss, um bei der ersten Vergabe von Eisenbahninfrastrukturkapazität berücksichtigt zu werden. Dies ist der *2. Montag im April.* Später einlangende Bestellungen werden selbstverständlich auch berücksichtigt, allerdings nur nach Maßgabe der verfügbaren Möglichkeiten auf Basis von Restkapazität.

Obwohl es aus den früheren Phasen bereits Kenntnisse über internationale und nationale Taktsysteme gibt, gilt es in den knapp zweieinhalb Monaten von Mitte April bis Anfang Juli im Fall der ÖBB-Infrastruktur AG etwa 11.500 Zugtrassen – von denen der überwiegende Teil keine Zugtrassen von Taktsystemen, sondern Einzelzugtrassen sind – zu bearbeiten, verträglich zueinander in den Gesamtfahrplan einzubauen und zahlreiche Interessenskonflikte gemeinsam mit den bestellenden EVU zu lösen. Dies erfordert von den Trassenmanagern ein hohes Maß an Fachwissen, Verhandlungsgeschick und Konfliktlösungskompetenz. Bei diesem Prozess ist der Verbrauch der zur Verfügung stehenden Fahrwegkapazität möglichst gering zu halten, damit auf den einzelnen Streckenabschnitten möglichst alle bestellten Zugtrassen (mit all ihren individuellen Parametern) untergebracht werden können.

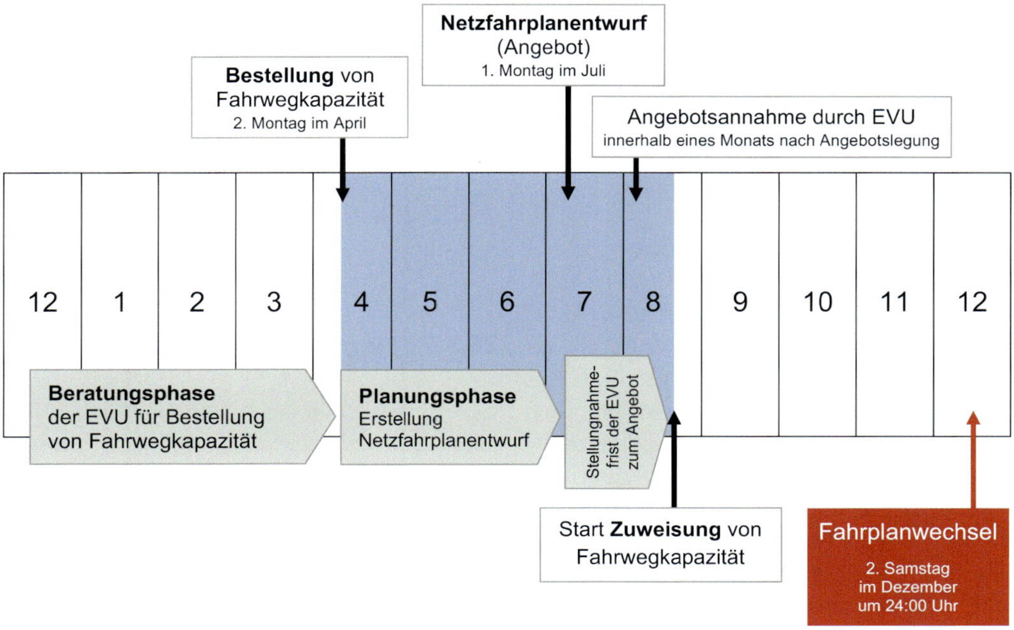


**Abb. 26.2** Bestell- und Zuweisungsverfahren von Fahrwegkapazität im Netzfahrplan (Quelle: Eigene Darstellung)

Da besonders der Güterverkehr marktbestimmt ist, ist es nur allzu verständlich, dass er sich kurzfristig an die aktuelle Wirtschaftslage anpassen muss. Deshalb kommt es auch in der *Phase der Zugtrassenplanung* laufend zu neuen oder geänderten Anforderungen im Vergleich zu den ursprünglich abgegebenen Bestellungen.

Bei Bestellungen, die kollidierende Zugtrassen nach sich ziehen würden, muss ein Koordinierungsverfahren unter Einbindung der nationalen Regulierungsbehörde angestoßen werden, um eine einvernehmliche Lösung zu erzielen. Fühlt sich ein EVU bei der Zugtrassenvergabe diskriminiert, besteht die Möglichkeit, eine Beschwerde bei der nationalen Regulierungsbehörde einzubringen. Diese entscheidet, ob eine Änderung der Entscheidung erforderlich ist, oder schreibt eine solche gemäß ihren Vorgaben vor.

Die *Auflage des Netzfahrplanentwurfes* am ersten Montag im Juli schließt diese Phase ab. Der Netzfahrplanentwurf bildet das offizielle Zugtrassenangebot des EIUs auf jede einzelne, zeitgerecht eingebrachte Zugtrassenbestellung. Die EVU haben von nun an einen Monat Zeit, um zu diesem Angebot Stellung zu nehmen. Danach gelten die nicht beeinspruchten Zugtrassen als zugewiesen, aufgrund dessen in weiterer Folge Infrastrukturnutzungsverträge unterschrieben werden.

Im weiteren Verlauf wird der Netzfahrplan finalisiert, bis Ende Oktober die Fahrplandaten in die Folgesysteme ausgelagert bzw. Fahrplanbehelfe (z. B. Buchfahrpläne, Zugleitunterlagen, etc.) versendet werden.

### 26.3.3 Der Weg zum unterjährigen Fahrplan

Wie auch in anderen Branchen besteht im Eisenbahnsektor das Erfordernis, rasch auf sich ändernde Gegebenheiten zu reagieren. Dies ist besonders im angebotsgetriebenen Güterverkehr eine wesentliche Anforderung. Deshalb gibt es bei der ÖBB-Infrastruktur AG die Möglichkeit, den Fahrplan an zehn Änderungsterminen pro Netzfahrplanperiode, fünf davon sind international vereinbart, dauerhaft zu ändern. Der Änderungsbedarf hierfür steigt kontinuierlich.

Ebenso werden im Laufe des Fahrplanjahres oftmals punktuell über mehrere Tage Bauarbeiten an der Eisenbahninfrastruktur durchgeführt, weshalb Züge für diesen Zeitraum ihre planmäßigen Zugtrassen nicht nutzen können und daher verlegt oder umgeleitet werden müssen. Das Kommunikationsmedium für diese Fälle ist die Fahrplananordnung.

### 26.3.4 Überlastete Infrastruktur

Gemäß Artikel 47 der Richtlinie 2012/34/EU [1] hat das EIU in Fällen, in denen Anträgen auf die Zuweisung von Fahrwegkapazität nach Koordinierung der beantragten Zugtrassen und nach Konsultation der Antragsteller nicht in angemessenem Umfang stattgegeben werden kann, den betreffenden Fahrwegabschnitt unverzüglich für überlastet zu erklären. Dies hat auch auf Streckenabschnitten zu erfolgen, bei denen abzusehen ist, dass Kapazität in naher Zukunft nicht ausreichend vorhanden sein wird.

Wenn Streckenabschnitte für überlastet erklärt wurden, muss das EIU binnen sechs Monaten eine Kapazitätsanalyse durchführen. Mit der Kapazitätsanalyse sollen die jeweiligen Engpässe identifiziert und konkrete Gründe für die Überlastung ermittelt werden. Zu guter Letzt sollen in diesem Schritt bereits kurz- und mittelfristige Lösungsmöglichkeiten erarbeitet werden.

Innerhalb von weiteren sechs Monaten hat das EIU einen sogenannten Plan zur Erhöhung der Fahrwegkapazität vorzulegen. Dazu sind die EVU zu konsultieren. Gemäß der Richtlinie 2012/34/EU [1] hat der Plan die Gründe für die Überlastung, die zu erwartende künftige Verkehrsentwicklung, den Fahrwegausbau betreffende Beschränkungen sowie mögliche Optionen und Kosten für die Erhöhung der Fahrwegkapazität zu enthalten. Darüber hinaus sind die geplanten Maßnahmen zur Erhöhung der Fahrwegkapazität (inkl. Zeitplan für die Durchführung) anzuführen. Dabei sind sowohl organisatorische Maßnahmen als auch bauliche Maßnahmen an der Eisenbahninfrastruktur oder auch eine Kombination beider möglich. Zur Lenkung der Nachfrage kann das EIU auf Streckenabschnitten, die für überlastet erklärt wurden, einerseits ein erhöhtes Wegeentgelt ansetzen sowie andererseits gesonderte Vorrangkriterien für die Erstellung des Netzfahrplans anwenden. Diese sind in den SNNB vorab zu veröffentlichen und müssen den gesellschaftlichen Nutzen der Verkehre berücksichtigen. Gemäß Richtlinie 2012/34/EU [1] ist der gesellschaftliche Nutzen von Güterverkehrsdiensten, insbesondere wenn sie grenzüberschreitend sind, höher als jener von Personenverkehrsdiensten.

### 26.3.5 Besondere Fahrwege

Gemäß Artikel 48 der Richtlinie 2012/34/EU [1] kann das EIU nach Konsultation der EVU bestimmte Streckenabschnitte für die Nutzung durch bestimmte Arten von Verkehrsdiensten ausweisen, sofern geeignete Alternativstrecken vorhanden sind. Dies kommt gerne zur Anwendung, wenn ein Bündel aus zwei parallelführenden Strecken vorhanden ist, und eine der beiden Strecken primär für den Hochgeschwindigkeitsverkehr und die andere primär für den langsamen Verkehr (Regionalverkehr und Güterverkehr) vorgesehen werden soll. Die konkreten Vorrangregeln sind in den SNNB zu veröffentlichen.

### 26.3.6 Ad-hoc-Fahrwegkapazität

Der Ad-hoc-Prozess umfasst alle Zugtrassen, die weder im Netzfahrplan geplant und zugewiesen wurden noch über Änderungshefte in den Netzfahrplan (vgl. Abschn. 26.3.3 zum unterjährigen Fahrplan) eingeflossen sind.

EVU im *Personenverkehr* nutzen die Möglichkeit Ad-hoc-Fahrwegkapazität beim EIU zu beantragen, einerseits bei der Planung von Verkehren bei Großveranstaltungen (Konzerte, Sportveranstaltungen) und andererseits für kurzfristig zu planende Zugtrassen in der Produktion (Zuführung Werkstätten, Schulungsfahrten, Probefahrten, etc.). Die Komplexität der geplanten Verkehre determiniert einerseits die erforderliche Vorlaufzeit der Bestellung sowie die Art der Zugtrassenkonstruktion. Beispielsweise können Zugtrassen mit nur einem Verkehrstag oder auch nur wenigen Verkehrstagen sehr kurzfristig bestellt werden. Im Gegensatz dazu müssen umfangreiche Bestellungen (z. B. Verkehre bei Großveranstaltungen sowie für Mess- und Probefahrten) frühzeitiger beim EIU bestellt werden.

EVU im *Güterverkehr* nutzen die Möglichkeit Ad-hoc-Fahrwegkapazität beim EIU zu beantragen, um auf kurzfristige Änderungen am Markt reagieren zu können. Die Anzahl der zu bearbeitenden Ad-hoc-Zugtrassen im Güterverkehr steigt dabei von Jahr zu Jahr kontinuierlich an.

Ad-hoc-Zugtrassen können bis spätestens sechs Stunden vor der geplanten Abfahrtszeit beim EIU bestellt werden. Die Planung und Zuweisung erfolgt dabei immer auf Basis von Restkapazitäten. Das bedeutet, es können nur verbleibende „Lücken" im Netzfahrplan mit diesen Zugtrassen aufgefüllt werden. Dabei wird konsequent nach dem „First-Come-First-Served-Prinzip" vorgegangen. Die EIU sind jedoch gemäß Artikel 48 der Richtlinie 2012/34/EU [1] dazu verpflichtet, Kapazitätsreserven innerhalb des fertig erstellten Netzfahrplans vorzuhalten, um schnell auf vorhersehbare Ad-hoc-Anträge bei der Zuweisung von Fahrwegkapazität reagieren zu können.

### 26.3.7 Kapazitätsmanagement – Temporary Capacity Restrictions (TCR)

Damit die Eisenbahninfrastruktur in einem guten Zustand erhalten und darüber hinaus auch entsprechend den Erfordernissen des Marktes weiterentwickelt werden kann, sind Bauarbeiten unumgänglich. Diese Bauarbeiten ergeben temporäre Einschränkungen der Eisenbahninfrastruktur, welche in der Regel dazu führen, dass die auf konkrete Kundenanforderungen hin ausoptimierten Produktionsprozesse des Netzfahrplans temporär angepasst werden müssen. Daraus folgt, dass temporär während der Kapazitätsbeschränkung aufgrund verlängerter Fahrzeiten oder gänzlich anderer zeitlicher Zugtrassenlagen nicht mehr alle Kundenanforderungen erfüllt werden können oder ein erhöhter Ressourceneinsatz in Form von Personal und Fahrzeugen zur Abwicklung des Verkehrs erforderlich wird, was wiederum die Wirtschaftlichkeit des Verkehrs negativ beeinflusst.

Damit die Planung der Kapazitätsbeschränkungen international über Staatsgrenzen hinweg harmonisiert erfolgt und dabei auch den Interessen der EVU im angemessenen Ausmaß Rechnung getragen wird, hat die Europäische Kommission gestützt auf die Richtlinie 2012/34/EU [1] mit dem Anhang VII ein Regelwerk in Kraft gesetzt. Darin sind die Grundsätze zur Einbindung der EVU, die Fristen für die Planung und Veröffentlichung sowie Prämissen für die Koordination von Kapazitätseinschränkungen zwischen den EIU geregelt.

#### 26.3.7.1 Konsultation der Eisenbahnverkehrsunternehmen (EVU)

Aus den oben genannten Gründen sollen EVU bereits frühzeitig über geplante Kapazitätsbeschränkungen von den EIU informiert werden, damit diese ihre verkehrsbezogenen Planungen dahingehend anpassen bzw. ausrichten können. Zusätzlich zu den EVU sind auch Betreiber von Serviceeinrichtungen (z. B. Terminals) bei der Konsultation miteinzubeziehen. Im optimalen Fall können EVU bereits bei der Abgabe der Fahrwegkapazitätsbegehren zum Hauptbestelltermin die geplanten Kapazitätsbeschränkungen vollständig im Netzfahrplan berücksichtigen, sodass es zu keinen temporären Änderungen und Anpassungen während einer Netzfahrplanperiode mehr kommen muss.

Bei Kapazitätsbeschränkungen mit einer Dauer von mehr als 30 aufeinanderfolgenden Tagen, bei denen zumindest 50 % des geschätzten Verkehrsaufkommens von Ausfällen oder Umleitungen betroffen ist, müssen die EIU auf Verlangen der EVU gemeinsam Alternativen zur Umsetzung der Bauarbeiten ausarbeiten und diese gegenüberstellen. Dabei sind insbesondere mögliche alternative Strecken, die verfügbare Kapazität auf den Umleitungsstrecken und die ungefähren Fahrzeiten auf diesen Strecken zu ermitteln. Bei der Auswahl der Alternative sind die Auswirkungen auf die EVU in Betracht zu ziehen.

#### 26.3.7.2 Fahrplanrelevanz von temporären Einschränkungen

Einschränkungen der Eisenbahninfrastruktur (TCR) werden bei der Planung als fahrplanrelevant eingestuft, wenn zumindest eines der beiden folgenden Kriterien erfüllt wird.

1. Änderungen an der Fahrwegkapazität sind erforderlich bei
   - Ausfall von Zugtrassen
   - Umleitung von Zugtrassen
   - zeitlicher Lageänderung von Zugtrassen
2. Änderungen von Zugparametern sind erforderlich bei
   - Zuglänge
   - Traktionsart
   - Lichtraumprofil etc.

Verspätungen allein begründen noch keine Fahrplanrelevanz von Einschränkungen der Eisenbahninfrastruktur.

Alle übrigen Einschränkungen werden als nicht fahrplanrelevant eingestuft.

#### 26.3.7.3 Regelung von fahrplanrelevanten Einschränkungen der Eisenbahninfrastruktur

Fahrplanrelevante Einschränkungen der Eisenbahninfrastruktur können entweder bereits im Netzfahrplan oder erst später mit temporären Änderungen im Baufahrplan bzw. Ad-hoc-Fahrplan ausgeregelt werden.

Die Planung von temporären Einschränkungen im Netzfahrplan bedarf einer intensiven Abstimmung zwischen den betroffenen EIU und den betroffenen EVU, sofern Zugtrassen über mehrere Länder hinweg führen sollen. Aus diesem Grund werden bei der ÖBB-Infrastruktur AG aktuell temporäre Einschränkungen der Eisenbahninfrastruktur nur in Ausnahmefällen bereits im Netzfahrplan geregelt. Mit einer zunehmenden Harmonisierung der Planungsprozesse bestehen zukünftig neue Möglichkeiten auch temporäre Einschränkungen bereits im Netzfahrplan zu regeln.

#### 26.3.7.4 Kategorisierung von Einschränkungen

Auf Basis der Bestimmungen aus dem Anhang VII zur Richtlinie 2012/34/EU [1] werden bei der ÖBB-Infrastruktur AG sämtliche Bauarbeiten in vier Kategorien eingestuft. Die Dauer der Einschränkung sowie der prozentuelle Anteil der ausfallenden oder umzuleitenden Zugtrassen bilden die beiden Parameter, nach denen die planmäßigen Einschränkungen kategorisiert werden (siehe Abb. 26.3).

Dabei ist zu beachten, dass die Planung und Kategorisierung von Einschränkungen jedenfalls vor der Erstellung des Netzfahrplans erfolgt und daher für den prozentuellen Anteil der ausfallenden oder umzuleitenden Zugtrassen eine Abschätzung über den zukünftig erwarteten Verkehr voraussetzt.

#### 26.3.7.5 Planungsprämissen

Die EIU sollen bei der Planung von Kapazitätsbeschränkungen nicht nur die eigenen Kosten der konkreten Baumethode, sondern auch die gewerblichen und betrieblichen Sachzwänge der EVU in Betracht ziehen. Darüber hinaus sind die Risiken einer Verkehrsverlagerung auf weniger umweltfreundliche Verkehrsträger durch umfangreiche Kapazitätsbeschränkungen in der Planung zu berücksichtigen. Aus diesen Gründen führt die ÖBB-Infrastruktur AG geplante Bauarbeiten grundsätzlich so aus, dass die Auswirkungen auf die Eisenbahnverkehrsdienste so gering wie möglich gehalten werden. Dabei werden die nachfolgenden Planungsprämissen angewandt:

**Art der Sperre**

Gesamtsperren (Streckensperren) auf zweigleisigen Strecken werden nur dann geplant, wenn es aus bautechnischen Gründen und/oder aus Gründen des Arbeitnehmerschutzes unabdingbar ist und keine andere Baumethode gewählt werden kann, um die geplanten Bauarbeiten im Rahmen einer Teilsperre abwickeln zu können.

**Bedeutung der Strecke im Netz/Funktion der Strecke**

Auf internationalen Achsen (Verbindungsfunktion steht im Vordergrund) werden die temporären

**Abb. 26.3** Kategorisierung von Einschränkungen bei ÖBB-Infrastruktur AG (Quelle: TCR Guidelines von RailNetEurope [9]. Eigene Darstellung)

| | | Ausfall oder Umleitung von Zugtrassen pro Tag | | | |
|---|---|---|---|---|---|
| | | < 10% | 10 - 30% | 30 - 50% | > 50% |
| Dauer der Einschränkung | > 30 Tage | Kat IV Minor TCR | Kat III Medium TCR | Kat II High TCR | Kat I Major TCR |
| | 7 Tage - 30 Tage | Kat IV Minor TCR | Kat III Medium TCR | Kat II High TCR | Kat II High TCR |
| | 24h - 7 Tage | Kat IV Minor TCR | Kat III Medium TCR | Kat III Medium TCR | Kat III Medium TCR |
| | < 24h | Kat IV Minor TCR | Kat IV Minor TCR | Kat IV Minor TCR | Kat IV Minor TCR |

Einschränkungen so kurz wie möglich geplant, damit die Auswirkungen auf den Eisenbahnbetrieb zeitlich gesehen minimiert werden können. Auf den sonstigen Strecken (Erschließungsfunktion steht im Vordergrund) werden die Sperren so geplant, dass die Erschließungsfunktion (insbesondere für Güterverkehrskunden) so weit als möglich aufrechterhalten werden kann. Damit ist in der Regel eine längere Dauer der Arbeiten bzw. Einschränkungen verbunden.

**Bündelung von Baumaßnahmen**
Ergibt sich aus einer temporären Einschränkung die Notwendigkeit den Fahrplan im Personenfernverkehr temporär mit einem Abweichungsfahrplan anzupassen (zeitliche Lageänderung), werden im betroffenen Streckenabschnitt bzw. auf der betroffenen Achse weitere Baustellen zeitlich und räumlich gebündelt, damit der geänderte Fahrplan – mit in der Regel verlängerten Fahrzeiten – optimal ausgenutzt werden kann.

Ergibt sich aus einer Einschränkung die Notwendigkeit den Fahrplan temporär auszudünnen (Ausfall und/oder Umleitung im Personennahverkehr oder Güterverkehr), werden im betroffenen Streckenabschnitt bzw. auf der betroffenen Achse weitere Baustellen zeitlich und räumlich gebündelt, damit der reduzierte Kapazitätsbedarf optimal für weitere Einschränkungen ausgenutzt werden kann.

**Nutzung von Zeiträumen mit reduzierter Nachfrage**
Bei der Planung der Einschränkungen werden Zeiträume mit einer geringeren Kapazitätsnutzung (Nacht, Wochenende) prioritär eingeplant. Damit soll sichergestellt werden, dass die Auswirkungen auf den Eisenbahnverkehr so gering wie möglich gehalten werden können.

**Besondere Marktanforderungen**
Spezifische Kundenanforderungen werden in der Planung, soweit zum Zeitpunkt der Planung der Einschränkung bereits bekannt, miteinbezogen.

#### 26.3.7.6 Koordinierung von Kapazitätseinschränkungen

Wenn sich die temporären Kapazitätsbeschränkungen auf mehr als ein Netz auswirken, müssen diese zwischen den betroffenen EIU koordiniert werden. Damit soll sichergestellt werden, dass Bauarbeiten entlang einer bestimmten internationalen Strecke auch über die Grenzen hinweg zeitlich gebündelt werden und gleichzeitig auf den Umleitungsstrecken im selben Zeitraum keine Kapazitätsbeschränkungen eingeplant werden. RailNetEurope hat dazu in den „TCR Guidelines [9]" die Grundsätze zusammengefasst. Die Prinzipien zur Koordinierung von Kapazitätseinschränkungen sind in Abb. 26.4 angeführt.

#### 26.3.7.7 Veröffentlichung von Kapazitätseinschränkungen

Die EIU sollten in ihren Schienennetz-Nutzungsbedingungen die temporären Kapazitätsbeschränkungen rechtzeitig veröffentlichen.

Die Veröffentlichungsfrist „X-24" bedeutet, dass die Kapazitätseinschränkung spätestens 24 Monate vor dem betreffenden Netzfahrplanwechsel anzukündigen ist. Die Veröffentlichungsfristen von Kapazitätseinschränkungen in Abhängigkeit von der Kategorisierung sind in Abb. 26.5 angeführt (vgl. dazu auch Abb. 26.3).

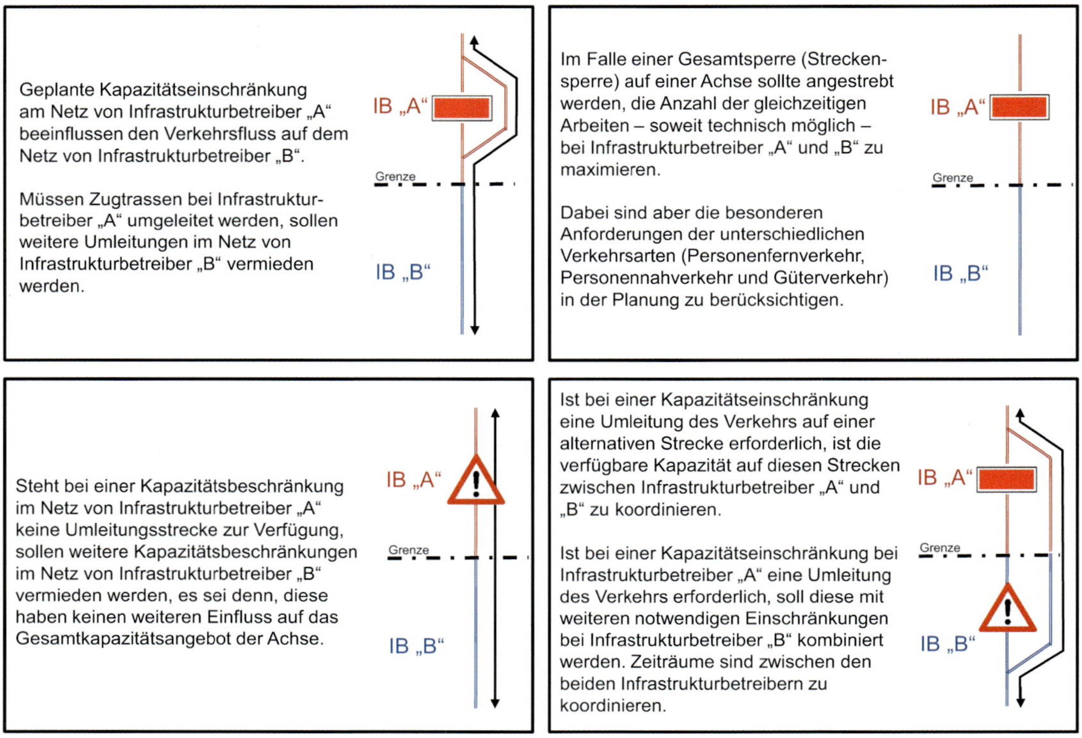


**Abb. 26.4** Prinzipien zur Koordinierung von Kapazitätseinschränkungen (Quelle: TCR Guidelines von RailNetEurope [9]. Eigene Darstellung)

| | Veröffentlichungsfristen | | | | |
|---|---|---|---|---|---|
| Kategorie | X-24 | X-18 | X-13,5 | X-12 | X-6* |
| **Kat I** Major TCR | **Erste Veröffentlichung** | Abschluss Koordinierung | | **Zweite Veröffentlichung** | Update |
| **Kat II** High TCR | **Erste Veröffentlichung** | - | Abschluss Koordinierung | **Zweite Veröffentlichung** | Update |
| **Kat III** Medium TCR | - | - | Abschluss Koordinierung | **Erste Veröffentlichung** | Update |
| **Kat IV** Minor TCR | - | - | | - | **Erste Veröffentlichung** |

*Als Grundlage für den Netzfahrplanentwurf

**Abb. 26.5** Veröffentlichungsfristen von Kapazitätseinschränkungen in Abhängigkeit von der Kategorisierung (Quelle: TCR Guidelines von RailNetEurope. Eigene Darstellung)

### 26.3.7.8 „Fahren und Bauen"

Die ÖBB-Infrastruktur AG wird im Europa-Vergleich oft als gutes Beispiel in Bezug auf die Baustellenplanung genannt. Dabei können 12 Hauptfaktoren, die zur Optimierung des Planungsprozesses beigetragen haben, genannt werden. Einige der u. a. Punkte sind sicher den spezifischen Rahmenbedingungen bei der ÖBB-Infrastruktur AG geschuldet und lassen sich nicht einfach auf andere EIU übertragen.

**1. Stabiler Rahmenplan für Investitionen in das Netz der ÖBB-Infrastruktur AG**

Die Investitionspläne zum Neu- und Ausbau sowie zur Erneuerung des Bestandsnetzes werden in Form des „Rahmenplans" jeweils fortschreibend für einen Zeitraum von sechs Jahren geplant. Das ermöglicht eine mehrjährige stabile Vorschau in der Planung von Baustellen.

**2. Projektentwicklung für alle Neu- und Ausbauprojekte**

Sämtliche Bauvorhaben zum Neu- und Ausbau der Eisenbahninfrastruktur durchlaufen einen standardisierten Infrastrukturentwicklungsprozess. Bereits in diesen frühen Projektphasen werden Bauphasen inkl. allfällig notwendiger Bauprovisorien konzipiert, die für die spätere Abwicklung der Verkehre in der Bauphase erforderlich sein werden. Damit sind Maßnahmen bereits frühzeitig integraler Bestandteil der Projekte und damit auch der Projektkosten.

**3. Realistische Zeitpläne für die Projektumsetzung**

Bei der Erstellung der Zeitpläne von Neu- und Ausbauvorhaben werden primär „Real-Case-Terminpläne" und nur im Ausnahmefall „Best-Case-Terminpläne" ausgewählt. Die Zeitpläne beinhalten auch die relevanten Vorlaufzeiten im erforderlichen Ausmaß (z. B. Behördengenehmigungsverfahren).

**4. Guter Gesamtzustand der Eisenbahninfrastruktur**

Um planmäßige Kapazitätseinschränkungen gut ausoptimieren zu können, muss die Eisenbahninfrastruktur so instandhaltungsfreundlich wie möglich dimensioniert sein (Gleiswechselbetrieb im gesamten Netz; optimierte Anzahl an Überleitverbindungen im hoch belasteten Netz). Darüber hinaus befindet sich das Netz der ÖBB-Infrastruktur AG in einem guten Erhaltungszustand, was sich in einer relativ geringen Anzahl an Dauer-Langsamfahrstellen niederschlägt.

**5. Baustellenplanung und Fahrplanerstellung in einer Hand**

Die Planung der Zugtrassen (Trassenmanagement) und die Planung der Baustellen (Baubetriebsplanung) wird bei der ÖBB-Infrastruktur AG im Geschäftsbereich Netzzugang in einer Hand gebündelt. Dadurch ist auch die Baustellenplanung sehr nahe an der Kundenbetreuung angesiedelt, um die Konsequenzen für die Kunden bestmöglich zu managen.

**6. Flache Entscheidungshierarchie**

Die Baubetriebsplaner des Geschäftsbereichs Netzzugang können regional finale Entscheidungen zur Baustellenplanung treffen und sorgen damit für sehr flache Entscheidungshierarchien.

**7. Baumethoden und Verfahren werden vom EIU definiert**

Die konkreten Baumethoden werden vom EIU definiert und den ausführenden Baufirmen vorgegeben, was zwar durchaus Expertenwissen beim EIU verlangt, aber auch entsprechende Innovation durch Erfahrung ermöglicht und in weiterer Folge eine kapazitätsfreundliche Umsetzung sichert.

**8. Früher Start einer stufenweisen Kapazitätsplanung**

Planmäßige Kapazitätseinschränkungen werden mit gesteigerter Granularität von der ersten Simulation mittels einer Baubetriebsstudie über ein Baubetriebskonzept und der abschließenden Baubetriebsanalyse in die jeweilige Fahrplanstufe integriert.

**9. Keine Überregulation**

Um die Möglichkeit für Kompromisse zwischen den EVU und den EIU zu fördern, wurde in der Vergangenheit auf eine detaillierte Aufstellung von Regeln und Vorschriften verzichtet. Es soll die Umsetzung von individuellen Lösungen entsprechend der gewerblichen und betrieblichen Sachzwänge der EVU möglich sein.

**10. Überblick auf das Gesamtnetz**

Das Kapazitätsmanagement ist in wenige Teilnetze aufgeteilt. Die Abhängigkeiten dieser Teilnetze untereinander sind bekannt.

**11. Abstimmung mit den Nachbar-EIU**

Aufgrund der zentralen Lage in Europa ist der Austausch von Information und dem Herstellen von Transparenz bzgl. der Auswirkungen von Baustellen mit den Nachbar-EIU seit vielen Jahren institutionalisiert.

**12. Einbeziehung aller Baustellenprozesse**
Zur Optimierung der Auswirkung auf den Verkehr erfolgt die Planung aller Prozesse der Instandhaltung (Wartung, Inspektion, Instandsetzung, Erneuerung, Neu- und Ausbau) in einer Abteilung.

## 26.4 Aspekte zur Bereitstellung von Nutzungsbedingungen

Die Schienennetz-Nutzungsbedingungen (kurz SNNB, engl. Network Statement) sind für einen diskriminierungsfreien und transparenten Marktzugang von zentraler Bedeutung, da über diese Dokumente alle wesentlichen administrativen, technischen und kommerziellen Informationen zu den jeweiligen Schienennetzen bereitgestellt werden.

Die Verpflichtung des EIU zur Erstellung der SNNB mit allen erforderlichen Inhalten sowie allen kunden- und sicherheitsrelevanten Prozessen sind über die umfassende Rechtsgrundlage der Eisenbahnpakete geregelt. Damit leisten die SNNB einen wichtigen Beitrag zur Schaffung eines einheitlichen europäischen Eisenbahnraums.

Welche Inhalte die Kunden (Fahrwegkapazitätsberechtigte) eines EIU in den SNNB finden, zu welchen Bedingungen bestimmte Leistungen angeboten werden und unter welchen gesetzlichen Rahmenbedingungen die Entgeltfestlegung erfolgt, wird in den folgenden Kapiteln dargelegt.

### 26.4.1 Schienennetz-Nutzungsbedingungen (SNNB)

Die SNNB enthalten alle erforderlichen Informationen, um auf den europäischen Schienennetzen Verkehre durchführen zu können. Zugangs- und Fahrwegkapazitätsberechtigte finden dort alle Regelungen und Erfordernisse für den Netzzugang, allgemeine Angaben zum Status der Eisenbahninfrastruktur, zur Fahrwegkapazitätszuweisung (Fristen, Regeln, etc.), sämtliche Vertragsmuster, die Informationen zu den Genehmigungsverfahren sowie die Beschreibung des Leistungs- und Produktportfolios mit Entgeltsätzen und Entgeltgrundsätzen.

Die SNNB werden von den EIU innerhalb der Europäischen Union gemäß Artikel 27 der Richtlinie 2012/34/EU [1] für jede Netzfahrplanperiode neu aufgelegt und veröffentlicht.

Dabei müssen die SNNB in mindestens zwei Amtssprachen der Europäischen Union verfasst werden. Die SNNB werden von den EIU grundsätzlich in der Landessprache aufgelegt. Darüber hinaus gibt es zumindest eine englische Version des Hauptdokuments.

Die Inhalte der SNNB sind unentgeltlich in elektronischer Form termingerecht über die Internetportale der jeweiligen EIU bereitzustellen und damit allgemein zugänglich zu machen.

Im Sinne eines „einfachen Netzzugangs“ wird über das Internetportal von RailNetEurope – einer Dachorganisation der europäischen EIU – eine verlinkte Liste der aktuellen englischen Versionen der SNNB geboten. Mit Hilfe dieser Plattform wird den Nutzern – insbesondere europaweit tätigen EVU – der Informationszugang wesentlich erleichtert.

Die SNNB sind mindestens vier Monate vor Ablauf der Frist für die Einbringung von Begehren auf Zuweisung von Fahrwegkapazität für den Netzfahrplan zu veröffentlichen (Hauptbestelltermin 1. Montag im April). Infolgedessen müssen die SNNB für jede Netzfahrplanperiode zu Netzfahrplanwechsel bereits ein Jahr bevor diese in Kraft treten, publiziert werden.

Die Bestimmungen in den SNNB müssen so gefasst sein, dass sie der Zuweisungsstelle und der entgelterhebenden Stelle keinen Ermessungsspielraum ermöglichen, Fahrwegkapazitätsberechtigte zu diskriminieren. Generell ist das Gebot der Diskriminierungsfreiheit für alle kundenrelevanten Prozesse des Netzzugangs (Zuweisung von Fahrwegkapazität, Entgeltfestlegung) essenziell. Darüber hinaus sind die EIU bei weiteren Prozessen daran gebunden, z. B.

sind sämtliche Instandsetzungsarbeiten diskriminierungsfrei zu planen und auszuführen. Ebenso müssen Züge verschiedener EVU im Abweichungsfall vom operativen Betrieb diskriminierungsfrei behandelt werden.

Die SNNB enthalten Angaben

- zum Fahrweg, der den EVU zur Verfügung steht
- zu den Zugangsbedingungen für den betreffenden Fahrweg
- zu den Informationen der Bedingungen für den Zugang zu Serviceeinrichtungen, die an das Netz des EIUs angeschlossen sind, und für die Erbringung der Leistungen in diesen Einrichtungen

Im Anhang IV der Richtlinie 2012/34/EU [1] sind die verpflichtenden Inhalte der SNNB im Detail angeführt.

Damit gleichartige SNNB-Inhalte aller EIU in gleicher Reihenfolge, an gleicher Stelle (Kapitelnummer) präsentiert werden können, wurde im Rahmen einer RailNetEurope-Arbeitsgruppe ein „Common Structure and Implementation Guide" [10] entwickelt. Dieser Umsetzungsleitfaden wird laufend überarbeitet und bei Bedarf an die geschäftlichen und rechtlichen Erfordernisse angepasst. Die Anwendung dieser harmonisierten Vorgangsweise ist im Sinne der Anforderungen der Richtlinie 2012/34/EU [1] und anderen für die Schienennetz-Nutzungsbedingungen geltenden EU-Rechtsvorschriften.

Die „Common Structure" [10] sieht folgende Reihenfolge vor, welche sich in den SNNB aller europäischer EIU wieder findet:

**SNNB-Hauptdokument**

1. Allgemeine Information
2. Eisenbahninfrastruktur
3. Zugangsbedingungen
4. Zuweisung von Fahrwegkapazität
5. Leistungen und Entgelte
6. Betriebliche Belange
7. Serviceeinrichtungen und -leistungen

**SNNB-Anhänge** mit ergänzenden Inhalten (Streckenverfügbarkeit und Öffnungszeiten, Streckenbeschreibungen, Gesamtsperren, Vertragsmuster, AGB, Planungsparameter für das Managen von Fahrwegkapazität, Bestellformulare, Informationen zu angebotenen Verkehrsstationen und weiteren Anlagen, detaillierte Informationen zu Serviceleistungen, etc.)

Aufgrund der hohen Sicherheitsrelevanz und dem hohen administrativen Aufwand, der mit Bestellung, Abwicklung und Verrechnung verbunden ist, sind die SNNB immer auf dem neuesten Stand zu halten und bei Bedarf zu ändern. Die SNNB sind gemäß Artikel 27 der Richtlinie 2012/34/EU [1] spätestens vier Monate vor Ablauf der Frist für die Einbringung von Begehren auf Zuweisung von Fahrwegkapazität zum Netzfahrplan – also 12 Monate vor Beginn der relevanten Netzfahrplanperiode – unentgeltlich in elektronischer Form im Internet zu veröffentlichen. Die SNNB stellen das Angebot des EIUs an die EVU und können daher nach Ablauf der Veröffentlichungsfrist grundsätzlich nur zu Gunsten der EVU geändert werden. Dies erweist sich als problematisch, da bei realitätsnaher Betrachtung eine derartig langfristige Vorausplanung des Angebots einen in der Praxis unvermeidbaren nachträglichen Änderungsbedarf mit sich bringen kann.

Die Inhalte der SNNB und ihrer Anhänge unterliegen gemäß Artikel 56 der Richtlinie 2012/34/EU [1] der Prüfkompetenz der nationalen Regulierungsbehörde. Eine Überprüfung kann dabei sowohl aufgrund einer Beschwerde eines EVUs als auch amtswegig durch die Regulierungsbehörde erfolgen.

### 26.4.2 Leistungsarten und Bedingungen für den Zugang zu Leistungen

Die EIU und die Betreiber von Serviceeinrichtungen müssen alle Leistungen für die Zugangsberechtigten auf nichtdiskriminierende Weise erbringen.

Gemäß Anhang II der Richtlinie 2012/34/EU [1] **müssen** folgende Leistungen über das **Mindestzugangspaket** gewährt werden:

- die Bearbeitung von Anträgen auf Zuweisung von Fahrwegkapazität der Eisenbahn,
- das Recht zur Nutzung zugewiesener Fahrwegkapazität,
- die Nutzung der Eisenbahninfrastruktur einschließlich Weichen und Abzweigungen,
- die Zugsteuerung einschließlich der Signalisierung, Regelung, Abfertigung und der Übermittlung und Bereitstellung von Informationen über Zugbewegungen,
- die Nutzung von Versorgungseinrichtungen für Fahrstrom, sofern vorhanden,
- alle anderen Informationen, die zur Durchführung oder zum Betrieb des Verkehrsdienstes, für den Kapazität zugewiesen wurde, erforderlich sind.

Ferner **muss** der Zugang zu folgenden **Serviceeinrichtungen** (einschl. Schienenzugang und Leistungen) – **soweit vorhanden** gewährt werden:

- Personenbahnhöfe, deren Gebäude und sonstige Einrichtungen, einschließlich Einrichtungen für die Anzeige von Reiseauskünften sowie geeigneter Örtlichkeiten für den Fahrscheinverkauf,
- Güterterminals,
- Rangierbahnhöfe und Zugbildungseinrichtungen einschließlich Rangiereinrichtungen,
- Abstellgleise,
- Wartungseinrichtungen – mit Ausnahme von Leistungen im Rahmen der schweren Instandhaltung, die für Hochgeschwindigkeitszüge oder andere Arten von Fahrzeugen erbracht werden, die besonderer Einrichtungen bedürfen,
- andere technische Einrichtungen einschließlich Reinigungs- und Wascheinrichtungen,
- See- und Binnenhafenanlagen mit Schienenverkehr,
- Hilfseinrichtungen,
- Einrichtungen für die Brennstoffaufnahme und Bereitstellung von Brennstoffen in diesen Einrichtungen, deren Preis auf der Rechnung getrennt auszuweisen ist.

Erbringt ein Betreiber folgende **Zusatzleistungen**, müssen diese gem. Richtlinie 2012/34/EU [1] Artikel 13 (7) den EVU diskriminierungsfrei angeboten werden:

- die Bereitstellung von Fahrstrom
- das Vorheizen von Personenzügen,
- kundenspezifische Verträge über die Überwachung von Gefahrguttransporten und die Unterstützung beim Betrieb ungewöhnlicher Züge.

EVU können das EIU oder andere Betreiber von Serviceeinrichtungen um **Nebenleistungen** ersuchen. Allerdings ist der Betreiber der Serviceeinrichtung zur Erbringung dieser Leistung nicht verpflichtet. Bietet dieser jedoch einem EVU die Leistung(en) an, so muss er diese nichtdiskriminierend ebenso für all jene EVU erbringen, die dies beantragen (vgl. Richtlinie 2012/34/EU [1] Artikel 13 (8)). Die Nebenleistungen können Folgendes umfassen:

- der Zugang zu Telekommunikationsnetzen,
- die Bereitstellung zusätzlicher Informationen,
- die technische Inspektion der Fahrzeuge,
- der Fahrscheinverkauf in Personenbahnhöfen, sowie
- Leistungen im Rahmen der schweren Instandhaltung (für HGV-Züge und andere Arten von Fahrzeugen, die besonderer Einrichtungen bedürfen).

Alle Leistungen sind den Zugangsberechtigten transparent, angemessen, wirtschaftlich realistisch und ausreichend entbündelt anzubieten, so dass nicht für Leistungen gezahlt werden muss, die nicht benötigt werden.[1] Eine Überprüfung der

[1] Es hat sich gezeigt, dass die praktische Umsetzung der Entbündelung nicht immer so trivial ist, wie es auf den ersten Blick scheint. Dies führt beispielsweise dazu, dass Personenbahnhöfe rein rechtlich betrachtet keine Bahnsteige beinhalten, da diese dem Mindestzugangspaket zugeschlagen wurden und deren Nutzung mit dem Wegeentgelt abgegolten wird. Daher müssen Personenbahnsteige trotz baulicher Einheit kostenrechnerisch von der Serviceeinrichtung „Personenbahnhof" abgetrennt werden.

Entgelte findet durch die nationale Regulierungsbehörde statt.

### 26.4.3 Entgeltfestlegung: Wege- und Dienstleistungsentgelte

Die Entgeltfestlegung ist in hohem Maße mit den verkehrspolitischen Zielsetzungen der Europäischen Union und der Mitgliedstaaten verknüpft. Bei der Finanzierung von EIU bilden die Wege- und Dienstleistungsentgelte einerseits und die in Europa durchwegs gängige staatliche Teil-Finanzierung aus Steuergeldern andererseits kommunizierende Gefäße. Beide Finanzierungsquellen stellen in Summe die Kostendeckung der EIU sicher.

Die Grundsätze zur Festsetzung, Berechnung und Erhebung von Entgelten sind über die Artikel 29 bis 37 im Abschn. 2, Kap. IV der Richtlinie 2012/34/EU [1] geregelt, wobei die EIU dafür Sorge tragen, dass die Entgeltregelung in ihrem gesamten Netz auf denselben Grundsätzen beruht.

Darüber hinaus haben die EIU auch dafür Sorge zu tragen, dass die Anwendung der Entgeltregelung zu gleichwertigen und nichtdiskriminierenden Entgelten für alle EVU führen, die gleichartige Dienste in ähnlichen Teilen des Marktes erbringen. Die tatsächlich erhobenen Entgelte müssen den in den SNNB vorgesehenen Regeln entsprechen.

Gemäß Richtlinie 2012/34/EU [1], Artikel 31 (3) ist das **Wegeentgelt** für das Mindestzugangspaket grundsätzlich in Höhe jener Kosten festzulegen, die unmittelbar aufgrund des Zugbetriebs anfallen. In der „Durchführungsverordnung 2015/909/EU über die Modalitäten für die Berechnung der Kosten, die unmittelbar aufgrund des Zugbetriebs anfallen" [11] ist in Artikel 3 bzw. Artikel 4 geregelt, welche Kosten geltend und welche Kosten nicht geltend gemacht werden können. Dabei darf das EIU in die Berechnung seiner „direkten Kosten" nur die Kosten einbeziehen, für die es objektiv und belastbar nachweisen kann, dass sie unmittelbar aufgrund des Zugbetriebs angefallen sind.

Sofern der Markt es zulässt, können vom EIU Marktaufschläge bis zur maximalen Höhe der Vollkosten festgesetzt werden, wobei sich die Aufschläge an der Markttragfähigkeit zu orientieren haben (vgl. Richtlinie 2012/34/EU [1], Artikel 32 (1)). Somit bilden die direkten Kosten, die unmittelbar aufgrund des Zugbetriebs anfallen, die Untergrenze für die Bestimmung des Wegeentgelts, es können aber marktsegmentspezifisch durch Marktaufschläge auch höhere Wegeentgelte festgelegt werden.

Werden Marktaufschläge eingehoben sind mindestens drei Segmente, nämlich Güterverkehrsdienste, Personenverkehrsdienste im Rahmen eines öffentlichen Dienstleistungsauftrags und eigenwirtschaftliche Personenverkehrsdienste zu differenzieren, wobei eine weitere Untergliederung möglich ist.

Bevor die Mitgliedstaaten solche Aufschläge genehmigen, müssen sie sicherstellen, dass die EIU prüfen, inwieweit die Marktaufschläge für bestimmte Marktsegmente (Verkehrsdienste-Paare gem. Anhang VI der Richtlinie 2012/34/EU [1]) relevant sind. Diese Prüfung bzw. Nachweisführung durch die einzelnen EIU ist aufwändig und erfolgt meist auf der Grundlage spezieller Schienenverkehrsmarktstudien. Die Methodenwahl für die Bestimmung der Marktaufschläge (Struktur/Abgrenzung und Höhe der Marktaufschläge je Marktsegment) bleibt grundsätzlich dem EIU überlassen. Etliche europäische EIU gehen bei der Ermittlung der Marktaufschläge nach dem Ramsey-Boiteux-Prinzip (vgl. [12]) vor, mit welchem Kosten des EIU auf Basis relativer Tragfähigkeiten im Sinne eines Gesamtoptimums auf die Marktsegmente verteilt werden.

Dabei werden in einem Nachfragemodell alle notwendigen Parameter (z. B. Preiselastizitäten der Endkundennachfrage, Anteile der Kosten der EVU am Wegeentgelt, etc.) über Kundenbefragungen ermittelt, in welchen die Präferenzen in Bezug auf Verkehrsmittelwahl und Zahlungsbereitschaft erhoben werden. Eine wichtige Eingangsgröße bei diesem Modell ist die Preiselastizität. Dabei bedeutet eine hohe Preiselastizität, dass die Nachfrage sehr stark auf Preisänderungen regiert und damit Marktsegmente mit einer hohen Preiselastizität nur niedrige oder gar keine Marktaufschläge tragen können. Bei niedrigeren Preiselastizitäten hingegen haben die betreffenden Marktsegmente eine höhere Markttragfähigkeit (vgl. [12]).

Damit werden Marktsegmente mit geringer Tragfähigkeit im Wegeentgeltmodell des EIUs weniger belastet, während tragfähigere Marktsegmente im Verhältnis höher belastet werden. Insgesamt führt dies dazu, dass damit generierte Nachfrageänderungen der Endkunden – über alle Marktsegmente betrachtet – ein Optimum bilden, wodurch verkehrspolitische Zielsetzungen bestmöglich unterstützt werden.

Darüber hinaus können die Wegeentgelte einen Entgeltbestandteil umfassen, der die Knappheit von Fahrwegkapazität auf einem bestimmbaren Fahrwegabschnitt in Zeiten der Überlastung widerspiegelt, ebenso ist es möglich unter bestimmten Bedingungen den Kosten umweltbezogener Auswirkungen aufgrund des Zugbetriebs Rechnung über das Entgeltmodell zu tragen.

Artikel 35 der Richtlinie 2012/34/EU [1] gibt vor, dass Anreize zur Minimierung von Störungen und zur Erhöhung der Leistung des Schienennetzes zu setzen sind. Dies kann über ein Performance Regime erfolgen, wobei Strafen für Störungen des Netzbetriebs, Entschädigungen oder Bonusregelungen zur Anwendung gelangen können.

Artikel 36 der Richtlinie 2012/34/EU [1] sieht die Möglichkeit der Erhebung von Stornogebühren (Nichtnutzungsentgelt) vor, im Falle, dass zugewiesene Fahrwegkapazität nicht in Anspruch genommen wird. Dies kommt zwar dem verkehrspolitischen Grundsatz entgegen, die sehr kostenintensive und zu einem großen Teil über Steuermittel finanzierte Fahrwegkapazität so effektiv wie möglich zu nutzen, wiewohl auch hier ein Spannungsfeld zu den kurzfristigen Produktionsbedürfnissen des Güterverkehrs erkennbar wird (vgl. die Diskussion in Abschn. 26.3 und den Ausblick in Abschn. 26.6.2), weshalb auch eine Reihe von Mitgliedstaaten von der Erhebung Abstand nehmen.

Gemäß Richtlinie 2012/34/EU [1], Art. 31 (7,8) dürfen **Dienstleistungsentgelte** (Entgelte für den Schienenzugang innerhalb von Serviceeinrichtungen und die Erbringung von Leistungen in diesen Einrichtungen gem. Anhang II Nr. 2 bis 4) die Kosten für deren Erbringung zuzüglich eines angemessenen Gewinns, nicht übersteigen. Dadurch wird analog zu den Wegeentgelten eine Vollkostendeckung ermöglicht, wobei bei den Dienstleistungsentgelten kein gesonderter Ausweis von allfälligen Marktaufschlägen erforderlich ist.

## 26.5 Aspekte zum Vertrieb und der Entwicklung des Schienenverkehrsmarktes

Die fortschreitende Liberalisierung des Eisenbahnmarktes brachte naturgemäß eine Intensivierung des Wettbewerbs und eine steigende Anzahl von EVU mit sich. Es ist offensichtlich, dass die zunehmende Intensität und die steigende Anzahl von Kundenkontakten auch die Vertriebsprozesse im Netzzugang (wie das Bestellwesen, die Abrechnung, das Reklamations- und Mahnwesen, die Kundenbetreuung und den Support) beeinflussen. Die Anpassungsfähigkeit des Vertriebs konnte im Hinblick auf diese Herausforderungen nur mit der Priorisierung der Entwicklung digitaler und automatisierter Vertriebsprozesse sichergestellt werden, wobei insbesondere das Bestellwesen die Arbeit des Trassenmanagements wesentlich erleichterte, da die erforderlichen Kenngrößen in die computergestützte Fahrplanung des Trassenmanagements einflossen. Natürlich haben Innovationen im Bereich der vollautomatisierten Fahrplanung nun positive Auswirkungen auf die vertrieblichen Prozesse, als in den nächsten Jahren klassische Bestellplattformen sogar in das Fahrplankonstruktions-Tool integriert werden. Es ist aber anzunehmen, dass insbesondere in den Anfangsjahren der „do-it-yourself"-Fahrplankonstruktion durchaus Herausforderungen für die Kundenbetreuung auftreten werden.

Erklärtes Ziel der Europäischen Kommission bestand in den letzten beiden Dekaden darin, den europäischen Schienenverkehrsmarkt gegenüber anderen Verkehrsträgern zu stärken. Für eine starke und wettbewerbsfähige Eisenbahnwirtschaft wurden hier drei Anknüpfungspunkte

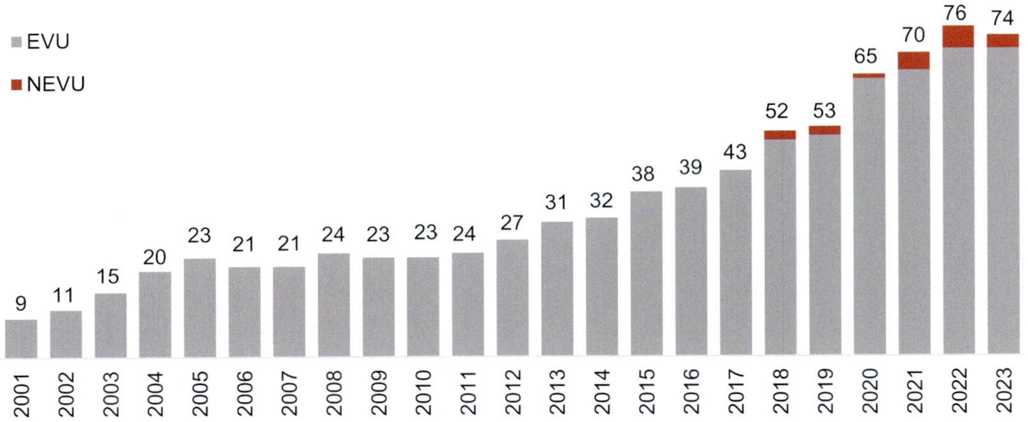


**Abb. 26.6** Anzahl der Fahrwegkapazitätsberechtigten am Schienennetz der ÖBB-Infrastruktur AG (Quelle: ÖBB-Infrastruktur AG. Eigene Darstellung)

identifiziert, die (i) aus der Öffnung des Schienenverkehrsmarktes für den Wettbewerb, (ii) der Verbesserung der Interoperabilität und Sicherheit und (iii) dem Ausbau der Schieneninfrastruktur bestehen. Dem für den Netzzugang relevanten Anknüpfungspunkt (i) ist zu konstatieren, dass dieser Aspekt gewiss nicht vernachlässigt wurde.

Neben dem Umstand, dass zwischen 2001 und 2022 die Zahl der Fahrwegkapazitätsberechtigten um mehr als den Faktor 8 gestiegen ist (von 9 auf 76, vgl. dazu Abb. 26.6), blieb die Verkehrsleistung im *Schienengüterverkehr* seit 2008 bei knapp unter 50 Mrd. Bruttotonnenkilometer am Schienennetz der ÖBB-Infrastruktur AG weitgehend stabil. Der Marktanteil des Incumbents schwand, als die Marktanteile der Herausforderer im Schienengüterverkehr von knapp 10 % im Jahr 2008 auf rund 40 % im Jahr 2022 gestiegen sind (vgl. Abb. 26.7).

Generell ist zu konstatieren, dass der schienengebundene Güterverkehr im Vergleich zu anderen Verkehrsträgern (insb. der Straße) in den letzten Dekaden unter Druck geraten ist. Auch der überdurchschnittlich hohe Marktanteil des Schienengüterverkehrs in Österreichs mit 27 % im Vergleich zum europaweiten Durchschnitt (16 % der EU-27) soll darüber nicht hinwegtäuschen (siehe Ländervergleich zum Modal Split im Güterverkehr in Abb. 26.8; [13]). Die Bestrebungen der europäischen Kommission mit ihren Eisenbahnpaketen haben dieser Entwicklung sicherlich entgegengesteuert, für eine Trendumkehr benötigt es aber wohl mehr als partielle Maßnahmen.

Sowohl im *Personenfernverkehr* als auch im *Personennahverkehr* konnte in den Jahren 2008 bis 2022 eine deutliche Zunahme der Verkehrsleistung (in Mio. Zugkilometern) und teilweise auch eine Intensivierung des Wettbewerbs verzeichnet werden (vgl. Abb. 26.9). So beträgt der Marktanteil der Wettbewerber nicht mehr weniger als 0,5 %, sondern beinahe beachtliche 17 %. Eine Ausnahme in Bezug auf die Intensivierung des Wettbewerbs bildet der Personennahverkehr, der abgesehen vom „Grenzverkehr" noch weitgehend durch den Incumbent bewerkstelligt wird und sich auf unter 3 % beläuft (vgl. Abb. 26.10). Inwiefern die ab 2024 in Kraft tretende Ausschreibungsverpflichtung (abgesehen von bestimmten Bedingungen im Einzelfall) von gemeinwirtschaftlichen Leistungen im Regional- und Nahverkehr hier zu einer Änderung im Marktanteil führt, bleibt abzuwarten.

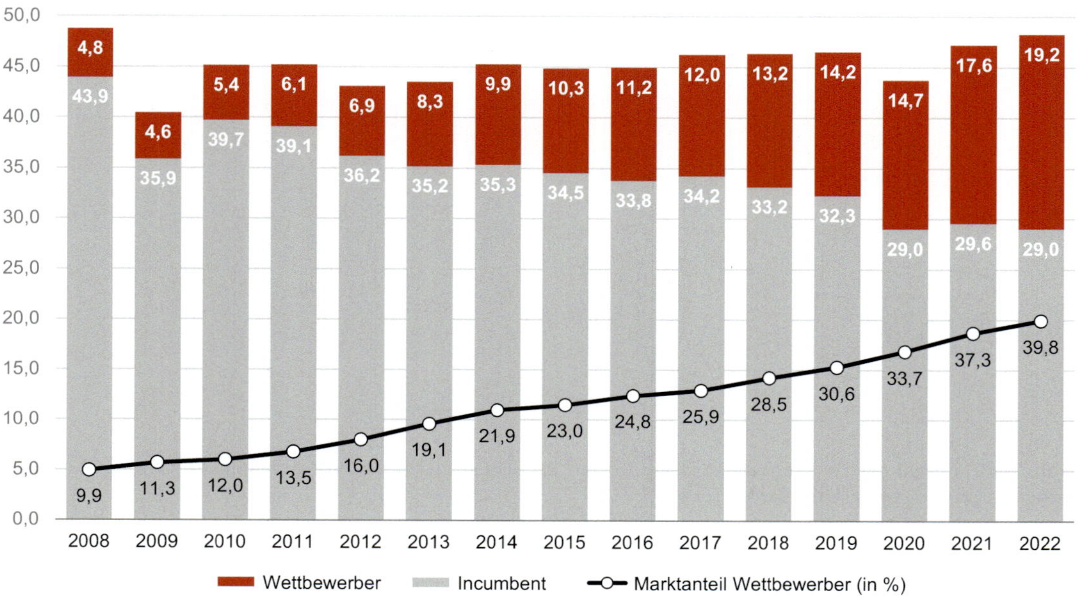


**Abb. 26.7** Entwicklung der Bruttotonnenkilometer (in Mrd.) im *Schienengüterverkehr* vom Incumbent zu Wettbewerbern und Entwicklung der relativen Marktanteile am Schienennetz der ÖBB-Infrastruktur AG (Quelle: ÖBB-Infrastruktur AG. Eigene Darstellung)

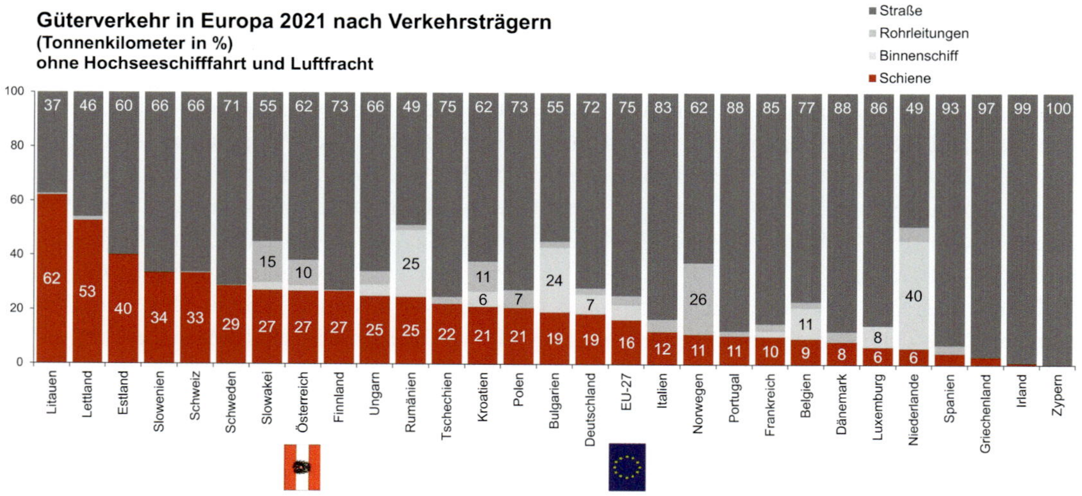


**Abb. 26.8** Modal Split im Güterverkehr nach Ländern (Quelle: [13, Part 2 Transport. Abschn. 2.2: Performance of Freight Transport expressed in tonne-kilometres. Tab. 2.2.4d, 2.2.5, 2.2.6, 2.2.7 mit Daten aus 2021], Eigene Darstellung)

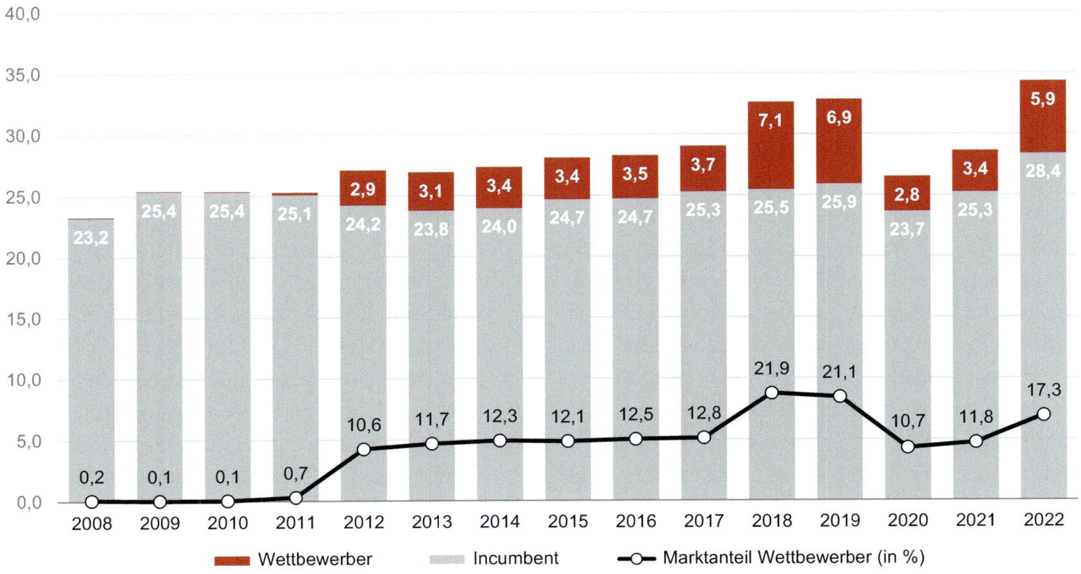


**Abb. 26.9** Entwicklung der Zugkilometer (in Mio.) im *Personenfernverkehr* vom Incumbent zu Wettbewerbern und Entwicklung der relativen Marktanteile am Schienennetz der ÖBB-Infrastruktur AG (Quelle: ÖBB-Infrastruktur AG. Eigene Darstellung)

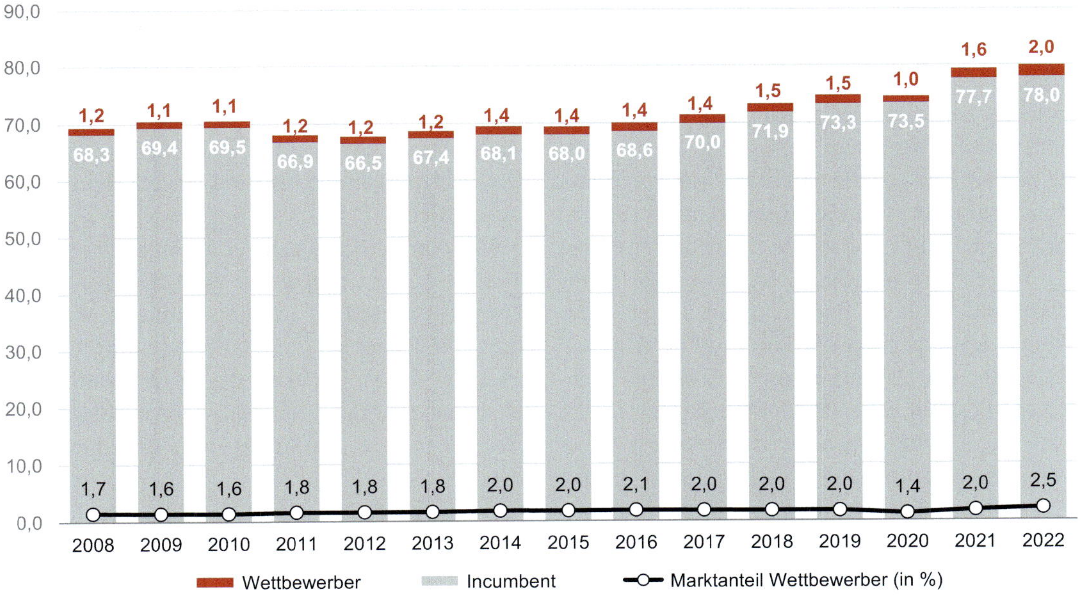


**Abb. 26.10** Entwicklung der Zugkilometer (in Mio.) im *Personennahverkehr* vom Incumbent zu Wettbewerbern und Entwicklung der relativen Marktanteile am Schienennetz der ÖBB-Infrastruktur AG (Quelle: ÖBB-Infrastruktur AG. Eigene Darstellung)

## 26.6 Die Vision eines europäischen Kapazitätsmanagements im Bahnsektor

### 26.6.1 Green Deal und Ausgangslage

In unserer stetig umweltbewusster werdenden Welt steht der Schienenverkehr an der Spitze der nachhaltigen Mobilität. Durch die Schaffung zusätzlicher Kapazitäten und gelebter Interoperabilität im europäischen Eisenbahnsystem kann der Bahnsektor die Verlagerung auf den umweltfreundlichen Verkehrsträger Schiene beflügeln, damit Staus, Kohlendioxidemissionen und Umweltschäden vermeiden und so wesentlich zu einer saubereren und grüneren Zukunft in Europa beitragen.

Der Bau neuer Eisenbahnstrecken und die Modernisierung der Infrastruktur sowie die Einführung nahtloser und interoperabler Eisenbahnsysteme sind ein wesentlicher Bestandteil zur Erreichung der Ziele des Europäischen Green Deals. Infrastrukturelle Maßnahmen alleine werden allerdings nicht ausreichen, um diese Ziele zu erreichen.

Wie die Europäische Kommission in ihrer Wirkungsanalyse der „Rail Freight Corridor-Verordnung“ [14] feststellte, wurden wesentliche Ziele der „Güterverkehrs-Korridor-Verordnung“ nicht erfüllt. Vor allem der Ansatz mehr Güter auf der Schiene zu transportieren, wurde verfehlt. Mehrfachkrisen, wie die nachwirkenden Folgen der Corona-Pandemie und der Krieg in der Ukraine, sorgen für unsichere Zeiten in der Wirtschaft und für hohe Energiepreise. Durch rückläufige Auftragsvolumen bei Produzenten und Verladern, und damit geringeren Transportmengen sowie abträglichen Produktionskosten für die Schiene, verschärft sich die nachteilige Wettbewerbssituation im Schienengüterverkehr weiter. Der Schienenpersonenverkehr hingegen entwickelt sich durch das steigende Umweltbewusstsein und attraktive Angebote sehr positiv. Die Folge daraus sind zunehmende Kapazitätsengpässe auf der Schiene in der EU.

### 26.6.2 Effizientere Nutzung der Kapazitäten

Die Europäische Kommission hat nun einen Vorschlag zur Verbesserung des Kapazitäts- und Verkehrsmanagements vorgestellt, um damit das Wachstum des Schienenverkehrs in Europa zu ermöglichen und zu fördern [15]. Ziele sind die effektivere Nutzung der vorhandenen Kapazitäten, aber auch die Verbesserung der Kundenorientierung, Zuverlässigkeit, Qualität und Pünktlichkeit der Transportleistungen. Dazu werden die heutigen Regeln, die auf jährliche Planungshorizonte, nationale Grundlagen und größtenteils manuelle Umsetzung ausgerichtet sind, zukünftig flexibel, digital und europäisch gestaltet.

Der gegenständliche Vorschlag orientiert sich an den sektorweiten Vorarbeiten zur Kapazitätsoptimierung, dem Projekt „Timetable Redesign for Smart Capacity Management“ – kurz TTR. Die erfolgreiche Kooperation von EIU verbunden in RailNetEurope (RNE) und den EVU unter Forum Train Europe (FTE), treibt das Projekt weiter voran.

Verbesserte Koordinierung zwischen EIU sowie die aktive Einbeziehung der Zugangsberechtigten in den dreistufigen, mehrjährigen Planungshorizont von Kapazitätsstrategie, Kapazitätsmodell und Kapazitätsangebot werden neue Maßstäbe in der Qualität, Zusammenarbeit und dem frühzeitigen Informationsaustausch im Sektor schaffen.

Mit dem vorliegenden Verordnungsvorschlag ermächtigt der Gesetzgeber die EIU einen koordinierenden Einfluss auf die optimierte Nutzung ihrer Netzkapazitäten auszuüben und gibt ihnen erstmals die Möglichkeit der verkehrsartenspezifischen Widmung von Fahrwegkapazitäten für „Trassenanträge“ kurzfristiger als im Jahresfahrplan.

Damit wird einerseits die Möglichkeit für den Personenverkehr geschaffen, seine Produkte aufgrund stabiler, langfristiger Planungshorizonte frühzeitiger in den Markt zu bringen und andererseits dem Güterverkehr, für die kurzfristigen Anfragen seiner Kunden, Kapazitäten zu sichern und zur Verfügung zu stellen.

Im Laufe des strategischen Planungsprozesses werden sämtliche verfügbare Informationen z. B. zum Infrastrukturstatus und zur Baubetriebsplanung in die bereitgestellten Unterlagen eingearbeitet, bis hin zum flexiblen Kapazitätsangebot, dem „Capacity Supply Plan“, für 365 Tage, aus dem die EVU zukünftig bestellen können.

Die Bestellung nach dem vorab geplanten Kapazitätsangebot stellt einen Paradigmenwechsel dar, der sich nicht nur aus den unterschiedlichen Bedürfnissen von Personen- und Güterverkehr ergibt, sondern auch die Liberalisierung des Eisenbahnsektors vorantreiben soll. Bei stetig wachsenden Zahlen an EVU auf den europäischen Eisenbahninfrastrukturnetzen ist es unabdingbar, dass die EIU einen Ausgleich der individuellen Interessen vornehmen. Ziel ist es, alle Kundenbedürfnisse bestmöglich zu bedienen und insbesondere die kostspielige Eisenbahninfrastruktur möglichst effektiv zu nutzen.

Zur Unterstützung einer möglichst effektiven Nutzung der Eisenbahninfrastruktur werden im Rahmen der Einführung des neuen strategischen Kapazitätsmanagements wechselseitige Stornierungsregeln für EIU und EVU als einheitliches Steuerungs- und Anreizelement etabliert.

Im Rahmen des über fünf Jahre laufenden strategischen Planungsprozesses werden die EVU erstmals über die nationalstaatlichen Grenzen hinweg bezüglich der zu erwartenden Verkehrsströme, Ausbauten, Großbaustellen und deren kapazitativen Wirkung informiert. Dabei werden die Kunden laufend miteinbezogen und haben die Möglichkeit, ihre erwarteten Verkehrsänderungen bzw. Mehrbedarfe für die Erstellung des Kapazitätsmodells bekannt zu geben. So soll sichergestellt werden, dass der neue europäische, digitalisierte Kapazitätsmanagementprozess marktgerecht und kundenzentriert vorangetrieben, das System Bahn optimal weiterentwickelt wird und als Backbone der Personenmobilität und Güterlogistik in Europa seinen Beitrag zum Green Deal leisten kann.

## Literatur


1. Richtlinie 2012/34/EU des Europäischen Parlaments und des Rates vom 21. November 2012 zur Schaffung eines einheitlichen europäischen Eisenbahnraums. (Zusammenfassung und Überarbeitung der Richtlinien 91/440/EWG, 95/18/EG und 2001/14/EG). https://eur-lex.europa.eu/legal-content/DE/TXT/?uri=CELEX%3A32012L0034. Zugegriffen: 4. März 2024
2. Rechtliche Grundlagen – Schienen-Control, Webseite Österreichische GmbH für Schienenverkehrsmarktregulierung. https://schienencontrol.gv.at/de/rechtlichegrundlagen.html. Zugegriffen: 2. März 2024
3. Richtlinie (EU) 2016/797 des Europäischen Parlaments und des Rates vom 11. Mai 2016 über die Interoperabilität des Eisenbahnsystems in der Europäischen Union. https://eur-lex.europa.eu/legal-content/DE/TXT/?uri=CELEX:32016L0797. Zugegriffen: 4. März 2024
4. Durchführungsverordnung 2018/545/EU der Kommission vom 4. April 2018 über die praktischen Modalitäten für die Genehmigung für das Inverkehrbringen von Schienenfahrzeugen. https://eur-lex.europa.eu/legal-content/DE/TXT/?uri=CELEX%3A32018R0545. Zugegriffen: 4. März 2024
5. Durchführungsverordnung 2019/773/EU der Kommission vom 16. Mai 2019 über die technische Spezifikation für die Interoperabilität des Teilsystems „Verkehrsbetrieb und Verkehrssteuerung“ des Eisenbahnsystems in der Europäischen Union und zur Aufhebung des Beschlusses 2012/757/EU. https://eur-lex.europa.eu/legal-content/DE/ALL/?uri=CELEX%3A32019R0773. Zugegriffen: 4. März 2024
6. ERATV – European Register of Authorised Types of Vehicles Webseite EU, Agency for Railways. https://eratv.era.europa.eu/ERATV/. Zugegriffen: 6. Sept 2023
7. RINF – Register of Infrastructure Webseite EU, Agency for Railways. https://rinf.era.europa.eu/rinf. Zugegriffen: 26. Sept 2023
8. INFRA SK Prüfung der Streckenkompatibilität, Webseite ÖBB-Infrastruktur AG. https://infrastruktur.oebb.at/de/geschaeftspartner/schienennetz/technischer-zugang/streckenkompatibilitaet. Zugegriffen: 16. Aug 2023
9. TCR Guidelines – Guidelines for Coordination / Publication of Planned Temporary Capacity Restrictions for the European Railway Network, Webseite RailNetEurope (RNE). https://rne.eu/wp-content/uploads/2022/10/TCR-Guidelines.pdf. Zugegriffen: 4. März 2024
10. Network Statement Common Structure and Implementation Guide, Webseite RailNetEurope (RNE). https://rne.eu/organisation/network-statements/. Zugegriffen: 4. März 2024

11. Durchführungsverordnung 2015/909/EU über die Modalitäten für die Berechnung der Kosten, die unmittelbar aufgrund des Zugbetriebs anfallen. https://eur-lex.europa.eu/legal-content/de/TXT/PDF/?uri=CELEX:32015R0909. Zugegriffen: 4. März 2024
12. Ramsey FP (1927) A Contribution to the Theory of Taxation. Econ J 37(145):47–61
13. Europäische Kommission (2023) Mobility and Transport. Statistical Pocketbook 2023. https://transport.ec.europa.eu/facts-funding/studies-data/eu-transport-figures-statistical-pocketbook/statistical-pocketbook-2023_en. Zugegriffen: 27. Sept 2023
14. Verordnung (EU) Nr. 913/2010 des Europäischen Parlaments und des Rates vom 22. September 2010 zur Schaffung eines europäischen Schienennetzes für einen wettbewerbsfähigen Güterverkehr. https://eur-lex.europa.eu/legal-content/DE/TXT/PDF/?uri=CELEX:02010R0913-20140101. Zugegriffen: 4. März 2024
15. Entwurf der Kapazitäts-Verordnung: Proposal for a Regulation of the European Parliament and of the Council on the use of railway infrastructure capacity in the single European railway area, amending Directive 2012/34/EU and repealing Regulation (EU) No 913/2010. https://transport.ec.europa.eu/system/files/2023-07/COM_2023_443_0.pdf. Zugegriffen: 4. März 2024

# 27 Werkzeuge zur Anlagenbewirtschaftung des Fahrwegs

Ivan Vidovic und Ulrich Erdmann

**Zusammenfassung**

Die Anforderungen an die Eisenbahninfrastruktur und Bewirtschaftung dieser haben sich in den letzten Jahren erheblich verändert. So ist modernes Anlagenmanagement ohne digitale Tools und Systeme kaum mehr möglich, da sich die Komplexität des Systems und Anzahl der zu bewirtschaftenden Anlagen merklich erhöht haben. Die Anforderungen an das System Bahn sind nicht zuletzt aufgrund der zunehmenden Zugzahlen, bei nahezu gleichbleibenden Strecken- und Gleiskilometern, gestiegen. Das hat zur Folge, dass immer mehr Systeme eingesetzt werden, die zur Bewältigung der notwendigen Kapazitätssteigerung notwendig sind und aufeinander abgestimmt werden müssen. Die zum Einsatz kommenden Systeme lassen sich aus einer High-Level-Sicht grob in Hardware (inkl. Firmware, die zum Betreiben der Hardware notwendig ist) und Software unterscheiden, wobei erstere vordergründig für die Zustandserfassung und Bewertung des Fahrwegs eingesetzt werden und letztere einerseits in Datenbanksysteme, die zur Verwaltung von Anlagendaten eingesetzt werden, oft auch als Infrastrukturmanagementsysteme bezeichnet, und andererseits Diagnosesysteme (Monitoringsysteme), die insbesondere den Fokus auf die Analytik legen, eingeteilt werden können.

Die Aufgabenstellungen von Infrastrukturbetreibern und -managern gehen weit über das Verwalten von Anlagedaten und Anzeigen von Messwerten hinaus. In der Praxis hat sich gezeigt, dass insbesondere die Verwaltung von Massen- und Anlagendaten im Bereich Eisenbahninfrastruktur ein häufig unterschätztes Problem darstellt, da es eine Vielzahl an System gibt, die mitunter auch nicht besonders gut gewartet sind miteinander kaum kommunizieren. Ziel der (Software) Industrie ist es naturgemäß, Standardlösungen für die Erfassung des Zustandes als auch für sogenannte Infrastrukturmanagementsysteme bereitzustellen, die für einen breiten Anwenderkreis nutzbar sind und somit auch einen großen Absatzmarkt sichern.

Der Versuch diese Standardlösungen an die Gegebenheiten der Eisenbahninfrastruktur anzupassen, scheitert spätestens dann, wenn Inspektionsdaten zu linearen Objekten wie Gleise, Oberleitungen, Weichen usw. zu verwalten sind.

I. Vidovic (✉)
voestalpine Signaling Austria GmbH, Zeltweg, Österreich

U. Erdmann
Erdmann Software GmbH, Görlitz, Deutschland



J. Holzfeind, J. Liu, F. Pospischil (Hrsg.), *Handbuch Eisenbahninfrastruktur*,
https://doi.org/10.1007/978-3-662-68960-8_27

## 27.1 Schlüsselelemente für eine moderne und effiziente Bewirtschaftung des Eisenbahnfahrwegs

Die Anforderungen an die Eisenbahninfrastruktur und Bewirtschaftung dieser haben sich in den letzten Jahren erheblich verändert. So ist ein modernes Anlagenmanagement ohne digitale Tools und Systeme kaum mehr möglich, da sich die Komplexität des Systems und Anzahl der zu bewirtschaftenden Anlagen merklich erhöht haben. Die Anforderungen an das System Bahn sind nicht zuletzt aufgrund der zunehmenden Zugzahlen, bei nahezu gleichbleibenden Strecken- und Gleiskilometern, gestiegen. Das hat zur Folge, dass immer mehr Systeme eingesetzt werden, die zur Bewältigung der notwendigen Kapazitätssteigerung notwendig sind und aufeinander abgestimmt werden müssen. Die zum Einsatz kommenden Systeme lassen sich aus einer High-Level-Sicht grob in Hardware (inkl. Firmware, die zum Betreiben der Hardware notwendig ist) und Software unterscheiden, wobei erstere vordergründig für die Zustandserfassung und Bewertung des Fahrwegs eingesetzt werden und letztere einerseits in Datenbanksysteme, die zur Verwaltung von Anlagendaten eingesetzt werden, oft auch als Infrastrukturmanagementsysteme bezeichnet, und andererseits Diagnosesysteme (Monitoringsysteme), die insbesondere den Fokus auf die Analytik legen, eingeteilt werden können.

Die Aufgabenstellungen von Infrastrukturbetreibern und -managern gehen weit über das Verwalten von Anlagedaten und Anzeigen von Messwerten hinaus. Die Zielstellungen sind, aus dem Blickwinkel der Instandhaltung und des Anlagenmanagements betrachtet, von einer reaktiven/präventiven Instandhaltungsstrategie hin zu einem prädiktiven/zustandsbasierten und schlussendlich präskriptiven Instandhaltungsregime zu gelangen, um stets dem Ziel zu folgen die Lebensdauer der Anlagen unter Berücksichtigung der technischen und wirtschaftlichen Parameter zu maximieren. Dabei gilt es die Instandhaltung dynamisch zu adaptieren und bedarfsgerecht Maßnahmen am richtigen Ort, zum richtigen Zeitpunkt einzuplanen, auszulösen und durchzuführen. Grundvoraussetzung dafür ist den Fahrweg als komplexes Ganzes zu betrachten. Es ist erforderlich, das gesamte Spektrum aller Instandhaltungs- und Stammdaten in einem einzigen System zu speichern und dies über einen historisch gesehen möglichst langen Zeitraum.

In der Praxis hat sich gezeigt, dass insbesondere die Verwaltung von Massen- und Anlagendaten im Bereich Eisenbahninfrastruktur ein häufig unterschätztes Problem darstellt, die Datenbanken untereinander nicht kommunizieren respektive auf Stand gehalten werden. Die Grenzen sind nicht durch fehlende Speicher- oder Rechnerkapazität gegeben, sondern vielmehr fehlt es an geeigneten Datenbankmodellen und Softwarelösungen, die die Spezifika der Eisenbahninfrastruktur berücksichtigen.

Ziel der (Software) Industrie ist es naturgemäß, Standardlösungen für die Erfassung des Zustandes als auch für sogenannte Infrastrukturmanagementsysteme bereitzustellen, die für einen breiten Anwenderkreis nutzbar sind und somit auch einen großen Absatzmarkt sichern.

Der Versuch diese Standardlösungen an die Gegebenheiten der Eisenbahninfrastruktur anzupassen, scheitert spätestens dann, wenn Inspektionsdaten zu linearen Objekten wie Gleise, Oberleitungen, Weichen usw. zu verwalten sind.

Diese Situation führte Mitte der 90er Jahre dazu, dass sich eine Reihe von Bahnverwaltungen dazu entschlossen hat, teure Eigenentwicklungen zu realisieren. Eine Bündelung der Entwicklungskapazitäten blieb aus. Hinzu kommt, dass jede Bahnverwaltung ihre eigenen „Gesetze" hat, welche natürlich in diesen Entwicklungen ihren Niederschlag fanden. Eine Wiederverwendbarkeit war damit nahezu ausgeschlossen.

Diese Situation wurde speziell durch die Softwareindustrie Anfang 2000 erkannt. Es war zwingend erforderlich ein System zu entwickeln, welches die Spezifika der Eisenbahninfrastruktur berücksichtigt. Eine erste am Markt verfügbare Standardsoftware war IRISSYS® (International Railway Inspection and Services System). In den letzten Jahren sind mehrere ähnliche Lösungen auf den Markt gekommen, beispielsweise sei hier auch **zentrak** – ein Ökosystem, das Hardware, Software und Daten verbindet, genannt, wobei die Unterscheidungspotenziale zwischen den einzelnen Systemen in den Details zu finden sind. Die genannten Applikationen verfügen über geeignete Modelle und Verfahren, um eine schnelle Adaptierbarkeit auf jede Bahnverwaltung zu ermöglichen. Darüber hinaus können die Systeme unter Einhaltung von konfigurierbaren Sicherheitsmechanismen miteinander verbunden werden und würden somit einen Überblick über ganze Korridore ermöglichen.

## 27.2 Hardware

Für die Bewirtschaftung des Eisenbahnfahrwegs bedarf es immer beider Komponenten – Hardware und Software. Softwarelösungen, die das Ziel einer gesamtheitlichen Darstellung und dynamischen Instandhaltungsstrategie verfolgen, bauen auf Inputdaten zusätzlicher Systeme auf und können ihren Mehrwert nur bei entsprechender Verfügbarkeit und Qualität der Informationen entfalten. Eine Analogie lässt sich hier auch auf der Seite der Hardware finden. Die gesamtheitliche Erfassung des Zustands wird sich in Zukunft nur durch die Kombination unterschiedlicher Datenquellen realisieren lassen. In diesem Zusammenspiel ist es wichtig, dass alle Systeme entsprechend ihrer Stärken eingesetzt werden. Die Einteilung auf Seiten der Datenerhebung, sprich des Betriebs- und Zustandsmonitorings, kann dabei in folgende vier Gruppen erfolgen:

- Fahrzeug überwacht Fahrzeug
- Fahrzeug überwacht Infrastruktur
- Infrastruktur überwacht Fahrzeug
- Infrastrukturüberwacht Infrastruktur

### 27.2.1 Fahrzeugbasierte Hardware zur Überwachung der Infrastruktur

Als Stand der Technik werden gemeinhin Gleismesswagen von nahezu allen Infrastrukturbetreibern hauptsächlich für Gleisgeometriemessungen des gesamten Netzes eingesetzt. Die Messdaten sind bekannt, zuverlässig und auf dem neuesten Stand der Technik und stellen folglich ein bewährtes Konzept dar. Das erste automatische Messfahrzeug, das in der Lage war, den Zustand der Infrastruktur zu erfassen, wurde um 1928 von Dr. Sperry erfunden (Solomon, 2001). Unumstritten sind die vielen Vorteile dieses Systems, wie beispielsweise 1) belastete Messung, 2) in der Norm verankerte Datenerfassung und Messprinzip, 3) weltweit anerkannte Technologie, 4) gute Planbarkeit der Messzyklen.

Die Schwächen sind sicherlich auf der Seite der Häufigkeit der Messungen zu finden, da Messwagen beispielsweise quartalsmäßig ein- und dieselbe Stelle erfassen und folglich keine kontinuierliche Messung der Infrastruktur ermöglichen, d. h. die lokalen Messungen über eine bestimmte Strecke finden nur ab und zu statt. Diese Messintervalle sind für Abschnitte mit mäßigem Verschleiß ausreichend, können aber für kritische Abschnitte zu lang sein. In Anbetracht der steigenden Zugzahlen und der daraus resultierenden höheren Belastung und Beanspruchung könnte die Frequenz der Messungen als nicht ausreichend erachtet werden. Zusätzlich ergibt sich die Problematik, dass auch die modernesten Messwagen kaum, oder nur bedingt, in der Lage sind eine Zustandsüberwachung insbesondere von Weichen und Brücken durchzuführen. Diese Anlagen werden hauptsächlich durch visuelle Inspektionen bewertet, die von speziellen Experten in zyklischen Abständen von einigen Wochen durchgeführt werden.

Aktuelle Entwicklungen zielen darauf ab über die reine Vermessung der Gleisgeometrie hinauszugehen und zusätzliche Messsysteme auf den Fahrzeugen für die Erfassung des Zustandes weiterer Komponenten wie beispielsweise von Schienen oder Schwellen anzubringen. Zu erwähnen seien auch sogenannte Ground Penetrating Radars (GPR), die Informationen über den Zustand des Ober- und Unterbaus (z. B. Feuchtigkeit und Bewuchs) liefern. Messungen mit Gleismesswagen oder auch mit dem GPR erfordern zusätzliche Gleis(Strecken)sperrungen und müssen daher immer sorgfältig geplant und mit dem Betrieb abgestimmt werden.

Eine Methode zur Erhöhung der Messhäufigkeit zur Bewertung des Gleiszustands sind Sensoren, die an in Betrieb befindlichen Fahrzeugen/Zügen angebracht sind (On-Board-Messung (OBM)). Diese Daten könnten speziell in Zukunft eine wertvolle Datenquelle für kritische Anlagen und Abschnitte sein. Obwohl derartige Systeme seit nunmehr nahezu 20 Jahren untersucht und erprobt werden, sind die Systeme auf breiter Ebene noch immer nicht verfügbar. Ein Grund mag sicherlich auch sein, dass die Ergebnisse noch immer nicht stabile, zuverlässige und reproduzierbare Daten liefern. Letzteres wäre der notwendige Schritt zur Validierung der Daten damit sie für die Infrastrukturüberwachung flächendeckend eingesetzt werden können. Diese Systeme werden der ersten Gruppe Fahrzeugmessungen Infrastruktur zugeordnet.

OBM-Systeme verfolgen nicht nur die Zustandsüberwachung des Fahrwegs, sondern zielen auch darauf ab den Zustand der Fahrzeuge selbst zur erfassen. Solche Systeme können in die Gruppe, *Fahrzeug überwacht Fahrzeug*, eingeordnet werden, worauf in diesem Kapitel aber nicht weiter eingegangen wird, da sie für die Bewirtschaftung des Eisenbahnfahrwegs eine nur untergeordnete Rolle spielen.

Eine weitere Technologie, die seit kurzem vermehrt untersucht bzw. eingesetzt wird, sind Drohnen. Diese könnten in naher Zukunft eine weitere wertvolle Datenquelle für die Zustandserfassung der Infrastruktur darstellen. Ein wesentlicher Vorteil hierbei wäre, dass auch entlegene Orte in kurzer Zeit erreichbar sind und keine Sperre des Gleises/der Trasse notwendig ist. Natürlich gibt es auch hier einige Aspekte zu berücksichtigen:

1) Erkundung des Gebietes/der Infrastruktur nur mit Genehmigung und Abstimmung mit dem Betrieb
2) Keine Gefährdung/Beeinflussung des operativen Betriebes
3) Akkukapazitäten
4) Einsatz bemannter/unbemannter Drohnen

Es sind noch viele Schritte und Genehmigungen bis zur Operationalisierung von Drohnen im täglichen Anlagenmanagement notwendig. Schlussendlich muss es für alle, aber insbesondere den Infrastruktur- und Bahnbetreiber, einen wesentlichen Mehrwert liefern. Die nahe Zukunft wird zeigen, inwieweit sich der Einsatz von Drohnen und für welche Anwendungen, rechnen.

### 27.2.2 Infrastrukturbasierte Hardware zur Überwachung der Infrastruktur

Der Trend in Richtung eines holistischen Überwachungskonzeptes mit dem Ergebnis, dass immer mehr Daten und Informationen zur Verfügung stehen, hat sich in der Welt der Eisenbahn unter anderem dadurch geäußert, dass in den letzten Jahren der Einsatz von Sensoren an Weichen oder auch Brücken vermehrt forciert wurde. Diese Art der Datenquelle wird in Zukunft von immenser Bedeutung sein und wertvolle Erkenntnisse über den Zustand und das Verhalten dieser Anlagen liefern. Ein wesentlicher Vorteil derartiger Lösungen ist die kontinuierliche Zustandserfassung bei gleichzeitiger Nicht-Störung des Betriebes (die Robustheit und Zuverlässigkeit der Systeme ist hiermit vorausgesetzt). Somit wird der Eintrag jeder Überfahrt, von jedem Fahrzeug und schlussendlich jeder Achse sichtbar und es lassen die Beanspruchungen der Anlagen zufolge des Verkehrs quantifizieren. Diese Informationen sind speziell für den weiteren Aufbau des Systemverständnisses unerlässlich. Nachteilig ist sicherlich, dass die Systeme lediglich Informationen über die mit Sensoren ausgestatteten Anlagen liefern und somit ortsgebunden sind und eine Ausstattung aller Anlagen finanziell nicht darstellbar ist. Der Einsatz wird sich wohl auf die kritischsten und systemrelevantesten Anlagen im Netz beschränken und dabei einen entscheidenden Beitrag zur Erhöhung der Verfügbarkeit und Kapazität der Infrastruktur liefern. In diesem Zusammenhang ist eine robuste und resiliente Hardware notwendig, die auch unter den widrigsten Bedingungen performt und die notwendigen Informationen liefert. Fallen die Systeme aus und produzieren Fehlermeldungen werden sie keinesfalls netzweit eingesetzt werden.

### 27.2.3 Infrastrukturbasierte Hardware zur Überwachung des Fahrzeugs

Abschließend wird hier noch auf eine weitere wichtige Datenquelle eingegangen. Zugüberwachungssysteme werden zur Überwachung und Bewertung des Zustands des rollenden Materials eingesetzt und bilden das Rückgrat eines nachhaltigen und sicheren Betriebes. Durch den Einsatz derartiger Systeme können frühzeitig Schäden, Irregularitäten u. v. m. an den Fahrzeugen erkannt und folglich Schäden an der Infrastruktur verhindert werden. Die Systeme sind international besser bekannt unter dem Namen „Wayside Train Monitoring Systems", kurz WTMS, und wurden schrittweise ausgebaut und liefern zusätzliche Informationen über infrastrukturschädigende Zustände von Fahrzeugen. Streckenseitige Sensoren zur Fahrzeugbeobachtung werden seit langem eingesetzt, sind bewährte Systeme und überwachen den Zustand jedes vorbeifahrenden Zuges an der Stelle, an der sie eingesetzt werden. Allerdings handelt es sich dabei um lokale Messungen an bestimmten Punkten, die an neuralgischen Punkten des Netzes installiert sind. Der Nachteil hier ist sicherlich, dass durch die lokale Begrenzung unvermeidliche Lücken entstehen und somit Schäden an Fahrzeugen bzw. nicht adäquat instandgehaltenes rollendes Material unentdeckt bleibt.

## 27.3 Software

In der Softwareumgebung haben sich in den letzten Jahren eine Vielzahl von Lösungen etabliert, die den speziellen Anforderungen der Eisenbahnbranche gerecht werden. Modulare Systemlösungen, wie beispielsweise zentrak oder IRISSYS®, sind Lösungen, die maßgeschneidert auf den jeweiligen Anwender sind und diesen in seiner strategischen als auch operativen Arbeit unterstützen. Anlagen müssen über ihren gesamten Lebenszyklus verfolgt werden, um die besten und nachhaltigsten Entscheidungen, sowohl aus einer technischen als auch monetären Sicht betrachtet, treffen zu können (zentrak – Asset & Maintenance Management). Hier sind Tools notwendig, die eine lückenlose Dokumentation der Anlagen/der Infrastruktur inklusiver aller Reparaturen, Instandhaltungsmaßnahmen und Bauteil- und Komponentenwechsel ermöglichen und zentral in einem System gespeichert werden können. Ein derartiges System muss den Anwender in die Lage versetzen die Informationen unmittelbar auf Abruf zu haben und einen gesamtheitlichen Überblick über die Anlage ermöglichen. In Verbindung mit Datenverarbeitungs- und Visualisierungssystemen (zentrak – Intelligente Diagnoseplattform für Infrastrukturmonitoring, IRISSYS®) eröffnen sich bis dato kaum für möglich gehaltene Potentiale bei der Anlagenbewirtschaftung und Nutzung, da die Systeme einen ganzheitlichen Blick über die gesamte Infrastruktur und äußerst detaillierte Auswertungen ermöglichen. Werden darüber hinaus auch noch Systeme eingebunden, die den Zustand des rollenden Materials erfassen, analysieren und darstellen, beispielsweise zentrak – Modulares Diagnosesystem, wird ein 360° Blick auf das Gesamtsystem Bahn ermöglicht. Neben dem Zustand der Infrastruktur, der Echtzeitdatenverarbeitung wird schlussendlich auch der Eintrag und die daraus resultierende Beanspruchung der Infrastruktur durch das verkehrende Wagenmaterial zum Standard. Damit lassen sich bedarfsgerechte, der Nutzung und Beanspruchung entsprechende Instandhaltungsregimes und eine ressourcenschonende bzw. -optimierte Nutzung der Anlagen verwirklichen.

### 27.3.1 Systemarchitektur

Um eine Standardlösung für diesen Bereich entwickeln zu können, sind für die Softwareindustrie umfangreiche Kenntnisse über den Aufbau und das Verhalten des Fahrwegs zwingend erforderlich. Im Gegenzug ist es für den Eisenbahningenieur wichtig, grundlegende Kenntnisse über die Architektur eines Infrastrukturmanagementsystems zu besitzen. Dies ist eine Voraussetzung, um auch die Möglichkeiten zu erkennen, die diese Systeme bieten können. Nachfolgend sind einige grundlegende Zusammenhänge dargestellt.

### 27.3.2 Logische und physikalische Objekte des Fahrweges

Das System Fahrweg besteht aus verschiedensten Objekten (Gleis, Weiche, Oberleitung, Tunnel, Bahnübergang usw.), die darüber hinaus noch in einem räumlichen und inhaltlichen Zusammenhang stehen. Art und Umfang dieser Objekte und der zu speichernden Daten sind von Infrastrukturbetreiber zu Infrastrukturbetreiber unterschiedlich. Das System muss flexibel genug sein, beliebige Objekttypen verwalten zu können.

Grundsätzlich wird unterschieden zwischen Objekten, die eine Längenausprägung besitzen und Punktobjekten. Ein weiterer wichtiger Aspekt ist die eineindeutige Bezeichnung der Objekte. Die Vorgaben zur Einteilung und Strukturierung dieser Objekte ist die grundlegende Basis, um einen eindeutigen Zugriff zu realisieren. Man spricht in diesem Zusammenhang von einem Ordnungsrahmen. Beispielsweise muss das gesamte Streckennetz eindeutig beschrieben sein. Dazu werden Streckenbezeichnungen bzw. Streckennummerierungen festgelegt und Richtlinien für die Kilometrierung. Dieser Ordnungsrahmen ist in Europa nicht standardisiert, sondern wird von Infrastrukturbetreibern entsprechend den gültigen Vorschriften und Regeln für diesen Ordnungsrahmen entwickelt. Mitunter werden sogar verschiedene Ordnungsrahmen für ein und dasselbe Objekt verwendet. Das sind gegebene Tatsachen, auf die ein System reagieren muss. Datenverarbeitungssysteme benötigen für jedes Objekt eine eindeutige Bezeichnung (Primärschlüssel). Unter diesem Primärschlüssel werden die Informationen zu dem Objekt in der Datenbank gespeichert. Es bietet sich somit an, den durch die Betreiber vorgegebenen Ordnungsrahmen als Primärschlüssel zu verwenden. Somit ist sichergestellt, dass der entsprechende Streckenabschnitt auch in der Datenbank eindeutig identifiziert werden kann.

Eine Änderung des Ordnungsrahmens würde jedoch ein neues Datenbankmodell erfordern. Auf Grund der Tatsache, dass diese Objektbezeichnungen von Betreiber zu Betreiber unterschiedlich sind, wäre eine Adaptierbarkeit nicht mehr gegeben. Es ist erforderlich, eine klare Trennung zwischen dem physikalischen Objekt und der Bezeichnung vorzunehmen. Jedes Fahrwegobjekt erhält einen eineindeutigen Schlüssel, der vom System automatisch generiert wird. Das ist das eigentliche physikalische Objekt. Auf dieses Objekt können verschiedene Bezeichnungen (logisches Objekt, Abb. 27.1) angewendet werden. Die Physik ist überall gleich! Nur die Logik, sprich die Beschreibung, ist unterschiedlich. Es muss also zwischen einem physikalischen und logischen Modell unterschieden werden.

Wie in Abb. 27.2 dargestellt, bildet die Grundlage ein physikalisches Objekt mit einem eigenen internen abstrakten Schlüssel, welcher die Basis für die gesamte Speicherung der Daten zu diesem Objekt bildet. Dieser Schlüssel muss darüber hinaus weltweit eineindeutig sein. Dies gestattet später eine Verbindung verschiedener Systeme.

Bei der Abbildung der physikalischen Objekte im Datenbanksystem ist ein weiterer Aspekt zu berücksichtigen. Bestimmte physikalische Objekte stehen in einer räumlichen oder logischen Beziehung. Es muss also möglich sein, diese Beziehungen abbilden zu können. Ein klassischer Fall ist zum Beispiel der Zusammenhang zwischen Oberleitung und Gleis. Dies wird als Ortsbeziehung bezeichnet (siehe Abb. 27.3).

Dieses Modell gestattet nun aus verschiedenen Sichten eine integrierte Betrachtung des Fahrweges. Beispielsweise kann der Fachmann aus der Sicht der Oberleitungssegmente auch Daten zum Oberbau abrufen. Das System stellt diese automatisch über die Ortsbeziehung zur Verfügung.

**Abb. 27.1** Einfaches Modell

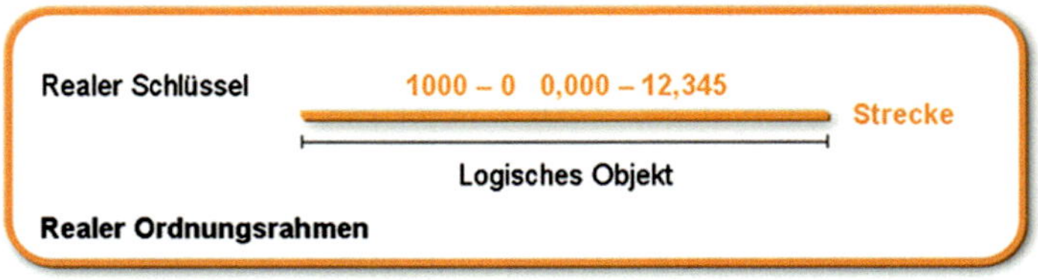

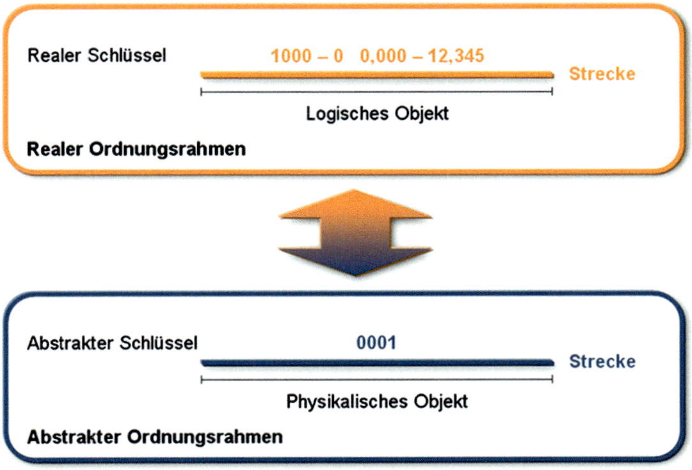


**Abb. 27.2** Logisch physikalisches Modell

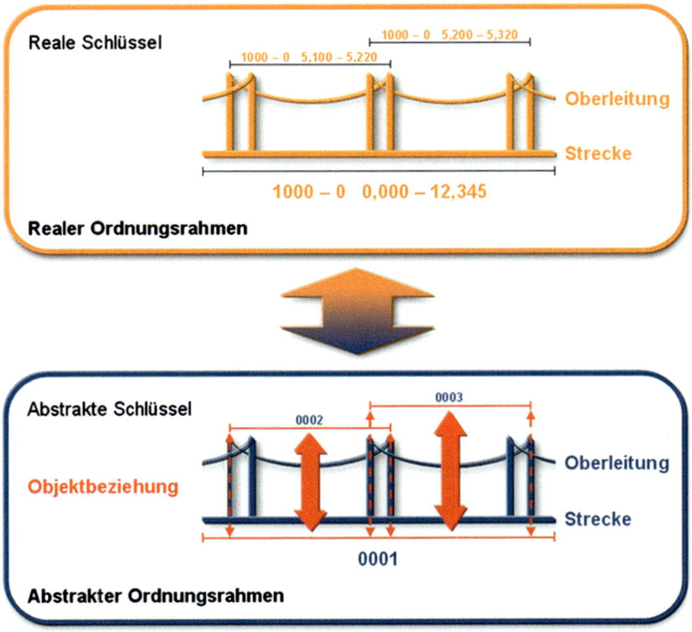


**Abb. 27.3** Komplettes Modell Fahrweg

### 27.3.3 Flexible Datenstrukturen

Um Daten speichern zu können, ist es erforderlich die Struktur dieser Daten zu beschreiben. Diese Struktur bezeichnet man als Datensatz und die Bestandteile eines Datensatzes sind Attribute. Ein einfaches Beispiel dafür ist eine Tabelle. Jede Zeile repräsentiert einen Datensatz und jede Spalte ein Attribut. Der Aufbau der Tabelle muss festgelegt werden und wird in einem Datenbankschema implementiert. Diese vom Grundsatz her übliche Verfahrensweise hat zur Konsequenz, dass bei neuen Datenstrukturen auch ein neues Datenbankschema erforderlich ist und dies somit Softwareänderungen nach sich zieht.

Eingangs wurde darauf hingewiesen, dass gerade im Bereich Eisenbahninfrastruktur die Anforderungen von Bahn zu Bahn sehr unterschiedlich sein können. Das liegt schon in der Tatsache begründet, dass unterschiedliche Messtechnik zum Einsatz kommt und somit Art und Detaillierungsgrad der gewonnenen Daten unterschiedlich sind. Der Lösungsweg sind generische Datenbankmodelle. Der wesentliche Unterschied besteht darin, dass ohne Softwareänderungen die Struktur der Daten vom Anwender verändert bzw. neu definiert werden kann. Der Fachmann besitzt einen Baukasten verschiedener Attribute, aus denen er jederzeit eine neue Struktur erstellen kann.

### 27.3.4 Datenimport/Schnittstellen

In Abschn. 27.3.2 und 27.3.3 wurde erläutert, wie die Struktur des Datenbanksystems entsteht. Im nächsten Schritt müssen die technischen Voraussetzungen geschaffen werden, die den Datenaustausch zwischen verschiedenen Messsystemen und anderen Datenbanksystemen ermöglichen. Die grundsätzliche Verfahrensweise besteht darin, dass eine Schnittstelle definiert werden muss. Auf Basis dieser Schnittstellendefinition muss das Importprogramm des Infrastrukturmanagementsystems angepasst werden. Wie häufig in der Vergangenheit anzutreffen, wurden auf Grundlage dieser Schnittstellendefinitionen spezielle Importprogramme entwickelt. Tatsache ist jedoch, dass eine Vielzahl verschiedener Messsysteme und anderer Datenquellen existieren und somit diese Technologie nicht mehr vertretbar ist. Aktuell gibt es Bemühungen im Bereich Eisenbahn Schnittstellen zu standardisieren. Mit der Initiative RailML wurde ein Schema entwickelt, auf dessen Basis Daten zwischen verschiedenen Systemen ausgetauscht werden könnten. Der Standard ist nicht verbindlich und basiert auf der freiwilligen Mitwirkung. Diese Initiative ist grundsätzlich zu begrüßen, jedoch wird es auch auf lange Sicht nicht möglich sein, alle Systeme diesem Standard anzupassen.

Es ist erforderlich ein flexibles System bereitzustellen, das ohne Programmierung den Datenimport beliebiger Quellen gestattet. Das Prinzip beruht darauf, dass mit Hilfe eines Interfacedesigners (Abb. 27.4) der Aufbau einer externen Datenquelle beschrieben werden kann und das Importprogramm auf Basis dieser Informationen automatisch angepasst wird. Somit entfallen aufwendige Programmierarbeiten.

Ein weiterer wesentlicher Aspekt ist die ortsgenaue Speicherung der Daten. Die Ortsgenauigkeit der gewonnenen Messdaten ist je nach System heutzutage noch recht unterschiedlich. Spitzenwerte liegen bei einer Genauigkeit von 0,5 m. Die Praxis zeigt aber auch, dass Abweichungen von 100 m und mehr keine Seltenheit sind. Für einen möglichst ortsgenauen Datenimport bietet das System Referenzdaten an. Dies können GPS-Informationen sein, aber auch Daten aus vorangegangenen Messungen. Mit diesen Referenzdaten können die zu importierenden Daten verglichen werden und über geeignete Korrelationsverfahren (Abb. 27.5) automatisch korrigiert werden.

### 27.3.5 Das Analysesystem

Letztendlich entscheidend für den Anwender sind die Möglichkeiten, den vorhandenen Datenbestand auswerten zu können und in geeigneter

**Abb. 27.4** Interfacedesigner

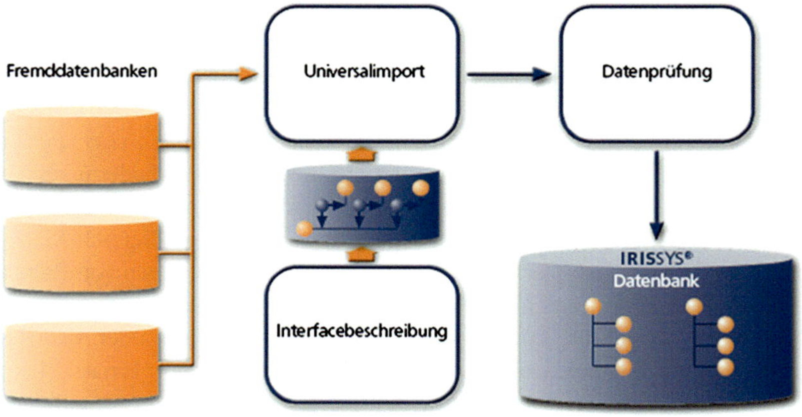

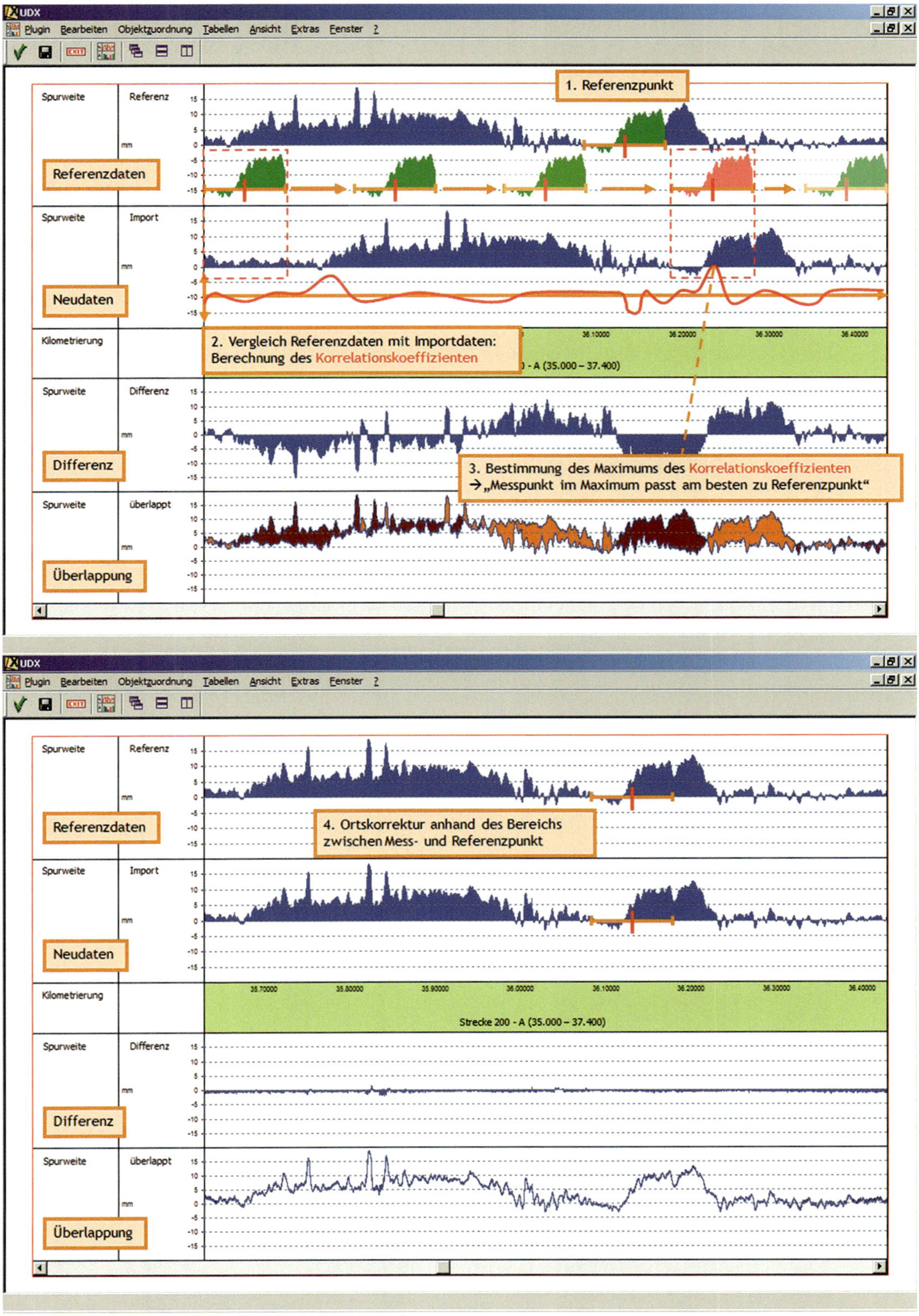


**Abb. 27.5** Korrelationsverfahren

Form zu präsentieren. Berücksichtigt man allein die verschiedenen Vorschriften in Europa, nach denen die Werte der Gleisgeometrie ausgewertet werden, und das gesamte Regelwerk der Eisenbahnverwaltungen, ergibt sich eine unüberschaubare Anzahl von möglichen Recherchen, Berechnungen und Auswertungen. Natürlich ist es unmöglich, diese im Vorfeld zu programmieren. Demzufolge muss ein modernes Infrastrukturmanagementsystem Werkzeuge bereitstellen, mit dem diese Analysen flexibel und möglichst einfach erstellt werden können. Eine komplette Analyse besteht aus folgenden drei Funktionalitäten:

- Formulierung der Lesefunktion
- Berechnungsfunktionen
- Präsentation der Ergebnisse

Dabei muss das Gesamtsystem für den Eisenbahningenieur beherrschbar bleiben. Lösungsansätze wie eine spezielle Programmiersprache für den Bereich Eisenbahn haben sich nicht bewährt, vielmehr dagegen grafische Benutzeroberflächen. Es besteht dort die Möglichkeit, verschiedene Operatoren anzuordnen und diese miteinander zu verknüpfen. So bleibt der logische Informationsfluss auch visuell erhalten.

Beispielsweise verfügt das System IRISSYS® über ein universelles Programminterface (Abb. 27.6), das es gestattet externe Tools anzubinden. Es ist unter anderem möglich, so leistungsfähige Standardwerkzeuge wie LabVIEW® zu verwenden. LabVIEW® verfügt im Bereich der Datenanalyse über einen Funktionsumfang von ca. 450 Analysefunktionen. Diese umspannen unter anderem die Fachbereiche Lineare Algebra, Statistik, Optimierung, Interpolation, Extrapolation, Regression, Korrelation, Fensterung, Digitale Filter, Signalvermessung, Signalaufbereitung und Signalgenerierung. Durch Erweiterungskomponenten lässt sich der Funktionsumfang von LabVIEW® noch um einige Funktionen erweitern.

Darüber hinaus ist eine Anbindung des Konstruktionsprogramms Autodesk Map® möglich. Dies ist gerade in dem Bereich nützlich, wo Auswertungen an grafischen Objekten wie Weichen, Computerkarten oder anderen Bauwerken dargestellt werden sollen. Die Grafiken können mit Autodesk Map® auch aus Fremdformaten importiert oder direkt in Autodesk Map® erstellt werden. In einem zweiten Schritt werden sie mit den physikalischen Objekten in der Datenbank verbunden.

Des Weiteren steht die Anbindung von NeuroSolutions® zur Verfügung. Das ist eine leistungsfähige Entwicklungsumgebung zum grafischen Design von Künstlichen Neuronalen Netzen (KNN). Dieses Werkzeug umfasst 11 verschiedene Netzwerktopologien, acht verschiedene Transferfunktionen und fünf verschiedene Lernverfahren. Mit diesen Bausteinen lassen sich Anwendungen für nahezu alle möglichen Einsatzgebiete für KNN realisieren.

Es ist grundsätzlich möglich weitere Werkzeuge (Abb. 27.7) an das System anzuschließen. Das hat den großen Vorteil, dass bereits entwickelte Lösungen nicht noch einmal nachempfunden werden müssen, und bringt einen erheblichen Effektivitätsgewinn.

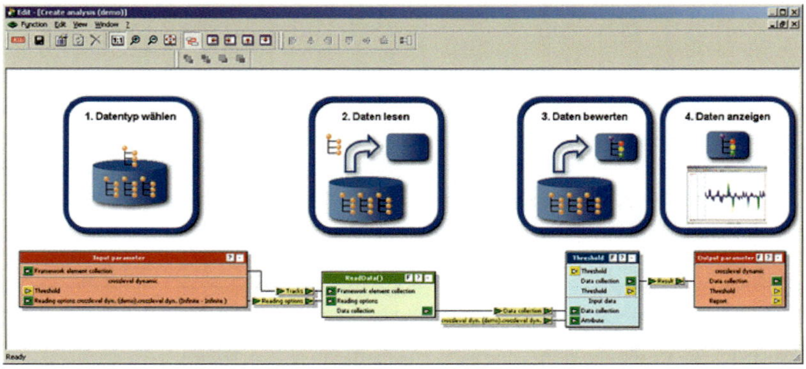


**Abb. 27.6** Grafische Operatoren

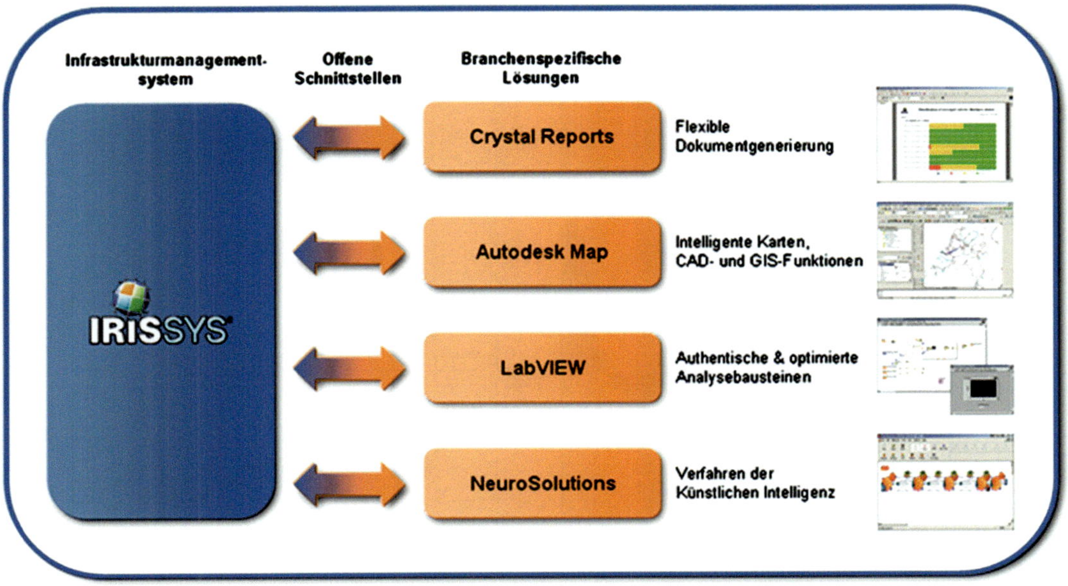


**Abb. 27.7** Kopplung externer Tools

## 27.3.6 Anforderungen und Grundformen der Darstellung

Eine wesentliche Anforderung an die Datendarstellung in Infrastrukturmanagementsystemen ist die Skalierbarkeit. Abhängig von der durchzuführenden Analyse muss die Betrachtung von Einzelmesswerten über die Ansicht von Streckenabschnitten bis hin zur komprimierten Darstellung des gesamten Streckennetzes möglich sein. In jedem Detailgrad der Anzeige ist dabei auf eine ortsgenaue Datendarstellung zu achten. Weiterhin spielt die zeitlich historische Orientierung eine wichtige Rolle. Sie bildet die Grundlage für die Darstellung von Zustandshistorien bzw. Entwicklungstendenzen. Somit ist der Anwender in der Lage, Trendanalysen durchzuführen.

Es gelten folgende generelle Grundsätze für die Datendarstellung in Infrastrukturmanagementsystemen. Dazu gehören unter anderem:

- Übersichtlichkeit und hoher Informationsgehalt
- Benutzerfreundlichkeit und Ergonomie
- Anpassbarkeit an Nutzeranforderungen
- Geringe Wartezeiten

Ein weiterer wichtiger Bestandteil der Datendarstellung ist die Speicherung bzw. Ausgabemöglichkeit von Ansichten in beliebige Fremdformate. Darunter fällt im einfachsten Fall der Ausdruck einer Ansicht. Viel bedeutender ist jedoch, dass Darstellungen in Formate anderer DV-Systeme überführt werden können.

Nachfolgend sollen konkrete Darstellungsformen betrachtet werden, die sich in der Praxis bewährt haben. Der Begriff der Darstellungsform kennzeichnet die Art und Weise, wie Daten in einem System visualisiert werden.

Die wohl wichtigste Darstellungsform ist die zweidimensionale Ansicht. Sie ist durch einen hohen Informationsgehalt, Übersichtlichkeit und gute Skalierbarkeit gekennzeichnet. In einer Dimension wird dabei die Ausdehnung des Fahrwegs bzw. die Kilometrierung dargestellt. Die zweite Dimension bildet den Wertebereich der anzuzeigenden Daten ab. Den prinzipiellen Aufbau soll die Abb. 27.8 näher verdeutlichen. Üblicherweise werden in der Praxis mehrere zweidimensionale Ansichten miteinander kombiniert, um alle wesentlichen Zustandsparameter im Blickfeld zu haben.

Die zweidimensionale Darstellungsform eignet sich aufgrund ihrer Eigenschaften vor allem

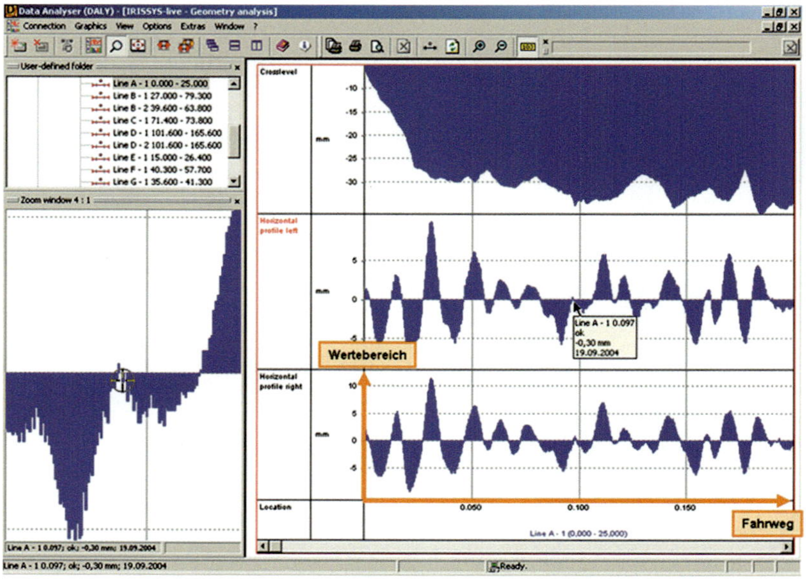


**Abb. 27.8** Die zweidimensionale Darstellungsform

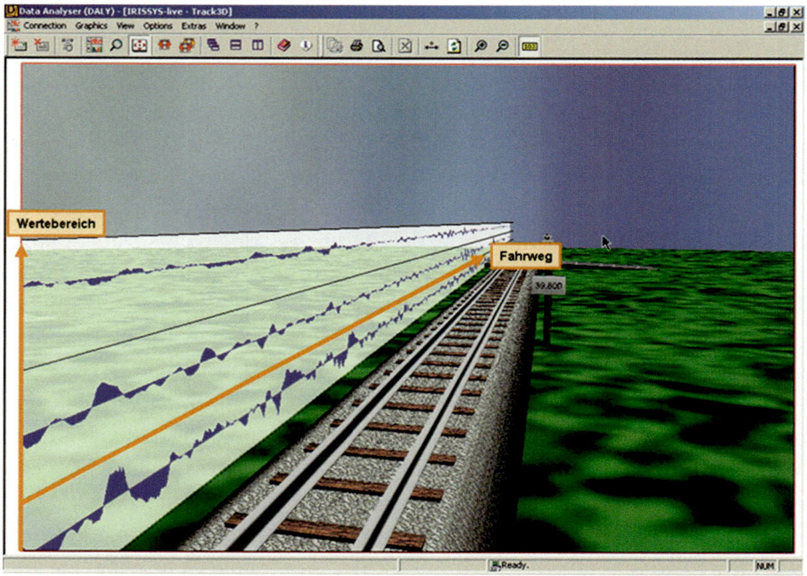


**Abb. 27.9** Die dreidimensionale Darstellungsform

für die detaillierte Analyse von Einzelmesswerten bis hin zur Auswertung einzelner Streckenabschnitte bzw. ganzer Strecken.

Eine Erweiterung der zweidimensionalen Ansicht stellt die dreidimensionale Form dar. Sie bietet einen ähnlichen Informationsgehalt wie die vorhergehende Variante. Im Gegensatz dazu werden der Wertebereich und der Fahrwegverlauf in den dreidimensionalen Raum (Abb. 27.9) verlegt. Zusätzlich werden Objekte, wie beispielsweise Elemente des Oberbaus, Brücken oder Übergänge abgebildet. Dadurch entsteht eine weniger abstrakte und realitätsnahe Darstellung. Zwar wirkt die dreidimensionale Ansicht optisch deutlich ansprechender, jedoch verringert der modellhafte Charakter deutlich die Menge der darstellbaren Informationen. Hinzu kommt, dass derzeitig keine Auswertungen existieren, die sich durch die Anwendung dreidimensionaler Darstellungen effizienter gestalten lassen. Aus diesen Gründen

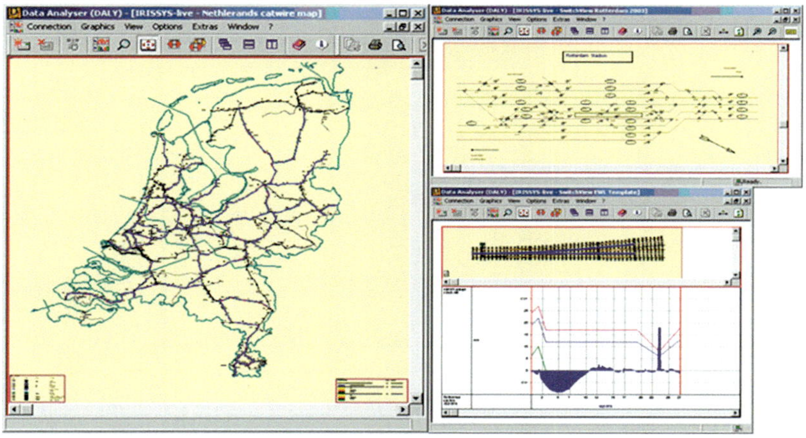


**Abb. 27.10** Formen der Kartendarstellung

ist die dreidimensionale Darstellungsform für die Praxis nicht relevant.

Für einen netzweiten Überblick bietet sich die Kartenform (Abb. 27.10) an. Dazu wird das zu analysierende Streckennetz digital abgebildet. Entlang der gezeichneten Strecken erfolgt die Datendarstellung. Der Informationsgehalt ist im Vergleich zur zwei- oder dreidimensionalen Darstellung deutlich geringer, da die Kartendarstellung nur die Anzeige weniger Informationen zulässt. Doch durch die Möglichkeit komprimiert Informationen zum gesamten Streckennetz anzuzeigen, hat sich diese Darstellungsform im praktischen Einsatz bewährt. Eine besondere Form der Karten stellt die Abbildung von Weichen und Bahnhofsplänen dar.

Die drei beschriebenen Darstellungsformen bilden die grundlegenden Visualisierungsmöglichkeiten im Bereich der Zustandsanalyse. Darüber hinaus werden in der Praxis Bild- und Videoaufnahmen angeboten. Sie besitzen nach derzeitigem Stand der Technik lediglich einen ergänzenden Charakter. Ein wesentlich höherer Informationsgehalt könnte gewonnen werden, wenn digitale Bildbearbeitungssysteme eine zuverlässige automatische Fehlerklassifizierung dieser Aufnahmen durchführen würden. Es existieren bereits solche Lösungen. Aufgrund ihrer aktuellen Funktionalität sind sie jedoch für die Zustandsdiagnose nicht von Bedeutung.

Ein weiteres Format der Datendarstellung stellen so genannte „Reports" (Berichte) dar. Dabei handelt es sich um dynamisch generierbare Dokumente. Sie können äußerst vielfältig angewandt werden. Beginnend von tabellarischen Übersichten ausgewählter Zustandsgrößen über Protokolle geplanter und ausgeführter Instandsetzungsmaßnahmen bis hin zur Abbildung von Übersichtskarten oder Graphen. Reports (Abb. 27.11) bieten damit die Möglichkeit, sowohl komprimierte Informationen als auch zusammenfassende Statistiken wiederzugeben.

Ein Infrastrukturmanagementsystem sollte dem Anwender nicht nur die einzelnen Darstellungsformen bereitstellen. Stattdessen muss es diese miteinander kombinieren, um einen möglichst effizienten Arbeitsablauf bei der Datenanalyse zu gewährleisten. Das bedeutet einerseits, dass alle Darstellungsformen und Medien gleichzeitig betrachtet werden können. Andererseits muss eine einfache Navigation von komprimierten Informationen wie Kartendarstellungen bis hin zu detaillierten Ansichten (Abb. 27.12) garantiert sein.

### 27.3.7 Fachübergreifende Grundlagen für weitergehende Analysen

In diesem Abschnitt sollen kurz theoretische Grundlagen erläutert werden, die über das Gebiet der Fahrweginstandhaltung hinausgehen. Im Mittelpunkt steht die einführende Darstellung wesentlicher praxiserprobter Techniken und Verfahren der Mathematik und Informatik, die über gegenwärtig angewandte Analysemethoden hi-

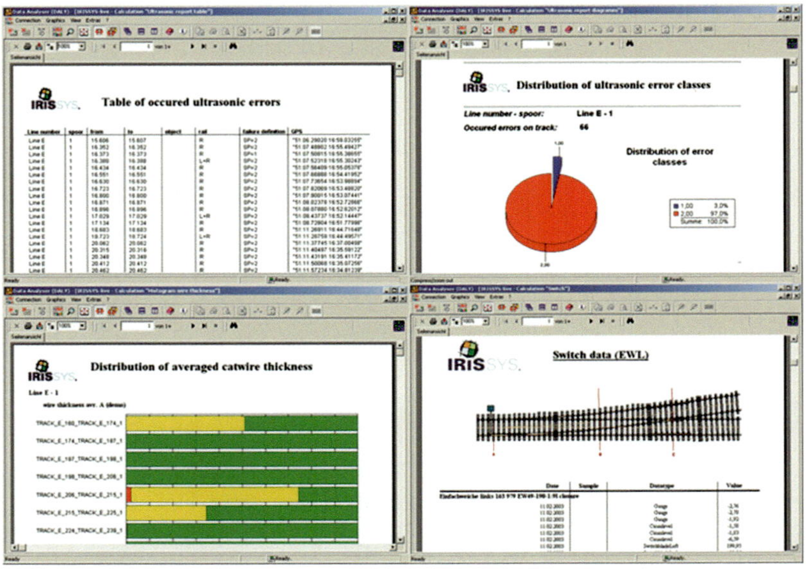


**Abb. 27.11** Beispiele für Reports

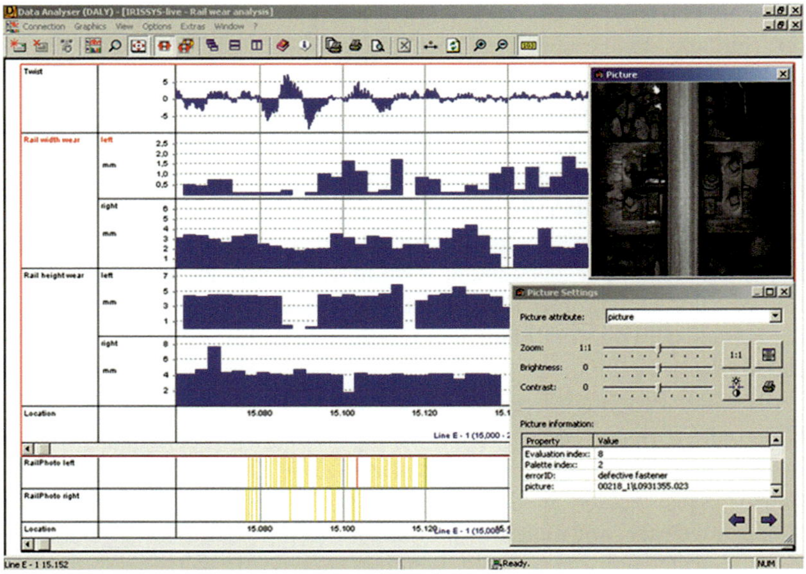


**Abb. 27.12** Integration der Bildanzeige in die Zustandsanalyse

nausgehen. Um zukünftig für den Umgang mit solchen Verfahren vorbereitet zu sein, ist es für den Eisenbahningenieur wichtig, die Grundlagen dieser Ansätze zu verstehen. Die fachliche Vollständigkeit der Ausführungen ist an dieser Stelle nicht erreichbar.

#### 27.3.7.1 Digitale Signalverarbeitung

Die Digitale Signalverarbeitung, kurz DSV, beschäftigt sich mit der Verarbeitung von diskreten Signalen, das heißt Folgen digitaler Daten, mit Hilfe digitaler Systeme. Diese Folge von Daten entsteht im Bereich der Instandhaltung durch die Erfassung mit Hilfe von Messzügen und Handmessgeräten in einem zeit- bzw. ortsperiodischen Messprozess. Die Bearbeitung digitaler Signale erfolgt durch sogenannte Signalprozessoren, die in der Regel aus programmierbaren Universalprozessoren, wie der CPU eines Computers, bestehen. Während viele Verfahren der digita-

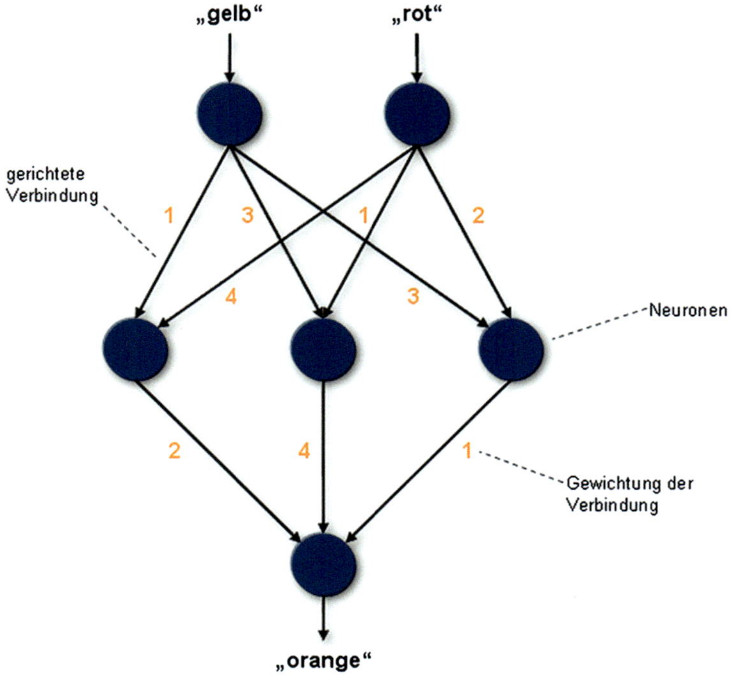


**Abb. 27.13** Vereinfachter Aufbau von Künstlichen Neuronalen Netzwerken

len Signalverarbeitung mit analogen Systemen nicht umsetzbar wären, ist mit Hilfe von DSV-Verfahren praktisch alles realisierbar, was sich mathematisch beschreiben lässt. Das theoretische Modell des digitalen Systems wird auch als Algorithmus bezeichnet. Die DSV bietet unter anderem Algorithmen zur Signalgenerierung, Fensterung, Filterung, Diskreten Fourier-Transformation, PID-Regelung sowie für die Datenverarbeitung im Bereich der Kurvenanpassung, Statistik und linearen Algebra. Praktische Anwendung findet die DSV im Bereich der Verarbeitung und Analyse von Daten für die Instandhaltung des Fahrwegs der Eisenbahn. Hier reicht der Einsatz der DSV von einfachen Verfahren aus der Statistik bis hin zu komplexen Verfahren wie der reaktionsbezogenen Bewertung des Fahrweges, mit der es möglich ist, die Fahrzeugreaktion bei gegebener Gleisgeometrie zu berechnen.

#### 27.3.7.2 Künstliche Intelligenz

Mit dem Begriff „Künstliche Intelligenz“ wird ein fachübergreifender Bereich der Informatik bezeichnet (Abb. 27.13). Neben der Kerninformatik flossen unter anderem die Gebiete der Mathematik, Logik, Neurologie, Kommunikationswissenschaften, Philosophie und Psychologie in Ergebnisse dieses Fachbereichs ein. Die primäre Zielstellung besteht in der Lösung komplexer Anwendungsprobleme. Mit Mitteln der Informatik und Mathematik wird dazu intelligentes Verhalten simuliert.

**Expertensysteme**

Expertensysteme (Abb. 27.14) werden erfolgreich in den Bereichen der medizinischen Diagnose, in der Technik und für Beratungsfragen eingesetzt. Es existieren zudem Ansätze für die Anwendung in der Fahrweginstandhaltung.

Diese Klasse der Software-Systeme verwendet menschliches Expertenwissen, um gegebene Problemstellungen zu lösen oder zu bewerten. Zunächst wird dabei versucht, vorhandenes Wissen über die so genannte „Wissenserwerbskomponente“ zu formalisieren und abzubilden. Die Speicherung des formalisierten Wissens erfolgt in der „Wissensbasis“. Die „Problemlösungskomponente“ verarbeitet unter Anwendung von Ableitungsregeln das gespeicherte Wissen. Dabei wird nicht nur das bestehende Wissen wiedergegeben, sondern das System kann auch zu neuen Schlussfolgerungen kommen. Die „Dia-

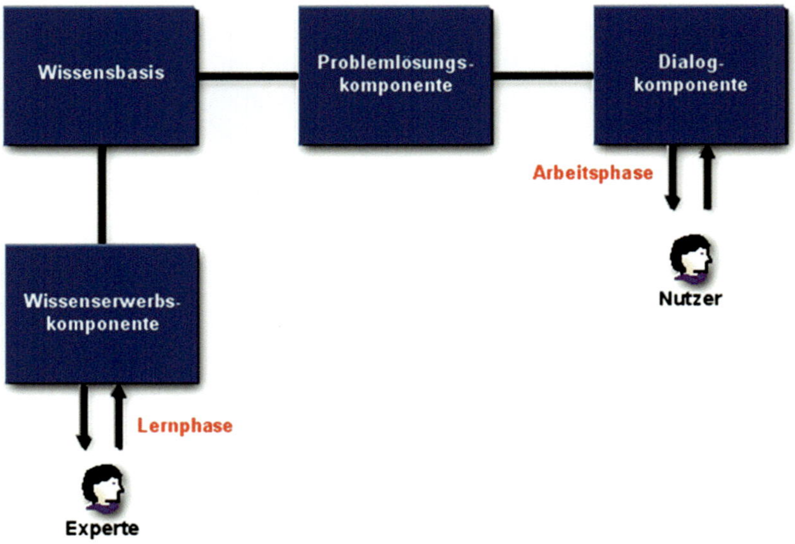


**Abb. 27.14** Aufbau eines Expertensystems

logkomponente“ dient dem Anwender als Benutzerschnittstelle zur Ein- und Ausgabe von Informationen. Sie beinhaltet Funktionen, die jede Regelanwendung protokolliert und dem Anwender erklärt.

Der Einsatz von Expertensystemen in der Fahrweginstandhaltung ist problematisch, da sich die Wissensakquisition für diesen Bereich sehr schwierig gestaltet. Zwar existieren genügend Instandhaltungsexperten, die über umfangreiches Wissen verfügen, jedoch ist die Formalisierung der komplexen Zusammenhänge, die bei der Abnutzung des Fahrwegs auftreten, fast unmöglich. Erschwerend kommt hinzu, dass ein Großteil des Wissens nur in Fallbeispielen oder in unpräziser Form vorhanden ist. Die Bildung einer Wissensbasis setzt jedoch klare Fakten voraus. Weiterhin sind nicht alle Gesetzmäßigkeiten der Fahrwegabnutzung vollständig erforscht.

**Künstliche Neuronale Netzwerke**

Künstliche Neuronale Netze, kurz KNN, sind dem Aufbau und der Funktionsweise des menschlichen Gehirns nachempfunden. Wie das menschliche Gehirn besteht ein KNN aus einer Vielzahl informationsverarbeitender Einheiten, den Neuronen. Die Neuronen sind über gerichtete Verbindungen miteinander verknüpft. Sie sind meist schichtweise angeordnet. Im Gegensatz zum menschlichen Gehirn werden statt elektrochemischer Reize, digitale Signale verarbeitet. Neben den Verbindungen zwischen den Neuronen gibt es Leitungen zur Informationsaufnahme bzw. -abgabe. Die Informationsverarbeitung innerhalb der Neuronen basiert auf der Anwendung spezifischer mathematischer Modelle und Formeln.

Künstliche Neuronale Netzwerke haben sich aufgrund ihrer Eigenschaften als effektiver Lösungsansatz für viele praktische Probleme erwiesen. Die wohl wichtigsten Eigenschaften sind die Lern- und Generalisierungsfähigkeit. Durch die Anwendung spezieller Lernverfahren kann ein KNN grundlegende Zusammenhänge zwischen Beispieldaten erlernen. Viele Lernverfahren basieren dabei auf einem Frage-Antwort-Prinzip, d. h. dem Netzwerk wird eine Frage gestellt und gleichzeitig die zugehörige richtige Antwort vorgegeben. Nach der Lernphase ist das Netzwerk in der Lage, beim „Stellen einer Frage“ selbständig die richtige Antwort zu geben. Diesen Effekt bezeichnet man als Lernfähigkeit. Das Erlernen dieser Zusammenhänge geschieht dabei durch die Gewichtung der Verbindungen zwischen den Neuronen.

Ein einfaches Beispiel für diese Eigenschaft ist das Erlernen von Mischfarben. So kann man unter Anwendung eines Lernverfahrens zwei Farben in digital kodierter Form an ein Netzwerk anlegen und es so „trainieren“, dass es die zugehörige Mischfarbe dieser beiden Farben erlernt und später wieder ausgibt.

Die Generalisierungsfähigkeit ist eine Erweiterung des Erlernens von Sachverhalten. Dabei passen sich die Gewichte des Netzwerks während der Lernphase so an, dass es nicht nur die gelernten Beispieldaten wiedergeben kann. Stattdessen hat es den Sachverhalt so weit verallgemeinert, dass es neben den erlernten Daten auch ähnliche Informationen verarbeiten kann. Ein Beispiel hierfür ist die Verallgemeinerung einer mathematischen Funktion. So kann ein KNN durch das Anlegen weniger Beispielwertepaare den funktionalen Zusammenhang zwischen den Daten erkennen und speichern, so dass es auch andere nicht gelernte Wertepaare der Funktion richtig zuordnen kann. Je nach Neuronenanzahl bzw. -anordnung, Lernverfahren sowie Art und Richtung der Verbindungen zwischen den Neuronen werden verschiedene KNN-Typen unterschieden.

Künstliche Neuronale Netzwerke werden vor allem für die Zuordnung von Daten zu definierten Klassen, beispielsweise bei der Schrifterkennung, für das eigenständige Erfassen von Musterklassen in Datenbeständen, wie in der Datenkompression oder für Prognosezwecke verwendet. Aber auch bei der Lösung wirtschaftlicher Optimierungsprobleme oder Steuerung und Regelung technischer Abläufe finden sie Anwendung.

**Genetische Algorithmen**

Genetische Algorithmen gehören zu den Näherungsverfahren. Sie werden vor allem für die Lösung von Optimierungsproblemen, wie zum Beispiel das Ermitteln eines Kostenminimums eingesetzt.

Die Grundidee der Genetischen Algorithmen stammt aus der biologischen Evolutionstheorie und besteht darin, solange eine Anzahl von Lösungskandidaten zufällig zu erzeugen und nach bestimmten Kriterien auszuwählen, bis Kandidaten gefunden wurden, die gestellten Anforderungen entsprechen. Während dieser schrittweisen Evolution werden bestimmte Eigenschaften der selektierten Kandidaten kombiniert und verändert, um sozusagen die genetische Vielfalt zu erhalten und möglichst viele Lösungsvarianten zu bewerten.

Genetische Algorithmen werden insbesondere für Problemstellungen eingesetzt, die analytisch nicht innerhalb eines akzeptablen Zeitraums lösbar sind. Einen Großteil solcher Aufgabenstellungen bilden Optimierungsprobleme, die unter Berücksichtigung zahlreicher Randbedingungen ein Minimum oder Maximum suchen. Die Anzahl der theoretisch möglichen Varianten ist dabei so hoch, dass eine iterative Lösung durch Bewertung aller Kandidaten zeitlich unmöglich ist. Genetische Algorithmen finden aufgrund ihrer heuristischen ansatzweise häufig eine gute Lösung innerhalb eines annehmbaren Zeitbereichs. Die Heuristik liegt dabei in der gezielten Auswahl von Lösungskandidaten entsprechend einer Bewertungsfunktion bzw. den gestellten Anforderungen. Somit arbeitet sich der Algorithmus gezielt zu einer Lösung in der Nähe des Optimums hin. Der Nachteil solcher Verfahren liegt jedoch darin, dass das absolute Optimum selten erreicht wird.

## 27.4 Anwendung von Infrastrukturmanagementsystemen

Die Instandhaltung besteht aus einer dreiteiligen Prozesskette. Ihre Elemente sind die Inspektion, die Analyse und die Instandsetzung. Im Bereich der Instandhaltung des Fahrwegs Eisenbahn ist diese Prozesskette durch eine klare Trennung der einzelnen Abläufe geprägt. So tritt in der Praxis häufig der Fall auf, dass die erfassten Zustandsdaten in unterschiedlichen Datenbanksystemen gespeichert werden. Für die Analyse und die darauf basierende Instandsetzungsplanung existieren zahlreiche Instandhaltungsstrategien, die stellenweise auch teilautomatisierte Verfahren beinhalten. Jedoch werten Fachleute oder Streckenbeauftragte die Zustandsdaten vielfach manuell aus. Basierend auf ihren Erfahrungen und ihrer Qualifikation planen sie nachfolgend Instandsetzungen. Dieser Mangel, der strikten Trennung von Instandhaltungsprozessen, wird durch den Einsatz von Infrastrukturmanagementsystemen beseitigt.

Ein Infrastrukturmanagementsystem unterstützt durchgehend alle Instandhaltungsprozesse. Alle Funktionen beginnend vom Inspektionsdatenmanagement, über die Analyse, bis hin zur Instandsetzung sind in einem System integriert. Basierend auf den bereitzustellenden Inspektions- und Stammdaten einer Eisenbahninfrastruktur muss ein Infrastrukturmanagementsystem die zentralen Anwendungsbereiche der Instandhaltung abdecken. Dazu gehören vor allem die Ist-Zustandsanalyse, d. h. die Auswertung der erfassten Messdaten, als auch die Planung von Instandsetzungs- bzw. Wartungsmaßnahmen und somit Aufgaben des Projektmanagements. Wie diese Anwendungsbereiche konkret in einem Infrastrukturmanagementsystem umgesetzt und welchen Anforderungen sie gerecht werden müssen, ist das zentrale Thema dieses Kapitels. Durch das breite Angebot an Werkzeugen und Instrumenten stellen Infrastrukturmanagementsysteme eine ideale Forschungsgrundlage dar. Gleichzeitig garantiert ihr Einsatz in Forschung und Praxis die sofortige, flächendeckende Umsetzung der entwickelten Verfahren. Somit bilden Infrastrukturmanagementsysteme eine wesentliche Basis für die Entwicklung neuer Instandhaltungsstrategien.

Damit ein Infrastrukturmanagementsystem die Funktionen der genannten Anwendungsbereiche umsetzten kann, muss es folgenden Anforderungen gerecht werden:

- Zentrale Datenhaltung
- Bereitstellung effektiver Analyseinstrumente
- Bereitstellung umfassender integrierter Projektmanagement- und Planungsfunktionen
- Zusammenarbeit aller am Instandhaltungsprozess beteiligten Instanzen an einem System
- Bereitstellung offener und standardisierter Schnittstellen für die Anbindung anderer Softwaresysteme

## 27.4.1 Ist-Zustandsanalyse

Um eine effektive Instandhaltungsplanung zu realisieren, ist einerseits eine exakte Erfassung und andererseits eine umfassende Auswertung der Zustandsdaten unumgänglich. Die drei grundlegenden Bereiche der Zustandsanalyse bilden die Darstellung, die Aufbereitung und die Bewertung der erfassten Daten.

### 27.4.1.1 Darstellung der Daten

Die Datendarstellung beschäftigt sich mit der Anzeige der erfassten Zustandsdaten. Sie bildet eine wesentliche Grundlage für ein schnelles Erkennen von Fehlern und Schwachstellen. Für die Zustandsanalyse sind die im Abschn. 27.3.6 beschriebenen Darstellungsformen besonders geeignet.

Die Datendarstellung ermöglicht die einfachste Form der Zustandsanalyse. Sie besteht in der manuellen Auswertung der betrachteten Inspektionsdaten. Die Feststellung des Ist-Zustands und die Bewertung der Daten erfolgen dabei durch den Anwender und unterliegen somit subjektiven Einschätzungen.

Ein Infrastrukturmanagementsystem muss in der Lage sein, alle Daten der einzelnen Fahrwegbereiche in geeigneter Form grafisch anzuzeigen, um eine Diagnose des Ist-Zustandes aller Fahrwegbereiche zu gewährleisteten. Die Qualität der Diagnose hängt dabei wesentlich von der Qualifikation und der Erfahrung des Anwenders ab. Deshalb bieten leistungsfähige Infrastrukturmanagementsysteme weitere Instrumente und Hilfsmittel an, die eine systemgestützte Zustandsanalyse ermöglichen. So wird die Diagnose des Ist-Zustands erleichtert und der Einfluss subjektiver Eindrücke gemindert.

### 27.4.1.2 Aufbereitung der Daten

Dieser Abschnitt beschäftigt sich mit der Aufbereitung der erfassten Inspektionsdaten. Durch entsprechende Verfahren werden zum einen der Informationsgehalt und damit die Aussagefähigkeit der Daten erhöht und zum anderen die Daten für die Weiterverarbeitung in komplexeren Verfahren aufbereitet. Zu den komplexeren Verfahren zählen unter anderem die Integrierte Ist-Zustandsanalyse sowie die systemgestützte Prognose und Instandhaltungsplanung.

Die Aufbereitung der Inspektionsdaten erfolgt fast ausschließlich mit Hilfe der Digitalen Signalverarbeitung, die ein breites Spektrum an Algorithmen bzw. Verfahren zur Verfügung stellt. Die nachfolgende Aufzählung stellt eine Möglichkeit zur Klassifizierung dieser Verfahren dar. Sie erhebt nicht den Anspruch auf Vollständigkeit, sondern stellt lediglich die für die Aufbereitung der Inspektionsdaten des Fahrwegs Eisenbahn relevanten Verfahren übersichtlich dar.

**Filter**

- Anwendung der verschiedensten Filtertypen und Filterarten

**Statistik**

- Median & Mittelwert
- Varianz & Standardabweichung
- Verteilungsfunktionen
- Varianzanalysen
- Mittlerer Quadratischer Fehler
- Approximationsverfahren
- Regressionsanalysen
- Interpolations- und Extrapolationsfunktionen

**Signalanalyse**

- Signalmessung & Pulsmessung
- Signalaufbereitung
- Amplituden- & Phasenspektrum
- Transfer- & Übertragungsfunktionen
- Leistungsspektrumsanalyse
- Signalspitzenvermessung
- Auto- & Kreuzkorrelation
- Faltung & Entfaltung

**Fensterung**

- Fensterung zur Periodisierung nichtperiodischer Signale
- Generierung endlicher Signale aus unendlichen Folgen

**Lineare Algebra**

- Vektoren & Matrizen
- Eigenwerte & Eigenvektoren
- Faktorisierung und komplexe Faktorisierung
- Inverse Matrix & Determinanten

Im Folgenden sollen nun Beispiele aus den Bereichen Filter, Statistik und Signalanalyse dargestellt und beschrieben werden, um die Funktionsweise der DSV im Bereich der Fahrwegsinstandhaltung genauer zu erläutern.

Mit der Hilfe von Filtern können die Signalanteile der Rohdaten aus der Inspektion voneinander getrennt werden. Mit Hochpass-Filtern kann der dynamische Anteil und mit Tiefpass-Filtern der statische Anteil aus einem Signal extrahiert werden. Genauso kann auch ein bestimmter Frequenzbereich in einem Signal mit Hilfe von Bandpässen selektiert bzw. mit Hilfe von Bandsperren unterdrückt werden. In Abb. 27.15 ist die Funktionsweise der verschiedenen Filter-

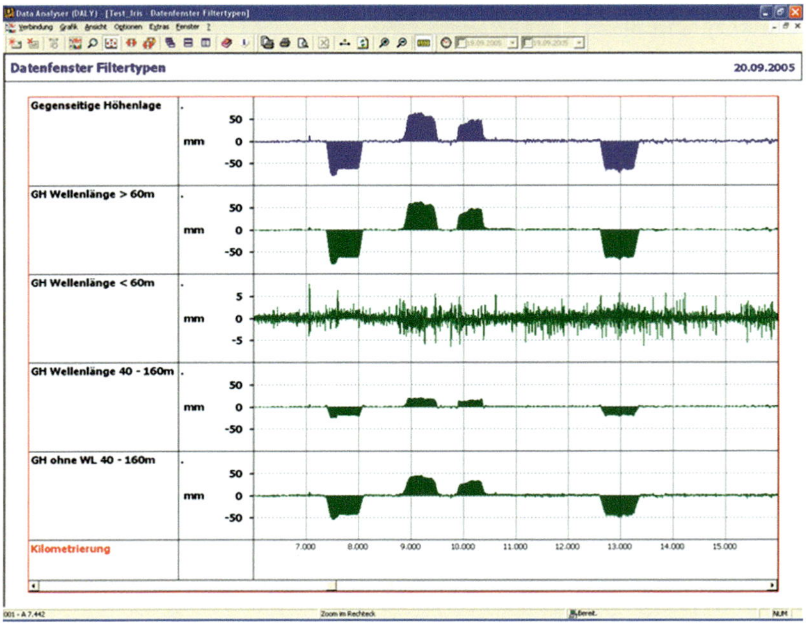


**Abb. 27.15** Funktionsweise von Filtern

typen am Beispiel der Gegenseitigen Höhenlage dargestellt.

Der erste Kanal in der Abb. 27.15 stellt die Rohdaten der Gegenseitigen Höhenlage dar. Der zweite Kanal zeigt nun den statischen Anteil des Signals mit einer Wellenlänge größer als 60 m und der dritte Kanal den dynamischen Anteil mit einer Wellenlänge kleiner als 60 m. Im vierten Kanal ist schließlich das Gesamtsignal mit einem Bandpass-Filter und im fünften Kanal mit einem Bandsperren-Filter bearbeitet. Hier wurde als untere Grenzwellenlänge 40 m und als obere Grenzwellenlänge 160 m verwendet. Sinn und Zweck der Filterung ist es, die verschiedenen Signalanteile voneinander zu trennen, um diese gesondert behandeln zu können. Nach der Trennung der Signalanteile können zum Beispiel auf den statischen Anteil Verfahren zur Ermittlung der Lage der Bögen und auf den dynamischen Anteil, der den Zustand des Fahrwegs darstellt, Verfahren zur genaueren Analyse des Zustands angewendet werden. So können die Daten mit Hilfe von Verfahren aus der Statistik, wie zum Beispiel der Berechnung des Mittelwertes, der Standardabweichung oder der Ermittlung von Maxima und Minima, genauer analysiert werden. Hierbei handelt es sich um eine so genannte Analyse im Amplitudenbereich.

Abb. 27.16 zeigt nun die Analyse des dynamischen Anteils der Gegenseitigen Höhenlage mit Hilfe statistischer Verfahren. Der erste Kanal zeigt hier, wie in Abb. 27.15, das Gesamtsignal der Gegenseitigen Höhenlage. Der zweite Kanal stellt den mit Hilfe von Filtern gewonnenen dynamischen Anteil des Gesamtsignals dar. Die Kanäle drei, fünf und sieben zeigen die Berechnung des absoluten Maximums, des absoluten Mittelwertes und der Standardabweichung über eine Abschnittslänge von 250 m. Die Kanäle vier, sechs und acht zeigen hingegen das absolute Maximum, den absoluten Mittelwert und die Standardabweichung als gleitende Verfahren mit einem so genannten Delta von 25 m. Bei den gleitenden Verfahren wird über eine bestimmbare bzw. parametrisierbare Abschnittslänge, das so genannte Delta, ein Wert berechnet und als Ergebnis die Mitte des Deltas auf diesen Wert gesetzt. Der große Vorteil der gleitenden Verfahren ist, wie in Abb. 27.16 ersichtlich, eine weitaus bessere Ortsgenauigkeit der Ergebnisse.

Weitere für ein Infrastrukturmanagementsystem relevante Verfahren der DSV aus dem Bereich der Statistik sind Verfahren zur Ermittlung der Verteilung bzw. der Klassenhäufigkeit. Abb. 27.17 zeigt die prozentuale Verteilung der Amplitude des dynamischen Anteils der Gegen-

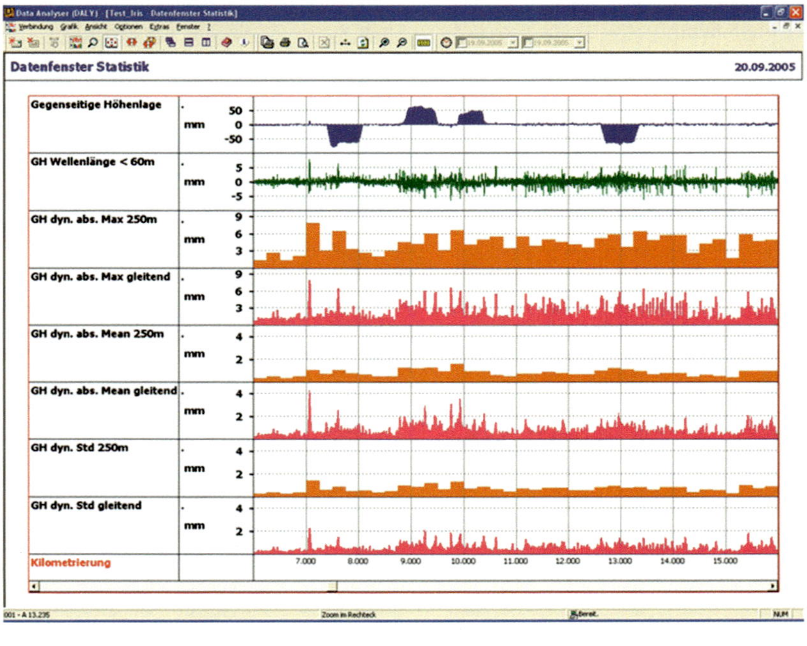


**Abb. 27.16** Statistische Verfahren

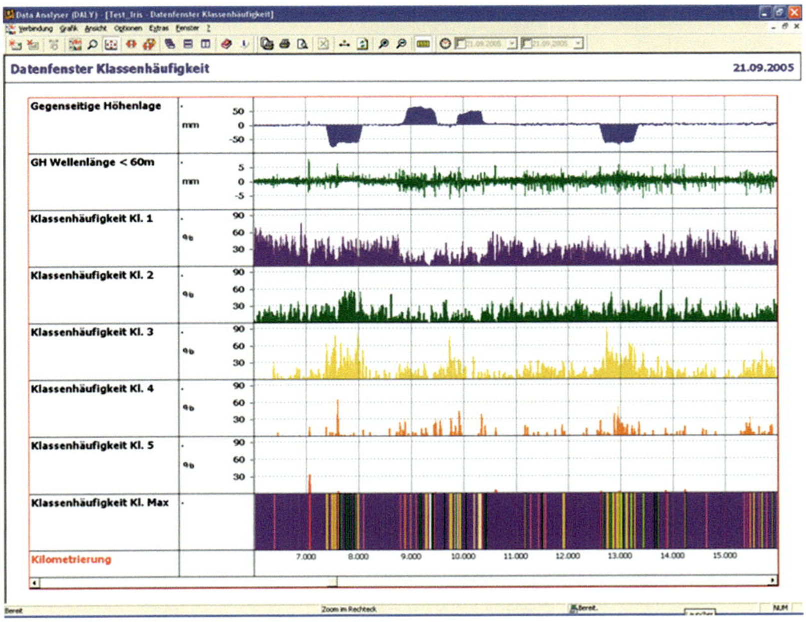


**Abb. 27.17** Klassenhäufigkeit

seitigen Höhenlage in fünf Klassen. Auch dieses Verfahren ist als gleitendes Verfahren realisiert worden.

Wie auch im vorhergehenden Beispiel zeigen die Kanäle eins und zwei der Abb. 27.17 das Gesamtsignal und den dynamischen Anteil der Gegenseitigen Höhenlage. Die Kanäle drei bis sieben stellen den prozentualen Anteil der Amplitudenbereiche 0 bis 0,5, 0,5 bis 1, 1 bis 2, 2 bis 5 und 5 bis unendlich dar. Der Kanal acht zeigt die prozentual dominierende Klasse in ihrer entsprechenden Farbe. Mit Hilfe dieses Verfahrens kann nun ermittelt werden, welche Amplitude und damit welche Fehlerklasse für welchen Bereich dominierend ist.

Als nächstes soll nun ein Beispiel für eine Analyse im Frequenzbereich erläutert werden. Viele Verfahren zur Analyse des Signals im Frequenzbereich basieren auf der Diskreten Fourier-Transformation oder kurz DFT. Sie ist die Fourier-Transformation eines zeitdiskreten endlichen oder periodischen Signals. Die Fourier-Transformation dient der sogenannten harmonischen Analyse, bei der ein periodisches bzw. quasiperiodisches Signal in eine Summe von Winkelfunktionen auf gespalten wird. Die DFT ist das wichtigste Werkzeug in der Praxis der digitalen Signalverarbeitung, da sich damit schnelle Algorithmen zur Transformation der Daten realisieren lassen. Am bekanntesten ist die FFT (Fast Fourier Transformation), die auch als schnelle Fourier-Transformation bezeichnet wird. Hierzu zählt unter anderem auch die Leistungsspektrums-Analyse, die eine genauere Aussage darüber ermöglicht, aus welchem Frequenz- bzw. Wellenlängenspektrum sich ein Signalabschnitt zusammensetzt. Damit kann der Wellenlängenbereich und somit auch die Art eines Fehlers genauer spezifiziert werden. Abb. 27.18 zeigt die Einteilung des Leistungsspektrums der Gegenseitigen Höhenlage in fünf Klassen. Auch dieses Verfahren wurde als gleitendes Verfahren realisiert.

Die Kanäle eins und zwei der Abb. 27.18 zeigen wieder das Gesamtsignal und den dynamischen Anteil der Gegenseitigen Höhenlage. Kanal drei zeigt den auf den halben Abtastabstand, also 0,125 m, interpolierten dynamischen Anteil. Dabei wird zwischen je zwei Werte ein zusätzlicher Wert berechnet, um die Anzahl von Werten je Abschnitt zu verdoppeln. Die Interpolation des Signals ist nicht unbedingt notwendig, erlaubt aber eine zuverlässige Analyse des Leistungsspektrums über ein Delta von 125 statt 250 m. Die Kanäle vier bis acht stellen nun die Fläche der Gleichrichtwerte der fünf Wellenlängenberei-

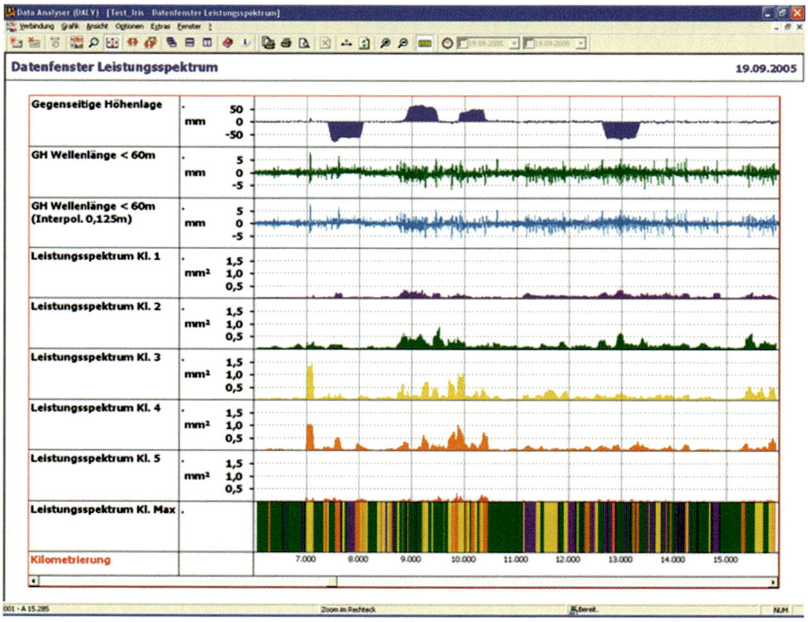


**Abb. 27.18** Leistungsspektrumsanalyse

chen 0,5 bis 10, 10 bis 20, 20 bis 30, 30 bis 55 und 55 bis 125 m dar. Kanal neun zeigt das Wellenlängenspektrum des Signals, indem für jeden Messpunkt die Wellenlänge, deren Leistung am größten ist, in der entsprechenden Farbe als Vollbalken dargestellt wird.

Weitere für die Instandhaltung des Fahrwegs relevante Verfahren der DSV, die aus Platzgründen hier nicht weiter beschrieben und dargestellt werden können, sind Interpolations- und Extrapolationsverfahren sowie diverse Korrelations- und Approximations-Verfahren. Als Beispiel für einen praktischen Anwendungsfall für Interpolationsverfahren sei auf die Halbierung des Abtastabstands des dynamischen Anteils für die Leistungsspektrumsanalyse verwiesen. Eine mögliche Anwendung von Extrapolationsverfahren wird hingegen im Abschn. 27.4.2 beschrieben. Korrelationsverfahren werden vor allem bei der Ermittlung und Beseitigung von Ungenauigkeiten der Daten im Wegbereich eingesetzt. Außerdem sollten in einem Infrastrukturmanagementsystem mit Hilfe der DSV alle als mathematische Funktionen definierbaren Verfahren, wie zum Beispiel die Berechnung des Überhöhungsfehlbetrags, aber auch selbst entwickelte Verfahren, wie zum Beispiel landesspezifische Bewertungsverfahren, vom Anwender ohne Programmieraufwand realisierbar sein.

Als letztes Beispiel soll nun noch der Einsatz Künstlicher Intelligenz im Bereich der Datenaufbereitung erläutert werden. So können zum Beispiel mit Hilfe von Selbstorganisierenden Karten, die auch als SOM (self organizing maps) bezeichnet werden und zu den Künstlichen Neuronalen Netzen zählen, Daten klassifiziert werden. Die SOM bilden dabei in einem $n$-dimensionalen Raum, auf Basis der mathematischen Nähe, Cluster. Diese Cluster repräsentieren die Zusammengehörigkeit der Daten. Die Clustergrenzen sind dabei nicht wie bei den meisten gängigen Klassifizierungsverfahren von vornherein festgelegt, sondern werden aufgrund der Problemstellung gebildet. Die Anzahl der Cluster, die vom SOM gebildet werden soll, kann vom Anwender festgelegt werden. Somit können auch sehr komplexe Zusammenhänge vieler verschiedener Größen mit Hilfe eines SOM in wenige und damit überschaubare, aber nicht weniger mathematisch begründete, Cluster klassifiziert werden. SOM sind damit in der Lage, vollkommen automatisiert sehr komplexe kausale Zusammenhänge in den Zustandsdaten des Fahrwegs zu finden. Welche Größen sinnvollerweise an das SOM angelegt werden, hängt von der Problemstellung

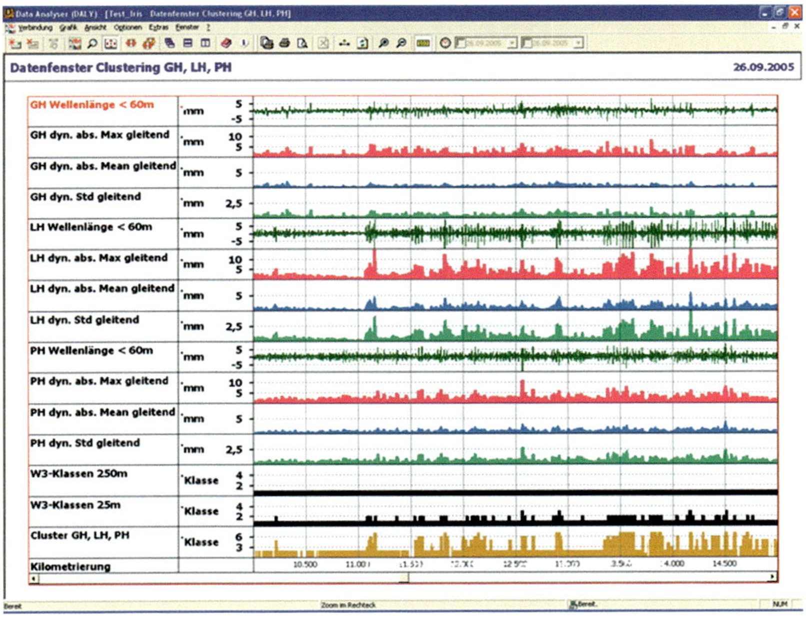


**Abb. 27.19** Klassifizierung mit Hilfe von SOM

ab. Dazu sollte zuvor genau analysiert werden, welche Größen für die jeweilige Problemstellung relevant sind und anschließend mit geeigneten Verfahren geprüft werden, welche Größen vorverarbeitet, zusammengefasst oder weggelassen werden müssen. Abb. 27.19 zeigt die Anwendung eines SOM auf verschiedene Daten der Gleisgeometrie Für dieses Beispiel wurde das SOM so parametrisiert, dass es 9 Cluster zu finden hat.

Die Kanäle eins, fünf und neun der Abb. 27.19 zeigen den dynamischen Anteil der Gegenseitigen Höhenlage, der Längshöhe und der Pfeilhöhe. Auf diese Größen sind Gleitende Verfahren zur Berechnung des absoluten Maximums, des absoluten Mittelwerts und der Standardabweichung mit einem Delta von 25 m angewendet worden. Diese Größen sind jeweils unter dem zugehörigen dynamischen Anteil dargestellt und an das SOM angelegt worden. Die gefundenen Cluster sind im untersten Kanal dargestellt. Um aufzuzeigen, dass dieses Verfahren prinzipiell funktioniert, wurde zum Vergleich das in Deutschland gängige Bewertungsverfahren W3 für die gegebenen Daten über 250 und 25 m berechnet. Die W3-Klassen sind in den Kanälen 13 und 14 dargestellt. Hier ist deutlich zu erkennen, dass selbst bei diesem einfachen Beispiel das SOM verschiedene dem W3-Verfahren nicht unähnliche Fehlerklassen gefunden hat. Außerdem ist zu erkennen, dass die Klassifizierung des SOM nicht wie das W3-Verfahren an eine bestimmte Abschnittslänge gebunden ist, das heißt dass ein SOM homogene Klassen bildet und nicht wie die Bewertungsverfahren Klassen in Abhängigkeit der Durchschnittswerte der festen Abschnitte.

#### 27.4.1.3 Bewertung der Daten

Unter dem Begriff der „Datenbewertung" wird generell die Einschätzung eines Wertes hinsichtlich seiner Bedeutung verstanden. Im Kontext der Instandhaltung ist darunter die Interpretation von Messwerten zu verstehen.

In einer Bahnverwaltung existieren Regelwerke, die beschreiben, wie die Bewertung von Zustandsdaten erfolgt. Der einfachste Fall ist festgeschriebene Grenzwerte (Abb. 27.20), die für bestimmte Messgrößen definiert wurden. Eine weitere Variante besteht in der Anwendung von Bewertungsverfahren. Sie dienen zur Berechnung neuer Kenngrößen, die eine Aussage zur Gesamtqualität eines Fahrwegbereichs zulassen sollen. Dazu werden verschiedene Messgrößen nach vorgeschriebenen Regeln miteinander verrechnet.

Die beiden genannten Ansätze zur Datenbewertung sind für alle Elemente des Fahrwegs in Infrastrukturmanagementsystemen umsetzbar.

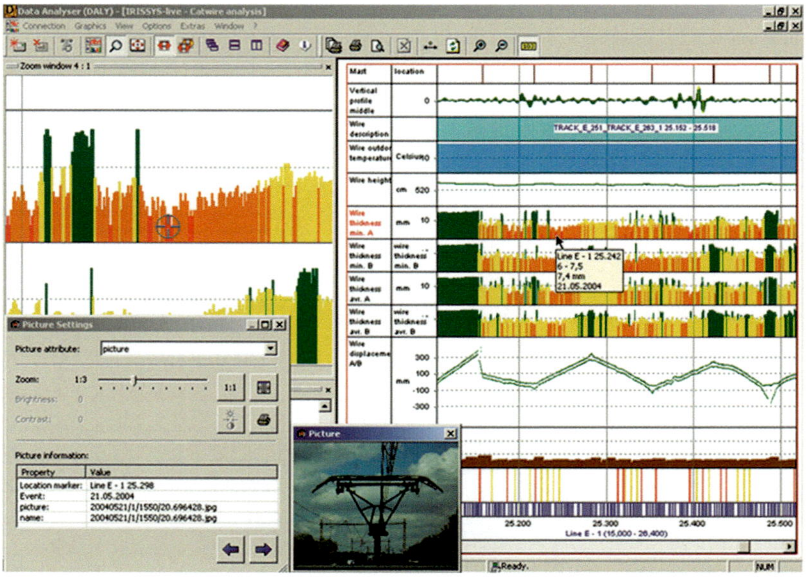


**Abb. 27.20** Oberleitungsanalyse unter Anwendung von Grenzwerten

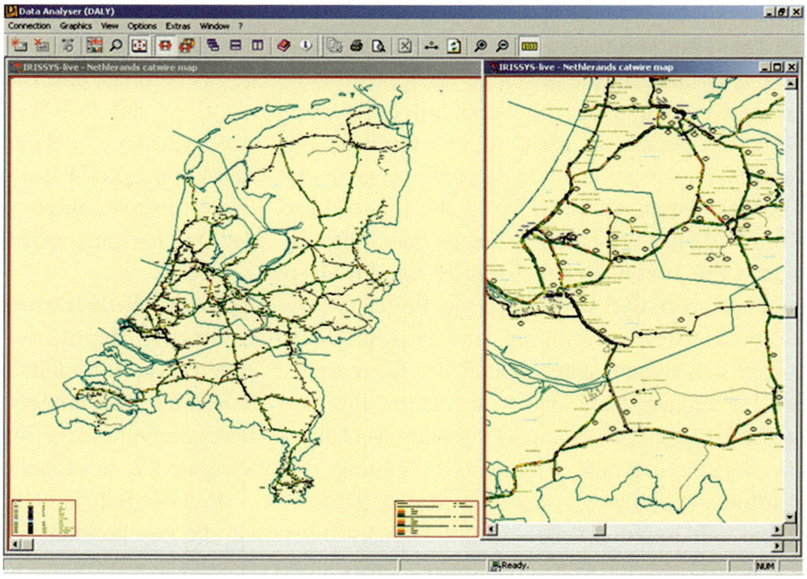


**Abb. 27.21** Netzkarte mit Bewertungsverfahren

In Verbindung mit der Datendarstellung und der Aufbereitung von Zustandsdaten ist es für den Anwender möglich, eine umfassendere sowie objektivere Analyse und Diagnose des Ist-Zustandes vorzunehmen, als es die reine Anzeige von Zustandsdaten zulässt. Die farbliche Zuordnung der Grenzwertstufen erleichtert das Erkennen von kritischen Bereichen und Schwachstellen und ist in allen Darstellungsformen einsetzbar. Die Anwendung von Bewertungsverfahren stellt komprimierte Informationen über den Ist-Zustand zur Verfügung, die sich vor allem für einen netzweiten Überblick in einer Computerkarte (Abb. 27.21) eignen. Jedoch beinhalten beide Verfahren wesentliche Nachteile. Grenzwerte und Bewertungsverfahren werden in der Praxis meist sehr fachbezogen angewandt, d. h. sie beziehen sich nur auf einzelne Fahrwegbereiche. Die Ursachen für vorliegende Abnutzungserscheinungen liegen im Zusammenwirken der

Fahrwegelemente begründet. Die komplexen Zusammenhänge zwischen diesen Elementen sind jedoch durch fachbezogene Herangehensweisen nicht erkennbar. Deshalb sind neue Ansätze für die Zustandsanalyse notwendig.

Auch bei der Bewertung der Daten findet die DSV ihre Einsatzmöglichkeiten. Zum Beispiel können alle gängigen Bewertungsverfahren der verschiedenen Länder mit Hilfe der DSV einfach und flexibel realisiert werden. Somit ist es mit einem Infrastrukturmanagementsystem zum einen möglich, in jedem Land individuell die gängigen Bewertungsverfahren einzusetzen, und zum anderen mit relativ geringem Aufwand mehrere Bewertungsverfahren gegenüberzustellen.

Bis heute wird der Begriff der Zustandsanalyse sehr fachbezogen aufgefasst. Das hat zur Konsequenz, dass die Datenauswertung oft für jeden Bereich des Fahrwegs einzeln durchgeführt wird. Um jedoch Ursachen für vorliegende Zustandsentwicklungen zu erkennen und somit planmäßig vorbeugend, anstatt kurzfristig ausgerichtet und symptombezogen, instand zu halten, ist eine Erweiterung der Ist-Zustandsanalyse notwendig.

#### 27.4.1.4 Integrierte Ist-Zustandsanalyse

Die integrierte Zustandsanalyse beschäftigt sich mit der Auswertung aller Fahrwegbereiche im Komplex. Dieser Ansatz liegt darin begründet, dass sich der Fahrweg aus wissenschaftlicher Sicht als technisches System mit zahlreichen Elementen definieren lässt. Zwischen diesen Elementen existieren wechselseitige Zusammenhänge, wodurch sich Abnutzungserscheinungen einzelner Fahrwegbereiche erklären lassen. Die integrierte Zustandsanalyse versucht nun Ursache-Wirkungsprinzipien am Fahrweg aufzudecken (Abb. 27.22 und 27.23). Ein Beispiel dafür ist die Auswirkung einer Untergrundbeschaffenheit auf den Zustand des Oberbaus.

Neben der gemeinsamen Auswertung mehrerer Fahrwegbereiche können auch andere Datenarten in die Analyse einbezogen werden, beispielsweise Stammdaten oder durchgeführte Instandsetzungen. Dadurch ist es dem Anwender möglich, kausale Zusammenhänge zu erkennen und somit eine langfristige Instandsetzungsplanung vorzunehmen.

Da die kausalen Zusammenhänge der Daten aus den verschiedenen Bereichen des Fahrwegs sehr umfangreich und komplex sind, finden hier die im Abschn. 27.4.1.2 beschriebenen Selbstorganisierenden Karten, kurz SOM, eine weitere sinnvolle Einsatzmöglichkeit. So können vollautomatisiert, und damit frei von subjektiven Betrachtungen, mathematisch begründete kausale Zusammenhänge in den Daten der verschiedenen Fahrwegbereiche ermittelt werden. Damit das SOM jedoch alle Zusammenhänge erlernen kann, muss für dieses Verfahren ein Infrastrukturmanagementsystem in der Lage sein, eine solche Analyse flächendeckend durchführen zu können. Nur so ist das SOM in der Lage, alle vorkommenden Fälle zu berücksichtigen und damit eine sinnvolle Klassifizierung vornehmen zu können.

#### 27.4.1.5 Plausibilitätsprüfungen

Ein weiteres großes Einsatzgebiet der Zustandsanalyse sind die Plausibilitätsprüfungen. Diese Verfahren dienen dazu, Unplausibilitäten, das heißt falsche Informationen, in den Daten aufzufinden und wenn möglich zu minimieren. Diese falschen Informationen sind teilweise begründbar, teilweise aber auch unbegründbar. Außerdem gibt es unplausible Daten im Wegbereich und unplausible Daten im Amplitudenbereich. Die folgende Aufzählung zeigt eine Zusammenfassung möglicher Ursachen für unplausible Daten.

**Unplausible Daten im Wegbereich:**
- Versatz im Wegbereich beim Messen
- Versatz im Wegbereich beim Importieren
- Fehlende Informationen über Änderungen an der Kilometrierung

**Unplausible Daten im Amplitudenbereich:**
- Einzelne Messfehler
- Falsch kalibrierte Messsysteme
- Ausfall der Messsysteme

Weitere Ursachen scheinbar unplausibler Daten sind fehlende Informationen über durchgeführte Instandsetzungsmaßnahmen. Da diese Maßnahmen den Zustand verbessern, würde dies zu immensen Fehlern bei der Berechnung von

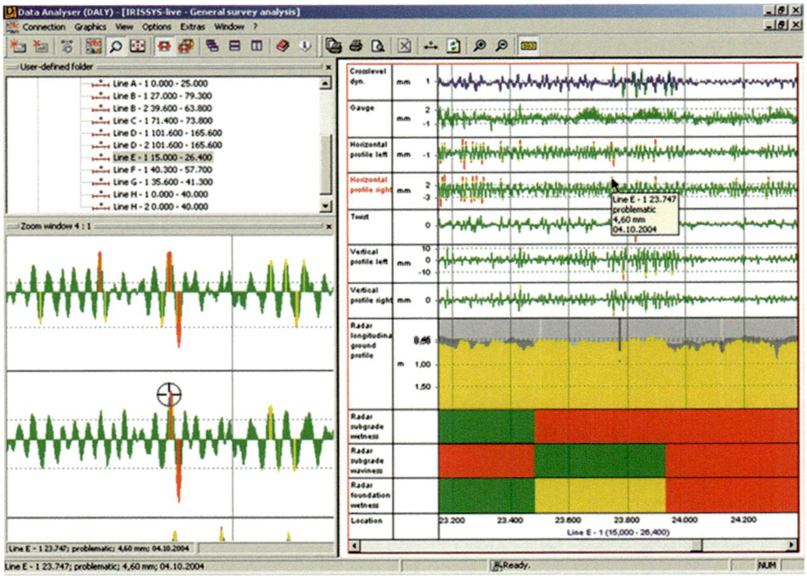


**Abb. 27.22** Auswertung der Gleisgeometrie in Verbindung mit der Untergrundbeschaffenheit

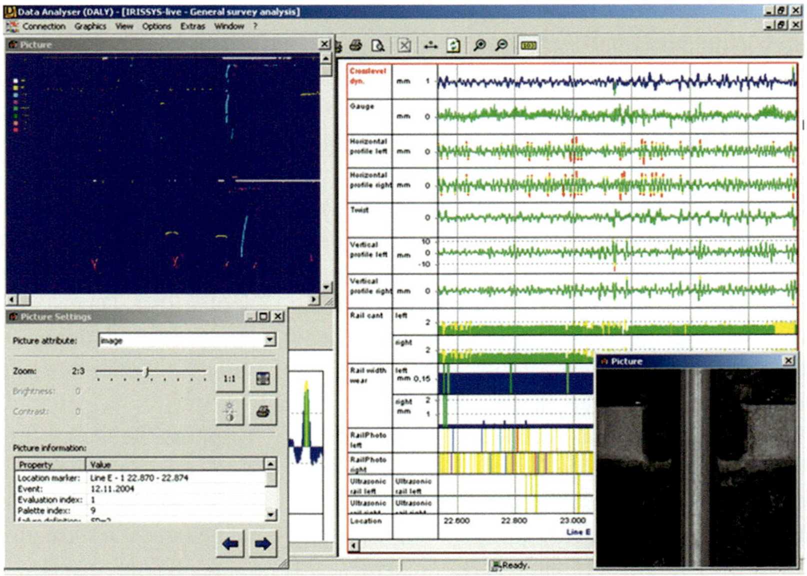


**Abb. 27.23** Auswertung der Gleisgeometrie in Verbindung mit den Schieneneigenschaften

Trends und bei der Prognose führen. Zusammengefasst führen unplausible Daten zu Fehlern bei der Analyse, Prognose und Instandhaltungsplanung und müssen daher erkannt und wenn möglich korrigiert werden. Abb. 27.24 zeigt ein Verfahren, dass mit Hilfe der Quadratsumme der Gegenseitigen Höhenlage unplausible Daten im Wegbereich sowie fehlende Daten erkennt.

Die Kanäle mit der Bezeichnung „Gegenseitige Höhenlage SSC“ der Abb. 27.24 zeigen die Gegenseitige Höhenlage aus Messungen vier verschiedener Zeitbereiche. Im ersten Schritt wird bei diesem Verfahren die Quadratsumme aus der Gegenseitigen Höhenlage über eine Abschnittslänge von 250 m gebildet. Die Ergebnisse sind in den Kanälen mit der Bezeichnung „GH SSC SquareSum“ dargestellt. Im zweiten Schritt wird der Mittelwert über die Quadratsummen der verschiedenen Zeitbereiche gebildet, der hier im letzten Kanal mit der Bezeichnung „GH

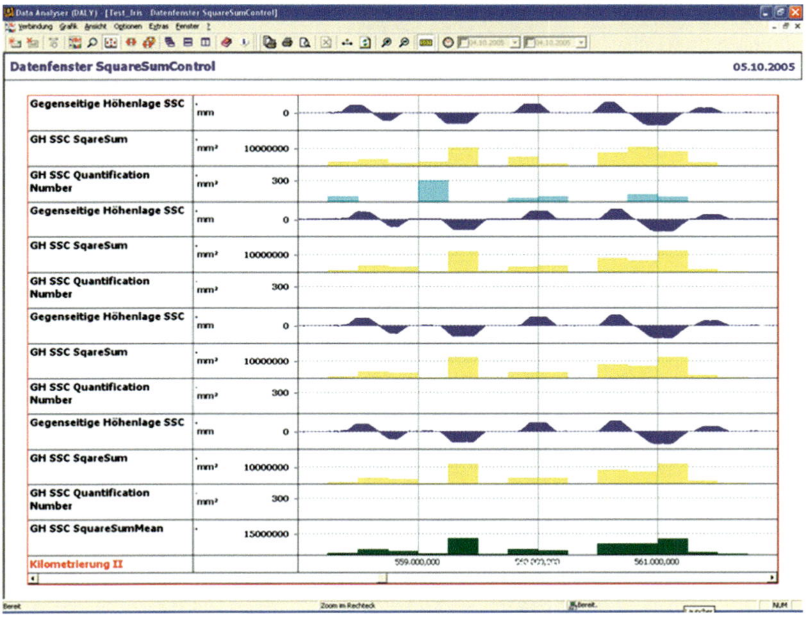


**Abb. 27.24** Plausibilitätsprüfung im Wegbereich

SSC SquareSumMean" dargestellt ist. Im letzten Schritt werden für jeden Zeitbereich einzeln die absoluten und prozentualen Abweichungen der Quadratsummen zum Mittelwert ermittelt und in eine Bewertungszahl, hier als „Quantification Number" bezeichnet, umgerechnet. Die Bewertungszahl ist in den Kanälen mit der Bezeichnung „GH SSC Quantification Number" dargestellt. Es ist deutlich zu erkennen, dass die erste Messung einen Versatz aufweist. Mit Hilfe dieses Verfahrens ist es somit möglich, die Daten flächendeckend und vollautomatisiert auf einen Versatz im Wegbereich sowie fehlende Daten zu untersuchen und die gefundenen unplausiblen Bereiche z. B. in einem Report aufzulisten.

Eine weitere Lösung zum Erkennen von Ungenauigkeiten in der Ortszuordnung bieten die Korrelationsverfahren, die hier aus Platz- und Komplexitätsgründen nicht weiter beschrieben und dargestellt werden können. So können zum Beispiel mit Hilfe der normierten Kreuzkorrelation Wegbereichs-Offsets in den Daten verschiedener Zeitbereiche gefunden, mathematisch definiert und anschließend beseitigt werden. Der große Nachteil dieser Verfahren ist jedoch, dass sie nur funktionieren, wenn in den zu vergleichenden Datenbereichen keine Daten fehlen.

Während die in den vorhergehenden Absätzen beschriebenen Plausibilitätsprüfungen des Wegbereichs noch relativ einfach realisierbar sind, ist eine Plausibilitätsprüfung des Amplitudenbereichs weitaus schwieriger. Während im Wegbereich jeder Offset als ein Fehler in den Daten bezeichnet werden kann, so ist ein Amplituden-Offset nicht zwangsläufig ein Fehler, sondern sehr oft eine durchgeführte Instandsetzungsmaßnahme. In diesem Bereich gibt es bisher zwei grundsätzliche Lösungsmöglichkeiten, um auf fehlerhafte Daten zu reagieren. Beim ersten Ansatz wird mit Hilfe von Regeln versucht die durchgeführten Instandsetzungen von den Messfehlern zu trennen. Auch dieses Verfahren arbeitet nicht zuverlässig, wenn Daten in den zu prüfenden Abschnitten fehlen. Abb. 27.25 zeigt den ersten Ansatz am Beispiel der Standardabweichung des dynamischen Anteils der Gegenseitigen Höhenlage.

Die Kanäle mit der Bezeichnung „Plausibilität GH Std" der Abb. 27.25 zeigen die Standardabweichung des dynamischen Anteils der Gegenseitigen Höhenlage über eine Abschnittslänge von 250 m aus sechs verschiedenen Zeitbereichen. Die Kanäle mit der Bezeichnung „Plausibilität GH Std Diff." zeigen die Entwicklung der Standardabweichung von einem Zeitbereich

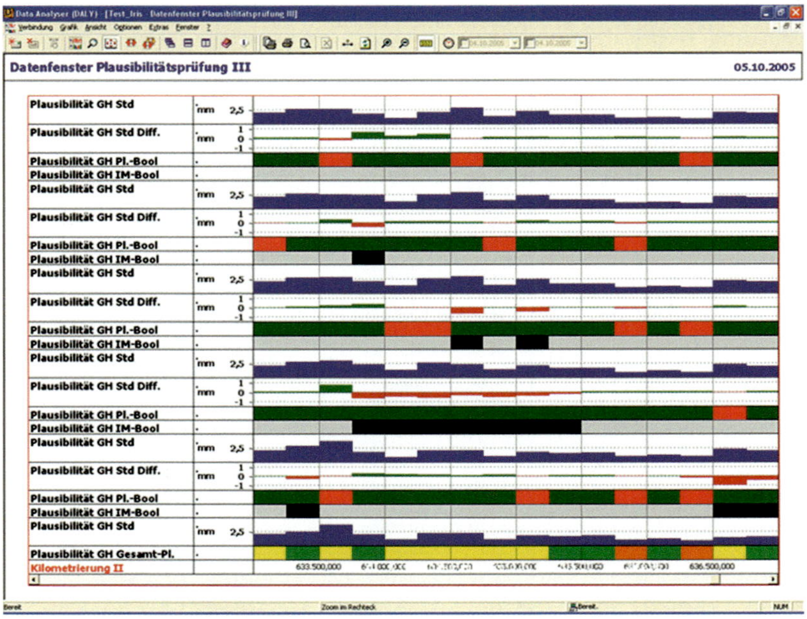

**Abb. 27.25** Plausibilitätsprüfung im Amplitudenbereich

zum nächsten. Dabei sind Anstiege der Standardabweichung grün und Abfälle rot dargestellt. Die Plausibilitätsprüfung bewertet nun, je nach Parametrisierung, Abfälle von einem Zeitbereich zum nächsten als Instandsetzungsmaßnahme oder Messfehler. Die Messfehler sind in den Kanälen „Plausibilität GH Pl.-Bool“ dargestellt, wobei rot für unplausibles Datenverhalten steht. Die gefundenen Instandsetzungsmaßnahmen sind in den Kanälen mit der Bezeichnung „Plausibilität GH IM-Bool“ dargestellt, wobei schwarz für durchgeführte Instandsetzungsmaßnahmen steht. Der unterste Kanal dieser Ansicht zeigt den Grad der Plausibilität über alle sechs Messungen hinweg. Mit diesem Verfahren können nun Instandsetzungsmaßnahmen und Messfehler erkannt und voneinander getrennt behandelt werden.

Der zweite Ansatz der Plausibilitätsprüfungen im Amplitudenbereich versucht hingegen nicht mehr Instandsetzungsmaßnahmen von Messfehlern zu trennen, sondern verwendet nur plausible Daten. Die Vorteile dieser Plausibilitätsprüfungen sind, dass sie keine Regeln benötigen, um Messfehler von Instandsetzungen zu trennen und auch bei fehlenden Daten zuverlässig funktionieren. Der Nachteil dieser Verfahren ist jedoch, dass weitaus weniger verwendbare Daten am Ende übrigbleiben. Eingesetzt werden diese Verfahren zum Beispiel bei der, für die Prognose wichtigen, Trendberechnung. Hier wird der jeweilige Trend entweder nur über alle plausiblen Zeitbereiche oder nur über die letzten plausiblen Zeitbereiche berechnet. Das zuletzt genannte Verfahren beginnt dabei mit den aktuellen Daten, prüft in Richtung der älteren Daten und stoppt sofort, wenn eine unplausible Entwicklung gefunden wurde.

### 27.4.2 Zustandsprognose

Während sich die vorhergehenden Abschnitte mit der Darstellung, Aufbereitung und Analyse des Ist-Zustandes beschäftigen, behandelt dieser Abschnitt die Möglichkeiten zur Abschätzung des Zustandes der Daten in einem anderen Zeitbereich, in der Regel in der Zukunft. Für eine langfristig angelegte Planung von Instandsetzungsmaßnahmen ist die Vorhersage, das heißt, die Prognose, des Zustands des Fahrwegs der Eisenbahn unabdingbar. Entscheidungen, welche die Zukunft betreffen, wie die Durchführung von Instandsetzungsmaßnahmen, sind risikobelastet, da die Entscheider nur unvollkommene Informationen besitzen. Daher sollten solche Entscheidungen stets auf Prognosen oder prognostischen Erwartungen beruhen. Je genauer und zuverlässiger diese Vorhersagen sind, umso besser und umfangreicher sind auch die entscheidungsrelevanten Informationen und umso geringer das Risiko falsche oder uneffektive Entscheidungen zu treffen.

Allgemein formuliert ist eine Prognose ein Wahrscheinlichkeitsurteil über das Auftreten von Ereignissen bzw. das Erreichen eines Zustandes in der Zukunft, das auf Beobachtungen der Vergangenheit, einer gering ausgeprägten Erklärungstheorie und der Annahme über die Fortsetzung der Beobachtung beruht. Somit sind für eine Prognose Beobachtungen von Vergangenheitswerten nötig und diese sind mit einer möglichst gut begründeten Theorie in die Zukunft fortzuschreiben. Zu den Prognosen zählt außerdem die Extrapolation von Trends über die Zustandsentwicklung der Vergangenheit in die Zukunft. Die Basis für eine Prognose bilden formalisierte Methoden, die auf der Grundlage von zeitlich gegliederten Messungen mit einer bestimmten Wahrscheinlichkeit einen Zustand für die Zukunft vorhersagen. Die Grenzen der Prognose liegen bei den zugrunde gelegten Theorien, der Genauigkeit der Vergangenheitsbeobachtung und den eingesetzten statistischen Verfahren. Hier ist ein umfangreiches Know-how an Analyseverfahren, Plausibilitätsprüfungen und Prognoseverfahren unabdingbar.

#### 27.4.2.1 Manuelle Zustandsprognose

Die einfachste Form einer Prognose ist das intuitive Abschätzen der Daten in der Zukunft auf der Basis der beobachtbaren Entwicklung in der Vergangenheit. Dazu muss ein Infrastrukturmanagementsystem in der Lage sein, die Daten zeitlich gegliedert darstellen und die in den vorhergehenden Abschnitten beschriebene Ist-Zustandsanalyse durchführen zu können.

Ein großer Nachteil bei dieser Art der Prognose ist, dass das manuelle Abschätzen des Zustands in der Zukunft nach rein subjektiven Gesichtspunkten geschieht. Somit können verschiedene Betrachter trotz gleicher Darstellung der Ergebnisse des Ist-Zustands zu verschiedenen Ergebnissen kommen. Ein zweiter großer Nachteil ist, dass bei diesem Vorgehen eine flächendeckende Prognose nur schwer denkbar ist.

#### 27.4.2.2 Extrapolationsverfahren

Eine weitaus bessere Lösung zur Abschätzung von Zustandsdaten in der Zukunft bieten Extrapolationsverfahren. Unter Extrapolation wird die Berechnung bzw. Abschätzung einer in der Regel mathematischen Entwicklung über den sogenannten gesicherten, das heißt bekannten Bereich hinaus verstanden. Hier muss deutlich unterschieden werden zwischen Extrapolationsverfahren, welche die sogenannte Abschnittsindividualität, das heißt die unterschiedliche Entwicklung der Abschnitte berücksichtigen und solchen Extrapolationsverfahren, die das nicht können. Bei den an zweiter Stelle genannten Extrapolationsverfahren wird von einem gleichartigen Verhalten bzw. gleichartigen Verschleiß der Abschnitte ausgegangen. Dies hat sich jedoch nicht bewährt, da in der Regel selbst direkt nebeneinander liegende Abschnitte ein ganz unterschiedliches und nicht auf einfachem Wege begründbares Verhalten aufweisen.

Abb. 27.26 zeigt nun die Entwicklung dreier Abschnitte. Die durchgezogenen Linien zeigen jeweils die Vergangenheitswerte und die gestrichelten Linien die zukünftigen Werte. Über diese Entwicklungen wurde nun ein durchschnittlicher Trend berechnet, der den Verschleiß aller Abschnitte repräsentieren soll.

Abb. 27.27 zeigt nun, was passiert, wenn die Werte mithilfe eines allgemeinen Trends extrapoliert werden. Da die Entwicklung der verschiedenen Abschnitte stark voneinander abweichen, kommt es zu starken Abweichungen zwischen extrapolierten Werten und den tatsächlich eingetretenen Werten.

Abb. 27.28 zeigt die abschnittsindividuelle Extrapolation, bei der für jeden Abschnitt getrennt ein Trend berechnet wird. Hier erfolgt die Prognose der Zustandsdaten in Abhängigkeit der abschnittsindividuellen Entwicklungstendenz.

Eine abschnittsindividuelle Extrapolation ist flächendeckend im holländischen Streckennetz getestet worden. Dieses Verfahren prognostizierte die Entwicklung der Standardabweichung des dynamischen Anteils der Gegenseitigen Höhenlage über ein Jahr mit einer Abweichung von

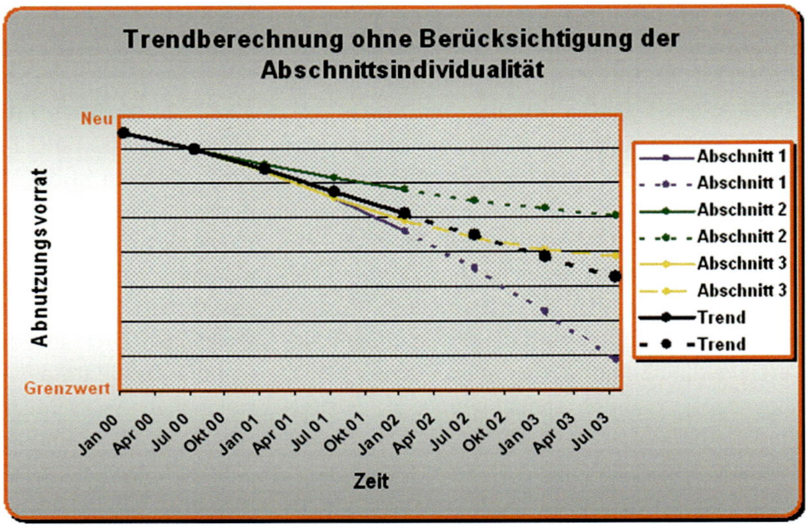


**Abb. 27.26** Trendberechnung ohne Abschnittsindividualität

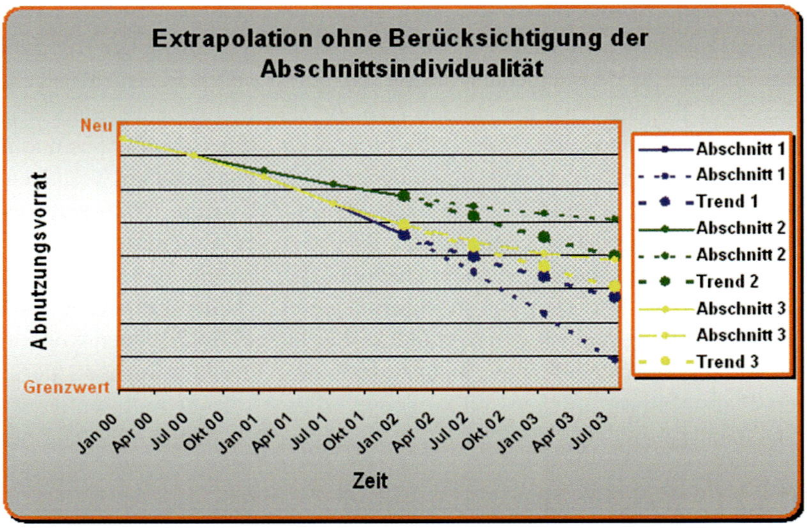


**Abb. 27.27** Extrapolation ohne Abschnittsindividualität

ca. 5 % und über zwei Jahren mit einer Abweichung von ca. 8 % vom tatsächlich eingetretenen Zustand. Dieses bemerkenswerte Ergebnis basiert darauf, dass dieses Verfahren so gestaltet wurde, dass es flexibel parametrisierbar ist und auf unplausibles Datenverhalten in der Vergangenheit reagieren kann. Das Verfahren ist jedoch bisher nur im Rahmen der Gleisgeometrie getestet worden. Die Forschungsergebnisse in diesem Bereich ergaben außerdem, dass bis zu 2,5 Jahren die Entwicklung der Daten mit Hilfe der Linearextrapolation am besten fortgeschrieben werden kann. Die Ergebnisse der getesteten adäquaten Extrapolationsverfahren, die auf anderen Funktionstypen basieren, wie die Exponential- und Spline-Extrapolation, waren im Ergebnis geringfügig schlechter. Extrapolationsverfahren weiterer Funktionstypen waren im Ergebnis sogar deutlich schlechter. Das liegt jedoch daran, dass sich nicht nur der Verschlechterungsgrad, sondern auch der Funktionstyp der Abschnitte voneinander unterscheidet. Dadurch liegt die Linearextrapolation durchschnittlich am nächsten am eigentlichen Verlauf. Denkbar wäre hier ein Verfahren, dass im ersten Schritt, den am besten passenden Funktionstypen ermittelt und im zweiten Schritt dann mit diesem die Extrapolation durchführt.

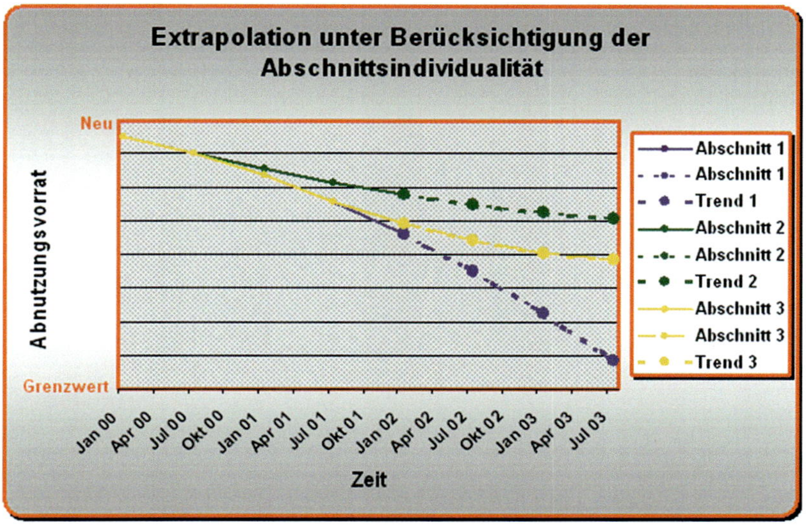


**Abb. 27.28** Extrapolation mit Abschnittsindividualität

Ein großer Nachteil dieser Verfahren ist, dass sie nur mit einem einzigen Datentyp arbeiten können und somit kausale Zusammenhänge in den Daten, die sich auf die Entwicklung in der Zukunft auswirken, nicht erkennen können. Hier bietet die im Abschn. 27.4.2.3 beschriebene Prognose mit Hilfe von Künstlichen Neuronalen Netzen weitaus flexiblere Möglichkeiten.

### 27.4.2.3 Zustandsprognose mit Hilfe von KNN

Bei der Prognose mit Hilfe von Künstlichen Neuronalen Netzen, kurz KNN, geht es darum, das Verhalten der Daten in der Vergangenheit zu erlernen, um eine Aussage über das Verhalten der Daten in der Zukunft prognostizieren zu können. Werden an das KNN jedoch nur Informationen über Zustand, Folgezustand und Zeitdifferenz zwischen den Zuständen gelegt, so generalisiert das KNN den funktionalen Zusammenhang zu einer einzigen Funktion für das gesamte Streckennetz. Dadurch weichen die Prognoseergebnisse, aufgrund der beschriebenen Abschnittsindividualität, teilweise gravierend vom eigentlich eingetretenen Zustand ab. Abb. 27.29 zeigt die allgemeine Funktionsweise eines KNN ohne Berücksichtigung der Abschnittsindividualität.

Wie Abb. 27.29 zeigt, werden in der Lernphase als Eingangswerte an das KNN der Ausgangszustand und die Zeitdifferenz gelegt und als Soll-Ausgangswert der nach der Zeitdifferenz eingetretene Zustand. In der Rechenphase wird nun nur Ausgangswert und Zeitdifferenz angelegt. Der Zielwert ist nun vom KNN zu berechnen. Bei dieser Vorgehensweise kann das KNN die Abschnittsindividualität nicht miterlernen. Das Ergebnis wird somit, adäquat der Extrapolation ohne Abschnittsindividualität, mehr oder weniger stark vom eigentlich eingetretenen Zustand abweichen. Damit das KNN das Verhalten der Abschnitte genauer erlernen kann, braucht es zusätzliche Informationen, welche die Ursache für die Individualität der Abschnitte repräsentieren. Denkbar wären hier Daten anderer Größen des gleichen Bereiches des Fahrwegs, die Aufschluss über die Ursache des Verhaltens geben können oder zumindest dem KNN ermöglichen, unplausibles Verhalten der Daten besser zu erkennen. Sinnvoller wäre jedoch, im Rahmen einer Integrierten Prognose des Zustandes auch Größen aus der Integrierten Zustandsanalyse zu verwenden, damit das KNN die kausalen Zusammenhänge der Größen der verschiedenen Fahrwegbereiche erlernen und somit genauer den Zustand in die Zukunft prognostizieren kann. In einem Infrastrukturmanagementsystem sollte es also möglich sein, alle Daten aus sämtlichen Fahrwegbereichen sowie Stammdaten und Daten zu Instandsetzungsmaßnahmen zu erfassen und vorzuhalten, um eine zuverlässige Prognose zu gewährleisten. Abb. 27.30 zeigt nun die Funktionsweise eines KNN mit Berücksichti-

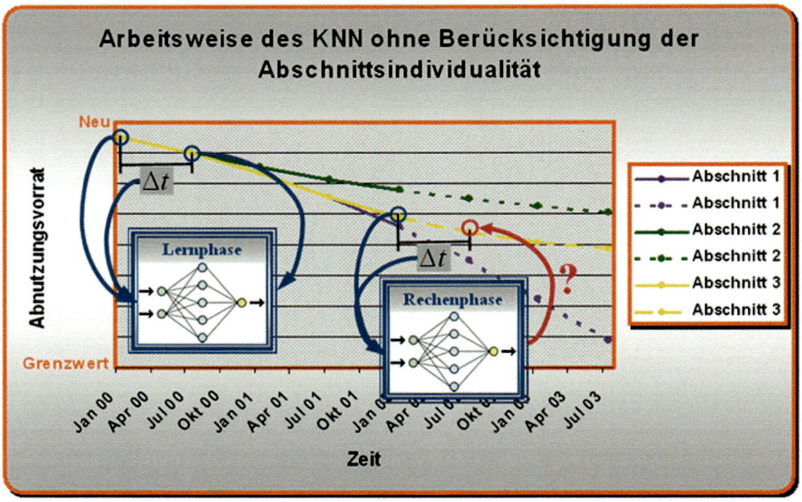


**Abb. 27.29** Arbeitsweise des KNN ohne Abschnittsindividualität

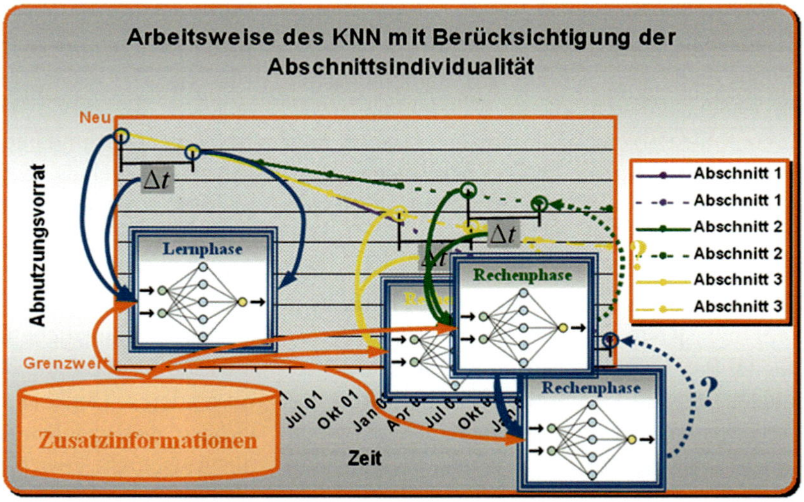


**Abb. 27.30** Arbeitsweise des KNN mit Abschnittsindividualität

gung der Abschnittsindividualität. Das KNN soll hier durch Anlegen von Zusatzinformationen die kausalen Zusammenhänge in den Daten und damit mögliche Ursachen für die Abschnittsindividualität miterlernen.

Wie die Abb. 27.30 zeigt, lernt und prognostiziert das KNN hier den Zustand in Abhängigkeit der Zusatzinformationen. Diese Form der Prognose wurde flächendeckend im holländischen Netz anhand von Geometriedaten getestet. Als zusätzliche Größe wurde hier die um unplausibles Datenverhalten bereinigte Entwicklungstendenz verwendet. Die Ermittlung dieser Größe wurde im Abschn. 27.4.1.5 „Plausibilitätsprüfungen" kurz angerissen. Die hier verwendete Entwicklungstendenz wird für jeden Abschnitt individuell berechnet und repräsentiert die aktuelle und plausible Entwicklung eines jeden Abschnitts. Bei der Prognose unter Berücksichtigung dieser Größe waren die Ergebnisse um ca. 3 bis 4 % schlechter als die Ergebnisse der Extrapolationsverfahren. Ein großer Nachteil der KNN gegenüber den Extrapolationsverfahren ist der technologisch begründete Netzwerkfehler der KNN, der das Ergebnis von vornherein um mindestens 1 % verschlechtert. Ein weiterer Nachteil ist die schlechtere Performance, das heißt Rechendauer, gegenüber den Extrapolationsverfahren.

Getestet werden konnte jedoch nicht, wie sich das Ergebnis bei vorliegenden Daten der anderen Bereiche des Fahrweges, also im Rahmen einer Integrierten Zustandsanalyse, verhält. Die Tatsache, dass KNN mit nahezu beliebig vielen Informationen „gefüttert" werden können und die Möglichkeit, kausale Zusammenhänge in diesen Informationen zu erlernen, stellen den größten Vorteil der KNN gegenüber den Extrapolationsverfahren dar.

### 27.4.3 Instandhaltungsplanung

Ein Infrastrukturmanagementsystem hat die Aufgabe Möglichkeiten zu liefern, den aktuellen Zustand des Fahrwegs möglichst genau einschätzen und den zukünftigen Zustand relativ genau vorhersagen zu können. Genauso sollte ein solches System aber auch dabei Hilfestellung geben, die richtigen Entscheidungen, auf Grund der vorliegenden Informationen, treffen zu können. Das heißt, für eine planmäßig vorbeugende Instandhaltung muss ein Infrastrukturmanagementsystem den Verantwortlichen Möglichkeiten zum vorausschauenden Planen entsprechender Instandsetzungsmaßnahmen geben. Eine langfristige Planung beinhaltet zwar ein enormes Einsparungspotential, aber auch ein enormes Risiko. Diese steigen und fallen mit der Qualität und auch Quantität der vorliegenden Informationen. Nur eine umfangreiche Aufbereitung und Analyse der Daten sowie eine aussagekräftige Darstellung der Ergebnisse, wie es in den vorhergehenden Abschnitten beschrieben worden ist, ermöglichen eine vernünftige und vorausschauende Planung der Instandsetzungsmaßnahmen.

#### 27.4.3.1 Manuelle Instandhaltungsplanung

Die einfachste Form der Instandhaltungsplanung ist die manuelle Festlegung, welche Instandsetzungsmaßnahmen wo durchzuführen sind. Dazu muss das Infrastrukturmanagementsystem entsprechende Möglichkeiten zur Erfassung der einzelnen Maßnahmen liefern. Abb. 27.31 zeigt eine Möglichkeit zur Erfassung und Darstellung von Instandsetzungsverfahren mit Hilfe eines Infrastrukturmanagementsystems.

Abb. 27.31 zeigt die Ansicht eines Infrastrukturmanagementsystems zur manuellen Instandhaltungsplanung und einen Dialog zur Erfassung von Instandsetzungsmaßnahmen. Mit diesen Hilfsmitteln ist es nun möglich, bestimmte instandsetzungsrelevante Kriterien zu betrachten

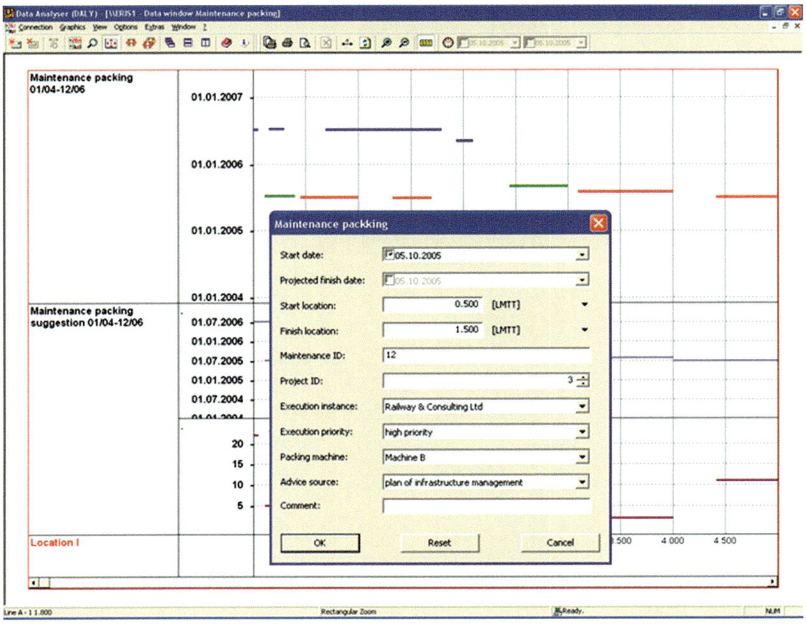


**Abb. 27.31** Erfassung und Darstellung von Instandsetzungsmaßnahmen

und relativ flexibel und einfach Instandsetzungsmaßnahmen zu planen und festzulegen.

Der größte Nachteil der manuellen Instandhaltungsplanung ist, dass die Entscheidung über die Notwendigkeit und Art der durchzuführenden Instandsetzungsmaßnahme nach rein subjektiven Gesichtspunkten geschieht. Außerdem kann der Planer nicht erkennen, wie sich die getroffenen Entscheidungen auf den Zustand des Fahrwegs in der Zukunft auswirken. Hierzu liefert die in Abschn. 27.4.3.2 beschriebene systemgestützte Instandhaltungsplanung weitere Hilfestellung.

### 27.4.3.2 Systemgestützte Instandhaltungsplanung

Weiterreichende Hilfestellung für die langfristige Planung von Instandsetzungsmaßnahmen in einem Infrastrukturmanagementsystem bietet die systemgestützte Instandhaltungsplanung, die in der Lage ist, aufgrund der Entscheidungen über durchzuführende Instandsetzungsmaßnahmen den Zustand des Fahrwegs in der Zukunft abzuschätzen. Die Vorhersage der derzeit eingesetzten integrierten Planungswerkzeuge basiert auf der Annahme eines linearen Verschleißes. Diese werden jedoch in naher Zukunft auch in der Lage sein, mit Hilfe von Informationen über den vorliegenden Funktionstypen eines jeden Abschnitts noch genauere Vorhersagen, in Abhängigkeit der durchzuführenden Maßnahmen, zu treffen. Abb. 27.32 zeigt die mit Hilfe eines integrierten Werkzeugs vorgenommene systemgestützte Instandhaltungsplanung.

Die Kanäle „IHO-Zustandsdaten" der Abb. 27.32 zeigen die Standardabweichung der Gegenseitigen Höhenlage. Bewertet wurde der Zustand mit einem Grenzwert von 1,5 mm. Dabei zeigt der erste dieser Kanäle den Ist-Zustand und die folgenden Kanäle dieser Art die vom Planungs-Werkzeug berechneten Folgezustände. Die Kanäle „IHO DAveAbf" und „IHO DAnlAbf" zeigen die ursprüngliche und aktuelle Entwicklungstendenz der Zustandsdaten, bewertet mit den Grenzwerten 0,2 und 0,4 mm. Die Kanäle „IHO IM" und „IHO-Kosten" zeigen nun die ausgewählte Instandsetzungsmaßnahme und die Kosten der Strecke für diesen Optimierungszeitraum. Im vorletzten Kanal „IHO-Gesamt-Kosten" sind die Gesamtkosten der Strecke für die betrachteten fünf Optimierungszeiträume dargestellt. Somit ist es mit diesem Werkzeug nicht nur möglich die Instandsetzungsmaßnahmen zu planen und zu erfassen, sondern darüber hinaus die Auswirkungen der Entscheidungen auf den Gleiszustand abschätzen zu lassen.

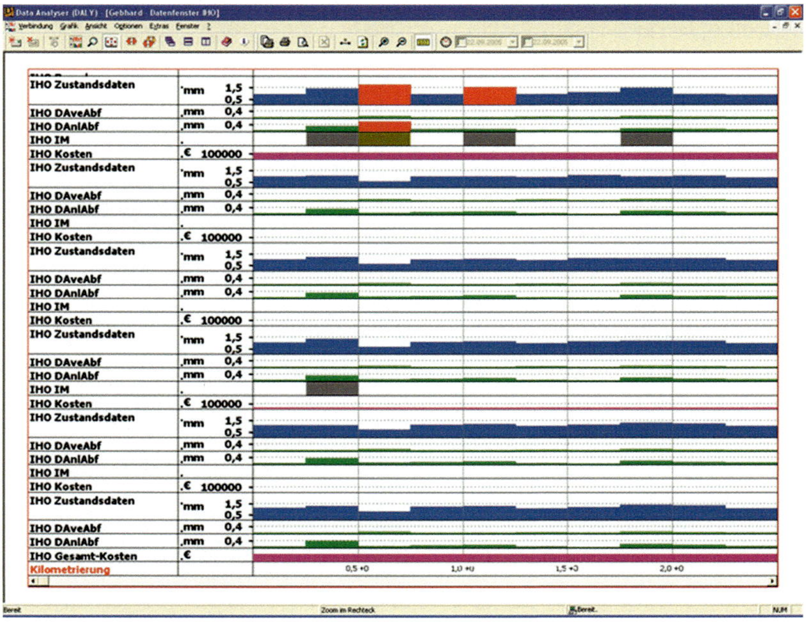


**Abb. 27.32** Systemgestützte Instandhaltungsplanung

Nachteil der systemgestützten Instandhaltungsplanung ist, dass nicht jede Variante von Art und Zeitpunkt der durchzuführenden Instandsetzungsmaßnahmen getestet werden kann und somit die optimale Lösung durch den Entscheider unter Umständen nicht gefunden wird. Hierfür liefert die in Abschn. 27.4.3.3 beschriebene Instandhaltungsoptimierung eine akzeptable Lösung.

#### 27.4.3.3 Instandhaltungsoptimierung

Die Instandhaltungsoptimierung ist der vielleicht interessanteste Teil eines Infrastrukturmanagementsystems. Hier laufen nun die wichtigsten Informationen zusammen, um mit Hilfe verschiedener Verfahren das Kostenoptimum bei der Instandhaltung eines Streckennetzes zu ermitteln. Ein Problem bei der Instandhaltungsoptimierung ist, dass für die Optimierung der Kosten eines Streckennetzes oder Teilnetzes eine flächendeckende Aufbereitung, Analyse und Prognose der Zustandsdaten unabdingbar ist. Ein weiteres großes Problem ist die Vielzahl an Parametern, die dafür notwendig sind. So sind an das Verfahren, die analysierten und aufbereiteten Zustandsdaten sowie die Entwicklungstendenzen aller zu betrachtenden Abschnitte einer Strecke zu übergeben. Weiter sind der Optimierungszeitraum, die zu betrachtende Abschnittslänge, das minimale Instandsetzungsintervall und die Kosten der Stilllegung der zu betrachtenden Strecke zu parametrisieren. Am schwierigsten erweist sich jedoch die Ermittlung und Erfassung instandsetzungsmaßnahmenspezifischer Parameter. So gibt es hier die Fixkosten, die variablen Kosten, die Kosten der Maschineneinrichtung, die Fixdauer, die variable Dauer, die Maschinenrüstzeiten, das minimale Intervall und die minimale Abschnittslänge einer Instandsetzungsmaßnahme und schließlich die Auswirkung der Maßnahme auf die zu betrachtenden Parameter.

Eine Lösung bietet hier die klare Strukturierung der Instandhaltungsoptimierung in die drei Phasen Analyse, Prognose und Maßnahmenoptimierung. Diese Dreiteilung wurde bereits zuvor beschrieben, bedeutet aber im Kontext der Instandhaltungsoptimierung eine aufeinander abgestimmte Prozesskette, bei der jede Phase genau

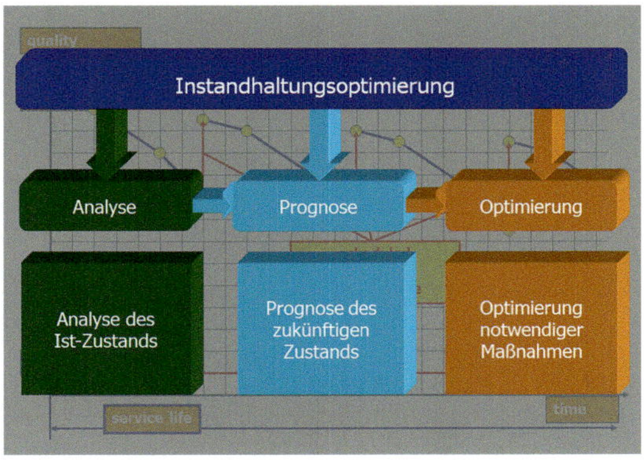


**Abb. 27.33** Die drei Phasen der Instandhaltungsoptimierung

die Ergebnisse liefert, die in der darauffolgenden Phase benötigt werden:

In der ersten Phase der Instandhaltungsoptimierung (Abb. 27.33) wird aus relevanten Zustandsdaten eine Qualitätskennzahl berechnet, die als Indikator für die Durchführung der zu optimierenden Maßnahmen dient. Die Wahl eines solchen Indikators ist entscheidend für die weiteren Schritte der Instandhaltungsoptimierung und ist abhängig von Land und Instandhalter. In der Regel werden hier komprimierende Verfahren verwendet, die z. B. die Standardabweichung von Geometriedaten wie Längshöhe, Pfeilhöhe und Gegenseitige Höhenlage über bestimmte Abschnittslängen berechnen und miteinander kombinieren (Abb. 27.34).

Ein Beispiel für eine Berechnung eines Indikators zur Durchführung von Stopfmaßnahmen bietet der sogenannte CoSD (Combined Standard Deviation). Der CoSD ist eine Europäische Norm, die in dem von der CEN (European Committee for Standardization) herausgegebenen Dokument „EN 13848-6:2014, Part 6: Characterisation of track geometry quality“ beschrieben ist.

Während in der ersten Phase der Instandhaltungsoptimierung der Istzustand, in Bezug zu den zu optimierenden Maßnahmen, ermittelt wurde, wird in der zweiten Phase das Ergebnis der ersten Phase verwendet, um den Zustand in die Zukunft zu prognostizieren. Dabei gehen in die Prognose nicht nur die aktuellen, sondern auch die historischen Zustandsdaten ein. Wie im Abschn. 27.4.2.2 „Extrapolationsverfah-

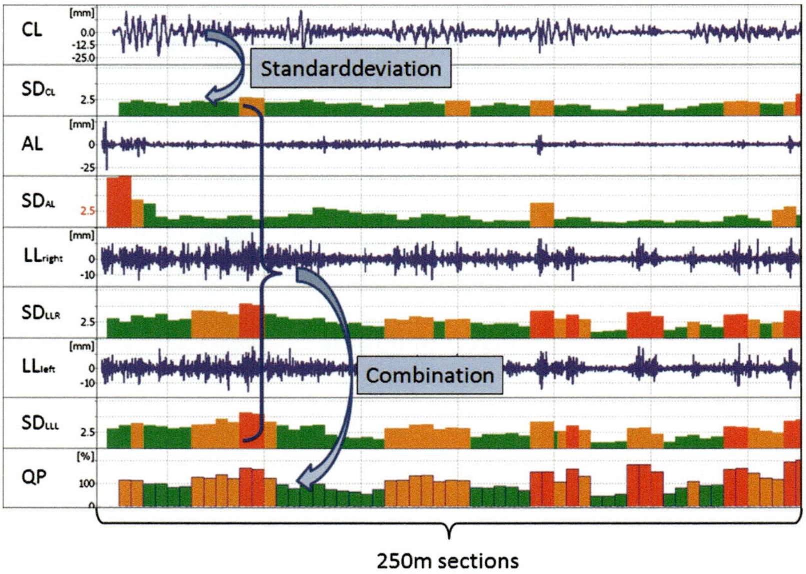


**Abb. 27.34** Berechnungsprinzip von Qualitätskennzahlen

ren" beschrieben, hat sich hier die Verwendung einer Linearextrapolation mit integrierten Plausibilitätsprüfungen als zielführend erwiesen. Dazu werden mindestens vier historische Datenreihen verwendet, zwischen denen der Abstand nicht geringer als drei Monate sein sollte (Abb. 27.35).

Zur Durchführung einer Prognose sind verschiedene Parameter erforderlich, wie z. B. der Quelldatentyp, respektive die relevante Qualitätskennzahl, die zu verwendenden Zeitbereiche, der Zielzeitpunkt und die Parameter des Prognoseverfahrens selber. Zur Vereinfachung der Hand-

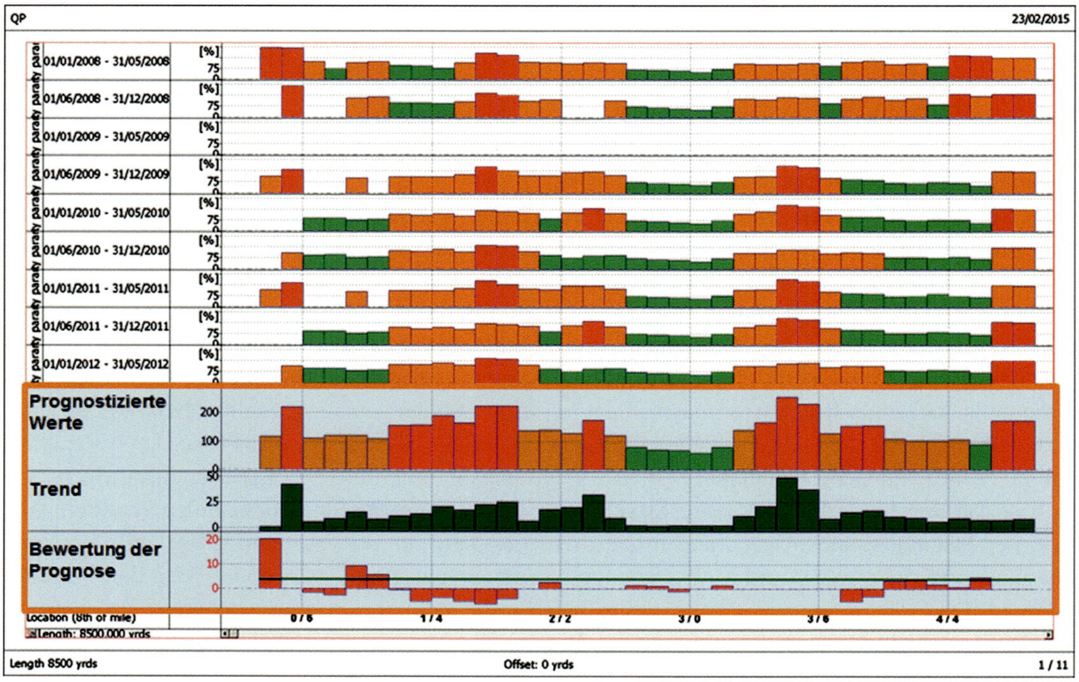


**Abb. 27.35** Ergebnisdaten der Prognose

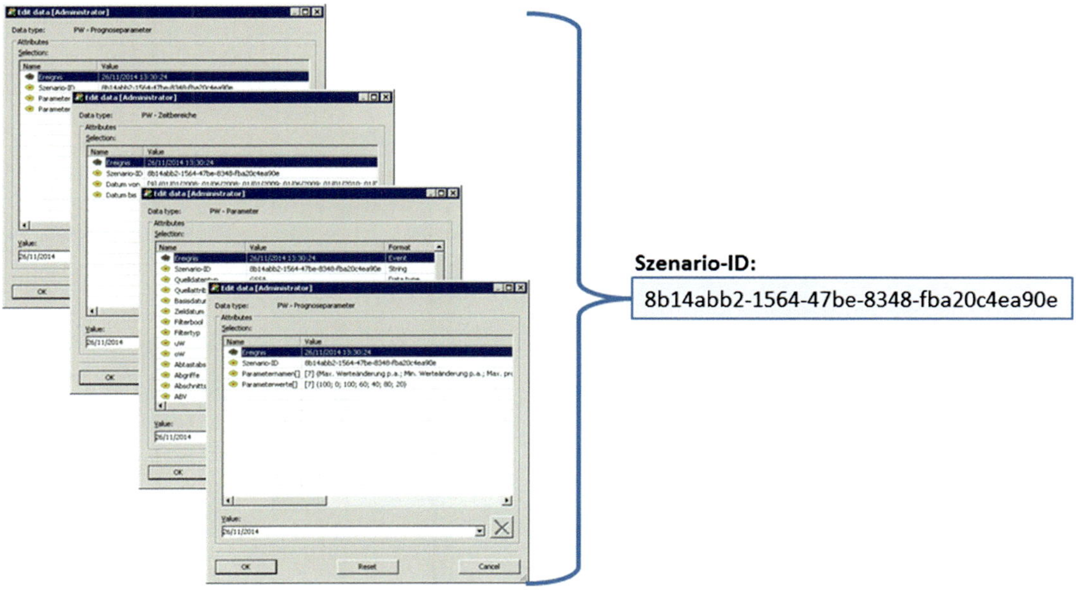


**Abb. 27.36** Prinzip der Prognoseszenarien

habung von komplexen Parameterstrukturen, wie bei der Prognose, ist es ratsam, Sätze von Parametern zu sogenannten Szenarien zusammenzufassen. Hier bekommt ein Satz von Parametern eine eindeutige ID, die dann dazu verwendet werden kann, um das gewünschte Prognose-Szenario in einer Prognose zu verwenden oder in einer Ansicht anzuzeigen. Für eine einfache Nutzung der definierten Szenarien können vom Anwender auch zusätzlich zur automatisch generierten ID eigene einprägsamere Namen für Szenarien vergeben werden (Abb. 27.36).

Da das Festlegen aller notwendigen Parameter, die zu einem Prognose-Szenario gehören, sehr komplex sein kann, bietet sich hier die Verwendung von Wizards (d. h. Assistenten) an. Der Prognose-Wizard von IRISSYS® führt in mehreren Schritten durch alle Bereiche der Prognose und ermöglicht es so, alle erforderlichen Parameter nach Themen sortiert, in benutzerfreundlichen Dialogen mit Werten zu füllen. Am Ende werden alle erfassten Werte zu einer eindeutigen Szenario-ID gespeichert (Abb. 27.37).

**Abb. 27.37** Der Prognose-Wizard in IRISSYS®

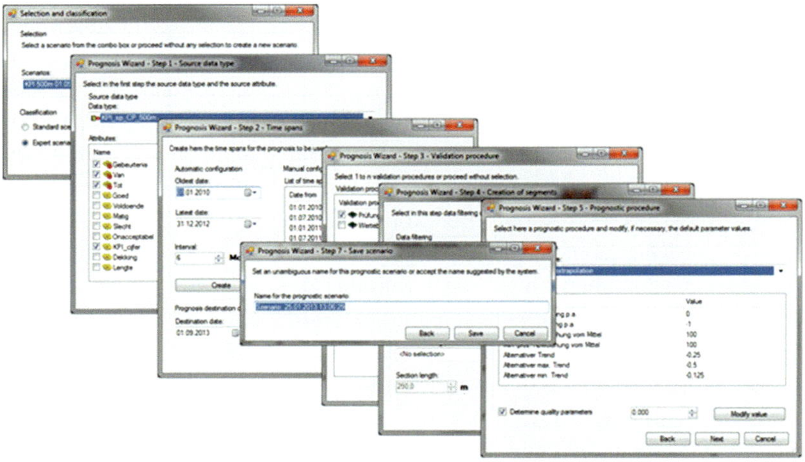

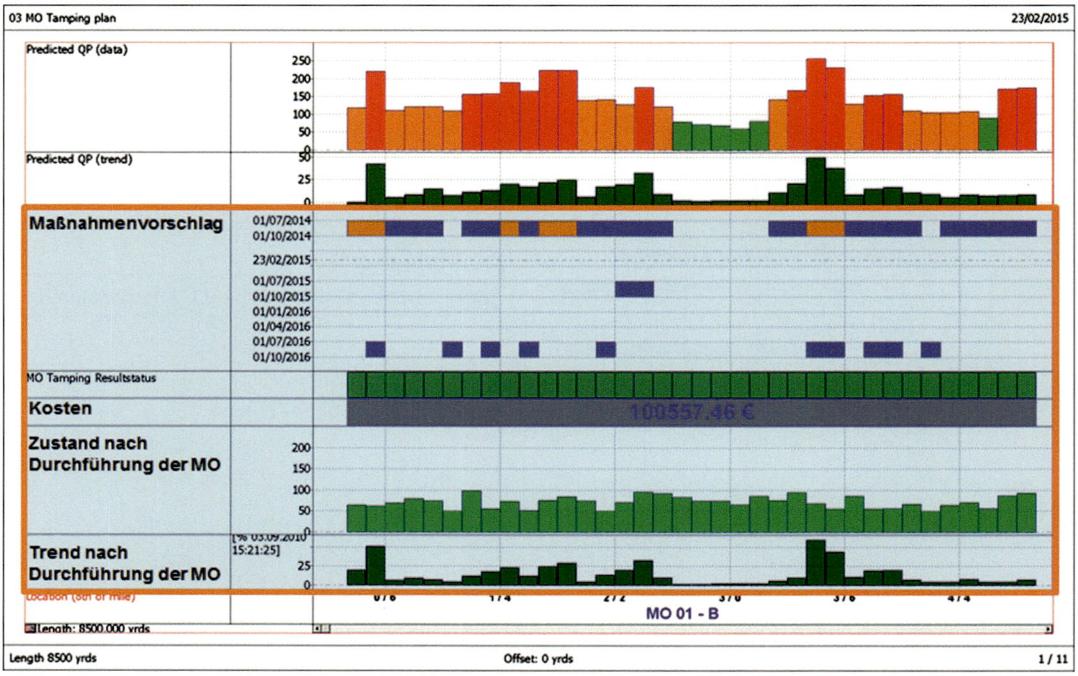


**Abb. 27.38** Ergebnisse der Maßnahmenoptimierung

In der dritten Phase, der Maßnahmenoptimierung, werden nun die Ergebnisse der Prognose verwendet, um kostenoptimierte Maßnahmenpläne zu erstellen. Das Ergebnis dieser Phase liefert dann einen Maßnahmenvorschlag und die für die Durchführung der vorgeschlagenen Maßnahmen erforderlichen Kosten. Außerdem werden der zukünftige Zustand und Trend nach Ausführung des Maßnahmenvorschlags berechnet (Abb. 27.38).

Wie auch bei der Prognose bietet es sich an, alle für eine Maßnahmenoptimierung notwendigen Parameter als Szenarien zu einer eindeutigen ID zu speichern und mit Hilfe eines Wizards zu definieren (Abb. 27.39).

Zusammen mit dem „empfohlenen Maßnahmenplan" kann noch ein zweiter Maßnahmenplan ausgegeben werden, der vom Anwender manuell angepasst werden kann. Hier können dann empfohlene Maßnahmen bearbeitet oder gelöscht und neue Maßnahmen hinzugefügt werden. Die beiden Maßnahmenpläne können dann interaktiv miteinander verglichen werden (Abb. 27.40).

Ein großes Problem bei der Ermittlung des Optimums ist die Rechenzeit, die aus einer enormen Anzahl an möglichen Varianten resultiert. Unter einer Variante wird in diesem Zusammenhang verstanden, wann, wo und welche Instandsetzungen auf einer betrachteten Strecke durchgeführt werden können. Wie die Abb. 27.41 zeigt, gibt es bei drei möglichen Instandsetzungsmaßnahmen, wobei Nichts tun eine davon ist, und zwei möglichen Eingriffszeitpunkten bereits $3^2$, also neun Varianten, diesen einen Abschnitt über den betrachteten Zeitraum instandzuhalten.

Sinnvoll ist die Instandhaltungsoptimierung jedoch nur, wenn die Optimierung über mehrere Jahre erfolgt und nicht jeder Abschnitt getrennt, sondern mehrere Abschnitte gleichzeitig betrachtet werden. So ergeben sich für einen Abschnitt über fünf Jahre, sofern zweimal pro Jahr Maßnahmen auf dieser Strecke durchgeführt werden dürfen, eine Anzahl von $3^{10}$ Varianten. Werden nun mehrere Abschnitte betrachtet, so können bei zwei Abschnitten alle Varianten des einen Abschnitts mit allen Varianten des anderen Abschnitts kombiniert werden. Somit ergeben sich bei zwei Abschnitten folglich $3^{10} \cdot 3^{10}$, also $3^{20}$, mögliche Varianten, diese beiden Abschnitte instandzuhalten. Wird eine Optimierung über mehrere Eingriffszeitpunkte und mehrere Abschnitte

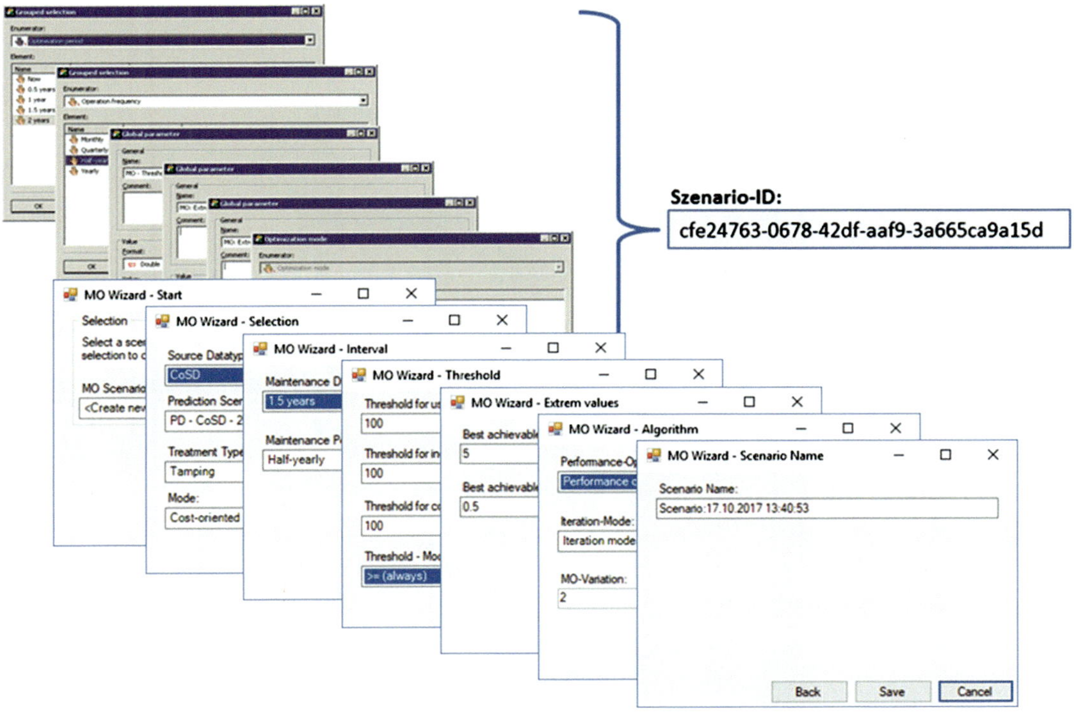


**Abb. 27.39** MO-Szenarien und MO-Wizard in IRISSYS®

durchgeführt, so ergibt sich die gesamte Anzahl möglicher Varianten mit folgender Formel:

$$GV = IM^{OZ^{AA}}.$$

GV: Gesamte Anzahl möglicher Varianten
IM: Anzahl möglicher Instandsetzungsverfahren
OZ: Anzahl betrachteter Optimierungszeiträume
AA: Anzahl betrachteter Abschnitte

Es gibt nun drei Ansätze das Optimum systemgestützt zu ermitteln. Die erste Möglichkeit besteht darin, mit Hilfe eines kompletten Varianten-Vergleichs alle möglichen Varianten miteinander zu vergleichen. Der große Vorteil dieser Lösung ist, dass hier als Ergebnis immer das tatsächliche Optimum ermittelt wird. Der Nachteil ist, dass es sehr rechenintensiv ist. Entsprechende Versuche ergaben bei drei möglichen Maßnahmen, vier Optimierungszeiträumen und vier betrachteten Abschnitten eine Rechendauer von ca. zwei Minuten. Die Erhöhung der Anzahl der Optimierungszeiträume auf fünf erforderte dann bereits eine Rechendauer von fast vier Stunden. Das bedeutet, dass dieses Verfahren bereits sehr schnell in punkto Rechenzeit an seine Grenzen stößt.

Eine deutliche Reduzierung der Rechenzeit bei gegebenem Optimierungsproblem liefern Genetische Algorithmen, die nicht alle möglichen Varianten miteinander vergleichen. Nach initialer zufälliger Auswahl einer bestimmten Anzahl an Varianten werden in folgenden Schritten nur die Varianten verglichen, die mit Hilfe der genetischen Methoden, Selektion, Kreuzung und Mutation entstehen. Dadurch ist die notwendige Rechenzeit um ein Vielfaches geringer. Der Nachteil dieser Verfahren ist jedoch, dass das Ergebnis, je nach Grad der Reduzierung der Rechenzeit, mehr oder weniger stark vom eigentlichen Optimum abweicht. Somit können mit Hilfe von Genetischen Algorithmen, auch bei der gleichzeitigen Betrachtung mehrerer Abschnitte, mit einer akzeptablen Rechenzeit Ergebnisse erzielt werden, die nur geringfügig vom eigentlichen Optimum abweichen.

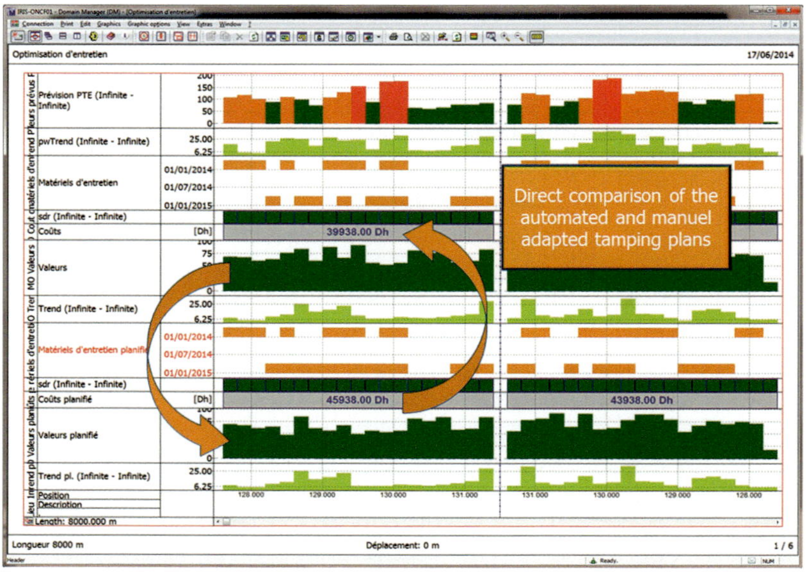


**Abb. 27.40** Interaktiver Vergleich von Maßnahmenplänen

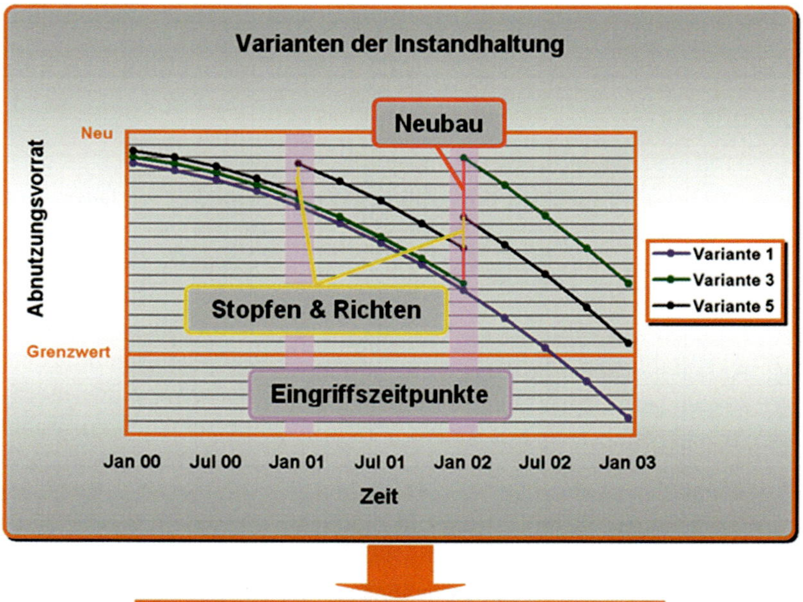


| Varianten | Eingriffszeitpunkte | |
|---|---|---|
| | EZP 1 | EZP 2 |
| 1 | Nichts tun | Nichts tun |
| 2 | Nichts tun | Stopfen & Richten |
| 3 | Nichts tun | Neubau |
| 4 | Stopfen & Richten | Nichts tun |
| 5 | Stopfen & Richten | Stopfen & Richten |
| 6 | Stopfen & Richten | Neubau |
| 7 | Neubau | Nichts tun |
| 8 | Neubau | Stopfen & Richten |
| 9 | Neubau | Neubau |

**Abb. 27.41** Varianten der Instandhaltung

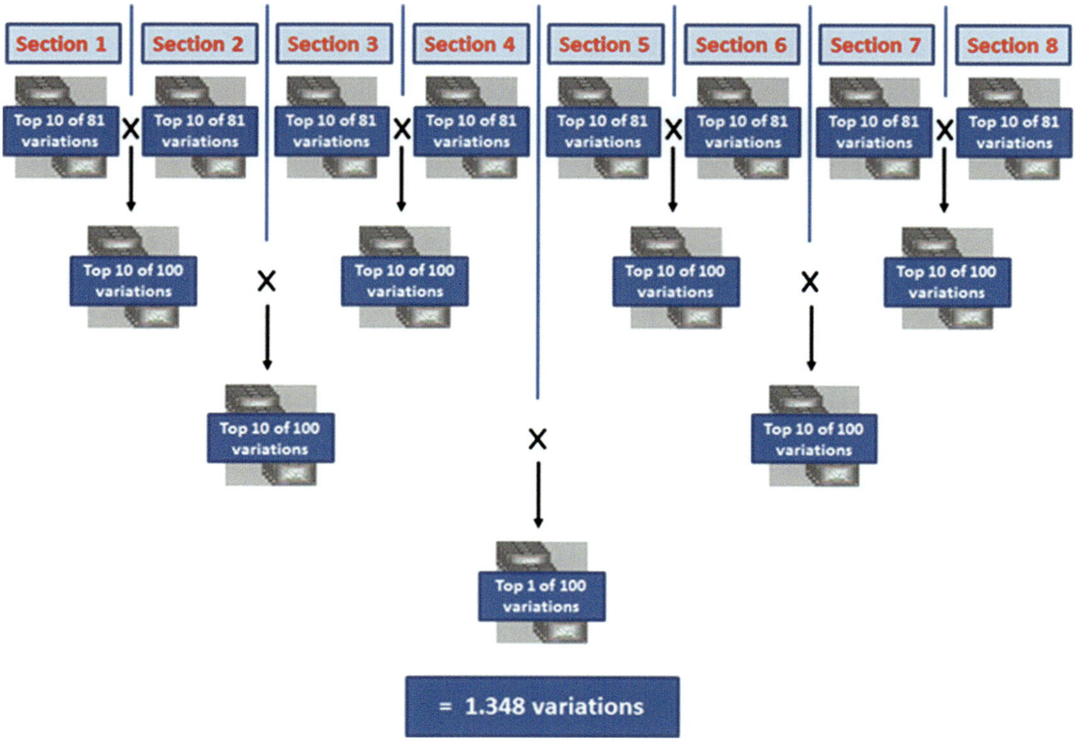


**Abb. 27.42** Binärer Baum bei der Instandhaltungsoptimierung

Eine dritte Möglichkeit bietet die Verwendung binärer Bäume, bei denen nur eine reduzierte Anzahl sinnvoller Möglichkeiten paarweise miteinander kombiniert wird. Im folgenden Beispiel (Abb. 27.42) konnte durch die Verwendung eines binären Baumes die Anzahl der zu vergleichenden Varianten bei acht Abschnitten, drei möglichen Maßnahmen und vier Eingriffszeitpunkten von $1{,}85^{15}$ auf lediglich 1348 Varianten reduziert werden.

Bei Tests unter realen Bedingungen konnte bei der Verwendung von binären Bäumen die mit Abstand deutlichste Reduzierung der Rechenzeit erreicht werden. Dabei wurde fast ausschließlich entweder das Optimum gefunden oder zumindest eine Variante, die sehr nah beim Optimum liegt.

Durch die Strukturierung des Prozesses der Instandhaltungsoptimierung in die drei Phasen Analyse, Prognose und Maßnahmenoptimierung sowie die Verwendung von binären Bäumen steht nun in den Infrastrukturmanagementsystemen ein praxistaugliches Werkzeug zur Verfügung, mit dem Anlagenverantwortliche den Einsatz von Maßnahmen integriert, benutzerfreundlich und performant optimieren können.

**Fazit**

Die Komplexität des Systems Bahn hat sich in den letzten Jahren enorm gesteigert und die Aufgaben auf Seiten der Infrastrukturbetreiber gehen weit über das Verwalten der Anlagen(-Daten) hinaus. Folglich ist ein modernes und effizientes Eisenbahninfrastrukturmanagement ohne digitale Tools kaum mehr möglich. Die Softwareindustrie hat in den letzten Jahren große Anstrengungen unternommen, um hierfür maßgeschneiderte, den Anforderungen des Systems Bahn gerechte Systeme zu entwickeln, die einerseits die zunehmende Komplexität des Systems aber auch die Unterschiede in der Anlagenbewirtschaftung zwischen den diversen Betreibern abdecken. Neben der Verwaltung von Anlagen

(-Daten) müssen die Plattformen auch eine Unterstützung bei der Instandhaltungsplanung als auch -durchführung bieten und folglich eine gewisse Intelligenz integriert haben, aber auch individuell adaptierbar sein. Systeme wie beispielsweise zentrak – ein Ökosystem, das Hardware, Software und Daten verbindet oder auch IRISSYS® haben bereits in der Vergangenheit gezeigt, dass die Anwender in der täglichen als auch strategischen Arbeit unterstützen.

# 28 Modellbildung als wichtiger Baustein für Gesamtsystemverständnis und Virtuelle Zulassung

Klaus Six und Stephan Scheriau

**Zusammenfassung**

Die Interaktion zwischen Fahrzeug und Fahrweg sowie deren Auswirkungen auf bestimmte Schadensformen sind komplex und werden von einer Vielzahl von Einflussgrößen bestimmt. Simulationsmodelle können dabei wesentlich zum Systemverständnis beitragen, wobei es wichtig ist, das für die konkrete Fragestellung passende Modellsetup festzulegen. Im Kapitel wird dies anhand eines Beispiels, der Weiche, skizziert. Langzeiteffekte wie z. B. die Veränderung der vertikalen Gleisgeometrie, die Profilveränderungen am Herzstück und an der Zungenschiene werden mithilfe eines physik-basierten Modellierungsansatzes beschrieben. Dabei werden verschiedene Submodelle miteinander verknüpft und in mehreren Berechnungsschleifen durchlaufen. Die Zwischenergebnisse aus den Submodellen werden als Input für die nächste Berechnungsschleife bereitgestellt. Auf diese Weise ist es möglich, die Komplexität der relevanten Interaktionen abzubilden und die kontinuierliche Degradation von Komponenten zu beschreiben. Werden Messdaten aus dem Betrieb in die Simulation mit aufgenommen kann mit dieser Modellierungsmethodik das Verhalten von Komponenten zuverlässig prognostiziert werden.

## 28.1 Einleitung

Die Entwicklung von Simulationsmodellen zur Beschreibung und Prognose des Verhaltens der Eisenbahninfrastruktur gewinnt immer mehr an Bedeutung. Ein Grund dafür ist, dass es aufgrund der Komplexität des Fahrwegsystems im Zusammenspiel mit Schienenfahrzeugen zum Teil sehr schwierig bzw. unmöglich ist, den Einfluss der Eigenschaften einzelner Komponenten auf das Gesamtsystemverhalten zu verstehen bzw. zu beschreiben. Als Beispiel dafür seien Schwellenbesohlungen genannt, die in den Schnittstellen zwischen Schwellen und dem Schotterbett eingesetzt werden. Solche Schwellenbesohlungen gibt es in verschiedensten Ausführungen, mit unterschiedlichem elastischem bzw. elastoplastischem Materialverhalten. Welchen Einfluss solche Komponenteneigenschaften auf die Schädigung des Schotters, das Setzungsverhalten des Schotterbettes in Kombination mit dem Untergrund, Lärm, Erschütterungen etc. haben, ist zum Teil nur sehr schwer fassbar. Valide Modelle, die die wesentlichen dahinterliegenden physikalischen Effekte abbilden, erlauben es, die Auswirkungen diverser Komponenteneigenschaften schon in der Entwicklungsphase von Komponenten bzw. des Fahrweggesamtsystems zu verstehen bzw. qualitativ und quantitativ abzuschätzen, um so am Ende zu einem gut funktionierenden und

K. Six (✉)
Department Rail Systems, Virtual Vehicle Research GmbH, Graz, Österreich

S. Scheriau
Evaluation & Simulation, voestalpine Rail Technology GmbH, Leoben, Österreich



J. Holzfeind, J. Liu, F. Pospischil (Hrsg.), *Handbuch Eisenbahninfrastruktur*,
https://doi.org/10.1007/978-3-662-68960-8_28

kosteneffizienten Gesamtsystem zu gelangen. Somit sind valide Simulationsmodelle ein wichtiger Baustein für die Entwicklung der nächsten Generation von Fahrbahnsystemen.

Ein weiterer Aspekt der Entwicklung von Simulationsmodellen stellt die mögliche zukünftige Anwendung bei der Zulassung von Komponenten bzw. Sub- und Gesamtsystemen dar. Heutzutage erfolgt diese Zulassung vorwiegend über teure und zeitaufwendige Versuche. Als Beispiel sei die Entwicklung von neuen Schienenmaterialien erwähnt, dabei muss heute von typischen Zulassungsdauern in der Größenordnung von fünf bis zehn Jahren ausgegangen werden. Es ist daher aus wirtschaftlichen Gesichtspunkten wünschenswert, diese langen Zulassungszeiten zu reduzieren, wobei die zukünftige Einbeziehung von validen Simulationsmodellen im Rahmen von (teil-)virtuellen Zulassungsprozessen einen wichtigen Beitrag leisten könnte.

Aber auch nach der Zulassung und Inbetriebnahme von Komponenten bzw. Sub- und Fahrweggesamtsystemen können Simulationsmodelle während des Betriebs einen wertvollen Beitrag leisten, wie z. B. als Prognosetool für spezifische Schadensformen zur Unterstützung bei der Planung von Instandhaltungsmaßnahmen.

## 28.2 Komplexität des Systemverhaltens

Der Rad-Schiene Kontakt stellt die Schnittstelle zwischen Schienenfahrzeugen und Gleisen dar. Diese Schnittstelle ist aufgrund der Fahrzeug-Fahrweg Interaktion sehr hohen Beanspruchungen ausgesetzt, so werden auf Flächen in der Größenordnung einer 1 € Münze extreme Kräfte sowohl in Normalrichtung des Kontaktes als auch in Tangentialrichtung, verursacht durch Reibung, übertragen. Die durch diese hohen Beanspruchungen verursachten Spannungen führen unweigerlich zu plastischen Materialverformungen, Delaminationen und Mikrorissen in oberflächennahen Schichten von Rädern und Schienen. Neben Verschleiß und den damit zusammenhängenden Profilveränderungen können aber auch andere Schadensformen an Schienen und Rädern auftreten wie z. B. Head Checks, Squats, Fischgrätenmuster, Radausbrüche, usw. Die beschriebenen Effekte müssen im Betrieb kontinuierlich beobachtet und durch geeignete Instandhaltungsmaßnahmen korrigiert werden, um einen wirtschaftlichen und sicheren Eisenbahnbetrieb zu gewährleisten.

Neben den beschriebenen direkten Auswirkungen an Schienen und Rädern führen die beschriebenen hohen Beanspruchungen im Rad-Schiene Kontakt aber auch zu Schädigungseffekten an anderen Komponenten im System Fahrweg. Zum Beispiel kommt es neben diversen Bauteilverschleißen und -versagen in der Fahrbahn auch im Schotterbett aufgrund der zyklischen Belastungen zu Schotterkornumlagerungen, Schotterkornverschleiß und Schotterkornbruch, was wiederum zur Entstehung von Gleislagestörungen führen kann. Solche Gleislagestörungen verstärken die Fahrzeug-Fahrweg Interaktion weiter, es stellt sich ein Selbstverstärkungseffekt ein. Auch in diesem Falle müssen kontinuierlich Gleislagemessungen durchgeführt und darauf basierend Instandhaltungsmaßnahmen vorgenommen werden.

Die über den Rad-Schiene Kontakt stattfindende Fahrzeug-Fahrweg-Interaktion wird durch eine große Anzahl von Einflussgrößen bestimmt. Daraus resultiert ein komplexes Gesamtsystemverhalten, wobei die Auswirkungen der einzelnen Einflussgrößen, sowie deren Wechselwirkungen, intuitiv meist nur schwer erfassbar sind. In diesem Kontext spielen physik-basierte Modelle eine wichtige Rolle. Bei Vorliegen einer ausreichenden Qualität, kann anhand solcher Modelle der Einfluss einzelner Einflussgrößen auf das Gesamtsystemverhalten sowie deren Wechselwirkungen sehr gut untersucht und verstanden werden.

In Abb. 28.1 ist ein Überblick über die diversen Aspekte und Einflussgrößen der Fahrzeug-Fahrweg Interaktion aus Sicht des Fahrweges dargestellt [1]. Dieses Bild soll die Leser dazu animieren, bevor sie mit der Anwendung und Entwicklung von Modellen beginnen, sich Gedanken darüber zu machen, welche konkreten Fragestellungen mit dem Model behandelt werden sollen und welche Einflussgrößen für die konkrete Fragestellung mitbetrachtet bzw. welche bewusst

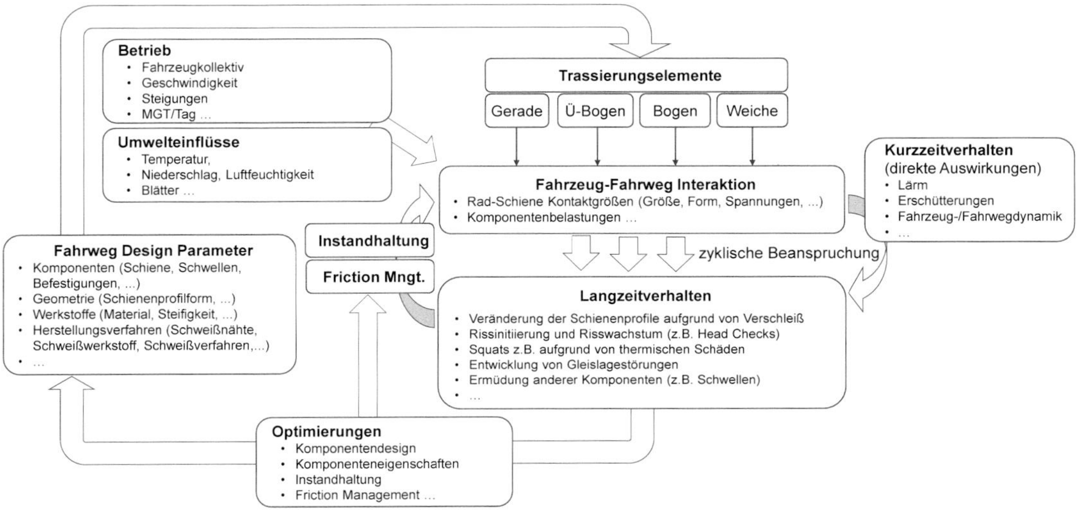


**Abb. 28.1** Fahrzeug-Fahrweg Interaktion bei Eisenbahnsystemen aus Sicht des Fahrwegs: Aspekte und Einflussgrößen [1]

vernachlässigt werden sollen. Diese vorab angestellten Überlegungen stellen dann auch eine gute Basis für die Entscheidung dar, welche Methoden und Tools verwendet werden sollen. Es soll an dieser Stelle auch noch festgehalten werden, dass dieses Bild nicht den Anspruch erhebt, alle Aspekte und Einflussgrößen zu beinhalten. Es soll vielmehr den Leser dazu anregen, die Abbildung als Basis zu nehmen und davon ausgehend diese für seine konkrete Anwendung weiterzuentwickeln.

Bei den aus der Fahrzeug-Fahrweg Interaktion resultierenden Effekten ist es sinnvoll, zwischen Kurz- und Langzeiteffekten zu unterschieden. Kurzzeiteffekte beinhalten alle Effekte, die sich unmittelbar aus dem momentanen Zustand eines konkreten Schienenfahrzeuges auf einem konkreten Gleisabschnitt ergeben. Dazu zählen z. B. das dynamische Verhalten des Fahrweges (bzw. des Fahrzeuges), Lärmabstrahlung oder Erschütterungen, die ins Erdreich eingeleitet werden.

Davon zu unterscheiden ist das sogenannte Langzeitverhalten des Fahrweges. Dieses beinhaltet alle Effekte, die sich langsam und meist kontinuierlich über die Zeit aufgrund der über den Rad-Schienen Kontakt eingeleiteten zyklischen Beanspruchungen entwickeln. Dazu zählen alle Schadensformen die schlussendlich zu Instandhaltungsmaßnahmen und damit zusammenhängenden Kosten führen. Beispiele dafür sind Schienenprofilveränderungen aufgrund von Verschleiß, Rissinitiierung und Risswachstum an Schienenoberflächen die z. B. zu Head Checks führen, Squats aber auch die Entwicklung von Gleislagestörungen in vertikaler und lateraler Richtung. Weiters beinhaltet das Langzeitverhalten auch alle Materialermüdungserscheinungen an anderen Komponenten des Fahrweges, wie z. B. Schwellen, Schienenbefestigungen, elastischen Zwischenlagen aber auch Bauwerken wie z. B. Brücken. Hier ist es wichtig zu erwähnen, dass die kontinuierliche Entwicklung von Langzeiteffekten auch die Fahrzeug-Fahrweg Interaktion bzw. Kurzzeiteffekte des Systems kontinuierlich verändert. Dies ist in Abb. 28.1 durch den zurückgeführten Pfeil nach oben schematisch dargestellt.

Meist beinhaltet die oben erwähnte konkrete Fragestellung, die anhand eines Modells behandelt werden soll, einzelne Aspekte des Kurz- oder Langzeitverhaltens des Fahrweges. Zum Beispiel soll mit dem Modell die Lärmabstrahlung in einem engen Bogen beschrieben bzw. prognostiziert werden oder es soll mit dem Modell die Entstehung und Entwicklung von vertikalen Gleislagestörrungen in einem geraden Gleis beschrieben bzw. prognostiziert werden, usw.

In der in Abb. 28.1 gewählten Darstellung werden die Einflussgrößen auf die Fahrzeug-Fahrweg Interaktion und das damit einhergehende Kurz- und Langzeitverhalten des Systems wie folgt unterteilt:

**Betrieb:** dieser Block beinhaltet Einflussgrößen, die das auf einem konkreten Gleisabschnitt (Gerade, Übergangsbogen, Bogen, Weiche, ...) verkehrende Fahrzeugkollektiv (Güterwägen, Lokomotiven, Personenverkehr, ...) beschreiben. Damit einhergehend ergeben sich konkrete Achslasten und damit zusammenhängend kumulierte Gleisbelastungen (z. B. MGT/Tag). Weiters beinhaltet dieser Block Informationen zu Fahrzeuggeschwindigkeiten, Gradienten (Steigungen) und Informationen darüber, ob die Fahrzeuge im betrachteten Streckenabschnitt aufgrund von Stopps angetrieben und gebremst werden.

**Umwelteinflüsse:** dieser Block beinhaltet Einflussgrößen, die sich aus dem Klima, aus der Jahreszeit, dem Wetter, den Umgebungsbedingungen usw. ergeben und daher zu einem großen Teil nicht beeinflussbar sind. Ein wesentlicher Wirkmechanismus findet dabei über die im Rad-Schiene Kontakt herrschenden Reibungsverhältnisse statt. Zum Beispiel wirken sich hohe Reibwerte, wie sie z. B. bei trockenen Bedingungen auftreten, positiv aufs Antreiben und Bremsen von Schienenfahrzeugen aus. Geringe Reibwerte, wie z. B. bei feuchten Bedingungen in Kombination mit auf der Schienenoberfläche befindlichen Blättern (Low Adhesion Conditions [2, 3]), erhöhen die Wahrscheinlichkeit von Schlupfereignissen und damit zusammenhängenden thermisch verursachten Schadensformen an Schienenoberflächen. Anders stellt sich die Situation in engen Bögen im Zusammenhang mit Verschleiß dar. Dort zeigen niedrige Reibwerte eine positive Wirkung während hohe Reibwerte zu erhöhten (Seiten-)Verschleiß führen.

Ein anderes Beispiel für die Auswirkung von Umwelteinflüssen auf die Fahrzeug-Fahrweg Interaktion und damit zusammenhängende Kurz- und Langzeiteffekte stellt der Einfluss von Feuchtigkeit im Schotterbett auf dessen Steifigkeit und Setzungsverhalten dar. Diese Feuchtigkeit beeinflusst die Reibung zwischen den Schottersteinen, was sich auf die Abtragung von Kräften von der Schwelle in den Untergrund auswirkt, und beeinflusst auch den Verschleiß in den Schotterstein-Schotterstein Kontakten aufgrund der stattfindenden Mikrobewegungen.

Typische Größen im Zusammenhang mit Umwelteinflüssen sind Umgebungstemperatur, Schienentemperatur, Luftfeuchtigkeit, Niederschlagsmenge, Schienenverschmutzungen wie Blätter, Staub, Eisenoxide usw.

**Friction Management:** dieser Block beinhaltet alle Einflussgrößen, die sich aus der gezielten Beeinflussung der Reibungsverhältnisse im Rad-Schiene Kontakt ergeben. Dazu zählen z. B. Schmiermittel, die im Bereich von Kontakten zwischen Spurkranz und Schienenfahrkante eingebracht werden, um den Reibwert und damit den Verschleiß zu reduzieren. Top-of-Rail Friction Modifier werden am Schienenkopf in den Rad-Schiene Kontakt eingebracht mit dem Ziel, den Reibwert dort auf ein Niveau in der Größenordnung von 0,25 zu reduzieren, um ebenfalls wieder Verschleißeffekte bzw. Lärmemission und Energieverbrauch in Bögen aufgrund verbesserter Spurführung zu verringern, aber trotzdem noch das zuverlässige und sichere Antreiben und Bremsen von Fahrzeugen zu gewährleisten. Als weiteres Beispiel für Friction Management kann das Sanden des Rad-Schiene Kontakts zur Erhöhung des Reibwertes unter Low Adhesion Conditions [2, 3] betrachtet werden.

Die sich aus Friction Management Produkten ergebende Auswirkung auf den Reibwert wird typischerweise vom Typ und den damit zusammenhängenden Eigenschaften des Produkts sowie der eingebrachten Menge bestimmt.

**Instandhaltung:** dieser Block beinhaltet alle Einflussgrößen, die sich aus der Instandhaltung des Fahrwegsystems ergeben. Zum Beispiel, wie oft die Schiene geschliffen wird, wie viel Material abgenommen wird und welches Schienenprofil aufgebracht wird hat einen direkten Einfluss auf die Fahrzeug-Fahrweg Interaktion und das damit zusammenhängende Kurz- und Langzeitverhalten des Fahrweges. Das Schienenprofil und dessen Entwicklung bis zur nächsten Instandhaltung wirkt sich z. B. auf die Spurführung des Fahrzeuges und die damit zusammenhängenden Kontaktspannungen im Rad-Schiene Kontakt aus, was wiederum die Entwicklung der Schienenprofile aufgrund von Verschleiß und die Entwicklung anderer Schadensformen an der Schiene wie z. B. Head Checks beeinflusst (Langzeitverhalten). Wie viel Material von der Schiene bei einem Schleifzyklus abgenommen wird bestimmt, ob bestehende Risse vollkommen oder nur zum Teil entfernt werden, was wiederum die Entwicklung zukünftiger Risse mitbeeinflusst (Anrisse bereits vorhanden oder nicht). Ein weiteres Beispiel stellt das Stopfen von Schottergleisen dar. Wie häufig gestopft wird hat Einfluss darauf, wie stark sich Gleislagestörungen (Langzeiteffekt) überhaupt ausprägen können. Dies ist wichtig z. B. im Zusammenhang mit dem oben beschriebenen Selbstverstärkungseffekt.

**Fahrweg Designparameter:** dieser Block beinhaltet alle Einflussgrößen, die sich aus dem Design des Fahrweges ergeben. Dies beinhaltet z. B. die Materialeigenschaften der eingesetzten Schienen (Mikrostruktur, Verfestigungsverhalten, usw.), das Schienenprofil, die gewählte Schienenkopfkontur (durch z. B. Schleifen oder Fräsen eingestellt), Eigenschaften der Schienenbefestigungen (z. B. Steifigkeiten und Dämpfungen), Eigenschaften der Schwellen (z. B. Kontaktfläche mit dem Schotter, Biegesteifigkeit), Eigenschaften von Schwellenbesohlungen (z. B. Steifigkeiten, elasto-plastisches Verhalten), Schottereigenschaften (z. B. Gesteinsart, Korngrößenverteilung), Eigenschaften von Unterschottermatten, Schwellenabstand, usw.

In Abb. 28.1 ist auch dargestellt, wo primär Optimierungen am Fahrweg in Bezug auf Fahrzeug-Fahrweg Interaktion und damit zusammenhängenden Kurz- und Langzeiteffekten im System ansetzen können, nämlich über Fahrweg Designparameter, Instandhaltung und Friction Management. Optimierungen von Fahrweg Design Parametern spielen besonders in der Produktentwicklungsphase eine wichtige Rolle. Dabei ist es das Ziel, ein optimales Parametersetting für einen konkreten Anwendungsfall zu wählen. Aber auch während des Betriebs können Anpassungen an Fahrweg Designparametern vorgenommen werden, um auf aus dem Betrieb gewonnene Erkenntnisse entsprechend zu reagieren. Optimierungen hinsichtlich Instandhaltung des Fahrweges (Schleifzyklen, Ausmaß der Materialabnahme, Schleifparameter, Stopfzyklen, ...) und des Einsatzes von Friction Management Produkten (Produkttyp, Produktmenge, Applikationsraten, Ort der Applikation, ...) setzen während des Betriebs des Fahrwegsystems an, um in den meisten Fällen Kosten im Zusammenhang mit Langzeiteffekten zu reduzieren.

## 28.3 Simulations-Use-Case „Weiche"

Das nachfolgende Beispiel soll einzelne in Abb. 28.1 dargestellte und im vorherigen Abschnitt beschriebene Aspekte anhand eines konkreten Simulations-Use-Cases veranschaulichen. Dieses Beispiel wurde in [4] veröffentlicht und verfolgt das Ziel, Langzeiteffekte in einer Weiche resultierend aus der Fahrzeug-Fahrweg Interaktion zu beschreiben bzw. vorherzusagen. Konkret geht es dabei um die Entwicklung der vertikalen Gleisgeometrie und Schäden an Schienenoberflächen im Zungen- und Herzstückbereich der Weiche. Bei den Schäden wird der Fokus auf Schienenprofilveränderungen verursacht durch Verschleiß und plastische Verformungen gelegt. Damit sind die konkreten Fragestellungen, die mit dem Modellierungsansatz behandelt werden sollen, klar definiert.

In Abb. 28.2 ist der dahinterliegende Modellierungsansatz schematisch dargestellt. Dabei kommen vier verschiedene Submodelle zum Einsatz, die miteinander verknüpft werden. Zur Beschreibung des Kurzzeitverhaltens des Systems werden Mehr-Körper-System (MKS) Simulationen durchgeführt (oberer Block). Dazu wurde ein MKS-Modell eines Fahrzeuges in der MKS Softwareumgebung SIMPACK [5] aufgebaut und die Weichengeometrie bzw. die Schienenneuprofile (Fahrweg Designparameter) entlang der Weiche abgebildet. Zu Beginn der Simulationen wird von einer idealen vertikalen Gleislage ausgegangen. Beim Befahren von Weichen spielt neben den lo-

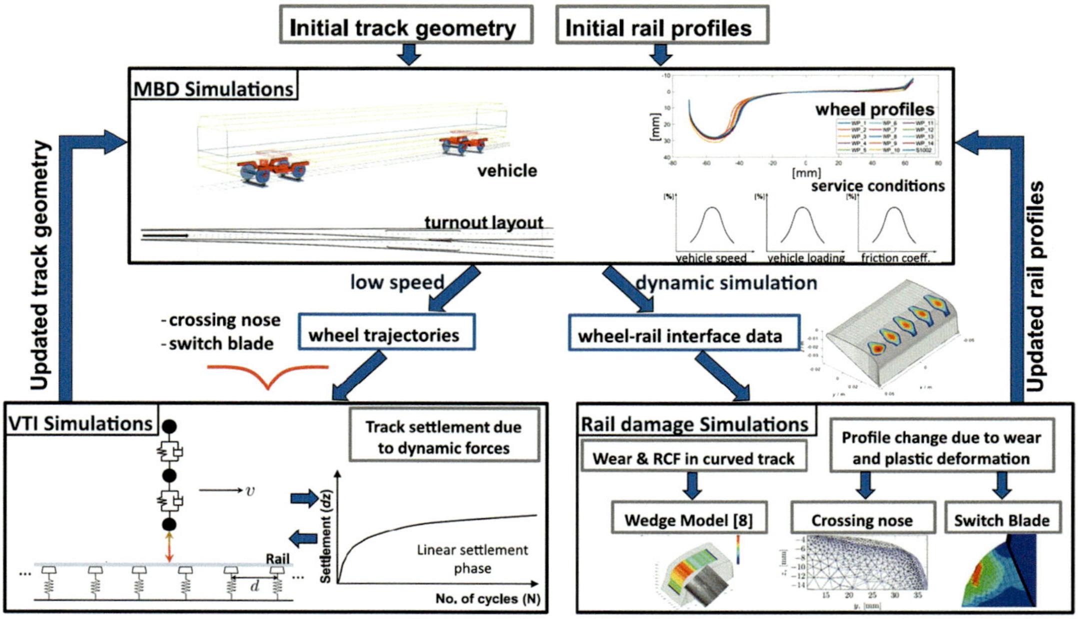


**Abb. 28.2** Modellierungsansatz zur Beschreibung und Prognose von vertikaler Gleissetzung und Schienenschäden in einer Weiche [4]

kalen Schienenprofilen und deren Veränderungen aufgrund von Verschleiß und plastischen Verformungen (Langzeiteffekte am Fahrweg) auch der Verschleißzustand der Räder eine wichtige Rolle. Die Kombination dieser Profile führen besonders beim Befahren des Herzstücks zu einer kurzzeitigen Bewegung des Rades nach unten, was wiederum zu dynamischen Kraftspitzen und damit zu einer erhöhten Belastung von Weichen- aber auch von Fahrzeugkomponenten führt. Daher wurden in der beschriebenen Methodik in den MKS-Simulationen fünfzehn verschiedene (unveränderliche) Radprofile betrachtet, ein Neuprofil (Fahrzeug Designparameter) und vierzehn gemessene Radprofile mit unterschiedlichen Verschleißzuständen (Langzeiteffekt am Rad), siehe Abb. 28.3. Neben den Radprofilen können die MKS-Simulationen mit verschiedenen Fahrzeuggeschwindigkeiten und Beladungszuständen (Betrieb) sowie unter verschiedenen Reibungsverhältnissen im Rad-Schiene Kontakt (Umwelteinflüsse, Friction Management) durchgeführt werden.

Es werden zwei Arten von MKS-Simulationen durchgeführt, quasistatische Simulationen mit sehr niedriger Geschwindigkeit und dynamische Simulationen mit realistischen Geschwindigkeiten. Die quasistatischen Simulationen dienen dazu, die vertikalen Radtrajektorien (Radabsenkung entlang der Schiene) für die fünfzehn betrachteten Radprofile in Kombination mit den aktuellen Schienenprofilen zu ermitteln. Die dynamischen Simulationen dienen der Ermittlung der dynamischen Rad-Schiene Interaktionsgrößen wie z. B. Rad-Schiene Kontaktkräfte, Kontaktposition an der Schiene, Kontaktgröße, Kontaktspannungen, Radposition, Radanlaufwinkel, usw.

Die aus den quasistatischen Simulationen gewonnenen Radtrajektorien stellen den zentralen Input für das sogenannte VTI-Modell dar [6], das in der Methodik zur Prognose der Entwicklung der vertikalen Gleisgeometrie entlang der Weiche verwendet wird (linker unterer Block). Dieses in MATLAB implementierte Modell beinhaltet ebenfalls wieder ein vertikales Fahrzeug-Fahrweg Interaktionsmodell. Das vertikale Fahrzeugmodel wird über einen einfachen Drei-Massenschwinger abgebildet. Beim Fahrwegmodell wird die diskrete Lagerung der elastischen Schienen berücksichtigt. Mit diesem Modellierungsansatz können auch variable Gleissteifigkeiten entlang der Weiche betrachtet werden. Diese

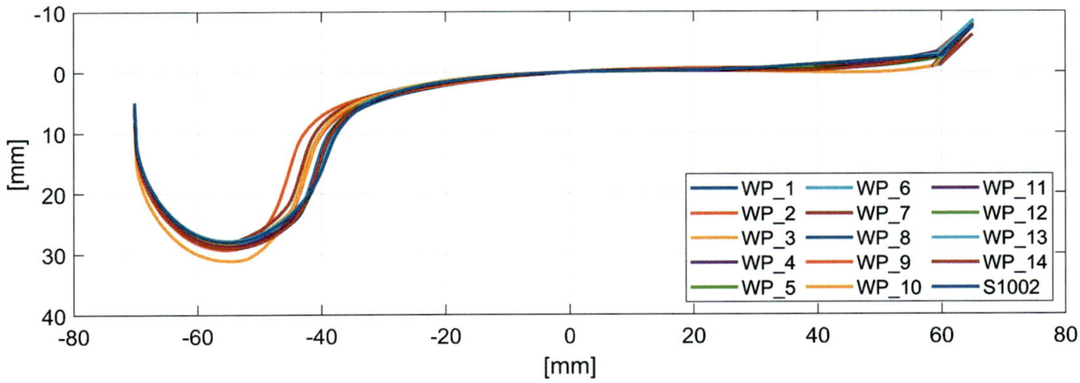


**Abb. 28.3** In der Simulation verwendete Radprofile: ein Neuprofil (S1002) und vierzehn gemessene verschlissene Profile [4]

sind für Weichen typisch, da sowohl die Länge der Schwellen (und damit die nominelle Fläche, auf der die Schwelle mit dem Schotter in Kontakt tritt), als auch die Schienenbiegesteifigkeit (wie z. B. im Herzstückbereich) entlang der Weiche variieren. Neben dem vertikalen Fahrzeug-Fahrweg Interaktionsmodell beinhaltet das VTI-Modell aber auch je Schwelle ein vertikales Setzungsmodell, das die aus der Fahrzeug-Fahrweg Interaktion resultierenden Schwellenkräfte als Input nimmt und daraus die vertikalen Setzungen der Schwellen berechnet. Dabei wird nicht jede einzelne Fahrzeugüberfahrt berechnet, sondern die Ergebnisse einer Überfahrt hochskaliert, um den Rechenaufwand in Grenzen zu halten. Somit ist dieses Model in der Lage die Entwicklung von vertikalen Gleislagestörungen entlang der Weiche zu berechnen. Nach einer gewissen Anzahl von Überfahrten – in der Größenordnung von MGT – wird dann die entwickelte Gleislage ins MKS-Modell zurückgespielt und der zweite Berechnungszyklus gestartet.

Dieser zweite Berechnungszyklus wird aber erst dann gestartet, wenn auch die in Abb. 28.2 unten rechts dargestellten Submodelle die Veränderung der Schienenprofile im Zungen- und Herzstückbereich aufgrund von Verschleiß und plastischen Verformungen berechnet und an das MKS Modell zurückgespielt haben. Diese veränderten Profile haben einen direkten Einfluss auf die über die quasistatischen MKS-Simulationen berechneten vertikalen Radtrajektorien, die dann wieder im VTI-Modell zur Berechnung der weiteren Entwicklung der vertikalen Gleislage im zweiten Berechnungszyklus verwendet werden. Die aufgrund von Verschleiß und plastischen Verformungen veränderten Schienenprofile aus der ersten Berechnungsschleife zusammen mit der aus dem VTI-Modell kommenden vertikalen Gleisgeometrie aus der ersten Berechnungsschleife beeinflussen jedoch auch die aus den dynamischen MKS-Simulationen gewonnenen dynamischen Rad-Schiene Interaktionsgrößen und somit die weitere Entwicklung der Schienenprofile aufgrund von Verschleiß und plastischer Verformung in der zweiten Berechnungsschleife. Auf diese Weise ist das Modell in der Lage, die Komplexität der relevanten Interaktionen zwischen Kurzzeiteffekten und den betrachteten Langzeiteffekten abzubilden. Dies beinhaltet auch die eingangs erwähnten Selbstverstärkungseffekte.

Für die in Abb. 28.2 unten rechts dargestellten Module zur Berechnung der Veränderung der Schienenprofile in den Zungen- und Herzstückbereichen werden zwei FEM-basierte Submodelle verwendet, die das elasto-plastische Materialverhalten der betrachteten Schienengüten berücksichtigen. Eine detailliertere Beschreibung findet sich in [4].

Abschließend sollen hier beispielhaft einige Simulationsergebnisse aus [4] wiedergegeben werden, wobei der Fokus auf den Herzstückbereich gelegt wird. Bei den in [4] durchgeführten Simulationen wurden zwei Gleissteifigkeitsverläufe untersucht, siehe Abb. 28.4. Der variable

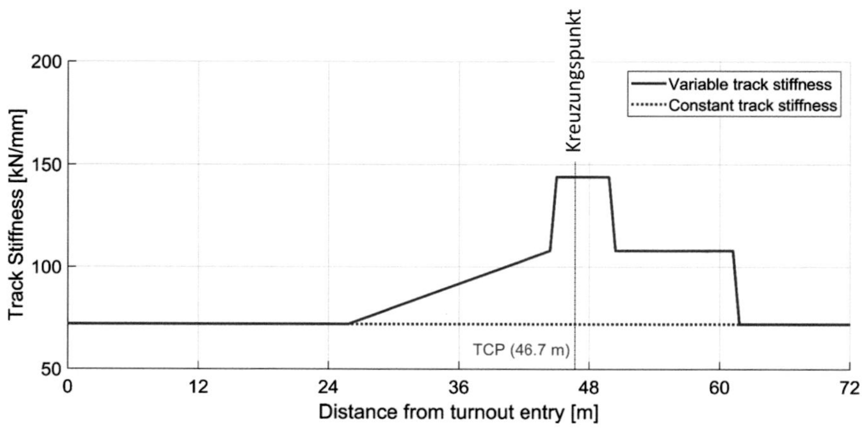


**Abb. 28.4** Variable und konstante Gleissteifigkeiten entlang der Weiche [4]

Steifigkeitsverlauf repräsentiert den Fall, bei dem keine Schwellenbesohlungen verwendet werden. Wie oben beschrieben variiert in diesem Fall die Gleissteifigkeit entlang der Weiche aufgrund der sich ändernden Schwellenlängen und der variierenden Schienenbiegesteifigkeit. Der konstante Gleissteifigkeitsverlauf soll den hypothetischen Fall darstellen, bei dem Schwellenbesohlungen eingebaut werden, und zwar genau so, dass die resultierende Gleissteifigkeit entlang der Weiche konstant bleibt.

In Abb. 28.5 ist die Entwicklung der *Shape Change Area* (Maß für die Veränderung der Schienenprofilform aufgrund von plastischen Verformungen) und *Wear Area* (Verschleißfläche) im Herzstückbereich als Funktion der Verkehrsbelastung (0–4 MGT) für die beiden beschriebenen Gleissteifigkeitsverläufe dargestellt. Die Simulationsergebnisse zeigen, dass der Gleissteifigkeitsverlauf keinen wesentlichen Einfluss auf die Verschleißentwicklung (*Wear Area*) hat, vergleiche rechte obere mit rechter unterer Darstellung. Anders stellt sich die Situation bei den Schienenprofilveränderungen aufgrund von plastischen Verformungen dar. Hier zeigt die Variante mit der variablen Gleissteifigkeit (keine Schwellenbesohlung) nach 4 MGT höhere *Shape Change Area* Werte, vergleiche linke obere mit linker unterer Darstellung. Auch zeigt sich, dass während der ersten 4 MGT Gleisbelastung offensichtlich Schienenprofilveränderungen verursacht durch plastische Verformungen dominieren, vergleiche quantitative Werte für *Shape Change* und *Wear Area*.

Aufgrund der beschriebenen Veränderung der Schienenprofile im Herzstückbereich verursacht durch Verschleiß und plastische Verformungen verändern sich auch die oben beschriebenen vertikalen Radtrajektorien. In Abb. 28.6a sind die Radtrajektorien aller betrachteten Radprofile in Kombination mit den Ausgangsschienenprofilen dargestellt. Die Darstellung zeigt sehr gut, wie sehr diese Radtrajektorien variieren können. In Abb. 28.6b ist der Einfluss der Schienenprofilveränderung aufgrund von Verschleiß und plastischer Verformung auf die Radtrajektorie für zwei ausgewählte Radprofile dargestellt.

Die dazugehörigen dynamischen Rad-Schiene Kontaktkräfte sind in Abb. 28.7 dargestellt. Es zeigt sich, dass die aufgrund von Verschleiß und plastischen Verformungen veränderten Schienenprofile einen massiven Einfluss auf den Verlauf und die Maximalwerte dieser Kräfte haben. Zudem ist der eingangs erwähnte Selbstverstärkungseffekt sehr gut erkennbar, je weiter die Simulation voranschreitet, vergleiche linke und rechte Abbildung.

Die Kräfteverläufe aus Abb. 28.7 beeinflussen die Entwicklung der vertikalen Gleisgeometrie im Herzstückbereich. In Abb. 28.8 ist diese Entwicklung für die betrachtete Verkehrsbelastung von 4 MGT dargestellt, links für den Fall der variablen Gleissteifigkeit (unbesohlte Schwellen) und rechts für den Fall der konstanten Gleissteifigkeit

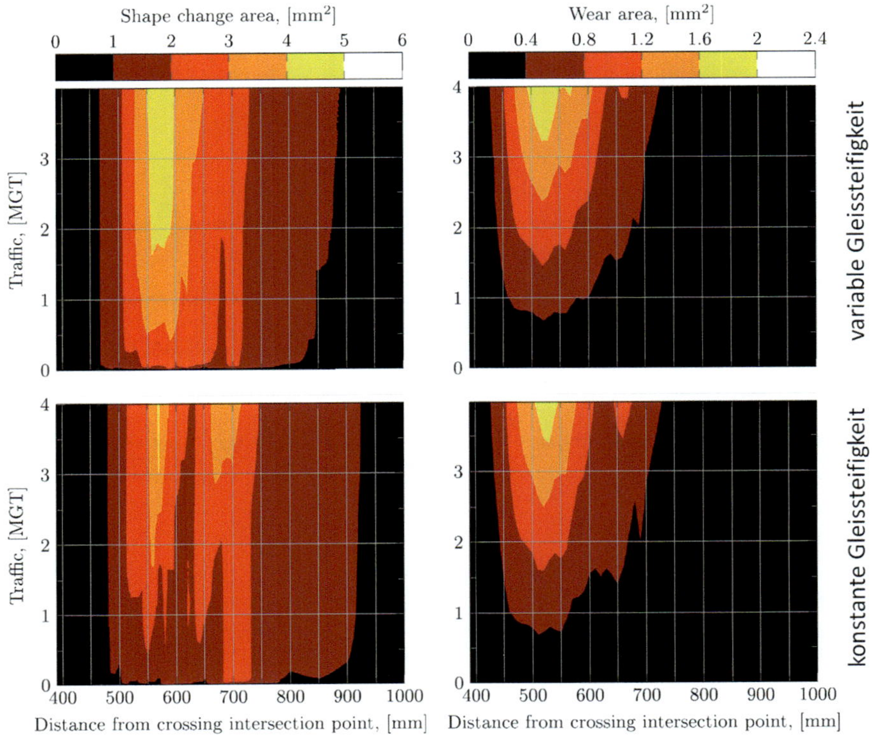


**Abb. 28.5** Entwicklung der Shape Change Area (plastische Verformung) und Wear Area (Verschleiß) im Herzstückbereich als Funktion der Verkehrsbelastung (0–4 MGT) für variable (*oben*) und konstante Gleissteifigkeit (*unten*) [4]

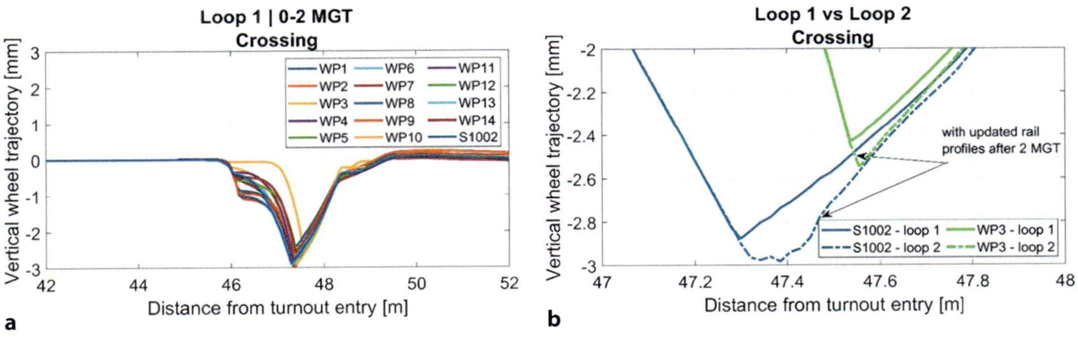


**Abb. 28.6** **a** Radtrajektorien im Herzstückbereich für die fünfzehn betrachteten Radprofile in Kombination mit den Ausgangsschienenprofilen; **b** Veränderung der Radtrajektorien für zwei ausgewählte Radprofile aufgrund der Veränderung der Schienenprofile nach 2 MGT Verkehrsbelastung [4]

figkeit (besohlte Schwellen). Es zeigt sich, dass sich im Falle der variablen Gleissteifigkeit die sich einstellende Gleislagestörung schneller entwickelt als im Falle der konstanten Gleissteifigkeit. Außerdem erkennt man, dass sich die Gleisgeometrie zwischen 2 und 4 MGT schneller entwickelt als zwischen 0 und 2 MGT (um 7 bzw. 10 %). Die Ursache dafür ist einerseits der erwähnte Selbstverstärkungseffekt verursacht durch die sich (zum ungünstigen) entwickelnden Schienenprofile und andererseits die sich entwickelnde vertikale Gleisgeometrie, die zusätzliche Dynamik ins System einbringt.

Abschließend sei noch festgehalten, dass der Fokus in der Veröffentlichung [4], aus der hier Ergebnisse präsentiert wurden, auf die Entwicklung

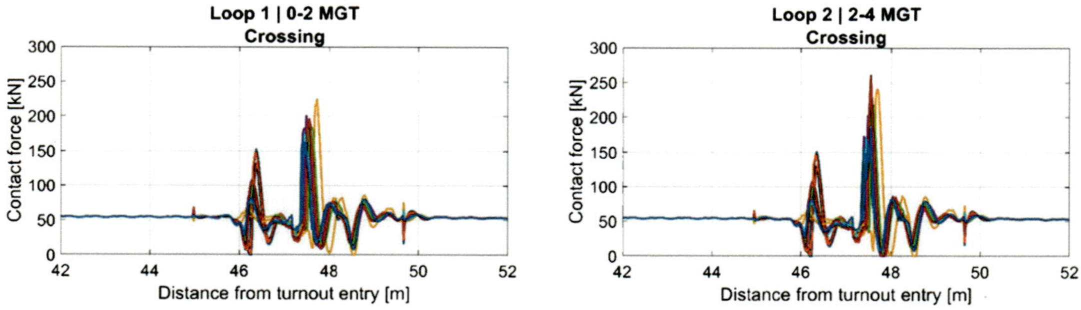


**Abb. 28.7** Dynamische Rad-Schiene Kontaktkräfte für die fünfzehn gewählten Radprofile in Kombination mit den Ausgangsschienenprofilen (*links*) und den veränderten Schienenprofile nach 2 MGT Verkehrsbelastung [4]

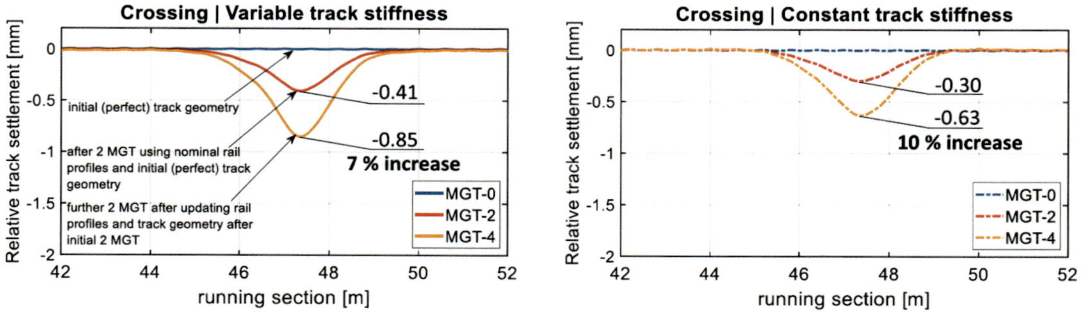


**Abb. 28.8** Entwicklung der vertikalen Gleisgeometrie im Herzstückbereich über 4 MGT Verkehrsbelastung für variable Gleissteifigkeit (*links*) und konstante Gleissteifigkeit (*rechts*) [4]

der Methodik gelegt wurde. Zwar wurden einzelne Submodelle bereits über Versuchsdaten kalibriert und validiert, das Zusammenspiel dieser Modelle in der Gesamtmethodik wurde jedoch noch nicht mit Versuchsergebnissen verglichen. Daher sollen die präsentierten Ergebnisse eher als qualitative Indikationen betrachtet werden.

## 28.4 Zulassung von Fahrwegsystemen der Eisenbahninfrastruktur

Die Zulassung von Systemen der Eisenbahninfrastruktur ist vielfältig und komplex. Zum einen bestehen Eisenbahninfrastruktursysteme aus einer Vielzahl von Komponenten und Subsystemen, die jeweils individuelle Zulassungsprozesse durchlaufen müssen bzw. anschließend auch im Gesamtverbund auf Systemebene zugelassen werden müssen. Zum anderen gibt es eine Vielzahl von nationalen bzw. internationalen Regelwerken, die erfüllt werden müssen wie z. B. die Technical Specification for Interoperability für die Infrastruktur (TSI INF) 0 bis hin zu Produktnormen. Diese Spezifikationen werden häufig durch Regelwerke der jeweiligen Infrastrukturbetreiber und Vorschriften nationaler Behörden ergänzt. Ein kompletter Überblick über die Zulassung von Eisenbahninfrastrukturen und deren Komponenten und Subsystem kann daher an dieser Stelle nicht gegeben werden. Es soll jedoch ein Beispiel beschrieben werden, bei dem eine (teilweise) virtuelle Zulassung in Zukunft Anwendung finden könnte, nämlich bei der Entwicklung und Zulassung von neuen Schienenmaterialien für das Netz der DB. Bislang wird von der DB Infrastruktur AG bzw. vom Eisenbahnbundesamt (EBA) vorgeschrieben, dass für die Zulassung von neuen Schienenmaterialien Feldversuche in ausgewählten Streckenabschnitten unter realen Betriebsbedingungen durchgeführt werden müssen, um deren Verschleiß- und Schädigungsverhalten (Head Checks) zu untersuchen und dieses mit dem Verhalten von bereits zugelassenen Schienengüten zu vergleichen. Solche Versuche sind sehr aufwendig bzw. zeit- und kostenintensiv. Während der Entwicklung neuer Schienenmaterialien werden jedoch schon umfangreiche Small- und Full-Scale Versuche an Prüfständen durch die Schienenentwickler bzw. Schienenhersteller durchgeführt. Diese umfangreichen Versuche werden auch dafür verwendet, Modelle zur Prognose der Profilentwicklung (Verschleiß) und Head Checks zu entwickeln, zu kalibrieren und zu validieren. Mit solchen Modellen ist es denkbar, zukünftig auf einen Teil der beschriebenen Feldversuche bzw. in letzter Konsequenz auf alle Feldversuche zu verzichten. Dafür müssten die kalibrierten und validierten Modelle die für die konkreten Fragestellungen – in diesem Beispiel die Entwicklung der Schienenprofile aufgrund von Verschleiß und die Entwicklung von Head Checks – relevanten Einflussgrößen berücksichtigen (siehe Abb. 28.1).

Bis die hier anhand des Beispiels Schienenmaterialentwicklung skizzierte (teil-)virtuelle Zulassung in die Praxis umgesetzt werden kann, sind jedoch noch eine Reihe von Zwischenschritten notwendig. Ganz zentral dabei ist es, dass solche virtuellen Zulassungen für die relevanten Komponenten, Subsysteme bzw. Gesamtsysteme über die Normen und Vorschriften grundsätzlich ermöglicht werden, wofür diese entsprechend erweitert werden müssen. Ein gutes Beispiel dafür ist die EN 14363 [7] in der es um die fahrtechnische Zulassung von Eisenbahnfahrzeugen geht. Diese Norm beinhaltet die Möglichkeit, gewisse Aspekte der fahrtechnischen Zulassung von Schienenfahrzeugen über Simulationen abzudecken. Dabei stellt sich auch sehr schnell die Frage, wie der Anwender von Simulationsmodellen für die virtuelle Zulassung nachweisen kann, dass die verwendeten Modelle valide sind. Dies gilt es in den entsprechenden Normen ebenfalls ausreichend genau zu beschreiben.

Bevor das Thema virtuelle Zulassung über Normen und Vorschriften ermöglicht wird, ist es allerdings sinnvoll, in einem ersten Schritt relevante Komponenten, Sub- bzw. Gesamtsysteme und damit zusammenhängende Fragestellungen (oder Subfragestellungen) auszuwählen bzw. zu priorisieren, für die ein hohes Potenzial hinsichtlich virtueller Zulassung gesehen wird. Das kann nur gemeinsam durch die Bahnindustrie, Infrastrukturbetreiber, Behörden usw. geleistet werden, wie z. B. in Normungsgremien.

## 28.5 Ausblick

Um für die zukünftige Anwendung von Modellen für (teil-)virtuelle Zulassungen gerüstet zu sein, aber auch für die anderen erwähnten Anwendungen im Rahmen der Entwicklung und dem Betrieb von Komponenten bzw. Sub- und Gesamtsystemen, gilt es weiterhin intensiv an der Weiter- und Neuentwicklung von Simulationsmodellen zu forschen. Dabei kann es sich sowohl um physik-basierte aber auch um datengetriebene Modelle (z. B. KI Ansätze) handeln.

Wichtig bei der Modellentwicklung ist es, valide Sub-Modelle zu generieren, die die wesentlichen physikalischen Zusammenhänge berücksichtigen und über umfangreiche Versuche kalibriert und validiert werden. Nur wenn dieses Sub-Modelle über entsprechende Qualität verfügen, können sie auch zu zuverlässigen Gesamt-Modellen zusammengefügt werden und z. B. im Rahmen von Digitalen Zwillingen – die immer mehr an Bedeutung gewinnen – zur Betrachtung von Langzeiteffekten (Schadensformen) wie z. B. Gleislagestörungen verwendet werden. Weitere Beispiele für die Entwicklung von Sub-Modellen im Zusammenhang mit Langzeiteffekten (Schadensformen), an denen geforscht wird oder werden soll, sind:

- Squats
- Headchecks
- Schienenriffel
- Schlupfwellen
- Schienenprofilveränderungen aufgrund von Verschleiß und massiven plastischen Verformungen
- Schäden an Schienenschweißstellen
- Einfluss der Schieneninstandhaltung auf die Entwicklung von Schienenschäden
- Entwicklung von lateralen Gleislagestörrungen

- Hohllagen
- Einfluss von elastischen bzw. elasto-plastischen Elementen im Fahrweg auf Fahrwegschäden
- usw.

Um diese Schadensformen ausreichend genau modellieren zu können ist es auch notwendig, grundlagenorientierte Forschung in folgenden Bereichen zu betreiben:

- Einfluss mikrostruktureller Eigenschaften von Schienenmaterialien auf Schienenschäden (Schadensformen an Schienen)
- Einfluss von thermischen Materialumwandlungen an Schienenoberflächen (White Etching Layer) auf die Entstehung von Schienenschäden
- Ursachen von Low Adhesion Conditions im Rad-Schiene Kontakt und Einfluss von solchen Bedingungen auf die Entstehung von Schienenschäden
- Wirkung von Friction Management Produkten auf Reibung im Rad-Schiene Kontakt und Einfluss von solchen Produkten auf die Entstehung von Schienenschäden
- Lastabtragung im Schotterbett und Schotterbruch
- Einfluss es Verhaltens des Untergrundes auf die Entstehung von Fahrwegschäden
- usw.

Valide Modelle zur Beschreibung von Fahrweg-Langzeiteffekten (Schadensformen) sind auch im Zusammenhang mit LCC Betrachtungen und Track Access Charge Modellen von Bedeutung. Auch wenn bei diesen Betrachtungen immer vereinfachte Modelle zur Anwendung kommen müssen, ist es trotzdem wichtig, dass diese Modelle die wesentlichen physikalischen Effekte richtig berücksichtigen.

Aber auch im Bereich von Kurzzeiteffekten, wie z. B. der Entstehung, Ausbreitung und Reduktion von Lärm und Erschütterungseffekten gilt es an der Weiterentwicklung von Modellen zu forschen. Wie oben erwähnt soll an dieser Stelle noch einmal unterstrichen werden, wie wichtig es auch ist, für das Verständnis von hinter den diversen Effekten liegenden physikalischen Effekten (Mechanismen) sowie die Kalibrierung und Validierung der entwickelten Modelle, bestehende Small- und Full-Scale Versuchsmethoden sowie Feldversuche zu nutzen, aber auch neue Versuchsmethoden zu entwickeln.

## Literatur

1. Luber B (2020) Aspekte der Fahrzeug-Fahrweg Interaktion. ViF Präsentation
2. Ishizaka K, Lewis SR, Lewis R (2017) The low adhesion problem due to leaf contamination in the wheel/rail contact: Bonding and low adhesion mechanisms. Wear 378–379:183–197
3. White BT, Nilsson R, Olofsson U, Arnall AD, Evans MD, Armitage T, Fisk J, Fletcher DI, Lewis R (2018) Effect of the presence of moisture at the wheel–rail interface during dew and damp conditions. Proc Inst Mech Eng Part F: J Rail Rapid Transit 232(4):979–989
4. Six K, Sazgetdinov K, Kumar N, Müller G, Velic D, Daves W, Skrypnyk R, Pålsson B (2023) A whole system model framework to predict damage in turnouts. Veh Syst Dyn Int J Veh Mech Mobil 61(3):871–891
5. Dassault Systèmes (o.J.) SIMPACK – MultiBody System Simulation Software. https://www.3ds.com/products-services/simulia/products/simpack
6. Kumar N, Six K (2022) An efficient physical-based method for predicting the long-term evolution of vertical railway track geometries. Proc Inst Mech Eng Part F: J Rail Rapid Transit 236(4):447–465
7. DIN EN 14363, Bahnanwendungen – Versuche und Simulationen für die Zulassung der fahrtechnischen Eigenschaften von Eisenbahnfahrzeugen – Fahrverhalten und stationäre Versuche; Deutsche Fassung, Ausgabe 2022-10

## Weiterführende Literatur

8. Commission Regulation (EU) No 1299/2014 of 18 November 2014 on the technical specifications for interoperability relating to the "infrastructure" subsystem of the rail system in the European Union (Text with EEA relevance). https://eur-lex.europa.eu/legal-content/EN/TXT/?uri=uriserv%3AOJ.L_.2014.356.01.0001.01.ENG

# 29 Building Information Modeling (BIM)

Steffen Scharun und Anne Schacherl

**Zusammenfassung**

Building Information Modeling (BIM) ist eine Arbeitsmethodik, die seit einigen Jahren verstärkt im Infrastrukturbereich und damit auch im Eisenbahninfrastrukturbereich zum Einsatz kommt. Basis der Methodik ist die kollaborative Zusammenarbeit aller Beteiligter mit Hilfe zentral bereitgestellter digitaler Bauwerksinformationen in Form virtueller Bauwerksmodelle. Dadurch sollen allen involvierten Stakeholdern die für sie relevanten Daten verfügbar gemacht werden, um Entscheidungen zielgerichteter und Prozesse effizienter gestalten zu können. Dadurch sollen Zeit und Kosten gespart sowie Ressourcen geschont werden.

Die BIM-Methodik kommt aktuell in immer mehr Infrastrukturprojekten zum Einsatz. Historisch bedingt wurde die BIM-Implementierung in Deutschland im Bereich der Planung begonnen. Mittlerweile wird der Einsatz auch verstärkt bei der Bauausführung vorangetrieben. Ziel ist es jedoch, die BIM-Methodik auch in der Betriebsphase und damit über den gesamten Lebenszyklus der Infrastrukturanlagen zu etablieren. Das Kapitel gibt einen Überblick über die bisherige Entwicklung und den aktuellen Stand der BIM-Implementierung im Eisenbahninfrastrukturbereich in Deutschland und wagt einen Ausblick in die Zukunft.

## 29.1 Einleitung

Dieses Kapitel zum Thema Building Information Modeling (BIM) ist aus Sicht der DB InfraGO AG (ehemals DB Netz AG) in ihrer Funktion als Auftraggeber verfasst worden und beschreibt nicht die Anwendung der BIM-Methodik für den gesamte Konzern. Dies ist unter anderem darin begründet, dass die verschiedenen Konzerngesellschaften sehr unterschiedliche Herausforderungen zu bewältigen haben und damit die Anforderungen an die Abwicklung der BIM-Methodik sehr unterschiedlich sind. Des Weiteren beziehen sich die hier aufgezeigten Inhalte auf den deutschen Raum. International gibt es teilweise auch andere Ansätze zur Anwendung von BIM im Eisenbahninfrastrukturbereich.

### 29.1.1 Historie der Entwicklung und Implementierungsstrategie von BIM in Deutschland

Building Information Modeling (BIM) ist eine Arbeitsmethodik, die bereits längere Zeit im Hochbaubereich und seit einigen Jahren verstärkt im Infrastrukturbereich und damit auch im Eisenbahninfrastrukturbereich zum Einsatz kommt.

S. Scharun (✉)
Head of BIM, OBERMEYER Infrastruktur GmbH & Co. KG, München, Deutschland

A. Schacherl
Leiterin Grundsätze und Entwicklung BIM, DB InfraGO AG, Frankfurt am Main, Deutschland



J. Holzfeind, J. Liu, F. Pospischil (Hrsg.), *Handbuch Eisenbahninfrastruktur*,
https://doi.org/10.1007/978-3-662-68960-8_29

Basis der Methodik ist die kollaborative Zusammenarbeit aller Beteiligter mit Hilfe zentral bereitgestellter digitaler Bauwerksinformationen in Form virtueller Bauwerksmodelle.

Ausgangspunkt für die BIM-Implementierung im Eisenbahnbereich in Deutschland war die Reformkommission Bau von Großprojekten. Dieses vom Bundesministerium für Digitales und Verkehr (bis Dezember 2021 als Bundesministerium für Verkehr und Digitale Infrastruktur (BMVI)) einberufene Expertengremium untersuchte ab 2013 die Gründe für wiederholte Überschreitungen von Terminen und Kosten in öffentlichen Großprojekten. In ihrem im Juni 2015 vorgelegten Endbericht formulierte die Kommission zehn Handlungsempfehlungen zur Verbesserung der Situation. Eine Empfehlung war die Nutzung digitaler Methoden, insbesondere von Building Information Modeling. Daraufhin erarbeitete das damalige BMVI einen „Aktionsplan Großprojekte“ zur Umsetzung der Empfehlungen der Kommission und damit auch zur Einführung von BIM in Deutschland, welcher im Dezember 2015 im Bundeskabinett verabschiedet wurde.

Für einen flächendeckenden BIM-Einsatz in Deutschland waren umfangreiche Voraussetzungen zu schaffen. Deshalb wurde der Stufenplan „Digitales Planen und Bauen“ entwickelt und im Dezember 2015 in Kraft gesetzt. Dieser sah eine Einführung der BIM-Methodik in mehreren aufeinander aufbauenden Stufen bis Ende 2020 vor.

Begonnen wurde mit der Durchführung von 4 Pilotprojekten (2 × Straße, 2 × Schiene), um erste Erfahrungen mit dem BIM-Einsatz in der Infrastruktur zu sammeln und daraus Anforderungen für die flächendeckende Einführung abzuleiten. In dieser Vorbereitungsphase (2015–2017) wurden die Pilotprojekte von einem Forschungsgremium (InfraBIM) wissenschaftlich begleitet. Dieses Konsortium aus verschiedenen Instituten und Unternehmen sollte den Erfolg der BIM-Anwendung in den Pilotprojekten analysieren, existierende Defizite identifizieren und Handlungsfelder benennen. Für jedes der begleiteten Projekte wurde ein wissenschaftlicher Bericht verfasst und am 01.08.2017 veröffentlicht. Die Vorbereitungsphase endete mit einem Endbericht (veröffentlicht 13. April 2018), in dem die Potenziale und Hemmnisse benannt sowie konkrete Handlungsempfehlungen an die Politik zur weiteren BIM-Implementierung in Deutschland gegeben wurden. Eine Empfehlung war die Durchführung einer wesentlich größeren Anzahl von Pilotprojekten mit höheren Anforderungen durch die verschiedenen öffentlichen Maßnahmenträger, um daraus vertiefte Erkenntnisse zu gewinnen, sowie Muster, Vorlagen und Handreichungen z. B. für vertragliche und technische Aspekte der Projektdurchführung mit BIM zu entwickeln.

An die Vorbereitungsphase schloss sich daher eine erweiterte Pilotierungsphase (2017–2020) an. Auch diese Phase wurde durch ein Forschungsgremium (BIM4Infra) wissenschaftlich begleitet. Ziel war es, die notwendigen Voraussetzungen für die weitere Umsetzung des BIM-Stufenplans zu erarbeiten, rechtliche Rahmenbedingungen zu untersuchen sowie Leitfäden und Mustervorlagen für die Abwicklung von Infrastrukturprojekten mit der BIM-Methodik zu schaffen. Weiterhin sollten einheitliche übergreifende Datenstrukturen und ein Datenbankkonzept zur Verwaltung dieser Daten entwickelt werden. Für den Bereich der Schieneninfrastruktur wurden in dieser Phase 13 offizielle BIM-Pilotprojekte durch die DB InfraGO AG (ehemals DB Netz AG) durchgeführt und durch die ARGE BIM4Rail wissenschaftlich begleitet. Neben den offiziellen Pilotprojekten führte die DB InfraGO AG (ehemals DB Netz AG) weitere interne Pilotprojekte durch, um möglichst umfassende Erkenntnisse zur BIM-Anwendung zu gewinnen und die notwendigen Voraussetzungen für einen flächendeckenden Einsatz ab 2020 zu schaffen (siehe hierzu auch nachfolgende Abschn. 29.1.2 und 29.1.3). Ergebnis der erweiterten Pilotierungsphase war der wissenschaftliche Endbericht der ARGE BIM4Infra, in dem die flächendeckende Einführung der BIM-Methodik in Deutschland empfohlen wurde. Außerdem wurden zehn Handreichungen zu verschiedenen Themen der BIM-Implementierung veröffentlicht.

Damit waren die notwendigen Voraussetzungen für den flächendeckenden Einsatz der BIM-

Methodik im Leistungsniveau 1 gemäß BIM-Stufenplan geschaffen. Um die BIM-Anwendung sukzessive zu verstetigen, zu standardisieren und über den gesamten Lebenszyklus der Anlagen zu vertiefen, beauftragten das Bundesverkehrsministerium und das Bundesbauministerium im Jahr 2019 ein Konsortium mit der Einrichtung eines nationalen Kompetenzzentrums für die Digitalisierung des Bauwesens (BIM Deutschland). BIM Deutschland unterstützt den Bund bei der Koordination der Digitalisierung des Bausektors über die komplette Wertschöpfungskette und den gesamten Lebenszyklus der Anlagen. Dabei leistet das Konsortium wichtige Grundlagenarbeit in nationalen und internationalen Standardisierungsgremien, unterstützt den Kompetenzaufbau bei öffentlichen Auftraggebern und entwickelt eine Plattform zur Bereitstellung digitaler Standards und Anforderungen (BIM-Portal). Erste Ergebnisse der Arbeit von BIM Deutschland waren die Harmonisierung der BIM-Anwendungsfälle, die Entwicklung von standardisierten Mustervorlagen für bereichsspezifische und bereichsübergreifende Auftraggeber-Informationsanforderungen (AIA) inkl. LOIN[1]-Anhängen. Außerdem unterstützte BIM Deutschland die öffentlichen Vorhabenträger bei der Erarbeitung von Masterplänen zur weiteren BIM-Implementierung. Diese Implementierungsstrategien sehen in den verschiedenen Bereichen eine sukzessive Einführung der BIM-Methodik über die gesamte Wertschöpfungskette in diesem Jahrzehnt vor.

### 29.1.2 BIM-Strategie des Vorstandsressorts Infrastruktur (VR I) der DB

Die BIM-Strategie ist zwischen den drei Eisenbahn-Infrastruktur-Unternehmen (EIU) der DB sowie mit den übrigen Stakeholdern im Vorstandsressort Infrastruktur (VR I) und zuständigen Konzernfunktionen der DB abgestimmt und gemeinsam veröffentlicht. Die BIM-Implementierung soll den Infrastrukturprojekten helfen die Herausforderungen im VR I zu bewältigen. Im Jahr 2015 wurde die erste Fassung der BIM-Strategie aufgestellt, die die Zielvorgaben bis Ende 2020 festlegte. Die im Jahr 2019 veröffentlichte BIM-Strategie wurde detaillierter auf die BIM-Entwicklung in den einzelnen Geschäftsfelder und eine einheitliche Lösung ausgelegt. Die erste Fortschreibung der BIM-Strategie (Stand 2022) greift die seitdem aus der BIM-Implementierung erwachsenen Erkenntnisse und Erfahrungen auf, um die strategische Richtung für die kommenden Jahre zu präzisieren und weiterzuentwickeln [1, S. 9]. Durch die schrittweise Einführung von BIM wird eine Erhöhung der Qualität in der Planung, Ausführung und im Betrieb angestrebt. Dabei wurde zwischen den drei EIUs eine in drei aufeinander folgende Phasen abgestimmte Vorgehensweise zur BIM-Implementierung eingeführt, die auf die Bedürfnisse und Vorgaben in den einzelnen Geschäftsfeldern abgestimmt ist (siehe Abb. 29.1).

Die erste Phase „Konvergenz“ ist bereits abgeschlossen. Hier hat jedes Geschäftsfeld des Vorstandsressorts Infrastruktur der DB seine spezifischen BIM-Fähigkeiten entwickelt und aufgebaut, wodurch unter anderem der Stufenplan „Digitales Bauen“ des Bundesministeriums für Digitales und Verkehr (BMDV, ehem. BMVI) erfüllt werden konnte. Aktuell befindet sich die DB in der zweiten Phase „Digitale Kompetenz“, die noch bis 2025 vorgesehen ist. Großer Bestandteil der zweiten Phase ist die breite Anwendung des BIM-Level 1 (Stufenplan des BMDV). Dabei müssen die Anwendungsfälle der Planungsphase ausgereift an die Erkenntnisse aus der bisherigen Arbeit mit BIM angepasst werden und die weiterführenden Anwendungsfälle in der Ausschreibung und Bauausführung zu einem verbindlichen Standard weiterentwickelt werden. Zudem ist auch die Anschlussfähigkeit der BIM-Anwendungen beim Planen und Bauen an das Anlagenmanagement zu konzipieren und zu erproben. Am Ende der dritten und letzten Phase „Digitale-Transformation“ ab 2025 ff. soll die Entwicklung im Bereich Planen und Bauen abgeschlossen und an das digitale Anlagenmanagement angeschlossen sein. Damit ist BIM

[1] LOIN = Level of Information Need (Anforderungen an den Informationsgehalt von Modellen).

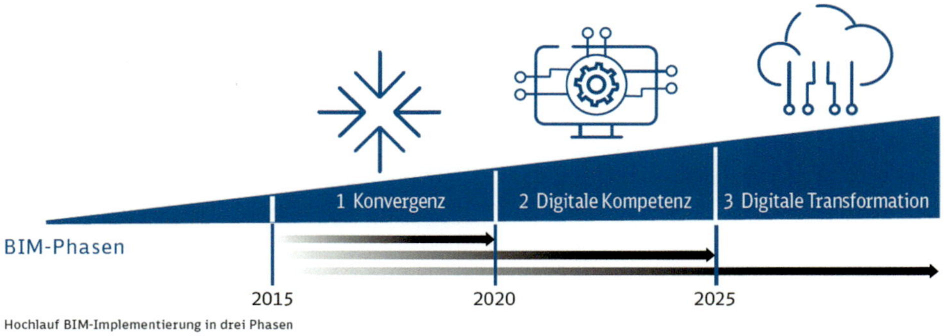


**Abb. 29.1** BIM-Implementierung in drei Phasen [1, S. 6]

dann keine neue Methodik mehr, sondern sollte am Ende der dritten Phase das neue „Normal" sein.

Die BIM-Strategie orientiert sich dabei an folgenden Leitgedanken [1, S. 10]:

- Identifikation und Realisierung übergreifender Synergien in der Umsetzung als gemeinsamer Nenner der EIU im VR I in Form von Mindestansprüchen innerhalb des VR I zur Schaffung eines konzernweiten Mehrwerts
- Gewährleistung einer geschäftsfeldspezifischen Umsetzung auf Basis der VR I-weiten Anforderungen zur Sicherstellung projektspezifischer Handlungsspielräume
- Übergeordnete standardisierte Anwendung von neuen Verfahren und Umsetzungskonzepten, die sich in der Pilotierungsphase auf der Projektebene bewährt haben

Die VR I BIM-Strategie informiert über die Gründe, Ziele und zu erwartenden Veränderungen der BIM-Einführung bei der DB und bindet die Mitarbeiter:innen, externen Stakeholder und Auftragnehmer in den Veränderungsprozess ein [1, S. 9].

Die Vision der DB zur Digitalisierung der Infrastrukturanlagen der Eisenbahn, die sich auch in der BIM-Strategie wiederfindet, ist in drei Phasen unterteilt (siehe Abb. 29.2):

- Digitales Planen und Bauen
- Digitales Anlagenmanagement
- Digitaler Betrieb

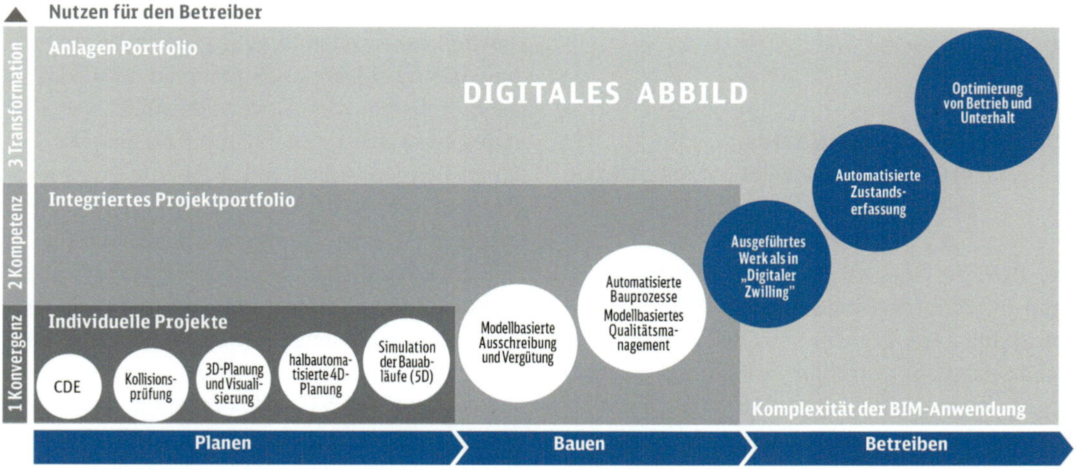


**Abb. 29.2** Nutzen-Komplexitäts-Diagramm der BIM-Anwendung [1, S. 18]

### 29.1.3 BIM-Implementierung bei der DB InfraGO AG (ehemals DB Netz AG)

Für neu startende Infrastrukturprojekte wird die BIM-Methodik bereits seit Anfang 2020 überall dort bei der DB InfraGO AG (ehemals DB Netz AG) angewendet, wo dies wirtschaftlich sinnvoll und technisch möglich ist. Dafür hat die vorherige Pilotierung von 13 Bedarfsplanprojekten und sieben Projekten aus dem Bestandsnetz bis Ende 2019 die Voraussetzungen geschaffen. In einem Schreiben vom 23.07.2019 des BMVI an das EBA (Eisenbahn-Bundesamt) bestehen grundsätzlich keine Bedenken hinsichtlich des Einsatzes der BIM-Methodik mit Bundesmitteln. Dadurch wurde die Zuwendungsfähigkeit der BIM-Methodik sichergestellt [2]. Einen Zwang zur Anwendung der BIM-Methodik gibt es jedoch von Seiten des Bundes nicht. Im Stufenplan „Digitales Planen und Bauen“ definiert der Bund Anforderungen zur Erreichung des Zielniveaus 1. Die DB InfraGO AG (ehemals DB Netz AG), sowie die anderen Gesellschaften im Vorstandressort Infrastruktur (VR I), haben diese Anforderungen aufgegriffen und fünf Kernelemente als Mindestanforderung festgelegt, die jedes BIM-Projekt anwenden muss. Die fünf Kernelemente sind

- die 3D-Planung,
- die Auftraggeber-Informationsanforderungen (AIA),
- der BIM-Abwicklungsplans (BAP),
- die gemeinschaftlichen Prozesse der Daten- und Dokumentenverwaltung mit Hilfe eines Common Data Environments (CDE) sowie
- die modellunterstützten Planungsmeetings im virtuellen Datenraum (VDR).

Die BIM-Methodik wird kontinuierlich weiterentwickelt. Bis Ende 2025 wird die konzeptionelle Entwicklung der BIM-Anwendungen über alle Phasen des Planens und Bauens abgeschlossen und in den Folgejahren kontinuierlich im Regelbetrieb weiterentwickelt. Hierzu wurde ein prototypischer BIM-Projektverlauf (siehe Abb. 29.3) definiert, der die definierten Anwendungsfälle und BIM-spezifische Aufgaben in den Leistungsphasen nach HOAI verortet. Der Fokus liegt weiterhin in der Erhöhung der Produktivität sowie Effizienz bei der Abwicklung von Infrastrukturmaßnahmen für alle Projektphasen im laufenden Investitionshochlauf und für die Kapazitätserweiterungen der Schiene. Weiter liegt der Fokus auf der BIM-Anwendung in Genehmigungs- und Finanzierungsverfahren zwecks Verfahrensbeschleunigung sowie der Verbesserung der Öf-

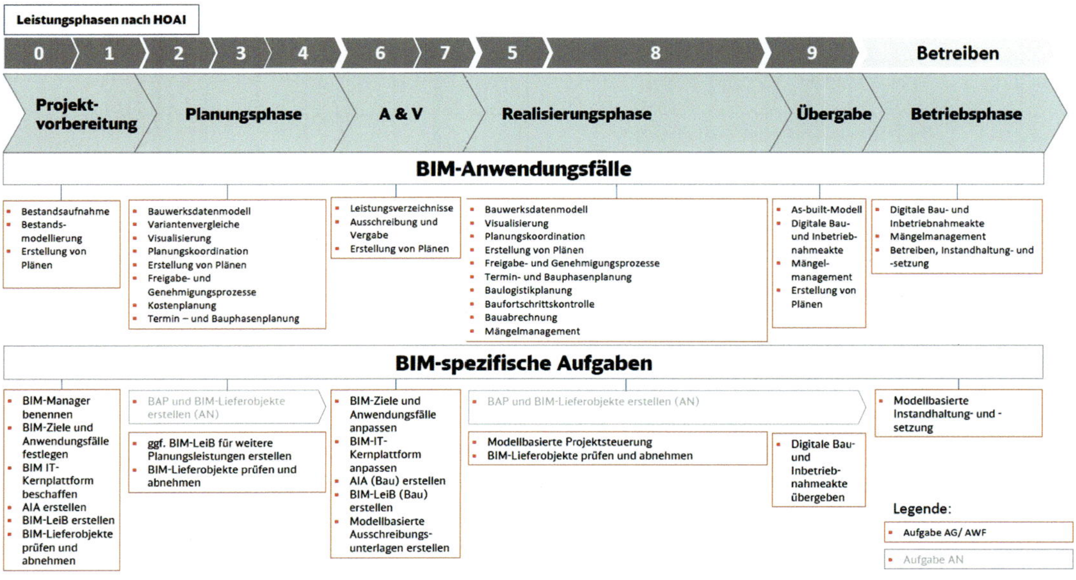


**Abb. 29.3** Projektablauf mit der Anwendung der BIM-Methodik (Quelle: DB InfraGO AG (ehemals DB Netz AG))

| Nr. | Anwendungsfall | Leistungsphase gem. HOAI | | | | | | | | | Betrieb |
|---|---|---|---|---|---|---|---|---|---|---|---|
| | | 1 | 2 | 3 | 4 | 5 | 6 | 7 | 8 | 9 | |
| AwF 010 | Bestandsaufnahme | ■ | | | | | | | | | |
| AwF 020 | Bestandsmodellierung | ■ | ■ | | | | | | | | |
| AwF 030 | Bauwerksdatenmodell | | ■ | ■ | ■ | ■ | | | ■ | | |
| AwF 040 | Variantenvergleiche | | ■ | | | | | | | | |
| AwF 050 | Visualisierung | | ■ | ■ | ■ | ■ | | | ■ | | |
| AwF 060 | Koordination der Fachgewerke | | ■ | ■ | ■ | ■ | | | ■ | | |
| AwF 062 | modellbasierte Baubesprechung | | | | | | | | ■ | | |
| AwF 070 | Erstellung von Plänen | ■ | ■ | ■ | ■ | ■ | ■ | ■ | ■ | ■ | |
| AwF 080 | Freigabe- und Genehmigungsprozesse | | ■ | ■ | ■ | ■ | | | ■ | | |
| AwF 090 | Kostenplanung | | ■ | ■ | ■ | | | | ■ | | |
| AwF 100 | Leistungsverzeichnisse | | ■ | ■ | | | ■ | | | | |
| AwF 110 | Ausschreibung und Vergabe | | | | | | ■ | ■ | | | |
| AwF 120 | Termin- und Bauphasenplanung | | ■ | ■ | ■ | ■ | | | ■ | | |
| AwF 130 | Baulogistikplanung | | ■ | ■ | ■ | ■ | | | ■ | | |
| AwF 140 | Baufortschrittskontrolle | | | | | | | | ■ | | |
| AwF 150 | Bauabrechnung | | | | | | | | ■ | | |
| AwF 160 | Mängelmanagement | | | | | | | | ■ | ■ | |
| AwF 170 | As-built Modell | | | | | | | | ■ | ■ | |
| AwF 180 | Digitale Bau- und Inbetriebnahmeakte | | | | | | | | ■ | ■ | ■ |
| AwF 190 | Betreiben, Instandhaltung -setzung | | | | | | | | | | ■ |

**Abb. 29.4** Übersicht der AWF und den Einsatz in den Leistungsphasen bei der DB InfraGO AG (ehemals DB Netz AG) (Quelle: DB InfraGO AG (ehemals DB Netz AG))

fentlichkeitsarbeit und der Abstimmung mit den Betroffenen und der Erhöhung der Wirtschaftlichkeit und Verfügbarkeit des Anlagenbestandes.

#### 29.1.3.1 BIM-Anwendungsfälle bei der DB InfraGO AG (ehemals DB Netz AG)

Die DB InfraGO AG (ehemals DB Netz AG) hat in Abstimmung mit den anderen Konzernunternehmen 19 Anwendungsfälle (AWF) für die BIM-Anwendung definiert. Die AWF sind für die Planungsphase, die Bauausführung und das Betreiben der Infrastrukturanlagen definiert worden und orientieren sich an den Standards, die im Rahmen der nationalen Standardisierung von BIM Deutschland entwickelt wurden. Die Auswahl und Detaillierung der relevanten Anwendungsfälle in den Projekten erfolgt projektspezifisch auf Basis der angestrebten BIM-Ziele und anhand der ausgeschriebenen Leistungen. Abb. 29.4 stellt die Übersicht der AWF und den Einsatz in den Leistungsphasen bei der DB InfraGO AG dar.

## 29.2 Bestandsaufnahme/-modellierung

### 29.2.1 Eingangsdaten

Für die Bestandsaufnahme ist die Erfassung der wesentlichen Aspekte des Bestandes durch geeignete Aufmaße und die Überführung in eine 3D-Darstellung erforderlich. Die Bestandsaufnahme ist eine wesentliche Voraussetzung für die qualitative Durchführung der weiteren BIM-Anwendungsfälle.

#### 29.2.1.1 Datenquellen bei der DB InfraGO AG (ehemals DB Netz AG)

Bei der DB InfraGO AG (ehemals DB Netz AG) gibt es viele Datenquellen. Oftmals liegen die Bestandsdaten allerdings auch noch in konventionellen Formaten vor, die zunächst in die 3D-Welt überführt werden müssen. Vorrangige Datenquellen bei der DB InfraGO AG (ehemals DB Netz AG) aus dem Betrieb sind z. B. GIS-Daten (LandXML/CityGML), Bestandspläne (DWG, PDF), Bahn-Geodaten (IVL, IVMG, Trassendaten etc.), Bauwerksbücher, Bauwerkshefte oder Richtzeichnungen. Diese Daten sind in unterschiedlichen Datenplattformen verfügbar und vom Auftraggeber zur Verfügung zu stellen.

Bei der Bestandsvermessung lassen sich zusätzlich Vermessungsdaten erzeugen, die ebenfalls genutzt werden können. Aus den Vermessungsrohdaten lassen sich u. a. das digitale Geländemodell (DWG, DA 45, 49, 58 nach REB, IFC), Punktwolken (E57, TXT, XYZ, ASCII), Orthofotos (TIFF, JPEG, ECW) oder auch eine Fotodokumentation (JPEG, RAW) generieren. Oftmals gibt es bereits aus vorhergehenden oder korrespondierenden Projekten Vermessungsdaten, welche genutzt werden können. Sollte dies nicht der Fall sein oder sollten die Daten nicht ausreichen, ist eine Bestandsvermessung durchzuführen.

### 29.2.2 Bestandsvermessung

#### 29.2.2.1 Terrestrische Vermessungen

Die zur Verfügung stehenden internen und externen Bestandsdaten sind in der Regel nicht ausreichend, um damit eine vollumfängliche gesicherte Planungsgrundlage zu erzeugen. Einerseits sind diese oft lückenhaft oder veraltet, andererseits liegen sie auch i. d. R. nicht in der notwendigen Datenqualität vor oder widersprechen sich untereinander sogar. Deshalb ist es aktuell grundsätzlich notwendig, vor Projektbeginn eine ergänzende Bestandsvermessung des Projektgebiets durchzuführen, um die vorliegenden Bestandsdaten zu verifizieren und zu verdichten und somit ein aktuelles Abbild der Realität zu erhalten.

Dies erfolgte in der Vergangenheit durch terrestrische Vermessungsmethoden, vor allem mit Tachymetern, vereinzelt auch mit stationären Laserscannern. Die terrestrische Vermessung erforderte von Vermessern einen hohen zeitlichen Aufwand im Außeneinsatz, wobei sie sich häufig im Gefahrenbereich von Gleisanlagen bewegen mussten. Dies führte außerdem zu erheblichen Betriebseinschränkungen im vermessenen Projektgebiet und hohem Vorbereitungsbedarf im Vorfeld der Vermessung. Terrestrische Vermessungen kommen auch heute noch zum Einsatz und sind ein wichtiger Bestandteil der Bestandserfassung. Insbesondere die tachymetrischen Vermessungen erzeugen wesentlich weniger Datenmengen, was die Verarbeitung vereinfacht, und ermöglichen auch die Aufnahme schwer zugänglicher Bauteile (z. B. Kabelgefäßsysteme oder Entwässerungsschächte). Des Weiteren erzielen terrestrische Vermessungsergebnisse eine höhere Genauigkeit.

#### 29.2.2.2 Drohnen

Seit einigen Jahren werden vermehrt Drohnen für die Bestandsaufnahme auch im Schieneninfrastrukturbereich eingesetzt. Diese bieten den Vorteil, dass damit große und unzugängliche Projektgebiete mit einem überschaubaren zeitlichen Aufwand im Außeneinsatz aufgenommen werden können. Die Drohnen sind mit Kameras ausgerüstet, die das Projektgebiet aus unterschiedlichen Blickwinkeln aufnehmen. Die aufgenommenen Bilder werden anschließend mit fotogrammetrischen Methoden zu einem 3-dimensionalen Gesamtbild zusammengesetzt und weiterverarbeitet. Eine Herausforderung besteht hierbei in der genauen Verortung der Drohne im Raum, da sich diese dauerhaft bewegt und somit ständig ihre Position wechselt. Die ausschließliche Verortung mittels GPS ermöglicht keine Ergebnisse mit der notwendigen Vermessungsgenauigkeit. Um die Genauigkeit im erforderlichen Maß zu steigern, gibt es 2 Möglichkeiten. Entweder man nutzt Ground Control Points (GCP)/Passpunkte, die vor der Befliegung ausgelegt und genau eingemessen werden müssen. Diese Punkte werden auf den Fotos mit aufgenommen und ermöglichen eine genaue Verortung der Kamera. Die 2. Möglichkeit ist die Nutzung von RTK-Drohnen (Real Time Kinematic). Diese nutzen weitere Signale von Referenzstationen auf der Erde, um ihre Position genau zu bestimmen.

Eine weitere Herausforderung des Drohneneinsatzes in Deutschland besteht in der Erlangung der Aufstiegsgenehmigung insbesondere über Bahnanlagen im Betrieb. Bestimmte Zonen dürfen gar nicht oder nur unter Sperrung der Gleisanlage überflogen werden, was besonders bei dicht befahrenen Streckenabschnitten einen erheblichen Eingriff in den Eisenbahnbetrieb darstellt. Deshalb eignet sich diese Methode vorrangig für schwer zugängliche Bereiche und große Flächen außerhalb von befahrenen Gleisbereichen.

Auch ist mittlerweile ein EU-Kompetenznachweis verpflichtend zu absolvieren, um mit einer Drohne mit einer höchstzulässigen Startmasse ab 250 g fliegen zu dürfen. Dies ist bei Drohnen, die zu Vermessungszwecken eingesetzt werden sollen, i. d. R. grundsätzlich gegeben.

#### 29.2.2.3 Kinematische Vermessungsmethoden

Eine erst seit Kurzem verfügbare Möglichkeit der Bestandserhebung stellt die kinematische Vermessungsmethode dar. Hierzu werden schienengebundene Fahrzeuge mit verschiedenen Sensoren (Laserscanner, Kameras, Georadar) ausgerüstet. Diese bewegen sich mit bis zu 100 km/h zusammen mit dem restlichen Schienenverkehr durchs Gleisnetz und erfassen das sichtbare Gleisumfeld und den oberflächennahen Untergrundbereich. Durch die Nutzung eines Fixpunktmesssystems, welches die genaue Verortung des beweglichen Messfahrzeug im Raum ermöglich, sind einzelne Betreiber in der Lage, die notwendige Messgenauigkeit für die Gleisvermessung gemäß Ril 883 der DB zu erreichen.

Die gleisgestützten Messsysteme haben den Vorteil, dass der Eingriff in den Bahnverkehr auf ein absolutes Minimum beschränkt wird und keine Mitarbeitenden der Messfirma, des Planungsbüros und des Anlagenbetreibers unnötig in Gefahr gebracht werden. Außerdem ist die Leistung eines solchen Messfahrzeugs deutlich höher als bei konventionellen Methoden. So kann im gleichen Zeitraum ein wesentlich größerer Projektbereich aufgenommen werden als mit konventionellen Methoden. Ziel muss es sein, diese Messsysteme zukünftig nicht nur einmal vor einem Umbauprojekt, sondern regelmäßig durch das Gleisnetz der DB InfraGO AG (ehemals DB Netz AG) zu bewegen, um immer ein aktuelles digitales Abbild des Anlagenbestands (Digitaler Zwilling) in den Bestandssystemen der DB InfraGO AG (ehemals DB Netz AG) zur Verfügung zu haben. Nachteil dieser Vermessungsmethode ist, dass nur Bereiche aufgenommen werden können, die durch die Sensoren vom Gleis aus erfasst werden können. Es wird also auch zukünftig notwendig sein, diese mit weiteren Messmethoden zu kombinieren, um ein vollständiges Abbild des Anlagenbestandes als Planungsgrundlage zu erhalten. Abb. 29.5 zeigt beispielhaft ein kinematisches Messsystem.

### 29.2.3 Bestandsmodellierung

Die Bestandsvermessung und die Aufbereitung der Daten sind die Voraussetzung für die Modellierung des Bestandes. Nach der Bestandserfassung finden die Überführung der Daten in

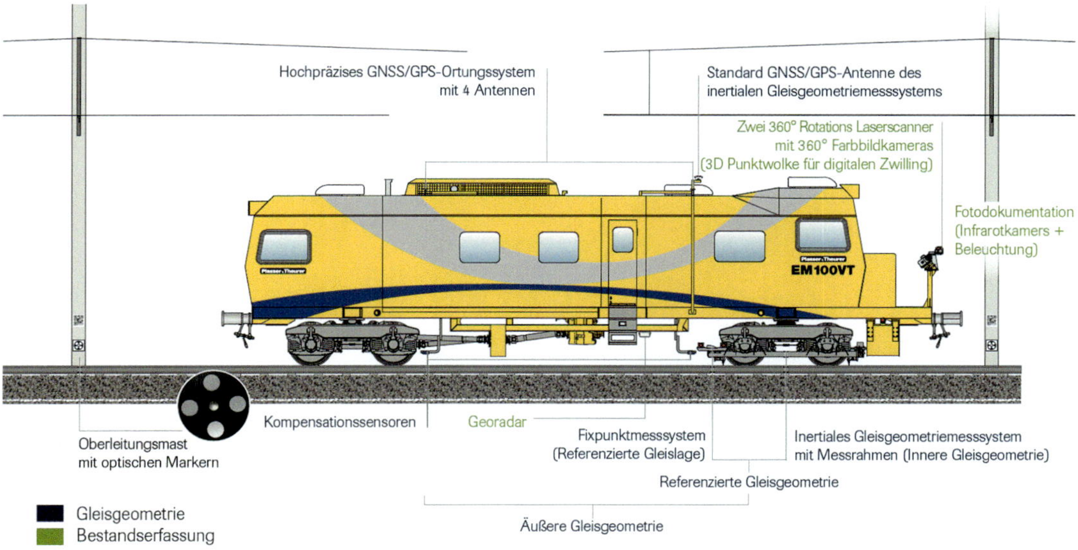


**Abb. 29.5** Kinematisches Messsystem (z. B. Messzug EM100VT, Fa. Plasser & Theurer) (Quelle: [3])

die 3D-Darstellung und die Anreicherung mit zusätzlichen Informationen in Form von Attributen statt. Wesentliche inhaltliche Bestandteile der Bestandsmodellierung bei der DB InfraGO AG (ehemals DB Netz AG) sollten unter anderem sein:

- Digitales Geländemodell (DGM)
- Fachmodell Baugrund
- Leitung und Kreuzung (Spartenmodell)
- Flächenmanagement (Grundeigentum)
- Bebauung (Gebäude)
- Geobasisdaten (in mehreren Teilmodellen)
- Fachmodell Umwelt
- Teilmodell Bestand
- Schienenverkehrsanlagen inkl. Unterbau, Entwässerung und Kabelführungssysteme
- Straßenverkehrsanlagen inkl. Unterbau und Entwässerung
- Ingenieurbauwerke
- Ausrüstungsanlagen (LST, OLA)

Projektspezifisch können die Inhalte des Bestandsmodells abweichend sein. Aus diesem Grund werden die Anforderungen an das Bestandsmodell in den AIA festgelegt.

## 29.3 Planungsphase

### 29.3.1 Modellerstellung

#### 29.3.1.1 Besonderheiten bei der Eisenbahn

**Modellierung von linienhaften Bauwerken**

Anders als im Hochbau sind Bauwerke in der Infrastruktur überwiegend von geometrisch definierten Achsen (dreidimensionalen Raumkurven) abhängig und nicht an Ebenen und Rastern ausgerichtet. Daher erfolgt die Modellierung im Infrastrukturbereiche i. d. R. mit anderen Methoden und Softwaretools. Viele etablierte Modellierungstools aus dem Hochbau sind nur mit Einschränkungen oder durch zusätzliche Aufsätze für die Modellierung von Infrastrukturanlagen geeignet.

Man unterscheidet grundsätzlich zwischen objektbasierter und parametrischer Modellierung. Bei der objektbasierten Modellierung werden in der Software geometrische Repräsentanzen der Objekte geschaffen und im virtuellen Raum platziert. Diese Objekte können flexibel in ihren Ab-

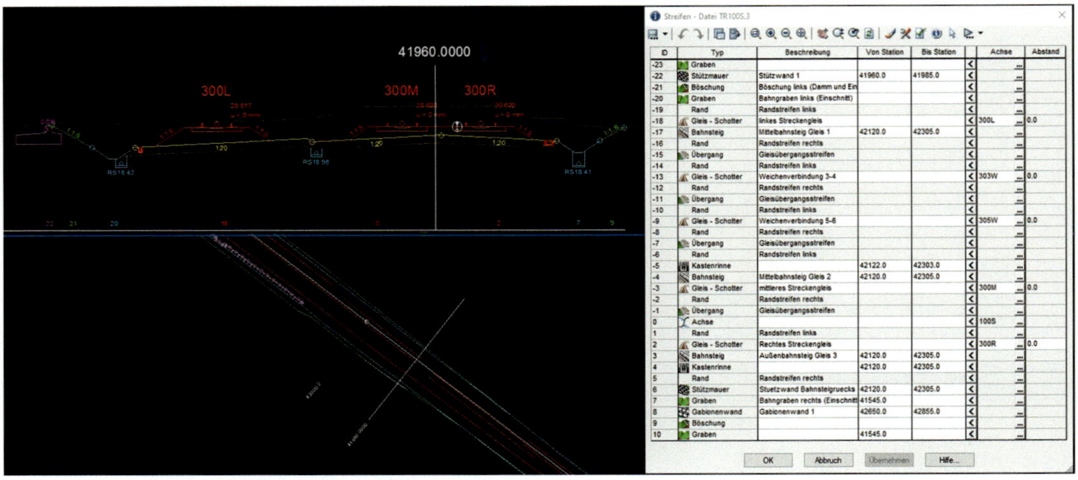


**Abb. 29.6** Parametrische Modellierung (eigene Darstellung Fa. OBERMEYER)

messungen und in ihrer Lage voneinander abhängig sein, erhalten aber bei der Modellierung eine eindeutige Nummer (Global Unique ID, GUID). Bei der parametrischen Modellierung werden dagegen die Erstellungsregeln für die Objekte abgespeichert (siehe Abb. 29.6). Ausgangspunkt sind hierbei in Lage und Höhe trassierte Achsen. Diese Achsen weisen eine interne Stationierung und i. d. R. eine äußere Streckenkilometrierung auf. An diesen Achsen werden stationsbezogene Querschnitte platziert, die parametrisch von der Lage der Achsen abhängig sind. Bei einer Änderung der Achse sorgt die Parametrik dafür, dass sich sämtliche davon abhängige Bauteile automatisch an die neue Lage anpassen. Die geometrische Repräsentanz der Volumenkörper im virtuellen Raum entsteht erst bei der Ausleitung der Modelle aus der Modellierungssoftware gemäß der definierten Erstellungsregeln. Bei einer Planungsänderung müssen die Modelle neu ausgeleitet werden und erhalten dabei eine neue ID.

### Modellierung von punktuellen Bauwerken

Im Infrastrukturbereich gibt es auch punktuelle Objekte, die bei der Modellierung zu berücksichtigen sind. Diese sind teilweise von Trassierungsachsen abhängig, wie z. B. Schwellen, die in einem festgelegten Abstand automatisch entlang der Achse platziert werden. Hierbei überschneiden sich objektbasierte und parametrische Modellierung, da zwar das Einzelobjekt Schwelle als geometrische Repräsentanz vorliegt (siehe Abb. 29.7), aber in der parametrischen Modellierungssoftware regelbasiert im Modell platziert wird (siehe Abb. 29.8). Somit muss im Modell, neben der Platzierungsregel, das geometrische Objekt nur einmal abgespeichert werden. Dies spart Speicherplatz und erhöht die Performance bei der Modellierung. Insbesondere hochstandardisierte Bauteile, wie es z. B. Schwellen sind, werden idealerweise in einer Objektbibliothek vorgehalten und nur noch regelbasiert im Modell platziert.

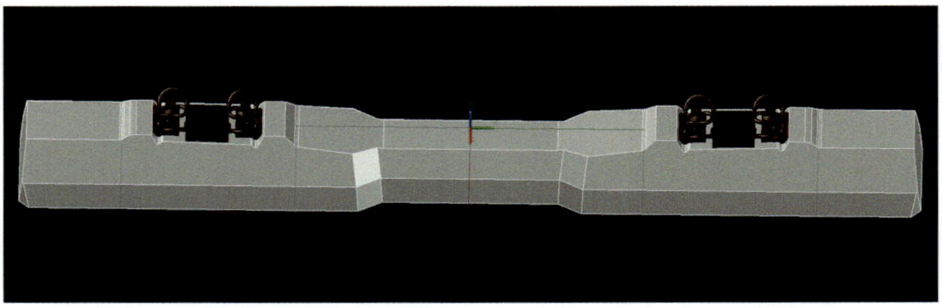

**Abb. 29.7** Einzelobjekt Schwelle aus Objektbibliothek (eigene Darstellung Fa. OBERMEYER)

**Abb. 29.8** Fachmodell Gleisoberbau mit Schwellen im Regelabstand (eigene Darstellung Fa. OBERMEYER)

Neben den wiederkehrenden punktuellen Objekten gibt es im Eisenbahnbereich natürlich auch punktuelle Bauwerke, die einmalig sind oder sehr unregelmäßig entlang von Bahnstrecken existieren. Dies können z. B. Schalthäuser oder Funkmasten sein. Diese haben i. d. R. nur eine enge räumliche Ausdehnung und sehr eingeschränkte Abhängigkeit von der Gleisachse. Bei der Planung dieser Anlagen spielen vorwiegend die örtlichen topografischen Verhältnisse und deren Anbindung an das öffentliche Straßennetz eine ausschlaggebende Rolle. Daher werden diese Bauwerke üblicherweise objektbasiert modelliert und frei im Raum platziert. Abhängig vom Standardisierungsgrad werden diese Bauteile projektspezifisch einzeln modelliert oder, bei wiederkehrendem Bedarf, in einer Objektbibliothek vorgehalten.

### Modellierung in der Technischen Ausrüstung (LST, OLA, 50 Hz, TGA)

Eine Besonderheit bei der Modellierung im Eisenbahnbereich stellt die technische Ausrüstung dar. Anders als bei Verkehrsanlagen oder Ingenieurbauwerken erfolgt hier die Planung, insbesondere in frühen Leistungsphasen, eher schematisch, da hierbei funktionale Abhängigkeiten (z. B. Fahrstraßen, Schaltabschnitte) vorrangig ausschlaggebend sind. Die genaue Platzierung der Bauteile rückt erst zu einem späteren Zeitpunkt in den Fokus. Dies macht die Koordination dieser Gewerke mit den anderen Fachsparten schwierig. Aktuell gibt es in Projekten regelmäßig Diskussionen zum geschuldeten Tiefgang der Planung und damit auch zum geometrischen und semantischen Detaillierungsgrad der Modellierung. Die Erwartungshaltung und der Leistungsumfang gemäß Leistungsbild stehen hierbei teilweise im Widerspruch. Um diesbezügliche Streitigkeiten während der Projektbearbeitung zu

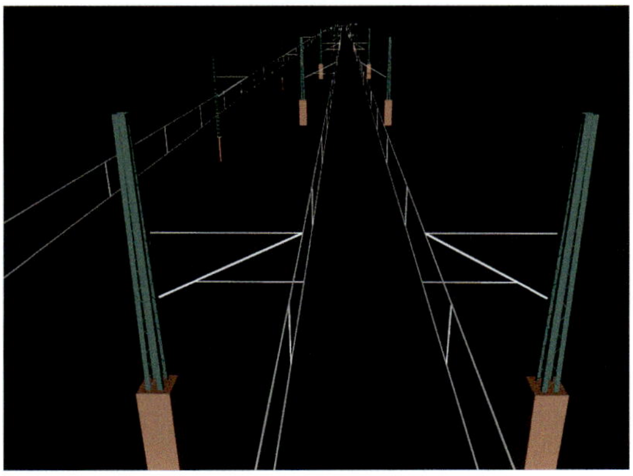

**Abb. 29.9** Fachmodell Oberleitung mit Standardgittermasten im Regelabstand (eigene Darstellung Fa. OBERMEYER)

vermeiden, sollten sich Auftraggeber und Auftragnehmer zu Projektbeginn auf ein gemeinsames Verständnis einigen und dies im BIM-Abwicklungsplan dokumentieren. Dies entspricht auch der kollaborativen Arbeitsweise, welche der BIM-Methodik zugrunde liegt.

Im Regelfall werden heute in regelmäßigen Abständen maßgebliche Bauteile der technischen Ausrüstung (z. B. Oberleitungsmasten, Signale) auf Basis der schematischen Planung als Volumenkörper erzeugt, um Konflikte mit der Planung anderer Gewerke erkennen und bei der Koordination berücksichtigen zu können (siehe Abb. 29.9). Solange die genaue Lage z. B. von Oberleitungsmasten noch nicht festgelegt ist, werden Mastgassen bei der Modellierung berücksichtigt, um den notwendigen Platzbedarf für die Platzierung der späteren Bauteile sicherzustellen.

### Kabeltiefbau

Eine weitere Besonderheit bei der Modellierung im Eisenbahnbereich stellt der Kabeltiefbau dar. Die koordinierte Kabeltrassenplanung ist eine gemeinschaftliche Aufgabe der verschiedenen tech-

**Abb. 29.10** Modellierung Kabeltiefbau (eigene Darstellung Fa. OBERMEYER)

nischen Ausrüstungsgewerke. I. d. R. werden dabei keine einzelnen Kabel modelliert, sondern ganze Kabeltrassen, in denen die verschiedenen Kabel zusammen verlegt werden. Wie im vorherigen Abschnitt beschrieben, geht es hierbei in den frühen Leistungsphasen darum, die notwendige Verbindung einzelner Funktionseinheiten der technischen Ausrüstung (z. B. Stellwerk mit Signal oder Weichenheizung mit Einspeisepunkt) sicherzustellen. Dies erfolgt meistens erstmal mit Hilfe schematischer Darstellungen. Auf Basis dieser schematischen Planungen werden Anzahl und Größe der notwendigen Kabel und damit der resultierende Platzbedarf festgelegt. Dabei werden auch Abhängigkeiten zwischen verschiedenen Kabeltypen (z. B. Mindestabstände zwischen Elektro- und LST-Kabeln) berücksichtigt. Modelliert werden anschließend die notwendigen Kabelgefäßsysteme (Kabelkanäle, Kabelschächte, Kabelleerrohre) zur Aufnahme der geplanten Kabel (siehe Abb. 29.10). Die Kabelgefäßsysteme sind stark standardisiert und parametrisiert und eignen sich in besonderem Maße zur Abbildung in einer Objektbibliothek. Außerdem sind sie modular aufgebaut und können daher einfach an unterschiedliche örtliche Gegebenheiten angepasst werden. Nur selten werden daher Einzelanfertigungen (Ortbetonschächte) geplant und modelliert. Bei Umplanungen der technischen Ausrüstung mit Auswirkungen auf Anzahl oder Größe von Kabeln werden i. d. R. andere Größen der standardisierten Kabelgefäßsysteme verwendet, was wiederum Auswirkungen auf die Gestaltung des Trassenkörpers der Gleisanlagen haben kann.

#### 29.3.1.2 Attribuierung

**Semantisches Objektmodell (SOM)**
Das semantische Objektmodell beschreibt die grundsätzlichen Anforderungen je Gewerk an das Modell. Es ist eine strukturierte Sammlung fachlicher Objekte zur Planung und Realisierung von Infrastrukturmaßnahmen sowie zu den dazugehörigen Attributen. Neben den Objekt- und Attributnamen gibt das Modell auch die Formate und Wertebereiche sowie Definitionen der Attribute vor. Abb. 29.11 zeigt schematisch den grundsätzlichen Aufbau des Semantischen Objektmodells. Neben den Lieferzeitpunkten können die benötigten Informationen auch nach BIM-Anwendungsfällen gefiltert werden. Bisher liegt das SOM für die Leistungsphasen 1–4 vor. Die weiteren Leistungsphasen werden sukzessiv ergänzt. Das SOM wurde von der DB InfraGO AG (ehemals DB Netz AG) als Auftraggeber erstellt und wird hier weiterentwickelt und gepflegt. Es wurde zur projektübergreifenden Standardisierung und automatischen Modellauswertung eingeführt. Damit hat es viele Vorteile für das einzelne Projekt, aber auch für die DB InfraGO AG (ehemals DB Netz AG) insgesamt. Durch Nutzung einer allgemeinen Vorlage wird der Anpassungsaufwand in den einzelnen Projekten für Fachmodelle stark reduziert. Es müssen nur noch im geringen Maße projektspezifische Ergänzungen vorgenommen werden. Mit Sicht auf den Betreiber können so konsistente Daten übergeben werden, welche übergreifende Auswertungen ermöglichen, und einheitliche Standards der Bestandsdaten schaffen. Damit wird eine wichtige Grundlage für die Digitalisierung der Infrastruktur geschaffen.

Das SOM ist Bestandteil der Auftraggeber-Informationsanforderungen (AIA). Mit der Anwendung der Objektmodelle stehen flächendeckend konsistente Daten und einheitliche Verknüpfungen der Daten zur Verfügung. Im Rahmen einer Beauftragung wird das SOM dem Auftragnehmer übergeben, der dieses für die projektspezifische Objekt- und Attributmodelle nutzen muss. Dabei

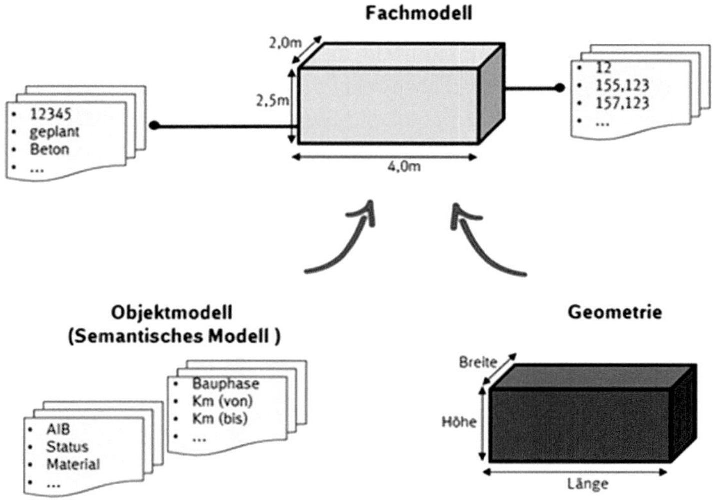


**Abb. 29.11** Aufbau SOM (DB eigene Darstellung)

ist das SOM nicht als abgeschlossenes Dokument zu verstehen, sondern projektspezifisch anzupassen. Es können also Inhalte in Abstimmung zwischen Auftraggeber und Auftragnehmer ergänzt oder auch gelöscht werden. Die Modell- und Attributstrukturen sowie die Nomenklatur der aus dem SOM verwendeten Objekte und Attribute dürfen jedoch nicht verändert werden. Am 11. Oktober 2022 wurde das neue BIM-Portal des Bundes durch Bundesminister Dr. Wissing und Bundesministerin Geywitz veröffentlicht. Dieses wurde eingerichtet, um öffentliche Auftraggeber bei der Definition von Informationsbedarfen und Auftragnehmer bei der qualitätsgerechten Lieferung von digitalen Bauwerksmodellen zu unterstützen. Das BIM-Portal wird dabei in mehreren Ausbaustufen sukzessiv befüllt und zur Nutzung freigegeben. Das SOM der DB InfraGO AG (ehemals DB Netz AG) wurde bereits in der ersten Ausbaustufe auf dem BIM-Portal veröffentlicht. Eine vollumfängliche Nutzung des BIM-Portals ist allerdings erst mit den weiteren geplanten Ausbaustufen möglich.

#### 29.3.1.3 Umgang mit Georeferenzierung

Im Infrastrukturbereich und damit auch im Eisenbahnbereich erfolgt die Planung und Modellierung in der realen Projektumgebung mit einem definierten Georeferenzsystem mit Lage- und Höheninformationen. Bei der DB wurde hierfür mit dem DB_REF ein eigenes Referenzsystem geschaffen. Für alle raumbezogenen Anwendungen der Deutsche Bahn AG wird dieses geodätische Bezugs- und Abbildungssystem einheitlich angewendet. Dazu zählen neben der Planung auch alle geodätischen Vermessungen, Trassierungen und die Bereitstellung sämtlicher Geodaten.

Für die Planung werden jedoch nicht nur DB-eigene Daten im DB_REF-System verwendet, sondern viele verschiedene Daten aus unterschiedlichen Quellen. Diese liegen i. d. R. in einem anderen Georeferenzsystem vor und müssen für die Bestandsmodellierung nach mathematischen Regeln ins DB_REF transformiert werden, um mit den DB-eigenen Daten in einem umfassenden Bestandsmodell als Planungsgrundlage zusammen dargestellt werden zu können. Umgekehrt müssen auch Planungsergebnisse für die Darstellung in einem nicht DB-eigenen System (z. B. in einem öffentlichen GIS-System) transformiert werden.

Weiterhin sind verschiedene Modellierungs- und Koordinationstools, welche ursprünglich für den Einsatz im Hochbau entwickelt wurden, nicht in der Lage, mit den großen Koordinatenwerten von Georeferenzsystemen umzugehen. Hierbei kommt es beim Einlesen von georeferenzierten Modellen zur Fragmentierung dieser Modelle, wodurch sie unbrauchbar werden. Um verschiedene Softwareprodukte bei der Modellerstellung und -weiterverarbeitung nutzen zu können, wird

i. d. R. in jedem Projekt ein Projekt-Basispunkt im unmittelbaren Projektumfeld und damit ein Translationsvektor für georeferenzierte Modelle definiert. Beim Einlesen solcher Modelle in die Software werden diese durch die Software auf den definierten Projekt-Basispunkt verschoben. Insbesondere bei Modellen mit großen Ausdehnungen in Länge oder Breite sollte dieser Projekt-Basispunkt im Schwerpunkt des Projektgebiets liegen, da die Softwareprodukte i. d. R. nur einen eingeschränkten Projektbereich verwalten können.

#### 29.3.1.4 Umgang mit großen Datenmengen und großen Längsausdehnungen

Viele Infrastrukturprojekte, gerade die Großprojekte, erstrecken sich über mehrere Kilometer Strecke und umfassen mehrere Bauwerke und Bahnanlagen. Aufgrund der oftmals großen Projektausdehnung von Eisenbahnprojekten erreichen die Modelle teilweise erhebliche Datenmengen. So können große und geometrisch komplizierte Modelle mehrere hundert MegaByte aufweisen. Die Datenmenge erhöht sich dabei mit höherer Planungstiefe und damit Modelldetaillierung (geometrisch und semantisch) über die verschiedenen Planungsphasen. Auch hochaufgelöste Vermessungsdaten (eng gerasterte digitale Geländemodelle und Punktwolken), die als Planungsgrundlage im Bestandsmodell verarbeitet werden, können erhebliche Datenmengen (tlw. mehrere GigaByte) aufweisen. Die Erstellung und Verarbeitung solcher Modelle sind nur mit leistungsstarker Soft- und Hardware möglich, die erhebliche Investitionen von allen beteiligten Parteien erfordert. Mit steigender Anzahl der Mitarbeitenden in BIM-Projekten verschärft sich die Situation. Daher werden diese Leistungen zunehmend in Cloud-Dienste verlagert. Diese Cloud-Dienste basieren auf Hochleistungsservern in großen Rechenzentren, die über eine wesentlich höhere Leistung als normale Desktoprechner oder Laptops verfügen. Das Endgerät des Mitarbeiters dient damit nur noch als Anzeigegerät und kann dadurch wesentlich schlanker ausfallen. Beispielhaft ist ein Gesamtmodell einer Bahnstrecke in der Abb. 29.12 dargestellt.

Trotzdem ist es auch weiterhin wichtig, Modelle datenschonend zu gestalten. Deshalb lautet hier das Motto: „Nicht so viel wie möglich, sondern nur so viel wie nötig“. Dies betrifft sowohl die Geometrie als auch die Semantik von Modellen. Unnötige Objekte oder Attribute erhöhen die Qualität der Modelle nicht und wirken sich negativ auf den Bearbeitungsaufwand und die Bearbeitungsperformance aus. Deshalb ist es wichtig für die entsprechende Planungsphase genau zu definieren, welche Informationen benötigt werden. Auch die sinnvolle Unterteilung des Gesamtmodells in Fach- und Teilmodelle ist aktuell und zukünftig eine wichtige Stellschraube zur Sicherstellung der performanten Be- und Verarbeitung von BIM-Modellen. Dadurch behalten

**Abb. 29.12** Gesamtmodell Bahnstrecke (Ausführungsplanung) (eigene Darstellung Fa. OBERMEYER)

Modelle eine praktikable Größe und ermöglichen eine gute fachliche und räumliche Strukturierung des Gesamtprojekts.

#### 29.3.1.5 Detaillierungsgrad (Geometrie und Semantik)

Die geometrische und semantische Detaillierung von Modellen ist ein regelmäßiger Diskussionsgrund in Projekten, da sich die Erwartungen der Projektbeteiligten teilweise fundamental unterscheiden. Wie in den vorangegangenen Abschnitten bereits beschrieben, spielen hierbei verschiedene Aspekte eine Rolle. Zum einen führt eine Erhöhung des Detaillierungsgrades zu einem größeren Bearbeitungsaufwand und zu einer größeren Datenmenge, was zu einem höheren Zeitbedarf für die Modellierung, Qualitätssicherung und Weiterverarbeitung sowie zu höheren Anforderungen an die Soft- und Hardware führt. Zum anderen hat der Detaillierungsgrad direkten Einfluss auf die Ausprägung fast aller Anwendungsfälle und der möglichen Liefererergebnisse. Hierbei ist es von essenzieller Bedeutung, eine gute Vorstellung vom angestrebten Endergebnis zu haben, bevor man mit der Modellierung beginnt. In BIM-Projekten wird daher der Projektstartphase eine sehr hohe Bedeutung beigemessen, da hier wichtige Weichenstellungen für den gesamten Projektverlauf getroffen werden, die später nur schwer und mit viel Aufwand zu korrigieren sind.

Standardmäßig werden der Detaillierungs- oder Ausarbeitungsgrad von Modellen heute mit dem sogenannten Level of Development oder Level of Detail (LOD) angegeben. Dieses ursprünglich aus Amerika stammende Konzept wurde auf Europa übertragen. Der LOD setzt sich aus dem LOG (Level of Geometry/geometrischer Detaillierungsgrad) und den LOI (Level of Information/semantischer Detaillierungsgrad) zusammen und wird mit einer fünfstufigen Skala von 100 bis 500 angegeben. Dieses Skalensystem berücksichtigt jedoch nicht in ausreichendem Maße die Leistungsphasen der HOAI. Daher wurde für den deutschen Markt das Konzept des Modelldetaillierungsgrades (MDG) entwickelt (siehe Abb. 29.13), welcher sich jedoch am amerikanischen Standard anlehnt. Für den MDG wurde ein 11-stufiges Skalensystem von 010 bis 600 entwickelt.

Das Technische Komitee CEN/TC 442 ist damit beschäftigt, entsprechende Standards in das deutsche und europäische Regelwerk zu integrieren. Zum aktuellen Zeitpunkt gibt es allerdings für den Infrastrukturbereich noch keinen einheitlichen Standard, der zur Verfügung steht. Das bedeutet, dass es aktuell in den verschiedenen Bereichen des Infrastrukturbereiches ganz unter-

| MDG | LOD | Leistungsphase |
|---|---|---|
| 010 | keine Entsprechung | 1: Grundlagenermittlung |
| 100 | 100 | 2: Vorplanung |
| 200 | 200 | 3: Entwurfsplanung |
| 210 | keine Entsprechung | 4: Genehmigungsplanung |
| 300 | 300 | 5: Ausführungsplanung |
| 310 | keine Entsprechung | 6: Vorbereitung der Vergabe |
| 320 | keine Entsprechung | 7: Mitwirkung bei der Vergabe |
| 400 | 400 | 8: Objektüberwachung (Werk- und Montageplanung) |
| 500 | 500 | 8: Objektüberwachung (Bestandsmodell) |
| 510 | keine Entsprechung | 9: Objektbetreuung |
| 600 | keine Entsprechung | Betrieb |

**Abb. 29.13** Modelldetaillierungsgrad (MDG) (eigene Darstellung Fa. OBERMEYER in Anlehnung an [4])

schiedliche Ansätze für die Detaillierungs- und Ausprägungsgrade der Modelle gibt.

## 29.3.2 Qualitätssicherung

### 29.3.2.1 Grundlagen

Um eine reibungslose Nutzung der erstellten BIM-Modelle für die verschiedenen Anwendungsfälle zu gewährleisten, müssen diese den im Projekt definierten Anforderungen entsprechen. Dies ist mit Hilfe verschiedener Mechanismen der Qualitätssicherung sicherzustellen. Dabei sind verschiedene Aspekte zu berücksichtigen, die die Qualität von Modellen beeinflussen. Diese lassen sich in drei Hauptkategorien (Geometrie, Semantik, Fachtechnik) einsortieren (siehe Abb. 29.14), die nachfolgend näher erläutert werden. Modellqualität ist eine Summe aus der Qualität der verschiedenen Einzelkriterien, wobei das schwächste Glied ausschlaggebend für die Gesamtqualität ist. Ein geometrisch und semantisch einwandfreies Modell kann fachtechnisch komplett falsch und damit unbrauchbar sein.

Qualitätssicherung ist nicht die Aufgabe einer einzelnen Person, sondern eine Teamleistung, die sich über die gesamte Projektlaufzeit erstreckt. Die erste Qualitätssicherung erfolgt bereits bei der Modellerstellung durch den Modellautor/Konstrukteur. Dieser muss sicherstellen, dass die Modelle fachlich richtig gemäß dem geltenden Regelwerk und den gesetzlichen Vorgaben erstellt werden und den geometrischen und semantischen Projektvorgaben entsprechen. Anschließend überprüft der BIM-Fachkoordinator im 4-Augen-Prinzip, ob die verschiedenen Modellautoren der Fachdisziplin korrekt gearbeitet haben und die Teilmodelle des Fachgewerks fachtechnisch, geometrisch und semantisch den Anforderungen entsprechen und untereinander keine Konflikte aufweisen. Sobald er dies sichergestellt und dokumentiert hat, übergibt er die qualitätsgesicherten Fachmodelle an den Gesamtkoordinator. Der BIM-Gesamtkoordinator führt die verschiedenen Fachmodelle der beteiligten Fachdisziplinen regelmäßig zu einem oder mehreren Koordinationsmodell(en) zusammen und überprüft diese auf fachübergreifende Konflikte. Außerdem überprüft er die Qualitätssicherung der verschiedenen Fachkoordinatoren. Dies ist ein iterativer Prozess, der sich regelmäßig über den gesamten Projektverlauf erstreckt und zu einer sukzessiven Verbesserung der Modellqualität führt. Der BIM-Gesamtkoordinator übergibt die qualitätsgesicherten Koordinationsmodelle inkl. der Dokumentation der durchgeführten Qualitätssicherungsmaßnahmen gemäß dem definierten Zyklus an den BIM-Manager auf Seiten des Auftraggebers. Dieser überprüft stichprobenartig die übergebenen Modelle und die dokumentierten Qualitätssicherungsmaßnahmen auf Grundlage der vorgebebenen Randbedingungen z. B. in den AIA und gibt die Modelle nach erfolgreicher Qualitätsprüfung frei.

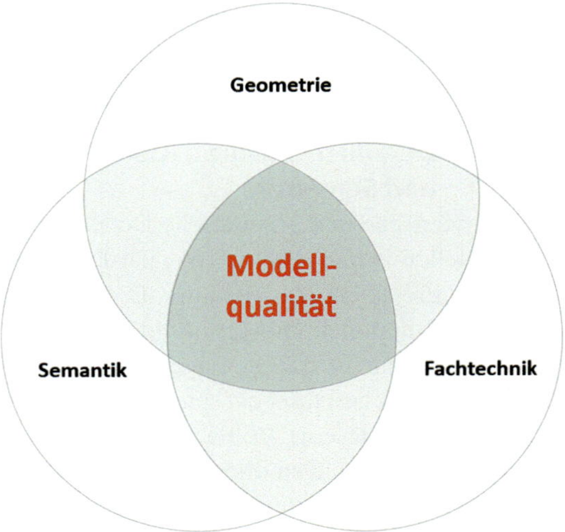


**Abb. 29.14** Drei Säulen der Modellqualität (DB eigene Darstellung)

Dabei ist zu berücksichtigen, dass die o. g. Funktionen Rollen mit entsprechenden Verantwortlichkeiten darstellen. In Abhängigkeit der Projektgröße und -konstellation kann eine natürliche Person auch mehrere Rollen einnehmen und z. B. ein Fachkoordinator einer Disziplin auch Gesamtkoordinator des Projektes sein.

### 29.3.2.2 Geometrie

Die Modelle der verschiedenen Fachdisziplinen werden regelmäßig auf Lagerichtigkeit und relevante Kollisionen geprüft. Dies erfolgt einerseits mittels visueller Kontrolle und andererseits über automatisierte Kollisionsprüfung. Hierbei sind nicht nur die Modelle der Planung zu berücksichtigen, sondern auch die relevanten Bestandsmodelle, insbesondere wenn der Bestand angepasst (z. B. Leitungsverlegung) oder an diesen angebaut (z. B. Brückenerweiterung) werden soll. Weiterhin können Kollisionen auch temporär sein. Deshalb sollten auch relevante Bauzustände und die damit verbundenen Bauhilfsmaßnahmen (z. B. Verbauten, Rückverankerungen) in die Kollisionsprüfung während der 4D-Modellierung einbezogen werden.

Die erste visuelle Kontrolle erfolgt bereits durch den Modellautor bei der Erstellung der Modelle. Hierfür werden i. d. R. die Funktionen des jeweiligen Modellierungstools genutzt. Hierbei ist es wichtig, dass alle Modelle in einem einheitlichen Koordinatensystem erstellt werden, damit diese zusammenpassen und beim Zusammenfügen ein abgestimmtes Gesamtbild der Maßnahme ergeben. Nur so kann sichergestellt werden, dass die verschiedenen Fachgewerke koordiniert und maßgebliche Konflikte während der Planung erkannt werden können. Das von allen Beteiligten zu verwendende Koordinatensystem und der dazugehörige Projektbasispunkt werden vor Beginn der Modellierung definiert und im BIM-Abwicklungsplan dokumentiert. Zur visuellen Kontrolle der Lagerichtigkeit wird häufig ein sogenannter Koordinationskörper verwendet, der i. d. R. in Form einer Pyramide in jedem Fach- und Teilmodell am Projektbasispunkt platziert wird (siehe Abb. 29.15). Wenn die Modelle lagerichtig erstellt wurden, sind die verschiedenen Koordinationskörper deckungsgleich. Neben der Lagerichtigkeit wird bei der geometrischen Qualitätssicherung auch die Granularität der Modelle auf Konformität mit dem vereinbarten Level of Geometry (LOG, siehe auch Abschn. 29.3.1.5) geprüft.

Ein weiterer Aspekt ist die Kollisionsprüfung zwischen den verschiedenen Fach- und Teilmodellen. Neben einer initialen visuellen Kontrolle erfolgt die Kollisionsprüfung i. d. R. (teil-)automatisiert in verschiedenen Koordinationstools. Dazu ist es notwendig, dass in den Programmen definiert wird, welche Objekte und Modelle gegeneinander geprüft werden. Dies erfolgt

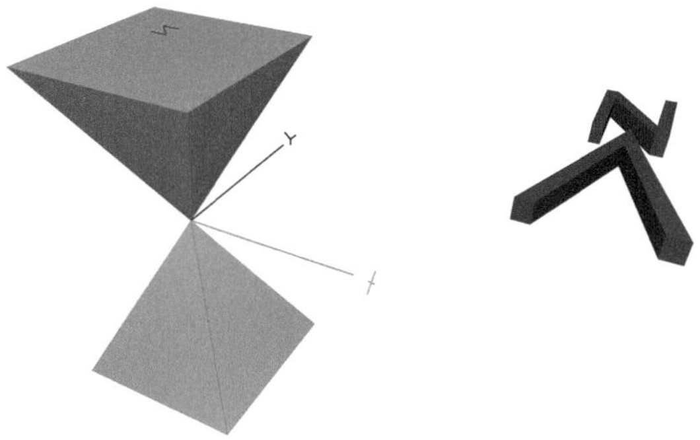


**Abb. 29.15** Koordinationskörper (eigene Darstellung Fa. OBERMEYER)

meist in Form einer Kollisionsmatrix, in der definiert ist, welche Bauteile für die Modellqualität relevante Kollisionen aufweisen können und welche Toleranzen berücksichtigt werden sollen (siehe Abb. 29.16). So stellt die geringfügige Überschneidung zwischen einer Planumsschutzschicht und dem Schotterbett zwar grundsätzlich eine Kollision dar, diese ist aber tolerierbar, da sie sich nicht negativ auf die Herstellbarkeit der Anlage auswirkt, solange sie bestimmte Herstelltoleranzen nicht überschreitet. Anders verhält es sich bei Kollisionen zwischen festen Bauteilen wie z. B. Oberleitungsmasten und Brücken. Derartige Konflikte führen dazu, dass die Anlage nicht in der geplanten Form gebaut werden kann und die Planung entsprechend angepasst werden muss.

Es gibt auch Kollisionen, die bewusst in Kauf genommen werden, da ihre Vermeidung einen erheblichen Aufwand bei der Modellierung und eine enorme Steigerung der Datenmenge verursachen würde, ohne einen essenziellen Mehrwert für die Modellqualität zu bringen. Ein klassisches Beispiel hierfür ist die Aussparung der Schwellen aus dem Schotterbett. Aufgrund der Vielzahl der Schwellen, die aus dem Volumenkörper des Schotterbetts auszuschneiden sind, entsteht eine komplexe Oberfläche mit einer großen Datenmenge, welche die Erstellung und Verarbeitung der Modelle erheblich erschwert. Der durch die Nichtberücksichtigung der Schwellen verursachte Fehler bei der Mengenermittlung für den Schotter kann mathematisch durch Abzug der Schwellenvolumina korrigiert werden.

| KürzelGewerk | Fachmodell | Bauteilgruppe | BSE | IBW | | | | TAS | | VEA | | | | | | | | | | |
|---|---|---|---|---|---|---|---|---|---|---|---|---|---|---|---|---|---|---|---|---|
| | | | BE | BR | TR | LS | TUN | LST | OLA | BST | EBB | EBT | EWE | KLG | KTB | LRP | STB | STB | TRA |
| | | | Baustelleneinrichtung | Bruecke | Trog | Laermschutzwand | Tunnelbauwerk | Leit- und Sicherungstechnik | Oberleitungsanlagen | Bahnsteig_Stadtbahn | Oberbau_Schiene | Erdbau_Tragschicht | Entwaesserung | Kabel_Leitung_Graben | Kabeltiefbau | Lichraumprofil | Oberbau_Strasse | Ausstattung_Strasse | Trassierung |
| BSE | BE | Baustelleneinrichtung | x | | | | | | | | | | | | | | | | |
| IBW | BR | Bruecke | x | x | | | | | | | | | | | | | | | |
| | TR | Trog | x | x | x | | | | | | | | | | | | | | |
| | LS | Laermschutzwand | x | x | x | x | | | | | | | | | | | | | |
| | TUN | Tunnelbauwerk | x | x | x | x | x | | | | | | | | | | | | |
| TAS | LST | Leit- und Sicherungstechnik | x | x | x | x | x | x | | | | | | | | | | | |
| | OLA | Oberleitungsanlagen | x | x | x | x | x | x | x | | | | | | | | | | |
| VEA | BST | Bahnsteig_Stadtbahn | x | x | x | x | x | x | x | x | | | | | | | | | |
| | EBB | Oberbau_Schiene | x | x | x | x | x | x | x | x | x | | | | | | | | |
| | EBT | Erdbau_Tragschicht | x | x | x | x | x | x | x | x | x | x | | | | | | | |
| | EWE | Entwaesserung | x | x | x | x | x | x | x | x | x | x | x | | | | | | |
| | KLG | Kabel_Leitung_Graben | x | x | x | x | x | x | x | x | x | x | x | x | | | | | |
| | KTB | Kabeltiefbau | x | x | x | x | x | x | x | x | x | x | x | x | x | | | | |
| | LRP | Lichraumprofil | x | x | x | x | x | x | x | x | x | x | | | | x | | | |
| | STB | Oberbau_Strasse | x | x | x | x | x | | | | x | x | x | x | x | x | x | | |
| | STB | Ausstattung_Strasse | x | x | x | x | x | | | | x | x | x | x | x | x | x | x | |
| | TRA | Trassierung | | | | | | | | | | | | | | | | | |

| | |
|---|---|
| x | Überprüfung erforderlich |
| x | Überprüfung empfehlenswert |
| | keine Prüfung erforderlich |

**Abb. 29.16** Beispiel Kollisionsmatrix (Ebene Bauteilgruppe) (eigene Darstellung Fa. OBERMEYER)

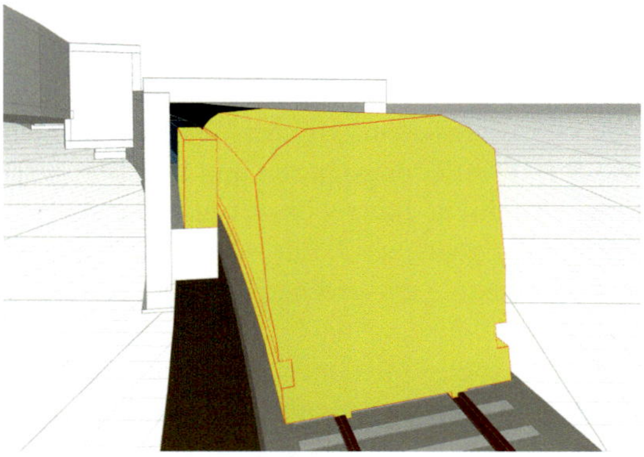

**Abb. 29.17** Modellierung Licht- und Sicherheitsräume im Tunnel (eigene Darstellung Fa. OBERMEYER)

Des Weiteren wird die Kollisionsprüfung auch dazu genutzt, die Einhaltung freizuhaltender Räume zu überprüfen. Hierzu zählen z. B. die Lichtraumprofile gemäß den nationalen und internationalen Bahnrichtlinien oder auch Sicherheits- und Arbeitsräume im Gleisbereich sowie Abstandsmaße von Oberleitungsanlagen. Diese freizuhaltenden Räume werden als Volumenkörper modelliert und auf Kollisionen mit den physischen Bauteilen der Bahnanlagen geprüft. Da es sich hierbei oftmals um sicherheitsrelevante Aspekte handelt, führen derartige Kollisionen i. d. R. zu Anpassungsbedarf an der Planung. Abb. 29.17 zeigt beispielhaft die Modellierung von Licht- und Sicherheitsräumen im Tunnel.

### 29.3.2.3 Semantik

Neben der Geometrie müssen auch die semantischen Inhalte der Modelle auf Konformität mit den vereinbarten Vorgaben im Projekt überprüft werden. Die semantischen Inhalte werden in Form von Attributen an den Volumenkörpern gepflegt und ermöglichen erst die intelligente Filterung und Weiterverarbeitung der Modellkörper für die verschiedenen Anwendungsfälle. Der Semantikprüfung kommt daher ein hoher Stellenwert bei, da bereits kleine Fehler (Punkt statt Komma o. ä.) dazu führen, dass Automatismen nicht funktionieren und einen hohen manuellen Nachbearbeitungsbedarf verursachen.

Die semantischen Vorgaben sind zu Projektbeginn zwischen allen Beteiligten abzustimmen und verbindlich zu vereinbaren. Dies erfolgt i. d. R. über projektspezifische Objekt- und Attributlisten, in denen definiert ist, aus welchen Objekten sich die verschiedenen Teil- und Fachmodelle zusammensetzen und welche Attribute diese tra-

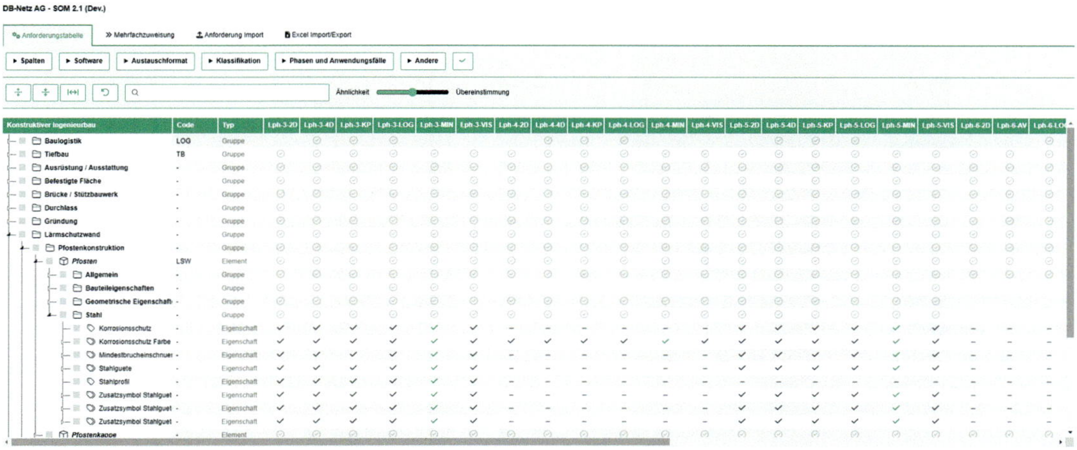


**Abb. 29.18** Auszug aus dem SOM der DB InfraGO AG (ehemals DB Netz AG) (Quelle: DB InfraGO AG (ehemals DB Netz AG))

gen sollen. Um nicht in jedem Projekt bei null starten zu müssen, haben verschiedene Auftraggeber und Organisationen bereits übergreifende Merkmalkataloge erarbeitet, die die Grundlage für die projektspezifischen Objekt- und Attributlisten bilden. Die DB InfraGO AG (ehemals DB Netz AG) hat hierfür das semantische Objektmodell (SOM) entwickelt und als Standard in ihren Projekten etabliert (siehe Abschn. 29.3.1.2 Abb. 29.18). Aktuell gibt es auf nationaler und internationaler Ebene Bestrebungen, die verschiedenen Merkmalkataloge zu vereinheitlichen und zu einem gemeinsamen Standard weiterzuentwickeln.

Bei der semantischen Prüfung wird überprüft, ob die modellierten und attribuierten Bauteile den in den Auftraggeber-Informationsanforderungen und der projektspezifischen Objekt- und Attributliste definierten Vorgaben entsprechen. Dies erfolgt i. d. R. (teil-)automatisiert in verschiedenen Koordinationstools. Dazu müssen in diesen Tools die semantischen Anforderungen als Regeln hinterlegt sein.

Die Prüfung verläuft in einem mehrstufigen Prozess. Dabei wird geprüft,

- ob die geforderten Attribute an den verschiedenen Bauteilen vorhanden und richtig benannt sind,
- ob alle geforderten Attribute mit Inhalten (Werten) gefüllt sind,
- ob die Attribute den richtigen Datentyp (Text, Ganzzahl, Dezimalzahl etc.) und ggf. die richtige Einheit aufweisen und
- ob die Attribute mit einem zulässigen Wert gefüllt sind.

Abb. 29.19 zeigt beispielhaft den Auszug einer Bauteilattribuierung mit Eigenschaftsname und -wert sowie Datentyp der Attribute.

#### 29.3.2.4 Fachtechnik

Die fachtechnische Prüfung der Modelle stellt aktuell noch die größte Herausforderung bei der Qualitätssicherung dar. Hierbei wird geprüft, ob die Modelle der Planung den geltenden Regelwerken, Vorschriften und gesetzlichen Vorgaben entsprechen und nach den anerkannten Regeln der Technik erstellt wurden. Aktuell erfolgt dies weitgehend manuell mit hohem personellem und zeitlichem Aufwand.

Um den fachtechnischen Prüfprozess künftig effizienter und schneller zu gestalten, müssen die fachlichen Anforderungen aus den meist analog oder im PDF-Format vorliegenden Regelwerken in maschinenlesbare Algorithmen überführt werden, die von Prüftools verarbeitet werden können. Abb. 29.20 zeigt beispielhaft eine Plattform zur automatisierten fachtechnischen Prüfung von Volumenmodellen.

Im Eisenbahnbereich betrifft dies u. a. sämtliche Richtlinien der DB AG sowie die maß-

| | Eigenschaftname | Wert | Datentyp |
|---|---|---|---|
| 88 | : MP_Bauabschnitt | BA 2 | xs:string |
| 89 | : MP_Bauteilgruppe | Laermschutzwand | xs:string |
| 90 | : MP_Bauteiltyp | Wandelement | xs:string |
| 91 | : MP_Bauwerksnummer | LSW 1 | xs:string |
| 92 | : MP_Breite | 0,1200 [m] | xs:double |
| 93 | : MP_Erstelldatum | 07.06.2023 | xs:string |
| 94 | : MP_Fachmodell | - | xs:string |
| 95 | : MP_Gewerk | - | xs:string |
| 96 | : MP_Hoehensystem | DB_REF2016 | xs:string |
| 97 | : MP_HoeheTiefe | 0,5000 [m] | xs:double |
| 98 | : MP_kmBis | 42,2+36.436 | xs:string |
| 99 | : MP_kmVon | 42,2+31.436 | xs:string |
| 100 | : MP_Laenge | 4,9650 [m] | xs:double |
| 101 | : MP_Lagesystem | DB_REF2016 | xs:string |
| 102 | : MP_Material | Leichtmetall | xs:string |
| 103 | : MP_StatBis | 42.236,4360 [m] | xs:double |
| 104 | : MP_Status | Neubau | xs:string |
| 105 | : MP_StatVon | 42.231,4360 [m] | xs:double |
| 106 | : MP_Streckenabschnitt | Bf A-Stadt | xs:string |
| 107 | : MP_Streckennummer | 9999 | xs:string |

**Abb. 29.19** Beispiel Objekteigenschaften (Name, Wert, Datentyp) (eigene Darstellung Fa. OBERMEYER)

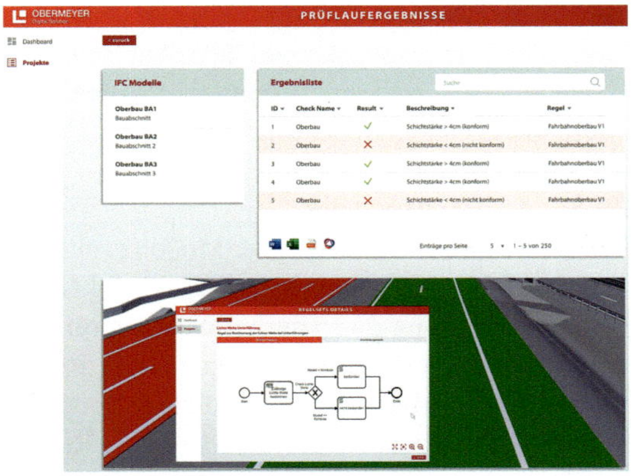


**Abb. 29.20** Code Compliance Checking Plattform (Quelle: eigene Darstellung Fa. OBERMEYER auf Basis Video OBERMEYER Digital Solution GmbH, 2023)

geblichen deutschen und europäischen Normen. Am einfachsten lässt sich die fachliche Richtigkeit der Modelle in den verschiedenen Modellierungswerkzeugen prüfen, da hier i. d. R. die Erstellungsregeln hinterlegt sind und maschinell mit Prüfalgorithmen auf Regelkonformität geprüft werden können. Nach der Überführung in volumetrische Modelle ist dies deutlich schwieriger, da die Erstellungsregeln hierbei nicht mit ausgegeben werden.

Die bei der Prüfung zu berücksichtigenden fachlichen Anforderungen sind sehr vielfältig und erschweren die einheitliche Erstellung von maschinenlesbaren Prüfalgorithmen. Diese reichen von geometrischen Anforderungen bei der Gleistrassierung (z. B. Radien, Überhöhung, Gleisabstände) oder bei Abmessungen von Bauteilen (Planumsbreiten, Geländerhöhen, Fundamentabmessungen etc.), über die Verwendung standardisierter Oberbaumaterialien (u. a. Schienenform, Schwellenart, Weichentyp) bis hin zu Materialanforderungen (Betongüte, Bewehrungsgrad, Stahlgüte o. ä.). Teilweise werden diese Eigenschaften als Attribute an den Modellen mitgeführt und können dann über die semantische Prüfung kontrolliert werden. Zum Teil sind diese Anforderungen aber auch von anderen Parametern wie z. B. Streckenbelastung und -kategorie oder Entwurfsgeschwindigkeit abhängig, was die regelbasierte Prüfung erschwert. Aktuell wird mit verschiedenen Methoden versucht, die fachtechnische Modellprüfung stärker zu automatisieren und damit effizienter zu gestalten.

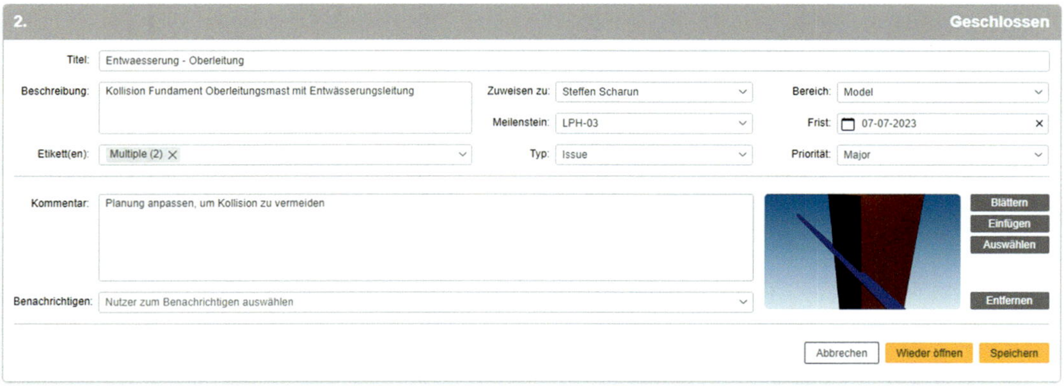


**Abb. 29.21** Issue Management (eigene Darstellung Fa. OBERMEYER)

#### 29.3.2.5 Issue Management

Die Abarbeitung und sukzessive Beseitigung der bei der Qualitätsprüfung festgestellten Mängel wird im BIM-Umfeld als Issue Management bezeichnet. Hierzu werden die Mängel hinsichtlich ihrer Relevanz bewertet und zur Beseitigung dem zuständigen Bearbeiter als Arbeitsauftrag zugewiesen. Dazu werden die digitalen Issues an zentraler Stelle (CDE, Issue Management System o. ä.) verwaltet und deren Abarbeitung dokumentiert. Dadurch haben alle Projektbeteiligten jederzeit einen Überblick über die noch offenen Arbeitsaufträge inkl. Zielterminen und eine saubere Dokumentation der bereits abgearbeiteten Issues mit den durchgeführten Maßnahmen.

Die Issues enthalten mindestens eine kurze Beschreibung des Problems, eine kleine grafische Darstellung mit den betroffenen Bauteilen in Form eines Ansichtspunktes aus dem Modell, eine Benennung von mindestens einem zuständigen Bearbeiter sowie einen Zieltermin zur Abarbeitung und eine Statusinformation zum Bearbeitungsstand (siehe Abb. 29.21). Diese können über standardisierte Schnittstellen oder das Standardaustauschformat BCF zwischen verschiedenen Softwaretools ausgetauscht und weiterbearbeitet werden.

### 29.3.3 Signalsichtprüfung

In der konventionellen Planung erfolgt die Signalsichtprüfung oftmals noch vor Ort mittels einer Signalschablone visuell. Um die Signalsichtprüfung durchzuführen, ist eine Streckensperrung und Sicherungspersonal erforderlich.

In den BIM-Modellen lässt sich diese Prüfung nun auch regelbasiert am Modell durchführen. Dafür werden für die einzelnen Signale und Signaltypen auf der Strecke Sichtkegel modelliert, die dann in einer definierten Regel zu jedem Signal und abhängig vom Lichtraumprofil und anderen äußeren Einflüssen überprüft werden können. Zusätzlich zu der regelbasierten Prüfung lässt sich auch eine Sichtprüfung im Modell durchführen, indem die Strecke virtuell befahren werden kann. Auch Hindernisse wie z. B. Bäume oder andere sichtbehindernde Gegenstände können im Modell berücksichtigt werden. Diese neue Arbeitsweise ist eine enorme Erleichterung in diesem Bereich, da für die Signalsichtprüfung keine Sperrung der Strecke mehr erforderlich ist und damit Zeit und Kosten gespart werden können. Abb. 29.22 zeigt beispielhaft eine Signalsichtprüfung im 3D-Modell.

### 29.3.4 Baubetriebsplanung (4D)

Baustellen beeinflussen den Fahrplan und müssen daher sehr frühzeitig und möglichst genau und detailliert eingeplant werden. Die Baubetriebsplanung ist ein festgeschriebener Planungsprozess bei der DB InfraGO AG (ehemals DB Netz AG), der eine lange Vorlaufzeit benötigt und daher bereits in den frühen Leistungsphasen angestoßen werden muss. In der konventionellen Planung werden Sperrbedarfe von Bauprojek-

**Abb. 29.22** Auszug Signalsichtprüfung im 3D-Modell (Quelle: Darstellung aus einem Visualisierungsmodell von WorldInsight)

ten noch in Exceltabellen und manuell in einer Bau-Datenbank, dem so genannten Baubetriebsplan, erfasst. Hinzu kommt noch, dass baubedingte Infrastruktureinschränkungen derzeit nicht in ausreichender Tiefe mit den Infrastrukturdaten logisch verknüpft sind. Zudem gibt es aktuell keine Verknüpfung zwischen dem Tool der Baubetriebsplanung und dem Fahrplan. Dieses Problem ist bereits bekannt und wird aktuell gelöst. Zukünftig sollen Baudaten von der ersten Anmeldung bis zur Ausführung nur noch in einem IT-System gepflegt werden.

Das oberste Ziel ist Bauen und Fahren bestmöglich in Einklang zu bringen. BIM kann hier helfen, indem im Modell über die Verknüpfung mit den Terminen frühzeitig über Simulationen der Bauablauf geprüft und somit der Sperrzeitenbedarf für die Baustelle ermittelt und optimiert werden kann. Dafür ist eine Verknüpfung der einzelnen modellierten Objekte im Modell mit der Terminplanung notwendig. Dies nennt man 4D-Modellierung.

Um dies nicht aufwändig manuell und bei jeder Planungsfortschreibung erneut vornehmen zu müssen, wird hierbei mit intelligenten Verknüpfungsregeln gearbeitet, die auf die Attribute der Modellobjekte und die Eigenschaften der Terminvorgänge zurückgreifen. Die 4D-Modellierung kann auf zwei unterschiedlichen Wegen erfolgen. Aktuell wird häufig eine reine Terminplanverknüpfung vorgenommen, wofür bereits ein Terminplan als GANTT-Diagramm vorliegen muss. Die reine Verknüpfung wird dazu genutzt, um den geplanten Bauablauf zu visualisieren und zu plausibilisieren bzw. zu optimieren. Einen Schritt weiter geht die Terminplanableitung aus dem 3D-Modell. Hierbei wird der Terminplan über definierte Regeln erst aus dem Modell erzeugt. Dafür ist die Definition von Prozessbausteinen für die Abfolge der einzelnen Arbeitsschritte sowie Angaben zu verfügbaren Ressourcen und deren Leistungen pro Zeiteinheit erforderlich. Mit diesen Angaben und den ermittelten Mengen aus dem 3D-Modell können einige Programme Basisterminpläne erzeugen, die anschließend weiter verfeinert (Verschachtelung, Ergänzung modellunabhängiger Vorgänge etc.) werden können. Mit der 4D-Modellierung kann eine verlässlichere Aussage zu den benötigen Sperrzeiten erzielt werden. Zudem lassen sich die Randbedingen wie z. B. die Baustellenlogistik, die Einfluss auf die Sperrzeiten haben, direkt im Modell mitbetrachten.

Aktuell läuft die Bauablaufplanung in den Projekten und die Baubetriebskoordination für den Bahnbetrieb weitgehend unabhängig in unterschiedlichen IT-Systemen mit sequenziellen Abstimmungen zu bestimmten Zeitpunkten. Ohne eine existierende IT-Schnittstelle ist der Abstimmungsprozess relativ aufwändig und sehr fehleranfällig. Die Bauablaufplanung muss dafür manuell in Formblätter übertragen werden. Um dies zukünftig besser und effizienter zu gestalten, wäre es wünschenswert, das 4D-Modell direkt in das System der Baubetriebskoordination zu übertragen oder sogar einen direkten Zugriff auf die Bauablaufplanung im Projekt zu ermöglichen. Dadurch könnten Fehler und Missverständnisse frühzeitig vermieden werden, so dass diese nicht erst bei der Bauausführung erkannt werden.

### 29.3.5 Baulogistikplanung

Die Baulogistikplanung ist ein wichtiger Bestandteil für die Planung und die reibungslose Ausführung eines Bauprojektes. Im Rahmen der Planungsphase müssen bereits erste Überlegungen zur Baulogistik getätigt werden. So ist bereits während der Planungsphase zu überlegen, wie die örtlichen Gegebenheiten aussehen und wie die Baustelleneinrichtungsflächen geplant werden können, wie sich die Baumaschinen bewegen und wie Material zu- und abgeliefert werden kann. Dabei gibt es mehrere Möglichkeiten, die abgewogen werden müssen. So ist zum Beispiel zu planen, ob die Logistik über die Schiene oder über die Straße erfolgen soll. Insbesondere der Transport der Oberbaustoffe (Schiene, Schotter etc.) wird in der Regel über die Schiene abgewickelt. Die schienengebundene Logistik erfolgt über bestimmte festgelegte Tarifpunkte, an denen die Materialver- und -entsorgung vom LKW auf die Schiene gebracht werden kann. Dies muss in der Planung berücksichtigt werden, indem z. B. entsprechende Umschlagflächen und -gleise vorgesehen und angemietet werden sowie deren Anbindung an das öffentliche Straßennetz sichergestellt wird. Zudem muss die schienengebundene Logistik auch in der Baubetriebsplanung berücksichtig werden, in dem Umschlag- und Hinterstellgleise geblockt und logistische Zugfahrten vorgesehen werden. Abb. 29.23 zeigt ein Beispiel für ein einfaches Modell einer Baustelleneinrichtung.

Im BIM-Modell können im Rahmen der Planung bereits Simulationen zur Baulogistik durchgeführt werden, um so die Planung für die Ausführung zu verfestigen. Dazu können z. B. Materialströme oder Fahrzeugbewegungen simuliert werden. Dadurch können bereits in den frühen Planungsphasen die Baustelleneinrichtungsflächen und Baustraßen optimal geplant werden und so z. B. die benötigten Flächen im Rahmen der Planfeststellung gesichert werden. Durch die Berücksichtigung logistischer Aspekte im Rahmen der modellbasierten Bauablaufplanung können außerdem unnötige Material- und Maschinenbewegungen auf der Baustelle vermieden und damit Ressourcen sowie Emissionen eingespart werden. Durch die Mengenermittlung und Bauablaufplanung mit Hilfe von Modellen können

**Abb. 29.23** Baustelleneinrichtung (eigene Darstellung Fa. OBERMEYER)

Materialan- und -abtransporte optimal geplant und durchgeführt werden.

## 29.3.6 BIM im Genehmigungsverfahren

### 29.3.6.1 2D-Planableitung im Planrecht

Im Planrecht unterscheidet man in eine Planfeststellung und eine Plangenehmigung. Eine Plangenehmigung bzw. ein Plangenehmigungsverfahren ist gegenüber der Planfeststellung ein vereinfachtes öffentlich-rechtliches Zulassungsverfahren für die Vorhaben, die sonst der Planfeststellung unterliegen (wie z. B. den Bau oder die Änderung von Bahnanlagen). Die Plangenehmigung darf nur unter bestimmten Voraussetzungen durchgeführt werden.

Die Planfeststellung hingegen ist ein besonderes öffentlich-rechtliches Zulassungsverfahren für bestimmte Vorhaben (wie z. B. den Bau oder die Änderung von Bahnanlagen, Straßen, Flughäfen etc.) und zeichnet sich vor allem durch die Beteiligung Träger öffentlicher Belange sowie von betroffenen privaten Personen aus. Die zuständige Planfeststellungsbehörde bei Eisenbahnvorhaben ist das Eisenbahnbundesamt (EBA), das nach §§ 18 ff. Allgemeines Eisenbahngesetz (AEG), 72 ff. Verwaltungsverfahrensgesetz (VwVfG) zum Ende des Planfeststellungsverfahrens den Planfeststellungsbeschluss ausstellt und damit die Genehmigung zum Bau der Anlage erteilt.

Aufgrund der im Gesetz verankerten Regelungen zur Planfeststellung, sind die Plangenehmigungsunterlagen aktuell noch in 2D an die Genehmigungsbehörde zu übergeben. Damit gibt es hier aktuell einen kleinen Bruch in der Projektabwicklung mit BIM. Für die Genehmigungsphase müssen aktuell aus dem BIM-Modell noch 2D-Pläne abgeleitet werden, die dann für die Plangenehmigung bzw. Planfeststellung eingereicht werden. Dies bedeutet einen zusätzlichen Aufwand, da die Modelle nicht eins zu eins in die 2D-Pläne übernommen werden können. So müssen für die 2D-Pläne z. B. nachträglich Maßketten oder bestimmte Schnittkanten erzeugt werden, die es im Modell nicht gibt und die dort auch nicht benötigt werden. Zudem müssen im Rahmen der Offenlage der Planunterlagen die eingereichten Einwendungen der Bürger und Träger öffentlicher Belange, die sich auf die 2D-Pläne beziehen und zumeist nur im pdf-Format vorhanden sind, im Nachgang für die weitere Bearbeitung im Modell nachmodelliert bzw. inhaltlich eingearbeitet werden. Auch dies ist ein zusätzlicher Aufwand.

Zukünftig sollte das Ziel sein, BIM durchgängig anzuwenden und somit auch im Rahmen der Genehmigungsplanung nutzen zu können, um so zusätzliche Aufwände zu vermeiden.

### 29.3.6.2 Visualisierung und Auralisation für die Bürgerbeteiligung

Bei den Bauprojekten der DB InfraGO AG (ehemals DB Netz AG), insbesondere bei den großen Bauprojekten, sind immer Anwohner und sonstige Bürger durch die Arbeiten an den Strecken betroffen. Deshalb ist eine frühe Öffentlichkeitsbeteiligung nicht nur seitens der Bürger, sondern auch von der Seite der Bahn und der Politik gewünscht. So wird bereits in den frühen Leistungsphasen, in der die genaue Planung noch nicht fertig ist, die Öffentlichkeit in den Planungsprozess mit einbezogen. Spätestens im Rahmen des Planfeststellungsverfahrens haben die betroffenen Bürger dann die Gelegenheit, ihre Bedenken gegen die Baumaßnahme zu äußern.

Für die Bürgerbeteiligung ist es wichtig, dass die vorgelegte Planung verständlich dargestellt ist. Hier hat sich die letzten Jahre bereits gezeigt, dass eine 3D-Darstellung der Planung und damit des Bauvorhabens einen enormen Vorteil bringt (siehe Vergleich in Abb. 29.24).

Die Planung auf Basis von 2D-Plänen ist für betroffene Bürger oft schwierig zu verstehen. Um der Öffentlichkeit die Planung und damit die Änderungen der Baumaßnahme bestmöglich zu zeigen, ist eine Visulisierung des 3D-Modells notwendig. Das bedeutet, dass die 3D-Modelle, die in der Planung verwendet werden, aufgearbeitet werden müssen. Für das Verständnis der Öffentlichkeit und vor allem für die Orientierung in der Örtlichkeit ist es erforderlich, dass nicht nur die Planung der Bauwerke zu sehen ist,

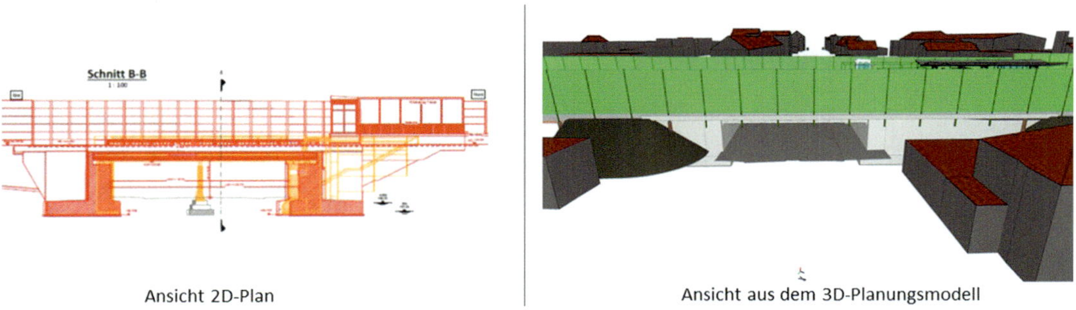


**Abb. 29.24** Vergleich 2D-Plan mit dem 3D-Modell (Quelle: DB InfraGO AG (ehemals DB Netz AG))

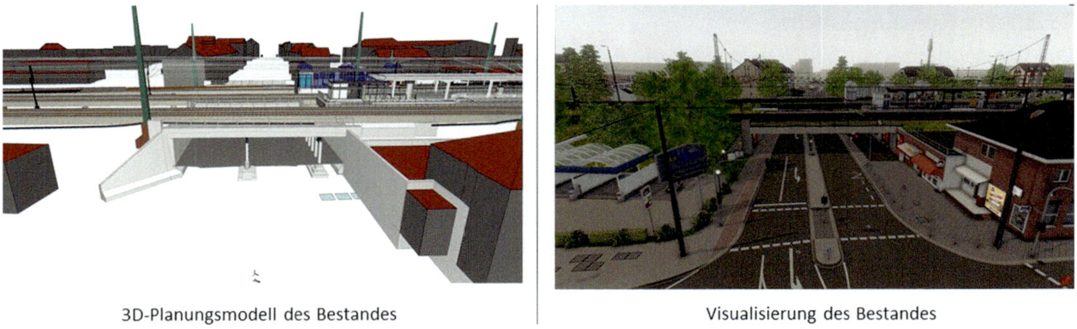


**Abb. 29.25** Vergleich 3D-Planungsmodell mit dem Modell der Visualisierung (Quelle: DB InfraGO AG (ehemals DB Netz AG))

sondern auch die Umgebung wie z. B. Bäume, Gebäude oder Straßen etc.

Die Erfahrung der letzten Jahre hat bereits gezeigt, dass durch die 3D-Visualisierung das Verständnis der Öffentlichkeit für die Planung der Baumaßnahmen deutlich verbessert wurde und somit ein offenerer Dialog möglich ist, der ebenfalls ein wesentlicher Bestandteil der BIM-Methodik ist. Abb. 29.25 zeigt den Vergleich zwischen einer aufbereiteten Visualisierung und einem 3D-Planungsmodell.

Neben der visuellen Darstellung der Planung lassen sich im Rahmen der Visualisierung auch Schallsimulationen (Auralisation) abbilden. So können den betroffenen Bürgern Änderungen durch die Baumaßnahmen akustisch verdeutlicht werden. Dafür können z. B. im Modell gezeigt werden, wie sich der Schall aus dem Verkehr durch Schallschutzmaßnahmen reduziert. Gleichzeitig können aber auch die Lärmbelästigungen resultierend aus den Baumaßnahmen bzw. aus den Baufahrzeugen simuliert werden.

### 29.3.7 5D-Planung

#### 29.3.7.1 Grundsätze

Aufbauend auf dem 4D-Modell erfolgt die 5D-Modellierung. Zusätzlich zur Verknüpfung der 3D-Modelle mit Terminen (4D) kommt hierbei die Komponente der Kosten bzw. Leistungen dazu. Dadurch erhält man einerseits eine Aussage zu den Gesamtkosten des Projekts, andererseits aber auch zu deren zeitlicher Einordnung, was insbesondere für die zeitlich gestaffelte Budgetplanung von hoher Relevanz ist. Die Mengen werden dabei aus den geometrischen Eigenschaften (Anzahl, Längen, Flächen, Volumen) der Volumenkörper ermittelt. Hierbei ist es normal, dass Kosten und Leistungen nicht zu 100 % modellbezogen ermittelt werden, weil dies i. d. R. nur mit einem erheblichen Aufwand bei der 3D-Modellierung zu realisieren ist. So sind z. B. Kampfmittelsondierungen, Suchschachtungen für Kabel oder das Verziehen von Schienen nur schwer in einem 3D-Modell abzubilden. Daher sind 5D-

Modelle normalerweise eine Mischung aus modellbezogen und konventionell ermittelten Kosten und Leistungen. Die 5D-Modellierung erstreckt sich über die gesamte Planungs- und Ausführungsphase, wobei sich der Tiefgang und der Detaillierungsgrad über den Projektverlauf sukzessive steigert. Dadurch ist eine durchgehende Kostenverfolgung am 5D-Modell möglich. Auch eine Berücksichtigung von Life Cycle-Kosten in der Betriebsphase der Schienenverkehrsanlagen ist mittlerweile mit Modellen möglich.

#### 29.3.7.2 Kostenplanung

Die 5D-Modellierung zur Kostenplanung erfolgt i. d. R. in den frühen Leistungsphasen der Planung. Angefangen von der Grobkostenschätzung während der Machbarkeitsstudie, über die Kostenschätzung im Rahmen des Variantenvergleichs bis zur Kostenberechnung bei der Entwurfsplanung werden 5D-Modelle mit steigendem Detaillierungsgrad erstellt. Die Struktur der Kostenpläne orientiert sich dabei i. d. R. an der Anlagenstruktur der jeweiligen Infrastruktur. Bei der DB InfraGO AG (ehemals DB Netz AG) existieren hierfür Standardkostenpläne für verschiedene Anlagenklassen sowie ein standardisierter Kostengruppenkatalog (KGK) bzw. ein Kostenkennwertekatalog (KKK) mit Einheitspreisen für verschiedene Anlagen des Schienenverkehrsnetzes.

Für die möglichst automatische Verknüpfung der Modellobjekte mit den entsprechenden Positionen der Kostenpläne ist es von entscheidender Bedeutung, dass die Struktur und Granularität der Modelle und Kostenpläne aufeinander abgestimmt sind. Außerdem müssen die Attribute der 3D-Objekte es ermöglichen, die Bauteile gezielt gemäß der Zugehörigkeit zu den Positionen der Kostenpläne filtern zu können. Dazu ist es i. d. R. mindestens erforderlich zu wissen, um was für ein Bauteil es sich handelt (Gewerk, Anlage, Bauteilgruppe, Bauteiltyp etc.) und wo es sich befindet (Bauabschnitt, Streckennummer, Kilometrierung, Lage in Bezug auf Gleisachse etc.).

#### 29.3.7.3 LV-Erstellung

Die 5D-Modellierung wird ebenfalls für die Erstellung von Leistungsverzeichnissen, die Angebotsauswertung und Vergabe von Bauleistungen sowie die Steuerung und Abrechnung von Bauleistungen genutzt. Hierbei werden anstatt der Kostenplanpositionen die Positionen von bepreisten Leistungsverzeichnissen mit den Modellobjekten verknüpft und mit Mengen befüllt. Die Struktur orientiert sich hierbei an den gewählten Vergabeeinheiten und den verschiedenen Bauleistungen der Gewerke. Dadurch muss das 5D-Modell in der HOAI-Leistungsphase 6 und darüber eine höhere Granularität aufweisen als in der Planungsphase. Dies bedeutet, dass auch die 3D-Modelle hinsichtlich ihrer Geometrie und Semantik deutlich detaillierter gestaltet werden müssen. Hierbei kann es auch notwendig sein, Bauzustände und temporäre Bauteile oder Bauhilfsmaßnahmen zu modellieren und mit LV-Positionen zu verknüpfen.

Andererseits können jedoch verschiedene LV-Positionen mit den gleichen Modellobjekten verknüpft sein, weil diese für unterschiedliche Mengenermittlungen genutzt werden. Beispielsweise werden die Mengen für die Positionen „Schienen abladen“, „Schienen verziehen“ und „Spannungsausgleich“ jeweils aus dem Objekt „Schiene“ ermittelt. Hierbei wird jeweils die Länge der Objekte genutzt. Es können jedoch auch unterschiedliche geometrische Eigenschaften der Objekte sein, wie das Volumen für die Herstellung von Ortbetonbauteilen und deren Oberfläche zur Ermittlung der notwendigen Schalung.

Bei der DB InfraGO AG (ehemals DB Netz AG) gibt es für die verschiedenen Gewerke Muster-Leistungsverzeichnisse mit Standardleistungen aus Teilleistungskatalogen. Diese standardisierten Teilleistungen sind mit einer Kostendatenbank verbunden, die mit realen Daten aus der Abrechnung von abgeschlossenen Projekten gefüttert wird. Somit fließen die Ergebnisse aus der Bauausführung wieder zurück in die Planung zukünftiger Projekte. Durch die Standardisierung der Teilleistungen und der Anforderungen an die Modellierung (Objektkatalog, Semantisches Objektmodell) ist es möglich, Teile der 5D-Modellierung zu automatisieren. Dafür wurden bei der DB InfraGO AG (ehemals DB Netz AG) für Teilbereiche dynamische Regeln für das Projektsteuerungssystem entwickelt, welche bei der Abwicklung von BIM-Projekten eingesetzt werden können.

## 29.4 Bauphase

### 29.4.1 BIM2Build

Innerhalb der Planungsphase konnte die DB InfraGO AG (ehemals DB Netz AG) bereits viel Erfahrung sammeln und hat inzwischen viele Standards für die Anwendung der BIM-Methodik eingeführt.

Im Rahmen der Ausführung wird derzeit in einem Testprogramm mit verschiedenen Projekten die Anwendung der BIM-Methodik getestet, da hier bisher noch nicht viel Erfahrung gesammelt werden konnte. Dazu wurden 2022 verschiedene Testprojekte mit verschiedenen Anforderungen (z. B. Projektgröße oder wurde bereits im Rahmen der Planung BIM umgesetzt) definiert, die die entsprechenden Anwendungsfälle in der Ausführung testen und weiterentwickeln, sich regelmäßig austauschen und bei der Entwicklung von Standards für BIM in der Bauausführung mitwirken. Anders als in der ersten vom Bund begleiteten Pilotierungsphase (2016–2019) testet die DB InfraGO AG (ehemals DB Netz AG) nun in den Projekten die Anwendungsfälle der Ausführung ohne Rückfallebene und direkt im normalen Projektgeschäft. Dabei werden die Bauüberwachung, die ausführenden Unternehmen und alle Projektbeteiligten eingebunden und gemeinsam an neuen Standards für die DB InfraGO AG (ehemals DB Netz AG) gearbeitet. Das Testprogramm läuft noch bis Ende 2024 mit dem Ziel, bis dahin die Anwendungsfälle für die Ausführung definiert zu haben und so als Standard für nachfolgende Projekte einzuführen.

Damit dies gelingt, sind aber nicht nur die Anwendungsfälle zu definieren. Auch die Randbedingungen wie z. B. die Leistungsbeschreibungen bei der Ausschreibung, die AIA oder die Bauverträge müssen für die Anwendung der BIM-Methodik angepasst werden. Zudem muss auch die Baustelle draußen vor Ort in der Lage sein, das Projektgeschäft digital abzuwickeln und damit die Anwendungsfälle ausführen zu können.

Gerade in der Bauausführung ist der Wechsel von der konventionellen Projektabwicklung zur Abwicklung mit der BIM-Methodik herausfordernd, da durch die streng vorgegebenen Sperrpausen und den straffen Zeitplan, wenig Möglichkeiten zum Ausprobieren bestehen und der Druck hoch ist, dass die Bauarbeiten in den knapp vorhandenen Sperrpausen fertiggestellt werden.

### 29.4.2 BIM in der Bauüberwachung

Die Bauüberwachung nimmt im Rahmen der Bauausführung einen wichtigen Part ein. Sie ist direkter Ansprechpartner vor Ort auf der Baustelle und hat viele Aufgaben im Rahmen der Bauausführung. Deshalb ist es besonders wichtig, dass auch die Bauüberwachung für die Anwendung der BIM-Methodik befähigt ist. So muss als Grundlage erst einmal sichergestellt sein, dass die Verwendung digitaler Daten auf der Baustelle möglich ist und das Personal mit dem BIM-Modell für die Anwendungen der Bauüberwachung umgehen kann.

Aktuell testet die DB InfraGO AG (ehemals DB Netz AG) mit der Bauüberwachung verschiedene Anwendungsfälle wie z. B. die Durchführung der Baubesprechung am BIM-Modell zu führen oder die modellbasierte Bauabrechnung. Zudem ist die Bauüberwachung in das BIM2Build-Testprogramm eingebunden und erprobt auch dort viele Anwendungsfälle und verschiedene Tools, die für die BIM-Anwendung erforderlich sind.

### 29.4.3 AP durch Baufirma

Die Ausführungsplanung wird bei den Bauprojekten der DB InfraGO AG (ehemals DB Netz AG) an die ausführenden Baufirmen vergeben. Damit wird mit der Vergabe der Bauleistung der Stand der EP an die Baufirma übergeben, die darauf aufbauend die Ausführungsplanung erstellt.

Aktuell ist es so, dass schon viele Projekte in der Planungsphase mit BIM arbeiten, aber dann für die Ausführungsplanung auf die bisherige konventionelle Planung umsteigen. Dies hat mehrere Gründe. Zum einen sind viele Baufirmen noch nicht für die digitale Bearbeitung umgestellt und vor allem direkt vor Ort auf der Baustelle ist nicht immer eine Internetverbindung sichergestellt. Zum anderen erfolgen aber auch die Prüf-

und Freigabeprozesse noch wie in der Genehmigungsplanung, in der 2D-Welt.

Des Weiteren ist es aktuell noch schwierig, die in der Planungsphase erstellten Modelle für die Ausführungsplanung verlustfrei weiter zu nutzen. Dies liegt daran, dass die offenen Formate noch nicht so definiert sind, dass sie die Weiterverarbeitung der Modelle gewährleisten. Somit muss die Baufirma oft neue Modelle für die Ausführungsplanung erstellen, was so nicht im Sinne der BIM-Methodik ist.

Das Planlaufmanagement läuft bereits in der konventionellen Planung digital über bestimmte Tools ab. Dazu laden die Büros die Ausführungsplanung in der entsprechenden Software hoch und anschließend startet ein festgelegter Freigabe-Workflow, bis zum grüngestempelten Plan, der dann auf der Baustelle verwendet wird.

Zukünftig sollten auch diese Workflows auf der CDE direkt am Modell durchgeführt werden.

## 29.4.4 Baufortschrittskontrolle

### 29.4.4.1 Grundsätze

Aufbauend auf der Soll-Planung können 4D- und 5D-Modelle für die Baufortschrittskontrolle während der Bauphase genutzt werden. Dies ermöglicht es, sowohl die Termine als auch die Bauleistungen und Kosten während der Bauausführung mit Hilfe von Modellen zu steuern. Bei Abweichungen von der Soll-Planung können Gegensteuerungsmaßnahmen geplant, simuliert und frühzeitig eingeleitet werden, um Termin- und Kostenüberschreitungen zu vermeiden oder zumindest zu minimieren.

### 29.4.4.2 Termine

Ausgangspunkt für die terminliche Baufortschrittskontrolle ist das auf dem Vertragsterminplan basierende 4D-Modell, welches zwischen der ausführenden Baufirma und dem Auftraggeber vor der Bauausführung vereinbart wurde. Dies definiert somit das terminliche Vertragssoll.

Derzeit erfolgt die Steuerung der Bauabläufe und der Baustellenlogistik überwiegend mit Balkenplänen, die teilweise in digitaler Form aber vielfach auch noch als Papierausdrucke auf der Baustelle zirkulieren. Für die modellbasierte terminliche Baufortschrittskontrolle dient das 4D-Modell mit den Ist-Werten als Steuerungsinstrument, wobei sowohl Änderungen von Terminen (Verzögerungen, Beschleunigungsmaßnahmen, Änderung der Bauabläufe) als auch des Leistungsumfangs (zusätzliche/entfallene/geänderte Leistungen) mit terminlichen Auswirkungen in das Modell fließen. Bei Änderungen des Leistungsumfangs müssen i. d. R. Anpassungen im 3D-Modell und damit auch im 4D-Modell vorgenommen werden.

Durch die Verknüpfung der Modellbauteile mit den Terminvorgängen können Änderungen visuell dargestellt und hinsichtlich ihrer Auswirkungen auf den geplanten Ablauf der Bauarbeiten überprüft werden. So ist es möglich, Konflikte frühzeitig zu erkennen und entsprechende Gegenmaßnahmen einzuleiten. Hierbei besteht die Möglichkeit, verschiedene Gegensteuerungsmaßnahmen mit Hilfe des 4D-Modells zu simulieren und die geeignetste zu finden.

### 29.4.4.3 Leistungen/Kosten

Ausgangspunkt für die kostentechnische Baufortschrittskontrolle ist das 5D-Modell der Bauausführung, welches auf dem Vertragsterminplan und dem Auftrags-Leistungsverzeichnis basiert. Dieses stellt das zwischen der Baufirma und dem Bauherrn vereinbarte Vertragssoll dar.

Derzeit erfolgt die kostentechnische Steuerung der Baustelle über die Abrechnung der Bauleistungen und die prognostizierte Kostenentwicklung aufgrund des geplanten Bauablaufs. Somit gibt es immer eine Verzögerung, bis die geplante und die tatsächliche Kostenentwicklung abgeglichen ist. Durch diesen Nachlauf ist eine aktive Steuerung der Baumaßnahme nur sehr eingeschränkt möglich. Man kann immer erst im Nachhinein feststellen, ob Prognosen eingetroffen sind.

Durch die modellbasierte Arbeitsweise könnte die Verzögerung beim Soll-/Ist-Vergleich deutlich reduziert werden, was eine aktivere Steuerung der Kosten und Leistungen ermöglichen würde. Dazu müssten prozessual und technisch die notwendigen Rahmenbedingungen geschaffen werden. Voraussetzung für eine modellbasierte Baufortschrittskontrolle sind regelmäßige und zeitnahe Ist-Zustandserfassungen am Modell. Idealerweise erfassen der Bauleiter der Baufirma und der Bauüberwacher des Bauherrn den Fertigstellungsgrad der verschiedenen Bauleistungen gemeinsam und dokumentieren diesen im 5D-Ist-Modell. Der Vergleich mit dem 5D-Soll-Modell ermöglicht dann die frühzeitige Erkennung von Abweichungen und die Einleitung von Gegenmaßnahmen. Hierbei können verschiedene mögliche Gegensteuerungsmaßnahmen simuliert und miteinander verglichen werden. So kann die geeignetste Maßnahme gefunden und eingeleitet werden, um den Termin- und Kostenrahmen einzuhalten.

Für die modellbasierte Ist-Zustandserfassung kommen in letzter Zeit immer mehr digitale Methoden zu Einsatz. Durch den Einsatz von Scannern und Drohnen kann insbesondere die Mengenerfassung von großen Erdbaumassen digital unterstützt und beschleunigt werden. Auch die gezielte Erfassung und Nutzung von Daten der verschiedenen Baumaschinen sind heute möglich und werden punktuell unterstützend eingesetzt. Der derzeitige sehr papiergebundene und personalintensive Prozess kann durch solche Methoden deutlich effizienter gestaltet werden.

### 29.4.5 Bauabrechnung

Aktuell ist die Abrechnung von Bauleistungen ein sehr manueller und papiergebundener Prozess, wodurch ein hoher zeitlicher und personeller Aufwand entsteht. Hier können durch die Nutzung von Modellen und digitalen Prozessen in Zukunft eine erhebliche Steigerung der Effizienz und eine Einsparung von Ressourcen erreicht werden.

Die modellbasierte Bauabrechnung basiert wie die kostentechnische Baufortschrittskontrolle auf dem 5D-Ist-Modell. Die regelmäßige Ist-Zustandserfassung der verschiedenen Bauleistungen gemäß den definierten Abrechnungszyklen stellt in BIM-Projekten die Grundlage für die Rechnungsstellung und Abrechnung dar. Die Abrechnungsmengen werden dabei modellbasiert ermittelt und mit Hilfe des bepreisten Auftrags-LV in Abschlagsrechnungen umgesetzt. Die modellbasierte Mengenberechnung ermöglicht eine transparentere und nachvollziehbarere Rechnungsstellung und -prüfung sowie eine effizientere Abwicklung. Dabei ist es weiterhin möglich, dass modellbasiert und konventionell ermittelte Mengen kombiniert werden.

### 29.4.6 Abnahme/Inbetriebnahme

Für die Abnahme bzw. die Inbetriebnahme ist eine Inbetriebnahmegenehmigung erforderlich, die das EBA erteilt und die in der EIGV (EisenbahnInbetriebnahmeverordnung) gesetzlich geregelt ist. In der Vergangenheit erfolgte der umfangreiche und komplizierte Prozess analog. So mussten viele Dokumente und Pläne in Papierform zusammengestellt werden. Dies ist mit viel Aufwand verbunden, da viele Unterlagen und Formulare manuell zusammenzustellen sind.

Seit Herbst 2020 gibt es bei der DB InfraGO AG (ehemals DB Netz AG) eine IT-gestützte Lösung „InGE", die digital und systemisch den Prozess der Inbetriebnahme und damit den Prozess I.01.04.05.01 „Inbetriebnahmegenehmigung nach EIGV erlangen" unterstützen soll. Das Tool führt den Anwender durch das Verfahren bis zur Erteilung der Inbetriebnahmegenehmigung. Der Vorteil des InGe-Tools ist, dass alle Beteiligte in einem System arbeiten und z. B. Formulare direkt im Tool befüllt werden können. Hierbei ist aber zu beachten, dass das Tool nur bei der digitalen Zusammenstellung der Unterlagen unterstützt. Für die Inbetriebnahmegenehmigung sind die Unterlagen am Ende in einem Inbetriebnahmedossier zusammenzustellen, welches weiterhin in Papierform gemäß Anlage 6 EIGV an das EBA zu übergeben ist.

Das InGe-Tool unterstützt bereits die BIM-Philosophie, indem alle Beteiligten in einem System zusammenarbeiten. Zusätzlich können bereits während der Bearbeitung eines Projektes mit BIM nach und nach die relevanten Unterlagen für die Inbetriebnahme gekennzeichnet werden. So lassen sich diese nachher mit weniger Aufwand zusammenstellen und können über eine Schnittstelle direkt in das InGe-Tool überspielt werden.

Diese konkrete Schnittstelle existiert aktuell aber noch nicht. Auch der Umstand, dass das EBA aktuell noch seine Inbetriebnahmegenehmigung auf Grundlage der eingereichten Papierausfertigung erteilt, stellt hier wieder einen Bruch in der gewünschten durchgängigen Bearbeitung eines Projektes mit der BIM-Methodik dar. Zukünftig wäre es auch hier wünschenswert, dass für die Inbetriebnahme das BIM-Modell genutzt wird.

### 29.4.7 Mängelmanagement

Ein effizientes Mängelmanagement mit Hilfe von Modellen bietet die Möglichkeit, Baumaßnahmen schneller und qualitativ besser abzuschließen. Hierbei können festgestellte Baumängel wie Issues während der Qualitätssicherung im Planungsprozess erfasst, zuständigen Bearbeitern zugewiesen, Terminvorgaben gesetzt und deren Abarbeitung verfolgt werden. Die Mängel werden dazu bildtechnisch erfasst und in einem Mängelmanagementsystem als Issue angelegt. Dies ist heute mit handelsüblichen Smartphones mit entsprechenden Kamerafunktionen, der georeferenzierten Erfassung des Standorts und einem Internetzugang möglich. Die festgestellten Mängel können mit erläuternden Kommentaren versehen werden. Die Abarbeitung der Mängel kann durch die genaue Verortung, die eindeutige Zuweisung von Zuständigkeiten und die digitale Nachverfolgung wesentlich transparenter und effizienter gestaltet werden als die bisherige papiergebundene Vorgehensweise.

### 29.4.8 Steuerung Materialbeschaffung, Logistik und Ressourcensteuerung

Neben Terminen, Kosten und Qualität können Modelle auch für die Steuerung von Beschaffungsprozessen und Logistikvorgängen zur Materialver- und -entsorgung sowie den Einsatz von Personal, Maschinen und Bauhilfsmaßnahmen genutzt werden. Dazu ist es notwendig, diese Maßnahmen im Terminplan zu berücksichtigen und mit den entsprechenden baulichen Anlagen zu verknüpfen. Die modellbasierte Mengenberechnung in Kombination mit der Terminverknüpfung ermöglicht eine gezieltere Materialdisposition und -logistik. Insbesondere bei Schieneninfrastrukturprojekten, bei denen Logistikvorgänge in großem Maßstab und in engen Zeitfenstern über die Schiene abgewickelt werden, ist eine effiziente Steuerung von essenzieller Bedeutung.

Neben dem Material können auch personelle und maschinelle Ressourcen mit Hilfe der Modelle besser koordiniert werden. So können Bauabläufe gezielt gesteuert und bei Bedarf beschleunigt oder gedrosselt werden. Dadurch ist es möglich, Leerläufen oder kapazitären Engpässen entgegenzuwirken.

Bei Änderungen des Leistungsumfangs oder des Bauablaufs können Auswirkungen schnell erkannt und Gegenmaßnahmen ergriffen werden. Dabei können verschiedene Gegensteuerungsmaßnahmen modellbasiert simuliert und die beste Lösung identifiziert werden.

## 29.5 Betriebsphase

Aufgrund der gewählten Vorgehensweise der BIM-Implementierung in Deutschland gibt es bezüglich des BIM-Einsatzes in der Betriebsphase aktuell nur sehr wenige Erfahrungen. Allerdings entsteht bei einer durchgehenden Nutzung der BIM-Methodik über den gesamten Lebenszyklus in dieser Phase ein Großteil des potenziellen Nutzens. Daher kommt der BIM-Implementierung in der Betriebsphase eine hohe Relevanz für den Gesamtnutzen der Methodik zu. Die Infrastrukturbetreiber wie z. B. die DB InfraGO AG (ehemals DB Netz AG) legen den Fokus mittlerweile verstärkt auf die Entwicklung, Erprobung und sukzessive Einführung von BIM in dieser Lebenszyklusphase.

Die Anforderungen an die Modelle für die Betriebsphase ändern sich erheblich gegenüber denen aus der Planungs- und Bauphase. Daher muss das As-Built-Modell, welches den tatsächlich hergestellten Zustand der Verkehrsanlage dokumentiert, beim Übergang in die Betriebsphase in das sogenannte Asset-Modell überführt werden.

Hierzu werden die Struktur und der Informationsgehalt der Modelle an die Anforderungen des Anlagen- und Instandhaltungsmanagement angepasst. Die für die Bauausführung erforderlichen Inhalte wie z. B. Bauzustände, Bauhilfsmaßnahmen, Bauablaufinformationen werden entfernt und durch Inhalte für das Betreiben der Anlagen, u. a. Instandhaltungsintervalle, Herstellerangaben oder Ersatzteilinformationen, ersetzt. Das As-Built-Modell wird für Dokumentations- und Gewährleistungszwecke sowie das Mängelmanagement gesichert.

Das Asset-Modell der Baumaßnahme muss außerdem in den Gesamtanlagenbestand integriert werden, um es für das Anlagen- und Instandhaltungsmanagement (AIM) nutzen zu können. Der bisherige Anlagenbestand in diesem Bereich muss dazu entfernt und durch die neu hergestellten Anlagen ersetzt werden. Mit steigender Anzahl von BIM-Projekten, die mit der Bauphase abgeschlossen werden, kommen immer mehr BIM-Modelle in den Anlagenbestand und müssen dort verwaltet werden. Der Anlagenbestand der DB InfraGO AG (ehemals DB Netz AG) umfasst tausende Kilometer Gleise mit unzähligen Weichen, Brücken und Tunneln sowie technischen Ausrüstungsgegenständen und Entwässerungsanlagen. Diese Datenmenge ist nicht mit einem BIM-Modell abzudecken, sondern verlangt eine intelligente Verwaltung und Verlinkung von Daten, die in verschiedenen Datenbanken vorgehalten und gepflegt werden.

Zusammen bilden diese den Gesamtdatenbestand der Infrastrukturanlagen, einen sogenannten Data Lake, der je nach Anwendungsfall unterschiedlich ausgewertet und genutzt werden kann. Dies erfordert die zentrale Vorhaltung und intelligente Vernetzung aller Daten. Idealerweise gibt es jeweils nur eine Stelle, wo eine Information vorgehalten und gepflegt wird, um keine Redundanzen oder Widersprüche zu erzeugen. Für die Visualisierung der Modelle mit den verknüpften Informationen werden häufig 3D-GIS-Systeme genutzt, die den Anlagenbestand auch in einen räumlichen Gesamtkontext bringen. Hierbei wird gern von einem Digital Twin gesprochen, der ein virtuelles Abbild des tatsächlichen Anlagenbestands darstellt. Durch Instandhaltungs- und kleinere Umbaumaßnahnahmen kann sich der Anlagenbestand auch während der Betriebsphase ändern und muss im Digital Twin gepflegt werden. Ziel ist es, dass der Digital Twin jeweils den aktuellen Zustand der realen Infrastrukturanlagen abbildet und damit auch eine bessere Bestandsdatenbasis für zukünftige Infrastrukturmaßnahmen darstellt. Somit wird nebenbei die Ausgangsbasis für zukünftige BIM-Projekte sukzessive verbessert, weil die Informationen zum Anlagenbestand in höherer Qualität sowie digital verarbeitbar vorliegen und aufwändige Abgleiche mit der Realität und zeitintensive Nachvermessungen nicht mehr erforderlich sind.

Während der Betriebsphase können Modelle für verschiedene Anwendungsfälle genutzt werden, die bisher aber eher selten und meistens nur in einzelnen Pilotprojekten im Infrastrukturbereich umgesetzt wurden. Daher gibt es bisher nur wenige Erfahrungen. Die Testung der Anwendungsfälle und Entwicklung standardisierter Verfahren für einen flächendeckenden Einsatz wird voraussichtlich noch einige Zeit in Anspruch nehmen. Nachfolgend werden einige Einsatzzwecke für Modelle in der Betriebsphase beschrieben.

Das Mängelmanagement aus der Bauphase kann während der Betriebsphase mit Hilfe der Modelle fortgeführt werden. Dazu können die beseitigten oder noch nicht beseitigten Mängel aus der Bauausführung auch nach Abschluss der Baumaßnahmen weiterverfolgt und überwacht werden. Neu festgestellte Mängel während der Gewährleistungszeit können zusätzlich aufgenommen werden. Dazu werden die Mängel in einem Issue Management-System erfasst und zur Beseitigung an den zuständigen Bearbeiter zugewiesen. Dies ermöglicht eine lückenlose Dokumentation und Nachverfolgung. Hierbei kann auf verschiedene bildgebende Verfahren zurückgegriffen werden, die durch eine Georeferenzierung eine genaue Lokalisierung des festgestellten Mangels ermöglichen. Modelle unterstützen bei der räumlichen Orientierung.

Weiterhin kann die BIM-Methodik bei der Planung und Durchführung von Inspektions- und Instandhaltungsmaßnahmen unterstützen. Einerseits können georeferenzierte Modelle bei der Verortung der Anlagen und andererseits visuell bei der Durchführung der Inspektions- und Instandhaltungsarbeiten einzelner Bauteile (z. B. bei Weichen) helfen. Außerdem können Handbücher, Checklisten oder Prüfberichte mit den entsprechenden Modellbauteilen verknüpft werden, welche der Mitarbeitenden während der Arbeiten vor Ort aufrufen und abarbeiten kann. Sollten Ersatzteile erforderlich sein, kann durch die Anbindung einer Inventardatenbank der Mitarbeitende ggf. die Nachbestellung des Bauteils direkt vor Ort veranlassen.

Neben der praktischen Umsetzung können Modelle auch bei der Planung und Überwachung von Inspektions- und Instandhaltungsintervallen helfen. Die gemäß den Regelwerken der DB InfraGO AG (ehemals DB Netz AG) einzuhaltenden Intervalle können mit den entsprechenden Bauteilen verknüpft und für die Terminierung der notwendigen Arbeiten herangezogen werden. So kann sichergestellt werden, dass notwendiges Personal frühzeitig disponiert und koordiniert wird. Auch erforderliche Ersatzteile und Arbeitsmaterialien können beschafft und an der richtigen Stelle bereitgestellt werden.

Ein wichtiger Anwendungsfall für den Einsatz der BIM-Methodik in der Betriebsphase ist die Zustandsüberwachung von Bauwerken, um eine vorausschauende Instandhaltung (Predictive Maintenance) zu ermöglichen. Hierzu werden die Bauwerke mit zusätzlicher Sensorik ausgerüstet, um maßgebliche Kenngrößen für den Bauwerkszustand live zu erfassen und auszuwerten. Hierzu gibt es bereits erste vielversprechende Versuche im Ingenieurbaubereich, wo die Entwicklung von Rissbildungen, Bewegungen des Bauwerks oder Spannungen von Spanngliedern dauerhaft gemessen wurden, um Veränderungen zu erkennen und damit Rückschlüsse auf den Bauwerkszustand abzuleiten. Die daraus gewonnenen Erkenntnisse konnten in konkrete Maßnahmen zur vorausschauenden Wartung umgesetzt werden, um das Bauwerk möglichst lange in einem guten Zustand zu erhalten. Auch im Gleisoberbau gibt es gute Möglichkeiten, den Zustand der Gleisanlagen mit verschiedenen Sensoren zu überwachen und entsprechende Erhaltungsmaßnahmen einzuleiten. Als Folge der Zustandsbewertung der verschiedenen Anlagen können in Kombination mit Informationen zum Anlagenalter auch übergreifende Investitionsplanungen über den gesamten Anlagenbestand auf Basis von Modelldaten durchgeführt werden. Nur wenn der Zustand der Anlage bekannt ist und Veränderungen erkennbar werden, ist es möglich, notwendige Erneuerungsmaßnahmen und damit verbundene Kosten rechtzeitig einzuplanen und damit aktiv zu steuern. Dies ermöglicht eine wesentliche bessere Kosten- und Ressourcensteuerung über den gesamten Lebenszyklus der Anlagen.

## 29.6 Nachhaltigkeit (GreenBIM)

Die BIM-Methodik erfüllt bereits in ihren Grundsätzen viele Punkte, die auf ökologische, ökonomische oder soziale Faktoren und damit auf Nachhaltigkeit einzahlen. So betrachtet die BIM-Methodik den gesamten Lebenszyklus einer Anlage, von der ersten Idee bis zum Betreiben der Anlage. Dabei sollen die erzeugten Daten weitergenutzt und vor allem durchgängig genutzt werden, um möglichst stabile Informationen zu erhalten und Datenverluste weitestgehend zu vermeiden.

Unter anderem sind die übergeordneten Ziele der BIM-Methodik Planungsfehler zu vermeiden und den Bauablauf zu optimieren. Auch diese beiden Aspekte zahlen auf die Nachhaltigkeit ein, da somit unnötige Kosten, Zeit oder Ressourcen eingespart werden. Der Hauptaspekt der BM-Methodik, der auf die Nachhaltigkeit einzahlt, ist die Verwendung von Informationen aus den Modellen, die zur Bewertung der Energieeffizienz und Nachhaltigkeit herangezogen werden können. Bereits heute werden während der Planung die Eingriffe in die Lebensräume und die Flächenbedarfe für die Baumaßnahmen schon in den frühen Leistungsphasen berücksichtigt und nach einer optimalen Lösung gesucht, sodass es möglichst wenig Konflikte zwischen der Baumaßnahme und den Lebensräumen von Flora und Fauna gibt. Viele der bereits heute in den Modellen hinterlegten Informationen lassen sich auch für die Nachhaltigkeit heranziehen und bewerten. Hier ist das Ziel diese Informationen, die bereits vorhanden sind, explizit für die Bewertung der Nachhaltigkeit zu nutzen und sichtbar zu machen. Dazu sind aber auch Informationen zu ergänzen. So sollte der $CO_2$-Ausstoß der Baumaterialien oder Baufahrzeuge berücksichtigt werden. Das Ziel ist, weitere „Informationslayer“ zur Beurteilungsunterstützung und der vereinfachten und präzisierten Informationsbereitstellung bspw. für Bemessung $CO_2$-Ausstoß und ähnliches in der Bearbeitung der Modelle zu integrieren. Dazu müssten z. B. Unter-Anwendungsfälle entwickelt werden. Ein Beispiel ist hier die Baulogistikplanung, die mit Bezug zu Recyclingquoten, Materialeinsatz, Wegezeiten oder „Anwohnerbetroffenheit“ (bspw. „Auralisation“) genauer definiert werden muss. Aber nicht nur während der Planungs- und Bauphase von Projekten wird und sollte das Thema Nachhaltigkeit berücksichtigt werden. Auch und gerade im Anlagen- und Instandhaltungsmanagement sollen zukünftig Nachhaltigkeitsaspekte genutzt werden. So gibt es auch hier Anwendungsfälle bspw. für die Instandhaltungszyklen, die Lebenszyklusbetrachtung, Neuinvestitionsentscheidung oder Entsorgungsplanung etc., bei denen explizit das Thema Nachhaltigkeit bewertet und berücksichtigt werden sollte.

## 29.7 Gesamtfazit

Zusammenfassend lässt sich festhalten, dass die BIM-Methodik inzwischen in immer mehr Eisenbahninfrastrukturprojekten eingesetzt wird. Historisch bedingt handelt es sich in den allermeisten Fällen um Projekte in der Planungsphase, wobei oftmals nur bestimmte Anwendungsfälle umgesetzt werden. Seit kurzem wird der Fokus aber verstärkt auf die Bauphase und Betriebsphase gelegt, um die erstellten BIM-Modelle phasenübergreifend nutzbar zu machen und Informationsverluste an den Schnittstellen zu vermeiden oder zumindest zu minimieren. Dadurch wird der Nutzen der BIM-Methodik deutlich erhöht. Es verlangt jedoch auch, dass sich immer mehr Nutzergruppen der Wertschöpfungskette mit der neuen Arbeitsmethodik beschäftigen, in ihren Arbeitsalltag integrieren und konsequent die kollaborative Umsetzung verfolgen.

Aktuell bestehen Herausforderungen in der eingeschränkten Bestandsdatenlage, die einen erhöhten Aufwand bei der Schaffung einer gesicherten Planungsgrundlage erfordert. Des Weiteren existieren noch keine einheitlichen Standards für einen flächendeckenden Einsatz. Dazu werden die verschiedenen Entwicklungen der vergangenen Jahre sukzessive vereinheitlicht und weiterentwickelt. Die größte Herausforderung besteht jedoch in der berufsbegleitenden Qualifizierung der Mitarbeitenden und die Umgewöhnung an eine geänderte Arbeitsweise. Hier sind alle Beteiligten der Wertschöpfungskette aufgerufen, verstärkte Anstrengungen zu unternehmen, um Mitarbeitende in die Lage zu versetzen, die BIM-Methodik im Arbeitsalltag effizient einzusetzen.

Durch den verstärkten Einsatz und die sukzessive Weiterentwicklung der BIM-Methodik verbessert sich nach und nach die Situation für eine standardisierte und flächendeckende Umsetzung. Der Wille zur Veränderung ist bei allen Beteiligten der Wertschöpfungskette spürbar. Es ist also absehbar, dass die BIM-Methodik in naher Zukunft nicht mehr die Ausnahme, sondern das neue Normal wird.

## Literatur

1. BIM-Strategie, Implementierung von Building Information Modeling (BIM) im Vorstandsressort Infrastruktur der Deutschen Bahn AG – erste Fortschreibung (Stand 2022)
2. https://bim.dbinfrago.com/bim-fahrweg
3. Hinterberger F, Bade M, Schneider P, Auer F, Kückmann M, Bürger M (2019) BIM im Bestand – Digitalisierung des physischen Eisenbahnfahrweges. EI – Der Eisenbahningenieur 2019(7):16–21
4. VBI (2016) BIM-Leitfaden für die Planerpraxis. Verband Beratender Ingenieure

# Stichwortverzeichnis



 
J. Holzfeind, J. Liu, F. Pospischil (Hrsg.), *Handbuch Eisenbahninfrastruktur*,
https://doi.org/10.1007/978-3-662-68960-8

**F**

**G**

**T**

GPSR Compliance

*The European Union's (EU) General Product Safety Regulation (GPSR) is a set of rules that requires consumer products to be safe and our obligations to ensure this.*

*If you have any concerns about our products, you can contact us on ProductSafety@springernature.com*

In case Publisher is established outside the EU, the EU authorized representative is:

Springer Nature Customer Service Center GmbH
Europaplatz 3
69115 Heidelberg, Germany

Batch number: 08991450

Printed by Printforce, the Netherlands